Karl Höll

Wasser

Also of Interest

Küster/Thiel: Analytik.
Analytik.
Daten, Formeln, Übungsaufgaben
Ruland, Ruland (Bearbeiter), 2019
ISBN 978-3-11-055782-4, e-ISBN 978-3-11-055783-1

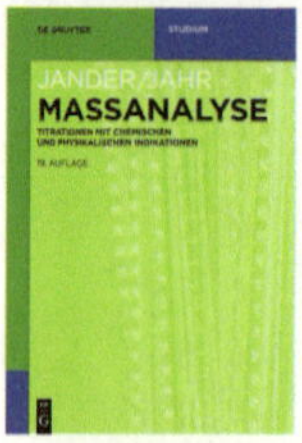

Massanalyse.
Titrationen mit chemischen und physikalischen Indikationen
19. Auflage
Jander/Jahr, Schulze, Simon, Martens-Menzel, 2017
ISBN 978-3-11-041578-0, e-ISBN 978-3-11-041579-7

Trennungsmethoden der Analytischen Chemie.
Bock, Niessner, 2014
ISBN 978-3-11-026544-6, e-ISBN 978-3-11-026637-5

Wasser.
Chemie, Mikrobiologie und nachhaltige Nutzung
Grohmann AN, Jekal, Grohmann A, Szewzyk, 2011
ISBN 978-3-11-021308-9, e-ISBN 978-3-11-021309-6

Organic Trace Analysis.
Niessner, Schäffer, 2017
ISBN 978-3-11-044114-7, e-ISBN 978-3-11-044115-4

Karl Höll

Wasser

Nutzung im Kreislauf:
Hygiene, Analyse und Bewertung

Herausgegeben von
Reinhard Nießner

10., völlig neu bearbeitete Auflage

DE GRUYTER

Herausgeber
Prof. Dr. Reinhard Nießner
Technische Universität München
Institut für Wasserchemie
Marchioninistr. 17
81377 München
reinhard.niessner@mytum.de

ISBN 978-3-11-058626-8
e-ISBN (PDF) 978-3-11-058821-7
e-ISBN (EPUB) 978-3-11-058650-3

Library of Congress control number: 2019947691

Bibliografische Information der Deutschen Nationalbibliothek
Die Deutsche Nationalbibliothek verzeichnet diese Publikation in der Deutschen Nationalbibliografie; detaillierte bibliografische Daten sind im Internet über http://dnb.dnb.de abrufbar.

Satz: Meta Systems Publishing & Printservices GmbH, Wustermark
Coverabbildung: brainmaster/E+/gettyimages
Druck und Bindung: CPI books GmbH, Leck

www.degruyter.com

Vorwort zur 10. Auflage

Der „Höll“ liegt nach 9 Jahren nunmehr in revidierter und teils kapitelweise neu verfasster Auflage vor. Das Thema Wasser hat sich in diesem Zeitraum weiter explosiv vermehrt und kräftig gewandelt. Das Bewusstsein für Nachhaltigkeit im Umgang mit elementar wichtigen Ressourcen, und hier steht Wasser an Nummer 1, verlangt tiefe Kenntnisse der naturwissenschaftlichen Zusammenhänge dazu, aber auch ebenso profunde Kenntnisse der Möglichkeiten im technischen Umgang damit, und all dies wiederum bedarf eines ausbalancierten Rechtsrahmens.

Und dies versucht der „Höll“, im Gegensatz zu existierenden Lehrbüchern zum gleichen Thema, umfassend zu bieten.

Ich selbst bin, trotz vielen Jahren zuhause in der Wasserchemie und -analytik, beim intensiven Durchlesen der beigesteuerten Manuskripte immer wieder erstaunt, welche Vielfalt und welche Verzweigungen zu dem vermeintlich banalen Thema Wasser existieren. Wasser ist ein dynamisches Element, es überschreitet nicht nur Grenzen und Barrieren, sondern beweist sehr oft, dass der pflegliche Umgang damit geboten ist, und wenn nicht, sich dieses bitter rächt. Gerade im Rahmen des beobachtbaren Klimawandels werden zunehmende Probleme durch zeitlich rasch erfolgende Variationen in der Wasserqualität und Verfügbarkeit sichtbar. Exzellente Technik ist daher gefordert. Und schon deshalb erleben wir die zunehmende Implementierung von *High tech* im Wasserbereich. Dies allein umfassend zu verfolgen, ist ein schwieriges Unterfangen.

Daher bin ich den rund 40 Autoren äußerst dankbar, dass sie sich mit ihrem jeweiligen Fachwissen der Aufgabe gestellt haben, der Allgemeinheit und den dem Wasser in Technik und Forschung Nahestehenden wieder einen derartigen Fundus zur Verfügung zu stellen. Ebenso gebührt dem Haus de Gruyter Dank, dieses Buchprojekt in deutscher Sprache weiter zu verlegen. Und natürlich danke ich herzlichst dem Verlagsteam Sabina Dabrowski, Lena Stoll und Ria Sengbusch für nahezu endlose Geduld mit den Autoren und dem Herausgeber!

München, den November 2019 Reinhard Nießner

https://doi.org/10.1515/9783110588217-202

Autorenverzeichnis

Dr. Hartmut Bartel
Umweltbundesamt
Schichauweg 58
12307 Berlin
hartmut.bartel@uba.de

PD Dr. Thomas Baumann
Lehrstuhl für Hydrogeologie
Technische Universität München
Arcisstr. 21
80333 München
thomas.baumann@ch.tum.de

Prof. Dr. Konrad Botzenhart
Eberhard-Karls-Universität Tübingen
Wilhelmstr. 31
72074 Tübingen
konrad.botzenhart@med.uni-tuebingen.de

Prof. Dr. Heinz-Jürgen Brauch
DVGW-Technologiezentrum Wasser (TZW)
Karlsruher Straße 84
76139 Karlsruhe
heinz-juergen.brauch@tzw.de

Dr. Thomas Bünger
Altvaterstr. 21
14129 Berlin
thomgebu@aol.com

Prof. Prof. Dr. med. Sven Carlson†

Dr. Ingrid Chorus
Deidesheimer Str. 24
14197 Berlin
ingrid.chorus@gmail.com

Dr. rer. nat. Jürgen Clasen†

Dr. rer. nat. habil. Hermann H. Dieter
Dir. u. Prof. a. D. (Umweltbundesamt)
Blankenseer Dorfstr. 30A
14959 Trebbin
hh.dieter@t-online.de

Wolfgang Engel
Regierungsbaudirektor i. R.
Fronacker 12
53332 Bornheim
wolfgang.engel@arcor.de

Dr. rer. nat. Jutta Fastner
Umweltbundesamt
Corrensplatz 1
14195 Berlin
jutta.fastner@uba.de

Prof. Dr. Hans-Curt Flemming
Vormaliger Leiter des Biofilm Centre
Universität Duisburg-Essen
Schloßstraße 40
88045 Friedrichshafen
hc.flemming@uni-due.de

Prof. Dr. rer. nat. Günther Friedrich
Jakob-Hüskes-Straße 35
47839 Krefeld
Friedrich-Krefeld@t-online.de

Dr. Birgit C. Gordalla
Engler-Bunte-Institut
Bereich Wasserchemie
Karlsruher Institut für Technologie (KIT)
Engler-Bunte-Ring 1
76131 Karlsruhe
Birgit.Gordalla@kit.edu

Prof. Dr. rer. nat. Andreas N. Grohmann
Technische Universität Berlin
Holbeinstraße 17
12203 Berlin
ga@grohmannberlin.de

Dr. Tamara Grummt†

Hans-Jürgen Grummt
Umweltbundesamt
Dienstgebäude Bad Elster
Heinrich-Heine-Str. 12
08645 Bad Elster
hans-juergen.grummt@uba.de

https://doi.org/10.1515/9783110588217-203

PD Dr. Hans Jürgen Hahn
Universität Koblenz-Landau Campus Landau
Institut für Grundwasserökologie IGÖ GmbH
Fortstraße 7
D-76829 Landau

Prof. Dr. rer. nat. Peter-Diedrich Hansen
TU Berlin
Institut für Ökologie
International Consulting Ecotoxicology (GbR)
Sundgauer Straße 31
14169 Berlin
peter.hansen@pdhansen.de
www.profpdhansen.de

Prof. Dr. med. Helmut Höring
Umweltbundesamt
Dienstgebäude Bad Elster
08645 Bad Elster

Prof. Dr. Harald Horn
Engler-Bunte-Institut
Karlsruher Institut für Technologie
Engler-Bunte-Ring 9
76131 Karlsruhe
horn@kit.edu

Prof. Dr. Friedrich Jüttner
Institute of Plant Biology/Limnology
University of Zurich
Seestrasse 79
8802 Kilchberg/Schweiz
juttner@limnol.uzh.ch

Dr. Alexander Kämpfe
Umweltbundesamt
Corrensplatz 1
14195 Berlin
alexander.kaempfe@uba.de

Prof. Dr. Dietmar Knopp
Technische Universität München
Institut für Wasserchemie u. Chem. Balneologie
Marchioninistraße 17
81377 München
dietmar.knopp@mytum.de

PD Dr. Petra M. Krämer†

Dr. Tobias Licha
University of Göttingen
Geoscience Center
Dept. Applied Geology
Goldschmidtstr. 3
37077 Göttingen
Tobias.licha@rub.de

Dr. rer. nat. Ulrich Lippold
Umweltbundesamt
Dienstgebäude Bad Elster
Heinrich-Heine-Straße 12
08645 Bad Elster
ulrich.lippold@uba.de

Prof. Dr.-Ing. Rosemarie Karger, geb. Masannek
Ostfalia Hochschule
für angewandte Wissenschaften
Salzdahlumer Str. 46/48
38302 Wolfenbüttel
r.karger@ostfalia.de

Dr. Arnulf Melzer
Wissenschaftszentrum Weihenstephan
Ernährung, Landnutzung & Umwelt
Hofmark 1–3
82393 Iffeldorf
arnulf.melzer@tum.de

Prof. Dr. Ing. Gert Michel†

Prof. Reinhard Nießner
Institut für Wasserchemie u. Chem. Balneologie
Technische Universität München
Marchioninistr. 17
81377 München
reinhard.niessner@ch.tum.de

Werner Nissing
Gelsenwasser AG
Wasserwerkstraße
45721 Haltern

Dr. Dietmar Petersohn
Berliner Wasserbetriebe
Wasserversorgung
Qualitätssicherung
10864 Berlin
dietmar.petersohn@bwb.de

Dr. rer. nat. Jorg Pietsch
DVGW-Technologiezentrum Wasser
Karlsruhe (TZW)
Außenstelle Dresden
Scharfenberger Straße 152
01139 Dresden

Dr. Uta Raeder
Limnologische Station Iffeldorf / LS AquaSys
TU München
Hofmark 1–3
82393 Iffeldorf
uta.raeder@tum.de

Prof. Dr.-Ing. Hans Rüffer
Grevenblek 14
30966 Hemmingen
hansrueffer@aol.com

Dipl.-Phys. Horst Rühle
Laubenheimer Str. 4
14197 Berlin
h_b_ruehle@yahoo.de

Dipl. Biol. Benedikt Schaefer
Umweltbundesamt
Dienstgebäude Bad Elster
Heinrich-Heine-Str. 12
08645 Bad Elster
Benedikt.Schaefer@uba.de

Dr. rer. nat. Claus Schlett
Jasminweg 9
45770 Marl
c.schlett@onlinehome.de

Dr. Wido Schmidt
DVGW
Technologiezentrum Wasser Karlsruhe
Wasserwerkstraße 2
01326 Dresden
wido.schmidt@tzw.de

Prof. Dr. med. Dirk Schoenen
Arzt für Hygiene
Sigmund-Freud-Str. 4
53127 Bonn
dirk@schoenen-online.de

Dr. rer. nat. Hubert Schreiber
Hessenwasser GmbH
Zentrallabor
Kurt-Schumacher-Straße 10
60311 Frankfurt am Main

Dipl. Chem. Ramona Schuster
Umweltbundesamt
Dienstgebäude Bad Elster
Heinrich-Heine-Straße 12
08645 Bad Elster
Ramona.Schuster@uba.de

PD Dr. Michael Seidel
Technische Universität München
Institut für Wasserchemie und Chem.
Balneologie
Marchioninistr. 17
81377 München
Michael.Seidel@tum.de

Prof. Dr. Andreas Seubert
Fachbereich Chemie
Philipps-Universität Marburg
Hans-Meerwein-Straße
35032 Marburg
seubert@staff.uni-marburg.de

Dr. rer. nat. Mario Sommerhäuser
Geschäftsbereich Technische Services
Abteilungsleiter Flussgebietsmanagement
EMSCHERGENOSSENSCHAFT / LIPPEVERBAND
Kronprinzenstraße 24
45128 Essen
mario.sommerhaeuser@eglv.de

Dr. Ernst Stottmeister
Umweltbundesamt
Fachgebiet II 3.2
Heinrich-Heine-Str. 12
08645 Bad Elster
ernst.stottmeister@uba.de

Dipl.-Ing. Ursula Telgmann
Fachgebiet Siedlungswasserwirtschaft
Universität Kassel
Kurt-Wolters-Str. 3
34125 Kassel
telgmann@uni-kassel.de

Prof. Dr. phil. Friedrich Tiefenbrunner†

Prof. em. Dr. Peter Werner
Technische Universität Dresden
Professur für Grundwasser und Bodensanierung
Pratzschwitzer Str 15
01796 Pirna
peter.werner@tu-dresden.de

Dr. rer. nat. Burkhard Westphal
Westf. Wasser- und Umweltanalytik GmbH
Willy-Brandt-Allee 26
45891 Gelsenkirchen

Dr. Jost Wingender
Umweltmikrobiologie und Biotechnologie
Fakultät für Chemie
Universität Duisburg-Essen
Universitätsstraße 5
45141 Essen
jost.wingender@uni-due.de

Prof. Dr. Christian Zwiener
Environmental Analytical Chemistry
Center for Applied Goescience
Eberhard-Karls-Universität Tübingen
Hölderlinstr. 12
72074 Tübingen
christian.zwiener@uni-tuebingen.de

Abkürzungen

Zahlreiche Abkürzungen werden im Verzeichnis der Stichworte erklärt (mit Seitenzahl). Abkürzungen zu AOX und zu TOC sind unter dem Stichwort „Kürzel" zugänglich.

ADI	akzeptierte Körperdosis (acceptable daily intake)
AOC	assimilierbarer organischer Kohlenstoff (org. C)
AOX	adsorbierbare (an A-Kohle) organisch gebundene Halogene
ATV	ATV-DVWK: Deutsche Vereinigung für Wasserwirtschaft, Abwasser und Abfall e.V. (siehe Anhang)
BGA	Bundesgesundheitsamt (bis 1994)
BgVV	Bundesinstitut für gesundheitlichen Verbraucherschutz und Veterinärmedizin (Nachfolgeinstitut des BGA)
BMG	Bundesministerium für Gesundheit
BMU	Bundesministerium für Umwelt, Naturschutz und Reaktorsicherheit
BSB_5	biochemischer Sauerstoffbedarf (während 5 Tagen); englisch BOD_5
CDC	Center for Disease Control, USA (www.cdc.gov)
CEN	CEN, Comité Europé en de Normalisation (siehe Anhang)
CSB (COD)	chemischer Sauerstoffbedarf (COD: chemical oxygen demand)
DIC; DOC	gelöster anorg. bzw. org. C (dissolved inorganic/organic carbon)
EU	Europäische Union
DEV	DIN-DEV: Deutsche Einheitsverfahren (siehe Anhang)
DIN	Deutsches Institut für Normung e.V. (siehe Anhang)
DNP (DBP)	Desinfektionsnebenprodukt (DBP: disinfection by products)
DVGW	Deutscher Verein des Gas- und Wasserwesens e.V. (siehe Anhang)
EDC	endokrine Stoffe (endocrine disrupter compounds)
EPS	extrazelluläre polymere Stoffe (Polysaccharide)
ICP	induktiv gekoppeltes Plasma
ISO	International Organisation for Standardisation (siehe Anhang)
IfSG (vormals BSeuchG)	Infektionsschutzgesetz: Gesetz zur Verhütung und Bekämpfung von Infektionskrankheiten beim Menschen von 2001 (siehe Anhang)
LAWA	Länderarbeitsgemeinschaft Wasser (siehe Anhang)
MTV	Mineral- und Tafelwasser-Verordnung von 1984 (siehe Anhang)
NAEL; NOAEL	no adverse bzw. no observed adverse effect level
RKI	Robert-Koch-Institut: Bundesinstitut für Infektionskrankheiten (Nachfolgeinstitut des BGA)
THM	Trihalogenmethane als DNP
TOC	gesamter organischer Kohlenstoff (total organic carbon)
TrinkwV	Trinkwasserverordnung: Verordnung über die Qualität von Wasser für den menschlichen Gebrauch vom 21. Mai 2001 (siehe Anhang)
UBA	Umweltbundesamt
VOC	flüchtige organische Stoffe (volatile organic carbon)
WaBoLu	Institut für Wasser-, Boden und Lufthygiene des UBA (bis 1994 des BGA; ab 1999 Fachbereich Wasser-, Boden- und Lufthygiene, Ökologie des UBA)
WHG	Wasserhaushaltsgesetz: Gesetz zur Ordnung des Wasserhaushalts von 1996 (siehe Anhang)
WHO	Weltgesundheitsorganisation (World Health Organisation), Genf
WRRL	Wasserrahmen-Richtlinie 2000/60/EG

https://doi.org/10.1515/9783110588217-204

Inhalt

A. N. Grohmann

1 Einleitung

1.1 Wasser als Grundlage des Lebens

Wasser ist Leben. Trinkwasser ist unersetzlich.

Schwerpunkt dieses Buches ist ein Teilbereich der Hygiene, nämlich die Wasserhygiene. Sie ist die Summe der Maßnahmen zur Gestaltung der Wasserversorgung im Dienste der Gesundheit – und zwar für das körperliche, seelische und soziale Wohlbefinden der Menschen (Gesundheit im Sinne der Definition der Weltgesundheitsorganisation, WHO).

Festzustellen, welche Maßnahmen im Einzelnen als Beiträge zur Wasserhygiene zu werten sind, ist nicht einfach. Auch werden sich, unter Berücksichtigung der örtlichen Verhältnisse und regionalen Besonderheiten (hierfür steht in den EU-Richtlinien der aus dem Englischen übernommene Begriff der Subsidiarität), unterschiedliche Lösungswege entwickeln. Die Maßnahmen sollen aber im Sinne einer hygienisch anspruchsvollen, nachhaltig sicheren Wasserversorgung bewertet werden können. Hierzu werden die chemisch-analytischen, mikrobiologischen, virologischen, biologischen und toxikologischen Methoden zur Untersuchung des Wassers beschrieben. Ein gesondertes Kapitel „Befund und Bewertung“ (Kap. 10) soll deren Anwendung erleichtern.

Unverzichtbarer Teil einer nachhaltigen Wasserhygiene ist der Ressourcenschutz. Sowohl Wassergewinnung als auch Abwasserbehandlung müssen hierauf Rücksicht nehmen. Dieses Buch ist schlussendlich dem Prinzip des Kreislaufs des Wassers verpflichtet: gemeint sind der kleine Kreislauf zum Ressourcenschutz im industriellen Bereich (abwasserarme Technik oder sogar Abwasser-freie Fabrik) und der größere Kreislauf zum Ressourcenschutz im kommunalen Bereich (Trinkwasser – Abwasser/Abwasserreinigung – Oberflächenwasser – Uferfiltrat/Bodenpassage – Trinkwasser).

1.2 Beispiele aus der Geschichte der Wasserversorgung

1.2.1 Bedenkenswertes in Zeugnissen und Spuren der Vergangenheit

Auskunft über Wissen, Kreativität und Fähigkeiten der Menschen kann die Geschichte nur in dem Maße geben, wie schriftliche Zeugnisse oder wenigstens Spuren menschlicher Tätigkeit zur Verfügung stehen. Dabei ist Folgendes bemerkenswert:

https://doi.org/10.1515/9783110588217-001

Die Leistungen der Wasserversorgung, so lebenswichtig sie auch waren, haben selten Anlass zu schriftlichen Berichten gegeben. „Ingenieure, insbesondere Wasserbauingenieure, haben zwar oft Geschichte gemacht, sie haben es aber unterlassen, sie zu schreiben" (Garbrecht, 1985). So sind wir neben der Interpretation schriftlicher Quellen aus ganz anderen Zusammenhängen, die gelegentlich indirekt etwas über den zeitgenössischen Stand der Wasserbautechnik verraten, vor allem auf Spuren menschlicher Tätigkeit angewiesen. Nomadenvölker haben keine derartigen Spuren hinterlassen, aber in Gebieten mit hoher Besiedlungsdichte sind seit frühester Zeit Rohrleitungen und Talsperren bekannt (siehe Tab. 1.2).

Drei Beispiele, mit denen hier der Geschichte der Wasserversorgung die Reverenz erwiesen wird, thematisieren dreierlei noch heute bedenkenswerte Aspekte:

a) die langen, Generationen umfassenden Zeiträume für eine nachhaltige Wasserversorgung am Beispiel der Probleme Mesopotamiens;
b) das geschichtliche Durchflussprinzip vor Einführung des Kreislaufsystems der Moderne;
c) die Gefährlichkeit von plausiblen, gleichwohl auf Vorurteilen und Halbwahrheiten beruhenden Vorstellungen der öffentlichen Meinung auf einem so wichtigen Gebiet wie der Wasserversorgung.

1.2.2 Die Versalzung des Bodens in Mesopotamien

Euphrat und Tigris prägen das historische Zweistromland (Mesopotamien, arabisch Al Dschasira), ein fruchtbares Land mit Zeugnissen frühesten Städtebaus. „[...] Kein Land von allen, die wir kennen, ist so ergiebig an Korn wie dieses. [...] Aber für die Frucht der Demeter ist es so gut geeignet, dass es in der Regel bis zu zweihundert Körner liefert und, wenn es sich einmal selber übertrifft, sogar bis zu dreihundert (Herodot, um 450 v. Chr.: Neun Bücher der Geschichte. I, 193). Ohne Bewässerung lässt sich aber nur im Nordosten des Gebiets eine auskömmliche Landwirtschaft betreiben. Im größten Teil Mesopotamiens reicht der Niederschlag von 100 bis 200 mm Regen im Jahr nicht aus. Für eine Bewässerung bieten sich die beiden großen Flüsse an. Hierbei ist ein für die Region typisches wasserwirtschaftliches Problem zu meistern. Die Bedingungen sind andere als am Nil, wo im August bis Oktober – nach der Ernte – das Hochwasser ohne großen Schaden die Felder mit seinem fruchtbaren Schlamm überflutet und zugleich lösliche Salze aus dem Boden ausspült. Im Gegensatz dazu kommen in Mesopotamien die alljährlichen Schmelzwässer aus dem armenischen Hochland zur falschen Zeit. Sie treten zwischen April und Juni auf, wenn die Felder schon längst bestellt sind, das Getreide aber noch unreif und nicht abgeerntet ist. So wurde über viele Generationen hinweg zwangsläufig in jedem Jahr zunächst mit umfangreichen Kanälen das Mittelwasser oder gar Niedrigwasser aus Euphrat und Tigris zur Bewässerung bereitgestellt. Im April und Juni dagegen mussten dann die Felder vor dem Hochwasser geschützt werden.

Tab. 1.1: Rückgang der Erträge und Zunahme des Anteils an Gerste in Mesopotamien (Kang, zitiert nach Garbrecht, 1985, S. 73).

Periode	Erträge kg/ha Weizen und Gerste	Verhältnis Weizen zu Gerste
etwa 3500 v. Chr.	?	1 zu 1
etwa 2400	1700	1 zu 6
etwa 2100	1000	1 zu 50
etwa 1700	700	nur noch Gerste

In Mesopotamien blieb das Bewässerungswasser auf den Feldern und staute sich ohne Drainage. Indem das Wasser verdunstet, blieben die im Flusswasser gelösten Salze zurück und wenngleich ihre Konzentration gering war, reicherten sie sich doch allmählich im Boden an. Daher nahm die Versalzung des Bodens zwar langsam, aber stetig zu. Dies lässt sich rückblickend am Rückgang der Erträge und am Wechsel der bevorzugten Saat von Weizen zur salzresistenten Gerste ablesen (Tab. 1.1).

Über Jahrtausende hinweg gab es ein mehr als leidlich gut funktionierendes System wasserbaulicher Maßnahmen im Zweistromland. Während der Zeit der Sumerer (3000 v. Chr.) waren im südlichen Mesopotamien wahrscheinlich bereits rund 30.000 km^2 bewirtschaftet (Garbrecht, 1985, S. 72). Auf der heute im Louvre-Museum (Paris) ausgestellten Säule mit 282 Rechtssätzen des babylonischen Königs Hammurabi (1728 bis 1686 v. Chr.) sind auch Normen für die Pflege der Dämme und Kanäle der Bewässerung festgehalten, sozusagen der Ursprung heutiger Wasserhaushaltsgesetze. Von allen Eroberern wurden die Wasserbauten geachtet und gepflegt, bis 3000 Jahre später, nach insgesamt mindestens 4500 Jahren systematischer Bewässerung, Mongolenstämme um 1256 n. Chr. die Anlagen so gründlich zerstörten, dass die Bevölkerung in der Folge von 25 Millionen auf etwa 1,5 Millionen Einwohner zurückging. Bis zum 20. Jahrhundert wurde ein Wiederaufbau der großen Bewässerungssysteme nicht versucht.

In der über 120 Generationen umfassenden Periode, während derer die Anlagen intakt waren, lebte keine Generation lang genug, um die Veränderung der Versalzung wahrzunehmen, geschweige denn als Problem zu erkennen. Nur Fragen an die Geschichte, die sicher niemand gestellt hat, hätten Anregungen für andere Maßnahmen zur nachhaltigen Wasserversorgung geben können. Und heute? – Das Umweltbundesamt überlegt, ob es „nachhaltig" mit 50 Jahren oder mit 200 Jahren definiert! Mit dem Maßstab einer solch kurzsichtigen Definition gemessen, dürfte aus heutiger Sicht den Menschen in Mesopotamien nicht vorzuwerfen sein, dass sie irgend etwas falsch gemacht hätten. Und dennoch sind die nachteiligen Folgen ihres Bewässerungssystems im Rückblick unverkennbar.

Dies erlaubt nur einen Schluss: nachhaltige Wasserversorgung greift weiter in die Jahrtausende. Der Grundsatz „bei fehlender natürlicher Drainage kein Bewässerungssystem ohne entsprechendes Entwässerungssystem" muss aufgrund bitterer

Erfahrungen und bei Kenntnis der komplexen Vorgänge (Boden – Wasser – Pflanze), zum stets beachteten Allgemeinwissen werden (Garbrecht, 1985), auch wenn seine Berechtigung aus der Erfahrung eines einzelnen Menschenlebens nicht ableitbar ist.

1.2.3 Das Durchflussprinzip als Grundlage der traditionellen Struktur der Wasserversorgung und der Übergang zum Kreislaufprinzip der Moderne

Das Durchflussprinzip der Wasserversorgung lautet: von der Quelle (bzw. dem Brunnen) durch die Siedlung in den Fluss. Von Anbeginn des Vorkommens menschlicher Siedlungen mit höherer Bevölkerungsdichte ist zu beobachten, dass Trinkwasser in die Städte geleitet wurde, in denen es für den Gebrauch zur Verfügung stand. Wohin gebrauchtes Wasser entsorgt wurde, lässt sich nur vermuten. Wahrscheinlich jedoch floss es mit dem Unrat bergab oder versickerte im Boden. Vielfach wurde es vorher in Rohren oder Kanälen gesammelt, um es aus dem Siedlungsgebiet heraus zu leiten.

Das Prinzip des Durchflusses sicherte die öffentliche Hygiene und war allgemein üblich. Für einen Kreislauf des Wassers bestand, solange die Bevölkerungsdichte insgesamt gering war, kein Anlass.

Ein vorgeschichtliches Beispiel in diesem Zusammenhang bietet der Mythos der 5. Arbeit des Herakles (die manchmal auch als 6. gezählt wird): die Reinigung der bis heute sprichwörtlich berüchtigten „Ställe des Augias“. Der Mythos enthält die Erzählung vom Ursprung der Schwemmkanalisation, die in mykenischer Zeit in Griechenland offensichtlich bekannt war.

In der klassischen Fassung der Erzählung sind zwei Geschichten ineinander verwoben. Die eine davon berichtet, wie Herakles mit bloßen Händen einen weißen Stier bändigt, den Führer der zwölf weißen Bullen (stellvertretend für die zwölf Monate des Jahres), die zur großen Herde des König Augias gehören. Das ist der eigentliche Mythos, der seinen Ursprung in einer viel älteren matrilinealen Kultur hat: der mythologische Anwärter auf die Königswürde und jährlich neu erwählte Liebhaber der mächtigen Priesterin der Mondgöttin musste stets eine heroische Aufgabe bewältigen, um sich würdig zu erweisen; rituell steht hierfür die Bezwingung eines gefährlichen Tieres (vgl. Ranke-Graves, 1960). Der zusätzliche Auftrag zur „Reinigung der Ställe des Augias“, der in der schriftlichen Überlieferung der 12 Arbeiten des Herakles namensgebend für die Episode ist und weit mehr Raum einnimmt als der ältere Mythos, scheint eine romanhafte Ergänzung der Erzähler zu sein, angeregt durch den Namen des Überbringers des Auftrags von König Eurystheus an Herakles. Der Bote hieß nämlich Kopreus, was soviel wie Düngermann oder Viehmistmann bedeutet und die Phantasie der Erzähler beflügelte, eine ihnen bekannte Technik etwas überzogen, sozusagen angepasst an die vermuteten Fähigkeiten des Helden, zu beschreiben. Wie wir heute wissen, standen im mykenischen Zeitalter das Wissen und entsprechende Techniken zur Verfügung, die Flüsse so zu gestalten, dass sie während der Zeit der Starkregen im Herbst innerhalb eines einzigen Tages ein Hafenbecken oder eine Niederung sauber spülen konnten. Genau diese Technik zur Bewältigung seiner Arbeit angewandt zu haben wird Herakles zugeschrieben: er leitete zwei Flüsse (Alpheus und Peneis oder Menios) so um, „dass ihr Wasser durch den Hof stürzte und ihn rein schwemmte" (Ranke-Graves, 1960).

Im klassischen Altertum waren im Grunde alle Techniken einer sicheren Wasserversorgung gemäß dem Durchflussprinzip bekannt: Die Fassung der Quellen, die Fortleitung, die Speicherung in Talsperren, Aquädukte (z. B. in Ninive) und Düker (z. B. in Pergamon). Bis ins späte 19. Jahrhundert gab es nur wenig, das nicht zumindest dem Prinzip nach, wenn nicht sogar schon im vollen Umfang, bereits von den Wasserbautechnikern Babylons, Assyriens, Jerusalems, Palästinas, Kleinasiens und Griechenlands versucht und praktiziert worden wäre (vgl. Tab. 1.2). Die Ingenieure Roms konnten hierauf aufbauen und die bereits vorhandenen Techniken einer kommunalen Wasserversorgung perfektionieren. Hinzu kam eine ausgefeilte Administration, von deren Effizienz die Schriften eines im ersten Jahrhundert n. Chr. als *curator aquarum* eingesetzten römischen Senators und mehrfachen Konsuls, Sextus Julius Frontinus, berichten (vgl. Frontinus-Gesellschaft, 1982).

Von den Versorgungstechniken großer Städte mit quellfrischem Wasser verdient eine Technik ganz besondere Beachtung: Die Qanat- oder Foggara-Technik (auch bekannt als: Kanat, Khettaras, Hattaras, Ghanat, Käris, Keriz, Karez), die vermutlich in Persien entwickelt wurde und später mit den Arabern nach Nordafrika, Algerien, Marokko und Spanien und von dort weiter nach Südamerika gelangte.

Am Fuß schneebedeckter Berge findet sich im Alluvialboden meist gutes Grundwasser, das ohne Aufbereitung als Trinkwasser dienen kann. Es muss nur gefasst und in die Städte geleitet werden. Viele Großstädte der Welt bedienen sich heute dieser Wasservorkommen. Wenn das Wasser nicht aus einer Quelle oberhalb der Stadt austritt, von der es im offenen Kanal (römische Aquädukt-Technik) als Freispiegelleitung in die Stadt geleitet werden kann, muss es durch Stollen gefasst werden. Diese Stollen (50 bis 80 cm breit und bis zu 150 cm hoch) müssen mit geringem Gefälle weiter zur Stadt vorangetrieben werden. Etwa alle 50 m wird ein senkrechter Schacht gegraben (je nach Gelände etwa 20 m bis etwa 200 m tief, im Einzelfall im Iran 400 m), durch den beim Bau der Abraum entfernt wird, der dann um den Schacht einen Kragen bildet. So reiht sich Schacht an Schacht über viele Kilometer (bis zu 50 km), bis das Wasser in die Stadt fließen kann. Die Qanat-Technik ist sehr alt und offensichtlich im Altertum so verbreitet gewesen, dass es sich nicht lohnte, darüber zu berichten. Den ersten schriftlichen Hinweis gibt eine Tontafel aus dem Feldzug Sargon II (722 bis 705 v. Chr.) gegen die Uräter. Megasthenes berichtet (etwa 300 v. Chr.) von vielen Beispielen im nördlichen Indien (vgl. Smith, 1978, S. 114).

Auch Qanate sind dem Durchflussprinzip zuzuordnen, soweit die versorgte Stadt einen gut funktionierenden Abfluss für die Abwässer hat, der für die Hygiene entscheidend ist.

Tab. 1.2: Zeittafel zur historischen Wasserversorgung.

Zeit	Maßnahmen der Wasserversorgung und wichtige Entwicklungen
~ 4000 v. Chr.	erste überlieferte Wasserbaumaßnahmen in Mesopotamien, Ägypten, Indien und China
3500–3000	Rohre zur Wasserversorgung im Euphrat-Tal (Stadt Habuba Kabira)
~ 3200	Talsperre Jawa (Jordanien)
3100–2500	Wasserstandsanzeige am Nil („Palermo-Steine", Nilometer bei Memphis)
	Quellfassung im Indus-Tal
3000–2000	Bewässerung von 3 Mio Hektar in Mesopotamien
~ 2500	Brunnen, Abwasseranlagen, Regenwassernutzung in den Städten Ägyptens und Mesopotamiens
	Leitungen aus gebranntem Ton in Mohenjo Daro, Indus-Tal
ab 2500	mechanische Hebung von Wasser (Shadouf-Technik) am Nil Leitungsrohre aus Kupferblech im Totentempel Sahure bei Abusir
~ 2000	Palast von Knossos auf Kreta mit Rohrleitungen und Regenwasserspeicher
~ 1700	Gesetzeskodex des Hammurabi mit Normen zu Bewässerung und Hochwasserschutz
	Talsperren und Dämme im Hethiter-Reich
~ 1400	Wasserauslaufuhren in Karnak (Ägypten)
	Hochwasserschutz in der Kopais-Ebene in Griechenland
710	erster schriftlicher Hinweis auf Qanate in Assyrien (Tontafel aus dem Feldzug Sargon II)
701	Hezekiah-Tunnel zwischen der Quelle Gihon und der Stadt Jerusalem
570–475	Xenophanes von Kolophon, erste schriftliche Theorie des natürlichen Wasserkreislaufs
530	Hafen von Samos, Versorgung durch den Eupalinos-Tunnel
~ 500	Versorgung der Oase Gharb durch Qanat
312	Bau der Fernleitung, Aquädukt Aqua Appia (Rom)
~ 300	Ausbau der Kanalisation von Rom
~ 180	Bau der Druckleitungen zur Versorgung der höher gelegenen Burg Pergamon in Kleinasien (Madradag-Leitung)
~ 18	Bau des Pont du Gard zur Versorgung von Nimes
11	Verbesserung der Administration durch einen curator aquarum in Rom
97–103 n. Chr.	Sextus Julius Frontinus, Senator und Konsul, als curator aquarum tätig, dokumentiert das effiziente Verwaltungssystem
1150	Zisterzienser verwenden Abwässer zur Bewässerung der Wiesen um Mailand
~ 1250	Wasserversorgung von Dublin „auf Kosten der Bürger"
1256	endgültige Zerstörung der Bewässerungsanlagen in Mesopotamien durch die Mongolen
1349	Wasserrohre aus Fichten- und Kiefernholz in Europa
~ 1450	Wasserrohre aus Gußeisen
1565	erste öffentliche Wasserversorgung in Wien (Hernalser Wasserleitung)
1582	erste Wasserradpumpe in London
1660	erste Wasserklosetts in England und Frankreich
1750	erste Vorform der Turbine (Wasserrad von J. A. von Segner)
1848	erste zentrale Wasserversorgung Deutschlands in Hamburg
1853	zentrale Wasserversorgung in Berlin (Kanalisation ab 1873)
1872	zentrale Wasserversorgung in Köln
1892	Beginn der multiplen Barrieren nach der Hamburger Cholera Epidemie
1895	erstes Klärbecken Deutschlands in Frankfurt/Main

Es gibt eine geologische Situation, in der ein freier Ablauf der gebrauchten Wässer nicht mehr gewährleistet ist. Dies betraf als Problem die wachsenden Städte des Mittelalters in den Tiefebenen. Sie versanken im Morast und im Dreck und wurden von schrecklichen Seuchenepidemien heimgesucht.

1.2.4 Die Gefährlichkeit plausibler Vorurteile und die Verleumdung der „Brunnenvergiftung"

Wunsch und Wirklichkeit ließen sich in Bezug auf eine sichere Wasserversorgung in der mittelalterlichen Stadt vielfach nicht mehr in Einklang bringen: es fehlten die sauberen Quellen, es fehlten die Berge, aus denen ein Aquädukt oder ein Qanat sauberes Wasser hätte zuleiten können, und vor allem fehlte es an geeigneten Abflüssen. Für einen Kreislauf des Wassers fehlte zunächst das technische Wissen, aber lange Zeit auch die Bereitschaft, sich eines kontrollierten technischen Wasserkreislaufs zu bedienen.

Eine solche Situation, die in manchen nicht industrialisierten Ländern immer noch traurige Wirklichkeit ist, bildet einen idealen Nährboden für Epidemien von Seuchen und Parasiten. Kaum einer der Bewohner kann gesund sein. Aber irgendwie schließt man die Augen vor der Wirklichkeit, an der zumindest in der mittelalterlichen Stadt keine Änderung zum Besseren möglich erschien. Möglichkeit zur Abhilfe sah man schon deswegen nicht, weil die Ursachen der Erkrankungen nicht genau bekannt waren, wenngleich der Zusammenhang zwischen Sauberkeit und Gesundheit seit Hippokrates und seiner Lehre von den Miasmen (Miasma: Befleckung, Greuelfleck, Ansteckungsstoff von außen; miasmatisch: ansteckend) geläufig gewesen sein dürfte. Dieser Zusammenhang wurde über die üblen Gerüche identifiziert: Der Geruchssinn signalisierte „Gefahr", wenngleich nach heutigem Wissen die Geruchsstoffe selbst nicht die eigentliche Gefahr darstellen, sondern sensorische Indikatoren einer Gefahr sind. Ein Leben lang vertrat im 19. Jahrhundert noch – gar bis ins 20. Jahrhundert hinein – Max von Pettenkofer (1818–1901), der erfolgreiche Hygieniker aus München, eine Theorie über die Ursachen der Cholera, wonach die Seuche von „Ausdünstungen eines siechenhaften Bodens" herrühren sollte. Das Einatmen gewisser Substanzen, die schon früher geheimnisvoll als Miasmen bezeichnet worden waren, sollte die Krankheit auslösen. Im Gegensatz hierzu stand die Überzeugung, dass ein „Kontagium" (seminaria morbi oder contagionis), etwas Lebendes, Vermehrungsfähiges, Ursache der Ansteckung sein musste, so wie es der italienische Arzt Girolamo Fracastoro bereits 1546 mit Bezug auf die Syphilis formuliert hatte (siehe Winkle, 1997 S. 557). Erwähnenswert ist die „Broadstreet Pump" in London/Soho und die erfolgreichen Bemühungen von Jon Snow, 1854 die Cholera-Epidemie durch Entfernung des Pumpenpleuels zu begrenzen (siehe Winkle, 1997, S. 197 und Internet-Recherche). Erwähnenswert ist auch der Bericht von Ferdinand Fischer von 1877 über die Thesen des Vereins für öffentliche Gesundheitspflege zu Anforderungen an Trinkwasser, die als Vorläufer der DIN 2000 gelten können.

Schon 1877 war offensichtlich bekannt, dass dem Grunde nach ein „Choleracontagium“ der verunreinigten Brunnen Ursache der Epidemien war. Es ist tragisch, dass Pettenkofer die „Kontagonisten“ so unversöhnlich bekämpfte, denn die Verknüpfung seiner Theorie mit dem Kontagium des Fracastoro hätte den wahren Durchbruch seiner auch ohne dies äußerst erfolgreichen Hygienemaßnahmen gebracht.

Die Cholera-Epidemie von Hamburg 1892 hätte also vermieden werden können, aber sie wurde es nicht und so gilt sie medizinhistorisch als Wendepunkt im Verständnis der Ausbreitung von Seuchen mit dem Trinkwasser (siehe z. B. Schadewaldt, 1994; Winkle, 1997). Zwar war Robert Koch die Entdeckung des Cholera-Bazillus schon 1883 im Rahmen einer Expedition nach Ägypten zur Erforschung der Ursachen der dortigen Cholera-Epidemie einwandfrei gelungen, aber erst 1892 konnten er und seine Schüler (allmählich) die Fachwelt überzeugen, dass Cholera mit dem Trinkwasser übertragen werden kann und dass Trinkwasser vor Kontaminationen durch Abwasser geschützt werden muss (Gaertner, 1915).

In Unkenntnis der wahren Zusammenhänge, die den Menschen im Mittelalter und teils noch bis in die Neuzeit nicht einmal im Ansatz zugänglich waren, sah man sich jahrhundertelang den Auswirkungen der Seuchen schicksalhaft ausgeliefert.

Boccaccio (1313 bis 1375) berichtet als Augenzeuge (zitiert nach Gockel, 1997): „[...] Umsonst war alle Klugheit und menschliche Vorsicht, [...] umsonst alle demütigen Gebete. [...] Zur Heilung schien weder der Rat eines Arztes noch eine Medizin irgend etwas zu vermögen. Es gesundeten nur wenige; fast alle starben [...] binnen einer Frist von drei Tagen. [...] Und in der also verheerenden Not [...] war das Ansehen der Gesetze, der göttlichen wie der menschlichen, schier völlig gesunken und vernichtet. [...] Die Heimsuchung hatte den Herzen einen Schauder versetzt. [...] Man plünderte und raubte. [...] Der Abschaum der Menschen machte sich breit.“

Rasende Angst befiel die Menschen. Anschuldigungen und Verfolgungen von Sündenböcken blieben nicht aus, zumal die Erfahrung zu bestätigen schien, dass solche „Gegenmaßnahmen“ wirksam wären, da jedes Mal die Seuche irgendwann ausklang. Die Verknüpfung irrationaler Ängste mit Vorurteilen brachte damals die Wahnvorstellung eines ursächlichen Zusammenhangs zwischen Massenerkrankungen und Brunnenvergiftungen hervor. Sie ist so lebendig geblieben, dass die Strafrechtsordnung in Deutschland, Österreich und der Schweiz bis in die jüngste Vergangenheit eine Brunnenvergiftung als ein verbrecherisches Vergehen mit harten Strafandrohungen belegte. Eine reale und nachvollziehbare Bedeutung kann der einschlägige Paragraph (in Deutschland § 324 des Strafgesetzbuches) kaum jemals gehabt haben.

Im Mittelalter kam der „Brunnenvergiftung“ mehr der Charakter eines Vorwandes zu, zumeist einer nicht beweisbaren oder auch vorsätzlich falschen Anklage. Daraus lässt sich die eigentliche Definition des Wortes „Brunnenvergiftung“ ableiten: die heimtückische, infame Verbreitung personenbezogener, diskriminierender Gerüchte mit dem Ziel der Schädigung der Angeschuldigten.

Die aus dem Verdacht der Brunnenvergiftung angestrengten Gerichtsverfahren verschonten kaum eine Bevölkerungsgruppe. Mehrere hunderttausend Menschen sind in Europa vermutlich solchen Verfolgungen zum Opfer gefallen. Besondere geschichtliche Beachtung gebührt der Vielzahl der willkürlichen Judenverfolgungen, die immer wieder mit dem Verdacht auf Brunnenvergiftung begründet wurden (Gockel, 1997).

Das Unheilvolle dieser Behauptungen lag im Konsens der Gesellschaft: Eine genaue Prüfung des Einzelfalls scheint immer dann entbehrlich, wenn allgemeine Zustimmung zu einer bloßen Vermutung erwartet werden kann.

Eine moderne Parallele findet dieser Sachverhalt in der Unterstellung, es könne zukünftig einen Krieg zwischen den Völkern der Erde um das Wasser geben. Auch hier klingt der Verdacht allein plausibel und entfaltet mit einer Eigendynamik seine verheerende Wirkung, die sich schon heute kaum mehr aufhalten lässt.

Es klingt zunächst plausibel, dass vielerorts das Wasser so knapp werden könnte, dass deswegen ein Kriegsgrund bestünde. Und doch ist jeder Tag Krieg kostspieliger als alle wasserwirtschaftlichen Maßnahmen, um der Wasserknappheit wirksam zu begegnen. Auch der angeblich zu befürchtende Krieg um das Wasser erweist sich als Vorwand aus niederen Beweggründen, um anderen Kriegszielen desto ungestörter nachgehen zu können. Die Geschichte lehrt uns, dass nicht früh genug damit begonnen werden kann, wahre Zusammenhänge beweisbar darzulegen, um menschenverachtende Vorwände als solche zu entlarven. Jede Maßnahme zur nachhaltigen Wasserwirtschaft ist in diesem Sinne aktive Friedenspolitik, wie sie angesichts weltweiter wasserwirtschaftlicher Missstände dringend geboten ist. In diesem Zusammenhang trägt der Begriff **„virtuelles Wasser"** viel zur Aufklärung bei (siehe Tab. 1.3). Er wurde von J. Allan 1990 eingeführt und später vertieft (Allan, 1998), um zu demonstrieren, dass durch Import von Lebensmitteln ein hoher Anteil des Wasserbedarfs aus dem eigenen Bereich in andere, wasserreiche Gebiete verlagert werden kann und ein Krieg um Wasser sinnlos ist.

1.3 Der Antagonismus zwischen Durchflussprinzip und Kreislaufprinzip

Unser gedankliches Konzept von Trinkwasser orientiert sich am Bild einer klaren Quelle, ‚ursprünglich rein', ‚ein Lebensquell', ‚unverzichtbar'. Aus dieser Quelle, die gleichmäßig jahrein jahraus fließt, wollen wir gerne schöpfen und das verschmutzte Wasser der Natur überlassen, mit der wir dennoch in Harmonie zu leben trachten. Ein solcher nahezu idealer Garten Eden ist nur an wenigen Plätzen der Erde realistisch, und nur wenige nimmt er auf. Für die meisten von uns, die sich mit anderen Realitäten zurechtfinden müssen, heißt es, die Umwelt so gestalten, dass wir uns als ein Teil von ihr verstehen und uns in ihr wohl fühlen, auch wenn Abstriche am Idealbild erforderlich sind. Diese Gestaltung zur Erhaltung der Gesundheit des Menschen nennen wir, wie anfangs erwähnt, Hygiene. Während körperliches Wohl-

Tab. 1.3: Wasserbedarf in m³ je Einwohner in einem Jahr (m³/a) und zum Vergleich in Liter je Tag (der Bereich mit dem größten Wasserbedarf ist die Landwirtschaft).

	Bedarf in Siedlungen	Bedarf für Landwirtschaft		mittlere Industrie	Großindustrie
		ohne Fleisch	mit Fleisch		
m³/a	35	1000	2200	50	50
l/d	100	2700	6000	137	137

befinden noch am ehesten zu erreichen ist, trägt zum geistigen und seelischen Wohlbefinden wesentlich auch das Bewusstsein bei, im Einklang mit der Natur zu leben, ein Grundsatz, dem sich die Gestaltung einer nachhaltigen Wasserversorgung verpflichtet fühlt (vgl. dazu auch Lanz, 1997).

Durch wirksame Maßnahmen der Hygiene und infolgedessen zunehmende Lebenserwartung wächst die Zahl der Menschen. Zudem geht steigender hygienischer und allgemeiner Lebensstandard traditionell mit höherer Wassernutzung pro Einwohner einher. Damit wächst der Bedarf an Wasser stark an, aber auch die Belastung der Umwelt wächst durch vermehrte Wassernutzung. Hier unterläuft den meisten Menschen ein gedanklicher Fehler, denn es wird (meist) nur der Bedarf an sauberem Wasser für den privaten Bereich betrachtet. Damit ist das Problem jedoch nicht vollständig erfasst. Der weitaus größere Wasserbedarf, der jedem Einwohner, auch in den Städten, zuzurechnen ist, der aber kaum ins kollektive Bewusstsein gelangt, ist der Wasserbedarf zur Erzeugung der Lebensmittel. Dieser Zusammenhang zwischen Bewässerung und Nahrungserzeugung wird in den nördlichen Ländern, die mit ausreichendem Regenwasseraufkommen in den Sommermonaten rechnen können, nicht offenkundig. In Tab. 1.3 ist der Wasserbedarf der verschiedenen Bereiche gegenübergestellt.

Die Gegenüberstellung in Tab. 1.3 zeigt neue Wege für eine nachhaltige Wasserbewirtschaftung auf:

Einerseits sollte nicht alles verfügbare Wasser direkt in der Landwirtschaft verwendet werden. Ein Teil kann ohne weiteres zunächst in den Siedlungen als Wasser für den menschlichen Gebrauch genutzt werden. Anschließend, nach entsprechender Reinigung, kann es an die Landwirtschaft in der Nähe der Städte abgegeben werden (Wiederverwendung von Wasser als ein Prinzip der nachhaltigen Wasserversorgung).

Andererseits kann durch Import von Lebensmitteln der Wasserbedarf in ariden Gebieten drastisch gesenkt werden. Man spricht von **„virtuellem Wasser"**. So importieren z. B. Libyen oder Israel Lebensmittel, für die sie, bei einer Erzeugung im Lande, je Einwohner etwa 500 m³ jährlich mehr an Wasser benötigen würden (Zehnder, 1998). Diese internationale Arbeitsteilung kann, in Verbindung mit Meerwasserentsalzung, durchaus zum Ausgleich wasserwirtschaftlicher Ungleichgewichte zwischen den Regionen der Erde beitragen.

Zunehmende Industrialisierung belastet ihrerseits die aquatische Umwelt bis zum Kollaps. Selbst die Reinigung industrieller Abwässer vor der Einleitung in natürliche Gewässer reicht als Gegenmaßnahme nicht mehr aus, denn was nützen 90 % Wirksamkeit, wenn die Schmutzfracht um das Hundertfache, ja Tausendfache zugenommen hat? Die Selbstreinigungskraft der Flüsse ist schnell erschöpft. Schon lange vermag die Natur das Abwasser nicht mehr zu reinigen.

So ist die Einsicht in die Notwendigkeit geschlossener Kreisläufe unumgänglich: Wasser wird gebraucht, nicht verbraucht. Nach dem Gebrauch ist es vollständig zu reinigen, denn jede noch so kleine Rate eines nicht abbaubaren Stoffes, wenn sie der Natur über Jahrzehnte oder gar Jahrhunderte zugemutet wird, erweist sich als in der Summe unzumutbare Hypothek. Die Ultima Ratio der Wasserversorgung ist demnach eine vollständige und nicht nur „nahezu“ vollständige Reinigung. Gelingt es, das Wasser vollständig zu reinigen, dann kann es wieder verwendet werden.

Eine wirkungsvolle – nachhaltige – Wasserwirtschaft in einer dicht besiedelten Region muss auf dem Prinzip des Kreislaufs des Wassers beruhen.

Der Antagonismus zwischen den beiden Prinzipien „Durchfluss“ (Verbrauch von Wasser) und „Kreislauf“ (Gebrauch von Wasser) ist einer breiten Öffentlichkeit nicht bewusst. Dies kann zu Missverständnissen führen, wenn die Bewirtschaftung des Wassers auf einem Kreislauf beruht, die Öffentlichkeit aber davon ausgeht, dass es sich um einen Durchfluss handelt. Anthropogene Kontaminationen sind beim Kreislaufprinzip stets in geringen, gesundheitlich und ökologisch unbedenklichen Mengen, soweit sie technisch unvermeidlich sind, zulässig. Die seit 1992 entdeckten Kontaminationen durch Arzneimittel im Trinkwasser und die aktuell viel diskutierte Problematik des Mikroplastiks widersprechen dieser These nicht. Die Entdeckungen gehen auf eine verbesserte Analysentechnik zurück und sind Grundlage für zukünftige, neue Vermeidungsstrategien und Aufbereitungstechniken (Kap. 10).

1.4 Das Menschenrecht auf Wasser und Leitsätze für die nachhaltige Nutzung von Wasser

Mit der Resolution 64/292 aus 2010 erkennt die Generalversammlung der Vereinten Nationen „das Recht auf einwandfreies und sauberes Trinkwasser und Sanitätsversorgung als ein Menschenrecht an, das unverzichtbar für den vollen Genuss des Lebens und aller Menschenrechte ist.“

Die UN fordert die Staaten und die internationalen Organisationen auf, dies zu ermöglichen und begrüßt den Beschluss des Menschenrechtsrats, der Generalversammlung einen jährlichen Bericht vorzulegen.

Mit diesem Beschluss hat die UN-Generalversammlung die Grundversorgung mit Trinkwasser in den Entwicklungsländern im Blick und weniger technische Vorschläge für die Lösung des Problems. Ob Durchfluss oder Kreislauf bleibt den Staaten überlassen. Für ein integriertes Ressourcen-Management und für die Wahl von Vermeidungsstrategien ist die Resolution 64/292 kein geeignetes Instrument. Welch unglaubliche Fülle von Ideen und Meinungen es zu berücksichtigen gilt, spiegelt beispielsweise der lesenswerte Band „WASSER“, Elemente des Naturhaushalts (Busch und Förster, 2000) wider.

Andererseits können von einer Verständigung auf Leitsätze für eine nachhaltige Nutzung von Wasser die notwendigen Impulse ausgehen, um auch in Zukunft das Menschenrecht auf Wasser zur alltäglichen Selbstverständlichkeit werden zu lassen. Solche Leitsätze könnten sein:

- Wasser wird genutzt, aber nicht verbraucht. Es steht nach der Nutzung, sofern es nicht verdampft, weiterhin zur Verfügung (siehe auch Kap. 1.3).
- Multiple Barrierensysteme (mehrstufige Abwasserbehandlung, die Wirkung der Biozönose in Teichen, Flüssen, Seen, Bodenpassage oder Uferfiltration) schützen die aquatische Umwelt, insbesondere auch vor Krankheitserregern (Kap. 9).
- Die Auswahl geeigneter Materialien im Kontakt mit Wasser vervollständigt das Barrierensystem.
- Die Mehrfachnutzung von Wasser im industriellen Bereich kann und sollte Abwasser-freie Fabriken zur Folge haben (siehe auch Kap. 1.1).
- Für jeden synthetischen Stoff besteht Informationspflicht, die es den Nutzern von Wasser erlaubt, Möglichkeiten auszuschöpfen, um eine Belastung des Wassers zu vermeiden (z. B. Problembereiche Arzneimittel oder Mikroplastik).
- Der Verbleib mehrstufig behandelten Abwassers in der Landwirtschaft vermindert den Aufwand zur Entfernung der P- und N-Nährstoffe. Für die großräumige Wasserbilanz ist die Menge von behandeltem Abwasser jedoch unerheblich, da sie nur etwa 5 % des gesamten Wasserbedarfs der Landwirtschaft ausmacht (siehe Tab. 1.3).
- Wasserversorgung und Landwirtschaft sind nicht Konkurrenten um das knappe Gut Wasser, sondern Partner, deren Kooperation hilft, die Wasserversorgung der Siedlungen zu sichern sowie die Kontamination der Gewässer mit Pestiziden und Nitrat zu minimieren.

1.5 Literatur

Allan, J. A. (1998): Virtual water: a strategic resource. Global solutions to regional deficits. Groundwater, *36 (4)*, S. 545–546.

Busch, B. und Förster, L. (Redaktion), Kunst- und Ausstellungshalle, Bonn (2000): Elemente des Naturhaushalts – Wasser. ISBN 3-87909-707-0, Wienand Verlag, Köln.

Fischer, Ferdinand (1877): Anforderungen an zu häuslichen Zwecken bestimmtes Wasser. Polyt.Journal, 223, S. 517–525 (http://dingler.culture.hu-berlin.de/article/pj223/ar223122).

Frontinus-Gesellschaft e.V. (Hrsg.) (1982): Wasserversorgung im antiken Rom. R. Oldenbourg Verlag, München, Wien.

Gaertner, A. (1915): Die Hygiene des Wassers. Verlag Vieweg und Sohn, Braunschweig.

Garbrecht, G. (1985): Wasser, Vorrat, Bedarf, Nutzung in Geschichte und Gegenwart. rororo Sachbuch, Rowohlt Taschenbuch Verlag, Reinbeck bei Hamburg.

Gockel, B. (1997): Brunnenvergiftung – fragmentarische Betrachtungen zu einem „schwarzen" Kapitel aus der Beziehung von Wasserversorgung und praktizierter Rechtspflege. Schriftenreihe der Frontinus-Gesellschaft (Brüderstr. 53, 51427 Bergisch-Gladbach), Heft 21, S. 117.

Lanz, K. (1995): Das Greenpeace-Buch vom Wasser. Naturbuch-Verlag, Augsburg.

Ranke-Graves, R. von (1984): Griechische Mythologie, Quellen und Deutung. rororo rowohlts enzyklopädie, Neuausgabe Rowohlt Taschenbuch Verlag, Reinbeck bei Hamburg.

Schadewaldt, H. (1994): Über die Rückkehr der Seuchen. VGS Verlagsgesellschaft, Köln (für Robugen GmbH, Alleenstraße 22, 73730 Esslingen).

Smith, N. (1978): Mensch + Wasser, Bewässerung – Wasserversorgung: Von den Pharaonen bis Assuan. Udo Pfriemer Verlag, München.

Vereinte Nationen, Generalversammlung (2010): Resolution 64/292 (Recht auf sauberes Trinkwasser und Sanitärversorgung).

Winkle, S. (1997): Kulturgeschichte der Seuchen. Verlag Artemis und Winkler, Düsseldorf, Zürich.

Zehnder, A. J. B. (1999): Wassernutzung und Nahrungsmittelproduktion – eine internationale Arbeitsteilung. EWAG News (www.eawag.ch), *46*, S. 18–20.

G. Michel†

2 Hydrogeologie

2.1 Einführung

Die Hydrogeologie ist die Wissenschaft vom Grundwasser. Als Grundwasser wird unterirdisches Wasser bezeichnet, das die Hohlräume der Erdrinde zusammenhängend ausfüllt und dessen Bewegungsmöglichkeit ausschließlich durch die Schwerkraft bestimmt wird (DIN 4049, Teil 3, 1994). Im weitesten Sinne gehört das Grundwasser zu den nutzbaren Bodenschätzen. Es weist jedoch zwei Besonderheiten auf, die festen Rohstoffen fremd sind: Es bewegt sich, ähnlich dem Erdöl, und es unterliegt einer raschen und beinahe ständigen Neubildung, und zwar auch dort, wo es genutzt wird.

Die Hydrogeologie will als geologische Wissenschaft verstanden sein. Wegen der Sonderstellung des Grundwassers allerdings kommt die Hydrogeologie nicht ohne Querverbindungen zu anderen naturwissenschaftlichen Disziplinen aus (Tab. 2.1). Der auch gebräuchliche Begriff Geohydrologie betont die mathematisch-hydraulische Behandlung des Grundwassers. In Bezug auf die Hydrogeologie ist die „Hydrologie" (Baumgartner u. Liebscher, 1996; Biswas, 1970; Dyck, 1980; Keller, 1979) als die Wissenschaft vom Wasser, seinen Erscheinungsformen über, auf und unter der Landoberfläche, seinen Eigenschaften und natürlichen Zusammenhängen, als Überbegriff zu verstehen.

In ihren heutigen Inhalten ist die Hydrogeologie eine sehr junge Wissenschaft. Im Schrifttum taucht der Begriff „Hydrogeologie" erstmals 1802 bei Jean-Baptiste Lamarck (1744–1829; siehe Carrozzi, 1964) auf, jedoch nicht in der heutigen Bedeutung. Erst 1855 verwendete Max von Pettenkofer und später der Engländer J. Lucas (1880) den Begriff für Untersuchungen an Grundwasservorkommen. Vorläufer in der hydrogeologischen Praxis waren die Franzosen Henry Darcy (1803–1858; siehe Darcy, 1856) und Abbé Jean Paramelle (1790–1875) (Paramelle, 1856).

Tab. 2.1: Querverbindungen der Hydrogeologie zu anderen Wissenschaften (aus Bender, 1984).

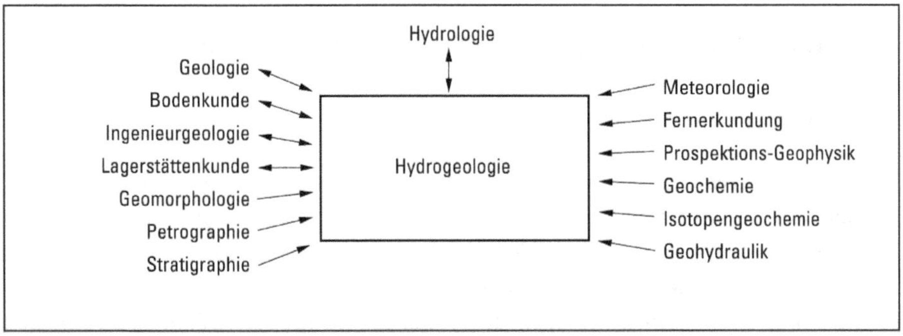

https://doi.org/10.1515/9783110588217-002

Als Wegbereiter einer selbstständigen, angewandten Wissenschaft der Hydrogeologie wirkten zahlreiche Gelehrte, die sich sowohl von der Geologie als auch von den Ingenieurwissenschaften her hydrogeologischen Fragestellungen näherten. Erwähnenswert sind insbesondere die ersten Lehrbücher von Jules Depuit (1863), Philipp Forchheimer (1886, 1914), Adolph Thiem und Günter Thiem (1906), Konrad Keilhack (1935), Hans Höfer von Heimhalt (1912), Wilhelm Koehne (1948), Oscar Meinzer (1923, 1942), Rudolf Grahmann (1958).

Seit den 1980er Jahren sind zahlreiche hydrogeologische Lehrbücher erschienen, die entweder das ganze Spektrum der Hydrogeologie bis hinein in angrenzende Wissenschaften abdecken oder jeweils bestimmte Aspekte bevorzugt betonen. Den Anspruch auf größtmögliche Vollständigkeit erfüllt das von Georg Matthess herausgegebene elfbändige deutschsprachige Lehrbuch der Hydrogeologie, von dem bisher neun Bände verfügbar sind (Balke et al., 2000; Busch et al., 1993; Heitfeld, 1991; Käss, 1992; Matthess, 2003; Matthess u. Ubell, 2003; Michel, 1997; Moser u. Rauert, 1980; Pinneker, 1992). Einen guten Überblick über das Gesamtgebiet vermittelt das Buch von Bernward Hölting, welches innerhalb von 15 Jahren sieben Neuauflagen erfuhr (Hölting und Coldewey, 2009). Weitere deutschsprachige Lehrbücher veröffentlichten die Autoren Thurner (1967), G. Keller (1969), Kruseman und De Ridder (1973), Richter und Lillich (1975), Langguth und Voigt (2004), Karrenberg (1981), Vierhuff et al. (1981), Jordan und Weder (1995). Die gängigen Methoden der Hydrogeologie werden von 32 Autoren im Band 3 des von F. Bender (1984) herausgegebenen Lehrbuches der Angewandten Geowissenschaften behandelt.

Über die Ländergrenzen hinaus bekannte französische Lehrbücher stammen von Castany, Erhard-Cassegrain & Margat und Schoeller; englischsprachige von De Wiest, Davis & De Wiest, Freeze & Cherry, sowie die in die Literaturliste aufgenommenen Werke von Todd (1980) und von Heath (1988).

Schließlich sind noch die **hydrogeologischen Karten** zu nennen (Struckmeier, 1989). Dabei handelt es sich um synoptische Darstellungen hydrogeologischer Daten und ihrer Interpretation auf einer topographischen Basis. Sie geben Auskunft über Verbreitung, Menge, Tiefenlage und Qualität des Grund- und Oberflächenwassers.

2.2 Grundwasser als Bestandteil der Erde

2.2.1 Geologische Grundlagen

Während bezüglich der Individualentwicklung eines Organismus kaum Probleme bei der Zeitvorstellung erwachsen, ist der Mensch bei der Abstraktion der enormen geologischen Zeiträume hoffnungslos überfordert. Das menschliche Gehirn als Sitz der geistigen Kapazitäten scheint ein Denken in solchen Zeitmaßstäben nicht vorzusehen. Durch Projektion erdgeschichtlicher Zeiträume auf den Ablauf eines einzigen

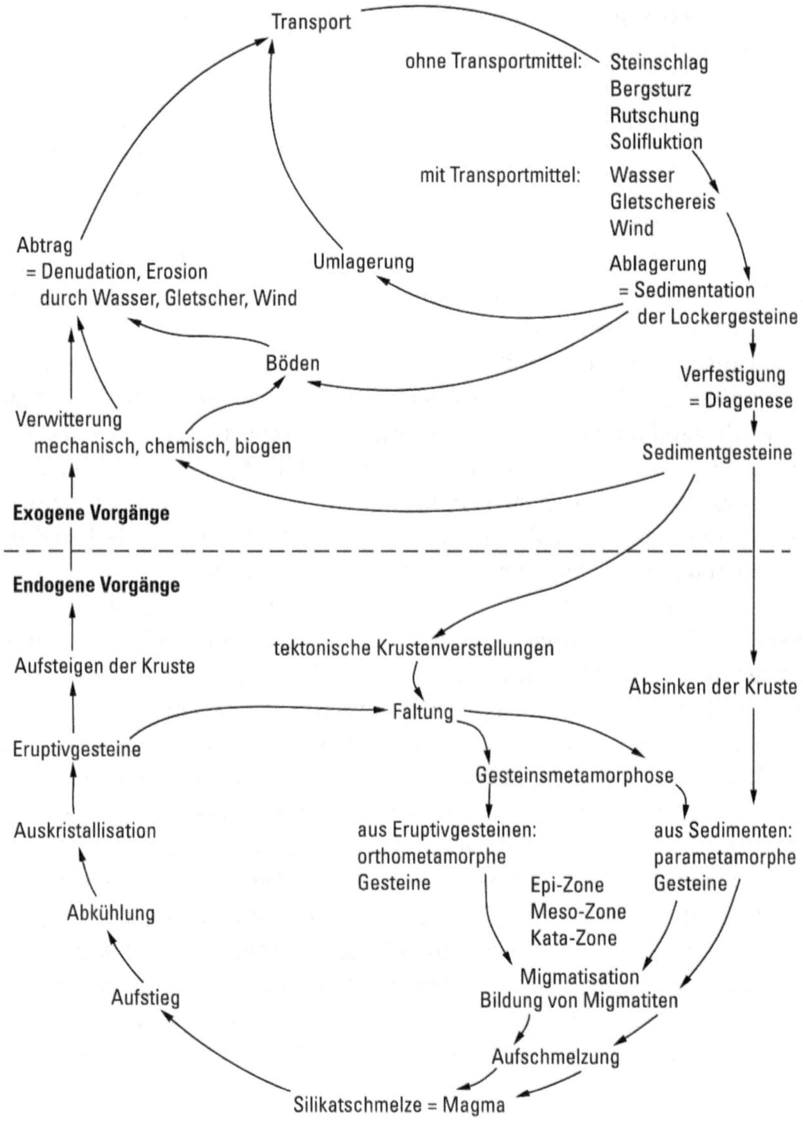

Abb. 2.1: Stoffaustausch und Stoffkreisläufe durch exogene und endogene Vorgänge an der Erdkruste (aus Jäckli, 1980).

Jahres ist jedoch eine gewisse Anschaulichkeit zu erreichen, d. h. die gesamte Erdgeschichte wird in diesem Vergleich auf 24 Stunden geschrumpft. Die durch Fossilien belegten Abschnitte der Erdgeschichte (Phanerozoikum) beginnen vor etwa 540 Mio. Jahren und damit auf unserer gedachten Jahresuhr erst am 1. November. Der Mensch kommt dann gerade noch zurecht, um auf der Silvesterfeier Prosit Neujahr zu sagen.

Das geologische Geschehen heute (Aktuogeologie) ist der Schlüssel für das Verständnis der Entwicklung unserer Erde (Jäckli, 1985). Geologische Urkunden sind in erster Linie die Gesteine.

Das Wechselspiel zwischen den endogenen Kräften, zu denen die magmatischen Aktivitäten und die tektonischen Bewegungen gehören, und den exogenen Kräften (Verwitterung, Abtragung, Sedimentation) bewirkt einen ständigen Kreislauf der Stoffe in der Erdkruste (Jäckli, 1980). Abb. 2.1 veranschaulicht die Vielseitigkeit dieser Wechselwirkungen über der Erdoberfläche (exogen) und darunter (endogen) bis in die Asthenosphäre (eine nachgiebige Zone, die mehr als 100 km unter der festen Erdkruste vermutet wird).

Bei diesen komplexen und zum Teil schwer nachvollziehbaren Vorgängen spielt das Wasser eine wesentliche Rolle, sei es fest (Eis), flüssig, gasförmig oder in seinem überkritischen Zustand als Fluid bei hohem Druck (kritische Temperatur +374 °C). In den Hypothesen, die Ursachen und Charakter des Stoffaustausches zwischen Erdmantel und Erdkruste zu erklären suchen, kommt den Fluidströmungen eine große Bedeutung zu. Sie werden auch als eine Art „Schmiermittel" bei tektonischen Prozessen angesehen und sind kein Grundwasser im eigentlichen Sinne.

Die Zone des Grundwassers reicht theoretisch nach unten bis in die Krustenbereiche hinein, in denen praktisch keine zusammenhängenden Hohlraumsysteme mehr existieren. Allerdings können sogar diese Bereiche noch etwas Wasser in isolierten Poren und Trennfugen enthalten. Beispielsweise wurden in der übertiefen Bohrung Kolskaja (Halbinsel Kola, 100 km westlich Murmansk) im Granit noch in 11 km Tiefe Fluide (gas- und wasserhaltig) hoher Mineralisation angetroffen.

Die Untergrenze der durchlässigen Gesteine hängt naturgemäß vom geologischen Bau ab. In Verbreitungsgebieten von plutonischen und metamorphen Gesteinen liegt diese Grenze möglicherweise schon bei 3000 m Tiefe. In tiefen Sedimentationsbecken kann diese Grenze eine Tiefe von nahezu 17 km erreichen. In Tiefen von mehr als 5–6 km ist der Überlagerungsdruck aber so groß, dass der Volumenanteil an offenen Poren weniger als 1 % der Gesteinsmasse ausmacht. Hier ist ein Vorkommen von Wasser nur noch in chemischer Bindung mit dem Gestein oder gelöst in magmatischen Schmelzen möglich (Matthess u. Ubell, 2003; Pinneker, 1992).

2.2.2 Hydrosphäre

Die Hydrosphäre ist die unzusammenhängende Wasserhülle der Erde, bestehend aus Salzwasser, Süßwasser und Gletschereis. Sie umfasst die Ozeane mit den ihnen angrenzenden Randmeeren, die Seen, die Ströme, Flüsse und Bäche, die Gebirgsgletscher, Polkappen und das Grundwasser. Abb. 2.2 veranschaulicht die geschätzten Wasserreserven der Erde (Nace, 1968). Dabei wird die Gesamtwassermenge dem Inhalt eines 200-Liter-Fasses gleichgesetzt, wovon das Meerwasser 98 % ausmacht. In den Polkappen und Gletschern der Erde sind 4,2 Liter festgelegt (2,1 %), am allgemeinen Wasserkreislauf ist der Inhalt eines kleinen Wasserglases beteiligt, der jähr-

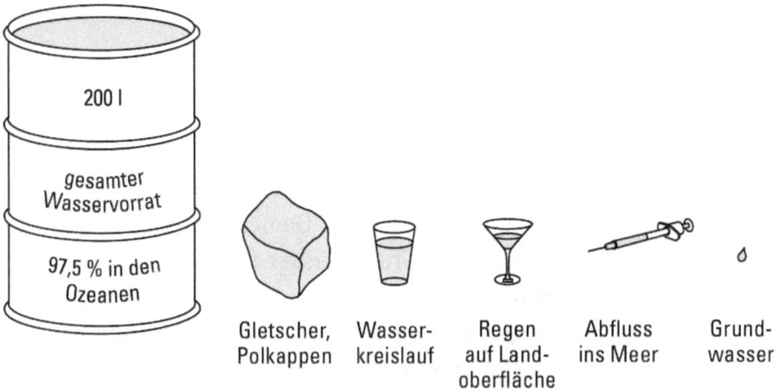

Abb. 2.2: Gleichnis der Wasserreserven der Erde (siehe Text).

Tab. 2.2: Die Verteilung des Wassers auf der Erde (Mason und Moore, 1985).

	Volumen in km³	**Masse in Gramm**
Meerwasser	$1{,}37 \cdot 10^{9}$	$1{,}41 \cdot 10^{24}$
Eis	$2{,}9 \cdot 10^{7}$	$2{,}9 \cdot 10^{22}$
Grundwasser	$8{,}4 \cdot 10^{6}$	$8{,}4 \cdot 10^{21}$
Seen	$1{,}3 \cdot 10^{5}$	$1{,}3 \cdot 10^{20}$
Salzseen und Binnenmeere	$1{,}0 \cdot 10^{5}$	$1{,}0 \cdot 10^{20}$
Wasserdampf	$1{,}3 \cdot 10^{4}$	$1{,}3 \cdot 10^{19}$
Flüsse	$1{,}3 \cdot 10^{3}$	$1{,}3 \cdot 10^{18}$

liche Niederschlag über der gesamten Landoberfläche passt in ein Likörglas, die Flüsse bringen die Füllung einer kleinen Spritze (5 ml) ins Meer. Das gesamte Grundwasser unserer Erde entspricht bei diesem Vergleich einem winzigen Tropfen an der Spitze der Kanüle.

Flächenmäßig nehmen die Ozeane 361 Mio. km² der 510 Mio. km² großen Erdoberfläche ein, also 70,8 %. Das Volumen der Meere beträgt rund 1370 Mio. km³, also $1{,}37 \cdot 10^{21}$ Liter. Riesige Salzmengen sind darin gelöst. Es handelt sich um rund $5 \cdot 10^{16}$ Tonnen Salz, welche einen Raum von 21,6 Mio. km³ einnähmen, also sechsmal so viel wie der Inhalt der europäischen Festlandsscholle. In den anderen Bereichen der Hydrosphäre ist es schwieriger, zu plausiblen Werten über das Wasser zu kommen. Eine erste Annäherung vermittelt die Tab. 2.2. Das Volumen des Grundwassers wird auf $8{,}4 \cdot 10^{6}$ km³ geschätzt (Mason u. Moore, 1985). Andere Autoren nehmen etwa nur die Hälfte an (Matthess u. Ubell, 2003).

2.2.3 Alter des Grundwassers

Das Alter eines Grundwassers wird auf dessen Verweilzeit im Untergrund bezogen. Dabei sind zwei Kategorien zu unterscheiden: geologisch alte Grundwässer und vadose Grundwässer.

So gibt es geologisch alte Grundwässer, welche seit 1 bis 2 Millionen Jahren oder länger nicht am Wasserkreislauf beteiligt gewesen sind. Gemeint sind vor allem die zum Teil hochmineralisierten konnaten tiefen Grundwässer (engl. connate water), bei welchen es sich um synsedimentäre fossile Wässer handelt. Solche Wässer werden in großen artesischen Becken angetroffen, wobei die Grundwasserleiter noch wesentlich älter sein können als das in ihnen mehr oder weniger stagnierende Grundwasser. So ist das Grundwasser in den rund 200 Mio. Jahre alten Perm- und Triasablagerungen der Kaspischen Senke und im Wolga-Ural-Gebiet nicht älter als 90 Mio. Jahre. Ähnliche Alter (zwischen 10 und 100 Mio. Jahre) werden für die hochkonzentrierten Ca-Cl_2-Solen des artesischen Angara-Lena-Beckens angegeben, die in 1500 bis 3000 m Tiefe in unterkambrischen Gesteinen vorkommen (Pinneker, 1992; S. 240). In geologisch jüngeren artesischen Becken kann das Alter des versalzten Grundwassers mit dem des grundwasserführenden Gesteins übereinstimmen; z. B. mit rund 100 Mio. Jahren in der zentralen Vorderkaukasus-Region.

Die Bestimmung solch hoher Wasseralter erfolgt nach dem Helium-Argon-Verhältnis der im Wasser gelösten Gase. Die Methode beruht darauf, dass die Menge an Argon, das als Gas hauptsächlich aus der Luft stammt, zeitlich praktisch konstant bleibt, während Helium als radiogenes Gas in Grundwässern nach und nach angereichert wird. Je höher das Grundwasseralter ist, desto größer sollte das Verhältnis von Helium zu Argon sein (Pinneker, 1992).

Das Grundwasser vadosen Ursprungs (lat. vadosus: seicht) ist geologisch sehr jung, und es ist am allgemeinen Wasserkreislauf beteiligt, wenn im Einzelfall auch in säkularen Zeitläufen und auf tiefreichenden, weiten Fließwegen. Mithilfe radioaktiver und stabiler Umweltisotope sind Datierungen des Grundwassers bis etwa 50.000 Jahre vor heute möglich (Geyh u. Schleicher, 1990; Hoefs, 1987; IAEA, 1996; Moser u. Rauert, 1980).

Die so genannten Umweltisotope sind Isotope, die das Wasser von Natur aus oder als Folge der Kerntechnik enthält. Hierzu gehören vor allem die stabilen Isotope ^2H (Deuterium) und Sauerstoff ^{18}O und das radioaktive Isotop ^3H (Tritium) des Wassermoleküls sowie das im Hydrogencarbonat des Wassers enthaltene stabile Isotop ^{13}C und das radioaktive Isotop ^{14}C.

Die klassischen ^{14}C-Analysen dienen vor allem dazu, Grundwässer mit Altern von Jahrhunderten bis Jahrtausenden zu unterscheiden. Sie helfen darüber hinaus bei der Aufstellung von Mischbilanzen und bei Studien übermäßiger Grundwassernutzung. Die zugleich damit anfallenden Ergebnisse von $\delta^{13}C$-Analysen haben sich bei der genetischen Klassifikation von Grundwässern bewährt. Mit Tritium-Analysen sind mittlere Verweilzeiten von einigen Jahren bis zu etwas mehr als einem Jahrhundert abschätzbar. Grundlage ist technogenes Tritium, das seit etwa 1963

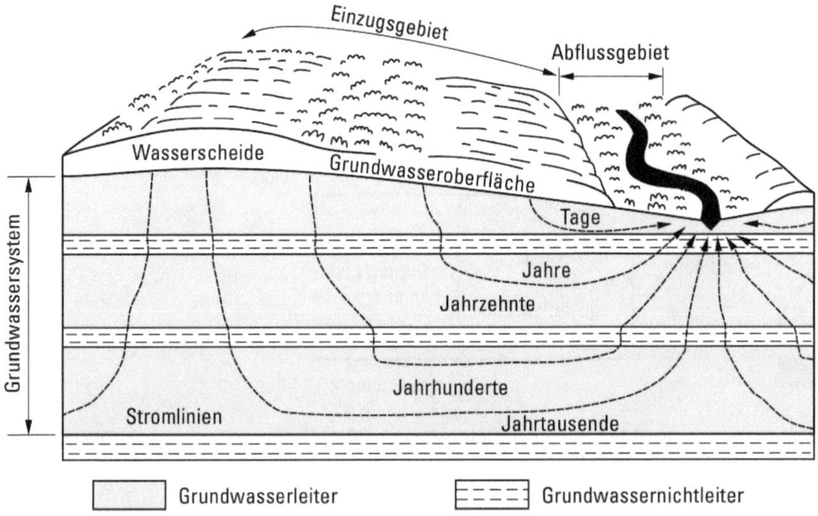

Abb. 2.3: Schema von Mischungen verschieden alter Grundwässer (Heath, 1988).

durch Kernwaffenversuche und seit einigen Jahren vermehrt durch die Nuklearindustrie in die Hydrosphäre eingebracht wird. $\delta^{18}O$-Bestimmungen ermöglichen unter besonderen geomorphologischen und flächenmäßigen Voraussetzungen Angaben von Verweilzeiten zwischen wenigen Monaten und 3–4 Jahren. Grundlage ist die Temperaturabhängigkeit und damit die jahreszeitliche Veränderung der Isotopenzusammensetzung in den Niederschlägen: Die Winterniederschläge sind isotopisch leichter als die des Sommers. In der Praxis können sich verschieden alte Grundwässer summieren. Das Produkt kann ein Mischwasser sein, wie Abb. 2.3 zeigt (Heath, 1988).

2.3 Allgemeine Hydrogeologie

2.3.1 Ungesättigte Sickerwasserzone

Die Allgemeine Hydrogeologie befasst sich mit den weitgefächerten interdisziplinären Grundlagen und den Methoden der Hydrogeologie und nimmt so eine Mittlerfunktion zwischen der Geologie, Geochemie, Bodenkunde, Hydrologie, Wasserwirtschaft und einigen Ingenieurwissenschaften ein. Der Forschungsinhalt ist das unterirdische Wasser, welches einer ungesättigten Sickerwasserzone und einer gesättigten Grundwasserzone zuzuordnen ist (Abb. 2.4).

Die ungesättigte Zone besteht aus dem Dreiphasensystem Gesteinspartikel + Luft + Wasser. In ihr wird unterschieden zwischen dem freibeweglichen, der Schwerkraft unterliegenden **Sickerwasser** (franz. eau d'infiltration, engl. infiltration water),

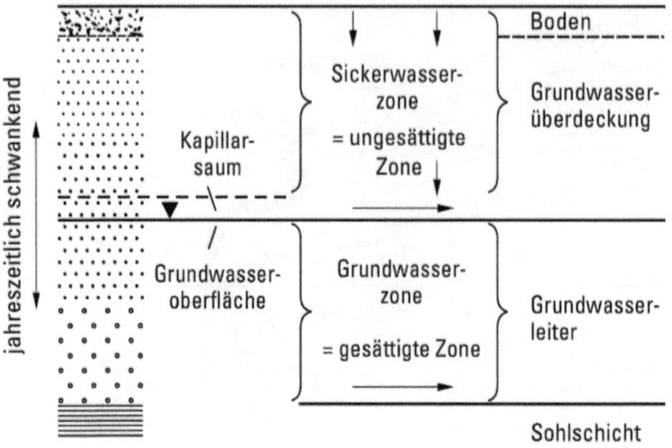

Abb. 2.4: Hydrogeologische Gliederung des Untergrundes (Matthess und Ubell, 2003; DIN 4049, Teil 3, 1994).

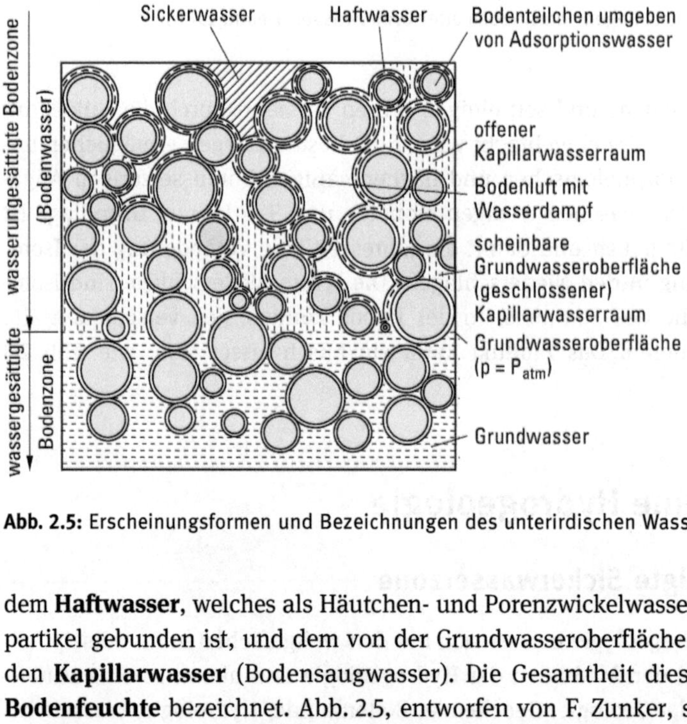

Abb. 2.5: Erscheinungsformen und Bezeichnungen des unterirdischen Wassers (Hölting, 1996).

dem **Haftwasser**, welches als Häutchen- und Porenzwickelwasser adhäsiv an Bodenpartikel gebunden ist, und dem von der Grundwasseroberfläche kapillar aufsteigenden **Kapillarwasser** (Bodensaugwasser). Die Gesamtheit dieser Wässer wird als **Bodenfeuchte** bezeichnet. Abb. 2.5, entworfen von F. Zunker, seit 1930 wiederholt publiziert und noch aktuell, verdeutlicht die Erscheinungsformen des unterirdischen Wassers. Die **Grundwasserzone**, d. h. der Grundwasserkörper, auch Grundwasserraum genannt, beginnt dort, wo das Wasser die Hohlräume zusammenhängend ausfüllt. Der Abstand der Grundwasseroberfläche zur Erdoberfläche, der **Flurabstand,** kann zwischen wenigen Dezimetern (Flachland) und mehreren hundert Metern (Gebirge) betragen.

2.3.2 Gesättigte Grundwasserzone

2.3.2.1 Hydrogeologische Grundlagen

Das hydrogeologische Einteilungsprinzip der geologischen Körper bzw. Gesteinsverbände basiert auf dem Grad ihrer Durchlässigkeit und ihrer Wegsamkeit für Wasser. In Analogie zur Elektrizität ist eine Unterscheidung in Grundwasserleiter, Grundwasserhalbleiter und Grundwassernichtleiter verständlich. Es liegt in der Relativität des Begriffes Durchlässigkeit, dass die gegenseitige Abgrenzung oft unscharf ist. Beispielsweise kann ein Feinsand gegenüber einem viel durchlässigeren Kies als Halb- oder Nichtleiter wirken, gleichzeitig aber gegenüber einem Schluff oder Ton als Grundwasserleiter. Die Tab. 2.3 gibt eine Übersicht über die üblichen und fälschlich noch verwendeten Begriffe. Abb. 2.6 verdeutlicht die gebräuchlichen hydrogeologischen Begriffe, ohne dass hier Details erörtert werden können. Es wird auf die DIN 4049 verwiesen (DIN 4049, Teil 3, 1994).

Grundwasserleiter (engl. aquifer, franz. aquifère) sind Gesteinskörper, die Hohlräume enthalten und somit geeignet sind, Grundwasser in nutzbarer Menge zu speichern und weiterzuleiten. Das Wort Grundwasserleiter wird also hier synonym mit Aquifer gebraucht. Einige Autoren bezeichnen jedoch nur den wassererfüllten Teil eines Grundwasserleiters als Aquifer (Richter u. Lillich, 1975). In Gebieten, wo das Grundwasser künstlich weiträumig und zum Teil bis zu mehreren hundert Meter tief abgesenkt wird, z. B. am Niederrhein, in Nordostsachsen und in der Lausitz, schafft eine solche Betrachtungsweise eher Verwirrung als Klarheit.

Hydrogeologisch wird zwischen Poren-, Kluft- und Karstgrundwasserleitern unterschieden.

In den **Porengrundwasserleitern** zirkuliert in der gesamten wassergesättigten Zone das Wasser dreidimensional diffus, die horizontale Richtung kann als Folge der Schichtung der Gesteine allerdings bevorzugt sein. Im Wesentlichen handelt es sich um Kiese und Sande sowie ganz selten um poröse Sandsteine mit annähernd gleichmäßigen laminaren Strömungsverhältnissen im Hohlraumanteil. Dieser hängt

Tab. 2.3: Bezeichnungen und Beispiele von Grundwasserleitern (Gw ist die übliche Abkürzung für Grundwasser).

Bezeichnung	Lehnwort	fälschlich	Beispiele
Gw Leiter	Aquifer	Gw Träger Gw Horizont	Kiese, Sand-Kies-Gemische, Mischsande, Kalksteine, Sandsteine, Basalte
Gw Halbleiter oder Gw Hemmer	Aquitarde	Gw Geringleiter	Feinsande, manche Schluffe, geklüftete Tonsteine, manche Sandsteine
Gw Nichtleiter	Aquiclude Aquifuge	Gw Sperrer Gw Stauer	Granit, Gneis, Steinsalz, Gips

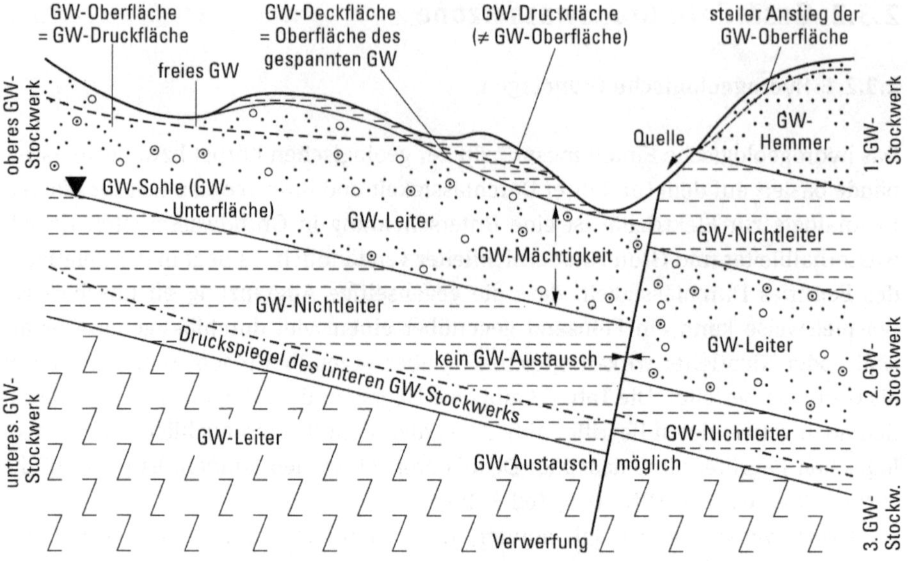

Abb. 2.6: Hydrogeologische Begriffe (Hölting & Coldewey, 2009).

von der Korngrößenverteilung (Sortierung) und der Form der Gesteinspartikel, weniger von ihrer Größe ab. Fein- und mittelkörniges Material ist meist günstiger sortiert, mit freien Zwischenräumen und vergleichsweise großem nutzbaren Hohlraumanteil. Bei Sanden beträgt er bis zu 30 % des gesamten Gesteinsvolumens.

In **Kluftgrundwasserleitern** zirkuliert das Grundwasser im Wesentlichen zweidimensional flächenhaft im Kluftraum. Zu diesem werden neben Kluftflächen, Schichtfugen und Spalten auch Abkühlungsfugen mancher magmatischer Gesteine gerechnet. Bestimmte, durch Kluftsysteme vorgezeichnete Richtungen werden bevorzugt. Zwischen zwei wasserführenden Trennfugen ist das Gestein „trocken". Es wirkt im kleinen Bereich, der als „Handstück" bezeichnet wird, undurchlässig. Zu den Kluftgrundwasserleitern gehören spröde Sandsteine, Kalk- und Dolomitsteine, manche (dolomitische) Tonsteine, Konglomerate, einige Quarzporphyre und Basalte (Karrenberg, 1981).

Karstgrundwasserleiter sind quasi durch chemische Lösung aufgeweitete Kluftgrundwasserleiter (Bögli, 1978). Das Karstgrundwasser zirkuliert in Längsrichtung („eindimensional") in linear ausgerichteten, viele Kilometer reichenden, vielfach gewundenen Spalten- und Höhlensystemen (Zötl, 1974). Der Nachweis der Grundwasserbewegung in den Spalten kann durch Markierungsversuche erbracht werden (Käss, 1992). Diese so genannte Karstzirkulation ist beschränkt auf relativ leicht lösliche Kalk- und Dolomitsteine, Anhydrit und Gips sowie ihre Mischglieder.

2.3.2.2 Geohydraulische Grundlagen

Aus geohydraulischer Sicht werden die Gesteine eingeteilt nach ihrer hydraulischen Leitfähigkeit, also der Durchlässigkeit im weitesten Sinne. Darunter versteht man die Eigenschaft eines Gebirgskörpers (in der Bedeutung von Gesteinsverband), unter bestimmten Druckverhältnissen für Wasser und andere Flüssigkeiten durchlässig bzw. durchfließbar zu sein. Die hydraulische Leitfähigkeit hängt ab vom nutzbaren zusammenhängenden durchflusswirksamen Hohlraumvolumen, dem Hohlraumanteil. Es wird zwischen einer Gebirgs-, Gesteins- und Trennfugendurchlässigkeit unterschieden. Bei den Lockergesteinen entspricht die Gebirgsdurchlässigkeit der Gesteinsdurchlässigkeit; bei den Festgesteinen bildet sie die Summe aus Trennfugen- und Gebirgsdurchlässigkeit, wobei erstere dominiert.

Bei den **Porengrundwasserleitern** wird die hydraulische Leitfähigkeit exakt durch die in etwa identischen Begriffe Durchlässigkeit und Permeabilität erfasst (Engelhardt, 1960). Es handelt sich um eine messbare, gesteinsspezifische Konstante, die jeweils nur für einen bestimmten Gesteinskörper gilt. Entscheidend ist die jeweilige Oberflächenaktivität des Gesteins.

Der Begriff Permeabilität ist mit dem Namen des französischen Wasserbauingenieurs Henry Darcy verknüpft, welcher 1856 die nach ihm benannte, sehr einfache empirische Fließgleichung aufstellte. Das Gesetz von Darcy (Abb. 2.7) lautet:

$$Q = k_f \cdot F \cdot h/l = k_f \cdot F \cdot I \tag{2.1}$$

Die Höhendifferenz h (m) zwischen zwei Standrohr-Spiegelhöhen mit dem Abstand l (m) ergibt das Grundwassergefälle h/l. Der Volumenfluss Q (m^3/s) durch eine Fläche F (m^2) hängt ab vom dimensionslosen hydraulischen Gradienten I (m/m), der identisch mit dem Grundwassergefälle h/l ist, und vom Durchlässigkeitsbeiwert k_f (m/s), abgekürzt k_f-Wert. Der hydraulische Gradient entspricht der Absenkung der Grundwasseroberfläche je Meter entlang der Fließstrecke.

Der k_f-Wert ist abhängig vom freien Porenraum des Gesteins, von den dynamischen Eigenschaften der Flüssigkeit, wie z. B. Viskosität und Dichte, sowie von der Stärke des Gravitationsfeldes, d. h. von der geographischen Lage. Der k_f-Wert ist

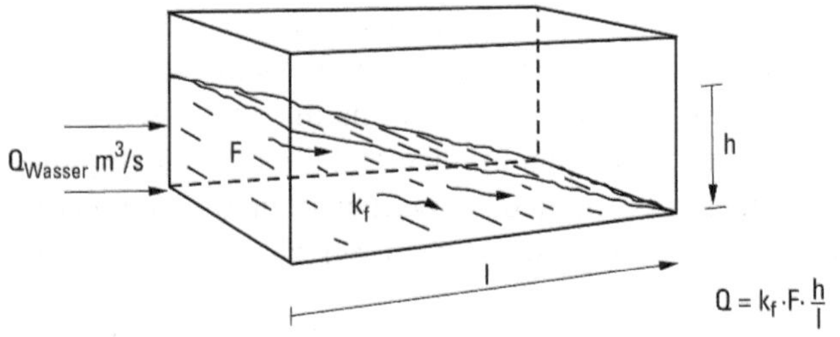

Abb. 2.7: Das Gesetz von Darcy.

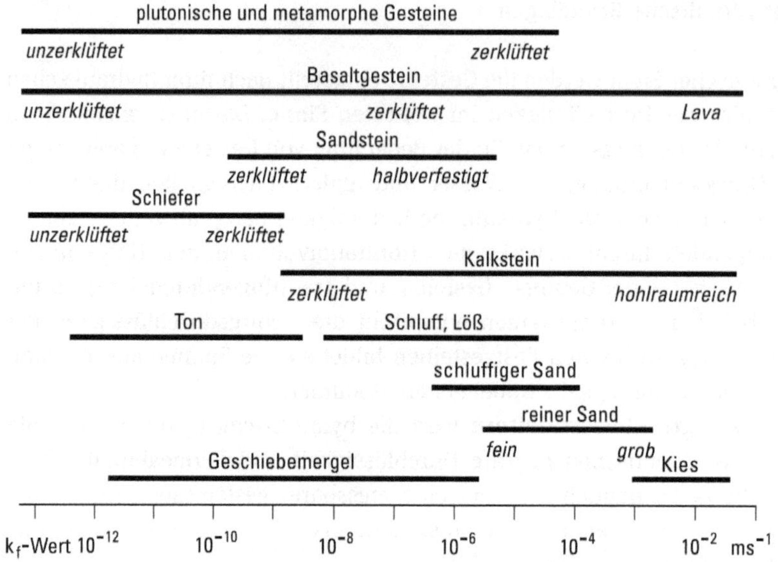

Abb. 2.8: k_f-Wert oder spezifischer Durchfluss verschiedener Gesteine (abgeändert nach Heath, 1988).

eine wichtige Kenngröße für alle unterirdischen Fließvorgänge und für die hydraulische Bewertung undurchlässiger Schichten. Je kleiner der k_f-Wert ist, desto geringer ist die Durchlässigkeit des Gesteinskörpers. Bei einem hydraulischen Gradienten von 1 m/m entspricht der k_f-Wert dem Zahlenwert von Q. Der k_f-Wert wird daher auch spezifischer Durchfluss genannt. Der k_f-Wert wird in Zehnerpotenzen ausgedrückt und eignet sich zum Vergleich der Durchlässigkeiten verschiedener Gesteinsarten (Abb. 2.8). Für einen k_f-Wert von 10^{-9} ergäbe sich theoretisch ein spezifischer Durchfluss von 30 mm/Jahr.

Die Turbulenzen in langsam fließenden Grundwasserströmen sind äußerst gering. Das Grundwasser bewegt sich laminar, also wirbelfrei. Die Wasserteilchen bewegen sich auf diskreten Stromlinien und vermischen sich nicht mit Teilchen benachbarter Stromlinien.

Eine untere Grenze des Gültigkeitsbereiches des Gesetzes von Darcy ist bei extrem langsamen Fließgeschwindigkeiten durch tonige („dichte") Sedimente gegeben, in denen elektrostatische Kräfte, die zwischen den Wassermolekülen und den Tonmineralien wirksam werden, zu nicht linearen Verhältnissen zwischen dem Grundwasserdurchfluss und dem hydraulischen Gradienten führen. Für kleinporige Feinstkorngemische ist jedoch auch bei sehr kleinen hydraulischen Gradienten und geringen Fließgeschwindigkeiten eine untere Grenze der Gültigkeit nicht zu definieren.

Eine obere Grenze des Darcy'schen Gesetzes ist durch den Übergang von laminarem in turbulentes Fließen gegeben. Enthält das Gestein große Hohlräume und kleine Poren dann treten Turbulenzen zunächst in den größeren Hohlräumen auf und greifen erst mit zunehmender Fließgeschwindigkeit auf die kleinen Poren über. Deshalb kann keine einheitliche Grenze der Gültigkeit des Gesetzes von Darcy erwartet werden.

Bei **Kluftgrundwasserleitern** kann der k_f-Wert nur dann herangezogen werden, wenn engständige Trennfugen von geringer Öffnungsweite statistisch gleichmäßig verteilt sind. Die Mehrzahl der Kluftgrundwasserleiter weist jedoch in oberflächennahen Bereichen bis zu mehreren hundert Meter Tiefe klaffende Trennfugen auf, so dass dort keine laminare Grundwasserströmung vorliegt und deshalb das Darcy'sche Gesetz nicht gilt. Eine Verwendung des k_f-Wertes zur Beschreibung des Wasserleitvermögens solcher Kluft- sowie auch der Karstgrundwasserleiter ist deshalb unkorrekt und irreführend (vgl. dazu Bender, 1984). Hier eignen sich zur Bestimmung der hydraulischen Leitfähigkeit Auffüllversuche, bei denen über Grundwassermessrohre Wasser in den Aquifer eingefüllt oder eingepresst wird. Aus der Aufnahmefähigkeit erhält man Daten zur Berechnung der Durchlässigkeit. Bei einem gängigen Verfahren aus der Bohr- und Injektionstechnik werden die Wasserverluste umgerechnet auf Liter pro Minute pro Meter Bohrloch bei 10 bar Druck (10 bar = 1 Mega Pascal, MPa), welche Einheit als 1 Lugeon (l/(min · m · MPa)) definiert ist. 1 Lugeon entspricht einem k_f-Wert nach Darcy von etwa $1–5 \cdot 10^{-7}$ m/s (Jäckli, 1970).

2.3.3 Grundwasserneubildung

Das zentrale Thema der Hydrogeologie heißt Grundwasserneubildung (engl. recharge). Ohne diesen komplexen, sich ständig wiederholenden Vorgang gäbe es kein Grundwasser. Der Eingriff der Menschen auf die Grundwasserneubildung bleibt dabei zunächst unberücksichtigt.

Das Grundwasser ist ein Glied im hydrologischen Kreislauf. Dieser schließt Niederschlag (N), Verdunstung (V), oberirdischen Abfluss (A_O), Infiltration, unterirdischen Abfluss, Speicherung (S) im Untergrund durch Veränderung des Flurabstands und Wiederaustritt des Grundwassers ein. Die zwischen diesen Komponenten bestehenden mengenmäßigen Zusammenhänge werden in der **Wasserbilanzgleichung** erfasst. Im langjährigen Mittel kann daraus für ein regionales Betrachtungsgebiet die Grundwasserneubildungsrate (A_U) berechnet werden.

$$A_U = N - V - A_O - S \tag{2.2}$$

Die **Niederschlagshöhe** (N) ist die einzige Eingangsgröße der Bilanzierung und deshalb von besonderer Bedeutung. Sie wird in Millimeter (mm) gemessen. 1 mm Niederschlagshöhe entspricht 1 Liter Wasser auf einer Bodenfläche von 1 m^2, dies entspricht 1000 m^3/km^2. Die Werte der übrigen Komponenten werden ebenfalls in Millimeter angegeben. Der Gebietsniederschlag ist die über ein bestimmtes Gebiet gemittelte Niederschlagshöhe (DIN 4049, Teil 3, 1994). Das langjährige Niederschlagsmittel für die internationale Standardperiode 1931–1960 betrug im Gebiet der heutigen westlichen Bundesländer 837 mm, im Bereich der heutigen östlichen Bundesländer wegen ihrer kontinentaleren Lage jedoch nur 628 mm. Bei Einzelmessungen muss mit einer Abweichung der Messwerte von der wahren Niederschlagshöhe nach unten von etwa 10 % gerechnet werden. Auch bei der Übertragung von Niederschlagswerten auf ein größeres Gebiet können sich Ungenauigkeiten ergeben. Hier liegt bei der rechnerischen Auflösung der Wasserbilanzgleichung die signifikanteste Unsicherheit.

Die **Verdunstung** (V) ist der beträchtliche Teil des Niederschlags, der früher oder später wieder in Wasserdampf übergeht. Es wird unterschieden zwischen der Evaporation und der Evapotranspiration. Als **Evaporation** wird die Verdunstung vom Boden oder von freien Wasseroberflächen in Folge eines physikalischen Ungleichgewichts angesehen. Die **Evapotranspiration** ist ein Summenparameter, welcher die physiologisch gesteuerte Transpiration der Vegetation mit einbezieht. In Deutschland beträgt das langjährige Mittel der Verdunstung etwa 500 mm, das sind rund 60 % der Niederschläge. Die Verdunstung kann mit Lysimetern direkt gemessen oder aus Formeln abgeleitet werden (Arbeitskreis Grundwasserneubildung der Fachsektion Hydrogeologie der Deutschen Geologischen Gesellschaft, 1977; DVWK, 1980; Richter u. Lillich, 1975; Wohlrab u. a., 1992).

Der **oberirdische Gesamtabfluss** besteht aus dem Direktabfluss (A_O) und dem grundwasserbürtigen Abfluss (A_u), der dem oberirdischem Gewässer mit großer Verzögerung aus dem Grundwasser zufließt oder in Quellen ausfließt. Mit anderen Worten: in Trockenzeiten werden die oberirdischen Gewässer nur aus dem Grundwasser gespeist. Somit entspricht der Trockenwetterabfluss der Grundwasserneubildung, und die Kleinstwasserführung der Gewässer ist ein Maß für die verfügbaren Grundwassermengen. Die Höhe des Grundwasseranteils am Gesamtabfluss hängt auch vom Speicherraum des Untergrundes ab.

Als **Speicherung** (S) wird die für den Abfluss ausgleichend wirkende, durch Veränderungen des Flurabstands bewirkte Vorratsänderung in der ungesättigten Sickerwasserzone bezeichnet. Sie kann in der Regel nur bei zu betrachtenden Zeiträumen von über zehn Jahren vernachlässigt werden.

Der mehr oder weniger ausgeprägte Rhythmus in der Grundwasserneubildung spiegelt die Klimaverhältnisse wider. In Deutschland tragen die spätherbstlichen Dauerregen sehr wirkungsvoll zur Neubildung bei, im Frühjahr ist es die Schneeschmelze. Während der Vegetationsperiode erreichen die versickernden Niederschläge nicht die gesättigte Zone, sondern verdunsten sofort oder fließen als so genannter Zwischenabfluss (Interflow) dem Gewässer nach einem Regen nur mit geringer Verzögerung unterirdisch zu.

Bei der Wasserbilanz wird der Abfluss auf die Fläche des Einzugs- bzw. des Niederschlagsgebietes bezogen und in $l/(s \cdot km^2)$ als Abflussspende angegeben. Um den Vergleich mit dem Niederschlag und der Verdunstung zu erleichtern, kann die-

Tab. 2.4: Bezeichnung der Grundwasserneubildungsrate (Grundwasserspende).

	sehr klein	klein	mittel	groß	sehr groß
l/(s · km²)	< 1	1 bis 5	5 bis 10	10–15	> 15
etwa mm/a	< 30	30–160	160–300	300–500	> 500

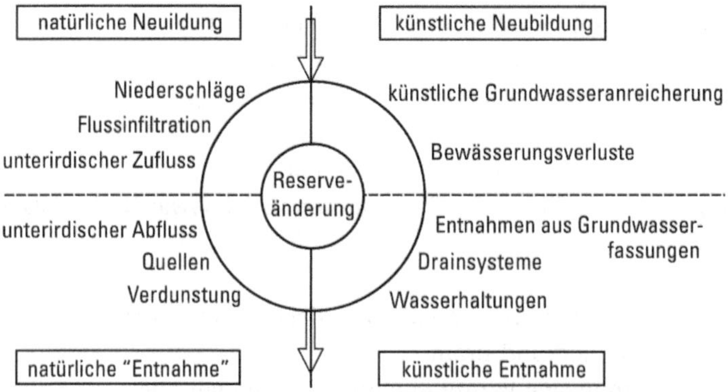

Abb. 2.9: Darstellung der verschiedenen Posten einer Grundwasserbilanz (Jäckli, 1970).

ser Wert statt auf eine Sekunde auf ein Jahr bezogen und in Millimeter Wasserhöhe angegeben werden (1 l/(s · km²) entspricht 31,5 mm/Jahr Wasserhöhe). Der unterirdische Grundwasserabfluss, die Grundwasserspende, entspricht der Grundwasserneubildungsrate, welche von der Abflussspende rechnerisch abzutrennen ist. Dies ist nicht immer einfach. Tab. 2.4 vermittelt die Größenordnung der Grundwasserneubildungsrate in verschiedenen Gebieten. Sehr kleine Werte sind beispielsweise von Gebieten mit Tonstein-Verbreitung, sehr große von Kalkstein-Gebieten zu erwarten.

In Abb. 2.9 sind die verschiedenen Posten einer Grundwasserbilanz dargestellt (Jäckli, 1970). Hier sind auch die bisher nicht erörterten Posten durch menschliche Tätigkeit, d. h. künstliche Neubildung bzw. Entnahme, berücksichtigt. Über der Horizontalen stehen die „Einnahmen“ (input), darunter die „Ausgaben“ (output), links der Vertikalen die Glieder des natürlichen Kreislaufes, ohne Einfluss der Menschen, rechts davon die künstlichen Eingriffe.

2.4 Hydrogeochemie

2.4.1 Geogenese der Inhaltsstoffe

Im Wesentlichen hängt die Grundwasserbeschaffenheit vom durchsickerten, belebten Boden, dem durchströmten Gestein, von der Länge des Fließweges sowie der

Verweilzeit im Untergrund ab. Bei einer genügend langen Verweilzeit stellt sich zwischen der chemischen Zusammensetzung der Gesteine und der Grundwasserbeschaffenheit ein annähernd hydrogeochemisches Gleichgewicht ein. Diesen simplen Zusammenhang kannte schon der römische Naturforscher und Admiral Gajus Plinius Secundus (Plinius d. Ältere), 23–79 n. Chr. (Plinius Secundus, Übersetzung von 1855): „Tales sunt aquae quales terrae per quas fluunt". Modern ausgedrückt: Die Grundwasserbeschaffenheit ist Aquifer-spezifisch.

Im Grundwasser gelöste Hauptinhaltsstoffe (über 10 mg/l) sind:

- Kationen: Natrium (Na^+), Magnesium (Mg^{2+}), Calcium (Ca^{2+})
- Anionen: Chlorid (Cl^-), Hydrogencarbonat (HCO_3^-), Sulfat (SO_4^-)

Als Nebenbestandteile (0,1–10 mg/l) gelten unter anderem:

- Kalium (K^+), Mangan (Mn^{2+}), Eisen (Fe^{2+}), Strontium (Sr^{2+}) sowie Nitrat (NO_3^-) und Fluor (F^-).

Spurenstoffe im Grundwasser (unter 0,1 mg/l) können viele Elemente des Periodensystems sein, z. B. Kupfer, Blei, Iod und Brom.

Als Indikatoren für anthropogene Verunreinigungen gelten vor allem die Stickstoffverbindungen Nitrat (NO_3^-), Nitrit (NO_2^-) und Ammonium (NH_4^+) sowie Kalium (K^+) und Phosphat (PO_4^{3-}).

Das Wasser ist Transportmittel und chemisches Reagenz zugleich und findet den Kontakt zu den Mineralien der Gesteine über Risse, Klüfte und Spalten. Nur wenn solche vorhanden sind, kann die Geogenese der Inhaltsstoffe beginnen, wobei der Faktor Zeit eine wesentliche Rolle spielt. Die Wechselbeziehungen zwischen den Einflussfaktoren und Prozessen der Geogenese veranschaulicht Tab. 2.5.

Tab. 2.5: Einflussfaktoren und Prozesse geogener Grundwasserbeschaffenheit.

Einflussfaktoren auf Löslichkeit und Zersetzung von Mineralien und Gesteinen	Prozesse mit Auswirkung auf die Zusammensetzung des Wassers
Lösungsgleichgewichte	Länge des Fließweges
Zersetzung durch Hydrolyse der Silikate	Adsorption, Desorption und Ionenaustausch
Einfluss von pH-Wert, Redoxpotenzial und Ionenaktivität	Oxidations- und Reduktionsprozesse
Temperatureinfluss auf Löslichkeit und Hydrolyse	Mikrobiologische Prozesse
Druckabhängigkeit der Löslichkeit von Gasen	
Gesteinsbeschaffenheit der Grundwasserleiter ↓ geogene Grundwassertypen	

2.4.2 Einflussfaktoren auf die Löslichkeit

Der stoffliche Übergang aus Gestein in das Wasser ist von mehreren Faktoren abhängig (Hölting & Coldewey, 2009; Matthess, 2003; Sigg u. Stumm, 1991; Voigt, 1990), allen voran von der **Löslichkeit der Mineralien.** Es gibt leicht lösliche Mineralien im Wasser (> 100 g/l) wie z. B. Thenardit (Na_2SO_4), Steinsalz (NaCl); schwerlösliche Mineralien (> 1 g/l) wie Anhydrit, Gips ($CaSO_4$ $2H_2O$), Calcit ($CaCO_3$) und praktisch unlösliche (< 0,1 g/l), z. B. Quarz und Glimmer.

Die Löslichkeit der jeweiligen Mineralien in wässrigen Lösungen weicht von der in reinem Wasser ab. Bei Anwesenheit gleichioniger Verbindungen in der Lösung ist sie erniedrigt. Ungleichionige Lösungsgenossen erhöhen dagegen die Löslichkeit, wie dies anhand der Zunahme der Löslichkeit von Gips bei steigenden Na-Cl-Konzentrationen deutlich wird: In Gegenwart von 2500 mg/l Na^+ + Cl^- erhöht sich die $CaSO_4$-Löslichkeit von 2,1 (in reinem Wasser) auf 2,5 g/l (siehe Abschn. 3.2).

Bezüglich der Art der Löslichkeit sind die Gesteine in zwei Gruppen einzustufen: Sie werden entweder völlig aufgelöst, oder sie werden zersetzt (hydrolysiert).

Die **Auflösung** erfolgt durch das Wassermolekül aufgrund seiner Dipoleigenschaften. Dabei werden die Mineralien völlig aufgelöst und elektrolytisch in Kationen und Anionen zerlegt. Zu diesen Gesteinen zählen insbesondere Sulfatgesteine (Gips, Anhydrit) und Chloridgesteine (Halite, Steinsalz).

Die **Zersetzung** der Mineralien unter dem Einfluss der Oxonium-(= Hydronium)-Ionen (H_3O^+, auch als H^+ bezeichnet, gemessen als pH-Wert) und der Hydroxid-Ionen (OH^-) wird als **Hydrolyse** bezeichnet und betrifft die Silikatgesteine. Dabei bilden sich neue Mineralien, wie Kaolinit und Serpentin, und es werden schrittweise Natrium-, Kalium-, Calcium- und Magnesium-Ionen sowie Kieselsäure in das Wasser freigesetzt.

Der Einfluss des **Druckes** auf die geogenetische Grundwasserbeschaffenheit ist weitgehend auf die Löslichkeit von Gasen beschränkt. Mittelbar wirkt sich das weiter aus über den Einfluss der gelösten Gase, wenn die Gase in die Lösungsgleichgewichte eingreifen. So werden der temperaturabhängige Lösungsvorgang und das Lösungsgleichgewicht bei Erdalkali-Hydrogencarbonat-Wässern vom pH-Wert und dieser von der pH-Wert-Pufferung durch Carbonationen und Kohlensäure gesteuert. Die Löslichkeiten der meisten Metall-Ionen, insbesondere der Schwermetalle, sind stark pH-Wert-abhängig: im sauren Bereich sind sie leicht löslich, im neutralen bis schwach basischen kaum löslich, und im deutlich basischen Bereich sind sie unter Komplexbildung wieder leicht löslich (siehe Abschn. 3.2).

2.4.3 Hydrochemische Prozesse im Grundwasser

Weil die Auflösung an der Gesteinsoberfläche ansetzt, sind die Größe der Kontaktflächen zwischen Gestein und Grundwasser und die Länge des Fließweges sehr bedeutsam. Auflösungs-, aber auch andere chemische Vorgänge im fließenden Grundwasser vollziehen sich umso gründlicher, je intensiver das umgebende Gestein durch tektonische Vorgänge zerbrochen und je größer die Gesteinsdurchlässigkeit ist. Die beim Grundwasserfließen stattfindenden Prozesse, wie Zu- oder Abnahme des Lösungsinhaltes, Adsorption, Desorption, Ionenaustausch, Redox- und mikrobiologische Prozesse sind in der Tab. 2.5 erfasst. Diese Prozesse führen nicht in jedem Fall zu einer Anreicherung von Inhaltsstoffen im Wasser. So kann durch Adsorption (lose Anlagerung der Ionen an Oberflächen von Mineralien) die Mineralisation auch wieder verringert werden. Juvenile Kohlensäure, lokal aus der Tiefe aufsteigend, kann die langzeitig eingespielten Fließsysteme des Grundwassers kreuzen und führt dann zu einer weiteren Differenzierung des Chemismus (siehe Mineralwässer, Abb. 2.11).

Andere signifikante Änderungen der Inhaltsstoffe werden durch **Ionenaustausch-Vorgänge** verursacht. Dabei werden zusätzliche Natrium-Ionen gelöst, während Calcium-Ionen und untergeordnet auch Magnesium-Ionen aus der Lösung verschwinden (Gl. 2.3 und 2.4). Als Austauscher (A) kommen vor allem Tonminerale wie Montmorillonit und Zeolith in Frage. Beim Ionenaustausch „Natrium gegen Calcium“ steigt der pH-Wert an und erreicht Werte, die deutlich über 8 liegen; gleichzeitig kann die Hydrogencarbonat-Konzentration ohne Zunahme von Kohlensäure ansteigen. Es entsteht „Natrium-Hydrogencarbonat-Wasser“, oftmals mit erhöhtem Fluorid-Gehalt, denn Natriumfluorid (NaF) ist besser löslich als das sehr schwer lösliche Calciumfluorid (= Flussspat, = Fluorit, CaF_2).

$$Ca^{2+} + 2\,Na{-}A \leftrightarrow Ca{-}A + 2\,Na^+ \tag{2.3}$$

Nebeneffekt

$$CaF_2 + 2\,Na{-}A \leftrightarrow 2\,F^- + 2\,Na^+ + Ca{-}A \tag{2.4}$$

Die Wasserlöslichkeit von Elementen, die in verschiedenen Oxidationsstufen vorkommen, hängt außer vom pH-Wert auch von ihrer im jeweiligen Gestein oder Wasser gegebenen Oxidationsstufe ab. Dies betrifft Eisen, Mangan, Kupfer, Vanadium und Uran sowie Nitrat und organische Stoffinhalte. Als Maß für die relative Aktivität der oxidierten bzw. der reduzierten Stoffe in einem System dient das Reduktions-Oxidations-Potenzial, kurz **Redox-Potenzial** genannt. Es wird gewöhnlich durch das Symbol E oder E_h angegeben (E_h mit Bezug auf Standard-Wasserstoff-Elektrode, siehe auch Redoxspannung, Abschn. 3.1).

Im Grundwasser sind neben chemischen auch **mikrobiologische Prozesse** sehr vielfältig und keineswegs umfassend bekannt (DVWK, 1988, siehe auch Abschn. 5.3.1). Der Grundwasserraum bietet naturgemäß nur Kleinlebewesen und auch diesen nur bei entsprechender Anpassung begrenzte Existenzmöglichkeiten. Am häufigsten handelt es sich um Bakterien, welche die organischen Inhaltsstoffe, aber auch Nitrate und Sulfate zersetzen.

2.4.4 Abhängigkeit von der Temperatur

Löslichkeiten und damit Konzentrationen von Stoffinhalten im Grundwasser wie auch die Intensitäten von Prozessabläufen nehmen mit der Temperatur meistens zu. Eine wichtige Ausnahme bilden die Carbonate, deren Löslichkeit mit steigender Temperatur abnimmt. Da die Temperatur mit der Tiefe unter der Erdoberfläche ansteigt, werden die temperaturabhängigen Löslichkeiten und Prozesse beschleunigt (DVWK, 1983; DVWK, 1987). Die Konzentration der einzelnen Komponenten oder deren Verhältnisse zueinander, die mit der Untergrundtemperatur in Zusammenhang gebracht werden können, nennt man **Geothermometer**. So wurden beispielsweise Quarz-, Chalcedon-, Na-K-, Na-K-Ca- und Na-Li-Geothermometer entwickelt, die geeignet sind, geothermische Anomalien im Hinblick auf eine denkbare geothermische Nutzung zu erforschen.

2.4.5 Chemische Gleichgewichte

Eine Möglichkeit, das Löslichkeitsverhalten natürlicher Wässer zu verstehen, bietet die Thermodynamik. Die Abweichung vom chemischen Gleichgewicht (Lösungsgleichgewicht der Mineralien) kann als Sättigungsindex oder als Lösekapazität ausgedrückt werden. Hierzu wurden verschiedene elektronische Rechenprogramme entwickelt. So erlaubt das Gleichgewichts-Konstanten-Modell WATEQF die iterative Berechnung der Spezies-Verteilung natürlicher, kompliziert zusammengesetzter Wässer und der Sättigung-Indices gegenüber etwa 100 Mineralien. Das vom U. S. Geological Survey entwickelte Programm PHREEQE berücksichtigt Elektronen-Bilanz-Gleichungen und korrigiert etwaige durch unvollständige oder fehlerhafte chemische Analysen bedingte Ladungs-Ungleichgewichte der eingegebenen Wasseranalyse. Mit seiner Hilfe können Massen-Übergänge, Mischungen zweier unterschiedlicher Wässer, Titrationsreaktionen, pH- und E_H-Werte, pH-Wert-Pufferung und Spezies-Verteilungen im Wasser sowie Sättigungsindices gegenüber bestimmten Mineralien berechnet werden (Matthess, 2003). Zusammenstellungen thermodynamischer Daten, die für die Berechnung der chemischen Gleichgewichte benötigt werden, sind geochemischen Tabellen zu entnehmen (Rösler u. Lange, 1976).

2.4.6 Grundwasserbeschaffenheit

Einige repräsentative Beispiele für geogen und anthropogen beeinflusste Grundwässer gibt die Tab. 2.6. Darin wird zuerst eine Analyse des Niederschlagswassers als Ursprung des Grundwassers aufgeführt. Die Analysen 2 bis 8 zeigen deutlich die Abhängigkeit der Wasserbeschaffenheit vom durchflossenen Gestein. Die Analyse 9 belegt ein Ionenaustausch-Wasser. Der Vergleich einer Analyse von Nordseewasser

Tab. 2.6: Beschaffenheit natürlicher und anthropogen beeinflusster Grundwässer (Bender, 1984).

		pH-Wert	elektr. Leitfähigkeit, µS/cm	Ammonium mg/l	Kalium mg/l	Natrium mg/l	Magnesium mg/l	Calcium mg/l	Chlorid mg/l	Sulfat mg/l	Hydrogencarbonat mg/l	Nitrat mg/l	Eisen mg/l	Mangan mg/l	$KMnO_4$-Verbrauch mg/l
1	Regenwasser küstenfernes Mitteleuropa				0,3	1,1	0,4	1	1,1	4,2	1,2	0,3			
2	Sickerwasser der ungesättigten Bodenzone				14	12	11	34	15	79	54	46			
3	Quarzit (Hessen)	6	55		0,8	4	2	4	4	3	24	2	0,08		
4	Sandstein (Solling)	7,2	240		1,6	7,0	11	27	7	10	126	1	0,1		
5	Kalkstein (Fränk. Alb)	7,4				9	39	79	5,3	22	427	0	0,04		
6	Dolomitstein (Luxemburg)	7,6	430		0,8	3	36	48	14	37	268	24	0,03		
7	Gipsmergelstein (Fallersleben/Nds.)	7,6			8,3	392	151	272	170	603	445				
8	Steinsalzablaugung (Brünkendorf/Nds.)	7,3	28000		113	6400	292	1303	11450	1267	238		0,5	< 0,5	
9	Übergangsbereich Süßwasser/ Salzwasser (Wittmund/Nds.)	8,7	490		5,4	98	4,6	15	45	6,2	265	< 0,5	1,6	< 0,1	
10	Meerwasser (Helgoland)	7,2			622	10600	1280	401	18180	2520	146	0,2	< 0,1		
11	intrudiertes Meerwasser (Wittmund/Nds.)	6,8	20000		310	6000	185	385	10138	827	1196	23	0,1	0,8	
12	Tiefengrundwasser (Garlstorf/Elbe)	7,9			28	1780	45	240	3368	28	167	1,8	1,9	0,6	
13a	unkontaminiertes Grundwasser (Lockergestein, Raum Hannover 6 m unter Gelände)	5,4	145	0,6	1,6	7	4	18	11	36	14	< 0,5	17	0,7	24
13a	Grundwasserverunreinig. durch Landwirtschaft (Lockergestein, Raum Hannover, 8 m u. Gel.)	5,4	655	2,2	25	18	11	87	58	96	6	198			14
14a	Grundwasseroberstrom einer Hausmülldeponie (Lockergestein, Raum Frankfurt/M.)	7,3	500	< 0,1	3,3	14	23	97	28	87	222	32			4,4
14a	Grundwasserunterstrom einer Hausmülldeponie, max. Verunrei. (Lockergest. Raum Frankfurt/M.)	7	11100	440	705	1160	256	997	2027	1242	5934	3,6			835

(Analyse 10) mit der eines in den Untergrund der Küstenregion eingedrungenen Meerwassers (Analyse 11) lässt erkennen, dass bei der Passage im Grundwasserleiter Magnesium im Sediment fixiert wurde und dass Calcium und Natrium im Verhältnis zum Chlorid-Gehalt zugenommen haben. Weiter fortgeschritten ist diese Entwicklung in der Analyse 12, bei der es sich wahrscheinlich um ein fossiles konnates Wasser handelt. Besonders auffallend ist dort die extreme Verminderung des Sulfatgehaltes. Dieser ist durch bakterielle Reduktion bedingt. Dabei wird der Sauerstoff des Sulfats beim Abbau organischer Substanz zu Kohlenstoffdioxid bzw. Kohlensäure oder zu Hydrogencarbonat erneut gebunden. Das reduzierte Sulfid-Ion bildet mit Schwermetallen schwer lösliche Verbindungen, die im Grundwasserleiter ausfallen. Unbeeinflusstes Grundwasser zeigt Analyse 13a. Im Vergleich dazu repräsentieren die Analysen 13b, 14a und 14b anthropogen beeinflusste Grundwässer.

Bezüglich weiterer Beispiele wird auf das Schrifttum verwiesen (Deutschland: Hölting, 1991; USA: White u. a., 1963; Mineralwässer: Carlé, 1975; Michel, 1997).

2.5 Grundwassergewinnung

Die Art der technischen Einrichtungen, mit welchen aus einem Aquifer das Grundwasser für die Nutzung erschlossen wird, hängt von den gegebenen geologischen und hydrogeologischen Verhältnissen ab (Abb. 2.10). Zu unterscheiden sind Quellfassungen, wozu im weiteren Sinne auch Sickerschächte und bergmännisch ange-

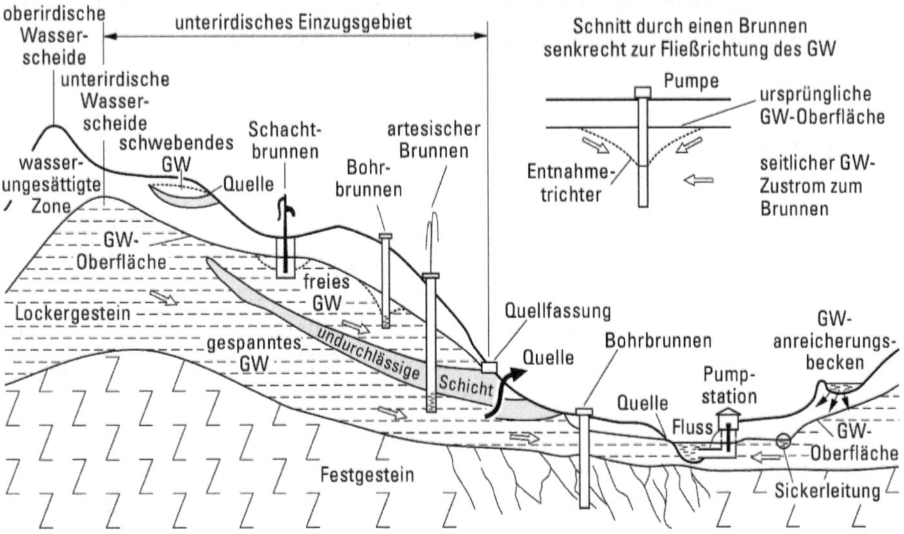

Abb. 2.10: Technische Einrichtungen zur Grundwassergewinnung (Hölting und Coldewey, 2009).

legte Stollen zu rechnen sind, sowie Brunnen, die meist vertikal, zuweilen auch schräg oder, ausgehend von einem vertikalen Schacht, horizontal angelegt werden. Eine besondere Form der Stollen sind die Kanate (siehe Kap. 1), die seit Jahrtausenden angelegt und betrieben werden. Sie belegen, dass Quellfassungen und Brunnenbau eine alte Kunst der Menschheit sind.

Die heutige Grundwassergewinnung erfolgt zunehmend durch Brunnen, da deren Leistungen unabhängig vom Niederschlagsverhalten sind, während die Schüttung der Quellen stark schwanken kann. Für genauere Ausführungen über die in der Praxis gebräuchlichen Unterscheidungen zwischen Schachtbrunnen, Bohrbrunnen, Sickerrohrleitungen, Horizontalfilterbrunnen und Quellfassungen wird auf das altbewährte Brunnenbuch von Bieske (1992), sowie auf Exler et al. (1980), Schneider (1988) und auf Balke et al. (2000) verwiesen.

2.6 Mineral-, Thermal- und Heilwasser

2.6.1 Genese

Auch bei der **Bildung (Genese)** von Mineral-, Thermal- und Heilwasser gelten die in Abschn. 2.4 erläuterten Vorgänge, die für die Beschaffenheit von Grundwasser von Bedeutung sind. Das Wasser als Lösungsmittel der gelösten festen Mineralstoffe und Träger der Temperatur ist entweder vadoser, konnater oder juveniler Herkunft. Juvenil (lat. juvenilis: jugendfrisch) sind Wässer, die aus Magmaherden stammen, also erstmalig aus der Erdkruste an die Erdoberfläche gelangen. Wegen der häufig bei Vulkan-Ausbrüchen beobachteten großen Wasserdampf-Exhalationen wird jedoch in Thermalwässern der juvenile Anteil maßlos überschätzt.

2.6.1.1 Thermalwässer

Die Temperatur der Grundwässer wird durch Wärmezufuhr aus der Erdkruste bestimmt. In der uns bekannten äußeren Schale der Erdkruste nimmt die Temperatur mit der Tiefe zu, und zwar umso rascher, je größer der Wärmestrom und je kleiner die Wärmeleitfähigkeit des Untergrundes ist. Die geothermische Tiefenstufe bedeutet im Normalfall eine Temperaturzunahme von 3 °C pro 100 m Tiefe. In Gebieten mit jungem Vulkanismus befinden sich Magmaherde in relativ geringer Erdtiefe (10 km und weniger) und die Temperaturzunahme ist entsprechend höher. Solche thermischen Anomalien können sich bis an die Erdoberfläche durchpausen, z. B. im Nordteil des Oberrheingrabens, bei Stuttgart und im Hegau. Heißes Grundwasser tritt auch auf, wo in Muldenstrukturen und auf wasserwegsamen Störungszonen vadoses Wasser in Bereiche von 3–5 km Tiefe gelangt. Es wird von dort entspre-

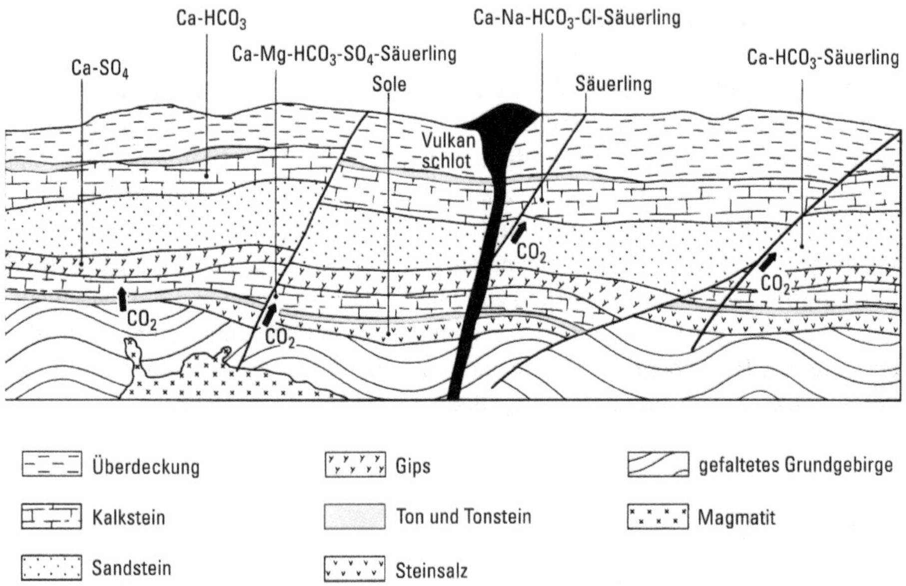

Abb. 2.11: Schematische Darstellung der Entstehung von Mineralwässern (Michel, 1997).

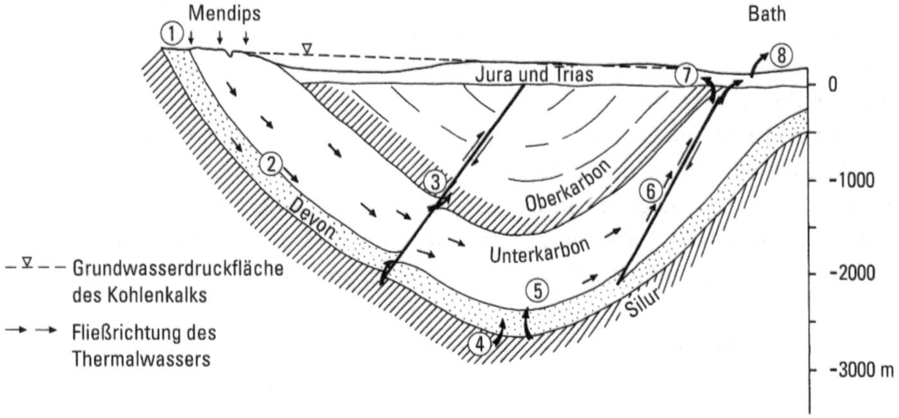

Abb. 2.12: Genese des radonhaltigen Ca-SO$_4$-Thermalwassers in der Bath-Bristol-Mulde (Michel, 1997).

chend aufgeheizt (und mineralisiert) und steigt dann wieder an anderer Stelle zur Erdoberfläche empor. Beispiele hierfür stellen die berühmten heißen Quellen von Aachen, Chaudfontaine/Belgien, Budapest, Pfäfers und Bath/Südwestengland dar. Die Entstehung von Mineralwässern verdeutlichen die Abb. 2.11 und 2.12.

2.6.1.2 Radonhaltige Wässer

Der Radon-Gehalt der Mineralwässer hängt mit geologisch alten, sauren kristallinen Gesteinen wie Graniten, Gneisen, Quarzporphyren (alte Rhyolithe) u. ä. zusammen. Diese Gesteine enthalten oftmals fein verteilt verschiedene Uranmineralien, mit denen das in Spalten und Klüften zirkulierende Wasser engen Kontakt hat. Großräumige Beispiele sind zum einen die Radon-Region Erzgebirge – Vogtland – Fichtelgebirge mit so bekannten Vorkommen wie Bad Schlema, Bad Brambach (rund 27.000 Bq/l) sowie Bad Steben (rund 2000 Bq/l) und zum anderen die südwestdeutsche Region an den Rändern des Oberrheingrabens mit der sulfatfreien radonhaltigen Sole von Heidelberg, Bad Kreuznach und Bad Münster am Stein. Weitere bekannte Vorkommen sind Ladek Zdrój (Bad Landeck) und Badgastein.

2.6.1.3 Säuerlinge

Mineralwässer, die mehr als 1 g/kg freies CO_2 Kohlenstoffdioxid (CO_2) enthalten, gelten als Säuerlinge. Gesättigt ist ein Säuerling mit 1,8 g/kg CO_2-Gas bei 1 bar Partialdruck des CO_2. Bei Säuerlingen schwankt das Verhältnis von Wasser zu Gas zwischen 1 : 3 und 1 : 20; bei den Halbmofetten beträgt es 1 : 30 bis 1 : 40. Mofetten (ital. mofeta: Ausdünstung) sind Austritte von gasförmigem CO_2. Bekannte natürliche Mofetten sind die Dunsthöhle in Bad Pyrmont, die Hundsgrotte bei Neapel und die Grotte in Royat/Auvergne.

Abb. 2.13 zeigt die CO_2-Verbreitung in Wässern Mitteleuropas. Es fällt besonders auf, dass die Säuerlinge des außeralpinen Europa ein großes Kreuz bilden, dessen Querbalken von der Eifel bis an die Eger besonders kräftig entwickelt ist. Es sind dies Bereiche, welche durch tertiäre Bruchtektonik und Vulkanismus gekennzeichnet sind, d. h., die Entstehung des CO_2 hat etwas mit tiefreichenden Spalten und Magma zu tun.

Die geologischen Zusammenhänge seien kurz skizziert: Die bruchbildende Schollenmechanik griff tief in den oberen Erdmantel ein, auch dort, wo es nicht zu oberflächlich augenscheinlichen Verschiebungen der Gesteinsschichten kam. Diese tiefen Bruchstrukturen spielen eine Doppelrolle. Einerseits ermöglichen sie das Freisetzen des CO_2 aus dem Erdmantel, andererseits das Aufsteigen des alkalischen, basaltischen Magmas aus mehr als 100 km Tiefe. Daraus ergeben sich drei Möglichkeiten der direkten oder indirekten Abstammung des CO_2 von einem basaltischen Magma (Michel, 1997):

- Kohlensäure (genauer: CO_2) und Basalte stammen aus den gleichen Aktivierungszonen und sind postvulkanischer oder vulkanischer Herkunft. Beispiele: Ostwestfalen, Nordhessen, Wetterau, Rhön, Egerland.
- Basaltisches Magma ist in tieferen Erdschichten stecken geblieben und haucht CO_2 über tiefreichende Verwerfungen an der Erdoberfläche aus. Enge Bindun-

Abb. 2.13: Verbreitung von CO_2 in Grundwässern Mitteleuropas (Michel, 1997).

Tab. 2.7: Herkunft des CO_2 im Grundwasser.

Anorganische Herkunft
– magmatisch: postvulkanisch (tertiär bis rezent) vulkanisch (rezent) tiefere magmatische Herde (= rezente Hydrothermen) abyssisch (Aufstieg aus Erdmantel) – metamorph aus Carbonaten: kontaktmetamorph an Magmaherden tiefenmetamorph unter 10 km Tiefe – chemisch aus Carbonaten: Lösung durch Hydrogencarbonat-Wasser Oxidation von Sulfiden → Schwefelsäure
Organische Herkunft
– Zerfall von organischer Substanz – Oxidation von Kohlenwasserstoffen – Umbildung pflanzlicher Stoffe zu Kohle (= Inkohlung)

gen zwischen Magma, Erdwärme und CO_2 sind offensichtlich. Das Produkt sind rezente Hydrothermen. Beispiele: Mittelwürttemberg (am oberen Neckar und der Eyach), Bad Cannstatt, Kleinengstingen, Göppingen, Bad Überkingen, Bad Urach), Bad Gleichenberg in der Steiermark, Nordost-Slowenien.

– Es besteht keine Beziehung zwischen CO_2 und Magma. Der Kohlensäureaufstieg aus 100 km Tiefe erfolgt allein. Das Magma ist im oberen Mantel verblieben. Die Herkunft des CO_2 ist abyssisch (griech. abyssos: grundlos). Beispiele: Graubünden, Burgenland, Tatra, Fichtelgebirge.

Es gibt auch andere Möglichkeiten der natürlichen Entstehung von CO_2 (Tab. 2.7), wobei außer der magmatischen die Freisetzung von CO_2 durch Erhitzung (Frittung) von Carbonaten bei metamorphen Vorgängen die naheliegendste ist.

2.6.1.4 Chlorid-Wässer und Sole

Sole, also höher versalztes Mineralwasser, ist der „Lebenssaft" der Erde, der normale Inhalt des Porenraumes der Sedimente (Engelhardt, 1960; Michel, 1997). Durch zahllose Bohrungen in allen Erdteilen ist erwiesen, dass man in einiger Tiefe unter der Geländeoberfläche stets auf chloridische, „salinare" Wässer stößt. Für die Entstehung dieses Mineralwassertyps wird zumeist ein ursächlicher Zusammenhang zwischen Sole und Salzlagern bzw. Salzstöcken vorausgesetzt, d. h., dort, wo an der Erdoberfläche Solequellen zu beobachten sind oder erbohrt worden sind, müßten im tieferen Untergrund auch Salzlagerstätten verbreitet sein (Abb. 2.11). Dies ist jedoch keineswegs immer der Fall. Oftmals handelt es sich bei den Solen nämlich um veränderte, stark mineralisierte, konnate Wässer. Oder es findet eine Solewanderung statt, wie z. B. für Bad Nauheim und die anderen Mineralquellen am Taunusrand angenommen wird.

Die **Natrium-Chlorid-Wässer**, die früher muriatische Quellen hießen (lat. muria: Lake, Salzbrühe), sind sozusagen verdünnte Solen oder konnater Natur, wie z. B. im niederbayerischen Bäderdreieck Birnbach – Füssing – Griesbach und im benachbarten Oberösterreich, z. B. Bad Schallerbach.

2.6.1.5 Sulfat-Wässer

Sulfat-Wässer sind weit verbreitet und können in den meisten Fällen von den Sulfatgesteinen Gips ($CaSO_4 \cdot 2\,H_2O$) und Anhydrit ($CaSO_4$) abgeleitet werden (Abb. 2.11). Bei der Auflösung (Subrosion) dieser Gesteine bilden sich im Untergrund Höhlen, welche als Erdfälle bis an die Erdoberfläche durchbrechen können. Einige bekannte Vorkommen von Ca-SO_4-Wässern finden sich in Bad Meinberg, Rothenuffeln, Bad Nenndorf (Kraterquelle), Bad Münder, Füssen-Faulenbach, Leukerbad, Contrexéville, Vittel, Bath. Eine besondere Art sind die Na-Ca-SO_4-Wässer, wo Ionenaustauschvorgänge eine Rolle spielen, z. B. in Bad Mergentheim.

2.6.1.6 Schwefel-Wässer

Die Schwefelwasserstoff (H_2S) enthaltenden **Schwefel-Wässer** entstehen entweder im Zusammenhang mit vulkanischer und postvulkanischer Tätigkeit oder durch Reduktion von Sulfaten der Porenlösungen in Sedimenten. Bei Temperaturen unter 70–100 °C kann die Reduktion von Sulfaten zu Schwefelwasserstoff nur durch Mikroorganismen, die Desulfovibrionen, vollzogen werden, welche ihre lebensnotwendige Energie aus einer organischen Substanz (Torf, Moor, Braunkohle, Erdöl) beziehen und welche man schon bis in Tiefen von 1000 m und mehr gefunden hat. Die Entstehung von Schwefelwasserstoff in oberflächennahem Grundwasser setzt das Vorhandensein von Sulfaten, von organischer Substanz und von sulfatreduzierenden Bakterien in einem sauerstofffreien Wasser voraus.

2.6.2 Bezeichnungen (Standards) für besondere Grundwässer

Bei Mineral-, Thermal- und Heilwasser handelt es sich stets um Grundwasser, das aufgrund bestimmter Eigenschaften, Wirkungen oder Erwartungen eine besondere Bezeichnung erhält. Diese Bezeichnungen werden nachstehend erläutert.

Mineralwasser ist naturwissenschaftlich gesehen Grundwasser mit einem erhöhten Gehalt an gelösten geogenen Stoffen. Insofern unterscheidet es sich von

Trinkwasser, das weniger als 1 g/l gelöste Stoffe enthalten sollte. Die 1911 in den Nauheimer Beschlüssen für Heilwasser (Hintz u. Grünhut, 1916) festgelegten Mindestgehalte von 1 g/kg gelösten festen Mineralstoffen und/oder 1 g/kg freiem gelösten Kohlenstoffdioxid wurden in den Begriff Mineralwasser impliziert.

Thermalwasser ist per definitionem Grundwasser mit einer Temperatur von mehr als 20 °C.

Heilwasser ist ein arzneimittelrechtlicher Begriff (Deutscher Bäderverband, 2001). Heilwasser muss auf Grund seiner chemischen Zusammensetzung, seiner physikalischen Eigenschaften oder nach balneologischer Erfahrung geeignet sein, Heilzwecken zu dienen. Um die Bezeichnung Heilwasser führen zu können, bedarf es einer arzneimittelrechtlichen Zulassung des Bundesinstitutes für Arzneimittel und Medizinprodukte (BfArM). Außer den genannten Mindestwerten von 1 g/kg Mineralstoffen und/oder Temperatur über 20 °C können auch Spurenelemente wie Eisen, Iod, Schwefel und Radon als signifikante Kriterien gelten. Fazit: Ein Mineralwasser kann zwar ein Heilwasser sein; ein Heilwasser braucht jedoch nicht unbedingt ein Mineralwasser zu sein. Heilwässer, deren Mineralisation unter 1 g/kg beträgt und die am Quellaustritt wärmer als 20 °C sind, werden z. B. als Akratothermen bezeichnet (griech. akratos: ungemischt, rein, stark).

Natürliches Mineralwasser ist ein lebensmittelrechtlicher Begriff, definiert in der seit 1984 verbindlichen Mineral- und Tafelwasser-Verordnung (MTVO) (Quentin, 1988; Fassung vom 14. 12. 2000, siehe Anhang). Gegenüber der 50 Jahre lang bewährten Tafelwasser-Verordnung von 1934 ist aus Rücksicht auf die Europäische Wirtschaftsgemeinschaft die 1 g/kg-Begrenzung weggefallen. Nunmehr sind die Bezeichnungen „natürliches Mineralwasser“, „Quellwasser“ und „Tafelwasser“ zulässig. Das „natürliche Mineralwasser“ hat seinen Ursprung in unterirdischen, vor Verunreinigungen geschützten Wasservorkommen, ist daher von ursprünglicher Reinheit und besitzt bestimmte ernährungsphysiologische Wirkungen.

Das „**Quellwasser**“ stammt ebenfalls aus unterirdischen Wasservorkommen. Der Begriff hat mit dem hydrogeologischen Terminus Quelle nichts gemein.

Tafelwasser ist Trinkwasser, welches Zutaten enthält. Gebräuchlich als Zutaten sind Natursole, Meerwasser, Natrium- und Calciumchlorid, Natrium-, Calcium- und Magnesiumcarbonat, Natriumhydrogencarbonat und Kohlenstoffdioxid.

2.6.3 Regionale Verbreitung

Tiefes Grundwasser ist weltweit sowohl versalzt als auch höher temperiert. Grundwasser mit diesen Merkmalen ist als der normale flüssige Inhalt der Poren, Klüfte und sonstigen Hohlräume der Erdkruste anzusehen: Mineral- und Thermalwässer sind daher nichts Besonderes, sie sind nicht die Ausnahme, sondern die Regel. Sie werden in Bergwerken als Grubenwässer und in Erdöllagerstätten als Formations- und Randwässer angetroffen. Mineral- und Thermalwässer verdanken jedoch ihren allgemeinen Bekanntheitsgrad der balneologischen Nutzung.

Regionale Beschreibungen von Mineral- und Thermalwasservorkommen, der Heilbäder und ihrer Heilquellen kamen im vorigen Jahrhundert in Mode. Die Autoren dieser Schriften waren meist Ärzte. Unübertroffen in seinem Informationswert und in seiner Gründlichkeit ist nach wie vor das Deutsche Bäderbuch von 1907 (Himstedt, 1907). Die jeweils neuesten Informationen über die anerkannten Heilbäder und Kurorte in Deutschland enthält der „Deutsche Bäderkalender" (Deutscher Bäderverband, 2003), sowie die 2. Auflage des Deutschen Bäderbuches (Käss & Käss, 2008). Eine seit 1968 in Prag angestrebte Gesamtschau für alle Länder der Erde (Mineral and thermal waters of the world, 1969) blieb lückenhaft. Beschreibungen liegen vor mit weltweiten Übersichten (Messini und Di Lollo, 1957; Waring, 1965), für Mitteleuropa (Carlé, 1975), für viele Regionen in Deutschland (Michel, 1997), Österreich (Zötl und Goldbrunner, 1993) und für die Schweiz (Högl, 1980).

2.7 Wasserschutz

2.7.1 Wasserrechtliche Grundsätze

Grundwasser ist unsere wesentliche Wasserressource und darf durch zivilisatorische Einflüsse nicht verunreinigt werden. Dem Grundwasserschutz kommt oberste Priorität zu (DIN 2000). Nach wie vor werden in Deutschland etwa 70 % und im Bereich der EU sogar 75 % des verteilten Trinkwassers aus Grundwasser gewonnen. Grundwasser mit Trinkqualität steht nicht in unbegrenzter Menge zur Verfügung. Grundwasserquantität und -qualität müssen in Abhängigkeit von natürlichen Wasserdargebot und dem Wasserbedarf des Menschen bewirtschaftet bzw. geschützt werden. Dies trifft selbstverständlich auch für Oberflächenwasser-Vorkommen zu, wenn aus ihnen Trinkwasser gewonnen wird.

Generell bietet das Wasserhaushaltsgesetz (WHG) in der Fassung der Bekanntmachung vom 23. September 1986 (Bundesgesetzblatt I, S. 1529, berichtigt am 8. Oktober 1986, S. 1654) im § 1a, Absätze 1 und 2, sowie § 3, Absatz 2, Satz 2, die Handhabe zu einem wirksamen Grundwasserschutz.

Alle Gewässer (oberirdische Gewässer, Küstengewässer, Grundwasser) sind so zu bewirtschaften, dass sie dem Wohl der Allgemeinheit und im Einklang mit ihm auch dem Nutzen Einzelner dienen und jede vermeidbare Beeinträchtigung unterbleibt. Die Frage des Gewässereigentums wird nur indirekt angesprochen, da nämlich ein Grundeigentum nicht zu Gewässerbenutzungen berechtigt, die nach dem WHG (Rahmengesetz) und/oder den Wassergesetzen der Bundesländer einer Erlaubnis oder einer Bewilligung bedürfen (WHG, § 1a, Absatz 3.1). Das bedeutet, ein Grundeigentümer kann nicht über das Grundwasser im Bereich seines Grundstückes frei verfügen. Eine Erlaubnis ist jederzeit widerruflich und kann zeitlich befristet werden (WHG, § 8). Wegen ihrer überregionalen Rechtwirksamkeit bedarf die Bewilligung eines öffentlichen Verfahrens (WHG, § 9). Benutzungen in kleinen Mengen für Haushalt, Landwirtschaft, Gewerbe und der gewöhnlichen Bodenentwässerung sind erlaubnisfrei (WHG, § 33, Absatz 1); sofern die Ländergesetze keine andere Regelung vorsehen.

2.7.2 Trinkwasserschutzgebiete für Grundwasser

Soweit es das Wohl der Allgemeinheit erfordert, d. h. es im öffentlichen Interesse liegt, können Wasserschutzgebiete festgesetzt werden. In diesen können bestimmte Handlungen verboten oder nur für beschränkt zulässig erklärt werden (WHG, § 19). Die Eigentümer oder Nutzungsberechtigten sind zur Duldung verpflichtet. Verwaltungsrechtliche Details sind jeweils in den Paragraphen der Landeswassergesetze festgelegt (siehe auch Abschn. 9.2).

Durch die Festsetzung von Wasserschutzgebieten soll erreicht werden, die Güte des Grundwasserdargebotes zu erhalten und gegebenenfalls zu verbessern. Es gilt, gesundheitsgefährdende Stoffe und Organismen fernzuhalten, sowie Stoffe und Organismen, die zwar nicht gesundheitsgefährdend sind, jedoch die Beschaffenheit des Wassers beeinträchtigen können. Weiterhin sind nachteilige Temperaturveränderungen des Grundwassers zu verhindern.

Die Durchführung der Festsetzungsverfahren ist länderweise unterschiedlich geregelt. Um über die Grenzen der Bundesländer hinweg den Trinkwasserschutz in fachlicher Hinsicht zu vereinheitlichen, werden seit 1953 im Technischen Regelwerk des DVGW „Richtlinien für Trinkwasserschutzgebiete“ herausgegeben und rechtsverbindlich angewendet. Sie beschränken sich auf naturwissenschaftliche, hygienische und technische Gesichtspunkte, die bei der Ausweisung eines Wasserschutzgebietes zum Schutz vor nachteiligen Veränderungen seiner Beschaffenheit zu beachten sind. Heute gilt das Arbeitsblatt W 101 des DVGW, I. Teil „Schutzgebiete für Grundwasser“ in der Fassung vom Juni 2006.

Ausgehend von der Überlegung, dass die Gefährdung des genutzten Grundwassers mit zunehmender Entfernung von Gefahrenherden abnimmt, werden die Trinkwasserschutzgebiete in drei Zonen untergliedert:

Zone I: Fassungsbereich
Zone II: Engere Schutzzone
Zone III: Weitere Schutzzone (Einzugsgebiet)

Die Zone II soll dem Schutz des Grundwassers vor Verunreinigungen und sonstigen Beeinträchtigungen dienen, die wegen ihrer Nähe zur Fassungsanlage besonders gefährlich sind. Es ist besonders an mikrobielle Verunreinigungen gedacht, wobei davon ausgegangen wird, dass krankheitserregende Keime nach 50 Tagen Verweildauer im Grundwasser abgestorben sind.

Wenn das Einzugsgebiet einer Wassergewinnungsanlage weiter als 2 km reicht, kann eine Aufgliederung der weiteren Schutzzone in die Zonen III A und III B erfolgen. Für eine bewilligte Grundwasserentnahme von 1 Mio m^3/a ist ein Einzugsgebiet von etwa 5 km^2 Fläche zugrunde zu legen. Vorschläge für die Bemessungen der einzelnen Zonen werden von Hydrogeologen ausgearbeitet (vergl. Hölting, 1996).

2.7.3 Trinkwasserschutzgebiete für Oberflächenwasser

Es gibt Gebiete, in denen keine größeren Grundwasservorkommen vorhanden sind, und die Trinkwassergewinnung aus Oberflächenwasservorkommen, überwiegend aus Talsperren, erfolgt. Diese Ressourcen mit ihren Einzugsgebieten sind vor Gefahren, schädlichen Einwirkungen und Verschmutzung durch Bevölkerung, Industrie, Verkehr sowie Land- und Forstwirtschaft zu schützen. Hierzu wurde bereits 1959 das DVGW-Arbeitsblatt W 102 herausgegeben. Im Jahre 2000 erschien das neue Arbeitsblatt W 102 (Oberflächenwasser) als Gelbdruck. In ihm sind die bisherigen Arbeitsblätter W 102 (Talsperren) und W 103 (Seen) gebündelt.

2.7.4 Heilquellenschutzgebiete

Der Schutz der Heilquellen vor dem Menschen ist mindestens so alt wie ihre therapeutische Nutzung durch den Menschen. Die Grundlagen und die Handhabung eines sinnvollen Heilquellenschutzes sind in den „Richtlinien für Heilquellenschutzgebiete" der LAWA (Länderarbeitsgemeinschaft Wasser, 1998) festgelegt. Darin wird zwischen dem quantitativen Schutz und dem qualitativ-hygienischen Schutz unterschieden. Beim letzteren ist der Maßstab wie bei Trinkwasserschutzgebieten anzulegen. Der quantitative Schutz dient der Erhaltung des Individuums „Heilquelle" und richtet sich gegen bergbauliche und andere tiefe Bodeneingriffe wie Baugruben, Stollen, Tiefbohrungen u. a. (Tab. 2.8). Die rechtlichen Voraussetzungen zur Auswei-

Tab. 2.8: Heilquellenschutz (Michel, 1997).

quantitativer Schutz	qualitativ-hygienischer Schutz
Der Heilquelle darf das Wasser nicht abgegraben werden, die Ergiebigkeit (Quantität) muss erhalten bleiben.	fachgerechte unter- und oberirdische Fassung nach den Regeln der Technik
Kein Mineralwasser-Mining, Fördermenge sollte geringer als Nachfluss (Neubildung) sein.	Schutz vor mikrobiologischen Verunreinigungen
Der individuelle Charakter der Heilquelle ist zu bewahren, d. h. die quantitativen Verhältnisse der Lösungsgenossen dürfen sich nicht ändern: Der hydrochemische Typ muss erhalten bleiben: Quantitativchemischer Schutz	Schutz vor chemischen Schadstoffen (insbesondere Pflanzenschutzmittel, Chlorkohlenwasserstoffe, polyzyklische aromatische Kohlenwasserstoffe)

sung von Heilquellenschutzgebieten sind in den Landeswassergesetzen festgeschrieben.

Die Richtlinien unterscheiden drei Bildungstypen, von denen zwei (Typ 2 und Typ 3) in Abb. 2.14 veranschaulicht sind. Sie erfordern jeweils unterschiedliche Schutzmaßnahmen. Das Bildungsgebiet von Typ 1 ist erstreckt über mehr als 10 km, ist also im Vergleich zum Bildungsgebiet von Typ 2 (siehe Abb. 2.14) sehr viel größer. Die Fließsysteme von Typ 1 liegen sehr tief. Es handelt sich vorwiegend um Thermalwasser mit Natrium-Chlorid-Vormacht. Zum Typ 2 gehören ebenfalls Na-Cl-Wässer sowie SO_4- und HCO_3-Wässer. Der gegen Verunreinigungen relativ anfällige Typ 3 repräsentiert Schwefel-Wässer, aber auch flach gefasste Säuerlinge.

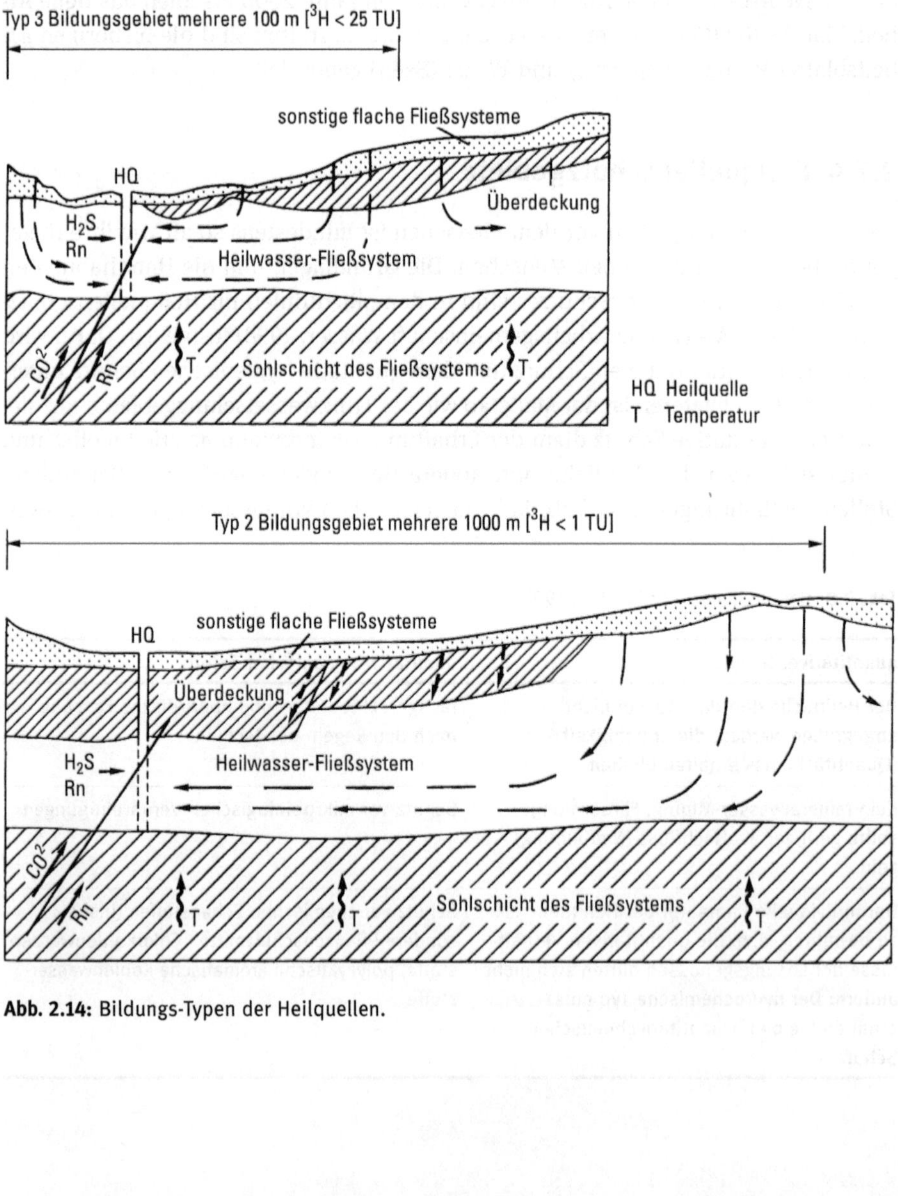

Abb. 2.14: Bildungs-Typen der Heilquellen.

2.8 Literatur

Arbeitskreis Grundwasserneubildung der Fachsektion Hydrogeologie der Deutschen Geologischen Gesellschaft (1977): Methoden zur Bestimmung der Grundwasserneubildungsrate. Geol. Jb., *C 19*, S. 3–98.

Balke, K.-D., Beims, U., Heers, F.-W., Hölting, B., Homrighausen, R. (2000): Lehrbuch der Hydrogeologie. Bd. 4: Grundwassererschließung, Grundlagen, Brunnenbau, Wasserrecht. Borntraeger, Berlin, Stuttgart.

Baumgartner, A., Liebscher, H.-J. (1996): Lehrbuch der Hydrologie. Bd. 1: Allgemeine Hydrologie. Quantitative Hydrologie. Borntraeger, Berlin, Stuttgart.

Bender, F. (Hrsg.) (1984): Angewandte Geowissenschaften. Bd. 3: Methoden der Hydrogeologie, Enke, Stuttgart, S. 213–366.

Bieske, E. (1992): Bohrbrunnen. R. Oldenbourg, München.

Biswas, A. K. (1970): History of hydrology. North-Holland Publishing Company, Amsterdam, London.

Bögli, A. (1978): Karsthydrographie und physische Speläologie. Springer, Berlin, Heidelberg, New York.

Busch, K.-F., Luckner, L., Tiemer, K. (1993): Lehrbuch der Hydrogeologie. Bd. 3: Geohydraulik. Borntraeger, Berlin, Stuttgart.

Carozzi, A. V. (1964): Hydrogeology. (Übersetzung von Lamarck, J.-B. (1802): Hydrogéologie) University Illinois Press, Urbana.

Carlé, W. (1975): Die Mineral- und Thermalwässer von Mitteleuropa. Wissenschaftl. Verlagsges., Stuttgart.

Darcy, H. (1856): Les fontaines publiques de la ville de Dijon. Dalmont, Paris.

Deutscher Bäderverband (2003): Deutscher Bäderkalender. Bonn.

Deutscher Heilbäderverband (2005): Begriffsbestimmungen – Qualitätsstandards für die Prädikatisierung – Kommentierte Fassung –. Bonn.

DVWK (1983): Beiträge zu tiefen Grundwässern und zum Grundwasser-Wärmehaushalt. DVWK-Schriften, *61*. Parey, Hamburg.

DVWK (1987): Erkundung tiefer Grundwässer – Zirkulationssysteme, Grundlagen und Beispiele. DVWK-Schriften, *81*. Parey, Hamburg.

DVWK (1988): Bedeutung biologischer Vorgänge für die Beschaffenheit des Grundwassers. DVWK-Schriften, *80*. Parey, Hamburg.

Dyck, S. (1980): Angewandte Hydrologie. Teil 2: Der Wasserhaushalt der Flussgebiete. W. Ernst & Sohn, Berlin.

Engelhardt, W. v. (1960): Der Porenraum der Sedimente. Springer, Berlin, Heidelberg.

Exler, H.-J., Groba, E., Johannsen, A., Michel, G., Prier, H., Sauer, K., Schmitt, O., Weiler, H. (1980): Erfahrungen mit klassischen und modernen Bohrmethoden bei der Erschließung von Grundwasser. Geol. Jb.; *C 25*, S. 3–56.

Geyh, M. A., Schleicher, H. (1990): Absolute Age Determination. Physical and Chemical Dating Methods and their Application. Springer, Berlin, Heidelberg.

Grahmann, R. (1958): Die Grundwässer in der Bundesrepublik Deutschland und ihre Nutzung. Forsch. z. deutsch. Landeskunde, *104*, Bundesanstalt f. Landeskunde, Remagen.

Heath, R. C. (1988): Einführung in die Grundwasserhydrologie (United States Geological Survey Water-Supply Paper, 2220). R. Oldenbourg, München.

Heitfeld, K.-H. (1991): Lehrbuch der Hydrogeologie. Bd. 5: Talsperren. Borntraeger, Berlin, Stuttgart.

Himstedt, F. (Hrsg.) (1907): Deutsches Bäderbuch. E. Weber, Leipzig.

Hintz, E., Grünhut, L. (1916): 2. Begriffsbestimmung und Abgrenzung der Mineralwässer. 3. Einteilung der Mineralquellen. In: Dietrich, Kaminer (Hrsg.): Handbuch der Balneologie, medizinischen Klimatologie und Balneographie, *1*, S. 155–179; Thieme, Leipzig.

Hoefs, J. (1987): Stable Isotope Geochemistry. Springer, Berlin, Heidelberg, New York.
Höfer von Heimhalt, H. (1912): Grundwasser und Quellen: Eine Hydrogeologie des Untergrundes. Vieweg, Braunschweig.
Högl, O. (Hrsg.) (1980): Die Mineral- und Heilquellen der Schweiz. Paul Haupt, Bern, Stuttgart.
Hölting, B. (1991): Geogene Grundwasserbeschaffenheiten und ihre regionale Verbreitung in der Bundesrepublik Deutschland. In: Rosenkranz, D., Einsele, G. und Harreß, H.-M.: Handbuch Bodenschutz, 6. Lfg. I/91, *1300*; Erich Schmidt, Berlin.
Hölting, B., Coldewey, W. G. (2009): Hydrogeologie. Einführung in die Allgemeine und Angewandte Hydrogeologie. Heidelberg (Spektrum Akademischer Verlag).
IAEA [International Atomic Energy Agency] (1996): Isotopes in water resources management. Proceedings 20–24 March 1995, IAEA, Wien.
Jäckli, H. (1970): Kriterien zur Klassifikation von Grundwasservorkommen. Ecologae Geologicae Helvetiae, *63*, S. 389–434.
Jäckli, H. (1980): Das Tal des Hinterrheins. Geologische Vergangenheit, Gegenwart und Zukunft. Orell Füssli, Zürich.
Jäckli, H. (1985): Zeitmaßstäbe der Erdgeschichte. Geologisches Geschehen in unserer Zeit. Birkhäuser, Basel.
Jordan, H., Weder, H.-J. (Hrsg.) (1995): Hydrogeologie. Grundlagen und Methoden. Regionale Hydrogeologie: Mecklenburg-Vorpommern, Brandenburg und Berlin, Sachsen-Anhalt, Sachsen, Thüringen. Enke, Stuttgart.
Käss, W. (1992): Lehrbuch der Hydrogeologie. Bd. 9: Geohydrologische Markierungstechnik. Borntraeger, Berlin, Stuttgart.
Käss, W., Käss, H. (2008): Deutsches Bäderbuch, 2. Aufl., Schweizerbart, Stuttgart.
Karrenberg, H. (1981): Hydrogeologie der nichtverkarstungsfähigen Festgesteine. Springer, Wien, New York.
Keilhack, K. (1935): Lehrbuch der Grundwasser- und Quellenkunde. Borntraeger, Berlin, Stuttgart.
Keller, G. (1969): Angewandte Hydrogeologie. Lindow, Hamburg.
Keller, R. (1979): Hydrologischer Atlas der Bundesrepublik Deutschland. Boldt, Boppard.
Koehne, W. (1948): Grundwasserkunde. Schweizerbart, Stuttgart.
Kruseman, G. P., De Ridder, N. A. (1973): Untersuchung und Anwendung von Pumpversuchsdaten. R. Müller, Köln-Braunsfeld.
Länderarbeitsgemeinschaft Wasser (LAWA) (1998): Richtlinien für Heilquellenschutzgebiete. 3. Aufl. Flöttmann, Gütersloh.
Langguth, H. R., Voigt, R. (2004): Hydrogeologische Methoden. Springer, Berlin, Heidelberg, New York.
Lucas, J. (1880): The hydrogeology of lower greensands of Surrey and Hampshire. Inst. Civil Engineers Minutes Proc., *61*, S. 200–227.
Mason, B. und Moore, C. B. (1985): Grundzüge der Geochemie. Übersetzt von G. Hintermaier-Erhard. Enke, Stuttgart.
Matthess, G. (2003): Lehrbuch der Hydrogeologie. Bd. 2: Die Beschaffenheit des Grundwassers. Borntraeger, Berlin, Stuttgart.
Matthess, G., Ubell, K. (2003): Lehrbuch der Hydrogeologie. Bd. 1: Allgemeine Hydrogeologie – Grundwasserhaushalt. Borntraeger, Berlin, Stuttgart.
Meinzer, O. E. (1923): Outline of ground-water hydrology, with definitions. Water Supply Pap., *494*. US Geological Survey, Washington, D.C.
Meinzer, O. E. (Hrsg.) (1942): Hydrology. Mc Graw Hill, New York.
Messini, M., Di Lollo, G. C. (1957): Acque minerali del mondo – Catalogo Terapeutico.
Società Editrice „Universo“, Roma.
Michel, G. (1997): Lehrbuch der Hydrogeologie. Bd. 7. Mineral- und Thermalwässer – Allgemeine Balneogeologie. Borntraeger, Berlin, Stuttgart.

Moser, A., Rauert, W. (1980): Lehrbuch der Hydrogeologie. Bd 8. Isotopenmethoden in der Hydrologie. Borntraeger, Berlin, Stuttgart.
Nace, R. L. (1968): Are we running out of water? Geological Survey Circular, *536*. US Geological Survey, Washington, D.C.
Paramelle, Abbé J. (1856): L'art de découvrir les sources. Bailly, Divry et Cie, Paris.
Pinneker, E. V. (1992): Lehrbuch der Hydrogeologie. Bd. 6: Das Wasser in der Litho- und Asthenosphäre – Wechselwirkung und Geschichte. Borntraeger, Berlin, Stuttgart.
Plinius Secundus, Gajus (1855): Naturgeschichte (übersetzt von Külb, P. H.), *26*. Römische Prosaiker in neuen Übersetzungen (Hrsg.: Osiander, C. R. v., Schwab G.), *202*; J. B. Metzler'sche Buchhandlung, Stuttgart.
Quentin, K.-E. (1988): Kommentar zur Mineral- und Tafelwasser-Verordung (MTVO). Verl. Recht u. Wirtschaft, Heidelberg.
Richter, W., Lillich, W. (1975): Abriss der Hydrogeologie. Schweizerbart, Stuttgart.
Rösler, H. J., Lange, H. (1976): Geochemische Tabellen. Enke, Stuttgart.
Schneider, H. (Hrsg.) (1988): Die Wassererschließung. Erkundung, Bewirtschaftung und Erschließung von Grundwasservorkommen in Theorie und Praxis. Vulkan-Verlag, Essen.
Sigg, L., Stumm, W. (1991): Aquatische Chemie. Eine Einführung in die Chemie wässriger Lösungen und in die Chemie natürlicher Gewässer. Teubner, Stuttgart und Zürich.
Struckmeier, W. (Hrsg.) (1989): Memoirs of the international symposium on hydrogeological maps as tools for economic and social development. Heinz Heise, Hannover.
Thurner, A. (1967): Hydrogeologie. Springer, Wien, New York.
Todd, D. K. (1980): Groundwater Hydrology. John Wiley & Sons, New York.
Vierhuff, H., Wagner, W., Aust, H. (1981): Die Grundwasservorkommen in der Bundesrepublik Deutschland. Geol. Jb., *30*, Hannover.
Voigt, H.-J. (1990): Hydrochemie: Eine Einführung in die Beschaffenheitsentwicklung des Grundwassers. Springer, Berlin.
White, D. E., Hem, J. D., Waring, G. A. (1963): Chemical composition of subsurface waters. Data of Geochemistry, (Hrsg.: M. Fleischer), Geological Survey Professonal Paper, 440 – F. United States Government Printing Office. Washington.
Waring, G. A. (1965): Thermal springs of the United States and other countries of the world – a summary. Geological Survey Professional paper, *492*: US Geological Survey, Washington, D.C.
Wohlrab, B., Ernstberger, H., Meuser, A. Sokollek, V. (1992): Landschaftswasserhaushalt. Parey, Hamburg, Berlin.
Zötl, J. G. (1974): Karsthydrogeologie. Springer, Wien, New York.
Zötl, J. G., Goldbrunner, J. (1993): Die Mineral- und Heilwässer Österreichs: Geologische Grundlagen und Spurenelemente. Springer, Wien, New York.

W. Nissing

3 Chemie des Wassers

3.1 Eigenschaften des Wassers

3.1.1 Physikalische Eigenschaften

3.1.1.1 Struktur und Aggregatzustände des Wassers

Die chemische Schreibweise von Wasser ist H_2O. Zwei Atome Wasserstoff (H) und ein Atom Sauerstoff (O) bilden das Molekül Wasser H—O—H im Winkel von 104,5° mit O im Scheitel und einem Abstand H—O von 95,8 pm (10^{-12} m). Wegen dieser Winkelform kann das O-Atom über die offene Seite des Moleküls mit H-Atomen der Nachbarmoleküle in Wechselwirkung treten: die so genannte **Wasserstoffbrückenbindung**. Sie bestimmt das ungewöhnliche Verhalten von Wasser bezüglich Schmelz- und Siedepunkt, Schmelz- und Verdampfungswärme, Verdampfungsgeschwindigkeit sowie das Dichteminimum bei etwa 4 °C. Die Brückenbildung führt bei flüssigem Wasser zu Molekülaggregationen (Cluster) von ständig wechselnder Größe ohne Struktur (keine flüssigen Kristalle, kein „Polywasser").

In fester Form (Eis) bildet Wasser eine tetraedrische Gitterstruktur der Koordinationszahl 4 (Eis I, Tridymitgitter; hexagonale Symmetrie der O-Atome, z. B. bei Schneekristallen zu beobachten), wodurch der H—O—H-Winkel auf 109,1° gespreizt und der O—H-Abstand auf 99 pm gedehnt wird. Die zwei Wasserstoffbrücken, die für den Aufbau dieses Gitters je Molekül erforderlich sind, haben eine Bindungsenergie von etwa 21 kJ/mol. Beim Schmelzen gehen einige H_2O-Moleküle auf „Zwischengitterplätze", was aus der Volumenkontraktion (etwa 10 %) geschlossen werden kann. Bei +0,4 °C haben Eis und Wasser den gleichen Dampfdruck von 0,005 bar (Tripelpunkt). Nur hier sind alle drei Phasen des Wassers nebeneinander beständig. Beim Siedepunkt (z. B. 100 °C bei 1 bar) geht Wasser unter Auflösung der Cluster in die gasförmige Form über (Dampf). Bei höherem Druck als 1 bar kann Wasser auf über 100 °C erhitzt werden ohne zu sieden, wobei sich die Zahl der Moleküle in den Clustern verringert und die Dichte abnimmt. Schließlich erreicht Wasser bei der so genannten kritischen Temperatur eine gleiche Dichte und Struktur wie Dampf. Auch bei sehr hohem Druck ist in einem superkritischen fluiden Zustand keine gasförmige Phase mehr von einer flüssigen zu unterscheiden, wohl aber kann sich auch dann eine feste Phase ausbilden.

3.1.1.2 Physikalische Größen

In Tab. 3.1 sind physikalische Größen des Wassers zusammengefasst. Einige dieser Größen werden erläutert, wobei der Anschaulichkeit der Vorzug vor der streng physikalischen Definition gegeben wird.

https://doi.org/10.1515/9783110588217-003

Dichte bezeichnet allgemein volumenbezogene Größen. Massedichte in kg/m^3 wird abgekürzt Dichte ρ eines Stoffes genannt. Sie ändert sich mit der Temperatur (Raumausdehnungskoeffizient) und dem Druck (Kompressibilität). Wasser hat die Eigenart eines Dichtemaximums bei 3,98 °C. Daher schichtet sich Wasser mit dieser Temperatur sowohl unter wärmeres als auch unter kälteres Wasser.

Bei der Lösung von Stoffen im Wasser verteilen sich Moleküle bzw. Ionen zwischen den Wassermolekülen, mit denen sie in Wechselwirkung treten. Dies führt dazu, dass das Volumen nur wenig zunimmt. Daher lässt sich eine eindeutige Beziehung zwischen Dichte und der Konzentration an gelöstem Stoff (Messung mit Aräometer, z. B. Grad Oechsle beim Traubensaft in Bezug auf den Zuckergehalt) nachweisen. Die Dichtezunahme entspricht näherungsweise der Masse des aufgelösten Stoffes je Volumen.

Dichteunterschiede von Wasser sind bei den durch Temperaturgradienten ausgelösten Volumenströmen in großräumigen Behältern, bei der Berechnung des Auftriebs von Eis und auch bei der Berechnung der Mächtigkeit von so genannten Süßwasserlinsen (Süßwasserschichten oberhalb von Salzwasser im Grundwasser an der Küste zum Meer) zu berücksichtigen. Die Mächtigkeit h_m der Süßwasserschicht wird nach folgender Gleichung aus der Dichtedifferenz zwischen Grundwasser (ρ_{gw} = 0,996) und Meerwasser (ρ_s = 1,028) berechnet:

$$h_m = h_{gw} \cdot \rho_{gw} / (\rho_s - \rho_{gw}) \tag{3.1}$$

Zunächst ist die Mächtigkeit der Süßwasserlinse bis in die Nähe der Küstenlinie sehr groß. Bei einer Schicht des Grundwassers von 2 m (h_{gw} = 2 m) über dem Meeresspiegel reicht die Schicht des Süßwassers bis etwa in 62 m Tiefe (h_m = 62 m). Sie ist aber in dieser Mächtigkeit nicht verfügbar, denn sie geht sehr schnell zurück und es kommt zu einem Einbruch salinen Wassers (Brackwasser), wenn das Grundwasser auf Meereshöhe abgesenkt wird (h_{gw} und damit h_m = 0).

Der **Gefrierpunkt** ist von Druck und Temperatur abhängig. Gelöste Stoffe senken ihn proportional zur Menge (nicht zur Masse) der gelösten Moleküle bzw. Ionen. Der Faktor heißt kryoskopische Konstante (molare Gefrierpunkterniedrigung). In Meerwasser mit 0,5 mol/l Kochsalz (NaCl), also 0,5 mol/l Natrium-Ionen und ebenso vielen Chlorid-Ionen beträgt die Stoffmenge 1 mol/l. Dieses Wasser hat einen um 1,8 °C erniedrigten Gefrierpunkt. Gleichzeitig verschiebt sich in solchem Salzwasser das Dichtemaximum auf Werte unter dem Gefrierpunkt, was bei der Thermik der Ozeane von Bedeutung ist.

Beim **Siedepunkt** hat das Wasser einen Dampfdruck erreicht, der dem äußeren Druck entspricht. Gelöste Stoffe senken den Dampfdruck und erhöhen dementspre-

Tab. 3.1: Physikalische Größen von Wasser (Landolt und Börnstein, 1936 und spätere Auflagen).

Molmasse in g/mol				18,015			
Gefrierpunkt bei 1 bar in °C				0,00			
Siedepunkt bei 1 bar in °C				100,0			
Dichtemaximum in kg/m³				1000,0 bei 3,98 °C			
Schmelzwärme bei 1 bar, 0 °C in J/g				332,5			
Verdampfungswärme bei 1 bar 100 °C in J/g				2257 (627 kWh/m³⁾			
Dielektrizitätskonstante bei 20 °C				80,35			
Brechungsindex bei 25 °C				1,33251			
molare Gefrierpunkterniedrigung in K · l/mol				1,853			
molare Siedepunktserhöhung in K · l/mol				0,513			
	Eis			Dampf			
	−20 °C	−10 °C	0 °C	100 °C	200 °C	300 °C	400 °C
Dichte in kg/m³	920,2	918,6	916,7	0,598	0,467	0,384	0,326
spez. Wärme in J/(g K)	1,805						
Wärmeleitfähigkeit in W/(m K)			2,21	0,023	0,030	0,037	0,043
dynamische Viskosität in kg/(m · s)				$1{,}27 \cdot 10^{-5}$	$1{,}65 \cdot 10^{-5}$	$2{,}03 \cdot 10^{-5}$	$2{,}45 \cdot 10^{-5}$
Wasser bei 1 bar	0 °C	10 °C	20 °C	30 °C	50 °C	80 °C	100 °C
Dichte in kg/m³	999,8	999,6	996,2	995,6	998,0	971,8	958,3
Dynamische Viskosität in 10^{-3} kg/(m · s) bzw. 10^{-3} N · s/m³	1,78	1,30	1,00	0,802	0,544	0,356	0,282
spez. Wärme in J/(g K)	4,206	4,191	4,181	4,177	4,184	–	–
Wärmeleitfähigkeit in W/(K · m)	0,552	0,578	0,598	–	0,641	0,669	0,682
Siededruck in mbar	6,08	12,26	23,34	42,46	123,4	473,6	1013
Kapillarität für an Luft grenz. Wasser in N/m	0,0754	0,0740	0,073	0,071	0,068	–	–
Elastizitätsmodul in 10^3 N/m³	1,93	2,03	2,06	–	–	–	–
therm. Raumausdehng.-Koeffizient in 1/K	–	–	$2{,}0 \cdot 10^3$	–	–	–	–
Kompressibilität in 1/bar	–	–	$4{,}9 \cdot 10^{-5}$	–	–	–	–

chend den Siedepunkt, und zwar um den Wert des Produktes aus Stoffmenge und der so genannten ebullioskopischen Konstante (molare Siedepunkterhöhung).

Die **Relative Luftfeuchte** (in %) gibt das Verhältnis von Wasserdampfpartialdruck zu Dampfdruck (Siededruck) wieder. Ist der Dampfdruck von Eis oder Wasser höher als der Wasserdampfpartialdruck der umgebenden Luft (rel. Luftfeuchte unter 100 %), so verdampfen diese. Im umgekehrten Fall erfolgt Kondensation von Wasserdampf zu Wasser oder direkt zu Eis.

Sind beide Drücke gleich (rel. Luftfeuchte 100 %), so ist der **Taupunkt** erreicht. Da der Dampfdruck und damit der Wasserdampf der Luft mit steigender Temperatur zunehmen, kennzeichnet der Taupunkt sehr gut den Wassergehalt der Luft. So ist z. B. getrocknete Luft mit einem Taupunkt von +5 °C geeignet für Filterhallen zur Grundwasseraufbereitung. Luft für Ozonerzeugungsanlagen muss gründlicher getrocknet werden und einen Taupunkt von – 40 °C haben.

Die **Latente Wärme** wird in kJ/mol oder kJ/kg oder kJ/m^3 gemessen und kennzeichnet den Energiebedarf bei einer Phasenumwandlung von Eis zu Wasser (Schmelzwärme) bzw. Wasser zu Wasserdampf (Verdampfungswärme) ohne Temperaturerhöhung.

Die **Wärmekapazität** kennzeichnet die erforderliche Energie zur Temperaturveränderung. So gibt z. B. ein Wert von 4,1811 J/(g · K) an, das 4,1811 J erforderlich sind, um 1 g Wasser um 1 K zu erwärmen (entsprechend 1,1614 kWh/(m^3 · K) bei 20 °C). Die Wärmekapazität ist temperaturabhängig. Die Wärmeleitfähigkeit λ_w (W/(m · K)) bezeichnet den Energiefluss durch eine Fläche (W/m^2) entlang eines Temperaturgradienten (K/m).

Die **Kompressibilität** wird als Proportionalitätsfaktor (1/bar bzw. m^2/N) der Druckabhängigkeit der Dichte gemessen. Der Kehrwert heißt **Elastizitätsmodul**, E_W, und ist mit der Ausbreitungsgeschwindigkeit a von Druck- oder Schallwellen verbunden:

$$a = (E_W/\rho)^{1/2} \tag{3.2}$$

Mit $E_W = 2{,}06 \cdot 10^9\ \mathrm{N/m^2}$ und $\rho = 1000\ \mathrm{kg/m^3}$ errechnet sich die für Wasser charakteristische Schallgeschwindigkeit a = 1435 m/s. In Rohrleitungen breiten sich Schallwellen langsamer aus, weil die Rohrwandungen elastisch auf Druckwellen reagieren.

Die dynamische **Viskosität** η von Wasser (N · s/m^2 oder kg/(m · s)) kennzeichnet die innere Reibung bei allen Fließvorgängen. Der physikalische Sinn dieser Größe ist aus folgender Beziehung ersichtlich:

$$F = \eta \cdot A \cdot dv/dx \tag{3.3}$$

Hierbei ist F die erforderlich Kraft in N, um zwischen zwei Flüssigkeitsschichten mit der Berührungsfläche A in m^2 den Geschwindigkeitsgradienten G = dv/dx in 1/s aufrechtzuerhalten. Für praktische Berechnungen wird die Viskosität auf die Dichte bezogen und kinematische Viskosität ν genannt. Sie hat die Einheit m^2/s und ist Bezugsgröße der dimensionslosen Reynolds-Zahl Re, mit d als Rohrdurchmesser und c als Fließgeschwindigkeit des Wassers:

$$\nu = \eta/\rho \quad \text{und} \quad Re = d \cdot c/\nu \tag{3.4}$$

Im Wasser gelöste Stoffe können die Viskosität zum Teil ganz erheblich verändern. Langkettige Polyelektrolyte (z. B. anionische oder kationische Polyacrylamide), die als Flockungshilfsmittel die Scherfestigkeit der Flocken erhöhen, bewirken schon bei einer Konzentration von 0,1 kg/m^3 eine erhebliche Zunahme der Viskosität. Dagegen erhöhen organische Polymere mit kugeliger Molekülform die Viskosität von Wasser kaum. Ionen können je nach Art ihrer Wechselwirkung mit den Wassermolekülen und der Wasserstoffbrückenbindung einerseits erhöhend oder andererseits erniedrigend auf die Viskosität wirken.

Die Grenzflächenspannung oder Kapillarität wird auch als **Oberflächenspannung** des Wassers bezeichnet und hat die Einheit N/m. Sie ist das Ergebnis der gegenseitigen Anziehung der Wassermoleküle, verstärkt um die Wasserstoffbrückenbindung, die an Grenzflächen oder an der Oberfläche des Wassers nur ins Innere gerichtet sein kann. Ihr Zahlenwert in N/m ist identisch mit dem Zahlenwert einer Energie oder in diesem Fall der Arbeit in Nm/m^2, die erforderlich ist, um die Oberfläche zu vergrößern. Grenzflächenaktive Stoffe vermindern die Wechselwirkung der Wassermoleküle und damit die Kapillarität. So können sich z. B. oberflächenaktive Stoffe an der Grenzfläche von Wasser zu Luft anreichern und die Wassermoleküle dort verdrängen. Wenn die gegenseitige Anziehung dieser Stoffmoleküle sehr klein ist, nimmt die für die Vergrößerung der Arbeit erforderliche Energie, die zahlenmäßig identisch mit der Kapillarität ist, stark ab. Die in natürlichen Wässern vorkommenden Stoffe sind kaum grenzflächenaktiv.

Durch die Kapillarität entsteht an gekrümmten Oberflächen ein Druck, der als Krümmungsdruck oder **Kapillardruck** bezeichnet wird und dessen Wert umgekehrt proportional zum inneren Durchmesser der Kapillare ist. In einer senkrecht angeordneten Kapillare oder in Böden mit einer Vielzahl von kapillaren Spalten in und zwischen den Bodenkrumen steigt das Wasser so weit, bis der Wasserdruck dem Kapillardruck entspricht. Im Boden bildet sich so ein **Kapillarsaum** oberhalb des hydrostatischen Grundwasserspiegels aus, der mehrere Meter betragen kann. In Kapillaren mit 0,1 mm Durchmesser beträgt die Steighöhe nur etwa 30 cm, wie sich aus nachstehender Gleichung ergibt:

$$h = 4\,\kappa/(\rho \cdot g \cdot d) \tag{3.5}$$

κ ist die Kapillarität in N/m; g die Normfallbeschleunigung (9,81 m/s^2).
ρ ist die Dichte in kg/m^3 und d der innere Durchmesser der Kapillare in m.

3.1.2 Physikochemische Eigenschaften

3.1.2.1 Wasser als Lösemittel

Eine klare Unterscheidung zwischen chemischen und physikochemischen Eigenschaften des Wassers ist nicht immer möglich. Auch in diesem Abschnitt erhält die Anschaulichkeit Vorrang vor der exakten Zuordnung.

Die Lösung von Stoffen in Wasser setzt eine Wechselwirkung zwischen den zu lösenden Molekülen mit denen des Wassers voraus, die mindestens die Wasserstoffbrückenbindung ersetzt. Wegen der Winkelform des Wassermoleküls ist eine Wechselwirkung mit polaren Stoffen erleichtert. Polare Moleküle sind solche Moleküle, bei denen die Schwerpunkte der positiven und negativen Ladungen nicht zusammenfallen. Die Moleküle üben bei Annäherung Anziehungskräfte aufeinander aus, die ihr Verhalten zueinander stark beeinflussen. Daher sind polare Stoffe eher wasserlöslich, während unpolare Stoffe in Wasser weniger löslich sind. Die Wasserlöslichkeit von Stoffen nimmt mit steigender Polarität zu.

Die Wechselwirkung der Moleküle des gelösten Stoffes und des Wassers führt bei Stoffen mit Ionenbindung (z. B. NaCl) zu deren Spaltung, so dass im Wasser neue Stoffe, nämlich voneinander unabhängige, elektrisch verschieden geladene **Ionen** entstehen. Diese Aufspaltung macht sich insbesondere bei der elektrischen Leitfähigkeit des Wassers bemerkbar, aber auch – wegen der Zunahme der Partikelzahl – bei der Gefrierpunkterniedrigung, der Siedepunktserhöhung und beim osmotischen Druck.

Ionenbindungen, die nicht gespalten werden, kennzeichnen die Komplexe, z. B. die Cyanid-Komplexe des Nickels oder anderer Schwermetalle. Neben diesen starken Komplexen, die analytisch von den gelösten Ionen gut zu unterscheiden sind, existieren auch schwache Komplexe der Metallionen mit Sulfat-, Carbonat- oder Hydroxylionen. Diese Verbindungen werden als **Aquakomplexe** bezeichnet. Die unterschiedlichen Bindungsformen werden als **Spezies** eines Metalls bezeichnet, z. B. Aluminat- neben Aluminium-Ion und ein- oder mehrkernigen Aluminiumhydroxokomplexen. Die Bildung von Spezies (englisch: speciation) ist entscheidend für die Wirkung der Metalle in der Umwelt. Analytisch ist sie nicht immer zugänglich, in vielen Fällen müssen die Spezies aus der Gesamtkonzentration der Metallverbindungen und dem pH-Wert berechnet werden (Abschn. 3.2).

Sind langkettige Moleküle auf der einen Seite polar und damit eher wasserlöslich und an ihrem anderen Ende unpolar, so reichern sie sich an Grenzflächen an (**oberflächenaktive Stoffe**, Tenside), weil die unpolare Seite vom Wasser abgestoßen wird. Aus der Polarität von Stoffen kann auf ihre Entfernbarkeit bei der Wasseraufbereitung geschlossen werden. Unpolare Stoffe können durch Adsorption an Aktivkohle oder Extraktion mit organischen Lösemitteln vom Wasser abgetrennt werden. Gelöste Gase und leichtflüchtige Stoffe werden durch Ausgasen (Strippen) entfernt. Ionen werden durch Fällung entfernt. Gut lösliche Ionen wie z. B. Na^+-Ionen

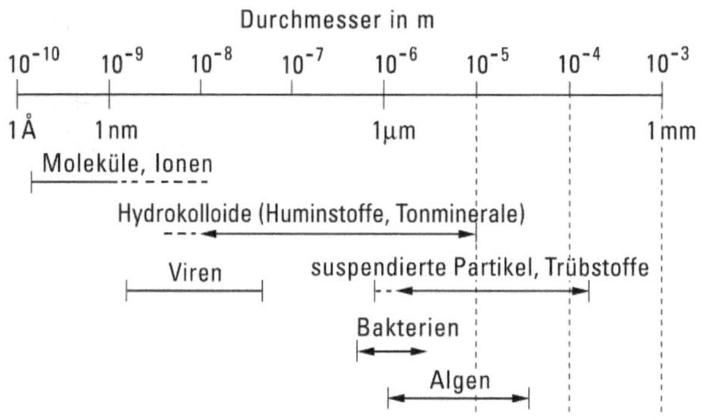

Abb. 3.1: Größenverteilung von Stoffen in Wasser.

können nur durch Membranverfahren (Umkehrosmose) oder Phasenübergang des Wassers (Destillation, Eisbildung) vom Wasser getrennt werden.

Von den molekulardispersen Stoffen sind die kolloiddispersen Stoffe (**Hydrokolloide**) zu unterscheiden. Sie haben einerseits einen größeren Durchmesser als die gelösten Stoffe und sind andererseits im Wasser aufgrund ihrer Oberflächenladung vor einer Zusammenballung (Agglomeration) geschützt. Die **Entstabilisierung** dieser Ladung und die darauf einsetzende Agglomeration wird Flockung genannt. Die Abtrennung der Hydrokolloide mittels Membranen wird zur Unterscheidung von der Umkehrosmose als Ultrafiltration bezeichnet. Stoffe mit noch größerem Durchmesser heißen Trübstoffe oder Suspensa oder abfiltrierbare Stoffe. Meist können auch diese Stoffe nur durch Flockung vom Wasser abgetrennt werden. Die Unterscheidung der Stoffe im Wasser nach ihrer Größe zeigt Abb. 3.1.

In der Thermodynamik drückt sich die **Löslichkeit** in einer Zunahme der Entropie der Lösung im Vergleich zu der Summe der Entropien für den ungelösten Stoff und für reines Wasser aus. Da die freie Enthalpie negativ sein muss, damit ein Prozess freiwillig ablaufen kann (Prinzip des kleinsten Zwanges), folgt, dass die **Lösungswärme** (Lösungsenthalpie) sowohl positive Werte (endotherme Reaktion) als auch negative Werte (exotherm) annehmen kann. Exotherme Reaktion (Erwärmung) ist bei der Lösung von wasserfreien Salzen (z. B. Na_2SO_4) oder konzentrierten Säuren in Wasser zu beobachten. Die Löslichkeit nimmt mit der Temperatur ab. Endotherme Reaktion (Abkühlung) weisen die Salzhydrate auf, deren Löslichkeit mit der Temperatur zunimmt. Ein bekanntes Beispiel ist das Hydrat des Natriumsulfats, $Na_2SO_4 \cdot 10\,H_2O$, das sich unter Abkühlung in Wasser löst und dessen Löslichkeit bis 32,4 °C stark zunimmt. Danach bildet sich wasserfreies Natriumsulfat als Bodenkörper, das sich unter Erwärmung löst und dessen Löslichkeit mit weiter steigender Temperatur abnimmt. Von einiger technischer Bedeutung ist auch die mit der Temperatur abnehmende Löslichkeit von Calciumcarbonat (siehe Tab. 3.10), die zu Kalkablagerungen an erwärmten Flächen im Kontakt mit Wasser führt.

Die Wirkung der **Kältemischung** aus NaCl und Eis beruht auf der Wärmeaufnahme zur Kompensation der Schmelzwärme von Eis, da das mit etwa 5 mol/l lösliche

NaCl den Gefrierpunkt auf –18 °C herabsetzt (wegen der Summe der Ionenkonzentrationen aus Na^+ und Cl^- von insgesamt 10 mol/l und einer molaren Gefrierpunkterniedrigung von 1,8 K/mol). Dagegen beruht die Wirkung von Ammoniak-Kältemaschinen aber nicht auf einem solchen endothermen Effekt, sondern auf der Wärmeaufnahme bei der Expansion des komprimierten Ammoniaks.

3.1.2.2 Konzentrationsangaben für Stoffe im Wasser

Die volumenbezogene Menge eines Stoffes im Wasser (Stoffdichte) wird als dessen **Konzentration** bezeichnet. Der Umgang mit dieser Größe kann sehr unterschiedlich sein, weswegen einige Erläuterungen erforderlich sind. Sie wird in der Praxis als skalare Größe verwendet, bei der es nur auf den Zahlenwert, nicht aber auf die Einheit ankommt. Mit Bezug auf bestimmte Eigenschaften des Wassers oder auf Grenzwerte oder Interventionswerte hat die Konzentration operationalen Charakter, ebenfalls ohne wesentliche Beachtung der Einheit. So ist bei der Nitratkonzentration zunächst der Bezug zum Grenzwert 50 von Interesse und nur nachrangig die Einheit (mg/l). Da es sich somit als außerordentlich schwierig erwiesen hat, im Wasserfach die Einheiten für Konzentrationen zu harmonisieren, wird weiterhin unterschiedlich verfahren (mg/l neben mmol/l, daneben auch z. B. ppm als dimensionslose Einheitenbezeichnungen).

Die Einheit der **Stoffmassekonzentration** β ist mg/l oder g/m^3. Die Einheit der **Stoffmengenkonzentration** c ist mmol/l oder mol/m^3. Die Umrechnung erfolgt mit Hilfe der molaren Masse (Tab. 3.2).

Die Angabe der Konzentration entspricht einer Größengleichung im Sinne von DIN 1310. Korrekt ist z. B. die Angabe $c(Ca^{2+}) = 4$ mmol/l in der Reihenfolge:

$$\text{Größe} = \text{Zahlenwert} \cdot \text{Einheit} \tag{3.6}$$

Im Fließtext wird diese Gleichung aufgelöst in 4 mmol/l Calcium-Ionen. Dagegen ist die Angabe 4 mmol Ca/l ungenau und möglichst zu vermeiden (unzulässige Vermischung von Größe und Einheit, siehe auch Tab. 3.2). Die Ladung der Ionen wird vielfach weggelassen, um klarzustellen, dass die übliche Analytik nicht die Ionenspezies Ca^{2+} erfasst, sondern die Summe aller Spezies, die Calcium enthalten, auch die Komplexe des Calciums.

Masse-, Volumen- oder Stoffmengenanteile (bzw. -gehalte, vgl. DIN 1310) können als relativer Wert oder, um die Angaben sehr kleiner Zahlen zu vermeiden, auch in Prozent, ppm (parts per million) oder ppb (parts per billion) angegeben werden. Diese Kürzel können wie Einheiten verwendet werden, doch ist zu beachten, dass sie dimensionslos sind und zwingend der Bezug (Masse, Volumen, Stoffmenge u. a.) mit anzugeben ist. In der Praxis ist dies nur bei % üblich, z. B. Volumen-% (z. B. Volumen-% Ethanol im Wein) oder Masse-%. Die Angabe Masse-ppm ist unüblich, aber dennoch zur Vermeidung von Missverständnissen empfehlenswert. Die Angabe

Tab. 3.2: Konzentrationsangaben und Umrechnungen.

Konzentrationsangaben (am Beispiel des Calciums)
Stoffmengenkonzentration c(Ca) in mol/m^3 oder mmol/l
Stoffmassekonzentration β(Ca) in g/m^3 oder mg/l; Umrechnung β(Ca) = c(Ca) M(Ca)
Äquivalentkonzentration c(½ Ca) = 2 · c(Ca) in mol/m oder mmol/l
Anteil w(Ca) in % (per cent) oder ppm (parts per million) oder ppb (parts per billion)

Zahlenwerte für Konzentrationen (am Beispiel des Grenzwertes für Nitrat)

korrekt:	$c(NO_3^-)$ = 0,8 mmol/l oder $c(NO_3^- - N)$ = 0,8 mmol/l $β(NO_3^-)$ = 50 mg/l oder $β(NO_3^- - N)$ = 11,3 mg/l
gebräuchlich:	0,8 mmol/l NO_3^- bzw. 0,8 mmol/l $NO_3^- - N$ 50 mg/l NO_3^- bzw. 11,3 mg/l $NO_3^- - N$ (die Bezeichnungen NO_3^- bzw. $NO_3^- - N$ werden im Sinne einer Größe, nämlich $c(NO_3^-)$ bzw. $c(NO_3^- - N)$, verwendet)
zu vermeiden:	0,8 mol NO_3^- /l oder 10 mg $NO_3^- - N$/l (unzulässige Vermischung von Größe und Einheit)

molare Massen
zur Umrechnung von mg/l auf mmol/l und vice versa

	g/mol		g/mol
M(Ca)	40,078	M(C)	12,011
M(Mg)	24,305	$M(CO_2)$	44,010
M(Na)	22,990	$M(HCO_3^-)$	61,017
M(K)	39,098	$M(Cl^-)$	35,453
M(Al)	26,982	M(N)	14,007
M(Fe)	55,847	$M(NO_3^-)$	62,005
M(Mn)	54,938	$M(NO_2^-)$	46,006
M(Cu)	63,546	$M(SO_4^{2-})$	96,064
M(Zn)	65,39	M(P)	30,974
$M(NH_3)$	17,031	$M(PO_4^{3-})$	94,971

Umrechnungen

von mmol/l zu mg/l	β(x) = c(x) M(x), z. B. β(Ca) = c(Ca) · 40,78
Nitrat	50 mg/l NO_3^- = 0,806 mmol/l NO_3^- = 11,295 mg/l $NO_3^- - N$
Phosphat	5 mg/l P_2O_5 = 0,0704 mmol/l PO_4^{3-} = 6,69 mg/l PO_4^{3-} = 2,18 mg/l $PO_4^{3-} - P$
Härte, Summe Ca + Mg	1 mmol/l = 5,6 °dH = 7 °eH = 10 °fH*)
Säurekapazität ($K_{S4,3}$)	1 mmol/l = 2,8 °dH so genannte Karbonathärte
Basekapazität $K_{B8,2}$	1 mmol/l = 44,011 mg/l CO_2
elektrische Leitfähigkeit	1 mS/m = 10 µS/cm
Oxidierbarkeit, Mn(VII)	1 mg/l als O^2 = 3,95 mg/l $KMnO_4$
Farbe (SAK 436 nm)	1 m^{-1} ≙ 40 mg/l Platin

*) °dH und entsprechend °eH und °fH sind die im 19. Jahrhundert entwickelten, nicht mehr zulässigen Einheiten für die Stoffmengenkonzentration, die durch mol/l ersetzt wurden; im Wasserfach üblich ist mmol/l

von mg/l in ppm ist unkorrekt, weil die Einheit mg/l nicht dimensionslos ist. Bei der Angabe ppm für Stoffe im Wasser kann es sich nur um Masse-ppm, also mg/kg eines Stoffes in wässriger Lösung handeln, was zumeist nicht beachtet wird, weil stillschweigend vorausgesetzt wird, dass 1 Liter Wasser 1 kg Wasser entspricht, was zumindest bei Meerwasser einen Fehler von etwa 3 % einschließt.

Eine der ältesten Konzentrationseinheiten für Stoffe im Wasser ist das **Grad Härte** (deutsche, französische bzw. englische Härte), ein Maß, das durch die Seifentitration nach Clark (1841) populär geworden ist. Es wird häufig auch als Wasserhärte bezeichnet. Bezugsstoffe sind das Calciumoxid (10 mg/l CaO entsprechen 1°dH, deutsche Härte), das Calciumhydroxid (französisch) bzw. das Calciumcarbonat (englisch). Die verschiedenen Härteeinheiten stehen im Verhältnis der molaren Massen der Bezugsstoffe zueinander, wobei jeweils 10 mg/l des Bezugsstoffs 1° entsprechen. Im jeweiligen Bezugssystem werden die übrigen Stoffe nach ihren molaren Massen gewichtet, so dass z. B. 7,2 mg/l MgO 1°dH entsprechen. Grundsätzlich wäre die Angabe in Grad Härte für alle gelösten Stoffe geeignet, um dem chemischen Anspruch zu genügen, wonach es auf die Menge in Grad (besser in mol) und nicht auf die Masse in g ankommt (Stöchiometrie). Die weitere wissenschaftliche Entwicklung brachte allerdings, hiervon abweichend, als Bezugspunkt 1/16 des Sauerstoffisotops O^{16} und als Einheit das **mol** (abgeleitet von Molekül) hervor, das seit 1978 neben dem Meter und dem Kilogramm international verbindliche Basiseinheit ist. Dennoch ist das mol nicht populär geworden. Die Praxis schafft sich ihre eigenen, zum Teil willkürlichen Bezugssysteme, meist mit der Bezeichnung „berechnet als …", um der unpopulären wenn auch korrekten Einheit mol auszuweichen.

Die Einheit mol ist auch für Äquivalentkonzentrationen der Valenzen eines gelösten Stoffes oder eines Ionenaustauschers zu verwenden. Die Eigenschaft soll nicht in der Einheit, sondern in der Größe zum Ausdruck kommen. Richtig ist c(1/2 Ca) = 2 mol/l, falsch ist c (Ca) = 2 val/l, wenn die Lösung 1 mol/l zweiwertige Calciumionen enthält.

Stoffmengenanteile werden auch als **Molenbruch** x (dimensionslos) bezeichnet.

In der Gasphase wird mit Bezug auf das ideale Gasgesetz an Stelle der Konzentration der **Partialdruck** mit der Schreibweise z. B. $p(CO_2)$ oder p_{CO2} in bar oder mmbar oder Pa verwendet.

3.1.2.3 Löslichkeit von Gasen

Die Konzentration der gelösten Teilchen im Wasser ist der Teilchenkonzentration in der Luft proportional (Henry-Gesetz). Dieser Zusammenhang wird in der Literatur in sehr vielen Varianten dargestellt. Beispielsweise ergeben sich folgende Zusammenhänge:

$$G = K_b \cdot p_s \tag{3.7}$$

$$c(S) = K_h \cdot p_s = 1000 \cdot K^* = K_b \cdot p_s/0{,}0224 \tag{3.8}$$

$$\beta(S) = K_{h,\beta} \cdot p_s = K_h \cdot M(S) \cdot p_s \tag{3.9}$$

p_S Partialdruck des gasförmigen Stoffes S in bar
G Gehalt gelöstes Gas unter Normbedingungen im Wasser bei einer bestimmten Temperatur, mit der Einheit m^3/m^3
c(S) Konzentration des gelösten Gases in mol/m^3
β(S) Konzentration des gelösten Gases in g/m^3
K_b Bunsen'scher Absorptionskoeffizient in 1/bar
K_h Henry-Koeffizient in $mol/(m^3\ bar)$
K_h^* Henry-Koeffizient in mmol/(l · mbar) oder mol/(l · bar)
$K_{h,\beta}$ Henry-Koeffizient in $g/(m^3\ bar)$
M(S) molare Masse des Stoffes S in g/mol

Daten zur Löslichkeit von Gasen enthält Tab. 3.3. Die in Übereinstimmung mit der Thermodynamik zu erwartende zunehmende Löslichkeit mit der Temperatur tritt

Tab. 3.3: Löslichkeit ausgewählter Gase im Wasser.

Gas	**Bunsen'scher Absorptionskoeffizient K_b in 1/bar**					
	0 °C	**5 °C**	**10 °C**	**20 °C**	**30 °C**	**35 °C**
Luft	0,0292	0,0257	0,0228	0,0187	0,0156	–
Sauerstoff	0,0489	0,0429	0,0380	0,0310	0,0261	0,0244
Stickstoff	0,0235	0,0209	0,0186	0,0155	0,0134	0,0126
Wasserstoff	0,0215	0,0204	0,0196	0,0182	0,0170	0,0167
Ozon	0,65	0,58	0,52	0,37	0,23	0,16
Kohlenstoffdioxid	1,72	1,42	1,19	0,866	0,665	0,592
H_2S	4,67	3,977	3,40	2,58	2,037	1,831
Chlor	4,54	3,75	3,15	2,30	1,80	1,60
Chlordioxid	59	48	40	25	14	–
Schwefeldioxid	79,8	67,5	56,6	39,4	27,2	22,5
Ammoniak	1049	918	812	654	–	–
$\beta(O_2)$ im Wasser aus mit Wasserdampf gesättigter Luft, bei 1 bar						
Temperatur	0 °C	5 °C	10 °C	20 °C	30 °C	35 °C
$\beta(O_2)$ in g/m^3 bzw. mg/l	14,8	12,6	11,0	9,1	7,5	7,0
Henry-Koeffizienten K_h^* in der Form $pK_h^* = -\lg \{K_h^*\}$, für $c(CO_2) = K_h^* \cdot p_{CO2}$ mit $c(CO_2)$ in mmol/l und p_{CO2} in mbar; z. B. ist $c(CO_2) = 0{,}017$ mmol/l bei 10 °C und $p_{CO2} = 0{,}316$ mbar (CO_2-Gehalt der Luft)						
Temperatur	0 °C	5 °C	10 °C	20 °C	30 °C	35 °C
pK_h^* für CO_2	1,11	1,19	1,27	1,41	1,53	1,59

erst bei höheren Temperaturen ein. So erreicht O_2 bei 111,6 °C das Minimum seiner Löslichkeit mit $K_b = 0{,}0171 1/bar$. Bei 160 °C ist $K_b = 0{,}021 1/bar$, bei 200 °C ist $K_b = 0{,}025 1/bar$ und bei 300 °C ist $K_b = 0{,}063 1/bar$.

3.1.2.4 Löslichkeit fester Stoffe

Da die Teilchenkonzentration (genauer: Aktivität) in einem festen Stoff (Bodenkörper) unveränderlich bleibt, nimmt der Anteil, bzw. die Konzentration, der daraus in Lösung gehenden Teilchen einen konstanten Wert (Tab. 3.4) an, der allein abhängig

Tab. 3.4: Löslichkeit ausgewählter Stoffe im Wasser bei 25 °C.

Stoff	gelöste Ionen und Komplexe	Masse %	Konzentration mol/l	Dichte kg/l
Natriumchlorid $NaCl$	Na^+, Cl^-	26,403	5,42	1,2001
Natriumsulfat $Na_2SO_4 \cdot 10\,H_2O$	Na^+, SO_4^{2-}	36,34	1,3	1,1501
Calciumhydroxid $Ca(OH)_2$	Ca^{2+}, OH^- pH ≈ 12,5	0,163	0,022	1,001
Calciumsulfat $CaSO_4 \cdot 2H_2O$	Ca^{2+}, SO_4^{2-}	0,258	0,015	1,001
Calciumcarbonat Calcit ($CaCO_3$, Marmor) $pK_C' = 8{,}42$ (Seewasser: $pK_C' = 6{,}2$)	Ca^{2+}, CO_3^{2-}, OH^-, HCO_3^- pH ≈ 9,9 in reinem Wasser		c(Ca) etwa 10^{-4} (bei pH 9,9) 10^{-2} (bei pH 6,5) entsprechend 4 bis 400 mg/l	
Zinkcarbonat $ZnCO_3$	Zn^{2+}, CO_3^{2-}, OH^-, HCO_3^-, $ZnOH^+$, $Zn(OH)_3^-$		c(Zn) etwa 10^{-4} bei pH 7,3 entspr. 6,5 mg/l	
Kupferhydroxid $Cu(OH)_2$ mit HCO_3^-, teils Malachit pL*) = 19,1	Cu^{2+}, CO_3^{2-}, OH^-, HCO_3^-, $CuCO_3$, $Cu(CO_3)_2^{2-}$		c(Cu) etwa 10^{-5} Malachit bei pH 7,3, entspr. 0,63 mg/l	
Bleicarbonat $PbCO_3$ pL = 13,1	Pb^{2+}, CO_3^{2-}, OH^-, HCO_3^-, $PbOH^+$, $Pb(CO_3)_2^{2-}$		c(Pb) etwa 10^{-7} bei pH 7,3 entspr. 0,02 mg/l	
Silberchlorid AgCl pL = 9,7 AgCl° pK = 6,5	Ag^+, Cl^-, $AgCl_2^-$		konstant $3{,}2 \cdot 10^{-7}$ mol/l AgCl° (0,035 mg/l Ag)	

*) praktische Löslichkeitskonstante für Kupferoxid mit Anteilen Malachit, Wasser bei pH 7,3 mit 1 mmol/l anorganischem Kohlenstoff (DIC)

ist von Temperatur und Druck. Hiervon abweichend verhalten sich Stoffe, die mit dem Wasser reagieren, z. B. unter Bildung von Ionen. In diesem Fall tritt nach den Regeln der chemischen Gleichgewichte an Stelle der Löslichkeit das Löslichkeitsprodukt (siehe Abschn. 3.2).

Selbst in reinem Wasser und sogar ohne Kontakt zur Luft bewirken die chemischen Gleichgewichte der Kohlensäure und ihrer Anionen eine Abnahme der Carbonatkonzentration und eine entsprechende Zunahme der Calciumkonzentration im Wasser. Der pH-Wert reinen Wassers erreicht im Kontakt mit Calcit (Marmor) bei 25 °C den Wert 9,9 (Sigg und Stumm, 1998). Hierbei überwiegen die Hydrogencarbonat-Ionen, d. h. dass sich als Gleichgewichtskonzentrationen einstellen: 0,115 mmol/l $c(Ca^{2+})$ (entsprechend 4,6 mg/l statt 0,062 mmol/l entsprechend 2,5 mg/l), aber nur 0,033 mmol/l $c(CO_3^{2-})$ (statt ebenfalls 0,062 mmol/l). Das Löslichkeitsprodukt beträgt erwartungsgemäß $0{,}115 \cdot 0{,}033 = 0{,}0038\ mmol^2/l^2$ entsprechend $38 \cdot 10^{-10}\ mol^2/l^2$.

3.1.2.5 Färbung und Trübung

Reines Wasser ist farblos. Eine geringe Absorption im Infrarotbereich verleiht Wasser die Komplementärfarbe schwach hellblau. Gelöste Stoffe, die mit Licht reagieren, bewirken einen spektralen Absorptionskoeffizienten SAK, gemessen in 1/m. SAK = 1 bedeutet, dass der Strahlenfluss um eine Zehnerpotenz im Abstand von 1 m von der Lichtquelle geschwächt wird (10 % Durchlässigkeit nach 1 m). Üblich ist die Messung des SAK im sichtbaren Bereich bei 420 nm (SAK 420) und im UV-Bereich bei 254 nm (SAK 254). Der SAK ist ein wichtiger Indikatorparameter zur Kontrolle der Aufbereitung von Wasser.

Kolloidal gelöste Stoffe und Trübstoffe bewirken eine Streuung des Lichts in Abhängigkeit von dessen Wellenlänge (UV-Licht wird stärker gestreut als IR-Licht), von der Geometrie der Partikel, deren Oberfläche und dem Winkel der Messung (Vorwärts-, Rückwärts- und Querstreuung). Die Kalibrierung erfolgt anhand der Lichtstreuung von Formazin in Trübungseinheiten Formazin (TE/F), die auch als NTU (nephelometric turbidity units) genauer allerdings als FNU (formazine nephelometric units) bezeichnet werden (siehe Abschn. 4.5.4). Bei der Aufbereitung von Oberflächenwasser gilt ein Wert < 0,2 FNU als unabdingbar, um die Desinfektionswirksamkeit zu sichern, weil sich Viren und Bakterien in Trübstoffen vor der Einwirkung von Chlor schützen können. Geringe Trübungswerte sind bei einer optimierten Flockung und Filtration bzw. Flockungsfiltration problemlos zu erreichen.

3.1.2.6 Elektrische Leitfähigkeit

Die elektrische Leitfähigkeit κ_{25} wird auf 25 °C bezogen und in S (Siemens) mit Bezug auf die Geometrie der Messzelle (Abstand durch Wirkfläche: m/m^2) angegeben.

Demnach ist die Einheit S/m. Üblich sind die Angaben mS/m oder µS/cm (1 mS/m = 10 µS/cm) unter Umrechnung auf den Wert bei 25 °C. Reines Wasser leitet, da es praktisch keine ionisierten Teilchen enthält, den elektrischen Strom kaum. Seine elektrische Leitfähigkeit beträgt 0,1 mS/m. Die Leitfähigkeit natürlicher Wässer beträgt dagegen wenigstens 5 mS/m (Talsperrenwasser) bis zu 3000 mS/m (Meerwasser). Sie wird ausschließlich von der Beweglichkeit und der Art der im Wasser gelösten Ionen bestimmt und ist somit abhängig von deren Größe, deren Ladung z sowie von der Viskosität des Fluids. Diese Faktoren werden auf die Äquivalentkonzentration der Ionen in mol/m^3 bezogen und als Äquivalentleitfähigkeit Λ in $(mS/m)/(mol/m^3)$ zusammengefasst. Die Äquivalentleitfähigkeit der Ionen steigt mit zunehmender Temperatur entsprechend der Abnahme der dynamischen Viskosität des Wassers, weil die Ionen beweglicher werden. Die Änderung beträgt etwa 1,5 bis 2 % je Grad. Daher muss stets die Temperatur angegeben werden, auf die sich der Zahlenwert der elektr. Leitfähigkeit bezieht (siehe Abschn. 4.5.7). Die Leitfähigkeit von OH^- bzw. H_3O^+-Ionen ist um ein Vielfaches größer als die der übrigen Ionen. Dies liegt daran, dass deren Ladung nicht durch Ionentransport, sondern durch Sprünge der Wasserstoffbrückenbindung übertragen wird. κ_{25} wird nach folgender Gleichung berechnet:

$$\kappa_{25} = \sum (c_i \cdot \Lambda_i \cdot z_i) \cdot f_{el} \tag{3.10}$$

κ_{25} elektrische Leitfähigkeit bezogen auf 25 °C in mS/m (1 mS/m = 10 µS/cm);
c_i Konzentration der Ionenart i in mol/m^3;
z_i Wertigkeit der Ionenart i;
Λ_i Äquivalentleitfähigkeit der Ionenart i in $(mS \cdot m^2)/mol$ (Tab. 3.5);
f_{el} Leitfähigkeitskoeffizient zur Berücksichtigung der gegenseitigen Behinderung der Ionen, Näherungswerte in Tab. 3.6.

Die Zu- oder Abnahme der elektrischen Leitfähigkeit von Wasser weist auf Änderungen der Ionenkonzentrationen im Wasser, z. B. auf eine Versalzung des Grundwassers in Meeresnähe. Sie ist ein guter Kontrollwert für die Vollständigkeit der Analyse, insbesondere wenn Leitfähigkeitsänderungen in Abhängigkeit von Änderungen der Ionenkonzentrationen für ein bestimmtes Wasser exakt dokumentiert sind. Wegen dieser Vorzüge und weil die elektrische Leitfähigkeit kontinuierlich gemessen werden kann, hat sie den Abdampfrückstand als Summenparameter verdrängt.

Bei natürlichen Wässern des HCO_3-Typs (Ca-HCO_3-Wässer) besteht zwischen der elektrischen Leitfähigkeit und dem Abdampfrückstand β bzw. zwischen der elektrischen Leitfähigkeit und der Ionenstärke I nachstehende Beziehungen (siehe Tab. 3.6):

$$\beta = \kappa_{25} \cdot f_\beta \quad \text{mit} \quad f_\beta = 9{,}3 \text{ für } \beta \text{ in mg/l und } \kappa_{25} \text{ in mS/m} \tag{3.11}$$

$$I = \kappa_{25}/f_I \quad \text{mit} \quad f_I = 6050 \text{ für I in mol/l und } \kappa_{25} \text{ in mS/m} \tag{3.12}$$

Tab. 3.5: Äquivalentleitfähigkeit von Ionen im Wasser (Stumm und Morgan, 1995).

Kationen	z	Äquivalentleitfähigkeit in mS · m²/mol		Anionen	z	Äquivalentleitfähigkeit in mS · m²/mol	
		18 °C	25 °C			18 °C	25 °C
H_3O^+	1	31,5	35	OH^-	1	17,4	20,0
Na^+	1	4,26	5,01	F^-	1	4,76	5,54
K^+	1	6,365	7,35	Cl^-	1	6,63	7,632
NH_{4+}	1	6,36	7,37	Br^-	1	6,82	7,84
Mg^{2+}	2	4,46	5,31	I^-	1	6,68	7,69
Ca^{2+}	2	5,04	5,95	NO_3^-	1	6,26	7,14
Cu^{2+}	2	4,53	5,60	HCO_3^-	1	3,82	4,45
Zn^{2+}	2	4,50	5,35	CO_3^{2-}	2	–	8,6
Mn^{2+}	2	4,45	5,35	SO_4^{2-}	2	–	7,98
Fe^{2+}	2	4,45	5,35	HS^-	1	5,7	6,5

Tab. 3.6: Zusammenhang zwischen Ionenstärke, elektrischer Leitfähigkeit, Abdampfrückstand und Leitfähigkeitskoeffizient für Wasser des Ca-HCO_3-Typs.

Ionenstärke in mol/l	Ionenstärke in mol/m³ oder in mmol/l	elektrische Leitfähigkeit in mS/m (25 °C)	Abdampfrückstand in mg/l	Leitfähigkeitskoeffizient f_{el}
0	0	0	0	1
0,005	5	30	280	0,93
0,01	10	60,5	563	0,87
0,02	20	121	1125	0,82

Die Kenntnis der Ionenstärke ist zur exakten Berechnung von Konzentrationen der Ionen aus chemischen Gleichgewichten, wie z. B. der Anionen der Kohlensäure, erforderlich (siehe Abschn. 3.2).

3.1.2.7 Osmotischer Druck

Zwischen einer wässrigen Lösung und reinem Wasser besteht eine Energiedifferenz (thermodynamisches Potential) A_{osm}, die der Menge der gelösten Teilchen proportional ist. Proportionalitätsfaktor ist das Produkt aus absoluter Temperatur T und der allgemeinen Gaskonstante R, was sich aus thermodynamischen Gleichungen ableiten lässt:

$$A_{osm} = p_{osm} \cdot V = R \cdot T \cdot n \cdot f_{osm} \quad \text{oder} \quad p_{osm} = R \cdot T \cdot \sum c(Si) \cdot f_{osm} \qquad (3.13)$$

R allgemeine Gaskonstante 8,31 J/(K mol)

T absolute Temperatur in K

$\Sigma c(Si)$ Summe der Konzentrationen aller gelösten Stoffe und Ionen in mol/m³

f_{osm} osmotischer Koeffizient, der sich aus der gegenseitigen Beeinträchtigung der Teilchen ergibt, $f_{osm} \cong 0,8$

Sofern wässrige Lösung und reines Wasser durch eine semipermeable Membran getrennt werden, steigt in der wässrigen Lösung der Druck durch Aufnahme von Wasser so weit an, bis der Innendruck dem osmotischen Druck entspricht und die Energiedifferenz auf diese Weise ausgeglichen wird. Wässrige Lösungen mit gleichem osmotischen Druck nennt man isotonisch. Isotonische Kochsalzlösung mit Bezug auf Blutplasma enthält 9 g/l NaCl.

Wasser mit zu großem osmotischen Druck kann nicht für landwirtschaftliche Zwecke verwendet werden, da die Pflanzenzellen nicht hierauf eingestellt sind und ihnen Wasser entzogen wird. Also darf der Salzgehalt, der via elektrischer Leitfähigkeit des Wassers überwacht werden kann, nicht zu hoch sein (nicht mehr als etwa 2000 µS/cm bei 25 °C).

3.1.2.8 Redoxpotenzial und Redoxspannung

Die **Redoxspannung** U in V oder mV kann zwischen einer inerten Elektrode (Platin, nichtrostender Stahl) und einer Bezugselektrode in jedem Wasser mit einem hochohmigem Voltmeter gemessen werden. Durch Konvention wird der Normal-Wasserstoff-Elektrode (pH = 0, H_2-Partialdruck an einer Platinelektrode bei 1 bar) das Potenzial 0,00 V zugeordnet. Sie ist Bezugselektrode der thermodynamischen Größen. Redoxpotenziale E_h in V oder mV werden hierauf bezogen. In der Praxis dient eine Quecksilber-Quecksilberchlorid- (Kalomel-) oder eine Silber-Silberchlorid-Elektrode (AgCl) in einer Kaliumchloridlösung mit c(KCl) = 3,5 mol/l als Bezugselektrode:

$$U_{kal\,3,5} = E_h - 254\ \text{mV bei } 20\ °\text{C} \tag{3.14}$$

$$U_{AgCl\,3,5} = E_h - 202\ \text{mV bei } 20\ °\text{C} \tag{3.15}$$

Diffusionspotenziale am Diaphragma zur konzentrierten KCl-Lösung der Bezugselektrode oder auch Belagsbildung wie z. B. Mangandioxid auf der Platinelektrode können zu erheblichen Fehlmessungen führen.

Gehören der oxidierende Stoff (Ox) und der reduzierende Stoff (Red) einer Reaktionsgleichung an (konjugiertes Redoxpaar), wie z. B. $Fe^{2+} \leftrightarrow Fe^{3+} + e^-$, so handelt es sich um eine reversible (umkehrbare) Reaktion, auf die die Nernst'sche Gleichung angewendet werden kann:

$$E_h = E_{o,h} + RT/F \cdot 1/z \cdot [\lg\{c(Ox)/c(Red)\} - \Delta z^2 \cdot \lg\{f_1\}] \tag{3.16}$$

E_h Redoxpotenzial in mV, bezogen auf die Wasserstoffelektrode;
$E_{o,h}$ Normalpotenzial der Redoxreaktion in mV (Tab. 3.7);
RT/F Nernst'sche Konstante 58,2 mV bei 25 °C;
z Wertigkeit bzw. Elektronenübergänge beim Redoxvorgang;
Δz^2 Bilanz der Ladungsquadrate der Reaktion (siehe Tab. 3.8 und Abschn. 3.2);

Tab. 3.7: Redoxpotenziale und Elektrodenpotenziale gegen die Normalwasserstoffelektrode bei 25 °C (Stumm und Morgan, 1995).

Elektrodenreaktion	E_0 in V	Elektrodenreaktion	E_0 in V
H_2O/H_2O_2	+1,77	Fe^{2+}/Fe^{3+}	+0,77
MnO_2/MnO_4^-	+1,70	I^-/I_2	+0,54
Au/Au^+	+1,68	Cu/Cu^{2+}	+0,34
$PbSO_4/PbO_2$	+1,68	H_2/H^+	0,00
Mn^{2+}/MnO_4^-	+1,51	Pb/Pb^{2+}	−0,13
Cl^-/Cl_2	+1,36	Fe/Fe^{2+}	−0,44
Mn^{2+}/MnO_2	+1,23	$Fe(OH)_2/Fe(OH)_3$	−0,56
H_2O/O_2	+1,23	Al/Al^{3+}	−1,66
Ag/Ag^+	+0,80	Na/Na^+	−2,71
Hg/Hg^{2+}	+0,79	Ca/Ca^{2+}	−2,87

$\lg\{f_1\}$ Wert des Aktivitätskoeffizienten (siehe Tab. 3.9 und Abschn. 3.2);
$c(Ox)$ Konzentration der oxidierenden Spezies in mol/m³;
$c(Red)$ Konzentration der reduzierenden Spezies in mol/m³;

Bei der Oxidation von zweiwertigem Eisen-Ion ist $c(Ox) = c(Fe^{3+})$; $c(Red) = c(Fe^{2+})$; $z = 1$ und $\Delta z^2 = 1$. Bei der elektrolytischen Auflösung von Metallen ist $c(Ox) = c(Me^{z+})$ und $c(Red) = 1$ zu verwenden.

Auf einer Platinelektrode, die in ein beliebiges Wasser eintaucht, bildet sich immer ein Potenzial aus. Hierbei handelt es sich jedoch nicht um thermodynamisch reversible Potenziale, sondern um praktische Redoxspannungen, da auf der Platinoberfläche gleichzeitig mehrere Redoxreaktionen ablaufen, von denen beispielsweise eine Reaktion die Sauerstoffreduktion ist. Es bildet sich ein Mischpotenzial aus, das sprachlich als **Redoxspannung** (U) vom **Redoxpotenzial** (E) unterschieden wird. Dennoch hat die Redoxspannung als Indikator einen erheblichen praktischen Nutzen, weil sie messtechnisch einfach erfassbar ein Milieu beschreibt. Beispielsweise ist mit einer Bildung von fest haftenden, störenden Ablagerungen (z. B. Verockerung von Brunnen oder Drainageleitungen) zu rechnen, wenn die Redoxspannung U_h den Wert von 10 mV, bezogen auf die Wasserstoffelektrode, übersteigt. Für eine wirksame Desinfektion mit Chlor muss eine Redoxspannung von mehr als 600 mV sichergestellt werden, was gewöhnlich durch Aufbereitung und damit Entfernung reduzierender Stoffe erreicht wird (z. B. in Schwimmbädern). Anders ausgedrückt: Wird mit nur 0,1 mg/l Chlor eine Redoxspannung von mehr als 600 mV gegen eine Silberchlorid-Bezugselektrode erreicht, so ist dies ein sicheres Zeichen dafür, dass reduzierende Stoffe fehlen und sich die Desinfektionswirkung des Chlors entfalten kann (Indikationsqualität der Redoxspannung). Auch zur Charakterisierung des anaeroben, des anoxischen und des aeroben Zustands von Gewässern und Sedimenten kann die Redoxspannung U herangezogen werden (siehe auch Abschn. 4.5).

3.2 Spezies mit pH-Wert als Leitparameter

3.2.1 Einleitung

Der Begriff Spezies wird für einzelne chemische Verbindungen verwendet, um auf spezielle Verbindungen in einer allgemeinen Gruppe aufmerksam zu machen. Die Bezeichnung wurde von der Biologie übernommen, wo sie zur Unterscheidung der Arten (Spezies) einer Gattung dient. Chemische Spezies werden durch eine stöchiometrisch ablaufende Reaktion aus den Komponenten eines Systems gebildet. Die Spezies sind als unterschiedliche, mitunter leicht ineinander umwandelbare Verbindungen durch ein gemeinsames Analysenverfahren gekennzeichnet, auch wenn sie unterschiedliche chemische oder biologische oder toxikologische Eigenschaften haben. In der Begriffsbestimmung der „Internationalen Union für reine und angewandte Chemie (IUPAC)" ist „speciation the process yielding evidence of the atomic or molecular form of an analyte". Es gibt viele Beispiele für Spezies in diesem Sinne, angefangen von den racemischen, das Licht unterschiedlich drehenden Formen einer Verbindung und nicht endend bei den verschiedenen Ionen der Schwermetalle in Verbindung mit Anionen im Wasser, die als Komplexe, Hydroxokomplexe, oder Hydrate vorliegen.

Spezies haben eine besondere Bedeutung, wenn Stoffe – wie das „freie Chlor" oder Ammoniak – in der einen Erscheinungsform sehr toxisch sind (HOCl oder NH_3), in der anderen aber nur sehr wenig toxisch wirken (OCl^- bzw. NH_4^+). Physiologische, ökologische und toxikologische Wirkungen der Elemente sind nämlich stark von der Bindungsform abhängig. Es ist angemessen, den Begriff Spezies zu verwenden, um beispielsweise zwischen Methylquecksilber und Hg-Ionen zu unterscheiden. Aus diesem Grund ist es für bestimmte Fragestellungen weitaus wichtiger bestimmte Elementspezies qualitativ und quantitativ zu erfassen, als nur den Totalgehalt eines Elements zu bestimmen.

Im vorliegenden Abschnitt werden nur Spezies eines Systems behandelt, deren Konzentrationen über die chemischen Gleichgewichte ermittelt werden können und zwar im Zusammenhang mit dem pH-Wert als Leitparameter (master variable, nach Sillén, 1967; Stumm und Morgan, 1995) Dies ist dann vorteilhaft, wenn Methoden zur Bestimmung einzelner Spezies apparativ und zeitlich sehr aufwändig sind, während andere, meist summarische Analysenverfahren, einfacher durchzuführen sind.

In der Analytik ist es üblich, den Gehalt von Eisen (gemeint ist dabei Gesamteisen), von Gesamtammonium, Gesamtphosphat usw. zu messen, aus denen in Abhängigkeit vom pH-Wert die Konzentration der Spezies berechnet wird. So ist z. B.:

- Gesamtammonium die Summe der Spezies Ammoniak (dominierend oberhalb von pH 9,3) und Ammonium-Ion (dominierend unterhalb pH 9,3);
- Gesamtkohlensäure die Summe der Spezies Kohlenstoffdioxid und Kohlensäure, Hydrogencarbonat-Ion und Carbonat-Ion, wobei HCO_3^- im pH-Bereich 6,3 bis 10,3 dominiert, $CO_2 \cdot aq$ darunter und CO_3^{2-} darüber;

– Gesamtphosphat (Orthophosphat) bildet die Spezies Phosphorsäure (unterhalb pH 2,2), Dihydrogenphosphat-Ion (pH 2,2 bis 7,2), Hydrogenphosphat-Ion (pH 7,2 bis 12,3) und Phosphat-Ion (oberhalb pH 12,2 dominant). Wenn also von der Phosphatkonzentration im Wasser gesprochen wird, ist nicht das PO_4^{3-}-Ion gemeint, sondern die Konzentration an Gesamt-Orthophosphat (Orthophosphat) als Summe der genannten Spezies. Daneben sind noch die synthetischen Polyphosphat-Spezies, die zur Steinverhütung angewendet werden, und die Spezies, die organisch gebundenen Phosphor enthalten, zu unterscheiden. Gesamt-P ist also etwas Anderes als Gesamt-Orthophosphat oder Gesamt-Phosphat. Organische Phosphorverbindungen dürfen nicht dem Trinkwasser zugesetzt werden. Sie werden häufig bei der Kühlwasserkonditionierung verwendet.

3.2.2 pH-Wert, Säuren und Basen

3.2.2.1 pH-Wert

Säuren und Basen bilden den klassischen Bereich der chemischen Spezies. Sie wandeln sich augenblicklich ineinander um. Die Dissoziation einer Säure unter Abspaltung von Hydroniumionen und die Rekombination zur Säure verlaufen mit Geschwindigkeiten von etwa eine Million Molumsätzen je Sekunde. Sie sind die schnellsten überhaupt bekannten Reaktionen. Wird die eine Form (z. B. Hydronium-Ionen) durch Reaktion mit Zusatzstoffen bestimmt, so ist auch die andere Form (z. B. ein Säure-Anion) mit in die Reaktion einbezogen, denn es gelingt nicht, in so kurzer Zeit (weniger als 1 µs) die eine der beiden Spezies zu fixieren.

Säuren und Basen bilden Spezies, die als „konjugiert" (voneinander abhängig) bezeichnet werden, wenn sie der gleichen Gruppe zugehörig sind. Konjugiert sind z. B. Schwefelsäure und Sulfate oder Phosphorsäure, Dihydrogen-, Hydrogenphosphat und Phosphat.

Die wichtigste Säure im Wasser ist das Wasser selbst. Es spaltet in gleichem Maße Hydroniumionen (H_3O^+) und Hydroxylionen (OH^-) ab. Die beiden Ionen sind die Ionenspezies des Wassers, die „konjugiert", voneinander abhängig sind. In reinem Wasser von 22 °C beträgt ihre Konzentration (Aktivität) jeweils 0,0000001 mol/l (10^{-7} mol/l). Zur Vereinfachung der kleinen Zahlenwerte definiert man:

Der pH-Wert (pondus hydrogenii = Gewicht der Wasserstoffs; potentia hydrogenii = Wirkung des Wasserstoffs) ist der negative dekadische Logarithmus der in mol/l gemessenen Aktivität der Hydronium-Ionen im Wasser:

$$pH = -\lg(a(H_3O^+)/\mathrm{mol/l}) \qquad (3.17)$$

Der pH-Wert entsprechend dieser Definition wird elektrochemisch mit der Glaselektrode gemessen (siehe Abschn. 4.5.6 oder Galster, 1989). Dies ist eine der ganz wenigen Analysen, bei der nicht die Konzentration, sondern die Aktivität gemessen wird.

Den Unterschied zwischen Aktivität und Konzentration gibt der so genannte Aktivitätskoeffizient wieder (siehe Abschn. 3.2.2.3).

Mit der Angabe des pH-Wertes ist nicht nur die Aktivität der einen Spezies (H_3O^+), sondern auch die der anderen konjugierten Spezies (OH^-) eindeutig angegeben. Beide sind über eine Gleichgewichtskonstante, dem Ionenprodukt des Wassers (K_w) verbunden. Die nachstehende Gleichung verwendet in Anlehnung an die Definition des pH-Wertes den negativen dekadischen Logarithmus $pK_w = -\lg\{K_w\}$

$$\lg\{a(OH^-)\} = pH - pK_w \tag{3.18}$$

Beispielsweise betragen mit $pK_w = 14$ (bei 22 °C; siehe Tab. 3.9) bei einem pH-Wert des Wassers von 10,3 die Aktivitäten:

$$a(H_3O^+) = 10^{-10,3}\ \text{mol/l} \quad \text{und} \quad a(OH^-) = 10^{-3,7}\ \text{mol/l}$$

Wenn andere Stoffe im Wasser gelöst werden, die eines von diesen Ionen abspalten oder das andere Ion binden, wird der pH-Wert erniedrigt (bis pH 0; sehr starke Säuren) bzw. erhöht (bis pH 14; sehr starke Basen). Der pH-Wert ist demnach ein Maß für den Säuregrad der gelösten Stoffe.

Der pH-Wert ist einer der ganz wenigen Parameter (neben Säure- und Basekapazität), der auf der Basis „mol/l" (Stoffmengenkonzentration c) definiert ist. Wollte man die übliche Angabe „mg/l" (Massekonzentration) anwenden, so stünde man vor dem Problem, dass eine Konzentration der Hydroniumionen von $c(H_3O^+) = 10^{-7}$ mol/l (reines Wasser) etwa 1,9 µg/l H_3O^+ oder 0,1 µg/l H^+ entsprechen. Da H^+ ein Proton ohne Elektronenhülle ist, also faktisch nur aus einem Kern besteht, wird die Anlagerung (Komplex) an mindestens ein Wassermolekül, also Hydroniumionen H_3O^+ postuliert. Die tatsächliche Existenz solcher isolierter Ionen ist nicht bewiesen und auch nicht wahrscheinlich. Es ist bekannt, dass Wasserstoffbrückenbindungen Cluster bilden, in denen sich die positive Ladung eines Ions mehr oder weniger lokalisierbar bewegt.

Beobachtungen des pH-Wertes in der Praxis ergeben:

- Gelöstes Kohlenstoffdioxid (CO_2) erniedrigt den pH-Wert des Wassers. Regenwasser hat im Kontakt mit CO_2 der Luft einen pH-Wert von 5,5; es reagiert also schwach sauer. CO_2 hat den Charakter einer schwachen Säure und wird deswegen häufig auch als Kohlensäure bezeichnet.
- Im Kontakt mit Marmor hat destilliertes Wasser einen pH-Wert von 9,9; reagiert also schwach alkalisch. Dies ist aber nur in geschlossenen Gefäßen messbar, denn an der Luft absorbiert es CO_2, löst weiter Marmor auf und erreicht im Gleichgewicht mit Marmor als Bodenkörper und Luft als CO_2-Quelle einen pH-Wert von 8,3.

Die klassische Wasserchemie versucht diese beobachteten Vorgänge vereinfacht zu erklären und führt dazu eigene Definitionen ein: Die „freie" Kohlensäure verleiht dem Regenwasser den schwach sauren Charakter, die „gebundene“ Kohlensäure im Marmor verleiht dem Wasser den schwach basischen und die „halbgebundene“ Kohlensäure im Gleichgewicht von Marmor und CO_2 der Luft den etwa neutralen Charakter. Dieses einfache Bild führt häufig zu Fehlinterpretationen und falschen Schlussfolgerungen.

Die chemischen Zusammenhänge sind komplexer. Die exakte Erklärung der Zusammenhänge gaben Arrhenius (1859 bis 1927) und van't Hoff (1852 bis 1911), einerseits durch den Nachweis, dass sich aus gelösten Salzen im Wasser sowie aus den Säuren und Basen Ionen bilden und andererseits durch den Nachweis, dass sich gelöste Stoffe und ihre Ionen miteinander und mit dem Bodenkörper in einem Gleichgewicht befinden.

Folgende Beobachtungen sind zu berücksichtigen:
- Kohlenstoffdioxid löst sich in Wasser so lange, bis sich ein Gleichgewicht zwischen gelöstem und gasförmigem CO_2 bildet (siehe Abschn. 3.2.3.3).
- Gelöstes CO_2 bleibt im Wesentlichen unverändert im Wasser. Nur ein geringer Anteil (genau 1/700stel) ist Kohlensäure, H_2CO_3, die mit CO_2 im Gleichgewicht steht. Deswegen wird im Folgenden von CO_2aq als der Summe dieser beiden Spezies gesprochen.
- Marmor (Calcit; $CaCO_3$) löst sich in geringen Mengen im Wasser und spaltet Carbonat-Ionen ab.
- Die Carbonat-Ionen aus dem Marmor können sich nur bei hohem pH-Wert (über 10,3) halten. Sinkt der pH-Wert, dann werden zunehmend Hydrogencarbonat Ionen gebildet. Es müssen Carbonat-Ionen nachgeliefert werden, der Marmor löst sich weiter auf.

Es fragt sich, ob die Vorgänge so kompliziert dargestellt werden müssen. Schließlich weiß jeder, dass sich Marmor bei Zugabe von Säuren auflöst, am besten und eindrucksvollsten, wenn Salzsäure auf Marmor fließt. So lange wie die Bedingungen eindeutig sind (Salzsäure auf Marmor) genügt eine grobe Beschreibung. Je mehr man sich jedoch mit den geringen Konzentrationen der Spezies im Wasser befasst, desto mehr müssen die Gleichgewichte beachtet werden und desto genauer müssen die tatsächlichen Zusammenhänge korrekt dargestellt werden. Am genauesten sind Rechenprogramme wie die international genutzten Programme MINEQL und PHREEQE (z. B. www.mineql.com). Solche Programme werden selbst für komplexe Oberflächenreaktionen eingesetzt (Dzombak und Morel, 1990).

3.2.2.2 Die Gleichgewichtskonstanten

In das Säure-Base-System Wasser mit den konjugierten Spezies H_3O^+ und OH^- müssen sich andere Stoffe, die mit diesen Spezies reagieren, einfügen (z. B. die Ionen des Ammoniums, des Eisens, des Aluminiums und des Phosphats). Das geschieht nach Maßgabe ihrer Säure-Base-Gleichgewichte. Aus praktischen Messungen ergibt sich gleiche Konzentration der Base, c(Base), und ihrer konjugierten Säure, c(Säure), bei einem für dieses konjugierte Säure-Base-Paar spezifischen pH-Wert, der als Konstante pK′-Wert der Säure bezeichnet wird.

$$\begin{aligned} &c(\text{Base}) = \text{Säure bei pH} = pK' \\ &c(\text{Base}) < c(\text{Säure}) \text{ bei pH} < pK' \\ &c(\text{Base}) > c(\text{Säure}) \text{ bei pH} > pK' \end{aligned} \qquad (3.19)$$

Allgemein gilt:

$$\begin{aligned} &\text{Säure} \leftrightarrow \text{Base} + \text{Hydroniumion} \\ &S \leftrightarrow B + H_3O^+ \end{aligned} \qquad (3.20)$$

Weiter unten wird gezeigt, dass es sich beim pK′-Wert um die Gleichgewichtskonstante der Säure/Base-Reaktion handelt. Beispiele sind:

$$\begin{aligned} &NH_4^+ \leftrightarrow NH_3 + H_3O^+ \quad pK' = 9{,}2\ (\lg K' = -9{,}2) \\ &(\text{sehr schwache Säure } NH_4^+ \text{ und konjugierte mittelstarke Base } NH_3) \\ &Na^+ \leftrightarrow NaOH + H_3O^+ \quad pK' > 16 \\ &(\text{extrem schwache Säure } Na^+ \text{und konjugierte sehr starke Base NaOH}) \\ &Fe^{3+} \leftrightarrow FeOH^{2+} + H_3O^+ \quad pK' = 2{,}2 \\ &(\text{mittelstarke Säure } Fe^{3+} \text{und konjugierte sehr schwache Base } FeOH^{2+}) \\ &H_2CO_3 \leftrightarrow HCO_3^- + H_3O^+ \quad pK' = 3{,}55 \end{aligned} \qquad (3.21)$$

Kohlensäure ist eine mittelstarke Säure, was sich jedoch in der Praxis nicht bemerkbar macht, da sie, wie schon erwähnt, nur als Anteil im Verhältnis 1 : 700 zu gelöstem Kohlenstoffdioxid vorliegt. In der Wasserchemie wird eine Gleichgewichtskonstante auf die Summe $c(CO_2aq) = c(CO_2) + c(H_2CO_3)$ bezogen, die eben um den Faktor 700 von pK′ abweicht.

$$CO_2 + H_2O \leftrightarrow H_2CO_3 \qquad \text{mit } K = 1/700 \qquad (3.22)$$

$$CO_2aq \leftrightarrow HCO_3^- + H_3O^+ \qquad \text{mit } pK_1' = 6{,}39 = 3{,}55 + \lg(700) \qquad (3.23)$$

$$HCO_3^- \leftrightarrow CO_3^{2-} + H_3O^+ \qquad \text{mit } pK_2' = 10{,}38 \text{ (bei 20 °C)} \qquad (3.24)$$

Die Formeln geben die sogenannte Brönstedt-Definition einer Säure wieder: Demnach ist Säure ein im Wasser gelöster Stoff, der Hydronium-Ionen abgibt. Analog, aber nicht spiegelbildlich dazu, ist eine Base ein im Wasser gelöster Stoff, der Hydronium-Ionen bindet. Die Definition einer Base hebt also nicht das Merkmal hervor, Hydroxylionen abzugeben, sondern Hydronium-Ionen zu binden. Dies vereinfacht die formelmäßigen Darstellungen sehr. Fe^{3+} bedarf nach dieser Definition also nicht erst der Hydrolyse, um als Säure erkannt zu werden, wie es in der symmetri-

Tab. 3.8: Dissoziationskonstanten von Säuren und Basen im Wasser (nach Stumm und Morgan, 1995).

		pK	Δz^2
starke Säuren (konjugiert mit sehr schwachen Basen)	Perchloressigsäure $HClO_4/ClO_4^-$	−7	+1
	Salzsäure HCl/Cl^-	−3	+1
	Schwefelsäure H_2SO_4/HSO_4^-	−3	+1
	Salpetersäure HNO_3/NO_3^-	−2	+1
	Hydronium-Ion H_3O^+/H_2O	0	0
	Phosphorsäure $H_3PO_4/H_2PO_4^-$	2,1	+1
	Hexaquo-Eisen(III)-Ion $(Fe(H_2O)_6)^{3+}/(Fe(OH)(H_2O))^{2+}$	2,2	−5
schwache Säuren und schwache Basen	Essigsäure CH_3COOH/CH_3COO^-	4,7	+1
	Hexaquo-Aluminium-Ion	4,9	−5
	gelöstes Kohlenstoffdioxid, CO_2aq	6,3	+1
	Dihydrogensulfid H_2S/HS^-	7,1	+1
	Dihydrogenphosphat $H_2PO_4^-/HPO_4^{2-}$	7,2	+3
	Hypochlorige Säure $HOCl/OCl^-$	7,6	+1
	Hydrogencyanid HCN/CN^-	9,2	+1
	Ammonium-Ion NH_4^+/NH_3	9,3	−1
sehr schwache Säuren konjugiert mit starken Basen)	Hydrogencarbonat HCO_3^-/CO_3^{2-}	10,3	+3
	Silicat $SiO(OH)_3^-/SiO_2(OH)_2^{2-}$	12,6	+3
	Hydrogensulfid HS^-/S^{2-}	14	+3
	Wasser H_2O/OH^-	14	0

$pK' = pK + \Delta z^2 \cdot \lg\{f_1\}$

schen Säuredefinition heißen würde (so genannte Arrhenius-Definition), sondern weil es als Säure Hydroniumionen abgibt. Fe^{3+} ist mit $pK' = 2{,}2$ sogar eine recht starke Säure. Mit Kenntnis des pK'-Wertes lässt sich außerdem vorhersagen, dass Fe^{3+}-Ionen erst bei pH-Werten unter 2,2 dominant werden, während bei höheren pH-Werten die Spezies $FeOH^{2+}$ dominiert.

Das Gleichgewicht zwischen Säure-Spezies und Base-Spezies eines Stoffes lässt sich formelmäßig nach van't Hoff mit K' als Gleichgewichtskonstanten darstellen.

$$c(\text{Base}) \cdot a(H_3O^+)/c(\text{Säure}) = K'$$

$$pH = -\lg\{a(H_3O^+)\} \quad \text{und analog } pK' = -\lg\{K'\} \qquad \text{(siehe Gl. 3.17)}$$

$$pH = pK' + \lg\{c(\text{Base})/c(\text{Säure})\} = pK' - \lg\{c(\text{Säure})/c(\text{Base})\} \qquad (3.25)$$

Wenn c(Base) = c(Säure), dann ist pH = pK', wie weiter oben dargelegt wurde.

Die Gleichung ist typisch für die Wasserchemie und atypisch für die reine Chemie. Es wird nämlich die Konzentration von Säure und Base mit der Aktivität der Hydroniumionen vermischt. Das hat praktische Gründe, weil einerseits die Konzentrationen gemessen werden, andererseits mit der Glaselektrode jedoch die Aktivität

Tab. 3.9: Dissoziationskonstanten und Aktivitätskoeffizienten des Systems Wasser-CO_2-Calcit in Abhängigkeit von der Temperatur bzw. der Ionenstärke (nach Stumm und Morgan, 1995).

	Temperatur in °C				
	0	**10**	**20**	**30**	**40**
Ionenprodukt des Wassers: pK_w	14,94	14,53	14,17	13,83	13,53
Diss. Konst. $CO_2 \cdot aq$ zuHCO_3^-: pK_1	6,57	6,47	6,39	6,33	6,30
Diss. Konst.HCO_3^- zuCO_3^{2-}: pK_2	10,63	10,49	10,38	10,29	10,22
Lösl. Produkt von $CaCO_3$ (Calcit): pK_C	8,38	8,41	8,45	8,54	8,58
$pK' = pK + \Delta z^2 \cdot \lg\{f_1\}$ Beispiel: $\Delta z^2 = 8$ für Calcit: $\lg\{f_L\} \cong 8 \lg\{f_1\}$					
	Ionenstärke in mol/l				
	0,002	**0,005**	**0,010**	**0,020**	**0,5*)**
elektr. Leitfähigkeit mS/m (25 °C)	12	30	61	121	4.500
Akt. Koeff. zu pK_1 und pK_w; $\lg\{f_1\}$	−0,02	−0,03	−0,04	−0,06	−0,37
Akt. Koeff. zu pK_2; $\lg\{f_2\} \cong -3 \cdot \lg\{f_1\}$	−0,07	−0,09	−0,13	−0,18	−1,15
Akt. Koeff. zu pK_C; $\lg\{f_C\} \cong -8 \cdot \lg\{f_1\}$	−0,16	−0,24	−0,35	−0,48	−2,16

*) Meerwasser: Aktivitätskoeffizient $\lg\{f_C\} = -2{,}16$; $f_C = 0{,}007$: Die Löslichkeit von Calcit ist in Meerwasser um den Faktor 146 höher als in Grundwasser.

der Hydronium-Ionen erfasst und als pH-Wert wiedergegeben wird. Die Summe aus Säure und Base bildet die Gesamtsumme, die analytisch erfasst wird (Gesamtammonium usw.). Hierauf bezogen lassen sich nunmehr die Anteile der Spezies in Abhängigkeit vom pH-Wert wie folgt berechnen:

$$\text{Gesamtsumme} = c(\text{Säure}) + c(\text{Base})$$

$$c(\text{Säure})/\text{Gesamts.} = \alpha = 1/(1 + c(\text{Base})/c(\text{Säure})) = (1 + K'/a(H_3O^+))^{-1} \quad (3.26)$$

$$c(\text{Base})/\text{Gesamts.} = \beta = 1/(c(\text{Säure})/c(\text{Base}) + 1) = (a(H_3O^+)/K' + 1)^{-1} \quad (3.27)$$

Vereinfachend wird in Lehrbüchern die Base als Gesamtsumme angenommen, woraus sich die Gleichung $\log\{\alpha\} = pK' - pH$ ergibt (Henderson-Hasselbalch-Gleichung). Es ist vereinfachend der Summand „1" vernachlässigt, was im pH-Bereich pH = pK' zu Fehlern führt. Für genaue Berechnungen sind diese Vereinfachungen unzulässig.

Für die zweibasige Kohlensäure ergeben sich, wenn mit Ct die Summe der Spezies bezeichnet wird (C total entsprechend DIC, dissolved inorganic Carbon), folgende Formeln:

$$c(CO_2aq) = c(CO_2) + c(H_2CO_3)$$
$$c(Ct) = c(CO_2aq) + c(HCO_3^-) + c(CO_3^{2-})$$
$$K_1' = 10^{-pK1'} \quad \text{und} \quad K_{22}' = 10^{-pK2'}$$

$$\alpha = c(CO_2aq)/c(Ct) = [1 + (K'_1/a(H_3O^+)) + (K'_1 \cdot K'_2/a(H_3O^+)^2)]^{-1}$$
$$\beta = c(HCO_3^-)/c(Ct) = [(a(H_3O^+)/K'_1) + 1 + (K'_2/a(H_3O^+))]^{-1}$$
$$\gamma = c(CO_3^{2-})/c(Ct) = [(a(H_3O^+)^2/K'_1/K'_2) + (a(H_3O^+)/K'_2) + 1]^{-1}$$

Zahlenwerte für pK'_1 und pK'_2 siehe obige Gleichungen 3.23 und 3.24 oder Tab. 3.9 bei Berücksichtigung des Aktivitätskoeffizienten vom folgenden Abschnitt.

Die pH-Abhängigkeit der Anteile der Spezies an der Gesamtsumme zeigt Abb. 3.2 sowohl in doppeltlogarithmischer Form (der pH-Wert ist bekanntlich der Logarithmus eines Wertes), als auch in halblogarithmischer Form. Die doppeltlogarithmische Form macht deutlich, dass auch bei sehr tiefen pH-Werten ein geringer Anteil des Carbonat-Ions beständig ist. Er wird sehr klein, aber nicht „null". Es ist das Wesen der van't Hoff'schen Gleichgewichte, dass sie Quotienten darstellen, in denen mathematisch „null" nicht zulässig ist. Die einfache Darstellung von Abb. 3.2 verleitet zur Annahme, dass die Konzentration der Carbonat-Ionen vernachlässigbar gering sei: Gering ja, aber eben nicht vernachlässigbar, sofern es um Gleichgewichte geht, wie z. B. das Lösungsgleichgewicht von Marmor (Calcit).

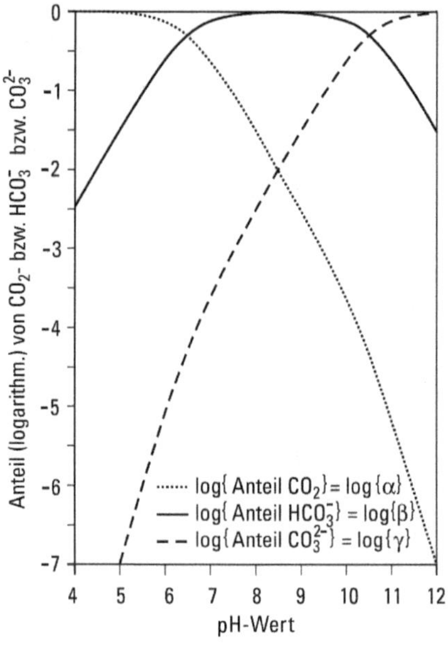

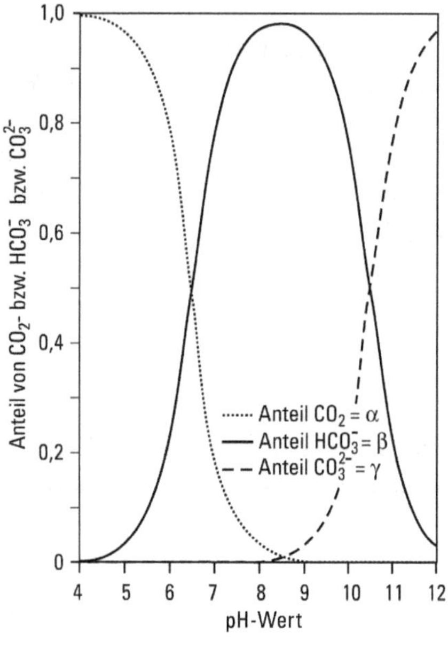

Abb. 3.2: Spezies der Kohlensäure in Abhängigkeit vom pH-Wert. Links: doppeltlogarithmisch; rechts: halblogarithmisch.

3.2.2.3 Die Aktivitätskoeffizienten

Aufgrund ihrer Ladung behindern sich die im Wasser gelösten Ionen. Stets bildet sich um ein Kation eine Schale aus Anionen und umgekehrt (so genannte Ionenwolken). Die Gleichgewichtskonstanten, die sich aus thermodynamischen Konstanten ableiten lassen, berücksichtigen diese Wechselwirkungen nicht und treffen daher in der Praxis nicht zu. Die tatsächlichen, messbaren Konzentrationen müssen um einen Aktivitätskoeffizienten korrigiert werden, um die thermodynamischen Konstanten einsetzen zu können. In den Gleichungen werden stets die praktischen Konstanten K′ notiert. Sie weichen je nach Ladung der an der Reaktion beteiligten Ionen um einen bestimmten Betrag von den theoretischen (thermodynamisch abgeleiteten) Konstanten ab. Im Allgemeinen, wie auch in diesem Buch, wird die Debye-Hückel-Ableitung aus der Ionenstärke (I) der wässrigen Lösung angewendet, um den Anpassungsfaktor, der Aktivitätskoeffizient (f) genannt wird, zu berechnen.

Die Ionenstärke ergibt sich aus dem Beitrag der im Wasser gelösten Ionen:

$$I = 0{,}5 \sum(c(S_i) \cdot z_i^2) \tag{3.28}$$

$c(S_i)$ ist die Konzentration des Ions i und z_i^2 das Quadrat seiner Ladung. Steht die Vollanalyse des Wassers nicht zur Verfügung, sondern nur die elektrische Leitfähigkeit, so kann näherungsweise die Ionenstärke natürlicher Wässer aus der Beziehung $I = \kappa_{25}/f_I$ berechnet werden, mit $f_I = 6050$ für I in mol/l und κ_{25} in mS/m bzw. $f_I = 60.500$ für I in mol/l und κ_{25} in µS/cm (Maier und Grohmann, 1977; siehe auch Abschn. 3.1.2.6).

Aus der Ionenstärke kann in guter Näherung der Logarithmus des Aktivitätskoeffizienten (f_1) für einwertige Ionen wie folgt berechnet werden:

$$\lg\{f_1\} = -0{,}5 \cdot (I)^{0,5}/(1 + (I)^{0,5}) \tag{3.29}$$

Die Gleichung gilt für die Ionenstärke I in mol/l. Bei Anwendung der Einheit mmol/l ist statt des Summanden „1" der Wert $1000^{0,5} = 31{,}62$ zu berücksichtigen.

Der Logarithmus des Aktivitätskoeffizienten mehrwertiger Ionen ist

$$\lg\{f_z\} = z^2 \cdot \lg\{f_1\} \tag{3.30}$$

Mit Hilfe des Aktivitätskoeffizienten lässt sich die praktische Gleichgewichtskonstante aus der theoretischen Konstante wie folgt berechnen:

$$K' = [K/f\hat{}(\Delta z^2)] \quad \text{oder} \quad \lg\{K'\} = \lg\{K\} - \Delta z^2 \cdot \lg\{f_1\}$$
$$\text{oder} \quad pK' = pK + \Delta z^2 \cdot \lg\{f_1\} \tag{3.31}$$

Δz^2 ist die Bilanz der Ladungsquadrate der an der Reaktion beteiligten Ionen (rechte Seite minus linker Seite; siehe Tab. 3.8 und Tab. 3.9), wobei der Beitrag von H_3O^+

unberücksichtigt bleibt, denn mit dem pH-Wert wird die Aktivität und nicht die Konzentration gemessen. Beispiel:

Für die Reaktion $HCO_3^- = CO_3^{2-} + H_3O^+$ ist $\Delta z^2 = +4 - 1 = +3$

3.2.3 pH-Wert-Pufferung

3.2.3.1 Säure- und Basekapazität des Wassers

Eine der wichtigsten Bestimmungsmethoden in der Wasserchemie ist die Messung der Säure- und der Basekapazität von Wasser. Die Bestimmungsmethode wird in Abschn. 4.6. beschrieben. Hier soll auf die chemischen Zusammenhänge eingegangen werden.

Die Fähigkeit von gelösten Stoffen im Wasser, pH-Wert-Änderungen bei Zugabe von starken Säuren oder Basen abzumildern, wird als pH-Wert-Pufferung bezeichnet. Bei reinem Wasser von pH 7 sind pH-Schwankungen erheblich. Es wird deshalb als ungepuffert bezeichnet. Wird Natronlauge zu destilliertem Wasser (oder Regenwasser) dosiert, so erhöht sich der pH-Wert sprunghaft auf Werte zwischen 11 und 14. Enthält das Wasser eine schwache Säure, beispielsweise gelöstes Kohlenstoffdioxid, verändert sich der pH-Wert so lange praktisch nicht, wie die schwache Säure in die konjugierte Base umgewandelt wurde. Dann erst steigt der pH-Wert sprunghaft an.

In der Praxis wird beobachtet, dass die pH-Wert-Pufferung im Bereich pH = pK′ des schwachen Säure/Base-Paares am größten ist. Daher ist für einen pH-Wert-Bereich, in dem eine Pufferung wirksam werden soll, ein Säure/Base-Paar mit einem pK′-Wert auszuwählen, der dem gewünschten pH-Bereich zahlenmäßig entspricht. (z. B. Essigsäure/Acetat für den pH-Bereich 4,6; Dihydrogenphosphat für den pH-Bereich 7,2).

Von großer praktischer Bedeutung ist die Säure- bzw. Basekapazität (Pufferung) zwischen dem aktuellen pH-Wert und einem durch die Regeln der Technik vereinbarten pH-Wert. Dies sind der pH-Wert 4,3 und pH-Wert 8,2.

Der **pH-Wert 4,3** kennzeichnet als Endpunkt der Bestimmung denjenigen pH-Wert, bei dem nur noch 1 % von Ct als HCO_3^--Ion vorliegt und 99 % als CO_2aq. Es ist dies der Umschlagbereich von Methylorange, weswegen auch vom **m-Wert** gesprochen wird. International bürgert sich pH 4,5 als Endpunkt ein. Das Ergebnis wird Säurekapazität bis pH 4,3, abgekürzt **$K_{S4,3}$ in mmol/l**, bezeichnet. $K_{S4,3}$ wird auch als Karbonathärte, Säureverbrauch oder Alkalität bezeichnet, angelsächsisch als T-Alkalinity. Man könnte sinngemäß auch von $K_{S4,5}$ sprechen.

Der **pH-Wert 8,2** kennzeichnet als Endpunkt der Bestimmung denjenigen pH-Wert, bei dem gleiche Konzentrationen für CO_2aq und CO_3^{2-}-Ionen vorliegen. Es ist dies der Umschlagbereich von Phenolphthalein (von farblos nach rot) weswegen auch von **p-Wert** gesprochen wird. Das Ergebnis wird als Basekapazität bis pH 8,2, abgekürzt **$K_{B8,2}$ in mmol/l**, bezeichnet. $K_{B8,2}$ wird auch als „freie Kohlensäure" bezeichnet, ist aber allenfalls zahlenmäßig bei pH < 7,8 mit $c(CO_2aq)$ identisch.

Liegt der pH-Wert über 8,2, wie es bei ungepufferten Wässern (weichen Wässer) häufig nach der Aufbereitung der Fall sein kann, so wird eine Säurekapazität bis 8,2 oder 4,3 gemessen werden. Liegt in Sonderfällen der pH-Wert des Wassers unter 4,3, so kann nur eine Basekapazität bis 4,3 oder 8,2 gemessen werden.

Die hier besprochene Pufferkapazität zwischen zwei pH-Werten wird auch als „integrale Pufferung" bezeichnet. Sie unterscheidet sich zahlenmäßig von der differentiellen Pufferung an einem bestimmten pH-Wert. Mathematisch ist die differentielle pH-Pufferung die 1. Ableitung der pH-Abhängigkeit der Säure- oder Basekapazität. Hierfür besteht eher akademisches Interesse, während der Bezug auf die $K_{S4,3}$ immer angemessen ist, wenn die pH-Wert-Pufferung eine Rolle spielt.

3.2.3.2 Die Titrationskurve natürlicher Wässer, m-Wert und p-Wert

Die graphische Darstellung der pH-Abhängigkeit der Konzentration der schwachen Säuren und Basen heißt Titrationskurve. Um nicht für jedes Wasser eine gesonderte Titrationskurve aufstellen zu müssen, ist es zweckmäßig, einen Bezug zu wählen. Hier unterscheidet sich die Vorgehensweise der Wasserchemie von anderen Zweigen der Chemie. In Lehrbüchern der Chemie, z. B. zur pH-Wert-Berechnung (Bliefert, 1978), wird Wasser mit Zusatzstoffen beschrieben, die zusammen bestimmte, den Chemiker interessierende Eigenschaften haben. Anders die Wasserchemie: Sie kennt die Zusatzstoffe nicht, die vom Regenwasser aufgenommen werden und in Ionen zerlegt werden. Sie muss vom status quo ausgehen und diesen anhand der Analysenwerte für Einzelstoffe und Summenparameter beschreiben, die für die Lösung des Problems geeignet erscheinen. Dies sind der pH-Wert sowie die Säure- und die Basekapazität oder genauer pH-Wert und m- und p-Wert (s. u.). Weiterer notwendiger Parameter ist die Summe der Säure/Base-Spezies, die für die pH-Wert-Pufferung verantwortlich sind. Bei den meisten natürlichen Wässern ist dies der Parameter Ct (auch dissolved inorganic C, DIC, genannt), da diese Wässer im Wesentlichen durch Kohlensäure und ihre Anionen gepuffert werden. Bei Abwässern kommen noch Phosphate und Proteine hinzu, bei Meerwasser Stoffe aus der Gruppe der Silikate und Borate.

Die Säurekapazität eines natürlichen Wassers, das der Natronlauge äquivalent ist, die fiktiv zu einer Kohlensäurelösung gegeben wurde, um genau den Zustand der Probe zu erreichen, ist der bereits erwähnte **m-Wert**. Er kann künstlich durch Zugabe von Natronlauge zu Regenwasser simuliert werden. Freilich ist der pH-Wert anfangs noch viel zu hoch. Erst durch Zusatz von CO_2 (aus der Luft) lässt er sich auf den Wert des natürlichen Wassers herabsetzen, ohne dabei den Zahlenwert des m-Wertes zu verändern. Die Säurekapazität erweist sich hierbei als Natronlauge-Äquivalent, das zu einem Wasser hinzugefügt wurde, unabhängig davon, welche

CO_2-Konzentration tatsächlich anfangs vorhanden war oder am Ende der Prozedur übrig bleibt. Obwohl sich der pH-Wert und die Konzentrationen der Spezies entscheidend durch die Aufnahme oder Abgabe von CO_2 ändern, bleibt $K_{S4,3}$ konstant. Der m-Wert ist keine Konzentration, sondern eine Bilanz von Stoffkonzentrationen, bezogen auf den Wert m = 0, der für reines Wasser gültig ist, in dem beliebige Mengen CO_2 gelöst sind. Zwischen reinem Wasser mit sehr wenig CO_2 (pH 7,0) und einem Wasser bei pH 4,3 besteht ein geringer Säurebedarf von 0,05 mmol/l. Um diesen Betrag ist der m-Wert kleiner als $K_{S4,3}$.

Die Basekapazität $K_{B8,2}$ eines natürlichen Wassers ist seinem Gehalt an CO_2 direkt proportional, unter der Bedingung, dass es sich vor Zugabe von CO_2 um eine reine Hydrogencarbonat-Lösung handelte: Die Zugabe von Natriumhydrogencarbonat bleibt auf den Zahlenwert von $K_{B8,2}$ ohne Einfluss. Das Neutralisationsäquivalent zur Überführung einer beliebigen wässrigen Lösung in eine Hydrogencarbonat-Lösung, gekennzeichnet durch $c(CO_2aq) = c(CO_3^{2-})$, wird in der Wasserchemie **p-Wert** genannt. Der p-Wert ist gleichfalls eine Bilanz von Stoffkonzentrationen, bezogen auf p = 0 für reines Wasser, in dem beliebige Mengen Hydrogencarbonate gelöst sind. Dabei wird selten pH = 8,2 herrschen, so dass zwischen dem p-Wert und $K_{B8,2}$ zahlenmäßig ein geringer Unterschied besteht.

Für die analytische Bestimmung von m- und p-Wert bzw. $K_{S4,3}$ und $K_{B8,2}$ ist Folgendes wichtig: Mit steigender CO_2-Konzentration sinkt der pH-Wert, bei dem die Bedingung m = 0 zutrifft. Es gibt daher viele Analysenvorschriften, welche die Titration doppelt ausführen lassen: Zunächst wird die Größenordnung des Titrationswertes ermittelt und damit der zum Ende der Titration zu erwartende Gehalt an gelöstem CO_2 und davon abhängig der pH-Wert für m = 0. Die zweite Titration wird bis zu diesem pH-Endpunkt durchgeführt. Dieses Verfahren ist für den Praktiker sehr aufwendig und bezüglich der Genauigkeit des Wertes unangemessen. Es ist bequemer, stets auf ein und denselben pH-Endpunkt zu titrieren (4,3 für $K_{S4,3}$ bzw. 8,2 für $K_{B8,2}$) und eine Umrechnung von m- bzw. p-Wert vorzunehmen – was bei der Berechnung des m-Wertes aus $K_{S4,3}$ besonders einfach ist. Nach dieser Orientierung werden nun die wasserchemischen Titrationswerte, die einerseits als m-Wert und andererseits als p-Wert bezeichnet werden, insgesamt untersucht:

$$\text{m-Wert} = 2\,c(CO_3^{2-}) + c(HCO_3^-) + Ca(HCO_3)^+ + Mg(HCO_3)^+ + c(OH^-) - c(H_3O^+) \quad (3.32)$$

$$\text{p-Wert} = c(CO_3^{2-}) - c(CO_2aq) + c(OH^-) - c(H_3O^+) \quad (3.33)$$

$$\text{m-Wert} - \text{p-Wert} = c(Ct) \quad (3.34)$$

Hierzu einige Erläuterungen:

- Carbonat-Ionen zählen bei der m-Wert-Bilanz doppelt (Ladungsbilanz);
- es werden auch die Calcium- bzw. Magnesiumkomplexe und auch andere Carbonatkomplexe, soweit sie für die Bilanz relevant sind, berücksichtigt;

- die Bilanz schließt mit der Subtraktion der Konzentration der Hydroniumionen, sie kann also auch negativ werden;
- ein p-Wert < 0 (negativer p-Wert; pH < 8,2) kennzeichnet eine Lösung mit Kohlensäure-Überschuss im Vergleich zur Konzentration an Carbonat-Ionen.

Zur Berechnung von $K_{S4,3}$ und $K_{B8,2}$ aus m- bzw. p-Wert muss ein verbleibender Wert bei pH 4,3 bzw. 8,2 abgezogen werden.

$$K_{S4,3} = \text{m-Wert} - \text{m-Wert}_{\text{bei } 4,3} \tag{3.35}$$

$$K_{B8,2} = \text{p-Wert} - \text{p-Wert}_{\text{bei } 8,2} \tag{3.36}$$

Der verbleibende Wert für den m-Wert ist

$$\text{m-Wert}_{\text{bei } 4,3} = 0{,}01\ c\ (Ct) - c\ (H_3O^+)_{4,3} = 0{,}01\ c\ (Ct) - 10^{-4,3} \text{ in mol/l} \quad \text{bzw.}$$
$$\text{m-Wert}_{\text{bei } 4,3} = 0{,}01\ c\ (Ct) - 0{,}05 \text{ in mmol/l}$$

Die Bestimmung für $K_{S4,3}$ schreibt vor, dass entstehendes CO_2 möglichst ausgeblasen wird. Demnach ist c(Ct) vernachlässigbar und es folgt:

$$\text{m-Wert} = K_{S4,3} - 0{,}05 \quad \text{oder} \quad K_{S4,3} = \text{m-Wert} + 0{,}05 \text{ (in mmol/l)} \tag{3.37}$$

Die Berechnung von $K_{B8,2}$ aus dem p-Wert erfolgt analog. Dieser Berechnung kommt aber geringere praktische Bedeutung zu.

Die hier dargestellten wasserchemischen Zusammenhänge erlauben nunmehr, die Titrationskurve von natürlichen Wässern exakt zu berechnen. Die Konstanten der Speziesberechnung und deren Temperaturabhängigkeit sind bekannt, die Aktivitätskoeffizienten können ausreichend genau berücksichtigt werden (siehe Tab. 3.9). Um nicht für jedes Wasser eine gesonderte Kurve berechnen zu müssen, wird der Titrationswert (m-Wert) auf Gesamtcarbonat (DIC, Ct) bezogen.

Das Ergebnis für die Verwendung in der Praxis ist in Abb. 3.3 dargestellt. Beim Titrationswert m-Wert = 0 bzw. $\tau = m/c(Ct) = 0$ liegt in etwa der pH-Wert 4,3 vor; bei Regenwasser der pH-Wert 5,6. Der Titrationswert $\tau = m/c(Ct) = 1$ entspricht dem pH-Wert 8,3. Der pH-Sprung bei 4,3 und 8,3 ist, außer bei sehr schwach gepuffertem Regenwasser, gut ausgebildet. Dagegen ist der pH-Sprung beim Titrationswert $\tau = m/(c(Ct) = 2$, der bei pH 12,3 zu erwarten wäre, bei natürlichen Wässern nicht zu erkennen, weil hier die OH-Ionenkonzentration, im Vergleich zu den üblichen Konzentrationen von Ct nicht vernachlässigt werden kann. Am höchsten ist der pH-Wert bei kaltem, salzarmen Wasser. Der Titrationswert kann aus $\tau = m/c(Ct) \cong K_{S4,3}/(K_{S4,3} + K_{B8,2})$ berechnet werden.

Von den drei Messgrößen pH-Wert, $K_{S4,3}$ und $K_{B8,2}$ müssen nur zwei bestimmt werden; die dritte kann aus Abb. 3.3, die zur Kontrolle der Analyse herangezogen werden kann, ausreichend genau ermittelt werden.

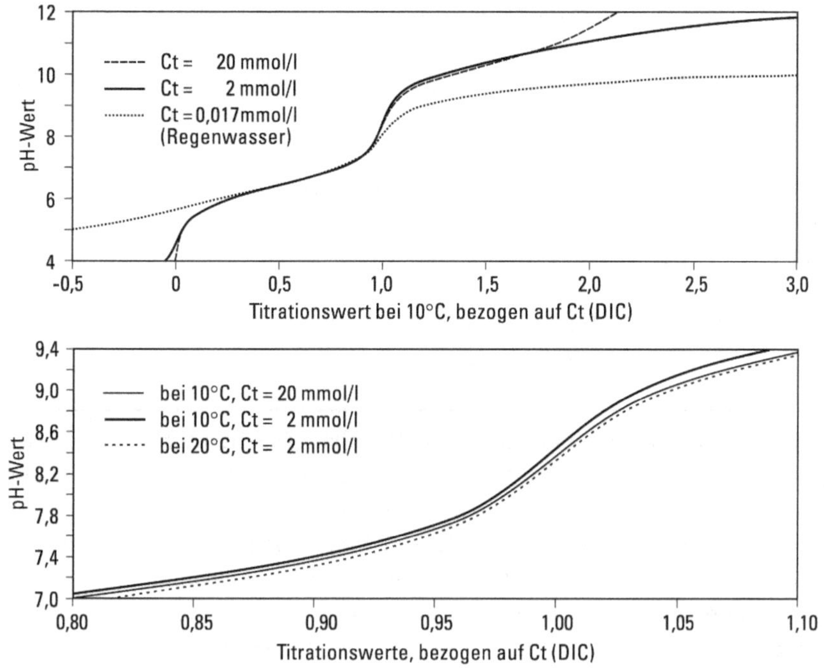

Abb. 3.3: Auf Gesamtcarbonat (DIC, Ct) bezogene Titrationskurve der Kohlensäure.
Oben: Übersicht, eingezeichnet ist die Titration von ungepuffertem Wasser (Regenwasser).
Unten: Ausschnitt im Bereich pH 7 bis pH 9,4.

Beispiel: $K_{S4,3}$ = 3,8 mmol/l; $K_{B8,2}$ = 0,20 mmol/l.
Berechnet wird τ = 3,8/(3,8 + 0,20) = 3,8/4,0 = 0,95 bei 20 °C.
Hieraus ergibt sich pH = 7,6 bis 7,65; eher bei 7,63.

Sofern dies als nicht ausreichend genau angesehen wird, müssen die Gleichungen 3.32 und 3.33 in iterativen Berechnungen angewendet werden. Für sehr exakte Berechnungen, unter Berücksichtigung von Komplexbildungen und Ionenstärke, empfiehlt sich die Anwendung eines Rechenprogramms, z. B. MINEQL (www.mineql.com).

3.2.3.3 Der pH-Wert belüfteten Wassers

Neben vielen anderen spezifischen Eigenschaften ist es ein besonderes Merkmal der Kohlensäure, dass sie nicht nur dem Wasser zugesetzt, sondern, im Gegensatz zu allen anderen Säuren, ihm auch wieder entzogen werden kann, da sie mit einem gelösten Gas, dem Kohlenstoffdioxid, im Gleichgewicht steht. Dieser Vorgang der Zugabe und Ausgasung von CO_2 ist nicht nur für die Wasseraufbereitung von Bedeutung. Er stellt einen wichtigen Mechanismus aller Lebensfunktionen dar, bei denen entweder gebildetes CO_2 ausgeatmet werden oder CO_2 für die Photosynthese gebunden werden muss.

Da die integrale Pufferkapazität $K_{S4,3}$ oder genauer die Bilanz m-Wert, Messgrößen sind, die von der CO_2-Konzentration unabhängig sind, sollten sie zur Beschreibung des pH-Wertes von belüftetem Wasser herangezogen werden. Es sind zwei Fälle zu unterscheiden: m = 0 (reines Wasser oder unbelastetes Regenwasser) und m ungleich 0. Aus Gl. 3.32 ergibt sich unter der Bedingung der Ladungsneutralität für **unbelastetes Regenwasser** (m = 0):

$$c(HCO_3^-) = c(H_3O^+) \quad \text{und} \quad a(H_3O^+)^2 = K_1' \cdot c(CO_2aq)$$
$$pH = \frac{1}{2}(pK_1' - \lg\{c(CO_2aq)\}) \tag{3.38}$$

Beispiel: Der CO_2-Gehalt der Luft beträgt 0,316 mbar. Die Henry-Konstante (siehe Abschn. 3.1.2.3) bei 10 °C beträgt $10^{-1,27} = 0{,}054$ mol/(l · bar). Die sich im Wasser im Gleichgewicht mit dem CO_2-Gehalt der Luft einstellende Konzentration ist $c(CO_2aq) = 0{,}017$ mmol/l (bei 10 °C) oder $1{,}7 \cdot 10^{-5}$ mol/l. Der Logarithmus hiervon ist −4,77. Da bei salzarmem Wasser (Regenwasser) der Aktivitätskoeffizient vernachlässigbar ist und daher $pK_1' = 6{,}47$ beträgt, folgt als pH-Wert von unbelastetem Regenwasser $pH = \frac{1}{2}(6{,}47 + 4{,}77) = \frac{1}{2}\,11{,}24 = 5{,}62$. Erst bei einem tieferen pH-Wert als 5,6 kann von saurem Regen gesprochen werden (siehe Abschn. 7.3).

Während unbelastetes Regenwasser nur einen Sonderfall darstellt, ist der Normalfall der **natürlichen Wässer** durch m-Wert ungleich 0 gekennzeichnet. Die pH-Berechnung beruht auf dem gemessenen Wert von $K_{S4,3}$ und dem im Wasser tatsächlich (auch bei pH-Werten über 8,2) vorliegenden CO_2-Konzentrationen, also ausdrücklich nicht auf $K_{B8,2}$.

$$\text{m-Wert} = K_{S4,3} - 0{,}05$$
$$\text{m-Wert}/c(CO_2aq) = 2\,c(CO_3^{2-})/c(CO_2aq) + c(HCO_3^-)/c(CO_2aq) + \Delta$$
$$\text{mit } \Delta = (c(OH^-) - c(H_3O^+))/c(CO_2aq)$$
$$\text{m-Wert} = c(CO_2aq)\,[2\,(K_2'\,K_1'/a(H_3O^+)^2) + K_2'/a(H_3O^+)] + c(OH^-) - c(H_3O^+) \tag{3.39}$$

Im pH-Bereich unter 9,5 kann die Konzentration der Hydroxyl- und der Carbonat-Ionen in der Bilanz vernachlässigt werden:

$$(\text{m-Wert} + c(H_3O^+)) = c(CO_2aq)\,K_1'/a(H_3O^+)$$
$$\lg\{(\text{m-Wert} + c(H_3O^+)\} = pH - pK_1' + \lg\{c(CO_2aq)\}$$

oberhalb pH 5,5 kann $c(H_3O^+)$ vernachlässigt werden, sonst ist Iteration oder besser Gl. 3.39 anzuwenden (Achtung, alle Werte in mol/l)

$$\lg\{c(CO_2aq)\} = -\,pH + pK_1' + \lg\{(\text{m-Wert} + 10^{-pH})\} \text{ für } pH < 9{,}5 \tag{3.40}$$

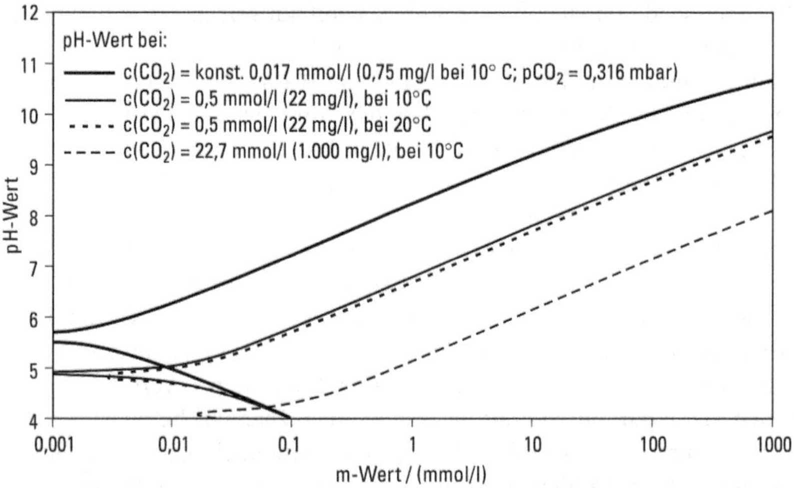

Abb. 3.4: pH-Wert des Wassers in Abhängigkeit vom m-Wert bei verschiedenen, jedoch gleichbleibenden CO_2-Konzentrationen.

Beispiel: Ist m-Wert = 3,8/1000 mol/l und der pH-Wert 7,63, so folgt mit $pK_1 = 6{,}39$ (20 °C) und lg{f1} = −0,02:

$$\lg\{c(CO_2aq)\} = -7{,}63 + 6{,}39 - 0{,}02 + \lg\{(3{,}8/1000 + 10^{-7{,}55})\} = -3{,}69$$

Dies entspricht $c(CO_2aq) = 0{,}204$ mmol/l (Vergleich mit dem Beispiel der Titrationskurve des vorherigen Kapitels).

Neben der formelmäßigen Beschreibung ist für die Praxis die graphische Darstellung in Abb. 3.4 interessant.

Zunächst wird die Frage beantwortet, welcher pH-Wert bei einem hinreichend lange belüfteten Wasser zu erwarten ist. Hierbei stellt sich im Wasser die schon mehrfach erörterte Gleichgewichtskonzentration des Kohlenstoffdioxids mit dem Partialdruck der Luft ein: $c(CO_2aq) = 0{,}0123$ mmol/l bei 20 °C (0,017 mmol/l bei 10 °C), bei einem Partialdruck des CO_2 von 0,316 mbar. Der pH-Wert eines solcherart belüfteten Wassers ist von der Pufferkapazität, ausgedrückt als $K_{S4,3}$ oder m-Wert, abhängig.

Salzarmes Wasser (etwa Regenwasser, Gebirgswasser, Talsperrenwasser oder Wasser vom Amazonas) hat wegen eines niedrigen m-Wertes einen pH-Wert um 6 bis etwa 7. Auch bei intensiver Belüftung ist kein höherer pH-Wert zu erreichen. Gut gepuffertes Grundwasser mit $K_{S4,3} = 3$ mmol/l wird bei der Einleitung in ein Gewässer nach kurzer Zeit einen pH-Wert von 8 und höher einnehmen (wobei Calciumcarbonat ausfallen kann).

Die sehr umfassende Darstellung von Abb. 3.4 soll auf verschiedene praktische Fragen eine Antwort bereithalten:

- Wie schon erwähnt, kann bei der Belüftung von Wasser ein bestimmter maximaler pH-Wert nicht überschritten werden, der durch den CO_2-Partialdruck der Luft bestimmt wird. Dieser pH-Wert liegt bei ungepufferten Wässern eher bei 7 und tiefer und bei gut gepufferten Wässern eher bei 8 und höher (wobei bei solchen Wässern Calcit ausfällt).
- Bei **Fischtests** oder vergleichbaren Tests ist streng auf den pH-Wert des Wassers zu achten. Hierbei ist davon auszugehen, dass sich bei der Belüftung eher der CO_2-Partialdruck der Luft einstellt, auch wenn eine gewisse CO_2-Anreicherung durch die Atmung der Fische oder durch Bakterien anzunehmen ist. Mithin ist die obere Kurve in Abb. 3.4 anzuwenden. Wird ein pH-Wert von z. B. 7,5 vorgegeben, dann darf der m-Wert nicht mehr als 0,2 mmol/l betragen.
- Soll bei Schwimmbadewasser der pH-Wert auf Werte unter 7,4 mit CO_2 eingestellt werden (was zu empfehlen ist, um eine Überdosierung der Säure auszuschließen), so sollte der m-Wert (bzw. $K_{S4,3}$) eher bei 0,5 als bei 5 mmol/l eingestellt werden, um mit möglichst geringer CO_2-Konzentration im Wasser auszukommen, eine CO_2-Ausgasung zu vermeiden und so den Bedarf an CO_2 zu begrenzen.
- Bei Aquakulturen hat sich die CO_2-Düngung eingebürgert. Es ist gefährlich hierbei einen konstanten pH-Wert, z. B. pH 6,0 einzuregeln, weil sehr hohe CO_2-Konzentrationen (je nach der Pufferkapazität $K_{S4,3}$ bzw. m-Wert des Wassers) erreicht werden, die zu einer Überdüngung des Aquariums führen. Der Soll-pH-Wert für die Regelung ist nach der gewünschten CO_2-Konzentration und dem m-Wert des Wassers auszuwählen. Im Allgemeinen reichen 0,5 mmol/l CO_2 (22 mg/l), so dass die mittlere Kurve in Abb. 3.4 anzuwenden ist. (Aquarianer bevorzugen die Bezeichnung Karbonathärte statt m-Wert, meinen aber den m-Wert und nicht etwa den Calciumgehalt: KH = 2,8 m-Wert, in °dH).
- Wird an warmen Sommertagen mit Inversionswetterlagen alles anorganische CO_2 durch Algen assimiliert, ohne aus der Luft ergänzt werden zu können, so verbleibt ein $c(OH^-)$ = m-Wert und der pH-Wert in den Seen steigt auf Werte um 10 und höher (theoretisch auf 11,17 bei 20 °C und m-Wert = 1 mmol/l)
- Säuerlinge mit mindestens 1000 mg/l CO_2 haben einen pH-Wert unter 7. Bei der Imprägnierung von Wasser mit CO_2 bei 5 bar wird ein pH-Wert im Allgemeinen unter 6 erreicht, bei geringer Pufferkapazität sogar unter 4. Dies ist durch die untere Kurve in Abb. 3.4 dargestellt.

3.2.4 Calcitlöslichkeit

3.2.4.1 Geschichte des Kalk-Kohlensäure-Gleichgewichts

In Deutschland besteht eine lange Tradition bei der Beobachtung und Beschreibung der Zusammensetzung natürlicher Wässer, insbesondere der Mineralwässer. Dabei wurde der Kohlensäure stets besondere Beachtung geschenkt. Sie galt und gilt als derjenige Stoff, der die Mineralien aufzulösen vermag und der für die Zusammensetzung der Mineralwässer verantwortlich ist.

Bevor die Sprache der neueren Wasserchemie angewendet wird, die sich des Wissens um die Existenz von Spezies bedient, soll die klassische Literatur bemüht werden. Sie erklärt, warum die Experimente des Dresdner Apothekers Struwe (1832; Gesundbrunnen in Berlin, siehe Abschn. 9.3) bei der künstlichen Herstellung von Mineralwasser aus dem Mineral der betreffenden Gegend, aus Wasser und Kohlensäure als Sensation empfunden wurde. Es stand dem natürlichen Mineralwasser in nichts nach und bewies, dass der Mensch die Natur nachzuahmen vermochte. Wir lesen also (Goethe, Die Wahlverwandtschaften, Erster Teil, 4. Kapitel):

> Z. B. was wir Kalkstein nennen ist eine mehr oder weniger reine Kalkerde, innig mit einer zarten Säure verbunden, die uns in Luftform bekannt geworden ist. Bringt man ein Stück solchen Steines in verdünnte Schwefelsäure, so ergreift diese den Kalk und erscheint mit ihm als Gips; jene zarte luftige Säure hingegen entflieht. [...] Es kommt nur auf sie an, versetzte der Hauptmann, sich mit dem Wasser zu verbinden und als Mineralquelle Gesunden und Kranken zur Erquickung zu dienen.

In früheren Auflagen des vorliegenden Buches ist zu lesen (z. B. S. 233 der 7. Auflage des Höll): „Die gebundene Kohlensäure findet sich gewöhnlich an Calcium und Magnesium als Hydrogencarbonat gebunden; sie bedingt die Karbonathärte des Wassers. In warmen Ländern findet sich auch Calcium- und Magnesiumcarbonat und manchmal Natriumhydrogencarbonat und Natriumcarbonat, besonders in kohlensäurefreien Oberflächenwässern, den sog. Soda-Seen, z. B. dem Neusiedler See." Freilich findet sich der (moderne) Zusatz: „Die Hydrogencarbonate sind im Wasser in Ca^{2+} bzw. Na^+-Ionen und HCO_3^--Ionen gespalten."

In dieser Tradition sind die experimentellen Ergebnisse von Tillmans zu werten. Die klassische Gleichung, die Tillmans (1912) eingeführt hat und der Fritz Auerbach (1912) sofort heftig, wenn auch wirkungslos widersprach, lautet:

$$CaCO_{3,\,fest} + H_2CO_3 \leftrightarrow Ca(HCO_3)_2 \tag{3.41}$$

Hieraus folgt die Bedingung: $m = 2\ c(Ca)$. Bei natürlichen Wässern ist diese Tillmans-Bedingung nicht die Regel, sondern die seltene Ausnahme. Schon 1912 schrieb Auerbach: „[...] und nur unter dieser Voraussetzung vereinfacht sich die Gleichung. [...] Noch weniger gelten die aus dem Verhalten gegen $CaCO_3$ errechneten Mengen aggressiver Kohlensäure für den Angriff von Metallen."

In Worten lautet die (offensichtlich falsche) Gleichung: Aus Calciumcarbonat entsteht unter der Einwirkung von Kohlensäure die „Karbonathärte". Eine Spaltung in Ionen wird nicht berücksichtigt. Völlig falsch ist die Gleichung nicht. Nach den heutigen Kenntnissen über die Bedeutung von Spezies, insbesondere von Ionen, müsste man jedoch vermuten, dass es sich bei der Karbonathärte um eine besonders stabile Spezies handelt, einem starken Calciumkomplex, vergleichbar etwa dem

Nickel-Cyanid-Komplex, der sich der Spaltung in Ionen im Wasser widersetzt. Dies trifft keineswegs zu und so ist die Karbonathärte in der Tillmans'schen Definition eine unbrauchbare Fiktion, da sie nur ein äußerst schwacher Komplex ist, der nur in außerordentlich kleinen, nicht wirklich messbaren und auch nicht berechenbaren Konzentrationen im Wasser vorkommt. Richtig ist die Auffassung von Auerbach, die den Definitionen von van't Hoff und Arrhenius entspricht. Beide, Tillmans und Auerbach haben im gleichen Jahr (1912) ihre Arbeiten publiziert. Warum ist die Fachwelt jahrzehntelang einer Fiktion gefolgt?

Der Karbonathärte wurde nur in Deutschland eine Bedeutung beigemessen. International ist dieser Begriff unbekannt. In Deutschland allerdings gibt es kaum ein Lehrbuch für Bauingenieure, das nicht diese Darstellung (gegen besseres Wissen?) bevorzugt.

Die „Karbonathärte" lebt in Deutschland (und nur in Deutschland) jedoch als Begriff fort und zwar als Synonym für die integrale Pufferung $K_{S4,3}$ oder m-Wert: Bei den handelsüblichen Bestimmungsmethoden für die „Karbonathärte" handelt es sich stets um eine Titration bis pH 4,3 (oder pH 4,5) oder bis zum Farbumschlag von Methylorange. In diesem Sinne wird „Karbonathärte" auch in diesem Buch, wenn überhaupt, als Synonym für $K_{S4,3}$ verwendet.

3.2.4.2 Löslichkeitsprodukt von Calcit

In der Formelsprache der Wasserchemie liest sich die Auflösung von Calciumcarbonat wie folgt:

$$CaCO_{3,\,fest} \leftrightarrow Ca^{2+} + CO_3^{2-} \tag{3.42}$$

mit den Gleichgewichtskonzentrationen $c(Ca^{2+})_0$ und $c(CO_3^{2-})_0$ und mit

$$c(Ca^{2+})_0 \cdot c(CO_3^{2-})_0 = Kc' \quad \text{(Löslichkeitsprodukt von Calciumcarbonat)} \tag{3.43}$$

$$Kc' = Kc - 8\,\lg\{f_1\} \quad \text{mit } \Delta z^2 = 8 \quad \text{(aus Gl. 3.42, siehe Abschn. 3.2.2.3)}$$

Auch hiergegen ließe sich einwenden, dass die Konzentration der Carbonat-Ionen sehr gering ist und nicht gemessen werden kann. In diesem Sinne wäre es gleich, ob das Gleichgewicht mit der nicht messbaren „Karbonathärte" oder der nicht messbaren Konzentration der Carbonat-Ionen beschrieben wird. Dies ist nur vordergründig zutreffend, denn die Gleichgewichte zur Bestimmung der Carbonat-Ionen sind bekannt, diejenigen zur Bestimmung der Tillmans'schen „Karbonathärte" dagegen nicht. In keinem der einschlägigen Fachbücher findet sich eine Bildungskonstante für $Ca(HCO_3)_2$. Die Karbonathärte in der Tillmans-Definition bleibt ein deutsches

Phantom; als Synonym zu $K_{S4,3}$, also ohne Bezug zu Calcium und Magnesium, kann sie toleriert werden.

Folgende Beobachtungen sind von Bedeutung:

- Wird der pH-Wert vermindert, etwa durch Zusatz von Kohlenstoffdioxid, so vermindert sich die Konzentration der Carbonat-Ionen. Entsprechend muss die Konzentration der Calcium-Ionen zunehmen, bis das Löslichkeitsprodukt Kc′ erfüllt ist. So erklären sich die sehr hohen Calciumkonzentrationen von Wasser im Gleichgewicht mit Calciumcarbonat bei pH-Werten um 7,5 und tiefer, denn in diesen pH-Bereichen ist die Carbonatkonzentration sehr gering (vgl. Abschn. 3.2.1).
- Es ist gleichgültig, aus welcher Quelle die Calcium-Ionen (z. B. aus Gips, Sylvin, Kalkstein) und die Gesamtkohlensäure (Marmor, Soda, Dolomit) stammen. Maßgeblich sind die tatsächlich im Wasser erreichten Konzentrationen der Spezies.
- Es sollte von der Calcitsättigung gesprochen werden, weil sich die Messungen auf die Modifikation Calcit beziehen. Daneben gibt es auch die Modifikationen Aragonit und Vaterit des Calciumcarbonats.

Die formalen Darstellungen lassen sich auf mindestens 7 Methoden erweitern (Grohmann, 1969), alle mit Vor- und Nachteilen. International hat sich zur Darstellung der Abweichung vom Gleichgewicht ein so genannter Sättigungsindex I_S durchgesetzt:

$$I_S = \lg\left\{\left(c(Ca^{2+}) \cdot c(CO_3^{2-})\right\}/Kc'\right. \tag{3.44}$$

$I_S = 0$ bei Wässern im Gleichgewicht mit Calcit als Bodenkörper
$I_S < 0$ (negativ) bei calcitlösendem Wasser
$I_S > 0$ (positiv) bei calcitabscheidendem Wasser

3.2.4.3 pH-Wert der Calcitsättigung und Temperaturabhängigkeit

Da bei einer Erhöhung des pH-Wertes die Konzentration der Carbonat-Ionen stark zunimmt und die pH-Wert-Erhöhung ein gängiges Aufbereitungsverfahren ist, lässt sich das Phänomen der Calcitsättigung auch anhand eines auf das jeweilige Aufbereitungsverfahren bezogenen Sättigungs-pH-Wert beschreiben.

Die Darstellung, für die ebenfalls mehrere Varianten möglich sind, kann beispielsweise anhand der Messgrößen $c(Ca^{2+})$ und $K_{S4,3}$ erfolgen. Da diese beiden Messgrößen bei der Belüftung nicht verändert werden, obwohl der pH-Wert steigt, ist diese Variante empfehlenswert und besonders gut für die Praxis geeignet. In Tab. 3.10 sind die entsprechenden pH-Werte zusammengestellt (DIN 38404, Teil 10). Kursiv ist derjenige pH-Wert angegeben, bei dem bei gegebenen Analysenwerten für $c(Ca^{2+})$ und $K_{S4,3}$ noch ein Calcitlösevermögen von 5 mg/l $CaCO_3$ besteht. Man

Tab. 3.10: pH-Wert der Calcitsättigung bei Belüftung, pH_{CA}, bei 10 °C in Abhängigkeit vom Calciumgehalt und von $K_{S4,3}$ des Wassers (kursiv sind die jeweiligen pH-Werte eingetragen, bei denen noch ein Calcitlösevermögen von 5 mg/l $CaCO_3$ besteht).

Ca mg/l	Ca mmol/l	$K_{S4,3}$ in mmol/l						
		0,25	0,5	1	1,5	3	6	8
10	0,25	9,65	9,18	8,84				
		7,40	*7,67*	*7,89*				
20	0,5	9,23	8,88	8,54	8,36			
		7,23	*7,53*	*7,75*	*7,82*			
40	1	9,00	8,61	8,27	8,08	7,80		
		7,15	*7,45*	*7,64*	*7,68*	*7,62*		
60	1,5	8,85	8,46	8,12	7,93	7,64		
		7,11	*7,41*	*7,58*	*7,60*	*7,50*		
100	2,5	8,67	8,28	7,94	7,76	7,45	7,17	7,06
		7,08	*7,35*	*7,49*	*7,48*	*7,35*	*7,13*	*7,03*
160	4			7,79	7,60	7,29	7,00	6,89
				7,40	*7,37*	*7,21*	*6,97*	*6,87*
200	5				7,53	7,22	6,92	6,81
					7,32	*7,14*	*6,90*	*6,79*

sieht daraus, dass der pH-Wert von weichen Wässern nicht höher als etwa 7,7 zu sein braucht, um ein Calcitlösevermögen von 5 mg/l $CaCO_3$ nicht zu überschreiten. Von der Möglichkeit, bei ganz weichen Wässern auch einen tieferen pH-Wert einzustellen, bei dem die Calcitlösekapazität von 5 mg/l $CaCO_3$ noch gewahrt bleibt, soll kein Gebrauch gemacht werden. Dies würde dem Minimierungsgebot z. B. der Trinkwasserverordnung (TrinkwV), widersprechen. Näherungsweise gilt: Je tiefer der pH-Wert ist, desto höher ist die Schwermetallaufnahme aus metallischen Leitungen. Außerdem wirkt sich die geringe Zunahme an Pufferkapazität bei Filtration über Marmor (Erhöhung von $K_{S4,3}$) günstig auf das Verhalten gegenüber metallischen Werkstoffen aus. Dies ist letztlich der Grund, warum in der TrinkwV eine pH-Wert-Erhöhung auf mindestens 7,7 vorgeschrieben wird. Nur wenn das Wasser bei pH 7,7 calcitabscheidend ist, darf ein tieferer pH-Wert eingestellt werden und zwar so, dass die Calcitlösekapazität höchstens 5 mg/l $CaCO_3$ beträgt. Auf Tab. 3.10 angewandt bedeutet diese Vorschrift, dass nur bei Wässern im unteren, rechten Teil der Tabelle der pH-Wert tiefer als 7,7, jedoch nicht tiefer als der kursiv ausgedruckte Wert sein darf. Bei sehr harten Wässern ist der Unterschied beider Werte sehr gering.

Die Tab. 3.10 gilt für die pH-Anhebung durch Belüftung (Ausgasung von CO_2) oder für die Analysenwerte nach Einstellung der Sättigung, wenn diese durch die Aufbereitung verändert werden. Sie berücksichtigt die Ionenpaar- und Komplexbildung und die Ionenstärke mit zunehmendem Salzgehalt (Eberle und Donnert, 1991). Das Modellwasser zur Berechnung der Tabelle (DIN 38404, Teil 10, Verfahren 1) verwendet gewisse Konzentrationsverhältnisse, wie c (Mg)/c(Ca) = 0,1, c (SO_4)/c(Ca) =

0,3, c(Cl)/c(Ca) ≤ 0,3, sowie Natrium- bzw. Chlorid-Ionenkonzentrationen zur Stoffmengen- und Ladungsbilanz. Die Werte der Tabelle stellen eine gute Näherung für natürliche Wässer dar, auch wenn Zwischenwerte interpoliert werden müssen. Sie hat sich in der Praxis bewährt.

Mit steigender Temperatur sinkt die Löslichkeit von Calcit. Auch dies ist eine Besonderheit der Calcitsättigung, denn die meisten Salze lösen sich leichter bei hoher Wassertemperatur (siehe Abschn. 3.1.2.1). Mit abnehmender Löslichkeit sinkt auch der Bedarf an Carbonat-Ionen im Gleichgewicht, weshalb ein tieferer pH-Wert ausreicht. Für die Temperaturabhängigkeit des pH-Wertes der Calcitsättigung (pH_c) mit ϑ zwischen 0 und 80 °C gilt folgende vereinfachte Gleichung:

$$(pH_{CA})_\vartheta = (pH_{CA})_{10} - 0{,}015\,(\vartheta - 10) \tag{3.45}$$

Beispiel: Ein Wasser mit $K_{S4,3}$ = 3,8 mmol/l und 80 mg/l Ca (2 mmol/l) hat bei 10 °C den Wert pH_{CA} = 7,5. Bei der Erwärmung auf 25 °C sinkt der Sättigungs-pH-Wert auf pH_{CA} = 7,5 − 0,015 (25 − 10) = 7,28. Dass es dennoch nicht zu massiven Ablagerungen in erwärmten Rohrnetzen kommt, liegt an der Hemmung der Kristallisation der Carbonate, insbesondere des Calciumcarbonats.

3.2.4.4 Graphische Darstellung der Calcitsättigung und Calcitlösekapazität

Die vielen Facetten der Lösungsgleichgewichte des Calcits, besonders unter Berücksichtigung der Aquakomplexe (ion pairs), bieten eine Vielzahl von Möglichkeiten einer graphischen Darstellungen. Viele davon befassen sich mit speziellen Fragestellungen zu diesem Thema. In der internationalen Literatur überwiegen die Darstellungen, die den pH-Wert verwenden, da dieser ein Leitparameter der Wasserchemie ist. In der einschlägigen deutschen Literatur überwiegt, wie schon dargelegt, die Darstellung mit einem Bezug auf die Kohlensäure im Wasser. Wenn hier neben der (bevorzugten) Darstellung der Sättigungs-pH-Werte auch auf die Kohlensäure (besser gelöstes Kohlenstoffdioxid) eingegangen wird, so hat dies zwei Gründe: a) die deutsche Tradition und b) eine vereinfachte Methode zur Bestimmung der Calcitlösekapazität.

Die in den folgenden zwei Bildern verwendeten Daten wurden aus dem vollständigen Datensatz der Tab. 3.10 nach DIN 38404 Teil 10, C 1 umgerechnet.

In der **pH-Wert-Darstellung** in Abb. 3.5 werden die Parameter $K_{S4,3}$ und c(Ca) zu einer Größe, lg{$K_{S4,3}$ c(Ca)}, zusammengefasst. Die Punkte der Tab. 3.10 liegen, abgesehen von einem geringen Einfluss der verschiedenen Ionenstärken und der Komplexbildung durch Carbonate auf einer Geraden. Die Darstellung lässt unmittelbar die Bestimmung des pH-Wertes der Calcitsättigung durch CO_2-Ausgasung (pH_{CA}) zu, da sich die Parameter $K_{S4,3}$ und c(Ca) hierbei nicht verändern. Sie ist als Interpo-

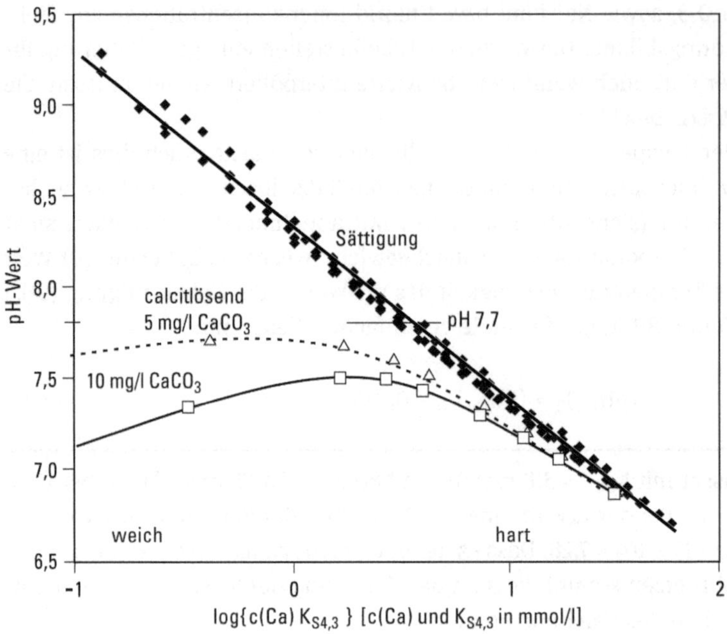

Abb. 3.5: Calcitsättigung des Wassers als Funktion des pH-Wertes.

lationshilfe für Tab. 3.10 geeignet. Liegt der pH-Wert des Wassers unter pH_{CA}, so kann das Wasser Calcit auflösen, es hat eine Calcitlösekapazität (Dc). Dadurch greift es zementhaltige Werkstoffe an. In der Praxis sollte die Calcitlösekapazität 0,05 mmol/l entsprechend 5 mg/l $CaCO_3$ nicht übersteigen.

Eingezeichnet ist daher auch die Linie, die pH-Werte mit einer Calcitlösekapazität von 5 mg/l verbindet. Ein Vergleich mit den Werten der Tab. 3.10 zeigt, dass nicht alle Wertepaare berücksichtigt wurden, sondern nur jene, mit der Äquivalenz m = 2c(Ca), die als Tillmans-Bedingung (siehe unten) bezeichnet werden kann. Es fehlen also die sehr tiefen pH-Werte der ungepufferten Wässer (linker oberer Teil der Tab. 3.10). Die Linie vermittelt aber anschaulich die Tatsache, dass bei weichen Wässern eine Erhöhung bis etwa pH 7,7 ausreicht und dass bei harten Wässern der Unterschied zwischen dem pH-Wert mit 5 mg/l Calcitlösekapazität und pH_{CA} immer geringer wird.

Die pH-Wert-Darstellung (Abb. 3.5) der Calcitsättigung ist nicht nur im internationalen Literaturvergleich von Vorteil, sondern auch für die praktische Überwachung. Sie gibt im Zusammenhang mit Tab. 3.10 schnell einen Überblick, ob ein Wasser calcitlösend ist und ob deshalb der pH-Wert angehoben werden muss. Durch Belüftung kann pHc nur erreicht werden, wenn $K_{S4,3} > 1$ mmol/l beträgt (siehe Abb. 3.4 und Abb. 3.6). Bei weniger gepufferten Wässern, bei denen ein pH-Wert über 7,7 und Calcitsättigung eingestellt werden soll, sind zusätzlich andere Verfahren der pH-Erhöhung erforderlich.

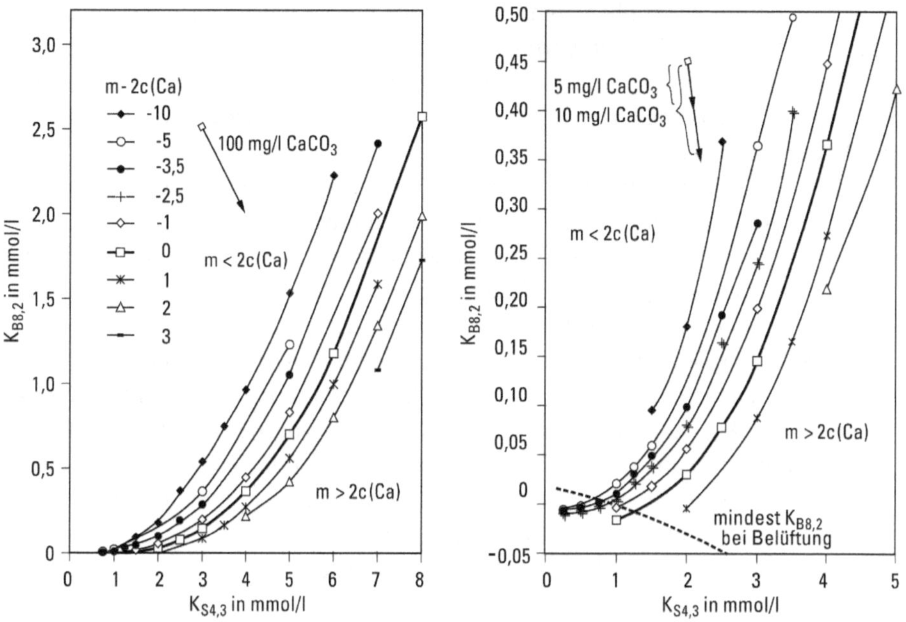

Abb. 3.6: Isolyten der Calcitsättigung (Kalk-Kohlensäure-Gleichgewicht).

In Verbindung mit Abb. 3.4 (obere Linie, CO_2-Gehalt der Luft) kann zudem festgestellt werden, ob der pH-Wert, der durch Belüftung in Abhängigkeit vom m-Wert maximal erreicht wird, über dem pHc liegt (bzw. bei weichen Wässern über pH 7,7), ob also eine Belüftung allein ausreicht oder durch andere Verfahren, z. B. Filtration über Marmor, ergänzt werden muss.

In der in Deutschland traditionellen **CO_2-Darstellung** (Abb. 3.6) werden diejenigen Wertepaare zusammengefasst, die einen gleichen, bei der Calcitlöslichkeit unveränderlichen Parameter erfüllen. Dies ist die Differenz „m-2c(Ca)“, die als Äquivalenzdifferenz ED (equivalence difference) oder als Abweichung von der Tillmans-Bedingung (m = 2 c(Ca)) bezeichnet wird. Linien mit gleicher Äquivalenzdifferenz können als Isolyte (Linien gleichen Lösungsverhaltens) bezeichnet werden. Die Äquivalenzdifferenz ändert sich bei Auflösung oder Fällung von Calcit nicht, wenn sie in mmol/l (oder mol/l) angegeben wird. Eine Isolyte ist wie folgt definiert:

> Punkte der Calcitsättigung mit gleicher Äquivalenzdifferenz im Graphen $K_{S4,3}$ und $K_{B8,2}$ liegen auf einer Isolyte.

Es zeigt sich, dass die berühmte Tillmanskurve einen Sonderfall darstellt, nämlich die Basis-Isolyte mit der Äquivalenz m = 2 c(Ca), also m − 2 c(Ca) = 0. Diese Tillmans-Bedingung einer Äquivalenz zwischen Calcium und $K_{S4,3}$ bzw. m-Wert tritt in der Praxis nur selten auf, weil nicht nur Calcit, sondern auch alle anderen Calciumminerale Calcium-Ionen abspalten, und sich damit am Calcitgleichgewicht beteiligen. Das Gleiche gilt für alle Carbonatverbindungen. Die Darstellung der Isolyten mit den Datensätzen nach Tab. 3.10 zeigt, dass sich die Äquivalenzdifferenz ED = m – 2 c(Ca) nicht auf den Wert „0“ beschränkt, sondern in der Praxis Werte von +3 bis –10 annehmen kann.

Die Isolyten eignen sich besonders gut für die graphische Ermittlung der Calcitlösekapazität. Hierzu sind folgende Schritte erforderlich:

- $m = K_{S4,3} - 0{,}05$ (in mmol/l) bestimmen und den Calciumgehalt mit $c(Ca) = \beta(Ca)/40{,}06$ von mg/l in mmol/l umrechnen;
- die Äquivalenzdifferenz $ED = m - 2 \cdot c(Ca)$ bestimmen;
- mit dem Wert von ED in Abb. 3.6 die zutreffende Isolyte auswählen;
- Calcitlösekapazität (Dc) bestimmen (das Wasser ist nur calcitlösend, wenn das Wertepaar $K_{S4,3}$ und $K_{B8,2}$ einen Messpunkt links von der zutreffenden Isolyte ergibt), hierzu vom Messpunkt $K_{S4,3}$ um 2 Einheiten im Diagramm nach rechts und $K_{B8,2}$ um eine Einheit nach unten verschieben (siehe Pfeil in Abb. 3.6) bis zum Schnittpunkt mit der zutreffenden Isolyte;
- neuen Wert für $K_{S4,3}$ ablesen und die Calcitlösekapazität, Dc, wie folgt bestimmen:

$$Dc = 0{,}5 \cdot (K_{S4,3\,\text{nach}} - K_{S4,3\,\text{vor}}) \text{ in mmol/l} \tag{3.46}$$

bzw. nach Multiplikation mit der molaren Masse 100,06 in mg/l $CaCO_3$.

Soll die Calcitsättigung (Kalk-Kohlensäure-Gleichgewicht) durch CO_2-Ausgasung (Belüftung) erreicht werden, so ist Abb. 3.6 wie folgt anzuwenden:

- ED bestimmen und die zutreffende Isolyte auswählen (siehe oben);
- den Messpunkt für das Wertepaar $K_{S4,3}$ und $K_{B8,2}$ eintragen.
- Senkrecht unterhalb des Wertes für $K_{S4,3}$ im Schnittpunkt mit der zutreffenden Isolyte den Wert für $K_{B8,2}$ der Calcitsättigung ablesen, dabei berücksichtigen, dass $K_{B8,2}$ einen bestimmten geringsten Wert nicht unterschreiten kann.

Die CO_2-Darstellung hat für den planenden Ingenieur praktischen Wert, der ohne aufwändige Rechenverfahren die tatsächliche Calcitlösekapazität bestimmen muss, um daraus Bedingungen für die Aufbereitung des Wassers (pH-Wert-Erhöhung) zu berechnen. Die Vorgänge bei der Belüftung und der Filtration über Calcit, die Veränderung der Wasserbeschaffenheit und der Bedarf an Calcit in so genannten Marmor-Filtern können der Darstellung entnommen werden.

Im Vergleich zu der traditionellen Tillmans-Kurve sind folgende Neuerungen auffällig:

- Es wird nicht die CO_2-Konzentration, sondern der Wert $K_{B8,2}$ angegeben, der bei ungepufferten Wässern auch negative Werte annehmen kann (wenn der pH den Wert 8,2 überschreitet).

– Begriffe wie „zugehörige“ oder „überschüssige“ oder „kalkaggressive“ Kohlensäure sind ungenau und nicht zeitgemäß. Sie wurden durch den Begriff „Calcitsättigung“ und „Calcitlösekapazität“ verdrängt.

Der Mindestgehalt an CO_2, der im Wasser bei der Belüftung verbleibt, ist konstant und beträgt 0,017 mmol/l bei 10 °C (0,75 mg/l, siehe auch Abschn. 3.2.3.3). Die Basekapazität $K_{B8,2}$ jedoch, die sich hieraus ergibt, ist kein konstanter Wert, sondern vom pH-Wert des Wassers abhängig. Da dieser bei der Calcitsättigung den pH-Wert 8,2 übersteigen kann, sind folgerichtig negative Werte für $K_{B8,2}$ nichts Ungewöhnliches. Die mindestens im Wasser verbleibende $K_{B8,2}$ bei der Belüftung ist als Linie in Abb. 3.6 eingezeichnet. Sie schneidet die Isolyten etwa bei $K_{S4,3}$ = 1 mmol/l. Dies bedeutet, dass nur bei Wässern mit höherer Säurekapazität als 1 mmol/l die Calcitsättigung durch Belüftung erreicht werden kann.

3.2.5 Spezies der Schwermetalle Blei, Cadmium, Kupfer und Zink

So vielschichtig die Vorgänge der Calcitsättigung, Säure-Base-Kapazität und pH-Wert-Pufferung erscheinen, so sind sie doch relativ übersichtlich im Vergleich zu den komplexen Vorgängen, die bei der Bildung der Spezies (Speziierung) der Übergangsmetalle im Wasser eine Rolle spielen. Diese Speziierung beruht auf der Eigenschaft der Übergangsmetalle, in verschiedenen Bindungsformen aufzutreten. Man unterscheidet zwischen gelösten und an Festkörpern adsorbierten Spezies, zwischen Komplexen mit verschiedenen Liganden in Lösung und zwischen Spezies in verschiedenen Redoxzuständen. Eine besondere Bedeutung für das Verhalten von Metallionen haben die Wechselwirkungen zwischen Metallen und Liganden, wobei Liganden um Zentralatome oder Zentralionen angelagerte Atomgruppen bzw. Ionen sind. Die Anlagerung erfolgt durch chemische, physikalisch-chemische oder elektrostatische Bindungskräfte. Kationen sind in wässriger Lösung hydratisiert, d. h. sie sind von vier bis sechs Wassermolekülen je Kation umgeben. Bei der Hydrolyse werden aus diesen Wassermolekülen Protonen (H^+-Ionen) abgespalten. Diese Metallkationen wirken daher wie eine Säure. Die gebildeten Spezies können als Komplexe mit OH-Liganden aufgefasst werden. Die Tendenz zur Abspaltung von Protonen (Deprotonierung) nimmt mit zunehmender Ladung des Zentralions und abnehmendem Ionenradius zu.

Neben OH-Ionen sind beispielsweise Carbonat, Chlorid, Sulfat, Fluorid und Sulfid als Liganden in anorganischen Komplexen möglich. Die Bindung von anderen Liganden steht in Konkurrenz zur Hydrolyse.

Mit den Liganden OH^-, CO_3^{2-} und HCO_3^- ist die Bildung einer Reihe von Spezies möglich und im Gleichgewicht mit H_2CO_3, HCO_3^-, CO_3^{2-}, OH^- und H^+ zu berücksichtigen, wie am Beispiel des Kupfers gezeigt wird:

Cu^{+}(I), Cu^{2+}(II), $Cu(OH)^{+}$, $Cu(OH)_2^0$, $Cu_2(OH)_2^{2+}$, $Cu(OH)_3^-$, $Cu(OH)_4^{2-}$, $Cu_2(OH)_2^{2+}$, $CuHCO_3^+$, $CuCO_3^0$ und $Cu(CO_3)_2^{2-}$ (einwertiges Cu bildet keine OH- bzw. CO_3-Komplexe).

Auffällig bei einer solchen Aufstellung ist die Tatsache, dass ein Komplex aus Calcium- und Hydrogencarbonat-Ionen, das gelöste $Ca(HCO_3)_2^0$, unbekannt ist, obwohl gerade die Wasserchemie seit Tillmans' Veröffentlichung die Existenz gerade dieser Verbindung (Karbonathärte) postuliert. Offensichtlich irrte Tillmans (1912) und mit ihm andere, die seiner These von der Karbonathärte folgten. Offensichtlich hat Auerbach (1912) recht, auch wenn seine grundlegende Arbeit unbeachtet blieb.

Sind Sulfat- und Chlorid-Ionen im Wasser vorhanden (z. B. Meerwasser, Rauchgaswäsche), so sind auch deren Komplexe zu berücksichtigen, nämlich $CuCl_2^-$, $CuCl_3^{2-}$, $CuSO_4^-$ und mit zweiwertigem Cu die Spezies $CuCl^+$, $CuCl_2^0$, $CuCl_3^-$, $CuCl_4^{2-}$ und $CuSO_4^0$. Hinzu kommen in Einzelfällen lösliche Komplexe der Sulfide sowie Phosphate auch in Mischformen mit anderen Anionen.

Bei den Metallen Blei, Cadmium und Zink bilden sich vergleichbare Spezies allerdings ohne die einwertigen Ionen, die bei diesen Metallen nicht vorkommen.

Dabei kommt den Carbonat-Komplexen $Cu(CO_3)_2^{2-}$ bzw. $Pb(CO_3)_2^{2-}$ besondere Bedeutung zu, weil ein zunehmender Gehalt an DIC (Ct) keineswegs zu einer Abnahme der Löslichkeit führt, sondern im Gegenteil eine Zunahme bewirken kann (siehe Abb. 3.7).

Die Löslichkeit wird nicht zuletzt von der Art der Deckschichten auf den Rohren bestimmt. Dies sind immer Oxide und basische Carbonate der Metalle, nie reine Calcitablagerung. Die so genannte Kalkschutzschicht oder im Falle des Eisens die Kalkrostschutzschicht ist nichts als eine Illusion (Sontheimer, 1988). Normalerweise werden in Rostschichten Ca-Gehalte von unter 2 % gemessen!

Die Ablagerungen, die bei den Gleichgewichten berücksichtigt werden müssen, sind in natürlichen Wässern mindestens:
- Bei Blei: PbO, $PbCO_3$, $Pb_3(OH)_2(CO_3)_2$
- bei Cadmium: $CdCO_3$, $Cd(OH)_2$
- bei Kupfer: Cu_2O, CuO, $Cu_2(OH)_2CO_3$ (Malachit), $Cu_3(OH)_2(CO_3)_2$ (Azurit)
- bei Zink: ZnO, $Zn(OH)_2$, $ZnCO_3$, $Zn_5(OH)_6(CO_3)_2$ (Hydrozinkit)

Die Bildung der geschilderten Spezies lässt sich mit einer Bildungsreaktion und einer Bildungskonstanten (β_i) beschreiben (siehe z. B. Morel und Hering, 1993):

$Pb^{2+} \leftrightarrow PbOH^+ + H^+ \quad \log \beta_1 = -\ 7{,}7$

$Pb^{2+} \leftrightarrow Pb(OH)_2^0 + H^+ \quad \log \beta_2 = -\ 17{,}1$

$Cd^{2+} \leftrightarrow CdOH^+ + H^+ \quad \log \beta_1 = -\ 10{,}1$

$Cd^{2+} + CO_3^{2-} \leftrightarrow CdCO_3^0 \quad \log \beta_2 = -\ 13{,}7$

Die Gleichgewichtsbeziehung für die erste Reaktion lautet beispielsweise:

$$\beta_1' = c(PbOH^+)\, a(H^+)/c(Pb^{2+}) = \beta_1/f_1^3 \qquad (3.47)$$

mit β_1' als gemischtem Konzentrationsquotienten wegen pH = –lg{a(H)} und mit dem Aktivitätskoeffizienten $\lg\{f\} = \Delta z^2 \lg\{f_1\}$; $\Delta z^2 = 3$ (siehe Abschn. 3.2.2.3).

Aus einer Ladungs- und Stoffmengenbilanz des Systems der verschiedenen Verbindungen und Spezies erhält man ein Gleichungssystem, aus dem die Konzentration der einzelnen Spezies errechnet werden kann. Nützlich ist dabei ein Blockschema, in das alle bekannten Spezies und deren Bildungskonstanten (bzw. praktisch bekannten Konzentrationsquotienten) eingetragen werden (siehe Sigg und Stumm, 1991, S. 206). Geprüfte Werte der Konstanten sind der Spezialliteratur zu entnehmen (Melchior und Basset, 1990). Inzwischen sind auch Rechenprogramme wie MINEQL (z. B. www.mineql.com) oder PhreeqC über das Internet oder über geologische Institute gut zugänglich, die es gestatten, auch vernetzte Modellierungen der Speziesverteilung durchzuführen.

Folgende zwei Fragen können damit beantwortet werden:

- Aus der Wasseranalyse ist z. B. der Kupfergehalt bekannt (Summe der Kupferverbindungen, Gesamtkupfer), wie ist die Speziesverteilung bei einem bestimmten pH-Wert?
- Im Kontakt mit der Deckschicht besteht ein bekanntes Gleichgewicht mit einem Metallion, z. B. Cu^{2+}. Wie hoch ist die Konzentration der anderen Spezies und wie die Gesamtsumme? Diese wäre mit dem nachgewiesenen Metallgehalt, z. B. Kupfergehalt des Wassers, zu vergleichen. Aus den Abweichungen zwischen Theorie und Messung könnten Hinweise zur Kinetik der Korrosionsreaktion abgeleitet werden.

Einen Überblick über die Verteilung der einzelnen Spezies erhält man, wenn deren Konzentration als Funktion des pH-Wertes darstellt wird. Dies sind so genannte Prädominanz-Diagramme, wie sie Abb. 3.7 für das System $Cu^{2+}/CO_3^{2-}/H_2O$ zeigt, ohne Berücksichtigung des Redoxpotenzials und anderer Wertigkeiten außer dem zweiwertigen Cu. Das Bild wurde unter der Annahme berechnet, dass die Konzentration von Kupferhydroxid als Deckschicht auf den Kupferrohren bestimmt wird. Sehr schön sind die einzelnen Spezies zu erkennen und zwar bei tiefem pH-Wert die Spezies mit positiver Ladung und bei hohem pH-Wert jene mit negativer Ladung. Der pH-Bereich mit der geringsten Löslichkeit liegt bei geringer Pufferkapazität zwischen 8 und 10. Er wird durch dem Einfluss der Carbonat-Komplexe bei hoher Pufferkapazität (siehe Abb. 3.7) mehr nach pH 11 verschoben. Zu erkennen ist weiterhin, dass die Spezies $CuCO_3^0$, je nach DIC-Gehalt (Ct), maßgeblich für den Kupfergehalt (Cu, gesamt) im pH-Bereich von pH 6,3 bis etwa pH 9 ist. Bei höherem pH-Wert dominiert das Cuprat $Cu(OH)_3^-$ bzw. ein Carbonat-Hydroxo-Komplex bei hohem DIC-Gehalt im Wasser. In diesen Fällen (DIC = 8 mmol/l) ist bei pH 7 mit einer Kupferkonzentration von etwa 10 mg/l zu rechnen (10^{-4} mol/l Cu entsprechen 6,4 mg/l Cu). Bei schwach gepufferten Wässern (0,4 mmol/l DIC) werden theoretisch nur etwa 1 mg/l bei pH 7 erreicht. Wenn sich allmählich Malachit als Deckschicht ausbildet (längerer Betrieb der Rohre), fallen die Konzentrationen nach Stagnation theoretisch etwa auf ein Zehntel, also auf weniger als 1 bzw. 0,1 mg/l.

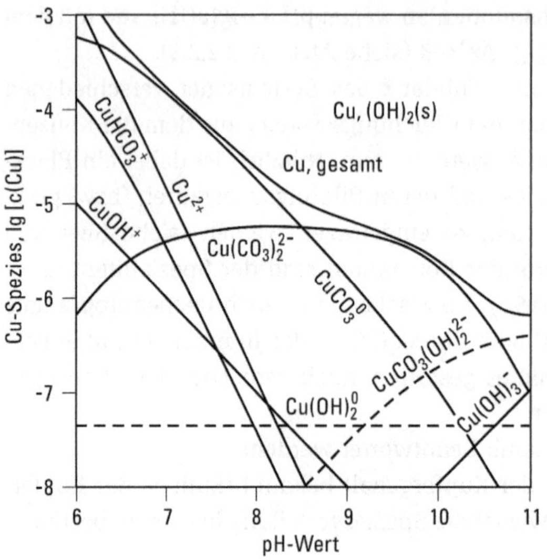

Abb. 3.7: Kupfergehalt von Wasser in Kontakt mit Kupferhydroxid als Deckschicht in Kupferrohren, in Abhängigkeit vom pH-Wert des Wassers (berechnet für DIC = 8 mmol/l; Schock und Lytle, 1995).

3.2.6 Spezies des Eisens und des Aluminiums

Bei Aluminium- und Eisen-Ionen ist die Tendenz, Hydroxo- oder Oxokomplexe zu bilden, so stark ausgeprägt, dass nicht nur mononukleare, sondern auch polynukleare Hydroxokomplexe entstehen, die jeweils über ein O-Atom verbunden sind. Man spricht von einer Kondensation, weil bei diesem Prozess Wasser aus den Hydroxokomplexen abgespalten wird:

$$-Fe(OH)-O-Fe(OH)-O-Fe(OH)-Fe(OH)-$$

Die Bildungsreaktionen der verschiedenen Stufen sind:

$$\begin{aligned} &Mn^{n+}(H_2O)_6 \leftrightarrow Me(H_2O)_5(OH)^{(n-1)+} + H^+ && \beta_1 \\ &Me(H_2O)_5(OH)^{(n-1)+} \leftrightarrow Me(H_2O)_4(OH)^{(n-2)+} + H^+ && \beta_2 \quad \text{etc.} \end{aligned} \tag{3.48}$$

β_1 und β_2 sind Gleichgewichtskonstanten. Allgemein kann man für Spezies mit m Hydroxiden schreiben:

$$\beta_m = c(Me(OH)_m^{(n-m)+}) \cdot a(H^+)/c(Me^{n+}) \tag{3.49}$$

Aus den polynuklearen Hydroxo-Komplexen entstehen schließlich Hydroxide, die bei Überschreiten des Löslichkeitsproduktes ausfallen.

$$\begin{aligned} &Me(OH)_{n(s)} \quad \leftrightarrow \quad Me^{n+} + n\,OH^- \\ &K_{SO} = c(Me^{n+}) \cdot [^{K_w}/a(H^+)]n \end{aligned} \tag{3.50}$$

Die Konzentration aller im Wasser gelösten Metallspezies im Gleichgewicht mit einem festen Hydroxid, z. B. so genanntes Gesamteisen, so wie es analytisch bestimmt werden kann, schließt alle Hydroxospezies ein:

$$c(Me)_1 = c(Me^{n+}) + \Sigma[Me(OH)_m^{(n-m)+}] \tag{3.51}$$

Abb. 3.8 zeigt die Konzentration der einzelnen Spezies des Aluminiums bzw. des Eisens bei Kontakt mit festem Aluminium- bzw. Eisenoxidhydrat in Abhängigkeit vom pH-Wert. Die Löslichkeit zeigt ein Minimum, das durch die Spezies $Me(OH)_2^+$ (Notation 1,2 in Abb. 3.8) und $Me(OH)_4^-$ (Notation 1,4) bestimmt wird. Dieses Minimum bei einem bestimmten pH-Wert hat bei der Flockung mit Zusatz von Al- bzw. Fe(III)-Salzen einige Bedeutung, weil unterhalb des Minimum-pH-Wertes, dort wo die Spezies mit positiver Ladung überwiegen, die Entstabilisierung der Trübstoffe, die Flockenbildung und Trübstoff-Abscheidung am besten gelingen. Bei pH-Werten, die dem Minimum entsprechen, werden die geringsten Restkonzentrationen an Eisen bzw. Aluminium erreicht (Grohmann und Nissing, 1985). Dies bedeutet auch, dass eine Al-Flockung nicht bei pH-Werten über 7,5 erfolgen sollte. Bei Eisen(III)-Salzen ist der pH-Bereich mit geringer Löslichkeit breiter, die pH-Empfindlichkeit nicht so ausgeprägt. Die Entnahme von Huminstoffen durch Flockung ist sowohl beim Eisen als auch Aluminium beim jeweiligen Minimum-pH-Wert optimal.

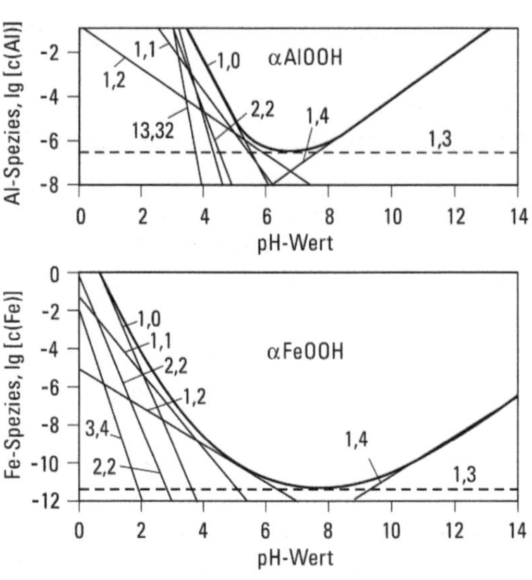

Abb. 3.8: Spezies des dreiwertigen Eisens und des Aluminiums im Wasser, in Abhängigkeit vom pH-Wert. Die Notation kennzeichnet die Zahl der Me- und der OH-Gruppen in einer Spezies. Es bedeuten z. B. 1,4: $Fe(OH)_4^-$ bzw.$Al(OH)_4^-$; 13,32: $Al_{13}(OH)_{32}^{7+}$ usw.

Die Kondensation der Spezies zu polynuklearen Komplexen ist durchaus nicht auf die Fe- oder Al-Spezies beschränkt. Es werden alle Spezies angelagert, die aktive OH-Gruppen aufweisen. Dies sind sowohl die Pb-, Cd-, Cu-OH-Komplexe als auch $(HO)_2PO_2^-$ (Dihydrogenphosphat), dessen Kondensationsbereitschaft erst in dieser, etwas ungewohnten Schreibweise erkannt wird. Das gleiche gilt auch für die Arsenat-Spezies. Beide Reaktionen sind Grundlage der Phosphat- bzw. Arsenatentfernung. Lediglich Nickel entzieht sich dieser Reaktion, weswegen es nicht bei der Flockung bei pH 7 (Mitfällung), sondern erst durch Fällung bei pH 10 entfernt werden kann.

3.2.7 Spezies der toxischen und der desinfizierend wirkenden Stoffe

Ist ein Stoff toxisch, so beschränkt sich seine toxische Wirkung auf die Wirkung der ungeladenen Spezies. Dies ist gesichertes Wissen, worauf hier noch einmal hingewiesen sei:

Ammoniak (NH_3) ist toxisch, nicht das NH_4^+-Ion. Da der pK-Wert pK = 9,3 beträgt, ist erst bei pH-Werten über 9,3 mit einer toxischen Wirkung von Gesamtammonium zu rechnen. D. h., dass bei pH 7,5 in Fischteichen sehr hohe NH_4^+-Konzentrationen schadlos bleiben. Wenn aber durch Algenblüte und Verbrauch des CO_2 der pH-Wert auf 10 ansteigt, ist die gleiche Konzentration plötzlich tödlich für die Fische. Der Anteil des toxischen NH_3 am Gesamtammonium ergibt sich aus den chemischen Gleichgewichten (siehe Abschn. 3.2.2.2).

Blausäure (HCN) ist toxisch, nicht CN^- (Cyanid). Unterhalb pH 9,2 (pK = 9,2) liegt allerdings Cyanid in der toxischen Form HCN vor.

Die unterchlorige Säure (HOCl) wirkt bakterizid, nicht das OCl^-, daher sollte bei Desinfektion mit Chlor ein pH-Wert unter 7,6 bevorzugt werden (pK = 7,6, siehe auch Abschn. 9.5).

Viele toxische Stoffe wirken als **Säuren**. Dies kann erkannt werden, wenn Toxizitätstests bei mindestens zwei pH-Werten, besser 3 pH-Werten, z. B. 6,5; 7,5 und 8,5 durchgeführt werden. Liegt der pK-Wert innerhalb dieses Bereichs, so sind immer noch Abweichungen der Ergebnisse bei pH 6,5 zu denen bei 8,5 im Verhältnis von 1 : 10 erkennbar. Liegt der pK-Wert der untersuchten Substanz jedoch außerhalb dieses Bereichs, so verhalten sich die toxischen oder genotoxischen Ergebnisse wie Zahlen im Verhältnis 1 : 10 : 100 (Grohmann und Sobhani, 1978).

Da dieses Prinzip allgemeingültig ist, darf vermutet werden, dass die „oligodynamische" Wirkung von **Silber** auf der Wirkung der ungeladenen Spezies $AgCl^0$ beruht. Sobald AgCl-Bodenkörper im Wasser vorhanden ist, was bei geringsten Zusätzen an Silberchlorid immer erreicht wird, beträgt die Konzentration von $AgCl^0$ mit $K = 10^{-6,5}$ mol/l konstant 0,31 µmol/l oder 0,034 mg/l Ag als $AgCl^0$. Eine Erhöhung des Zusatzes von Silbersalz ist zwecklos, weil dadurch die Konzentration der Spezies $AgCl^0$ nicht beeinflusst werden kann.

Unter dem Aspekt des genannten Prinzips ist die Bewertung des **Kupfers** im Wasser vorzunehmen, weil es bis etwa pH 9 fast ausschließlich als ungeladene Spezies $Cu(CO_3)^0$ vorliegt (siehe Abb. 3.7). Dies erklärt vermutlich die algizide Wirkung des Kupfers.

3.3 Werkstoff und Wasser

3.3.1 Einleitung

Werkstoffe leiten und begleiten das Wasser von der Quellfassung oder dem Brunnen oder der Entnahmestelle im Gewässer bis zum Zapfhahn des Nutzers. Sie stehen in Wechselwirkung mit dem Wasser, als deren Folge der Werkstoff geschädigt oder die Wasserbeschaffenheit verändert wird (DIN EN ISO 8044). Gelegentlich wird ein Austausch der Bauteile oder der Einsatz neuer Werkstoffe erforderlich (Nissing, 2001). Von besonderer Bedeutung ist die Beeinträchtigung der Wasserbeschaffenheit, die durch Eintrag von Korrosionsprodukten in das Wasser („braunes Wasser") oder durch Reaktion von Wasserinhaltsstoffen mit den Werkstoffen (Reduktion von Nitrat zu Nitrit bzw. Ammonium) erfolgen kann. Mithin wird die Wechselwirkung Wasser – Werkstoff unter zwei Gesichtspunkten zu bewerten sein:

- Beständigkeit (Haltbarkeit des Werkstoffs als Folge der Wirkung des Wassers mit dem Werkstoff) und
- Beeinträchtigung der Wasserbeschaffenheit (Wirkung des Werkstoffs auf das Wasser).

Stand früher nur der Schutz des Werkstoffs im Vordergrund, die Anpassung des „aggressiven Wassers" an den Werkstoff (z. B. durch die Dosierung von Phosphaten zum Trinkwasser), so hat heute der Schutz der Beschaffenheit des Wassers Vorrang: Die Auswahl geeigneter Werkstoffe hat sich nach den Eigenschaften des Wassers im Versorgungsgebiet und in der Trinkwasser-Installation zu richten. Um eine geeignete Auswahl treffen zu können, sollte auf Informationen der Wasserversorger und des Installateur-Handwerks, dagegen nur nachrangig auf eigene Erfahrungen zurückgegriffen werden.

Da die Eigenschaften des Wassers von Bedeutung für die Auswahl der Werkstoffe sind, ergibt sich eine **Informationspflicht** der Versorgungsunternehmen, zumindest diejenigen Werkstoffe zu nennen, mit denen sie unter den gegebenen Umständen im Versorgungsgebiet relativ gute Erfahrungen gemacht haben. Diese Informationspflicht wird durch die TrinkwV vorgegeben. Hierbei ist nicht nur die „Kontamination" des Wassers mit Schwermetallen bei Stagnation in Rohren und Bauteilen der Trinkwasser-Installation (z. B. Blei, Zink, Kupfer) von Bedeutung, sondern auch örtliche Korrosion (Lochfraß). Außerdem ist auf den möglichen Eintrag von organischen Stoffen (z. B. Weichmacher aus Schläuchen und Beschichtungen) und deren gesundheitliche Gefährlichkeit zu achten. Bekannt ist, dass Schläuche (auch Gartenschläuche) verkeimen und Bleistabilisatoren des PVC in das Trinkwasser gelangen.

Werden eigene **Erfahrungen** aus dem privaten Bereich übertragen, nämlich der Umgang mit Porzellan, Glas, Keramik, Emaille, verzinntem Kupfergeschirr, Kunststoffen oder Edelstahl, so ergeben sich vage Hinweise auf brauchbare Werkstoffe mit langer Lebensdauer im Kontakt mit Wasser und geringer Beeinträchtigung des Lebensmittels Trinkwasser. Auf die Idee allerdings, Bleigeschirr oder Kupfergeschirr ohne Zinnschicht zu verwenden, käme vermutlich heutzutage niemand mehr. Dennoch sind diese Werkstoffe als Rohrmaterial für Trinkwasser weit verbreitet.

Jahrhunderte lang war Ton für Rohre und Mauerwerk für offene Kanäle (Aquädukte) übliches Baumaterial. Ausgehöhlte Baumstämme sind eher ein Kuriosum aus dem 15. und 16. Jahrhundert, denn sie hielten nicht lange. Erst mit der technischen Revolution des 19. und 20. Jahrhunderts wurde Blei in großem Umfang für die Hausinstallation verfügbar (der Austausch der unverwüstlichen Bleirohre bereitet heute Probleme), außerdem Gusseisen, schließlich Kupfer, Beton, Zementmörtel, nichtrostender Stahl und zuletzt eine große Vielfalt von Kunststoffen. Für eine Bewertung dieser Vielfalt sind Orientierungshilfen und Erläuterungen erforderlich, die im technischen Regelwerk zusammengefasst sind. Bei der Werkstoffauswahl und der Installationsausführung sind die allgemein anerkannten Regeln der Technik anzuwenden, die in Verordnungen (AVBWasserV), Normen (DIN EN 806 mit nationalen Ergänzungsnormen DIN 1988; DIN EN 12502) und Regelwerken (DVGW-Arbeitsblätter) beschrieben werden. Zur Vermeidung von Beeinträchtigungen der Wasserbeschaffenheit sind die Anwendungsbereiche für Installationswerkstoffe in DIN 50930-6 zu berücksichtigen.

Für nichtmetallische Werkstoffe gelten die Anforderungen der so genannten KTW-Empfehlungen (Kunststoffe für Trinkwasser, siehe Anhang) sowie die DVGW Arbeitsblätter W 270 und W 347. DVGW W 270 ist europäisch Bestandteil von DIN EN 16421. Die Frage, ob es einen idealen Werkstoff im Kontakt mit Wasser gibt, kann nur subjektiv beantwortet werden. Es muss jedoch immer der Grundsatz gelten, dass das Trinkwasser bei Kontakt mit den Werkstoffen in seiner Beschaffenheit nicht oder nicht mehr als technisch unvermeidbar verändert wird. Stahlrohre mit Zementmörtelauskleidung und Kunststoffrohre aus Polyolefinen (Polyethen PE als HDPE oder LDPE oder PE-X sowie Polypropen PP) werden sicher häufiger als andere Werkstoffe als Antwort auf diese Frage genannt werden.

Folgende Einteilung ist üblich und auch sinnvoll:
- Zementgebundene Werkstoffe (nichtmetallene anorganische Werkstoffe),
- metallene Werkstoffe,
- Kunststoffe.

3.3.2 Silikate, Kalk und Zement

Zement bzw. Zementmörtel entwickelt als Verbundwerkstoff hervorragende Eigenschaften. Die fehlende Zug- und Biegefestigkeit kann ihm durch Fasern (Faserzement, jedoch keine neuen Werkstoffe aus Asbestzement) oder durch Eisenarmierung (Beton) oder durch einen Stahl- oder Gusseisenmantel verliehen werden. Stahlrohre mit Zementmörtelauskleidung sind immer für eine sichere Wasserversorgung mit in Betracht zu ziehen, zumindest als Alternative zu Stahlrohren mit einer Innenauskleidung (Relining) mit Kunststoffrohren aus PE. Bei der Auswahl des Zements und der Zuschlagstoffe (Zusatzstoffe) ist auf die Reinheit nach den Regeln der Technik zu achten (DIN 2880). Zementgebundene Werkstoffe dürfen nur geringe Mengen an organischen Stoffen (TOC), Arsen, Blei oder Chrom an das Wasser abgeben. Der Geruch und Geschmack des Wassers darf bei Kontakt mit dem Werkstoff nicht verändert werden. Die hygienische Unbedenklichkeit ist nach DVGW-Arbeitsblatt W 270 zu gewährleisten. Für Trinkwasserrohre sind keine organischen Zusatzstoffe und überhaupt keine Hilfsmittel (Zusatzmittel) zugelassen.

Für Behälterauskleidungen können nach DVGW-Arbeitsblatt W 347 Dispersionen und Dispersionspulver, die auch als Füllstoffe für Verpackungen von Lebensmittel zugelassen sind, verwendet werden. Insbesondere sollen organische Hilfsmittel oder Zusatzmittel (Verzögerer, Dichtmittel usw.) bei Trinkwasserrohren völlig, auch in kleinsten Zugabemengen ausgeschlossen werden, um Verkeimungen des Wassers zu vermeiden (DVGW-Arbeitsblatt W 347 und W 343).

Der Verbundwerkstoff ist unbegrenzt haltbar, wenn die Außenkorrosion durch kathodischen Korrosionsschutz und die Innenkorrosion durch Anhebung des pH-Wertes mindestens auf den pH der Calcitsättigung gering gehalten werden. Kathodischer Korrosionsschutz entsteht durch Gleichstrom mit geringer Spannung, wobei Metallstäbe in der Erde die Anode und das zu schützende Rohr die Kathode bilden (DVGW-Arbeitsblatt GW 12).

Zement enthält Calciumoxid (CaO) bzw. Calciumhydroxid ($Ca(OH)_2$). Mit den HCO_3^--Ionen des Wassers bzw. CO_2 der Luft bildet sich Calcit. Dieser Vorgang wird Karbonatisierung genannt. Er setzt die Festigkeit von Beton herab. Bei Zementmörtelauskleidung hat er aber keinen negativen, sondern einen positiven Einfluss. Einerseits quillt der Zement bei der Karbonatisierung und es werden Haarrisse und Risse mit einer Breite bis zu 1,5 mm verschlossen (Selbstheilung). Andererseits wird die Auflösung unterbunden, wenn das Wasser an Calcit gesättigt ist, was durch Anhebung des pH-Wertes erreicht wird.

Bis die oberste Schicht karbonatisiert ist, verhält sich frische Zementmörtelauskleidung so, als würde dem Wasser CaO zugesetzt: Bei weichem Wasser steigt der pH-Wert auf Werte zwischen pH 11 und pH 12. In hartem Wasser findet durch den pH-Anstieg eine Teilentkarbonatisierung (Fällung von Calcit) statt. Bei sehr langen, neu verlegten Rohrleitungen findet in den ersten Rohrabschnitten die Calcitfällung statt, während in den hinteren Rohrabschnitten das nunmehr weiche Wasser einen höheren pH-Wert annimmt. Während des Spülens und Einfahrens der Rohrleitung mit härteren Wässern durchwandert diese Reaktionszone das Rohr bis zum Ende. Eine nennenswerte pH-Wert-Veränderung findet dann nicht mehr statt. Bei weichen Wässern tritt dieser Vorgang gar nicht oder stark verzögert ein (Nissing und Klein, 1996). Durch besondere Maßnahmen, z. B. mehrfache CO_2-Dosierung entlang der Strecke, kann die Karbonatisierung beschleunigt und der pH-Wert-Anstieg gedämpft werden. In der Praxis wird nach DVGW-Arbeitsblatt W 346 Anhang 1 verfahren und eher $NaHCO_3$, denn CO_2 dosiert. Nach der Einfahrphase genügt es, den pH-Wert auf den pH-Wert der Calcitsättigung (pH_C, siehe Abschn. 3.2) einzustellen, um eine lange Lebensdauer des Werkstoffs sicherzustellen. Technisch zulässig ist eine geringe Unterschreitung des pH_C, mit der Maßgabe, dass die Calcitlösekapazität nicht mehr als 15 mg/l $CaCO_3$ (DIN 2880) beträgt. Im Hinblick auf lange Haltbarkeit ist jedoch eher eine geringe Überschreitung des pH_C zu empfehlen (und bei Asbestzementrohren dringend geboten). Wegen der üblichen Kristallisationsinhibierung durch organische Inhaltsstoffe im Wasser besteht keine Gefahr, dass deswegen Calcit ausfällt. Werden in ein Versorgungsgebiet verschiedene Wässer eingespeist, ist in den Mischwasserzonen ein Trinkwasser gleichbleibender Beschaffenheit nach Maßgabe der Regeln der Technik (DVGW-Arbeitsblatt W 216) bereit zu stellen. Es ist eine Besonderheit der chemischen Eigenschaften von Wasser, dass in Mischwasserzonen das Wasser calcitlösend wird, auch wenn jedes der gemischten Wässer für sich an Calcit gesättigt ist (siehe Abschn. 3.2.4). Werden diese wasserchemischen Besonderheiten nicht beachtet, dann kann unter Umständen übersehen werden, dass das Mischwasser sehr stark calcitlösend ist und die zementgebundenen Werkstoffe angegriffen werden. Wenn die zu mischenden Wässer den Anforderungen der Trinkwasserverordnung entsprechen und nach DVGW-Arbeitsblatt W 216 von gleicher Beschaffenheit sind, wird im Mischwasser die Calcitlösekapazität von 10 mg/l nicht überschritten.

Nach den gleichen Grundsätzen sind auch **Asbestzementrohre** zu bewerten (Meyer, 1984): Sofern der pH-Wert des Wassers gleich oder höher als der pH_C ist, wird die Matrix der Rohrwandung nicht angegriffen und keine Fasern mehr ausgewaschen. Sehr geringe Faserkonzentrationen (weniger als 5000 1/l, Fasern länger als 5 µm im Wasser) sind außerordentlich schwierig nachzuweisen, selbst bei Einsatz eines Transmissions-Elektronenmikroskops (TEM). Außerdem bewegt sich dieser Wert im Bereich der geogenen Belastung der Rohwässer. Praktisch faserfrei ist also ein Wasser aus Asbestzementrohren, wenn das Ergebnis „unterhalb der Nachweisgrenze“ (also TEM-Untersuchung, < 5000 1/l) lautet und der pH-Wert gleich oder höher pH_C liegt (obligatorische Voraussetzung). Es gibt auch Fälle, bei denen sich durch Eisenablagerungen oder Biofilme auf der Innenfläche des Rohres wenig Fasern ablösen, auch wenn $pH < pH_C$ ist (calcitlösendes Wasser). Dies reicht aber nicht für einen Befund „frei von Asbestfasern“ aus. Für einen solchen Befund ist es zwingend erforderlich, dass der pH_C eingehalten oder überschritten wird. In solchen Fällen, wenn der pH-Wert laufend kontrolliert und die genannte Bedingung eingehalten wird, ist es ratsam, die Asbestzementrohre nicht auszutauschen, sondern dort zu belassen, wo sie sind. Ihre Lebensdauer ist unbegrenzt, wenn sie nicht mechanisch beschädigt oder zerstört werden. Bei häufigen Rohrbrüchen ist weniger an einen Austausch als an eine Abdichtung mit einem innenliegendem Polyethenrohr zu denken.

Langfristig sollte die Innenauskleidung aller Asbestzementrohre mit Kunststoffrohren (PE oder PP) in Betracht gezogen werden. Die Entwicklung von Anlagen zur mobilen Vor-Ort-Produktion von sogenannten Relining-Rohren wird solche Entscheidungen erleichtern.

Eine Gefahr durch orale Aufnahme von Asbestfasern besteht ohnehin nicht. Erst bei mehr als 1 Million Fasern im Liter Wasser besteht indirekt die Besorgnis einer Beeinträchtigung der Gesundheit, etwa weil die Fasern mit dem Wischwasser in der Wohnung verteilt werden oder beim Waschvorgang in die Wäsche und von dort als Staub in die Atemluft gelangen könnten. Die oben geschilderte Vorgehensweise der Regelung über den pH-Wert entspricht einem Minimierungsgebot (z. B. TrinkwV), wonach Stoffe nicht in Konzentrationen an das Trinkwasser abgegeben werden dürfen, die höher sind als technisch unvermeidbar, selbst wenn von ihnen keine Gesundheitsgefährdung ausgeht.

Gemauerte **Steine** mit Zementmörtel mit oder ohne Kalkzuschlag (ohne weitere Hilfsstoffe) sind ebenso wie Zement zu bewerten, weil der Anteil der Fugen groß ist. Die Aquädukte der Römerzeit sind beredtes Zeugnis ihrer Beständigkeit.

Glas ist nicht schon deswegen ein idealer Werkstoff, weil es beständig ist und die Qualität des Wassers nicht beeinträchtigt. Problematisch sind die Verbindungen, insbesondere die Fugen. Glas wird in Sonderfällen als Rohrmaterial verwendet (z. B. für hochreines Wasser). In der Hausinstallation wurde es in einigen wenigen Fällen angewendet, obwohl es sehr teuer und bruchanfällig ist. Es findet in großen Platten zur Innenauskleidung von Wasserbehälter Anwendung, ohne dass für den Schwachpunkt Fugen eine befriedigende Lösung gefunden wäre. Häufig sind die elastischen Fugenmaterialien Ursache einer Verkeimung des Wassers, denn sie geben organische Stoffe an das Wasser ab, die von Bakterien verwertet werden können. Eine Prüfung der Fugenmasse vor der Verwendung nach KTW (siehe Anhang) und zusätzlich nach DVGW-Arbeitsblatt W 270 ist ebenso anzuraten, wie die Forderung nach einer Gewährleistung, dass die Fugen auch nach vielen Jahren nicht verkeimen. Es gibt z. B. Gummidichtringe, die auch nach 20 Jahren nicht verkeimen. Dies soll die Regel und nicht die Ausnahme sein!

3.3.3 Korrosion metallischer Werkstoffe

Korrosion ist der Fachbegriff für die Wechselwirkung zwischen Werkstoff und Medium (in diesem Fall das Wasser). Eine solche Wechselwirkung findet immer statt. Von einem Korrosionsschaden wird jedoch nur dann gesprochen, wenn der Werkstoff in seiner Funktion beeinträchtigt oder das Wasser nachteilig verändert wird (siehe auch DIN EN ISO 8044). Korrosion ist wegen der vielfältigen, teilweise nicht vollständig bekannten Einflussgrößen ein statistischer Vorgang. Daher spricht man auch von der Korrosionswahrscheinlichkeit, die so definiert ist, dass innerhalb einer vorgegebenen Betrachtungsdauer (z. B. Lebensdauer einer Installation) kein Korrosionsschaden auftritt. Der Korrosionsschaden am Wasser, d. h. die Beeinträchtigung der Wasserbeschaffenheit, kann daher nicht am Ergebnis einer einzelnen Wasserprobe z. B. nach Stagnation bewertet werden. Vielmehr sind die verbrauchs- und werkstoffspezifischen Einflussgrößen zu berücksichtigen (DIN EN 12502, DIN EN 15664, DIN 50930-6).

Der Begriff Korrosion bezieht sich auf anorganische Werkstoffe und hier wiederum vorwiegend auf Metalle. Bei Zement spricht man selten von Korrosion und in Bezug auf Kunststoffe wird dieser Begriff überhaupt nicht verwendet. Das Verständnis der Korrosion von Metallen erfordert gewisse Kenntnisse der elektrochemischen Vorgänge, der Bedeutung und Funktion von Deckschichten sowie der örtlichen Korrosion (Elementbildung), die als Lochfraß bezeichnet wird (Nissing, 2001).

Die Korrosion von Metallen ist ein **elektrochemischer Vorgang**. Die Metalle gehen als Kationen durch Oxidation an der Anode in Lösung. Als Gegenreaktion muss an der Kathode eine Reduktion eines Stoffes erfolgen. Dies ist die Reduktion von Sauerstoff zu Hydroxylionen (OH^-). Fehlt der Sauerstoff, so werden andere Stoffe reduziert, z. B. Nitrat zu Nitrit oder zu Ammonium sowie Hydronium-Ionen (H_3O^+) zu Wasserstoff. Entscheidend ist das elektrochemische Potenzial der beteiligten Reaktionspartner. So ist für Kupfer und Zinn nur der Gehalt an Sauerstoff entscheidend. Eisen vermag theoretisch Wasserstoff zu bilden. Praktisch spielt diese Reaktion aber keine Rolle, weil sie bei sehr geringen Konzentrationen an zweiwertigem Eisen im Wasser bereits zum Stillstand kommt. Für die Korrosion von Eisen ist deswegen ebenfalls der Sauerstoffgehalt ausschlaggebend und, wenn dieser fehlt, die Menge an dreiwertigem Eisenoxid! Zink ist das unedelste Metall der in der Wasserversorgung verwendeten Werkstoffe. Es vermag Sauerstoff und Nitrat zu reduzieren und Wasserstoff aus Wasser zu bilden. Die Korrosion von Zink kommt erst zum Stillstand, wenn die Oxidationsschicht eine genügende Dicke erreicht hat.

Neben diesen elektrochemischen Grundreaktionen spielen für das Ausmaß der Korrosion in der Praxis kinetische Vorgänge eine große Rolle. Sie werden durch **Deckschichten** gehemmt, so dass die Bildung oder Zerstörung von Deckschichten immer beachtet werden muss, um Schadensfälle zu beschreiben oder Korrosion präventiv zu bekämpfen. In Abb. 3.9 sind die Deckschichten für Aluminium (Zn und Pb), für Kupfer und für Eisen schematisch dargestellt.

Welche praktische Bedeutung Deckschichten haben, lässt sich am besten am Aluminium demonstrieren. Dieses unedle Metall würde sofort Wasserstoff aus Wasser bilden und dabei in Lösung gehen, wenn es nicht durch eine gleichmäßige Deckschicht daran gehindert würde. Die Deckschicht besteht aus Aluminiumoxid, also aus den Reaktionsprodukten der Korrosion. Sie wächst aber nicht von der Metallschicht in das Wasser hinein. Diese Schicht ist nicht völlig dicht. Vielmehr besitzt sie zahllose kleine Kanäle, durch die $Al(OH)^{2+}$-Ionen in das Wasser austreten und

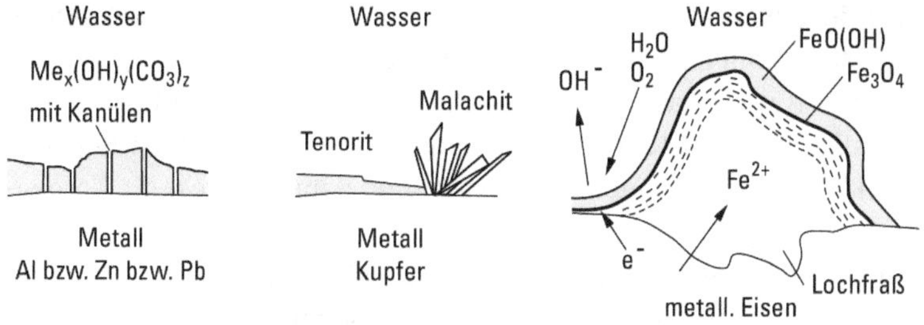

Abb. 3.9: Schematische Darstellung der Deckschichten auf Al, Pb, Zn, Cu und Fe.

sich von außen, nach Reaktion zu AlO(OH), an die Deckschicht anlagern. Die feinen Kanäle nehmen mit der Dicke der Deckschicht ab und die Korrosion kommt zum Erliegen.

Drei Prinzipien lassen sich daraus ableiten:

- Die Dichte der Deckschicht ist maßgeblich für einen guten Korrosionsschutz,
- die Reaktion der Korrosionsprodukte mit den Inhaltsstoffen des Wassers bestimmt Zusammensetzung und Aufbau der Deckschicht,
- die Metall-Ionen wandern immer erst in die Wasserschicht und die Deckschicht wächst immer vom Wasser aus durch Ablagerungen auf der alten Schicht und nicht von der Rohrwandung.

Eine ähnlich dichte und gleichmäßige Deckschicht wie das Aluminium bildet das **Blei** (Bleiweiß) und das **Zink** (basisches Zinkcarbonat). Die Bleideckschicht ist leider soweit löslich, dass bei Stagnation des Wassers in Bleirohren der gesundheitliche Leitwert (10 µg/l Pb) überschritten wird. Ansonsten erfüllt sie alle Bedingungen für einen hervorragenden Korrosionsschutz. Der Werkstoff Blei ist sehr langlebig (leider!). Zink ist bei weitem nicht so korrosionsbeständig wie Blei, obwohl es auch eine gleichmäßige Deckschicht bildet. Hier stört die um den Faktor hundert größere Löslichkeit des basischen Zinkcarbonats im Vergleich zu Bleiweiß. Dies führt zu einer Konzentration von etwa 1 bis 10 mg/l Zn im Wasser, je nach Wasserbeschaffenheit.

Eine Verzinkung von Stahlrohren bietet einen ausgezeichneten Korrosionsschutz. Da das Zink unedler als Eisen ist, wird das Eisen elektrochemisch (kathodisch) vor Korrosion geschützt. Bei der Verzinkung bilden sich neben Reinzink- verschiedene Eisen-Zink-Legierungsphasen. Diese werden im Verlauf des Korrosionsvorganges angegriffen. Auf dem freigelegten Eisen können Deckschichten entstehen, die als Folge von Alterung dichte Schutzschichten bilden.

Verzinkte Rohre werden praktisch nur dort eingesetzt, wo das Wasser häufig stagniert oder selten fließt, also nur in der Hausinstallation.

Kupfer bildet leider keine dichten Deckschichten wie etwa Aluminium, Blei oder Zink. Bei Stagnation kommt die Korrosion nicht etwa wegen der Dicke der

Deckschicht zum Stillstand, sondern dadurch, dass der gelöste Sauerstoff aufgebraucht wird. Drei Mineralien lagern sich auf der Kupferfläche ab:
- Der lösliche Cuprit (Cu_2O), das die Korrosion praktisch nicht hemmt;
- der weniger lösliche Tenorit (CuO), das zumindest die kathodischen Bereiche belegt und die Reduktion des Sauerstoffs hemmt und damit indirekt die Korrosion dämpft;
- der schwer lösliche Malachit ($Cu_2(OH)_2CO_3$). Wo sich eine dichte Malachitschicht ausbildet, gibt es keine Probleme bei der Stagnation des Wassers in Kupferrohren. Die dabei erreichten Werte liegen etwa um 1 mg/l, selbst wenn das Wasser einen pH-Wert von weniger als 7,4 hat.

Die sehr komplexen Vorgänge der Korrosion von Kupferrohren sind erst seit Anfang der 1990er Jahre Gegenstand eingehender Forschung (Werner et al., 1994). In Deutschland hat die Vorstellung, es bestehe ein einfacher Zusammenhang von c(Cu) im Wasser mit dem Gehalt an Kohlensäure (oder der Basekapazität bis 8,2, $K_{B8,2}$) lange Zeit den Weg versperrt, um die tatsächlichen Zusammenhänge zu untersuchen. Aber auch die Überlegungen, die von den Löslichkeiten der Ablagerungen ausgingen (siehe Abschn. 3.2), brachten kein befriedigendes Ergebnis. Immerhin wiesen sie darauf hin, dass nur das Malachit die wünschenswerte geringe Löslichkeit aufweist, um das Wasser vor hohen Kupferwerten zu schützen. Aber wann entsteht Malachit auf der Kupferoberfläche und wann nicht? Der Schlüssel zum Verständnis scheint die Tatsache zu sein, dass Malachit nicht, wie etwa Aluminiumoxid, sofort die Metalloberfläche mit einer dichten Schicht überzieht, die langsam wächst. Vielmehr bilden sich Malachit-Kristalle, ausgehend von einzelnen Kristallisationskeimen, also sporadisch über der Oberfläche verteilt (Meyer, persönliche Mitteilung). Erst mit der Zeit bildet sich ein „Malachit-Rasen“ (Merkel und Eberle, 2001), der schützend wirkt. Da das Wachstum der Kristalle sehr leicht durch Stoffe im Wasser gehemmt (inhibiert) werden kann, erklärt sich der Einfluss von Huminstoffen: Ist ihre Konzentration hoch, gemessen als gelöster org. Kohlenstoff z. B. mehr als 5 mg/l DOC (es gibt keine zuverlässigen Zahlen), so herrscht das Tenorit vor und der Wert von 2 mg/l Cu nach Stagnation kann erst eingehalten werden, wenn der pH-Wert über 7,6 liegt. Ist DOC dagegen gering und fehlen auch andere Inhibitoren (z. B. Polyphosphate!), dann übernimmt das Malachit das Regime, es bildet sich der gewünschte „Malachit-Rasen“ und es werden selbst bei pH 7,0 kaum Werte über 1 mg/l Cu gemessen. Der in der TrinkwV genannte Wert von pH 7,4, oberhalb dessen nicht mit wöchentlichen Mittelwerten über 2 mg/l zu rechnen sei, ist demnach eine Vereinfachung, die nicht in allen Fällen zutrifft.

Noch komplexer als beim Kupfer sind die Vorgänge bei der Korrosion von **Eisen**. Der Vorgang wird durch eine zweistufige Kinetik beherrscht. Eisen geht immer als Fe^{2+}-Ion in Lösung. Es gibt kaum schwerlösliche Verbindungen des zweiwertigen Eisens, vom Vivianit (Eisen(II)-Phosphat) abgesehen, das kristalline Struktur hat und deswegen zur Deckschichtbildung ungeeignet ist. In einem zweiten, von der eigentlichen Korrosion unabhängigen und langsam ablaufenden Prozess wird das zweiwertige Eisenion zu dreiwertigem Eisen oxidiert, das unverzüglich ausfällt, wo auch immer die Oxidation stattfindet. Voraussetzung für die Oxidation ist natürlich, dass genügend Sauerstoff vorhanden ist. Das Ergebnis sind die aus Eisenrohren (schwarz oder verzinkt) bestens bekannten Pusteln (Abb. 3.9). Im Innern herrscht das Fe^{2+}-Ion vor. An der Haut der Pustel findet bereits die Oxidation zu dreiwertigem Eisen und die Ablagerung des Eisenoxids unmittelbar an der Oberfläche der Pustel statt. In der Haut ist eine schwarze, metallisch glänzende Schicht zu sehen, die aus Magnetit (Fe_3O_4; Verbund aus zweiwertigem und dreiwertigem Eisenoxid) besteht. Wird der Sauerstoff im Wasser aufgebraucht (Endstränge, Stagnation), so kommt nicht etwa die Korrosion zum Stillstand, wie z. B. beim Kupfer. An die Stelle des Sauerstoffs tritt das FeO(OH). Es wird zu zweiwertigem Eisen reduziert und die Korrosion setzt sich fort. Nach einiger Zeit werden die Pusteln aufgebrochen und die Fe^{2+}-Ionen und noch verbleibendes Eisen(III)oxid mischen sich im Wasser. Wenn das Wasser wieder fließt, werden die Reaktionsprodukte ausgespült (braunes Wasser). Der Vorgang, der typisch für Endstränge der Wasserversorgung ist und auch typisch für die Hausinstallation, wenn die Zinkschicht aufgebraucht ist, wird als „instationäre Korrosion" bezeichnet (Sontheimer, 1988). Hieraus folgt, dass geringe bis mittlere Sauerstoffgehalte im Wasser, die alsbald bei Stagnation aufgebraucht werden, gefährlich sind. Entweder das Wasser enthält überhaupt keinen Sauerstoff (z. B. in Warmwasserheizungen) oder der Sauerstoffgehalt ist so hoch, dass er während der Stagnation nicht aufgezehrt werden kann. Sauerstofffrei sind Wässer aus reduzierenden Grundwasserleitern, die allerdings oftmals zweiwertiges Eisen enthalten. Eine Wasserversorgung ohne Eisen, Mangan und Methan und dennoch ohne Sauerstoff ist die Wasserversorgung von Speyer (Grohmann et al., 1989). Hier sind Korrosionsprobleme unbekannt. Des Weiteren wird über mehrjährige, gute Erfahrungen mit der Verteilung eines sauerstofffreien, aus Rheinuferfiltrat gewonnenen Trinkwassers berichtet (Nissing et al., 1982). In Wässern mit höheren Nitrat-Konzentrationen (mehr als 5 mg/l) sind erhöhte Werte an Nitrit zu erwarten, da das Nitrat durch Zink zu Nitrit reduziert wird. Bei Anwesenheit von Sauerstoff-Konzentrationen über 3 mg/l sind hierzu allerdings längere Stagnationszeiten erforderlich.

Eine besondere Schutzwirkung von Calciumcarbonat-Ablagerungen auf Eisen ist nirgends erkennbar. Wenn schon die **Kalkrostschutzschicht** beim Eisenrohr keine Rolle spielt (Sontheimer, 1988) und die Fiktion der überschüssigen und rostschutzverhindernden Kohlensäure aufgegeben werden muss, so haben diese Begriffe erst recht keine Berechtigung bei den anderen Metallen.

Die **Bedeutung des pH-Wertes** für die Korrosion wird zwar von den Fachleuten unterschiedlich bewertet, sie ist aber sowohl in Bezug auf die Kinetik der Deckschichtbildung als auch und besonders in Bezug auf die Löslichkeit der Korrosionsprodukte eher nachvollziehbar als eine angebliche Wirkung der Kohlensäure. Folgende Faustregel ist in Bezug auf die Bedeutung des pH-Wertes anwendbar:

- Die Korrosion nimmt ab mit steigendem pH-Wert, sofern sich nicht bei sehr hohen pH-Werten Hydroxokomplexionen bilden (Zinkat, Aluminat, Ferrat, siehe Abschn. 3.2);
- der pH-Bereich 7,8 bis 8,5 ist aus korrosionstechnischer Sicht besonders günstig.

Der so definierte günstige pH-Bereich ergibt sich einerseits aus den Löslichkeit-Minima der Oxide bzw. basischen Carbonate der Metalle der Deckschichten (siehe Abschn. 3.2). Er entspricht aber auch praktischen Erfahrungen (Meyer, 1980), wenn auch nur als Faustregel und nicht nach exakt wissenschaftlichem Beweis. Insbesondere ist die obere Grenze ungenau, sie könnte auch pH 9 oder 9,5 lauten, jedenfalls für Kupfer- und Eisenwerkstoffe. Zweifelsohne begünstigt diese Faustregel Pläne für eine zentrale Teilenthärtung, denn der genannte günstige pH-Bereich ist nur im Härtebereich I bis II (siehe Abb. 3.5 und Abschn. 10.7.1) realisierbar.

Dieses Gleichgewicht zwischen Bildung und Zerstörung von Deckschichten kann durch die **Dosierung von Phosphaten** (Korrosionsinhibitoren) beeinflusst werden. Nimmt man beispielsweise bei Eisen an, dass die Produkte der Eisenkorrosion (Abb. 3.9) labil sind und sich ständig umlagern oder neu bilden, so könnte dies die Deckschichtbildung durch Phosphat erklären, denn sowohl zweiwertiges als auch dreiwertiges Eisen bilden schwerlösliche Phosphate (Vivianit bzw. Strengit). Wirksam ist das Monophosphat. Polyphosphate wirken eher als Kristallisationsinhibitoren, weniger als Deckschichtbildner. Der Zusatz von Phosphaten als Korrosionsinhibitoren sollte zentral im Wasserwerk erfolgen (DVGW-Arbeitsblatt W 218). Vielfach wird man nicht ohne Versuche im Versorgungsgebiet auskommen, wenn die Dosierung von Phosphaten in Betracht gezogen wird.

In den Fällen, in denen in Trinkwasser-Installationen Bauteile aus nicht korrosionsbeständigen Werkstoffen (einzeln oder in Kombination mit verschiedenen Materialien) einschließen, stellt die dezentrale Zugabe von Korrosionsinhibitoren eine sinvolle Maßnahme zur Vermeidung von Schäden am Trinkwasser (Eintrag von Korrosionsprodukten) und am Werkstoff dar (Nissing, 2001).

Dabei ist auch die umweltschädliche Wirkung des Phosphats zu bedenken (Eutrophierung, siehe Abschn. 7.1), wie auch die nachteilige Wirkung auf Verkeimung im Rohrnetz. Insgesamt ist die Auswahl geeigneter Werkstoffe einer Zugabe von Korrosionsinhibitoren vorzuziehen. Diese ist aber immer dann angemessen, wenn z. B. ein Versorgungsgebiet auf Wässer umgestellt wird, die nach DVGW-Arbeitsblatt W 216 von unterschiedlicher Beschaffenheit sind (z. B. von hartem Grundwasser auf weiches Talsperrenwasser). Während der Umstellung reagieren die Korrosionspusteln des Eisens wegen der wechselnden Ionengehalte und der wechselnden Fließrichtungen besonders labil. Die mit der häufigen Auflösung von Pusteln zusammenhängende Braunfärbung kann durch Phosphatdosierung abgefangen werden.

Noch unübersichtlicher ist die Wirkung von **Silikaten**. Vermutlich wirkt sich ein Zusatz von Wasserglas hauptsächlich deswegen günstig aus, weil dadurch der pH-Wert angehoben wird.

In dieses Bild der Korrosionshemmung durch Deckschichtbildung fügt sich das Bild von lokalen Korrosionsstellen, sog. Korrosionselementen, (**Lochfraß**) als Störung der Deckschicht.

Da Korrosion immer stattfindet (siehe DIN 12502), sollte sie homogen über die gesamte Fläche verteilt sein. Inhomogenitäten sollten am besten gar nicht oder, wenn sie unvermeidbar sind, häufig und auf engstem Raum auftreten (pseudohomogen). So konnte z. B. die Korrosion von verchromtem Eisen durch Mikrorisse in der Chromschicht soweit über die gesamte Oberfläche verteilt werden, dass kein Korrosionsschaden (Lochfraß) mehr entstand. Die Wirkung von einzelnen, unvermeidlichen kleinen Rissen in der Emailleschicht von Warmwasserbereitern wird durch **Opferanoden** (Mg-Opferanoden) unterbunden. Kleine Risse in der Zementmörtel-Auskleidung heilen, weil der Zement bei der Karbonatisierung quillt bzw. die Risse mit Korrosionsprodukten zuwachsen.

Das genaue Gegenteil der Opferanoden sind **galvanische Elemente,** bei denen der metallische Werkstoff die Anode bildet, die sich auflöst. Kathoden sind Bereiche, auf denen sich ein edleres Metall als der Werkstoff selbst abgelagert hat. Von praktischer Bedeutung ist die Ablagerung von Kupfer auf Eisen oder verzinkten Eisenrohren. Daher dürfen niemals Kupferrohre in Fließrichtung des Wassers vor Eisen- oder verzinkten Eisenrohren verlegt werden. In Heizungssystemen wird diese wichtige Regel häufig nicht beachtet. Zwar bleiben Schäden meist aus, weil der Sauerstoff fehlt. Grundsätzlich entspricht eine Mischinstallation nicht den Regeln der Technik.

Lochfraß kann zu einer Zerstörung des Werkstoffs führen. Er ist der sichtbare Ausdruck von ungleichmäßigen Vorgängen auf der Metalloberfläche, der Elementbildung. Er hat zwei Ursachen:

- Statistisch beginnt Lochfraß irgendwo auf der Metalloberfläche bei zu hohem Gehalt des Wassers an Sulfat- oder Chlorid-Ionen, wenn die Pufferkapazität nicht ausreicht. Dort können Anoden entstehen, an der sich das Metall auflöst. Örtlich getrennt davon wird an Kathoden z. B. Sauerstoff reduziert;
- lokal entsteht Lochfraß, wenn der Antransport von Sauerstoff unter Ablagerungen behindert wird (Lokalelemente, Belüftungselemente, C-Schichten auf Kupfer oder Korrosion an Kristallgrenzen bei nichtrostendem Stahl). Hier entstehen Anoden, während die Flächen mit ungehindertem Sauerstoffzutritt die Kathoden sind.

Als Ergebnis von statistischen Auswertungen folgt, dass das molare Verhältnis der Summe aus **Chlorid- und Sulfatkonzentration** zu $K_{S4,3}$ bei unlegiertem, niedriglegiertem und feuerverzinktem Stahl den Wert von 1 nicht unterschreiten sollte (DIN EN 12502). Unter dieser Bedingung können sich Lokalelemente nicht stabilisieren. Dies ist insbesondere bei der Teilenthärtung zu beachten. Deswegen ist z. B. in den Niederlanden die Calcitfällung durch Zusatz von Natronlauge erlaubt, denn dabei wird $K_{S4,3}$ weniger stark reduziert als wenn sie durch Zusatz von $Ca(OH)_2$ erfolgt. In Deutschland ist dieses Verfahren nicht zugelassen, weil dadurch die

Natrium-Ionenkonzentration im Wasser erhöht wird. Als Alternative bietet sich das Ionenaustausch-Verfahren mit CO_2-Regenerierung an (Carix-Verfahren, siehe Kap. 11), bei dem die Verminderung von $K_{S4,3}$ ebenfalls gering bleibt.

In Bezug auf Lokalelemente hat der **Kohlenstoffbelag** auf Kupferrohren eine besondere Rolle gespielt. Er entsteht durch organische Gleitmittel beim Herstellungsprozess, die auf der heißen Kupferoberfläche verbrennen. Um die Herstellungskosten zu senken, wurde lange Zeit die Bedeutung der C-Schichten von den Herstellern verneint, bis die Schadenshäufigkeit in der Praxis dazu zwang, den C-Gehalt mit 0,1 mg/dm^2 (siehe DVGW-Arbeitsblatt W 392) zu limitieren und damit dieses Problem ad acta zu legen.

Dagegen sind die **Einschleppungen von Partikeln** aus dem Versorgungsnetz für die Korrosion dann von Bedeutung, wenn Partikel, die bei Lagerung der Bauteile und der Errichtung der Trinkwasser-Installation in das System gelangen, dort als **Belüftungselemente** wirken können. Die Regeln der Technik führen aus:

- Aus hygienischen Gründen, um Verkeimungen nicht zu erleichtern, sollte die Durchlassweite von Feinfiltern möglichst hoch sein und um Belüftungselemente auszuschließen eher klein sein. Daraus ergibt sich als Kompromiss die Durchlassweite 80 bis 160 µm (DIN 19632).
- Filter nach DIN 19632 sind nach den Regeln der Technik für alle metallischen Leitungen nach dem Hauswasserzähler einzubauen (DIN EN 806).
- Trinkwasserleitungen sind vor Inbetriebnahme zu spülen. Hierfür eignet sich am besten eine pulsierende Luft-Wasser-Druckspülung, mit der nahezu 100 % der Sand- oder Schmutzpartikel ausgetragen werden (Boger et al., 1989).
- Die Rohrleitungen sollten nach der Druckprüfung entweder ständig befüllt oder vollständig entleert werden. Dreiphasengrenzen (Luft/Wasser/Werkstoff) begünstigen die Ausbildung von stabilen Elementen und sind die Grundlage für spätere Schäden durch Lochfraß.

Eine besondere Gefahr für Lochfraß besteht bei **Rohren aus nichtrostendem Stahl** durch so genannte interkristalline Korrosion oder Korngrenzenkorrosion. Die Inhomogenität der Werkstoffoberfläche lässt sich beim Ätzen erkennen. Es bestehen Bereiche (Kristalle; Körner) die gegeneinander durch eine feine Naht deutlich abgegrenzt sind (Korngrenze). An dieser Grenze verläuft die Korrosion, die zu einem schmalen Riss in der Rohrwand führt, durch die Wasser aus dem Rohr austritt. Die Wahrscheinlichkeit einer solchen Korrosion kann durch erhöhten Zusatz an Molybdän stark verringert werden. Daher werden für die Trinkwasser-Installation Edelstahlrohre aus Chrom-Nickel-Molybdän-Stählen, z. B. Werkstoff-Nr. 1.4401, 1.4541, 1.4571; siehe DVGW Arbeitsblatt W 541) verwendet. Außerdem können Rückstände auf der Rohroberfläche (z. B. Abrieb von unlegiertem Stahl) Anlass für Lochfraß sein. Sie müssen beim Herstellungsverfahren sicher entfernt werden, was z. B. durch ein DVGW-Zeichen dokumentiert wird. Salzanreicherungen in Spalten führen zur Lokalelementen mit Loch- und Muldenfraß. Elemente können ebenfalls an

Schweißstellen entstehen, die durch Anlauffarben gekennzeichnet sind. Anlauffarben sind Oxide, die beim Schweißen entstehen können. Sie lassen sich weitgehend durch Verwendung von Schutzgas (Inertgas) vermeiden. Schweißungen auf der Baustelle an Behältern und Rohrleitungen großen Durchmessers sind dann Lochfraß-gefährdet, wenn die Anlauffarben intensiver als strohgelb sind. Da dies bei Rohren mit kleinem Durchmesser nicht zu erreichen ist, sind in diesem Falle Schweißungen nicht zulässig und andere Fügeverfahren, wie Schrauben, Pressverbindungen etc., zu wählen (DIN 12502-4).

Aus den bereits geschilderten Gründen und um nicht jede, noch so geringe Kontamination des Wassers durch Schwermetalle beanstanden zu müssen, sind Höchstkonzentrationen zu beachten, bei deren Überschreitung von einer nachteiligen Veränderung des Wassers, also einem Korrosionsschaden gesprochen werden kann. Dabei soll nicht der einzelne Wert beurteilt werden, sondern ein Mittelwert aus mehreren Messungen oder besser noch die durchschnittliche Konzentration in der Wassermenge, die für den persönlichen Bedarf entnommen wird. Um dieses etwas schwierige Umfeld der Probenahme für den Vollzug der Überwachung handhabbar zu machen, wurde in der TrinkwV in Übereinstimmung mit der Richtlinie 98/83/EG ein **Wochenmittelwert** bis zur Höhe des Grenzwertes zugelassen. Bei Kupfer entfällt die Prüfung, wenn der pH-Wert im Versorgungsgebiet den Wert von 7,4 nicht unterschreitet. Für die Ermittlung des Wochenmittelwertes wurde ein verbrauchsabhängiges Probenahmeverfahren ausgearbeitet (DIN 15664). Die Prüfung erfolgt in einer Versuchsanlage unter definierten Prüfbedingungen. Nach unterschiedlichen Stagnationszeiten werden Wasserproben entnommen und auf die entsprechenden Schwermetalle untersucht. Aus den Daten wird ein repräsentativer Mittelwert gebildet, der als Bewertungsgröße des Trinkwasser-Grenzwertes verwendet wird. Aufgrund von Versuchsergebnissen und praktischen Erfahrungen wurden für die verschiedenen Installationswerkstoffe wasserseitige Anwendungsbereiche definiert, bei deren Einhaltung der Grenzwert der TrinkwV nicht überschritten wird (DIN 50930-6). Dies erleichtert dem Planer und Installateur die Werkstoffauswahl, da für ihn die Wasseranalyse das einzige Entscheidungskriterium ist. Damit gewinnt die Qualität der Wasseranalyse und die Informationspflicht nach § 20 TrinkwV durch das Versorgungsunternehmen eine besondere Bedeutung. Die Feststellung der Belastung mit toxischen Schwermetallen (Kupfer, Blei, Nickel) an der Entnahmestelle in einer Wohnung oder einem Gebäude erfolgt nach der „gestaffelten Stagnationsprobe“ (UBA 2004).

3.3.4 Kunststoffe

Wasserversorgung ist ohne Werkstoffe aus Kunststoffen undenkbar. Die schier unüberschaubare Vielfalt der Möglichkeiten macht es schwer, objektive Empfehlungen auszusprechen. Am einfachsten scheint es, Fehler, die in der Vergangenheit gemacht wurden, zu bewerten und zu versuchen, daraus zu lernen.

- Kunststoffe werden an **Biegungen** mit zu kleinem Radius brüchig und undicht. Bekannt ist, dass sogenannte **Kristallisation**, worunter bei Kunststoffen die gleichmäßige Orientierung der Polymerstränge zu verstehen ist, die Druck- und Biegefestigkeit der Thermoplaste verschlechtert. Anerkannte Regel der Technik ist es, die Polymere beim Herstellungsprozess nach der Formgebung zu fixieren, d. h. die Kunststoffe zusätzlich zu **vernetzen**, oder den Biegeradius in Abhängigkeit von den Materialeigenschaften zu begrenzen.
- **Weichmacher** werden mit der Zeit ausgewaschen und die Thermoplaste erhalten ihre ursprüngliche Sprödigkeit. Außerdem sind Weichmacher als gesundheitlich bedenkliche oder gefährliche Stoffe (besonders Phthalate und hier besonders das preiswerte Dioctylphthalat DOP) einzuordnen. Weichmacher haben in der Trinkwasserversorgung nichts zu suchen! Gartenschläuche sind keine Trinkwasserrohre!
- Zusätze zu Kunststoffen, selbst in sehr geringen Anteilen, beeinträchtigen **Geruch und Geschmack** des Wassers bei Kontakt mit solchen Kunststoffen. Die Zusätze sind entsprechend sorgfältig auszuwählen, eine Prüfung nach KTW (siehe unten und Anhang) kann dem entgegenwirken. Eine Dampfspülung unmittelbar nach der Produktion stellt eine Mindestforderung dar.
- Der Kunststoff selbst oder Zusätze oder Hilfsstoffe der Fertigung dienen als **Nahrungsquelle für Bakterien.** Um solche Stoffe, die eine Verkeimung des Wassers bewirken, zu erkennen und damit zu vermeiden, muss eine Prüfung nach DVGW-Arbeitsblatt W 270 erfolgen. Dies gilt auch für Dichtungen und Fugenmaterial.
- Bei Kontamination des Wassers mit organischen Lösemitteln ist an kontaminierte Böden zu denken, in denen Kunststoffrohre verlegt wurden. Die **Durchlässigkeit** der Kunststoffe für Gase und Lösemittel wird oft unterschätzt. Diese Durchlässigkeit ist z. B. Ursache für Korrosionsschäden in Heizungsanlagen mit Fußbodenheizung. Durch die Permeation von Sauerstoff durch den Kunststoff kommt es zu Korrosion im Heizkessel. Verhindern lassen sich solche Effekte durch eine Sperrschicht, z. B. aus Aluminiumfolie im Kunststoffrohr (Nissing, 2001).
- Massive mikrobielle Kontamination von Trinkwasserspendern, sehr häufig durch *P. aeruginosa*, hat ihre Ursache in der mangelhaften Qualität von Schläuchen, die für den Anschluss solcher Geräte an die Hausinstallation verwendet werden. **Kunststoffschläuche** insbesondere solche, die Weichmacher enthalten, sind für Trinkwasser ungeeignet.
- Erhebliche Probleme bestehen beim Anschluss von **nicht ortsfesten Anlagen** an die öffentliche Versorgung, z. B. Wochenmärkte oder Sportboote, wenn Gartenschläuche oder andere ungeeignete Schläuche verwendet werden.
- Massive Verkeimungen des Wassers in Ausdehnungsgefäßen an Warmwasserboilern haben die gleiche Ursache, nämlich ungeeignete Kunststoffe, die für die **Membranen** verwendet werden und nicht W 270 entsprechen.

- Massive Verkeimungen von gefliesten oder mit Glasplatten ausgekleideten Wasserbehältern haben ihre Ursache in organischen Zusätzen zum **Fugenmaterial** oder in Resten von Verunreinigungen in Hohlräumen hinter den Platten. Es empfiehlt sich, auf Fliesen und Platten zu verzichten und nur Zementmörtel nach W 347 für die Auskleidung von Behältern zu verwenden.
- Trübungen des Wassers aus Zapfhähnen der Hausinstallation sind nicht nur auf Korrosion von metallischen Rohren zurückzuführen. Nicht selten ist auch die Ablösung von Biofilmen oder von schuppenartigen Teilen der Oberfläche der Schlauchleitungen von **flexiblen Wellrohren** (so genannte **Panzerschläuche**) Ursache dieser Kontamination. Außerdem verkeimt das Wasser in solchen Rohren. Panzerschläuche werden zunehmend seit den 1990er Jahren für den Anschluss von Armaturen verwendet. Sie dienen oftmals auch als Verlängerungen bis zu einem Versorgungsschacht im Haus. Solche Schläuche sind nach der Gruppe für kurzfristigen Einsatz der KTW-Empfehlungen geprüft, was sich aber als unzulänglich erwiesen hat. Andererseits enthält die Prüfung und Zulassung nach DVGW-Arbeitsblatt W 543, die Grundlage für ein DVGW-Zeichen ist, keine besonderen Anforderungen im Hinblick auf solche Eigenschaften. Insgesamt ist also eine Fehlentwicklung zu verzeichnen, worauf die Trinkwasserkommission des UBA 2001 aufmerksam gemacht hat, mit dem Ergebnis, dass flexible Schlauchleitungen aus Gummi oder Kunststoff, die für den Dauereinsatz gedacht sind, den gleichen Anforderungen unterliegen müssen wie feste Rohrleitungen (Einsatzbereich A der KTW und DVGW W 270). Dies gilt auch und insbesondere für Panzerschläuche. Nach dieser Klarstellung ist vermutlich Gummi als Werkstoff für Innenschläuche von Panzerschläuchen ungeeignet. Es sollte z. B. Weich-PE bevorzugt werden.
- Vielfach ist die Verwendung ungeeigneter Farbpigmente bei der Produktion von Rohren Ursache für eine Beanstandung.
- Als Ursache einer Belästigung durch fremdartigen Geruch hat sich in einigen Fällen die **nachträgliche Innenauskleidung** von Rohren mit Epoxidharzen herausgestellt. Diese Methode wird angeboten, um alte verzinkte Eisenrohre oder Bleirohre nicht komplett austauschen zu müssen. Zwar sind Epoxidharze nach KTW zulässig und erfreuen sich aus hygienischer Sicht hoher Wertschätzung, doch gilt diese nur für fabrikmäßig hergestellte Auskleidung von Rohren. Die Prüfung nach KTW – die für fabrikmäßige Prüfkörper vorliegt – kann nicht auf Epoxidharze übertragen werden, die vor Ort aus den Komponenten gemischt werden und noch im flüssigen Zustand in die Rohre eingetragen werden, in der Hoffnung, dass die Aushärtung wunschgemäß verläuft. Das Verfahren kann erst angewendet werden, wenn es ausgereift ist und wenn zweifelsfrei nachgewiesen wird, dass weder Verkeimungen, noch Geruchsbelästigungen noch erhöhte Werte der Monomeren, insbesondere nicht das Epichlorhydrin, für das in der TrinkwV ein Grenzwert festgesetzt wurde, im Trinkwasser zu erwarten sind.

Für die Beurteilung von Kunststoffen gilt ebenso wie für andere Werkstoffe und Aufbereitungsstoffe ein Minimierungsgebot, was häufig vergessen wird. Demnach dürfen von den Kunststoffen keine Stoffe in Konzentrationen an das Wasser abgegeben werden, die technisch vermeidbar sind oder den Geruch oder den Geschmack des Wassers verändern, auch wenn sie gesundheitlich unbedenklich sind. Über die gesundheitliche Unbedenklichkeit hinaus, die selbstverständlich gegeben sein muss, ist auch der Grundsatz der **Vermeidbarkeit** zu beachten und die Auswirkung auf Geruch und Geschmack des stagnierenden Wassers in den Rohren. Diese im Lebensmittel- und Bedarfsgegenständegesetz enthaltene Grundforderung ist auch in die TrinkwV (§ 17) für Werkstoffe im Kontakt mit Trinkwasser übernommen worden.

Was technisch vermeidbar oder unvermeidbar, ist regelt das Technische Regelwerk des DVGW und hier insbesondere W 270, in Verbindung mit den Empfehlungen für Kunststoffe im Kontakt mit Trinkwasser (KTW-Empfehlungen).

Anforderungen an Kunststoffrohre sind im DVGW-Arbeitsblatt W 544 festgeschrieben, und zwar für Polybuten (PB), Polypropen (PP-R), vernetztes Polyethen (PE-X) und chloriertes Polyvinylchlorid (PVC-C). Zu erwähnen ist auch das Polyethen (PE) in den Qualitäten „high density" (HDPE) und „low density" (LDPE). Der Unterschied zwischen beiden Qualitäten ist durch die Kettenlänge der Polymere bedingt. HDPE ist als geprüftes Rohr (DVGW W 320) verfügbar. PE dient unter anderem als flexibles Kunststoffrohr zur Auskleidung alter Rohre. Dies Verfahren wird als Rehabilitation durch Relining genannt und im DVGW-Arbeitsblatt GW 320-1 (entspricht nicht dem älteren W 320) sowie W 401 beschrieben.

Von diesen Materialien verdient das PE-X besondere Beachtung und in diesem Zusammenhang ein Verbundrohr mit DVGW-Zeichen nach W542 aus Aluminiumrohr mit einem Innenrohr aus PE-X. Besonders das Verbundrohr erfreut sich großen Zuspruchs. Allerdings hat es sich im Hinblick auf eine möglichst geringe Beeinträchtigung der Wasserqualität und geringe mikrobiologische Auswirkung nach W270 an geprüften Werkstoffen aus PE oder PP-R als Referenzwerkstoffen messen zu lassen, die zwar mechanisch weniger stabil sind aber sich indifferent gegenüber Wasser verhalten. Dies ist notwendig, um bei PE-X die Verwendung von Zusatzstoffen für die Vernetzung und auch von weiteren Additiven, Gleitmitteln, Produktionshilfsstoffen und ähnlichen Zusätzen möglichst gering zu halten. Hinzuweisen ist ferner darauf, dass PVC-C nicht mehr zeitgemäß ist und nicht mehr verwendet werden soll. Zumindest müssen die Blei- und Zinnstabilisatoren im PVC durch weniger bedenkliche Stoffe ersetzt werden.

Der vorübergehende Anschluss von nicht ortsfesten Anlagen bedarf besonderer Aufmerksamkeit (z. B. Marktstände, Kirmes, Schiffe, Bahnen, Flugzeuge). Einerseits sollen flexible Schläuche aus PVC (Gartenschläuche) unbedingt vermieden werden, weil sie verkeimen und Weichmacher abgeben. Andererseits gibt es keine geprüften Materialien für diesen Bereich. Nach Möglichkeit sollte weiches Polyethen oder Chlorkautschuk verwendet werden. Auf die Aufbewahrung und Pflege dieser flexiblen Rohre ist besonders zu achten, damit sie nicht beschädigt oder verschmutzt werden.

Die mehrmals zitierte **KTW-Empfehlung** (siehe Anhang), genauer „Gesundheitliche Beurteilung von Kunststoffen und anderen nichtmetallischen Werkstoffen im Rahmen des Lebensmittel- und Bedarfsgegenständegesetzes für den Trinkwasserbereich" besteht aus 7 Mitteilungen im Bundesgesundheitsblatt aus den Jahren 1977 bis 1987. Sie soll zwar im Rahmen der europäischen Harmonisierung, insbesondere mit Bezug auf Artikel 10 der Trinkwasserrichtlinie (98/83/EG) völlig erneuert werden, doch hat sich dieses Vorhaben angesichts der großen Vielfalt von Kunststoffen und abweichenden Auffassungen in den Mitgliedstaaten als sehr langwierig erwiesen. Es ist an ein Bewertungssystem unter der Bezeichnung EAS (European Approval/Acceptance System) gedacht. Abgesehen von solchen Bestrebungen ist festzustellen, dass sich zumindest die Prinzipien der KTW-Empfehlung bewährt haben. Die KTW-Empfehlung hat eine sehr einfache Struktur:

- Positivlisten der Materialien und der Additive;
- einige wenige Grunduntersuchungen zu Migration von Stoffen in das Wasser und zu Beeinträchtigung von Geruch und Geschmack des Wassers.

Die Positivlisten entsprechen den toxikologischen Bewertungen der Kunststoffe im Kontakt mit Lebensmitteln (Franck und Wieczorek, 2000). Die KTW-Empfehlung übernimmt hieraus diejenigen Listen, die für Trinkwasser von Bedeutung sind. Hier sind auch die Bedarfsgegenständeverordnung und die Richtlinie 90/128/EWG zu nennen. Die Mitteilungen der KTW sind nur insoweit heranzuziehen, als Stoffe betroffen sind, die weder in der Bedarfsgegenständeverordnung noch in der Richtlinie 90/128/EWG erwähnt sind.

Die Prüfungen nach KTW werden unmittelbar mit den fertigen Produkten im Kontakt mit Wasser vorgenommen:

- Als Prüfwasser entionisiertes Wasser verwenden;
- Rohre direkt mit dem Prüfwasser füllen, Fittinge, Dichtungen, beschichtete Platten oder andere Prüfkörper in Glaskammern, die mit Prüfwasser gefüllt sind, eintauchen;
- Prüfkörper durch Spülen (1 h) und Stagnation im Prüfwasser (24 h) vorbehandeln;
- anschließend 72 h bei Raumtemperatur im Prüfwasser belassen;
- für Prüfung des Verhaltens im Warmwasserbereich 24 h bei 60 °C im Prüfwasser belassen (der in der KTW genannte Zeitraum von 2 h gilt als technisch überholt);
- im Prüfwasser die Migrate quantitativ bestimmen, den Blindwert des Prüfwassers beachten und auf die Maßeinheit $mg/(dm^2 \cdot d)$ umrechnen;
- Geruch- und Geschmackschwellenwert des Prüfwassers sensorisch feststellen (siehe Abschn. 4.3);
- aus dem Oberflächen/Volumen-Verhältnis des Prüfkörpers mit dem Trinkwasser die maximale Beeinträchtigung des Trinkwassers bei Stagnation errechnen und diesen Wert mit Richtwerten von Empfehlungen oder Grenzwerten der TrinkwV vergleichen.

Es ist nicht Aufgabe der Nutzer, der Anwender oder der Überwachungsbehörden, diese Prüfungen durchzuführen. Vielmehr werden sie im Rahmen der Überwachung nach den technischen Regeln vom Hersteller der Kunststoffteile abverlangt. In Deutschland werden sie von 3 Prüfinstituten durchgeführt. Die Prüfungen nach den DVGW-Arbeitsblättern W 542 und 543 beinhalten die Feststellung der Übereinstimmung mit der KTW-Empfehlung, so dass das DVGW-Zeichen zum Verbraucherschutz beiträgt. Dabei soll aber nochmals an die zwei oben bereits erwähnten Fehlentwicklungen hingewiesen werden, die dennoch nicht verhindert werden konnten. Die beiden Beispiele verdeutlichen, dass zukünftige Empfehlungen für Kunststoffe für Trinkwasser höhere Anforderungen stellen müssen als bisher.

3.3.5 Zusätze, Begleitstoffe, Reaktionsprodukte und Verunreinigungen

Es sind nicht nur die besprochenen Materialien, die im Kontakt mit dem Trinkwasser dessen Güte beeinträchtigen können. Ebenso müssen Zusätze, Begleitstoffe und Verunreinigungen beachtet werden. Auf den negativen Einfluss von **Kohlenstoffschichten** auf der Innenoberfläche von Kupferrohren und auf nachteilige Wirkungen von **Hilfsmittel** (Zusatzmittel) für Zement wurde bereits hingewiesen. Das DVGW-Arbeitsblatt 347 unterscheidet 4 Arbeitsbereiche für zementgebundene Werkstoffe, wobei für den Bereich Trinkwasserrohre organische Zusatzstoffe und alle Hilfsmittel (Zusatzmittel) ausgeschlossen werden. Für Behälterwandungen sind Dispersionen (für Lebensmittel geeignet) als Zusatzstoffe zugelassen. Ebenso sind für Behälterwandungen (aber nicht für Trinkwasserrohre) als Hilfsmittel die in einer Positivliste der W 347 genannten Sulfonate, Polyacrylate, Zucker, Formiate, anionische Tenside, Stearate usw. zugelassen. Dies erfordert aber eine Produktkontrolle (W 347), einschließlich umfangreicher Migrationstests, um eine Beeinträchtigung des Wassers durch diese Hilfsmittel auszuschließen.

Bei metallischen Werkstoffen muss auf **Arsen, Blei und Nickel** geachtet werden. Entwürfe zum EAS sehen eine Begrenzung des Bleigehalts in der Zinkschicht verzinkter Eisenrohre auf 0,2 % (in den 1980er Jahren waren noch 2 % üblich) und in Messing und Bronze auf etwa 3 % vor. Arsen wird in Messing auf 0,15 % begrenzt (Meyer, persönliche Mitteilung). Nickel wird vor der Verchromung aufgetragen, wobei auch die Innenfläche von Armaturen vernickelt wird. Dies soll unterbleiben!

Bei organischen Werkstoffen ist die Situation wesentlich komplexer. Folgende Stoffgruppen finden Verwendung:
- Monomere für die Polymerherstellung einschließlich Mischpolymerisaten;
- Polymerisationshilfsstoffe wie Initiatoren oder Inhibitoren, Katalysatoren, Emulgatoren, Schutzkolloide, Vernetzungsmittel;
- Additive wie Antioxidantien, Stabilisatoren, Gleitmittel, Weichmacher, Farbmittel, Füllstoffe.

Außerdem sind Verunreinigungen, Reaktionszwischenprodukte und Abbauprodukte zu beachten. Z. B. werden für die Produktion von PVC-C neben dem obligaten Vinylchlorid auch Vinylidenchlorid, Acrylsäureester, Polyurethane und Polystyrol verwendet. Als Weichmacher werden verschiedene Phthalate (bis zu 35 %), als Stabilisatoren organische Blei- und Zinnverbindungen, als Gleitmittel Paraffine und Siliconöle, als Emulgatoren Alkylsulfate und -sulfonate, als Schutzkolloide Gelatine und als Farbmittel Ruße eingesetzt. Phthalate zählen zu den endokrinen Stoffen. Zinnorganische Verbindungen wirken stark ökotoxisch. Dies führt allmählich zu einem Verbot von PVC für die Anwendung bei Trinkwasser.

Problematisch sind auch Farbpigmente, die direkt bei der Herstellung von Produkten aus Kunststoff eingesetzt werden. Besser ist es, Farbpigmente als Granulat aus einer Verschmelzung von Pigment und Kunststoff zu verwenden, so genanntes Masterbatch (z. B. Masterbatch schwarz aus veredeltem Ruß mit Polyethen verschmolzen). Nur so kann eine Abtrennung von Pigment und Kunststoff und ein dadurch bedingtes Ausspülen des Pigments in das Wasser wirksam verhindert werden.

Angesichts dieser Fülle von Möglichkeiten und damit auch der Möglichkeit einer unbedachten oder fahrlässigen oder aus wirtschaftlichen Zwängen in Kauf genommenen Kontamination des Trinkwassers muss aus Sicht eines vorbeugenden Verbraucherschutzes zwingend das System der Positivlisten unter Beachtung eines Minimierungsgebots weiter ausgebaut werden, d. h. es müssen konsequent Materialien bevorzugt und typisiert werden, die so weitgehend wie nach den Regeln der Technik möglich und vermeidbar ohne Hilfsmittel auskommen.

3.4 Literatur

Auerbach, F. (1912): Über die kohlensauren Kalk angreifende Kohlensäure der natürlichen Wässer. Gesundheitsing., *35*, S. 869.

Boger, G. A., Heinzmann, H., Otto, H. und Radscheit, W. (1989): Kommentar zu DIN 1988. Beuth Verlag, Berlin, S. 161.

Bliefert, C. (1978): pH-Wert-Berechnungen. Verlag Chemie, Weinheim.

Dzombak, D. A. und Morel, F. M. M. (1990): Surface Complexation Modeling, Hydrous Ferric Oxide. J. Wiley & Sons, New York.

Eberle, S. H. und Donnert, D. (1991): Die Berechnung des pH-Wertes der Calcitsättigung eines Trinkwassers unter Berücksichtigung der Komplexbildung. Z. Wasser Abw. Forschg. *24*, S. 258–268.

Franck, R., Wieczorek, H. (Hrsg.) (2000): Kunststoffe im Lebensmittelverkehr. Empfehlungen des Bundesinstitutes für gesundheitlichen Verbraucherschutz und Veterinärmedizin. Lose-Blatt-Sammlung; Carl Heymanns Verlag, Köln.

Galster, H. (1989): pH-Messungen, Grundlagen, Methoden, Anwendungen, Geräte. VCH Verlagsgesellschaft, Weinheim.

Grohmann, A. (1969): Indikatoren des Kalk-Kohlensäure-Gleichgewichtes. Gesundheitsing., *90*, S. 261–272.

Grohmann, A. und Sobhani, P. (1978): Beeinflussung der Giftwirkung von Stoffen auf Fische durch Ionengleichgewichte. Hydrochem.hydrogeol.Acta, *3*, S. 147–180.

Grohmann, A. und Nissing, W. (1985): Flockungschemikalien: Anorganische Stoffe. Flockung in der Wasseraufbereitung. DVGW-Schriftenreihe Wasser Nr. *42*, S. 43–58.
Grohmann, A., Gollasch, R. und Schuhmacher, G. (1989): Biologische Enteisenung und Entmanganung eines methanhaltigen Grundwassers in Speyer. gwf Wasser/Abwasser, *130*, S. 441–447.
Landolt, Börnstein (1936): Phys.Chem. Tabellen, 3. Erg.Bd. S. 2059, Verlag J. Springer, Berlin.
Maier, D. und Grohmann, A. (1977): Bestimmung der Ionenstärke natürlicher Wässer aus deren elektrischer Leitfähigleit. Z. Wasser Abw.Forschg., *11*, S. 9–12.
Melchior, D. C. und Basset, R. L. (1990): Chemical Modelling of Aqueous Systems II. ACS Symposium No 416, American Chemical Society, Washington DC.
Merkel, T. und Eberle, S. H. (2001): Das Lebensmittel Trinkwasser und seine korrodierende Verpackung. Nachrichten aus der Chemie, *49*, S. 891–896.
Meyer, E. (1984): Untersuchungen zum Vorkommen von Asbestfasern in Trinkwasser in der Bundesrepublik Deutschland und gesundheitliche Bewertung der Ergebnisse. gwf- Wasser/ Abwasser, *123*, S. 85–96.
Morel, F. M. M. und Hering, J. G. (1993): Principles and Applications of Aquatic Chemistry. John Wiley & Sons, New York.
Nissing, W., Friehe, W. und Schwenk, W. (1982): Über den Einfluß des Sauerstoffgehaltes, des pH-Wertes und der Strömungsgeschwindigkeit auf die Korrosion feuerverzinkter und unverzinkter unlegierter Stahlrohre in Trinkwasser. Werkstoffe und Korrosion *33*, S. 346–359.
Nissing, W. und Klein, N. (1996): pH-Wert-Erhöhung bei der Inbetriebnahme von Guß- und Stahlrohrleitungen mit Zementmörtel-Auskleidungen. bbr Wasser und Rohrbau *47*, S. 26–31.
Nissing, W. (2001): Korrosion in Kalt- und Warmwässern, in: Egon Kunze (Hrsg.) Korrosion und Korrosionsschutz, Bd. 4: Korrosion und Korrosionsschutz in verschiedenen Gebieten; S. 2199–2263. WILEY-VCH-Verlag GmbH D-69469 Weinheim.
Nissing, W. (2001): Korrosion in haustechnischen Installationssystemen, in: Egon Kunze (Hrsg.) Korrosion und Korrosionsschutz, Bd. 4: Korrosion und Korrosionsschutz in verschiedenen Gebieten; S. 2264–2267. WILEY-VCH-Verlag GmbH D-69469 Weinheim.
Sigg, L. und Stumm, W. (1996): Aquatische Chemie. 4. Auflage, B. G. Teubner Verlag, Stuttgart.
Stumm, W., Morgan, J. J. (1995): Aquatic Chemistriy, 3. Auflage, John Wiley & Sons, New York.
Schock, M. R. und Lytle, D. A. (1995): Effect of pH, DIC, Orthophosphate and Sulfate on Drinking Water Cuprosolvency. Document EPA/600/R-95/085, US EPA, Cincinnati, Ohio.
Sontheimer, H. (1988): Der „Kalk-Kohlensäure-Mythos" und die instationäre Korrosion. Z. Wasser-Abw. Forsch. *21*, S. 219–227.
Struwe (1828): Berzelius Jahresband für 1828, S. 207.
Tillmans, J. und Heublein, O. (1912): Über die kohlensauren Kalk angreifende Kohlensäure der natürlichen Wässer. Gesundheitsing., *35*, S. 669.
Werner, W., Groß, H. J., Gerlach, M., Horvarth, D. und Sontheimer, H. (1994): Untersuchungen zur Flächenkorrosion in Trinkwasserleitungen aus Kupfer. gwf Wasser/Abwasser, *135*, S. 92–103.
Umweltbundesamt (2004): Empfehlung des Umweltbundesamtes, Beurteilung der Trinkwasserqualität hinsichtlich der Parameter Blei, Kupfer und Nickel, Empfehlung des Umweltbundesamtes nach Anhörung der Trinkwasserkommission des Bundesministeriums für Gesundheit und Soziale Sicherung: Bundesgesundheitsbl – Gesundheitsforsch – Gesundheitsschutz 3 (2004) S. 296–299.

4 Chemische Wasseranalyse

C. Schlett

4.1 Qualitätssicherung und Akkreditierung

4.1.1 Qualitätsmanagement

Qualitätsmanagement (QM) und Qualitätssicherung sind keine Erfindung der letzten Jahre, sondern ein bekanntes Instrumentarium eines verantwortungsbewusst geführten Laboratoriums. Sie sind zudem ein Instrumentarium einer Harmonisierung der analytischen Anforderungen und somit einer besseren Vergleichbarkeit von Untersuchungsergebnissen.

Während Untersuchungen zur Eigenkontrolle oder aus Eigeninteresse dabei keiner weitergehenden Regelungen bedürfen, existieren im gesetzlich geregelten Bereich (z. B. Untersuchungen nach Trinkwasser-Verordnung) definierte Rechtsvorschriften an das Qualitätsmanagementsystem und die Durchführung von Qualitätskontrollen DIN EN ISO/IEC 17025 (Akkreditierung). Für Kontrollen nach Trinkwasser-Verordnung sind Akkreditierungen zwingend vorgeschrieben. Aber auch die Untersuchungen im nicht gesetzlich geregelten Bereich sollten sich an den Regelungsinhalten orientieren, müssen diese aber nicht bis zur letzten Konsequenz umsetzen.

Überregional harmonisierte Vorgaben zur Qualitätssicherung liegen inzwischen auch im gesetzlich nicht geregelten Bereich vor (z. B. AQS-Merkblätter).

Die grundsätzlichen Ziele der Aktivitäten und Bemühungen um eine Systematisierung und eine Standardisierung von Qualitätskontrollen sind:
- Optimierung der Qualitätssicherung in Laboratorien;
- Nachweis der fachlichen Kompetenz;
- Sicherstellung von möglichst genauen Analysen;
- Transparenz von Arbeitsabläufen;
- Transparenz in der Organisation und in den Laboratoriumsstrukturen.

Während in der Anfangsphase mehr die reine analytische Qualitätssicherung an sich im Vordergrund stand, hat sich im Laufe der Zeit der umfassendere Begriff des Qualitätsmanagements (QM) durchgesetzt. Er geht über die analytischen Aufgaben hinaus und stellt weitergehende Anforderungen. In der Norm DIN EN ISO 17025 werden daher die Managementaufgaben noch weiter in den Vordergrund gestellt. In der neuen DIN EN ISO/IEC 17025 aus 2018 wurde zudem der risikobasierte Ansatz aus der ISO 9001 verstärkt berücksichtigt und die Validität der Ergebnisse mehr in den Fokus gestellt.

Nachdem ab 1. Januar 2010 die DAkkS (Deutsche Akkreditierungsstelle) als gesetzlich festgelegte nationale Akkreditierungsstelle in Deutschland den Dienst aufnahm, werden Akkreditierungen nur noch durch diese Stelle ausgesprochen. Die

https://doi.org/10.1515/9783110588217-004

Tab. 4.1: Wesentliche Elemente eines Systems zur Sicherung der Qualität in der Wasseranalytik.

Managementsystem	technische Anforderungen
– Aufzeichnungen	– Einrichtungen
– Beschaffung von Dienstleistungen	– Probenahmeverfahren
– Beschwerden	– Handhabung und Transport von Prüf- und Kalibriergegenständen
– Dienstleistungen für Kunden	– Messtechnische Rückführung
– Interne Audits	– Personal
– Korrekturmaßnahmen	– Ergebnisberichte
– Lenkung der Dokumente	– Prüf- und Kalibrierverfahren
– Lenkung bei fehlerhaften Prüf- und Kalibrierarbeiten	– Räumlichkeiten und Umgebungsbedingungen
– Organisation und Leitung	– Sicherung der Qualität von Prüf- und Kalibrierergebnissen
– Prüfung von Anfragen, Angeboten und Verträgen	
– Qualitätsmanagement-Bewertung	
– Vergabe von Prüfungen im Unterauftrag	
– Vorbeugende Maßnahmen	

DAkkS ist ein Zusammenschluss aus bis dahin ca. 20 privaten und öffentlich-rechtlichen Akkreditierungsstellen in Deutschland.

Nach dem heutigen Verständnis gliedert sich ein QM-System in zwei Hauptbereiche:
– Anforderungen an das Management;
– technische Anforderungen.

Ein wesentliches Element eines QM-Systems ist die Erstellung eines QM-Handbuches, das die vorgenannten Teilbereiche regelt und definiert (Tab. 4.1). Dabei hat es sich als Vorteil erwiesen, sich an der Struktur der DIN EN ISO 17025 zu orientieren.

Von besonderer Bedeutung für die eigentliche Labortätigkeit sind neben den Anforderungen an den Qualitätsmanagementbeauftragten, den Qualitätszielen und der Qualitätspolitik die Validierung von Prüfverfahren, Kalibrierung von Prüfmitteln und die metrologische Rückführbarkeit. Hervorzuheben ist zudem das konsequente Streben nach einer fortlaufenden Verbesserung der Qualität.

Es ist die Aufgabe des **Qualitätsmanagementbeauftragten (QMB)** die Umsetzung der QM-Maßnahmen zu organisieren und im Laboralltag zu prüfen. Die Forderung, dass diese Funktion unabhängig von der Laborleitung sein muss, bereitet vor allem kleineren Laboratorien erhebliche Schwierigkeiten. Die Einstellung eines weiteren Mitarbeiters ist in den meisten Fällen nicht möglich. In der Praxis hat sich daher der Kompromiss bewährt, dass der QMB „im Rahmen seiner Tätigkeit" unabhängig von der Laborleitung sein muss (d. h. nicht weisungsgebunden). Auch wenn dieser Möglichkeit in der Anfangsphase viel Skepsis entgegengebracht wurde, so überzeugte doch in vielen Fällen das Funktionieren des QM-Systems unter diesen Bedingungen.

Während z. B. Analyseverfahren konkrete Vorgehensweisen beinhalten, bereitet die Formulierung von **Qualitätszielen und Qualitätspolitik** oft erhebliche Schwierigkeiten. Dabei werden sie in den meisten Fällen, wenn auch im Hintergrund und oft ohne konkrete Formulierung, von den Laboratorien verwirklicht. Die Formulierung der Qualitätsziele stellt einen dynamischen Vorgang dar, der nachhaltig und stetig die Qualität sichern soll. Die Qualitätsziele sollen zu Beginn eines jeden Jahres formuliert und mit allen Mitarbeitern diskutiert und verwirklicht werden. Die Umsetzung ist am Ende des Jahres zu prüfen. Diese Bewertung muss in die weitere Qualitätspolitik bzw. in die weiteren Qualitätsziele einfließen. Die Qualitätspolitik ist eine Grundsatzerklärung eines Unternehmens, zu z. B. Umwelt, Kunden, QS-Maßnahmen und Ähnliches. Es wird angeraten, bei ihrer Formulierung eine besondere Aufmerksamkeit walten zu lassen, da hierdurch Rückschlüsse auf das Selbstverständnis des Unternehmens ermöglicht werden.

Die **Validierung bzw. Verifizierung von Verfahren** und die **Kalibrierung von Prüfmitteln und Analyseverfahren** sind zentrale Elemente in der Qualitätssicherung. Dabei ist deutlich zwischen Routineverfahren und Sonderuntersuchungen zu unterscheiden. Bei genormten Verfahren sieht die DIN ISO 17025 vor, dass eine Validierung mit den sonst üblichen Kriterien nicht mehr durchgeführt werden muss. Davon unberührt ist jedoch die Tatsache, dass der Nachweis einer analytischen Kompetenz, d. h. die Beherrschung eines Verfahrens, zu führen ist („Verifizierung"). Zu berücksichtigen sind mindestens folgende Bereiche, durch die ein Verfahren charakterisiert wird:
- Nachweis- und Bestimmungsgrenzen;
- Arbeitsbereiche des Verfahrens;
- Kalibrierung von Prüfmitteln;
- Einfluss von Matrixkomponenten;
- Bestimmung der Messunsicherheit.

Bei Untersuchungen, die eher im Forschungsbereich als im Bereich der Überwachung angesiedelt sind, müssen diese QM-Maßnahmen nicht unbedingt mit identischer Vollständigkeit durchgeführt werden, da hier auch andere Qualitätskriterien und analytische Schwerpunkte gelten. Bei den so genannten Multi-Methoden zum Nachweis einer Vielzahl von Parametern in einem Arbeitsgang ist zu überlegen, ob es oft ausreichend ist, nach einer Basisvalidierung bzw. -verifizierung die QS-Maßnahmen auf einige ausgesuchte und typische Parameter zu konzentrieren.

Die allgemeinen Maßnahmen zur Qualitätssicherung betreffen alle Tätigkeiten im Labor. Dabei ist jeder Mitarbeiter gefordert, seinen Beitrag zu leisten. Sie umfassen im Wesentlichen die interne Qualitätssicherung, die externe Qualitätssicherung sowie Audit und Review (Bericht).

Generell lässt sich feststellen, dass beim Aufbau eines QM-Systems eher die Neigung besteht, zu viel zu tun. Die Erfahrung lehrt, dass eine genaue Planung und Abschätzung der Notwendigkeit mithelfen können, den Aufwand in einem akzeptablen und angemessenen Rahmen zu halten.

Unter den **internen QS-Maßnahmen** sind alle Tätigkeiten zu verstehen, die zur Eigenkontrolle der Mitarbeiter und der Prüfmethoden geeignet sind.

Als Beispiele genereller Maßnahmen aus dem Bereich der chemischen wie auch mikrobiologischen Analytik sind anzuführen:
- Schriftliche Dokumentation von Analysenmethoden;
- Bestimmung von Verfahrenskenngrößen;
- Führen von Kontrollkarten (z. B. Wiederfindungskarten, Mittelwertkarten);
- Blindwertkontrollen;
- Verwendung von regelmäßig kontrollierten und möglichst zertifizierten Standards;
- Verwendung von überprüften Referenzkulturen;
- Nährmedienkontrolle;
- Plausibilitätskontrolle von Analysenergebnissen;
- regelmäßige Gerätekontrollen;
- Überprüfung zweifelhafter Analysenergebnisse durch ein Alternativverfahren;
- Validierung der EDV (genauere Erläuterungen hierzu siehe unten).

Zu den Verfahrenskenndaten, die als wesentlich in einem Laboratorium zu nennen sind, gehören Richtigkeit, Präzision, Linearität und Arbeitsbereich, Nachweis- und Bestimmungsgrenzen. Weitere Einzelheiten sind den einschlägigen Normen zu entnehmen.

Obwohl diese Begriffe allgemein diskutiert und zum Vergleich von Laboratorien herangezogen werden, sind sie je nach der Ableitung und Aufgabenstellung des Labors nicht immer miteinander vergleichbar.

Die **externe Qualitätssicherung** umfasst die Teilnahme an nationalen bzw. internationalen Ringversuchen, denen bei der Qualitätsüberwachung eine zentrale Rolle zukommt. Sollten diese für die Parameter bzw. die Parametergruppe nicht zur Verfügung stehen, so kann auf Vergleichsuntersuchungen zwischen verschiedenen Laboratorien zurückgegriffen werden. Auch hier sollte die Häufigkeit der Untersuchungen und der Umfang der Untersuchungen den Aufgaben des Laboratoriums und der Anzahl der Untersuchungen angepasst sein. Die Ringversuchsdurchführung beinhaltet auch eine statistische Auswertung der Ergebnisse. Die Durchführung und Auswertung von Ringversuchen müssen spezielle Anforderungen erfüllen. Sie sind auch durch entsprechende Normen geregelt, wie z. B. DIN EN ISO/IEC 17043:2010 (Konformitätsbewertung – Allgemeine Anforderungen an Eignungsprüfungen). Statistische Verfahren werden in der DIN ISO 13528:2009 (Statistische Verfahren für Eignungsprüfungen durch Ringversuche) beschrieben. Die Ringversuche sollten hinsichtlich des Probenmaterials und der Konzentrationsbereiche die Aufgaben des Labors widerspiegeln.

Die **Auditierung** eines Laboratoriums kann man unterteilen in den internen und den externen Audit, d. h. Begehung des Laboratoriums und Überprüfung der fachlichen Kompetenz unter Berücksichtigung der formalen Vorgaben. Hier ist zu unterscheiden zwischen den vertikalen bzw. horizontalen Begutachtungen eines QM-Systems, die entsprechend berücksichtigt werden sollten.

Die **internen Audits** durch den Qualitätsmanagementbeauftragten dienen der Überprüfung und Umsetzung der vereinbarten und notwendigen Maßnahmen aus organisatorischer und analytischer Sicht. Es hat sich bewährt, am Anfang eines Jahres einen Auditplan zu erstellen, aus dem die einzelnen Prüfbereiche zu entnehmen sind. Die Umsetzung von Korrekturmaßnahmen wird im so genannten **Review** geprüft. Alle Bereiche sollten innerhalb eines festgelegten Zeitrahmens begutachtet werden.

Die **externen Audits** erfolgen durch eine unabhängige und kompetente Stelle. Dies kann im Rahmen einer Akkreditierung (z. B. Deutsche Akkreditierungsstelle, „DAkkS") geschehen.

Bei den gestiegenen Anforderungen an die Leistungsfähigkeit von Laboratorien und an den Aufwand an Dokumentationen muss immer zwischen dem Ziel und dem Zweck des Qualitätsmanagements und den spezifischen Möglichkeiten abgewogen werden.

Diese Verhältnismäßigkeit ist nicht immer gegeben, vor allem nicht bei Laboratorien, die (bundes-) länderübergreifend arbeiten oder die über Zulassungen unterschiedlicher hoheitlicher Stellen verfügen. Hier bedarf es einer erweiterten Harmonisierung, um länderspezifische Interpretationen abzugleichen. Ziel muss es sein, Mehrfach-Anforderungen zu vermeiden.

Eine besondere und heute immer noch nicht ganz geklärte Maßnahme ist die **Validierung eines EDV-Systems** und somit der Nachweis, dass die in einem Labor eingesetzten Rechenprogramme und Datenerfassungssysteme keine systematischen Fehler erzeugen und dass unsystematische Fehler erkannt und korrigiert werden. Dazu ist es notwendig, dass neben der Überprüfung der Dateneingabe, -verarbeitung und -ausgabe die Rechenalgorithmen regelmäßig geprüft werden. Dies sollte in geeigneter Weise durch Protokolle dokumentiert werden. Die Forderung, dass Analysenergebnisse hierzu praktisch per „Hand" nachzurechnen wären, sollte durch einmalige Dokumentation erfüllt werden.

Mit der Veröffentlichung der neuen DIN ISO 17025 in 2018 haben vor allem die Betrachtung und der Umgang mit Risiken und Chancen und die Einführung des risikobasierten Ansatzes an Bedeutung gewonnen. Hier spielen Begriffe wie Unparteilichkeit und Entscheidungsregeln eine wesentlich wichtigere Rolle.

Unter den technischen Maßnahmen ist die metrologische Rückführbarkeit unter Berücksichtigung von zertifizierten Referenzmaterialien deutlich stärker betont. Die Herstellung solcher Referenzmaterialien obliegt Herstellern, die entweder akkreditiert sind oder den Anforderungen der ISO 17034 genügen.

4.1.2 Überwachung durch eine neutrale Stelle/Akkreditierung/ Zertifizierung/Zulassung

Das Qualitätsmanagementsystem eines Laboratoriums muss regelmäßig geprüft werden, um sicherzustellen und zu dokumentieren, dass die Qualitätsanforderungen entsprechend eingehalten werden.

Die zuständige Stelle muss vom Labor wirtschaftlich unabhängig und nicht durch Weisung gebunden sein. Andererseits muss auch sichergestellt werden, dass die ausführende Stelle nicht in den Wettbewerb der Laboratorien involviert ist. Die Überwachung muss – in Abhängigkeit von der Art der Prüfungen und der Überwachung – auch europaeinheitlich sein. Es wäre zweckmäßig, auf das „Globale Konzept für Zertifizierungen und Prüfwesen" der Europäischen Union (89/C 267/03, genaue Bezeichnung siehe Anhang) zurückzugreifen.

Die Bescheinigung einer analytischen Kompetenz kann grundsätzlich sowohl über eine Akkreditierung als auch über eine Zertifizierung erfolgen, für den Trinkwasserbereich jedoch nach § 15 Abs. 4 der TrinkwV von 2018 nur durch eine Akkreditierung durch eine hierfür allgemein anerkannte Stelle.

Unter **Akkreditierung** versteht man die Bestätigung einer neutralen und unabhängigen Stelle über die Kompetenz eines Laboratoriums, bestimmte Prüfungen unter Beachtung gesetzlicher sowie normativer Anforderungen und auf international vergleichbarem Niveau durchzuführen. Ziel ist es, die gegenseitige Anerkennung von Prüfungen im europäischen Bereich zu erleichtern oder sogar erst zu gewährleisten.

Die **Zertifizierung**, die allerdings bei der Trinkwasseranalytik nicht angewendet wird, ist die Bescheinigung einer neutralen Stelle über die Übereinstimmung eines Produktes oder einer Leistung mit vorgegebenen Richtlinien. Ziel ist die Harmonisierung und Vergleichbarkeit von Produkten bzw. Dienstleistungen, wenn sie sich auf die gleiche Grundlage beziehen.

Speziell im Bereich der Trinkwasserversorgung liegen in einigen Bundesländern auch länderspezifische **Zulassungen** mit Bezug auf § 15 der TrinkwV 2018 zur Überwachung des Trinkwassers vor. Es wurde in der Vergangenheit von den Laboratorien angenommen, dass diese Zulassung auch die Bestätigung der Qualitätssicherung mit einschließt, was durch die TrinkwV alter Fassung nicht vorgesehen war. Erst die Novelle der TrinkwV von 2001 unterscheidet deutlich zwischen der Qualitätssicherung der Laborarbeit und der Bestellung von Untersuchungsstellen für die amtliche Kontrolle der Beachtung der Vorgaben der TrinkwV.

Wieder anders ist man im Bereich der **Bodenanalytik** vorgegangen. Für die Sicherung der Qualität bei Laboratorien zur Ermittlung von schädlichen Bodenveränderung oder Altlasten sind die Länder zuständig (§ 9 des Gesetzes zum Schutz des Bodens, BSchG). Spezifische fachliche Anforderungen an die Untersuchung werden im Anhang I „Anforderungen an die Probennahme, Analytik und Qualitätssicherung bei der Untersuchung" der Bundes-Bodenschutz- und -Altlastenverordnung (BbodSchV) festgelegt. Im Punkt 4 „Qualitätssicherung“ ist die Kompetenzbestätigung gemäß DIN EN 45001 dokumentiert.

Hinzuweisen ist auf die Bund/Länder-Gemeinschaft Bodenschutz (LABO) und ihren Arbeitskreis Bodenbelastungen, die den Bereich „Akkreditierung von Messstellen und Prüflaboratorien“ für Boden und Altlasten abdeckt. Durch die „Bereichsspezifischen Anforderungen an die Kompetenz von Untersuchungsstellen im Bereich Boden und Altlasten“ wird der Mindestumfang der Methoden zur Untersuchung des Grund-, Sicker- und Oberflächenwassers für die Zulassung von Untersuchungsstellen festgelegt.

E. Stottmeister

4.2 Probenahme und Konservierung zur Analyse chemischer Parameter

4.2.1 Einleitung

Während sowohl die analytischen Methoden zur Bestimmung einzelner Parameter im Labor als auch die Analysen- oder Prüfergebnisse sehr kritisch bewertet werden, wird oft nicht mit genug Nachdruck auf die Probleme der Probenahme und deren Auswirkungen auf die Qualität der Analysen- oder Prüfergebnisse hingewiesen.

Die Probenahme als erstes Glied in der Kette der Arbeitsschritte zur Analyse der Inhaltsstoffe und Eigenschaften des Wassers hat entscheidenden Einfluss auf das Endergebnis. Ist sie fehlerhaft, so muss das zwangsläufig zu einem falschen Analysenresultat führen. Das mit modernsten Analysengeräten oder aufwendigen manuellen Untersuchungen erzielte Ergebnis ist wertlos, wenn eine unsachgemäße Probenahme vorausging.

Bei der Probenahme wird in der Regel aus einem großen Wasservolumen ein relativ kleines Wasservolumen als Probe entnommen. Werden dabei Fehler begangen, wobei es sich zumeist um systematische Fehler handelt, so wird die Richtigkeit der Analysenwerte negativ beeinflusst. In vielen Fällen werden während der Ausführung der Analyse Fehler bei der Probenahme gar nicht bemerkt.

Übliche Prüfmethoden in Bezug auf Richtigkeit und damit auf systematische Fehler sind bei Wasserproben wegen ihrer unbekannten Zusammensetzung nicht durchführbar. Deshalb muss sichergestellt werden, dass die aus einem größeren Volumen entnommene Wasserprobe eine **repräsentative Probe** des zu untersuchenden Wassers darstellt und Schlüsse auf die Beschaffenheit der Gesamtheit des Wassers zulässt.

Die Gewinnung einer repräsentativen Wasserprobe hat damit den gleichen Stellenwert wie die Wasseranalyse selbst. Schwanken die Verhältnisse sehr stark, ist eine repräsentative Probenahme nicht möglich. Dann ist der jeweilige Sachverhalt nur durch ein möglichst dichtes Probenahmeraster zu erfassen.

4.2.2 Allgemeine Anforderungen an die Probenahme – Organisatorische Maßnahmen

Grundvoraussetzung für die fachgerechte Probenahme ist, dass sie von Personen vorgenommen wird, die dafür ausreichend qualifiziert sind und denen die Bedeutung der Probenahme für die nachfolgende Analytik voll bewusst ist. Im Idealfall bilden Probenahme und Analytik eine Einheit, was zum Beispiel durch die Neufassung von § 15 Absatz (4) TrinkwV 2018 für die Untersuchung von Trinkwasser realisiert werden soll (Trinkwasserverordnung in der Fassung der Bekanntmachung vom 10. März 2016 (BGBl. I S. 459), die zuletzt durch Artikel 1 der Verordnung vom 3. Januar 2018 (BGBl. I S. 99) geändert worden ist). Dort heißt es, dass „die nach dieser Verordnung erforderlichen Untersuchungen des Trinkwassers einschließlich der Probennahme [...] nur von dafür zugelassenen Untersuchungsstellen durchgeführt werden [dürfen]“.

Ausgehend von der Problemstellung müssen die Randbedingungen der Probenahme durch den Analytiker, den Probenehmer und im Einvernehmen mit dem Auftraggeber festgelegt werden. Das beinhaltet insbesondere den Probenahmezeitpunkt, die Probenahmedauer (Stichprobe, Kurzzeitprobe, Langzeitprobe), die Festlegung der Probenahmestelle, aber auch mit welcher Technik (Probenschöpfer, Pumpen usw.) die Probe genommen werden soll.

Bei Festlegung der Probenahmestelle sind folgende Grundvoraussetzungen zu beachten:

- Die Probenahmestelle muss so festgelegt sein, dass die Wasserprobe repräsentativ für den Untersuchungszweck ist;
- die Probenahmestelle muss wiederholbare Entnahmen gewährleisten;
- die Probenahmestelle muss sich eindeutig kennzeichnen lassen;
- die Probenahmestelle muss so eingerichtet sein, dass sie für den Probenehmer und seine Untersuchungen an Ort und Stelle leicht zugänglich ist.

Als organisatorische Maßnahme zur Vorbereitung der Probenahme empfiehlt es sich, die folgende Checkliste (Selent und Grupe, 1998) inhaltlich abzuarbeiten:

- Reinigung und Bereitstellung der Probenahmegeräte;
- Probenschöpfer;
- Testlauf bei automatischen Systemen;
- Reinigung und Bereitstellung der Geräte zur Homogenisierung und Probenteilung;
- Reinigung und Bereitstellung geeigneter Probenbehältnisse;
- Reinigung und Bereitstellung von Filtrationsgeräten;
- Bereitstellung von Material zur Kennzeichnung der Probenbehältnisse;
- Bereitstellung von Kühltaschen und Kühlelementen;
- Testen und Bereitstellen der Geräte für die Vor-Ort-Analytik;
- Bereitstellung von Chemikaliensätzen zur Vor-Ort-Analytik;
- Bereitstellung von Schutzkleidung und Gerätschaften zur Arbeitssicherheit;

- Vorbereitung von Probenahmeprotokollen;
- Vorbereitung des Probenahmefahrzeuges;
- Zusammenstellen von Karten und Plänen.

Eine saubere Arbeitsweise bei der Probenahme, um eine Kontamination der Probe zu vermeiden, sollte selbstverständlich sein. Dazu sind alle Tätigkeiten, die die Probe beeinflussen könnten (Essen, Trinken, Rauchen, Berühren von Gefäßinnenwänden mit den Händen, unsachgemäßer Umgang mit den Probenahmegeräten), zu unterlassen.

4.2.3 Probenahmearten

Einen Überblick über die Probenahmearten gibt Tab. 4.2.

Tab. 4.2: Probenahmearten.

Einzelprobe	durch einmalige Entnahme (meist durch Schöpfen) gewonnene Probe
Stichprobe	Einzelproben zur Beurteilung eines momentanen Zustandes
Mischprobe	eine aus mehreren Einzelproben vereinigte Probe
Durchschnittsprobe	besondere Form der Mischprobe, die nach vorgegebenen Regeln aus Einzelproben von Hand gemischt oder von automatischen Probenahmegeräten kontinuierlich oder diskontinuierlich gesammelt wird. Sie soll repräsentativ sein im Hinblick auf das in einem Zeitraum abgeflossene Wasservolumen oder auf einen bestimmten Querschnitt oder eine Oberfläche einer Wasserteilmenge zu einem vorgegebenen Zeitpunkt oder auf ein bestimmtes Volumen, z. B. eines Wasserbehältnis. Häufig sind Tagesdurchschnittsprobe (24-h-Perioden) bzw. die Zweistunden-Durchschnittsprobe (2-h-Perioden)
qualifizierte Stichprobe	Mischprobe aus mindestens 5 Stichproben im Abstand von nicht weniger als 2 min und über eine Zeitspanne von höchstens 2 h entnommen
kontinuierliche Probenahme	Entnahme eines Wasserteilstromes ohne Unterbrechung
zeitkontinuierliche Probenahme	Entnahme von stets gleichen Volumina in bestimmten Zeitabständen ohne Unterbrechung (konstanter Teilstrom)
durchflusskontinuierliche Probenahme	Entnahme durch einen proportional zum Wasserstrom geregelten Teilstrom ohne Unterbrechung
diskontinuierliche Probenahme	Entnahme von Einzelproben in Intervallen
zeitproportionale Probenahme	diskontinuierliche Probenahme, bei der in gleichen Zeitabständen gleiche Volumina entnommen und zu einer Sammelprobe vereinigt werden

Tab. 4.2 (fortgesetzt)

durchflussproportionale Probenahme	diskontinuierliche Probenahme, bei der in gleichen Zeitabständen variable, dem jeweiligen Durchfluss proportionale Volumina entnommen werden.
volumenproportionale Probenahme	diskontinuierliche Probenahme, bei der in variablen, dem Durchfluss proportionalen Zeitabständen gleiche Volumina entnommen werden

4.2.4 Technik der Probenahme

Die Technik der Probenahme wird im Wesentlichen durch die Art des zu beprobenden Wassers und dabei wiederum durch die Art der Entnahmestelle mitbestimmt. Allgemein gesehen sollte eine Probenahmetechnik gewählt werden, die eine Veränderung der Probe hinsichtlich seiner zu untersuchenden Inhaltsstoffe möglichst ausschließt. Dazu gehört, dass Gerätschaften zur Probenahme keine Stoffe abgeben, die die Ergebnisse einer späteren Analyse verfälschen. Deshalb sollte immer ein möglichst kurzer Kontakt zwischen Probe und Probenahmegerät angestrebt werden. Unnötige Handlungen, wie z. B. häufiges Umfüllen der gewonnenen Proben, sind zu vermeiden.

Für alle **Probenahmegeräte** (einschließlich Probenbehälter und -verschlüsse) gilt der Grundsatz, dass durch sie die gewonnene Wasserprobe bei Transport und Lagerung nicht in ihrer Beschaffenheit verändert werden darf. Die Auswahl der geeigneten Probengefäße hängt im Wesentlichen von den in der Wasserprobe zu bestimmenden Parametern ab. So sind Kunststoffflaschen als Probenbehälter für die Analyse von Metall-Ionen sehr gut geeignet, sie können aber die Bestimmung von organischen Spurenstoffen durch Adsorption oder auch Abgabe von organischen Stoffen aus dem Flaschenmaterial empfindlich stören. Andererseits sind Glasflaschen (Borsilikatglas, Quarzglas, Braunglas) zwar für die meisten Proben als Probengefäße gut geeignet, können aber für die Probenkonservierung durch Tiefgefrieren nicht eingesetzt werden.

Auch nach der Konservierung ist die Probe schnellstmöglich zu untersuchen.

Allgemeingültige Aussagen über die Beständigkeit der einzelnen Wasserinhaltsstoffe nach der Probenahme bis zur Analyse sind nicht möglich. In der Regel werden sich in Wässern, in denen mikrobiologische Umsetzungen vorherrschen, stärkere qualitative und quantitative Veränderungen vollziehen als in unbelasteten Oberflächen-, Grund- und Trinkwässern. Sehr stark auf das Ergebnis wirken sich Veränderungen jeglicher Art bei Stoffen aus, die nur in geringer Konzentration vorliegen (Spurenstoffe).

Das **Füllen der Probenahmegefäße** bedarf besonderer Sorgfalt. Verschiedentlich kann das Untersuchungswasser an Zapfhähnen direkt entnommen werden, wenn sich ein langsames Einfließen in die Probenahmegefäße einregulieren lässt. Zu einer von äußeren Einflüssen weitgehend ungestörten Wasserentnahme an Zapfhähnen wird zweckmäßigerweise über den Hahn ein Plastikschlauch (Teflon) gezogen, der bis zum Boden des Entnahmegefäßes reicht. Falls dies nicht möglich ist, kann auch ein Trichter mit Plastikschlauch unter den Hahn gehalten werden. Der Einlauf in das Entnahmegefäß lässt sich mittels Schlauchklemme regulieren. Der Trichter muss ständig überstaut bleiben, um eine Probenahme ohne intensiven Luftkontakt durchzuführen. Solche Entnahmen sind vor allem dann erforderlich, wenn die im Wasser gelösten Gase (z. B. CO_2, O_2) bestimmt werden sollen.

Wenn bei Oberflächenwässern, Wasserversorgungsanlagen oder Wassererschließungen keine Entnahmevorrichtung installiert ist, muss die Probenahme mit entsprechenden Gerätschaften erfolgen (z. B. Schöpfbecher, Ruttner-Schöpfer).

Zur kontinuierlichen Wasserentnahme aus Quellen und Bohrbrunnen, deren Ruhewasserspiegel unter Gelände liegt, werden Pumpen verwendet. Vorwiegend handelt es sich um elektrisch betriebene Unterwasser-Kreiselpumpen (Tauchmotorpumpen), die unterhalb des jeweiligen Ruhewasserspiegels am Steigrohr oder Steigschlauch angebracht sind. Bei Wasserentnahmen bis zu max. 9 m unter Gelände können auch Saugpumpen mit Kugelventil benutzt werden. Allerdings ist zu berücksichtigen, dass sich durch diese Entnahmeart die chemische Zusammensetzung gasführender Wässer in der Probe verändern kann.

Gefäße, die keine Stabilisierungsmittel enthalten, sowie die Gefäßdeckel werden vor der Probenahme mehrfach mit Probenwasser vorgespült. Das Abfüllen der Wasserprobe soll blasenfrei und unter Vermeidung von Turbulenzen erfolgen.

Bei Gefäßen, die Stabilisierungsmittel enthalten, muss der Abfüllvorgang vor dem endgültigen Auffüllen unterbrochen werden, um das Stabilisierungsmittel durch vorsichtiges Schütteln des geschlossenen Gefäßes homogen in der Probe zu verteilen. Erst dann wird vollständig aufgefüllt.

Anschließend werden die Gefäße durch vorsichtiges Eindrehen von Schliffstopfen oder mit Hilfe von geeigneten Schraubdeckeln (evtl. mit Teflondichtung) verschlossen. Verschlüsse dürfen während des Probenahmevorgangs nicht verschmutzt werden. Schliffstopfen sind während des Transportes durch zusätzliche Klammern zu sichern.

Der **Transport** der Proben ins Labor sollte so schnell wie möglich erfolgen. Dabei sind die Proben möglichst dunkel und kühl zu transportieren.

Falls eine sofortige Untersuchung nach Probeneingang nicht möglich ist, müssen die Proben zwischengelagert werden und eine Lagerung im Kühlschrank (evtl. Tiefgefrieren) ist erforderlich. Dabei sind die unterschiedlichen zulässigen Lagerzeiten für die einzelnen Parameter zu beachten.

Unter dem Begriff **Probenvorbehandlung** werden alle Arbeitsschritte zusammengefasst, die zwischen der Probenahme und der Analyse im Laboratorium liegen. Diese Arbeitsschritte sind:
- Homogenisierung und Teilung der Proben
- Lagerung der Proben
- Filtration/Zentrifugation
- Stabilisierung bzw. Konservierung der Proben.

Wenn mehrere Untersuchungen im Labor aus einer Probe erfolgen sollen, muss die Probe entsprechend aufgeteilt werden. Enthält die Probe feste Partikel, muss die Probe vor der Teilung so homogenisiert werden (z. B. durch Rühren unter definierten Bedingungen), dass auch die Teilproben repräsentativ bleiben. Die Homogenisierung und Teilung kann am Ort der Probenahme oder im Labor vorgenommen werden.

Wenn eine Probe Feststoffe (Trübstoffe) enthält, so muss entschieden werden, ob die Probe aufgeschlossen werden soll (z. B. mit Säure), um die Gesamtmenge eines Parameters zu erfassen, oder ob die Trübstoffe durch Filtration oder Zentrifugation abzutrennen sind. Gesuchte Stoffe könnten an den Feststoffen adsorbiert sein, so dass das Ergebnis der Wasseranalyse von der Vorbehandlung abhängt.

Bei allen Vorbehandlungsschritten muss sichergestellt werden, dass die Probe einerseits nicht durch Eintrag von Stoffen in die Probe und andererseits durch Austrag von Stoffen aus der Probe (z. B. Ausgasen von leichtflüchtigen Substanzen) beeinträchtigt wird.

Wie schon erwähnt, ist eine sofortige Untersuchung der Probe nach Eingang im Labor nicht immer möglich. Ebenso sind Proben oft längeren Transportzeiten ausgesetzt. Um diese Proben längerfristig vor Kontaminationen, Verlusten oder anderen Veränderungen zu schützen, müssen sie stabilisiert bzw. konserviert werden. Die Wahl des Konservierungsmittels und der Konservierungsmethode wird durch die nachfolgende Analytik bestimmt. Folgende grundsätzliche Forderungen an eine Probenkonservierung sind zu beachten:

- Es gibt kein universelles Konservierungsmittel. Deshalb ist die getrennte Konservierung von Teilproben nach Parametern erforderlich (Tab. 4.3).
- Konservierungsmaßnahmen, die über das übliche Kühlen hinausgehen, sollten nur angewandt werden, wenn dies zur Sicherstellung der Analysenergebnisse unbedingt nötig ist.
- Die Konservierung darf das anzuwendende Analysenverfahren nicht stören.
- Es muss sichergestellt sein, dass die Konservierungsmaßnahme, die gezielt für einen Parameter eingesetzt wird, die Bestimmung anderer Parameter nicht stört.
- Als Konservierungsmittel sollten möglichst Substanzen eingesetzt werden, die nicht zusätzliche Umweltkontaminationen hervorrufen und eine Beseitigung der Probenreste erschweren.
- Eine Erhöhung gesundheitlicher Risiken für Probenehmer und Analytiker durch die Konservierungsmaßnahme sollte vermieden werden. Wo dies in Ausnahmefällen nicht möglich ist, muss ausdrücklich und erkenntlich darauf hingewiesen werden!

Eingeführte Konservierungsmethoden für ausgewählte Parameter, das geeignete Material für Probengefäße, die Art der Konservierung und die maximale Aufbewahrungsdauer der konservierten Probe werden in Tab. 4.3 zusammengefasst.

Tab. 4.3: Konservierung und Aufbewahrung von Wasserproben (nach DIN EN ISO 5667-3:2013).

Zu untersuchender Parameter	Behältermaterial[a)]	übliches Volumen (ml) und Fülltechnik[b)]	Konservierungstechnik	empfohlene höchste Aufbewahrungszeit vor der Analyse	Anmerkungen
Azidität und Alkalinität	P oder G	500 den Behälter vollständig füllen, um Luft auszuschließen	auf 1 °C bis 5 °C kühlen	14 Tage	Proben sollten vorzugsweise vor Ort analysiert werden (vor allem bei Proben mit hohem Gasgehalt); Reduktion und Oxidation während der Lagerung können die Probe verändern
adsorbierbare organische Halogene (AOX)	P oder G G bei vermutet niedriger Konz.	1000 den Behälter vollständig füllen, um Lufteintrag zu vermeiden	ansäuern auf pH 1 bis 2 mit HNO_3, kühlen auf 1 °C bis 5 °C, im Dunkeln lagern	5 Tage	Ist die Probe gechlort, dem leeren Behälter je 1000 ml Probe 80 mg $Na_2S_2O_3 \cdot 5\ H_2O$ zufügen
	P	1000	auf < −18 °C tiefgefrieren	1 Monat	
Aluminium	P, PTFE	100	ansäuern auf pH 1 bis 2 mit HNO_3	1 Monat	
Ammonium	P oder G	500	ansäuern auf pH 1 bis 2 mit H_2SO_4, kühlen auf 1 °C bis 5 °C	21 Tage	vor Ort und vor der Konservierung filtrieren
	P	500	tiefgefrieren auf < −18 °C	1 Monat	

Tab. 4.3 (fortgesetzt)

Zu untersuchender Parameter	Behältermaterial[a)]	übliches Volumen (ml) und Fülltechnik[b)]	Konservierungstechnik	empfohlene höchste Aufbewahrungszeit vor der Analyse	Anmerkungen
Anionen (Br^-, F^-, Cl^-, NO_2^-, NO_3^-, SO_4^{2-}, PO_4^{3-})	P oder G	500	kühlen auf 1 °C bis 5 °C	24 h	vor Ort vor der Konservierung filtrieren
	P	500	tiefgefrieren auf < −18 °C	1 Monat	
Antimon	PE, PP, FEP, PTFE	100	ansäuern auf pH 1 bis 2 mit HCl oder HNO_3	1 Monat	bei Einsatz der Hydridtechnik sollte HCl verwendet werden
Arsen	P, säuregewaschen BG, säuregewaschen	500	ansäuern auf pH 1 bis 2 mit HCl oder HNO_3	6 Monate	bei Einsatz der Hydridtechnik sollte HCl verwendet werden
Barium	P, säuregewaschen	100	ansäuern auf pH 1 bis 2 mit HNO_3	1 Monat	H_2SO_4 nicht verwenden
Beryllium	P, säuregewaschen	100	ansäuern auf pH 1 bis 2 mit HNO_3	1 Monat	
biochemischer Sauerstoffbedarf (BSB)	P oder G	1000 Behälter vollständig füllen, um Luft auszuschließen	kühlen auf 1 °C bis 5 °C	24 h	Probe im Dunkeln lagern; bei Gefrieren auf < −18 °C: 6 Monate (1 Monat, wenn > 50 mg/l)[c)]
	P	1000	tiefgefrieren auf < −18 °C	1 Monat	
Bor	P	100	ansäuern auf pH 1 bis 2 mit HNO_3	6 Monate	

Bromat	P	1000	kühlen auf 1 °C bis 5 °C	1 Monat	Ozon aus Probe entfernen, z. B. durch Zugabe von 50 mg Ethylendiamin zu 1 l Probe unmittelbar nach Probenahme
Bromide und Bromverbindungen	P oder G	100	kühlen auf 1 °C bis 5 °C	1 Monat	
Rest-Brom	P oder G	500	Analyse vor Ort	5 min	
Cadmium	P, säuregewaschen oder BG, säuregewaschen	100	ansäuern auf pH 1 bis 2 mit HNO_3	6 Monate	
Calcium	P oder G	100	ansäuern auf pH 1 bis 2 mit HNO_3	1 Monat	
Carbamat-Pestizide	G, mit Lösemittel gewaschen	1000	kühlen auf 1 °C bis 5 °C	14 Tage	ist die Probe gechlort, dem leeren Behälter vor der Probenahme je 1000 ml Probe 80 mg $N_2S_2O_3 \cdot 5\ H_2O$ zusetzen
	P	1000	tiefgefrieren auf < −18 °C	1 Monat	
Kohlenstoffdioxid	P oder G	500 Behälter vollständig füllen, um Luft auszuschließen	kühlen auf 1 °C bis 5 °C	1 Tag	Bestimmung vorzugsweise vor Ort
Kohlenstoff, gesamter organischer (TOC)	P oder G	100	ansäuern auf pH 1 bis 2 mit H_2SO_4, kühlen auf 1 °C bis 5 °C	7 Tage	ansäuern auf pH 1 bis 2 mit H_3PO_4 ist geeignet; werden flüchtige organische Verbindungen vermutet, so ist ansäuern nicht geeignet; stattdessen innerhalb 8 h analysieren
	P	100	tiefgefrieren auf < −18 °C	1 Monat	

Tab. 4.3 (fortgesetzt)

Zu untersuchender Parameter	Behältermaterial[a)]	übliches Volumen (ml) und Fülltechnik[b)]	Konservierungstechnik	empfohlene höchste Aufbewahrungszeit vor der Analyse	Anmerkungen
Kohlenstoff, gelöster organischer (DOC)	P oder G	100	Wasser ist vor Ort zu filtrieren. Ansäuern auf pH 1 bis 2 mit H_2SO_4 oder H_3PO_4	7 Tage	
	P	100	tiefgefrieren auf < -18 °C	1 Monat	
chemischer Sauerstoffbedarf (CSB)	P oder G	100	ansäuern auf pH 1 bis 2 mit H_2SO_4	6 Monate	
	P	100	tiefgefrieren auf < -18 °C	6 Monate	
Chloramin	P oder G	500		5 min	Probe im Dunkeln aufbewahren; die Analyse sollte vor Ort durchgeführt werden, und zwar innerhalb von 5 min
Chlorat	P oder G	500	Zugabe von NaOH auf pH 10 +/− 0,5, kühlen auf 1 °C bis 5 °C	7 Tage	
Chlorid	P oder G	100		1 Monat	

chlorierte Lösemittel	G, mit PTFE beschichtetem Verschluss Headspace-Vials mit PTFE-beschichtetem Septum	250 Behälter vollständig füllen, um Luft auszuschließen	ansäuern auf pH 1 bis 2 mit HCl (nicht bei purge-and-trap), HNO_3 oder H_2SO_4 kühlen auf 1 °C bis 5 °C	7 Tage 5 Tage 24 h	bei gechlorten Proben je 250 ml Probe 20 g $Na_2S_2O_3 \cdot 5\ H_2O$ in den leeren Behälter geben; bei dynamischer Headspace stört HCl
Chlordioxid	P oder G	500		5 min	im Dunkeln aufbewahren; die Analyse sollte vor Ort innerhalb 5 min durchgeführt werden
Chlor, Restchlor	P oder G	500		5 min	im Dunkeln aufbewahren; die Analyse sollte vor Ort innerhalb 5 min durchgeführt werden
Chlorit	P oder G	500	Zugabe von NaOH auf pH 10 +/− 0,5, kühlen auf 1 °C bis 5 °C	7 Tage	im Dunkeln aufbewahren; die Analyse sollte vor Ort innerhalb 5 min durchgeführt werden
Chrom	P, säuregewaschen	100	ansäuern auf pH 1 bis 2 mit HNO_3	6 Monate	
Chrom (VI)	P, säuregewaschen oder BG, säuregewaschen	100	kühlen auf 1 °C bis 5 °C	bis 4 Tage	Reduktion und Oxidation während der Standzeit können die Konzentrationen verändern
Cobalt	P, säuregewaschen	100	ansäuern auf pH 1 bis 2 mit HNO_3	1 Monat	

Tab. 4.3 (fortgesetzt)

Zu untersuchender Parameter	Behältermaterial[a)]	übliches Volumen (ml) und Fülltechnik[b)]	Konservierungstechnik	empfohlene höchste Aufbewahrungszeit vor der Analyse	Anmerkungen
Färbung	P oder G	500	kühlen auf 1 °C bis 5 °C	5 Tage	im Dunkeln aufbewahren; im Fall von eisen(II)reichem Grundwasser sollte vor Ort innerhalb 5 min analysiert werden
Leitfähigkeit	P oder BG	100 Behälter vollständig füllen, um Luft auszuschließen	kühlen auf 1 °C bis 5 °C	24 h	Analyse vorzugsweise vor Ort durchführen
Kupfer	P, säuregewaschen	100	ansäuern auf pH 1 bis 2 mit HNO_3	6 Monate	
Cyanid, leicht freisetzbar	P oder G	500	NaOH bis pH > 12 zugeben, kühlen auf 1 °C bis 5 °C	7 Tage, 24 h, wenn Sulfid anwesend ist.	im Dunkeln aufbewahren
Cyanid gesamt	P	500	NaOH bis pH > 12 zugeben, kühlen auf 1 °C bis 5 °C	14 Tage, 24 h, wenn Sulfid anwesend ist	im Dunkeln aufbewahren
Chlorcyan	P	500	kühlen auf 1 °C bis 5 °C	24 h	
Detergenzien	siehe „Tenside“				

gelöste Stoffe (Trockenrückstand)	siehe „Gesamttrockenrückstand“				
Fluoride	P, nicht PTFE	200		1 Monat	
Hydrazin	G	500	ansäuern mit HCl auf 1 mol/l	24 h	im Dunkeln aufbewahren
Kohlenwasserstoffe	G	1000 den Behälter nicht mit Lösemittel vorspülen, da der Parameter an der Behälterwand haftet; Behälter vollständig füllen	ansäuern auf pH 1 bis 2 mit H_2SO_4, HCl, oder HNO_3	1 Monat	
Hydrogencarbonate	siehe „Azidität und Alkalinität“				
Iodid	P oder G	500	kühlen auf 1 °C bis 5 °C	1 Monat	
Iod	G	500	kühlen auf 1 °C bis 5 °C	24 h	im Dunkeln aufbewahren
Eisen(II)	P, säuregewaschen oder BG, säuregewaschen	100	ansäuern auf pH 1 bis 2 mit HCl, Luftsauerstoff ausschließen	7 Tage	
Eisen, gesamt	P, säuregewaschen	100	ansäuern auf pH 1 bis 2 mit HNO_3	1 Monat	
Kjeldahl-Stickstoff	P oder BG	250	ansäuern auf pH 1 bis 2 mit H_2SO_4	1 Monat	im Dunkeln aufbewahren
	P	250	tiefgefrieren auf < -18 °C	6 Monate	
Blei	P, säuregewaschen	100	ansäuern auf pH 1 bis 2 mit HNO_3	6 Monat	
Lithium	P, säuregewaschen	100	ansäuern auf pH 1 bis 2 mit HNO_3	1 Monat	

Tab. 4.3 (fortgesetzt)

Zu untersuchender Parameter	Behältermaterial[a)]	übliches Volumen (ml) und Fülltechnik[b)]	Konservierungstechnik	empfohlene höchste Aufbewahrungszeit vor der Analyse	Anmerkungen
Magnesium	P, säuregewaschen	100	ansäuern auf pH 1 bis 2 mit HNO_3	1 Monat	
Mangan	P, säuregewaschen	100	ansäuern auf pH 1 bis 2 mit HNO_3	1 Monat	
Molybdän	P, säuregewaschen	100	ansäuern auf pH 1 bis 2 mit HNO_3	1 Monat	
Quecksilber	P, säuregewaschen oder BG, säuregewaschen	500	ansäuern auf pH 1 bis 2 mit HNO_3	6 Monate	
			Zugabe von HCl 1 ml/100 ml	2 Tage	besondere Vorsicht nötig, um Kontamination zu vermeiden
monocyclische aromatische Kohlenwasserstoffe	G, mit PTFE beschichtetem Verschluss	250 Behälter vollständig füllen, um Luft auszuschließen	ansäuern auf pH 1 bis 2 mit HCl (nicht bei purge-and-trap), HNO_3 oder H_2SO_4	7 Tage	bei gechlorten Proben je 250 ml Probe 20 g $Na_2S_2O_3 \cdot 5\,H_2O$ in den leeren Behälter geben;
	Headspace-Vials mit PTFE-beschichtetem Septum			5 Tage	bei dynamischer Headspace stört HCl
Nickel	P, säuregewaschen	100	ansäuern auf pH 1 bis 2 mit HNO_3	6 Monate	

Nitrat	P oder G	250	kühlen auf 1 °C bis 5 °C	24 h	
	P oder G	250	ansäuern auf pH 1 bis 2 mit HCl	7 Tage	
	P	250	tiefgefrieren auf < −18 °C	1 Monat	
Nitrit	P oder G	200	kühlen auf 1 °C bis 5 °C	24 h	Analyse vorzugsweise vor Ort durchführen, 2 Tage[c)]
Gesamtstickstoff	P oder G	500	ansäuern auf pH 1 bis 2 mit H_2SO_4	1 Monat	
	P	500	tiefgefrieren auf < −18 °C	1 Monat	
Geruch	G	500	kühlen auf 1 °C bis 5 °C	6 h	kann vor Ort bestimmt werden (qualitative Analyse)
Öl und Fett	G, lösemittelgewaschen	1000	ansäuern auf pH 1 bis 2 mit H_2SO_4, HCl oder HNO_3	1 Monat	Die Flasche zu 90 % füllen, ausreichend Raum lassen
organisches Chlor	siehe „AOX“				
Organozinn	G	500	kühlen auf 1 °C bis 5 °C	7 Tage	
Orthophosphat, gelöst	siehe „Phosphor, gelöst“				
Orthophosphat, gesamt	siehe „Phosphor, gesamt“				
Sauerstoff	P oder G	300 Behälter vollständig füllen		4 Tage	Sauerstoff vor Ort fixieren und Probe im Dunkeln aufbewahren; das elektrochemische Verfahren darf ebenfalls, und zwar vor Ort, eingesetzt werden

Tab. 4.3 (fortgesetzt)

Zu untersuchender Parameter	Behältermaterial[a)]	übliches Volumen (ml) und Fülltechnik[b)]	Konservierungstechnik	empfohlene höchste Aufbewahrungszeit vor der Analyse	Anmerkungen
Permanganatindex	G oder P	500	ansäuern auf pH 1 bis 2 mit H_2SO_4, 8 mol/l	2 Tage	so rasch wie möglich analysieren
	G oder P	500	kühlen auf 1 °C bis 5 °C und im Dunkeln aufbewahren	2 Tage	
	P	500	tiefgefrieren auf < −18 °C	1 Monat	
Pestizide, Organochlor-, Organophosphor- und Organo-Stickstoff-Verbindung	Dunkles G, mit Lösemittel gewaschen; PTFE-beschichtete Stopfen verwenden; für Glyphosphat P verwenden	1000 bis 3000 den Behälter nicht mit der Probe vorspülen, Analyten haften an Gefäßwand; den Behälter nicht vollständig füllen	kühlen auf 1 °C bis 5 °C je nach Zielanalyt kann pH Einstellung notwendig sein	bis 14 Tage	bei gechlorten Proben dem leeren Behälter je 1000 ml Probe 80 mg $Na_2S_2O_3 \cdot 5\,H_2O$ zufügen; möglichst innerhalb 24 h nach Probenahme extrahieren
Petroleum und Derivate	siehe „Kohlenwasserstoffe“				
pH	P oder G Behälter vollständig füllen, um Luftsauerstoff auszuschließen	100	kühlen auf 1 °C bis 5 °C	1 Tag	Analyse möglichst rasch durchführen, vorzugsweise vor Ort
Phenolindex	PTFE oder G	1000	Ansäuern auf pH $\leq$ 4 mit H_3PO_4 oder H_2SO_4	21 Tage	

Phenole	BG, dunkel, säuregewaschen, Stopfen mit PTFE-Beschichtung	1000 Behälter nicht mit der Probe vorspülen, Analyt haftet an Behälterwand; Behälter nicht vollständig füllen	Ansäuern auf pH $\leqq 4$ mit H_3PO_4 oder H_2SO_4	3 Wochen	bei gechlorten Proben dem leeren Behälter je 1000 ml Probe 80 mg $Na_2S_2O_3 \cdot 5\ H_2O$ zufügen; bei Chlorphenolen innerhalb 2 Tagen extrahieren
Phenole, alkyliert	G mit Schliffstopfen oder mit Schraubdeckel PTFE beschichtet	1000 Behälter nicht mit der Probe vorspülen, Analyt haftet an Behälterwand; Behälter nicht vollständig füllen	Ansäuern auf pH 2 mit HCl oder H_2SO_4	14 Tage	
Phosphor, gelöst	G oder BG oder P	250	kühlen auf 1 °C bis 5 °C	1 Monat	möglichst vor Ort während der Probenahme filtrieren
	P	250	tiefgefrieren auf < –18 °C	1 Monat	vor der Analyse oxidierende Stoffe durch Zusatz von Eisen(II)sulfat oder Natriumarsenit entfernen
	P		ansäuern auf pH 1 bis 2 mit HNO_3		
Phosphor, gesamt	G oder BG oder P	250	ansäuern auf pH 1 bis 2 mit H_2SO_4, HCl oder HNO_3	1 Monat	siehe „Phosphor, gelöst“
	P	250	tiefgefrieren auf < –18 °C	6 Monate	
Phthalate	G			4 Tage	Im Dunklen lagern oder dunkle Flaschen verwenden

Tab. 4.3 (fortgesetzt)

Zu untersuchender Parameter	Behältermaterial[a]	übliches Volumen (ml) und Fülltechnik[b]	Konservierungstechnik	empfohlene höchste Aufbewahrungszeit vor der Analyse	Anmerkungen
polychlorierte Biphenyle (PCB)	G, lösemittelgewaschen, Stopfen mit PTFE-Beschichtung	1000 nicht mit der Probe vorspülen, Analyt haftet an Behälterwand; Behälter nicht vollständig füllen	pH aus 5,0 bis 7,5 einstellen, kühlen auf 1 °C bis 5 °C	7 Tage	wenn durchführbar vor Ort extrahieren; ist die Probe gechlort, dem leeren Behälter je 1000 ml Probe 80 mg $Na_2S_2O_3 \cdot 5\,H_2O$ zufügen
polycyclische aromatische Kohlenwasserstoffe (PAK)	G, lösemittelgewaschen und mit PTFE-beschichtetem Stopfen	500	kühlen auf 1 °C bis 5 °C	7 Tage für Naphthalin nur 4 Tage	wenn möglich, vor Ort extrahieren; ist die Probe gechlort, dem leeren Behälter je 1000 ml Probe 80 mg $Na_2S_2O_3 \cdot 5\,H_2O$ zufügen
Polyfluorierte Verbindungen (nach DIN 38407-42:2011)	PP, PE, mit Methanol gespült	50	kühlen auf 1 °C bis 5 °C	14 Tage	
Kalium	P	100	ansäuern auf pH 1 bis 2 mit HNO_3	1 Monat	
Selen	P, säuregewaschen	500	ansäuern auf pH 1 bis 2 mit HNO_3	1 Monat	Bei Anwendung Hydridtechnik mit HCl ansäuern

Silicat, gelöst	P	200	kühlen auf 1 °C bis 5 °C	1 Monat	möglichst vor Ort während der Probenahme filtrieren
Silicat, gesamt	P	100	kühlen auf 1 °C bis 5 °C	1 Monat	
Silber	P, säuregewaschen	100	ansäuern auf pH 1 bis 2 mit HNO_3	1 Monat	
Natrium	P	100	ansäuern auf pH 1 bis 2 mit HNO_3	1 Monat	
Feststoffe, suspendiert	P oder G	500	kühlen auf 1 °C bis 5 °C	2 Tage	
Sulfat	P oder G	200	kühlen auf 1 °C bis 5 °C	1 Monat	
Sulfid (leicht freisetzbar)	P	500 Behälter vollständig füllen, um Luft auszuschließen	kühlen auf 1 °C bis 5 °C, pH auf 8,5 bis 9,0 einstellen	1 Woche	Proben sofort durch Zugabe von 2 ml 10 % (Massenkonzentration) Zinkacetat-Lösung fixieren; ist die Probe gechlort, dem leeren Behälter je 100 ml Probe 80 mg Ascorbinsäure vor der Analyse zufügen
Sulfit	P oder G	500 Behälter vollständig füllen, um Luft auszuschließen		2 Tage	vor Ort fixieren durch Zugabe von 1 ml einer 2,5 % (Massenanteil) EDTA-Lösung je 100 ml Probe

Tab. 4.3 (fortgesetzt)

Zu untersuchender Parameter	Behältermaterial[a)]	übliches Volumen (ml) und Fülltechnik[b)]	Konservierungstechnik	empfohlene höchste Aufbewahrungszeit vor der Analyse	Anmerkungen
Tenside, anionische	G, mit Methanol spülen	500	kühlen auf 1 °C bis 5 °C	3 Tage	Glasgerät sollte nicht mit Tensiden gespült werden; kann mit der Untersuchung der nichtionischen Tenside kombiniert werden
Tenside, kationische	G, mit Methanol spülen	500	kühlen auf 1 °C bis 5 °C	2 Tage	Glasgerät sollte nicht mit Tensiden gespült werden
Tenside, nicht ionische	G	500 Behälter vollständig füllen	Zugabe von einer 37 % (Volumenanteil) Formaldehyd-Lösung, Endkonzentration 1 % (Volumenanteil); kühlen auf 1 °C bis 5 °C	1 Monat	Glasgerät sollte nicht mit Tensiden gespült werden
Zinn	P, säuregewaschen, oder BG, säuregewaschen	100	ansäuern auf pH 1 bis 2 mit HCl	1 Monat	
Gesamthärte Gesamttrockenrückstand	siehe „Calcium“ P oder G			7 Tage	

Flüchtige organische Verbindungen	G, Vials mit PTFE-beschichtetem Septum	100 Behälter vollständig füllen, um Luft auszuschließen	Ansäuern auf pH 1 bis 2 mit HCl (nicht bei purge-and-trap), H_2SO_4 oder HNO_3 kühlen auf 1 °C bis 5 °C	7 Tage	wenn die Probe gechlort ist, je 100 ml Probe 8 mg $Na_2S_2O_3 \cdot 5\ H_2O$ in den leeren Behälter geben
Trübung	P oder G	100	kühlen auf 1 °C bis 5 °C; im Dunkeln aufbewahren	1 Tag	vorzugsweise vor Ort
Uran	P, säuregewaschen oder BG, säuregewaschen	200	ansäuern auf pH 1 bis 2 mit HNO_3	1 Monat	
Vanadium	P, säuregewaschen	100	ansäuern auf pH 1 bis 2 mit HNO_3	1 Monat	
Zink	P, säuregewaschen	200	ansäuern auf pH 1 bis 2 mit HNO_3	6 Monate	

[a] P = Kunststoff (z. B. Polyethylen, PTFE (Polytetrafluorethylen), PVC (Polyvinylchlorid), PET (Polyethenterephthalat)
G = Glas
BG = Borsilicat-Glas
[b] das Volumen gilt für eine Einzelbestimmung
[c] validierte verlängerte Aufbewahrungszeit

4.2.5 Probenahmeprotokoll

Für die Auswertung der Analysendaten und für den Analysenbericht mit der Beurteilung des Wassers ist eine Aufzeichnung aller Umstände bei der Probenahme in Form eines Probenahmeprotokolls erforderlich. Die Aufzeichnung von zu vielen, d. h. letztlich nicht benötigten, Einzelheiten ist besser als der meist erfolglose Versuch, fehlende Angaben im Nachhinein zu beschaffen.

Folgende Angaben, deren Erweiterung, Abänderung oder Einschränkung dem sachkundigen Probenehmer überlassen bleibt, sollten im Protokoll angegeben werden:

- Auftraggeber und Probenehmer;
- Art und Herkunft des Wassers;
- Datum, Uhrzeit und Witterungsverhältnisse (z. B. Starkregen);
- Zweck der Probenahme und der Wasseruntersuchung;
- Bezeichnung der Probenahmestelle, evtl. Beschreibung, Lageplan und Fotobeleg;
- Beschreibung der Entnahmemethode;
- Entnahmetiefe;
- Fördermenge (mit Pumpen) oder Schüttung einer Quelle (freier Auslauf);
- Vermerke über Konservierungen;
- besondere Beobachtungen (z. B. Fischsterben, Schaumbildung, auffällige Trübungen und Färbungen);
- Ergebnisse der an Ort und Stelle bestimmten Parameter (z. B. Luft- und Wassertemperatur, pH-Wert, elektrische Leitfähigkeit, Sichttiefe);
- evtl. Zeugen des Sachverhalts.

Weitere Einzelheiten der Probenahme sind in der DIN 38402, Teile 11 bis 15 und in der DIN EN ISO 5667, Teile 1, 3 und 5 beschrieben.

C. Schlett

4.3 Geruch und Geschmack

4.3.1 Geruchs- und Geschmackssinn

Die Prüfung auf Geruch und Geschmack ist ein wesentliches Element der Qualitätsbeurteilung nicht nur bei Trinkwasser, sondern allgemein zur Bewertung der Umwelt. Auffällige Sinnesempfindungen, die von den Erfahrungen des Menschen abweichen, werden als Warnung gewertet. Ein jeder zögert, wenn die gewohnte Sensorik nicht stimmt.

Unter den sensorischen Parametern spielen Geruch und Geschmack bei der Wasserbewertung eine besondere Rolle. Sie beruhen auf den sehr selektiven Reaktionen spezieller und hoch empfindlicher Sinneszellen mit anorganischen und organischen Stoffen. Während der Geschmackssinn auf Reaktionen organischer und anorganischer, meist nicht flüchtiger Stoffen beruht, wird der Geruch fast ausschließlich von organischen, flüchtigen Verbindungen hervorgerufen.

Der **Geschmackssinn** umfasst fünf Grundarten (Altuer, 1993). Die bisher bekannten vier Geschmacksqualitäten bitter, sauer, süß und salzig wurden um „unami“ (jap. herzhaft, fleischig, wohlschmeckend) erweitert. Diese Geschmacksart tritt besonders bei proteinhaltigen Lebensmitteln auf. Dieser Geschmack ist an das Vorhandensein der Glutaminsäure gebunden. Die Geschmackssinneszellen bilden die Geschmacksknospen, die in der Lage sind, die Geschmacksrichtungen zu unterscheiden. Die Wahrnehmung erfolgt über so genannte Rezeptorpotenziale, die Weiterleitung geschieht über Nervenimpulse.

Die Wahrnehmung eines **Geruchs**, eine Reaktion, die viel spezifischer, selektiver und differenzierter erfolgt als beim Geschmackssinn, geschieht in den Sinneszellen der Regio olfactoria. Dabei ist zu beachten, dass die Reaktionen auch sehr stark stereoselektiv beeinflusst sein können, d. h. derselbe Stoff kann als völlig unterschiedlicher Geruch (Geruchsnote) wahrgenommen werden, je nachdem wie die Molekülgruppen räumlich angeordnet sind (dieses Phänomen der Stereoselektivität ist immer auch biologisch wirksam; besonders bekannt ist das Beispiel linksdrehender bzw. rechtsdrehender Milchsäure). Der Geruchssinn ist in der Lage, einige Tausende von unterschiedlichen Reizen qualitativ und quantitativ zu unterscheiden.

Die Riechsinneszellen liegen in der Regio olfactoria des Nasendachs. Sie ist beim Menschen ca. 10 cm^2 groß und enthält ca. 107 Rezeptoren. Die Duftmoleküle erzeugen auf den Riechsinneszellen einen Impuls. Der weitere Riechvorgang erfolgt über die Reizweiterleitung über den Bulbus olfactorius (Riechkolben) bis in den Hypothalamus und bis in die Hirnrinde. Die Reizübertragung wird durch Proteine unter Beteiligung von Natrium-Ionen durchgeführt.

4.3.2 Herkunft von Geruchsstoffen

Aufgrund der weitaus spezifischeren Erfassung durch die Sinne führen Geruchsstoffe im Vergleich zu Geschmacksstoffen viel öfter zu einer Beanstandung des Trinkwassers (Rosen et al., 1970). Als typische Ursachen an Geruchsauffälligkeiten wären zu nennen:

- Anorganische Substanzen;
- besondere hydrochemische Gegebenheiten (z. B. Schwefelwasserstoff);
- Migration aus Werkstoffen;
- Restgehalte an Desinfektionsmitteln;
- Einleitungen aus Industrieabwässern (z. B. Phenole);
- Abwassereinleitungen (z. B. Kosmetika, Waschmittel);
- Reaktionsprodukte aus einer Desinfektion;
- mikrobieller Abbau von organischen Materialien;

– Stoffwechselprodukte von Organismen (hierzu siehe Abschn. 7.4);
– biochemische Reaktionen (siehe z. B. Abschn. 7.4).

Vor allem Restgehalte von Desinfektionsmitteln (z. B. Chlor, Chlordioxid) spielen eine wichtige Rolle und sind deswegen seit langem Gegenstand von Untersuchungen (Burttschell et al., 1959). Die **anorganischen Stoffe,** z. B. gelöstes Eisen, werden erst in höheren Konzentrationen auffällig, allerdings eher als auffälliger Geschmack als über den Geruchssinn. Von den **organischen Substanzen** sollen einige typische Beispiele näher beschrieben werden.

Geruchsstoffe aus Industrieeinleitungen: Sie können einmal aus Abwassereinleitungen in das zur Trinkwassergewinnung genutzte Rohwasser gelangen. Beispiele sind neben Chlorphenolen (aus z. B. der Zellstoffindustrie) ebenso Mineralölprodukte, Organochlorverbindungen sowie Stoffe aus Kosmetika und Waschmitteln. Bei den Phenolen sind neben den Chlorverbindungen auch die Alkyl- und Bromderivate von Bedeutung (Wilkesmann, 1996).

Synthetische Geruchsstoffe: Von Bedeutung sind solche Stoffe, die nicht biologisch abbaubar sind und letztlich in das Trinkwasser gelangen. Als typische Vertreter sind die Nitromoschus- bzw. die polyzyklischen Moschusverbindungen zu nennen, die häufig als Parfümzusatz verwendet werden und von denen einige im Verdacht stehen, mutagen bzw. kanzerogen zu sein (Ippen, 1994).

Desinfektionsnebenprodukte: Bei der Desinfektion von Wasser/Trinkwasser mit Chlor, Chlordioxid oder Ozon können Trihalogenmethane, Chlor- bzw. Bromphenole, Aldehyde bzw. Ketone als Geruchsstoffe gebildet werden (Daignault, 1988; Mallevialle und Suffet, 1987). Hier zeichnen sich die Iodverbindungen durch besonders niedrige Geruchsschwellenkonzentrationen aus.

Kunststoffe: Bei der Migration von Inhaltsstoffen aus Kunststoffen (z. B. aus Hausinstallationen oder Behälterbeschichtungen) können ebenfalls Geruchsabweichungen des Trinkwassers entstehen.

Stoffwechselprodukte: Beim mikrobiellen Abbau von organischem Material und beim Stoffwechsel von Mikroorganismen werden Geruchsstoffe gebildet. Die von Cyanobakterien oder von Algen gebildeten biogenen Geruchsstoffe werden ausführlich in Abschn. 7.4 behandelt. Zu beachten ist, dass bei biochemischen Vorgängen stabile Zwischenprodukte gebildet werden, die selbst nicht geruchintensiv wirken, die aber Vorläufer für weitere Geruchsstoffe sein können.

Anisole und Pyrazine: Dies sind besonders geruchintensive Verbindungen. Anisole, z. B. das 2,4,6-Trichloranisol, können durch enzymatische Reaktionen aus Huminsäuren oder Phenolen entstehen, die z. B. auch durch reduktive Dehalogenierung von Chlorkohlenwasserstoffen gebildet werden (Sävenhed et al., 1990). Eine zentrale Stelle scheint das 2,4,6-Trichlorphenol einzunehmen, das durch die so genannte „Biomethylierung" in das entsprechende Anisol umgewandelt werden kann. 2-Isobutyl-3-methoxypyrazin und 2-Isopropyl-3-methoxypyrazin sind in Pflanzen enthalten und zählen mit zu den geruchsintensivsten natürlichen Stoffen (Ohloff, 1990).

4.3.3 Analytik von Geruchsstoffen

Dem Prüfer stehen derzeit drei Messsysteme zur Verfügung:
- Elektronische Nasen;
- Geruchsprüfung (Olfaktometrie);
- chemische Einzelstoffanalytik.

Die **elektronischen Nasen** basieren auf der Sensortechnik und sind in der Lebensmittelindustrie bekannt und werden z. B. in der Prüfung und Beurteilung von Gewürzen, Kunststoff usw. eingesetzt (Übersicht vgl. Schweizer-Bertrich, 1995). In der Wasseranalytik sind sie derzeit jedoch allgemein noch nicht einsetzbar, auch wenn von Einzelfällen berichtet wird. Schwierig ist hier, ein entsprechendes Referenzwasser zu bekommen.

Die in den Laboratorien übliche **Geruchsprüfung** von Wasserproben (Olfaktometrie) ist die Bestimmung des Geruchsschwellenwertes (DIN EN 1622). Dabei wird die Probe (Volumen A) stufenweise mit geruchsfreiem Wasser (Volumen B) verdünnt, bis kein Geruch mehr feststellbar ist. Der Geruchsschwellenwert (TON) berechnet sich nach der Formel:

$$\mathrm{TON} = (B + A)/A \tag{4.1}$$

Somit ist der kleinste Wert TON = 1, d. h. die Wasserprobe ist geruchlich völlig unauffällig.

Diese sensorische Prüfung stellt eine sehr subjektive Prüfung dar, die abhängig ist
- Vom Zustand und Empfindlichkeit des Prüfers,
- von der Prüfumgebung und
- von der Art der Prüfutensilien.

Die Empfindlichkeit der Prüfperson zur Erfassung von Geruchsstoffen ist eine subjektive Einflussgröße, die nur schwer zu bemessen ist. Personen reagieren verschieden stark auf unterschiedliche Substanzen, manchmal sogar geschlechtsspezifisch. In der DIN EN 1622 werden Anforderungen an die allgemeinen Testbedingungen und die Empfindlichkeit der Prüfer gestellt, um diese Messung zu objektivieren. Bis zu einem gewissen Umfang lassen sich der Geruchssinn trainieren und auch die Empfindlichkeiten von Prüfpersonen „harmonisieren". Dies sollte durch Vergleichsanalysen bzw. Ringversuche geprüft und abgeglichen werden.

Durch die Einführung von „Eignungstests" und die konkrete Definition der Anforderungen an die sensorischen Fähigkeiten werden die Grundlagen zur einer objektivierten sensorischen Prüfung gelegt. Wichtig ist dabei die Festlegung einer Gruppe, deren Wahrnehmungen sich nicht grundsätzlich vom Verbraucher unterscheiden. Durch die Prüfung im Kollektiv („Panel") werden Ergebnisse erhalten, die

Tab. 4.4: Geruchsart und Geruchsschwellenkonzentration von ausgesuchten Komponenten (Schlett et al., 1998).

Substanz	GSK*) (µg/l)	Geruchsart
Geosmin	0,006	erdig, muffig
2-Methylisoborneol	0,04	modrig, schimmelartig
Bornylacetat	0,6	nach Tanne
Limonen	8	nach Zitronen
Campher	20	pfefferartig
1-Octanol	9	apfelartig
2,4,6-Trichloranisol	0,003	korkig
2-Isobutyl-3-methoxypyrazin	0,005	scharf

*) GSK = Geruchsschwellenkonzentration (nicht Geruchsschwellenwert)

auf einer breiteren Basis stehen und nicht auf Einzelentscheidungen beruhen. Diese Resultate dürften eher dem allgemeinen Empfinden der Verbraucher entsprechen.

Eine weitere Prüfmöglichkeit ist die **chemische Einzelstoffanalytik.** Sie ist in ihrer Aussage objektiver, jedoch ergibt sich hier die Schwierigkeit der Auswahl der in Frage kommenden Komponenten. Ergebnisse aus einer chemischen Untersuchung lassen keinen Rückschluss auf die Geruchsnote einer detektierten Substanz bzw. eines Peaks zu.

Eine gezielte Analytik im Falle geruchlicher Auffälligkeiten ist nur möglich, wenn man sich anhand von ausgesuchten Referenzsubstanzen einen Überblick über die Geruchsart und die Geruchsschwellenkonzentrationen von Einzelkomponenten bzw. Stoffgruppen verschafft hat, soweit dies überhaupt bei dieser inhomogenen Substanzgruppe möglich ist (siehe Tab. 4.4).

Die chemische Analytik muss so empfindlich werden, dass die Nachweisgrenzen der einzelnen Stoffe an der Geruchsschwellenkonzentration liegt. Nur dann ist eine Aufklärung von Geruchsauffälligkeiten möglich. Eine Auswahl von Methoden und typischen Substanzvertretern ist in Tab. 4.5 aufgeführt.

Folgende Techniken zur Isolierung und Anreicherung sind generell einsetzbar (siehe Abschn. 4.13):
- Purge & Trap-Technik;
- Statische Headspace-Anreicherung;
- Solid-Phase-Extraktion (SPE);
- Flüssig-Flüssig-Anreicherung;
- CLSA (Closed Loop Stripping Analysis);
- SPME (Solid Phase Micro Extraction).

Es hat sich gezeigt, dass die SPE die universellste Probenvorbereitung darstellt (Wilkesmann, 1996). Dies schließt jedoch nicht aus, dass bei einzelnen Stoffen andere Schritte ebenso gut oder sogar besser geeignet sind (z. B. der Nachweis von Anisolen mit SPME).

Tab. 4.5: Analytik von typischen Geruchsstoffen (Schlett, 1995).

Substanzklasse	typische Vertreter	Analysenmethode*)
Phenole	2,4,6-Trichlorphenol	extraktive Derivatisierung, GC/MS
Ketone	2-Hexanon	SPE mit GC/MS
Aldehyde	trans-2-Decenal	SPE mit GC/MS
Synth. Geruchsstoffe	Moschus	SPE mit GC/MS
algenbürtige Stoffe	Geosmin	SPE mit GC/MS
Sulfide	Dimethylsulfid	P&T mit GC/MS
Anisole	2,4,6-Trichloranisol	SPE mit GC/MS
Pyrazine	2-Isobutyl-3-methoxypyrazin	SPE mit GC/MS
organische Säuren	Trichloressigsäure	F/F mit GC/MS
Benzole	1,4-Dichlorbenzol	P&T mit GC/MS
Weitere	Ethylbrassylat	SPE mit GC/MS

*) GC/MS = Gaschromatographie mit Massenspektrometrie (siehe dazu Abschn. 4.7.7)
SPE = Solid-Phase-Extraktion; P&T = Purge and Trap; F/F = Flüssig-Flüssig-Anreicherung)

In den letzten Jahren hat sich auch die Flüssigkeitschromatographie mit massenspektrometrischen Detektoren als weitere Möglichkeit etabliert. Sie hat jedoch noch nicht die weite Anwendung wie die Gaschromatographie.

4.3.4 Vorkommen von Geruchsstoffen

Während noch vor einigen Jahren in Zusammenhang mit Geruchs- und Geschmacksstoffen im Wasser meist von anorganischen Stoffen die Rede gewesen ist, haben sich in letzter Zeit bei Geruchs-/Geschmacksauffälligkeiten mehr und mehr die organischen Komponenten als die Verursacher herausgestellt. Dies beruht mit Sicherheit auf der Tatsache, dass die organische Analytik erst in den letzten Jahren aufgrund der Entwicklungen von empfindlicheren Analysentechniken in der Lage ist, eine Geruchsanalytik im Wasser unterhalb der Geruchsschwellenkonzentration vorzunehmen. Erst durch die instrumentellen Fortschritte in der Massenspektrometrie lassen sich zudem Komponenten im Spurenbereich zweifelsfrei identifizieren.

Es ist über das Auftreten von Geosmin oder anderen algenbürtigen Komponenten, von Phenolen, leichtflüchtigen Kohlenwasserstoffen, Anisolen, Pyrazinen, Nitromoschus oder polyzyklischen Moschuskomponenten neben anderen Substanzen, die aufgrund ihrer häufigen Anwendung in die Umwelt gelangen könnten, in Grund-, Oberflächen- und Trinkwässern berichtet worden (DFG, 1982; Mallevialle und Suffet, 1987; Nyström et al., 1992; Eschke et al., 1994; Schlett, 1995).

Systematische Untersuchungen zum Auftreten von Geruchsstoffen in Oberflächengewässern und in den daraus über die Grundwasseranreicherung gewonnenen Trinkwässern haben gezeigt, dass sich die Befunde innerhalb definierter Einzugsgebiete auf wenige typische Vertreter konzentrieren. Die Auswahl der Komponenten orientierte sich bei diesen Untersuchungen an den jeweiligen Geruchsschwellen-

Tab. 4.6: Gehalte von Geruchsstoffen in Oberflächen- und im Trinkwasser bei Untersuchungen an der Ruhr 1997/1998.

Komponente	GSK*) µg/l	Proben n	Oberflächen-wasser µg/l	Proben n	Trinkwasser µg/l
AHTN (Tonalid)	0,04	28	0,01–0,16	18	< 0,01–0,03
HHCB (Galaxolid)	0,08	28	0,03–0,24	18	< 0,03–0,05
3-Methylindol	0,02	28	< 0,01–12	18	< 0,01
Geranylaceton	13	28	< 0,01–0,10	18	< 0,01–0,12
Bornylacetat	0,6	28	< 0,01–0,17	18	< 0,01–0,05
1-Borneol	40	28	< 0,03–0,10	18	< 0,03
Menthol	6	28	< 0,02–0,17	18	< 0,02
d-Campher	20	28	< 0,01–0,08	18	< 0,01
1-Octanol	6	28	< 0,03–0,19	18	< 0,03
2-Isobutyl-3-methoxypyrazin	0,005	18	< 0,003–0,008	14	< 0,003
2,4,6-Trichloranisol	0,003	18	< 0,003–0,003	14	< 0,003–0,009
α-Terpineol	50	28	< 0,01–0,07	18	< 0,01
Geosmin	0,006	28	< 0,003–0,020	18	< 0,003–0,003

*) GSK = Geruchsschwellenkonzentration (nicht Geruchsschwellenwert)

konzentrationen, den industriellen Einsatzmengen und der Persistenz in der Umwelt. Nachfolgend werden die Schwankungsbreiten der Positivbefunde kurz dargestellt (Tab. 4.6; die Zahlen unterstreichen die allgemeinen Tendenzen beim Vorkommen von Geruchsstoffen).

Während die Phenole in der Vergangenheit noch eine wesentliche Rolle gespielt haben (DFG, 1982), hat sich ihre Bedeutung durch die Weiterentwicklung der Aufbereitungstechniken und die Verringerung von Einträgen gemindert. Zudem hat sich gezeigt, dass sie bei einer Grundwasseranreicherung bzw. Uferfiltration weitgehend eliminiert werden.

Die Nitromoschusverbindungen (Moschus-Xylol, Moschus-Keton) haben vor einigen Jahren ebenfalls noch eine wichtige Rolle, vor allem im Oberflächengewässer, gespielt. Die Analysen der letzten Zeit zeigen jedoch kaum noch Befunde. Dagegen sind die polyzyklischen Moschusderivate, hier vor allem das Galaxolid (HHCB: 1,3,4,6,7,8-Hexahydro-4,6,6,7,8,8-hexamethyl-cyclopenta(g)benzopyran) und das Tonalid (AHTN: 1,1,2,4,4,7-Hexamethyl-tetralin), weit verbreitet. Selbst in Trinkwässern sind sie zum Teil anzutreffen. Die Gehalte lagen bisher jeweils unterhalb der Geruchsschwellenkonzentrationen (Schlett, 1995).

Das 2,4,6-Trichloranisol führt beispielsweise in skandinavischen Trinkwässern zu Geruchsauffälligkeiten, bedingt durch eine so genannte Biomethylierung von aus Huminsäuren gebildeten Phenolen (Nyström et al., 1992).

Die Analysen haben aber auch gezeigt, dass Geruchsstoffe in Trinkwässern vorkommen können, ohne dass es zu Geruchsabweichungen kommt. Dies wirft die Frage der Bewertung solcher Befunde auf.

Insgesamt gesehen ist die instrumentelle Geruchsstoffanalytik ein sehr komplexes Thema. Entsprechend schwierig gestaltet sich immer wieder die Identifizierung von verursachenden Komponenten bei Geruchsauffälligkeiten von Trinkwasser. Sie ist in der Vergangenheit fast ausschließlich auf anorganische Komponenten und Chlorphenole konzentriert gewesen. Der Fortschritt in der instrumentellen Analytik hat auch hier neue Möglichkeiten geschaffen. Dadurch ist es gelungen, weitere Substanzen als ursächlich zu identifizieren. Trotz dieser Möglichkeiten stellt der menschliche Geruchssinn nach wie vor die universellste Detektionseinheit dar und wird auch in Zukunft nicht zu ersetzen sein. Durch eine sinnvolle Ergänzung mit der instrumentellen Analytik lassen sich unter Umständen in Zukunft vermehrt auftretende Auffälligkeiten aufklären und auch vermeiden.

4.3.5 Vorkommen von Geruchs- und Geschmacksstoffen im Trinkwasser

Nach der DIN 2000 soll Trinkwasser klar, farblos und frei von fremdartigen Geruch sein. Nach der Trinkwasser-Verordnung (TrinkwV 2001) darf in einer Trinkwasserprobe der Geruchsschwellenwert von 3 bei 23 °C nicht überschritten werden. Diese Vorgabe ist in der Trinkwasser-Richtlinie nicht enthalten. Der Wert besitzt keine wissenschaftliche Grundlage und ist nicht nachvollziehbar.

Die Vorgabe der Trinkwasser-Verordnung, dass der Geschmack für den Verbraucher annehmbar und ohne anormale Veränderung sein soll, ist nach dieser Formulierung praktisch nicht umzusetzen. Die Bewertung ist danach an das sensorische Bewusstsein des Verbrauchers geknüpft. Hier sollten objektivierte Bewertungsmaßstäbe zur Verfügung stehen.

C. Schlett und R. Nießner

4.4 Schnelltest und Monitoring

4.4.1 Anwendungsbereich

Jeder Analytiker wünscht, in möglichst kurzer Zeit und ohne großen apparativen Aufwand eine Vielzahl von Proben mit einem Höchstmaß an Genauigkeit untersuchen zu können. Dies soll idealerweise nicht nur im gut ausgerüsteten Laboratorium, sondern auch in Feldmessstellen möglich sein. Dieses Bestreben hat im Laufe der Zeit im Wesentlichen drei große Analysenbereiche entstehen lassen, aus denen Entwicklungen hervorgegangen sind, die für Schnelltests und Monitoring (Übersichtsanalysen) Anwendung finden können, wobei sich zum Teil erhebliche Unterschiede in der Aussagekraft erkennen lassen:
- Untersuchungen mit planaren Chipstrukturen (z. B. Teststäbchen);
- Testsysteme mit photometrischer/visueller Ablesung;
- Immunoassays.

Aufgrund der sehr unterschiedlichen Konzeptionen dieser Testsysteme und ihrer analytischen Grundlagen weisen sie eine sehr differenzierte Wichtung in den Aussagen auf. Beim Einsatz solcher Testsysteme muss daher immer im Voraus der Anwendungszweck geprüft werden, d. h. welche Analysenergebnisse mit welcher Genauigkeit (Richtigkeit und Präzision) und Reproduzierbarkeit im Einzelnen benötigt bzw. gewünscht werden. Dabei sind auch die Einflüsse von Störkomponenten zu berücksichtigen, die ein Ergebnis nicht unerheblich beeinflussen können.

Für **Schnelltests** eignet sich ein Testsystem, wenn es unkompliziert zu handhaben ist und eine schnelle Ablesung eines Ergebnisses (z. B. im Katastrophenfall) erlaubt. Die benötigte Genauigkeit der Aussage ist vom jeweiligen Untersuchungsziel abhängig und beeinflusst die Wahl des Verfahrens (siehe folgende Abschnitte).

Beim **Monitoring** handelt es sich um die regelmäßige oder sogar fortlaufende (Online-) Kontrolle bestimmter Werte, die durch Schnelltests erfolgen kann, wenn es z. B. zunächst nur um die Feststellung gleichbleibender Wasserqualität oder etwaiger Veränderungen von bestimmten, leicht zu messenden Parametern geht, auf die abhängig vom Einzelfall reagiert werden müsste.

Als typische Anwendungsbeispiele der Schnelltests wären zu nennen:
- Orientierende Nitratuntersuchung bei einer Vielzahl von Probestellen (Vorfeldmessstellen);
- häufige Eisen- und Manganuntersuchungen bei der Optimierung der Aufbereitung oder bei der regelmäßigen Kontrolle der Aufbereitung (Monitoring), insbesondere bei kleinen Wasserwerken;
- Pharmazeutische Rückstände im Kläranlagenablauf (Monitoring);
- Toxinnachweis bei terroristischen Anschlägen.

4.4.2 Untersuchungen mit Chipstrukturen

Die Untersuchung mit Mikrochips (Teststäbchen, „Dip stick“, Mikroarray) stellt neben der Verwendung von Indikatorpapieren die einfachste und schnellste Form einer Analytik dar. Sie beinhaltet im einfachsten Fall das Eintauchen eines Teststreifens in die Wasserprobe. Alternativ sind inzwischen aus der klinischen Diagnostik und Lebensmittelanalytik zahlreiche Varianten zur Spurenanalyse von Wirkstoffen publiziert. Weiterentwicklungen nutzen in Durchflusssystemen implementierte Arraystrukturen, welche teilweise mehrfach (nach Regeneration) zur Analyse verwendet werden können. Dabei erfolgt die Zugabe von Probe und Reagenzien in einer computergesteuerten Mikrofluidik, was die Reproduzierbarkeit der Nachweisreaktion erheblich verbessert.

Bei *Teststäbchen* erfolgt eine Farbreaktion, deren Intensität in einem visuellen Vergleich mit einer Farbskala die Stoffmenge einer nachzuweisenden Substanz in Konzentrationsbereichen angibt. Diese Verfahren gehen auf Arbeiten von Fritz Feigl aus dem letzten Jahrhundert zurück und wurden damals für die Felderkundung von Lagerstätten benutzt. Die Ergebnisbeeinflussung durch den persönlichen „Augen-

Tab. 4.7: Analytik mit chemischen Microchips mit Messbereichen (z. B. Angebotsspektrum, Firmenangabe Merck).

Parameter		Messbereich	Methode/Farbreagenz
Aluminium	mg/l	10–250	Aurintricarbonsäure
Ammonium	mg/l	10–400	Neßler's Reagenz
Arsen	mg/l	50–2000	Quecksilber-II-bromid
Blei	mg/l	20–500	Rodizonsäure
Calcium	mg/l	10–100	Glyoxal-bis-2-hydroxyanil
Säurekapazität, $K_{S\,4,3}$ (Carbonathärte °dH)	mmol/l	0,8–7	Mischindikator
Chlor	mg/l	4–120	Barbitursäurederivat
Chlorid	mg/l	500–3000	Silberchromat
Chromat (Cr^{VI})	mg/l	3–100	Diphenylcarbazid
Cobalt	µg/l	10–1000	Rhodanid-Ionen
Cyanid	mg/l	1–30	Barbitursäurederivat
Eisen	mg/l	3–500	2,2′-Bipyridin
Ca und Mg (Gesamthärte °dH)		3–25	EDTA
Kalium	mg/l	250–1500	Dipikrylamin
Kupfer	mg/l	10–300	2,2′-Bichinolin
Mangan	mg/l	2–100	Redoxindikator
Molybdän	mg/l	5–250	Toluol-3,4-Dithiol
Nickel	mg/l	10–500	Diacetyldioxim
Nitrat	mg/l	10–500	N-[Naphthyl(1)]-ethylendiamin
Nitrit	mg/l	2–3000	N-[Naphthyl(1)]-ethylendiamin
Phosphat	mg/l	10–500	Molybdänsäure
Sulfat	mg/l	200–1600	Thorin-Barium-Komplex
Sulfit	mg/l	10–400	Kalium-hexacyano-ferrat, Nitroprussid-Na
Zink	mg/l	10–250	Dithizon
Zinn	mg/l	10–200	Toluol-3,4-Dithiol

faktor“ kann durch die Möglichkeit einer reflektometrischen Ablesung verbessert werden (z. B. Reflectoquant®-System, Hersteller Merck).

Dadurch lässt sich zwar die Ablesegenauigkeit dieser Analytik verbessern, die begrenzenden Faktoren bleiben jedoch die Reaktionszonen zur Farbentwicklung und die damit verbundene Empfindlichkeit und Selektivität. Bei Querempfindlichkeiten wird oft ein entsprechender Hinweis gegeben, was aber die Eindeutigkeit eines Analysenergebnisses auch nicht verbessert.

Was sich im ersten Augenblick so einfach darstellt, nämlich das Eintauchen eines Teststreifens in eine Wasserprobe, erfordert in der Realität – gerade auch in Hinblick auf Genauigkeit und Eindeutigkeit – ein gehöriges Maß an Erfahrung und Geschick, um, wenn auch in eingeschränktem Umfang, reproduzierbare Ergebnisse zu erhalten. Nebenreaktionen spielen eine oft nicht unwesentliche Rolle, was unter Umständen zu Falschbefunden führen kann. Heute stehen dem Analytiker eine Vielzahl von kommerziellen Teststäbchen zur Messung anorganischer Parameter zur Verfügung (Tab. 4.7).

Tab. 4.8: Wasseranalytik mit Immunoassays bzw. Mikroarrays (Nissner und Schäffer, 2017).

Parameter	Nachweisgrenze		Methode/Detektion
Atrazin	ng/l	4	Immunoassay/MTP/Extinktion
Diclofenac	ng/l	8	Immunoassay/MTP & Teststäbchen
Benzo[a]pyren	ng/l	20	Immunoassay/MTP/Extinktion
Microcystin LR	ng/l	6	Immunoassay/MTP & Teststäbchen
Coffein	ng/l	1	Thorin-Barium-Komplex
L. pneumophila SG 1 strain Bellingham	CFU/l	400	Immunoassay/Mikroarray/Chemilumineszenz
Rizin, SEB & STX	µg/l	2,9/0,1/2,3	Immunoassay/Mikroarray/Chemilumineszenz
Sulfamethazin	µg/l	2	Immunoassay/Mikroarray/Chemilumineszenz/ alle Antibiotika gemeinsam auf einem Mikroarray bis zu 80mal nach Regeneration mit einem Chip nachweisbar
Sulfadiazin	µg/l	2,4	
Streptomycin	µg/l	2	
Cloxacillin	µg/l	0,5	
Ampicillin	µg/l	1,5	
Penicillin G	µg/l	0,5	
Cephapirin	µg/l	3,2	
Neomycin B	µg/l	0,5	
Tylosin	µg/l	3,1	
Enrofloxacin	µg/l	0,7	
Nafcillin	µg/l	1,1	
Ceftiofur	µg/l	2,5	

Es ist zu berücksichtigen, dass die Teststäbchen nur Konzentrationsbereiche im mg/l-Bereich angeben. Bei der Verwendung von photometrischen Ableseeinheiten wird die Grobabschätzung etwas verfeinert.

Mikroarrays nutzen rechnergesteuerte Mikrofluidik und integrierte optische Auslesung (z. B. Fluoreszenz oder Chemilumineszenz). Aufbau und Betriebsweise sind in Lehrbüchern beschrieben (Nissener und Schäffer, 2017). Die Nachweisreaktionen beruhen dabei im Allgemeinen auf biochemischen Nachweisprinzipien, welche sich die hohe Affinität von Antikörpern oder RNA/DNA-Konstrukten zu Nutzen machen (siehe Kap. 4.8 und 8.2). Anwendungsbeispiele sind inzwischen nicht nur aus der Wirkstoffanalyse, sondern auch aus der Wasserhygiene bekannt geworden.

Immunoassays sind in einer Vielzahl publiziert worden und besitzen z. T. eine erstaunliche Sensitivität. Sie leiden aber oft an einer erheblichen Matrixempfindlichkeit. Für die Anwendung an einer konstant mit Störmatrix behafteten Überwachungsstelle lassen sie sich aber vorteilhaft nach fallweiser Parallelkontrolle durch klassische Validierungsanalytik einsetzen. Organische Spurenanalytik, welche ansonsten mit erheblichem Anreicherungs- und Probenaufbereitungsaufwand betrieben werden muss, wird dadurch erheblich entlastet. Dies erklärt auch die uneingeschränkte Akzeptanz dieser Techniken in der klinisch-chemischen Analytik. Ausführungen sind als Teststäbchen, auf der Mikrotiterplatte (MTP) und auf dem Mikroarray im Durchfluss bekannt.

Tab. 4.8 nennt einige Anwendungsbeispiele, welche weitgehend auf der inzwischen standardisierbaren Nutzung monoklonaler Antikörper beruhen.

Die Stärke solcher Analysensysteme liegt nicht in der Kontrolle der Einhaltung von Grenzwerten nach TrinkwV, sondern in einer sehr schnellen und einfachen Grobabschätzung. Diese Analytik ist somit hervorragend geeignet, Schnelltests auf stark abweichende und hohe Stoffgehalte in kurzer Zeit durchzuführen, wie sie z. B. bei Unfällen oder Havarien notwendig sind. Sie können vor allem so genannte Ja/Nein-Entscheidungen erleichtern oder die Selektion weiter zu untersuchender Proben ermöglichen. Es ist daher durchaus berechtigt, mit Teststäbchen oder Mikroarrays zu arbeiten, wenn die Anwendungseinschränkungen dem Anwender bekannt sind, die Umstände des Einzelfalls dies rechtfertigen und Grobschätzungen der Stoffgehalte im Wasser ausreichend sind.

4.4.3 Schnelltests mit visueller bzw. photometrischer Endbestimmung

Ausgehend von einfachen und oft unspezifischen chemischen Farbreaktionen zu einer Grobabschätzung sind in letzter Zeit Tests verfügbar, die sich bei manchen Parametern von der sonst üblichen nasschemischen Analytik entsprechend der DIN-Methode kaum unterscheiden (Tab. 4.9)

Tab. 4.9: Anwendung von chemischen Schnelltests mit visuellen bzw. photometrischen Endmessungen (z. B. Firmenangabe HACH).

	Aquaristik	Wasser in Flaschen	Kessel-/Kühlwasser	Trinkwasser	Umweltbereich	Schwimmbäder	ultrareines Wasser	Abwasser, industriell	Abwasser, städtisch	Wasseraufbereitung
Azidität				+	+					+
Alkalität	+	+	+	+	+	+	+	+	+	+
Aluminium	+		+	+				+	+	
Arsen				+	+			+	+	+
Bakterien		+	+	+	+	+	+	+	+	+
Barium					+			+		
BSB		+		+	+				+	+
Bor			+		+		+	+		+
Brom		+	+	+	+	+	+		+	
Cadmium				+				+	+	
Calcium		+	+		+		+			+
CO_2		+	+	+	+					+
Chlorid		+	+	+	+		+	+	+	+
Chlor	+	+	+	+	+	+	+	+	+	+

Tab. 4.9 (fortgesetzt)

	Aquaristik	Wasser in Flaschen	Kessel-/Kühlwasser	Trinkwasser	Umweltbereich	Schwimmbäder	ultrareines Wasser	Abwasser, industriell	Abwasser, städtisch	Wasseraufbereitung
Chlordioxid		+	+	+		+	+			
Chrom, ges.			+		+			+	+	+
Cobalt					+			+	+	
CSB		+		+	+			+	+	
Farbe		+		+	+			+	+	
elektr. Leitf.		+	+	+	+		+	+	+	
Kupfer	+	+	+	+	+	+	+	+	+	+
Cyanid				+	+			+	+	
Detergentien					+				+	+
gelöster O_2		+	+	+	+		+	+	+	+
Fluorid		+		+			+	+		+
Härte	+	+	+	+	+	+	+	+	+	+
H_2O_2				+	+		+			+
H_2S				+					+	+
Iod	+	+		+	+				+	
Eisen, ges.	+	+	+	+	+		+	+	+	+
Blei	+			+	+			+	+	+
Mangan		+		+				+		+
Quecksilber				+				+	+	+
Nickel					+			+		+
$N–NH_3$	+		+	+	+		+		+	+
N-Nitrat	+	+	+	+	+		+	+	+	+
N-Nitrit	+		+	+	+				+	
Ozon		+	+	+	+		+		+	+
pH	+	+	+	+	+	+	+	+	+	+
Phenole					+			+		+
Phosphat	+	+	+	+			+	+	+	+
Phosphonat			+	+	+				+	+
Phosphor				+	+			+	+	+
Kalium				+	+		+			
Selen				+	+			+		+
Kieselsäure		+	+	+	+		+			+
Silber				+	+	+		+	+	+
Natrium		+		+			+	+	+	+
Sulfat				+	+		+	+		+
Sulfid				+	+			+	+	+
Sulfit			+	+	+			+	+	+
Zinn										
Trübung		+	+	+	+		+	+	+	+
Zink			+	+	+			+	+	+

Tab. 4.10: Schnelltests mit visueller und photometrischer Endbestimmung mit den typischen Arbeitsbereichen (in mg/l) (Firmenangabe Merck).

Parameter	visueller Abgleich mg/l	Photometrie mg/l	Methode (Beispiele)
Aluminium (Al^{3+})	0,07–0,8	0,020–1,5	Chromazurol S
Ammonium (NH_4^+)	0,025–8,0	0,010–3,00	Indophenolblau
Bor (B)	> 1	0,050–0,800	Rosocyanin
Calcium (Ca^{2+})	3–40	1,0–160	Glyoxal-bis-hydroxyanil
Chlor (Cl_2)	0,001–0,3	0,001–750	DPD
Chlorid (Cl^-)	5–300	2,5–250	Eisen-III-thiocyanat
Cyanid (CN^-)	0,002–0,03	0,002–0,500	Diphenylcarbazid
Eisen (Fe^{3+})	0,01–0,2	0,005–5,00	Triazin
Kupfer (Cu^{2+})	0,02–5,0	0,02–6,0	Cuprizon
Mangan (Mn^{2+})	0,03–0,5	0,01–10,00	Formaldoxim
Nickel (Ni^{2+})	0,02–0,5	0,02–5,0	Dimethylglyoxim
Nitrat (NO_3^-)	50–90	0,2–20,0	Nitrospectral, Cd-Redukt.
Nitrit (NO_2^-)	0,005–2,0	0,005–1,00	Sulfanilamid/ N-(1-Naphthyl)ethylenamin
Phosphat (PO_4^{3-})	0,015–4,0	0,01–30,0	Phosphomolybdänblau Vanadatomolybdat
Kieselsäure (Si)	0,01–0,25	0,005–5,00	Molybdänblau
Sulfat (SO_4^{2-})	25–300	25–300	Tannin

Zur Endbestimmung und Quantifizierung stehen dem Analytiker drei Alternativen zur Verfügung, die sich, wie bereits teilweise mit Bezug auf chemische Mikrochips ausgeführt, in der Aussagestärke unterscheiden:
- Visueller Abgleich mit Gegenlicht,
- visueller Abgleich mit Durchsicht,
- photometrische Messungen.

Bei Testsystemen mit visuellem Abgleich sind die Konzeption und die Dimensionen der Küvetten von entscheidender Bedeutung für die Empfindlichkeit des Testsystems. Bei der Ablesung über die Durchsicht macht man sich einen optischen Trick zu Nutzen, wobei die Lösung von oben betrachtet und so eine erhöhte Durchsicht ermöglicht wird. Dadurch kann die Empfindlichkeit im Vergleich zu den einfachen Komparatoren erheblich gesteigert werden.

Die Ablesung der Ergebnisse ist bei den Komparatoren nur innerhalb bestimmter Abstufungen (entsprechend den Vergleichsscheiben) möglich; eine lineare Ergebnismitteilung wie bei den photometrischen Systemen ist nicht möglich (siehe Tab. 4.10). Zudem spielt der Personenfaktor auch hier immer noch eine wichtige Rolle.

4.4.4 Zusammenfassung

Die so genannten Schnelltests haben durchaus ihren Platz und einen beachtenswerten Stellenwert in der heutigen Analytik. Der Anwender muss sich aber immer im Klaren sein, welchen Analysenzweck er verfolgt, d. h. ob es sich nur um eine grobe Abschätzung handelt oder um eine Quantifizierung. Gerade bei den Systemen mit visuellem Abgleich müssen, trotz aller Instrumentalisierung, erhebliche Abstriche in Bezug auf Genauigkeit, d. h. Richtigkeit und Präzision, gemacht werden.

Es lässt sich feststellen, dass sich die Beurteilung von Schnelltests an ihrem Verwendungszweck orientieren muss. Die Möglichkeiten reichen von den einfachen Teststäbchen bis zu den verlässlichen photometrischen Testkits und rechnergesteuerten Durchflusssystemen mit völlig autonomer Infrastruktur. Daher ist eine generelle Aussage nicht möglich. Es ist notwendig, die nachfolgenden Argumente abzuwägen:

- Mobile Analyseneinheit,
- schnelle Durchführbarkeit,
- relativ kostengünstige Analytik,
- Verwendung vorgefertigter Kits mit Küvette, Reagenzien und Referenzmaterial,
- eingeschränkte Genauigkeit,
- Ablesung oft nur in groben Intervallen möglich,
- Einfluss des Personenfaktors,
- keine amtliche Anerkennung.

Eine generelle und abschließende Beurteilung zu geben ist schwierig, da die Eignung der Schnelltests in hohem Maße vom analytischen Ziel und den Anforderungen des Anwenders abhängt. Zu Monitoring-Untersuchungen, d. h. zur schnellen und relativ einfachen Feststellung auffälliger Stoffkonzentrationen, sind sie auf alle Fälle geeignet. In Abhängigkeit von den Testkonzentrationen sind die photometrischen Tests mitunter mit der konventionellen und genormten Nasschemie vergleichbar. Sogar für Kompetenznachweise einer analytischen Qualität nach ISO 17025 (z. B. Akkreditierungen) werden sie akzeptiert, wenn die genormte Analytik zur Feststellung der Gleichwertigkeit im Labor zur Verfügung steht. Sie müssen bei Anwendung im Rahmen einer Akkreditierung dennoch verifiziert werden.

E. Stottmeister

4.5 Physikalische und physikalisch-chemische Untersuchungen

4.5.1 Temperatur

Der bekannte Einfluss der Temperatur auf biologische Prozesse, auf die Schichtung des Wassers in Seen und Talsperren (Tiefenprofil), auf das Ergebnis von Messungen wie pH-Wert, Redox-Spannung und elektrische Leitfähigkeit, unterstreicht die unbedingte Notwendigkeit einer exakten Messung der Temperatur des Wassers am Ort der Probenahme. Im Freien ist auch die Temperatur der Umgebungsluft eine wichtige Variable. Das Messen der Wasser- und Lufttemperatur ist deshalb ein untrennbarer Bestandteil der Probenahme.

Die **Temperatur des Wassers** kann mit einem kalibrierten (oder mit einem durch ein kalibriertes Thermometer überprüften) Quecksilberthermometer gemessen werden (Norm DIN 38404 Teil 4). Die Graduierung muss mindestens 0,1 °C betragen. Zur Messung wird das Thermometer ca. 1 min bis zur Ablesehöhe in das Wasser getaucht. Ist eine Direktmessung technisch nicht möglich, wird das Wasser einige Minuten durch ein Gefäß mit mindestens 1 l Volumen (z. B. Probeflasche) laufen gelassen (am Zapfhahn ca. 5 min) und die Temperatur im Gefäß nach dieser Anpassung gemessen.

Einfacher lässt sich die Wassertemperatur mit elektrischen Temperaturmessgeräten (Thermofühlern) mit digitaler Temperaturanzeige bestimmen. Auch hier muss die Genauigkeit ±0,1 °C betragen. Das Ergebnis wird immer mit einer Stelle nach dem Komma angegeben (z. B. 10,3 °C).

Für eine Messung der Wassertemperatur in verschiedenen Tiefen kommen auch Spezialgeräte zum Einsatz.

Die **Lufttemperatur** wird ca. 1 m über der Probenahmestelle mit einem trockenen Thermometer gemessen. Ein feuchtes Thermometer würde infolge der Verdunstungskälte zu niedrige Werte anzeigen. Bei Sonneneinstrahlung muss das Thermometer beschattet werden. Die Temperatur wird auf 0,5 °C gerundet angegeben (z. B. 21,5 °C).

4.5.2 Färbung

Als Färbung des Wassers wird dessen optische Eigenschaft bezeichnet, die spektrale Zusammensetzung des durchgehenden sichtbaren Lichts zu verändern. Reines Wasser ist farblos. Eine geringe Absorption im Infrarot-Bereich verleiht Wasser die Komplementärfarbe schwach hellblau.

Die Färbung eines Wassers bzw. ihre Messung bezieht sich auf bestimmte Stoffe, die echt gelöst vorliegen (z. B. Huminstoffe) oder durch Verunreinigungen in das

Wasser gelangt sind. Verschiedentlich handelt es sich aber auch um kolloidal verteilte Stoffe als Übergang gelöst – ungelöst. In solchen kaum abgrenzbaren Fällen wird das Wasser nicht nur eine **Färbung**, sondern auch eine **Trübung** aufweisen.

Gemäß ISO-Festlegung werden alle Teilchen < 0,45 µm der Färbung und alle Teilchen > 0,45 µm der Trübung zugeordnet. Diese Grenze 0,45 µm = 450 nm liegt in der Nähe des unteren Endes des mittleren Spektrums.

Zur **qualitativen visuellen** Untersuchung wird die unfiltrierte Wasserprobe in eine Klarglasflasche (mindestens 1 l Nennvolumen) gefüllt und bei indirektem Tageslicht in einem kleinen Abstand gegen einen weißen Hintergrund betrachtet. Sind Sinkstoffe zugegen, lässt man diese vorher absetzen. Es werden die Intensität der Färbung (farblos, schwach, hell oder dunkel) und der Farbton beschrieben (z. B. braun, gelblich, grün). Die Farbprüfung sollte möglichst sofort nach der Probenahme durchgeführt werden, da farbändernde Redoxreaktionen ablaufen können. So können ausfallende Eisen- und Manganverbindungen eine Gelbfärbung des Wassers vortäuschen.

Wässer mit gelblich-brauner Färbung können visuell mit verschiedenen Farbvergleichslösungen aus Kaliumhexachloroplatinat(IV) (K_2PtCl_6) und Cobalt(II)chloridhexahydrat ($CoCl_2 \cdot 6H_2O$) verglichen werden (Ermittlung des Platinfarbgrades). Dazu setzt man eine Vergleichsreihe mit 5–10–20–30–40–50–60–70 mg/l Pt an. Es wird durch Beobachtung die passende Vergleichslösung ermittelt. Als Ergebnis wird der Wert der ermittelten nächstgelegenen Vergleichslösung in Standard-Färbungseinheiten angegeben, bei 0 bis < 40 mg/l auf 5 mg/l Pt genau und im Bereich 40 bis 70 mg/l Pt auf 10 mg/l Pt genau. Übersteigt die Farbintensität 70 mg/l Pt, so ist die Probe mit optisch reinem Wasser zu verdünnen und die Verdünnung zu berücksichtigen.

Zur **quantitativen photometrischen Messung,** die praktisch die visuellen Vergleichsverfahren abgelöst hat, wird die Intensität der Färbung einer Wasserprobe durch Messung der Schwächung (Absorption, früher Extinktion, Abschn. 4.7.5.2) von Licht bei der am stärksten absorbierenden Wellenlänge im Spektralbereich λ = 330–780 nm bestimmt (DIN EN ISO 7887:2012–04). Es muss ein Filterphotometer verwendet werden, das die Messung bei mindestens drei verschiedenen Wellenlängen erlaubt, die über den Bereich des sichtbaren Spektrums verteilt sind: λ = 436 nm, 525 nm und 620 nm. Da natürliche Wässer vorwiegend gelbbraun gefärbt sind, wurde für die Messung die Wellenlänge von 436 nm (Quecksilberlinie) als obligatorisch festgelegt. Vor der Messung wird die Wasserprobe durch ein Membranfilter mit der Porenweite 0,45 µm filtriert. Danach wird die Absorption der filtrierten Wasserprobe gegen optisch reines Wasser (destilliertes oder deionisiertes Wasser ohne messbare Absorption) gemessen und auf die Schichtdicke von 1 m bezogen. Die Messergebnisse werden als spektraler Absorptionskoeffizient $\alpha(\lambda)$ (Absorption je Wellenlänge) in m^{-1} unter Hinzufügung der Wellenlänge des einfallenden Lichts (z. B. 436 nm) bis auf eine Stelle hinter dem Komma gerundet angegeben. Häufig wird das Kürzel SAK (436 nm) verwendet. Da die Färbung oft von Temperatur und pH-Wert abhängt, werden diese Parameter zusammen mit der Färbung vermerkt.

4.5.3 Absorption im Bereich der UV-Strahlung

Wässer absorbieren in Abhängigkeit von der Art und Konzentration ihrer Inhaltsstoffe Strahlung im ultravioletten (UV) Spektralbereich (λ = 200–380 nm). Voraussetzung für eine UV-Absorption sind immer gelöste Stoffe im Wasser, die durch UV-Strahlung anregbare Elektronensysteme aufweisen, dazu zählen insbesondere Moleküle, die Doppel- und Dreifachbindungen oder andere so genannte chromophore Gruppen enthalten, wie beispielsweise

$$\rangle C{=}C\langle, \quad -C{\equiv}C-, \quad \rangle C{=}O, \quad \rangle C{=}N-, \quad -N{=}N- \quad \text{und} \quad -N{=}O.$$

Das UV-Absorptionsspektrum ist die Summe der Wirkung der anregbaren Gruppen im Wasser. In natürlichen Wässern wird die UV-Absorption hauptsächlich durch Nitrat und hochmolekulare polare organische Stoffe wie z. B. Humin- und Fulvinsäuren bestimmt, die als chromophore Gruppen C=O-Gruppen oder C=C-Doppelbindungen in aromatischen Ringen enthalten. Eine UV-Absorption durch Nitrat-Ionen im Wasser tritt nur bei Wellenlängen von λ < 250 nm auf. Zur summarischen Erfassung UV-absorbierender gelöster organischer Stoffe im Wasser ist deshalb (und auch wegen der stetig abfallenden UV-Absorption der Huminstoffe im Bereich λ = 200–380 nm) die Wellenlänge λ = 254 nm zur Vereinheitlichung und Vergleichbarkeit der Messungen festgelegt worden. Die gute Reproduzierbarkeit der Quecksilberlinie bei 254 nm bei Messungen mit automatischen UV-Analysatoren war ein weiterer Grund für die Wahl dieser Wellenlänge.

Die UV-Absorption bzw. der spektrale Absorptionskoeffizient (SAK) α(λ) bei λ = 254 nm als Maß für den Gehalt an organischen Stoffen ist in der Praxis der Wasseruntersuchung ein häufig verwendeter Summenparamter, der sich insbesondere wegen der Empfindlichkeit und Einfachheit der Messung empfiehlt. Er wird oftmals mit anderen Summenparametern kombiniert, so z. B. mit dem Gehalt an gelöstem organischen Kohlenstoff (DOC, Abschn. 4.9.2). Das Verhältnis SAK/DOC wird als **spezifischer spektraler Absorptionskoeffizient** bezeichnet. Die Quotienten mit dem CSB, dem BSB oder auch dem $KMnO_4$-Verbrauch ergeben Charakterisierungsparameter, die vor allem in der Praxis der Wasseraufbereitung brauchbar sind.

Die Durchführung der Messung erfolgt analog der Messung der Färbung: Die Wasserprobe wird durch ein Membranfilter der Porenweite 0,45 µm filtriert, in eine 1-cm-Quarzküvette (Glas ist auf Grund seiner eingeschränkten Durchlässigkeit im UV-Bereich nicht geeignet!) des Spektralphotometers gefüllt und die Absorption (früher Extinktion) bei 254 nm, A(254), gegen optisch reines Wasser (siehe Färbung) bestimmt. Hieraus wird α(254) in m^{-1} als Quotient von A(254) und der Schichtdicke (d in m) der Küvette (optische Weglänge) berechnet:

$$\alpha(254) = A(254)/d \tag{4.2}$$

Die Absorption erscheint bei den handelsüblichen Spektralphotometern als Messsignal. Die Werte werden auf 0,1 m^{-1} gerundet angegeben.

Auf die Membranfiltration der Probe kann verzichtet werden, wenn die Trübung nach DIN 38404-3:2005-07 kompensiert wird.

4.5.4 Trübung

Bei Ausfällungen von Wasserinhaltsstoffen oder bei plötzlichen Verunreinigungen können Trübungen auftreten, deren quantitative Erfassung zur Beurteilung des Wassers bedeutsam ist.

Die Trübung eines Wassers entsteht durch Lichtstreuung an suspendierten ungelösten Teilchen > 0,45 µm. Die Trübstoffe können auch Farbträger sein oder das Wasser enthält gelöste Farbstoffe und kolloidale Trübstoffe. Deshalb muss neben der Trübung auch die Färbung des Wassers bestimmt werden (Abschn. 4.5.2). Die Trübung lässt sich auf unterschiedliche Weise ermitteln. Grundlage der Verfahren ist entweder der auf das menschliche Auge wirkende visuelle Effekt oder ein photometrischer Messwert.

Bei Bestimmung der Trübung und der Färbung ist eine gesicherte Zuordnung der Messwerte zur Trübung oder zur Färbung nicht immer möglich. Während zur Differenzierung vor der Färbungsmessung das Wasser über Membranfilter mit der Porenweite 0,45 µm abfiltriert werden kann, besteht für die Trübung die Möglichkeit der Messung außerhalb des sichtbaren Bereichs des Spektrums. Hierdurch können Wechselwirkungen zwischen Trübung und Färbung minimiert werden.

Trübungsmessungen sollten möglichst bald nach der Probenahme erfolgen, um fehlerhafte Bestimmungen z. B. durch Ausflocken oder mikrobiologische Zersetzung von Trübstoffen zu vermeiden. Wenn dies nicht möglich ist, sind die Wasserproben in einer luftblasenfrei gefüllten, fest verschlossenen Glasflasche kühl (bei ca. 4 °C) und dunkel aufzubewahren und spätestens nach 24 Stunden zu untersuchen. Vor der Trübungsbestimmung ist die gelagerte Probe sorgfältig zu durchmischen und auf Raumtemperatur zu erwärmen.

Eine **qualitative**, allgemeine Beurteilung der Trübungsintensität kann bereits während der Probenahme mit den Angaben klar, fast klar, schwach trüb, stark trüb, undurchsichtig, opaleszierend (opalartig schillernd) erfolgen.

Die Trübung wird **halbquantitativ** mit dem Transparenzprüfröhrchen oder mit der Sichtscheibe bestimmt (DIN EN ISO 7027-2:2019).

Beim Verfahren mit dem **Transparenzprüfröhrchen** wird die Probe gut durchmischt und in ein Transparenzprüfröhrchen mit Höhenskalierung überführt. Unter dem Röhrchen ist eine Schriftprobe, bestehend aus genormter schwarzer Schrift auf weißem Grund, oder ein Testzeichen angebracht. Der Flüssigkeitsspiegel der Probe wird nun solange abgesenkt, bis die Schriftprobe oder das Testzeichen von oben klar zu erkennen ist. Die Höhe des Wasserspiegels (Schichtdicke) wird an der Skalierung des Röhrchens abgelesen, auf 10 mm gerundet und dieser Wert wird als Sichttiefe zusammen mit dem verwendeten Gerätetyp angegeben.

Das Verfahren mit einer weißen **Sichtscheibe** (Secchi-Scheibe) eignet sich besonders für Untersuchungen von Oberflächenwässern vor Ort zur Bestimmung der Sichttiefe als Messgröße zur orientierenden Einschätzung der Lichtverhältnisse im Gewässer bzw. zur Bewertung des Trophiegrades eines Gewässers (z. B. Talsperren). Sie wird von der Färbung des Wassers (z. B. durch Huminstoffe) sowie von der Streuung des Lichtes durch ungelöste Stoffe (z. B. Phytoplankton) beeinflusst. Die weiße Sichtscheibe mit einem Durchmesser von 20 cm wird an einer Messkette, einer Schnur oder einem Stab (für Fließgewässer) aufgehängt und so tief in das Wasser versenkt, bis sie gerade noch erkennbar ist. Die Messung wird mehrere Male wiederholt und es wird der Mittelwert berechnet. Die Eintauchtiefe wird in m angegeben. Messwerte < 0,5 m werden auf 0,05 m, ≥ 0,5 m auf 0,1 m gerundet.

Bei **quantitativen** Verfahren wird die Trübung photometrisch gemessen (DIN EN ISO 7027-1:2016). Die Messung kann nach zwei unterschiedlichen Messprinzipien, unter Bezug auf eine Formazin-Standardsuspension (Trübungsstandard) erfolgen:

- Messung der Schwächung der Intensität einer durch die Wasserprobe durchgehenden Strahlung und
- Messung der Intensität der Streustrahlung.

Im ersten Fall wird eine Messung der **Lichtdurchlässigkeit** in Form einer scheinbaren Absorption, d. h. Intensitätsschwächung des primär eingestrahlten Lichtes um den Betrag des gestreuten Lichtanteils (**Durchlichtmessung, turbidimetrische Bestimmung**) vorgenommen. Dieses Verfahren ist für stärker getrübte Wässer und für Wässer mit wechselnder Größe und Form der suspendierten Partikel (z. B. Oberflächenwässer) geeignet. Um bei der Messung den Einfluss der Färbung des Wassers auszuschalten, wird außerhalb des sichtbaren Wellenlängenbereichs des Lichtes im Bereich von $\lambda = 830$ nm bis 890 nm gemessen.

Im zweiten Fall wird die Intensität der **Lichtstreuung** (**Streulichtmessung, nephelometrische Bestimmung**), die durch die Trübung der Wasserprobe hervorgerufen wird, unter einem bestimmten Winkel zum primär eingestrahlten Licht (Streuwinkel) gemessen. Die Streulichtmessung ist heute wegen der guten Reproduzierbarkeit und größeren Empfindlichkeit das bevorzugte Verfahren für schwach getrübte Wässer (z. B. aufbereitetes Trinkwasser).

Als Trübungsstandard dient eine Suspension von Formazin ($H_2C{=}N{-}N{=}CH_2$) in Reinstwasser, das über ein vorbehandeltes Membranfilter filtriert wurde (DIN EN ISO 7027-1:2016). Formazin-Standardlösungen sind zwar käuflich zu erwerben, jedoch kann Formazin vorteilhaft aus Hexamethylentetramin ($C_6H_{12}N_4$) und Hydrazinsulfat ($N_2H_6SO_4$) hergestellt werden. Daraus werden durch weiteres Verdünnen mit Reinstwasser Kalibriersuspensionen definierter Trübung, bei der Durchlichtmessung angegeben in Formazin-Schwächungseinheiten (formazine attenuation units, FAU oder bei der Streulichtmessung in Formazin-Nephelometrieeinheiten (formazine nephelometric units, FNU), erhalten, mit denen das Photometer bzw. das Streulichtphotometer kalibriert wird. Die FNU lassen sich nicht in FAU umrechnen.

Zur Bestimmung wird eine saubere Küvette mit der gut durchmischten Probe luftblasenfrei gefüllt und die Messung sofort entsprechend den Vorschriften des Messgeräteherstellers durchgeführt.

Bei Messung der Schwächung der durchgehenden Strahlung (Durchlichtmessung) werden die Messwerte in FAU wie folgt angegeben: bei einer Trübung zwischen 40 FAU und 99 FAU auf 1 FAU; bei einer Trübung gleich oder über 100 FAU auf 10 FAU.

Bei Messung der Streustrahlung (Streulichtmessung) werden die Ergebnisse in FNU wie folgt angegeben: bei einer Trübung von weniger als 1 FNU auf 0,01 FNU; bei einer Trübung zwischen 1,0 FNU und < 10 FNU auf 0,1 FNU; bei einer Trübung zwischen 10 FNU und < 400 FNU auf 1 FNU.

4.5.5 Redox-Spannung (Redoxpotenzial)

Bestimmte Wasserinhaltsstoffe wie z. B. NO_3^-, Fe^{2+}, O_2 etc., sind in der Lage, mit anderen Stoffen im Wasser Redoxreaktionen einzugehen. Dabei findet ein Übergang von Elektronen und damit ein Wechsel von Oxidationsstufen statt. Redoxreaktionen gehören zu den wichtigsten Umsetzungen in aquatischen Systemen. Redoxwerte bestimmen weitgehend das chemische, insbesondere aber auch das biologische Geschehen in der Natur. Nähere Hinweise sind in Abschn. 3.1 enthalten. Das Verhältnis der Aktivitäten der oxidierenden zu den reduzierenden Stoffen bestimmt das Redoxpotenzial nach der Nernst'schen Gleichung (siehe Abschn. 3.1).

Die **Redox-Spannung** kann zwischen einer inerten Elektrode (meist Platin) und einer Bezugselektrode in jedem Wasser mit einem Voltmeter gemessen werden. Hierbei handelt es sich jedoch nicht um thermodynamisch reversible **Potenziale**, sondern um praktische **Redox-Spannungen**, da auf der Platinoberfläche gleichzeitig mehrere Redoxreaktionen ablaufen, von denen gewöhnlich eine die Sauerstoffreduktion ist. Es bildet sich ein Mischpotenzial aus, das sprachlich als Redox-Spannung vom Redoxpotenzial nach der Nernst'schen Gleichung unterschieden wird.

Grundlage des Messverfahrens ist die Ausbildung einer elektrischen Potenzialdifferenz zwischen dem Inneren einer inerten Edelmetallmesselektrode (Platin, Gold) und der angrenzenden wässrigen Lösung. Mit Hilfe eines Präzisionsmillivoltmeters wird die Summe aller auftretenden Potenzialsprünge zwischen einer Bezugselektrode (Bezugssystem z. B. Silber/Silberchlorid) und der Edelmetallmesselektrode gemessen. Die gemessene Spannung U_G wird durch Addition der Standardspannung der Bezugselektrode U_B bei der Messtemperatur auf die Standardwasserstoffelektrode U_H (Nullpunkt der Spannungsreihe) umgerechnet und als Redox-Spannung des Wassers bezeichnet:

$$U_H = U_G + U_B \,. \tag{4.3}$$

In gewissen Fällen ist es zweckmäßig, die zwischen Platin- und Bezugselektrode gemessene Spannung direkt als Redox-Spannung in mV anzugeben, dann darf allerdings eine Angabe über die verwendete Bezugselektrode nicht fehlen.

Diffusionspotenziale am Diaphragma zur konzentrierten KCl-Lösung der Bezugselektrode sowie Belagsbildung, wie z. B. Mangandioxid auf der Platinelektrode, führen zu Fehlmessungen. Sie werden einerseits durch Wahl geeigneter Elektroden mit einem ständigen geringen Fluss an KCl-Lösung aus der Bezugselektrode und andererseits durch regelmäßige Reinigung der Pt-Elektrode vermieden. Die Reinigung kann durch Polieren mit Haushaltsputzmitteln ohne stark scheuernde Wirkung oder mit Salzsäure (Dichte = 1,12 g m^{-1}) erfolgen. Gespült wird mit Reinstwasser.

Wie schon erwähnt, wird immer eine Redox-Spannung angezeigt, wenn Pt- und Bezugselektrode in ein Wasser eintauchen. Ein Kalibrieren wie bei der pH-Messung gibt es beim Messen der Redox-Spannung nicht. Die von der Messkette gelieferte Spannung kommt direkt zur Anzeige. Eine Prüfung der Messkette kann mit Hilfe von kommerziell erhältlichen Redoxstandardlösungen erfolgen. Eine Rezeptur zur Herstellung einer Redoxprüflösung ist in der Norm DIN 38404-6: 1984 enthalten. Wird der Sollspannungswert der Prüflösung nicht erreicht (Abweichung > ±10 mV), so müssen Elektroden und Messverstärker einzeln auf ihre Funktion überprüft werden. Außerdem sollte das Diaphragma auf mögliche Verstopfungen kontrolliert werden.

Die Messung der Redox-Spannung nach DIN 38404-6: 1984 wird in einem geschlossenen Durchlaufgefäß durchgeführt, um Störungen durch Luftsauerstoff auszuschließen. Das Wasser wird mit einer Pumpe gefördert und mit ca. 10 ml/s so lange durch das Gefäß geleitet, bis die Temperatur konstant bleibt und der Messwert sich innerhalb 1 Minute um nicht mehr als 1 mV verändert. Eine konstante Spannungsanzeige stellt sich unter Umständen erst nach 30 Minuten ein.

Die gemessene, auf Standardwasserstoffelektrode nach Gl. 4.3 umgerechnete Redox-Spannung wird auf 10 mV gerundet angegeben. Zusätzlich werden der pH-Wert und die Temperatur vermerkt z. B.:

Messung:	+500 mV (Pt-Elektrode gegen Ag/AgCl/KCl, c(KCl) = 3,5 mol/l).
Berechnung:	U_H = (500 + 208) mV = 708 mV, gerundet 710 mV.
Redoxspannung:	U_H = 710 mV (Temperatur des Wassers = 10,3 °C, pH-Wert des Wassers =7,3).

Bei Schwimm- und Badebeckenwässern darf die Messung der Redox-Spannung gemäß DIN 19643-1: 2012 nur mit ortsfesten Mess- und Registriergeräten in kontinuierlichem Betrieb erfolgen.

4.5.6 pH-Wert

Der pH-Wert als Maß für die Wasserstoff-Ionenkonzentration im Wasser, also die saure, neutrale oder alkalische Eigenschaft eines Wassers, ist eine der wichtigsten

Tab. 4.11: Farben, pH-Werte und pH-Umschlagsbereiche verschiedener pH-Indikatoren (nach Weast et al., 1988).

Indikator	Farbwechsel	pH-Wert	(pH-Umschlagsbereich)
Methylviolett	gelb / blau	0,8	(0,0–1,6)
Malachitgrün	gelb / blaugrün	0,9	(0,2–1,8)
2,4-Dinitrophenol	farblos / gelb	3,4	(2,8–4,0)
Methylrot	rot / gelb	5,4	(4,8–6,0)
p-Nitrophenol	farblos / gelb	6,0	(5,4–6,6)
m-Nitrophenol	farblos / gelb	7,6	(6,8–8,6)
Phenolphthalein	farblos / pink	10	(9,4–10,6)
2,4,6-Trinitrotoluol	farblos / orange	12,3	(11,5–13,0)
Clayton-Gelb	gelb / amber	12,7	(12,2–13,2)

Messgrößen einer Wasseranalyse, denn er ist für alle chemischen und biologischen Vorgänge von großer Bedeutung (siehe Abschn. 3.2). Zur Messung wird heute fast ausschließlich die Glaselektrode verwendet. Es ist aber auch eine kolorimetrische Messung möglich.

Der pH-Wert ist als der negative dekadische Logarithmus der Wasserstoff-Ionenkonzentration (genauer: der Aktivität, siehe Abschn. 3.2) definiert. Eine Änderung um 1 pH-Einheit entspricht also einer tatsächlichen Änderung der Konzentration um den Faktor 10 (2 Einheiten Faktor 100, 3 Einheiten Faktor 1000 usw.). Das illustriert, wie wichtig es sein kann, den pH-Wert auf eine Stelle nach dem Komma, in kritischen Fällen auf zwei Stellen nach dem Komma, genau zu messen.

Kolorimetrische pH-Bestimmungen können mit pH-Indikatoren, besonderen Puffersubstanzen, die je nach pH-Wert ihre Eigenfärbung verändern, durchgeführt werden (Tab. 4.11).

Die Indikatoren verändern ihre Eigenfärbung, je nachdem ob ein Proton bzw. Hydroxidion angelagert oder abgespalten wird. Wenn mehrere Indikatoren geeignet zusammengemischt werden (Mischindikator), lassen sich über den gesamten pH-Bereich charakteristische Farbänderungen erzielen. Auf dieser Basis lässt sich eine Farbreferenzskala für die pH-Werte erstellen. Nach Zusatz einiger Tropfen des Mischindikators zu einer Probe (Tropfentest), bzw. nach Eintauchen eines pH-Indikatorpapiers, das den Mischindikator kovalent gebunden auf einem Papierteststreifen enthält, kann die Färbung der Probe bzw. des Teststreifens visuell mit einer Farbreferenzskala verglichen und dem entsprechenden pH-Wert zugeordnet werden. Dieser visuelle Farbvergleich ist sehr subjektiv und ggf. auch abhängig von einer Eigenfärbung der zu untersuchenden Lösung.

Zur genaueren Bestimmung kann die Färbung über spezielle Photometer, so genannte Reflektometer, ausgewertet werden.

Die **elektrometrische** oder potenziometrische Bestimmung beruht auf der Messung der Potenzialdifferenz zwischen einer Messelektrode (Glaselektrode) und einer

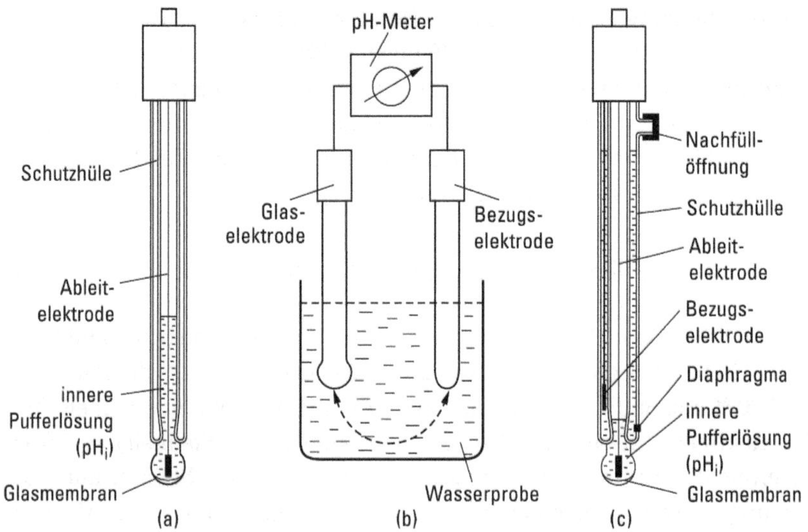

Abb. 4.1: Messung des pH-Wertes. (a) Glaselektrode; (b) Messkette aus Glas- und Bezugselektrode; (c) Einstabmesskette.

Bezugselektrode mit bekanntem Potenzial, die mit der Aktivität (entspricht näherungsweise der Konzentration, siehe Abschn. 3.2) der Wasserstoffionen in der Messlösung nach der Nernst'schen Gleichung in einem funktionellen Zusammenhang steht.

Die **Glaselektrode** (Abb. 4.1) ist mit einer dünnwandigen Glasmembran an der Spitze versehen, mit einer Vergleichslösung (Pufferlösung) bekannten, konstanten pH-Wertes (pH_i) gefüllt und mit einer Ableitelektrode ausgestattet. Die Glasmembran besteht aus Elektrodenglas spezieller Zusammensetzung und ist meistens als Kugel- aber auch als Kuppen- oder Zylindermembran ausgebildet. Die Glaselektrode taucht in die zu untersuchende Lösung, die den unbekannten pH-Wert pH_x besitzt. An den beiden Glasoberflächen (innen und außen) bilden sich Grenzflächenpotenziale aus, für deren Potenzialdifferenz E_g die umgerechnete Nernst'sche Gleichung gilt:

$$E_g = (RT/F) \cdot 2{,}303\,(pH_i - pH_x) \tag{4.4}$$

Da pH_i als bekannt vorausgesetzt wird, erhält man aus der Differenz der Grenzflächenpotenziale der Glaselektrode sofort den gesuchten pH-Wert der zu untersuchenden Lösung (pH_x). Um E_g messen zu können, müssen die Potenziale abgeleitet werden. Dazu dienen im Prinzip beliebige Bezugselektroden. Man wählt gleichartige Elektroden in der Glaselektrode und in der Bezugselektrode (z. B. Silber/Silberchlorid-Elektroden), weil dadurch kein zusätzliches Potenzial zwischen den Elektroden auftritt.

Eine Absolutmessung ist nicht möglich. Deshalb wird die pH-Messkette potentiometrisch mit einer standardisierten Pufferlösung (NIST, DIN) mit dem pH-Wert pH_B kalibriert und damit eine in der Praxis gut anwendbare potentiometrisch definierte pH-Skala eingeführt. Beim Eintauchen in die standardisierte Pufferlösung wird die Potenzialdifferenz E_B und beim Eintauchen in die zu messende Lösung E_x gemessen. Daraus errechnet sich der pH-Wert wie folgt:

$$pH_x = pH_B - (E_x - E_B)/(RT/F \cdot 2{,}303) \qquad (4.5)$$

Der Proportionalitätsfaktor (RT/F) · 2,303 (= 0,05816 V bei 20 °C oder 0,05916 V bei 25 °C) wird als Steilheit der Messkette bezeichnet. Das bedeutet, dass die Potenzialdifferenz bei 20 °C um 58,16 mV zunimmt, wenn der pH-Wert um eine Einheit fällt. Da bei Glaselektroden diese theoretische Potenzialdifferenz (Steilheit) praktisch nicht ganz erreicht wird und auch vom Zustand der Elektrode abhängt, muss bei der Kalibrierung eine entsprechende Korrektur erfolgen. Die Steilheit einer Messkette kann auch als die in einem Diagramm (mV gegen pH-Werte) sich ergebende Steigung einer Geraden für eine bestimmte Temperatur (Isotherme) aufgefasst werden, da in den Proportionalitätsfaktor (RT/F) · 2,303 die Temperatur eingeht.

Die heute üblichen Messketten sind so aufgebaut, dass bei einem pH-Wert von 7 die Spannung 0 mV beträgt. Produktionsbedingt, meist jedoch aufgrund von Verschmutzungen, weicht die angezeigte Spannung bei pH = 7 mehr oder weniger stark von der Idealspannung ab (Asymmetrie). Bei einer neuwertigen Messkette liegt der Wert für die Asymmetrie im Bereich von ±10 mV. Deshalb muss vor der Korrektur der Steilheit bei der Kalibrierung einer Messkette immer ein Asymmetrieabgleich, d. h. eine Anpassung der Messkette an das pH-Meter erfolgen, das aus der elektrischen Spannung der angeschlossenen Messkette den pH-Wert der Probe berechnet. Dazu wird die Messkette in eine Pufferlösung getaucht, deren pH-Wert mit dem der Innenlösung der Glaselektrode (Kettennullpunkt bei pH-Wert = 7) übereinstimmt. Durch Abgleich am pH-Meter werden alle Störpotenziale (z. B. das Asymmetriepotenzial) kompensiert und es liegen am Verstärkereingang des pH-Meters exakt 0,00 mV, entsprechend pH = 7,00, an. Das Asymmetriepotenzial kann sich im Laufe der Zeit durch Alterung der Glaselektrode verschieben. Ein häufiger Asymmetrieabgleich ist deshalb zu empfehlen, insbesondere bei älteren Elektroden.

Da der Proportionalitätsfaktor RT/F 2,303 temperaturabhängig ist, muss eine Temperaturkompensation erfolgen. Geräte mit automatischer Temperaturkompensation garantieren eine höhere Messsicherheit. Bei einer manuellen Kompensation wird die Temperatur der Probe mit einem separaten Thermometer gemessen und der Wert per Hand am Gerät eingestellt.

Die zu messende wässrige Lösung ändert ihren pH-Wert auch in Abhängigkeit von der Temperatur, da die Dissoziation schwacher Säuren und Basen (z. B. Kohlensäure und Hydrogencarbonat-Ion, siehe Abschn. 3.2) temperaturabhängig ist. Diese Temperaturabhängigkeit wird und kann durch die Temperaturkompensation des

Gerätes nicht ausgeglichen werden. Daher gehört die Angabe der Temperatur der Wasserprobe zwingend zur pH-Messung und zur Angabe des Messergebnisses.

Eine geringe mögliche Verfälschung der Messwerte, die auf dem **Diffusionspotenzial** am Diaphragma der Bezugselektrode beruht, muss zusätzlich beachtet werden. Ein messbares Diffusionspotenzial entsteht dadurch, dass zwei Lösungen mit stark voneinander abweichenden Ionenkonzentrationen auf einer kleinen Fläche aufeinander treffen. Dies ist am Diaphragma von Einstabmessketten der Fall. Es macht sich dadurch bemerkbar, dass in ruhendem Wasser (richtiges Ergebnis) ein anderer pH-Wert angezeigt wird als in bewegtem Wasser (verfälschtes Ergebnis). Solche Unterschiede werden nur bei Einstabmessketten beobachtet, wenn das Diaphragma zu klein ist oder verstopft ist. Die Abweichungen der Messungen zwischen ruhender und bewegter Einstabmesskette sollten nicht mehr als 0,05 pH-Einheiten betragen. Für sehr genaue Messungen sind Einstabmessketten mit Schliffdiaphragma zu bevorzugen.

Ganz allgemein umfasst die Kalibrierung folgende Schritte: Die Messkette wird in Pufferlösungen (normalerweise zwei Lösungen) getaucht und das pH-Meter wird auf den pH-Wert des jeweiligen Puffers eingestellt. Der pH-Wert der Pufferlösungen ist nach DIN 19266:2015 auf pH = ± 0,005 genau definiert.

Eine Pufferlösung, die zur Kalibrierung benutzt wurde, ist anschließend zu verwerfen. Es ist darauf zu achten, dass der Inhalt von geöffneten Flaschen alsbald verbraucht wird. Es wäre unsinnig, ein teures pH-Messgerät zu kaufen, um dann mit alten, ungenauen Puffern den pH-Wert zu „schätzen", denn das Messgerät kann immer nur den Wert anzeigen, den die pH-Messkette auf Basis der Kalibrierung mit den Pufferlösungen vorgibt. Auch nach der Erstkalibrierung sind pH-Messgeräte nicht wartungsfrei. Für eine sichere pH-Wertbestimmung müssen die Messketten regelmäßig kalibriert werden. Bei der Kalibrierung ist nach den Vorgaben des Herstellers in der Bedienungsanleitung des pH-Messgerätes zu verfahren. Nach der Kalibrierung der Messkette ist das pH-Meter für die Messung bereit.

Zur pH-Messung wird die Messkette in die zu untersuchende Wasserprobe eingetaucht, und der pH-Wert wird nach entsprechender Einstellzeit auf dem Display des pH-Meters abgelesen. Parallel dazu wird die Temperatur der Wasserprobe während der Messung des pH-Wertes bestimmt.

Die Angabe des Ergebnisses erfolgt auf eine Stelle nach dem Komma genau. Dabei wird die Wassertemperatur vermerkt, bei der gemessen wurde (Beispiel: pH-Wert 7,3 bei 9,3 °C) (DIN EN ISO 10523:2012). Bei kolorimetrischen Messungen ist ein entsprechender Vermerk anzubringen.

Da sich der pH-Wert einer Wasserprobe infolge chemischer, physikalischer und biologischer Vorgänge schnell verändern kann und sich nicht stabilisieren lässt, sollte die Bestimmung sofort nach der Probenahme an der Probenahmestelle erfolgen. Dabei ist zu beachten, dass die im offenen Behälter befindliche Probe während des Messvorganges CO_2 aus der Luft aufnehmen oder aus der Probe abgeben kann, wodurch sich der pH-Wert verändert. Die pH-Messung sollte deshalb nicht unnötig verzögert werden.

4.5.7 Elektrische Leitfähigkeit

Die elektrische Leitfähigkeit κ ist ein Maß für die Fähigkeit eines Wassers, den elektrischen Strom zu leiten. Da der elektrische Strom eine Folge des Transports elektrischer Ladung ist, müssen für den Stromtransport Ladungsträger in Form von Ionen im Wasser vorhanden sein. Zur elektrischen Leitfähigkeit einer wässrigen Lösung tragen alle Anionen und Kationen bei. Allerdings unterscheiden sich die einzelnen Ionen in ihrem Leitvermögen. Dieses Leitvermögen hängt von der elektrochemischen Wertigkeit der Ionen, der Ionenbeweglichkeit (Wanderungsgeschwindigkeit in Feldrichtung), der Konzentration aller vorhandenen Ionen und der Temperatur des Wasser ab. Da für eine zu messende Wasserprobe die Wertigkeit der Ionen und deren Wanderungsgeschwindigkeit konstant sind, ist bei konstanter Temperatur deren Leitfähigkeit eine Funktion seiner Ionenkonzentration. Die meisten anorganischen Wasserinhaltsstoffe liegen in wässriger Lösung dissoziiert als Ionen vor, sie leiten den elektrischen Strom deshalb relativ gut. Dagegen leiten organische Wasserinhaltsstoffe, die im Wasser oft in nichtdissoziierter Form vorliegen, den Strom, wenn überhaupt, sehr schlecht.

Durch die Bestimmung der elektrischen Leitfähigkeit lassen sich Aussagen über die Gesamtmineralisation (Gehalt an gelösten Ionen) eines Wassers treffen, es kann aber auch die Konstanz oder Veränderung dieser Mineralisation überprüft werden. Die Leitfähigkeit ist praktisch bei allen Wasseranalysen eine wichtige Kenngröße und bei hydrogeologischen Untersuchungen unverzichtbar (Hütter, 1994).

Die elektrische Leitfähigkeit (Grundlagen siehe Abschn. 3.1) ist definiert als der reziproke Wert des spezifischen elektrischen Widerstandes. Als Leitfähigkeit wird der reziproke Wert der Widerstandes einer Wasserprobe bezeichnet, der bei einer (theoretischen) Messung zwischen zwei Elektroden der Fläche $A = 1\ m^2$ im Abstand $l = 1\ m$ gemessen wird. In der Praxis werden natürlich Leitfähigkeitsmesszellen mit kleinem Elektrodenabstand und kleiner Elektrodenfläche verwendet und die Geometrie der Zelle wird entsprechend optimiert. Dann können die Größen l und A nicht mehr einfach ausgemessen werden und die Messzelle wird charakterisiert, indem stattdessen die so genannte Zellenkonstante der Messzelle als Quotienten aus l und A bestimmt wird. Die Zellenkonstante wird durch Widerstandsmessungen an Vergleichslösungen genau bekannter Leitfähigkeit (vom Gerätehersteller) ermittelt und ist auf dem Leitfähigkeitsmessgerät bzw. der Messzelle angegeben. Leitfähigkeitsmessgeräte sind über den Zusammenhang zwischen Widerstand und Zellenkonstante bereits auf die Anzeige der Leitfähigkeit ausgelegt. Die elektrische Leitfähigkeit wird in Siemens je Meter (S/m) gemessen. In der Trinkwasseranalyse ist die Einheit µS/cm üblich, nur bei stärker mineralisierten Wässern werden auch mS/cm angegeben (1 mS/m = 10 µS/cm). Da die elektrische Leitfähigkeit stark temperaturabhängig ist, werden aus Vergleichbarkeitsgründen alle Messwerte vereinbarungsgemäß auf 25 °C bezogen. Ein bei beliebiger Wassertemperatur gemessener Wert ist also auf diese Bezugstemperatur umzurechnen.

Die Bestimmung der elektrischen Leitfähigkeit erfolgt nach DIN EN 27888:1993.

Tab. 4.12: Elektrische Leitfähigkeit κ_{25} von Kaliumchloridlösungen bei 25 ± 0,1 °C.

c(KCl) mol/m³	0,5	1	5	10	20	50	100	200
κ_{25} mS/m	7,40	14,7	72	141	277	670	1290	2480
berechnet*)	7,49	14,98	74,91	149,8	299,64	749	1498,2	2996,4
f_{el} für KCl-Typ	0,99	0,98	0,96	0,94	0,92	0,89	0,86	0,83

*) zur Berechnung siehe Abschn. 3.1.2.6
f_{el} Leitfähigkeitskoeffizient zur Berücksichtigung der gegenseitigen Behinderung der Ionen

Leitfähigkeitsmessungen basieren auf Widerstandsmessungen der wässrigen Lösungen mit Wechselstrom hoher Frequenz, was der weitgehenden Verhinderung einer Elektrolyse bzw. Polarisation an den Elektroden dient und damit einer Verfälschung der Messergebnisse vorbeugt. Die auf der Leitfähigkeitsmesszelle angegebene Zellenkonstante wird auf das Gerät übertragen und ermöglicht die automatische Umrechnung des Messwertes in die Leitfähigkeit. Die Zellenkonstante ist langzeitstabil, so dass die Kalibrierung bereits vom Gerätehersteller durchgeführt wird und vom Anwender nur gelegentlich, mindestens jedoch alle 6 Monate, zu kontrollieren ist. Hierzu dient KCl-Kalibrierlösung definierter elektrischer Leitfähigkeit (Tab. 4.12) bei 25 ± 0,1 °C (Thermostat). Am Messgerät wird die Zellenkonstante auf den Wert 1,000 cm^{-1} eingestellt. Je nach Gerätetyp wird zusätzlich die Temperaturkompensation abgestellt oder der lineare Temperaturkoeffizient wird auf den Wert 0,00 K^{-1} (lt. Bedienungsanleitung des Gerätes) gesetzt. Nach Eintauchen der Messzelle in die Kalibrierlösung wird der Messwert abgelesen.

Der vom Gerät angezeigte Zahlenwert ist gleich dem nicht temperaturkompensierten reziproken Wert des elektrischen Widerstands, dem so genannten Leitwert G (25 °C) in S, mS oder µS je nach Messbereich. Die Zellenkonstante Z_K in 1/m errechnet sich aus der Gleichung $Z_K = \kappa_{25}/G$ (Tabellenwert κ_{25} in mS/m geteilt durch Geräteanzeige bei 25 °C in mS). Mikroprozessor-Geräte erlauben die Bestimmung der Zellenkonstante ohne manuelle Berechnung.

Die elektrische Leitfähigkeit ist, wie oben schon erwähnt, eine stark temperaturabhängige Größe. Ein Vergleich zwischen Werten, die nicht auf die Bezugstemperatur von 25 °C umgerechnet worden sind, ist schwierig oder gar sinnlos. In modernen Geräten werden die Messwerte automatisch auf 25,0 °C umgerechnet. Für natürliche Wässer (Ca—HCO_3-Typ), Meerwässer (Na—Cl-Typ) und ionenarme Wässer sind die Koeffizienten in einem solchen Gerät bereits gespeichert. Sind die Geräte nicht temperaturkompensiert, muss die bei der Temperatur ϑ °C gemessene elektrische Leitfähigkeit mit Hilfe von in der Norm DIN EN 27888:1993 aufgeführten Umrechnungsformeln oder Korrekturfaktoren auf 25,0 °C korrigiert werden.

Die Messung selbst, ob im Freien oder im Labor, wird üblicherweise in einem offenen Glasgefäß (Becherglas, Erlenmeyerkolben, V = 500 ml) vorgenommen. Das mit Untersuchungswasser mehrfach gespülte Glasgefäß wird etwa zur Hälfte gefüllt.

Das Leitfähigkeitsmessgerät wird nach Anweisung des Herstellers vorbereitet und die Elektrode und ein Thermometer werden in das zu messende Wasser eingetaucht. Meist ist heute die Messelektrode mit einem integrierten Temperaturfühler ausgerüstet. Nach Anpassung der Temperatur wird diese zusammen mit der Leitfähigkeit abgelesen.

Die Proben für die Bestimmung der elektrischen Leitfähigkeit im Labor werden mit einer Polyethylenflasche entnommen. Die Flasche wird vollständig mit dem Untersuchungswasser gefüllt, anschließend dicht verschlossen und bei 4 °C dunkel gelagert. Eine Konservierung der Probe ist nicht möglich, deshalb sollte die Bestimmung der Leitfähigkeit unverzüglich durchgeführt werden. Messungen von Wässern mit einer elektrischen Leitfähigkeit von < 1 mS/m (< 10 µS/cm) werden durch Kohlenstoffdioxid der Luft stark beeinflusst. In solchen Fällen muss die Messung in speziellen Durchflusszellen vorgenommen werden.

Das Ergebnis ist auf drei Stellen genau anzugeben, dabei wird die Wassertemperatur vermerkt, bei der gemessen wurde. Die Art der Korrektur auf 25,0 °C ist anzugeben.

Beispiel: κ_{25} = 39,3 mS/m = 393 µS/cm (nach DIN EN 27888:1993); Wassertemperatur 11,0 °C; mathematische Korrektur auf 25,0 °C.

R. Schuster und B. C. Gordalla

4.6 Maßanalytische Bestimmungen in der Wasseranalytik

4.6.1 Grundlagen der Maßanalytik

In der Wasseranalytik gehört die Maßanalyse zu den ältesten Analysenverfahren. Sie wurde 1830 von Gay-Lussac (1778 bis 1850) zum ersten Mal in die analytische Chemie eingeführt. Eine Analyse auf der Grundlage einer Titration wird auch als Volumetrie oder volumetrische Analyse bezeichnet. Sie beruht auf der Zugabe eines abgemessenen Volumens einer Lösung mit genau bekannter Stoffmengenkonzentration eines reaktiven Stoffes zu einer Wasserprobe bis zu einem erkennbaren Endpunkt einer Reaktion mit dem gesuchten Stoff in der Probe und Umrechnung auf die Konzentration des gesuchten Stoffes.

Aufgrund der langen Tradition und der zu ihrer Durchführung notwendigen grundlegenden Kenntnisse über Stoffreaktionen ist die Titration Bestandteil der Grundausbildung in der Chemie. Für Routineanwendungen haben sich Titrierautomaten durchgesetzt, die mit physikalisch-chemischer Endpunktbestimmung arbeiten. Sie sind mit Mikroprozessoren ausgestattet, die eine Speicherung von methodenspezifischen Parametern, Kalibrierwerten und Probeninformation ermöglichen (Bigus, 1998).

Folgende Begriffe werden bei der Maßanalyse verwendet:

Titration ist die Ermittlung einer unbekannten Stoffmenge n_A oder der Masse m_A eines gelösten Stoffes A im **Titranten** durch den Verbrauch eines Reagens B im **Titrator**, einer Maßlösung mit bekannter Konzentration c_B. Am **Äquivalenzpunkt** (theoretischer **Endpunkt**) hat die gesamte Stoffmenge des Stoffes A mit dem langsam zugeführten Reagens B reagiert. Der Endpunkt wird entweder durch direkte Beobachtung von Eigenschaften des Systems oder indirekt unter Verwendung von **Indikatoren** als Hilfsmittel ermittelt.

Folgende Voraussetzungen müssen für die Anwendbarkeit der Maßanalyse erfüllt sein:

- Eindeutige chemische Reaktion, die stöchiometrisch in kurzer Zeit ohne Nebenreaktionen vollständig abläuft; im chemischen Jargon heißt dies, das Gleichgewicht liegt auf der Seite der Produkte;
- Selektivität durch die chemische Reaktion (diese kann durch angepasste Probenvorbereitung, Wahl des geeigneten Titrators und Indikatorsystem verbessert werden);
- gute Erkennbarkeit des Endpunktes (durch gezielte Wahl des Indikatorsystems oder mit Hilfe physikalisch-chemischer Methoden);
- Möglichkeit der Herstellung haltbarer Maßlösungen mit genau definierter Konzentration (titerstabiles Reagens).

Die Maßanalyse mit so genannten Urtitern, nämlich Lösungen, die sich durch Einwägen von reinen Substanzen herstellen lassen, ist ein Absolutverfahren.

Der Reaktionsablauf kann mit folgender Gleichung dargestellt werden:

$$\nu_A A + \nu_B B \longrightarrow \text{Produkte} \tag{4.6}$$

Dabei entspricht das Verhältnis der umgesetzten Stoffmengen n_A zu n_B der Stoffe A und B dem Verhältnis der stöchiometrischen Zahlen ν_A und ν_B in der Reaktionsgleichung:

$$n_A/n_B = \nu_A/\nu_B \tag{4.7}$$

Das Volumen der Maßlösung (Verbrauch) V_B, das bis zur Erreichung des Äquivalenzpunktes benötigt wird, ist die Messgröße bei der Titration.

Aus Gl. 4.7 ergibt sich mit

$$n_A = m_A/M_A \quad \text{und} \quad n_B = c_B \cdot V_B$$

die Masse m_A des Stoffes A (in g oder mg)

$$m_A = (\nu_A/\nu_B)\, M_A \cdot c_B \cdot V_B \tag{4.8}$$

wobei M_A die molare Masse (in g/mol) des Stoffes A und c_B die Stoffmengenkonzentration des Stoffes B (in mol/l oder mmol/l) darstellt.

Die konstanten Größen lassen sich zu einem stöchiometrischen Faktor f_A zusammenfassen. Die Konzentration der Maßlösung ist bekannt und wird mit einbezogen. Der Faktor f_A ergibt sich folgendermaßen:

$$f_A = (\nu_A/\nu_B)\, M_A \cdot c_B \tag{4.9}$$

Der stöchiometrische Faktor wird in mg/ml oder g/l angegeben.

Das Ergebnis der Titration wird dann durch folgende Gleichung wiedergegeben:

$$m_A = f_A \cdot V_B \tag{4.10}$$

Die Vorteile der Titrationsverfahren sind:
- Einfache Validierung (keine Kalibrierung des Systems notwendig);
- Abdeckung eines großen Konzentrationsbereiches durch Veränderung der Konzentration des Titrators;
- hohe Zuverlässigkeit.

Verschiedene Arten der Titration werden angewendet. Bei der **Säure-Base-Titration** unterscheidet man Acidimetrie (Titrator ist eine Säure wie Salzsäure oder Schwefelsäure) und Alkalimetrie (Titrator ist eine Base wie Natronlauge oder Kalilauge). Durch **Redoxtitration** können Stoffe bestimmt werden, die bei einer eindeutigen chemischen Reaktion oxidiert oder reduziert werden. Entsprechend dem eingesetzten Titrator unterscheidet man z. B. Permanganometrie oder Iodometrie. Wird der zu bestimmende Stoff durch Ausfällen mit der Titratorlösung analysiert, so spricht man von **Fällungstitration.** Zum Beispiel findet für die Bestimmung der Halogenide und Pseudohalogenide die Fällungstitration mit Silbernitrat breite Anwendung (Argentometrie). Schließlich wird die **Komplexbildungstitration** (Komplexometrie) zur Bestimmung von Metallionen, die stabile Komplexe bilden, angewandt, z. B. für die Bestimmung von Calcium und Magnesium.

4.6.2 Methoden zur Endpunktbestimmung

Die verschiedenen Methoden der Bestimmung des Endpunktes in Verbindung mit der Reaktion, die bei einer Titration abläuft, sind häufig ebenfalls namensgebend für das Verfahren. Bei einigen Verfahren wird die Eigenschaftsänderung des Titranten und des Reaktionsproduktes aus Titrant und Titrator beobachtet. Hierbei ist zwischen potenziometrischen (Potenziometrie: die Spannung beobachtenden), coulometrischen (Coulometrie oder Amperometrie: den Stromfluss beobachtenden) und konduktometrischen (Konduktometrie: die Leitfähigkeit beobachtenden) Verfahren sowie der pH-Wert-Titration (die den Säuregrad misst) zu unterscheiden. Andere Verfahren verwenden Indikatoren. Dies sind Stoffe, die selbst nicht an der eigentlichen Reaktion, deren Endpunkt bestimmt werden soll, beteiligt sind, deren Eigenschaften aber am Endpunkt der Titration eine messbare Änderung erfahren, z. B. eine Änderung der Farbe bei den Farbindikatoren. Die Bestimmung der Farbänderung mit einem Photometer kennzeichnet die so genannte **photometrische Titration.**

Der Verlauf einer Titration wird anschaulich durch eine Titrationskurve dargestellt, bei der die Änderung einer Eigenschaft (z. B. pH-Wert, Farbe, elektrische Leitfähigkeit) gegen die Zugabe an Titrator aufgetragen wird. Um eine allgemeingültige Titrationskurve zu erhalten, wird der Titrator auf die notwendige Zugabe bis zum Endpunkt bezogen. Diese relative oder bezogene Menge Titrator heißt Titrationsgrad. Definitionsgemäß wird am Endpunkt der Titrationsgrad $\tau = 1$ erreicht.

Manchmal ist der Endpunkt nur dann zu erkennen, wenn eine Titrationskurve aufgezeichnet wird. Beispielsweise nimmt die Leitfähigkeit während der Titration ab, bleibt aber nach Erreichen des Endpunktes konstant. Der Schnittpunkt beider Linien kennzeichnet den Endpunkt. Moderne Titrierautomaten werten den Kurvenverlauf aus und berechnen aus der Zuordnung der Zugabe des Titrators zur gemessenen Eigenschaft, z. B. pH-Wert oder elektrische Leitfähigkeit oder Farbänderung, den Bedarf an Titrator am Endpunkt (also das gesuchte Ergebnis der Titration), auch wenn die Titration über den Endpunkt hinaus weitergeführt wird.

Beruht die Titration auf einer Redoxreaktion, kann man als geeignete Messgröße die Potenzialdifferenz zwischen einer inerten Indikator- und einer Bezugselektrode (die so genannte Redoxspannung), die der Gleichung nach Nernst gehorcht (siehe Abschn. 3.1.2.8), wählen. Man spricht dann von **Potenziometrie.** Während des Verlaufs der Titration bis zum Endpunkt wird die Potenzialdifferenz vom Titranten und bei Titration über den Endpunkt hinaus vom Titrator bestimmt. Deshalb verändert sich das Potenzial sprunghaft am Endpunkt der Titration. Beispielhaft für eine Redoxreaktion ist die Titration mit Permanganatlösung als Titrator:

$$MnO_4^- + 8\,H^+ + 5\,e^- \leftrightarrow Mn^{2+} + 4H_2O \tag{4.11}$$

$$K_{Mn(VII)Mn(II)} = a(MnO_4^-) \cdot a(H_3O^+)^8/a(Mn^{2+}) \tag{4.12}$$

Zwischen dem Permanganat-Ion und dem Mangan(II)-Ion herrscht ein Gleichgewicht, das so lange zur Seite des Mangan(II)-Ions verschoben ist, wie der reduzierende Stoff im Titranten (z. B. Thiosulfat) nicht aufgebraucht ist. Am Äquivalenzpunkt verschiebt sich das Gleichgewicht zu Gunsten des Permanganat-Ions mit der dazugehörigen sprunghaften Änderung des Potenzials an der inerten Elektrode. Das Gleichgewicht ist sehr stark pH-abhängig, wie aus der 8. Potenz der Hydroniumaktivität in Gl. 4.12 hervorgeht, so dass im alkalischen Milieu andere Reaktionen ablaufen als im sauren Milieu.

Ein vergleichbares Potenzial wie an einer inerten Elektrode bildet sich auch an Membranen aus, wenn diese nur für bestimmte Ionen durchlässig sind. Bekanntestes Beispiel ist die Glaselektrode für die Messung des pH-Wertes (siehe Abschn. 4.5.6). So ist bei der **Säure-Base-Titration** auch die Aufzeichnung der Änderung des gemessenen Potenzials gegen die Zugabe des Titrators möglich. Dabei ist eine Umrechnung auf den pH-Wert zwar üblich, aber nicht zwingend erforderlich. Bei den Titrationskurven wird der pH-Wert in Abhängigkeit vom Verbrauch des Titrators betrachtet (Seel, 1988; Moisio und Heikonen, 1996). Die Titrationskurve ist eine S-förmige Linie, der Wendepunkt der Kurve ist der Endpunkt der Titration.

Mit Hilfe **ionenselektiver Elektroden** kann die Potenziometrie auch für die Bestimmung von Ionen wie Natrium, Kalium, Nitrat, Fluorid angewendet werden (Honold und Degner, 1991). Es besteht die nachstehende Nernst'sche Beziehung zwischen dem Potenzial E_{mem} der ionenselektiven Elektrode an der semi-permeablen Membran und der Aktivität a_i der zu bestimmenden Ionen mit der Ladungszahl z:

$$E_{mem} = \text{constant} - \left[R \cdot T/(z \cdot F)\right] \cdot \ln\{a_i\} \tag{4.13}$$

Nach dieser Gleichung können die Ionenkonzentrationen unmittelbar gemessen werden, wenn die Elektroden kalibriert werden. Zusätzlich, insbesondere dann, wenn die Messung ungenau ist oder gestört wird, können ionensensitive (also nicht ausreichend ionenselektive) Elektroden zur Endpunktbestimmung einer Titration eingesetzt werden. Es werden laufend neue Elektroden für selektive potenziometrische Methoden entwickelt, z. B. für Phosphat eine Elektrode, die auf Hydroxylapatit basiert (Petrucelli et al., 1996). Informationen zu Applikationen und aktueller Literatur über ionenselektive Elektroden sind unter anderem im Internet (z. B. bei www.wtw.com) erhältlich.

Eine weitere wichtige elektrochemische Titrationsmethode ist die **Coulometrie**. Sie basiert auf dem Faraday'schen Gesetz, der Proportionalität zwischen umgesetzter Stoffmenge z m/M (z ist die Zahl der ausgetauschten Elektronen, m die Masse des Stoffes und M die molare Masse) und verbrauchter Elektrizitätsmenge Q (in Coulomb, $Q = I \cdot t$: Stromstärke I in Ampere während der Zeit t in s). Mit der Faraday'schen Konstanten F ergibt sich der Zusammenhang:

$$Q/F = m \cdot z/M \tag{4.14}$$

Es sind zwei Vorgehensweisen möglich: Coulometrie bei konstantem Strom (coulometrische Titration) und Coulometrie bei konstantem Potenzial (Amperometrie).

Bei der **coulometrischen Titration** erfolgt die Messung des Potenzials und der Zeit. Der Titrator wird durch eine elektrochemische Reaktion an einer Elektrode erzeugt. Bei konstanter Stromstärke ist die Elektrolysedauer bis zum Endpunkt ein Maß für die erforderliche Titratormenge (nämlich die elektrochemisch an der Elektrode erzeugte Stoffmenge). Diese Stoffmenge ergibt sich aus der erzeugten Elektrizitätsmenge, wenn keine Nebenreaktionen ablaufen, die ebenfalls Strom verbrauchen (Produkt aus konstanter Stromstärke I und Elektrolysedauer t bis zur Erreichung des Äquivalenzpunktes). Gute Ergebnisse bei der coulometrischen Titration werden einerseits durch genaue Zeitmessung und präzise Einstellung der Stromstärke und andererseits durch die Genauigkeit der Endpunktbestimmung erreicht, wie z. B. durch spektrophotometrische oder elektrochemische Indikation.

Bei der **Amperometrie** wird der Strom, der zwischen Referenz- und Bezugselektrode fließt, bei konstanter Spannung gemessen. Hierbei wird der Titrator nicht elektrochemisch an einer Elektrode erzeugt, sondern als Lösung, wie bei anderen Typen der Titration üblich, hinzugegeben. Die Stromstärke ändert sich sprunghaft beim Endpunkt der Titration. Eine spezielle Anwendung der amperometrischen Titration stellt die dead-stop-Methode dar. Hier benötigt man 2 polarisierbare Elektroden. Das Prinzip wird am Beispiel der Titration von Thiosulfat mit Iod erläutert. Wird an zwei polarisierten Elektroden eine Spannung angelegt, fließt kein Strom, da folgende Reaktion stark gehemmt ist:

$$2\,S_2O_3^{2-} \leftrightarrow S_4O_6^{2-} + 2\,e^- \qquad (4.15)$$

Bei Zugabe von Iodlösung (als Titrator) fließt weiterhin so lange kein Strom, wie Iod der Oxidation von Thiosulfat dient, weil es selbst sehr schnell reduziert wird. Nach Erreichen des Äquivalenzpunktes aber, d. h. wenn alles Thiosulfat mit Iod abreagiert ist und ein geringer Überschuss von Iod in der Lösung durch Zugabe einer weiteren kleinen Menge dieses Titrators entsteht, fließt plötzlich Strom nach folgender Gleichung:

$$I_2 + 2\,e^- \leftrightarrow 2\,I^- \qquad (4.16)$$

Bei der **konduktometrischen Titration** bedient man sich der Bestimmung der elektrischen Leitfähigkeit κ in Abhängigkeit von der Zugabe des Titrators. Die Leitfähigkeit ist von der Änderung der Konzentrationen vorliegender freier Ionen bestimmt und verändert sich durch Zugabe des Titrators. Sie vermindert sich beispielsweise, wenn die Konzentration freier Ionen z. B. durch Fällung oder durch Neutralisation während der Titration abnimmt. Eine Erhöhung der Leitfähigkeit ist bei Reaktionen mit freiwerdenden Protonen oder Hydroxyl-Ionen zu beobachten.

Indikatoren sind Stoffe, die am oder in der Nähe des Äquivalenzpunktes eine Veränderung der optischen Eigenschaft in der Lösung zeigen. Als einfarbige Indikatoren werden Indikatoren bezeichnet, die auf einer Seite des Umschlagbereiches farbig, auf der anderen hingegen farblos sind, zum Beispiel Phenolphthalein, dessen Farbe sich (siehe p-Wert, Abschn. 3.2.3) bei Anstieg des pH-Wertes über pH 8,2 von farblos (Säureform) nach rot (Baseform/Anionform) verändert. Ein weiterer typischer Indikator ist Methylorange. Seine Farbe schlägt bei Unterschreitung des pH-Wertes 4,3 (siehe m-Wert, Abschn. 3.2.3) von orange nach rot um.

Die Beobachtung des Farbumschlags bei einer Titration mit dem bloßen Auge ist sehr subjektiv. Viel genauer kann der Verlauf der Titration mit einem Photometer bei der **photometrischen Titration** beobachtet werden (Jander und Jahr, 2017). Grundlage ist das Lambert-Beer'sche Gesetz (siehe Abschn. 4.7.5). Nach dieser Gesetzmäßigkeit ist es nicht unbedingt nötig, den Endpunkt zu bestimmen. Empfindliche Geräte können nach entsprechender Kalibrierung und durch Abgleich mit einer Blindlösung bereits geringe Änderungen erfassen. Aus der zugesetzten Titratormenge und der Änderung der Färbung kann bereits auf die Konzentration des Stoffes A im Titranten geschlossen werden.

Auch für Untersuchungen der Gleichgewichtssysteme ist die photometrische Titration besonders geeignet, da sehr verdünnte Lösungen analysiert werden können. Zum Beispiel können Messungen der Absorption in Abhängigkeit vom pH-Wert und von der Titratormenge durchgeführt werden (Polster, 1982) oder sehr geringe Mengen an Sulfid (ng/l) in Wasser photometrisch bestimmt werden (Haghighi und Safari, 1999).

4.6.3 Maßanalytische Geräte

Für Volumenmessungen und zum Dosieren von Lösungen wurden und werden Messkolben, Büretten und Pipetten aus Glas benutzt. Seit längerem sind zusätzlich moderne Volumenmessgeräte mit Hubkolben, Luftpolsterpipetten, Kolbenbüretten, Dispensoren, Dilutoren in Gebrauch (Gahr, 2000). Anforderungen an Volumenmessgeräte werden vom DIN-Normenausschuss „Laborgeräte und Laboreinrichtungen" festgelegt; für Volumenmessgeräte mit Hubkolben ist dies in der Normenreihe DIN EN ISO 8655, Teile 1 bis 7 erfolgt.

Die herkömmliche Glasbürette wird durch Digitalbüretten ersetzt, z. B. bei der Komplexometrie oder der Säure-Base-Titration mit visueller Endpunkterkennung. Als apparative Alternative werden komplette Titrationsautomaten mit integrierten Titrations- und Auswerteverfahren angeboten (Mejer und Häple, 1995; Jenner, 1999). Die Geräte sind meist nach dem Baukastenprinzip aufgebaut, um die verschiedenen Anforderungen für jeden Anwender realisieren zu können. Die wesentlichen Bestandteile der Titrierautomaten sind Dosiereinheit, Vorratsgefäß, Regeleinheit. Der Mikroprozessor steuert die Dosierung des Titranten, zeichnet die Reaktion auf und erkennt selbstständig den Endpunkt der Titration. Die Qualitätssicherung kann mit Hilfe von Titrationssoftware durchgeführt werden. Diese erleichtert eine genaue Ermittlung von Wendepunkten in den Titrationskurven, Reproduzierbarkeit bei Mehrfachbestimmung und einfache Dokumentation für gute Laborpraxis (Viezens und Peters, 1998; Parczewski und Kateman, 1992).

Die Volumenmessung kann durch Wägung ersetzt werden. Die Bezeichnung **gravimetrische Titration** soll dies zum Ausdruck bringen. Es wird eine Titration ohne Pipette und Küvette ermöglicht (Spahn und Saur, 1996). Hauptbestandteil ist die mikroprozessorgesteuerte Waage mit integriertem Magnetrührsystem. Wägewerte für Einwaage, Zusätze und Verbrauch werden durch den Mikroprozessor der Waage gespeichert. Die Endpunkterkennung erfolgt analog zur volumetrischen Titration mit Indikatoren oder Sensoren. Ausführliche Informationen zur Gerätetechnik der Maßanalyse und zu Applikationen in der Wasseranalytik sind im Internet zu finden (z. B. unter www.brand.de; de.hach.com; www.igz.ch; www.labo.de; www.metrohm.com; www.mt.com; www.si-analytics.com; www.witeg.de).

4.6.4 Beispiele

Bestimmung der **Säurekapazität** des Wassers (Säure-Base-Titration): Grundsätzlich kann nur bei einem Wasser, dessen pH-Wert größer als 8,2 ist, die Säurekapazität $K_{S8,2}$ bis zum pH-Wert 8,2 ermittelt werden (DIN 38409-H7-1). Liegt bei einem Wasser der pH > 4,3, so wird die Säurekapazität $K_{S4,3}$ bis zum pH = 4,3 bestimmt (DIN 38409-H7-2). Die Wasserprobe wird direkt in der Probenahmeflasche mit Salzsäure (c_{HCl} = 0,1 mol/l) erst auf den pH-Wert 8,2 und dann auf den pH-Wert 4,3 titriert. Die Probenahmeflasche wird vor der Titration und dann in entleertem Zustand nach der Titration gewogen. Aus dem Volumen der verbrauchten Salzsäure lassen sich dann $K_{S4,3}$ und gegebenenfalls $K_{S8,2}$ in mmol/l berechnen. Die Titration bis pH = 8,2 soll unter vorsichtigem Rühren und möglichst unter Vermeidung des Kontakts mit Luft erfolgen. Bei der Titration bis pH = 4,3 soll durch starkes Rühren das gebildete gelöste Kohlendioxid bis zur Gleichgewichtseinstellung mit Luft aus dem Reaktionsgleichgewicht entfernt werden, um die Hydrogencarbonat-Ionen möglichst vollständig zu erfassen.

Bestimmung der **Basekapazität** des Wassers: Liegt der pH-Wert unter 8,2, wird die Basekapazität $K_{B8,2}$ bis pH = 8,2 ermittelt. Die Bestimmung erfolgt durch Titration mit Natronlauge (DIN 38409-H7-4-1). Um Ausfällungen zu verhindern, kann ein Tartrat-Citrat-Maskierungsreagenz zugegeben werden (DIN 38409-H7-4-2), für Wässer mit hohen Gehalten an Kohlenstoffdioxid wird ein Verfahren mit Rücktitration angewandt (DIN 38409-H7-4-3). Ist der pH-Wert des Wassers geringer als 4,3, was bei saurem Regen oder in einigen Seen vorkommen kann, dann kann zusätzlich $K_{B4,3}$ (DIN 38409-H7-3) bestimmt werden.

Bestimmung von **Calcium- und Magnesium-Ionen** (komplexometrische Titration): Entsprechend der DIN 38406-E3-2 und DIN 38406-E3-3 sind die Konzentrationen der Calcium- und Magnesium-Ionen mittels komplexometrischer Titration mit visueller Endpunkterkennung zu bestimmen. Die Titration zur Ermittlung der Calcium-Ionenkonzentration erfolgt durch Zugabe von EDTA (Ethylendiamintetraessigsäure) bei pH 12 bis 13. Magnesium-Ionen fallen als Hydroxid aus und stören die Bestimmung nicht. Als Indikator wird Calconcarbonsäure verwendet. Der Farbumschlag erfolgt von rot nach blau.

Bei der zweiten komplexometrischen Titration wird die Summe von Calcium- und Magnesium-Ionen mittels Zugabe von EDTA bei pH = 10 ermittelt. Eriochromschwarz T als Farbindikator schlägt von rotviolett nach blau um. Die Konzentration der Magnesium-Ionen ergibt sich aus der Differenz zwischen der Konzentration der Summe von Calcium- und Magnesium-Ionen und der zuvor bestimmten Konzentration der Calcium-Ionen.

Bei der potenziometrischen Titration mit ionensensitiver Erdalkali-Elektrode können Calcium- und Magnesium-Ionen während einer Titration mit EDTA bestimmt werden (Metrohm, Application Bulletin 125/3e). Es bilden sich zwei Potenzialsprünge aus, der erste am Endpunkt der Calcium-Bestimmung und der zweite am Endpunkt der Magnesium-Bestimmung. Störende Eisen- und Aluminium-Ionen werden mit Trishydroxymethylaminomethan (TRIS) maskiert. Dieser Stoff bildet eine Komplexverbindung mit Eisen- und Aluminium-Ionen, aber nicht mit Calcium- oder Magnesium-Ionen.

Bestimmung von **Chlorid-Ionen** (Fällungstitration): Die Titration wird durchgeführt nach DIN 38405-D1-1 mittels Silbernitrat. Das sich bildende Silberchlorid fällt aus. Nach Erreichen des Äquivalenzpunktes bildet sich bei einem geringen Überschuss an Silber-Ionen mit Chromat-Ionen (Indikator: Kaliumchromat) rotbraunes Silberchromat. Eventuell auftretende Bromid- und Iodid-Ionen müssen berücksichtigt werden, da sonst zu hohe Gehalte an Chlorid-Ionen errechnet werden. Der Farbumschlag erfolgt von gelbgrün nach schwach rotbraun.

Des Weiteren wird die Titration u. a. auch bei der Bestimmung folgender Parameter eingesetzt: Chemischer Sauerstoffbedarf (CSB) (siehe Abschnitt 13.2.4.7), Permanganat-Index (siehe Abschnitt 4.9.3) sowie der gelösten Gase Sauerstoff (Titration nach Winkler), Ozon, Chlor oder Chlordioxid (siehe Abschnitt 4.11).

U. Lippold, E. Stottmeister, R. Schuster und A. Kämpfe

4.7 Instrumentelle Methoden in der Wasseranalytik

4.7.1 Einleitung

Von den zahlreichen physikalisch-chemischen Analysenmethoden, die heute in leistungsstarker instrumenteller Ausstattung verfügbar sind, haben spektrometrische und chromatographische Methoden die größte Bedeutung für die Wasseranalytik erlangt.

Auf dem Gebiet der Elementanalytik (insbesondere Schwermetalle) sind verschiedene Techniken der Atomspektrometrie zu Methoden der Wahl geworden, wobei sowohl Atomabsorptionsspektrometrie (AAS) oder die Atomemissionsspektrometrie

---

Anmerkung: Abschnitt 4.7.1–4.7.6, U. Lippold
Abschnitt 4.7.7 und 4.7.8, E. Stottmeister
Abschnitt 4.7.9, R. Schuster

(AES, ICP-AES, auch als OES (Optische Emissionsspektrometrie) abgekürzt) je nach Anwendungsgebiet vorteilhaft eingesetzt werden können. Für höchste Ansprüche hat sich die Kopplung des ICP (Induktiv gekoppeltes Plasma = Inductively Coupled Plasma) mit der Massenspektrometrie (ICP-MS) als Multielementmethode mit ausgezeichneten Nachweisgrenzen etabliert, welches zunehmend auch im Routinebetrieb eingesetzt wird.

In der Molekülspektrometrie haben sich die Methoden im ultravioletten und sichtbaren Bereich (UV/VIS-Spektrometrie) und die Fluoreszenzspektrometrie zu den wichtigsten Techniken entwickelt. Die Infrarotspektrometrie liefert allgemein sehr wertvolle Informationen zur Strukturaufklärung von Molekülen, jedoch wird sie in der Wasseranalytik, auf Grund der hohen Eigenabsorption des Wassers, nur untergeordnet eingesetzt.

Im Bereich der Chromatographie spielen heute die Gaschromatographie (GC), die Hochleistungs-Flüssig-Chromatographie (HPLC) und die Ionenchromatographie (IC) herausragende Rollen.

Die **Spektrometrie** basiert auf Wechselwirkungen zwischen elektromagnetischer Strahlung und Materie (z. B. Atome, Moleküle), wobei nur ganz bestimmte Energiebeträge (entsprechend bestimmten Frequenzen oder Wellenlängen) aufgenommen oder abgegeben werden können. Je nachdem spricht man bei den dadurch zustande kommenden Spektren von Absorptions- bzw. Emissionsspektren, die mit Hilfe verschiedener Detektionssysteme vermessen und quantitativ ausgewertet werden können.

Grundlage der **Chromatographie** ist die Verteilung eines Stoffgemisches auf zwei verschiedene Phasen, eine stationäre und eine mobile Phase, wobei der Verteilungskoeffizient eine stoffspezifische Größe darstellt. Verschiedene Verteilungskoeffizienten gehen einher mit unterschiedlichen Wanderungsgeschwindigkeiten der einzelnen Komponenten in der mobilen Phase, wodurch eine chromatographische Trennung bewirkt wird. Mit speziellen Detektoren können die Einzelstoffe üblicherweise nach Kalibrierung über Standards quantitativ bestimmt werden.

Physiologische, ökologische und toxikologische Wirkungen der Elemente sind stark abhängig von der Bindungsform (Spezies), in der sie vorliegen. Aus diesem Grund ist es für bestimmte Fragestellungen entscheidend, bestimmte **Elementspezies** qualitativ und quantitativ zu erfassen. Dies ist schwieriger, aber weitaus wichtiger, als nur den Totalgehalt eines Elements zu bestimmen.

Das Problem der Erfassung verschiedener Elementspezies ist mit atomspektrometrischen Verfahren allein nicht zu lösen, da diese in der Regel lediglich die Bestimmung des Gesamtgehalts eines Elements gestatten. Hier werden Kopplungstechniken angewandt, die meist aus einem Trennverfahren (chromatographisch oder nichtchromatographisch) und einem spektrometrischen Bestimmungsverfahren zusammengesetzt sind. Bei Anwendung chromatographischer Trennverfahren (IC) können die verschiedenen Spezies zunächst aufgetrennt und anschließend gemäß ihrer Retentionszeit nacheinander einzeln z. B. mit ICP-MS bestimmt werden wie etwa von Sacher et al. zur Bestimmung von Chromat beschrieben (Sacher et al., 1999). Mit nichtchromatographischen Trennverfahren (z. B. Hydridtechnik oder selektive Anreicherung auf gepackten Säulen mit anschließender Elution) wird nur eine einzelne Spezies oder Speziesgruppe aus der Probe abgetrennt und bestimmt.

Derartige gekoppelte Analysensysteme, insbesondere die Detektionssysteme, müssen hohen Anforderungen genügen. Ausgehend von einem relevanten Gesamtgehalt aller Spezies im µg/l-Bereich ist nach der chromatographischen Trennung der Spezies die Elementkonzentration einer Fraktion im schwierigen Ultraspurenbereich von ng/l zu messen. Erschwerend kommt hinzu, dass das Detektionssystem im Falle der chromatographischen Trennverfahren kontinuierlich betrieben werden muss. Die Graphitrohrofen-AAS (GF-AAS = graphite furnace AAS) z. B. zeichnet sich durch hohe Empfindlichkeit aus, erlaubt aber normalerweise nicht den kontinuierlichen Betrieb (siehe Abschn. 4.7.2.2). Erst der Einsatz der ICP-MS eröffnet neue Möglichkeiten bei diesen gekoppelten Systemen. Insgesamt gesehen sollte eine optimale Kopplungstechnik folgende Kriterien erfüllen:

- Erfassung aller Spezies eines Elements,
- keine Veränderung der Spezies während der Analyse,
- hohe Empfindlichkeit,
- geringer Probenbedarf,
- einfache Probenaufbereitung,
- Online-Tauglichkeit,
- hoher Probendurchsatz,
- Automatisierbarkeit.

In der Literatur wird bisher kein Verfahren beschrieben, das alle diese Anforderungen erfüllt. Der Analytiker muss Kompromisse eingehen und versuchen, sein Analysensystem optimal an die jeweilige Aufgabenstellung anzupassen.

Weitere Fortschritte auf dem Gebiet der Speziesanalytik sind jedoch zu erwarten, die aktuelle Entwicklung ermöglicht beispielsweise auch die Bestimmung von Nano-Partikeln.

4.7.2 Atomabsorptions-Spektrometrie (AAS)

4.7.2.1 Physikalische Grundlagen

Die erste grundlegende Beschreibung des Prinzips der Atomabsorption geht etwa auf das Jahr 1860 zurück, als Kirchhoff und Bunsen bei systematischen Untersuchungen feststellten, dass Alkali- und Erdalkalisalze in der Flamme eines Bunsenbrenners Licht ganz bestimmter Wellenlängen absorbieren und emittieren können. Kirchhoff formulierte daraus seinen allgemein gültigen Satz, wonach atomare Emissionslinien und Absorptionslinien in der Wellenlänge identisch sind und entsprechend wechselseitige Umkehrprozesse darstellen.

Die weitere Entwicklung der theoretischen Grundlagen in den folgenden Jahrzehnten führte dann über Plancks Strahlungsgesetz (1900) mit der Fundamentalkonstante h, dem Planck'schen Wirkungsquantum, zum Atommodell von Bohr (1913) mit der Bohr'schen Frequenzbedingung, die in folgender Formel ausgedrückt wird:

$$E_n - E_m = h \cdot \nu = h \cdot c/\lambda \tag{4.17}$$

$E_n - E_m$ Differenz zwischen zwei Energiezuständen
h Planck'sches Wirkungsquantum
ν Frequenz der emittierten oder absorbierten Strahlung
c Lichtgeschwindigkeit
λ Wellenlänge der emittierten oder absorbierten Strahlung

Die Bohr'sche Frequenzbedingung sagt aus, dass ein Atom Energie nur in bestimmten Energiequanten als Differenz $E_n - E_m$ emittieren oder absorbieren kann. Den verschiedenen möglichen Übergängen zwischen den diskreten Energieniveaus in einem Atom entsprechen ganz spezifische Frequenzen ν bzw. Wellenlängen λ (Spektrallinien), die über die Lichtgeschwindigkeit c wie folgt miteinander verbunden sind: $\nu\lambda = c$.

Auf diese Tatsache ist die hohe Spezifität der AAS zurückzuführen. Für die AAS von Bedeutung sind Übergänge zwischen den Energiezuständen der äußeren Elektronen, der Valenzelektronen oder auch „Leuchtelektronen“. Die dazugehörigen Spektrallinien liegen im sichtbaren und ultravioletten Bereich des elektromagnetischen Spektrums. Die energetischen Verhältnisse in der AAS stellen sich so dar, dass sehr viele neutrale Atome vorhanden sind (geringer Ionisierungsgrad), die sich im Grundzustand befinden. Besondere Bedeutung haben deshalb die Übergänge aus dem Grundzustand des neutralen Atoms. Diese Linien der Übergänge aus dem Grundzustand in verschiedene angeregte Zustände heißen Resonanzlinien und bilden die so genannte Hauptserie. Sie sind in der Regel auch die Linien mit der größten Intensität und werden deshalb am häufigsten für Elementbestimmungen mittels AAS genutzt.

4.7.2.2 Messprinzip

Zum quantitativen Nachweis eines Elements mittels AAS wird zunächst eine elementspezifische Strahlungsquelle benötigt, welche das Linienspektrum des zu bestimmenden Elementes emittiert. Dieses Spektrum wird räumlich aufgetrennt, d. h. in möglichst separierte Einzellinien zerlegt. Eine Spaltblende wird so positioniert, dass nur eine ganz bestimmte Wellenlänge, in der Regel die intensivste Resonanzlinie, durchgelassen wird (monochromatisches Licht). Im Strahlengang wird die ge-

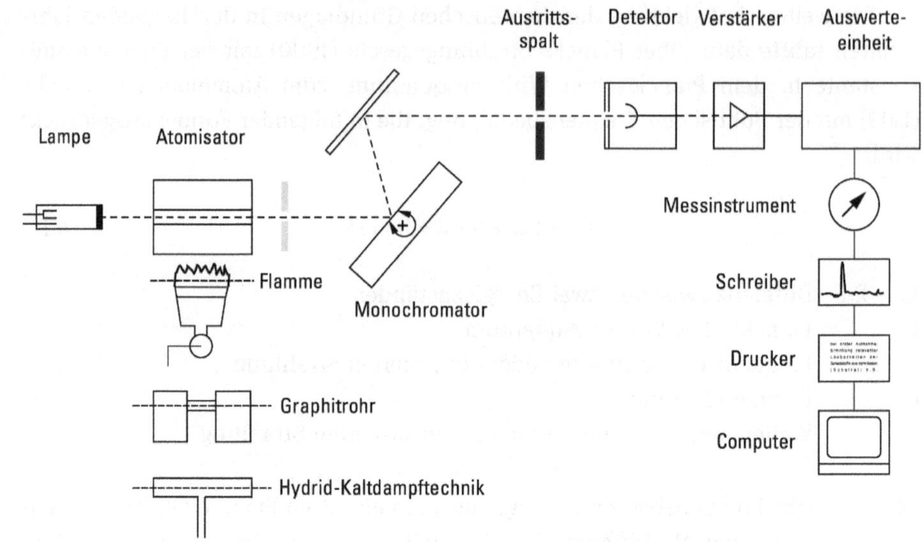

Abb. 4.2: Schematischer Aufbau eines Atomabsorptionsspektrometers (AAS).

samte Probe atomisiert, jedoch nur die Atome des interessierenden Elementes können Licht auf der speziellen ausgewählten Elementlinie absorbieren. Aus der Messung der Lichtschwächung kann auf die Zahl der absorbierenden Atome und damit auf die Konzentration des Elementes in der Probe zurückgerechnet werden. Messgröße der absorbierten Lichtmenge ist die Absorption A (früher: Extinktion), definiert als Logarithmus des Quotienten aus Intensität der Primärstrahlung I_0 und der Durchgangsstrahlung I_D. Sie ist über einen Kalibrierfaktor f mit der Probenkonzentration c verknüpft (s. Lambert-Beer'sches Gesetz, Abschn. 4.7.5.2):

$$A = \lg\left\{I_0/I_D\right\} = f \cdot c \tag{4.18}$$

Im Kalibrierfaktor f sind eine wellenlängenabhängige Stoffkonstante und die Gerätegeometrie enthalten. Er ist für bestimmte Messparameter in einem entsprechenden Konzentrationsbereich konstant. Dieser Linearitätsbereich muss bei der Gerätekalibrierung kontrolliert werden.

In Abb. 4.2 ist der Aufbau eines AAS schematisch dargestellt. Als Lichtquellen werden Hohlkathodenlampen (HKL) oder elektrodenlose Entladungslampen (EDL) verwendet, die das elementspezifische Spektrum in modulierter Form abgeben. In der Regel sind das Einzelelementlampen, die dann auch die volle Intensität und damit die beste Empfindlichkeit erzielen. Gelegentlich finden auch Mehrelementlampen Verwendung, die jeweils die Linienspektren bestimmter Elementgruppen emittieren. Hier müssen jedoch hinsichtlich der Intensitäten Kompromisse eingegangen werden. Durch Modulation der Lampenstrahlung mit einer bestimmten Frequenz (gepulstes Licht) wird der störende Einfluss von Fremdlicht oder Störlicht

(Gleichlicht) aus dem Atomisator (Flamme, Graphitrohr) oder aus der Umgebung eliminiert.

Mit Hilfe einer Atomisierungseinrichtung (Atomisator) werden die neutralen, freien Atome gebildet und in den Strahlengang des Spektrometers gebracht. Für diesen Teil des Geräts haben sich drei unterschiedliche Techniken entwickelt:
- Flammentechnik;
- Graphitrohr-Technik;
- Hydrid-/Kaltdampf-Technik.

Der Monochromator, der die Aufgabe hat, das von der Lichtquelle emittierte Linienspektrum in separierte Einzellinien zu zerlegen, besteht aus einem drehbar gelagerten Beugungsgitter. Durch Drehung kann die gewünschte Wellenlänge auf den Austrittsspalt projiziert werden.

Im Photodetektor wird das optische Signal in ein elektrisches Signal verwandelt und im nachfolgenden Verstärker, der auf die Modulationsfrequenz der Lichtquelle abgestimmt ist, so verstärkt, dass es schließlich in einer Auswerteeinheit (PC) weiterverarbeitet werden kann. Die Atomisierung in der Flamme (**Flammentechnik**) wurde, meist als Luft-Acetylen-Flamme, lange routinemäßig angewandt. Brenner und Zerstäuber bilden eine Einheit, in welche die flüssige Probe angesaugt und worin das dabei sogleich gebildete Aerosol den Flammengasen beigemischt wird. In der heißen Flamme, die sich im Strahlengang des Spektrometers befindet, kommt es zur Bildung freier Analyt-Atome, welche auf der entsprechenden Wellenlänge absorbieren. Die Flammen-AAS gilt als einfaches und zuverlässiges Verfahren im Konzentrationsbereich mg/l über maximal 3 Zehnerpotenzen. Ein großer Vorteil dieser Technik gegenüber den anderen Techniken ist seine Schnelligkeit. Der Messwert erscheint an der Auswerteeinheit praktisch mit Eintauchen der Probenkapillare in die Messlösung, was in Verbindung mit einem Probenautomaten einen hohen Probendurchsatz ermöglicht. In den letzten Jahren ist die Flammen-AAS weitgehend durch die ICP-OES (siehe Abschn. 4.7.3) verdrängt worden.

Zentrale Einheit der **Graphitrohr-Technik** ist ein Graphitrohrofen, welcher sich im Strahlengang des Spektrometers befindet und vom Licht eines Linienstrahlers (HKL oder EDL) durchstrahlt wird. Über ein kleines Dosierloch im Rohr wird mit Hilfe einer Mikropipette per Hand oder über einen automatischen Probengeber ein definiertes Volumen (5 bis 100 µl) der Messlösung oder der Kalibrierlösung in das Graphitrohr gegeben. Dieses wird im direkten Stromdurchfluss in einer Schutzgasatmosphäre (Argon 99,996 %) bis auf 2700 °C aufgeheizt. Dies erfolgt stufenförmig nach einem Temperaturprogramm, das je nach Probenmatrix (Begleitsubstanzen) optimiert werden kann. Hauptstufen eines Temperaturprogrammes sind:
- Trocknen (Verdampfung des Lösungsmittels);
- Vorbehandeln, Veraschen (Pyrolyseschritt zur Beseitigung der Matrix);
- Atomisieren (Verdampfen des zu bestimmenden Elements);
- Ausheizen (Reinigungsschritt).

Diese Stufen (besonders die 2. und 3.) lassen sich in der Praxis nicht vollständig trennen, was zu merklichen Interferenzen (Störungen) führen kann. Generell ist zu sagen, dass die Graphitrohr-Technik im Vergleich zur Flammentechnik stärker durch physikalische und chemische Störungen beeinflusst sein kann (siehe Abschn. 4.7.2.3). Jedoch ermöglicht das in modernen AAS-Geräten realisierte STPF-Konzept (Stabilized Temperature Platform Furnace) in Verbindung mit einer Zeeman-Untergrundkompensation weitgehend störungsfreie Analysen (Welz und Sperling, 1997) und macht die Graphitrohr-Technik zu einem zuverlässigen Messverfahren im µg/l-Bereich. Wesentliche Vorteile der vergleichsweise langsamen Graphitrohr-Technik gegenüber der Flammentechnik sind die um zwei bis drei Zehnerpotenzen besseren Nachweisgrenzen, die Möglichkeit, Festproben (Mikroproben) direkt im Graphitrohr zu analysieren sowie die kleinen benötigten Probenvolumina. Eine Übersicht zu Entwicklungen und Anwendungen findet sich bei Butcher (2006).

Die Anwendung der **Hydrid-/Kaltdampf-Technik** ist auf Elemente, die mit Wasserstoff gasförmige Hydride bilden können, begrenzt: Antimon, Arsen, Bismut, Germanium, Selen, Tellur, (Zinn). Die Kaltdampf-Technik wiederum bezieht sich ausschließlich auf Quecksilber. Beide Techniken können mit gleichen oder ähnlichen Reaktionseinheiten ausgeführt werden. In beiden Fällen wird zu einem definierten Volumen (10 bis 50 ml) der angesäuerten Messlösung in einem Reaktionsgefäß ein Reduktionsmittel gegeben, $NaBH_4$ bei der Hydrid-Technik bzw. $NaBH_4$ oder $SnCl_2$ bei der Kaltdampf-Technik. Die sich bildenden flüchtigen Hydride bzw. der elementare Quecksilberdampf werden mittels eines Inertgases (Ar) in eine Kieselglasküvette, die sich im Strahlengang des Spektrometers befindet, getrieben. Im Falle des Quecksilbers ist keine Küvettenheizung erforderlich; für die Hydridbildner wird die Küvette auf ca. 1000 °C aufgeheizt. Bei dieser Temperatur dissoziieren die Hydride in das Analyt-Atom und in Wasserstoff. Die Absorption der Analyt-Atome wird wieder einzeln für jedes Element je nach installierter Strahlungsquelle (Elementlampe) als Lichtschwächung gemessen und wie in der Graphitrohr-Technik als zeitabhängiges Messsignal (eine begrenzte Probenmenge wird durch die Messküvette gespült) in der Auswerteeinheit registriert.

Für extrem hohe Anforderungen bezüglich der Nachweisgrenze kann die Kaltdampf-Technik mit einem Anreicherungsschritt kombiniert werden. Das aus der Probe freigesetzte Quecksilber wird an einem Goldnetz durch Amalgambildung angereichert (Amalgam-Technik). Schnelles Erhitzen des Goldnetzes führt zur Amalgamzersetzung und Freisetzung des Quecksilbers in einer kurzen Zeit, was ein schärferes und höheres Absorptionssignal liefert als die Messung über die gesamte Zeit der Quecksilberfreisetzung.

Ein wichtiger Vorteil der Hydrid- und Kaltdampf-Technik ist die in der Reaktionseinheit des Atomisators schon im Vorhinein stattfindende Abtrennung des Analyten von der Probenmatrix. Dadurch kann in den meisten Fällen auf eine Untergrundkompensation verzichtet werden. Ein weiterer Vorteil ist die Möglichkeit, große Probenvolumina (50 ml) einzusetzen. Die dadurch erreichbaren Nachweisgrenzen liegen noch tiefer als bei der Graphitrohr-Technik.

Die Hydridbildung und damit die Empfindlichkeit der Methode ist abhängig von der Wertigkeitsstufe, in der das zu bestimmende Element vorliegt. Die Kontrolle dieser Einflüsse ist möglich, wenn durch Vorbehandlung der Probe (Vorreduktionsschritt) die Analytatome in eine definierte Wertigkeitsstufe überführt werden.

4.7.2.3 Störungen in der AAS

Naturgemäß sind in einer Analysenprobe nicht nur der Analyt enthalten, sondern in unterschiedlichen Mengen auch Begleitsubstanzen (Matrix). Diese Begleitsubstanzen können die Analytbestimmung mehr oder weniger stören (Interferenz). Ein Messfehler entsteht aber nur dann, wenn Störungen nicht erkannt und nicht beseitigt werden. Generell spricht man in der AAS von spektralen und nichtspektralen Störungen.

Spektrale Störungen treten auf, wenn die vom Analyt absorbierte Strahlung nicht vollständig von fremder Strahlung oder Strahlungsabsorption isoliert werden kann. Verschiedene Ursachen sind möglich:

- Überlappen von Absorptionslinien unterschiedlicher Atome;
- Molekülabsorption auf der Analysenlinie;
- Strahlungsstreuung an Partikeln;
- Absorption von Fremdstrahlung (durch den Monochromator nicht abgetrennte Strahlung) aus der Strahlungsquelle durch Begleitsubstanzen.

Bei der AAS kommt es, im Gegensatz zur Emissionsspektrometrie, nur in seltenen Fällen zum direkten Überlappen von Analysenlinien, weil die Absorptionsspektren infolge der deutlich niedrigeren Anregungsenergien erheblich linienärmer sind als die Emissionsspektren. Auch die in der Emissionsspektrometrie bedeutende Störung durch Emission von Begleitsubstanzen wird in der AAS durch die bereits erwähnte Modulation der elementspezifischen Strahlung in Verbindung mit einem Selektivverstärker, der auf die Modulationsfrequenz abgestimmt ist, vollständig eliminiert. Ist ein Element im Überschuss in der Probe enthalten, kommt es zur Verbreiterung der Absorptionslinie. Soll nun ein anderes Element mit einer Absorptionslinie in unmittelbarer Nähe dieser verbreiterten Linie bestimmt werden, kann es zu einer Fehlmessung kommen. Mehrelement-Strahlungsquellen sollte man mit entsprechender Vorsicht verwenden.

Molekülabsorption und Strahlungsstreuung an Partikeln verursachen einen unspezifischen Strahlungsverlust, der sich zur elementspezifischen Absorption addiert und zu einem zu hohen Messsignal führt. Beide Effekte werden trotz unterschiedlicher physikalischer Natur zum Begriff Untergrundabsorption zusammengefasst. Die Untergrundmessung und Untergrundkorrektur erfolgt mit Kontinuumstrahlern (Deuterium-, Halogenlampen), durch Zeeman-Untergrundkompensation oder durch Hochstrompulsung von Linienstrahlern. Eine ausführliche Beschreibung dieser Techniken findet man bei Welz und Sperling (1997).

Nichtspektrale Störungen beeinflussen direkt die Anzahl der Analytatome im Strahlengang und damit das Messsignal. Prinzipiell stellt jedes abweichende Verhalten der Probenlösung im Vergleich zur Kalibrierlösung eine potenzielle Störung dar. Je nach dem, wo und wann sich eine Störung bemerkbar macht, wird von Störungen in der flüssigen Phase sowie von Transport-, Verdampfungs-, Verteilungs- und Dampfphasenstörungen gesprochen. Ursachen können unterschiedliche physikalische und chemische Eigenschaften von Probe und Bezugssubstanz sein.

So muss als chemische Interferenz jede Verbindungsbildung gesehen werden, die eine quantitative Atomisierung eines Elementes verhindert. Während bei der Flammen-AAS die Verbrennungsprodukte stets in hohem Überschuss vorhanden sind und damit die Partialdrucke der einzelnen Komponenten durch die Begleitsubstanzen der Probe kaum beeinflusst werden (Pufferwirkung der Flamme), geht von der Inertgasatmosphäre eines Graphitofens praktisch keinerlei Pufferwirkung aus. Hier bestimmen vorwiegend die verdampften Probenbestandteile die Atmosphäre, so dass mit chemischen Störungen im Graphitrohr stärker zu rechnen ist als in der Flammen-Technik. Derartigen Interferenzen in der Graphitofen-Technik versucht man häufig mittels Matrixmodifikation beizukommen. Hierbei wird durch Zugabe so genannter Isoformierungshilfen zu den eingesetzten Kalibrierlösungen eine Angleichung der physikalischen und chemischen Beschaffenheit zu den Probenlösungen angestrebt. Entweder wird eine Überführung des zu bestimmenden Elements in eine weniger flüchtige Form (chemische Bindungsform) erreicht, so dass höhere Vorbehandlungstemperaturen im Veraschungsschritt möglich werden, oder die Begleitsubstanzen werden in eine flüchtigere Form überführt. Beides läuft auf eine wirkungsvollere Abtrennung der Begleitsubstanzen von dem zu bestimmenden Element in der Veraschungsphase hinaus.

Anders ist dies bei den so genannten Ionisations-Interferenzen, die wiederum hauptsächlich in chemischen Flammen höherer Temperatur beobachtet werden, wobei durch Ionisation die Zahl der (neutralen) Analytatome vermindert wird. Allerdings wird die Störung nicht durch die Ionisation an sich hervorgerufen, sondern die Verschiebung der Ionisationsgleichgewichte durch die Begleitsubstanzen stellt die eigentliche Ursache dar. Durch Beimischen so genannter Ionisationspuffer (leicht ionisierbare Elemente, wie K oder Cs) kann diese Art Störung positiv beeinflusst werden.

Die Summe aller Störungen durch die Begleitsubstanzen in der Probe wird als **Matrixeffekt** bezeichnet. Nichtspektrale Interferenzen können sowohl eine Erhöhung als auch eine Erniedrigung des Messsignals bewirken.

Dem Erkennen und Beseitigen von Störungen muss in der AAS die gebotene Aufmerksamkeit gewidmet werden. Da Ausmaß der Störungen und Möglichkeiten zu deren Beseitigung sehr stark von der aktuellen Aufgabenstellung und der jeweils angewandten AAS-Technik abhängig sind, wird auf die entsprechende Spezialliteratur verwiesen. Die Methodik und die Techniken der Atomabsorptionsspektrometrie sind so weit ausgereift, dass die Ursachen für die meisten Störungen bekannt sind, ebenso wie die Möglichkeiten zu deren Beseitigung. Bei stets kritischer Anwendung der heute bekannten Methoden ist es möglich, Analysenergebnisse mit guter Messunsicherheit auch bei routinemäßigen Messungen zu erzielen.

4.7.2.4 Kombination der AAS mit der Fließinjektionsanalyse (FIA)

Weiterführende Entwicklungen beziehen die Fließinjektion in die Analysensysteme ein. In einen Trägerstrom können über gesteuerte Ventile definierte Mengen einer Probenlösung oder Reagenzien zudosiert werden. Kombiniert mit der AAS ist die FIA ausgezeichnet zur Probenvorbereitung und Probeneinführung geeignet. Beachtliche Vorteile ergeben sich dabei durch Online-Anreicherungsschritte, Online-Probenverdünnung, Verminderung von Matrixeffekten bei der Hydrid-Technik (zeitlich effektivere Abtrennung des Hydrids vom Störelement), bessere Präzision, Minimierung von Probemenge, Reagenzienverbrauch und Abfall sowie durch größeren Probendurchsatz.

Besonders deutlich treten diese Vorteile bei der Kombination der FIA mit der Hydrid-/Kaltdampf-Technik hervor. Hier ist es erst durch die Anwendung der Fließinjektion möglich geworden, einen automatischen Probengeber einzusetzen. Auch die Anreicherung der Hydride in mit Palladium oder Iridium beschichteten Graphitrohren ist erst mit der Fließinjektionstechnik zu einem ausgereiften Messverfahren mit exzellenten Nachweisgrenzen entwickelt worden.

4.7.2.5 Einsatzmöglichkeiten der AAS in der Wasseranalytik

Die wesentlichen Vorzüge der AAS sind die hohe Spezifität und Selektivität sowie die etablierte Beseitigung oder Unterdrückung von Störungen, ebenso die Möglichkeit mit sehr kleinen Probenvolumina zu arbeiten. Mit Hilfe der drei unterschiedlichen Atomisatoren Flamme, Graphitrohrofen und Hydrid-/Kaltdampf-Technik, ggf. in Verbindung mit Online-Anreicherungs- und -verdünnungsschritten, lässt sich ein extrem weiter Konzentrationsbereich von Prozentgehalten bis hin zu Ultraspuren (pg-Bereich) analytisch erfassen. Besonders im Spuren- und Ultraspurenbereich können die Stärken der AAS voll ausgeschöpft werden. Obwohl mit modernen PC-gesteuerten Geräten mit automatischen Lampenwechslern und Monochromator-Einstellungen sequenzielle Multielementbestimmungen möglich sind, ist die AAS eine typische Einzelelementmethode und damit entsprechend zeitaufwendig. Sie wird daher verbreitet von Multielementanalysentechnologien, insbesondere ICP-MS, abgelöst. Für spezielle Fragestellungen ist sie allerdings die Methode der Wahl. Fast 70 Elemente sind quantitativ bestimmbar. In zahlreichen DIN-Vorschriften, VDI-Richtlinien, EN- und ISO-Normen findet man heute AAS-Methoden. Eine entsprechende Zusammenstellung aktueller Methoden in tabellarischer Form ist in Abschn. 4.10 zu finden.

4.7.3 Atomemissions-Spektrometrie (AES)

4.7.3.1 Physikalische Grundlagen

Für die Atomemission gelten die gleichen physikalischen Grundlagen wie für die Atomabsorption (siehe Abschn. 4.7.2.1), deren Umkehrprozess sie darstellt. Jedoch gibt es wesentliche Unterschiede zwischen beiden spektrometrischen Methoden AAS und AES. Zur Messung der Absorption reichen Temperaturen um 3000 K aus, weil die Probe lediglich atomisiert werden muss. Es werden möglichst viele neutrale Atome im Grundzustand gebraucht, welche das Licht der elementspezifischen Strahlungsquelle absorbieren können. In der Emissionsspektrometrie muss zusätzliche Energie zugeführt werden, um die freien Atome in einen angeregten Zustand zu versetzen, die dann wiederum – unter Übergang in niedrigere Energiezustände – selbst das elementspezifische Spektrum emittieren. Emissionslinien mit kürzeren Wellenlängen erfordern höhere Anregungsenergien. Mit Temperaturen von 6000–8000 K, wie sie etwa in induktiv erzeugten Plasmen erreicht werden, lässt sich ein sehr hoher Anregungsgrad erzielen, der eine intensive Emission über den gesamten Spektralbereich ermöglicht. Da mit wachsender Energiezufuhr auch deutlich mehr höher angeregte Energiezustände im Atom besetzt werden können, nimmt auch die Zahl der Emissionslinien deutlich zu. Emissionsspektren sind damit wesentlich linienreicher als Absorptionsspektren. Hinzu kommt, dass bei derartig hohen Anregungsenergien ein beträchtlicher Teil der Atome ionisiert ist. Die Ionen werden ebenfalls angeregt und emittieren ein Ionenspektrum, das sich vom Atomspektrum unterscheidet, weil die Energiezustände im Ion andere sind als im neutralen Atom. So sind im Wellenlängenbereich zwischen 200 und 800 nm mehr als 200 000 Atom- und Ionenlinien (einfach geladene Ionen) zu beobachten. Die für die Analytik relevanten Linien und ggf. störende Interferenzlinien sind (z. T. geräteabhängig) in Datenbanken hinterlegt.

4.7.3.2 Messprinzip

In einer Atomisierungs- und Anregungsquelle werden angeregte Atome und – je nach Höhe der Anregungsenergie – auch angeregte Ionen gebildet, welche verschiedene Emissionsspektren emittieren, entsprechend den Elementen, die in der Probe enthalten sind. Diese Emissionsspektren werden so weit spektral zerlegt, dass auf einer speziellen Analysenlinie die Intensität der emittierten Strahlung gemessen werden kann. Die Messgröße ist die Strahlungsintensität selbst. Sie ist der Analytkonzentration direkt proportional und kann vom Detektor über etwa fünf Zehnerpotenzen (Linearitätsbereich) gemessen werden. In der AAS dagegen ist der Analytgehalt nach dem Lambert-Beer'schen Gesetz (siehe Abschn. 4.7.5.2) dem Logarithmus des Verhältnisses aus Primärstrahlung und Durchgangsstrahlung (die durch Ab-

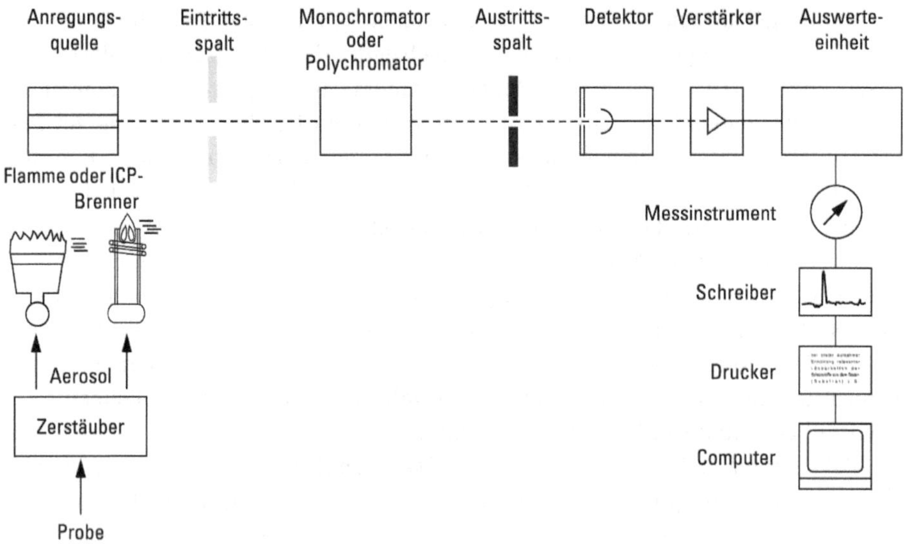

Abb. 4.3: Schematischer Aufbau eines Atomemissionsspektrometers (AES).

sorption geschwächte Strahlung) proportional. Eine Absorptionseinheit (früher: Extinktion) entspricht einer Verminderung der Primärstrahlungsintensität um eine Zehnerpotenz. Mit dieser logarithmischen Abhängigkeit ist der Messbereich und damit der Linearitätsbereich in der AAS stets kleiner als der in der AES.

Im Prinzip gleicht der Aufbau eines AES-Gerätes (siehe Abb. 4.3) dem eines AAS-Gerätes (vgl. Abb. 4.2), jedoch fehlt die elementspezifische Strahlungsquelle. Als Anregungsquellen werden Funken-, Bogen- und Glimmentladungen sowie Flammen und vor allem Plasmen angewandt. Die älteste Atomisierungs- und Anregungsquelle ist die chemische Flamme (**Flammen-AES**), ähnlich der Flammen-AAS (siehe Abschn. 4.7.2). Während für die Empfindlichkeit bei der Absorption die Zahl der Atome im Grundzustand entscheidend ist, sind es bei der Emission die Zahl der Atome im angeregten Zustand und die Lebensdauer in diesem Zustand. Damit sind die Empfindlichkeiten stark elementabhängig. Bei höheren Anregungspotentialen ist in der Regel die F-AAS empfindlicher, bei niedrigen Anregungspotentialen (< 3,5 eV) zeigt die F-AES die größere Empfindlichkeit. Beide Methoden ergänzen sich in dieser Hinsicht. Darüber hinaus bieten moderne AAS-Geräte die Möglichkeit, beide Techniken einzusetzen, so dass die Flammen-AES als separates Messverfahren heute praktisch keine Bedeutung besitzt. Die modernste Form der Atomisierung und Anregung ist das induktiv gekoppelte Plasma (ICP: Inductively Coupled Plasma). Auf diese Technik wird noch gesondert eingegangen (siehe unten). Aus der Tatsache, dass alle Komponenten der Probe zeitgleich emittieren und die Emission selbst gemessen wird, ergeben sich für die räumliche Aufspaltung der Emissionsspektren zwei Varianten: Monochromator und Polychromator.

In der AES besteht die Forderung, aus vielen sich überlagernden linienreichen Spektren (alle Komponenten emittieren gleichzeitig) die gewünschte Analysenlinie auszusondern. Der Auflösung des Monochromators bzw. Polychromators kommt somit die entscheidende Bedeutung zu. Weil jedoch am Detektor noch eine gewisse Strahlungsenergie ankommen muss und darüber hinaus Driftprobleme (z. B. durch thermische Ausdehnung oder durch mechanische Erschütterungen) vermieden werden müssen, können die Spaltbreiten nicht beliebig klein gewählt werden.

Mit einem drehbar gelagerten Beugungsgitter, dem **Monochromator**, können die Emissionslinien nacheinander (sequenziell) auf den Austrittsspalt projiziert und mit dem dahinter liegenden einzelnen Detektor nacheinander ausgemessen werden. Das Auslesen der Linien erfolgt also nicht zeitgleich. Über eine Programmierung können mehrere gewünschte Linien frei gewählt und somit mehrere Elemente sequenziell bestimmt werden (Sequenzspektrometer).

Bei einer möglichen Ausführung des **Polychromators** befinden sich um ein fest justiertes Beugungsgitter kreisförmig (Rowland-Kreis) angeordnet viele, ebenfalls fest justierte Austrittsspalte, die jeweils auf bestimmte Emissionslinien eingestellt sind. Hinter jedem Austrittsspalt ist ein Detektor mit separater Versorgung, Verstärkung und Datenauswertung angeordnet (Paschen-Runge-Aufstellung). Damit besteht die Möglichkeit, viele Elemente gleichzeitig (simultan) zu bestimmen (Simultanspektrometer). Alternativ und verbreitet zu finden sind Spektrometer mit Echelle-Optik, die vor allem in Kombination mit CCD-Detektoren sehr gute Auflösungen erreichen und Multielementanalysen gestatten.

Auch im Routineeinsatz befindliche Geräte verfügen häufig über spektral hochauflösende Echelle-Systeme und erreichen Auflösungen, die in der Größenordnung der natürlichen Linienbreiten von 1,5 bis 6 pm liegen (siehe dazu Abschn. 4.7.3.3).

Die in der Atomemissionsspektrometrie verwendeten Detektionssysteme können aus einem Photomultiplier bestehen, welcher die optischen Signale in elektrische Signale umwandelt. Die weitere Messwertverarbeitung (Verstärkung, Registrierung, Darstellung) erfolgt über elektronische Auswerteeinheiten, Datenspeicherung und Erstellung von kompletten Analysenberichten mittels PC und entsprechender Software. In neuesten Geräteentwicklungen werden Halbleiterdetektoren eingesetzt, bezeichnet als CCD-, CID- oder SCD-Detektoren (Charge-coupled Device, Charge Injection Device, Segmented-array Charge-coupled Device). Diese Detektoren arbeiten mit speziell auf sie zugeschnittenen hoch auflösenden Echelle-Optiken. Herzstück ist ein CID- oder CCD-Chip, der das Licht wie ein Spektrograph registriert, d. h. die spektrale Information von mehreren Linien und deren Umgebung oder des gesamten Spektrums steht zeitgleich zur Verfügung. Damit ergeben sich deutliche Verbesserungen hinsichtlich Präzision, Untergrundkorrektur, Messwertverarbeitung, Flexibilität und Analysengeschwindigkeit. Diese Gerätegeneration der Array-Spektrometer lässt sich auch nicht mehr in die klassische Unterteilung in Simultan- und Sequenzspektrometer einordnen. Mit der hohen Stabilität und Geschwindigkeit von Simultangeräten und der Flexibilität und Auflösung von Sequenzgeräten verbindet sie die Vorteile beider Varianten.

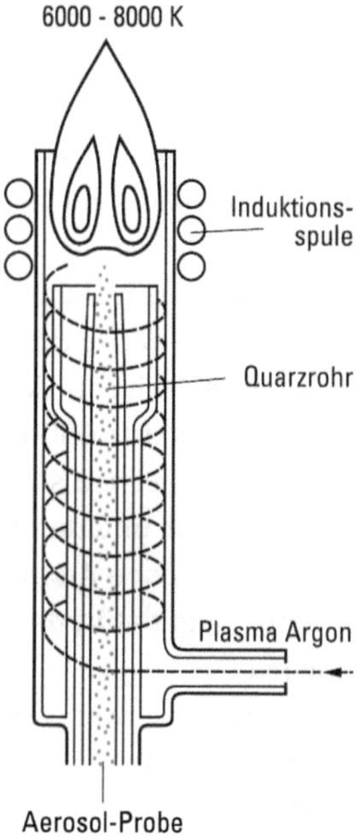

Abb. 4.4: Querschnitt eines ICP-Brenners.

Eine Anregungsquelle hat sowohl für die Atomemissions- als auch für die Massenspektrometrie (siehe unten) eine besondere Bedeutung erlangt und weite Verbreitung gefunden: das **induktiv gekoppelte Plasma** (ICP). Die ICP-AES hat sich zu einer leistungsstarken Analysenmethode in der Multielementanalytik entwickelt. Häufig wird die Abkürzung **ICP-OES** (Optische Emissions-Spektrometrie) benutzt, die auch hier im Weiteren verwendet werden soll, um im Vergleich zur ICP-Massenspektrometrie (ICP-MS) deutlich zu machen, dass es sich um ein optisches Verfahren handelt. Hier werden Lichtintensitäten gemessen, während in der ICP-MS Massen (bzw. Masse/Ladungsverhältnisse) aufgetrennt und registriert werden (siehe Abschn. 4.7.4).

In einem Plasma sind im Allgemeinen die Gasatome und -moleküle durch Energieaufnahme zu einem erheblichen Teil in positive Ionen und Elektronen dissoziiert. Beim ICP wird die für die Bildung des Plasmas notwendige Energiezufuhr über die Induktionsspule eines Hochfrequenzgenerators realisiert. Abb. 4.4 zeigt den Querschnitt eines ICP-Brenners. Er besteht aus drei Quarzrohren, die konzentrisch angeordnet sind. Über das innere Rohr (Injektorrohr) wird die Probe als Aerosol von einer Argonströmung (innerer Gasstrom) in das Plasma transportiert.

Zur Herstellung des Probenaerosols werden verschiedene Zerstäubersysteme eingesetzt. Hier kommt es darauf an, aus der flüssigen Probe gleichmäßig und reproduzierbar ein Aerosol zu erzeugen. Unterschiede in der Viskosität und in der Oberflächenspannung sowie in der Geometrie des Zerstäubers können die Aerosolbildung erheblich beeinflussen. Mit Ultraschall- und Hochdruckzerstäubern kann im Vergleich zu pneumatischen Zerstäubern die Aerosolausbeute deutlich gesteigert und damit das Nachweisvermögen verbessert werden.

Zwischen dem mittleren und dem äußeren Quarzrohr (äußerer Gasstrom) wird das Plasmagas zugeführt (meist Argon) . Ein weiterer Gasstrom zwischen dem inneren und dem mittleren Quarzrohr (mittlerer Gasstrom) dient dem Abheben des Plasmas von der Öffnung des Injektorrohres. Damit soll die thermische Belastung des Injektorrohres vermindert werden. Die Induktionsspule des HF-Generators ist koaxial zum Brenner angeordnet. Wichtig ist, dass sich das Plasma auf diese Weise ringförmig ausbildet und das Probenaerosol mit dem inneren Gasstrom axial in das Plasma eingeführt wird. Im Zentrum des Plasmas beträgt die Temperatur 6000–8000 K. Mit der relativ langen Verweilzeit der Probe in dieser Zone herrschen sehr gute Bedingungen für die Energieübertragung vom Plasma auf die Probe und damit für deren Trocknung, Verdampfung, Atomisierung und Anregung. Der hohe Atomisierungsgrad, erzielt in einer chemisch inerten Umgebung (Argon), sorgt dafür, dass Verdampfungs- und Gasphasenstörungen kaum eine Rolle spielen.

Darüber hinaus werden unter diesen Bedingungen auch sonst schwer verdampfbare Elemente atomisiert. Die ICP-OES liefert damit ausgezeichnete Nachweisgrenzen für schwer zerlegbare (so genannte refraktäre) Verbindungen solcher Elemente wie B, P, Ta, Ti, U, W und Zr. Das weitgehende Fehlen von Sauerstoff bei dieser Technik ermöglicht es, auch Elemente mit einer starken Affinität zu Sauerstoff (z. B. B, Si oder Erdalkali-Elemente) wirkungsvoll zu atomisieren. Diese bilden sonst – beispielsweise in der Flammen-Technik mit den sauerstoffhaltigen Flammengasen – Oxide oder Hydroxid-Radikale, die nicht weiter dissoziieren.

Die Beobachtung der Emissionsspektren kann sowohl in axialer als auch in radialer Richtung in Bezug auf den Plasmabrenner erfolgen, je nach Anwendung und gerätetechnischer Voraussetzungen auch in Kombination.

4.7.3.3 Störungen in der AES

Auch bei der Atomemissionspektrometrie kann es zu spektralen und/oder nichtspektralen Störungen kommen, die eine völlig kritiklose Anwendung dieser Technik verbieten.

Spektrale Störungen treten in der Emissionsspektrometrie wesentlich häufiger auf als bei der Atomabsorption. Ursachen hierfür sind, wie bereits erwähnt, der Linienreichtum der Emissionsspektren und die Tatsache, dass neben den Analytatomen auch alle weiteren Begleitsubstanzen gleichzeitig emittieren. Dadurch kommt es häufiger vor, dass Analysenlinien und Linien bzw. Kontinua der Matrix oder der Begleitelemente mehr oder weniger stark überlappen.

Folgende störende Erscheinungen sind dabei möglich:
- Überlappung eng beieinander liegender Linien;
- Überlappung mit verbreiterten Linien;

- Kontinuumstrahlung aus der Matrix;
- Emission und Absorption von Molekülen;
- Streulicht.

Es existiert jedoch praktisch kein Beispiel, bei dem zwei Spektrallinien völlig exakt übereinander liegen. Mit einem hoch auflösenden Monochromator (< 0,01 nm) ist das Problem der **Linienüberlappung** weitgehend lösbar, allerdings muss diese Möglichkeit mit anderen Nachteilen erkauft werden (sehr hohe Anforderungen an den Aufstellungsort, Drifterscheinungen und anderes). Monochromatorauflösungen von 0,02 bis 0,03 nm haben sich gut bewährt und spektrale Interferenzen können durch verschiedene Maßnahmen kompensiert werden, auf die noch näher eingegangen wird. Die bereits erwähnten Geräteentwicklungen mit Halbleiterdetektoren in Kombination mit hochauflösender so genannter Echelle-Optik begegnen der Problematik spektraler Störungen sehr wirkungsvoll.

Sind stark emittierende Elemente (z. B. Ca, Mg, Al) in hoher Konzentration in der Probe vorhanden, so können erhebliche **Linienverbreiterungen** beobachtet werden, die dann unter Umständen in der näheren Umgebung zu Überlappungen mit Linien anderer Analytatome führen. In diesem Fall, wie natürlich auch bei der Überlappung nicht verbreiterter Linien, ist eine Untergrundkorrektur schwierig. Wenn möglich, sollte auf eine andere Analysenlinie, d. h. eine andere charakteristische Linie des Analytelements, ausgewichen werden.

Eine weitere Schwierigkeit stellen **spektrale Kontinua** dar, z. B. die der Elemente Ca, Mg, Al im fernen UV, die selbstverständlich auch durch hoch auflösende Monochromatoren nicht abgetrennt werden können. Während Linienspektren von Atomen oder Ionen und Bandenspektren von Molekülen (siehe Abschn. 4.7.5.1) emittiert werden, sind kontinuierliche Spektren nicht atom- bzw. molekülspezifisch. Sie entstehen im Wesentlichen durch freie Elektronen im Plasma: Übergänge zwischen freien Zuständen führen zur Bremsstrahlung, Übergänge in gebundene Zustände zur Rekombinationsstrahlung.

Unter bestimmten Bedingungen können neben den Interferenzen durch Begleitelemente und Kontinua aus der Matrix auch Störungen durch **Emission und Absorption von Molekülen** und Radikalen aus der Matrix (Bandenspektren) sowie vom Plasmagas (Argon) hervorgerufen werden. In unterschiedlichen Wellenlängenbereichen können solche Störungen z. B. durch NO-, OH-, N_2- und C_2-Banden oder durch Ar- und auch durch H-Linien (wässrige Probenlösungen) verursacht werden. Aus all diesen Kontinua, Banden und nicht aufgelösten Linien besteht der spektrale Untergrund.

Störungen durch Streulicht sind auf feine Unregelmäßigkeiten im optischen System, insbesondere auf den reflektierenden Oberflächen, zurückzuführen. Durch eine hohe Oberflächenvergütung und den Einsatz holographischer Gitter in modernen Geräten sind Streulichtinterferenzen nur noch von geringer Bedeutung. Für die Wasseranalytik zu beachten sind allerdings Streulichtstörungen durch Ca- oder Mg-Atome bei extrem hohen Ca- und Mg-Konzentrationen im unteren UV-Bereich.

Spektrale Störungen sind die in der AES am häufigsten auftretenden Störungen. Unbeachtet können sie zu erheblichen Fehlmessungen führen. Es sind im Prinzip Untergrundstörungen, die stets zu einer Erhöhung des Messergebnisses durch unspezifische Erhöhung der Emissionsintensität auf der Analysenlinie führen.

Für das Erkennen und Beseitigen spektraler Interferenzen, der wichtigsten Störmöglichkeit in der Atomemissionsspektrometrie, ist es somit unbedingt erforderlich, die nähere Umgebung der Analysenlinie auf mögliche Untergrundstrahlung hin zu untersuchen. Es muss also die Untergrundstrahlung entweder auf der Analysenwellenlänge oder zumindest in unmittelbarer Nähe links und rechts der Analysenlinie gemessen werden. Zunächst sollte jedoch geprüft werden, ob auf einer anderen Emissionslinie des entsprechenden Elements eine störfreie Messung möglich ist. Auch wenn diese Linie eine geringere Empfindlichkeit aufweisen sollte, kann das unter Umständen günstiger sein. Lässt sich eine störfreie Analysenlinie nicht finden, muss die mitgemessene Untergrundstrahlung kompensiert werden.

Die zuverlässigste Methode hierfür ist die Messung einer so genannten Blindlösung, d. h. einer Lösung, in der die gesamte Probenmatrix und alle Begleitelemente enthalten sind, aber nicht das zu bestimmende Element. Damit wäre die Messung der spektralen Störung exakt auf der Analysenlinie möglich. Dieser Idealfall ist jedoch in der Praxis nur selten gegeben, da eine derartige Blindlösung in den meisten Fällen nicht verfügbar ist. Dann sollte der Untergrund so nahe wie möglich an der Analysenlinie gemessen werden. Die bereits erwähnte Gerätekonfiguration mit Halbleiterdetektor und angepasster Hochleistungsoptik (Array-Spektrometer) ermöglicht die zeitgleiche Messung von Elementpeak und Untergrund. Mit dieser dynamischen Untergrundkorrektur sind die Messpunkte manuell setzbar und auch nachträglich änderbar. Zudem wird der Rauschfaktor des Untergrundes stark vermindert, was wiederum positive Auswirkungen auf Präzision und Nachweisgrenze hat. Darüber hinaus bieten Array-Spektrometer Möglichkeiten zur Anwendung chemometrischer Rechentechniken wie zum Beispiel das Multikomponenten-Spektren Fitting (MSF), wenn Analytlinie und Störlinie nicht vollständig getrennt werden können. Mit MSF wird die gesamte Information eines Wellenlängensegmentes zur umfassenden Auswertung genutzt. Insgesamt führt die zeitgleiche Erfassung von Analysenlinie und ihrer Umgebung verbunden mit MSF zu einer deutlichen Verbesserung des Nachweisvermögens.

Nichtspektrale Störungen chemischer Art (chemische Interferenzen), z. B. Molekülbildung von Analytatomen mit Matrixkomponenten wie sie häufiger in der Graphitofen-AAS auftreten sind in der ICP-OES wegen der inerten Verhältnisse und der vergleichsweise sehr hohen Temperaturen im Plasma nur sehr selten zu beobachten. Ebenso gering ist der Einfluss von Verdampfungs- und Gasphaseninterferenzen. Transportstörungen im Zerstäubersystem, die den Flüssigkeitstransport, die Zerstäubung und den Aerosoltransport betreffen, sind besonders bei hohen Salzgehalten in der Probenlösung und bei hohen Säurekonzentrationen zu beachten. Sie können durch Anwendung verschiedener Methoden kompensiert werden: Additionsmethode, Angleichung der Standards an die Probenmatrix oder Abtrennung des zu bestimmenden Elements von der Matrix.

Häufig wird der ICP-OES wegen der hohen Elektronendichte im sehr heißen Plasma in Bezug auf Ionisationsinterferenzen weitgehende Störfreiheit zugeschrieben, so dass auch die von chemischen Flammen bekannte Wirkung spektrochemischer Puffer (Ionisationspuffer – Elemente mit niedriger Ionisierungsenergie), wie sie in der Flammen-AAS eingesetzt werden, zur Beseitigung dieser Art Störungen hier praktisch keine Bedeutung hat (Slickers, 1992). Allerdings gilt dies nur für die radiale Plasmabeobachtung, wenn die optische Achse (der Strahlengang) senkrecht zur Plasmaachse verläuft. Bei axialer Plasmabeobachtung (Strahlengang und Plasmaachse sind parallel bzw. fallen zusammen) werden zwangsläufig auch kältere Plasmazonen mit betrachtet, in denen Ionisationsinterferenzen durchaus eine Rolle spielen können. Auch hier gilt wie in der chemischen Flamme, dass die Verschiebung der Ionisationsgleichgewichte durch Begleitsubstanzen die eigentliche Störung darstellt, nicht die Ionisation an sich, wobei die Alkalielemente besonders zu beachten sind. Diese Interalkalieffekte, die z. B. bei der Bestimmung von Na oder K in einer Ca-Matrix auftreten, können dann auch hier durch Zugabe von Ionisationspuffern wie Li oder Cs beeinflusst werden. Auf gerätetechnischer Seite wird versucht, die kälteren Plasmazonen zu umgehen, indem sie mit einem Argonstrom seitlich „weggeblasen" (Schergastechnik) oder mit einem Argon-Gegenstrom in Verbindung mit einer konzentrischen Öffnung auf der Plasmaachse verdrängt werden (Optisches Plasma-Interface).

Insgesamt gesehen kann der ICP-OES jedoch eine sehr geringe Anfälligkeit bezüglich matrixbedingter nichtspektraler Störungen bescheinigt werden. Zusammenfassend ist festzuhalten, dass es bei Elementbestimmungen mittels ICP-OES in wechselnder Matrix zwar durch spektrale Interferenzen zu erheblichen Schwierigkeiten kommen kann. Jedoch steht mit zeitgemäßen Techniken ein gutes Instrumentarium zur Verfügung, diese Störungen in den weitaus meisten Fällen zu kompensieren und somit Ergebnisse mit hoher Präzision und Richtigkeit (bzw. Messunsicherheit) zu erzielen.

Einen sehr schönen Überblick über die ICP-OES aus der Sicht des Praktikers gibt Nölte (2002), Donati et al. beschreiben aktuelle Entwicklungen (2017).

4.7.3.4 Einsatzmöglichkeiten der ICP-OES in der Wasseranalytik

Wie bereits erwähnt, liegt eine der wesentlichsten Stärken der ICP-OES in deren Multielementfähigkeit. Die für viele hygienisch-toxikologisch bedeutsame Elemente erzielbaren Nachweisgrenzen machen sie zu einer zuverlässigen und schnellen Bestimmungsmethode im mg/l-Bereich bis in den mittleren µg/l-Bereich. Hinzu kommen die Vorteile eines großen linearen Arbeitsbereiches (siehe Abschn. 4.7.3.2), insbesondere dann, wenn Proben mit sehr unterschiedlichen bzw. stark variierenden

Tab. 4.13: Wichtigste Vorteile von AAS und ICP-OES.

AAS	ICP-OES
spektrale Störungen sehr gering	nichtspektrale Störungen sehr gering
sehr niedrige Nachweisgrenzen für viele Elemente	bessere Nachweisgrenzen für einige schwer atomisierbare Elemente
höhere Präzision	Multielementbestimmung
Spurenanalyse ohne Anreicherung	größerer linearer Arbeitsbereich
Mikroanalyse	
geringe Anschaffungskosten	

Elementkonzentrationen zu analysieren sind. Zur Bestimmmung zahlreicher Elemente in Grund-, Roh-, Trink- und Abwasser wird nach den Deutschen Einheitsverfahren zur Wasser-, Abwasser- und Schlammuntersuchung, Teil E 22 die ICP-OES angewendet (entspricht: DIN EN ISO 11885). Zur vergleichenden Einordnung sind in Tab. 4.13 die jeweils wichtigsten Vorteile von AAS und ICP-OES gegenübergestellt.

4.7.4 ICP-Massenspektrometrie (ICP-MS)

4.7.4.1 Physikalische Grundlagen

Die Massenspektrometrie basiert auf der Ionisierung von Atomen oder Molekülen in geeigneten Ionenquellen, der anschließenden Auftrennung der Ionen entsprechend ihrem Masse/Ladungsverhältnis mittels elektrischer oder magnetischer Felder (Trennsystem) und schließlich der Registrierung der Massen in einem Detektorsystem. Verschiedene Ionenquellen (z. B. Elektronenstoß-, Photo-, Funken- und chemische Ionisation) lassen sich mit verschiedenen Trennsystemen (z. B. Flugzeit-, Quadrupol- oder Sektorfeldinstrumente) sowie mit verschiedenen Registriersystemen (z. B. Faraday-Auffänger, Sekundärelektronenvervielfacher) kombinieren. Bezüglich der sich daraus ergebenden zahlreichen Bauformen von Messapparaturen sei z. B. auf das Lehrbuch von Thomas (2004) sowie auf einen Übersichtsartikel von Balaram (2018) verwiesen. Die folgenden Ausführungen beschränken sich auf eine Anordnung mit einem induktiv gekoppelten Plasma (ICP) als Ionenquelle und einem Quadrupolmassenfilter als Trenneinheit, wie sie in den heute kommerziell angebotenen ICP-Massenspektrometern am häufigsten eingesetzt wird. Mit dieser Technik hat sich die ICP-MS zu einer sehr leistungsstarken Bestimmungsmethode für chemische Elemente entwickelt.

4.7.4.2 Messprinzip

Wie bei der ICP-OES wird einem induktiv gekoppelten Hochfrequenzplasma (ICP) mit Argon als Plasmagas die zu analysierende Probe über ein Zerstäubersystem als

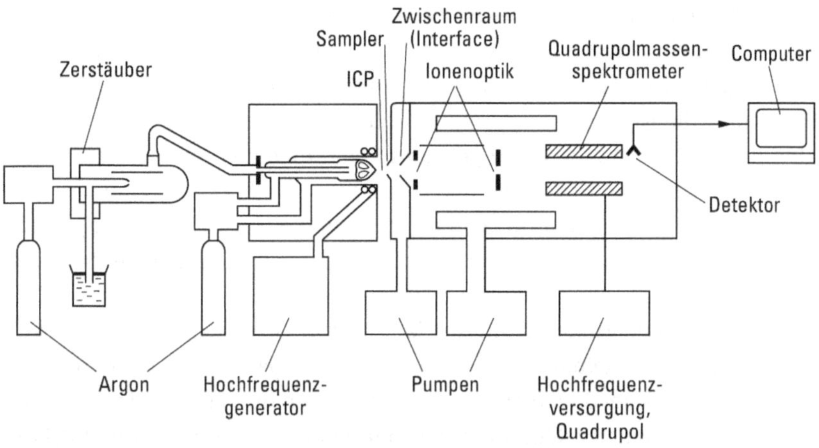

Abb. 4.5: Schematischer Aufbau eines Massenspektrometers mit induktiv gekoppeltem Plasma als Ionenquelle (ICP-MS).

Aerosol zugeführt. Während es bei der ICP-OES darauf ankommt, angeregte Analytatome und angeregte Ionen zu erzeugen, deren Lichtemission dann gemessen werden kann, wird bei der ICP-MS primär die Bildung von Ionen angestrebt. Hierbei ist entscheidend, die Plasmabedingungen so zu wählen, dass ein möglichst hoher Ionisierungsgrad erreicht wird. Die Ionen werden dann aus dem Plasma über eine Ionenoptik in das Quadrupolmassenfilter überführt und dort entsprechend ihrem Masse/Ladungsverhältnis aufgetrennt und im Detektor mittels Sekundärelektronenvervielfachung oder Impulszählung registriert. Die Weiterverarbeitung der Messsignale erfolgt über elektronische Verstärker- und Auswertesysteme.

In Abb. 4.5 ist der Aufbau eines ICP-Massenspektrometers schematisch dargestellt. Aus der flüssigen Probe (Festproben müssen durch geeignete Aufschlussverfahren in Lösung gebracht werden) wird im Zerstäuber ein Aerosol erzeugt, das dem ICP-Brenner zugeführt wird. Hier erfolgt die Verdampfung, Atomisierung und Ionisierung des Probenmaterials. Dieser Teil der Anordnung ist im Wesentlichen von der ICP-OES übernommen (siehe oben). Zur Entwicklung spezieller Varianten der Probenzuführung (verschiedene Zerstäuber- und Brennersysteme) muss auf die Spezialliteratur verwiesen werden (Broekaert, 1990; Montaser und Golightly, 1992; Schramel, 1996; Limbeck et al., 2015; Balaram, 2018).

Die Kopplung von **Ionenquelle** (ICP-Plasma) und Quadrupol-Massenspektrometer wird durch das „Interface" realisiert, bestehend aus einem Zwischenraum und einer Ionenoptik. Die im Plasma durch Stoßionisation entstehenden Ionen werden über eine kegelförmige Lochblende (Sampler) in den Zwischenraum extrahiert, in dem eine leistungsstarke Pumpe ein Vakuum mit einem Druck von 1–2 mbar gegenüber dem bei Atmosphärendruck (1013 mbar) arbeitenden Plasmabrenner aufrechterhält. Von dem in den Zwischenraum durchgelassenen Plasmastrahl gelangt ein Teil über eine zweite kegelförmige Lochblende (Skimmer) in die Ionenoptik, in der wie im nachfolgenden Massenspektrometer, etwa durch den Einsatz von Turbomolekularpumpen, ein Hochvakuum von 10^{-6}–10^{-5} mbar vorgehalten wird.

Die **Ionenoptik**, bestehend aus mehreren Ionenlinsen und Blenden, blockt die UV-Strahlung und die Neutralteilchen ab und bündelt die Ionen zu einem dünnen Strahl. Über die an die Ionenlinsen angelegten Spannungen können die Transmission und die Auflösung des Spektrometers optimiert werden. Das System kann sowohl für einzelne Ionen als auch für die Bestimmung mehrerer Elemente optimiert werden, wobei das maximale Nachweisvermögen nur mit Einzelelementoptimierung erreicht werden kann.

Das **Quadrupol-Massenspektrometer** ist aus vier Stabelektroden aufgebaut, die im gleichen Abstand zueinander mit hoher Präzision parallel ausgerichtet sind. An die Stäbe werden eine Gleichspannung und, dieser überlagert, eine hochfrequente Wechselspannung angelegt. Dadurch werden die aus der Ionenoptik gebündelt austretenden Ionen auf Spiralbahnen in Längsrichtung der Stabelektroden gezwungen. Für eine vorgegebene Wechselspannungsamplitude können nur Ionen mit einem bestimmten Masse/Ladungsverhältnis die Öffnung zwischen den Stabelektroden durchlaufen und am Detektor einen elektrischen Impuls auslösen. Somit ist es möglich, durch Änderung des Quadrupolfeldes die Transmission des Spektrometers für bestimmte Ionenarten zu steuern (Massenfilter). Die Feldparameter lassen sich entweder für eine bestimmte Masse fest einstellen oder computergesteuert so verändern, dass ein vorgegebener Massenbereich in einer definierten Zeit durchlaufen wird. Ein „Massenscan" über den gesamten relevanten Elementbereich bis zum Uran, d. h. bis 238 u (1 u = atomare Masseneinheit = $1{,}66 \cdot 10^{-27}$ kg) dauert weniger als 0,1 s. Damit sind Quadrupolmassenspektrometer zwar keine „echten" Simultanspektrometer, aber doch sehr schnelle Sequenzspektrometer.

Jedes im **Detektor** ankommende Ion löst einen elektrischen Impuls aus, der nach Vorverstärkung in einem Vielkanalanalysator nach Massenzahl selektiert und zwischengespeichert wird. Die einzelnen Kanäle entsprechen den Massenzahlen der registrierten Ionen. Über die Impulszahl je Masseneinheit können mit Hilfe verschiedener Kalibrierverfahren quantitative Elementbestimmungen durchgeführt werden.

Quadrupol-Massenspektrometer erreichen eine Auflösung von 0,5 u bis 1 u über den gesamten Massenbereich. Diese Auflösung reicht aus, um alle Isotope über das komplette Periodensystem zu trennen. Deutlich bessere Auflösungen erzielt man nur mit wesentlich kostenintensiveren Sektorfeld-Massenspektrometern, bei denen die Auftrennung der Ionenmassen in Magnetfeldern stattfindet.

Die ICP-Massenspektrometrie zählt heute zu den leistungsstärksten Techniken für die Bestimmung von Spurenelementen. Das ist zum größten Teil durch das sehr gute Nachweisvermögen – hohe Empfindlichkeit und Nachweisgrenzen im Bereich 0,02 bis 1 µg/l für die meisten Elemente – und durch die Möglichkeit der schnellen Multielementbestimmung begründet. Der große lineare Arbeitsbereich über 9 bis 10 Zehnerpotenzen gestattet es, Elemente in sehr unterschiedlichen Konzentrationsbereichen schnell und zuverlässig zu erfassen, beispielsweise um Haupt- und Nebenbestandteile einer Probe mit einer Messung zu bestimmen. Hinzu kommen eine relativ einfache Probenzufuhr und einfache Kalibrierungsmöglichkeiten mit synthetischen Lösungen oder Standardadditionsverfahren. Darüber hinaus lassen sich Isotopenverhältnisse der Elemente bestimmen und Isotopenverdünnungsanalysen durchführen. Das Prinzip der Isotopenverdünnungsanalyse ist für alle Elemente anwendbar, die mindestens zwei stabile Isotope besitzen und ermöglicht sowohl Markierungsversuche als auch die Beseitigung systematischer Fehler. Mit der Auflösung ganzzahliger atomarer Masseneinheiten lässt sich das gesamte Periodensystem der Elemente in einem Massenspektrum bis zum Uran darstellen. Da es weiterhin für die einzelnen Elemente nur eine begrenzte Anzahl natürlicher Isotope mit gut bekannten Isotopenverhältnissen gibt, ist die Interpretation dieser Massenspektren relativ einfach im Vergleich zu den mit mehreren tausend Linien sehr komplizierten Emissionsspektren bei der ICP-OES.

4.7.4.3 Störungen in der ICP-MS

Wie bei jeder anderen Analysenmethode muss auch bei der ICP-MS überprüft werden, in welcher Weise und wie stark gerätetechnische Parameter oder Unterschiede in der Probenmatrix die Analysenergebnisse beeinflussen. Hier sind die anfangs etwas zu optimistischen Einschätzungen einiger Gerätehersteller, was die störungsfreie Messung betrifft, in ziemlich kurzer Zeit von den Anwendern relativiert worden. Trotz hervorragender analytischer Leistungsfähigkeit ist es auch mit der ICP-MS nicht möglich, alle Elemente im gesamten Konzentrationsbereich in jeder Probenmatrix störungsfrei zu bestimmen. Auch hier kann es zu folgenschweren systematischen Analysenfehlern kommen, wenn Störungen nicht erkannt und nicht korrigiert werden. Deshalb ist eine ständige Qualitätskontrolle der Analysenergebnisse auch für die ICP-MS zwingend erforderlich.

Störungen in der ICP-MS lassen sich ähnlich wie bei der AAS und AES zwei Kategorien zuordnen: Spektrale Störungen (Masseninterferenzen) und nichtspektrale Störungen durch die Probenmatrix.

Die Tatsache, dass aufgrund der niedrigen Massenauflösung (≈ 1 u) von Quadrupolspektrometern praktisch nur ganzzahlige atomare Masseneinheiten (genauer: Masse/Ladungsverhältnisse) getrennt werden können, führt teilweise zu erheblichen **spektralen Störungen**, besonders im unteren Massenbereich zwischen 20 und 80 u. Folgende Erscheinungen können Masseninterferenzen bewirken:
- Isobare;
- Cluster-Ionen;
- doppelt geladene Ionen;
- Nachbar-Ionen;
- Oxidbildung.

Isobarische Störungen treten dann auf, wenn stabile Isotope verschiedener Elemente mit gleicher Masse vorhanden sind. Aufgrund der konstanten Isotopenverhältnisse der natürlich vorkommenden Elemente (Ausnahme: Pb) und der Tatsache, dass bei fast allen Elementen mindestens ein Isotop störungsfrei in Bezug auf Isobaren gemessen werden kann, lassen sich isobare Interferenzen relativ gut beherrschen. Moderne Geräte bieten hierzu entsprechende Software für die Spektrenauswertung.

Cluster-Ionen entstehen aus dem Plasmagas (in der Regel Argon), den Lösungsmitteln Wasser bzw. Salpeter-, Salz-, Schwefelsäure und anderen (H, O, N, Cl, S) sowie aus den Komponenten der Probenmatrix. Tab. 4.14 zeigt einige Beispiele solcher Cluster-Ionen und die gestörten Isotope (Analyt-Ionen) im Massenbereich zwischen 20 und 80 u.

Wie leicht festgestellt werden kann, gibt es für die Clusterbildung eine Menge von Kombinationsmöglichkeiten. Im Einzelfall ist das Ausmaß der Störung natürlich immer abhängig vom Konzentrationsverhältnis zwischen Analyt-Ion und Stör-Ion. Die Korrektur dieser Cluster-Ionen- bzw. Molekülinterferenzen durch Differenzbildung mit Blindwertmessungen ist schwierig. Die jeweiligen Molekülanteile sind stark matrixabhängig und im Allgemeinen nichtlinear und unterliegen damit erheblichen Schwankungen, so dass diese Korrekturmethode nur bedingt anwendbar ist. Je kleiner das Verhältnis von Analyt- zu Stör-Ion ist, desto weniger ist eine Korrektur durch einfache Subtraktion möglich, desto schlechter wird das Nachweisvermögen.

In bestimmten Fällen lassen sich die konstanten natürlichen Isotopenverhältnisse zu Interferenzkorrekturen heranziehen. Ein bekanntes Beispiel ist die Störung der Arsenbestimmung (^{75}As) in chloridhaltiger Matrix durch das $^{40}Ar^{35}Cl$-Cluster-Ion. Hier kann mit Hilfe der Masse 77 ($^{40}Ar^{37}Cl$) und des natürlichen Isotopenverhältnisses von $^{35}Cl/^{37}Cl$ entsprechend 75,4 %/24,6 % die $^{40}Ar^{35}Cl$-Störung korrigiert werden, wenn gleichzeitig auf der Masse 77 der isobare Anteil ^{77}Se über ^{82}Se korrigiert wird (Herzog und Dietz, 1989).

Auf gerätetechnischer Seite wird mit Entwicklungen (DRC = Dynamic Reaction Cell oder CCT = Collision Cell Technology) versucht, störende Cluster-Ionen mit Hilfe eines Reaktionsgases zu eliminieren. In einer dynamischen Reaktionszelle werden Argon- und Argonmolekül-Ionen mittels eines Reaktionsgases (z. B. H_2, He, NH_3) durch Ladungs- oder Protonentransfer entladen. Aus den Stör-Ionen entstehen neutrale Moleküle, die nicht mehr zum Detektor gelangen können. Mit der DRC-Technik (Fa. Perkin-Elmer) oder der CCT (Fa. Thermo) sind sehr gute Ergebnisse hinsichtlich Richtigkeit und Nachweisgrenzen erzielt worden (Klemm, 1999; Peters, 2001).

Doppelt geladene Ionen eines Elements können auf ihrer halben Masse Störungen hervorrufen, da das Massenspektrometer stets das Verhältnis Masse/Ladung detektiert. Bedeutung haben Elemente, deren 2. Ionisierungspotential niedrig ist, z. B. die Erdalkalielemente oder die Seltenen Erden (Lanthanoiden). Beispielsweise können die doppelt geladenen Ionen der stabilen Isotope des Bariums mit den Massen (natür-

Tab. 4.14: Ausgewählte Störungen des Nachweises von Analyt-Ionen durch Cluster-Ionen.

Masse (u)	Cluster-Ion	Analyt-Ion
24	$^{12}C^{12}C^+$	$^{24}Mg^+$
28	$^{14}N^{14}N^+$	$^{28}Si^+$
29	$^{14}N^{14}N^1H^+$	$^{29}Si^+$
30	$^{14}N^{16}O^+$	$^{30}Si^+$
31	$^{15}N^{16}O^+$, $^{14}N^{16}O^1H^+$	$^{31}P^+$
32	$^{16}O^{16}O^+$	$^{32}S^+$
33	$^{16}O^{16}O^1H^+$	$^{33}S^+$
34	$^{16}O^{18}O^+$, $^{16}O^{17}O^1H^+$	$^{34}S^+$
35	$^{16}O^{18}O^1H^+$	$^{35}Cl^+$
36	$^{36}Ar^+$	$^{36}S^+$
37	$^{36}Ar^1H^+$	$^{37}Cl^+$
39	$^{38}Ar^1H^+$	$^{39}K^+$
40	$^{40}Ar^+$	$^{40}Ca^+$
44	$^{12}C^{16}O^{16}O^+$, $^{28}Si^{16}O^+$	$^{44}Ca^+$
46	$^{14}N^{16}O^{16}O^+$	$^{46}Ti^+$
48	$^{32}S^{16}O^+$	$^{48}Ti^+$
49	$^{32}S^{16}O^1H^+$	$^{49}Ti^+$
50	$^{34}S^{16}O^+$	$^{50}Ti^+$, $^{50}Cr^+$
51	$^{35}Cl^{16}O^+$, $^{37}Cl^{14}N$, $^{34}S^{16}O^1H^+$	$^{51}V^+$
52	$^{36}Ar^{16}O^+$, $^{40}Ar^{12}C^+$, $^{35}Cl^{16}O^1H^+$	$^{52}Cr^+$
53	$^{40}Ar^{12}C^1H^+$, $^{37}Cl^{16}O^+$	$^{53}Cr^+$
54	$^{40}Ar^{14}N^+$, $^{37}Cl^{16}O^1H^+$	$^{54}Cr^+$, $^{54}Fe^+$
56	$^{40}Ar^{16}O^+$	$^{56}Fe^+$
57	$^{40}Ar^{16}O^1H^+$	$^{57}Fe^+$
63	$^{40}Ar^{23}Na^+$	$^{63}Cu^+$
64	$^{32}S^{16}O^{16}O^+$, $^{32}S^{32}S^+$, $^{40}Ar^{12}C^{12}C^+$	$^{64}Zn^+$, $^{64}Ni^+$
65	$^{32}S^{16}O^{16}O^1H^+$	$^{65}Cu^+$
66	$^{34}S^{16}O^{16}O^+$	$^{66}Zn^+$
67	$^{34}S^{16}O^{16}O^1H^+$	$^{67}Zn^+$
70	$^{35}Cl^{35}Cl^+$	$^{70}Zn^+$, $^{70}Ge^+$
72	$^{35}Cl^{37}Cl^+$	$^{72}Ge^+$
74	$^{37}Cl^{37}Cl^+$	$^{74}Ge^+$
75	$^{40}Ar^{35}Cl^+$	$^{75}As^+$
76	$^{40}Ar^{36}Cl^+$, $^{36}Ar^{40}Ar^+$	$^{76}Se^+$
77	$^{40}Ar^{36}Cl^1H^+$, $^{40}Ar^{37}Cl^+$	$^{77}Se^+$
78	$^{38}Ar^{40}Ar^+$, $^{40}Ar^{36}Cl^1H^1H^+$	$^{78}Se^+$
79	$^{38}Ar^{40}Ar^1H^+$	$^{79}Br^+$
80	$^{40}Ar^{40}Ar^+$	$^{80}Se^+$

liche Häufigkeit in %) 130 (0,1), 132 (0,1), 134 (2,4), 135 (6,6), 136 (7,9), 137 (11,2) und 138 (71,7) unterschiedlich ausgeprägte Störungen auf den Massen 65, 66, 67, 68 und 69 hervorrufen, die zur Messung der Elemente Cu, Zn und Ga genutzt werden. Weiterhin ist die Störung durch doppelt geladene Ionen zu beachten, wenn auf der doppelten Masse des Analyt-Ions ein Element in großem Überschuss in der Probe vorliegt und dadurch verhältnismäßig viele doppelt geladene Ionen entstehen.

Nachbar-Ionen können ebenfalls stören, wenn sie relativ zum Analyt-Ion in sehr hohen Konzentrationen vorhanden sind. Ursache ist die Überlagerung durch die Peakverbreiterung des Störsignals.

Die **Oxidbildung** von Elementen oder auch die Bildung von Hydroxiden (bei Erdalkalien) führt unter bestimmten Bedingungen zu Störungen auf den um 16 u bzw. 17 u höher liegenden Massen. Auch hier gilt natürlich, dass der Effekt dann besonders groß ist, wenn das oxidbildende Element im Überschuss vorhanden ist. Beispielsweise ist experimentell festgestellt worden, dass 1000 mg/l Calcium als $^{40}Ca^{16}O$ das Vorhandensein von 150 µg/l ^{56}Fe vortäuschen können. Als $^{40}Ca^{16}O^1H$ kann die gleiche Konzentration das Vorhandensein von 3000 µg/l ^{57}Fe und als $^{44}Ca^{16}O$ und $^{43}Ca^{16}O^1H$ das Vorhandensein von 15 µg/l ^{60}Ni vortäuschen (Herzog und Dietz, 1989).

Zusammenfassend kann festgestellt werden: Die Beseitigung oder Vermeidung von spektralen Störungen (Masseninterferenzen) beim Quadrupol-Massenspektrometer ist problematisch. Infolge der geringen Auflösung von ca. 1 atomaren Masseneinheit (im Vergleich zu hochauflösenden Sektorfeld-Massenspektrometern) lassen sich Analyt-Ionen und Stör-Ionen generell nicht trennen. Es gibt aber Korrekturmöglichkeiten, in gewissen Grenzen durch Differenzmessungen, durch Ausnutzung der konstanten natürlichen Isotopenverhältnisse oder auch durch gezielte Anwendung der Isotopenverdünnungsanalyse (Heumann, 1990). Geräteweiterentwicklungen (DRC, CCT) zielen auf die Vermeidung bzw. Umwandlung der Stör-Ionen vor dem Detektor. Trotz solcher Erfolge ist in jedem Falle Vorsicht geboten. Der kritische Analytiker wird mögliche Stör-Ionen immer im Auge behalten. Auch hier gilt: Je komplexer die Probenmatrix ist, desto mehr Interferenzen sind zu erwarten. Ihnen ist nur durch Erfahrungen über die Art und das Ausmaß der Störungen zu begegnen. In besonders hartnäckigen Fällen bleibt dann noch der Einsatz eines hochauflösenden Sektorfeld-Massenspektrometers.

Neben den direkten Masseninterferenzen kann es zu weiteren, **nichtspektralen Störungen** kommen, wenn sich die Probe – bedingt durch die Probenmatrix – anders verhält als die Kalibrierlösungen. Dies kann geschehen durch Vorgänge
- im Zerstäuber (Probenzuführung),
- im Interface,
- im Plasma.

Die Erzeugung von Molekülionen sei an dieser Stelle lediglich erwähnt. Für spezielle Anwendungen kann es von Vorteil sein, ausgewählte Analytionen gezielt durch die Umsetzung mit einem Reaktivgas innerhalb einer Triple-Quadrupol-Anordnung des Massenspektrometers in Tochterionen zu überführen und diese dem Detektor zuzuführen. Einzelheiten zu dieser Technik sind der weiterführenden Fachliteratur (z. B. Bishop et al., 2015) und Herstellerhinweisen zu entnehmen.

Probleme im **Zerstäuber** werden durch Unterschiede in der Dichte, in der Viskosität und in der Oberflächenspannung zwischen Proben- und Kalibrierlösung verursacht (z. B. höhere Säure- oder Salzkonzentrationen). Sie wirken sich auf den Tröpfchendurchmesser und die Aerosolausbeute und damit auf die effektive Probenzuführung in das Plasma aus. Störungen dieser Art lassen sich meist durch Zugabe eines oder mehrerer interner Standards beheben. Das sind Elementstandards, die selbst nicht oder nur in vernachlässigbarer Menge in der Probe vorhanden sind (z. B. Sc, In, Rh, Re). Die Masse und die Ionisierungsenergie eines internen Standards sollten zum Analytelement möglichst vergleichbar sein. Bei Multielementbestimmungen über größere Massenbereiche ist es deshalb angezeigt, mehrere interne Standards zu verwenden.

Das **Interface** ist, wie bereits erwähnt, ein empfindlicher Teil des gesamten Systems. Die dünnen Bohrungen in Sampler und Skimmer, über die die Druckunterschiede aufrecht erhalten werden müssen und durch die die Ionen extrahiert werden, können bei Salzgehalten von mehr als 1 % in der Probenlösung verstopfen. Starke Signalschwankungen und Memoryeffekte (Nachwirkungen auf die folgenden Proben) können beobachtet werden. Die Gesamtsalzkonzentration in den Proben sollte deshalb 1 bis 5 g/l nicht überschreiten. Durch regelmäßiges Reinigen müssen Ablagerungen am Sampler vermieden werden. Ist eine entsprechende Verdünnung im Hinblick auf die Nachweisgrenzen der zu bestimmenden Elemente nicht mehr möglich, bleibt noch die Anwendung des Standard-Additionsverfahrens, bei dem den Proben definierte Mengen der zu analysierenden Elemente zugesetzt werden, d. h. jede Probe bekommt ihre eigene Kalibrierung. Aus den erhaltenen Additionsgeraden können die Elementgehalte der nicht dotierten Proben berechnet werden.

Störungen im **Plasma** durch die Probenmatrix können auf die Beeinflussung der Ionisierung, der Geometrie des Aerosolkanals sowie der Ionenenergien zurückgeführt werden. Sie lassen sich nicht kritiklos mithilfe interner Standards korrigieren, weil sie von der Ionisierungsenergie, die von Element zu Element sehr unterschiedlich ist, abhängig sind. Nur interne Standards mit annähernd gleicher Ionisierungsenergie wie das Analytatom sind anwendbar. Verdünnung der Probenlösung und Standard-Additionsmethode sind ebenfalls gangbare Verfahren. Störungen dieser Art sind in der ICP-MS wesentlich gravierender als in der ICP-OES.

Schließlich sei noch auf eine Störung hingewiesen, die nur beim **Element Blei** beobachtet wird. Sie wird hervorgerufen durch unterschiedliche Isotopenverhältnisse in Probe und Kalibrierlösung. Die bereits erwähnte, für andere Elemente geltende hohe Konstanz in den natürlichen Isotopenhäufigkeiten gilt für Blei nicht. Je nach Lagerstätte kommen unterschiedliche Isotopenverhältnisse vor. Bei Pb-Bestimmungen sollten daher immer alle Pb-Isotope separat gemessen und in die quantitative Auswertung einbezogen werden, um mögliche systematische Fehler zu vermeiden.

4.7.4.4 Vergleich der ICP-MS mit AAS und AES

Sinnvollerweise muss die ICP-MS bezüglich ihrer analytischen Leistungsfähigkeit, speziell im Hinblick auf die Nachweisgrenzen, mit der Graphitrohr-AAS (GFAAS) und der ICP-OES verglichen werden. Kriterien wie Nachweisvermögen, Interferenzen, Wirtschaftlichkeit sollten in die Betrachtung einbezogen werden.

Die Nachweisgrenzen in der ICP-MS liegen bei Einzelelementoptimierung für viele Elemente um 1 ng/l und teilweise sogar deutlich darunter. Selbst unter Kompromissbedingungen bei Multielementoptimierung mit ≤ 0,1 µg/l um etwa zwei bis drei Zehnerpotenzen niedriger als in der ICP-OES, Für fast alle Elemente werden die Nachweisgrenzen der Graphitrohr-AAS (GFAAS) unterschritten, eine Ausnahme stellt Ca dar. Einschränkungen hinsichtlich des Nachweisvermögens kanndie ICP-MS für Massen unterhalb 80 u infolge der beschriebenen Masseninterferenzen durch Bildung von Cluster-Ionen zeigen, jedoch kann diesen Einschränkungen wirkungsvoll begegnet werden. ICP-MS und ICP-OES benötigen Probenmengen in der Größenordnung ml, während für die GF-AAS µl ausreichen, so dass die GFAAS nach wie vor ihre Vorteile besitzt, wenn wenig Probenmaterial zur Verfügung steht (z. B. klinisches oder forensisches Material). Allerdings gibt es bereits Gerätekonfigurationen (ETV-ICP-MS, LA-ICP-MS), die diese Möglichkeit der Mikroprobenverarbeitung mit der ICP-MS kombinieren (z. B. Aramendia et al., 2009; Sussulini, 2015). Statt des herkömmlichen pneumatischen Zerstäubersystems wird das Probenmaterial entweder durch eine modifizierte Form eines Graphitrohrofens oder, vor allem für Feststoffe geeignet, durch Laserbestrahlung schichtweise verdampft. Mit der ETV-ICP-MS-Kopplung steht ein Verfahren der Multielementanalyse von Mikroproben (Probenmengen etwa 1–5 mg) mit sehr guten absoluten Nachweisgrenzen zur Verfügung, das darüber hinaus durch Spur-Matrix-Trennung Möglichkeiten eröffnet, komplexe Proben (z. B. Meerwasser) zu untersuchen und Störungen durch Molekül-Ionen zu reduzieren. Jedoch müssen diese Vorteile mit erheblichen Abstrichen in der Analysengeschwindigkeit und in der Anzahl der pro Analysengang bestimmbaren Elemente erkauft werden. Die Laser-Ablation-ICP-MS kann zur Oberflächencharakterisierung, zur ortsaufgelösten Multielementanalyse, zur Analyse von Tiefenprofilen usw. eingesetzt werden.

Analysenstörungen durch Matrixeffekte sind bei der ICP-MS gering im Vergleich zur GF-AAS. Jedoch wirken sich matrixbedingte Einflüsse auf das Plasma (Ionisierungsbedingungen) wesentlich stärker aus als in der ICP-OES. Hinsichtlich der spektralen Interferenzen ist die ICP-MS weniger störanfällig als die ICP-OES, insbesondere, wenn Elemente mit sehr linienreichen Emissionsspektren bestimmt werden sollen (z. B. refraktäre Elemente, seltene Erden). Wie bereits erwähnt, treten zwar bei der ICP-MS unterhalb 80 u Interferenzen mit Cluster-Ionen auf, während bei höheren Massen doppelt geladene Ionen stören können. Insgesamt gesehen sind aber die Massenspektren linienärmer als die Emissionsspektren.

Die Kosten für die Geräteanschaffung sowie die laufenden Betriebskosten sind für die ICP-MS deutlich höher als für die ICP-OES und die GFAAS. Allerdings verfügt die ICP-MS über Leistungsparameter wie Nachweisvermögen und Multielementkapazität, die günstiger sind und darüber hinaus auch über völlig neue Möglichkeiten wie Isotopenverdünnungsanalyse oder Durchführung von Markierungsexperimenten mit stabilen Isotopen. Automatisierbar sind alle drei Methoden. Der Probendurchsatz bei der ICP-MS ist annähernd vergleichbar mit dem der ICP-OES. Hier ist die GFAAS entschieden langsamer. An das Laborpersonal stellt die ICP-MS höhere Anforderungen, insbesondere im Hinblick auf die Systemoptimierung und das Erkennen und Korrigieren von systematischen Fehlern. Ein anwendungsbezogener Vergleich zwischen AAS und ICP-MS findet sich bei Shabani et al., 2003.

Auf Grund der sehr guten Nachweisgrenzen und der Möglichkeit der Multielementbestimmung geht der Trend zum breiten Einsatz der ICP-MS, ergänzt durch ICP-OES. Für Routineanwendungen mit eingegrenztem Analytportfolio lässt sich die AAS vorteilhaft einsetzen. Die ICP-MS mit ihrer exzellenten Nachweisstärke bietet sich als elementspezifischer Detektor fast zwingend für Elementspeziesanalytik an, also die Bestimmung spezieller Elementbindungsformen. Extrem niedrige Nachweisgrenzen sind hier deshalb gefordert, weil Bruchteile (Anteile an den einzelnen Bindungsformen) von an sich schon sehr kleinen Gesamtelementgehalten bestimmt werden müssen. Kopplungstechniken mit der Gaschromatographie (GC), der Hochleistungs-Flüssigchromatographie (HPLC) und der Ionen-Chromatographie (IC) werden bereits angewandt (z. B. Speziesanalytik von Chrom).

4.7.4.5 Einsatzmöglichkeiten der ICP-MS in der Wasseranalytik

Mit dem geschilderten sehr guten Nachweisvermögen und den anderen attraktiven Leistungsparametern der ICP-Massenspektrometrie wundert es nicht, dass es kaum ein Probenmaterial gibt, das nicht schon einmal mit Hilfe der ICP-MS analysiert worden wäre.

Die Palette reicht von geologischen Proben, metallischen Werkstoffen und Legierungen über biologische und klinische Proben, Lebensmittel und Bedarfsgegenstände verschiedenen Materials, über Reinststoffe und Reinstchemikalien bis zu umweltrelevanten Proben, inklusive Wasserproben unterschiedlicher Art, die hier im Mittelpunkt der Betrachtung stehen sollen.

Es kann vorweggenommen werden, dass die ICP-MS für verschiedene Anwendungen in der Wasseranalytik bestens geeignet ist. Ein weiter Konzentrationsbereich ähnlich wie in der ICP-OES von Ultraspurengehalten bis zum mg/l-Bereich (z. B. für Ca, K, Mg, Na) kann erfasst werden. Besonders interessant ist, dass praktisch das gesamte Elementspektrum oder ein großer Teil dessen in einem „Lauf" erhalten wird. Gerade für den Spurenbereich ist dies wichtig. Hier werden Elemente automatisch mit erfasst, die vorher mit anderen Methoden nicht gezielt gesucht wurden. Bei Wässern mit einfacher Matrix wie Quellwässer, Trinkwässer und gering belastete Oberflächenwässer ist für sehr viele Elemente eine Direktbestimmung (ohne irgendeine separate Probenvorbereitung) möglich. Sollen stärker belastete Oberflächenwässer oder Abwässer analysiert werden, müssen wie auch im Falle der AAS und der ICP-OES der Bestimmung eine Probenverdünnung oder ein Probenaufschluss vorausgehen. Zum Beispiel kann der weit verbreitete Aufschluss mit Salpetersäure und Wasserstoffperoxid auch in der ICP-MS ohne weiteres angewendet werden (Herzog und Dietz, 1989).

Die Multielenemtbestimmung mittels ICP-MS hat als DIN EN ISO 17294-2 (2017) Eingang in die Deutschen Einheitsverfahren zur Wasser-, Abwasser- und Schlammuntersuchung gefunden.

4.7.5 UV/VIS-Spektrometrie

4.7.5.1 Physikalische Grundlagen

Nicht nur die Elektronensysteme Atome können elektromagnetische Strahlung bestimmter Wellenlängen (Energie) absorbieren, Moleküle können dies auch. Bei der

Atomabsorption bewirkt die Aufnahme von Licht definierter Wellenlängen die Anregung von Valenzelektronen in scharf definierten Energiezuständen (Terme) mit $E_n - E_m = h \cdot \nu$ (siehe Abschn. 4.7.2). Die dazugehörigen Absorptionsspektren sind diskrete Linienspektren.

Absorbieren jedoch Moleküle Energie, so ist zu beachten, dass den Elektronenzuständen $(E_n - E_m)^{El}$ die Schwingungs- und Rotationszustände der Moleküle überlagert sind:

$$E = h \cdot \nu = (E_n - E_m)^{El} + (E_n - E_m)^{Schw} + (E_n - E_m)^{Rot} \qquad (4.19)$$

Im Termschema spalten die diskreten Elektronenzustände (Grundniveau und angeregte Niveaus) durch verschiedene Schwingungs- und Rotationszustände auf.

Damit ergeben sich eine Menge energetisch eng beieinanderliegender Übergänge, wobei Rotationszustände nicht mehr in einzelne Linien des Spektrums aufgelöst werden können. In der Praxis führt die Molekülabsorption deshalb nicht zu den scharfen Linienspektren der Atomabsorption, sondern zu breiten Bandenspektren, deren Struktur – sofern sie eine aufweisen – durch die Überlagerung mit Schwingungs- und Rotationszuständen erklärt werden kann.

Die Frequenzen bzw. Wellenlängen, die den Energiedifferenzen von Elektronenübergängen entsprechen, liegen im sichtbaren (VIS) und ultravioletten Bereich (UV). Aus Abb. 4.6 wird klar, dass dies nur ein kleiner Ausschnitt des elektromagnetischen Spektrums mit seinen mehr als 24 Dekaden ist, dessen analytisch nutzbarer Bereich sich über etwa 14 Dekaden erstreckt. Mit den Energien, die diesem kleinen Wellenlängenbereich entsprechen, können π-Elektronen von Doppel- und Dreifachbindungen des Kohlenstoff/Wasserstoff-Grundgerüstes organischer Moleküle oder freie Elektronenpaare (n-Elektronen) von Heteroatomen (z. B. Sauerstoff, Stickstoff, Schwefel, Halogene) angeregt werden. Dagegen reichen die Energien dieses Spektralbereichs (VIS und UV) nicht aus, um σ-Elektronen anzuregen. Übergänge von σ-Elektronen ($\sigma \rightarrow \sigma^*$) liegen energetisch weit im Vakuum-UV, einem Bereich, der sich am kurzwelligen „Ende" an das UV anschließt, und der nur mit einem hohen apparativen Aufwand zugänglich ist. Weil im Wellenlängenbereich unterhalb 200 nm der Sauerstoff der Luft bereits stark absorbiert, muss die gesamte Optik evakuiert oder zumindest mit Stickstoff oder Argon gespült werden.

In Molekülen mit Doppelbindung können π-Elektronen durch UV-Absorption angeregt werden, aus dem höchsten besetzten π-Orbital in das niedrigste unbesetzte π^*-Orbital überzugehen ($\pi \rightarrow \pi^*$-Übergang). Diese Übergänge erstrecken sich über den langwelligen UV-Bereich bis in das sichtbare Gebiet. Die meisten organischen Farbstoffe enthalten Doppelbindungen.

Befinden sich Doppelbindungen und Heteroatome im Molekül, sind Übergänge von n-Elektronen freier Elektronenpaare der Heteroatome in π^*-Zustände möglich ($n \rightarrow \pi^*$-Übergänge). Die Absorptionsbanden, die diesen Übergängen entsprechen, liegen im mittleren UV-Bereich und reichen bis an die kurzwellige Grenze.

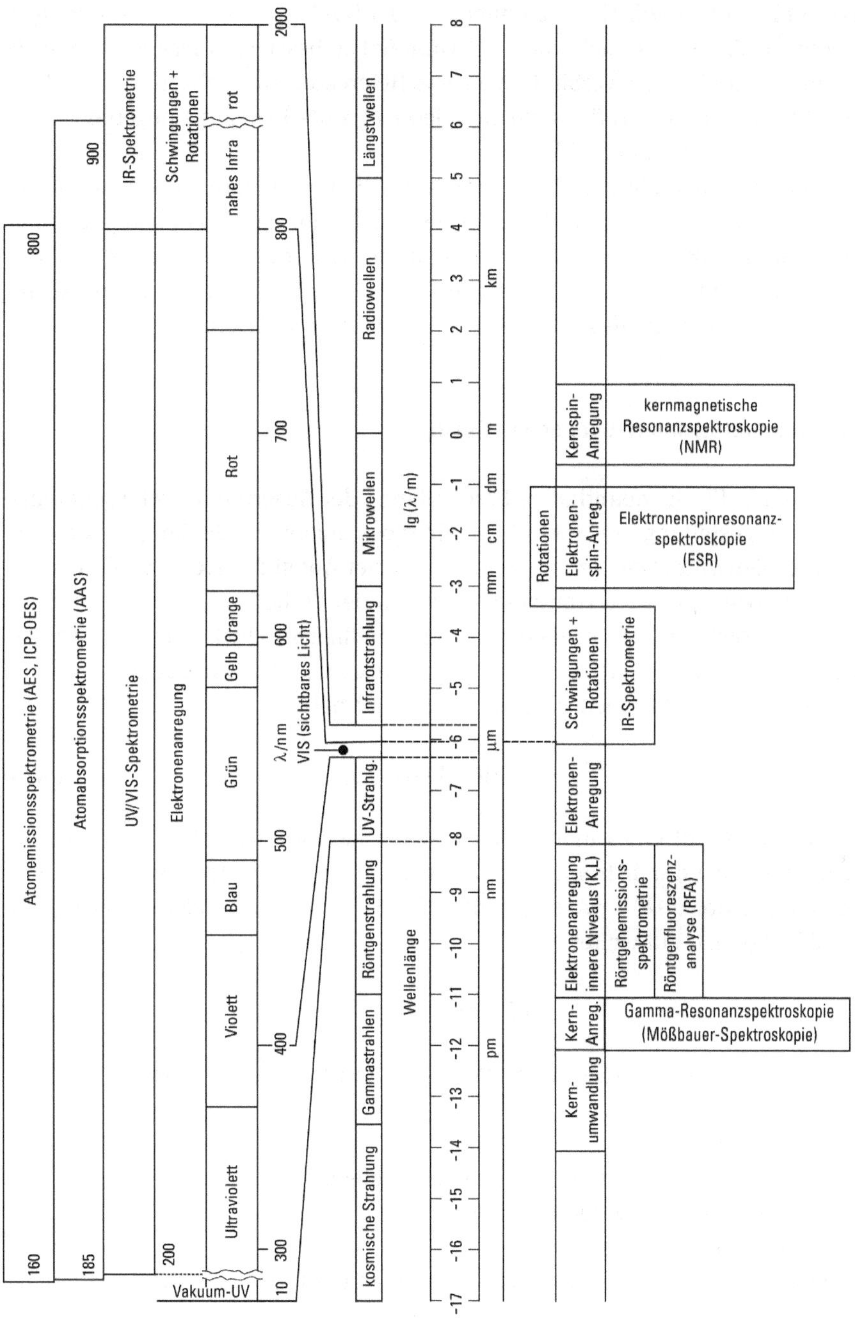

Abb. 4.6: Elektromagnetisches Spektrum und Methoden der Spektrometrie.

Die n-Elektronen von Heteroatomen sind bei UV-Absorption auch in der Lage, angeregte Zustände der σ-Elektronen (σ*-Orbitale) zu besetzen. Diese Art von Spektren wird bei gesättigten Verbindungen mit Heteroatomen beobachtet (z. B. H_2O, CH_3OH, CH_3Cl). Die Absorptionsmaxima dieser n → σ*-Übergänge liegen ebenfalls im mittleren bis kurzwelligen UV.

Mithilfe der charakteristischen Daten eines Bandenspektrums – Absorptionswert im Maximum A_{max} und Wellenlänge des Maximums λ_{max} – können qualitative und quantitative Bestimmungen der zum Absorptionsspektrum gehörenden Substanzen vorgenommen werden. Die physikalisch-mathematische Grundlage für quantitative Analysen ist das Bouguer-Lambert-Beer'sche Gesetz.

4.7.5.2 Bouguer-Lambert-Beer'sches Gesetz

Ausgangspunkt für die quantitative Beschreibung der Absorptionsspektrophotometrie ist die Fragestellung, inwieweit Licht einer bestimmten Wellenlänge λ von einer Probe absorbiert wird. Oder anders gefragt: welcher Anteil des Lichts wird durchgelassen, wie hoch ist das Transmissionsvermögen der Probe?

Lambert brachte erstmals im Jahr 1760 eine mathematische Formulierung dieses Vorgangs, nachdem Bouguer bereits 1729 empirisch den Zusammenhang zwischen Lichtschwächung und Probenschichtdicke erkannt hatte.

$$-dI \sim I \cdot dx \tag{4.20}$$

Die Schwächung $-dI$ eines monochromatischen Lichtstrahles ist proportional der Intensität I und der durchstrahlten Schichtdicke dx der Probenlösung. Mit dem Proportionalitätsfaktor α (λ) (= Absorptions- oder Extinktionskoeffizient), der wellenlängenabhängig ist, gilt weiter

$$-dI = \alpha(\lambda) \cdot I \cdot dx \tag{4.21}$$

Dieses Bouguer-Lambert'sche Gesetz gilt nur, wenn folgende Voraussetzungen gegeben sind:
- Monochromatisches, paralleles Licht,
- homogene Verteilung der absorbierenden Moleküle,
- keine Wechselwirkung der Moleküle,
- keine Streuung an Molekülen,
- Kompensation von Reflexion und Streuung an der Probenoberfläche.

Nachdem Beer 1852 gezeigt hatte, dass der Absorptionskoeffizient $\alpha(\lambda)$ für die meisten absorbierenden Stoffe proportional zu deren Konzentration c ist, konnte nunmehr das Bouguer-Lambert-Beer'sche Gesetz (häufig kurz Lambert-Beer'sches-Gesetz genannt) im Ansatz neu formuliert werden:

$$-dI/I = \alpha(\lambda) \cdot c \cdot dx \quad \text{oder} \quad \lg\{I_0/I\} = A(\lambda) = \varepsilon(\lambda) \cdot c \cdot d \tag{4.22}$$

Dabei ist die rechte Gleichung das Integral der linken Gleichung über die durchstrahlte Schichtdicke d in den Grenzen $x = 0$ (Eingangsintensität I_0) und $x = d$ (Ausgangsintensität I) mit dem spektralen Absorptionskoeffizienten $\varepsilon(\lambda)$ nach DIN 1349 (früher: dekadischer oder molarer Extinktionskoeffizient). $A(\lambda)$ wird definitionsgemäß nach DIN 1349 als Absorption bezeichnet (früher: Extinktion). Die Absorption $A(\lambda)$ (englisch: absorbance) ist eine dimensionslose, von der Wellenlänge des Lichts abhängige Größe. Gl. 4.23 stellt demnach die Grundbeziehung aller photometrischen Bestimmungen dar, die auf der Absorption elektromagnetischer Strahlung beruhen.

Das Lambert-Beer'sche Gesetz gilt auch dann, wenn mehrere Komponenten in der Probe enthalten sind, vorausgesetzt, es gelten auch dabei die bereits genannten Bedingungen, einschließlich der, dass die Moleküle der Komponenten auch nicht untereinander in Wechselwirkung stehen. Dazu müssen die Probenlösungen in hinreichender Verdünnung vorliegen. Die gemessene Absorption A_1 einer Lösung mit n Komponenten auf der Wellenlänge λ_1 ist dann gleich der Summe der Absorptionen A_{11} ... A_{1n}, die bei Einzelmessung der Komponenten bei gleicher Wellenlänge und gleicher Schichtdicke zu erhalten wäre.

$$A_1 = A_{11} + A_{12} + A_{13} + \ldots + A_{1n} = \sum A_{1j} \tag{4.23}$$

Dies gilt analog auch für weitere Wellenlängen λ_2 ... λ_j, sodass folgende allgemeine Gleichung als Basis für eine photometrische Mehrkomponentenanalyse gilt:

$$A_{i,j} = \sum A_{i,j} = \varepsilon_{i1} \cdot c_1 \cdot d + \varepsilon_{i2} \cdot c_2 \cdot d + \ldots \varepsilon_{in} \cdot c_n \cdot d = d \cdot \sum \varepsilon_{i,j} \cdot c_j \tag{4.24}$$

Die auf der Hand liegenden Schwierigkeiten bei der praktischen Umsetzung dieser theoretischen Grundlagen (Bestimmung einzelner Komponenten aus einer Gesamtabsorption) werden in Abschnitt 4.7.5.4 (Störungen) diskutiert.

4.7.5.3 Messprinzip

Polychromatisches Licht eines Kontinuumstrahlers wird zunächst in möglichst monochromatisches Licht gewandelt. In dessen Strahlengang wird die Probe gebracht, die durch Absorption das Licht der gewählten Wellenlänge schwächt. Hierzu wird eine Messküvette benutzt, welche die in den meisten Fällen als Lösung vorliegende Probe aufnimmt. Lichtverluste an den Küvettenflächen durch Reflexion und Streuung werden durch eine Vergleichsmessung gegen eine Küvette gleicher Schichtdicke, die nur das Lösungsmittel, nicht aber die zu bestimmende Substanz enthält, kompensiert. Das reine Lösungsmittel soll im interessierenden Spektralbereich selbst nicht absorbieren. Hinter der Küvette wird das austretende Licht mittels einer

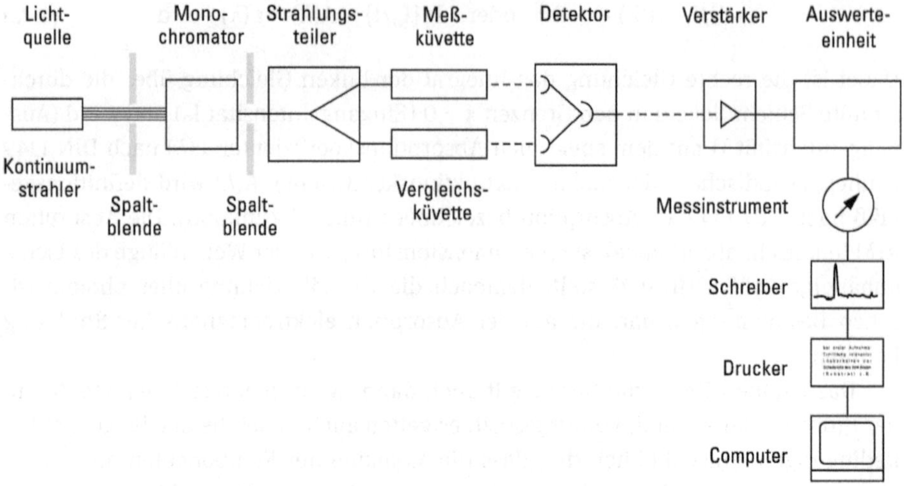

Abb. 4.7: Schematischer Aufbau eines modernen UV/VIS-Spektrophotometers.

Photozelle in ein elektrisches Signal umgewandelt und elektronisch weiterverarbeitet. Auf diese Weise wird das Verhältnis der Lichtintensitäten I_0/I im Lambert-Beer'schen Gesetz bestimmt. I_0 wird hinter der Vergleichsküvette und I hinter der Messküvette gemessen.

Erste Geräteentwicklungen nutzten die Empfindlichkeit des menschlichen Auges, das immerhin in der Lage ist, die Gleichheit zweier Leuchtdichten auf ca. 1 % genau einzuschätzen (Pulfrich-Photometer). Auch die Kolorimetrie als Methode des direkten Farbvergleichs arbeitete nach diesem Prinzip.

Abb. 4.7 zeigt den schematischen Aufbau eines UV/VIS-Spektrophotometers. Zwei Lichtquellen, eine Wolfram-Halogenlampe für den sichtbaren Bereich (VIS) und eine Deuteriumlampe für den UV-Bereich, sorgen für eine ausreichende Lichtstärke über den gesamten Spektralbereich von 190–900 nm. Ihr polychromatisches Licht wird im wichtigsten Bauteil eines Spektralphotometers, dem Monochromator, in verschiedene Wellenlängenanteile zerlegt. Einfachste ältere Geräte (oder auch Handgeräte) arbeiten mit Filtern (Absorptionsfilter, Interferenzfilter), die klein, leicht und preiswert sind und dazu noch den großen Vorteil besitzen, relativ lichtstark zu sein (geringe Lichtverluste). Sie sind jedoch nicht oder nur bedingt wellenlängenvariabel, d. h. es lassen sich keine oder nur wenige Wellenlängen oder Wellenlängenbereiche einstellen.

Dispersionsprismen aus Glas, die aufgrund der Wellenlängenabhängigkeit des Brechungsindex polychromatisches Licht nach Wellenlängen räumlich auftrennen können, sind ebenfalls verwendet worden. In modernen Geräten werden heute fast ausschließlich Beugungsgitter (Dispersionsgitter) als Monochromatoren eingesetzt. Beugungsgitter haben gegenüber Prismen den Vorteil einer linearen Dispersion über die Wellenlänge.

Im Verlauf der Geräteentwicklung sind die verschiedensten Monochromatoranordnungen erprobt worden, immer mit dem Ziel, wichtige Parameter wie Empfindlichkeit, Präzision, Auflösung, Wellenlängenbereich, Geschwindigkeit der Änderung der Wellenlänge (so genannte Scangeschwindigkeit) usw., aber auch Faktoren wie Aufwand, Bauteilgröße, Robustheit und Preis für bestimmte Analysenaufgaben zu optimieren. Hier sei nur die wahrscheinlich am meisten benutzte Anordnung nach Czerny-Turner genannt, bei der ein ebenes Gitter drehbar gelagert ist und die Abbildung des Eingangsspaltes auf den Ausgangsspalt durch zwei Parabolspiegel erfolgt. Die einfachere Variante mit nur einem größeren Parabolspiegel entspricht der so genannten Ebert-Anordnung. Für tiefergehende Informationen sei auf die weiterführende Spezialliteratur verwiesen (Schmidt, 1994).

Bei Einstrahlgeräten werden Vergleichs- und Messküvette nacheinander im Strahlengang platziert. Zuerst wird die Vergleichsküvette mit der Blindlösung gemessen, deren Absorption auf Null kompensiert wird, und anschließend wird die Messküvette mit der Probenlösung gemessen.

Zweistrahlphotometer, wie in Abb. 4.7 dargestellt, arbeiten mit einem Strahlungsteiler, der den Primärstrahl in zwei Strahlengänge aufteilt. Vergleichsküvette und Messküvette werden abwechselnd, also zeitlich nacheinander durchstrahlt. Am Detektor wird nach Vereinigung von Vergleichs- und Messstrahl Licht wechselnder Intensität registriert und in ein Wechselspannungssignal umgewandelt.

Als Detektoren können Photodetektoren unter Ausnutzung des äußeren Photoeffekts, z. B. Photozelle, Photomultiplier oder Photodetektoren mit Anwendung des inneren Photoeffekts (Halbleiterdetektoren), z. B. Photowiderstand, Photodiode, Dioden-Array, Phototransistor, Photothyristor, zum Einsatz kommen. Eine anschauliche Darstellung findet sich bei Schmidt (1994). Zeitgemäße Geräte nutzen Halbleiterdetektoren (CCD, CID, SCD, siehe Abschn. 4.7.3.2). Alle Bauelemente wandeln optische in elektrische Signale um, die mithilfe spezieller Auswerteelektronik in unterschiedlicher Form weiterverarbeitet und am PC ausgewertet werden.

Neben sequenziellen oder „scannenden" Spektrophotometern, bei denen das Wellenlängenspektrum mittels beweglicher Bauelemente (z. B. drehbarer Monochromator) abgefahren wird, wurde auch in der UV/VIS-Spektrometrie versucht, Simultanspektrophotometer zu bauen, die einen bestimmten Wellenlängenbereich gleichzeitig erfassen. Sie sind nicht so flexibel einsetzbar wie Sequenzgeräte, für spezielle Anwendungen jedoch können sie sehr vorteilhaft genutzt werden. Im Aufbau besitzen sie an Stelle des Monochromators einen Polychromator, der das Licht des Kontinuumstrahlers spektral zerlegt in der Austrittsebene abbildet. Die Küvetten sind hier zwischen Lichtquelle und Eintrittsspalt des Polychromators angeordnet. Ein Austrittsspalt ist nicht erforderlich, denn das gesamte dispergierte Spektrum wird mittels einer Diodenzeile (Diodenarray), bestehend aus zahlreichen Mikrodioden, die als wellenlängenspezifische Kanäle aufzufassen sind, simultan erfasst. Die spektralen Daten werden im Diodenarray kurzzeitig gespeichert und dann allerdings wieder sequenziell ausgelesen, weshalb die Diodenzeilen-Spektrophotometer oder auch Optical Multichannel Analyzer (OMA) häufig nicht zu den „echten" Simultangeräten gezählt werden. Trotzdem lassen sich natürlich im Vergleich zu konventionellen Spektrometern komplette Spektren mit hoher Geschwindigkeit aufnehmen, im Übersichtsmodus in ca. 0,1 s und im Hochauflösungsmodus in etwa 1 bis 20 Sekunden.

Was jedoch im ersten Augenblick als wesentlicher Vorteil erscheint, ist in der Praxis durch mehrere Nachteile erkauft worden, unter anderem mit einem eingeschränkten Wellenlängenbereich, einem relativ hohen Fremdlichtanteil (auch: Falschlicht, Fehllicht = Licht falscher Wellenlänge, das den Monochromator und/oder die Probe durchläuft) und mit einer vergleichsweise geringen Nachweisempfindlichkeit infolge der kleinen effektiven Photodiodenfläche pro Wellenlänge. Je größer der Fremdlichtanteil ist, desto stärker sind die Abweichungen der Absorptionswerte vom Lambert-Beer'schen Gesetz.

4.7.5.4 Störungen in der UV/VIS-Spektrometrie

Die Berechnung der Analytkonzentration aus der Absorption ist nur dann genau, wenn die folgenden Bedingungen erfüllt sind:
- Die Analysenlösung enthält nur die zu bestimmende Komponente;
- das Lösungsmittel ist frei von Verunreinigungen;
- Vergleichsküvette und Messküvette sind optisch völlig identisch und frei von äußeren Verunreinigungen.

Dieser Idealfall ist jedoch in der Praxis in den seltensten Fällen und dann nur annähernd zu realisieren. Insbesondere ist die erste Bedingung bei realen Probenlösungen eigentlich nie erfüllt. In der Konsequenz führt das zu Abweichungen vom Lambert-Beer'schen Gesetz. Hier werden wahre Abweichungen und scheinbare Abweichungen unterschieden.

Wahre Abweichungen vom Lambert-Beer'schen Gesetz oder, anders formuliert, Abweichungen in der wahren Absorption werden durch chemische Veränderungen der absorbierenden Substanz verursacht, z. B. durch Dissoziation, Assoziation, Verbindungsbildung mit anderen Komponenten (auch mit dem Lösungsmittel), in Abhängigkeit von der Konzentration der Komponenten.

Von scheinbaren Abweichungen wird gesprochen, wenn das zu messende Licht nicht nur durch (wahre) Absorption, sondern auch durch Streuung und Reflexion oder andere physikalische Einflüsse geschwächt wird. Auch der so genannte Siebeffekt ist hier einzuordnen. Er tritt auf, wenn die absorbierenden Moleküle nicht homogen in der Probenlösung verteilt sind. Dadurch entstehen Bezirke (Löcher wie in einem Sieb), durch die das aus dem Monochromator austretende Licht ohne Wechselwirkung mit den absorbierenden Molekülen hindurchgeht.

Zu beachten ist allerdings stets, dass in der analytischen Absorptionsspektrometrie die substanzspezifische Absorption nie direkt gemessen werden kann, sondern immer nur eine „Gesamtabsorption“, d. h. eine Summe aus den Absorptionen der Küvette, des Lösungsmittels, der interessierenden Substanz (des Analyts) und der Begleitsubstanzen in der Probenlösung. Die Absorptionen von Küvette und Lösungsmittel werden, wie bereits erwähnt, durch Vergleichsmessung kompensiert. Hinsichtlich des Analyts und der Begleitsubstanzen müsste nun eigentlich an Stelle des Lambert-Beer'schen Gesetzes eine ähnliche, empirische Beziehung treten.

In der analytischen Praxis ist es deswegen vereinfachend üblich, die spektralen Absorptionskoeffizienten $\varepsilon(\lambda)$ nicht als Stoffkonstante anzunehmen, sondern mithilfe von Kalibriermessungen zu bestimmen. Für eine vorgegebene Wellenlänge λ werden die Absorptionen einer Reihe von Kalibrierlösungen mit verschiedenen definierten Konzentrationen der zu bestimmenden Substanz ermittelt und diese über der Konzentration aufgetragen. Nach dem Lambert-Beer'schen Gesetz müssen die einzelnen Kalibrierpunkte auf einer Geraden liegen, die durch den Nullpunkt geht, wobei der spektrale Absorptionskoeffizient $\varepsilon(\lambda)$ den Anstieg der Kalibriergeraden bestimmt. Abweichungen vom Lambert-Beer'schen Gesetz werden in der Kalibrierkurve als Abweichungen von der Linearität sichtbar. Durch Messung der Absorption einer Analysenprobe kann über die Kalibrierkurve die unbekannte Konzentration in dieser Probe ermittelt werden.

Allerdings können sich bei dieser Prozedur erhebliche Fehler einschleichen. Der Kalibrierkurve ist es zunächst nicht anzusehen, ob die Probenlösung etwa störende Begleitsubstanzen enthält, ob Lösungsmittel oder Küvetten unterschiedlich verunreinigt sind oder ob Streueffekte an der Optik oder in der Probe selbst die Messungen beeinträchtigen. Im Allgemeinen wirken sich diese Störfaktoren unterschiedlich im Gesamtspektrum (über alle Wellenlängen) aus. Begleitkomponenten zeigen ihr eigenes Bandenspektrum und überlagern es dem Bandenspektrum des Analyten. Streueffekte an Partikeln (elastische Streuung) sind gemäß der Rayleigh-Gleichung meistens an einer $1/\lambda^4$-Abhängigkeit im Spektrum zu erkennen. Störkomponenten, die Fluoreszenzerscheinungen zeigen, täuschen eine zu niedrige Absorption vor.

Welche Kontrollmöglichkeiten gibt es? Zunächst können Kalibrierkurven für mehrere Wellenlängen aufgenommen werden. Über diese Kalibrierkurven werden die entsprechenden Analytkonzentrationen ermittelt. Bewegen sich diese im Rahmen der Fehlergrenzen, so liegt wahrscheinlich keine Störung vor. Gibt es deutliche Abweichungen, so sind weitere Kriterien zur Klärung der Störeffekte heranzuziehen, z. B. Informationen aus so genannten Absorptions-Diagrammen. Es werden mehrere charakteristische Wellenlängen λ_1 bis λ_n ausgewählt (z. B. Wellenlängen mehrerer Absorptionsmaxima im Spektrum) und jeweils die Absorptionen A_1 bis A_n einer Verdünnungsreihe gemessen. Nun können die zu den verschiedenen Wellenlängen gehörenden Absorptionen gegeneinander aufgetragen werden (A_1 gegen A_2, ..., A_{n-1} gegen A_n). Den verschiedenen Konzentrationswerten entsprechend (Verdünnungsreihe), werden jeweils Geraden im Absorptionsdiagramm erhalten. Ist keine Störung vorhanden, z. B. bei einer Konzentrationsreihe einer einzigen reinen Substanz, ergeben sich 45°-Nullpunktsgeraden (Anstieg = 1). Liegen Störungen vor, gibt es Abweichungen von dieser Geraden. Beispielsweise äußern sich absorbierende Begleit-

Tab. 4.15: Systematische Fehler in der UV/VIS-Spektrometrie.

systematische Fehlermöglichkeiten	Ursachen/Einflussfaktoren/Bemerkungen
Wägefehler/ Volumenfehler	Genauigkeit der Waage, Pipetten und Messkolben, Luftkorrektur, hygroskopische Substanzen, Benetzungsprobleme von Kalibriergeräten, Lösungsmittelverdampfung, photochemische oder thermische Reaktionen, Eichtemperatur, Verhalten in Trockenschränken und anderes
Schichtdickenfehler	Mikroküvetten, Schichtdicken < 1 mm, Strahlengang nicht parallel/ nicht senkrecht zum Fenster, Temperaturabhängigkeit der Schichtdicke (besonders Kunststoffküvetten), Chargenabweichungen (Einwegküvetten)
Vielfachreflexion	Phasengrenzen Luft/Glas/Lösung/Glas/Luft, Glasart, Fehler ist von der Wellenlänge abhängig
Wellenlängenfehler	Gerätejustierung, besonders bei Messung schmaler Absorptionsbanden
Falschlichtfehler	Falschlicht/Fehllicht/stray light = Licht falscher Wellenlänge, das den Monochromator passiert, Streuung an optischen Flächen des Monochromators, Doppel- besser als Einfachmonochromatoren
Fluoreszenz	Eigenfluoreszenz bestimmter Küvettentypen, Eigenfluoreszenz der Probe, Abstand Probe zum Detektor, spektrale Empfindlichkeit des Detektors
Temperaturfehler	Volumenfehler durch Temperaturänderungen, Änderungen in der relativen Besetzung des Schwingungs- und Rotationsniveaus, Verbreiterung von Absorptionsbanden mit Abnahme der Bandenhöhe bei Temperaturerhöhung, besonders im langwelligen Bereich
Streuung durch Messlösungen	Trübungsgrad, Konzentration, Partikelgröße, Partikelform, Wellenlänge, Bedeutung bei biologischen und medizinischen Proben

substanzen in Nullpunktsgeraden mit kleinerem Anstieg als 45° und Fehler durch Lichtstreuung in Nullpunktsgeraden, welche steiler verlaufen. Parallel verschobene 45°-Geraden, die nicht durch den Nullpunkt gehen, deuten auf äußerlich verunreinigte Küvetten hin. Es sollten möglichst viele Wellenlängenkombinationen gegeneinander aufgetragen werden, um alle Störmöglichkeiten zu erkennen.

Abschließend zum Thema „Störungen" seien nochmals mögliche systematische Fehler bei der Bestimmung spektraler Absorptionskoeffizienten sowie Faktoren, die sie beeinflussen können, tabellarisch aufgeführt (Tab. 4.15), ohne im Einzelnen auf sie einzugehen. Hier sei auf die weiterführende Fachliteratur verwiesen (Gauglitz, 1983; Perkampus, 1986; Schmidt, 1994).

4.7.5.5 Einsatzmöglichkeiten in der Wasseranalytik

Methoden der UV/VIS-Spektrometrie finden heute eine breite Anwendung im Bereich der Umweltanalytik und speziell auch im Wasserlabor zur Bestimmung sowohl von Kationen und von Anionen als auch von organischen Verbindungen sowie von Färbung und Trübung.

Darüber hinaus werden Spektralphotometer in der enzymatischen Analyse und Enzymkinetik sowie auch als Detektoren in der HPLC (siehe unten) eingesetzt (mit oder auch ohne Nachsäulenderivatisierung). Auch wenn in speziellen Bereichen wie z. B. bei Metallkationen oder bei Anionen moderne Verfahren der Atomspektrometrie (AAS, ICP-OES, ICP-MS) oder der Ionenchromatographie (IC) teilweise die photometrischen und spektrophotometrischen Verfahren verdrängen, sind diese trotzdem noch aktuell. Sie stellen zahlreiche, noch gültige DIN-Methoden in den Deutschen Einheitsverfahren zur Wasser-, Abwasser- und Schlammuntersuchung (DEV). Je nach Aufgabenstellung sind UV/VIS-spektrometrische Verfahren oft die preiswerte Alternative, wenn es darum geht, Kationen und Anionen im Konzentrationsbereich mg/l zu bestimmen. Um in diese Größenordnungen zu kommen, sind spektrale Absorptionskoeffizienten $\varepsilon(\lambda)$ zwischen 10^4 und 10^5 l/(mol · cm) erforderlich. Für viele im UV/VIS-Bereich absorbierende Substanzen liegt $\varepsilon(\lambda)$ im Bereich $10^3 \leq \varepsilon \leq 5 \cdot 10^4$ l/(mol · cm). Typische Farbstoffe können 10^5 l/(mol · cm) erreichen.

Bei der photometrischen Bestimmung von Elementen besteht häufig zunächst das Problem, dass **Metallkationen** im sichtbaren Spektralbereich nicht oder nur sehr schwach absorbieren (sehr kleines ε). Abhilfe schafft erst die Tatsache, dass sich viele Kationen mit Hilfe von Komplexbildnern in stark farbige Verbindungen mit spektralen Absorptionskoeffizienten $\varepsilon(\lambda) > 10^4$ l/(mol · cm) überführen lassen. Besonders bewährt haben sich organische Komplexbildner wie zum Beispiel Dithizon, 8-Hydroxychinolin, Formaldoxim, Na-Dithiocarbamat, um nur einige zu nennen. Spezielle Anwendungen werden in den Abschn. 4.10 und 4.11 beschrieben.

Die meisten Komplexbildner können mit sehr vielen Metallen Komplexbindungen eingehen, d. h. sie sind nicht sehr selektiv. Andere Komponenten können dann die Bestimmung des interessierenden Elements stören. Es gibt aber auch Reagenzien, die sehr selektiv (mit einer begrenzten Zahl von Elementen) oder sogar spezifisch (mit nur einem Element) reagieren. Die Selektivität der Farbreaktion ist dabei von zahlreichen Faktoren abhängig, wie zum Beispiel von der Oxidationszahl des Elements, vom pH-Wert der Lösung und entscheidend von der Komplexbildungskonstante und damit von der Stabilität des jeweiligen Komplexes. Umkomplexierungen von weniger stabilen Komplexen in stabilere Komplexe, die dann nicht mehr mit dem Ausgangsreagenz reagieren können, werden genutzt, um störende Elemente zu maskieren. Mit dieser Maskierungstechnik ist es gelungen, die Selektivität und die Spezifität UV/VIS-photometrischer Verfahren wesentlich zu verbessern.

Komplexierte Metallionen können mit organischen Farbstoffmolekülen Ionenassoziate mit sehr großen spektralen Absorptionskoeffizienten bilden, die dann mit organischen Lösungsmitteln extrahiert und photometrisch bestimmt werden können. Diese Methoden der Extraktionsspektrophotometrie mit basischen und sauren Farbstoffen erreichen sehr gute Empfindlichkeiten und Nachweisgrenzen bis in den µg/l-Bereich.

Einige schwerlösliche Ionenassoziate, die nicht extrahiert werden, sondern sich als Flocken an der Phasengrenze zusammenlagern, können durch Dekantieren oder Filtrieren zunächst abgetrennt werden. Der Rückstand kann anschließend (in einem geeigneten Lösungsmittel) aufgenommen und photometrisch vermessen werden. Auch mit dieser Technik, der so genannten Flotationsspektrophotometrie sind sehr große spektrale Absorptionskoeffizienten zu erzielen.

Wie im Falle der Kationen wird auch bei der photometrischen **Anionenbestimmung** versucht, eine (farbige) Zielverbindung zu erzeugen, die im UV/VIS-Bereich stark absorbiert. Hier gibt es grundsätzlich zwei verschiedene Typen von Reaktionen. Beim ersten Typ ist das zu bestimmende Anion in der Zielverbindung enthalten. Beispiele hierfür sind: Direktbestimmung von Brom und Iod nach Oxidation der Bromid- und Iodid-Anionen; der Nitratnachweis mit Phenolen oder mit Natrium-salicylat und schließlich die Bestimmung der Sulfid-Anionen unter Bildung von Methylenblau.

Der zweite Reaktionstyp ist dadurch gekennzeichnet, dass das zu bestimmende Anion nicht mehr in der Zielverbindung enthalten ist (indirekte Methoden). Diese Methoden beruhen häufig auf der Fällung schwerlöslicher Verbindungen, die die primären Anionen eingehen. Die äquivalente Bildung sekundärer Anionen oder Kationen, welche ihrerseits empfindliche Farbreaktionen zeigen, wird dann zur photometrischen Bestimmung herangezogen.

Ist das Absorptionsspektrum einer **organischen Verbindung** bekannt, insbesondere die Lage der Absorptionsmaxima, so lassen sich grundsätzlich immer quantitative Einzelbestimmungen über das Lambert-Beer'sche Gesetz durchführen. Allerdings gibt es in der Praxis einige Probleme. Die Intensität und die Lage (Wellenlänge) der Absorptionsmaxima ist sehr stark vom verwendeten Lösungsmittel abhängig. Ein Vergleich saurer und basischer Verbindungen zeigt häufig eine pH-Abhängigkeit dieser Parameter. Das wohl größte Problem bringen Begleitsubstanzen in der zu analysierenden Probe, deren Absorptionsspektren sich mit denen des gesuchten Elements überlagern. Nicht immer gelingt es, das Gemisch aufzutrennen.

Zum Nachweis von Substanzen mit relativ niedrigen Absorptionskoeffizienten ε (z. B. gesättigte Ketone, Aldehyde, Carbonsäuren) wird versucht, durch Umsetzungen Verbindungen mit großen Absorptionskoeffizienten zu erzeugen, ähnlich wie in der Kationen- und Anionenanalytik.

Zeigt die Probenlösung **Trübungen** (z. B. Abwasser), so kann eine spezielle Technik der UV/VIS-Spektrometrie, die so genannte Derivativ- oder Ableitungsspektrometrie, Vorteile bringen. Hier werden die 1. Ableitung der Absorption $A(\lambda)$ nach der Wellenlänge $dA/d\lambda$ oder die 2. Ableitung $d^2A/d\lambda^2$ über die Wellenlänge aufgetragen. Diese und auch höhere Ableitungen sind nach dem Lambert-Beer'-schen-Gesetz, wie die Absorption selbst, stets der Konzentration proportional. Dadurch ergeben sich analytische Anwendungsmöglichkeiten. Die 1. und 2. Ableitung reagiert sehr empfindlich auf Änderungen des Anstiegs im Absorptionsspektrum. Dadurch lassen sich überlappende Absorptionsbanden und Absorptionsbanden mit

Schultern sehr gut analysieren. Im Falle von Trübungen kann der durch Trübung verursachte Absorptionshintergrund in gewissen Grenzen eliminiert werden.

Für alle in diesem Abschnitt beschriebenen Verfahren gilt, dass die im Vorfeld der spektrophotometrischen Bestimmung erforderlichen chemischen Reaktionen sehr zeitaufwendig sind. Die Fließinjektionsanalyse (FIA), kann auch in Kombination mit der UV/VIS-Spektrometrie vorteilhaft eingesetzt werden. Sie ermöglicht die Automatisierung herkömmlicher Analysenverfahren und gestattet gleichzeitig eine Reduzierung des Verbrauchs an Chemikalien.

4.7.6 Infrarot-Spektrometrie (IR-Spektrometrie)

Der Anwendungsbereich der IR-Spektrometrie im Bereich der Wasseranalytik ist auf Grund der ausgeprägten Eigenabsorption des Wassers sehr eingeschränkt. Eine Behandlung des Themas erfolgt hier aus Gründen didaktischer Vollständigkeit, da die IR-Spektrometrie in anderen Bereichen sehr bedeutsam ist, etwa zur raschen Identitätsüberprüfung von Feststoffen, Flüssigkeiten und Gasen, sowie zur Strukturaufklärung unbekannter Verbindungen.

4.7.6.1 Physikalische Grundlagen

Wenn organische und anorganische Moleküle elektromagnetische Strahlung im UV/VIS-Bereich absorbieren, kommt es neben der Anregung von Elektronenübergängen (höherenergetisch) auch immer zur Anregung niederenergetischer Schwingungs- und Rotationszustände (siehe Abschn. 4.7.5.1). Dies führt dazu, dass im UV/VIS-Spektrum von Molekülen keine scharfen Linien beobachtet werden, sondern mehr oder weniger breite Banden. Jedes Elektronenniveau spaltet (schätzungsweise) in etwa 30–50 Schwingungsniveaus auf, von denen wiederum jedes eine Vielzahl von Rotationszuständen besetzen kann. Die Energien für die Elektronenanregung verhalten sich zur Schwingungsanregung und zur Rotationsanregung wie etwa 10.000 : 100 : 1.

Wird nun die Energie der wechselwirkenden elektromagnetischen Strahlung erniedrigt, erfolgt der Übergang aus dem sichtbaren Bereich (VIS) in den sich anschließenden längerwelligen Bereich, den Infrarotbereich (IR) des Spektrums. Dort werden keine Elektronenzustände mehr angeregt, sondern nur noch Schwingungs- und Rotationszustände im Molekül angesprochen.

Die Atome im Molekül, deren Abstände zueinander durch die Summe aller Kraftwirkungen definiert sind, werden zu Schwingungsbewegungen um ihre Gleichgewichtslage angeregt. Dabei ist auch die Schwingungsenergie, ähnlich wie die Elektronenenergie im Molekül, in diskrete Energiezustände gequantelt, die durch Schwingungsquantenzahlen beschrieben werden können. Die Wellenlängen, die diese Schwingungszustände anregen können, liegen im nahen und mittleren Infrarot zwischen etwa 0,8 µm und 50 µm.

Genau betrachtet kann elektromagnetische Strahlung nur dann mit Materie in Wechselwirkung treten, wenn eine bewegte elektrische Ladung vorhanden ist, an die Energie abgegeben werden kann, beispielsweise ein Elektron in der Atomhülle. Schwingende Moleküle können bewegte Ladungen „erzeugen“. Das ist dann der Fall, wenn die elektrischen Ladungen der Atome im Molekül von vornherein unsymmetrisch verteilt sind, oder wenn die Asymmetrie der Ladungsverteilung durch die Schwingungsbewegung der Atome entsteht. Dann kommt es zur Änderung des Dipolmoments des Moleküls oder der Atomgruppe, und nur dann kann elektromagnetische Strahlung entsprechender Wellenlänge absorbiert werden. Grundsätzlich kann bei allen Molekülen, die unterschiedliche Atomarten enthalten, eine Wechselwirkung mit IR-Strahlung auftreten. Entweder ist ein Dipolmoment primär vorhanden, wie zum Beispiel beim Chlorwasserstoff (HCl, Salzsäure), oder es werden bei Molekülen, die primär kein Dipolmoment besitzen, wenigstens die Schwingungen angeregt, die durch asymmetrische Ladungsverschiebung ein Dipolmoment entstehen lassen. Ein Beispiel hierfür ist die asymmetrische Schwingung von Kohlenstoffdioxid (CO_2). Aus der dipollosen Gleichgewichtslage entsteht bei der asymmetrischen Schwingung ein Dipolmoment (ein O-Atom bewegt sich auf das C-Atom zu, das andere O-Atom vom C-Atom weg). Bei der symmetrischen Schwingung (beide O-Atome bewegen sich auf das C-Atom zu oder von ihm weg) befinden sich die Schwerpunkte der positiven Ladung (C) und der negativen Ladung (O) in jeder Phase der Schwingung an der gleichen Stelle. Es kommt zu keiner Änderung des Dipolmoments. Schwingungen dieser Art lassen sich nicht durch elektromagnetische Strahlung anregen, sie sind IR-inaktiv.

Erfolgt im elektromagnetischen Spektrum der Übergang zu noch größeren Wellenlängen über das ferne Infrarot ($\lambda > 50\ \mu m$) bis in das Mikrowellengebiet (0,1 ... 10 cm), so reichen die entsprechenden Energiebeträge nicht mehr aus, um Molekülschwingungen anzuregen. In diesem Bereich können nur noch die Molekülrotationen angesprochen werden, deren Energiezustände ebenfalls gequantelt sind. Für die Aufnahme von Energie aus elektromagnetischer Strahlung zur Anregung in einen Zustand höherer Rotationsenergie muss das Molekül ein permanentes Dipolmoment besitzen.

In der Praxis muss davon ausgegangen werden, dass die Moleküle Schwingungs- und Rotationsbewegungen gleichzeitig ausführen und Rotationsschwingungsspektren erhalten werden, die modellmäßig mit dem so genannten rotierenden Oszillator und seinem Termschema erklärt werden können. Die Lage eines Atomes im Raum lässt sich im kartesischen Koordinatensystem mit 3 Koordinaten festlegen. Das Atom, als Massepunkt betrachtet, besitzt 3 Freiheitsgrade (unabhängige Bewegungsmöglichkeiten) in den 3 Richtungen des Raumes. Für ein Molekül, das aus n Atomen (Massepunkten) aufgebaut ist, werden 3 n Koordinaten benötigt, um die genaue Lage des Moleküls im Raum und die Anordnung der Atome zueinander zu definieren. Das Molekül mit n Atomen besitzt also in der Summe $3 \cdot n$ Freiheitsgrade: drei Freiheitsgrade für Bewegungen des Molekülschwerpunktes (Translationen, bei denen sich die Atome nicht relativ zueinander bewegen, sondern alle in derselben Richtung), drei weitere Freiheitsgrade für Molekülrotationen um seine Hauptträgheitsachsen, die durch den Massenschwerpunkt gehen (bei linearen Molekülen nur zwei). Für Schwingungsbewegungen (Änderungen der gegenseitigen Abstände der Atome im Molekül) verbleiben damit 3n-6 Freiheitsgrade (bzw. 3n-5 für lineare Moleküle). Von diesen Schwingungsfreiheitsgraden fallen n-1 auf Valenzschwingungen (Abstandsänderung miteinander verbundener Atome), entsprechend der Zahl der Bindungen im Molekül. Alle anderen Schwingungen sind Deformationsschwingungen (Änderung der Bindungswinkel zwischen den Atomen). Die Gesamtheit dieser abgeleiteten Schwingungsmöglichkeiten sind die Normalschwingungen eines Moleküls mit bestimmten zugeordneten Frequenzen. Die tatsächlichen Bewegungen der Atome im Molekülverband muss man sich als Überlagerung dieser Normalschwingungen vorstellen (mehrfach gekoppeltes Pendel).

Nach bestimmten Auswahlregeln für erlaubte Schwingungs- und Rotationsübergänge (Schwingungs- und Rotationsquantenzahlen), auf die hier nicht näher eingegangen werden kann, ergibt sich damit im Termschema des rotierenden Oszillators eine Menge von Übergängen, die im IR-Spektrum als Absorptionsbanden erscheinen. Mit dieser Vielzahl an Möglichkeiten besitzen die IR-Spektren einen sehr hohen Informationsgehalt und sind damit außerordentlich stoffspezifisch. Auf diese Tatsache ist auch die große Bedeutung der IR-Spektroskopie außerhalb der Wasseranalytik zurückzuführen.

4.7.6.2 Messprinzip

Kontinuierliche elektromagnetische Strahlung eines Infrarotstrahlers wird in einem Spektralapparat in einzelne Wellenlängen zerlegt. Die Bestimmung der Durchlässigkeit der Probe als Verhältnis der eintretenden zur durchgelassenen IR-Strahlung in Abhängigkeit von der Wellenlänge führt zum Rotationsschwingungsspektrum dieser Probe. Die Messwerterfassung geschieht ganz analog zu den bisher beschriebenen spektrometrischen Methoden durch Wandlung der optischen in elektrische Signale und entsprechende elektronische Weiterverarbeitung. Da auch in diesem Bereich des elektromagnetischen Spektrums das Lambert-Beer'sche-Gesetz gilt, lassen sich neben der qualitativen Aussage über das Rotationsschwingungsspektrum auch quantitative Analysen durch Bestimmung der Infrarotabsorption als Maß für die Konzentration einer Substanz bei gegebener Schichtdicke (Dicke der durchstrahlten Probe) in der Küvette gewinnen.

4.7.6.3 Aufbau eines IR-Spektrometers

Im Bereich der analytischen Spektroskopie sind heute verschiedene apparative Varianten von IR-Spektrometern anzutreffen. Häufig werden sie nach der jeweiligen Methode zur Wellenlängenselektion eingeteilt:

– Dispersive IR-Spektralphotometer (IR-Spektrometer) und
– Fourier-Transform-IR-Spektrometer (FTIR-Spektrometer)
– ATR (abgeschwächte Totalreflexion)-IR-Spektrometer (auch als FTIR).

IR-Spektrometer haben im Grundaufbau die charakteristische Messanordnung der Absorptionsspektrometrie mit Strahlungsquelle, Probenraum, Monochromator, Detektor, optischem System, Verstärker und Auswerteeinheit, wie sie z. B. auch für die UV/VIS-Spektrometrie (siehe oben) dargestellt ist. Selbstverständlich müssen die einzelnen Bauelemente an den veränderten Wellenlängenbereich angepasst sein.

Als **Strahlungsquelle** wird am häufigsten der so genannte Nernst-Stift verwendet, ein kleiner Stab aus Zirkonoxid mit Zusätzen. Fast nicht mehr im Einsatz ist der Globar, ein Siliciumcarbidstab. Weitere Quellen sind keramische Strahler und verschiedene Laser.

Der **Monochromator** besteht aus dem Spaltsystem, der Monochromatoroptik und dem dispergierenden Element. Eintritts- und Austrittsspalt lassen sich zwischen etwa 10 µm und einigen mm einstellen, womit Intensität und Auflösung beeinflusst werden können. Zur Optik gehören Spiegelsysteme in bestimmter Anordnung, z. B. Ebert-Anordnung oder Littrow-Anordnung. Zur Zerlegung der Strahlung wurden früher fast ausschließlich Prismen verwendet, deren entscheidender Nachteil darin bestand, dass für die Erfassung eines weiten Wellenlängenbereiches – wegen der begrenzten Durchlässigkeit jedes einzelnen Materials – Prismen aus verschiedenen Materialien eingesetzt werden mussten. Im mittleren Infrarotbereich war das vorwiegend Natriumchlorid, für höhere Wellenlängen Kaliumbromid, Cäsiumbromid, Cäsiumiodid. Glas und Quarz sowie Lithiumfluorid und Calciumfluorid waren nur im kurzwelligen Bereich einsetzbar. Heute werden nur noch Beugungsgitter als dispergierendes Element verwendet. Beugungsgitter waren anfangs teuer und lichtschwach. Neue Techniken ermöglichten bestimmte Formen der Gitterfurchen (Echelette-Gitter) und damit eine größere Lichtstärke. Weitere Verbesserungen der Energieausbeute mit Verminderung des Streulichtanteils werden mit holographischen Gittern erreicht. Das Interferenz-Verlaufsfilter als bekanntes Prinzip (Fabry-Perot-Interferometer) wird u. a. auch in besonders kompakten Geräten, z. B. in tragbaren Geräten im Bereich der Umweltanalytik, eingesetzt.

Bei den **Detektoren** unterscheidet man photoelektrische, pyroelektrische und thermische Detektoren. Die photoelektrischen und pyroelektrischen Empfänger wandeln direkt IR-Strahlung in elektrische Signale, entweder durch Änderung der Leitfähigkeit von Halbleitermaterial, durch Aufbau einer Photospannung an einer n-p-Grenzschicht oder durch Ladungsänderung an pyroelektrischen Kristallen. Die thermischen Detektoren nutzen Eigenschaftsänderungen, die durch Temperaturänderungen bedingt sind. Am häufigsten angewandt ist das Thermoelement, das auf der Temperaturabhängigkeit der Thermospannung beruht. Weitere Vertreter sind das Bolometer, der Golay-Detektor und der photoakustische Detektor. Die Photodetektoren mit ihrer höheren Empfindlichkeit und kürzeren Ansprechzeit haben die thermischen Empfänger weitgehend verdrängt.

An das **optische System** ist die Forderung gestellt, die Strahlungsquelle mit möglichst geringen Strahlungsverlusten, nach Wellenlängen selektiert, auf dem Detektor abzubilden. Glas- oder Quarzlinsen sind im Infrarotbereich nicht mehr verwendbar. Sie absorbieren bei Wellenlängen von mehr als 2,0 µm (Glas) oder 3,8 µm (Quarz) praktisch sämtliche Strahlungsanteile. Die Optik von IR-Spektrometern basiert daher auf Spiegelsystemen, deren Glaskörper mit Aluminium oder mit Gold bedampft sind.

Der **Probenraum** kann prinzipiell überall zwischen Strahlungsquelle und Detektor angeordnet sein. Er muss gut zugänglich sein, was in der Nähe des Detektors schlecht machbar ist (Fremdlicht und thermische Störungen), und sich möglichst in der Nähe eines Brennpunktes befinden, um die Abmessungen (Probenvolumen) klein halten zu können. Die meisten IR-Spektrometer verwenden daher eine Anordnung zwischen Strahlungsquelle und Monochromator. Das hat außerdem den Vorteil, dass das von Probe und Küvette verursachte Streulicht durch den Monochromator ausgeschaltet werden kann. Ein Nachteil besteht darin, dass die gesamte, nicht dispergierte Strahlung auf die Probe einwirkt und empfindliche Komponenten eventuell thermisch beeinflusst werden können.

Schließlich erfolgt die **Messwertverarbeitung** bei modernen Geräten, wie bereits mehrfach beschrieben, auch in der IR-Spektrometrie über Rechner (PC) mit spezifischen Programmen, die auch die gesamte Gerätesteuerung übernehmen. Hinzu kommen spezielle Softwaresysteme zur Spektrenspeicherung und zum Vergleich mit Spektrenbibliotheken einschließlich entsprechender Suchsysteme.

FTIR-Spektrometer (Fourier-Transform-IR-Spektrometer) weichen sowohl methodisch als auch vom Geräteaufbau her völlig von der herkömmlichen Messanordnung der Absorptionsspektrometrie ab. Hier erfolgt die Wellenlängendispersion mittels eines Interferenzverfahrens nach Michelson (Michelson-Interferometer oder Michelson-Anordnung). Auf Prismen oder Beugungsgitter kann bei dieser Technik gänzlich verzichtet werden. Kernstück eines solchen Michelson-Interferometers ist ein Spiegelsystem aus einem festen und einem beweglichen Spiegel. Die von der Probe durchgelassene Strahlung einer polychromatischen Strahlungsquelle trifft auf einen Strahlungsteiler (halbdurchlässiger Spiegel), der einen Teil der Strahlung auf den festen Spiegel reflektiert und den anderen Teil zum beweglichen Spiegel durchlässt. Nach Reflexion an diesen beiden Spiegeln werden beide Teilstrahlen an der Rückseite des Strahlungsteilers wieder vereint, interferieren dort und gelangen auf den Detektor. Die optische Wegdifferenz beider interferierender elektromagnetischer Wellen wird durch die Position des beweglichen Spiegels bestimmt. Wird nun der bewegliche Spiegel kontinuierlich verschoben, so wird ein so genanntes Interferogramm erhalten, das die gesamte Strahlungsabsorption der Probe nach Wellenlänge und Intensität als Fourier-Summe enthält. Aus diesem Interferogramm kann mit Kenntnis der Spiegelgeschwindigkeit die Wellenlänge der ursprünglichen Strahlung berechnet werden. Diese Rechenoperation, die so genannte Fourier-Transformation, die im Ergebnis das konventionelle IR-Spektrum der Probe liefert, ist sehr aufwändig. Man bedenke, dass viele Wellenlängen (polychromatisches Licht) gleichzeitig interferieren. Vorteile dieser Methode sind aber vor allem die hohe Empfindlichkeit, basierend auf besseren Energieverhältnissen, besonders im mittleren und fernen Infrarot, und die Geschwindigkeit (< 1 s), mit der ein komplettes IR-Spektrum erhalten werden kann. Damit lassen sich zeitliche Vorgänge verfolgen. Darüber hinaus ergeben sich Möglichkeiten der direkten Verfahrenskopplung, beispielsweise der direkten Kopplung mit der Gaschromatographie (GC-IR-Kopplung). Mit FTIR-Spektrometern kann der gesamte Infrarotbereich vom nahen IR über das mittlere IR bis zum fernen IR erfasst werden. Eine sehr anschauliche Darstellung und Erklärung dieser Technik ist bei Günzler und Böck (1990) zu finden.

4.7.6.4 Analytische Anwendungsmöglichkeiten

Die IR-Spektrometrie kann zur qualitativen Substanzanalyse, also zur Konstitutionsaufklärung und zur Substanz-Identifizierung durch Spektrenvergleich eingesetzt werden. Anwendungen im Bereich der Wasseranalytik sind nur sehr eingeschränkt möglich, da Wasser selbst über mehrere Bereiche des Spektrums sehr stark absorbiert.

Aufbauend auf dem außerordentlich hohen Informationsgehalt eines Infrarotspektrums hat die **qualitative Substanzanalyse** mittels der Infrarotspektroskopie im Rahmen der gesamten Instrumentellen Analytik eine große Bedeutung erlangt.

Hier gibt es grundsätzlich zwei Wege, um zu qualitativen analytischen Aussagen zu kommen. Direkt aus dem IR-Spektrum können anhand von theoretisch abgeleiteten oder empirisch ermittelten Beziehungen Hinweise auf das Vorhandensein bestimmter Strukturgruppen oder Strukturelemente gewonnen werden, etwa aus der Lage von Absorptionsbanden in bestimmten Wellenlängenbereichen. Diese direkte Methode kommt ohne Vergleichssubstanzen aus. Aus der Gestalt des Spektrums kann häufig mit guter Wahrscheinlichkeit auf das Vorhandensein oder auf das Nichtvorhandensein funktioneller Gruppen wie Hydroxyl-, Carbonyl- und Aminogruppen oder anderer Strukturelemente wie Mehrfachbindungen und Ringverbindungen geschlossen werden.

Der zweite Weg zur Erlangung qualitativer analytischer Informationen nutzt bekannte IR-Spektren von Vergleichssubstanzen zum Spektrenvergleich. Diese Methode basiert auf der bereits erwähnten Tatsache, dass Anzahl, Lage und Intensität der Absorptionsbanden im IR-Spektrum einer Substanz außerordentlich stoffspezifisch und sehr gut reproduzierbar sind. Häufig wird sogar der Begriff „Fingerabdruck-Methode" gebraucht (Fingerprint). Speziell der Wellenlängenbereich zwischen etwa 6 µm und 10 µm wird als Fingerprint-Bereich bezeichnet. Hier erscheinen die Absorptionsbanden von Gerüstschwingungen des Kohlenstoffgerüstes, die für das Gesamtmolekül besonders charakteristisch sind. Vergleichsspektren liegen heute in sehr großer Zahl vor. Mithilfe elektronischer Datenbanken ist es möglich, ein unbekanntes IR-Spektrum mit sämtlichen, in entsprechenden Spektrenbibliotheken erfassten Spektren innerhalb von wenigen Minuten zu vergleichen. Auch quantenchemische Rechnungen oder Inkrementberechnungen können zur Interpretation von IR-Spektren herangezogen werden.

Quantitative Analysen auf der Basis des Lambert-Beer'schen-Gesetzes (siehe oben) sind immer dann möglich, wenn eine Absorptionsbande mit ausreichender Intensität vorhanden ist, die nicht durch Begleitsubstanzen oder Lösungsmittel gestört wird oder deren Störung zumindest kontrolliert werden kann. Mit modernen Computerprogrammen lassen sich auch überlappende Absorptionsbanden in gewissen Grenzen quantitativ auswerten. Es gilt natürlich auch für den infraroten Bereich des Spektrums, dass der spektrale Absorptionskoeffizient $\varepsilon(\lambda)$ nur bis zu einem gewissen Grad von der Konzentration der zu bestimmenden Substanz unabhängig ist (Linearitätsbereich des Lambert-Beer'schen Gesetzes). Demzufolge muss, wie bei den anderen spektrometrischen Methoden auch, dieser quantitativ nutzbare Bereich mithilfe von Kalibriermessungen bekannter Konzentrationen ermittelt und kontrolliert werden.

Im Allgemeinen liegt der Konzentrationsbereich, in dem quantitative IR-spektrometrische Analysen möglich sind, im Prozentbereich (1 bis 100 %). In Ausnahmefällen sind Bestimmungen bis zu einer Konzentration von 0,1 % möglich. Das heißt, dass die IR-Spektrometrie in der Regel nicht für Spurenanalysen geeignet ist.

Umweltanalytik und speziell auch die Wasseranalytik fordern jedoch das Vordringen in diesen Spurenbereich. Für die Bestimmung organischer Komponenten im Wasser werden daher Anreicherungsschritte angewandt, um in den mg/l-Bereich zu gelangen, meist durch Extraktion mit geeigneten Lösungsmitteln.

4.7.7 Gaschromatographie

4.7.7.1 Prinzip und Definition der Methode

Der Begriff Chromatographie wurde vom russischen Botaniker M. Tswett im Jahre 1903 eingeführt. Er lässt sich wörtlich als „Farbschreibung" übersetzen (griechisch chroma für Farbe, graphein für Schreibung) und geht auf ein spezielles Beispiel zurück: die Trennung des Blattgrüns in einzelne Farbkomponenten.

Unter dem Begriff Chromatographie sind Trennverfahren zu verstehen, die auf unterschiedlicher Verteilung der Probenkomponenten zwischen zwei nicht mischbaren Phasen basieren. Von diesen ist eine fest angeordnet (**stationäre Phase**), während die andere in einer Vorzugsrichtung durch die stationäre Phase bewegt wird (**mobile Phase**) und allein den Massentransport der Probenkomponenten vermittelt. Allgemein ist das Phasenverhältnis an jeder Stelle in der Vorzugsrichtung konstant. Die Homogenität der stationären Phase, d. h. die Konstanz der Eigenschaften über ihren gesamten Querschnitt, ist ein angestrebter, jedoch in der Praxis kaum zu erreichender Idealfall.

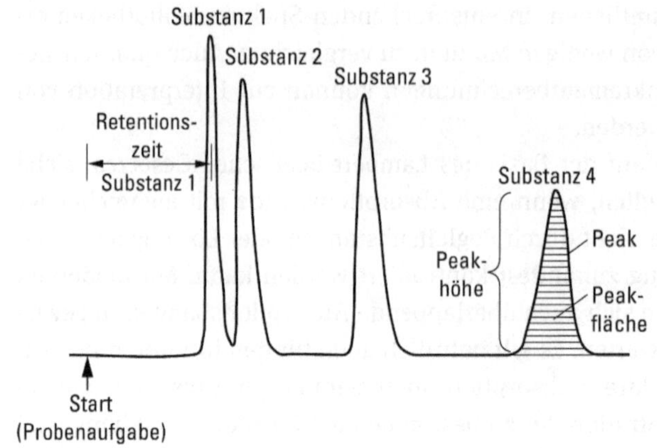

Abb. 4.8: Beispiel eines Chromatogramms.

Wird in ein solches System zum Zeitpunkt t = 0 ein Substanzgemisch, dessen Komponenten alle in beiden Phasenräumen existent sind, eingeführt, so teilt sich jede der Komponenten ihren spezifischen Eigenschaften gemäß in einem dynamischen Prozess auf Volumenelemente der beiden Phasenräume auf. Immer dann, wenn sich Moleküle der Komponenten in der mobilen Phase aufhalten, werden sie von dieser über ein neues Volumenelement der stationären Phase geführt, mit der sie wiederum in Wechselwirkung treten. Durch eine Vielzahl solcher aufeinander folgender Schritte werden die Komponenten des aufgegebenen Gemisches bei ausreichend unterschiedlichen Eigenschaften räumlich voneinander getrennt und treten somit zeitlich nacheinander mit der mobilen Phase aus, wo sie detektiert werden können.

In der Gaschromatographie werden die zu analysierenden Verbindungen verdampft und mithilfe eines Gases als mobile Phase durch eine Trennsäule transportiert. Die mobile Phase wird allein als **Trägergas** genutzt, so dass Wechselwirkungen der mobilen Phase mit den Analyten keine Rolle spielen.

Unterschiedlich starke Wechselwirkungen der zu trennenden Substanzen mit der stationären Phase, ständig sich neu einstellende Verteilungsgleichgewichte bedingen unterschiedliche Wanderungsgeschwindigkeiten der Probenkomponenten, die zur chromatographischen Trennung führen.

Die aufgetrennten Stoffe gelangen mit dem Trägergas nacheinander, nach unterschiedlicher Retentionszeit (d. h. Dauer des Rückhalts in der Säule), in einen Detektor und werden dort als Gaußkurven (Peaks) registriert und als so genanntes Chromatogramm durch einen Schreiber, Integrator oder ein Datenverarbeitungssystem aufgezeichnet (Abb. 4.8).

Die Peaks liefern qualitative und quantitative Informationen über die in der Wasserprobe enthaltenen Substanzen.

Eine **qualitative Information** ist die Verweilzeit einer Substanz in der Trennsäule, die so genannte **Retentionszeit**. Sie ist definiert als die Zeit, die vom Einspritzen der Probe bis zum Erscheinen des Peakmaximums verstreicht. Die Retentionszeit einer Komponente ist bei gleichen chromatographischen Bedingungen (Flussrate, Säulenlänge, Temperatur etc.) stets konstant. Die stoffliche Identifizierung eines Peaks kann deshalb durch Vergleich der Retentionszeiten der Probenkomponenten mit den Retentionszeiten von Standards (Referenz- oder Reinsubstanzen) erfolgen. Zur genauen Identifizierung eines Stoffes werden Kopplungen der gaschromatographischen Trennung mit massenspektrometrischen Detektoren realisiert.

Die Fläche und Höhe eines Substanzpeaks im Chromatogramm sind **quantitative Informationen**. Sie sind der Substanzkonzentration in der Analysenprobe proportional. Unbekannte Substanzmengen in der Analysenprobe können durch Vergleich der **Peakflächen (-höhen)** mit bekannten Konzentrationen bestimmt werden.

Bei der Quantifizierung einer Substanz über die Peakhöhe muss garantiert werden, dass keine Veränderungen der Peakform infolge von sich ändernden chromatographischen Bedingungen auftreten. Die Peakhöhe würde sonst der Substanzkonzentration nicht mehr direkt proportional sein.

Die Gaschromatographie wird in der Wasseranalytik bevorzugt für die Bestimmung thermisch stabiler und unzersetzt verdampfbarer Stoffe eingesetzt, da, wie schon erwähnt, bei der gaschromatographischen Trennung die zu analysierende Probe gasförmig in der Trennsäule vorliegen muss. Durch chemische Umsetzung (Derivatisierung) können jedoch auch nichtflüchtige oder thermisch labile Verbindungen in stabile, flüchtige Derivate überführt und gaschromatographisch analysiert werden.

4.7.7.2 Aufbau eines Gaschromatographen

Ein Gaschromatograph setzt sich im Wesentlichen aus folgenden Bestandteilen zusammen (siehe Abb. 4.9):
- Trägergasversorgung;
- Probenaufgabesystem (Injektor);
- Trennsäule (eingebaut in einen Säulenofen);
- Detektor;
- Registrier- und Auswerteeinheit mit Datenspeicherung.

Die Art des **Trägergases** als mobile Phase sowie seine Strömungsgeschwindigkeit durch die Trennsäule ist für die gaschromatographische Trennung von großer Bedeutung. Das Trägergas wird aus einer Druckgasflasche mit einem hohen Druck entnommen und mittels Druckminderer auf den niedrigeren Arbeitsdruck des Gas-

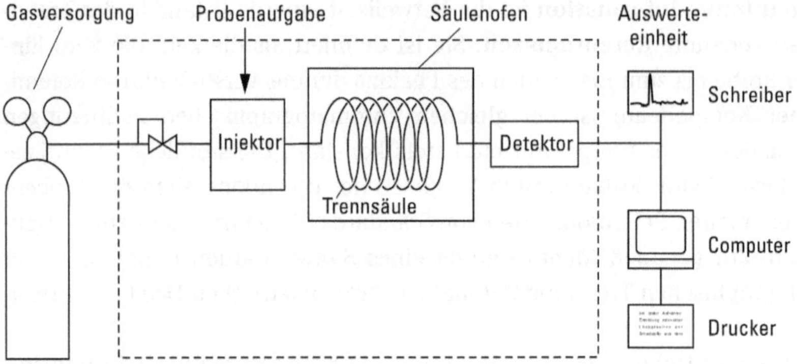

Abb. 4.9: Schematischer Aufbau eines Gaschromatographen.

chromatographen reduziert. Als Trägergas kommen Stickstoff, Helium und Wasserstoff zum Einsatz. Die Strömungsgeschwindigkeit muss exakt einstellbar sein, um reproduzierbare Retentionszeiten zu erhalten. Es wird zumeist isobar oder druckprogrammiert gearbeitet.

Das **Probenaufgabesystem** oder der Injektor hat die Funktion, die flüssige oder gasförmige Probe in den Trägergasstrom einzuschleusen. Die Probe sollte möglichst ohne Veränderung der quantitativen Zusammensetzung in die Trennsäule gelangen. Eine korrekte Probenaufgabe ist Voraussetzung für das Gelingen einer gaschromatographischen Analyse. Unterschiedliche analytische Aufgabenstellungen auf dem Gebiet der gaschromatographischen Spurenanalytik von Wasserinhaltsstoffen verlangen verschiedene Probenaufgabetechniken wie Split/Splitlos-, On-Column- und PTV-Injektion (PTV = programmable temperature vaporizer). Die verschiedenen Aufgabetechniken sind in der Literatur ausführlich beschrieben (Sandra, 1985; Grob, 1995).

Herzstück der gaschromatographischen Apparatur ist die **Trennsäule** zur Substanztrennung, die sich in einem Säulenofen befindet. Da der gaschromatographische Trennprozess temperaturabhängig ist, muss der Säulenofen entweder reproduzierbar bei konstanter Temperatur (isotherm) oder mit einem Temperaturprogramm betreibbar sein. Bei der Temperaturprogrammierung wird die Säulentemperatur während der Analyse kontrolliert erhöht (Temperaturgradient), um die Retentionszeiten spät austretender Stoffe zu verkürzen und dadurch die Analysenzeit auf ein akzeptables Maß zu reduzieren.

In der Gaschromatographie unterscheidet man zwischen gepackten Trennsäulen und Kapillarsäulen. Die Bezeichnung Säule für eine gaschromatographische Trennstrecke ist historisch bedingt. Sie stammt aus der frühen Zeit der Flüssigkeitschromatographie (mobile Phase ist eine Flüssigkeit), als körnige Adsorbentien als stationäre Phase in kurze und dicke Röhren gestopft wurden, die durchaus Ähnlichkeit mit stämmigen Säulen hatten.

Gepackte Säulen sind u-förmig oder wendelförmig gebogene Rohre aus Glas oder Stahl mit Innendurchmessern von 2 bis 5 mm und mit Längen von 1 bis 5 m, die mit dem so genannten Säulenfüllmaterial dicht gefüllt (gepackt) sind. Sie sind heute in den Laboren durch Kapillarsäulen verdrängt worden, weil diese eine wesentlich höhere Trennleistung als gepackte Säulen besitzen. Die Peaks werden dadurch enger und höher, was bei der Spurenanalytik von Wasserinhaltsstoffen von Vorteil ist. Das Kapillarrohr kann aus Metall oder Glas sein, bevorzugt werden heute aber fast ausschließlich dünnwandige **Fused-Silica-Kapillaren** aus geschmolzenem, amorphem SiO_2, die zum mechanischen Schutz außen mit einem Film aus Polyimid beschichtet sind. Durch die Polyimidschicht wird die Säule flexibel und kann besser in den Säulenofen eingebaut werden. In der Wasseranalytik kommen hauptsächlich so genannte **Dünnfilmkapillarsäulen**, auch **WCOT-Kapillaren** (WCOT: **w**all **c**oated **o**pen **t**ubular columns) genannt, zum Einsatz. Bei diesen Trennkapillaren haftet die stationäre Phase als dünner Film an der glatten Innenwand der Kapillare. Gebräuchlich sind Säulenlängen von 25–60 m, der innere Durchmesser der Kapillarsäulen beträgt üblicherweise 0,25 mm oder 0,32 mm.

Eine breite Palette dieser Säulen mit den unterschiedlichsten stationären Phasen (unpolar, mittlere Polarität bis sehr polar) ist auf dem Markt erhältlich.

Der **Detektor** hat die Aufgabe, die Konzentrationen der Substanzen, die mit dem Trägergas die Trennsäule nach der Auftrennung einzeln verlassen, in elektrische Signale umzusetzen. Dabei sollte er das Trägergas „ignorieren" oder anders ausgedrückt, er sollte bei Abwesenheit einer Substanz ein Nullsignal erzeugen. Der Signal-Output des Detektors wird vom Registriersystem als Chromatogramm gespeichert. Der Detektor stellt also das Bindeglied zwischen der chromatographischen Trennsäule und dem **Registrier- und Auswertesystem** dar.

Die GC-Detektoren lassen sich in zwei verschiedene Klassen einteilen: universell und selektiv. Universelle Detektoren sprechen auf alle Stoffe an, die die Trennsäule verlassen. Selektive Detektoren können element-, strukturselektiv oder selektiv auf andere Eigenschaften ausgerichtet sein.

Einige typische Detektoren für die gaschromatographische Bestimmung organischer Wasserinhaltsstoffe und ihre Einsatzbereiche sind in Tab. 4.16 aufgeführt, weiterführende Literatur zum Aufbau und zur Arbeitsweise findet sich bei Oehme (1982), Dressler (1986) und Hübschmann (1996).

Die Auswahl des Detektors richtet sich nach der analytischen Aufgabenstellung. In der Analytik organischer Wasserinhaltsstoffe im Spurenbereich hat sich das **Massenspektrometer** als Universaldetektor vielfach durchgesetzt. Durch die Aufnahme von Übersichtschromatogrammen können die Stoffe anhand ihrer Retentionszeiten und in Verbindung hiermit anhand der charakteristischen Massenspektren für jeden einzelnen Peak des Chromatogramms eindeutig identifiziert werden. Dabei ist ein automatischer Spektrenvergleich mit Referenzspektren aus einer Spektrenbibliothek (elektronische Datenbank mit Standardspektren) von großem Nutzen.

Die wichtigsten Gesichtspunkte, die für den Einsatz eines Massenspektrometers als GC-Detektor (GC/MS-Kopplung) sprechen, sind:

Tab. 4.16: GC-Detektoren und ihr Einsatzbereich in der Wasseranalytik.

Bezeichnung	Kurzform	Typ	Selektivität
Flammenionisations-detektor	FID	universell	alle Stoffe mit C—H oder C—C Bindung z. B. Kohlenwasserstoffe, BTX, PAK
Stickstoff/ Phosphordetektor	NPD	spezifisch	N- und P-haltige Verbindungen, z. B. Pestizide
Elektroneneinfang-detektor (electron capture detector)	ECD	spezifisch	elektronegative Elemente und funktionelle Gruppen wie —F, —Cl, —Br, $—OCH_3$, $—NO_2$, z. B. LHKW, PCB, Chlorphenol
Flammenphoto-metrischer Detektor	FPD	selektiv	P- und S-haltige Verbindungen, z. B. Pestizide
Massenspektrometer oder massenselektiver Detektor	MS MSD	universell (auch selektiv)	charakteristische Massensignale (Ionen) als Massenspektrum (Full Scan) oder als Massenfragmentogramm (Selected Ion Monitoring, SIM); als selektiver Detektor einstellbar auf jede Verbindung, modulierbar selektiv
Atomemissionsdetektor	AED	universell	einstellbar auf einzelne Elemente, besonders für Verbindungen mit Heteroatomen wie N, P, S, Cl, Br, O

BTX = Benzol, Toluol, Xylol; PAK = polycyclische aromatische Kohlenwasserstoffe;
LHKW = leichtflüchtige halogenierte Kohlenwasserstoffe; PCB = polychlorierte Biphenyle

- sehr große Hilfe bei der direkten Identifizierung unbekannter Substanzen;
- hohes Auflösungs- und Trennvermögen in Verbindung mit Kapillarsäulen;
- zweifelsfreie Identifizierung über Retentionszeitvergleich und Massenspektrum;
- Erhöhung der Nachweisempfindlichkeit durch Verwendung charakteristischer Massenfragmente;
- Verwendung des MS als Universaldetektor.

Die entscheidenden Vorteile sind eindeutig die zweifelsfreie Identifizierung über die entsprechenden Massenspektren sowie die Erhöhung der Nachweisempfindlichkeit durch Aufnahme typischer Massenfragmente, die für die zu identifizierende Substanz charakteristisch sind.

Die vom Detektor erzeugten Rohdaten werden von Datenverarbeitungssystemen (PC mit Chromatographiesoftware) registriert, gespeichert und ausgewertet. Sie liefern zum Beispiel das Chromatogramm, Massenspektren, Retentionszeiten mit namentlicher Stoffzuordnung für die kalibrierten Stoffe, Flächen- bzw. Höhenangaben aller oder speziell ausgewählter Peaks und schließlich auch die errechneten Konzentrationsangaben für die als Inhaltsstoffe ermittelten und im Ergebnis nun qualitativ und quantitativ ausgewerteten Substanzen. Ein Abgleich mit Datenbankeinträgen kann zur Identifizierung nicht unmittelbar erwarteter Stoffe herangezogen werden, vorausgesetzt es sind entsprechende Einträge für diesen Stoff in der Datenbank vorhanden. Die Kopplung mit einem hochauflösenden Massenspektrometer ermöglicht darüber hinaus die Identifizierung bisher unvermuteter Stoffe (Non-Target-Analytik, siehe auch Kapitel 4.12).

Weiterführende Literatur findet sich bei Schomburg (1986); Leibnitz und Struppe (1984); Schwedt (1994); Ettre et al. (1996) sowie bei McNair und Miller (2009).

4.7.8 Hochleistungsflüssigkeitschromatographie (HPLC)

4.7.8.1 Prinzip und Definition der Methode

Die Hochleistungsflüssigkeitschromatographie, kurz HPLC (high performance liquid chromatography) genannt, ist eine instrumentelle Chromatographiemethode, bei der die mobile Phase des chromatographischen Trennsystems flüssig ist. Nach Dosierung des zu trennenden und in Lösung befindlichen Substanzgemisches werden die Komponenten von der mobilen Phase durch eine Trennsäule, die ein geeignetes Füllmaterial als stationäre Phase enthält, transportiert. Die Probenkomponenten treten dabei mit der stationären Phase entsprechend ihren physikochemischen Eigenschaften unterschiedlich stark in Wechselwirkung. Dadurch verweilen die zu trennenden Substanzen unterschiedlich lange in oder an der stationären Phase und verlassen die Säule getrennt nach verschiedenen Zeiten (Retentionszeiten, siehe Abb. 4.8). Nach der Trennung werden die Stoffe von einem Detektor als Peaks registriert. Er gibt die Informationen an eine Auswerte- und Datenspeichereinheit weiter. Das Ergebnis ist wie bei der Gaschromatographie ein Chromatogramm, wobei die Anzahl der Peaks der Anzahl der aufgetrennten Probenkomponenten entspricht.

Zur Identifizierung eines Peaks im HPLC-Chromatogramm vergleicht man seine Retentionszeit mit Peaks von Vergleichssubstanzen aus Standardlösungen. Durch Kopplung der HPLC mit anderen physikalischen Analysenverfahren (MS, UV usw.) kann die Identifizierung gesichert werden.

Zur quantitativen Bestimmung wird die Peakhöhe oder -fläche im Chromatogramm der Analysenlösung bestimmt und mithilfe der Daten einer Kalibrierkurve derselben Substanz die Konzentration berechnet.

Die HPLC ist sehr schonend, denn es wird im Vergleich zur GC bei deutlich niedrigeren Temperaturen (z. B. Raumtemperatur) gearbeitet, so dass auch thermolabile Verbindungen chromatographiert werden können. Außerdem lassen sich mit der HPLC schwerflüchtige und ionogene Substanzen nachweisen.

Eine Weiterentwicklung der HPLC ist die U(H)PLC (ultra (high) performance liquid chromatography), in welcher kleinere Partikel als Säulenfüllmaterial verwendet werden. Dadurch ist ein erhöhter Arbeitsdruck erforderlich, jedoch wird auch eine bessere Trennleistung erreicht.

4.7.8.2 Aufbau einer HPLC-Anlage

Die Bestandteile einer Anlage für die HPLC (siehe Abb. 4.10) sind:
- Elutionsmittelreservoir mit Entgasungseinrichtung;
- eine oder mehrere Pumpen zur Förderung des Eluenten durch die Anlage;
- Probenaufgabesystem (Injektor);
- Trennsäule evtl. in Kombination mit Vorsäule;
- Detektor;
- Registrier- und Auswertesystem mit Datenspeicherung.

Die als mobile Phase Verwendung findenden Lösungsmittel (Elutionsmittel, Eluenten) werden in einem Reservoir, bestehend aus Glas- oder Edelstahlflaschen, aufbewahrt. In den Elutionsmitteln gelöste Gase, wie Stickstoff und Sauerstoff, müssen in einer **Entgasungseinrichtung** entfernt werden, da sie sich in der Detektorzelle entspannen können und so Basislinienrauschen, Basislinienversatz oder Phantompeaks hervorrufen können. Die Entgasung kann online mit Hilfe eines Vakuums (im Fachjargon: Degasser) geschehen.

Das Elutionsmittel bzw. Elutionsmittelgemisch wird von der **Pumpe** aus dem Reservoir angesaugt und gelangt durch ein Einlassventil in den Kolbenraum der Pumpe. Der Kolben komprimiert den Eluenten und drückt ihn durch das Auslassventil in den Teil der HPLC-Anlage, der den **Injektor**, die Säule und den Detektor enthält.

In der HPLC kommen nur Spezialpumpen mit einer Förderleistung im Bereich von 0,1 bis 10 ml/min zum Einsatz, die in der Lage sind, die mobile Phase (Elutionsmittel) mit einer akzeptablen Flussrate, normalerweise zwischen 0,5 und 4 ml/min, durch die dichtgepackte stationäre Phase der Trennsäule zu pumpen. Dazu müssen die Pumpen einen Druck bis zu 400 bar erzeugen können. Weitere Anforderungen an Pumpen für die HPLC sind geringe Restpulsation (Pulsation: ungleichmäßiger Durchfluss infolge von Druckschwankungen), chemische Resistenz, konstante Förderleistung, d. h. gute Reproduzierbarkeit und Kontrolle des Durchflusses mit einem relativen Fehler von kleiner als 0,5 %. Als Pumpenmaterialien werden Edelstahl, Teflon und Keramiken verwendet. Es kommen verschiedene Pumpenkonstruktionen zum Einsatz. Die wohl häufigste Pumpe in der HPLC ist heute die Kurzhubkolbenpumpe. Sie ist in der Regel als Doppelkolbenpumpe ausgeführt und arbeitet zur Pulsationsdämpfung mit einer Phasenverschiebung von 180 Grad. Diese Pumpe wird auch als reziproke Verdrängerpumpe bezeichnet. Vorteile dieser Pumpenart sind der weitgehend pulsationsfreie, konstante Fluss, Unabhängigkeit vom Rückdruck der Trennsäule und der Elutionsmittelviskosität, die kleinen internen Volumina von 40 bis 400 µl und der hohe Druck am Ausgang von bis zu 600 bar. (UPLC über 1000 bar).

Es gibt zwei Elutionsmethoden für die mobile Phase, die isokratische und die Gradientenelution.

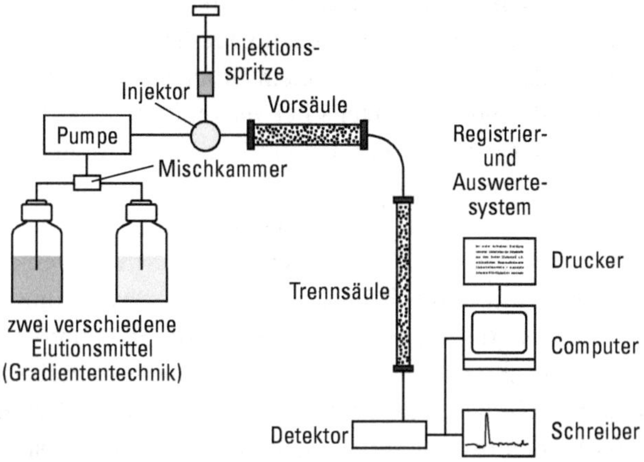

Abb. 4.10: Schematischer Aufbau eines Hochleistungsflüssigkeitschromatographen (HPLC).

Bei der **isokratischen** Arbeitsweise wird ein Elutionsmittel konstanter Zusammensetzung mit einer Pumpe durch das HPLC-System gepumpt. Die Elutionskraft des Eluenten und damit die Wechselwirkung zwischen Eluent und stationärer Phase ist über die gesamte Zeit der Trennung konstant (isokratisch = gleich stark).

Bei der **Gradientenelution** wird die Zusammensetzung der mobilen Phase nach einem bestimmten Programm über die Zeit laufend verändert. Für das Gemisch werden Lösungsmittel unterschiedlicher Polarität verwendet. Ein Beispiel für die Gradientenelution ist ein Methanol/Wasser-Eluent, dessen Anteil an Methanol von 30 auf 70 % (Volumenprozente) linear oder nach einem Programm erhöht wird. Daraus resultiert eine permanente Verstärkung der Wechselwirkung zwischen Eluent und stationärer Phase. Die Probenkomponenten werden zunehmend schneller von den Austauschplätzen an der stationären Phase verdrängt. Die Retentionszeiten und damit die Auftrennung nehmen als Folge davon ab. Der Effekt eines Lösungsmittelgradienten ist mit dem des Temperaturgradienten bei der temperaturprogrammierten Trennung in der GC (siehe Abschn. 4.7.7) vergleichbar. Es resultieren kürzere Analysenzeiten und schmale hohe Peaks auch für spät aus der Trennsäule eluierende Substanzen.

Gradienten lassen sich auf der Niederdruck- oder Hochdruckseite der Pumpe erzeugen. Werden die zwei oder drei Lösungsmittel eines Eluenten (man spricht von binären bzw. ternären Gemischen) auf der Saugseite einer Pumpe gemischt, spricht man von Niederdruckgradienten. Für die Erzeugung eines Hochdruckgradienten werden zwei Pumpen benötigt. Es werden eine einzelne Lösungsmittelkomponente bzw. zwei Komponenten (bei den ternären Gemischen) in einem konstanten Verhältnis vorgelegt. Die zweite bzw. dritte Komponente wird auf der Druckseite der Pumpe nach einem vorgegebenen Gradientenprogramm zugemischt. Hochdruckgradienten liefern auf Grund der Druckabhängigkeit der partiell molaren Volumina der Lösungsmittel im Gemisch einen exakteren zeitlichen Verlauf des Gradienten.

Über das **Probenaufgabesystem (Injektor)** wird die Probe in die fließende mobile Phase direkt vor der Trennsäule dosiert. Die Probenaufgabe ist ein spezielles Problem in der HPLC, da einerseits das System unter hohem Druck steht, der während der Injektion nicht abfallen darf, und andererseits bei Verwendung eines Septums (Scheidewand) die mobile Phase das Septummaterial chemisch angreifen könnte. Daher wird zur Probenaufgabe ein septumfreies Injektionssystem in Form einer so genannten **Dosierschleife** verwendet. Die Probelösung wird mit einer Mikroliterspritze über einen Nadeleinlass bei Normaldruck in die Schleife eines Sechswegeventils eingebracht. Die Dosierschleife besitzt ein definiertes Volumen mit einer reproduzierbaren Genauigkeit, die ein exaktes Abmessen des Injektionsvolumens mit der Spritze überflüssig macht, es sei denn, es soll ein kleineres Probenvolumen als durch das Schleifenvolumen vorgegeben injiziert werden. Durch Umschalten des Ventils wird der Eluentenstrom durch die mit Probe gefüllte Dosierschleife hindurch geleitet und so die Probe auf die Trennsäule gespült.

Für eine hohe Präzision bei der Injektion werden automatisch arbeitende Probenaufgabesysteme bevorzugt eingesetzt, die ebenfalls auf der Basis von Dosierschleifen arbeiten. Mikroprozessorgesteuerte Probenautomaten (Autosampler) können sowohl den Bedarf nach einem hohen Durchsatz an Probenanalysen abdecken als auch in einem Durchlauf vergleichende Untersuchungen mit unterschiedlichen Gradientenprogrammen ermöglichen. Probenautomaten können bis zu 96 Proben automatisch, unterteilt in Serien, nach verschiedenen Methoden, abarbeiten.

Die **Trennung** in der HPLC beruht (dem Prinzip nach wie bei der GC) darauf, dass die zu trennenden Komponenten einer Probe sich in einem „Rohr" (Säule), gefüllt mit einem geeigneten Packungsmaterial (stationäre Phase) unterschiedlich lange aufhalten. Der Säulenmantel besteht fast immer aus Edelstahl. Es gibt aber auch Säulen aus dickwandigem Duran- oder Pyrexglas. Die Trennsäulen werden in Kartuschenform in das HPLC-System eingebaut. Typische Trennsäulen sind 5 bis 30 cm lang mit einem Innendurchmesser (ID) von 2 bis 5 mm. Es kommen auch bereits minimierte Säulen, so genannte Microbore-Säulen, mit Innendurchmessern von 1 bis 1,6 mm und sogar Kapillarsäulen (ID 3 µm bis 200 µm) zum Einsatz, die allerdings spezielle Pumpen und spezielle Detektoren mit sehr kleinem Zellvolumen benötigen.

Die Art des Packungsmaterials, d. h. der stationären Phase, bestimmt den Trennmechanismus in der HPLC. Insgesamt stehen folgende Trennmechanismen zur Verfügung: Adsorptions-, Affinitäts-, Ausschluss-, Ionenaustausch- sowie Verteilungs-Chromatographie. Die stationären Phasen und damit die Trennsäulen lassen sich deshalb danach klassifizieren, welchen Trennmechanismus sie repräsentieren.

Die **Verteilungs-HPLC als insgesamt häufigste HPLC-Form** wird weiter unterteilt in die **Normalphasen-** und **Umkehrphasen-HPLC.** Normalphasen-HPLC umfasst eine polare stationäre Phase und eine unpolare mobile Phase. Im Gegensatz dazu wird die umgekehrte Anordnung der Phasen, wenn mit einer unpolaren stationären Phase (z. B. Kohlenwasserstoffe) und einer polaren mobilen Phase (z. B. Wasser, Methanol) chromatographiert wird, als Umkehrphasen-HPLC bezeichnet.

Die **Umkehrphasenchromatographie** ist die am meisten eingesetzte Trennmethode in der HPLC. Die Trennsäule enthält für diese Anwendung als **Säulenfüllmaterial (stationäre Phase)** so genannte Umkehrphasen (engl. reversed phase, RP). Umkehrphasen bestehen aus porösem Kieselgel, an dessen Oberfläche Alkylgruppen mit unterschiedlicher Kettenlänge (C_2 bis C_{18}) als unpolare Alkylsiloxane chemisch gebunden sind (so genannte chemisch gebundene Phasen). Der in der Praxis am häufigsten verwendete Alkylrest ist n-Octadecyl (C_{18}) gefolgt von n-Octyl (C_8). Die Trennung der Probesubstanzen beruht in Umkehrphasensäulen auf den Wechselwirkungen zwischen der chemisch gebundenen funktionellen Gruppe an der Kieselgeloberfläche und dem apolaren Rest der zu trennenden Komponenten. Je länger der Alkylrest an der Kieselgeloberfläche, desto größer wird die Retention der Verbindungen. Unpolare Komponenten werden am längsten vom Säulenmaterial festgehalten und eluieren zum Schluss. Übliche flüssige mobile Phasen in der Umkehrphasen-HPLC sind Wasser, Methanol, Acetonitril und Tetrahydrofuran.

Am Rande sei angemerkt, dass chemisch gebundene Phasen sich auch in der Normalphasen-HPLC bewährt haben und zur HILIC (hydrophilic interaction liquid chromatography) weiter entwickelt wurden. Der chemisch modifizierte Träger, z. B. Kieselgel, enthält in diesem Fall polare funktionelle Gruppen wie Cyanogruppen (—CN), Aminogruppen ($—NH_2$) oder Diolgruppen ($—CHOH—CH_2OH$). Übliche mobile Phasen in der Normalphasen-HPLC sind Hexan, Cyclohexan, Tetrachlormethan, Trichlormethan, Benzol und Toluol.

Die HPLC an Umkehrphasen wird in der Regel immer als erste Methode getestet, wenn es gilt, eine neue Analysenaufgabe im Labor zu lösen. Im Gegensatz zur GC, wo nur mithilfe unterschiedlicher stationärer Phasen und Temperaturen getrennt wird, wird in der HPLC durch den Einsatz von C_{18}-Umkehrphasen die stationäre Phase weitestgehend standardisiert. Die Einstellung des Retentionsverhaltens bzw. der Selektivität wird durch Variation der Zusammensetzung der mobilen Phase erreicht. Liegt die Polarität der mobilen Phase zu nah an der Polarität der stationären Phase, wird die Retentionszeit für unpolare Stoffe zu kurz und für polare zu lang. Andererseits, wenn die Polaritäten von stationärer und mobiler Phase zu verschieden sind, resultieren zu lange Retentionszeiten für unpolare Stoffe und zu kurze für polare Stoffe in der Probe. Auf der Basis dieses Retentionsverhaltens erfolgt die Auswahl der Zusammensetzung der mobilen Phase in der Praxis häufig durch Probieren verschiedener Lösungsmittelgemische je nach den Erfahrungen des Analytikers oder durch systematisches Vorgehen nach den Prinzipien der multivariaten Optimierung. Reicht die Selektivität einer isokratischen Elution nicht aus, kann unter Zuhilfenahme eines Lösungsmittelgradienten eluiert werden. Zusätzlich lässt sich die Elutionskraft des Elutionsmittels über die Änderung des pH-Wertes oder durch Zusatz von Ionenpaarbildnern modifizieren.

Lösungsmittelgradienten sind immer notwendig, sobald komplizierte Gemische mit vielen Verbindungen oder mit Verbindungen sehr unterschiedlicher Struktur als zu analysierende Proben vorliegen. Durch Gradientenelution lässt sich, wie bereits oben erläutert, einerseits die Analysengeschwindigkeit steigern, da langsam wandernde Komponenten der Probe unter Gradientenbedingungen wesentlich schneller als bei Trennung mit einem isokratischen Lösungsmittel eluieren, und zum anderen erscheinen spätere Peaks deutlich schmaler. Ein weiterer Vorteil der Gradientenelution liegt in prinzipiell günstigen Optimierungsmöglichkeiten, die zweckmäßigerweise unter Anwendung von Computerprogrammen ausgeschöpft werden.

Der **Detektor** hat die Aufgabe, die nach der HPLC-Trennung aus der Trennsäule eluierten Probenkomponenten nachzuweisen, indem er für die einzelnen Substanzen optische (spektroskopische), elektrische oder chemische Eigenschaften erkennt und in ein elektrisches Signal umwandelt. Bei Abwesenheit einer Substanz sollte er ein Nullsignal erzeugen. Die Detektorsignale werden vom **Registrier- und Auswertesystem** als Chromatogramm gespeichert.

Die HPLC-Detektoren lassen sich wie in der GC (siehe Abschn. 4.7.7.2) in zwei Klassen unterteilen: universell und selektiv. Die am häufigsten angewendeten Detektionsprinzipien beruhen auf der kontinuierlichen Messung der Lichtabsorption im UV/VIS-Bereich (UV/VIS-Detektor), der kontinuierlichen Messung des Brechungsindexes (Brechungsindex-Detektor oder Refraktometer), der Fluoreszenz (Fluoreszenzdetektor), auf elektrochemischen Reaktionen (elektrochemischer Detektor) sowie auf der Messung der elektrolytischen Leitfähigkeit (Leitfähigkeitsdetektor). Auch der massenspektrometrische Detektor kommt sehr erfolgreich zum Einsatz.

Der **UV/VIS-Detektor** besitzt eine hohe, allerdings spezifische Empfindlichkeit (selektiver Detektor) sowie einen großen linearen Bereich. Er ist auch bei Gradientenelution sehr gut einsetzbar. Der UV-Anteil des Detektors registriert Substanzen, die ultraviolettes Licht absorbieren (siehe UV/VIS). Solche Substanzen müssen in ihrer Molekülstruktur mindestens eine UV-aktive Gruppe (Chromophor, z. B. —O-, —S-, —Br, $-NO_2$, C=C, C≡C, aromatischer Ring) enthalten. Der Detektor misst ständig die Extinktion der mobilen Phase, indem UV-Licht einer bestimmten Wellenlänge in eine Durchflussküvette eingestrahlt, dahinter von einer Photodiode wieder aufgefangen, in ein elektrisches Signal umgewandelt und registriert wird. Entsprechendes gilt ggf. für sichtbares Licht.

Eluent und Probenkomponenten absorbieren das Licht unterschiedlich, d. h. tritt eine getrennte Komponente aus der Trennsäule aus, registriert der Detektor eine veränderte Extinktion und damit ändert sich auch das elektrische Signal. Diese Signaländerung wird im Chromatogramm als Peak angezeigt. Es gibt den UV/VIS-Detektor in verschiedenen Ausführungen als Festwellenlängendetektor, als Detektor mit variabler (durchstimmbarer) Wellenlänge und als Photodioden-Multikanaldetektor (Diodenarray-Detektor oder der DAD).

Der **Festwellendetektor** benutzt als Lichtquelle meist eine Quecksilberlampe. Die für die jeweilige Applikation benötigte Wellenlänge wird mittels geeigneter Filter eingestellt. Typischerweise wird die Wellenlänge 254 nm (sehr intensive Resonanzlinie der Quecksilberdampflampe) verwendet, da alle aromatischen Verbindungen bei dieser Wellenlänge hohe Absorption aufweisen und auch viele andere organische Stoffe in diesem Spektralbereich absorbieren. Zur Gewinnung monochromatischer Strahlung wird die zur Detektion genutzte Wellenlänge mit Hilfe von Quarzprismen oder hochwirksamer Gittermonochromatoren herausgefiltert. Die zu analysierenden Zielkomponenten der Wasserprobe müssen natürlich UV-Licht bei der ausgewählten Wellenlänge absorbieren, um als Peak im Chromatogramm zu erscheinen.

Solche Festwellendetektoren sind bis zu 20-mal empfindlicher als **Detektoren mit variabler Wellenlänge**, die eine Deuteriumlampe (200 bis 400 nm, für den UV-Bereich) und als Ergänzung eine Wolframlampe (350 bis 630 nm, für den sichtbaren Bereich) als Lichtquelle verwenden.

Beim **Diodenarray-Detektor** geht das gesamte Licht einer Deuteriumlampe zuerst durch die Messzelle mit der Probe und wird dort wellenlängenselektiv von der Probensubstanz geschwächt. Das noch polychromatische Licht fällt anschließend auf ein Gitter oder Prisma. Hier wird es spektral in ganz schmale einzelne Teilbereiche aufgeteilt. Der spektrale Lichtfächer fällt auf ein Diodenarray (engl.: array = Reihe, Anordnung). Ein Diodenarray besteht aus einer Reihe lichtempfindlicher Photodioden (100 bis 1000), die nebeneinander in enger Reihenfolge auf einem Chip linear angeordnet sind. Jede Diode empfängt nur einen bestimmten Bruchteil der Information (schmalen Wellenlängenbereich) aus dem Lichtfächer, welche sie an die Datenverarbeitung weitergibt. Die Information wird als 3D- oder Höhenliniendarstellung erhalten, in der die Extinktion in Abhängigkeit von der Retentionszeit und der Wellenlänge aufgezeichnet wird.

Diese Gerätekonfiguration erlaubt es, zu jedem Zeitpunkt des Chromatogramms vollständige Spektren der gefundenen Peaks zu registrieren und abzuspeichern. Zur Identifizierung können sie während der Messung (online) mit den Daten einer Spektrenbibliothek verglichen werden. Mithilfe des Computers lassen sich auch leicht **Derivativspektren** (erste und höhere Ableitungen) berechnen, wodurch spektrale Details besser sichtbar werden.

Mit Hilfe der so genannten **spektralen Unterdrückung**, d. h. durch Auswahl einer geeigneten Wellenlänge, bei der nur solche Substanzen absorbieren, die für die jeweilige analytische Fragestellung relevant sind, ist es möglich, unerwünschte Peaks aus dem Chromatogramm auszublenden. Die Detektionswellenlänge lässt sich während der Aufzeichnung eines Chromatogramms ändern.

Der **Brechungsindex-Detektor** registriert alle Substanzen, die einen anderen Brechungsindex besitzen als die reine mobile Phase. Das Signal ist umso größer, je stärker sich die Brechungsindizes von mobiler Phase und den jeweiligen getrennten Probensubstanzen unterscheiden. Die Empfindlichkeit ist allerdings gegenüber den UV/VIS-Detektoren etwa um den Faktor 1000 niedriger. In der organischen Spurenanalytik von Wasserinhaltsstoffen spielt der Brechungsindex-Detektor deshalb keine Rolle.

Vom **Fluoreszenz-Detektor** werden Stoffe, die fluoreszieren oder von denen durch chemische Umsetzung fluoreszierende Derivate hergestellt werden können, mit hoher Empfindlichkeit erfasst. Die Zelle wird mit Licht geeigneter Wellenlänge bestrahlt und das durch die Fluoreszenz emittierte längerwellige Licht wird senkrecht zur Einstrahlung aufgefangen. Die Empfindlichkeit kann 1000-mal höher sein als bei einem UV/VIS-Detektor. Der Fluoreszenz-Detektor eignet sich ausgezeichnet zur Bestimmung polyzyklischer aromatischer Kohlenwasserstoffe (PAK) in Wässern.

Der **elektrochemische Detektor** zeigt Verbindungen an, die leicht Oxidations- und Reduktionsreaktionen eingehen. Durch Anlegen eines Potentials zwischen Arbeits- und Referenzelektrode in der Detektorzelle werden die Probenkomponenten oxidiert oder reduziert. Die Veränderung des Potentials zeigt dann die Anwesenheit einer (oxidierbaren oder reduzierbaren) Probenkomponente an. Die Nachweisgrenzen können außerordentlich niedrig sein.

Der **Leitfähigkeitsdetektor** ist der klassische Detektor der Ionenchromatographie. Er misst die Leitfähigkeit des Eluats, welche proportional zur Konzentration der eluierenden Ionen ist (nähere Erläuterungen siehe Abschn. 4.7.9).

Große Fortschritte wurden bei der Kopplung der HPLC mit der Massenspektrometrie (HPLC-MS) erreicht. Die **Ankopplung eines Massenspektrometers als Detektor** bietet eine sehr große Hilfe bei der direkten Identifizierung unbekannter Peaks im Chromatogramm. Darüber hinaus können auch hochauflösende Massenspektrometer (TOF, time of flight) eingesetzt werden, die eine Non-target-Analytik ermöglichen (siehe auch 4.12). Auf diesem Gebiet wird, gerade auch mit Bezug auf Wasseranalytik, intensiv geforscht und es sind in naher Zukunft deutliche Fortschritte und Verbesserungen der Verfügbarkeit zu erwarten.

Neben dem Chromatogramm kann gleichzeitig das Massenspektrum eines Peaks aufgenommen werden. Über Spektrumsvergleich durch das Softwaresystem mit Referenzspektren einer Spektrenbibliothek lässt sich eine sichere Identifizierung der Substanz durchführen. Seit Mitte der 90er Jahre wurde die routinemäßige Anwendung der HPLC-MS entscheidend durch die Entwicklung von robusten Ionisierungsquellen unter Atmosphärendruck wie APCI (Atmospheric Pressure Chemical Ionization Interface) und ESI (Electrospray Interface) verbessert. Der Vorteil der HPLC-MS gegenüber den häufig eingesetzten UV-Detektoren liegt in der höheren Selektivität durch den gezielten Nachweis der gebildeten Ionen und/oder deren typischer Fragmente. Damit erhöht sich in der Regel auch die Nachweisempfindlichkeit. Darüber hinaus gibt die HPLC-MS durch die schonenden Ionisierungstechniken APCI und ESI Informationen über das Molekulargewicht. Bei Einsatz der HPLC-MS können aufwendige Derivatisierungsschritte eingespart werden, die zum Teil für GC-MS-Methoden erforderlich sind. Es lassen sich auch polare und thermolabile Substanzen analysieren, die häufig unter den Pflanzenbehandlungs- und Schädlingsbekämpfungsmitteln (PBSM) der neuen Generation zu finden sind (Lange-Ventker, 2005). Durch die Anwendung der Tandem-MS als zusätzlicher Trenndimension konnten Probenvorbereitung und chromatographische Trennung bei der Quantifizierung in komplexer Matrix stark vereinfacht und verkürzt werden. Für allgemeine Grundlagen der HPLC-MS sei auf McMaster (2005) und Traldi et al. (2006) verwiesen.

Weiterführende HPLC-Literatur findet sich bei Meyer (1999); Engelhardt (1986); Unger (1989); Gottwald (1993) und bei Kromidas (2005).

4.7.9 Ionenchromatographie

Die moderne Ionenchromatographie hat einen solchen Stellenwert für die Bestimmung von Anionen und Kationen in Wässern erreicht, dass ihr ein eigener Abschnitt gewidmet wird. Sie hat sich unter Verwendung von HPLC-Modulen zu einer eigenständigen Analysentechnik entwickelt und wurde erstmals 1975 von Small, Stevens und Baumann vorgestellt. Die Kombination von Ionenaustauschersäulen und Leitfähigkeitsdetektion für die Bestimmung von Anionen und Kationen findet verbreitet Anwendung (Ionenaustausch-Chromatographie). Grundsätzlich werden zwei Techniken unterschieden: mit und ohne chemische Suppression. Weiterhin sind die Ionenausschluss- und Ionenpaar-Chromatographie zu nennen (Jensen, 1998), auf die hier jedoch nicht weiter eingegangen wird. Anwendungsbeispiele sind bei Jensen (1998), bei Marchetto et al. (1995), bei Schäfer et al. (1996) und bei Weiß (1991) zu finden.

Ein Ionenchromatograph besteht aus folgenden Bestandteilen:
- Eluenten-Vorratsbehälter;
- ein oder mehrere Pumpen zur Förderung des Eluenten durch das System;
- Probenaufgabe (Injektor);
- Vor- und Trennsäule mit oder ohne Suppressor;
- Detektor;
- Registrier- und Auswertesystem.

Das Ergebnis ist ein Bild, wie es auch aus anderen Chromatographie-Techniken her bekannt ist. Die Trennung der Ionen mit Hilfe von Ionenaustauschersäulen erfolgt grundsätzlich nach Wechselwirkung der Ionen mit der stationären Phase. So ergibt sich z. B. für die Elution der Anionen folgende Reihenfolge:
- Fluorid, Chlorid, Nitrit, Bromid, Nitrat, Phosphat, Sulfat.

Welcher **Eluent** verwendet wird, hängt von der Verwendung der Säule und Technik (mit oder ohne Suppression) ab. Häufig verwendete Eluenten für die Bestimmung von Anionen sind:
- Phthalsäure-Eluent (ohne chemische Suppression);
- Benzoesäure-Eluent (ohne chemische Suppression);
- Hydrogencarbonat-Carbonat-Eluent (mit chemischer Suppression);
- Carbonat-Eluent (mit chemischer Suppression).

Der Eluent beeinflusst z. B. die Anionensäulen durch seine Konzentration (kürzere Retentionszeit bei höheren Konzentrationen), den pH-Wert (Dissoziationsgleichgewichte sind pH-abhängig) und organische Modifier (organische Lösungsmittel verlängern Retentionszeiten).

Für die Analyse der Alkali- und Erdalkalimetall-Kationen werden als Eluenten verdünnte Mineralsäuren, Methansulfonsäure und Weinsäure/Dipicolinsäure verwendet.

Um die Säule zu schützen und deren Lebensdauer zu erhöhen, werden leicht austauschbare Vorsäulen eingebaut. Das Trennverhalten der Ionenaustauschersäule ist abhängig vom Grundmaterial bzw. von den dort gebundenen Ionenaustauschgruppen und vom Eluenten. Häufig eingesetzte **Grundmaterialien** sind:
- Polystyren/Divinylbenzen-Copolymere;
- Polymethacrylate, Polyhydroxyalkyl-Methacrylate;
- Coated Silicagele.

Um Empfindlichkeit und Spezifität bei der Detektion der Ionen zu erhöhen, kommt neben der direkten Ionenchromatographie auch solche mit Suppressortechnik zum Einsatz (Caliamanis et al., 1997; Dengler et al., 1996a). Bei der Bestimmung der Anionen ist die Ionenchromatographie mit chemischer Suppression, dagegen bei der Analyse der Kationen die direkte Leitfähigkeitsdetektion empfindlicher (Dengler et al., 1996b). Die **Suppressoren** werden als Teil des Detektors angesehen, da sie die Nachweisempfindlichkeit deutlich verbessern ohne die Peakform zu beeinflussen (Noble, 1995). Das Suppressorsystem hat zwei Aufgaben:
- Verringern der hohen Grundleitfähigkeit des Eluenten und
- Überführen der zu analysierenden Ionen in eine stärker leitende Form.

Verschiedene Suppressor-Typen sind im Einsatz:
- Diskontinuierlich zu regenerierende gepackte Suppressorsäule;
- kontinuierlich regenerierende Hohlfasermembran-Suppressoren;
- Mikromembransuppressoren;
- selbstregenerierende Suppressoren.

In der Ionenchromatographie finden als **Detektor** spektroskopische und elektrochemische Verfahren Anwendung. Zu den spektroskopischen Verfahren gehören die UV-VIS- und Fluoreszenzdetektion, zu den elektrochemischen Verfahren zählen die Leitfähigkeits- und die amperometrische Detektion.

Am häufigsten wird die **Leitfähigkeitsdetektion** bei der Ionenchromatographie als universelle Methode zur Erfassung der ionischen Komponenten eingesetzt.

Bei der **direkten Ionenchromatographie** (ohne chemische Suppression) ist die Hintergrundleitfähigkeit im Vergleich zum Messsignal groß, so dass für die elektronische Unterdrückung des Hintergrundes hohe Anforderungen an den Detektor gestellt werden müssen. Deshalb werden Eluenten eingesetzt, die eine niedrige Ionenäquivalentleitfähigkeit besitzen, wie z. B. Salze der Phthal-, Salicyl- und Benzoesäure für die Anionen-Bestimmung. Passiert ein Anion (Probe) mit einer hohen Ionenäquivalentleitfähigkeit die Detektorzelle, nimmt die Leitfähigkeit zu und es entsteht ein positiver Peak. Negative Peaks werden erhalten, wenn das Anion (Probe) eine niedrigere Ionenäquivalentleitfähigkeit als das Eluent-Ion besitzt, wie z. B. das Phosphat-Anion bei einem Phthalsäure-Eluenten.

Bei der Ionenchromatographie **mit chemischer Suppression** werden Salze schwach dissoziierter Säuren, wie z. B. Natriumhydrogencarbonat als Eluenten eingesetzt. Die durch den Kationenaustausch entstehende schwache Säure, wie z. B. Kohlensäure, ist sehr gering dissoziiert und besitzt dadurch eine sehr schwache Restleitfähigkeit. Die zu bestimmenden Anionen, wie z. B. Chlorid, werden ebenfalls durch den Kationenaustausch in die freie Säure umgesetzt, wie z. B. Salzsäure, die eine höhere Leitfähigkeit als ursprünglich das Salz aufweist. Die Empfindlichkeit ist bei starken Säuren größer als bei schwachen Säuren. Da die Kalibrierkurven meist nicht linear sind, ist bei der Kalibrierung ein größerer Aufwand notwendig (Marchetto et al., 1995; Tartari et al., 1995; Okamoto et al., 1999; Gallina et al., 1999).

Die **amperometrische Detektion** wird für die Analyse von Ionen eingesetzt, die aufgrund ihrer geringen Dissoziation über die Leitfähigkeit nicht empfindlich genug detektiert werden können. Voraussetzung für eine elektrochemische Detektion ist die Reduzierbarkeit oder Oxidierbarkeit des zu analysierenden Ions wie z. B. organische Verbindungen, Übergangsmetalle und einige Anionen. Elektroaktive Ionen sind z. B. Cyanid, Bromid, Thiocyanat, Thiosulfat, Iodid, Sulfit, Hypochlorit, Chlorit, aber auch organische Ionen wie Citrat und Oxalat.

Die UV-VIS-Detektion wird vor allem zur Ergänzung der Leitfähigkeitsdetektion verwendet (Schmitz und Kaiser, 1993). Große Bedeutung hat die **direkte UV-VIS-Detektion** bei Nitrit, Nitrat sowie Bromid, Iodid, Bromat (Walters und Gordon, 1997). Besonders bei hohen Salzfrachten an Chlorid und Sulfat, die nur eine sehr geringe UV-Absorption haben, können geringe Mengen an Nitrit detektiert werden. Schmitz et al. (1992) beschreiben die Chromatbestimmung mit UV-Detektion bei 365 nm (mit VIS-Lampe).

Bei der **indirekten UV-VIS-Detektion** werden Eluenten mit hoher Absorption eingesetzt, wie z. B. Phthalat, Benzoat, Nitrat. Zu bestimmende Anionen verringern das Detektorsignal, so dass ein negativer Peak im Chromatogramm zu sehen ist.

Die UV-VIS-Detektion mit **Nachsäulenderivation** wird für die Bestimmung der Übergangsmetalle angewendet. Hier werden nach der Trennsäule ein photometrisches Reagens und Hilfslösungen in den Eluentenstrom zugegeben. Nach dem Durchlauf der Reaktionsspirale kann die Absorption der entstandenen Metallkomplexe gemessen werden (Seubert, 1993). In Verbindung mit der Nachsäulenderivation wird auch die Fluoreszenz-Detektion angewendet, die aber in der Ionenchromatographie keine große Bedeutung erlangt hat.

Als sehr nachweisstarker Detektor kann in geeigneten Fällen auch ein **ICP-MS** eingesetzt werden. Durch die Kopplung der IC mit der ICP-MS gelingt beispielsweise der speziesaufgelöste Nachweis von Chrom in unterschiedlichen Oxidationsstufen (Cr(III) neben Cr(VI)) bei exzellenten Nachweisgrenzen (bis < 10 ng/l). Als Eluent kann in diesem Fall eine ammoniakalisch eingestellte NH_4NO_3-Lösung verwendet werden (Sacher, 1999).

Weiterführende Literatur zur Ionenchromatographie findet sich etwa bei Saari-Nordhaus et al., 2002.

P. Krämer† und D. Knopp

4.8 Immunchemische Methoden in der Umweltanalytik

4.8.1 Einleitung

Die Umweltanalytik befasst sich mit der qualitativen und quantitativen Bestimmung von anorganischen und organischen Stoffen in verschiedenen Umweltkompartimenten. Die erhobenen Daten sind oft Entscheidungsgrundlage für regulative Maßnahmen bzw. deren Vollzug, zum Schutz des Menschen und der Umwelt. Neue Gesetze und Verordnungen sowie niedrige Grenz- und Überwachungswerte im Spuren- und Ultraspurenbereich, stellen immer höhere Anforderungen an die Leistungsfähigkeit der analytischen Methoden, einschließlich der Kosten- und Zeiteffizienz. Hier kommen die bioanalytischen, insbesondere die immunologischen Methoden ins Spiel, die bei der Bestimmung von organischen Verbindungen eine Alternative bzw. Ergänzung zu klassischen Analyseverfahren darstellen. Sie bieten zahlreiche Vorteile und sind im Bereich der Klinischen Chemie sowie zunehmend auch im Lebensmittelsektor als Teil des analytischen Instrumentariums gut etabliert und breit akzeptiert. Demgegenüber sind Anwendungen in der Umweltanalytik noch sehr begrenzt, maßgeblich aus Gründen der noch recht eingeschränkten kommerziellen Verfügbarkeit entsprechender Test-Kits, der Komplexität der Proben (wässrige Proben dominieren) sowie mangelnder methodischer Grundkenntnisse und damit verbundener Unsicherheit über Einsatzmöglichkeiten und Ergebnisbewertung.

Der Beitrag ist ein komprimierter Querschnitt zum derzeitigen Entwicklungsstand immunchemischer Methoden, mit Schwerpunkt auf umwelt- und lebensmittelanalytische Anwendungen. Nach kurzer Einführung zu Eigenschaften und Herstellung verschiedener Antikörper-Spezies werden wichtige Testformate für die Bestimmung niedermolekularer organischer Verbindungen vorgestellt. Im Folgenden wird eine Übersicht zu verfügbaren Test-Kits (Schwerpunkt Mikrotiterplatten-ELISA und Röhrchen-Test), incl. der Produzenten gegeben. Ferner werden Tendenzen in den Bereichen Automatisierung, Multianalyt-Bestimmung, Lateral-Flow-Assay (LFA, immunologischer Teststreifen) sowie zur Kombination vom Immunchemie und Chromatographie diskutiert und die wesentlichen Schlussfolgerungen in einem Ausblick zusammengefasst.

4.8.2 Entwicklung geeigneter Antikörper – Grundlage aller immunchemischen Methoden

Bevor immunchemische Methoden angewandt werden können, müssen die entsprechenden Antikörper hergestellt werden. Dies geschieht auf unterschiedliche Art und Weise in Form von polyklonalen Antiseren, als monoklonale Antikörper oder zunehmend auch als rekombinante, d. h. mittels gentechnischer Methoden hergestellte Antikörper(fragmente). Die Gewinnung hochaffiner und, je nach Fragestellung, hochselektiver (spezifischer) bzw. breitbandiger Antikörper, ist die entscheidende Voraussetzung für die erfolgreiche Entwicklung eines Immunoassays.

Niedermolekulare Substanzen (< 1000 Dalton) sind für einen Wirbeltierorganismus nicht immunogen, d. h. es werden keine Antikörper (Ak; chemisch *Glykoproteine*) gegen sie gebildet. Daher muss, da das Molekulargewicht von Umweltanalyten in der Regel nur wenige 100 Dalton beträgt, ein Derivat der später zu analysierenden Substanz synthetisiert und dieses kovalent, als sogenanntes Hapten (griech.: haptein = anheften), an eine höhermolekulare Verbindung (Trägermolekül bzw. Carrier) gebunden werden, in der Regel an ein Protein. Der Wirbeltierorganismus (z. B. Maus, Ratte, Kaninchen, Schaf, Ziege) bildet dann, nach Verabreichung des Konjugates in Kombination mit einem Immunstimulans (Adjuvans), sowohl Ak gegen das Protein als auch gegen das niedermolekulare Hapten. Da das aus dem Blut gewonnene Serum (**polyklonales Antiserum**), abgesehen von einer Verdünnung, in der Regel ohne weitere Behandlung direkt eingesetzt wird, kommt der Selektion des optimalen Serums durch Anwendung des am besten geeigneten Testformats eine besondere Bedeutung zu. In grober Näherung kann man davon ausgehen, dass der prozentuale Anteil gebildeter Hapten-spezifischen Antikörper an der relevanten Immunglobulin G (IgG)-Gesamtfraktion deutlich unter 10 % liegt. Entscheidend für die Bindung des Analyten sind die beiden variablen Regionen (Fv) an den N-Termini der Polypeptidketten des Antikörpers. Der Rest des IgG-Moleküls dient u. a. zur Molekülstabilisierung und hat auch Aufgaben im Rahmen der Immunabwehr eines Wirbeltierorganismus, die aber für analytische Fragestellungen nur wenig von Bedeutung sind.

Ein wichtiger Aspekt, vor allem im Gegensatz zu Bioassays, besteht darin, dass Immunoassays keine Aussage über die Toxizität oder Wirkung einer Substanz machen, sondern eine chemische Reaktion von Bindungspartnern zur Grundlage haben, die mit dem Massenwirkungsgesetz beschrieben werden kann (4.25). Die Bindung des Antigens bzw. Haptens (Analyt) an den Ak erfolgt durch nichtkovalente Wechselwirkungen (WW). Dazu zählen Ionenbindungen, Wasserstoffbrückenbindungen, hydrophobe WW, Dipol-Dipol-WW, und Van-der-Waals-WW.

$$\text{Ak} + \text{Ag} \leftrightarrow \text{Ak-Ag}$$

$$K = c(\text{Ak-Ag})/(c(\text{Ak}) \cdot c(\text{Ag})) \tag{4.25}$$

Antikörper (Ak) und Antigen (Ag) stehen mit dem Antikörper-Antigen-Komplex (Ak-Ag) im Gleichgewicht; K ist die Gleichgewichtskonstante (*Affinitätskonstante* K_A bei Betrachtung der Hinreaktion bzw. *Dissoziationskonstante* K_D bei der Rückreaktion).

Ak gegen einen niedermolekularen Analyten erkennen außer dem Hauptanalyten oft auch strukturähnliche Verbindungen (Kreuzreaktion). Dies kann ein Nachteil sein, wenn es darum geht, hochselektiv eine Substanz zu bestimmen, kann aber auch einen Vorteil darstellen, wenn ein klassenspezifischer Test entwickelt werden soll. Für die gezielte Entwicklung des Ak sind sowohl die Synthese des am besten geeigneten Haptens als auch die optimale Selektion (Testformat) von entscheidender Bedeutung. Allerdings ist die Optimierung der Selektion durch Variation des Testformates im Fall polyklonaler Antiseren stark limitiert. Entscheidende Verbesserungen wurden mit Einführung der Hybridom-Technik zur Gewinnung monoklonaler Antikörper erreicht. Ein weiterer entscheidender Nachteil besteht darin, dass polyklonale Antiseren nicht reproduzierbar sind, d. h., selbst bei Einhaltung aller Versuchsparameter ist es ausgeschlossen, eine hundertprozentige ‚Kopie' eines Antiserums durch Immunisierung eines weiteren Tieres zu erhalten, was das Interesse an einer wirtschaftlichen Verwertung stark einschränkt.

Bei der Herstellung **monoklonaler Antikörper** (mAk) wird im ersten Schritt ebenfalls ein Tier immunisiert (wie schon bei polyklonalen Antiseren beschrieben). In den meisten Fällen werden hierzu Mäuse eingesetzt. Am Ende des Immunisierungsprozesses (zeitlich gestaffelte Verabreichung mehrerer Injektionen) wird der Maus die Milz (das Organ mit der höchsten Konzentration an Antikörper-produzierenden Immunzellen, sog. B-Lymphozyten) entnommen und alle weiteren Schritte finden in Zellkulturtechnik statt. Die Milzzellen werden mit den Zellen einer Krebszelllinie (entartete Plasmazellen, sog. Myelomzellen) fusioniert. Das Verfahren wird Hybridom-Technik genannt, da nach der Fusion von Milz- und Krebszelle eine Hybridzelle entsteht, die die Teilungsfähigkeit der Krebszelle und die Information zur Herstellung eines Antikörpers von der Immunzelle aus der Milz enthält. Diese Technik wurde von Köhler und Milstein (1975) eingeführt, die dafür 1984 den Nobelpreis erhielten. Im Vergleich zur Gewinnung polyklonaler Antiseren ist die Herstellung von mAk deutlich zeit- und kostenintensiver, insbesondere wegen des Zeitaufwandes, der für die Selektion des am besten geeigneten Antikörpers (Screening von Hunderten bzw. Tausenden von Hybridomzellen) benötigt wird. Bei diesem Prozess wird durch Auswahl der Testparameter/Formate entscheidend über die Selektivität und Sensitivität des zukünftigen Assays entschieden, d. h., es besteht die Möglichkeit, gezielt hochselektive oder breitbandige Antikörper mit hoher Probenmatrixverträglichkeit zu selektieren. Damit stehen die Antikörper zeitlich und mengenmäßig praktisch unbegrenzt zur Verfügung, da die Hybridomzellen tiefgefroren konserviert und bei Bedarf wieder in Produktion genommen werden können, ein entscheidender Vorteil für eine kommerzielle Verwertung.

Im Unterschied zu Verwendungen von poly- oder monoklonalen Antikörpern, die das Antikörpermolekül i. d. R. komplett nutzen, werden beim Einsatz von **rekombinanten Antikörpern** (rAb) meist nur Teile des Antikörpermoleküls eingesetzt, nämlich die Fragmente Fab (fragment antigen binding), $F(ab)_2$, Fv (fragment variable) oder scFv (single chain variable fragment). Die rekombinante Antikörperherstellung basiert auf der Isolation von Genen aus einem Organismus (immunisiertes Tier) bzw. auf der Nutzung von Sequenzen aus einer natürlichen oder synthetischen Antikörperbibliothek, die die Information für den Antikörper (bzw. das Fragment) enthalten, um diese Gene dann in einem (meist einfacheren Organismus) zu exprimieren (z. B. in *E.coli*, Hefezellen, transgenen Pflanzen etc). Anschließend kann noch die Antigenbindestelle (Paratop) mit Hilfe von molekularbiologischen Techniken (genetic engineering) so modifiziert werden, dass gewünschte Eigenschaften vorhanden sind (z. B. eine bestimmte Selektivität) (Yau et al., 2003). Für Umweltchemikalien sind rAb z. B. für Atrazin (Kramer und Hock, 1995; Ward et al., 1993; Longstaff et al., 1998; Rau et al., 2002; Li et al., 2000), 2,4-Dichlorphenoxyessigsäure (Brichta et al., 2003; Sakamoto et al., 2011), Paraquat (Longstaff et al., 1998; Bowles et al., 1997), Picloram (Tout et al., 2001), Diuron (Scholthof et al., 1997; Smolenska et al., 1998), Ivermectin (Wen et al., 2010), Organophosphorpestizide (Garrett et al., 1997; Alcocer et al., 2000; Li et al., 2006; Zhao et al., 2016), polychlorierte Biphenyle (Inui et al., 2012) und Microcystin-LR (Drake et al., 2002, 2010; Zhang et al., 2016; Melnik et al., 2018; Neumann et al., 2019) beschrieben worden. Diese Technologie hat zwar bereits enorme Erfolge erzielt, ist jedoch im Bereich der immunchemischen Umweltanalytik noch immer unterrepräsentiert.

4.8.3 Immunoassay-Formate

Während der Entwicklung muss ein entsprechendes Testformat aufgebaut werden. Das Format, das sich für kleine Analyte durchgesetzt hat, ist der kompetitive ELISA (enzyme-linked immunosorbent assay), der als heterogener Test in Mikrotiterplatten oder Röhrchen, entweder im direkten Format (Abb. 4.11, links) oder im indirekten Format (Abb. 4.11, rechts) aufgebaut ist. Unter anderen derzeit bekannten (nicht-enzymatischen) Reportersystemen kommt der Markierung mit Fluoreszenzfarbstoffen die größte Bedeutung zu.

Im **direkt kompetitiven ELISA** (Abb. 4.11, links) wird der Anti-Analyt-Antikörper (Ak) an eine Oberfläche (meist adsorptiv) gebunden. Die weiteren Analysenschritte sind in Abb. 4.11 beschrieben. Das gebildete Produkt wird, je nach verwendetem (Enzym-)Substrat, photometrisch oder mittels Chemilumineszenz ausgelesen. Die Entstehung des Produktes ist umgekehrt proportional zur Analytkonzentration.

Das **indirekt kompetitive Format** (Abb. 4.11, rechts) beginnt damit, dass ein Trägermaterial mit einem Coating-Antigen beschichtet wird. Hierbei handelt es sich um ein heterologes Hapten-Protein-Konjugat, d. h. Verwendung eines anderer Prote-

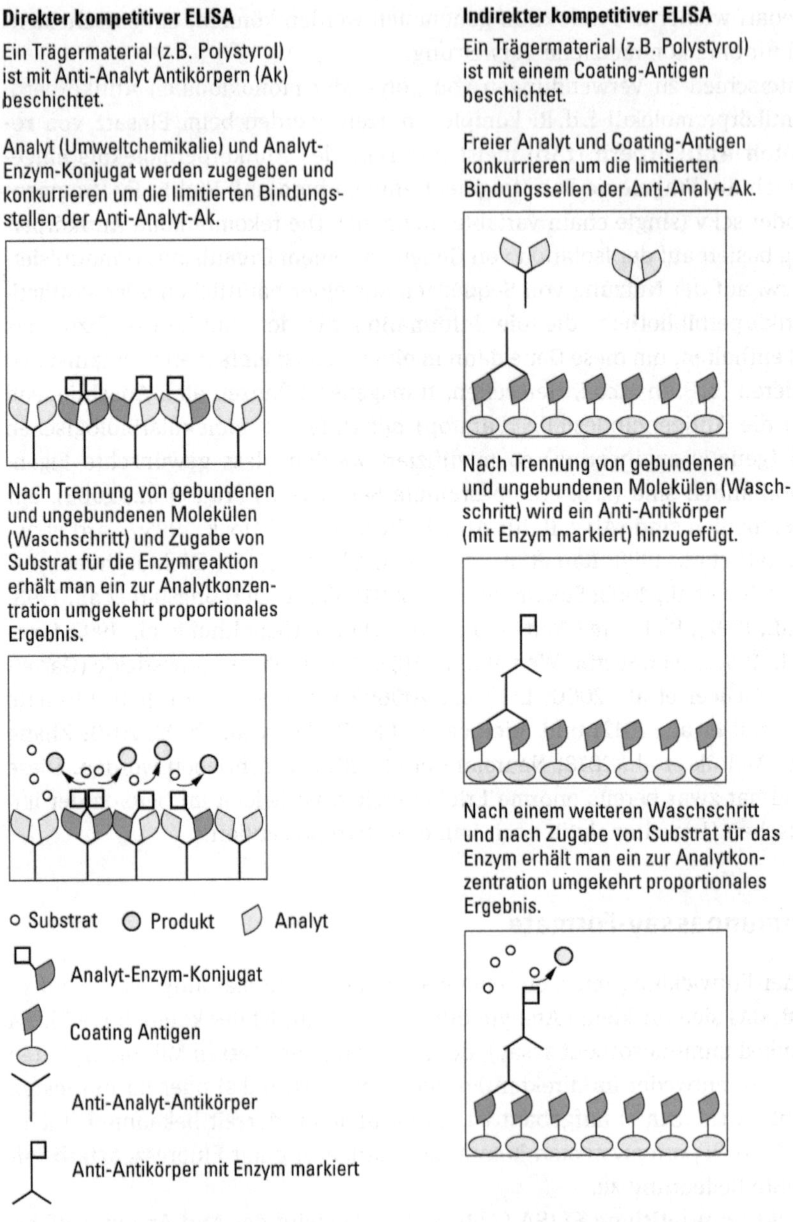

Direkter kompetitiver ELISA
Ein Trägermaterial (z.B. Polystyrol) ist mit Anti-Analyt Antikörpern (Ak) beschichtet.
Analyt (Umweltchemikalie) und Analyt-Enzym-Konjugat werden zugegeben und konkurrieren um die limitierten Bindungsstellen der Anti-Analyt-Ak.
Nach Trennung von gebundenen und ungebundenen Molekülen (Waschschritt) und Zugabe von Substrat für die Enzymreaktion erhält man ein zur Analytkonzentration umgekehrt proportionales Ergebnis.
Substrat
Produkt
Analyt
Analyt-Enzym-Konjugat
Coating Antigen
Anti-Analyt-Antikörper
Anti-Antikörper mit Enzym markiert
Indirekter kompetitiver ELISA
Ein Trägermaterial (z.B. Polystyrol) ist mit einem Coating-Antigen beschichtet.
Freier Analyt und Coating-Antigen konkurrieren um die limitierten Bindungssellen der Anti-Analyt-Ak.
Nach Trennung von gebundenen und ungebundenen Molekülen (Waschschritt) wird ein Anti-Antikörper (mit Enzym markiert) hinzugefügt.
Nach einem weiteren Waschschritt und nach Zugabe von Substrat für das Enzym erhält man ein zur Analytkonzentration umgekehrt proportionales Ergebnis.

Abb. 4.11: Vergleich von direkt (links) und indirekt (rechts) kompetitivem ELISA.

inträgers im Vergleich zum Immunogen (z. B. Ovalbumin vs. Rinderserumalbumin), das auch vom Anti-Analyt-Ak erkannt wird. Die weiteren Schritte sind in Abb. 4.11 (rechts) erläutert. Das gefärbte Produkt wird bestimmt (siehe oben).

Das Enzym, das für ELISAs am meisten eingesetzt wird, ist die Meerrettichperoxidase (POD), wobei als Substrat für den photometrischen Nachweis (Fachjargon:

Chromogen) meist die Kombination Tetramethylbenzidin (TMB)/Wasserstoffperoxid gewählt wird. Die Enzymreaktion wird in der Regel durch Ansäuern abgestoppt und photometrisch bei Wellenlänge 450 nm (als Referenz 650 nm) bestimmt.

Beide Formate haben Vor- und Nachteile. Der direkte kompetitive ELISA ist ein schnelleres Testsystem, allerdings kommen hierbei in der Regel der Enzym-Tracer und die zu bestimmende Probe in direkten Kontakt, d. h. das Enzym kann eventuell durch die Probenmatrix beeinträchtigt werden (z. B. Einfluss von Schwermetallen). Das indirekte kompetitive Format hat diesen Nachteil nicht, benötigt aber einen zusätzlichen Schritt bei der Testdurchführung (Abb. 4.11, rechts). Für die Messungen stehen unterschiedliche Geräte zur Verfügung. Neben einfachen Photometern für Röhrchen-Tests werden etwas aufwendigere Mikrotiterplatten-Reader angeboten. Neuere Geräte machen Messungen unter Bereitstellung verschiedener Messtechniken wie Absorption, Chemilumineszenz, Fluoreszenzpolarisation, Fluoreszenz und zeitaufgelöste Fluoreszenz mit ein und demselben Gerät möglich. Gängig sind 96-well Mikrotiterplatten. Für automatisierte Robotersysteme stehen Platten mit 386 und 1536 wells (Kavitäten) zur Verfügung. Kommerziell wird verschiedene Auswertesoftware (Erstellung der Kalibrationskurve und Ermittlung der Probenkonzentration) angeboten.

4.8.4 Test-Kits

Während der Markt für kommerziell verfügbare Test-Kits im medizinischen Bereich und zunehmend auch im Nahrungsmittelsektor eine beträchtliche Größe erreicht hat, ist die Verfügbarkeit entsprechender Produkte für Umweltkontaminanten sehr begrenzt. Zudem werden die Test-Kits nach wie vor überwiegend in den USA produziert, was vermutlich auch die Akzeptanz der Produkte widerspiegelt. Veränderungen im Markt, die v. a. gekennzeichnet sind durch Firmenübernahmen sowie die Konzentrierung (Spezialisierung) des Produktspektrums auf bestimmte Anwendungsbereiche (Medizin, Lebensmittel bzw. Umwelt), sind unverkennbar. Tab. 4.17 listet die Internet-Adressen der wichtigsten Anbieter im Umweltsektor auf, erhebt aber keinen Anspruch auf Vollständigkeit. Neben der Eigenvermarktung durch die produzierenden Firmen, erfolgt der Vertrieb überwiegend auch durch regional

Tab. 4.17: Internet-Adressen der Test-Kit Hersteller für Umweltanalyte.

Firma	Internet-Adresse
Abraxis LLC, Warminster, PA, USA	http://www.abraxiskits.com
Beacon Analytical Systems, Inc., Portland, ME, USA	http://www.beaconkits.com
Biosense Laboratories AS, Bergen, Norway	http://www.biosense.com
CAPE Technologies, South Portland, ME, USA	http://www.cape-tech.com
EnviroLogix Inc., Portland, ME, USA	http://www.envirologix.com
Modern Water plc, Guildford, UK	http://www.modernwater.com

agierende Distributoren (z. B. Sension GmbH Augsburg für Abraxis-Produkte) bzw. über spezialisierte Internetportale (z. B. www.antikörper-online.de, www.biozol.de). Durch Herstellung eines direkten Kontaktes zwischen Anwender und Produzent treten Letztere in erster Linie nur noch als Vermittler in Erscheinung.

Tab. 4.18 zeigt eine aktuelle Zusammenstellung von kommerziell verfügbaren Test-Kits, basierend auf unterschiedlichen Formaten (Mikrotiterplatte, Röhrchen, Teststreifen), für die Bestimmung umweltrelevanter Verbindungen in verschiedenen Matrizes, v. a. Wasser- und Bodenproben. Die Anwendungsbereiche (Trinkwasser, Oberflächenwasser, Meerwasser, Abwasser, Sediment, Boden) sind in den Gebrauchsanleitungen genau spezifiziert. Es kommen sowohl polyklonale Antiseren als auch mAk zur Anwendung. Test-Kits mit Verwendung rekombinanter Antikörper sind derzeit nicht am Markt verfügbar.

Tab. 4.18: Kommerziell verfügbare immunchemische Test-Kits für Umweltkontaminanten.

Umweltkontaminant	Test-Kit-Produzent
Pestizide	
Acetochlor	Abraxis
Alachlor	Abraxis/Beacon Anal. Syst./Biosense
Atrazin	Abraxis/Beacon Anal. Syst./Biosense/Modern Water
Azoxystrobin	Abraxis/Biosense/Modern Water
Benomyl/Carbendazim	Biosense
Carbendazim/Benomyl	Abraxis/Biosense
Chlordan	Modern Water
Cyclodiene (Chlordan)	Abraxis/Biosense
2,4-D[1)]	Abraxis/Beacon Anal. Syst./Biosense/Modern Water
DDT/DDE[1)]	Abraxis/Beacon Anal. Syst./Biosense/Modern Water
Diuron	Abraxis/Biosense
Fluridon	Abraxis
Glyphosat	Abraxis/Biosense
Imidacloprid	Abraxis/Envirologix/Biosense
Methopren	Beacon Anal. Syst.
Metolachlor	Abraxis/Biosense/Beacon Anal. Syst.
Organophosphate/Carbamate	Abraxis/Biosense
Penoxsulam	Abraxis
Pyraclostrobin	Abraxis/Biosense
Pyrethroide	Abraxis/Biosense
Spinosad	Abraxis
Toxaphen	Beacon Anal. Syst.
Triazine	Abraxis/Modern Water
Triazinmetabolite	Abraxis
Trifluralin	Abraxis/Biosense
Industrielle Kontaminanten	
Alkylphenole	Abraxis/Biosense
Benzo[a]pyren	Abraxis/Biosense
BTEX[1)]	Modern Water
Bisphenol A	Abraxis/Beacon Anal. Syst.

Tab. 4.18 (fortgesetzt)

Umweltkontaminant	Test-Kit-Produzent
Dioxine/Furane	Abraxis/CAPE Technologies
PAK[1)]	Modern Water
(Coplanare) PCB[1)]	Abraxis/Biosense/Modern Water
(Höherchlorierte) PCB[1)]	Abraxis
(Niederchlorierte) PCB[1)]	Abraxis
PCP[1)]	Modern Water
Phthalate	Abraxis/Biosense
Polybromierte Diphenylether	Abraxis/Beacon Anal. Syst.
RDX[1)]	Modern Water
TNT[1)]	Abraxis/Biosense
TPH[1)]	Modern Water
Triclosan	Modern Water
Algentoxine	
Anatoxin-a	Abraxis/Biosense
Anabaenapeptine	Abraxis/Biosense
BMAA[1)]	Abraxis/Biosense
Brevetoxin	Abraxis/Biosense
Cylindrospermopsin	Abraxis/Biosense/Beacon Anal. Syst.
Domoinsäure	Abraxis/Beacon Anal. Syst./Biosense
Microcystine/Nodularine	Abraxis/Biosense/Envirologix/Beacon Anal. Syst./Modern Water
Okadasäure	Abraxis/Biosense
Saxitoxine	Abraxis/Biosense/Beacon Anal. Syst./Modern Water
Zyklische Imine	Abraxis/Biosense
Marker für anthropogene Aktivität	
Koffein	Abraxis/Biosense
Carbamazepin	Abraxis/Biosense
Cotinin	Abraxis/Biosense
Tenside	
Alkylethoxylate	Abraxis
Alkylphenole	Biosense
Alkylphenolethoxylate	Abraxis/Biosense
Bisphenol A	Biosense
Lineare Alkylbenzolsulfonate	Abraxis/Biosense
Östrogene	
Östron (E1)	Abraxis/Beacon Anal. Syst./Biosense
17-beta-Östradiol (E2)	Abraxis/Beacon Anal. Syst./Biosense
Östrogene (E1+E2+E3)	Abraxis/Biosense
17-alpha-Ethinylöstradiol (EE2)	Abraxis/Biosense

[1)] 2,4-D, 2,4-Dichlorophenoxyessigsäure; DDE, Dichlordiphenyldichlorethen; DDT, Dichlordiphenyltrichlorethan); BTEX, Benzol, Toluol, Ethylbenzol, Xylol; PAK, Polyzyklische aromatische Kohlenwasserstoffe; PCB, Polychlorierte Biphenyle; PCP, Pentachlorphenol; RDX, Cyclotrimethylentrinitramin; TNT, 2,4,6-Trinitrotoluol; TPH, Total Petroleum Hydrocarbon; BMAA, β-Methylamino-L-alanin.

Darüber hinaus werden zahlreiche Antiseren/Antikörper für wasserrelevante Analyte in den genannten spezialisierten Internetportalen angeboten. Dazu zählen in erster Linie Human- und Veterinärpharmaka, v. a. Antibiotika, Analgetika/Antirheumatika, Lipidsenker, ß-Blocker und Psychopharmaka. Eigene Untersuchungen haben gezeigt, dass es einem fachkundigen Experimentator bei Bedarf mit relativ geringem Aufwand gelingt, unter Verwendung kommerziell verfügbarer Antikörper einen Immunoassay für Wasserproben im eigenen Labor zu entwickeln. Dies wird jedoch die Ausnahme sein. Der interessierte Anwender wird sich im Bedarfsfall auf validierte Test-Kits beschränken müssen.

4.8.5 Automatisierte Systeme/Multianalytbestimmung

Das Interesse an automatisierten laboranalytischen Methoden ist ungebrochen. Dies gilt auch für die immunchemische Analytik. So findet man Laborautomaten (Roboterstraßen) in Großlabors, z. B. zentralen klinischen Servicelaboren, wo sehr große Probenzahlen (Mikrobiologie, Krebsdiagnostik) in kürzester Zeit zu bearbeiten sind. Bei diesen integrierten, vollautomatischen Systemen sind Einzelgeräte auf einer Plattform untergebracht und werden mittels einer geeigneten Software gesteuert (z. B. ADVIA Centauer XP Immunoassay Systeme von Siemens Healthcare; Cobas Analyzer von Fa. Roche). Typische Komponenten sind Roboterarme, Mikrotiterplatten-Magazine, Dispenser und Mikrotiterplatten-Lesegeräte (Reader). Je nach Bedarf werden diese Grundbausteine durch periphere Geräte wie Autosampler, Barcode-Leser (Scanner), etc. ergänzt. Entsprechende Investitionen rechnen sich nur für Hochdurchsatzlabors im klinisch-chemischen Bereich (in-vitro Diagnostik) sowie in großen Forschungseinrichtungen (Pharmascreening). Anwendungen in Umweltlabors sind wegen des deutlich niedrigeren Probenaufkommens bisher nicht bekannt und auch zukünftig wenig wahrscheinlich.

Andere Arbeiten unter Verwendung biologischer Rezeptoren sind auf die Entwicklung quasi-kontinuierlicher Laboranalysegeräte (z. B. Fließinjektionsanalyse, FIA) sowie neuer miniaturisierter Plattformen für die Multianalytbestimmung (Multiplex-Assays, parallele Bestimmung mehrerer Analyte in einer Probe) gerichtet (Seidel and Niessner, 2008; Rebe Raz and Haasnoot, 2011). Letztere können zwei verschiedenen Technologien zugeordnet werden, den planaren Biochips (microarrays, Lab-on-a-chip) unter Anwendung einer ortsspezifischen Positionierung der Detektionsreagenzien auf einem Mikrochip, eingehaust in einer mikrofluidischen Kassette, bzw. den Partikel-basierten Methoden mit Einsatz eines Sets unterschiedlich markierter Mikropartikel (Microspheres/Beads für die Immobilisierung der verschiedenen Detektionsreagenzien und Testdurchführung als Suspensionsassay. Notwendige Voraussetzungen sind geeignete funktionalisierte Träger (Chips bzw. Partikel), Dispenser (Arrayer für das Spotting von Chips) und Auslesegeräte (Reader bzw. Scanner im Fall von Biochips bzw. Durchflusszytometer für Partikel-Assays, incl. Auswertesoftware). Auch diese Entwicklungen sind bisher vorrangig auf medizini-

Tab. 4.19: Anbieter Multianalyt-fähiger immunochemischer Laboranalysegeräte (Biochips/Beads).

Anbieter	Prinzip	Internet-Adresse
Luminex Corporation, Austin, TX, USA	Suspensionsarray	http://luminexcorp.com
Becton Dickinson Biosciences, Franklin Lakes, NJ, USA	Suspensionsarray	http://www.bdbiosciences.com
Quanterix Corp., Lexington, MA, USA	Suspensionsarray	http://Quanterix.com
Merck Millipore, Burlington, MA, USA	Suspensionsarray	http://merckmillipore.com
Bio-Rad-Laboratories, Hercules, CA, USA	Suspensionsarray	http://bio-rad.com
Randox-Laboratories, Crumlin, UK	Biochip-Array	http://randox.com

sche und molekularbiologische Anwendungen (Bestimmung von Peptiden, Proteinen und Nukleinsäuren) fokussiert. Ein wesentlicher Anschub erfolgte im Jahr 1990 durch Initiierung des Human-Genom-Projektes (Sequenzierung des menschlichen Genoms) und erste Biochipentwicklungen durch die Firma Affymetrix Tab. 4.19 listet bekannte Hersteller von kommerziell verfügbaren Geräten auf. Allerdings ist die Tendenz unverkennbar, diese Geräte auch für den Einsatz in der Lebensmittelanalytik (Bestimmung von Allergenen, Arzneimittelrückständen, Toxinen etc.) zu ertüchtigen.

Darüber hinaus finden sich in der Literatur Beispiele für halbautomatische bzw. kompakte multianalytfähige Geräte, die teilweise auch für die Bestimmung von Umweltanalyten (überwiegend Pestizide) an Universitäten entwickelt und erprobt wurden. Nur wenige Entwicklungen wurden/werden im Rahmen von Spin-off-Gründungen weitergeführt. Die Anzahl der parallel bestimmten Verbindungen ist noch sehr gering (< 10) und damit deutlich unter der im klinisch-chemischen Bereich bereits erzielten Multianalytfähigkeit. Ferner ist die Komplexität vieler Umweltproben problematisch hinsichtlich der Standzeit (*operating life*) der Geräte, die in der Regel durch die Anzahl der möglichen Messungen bzw. Regenerierungen (ohne Austausch der selektiven Oberfläche) bestimmt wird. Die Tendenz geht eindeutig in Richtung Einweg (single-use) Materialien (Biochips, Beads), deren Herstellung immer effizienter und kostengünstiger möglich ist.

Ferner sei in diesem Zusammenhang auch erwähnt, dass für die Bestimmung der Wechselwirkung von Rezeptoren mit ihren Targets fortlaufend Geräte/Methoden (Biosensoren), basierend auf unterschiedlichen Techniken (bevorzugt markierungsfrei und Messung in Echtzeit) eingeführt werden. Dies ist u. a. für die Selektion geeigneter Antikörper von großer Bedeutung, da durch Auswahl der verschiedenen Targetmoleküle als Bindungspartner, z. B. Hapten-Protein-Konjugate, gezielt nach hochaffinen und selektiven Rezeptoren gescreent werden kann. Darüber hinaus wurde auch über die Verwendung dieser Biosensoren zur Bestimmung von Substanzen in verschiedenen Probenmedien berichtet. Neben der bewährten Oberflächenplasmonenresonanz-Spektroskopie (*surface plasmon resonanz, SPR*) sollen hier die Quarzkristall-Mikrowaagen (*quartz crystal microbalance, QCM*), die Microcantilever

Tab. 4.20: Anbieter von Biosensoren, basierend auf unterschiedlichen Ausleseprinzipien.

Anbieter	Prinzip[1]	Internet-Adresse
GE Healthcare, Chicago, IL, USA	SPR	https://www.biacore.com/lifesciences
Biolin Scientific, Gothenburg, Sweden	QCM Microcantilever array	https://www.biolinscientific.com/qsense
Micromotive GmbH, Mainz		http://www.micromotive.de
2bind GmbH, Regensburg	Biolayerinterferometrie	https://2bind.com
Dynamic Biosensors GmbH, München	ESB	https://www.dynamic-biosensors.com

[1] SPR: surface plasmon resonance; QCM: quartz crystal microbalance; ESB: electro-switchable biosurfaces.

arrays, die Bio-layer-Interferometrie (BLI) und elektrisch schaltbare DNA-Schichten (*electro-switchable biosurfaces, ESB*) erwähnt werden. Beispielhaft sind einige Hersteller in Tab. 4.20 aufgeführt.

4.8.6 Integration mit anderen Methoden

Die bekannteste Integration von immunochemischen mit konventionellen Methoden ist die Kombination von Immunoaffinitätschromatographie (IAC), vielfach auch als Immunextraktion bezeichnet (IE, ist eine Variante der Festphasenextraktion, *solid-phase-extraction, SPE)*, mit chromatographischen Analysetechniken, in erster Linie mit der Flüssigkeitschromatographie (HPLC) (Hennion and Pichon, 2003; Pfaunmiller et al., 2013). Zielrichtung ist die effiziente (kosten- und zeitsparende) Entfernung störender Probeninhaltsstoffe vor der chromatographischen Analyse sowie die Aufkonzentrierung von Zielanalyten, die aufgrund der Gesetzgebung in sehr niedriger Konzentration bestimmt werden müssen. Das Prinzip besteht in einer möglichst selektiven Anreicherung der zu bestimmenden Verbindung auf einer mit Antikörpern beladenen Festphase (Immunosorbens bzw. -support), meist in Form einer befüllten Säule bzw. Kartusche aus Glas oder Kunststoff. Nach einem Waschschritt, mit dem schwach- und ungebundene Probenkomponenten aus der IAC-Säule entfernt werden, wird der gebundene Analyt mit einem geeigneten Reagenz (meist ein Puffer mit niedrigem pH-Wert bzw. ein Gemisch aus einem organischen Lösemittel und Wasser/Puffer) desorbiert und dann der chromatographischen Analyse zugeführt. Die Kombination kann sowohl off-line als auch on-line (unter Verwendung rigider, d. h. robuster, mechanisch hochstabiler und perfusiver Trägermaterialien, sog. *High-performance Supports*) erfolgen. Weiterentwicklungen finden in erster Linie im Bereich der Support-Synthese, der effizienten Rezeptor-Kopplung und der Verwendung alternativer Rezeptoren, wie z. B. Antikörperfragmente, synthetische Proteine, molekular geprägte Polymere (MIP), Aptamere (einzelsträngige

DNA- oder RNA-Oligonukleotide) etc. statt (Pichon et al., 2015; Pichon and Combès, 2016; Boulanouar et al., 2018). Es werden sowohl Ein- als auch Mehrwegsäulen (mit Option zur Regeneration) angeboten.

4.8.7 Immunologische Schnelltests

Als Ergänzung zu den vorher beschriebenen ELISA-Test-Kits, den automatisierten Systemen/Biosensoren und der IAC, sind die sog. Schnelltests, z. B. Gel-basierte Kartuschen/Röhrchen-Tests und Teststreifen, zu erwähnen. Dabei haben die Streifentests, auch bekannt als Lateral-Flow-Immuno-Assays (LFIA), Immunchromatographische Assays (ICA) oder als ‚immunologische dipsticks', die größte Bedeutung seit ihrer Einführung in der klinischen Diagnostik erlangt (1976 erster Test zur Bestimmung des humanen Choriongonadotropins – Schwangerschaftstest). Der LFIA kann als Kombination von Dünnschichtchromatographie (durch Kapillarkräfte ausgelöste Diffusion über eine Membran) und Detektion durch spezifisch markierte Komponenten der Immunreaktion betrachtet werden. Die große Verbreitung ist in erster Linie dem sehr anwenderfreundlichen Testformat geschuldet, d. h. auch für ungeschultes Personal ist die Testdurchführung unproblematisch. Des Weiteren zeichnen sich diese vor Ort durchführbaren Tests durch sehr kurze Analysenzeiten (< 15 min), geringe Matrixinterferenzen, gute Lagerfähigkeit (*shelf life*) und niedrige Kosten aus. Hauptbestandteile eines LFIA sind ein ‚sample pad' (Probenauftragsbereich), ein ‚conjugate pad' (Bereich für die Auftragung der markierten Antikörper), eine Membran (meist Nitrozellulose) mit Test- und Kontrolllinien und ein ‚absorption pad' (für die Aufnahme der diffundierten Probenflüssigkeit), sämtlich fixiert auf einer ‚Kunststoffunterlage' (Träger). Ähnlich den ELISA-Formaten, sind verschiedene Testkonfigurationen möglich. Für Haptene (kleine Moleküle) werden standardmäßig kompetitive Tests angeboten, meist unter Verwendung von markierten anti-Analyt-Antikörpern auf dem conjugate pad und einem heterologen Analyt-Protein-Konjugat auf der Testlinie. Die Kontrolllinie dient als Bestätigung eines korrekt abgelaufenen Tests, indem die überschüssigen markierten anti-Analyt-Antikörper (bez. als Primärantikörper) durch immobilisierte anti-Primärantikörper (auch bez. als anti-Antikörper bzw. Sekundärantikörper) in diesem Membranbereich abgefangen (angereichert) werden (Girotti et al., 2013).

Je nach verwendeter Markierung ist eine visuelle Auswertung und/oder Auslesung mit einem entsprechenden Auslesegerät (Reader) möglich. Dominierend sind Gold-Nanopartikel (Au-NP, kolloidales Gold) als kolorimetrisches Label, das zu rötlich gefärbten Linien führt. Andere NP bestehen aus Silber bzw. Kohlenstoff (*carbon-nanotubes*). Mit dem Ziel noch sensitivere Assays zu entwickeln, werden zunehmend auch fluoreszierende NP wie Quantenpunkte (*quantum dots, QDs*), Lanthaniden-Chelate, Up-converting phosphors (UCP) und fluoreszierende Nanosilikate eingesetzt. Ferner sind auch Anwendungen von superparamagnetischen NP, Raman aktiven Farbstoffen sowie enzymatischen Labeln (Meerrettichperoxidase) beschrieben.

Die Streifentests sind generell nur für qualitative bzw. semi-quantitative Bestimmungen geeignet, also insb. für das Screening von Proben bzgl. Einhaltung/Überschreitung von Grenzwerten bzw. Rückstandshöchstgehalten. Quantitative Tests sind in der Unterzahl, was insbesondere durch niedrige Signalintensitäten und die dadurch erschwerte visuelle Signaldiskriminierung bedingt ist. Durch Integration von geeigneten portablen elektronischen Auslesegeräten, inklusive Smartphones, werden deutliche Fortschritte erwartet. Ferner werden zunehmend auch Multianalyt-fähige LFIA entwickelt, um mehrere Einzelverbindungen einer Gruppe simultan nachweisen zu können. Anwendungsschwerpunkte sind die Klinische Chemie (Biomarker) und der Nahrungsmittelsektor (Toxine, Allergene, genetisch veränderte Organismen (GMO), Pestizide, Schwermetalle, Mikroorganismen und Arzneimittelrückstände, insbesondere Antibiotika). In Analogie zur geschilderten Situation bei den Biosensoren gibt es auch bei den Streifentests Entwicklungen, neben den fast ausschließlich verwendeten Antikörpern (mAb und pAb) auch Affimere und Aptamere einzusetzen. Eine Marktanalyse prognostiziert einen Marktanteil für LFA von 6.78 Mrd US$ im Jahr 2020 (https://www.avacta.com/blogs/improving-lateral-flow-diagnostics-affimer-proteins).

4.8.8 Ausblick

Immunchemische Methoden sind insbesondere dann für den Nachweis von Kontaminanten im Umwelt- und Nahrungsmittelbereich geeignet, wenn die Analyte hydrophil sind, das Probenvolumen klein ist und/oder eine hohe Probenzahl mit einer vergleichsweise einheitlichen Matrix nach wenigen Analyten untersucht werden muss. Die Entwicklung und Validierung neuer Test-Kits ist noch immer relativ zeitaufwendig und daher für Produzenten (Firmen) nur dann interessant, wenn die betreffenden Analyte von längerfristigem und breitem (möglichst weltweitem) Interesse sind (z. B. ausgewählte Pestizide, Toxine, Arzneimittelrückstände). Tab. 4.21 gibt eine aktuelle Übersicht zu prioritären Stoffen, die EU-weit in der aquatischen Umwelt (Gesamtwasserproben) mit ‚*Analysenmethoden, die keine übermäßigen Kosten verursachen*' überwacht werden sollen (EU: Durchführungsbeschluss der Kommission v. 5. 6. 2018). Die Beobachtungsliste wird alle 2 Jahre durch die Europäische Kommission aktualisiert. Hier könnten ausreichend sensitive und breit verfügbare Tests einen wertvollen Beitrag leisten, insbesondere auch durch Ausschluss unbelasteter Proben (Konzentration < festgelegter Grenz- bzw. Überwachungswert) von der zeit- und kostenintensiveren orthogonalen (meist chromatographischen) Bestätigungsanalyse. Diese ist wegen der bedingten Justiziabilität der Ergebnisse immunologischer Tests im Umwelt- und Nahrungsmittelbereich noch immer unverzichtbar. Dabei kann, ungeachtet der Entwicklung sehr leistungsfähiger LC-MS/MS-Methoden als Standard-Analyseverfahren für die Bestimmung polarer Verbindungen, in vielen Fällen nicht auf eine mehr oder weniger aufwendige Probenaufberei-

Tab. 4.21: Beobachtungsliste von Stoffen für eine EU-weite Überwachung gemäß Artikel 8b der Richtlinie 2008/105/EG (EU).

Name des Stoffs/der Stoffgruppe	Höchstzulässige Nachweisgrenze der Methode (ng/l)
17-alpha-Ethinylöstradiol (EE2)	0,035
17-beta-Östradiol (E2), Östron (E1)	0,4
Makrolidantibiotika (Erythromycin, Clarithromycin, Azithromycin)	19
Methiocarb	2
Neonicotinoide (Imidacloprid, Thiacloprid, Thiamethoxam, Clothianidin, Acetamiprid).	8,3
Metaflumizon	65
Amoxicillin	78
Ciprofloxacin	89

tung (Festphasenextraktion) verzichtet werden, um Matrixeffekte (Ionensuppression und -verstärkung) durch co-eluierende Substanzen zu unterdrücken.

Eine Richtlinien-konforme Validierung eines Assays, d. h. die Erfüllung von Mindestanforderungen bzgl. Nachweis-und Bestimmungsgrenze, Richtigkeit und Präzision der Ergebnisse, Wiederfindung, Spezifität, Robustheit, Korrelation mit einer Referenzmethode, ist ein notwendiger inhärenter Bestandteil der Verfahrensentwicklung und ist die Basis für eine Akzeptanz durch Analytiker, Behörden und verantwortliche Gremien. Normungsinstitutionen (DIN, CEN, ISO) sind noch immer recht zögerlich. Dem Kunden werden allerdings vom akkreditierten (ISO/EN/DIN-zertifizierten) Entwickler/Produzenten des Test-Kits detaillierte Arbeitsanweisungen (SOP) zur Verfügung gestellt. Dennoch ist für den Anwender ein bestimmtes methodisches Hintergrundwissen sehr hilfreich. Über Art und Umfang einer In-house-Validierung sollte anhand der geplanten Anwendung (Matrix) pragmatisch entschieden werden. Eigenentwicklungen von Immunoassays mit steigender Verfügbarkeit kommerzieller Antikörper werden weiterhin einschlägigen Labors und geschultem Personal vorbehalten bleiben.

Ungeachtet des zunehmenden Angebots an Bindungspartnern, sowohl was deren Anzahl als auch molekulare Eigenschaften betrifft (Antikörper, synthetische Peptide bzw. Nukleinsäuren, molekular geprägte Polymere (MIP)), werden Multianalyt-Assays im Umweltbereich, im Gegensatz zur klinischen Chemie und Pharmaforschung, auf absehbare Zeit von untergeordneter Bedeutung bleiben. Allenfalls ist ein begrenzter Aufschwung im Lebensmittelsektor zu erwarten. In diesem Zusammenhang sei erwähnt, dass sich der Einsatz chemometrischer Auswertetechniken sowie die Verwendung neuronaler Netze offensichtlich als wenig praktikabel erwiesen hat.

Das Interesse an kostengünstigen und anwenderfreundlichen Schnelltests (immunologische Teststreifen), einschließlich der Entwicklung geeigneter Auslesegeräte, für die qualitative/semi-quantitative Vor-Ort-Analyse, ist ungebrochen. Die Grundlagen dieser Technik sind weitgehend erforscht, was zu einem zunehmenden Angebot entsprechender Tests führen wird. Auch die Kombination von Immunextraktion als selektive Festphasenextraktion und Chromatographie hat sich bewährt und wird ihre Vorteile auch in Zukunft unter Beweis stellen.

Ein gezielter und angemessener Einsatz von immunologischen Nachweistechniken kann kostengünstig zu schnellen Ergebnissen und damit auch Entscheidungen zum Schutz von Umwelt und Gesundheit führen. Die relativ einfache Handhabbarkeit der Methoden darf den Nutzer allerdings nicht dazu verleiten, die Grenzen der Aussagekraft zu ignorieren. Eine überzogene Interpretation der Ergebnisse ist der angestrebten Akzeptanz außerordentlich abträglich. Problematisch ist der alleinige Einsatz der Tests, wenn sich die Messergebnisse im Bereich einer Eingreif- oder Handlungsschwelle bewegen.

Die Einarbeitung in diese Verfahren bei Erstgebrauch (Trainingsprogramm) und eine angemessene Betreuung durch Fachpersonal (Hot-line-Service, maßgeschneiderte Lösungen für ein spezielles Problem), obwohl außerordentlich hilfreich, sind generell noch stark ausbaufähig.

E. Stottmeister und A. Kämpfe

4.9 Summenparameterbestimmungen

4.9.1 Einleitung

Trotz der heute weit fortgeschrittenen Einzelstoffanalytik von Wasserinhaltsstoffen ist es angesichts der ungeheuren Vielzahl organischer Verbindungen utopisch, alle organischen Wasserinhaltsstoffe zu identifizieren oder quantitativ zu bestimmen. Die gezielte Einzelstoffanalytik ist nur dann sinnvoll, wenn Grenzwerte von Einzelstoffen oder Stoffgruppen (z. B. Trihalogenmethane, Pestizide) einzuhalten und zu kontrollieren sind, oder wenn ein Verdacht auf bestimmte Stoffe vorliegt (z. B. in Schadensfällen). In allen anderen Fällen ist es oft angebrachter und auch ökonomisch sinnvoller, zunächst die organischen Stoffe mit Hilfe von geeigneten Summenparametern zu erfassen. Wichtige Summenparameter für gelöste organische Stoffe im Wasser sind der gelöste organische Kohlenstoff (DOC), der Permanganat-Index und der Wert für adsorbierbare organisch gebundene Halogene (AOX).

4.9.2 Gesamter und gelöster organisch gebundener Kohlenstoff (TOC, DOC)

Der Wert für den gesamten organisch gebundenen Kohlenstoff (engl. total organic carbon, TOC) ist ein universeller Summenparameter, der jedoch nichts über die Art und Menge individueller im Wasser vorliegender organischer Verbindungen aussagt.

Im Zusammenhang mit dem TOC stehen weitere Summenparameter, die sich folgendermaßen definieren (bzw. berechnen) lassen:

TC total carbon	gesamter im Wasser enthaltener Kohlenstoff einschließlich des in verschiedenen Abwässern vorkommenden elementaren Kohlenstoffs (Kohle-Ruß)	TIC + TOC
DC dissolved carbon	gelöster Kohlenstoff, d. h. die TC-Fraktion, die ein Membranfilter mit der Porenweite 0,45 μm passiert	DOC + DIC
TIC total inorganic carbon	gesamter anorganischer Kohlenstoff der gelösten und ungelösten Substanzen im Wasser wie CO, CO_2, Carbonate (CO_3^{2-}), Hydrogencarbonate (HCO_3^-), Cyanid (CN^-), Cyanat (OCN^-), Thiocyanat (SCN^-) und elementarer Kohlenstoff	TC − TOC
DIC dissolved inorganic carbon	gelöste Fraktion des TIC nach der Filtration durch ein 0,45 μm-Membranfilter	DC − DOC
TOC total organic carbon	gesamter organischer Kohlenstoff	DOC + NDOC = VOC + NVOC (4.26)
DOC dissolved organic carbon	gelöster organischer Kohlenstoff, d. h. die TOC-Fraktion, die ein Membranfilter der Porenweite 0,45 μm (Konvention) passiert	TOC − NDOC
NDOC non-dissolved organic carbon	die von einem 0,45 μm-Filter zurückgehaltene, nichtgelöste Fraktion des TOC	TOC − DOC
VOC volatile organic carbon	oder POC (purgeable organic carbon): flüchtiger oder ausblasbarer organischer Kohlenstoff, d. h. die TOC-Fraktion, die sich durch Ausblasen (Stripping) aus dem Wasser eliminieren (engl.: purge) lässt	TOC − NVOC
NVOC non-volatile organic carbon	oder NPOC (nonpurgeable organic carbon): nichtflüchtige oder nicht ausblasbare Fraktion des TOC	TOC − VOC

Alle TOC-Bestimmungsverfahren basieren auf der Tatsache, dass organische Verbindungen, gleich welcher Art, prinzipiell einer vollständigen Oxidation zugänglich sind, die den organischen Kohlenstoff letztlich in CO_2 überführt. Die Oxidation kann durch Verbrennung oder durch Bestrahlung mit UV-Licht im Beisein von Sauerstoff erfolgen. Das entstandene Kohlenstoffdioxid wird mit Hilfe eines Trägergases in ein Messsystem überführt und dort direkt oder nach Reduktion zu Methan indirekt gemessen.

Als **Detektor** für die Bestimmung des CO_2 werden verschiedene Verfahren benutzt: IR-Spektroskopie, Wärmeleitfähigkeitsdetektion, Leitfähigkeitsmessung, Coulometrie, CO_2-empfindliche Sensoren, Flammenionisationsdetektion (als CH_4), vor allem aber der so genannte nichtdispersive Infrarotdetektor (NDIRD). Hierbei wird die Absorption von langwelliger IR-Strahlung durch das CO_2 in der Probenzelle relativ zu der Absorption des CO_2-freien Trägergases in einer Referenzzelle gemessen. Die Strahlungsdifferenz am Ausgang der beiden Zellen ist der CO_2-Konzentration proportional und somit ein Maß für die CO_2-Konzentration.

Soll lediglich der DOC bestimmt werden, wird die Probe durch ein Membranfilter (Porenweite 0,45 µm) filtriert. Das Filter ist zuvor mit heißem Reinstwasser zu waschen, um anhaftende organische Stoffe zu entfernen.

Der TOC des Verdünnungswassers, des Wassers zur Herstellung der Bezugslösungen und für die Blindwertmessungen sollte im Vergleich zur geringsten zu bestimmenden TOC-Konzentration vernachlässigbar klein sein. Wasser mit sehr geringen Rest-TOC-Gehalten lässt sich aus destilliertem Wasser durch intensive UV-Bestrahlung (etwa 4 Stunden) in Gegenwart von Wasserstoffperoxid (ca. 0,25 ml 30 %-iges H_2O_2 pro 200 ml Wasser) herstellen (Grasshoff et al., 1999; 2007).

Bei der **Direktbestimmung** des TOC (DOC) wird vor der Oxidation des organisch gebundenen Kohlenstoffs der anorganisch gebundene Kohlenstoff aus dem Wasser entfernt. Hierzu wird die Probe mit einer nichtflüchtigen Säure (Phosphorsäure) auf einen pH-Wert ≤ 2 angesäuert:

$$CO_3^{2-} + 2\,H^+ \quad \text{bzw.} \quad HCO_3^- + H^+ \;\longrightarrow\; CO_2 + H_2O$$

Danach wird das Wasser etwa 10 min mit einem Gas (z. B. Luft, Sauerstoff oder Stickstoff), das frei ist von CO_2 und organischen Verunreinigungen, begast, um das CO_2 vollständig auszublasen. Jede Gerätekonfiguration benötigt eigene optimierte Einstellungen. Bei Vorhandensein flüchtiger organischer Stoffe im Untersuchungswasser werden diese ganz oder teilweise als VOC-Fraktion bei der TIC-Eliminierung ebenfalls entfernt. Um sie auch als TOC zu erfassen, wird das Differenzverfahren benutzt.

Beim **Differenzverfahren** wird in der Probe zunächst ohne CO_2-Entfernung der TC bestimmt. In einer weiteren Wasserprobe wird unter Umgehung der Oxidationsstufe das durch Ansäuern und Ausgasen anfallende CO_2 (TIC/DIC) bestimmt. Aus der Differenz TC – TIC bzw. DC – DIC ergibt sich dann der TOC bzw. DOC, der auch die flüchtigen organischen Wasserinhaltsstoffe einschließt.

Zur TOC-Kalibrierung des Analysators wird meist Kaliumhydrogenphthalat ($C_8H_5O_4K$, KHP) verwendet, während zur TIC-Kalibrierung eine Natriumcarbonat-Natriumhydrogencarbonat-Lösung ($Na_2CO_3 + NaHCO_3$) benutzt wird. KHP hat sich wegen seiner Wasserlöslichkeit, Verfügbarkeit in hoher Reinheit, Temperatur- und

Lichtstabilität sowie Resistenz gegenüber mikrobiologischem Abbau aufgrund der aromatischen Struktur als Kalibriersubstanz gegenüber anderen Substanzen wie z. B. Glucose durchgesetzt.

Die Oxidation des organischen Kohlenstoffs zu CO_2 kann nach der DIN EN 1484: 1997 durch Verbrennung oder mittels energiereicher Strahlung (UV) nach Zugabe eines geeigneten Oxidationsmittels erfolgen.

Bei der Oxidationsstufe durch **Verbrennung** wird unterschieden zwischen der Hochtemperaturverbrennung der organischen Substanzen in Gegenwart von Sauerstoff zu CO_2 mit und ohne Katalysator.

Für die totale Verbrennung ohne Katalysator werden sehr hohe Temperaturen (900 °C) benötigt. Die Verwendung eines Oxidationskatalysators ermöglicht dagegen bereits vollständige Verbrennung bei niedrigeren Temperaturen (680 bis 700 °C). So verwendet z. B. die Fa. Shimadzu für den Reinstwasserbereich einen Platinkatalysator, bei dem die aktive Komponente auf Quarzwolle aufgebracht wurde. Im Abwasserbereich wird ein Platinkatalysator verwendet, dessen Trägermaterial aus Aluminiumoxid besteht (Bäuerle, 1996).

Die **Oxidation durch UV-Strahlung** bei Anwesenheit eines zusätzlichen Oxidationsmittels, meistens Natriumpersulfat ($Na_2S_2O_8$), ist heute ebenfalls weit verbreitet. Aus dem UV-Bereich des elektromagnetischen Spektrums kommen dafür die Wellenlängen 185 und 254 nm zum Einsatz. Die Wellenlänge 185 nm erzeugt mit im Wasser vorhandenem Sauerstoff Hydroxylradikale, die ein sehr reaktives Oxidationsmittel darstellen. Die Persulfationen werden bei Anwesenheit von UV-Licht an der schwachen Sauerstoff-Sauerstoff-Bindung gespalten und es entstehen zwei Radikale pro Molekül (Yang et al., 1997):

$$S_2O_8^{2-} \longrightarrow 2\,SO_4^{-}\cdot$$

Diese Radikale starten Kettenreaktionen, die zur Oxidation der organischen Verbindungen zu CO_2 und Wasser führen.

Bei dieser Methode kann es durch hohe Trübung des Untersuchungswassers oder durch Alterung der UV-Quelle zu einer Reduzierung der UV-Strahlungsintensität kommen, was eine träge oder unvollständige Oxidation zur Folge hat. Ein übermäßiges Ansäuern der Probe und damit der Persulfatlösung auf einen pH-Wert ≤ 1 kann denselben negativen Effekt hervorrufen. Sehr große oder komplexe organische Moleküle wie Tannine, Lignine und Huminstoffe könnten mit dieser Methode nur langsam und unvollständig oxidiert werden.

Die TOC-Bestimmung selbst richtet sich nach der **Betriebsanleitung** des Geräteherstellers. Durch Vorversuche ist zu klären, in welchem Konzentrationsbereich der TOC des Untersuchungswassers liegt. Kalibrierreihen und gegebenenfalls Verdünnungen der Wasserprobe sind dann entsprechend des Messbereiches bzw. des Einsatzbereiches des betreffenden TOC-Analysators anzusetzen. Werden Wasserproben mit sehr unterschiedlichen TOC-Gehalten nacheinander analysiert, so sind Ansätze mit TOC-freiem Wasser zwischenzuschalten. Die Auswertung der Messergebnisse richtet sich nach dem verwendeten Gerät und seiner Betriebsvorschrift. Die Ergebnisse werden in Milligramm je Liter Kohlenstoff (mg/l C) mit 2 bis 3 signifikanten Stellen angegeben (z. B. 112; 2,16; 0,17 mg/l C).

Der **Anwendungsbereich** der TOC-Analytik umfasst praktisch die gesamte Wasser- und Abwasseranalytik, angefangen von unbelasteten reinsten Wässern (mit TOC-Werten < 0,1 mg/l C), über Rohwasser (Oberflächenwasser) zur Trinkwassergewinnung, Oberflächengewässer, kommunales Abwasser und industrielle Abwässer mit mehr als 1000 mg/l C. Aus dieser Aufzählung wird deutlich, dass die verschiedenen Anforderungen kaum von einem einzelnen Gerät erfüllt werden können. Entsprechend umfangreich ist auch das Angebot an TOC-Analysatoren. Hinweise zur Auswahl eines TOC-Analysators geben Furlong et al. (1999).

4.9.3 Permanganat-Index (Oxidierbarkeit mit Kaliumpermanganat)

Organische Wasserinhaltsstoffe können unter gewissen Voraussetzungen eine Reduktion geeigneter chemischer Oxidationsmittel bewirken. Zur summarischen Erfassung der organischen Stoffe durch diese Reduktionswirkung wird das Wasser unter definierten Bedingungen mit einem geeigneten Oxidationsmittel im Überschuss behandelt, die verbrauchte Menge festgestellt und als ein Parameter der Oxidierbarkeit in mg/l O_2 umgerechnet. In der wasseranalytischen Praxis sind verschiedene Oxidationsmittel erprobt worden wie z. B. Kaliumpermanganat, Kaliumdichromat und Cer(IV)-sulfat.

Die älteste Routinemethode zur Bestimmung der Oxidierbarkeit ist der **Permanganat-Index**, früher auch chemischer Sauerstoffverbrauch mit Kaliumpermanganat (CSV-Mn) genannt. Der Permanganat-Index wurde als ein Maß für die organischen Wasserinhaltsstoffe, bzw. im weiteren Sinne für die organisch-chemische Belastung eines Wassers, insbesondere von Trink- und Oberflächenwasser, angesehen und dient vor allem der längerfristig zusammenhängenden Überwachung eines Reservoirs. Er kann nicht allgemeingültig in einen TOC-Wert umgerechnet werden, stellt jedoch ein Maß für den leicht oxidierbaren Anteil der organischen Inhaltsstoffe dar. Dazu gehören alle aromatischen Verbindungen, die Substituenten mit Elektronen-Donator-Charakter besitzen: C—OH; $C—NH_2$; $—O—CH_3$; $—CO—CH_3$; C—SH; Hydrazin; elektronenreiche Heterozyklen wie Pyrrol oder Thiophen usw. Aromatische Verbindungen mit einem oder mehreren Elektronenakzeptorsubstituenten (Halogen, NO_2, (Alkylreste), Carboxylgruppen, Sulfonsäuregruppe, Formylgruppe usw.) zählen zu den chemisch schwer oxidierbaren Stoffen und werden vom Permanganat-Ion unter den Reaktionsbedingungen dieser Methode nicht angegriffen. Hierzu gehören auch alle aliphatischen und alicyclischen Verbindungen mit unterschiedlichsten Substituenten. Ausnahmen bilden ungesättigte Aliphaten und Alicyclen sowie aliphatische Verbindungen mit gehäuften Hydroxyl- und Aminogruppen. Flüchtige Stoffe, die vor dem Zusatz der Permanganat-Lösung ausgasen, werden ebenfalls nicht erfasst.

Der Permanganat-Index kann deshalb nicht als ein Maß für den theoretischen Sauerstoffbedarf betrachtet werden. Er ist vielmehr ein Konventionsparameter zur Bestimmung der Konzentration an organischen Stoffen in Wasser mit einer im Allgemeinen unvollständig verlaufenden Oxidation der Wasserinhaltsstoffe. Der Summenparameter gibt aber trotzdem erste Hinweise auf die Reinheit oder Verunreinigung des Wassers, sofern die Hintergrundbelastung im Einzugsgebiet bekannt ist, und dient in erster Linie zur Beurteilung von Trink- oder Rohwasser, wie Grund- und Oberflächenwasser, aber auch für Badebeckenwasser. Das Verfahren soll nicht für die Bestimmung organischer Substanzen in Abwasser angewendet werden, für diesen Zweck wird auf die Bestimmung des **chemischen Sauerstoffbedarfs (CSB)** (Abschn. 13.2.4.6) verwiesen.

Der Permanganat-Index von Wasser wird nach DIN EN ISO 8467:1995 bestimmt und ist definiert als die Massenkonzentration an Sauerstoff, die der mit den oxidierbaren Wasserinhaltsstoffen reagierenden (verbrauchten) Massenkonzentration an Permanganat-Ionen äquivalent ist, wenn die Wasserprobe unter definierten Bedingungen mit Kaliumpermanganat als Oxidationsmittel behandelt wird. Zur maßanalytischen Bestimmung wird die Wasserprobe mit einer $KMnO_4$-Lösung bekannter Konzentration und Schwefelsäure in einem siedenden Wasserbad während einer festgelegten Dauer (10 min) erhitzt. Ein Teil des Permanganats wird dabei von den vorhandenen oxidierbaren Stoffen in der Wasserprobe zu Mn(II)-Ionen reduziert. Da diese Reaktion von Substanzart, $KMnO_4$-Konzentration, pH-Wert, Temperatur und Reaktionszeit abhängt, müssen die in der Norm angegebenen Durchführungsbedingungen exakt eingehalten werden. Der genaue Verbrauch an Permanganat wird durch Zugabe eines Überschusses an Natriumoxalat-Lösung und anschließender Rücktitration des nicht verbrauchten Natriumoxalats mit Kaliumpermanganat bestimmt.

Der Permanganat-Index, bezogen auf Sauerstoff in mg/l, wird nach folgender Formel (Ableitung siehe DIN EN ISO 8467:1995) berechnet:

$$I_{Mn} = f \cdot (V_1 - V_0)/V_2 = 16 \cdot (V_1 - V_0)/V_2 \tag{4.27}$$

mit:

- V_1 Volumen der bei der Titration der Analysenprobe verbrauchten Permanganat-Standardlösung, in ml
- V_0 Volumen der in der Blindwertbestimmung verbrauchten Permanganat-Standardlösung, in ml
- V_2 Volumen der bei der Gehaltsbestimmung verbrauchten Permanganat-Standardlösung, in ml
- f Äquivalenzfaktor zur Umrechnung auf Sauerstoff und zur Berücksichtigung des angewandten Probenvolumens, in mg/mmol; f = 16 mg/mmol

Soll der **Permanganat-Verbrauch** angegeben werden, ist der für den Permanganat-Index errechnete Wert mit 4 (exakt mit 3,951) zu multiplizieren.

Es ist zu erwarten, dass die TOC-Bestimmung als aussagekräftigere, empfindliche, automatisierte und nahezu chemikalienfrei arbeitende Methode für die Summenbestimmung des organischen Kohlenstoffgehaltes die Bestimmung des Permanganat-Index zunehmend ablösen wird.

4.9.4 Adsorbierbare organisch gebundene Halogene (AOX)

In der Wasser/Abwasser-Analytik wird unter OX die Summe der organisch gebundenen Halogene (X) verstanden. Der Summenparameter adsorbierbare organisch gebundene Halogene (AOX) ist ein Maß für den Gesamtgehalt der organisch gebundenen Halogene Chlor, Brom und Iod in Wasser, die an Aktivkohle unter festgelegten Bedingungen (analytische Konvention) adsorbiert werden können. Organisch gebundenes Fluor wird verfahrensbedingt nicht erfasst!

Organische Halogenverbindungen im Wasser sind zumeist anthropogenen Ursprungs, es existieren aber auch natürliche Organohalogenverbindungen im Wasser (Agarwal et al., 2017). Unter dem Sammelbegriff AOX sind eine Vielzahl von Stoffen mit sehr unterschiedlichen Eigenschaften einzuordnen. Beispiele sind: Trihalogenmethane, organische Lösungsmittel wie Tri- und Tetrachlorethen, chlorierte oder bromierte Pestizide und Herbizide, chlorierte Aromaten wie Hexachlorbenzol und 2,4-Dichlorphenol, hochmolekulare Chlorlignine. Der AOX sagt nichts aus über Struktur und Eigenschaften der damit erfassten Einzelstoffe und ist deshalb kaum geeignet, um eine ökotoxikologische Einschätzung der Halogenorganica vorzunehmen. Hierzu bedarf es einer gezielten Untersuchung auf Einzelstoffe (Abschn. 4.12). Eine wesentliche Bedeutung ergibt sich jedoch, wenn im gegebenen Fall die AOX-verursachenden Einzelstoffe bekannt sind. Der AOX kann dann als Leit- und Überwachungsparameter, im übrigen jedoch nur als Hinweis auf eventuell vorhandene Gefährlichkeit verwendet werden. Der Parameter dient heute vorrangig verwaltungstechnischen Aufgaben, bedingt durch seine Verankerung im Abwasserabgabengesetz (siehe Kap. 13).

Weitere Begriffe und Abkürzungen im Zusammenhang mit AOX sind:

- TOX (total organic halogen): gesamte organische Halogenverbindungen; entspricht in der Regel dem AOX, falls alle Verbindungen gelöst und an Aktivkohle adsorbierbar sind;
- POX (purgable organic halogen): flüchtige, d. h. ausblasbare organische Halogenverbindungen (z. B. Trihalogenmethane);
- NPOX (nonpurgeable organic halogen): nicht ausblasbare organische Halogenverbindungen (z. B. Organochlorpestizide)
- EOX (extractable organic halogen): mit einem Lösungsmittel aus der Matrix extrahierbare organische Halogenverbindungen.

Die AOX-Bestimmung ist genormt und erfolgt nach DIN EN ISO 9562:2005. Sie besteht aus folgenden vier Schritten:

- Isolierung und Anreicherung der halogenorganischen Verbindungen aus der Wasserprobe durch Adsorption an Aktivkohle;
- Waschen der Aktivkohle mit salpetersaurer Nitratlösung, um störendes anorganisches Halogen zu entfernen;
- Verbrennung der mit halogenorganischen Verbindungen beladenen Aktivkohle im Sauerstoffstrom bei hoher Temperatur (ca. 950 °C);
- Absorption und Bestimmung des bei der Verbrennung entstehenden Halogenwasserstoffs durch coulometrische Titration.

Für den ersten Analysenschritt stehen mit der Säulen-, Schüttel- und Rührmethode (Carbodisc-Verfahren) drei alternative Adsorptionsverfahren zur Verfügung, wobei die Auswahl des geeigneten Verfahrens in der Eigenverantwortung des untersuchenden Labors liegt. Bei der Säulenmethode wird die Probe über eine Aktivkohle-Säule (Glassäule) filtriert. Bei der Schüttelmethode wird die Wasserprobe mit Aktivkohle gemischt, über eine längere Zeit geschüttelt und anschließend abfiltriert.

Die coulometrische Titration erfolgt in einer Titrationszelle. Dazu werden aus einem Silberstab Ag^+-Ionen anodisch erzeugt und für die Titration der Halogenide eingesetzt:

$$Ag^+ + Cl^- \longrightarrow AgCl\downarrow$$

Der Endpunkt wird potentiometrisch oder amperometrisch erfasst. Die integrierte Fläche unter der Potential- oder Stromkurve ist der Anzahl der absorbierten und titrierten Halogenmole proportional. Die Angabe des Ergebnisses erfolgt als Massenkonzentration an Chlorid. Die Bestimmungsgrenze liegt bei 10 µg/l Cl^-.

Der AOX unterscheidet nicht zwischen organisch gebundenem Chlor, Brom und Iod. Soll eine weitere Differenzierung als AOCl, AOBr und AOI erfolgen, kann dafür die Ionenchromatographie eingesetzt werden (Oleksy-Frenzel et al., 1995; 2000).

Das Normverfahren unterliegt gewissen Beschränkungen. Der DOC-Gehalt darf maximal 10 mg/l und der Gehalt an Chlorid-Ionen maximal 1 g/l betragen. Proben mit höheren Konzentrationen müssen entsprechend verdünnt werden.

Wenn die Probe vor der AOX-Bestimmung mit einem Inertgas ausgeblasen wird, dann wird bei der anschließenden Analyse ausschließlich der NPOX erfasst. Der POX kann aus der Differenz AOX der nichtausgegasten Probe und AOX der ausgegasten Probe (NPOX) bestimmt werden. Alternativ besteht die Möglichkeit, den POX direkt zu bestimmen, indem die flüchtigen organischen Halogenverbindungen mit einem Inertgas aus der Probe ausgegast und direkt dem Verbrennungsofen des AOX-Analysators zugeführt werden.

U. Lippold

4.10 Bestimmung von Metallen und Halbmetallen

4.10.1 Einleitung

Chemische Elemente lassen sich nach ihrer elektrischen Leitfähigkeit in Metalle, Halbmetalle und Nichtmetalle einteilen. Betrachtet man unter diesem Aspekt das Periodensystem der Elemente, so stellt man eine gewisse Symmetrie fest: Die Grenzlinie zwischen Metallen und Nichtmetallen mit einer Übergangszone der Halbmetalle verläuft diagonal von oben nach unten zwischen der 3. und 7. Hauptgruppe. Die Metalle stehen links dieser Grenzlinie, die Nichtmetalle auf der rechten Seite dieser Linie. Damit werden auch alle Nebengruppenelemente einschließlich der Lanthanoiden- und Actinoiden-Elemente zu den Metallen gezählt. Zu den Halbmetallen gehören die Elemente Bor, Silicium, Germanium, Arsen, Selen, Antimon und Tellur. Eindeutig Nichtmetalle sind die Elemente Kohlenstoff, Stickstoff, Sauerstoff, Phosphor und Schwefel sowie die Halogene und die Edelgase.

Sowohl vom Analytgehalt her als auch bezüglich der Matrix ist ein sehr weiter Konzentrationsbereich abzudecken. Es ist leicht zu verstehen, dass es nicht möglich ist, diese Aufgabe mit nur einer Analysenmethode zu lösen. Wie bereits in den Abschn. 4.7.2 bis 4.7.5 gezeigt, stehen eine Reihe unterschiedlicher Analysenverfahren für die Bestimmung von Metallen und Halbmetallen zur Verfügung, die sich teilweise hervorragend ergänzen. Analytgehalt und Matrix (Gesamtsalzgehalt + organische Belastung) bestimmen in hohem Maß die Wahl der Analysentechnik.

4.10.2 Probenahme und Probenkonservierung

Für jede der aufgezählten Probenarten gibt es heute genormte Methoden (DIN-Verfahren zur Probenahme), die in Abschn. 4.2.3 aufgelistet sind. Ergänzend zu den dortigen Ausführungen seien hier noch folgende Bemerkungen gemacht: Für die meisten Elementbestimmungen (Metalle und Halbmetalle) reicht es aus, die Wasserproben durch Ansäuern mit Salpetersäure oder Salzsäure auf $pH < 2$ zu stabilisieren (siehe Abschn. 4.2). Das ist erforderlich, um Änderungen des Elementgehalts durch Fällungsreaktionen oder Reaktionen mit der Gefäßwand zu verhindern. Hiervon abweichende Konservierungsschritte können notwendig sein, wenn die Bestimmung spezieller Bindungsformen (Speziesanalytik) gefordert ist, wie das Beispiel Chrom VI (siehe Abschn. 4.2) zeigt. Sollen Wasserproben analysiert werden, die Schwebstoffe enthalten, richtet sich die weitere Probenvorbehandlung danach, ob der Gesamtgehalt eines Elements oder nur der gelöste Anteil zu bestimmen ist. Für die Ermittlung des Gesamtgehalts ist in der Regel ein Probenaufschluss erforderlich. Zur Bestimmung des gelösten Anteils wird die Wasserprobe vor dem Ansäuern auf $pH < 2$ durch ein Membranfilter der Porenweite 0,45 µm filtriert. Wenn möglich, sollte dies unmittelbar nach der Probenahme vor Ort geschehen. Auf dem Transportweg könnte sich durch Schütteln das Gleichgewicht zwischen gelöster Phase und partikelgebundenem Anteil verschieben. Über den Aufschluss des Filterrückstandes kann der gebundene Anteil bestimmt werden.

4.10.3 Instrumentelle Bestimmungsmethoden

Je nach Aufgabenstellung muss der Analytiker das geeignetste Analysenverfahren auswählen. Es sei denn, die Analysenmethode ist durch entsprechende Gesetze, Verordnungen oder Richtlinien vorgeschrieben.

Für die Bestimmung von Metallen und Halbmetallen im Wasser haben sich in den letzten Jahren drei Analysenverfahren immer mehr durchgesetzt, die sich untereinander sehr gut ergänzen (siehe Abschn. 4.7.2 bis 4.7.4):

- Die Atomabsorptionsspektrometrie (AAS) mit ihren drei Atomisierungstechniken Flamme, Graphitofen und Hydrid-/Kaltdampftechnik,
- die optische Atomemissionsspektrometrie mit induktiv gekoppeltem Plasma (ICP-OES) und
- die Massenspektrometrie mit induktiv gekoppeltem Plasma als Ionenquelle (ICP-MS).

Diese Tatsache wird dadurch dokumentiert, dass diese Methoden als DIN-, EN- und ISO-Methoden immer mehr Eingang in die gesetzlichen Vorschriften finden. Das wird auch aus den nachfolgenden Tabellen ersichtlich, in denen die aktuellen Methoden nach DEV (Deutsche Einheitsverfahren zur Wasser-, Abwasser- und Schlammuntersuchung) bzw. nach DIN-, EN- und ISO-Norm für die Bestimmung von Metallen und Halbmetallen der TrinkwV 2001 in der Fassung von 2018 (Tab. 4.22) und weiterer Elemente (Tab. 4.23) zusammengestellt sind. Außer den drei genannten „neueren“ Analysenverfahren enthalten die Tabellen photometrische und voltammetrische Methoden, die zurzeit noch aktuell sind.

Tab. 4.22: Metalle und Halbmetalle der TrinkwV, Bestimmungsmethoden.

Element	Methode und Messbereich		Bemerkungen	DEV, Norm: Ausgabedatum	
Ag	AAS (Flamme)	1–50 µg/l	1)	E21, DIN 38406-21:	1980–09
	AAS (Graphitofen)	0,5–10 µg/l	höhere Gehalte durch Verdünnung, Standardkalibrier- oder Additionsverf.	E18, DIN 38406-18:	1990–05
	AAS (Graphitofen)	1–10 µg/l	11)	E4, DIN EN ISO 15586:	2004–02
	ICP-OES	0,02 mg/l 2)	3)	E22, DIN EN ISO 11885:	1998–04
	ICP-MS	1 µg/l 7)	6)	E29, DIN EN ISO 17294:	2005–02
Al	AAS (Flamme)	5–100 mg/l	Lachgas-Acetylen-Flamme, höhere Gehalte nach entsprechender Verdünnung	E25, DIN EN ISO 12020:	2000–05
	AAS (Graphitofen)	10–100 µg/l	Dosiervolumen 20 µl, höhere Gehalte: Verdünnen oder kleinere Volumina	ebenso	
	AAS (Graphitofen)	6–60 µg/l	11)	E4, DIN EN ISO 15586:	2004–02
	UV/VIS-Spektrom.	0,01–0,5 mg/l	mit Alizarinsulfonsäure-Dinatriumsalz; wenn Aufschluss erforderlich, Messbereich 0,05–0,5 mg/l, höhere Gehalte durch Verdünnung	E9, DIN 38406-9:	1989–02
	UV/VIS-Spektrom.	2–500 µg/l	mit Brenzcatechinviolett, höhere Konz. durch kleinere Volumina	E30, DIN ISO 10566:	1999–04
	ICP-OES	0,04 mg/l 2)	3)	E22, DIN EN ISO 11885:	1998–04
	ICP-MS	5 µg/l 7)	6)	E29, DIN EN ISO 17294:	2005–02
As	UV/VIS-Spektr.	0,001–0,1 mg/l	mit Silberdiethyldithiocarbamat, höhere Gehalte durch Verdünnung	D12, EN 26595:	1992–10
				D12, ISO 6595:	1982–90
	AAS (Graphitofen)	10–100 µg/l	11)	E4, DIN EN ISO 15586:	2004–02
	AAS (Hydridtechnik)	1–10 µg/l	Bestimmung höherer Gehalte durch entsprechende Verdünnung	D18, DIN EN ISO 11969:	1996–11
	ICP-OES	0,08 mg/l 2)	3)	E22, DIN EN ISO 11885:	1998–04
	ICP-MS	1 µg/l 7)	6)	E29, DIN EN ISO 17294:	2005–02

B	ICP-OES	0,005 mg/l[2)]	[3)]	E22, DIN EN ISO 11885:	1998–04
	ICP-MS	10 µg/l[7)]	[6)]	E29, DIN EN ISO 17294:	2005–02
	UV/VIS-Spektrom.	0,01–1 mg/l	Bestimmung als Borat mit Azomethin-H, höhere Gehalte durch Verdünnung	D17, DIN 38405-17: ISO 9390:	1981–03 1990–90
Ba	AAS (Flamme)	0,5–10 mg/l	Lachgas-Acetylen-Flamme, höhere Gehalte durch Verdünnung	E28, DIN 38406-28:	1998–05
	ICP-OES	0,002 mg/l[2)]	[3)]	E22, DIN EN ISO 11885:	1998–04
	ICP-MS	3 µg/l[7)]	[6)]	E29, DIN EN ISO 17294:	2005–02
	IC	1–100 mg/l[8)]	[9)]	E34, DIN EN ISO 14911:	1999–12
Ca	AAS (Flamme)	3–50 mg/l	Luft-Acetylen-Flamme mit Zusatz von $LaCl_3$; Erweiterung nach oben oder nach unten durch verschiedene Verdünnungsfaktoren	E39, DIN EN ISO 7980:	2000–07
	ICP-OES	0,002 mg/l[2)]	[3)]	E22, DIN EN ISO 11885:	1998–04
	ICP-MS	100 µg/l[7)]	[6)]	E29, DIN EN ISO 17294:	2005–02
	IC	0,5–50 mg/l[8)]	[9)]	E34, DIN EN ISO 14911:	1999–12
	Maßanalyse	2–100 mg/l	mit Ethylendiamintetraessigsäure (EDTA)	E3, DIN 38406-3:	2002–03
	Maßanalyse	0,05 mmol/l	mit Ethylendiamintetraessigsäure (EDTA), Summe von Ca und Mg	E3, DIN 38406-3:	2002–03
Cd	AAS (Flamme)	0,05–1 mg/l	höhere Gehalte durch geeignete Verdünnung	E19, DIN EN ISO 5961:	1995–05
	AAS (Graphitofen)	0,3–3 µg/l	Dosiervolumen 10 µl, höhere Gehalte: verdünnen oder kleinere Volumina	E19, DIN EN ISO 5961:	1995–05
	AAS (Graphitofen)	0,4–4 µg/l	[11)]	E4, DIN EN ISO 15586:	2004–02
	AAS (Flamme)	1–50 µg/l	[1)]	E21, DIN 38406-21:	1980–09
	AAS (Flamme)	0,02–2 mg/l (A)	[10)]; Methode B: 0,5–50 µg/l; Methode C: 0,2–50 µg/l	ISO 8288:	1986–03
	ICP-OES	0,01 mg/l[2)]	[3)]	E22, DIN EN ISO 11885:	1998–04
	ICP-MS	0,5 µg/l[7)]	[6)]	E29, DIN EN ISO 17294:	2005–02
	Voltammetrie 0,	1 µg/l –50 mg/l	[4)]	E16, DIN 38406-16:	1990–03

Tab. 4.22 (fortgesetzt)

Element	Methode und Messbereich		Bemerkungen	DEV, Norm: Ausgabedatum	
Cr	AAS (Flamme)	0,5–20 mg/l	höhere Gehalte durch Verdünnung, Erfassung von Cr(III) und Cr(VI) als wasserlösliches oder säurelösliches Cr je nach Probenvorbereitung	E10, DIN EN 1233: ISO 9174:	1996–08 1998–07
	AAS (Graphitofen)	5–100 µg/l	injiziertes Probenvolumen 20 µl; höhere Konzentrationen durch kleinere Probenvolumina; Erfassung von Cr(III) + Cr(VI) als wasserlösliches Cr oder als säurelösliches Cr je nach Probenvorbereitung; Direktbestimmung nach Standard-Kalibrierverfahren oder bei Matrixeinflüssen Standardadditions-Verfahren	E10, DIN EN 1233: ISO 9174:	1996–08 1998–07
	AAS (Graphitofen)	2–20 µg/l	11)	E4, DIN EN ISO 15586:	2004–02
	UV/VIS-Spektrom.	0,05–3 mg/l	mit 1,5-Diphenylcarbazid, Erfassung von Cr(VI).	D24 DIN 38405-24: ISO 11083:	1987–05 1994–08
	UV/VIS-Spektrom.	2–50 µg/l	mit 1,5-Diphenylcarbazid, Erfassung von Cr(VI)	D40, DIN EN ISO 18412:	2006–02
	ICP-OES	0,01 mg/l[2)]	höhere Gehalte durch Verdünnung	E22, DIN EN ISO 11885:	1998–04
	ICP-MS	1 µg/l[7)]	6)	E29, DIN EN ISO 17294:	2005–02
	IC	0,05–50 mg/l	Bestimmung als Chromat (CrO_4), zusammen mit Iodid, Sulfit, Thiocyanat, Thiosulfat; Arbeitsbereich abhängig von Austauschkapazität der Säulen	D22, DIN EN ISO 10304-3:	1997–11
Cu	AAS (Flamme)	0,1–4 mg/l	höhere Gehalte durch geeignete Verdünnung der Wasserprobe	E7, DIN 38406-7	1991–09
	AAS (Flamme)	1–200 µg/l	1)	E21, DIN 38406-21	1980–09
	AAS (Flamme)	0,05–6 mg/l (A)	10); Methode B: 1–200 µg/l; Methode C: 0,5–100 µg/l	ISO 8288	1986–03
	AAS (Graphitofen)	3–30 µg/l	11)	E4, DIN EN ISO 15586:	2004–02
	ICP-OES	0,01 mg/l[2)]	3)	E22, DIN EN ISO 11885	1998–04
	ICP-MS	1 µg/l[7)]	6)	E29, DIN EN ISO 17294:	2005–02
	Voltammetrie	1 µg/l –50 mg/l	4)	E16, DIN 38406-16	1990–03

Fe	AAS (Flamme)	0,2–5 mg/l	höhere Konzentrationen durch entsprechende Verdünnung der Wasserprobe	E32, DIN 38406-32:	2000–05
	AAS (Graphitofen)	2–20 µg/l	Dosiervolumen 20 µl; höhere Konz. durch Verdünnen oder kleinere Volumina	E32, DIN 38406-32	2000–05
	UV/VIS-Spektrom.	0,01–5 mg/l	Fe(II) mit 1,10-Phenanthrolin; gesamt-Fe nach Reduktion mittels Hydroxylammoniumchlorid durch Lösen oder Aufschluss	E1, DIN 38406-1: ISO 6332:	1983–05 1988–02
	ICP-OES	0,02 mg/l[2]	[3]	E22, DIN EN ISO 11885:	1998–04
Hg	AAS (Hydrid-, Kaltdampftechnik)	0,1–10 µg/l	Reduktionsmittel: Sn(II)-chlorid oder Natriumtetrahydroborat; Aufschlussverfahren zur Erfassung aller organischen Quecksilberverbindungen erforderlich.	E12, DIN EN 1483: ISO: 5666:	2007–04 1999–05
	AAS (Amalgam-Technik)	0,01–1 µg/l	Reduktionsmittel: Sn(II)-chlorid oder Natriumtetrahydroborat, Anreicherung an Edelmetalloberfläche, z. B. Au/Pt-Gaze	E31, DIN EN 12338: ISO/ DIS 16590:	1998–10 1999–02
	AFS[5]	1–100 ng/l	Reduktion der Organoquecksilberverbindungen zu Hg (II) mit Brom; zu elementarem Quecksilber mit Zinn(II)-chlorid.	E35, DIN EN ISO 17852:	2008–04
K	AAS (Flamme)	1–10 mg/l	Arbeitsbereich kann durch Verdünnungsfaktoren erweitert werden	E13, DIN 38406-13:	1992–07
	AAS (Flamme)	5–50 mg/l	Arbeitsbereich kann durch Verdünnungsfaktoren erweitert werden	ISO 9964-2:	1993–05
	AES (Flamme)	0,1–10 mg/l	Luft-Acetylen-Flamme mit Zusatz von CsCl	DIN ISO 9964-3:	1996–08
	ICP-OES	2 mg/l[2]	[3]	E22, DIN EN ISO 11885:	1998–04
	ICP-MS	50 µg/l[7]	[6]	E29, DIN EN ISO 17294:	2005–02
	IC	0,1–10 mg/l[8]	[9]	E34, DIN EN ISO 14911:	1999–12
Mg	AAS (Flamme)	1–5 mg/l	Luft-Acetylen-Flamme mit Zusatz von $LaCl_3$; Erweiterung des Arbeitsbereichs nach oben oder nach unten durch verschiedene Verdünnungsfaktoren	E39, DIN EN ISO 7980:	2000–07
	AAS (Graphitofen)	3–30 µg/l	[11]	E4, DIN EN ISO 15586:	2004–02
	ICP-OES	0,0005 mg/l[2]	[3]	E22, DIN EN ISO 11885:	1998–04
	ICP-MS	1 µg/l[7]	[6]	E29, DIN EN ISO 17294:	2005–02

Tab. 4.22 (fortgesetzt)

Element	Methode und Messbereich		Bemerkungen	DEV, Norm: Ausgabedatum	
	IC	0,5–50 mg/l[8]	[9]	E34, DIN EN ISO 14911:	1999–12
	Maßanalyse	0,05 mmol/l	mit Ethylendiamintetraessigsäure (EDTA) Summe von Ca und Mg	E3, DIN 38406-3:	2002–03
Mn	AAS (Flamme)	0,1–2 mg/l	höhere Konzentrationen nach Verdünnen der Wasserprobe	E33, DIN 38406-33:	2000–06
	AAS (Graphitofen)	1–10 µg/l	Dosiervoumen 20 µl, höhere Konzentration durch Verdünnen oder kleinere Volumina	E33, DIN 38406-33:	2000–06
	AAS (Graphitofen)	1,5–15 µg/l	[11]	E4, DIN EN ISO 15586:	2004–02
	UV/VIS-Spektrom.	0,01–5 mg/l	mit Formaldoxim; höhere Konzentration durch Verdünnen	E2, DIN 38406-2: ISO 6333:	1983–05 1986–03
	ICP-OES	0,002 mg/l[2]	[3]	E22, DIN EN ISO 11885:	1998–04
	ICP-MS	3 µg/l[7]	[6]	E29, DIN EN ISO 17294:	2005–02
	IC	0,5–50 mg/l[8]	[9]	E34, DIN EN ISO 14911:	1999–12
Na	AAS (Flamme)	5–50 mg/l	Arbeitsbereich kann durch Verdünnungsfaktoren erweitert werden	E14, DIN 38406-14: ISO 9964-1:	1992–07 1993–05
	AES (Flamme)	0,1–10 mg/l	Luft-Acetylen-Flamme mit Zusatz von CsCl	DIN ISO 9964-3:	1996–08
	ICP-OES	0,02 mg/l[2]	[3]	E22, DIN EN ISO 11885:	1998–04
	ICP-MS	10 µg/l[7]	[6]	E29, DIN EN ISO 17294:	2005–02
	IC	0,1–10 mg/l[8])	[9]	E34, DIN EN ISO 14911:	1999–12
Ni	AAS (Flamme)	0,2–2 mg/l	höhere Konzentrationen durch entsprechendes Verdünnen der Wasserprobe	E11, DIN 38406-11:	1991–09
	AAS (Flamme)	1–200 µg/l	[1]	E21, DIN 38406-21:	1980–09
	AAS (Flamme)	0,1–10 mg/l (A)	[10]; Methode B: 1–200 µg/l; Methode C: 0,5–100 µg/l	ISO 8288:	1986–03
	AAS (Graphitofen)	7–70 µg/l	[11]	E4, DIN EN ISO 15586:	2004–02
	ICP-OES	10 µg/l[2]	[3]	E22, DIN EN ISO 11885:	1998–04
	ICP-MS	1 µg/l[7]	[6]	E29, DIN EN ISO 17294:	2005–02
	Voltammetrie	0,1–10 µg/l	[4]	E16, DIN 38406-16:	1990–03

Pb	AAS (Flamme)	0,5–10 mg/l	höhere Konzentrationen nach geeigneter Verdünnung der Wasserprobe	E6, DIN 38406-6:	1998–07
	AAS (Flamme)	5–200 µg/l	[1)]	E21, DIN 38406-21:	1980–09
	AAS (Flamme)	0,2–10 mg/l (A)	[10)]; Methode B: 5–200 µg/l; Methode C: 2–200 µg/l	ISO 8288:	1986–03
	AAS (Graphitofen)	10–100 µg/l	[11)]	E4, DIN EN ISO 15586:	2004–02
	ICP-OES	0,07 mg/l[2)]	[3)]	E22, DIN EN ISO 11885:	1998–04
	ICP-MS	0,2 µg/l[7)]	[6)]	E29, EN ISO 17294:	2005–02
	Voltammetrie	0,1 µg/l –50 mg/l	[4)]	E16, DIN 38406-16:	1990–03
Sb	AAS (Graphitofen)	10–100 µg/l	Dosiervolumen 20 µl, höhere Konzentration: Verdünnen oder kleinere Volumina	D32, DIN 38405-32:	2000–05
	AAS (Graphitofen)	10–100 µg/l	[11)]	E4, DIN EN ISO 15586:	2004–02
	AAS (Hydrid-Technik)	1–10 µg/l	höhere Konzentrationen durch Verdünnen; andere Oxidationsstufen müssen vor der Bestimmung in Sb (III) überführt werden.	D32, DIN 38405-32:	2000–05
	ICP-OES	0,1 mg/l[2)]	[3)]	E22, DIN EN ISO 11885:	1998–04
	ICP-MS	0,2 µg/l[7)]	[6)]	E29, DIN EN ISO 17294:	2005–02
Se	AAS (Graphitofen)	5–50 µg/l	Dosiervolumen 20 µl, höhere Konz.: Verdünnen oder kleinere Volumina	D23, DIN 38405-23:	1994–10
	AAS (Hydrid-Technik)	1–10 µg/l	Erfassung von Se (IV); andere Wertigkeitsstufen müssen vor der Bestimmung in Se (IV) überführt werden	ISO 9965:	1993–07
	ICP-OES	0,1 mg/l[2)]	[3)]	E22, DIN EN ISO 11885:	1998–04
	ICP-MS	10 µg/l[7)]	[6)]	E29, DIN EN ISO 17294:	2005–02
Zn	AAS (Flamme)	0,05–1 mg/l	höhere Konzentrationen durch entsprechende Verdünnung der Wasserprobe	E8, DIN 38406-8:	2004–10
	AAS (Flamme)	5–200 µg/l	Anreicherung durch Extraktion; Chelatisierung mit Hexamethylenammonium-Hexamethylendithiocarbamat (HMDC)	E8, DIN 38406-8:	2004–10

Tab. 4.22 (fortgesetzt)

Element	Methode und Messbereich		Bemerkungen	DEV, Norm: Ausgabedatum	
	AAS (Flamme)	1–50 µg/l	[1]	E21, DIN 38406-21:	2004–09
	AAS (Flamme)	0,05–2 mg/l (A)	[10]; Methode B: 0,5–50 µg/l; Methode C: 0,2–50 µg/l	ISO 8288:	1986–03
	ICP-OES	0,005 mg/l[2]	[3]	E22, DIN EN ISO 11885:	1998–04
	ICP-MS	2 µg/l[7]	[6]	E29, DIN EN ISO 17294:	2005–02
	Voltammetrie	1 µg/l –50 mg/l	[4]	E16, DIN 38406-16:	1990–03

[1] Bestimmungsmethode für 9 Elemente (Ag, Bi, Cd, Co, Cu, Ni, Pb, Tl, Zn). Anreicherung durch Extraktion mit Diisopropylketon/Xylol-Gemisch nach Chelatisierung mit Hexamethylenammonium-Hexamethylendithiocarbamat (HMDC). Bei hohem DOC ist Aufschluss mit HNO_3 und H_2O_2 erforderlich.

[2] Typische instrumentell ermittelte Nachweisgrenzen mit konventionellem pneumatischen Zerstäuber, (jeweils niedrigste Nachweisgrenze). Tatsächliche Nachweisgrenze hängt ab von der Matrix der Probe.

[3] Multielementmethode für 33 Elemente (Ag, Al, As, B, Ba, Be, Bi, Ca, Cd, Co, Cr, Cu, Fe, K, Li, Mg, Mn, Mo, Na, Ni, P, Pb, S, Sb, Se, Si, Sn, Sr, Ti, V, W, Zn, Zr), gelöstes, partikuläres und gesamt Me.

[4] Bestimmungsmethode für 7 Elemente: Pulsinversvoltammetrie (Zn, Cd, Pb, Cu, Tl) und adsorptionsvoltammetrisches Verfahren (Ni, Co), gelöstes und partikuläres Me.

[5] Atomfluoreszenzspektrometrie.

[6] Multielementmethode für 62 Elemente (Ag, Al, As, Au, B, Ba, Be, Bi, Ca, Cd, Ce, Co, Cr, Cs, Cu, Dy, Er, Eu, Ga, Gd, Ge, Hf, Ho, In, Ir, K, La, Li, Lu, Mg, Mn, Mo, Na, Nd, Ni, P, Pb, Pd, Pr, Pt, Rb, Re, Rh, Ru, Sb, Sc, Se, Sm, Sn, Sr, Tb, Te, Th, Tl, Tm, U, V, W, Y, Yb, Zn, Zr) in beliebigen wässrigen Medien.

[7] In der Norm als „Untere Grenze des Anwendungsbereiches" definiert; stark abhängig von der Matrix. Werte können für verschiedene Isotope eines Elementes unterschiedlich sein.

[8] Typischer Arbeitsbereich bei Einsatz einer 10-µl-Schleife.

[9] Bestimmungsmethode für 9 gelöste Kationen (Li+, Na+, NH4+, K+, Mn2+, Ca2+, Mg2+, Sr2+, Ba2+) mittels Ionenchromatographie. Der Arbeitsbereich ist durch die Ionenaustauschkapazität der Trennsäule begrenzt. Die Probe wenn nötig verdünnen, für niedrigere Arbeitsbereiche 100 µl-Schleife verwenden.

[10] Dieser ISO-Standard beinhaltet 3 Methoden zur Betimmung von Co, Ni, Cu, Zn, Cd, Pb. Methode A: direkte Bestimmung mittels Flammen-AAS, Methode B: Flammen-AAS nach Chelatbildung mit Ammonium-pyrrolidindithiocarbamat (APDC) und Extraktion mit Methyl-isobutylketon (MIBK). Methode C: Flammen-AAS nach Chelatbildung mit Hexamethylenammonium-hexamethylendithiocarbamat (HMA-HMDC) und Extraktion mit Diisopropylketon (DIPK), höhere Konzentrationen durch Verdünnen.

[11] Bestimmungsmethode für 17 Elemente (Ag, Al, As, Cd, Co, Cr, Cu, Fe, Mn, Mo, Ni, Pb, Sb, Se, Tl, V, Zn) in Wasser- und Sedimentproben.

Tab. 4.23: Nicht in der TrinkwV aufgeführte Metalle und Halbmetalle, Bestimmungsmethoden.

Element	Methode	Messbereich oder Nachweisgrenze	Bemerkungen	DEV, Norm: Ausgabedatum	
Au	ICP-MS	0,5 µg/l[7]	[6]	E29, DIN EN ISO 17294:	2005–02
Be	ICP-OES	0,002 mg/l[2]	[3]	E22, DIN EN ISO 11885:	1998–04
	ICP-MS	0,5 µg/l[7]	[6]	E29, DIN EN ISO 17294:	2005–02
Bi	AAS (Flamme)	5–200 µg/l	[1]	E21, DIN 38406-21:	1980–09
	ICP-OES	0,04 mg/l[2]	[3]	E22, DIN EN ISO 11885:	1998–04
	ICP-MS	0,5 µg/l[7]	[6]	E29, DIN EN ISO 17294:	2005–02
Ce	ICP-MS	0,1 µg/l[7]	[6]	E29, DIN EN ISO 17294:	2005–02
Co	AAS (Flamme)	0,2–4 mg/l	höhere Konz. durch Verdünnen	E24, DIN 38406-24:	1993–03
	AAS (Flamme)	1–200 µg/l	[1]	E21, DIN 38406-21:	1980–09
	AAS (Flamme)	0,1–10 mg/l (A) 1–200 µg/l (B) 0,5–100 µg/l (C)	[10]	ISO 8288:	1986–03
	ICP-MS	0,2 µg/l[7]	[6]	E29, DIN EN ISO 17294:	2005–02
	Voltammetrie	0,1–10 µg/l	[4]	E16, DIN 38406-16:	1990–03
Co	AAS (Graphitofen)	6–60 µg/l	[11]	E4, DIN EN ISO 15586:	2004–02
Cs	ICP-MS	0,1 µg/l[7]	[6]	E29, DIN EN ISO 17294:	2005–02
Dy	ICP-MS	0,1 µg/l[7]	[6]	E29, DIN EN ISO 17294:	2005–02
Er	ICP-MS	0,1 µg/l[7]	[6]	E29, DIN EN ISO 17294:	2005–02
Eu	ICP-MS	0,1 µg/l[7]	[6]	E29, DIN EN ISO 17294:	2005–02
Ga	ICP-MS	0,3 µg/l[7]	[6]	E29, DIN EN ISO 17294:	2005–02
Gd	ICP-MS	0,1 µg/l[7]	[6]	E29, DIN EN ISO 17294:	2005–02
Ge	ICP-MS	0,3 µg/l[7]	[6]	E29, DIN EN ISO 17294:	2005–02
Hf	ICP-MS	0,1 µg/l[7]	[6]	E29, DIN EN ISO 17294:	2005–02
Ho	ICP-MS	0,1 µg/l[7]	[6]	E29, DIN EN ISO 17294:	2005–02
In	ICP-MS	0,1 µg/l[7]	[6]	E29, DIN EN ISO 17294:	2005–02
Ir	ICP-MS	0,1 µg/l[7]	[6]	E29, DIN EN ISO 17294:	2005–02
La	ICP-MS	0,1 µg/l[7]	[6]	E29, DIN EN ISO 17294:	2005–02
Li	ICP-OES	0,002 mg/l[2]	[3]	E22, DIN EN ISO 11885:	1998–04
	ICP-MS	1 µg/l[7]	[6]	E29, DIN EN ISO 17294:	2005–02
	IC	0,01–1 mg/l[8]	[9]	E34, DIN EN ISO 14911:	1999–12
Lu	ICP-MS	0,1 µg/l[7]	[6]	E29, DIN EN ISO 17294:	2005–02
Mo	ICP-OES	0,03 mg/l[2]	[3]	E22, DIN EN ISO 11885:	1998–04
	ICP-MS	0,3 µg/l[7]	[6]	E29, DIN EN ISO 17294:	2005–02
	AAS (Graphitofen)	6–60 µg/l	[11]	E4, DIN EN ISO 15586:	2004–02
Nd	ICP-MS	0,1 µg/l[7]	[6]	E29, DIN EN ISO 17294:	2005–02
Pd	ICP-MS	0,5 µg/l[7]	[6]	E29, DIN EN ISO 17294:	2005–02
Pr	ICP-MS	0,1 µg/l[7]	[6]	E29, DIN EN ISO 17294:	2005–02
Pt	ICP-MS	0,5 µg/l[7]	[6]	E29, DIN EN ISO 17294:	2005–02
Rb	ICP-MS	0,1 µg/l[7]	[6]	E29, DIN EN ISO 17294:	2005–02
Re	ICP-MS	0,1 µg/l[7]	[6]	E29, DIN EN ISO 17294:	2005–02
Rh	ICP-MS	0,1 µg/l[7]	[6]	E29, DIN EN ISO 17294:	2005–02
Ru	ICP-MS	0,1 µg/l[7]	[6]	E29, DIN EN ISO 17294:	2005–02
Sc	ICP-MS	5 µg/l[7]	[6]	E29, DIN EN ISO 17294:	2005–02
Si	ICP-OES	0,02 mg/l[2]	[3]	E22, DIN EN ISO 11885:	1998–04
Sm	ICP-MS	0,1 µg/l[7]	[6]	E29, DIN EN ISO 17294:	2005–02
Sn	ICP-OES	0,1 mg/l[2]	[3]	E22, DIN EN ISO 11885:	1998–04
	ICP-MS	0,1 µg/l[7]	[6]	E29, DIN EN ISO 17294:	2005–02
Sr	ICP-OES	0,0005 mg/l[2]	[3]	E22, DIN EN ISO 11885:	1998–04
	ICP-MS	0,3 µg/l[7]	[6]	E29, DIN EN ISO 17294:	2005–02
	IC	0,5–50 mg/l[8]	[9]	E34, DIN EN ISO 14911:	1999–12

Tab. 4.23 (fortgesetzt)

Element	Methode	Messbereich oder Nachweisgrenze	Bemerkungen	DEV, Norm: Ausgabedatum
Tb	ICP-MS	0,1 µg/l[7]	6)	E29, DIN EN ISO 17294: 2005–02
Te	ICP-MS	2 µg/l[7]	6)	E29, DIN EN ISO 17294: 2005–02
Th	ICP-MS	0,1 µg/l[7]	6)	E29, DIN EN ISO 17294: 2005–02
Ti	ICP-OES	0,005 mg/l[2]	3)	E22, DIN EN ISO 11885: 1998–04
Tl	AAS (Flamme)	5–200 µg/l	1)	E21, DIN 38406-21: 1980–09
	AAS (Graphitofen)	6–60 µg/l	11)	E4, DIN EN ISO 15586: 2004–02
	ICP-MS	0,1 µg/l[7]	6)	E29, DIN EN ISO 17294: 2005–02
	Voltammetrie	0,1 µg/l–50 mg/l	4)	E16, DIN 38406-16: 1990–03
Tm	ICP-MS	0,1 µg/l[7]	6)	E29, DIN EN ISO 17294: 2005–02
U	ICP-MS	0,1 µg/l[7]	6)	E29, DIN EN ISO 17294: 2005–02
V	ICP-OES	0,01 mg/l[2]	3)	E22, DIN EN ISO 11885: 1998–04
	ICP-MS	1 µg/l[7]	6)	E29, DIN EN ISO 17294: 2005–02
	AAS (Graphitofen)	20–200 µg/l	11)	E4, DIN EN ISO 15586: 2004–02
W	ICP-OES	0,03 mg/l[2]	3)	E22, DIN EN ISO 11885: 1998–04
	ICP-MS	0,3 µg/l[7]	6)	E29, DIN EN ISO 17294: 2005–02
Y	ICP-MS	0,1 µg/l[7]	6)	E29, DIN EN ISO 17294: 2005–02
Yb	ICP-MS	0,2 µg/l[7]	6)	E29, DIN EN ISO 17294: 2005–02
Zr	ICP-OES	0,01 mg/l[2]	3)	E22, DIN EN ISO 11885: 1998–04
	ICP-MS	0,2 µg/l[7]	6)	E29, DIN EN ISO 17294: 2005–02

1) Bestimmungsmethode für 9 Elemente (Ag, Bi, Cd, Co, Cu, Ni, Pb, Tl, Zn). Anreicherung durch Extraktion mit Diisopropylketon/Xylol-Gemisch nach Chelatisierung mit Hexamethylenammonium-Hexamethylendithiocarbamat (HMDC). Bei hohem DOC ist Aufschluss mit HNO_3 und H_2O_2 erforderlich.

2) Typische instrumentell ermittelte Nachweisgrenzen mit konventionellem pneumatischen Zerstäuber, (jeweils niedrigste Nachweisgrenze). Tatsächliche Nachweisgrenze hängt ab von der Matrix der Probe.

3) Multielementmethode für 33 Elemente (Ag, Al, As, B, Ba, Be, Bi, Ca, Cd, Co, Cr, Cu, Fe, K, Li, Mg, Mn, Mo, Na, Ni, P, Pb, S, Sb, Se, Si, Sn, Sr, Ti, V, W, Zn, Zr), gelöstes, partikuläres und gesamt Me.

4) Bestimmungsmethode für 7 Elemente: Pulsinversvoltammetrie (Zn, Cd, Pb, Cu, Tl) und adsorptionsvoltammetrisches Verfahren (Ni, Co), gelöstes und partikuläres Me.

5) Atomfluoreszenzspektrometrie.

6) Multielementmethode für 61 Elemente (Ag, Al, As, Au, B, Ba, Be, Bi, Ca, Cd, Ce, Co, Cr, Cs, Cu, Dy, Er, Eu, Ga, Gd, Ge, Hf, Ho, In, Ir, K, La, Li, Lu, Mg, Mn, Mo, Na, Nd, Ni, Pb, Pd, Pr, Pt, Rb, Re, Rh, Ru, Sb, Sc, Se, Sm, Sn, Sr, Tb, Te, Th, Tl, Tm, U, V, W, Y, Yb, Zn, Zr) in beliebigen wässrigen Medien.

7) In der Norm als „Untere Grenze des Anwendungsbereiches" definiert; stark abhängig von der Matrix. Werte können für verschiedene Isotope eines Elementes unterschiedlich sein.

8) Typischer Arbeitsbereich bei Einsatz einer 10-µl-Schleife.

9) Bestimmungsmethode für 9 gelöste Kationen (Li+, Na+, NH4+, K+, Mn2+, Ca2+, Mg2+, Sr2+, Ba2+) mittels Ionenchromatographie. Der Arbeitsbereich ist durch die Ionenaustauschkapazität der Trennsäule begrenzt. Die Probe wenn nötig verdünnen, für niedrigere Arbeitsbereiche 100 µl-Schleife verwenden.

10) Dieser ISO-Standard beinhaltet 3 Methoden zur Bestimmung von Co, Ni, Cu, Zn, Cd, Pb. Methode A: direkte Bestimmung mittels Flammen-AAS, Methode B: Flammen-AAS nach Chelatbildung mit Ammonium-pyrrolidindithiocarbamat (APDC) und Extraktion mit Methylisobutylketon (MIBK). Methode C: Flammen-AAS nach Chelatbildung mit Hexamethylenammonium-hexamethylendithiocarbamat (HMA-HMDC) und Extraktion mit Diisopropylketon (DIPK), höhere Konzentrationen durch Verdünnen.

11) Bestimmungsmethode für 17 Elemente (Ag, Al, As, Cd, Co, Cr, Cu, Fe, Mn, Mo, Ni, Pb, Sb, Se, Tl, V, Zn) in Wasser- und Sedimentproben.

Die in den Tabellen 4.22 und 4.23 aufgelisteten Norm-Methoden sind nicht etwa nur auf die Analyse von Trinkwasser beschränkt. Sie sind in den meisten Fällen anwendbar auf Oberflächenwasser, Roh-, Trink- und Abwasser, also auch auf Wässer mit zum Teil komplexen Matrices. Häufig sind je nach Matrix Arbeitsvorschriften für Probenaufschlüsse in den Norm-Methoden enthalten. Dies hat zur Folge, dass es mit diesen Analysenverfahren möglich ist, direkt oder modifiziert angewandt, Elementbestimmungen in fast allen Arten von Wasserproben vorzunehmen. Wichtig ist in jedem Fall, dass auch Normverfahren, die ja überprüft sind, nicht einfach formell und kritiklos abgearbeitet werden. Der Analytiker ist immer gut beraten, wenn er neben der Ermittlung der üblichen Analysenkenndaten wie Empfindlichkeit, Nachweisgrenze und Präzision (zufällige Fehler) auch die Überprüfung der Richtigkeit (systematische Fehler) nicht vernachlässigt. Der Aufklärung von Störungen und Matrixeinflüssen zur Vermeidung systematischer Fehler, z. B. durch Ermittlung der Wiederfindungsrate, Anwendung der Additionsmethode, Überprüfung der Ergebnisse mit unabhängigen Messmethoden, Messung von zertifiziertem Referenzmaterial oder Teilnahme an Ringversuchen, muss ein hoher Stellenwert eingeräumt werden (siehe Abschn. 4.1).

Außer den in den Tabellen 4.22 und 4.23 enthaltenen DIN-, EN- und ISO-Verfahren werden in der Literatur zahllose Bestimmungsmethoden für Wässer aller Art beschrieben, mittels derer natürlich ebenso sicher, zuverlässig und richtig Elementkonzentrationen ermittelt werden können. Darüber hinaus liefern heute die renommierten Gerätehersteller für instrumentelle Analytik nicht nur das jeweilige Gerät inklusive Funktionstest, sondern sie bieten in vielen Fällen komplette Systemlösungen für die unterschiedlichsten Analysenaufgaben an.

In Tab. 4.24 sind nochmals einige typische gerätetechnisch erzielbare Nachweisgrenzen der AAS, ICP-OES und ICP-MS dargestellt (Slavin und Miller-Ihli, 1992). Es sind natürlich keine endgültigen Werte, sondern Orientierungswerte, die von Gerät zu Gerät variieren können und die einer gewissen technischen Entwicklung unterliegen. Sie sind technisch machbar, aber stets abhängig von der Probenart und -beschaffenheit (Matrix) und am ehesten bei sehr sauberen Wässern wie Trinkwasser, Grundwasser oder Quellwasser mit geringen Störungen zu realisieren. Beispielsweise werden die angegebenen Nachweisgrenzen der ICP-MS schon nicht mehr erreicht, wenn die Gesamtmatrixkonzentration über etwa 0,1 % liegt, während die Nachweisgrenzen der Graphitofen-AAS erst bei Matrixkonzentrationen von einigen Prozent deutlich schlechter werden. Für viele reale Proben kann deshalb die Graphitofen-AAS oft bessere reale Nachweisgrenzen liefern als die ICP-MS. Beim Vergleich von Nachweisgrenzen muss beachtet werden, dass der Begriff „Nachweisgrenze" in der Literatur nicht immer einheitlich verwendet wird. Eine exakte, aber auch praxisnahe Darstellung der Begriffe „Nachweisgrenze", „Erfassungsgrenze" und „Bestimmungsgrenze" geben Welz und Sperling (1997). Überhaupt sollte man beim Vergleich unterschiedlicher Analysentechniken stets die Methoden als Ganzes vergleichen, wie das in den Abschn. 4.7.2 und 4.7.3 geschehen ist. Neben der Kenngröße „Nachweisgrenze" sind so wichtige Parameter wie Analysenzeit, Probendurchsatz, Multiele-

Tab. 4.24: Übersicht über gerätetechnisch erzielbare Nachweisgrenzen von ICP-MS, AAS und ICP-OES (kontinuierliche Probenaufgabe bzw. bei AAS Dosiervolumen 20 µl; nach Slavin, 1992).

µg/l	0,001	0,01	0,1	1	10	100
ICP-MS						
	Ce Bi Eu Co Au Ba Ag	Hg Al Mg Cd Cr	Be Na B	Br P Fe K Ca		
	Ho Cs Er Dy Gd Cu	As	Li			
	In La Nb Ga Mn Ge	Ni				
	Lu Hf Pb Nd Mo					
	Pr Ir Pt Pd					
	Re Rb					
AAS						
(Graphitofen)		Zn Cd	Mg Ag Al Co Ba	Ca Bi Sb As Li Se	Hg	
			Cr Cu	Pb Au Pt Ti		
			Mn Fe	Ni Sn		
			Mo	Si V		
				Te		
				TII		
AAS						
(Flamme)			Mg	Cd Ag Ca Cr Fe Ni	Co Ba Pb Te Bi Al Pt	Ti Si Se Sn As
				Li Zn Cu	Au Tl Sb V	
				Mn	Mo	
ICP-OES			Ba Ca	Be Ti Cd Cu B	Cr Co Si Ni Al W Sn	Na P Pd K
			Mn	Bi Zn Li Fe Zr	V Mo Au Nb As	Pb Se Pt
			Mg	Sr	Ag Ta	Sb S Tl
						U

mentfähigkeit, geforderte Probenmenge, spektrale und matrixbedingte Interferenzen, Anforderungen an das Personal und Betriebskosten entscheidende Kriterien (siehe auch Abschn. 4.1).

R. Schuster und A. Seubert

4.11 Bestimmung von nichtmetallischen anorganischen Wasserinhaltsstoffen

Für die nichtmetallischen anorganischen Wasserinhaltsstoffe existieren klassische nasschemische, spektrometrische, elektrochemische sowie chromatographische Verfahren.

Die titrimetrischen Verfahren haben eine lange Tradition in der Wasseranalytik und eignen sich durch ihre leichte Durchführung für die Routine. In Abschn. 4.6 werden die Grundlagen der Maßanalytik genau beschrieben. Auch die Geräte für die Titration wurden weiterentwickelt. So wurde die Glasbürette durch Dispensoren und elektronische Pipetten abgelöst, die eine genaue Dosierung vom µl- bis in den ml-Bereich ermöglichen. Die Titriergeräte und Titrierautomaten finden in der Routine breite Anwendung (Jander et al., 2012).

Im modernen Wasserlabor hat sich für die Anionenbestimmung die Ionenchromatographie mit ihren vielen Möglichkeiten durchgesetzt. Grundlagen der Ionenchromatographie, die 1975 erstmals vorgestellt wurde, sind in Abschn. 4.7.9 erläutert. Die Vorteile der Ionenchromatographie liegen vor allem in Schnelligkeit, Empfindlichkeit, Selektivität und Simultanität (Schäfer et al., 1996).

Für extreme Spurenanalysen wie im Fall Bromat oder Chlorat wird die Ionenchromatographie mittlerweile auch mit Nachsäulenderivatisierung und gekoppelt an massenspektrometrische Detektoren eingesetzt (Wagner et al., 2002).

Für eine Vielzahl der Anionen existieren ionenselektive Elektroden für deren Bestimmung, z. B. für Fluorid (Weil und Quentin, 1978) sowie für Chlorid bzw. Nitrat (Kolb et al., 1992). Diese Methoden haben sich aufgrund ihrer einfachen Handhabung vor allem bei vor-Ort-Untersuchungen durchgesetzt. Die neuen Ionenmeter sind in der Lage, Messwerte zu speichern, und die Messergebnisse können auf jedem Computer ausgewertet werden (Funk und Schär, 1996; Metrohm, Firmenschrift 1999).

Die photometrischen Methoden (siehe Abschn. 4.7.5) bleiben aufgrund ihrer hohen Empfindlichkeit wie z. B. bei Ammonium und ortho-Phosphat ein wichtiger Bestandteil im Wasserlabor (Schwedt und Lanei, 1997).

Die routinemäßige Anwendung bei einer großen Probenanzahl der nasschemischen Verfahren wird durch die Fließinjektionsanalyse (FIA) oder Durchflussanalyse (DFA) realisiert (Möller, 1987; Ruzicka und Hansen, 2000). Bei der Fließanalyse erfolgt eine automatische Probendosierung in ein Fließsystem. Die in der Probe enthaltenen Stoffe reagieren mit den entsprechenden Reagenzien während des Durchfließens des Systems. Die photometrische Bestimmung erfolgt im Durchfluss (Stadler et al., 1993).

Tab. 4.25: Genormte Analysenverfahren zur Bestimmung der nichtmetallischen anorganischen Stoffe im Wasser.

Parameter und Messbereich	Methode	Bemerkungen	DEV, Normen
Ammonium-Stickstoff 0,03–1 mg/l	a) photometrisch: Extinktionsmessung des blauen Farbstoffs bei 655 nm nach 1–3 h	mit erfasst werden primäre Amine und teilweise Chloramine; Chlor zehrende Stoffe führen zu Minderbefunden	DIN 38406-5:1983
0,5–1000 mg/l	b) maßanalytisch nach Destillation aus schwach basischer Lösung als Ammoniak; Auffangen in borsaurer Lösung, Titration mit Salzsäure (Indikator: Bromthymolblau)	Störungen durch Harnstoff, hydrolysierb. organische N-Verbindungen, wasserdampfflüchtige Basen	DIN 38406-5:1983
	c) Bestimmung mit der Fließanalyse (CFA, FIA) und spektrometrischer Detektion:		
0,1–10 mg/l	c1) FIA: Injektion der Probe in Trägerstrom, Bildung von Ammoniak bei pH = 12; Abtrennung des Ammoniak in einer Diffusionszelle durch eine hydrophobe, semipermeable Membran und photometrische Messung der pH-Wert-Verschiebung durch Indikator im Durchfluss	Störung durch niedermolekulare Amine, hohe Konzentrationen an Metallionen (Entfernung der organischen Matrix mittels Dialyse)	EN ISO 11732:2005
0,1–10 mg/l	CFA: Reaktion des Ammonium in gassegment. Trägerstrom, Bildung des blaugrünen Indophenol-Farbstoffs bei Temperaturen von 37–50 °C und photometr. Messung bei 640–660 nm im Durchfluss	Störung durch niedermolekulare Amine, hohe Konzentrationen an Metallionen (Entfernung der organischen Matrix mittels Dialyse)	EN ISO 11732:2005
0,1–10 mg/l	d) ionenchromatographische Bestimmung von gelösten Kationen, u. a. auch Ammonium-Stickstoff	erfasst auch Alkali- und Erdalkalimetall-Ionen, Konzentrationsbereich für 10 µl Injektionen	DIN EN ISO 14911:1999
Arsen(III)/Arsen(V) 0,5–50 µg/l	Chromatographische Trennung von Arsen(III)- und Arsen(V)-Spezies mit ICP-MS oder HG-AFS-Detektion	befasst sich nicht mit Arsenobetain und anderen organischen Arsen-Spezies, die im Wasser typischerweise nicht vorkommen	ISO/TS 19620:2018

Borat 0,01–1 mg/l	photometrische Bestimmung mittels Azomethin H: Extinktionsmessung des gelben Farbstoffs bei einer Wellenlänge von 414 nm	keine Glasgeräte verwenden; Extraktion bei hohen Gehalten an störenden Stoffen mit 2-Ethyl-hexan-1,3-diol erforderlich	DIN 38405-17:1981 ISO 9390:1990
Bromid 0,05–20 mg/l 0,05–20 mg/l	ionenchromatographische Bestimmung von gelösten Anionen a) mit Leitfähigkeitsdetektion bei gering belasteten Wässern b) mit UV-Detektion (200–215 nm)	Störungen durch organische Säuren, wie Malonsäure, Malein-, Apfelsäure; Querempfindlichkeit bei großen Konz.-Unterschieden zu anderen Ionen; geeignet für Abwasser	EN ISO 10304-1:2009
Bromat 0,005–1 mg/l 0,0005–0,015 mg/l	ionenchromatographische Bestimmung von gelöstem Bromat mit a) Leitfähigkeitsdetektion und UV-Detektion (190–205 nm) b) Nachsäulenderivatisierung mit Triiodid und Detektion bei 352 nm	Kapazität der Voranreicherung und Leistung der Trennsäule ist begrenzend mit ISO 15061 kombinierbar, weitere Anionen sind detektierbar	DIN EN ISO 15061 EN ISO 11206:2013
Chlor 0,03–5 mg/l	a) maßanalytisch a1) Bestimmung von freiem und gebundenem Chlor mit zugesetztem DPD (N,N-Diethyl-p-phenylendiamin) bei pH = 6,5 als Indikator (roter Farbstoff), durch Titration mit Ammoniumeisen-II-sulfat (Umschlag rot zu farblos); freies Chlors in Abwesenheit bzw. Gesamtchlor nach Zusatz von Iodid; gebundenes Chlor aus der Differenz	Durchführung der Analyse unmittelbar nach Probenahme (Chlorzehrung) Störung durch oxidierende Stoffe wie Brom, Ozon zur Definition von freiem und gebundenem Chlor siehe Abschn. 9.5.3	DIN EN ISO 7393-1:2000
0,7–15 mg/l	a2) iodometrische Bestimmung von Gesamtchlor nach Reduktion mit Thiosulfat (Zugabe von Iodid sowie Stärke als Indikator) und Titration überschüssigen Thiosulfats mit Kaliumiodat bis zur Blaufärbung		DIN EN ISO 7393-3:2000
	b) spektrometrische Bestimmung von freiem und gebundenem Chlor mittels DPD mit oder ohne Iodid-Zusatz analog zu a)	wie a)	ISO 7393-2:2017

Tab. 4.25 (fortgesetzt)

Parameter und Messbereich	Methode	Bemerkungen	DEV, Normen
0,03–5 mg/l	b1) photometrisch 2 min nach Zusatz von DPD durch Extinktionsmessung bei einer Wellenlänge von 510 nm		
0,03–5 mg/l	b2) colorimetrisch 2 min nach Zusatz von DPD durch Farbvergleich		
Chlordioxid 0,03–0,8 mg/l	maßanalytisch bei pH 6,2–6,5 mit DPD als Indikator durch Reduktion von Chlordioxid zu Chlorit-Ion bei der Titration mit Ammoniumeisen-II-sulfat (Farb-Umschlag von rot nach farblos)	Störung durch oxidierende Stoffe wie Brom, Chlor; Reduktion zu Chlorid-Ionen bei niedrigen pH-Werten (siehe Abschn. 9.5)	DIN 38408-5
keine Angabe	maßanalytisch mit Thiosulfat nach Reaktion von Chlordioxid mit Kaliumiodid bei pH 7,2, Kontrollreaktion und Bestimmung von Chlorit nach Absenkung des pH auf < 2.	Störungen durch andere Oxidationsmittel möglich	EN 12671:2016
0,02–2,5 mg/l	photometrische Messung der Abnahme der Absorbanz einer verdünnten saures Chromviolett K-Lösung bei 548 nm	spezifisch für in-situ erzeugte Chlordioxidlösungen	EN 12671:2016
Chlorid 10–150 mg/l	a) maßanalytische Bestimmung nach Mohr mit Silbernitrat und Zusatz von Chromat als Indikator; Bildung des schwerlöslichen Silberchlorids und Farb-Umschlag von grüngelb auf schwach rotbraun durch Bildung von Silberchromat am Endpunkt	nur für relativ saubere Wässer; Störungen durch Bildung schwerlöslicher Silbersalze (Bromid-, Iodid-, Cyanid-, Hexacyanoferrat-(II)- und -(III)-Ionen)	DIN 38405-1-1
7–140 mg/l	b) potentiometrisch als Wendepunkt der Titrationskurve (Silber- oder Chlorid-Ionen-selektive Elektrode) gegen Zugabe Silbernitrat	auch für trübes Wasser; Störungen der Ag-Elektrode durch Fe(III) und Chromat	DIN 38405-1-2
> 10 mg/l	c) coulometrisch als Potenzialsprung (oder Sprung der elektr. Leitfähigkeit) an einer Silberanode, von der elektrolytisch Silber-Ionen an das Wasser abgegeben werden (siehe Abschn. 4.6.2).	auch für gefärbte und getrübte Wässer, Störungen bei bereits kleinen Konz. an Br-, I-, Sulfid-, Cu-, Fe-, Chromat-Ionen	DIN 38405-1-3

> 500 mg/l	e) gravimetrische Bestimmung: Fällung des Silberchlorids aus salpetersaurer Lösung	besonders geeignet für hohe Konz.; Bromid und Iodid werden mit erfasst Störungen durch organische Säuren; Querempfindlichkeit bei großen Konz.-Unterschieden zu anderen Ionen Messbereich jeweils nur eine Dekade	DIN 38405-1-4
0,1–50 mg/l	f) ionenchromatographische Bestimmung von gelösten Anionen mit Leitfähigkeitsdetektion (s. Abschn. 4.7.9)		EN ISO 10304-1:2007 EN ISO 10304-4:1997
1–1000 mg/l	g) mittels Fließanalyse (CFA und FIA) und photometrischer oder potentiometrischer Detektion		EN ISO 15682:2001
Chlorit 0,01–10 mg/l	ionenchromatographische Bestimmung von gelösten Anionen: Messbereich je nach Detektor: Leitfähigkeit: 0,05–10 mg/l; UV (207–330 nm): 0,1–1 mg/l; amperometrisch (0,4–1,0 V): 0,01–1 mg/l	Für niedrig belastete Wässer, Störungen durch hohe Konz. an Chlorid, Bromid oder organische Säuren	EN ISO 10304-4:1997
Chlorat 0,03–10 mg/l	ionenchromatographische Bestimmung von gelösten Anionen mit Leitfähigkeitsdetektion	Störungen analog zu Chlorit	EN ISO 10304-4:1997
Chromat 2–50 µg/l	a) photometrische Bestimmung von Chromat mittels 1,5-Diphenylcarbazid bei 540 nm	für niedrig belastete Wässer	DIN EN ISO 18412:2005
0,02–2 mg/l	b) mittels Fließanalyse (CFA und FIA) und photometrischer Detektion analog zu a)	nach Anpassung für alle Wasserarten geeignet	DIN EN ISO 23913:2009
0,05–50mg/l	c) ionenchromatographisch mit photometrischer Detektion bei 365 nm		DIN EN ISO 10304-3:1997
Cyanid 5–50 µg/l	a) photometrisch nach Austreibung der Cyanide (bei Gesamtcyanid bei erhöhter Temperatur) aus saurer Lösung und Absorption in NaOH-Lösung. Diese Absorptionslösung wird nach Reaktion des Cyanids mit Färbereagenz bei 605 nm photometrisch analysiert.	für Grund-, Oberflächenwässer, Trinkwasser geeignet. Unterscheidung nach Gesamt- und leicht freisetzbaren Cyanid	DIN 38405-13:2011
0,005–1 mg/l	b) ionenchromatographisch mit amperometrischer Detektion von CN^- an einer Ag-Elektrode in der NaOH-Lösung nach a)	keine Störung in der IC	DIN 38405-7:2002
0,005–1 mg/l	c) potentiometr. Titration von Cyanid in der NaOH-Lösung nach a) mit Ag-Ionen, Bildung des Dicyano-Argentat-Komplexes	Störung durch Sulfid möglich	DIN 38405-7:2002

Tab. 4.25 (fortgesetzt)

Parameter und Messbereich	Methode	Bemerkungen	DEV, Normen
2 – 500 µg/l	d) mittels Fließanalyse (CFA und FIA) und photometrischer Detektion analog zu a)		EN ISO 14403-1:2012 (FIA) EN ISO 14403-2:2012 (CFA)
Fluorid 0,2–200 mg/l ≥ 0,2 mg/l	a) mit Fluorid-Ionen selektiver Elektrode (siehe Abschn. 4.6.2): a1) direkt in der wässrigen Probe a2) des anorganisch gebundenen Fluorids nach Aufschluss mit NaOH, Eindampfen und Abtrennung durch Wasserdampf-Destillation	Messung ist abhängig von pH-Wert und Temperatur; Störungen durch Fluorid-Komplexe, z. B. Aluminium, Eisen, Bor, werden durch die Destillation beseitigt	DIN 38405-4:1985
0,1–10 mg/l	b) ionenchromatographisch mit Leitfähigkeitsdetektion	geeignet für gering belastete Wässer, Störungen durch geringe Konzentrationen von Ameisen-, Essigsäure, Carbonaten	EN ISO 10304-1:2007
Iodid 0,1–50 mg/l	ionenchromatographisch mit Leitfähigkeits-, UV- (205–236 nm) oder amperometrischer (0,7–1,1 V) Detektion	Sulfat und organ. Säuren wie Mono- und Dicarbonsäuren stören; organ. Lösemittel in Eluenten stören bei UV-Detektion	D22, EN ISO 10304-3:1997 Abschnitt 4
Kohlenstoff, anorganisch	a) Berechnung von Q_c (Synonym: DIC oder cCt) aus p- und m-Wert, siehe Abschn. 3.2.3 b) Messung der pH-Änderung durch CO_2 in Membran-Sonden oder als DIC neben der Bestimmung von DOC	bei natürlichen Wässern kann meist auch DIN 38405-D8 angewendet werden DIC neben DOC siehe Abschn. 4.9.2	DIN 38408-1-1

Nitrat-N	a) photometrische Bestimmung	geeignet für wenig verschmutzte Wässer	
0,1–25 mg/l	a1) nach 10 min Reaktionszeit mit 2,6-Dimethylphenol zu 4-Nitro-2,6-dimethylphenol; Extinktionsmessung bei 324 nm innerhalb 1 h	bei Störung durch Nitritkonzentration ist die Probenvorbereitung zu beachten	DIN 38405-9-D9:2011
0,2–45 mg/l	a2) mittels p-Fluorphenol als 2-Nitro-4-Fluorphenol nach Wasserdampfdestillation; Extinktionsmessung des gelben Farbstoffs bei einer Wellenlänge von 415 nm	Analyse sollte bald nach Probenahme aufgrund der möglichen Veränderung der Stickstoffverbindungen erfolgen	DIN 38405-9:2011 (Anhang)
0,013–0,2 mg/l	a3) nach Reaktion mit Sulfosalicylsäure	geringes Probevolumen, Störungen durch Cl, Orthophosphate, Mg und Mn(II)	DIN 38405-29:1994
0,1–50 mg/l	b) ionenchromatographische Bestimmung b1) Leitfähigkeitsdetektion b2) UV-Detektion (200–215 nm)	Querempfindlichkeiten bei großen Konz.-Unterschieden; Störung durch organ. Säuren wie Malein-, Malon-, Apfelsäure	EN ISO 10304-1:2007
0,2–20 mg/l	c) Fließanalyseverfahren mit spektrometr. Detektion (FIA und CFA): Reduktion von Nitrat an metallischem Cd zu Nitrit; Diazotierung und Kupplung des Nitrits zu einem roten Farbstoff; Extinktionsmessung im Durchfluss, Konz. von Nitrit in der Probe berücksichtigen	Störungen der Reduktion des Nitrats bei pH-Wert-Schwankungen	DIN EN ISO 13395:1995
Nitrit-N 0,01–1,0 mg/l	a) Fließanalyseverfahren mit spektrometr. Detektion (FIA und CFA): Extinktionsmessung im Durchfluss nach Diazotierung und Kupplung des Nitrit zu einem roten Farbstoff im Fließsystem	Analyse unmittelbar nach Probenahme, Stabilisierung von Nitrit ist nicht möglich; Störungen durch organische Matrix, größere Partikel (> 0,1 mm), Eigenabsorption der Probe	DIN EN ISO 13395:1995
0,05–20 mg/l	b) ionenchromatographische Bestimmung b1) Leitfähigkeitsdetektion b2) UV-Detektion (200–215 nm)	Querempfindlichkeiten bei großen Konz.-Unterschieden; Störung durch organ. Säuren wie Malein-, Malon-, Apfelsäure Störungen	EN ISO 10304-1:2007
0,005–10 mg/l	c) photometrisch nach Diazotierung mit 4-Aminobenzolsulfonamid und Phosphorsäure und Kupplung mit N-(1-Naphthyl)-ethylendiamindihydrochlorid; Extinktionsmessung des rosa Farbstoffs bei 540 nm	durch Chloramine, Chlor, Thiosulfat, Natriumpolyphosphat, Fe(III) Störungen bei stark alkalischen Proben	DIN EN 26777:1993

Tab. 4.25 (fortgesetzt)

Parameter und Messbereich	Methode	Bemerkungen	DEV, Normen
Ozon 0,1–25 mg/l	a) maßanalytisch mittels Iodometrie: Oxidation von Iodid zu Iod durch Ozon; Bildung einer Einlagerungsverbindung mit Stärke, Titration mit Natriumthiosulfat (Farbumschlag von blau nach farblos)	Störungen durch Oxidationsmittel wie Chlor, Brom und organische Peroxide	DIN 38408-3:2011 Abschnitt 1
	b) photometrisch	bei b1) Störungen wie a),	
0,02–2,5 mg/l	b1) mittels DPD (siehe Chlor) bei pH = 6	bei b2) Störungen durch Oxidationsmittel vernachlässigbar; auch für organisch höher	DIN 38408-3:2011 Abschnitt 2
0,05–10 mg/l	b2) nach Entfärbung von Indigotrisulfonat durch Ozon, durch Messung der Abnahme der Extinktion bei 600 nm	belastete Wässer geeignet	DIN 38408-3:2011 Abschnitt 3
Perchlorat < 1 µg/l	Bestimmung von gelöstem Perchlorat mittels Ionenchromatographie (IC) mit Leitfähigkeitdetektion kombiniert mit Matrixentfernung	Anpassung an die Wassermatrix anhand Probenvorbehandlung notwendig. Alternative Detektionen wie ESI-MS nicht thematisiert.	ISO 19340:2017
Phosphat-P 0,005–0,8 mg/l	a) photometrische Bestimmung von ortho-Phosphat mittels Ammoniummolybdat als Molybdänblau-Komplex; Extinktionsmessung des Komplexes bei 880 nm	Zugabe von Thiosulfat bei Anwesenheit von Arsenat	DIN EN ISO 6878:2004 Abschnitt 4
0,1–20 mg/l	b) ionenchromatographische Bestimmung von ortho-Phosphat mit Leitfähigkeitsdetektion	unzureichende Trennung bei großen Konz.-Unterschieden; Störung durch organ. Säuren	DIN EN ISO 10304-1:2007
0,0005–0,01 mg/l	c) wie a) nach Extraktion des gebildeten Komplexes; Extinktionsmessung gegen Hexanol bei 680 nm	geeignet für Meerwasser, geringere Nachweisgrenze im Vergleich zu a) durch Extraktionsschnitt	DIN EN ISO 6878:2004 Abschnitt 5
0,005–0,8 mg/l	d) photometrisch wie a) von hydrolysierbarem Phosphat und ortho-Phosphat: saurer Aufschluss mit Schwefelsäure bei pH <1		DIN EN ISO 6878:2004 Abschnitt 6
0,005–0,8 mg/l	e) photometrisch wie a) von Gesamtphosphor nach Oxidation bzw. Aufschluss mit Peroxidsulfat	bei höherem DOC ist die Oxidation mit Salpetersäure/Schwefelsäure erforderlich Arbeiten unter einem Abzug	DIN EN ISO 6878:2004 Abschnitt 7

0,005–0,8 mg/l	f) photometrisch wie a) von Gesamtphosphor nach Salpetersäure-Schwefelsäure-Aufschluss im Kjeldahl-Kolben		DIN EN ISO 6878:2004 Abschnitt 8
0,005–20 mg/l	g) mittels Fließanalyse (CFA und FIA) und photometrischer Detektion analog a)	mit Unterscheidung von o-Phosphat und Gesamtphosphor	DIN EN ISO 15681:2004
Sauerstoff, gelöst 0,2–20 mg/l 0–100 % Sättigung	a) iodometrische Bestimmung nach Winkler: Oxidation von Mn(II) zu Mn(III)- und Mn(IV)-Oxiden, diese oxidieren zugegebenes Iodid zu Iod, das maßanalytisch mit Natriumthiosulfat bestimmt wird.	Störung durch leicht oxidierbare Stoffe wie Huminsäure, Sulfide (Durchführung von ISO 5814)	DIN EN 25813:1993
	b) elektrochemische mit einer Membran-Sonde durch Messung der Potentialdifferenz, die proportional ist zum Massenstrom des Sauerstoffs durch die Membran und zur O_2-Konzentration im Wasser c) Sauerstoffsättigungsindex, relative O_2-Konzentration in Bezug auf die temperaturabhängige Sättigungskonzentration, in %.	Beachten des Temperatureinflusses	DIN EN ISO 5814:2013
Silikat 0,05–20 mg/l	Bestimmung von gelösten Silikaten mittels Fließanalytik (FIA und CFA) und photometrischer Detektion der Molybdatokieselsäure bei 820 nm	Störung durch Arsenat und Phosphat	DIN EN ISO 16264 – 2004
Sulfat 20–300 mg/l	a) indirekte Bestimmung mittels komplexometrischer Titration von überschüssigen Barium-Ionen mit EDTA nach Fällung von Bariumsulfat. Vor Zusatz von Bariumchlorid muss ein Austausch der in der Wasserprobe enthaltenen Kationen gegen Wasserstoff-Ionen erfolgen; Indikator: Eriochromschwarz T, Farbumschlag nach blau	Störungen durch Trübungen der Probe und Sulfit-Ionen gefärbte Wasser nach D5-2 untersuchen Proben mit geringer Sulfatkonzentration eindampfen	D5, DIN 38405-5:1985 Abschnitt 1
> 100 mg/l	b) gravimetrische Bestimmung als Bariumsulfat	Störungen durch Kieselsäure (> 25 mg/l), ungelöste Stoffe, organische Stoffe (CSB > 30 mg/l)	DIN 38405-5:1985 Abschnitt2

Tab. 4.25 (fortgesetzt)

Parameter und Messbereich	Methode	Bemerkungen	DEV, Normen
0,1–100 mg/l	c) ionenchromatographisch mit Leitfähigkeitsdektion	Störungen durch organische Säuren, wie Malonsäure, Malein-, Apfelsäure und hohe Konz. an Iodid oder Thiosulfat	DIN EN ISO 10304-1:2007
Sulfid	a) Sulfidbestimmung mittels Gasextraktion mit unterschiedlichen Bestimmungstechniken		DIN 38405-27:2017
0,04–1,5 mg/l	a1) photometrische Bestimmung von Sulfid nach Reaktion mit Dimethyl-p-phenylendiamin und Oxidation mit Fe(III) zu Methylenblau; Extinktionsmessung bei 665 nm Aus der filtrierten Probe wird H_2S mit Stickstoff in eine Zinkacetatlösung überführt, die vor der Reaktion angesäuert wird.	Durchführen der Analyse bald nach Probenahme; Störungen von Cyanid, Iodid, in hohen Konzentrationen von Thiosulfat, Thiocyanat, Sulfit	
0,04–1,5 mg/l	a2) photometrische Bestimmung des leicht freisetzbaren Sulfids: Stabilisierung der Probe mit Zinkacetat, Ausblasen des leicht freisetzbaren Sulfids mit Stickstoff bei pH = 4 in Zinkacetatlösung Reaktion mit sauren Dimethyl-p-phenylendiamin und Eisen-III-Ionen zu Methylenblau, Extinktionsmessung bei 665 nm a3) elektrochemische Bestimmung des Sulfids, ansonsten analog zu a1) und a2)	vollständige Erfassung der gelösten Sulfide, unvollständige von ungelösten Sulfiden in Abhängigkeit von Löslichkeit und Alterungszustand, Quecksilbersulfid wird nicht erfasst, Störungen wie bei a)	
Sulfit 0,1–50 mg/l	ionenchromatographische Bestimmung mit Leitfähigkeits- oder UV-(205–220 nm) Detektor	Störung durch Querempfindlichkeit von Halogeniden (Probenvorbereitung), Nitrat, Nitrit, Phosphat und Sulfat	EN ISO 10304-3:1997 Abschnitt 5
Thiocyanat **Thiosulfat** 0,1–50 mg/l	ionenchromatographisch mit Leitfähigkeits-, UV-(205–220 nm) oder amperometrischer (0,7–1,1 V) Detektion	Störung durch organische Säuren wie Mono- und Dicarbonsäuren	EN ISO 10304-3:1997 Abschnitt 4

Die vorige Tab. 4.25 gibt einen Überblick über genormte Verfahren zur Bestimmung nichtmetallischer anorganischer Wasserinhaltsstoffe.

In der Tabelle sind die Parameter (Spalte 1) alphabetisch gelistet. Für eine Vielzahl der Parameter sind mehrere Analysenverfahren möglich. Diese sind in der Tabelle ohne Rangfolge gelistet. Für welches Analysenverfahren man sich entscheidet, hängt von den gegebenen Möglichkeiten und den analytischen Anforderungen wie zu erwartender Messbereich der zu untersuchenden Proben und deren mögliche Störungen ab. In der Tabelle wurde der Versuch unternommen, dies in möglichst kompakter Form darzustellen. In Spalte 2 wird das grundlegende Prinzip des Analysenverfahrens kurz beschrieben. Der in Spalte 1 angegebene „Messbereich" gibt einen Hinweis darauf, welches Verfahren für eine konkrete Aufgabe zweckmäßig erscheint und eventuell auftretende Störungen werden in Spalte 3 „Bemerkungen" aufgeführt. Die Spalte 4 „Normen" zitiert die entsprechende Norm für diesen Parameter. Dabei werden universelle Methoden, bei denen mehrere Anionen parallel bestimmt werden können, wie z. B. EN ISO 10304 bei verschiedenen Parametern genannt.

E. Stottmeister und A. Kämpfe

4.12 Bestimmung organischer Wasserinhaltsstoffe

Die Notwendigkeit der qualitativen und quantitativen Bestimmung organischer Wasserinhaltsstoffe im Wasser ist heute vor allem aus hygienischer und toxikologischer Sicht unbestritten und hat darüber hinaus auch zur Beurteilung von anthropogenen Einflüssen auf Wasserressourcen und als Schlussfolgerung daraus für den Ressourcenschutz große Bedeutung erlangt. Ihre analytische Bestimmung umfasst meist folgende Schritte:

- Probenahme- und Lagerung (Abschn. 4.2),
- Isolierung der Verbindungen aus Wasser und/oder deren Anreicherung (Abschn. 4.13),
- Derivatisierung (chemische Umwandlung in eine für die Analyse geeignete Form, falls dazu die Notwendigkeit besteht),
- Auftrennung in Einzelsubstanzen (Abschn. 4.7.7; 4.7.8),
- Identifizierung und Quantifizierung (Abschn. 4.7.7; 4.7.8).

Für diese Analysenstufen stehen verschiedene Methoden zur Verfügung, die je nach Problemstellung, Beschaffenheit der Probe, insbesondere hinsichtlich Begleitmatrix, verfügbarer instrumenteller Ausrüstung und Präferenz des Analytikers zur Anwendung kommen. Tab. 4.26 gibt einen Überblick über die zurzeit genormten und damit anerkannten Analysenverfahren für organische Wasserinhaltsstoffe, veröffentlicht in den Deutschen Einheitsverfahren (DEV) zur Wasser-, Abwasser- und

Tab. 4.26: Ausgewählte genormte Analysenverfahren zur Bestimmung organischer Wasserinhaltsstoffe.

Stoff/Stoffgruppe	Messbereich	Methode	Bemerkungen	DEV, Norm:	Ausgabe
Acrylamid	> 0,03 µg/l	HPLC	Festphasenextraktion, MS/MS	P 6, DIN 38413-6:	2007
Alkylphenole	> 0,005 µg/l bis < 0,2 µg/l	GC	Flüssig-Flüssig-Extraktion, MS	DIN EN ISO 18857-1	2007
Alkylphenole, Alkylphenol-Ethoxylate	> 30 ng/l	GC	Festphasenextraktion, Derivatisierung, MS	DIN EN ISO 18857-2:	2012
Aminomethylphosphonsäure	> 0,05 µg/l	HPLC	Anreicherung an Kationenaustauscher Nachsäulenderivatisierung, FD	F22, DIN 38407-22:	2001
	> 0,03 µg/l	HPLC	MS/MS	F45, DIN ISO 16308	2017
Anilin-Derivate	> 0,1 µg/l	GC	Flüssig-Fest- und Flüssig-Flüssig-Extraktion, MS, NPD	F16, DIN 38407-16:	1999
Benzol und Derivate	> 0,1 µg/l	GC	Dampfraumanalyse (Headspace), MS	F43, DIN 38407-943:	2014
Bisphenol A	> 50 ng/l	GC	Festphasenextraktion, Derivatisierung, MS	DIN EN ISO 18857-2:	2012
Chlorbenzole	> 1 bis > 10 ng/l	GC	Flüssig-Flüssig-Extraktion, ECD	F1, DIN EN ISO 6468:	1997
Chlorphenole	> 0,1 µg/l bis < 1 mg/l	GC	Derivatisierung mit Acetanhydrid, Flüssig-Flüssig-Extr., ECD, MS	DIN EN 12673:	1999
Dalapon	> 0,05 µg/l	GC	Flüssig-Flüssig-Extr., Derivatisierung mit Diazomethan, ECD, MS	F25, DIN EN ISO 23631:	2006
Ethylendinitrotetraessigsäure (EDTA)	0,5 bis 200 µg/l	GC	Probenkonservierung mit Formaldehyd, Derivatisierung zum Propyl- oder Butylester, Flüssig-Flüssig-Extraktion, MS, NPD	DIN EN ISO 16588:	2004
Explosivstoffe	> 0,1 bis > 0,5 µg/l	HPLC	Fest-Flüssig-Extraktion, UV-DAD-Detektion	F21, DIN EN ISO 22478:	2006

Glyphosat	> 0,05 µg/l	HPLC	Anreicherung an Kationenaustauscher, Nachsäulenderivatisierung, FD	F22, DIN 38407-22:	2001
	> 0,03 µg/l	HPLC	MS/MS	F45, DIN ISO 16038	2017
Haloessigsäuren	> 0,05 µg/l	GC	Flüssig-Flüssig-Extr., Derivatisierung mit Diazomethan, ECD, MS	F25, DIN EN ISO 23631:	2006
Halogenkohlenwasserstoffe leichtflüchtige	0,01 bis 200 µg/l	GC	Flüssig-Flüssig-Extraktion, Headspace-Verfahren, ECD	F4, DIN EN ISO 10301:	1997
		GC	Purge-und-Trap-Anreicherung, thermische Desorption, MS	F19, DIN EN ISO 15680:	2004
Kohlenwasserstoffe, schwerflüchtige	> 1 bis > 10 ng/l	GC	Flüssig-Flüssig-Extraktion, ECD	F1, DIN EN ISO 6468:	1996
Mikrocystine		HPLC	Festphasenextraktion, UVD	F29, DIN ISO 20179	2007
Nitrilotriessigsäure (NTA)	1 bis 200 µg/l	GC	Probenkonservierung mit Formaldehyd, Derivatisierung zum Propyl- oder Butylester, Flüssig-Flüssig-Extraktion, MS, NPD	DIN EN ISO 16588:	2004
Nitroaromaten	> 0,05 µg/l	GC	Fest-Flüssig-Extraktion, Flüssig-Flüssig-Extr., ECD, NPD, MS	F17, DIN 38407-17:	1999
Nitrophenole	> 0,5 µg/l	GC	Fest-Flüssig-Extraktion, Derivatisierung mit Diazomethan, MS	F23, DIN EN ISO 17495:	2003
Organochlorinsektizide	> 1 bis > 10 ng/l	GC	Flüssig-Flüssig-Extraktion, ECD	F 1, DIN EN ISO 6468:	1996
Organophosphor-Verb.	> 0,01 bis 0,1 µg/l	GC	Flüssig-Flüssig-Extraktion, FP, ECD, NPD, MS, AED	F 24, DIN EN 12981:	1999

Tab. 4.26 (fortgesetzt)

Stoff/Stoffgruppe	Messbereich	Methode	Bemerkungen	DEV, Norm:	Ausgabe
Pflanzenbehandlungsmittel	> 0,1 µg/l	HPLC	Fest-Flüssig-Extraktion, UVD	F12, DIN EN ISO 11369:	1997
		GC	Festphasenmikroextraktion (SPME), MS	F34, DIN EN ISO 27108	2013
Phenoxyalkancarbonsäure-Herbizide	> 50 ng/l	GC	Fest-Flüssig-Extraktion, Derivatisierung mit Diazomethan, MS	F20, DIN EN ISO 15913:	2003
Phthalate	> 0,02 µg/l bis < 0,150 µg/l	GC	Festphasenextraktion, MS	F26, DIN EN ISO 18856:	2005
Polychlorbiphenyle	> 1 bis > 10 ng/l	GC	Flüssig-Flüssig-Extraktion, ECD	F1, DIN EN ISO 6468:	1996
	> 1 bis > 10 ng/l		Flüssig-Flüssig-Extraktion, ECD, MS	F3, DIN 38407-3:	1998
Polycyclische aromatische Kohlenwasserstoffe PAK	> 0,005 µg/l	HPLC	Flüssig-Flüssig-Extraktion, FD	F18, DIN EN ISO 17993:	2004
Poly- und Perfluorierte Verbindungen	> 0,01 µg/l	HPLC	Fest-Flüssig-Extraktion, MS	F42, DIN 38407-42	2011
Trihalogenmethane	> 1 µg/l	GC	Headspace-Analyse, MS, ECD, speziell für Schwimm- und Badebeckenwasser	F30, DIN 38407-30:	2007
VOC (flüchtige organische Verbindungen)	> 0,01 µg/l	GC	Dampfraumanalyse (Headspace), Festphasenmikroextraktion (SPME), MS	DIN EN ISO 17943:	2016

GC = Gaschromatographie; HPLC = Hochleistungsflüssigkeitschromatographie; FD = Fluoreszenzdetektor; MS = Massenspektrometer; NPD = Stickstoff/Phosphor-Detektor; FID = Flammenionisationsdetektor; ECD = Elektroneneinfangdetektor; UV-DAD = UV-Diodenarry-Detektor; UVD = UV-Detektor; AED = Atomemissionsdetektor

Schlammuntersuchung. Sie sollen dem Analytiker eine Hilfe sein, anstehende Analysenprobleme in der Praxis gezielt anzugehen. Ihre Anwendung und Übertragung auf eigene Fragestellungen wird empfohlen, da es sich um erprobte und validierte Verfahren handelt. Darüber hinaus bieten sie dem Anfänger in der Wasseranalytik eine gewisse Orientierungshilfe und trennen in vielen Fällen die „Spreu vom Weizen“ bei den vielen in der Literatur publizierten Analysenmethoden. Wenn anerkannte Verfahren noch nicht zur Verfügung stehen, muss der Analytiker in der Praxis gezielt nach geeigneter Literatur, z. B. in einschlägigen wissenschaftlichen Datenbanken, zur Bestimmung organischer Verbindungen in der Matrix Wasser suchen.

Fortschritte in der Entwicklung der hochauflösenden Massenspektrometrie ermöglichen den Einsatz von Non-target-Methoden (engl.: nicht-zielgerichtet, d. h. nicht von vornherein festgelegte und erwartete Analyten) zum Auffinden von bisher unbekannten organischen Wasserinhaltstoffen. Auf der Basis exakt bestimmter Molekülmassen werden Summenformeln organischer Moleküle vorgeschlagen. Weiterführende Strukturaufklärung kann dann ebenfalls über die Bestimmung exakter Massen von Molekülfragmenten geschehen. In der Kombination mit chromatographischen Verfahren (z. B. LC oder GC) können Screening-Verfahren durchgeführt werden, sodass eine Vielzahl von Verbindungen in einer Probe aufgefunden werden können. Eine Identifizierung kann unmittelbar oder auch retrospektiv geschehen, jedoch erschwert die enorme Datenmenge, die solche Verfahren liefern, manchmal die Auswertung. Über erforderliches Auflösungsvermögen können Flugzeit-, Sektorfeld-, sowie Ionenfallen-Massenspektrometer (Orbitrap-Massenspektrometer oder Fourier-Transformation-Ionenzyklotronresonanz- (FT-ICR, ultrahochauflösend!) Massenspektrometer) verfügen. Anwendungsmöglichkeiten im Bereich der Wasseranalytik wurden vielfach publiziert und diskutiert, genormte Verfahren liegen gegenwärtig noch nicht vor. In Abhängigkeit von der Verbesserung der Verfügbarkeit entsprechender Geräte und des Umgangs mit großen Datenmengen ist eine Ausweitung des Anwendungsfeldes von Methoden mit hochauflösender Massenspektrometrie in Zukunft zu erwarten. Eine Übersicht zu deren Möglichkeiten und Grenzen für die Untersuchung und Überwachung von Roh- und Trinkwasser gibt die DVGW-Information „Wasser Nr. 93“ (Juni 2018).

C. Schlett und T. Licha

4.13 Isolierungs- und Anreicherungsmethoden

4.13.1 Allgemeines

Mit Bekanntwerden von Belastungen von Trink-, Grund- und Oberflächenwässern mit organischen Komponenten in den achtziger Jahren und mit Einführung des Trinkwassergrenzwertes von 0,1 µg/l für Pflanzenschutzmittel, rückten organische

Verbindungen verstärkt in den analytischen Fokus. Zur Erreichung der notwendig gewordenen Bestimmungsgrenzen wurden neue Anforderungen an die Stoffisolierung und an chromatographische Systeme gestellt. Zur Erfassung dieser Komponenten im unteren Mikrogramm/Liter- bzw. heute verstärkt auch im Nanogramm/Liter-Bereich mussten die Wirkstoffe aus den Wasserproben angereichert und aufkonzentriert werden, oft mit Faktoren von 1000, in Einzelfällen bis zu 10.000. Dazu wurden immer robustere und teilweise automatisierbare Anreichungstechniken entwickelt. Mit den Fortschritten in der instrumentellen Analytik, vor allem der Gaschromatographie (GC) und später auch der Ultrahochleistungsflüssigkeitschromatographie (UPLC) und deren Kopplungen mit der Massenspektrometrie (MS) wurden in den letzten 20 Jahren die Nachweisgrenzen deutlich verbessert. So können viele Stoffe im Wasser mit modernen UPLC-MS/MS-Systemen mit Nachweisgrenzen im sub Nanogramm/Liter-Bereich über Direktinjektion bestimmt werden. Wo immer vorteilhaft, werden auch zunehmend Large-Volume-Injektionen (LVI) in GC und LC eingesetzt, um die Nachweisgrenzen weiter zu senken. Bei LVI ist allerdings zu beachten, dass hier die Matrix der Probe schnell zur Kontamination des Analysensystems führen kann (z B. Verschleppung von Analyten, unsymmetrische Peakformen, hoher Rückdruck). Häufig nutzt man daher heutzutage die Anreicherungstechniken eher als Isolationstechnik zur Abtrennung der Analyten aus stark matrixbelasteten Proben. Bei weniger stark belasteten Proben kann auch zur Überwindung von Matrixproblemen bei LVI die so genannte *dilute and shoot* Methode verwendet werden. Hierzu wird, wie der Name bereits sagt, die Probe verdünnt und dann zwischen 50 und 250 µl in die GC- oder LC-Systeme injiziert.

Für die Analytik der so genannten Mikroschadstoffe, darunter sind vor allem die Wirkstoffe von Pflanzenschutzmitteln, Human- und Tierarzneimitteln, Körperpflegeprodukten, Reinigungsmitteln aber auch Genussmittel wie Koffein und künstliche Süßstoffe, Trihalogenmethane, organische Lösungsmittel, endokrine Substanzen, Geruchsstoffe, Polyzyklische Kohlenwasserstoffe (PAK), Komplexbildner u. a. m. stehen heute in der Wasseruntersuchung drei grundsätzliche Möglichkeiten als Probenvorbereitungschritte zur Verfügung, wobei der Einsatz in Abhängigkeit von den physikalisch-chemischen Eigenschaften des Analyten steht. Daraus können sich gewisse Einschränkungen ergeben. Als wichtigste Anreicherungsmethoden werden heute eingesetzt:

- Flüssig-Flüssig-Extraktionen;
- Fest-Flüssig-Extraktionen;
- Dampfraum-Techniken.

4.13.2 Flüssig-Flüssig-Anreicherung

Die Flüssig-Flüssig-(F/F-)Anreicherung wurde mit gutem Erfolg in der Untersuchung von Pflanzenschutzmitteln (PSM) oder anderen organischen Stoffen in Lebensmitteln eingesetzt. (DFG, 1991; Thier und Frehse, 1986). Dies war bis Mitte der achtziger Jahren die einzige Möglichkeit, Pflanzenschutz- und Schädlingsbekämpfungsmittel aus Wasserproben zu extrahieren. In der Wasseranalytik ist die einfache Flüssig-Flüssig-Extraktion, welche mit größeren Mengen an umweltschädlichen und toxischen Chemikalien (z. B. Dichlormethan, Chloroform, Toluol, Benzol) arbeitete, inzwischen oft miniaturisiert (LLME, liquid–liquid microextraction, Viñas et al., 2015; Xue et al., 2013; Vera-Avila et al., 2013) oder gegen die Festphasenextraktion (siehe Kapitel 4.13.3, Andrade-Eiroa et al., 2016a) ersetzt worden.

Als Eluenten eignen sich grundsätzlich alle Lösungsmittel, die sich auch bei der konventionellen Flüssig/Flüssig-Extraktion bewährt haben. Dazu gehören:
- Ether: Diethylether, Diisopropylether, tert.-Butylmethylether;
- Ester: Essigsäuremethylester, Essigsäureethylester;
- Kohlenwasserstoffe: Hexan, Cyclohexan;
- Halogenkohlenwasserstoffe: Chloroform, Dichlormethan.

Die Kombination mit polaren Lösungsmitteln ergibt besonders gute Elutionswirkungen (z. B. Essigsäureethylester/2-Propanol). Bewährt hat sich diese Methode bisher unter anderem in der Umwelt- und Rückstandsanalytik, in Brauch- und Abwässern (Varian, Firmenbroschüre 1998; Merck, Firmenbroschüre 1999).

Dieser Flüssig-Flüssig-Verteilungsschritt ist auch bestens dazu geeignet, Vor- bzw. Nachreinigungen durchzuführen, um so zu weniger belasteten Extrakten zu gelangen.

4.13.3 Fest-Flüssig-Anreicherung (SPE)

Die Fest/Flüssig-Anreicherung oder Festphasenextraktion SPE (englisch: solid phase extraction) ist ein Analysenschritt, der in der heutigen Konzeption erst in der Mitte der achtziger Jahre entwickelt wurde. Der Vorteil im Vergleich zu älteren Vorgehensweisen, wo man noch mit größeren Glassäulen arbeitete, liegt in einer Miniaturisierung, so dass man heute mit Bettvolumina bis zu 6 ml arbeitet. Für einige spezielle Anwendungen stehen Bettvolumina bis zu 20 oder sogar 50 ml zur Verfügung. Die SPE wird heute neben der Anreicherung oft auch zur Matrixabtrennung oder zur Analytenstabilisierung (Hillebrand et al., 2013) eingesetzt.

Bei der SPE wird die Wasserprobe (die unter Umständen filtriert und deren pH-Wert u. U. eingestellt werden muss) über ein konditioniertes Festphasenmaterial gegeben, das sich in einer kleinen Kunststoff- oder Glassäule befindet. Danach können die Wirkstoffe mit einem geeigneten Lösungsmittel eluiert werden (z. B. Schlett, 1990, 1993; Reupert et al., 1992). Die Arbeitsschritte der SPE und auch der Mikroextraktion (SPME, siehe Abschn. 4.13.4) sind in Abb. 4.12 dargestellt.

Diese sehr vereinfachte und schematische Darstellung gibt jedoch nicht wieder, welcher Aufwand betrieben werden muss, bis eine entsprechende Analysenmethode erstellt werden kann. Dabei sind vor allem folgende Fragen zu klären:
- Auswahl des Festphasenmaterials (Selektivität, Polarität),
- Bestimmung der spezifischen Festphasenmenge pro Liter Probe,

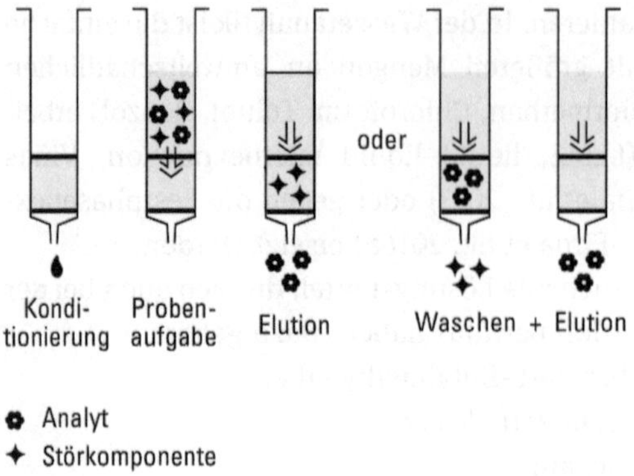

Abb. 4.12: Arbeitsschritte einer Festphasenextraktion (SPE).

- Auswahl des Elutionsmittels,
- Optimierung der einzelnen Arbeitsschritte, z. B. Konditionierung, Trocknung, Anreicherungsgeschwindigkeit und anderes mehr.

Die Anreicherung mittels SPE kann generell in folgende Schritte unterteilt werden:
- Filtration der Wasserprobe,
- Konditionierung des Adsorbens,
- pH-Wert-Einstellung in der Probe,
- Aufgeben der Wasserprobe,
- Waschen des Sorbens,
- Trocknen des Sorbens,
- Elution.

Die **Filtration** ist nur bei trübstoffhaltigen Proben notwendig, damit die Anreicherungssäulen nicht verstopfen. Es können nur gelöste Anteile bestimmt werden. Bei besonderen Fragestellungen bzw. Substanzbesonderheiten (z. B. bei Perfluorierten Tensiden) oder der Erfassung des trübeassoziierten Transports muss die Filtration unterbleiben. Auch ist bekannt, dass einige Stoffe mit den Filtermaterialien interagieren, wodurch es zu Minderbefunden kommen kann (Hebig et al., 2014).

Die **Konditionierung** (auch Solvatisierung genannt) ist notwendig, damit der Analyt mit dem Sorbens eine reproduzierbare und stabile Bindung eingehen kann. Damit spielen Adsorptionseffekte ebenfalls eine Rolle, wie z. B. Wasserstoffbrückenbindungen. Dieser Schritt stellt gleichzeitig einen Reinigungsschritt des Anreicherungsmaterials dar.

Unpolare Sorbentien konditioniert man normalerweise mit einem Lösungsmittel, das mit Wasser mischbar ist (z. B. Methanol, 2-Propanol, THF). Es folgt ein Lösungsmittel, in dem der Analyt löslich ist – was in der Wasseranalytik in den meisten Fällen Wasser ist. Dabei kann es notwendig sein, den pH-Wert an die analytischen Anforderungen anzupassen. Polare Stoffe werden in vielen Fällen bei pH 2 und kleiner angereichert, basische Stoffe wie z. B. Aniline dagegen bei pH 14. Das Verhältnis Festphasenmenge zu extrahierendem Wasservolumen kann die Extraktionsausbeute entscheidend beeinflussen, besonders wenn die Substanzen zu einem frühen Durchbruch neigen.

Bei einigen Parametern oder Substanzgruppen lassen sich die Extraktionsausbeuten durch Salzzugabe signifikant erhöhen.

Die **Probenaufgabe** kann durch Druck oder Vakuum erfolgen. Dabei ist zu beachten, dass eine zu schnelle Durchflussgeschwindigkeit neben einer unvollständigen Retention auch zu einer Verdichtung des Materials bzw. zu Kanalbildung führen können, was sich in der Zeitdauer bzw. in einer unzureichenden Anreicherung bemerkbar machen kann. Die Fließgeschwindigkeit ist bei manchen Parametern entscheidend für die Vollständigkeit der Anreicherung.

Das **Waschen** ist nicht in jedem Fall notwendig, führt aber oft zu etwas sauberen Extrakten.

Die **Trocknung** des Sorbens ist ein entscheidender Schritt. Bei nicht ausreichender Dauer und Intensität ist mit Minderextraktionen, Wasserresten in den Extrakten oder Mitelution von Störkomponenten (z. B. Huminsäuren) zu rechnen. Dies ist zu einem gewissen Maß natürlich auch vom Elutionsmittel abhängig.

Die **Elution** mit einem geeigneten Eluenten sollte auf keinen Fall zu schnell erfolgen. Das „Einweichen" des Sorbens mit einer gewissen Einwirkzeit hat sich bewährt. Daher sollte lieber zweimal mit wenig Lösungsmittel eluiert werden. Nach der Elution und dem (weitgehenden und sorgsamen) Entfernen des Eluenten und Lösen des Rückstandes in einem Lösungsmittel kann die Analytik fortgesetzt werden, entweder durch Injektion in den Gaschromatographen, in die HPLC oder mit einer Derivatisierung als weiteren Analysenschritt. Die Festphasenanreicherung ist heutzutage durch Automaten zur Probenvorbereitung sehr gut zu automatisieren.

In den Anfängen der Fest/Flüssig-Anreicherung ging man von größeren Probemengen und auch Sorbensmengen aus. Dabei verwendete man ursprünglich folgende Materialien (Thier und Frehse, 1986):

- Aktivkohle;
- Chromosorb W (z. B. mit Undecan und Carbowax 400-mm-Stearat belegt);
- Polyurethan-Schaum;
- Amberlite, so genannte XAD-Harze.

Die Anwendung dieser Materialien hat sich jedoch in den Laboratorien nicht durchgesetzt, da Blindwertprobleme das Arbeiten im Spurenbereich erschwerten bzw. praktisch unmöglich machten. In Einzelfällen oder bei besonderen Anwendungen werden sie aber noch eingesetzt. Zudem waren die zum Teil großen Festphasenvolumina schlecht zu handhaben.

Daher war man auf die Entwicklung neuer Materialen angewiesen, die bei kleineren Sorbensmengen weitgehend blindwertfreies und reproduzierbares Arbeiten bei nahezu quantitativen Extraktionsausbeuten auch unterhalb 0,1 µg/l zuließen. Heute stehen dem Analytiker grundsätzlich drei Alternativen zur Verfügung:

Tab. 4.27: Eigenschaften und Anwendung von Sorbentien für die SPE (z. B. nach Machery-Nagel, 1999).

Phase	Basismaterial	Oberflächen-Modifizierung, Eigenschaft	empfohlene Anwendung
C_{18}	SiOH	Octadecyl, sehr unpolar	Pestizide, unpolare Verbindungen Aflatoxine, Amphetamine, Antibiotika, Antiepileptika, Barbiturate, Coffein, Drogen, Konservierungsstoffe, Fettsäuren, Nicotin, PAH, PCB, Schwermetalle, Vitamine
C_8	SiOH	Octyl, polarer als C_{18}	Pestizide, PCB
C_4	SiOH	Butyl, polarer als C_8, C_{18}	Analgetika
C_2	SiOH	Dimethyl, ähnlich C_4	Antiepileptika
C_6H_5	SiOH	Phenyl, ähnlich C_4	Aflatoxine, Coffein, Phenole
NH_2	SiOH	Aminopropyl, polar	Spurenelemente, Lipide
DMA	SiOH	Dimethylamino	ähnlich NH_2 – etwas schwächerer Anionenaustauscher
OH	SiOH	Diol, polar	Antibiotika, Prostaglandine
CN	SiOH	Cyanopropyl, polar bis mittelpolar	Cyclosporine, Kohlenhydrate
NO_2	SiOH	Nitrophenyl	Aromaten
SiOH	SiOH	unmodifiziert	Aflatoxine, Pestizide, Steroide, Vitamine, Arzneistoffe
SB	SiOH	quarternäres Amin, stark basisch	organische Säuren, Coffein, Saccharin
ALOX N	Aluminiumoxid	neutral, hochrein, unpolar	mit SA für PCB und Pestizide
Florisil R	MgO–SiOH (15: 85)	hochrein	organische Zinnverbindungen, aliphatische Carbonsäuren, PCB, PAH
PA	Polyamid 6	unmodifiziert, hochrein	Flavonoide, PAH

- Oberflächenmodifizierte Kieselgelmaterialien,
- Polymermaterialien,
- Materialien mit sauren oder basischen Ionenaustauschern.

Die lange Zeit am häufigsten eingesetzten Festphasenmaterialien sind die oberflächenmodifizierten Sorbentien, wobei neben den C_{18}-Materialien, die die weiteste Anwendungsverbreitung haben, weitere Materialien zur Verfügung stehen (Tab. 4.27).

Je nach Anbieter und Hersteller, aber auch oft in Abhängigkeit vom jeweiligen Produktionsbatch können die Materialien zum Teil erhebliche Unterschiede in der Selektivität und in der Adsorptionskapazität aufweisen. Daher muss jeder Anwender die Materialien für seinen Anwendungszweck genau testen. Innerhalb der einzelnen Modifikationen werden zudem oft noch Sorbentien mit sehr speziellen Anwendungsgebieten und Eigenschaften (z. B. PAH) angeboten.

Eine weitere, nicht allgemein in der Wasseranalytik übliche Technik, ist die Anwendung von Adsorbentien (z. B. Envicarb) auf der Basis von graphitierten Rußen (Di Corcia und Samperi, 1993).

In den letzten Jahren finden die sogenannten Polymerphasen auf der Basis von Polystyrol-Divinyl-Benzolen zunehmende Anwendung und Akzeptanz. Sie haben im Vergleich zu den Phasen auf Kieselgelbasis eine deutlich höhere Bindungskapazität und Retentionseigenschaft, teilweise um den Faktor 10. Ihr Einsatz in der Routineanalytik kann u. U. durch evtl. Störsubstanzen aus der Produktion im Einzelfall eingeschränkt werden. Jedoch hat sich in den letzten Jahren die Qualität der Materialien erheblich verbessert. Der Vorteil liegt weiterhin in den deutlich geringeren spezifischen Bettvolumina, was die Trockenzeit verkürzt und die Durchflussgeschwindigkeit erhöhen kann. Aufgrund der analytischen Weiterentwicklungen (z. B. LC-MS/MS) gewinnen in der Wasseranalytik zunehmend Substanzen mit polaren Eigenschaften an Bedeutung. Hierfür haben sich Anreichungsmaterialien mit starken bzw. schwachen Kationen- bzw. Anionenaustauschern bewährt, z. B. für die Extraktion von perfluorierten Tensiden, Arzneistoffen oder Röntgenkontrastmitteln. Die Entwicklung der HLB-Phasen (engl. hydrophilic-lipophilic balance) als ein stark hydrophiles, wasserbenetzbares Polymer machte die Erstellung von Multimethoden für polare Stoffe wesentlich einfacher. Diese Phasen haben keine Silanolwechselwirkung, sind pH-stabil zwischen 0–14 und halten ihre hohe Retention und Kapazität aufrecht, selbst wenn sie nach der Aufbereitung austrocknen. Allerdings sind diese Phasen nicht selektiv und damit vorwiegend zur Anreicherung multifunktionaler Analyten und nicht zur Abtrennung von Matrix geeignet. In den letzten Jahren fokussierte die Forschung auch auf die Molecular imprinted polymers (MIP, Cheong et al., 2013), welche hochselektiv für die Analytenanreicherung und damit zur Matrixabtrennung sind. Darüber hinaus werden aktuell Nanomaterialien für deren Einsatz als Sorbens geprüft (Khan et al., 2018; Plotka-Wasylka et al., 2016).

Diese Materialien, die ebenfalls als fertig gepackte Säulen zur Verfügung stehen, haben sich vor allem in der Anreicherung stark polarer und hydrophiler Komponenten bewährt. Bei der Konditionierung und Elution ist jedoch oft der Zusatz von geringen Anteilen organischer Säuren wie z. B. Essigsäure notwendig. Reste der organischen Säuren können unter Umständen in den Extrakt gelangen, was sich bei der gaschromatographischen Extraktauftrennung störend auswirken kann. Dennoch stellt diese Art der Festphasenanreicherung oft die einzige Alternative zur Flüssig-Flüssig-Extraktion dar. Anwendungsbeispiele sind z. B. Pflanzenschutzmittel wie Picloram oder Dicamba, d. h. kurzkettige Moleküle mit polaren Carboxylseitenketten, die mit den üblichen Festphasentechniken nur unzureichend angereichert werden können.

Bei der Optimierung der einzelnen Verfahren muss man sich immer die so genannte „elutrope Reihe“ vor Augen halten. Danach können in Verbindung mit den

Tab. 4.28: Lösungsmittel für die Flüssig/Fest-Extraktion (SPE).

Polarität	Wasser-Mischbarkeit	Lösemittel
unpolar	schlecht	Hexan, Isooctan, Petrolether, Cyclohexan, Tetrachlorkohlenstoff, Chloroform, Methylenchlorid, Diethylether
unpolar	gering	Ethylacetat
unpolar	gut	Tetrahydrofuran, Aceton, Acetonitril, Isopropanol, Methanol, Wasser
polar	gut	Essigsäure, Ammoniumhydroxid-Lsg.

unterschiedlichen Sorbentien und Komponenten unterschiedliche Elutionsmittel notwendig sein, um zu einem quantitativen Herunterlösen zu gelangen (Tab. 4.28).

Diese elutrope Reihe muss bei der Methodenentwicklung oder -optimierung unbedingt berücksichtigt werden, um zu möglichst quantitativen Extraktionsausbeuten zu gelangen.

Zusammenfassend lässt sich feststellen, dass die Festphasenextraktion eine universelle Anreicherungstechnik ist, die sich vor allem für Trink-, Grund- und zum Teil auch Oberflächengewässer eignet. Für Abwässer oder andere stark belastete Wässer können sich Probleme ergeben. Typische Anwendungsgebiete sind z. B. die Untersuchungen auf Pflanzenschutzmittel, PAH, Arzneistoffe, Geruchsstoffe bzw. andere umweltrelevante Substanzen und Substanzgruppen. Je nach Molekülstruktur, funktionellen Gruppen, Molekülgröße und den physikalisch-chemischen Eigenschaften muss auf die unterschiedlichen Festphasenmaterialien und Arbeitsbedingungen zurückgegriffen werden. Wichtig ist dabei festzuhalten, dass die in der Literatur und den Anwendungsbeispielen getroffenen Aussagen aufgrund der zum Teil schwankenden Selektivitäten und Qualitäten unbedingt zu überprüfen sind und u. U. auf den Einzelfall optimiert werden müssen (Andrade-Eiroa et al., 2016b).

Der Vorteil liegt in einer guten Automatisierung und der Durchführung sowohl von Einzelanalysen, als auch von größeren Serien. Darüber hinaus wird es derzeit immer populärer, die SPE online an der HPLC als Kopplungstechnik durchzuführen. Entsprechende Systeme lassen sich einfach mit einer zusätzlichen LC-Pumpe und Schaltventilen realisieren. Dies dient hauptsächlich der Matrixabtrennung.

4.13.4 Festphasen-Mikroextraktion (SPME)

Eine völlig neue und zukunftsweisende Anreicherungstechnik ist die so genannte Festphasen-Mikroextraktion SPME (englisch: solid phase micro extraction; Piri-Moghadam et al., 2016; Pawliszyn, 1997). Dabei werden die Substanzen aus einer Wasser- oder Dampfraumphase auf eine Glasfaser aufgezogen und dann durch Thermodesorption im Injektorblock freigesetzt und in die Gasphase für die Gaschro-

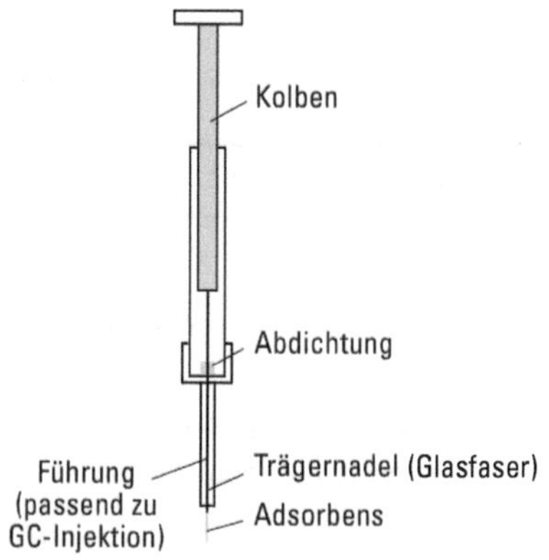

Abb. 4.13: Schema einer Festphasen-Mikroextraktion.

matographie übergeführt. Aber auch für die HPLC gibt es bereits Ansätze einer Kombination dieses Probenvorbereitungsschrittes mit dem chromatographischen System. Diese Art der Extraktion beinhaltet nicht nur die Anreicherung, sondern gleichzeitig die Injektion in die chromatographische Einheit. Auch Derivatisierungen, z. B. für die Analytik polarer Substanzen sind heute möglich (Nilsson et al., 1998; Supelco, 1999). Das Anreicherungsverfahren ist frei von Lösungsmitteln und vielseitig anwendbar. Dadurch ergeben sich neue Perspektiven z. B. bei der Anreicherung von Phthalaten. Der Anwendungsbereich muss jedoch immer im Einzelfall geprüft werden.

SPME basiert auf einer Glasfibernadel, die an der Oberfläche mit einer stationären Phase belegt wurde (Abb. 4.13).

Bei der Anwendung müssen zwei grundsätzliche Verfahren unterschieden werden. Die Extraktionen sind sowohl aus der wässrigen Phase möglich, als auch aus der Dampfphase. Letztere ist, soweit es die physikalisch-chemischen Eigenschaften des Analyten zulassen, weniger durch Begleitsubstanzen gestört. Oft ergeben sich dabei jedoch geringe Empfindlichkeiten in Abhängigkeit vom Analyten.

Zur Extraktion wird die Glasfaser in die Wasserprobe oder Gasphase eingetaucht. Bei einer hydrophoben Beschichtung wandert die organische Komponente von der Lösung in die Beschichtung. Wenn man in der Wasserphase arbeitet ist es unbedingt wichtig, dass die Probe sehr stark gerührt wird, da es in der Umgebung der Faser zu einer Art „Ausdünnung" kommen kann, was das Ausmaß der Adsorption erheblich beeinflussen kann. Die Folgen sind unzureichende Empfindlichkeiten. In einem Injektor, z. B. eines Gaschromatographen, werden durch Thermodesorption die Substanzen freigesetzt und können chromatographisch getrennt werden.

Der entscheidende Schritt dabei ist die möglichst quantitative Adsorption und Desorption des Analyten. Je besser und vollständiger diese Schritte erfolgen, desto besser ist die Empfindlichkeit der Analysenmethode. Da sich um die Faser ein Konzentrationsgradient aufbaut, versucht man dies mit z. B. intensivem Rühren in

Tab. 4.29: Spezifische Eigenschaften von SPME-Fasern.

Phase	Vorteil	Nachteil
100 μm PDMS	hohe Kapazität Analytik von flüchtigen und halbflüchtigen Komponenten	längere Adsorptionszeit Möglichkeit einer Verschleppung
30 μm PDMS	geeignet für halbflüchtige Komponenten (z. B. PSM)	weniger Aufnahmevermögen als 100 μm PDMS
7 μm PDMS	hohe Desorptionstemperatur schnelle Desorption kurze Analysezeit	geringe Kapazität nicht für leichtflüchtige Komponenten
85 μm Polyacrylat	hohe Affinität zu polaren Komponenten	lange Adsorptions- und Desorptionszeit
65 μm Carboxen/ Divinylbenzol	geeignet für polare Stoffe (z. B. Alkohol)	ungeeignet für unpolare Stoffe
65 μm Divinylbenzol/ PDMS	geeignet für flüchtige Amine	weniger gut für unpolare Stoffe

Tab. 4.30: Vor- und Nachteile der SPME-Technik.

Vorteile	Nachteile
schnelle Durchführung	Empfindlichkeit sehr substanzabhängig
Screening	Derivatisierungen schlecht möglich
gute Automatisierung	Empfindlichkeitssteigerung durch Volumenerhöhung nicht möglich
frei von Lösemitteln	Faserbluten (Blindwerte)

der Probe bzw. Rütteln der Phase zu umgehen. Von entscheidender Bedeutung ist dabei die Extraktionszeit, d. h. bis zu einer gewissen Gleichgewichtseinstellung. Es muss daher in der Routineanalytik ein Kompromiss zwischen Extraktionszeit und Empfindlichkeit geschlossen werden.

Aufgrund der unterschiedlichen Fasermaterialien und Schichtdicken können für die Analytik selektive Medien ausgewählt werden. Einige typische Anwendungen für SPME-Fasern sind in Tab. 4.29 aufgeführt.

Vor einer Einführung der SPME-Technik in die jeweilige Routine-Analytik muss sich der Anwender über die Vor- und Nachteile im Klaren sein (Tab. 4.30)

Bei der SPME handelt es sich um eine relativ neue Technik, daher werden in Zukunft weitere, neue Materialien mit spezifischen Eigenschaften zur Verfügung stehen.

Als typische Anwendungen sind im Prinzip alle Komponenten zu nennen, wenn sie an der Faser adsorbierbar sind. Neben einer Vielzahl von Applikationen sollen einige kurz genannt werden, die die typische Arbeitsweise eindrucksvoll demonstrieren:

- Fettsäuren (Jian et al., 1995);
- Flüchtige und nichtflüchtige Stoffe in Wein (Gelsomini et al., 1990);
- Aromastoffe in Lebensmitteln (Supelco, 1999);
- Schwefelverbindungen (Supelco, 1999);
- Phenole (Supelco, 1999);
- Pflanzenschutzmittel (Supelco, 1999);
- Lösungsmittel (Supelco, 1999);
- CKW, PCB (Koch und Völker, 1997).

Alternativ zur SPME-Technik seien vor allem für gaschromatographische Untersuchungen die Entwicklungen der SPDE (Solid Phase Dynamic Extraction) und SBSE (Stir Bar Sorptiv Extraction) zu nennen. Bei der SPDE findet die Anreicherung an Stelle an einer Glasfaser auf einer beschichteten „Spezialkanüle" statt, die eine deutlich höhere aktive Oberfläche aufweist als die SPME-Faser. Bei der SBSE-Technik (z. B. „Twister") wird ein beschichtetes Rührstäbchen (Länge ca. 1,5 cm) zur Extraktion verwendet. Nach dem Rühren in der Wasserphase werden die extrahierten Komponenten mittels Thermodesorption desorbiert und stehen der gaschromatographischen Analytik zur Verfügung (Camino-Sánchez et al., 2014; Gilart et al., 2014; Baltussen, 2000).

4.13.5 Dampfraum-Techniken

Unter den Dampfraum-Techniken (Head-Space-Technik, kurz Head-Space genannt) stehen prinzipiell zwei Verfahren zur Verfügung, nämlich die statische und die dynamische Technik.

Das Prinzip der Head-Space-Techniken beruht auf der Überführung der Analyten in den Dampfraum und die Untersuchung eines Aliquoten, oft unter Erwärmung der Analysenprobe (Eichelberg und Budde, 1989).

Anwendungsgebiete sind leicht flüchtige bis mittelflüchtige Komponenten, d. h. von den Parametern, wie z. B. Vinylchlorid und Methylhalogenderivate über die typischen Trihalogenderivate (THM) bis zu Halogenbenzolen, Phthalaten u. a. m. Es stellt ein sehr selektives Anreicherungsverfahren dar, da nur Komponenten mit definierten chemisch-physikalischen Eigenschaften auf diese Art erfasst werden können. Störende Begleitsubstanzen können weitgehend ausgeschaltet werden.

4.13.5.1 Statische Dampfraumanalyse

Die statische Dampfraumanalyse ist für flüchtige Verbindungen die am weitesten verbreitete und allgemein übliche Technik in den Wasserlaboratorien. Mit ihr können z. B. die in der Trinkwasserverordnung festgelegten Parameter, wie Trihalogenmethane, organische Lösungsmittel und Tetrachlormethan untersucht werden. Die

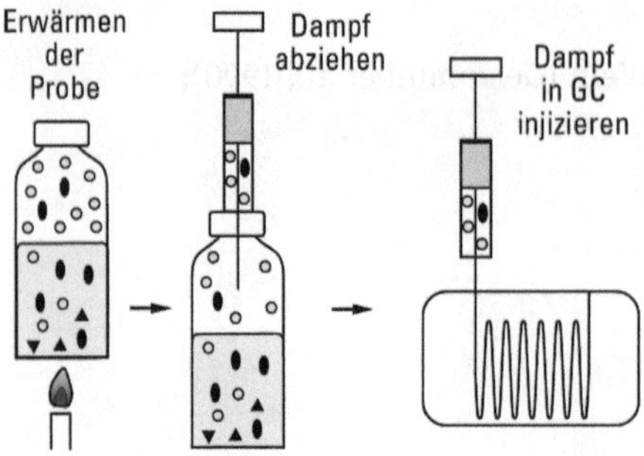

Abb. 4.14: Arbeitsschritte der statischen Dampfraum-Analyse, so genannte Head-Space-Analytik (Rothweiler, 1994).

in der Trinkwasser-Verordnung geforderten Bestimmungsgrenzen können – in Abhängigkeit vom gaschromatographischen Detektor – eingehalten werden.

Zum Überführen des Analyten in die Gasphase ist es oft notwendig, die Probe definiert zu erhitzen. Die Zeitdauer muss so gewählt werden, dass die Gleichgewichtseinstellung zwischen Flüssig- und Gasphase weitgehend abgeschlossen ist. Unter Umständen muss ein Kompromiss zwischen Empfindlichkeit und Vollständigkeit der Extraktion und der Anreicherungszeit geschlossen werden. Eine Salzzugabe kann die Gleichgewichtseinstellung zu Gunsten der Gasphase verschieben (Aussalzeffekt).

Durch Überdruck auf die Dampfphase wird ein Aliquot in die Probeschleife überführt, der anschließend in den Gaschromatographen injiziert wird (Abb. 4.14).

Der Vorteil liegt in der guten Automatisierungsmöglichkeit und dem geringen Aufwand für die Probenvorbereitung.

Von Nachteil sind die zum Teil sehr geringen Austreibungsraten in die Gasphase, was zu höheren Bestimmungsgrenzen im Vergleich zur dynamischen Dampfraumanalytik führt. Dadurch können einige Substanzen, z. B. aus der Reihe der Pflanzenschutzmittel, nicht mit der geforderten Empfindlichkeit bestimmt werden.

Als Detektoren sind prinzipiell alle gängigen Detektionsprinzipien geeignet, wobei sich natürlich bei der Sicherheit einer Substanzidentifizierung erhebliche Unterschiede ergeben. Aus diesem Grund ist ein massenselektiver bzw. massenspezifischer Detektor vorzuziehen.

4.13.5.2 Dynamische Dampfraumanalyse (CLSA sowie Purge & Trap)

Während in anderen Ländern, wie z. B. den USA, die dynamische Head-Space-Technik eine gängige Methode darstellt, ist sie in Europa nicht weit verbreitet. Es gibt zwei apparative Modifikationen, die sich jedoch vom Prinzip her kaum unterscheiden:

– Umlauf-Dampfraumextraktion (englisch: Closed Loop Stripping Analysis, CLSA);
– Ausblas/Anreicherungstechnik (englisch: Purge & Trap-Technik).

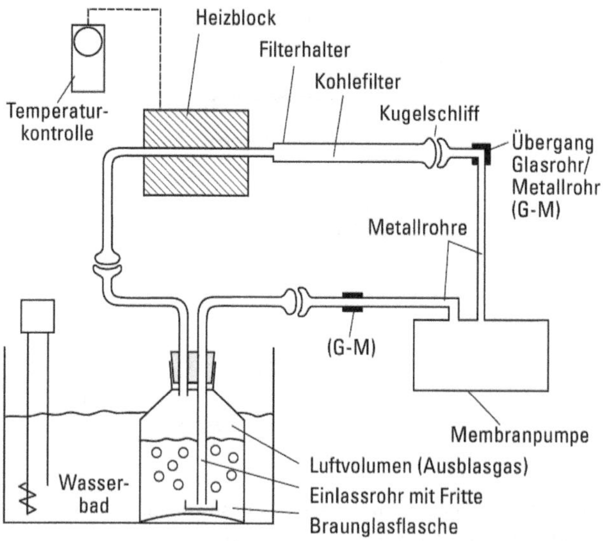

Abb. 4.15: Aufbau einer geschlossenen Umlauf-Dampfraumextraktion (CLSA-Apparatur).

Sie beruhen beide auf einer Extraktion des Analyten durch ein Durchleiten eines inerten Gases, z. B. Helium, durch die Wasserprobe und einer Adsorption auf einem selektiven Trägermaterial. Nach einer Thermodesorption/Elution und Injektion werden die Substanzen in den Gaschromatographen überführt und dort, wenn notwendig mittels Kryofokussierung am Säulenkopf konzentriert.

Die **CLSA (closed loop stripping analysis)** ist die klassische Art der Dampfraumanalyse. Zur Extraktion des Analyten wird mittels einer Hochleistungspumpe ein Luftstrom durch die Probe geleitet und dabei die flüchtigen Substanzen aus dem Wasser ausgetrieben. Sie werden dann auf Aktivkohle adsorbiert und können dann durch ein geeignetes Lösungsmittel, vorzugsweise Schwefelkohlenstoff, eluiert werden (Abb. 4.15).

Der Nachteil der Methode liegt im Lösungsmittel, das für die Gaschromatographie wenig geeignet ist und in der Tatsache, dass aufgrund des apparativen Aufbaus eine Automatisierung nicht möglich ist. Durch das Mitreißen von Wasser aus der Probe und einen eventuell zu stark eingestellten Luftstrom kann es zu nicht quantitativen Anreicherungen führen. Trotz des stark eluierenden Lösungsmittels kann es weiterhin zu unzureichenden Elutionen kommen. Der Vorteil liegt in der einfachen Versuchsdurchführung und der universellen Anwendungsmöglichkeit für flüchtige Komponenten. Aber auch hier muss der Anwendungsbereich im Einzelfall geprüft werden. Eine Automatisierung ist nicht möglich.

Die **Purge & Trap-Technik** zeichnet sich durch einen hohen Automatisierungsgrad und eine einfache Handhabung aus. Die analytischen Abläufe sollen kurz skizziert werden (Abb. 4.16). Die Probe wird durch einen Probengeber oder per Hand in ein Extraktionsgefäß übergeführt (Sparge-vessel). Dort werden die Substanzen in

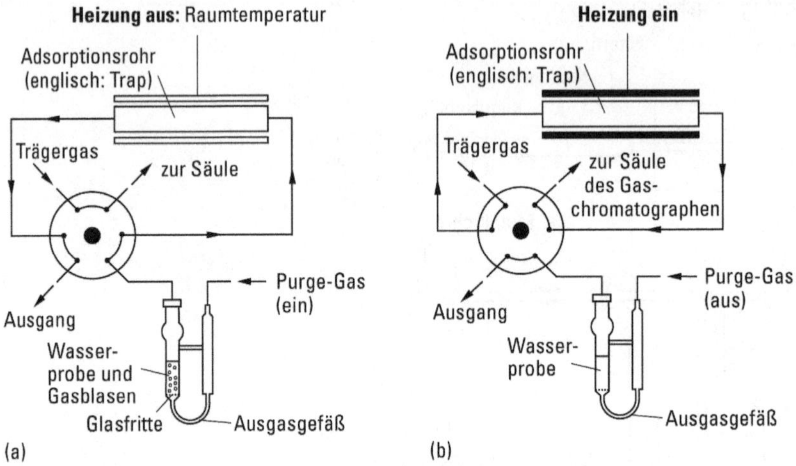

Abb. 4.16: Schematische Darstellung der Ausblas/Anreicherungstechnik, so genannte Purge & Trap-Technik (nach Rothweiler, 1994). (a) Adsorption, (b) Desorption.

einer relativ kurzen Zeit (z. B. 15 min bei den meisten Anwendungen) aus der Wasserphase ausgetrieben. Nach Abscheiden des anhaftenden Wassers werden die Analyten auf speziellen Trägermaterialien reversibel adsorbiert. Nach einer Thermodesorption werden die Stoffe in den Gaschromatographen übergeführt. Sehr flüchtige Komponenten sollten vor der chromatographischen Auftrennung durch Kryofokussierung fixiert werden. Zum Nachweis können alle gängigen Detektoren eingesetzt werden.

Der Vorteil dieser Methode liegt in der guten Automatisierung und der sehr hohen Effizienz bei der Extraktion. Die Austreibrate der Purge & Trap-Technik ist deutlich höher als bei der statischen Head-Space-Technik, so dass in den gaschromatographischen Analysen deutlich niedrigere Nachweis- und Bestimmungsgrenzen ermöglich werden. Dies kann z. B. bei der Analytik von Benzol mit den in der Trinkwasser-Verordnung geforderten Bestimmungsgrenzen von entscheidender Bedeutung sein.

4.13.6 Zusammenfassung

Die vorgestellten Extraktions- und Anreicherungsverfahren stellen allgemein übliche routinemäßig einsetzbare Probenvorbereitungsschritte dar. Die im Einzelfall optimale Methode muss der Analytiker jedoch in zeitaufwendigen Vorversuchen erproben. Entscheidend sind hier Wiederfindungsrate, Nachweisgrenze, Matrixabtrennung, Reproduzierbarkeit und Robustheit. Dabei bleibt festzuhalten, dass sich signifikante Erfolge erst nach einer gewissen Übungsphase einstellen. Unter den Methoden gibt es Überschneidungen, so dass jeder Labormitarbeiter die jeweiligen laborspezifisch besten Probenvorbereitungsschritt ermitteln muss.

Tab. 4.31: Vergleich der unterschiedlichen Extraktions- und Anreicherungsschritte und mögliche Einschränkungen.

Technik	Vorteil	Nachteil
Purge & Trap	hohe Empfindlichkeit gute Automatisierung nicht sehr arbeitsintensiv frei von Lösungsmitteln geringer Matrixeinfluss	eventuell Verschleppung (hohe Konzentrationen, auffällige Matrix) Aufschäumen, vor allem im Abwasser
Head-Space	Automatisierung möglich nicht sehr arbeitsintensiv frei von Lösungsmitteln geringer Matrixeinfluss	Matrix-Effekte möglich geringere Empfindlichkeit als Purge & Trap
Fest/Flüssig	gute Automatisierung gute Empfindlichkeit universelle Einsatzmöglichkeit	Extraktionsausbeute ist matrixabhängig Verfahren beinhaltet z. T. Clean-Up
Flüssig/Flüssig	geringer apparativer Aufwand universelle Methode	sehr arbeitsintensiv keine Automation möglich Verwendung ökotoxikologischer Chemikalien u. U. Blindwertprobleme starker Matrixeinfluss

Dennoch gibt es einige prinzipielle, methodisch bedingte Unterschiede, auf die kurz eingegangen werden soll. Doch auch diese können in Abhängigkeit von der analytischen Problemstellung verschieden intensiv ausgeprägt sein (Tab. 4.31).

H. Rühle und Th. Bünger

4.14 Radioaktive Stoffe in Trinkwässern

4.14.1 Begriffe, radiologische Größen und Maßeinheiten

Als **Radioaktivität** bezeichnet man die Eigenschaft bestimmter Stoffe (**radioaktive Stoffe** oder **Radionuklide**), spontan Teilchen- oder Gammastrahlung auszusenden und sich dabei in andere Stoffe umzuwandeln, die ihrerseits stabil oder ebenfalls radioaktiv sein können. Der Vorgang selbst wird als **radioaktiver Zerfall** (oder Kernumwandlung) und die Strahlung als **ionisierende Strahlung** bezeichnet. Die Teilchenstrahlung besteht hauptsächlich aus Alpha- und Betateilchen, die beim radioaktiven Zerfall von den Atomkernen der Radionuklide ausgesandt werden. Alphateilchen sind Heliumkerne, Betateilchen Elektronen oder Positronen. Die Gammastrahlung ist eine energiereiche elektromagnetische Strahlung (Photonenstrahlung), zu der auch die Röntgenstrahlung gehört.

Zur Kennzeichnung der Radionuklide ist neben der Angabe des Symbols des chemischen Elements auch die Angabe der Massenzahl erforderlich. Sie wird entweder als Hochzahl vor dem chemischen Element, z. B. ^{222}Rn, oder mit Bindestrich nach dem Elementsymbol angegeben, z. B. Rn-222. Letztere Schreibweise wird hier bevorzugt.

Als **Umweltradioaktivität** wird umgangssprachlich das Vorkommen von radioaktiven Stoffen in der Umwelt, d. h. in den verschiedenen Umweltmedien (oder Umweltbereichen) wie Luft, Wasser, Boden, Pflanzen, Nahrungsmitteln usw., bezeichnet.

Die „Stärke" eines radioaktiven Stoffes oder Radionuklids wird als **Aktivität** bezeichnet. Darunter versteht man die Anzahl der Kernumwandlungen (Zerfälle) pro Zeitintervall. Die Aktivität ist diejenige Größe, die gemessen werden kann (Messgröße). Sie wird in der Einheit **Becquerel (Bq)** angegeben. Ein radioaktiver Stoff hat die Aktivität von 1 Bq, wenn in ihm im Mittel pro Sekunde eine Kernumwandlung stattfindet. Die Aktivität in einem bestimmten Volumen von z. B. Luft oder Wasser, dividiert durch dieses Volumen, wird als **Aktivitätskonzentration** bezeichnet und z. B. in den Einheiten Becquerel pro Kubikmeter (Bq/m^3) oder in Becquerel pro Liter (Bq/l) angegeben. Als **spezifische Aktivität** wird die Aktivität eines Stoffes dividiert durch seine Masse bezeichnet. Sie wird in der Einheit Becquerel pro Kilogramm (Bq/kg) angegeben.

Jedes Radionuklid zerfällt mit einer charakteristischen **Halbwertszeit**. Unter der physikalischen Halbwertszeit versteht man diejenige Zeitspanne, in der sich eine vorhandene Aktivität auf die Hälfte verringert. Die Halbwertszeiten der einzelnen Radionuklide sind sehr unterschiedlich und reichen von Bruchteilen einer Sekunde bis zu mehreren Milliarden Jahren.

Im Strahlenschutz versteht man unter der **Dosis** eine physikalische Größe zur Quantifizierung der **Strahlenexposition**, d. h. der Einwirkung ionisierender Strahlung auf den Menschen. Üblich ist in der Praxis auch die Bezeichnung Strahlendosis. Dabei wird zwischen der **externen** (äußeren) und der **internen** (inneren) Strahlenexposition unterschieden. Die externe Strahlenexposition wird durch Strahlenquellen außerhalb des menschlichen Körpers hervorgerufen (z. B. kosmische Strahlung); die interne Strahlenexposition durch Strahlungsquellen innerhalb des menschlichen Körpers, etwa durch die Aufnahme (Ingestion und Inhalation) radioaktiver Stoffe.

Als primäre physikalische Größe dient die **Energiedosis**. Sie ist definiert als diejenige Strahlungsenergie, die auf ein bestimmtes durchstrahltes Material, dividiert durch die Masse dieses Materials, übertragen wird. Die Einheit der Energiedosis ist das **Gray (Gy**; 1 Gy = 1 J/kg). Durch Multiplikation der Energiedosis mit dem Strahlungswichtungsfaktor erhält man mit der **Äquivalentdosis** eine Größe für die unterschiedliche Wirkung verschiedener Strahlenarten bei gleicher Energieabsorption. Für

Photonen- bzw. Gammastrahlung hat der Strahlungswichtungsfaktor den Wert 1, für Alphastrahlung den Wert 20. Die Einheit der Äquivalentdosis ist das **Sievert** (**Sv**; 1 Sv = 1 J/kg). Obwohl 1 J eine sehr kleine Energie ist (1 J = $2{,}4 \cdot 10^{-4}$ kcal), ist im Strahlenschutz eine Dosis von 1 Sv eine sehr hohe Dosis, bei der gesundheitliche (deterministische) Schäden auftreten. Deshalb sind im Rahmen der Umweltradioaktivität gebräuchliche Untereinheiten das Millisievert (mSv) und das Mikrosievert (µSv). Die Dosis eines einzelnen Organs (z. B. Lunge, Magen) wird als **Organ-Äquivalentdosis** bezeichnet.

Die **effektive Dosis** ist eine – vereinfacht ausgedrückt – über die wichtigsten Organe des Körpers gemittelte Dosis unter Berücksichtigung der unterschiedlichen Strahlenempfindlichkeit dieser Organe. Sie ist die Summe der mit den Gewebewichtungsfaktoren der Organe multiplizierten Organ-Äquivalentdosen. Die **Körper-Äquivalentdosis** ist ein Sammelbegriff für Organ-Äquivalentdosis und effektive Dosis. Als **Dosisleistung** bezeichnet man die Dosis pro Zeiteinheit. Die entsprechenden Einheiten lauten z. B. mSv/h, µSv/h oder nSv/h.

Zur exakten Definition dieser Begriffe und zur Erläuterung weiterer Begriffe – insbesondere im Zusammenhang mit der Überwachung radioaktiver Stoffe in der Umwelt – wird auf ein „Glossar“ zu den Messanleitungen des BMU verwiesen (RADIZ, 2009; BMU, 1992).

Bezüglich der fundamentalen Gesetze der Radioaktivität, des radioaktiven Zerfalls und weiterer Grundlagen wird auf Lehrbücher der Physik und Chemie, insbesondere der Kernchemie (z. B. Lieser, 1998) und auf die Karlsruher Nuklidkarte (Magill et al., 2018) verwiesen. Zur Kernstrahlungsmesstechnik und zum Strahlenschutz wird u. a. auf Bücher von Maushart (1985), Kiefer und Koelzer (1992), Koelzer (2013), Krieger (2012), Vogt und Schulz (2004), Hahn et al. (2006), von Philipsborn und Geipel (2006) hingewiesen; speziell zum Trinkwasser siehe auch Haberer (1989). Grundlagen zur Messtechnik sind auch in den allgemeinen Kapiteln der Messanleitungen des BMU (BMU, 1992) beschrieben.

4.14.2 Überwachung der Umweltradioaktivität – Gesetzliche Regelungen

Eine Überwachung der Umwelt auf den Gehalt an radioaktiven Stoffen wird in Deutschland seit Mitte der 1950iger Jahre durchgeführt. Anlass dazu waren die Kernwaffenversuche, die zuerst von den USA und der damaligen Sowjetunion (UdSSR) in der Atmosphäre durchgeführt wurden, wobei große Mengen an radioaktiven Stoffen freigesetzt wurden. So standen zunächst die Überwachung von Luft und Niederschlag im Vordergrund des Interesses. Mit dem Vertrag zur Gründung der Europäischen Atomgemeinschaft (EURATOM) im Jahr 1957 hat auch die Bundesrepublik Deutschland die Verpflichtung übernommen, eine Überwachung der Umweltradioaktivität durchzuführen, nach Artikel 35 dieses Vertrages in Luft, Wasser und Boden (EUR, 1957). Beauftragt mit diesen Aufgaben wurden die „Amtlichen Messstellen der Bundesländer“ und die „Leitstellen des Bundes“, die bis heute diese Funktionen in diesen und weiteren Umweltbereichen wahrnehmen (BMU, 1999). In diesem Rahmen werden Trinkwässer sowie Grund- und Oberflächenwässer bereits seit dem Jahr 1959 auf ihren Gehalt an radioaktiven Stoffen behördlich überwacht (BMBW, 1970, BMI, 1986).

Aufgrund international und national außerordentlich strenger Restriktionen bei der friedlichen Nutzung der Kernenergie und beim Umgang mit radioaktiven Stoffen in Medizin, Forschung und Technik (siehe z. B. EURATOM-Grundnormen (Richtlinie 2013/59/EURATOM, EUR, 2013b), Strahlenschutzgesetz (StrlSchG), (BMUB, 2017a), Strahlenschutzverordnung (StrlSchV), (BMU, 2018, 2011, 2001) und Richtlinie zur Emissions- und Immissionsüberwachung kerntechnischer Anlagen (REI), (BMU, 2006b)), gelangen radioaktive Stoffe beim bestimmungsgemäßen Betrieb nur in geringen Mengen und kontrolliert in den Wasserkreislauf und sind daher für die Trinkwasserversorgung praktisch ohne Bedeutung. Bedeutsamer sind bzw. waren diejenigen **künstlichen Radionuklide** (Spalt- und Aktivierungsprodukte), die bei der militärischen Anwendung der Kernspaltung – d. h. bei den Kernwaffenversuchen in den 1950er- und 1960er-Jahren sowie als Folge von Havarien wie beim Kernkraftwerksunfall in Tschernobyl im April 1986 (BMU, 1987; Bayer et al., 1996; SSK, 2006) – in der Atmosphäre freigesetzt worden sind und durch globale trockene Deposition (Fallout) oder mit den Niederschlägen (Washout) zu einer Kontamination der gesamten Erdoberfläche und insbesondere der Nordhalbkugel geführt haben. Langlebige Radionuklide des Fallouts sind nach wie vor in der Umwelt vorhanden, hauptsächlich in den obersten Bodenschichten und in den Sedimenten der Gewässer. Sie gelangen aber infolge von Sorptions- und Verdünnungseffekten mit Ausnahme von Tritium – welches zugleich ein natürliches Radionuklid ist – ebenfalls nicht oder nur in Spuren in die als Trinkwässer genutzten Wasservorkommen. Dies gilt insbesondere für geschützte Wasservorkommen, wie Grundwässer aus tieferen Horizonten.

Natürliche Radionuklide sind in Abhängigkeit von der Art des Wasservorkommens und von den örtlichen geologischen Gegebenheiten in sehr stark variierender Konzentration und Zusammensetzung in allen natürlichen Wässern und damit prinzipiell auch in allen Trinkwässern enthalten. In Gebieten mit erhöhtem Gehalt an natürlich radioaktiven Stoffen (Uran, Radium, Thorium und deren Zerfallsprodukte) wie z. B. im Erzgebirge, Vogtland, Fichtelgebirge und Schwarzwald, findet man häufig auch erhöhte Konzentrationen natürlicher Radionuklide im Trinkwasser. Auch bei Grund- und Quellwässern mit höherem Mineralgehalt – dies gilt z. B. für natürliche Mineralwässer – liegen die Konzentrationen natürlicher Radionuklide tendenziell höher. Dennoch sind die Aktivitätskonzentrationen der natürlichen Radionuklide in den weitaus meisten Fällen so niedrig, dass deren Anteil an der Strahlenexposition der Bevölkerung vernachlässigbar ist. Der Gehalt natürlicher Radionuklide in Trinkwässern wurde in der Vergangenheit als naturgegeben hingenommen und nur in Fällen anthropogen erhöhter Konzentrationen, wie z. B. im Einzugsbereich des ehemaligen Uranerzbergbaus in Sachsen und Thüringen, einer Bewertung unterzogen (SSK, 1993).

Nach Umsetzung der EU-Trinkwasser-Richtlinie von 1998 (Richtlinie 98/83/EG), (EUR, 1998) und der Richtlinie 2013/51/EURATOM (EUR, 2013a) zur Festlegung von Anforderungen an den Schutz der Gesundheit der Bevölkerung hinsichtlich radioaktiver Stoffe in Wasser für den menschlichen Gebrauch in nationales Recht gelten auch in Deutschland neue Regelungen bezüglich des Gehaltes radioaktiver Stoffe im Trinkwasser. Zu den entsprechenden, mit der Dritten Verordnung zur Änderung der Trinkwasserverordnung von 2001 (TrinkwV, 2001) vom 18. November 2015 (BMG, 2015) festgelegten, Anforderungen wird in Abschn. 4.14.7 näher eingegangen.

4.14.3 Herkunft radioaktiver Stoffe im Wasserkreislauf

In Abb. 4.17 sind schematisch mögliche Wege dargestellt, über die **künstliche** und **natürliche Radionuklide** in Trinkwässer gelangen können.

In Tab. 4.32 sind wichtige **künstliche Radionuklide**, ihre Halbwertszeit, Strahlungsart und Herkunft sowie ihre Anwendungsgebiete aufgelistet. Ein Teil dieser Radionuklide wird kommerziell durch Neutronenbestrahlung (Aktivierung) geeigneter stabiler Nuklide erzeugt und für diagnostische und therapeutische Zwecke in der Nuklearmedizin (z. B. Tc-99m, I-123, I-125, I-131, Tl-201) sowie für bestimmte Anwendungen in Forschung und Technik eingesetzt. Zur Anwendung in offener Form kom-

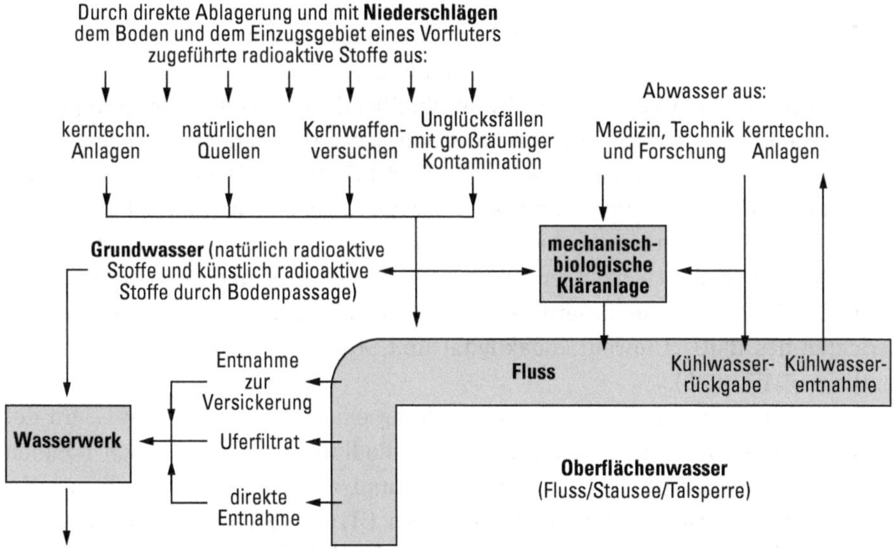

Abb. 4.17: Mögliche Wege, über die künstliche und natürliche Radionuklide in Trinkwässer gelangen können.

Tab. 4.32: Künstliche Radionuklide (Auswahl).

Nuklid	Symbol	Halbwertszeit	Art der Strahlung	Herkunft; Anwendung
Tritium[a]	H-3, T	12,31 a	β^-	Reaktor: Aktivierungs- und Spaltprodukt; Nuklidanwendung
Kohlenstoff-14[a]	C-14	$5{,}70 \cdot 10^3$ a	β^-	Reaktor: Aktivierungs- und Spaltprodukt; Nuklidanwendung
Kobalt-60	Co-60	5,27 a	β^-, γ	Reaktor: Aktivierungsprodukt; Nuklidanwendung
Strontium-89	Sr-89	50,57 d	β^-	Reaktor: Spaltprodukt
Strontium-90	Sr-90	28,80 a	β^-	Reaktor: Spaltprodukt
Technetium-99m	Tc-99m	6,01 h	γ	Aktivierungsprodukt; Nuklearmedizin
Iod-123	I-123	13,22 h	ε[b], γ	Aktivierungsprodukt; Nuklearmedizin
Iod-131	I-131	8,02 d	β^-, γ	Reaktor: Spaltprodukt; Nuklearmedizin
Caesium-134	Cs-134	2,06 a	β^-, γ	Reaktor: Aktiviertes Spaltprodukt
Caesium-137	Cs-137	30,05 a	β^-, γ	Reaktor: Spaltprodukt
Thallium-201	Tl-201	3,04 d	β^-, γ	Aktivierungsprodukt; Nuklearmedizin
Plutonium-239	Pu-239	$2{,}41 \cdot 10^4$ a	α	Reaktor: Aktivierungsprodukt
Plutonium-240	Pu-240	$6{,}56 \cdot 10^3$ a	α	Reaktor: Aktivierungsprodukt

[a] zugleich natürlichen Ursprungs
[b] Elektronen-Einfang

men vorwiegend kurzlebige Radionuklide. Die Einleitung in die Gewässer erfolgt indirekt über kommunale Abwässer und Kläranlagen.

Kerntechnische Anlagen, wie z. B. Kernkraftwerke (KKW) und Forschungsreaktoren, geben über ihre Abwässer (und ihre Fort- bzw. Abluft) radioaktive Spalt- und Aktivierungsprodukte an die Umwelt ab, z. B. H-3 (Tritium (T)), Co-60, Sr-89, Sr-90, I-131 und Cs-137. Die Ableitung in die Vorfluter (im Allgemeinen größere Flüsse) wird durch sehr aufwendige technische Maßnahmen begrenzt und erfolgt – wie bereits in der Einleitung erwähnt – nach entsprechenden Vorschriften und unter behördlicher Kontrolle. Die Ergebnisse dieser Überwachungsmaßnahmen werden in den Jahresberichten des BMU „Umweltradioaktivität und Strahlenbelastung" laufend veröffentlicht (BMU, 1988).

Tritium nimmt eine gewisse Sonderstellung ein, da es in den Abwässern der Kernkraftwerke im Vergleich zu den anderen Radionukliden in deutlich höheren Konzentrationen auftritt (bis zu $5 \cdot 10^6$ Bq/l) und zugleich auch natürlichen Ursprungs ist. Chemisch liegt Tritium als Wasser (HTO) vor und zeigt damit in der Umwelt und im aquatischen System eine sehr hohe Mobilität. Erhöhte Konzentrationen von Tritium in Oberflächenwässern (etwa > 2 Bq/l) oder Grundwässern sind daher ein Indikator für eine Beeinflussung durch KKW-Abwässer oder durch andere anthropogene Quellen. Aufgrund dieser Eigenschaften eignet sich Tritium als mögliches Leitnuklid bei der Trinkwasserüberwachung.

Bei Kernwaffenversuchen oder Stör- und Unglücksfällen gelangen bzw. gelangten die seinerzeit in die Atmosphäre freigesetzten Radionuklide auf die Erdoberfläche und in Gewässer. Neben dem direkten Eintrag findet bzw. fand mit den oberflächlichen Abflüssen der Niederschläge und mit eingeschwemmten Bodenpartikeln ein Transport in die Gewässer und in Gewässersedimente statt. Bei der Grundwasserneubildung kann eine Migration in tiefere Schichten stattfinden, wobei die meisten künstlichen Radionuklide bei der Passage in Abhängigkeit von Bodentyp und Bewuchs in unterschiedlich starkem Maße zurückgehalten werden. Hierbei sind komplexe Vorgänge wie z. B. Adsorption, Ionenaustausch, Komplexbildung und chemische Fällungen beteiligt. Das wichtige Spaltprodukt Cs-137 verbleibt weitgehend in den obersten Bodenschichten und wird insbesondere an Tonmineralien adsorbiert. Die Wanderungsgeschwindigkeit von Sr-90 in tiefere Schichten ist etwa um den Faktor 10 bis 100 höher. Demgegenüber wird Tritium praktisch nicht zurückgehalten. In oberflächennahen Grundwässern und Uferfiltrat sind daher gelegentlich Spuren von H-3 und Sr-90 festzustellen, in geschützten Wasservorkommen, z. B. Porengrundwässern aus tieferen Horizonten, sind künstliche Radionuklide im Allgemeinen nicht nachweisbar.

Der **Gefährdungsgrad** für die Trinkwasserversorgung nutzbarer Wässer durch künstliche Radionuklide nimmt in folgender Reihenfolge ab: Niederschlagswässer (Zisternen), ungeschützte Wasservorkommen (Oberflächenwasser, Flüsse, Stauseen), geschützte Wasservorkommen (Karst- und Kluftgrundwässer, Uferfiltrat und Porengrundwasser) (BMU, 1992; DVGW, 2008).

Natürliche Radionuklide sind in der Natur vorkommende Radionuklide, die nicht durch menschliche Tätigkeiten erzeugt und in die Umwelt eingebracht wurden. Dazu gehören die seit der Entstehung der Erde aufgrund ihrer extrem großen Halbwertszeit (siehe Tab. 4.33) noch vorhandenen Radionuklide (primordiale Radionuklide) und die durch die kosmische Strahlung in der Atmosphäre ständig neu gebildeten Radionuklide (kosmogene Radionuklide). Die bekanntesten Vertreter der primordialen Radionuklide sind K-40, Rb-87 sowie die Radionuklide der natürlichen Zerfallsreihen (U-238-, U-235- und Th-232-Zerfallsreihe).

Wichtige Vertreter der kosmogenen Radionuklide sind z. B. H-3, Be-7 und C-14. Der größte Teil des in der Atmosphäre produzierten Tritiums wird zu Wasser (HTO) und gelangt so in den Wasserkreislauf der Erde. Kohlenstoff-14 wird zu Kohlendioxid oxidiert und tritt in den irdischen Kohlenstoffkreislauf ein, womit ein Teil in Biomasse, den Boden und Wasservorkommen gelangt (1g Kohlenstoff = 0,226 Bq C-14).

Eine Auswahl relevanter natürlicher Radionuklide findet sich in Tab. 4.33, die nach den natürlichen Zerfallsreihen gegliedert ist.

Primordiale Radionuklide und ihre Folgeprodukte sind allgegenwärtige Bestandteile der Erdrinde und daher in allen Umweltmedien enthalten. Einige Mittelgebirgsregionen, die häufig durch saure Magmatite (Granit, Gneis oder granitähnliche Ge-

Tab. 4.33: Natürliche Radionuklide (Auswahl).

Nuklid	Symbol	Halbwertszeit	Art der Strahlung	Herkunft, Anwendung
Kalium-40	K-40	$1{,}25 \cdot 10^9$ a	β^-, γ	primordial, Bestandteil des Elements Kalium zu 0,0118 %
Uran-Radium-Zerfallsreihe				
Uran-238	U-238	$4{,}468 \cdot 10^9$ a	α	primordial
Uran-234	U-234	$2{,}455 \cdot 10^5$ a	α	
Thorium-230	Th-230	$7{,}54 \cdot 10^4$ a	β^-	
Radium-226	Ra-226	$1{,}600 \cdot 10^3$ a	α, γ	
Radon-222	Rn-222	3,823 d	α	Edelgas
Blei-210	Pb-210	22,23 a	β^-, γ	
Polonium-210	Po-210	138,4 d	α	
Actinium-Zerfallsreihe				
Uran-235	U-235	$7{,}04 \cdot 10^8$ a	α, γ	primordial; Anreicherung zur Kernspaltung
Actinium-227	Ac-227	21,77 a	β^-, α	
Thorium-Zerfallsreihe				
Thorium-232	Th-232	$1{,}402 \cdot 10^{10}$ a	α	primordial; Legierungen, Schweißelektroden
Radium-228	Ra-228	5,75 a	β^-	
Actinium-228	Ac-228	6,15 h	β^-, γ	
Thorium-228	Th-228	1,913 a	α	
Radium-224	Ra-224	3,66 d	α β^-	
Wismut-212	Bi-212	60,54 min		

steine) geprägt sind, wie z. B. das Erzgebirge, Vogtland, Fichtelgebirge, Oberpfälzer Wald, Schwarzwald oder das Rhein-Nahe-Gebiet, zeichnen sich durch erhöhte Gehalte an Uran oder Thorium und ihrer Folgeprodukte im Untergrund aus. Innerhalb Europas gilt dies z. B. auch für die Zentralalpen und in besonderer Weise für Skandinavien. Auch bestimmte Gebiete mit Sedimentgesteinen, z. B. Elbsandsteingebirge, Thüringer Becken, Franken oder Rheinisches Schiefergebirge zeigen teilweise deutliche Urananreicherungen. Über Lösungs- und Transportvorgänge gelangen die primordialen Radionuklide und ihre Folgeprodukte in das Grundwasser, ins Oberflächenwasser und damit ins Trinkwasser. Inwieweit bestimmte Radionuklide mobilisiert werden, ist abhängig von ihren elementspezifischen Eigenschaften und den geologischen Gegebenheiten des Untergrunds, insbesondere dem geochemischen Milieu.

Eine Sonderstellung nimmt das radioaktive Edelgas Rn-222 ein. Hierbei handelt es sich um das direkte Zerfallsprodukt des Ra-226 mit einer Halbwertszeit von 3,82 Tagen. Es findet sich in allen Grund- und Quellwässern und damit auch im Trinkwasser, es ist ein ständiger Begleiter des Radiums. Es wurde früher auch als Radiumemanation bezeichnet. Wegen seines Edelgascharakters kann es leicht aus Wässern ausgasen („entemanieren“) und damit z. B. in die Atemluft der Beschäftigten in den Wasserwerken und Bädern gelangen. Weiterhin strömt Radon aus Stollen und Klüften oder diffundiert mit der Bodenluft direkt aus dem Untergrund in die bodennahe Atmosphäre und auf diesem Weg in Gebäude und Wohnräume.

4.14.4 Messverfahren zur Bestimmung von Radionukliden in Trinkwasser

Ausführliche Beschreibungen von Messverfahren zur Bestimmung radioaktiver Stoffe in Trinkwässern finden sich in den Loseblattsammlungen des BMU (BMU, 1992) und des Fachverbandes für Strahlenschutz (FS, 1978).

Zur Bestimmung des Gehaltes künstlicher und natürlicher Radionuklide im Trinkwasser gehört neben der eigentlichen Aktivitätsmessung die vorherige Entnahme oder Gewinnung repräsentativer Proben und die Probenkonservierung. Aufgrund der normalerweise sehr niedrigen Aktivitätskonzentrationen ist vor der Aktivitätsmessung im Allgemeinen eine Anreicherung, z. B. durch Eindampfen eines größeren Wasservolumens, sowie eine mehr oder weniger personal- und zeitaufwendige Probenaufbereitung durchzuführen. Bei Letzterer handelt es sich um eine radiochemische Abtrennung der Radionuklide aus dem Wasser und Herstellung eines geeigneten Messpräparates.

Die optimale Aufbereitungs- und Messmethode richtet sich nach der Aufgabenstellung, nach der Art der zu bestimmenden Radionuklide, ihren chemischen (elementspezifischen) und physikalischen Eigenschaften und nach der geforderten Nachweisgrenze. Bestimmend ist die Art des Zerfalls der Radionuklide und darüber hinaus die Energie der Strahlung. Bei integralen Verfahren wird die Gesamtaktivität der in dem Präparat enthaltenen α-, β- oder γ-Strahler bestimmt. Spektrometrische Messverfahren gestatten die Bestimmung mehrerer Radionuklide nebeneinander.

Bei der Bestimmung der Konzentration der Gesamt-α- oder der Gesamt-β-Aktivität in einer Wasserprobe (als Summenparameter) sind relativ einfache Messverfahren ausreichend. Zur Messung der Gesamt-α-Aktivität eignen sich Großflächenpräparate und fensterlose Proportionalzählrohre, für Gesamt-β-Messungen Proportionalzählrohre mit Fenster. In bestimmten Fällen kommen auch Fest- oder Flüssig-Szintillationsverfahren zum Einsatz.

Für nuklidspezifische Untersuchungen sind kompliziertere Verfahren anzuwenden. Soweit möglich ist hochauflösende γ-Spektrometrie mit Reinstgermanium-Halbleiterdetektoren die Methode der Wahl, da man hier ohne bzw. mit einfachen Anreicherungsverfahren auskommt und zugleich mehrere Radionuklide in einer Probe nebeneinander bestimmen kann. Dieses Verfahren ist neben der schnellen Bestimmung des Gehaltes künstlicher γ-Strahler wie z. B. Cs-137, I-131, Co-60 auch geeignet zur Bestimmung des K-40-Gehaltes.

Zur Messung von reinen β-Strahlern wie z. B. Sr-89, Sr-90 oder Pb-210 sind immer aufwendige radiochemische Trennungsgänge durchzuführen. Die hierbei erzeugten Sr-Oxalat- bzw. Pb-Chromat-Messpräparate werden am besten in einem Low-Level-β-Antikoinzidenz-Messplatz mit Proportionalzählrohr gemessen. Dagegen erfolgt die Messung energiearmer β-Strahler wie z. B. H-3 und C-14 vorzugsweise mittels moderner LSC-Messtechnik (Flüssigkeits-Szintillationsmesstechnik), wobei in der Regel nur wenig aufwendige Probenaufbereitung erforderlich ist. Mit dieser Methode wird auch in der Praxis der Rn-222-Gehalt im Trinkwasser bestimmt. Dabei werden die kurzlebigen Folgeprodukte des Rn-222 stets mit erfasst. Ebenso kann die Rn-222-Konzentration mittels der γ-spektrometrischen Messung der Folgeprodukte bestimmt werden. α-Strahler, insbesondere Uran- und Thoriumisotope, werden in Form von Dünnschichtpräparaten z. B. elektrolytisch auf Edelstahlplättchen abgeschieden und durch α-spektrometrische Messungen in einer Vakuum-Messkammer mit Silicium-Halbleiterdetektoren bestimmt.

Die Bestimmung von Ra-226 erfolgt nach einem speziellen Verfahren, nämlich nach radiochemischer Abtrennung zweckmäßigerweise emanometrisch über das im Gleichgewicht befindliche kurzlebige Tochternuklid Rn-222 in einer Szintillationskammer („Lucas-Kammer“). Ra-228 kann γ-spektrometrisch über sein Tochternuklid Ac-228 bestimmt werden.

Neben den klassischen radiochemischen Verfahren kommen in den letzten Jahren Methoden der Extraktionschromatographie zum Einsatz. Zur Bestimmung relevanter Radionuklide, z. B. Strontium-, Uran- und Thoriumisotope, werden vorgefertigte Chromatographiesäulen verwendet. Darüber hinaus gibt es neuere Verfahren zur ionenselektiven Abscheidung z. B. von Radium und Uran.

Sehr niedrige Nachweisgrenzen bei der Bestimmung von Uran im Trinkwasser erreicht man mit modernen ICP-MS-Geräten (siehe Kap. 4.7.4). Hierbei wird die Massenkonzentration der Uranisotope U-238, U-235 und U-234 bestimmt, die nachträglich in die Aktivitätskonzentration umgerechnet werden kann (1g $U_{nat} = 1{,}23 \cdot 10^4$ Bq U-238). Außerdem kann die Massenkonzentration mittels der KPA-Methode (Kinetic Phosphorescence Analyzer) bestimmt werden, wobei hier nur die Umrechnung in die Aktivitätskonzentration von U-238 möglich ist. Beide Methoden eignen sich auch für die Bestimmung der Thoriumkonzentration im Wasser. Der Vorteil dieser Methoden gegenüber der α-Spektrometrie besteht darin, dass die sehr aufwendige Probenaufbereitung (insbesondere der Messpräparate) entfällt (BMU, 1992).

Die Aktivitätskonzentration des K-40 kann auch über die Bestimmung der Massenkonzentration des Kaliums mittels AAS (s. Kap. 4.7.2) oder ICP-MS bestimmt werden (1 g K^+ = 31,5 Bq K-40).

4.14.5 Ergebnisse der Überwachung radioaktiver Stoffe im Trinkwasser

Wie eingangs bereits erwähnt, geht die Trinkwasserüberwachung in der Bundesrepublik Deutschland bereits auf die 50er-Jahre zurück. Im Rahmen der allgemeinen

Überwachung der Umweltradioaktivität nach dem Strahlenschutzvorsorgegesetz (StrVG) (BMU, 1986) – dessen Bestimmungen weitestgehend in das Strahlenschutzgesetz von 2017 übernommen wurden – werden Grund-, Roh- und Reinwasser aus etwa 150 Wasserversorgungsanlagen (einschließlich Notbrunnen) quartalsweise beprobt und routinemäßig auf den Gehalt der wichtigsten künstlichen Radionuklide γ-spektrometrisch untersucht (BMU, 2006a). An einem Teil der Proben werden darüber hinaus auch Sr-90 sowie Uran- und Plutoniumisotope bestimmt. Daneben erfolgt nach der REI (BMU, 2006b) an ca. 90 Stellen eine Überwachung von Trinkwässern und an 190 Stellen eine Überwachung von Grundwässern aus der Umgebung von Kernkraftwerken und anderen kerntechnischen Einrichtungen. Die Messungen werden durch die amtlichen Radioaktivitätsmessstellen der Länder und die Betreiber kerntechnischer Anlagen oder beauftragte Sachverständige vorgenommen.

In den letzten Jahren konnten in den untersuchten Proben meistens keine künstlichen Radionuklide im Trinkwasser nachgewiesen werden, d. h. die dokumentierten Daten liegen unterhalb der Nachweisgrenze. Die tatsächlich gemessenen Konzentrationen der Radionuklide Sr-90 und Cs-137 sind außerordentlich klein; sie liegen in einem Bereich von weniger als 1 mBq/l bis zu etwa 20 mBq/l. H-3 ist ebenfalls in den meisten untersuchten Proben nicht nachweisbar; in wenigen Fällen treten Konzentrationen von 2 Bq/l bis zu einigen 10 Bq/l auf. Sämtliche Ergebnisse werden von der Leitstelle für die Überwachung der Radioaktivität in Trinkwasser, Grundwasser, Abwasser, Klärschlamm und Abfällen (Leitstelle Trinkwasser) im Bundesamt für Strahlenschutz ausgewertet und dokumentiert (siehe z. B. BfS, 1998) und in den Jahresberichten „Umweltradioaktivität und Strahlenbelastung" des BMU veröffentlicht (BMU, 1988).

In diesem Zusammenhang ist noch einmal der Kernkraftwerksunfall in Tschernobyl (Ukraine) im April 1986 zu erwähnen. Dabei wurden extrem große Mengen an Spalt- und Aktivierungsprodukten freigesetzt, was zur Folge hatte, dass es in Deutschland aufgrund atmosphärischer Verfrachtungen in unterschiedlichem Ausmaß zur Kontamination nahezu aller Umweltbereiche einschließlich Lebensmitteln und Gewässern kam. Wie in Abschnitt 4.14.2 ausgeführt, hängt die Kontamination des Trinkwassers durch luftgetragene radioaktive Stoffe von der Kontamination des Rohwassers ab.

Die Auswertung der zahlreichen Messungen zur Erfassung der großräumigen Kontaminationen infolge des Reaktorunfalls hat deutlich gezeigt, dass im Trinkwasser der Bundesrepublik Deutschland keine besorgniserregenden Konzentrationen radioaktiver Stoffe auftraten und damit auch keine besonderen Maßnahmen erforderlich waren (Aurand und Rühle, 2003). Abgesehen vom Zisternenwasser wurden für alle anderen Trinkwässer (aus geschützten und ungeschützten) Rohwässern im Rahmen der Überwachungsmessungen in den Bundesländern für alle Radionuklide (insbesondere I-131 und Cs-137) Medianwerte der Aktivitätskonzentrationen von deutlich unter 1 Bq/l gefunden. In nur wenigen Einzelfällen traten Anfang Mai 1986 für I-131 höhere Messwerte – vermutlich infolge der Belüftung bei der Wasseraufbereitung oder Luftkontaminationen bei der Probenahme – in der Größenordnung von bis zu 10 Bq/l auf (BMU, 1987, 1988; Rühle und Dehos, 1989; Bayer et al., 1996).

Zum Auftreten künstlicher Radionuklide im Trinkwasser, die infolge von Kernwaffenversuchen in der Atmosphäre dem Erdboden zugeführt wurden, liegen ebenfalls Untersuchungen vor. So wurden z. B. in den Jahren 1959 bis 1967 im Zisternenwasser, das als Trinkwasser genutzt wurde, in diesem Zeitraum Gesamt-β-Aktivitätskonzentrationen von bis zu 55 Bq/l gemessen und im Trinkwasser, das aus der Weser gewonnen wurde, mittlere Sr-90-Konzentrationen von 20 mBq/l ermittelt, der Maximalwert im Jahr 1963 lag bei 70 mBq/l (Rühle und Aurand, 1969). Im Leitungswasser von Berlin-Dahlem, das aus Uferfiltrat der Havel gewonnen wurde, lag in den Jahren von 1969 bis 1981 die Sr-90-Konzentration zwischen 5 mBq/l und 14 mBq/l, die Cs-137-Konzentration lag in dieser Zeitspanne bei < 2 mBq/l (Rühle, 1982).

Auf eine routinemäßige Überwachung der Trinkwässer auf natürliche Radionuklide hat man – abgesehen von den Uranisotopen und abgesehen von Standorten des ehemaligen Uranbergbaus – bisher verzichtet, da das geogen bedingte Auftreten natürlicher Radionuklide im Trinkwasser nicht oder nur mittelbar durch den Menschen beeinflusst werden kann. Außerdem unterliegt der Gehalt natürlicher Radionuklide im Trinkwasser im Allgemeinen nur geringen zeitlichen Schwankungen. Detaillierte Kenntnisse liegen aus speziellen Untersuchungen (Gans et al., 1987; Bünger und Rühle, 1993; Rühle, 1994; Bünger, 1997; Aengenvoort et al., 2001) über die im Trinkwasser in Deutschland enthaltenen natürlichen Radionuklide und ihre Konzentrationsbereiche vor, so dass auch für diese Radionuklide eine Abschätzung der mit dem Trinkwasserkonsum verbundenen Strahlenexposition möglich ist. Eine Übersicht über ältere Literatur ist bei Aurand et al. (1974) zu finden. Eine neuere umfangreiche Studie wurde in den Jahren 2003 bis 2007 vom Bundesamt für Strahlenschutz durchgeführt (BfS, 2009). Untersucht wurden Roh- und Reinwasserproben aus mehr als 500 Wasserwerken in Deutschland, aus denen etwa 45 % der deutschen Bevölkerung versorgt wird. **Anmerkung:** Die Anzahl der Wasserwerke bzw. Wasserversorgungsanlagen in Deutschland mit einer Produktionsmenge von mehr als 3 m^3 pro Tag beträgt etwa 15.000.

Die Mediane und Schwankungsbereiche der relevanten künstlichen und natürlichen Radionuklide in den Trinkwässern in der Bundesrepublik Deutschland sind in Tab. 4.34 aufgeführt. Diese Werte wurden aus bisher publizierten Daten abgeschätzt (Gans et al., 1987; Gans, 1992; Bünger und Rühle, 1993; Bünger und Rühle, 1997; BfS, 2009). Prinzipiell sind die Schwankungsbereiche aber nach unten und nach oben offen. Dementsprechend können vereinzelt auch niedrigere oder höhere Werte auftreten.

Charakteristisch ist stets eine sehr hohe Bandbreite der Aktivitätskonzentrationen in verschiedenen Trinkwässern. Dies gilt insbesondere für natürliche Radionuklide, wie z. B. für Ra-226. Der Median (50-Perzentil) von etwa 2300 Probenahmestellen liegt bei 5 mBq/l. Dies bedeutet, dass 50 % der Werte niedriger als 5 mBq/l sind; 50 % liegen darüber. Nur 1 % der Proben haben Werte über 20 mBq/l, es sind aber auch Einzelproben mit 50 bis 300 mBq/l gefunden worden.

Tab. 4.34: Konzentration (mBq/l) künstlicher und natürlicher Radionuklide im Trinkwasser in Deutschland.

Radionuklid	Mittel (Median)		Schwankungsbereich
	Deutschland Gesamtgebiet	Erzgebirge/Vogtland	
H-3, T	200		40–4200[a]
C-14	10		< 1–20
Sr-90	< 5		1,3–20
Cs-137	< 5,0		0,15–20
K-40	70		3–1200
U-238	5	16	< 0,5–500
U-234	(8)[b]	18	< 0,5–500
Th-230	0,5	2	< 0,2–10
Ra-226	5	19	< 0,5–300
Rn-222	6.000	19.000	< 1.000–1.800.000
Pb-210	2	2	< 0,2–250
Po-210	1	2	< 0,1–180
U-235	0,2	1	< 0,2–30
Th-232	(0,1)[c]	0,5	< 0,1–4
Ra-228	4	12	< 4–130
Th-228	(0,2)[c]	1	< 0,2–20

[a] Grundwasser (BMU Jahresbericht 1998 (BMU, 1988)).
[b] Schätzwert; im Fall radioaktiven Gleichgewichts ist die Aktivitätskonzentration von U-238 gleich der von U-234. In natürlichen Wässern wird davon abweichend stets eine um den Faktor 1 bis 2 höhere Aktivitätskonzentration von U-234 beobachtet, in Einzelfällen auch darüber (Gans, 1987; Bünger, 1997; BfS, 2009).
[c] Bei diesen in Klammern angegebenen Werten handelt es sich um Schätzwerte, die sich aus dem Verhältnis der Werte aus dem Erzgebirge/Vogtland zum Gesamtgebiet (für Ra-226 Faktor etwa 3 bis 4) ergeben.

Die meisten Messwerte für Aktivitätskonzentrationen natürlicher Radionuklide in Trinkwässern in Deutschland liegen für Rn-222 vor und zwar von 2476 Probenahmestellen. Die Häufigkeitsverteilung der Messwerte ist in Abb. 4.18 dargestellt, in der der o. g. weite Schwankungsbereich für dieses Radionuklid zum Ausdruck kommt. Die daraus resultierende Summenhäufigkeit der Messwerte ist in Tabelle 4.35 angegeben. Daraus geht hervor, daß der Median bei 6 Bq/l liegt und etwa 6 % der Werte über einer Konzentration von 100 Bq/l liegen. Die Grenze des Normalbereichs (95-Perzentil) liegt bei 130 Bq/l. Sehr hohe Konzentrationen über 500 Bq/l werden bei 0,5 % der Messwerte erreicht. Die Verteilung der Messwerte entspricht in sehr guter Näherung einer logarithmischen Normalverteilung (Michel, 2015). Dies gilt auch für die Verteilung der Ra-226-Konzentrationswerte im Trinkwasser (Michel, 2006), so dass man davon ausgehen kann, dass auch die Verteilungen der Messwerte der wei-

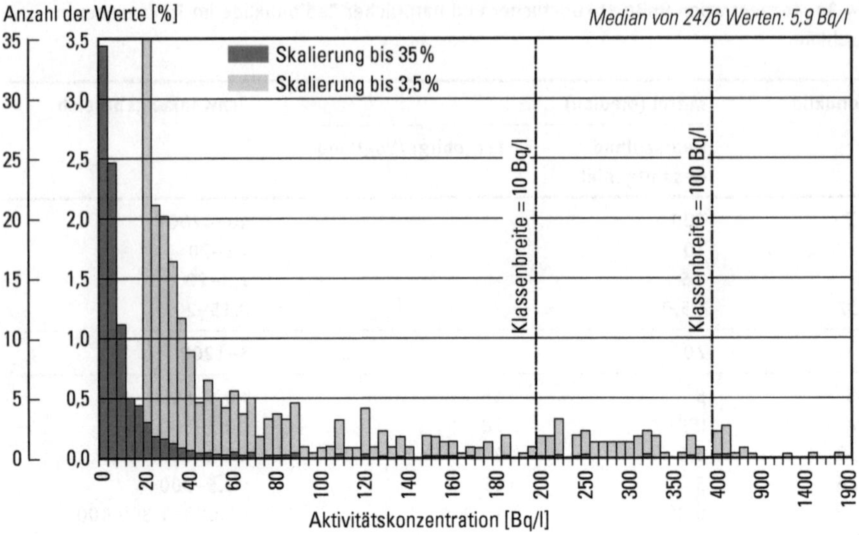

Abb. 4.18: Messwertverteilung der gemessenen Radon-222-Konzentrationen in Trinkwässern in der Bundesrepublik Deutschland.

Tab. 4.35: Summenhäufigkeit w der gemessenen Radon-222-Konzentrationen in Trinkwässern in der Bundesrepublik Deutschland (Auswertung von 2476 Messwerten).

Konzentration (in Bq/l)	w (%)	1-w (%)
6	50	50
50	90,2	9,8
100	94,1	5,9
300	98,3	1,7
500	99,5	0,5
1000	99,9	0,1

teren natürlichen Radionuklide im Trinkwasser näherungsweise einer logarithmischen Normalverteilung genügen.

Bedingt durch den unterschiedlichen chemischen Charakter ist eine Korrelation zwischen den Aktivitätskonzentrationen verschiedener natürlicher Radionuklide in einem Wasser selbst innerhalb einer Zerfallsreihe (z. B. zwischen U-238 und Ra-226 oder Ra-226 und Rn-222) im Allgemeinen nicht gegeben (siehe z. B. Bünger und Rühle, 1997; BfS, 2009).

4.14.6 Strahlenexposition der Bevölkerung

Die effektive Dosis und die Organ-Äquivalentdosen können grundsätzlich nicht direkt gemessen, sondern müssen berechnet oder abgeschätzt werden. Dies ist erforderlich, weil für die Körper-Äquivalentdosen Grenzwerte festgelegt sind (Schutzgrößen).

Mit dem Trinkwasser werden die im Wasser enthaltenen Radionuklide aufgenommen (Ingestion) und führen so zu einer internen Strahlenexposition. Je nach Art der Radionuklide und der vorliegenden chemischen Verbindungen werden diese entweder nach kurzer Zeit wieder ausgeschieden, oder in verschiedenen Organen kürzere oder längere Zeit gespeichert oder sogar dauerhaft in den Knochen eingelagert. Zur quantitativen Beschreibung dieser sehr komplexen Vorgänge wurden aufgrund von radioökologischen Modellen der Internationalen Strahlenschutzkommission (ICRP) für jedes Radionuklid (r) und verschiedene Altersgruppen (i) gesonderte **Dosiskoeffizienten** g_{ri} (in Sv/Bq) für die Ingestion abgeleitet (siehe Tab. 4.35). Die Dosiskoeffizienten geben diejenige Dosis (in Sv) an, die aus der Aufnahme einer Aktivität von 1 Bq des betreffenden Radionuklids resultiert, einschließlich der beim Zerfall gebildeten Tochternuklide.

Damit sind die Dosiskoeffizienten ein Maß für die Radiotoxizität der betreffenden Radionuklide. Neben den physikalischen Daten wie Art und Energie der Strahlung, physikalische Halbwertszeit u. a. werden bei der Ermittlung der Dosiskoeffizienten z. B. die folgenden biokinetischen Parameter berücksichtigt: Art der chemischen Verbindung, in der das Radionuklid inkorporiert wird, der Anteil der gastrointestinalen Absorption, die zeitliche Verteilung im Organismus sowie Strahlungs- und Gewebewichtungsfaktoren. Da für eine Reihe dieser Parameter ein weiter Wertebereich vorliegt, hat dies die ICRP bei der Berechnung der altersabhängigen Dosiskoeffizienten dadurch berücksichtigt, dass stets konservative Annahmen gemacht wurden (insbesondere beim Kleinkind), so dass die berechneten Dosiskoeffizienten für die Organäquivalent- bzw. effektive Dosis auf der sicheren Seite liegen (Kaul und Rühle, 2010).

Unter Berücksichtigung der jährlichen altersabhängigen Trinkwasseraufnahme U_{wi} (l), der Aktivitätskonzentration c_r (Bq/l) und des altersabhängigen Dosiskoeffizienten g_{ri} (Sv/Bq) (siehe Tab. 4.36) ergibt sich der jährliche Dosisbeitrag (50- bzw. 70-Jahre-Folgedosis) eines Radionuklids r. Die gesamte effektive Dosis H_i (Sv) für eine Altersgruppe durch Ingestion von Radionukliden ist die Summe der Dosisbeiträge aller – künstlichen und natürlichen – Radionuklide im Wasser:

$$H_i = U_{wi} \cdot \sum(c_r \cdot g_{ri}) \tag{4.28}$$

Nach den Vorgaben der StrlSchV ist der jährliche Trinkwasserbedarf bei Kleinkindern im ersten Lebensjahr mit durchschnittlich 55 l, bei Kindern mit 100 l und bei Erwachsenen mit 350 l anzusetzen. Um auch Fälle höheren Trinkwasserkonsums abzudecken, wird ein Sicherheitsfaktor von 2 eingeführt, womit sich beim Kleinkind U_{wi} = 110 l und beim Erwachsenen U_{wi} = 700 l ergibt (Grundlage: 95-Perzentil des Trinkwasserkonsums). Unter der Annahme, dass ein Kleinkind nicht gestillt, sondern mit Zubereitungen aus Trockenkonzentraten ernährt wird, ist U_{wi} = 340 l anzusetzen. (Abweichend davon wird für den Erwachsenen (Altersgruppe > 17 a) ent-

Tab. 4.36: Dosiskoeffizienten ausgewählter Radionuklide der Ingestion*) für verschiedene Altersgruppen (Sv/Bq; nach BMU, 2001).

Radionuklid	Dosiskoeffizienten g_{ri} (Sv/Bq), nach Altersgruppen					
	≤ 1 a	1 ≤ 2 a	2 ≤ 7 a	7 ≤ 12 a	12 ≤ 17 a	> 17 a
H-3	6,4E-11	4,8E-11	3,1E-11	2,3E-11	1,8E-11	1,8E-11
Sr-90	2,3E-07	7,3E-08	4,7E-08	6,0E-08	8,0E-08	2,8E-08
Tc-99 m	2,0–10	1,3E-10	7,2E-11	4,3E-11	2,8E-11	2,2E-11
Co-60	5,4E-08	2,7E-08	1,7E-08	1,1E-08	7,9E-09	3,4E-09
I-131	1,8E-07	1,8E-07	1,0E-07	5,2E-08	3,4E-08	2,2E-08
Cs-137	2,1E-08	1,2E-08	9,6E-09	1,0E-08	1,3E-08	1,3E-08
Pu-239	4,2E-06	4,2E-07	3,3E-07	2,7E-07	2,4E-07	2,5E-07
K-40	6,2E-08	4,2E-08	2,1E-08	1,3E-08	7,6E-09	6,2E-09
U-238	3,4E-07	1,2E-07	8,0E-08	6,8E-08	6,7E-08	4,5E-08
U-234	3,7E-07	1,3E-07	8,8E-08	7,4E-08	7,4E-08	4,9E-08
Th-230	4,1E-06	4,1E-07	3,1E-07	2,4E-07	2,2E-07	2,1E-07
Ra-226	4,7E-06	9,6E-07	6,2E-07	8,0E-07	1,5E-06	2,8E-07
Rn-222	4,0E-08					3,5E-09
Pb-210	8,4E-06	3,6E-06	2,2E-06	1,9E-06	1,9E-06	6,9E-07
Po-210	2,6E-05	8,8E-06	4,4E-06	2,6E-06	1,6E-06	1,2E-06
U-235	3,5E-07	1,3E-07	8,5E-08	7,1E-08	7,0E-08	4,7E-08
Th-232	4,6E-06	4,5E-07	3,5E-07	2,9E-07	2,5E-07	2,3E-07
Ra-228	3,0E-05	5,7E-06	3,4E-06	3,9E-06	5,3E-06	6,9E-07
Th-228	3,7E-06	3,7E-07	2,2E-07	1,4E-07	9,4E-08	7,2E-08

*) Berechnet wird die effektive Folgedosis für Einzelpersonen der Bevölkerung, wobei für Erwachsene ein Zeitraum von 50 Jahren und für Kinder von 70 Jahren unterstellt wird.

sprechend der auf der Grundlage der EU-Trinkwasserrichtlinie beruhenden Trinkwasserverordnung mit einem jährlichen Trinkwasserkonsum von 730 l gerechnet, s. Kap. 4.14.7.)

Für die im Trinkwasser in geringen Konzentrationen nachgewiesenen **künstlichen Radionuklide** Sr-90 und Cs-137 (siehe Kap. 4.14.5) ergeben sich unter Zugrundelegung eines jährlichen Trinkwasserkonsums von 700 l gemäß Gleichung 4.28 Werte der effektiven Dosis für Erwachsene von deutlich weniger als 1 µSv/a, was einer extrem niedrigen Strahlenexposition entspricht. Für Kleinkinder liegen die Werte auch in diesem Bereich. Für eine Konzentration beispielsweise von 1 mBq/l ergibt sich eine effektive Jahresdosis von 0,02 µSv für Sr-90 und von 0,01 µSv für C-137.

In Tab. 4.37 sind Ergebnisse der Dosisberechnungen zusammengestellt, die sich durch Ingestion **natürlicher Radionuklide** mit dem Trinkwasser nach Tab. 4.34 aus Gl. 4.28 mit U_{wi} = 110 l/a für Kleinkinder und U_{wi} = 700 l/a für Erwachsene ergeben. Für Kleinkinder errechnet sich im Mittel eine Dosis von insgesamt etwa 0,02 mSv/a und für Erwachsene von etwa 0,005 mSv/a. Unter der Annahme einer Trinkwasseraufnahme von 55 l/a würde sich für Kleinkinder eine mittlere Dosis von

Tab. 4.37: Berechnete jährliche effektive Dosis (mSv) durch Aufnahme natürlich radioaktiver Stoffe mit dem Trinkwasser.

Radionuklid	Kleinkind (≤ 1a)		Erwachsener (> 17a)	
	Mittel*)	Maximum*)	Mittel*)	Maximum*)
U-238	0,00019	0,019	0,00016	0,016
U-235	0,000012	0,00012	0,000010	0,00010
U-234	0,00033	0,020	0,00027	0,017
Th-230	0,00023	0,0045	0,000074	0,00015
Ra-226	0,0026	0,16	0,00098	0,056
Pb-210	0,0018	0,22	0,00096	0,12
Po-210	0,0028	0,52	0,00084	0,15
Th-232	0,000051	0,00020	0,000016	0,00064
Ra-228	0,013	0,43	0,0019	0,063
Th-228	0,000081	0,0081	0,000010	0,0010
Summe	0,021		0,0052	

*) zugrunde gelegte Mittel- und Maximalwerte der Aktivitätskonzentrationen nach Tab. 4.34.

etwa 0,01 mSv/a ergeben und für Erwachsene (350 l/a) eine mittlere Dosis von etwa 0,002 mSv/a. Zu beachten ist, dass es sich bei diesen Werten um konservative Abschätzungen (d. h. zur sicheren Seite hin) handelt, da für Erwachsene die sog. 50-Jahre-Folgedosis und für das Kleinkind die sog. 70-Jahre-Folgedosis berechnet wird (Erklärung der Begriffe siehe RADIZ, 2009).

Insgesamt beträgt die mittlere Strahlenexposition des Erwachsenen über den Trinkwasserpfad nur einige Prozent der Strahlenexposition infolge der Aufnahme radioaktiver Stoffe mit Lebensmitteln (ca. 0,3 mSv/a), das sind etwa 0,2 % der gesamten natürlichen Strahlenexposition der Bevölkerung. Letztere liegt in Deutschland im Mittel bei etwa 2,1 mSv/a, kann in Gebieten erhöhter natürlicher Radioaktivität aber auch Werte von bis zu 10 mSv/a erreichen, in Einzelfällen auch darüber (BMU, 1988, Michel, 2006, SSK, 2008, Rühle und Kaul, 2010).

Den Hauptbeitrag zur Strahlenexposition über das Trinkwasser liefern die Isotope Ra-228 und Ra-226 sowie Pb-210 und Po-210. Die übrigen Radionuklide sind von untergeordneter Bedeutung. Legt man die maximalen Konzentrationswerte der Tab. 4.34 zugrunde, ergeben sich jährliche Ingestionsdosen von bis zu 0,52 mSv für Kleinkinder (Po-210) und bis zu 0,15 mSv für Erwachsene (Po-210). Auf die Summierung der maximalen Dosiswerte der einzelnen Radionuklide (s. Tab. 4.37), die für die jeweils maximalen Konzentrationen berechnet wurden, kann verzichtet werden, da bisher nicht beobachtet wurde, dass alle Radionuklide gleichzeitig mit maximalen Werten auftreten. Es ist aber anzumerken, dass bei sehr ungünstigen Fällen in Gebieten erhöhter natürlicher Radioaktivität jährliche Ingestionsdosen über 1 mSv erreicht werden können.

Das Radionuklid Rn-222 bedarf hier einer besonderen Betrachtung: Die Strahlenexposition durch Rn-222 im Trinkwasser setzt sich zusammen aus dem Verzehr von Trinkwasser (Ingestion) direkt aus der Leitung und aus der Inhalation des im häuslichen Bereich aus dem Trinkwasser freigesetzten Radons. Dies geschieht z. B. beim Kochen und der Zubereitung von Speisen, sowie beim Duschen, beim Betrieb von Waschmaschinen u. a. Bei der Abschätzung der Ingestionsdosis wird nur ein jährlicher Wasserkonsum von ca. 50 l (UNSCEAR, 1993) oder 100 l (SSK, 2004) angenommen, da das Radon beim Erwärmen, Rühren oder Schütteln ganz oder teilweise freigesetzt wird. Mit einem Ingestionsfaktor von $3{,}5 \cdot 10^{-9}$ Sv/Bq(NRC, 1999, SSK, 2004) für Erwachsene ergibt sich bei einem Trinkwasserkonsum von 50 l/a und einer mittleren Radonkonzentration von ca. 6 Bq/l eine effektive Dosis von ca. 1 µSv/a. Zur Änderung der Ingestionsdosisfaktoren wird auf (Rühle, 2003) verwiesen.

Zur Abschätzung der Inhalationsdosis müssen im wesentlichen die Radonkonzentration des Trinkwassers, der Transferfaktor für den Übergang von Radon aus dem Trinkwasser in die Wohnraumluft, die mittlere Wasserverbrauchsrate und die Luftwechselrate in der Wohnung berücksichtigt werden sowie die Expositionsdauer und der Dosiskonversionsfaktor, der den Zusammenhang zwischen der Radonexposition (in $Bq \cdot h \cdot m^{-3}$) und der effektiven Dosis (in mSv) wiedergibt (ICRP, 1993; SSK, 2018). Nimmt man eine sehr geringe Luftwechselrate von 1/h an, was sehr dichten Fenstern im Wohnraum entspricht, ergibt sich für die mittlere Radonkonzentration von 6 Bq/l eine maximale effektive Jahresdosis von ca. 10 µSv/a. Damit ist die Inhalationsdosis um etwa den Faktor 10 höher als die Ingestionsdosis (Rühle, 1994; Gans und Rühle, 1998; SSK, 2004).

Unter realistischen Bedingungen, d. h. regelmäßiges Lüften der Wohnräume, liegt die mittlere effektive Jahresdosis durch Radon im Trinkwasser in der Größenordnung von ca. 2 bis 4 µSv. (Durch das Lüften der Wohnräume wird die Luftwechselrate deutlich erhöht, was zu einer Verminderung der Rn-222-Konzentration der Wohnraumluft führt.)

Es muss darauf hingewiesen werden, dass die angegebenen Zahlenwerte eine Größenordnung der Jahresdosis wiedergeben. Die für die Strahlenexposition durch Radon im Trinkwasser in der Literatur angegebenen abweichenden Werte beziehen sich auf andere Annahmen, z. B. beim Wasserkonsum, beim Transferfaktor und bei der Luftwechselrate. Anzumerken ist, dass auch die für eine Trinkwasserkonzentration von z. B. 100 Bq/l abgeschätzten Werte der jährlichen effektiven Dosis klein sind gegenüber der Strahlenexposition durch Rn-222 und seine kurzlebigen Folgeprodukte in der Wohnraumluft infolge der Radonfreisetzung aus dem Boden und dem Baumaterial. Diese liegt für die mittlere Radonkonzentration von 50 Bq/m^3 bei ca. 1 mSv/a und macht damit etwa 50 % des Mittelwertes der natürlichen Strahlenexposition in Deutschland aus (BMU, 1988).

4.14.7 Grenzwerte für radioaktive Stoffe im Trinkwasser – Trinkwasserverordnung

Bei Einhaltung der sehr restriktiven Bestimmungen der Strahlenschutzverordnung (BMU, 2011) ist sichergestellt, dass radioaktive Stoffe nicht in solchen Mengen in die Umwelt und damit in das Trinkwasser gelangen, die zu einer gesundheitlichen Gefährdung der Bevölkerung führen würden. Entsprechende Regelungen sind in §§ 99 u. 102 StrlSchV detailliert festgelegt und in Anlage 11 Aktivitätskonzentrationen für Radionuklide aufgeführt, die bei Ableitung radioaktiver Stoffe mit Wasser aus Bereichen, in denen mit radioaktiven Stoffen umgegangen wird, einzuhalten sind (BMU, 2018). Aus diesen Gründen hat der Gesetzgeber darauf verzichtet, in der StrlSchV Konzentrationsgrenzwerte für radioaktive Stoffe im Trinkwasser festzulegen (Aurand und Rühle, 2003).

Die internationalen Bestrebungen, bei der Sicherung der Qualität von Trinkwasser auch die radioaktiven Stoffe in das System der Grenzwerte einzubeziehen, beruhten auf einer WHO-Empfehlung (WHO, 1993). Als Ergebnis wurden in der novellierten Richtlinie 98/83/EG (EG-Trinkwasserrichtlinie) neben den traditionell zu überwachenden mikrobiologischen und chemischen Parametern erstmals zwei Parameter für radioaktive Stoffe im Trinkwasser eingeführt. Danach darf die Aktivitätskonzentration von Tritium 100 Bq/l und die Gesamtrichtdosis 0,1 mSv pro Jahr nicht überschreiten. Bei der Ermittlung der Gesamtrichtdosis („Total Indicative Dose") waren Tritium, Kalium-40, Radon und Radonfolgeprodukte nicht zu berücksichtigen (Anhang I, Teil C, Anmerkung 9). Beide Parameter wurden in der novellierten Trinkwasserverordnung (TrinkwV 2001; § 7, in Verbindung mit Anlage 3, „Indikatorparameter") (BMG, 2001) übernommen.

Mit der Richtlinie 2013/51/EURATOM des Rates vom 22. Oktober 2013 zur Festlegung von Anforderungen an den Schutz der Gesundheit der Bevölkerung hinsichtlich radioaktiver Stoffe in Wasser für den menschlichen Gebrauch (EUR, 2013a), die die Bestimmungen der Richtlinie 98/83/EG hinsichtlich radioaktiver Stoffe ersetzt, wurde nun eine Grundlage für eine Trinkwasserüberwachung geschaffen, die neueren Erkenntnissen bezüglich der Bedeutung von Radon und Radonfolgeprodukten Rechnung trägt (s. auch WHO, 2011). Die Umsetzung in deutsches Recht erfolgte mit der Dritten Verordnung zur Änderung der TrinkwV 2001 vom 18. November 2015 (BMG, 2015).

Was die sog. „Radioaktivitätsparameter" gem. Anl. 3 zu § 7 TrinkwV 2001 betrifft, wurden folgende Veränderungen vorgenommen:

a) Die radiologischen Anforderungen für Trinkwasser und Untersuchungspflichten (der Unternehmer und sonstiger Inhaber einer Wasserversorgungsanlage) und Überwachungen durch die zuständigen Behörden werden in den neu eingeführten **§§ 7a, 14a und 20a** in Verbindung mit **Anlage 3a** geregelt.
b) In Anlage 3a (zu den §§ 7a, 9 und 14a) – Anforderungen an Trinkwasser in Bezug auf radioaktive Stoffe – Teil I (s. Tabelle 4.38) wird ein Parameterwert für die Rn-222-Konzentration von 100 Bq/l eingeführt. Die bisherige Begrenzung der Tritiumkonzentration auf 100 Bq/l bleibt bestehen, ebenso der Dosiswert von 0,1 mSv/a. Der bisherige Parameter **Gesamtrichtdosis** wird durch die **Richtdosis** ersetzt, da sich die Berechnungsgrundlage geändert hat (s. Tabelle 4.38).

Der Parameterwert ist ein Wert für radioaktive Stoffe im Trinkwasser, bei dessen Überschreitung die zuständige Behörde prüft, ob das Vorhandensein radioakti-

Tab. 4.38: Radioaktivitätsbezogene Parameterwerte in Teil I, Anlage 3a der TrinkwV 2001.

Lfd.Nr.	Parameter	Parameterwert
1	Radon-222	100 Bq/l
2	Tritium	100 Bq/l
3	Richtdosis	0,1 mSv/a

Tab. 4.39: Referenz-Aktivitätskonzentrationen für radioaktive Stoffe in Trinkwasser in Teil II, Anlage 3a der TrinkwV 2001.

Lfd.Nr.	Radionuklid	Referenz-Aktivitätskonzentrationen
	Radionuklide natürlichen Ursprungs	
1	U-238	3,0 Bq/l
2	U-234	2,8 Bq/l
3	Ra-226	0,5 Bq/l
4	Ra-228	0,2 Bq/l
5	Pb-210	0,2 Bq/l
6	Po-210	0,1 Bq/l
	Radionuklide künstlichen Ursprungs	
7	C-14	240 Bq/l
8	Sr-90	4,9 Bq/l
9	Pu-239/Pu-240	0,6 Bq/l
10	Am-241	0,7 Bq/l
11	Co-60	40 Bq/l
12	Cs-134	7,2 Bq/l
13	Cs-137	11 Bq/l
14	I-131	6,2 Bq/l

ver Stoffe im Trinkwasser ein Risiko für die menschliche Gesundheit darstellt, das ein Handeln erfordert.

c) In Teil II der Anlage 3a werden die Berechnungsgrundlagen der Richtdosis erläutert: Dabei sind grundsätzlich die in Tab. 4.39 aufgeführten Radionuklide zu berücksichtigen. Die Aktivitätskonzentrationen von K-40, Tritium und Radon-222 sowie die kurzlebigen Radonzerfallsprodukte bleiben unberücksichtigt.

   Die Richtdosis ist die Summe der Werte, die durch Multiplikation der im Trinkwasser gemessenen Radionuklidkonzentrationen (künstlichen und natürlichen Ursprungs) mit den Dosiskoeffizienten für Erwachsene (BMU, 2001, s. auch Tabelle 4.36 und Gl. 4.28) und einer jährlichen Aufnahme von **730 l** Trinkwasser berechnet werden. Für die in Tabelle 4.39 genannten Radionuklide sind Aktivitäts-Referenzkonzentrationen aufgeführt, die jeweils einer Ingestionsdosis von 0,1 mSv entsprechen.

   Anstelle der Berechnung der Richtdosis kann der Nachweis darüber, dass der Parameterwert für die Richtdosis nicht überschritten wird, erbracht werden, wenn die Summe der Verhältniszahlen der gemessenen Radionuklidkonzentrationen $C_{r,\mathrm{mess}}$ und den angegebenen Referenzkonzentrationen $C_{r,\mathrm{ref}}$ kleiner oder gleich 1 ist.

$$\sum_r \frac{\bar{C}_{r,\mathrm{mess}}}{C_{r,\mathrm{ref}}} \leq 1 \tag{4.29}$$

d) In Teil III der Anlage 3a werden Durchführung, Umfang und Häufigkeit der Untersuchungen erläutert. Das Untersuchungskonzept unterscheidet zwischen Erstuntersuchung und regelmäßigen Untersuchungen, wenn bei der Erstuntersuchung eine Überschreitung eines oder mehrerer Parameterwerte für radioaktive Stoffe festgestellt wurde. Darüber hinaus werden die Untersuchungsbedingungen sowie die Bewertung der Parameter einschließlich Einsatz geeigneter Screening-Verfahren mittels Messung der Gesamt-α- und der Rest-β-Aktivitätskonzentration (Gesamt-β-Aktivitätskonzentration abzüglich der K-40-Aktivitätskonzentration) beschrieben.

Aus Platzgründen muss an dieser Stelle auf eine detaillierte Erläuterung der Überwachungsstrategie verzichtet und auf den Verordnungstext verwiesen werden. Diese sehr komplexe Überwachungsstrategie der TrinkwV 2001 dient dazu, überflüssige Messungen – soweit möglich – zu vermeiden. Beispielsweise dürften Untersuchungen der Wasserversorger auf künstliche Radionuklide aus den oben erwähnten Gründen gänzlich entfallen. Dies gilt mit Ausnahme der Rn-222-Aktivitätskonzentrationen weitestgehend auch für alle übrigen natürlichen Radionuklide. In diesen Zusammenhang wird noch einmal auf die Ergebnisse der Studie des BfS „Strahlenexposition durch natürliche Radionuklide im Trinkwasser in der Bundesrepublik Deutschland“ (BfS, 2009) verwiesen.

Auf der Grundlage dieser Studie wurde 2009 bis 2012 unter Federführung des Bundesamts für Strahlenschutz (BfS) in einer Arbeitsgruppe aus Experten des Bundesministeriums für Umwelt, Naturschutz und Reaktorsicherheit (BMU), des Bundesministeriums für Gesundheit (BMG), des Umweltbundesamts (UBA), des Deutschen Vereins für das Gas- und Wasserfach (DVGW) und des Bundesverbands der Energie- und Wasserwirtschaft (BDEW) ein radiologisch und radiotoxikologisch begründetes Untersuchungs- und Bewertungskonzept erarbeitet und als „Leitfaden zur Untersuchung und Bewertung von Radioaktivität im Trinkwasser – Empfehlung von BMU, BMG, BfS, UBA, DVGW und BDEW –“ erstellt und unter Mitwirkung von Ländervertretern (BMU, 2012) öffentlich verfügbar gemacht. Die aktualisierte rechtsverbindliche Neufassung wurde 2017 veröffentlicht (BMUB, 2017).

Wesentliche Empfehlungen des Leitfadens wurden in der eingangs erwähnten Richtlinie 2013/51/EURATOM (EUR, 2013a) übernommen und waren damit zugleich die Grundlage für die Umsetzung in deutsches Recht mit der Dritten Verordnung zur Änderung der TrinkwV 2001 (BMG, 2015). Der Leitfaden stellt damit eine praktische Hilfe für die mit der Umsetzung der Überwachung betrauten Institutionen dar.

Unabhängig von seinen radiologischen Eigenschaften besitzt Uran auch eine hohe Schwermetalltoxizität. Daher wird seit der Ersten Verordnung zur Änderung der Trinkwasserverordnung (BMG, 2011) auch die Massenkonzentration von Uran mit einem Parameterwert von 0,01 mg/l begrenzt (jetzt Parameter lfd. Nr. 15, Teil I, Anlage 2 zu § 6 Absatz 2 der TrinkwV 2001). Da dieser Massenkonzentration eine effektive Jahresdosis des Erwachsenen von 4 µSv (und von 14 µSv für das Kleinkind) durch U-238 entspricht, wird mit dieser Begrenzung die Dosis von 0,1 mSv/a deutlich unterschritten.

Zur Festlegung von Dosisgrenzwerten und Kontaminations- bzw. Konzentrationsgrenzwerten in einer **Notfall-Expositionssituation** werden in der Trinkwasserverordnung keine Angaben gemacht. Dazu wird auf das Strahlenschutzgesetz (BMUB, 2017) und die Ausführungen in (Aurand und Rühle, 2003) verwiesen.

4.14.8 Mineral- und Heilwässer

Die Trinkwasserverordnung gilt nicht für Mineralwässer und Heilwässer (s. § 2 TrinkwV, 2001).

Mineralwässer haben in der Regel einen höheren Gehalt an Mineral- und Spurenstoffen als Trinkwässer, d. h. auch an natürlich radioaktiven Stoffen. In der Mineral- und Tafelwasserverordnung sind Grenzwerte für radioaktive Stoffe in natürlichen Mineralwässern aber nur dann einzuhalten, wenn das Wasser mit dem Hinweis „geeignet für die Zubereitung von Säuglingsnahrung" in den Handel gebracht wird. Danach darf der Gehalt an Uran einen Wert von 0,002 mg/l nicht überschreiten und die Aktivitätskonzentrationen von Ra-226 den Wert von 125 mBq/l und von Ra-228 den Wert von 20 mBq/l nicht überschreiten (§ 15, Abs. 2 der Min/TafelWV, BME, 2006).

Heilwässer sind natürliche Mineralwässer mit dem Anspruch einer heilenden Wirkung (s. Kap. 10.5.2). Heilwasser hat nach § 2 Abs. 1 des Arzneimittelgesetzes den Status eines Arzneimittels, es bedarf also der amtlichen Zulassung. Radonhaltiges Wasser wird als Heilwasser im Rahmen der Radonbalneotherapie vornehmlich bei chronisch-rheumatischen Erkrankungen in Radon-Heilbädern angewandt (Trink- und Badekur). In den deutschen Radon-Heilbädern liegt die Rn-222-Aktivitätskonzentration des Heilwassers im Mittel bei etwa 1500 Bq/l. Die Strahlenexposition von Patienten, die eine Badekur durchführen, liegt bei etwa 0,4 mSv, also deutlich unterhalb des Mittelwertes der natürlichen Strahlenexposition von 2,1 mSv/a. (Grunewald et al., 2009 und Rühle, 2006).

4.15 Literatur

Aengenvoort, U. et al. (2001): Natürliche Radionuklide in Lebensmitteln und Gebrauchsgegenständen: Anlass zur Besorgnis für den Verbraucher? Z. Strahlenschutzpraxis, Heft 1/2001, TÜV-Verlag GmbH, Köln.

Aga, D. S., Thurman, E. M. (1993): Coupling solid-phase extraction and enzyme-linked immunosorbent assay for ultratrace determination of herbicides in pristine water. Anal. Chem. *65*, S. 2894–2898.

Aga, D. S., Thurman, E. M. (1997): Environmental immunoassays: Alternative techniques for soil and water analysis. In: Immunochemical Technology for Environmental Applications. D. S. Aga, E. M. Thurman (Hrsg.), Am Chem. Soc., Symposium Series, *657*, S. 1–20.

Alcocer, M. J. C., Doyen, C., Lee, H. A., Morgan, M. R. A. (2000): Functional scFv antibody sequences against the organophosphorus pesticide chlorpyrifos. Journal of Agricultural and Food chemistry, *48*, S. 335–337.

Altstein, M., Bronshtein, A., Glattstein, B., Zeichner, A., Tamiri, T., Almog, J. (2001): Immunochemical Approaches for Purification and Detection of TNT Traces by Antibodies Entrapped in a Sol-Gel Matrix. Anal. Chem., *73*, S. 2461–2467.

Altuer, H.: (1993): Physiologie des Menschen: In: Schmidt, R. F; Thews, G., Lang, F., Springer, Berlin, S. 321.

Andrade-Eiroa, A., Canle, M., Leroy- Cancellieri, V., Cerdà, V., (2016): Solid-phase extraction of organic compounds: A critical review (Part I). Trends Anal. Chem., 80, S. 641–654.

Andrade-Eiroa, A., Canle, M., Leroy- Cancellieri, V., Cerdà, V., (2016): Solid-phase extraction of organic compounds: A critical review (Part II). Trends Anal. Chem., 80, S. 655–667.

Aurand, K., Gans, I., Rühle, H. (1974): Vorkommen natürlicher Radionuklide im Wasser. In: Aurand, K., Bücker, H., Hug, O., Jacobi, W., Kaul, A., Muth, H., Polith W., Stahlhofen, W. (Hrsg.): Die natürliche Strahlenexposition des Menschen. Georg Thieme Verlag, Stuttgart.

Aurand, K. und Rühle, H. (2003): Radioaktive Stoffe und die Trinkwasserverordnung, in: Grohmann, A., Hässelbarth, U. und Schwerdtfeger, W. (Hrsg.): Die Trinkwasserverodnung, 4. Aufl. (2003), Erich Schmidt-Verlag Berlin.

Balaram, V. (2018): Recent Advances and Trends in Inductively Coupled Plasma–Mass Spectrometry and Applications. Spectroscopy 2018, 16(2), 8–13.

Baltussen, H. A. (2000): New concepts in sorption based sample preparation for chromatography, Profschrift Technische Unifersiteit, Eindhoven.

Bäuerle, G. (1996): TOC-Analyse von Trinkwasser. Applikation TOC 8. Firmenprospekt der Shimadzu Europa GmbH, Duisburg.

Barthel, R. (2003): Abschätzung und Bewertung von Strahlenexpositionen der Bevölkerung durch Radon im Trinkwasser, in: BMU (Hrsg.): Forschung zum Problemkreis „Radon", 16. Statusgespräch, Berlin, Oktober 2003.

Bayer, A., Kaul, A. Reiners, Ch. (Hrsg.) (1996): 10 Jahre nach Tschernobyl, eine Bilanz; Seminar des Bundesamtes für Strahlenschutz und der Strahlenschutzkommission, Gustav Fischer, Stuttgart (1996).

Bigus, H.-J. (1998): Mikroprozessorgesteuerte Titriergeräte, GIT Labor-Fachz., *4*, S. 408–409.

BfS, Bundesamt für Strahlenschutz (1998): Bünger, Th., Obrikat, D., Rühle, H., Viertel, H, Materialienband 1995 zur Radioaktivität in Trinkwasser, Grundwasser, Abwasser, Klärschlamm, Reststoffen und Abfällen – Ergänzung zum Jahresbericht 1995 des BMU „Umweltradioaktivität und Strahlenbelastung", ISBN 3-89701-136-0, Bundesamt für Strahlenschutz, Fachbereich Strahlenschutz, Berlin.

BfS, Bundesamt für Strahlenschutz (2009): Strahlenexposition durch natürliche Radionuklide im Trinkwasser in der Bundesrepublik Deutschland. Beyermann, M., Bünger, T., Gehrcke, K. und Obrikat, D. (Bearbeiter). BfS-SW-06/09, Salzgitter: 129 S., verfügbar unter http://nbn-resolving.de//urn:nbn:de:0221-20100319945

BMBW, Bundesminister für Bildung und Wissenschaft (Hrsg.) (1970): Umweltradioaktivität und Strahlenbelastung – Umweltüberwachung 1956–1968, Gersbach und Sohn Verlag, München.

BME, Bundesministerium für Ernährung, Landwirtschaft und Verbraucherschutz (2006): Verordnung über natürliches Mineralwasser, Quellwasser und Tafelwasser (Mineral- und

Tafelwasserverordnung) vom 1. August 1984, BGBl. 1984, Teil I, S. 1036, zuletzt geändert am 1.Dezember 2006; BGBl. 2006 Teil I, S. 2762.

BMG, Bundesministerium für Gesundheit (2001): Verordnung über die Qualität von Wasser für den menschlichen Gebrauch (Trinkwasserverordnung – TrinkwV 2001) vom 21. Mai 2001, BGBl. 2001, Teil I, S. 959.

BMG, Bundesministerium für Gesundheit (2011): Erste Verordnung zur Änderung der Trinkwasserverordnung vom 3. Mai 2011. BGBl, Teil I Nr. 21: S. 748–774.

BMG, Bundesministerium für Gesundheit (2015): Dritte Verordnung zur Änderung der Trinkwasserverordnung vom 18. November 2015. BGBl, Teil I Nr. 46: S. 2076–2083.

BMG, Bundesministerium für Gesundheit (2018): Trinkwasserverordnung in der Fassung der Bekanntmachung vom 10. März 2016 (BGBl. I S. 459), die zuletzt durch Artikel 1 der Verordnung vom 3. Januar 2018 (BGBl. I S. 99) geändert worden ist.

BMI, Bundesminister des Inneren (Hrsg.) (1985): Gesetz über die friedliche Verwendung der Kernenergie und den Schutz gegen ihre Gefahren (Atomgesetz – AtG) in der Fassung vom 15. Juli 1985, BGBl. 1985, Teil I, S. 1565, zuletzt geändert am 17. März 2009, BGBl. Teil I, Nr. 15, S. 556.

BMI, Bundesminister des Inneren (Hrsg.) (1986): 30 Jahre Überwachung der Umweltradioaktivität in der Bundesrepublik Deutschland, Bonn.

BMI, Bundesminister des Inneren, (Hrsg.) (1986): 30 Jahre Überwachung der Umweltradioaktivität in der Bundesrepublik Deutschland, Sonderheft (erarbeitet von den Leitstellen für die Überwachung der Umweltradioaktivität), Bonn.

BMI, Bundesminister des Inneren, Bonn, (Hrsg.) (1987): Auswirkungen der Reaktorunfalles in Tschernobyl auf die Bundesrepublik Deutschland, Gemeinsamer Bericht der Leitstellen für das Jahr 1986, Bonn, S. 135.

BMJ, (1990): Verordnung über Trinkwasser und über Wasser für Lebensmittelbetriebe (Trinkwasserverordnung – TrinkwV) vom 12. 12. 1990, GBGl. I, S. 2613.

BMU, Bundesminister für Umwelt, Naturschutz, Bau und Reaktorsicherheit (1986): Gesetz zum vorsorgenden Schutz der Bevölkerung gegen Strahlenbelastung (Strahlenschutzvorsorgegesetz – StrVG) vom 19. Dezember 1986. BGBl. Teil I: S. 2610 (zuletzt geändert in BGBl. Teil I: S. 1474 vom 31. August 2015); seit 1. Oktober 2017 aufgehoben.

BMU, Bundesminister für Umwelt, Naturschutz und Reaktorsicherheit (Hrsg.) (1987): Auswirkungen der Reaktorunfalles in Tschernobyl auf die Bundesrepublik Deutschland, Gemeinsamer Bericht der Leitstellen für das Jahr 1986, Bonn 1987.

BMU, Bundesminister für Umwelt, Naturschutz und Reaktorsicherheit (Hrsg.) (1988) Fortlaufende Jahresberichte „Umweltradioaktivität und Strahlenbelastung“; erster Bericht des BMU: Jahresbericht 1984, zuletzt erschienener Jahresbericht 2016 (die Herausgabe der Jahresberichte 1968–1983 erfolgte durch andere Ministerien, die bis 1986 zuständig waren, zuletzt BMI).

BMU, Bundesminister für Umwelt, Naturschutz und Reaktorsicherheit (Hrsg.) (1992): Meßanleitungen für die Überwachung der Radioaktivität in der Umwelt und zur Erfassung radioaktiver Emissionen aus kerntechnischen Anlagen, Loseblattsammlung (Stand 2006), Elsevier, Urban und Fischer, München. www.BMU.de/Strahlenschutz/Uberwachung der Umweltradioaktivität/Messanleitungen/doc

BMU, Bundesminister für Umwelt, Naturschutz und Reaktorsicherheit (Hrsg.) (1999): Sonderheft: Die Leitstellen zur Überwachung der Umweltradioaktivtät – Historie, Aufgaben und Perspektiven – Bonn 1999.

BMU, Bundesminister für Umwelt, Naturschutz und Reaktorsicherheit (2001): Bekanntmachung der Dosiskoeffizienten zur Berechnung der Strahlenexposition vom 23. Juli 2001. Bundesanzeiger Nr. 160a und 160b vom 28. August 2001, S. 1882.

BMU, Bundesminister für Umwelt, Naturschutz und Reaktorsicherheit (2006a): Allgemeine Verwaltungsvorschrift zum Integrierten Mess- und Informationssystem zur Überwachung der

Radioaktivität in der Umwelt (IMIS) nach dem Strahlenschutzvorsorgegesetz (AVV-IMIS) vom 13. Dezember 2006. Bundesanzeiger Nr. 244a: S. 4–80.
BMU, Bundesminister für Umwelt, Naturschutz und Reaktorsicherheit (Hrsg.) (2006a): Richtlinie zur Emissions- und Immissionsüberwachung kerntechnischer Anlagen (REI), GMBl. vom 23. März 2006, Nr. 14–17, S. 254.
BMU, Bundesminister für Umwelt, Naturschutz und Reaktorsicherheit (2006b): Richtlinie zur Emissions- und Immissionsüberwachung kerntechnischer Anlagen (REI) vom 7. Dezember 2005, GMBl. Nr. 14–17, S. 254 (2006).
BMU, Bundesministerium für Umwelt, Naturschutz und Reaktorsicherheit (2011): Verordnung über den Schutz vor Schäden durch ionisierende Strahlen (Strahlenschutzverordnung – StrlSchV) vom 20. 7 2001, BGBl. 2001, Teil I, S. 1459, zuletzt geändert durch VO zur Änderung strahlenschutzrechtlicher VO vom 4. 10. 2011, BGBl. 2011, Teil I, Nr. 51, S. 2000.
BMU, Bundesminister für Umwelt, Naturschutz und Reaktorsicherheit (Hrsg.) (2001): Verordnung über den Schutz vor Schäden durch ionisierende Strahlen (Strahlenschutzverordnung – StrlSchV) vom 20. Juli 2001, BGBl. Teil I, S. 1714, zuletzt geändert am 13. Dezember 2007, BGBl. Teil I, Nr. 65, S. 2930.
BMU, Der Bundesminister für Umwelt, Naturschutz und Reaktorsicherheit (Hrsg.) (2006b): Allgemeine Verwaltungsvorschrift zum integrierten Mess- und Informationssystem zur Überwachung der Radioaktivität in der Umwelt (IMIS) nach dem Strahlenschutzvorsorgegesetz (AVV-IMIS), Anh. 1: Messprogramm für den Normalbetrieb (Routinemessprogramm), Bundesanzeiger Nr. 244a vom 29. 12. 2006.
BMU, Bundesministerium für Umwelt, Naturschutz und Reaktorsicherheit (2012): Leitfaden zur Untersuchung und Bewertung von Radioaktivität im Trinkwasser – Empfehlung von BMU, BMG, BfS, UBA, DVGW und BDEW – erstellt unter Mitwirkung von Ländervertretern: 52 S. www.bmub.bund.de/N49023/
BMU, Bundesministerium für Umwelt, Naturschutz und Nukleare Sicherheit (2018): Verordnung zum Schutz vor der schädlichen Wirkung von ionisierender Strahlen (Strahlenschutzverordnung – StrlSchV) vom 29. November 2018, BGBl. 2018, Teil I, S. 2034.
BMUB, Bundesministerium für Umwelt, Naturschutz, Bau und Reaktorsicherheit (2017a): Artikel 1: Gesetz zur Neuordnung des Rechts zum Schutz vor der schädlichen Wirkung ionisierender Strahlen (Strahlenschutzgesetz – StrlSchG) vom 27. Juni 2017, BGBl. 2017, Teil I, Nr. 42, S. 1966–2067.
BMUB, Bundesministerium für Umwelt, Naturschutz, Bau und Reaktorsicherheit (2017b): Leitfaden zur Untersuchung und Bewertung von Radioaktivität im Trinkwasser – Empfehlung von BMU, BMG, BfS, UBA, DVGW und BDEW – erstellt unter Mitwirkung von Ländervertretern: 56 S., verfügbar unter http://nbn-resolving.de//urn:nbn:de:0221-2017020114224
Borsdorf, R., Scholz, M. (1968): Spektroskopische Methoden in der organischen Chemie. Akademie-Verl., Berlin, Pergamon Press, Oxford, Vieweg & Sohn, Braunschweig.
Boulanouar, S., Combès, A., Mezzache, S., Pichon, V. (2018): Synthesis and application of a molecularly imprinted silica for the selective extraction of some polar organophosphorus pesticides from almond oil. Analytica Chimica Acta, *1018*, S. 35–44.
Boumans, P. W. J. M. (1980): Line Coincidence Tables for Inductively Coupled Plasma Atomic Emission Spectrometry. Pergamon Press, Oxford.
Boumans, P. W. J. M. (Hrsg.) (1987): Inductively Coupled Plasma Emission Spectroscopy. Teil I und Teil II, Wiley, New York.
Bouzige, M., Pichon, V., Hennion, M.-C. (1998): On-line coupling of immunosorbent and liquid chromatographic analysis for the selective extraction and determination of polycyclic aromatic hydrocarbons at the ng l^{-1} level. J. Chromatogr. *A, 823*, S. 197–210.
Bowles, M. R., Mulhern, T. D., Gordon, R. B., Inglis, H. R., Sharpe, I. A., Cogill, J. L., Pond, S. M. (1997): Bound Tris confounds the identification of binding site residues in a paraquat single chain antibody. Journal of Biochemistry, *122*, S. 101–108.

Brichta, J., Vesele, H., Franek, M. (2003): Production of scFv recombinant fragments against 2,4-dichlorophenoxyacetic acid hapten using naïve phage library. Veterinarni Medicina, *48*, S. 237–247.

Broekaert, J. A. C. (1990): ICP-Massenspektrometrie. In: H. Günzler, R. Borsdorf, W. Fresenius, W. Huber, H. Kelker, I. Lüderwald, G. Tölg, H. Wisser (Hrsg.): Analytiker Taschenbuch. Bd. 9, Springer Verlag, Berlin, S. 127–163.

Bronshtein, A., Aharonson, N., Avnir, D., Turniansky, A., Altstein, M. (1998): Sol-gel matrixes doped with atrazine antibodies: atrazine binding properties. Chem. Mater., *9*, S. 2632–2639.

Budzikiewicz, H. (1992): Massenspektrometrie. 3. Aufl., VCH Verlagsgesellschaft mbH, Weinheim.

Bünger, Th. (1997): Der Gehalt natürlicher Radionuklide (Uran, Radium, Thorium u. a.) im Trinkwasser. In: Aurand, K. und Rühle, H. (Hrsg.): Radon in Trinkwasser. Schriftenreihe des Vereins für Wasser-, Boden- und Lufthygiene, Band *101*. Eigenverlag Verein WaBoLu, Berlin, S. 125.

Bünger, Th. und Rühle H. (1993): Natürlich radioaktive Stoffe im Trinkwasser ausgewählter Gebiete in Sachsen und Thüringen, in: M. Winter, A. Wicke (Hrsg.): Umweltradioaktivität, Radioökologie, Strahlenwirkungen, 25. Jahrestagung des Fachverbands für Strahlenschutz, Binz/Rügen 28.–30. September 1993, Tagungsband I, S. 85–92, Publikationsreihe Fortschritte im Strahlenschutz, Verlag TÜV Rheinland, Köln (1993).

Bünger, Th. und Rühle H. (1997): Determination and evaluation of natural radioactive nuclides in drinking water supplies of the Erzgebirge and the Vogtland regions, Kerntechnik *62*, S. 239.

Bünger, Th., Obrikat, D., Rühle, H., Viertel, H. (1995): Materialienband 1995 zur Radioaktivität in Trinkwasser, Grundwasser, Abwasser, Klärschlamm, Reststoffen und Abfällen – Ergänzung zum Jahresbericht 1995 des BMU „Umweltradioaktivität und Strahlenbelastung“, ISBN 3-89701-36-0, Bundesamt für Strahlenschutz, Fachbereich Strahlenschutz, Berlin.

Burttschell, R. H., Rosen, A. A., Middleton, F. M, Ettinger, M. B. (1959): Chlorine derivates of phenol causing taste and odor. J. AWWA *51*, S. 205–214.

Butcher D. J. (2006): Advances in Electrothermal Atomization Atomic Absorption Spectrometry: Instrumentation, Methods, and Applications. Applied Spectroscopy Reviews 2006, 41, S. 15–34.

Caliamanis, A. et al. (1997): Conductometric Detection of anions of weak acids in chemically suppressed ion chromatography. Anal. Chem., *69*, S. 3272–3276.

Camino-Sánchez, F. J., Rodríguez-Gómez, R., Zafra-Gómez, A., Santos-Fandila, A., Vílchez, J. L. (2014): Stir bar sorptive extraction: Recent applications, limitations and future trends. Talanta, 130, S. 388–399.

Cheong, W. J., Yang, S. H., Ali, F. (2013): Molecular imprinted polymers for separation science: A review of reviews. J. Sep. Sci., 36, S. 609–628.

Crompton, T. R. (1989): Analysis of Seawater. Butterworth, London.

Crompton, T. R. (1992): Comprehensive Water Analysis. Vol. I: Natural Waters. Elsevier, London.

Daignault, S. A., Gac, A. (1988): Analysis of low molekular weight aldehyds causing odour in drinking water. Environ. Technol. Lett., *9*, S. 583.

Dankwardt, A., Hock, B. (1997): Enzyme immunoassays for analysis of pesticides in water and food. Food Technol. Biotechnol., *35*, S. 165–174.

Dankwardt, A. (2000): Immunochemical Assays. In Pesticide Analysis. In: Encyclopedia of Analytical Chemistry. R. A. Meyers (hrsg.), John Wiley & Sons, Ltd., Chichester.

Degelmann, P., Egger, S., Jürling, H., Müller, J., Niessner, R., Knopp, D. (2006): Determination of sulfonylurea herbicides in water and food samples using sol-gel glass-based immunoaffinity extraction and liquid chromatography-ultraviolet/diode array detection or liquid chromatography-tandem mass spectrometry. J. Agric. Food Chem., *54*, S. 2003–2011.

Degner, R., Leibl, S. (1995): pH messen. So wird’s gemacht! Wiley-VCH, Weinheim.

Demuth, R., Kober, F. (1977): Grundlagen der Spektroskopie. Diesterweg/Salle, Frankfurt/M.

Dengler, C., Kolb, M., Läubli, M. W. (1996a): Ion Chromatographic Applications with Single-Column and Suppressor Technique. GIT Fachz. Lab., S. 1104–1109.

Dengler, C., Kolb, M., Läubli, M. W. (1996b): Methodenvergleich der Ionenchromatographie mit und ohne chemische Suppression. GIT Fachz. Lab, S. 609–614.

DFG Deutsche Forschungsgemeinschaft (1982): Schadstoffe im Wasser, Bd. II Phenole; Bd. III Algenbürtige Schadstoffe. H. Boldt-Verl., Boppard.

DFG Deutsche Forschungsgesellschaft (1991): Rückstandsanalytik von Pflanzenschutzmitteln. VCH Verlagsgesellschaft, Weinheim.

Di Corcia, A., Samperi, R. (1993): Graphitized Carbon Black Extraction Cartridges for Monitoring Polar Pesticides in Water. Anal. Chem., *65*, S. 907–912.

DIN V 39415-2 (1995): Deutsche Einheitsverfahren zur Wasser-, Abwasser- und Schlammuntersuchung – Suborganismische Testverfahren (Gruppe T). Rahmenbedingungen für selektive Immunotestverfahren (Immunoassays) zur Bestimmung von Pflanzenbehandlungs- und Schädlingsbekämpfungsmitteln (T2). Beuth Verlag GmbH, Berlin, Köln.

Donati, G. L., Amais, R. S., Williams, C. B. (2017): Recent Advances in inductively coupled plasma optical emission spectrometry. J. Anal. At. Spectrom, 32, S. 1283–1296.

Drake, P. M. W., Chargelegue, D., Vine, n. d., Van Dolleweerd, C. J., Obregon, P., Ma, J. K.-J. (2002): Transgenic plants expressing antibodies: a model for phytoremediation. FASEB Journal, *16*, S. 1855–1860.

Drake, P. M. W., Barbi, T., Drever, M. R., Van Dolleweerd, Porter, A. J. R., Ma, J. K.-J. (2010): Generation of transgenic plants expressing antibodies to the environmental pollutant microcystin-LR. FASEB Journal, *24*, S. 882–890.

Dressler, M. (1986): Selective Gas Chromatographic Detectors. Elsevier, Amsterdam.

DVGW (2008): Trinkwasserversorgung und Radioaktivität. Technische Mitteilung – Hinweis W 253. DVGW-Deutscher Verein des Gas- und Wasserfachs e. V. (Hrsg.), Bonn: S. 44.

Edzwald, J. K., Becker, W. C., Wattier, K. L. (1985): Surrogate parameters for monitoring organic matter and THM precursors. J. Amer. Water Works Assoc., *77*, S. 122.

Eichelberg, J. W., Budde, W. L. (1989): Method 524.2, Measurement of Purgeable Organic Compounds in Water by Capilary Column Gas Chromatography/ Mass Spectrometry. In: U. S. Environmental Protection Agency, Rev. 3, Cincinatti, Ohio.

Einführung in die Laboratoriumspraxis (1979): Maßanalyse. Arbeitsbuch, VEB Deutscher Verl. für Grundstoffindustrie, Leipzig.

Elektrolytgleichgewichte und Elektrochemie (1974): Lehrbuch 5. VEB Deutscher Verl. für Grundstoffindustrie, Leipzig.

Engelhardt, H. (1986): Practice of High Performance Liquid Chromatography. Springer Verl., Heidelberg.

Eschke, H.-D., Traud, I., Dibowski, H.-J. (1994): Analytik und Befunde künstlicher Nitromoschus-Substanzen in Oberflächen- und Abwässern sowie Fischen aus dem Einzugsgebiet der Ruhr, Vom Wasser *83*, S. 273–383.

Ettre, L. S., Hinshaw, J. V., Rohrschneider, L. (1996): Grundbegriffe und Gleichungen der Gaschromatographie. Hüthig Verl. Heidelberg.

EU (1996): Richtlinie 96/29/EURATOM des Rates vom 13. Mai 1996 zur Festlegung der grundlegenden Sicherheitsnomren für den Schutz der Gesundheit der Arbeitskräfte und der Bevölkerung gegen die Gefahren durch ionisierende Strahlungen, Amtsblatt der Europäischen Gemeinschaften L 159 vom 29. Juni 1996.

EU (1998): Richtlinie 98/83/EG über die Qualität von Wasser für den menschlichen Gebrauch vom 3. November 1998, Amtsblatt der Europäischen Gemeinschaften, L 330/32.

EU: Durchführungsbeschluss der Kommission vom 5. 6. 2018 zur Erstellung einer Beobachtungsliste von Stoffen für eine unionsweite Überwachung im Bereich der Wasserpolitik gemäß der Richtlinie 2008/105/EG des Europäischen Parlaments und des Rates und zur Aufhebung des Durchführungsbeschlusses (EU)2015/495.

EUR (1957): Vertrag zur Gründung der Europäischen Atomgemeinschaft (EURATOM) vom 25. März 1957, BGBl. 1957, Teil II, Nr. 23, S. 1014 vom 19. 08. 1957; Konsolidierte Fassung: Amtsblatt der Europäischen Union C 84 vom 30. 03. 2010.

EUR (1998) Richtlinie 98/83/EG über die Qualität von Wasser für den menschlichen Gebrauch von 3. November 1998, Amtsblatt der Europäischen Gemeinschaften, L 330/32.

EUR (2013a): Richtlinie 2013/51/EURATOM des Rates vom 22. Oktober 2013 zur Festlegung von Anforderungen an den Schutz der Gesundheit der Bevölkerung hinsichtlich radioaktiver Stoffe in Wasser für den menschlichen Gebrauch. Amtsblatt der Europäischen Union Nr. L 296: S. 12–21.

EUR (2013b): Richtlinie 2013/59/EURATOM des Rates vom 5. Dezember 2013 zur Festlegung grundlegender Sicherheitsnormen für den Schutz vor den Gefahren einer Exposition gegenüber ionisierender Strahlung und zur Aufhebung der Richtlinien 89/618/EURATOM, 90/641/EURATOM, 96/29/EURATOM, 97/43/EURATOM und 2003/122/EURATOM, Amtsblatt der Europäischen Gemeinschaften Nr. L 13 vom 17. 1. 2014, S. 1.

Fachverband für Strahlenschutz (1978): Empfehlungen zur Überwachung der Umweltradioaktivität, Loseblattsammlung, FS-78-15 AKU; Stand Mai 2018, ISSN 1013–4506 und www.fs-ev.org/arbeitskreise/umweltüberwachung/loseblattsammlung

FS (1979): Fachverband für Strahlenschutz: Empfehlungen zur Überwachung der Umweltradioaktivität, Loseblattsammlung des Arbeitskreises Umweltüberwachung (AKU), FS-78-15-AKU (Stand 2010). www.fs-ev.de/aku-loseblattsammlung

Förstner, U. und Wittmann, G. T. W. (1983): Metal Pollution in the Aquatic Environment. Springer Verlag, Berlin, Heidelberg.

Fresenius, W., Quentin, K. E. und Schneider, W. (Hrsg.) (1988): Water Analysis, Springer Verlag, Berlin, Heidelberg.

Fritz, J. S., Gjerde, D. T. (2000): Ion Chromatography. Wiley-VCH, Weinheim.

Funk, W., Schär, P. (1996): Praktikerwissen: Analysenmesstechnik pH Redox LF O_2: Messprinzip – Anwendung – Geräte – Problemlösung. Verlag Mainz, Aachen.

Furlong, J., Booth, B., Wallace, B. (1999): Selection of a TOC-Analyzer: Analytical Considerations. Application Note der Firma Tekmar-Dohrmann, Cincinnati, Ohio, USA.

Gahr, A. (2000): Dispensieren – eine klare Sache der Einstellung. Labo, S. 11–26.

Gallina, A., Pastore, P., Magno, F. (1999): The use of nitrite ion in the chromatographic determination of large amounts of hypochlorite ion and of traces of chlorite and chlorate ions. The Analyst *124*, S. 1439–1442.

Galster, H. (1990): pH-Messung, Grundlagen, Methoden, Anwendungen, Geräte. VCH, Weinheim.

Gans, I. (1992): Natürlich radioaktive Stoffe im Trinkwasser. Bundesgesundheitsblatt *6*, S. 300.

Gans, I., Fusban, H. U., Wollenhaupt, H., Kiefer, J., Glöbel, B., Berlich, J., Porstendörfer J. (1987): Radium 226 und andere natürliche Radionuklide im Trinkwasser und in Getränken in der Bundesrepublik Deutschland, WaBoLu-Hefte 4/1987, Bundesgesundheitsamt, Berlin.

Gans, I. und Rühle, H. (1998): Radon im Trinkwasser, in: BMU (Hrsg.): Aktuelle radioökologische Fragen des Strahlenschutzes, Klausurtagung, Oktober 1995, Veröffentlichungen der Strahlenschutzkommission, Bd. 37, Gustav Fischer Verlag.

Garrett, S. D., Appleford, D. J. A., Wyatt, G. M., Lee, H. A., Morgan, M. R. A. (1998): Production of a recombinant anti-parathion antibody (scFv); stability in methanolic food extracts and comparison to an anti-parathion monoclonal antibody. Journal of Agricultural and Food Chemistry, *45*, S. 4183–4189.

Gauglitz, G. (1983): Praktische Spektroskopie. Attempo Verl. GmbH, Tübingen.

Gelsomini, N., Capozzi, F., Fagi, C. (1990): Seperation and Identification of Volatile and Non-Volatile Compounds of Wine by Sorbent Extraction and Capillary Gas Chromatography. J. of High Resolution Chromatography, *13*, S. 352.

Girotti, S., Ghini, S., Maiolini, E., Bolelli, L., Ferri, E. N. (2013): Trace analysis of pollutants by use of honeybees, immunoassays, and chemiluminescence detection. Analytical and Bioanalytical Chemistry, *405*, S. 555–571.

Gilart, N., Marcé, R. M., Borrull, F., Fontanals, N. (2014): New coatings for stir-bar sorptive extraction of polar emerging organic contaminants. Trends Anal. Chem., 54, S. 11–23.

Goolsby, D. A., Thurman, E. M., Clark, M. L., Pomes, M. L. (1990): Immunoassays a screening tool for triazine herbicides in streams. Comparison with gas chromatographic – mass spectrometric methods. In: Vanderlaan, M., Stanker, L. H., Watkins, B. E., Roberts, D. W. (Hrsg.): Immunoassays for Trace Chemical Analysis. Monitoring Toxic Chemicals in Humans, Food, and the Environment. Chapter 8. Am Chem. Soc., Symposium Series, *451*, S. 86–99.

Gottwald, W. (1993): RP-HPLC für Anwender. VCH Verlagsgesellschaft, Weinheim.

Gouzy, M.-F., Keß, M., Krämer, P. M. (2009: A SPR-based immunosensor for the detection of isoproturon. Biosens. & Bioelectron., *24*, S. 1563–1568.

Grasshoff, K., Kremling, K., Ehrhardt, M. (1983, 1999): Methods of Seawater Analysis. Wiley-VCH, Weinheim.

Grob, K. (1995): Einspritztechniken in der Kapillar-Gaschromatographie, Hüthig Verl., Heidelberg.

Grundlagen, Säulen und Eluenten, Metrohm-Monographie 50141.

Grunewald, A., Harder, D., Jöckel, H., Kaul, A., Lind-Albrecht, G., von Philipsborn, H. und Rühle, H. (2009): Grundlagen, Heilerfolge und mögliche Nebenwirkungen der Radontherapie, Verein Radiz Schlema e. V. (Hrsg.): RADIZ-Information Nr. 29.

Günzler, H. und Böck, H. (1990): IR-Spektroskopie. VHC, Weinheim.

Haberer, K. (1989): Umweltradioaktivität und Trinkwasserversorgung, R.Oldenbourg Verlag, München Wien.

Hach, C. C., Vanous, R. D., Heer, J. M. (1985): Understanding Turbidity Measurement. HACH Company, Technical Information Ser., Booklet *11*, Loveland, Colorado, USA.

HACH (1998): Analysensysteme. Firmenprospekt, HACH Company, Loveland Colorado, USA.

Haghighi, B., Safari, A. (1999): Kinetic spectrophotometric determination of sulfide, using in-cuvette mixing and titration techniques with computerized data acquisition. Fresenius J. Anal. Chem., *365*, S. 654–657.

Hahn, K. et al. (2006): Radioaktivität, Röntgenstrahlen und Gesundheit, Bayerisches Staatsministerium für Umwelt, Gesundheit und Verbraucherschutz, München.

Hammock, B. D., Mumma, R. O. (1980): Potential of immunochemical technology for pesticide analysis. In: Harvey, Jr. J., und Zweig, G. (Hrsg.): Pesticide Analytical Methodology. Am Chem. Soc., Symposium Series, *136*, S. 321–352.

Hammock, B. D., Gee, S. J., Harrison, R. O., Jung, F., Goodrow, M. H., Li, Q. X., Lucas, A. D., Székács, A., Sundaram, K. M. S. (1990): Immunochemical technology in environmental analysis: addressing critical problems. In: Van Emon, J. M., Mumma, R. O. (Hrsg.): Immunochemical Methods for Environmental Analysis. Am Chem. Soc., Symposium Series, *442*, S. 113–139.

Hart, V. S., Johnson, C. E., Letterman (1992): An analysis of low-level turbidity measurements. J. Amer. Water Works Assoc., *84*, S. 40.

Haswell, S. J. (Hrsg.) (1991): Atomic Absorption Spectrometry: Theory, Design and Applications. Elsevier, Amsterdam.

Hebig K., Nödler K., Licha T., Scheytt T. (2014): Impact of materials used in lab and field experiments on the recovery of organic micropollutants. Science of the Total Enviroment 473–474C: S. 125–131.

Hein, H. und Kunze, W. (1994): Umweltanalytik mit Spektrometrie und Chromatographie. VCH, Weinheim.

Hennion, M.-C., Pichon, V. (2003): Immuno-based sample preparation for trace analysis. Journal of Chromatography A, *1000*, S. 29–52.

Herzog, R., Dietz, F. (1989): ICP-Massenspektrometrie-Erfahrungen mit einer neuen Analysenmethode in der Wasseruntersuchung. Vom Wasser *73*, S. 67–109.
Heumann, K. G. (1990): Elementspurenbestimmung mit der massenspektrometrischen Isotopenverdünnungsanalyse. In: H. Günzler, R. Borsdorf, W. Fresenius, W. Huber, H. Kelker, I. Lüderwald, G. Tölg, H. Wisser (Hrsg.): Analytiker Taschenbuch Bd. 9, Springer Verlag, Berlin, S. 191–224.
Hillebrand O., Musallam S., Scherer L., Nödler K., Licha T. (2013): The challenge of sample-stabilisation in the era of multi-residue analytical methods: A practical guideline for the stabilisation of 46 organic micropollutants in aqueous samples. Science of the Total Environment 454–455: S. 289–298.
Hock, B., Giersch, T., Dankwardt, A., Kramer, K., Pullen, S. (1994): Toxicity assessment and on-line monitoring: immunoassays. Environ Toxicol Water Quality, *9*, S. 243–262.
Hock, B., Dankwardt, A., Kramer, K., Marx, A. (1995): Immunochemical techniques: antibody production for pesticide analysis. A review. Anal. Chim. Acta, *311*, S. 393–405.
Hoffmann, H. J. und Röhl, R. (1985): Plasma-Emissions-Spektrometrie: In: W. Fresenius, H. Günzler, W. Huber, J. Lüderwald, G. Tölg, H. Wisser (Hrsg.): Analytiker Taschenbuch. *Bd. 5*, Springer Verlag, Berlin, Heidelberg.
Honold, F., Degner, R. (1991): Ionenselektive Elektroden zur Abwasseranalyse. Umwelt & Technik, *3*, S. 39–41.
Hulmston, P., Hutton, R. C. (1991): Analytical Capabilities of Electrothermal Vaporization-Inductively Coupled Plasma-Mass Spectrometry. Spectroscopy Intern., *3*, S. 35–38.
Hunt, D. T. E. und Wilson, A. L. (1986): The Chemical Analysis of Water: General Principles and Techniques. Royal Society of Chemistry, Cambridge.
Hübschmann, H.-J. (1996): Handbuch der GC/MS-Grundlagen und Anwendung. VCH, Weinheim.
Hütter, L. A. (1994): Wasser und Wasseruntersuchung. Salle + Sauerländer, Frankfurt a. M.
ICRP (1993): International Commission on Radiological Protection (ICRP): Protection against Radon-222 at Home and at Work. ICRP Publication 65, Annals of the ICRP, Vol. 23, No. 2, Pergamon Press, Oxford.
Inui, H., Takeuchi, T., Uesugi, A., Doi, F., Takai, M., Nishi, K., Miyake, S., Ohkawa, H. (2012): Enzyme-linked immunosorbent assay with monoclonal and single-chain variable fragment antibodies selective to coplanar polychlorinated biphenyls. Journal of Agricultural and Food Chemistry, *60*, S. 1605–1612.
Ippen, H. (1994): Nitromoschus. Bundesgesundhbl., *37*, S. 255.
ISO 15089 (2001): Water quality – Guidelines for selective immunoassays for the determination of plant treatment and pesticide agents. (ISO 15089: 2000) Ref-No DIN ISO 15089:2001-06. Beuth Verlag GmbH, Berlin, Köln.
Jander, Blasius (1977): Einführung in das anorganisch-chemische Praktikum. S. Hirzel-Verl., Leipzig.
Jander, G., Jahr, K. F. (2017): Maßanalyse. Fortgeführt von G. Schulze, J. Simon und R. Martens-Menzel. 19. Auflage. De Gruyter, Berlin.
Jander, G., Jahr, K. F., Schulze, G., Simon, J., Martens-Menzel, R. (2012) Maßanalyse: Theorie und Praxis der Titrationen mit chemischen und physikalischen Indikationen, 18. Ausgabe, De Gruyter, Berlin.
Jenner, O. (1999): Maßanzüge für die Maßanalyse. Labo, *12*, S. 66–69.
Jensen, D. (1998): Grundlagen der Ionenchromatographie. DIONEX GmbH.
Jian, P., Chen, I., Pawliszyn, J. (1995): Determination of Fatty Acids using Solid-Phase Micro-Extraction. Anal. Chem., *67*, S. 25–33.
Kaul, A. und Rühle, H. (2010): Radioaktive Stoffe im Trinkwasser und in der Wohnraumluft als Teil der natürlichen Strahlenexposition, 5. Biophysikalische Arbeitstagung, Bad Schlema, Juni 2010. Verein RADIZ Schlema e. V. (Hrsg.).

Khan, A., Khuda, F., Elseman, A. M., Aly, Z., Rashad, M. M., Wang, X. (2018): Innovations in graphene-based nanomaterials in the preconcentration of pharmaceuticals waste. Environ. Tech. Reviews, 7, S. 73–94.

Kiefer, H., Koelzer, W. (1992): Strahlen und Strahlenschutz, 3. Auflage, Springer Verlag Berlin.

Klemm, K. (1999): DRC-ICP-MS. LABO-Magazin für Labortechnik, H.*6*, S. 54–56.

Koch, J., Völker, P. (1997): Gaschromatographische Bestimmung von polychlorierten Biphenylen in Wasser nach Headspace-Festphasenmikroextraktion. Acta Hydrochim. Hydrobiol., *25*, S. 179–190.

Köhler, G., Milstein, C. (1975): Continuous culture of fused cells secreting antibody of predefined specificity. Nature, *256*, S. 495–497.

Koelzer, W. (2013): Lexikon der Kernenergie. Karlsruher Institut für Technologie (KIT), Juli 2013.

Kolb, M., Kugler, M., Müller, F. (1992): Untersuchungen zur Querempfindlichkeit der nitratselektiven Elektrode auf der Basis quarternärer Ammoniumsalze. Z. Wasser-Abwasserforsch. *25*, S. 168–171.

Kortüm, G. (1962): Kolorimetrie, Photometrie und Spektrometrie. Springer Verlag, Berlin, Heidelberg.

Kössler, I. (1966): Methoden der Infrarot-Spektroskopie in der chemischen Analyse. Akademische Verlagsgesellschaft Geest & Protig, Leipzig.

Kramer K., Hock, B. (1995): Rekombinante Antikörper in der Umweltanalytik. Lebensmittel- & Biotechnologie *2*, S. 49–56.

Krämer, P. M. (1998): A strategy to validate immunoassay test kits for TNT and PAHs as a field screening method for contaminated sites in Germany. Anal. Chim. Acta, *376*, S. 3–11.

Krämer, P. M., Baumann, B. A., Stoks, P. G. (1997): Prototype of a newly developed immunochemical detection system for the determination of pesticide residues in water. Anal. Chim. Acta, *347*, S. 187–198.

Krämer, P. M., Li, Q. X., Hammock, B. D. (1994): Integration of liquid Chromatography with immunoassay: An approach combining the strengths of both methods. J. AOAC Int., *77*, S. 1275–1287.

Krämer, P. M., Martens, D., Forster, S., Ipolyi, I., Brunori, C., Morabito, R. (2007a): How can immunochemical methods contribute to the implementation of the Water Framework Deirective? Anal. Bioanal. Chem., *387*, S. 1435–1448.

Krämer, P. M., Weber, C. M., Kremmer, E., Räuber, C., Martens, D., Forster, S., Stanker, L. H., Rauch, P., Shiundu, P. IM., Mulaa, F. J. (2007b): Optical immunosensor and ELISA for the analysis of pyrethroids and DDT in environmental samples. In: Rational Environmental Management of Agrochemicals: Risk Assessment, Monitoring and Remedial Action. I. R. Kennedy, K. Solomon, S. Gee, A. Crossan, S. Wang, F. Sanchez-Bayo (Hrsg.). ACS Symposium Series 966, Chapter 12, Oxford University Press, S. 186–202.

Krause, U., Richter, D., Tottewitz, K. (1997): Untersuchungen zur Radionuklidbelastung von Schacht- und Stollenwässern, Ergebnisbericht zum BMU-Vorhaben St.Sch. 4008/3-5-83253-UA-1328, Bearbeiter: TÜV Sachsen GmbH, im Auftrag der Gesellschaft für Reaktorsicherheit (GRS) mbH, Dresden.

Krieger, H. (2004): Grundlagen der Strahlungsphysik und des Strahlenschutzes, B. G. Teubner-Verlag, Wiesbaden.

Krieger, H. (2012): Grundlagen der Strahlungsphysik und des Strahlenschutzes, B. G. Teubner-Verlag, Stuttgart.

Kromidas, S. (2005): More Practical Problems Solving in HPLC. WILEY-VCH, Weinheim.

Lajunen, L. J. H. (1992): Spectrochemical Analysis by Atomic Absorption and Emission. Royal Society, Letchworth.

Lange-Ventker, M. (2005): Entwicklung eneuer Verfahren zum Nachweis anthropogener organischer Stoffe in der aquatischen Umwelt mittels HPLC-MS. Dissertation, Technische Universität Braunschweig.

Leibnitz, E., Struppe, G. (1984): Handbuch der Gaschromatographie. Akad. Verlagsgesellschaft Geest und Portig K. G., Leipzig.

Leitfähigkeits-Fibel: Einführung in die Konduktometrie. Selbstverl. Wissenschaftl.-Techn. Werkstätten GmbH, Weilheim, 1997.

Lesnik, B. (1994): Immunoassay methods: development and implementation programme at the USEPA. Food & Agric. Immunol. *6*, S. 251–259.

Li, T., Qi, Z., Liu, Y., Chen, D., Hu, B., Blake, D. A., Liu, F. (2006): Production of recombinant scFv antibodies against methamidophos from a phage-display library of a hyperimmunized mouse. Journal of Agricultural and Food Chemistry, *54*, S. 9085–9091.

Li, Y., Cockburn, W., Kilpatrick, J. B., Whitelam, G. C. (2000): High affinity scFvs from a single rabbit immunized with multiple haptens. Biochemical and Biophysical Research Communications, *268*, S. 398–404.

Lieser, K. H. (1991): Einführung in die Kernchemie. 3. Auflage, VCH Verlagsgesellschaft, Weinheim.

Lieser, K. H. (1998): Einführung in die Kernchemie, Verlag Chemie, Weinheim.

Light, T. S., Ewing G. W. (1990): Measurement of Electrolytic Conductance. In: G. W. Ewing (Hrsg.) Analytical Instrumentation Handbook. Marcel-Dekker, New York.

Limbeck, A., Galler, P., Bonta, M., Bauer, G., Nischkauer, W., Vanhaecke, F. (2015): Recent advances in quantitative LA-ICP-MS analysis: challenges and solutions in the life sciences and environmental chemistry. Analytical and Bioanalytical Chemistry 2015, 407(22), S. 6593–6617.

Longstaff, M., Newell, C. A., Boonstra, B., Strachan, G., Learmonth, D., Harris, W. J., Porter, A. J., Hamilton, W. D. O. (1998): Expression and characterization of single-chain antibody fragments produced in transgenic plants against the organic herbicides atrazine and paraquat. Biochimica et Biophysica Acta-General Subjects, *1381*, S. 147–160.

Lundström, I. (1994): Real-time biospecific interaction analysis. Biosensors & Bioelectronics, *9*, S. 725–736.

Lutz, A., Tuor, A., Werthmüller, U., Zürcher, K. (1993): Anleitung zur Erstellung eines Qualitätssicherungshandbuchs für Laboratorien der Lebensmittelüberwachung. In: Schweizer Lebensmittelbuch, Eidgen. Departement des Inneren, Bern.

Macherey-Nagel (2019): Festphasenextraktion. Firmenprospekt, Macherey-Nagel GmbH, Düren.

Magill, J.,Dreher, R., Sóti, Zs. (2018): Karlsruher Nuklidkarte, 10. Aufl., Nucleonica GmbH, Karlsruhe.

Magill, J., Pfennig, G., Galy, J. (2006): Karlsruher Nuklidkarte, 7. Aufl., Europäische Kommission, Institut für Transurane, Karlsruhe.

Maier, D., Grohmann, A. (1977): Bestimmung der Ionenstärke natürlicher Wässer aus deren elektrischer Leitfähigkeit. Z. Wasser-Abwasserforsch., *10*, S. 9–12.

Mallevialle, J., Suffet, I. H. (1987): Identification and treatment of tastes and odors in drinking water. American Water Works Association Research Foundation, Denver.

Marchetto, A. et al. (1995): Precision of ion chromatographic analyses compared with that of other analytical techniques through intercomparison exercises. J. Chromat. A, *706*, S. 13–19.

Matter, L. (Hrsg.) (1994): Lebensmittel- und Umweltanalytik anorganischer Spurenbestandteile. VCH, Weinheim.

Mauriz, E., Calle, A., Montoya, A., Lechuga, L. M. (2006): Determination of environmental organic pollutants with a portable optical immunosensor. Talanta, *69*, S. 359–364.

Mauriz, E., Calle, A., Manclús, J. J., Montoya, A., Lechuga. L. M. (2007): Multi-analyte SPR immunoassays for environmental biosensing of pesticides. Anal. Bioanal. Chem., *387*, S. 1449–1458.

Maushart, R. (1985): Man nehme einen Geigerzähler, Teil 1, Grundlagen. (1985): Teil 2, Messungen im Radionuklidlabor. (1989): Teil 3, Überwachung der Radioaktivität in der Umwelt. GIT-Verlag, Darmstadt.

McMaster, M. C. (2005): LC-MS A Practical User's Guide. Wiley-VCH, Weinheim.
McNair, H. M., Miller, J. M. (2009): Basic Gas Chromatography. Wiley-VCH Verlagsgesellschaft, Weinheim.
Mejer, H., G. Häple (1995): Nachr. Chem. Techn. Lab., *43*, Supplement, S. 81–83.
Melnik, S., Neumann, A.-C., Karongo, R., Dirndorfer, S., Stübler, M., Ibl, V., Niessner, R., Knopp, D., Stoeger, E. (2018): Plant Biotechnology Journal, *16*, S. 27–38.
Merck (1999a): Die Untersuchung von Wasser. E. Merck, Darmstadt.
Merck (1999b): Merckoquant – Chemische Mikrochips für Analysen aus dem Handgelenk. Merck-Firmenprospekt, Darmstadt.
Merck (1999): Extrelut NT. Firmenbroschüre MERCK, Darmstadt.
Merian, E. (Hrsg.) (1984): Metalle in der Umwelt. Verl. Chemie, Weinheim.
Metrohm Information (1999): Vollautomatische Bestimmung von Fluorid mittels Standardaddition Nr. 3.
Meulenberg, E. P. (1997): Immunochemical detection of environmental and food contaminants: development, validation and application. Food Technol. Biotechnol. *35*, S. 153–163.
Meusel, M., Trau, D., Katerkamp, A., Meier, F., Polzius, R., Cammann, K. (1998): New ways in bioanalysis – one-way optical sensor chip for environmental analysis. Sensors and Actuators *B 51*, S. 249–255.
Meyer, V. K., Meloni, D., Olivo, F., Märtlbauer, E., Dietrich, R., Niessner, R., Seidel, M. (2017): Validation Procedure for multiplex antibiotic immunoassays using flow-based chemiluminiescence microarrays. Methods in Molecular Biology, *1518*, S. 195–212.
Meyer, V. R. (1999): Praxis der Hochleistungs-Flüssigchromatographie. Otto Salle Verl. Frankfurt am Main, Verl. Sauerländer, Aaron.
Michel, R., Ritzel, S., Vahlbruch, J.-W. (2006): Natürliche Strahlenexposition: Horrorszenario oder alles ganz normal? Tagungsbericht der 38. Jahrestagung des Fachverbandes für Strahlenschutz, 18.–22. 9. 2006 Dresden.
Michel, R. (2015): Persönliche Mitteilung.
Miller, James N., Niessner, Reinhard; Knopp, Dietmar. Enzyme and immunoassays in: Ullmann's Biotechnology and Biochemical Engineering (2007), 2, S. 585–612.
Moisio, T., Heikonen, M. (1996): A simple method for the titration of multicomponent acidbase mixtures. Fresenius J. Anal. Chem. *354*, S. 271–277.
Möller (1987): Analytiker Taschenbuch 7, Kapitel: Flow Injection Analysis. Akademie Verlag Berlin.
Montaser, A., Golightly, D. W. (1992): Inductively Coupled Plasmas in Analytical Atomic Spectrometry. VCH, Weinheim.
Neidleman, S. I., Geigert, J. (1986): Biohalogenation: Principles Basic Roles and Applications. Ellis Harwood, New York.
Nelms, S. (Ed.) (2005): Inductively Coupled Plasma Mass Spectrometry Handbook. Blackwell Publishing Ltd., Oxford.
Neumann, A.-C., Melnik, S., Niessner, R., Stoeger, E., Knopp, D. (2019): Microcystin-LR enrichment from freshwater by a recombinant plant-derived antibody using sol-gel-glass immunoextraction. Analytical Sciences, *35*, S. 207–214.
Niessner, R., Schäffer, A. (2017): Organic Trace Analysis, De Gruyter, Berlin.
Nilsson, T., Baglio, D., Galdo-Miguez, J. (1998): Solid-Phase Microextraction for the Analysis of Phenoxy Acid Herbicides, Supelco Applikations. Sigma-Aldrich Chemie GmbH, Schnelldorf.
Noble, D. (1995): Ion Chromatography – New separation and detection capabilities continue to refine this mature method. Anal. Chem., *67*, S. 205A–208A.
Nölte, J. (2002): ICP Emissionsspektrometrie für Praktiker. Wiley-VCH Verlag GmbH, Weinheim.
NRC, National Research Council (1999): Risk Assesment of Radon in Drinking Water, National Academy Press, Washington D. C. 1999.
Nyström, A., Grimvall, A., Krantz-Rulcker, C. (1992): Drinking Water off-flavour caused by 2.4.6-Trichloranisole. Water Sci.Technol., *25*, S. 241–249.

Oehme, M. (1982): Gas-Chromatographische Detektoren. Hüthig, Heidelberg.
Ohloff, G. (1990): Riechstoffe und Geruchssinn. Springer, Berlin.
Okamoto, H. S. et al. (1999): Using ion chromatography to detect perchlorate. J. AWWA, *91*, S. 73–84.
Oleksy-Frenzel, J., Wischnack, S., Jekel, M. (1995): Bestimmung der organischen Gruppenparameter AOCl, AOBr und AOI in Kommunalabwasser. Vom Wasser, *85*, S. 59–67.
Oleksy-Frenzel, J., Wischnack, S., Jekel, M. (2000): Application of Ionchromatography for the determination of the organic group parameters AOCl, AOBr and AOI in water. Fresenius J. Anal. Chem. *366*, S. 89–94.
Parczewski, A., Kateman, G. (1992): Calibration of titration methods. Fresenius J. Anal. Chem. *342*, S. 10–14.
Pawliszyn, J. (1997): Solid Phase Microextraction: Theory and Practice. Wiley-VCH, Weinheim.
Penton, Zelda (1997): Trace Analysis of Flavour Compounds in Beverages with Solid Phase Micro Extraction. Varian Applications, Varian Deutschland GmbH, Darmstadt.
Perkampus, H.-H. (1986): UV/VIS-Spektroskopie und ihre Anwendungen. Springer Verlag, Berlin, Heidelberg.
Peters, H. (2001): Mit ICP-MS – Interferenzen auf Kollisionskurs. LaborPraxis 2001, S. 26–28.
Petrucelli. G. C. et al. (1996): Hydroxy apatite-based electrode: A new sensor for phosphate. Anal. Communication, *33*, S. 227–229.
von Philipsborn, H. und Geipel, R. (2006): Radioaktivität und Strahlungsmessung, Bayerisches Staatsministerium für Umwelt, Gesundheit und Verbraucherschutz, München.
Pfaunmiller, E. L., Paulemond, M. L., Dupper, C. M., Hage, D. (2013): Affinity monolith chromatography: A review of principles and recent analytical applications. Analytical and Bioanalytical Chemistry, *405*, S. 2133–2145.
Pichon, V., Brothier, F., Combès, A. (2015): Aptamer-based-sorbents for sample treatment – A review. Analytical and Bioanalytical Chemistry, *407*, S. 681–698.
Pichon, V., Combès, A. (2016): Selective tools for the solid-phase extraction of Ochratoxin A from various samples: immunosorbents, oligosorbents, and molecularly imprinted polymers. Analytical and Bioanalytical Chemistry, *408*, S. 6983–6999.
Pichon, V., Rogniaux, H., Fischer-Durand, N., Ben Rejeb, S., Le Goffic, F., Hennion, M.-C. (1997): Characteristics of immunosorbents used as a new approach to selective solid-phase extraction in environmental analysis. Chromatographia, *45*, S. 289–295.
Piri-Moghadam, H., Ahmadi, F., Pawliszyn, J., (2016): A critical review of solid phase microextraction for analysis of water samples. Trends Anal. Chem., 85, S. 133–143.
Plotka-Wasylka, J., Szczepańska, N., Guardia, M., Namieśnik, J. (2016): Modern trends in solid phase extraction: New sorbent media. Trends Anal. Chem., 77, S. 23–43.
Polster, J. (1982): GIT Fachz. Lab. *26*, S. 421–425, S. 581–592, S. 690–696.
Puchades, R., Maquieira, A., Atienza, J., Montoya, A. (1992): A comprehensive overview on the application of flow injection techniques in immunoanalysis. Crit. Rev. Anal. Chem., *23*, S. 301–321.
Putzien, J. (1988): Präzise pH-Messung im Trinkwasser. Z. Wasser-Abwasserforsch., *21*, S. 1–6.
Quentin, K. E. (1988): Trinkwasser: Untersuchung und Beurteilung von Trink- und Schwimmbadwasser. Springer Verlag, Berlin, Heidelberg.
RADIZ (2009): Glossar zu den Messanleitungen für die Überwachung radioaktiver Stoffe in der Umwelt und externer Strahlung, Verein RADIZ Schlema e. V. (Hrsg.): RADIZ-Information Nr. 31/2009 – bzw.: Homepage des BMU: www.BMU.de/Strahlenschutz/Überwachung der Umweltradioaktivität/Messanleitungen/doc
RADIZ (2010): RADIZ Schlema e. V. (Hrsg.): Biologische Wirkungen niedriger Strahlendosen – natürliche Strahlenexposition, Radon-Balneotherapie und Strahlenschutz; 5. Biophysikalische Arbeitstagung, Bad Schlema.

Randow, F. F. E., Ebert, W. (1982): Der Einsatz der UV-Spektrometrie zur Kontrolle der Trinkwasseraufbereitung. Acta hydrochim. hydrobiol., *10*, S. 9–14.

Rau, D., Kramer, K., Hock, B. (2002): Cloning, functional expression and kinetic characterization of pesticide-selective Fab fragment variants derived by molecular evolution of variable antibody genes. Fresenius' Journal of Analytical Chemistry *372*, S. 261–267.

Rebe Raz, S., Haasnoot, W. (2011): Multiplex bioanalytical methods for food and environmental monitoring. TrAC-Trends in Analytical Chemistry, *30*, S. 1526–1537.

Redox-Fibel: Grundlagen und Tipps zur Redox-Messung. WTW-Firmenschrift, Wissenschaftlich-Technische Werkstätten GmbH, Weilheim, 1997.

Remane H. und Herzschuh R. (1977): Massenspektrometrie in der organischen Chemie. Akademie Verlag, Berlin.

Reupert, R., Brausen, G., Plöger, E. (1992): Analytik von Pflanzenbehandlungsmitteln durch Micro-HPLC. GIT Spezial Chromatographie 1.

Rosen, A. A., Mashni, C. I. O., Safferman, R. S. (1970): Recent developments in the chemistry of odour in water: the cause of earthy/musty odour. Water Treatment Examination., *19*, S. 106–114.

Rothweiler, B. (1994): HP 7694 Headspace Sampler; HP 7695 Purge & Trap. Seminar in the Box, Hewlett Packard, Firmenschrift.

Rühle, H, Aurand, K., (1969): Überwachung der Umweltradioaktivität in Trinkwasser und Abwasser, Bundesgesundheitsblatt 12, Nr. 13, (1969).

Rühle, H, (1982): Zur Abschätzung der hypothetischen Strahlenexposition über den Belastungspfad „Trinkwasser", in: Aurand, K., Rühle, H. und Gans, I. (Hrsg.): Radioökologie und Strahlenschutz, E. Schmidt Verlag Berlin (1982).

Rühle, H, Dehos, R. (1989): Ergebnisse der Überwachung der Radioaktivität in der Umwelt nach dem Reaktorunfall in Tschernobyl in: Hacke, J., Kaul, A., Neider, R. und Rühle, H. (Hrsg.): Sommerschule für Strahlenschutz, H. Hoffmann Verlag, Berlin 1989.

Rühle, H. (1994): Radongehalt des Trinkwassers in der Bundesrepublik Deutschland und Abschätzung der Strahlenexposition, Schriftenreihe Reaktorsicherheit und Strahlenschutz, BMU-1995-415. Bundesminister für Umwelt, Naturschutz und Reaktorsicherheit, Bonn.

Rühle, H. (1997): Radon in unserer Umwelt und die damit verbundene Strahlenexposition der Bevölkerung, In: Aurand, K. und Rühle, H. (Hrsg.): Radon in Trinkwasser. Schriftenreihe des Vereins für Wasser-, Boden- und Lufthygiene, Band 101. Eigenverlag WaBoLu, Berlin, S. 125.

Rühle, H. (2001): Strahlendosis der Bevölkerung durch natürlich radioaktive Stoffe in Lebensmitteln einschließlich Trinkwasser, neuere rechtliche Regelungen, in: Verein Radiz Schlema e. V. (Hrsg.): 3. Biophysikalische Arbeitstagung, Schlema, September 2001.

Rühle, H. (2003): Radon im Trinkwasser – Neue EU-Empfehlung und Konsequenzen. In: Der Bundesminister für Umwelt, Naturschutz und Reaktorsicherheit (Hrsg.): Forschung zum Problemkreis „Radon", Vortragsmanuskripte des 15. Radon-Statusgesprächs, Berlin, 2002.

Rühle, H. (2006): Neue Erkenntnisse zur Strahlenexposition von Patienten und Personal durch Radon. Tagungsband zur 4. Biophysikalischen Arbeitstang Bad Schlema 22.–24. 9. 2006, Verein Radiz Schlema e.V.

Rühle, H. und Kaul, A. (2010): Radioaktive Stoffe im Trinkwasser und in der Wohnraumluft als Teil der natürlichen Strahlenexposition: Tagungsband zur 5. Biophysikalischen Arbeitstagung in Bad Schlema, 10.–12. Juni 2010, Verein Radiz Schlema e. V.

Rump, H. H., und Krist, H. (1992): Laborhandbuch für die Untersuchung von Wasser, Abwasser und Boden. VCH, Weinheim.

Ruzicka, J., Hansen, E. H. (2000): Flow Injection Analysis. Anal. Chem. *72*, S. A212–A217.

Sadiq, M. (1992): Toxic Metals in Marine Environments. Marcel Dekker, New York.

Sakamoto, S., Pongkitwitoon, B., Nakamura, S., Sasaki-Tabata, K., Tanizaki, Y., Maenaka, K., Tanaka, H., Morimoto, S. (1997): Construction, expression, and characterization of a single-chain variable fragment antibody against 2,4-dichlorophenoxyacetic acid in the hemolymph of silkworm larvae. Applied Biochemistry and Biotechnology, *164*, S. 715–728.

Sandra, P. (1985): Sample Introduction in Capillary Gas Chromatography, Vol. 1. Hüthig Verlag, Heidelberg.

Sarma, A. (1990): Handbook of Furnace Atomic Absorption Spectroscopy, CRC, Boca Raton.

Sävenhed, R., Asphend, G., Borén, H. (1990): Analysis of naturally produced organohalogens in surface waters. In: Bd. II Organohalogens, Dioxin 90. Ecoiforma, Bayreuth.

Schäfer, H., Läubli, M., Dörig, R. (1996): Ionenchromatographie: Theoretische Grundlagen, Säulen und Eluenten. Metrohm-Monographie, Metrohm AG, Herisau.

Schlett, C. (1995): Analytik und Vorkommen von Geruchsstoffen in der Ruhr, Ruhrwassergütebericht 1995. Ruhrverband, Essen.

Scharnweber, T., Knopp, D., Niessner, R. (2000): Application of sol-gel glass immunoadsorbers for the enrichment of polycyclic aromatic hydrocarbons (PAHs) from wet precipitation. Field Anal. Chem. Technol., *4*, S. 43–52.

Schlett, C., Steffl, A., Bokelmann, A. (1998): Geruchsschwellenwerte und Geruchsarten von ausgesuchten Substanzen. GELSENWASSER AG, Zentrallabor.

Schlett, C., Thier, H.-P., Wilkesmann, R. (1995): Geruchs- und Geschmackskomponenten im Trinkwasser – Ursachen, Analytik und Charakterisierung. DVGW-Schriftenreihen Wasser *79*. ZfGW Verlag, Frankkfurt/Main.

Schlett, C. (1990): a) Gaschromatographische Bestimmung polarer Pflanzenschutzmittel in Trink- und Rohwässern. Z. Wasser-Abwasserforsch., *23*, S. 32–35.

Schlett, C. (1993): Determination of Pesticides by HPLC, Acta Hydrochim. Hydrobiol., *21*, S. 102–109.

Schmidt, W. (1994): Optische Spektroskopie. VCH, Weinheim.

Schmitz, F., Kaiser, M. (1993): Erfahrungen mit der ionenchromatographischen Sulfit-Bestimmung. GIT Fachz. Lab, *1*, S. 13–17.

Schmitz, F., Wittek, R., Loydl, F. (1992): Kalibrierprogramm nach DIN 38402-A51 für den Einsatz in der Ionenchromatographie am Beispiel der Chromat-Bestimmung. GIT-Fachz. Lab, *11*, S. 1139–1147.

Scholthof, K.-B. G., Zhang, G., Karu, A. (1997): Derivation and properties of recombinant Fab antibodies to the phenylurea herbicide diuron. J. Agric. Food Chem., *45*, S. 1509–1517.

Schomburg, G. (1986): Gaschromatographie. VCH Verlagsgesellschaft, Weinheim.

Schrader, B. (Hrsg.) (1995): Infrared and Raman Spectroscopy. VCH, Weinheim.

Schrader, W. (1982): Prinzip, apparative Aspekte und Anwendungsmöglichkeiten der ICP-Atom-Emissions-Spektroskopie (ICP-AES). Teil 1. GIT, Fachz. Lab., *26*, S. 324–334, Teil 2, GIT, Fachz. Lab. *26*, S. 429–440.

Schrader, W., Grobenski, Z., Schulze, H. (1981): Einführung in die AES mit dem induktiv gekoppelten Plasma (ICP). Angew. Atom-Spektrosk. (Perkin-Elmer), *28*, S. 1–38.

Schramel, P. (1996): Anwendung der ICP-MS für die Spurenelementbestimmung in biologischen Materialien. In: H. Günzler, A. M. Bahadir, R. Borsdorf, K. Danzer, W. Fresenius, R. Galensa, W. Huber, M. Linscheid, I. Lüderwald, G. Schwedt, G. Tölg, H. Wisser (Hrsg.): Analytiker Taschenbuch, Bd. 15. Springer Verlag, Berlin, S. 89–120.

Schröder, E. (1991): Massenspektrometrie – Begriffe und Definitionen. Springer Verlag, Berlin, Heidelberg.

Schult, K., Katerkamp, A., Trau, D., Grawe, F., Cammann, K., Meusel, K. M. (1999): Disposable optical sensor chip for medical diagnostics: New ways in bioanalysis. Anal. Chem. *71*, S. 5430–5435.

Schwedt, G. (1987): Ionen-Chromatographie von anorganischen Anionen und Kationen. Akad. Verl., Berlin.

Schwedt, G. (1992): Taschenatlas der Analytik. Georg Thieme Verlag, Stuttgart.

Schwedt, G. (1994): Chromatographische Trennmethoden. Georg Thieme Verlag, Stuttgart.

Schwedt, G., Lanei, D. (1997): Methodenvergleiche für die analytische Praxis – Teil 2: Ammonium-Bestimmung in Wasser. CLB, *48*, S. 12–14.

Schweizer-Bertrich, M., Harsch, A. (1995): Wie menschlich sind elektronische Nasen? Technisches Messen, *62*, S. 6.

Seel, F. (1988): Können pH-Werte berechnet werden? CLB *39*, S. 2–13.

Seidel, M., Niessner, R. (2008): Automated analytical microarrays: a critical review. Analytical and Bioanalytical Chemistry, *391*, S. 1521–1544.

Seifert, M., Brenner-Weiß, G., Haindl, S., Nusser, M., Obst, U., Hock, B. (1999): A new concept for the bioeffect-related analysis of xenoestrogens: hyphenation of receptor assays with LC-MS. Fresenius J. Anal. Chem., *363*, S. 767–770.

Selent, K.-D., Grupe, A. (Hrsg.) (1998): Die Probenahme von Wasser. R. Oldenbourg Verlag München.

Seubert, A. (1993): Ionenchromatographie in der Analytik hochreiner Refraktärmetalle. GIT Labor-Fachz., *1*, S. 5–11.

Silverstein, R. M., Bassler, G. C., Morill, T. C. (1974): Spectrometric Identification of Organic Compounds. John Wiley, New York.

Slavin, W., Miller-Ihli, N. J. (1992): A Comparison of Atomic Spectroscopic Anal. Techn. Spectroscopy Intern. *4*, S. 22–27.

Slickers, K. (1992): Die automatische Atom-Emissions-Spektralanalyse. Brühl'sche Universitätsdruckerei, Gießen.

Small, H., Stevens, T. S., Baumann, W. C. (1975): Anal. Chem., *47*, S. 1801.

Smolenska, L., Roberts, I. M., Learmonth, D., Porter, A. J., Harris, W. J., Wilson, T. M. A., Cruz, S. S. (1998): Production of a functional single chain antibody attached to the surface of a plant virus. FEBS Letters, *441*, S. 379–382.

Sommer, L. (1989): Analytical Absorption Spectrophotometry in the Visible and Ultraviolet. Elsevier, Amsterdam, Oxford.

Sontheimer, H. (1978): Summarische Parameter bei der Beurteilung der Eigenschaften von Oberflächenwasser. Hydrochem. hydrogeol. Mitt. *3*, S. 15–29.

Spahn, E., D. Saur (1996): Titrieren ohne Pipette und Bürette. CLB *47*, 6, S. 264–266.

Specht, W., Pelz, S., Gilsbach, W. (1995): Gas-chromatographic determination of pesticides residues. Fresenius J. Anal.Chem., *35*, S. 183–190.

SSK (1993): Empfehlung der Strahlenschutzkommission: Strahlenschutzkriterien für die Nutzung von möglicherweise durch den Uranbergbau beeinflußten Wässern als Trinkwasser, Bundesanzeiger *94* vom 23. 5. 93.

SSK (1995): Bundesministerium für Umwelt, Naturschutz und Reaktorsicherheit (Hrsg.): Aktuelle radioökologische Fragen des Strahlenschutzes, Klausurtagung Oktober 1995, Veröffentlichungen der Strahlenschutzkommission, Band 37, Gustav Fischer-Verlag.

SSK (2006) Heft 50: 20 Jahre nach Tschernobyl: Berichte der Strahlenschutzkommission. H. Hoffmann GmbH – Fachverlag, Berlin.

SSK (2008): Bundesministerium für Umwelt, Naturschutz und Reaktorsicherheit (Hrsg.): Einfluss der natürlichen Strahlenexposition auf die Krebsentstehung in Deutschland, Veröffentlichungen der Strahlenschutzkommission, Band 62, H. Hoffmann GmbH-Fachverlag, Berlin.

SSK (2018): Radon-Dosiskoeffizienten: Empfehlung der Strahlenschutzkommission, Heft 68.

Stadler, M. et al. (1993): Matrixeinflüsse bei Wasseranalysen. Labor Praxis, Mai, S. 48–55.

Stumm W. und Morgan, J. J. (1981): Aquatic Chemistry. 2. Aufl., J. Wiley & Sons, New York.

Supelco (1999): SPME Application Guide. Firmenschrift, Sigma-Aldrich Chemie GmbH, Schnelldorf.

Talsky, G. (1994): Derivative Spectrophotometry. VCH, Weinheim.

Tartari, G. A., Marchetto, A., Mosello, R. (1995): Precision and linearity of inorganic analyses by ion chromatography. J. Chromat. A, *706*, S. 21–29.

Taylor, H. E. (2001): Inductively Coupled Plasma-Mass Spectrometry. Academic Press, San Diego.
Thier, H. P., Frehse, H. (1986): Rückstandsanalytik von Pflanzenschutzmitteln. Georg Thieme Verlag, Stuttgart.
Thomas, R. (2004): Practical Guide to ICP-MS. Marcel Dekker Inc., New York.
Thompson, M., Walsh, J. N. (Hrsg.) (1989): Handbook of Inductively Coupled Plasma Spectrometry. Blackie and Son Ltd., Glasgow.
Tout, N. L., Yau, K. Y. F., Trevors, J. T., Lee, H., Hall, J. C. (2001): Synthesis of ligand-specific phage-display scFv against the herbicide picloram by direct cloning from hyperimmunized mouse. Journal of Agricultural and Food Chemistry, *49,* S. 3628–3637.
Traldi, P., Magno, F., Lavagnini, I., Seraglia, R. (2006): Quantitative Applications of Mass Spectrometry. Wiley, New York.
Tschmelak, J., Proll, G., Riedt, J., Kaiser, J., Kraemmer, P., Bárzaga, L., Wilkinson, J. S., Hua, P., Hole, J. P., Nudd, R., Jackson, M., Abuknesha, R., Barceló, D., Rodriguez-Moza, S., López de Alda, M. J., Sacher, F., Stien, J., Slobodníki, J., Oswaldi, P., Kozmenko, H., Korenková, E., Tóthová, L., Krascsenits, Z., Gauglitz, G. (2005a): Automated water analyser computer supported system (AVACSS) Part I: Project objectives, basic technology, immunoassay development, software design and networking. Biosens. & Bioelectron., *20,* S. 1499–1508.
Tschmelak, J., Proll, G., Riedt, J., Kaiser, J., Kraemmer, P., Bárzaga, L., Wilkinson, J. S., Hua, P., Hole, J. P., Nudd, R., Jackson, M., Abuknesha, R., Barceló, D., Rodriguez-Moza, S., López de Alda, M. J., Sacher, F., Stien, J., Slobodníki, J., Oswaldi, P., Kozmenko, H., Korenková, E., Tóthová, L., Krascsenits, Z., Gauglitz, G. (2005b): Automated water analyser computer supported system (AVACSS) Part II: Intelligent, remote-controlled, cost-effective, on-line, water-monitoring measurement system. Biosens. & Bioelectron., *20,* S. 1509–1519.
Tyler, G. (1995): ICP-MS, or ICP-AES and AAS? – A Comparison. Spectroscopy Europe 7, S. 14–22.
Ueberbach, O. (1986): Trübungsmessung in der Praxis. Chemie Labor Betrieb, *37,* S. 401–404.
Unger, K. K. (1989): Handbuch der HPCL, Teil 1, Leitfaden für Anfänger und Praktiker. Git-Verlag, Darmstadt.
UNSCEAR (1993): United Nations Scientific Committee on the Effects of Atomic Radiation: Sources and Effects of Ionizing Radiation. UNSCEAR 1993 Report to the General Assembly.
Uttenthaler, E., Kößlinger, C., Drost, S. (1993): Quartz crystal biosensor for detection of the African swine fever disease. Anal. Chim. Acta, *362,* S. 91–100.
Varian (1998): Chem-Elut, Applikationsbeispiele. Firmenbroschüre, Varian Deutschland GmbH, Darmstadt.
Vera-Avila, L. E., Rojo-Portillo, T., Covarrubias-Herrera, R., Peña-Alvarez A. (2013): Capabilities and limitations of dispersive liquid-liquid microextraction with solidification of floating organic drop for the extraction of organic pollutants from water samples. Anal. Chim. Acta, 805, S. 60–69.
Verdel, E. F., Kline, P. C., Wani, S., Woods, A. E., (2000): Purification and partial characterization of haloperoxidase from fresh water algae Cladophora glomerata. Comp. Biochem. Physiol. *125 B*, S. 179–187.
Viezens, P., Peters, J. (1998): Titrationen in der Lebensmittelanalytik. GIT Labor-Fachz. *9,* S. 872–876.
Vogt, H.-G. und Schultz, H. (2004): Grundzüge des praktischen Strahlenschutzes, Carl Hanser-Verlag, München.
Wagner, H. P., Pepich, B. V., Hautman, D. P., Munch, D. J., Salhi, E., von Gunten, U. (2002): Determination of inorganic oxyhalide disinfection by-products in drinking water using ion chromatography incorporating the addition of a suppressor acidified postcolumn reagent for trace bromate analysis, US EPA METHOD 326.0.
Walters, B. D., Gordon, G. (1997): An ion chromatographic method for measuring < 5 µg/l bromate ion in drinking water. Anal. Chem., *69,* S. 4275–4277.

Ward, V. K., Schneider, P. G., Kreissig, S. B., Hammock. B. D., Choudary, P. V. (1993): Cloning, sequencing and expression of the Fab fragment of a monoclonal antibody to the herbicide atrazine. Protein Engineering, *6*, S. 981–988.

Weast, R. C., Astle, M. J., Beyer, W. H. (1988): CRC Handbook of Chemistry and Physics. 70th Edition, CRC Press, Boca Raton.

Weil, D., K.-E. Quentin (1978): Praxisnahe Fluoridbestimmung mit ionenselektiver Elektrode im Wasser. Z. Wasser-Abwasser-Forsch., *11*, S. 133–140.

Weiß, J. (1991): Ionenchromatographie. VCH Verlagsgesellschaft, Weinheim.

Weller, M. G., Schuetz, A. J., Winklmair, M., Niessner, R. (1999): Highly parallel affinity sensor for the detection of environmental contaminants in water. Anal. Chim. Acta, *393*, S. 29–41.

Welz, B., Sperling, M. (1997): Atomabsorptionsspektrometie. 4. Auflage, Wiley-VCH, Weinheim.

Wen, S., Zhang, X., Liu, Y., Zhang, Q., Liu, X., Liang, J. (2010): Selection of a single-chain variable fragment antibody against ivermectin from a phage displayed library. Journal of Agricultural and Food Chemistry, *58*, S. 5387–5391.

Wennrich, R., Grünke, K., Walther, A. (1997): Umweltanalytik mit ETV-ICP-MS. Nachr. Chem. Tech. Lab. 45, S. 291–295.

West, T. S. und Nürnberg, H. W. (1988): The Determination of Trace Metals in Natural Waters. Blackwell Sc. Publ., Oxford.

WHO (1993): WHO-Guidelines for Drinking Water Quality, 2nd Ed., Vol. 1, Recommendations. World Health Organisation, Geneva.

WHO (1993): 4. Radiological aspects. In: Guidelines for Drinking-Water Quality. 2nd edition. Vol. 1 – Recommendations. World Health Organization (Hrsg.), Geneva: S. 188.

WHO (2004): Guidelines for drinking-water quality, 3. Aufl., WHO, Genf 2004.

WHO (2011): 9. Radiological aspects. In: Guidelines for Drinking-Water Quality. 4th edition. World Health Organization (Hrsg.), Geneva: S. 203–217.

Wilkesmann, R. (1996): Geruchsstoffe in der Wasser-Analytik: Vorkommen und Bildung bei der Trinkwasserdesinfektion. Dissertation, Universität Münster, Münster.

Winge, R. K., Fassel, V. A., Person, V. J., Floyd, M. A. (1985): Inductively Coupled Plasma Emission Spectroscopy. Elsevier, Amsterdam.

Wunderlich, A., Torggler, C., Elsässer, D., Lück, C., Niessner, R., Seidel, M. (2016): Analytical and Bioanalytical Chemistry, *408*, S. 2203–2213.

Yang, S. S., Miller, M., Martin, J., Harris, J. (1997): Evaluation and Application of a new Total Organic Carbon Analyzer. Application Note Vol. *7.3* der Firma Tekmar-Dohrmann, Cincinnati, Ohio, USA.

Xue, L., Ma, W., Zhang, D., Du, X. (2013): Ultrasound-assisted liquid-liquid microextraction based on an ionic liquid for preconcentration and determination of UV filters in environmental water samples. Anal. Methods, *5*, S. 4213–4219.

Yau, K. Y. F., Lee, H., Hall, J. C. (2003): Emerging trends in the synthesis and improvement of hapten-specific recombinant antibodies. Biotechnology Advances, *21*, S. 599–637.

Zhang, X., He, K., Zhao, R., Wang, L., Jin, Y. (2016): Cloning of scFv from hybridomas using a rational strategy: Application as a receptor to sensitive detection microcystin-LR in water. Chemosphere *160*, 230–236.

Zhang, X., Martens, D., Krämer, P. M., Kettrup, A. A., Liang, X. (2006a): Development and application of a sol-gel immunosorbent-base method for the determination of isoproturon in surface water. J. Chromatogr., *A 1102*, S. 84–90.

Zhang, X., Martens, D., Krämer, P. M., Kettrup, A. A., Liang, X. (2006b): On-line immunoaffinity column-liquid chromatography-tandem mass spectrometry method for trace analysis of diuron in wastewater treatment plant effluent sample. J. Chromatogr., *A 1133*, S. 112–118.

Zhao, F., Tian, Y., Wang, H., Liu, J., Han, X., Yang, Z. (2016): Development of a biotinylated broad-specificity single-chain variable fragment antibody and a sensitive immunoassay for detection of organophosphorus pesticides. Analytical and Bioanalytical Chemistry *408*, S. 6423–6430.

S. Carlson† und M. Seidel

5 Mikrobiologie des Wassers

5.1 Einleitung

Trinkwasser ist nicht als keimfrei anzusehen, es ist aber im Allgemeinen keimarm. Auch nach sachgerechter Aufbereitung enthält es noch in geringen Konzentrationen Mikroorganismen. Diese sind im Regelfall harmlose Keime, die keine gesundheitliche Bedeutung besitzen sollen. Denn nach der TrinkwV (Bundesgesetzblatt, 2018) dürfen im Trinkwasser Krankheitserreger im Sinne des § 2 Nummer 1 des Infektionsschutzgesetzes, die durch Wasser übertragen werden können, nicht in Konzentrationen enthalten sein, die eine Schädigung der menschlichen Gesundheit besorgen lassen. Dies bedeutet, dass zukünftig Konzentrationen an Krankheitserregern quantitativ bestimmt werden müssen und die alleinige Bestimmung einzelner gebildeter Kolonien nach Kultur nicht ausreichend sein wird. Erste Konsequenz daraus ist, dass nach TrinkwV in Gebäuden mit Anlagen zur Vernebelung des Trinkwassers (z. B. Duschen) und mit Großanlagen zur Trinkwassererwärmung ein spezieller Indikatorparameter für *Legionella* spec. eingeführt wurde. Der Maßnahmenwert wurde auf 100 *Legionella* spec. pro 100 ml festgelegt.

Der Keimgehalt (Koloniezahl) wird durch die Menge und Art der Mikroorganismen sowie durch Herkunft und Aufbereitung des Wassers bestimmt. Unter verschiedenen Einflüssen kann es zu beträchtlichen Veränderungen der mikrobiologischen Qualität kommen. Neben Protozoen, Pilzen und Algen lassen sich häufig zahlreiche Bakterienarten der verschiedensten Gattungen nachweisen, die dem medizinischen Mikrobiologen oft nicht bekannt sind und auch von einem erfahrenen Wasserbakteriologen nicht immer typisiert werden können. Eine fortdauernde Forschung im Bereich Wasser und Gesundheit ist wichtig, um hohe Hygienestandards zu gewährleisten, die mikrobielle Risikobewertung und Gefährdungsanalyse zu verbessern und die Trinkwasserqualität auch nach neuesten Erkenntnissen auf einem hohem Niveau zu halten (Seidel et al., 2016).

Auf dem Weg über das Wasser kann eine Vielzahl an verschiedenartigen Krankheitserregern übertragen werden. Früher war das alleinige Ziel der mikrobiologischen Wasseruntersuchung die möglichst frühzeitige Erfassung von seuchenhygienisch relevanten fäkalen Kontaminationen über Indikatorparameter, weil der direkte Nachweis eines Krankheitserregers nach Kultur sehr aufwändig ist. Mittlerweile ist mit *Legionella* spec ein Indikatorparameter hinzugekommen, der nicht fäkalen Ursprungs ist, sondern ubiquitär im Wasser vorkommt und sich hier insbesondere bei höheren Temperaturen vermehren kann. Die Bestimmung von mikrobiellen Indikatorparametern anstelle von Krankheitserregern ist durch eine Vielzahl an Überlegungen und Erfahrungen mit fäkalen Verunreinigungen begründet. Die über den Verdauungstrakt ausgeschiedenen Krankheitserreger werden,

https://doi.org/10.1515/9783110588217-005

wenn sie in Wasser gelangen, mehr oder weniger stark verdünnt. Hinzu kommt, dass Wasser im Allgemeinen kein guter Nährboden für Krankheitserreger ist, weil sie wertvollere Nährsubstanzen und höhere Temperaturen zum Überleben oder für ihr Wachstum benötigen. Aktuelle Forschungsergebnisse zeigen, dass Bakterien in Mangel- oder Stresssituationen sogar in einen VBNC-Zustand (*viable but non culturable*) übergehen können, was nach Kultivierung zu einer Unterbestimmung der Konzentration an der zu bestimmenden Bakterienspezies führt. Ihre Überlebensfähigkeit wird ferner entscheidend durch die vorhandenen weiteren mikrobiellen Verunreinigungen, chemischen Inhaltsstoffe und physikochemischen Eigenschaften des Wassers bestimmt. Das Vorkommen von Krankheitserregern in Wasser ist oft ein einmaliges, zeitlich begrenztes Ereignis und ihre Erfassung zufallsbedingt. Die Isolierung der Krankheitserreger aus den Wasserproben gelingt deshalb bei Ausbruch einer durch Trinkwasser übertragenen Epidemie nur selten. Der Epidemieerreger kann vielfach nur indirekt ermittelt werden, z. B. durch Nachweis in Stuhlproben bei gastrointestinalen Erkrankungen oder durch seinen Nachweis im Blut bzw. durch Antikörper bei länger bestehender Infektion. Erschwert wird der Nachweis überdies durch die verhältnismäßig lange Inkubationszeit einiger Infektionskrankheiten, also die Zeit zwischen Aufnahme des Erregers und Ausbruch der Krankheit. Ein weiteres Problem bei der kulturellen Erfassung von Krankheitserregern aus Wasserproben besteht in den zum Teil höheren Ansprüchen dieser Organismen an das Nährmedium als in der klinischen Mikrobiologie üblich oder in dem ebenfalls nicht auf solche Krankheitserreger ausgerichteten Einsatz von speziellen wassermikrobiologischen Isolierungs- und Anreicherungsmedien.

Die laufende Überwachung von Wasserversorgungsanlagen stützt sich nicht auf den schwierigen Nachweis von Krankheitserregern, sondern kontrolliert bestimmte Mikroorganismen, die aus dem Darm von Menschen oder warmblütigen Tieren stammen und mit den Fäkalien direkt in das Wasser oder auf dem Weg über das Abwasser in das Trinkwasser gelangen. Gesundheitsgefährdende mikrobielle Kontaminationen des Trink- und Brauchwassers können deshalb im Allgemeinen durch Indikatorbakterien erfasst werden. Leider gab es aber auch in der jüngeren Geschichte genügend Ausnahmen, wie es sich dann durch den Ausbruch einer Epidemie zeigte.

Die mikrobiologische Wasserqualität ist aus verschiedenen Gründen nicht konstant. Eine Rolle spielen

- jahreszeitliche Schwankungen durch unterschiedliche Temperaturen und Nährstoffgehalte besonders bei der Wassergewinnung aus Oberflächengewässer;
- kurzfristige Änderungen der Aufbereitungsprozesse;
- Verweilzeit des Wassers während der Aufbereitung, in den Reservoiren und im Verteilernetz;
- Vermischung des Wassers aus verschiedenen Quellen, wie zum Beispiel aus aufbereitetem Oberflächenwasser und Grundwasser. Dies kann Verkeimungen begünstigen;

- Undichtigkeiten, Korrosionsstellen und Inkrustierungen im Leitungsnetz oder an Oberflächen von Auskleidungsmaterialien in den Reservoiren (siehe Abschnitt 9.4, Biofilme). Sie können permanent Bakterien beherbergen und das Wasser in unterschiedlichem Ausmaß ständig kontaminieren;
- unterschiedliche Strömungsverhältnisse in einem immer wieder vergrößerten und veränderten Verteilernetz. Sie wirken sich ebenfalls nachteilig aus.

Bakteriologische Untersuchungen des Trinkwassers nach der Aufbereitung und Stichproben aus dem Verteilernetz besonders im Bereich von Endsträngen haben deshalb nur eine relativ geringe Aussagekraft über die mikrobiologische Beschaffenheit des Trinkwassers, wenn sie nur selten durchgeführt werden. Sie sagen lediglich etwas über den Zustand des Wassers zum Zeitpunkt der Entnahme aus.

Wassergewinnung, Aufbereitung und Verteilung müssen mit konstanter, großer Sorgfalt durchgeführt werden, um eine Kontamination mit pathogenen Mikroorganismen und Viren auszuschließen (siehe Kap. 9). Bei der Nutzung des Trinkwassers zeigt sich im Fall von *Legionella* spec., dass Großanlagen zur Trinkwassererwärmung oder das Prozesswasser von Verdunstungskühlanlagen stetig hygienisch überwacht werden müssen.

5.2 Trinkwasserepidemien

5.2.1 Ursachen und Verlauf

Lange wurde die Ansicht vertreten, dass Trinkwasser als Vektor von pathogenen Mikroorganismen erst dann zu einer Krankheit führt, wenn die physikalischen und chemischen Eigenschaften des unreinen Bodens und seiner Inhaltsstoffe die Reifung des Krankheitserregers und je nach Grundwasserstand die entweichende Luft (Miasma) die Disposition des Menschen erzeugt. Für Pettenkofer stand lange Zeit nicht die Trinkwassertheorie, sondern die Sanierung des Bodens im Vordergrund. Trotz der Ablehnung des Wassers als Vektor von solchen Erregern hatten die Forderung Pettenkofers, die einerseits eine Bodensanierung, Beseitigung von „Versitzgruben“ sowie der Schwemmkanalisation und andererseits Wasserversorgung aus einem reinen Boden – die so genannte „Hochquellwasserversorgung“ – betrafen, die Zahl der Typhus- und Choleraerkrankungen soweit vermindert, dass München die „gesündeste“ Stadt Europas geworden war (Metz, 1980; Winkle, 1997). Ganz anders war die Situation dagegen in Hamburg, das des Öfteren von schweren Typhusepidemien heimgesucht wurde, weil unfiltriertes Elbewasser als Trinkwasser verwendet worden ist. Die Bodentheorie Pettenkofers verhinderte, hier einen Zusammenhang zu erkennen und die Sandfiltration wie in Altona einzuführen (Winkle, 1997, S. 223). Erst durch die Hamburger Choleraepidemie von 1892 ist die Bodentheorie widerlegt worden (Robert Koch, 1893; Knorr, 1934; Bruns, 1938). Im April

1892 waren im fernen Kabul 6000 Choleratote zu beklagen. Über Baku, Tiflis, Moskau und St. Peterburg fand die Seuche den Weg nach Hamburg. Am Amerikakai des Hamburger Hafens befanden sich 5000 Auswanderer, die eben erst aus Russland angekommen waren und in Baracken untergebracht wurden. Mit der Flut gelangten Ausscheidungen der Kranken, die einfach in die Elbe geworfen wurden, in die 4 km stromaufwärts gelegene Entnahmestelle für Trinkwasser und so nahm die Katastrophe am 15. August 1892 ihren Lauf. Noch im August starben täglich 430 Menschen und erst Ende September 1892 klang die Epidemie ab. Insgesamt erkrankten etwa 17.000 Menschen, von denen 8605 starben. Die Ereignisse von Hamburg überzeugten Pettenkofer nicht. Im Oktober 1892 unternahm er seinen berühmt gewordenen Selbstversuch mit *Vibrio cholerae*, den er gut überstand, weil er anlässlich seines selbstlosen Einsatzes zur Bekämpfung einer Choleraepidemie 1854 in München wahrscheinlich immun geworden war. Dagegen entging sein Assistent Emmerich, der den Versuch an sich wiederholte, nur knapp dem Tod.

Pettenkofers lebenslanger Kampf bis zu seinem Freitod 1901 gegen die „Kontagionisten", zu denen Robert Koch zählte, ist tragisch zu nennen. Erst die Synthese der Erkenntnisse Max von Pettenkofers (die örtliche Komponente und Beseitigung örtlicher Missstände) mit denjenigen Robert Kochs (mikrobiologische Komponente; Quarantäne und Desinfektion; Aufbereitung des Trinkwassers durch Langsamsandfiltration) ermöglichte es der nachfolgenden Generation, zu der auch August Gärtner gehörte, die Weichen richtig zu stellen. Erst dadurch konnte die Leistung eines Girolamo Fracastoro (1546: De contagionibus et contagiosis morbis et eorum curatione), der die Übertragbarkeit der Syphilis bewies, eines Ignaz Semmelweis (1847: Waschen der Hände in Chlorwasser) und einer Florence Nightingale (Krimkrieg 1854: erste Krankenschwester, Trennung der Verwundeten von Seuchenkranken im Lazarett), um nur einige zu nennen, richtig gewürdigt werden.

Ein Kurzschluss zwischen Trinkwasser und Abwasser kann zu einem örtlich und zeitlich begrenzten epidemischen Auftreten einer Infektionskrankheit führen. Allerdings löst nicht immer das Trinken von verunreinigtem Wasser direkt eine Krankheit aus, weil die dazu notwendige Zahl an Infektionserregern durch Verdünnung im Wasser nicht erreicht wird. Neuere Beobachtungen haben gezeigt, dass selbst Verschlucken von einigen Tausend Paratyphus- bzw. Typhusbakterien nur selten zu einer Infektion führt, weil die Abwehrkräfte eines gesunden erwachsenen Menschen derartige Mengen von Mikroorganismen zu vernichten in der Lage sind. Für alte, kranke und immungeschwächte Menschen trifft dies nicht zu. Oft sind bei ihnen nur wenige Infektionserreger notwendig, um die Krankheit auszulösen. Die größte Ansteckungsgefahr besteht, wenn verunreinigtes Wasser zur Zubereitung von so genannten leicht verderblichen Speisen benutzt wird – bzw. mit ihnen in Berührung kommt – und die Infektionserreger die Möglichkeit zur Vermehrung haben. Erst der Genuss dieser Speisen löst dann die Krankheit aus. Die frühere Auffassung „den Typhus trinkt man" trifft deshalb im Allgemeinen nicht zu. Eine Viruskrankheit kann im Gegensatz dazu bereits durch wenige Viren entstehen. In

Tab. 5.1: Beziehungen zwischen der Letalität von Darmerkrankungen und der prozentualen Häufigkeit ihrer Übertragung durch Trinkwasser zum Ende des 20. Jahrhunderts (Ewald, 1991 und 1994; Müller, H.E. 1997).

Erreger von Intestinalinfektionen	Letalität	Häufigkeit der Übertragung durch Trinkwasser
Vibrio cholerae subsp. *cholerae*	15,2 %	83,3 %
Shigella dysenteriae	7,5 %	80,0 %
Salmonella enterica Typhi	6,2 %	74,0 %
Vibrio cholerae subsp. *eltor*	1,42 %	50,0 %
Shigella flexneri	1,35 %	48,3 %
Shigella sonnei	0,45 %	27,8 %
enterotoxische *Escherichia coli*	> 0,1 %	20,0 %
Campylobacter jejuni	> 0,1 %	10,7 %
Salmonella enterica subsp.	> 0,1 %	1,6 %

Lebensmitteln und im Wasser können sich diese jedoch nicht vermehren. Auch Erkrankungen durch Parasiten können durch die Aufnahme von wenigen Zysten verursacht werden.

Grundsätzlich kann festgestellt werden, dass die Letalität durch Epidemien in den vergangenen Jahrhunderten, ohne hier auf biologisch genetische Veränderung der Krankheitserreger oder Lebensverhältnisse des Menschen näher einzugehen, im Vergleich zu den Epidemien der letzten 20 Jahre wesentlich größer war. Die Letalität heutiger durch Trinkwasser übertragener Erkrankungen ist in Tab. 5.1 angegeben.

Bei einer massiven Kontamination des Trinkwassers durch Seuchenerreger wird der Gipfel der Epidemie erst später, etwa nach der jeweiligen Inkubationszeit erreicht, wie z. B. bei Typhus nach 14 bis 21 Tagen. Die Kurve wird noch charakteristischer, wenn die in einem Zeitraum von drei Tagen zur Meldung kommenden Krankheitsfälle zusammengezählt werden. Ein eindeutiger Hinweis ist ferner die Übereinstimmung des Erkrankungsgebietes mit dem Wasserversorgungsbereich, in dem die Menge des als kontaminiert ermittelten Wassers überwiegt.

Maßgebend für den Verlauf der Epidemie ist die Dauer der Verunreinigung einer Wasserversorgung mit den Infektionserregern. Normalerweise folgt der so genannten Explosivkurve eine Tardivkurve (zeitlich verzögertes zweites Maximum der Erkrankungsfälle). Ihr Verlauf wird durch Zahl und Zeit der häuslichen Kontakt- und Nahrungsmittelinfektionen bestimmt. Die Tardivkurve erlaubt Rückschlüsse auf den Erfolg der örtlichen seuchenhygienischen Maßnahmen.

Am besten lässt sich aus den Fehlern lernen, die zu Epidemien führten. Es sollen deshalb beispielhaft einige durch „verseuchtes" Trinkwasser entstandene Massenerkrankungen und ihre Ursachen erwähnt werden.

Unzureichende Aufbereitung oder Desinfektion des Wassers waren die Ursache

- der Hamburger Choleraepidemie 1892: innerhalb weniger Tage erkrankten 16.956 Personen, von denen 8605 starben;

- der Typhusepidemie von Hannover von 1926 (ungenügend filtriertes Uferfiltrat beim Wasserwerk Ricklingen): etwa 2700 Erkrankte, von denen 260 starben;
- der Typhusepidemie von Waldbröl 1949: von 127 Erkrankten starben 11;
- der Paratyphusepidemie Thereker Mühle 1953: es erkrankten ca. 50 Personen;
- der Typhusepidemie Klafeld-Geisweid 1946/47: es erkrankten insgesamt 325 Personen, von denen 10 starben.

Leichtfertigkeit, nämlich ein nicht verschlossenes Stichrohr zur Ruhr (Metz, 1980), war die Ursache der Typhusepidemie in Gelsenkirchen 1901. Es erkrankten 3200 Personen, von denen 350 starben.

Unzureichendes Hygienebewusstsein war 1998 die Ursache einer fieberhaften Darminfektion auf einem Zeltplatz im Raum der oberen Donau, die durch *Shigella sonnei* ausgelöst wurde (RKI, 1998a). 18 von insgesamt 60 Personen erkrankten. Von einer erkrankten Betreuerin des Zeltlagers ging die Infektion aus. Die hygienischen Bedingungen in diesem Zeltlager waren sehr „einfach“. Die Trinkwasserversorgung erfolgte aus dem öffentlichen Netz, aber über einen Vorratsbehälter, der voll der Sonne ausgesetzt war und nicht desinfiziert wurde.

Unterschätzung der Gefahren in Karstgebieten war die Ursache von zahlreichen Typhusepidemien in Jena zwischen 1898 bis 1901 und auch 1915 (mit 537 erkrankten Personen, von denen 60 starben), sowie in den Folgejahren. Es wurde kein vorangegangenes gehäuftes Auftreten „unspezifischer“ Gastroenteritiden, die so genannte „Wasserkrankheit“ (Knorr, 1934), beobachtet. 1980 kam es erneut zu einer Typhusepidemie. 63 Personen erkrankten. Mit Ausnahme des Erregernachweises im Trinkwasser gelang es nahezu lückenlos die ursächlichen Zusammenhänge zu klären. Im Einzugsgebiet wohnte ein bekannter Dauerausscheider des Epidemietyphus-Typs. Die unzureichende Wirkung der Trinkwasserchlorung, insbesondere bei auftretender Trübung nach Niederschlägen und starker Quellschüttung, ist aus heutiger Sicht auf das Fehlen einer Filteranlage, einer gesteuerten Trübungsmessung und Chlordosierung zurückzuführen. Solch mangelhafter Schutz der Trinkwassergewinnung ist auch heute noch in Karstgebieten anzutreffen. Ein wirksamer Schutz kann unter Umständen nur durch eine Membranfiltration erreicht werden.

Unzureichende Schutzzonenverhältnisse waren die Ursache
- der Typhusepidemie in Detmold 1904: von 780 erkrankten Personen starben 54;
- der oben erwähnten zahlreichen Typhusepidemien in Jena;
- der Typhusepidemie in Pforzheim 1919 mit ca. 4000 Erkrankten, von denen 400 starben;
- der Typhusepidemie in Alfeld 1923/24 mit über 1100 Erkrankten, von denen 100 starben;
- der Typhusepidemie in Neu-Ötting 1946 mit ca. 400 und 1948 mit ca. 600 Erkrankten, von denen 96 starben.

Querverbindungen im Leitungsnetz waren die Ursache
- der Typhusepidemie in Drolshagen 1951 mit 51 Erkrankungen.
- der Typhusepidemie in Hagen 1956 mit 500 Erkrankungen;

Tab. 5.2: Weniger bekannt gewordene Wasserepidemien.

Jahr	Land	Erreger	Erkrankte
1978–1986	USA	*Campylobacter* 11 Epidemien	4983
1992–1994	England, Wales	*Campylobacter* 6 Epidemien	?
1978	Deutschland (Ismaning)	*Sh. sonnei*	2450
1984	Indien	*Sh. dysenteriae*	78000
1986	Thailand	*Sh. dysenteriae*	10090
1965	USA (Riverside/Calif.)	S. Typhimurium	16000 (3 Todesfälle)
1938	Jugoslawien	*L. icterohaemorrhagiae*	390 (8 Todesfälle)
1983	Deutschland (Oberes Vogtland)	*Aeromonas enteritis*	?
1996	Japan (Sakai)	*E. coli* (EHEC-Serovar 0157: H 7)	11000

Sh. = Shigella; L. = Leptospira

Tab. 5.3: Ursachen der wasserbedingten Giardiasis-Epidemien in den USA (Rose und Botzenhart, 1990).

anteilige Epidemien	Ursachen
43 %	Oberflächenwasser mit Desinfektion als einzige Aufbereitungsstufe
17 %	Oberflächenwasser mit unzureichender Filterung
15 %	Verunreinigungen im Netz
13 %	Unbehandeltes Oberflächenwasser
11 %	Verunreinigung von Brunnen und Quellen

Falsche Beseitigung von Abfallstoffen war die Ursache der Typhusepidemie wiederum in Drolshagen 1955 mit 92 Erkrankungen.

Höhere Gewalt war die Ursache der Typhusepidemie von Westerode 1945/46 mit ca. 400 Erkrankten, von denen 26 Personen starben.

Aber auch weniger bekannt gewordene Wasserepidemien (siehe Tab. 5.2) haben ihre Ursachen in den gleichen Unzulänglichkeiten, so z. B. die Ruhrepidemie 1978 in Ismaning durch ungenügende Filterwirkung des Bodens (siehe Abschn. 5.11.5) und die EHEC-Epidemie 1996 in Japan durch Kontamination von Hydrokulturen (siehe Abschn. 5.11.3).

Die Ursachen der Erkrankungen durch Parasiten entsprechen ebenfalls den Ursachen der Typhusepidemien (siehe oben), wie am Beispiel der Giardasis-Epidemien (siehe Tab. 5.3) deutlich wird.

Ein detaillierteres Bild über die tatsächliche Bedeutung von Wasserepidemien lässt sich nur erhalten, wenn sie lückenlos von einer zentralen Stelle erfasst und ausgewertet werden. Dies wird seit längerem in den USA vom Center for Disease Control (CDC) vorgenommen. Die Ergebnisse werden fortlaufend, auch im Internet veröffentlicht (vgl. z. B. www.cdc.gov).

In den USA und in Kanada haben sich zwischen 1920 und 1936 rund 470 Wasserepidemien ereignet, bei denen 125.000 Personen erkrankten. Etwa 70 % dieser Epidemien betrafen kleine Gemeinden bis zu 5000 Einwohnern. 85 % gingen von kleineren Gruppenwasserversorgungsanlagen aus.

1980 wurden 17.710 Erkrankungen durch 43 kontaminierte Wasserversorgungsanlagen registriert. Ursache waren Shigellen (4 Personen), Campylobacter (800 Personen), Viren (1962 Personen), unbekannt gebliebene Erreger gastrointestinaler Störungen (13.320 Personen) und der zu den Protozoen gehörende Darmparasit *Giardia intestinalis* (1724 Personen). Diese Zahlen erheben keinen Anspruch auf Vollständigkeit.

1989 und 1990 berichteten 16 Staaten der USA über 26 durch Trinkwasser verursachte Epidemien mit insgesamt 4288 erkrankten Personen. 12 dieser Epidemien mit 697 Kranken wurden durch Giardia intestinalis (*Giardia lamblia*, siehe Abschn. 5.17.3) ausgelöst. Für die einzige durch pathogene Bakterien verursachte Epidemie mit 243 erkrankten Personen waren enterohaemorrhagische *E.coli* EHEC verantwortlich. Bei einem Drittel traten blutige Durchfälle auf, 32 Personen mussten stationär behandelt werden und 4 Personen starben an der Infektion. Eine der Epidemien mit 21 erkrankten Personen ist vermutlich auf Cyanobakterien (Blau-Grün-Algen ähnelnde Mikroorganismen, siehe Abschn. 7.1) zurückzuführen. Bei den Betroffenen traten plötzlich starke, wässrige Durchfälle mit Remissionen und erneuten Rückfällen ein. Die bakteriologischen Untersuchungen ergaben keine Hinweise auf bisher bekannte pathogene Darmbakterien als Infektionserreger. Drei serologisch nachgewiesene Virusepidemien wurden durch fäkal kontaminiertes Brunnenwasser verursacht. Bei zwei Epidemien erkrankten insgesamt 25 Personen an einer Hepatitis A. Eine hiervon wird auf Wasser aus einer Wasserversorgungsanlage mit defekter Chlorungsanlage und die andere auf unbehandeltes Wasser mit fäkalcoliformen Bakterien zurückgeführt. Ein Nachweis des *Hepatitis A-Virus* in Wasser ist nicht versucht worden (in einer ähnlichen, früheren Epidemie, 1982 in Georgia/USA konnte das *Hepatitis A-Virus* aus dem Wasser isoliert werden). Bei der dritten beobachteten Virusepidemie erkrankten 900 Personen an Durchfall durch ein Norwalk ähnelndes Agens (Virus). Ausgelöst wurden diese Infektionen durch Wasser aus einer Abwasserbehandlungsanlage, das durch zerklüftetes Gestein in den Zufluss einer Trinkwasserversorgung eingesickert war. Bei 14 Epidemien mit einer akuten Gastroenteritis wurde die Ursache nicht ermittelt. Insgesamt erkrankten 2402 Personen. Die größte dieser Epidemien erstreckte sich über mehrere Monate und betraf rund 1000 Personen. Das Wasser war stark mit Coliformen aus einem Abwassertank kontaminiert. Eine bereits 1987 und eine 1988 beschriebene Epidemie mit einer akuten Gastroente-

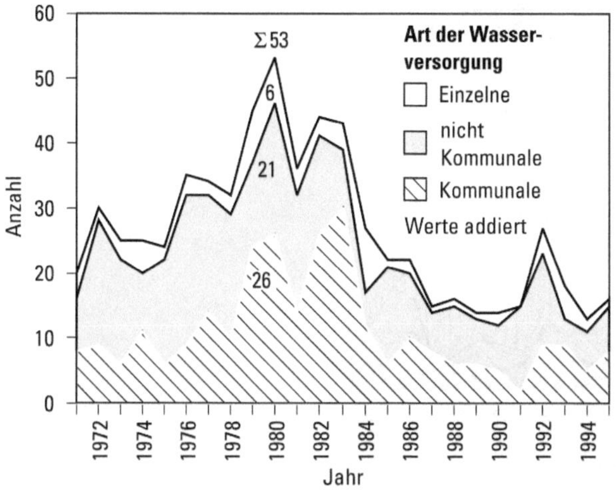

Abb. 5.1: Wasserepidemien, abhängig vom Typ der Wasserversorgung; 663 Fälle in den USA, 1971 bis 1995 (Quelle: Center for Disease Control, CDC: www.cdc.gov).

ritis unklarer Ätiologie zeigte Krankheitssymptome, die früher mit dem Genuss von roher Milch in Zusammenhang gebracht wurden. Klinische Merkmale deuteten bei einigen Kranken auf Virusinfektionen hin, ohne dass jedoch der Beweis erbracht werden konnte, dass die Infektion durch Wasser übertragen worden war.

46 % der Epidemien wurden durch nicht öffentliche, 42 % durch öffentliche und 12 % durch private Wasserversorgungsanlagen verursacht. Bei 13 Epidemien stammt das kontaminierte Wasser aus Brunnen. 5 Brunnenwässer waren unbehandelt. Unzureichende Wasserdesinfektion hatte 6 Epidemien zur Folge. Bei Viren war das Wasser mit Chlor und bei je einer mit Iod bzw. UV-Strahlen behandelt worden.

In den Abbildungen 5.1 und 5.2 sind beispielhaft die bisher geschilderten Epidemien in den USA für den Zeitraum zwischen 1971 und 1995 dargestellt. In Abb. 5.1 ist die Art der Wasserversorgung (öffentlich, nicht öffentlich, privat) aufgeführt. In Abb. 5.2 ist das ätiologische Agens (Art des Krankheitserregers), das für 663 registrierte Wasserepidemien in den USA verantwortlich war, dargestellt. Die Zahl der Erkrankten wird bei dieser Darstellung nicht hervorgehoben. So ist z. B. die große Parasiten-Epidemie von 1993 in Milwaukee mit 403.000 Erkrankten (siehe Tab. 5.5) zwangsläufig nur als ein Fall erfasst.

Das *Center for Disease and Control and Prevention* dokumentiert alle zwei Jahre die Ausbrüche von durch Trinkwasser ausgelösten Infektionskrankheiten in den USA. Die aktuellste Veröffentlichung stammt aus dem Jahr 2008 (CDC, 2008). Bis zum Jahr 2006 sind nun insgesamt 814 Wasserepidemien dokumentiert worden, wobei 16 Fälle von der Statistik nicht mehr berücksichtigt wurden. Für den Berichtszeitraum zwischen 1996 und 2006 sind in USA 143 neue Fälle aufgetreten. Seit 2003 werden multiple ätiologische Agenzien (z. B. Bakterien, Parasiten, Viren, und/oder chemische Stoffe und Toxine) als eine getrennte Gruppe in der Statistik geführt

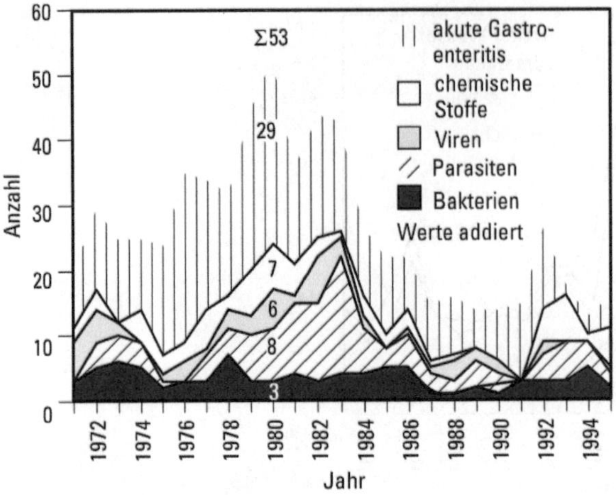

Abb. 5.2: Wasserepidemien, abhängig vom ätiologischen Agens; 663 Fälle in den USA, 1971 bis 1995 (Quelle: Center for Disease Control, CDC: www.cdc.gov).

(CDC, 2006). Seither sind 3 Epidemien dieser Gruppe dokumentiert worden. Seit 2001 wird das Auftreten von *Legionella* ssp. separat aufgelistet. Seitdem sind 24 Epidemien erfasst worden. Sie traten zum einen in Wasserversorgungssytemen großer Gebäude (CDC, 2004) und speziell im erwärmten Trinkwasser, wie es in Kap. 9.7 näher beschrieben ist, auf und zum anderen in Verdunstungskühlanlagen (Walser et al., 2014). In Deutschland führte der Gesetzgeber mit der 42. BImSchV eine Überwachungspflicht und weitere Maßnahmen für Verdunstungskühlanlagen, Kühltürme und Nassabscheider ein, um Infektionserkrankungen durch *Legionella* spec. (insbesonere *Legionella pneumophila*) künftig zu vermeiden. Im Falle eines Legionellose-Ausbruchs werden seitens des Umweltbundesamtes neben den Kulturmethoden kulturunabhängige Labortests, sogenannte Screening-Verfahren, empfohlen. Kulturmethoden für *Legionella* spec. sind sehr zeitaufwendig (7–10 Tage) und erzeugen im Prozesswasser sehr oft falsch-negative Ergebnisse. Antikörper-basierte oder molekularbiologische Labortests sind in der Erprobungsphase. Sie können innerhalb weniger Stunden Ergebnisse für *Legionella pneumophila* und/oder *Legionella* spec liefern (Wunderlich et al., 2016; Kober et al., 2018). Diese Screening-Verfahren können zukünftig nützlich sein, um die Zahl der in Frage kommenden Infektionsquellen schneller einengen zu können.

5.2.2 Typhus, Cholera und Parasiten als häufigste Ursachen von Trinkwasserepidemien

Durch verunreinigtes Trinkwasser verbreitete **Typhus- und Paratyphusepidemien** sind häufiger als im Allgemeinen angenommen wird. In einer Zusammenstellung über die in den Jahren 1845–1936 in Europa aufgetretenen Wasserepidemien gelang es, 262 Epidemien zu ermitteln, die mit an Sicherheit grenzender Wahrscheinlichkeit auf ein durch Typhus- oder Paratyphusbakterien kontaminiertes Trinkwasser zurückzuführen waren. Wegen Unkenntnis, nicht vorhandenen Untersuchungsverfahren und -möglichkeiten konnte der Erreger nicht nachgewiesen werden. Bei weiteren 104 Epidemien wurden Typhus- oder Paratyphuskeime aus dem Trinkwasser isoliert und bei 21 Epidemien waren typische Vorkrankheiten festzustellen, wie die bereits erwähnte „Wasserkrankheit".

Im Zusammenhang mit Typhusepidemien treten oft zwei bis drei Wochen vor Ausbruch der Typhuserkrankungen durch das verunreinigte Wasser Gastroenteritiden auf, die teilweise auf „Paracoli", atypische *E.coli* oder Enteritissalmonellen zurückgeführt wurden, ohne es beweisen zu können. Klassische Beispiele liefern 1912 Rockfort und 1926 Hannover. In Rockfort traten zunächst rund 10.000 Enteritiserkrankungen und 2 bis 3 Wochen später rund 200 Typhusfälle auf. Bei der Typhusepidemie in Hannover 1926 sind zunächst etwa 30.000 bis 60.000 Personen von Magen-Darm-Beschwerden befallen worden. Ein bis drei Wochen später erkrankten rund 2700 Personen an Typhus und eine Anzahl an Paratyphus (Bruns, 1938).

Die Salmonella-Typen S. Typhi und S. Paratyphi A, B und C (Salmonellen-Spezies werden nicht kursiv geschrieben, siehe Abschn. 5.11.4) verursachen schwere Allgemeinerkrankungen. S. Typhi und S. Paratyphi B sind über die ganze Welt verbreitet, während S. Paratyphi A ausschließlich in tropischen und subtropischen Ländern und S. Paratyphi C nur in bestimmten Regionen des östlichen Mittelmeerraumes, Afrikas, Südostasiens und Südamerikas auftritt.

Von der Gattung Salmonella sind heute mehr als 2500 Salmonella-Typen bekannt. Überwiegend handelt es sich um Enteritiserreger, die bei Mensch und Tier vorkommen. Obwohl Enteritissalmonellen in zahlreichen Oberflächengewässern vorhanden sind und aus Trinkwasserproben, z. B. nach der Hamburger Flutkatastrophe 1964 isoliert werden konnten (Müller, G., 1964), ist nur eine große Trinkwasserepidemie 1965 in Riverside/California durch S. Typhimurium mit rund 16.000 Infektionen und 3 Todesfällen verursacht worden. In tropischen Gebieten sind Salmonellenbefunde im Wasser aus Gewinnungsanlagen mit baulich-technischen Mängeln keine Seltenheit. Nicht selten können auch bei einem positiven Salmonellennachweis *E. coli* und coliforme Bakterien in der Wasserprobe fehlen (Müller, H. E., 1979).

In Ländern mit einem niedrigeren Hygiene-Standard ist die Gefahr von Typhusepidemien keineswegs gebannt. Ein Beispiel bildet Tadschikistan. Im Mai 1996 trat in zwei Provinzen eine Typhusepidemie mit rund 7500 Erkrankten auf. Die Letalität betrug örtlich bis zu 8 %. Primäre Ursache des Geschehens war eine Kontamination von Trinkwasserressourcen durch Abwasser, das infolge starker Regenfälle aus alten und schlecht gewarteten Abwasseranlagen übergeflossen war. Angaben über Sekundärinfektionen fehlen. Die Durchführung der notwendigen Maßnahmen wurde durch einen Mangel an Antibiotika, an Laboratoriumsmaterial und an Chlor zur Wasserdesinfektion erschwert. Im Februar 1997 wurde ein weiterer Typhus-Ausbruch zunächst im Gebiet um die Hauptstadt Duschanbe gemeldet. Von hier dehnte sich die Typhusepidemie auch auf andere Landesteile aus, mit mindestens 3000 Erkrankungsfällen. Die Letalität lag um 1%. Als Infektionsursache wurde kontaminiertes Trinkwasser bestätigt. Seit Monaten war wegen eines Mangels an Chlorpräparaten nicht mehr desinfiziert worden. Informationen aus dem Epidemiegebiet besagen, dass 92% der untersuchten Typhusstämme eine Resistenz gegen Chloramphenicol aufwiesen; andere Therapeutika standen kaum zur Verfügung (CRM, 1997). Schwerpunkte der Epidemiebekämpfung, an der Experten der WHO und Hilfsorganisationen teilnehmen, sind Sicherstellung einer adäquaten medizinischen Betreuung und notwendige präventive Maßnahmen, einschließlich der Aufbereitung von Wasser zu Trinkwasser.

Cholera ist eine der ältesten Infektionskrankheiten der Menschheit. Als klassisch auf dem Wasserweg übertragene Infektion durch *Vibrio cholerae* gibt ihre Verbreitung wertvolle epidemiologische Hinweise. Sie ist seit Jahrhunderten in den Mündungsgebieten der großen Ströme Indiens und Südostasiens endemisch. Von hier gingen die Pandemien aus, die Asien, Nordafrika und Europa überzogen haben. Im 19. Jahrhundert erreichten sechs Seuchenzüge Europa (Evans, 1987). Seit 1923 ist Mitteleuropa cholerafrei.

Vibrio eltor ist früher bei Epidemien nicht nachgewiesen worden. Die gegenwärtige 7. Pandemie, verursacht durch *Vibrio eltor*, Serotyp *Inaba* begann 1961 in dem Endemiegebiet um Celebes (Sulawesi). Von dort aus erreichte sie andere Länder in Ostasien, berührte Bangladesch Ende 1963, Indien 1964 sowie Russland, den Iran und Irak in den Jahren 1965–1966. 1970 trat die Cholera in Westafrika auf. Bereits 1971 hatte sie zahlreiche Länder West-, Zentral- und Ostafrikas überzogen. 1970 erreichten erste Ausläufer Europa.

Die Zahl der jährlich registrierten Cholera-Erkrankungen blieb weltweit von 1961 bis 1990 im Bereich von 29.000 bis 112.000 Erkrankten (Schoenen, 1996). Dies änderte sich 1991. In diesem Jahr sind der WHO mehr als eine halbe Million Cholerafälle gemeldet worden. 16.705 Menschen starben an der Krankheit (siehe Tab. 5.4). Damit sind 1991 mehr Menschen an Cholera erkrankt als sonst in 5 Jahren (Barkway und Simeaut, 1991). 70% der Fälle wurden in lateinamerikanischen Ländern registriert, davon allein etwa 300.000 in Peru. Mit 135.000 Fällen aus 19 Ländern war auch Afrika stark betroffen. Weitere Fälle stammen aus 13 asiatischen Ländern, Rumänien und der Ukraine.

Ende Januar 1991 brach, wie erwähnt, die Cholera (*Vibrio eltor*, Serotyp *Inaba*) in Süd- und Mittelamerika aus (Kaper, 1995). Amerika war im 20. Jahrhundert bis zu diesem Jahr von der Seuche verschont geblieben. Die ersten Krankheitsfälle wurden aus der Küstenstadt Chancay, 60 Kilometer nördlich der peruanischen Hauptstadt, gemeldet. In der darauf folgenden Zeit breitete sich der Erreger mit einer ungeahnten Geschwindigkeit aus und zwar innerhalb von nur zwei Wochen über 2000 Kilometer entlang der peruanischen Küste. In dieser Zeit wurden insgesamt 12.000 Erkrankungen registriert. In vier Wochen (17. Februar bis 20. März 1991) erkrankten 70.550 Personen, d. h. im Durchschnitt über rund 2500 Fälle pro Tag in einer Bevölkerung von etwa 22 Millionen Einwohnern.

Tab. 5.4: 1991 der WHO gemeldete Fälle an Cholera (WHO, 1991).

Afrika	**Erkrankungen**	**Todesfälle**	**Amerika**	**Erkrankungen**	**Todesfälle**
Angola	7923	245	Bolivien	164	12
Benin	4844[a)]	206	Brasilien	549	12
Burkina Faso	322	46	Kanada	2 (i)	0
Burundi	3	0	Chile	41	2
Kamerun	3560	729	Kolumbien	11041	203
Tschad	13409	1313	Ecuador	42173	635
Elfenbeinküste	604	116	El Salvador	867	34
Ghana	12670	391	Guatemala	2946	43
Liberia	132	40	Honduras	5	0
Malawi	8088	245	Mexiko	2437	34
Mozambik	6124	273	Nicaragua	1	0
Niger	3227	365	Panama	1043	24
Nigeria	56352	7289	Peru	297672	2829
Ruanda	466	28	USA	24 (i)	0
Sao Tomé u. Principe	3	1	Venezuela	1 (i)	0
Tansania	2998	243			
Togo	2396	81	**(Südamerika bis 1991 frei von Cholera)**		
Uganda	43	11			
Sambia	11789	996			
Summe Afrika	**134953**	**12618**	**Summe Amerika**	**358966**	**3828**
Asien	**Erkrankungen**	**Todesfälle**	**Europa**	**Erkrankungen**	**Todesfälle**
Bhutan	422	19	Frankreich	7 (i)	0
Kambodscha	770	97	Rumänien	226	9
Hongkong	5	0	Spanien	1 (i)	0
Indien	3342	63	Ukraine	75	0
Indonesien	6202 (v)	55	Russland	2 (i)	0
Iran	2[b)]	0			
Irak	871	6			
Japan	70 (49i)	0			
Malaysia	201	2			
Nepál	472	2			
Nord Korea	112	4			
Singapur	31 (4i)	0			
Sri Lanka	68	2			
Summe Asien	**12568**	**250**	**Summe Europa**	**311**	**9**
Gesamtsumme	506798	16705			

(i) = importiert; (v) = Verdacht;

[a)] Einige Fälle im Dezember 1990

[b)] Ausbrüche in Flüchtlingslagern

Aus welchem Cholera-Endemiegebiet in Afrika oder Asien die Erreger eingeschleppt wurden, ist nicht genau bekannt. Eine mögliche Erklärung für den Beginn der Epidemie ist, dass infizierte Personen – wahrscheinlich Seeleute – Choleraerreger ausgeschieden haben und diese mit den Fäkalien ins Hafenwasser gelangten, wo sie Muscheln und Fische kontaminierten. Trotz der verschiedenen Maßnahmen, um ein Übergreifen der Seuche auf Nachbarländer zu verhindern, erreichte die Cholera am 28. Februar Ecuador, Columbien am 8. März, Chile am 16. April und Brasilien am 22. April 1991. Erstaunlich ist, dass die ersten Gebiete mit Cholera in Ecuador und Chile 800 bzw. 1700 Kilometer von dem Ausgang der Epidemie entfernt lagen.

1998 wurden von der WHO 293.121 Cholera-Erkrankungen gezählt, wobei Afrika mit 211.748 Fällen 72 % der weltweit aufgeführten Fälle meldete. Seit 1992 sind die Cholera-bedingten Krankheitsfälle in Südamerika rückläufig. 2008 wurde von der WHO keine Cholera-Erkrankung in Südamerika gemeldet (WHO, 2009). Insgesamt wurden 190.130 Cholerafälle aus 56 Ländern dokumentiert, wobei im Jahr 2008 der Kontinent Afrika mit 179.323 Fällen den größten Anteil aufwies. Große Ausbrüche wurden aus Angola (105.111 Fälle), Demokratische Republik Kongo (30.150 Fälle), Guinea-Bissau (14.323 Fälle), Sudan (17.241 Fälle) und Zimbabwe (60.055 Fälle) berichtet. In Europa waren ausschließlich importierte Cholera-Fälle aufgetreten. Im Vergleich zu 1991 ist die Todesrate bezogen auf die Gesamtsumme von 3,3 % auf 2,7 % gesunken.

An Cholera erkranken ausschließlich Menschen. Das endemische Ausbreiten wird durch Armut, Mangelernährung, Kriege bzw. niedrige oder fehlende Hygiene gefördert. In den meisten Fällen führt eine ungenügende Trennung von Trink- und Abwasser zu einer schnellen epidemischen Ausbreitung (Brodt, 2006).

Trinkwasser kann für die Übertragung neu erkannter oder zunehmender Infektionen bzw. Erkrankungen durch **Parasiten** eine bedeutende Rolle spielen (siehe Abschn. 5.17). Vor allem handelt es sich um Amöben-Arten sowie um *Giardia lamblia, Cryptosporidium parvum, Cyclospora, Balantidium coli* und *Isospora belli*, die auf dem Wasserweg verbreitet werden können.

Mit dem Zurückdrängen der klassischen Wasserepidemien Typhus und Cholera sind Parasiten als Krankheitserreger stärker in das Bewusstsein der Öffentlichkeit gerückt, insbesondere seit der großen Epidemie durch *Cryptosporidium parvum* 1993 in Milwaukee/USA. Einige durch Giardia und Cryptosporidium im Trinkwasser ausgelöste Epidemien sind in Tab. 5.5 zusammengestellt.

Tab. 5.5: Durch *Giardia* und *Cryptosporidium* im Trinkwasser ausgelöste größere Epidemien (Schoenen, 1997).

Erreger Jahr	Ort (Land)	Betroffene/Erkrankte	Ursprung des Wassers/Behandlung	vermutete Ursache
Giardia 1965/66	Aspen Colorado (USA)	1094 Skiläuf./123	Gebirgsbach, 3 Brunnen/Chlorung	Abwasserkontamination von 2 Brunnen
Giardia	Roma N.Y. (USA)	k.A./350 ber. 5300	Oberflächenwasser/Chlorung	vorübergehende Kontamination
Giardia 1976	Camas Wash. (USA)	6000/600	Bergfluss/Filtration, Desinfektion	k.A.
Giardia 1977	Berlin N.H. (USA)	1500/750	k.A./Filtration	k.A.
Giardia 1979	Bradford (USA)	k.A./3500	k.A./Desinfektion	k.A.
Giardia 1982	Mjövik (S)	600/56	Grundwasser/Filtration zur pH-Regelung	Rückstau von Abwasser; Übertritt in den Brunnen
Giardia 1985	Bristol (GB)	k.A./108	k.A./k.A.	Kontamination bei der Reparatur einer Leitung
Cryptospo. 1984	Braun Station TX (USA)	5.900/2006	Grundwasser/Chlorung	Abwasserkontamination des Brunnens
Cryptospo. 1986	Sheffield, S. Yorksshire (GB)	k.A./84	Oberflächenwasser/k.A.	abfließende Rinderfaeces bei einem Unwetter
Cryptospo. 1987	Carroll County GA (USA)	32.400/12.900	Oberflächenwasser/konvention. Aufbereitung	Mängel bei der Aufbereitung
Cryptospo. 1988	Ayrshire (GB)	24.000/27	k.A./k.A.	Versickerung von Rindergülle, Kontamination des Trinkw. über eine stillgelegte Leitung
Cryptospo. 1989	Swindon/Oxfordshire (GB)	741.092/516	Oberflächenwasser/konvention. Aufbereitung	Rückführung des Filterrückspülwassers ins Rohwasser
Cryptospo. 1991	Pennsylvannia PA (USA)	k.A./551	Grundwasser/Chlorung	Mängel bei der Aufbereitung

Tab. 5.5 (fortgesetzt)

Erreger Jahr	Ort (Land)	Betroffene/Erkrankte	Ursprung des Wassers/Behandlung	vermutete Ursache
Cryptospo. 1992	Bradford (GB)	50.000/125	Oberflächenwasser/Langsamsandfiltration und Chlorung	heftige Regenfälle; ein Filter zeigt nach der routinemäßigen Wartung nicht die volle Leistung
Cryptospo. 1992/1993	Warrington (GB)	38.200/47	Grundw. aus Sandstein/Untergrundfiltr., Chlorung	heftige Regenfälle und keine Aufbereitung
Cryptospo. 1993	Milwaukee, WI (USA)	1.600.000/403.000	Oberflächenwasser/ konvention. Aufbereitung	Mängel bei der Aufbereitung

k. A. = keine Angaben; ber. = berechnet

5.3 Überlebenszeit pathogener Mikroorganismen in Grundwasserleitern und Wasserfiltern

5.3.1 Biotop Grundwasser

Pathogene Mikroorganismen können im Boden längere Zeit persistieren und nach Zusickerung von Oberflächenwasser z. B. durch Regenwasser über mit Wasser ungesättigte Bodenzonen in das Grundwasser gelangen. Die Herkunft von pathogenen Mikroorganismen bleibt deshalb oft unbekannt, ist aber immer mit einer Kontamination des Wassers mit tierischen oder menschlichen Ausscheidungen verbunden.

Gelangen z. B. Fäkalbakterien in das Biotop Wasser, so kommen sie in eine Umgebung, der sie nicht angepasst sind. Hier müssen sie sich mit den physikalischen und chemischen Bedingungen des Biotops Wasser auseinandersetzen und unterliegen Wechselwirkungen mit Mikroorganismen der autochthonen Wasserbiozönose. Ihre Lebensdauer kann in diesem „fremden Milieu" durch andere Temperaturen, pH-Werte, Redoxmilieu, Salzkonzentrationen, Nährstoffe, Lichtverhältnisse, Schwermetalleinflüsse, antagonistische Phänomene, Bakteriophagen, Raubbakterien usw. beeinträchtigt werden. Im Vergleich zu Oberflächenwasser ist über die Lebensdauer pathogener Mikroorganismen in tieferen Bodenschichten und im Grundwasser weniger bekannt. Für die Trinkwasserversorgung sind bei einer Kontaminierung der tieferen Bodenschichten und des Grundwasserleiters mit pathogenen Mikroorganismen zwei vielschichtige komplexe Vorgänge von entscheidender Bedeutung. Es handelt sich

- um die **Persistenz** der pathogenen Mikroorganismen im Boden und in Grundwasserleitern unter den vorherrschenden biologischen und geochemischen Milieubedingungen, sowie
- um die Mechanismen, die für den **Transport** (die Verschleppung) von pathogenen Mikroorganismen im Boden und in Grundwasserleitern unter naturgegebenen physikalischen und physikochemischen Verhältnissen verantwortlich sind.

Die Persistenz und der Transport der pathogenen Mikroorganismen werden bestimmt durch

- chemische Prozesse wie Flockung, Säure-Basen-Reaktionen, Oxidations-Reduktions-Vorgänge und Adsorptions-Desorptions-Vorgänge;
- physikalische Prozesse wie Adhäsion, Advektion, Dispersion, Filtration, Eigenbewegung und Molekularbewegung;
- biologische und biochemische Prozesse wie stoffwechselbedingter Ab- und Aufbau organischer Verbindungen, Zellsymbiosen, Antagonismus, Aggregation, Adhäsion, Bakteriolyse durch Bakteriophagen und Raubbakterien (*Bdellovibrio spec.*).

Die Auswirkung dieser Prozesse für die Wassergewinnung lässt sich unter naturgegebenen Verhältnissen nur summarisch erforschen. Eine Arbeitsgruppe bestehend aus Mikrobiologen, Geologen, Physikern und Hygienikern hat in ausgedehnten Feldversuchen, ergänzt durch gezielte Laboratoriumsuntersuchungen, die Persistenz und den Transport von Bakterien und Viren in vier örtlich verschiedenen porenhaltigen Grundwasserleitern durchgeführt (Matthess, 1985). Als Versuchsfelder wurden gewählt:

- Ein kieshaltiger Boden in der Münchener Schotterebene (Versuchsfeld Dornach)
- und in der oberrheinischen Schotterebene (Versuchsfeld Merdingen),
- ein sandhaltiger Boden in Westfalen (Versuchsfeld Haltern)
- sowie ein sand-kieshaltiger Boden in Schleswig-Holstein (Versuchsfeld Segeberger Forst).

Die Felduntersuchungen in den Grundwasserleitern der vier genannten Gebiete bestätigen ältere Befunde und haben zu zahlreichen neuen Erkenntnissen geführt, die aufgrund ihrer Bedeutung ausführlicher wiedergegeben werden sollen.

Früher wurde angenommen, dass der Grundwasserbereich keimarm ist, weil die autochthone Mikroorganismenpopulation durch die üblichen, nur auf den Nachweis hygienisch relevanter Keimarten abgestimmten Nährmedien nicht erfasst wurde. Zu Untersuchungen über die Grundwassermikroflora und -fauna konnte aus Proben der permanenten Versuchsfelder durch Einsatz spezieller Nährsubstrate eine vielfältige autochthone Mikroorganismenpopulation gezüchtet werden, aus der über 400 Reinkulturen isoliert wurden. Licht- und elektronenoptische Auswertungen ließen morphologisch über 100 verschiedene Mikroorganismentypen erkennen. Etwa 90 % waren gramnegativ, die übrigen gramlabil bzw. grampositiv. In einem Schnelltest wurden die isolierten aeroben Reinkulturstämme auf ihr Verhalten gegenüber *E. coli* geprüft. 20,3 % hemmten das Wachstum von *E. coli* und 2,8 % förderten deren Entwicklung, 8,5 % zeigten Aggregationsvermögen.

In der Natur kommen Bakterien an inerten Oberflächen, in wasserführenden Systemen sowie aquatischen Biotopen als anhaftende, von einer extrazellulären polymeren Substanz umgebene Mikrokolonien vor. Extrazelluläre polymere Substanzen (EPS) werden, wie inzwischen bekannt ist, in der einen oder anderen Form von nahezu allen Mikroorganismen gebildet. Die morphologischen Strukturen können unterschiedlich sein und werden verschieden benannt: Kapsel, Schleimhülle, Scheide, Glycocalix (siehe Abschn. 9.4). Diese Substanzen sind bisher vielfach übersehen worden, weil sie bei Anzüchtung und Subkultivierung der Mikroorganismen in flüssigen und auf festen Nährmedien nicht gebildet werden.

Die EPS erfüllen verschiedene Funktionen. Sie ermöglichen das Haften von Mikroorganismen an Oberflächen, sie konditionieren die Zellumgebung, sie bilden einen Schutz gegen Austrocknung, vor Amöben, Bakteriophagen, Raubbakterien (*Bdellovibrio spec.*) usw. Diese Substanzen verhindern das Absterben der Mikroorganismen durch Kontaktschutz gegen oligodynamisch wirkende Metallionen oder andere bakterizide Substanzen. Das Vorkommen dieser EPS als Schutzsubstanzen erklärt, dass eine bestehende mikrobielle Besiedelung von Wasserversorgungssystemen nur sehr schwer wirkungsvoll bekämpft werden kann. Über die Bedeutung von EPS bildenden Bakterien aus dem Grundwasserleiter für die Trinkwasserversorgung ist bisher wenig bekannt. Die damit zusammenhängenden Phänomene werden den so genannten Biofilmen zugerechnet (siehe Abschn. 9.4).

5.3.2 Persistenz von Mikroorganismen

Unter Persistenz von Bakterien und Viren wird ihre Widerstandsfähigkeit gegenüber äußeren biologischen, chemischen oder physikalischen Einflüssen verstanden (Matthess und Pekdeger, 1985). Aus ökologischen Gründen müssen zwei Mikroorganismen-Gruppen unterschieden werden und zwar eingeschleppte (allochthone) Mikroorganismen, die als Krankheitserreger oder als toxigene Lebensmittelvergifter wirken können und autochthone Mikroorganismen, die zur Besiedlung des Grundwassers gehören.

Die **autochthonen Mikroorganismen** erreichen unter günstigen Bedingungen, vor allem bei entsprechendem Nahrungsangebot, sehr hohe Konzentrationen (Koloniezahl, genauer: Kolonien bildende Einheiten, KBE $\gg 10^3$ in 100 ml) im Grundwasser (Wuhrmann, 1980).

Eingeschleppte, **allochthone Mikroorganismen** werden dagegen eliminiert. Bei geringem Nährstoffangebot kann ihre Zahl zunächst konstant bleiben oder sich geringfügig vermehren. Sie nimmt jedoch alsbald exponentiell mit der Zeit ab. Viren können sich nicht im Wasser vermehren. Ihre Zahl nimmt gleichfalls exponentiell mit der Zeit ab (Berg, 1976). Diese Keimabnahme im Grundwasser wird durch die Milieuverhältnisse bestimmt. Wichtigster Faktor zur Eliminierung von allochthonen Bakterien und Viren ist entweder eine gut entwickelte intakte Bodenzone oder aber eine analoge aktive Schicht an der Grenzfläche Wasser/Sediment. Diese biologisch aktiven Bereiche erzielen selbst bei hohen Belastungen sehr wirksame Eliminierungen von allochthonen Mikroorganismen. Wichtigste Faktoren sind die Überlegenheit der autochthonen Mikroorganismen bei der Konkurrenz um Nährstoffe und ihre Ausscheidungen an inhibitorischen Substanzen (siehe Abschn. 5.3.7).

In normalen wassergesättigten Grundwasserleitern außerhalb biologischer aktiver Bereiche begünstigen ebenfalls eine Reihe physikalischer und physikochemischer Vorgänge z. B. Temperaturwechsel, Horizontalbewegungen mit Verdünnungs- und Filtrationseffekten, Sedimentations- und Einfangvorgängen, sowie Veränderungen des geohydrochemischen Milieus eine Eliminierung der Mikroorganismen.

Trotz dieser Faktoren weisen verschiedene Untersuchungen bei der erforderlichen Berücksichtigung von Extremwerten auf hohe Persistenzzeiten, hohe Residualkeimdichten sowie große Keimtransportstrecken hin, insbesondere bei mikrobiell kaum aktiven, mit Sauerstoff gesättigten Wässern bei günstigem pH-Wert (etwa 7 bis 7,4). Sämtliche die Eliminierung der Mikroorganismen beeinflussenden Faktoren wirken nicht isoliert, sondern überdecken, fördern oder hemmen sich, wobei biologische Vorgänge für die Persistenz dominieren.

Tab. 5.6: Dauer der Elimination pathogener Mikroorganismen im Grundwasser (10 °C ± 1 °C) um 3 bzw. um 7 log-Stufen (Matthess und Pekdeger, 1985).

eliminierte Mikroorganismen	Dauer für Elimination um 3 log-Stufen in Tagen	Dauer für Elimination um 7 log-Stufen in Tagen
Escherichia coli	100	230
Salmonella Typhi	100	230
Salmonella Typhimurium	203	474
Salmonella sp.	70	163
Yersinia sp.	200	466
Poliomyelitis-Viren	250	583

Die Ergebnisse aus Feldversuchen waren Grundlage für die Anpassung von Modellberechnungen, mit denen sich recht genau erforderliche Schutzzonen bei unterschiedlichen hydrogeologischen Verhältnissen berechnen lassen (Schröter, 1985).

Im Grundwasserleiter selbst, wenn die Wirkung der mikrobiell aktiven Schichten nicht mehr besteht, werden mit Hilfe von Modellrechnungen und in Übereinstimmung mit den Ergebnissen der Feldversuche, weit längere Persistenzzeiten als 50 Tage ermittelt, um eine Abnahme von 3 log-Stufen (Zehnerpotenzen) zu bewirken.

Die in Tab. 5.6 dargestellten Untersuchungen bestätigen, dass die in der Praxis und in Feldversuchen festzustellende gute Elimination von Bakterien und Viren in sandigen Grundwasserleitern nicht auf zeitabhängige Inaktivierungs- und Absterbevorgänge zurückzuführen ist, sondern im Wesentlichen auf Adsorptions-, Desorptions- und Filtervorgängen entlang der Fließstrecke beruht. Grampositive Bakterien (z. B. *Strept. faecalis*) werden dabei stärker gebunden als gramnegative (z. B. S. Typhimurium, *Ps. aeruginosa*).

Untersuchungen über die Lebensdauer und den Transport von *E. coli* in Feldversuchen bei Eingabemengen von 3×10^{12} und 6×10^{12} KBE (koloniebildende Einheiten) im mittelsandigen Grundwasserleiter (Versuchsfeld Haltern) ergaben:

- Die Elimination von *E. coli* in den Eingabebrunnen um 7 log-Stufen (Zehnerpotenzen) dauerte 120 Tage bzw. 179 Tage;
- die Elimination von *E. coli* im Grundwasserleiter bis unter die übliche Nachweisgrenze (< 1 in 100 ml) erforderte neun bis zwölf Monate. *E. coli* war in 1000 ml Wasser in den Eingabebrunnen erst nach 294 bzw. 356 Tagen nicht mehr nachweisbar.

Bei Grundwasserabstandsgeschwindigkeiten um 1 m/Tag betrugen die nachgewiesenen Transportstrecken von *E. coli* 8,5 m in 31 bis 35 Tagen und 13,5 m in 69 Tagen Transportzeit. In 46 bzw. 55 m Entfernung gelegenen Förderbrunnen sowie in den dazwischen liegenden Beobachtungsbrunnen konnte *E. coli* im Gegensatz zum idealen Tracer (z. B. Uranil und Chlorid) nicht nachgewiesen werden.

Diese Ergebnisse bestätigen, dass die Abnahme von *E. coli* als Indikatorbakterium für Krankheitserreger, ausgehend von einer realistischen Anfangskonzentration auf den *E. coli*-Grenzwert der TrinkwV, Aufenthaltszeiten im Grundwasser von z. T. vielen Monaten erfordert, wenn sie allein auf Absterbe- und Inaktivierungsvorgängen beruht.

5.3.3 Adsorption und Desorption

Mikroorganismen unterliegen z. T. reversiblen Adsorptions- und Desorptionsvorgängen. Die Adsorption der Mikroorganismen auf festen Mineralstoffen der Grundwasserleiter stellt sich verhältnismäßig schnell in rund 2 bzw. 24 Stunden ein. Über die Ablösung ist weniger bekannt. Die ständigen Adsorptions-Desorptions-Vorgänge führen zu einer Verzögerung des Bakterien- und Virentransportes gegenüber der Fließgeschwindigkeit des Wassers (fachsprachlich als Abstandsgeschwindigkeit bezeichnet), die als Verzögerungsfaktor angegeben wird. Dieser kann mithilfe einer Gleichung berechnet werden, wenn der Verteilungskoeffizient von Bakterien und Viren im Grundwasserleiter bekannt ist (Matthess und Pekdeger, 1985). Allerdings ist die Bildung von Biofilmen zu beachten, die die Zuverlässigkeit solcher Verteilungskoeffizienten in Frage stellen.

Bei Abstandsgeschwindigkeiten unter 1 m/Tag stellen sich scheinbare Adsorptionsgleichgewichte ein. Höhere Abstandsgeschwindigkeiten verzögern den Transport der Mikroorganismen. Änderungen der physiko-chemischen Milieubedingungen, vor allem die Abnahme der Ionenstärke des Grundwassers, führen zur Desorption. Die Transportverzögerung von Bakterien, vor allem aber von Viren erhöht zwangsläufig die Verweildauer der Mikroorganismen im Grundwasserleiter. Dadurch werden zeitabhängige Absterbe- und Inaktivierungsprozesse beschleunigt.

Die Feldversuche bestätigen die Erhöhung der Adsorption bei niedrigen pH-Werten und Desorption im alkalischen Milieu. Ferner tritt eine Zunahme der Adsorption von Bakterien und Viren mit steigendem Feinkorngehalt ein. Bakterien besitzen im Vergleich zu Viren die Fähigkeit zur aktiven Anheftung an Kornoberflächen. Über diese Vorgänge ist bei humanpathogenen Bakterien in Grundwasserleitern wenig bekannt.

5.3.4 Transportprozesse und Filterwirkung

Die Transportmöglichkeit der Mikroorganismen wird durch Mindestgrößen der Poren und Größe der Mikroorganismen bestimmt. Größenvergleiche zeigen jedoch, dass durch mechanische Filtervorgänge Teilchen in der Größe von Bakterien und Viren in Sanden und Kiesen nicht oder nicht vollständig zurückgehalten werden.

Über den Partikeltransport von Bakterien und Viren im Porenraum ist weniger bekannt als über denjenigen von Feststoffpartikeln. Berechnungen oder Abschätzungen sind schwierig, weil Bakterien mit anderen Bakterien der eigenen oder fremder Spezies oder mit Humusstoffen bzw. anderen organischen Substanzen (z. B. Polymere der Zelloberflächen) aggregieren und so wesentlich größere Porendurchmesser erfordern. Ferner können sie sich aktiv, wenn sie mit Fimbrien ausgestattet sind, an Kornoberflächen anheften.

Vergleiche zwischen der Filterwirkung gegenüber *E. coli* und gleich großen, ebenfalls negativ geladenen Kaolinitteilchen (< 2 µm Größe) haben ergeben, dass Tonpartikel zurückgehalten werden, während *E. coli* viel stärker als theoretisch zu erwarten wäre, im Filterablauf nachgewiesen werden.

Der Grund ist außer Aggregation durch Filamente und Schleimausscheidung möglicherweise die aktive Mobilität der Bakterien, die bei kleinen Durchmessern der Porenräume wirksam sein kann. Die Eigenbewegung der Bakterien ist inzwischen aus dem Verhalten in Biofilmen bekannt, wonach Bakterien ständig aus dem Biofilm abgesondert werden, um neue, freie Flächen des Filtermaterials zu besiedeln.

Hohe Anfangskonzentrationen führen zu einer Koagulierung und besseren Filterwirkung als niedrige Anfangskonzentrationen. Dies erhöht die Abnahme der relativen Filterwirkung mit zunehmender Entfernung. In heterogenen Grundwasserleitern kommt es zu einem Transport nur in gut durchlässigen Großporensystemen.

Die Filtermechanismen sind außerdem von hydraulischen Gegebenheiten (Fließgeschwindigkeit und -richtung) abhängig. Falls diese sich ändern, kommt es erneut zu einem Keimtransport. In den erwähnten Versuchsfeldern konnten deshalb nach 60 Tagen in den Beobachtungsbrunnen Bakterien nachgewiesen werden. Dies bedeutet, dass lange Zeit festgehaltene Bakterien bei sich ändernder hydraulischer Situation remobilisiert werden.

In Porengrundwasserleitern werden im Allgemeinen geringere mittlere Abstandsgeschwindigkeiten (< 1 m/Tag, nur örtlich bis mehrere 10 m/Tag) als in Kluft- und Karstgrundwasserleitern (bis 8000 m/Tag bzw. 26.000 m/Tag) beobachtet. In den Kluft- und Karstgrundwasserleitern ist deshalb mit erhöhter Dispersivität und Dispersion zu rechnen, die zu einer stärkeren Verdünnung der Verunreinigungen in diesen Bodenarten führt.

5.3.5 Filtration bei Dauerbelastung

Bei einer Dauerbelastung eines Grundwasserleiters durch Uferfiltration, Abwassereinleitung in den Untergrund oder Abwasserverrieselung bildet sich besonders an der Grenzfläche Wasser/Sediment, ähnlich wie an der Oberfläche von Sandfilteranlagen, eine Filterschicht mit einer besonderen Biozönose. Diese ist mit derjenigen an der Sedimentoberfläche der oberirdischen Gewässer vergleichbar. Während sich in den oberen Sandschichten polytrophe und thermophile Bakterien ansiedeln, treten in den tieferen Schichten oligotrophe und psychrophile Arten auf. Die Tätigkeit der Protozoen beschränkt sich hauptsächlich auf die Oberfläche. Bakterienschleime und amorphe anorganische Ausscheidungen eliminieren wirksam apathogene und pathogene Bakterien durch biologische Aktivität (Antagonismus), Adsorption und verengte Porenräume (Schmidt, 1963). Bei ständiger Wasserbeschickung nehmen Wasserdurchlässigkeit und Koloniezahl parallel ab.

Wird das Grundwasser örtlich ständig mit organischen Stoffen und Bakterien belastet, so bildet sich die Verschmutzungsfahne mit der Zeit zurück und verkleinert sich durch Einarbeitung der Filterschichten. Bei hoher Konzentration von Bakterien kommt es zu Flockungen und Aggregationen der Bakterien, die dann bewegungsunfähig sind. Dies trifft unter Umständen auch für einmalige, intensive Verschmutzungen zu. In den genannten Feldversuchen und anderen Untersuchungen kam es deshalb bei hohen Bakterien-Konzentrationen zu Aggregatbildungen, so dass der größte Teil der Bakterien in unmittelbarer Nähe der Eingabebrunnen festgehalten wurde.

Eine Abdichtung der Sedimentoberfläche findet in oligotrophen Wässern nur langsam statt. Wird die aktive Grenzfläche zerstört (z. B. durch Austrocknung oder Abtragung), so erfolgen Keimdurchbrüche, die erst nach einiger Zeit zurückgehen. Ein solcher Fall wurde in den USA dokumentiert (Randall, 1970). So gelangten Bakterien vom abwasserbelasteten Susquehanna-Fluss in den 60 m entfernten Wasserwerksbrunnen, nachdem dieser in den vorangegangenen 19 Jahren ohne mikrobielle Störungen betrieben worden war. Die Ursache war eine Vertiefung des Flussbettes bis zu besser durchlässigen geologischen Schichten. Es ist immer mit erhöhten Werte der KBE in sonst einwandfreien Brunnen zu rechnen, wenn die oberste Schicht der Uferzone z. B. durch Baggerarbeiten verletzt wird. Ein Abstand des Brunnens von 50 m vom Ufer reicht nur dann aus, wenn sich eine intakte, biologisch wirksame Schicht an der Grenzschicht zwischen Wasser und Boden ausbildet.

Sehr lange mit Abwasser belastete Filteranlagen zeigen Ermüdungserscheinungen, die vor allem auf die Anhäufung von toxischen Stoffwechselprodukten der Mikroorganismen zurückzuführen sind. Umgekehrt kann durch intermittierende Wasserbeschickung der Sauerstoffgehalt in Sandfilteranlagen erhöht und die Filterleistung gesteigert werden.

5.3.6 Schutzzonen

Die Möglichkeiten, Verunreinigungen und sonstige Beeinträchtigungen des Wassers durch Aufbereitung zu entfernen oder unwirksam zu machen, sind nachhaltig nur in einem Multi-Barrieren-System möglich (siehe Kap. 9). Dies gilt vor allem bei unvorhergesehenen oder bei kurzfristig eintretenden Änderungen der Wasserbeschaffenheit. Deswegen sind von vornherein Verunreinigungen und sonstige Beeinträchtigungen vom Rohwasser fern zu halten. Um dies zu gewährleisten, ist die Einrichtung von Wasserschutzgebieten erforderlich (siehe Abschn. 9.2).

Umfassende Literaturstudien, gezielte Laboratoriumsversuche und insbesondere die Ergebnisse der theoretischen und experimentellen Forschungsarbeiten in den

4 Grundwasserleitern (Dornach, Merdingen, Haltern und Segeberger Forst) sowie jahrzehntelange Wasserwerkserfahrungen haben die Kenntnisse über die Persistenz von Mikroorganismen und ihren Transport in Grundwasserleitern wesentlich erweitert. Grundwassergewinnung und Bemessungsgröße von Trinkwasserschutzgebieten sind dadurch auf eine wissenschaftlich fundierte Basis gestellt worden. Sie ermöglicht begründete Sicherheitsmaßnahmen und verbindliche Richtlinien für die Wassergewinnung und den Wasserwerksbetrieb. Sie soll und muss die Grundlage für die Festsetzung der Schutzzonen sein. Die Reinigungswirkung des Untergrundes kann hinsichtlich der einzelnen Prozesse mit Hilfe von Modellrechnungen erfasst werden, so dass die Bedeutung der einzelnen Vorgänge in den verschiedenen Grundwasserleitertypen abgeschätzt werden kann.

Aus der Praxis und den Ergebnissen der Feldversuche ist zu folgern, dass die 50-Tage-Linie für den seuchenhygienischen Grundwasserschutz bei all denjenigen Grundwasserleitern nicht ausreicht, für die gute Sorptionsbedingungen nicht vorauszusetzen sind, z. B. Karstgrundwasserleiter oder Grundwasserleiter in Gesteinen mit Klüften weiter Öffnung. Daraus ist zu folgern, dass die Schutzzone II neben der Gewährleistung einer Grundwasseraufenthaltsdauer von 50 Tagen bei Porengrundwasserleitern auch noch eine Ausdehnung von mindestens 100 m (in begründeten Ausnahmefällen 50 m) und maximal 1000 m erhalten sollte. In Grundwasserleitern mit sehr großen Hohlräumen sollte die Ausdehnung im Einzelfall festgelegt werden. Diese Dimensionen dürften in der Praxis weitaus die meisten Fälle der Schutzgebietsfestlegungen abdecken.

5.3.7 Bakterien in Wasserfiltern mit körnigem Material

Die Bakterien unterliegen während der Filtration einer Vielzahl von Wechselwirkungen. Um den Einfluss der mikrobiellen Flora zu bestimmen, sind Untersuchungen an Modellfiltern erforderlich, die sich zur Herstellung gleicher Startbedingungen auch sterilisieren lassen (Wernicke, 1990).

Filtermaterialien waren Aktivkohle, Quarzsand und Sinterglas. Verglichen wurden die Ergebnisse aus besiedelten und nicht besiedelten (sterilen) Filtersystemen. Als Bakterienstämme wurden gewählt: *E. coli*, *Legionella pneumophila* und *Pseudomonas aeruginosa*. Die Teststämme konnten sich nur in vorher sterilisierten Filtern, nicht aber in bereits besiedelten Filteranlagen als biotopfremde Organismen etablieren. Sie sind durch die autochthone Flora dieses Biotops verdrängt worden. Dabei war *L. pneumophila* von den drei Bakterienstämmen am längsten in den Modellfiltern nachweisbar. *Ps. fluorescens* ist am schnellsten aus der Filteranlage eliminiert worden. Eine Rolle spielte das verwendete Filtermaterial. Aus dem Aktivkohlefilter wurden die Teststämme in der kürzesten Zeit entfernt. Im Sinterglasfilter überlebten sie am längsten. Mit je einem der 3 genannten Bakterienstämme ist jede der Filterarten mit etwa 10^{10} KBE beimpft worden. Die Zeit, bis im Filterablauf 1 KBE pro ml nachweisbar war, betrug für *Ps. aeruginosa* zwischen 4 (A-Kohle) und 6 Tagen (Sinterglas), für *E. coli* zwischen 7 und 14 Tagen und für *L. pneumophila* zwischen 11 und 25 Tagen.

Dies bestätigt frühere Beobachtungen, dass artifiziell zugegebene *E. coli* und Pseudomonaden in Aktivkohlefiltern von autochthonen Bakterien verdrängt werden und absterben. Ebenso konnte in Haushaltsfiltern mit Aktivkohle keine Vermehrung von *E. coli* festgestellt werden (Fiore und Babineau, 1977; Johnston und Burt, 1976).

Als wichtigste Faktoren für die Eliminierung zugesetzter Bakterien aus einem Filtersystem müssen die Ausscheidungen inhibitorischer Substanzen und die Konkurrenz um Nährstoffe angesehen werden. In Anbetracht der relativ geringen Besiedlung der Filtermaterialien mit Bakterien der autochthonen Flora, wie es elektronenoptische Darstellungen bestätigen, kommt der Mitbewerbung um Raum nur eine untergeordnete Bedeutung zu. Obwohl Bakterien des Trinkwasserbereiches die Fähigkeit besitzen, Substanzen mit bakteriostatischer und/oder bakterizider Wirkung abzugeben, ist deren ökologische Bedeutung im Biotop Trinkwasser umstritten. Die Ausscheidung inhibitorischer Substanzen wird im Laboratorium unter Benutzung nährstoffreicher Medien nachgewiesen. Ob diese auch im nährstoffarmen Biotop Trinkwasser produziert und ausgeschieden werden, ist nicht geklärt. Werden Hemmstoffe ins Trinkwasser abgegeben, müssen sie zur Hemmung anderer Bakterien eine ausreichend hohe Konzentration erreichen. Dabei kann eine Adsorption zu einer lokalen Anreicherung dieser Stoffe an der Aktivkohle führen. Aber auch eine räumliche Trennung von Hemmstoffen und Bakterien ist durch Adsorption an Aktivkohle denkbar. Das im Vergleich zu den anderen Filtern verstärkte Auftreten fluoreszierender Pseudomonaden – insbesondere von *Ps. fluorescens* – könnte ein Grund für die schnellere Eliminierung der Teststämme aus dem Aktivkohlefilter sein, da besonders *Ps. fluorescens* antagonistische Eigenschaften besitzt.

Oligotrophe Bakterien haben zur Anpassung an den niedrigen Nährstoffgehalt in ihrem Biotop im Allgemeinen sehr effektive Substrataufnahmemechanismen und hohe Generationszeiten. Copriotrophe Bakterien weisen bei niedrigen Generationszeiten meist Substrataufnahmemechanismen auf, die an hohe Nährstoffgehalte angepasst sind. In den Modellfiltern konnten große Zahlen von Bakterien nachgewiesen werden, die aufgrund ihrer Physiologie als oligotroph bezeichnet werden können. Sie sind den copriotrophen Teststämmen in nährstoffarmen Biotopen bei der Konkurrenz um Substrate weit überlegen.

Ungünstige Umweltbedingungen können zu einer starken Reduzierung der physiologischen Aktivitäten von Mikroorganismen führen. Dieser in der Literatur als „dormant" bezeichnete Zustand der Mikroorganismen ist nicht mit einem irreversiblen Funktionsverlust verbunden. In diesem „Ruhestadium" vorliegende Bakterien wären möglicherweise auch für äußere Einflüsse, wie z. B. inhibitorische Substanzen, weniger empfänglich. Das längere Überdauern von *E. coli* im Vergleich zu *Ps. fluorescens* ist möglicherweise durch das Vorliegen von *E. coli* in einem derartig physiologisch inaktiven Zustand zu erklären. Das längere Überleben von *E. coli* bei niedrigen Temperaturen könnte ebenfalls darauf zurückgeführt werden.

Legionellen werden durch Bakterien der autochthonen Flora in ihrem Wachstumsverhalten nicht nur negativ sondern ggf. auch positiv beeinflusst. In Trinkwasser sind *L. pneumophila* in einer Mischkultur, in der hohe Konzentrationen von *Ps. fluorescens* vorliegen, länger und in höheren Konzentrationen nachweisbar, als dies in einer Reinkultur der Fall ist. Obwohl eine Vielzahl Einzelergebnisse zur Verfügung stehen, fällt es wegen der Komplexität biologischer Systeme schwer, Bezüge und Kausalitäten zwischen einzelnen Ergebnissen herzustellen (Wernicke, 1990).

5.4 Ortsbesichtigung und Probenahme

Zur Beurteilung einer Versorgungsanlage sind genaue Kenntnisse der örtlichen Verhältnisse und deren mögliche Veränderungen (z. B. Überschwemmungsmöglichkeiten, Schwankungen des Wasserspiegels, Viehweiden) notwendig. Dies gilt im besonderen Maße für die bakteriologische Beurteilung. Dazu gehören auch genaue Kenntnisse der einzelnen Brunnentypen und ihrer Nachteile.

Zum Zeitpunkt der Probenahme ist zu berücksichtigen, dass nach längeren niederschlagsfreien Witterungsperioden gute bakteriologische Resultate erhalten bleiben. Dies trifft ebenfalls nach längerer Frostperiode zu. Wenn die Filterwirkung des Bodens im Wassereinzugsgebiet ungenügend ist, verschlechtern sich die bakteriologischen Befunde mit Einsetzen stärkerer Regenfälle. Durch Wiederholungsuntersuchungen müssen in solchen Fällen die Ursachen geklärt und entsprechende Sicherungsmaßnahmen getroffen werden.

Die Durchführung der Probeentnahme ist entscheidend für das Ergebnis der bakteriologischen Untersuchung. Es ist dabei auf Folgendes zu achten:

Zur Probeentnahme sollen sterile Glasstopfenflaschen mit 200 ml Inhalt verwendet werden, deren Glasstopfen vor der Sterilisation zum Schutz gegen Verunreinigungen und Berührung mit einer dünnen neuen Aluminiumfolie zu überdecken sind. Grundsätzlich sollen in die Flaschen 0,20 ml einer Natriumthiosulfatlösung (0,01 mol/l) vor ihrer Sterilisierung eingebracht werden, um möglicherweise im Wasser befindliches Chlor oder Chlordioxid zu inaktivieren.

Die entnommene Wasserprobe muss tatsächlich dem zu untersuchenden Wasser entsprechen. Nur selten ist in Rohren stagnierendes Wasser Gegenstand der Untersuchung. Bei Entnahme aus Zapfhähnen muss das Wasser 5 Minuten lang im freien Strahl abfließen, ohne die Stellung des Zapfhahnes in dieser Zeit zu ändern. Vorher sind das Öffnungs- und Verschlussventil sowie die Auslauftülle durch mehrmaliges Öffnen und Schließen des Hahnes „sauber" zu spülen, um evtl. dort vorhandene Mikroorganismen oder so genannte Algenbärte zu beseitigen. Anschließend wird das Endstück des Wasserhahnes an seiner Oberfläche abgeflammt. Leckende oder schwenkbare Hähne bzw. Hähne mit Strahlreglern sind für eine Probenentnahme nicht geeignet.

Handpumpen sind vor der Entnahme etwa 10 Minuten lang ruhig und gleichmäßig zu betätigen. Das abgepumpte Wasser darf nicht unmittelbar neben dem Brunnenrand versickern. Danach ist die Ablauftülle gut abzuflammen.

Bei Kesselbrunnen ohne Pumpe, offenen Wasserbehältern oder Wasserläufen ist die Entnahme schwieriger und kann den Einsatz besonderer Geräte verlangen. Hier dürfen nur Probeflaschen verwendet werden, die innen und außen steril sind und deren Stopfen sowie Flaschenkörper vor der Sterilisation mit einer Aluminiumfolie umkleidet worden sind. Diese werden nach Ablösen der Folie in ein versenkbares steriles Entnahme-Gerät an einem sterilen Drahtseil in den Wasserbehälter herabgelassen und die Stopfen in der gewünschten Tiefe angehoben, damit das Probenwasser in die Flasche fließen kann.

Da in manchen Wässern mit hohen Gehalten an organischen Substanzen eine starke Vermehrung der Bakterien in kürzester Zeit stattfinden kann, sind die mikrobiologischen Untersuchungen möglichst bald nach der Probenahme durchzuführen. Wenn das Ansetzen im Laboratorium nicht innerhalb von 3 Stunden erfolgen kann, sind die Wasserproben in Kühlbehältern zu transportieren. Wird die Probe später als 6 Stunden nach der Entnahme angesetzt, muss dies im Befund vermerkt werden. In weiträumigen Gebieten werden vereinzelt fahrbare Laboratorien eingesetzt, um die Bearbeitung der Wasserproben vor Ort vornehmen zu können.

5.5 Hinweise zu Nährmedien

Die Eigenherstellung der einfachen Grundsubstrate für die Nährlösung und den Nähragar sowie Lösungen für die Kultur und Identifizierung von Bakterien, Pilzen und Protozoen ist beim heutigen Angebot an dehydrierten Produkten vom Preis und von der kaum zu erreichenden gleichmäßigen Chargen-Qualität her in der Regel selbst für Großverbraucher nicht mehr lohnend. Zunehmend stehen aber auch die auf diesen Grundsubstraten aufgebauten, für die spezifische Züchtung von Mikroorganismen und ihre biochemische Prüfung bewährten Substrate in einwandfreier Qualität den Laboratorien im Handel zur Verfügung.

Trotz zunehmender Verbreitung von Fertigprodukten und Substraten werden aus verschiedenen Gründen in diagnostischen Laboratorien einzelne oder mehrere Nährmedien selbst hergestellt. Viele biologische Nährböden-„Zutaten“ lassen sich nur ungenügend standardisieren und unterliegen in ihrer Zusammensetzung mehr oder weniger großen Schwankungen. Deshalb sind zur Qualitätskontrolle bei jeder Charge Referenzstämme einzusetzen.

Agar-Agar, eine getrockente, hydrophile, aus Seealgen gewonnene Kolloidsubstanz, zeigt je nach Ursprungsgebiet Unterschiede, etwa im Gehalt an Salzen oder Bakterien, in ihrem Schmelz- und Erstarrpunkt und in ihrer Gelierfähigkeit. Die einzelnen Sorten unterliegen einer laufenden Kontrolle und lassen hinsichtlich ihrer Gelstabilität bzw. Gelierkraft eine weitgehende Konstanz erwarten. Deshalb sollten für gleiche Nährbodenarten möglichst immer die gleichen Agarsorten verwendet werden.

Übliche Agarkonzentrationen sind für
- feste Nährböden 1,2–2,0 % Japan-Agar bzw. 1,0–1,3 % Neuseeland-Agar;
- halbfeste Nährböden 0,1–0,5 % Japan-Agar bzw. 0,05–0,3 % Neuseeland-Agar.

Peptone sind aus eiweißhaltigem Material (z. B. Fleisch, Casein, Sojabohnen, usw.) mittels enzymatischer Hydrolyse hergestellte Produkte, die Eiweißderivate wie Polypeptide, Dipeptide und Aminosäuren enthalten. Ihre Zusammensetzung hängt vom verwendeten Rohstoff und von der Art ihrer Aufbereitung ab; dementsprechend ist der Anwendungsbereich der einzelnen Sorten verschieden. Eine weitgehende Konstanz der Qualität setzt die Produktion in großen Mengen und die Mischung verschiedener Herstellungschargen voraus. Die wichtigsten Forderungen an Peptone sind ihre völlige Löslichkeit in Wasser und ein pH der Lösung zwischen 5,0 und 7,0. Für spezielle Zwecke werden zusätzlich gesonderte Eigenschaften gefordert, wie z. B. Freisein von Kohlenhydraten bei Verwendung für Kohlenhydratspaltungstests (das gewöhnlich Kohlenhydrate enthaltende Sojamehlpepton ist daher für diese Tests nicht geeignet) oder Tryptophangehalt bei Benutzung zur Indolreaktion (sonst muss diese Substanz gesondert zugefügt werden).

Fleischextrakt für bakteriologische Zwecke wird aus magerem Rindfleisch hergestellt. Die Inhaltsstoffe, zum Teil abgebaute Eiweißsubstanzen und anderes wasserlösliches Material, sind nur wenig definierbar. Die Koloniezahl soll niedrig, Kohlenhydrate sollen nicht vorhanden sein.

Hefeextrakt wird aus autolysierter Hefe hergestellt. Dabei sollen die thermolabilen Substanzen (insbesondere Vitamine des B-Komplexes) erhalten bleiben. Hefeextrakt hat neben Pepton- gewöhnlich einen hohen Kohlenhydrat- und NaCl-Gehalt. Letzterer darf 15 % nicht übersteigen. Hefeextrakt ist wegen des Kohlenhydratgehaltes ungeeignet als Zusatz zu Fermentationstestsubstraten.

Für die Beschickung von Röhrchen mit gleichen Volumina sind Abfüllspritzen, Dispensierapparate usw. geeignet, die mittels eines Schlauches die eingestellte Menge aus dem Ansatzgefäß saugen. Nährböden mit gelierenden Zusätzen werden dabei zur Erhaltung ihres flüssigen Zustandes ggf. in ein Wasserbad gestellt. Kommt es nicht auf die Abfüllung exakt gleicher Mengen an, kann ggf. von Hand oder mittels Schlauchpumpe mit (Fuß-)Schalter eingefüllt werden, die nach Sterilisierung des Schlauches ebenso wie entkeimte Abfüllspritzen eine Verteilung in sterilem Zustand ermöglicht. Außerdem sind zahlreiche leistungsfähigere, allerdings kostspieligere Geräte auf dem Markt, die eine stufenlose Einstellung der Substratmenge und eine zeitliche Regulierung der Abfüllfolge ermöglichen.

Als einfache, nach wie vor für schnelles Handpipettieren und Mischen kleiner Mengen bzw. exaktes Einzelpipettieren sehr gut geeignete Hilfen stehen Dosierpipetten verschiedener Größe zur Verfügung (Piko-Ball und der Peleus-Ball sind veraltet). Zum sterilen Ausgießen von agarhaltigen Nährböden in Petrischalen (ggf. mit

Beschriftung und Stapeln der Platten, unter Schutz durch UV-Strahlen) mit Möglichkeit der Mengeneinstellung werden von verschiedenen Herstellern Systeme auf der Basis von Schlauchpumpen angeboten (Burkhardt, 1992).

5.6 E. coli und coliforme Bakterien als Indikatoren für fäkale Kontaminationen

In Deutschland war die Wasserbakteriologie etwa 90 Jahre darauf abgestellt, Mikroorganismen mit eindeutig oder vorwiegend fäkaler Herkunft nachzuweisen. In der ersten Zeit dieser Periode wurde auf eine relativ weitreichende Differenzierung der *E. coli* Wert gelegt. Es folgte eine Zeit in der es genügte, fuchsinglänzende Kolonien auf Endoagar zu erfassen. Sie wurden als *E. coli* bewertet. Nach 1945 wurde die IMViC-Reihe bevorzugt. (Vier Untersuchungen zur Klassifizierung von *E. coli* und coliformer Bakterien, nach den Anfangsbuchstaben der vier Untersuchungen mnemotechnisch als IMViC bezeichnet):

- Indolbildung aus Tryptophan,
- Methylrotprobe,
- Voges-Proskauer-Reaktion: Nachweis von Acetylmethylcarbinol, das beim Zuckerabbau gebildet wird,
- Verwertung von Citrat als Kohlenstoffquelle.

In der TrinkwV seit 1975 kommt zum Ausdruck, dass von diesen Differenzierungsmerkmalen im Grunde nur die Indolbildung und die Citratverwertung von Bedeutung sind.

In den letzten 80 Jahren gehen die amerikanischen Vorstellungen davon aus, dass nicht nur Bakterien mit sicherer fäkaler Herkunft ermittelt werden sollen, sondern auch die Coliformen, die gelegentlich aus dem Darm von Mensch und Tier stammen. Das hervorstechende Merkmal dieser Coliformengruppe ist die Laktosefermentation zu Säure und Gas. Sie stand daher im Vordergrund der diagnostischen Bemühungen. Die Bezeichnung coliforme Bakterien (bzw. Coliforme), die de facto durch die TrinkwV definiert (Legaldefinition) und in der Wasser- und Lebensmittelbakteriologie noch verwendet wird, ist heute in klinisch-mikrobiologischen Laboratorien nicht mehr gebräuchlich.

Nach der gegenwärtigen Rechtslage gilt die Bakterienspezies *E. coli* unverändert als wichtigster Fäkalindikator. Dabei werden keine Pathogenitätsfaktoren, wie z. B. die Enterotoxinbildung, berücksichtigt (siehe pahogene *E. coli*, Abschn. 5.11.3). Entscheidend für die Eingruppierung als *E. coli* sind bestimmte kulturelle Merkmale, die in den vergangenen Jahrzehnten mehrfach unterschiedlich zusammengestellt worden sind. Ihr Nachweis in der Wasserbakteriologie ist nicht eine exakte bakteriologische Diagnose, zu der etwa 25 bis 30 verschiedene Merkmale gehören würden, sondern ein informatives Bestimmungsverfahren, das Zugeständnisse an die Schnelligkeit und die Wirtschaftlichkeit macht. Die vorgeschriebenen Kriterien gestatten den Schluss, dass derartig grob klassifizierte Bakterien mit großer Wahrscheinlichkeit aus dem Darm von Mensch oder Tier stammen. Hierzu sind ganz bestimmte Nährböden und Nachweismethoden erforderlich (Schindler, 1996a). Insbesondere ist zu unterscheiden zwischen Flüssigkeitsanreicherung und Membranfilter-Verfahren.

Bei der **Flüssigkeitsanreicherung** wird ein bestimmtes Probenvolumen in eine flüssige Nährlösung gegeben. Der Vorteil des Verfahrens besteht in der Möglichkeit, Verdünnungsreihen anzusetzen. Zur Differenzierung müssen die Bakterien nach der Vermehrung auf geeigneten festen Nährböden ausgestrichen werden.

Beim **Membranfilter-Verfahren** wird die Probe durch ein steriles Membranfilter mit definierten Porendurchmessern (meist 0,45 µm) filtriert und das Membranfilter auf einen festen Nährboden aufgelegt. Vorteil ist die unmittelbare Differenzierung der einzelnen Kolonien und die Möglichkeit der Schätzung der KBE.

Eine fäkale Verunreinigung, die mit dem Nachweis von *E. coli* als erwiesen gilt, ist bei einem Nachweis von ausschließlich nur Coliformen weitaus weniger wahrscheinlich. Beim Nachweis dieser „wasserfremden“ Bakterien, die in verschiedenen Biotopen vorkommen, kann es sich um eine Fäkalkontamination handeln. Sie sind deshalb in jedem Fall eine unerwünschte Wasserbelastung.

Coliforme finden sich häufiger als *E. coli* in Wasserproben. „Coliforme“ ist kein taxonomisch ausgewiesener Name, sondern wie erwähnt, eine Hilfskonstruktion der angewandten Wasser- und Lebensmittel-Bakteriologie, d. h. die Diagnose „*E. coli*“ oder „Coliforme“ ist eine Konvention (Borneff 1991; Camper et al., 1991; Le Chevallier, 1990).

Die TrinkwV verlangt für *E. coli* den Nachweis von
- Säure- und Gasbildung aus Laktose bei 36 °C,
- negative Oxidasereaktion,
- positive Indolbildung,
- Glucose- (oder Mannit-)spaltung bei 44 °C zu Säure und Gas,
- fehlende negative Citratverwertung.

Nach den WHO-Guidelines (WHO, 1984) ist die Diagnose *E. coli* zu stellen, wenn zu den genannten 5 Kriterien noch ein Wachstum in Anwesenheit von Galle stattfindet, die Methylrotprobe positiv und die Voges-Proskauer-Reaktion negativ ausfällt. Die Sicherheit der Zuweisung von Bakterien zur *E. coli*-Gruppe wird durch diese Erweiterung nur unwesentlich verbessert.

Als coliforme Bakterien gelten nach der TrinkwV gramnegative, sporenlose Stäbchen mit
- Säure- und Gasbildung aus Laktose bei 36 °C,
- negative Oxidasereaktion,
- negativer (oder positiver) Indolbildung,
- positiver (oder negativer) Citratverwertung.

Das entscheidende Kriterium für die Differentialdiagnose *E. coli*/Coliforme ist folglich die Zuckerspaltung bei 44 °C. Dies entspricht weitgehend auch den US-Normen. Die WHO verlangt die IMViC-Reihe weder ganz noch teilweise, aber die Galletoleranz muss vorhanden sein.

Für den quantitativen Nachweis von coliformen Bakterien und *E. coli* ist nach Anlage 5, Nr. 1 der TrinkwV 2001 das Referenzverfahren DIN EN ISO 9308-1 anzuwenden. Gemäß § 15 Abs. 1 TrinkwV 2001 können alternative Nachweisverfahren Anwendung finden, wenn die erzielten Ergebnisse im Sinne der allgemein anerkannten Regeln der Technik mindestens gleichwertig sind (Umweltbundesamt, 2006). Das Umweltbundesamt hat 2004 den quantitativen Nachweis von *E. coli* und coliformen Bakterien mit Colilert®-18/Quanti-Tray® als alternatives Verfahren anerkannt (Umweltbundesamt, 2004). Das Nachweisverfahren beruht auf der Aktivität der Enzyme (β-Glucuronidase (*E. coli*) und β-Galactosidase (coliforme Bakterien). Bei Metabolisierung des in Colilert®-18 enthaltenen Nährstoffindikators ONPG (ortho-Nitrophenyl-β-D-Galactopyrosid) durch coliforme Bakterien färbt sich die Wasserprobe gelb. Bei Metabolisierung des zweiten in Colilert®-18 enthaltenen Nährstoffindikators MUG (4-Methylumbelliferyl-β-Glucuronid) tritt eine blaue Fluoreszenz auf. Colilert®-18 weist *E.coli* und coliforme Bakterien mit einer Empfindlichkeit von jeweils 1 KBE/100 ml (KBE = Kolonienbildende Einheiten) nach.

Die rechtlichen Unterschiede zwischen *E. coli* und Coliformen beschränken sich in der Praxis auf die 95%-Regel, d. h. bei sehr häufigen Kontrollen wird ein gelegentlicher positiver Coliformenbefund gewissermaßen als „Ausreißer" toleriert, nicht aber bei *E. coli*.

Die TrinkwV zielt darauf ab, *E. coli* und Coliforme möglichst vollständig zu erfassen, d. h. auch vorgeschädigte Bakterien zur Vermehrung zu bringen. Es wurde deshalb auf jeden Zusatz selektiv entwicklungshemmender Substanzen einschließlich Galle verzichtet. Diese Vorstellung ist nur solange richtig, als es sich um minimale Kontaminationen handelt, beim Auftreten von Gemischen von Bakterien, noch dazu mit hoher Koloniezahl, überwiegen die Nachteile.

Gravierender wirkt sich auf die Entscheidung aus, nur noch die Flüssiganreicherung ohne Hemmstoffzusatz anzuwenden.

Als Hauptmangel ist die zeitliche Verzögerung der Diagnosestellung zu nennen, denn die zuständige Gesundheitsbehörde wird in der Regel den ungünstigen Befund erst am 5. Tag nach der Probenahme in Erfahrung bringen. Der Verdacht einer Coliformenkontamination sollte meldepflichtig sein, ohne jedoch Auswirkungen auf die Wasserversorgung zu haben, wenn es sich um einen Einzelfall handelt. In diese Richtung entwickelt sich die Praxis der Maßnahmepläne, wie sie auch von § 16 TrinkwV von 2003 an verlangt werden.

Jedes Trinkwasser muss in der vorgeschriebenen Häufigkeit auf Coliforme und *E. coli* mit der im maßgeblichen Anhang der TrinkwV aufgeführten Methode oder einer gleichwertigen Methode in 100 ml untersucht werden. Es empfiehlt sich, nicht nur das vorgeschriebene Untersuchungsprogramm durchzuführen, sondern gleichzeitig die vorgesehenen Quantifizierungen in den ersten Untersuchungsgang mit einzubeziehen, um das Ausmaß der eventuellen Verunreinigung mit coliformen Bakterien so früh wie möglich zu erfassen.

Qualitative Angaben beziehen sich auf 100 ml des untersuchten Wassers. Wurden *E. coli* nachgewiesen, so erübrigt sich eine Angabe über die Anwesenheit von coliformen Bakterien.

Beispiel: in 100 ml Wasser wurden *E. coli* und coliforme Bakterien „nicht nachgewiesen" (gegebenenfalls „nachgewiesen").

Quantitative Angaben: Hier muss angegeben werden, ob Flüssigkeitsanreicherung oder Membranfiltermethode angewendet worden ist.

Vielfach wird an Stelle „Quantifizierung" der Begriff „Coli-Titer" gewählt. Der Coli-Titer ist die in ml ausgedrückte kleinste Wassermenge, in der sich *E. coli* nachweisen lässt. Ein Coli-Titer von 100 zeigt an, dass in 100 ml Wasser *E. coli* nachgewiesen wurde, in geringerem Wasservolumen aber nicht erfasst werden konnte. Für genaue quantitative Bestimmungen ist ein Reihenverdünnungsverfahren erforderlich, das nach statistischen Methoden anzusetzen und auszuwerten ist. Diese Methode ist als MPN-Methode (most probable number) bekannt und insbesondere bei der Qualitätskontrolle in der Wasserhygiene zu verwenden (Naglitsch und Blüml, 1996).

5.7 Koloniezahl

Die Bestimmung der Koloniezahl ist, wie bisher der dritte Standardparameter jeder mikrobiologischen Trinkwasseruntersuchung. Die Koloniezahl (genauer: Kolonien bildende Einheiten, KBE) soll bei beiden Bestimmungstemperaturen (22 °C und 36 °C) den Wert von 100 in 1 ml nicht überschreiten. Als Referenzverfahren wird für die Bestimmung der Koloniezahl bei 22 °C und 36 °C nach Anlage 1 Nr. 5 TrinkwV 1990 oder DIN EN ISO 6222 vorgegangen. Bei desinfizierten Wässern soll nach Abschluss der Aufbereitung der Wert nicht höher als 20 KBE pro ml bei der niedrigeren Bestimmungstemperatur sein.

Die Koloniezahl ist ein Indikatorparameter. Sie existiert seit den Zeiten Robert Kochs. In größeren durch Wasser übertragenen Epidemien konnte beobachtet werden, dass keine Seuchengefahr vom kontaminierten Wasser ausging, wenn der Ablauf von Langsamsandfiltern weniger als 100 KBE pro ml in Untersuchungen aufwies. Die heute übliche Bewertung der Ergebnisse der Bestimmung der Koloniezahl wurde besonders durch Schweißfurth (1968), Selenka und und Meissner (1971) sowie von G. Müller (1972) geprägt.

Der Sinn der Koloniezahl-Bestimmung liegt in einer arbeitstechnisch einfacheren Erfassung bestimmter Mikroorganismen. Dies wird durch die Verwendung eines relativ nährstoffreichen Mediums und durch Festlegung von Bebrütungstemperatur und -zeit erreicht.

Mit der Methode werden hygienisch relevante Veränderungen der Trinkwasserflora bei der Gewinnung oder bei der Verteilung des Wassers erfasst.

Während in einem gut geschützten Grundwasser die Kolonienzahl fast ausschließlich niedrig ist, gilt dies für Oberflächenwässer nicht. In Abhängigkeit von verschiedenen äußeren Faktoren können in solchen Wässern Koloniezahlen bis zu Hunderttausend und mehr auftreten. Die Uferfiltration kann diese Mikroorganismen, in Abhängigkeit von der Filtrationsleistung bis zum Brunnen, sehr wirksam zurückhalten. Höhere Koloniezahlen weisen auf Undichtigkeiten von Brunnen und Zuläufe von Regenwasser hin. Veränderungen der Koloniezahl im Bereich der Verteilung können zeit- und materialabhängige Einflüsse als Ursache haben. So können lange Stagnation, Nährstoffe, ungeeignete Behälter- und Leitungswerkstoffe die Koloniezahl erheblich beeinflussen.

Erfahrungen aus der Praxis haben gezeigt, dass die Koloniezahl auch bei Rohrbrüchen oder Arbeiten am Leitungsnetz ein sehr empfindlicher Indikator für mikrobiologische Risiken ist. Immer ist der Wert jedoch mit dem zuvor an dieser Entnahmestelle ermittelten zu vergleichen. Ein einmaliger Wert von 105 statt 100 KBE pro ml ist hygienisch nicht relevant, wohl aber häufige Anstiege der Koloniezahlen mit Erreichen der Grenzwerte bzw. deren deutliche Überschreitung.

Beim Grenzwert für desinfiziertes Wasser „misst man mit zweierlei Maß“, um Gewähr zu haben, dass die Desinfektionswirkung ausreichend ist. Der Wert von 20 KBE pro ml unmittelbar nach Abschluss der Aufbereitung soll garantieren, dass nach einem Wassertransport über längere Strecken eine Wiederverkeimung nicht eintritt.

Wie bisher sind im Anhang der TrinkwV die wesentlichen Merkmale zur einheitlichen Durchführung der Koloniezahlbestimmung genannt. Die früher benutzten drei Verfestigungsmittel Nähragar, Gelatine und Kieselsäure hatten keinen wesentlichen Einfluss auf das Ergebnis, so dass in Anpassung an die Praxis nur noch Agar genannt ist. Von größerem Einfluss dürfte dagegen die Wahl des Nährmediums sein. So erklären sich höhere KBE mit den von der Trinkwasserrichtlinie 98/83/EG vorgegebenen Methoden im Vergleich zu jenen, die nach der TrinkwV alter Fassung üblich sind. Zurzeit wird in Deutschland ausschließlich nach der Methode gearbeitet, die sich in der Praxis der Wasserhygiene bewährt hat (Feuerpfeil, 1996a). Auch die Novelle der TrinkwV schreibt keine andere Methode verbindlich vor, wenngleich eine Anpassung durch internationale Normung angestrebt wird.

Welch großen Einfluss die Wahl des Nährmediums auf das Ergebnis der KBE hat, zeigt ein Bericht über Filterbiozönosen (Wernicke, 1990). Die Nährmedien Nähragar nach TrinkwV, Nutrientagar (handelsübliche Bezeichnung: Bacto Nutrient Broth dehydrated der Firma DIFCO) und R_2A-Agar (Reasoner und Geldreich, 1985)

Tab. 5.7: Koloniezahlen in Abhängigkeit vom Nährmedium bei Modellfiltern; Durchschnittswerte aus 17 Proben (Wernicke, 1990).

verwendetes Nährmedium	Koloniezahl (1/ml KBE)			
	Zulauf Filteranlage	Auslauf Aktivkohlefilter	Auslauf Sandfilter	Auslauf Sinterglasfilter
Nähragar	$3{,}86 \cdot 10^0$	$5{,}88 \cdot 10^0$	$3{,}33 \cdot 10^0$	$7{,}82 \cdot 10^0$
Nutrientagar	$3{,}11 \cdot 10^2$	$6{,}45 \cdot 10^2$	$1{,}66 \cdot 10^2$	$1{,}30 \cdot 10^2$
R_2A-Agar	$6{,}39 \cdot 10^2$	$4{,}72 \cdot 10^3$	$3{,}47 \cdot 10^2$	$3{,}45 \cdot 10^2$

hatten abweichende Ergebnisse im Verhältnis von etwa 1 : 70 : 200 (siehe Tab. 5.7). Dagegen sind die Unterschiede im Ablauf der Filtermedien eher gering.

Typische Mikroorganismen des Wassers, wie zum Beispiel die eisenspeichernden Bakterien *Gallionella, Leptothrix, Crenothrix, Siderocapsa und Siderococcus* (siehe Abschn. 7.6.7) oder die in Biofilmen dominierenden autochthonen Spezies der Gattung *Aquabacterium* (*A. citratiphilium, A. parvum, A. commune*; Kalmbach et al., 1999 und 2000) werden mit der Koloniezahl-Bestimmung überhaupt nicht erfasst.

Die seit 1986 höhere Bebrütungstemperatur trägt den in anderen europäischen Staaten üblichen Bedingungen Rechnung und ist ein Kompromiss aus einer Vielzahl von Bebrütungstemperaturen, die von 20 °C bis 42 °C reichen. Die Festlegung der einheitlichen Bebrütungsdauer von 44 ± 4 Stunden dient der Praktikabilität, auch hier gibt es im internationalen Schrifttum Angaben bis zu 21 Tagen.

Im Prinzip ist die Durchführung des Plattengussverfahrens sehr einfach und sollte immer fehlerlos verlaufen. Die häufigsten, dennoch zu beobachtenden Fehler sind zu hohe Gusstemperaturen für den Agar und falsche Zählbedingungen. Die Gusstemperatur des Agars darf 48 °C nicht überschreiten. Dies bedeutet, dass nach der Wiederverflüssigung des Agars bzw. der Agar-Gelatine nicht sofort gegossen werden darf. Es muss erst eine Temperierung auf 46 ± 2 °C durch Aufbewahrung im Wasserbad erfolgen, bevor gegossen werden kann. Die hierfür erforderliche Zeit ist für die jeweils verwendeten Nährbodenvolumina unterschiedlich und daher durch Vergleichsmessungen vorher zu ermitteln. Zur Zählung der gewachsenen Kolonien ist eine 6- bis 8-fache Vergrößerung vorgeschrieben. Nur die, unter diesen Bedingungen sichtbaren, überwiegend kreis- bzw. spindelförmigen Kolonien dürfen gezählt werden. Wichtig ist ferner, dass auch unzureichende Beleuchtung des Arbeitsplatzes das Zählergebnis verfälschen kann.

Zum Anlegen der Nähragar-Kulturplatten werden von der gut durchgeschüttelten Wasserprobe 1 ml und 0,1 ml mit sterilen Pipetten in sterile Petrischalen gegeben, wobei man den Deckel nur wenig an einer Seite anhebt. Bei Verdacht auf Verunreinigung werden von vornherein Verdünnungen im Verhältnis 1 : 10 und 1 : 100 in die Untersuchung einbezogen. Zu diesen Wassermengen in den Petrischalen werden 10 ml der im kochenden Wasser verflüssigten und wieder auf 46 ± 2 °C abgekühlten Agar-Nährböden aus den Reagenzgläsern gegeben. Die Durchmischung erfolgt sogleich durch Hin- und Herbewegen in der verschlossenen Schale (in Form einer Acht).

Im Brutschrank werden die Agar-Kulturplatten für 44 ± 4 Stunden bei 22 ± 2 °C und 36 ± 1 °C bebrütet.

Nach rund zweitägiger Bebrütung der Kulturplatten werden die gewachsenen Kolonien ausgezählt. Bei Agar-Nährböden kann eine erste Auszählung bereits nach 24 Stunden vorgenommen werden. Für die Auszählung sollen Platten gewählt werden, bei denen die Koloniezahl zwischen 30 und 150 liegt (sofern sie so hoch ist). Gezählt wird bei 6- bis 8facher Lupenvergrößerung. Für große Mengen von auszuwertenden Platten gibt es im Handel automatisierte Zählsysteme.

Bei Koloniezahlen von über 100 wird auf Zehner abgerundet. Nährböden, Bebrütungsdauer und Bebrütungstemperatur sollen im Untersuchungsbefund angegeben werden.

5.8 Enterokokken (Fäkalstreptokokken)

„Fäkalstreptokokken" haben gegenüber *E. coli* und coliformen Bakterien erhöhte Widerstandsfähigkeit gegenüber der Chlorung. Sie werden deshalb bei schlechten Rohwasserqualitäten als zusätzliche Parameter angegeben (Althaus et al., 1982). Unter dem in den in Deutschland überwiegend vorzufindenden Bedingungen besteht keine Notwendigkeit der ständigen Untersuchung auf diesen Parameter, auch wenn aus gesetzestechnischen Gründen ein Grenzwert festgesetzt ist.

Enterokokken sind normale Darmbewohner. Sie gehören zur Streptokokkengruppe D und können Harnwegsinfektionen, Wundinfektionen usw. verursachen. In den letzten Jahren haben Enterokokken vor allem als Erreger in Krankenhäusern (so genannte nosokomiale Infektionen) stark an Bedeutung gewonnen. Es handelt sich hierbei um exogene und endogene Infektionen.

Der Begriff der Fäkalstreptokokken umfasst alle mit dem Stuhl (Faeces) von Menschen und Tier ausgeschiedenen Streptokokken. Sie sind deshalb brauchbare Indikatororganismen. Fäkalstreptokokken vermehren sich nicht im Wasser, sterben jedoch langsamer als *E. coli*, aber schneller als coliforme Bakterien ab. In menschlichen Faeces sind sie deutlich weniger als *E. coli* enthalten, bei tierischen Ausscheidungen kann dies umgekehrt sein.

Als Fäkalstreptokokken können sehr unterschiedliche Streptokokkenarten angesehen werden. Eine Einschränkung erfolgt lediglich durch die in der TrinkwV festgeschriebene Bestimmungsmethodik. Danach sollen die Fäkalstreptokokken mit der „Natriumazid-Methode" (Litsky et al., 1953) selektiert werden. Das Spektrum der aus Faeces stammenden, isolierten Streptokokkenarten engt sich damit auf die D-Streptokokken ein, doch im Einzelfall ist nicht auszuschließen, dass auch andere Streptokokkenarten erfasst werden (siehe Tab. 5.8).

Tab. 5.8: D-Streptokokken/*Enterococcus species*.

Species	
E. faecalis *E. faecium*	Beide Spezies haben die größte Bedeutung für die Humanmedizin.
E. raffinosus *E. casseliflavus* *E. avium* *E. mundtii* *E. durans* *E. hirae*	Weitere aus Untersuchungsmaterial isolierte Spezies. Bedeutung: Infektion, Kolonisation oder Kontamination?

Tabelle nicht vollständig, Taxonomie entwickelt sich weiter.

Die TrinkwV nimmt für den Nachweis von Enterokokken bzw. D.-Streptokokken bewusst diese „taxonomische Unschärfe“ in Kauf, um den Untersuchungsaufwand nicht zu erhöhen. Dieses Vorgehen ist sinnvoll, weil durch neue taxonomische Änderungen noch einige weitere Arten in die Gattung *Enterococcus* übernommen werden sollen.

Der Nachweis bereitet keine besonderen Schwierigkeiten. Nach der obligaten Anreicherung in Azid-D-Glucose-Bouillon, deren Bebrütung auf 44 ± 4 Stunden festgelegt ist, erfolgt ein Ausstrich auf Kanamycin-Äsculin-Azid-Agar oder Tetrazolium-Azid-Agar. Die endgültige Differenzierung findet durch Anlegen von Gram Präparaten typisch gewachsener Kolonien statt. Kolonien, grampositive Diplokokken oder kurze Ketten gelten als Fäkalstreptokokken im Sinne der TrinkwV.

Für die Bestimmung der Enterokokken wurde in der TrinkwV das Nachweisverfahren nach DIN EN ISO 7899-2 als Referenzverfahren definiert. Seit 2006 ist als alternatives Verfahren der Nachweis von Enterokokken mit Chromocult®-Enterokokken-Agar zulässig (Umweltbundesamt, 2006).

5.9 Sulfitreduzierende Sporen bildende Anaerobier (Clostridien)

Neben der Bestimmung von *E. coli* ist diese Keimart die älteste, die als geeigneter Parameter zur Beurteilung einer Trinkwasserverunreinigung angesehen werden muss. Er wurde jedoch wiederholt uneinheitlich bezeichnet. Neben der Bestimmung der Species *Clostridium perfringens* wurde auch von sulfitreduzierenden Clostridien oder von sulfitreduzierenden Sporen bildenden Anaerobiern gesprochen.

Der letztgenannte Begriff ist der längste und gibt als einziger die wichtigsten, im Nachweisverfahren überprüfbaren Eigenschaften wieder. Im taxonomisch strengen Sinne kann von Clostridien nicht gesprochen werden, obwohl diese Mikroorganismen, die von dem angewandten Nachweisverfahren erfasst werden, überwiegend zur Gattung *Clostridium* gehören. Es darf nicht übersehen werden, dass es auch andere Endosporen bildende grampositive (bzw. gramlabile) Stäbchen gibt, die Sulfit reduzieren können.

Anaerobe Sporenbilder sind große Stäbchen, die zu ihrer Entwicklung und Vermehrung anaerobe Verhältnisse benötigen. Unter ungünstigen Lebensbedingungen entwickeln sie Sporen als Dauerform, die sehr widerstandsfähig sind gegen Hitze, Austrocknung und andere Umwelteinflüsse. Sie überstehen im Allgemeinen auch die Trinkwasserchlorung. In geeigneten flüssigen Substraten werden aus den Sporen vegetative Formen, die sich vermehren.

Clostridien sind mehr oder minder regelmäßiger Bestandteil der menschlichen und tierischen Darmflora. In den Faeces des Menschen kann mit etwa 10^3 bis 10^4 Clostridien pro Gramm gerechnet werden, diese Konzentrationen liegen damit etwa 2 bis 4 Log-Stufen unter denen von *E. coli*.

Humanpathogene Bedeutung besitzt von den Sporen bildenden, sulfitreduzierenden Anaerobiern die *Clostridium perfringens*-Gruppe. Diese Mikroorganismen können sich in Wunden ansiedeln und unter sauerstoffarmen Verhältnissen (z. B. schlecht durchblutetem Gewebe) zu einer Gasbrandinfektion führen. Sie können aber auch Nahrungsmittelvergiftungen verursachen.

In Sedimenten von Seen und Flüssen finden sich stets größere Mengen anaerober Sporenbildner, die die Eigenschaft haben, aus organischen Schwefelverbindungen oder aus Sulfit den Stoff Sulfid zu bilden. Unter bestimmten Bedingungen, wie sie in nährstoffreichen Seensedimenten zu finden sind, können sie sich vermehren. Sie dürfen deshalb nicht generell als Indikator für eine fäkale Verunreinigung angesehen werden.

Das unmittelbare Trinken von Wasser mit Keimen oder Sporen der Clostridien-Gruppe führt im Allgemeinen nicht zu Krankheitserscheinungen. Das aus der zentralen Trinkwasserversorgung in den häuslichen Bereich oder an Nahrungsmittelbetriebe gelieferte Wasser wird nicht nur getrunken, sondern dient auch der Nahrungsmittelzubereitung, zum Geschirrspülen usw. Die Clostridiensporen überstehen kurzzeitig Kochtemperatur. In Speisen und Getränken (z. B. Säuglingsnahrung), die mit sporenhaltigem Trinkwasser zubereitet worden sind, können sich die Clostridiensporen zu vegetativen Formen entwickeln und vermehren. Das gleiche gilt für sporenhaltiges Brauchwasser in Lebensmittelbetrieben bzw. für Flaschenspülwasser in der Getränkeindustrie.

Mit *Clostridium perfringens* (hauptsächlich Typ A) kontaminierte bzw. besiedelte Lebensmittel führen rund 8 bis 12 Stunden nach der Nahrungsaufnahme zu krampfartigen Leibschmerzen und Durchfällen. Krankheitsursache ist ein thermolabiles Enterotoxin, das nur bei der Sporulation der Clostridien entsteht. Es wird bei der Zerstörung der vegetativen Zellen im Darm in Freiheit gesetzt und beeinflusst dort den Transport von Flüssigkeit, Elektrolyten und Glucose. In der Literatur sind zahlreiche Krankheitsausbrüche aufgrund von durch *Clostridium perfringens* kontaminierten Lebensmitteln beschrieben worden.

Voraussetzung ist eine hohe Koloniezahl im Lebensmittel. Erst der Nachweis der serologisch identischen *C. perfringens*-Stämme aus dem Stuhl des Erkrankten und aus dem betreffenden Nahrungsmittel durch Objektglas-Agglutination mit spezifischen Antiseren und/oder der Nachweis, dass diese Stämme Enterotoxin bilden, bestätigt die klinische Diagnose.

Die Krankheit verläuft im Allgemeinen ohne Fieber und heilt in der Regel selbst aus.

Geringe Clostridienzahlen, wie sie im Trinkwasser vorkommen können, sind gesundheitlich ohne Bedeutung. Im Grundwasser sind sulfitreduzierende Sporen bildende Anaerobier (Clostridien) nicht vorhanden. Ihr Nachweis gilt deshalb als Nachweis einer Verunreinigung.

Clostridium perfringens muss nach der TrinkwV nur bestimmt werden, wenn das Wasser aus Oberflächenwasser stammt oder von Oberflächenwasser beeinflusst wird. Als Grenzwert für *Clostridium perfringens* einschließlich seiner Sporen ist 0 in 100 ml definiert. Als Referenzverfahren wird Membranfiltration mit anschließender anaerober Bebrütung der Membran auf m-CP-Agar (Anmerkung 1, Anlage 5, TrinkwV) bei 44 ± 1 °C über 21 ± 3 Stunden angeben. Ausgezählt werden alle dunkelgelben Kolonien, die nach einer Bedampfung mit Ammoniumhydroxid über eine Dauer von 20 bis 30 Sekunden rosafarben oder rot werden. *Clostridium perfringens* dient als Indikator zur Belastung mit Parasitendauerformen, dessen Sporen ebenfalls eine hohe Chlorresistenz aufweisen. Sind demnach in 100 ml Trinkwasser keine *Clostridium perfringens* enthalten, sollten auch keine Parasitendauerformen enthalten sein (Umweltbundesamt, 2001).

Im Boden, im Wasser und vor allem in der menschlichen Darmflora wird *Clostridium difficile* gefunden. Es gilt als der wichtigste Erreger der Antibiotika-assoziierten Diarrhoe bzw. der pseudomembranösen Kolitis. Ca. 3 % der gesunden Erwachsenen und 60 bis 70 % der Neugeborenen sind *Clostridium difficile*-Träger. Besonders im Krankenhaus werden die sehr dauerhaften Sporen auf vielfältige Weise verbreitet, so dass ca. 10 bis 30 % der hospitalisierten Patienten *Clostridium difficile*-Träger sind. Die Klinik der *Clostridium difficile*-Infektion reicht von milder Diarrhoe bis zur schweren pseudomembranösen Kolitis mit toxischem Megakolon, Kolonperforation oder Peritonitis. Unbehandelt beträgt die Todesrate vor allem bei älteren und chronisch kranken Patienten ca. 10 bis 20 %. Ob kontaminiertes Wasser als Infektionsquelle auch eine Rolle spielt, ist ungeklärt.

Die zu untersuchende Wasserprobe muss vor Einbringung in Nährmedien über 10 min auf 75 °C erhitzt werden, um sämtliche vegetative Mikroorganismen mit Ausnahme der Sporen abzutöten. Die Wassermenge muss mindestens 20 ml betragen. Anzuwenden sind Clostridien-Differential-Bouillon (DCRM, einfach konzentriert) oder Sulfit-Eisen-Agar (Jacob, 1996).

Eine endgültige Diagnose ist durch Wachstum in der Bouillon (Schwarzfärbung) nicht möglich, so dass zusätzlich mindestens folgende Merkmale erfüllt sein müssen:
- Überimpfung auf Blut-Glucose-Agar, Bebrütungstemperatur 36 ± 1 °C, Bebrütungsdauer 24 ± 4 Stunden anaerob;
- bei Wachstum Überprüfung durch aerobe Subkultur unter gleichen Bedingungen.

5.10 Untersuchungen auf Seuchen- und andere Krankheitserreger

5.10.1 Klassifizierung der Mikroorganismen

Neben den Untersuchungen auf das Vorkommen von Fäkalstreptokokken und sulfitreduzierenden Sporen bildenden Anaerobiern (Clostridien) muss die zuständige Behörde die mikrobiologischen Wasseruntersuchungen bei Verdacht auf andere Mikroorganismen insbesondere auf Salmonella spec., *Pseudomonas aeruginosa*, pathogene Staphylokokken, *Legionella spec.*, *Campylobacter spec.*, enteropathogene *E. coli*, *Cryptosporidium parvum*, *Giardia lamblia*, Coliphagen oder enteropathogene Viren ausdehnen lassen (§ 20, Abs. 1 Nr. 4 TrinkwV).

Diese Untersuchungen dürfen nur von Personen durchgeführt werden, die eine behördliche Erlaubnis zum Arbeiten mit Krankheitserregern besitzen oder die auf Grund ihrer Aufgaben einer solchen Erlaubnis nicht besonders bedürfen. Laboratorien, in denen diese Untersuchungen durchgeführt werden, müssen über geeignete Räume oder Einrichtungen verfügen. Die Mikroorganismen, die in die Wasserunter-

Tab. 5.9: Relevante wasserübertragbare mikrobielle Krankheitserreger fäkalen Ursprungs; adaptiert nach der RiskWa-Liste (Alexander et al., 2015).

Krankheitserreger	Gesundheitliche Bedeutung	Persistenz im Wasser	Resistenz gegenüber Chlor	Relative Infektiosität	Zoonotischer Krankheitserreger
Bakterien					
Campylobacter jejuni	hoch	mäßig	gering	mäßig	ja
E. coli - Pathogene	hoch	mäßig	gering	gering	ja
E. coli - Enterohaemorrhagisch	hoch	mäßig	gering	hoch	ja
Enteritis-Salmonellen	hoch	können sich vermehren	gering	gering	ja
Shigella spec.	hoch	kurz	gering	hoch	nein
*Legionella pneumophila**)	hoch	können sich vermehren	mäßig	hoch	nein
*Pseudomonas aeruginosa**)	hoch	können sich vermehren	mäßig	gering	nein
Parasiten					
Acanthamoeba ssp.	hoch	Können sich vermehren	gering	hoch	nein
Cryptosporidium parvum	hoch	lang	hoch	hoch	ja
Giardia intestinalis	hoch	mäßig	hoch	hoch	ja

*) *L. pneumophila* and *P. aeruginosa* wurden als als wasserassoziierte Krankheitserreger nichtfäkalen Ursprungs hinzugenommen.

suchung einbezogen werden können, gehören zu verschiedenen Familien und humanmedizinisch wichtigen Gattungen. Dies trifft ebenfalls für die erwähnten Fäkalbakteriophagen und enteropathogenen Viren zu, weil auch sie aus mehreren Familien oder Gruppen, Gattungen und Arten stammen. Es ist deshalb wenig sinnvoll, ihre Bedeutung an dieser Stelle zu besprechen. Sie werden entsprechend ihrer systematischen Zuordnung (Taxonomie) gemeinsam mit anderen wichtigen auf dem Wasserweg übertragbaren Krankheitserregern in den folgenden Abschnitten bzw. Kapiteln eingehender behandelt.

Zum besseren Verständnis sei kurz auf die Klassifizierung eingegangen. Mikroorganismen werden auch auf ihre Ähnlichkeit oder verwandtschaftlichen Beziehungen taxonomischen Gruppen zugeordnet. Die Reihenfolge der einzelnen taxonomischen Kategorien lautet: Reich (Regnum), Ableitung (Divisio), Klasse (Classis), Ordnung (Ordo), Familie (Familia), Gattung (Genus) und Art (Species). Die grundlegende taxonomische Kategorie der Bakteriensystematik ist die Art. Diese umfasst Bakterienstämme mit vielen gemeinsamen Eigenschaften und hohem genetischen Verwandtschaftsgrad. Ein Stamm einer Spezies wird als Typstamm benannt. Dieser dient als Namensträger. Gelegentlich wird eine Art anhand geringfügiger, aber beständiger phänotypischer oder genetischer Unterschiede in zwei oder mehreren Unterarten (Subspezies) weiter unterteilt.

Zur Identifizierung der Bakterien dienen Merkmale wie:

- Zellmorphologie (z. B. Form, Färbeverhalten, Kapselbildung, Beweglichkeit, Begeißelungsform, Sporenbildung);
- Kulturmorphologie (Kolonieform);
- genetische Merkmale (z. B. molekularbiologische Methoden mit DNA-Sonden, RNA-Sonden, mit und ohne Polymerase-Ketten-Reaktion (PCR), quantitative PCR, Sequenzierung);
- chemotaxonomische Merkmale (Peptidoglykan-Bausteine, Lipide);
- physiologische Eigenschaften (enzymatische Eigenschaften, Assimilationsvermögen, Stoffwechselendprodukte);
- Immunologische Merkmale (z. B. Antigene an der Oberfläche von Bakterien, welche über Antikörper detektiert werden (*Enzyme-linked immunosorbent assay* (ELISA));
- Toxine;
- Pathogenität;
- Plasmide.

5.10.2 Antigene

Innerhalb der einzelnen Gattungen und Spezies ist eine weitere Unterteilung aufgrund unterschiedlicher Antigenstrukturen möglich. Die wichtigsten zur Spezies- oder Serotypisierung geeigneten Antigene sind O-Antigene, Kapselantigene und H-Antigene.

O-Antigene sind in der Zellwand lokalisiert; die spezifischen Determinanten sind Lipopolysaccharide, deren Kohlenhydratmuster insbesondere bei der Gattung Salmonella weitgehend analysiert ist. Eine unterschiedliche chemische Struktur der Lipopolysaccharide entspricht einer differenten serologischen Spezifität. Das thermostabile O-Antigen kann durch verschiedene Methoden aus der Zellwand gramnegativer Bakterien extrahiert werden und ist identisch mit dem Endotoxin. Das komplette O-Antigen ist nur bei Bakterienstämmen vorhanden, die in der Glatt-(S)-Form vorliegen.

Kapselantigene (Vi-Antigene, K-Antigene) sind der Oberfläche der Zellwand aufgelagert. Bei ihrer Anwesenheit ist die O-Agglutination blockiert. Sie sind häufig thermolabil und chemisch nicht einheitlich, so finden sich neben Polysacchariden auch Proteine.

H-Antigene sind die Antigene der Bakteriengeißeln und als Proteine thermolabil: im Gegensatz zu den O-Antigenen induzieren sie als gute Immunogene hohe Antikörpertiter. Die Zellen vieler Bakterienarten sind begeißelt. Die Geißeln dienen der aktiven Fortbewegung der Bakterien. Für die krankmachenden Eigenschaften der Bakterien scheinen die Geißeln keine Bedeutung zu haben. Offenbar hilft die aktive Beweglichkeit mit, z. B. den Darmschleim zu durchdringen (*Vibrio cholerae*). Salmonella-Bakterien rufen z. B. im Organismus sowohl die Bildung von Antikörpern gegen Körper-(O)-Antigene als auch gegen H-Antigene hervor.

5.10.3 Fimbrien (Pili)

Die Zellen vieler Bakterienarten, insbesondere der gramnegativen, können Anhangsgebilde besitzen, die kürzer und dünner sind als Geißeln. Sie können in großer Zahl (100 und mehr) vorhanden sein. Sie sind ebenfalls wie die Geißeln aus einem Protein aufgebaut, das in diesem Fall Pilin genannt wird. Es handelt sich bei den Anhangsgebilden um die so genannten Fimbrien, die bei der Haftung von Bakterien, z. B. auf Schleimhäuten, eine Rolle spielen und für die Kolonisation auf Oberflächen wichtig sind. Die Ausbildung von Fimbrien ist reversibel. Neben den Fimbrien gibt es vor allem bei den Enterobacteriaceae die Fertilitäts-Pili (Sex-Pili), die pro Zelle nur in wenigen Exemplaren (etwa bis 20) vorhanden sind und hohle Röhren darstellen. Die Sex-Pili finden sich bei Zellen, die einen Fertilitätsfaktor, z. B. den F-Faktor, besitzen, der den Zellen „männliche“ Eigenschaften verleiht.

5.10.4 Toxine, Pathogenitätsfaktoren

Bei einer Infektion mit gramnegativen Bakterien kann das in der Zellwand lokalisierte **Endotoxin** bei Bakteriolyse freigesetzt und in die Blutbahn eingeschwemmt werden. Für die Toxizität der Endotoxine ist der Lipid A-Anteil verantwortlich. Von diesem gehen zahlreiche pathophysiologische Wirkungen aus, die aber nicht krankheitsspezifisch sind, denn Endotoxine der verschiedenen gramnegativen Bakterien unterscheiden sich in ihren Wirkungen nur wenig voneinander. Die bedeutsamsten Effekte sind Fieber (pyrogene Wirkung, siehe unten), Bildung vasoaktiver Stoffe, Verringerung der Organdurchblutung mit intravaskulärer Koagulation, Leukopenie und anderen Folgen. Die Schocksymptomatik bei Sepsis mit Abfall des Blutdrucks ist auf Endotoxin zurückzuführen. Endotoxin wirkt entweder direkt über Granulozyten oder indirekt über die Induktion von regulatorisch wirksamen Zytokinen aus z. B. Makrophagen und Endothelzellen, wie Interleukin 1 (IL 1, endogenes Pyrogen), Interleukin 6 und Tumor Nekrose Faktor (TNF) und anderen.

Einige Angehörige der Familie Enterobacteriaceae produzieren **Exotoxine**. So wird von *Shigella*-Arten ein zytotoxisches **Enterotoxin** (Typ 1-Toxin) gebildet. Diese Toxine sind Virulenzfaktoren, welche die Invasivität der Mikroorganismen in die Mukosa fördern und für die Pathogenese der Durchfallerkrankung verantwortlich sind. Die Enterotoxinbildung wird offenbar von Plasmiden kodiert. Sie kommt vor bei enterotoxischen *E. coli*, Salmonella-, *Shigella*-Arten und anderen Enterobacteriaceae; sie ist nicht an bestimmte Spezies, Sero- oder Biotypen gebunden. Bei der Haftung an der Darmschleimhaut sind Pili der enteropathogenen Bakterien von großer Bedeutung. Die Kapseln der Bakterien (K-Antigene) bewirken eine Hemmung der Phagozytose, beeinträchtigen die Lysozym- und Komplementwirkung.

5.10.5 Plasmide

Der Erwerb extrachromosomaler DNA in Plasmiden kann zu phänotypischen Veränderungen der Bakterienzelle führen. Wichtig in diesem Zusammenhang sind die erworbene Antibiotikaresistenz, die Ausbildung von Virulenzfaktoren oder der für die Diagnostik bedeutsame Erwerb zusätzlicher Enzyme (z. B. Laktosespaltung bei normalerweise laktosenegativen Keimarten). Der Nachweis und die molekularbiologische Charakterisierung der Plasmide kann für epidemiologische Zwecke als Marker der Stämme herangezogen werden.

5.10.6 Erregerspektrum, epidemiologische und klinische Charakteristika sowie Immunreaktionen des Intestinaltraktes

Die physiologische Darmflora erfüllt zusammen mit der Darmschleimhaut und ihren Sekreten wesentliche Stoffwechsel- und Abwehrfunktionen. Bei funktionierender Salzsäurebarriere zeigt der obere Darmtrakt nur eine geringe mikrobielle Besiedelung (10^2 bis 10^3 Bakterien pro ml) mit wechselnden Spezies. Zum distalen Ileum hin werden zunehmend (10^4 bis 10^7 pro ml) Bacteroidaceae, Bifidobakterien und Enterobacteriaceae neben Enterokokken und Laktobazillen gefunden, während insbesondere im rechten Kolonabschnitt bei Koloniezahlen zwischen 10^9 bis 10^{11} pro ml eine strikte anerobe Flora aus Bifidobakterien und Bacteroides-Arten überwiegt. Die Zahl an *E.*

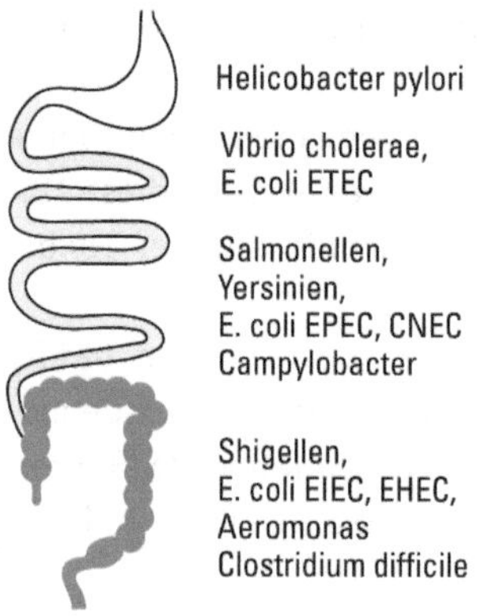

Abb. 5.3: Wirkorte darmpathogener Bakterien (nach Heesemann, zitiert in Ullmann, 1994a, S. 424).

coli und Enterokokken beträgt rund 10^6 bis 10^8 pro Gramm Stuhl. In dieses Ökosystem können pathogene Bakterien eindringen und sich ansiedeln (Abb. 5.3).

Das Mukosa-assoziierte Immunsystem des Darmes steuert lokale Entzündungs- und Immunreaktionen und ist in der Pathogenese von entzündlichen und infektiösen Darmerkrankungen von zentraler Bedeutung. Neuere Untersuchungsergebnisse weisen darauf hin, dass die Pathogenität der Erreger nicht an die Spezies gebunden ist, sondern an bestimmte ggf. auch genetisch übertragbare Pathogenitätsfaktoren, über die durch Untersuchungsmöglichkeiten der Molekularbiologie zukünftig präzisere Aussagen gemacht werden können. Enterobakterien sind für eine Reihe von schweren Infektionskrankheiten verantwortlich. Zu diesen pathogenen Enterobakterien zählen Salmonellen verschiedener Serogruppen, Shigellen, Yersinien, pathogene *E. coli* und andere Bakterien. Die Genomstruktur der pathogenen Enterobakterien ist gekennzeichnet durch das Vorkommen von Plasmiden und Bakteriophagen, die Gene tragen können, deren Produkte zur Pathogenität beitragen. Darüber hinaus befinden sich große DNA-Bereiche auf den Chromosomen dieser pathogenen Mikroorganismen, die ebenfalls für Virulenzfaktoren kodieren können. Diese Bereiche werden „Pathogenitätsinseln" genannt. Durch die Analyse der Genomstruktur extraintestinaler *E. coli* wurden diese Pathogenitätsinseln näher charakterisiert. Dabei handelt es sich um DNA-Bereiche, die für mehrere Virulenzfaktoren kodieren können. Im Falle z. B. der uropathogenen *E. coli* befinden sich Gene für α-Hämolysine, Adhäsine und Eisenaufnahmesysteme auf diesen Inseln. Die Pathogenitätsinseln sind von direkt sich wiederholenden DNA-Bereichen begrenzt.

Da Pathogenitätsinseln unterschiedlicher Spezies eine ähnliche Struktur haben, könnten sich durch ihre Analyse neue Möglichkeiten zum Nachweis und zur Identifizierung pathogener Mikroorganismen ergeben. Darüber hinaus scheint es sich bei einigen dieser Inseln um veränderte, integrierte Prophagen bzw. um integrierte Plasmide zu handeln. Für *Yersinia* und *E. coli* ist bekannt, dass Pathogenitätsinseln aus dem Genom deletieren können. Möglich erscheint es auch, dass Inselstrukturen zwischen unterschiedlichen Stämmen übertragen werden. Die Übertragbarkeit von Pathogenitätsinseln, aber auch von Virulenzplasmiden und von Virulenzbakteriophagen stellt einen wichtigen Ansatzpunkt für das Verständnis der Pathomechanismen dar.

Zum Erregernachweis bei bakteriellen enteralen Infektionen sind in erster Linie Stuhlproben geeignet. Bei bakteriellen Lebensmittelvergiftungen werden diese Untersuchungen durch den direkten Nachweis der Erreger oder präformierter Toxine in verdächtigen Lebensmitteln ergänzt.

Die Kontaminierungsquelle des Lebensmittels (siehe Tab. 5.10) bleibt häufig trotz umfangreicher Umgebungsuntersuchungen unbekannt, sofern nicht epidemiologische Besonderheiten, spezielle mikrobiologische Nachweisverfahren (z. B. Genanalysen) Hinweise auf Übertragungswege bzw. Infektionsketten gegeben sind.

Tab. 5.10: Erregerspektrum der am häufigsten durch kontaminierte Lebensmittel oder kontaminiertes Wasser verbreiteten Infektionen.

Erreger	vorherrschender Pathomechanismus	Inkubationszeiten	klinische Leitsymptome
Aeromonas spp.	enteroinvasiv; Enterotoxin serologisch mit Choleratoxin verwandt	1–2 Tage	wässr.-blutige, manchmal protrahierte Diarrhoe
Bacillus cereus	a) 1 hitzestabiles emetisches Toxin	1–6 Stunden	Erbrechen, Abdominalkrämpfe Diarrhoe
	b) 2 Enterotoxine, Gewebe zerstörende Virulenzfaktoren, Exotoxine	8–16 Stunden	
Campylobacter jejuni/coli	enteroinvasiv (Ileokolitis); Endotoxin, hitzelabiles Enterotoxin; Zytotoxin	2–5 Tage	schleimige, häufig blutige Diarrhoe, Fieber
Clostridium perfringens (Typ-A-Stämme)	Bildung von hitzestabilem Enterotoxin bei Sporulierung im Dünndarm; Schleimhautdestruktion	8–16 Stunden	wässrige Diarrhoe 1–2 Tage
Enteritis-Salmonellen	Penetration der Dünndarmmukosa (Schleimhaut) und submuköse Entzündung; Störung der Elektrolyt- und Flüssigkeitstransporte	5–72 Stunden	Fieber, Erbrechen, Diarrhoe
enteroaggregative *E. Coli* (EAggEC)	Adhärenz, Schleimbildung, Schädigung der Enterozyten	2–5 Tage	wässrige, teils blutige, persistierende Enteritis der Kleinkinder
enteroinvasive *E. coli* (EIEC)	enteroinvasiv (Dickdarm), Zerstörung der Epithelzellen	2–5 Tage	schleimig-blutige Dysenterie
enteropathogene *E. coli* (EPEC)	Lokalisierte Adhärenz (Dünndarm) Schleimhautschädigung durch sekretorische Proteine	2–7 Tage	rezidivierende protrahierte Diarrhoe
enterotoxinbild. *E. coli* (ETEC)	Anheftung an proximale Dünndarmepithelien (keine Invasion), Toxinbildung mit Schädigung des intestinalen Elektrolyt- und Wassertransports	16–72 Stunden	wässrige Diarrhoe, Erbrechen
enterohämorrhag. *E. coli* (EHEC)	wässrige oder hämorrhagische Enterocolitis; Schleimhautdestruktion, Shiga-Toxin 1 und 2	1–3 Tage	wässrige, blutige Diarrhoe; Komplikation durch hämolitisch-urämisches Syndrom (HUS)
Shigellen	Invasivität, intrazelluläre Vermehrungsfähigkeit, Induktion von Entzündungen, horizontale Ausbreitung in Kolonepithelzellen, aktives Eindringen in tiefere Schichten und bei *S. dysenteriae* Typ 1, Shiga-Toxinbildung	2–7 Tage	schleimig-blutige Dysenterie, Tenesmen

Tab. 5.10 (fortgesetzt)

Erreger	vorherrschender Pathomechanismus	Inkubationszeiten	klinische Leitsymptome
Staphylococcus aureus	a) hitzestabiles Enterotoxin. am häufigsten A (im Lebensmittel präformiert, Dünndarm toxisch)	1–6 Stunden	Erbrechen, Diarrhoe
	b) Schleimhautdestruktion, Kolitis	?	blutig-schleimige Diarrhoe
Vibrio cholerae 01 *V. choler.* non 01	Anheftung an Epithelzellen, Produktion des Choleratoxins, Anstieg intrazellulärer cAMP-Spiegel durch Blockade des G-Regulatorproteins der Adenylatzyklase, isotonischer Flüssigkeitsverlust	16–72 Stunden	voluminöse, wässrige Diarrhoe
Vibrio parahaemolyticus	thermostabiles Exotoxin	16–72 Stunden	Brechdurchfall, wässrige Diarrhoe
Yersinia enterocolitica	Invasion der Ileum-Mukosa und der mesenterialen Lymphknoten, geschwürige Läsionen; selten Vordringen der Erreger bis in die Blutbahn, Virulenz an Plasmid- und chromosomal kodierte Virulenzfaktoren gebunden	2–7 Tage	Enteritis, Enterokolitis, akute terminale Ileitis, mesenteriale Lymphadenitis, Pseudoappendizitis, Nachkrankheiten: Arthralgien, Morbus Reiter
Rotaviren	Destruktion von resorbierendem Villus-Epithel (Dünndarm)	1–3 Tage	Erbrechen, wässrige Diarrhoe
Adenoviren	wie Rotaviren (?)	1–3 Tage	Erbrechen, Fieber wässrige Diarrhoe
Norwalk-Viren	wie Rotaviren (?)	1–3 Tage	Erbrechen, wässrige Diarrhoe
Cryptosporidium ssp.	orale Aufnahme der sehr resistenten Oozysten, Freisetzung von Sporozoiten, Befall und Vermehrung in Enterozyten, Ausscheidung von Oozysten im Stuhl	4–12 Tage	selbstlimitierte Diarrhoe, symptomloser Verlauf bei immunkompetenten bzw. neben chronischer z. T. lebensbedrohlicher Diarrhoe auch extraintestinale Manifestation bei immunsupprimierten Patienten
Entamöba histolytica	intestinal invasiv mit Geschwürbildung im Darmepithel, extraintestinal invasiv mit Abszessen (Leber)	2–16 Wochen	Tenesmen, rezidivierende Diarrhoe, teils „Himbeergeleestuhl", nicht selten symptomlos
Giardia lamblia	Adhärenz der Erreger an Dünndarmepithel und Beeinträchtigung der Enzymproduktion	5–10 Tage	rezidivierende, wässrige, fieberfreie Diarrhoe (Dauer > 3 Wochen)

5.11 Enterobacteriaceae

5.11.1 Einleitung

Enterobacteriaceae kommen als normale Bewohner oder Krankheitserreger im Darm von Mensch und Tier sowie in der Außenwelt (im Wasser, Boden, an Pflanzen und zum Teil als Krankheitserreger) vor (Bockemühl, 1992).

Die Enterobacteriae werden vorwiegend durch kontaminierte Lebensmittel und/ oder kontaminiertes Wasser verbreitet.

Die Familie Enterobacteriaceae (lat., Darmbakterien) besteht aus gramnegativen, sporenlosen, aerob und fakultativ anaerob wachsenden Stäbchenbakterien von 1 bis 6 µm Länge und 0,3 bis 1,0 µm Dicke. Mikroskopisch können sie nicht unterschieden werden. Soweit sie beweglich sind, besitzen sie eine peritriche Begeißelung.

Sie wachsen auf einfachen Nährböden und bauen Glucose fermentativ unter Säurebildung oder Säure- und Gasbildung ab.

Während in früheren Jahren Gattungen und Spezies der Enterobacteriaceae ausschließlich mittels biochemischer Merkmale und unter besonderer Berücksichtigung ihres krankheitserzeugenden Potentials oder besonderer ökologischer Gesichtspunkte definiert wurden, sind in den vergangenen 25 Jahren andere Methoden für die Klassifikation entscheidend geworden. Die Definition der Enterobacteriaceae erfolgt heute durch Untersuchung genetischer Verwandtschaftsgrade mittels DNA-DNA-Hybridisierung, Polymerase-Ketten-Reaktion (PCR), Serotypisierung mittels Antikörper bzw. durch Ermittlung einer großen Zahl phänotypischer Eigenschaften (Morphologie, biochemische Reaktionen und anderes), die mit computergestützten Methoden der numerischen Taxonomie ausgewertet werden.

Enterobacteriaceae-Gattungen, die durch kontaminiertes Wasser Krankheiten auslösen können sind in Tab. 5.11, ohne Anspruch auf Vollständigkeit aufgezählt.

Tab. 5.11: Enterobacteriacea-Gattungen, die durch kontaminiertes Wasser Krankheiten auslösen können.

Escherichia	*Enterobacter*	*Edwardsiella*
Salmonella	*Proteus*	*Kluyvera*
Shigella	*Providencia*	*Rahnella*
Yersinia	*Morganella*	*Budvicia*
Citrobacter	*Hafnia*	*Buttiauxella*
Klebsiella	*Serratia*	*Pragia*

5.11.2 Verfahren zur Anzüchtung

Die Anzüchtung humanpathogener Enterobacteriaceae erfolgt bei 36 ± 1 °C unter aeroben Bedingungen. Lediglich die gezielte Untersuchung auf Yersinien sollte bei Temperaturen um 28 °C durchgeführt werden.

Enterobacteriaceae haben keine besonderen Wachstumsansprüche und vermehren sich auf allen üblichen, nichtselektiven Nährböden (Nährbouillon, Nähragar, Blutagar und andere).

Zur Anzüchtung aus kontaminiertem oder mischinfiziertem Material steht eine Vielzahl von Spezialnährböden unterschiedlicher Selektivität und Spezifität zur Verfügung (Tab. 5.12).

Bei ihrer Anwendung muss berücksichtigt werden, dass auch die gesuchten Keimarten gehemmt werden können, und zwar umso mehr, je stärker selektiv ein Nährboden ist. Zudem muss bei verschiedenen Stämmen einer Keimart mit unterschiedlicher Empfindlichkeit gerechnet werden. Daher sollten grundsätzlich Nährböden unterschiedlicher Selektivitätsstufen kombiniert angewendet werden.

Im Handel angebotene dehydrierte oder in Platten gegossene Fertignährböden können bei gleicher Bezeichnung je nach Hersteller Unterschiede hinsichtlich Wachstumsförderung oder Selektivität aufweisen. Neben Chargenunterschieden kann auch die Kennbarkeit der gesuchten Keimarten unterschiedlich ausgeprägt sein.

Tab. 5.12: Verfahren zur Anzüchtung enteropathogener *Enterobacteriaceae* (Bockemühl, 1992).

Spezies/Genus	Anreicherungsmedium	Differenzierungs- und Selektivmedium	Koloniemorphologie nach 18 Std. bei 36 °C, Durchmesser
Escherichia coli		MacConkey-, Endo-Agar;	rote Kolonien, ca. 2 mm
Shigella	Kein befriedigendes Medium vorhanden. Bedingt geeignet, aber unterschiedliche Stammempfindlichkeit (Bebrütung 6 Std./36 °C): gepufferte Pepton-Bouillon, Novobiocin-Pepton-Bouillon, Selenit-Bouillon, gramnegative Broth (Hajna, 6–18 Std./36 °C)	MacConkey-, Endo-, Novobiocin-Agar DC-, SS-, XLD-Agar	flache, farblose Kolonien (Eigenfarbe des Nährbodens) mit glattem oder gezacktem Rand 1–2 mm
Salmonella	Selenitbouillon (18 Std./36 °C), Tetrathionat-bouillon (18 Std./36 °C), nicht für S. Typhi, S. Paratyphi A, S. Choleraesuis), RV-Bouillon (1 Öse oder 0,1 ml Material in 10 ml Bouillon, 18 Std./42 °C) Anreicherungsmedium	MacConkey-, Endo-Agar DC-, SS-Agar XLD-Agar BG-Agar Differenzierungs- und Selektivmedium WS-Agar	flache, farblose, durchscheinende Kolonien, 1 mm farblose Kolonien, 2 mm, grau-schwarzes Zentrum bei größeren Kolonien farblose Kolonien, 1–2 mm, schwarzes Zentrum schwarze, oft metallisch glänzende Kolonien, immer mit Schwärzung des Nährbodens, 1–2 mm (meist erst nach 48 Std. endgültig ablesbar)
Yersinia enterocolitica	Phosphatgepufferte NaCl-Lösung, pH 7,2 (Aussaat nach 7, 14, 21 Tagen bei 4 °C), Selenitbouillon (18 Std. bei 28 °C; weniger gut geeignet)	MacConkey-, Endo-Agar (18–48 Std./28 °C) DC-, SS-Agar (18–48 Std./29 °C) CIN-Agar (18–48 Std./28 °C)	sehr kleine, durchscheinende Kolonien, 1 mm. Bei Henry-Beleuchtung gelbgrünlich, nie rot leuchtend (DD: Enterokokken) durchscheinende, leicht erhabene Kolonien mit rosa bis rotem Zentrum, 1–2 mm
*Yersinia pseudotuberculosis**)	Phosphatgepufferte NaCl-Lösung, Ph 7,2 (Aussaat nach 7, 14 21 Tagen bei 4 °C)	MacConkey-, Endo-Agar (18–48 Std./28 °C)	flache, farblose Kolonien mit glattem Rand, 1–2 mm

*) wird nur ausnahmsweise im Stuhl gefunden.

5.11.3 Pathogene Escherichia coli

E. coli ist ein natürlicher Kommensale und Bestandteil der Darmflora des Menschen und warmblütiger Tiere. Schon kurz nach der Geburt wird der Darm durch Coli-Bakterien besiedelt. Im Gegensatz zu früheren Annahmen haben *E. coli* und andere Enterobacteriaceae mit nur < 1 % einen geringen quantitativen Anteil an der Darmflora, vorherrschend sind anaerobe Mikroorganismen.

E. coli kann medizinisch somit nicht ohne weiteres als „Leitkeim" für den Zustand der Darmflora betrachtet werden. Der Beginn und das Ausmaß der Kolonisation mit *E. coli* und anderen Enterobacteriaceae hängen entscheidend von der Ernährung und von den Kontaktpersonen ab. *E. coli* ist nicht nur ein Kommensale des Dickdarms, sondern auch der in klinischem Material am häufigsten nachgewiesene Keim der Enterobacteriaceae.

In pathogenetischer Hinsicht werden heute fünf Gruppen darmpathogener *E. coli* unterschieden:

1. Enteropathogene *E. coli* EPEC (Dyspepsie-Coli);
2. Enterotoxinbildende *E. coli* ETEC;
3. Enteroinvasive *E. coli* EIEC;
4. Enteroaggregative *E. coli* EAEC;
5. Enterohämorrhagische *E. coli* EHEC.

Diese Pathogruppen verursachen unterschiedliche Krankheitsbilder und weisen eine unterschiedliche Epidemiologie auf. In den letzten Jahren sind noch weitere pathogene *E. coli*, so genannte diffuse adhärente *E. coli* DAEC beschrieben worden. Sie verursachen bei 1–5-jährigen Kindern wässrige Durchfälle, die kein Blut und keine Leukozyten enthalten. Über ihre Epidemiologie, klinische Syndrome und Pathomechanismen ist wenig bekannt.

Seit 1923 sind die so genannten Dyspepsie-Coli und seit 1955 die enteropathogenen ***E.coli* EPEC** als wichtige Ursache von Brechdurchfall besonders bei Säuglingen und Kleinkindern, aber auch bei Touristen bekannt. Hierzulande wird die Erkrankung meistens im Sommer erworben. Die klassischen Serogruppen sind 055, 0111, 0125. Das klinische Bild imponiert als akute oder chronische, wässrige Diarrhoe, die gelegentlich mehrere Monate dauern kann. Bei einem Drittel der Fälle bestehen Darmkoliken als Leitsymptom. Sie können 2–4 Wochen anhalten. Erbrechen und Fieber sind weitere Symptome. EPEC spielen besonders in Entwicklungsländern eine Rolle. Ein Charakteristikum der molekularen Pathogenese der EPEC ist die Kolonisierung von Epithelzellen in distinkten Mikrokolonien, ein Phänomen, das als „lokalisierte Adhärenz (LA)" bezeichnet wird. Die genetische Information für die LA liegt auf dem Virulenzplasmid der EPEC. Die Fähigkeit der EPEC, an Darmepithelzellen zu adhärieren, die Zerstörung des Mikrovillisaumes zu verursachen und in die Signaltransduktion dieser Zellen einzugreifen, wird von der Pathogenitätsinsel im EPEC-Chromosom gesteuert.

Trotz zahlreicher neuer Erkenntnisse über die von den EPEC ausgelöste, tiefgreifende zelluläre Dysfunktion ist letztendlich der zur Diarrhoe führende Mechanismus noch immer unklar.

ETEC sind enterotoxinbildende *E. coli*. Sie sind dadurch gekennzeichnet, dass die Erreger zunächst die Mukosa des Dünndarms mit Hilfe von Kolonisations-Faktor-Antigenen kolonisieren. Nach erfolgter Kolonisation bilden die Bakterien hitzestabile und/oder hitzelabile Enterotoxine. Sie verursachen eine wässrige Diarrhoe und Erbrechen. In Ländern der warmen Klimazonen sind sie endemisch.

Bei **EIEC** handelt es sich um enteroinvasive *E. coli*. Sie sind neben *Shigella spp.* wichtige Erreger der bakteriellen Dysenterie. Häufige Stuhlentleerungen, vermischt mit Blut und Schleim, charakterisieren dieses Krankheitsbild. Der Erreger besitzt ein Plasmid, das für die invasiven Eigenschaften verantwortlich ist. Das Hauptpathogenitätsmerkmal der EIEC liegt in der Fähigkeit, in Epithelzellen einzudringen und sich dort zu vermehren.

EAEC sind enteroaggregative *E. coli*. Sie werden durch ihre besondere Art der Adhärenz an humane Epithelzelllinien charakterisiert, die als „aggregative Adhärenz" bezeichnet wird. Hierbei lagern sich die Bakterien in unregelmäßigen Haufen an Zellen an. EAEC verursachen durch Bildung des plasmidkodierten hitzestabilen Enterotoxins EAST1 Durchfallerkrankungen, die häufig persistieren. Die EAEC-Erkrankung äußert sich vor allem bei Kindern in akutem wässrigen Durchfall, der mehrere Tage bis zu fünf Monaten andauern kann. Verschiedentlich treten über zwei bis vier Wochen anhaltende, heftige Bauchschmerzen vor allem um die Nabelgegend auf. Die größte Gefahr insbesondere für sehr junge Kinder besteht in dem großen Flüssigkeits- und Gewichtsverlust durch die Durchfälle.

EHEC ist die Bezeichnung für enterohämorrhagische *E. coli*. EHEC-Infektionen treten weltweit insbesondere in Ländern mit einer hochentwickelten Landwirtschaft auf. Sie werden durch *E. coli*-Bakterien verursacht, welche die grundsätzliche Eigenschaft der Bildung bestimmter Toxine (Shiga-Toxine – Stx, Shiga-like-Toxine – SLT, Verotoxine – VT) besitzen. Sie werden unter dem Begriff Shiga-Toxin- bzw. Verotoxinbildende *E. coli* (STEC bzw. VTEC) zusammengefasst. Als EHEC werden diejenigen STEC/VTEC bezeichnet, die fähig sind, beim Menschen entsprechende Krankheitserscheinungen auszulösen und damit „Pathovare" für den Menschen sind. Aufgrund ihrer Antigenstruktur sind sie verschiedenen Serogruppen zugeordnet. Die verbreitetste Serogruppe ist *E. coli* O157:H7. Auch andere Serogruppen, wie *E. coli* O157:H, O26:H11, O111:H, O103:H2 und O145:H28 werden häufig nachgewiesen. Gegenwärtig werden bei EHEC-Infektionen des Menschen immer wieder neue Serogruppen als Erreger identifiziert, so dass jeder Shiga-Toxin-produzierende *E. coli* als potentiell humanpathogen angesehen werden muss.

Shiga-Toxine binden sich an spezielle Zellwandrezeptoren, vor allem im kapillaren Endothel, blockieren dort die Proteinsynthese und führen zum schnellen Zelltod. Zusätzlich zur Fähigkeit, Shiga-Toxine zu bilden, besitzen viele EHEC einen so genannten Typ-III-Sekretionsapparat, mit dessen Hilfe sie weitere zelltoxische bzw.

inhibierende oder modulierende Proteine direkt in die Zielzelle applizieren können. Das kann zu weiteren klinisch-pathogenen Effekten führen und dadurch die Virulenz der EHEC erhöhen. Neben ihrer besonderen Virulenz besitzen die EHEC eine relativ große Umweltstabilität und eine gute Überlebensfähigkeit in saurem Milieu.

Die Übertragung der Erreger erfolgt indirekt über fäkal kontaminierte Lebensmittel, vor allem durch unzureichend gegartes Rindfleisch, Rohwurst, nicht pasteurisierte Milch, Rohmilchprodukte und Wasser. Aber auch durch eine Reihe weiterer Lebensmittel, z. B. Salat und Sprossen, wurde eine Übertragung beschrieben.

1996 erkrankten in Japan in einer international Aufsehen erregenden EHEC-Epidemie (Serovar O157:H7) 11.000 Menschen. In der Stadt Sakai waren 3609 Schulkinder betroffen. Kontaminierte Lebensmittel wurden als Infektionsquelle vermutet. Im Zusammenhang mit Untersuchungen zur Aufklärung des Ausbruchs wurden auch Experimente mit Hydrokultur-Pflanzensprossen durchgeführt, bei denen das Wasser der Hydrokulturen mit EHEC-Bakterien kontaminiert wurde. Die japanischen Wissenschaftler berichteten 1998, dass die eigentlich nicht pflanzenpathogenen EHEC-Bakterien von den Sprossen aufgenommen werden und in den Pflanzen in vermehrungs- und anzüchtbarer, also auch infektiöser Form überleben. Das bedeutet, dass mit kontaminiertem Wasser kultivierte Sprossen ein Infektionsrisiko für den Menschen darstellen können. Da die Bakterien im Pflanzengewebe selbst überdauern, hilft noch so gründliches Waschen nicht, die Infektionsgefahr zu bannen. Nur durch Kochen könnten solche kontaminierten Pflanzensprossen wieder unbedenklich genießbar gemacht werden. Ein vergleichbarer Übertragungs- und Infektionsmechanismus ist auch bei EHEC- und Salmonellenausbrüchen durch Genuss von Luzerne- und Mungobohnensprossen festgestellt worden. 1998 wurden in Nordbayern 222 *E. coli*-Isolate aus Einzeltrinkwasserversorgungsanlagen durch PCR (Polymerase-Chain-Reaktion) auf Zugehörigkeit zur EHEC-Gruppe untersucht. 4 Isolate waren positiv. Dies bestätigt, dass EHEC auch im Trinkwasser vorkommen können.

Rinder sind weltweit am häufigsten und regelmäßigsten als symptomlose Ausscheider von EHEC, sowohl der Gruppe O157:H7 als auch anderer Serotypen identifiziert worden; weitere wichtige Reservoire sind Ziegen und Schafe. Drei Übertragungswege von EHEC auf den Menschen gelten heute als gesichert. Übertragung durch kontaminierte Lebensmittel und Trinkwasser sowie Baden in kontaminierten Oberflächenwasser, Kontaktinfektionen von Mensch zu Mensch und Tierkontakt.

Eine wesentliche Rolle spielt die direkte Übertragung von Mensch zu Mensch (fäkal-oral). Das ist insbesondere für Familien und Gemeinschaftseinrichtungen (z. B. Kindergärten, Altenheime, Krankenhäuser) epidemiologisch bedeutsam. Bei Kontakt mit Tieren ist auch eine direkte Übertragung vom Tier auf den Menschen möglich.

Die Inkubationszeit beträgt meist 1–3 Tage, kann aber auch bis zu 8 Tagen dauern. Eine Ansteckungsfähigkeit besteht, solange EHEC-Bakterien im Stuhl nachweisbar sind. In der Regel dauert die Keimausscheidung 5–10 (bis 20) Tage, kann aber (besonders bei Kindern) auch über einen Monat betragen. Vereinzelt kommt es nach einer Erkrankung zur wochenlangen Ausscheidung von EHEC bei klinisch unauffälligem Bild.

Viele EHEC-Infektionen verlaufen oligosymptomatisch oder klinisch inapparent und bleiben daher oft unerkannt. Etwa ein Drittel der manifesten Erkrankungen tritt nur als leichter Durchfall in Erscheinung. Die Erkrankung beginnt in der Regel mit wässrigen Durchfällen, die im Verlauf der Erkrankung zunehmend wässrig-blutig erscheinen und ein der Ruhr ähnliches Bild aufweisen können. Begleitsymptome sind Übelkeit, Erbrechen und zunehmende Abdominalschmerzen, selten Fieber. Bei 10–20 % der Erkrankten entwickelt sich als schwere Verlaufsform eine hämorrhagische Kolitis mit Leibschmerzen, blutigem Stuhl und häufig mit Fieber. Säuglinge, Kleinkinder, alte Menschen und abwehrgeschwächte Personen erkranken erfahrungsgemäß häufiger schwer. Gefürchtet sind Komplikationen: das hämolytischurämische Syndrom (HUS) mit hämolytischer Anämie, Nierenversagen bis zur Anurie und thrombotischer Mikroangiopathie sowie die thrombotisch-thrombozytopenische Purpura (TTP) mit Thrombozytopenie, Hautblutungen, hämolytischer Anämie und neurologischen Veränderungen. Diese schweren Komplikationen treten unabhängig von der Schwere des vorangegangenen Verlaufes der EHEC-Infektion in etwa 5–10 % der symptomatischen EHEC-Infektionen auf. Die Symptomatik hängt vom Ort der Primärschäden durch die Toxine ab. Die Letalität bei HUS und TTP ist besonders im Kindesalter hoch (5–10 %), oft kommt es zum akuten Nierenversagen mit Dialysepflicht, seltener zum irreversiblen Nierenfunktionsverlust mit chronischer Dialyse.

Zur Verbesserung der diagnostischen Erfassung von EHEC-Infektionen wurden Empfehlungen zur Labordiagnostik von EHEC-Infektionen und Verfahren zur Erregerisolierung vom Robert-Koch-Institut (RKI, 1997a) veröffentlicht.

Zum Screening sollten zwei der vom RKI angegebenen Verfahren verwendet werden, darunter zwingend ein Verfahren zum so genannten Stx-Nachweis. Die Verdachtsdiagnose bedarf der Bestätigung durch eine der folgenden Untersuchungen:
- Ein weiteres der vom RKI genannten Testverfahren
- Charakterisierung des Isolats als EHEC (phänotypischer oder genotypischer Stx-Nachweis)

Bei HUS oder TTP sollte zusätzlich eine Untersuchung des Serums auf LPS-Antikörper gegen *E. coli* O157 und andere erfolgen.

Die weitergehende Charakterisierung der Erreger, insbesondere für epidemiologische Fragestellungen, sollte in Abhängigkeit von der Herkunft der Isolate in einem Referenzlaboratorium erfolgen.

EHEC-Erkrankungen sind meldepflichtig (§ 4 Abs. 2 IfSG). Dabei sollte zwischen einer klinisch oder klinisch-epidemiologisch oder klinisch und durch labordiagnostischen Nachweis bestätigten Erkrankung unterschieden werden. Aber auch der labordiagnostische Nachweis bei fehlendem klinischen Bild ist meldepflichtig.

In Bezug auf das Trinkwasser ist insbesondere der Nachweis eines epidemiologischen Zusammenhangs (Hinweis auf gemeinsame Quelle/Exposition wie Lebensmittel, Wasser, infizierte Tiere) mit einer durch labordiagnostischen Nachweis bestätigten Infektion (Inkubationszeit für EHEC ca. 2 bis 8 Tage, für enteropathisches HUS bis zu ca. zwei Wochen nach Beginn des Durchfalls) von Interesse.

Fermentierende Enterobacteriaceae produzieren kein Shiga-Toxin, das ansonsten auch bei einigen *Shigella-*, Salmonella- und verschiedenen oxidasepositiven Stämmen vorkommt. Für einen sicheren und zugleich schnellen Nachweis von *E. coli* sind daher nur wenige Zusatzreaktionen erforderlich.

Eine weitere Beschleunigung wird durch Verwendung von 4-Methylumbelliferyl-β-Glukuronid (MUG) erzielt, aus dessen Spaltung durch β-Glukuronidase ein fluoreszierendes Produkt hervorgeht, das mit Hilfe einer „UV-Lampe" bei 320 bis 380 nm binnen 1 Std. nachgewiesen werden kann.

Das Substrat kann in Laktoseindikatornährböden wie MacConkey-Agar inkorporiert und seine Hydrolyse durch Einlegen einer bewachsenen Platte in eine UV-Box sichtbar gemacht werden. Andere Eigenschaften eines solchen Isolierungssubstrates werden nicht verändert. So kann ein wichtiges Merkmal von *E. coli* nach Inkubation beimpfter Nährböden über Nacht bei laktosepositiven Kolonien innerhalb von Minuten erkannt werden. Außerdem kann die Kultur auf Oxidase- und Indolbildung geprüft werden. Das Prinzip des Glukuronidasenachweises in Verbindung mit wenigen, schnell abzulesenden Zusatzreaktionen wird in mehr oder weniger veränderter Form bei verschiedenen kommerziellen Tests benutzt.

Literatur: Brewster et al., 1994; Beutin, 1990; Griffin und Tauxe, 1991; Huber, 1998; Kaper und O'Brien, 1998; Karch et al., 2000; Menandhar et al., 1997; Müller, H.E., 1999; Paton und Paton, 1998; Poitrineau et al., 1995; RKI, 1996b, 1997a und 1998b; Sharp et al., 1995; Tsen und Jian, 1998; Walsh und Bissonnette, 1989; Wilson et al., 1997.

5.11.4 Salmonella

Salmonellen sind fakultativ anaerobe, gramnegative Bakterien aus der Familie der Enterobacteriaceae, die in unterschiedlichem Maße für Mensch und Tier pathogen sind. Obwohl eine fast unübersehbare Vielzahl (etwa 2500) von Salmonellen bekannt geworden ist, besteht der Genus Salmonella (S.) nur aus den beiden Spezies S. enterica und S. bongori (für Salmonellen-Spezies hat sich eine nicht kursive Schreibweise eingebürgert).

Die Spezies **S. enterica** kann aufgrund unterschiedlicher biochemischer Reaktionen in sechs Subspezies I (enterica), II (salamae), IIIa (arizonae), IIIb (diarizonae), IV (houtena) und VI (indica) aufgespalten werden. Die Subspezies kann man mit ihrer römischen Nr. oder mit ihrem Namen bezeichnen. Nach dem Kauffmann-White-Schema können über 2000 verschiedene Serovare mittels O-Antigene, H-Antigene und Vi-Antigene differenziert werden. **S. bongori** wurde zur eigenen Spezies erhoben.

Korrekt heißt der Typhuserreger Spezies: S. enterica; Subspezies: enterica; Serovare: Typhi Formel 09,12,Vi:Hd:H. Bislang wurde er als *S. typhi* (wie üblich in kursiver Schreibweise) bezeichnet, obwohl es taxonomisch nicht stimmt. Daher wurde vorgeschlagen, die Serovare von Salmonellen mit großem Anfangsbuchstaben zu kennzeichnen und **nicht kursiv** zu schreiben, also S. Typhi, S. Paratyphi A, B, C usw.

Für die Erkennung präziser epidemiologischer Zusammenhänge ist jedoch die serologische Differenzierung allein nach Kauffmann-White nicht ausreichend: Hierfür sind weitere Methoden zur Feindifferenzierung innerhalb eines Serovars, z. B. Lysotypie (Phagentypisierung), Plasmid-Charakterisierung oder Polymerase-Ketten-Reaktion (PCR) erforderlich. Diese Untersuchungen sind allerdings Speziallaboratorien vorbehalten.

Die Serovare S. Typhi, S. Paratyphi A, B und selten C sind beim Menschen streng wirtsadaptiert.

Typhus abdominalis und Paratyphus B sind weltweit verbreitet, während Paratyphus A ausschließlich in tropischen und subtropischen Ländern und Paratyphus C nur in bestimmten Regionen des östlichen Mittelmeerraumes, Afrikas, Südostasiens und Südamerikas auftritt. Außer bei gelegentlichen Einzelfällen, z. B. nach Auslandsaufenthalt in Endemiegebieten, kommen diese Paratyphuserreger in Deutschland nicht vor. Auf Grund des hohen Hygiene-Standards in den westeuropäischen Ländern, den USA und Canada nimmt die Zahl der Typhus-Infektion seit Jahren ab. In Deutschland werden jährlich etwa 100 Typhus- und ebenso viele Paratyphus-Erkrankungen gemeldet (siehe auch Abschn. 5.2.2).

Eine Analyse ergab, dass rund 90 % aller erfassten Fälle im Ausland erworben wurden. Über die Hälfte kam aus Asien. Die weltweit rapide Zunahme der Antibiotika-Mehrfachresistenzen von S. Typhi und S. Paratyphi, die – durch Resistenzplasmide vermittelt – besonders im südostasiatischen Raum zu verzeichnen ist, wird an den in Deutschland isolierten S. Typhi-Stämmen bisher nicht deutlich.

Im anglo-amerikanischen Sprachgebrauch bedeutet „typhus" stets „Typhus exanthematicus" (Flecktyphus, Fleckfieber), während unserem Typhus abdominalis in Englisch typhoid fever entspricht.

Typhus und Paratyphus sind systemische Allgemeinerkrankungen. In der Pathogenese und im klinischen Ablauf bestehen zwischen beiden Krankheiten keine prinzipiellen Unterschiede. Gelegentlich rufen jedoch Paratyphusbakterien (in erster Linie S. Paratyphi B und C) gastroenteritische Formen der menschlichen Salmonellose hervor. Die Erreger werden per os aufgenommen, gelangen in den Magen und in die oberen Dünndarmabschnitte. Im sauren Milieu des Magens, wahrscheinlich aber auch im Darm, überlebt nur ein Teil der aufgenommenen Erreger. Vom Darm aus erreichen sie über die Lymphgefäße, die Mesenterialdrüsen und den Ductus thoracicus die Blutbahn. Möglicherweise können sie jedoch bereits über die Schleimhäute des Rachenraumes in die Lymphgefäße und von da in die Blutbahn gelangen. In der bakteriämischen Phase breiten sich die Erreger im ganzen Organismus aus.

Nach einer Inkubationszeit von 1–3 Wochen, deren Dauer von der Infektionsdosis abhängt, beginnt die Krankheit zunächst mit uncharakteristischen Symptomen oft im Bereich des Respirationstraktes wie Angina und Bronchitis. Die Erreger können dann im Sputum nachgewiesen werden. Bei typischem Verlauf steigt ohne Schüttelfrost das Fieber in der ersten Woche treppenförmig an und erreicht schließlich Werte um 40 °C. Es folgt eine ein- bis zweiwöchige Periode, in der sich die Fieberkurve als Kontinua zwischen Temperaturen von 39 °C und 41 °C bewegt. Bei Patienten ohne Behandlung pflegt in der vierten Woche das Fieber amphibol abzusinken, wenn eine Genesung zu erwarten ist. Während der Kontinua, aber auch noch in der vierten Krankheitswoche, besteht die Gefahr einer Darmblutung und Perforationsperitonitis. Beide Komplikationen können einen tödlichen Verlauf nehmen.

Infektionen durch **Enteritis-Salmonellen** (Bakterien der Gattung Salmonella, Spezies und Subspezies **S. enterica** mit Ausnahme der Serovare Typhi und Paratyphi) sind – besonders bei Erwachsenen – die häufigste erfasste Ursache von Durchfallerkrankungen. Sie werden überwiegend durch den Verzehr von kontaminierten Lebensmitteln tierischen Ursprungs ausgelöst. Beim Menschen führen sie nach 1–3-(bis 5-) tägiger Inkubationszeit zu einer lokalen Darmerkrankung mit Durchfall ohne und mit mäßigem Fieber. Die Erreger werden überwiegend aus dem Stuhl isoliert. Die Ausscheidungsdauer beträgt einige Wochen bis Monate; langjähriges Dauerausscheidertum ist extrem selten. Direkte Übertragungen von Mensch zu Mensch spielen bei den Enteritis-Salmonellen nur eine untergeordnete Rolle. Die Möglichkeit der Kontamination von Lebensmitteln durch Beschäftigte im Lebensmittelverkehr besitzt jedoch eine praktische Bedeutung. Durch die immer stärker werdende Globalisierung von Lebensmittelhandel und Tourismus sind die gegenwärtigen Infektionen durch Salmonellen weitgehend durch international verbreitete distinkte Salmonella-Klone (z. B. Salmonella Enteritidis PT 4 nach Ward oder Salmonella Typhimurium DT104 nach Anderson) bedingt.

Seit 1992 ist ein rückläufiger Trend zu beobachten: 1996 wurden 109.794; 1997: 106.277; 1998: 97.529; 1999: 85.015 und 2000: 78.184 Erkrankungen gemeldet. Zwischen 2004 und 2007 lagen die Salmonellose-Erkrankungen zwischen 52.000 und 57.000 Fälle. 2008 waren es sogar nur noch 42.789 Fälle (RKI, 2009) und 2017 waren es 13.490 Fälle (RKI, 2017). Die Zahlen der Salmonellose-Erkrankungen liegen mittlerweile unter den Zahlen folgender meldepflichtigen Erkrankungen (RKI, 2017): Campylobacter-Enteritis (65.605), Norovirus-Gastroenteritis (63.705), Rotavirus-Erkrankung (36.547). Die Salmonellose bleibt aber weiterhin eine bedeutende Infektionskrankheit. Der Anteil der durch Meldung erfassten Salmonellose-Erkrankungen wird auf 10 bis 20 % der tatsächlich vorkommenden Erkrankungsfälle geschätzt.

Im Jahre 1999 sind von 105 erfassten Ausbrüchen lebensmittelbedingter Infektionen und Intoxikationen mit 1695 Erkrankten 91 durch S. Enteritidis, 10 durch S. Typhimurium und 4 durch sonstige Serovare verursacht worden. S. Enteritidis spielt zur Zeit als Serovar die dominierende Rolle im Infektionsgeschehen.

Da die Salmonellosen gegenwärtig überwiegend als sporadische Infektionen auftreten, bleibt die Einhaltung hygienischer Normen in lebensmittelverarbeitenden Betrieben und in privaten Haushalten ein wichtiges Mittel zur Vermeidung und weiteren Reduzierung der Erkrankungen. Um sie durch Hitze abzutöten, müssen Temperaturen von 55 °C 1 Stunde oder von 60 °C ½ Stunde einwirken. Dies ist von erheblicher praktischer Bedeutung, da bei der Zubereitung und Erhitzung von Speisen, z. B. von Fleisch, Eiern, Backwaren und anderem in den tieferen Schichten diese Temperaturen oft nicht erreicht werden.

Die krankheitsauslösende Koloniezahl ist im Allgemeinen relativ hoch und beträgt mehr als 10^5 KBE. Um diese Zahl zu erreichen, muss der Erreger sich im kontaminierten Lebensmittel zunächst vermehren, sofern das Lebensmittel ein gutes Nährmedium darstellt und die Lagerungstemperatur es erlaubt. Dies trifft für Trink- und Brauchwasser weniger zu.

Verminderte Magensaftsekretion, voluminöse Speisen, Resistenzminderung, höheres oder jüngeres Alter ermöglichen auch eine Infektion durch geringere Erregerzahlen (10^2–10^3). Beim Menschen werden aber in der Regel nur die Stämme epidemiologisch und klinisch auffällig, die aufgrund ihres Toxinbildungsvermögens lokale und gastroenteritische Infektionen verursachen können. Aus der Literatur geht hervor, dass sie in der Umwelt außerordentlich lange persistieren und sich zum Teil wie z. B. in Eiern vermehren können. Ihre Überlebensfähigkeit beträgt im Wasser rund 4 Monate, in Seewasser 2 Monate, in Gülle 13 Monate, im Wiesenboden 1 Monat und in Gartenerde mehr als 10 Monate. In experimentellen Untersuchungen mit S. enterica, Serovar Typhimurium in Gartenerde, konnte festgestellt werden, dass die Bakterien nach 3 Monaten nicht mehr auf Nährmedien kultivierbar, d. h. vermutlich abgestorben waren. In Wirklichkeit befanden sie sich in einem „Schlafzustand", aus dem sie mit bestimmten „Induktoren" wieder erweckt und kultiviert werden konnten.

Obwohl Enteritissalmonellen in zahlreichen Oberflächengewässern vorkommen und aus Trinkwasserproben z. B. nach der Hamburger Flutkatastrophe isoliert werden konnten, ist nur eine große Trinkwasserepidemie 1965 in Riverside/California durch S. Typhimurium mit rund 16.000 Infektionen und 3 Todesfällen verursacht worden. In tropischen Gebieten sind Salmonellenbefunde im Wasser aus Gewinnungsanlagen mit baulich-technischen Mängeln keine Seltenheit. Bei einem positiven Salmonellennachweis können *E. coli* und coliforme Bakterien in der Wasserprobe fehlen, was auch mit der Wahl der Nährmedien und Reagenzien zusammenhängen kann.

Literatur: Bockemühl, 1992; Foster und Spector, 1995; Kühn und Tschäpe, 1995; Müller, G., 1964; Ullmann, 1994b; Schindler, 1996b; Wuthe, 1973.

5.11.5 Shigella

Shigella (*S.*) sind Erreger der bakteriellen Ruhr. Es handelt sich um gramnegative, unbewegliche Stäbchen. Sie sind spezifisch an den Menschen adaptiert und wurden

bei Tieren bisher nur bei Primaten nachgewiesen. Die Gattung wird in vier Spezies (Untergruppen) mit einer Anzahl von Serovaren unterteilt:
S. dysenteriae = O Serogruppe A mit 13 Serotypen
S. flexneri = O Serogruppe B mit 16 Serotypen
S. boydii = O Serogruppe C mit 18 Serotypen
S. sonnei = O Serogruppe E ist serologisch einheitlich

In Europa sind nur *S. flexneri* und *S. sonnei* endemisch. Die beiden übrigen Arten kommen aber als importierte Infektionen vor. Von besonderer Bedeutung ist *S. dysenteriae* Serovar 1, der Erreger der Shiga-Kruse-Ruhr, der stets zu sehr schweren Erkrankungen führt.

Die Sonne-Ruhr verläuft in der Regel milder, eine Zwischenstellung nimmt die Flexner-Ruhr ein.

Als Shigellosen werden in Deutschland jährlich etwa 1350 bis 2000 Erkrankungen registriert, von denen 77 % im Ausland, vor allem in der Türkei, Ägypten und Tunesien erworben werden. Allgemein ist davon auszugehen, dass die Manifestationsrate bei der *S. dysenteriae*-Ruhr ca. 95 % beträgt, die der Flexner-Ruhr bei 70 % liegt und bei der Sonne-Ruhr zwischen 30 % und 75 % schwankt.

Die Erreger führen nach einer Inkubationszeit von 2 bis 5 (bis 10) Tagen bei typischem Verlauf zu wässrigen, später schleimig-blutigen Durchfällen mit starken, kolikartigen Leibschmerzen, Fieber, schwerem Krankheitsgefühl und häufigem, schmerzhaftem Stuhldrang. Leichtere und atypische Verläufe sind ebenfalls häufig.

Die aufgenommenen Ruhrerreger vermehren sich zunächst im Dünndarm bis zu 10^9 KBE/ml. Von dort gelangen sie in das Kolon und dringen hier in die Epithelzellen ein. Es entstehen im gesamten Kolon eitrige zu Blutungen neigende Geschwüre, die zu einer Perforationsperitonitis führen können. Alle virulenten Shiga-Arten bilden auf dem Virulenzplasmid kodierte sekretorisch wirksame Enterotoxine (Proteine). *S. dysenteriae* produziert das so genannte Shiga Toxin, das mit dem Shiga Toxin 1 der EHEC (siehe Abschn. 5.11.3) identisch ist. Es handelt sich um ein zytotoxisches Protein, welches auch eine Komponente besitzt, die eine Hypersekretion von Flüssigkeit durch die Darmepithelien erzeugt.

Durch die zahlreichen Darmentleerungen zeigt der Erkrankte schließlich Symptome der Wasserverarmung und daneben toxische Erscheinungen am Zentralnervensystem, Herz und Kreislauf, die zu Tode führen können. Zu einer Ausbreitung des Erregers im gesamten Körper kommt es nicht.

Nach 1–2 Wochen klingen die Symptome ab. Die Erregerausscheidung dauert mitunter bis zu 4 Monaten. Bei manchen Patienten entwickelt sich im Anschluss an das akute Krankheitsbild eine chronische Verlaufsform mit wechselnden Durchfällen und endoskopisch nachweisbaren Veränderungen der Schleimhaut des Enddarmes. Eine charakteristische Nachkrankheit ist der „Ruhrrheumatismus“, welcher mit schmerzhaften Gelenkschwellungen einhergeht.

Shigellen sind empfindlich gegen Austrocknung, erhöhte Temperaturen und konkurrierende Begleitflora. Sie können aber im dunklen, feuchten und kühlen Milieu unter Umständen längere Zeit überleben. Die Umweltstabilität der Shigellen ist innerhalb der Gattung unterschiedlich. Sie soll bei *S. dysenteriae* am geringsten und bei *S. sonnei* beträchtlich sein.

Von besonderer epidemiologischer Relevanz ist die Eigenschaft der Shigellen (gilt besonders für *S. flexneri* und *S. sonnei*), sich lange Zeit in Lebensmitteln halten und vermehren zu können. Dem normaziden Magensaft widerstehen sie allerdings nur kurzfristig.

Die krankheitsauslösende Infektionsdosis ist mit etwa 10–200 virulenten Erregern sehr gering. Infolgedessen entstehen die meisten Erkrankungen durch Schmierinfektionen. Die Übertragung durch kontaminiertes Wasser oder Lebensmittel kommt besonders in den warmen Ländern vor. Durch *S. sonnei*-Ruhrbakterien wurde 1978 in Deutschland eine größere Trinkwasserepidemie ausgelöst. Sie trat 1978 in Ismaning bei München durch ungenügende Filterwirkung des Bodenprofils in der Umgebung der Wassergewinnungsanlage auf (siehe Tab. 5.2). Innerhalb von 3 Wochen erkrankten 2450 Personen. Zu Ausbrüchen kommt es häufig bei engem Zusammenleben von Menschen unter unzureichenden hygienischen Bedingungen oder bei ungenügend ausgeprägtem Hygienebewusstsein (siehe Abschn. 5.2.1; aus Fehlern lernen).

Shigellen vermehren sich aerob auf den üblichen Nährböden. Zur Isolierung aus Stuhlproben sind Selektivnährböden erforderlich. Geeignet sind die zur Züchtung von Salmonellen bewährten Nährböden, wie der Natriumdesoxycholatzitratagar nach LEIFSON, der Salmonella-Shigella-(SS)-Agar oder MAC CONKEY-Agar. Als flüssiges Anreicherungsmedium kommt die Selenitbrühe nach LEIFSON in Frage. WILSON-BLAIR-Agar und Tetrathionatmedien sind für die Isolierung von Shigellen ungeeignet.

Shigellen, vor allem *S. dysenteriae* und *S. flexneri*, sterben in Stuhlproben leicht ab. Daher sollten die Faeces unmittelbar nach Gewinnung möglichst körperwarm ins Laboratorium transportiert und sofort verarbeitet werden; ist dies nicht möglich, muss ein gepuffertes Transportmedium verwendet werden, das 30 % Glyzerin in 0,6 %iger NaCl-Lösung enthält. Dadurch wird die Abtötung durch pH-Veränderungen in der Stuhlprobe während des Transportes verhindert. Rektalabstriche müssen in Transportmedien überführt werden.

Literatur: Bockemühl, 1992; Keusch, 1991; Metz, 1980; Ullmann, 1994b.

5.11.6 Yersinia

Der Gattung *Yersinia (Y.)* werden derzeit elf Spezies zugeordnet, von denen lediglich drei – *Y. pestis* (Erreger der Pest), *Y. pseudotuberculosis* und bestimmte Serovare von *Y. enterocolitica* – Bedeutung als Krankheitserrger für den Menschen und warmblütige Tiere haben. Auf den Erreger der Pest soll hier nicht eingegangen werden. Die Erreger der Yersiniosen im engeren Sinne, *Y. pseudotuberculosis* und *Y. enterocolitica*, kommen weltweit in den gemäßigten bis subtropischen Klimazonen vor. Während für die Epidemiologie der pathogenen Arten bzw. Stämme latent infizierte warmblütige Tiere wichtigste Reservoire sind, von denen es zur Kontamination der Umwelt (Vegetation, Boden, Wasser) kommt, sind die apathogenen Yersinien weitgehend an die Umwelt adaptiert und in ökologischer Hinsicht von Wirtsorganismen unabhängig.

Y. enterocolitica und *pseudotuberculosis* sind gramnegative kokkoide oder längliche fakultativ anaerobe Stäbchenbakterien. Die Zellen sind bei Bebrütungstemperaturen unter 30 °C peritrich begeißelt. Der Erreger gelangt peroral in den Magen-Darmtrakt und durchwandert die M-Zellen des Dünndarms (Ileum). In der Schleimhaut und in den Payerschen Plaques können geschwürige Läsionen entstehen. Der Erreger dringt in die mesenterialen Lymphknoten vor, die sich stark vergrößern. *Y. enterocolitica* und *Y. pseudotuberculosis* besitzen ein Virulenzplasmid mit einer Reihe von Genen. Ein Protein ist Bestandteil fibrillärer Strukturen an der Zelloberfläche, die primär für die Adhärenz von Bedeutung sind. Weitere Proteine umfassen extrazelluläre Produkte. *Y. enterocolitica* Stämme bilden meist ein chromosomal kodiertes, hitzestabiles Enterotoxin.

Die klinischen Symptome einer Infektion durch *Y. enterocolitica* und *Y. pseudotuberculosis* sind sehr ähnlich. *Y. enterocolitica* verursacht bei Menschen, besonders im Kindesalter, sowohl intestinale als auch extraintestinale Infektionen. Akute wie latente Verlaufsformen werden häufig gefolgt von sekundären immunpathologischen Komplikationen, z. B. reaktive Arthritis, Myocarditis oder Erythema nodosum. Im Vordergrund der klinischen Erscheinungen steht die Enteritis, die besonders beim Kind oft mit anginösen Prodromen beginnt bzw. einhergeht, meist begleitet von einer Lymphadenitis mesenterialis. Extramesenteriale Infektionen kommen bei Erwachsenen häufiger vor als bei Kindern. Septische Erkrankungen und Meningitidien weisen eine hohe Letalität auf.

Die apathogenen *Yersinia*-Arten (*Y. frederiksenii, Y. kristensenii, Y. intermedia, Y. rohdei, Y. aldovae, Y. mollaretii, Y. bercovieri* und *Y. ruckeri*) sind primär Umweltkeime mit gelegentlicher saprophytärer oder passagerer Besiedelung warm- oder kaltblütiger Wirte. Insbesondere *Y. mollaretii, Y. intermedia* und *Y. frederiksenii* sind an Oberflächenwasser adaptiert; *Y. ruckerii* führt zu ulzerösen Erkrankungen bei Süßwasserfischen.

Aufgrund der weiten Verbreitung von *Y. enterocolitica* und *Y. pseudotuberculosis* werden Infektionen des Menschen auch durch kontaminiertes Trinkwasser ausgelöst. Von Bedeutung ist in diesem Zusammenhang die Psychrotoleranz der Yersinien, die ihnen noch eine Vermehrung bei Temperaturen um 4 °C ermöglicht. Im Erdreich bleiben sie bis zu 6 Monaten am Leben.

Die Isolierung der Mikroorganismen aus Oberflächengewässern, Erdreich, Pflanzen und Abwasser erfolgte meist in nur geringer Zahl durch Serovare mit und ohne pathogenetischer Bedeutung.

Zwischen 1982 und 1984 ereigneten sich in Japan in einigen bergigen Regionen der Präfektur Okayama sporadische Fälle und drei lokale Epidemien durch *Y. pseu-*

dotuberculosis. Die Inkubationszeit betrug zwei bis 20 Tage. Epidemiologische Untersuchungen deuteten darauf hin, dass kontaminiertes, nicht gechlortes Trinkwasser aus Bergflüssen und Quellen die Ursache der Infektionen war. Isoliert wurde aus Stuhlproben der Kranken bei einer der Epidemien *Y. pseudotuberculosis* Serotyp 5A und bei den beiden anderen Epidemien die Serotypen 4B sowie Serotyp 2C. *Y. pseudotuberculosis* wird extrem selten aus Stuhlproben isoliert. Wasseruntersuchungen in diesen Gebieten ergaben in 29 aus 8280 Proben den Nachweis von *Y. pseudotuberculosis*. Ermittelt werden konnten die Serotypen 6, 4A und B sowie 2C.

Aus Brunnen- und Trinkwasseranlagen in Deutschland wurden insgesamt 416 *Yersinia*-Stämme an der Salmonellen-Zentrale in Hamburg untersucht. Von diesen Stämmen gehörten 341 (82 %) zu *Y. enterocolitica*, während andere *Yersinia*-Arten in folgender Häufigkeit isoliert werden konnten: *Y. intermedia* 46 Stämme (11 %), *Y. frederiksenii* 24 Stämme (5,8 %) und *Y. kristensenii* 5 Stämme (1,2 %). Die in Europa als menschenpathogen angesehenen Serogruppen O : 3; O : 9; O : 8 und O : 5,27 waren darunter nicht vorhanden.

Y. enterocolitica-Stämme aus Reinwasser von Trinkwasseranlagen hatten ein engeres Spektrum von Serovaren als Isolate aus Brunnenwasser. 72 Stämme waren durch eine neue Kombination von O-Antigenfaktoren, O : 6, 30, 47, gekennzeichnet und weitere 130 Stämme durch ein neues O-Antigen 59. Diese Stämme besaßen zudem ein bisher unbekanntes Fimbrienantigen und ein neues H-Antigen. Das recht einheitliche Antigenmuster bei Stämmen aus Trinkwasseranlagen, der fehlende Nachweis von humanpathogenen Serogruppen und die in allen Fällen negativen Virulenztests lassen den Schluss zu, dass diesen Umweltkeimen keine seuchenhygienische Bedeutung zukommt.

Bei der Anzüchtung von Yersinien aus Wasserproben ist es erforderlich, zur Hemmung der Begleitflora Anreicherungs- und Selektionsverfahren einzusetzen. Dabei wird die Fähigkeit der Yersinien ausgenützt, sich bei niedrigen Temperaturen zu vermehren. Demzufolge erfolgt zu ihrem Nachweis Bebrütung bei 4 °C.

Literatur: Aleksic und Bockemühl, 1988 und 1990; Eden et al., 1977; Feuerpfeil, 1996b und 1997; Fukushima et al., 1984; Grant et al., 1998; Heesemann, 1990; Inoue et al., 1988a und 1988b; Kiesewalter, 1992; Lund, 1996; Mc Feters, 1990; Weber et al., 1987.

5.11.7 Citrobacter, Klebsiella und Enterobacter

Stämme der Gattung ***Citrobacter*** (*C.*) sind normale Darmbewohner des Menschen sowie warm- und kaltblütiger Tiere. Sie sind in deren Ausscheidungen, in kontaminierten Lebensmitteln und in der Umwelt häufig zu finden. Folgende drei Spezies werden unterschieden: *C. freundii, C. diversus* und *C. intermedius.*

C. freundii kann im Wasser vorkommen und dadurch auch in Lebensmittel gelangen. Durch Bildung von plasmidkodiertem, hitzestabilem Enterotoxin, das mit dem *E. coli*-Shiga-Toxin oder phageninduzierten Shiga-Toxin identisch ist, können Enteritiden verursacht werden.

Bakterien der Gattung ***Klebsiella*** (*K.*), insbesondere die Subspezies *K. pneumoniae*, kommen im Darm von Mensch und Tier, aber sehr häufig auch in der Umwelt vor, z. B. Oberflächenwasser, auf feuchten faulenden Pflanzen, in Abwässern. Durch mit *K. pneumoniae* kontaminierte Luftbefeuchter in Klimaanlagen sind Atemwegsinfektionen (Pneumonien) entstanden. Durch kontaminierte Lebensmittel wurden Enteritiden ausgelöst. Krankheiten durch *K. terrigena* und *K. planticola* sind nicht bekannt geworden.

Die häufigsten Arten des sehr heterogenen Genus ***Enterobacter*** (*E.*) sind *E. cloacae, E. sakazakii, E. agglomerans, E. aerogenes* und *E. gergoviae*. Die Erreger können teilweise im Intestinaltrakt und damit im Stuhl von Menschen und Tieren nachgewiesen werden. In der Umwelt sind sie als freilebende Saprophyten in Abwasser, Oberflächenwasser und Boden, aber auch auf Pflanzen, zu finden. Bei *E. cloacae*-Stämmen aus tropischen Ländern wurde vereinzelt die Bildung von hitzelabilen und hitzestabilen Enterotoxinen nachgewiesen, so dass diesen Mikroorganismen, wenn auch selten, eine Bedeutung als Durchfallerreger zukommen kann. *E. dissolvens* und *E. nimipressuralis* konnten bisher nur aus Umweltmaterial isoliert werden. Weitere Arten wie *E. amnigenus* und *E. intermedium* haben ihren Standort ebenfalls in der Umwelt (Wasser und Boden), sind aber medizinisch bedeutungslos.

Literatur: Bockemühl, 1992; Ullmann, 1994a; Sanders und Sanders, 1997.

5.11.8 Proteus, Providencia, Morganella

Die Gattung *Proteus* wurde in drei Genera *Proteus, Providencia* und *Morganella* aufgeteilt. *Proteus mirabilis* und *Proteus vulgaris* sind die beiden wichtigsten Arten. Als Fäulniskeime kommen sie zu 5–20 % im Darm gesunder Menschen sowie warm- und kaltblütiger Tiere vor. Sie sind dementsprechend häufig freilebend in fäkal kontaminiertem Umweltmaterial zu finden (Wasser, Abwasser, Boden und Ähnliches). Ihre Rolle als Enteritiserreger wurde bisher nicht überzeugend belegt (Rozalski et al., 1997).

Eine Bedeutung haben die Mikroorganismen als Ursache einer breiten Palette von Infektionen im Krankenhaus.

Providencia spec. und *Morganella morganii* werden selten im Darm von gesunden Menschen gefunden. Sie sind jedoch wichtige Erreger nosokomialer Infektionen. *Morganella morganii* kann bei Kindern und Erwachsenen eine Enteritis auslösen. Spezifische Pathogenitätsfaktoren sind nicht bekannt (Bockemühl, 1992; Ullmann, 1994a).

5.11.9 Hafnia, Serratia und Edwardsiella

Mikroorganismen der Gattung ***Hafnia*** mit der einzigen Spezies *Hafnia alvei* sind im Darm gesunder Menschen und Tiere (häufig bei Vögeln) sowie in der Umwelt (Wasser, Abwasser, Boden) weit verbreitet. Sie sind keine spezifischen Krankheitserreger, werden aber im Hospitalmilieu als Opportunisten bei Infektionen der Atem- und Harnwege, auf Wunden und in Abszessen gefunden bzw. sind an Mischinfektionen beteiligt.

Angaben der älteren Literatur, denen zufolge Hafnia-Erreger von ruhrähnlichen oder wässrigen Durchfällen sein sollen, haben sich nicht bestätigen lassen; Pathogenitätsfaktoren sind nicht bekannt.

Von den mehr als 13 genetischen Verwandtschaftsgruppen der Gattung ***Serratia*** (*S.*) mit 8 Spezies ist einzig die bereits 1823 beschriebene *S. marcescens* medizinisch wirklich bedeutungsvoll. Diese Mikroorganismen sind in Wasser, Boden, auf Pflanzen und bei Insekten weit verbreitet. Beim Menschen sind sie opportunistische Erreger, die im Hospitalmilieu insbesondere bei abwehrgeschwächten Patienten zu einer breiten Palette von Infektionen, vor allem der Harn- und Atemwege und unter anderem zu Wundinfektionen und schwer therapierbarer Sepsis (hohe Antibiotikaresistenz) führen können.

S. liquefaciens ist nach *S. marcescens* die zweitwichtigste Art mit weiter Verbreitung in der Umwelt (Wasser, Boden, Pflanzen).

S. plymuthica und *S. rubidaea* kommen ebenfalls im Wasser und Boden vor.

S. fonticola, eine apathogene Bakterienart (aus Wasser gezüchtet), sollte, da genetisch atypisch, aus der Gattung *Serratia* ausgeklammert werden.

Einige Stämme von *S. marcescenz* und *S. rubidaea* produzieren bei Lichtabschluss ein rotes Pigment (Prodigiosin). Es erregte früher als „Blutstropfen“ Verwunderung, wenn er auf Serratia kontaminierten Nahrungsmittel vorkam (Hostienphänomen).

Edwardsiellen (*E.*) sind eine Gruppe von Enterobacteriaceae mit natürlichem Vorkommen in der Umwelt sowie im Darm von kalt- und warmblütigen Wildtieren.

E. tarda hat unter den drei definierten Arten allein medizinische Bedeutung als wahrscheinlicher Erreger von Durchfallerkankungen, vorwiegend in warmen Ländern.

E. hoshinae wurde bisher nur bei Vögeln und Reptilien sowie in Wasserproben nachgewiesen. *E. ictaluri* ist fischpathogen (Bockemühl, 1992; Ullmann, 1994a).

5.11.10 Kluyvera, Rahnella, Budvicia und Buttiauxella

Mikroorganismen der Gattung ***Kluyvera*** sind von fraglicher Bedeutung als primäre Krankheitserreger. Sie können aber opportunistische Infektionen bei vorgeschädigten Patienten im Krankenhaus verursachen. Sie kommen im Wasser, Abwasser und Boden vor.

Rahnella (*R. aquatilis*), *Budvicia* (*B. aquatica*), *Buttiauxella* (*B. agrestis*) und *Pragia* (*P. fontium*): Diese monospezifischen Gattungen wurden überwiegend aus Wasser isoliert (Bockemühl, 1992; Ullmann, 1994a).

5.12 Micrococcaceae

Von Interesse für die Humanmedizin sind die Gattungen *Staphylococcus*, *Micrococcus* und *Stomatococcus*.

Bei ***Staphylococcus*** (*S.*) handelt es sich um grampositive Kokken, deren Untersuchung nach der TrinkwV angeordnet werden kann.

S. aureus gehört als Kommensale bei zahlreichen Menschen und auch bei Tieren zur physiologischen Körperflora. Hierbei hat es sich erwiesen, dass es so genannte Standortvarietäten gibt, d. h. die beim Menschen anzutreffenden *S. aureus*-Stämme kommen üblicherweise beim Tier nicht vor und umgekehrt. Haustiere und auch wild lebende Tiere sind daher keine Reservoire für humanmedizinisch bedeutsame *S. aureus*-Stämme. *S. aureus* ist beim Menschen in der vorderen Nasenhöhle, im Rachen, den Ausführungsgängen der Brustdrüse und im geringen Umfang auch im Darm anzutreffen. Von der Hautoberfläche sind insbesondere die Perianalregion und die Achselhöhlen zu nennen.

Unter dem Krankenhauspersonal sind häufig Träger von *S. aureus* zu finden, die Ausgangspunkt für Hospitalinfektionen sein können. In der Regel sind diese Stämme gegen eine Vielzahl von Antibiotika resistent.

S. aureus ist bekannt als Erreger allgemeiner und lokaler Infektionen. Er kann Eiterungen der Haut (z. B. Furunkel), Osteomyelitis, Empyeme, Sepsis, Toxic Shock Syndrom und andere schwere Krankheiten verursachen. Bestimmte Stämme dieser Spezies bilden neben extrazellulären Produkten (z. B. Plasmakoagulase, Leukozidin, Hämolysine, Hyaluronidase, Exfoliativtoxine) hochtoxische Enterotoxine. Unter Enterotoxinen versteht man eine Gruppe von serologisch unterschiedlichen Exoproteinen. Bekannt sind die Enterotoxine (A, B, C1–3, D und E). Am gefährlichsten für den Menschen sind die Enterotoxine A und B.

Die Enterotoxine sind sehr hitzestabil, so dass Kochen des Lebensmittels sie nicht zerstört. Sie können nur bei Temperaturen über 117 °C (Sterilisationstemperaturen bei der Vollkonservenherstellung) inaktiviert werden. Die Vergiftungserscheinungen sind Erbrechen, Fieber, Kreislaufstörungen, Durchfall und Abdominalschmerzen. Die ersten Symptome treten etwa nach zwei bis sechs Stunden auf. Die Kontamination des Lebensmittels mit Staphylokokken kann von Rohprodukten (z. B. Mastitis-Milch) stammen. Meistens jedoch wird durch Nasensekret, Speichel, durch Hustenaerosole oder Hautwunden an Händen eine Kontamination der Lebensmittel verursacht. Die Krankheit verläuft fast immer gutartig und ist meistens nach 24 Stunden abgeklungen.

Nur selten kann es vor allem bei Kleinkindern und älteren Menschen zu schweren Erkrankungen kommen. Fälle mit tödlichem Ausgang sind beschrieben. Die aufgenommene Toxinmenge spielt dabei eine Rolle. Kontaminiertes Wasser führt zu einer Verbreitung der Staphylokokken. Zu einer Intoxikation ist jedoch eine Vermehrung der Mikroorganismen mit Enterotoxinbildung in einem Lebensmittel notwendig.

Bereits 1966 wurde in Deutschland darauf hingewiesen, dass Staphylokokken im Trinkwasser vorhanden sein können, aber seuchenhygienisch keine Bedeutung haben. Aus den USA ist bekannt, dass *S. aureus* in 6 % kleinerer Wasserversorgungsanlagen nachgewiesen werden konnte. Die Kontamination von Lebensmitteln erfolgt im Allgemeinen nicht über das Trinkwasser, um falsche Rückschlüsse aus bakteriologischen Wasseruntersuchungen zu vermeiden.

Neben *S. aureus* (Plasmakoagulase positiv im Laboratoriumstest) gibt es bis heute 24 weitere Staphylokokken Spezies, die Plasmakoagulase-negativ sind. Hauptvertreter ist *S. epidermidis*. Eine human medizinische Bedeutung haben ferner *S. haemolyticus, S. hominis, S. capitis, S. warneri, S. simulans, S. auricularis, S. lugdunensis, S. schleiferi, S. saprophyticus, S. xylosus* und *S. cohnii*. Die Taxonomie der kaogulasenegativen Staphylokokken ist aber sicherlich noch nicht abgeschlossen, mit entsprechenden Änderungen und Ergänzungen muss in den nächsten Jahren gerechnet werden.

S. epidermidis ist ubiquitär verbreitet und besiedelt besonders Haut und Schleimhäute. Koagulase-negative Staphylokokken sind an der primären lokalen Barrierefunktion der Haut gegen eindringende potentiell pathogene Mikroorganismen beteiligt.

In früheren Jahren wurde angenommen, dass Koagulase-negative Staphylokokken für Mensch und Tier generell apathogen sind. Heute ist jedoch bekannt, dass sie auch für schwere Infektionsprozesse verantwortlich sein können. Aufgrund der geringeren Virulenz sind jedoch Infektionen mit Koagulase-negativen Staphylokokken, wenn keine prädisponierenden Faktoren vorliegen, selten. Hauptbetroffen sind v. a. Patienten mit implantierten Plastikfremdkörpern (künstliche Herzklappen, Endoprothesen), durch intravasale Katheter und Patienten mit malignen Erkrankungen oder immunsuppressiver Therapie. *S. epidermidis* adhäriert irreversibel an Polymeroberflächen, kann sich dort vermehren und Mikrokolonien bilden. Dabei produzieren die Erreger eine extrazelluläre Schleimsubstanz, vergleichbar den extrazellulären polymeren Substanzen (EPS) der Biofilme, welche die Staphylokokken umgibt und vor der Wirkung von Antibiotika und Wirtsabwehrmechanismen (Opsonophagozytose) schützt. Der Infektionsherd kann häufig nur durch die Entfernung des infizierten Plastikmaterials eliminiert werden.

Mikroorganismen der Gattung ***Micrococcus*** (*M.*) gehören zur normalen Haut- und Schleimhautflora von Mensch und Säugetieren und sind auch als Saprophyten in der Natur weitverbreitet. Außerdem kommen Mikrokokken in Milch und Milchprodukten, in Staub, im Erdboden und im Wasser vor. Häufig wachsen sie mit starker Pigmentbildung (z. B. *M. luteus*). Über die Pathogenität der Mikrokokken ist wenig bekannt.

Fast nur im Boden und Wasser werden *M. agilis* (rot) und *M. roseus* (pastellrot, rot-orange/rot) gefunden. Aus Salzwasser lassen sich pigmentlose *M. halobius* züchten.

Die Gattung ***Stomatococcus*** befindet sich überwiegend in der normalen Mund- und Rachenflora. Über ihre Bedeutung ist wenig bekannt.

Die **Isolierung der Mikrokokken** erfordert keine speziellen Nährböden. Blutagar (normalerweise mit Schafblut; bei anderen Blutarten unter Umständen geändertes Hämolyseverhalten!): Nach eintägiger Bebrütung bei 36 °C meist mittelgroße, gelbe bis goldgelbe, manchmal auch weißliche Kolonien mit unterschiedlicher, manchmal auch fehlender Hämolyse. Sehr selten, bei starker Kapselbildung, kommen gräulichweiße, schleimig, unter Umständen sogar an *Klebsiella* erinnernde Kolonien vor. Überwiegend ist die Verdachtsdiagnose *S. aureus* nur kulturmorphologisch zu stellen.

Nährbouillon (z. B. Traubenzucker-, Tryptic Soja-, Hirn-Herz-Bouillon), meist gleichzeitig zur Anreicherung angesetzt, zeigt üppiges Wachstum unter Trübung und Bodensatzbildung. Selektivnährböden wie Mannit-Kochsalz-Agar oder Chapman-Stone-Medium verbessern die Ausbeute bei stark überwiegenden Begleitkeimen.

Mannit-Kochsalz-Agar (ggf. mit 5 % Schafblut), nach 1 bis 2 Tagen Bebrütung bei 36 °C; Kolonien mit gelbem Hof infolge Mannitspaltung.

Chapman-Stone-Medium: Nach 2 Tagen bei 36 °C gelbe Kolonien mit klarer Gelatinolysezone etwa 10 min. nach Auftropfen einer gesättigten Ammoniumsulfat- oder einer 2 %igen Sulfosalizylsäurelösung; nach Auftropfen von 0,04 %iger Bromthymolblaulösung wird Gelbfärbung des Nährbodens infolge Säurebildung aus Mannit nach Wegwischen der Kolonien sichtbar.

Literatur: Crossley und Archer, 1997; Kloos und Bannerman, 1994; Kotb, 1995; Le Chevallier und Seidler, 1980; Peters und Schumacher-Perdreau, 1992; Pulverr, 1966; Seidel, 1991.

5.13 Campylobacter und Helicobacter

5.13.1 Campylobacter

Die ***Campylobacter*** (C.) gehören zur Familie der Spirillaceae. Sie sind gramnegative, gebogene Stäbchen, die bei einer Optimaltemperatur von 42 °C bis 43 °C angezüchtet werden. Die ökonomische Bedeutung der *Campylobacter*-Infektionen ist den Salmonellosen gleichzusetzen.

Es gibt verschiedene Spezies und Subspezies, die zu unterschiedlichen Krankheitsbildern führen können. Am häufigsten kommen Infektionen durch *C. jejuni* vor. Nur etwa 5 % der menschlichen *Campylobacter*-Erkrankungen entstehen durch andere Spezies, z. B. durch *C. coli, C. lari* und *C. fetus*.

Seit 1991 werden aerotolerante *Campylobacter* beschrieben, so genannte *Arcobacter*, denen zum Teil auch pathogene Bedeutung (besonders *Arcobacter butzleri*) zukommt.

Die *Campylobacter*-Infektion ist eine weltweit verbreitete Zoonose und wird von Haustieren leicht auf den Menschen übertragen. Geflügelfleisch ist ebenfalls eine häufige Infektionsquelle.

Auch eine Übertragung von Mensch zu Mensch ist möglich. In Entwicklungsländern werden bis zu 30 % menschliche Keimträgerraten und in Industrieländern rund 1 % beobachtet. Als Vektor innerhalb der Infektionskette spielen möglicherweise auch Insekten, insbesondere Fliegen, eine Rolle. *Campylobacter* ist weltweit die häufigste bakterielle Ursache von Enteritiden. Er wird für 80 % aller Durchfallerkrankungen in Entwicklungsländern verantwortlich gemacht.

Die Übertragung erfolgt fäkal-oral, aber auch über kontaminierte Nahrung und Trinkwasser. Die Infektionsdosis ist gering. Freiwillige Versuchspersonen erkrankten bereits durch rund 500 Erreger.

Nach oraler Aufnahme von *C. jejuni* beginnt die Erkrankung nach einer unspezifischen Prodromalphase von 1–2 Tagen als akute Enteritis, die 1–7 Tage anhält. Klinisch imponiert sie als Kolitis mit anfangs wässrigen, später blutigen Durchfällen und abdominalen Schmerzen. Die *Campylobacter*-Infektion hat eine hohe Spontanheilungsrate; allerdings treten bei 10–20 % der Patienten verlängerte Krankheitsverläufe auf, und in 5–10 % kommt es zu Rückfällen.

Nach Überwinden der Magenpassage vermehrt sich *C. jejuni* in der Gallenflüssigkeit und im oberen Dünndarm. Die Gewebeschädigung geschieht im Jejunum, Ileum und Kolon gleichermaßen.

Für die Ausbreitung und Etablierung des Keims ist die Morbidität von entscheidener Bedeutung. Neben der Endotoxinaktivität des Lipopolysaccharids der äußeren Zellmembran wurden diverse Zytotoxine nachgewiesen, die serologisch dem Shigatoxin ähneln.

Durch kontaminiertes Trinkwasser sind eine Reihe Campylobacter-Epidemien ausgelöst worden. Von 1978 bis 1986 waren es in den USA 11 Epidemien mit 4983 Erkrankten. In Schweden erkrankten von 1992 bis 1996 durch 6 Campylobacter-Epidemien 5915 Personen. Über weitere Epidemien wird aus England und Wales berichtet.

Die Gefährdung durch Oberflächenwasser bestätigt eine *Campylobacter*-Infektion bei 6 Kindern, die Oberflächenwasser beim Spielen getrunken haben.

In untersuchten Rohwässern konnten *Campylobacter* in beträchtlichen Mengen nachgewiesen werden (10.990/100 ml). Während ein solcher Wert in hochbelasteten Fließgewässern zu erwarten war, gelang auch der Nachweis von *Campylobacter* im Wasser von Trinkwassertalsperren. Aus mäßig organisch belastetem Flusswasser lassen sich häufig rund 10 KBE *Campylobacter* in 100 ml isolieren. Ihre Zahl steht in einem Zusammenhang zu den Coliformen. Es muss davon ausgegangen werden, dass *Campylobacter* zu den ständigen Begleitern der natürlichen bakteriellen Biozönose aller Oberflächengewässer gehören.

Untersuchungen verschiedener Aufbereitungsstufen in Wasserwerken zeigten, dass *Campylobacter* zum Teil auch nach gut wirksamen Aufbereitungstechniken (Flockungsfiltration) nachweisbar waren. *Campylobacter* konnten selbst nach Grundwasserpassage und Aktivkohlefiltration gefunden werden. In Biofilmen sind sie ebenfalls enthalten. Sie gelten als chlorempfindlich.

Sind weniger als 10 Coliforme/ml im Flusswasser enthalten, ist nicht mit einem Campylobactervorkommen zu rechnen. Im Rohabwasser von städtischen Kläranlagen sind im Durchschnitt 10^3 *Campylobacter* in 100 ml vorhanden. In Kläranlagen werden sie um etwa 80 % reduziert. In Belebtschlammanlagen beträgt ihre Abnahme rund 95 %.

Für ihr Wachstum benötigen Bakterien der Gattung *Campylobacter* eine mikroaerophile oder anaerobe Atmophäre. Zur Anzüchtung muss ein Campylobacter-Selektiv-Agar mit Selektiv-Supplement verwendet werden. Bewährt hat sich die Kombination Preston-Bouillon/-Agar oder CAR-Bouillon/Preston-Agar.

Literatur: Beutling, 1998; Busweil et al., 1998; Feuerpfeil et al., 1997; Gondrosen, 1986; Höller et al., 1998; Jacob et al., 1998; Jones und Roworth, 1996; Koenraad et al., 1997; Megraud und Serceau, 1990; Pebody et al., 1997; Sobsey, 1989; Stanley et al., 1998.

5.13.2 Helicobacter

Zur Gattung *Helicobacter* (*H.*) gehören ca. 20 verschiedene Spezies, die überwiegend bei Tieren vorkommen. Für Menschen ist als Krankheitserreger *H. pylori* und evtl. noch *H. heilmannii* von Bedeutung.

H. pylori ist ein gebogenes oder spiralförmiges stark bewegliches gramnegatives Stäbchen. Unter ungünstigen Umwelt- und Kulturbedingungen nehmen die Bakterien eine kokkoide Form an.

Mehr als die Hälfte der Menschheit ist mit *H. pylori* infiziert. Die Infektion wird meist im Kindesalter erworben und persistiert lebenslang, wenn keine Therapie erfolgt. Die meisten Infektionen verlaufen symptomlos oder mit unspezifischen Oberbauchbeschwerden („nicht-ulzeröse Dyspepsie"). Nur bei ca. 10 % der Infizierten kommt es zu Folgekrankheiten (gastroduodenale Ulkuskrankheit, Magenschleimhautatrophie, Magenmalignome). Patienten mit Ulcus duodeni sind zu fast 100 % mit *H. pylori* infiziert, Patienten mit chronisch-atrophischer Gastritis zu 80 %, mit Ulcus ventriculi zu 70 %, und beim Magenkarzinom liegt in 60 % der Fälle eine *H. pylori*-Infektion vor.

Es wird eine fäkal-orale und/oder oral-orale Übertragung von Mensch zu Mensch angenommen, da innerhalb von Familien häufig derselbe Stamm gefunden wird.

H. pylori ist ein extrazellulärer Krankheitserreger, eine Invasion der Bakterien in Epithelzellen wird nur selten beobachtet. Mittels mehrerer Adhäsine haftet er fest an Magenepithelzellen. Die Schleimhautschädigung durch *H. pylori*-Infektion ist das

Resultat einer direkten toxischen Wirkung bakterieller Produkte und der chronischen Entzündungsreaktion, mit der die Magenschleimhaut auf die Infektion reagiert. Die Freisetzung von Urease, VacA-Zytotoxin und wahrscheinlich noch anderer extrazellulärer Produkte (z. B. Phospholipasen) bewirkt eine direkte toxische Schädigung der Epithelzellen.

Ob das Magenkarzinomrisiko durch frühzeitige *H. pylori*-Therapie reduziert werden kann, ist noch nicht geklärt. Frühe Stadien des *H. pylori*-assoziierten MALT-Lymphoms (Mucosa associated lymphoid tissue) konnten durch Eradikation der *H.-pylori*-Infektion in eine Remission gebracht werden. Ob dies zu einer dauerhaften Heilung der Tumoren führt, wird noch untersucht.

Die Klärung des Infektionsweges wird erschwert, weil das Bakterium kokkoide Dauerformen bildet, die sich bisher jeder Kulturtechnik entziehen und morphologisch nicht von Kugelbakterien zu unterscheiden sind.

Diskutiert wird eine Infektion über das Oberflächenwasser, in dem *H. pylori* in kokkoiden Formen für Monate und Jahre zu überleben vermag.

Peruanische Untersuchungen an 407 Kindern im Alter von 2 Monaten bis 12 Jahren haben ergeben, dass die Zahl der Infektionen durch *Helicobacter* bei Kindern aus Haushaltungen mit städtischen oder kommunaler Wasserversorgung 3 mal höher war als bei Kindern, die mit Trinkwasser aus Brunnen aufwuchsen.

Untersuchungen über *Helicobacter* Reservoire und Übertragungswege bei Kindern liegen ebenfalls aus Bangladesh vor. Im Infektionsgeschehen spielte jedoch die unterschiedliche Lebensweise zwischen Muslims und Hindus eine größere Rolle als die Wasserversorgung.

Chinesische Versuche zur Überlebensfähigkeit von *Helicobacter* ergaben bei 4 °C eine Überlebenszeit in Milch von 10 Tagen und im Leitungswasser von 4 Tagen. Elektronenmikroskopisch ließen sich in 4 °C kaltem Wasser nach 7 Tagen nicht kultivierbare kokkoide Formen darstellen. Die Autoren halten kontaminierte Milch und Wasser als Infektionsquelle für möglich.

Unter definierten Bedingungen können nach englischen Versuchen *Helicobacter* Biofilmformationen im Wasser an der Luft-Flüssigkeits-Grenze bilden. Es werden Rückschlüsse auf das Wachstum und die Überlebensfähigkeit von *H. pylori* in vivo gezogen.

In den USA wurden 3 Helicobacterstämme auf ihre Widerstandsfähigkeit gegenüber Chlor untersucht. Durch freies Chlor werden sie bei der Wasserchlorung sehr schnell inaktiviert. Die Autoren empfehlen deshalb für die Desinfektion von Trinkwasser eine Überwachung der Chlorungswerte.

In Japan, Canada und Peru konnte mit Hilfe der Polymerase Kettenreaktion (PCR) *Helicobacter* DNA im Wasser nachgewiesen werden. Auch in Schweden wurde Wasser mit zwei PCR-Assays auf *Helicobacter* DNA-Vorkommen untersucht.

- In 9 aus 24 privaten Brunnen,
- in 3 aus 25 städtischen Leitungswasser,
- und in 3 aus 25 Abwasser-Proben,

waren beide PCR-Assays positiv. Ob dies ein Beweis für das Vorhandensein von *H. pylori* ist, wird in Frage gestellt, weil dem Genus *Helicobacter* neben *H. pylori* und *H. heilmannii* vielleicht noch weitere bisher nicht bekannte Vertreter angehören.

Unbekannt ist ferner, ob im Wasser nachgewiesene nicht kultivierbare kokkoide Formen beim Menschen eine Infektion auslösen können. Experten sind außerdem der Ansicht, dass *Helicobacter* ein streng auf den Menschen angepasster Erreger ist, der in der Umwelt keine großen Überlebensmöglichkeiten vorfindet.

Die Isolierung und Anzucht von *H. pylori* erfolgt durch „Ausstrich“ einer der zu untersuchenden Probe auf Columbia-Agar (mit 5 % Schafblut oder 7 % lysiertem Pferdeblut).

Literatur: Elitsur et al., 1998; Fan et al., 1998; Goodman et al., 1996; Hulten et al., 1996 und 1998; Johnson et al., 1997; Kist und Bereswill, 1997; Klein et al., 1991; Mc Keown et al., 1999; Sasaki et al., 1999;. Sato et al., 1999; Stark et al., 1999.

5.14 Vibrionen

5.14.1 Übersicht

Die Gattung *Vibrio* (V.) umfasst über 30 Spezies, deren natürlicher Standort das Wasser und die darin lebende Fauna ist. Vibrionen sind weltweit in tropischen und gemäßigten Klimazonen verbreitet.

Wassertemperaturen über 15 °C, einem Salzgehalt entsprechend etwa 10 g/l NaCl sowie eine gewisse Menge an gelösten organischen Stoffen fördern die Vermehrung der Vibrionen in ihrer natürlichen Umgebung. In den gemäßigten Klimazonen sind sie dementsprechend während der warmen Sommermonate gehäuft in Oberflächenwasser sowie, je nach dem Salinitätsbedürfnis der Spezies, in den Mündungstrichtern großer Flüsse und den Küstengebieten der Meere (Lagunen) anzutreffen.

Bis vor rund 30 Jahren richtete sich das Interesse fast ausschließlich auf den Erreger der asiatischen Cholera. Es gibt aber eine Biovariante, die sich biologisch, epidemiologisch und diagnostisch von *Vibrio cholerae* 01 unterscheidet. Sie ist 1905 in El-Tor, einer Quarantänestation für Mekkapilger am Roten Meer, entdeckt worden, wurde zunächst als nicht pathogen angesehen und trägt den Namen *Vibrio eltor* 01. Inzwischen sind weitere Vibrio-Spezies isoliert und differenziert worden, die ebenfalls choleraartige Durchfälle hervorrufen können. Einige wichtige Vertreter sind *V. cholerae* non 01, *V. cholerae* 0139, *V. mimicus, V. hollisae, V. fluvialis, V. furnissii, V. vulnificus, V. parahaemolyticus* und *V. damsela.*

5.14.2 Vibrio cholerae 01 und Vibrio eltor 01

Die Cholera-Vibrionen sind gramnegative Stäbchen. Wie alle gramnegativen Bakterien enthalten sie in ihrer äußeren Hülle Lipopolysaccharide. Das O-Antigen hat diagnostische Bedeutung, da nur das O-Antigen der Serogruppe 1 (01) und 0139 für den Cholera-Erreger beweisend ist. Die nicht zur Serogruppe 01 bzw. 0139 gehörenden Vibrionen heißen nicht agglutinierbare Vibrionen (NAG) oder Nicht-Cholera-Vibrionen.

Für Vibrionen charakteristisch ist der Besitz einer einzigen polaren Geißel. Diese ist für die rasche Beweglichkeit der Erreger verantwortlich. Sie erleichtert dem Erreger das Durchdringen der Schleimschicht über der Dünndarmepithelzelle.

Die Stämme des klassischen Choleraerregers (*V. cholerae*) bilden drei serologisch trennbare Fimbrientypen (A, B, C) aus, während die *V. eltor*-Stämme zwei Fimbrientypen (B und C) tragen.

Zu den extrazellulären Produkten zählt die Muzinase. Dieses Enzym hydrolysiert die Schleimschicht über der Dünndarmepithelzelle und hilft dem Erreger, die Schleimschicht zu durchdringen. Sie erleichtert ihm damit den direkten Kontakt mit der Dünndarmepithelzelle. Die Muzinase ist ein Virulenzfaktor.

Von Bedeutung ist ferner die Neuraminidase. Die von *V. cholerae* und *V. eltor* produzierte Neuraminidase setzt aus Gangliosiden auf der Dünndarmepithelzelle Neuraminsäure frei. Dadurch werden zusätzliche Toxinrezeptoren freigelegt, so dass sich vermehrt Toxin an die Zielzellen binden kann.

Das Choleragen, auch Choleratoxin genannt, ist der hauptsächliche Virulenzfaktor von *V. cholerae*, indem es die Störung des Ionen/Wasser-Transports in der Dünndarmepithelzelle verursacht. Das Choleratoxin bindet sich an Rezeptoren der Epithelzelle. Die Adenylatzyklase in der Zelle kann nicht mehr reguliert werden und verbleibt dauernd in einem aktivierten Zustand. Es entsteht vermehrt cAMP. Dadurch strömt ein erhöhtes Flüssigkeitsvolumen aus dem Dünndarm in den Dickdarm, so dass sich eine Diarrhoe vom sekretorischen Typ entwickelt.

Sowohl die Dünndarm-Epithelzellen als auch die Endothelzellen der Kapillaren in der Lamina propria bleiben am Leben und zeigen keinerlei histopathologische Veränderungen. Der Intravasalraum und der Extrazellularraum trocknen infolge des Flüssigkeitsverlustes aus; es kommt zu Exsikkose, zum hypotonen Schock und ggf. zum Tode des Patienten.

Bei einer Cholera-Infektion gelangen Choleravibrionen mit fäkal kontaminiertem Wasser, selten mit kontaminierter Nahrung in den Gastrointestinaltrakt des Menschen.

Die Salzsäure des Magens stellt eine wirksame Abwehrschranke dar, weil ein Großteil der säureempfindlichen Choleravibrionen durch sie abgetötet wird. Erst wenn die aufgenommene Erregerzahl 10^8–10^{10} beträgt, kommt es zu einer Infektion. Bei Hypoazidität sinkt die Infektionsdosis auf 10^3–10^4 Erreger ab. Die Erreger, welche die Säurebarriere des Magens überwinden und den oberen Dünndarm erreichen, finden wegen des dort herrschenden alkalischen Milieus gute Vermehrungsbedingungen vor. Die in den sauren Dickdarm gelangenden Erreger sterben schnell ab.

Nach einer Inkubationszeit von 2–5 Tagen beginnt die Erkrankung mit Übelkeit und Erbrechen. Es treten „reiswasserartige“ Durchfälle auf, d. h. es entleert sich eine leicht getrübte, farblose Flüssigkeit, in der kleine Schleimflocken schwimmen. Die ausgeschiedenen Flüssigkeitsmengen können bis zu 25 Liter/Tag erreichen. Die Folge ist eine Dehydratation mit Exsikkose und Elektrolytverlust. Heiserkeit ist häufig das erste Symptom der Austrocknung. Es folgen Muskelkrämpfe in den Waden, Oligurie und Kollaps.

Das Blut kann so eingedickt sein, dass sich kein Serum gewinnen lässt. In schwersten Fällen kann der Patient nach Einsetzen der Symptome eine Hypotonie entwickeln und innerhalb von 2–3 Stunden sterben (Cholera siderans). Vereinzelt sterben die Patienten, bevor sich die Diarrhoe entwickelt (Cholera sicca).

Infektionen durch *V. eltor* verlaufen milder als bei der klassischen Cholera. Der Pathomechanismus der durch *V. eltor* erzeugten Cholera ist im Übrigen identisch mit demjenigen der klassischen Cholera.

Die Letalität liegt in unbehandelten Fällen der klassischen Cholera bei 60 %, bei der durch *V. eltor* verursachten Form bei 15–30 %. Eine adäquate Behandlung senkt die Letalität unter 1 %.

Mit Stuhl und Erbrochenem werden große Mengen von Choleravibrionen ausgeschieden. Der charakteristische „Reiswasserstuhl" und das Erbrochene enthalten etwa 10^8 Vibrionen pro ml. Die Ausscheidungsdauer beträgt auch bei unbehandelten Rekonvaleszenten und gesunden Ausscheidern selten mehr als 14 Tage. Sie kann sich aber gelegentlich über mehrere Monate erstrecken.

Epidemiologisch von Bedeutung ist die Widerstandsfähigkeit der Choleravibrionen. Sie können sich in Oberflächengewässern bei Temperaturen über 20 °C und einem NaCl-Gehalt von rund 1 % vermehren. Mit Hilfe ihrer Chitinase haften sich Choleravibrionen an Crustazeen und Plankton. Bei niedrigen Temperaturen können sie mehrere Wochen überleben und sich bei günstigeren Bedingungen wieder vermehren. Auch in zubereiteten Lebensmitteln, z. B. Reis, kann eine Weiterentwicklung von Choleravibrionen stattfinden. Insgesamt sind sie aber gegen äußere Einflüsse wenig widerstandsfähig. Bei Austrocknung, stärkerer Erwärmung oder Sonneneinstrahlung sterben sie schnell ab. Sie halten sich aber in feuchtem Milieu, z. B. in verunreinigten Wasserspeichern, Flüssen, Seen, Kanälen, Brack- und Meerwasser unter Umständen mehrere Wochen lang vermehrungs- oder lebensfähig. An beschmutzter Wäsche und Kleidungsstücken können Choleravirbionen drei bis sieben Tage überleben, auf der Schale von Früchten fünf bis zehn Tage. Durch Tiefgefrieren (–20 °C) und Auftauen wird die Zahl infektionstüchtiger Vibrionen in kontaminierten Lebensmitteln beträchtlich reduziert. Ein pH-Wert unter 4,5 sowie Erhitzen auf über 70 °C tötet Choleravibrionen ab.

Individuelle Hygiene, hygienisch einwandfreie Trinkwasserversorgungsanlagen, Umwelthygiene und hygienische Behandlung von Nahrungsmitteln sind die besten Maßnahmen, um eine Weiterverbreitung der Cholera zu vermeiden.

In einem Cholerainfektionsgebiet dürfen Nahrungsmittel, die Cholera übertragen können, z. B. Obst, Gemüse, Milch, nur abgekocht gegessen werden. Zum Trinken sowie zum Spülen von Geschirr darf nur kurz vorher gekochtes Wasser benutzt werden, wenn keine einwandfreie zentrale Wasserversorgung vorhanden ist. Wasser aus Brunnen, die gegen Verunreinigung nicht sicher geschützt sind, ist stets verdächtig, ebenso Wasser aus Teichen, Wasserläufen, Flüssen und Sümpfen. Besonders gefährlich ist Wasser, das durch Entleerungen von Cholerakranken verunreinigt ist. Baden in Wasser, das durch Kot, Harn, Küchenabfälle oder sonstige Stoffe verunreinigt sein könnte, ist unbedingt zu vermeiden.

Der Schwerpunkt der **Choleradiagnose** liegt in der Mikroskopie des Stuhls und in der Anzucht des Erregers aus dem Stuhl mit nachfolgender Identifizierung mittels spezifischer Anti-O-Antikörper.

Zur bakteriologischen Labordiagnose eignen sich Stuhl und Erbrochenes sowie Duodenalsaft. Diese Materialien sollten nicht später als 24 h nach Krankheitsbeginn entnommen und im bakteriologischen Labor verarbeitet werden.

Da Choleravibrionen gegen Austrocknung sehr empfindlich sind, muss die entnommene Stuhlprobe in einem Transportmedium ins Labor verbracht werden. Am besten eignet sich dafür das Transportmedium von Cary und Blair.

Die Anzüchtung humanmedizinisch wichtiger Vibrionen erfolgt bei 36 °C unter aeroben Verhältnissen. Der pH-Wert der Nährböden sollte im neutralen oder alkalischen Bereich liegen; optimal ist ein NaCl-Gehalt von 1 %.

Alkalisches Peptonwasser (APW) ist das Anreicherungsmedium der Wahl zur Isolierung der meisten Vibrionenarten aus Stuhlproben.

Stuhl wird in einer Menge von etwa 1 g (1 ml) in 10 ml Medium eingebracht, Tupfer werden darin ausgewalkt. Nach 4 bis 6 (bis 8) Std. Bebrütung wird eine Öse Material von der Oberfläche der Kultur auf TCBS-Agar (Thiosulfate-Citrate-Bile-Sucrose-Agar) und auf ein nichtselektives Substrat ausgeimpft. Bei symptomlosen Ausscheidern und Rekonvaleszenten kann eine Sekundäranreicherung durch Beimpfen mit 0,2 ml von der Oberfläche der ersten Flüssigkultur angelegt werden.

TCBS-Agar sollte als leistungsfähigster Selektivnährboden zur Isolierung von Vibrionen stets angesetzt werden. *V. cholerae* 01 (Choleravibrionen einschl. Biovar *eltor*) sowie andere saccharosepositive Vibrionen bilden darauf innerhalb 18 bis 24 Stunden flache bis leicht gewölbte gelbe Kolonien; saccharosenegative Vibrionen bilden grüne Kolonien. Bei Verdacht auf Cholera reicht eine eintägige Bebrütung aus. TCBS-Agar ist in dehydrierter Form im Handel erhältlich. Die Nährböden wirken unterschiedlich selektiv und sind von einigen Herstellern offensichtlich primär zur Isolierung von Choleravibrionen konzipiert. Hierdurch werden andere fakultativ pathogene Vibrionen deutlich gehemmt oder völlig unterdrückt. Eine Qualitätskontrolle ist daher erforderlich.

5.14.3 Sonstige Vibrionen

***V. cholerae* Serotyp 0139** ist ein neuer agglutinierbarer Choleraerreger, der im Frühjahr 1993 serologisch definiert wurde, nachdem er 1992 im indischen Subkontinent größere Ausbrüche ausgelöst hatte. Danach war er in 10 weiteren asiatischen

Ländern aufgetreten und von dort auch vereinzelt in mehrere europäische Länder eingeschleppt worden. Klinisch weisen Erkrankungen durch *V. cholerae* 0139 keine Unterschiede zu Erkrankungen durch Stämme der Serogruppe 01 auf.

Im Jahr 1995 wurde *V. cholerae* 0139 nur noch in Myanmar beobachtet. Eine Ausbreitung von dort war nicht festzustellen. 1996 wurde jedoch wieder eine deutliche Zunahme der Serogruppe 0139 in Kalkutta bei Kranken beobachtet.

Choleraepidemien traten auch in den folgenden Jahren in Asien, Afrika und Lateinamerika auf. Nach umfangreichen Cholera-Ausbrüchen in Afrika im Jahr 1998 hat sich nach nur kurzer Pause seit dem Jahresbeginn 1999 erneut eine Reihe von Cholerahäufungen im mittleren und südlichen Afrika entwickelt.

***V. cholerae* non 01** werden weltweit in Oberflächenwasser (Süßwasser) gefunden und sind in der Regel von geringer Pathogenität. Sie bilden verschiedene Exotoxine (Hämolysin, zytotoxische Substanzen), gelegentlich hitzestabiles Enterotoxin und, in geographisch unterschiedlicher Häufigkeit, Cholera- oder choleraähnliches Enterotoxin. Bei Untersuchungen an Stämmen aus der Elbe in Hamburg wurde in 9 % Choleratoxin nachgewiesen. Einige Stämme besitzen darüber hinaus invasive Eigenschaften.

V. parahaemolyticus ist der wichtigste Krankheitserreger unter den halophilen Vibrionen. Er kommt weltweit in Brackwasser und an den Küstengebieten der Ozeane sowie auf der darin lebenden Fauna vor. Auch an der deutschen Ost- und Nordseeküste wurde er nachgewiesen. In tropischen und subtropischen Ländern sind Erkrankungen weit verbreitet. In Japan ist *V. parahaemolyticus* der häufigste Enteritiserreger. Die Übertragung auf den Menschen erfolgt über unzureichend erhitzte oder sekundär kontaminierte Meerestiere.

Natürlicher Standort von ***V. mimicus*** sind Oberflächengewässer. Intestinale Infektionen kommen gelegentlich durch Verzehr von Meerestieren zustande und führen zu einer Enteritis. Ein kleiner Teil der Stämme (etwa 6 %) bilden Choleratoxin.

V. alginolyticus ist in Meer- und Brackwasser weltweit verbreitet. Gelegentlich wird er nach Baden im Meer aus entzündeten Wunden und Infektionen des Ohres isoliert.

V. vulnificus ist ein halophiler (besser halotropher) Keim, der im Gegensatz zu *V. cholerae* nur mit Zusatz von NaCl in Nährmedien wächst. Sein natürliches Vorkommen ist deshalb auf salzhaltiges Wasser (Meere, Küstengewässer, salzhaltige Binnengewässer) beschränkt. Die Flora und Fauna dieser Biotope kann von *V. vulnificus* besiedelt sein. Die Bakteriendichte steigt bei Wassertemperaturen über 20 °C. Wegen der Salzbedürftigkeit dieses Erregers spielt eine Übertragung durch den Genuss von Trinkwasser oder damit zubereiteter Speisen im Gegensatz zu *V. cholerae* keine Rolle. Über Wundinfektionen mit schwerem Krankheitsverlauf durch *V. vulnificus* wird zumeist aus Ländern (aller Kontinente) berichtet, die ein wärmeres Klima als Mitteleuropa besitzen. Aber auch in mitteleuropäischen Ländern (England, Belgien, Niederlande und Dänemark) sind einzelne Infektionen mit *V. vulnificus* vor allem bei Fischern und Arbeitern in Fisch verarbeitenden Betrieben oder durch Badeverletzungen in erregerhaltigem Wasser aufgetreten. Der Genuss von kontaminierten Austern hat zu Septikämien geführt. An der deutschen Ostseeküste wurde im Sommer 1997 *V. vulnificus* zum ersten Mal nachgewiesen. Zwischen dem Auftreten von *V. vulnificus* und dem Vorkommen von fäkalen Indikatorkeimen besteht keine Korrelation.

V. fluvialis ist in Meer- und Brackwasser weltweit verbreitet. Infektionen durch *V. fluvialis* wurden in erster Linie in Südasien beobachtet. Die Krankheit äußert sich als milde bis choleraähnliche, wässrige Enteritis mit Erbrechen und häufigem Fieber.

V. hollisae* und *V. furnisii sind halophile Wasservibrionen, die relativ häufig vorkommen und Diarrhoen verursachen.

Literatur: Robert Koch, 1893; Biosca et al., 1996; Burkhardt, 1969; Exner und Böllert, 1991; Lange, 1991; Mc Carter und Silverman, 1989; Kaper et al., 1995; Seidel, 1991; RKI, 1996a, 1997b und 1999; WHO, 1991a, 1993, 1998 und 1999.

5.15 Pseudomonas, Xanthomonas, Flavobacterium, Alcaligenes, Acinetobacter (Nonfermenter)

5.15.1 Einleitung

Pseudomonas, Xanthomonas, Flavobacterium, Alcaligenes und *Acinetobacter* sind einige der medizinisch wichtigsten Gattungen, die unter dem Oberbegriff „nicht fermentierende, gramnegative Bakterien (Nonfermenter)“ zusammengefasst werden. **Nonfermenter** sind Bakterien, die nicht in der Lage sind, Kohlenhydrate fermentativ abzubauen. Sie können, wenn überhaupt, Kohlenhydrate auf oxidativem Wege metabolisieren. Taxonomisch und phylogenetisch sind sie ein heterogenes Mikrobenkollektiv, deren Neuordnungsprozess noch nicht weit genug fortgeschritten ist, so dass Gattungs(Genus)- und Spezies(Art)-Bezeichnungen sich zukünftig teilweise ändern werden. Allen Vertretern gemeinsam sind ihre Anspruchslosigkeit und hohe Umweltresistenz, die zu ihrer weiten Verbreitung besonders unter feuchten Lebensbedingungen führt.

Pseudomonaden kommen artenreich im Boden und im Oberflächenwasser vor. Ihre Aufgabe ist die Remineralisierung toter organischer Substanzen. In diesem Zusammenhang sind viele Spezies in der Lage, aromatische Verbindungen, die für die Umwelt besonders problematisch sein können, zu metabolisieren. Darüber hinaus sind Pseudomonaden Lebensmittelverderber und einige Arten Krankheitserreger von Nutzpflanzen, Haustieren sowie Menschen.

5.15.2 Pseudomonas aeruginosa

Pseudomonas aeruginosa (*P. aeruginosa*) ist die am längsten bekannte und humanmedizinisch wichtigste *Pseudomonas*-Art. Wie andere gramnegative Stäbchen besitzt *P. aeruginosa* in der äußeren Membran Lipopolysaccharide. *P. aeruginosa* ist zu einem der meistisolierten Erreger von nosokomialen Infektionen geworden. In den USA gehen 11 % aller Krankenhausinfektionen auf *P. aeruginosa* zurück. Die Sepsis durch *P. aeruginosa* ist mit der höchsten Letalität unter allen Sepsisformen belastet.

P. aeruginosa-Infektionen entwickeln sich vorwiegend bei abwehrgeschwächten Patienten. Die Fälle häufen sich dementsprechend auf Abteilungen für Verbrennungsverletzungen und in onkologischen Klinikbereichen. Auch Drogenabhängige gehören zur Risikogruppe für *Pseudomonas*-Infektionen.

Typische Standorte der Besiedelung von *P. aeruginosa* sind Waschbecken, Abflusssiphons, Wasserhähne, Dichtungsmaterialien, Filtersysteme, Badebeckenwasser, Ionenaustauscher, Luftbefeuchter, Schläuche von Beatmungs- und Infusionsgeräten, Baby-Inkubatoren, Plastikflaschen aber auch Blumenvasen, Seifen, Waschlappen, Salben, Kosmetika und Flüssigkeiten zum Aufbewahren von Kontaktlinsen. Sogar in destilliertem Wasser gedeiht *P. aeruginosa*, sofern es Spuren von organischen Substanzen enthält.

Im Krankenhaus steigt die Zahl der Patienten, die von *P. aeruginosa* kolonisiert werden, parallel zu der Dauer des Aufenthaltes. *P. aeruginosa* besiedelt bei Patienten und Personal besonders häufig die Haut der Axilla, der Leistenbeuge, des Perineums und des äußeren Ohrs, bei Intensivpatienten auch oft den oberen Respirationstrakt. Berücksichtigt werden muss, dass gegen *P. aeruginosa* verschiedene Desinfektionsmittel, wie z. B. quarternäre Ammoniumverbindungen, nicht ausreichend wirksam sind. Paradoxerweise können sie sich sogar wachstumsfördernd auswirken. Auch in trockenem Milieu besitzt *P. aeruginosa* eine beträchtliche Überlebensfähigkeit. Darüber hinaus ist der Erreger gegen viele gebräuchliche Antibiotika resistent. Die Pathogenität von *P. aeruginosa* beruht auf dem Zusammenwirken einer Reihe von Virulenzfaktoren.

Fimbrien vermitteln die Adhäsion von *P. aeruginosa* an Zielzellen. Eine Vorschädigung der Zielzellen, z. B. durch Virusinfektionen oder durch Instrumentation, erleichtert die Adhäsion. Elastase und die alkalische Protease erleichtern die Invasion. Diese Enzyme bringen die interzellulären Verbindungen des Zielorgans im Wirtsorganismus zur Auflösung. Sie zerstören Haut-, Lungen- und Corneagewebe. Vermutlich sind sie auch dafür verantwortlich, dass die elastische Lamina der Blutgefäße zerstört wird. Die Wirkung der von *P. aeruginosa* gebildeten Hämolysine, insbesondere der Phospholipase, unterstützt die Wirkung der Proteasen. Pyocyanin kann als Phenazinderivat die Umwandlung von Sauerstoff in Superoxid und Peroxid in Hydroxylradikale katalysieren. Durch diese können Endothelien geschädigt werden. Die Hämolysine spalten Lipide und Lecithin und zerstören auf diese Weise die Zellen. Endotoxin von *P. aeruginosa* hat die gleiche Wirkung wie dasjenige von anderen gramnegativen Bakterien: Fieber, Akut-Phase-Reaktion, Hypotonie, Oligurie, Leukopenie und disseminierte Koagulopathie, septischer Schock.

Exotoxin A ist wahrscheinlich der wichtigste Virulenzfaktor. Er wirkt bei der lokalen Gewebeschädigung mit; hierdurch entstehen Hautnekrose, Keratitis, Perforation der Kornea und Schäden im Lungengewebe. Möglicherweise löst das Exotoxin A auch systemische Wirkungen aus.

P. aeruginosa kann unter geeigneten Züchtungsbedingungen Pyoverdin (Fluorescin), Pyocyanin, nur selten rötliches Pyorubin sowie bräunliches Pyomelanin bilden. Diese Pigmente haben einen diagnostischen Wert. Ein Pathogenitätsmerkmal sind sie vermutlich nicht.

Auch für die Wasserversorgung kann *P. aeruginosa* Probleme aufwerfen. Er ist als Saprophyt in der Umwelt weit verbreitet. In Gewässern gehört er jedoch nicht zu den normal vorherrschenden Mikroorganismen dieses Biotops. Mit *Pseudomonas* kontaminierte Lebensmittel führen zu Gastroenteritiden. Da *P. aeruginosa* bei niederen Temperaturen sich noch vermehrt und Gruppeninfektionen auf dem Weg über das Trinkwasser bekannt geworden sind, kann nach den Vorgaben der TrinkwV die zuständige Behörde das Wasser auf Vorkommen von *P. aeruginosa* untersuchen lassen. In Brunnenwasser ist *P. aeruginosa* relativ selten, häufiger dagegen in Leitungs-, Container-, Mineral-, Tafel- und Schwimmbadwasser enthalten. Eine stärkere Vermehrung von *Pseudomonas* findet ferner in Filtern von Wasseraufbereitungsanlagen statt. Mit Ausdehnung des Wasserleitungsnetzes und Zunahme der Wasserversorgung durch Verbundsysteme und Fernwasserleitungen gewinnt der *Pseudomonas*-Nachweis im Trinkwasser an Bedeutung. Durch *P. aeruginosa* sind bei Neugeborenen tödlich verlaufene Nabelinfektionen beschrieben worden, weil sie nach der Abnabelung mit *Pseudomonas*-haltigem Trinkwasser gereinigt wurden. Eine Korrelation zur Koloniezahl von *E. coli* und coliformen Bakterien besteht nicht. Es ist deshalb eine getrennte Bestimmung von *P. aeruginosa* für die hygienische Beurteilung wichtig. Die Überlebenszeit von *P. aeruginosa* entspricht in Süßwasser etwa der der coliformen Bakterien.

Die Widerstandsfähigkeit und Ausbreitung ggf. als Biofilm im feuchten Milieu und auf Wasser ist bei *P. aeruginosa* darauf zurückzuführen, dass sie ein Alginat (ein Polymer aus Mannuron- und Galuronsäure) produzieren können. Dieses Alginat umgibt die Bakterien wie eine Schleimschicht.

Die Untersuchung auf *P. aeruginosa* erfolgt in drei aufeinander folgenden Schritten:

- Anzucht der Primärkultur in einem selektiv wirkenden Anreicherungsmedium,
- Isolierung von Reinkulturen,
- Identifizierung der Reinkulturen.

Die TrinkwV gibt für die Quantifizierung von *Pseudomonas aeruginosa* das Referenzverfahren die DIN EN 12780 an, das für abgefülltes Wasser gilt. Entsprechend den Vorgaben dieser Norm wird 100 ml Wasserprobe durch einen Membranfilter mit der

Porengröße 0.45 µm filtriert. Der Membranfilter wird anschließend auf die Oberfläche eines Cetrimid-Agars (CN-Agars) aufgelegt und für 40 bis 48 Stunden bei 36 ± 1 °C inkubiert.

Erwähnenswert ist aus der Gattung *Pseudomonas* noch *P. fluorescens*. Dieser Keim lässt sich sehr häufig aus verunreinigten Wasserproben isolieren. Er vermag wasserlösliches Pyoverdin (Fluorescein), aber nicht Pyocyanin zu bilden. Eine sichere Abgrenzung gegenüber *P. aeruginosa* ist nur durch fehlendes Wachstum in Nährbouillon bei 41 °C im Wasserbad möglich. Sie leben in Gewässern und Feuchtbereichen und werden gelegentlich als opportunistische Erreger menschlicher Infektionen gefunden.

Literatur: Bert et al., 1998; Botzenhart und Kufferath, 1976; Botzenhart et al., 1975; Buttery et al., 1998; Brown et al., 1995; Jaeger, 1994; Naglitsch, 1996; Nguyen et al., 1989; Schaal und Graevenitz, 1994; Schoenen et al., 1985; Schubert, 1990; Vogt et al., 2001; Weber et al., 1971.

5.15.3 Burkholderia

Wie *P. aeruginosa* sind *Burkholderia*-Arten (B.) gramnegative Stäbchen, die nicht zur Fermentierung von Kohlenhydraten befähigt sind. Der ubiquitär vorkommende Keim ist in den letzten Jahren als einer der Haupterreger der Mukoviszidose (zystische Fibrose) erkannt worden.

B. cepacia besiedelt den Respirationstrakt und führt zu einer erheblich gesteigerten Letalität. Mittels Pili und anderer Oberflächenmoleküle adhäriert der Erreger an den Respirationstraktschleim und an Respirationsepithelzellen. Er dringt in letztere ein und vermehrt sich intrazellulär. Klinisch zeichnet sich die Infektion durch hohes Fieber und fortschreitendes Organversagen aus.

Die Übertragung erfolgt aerogen, wobei andere kolonisierte Mukoviszidosepatienten, kontaminierte Vernebler (wasserhaltige Geräte) und wässrige Lösungen wichtige Erregerquellen darstellen. Als Erreger nosokomialer Infektionen kann er alle Organsysteme betreffen.

Der obligat pathogene Erreger ***B. pseudomallei*** ruft die Melioidose hervor, eine Krankheit tropischer und subtropischer Regionen, die auch in gemäßigten Regionen beobachtet werden kann (Dance, 1991). Die Krankheit kann durch kontaminiertes Oberflächenwasser oder durch kontaminierte Erde verursacht werden. Keimreservoir sind zahlreiche Tierarten. Die Inkubationszeit ist oft sehr kurz. Bis zum Auftreten klinischer Erscheinungen können Monate bis Jahre vergehen. Der Erreger wird aerogen oder durch Schmierinfektion übertragen. Durch die Produktion von Exotoxin und einer nekrotisierenden Protease verursacht er meist multiple granulomatöse oder abszessartige Läsionen in Organen mit retikuloendothelialem Gewebe (Lunge, Leber, Milz, Lymphknoten) sowie in Haut, Weichteilen und Knochen. Chemotherapeutisch sind nur wenige Mittel Erfolg versprechend.

Literatur: Schaal und Graevenitz, 1994; Vogt et al., 2001.

5.15.4 Weitere Nonfermenter

Xanthomonas (Stenotrophomonas) maltophilia ist einer der mit am häufigsten isolierten Nonfermenter in klinischen Laboratorien. Er wird vermehrt auf Intensivstationen gefunden und erzeugt nosokomiale Infektionen (Pneumonien, Harnwegsinfektionen, Wunden und Septikämien). Er bildet üblicherweise pigmentierte und auch schleimige Kolonien. Zum Überleben benötigt er ebenfalls wie andere Nonfermenter ein feuchtes Milieu.

Die Gattung ***Flavobacterium*** bildet schwach bis dunkelgelbliche Fermente. Auch für diese Bakterien gilt das allgemein über die Epidemiologie und Pathogenität der Nonfermenter Gesagte.

Die Gattung ***Alcaligenes*** hat ebenfalls, wie die Gattung Flavobakterien, ihren Standort in feuchten Böden, in Feuchtebereichen im Krankenhaus. Sie können nosokomiale Infektionen verursachen.

Die wichtigste medizinische Bedeutung der Gattung ***Acinetobacter*** besitzt *A. baumannii*. Er verursacht ambulante und nosokomiale Pneumonien, vor allem bei beatmeten Intensivpatienten. Weitere Erkrankungen sind Sepsis, Urogenitaltrakt-, Weichteil-, Augen- und intrakranielle Infektionen. Die Diagnose wird durch Anzucht und biochemische Identifizierung gestellt und ist zur Abgrenzung saprophytärer Arten anzustreben. Die Einordnung eines Isolats als Erreger oder als Kolonisationskeim kann schwierig sein. Sie sind in der Natur weit verbreitet und können sowohl in trockener als auch in feuchter Umgebung lange überleben. Beim gesunden Menschen kommen sie gelegentlich auf der Haut vor. Auf Intensivstationen können sie auch über Vektoren (Ventilatoren, Wasserquellen) von Mensch zu Mensch übertragen werden.

Literatur: Bergogue-Bérézin, 1996; Heijnen et al., 1995; Schaal und Graevenitz, 1994; Vogt et al., 2001.

5.16 Weitere pathogene Bakterien im Wasser

5.16.1 Aeromonas

Die Gattung *Aeromonas* (*A.*) wurde früher zu den Vibrionaceae gerechnet. Heute gehören sie einer eigenen Familie, den Aeromonadaceae an. Es handelt sich um kurze, sporenlose, gramnegative, fakultativ anaerobe Stäbchen.

Aeromonaden sind in der Umwelt weit verbreitet. Sie wurden aus dem Boden, aus Süß- und Salzwasser, Trinkwasser, aus Austern sowie aus tierischen Nahrungsmitteln wie Fleisch oder roher Milch isoliert.

Seit bekannt ist, dass sie als Erreger von Gastroenteritiden (Durchfallerkrankungen teils choleraähnlich oder als blutige Diarrhoe), Wundinfektionen und Septikämien und somit als „neue“ enteropathogene Bakterien anzusehen sind, kommt ihrer

Verbreitung in der Umwelt und möglichen Übertragungswegen auf den Menschen besondere Bedeutung zu. Ihre Fähigkeit, auch bei geringem Nährstoffangebot und unter extremen Umweltbedingungen, z. B. niedrigen Temperaturen, zu überleben bzw. sich zu vermehren, erklärt ihre weite Verbreitung.

Humanpathogene Bedeutung haben **psychrotrophe Arten** (Wachstum bei und zum Teil unter 15 °C): *A. hydrophila* (3 Genomtypen), *A. punktata* „vom caviae-Typ" (2 Genomtypen), *A. enteropathogenes, A. sobria, A. veronii, A. schubertii, A. jandaei, A. enteropelogenes* und *A. ichthiosmia*. Die meisten *A. hydrophila*- und *A. sobria*-Stämme bilden ein Enterotoxin. Ein weiteres Pathogenitätsmerkmal ist die Adhäsion an der Zelle.

Während die klassischen mit dem Trinkwasser übertragenen Krankheitserreger aus den menschlichen oder tierischen Ausscheidungen stammen und so in das Oberflächenwasser gelangen, gehören die Aeromonaden zu der Gruppe von potenziellen Krankheitserregern, die ihren Ursprung in der aquatischen Umwelt selbst haben und im Oberflächenwasser immer vorhanden sind. Für die Sicherheit der Trinkwasserversorgung ist von besonderem Belang, dass sie nach der Einteilung der WHO (1996) zu den Pathogenen gehören, die im Versorgungssystem selbst zu wachsen in der Lage sind. Die EPA USA hat die Aeromonaden in den offiziellen Untersuchungskatalog unter die Kategorie der Mikroorganismen aufgenommen, bei denen eine gesetzliche Begrenzung im Trinkwasser denkbar ist.

Eine nationale Studie in den Niederlanden ergab, dass die Konzentration von Aeromonaden im nicht gechlorten Wasser zwischen weniger als 1 Kolonie in 100 ml bis mehr als 10.000 in 100 ml schwanken kann. In den meisten Fällen war nur ein geringer Teil dieser Aeromonaden in der Lage, sich bei 37 °C zu vermehren. Einen Richtwert für Aeromonaden von 200 KBE in 100 ml (90 % der Ergebnisse einer Einjahresperiode) wurde in den Niederlanden sowohl zur Kontrolle der Wiederverkeimung als auch zur Begrenzung der Exposition gegenüber Aeromonaden im Trinkwasser eingeführt.

Wesentliche Kenntnisse über das Vorkommen von Aeromonaden haben Untersuchungen der Trinkwasseraufbereitung in sechs Wasserwerken geliefert, die ihr Trinkwasser aus Oberflächenwasser gewinnen. Als Nachweismethode der Aeromonaden wurde die technisch aufwendigere, aber alle Arten gleichermaßen erfassende DFS-Agar-Technik (Direkt-Oberflächenverfahren bzw. Overlay-Technik) eingesetzt. Anreicherungsmedien mit Ampicillinzusatz usw. führen zu einer Selektion der Arten. Die Aeromonaden-Konzentration lag bei den Fließgewässern zwischen 10^4 und 10^5 KBE pro 100 ml, in Ausnahmefällen wurden auch 10^6 KBE in 100 ml erreicht. Bei den Talsperren konnten im Wasser zwischen 10^1 und 10^2 KBE in 100 ml nachgewiesen werden.

Die Flockungsfiltration führte zu einer deutlichen Reduktion der Aeromonaden sowohl beim Talsperren- als auch bei Flusswasser. Es muss jedoch regelmäßig mit einem Aeromonadenschlupf im Flockungsfiltrat gerechnet werden.

Die Bodenpassage durch Infiltration reduzierte die Aeromonadenzahl auf zweistellige Werte. Nach einer vorausgehenden Flockungsfiltration vor der Bodenfiltration waren in den 1000 ml und 100 ml Wasserproben keine Aeromonaden enthalten. Im Verlauf der weiteren Aufbereitung stiegen die Zahlen erneut auf ein- und zweistellige Werte. Zusätzliche Maßnahmen wie Belüftung, Mehrschichtfiltration und Aktivkohlefilterung führte im Allgemeinen (in 100 ml) zu keiner weiteren Aeromonasabnahme, sondern verschiedentlich wieder zu einer leichten Erhöhung.

Um im Menschen eine Infektion durch Aeromonaden auszulösen, müssen die Aeromonaden zu einem Stamm gehören, der die Fähigkeit zur Zelladhäsion besitzt. Aeromonasisolate aus klinischem Untersuchungsmaterial von Patienten mit schwersten Krankheitsbildern zeigen ohne Ausnahmen hohe Adhäsionsraten. Die Zelladhäsion ist deshalb die Voraussetzung für die Kolonisation des Erregers. Dieser relativ aufwändige Test, um das Adhäsionsverhalten von Aeromonasisolaten an INT-407 Zellen zu ermitteln, muss deshalb gezielt zur Identifizierung des Aeromonasspektrums aus den Wasserproben durchgeführt werden. Als hochadhäsive Stämme werden solche Stämme bezeichnet, bei denen mehr als 50 % der Zellen eine Adhäsion von mindestens 20 Bakterien pro Zelle und als höchstadhäsive Isolate werden Stämme bezeichnet, bei denen mindestens 30 % der Zellen eine Adhäsion von mehr als 50 Bakterien pro Zelle aufweisen.

Die oben genannten Untersuchungen (Schubert et al., 1996; Schubert, 1997a) belegen, dass hoch- und höchstadhäsive Aeromonaden im Wasser einer Talsperre und im Flusswasser vorkommen, und zwar *A. hydrophilia* und *A. sobria* sowie vereinzelt *A. enteropathogenes*. Der Anteil der Aeromonaden mit pathogenetisch signifikant zelladhäsiven Eigenschaften an der Gesamtpopulation der Aeromonaden ist in Oberflächenwasser deutlichen Schwankungen unterworfen (im Bereich von 1 bis 10 % der Gesamtzahl von rund 100 Isolaten). Dieser Anteil nimmt nach der Flockungsfiltration deutlich ab, wobei die Gesamtzahl der Isolate etwa gleich, d. h. etwa bei 100 bleibt. Nach der Bodenpassage nimmt nicht nur die Aeromonadenkonzentration (siehe oben) sondern auch die Gesamtzahl der Isolate etwa um 1 Zehnerpotenz ab, es sind aber nach wie vor A. enteropelogenes- und *A. hydrophilia*-Spezies nachweisbar. Die Ergebnisse bestätigen, dass pathogene Aeromonasstämme in nicht gechlortes, aufbereitetes Trinkwasser gelangen können. Niedrige Aeromonadenzahlen nach Abschluss der Trinkwasseraufbereitung sind kein ins Gewicht fallendes Argument gegen ihre Bedeutung.

Die Aeromonaden können sich als psychrotrophe Bakterien mit ausgeprägter Exoenzymausstattung für höher- und hochmolekulare Stoffe in bestimmten Nahrungsmitteln bei Raumtemperatur leicht und schnell und selbst bei Kühlraumtemperaturen noch vermehren. In der Literatur ist dieser Mechanismus als Ursache für das wiederholte Auslösen einer Durchfallserkrankung belegt.

Die Frage der direkten Übertragung der Erreger über das Trinkwasser wurde nur am Rande bearbeitet. Trotzdem sind eine Reihe von Umständen bekannt geworden, die das Auftreten von Aeromonas-Diarrhoen im Bereich größerer Trinkwasserversorgungssysteme, d. h. eine Übertragung mit dem Trinkwasser sehr wahrscheinlich machen, zumal eine Sanierung zum Erlöschen der Epidemien geführt hat. Auch bei der Analyse von Einzelfällen wurde das Trinkwasser als Ursache für verschiedene *Aeromonas*-Infektionen verantwortlich gemacht.

In Oberflächenwasserproben mit vielen Isolaten an Aeromonaden hat nur ein kleiner Anteil hochzelladhäsive Eigenschaften, die nicht spezies- sondern stammspezifisch sind.

Auch bei einer konservativen Einschätzung der Übertragungswege bleibt das Wasser, als der ursprüngliche ökologische Standort der psychrotrophen Aeromonaden im weitesten Sinne, der Ausgangspunkt sowohl für die direkten wie die indirekten Übertragungen.

Literatur: Austin et al., 1996; Bottone, 1993; Burke et al., 1984; v. Graevenitz und Mensch, 1968; WHO, 1996; Havelaar et al., 1990; Holmes und Nicolls, 1995; Jacob und Feuerpfeil, 1996; Kühn et al., 1997; Picard und Goullet, 1987; Sack et al., 1987; Schubert, 1997a; Schubert et al., 1996; van der Kooij, 1991 und 1996.

5.16.2 Plesiomonas

Plesiomonaden sind sporenlose, durch Geißeln bewegliche, gramnegative Stäbchen, die besonders in warmen aber auch in gemäßigten Klimazonen überwiegend in Oberflächenwasser vorkommen. ***Plesiomonas shigelloides*** lassen sich im Darm bei zahlreichen Tierarten insbesondere bei Fischen nachweisen. Sie vermehren sich nicht bei Temperaturen unter 8 °C. Die Organismendichte von *Plesiomonas* nimmt mit der Oberflächentemperatur zu. In Mainwasserproben bei Wassertemperaturen um 20 °C betrug ihre Zahl rund 800 KBE in 100 ml Wasser.

Die an mehreren Nebenflüssen des Mains durchgeführten Studien zeigten keinen Zusammenhang zwischen der Koloniezahl und der Einleitung von Kläranlagenabläufen. Die Ursache der verhältnismäßig hohen Plesiomonaszahl z. B. im Mainwasser bedarf weiterer Untersuchungen.

Plesiomonas shigelloides-Infektionen sind auf kontaminiertes Wasser in Lebensmitteln zurückzuführen. Im Vordergrund stehen akute Gastroenteritiden zum Teil mit ruhrähnlichen Krankheitsbildern. Manche Stämme besitzen ein choleratoxinähnliches Enterotoxin. Wund- und Allgemeininfektionen sind selten. Spezialnährboden für Plesiomonas-Nachweis ist der IGB-Agar (Inositol-Brillantgrün-Gallesalz-Agar).

Literatur: Schubert und Beichert, 1993, Tsukamoto et al., 1978, Schubert, 1992.

5.16.3 Leptospira

Bakterien der Gattung *Leptospira* (*L.*) sind dünne, obligat aerobe, schwach grampositive Schraubenbakterien mit engen Windungen und einer einzigartigen schnellenden Bewegung. *L. interrogans* ist die einzige pathogene Spezies in der Familie der

Tab. 5.13: Spezies und Serovare der *Leptospira* (hauptsächliche Krankheitserreger).

Spezies	Serovare	Krankheit (Bezeichnung)
L. interrogans	*L. icterohaemorrhagiae*	Weil'sche Krankheit
	L. grippotyphosa	Feld- und Schlammfieber
	L. canicola	Canicolafieber
	L. pomona u. a.	Schweinehüterkrankheit
L. biflexa	apathogene, so genannte Wasserleptospiren	

Leptospiraceae (siehe Tab. 5.13). Von *L. interrogans* gibt es annähernd 200 Serovare, die in 23 Serogruppen untergliedert sind.

Die Leptospirose ist primär eine Krankheit freilebender Säugetiere und der Haustiere. Infizierte Tiere scheiden die Erreger mit dem Urin aus. Durch Hautkontakt mit infiziertem Urin, auch über kontaminierten feuchten Erdboden, Oberflächengewässer oder Abwasser, erwirbt der Mensch die Infektion. Es handelt sich um zyklische Allgemeininfektionen.

Besonders gefährdet sind Kanalarbeiter und Personen, die in stagnierendem Wasser baden, in dessen Umgebung Ratten vorkommen. Badewasserinfektionen sind auch durch *L. grippotyphosa* bekannt geworden. Die Inkubationszeit beträgt 3 bis 30 Tage (Fehldiagnose Grippe).

Leptospiren dringen über die Schleimhäute sowie durch Hautverletzungen in den Menschen ein. An der Eintrittspforte entsteht keine Läsion, vielmehr breitet sich die Infektion auf dem Blutwege aus (leptospirämische Phase). Durch humorale Antikörper werden die Erreger aus den meisten Organen mit Ausnahme von Gehirn, Augen und Nieren wieder eliminiert. Die Hauptvermehrung findet in den Nieren statt. Die Ausscheidung der Leptospiren im Urin kann eine Koloniezahl von 10^7 KBE/ml erreichen. Im Menschen können Leptospiren Wochen bis Monate persistieren (im Nagetier lebenslang).

Die Züchtung der Leptospiren ist schwierig und erfordert Spezialnährmedien.

Literatur: Mochmann, 1957; Farr, 1995; Dedie et al., 1993; Schmidt, 1989.

5.16.4 Chromobacterium violaceum

Chromobacterium violaceum ist ein Boden- und Wasserbewohner und gilt gewöhnlich als apathogen, doch können gelegentlich Infektionen bei Mensch und Tier vorkommen. Menschliche Infektionen manifestieren sich als systemische Erkrankungen mit multiplen Abszessen in verschiedenen Organen, aber auch als lokalisierte Eiterungen, Durchfälle oder Harnwegsinfektionen. Kontaminiertes Wasser oder Erde werden als Infektionsquelle diskutiert. Die meisten Infektionen treten in tropischen oder subtropischen Gebieten auf.

Es handelt sich um gramnegative, oft kokkoide Stäbchen, die aufgrund einer polaren und vier lateraler Geißeln beweglich sind.

Aerob und anaerob erfolgt (relativ rasches) Wachstum auf Blut-, aber auch auf gewöhnlichem Nähragar und meist auf McConkey-Agar (Boltze, 1992).

5.16.5 Listeria

Bakterien der Gattung *Listeria* (*L.*) sind grampositive, kurze, nicht Sporen bildende, fakultativ anerobe Stäbchen. Unter sieben Listeria-Spezies ist *L. monocytogenes* die weitaus bedeutendste humanpathogene Spezies. *L. seeligeri*, *L. ivanovii* und *L. weshimeri* sind nur bei wenigen menschlichen Erkrankungen nachgewiesen worden. *L. innocua* und *L. murrayi* (Synonym *L. grayi*) gelten als apathogen.

Die durch sie verursachte Erkrankung wird als Listeriose bezeichnet. Es treten unter anderem multiple Granulome auf.

Erkrankungen durch *L. monocytogenes* sind seit über 50 Jahren bekannt. Der Nachweis von Listerien bei Tieren, in Lebensmitteln und durch Ausscheidung der Erreger von gesunden Menschen belebten besonders in den sechziger und zu Beginn der siebziger Jahre immer wieder die Diskussion, ob kontaminierte Lebensmittel ursächlich mit Listerieninfektionen des Menschen in Zusammenhang zu bringen sind.

Nachdem bei Listerioseausbrüchen und inzwischen auch bei Einzelfällen eine eindeutige Beziehung zwischen kontaminierten Lebensmittel und Erkrankung hergestellt wurde, wird die Listeriose des Menschen, abgesehen von Kontaktinfektionen bei Umgang mit infizierten Tieren, im Wesentlichen als lebensmittelbedingt angesehen.

Listerien sind in vielen Lebensmitteln vorhanden. Dies kann toleriert werden, zumindest sofern die Koloniezahlen nicht allzu hoch sind.

Die Frage nach der infektiösen Dosis von *L. monocytogenes* für den Menschen ist nach wie vor ungeklärt. Im Hinblick auf die weite Verbreitung von Listerien in der belebten und unbelebten Umwelt und der geringen Infektionsinzidenz erscheint derzeit aber die Annahme gerechtfertigt, dass ein Gesundheitsrisiko erst mit höheren Koloniezahlen zunimmt. Infektionen in Kanada, den USA und in der Schweiz haben gezeigt, dass der Verzehr von kontaminierten Nahrungsmitteln zu epidemieartigem Auftreten der Listeriose führen kann. Somit scheint die orale Aufnahme der wichtigste Weg für eine Infektion des Erwachsenen zu sein.

Listerien sind robuste, wenig anspruchsvolle Mikroorganismen. Sie haben die Eigentümlichkeit, sich nicht nur bei 37 °C im Menschen, sondern auch bei Zimmertemperatur und bei 4 °C im Kühlschrank zu vermehren. Durch verbesserte Anreicherungstechniken konnte *L. monocytogenes* in einer Vielzahl von Lebensmitteln wie Geflügel, Fleisch und Fleischerzeugnissen, Fisch und Fischerzeugnissen, Garnelen und Krabbenfleisch, in küchenfertigen Salatmischungen, Milch, Weichkäse, Wasserversorgungssystemen, Abwasser, Aerosolen sowie Wasserkondensaten usw. nachgewiesen werden.

Aber auch während des Herstellungsprozesses kann eine Kontamination von außen durch den Menschen und durch Herstellungsmaschinen erfolgen, denn bis zu 30 % gesunder Menschen können asymptomatische Träger von Listerien sein und diese mit dem Stuhl ausscheiden.

Weiterhin kann während der Lagerung auch bei Kühltemperaturen eine Vermehrung der Mikroorganismen stattfinden. Diese Befunde stellten die Lebensmittelüberwachung vor erhebliche Probleme hinsichtlich deren lebensmittelrechtlicher Einordnung.

Es werden keine Anzüchtungsergebnisse aus Lebensmitteln veröffentlicht, weil die Bedeutung des Nachweises keine Aussage über eine Infektionsgefahr erlaubt und die Frage, was mit den kontaminierten Lebensmitteln geschehen soll, nicht beantwortet werden kann.

Die Inkubationszeit einer Listeriose beträgt ein bis zehn Wochen. Das häufigste Krankheitsbild besteht in einer Sepsis, die oft begleitet wird von einer Meningitis. Listerien sind die einzigen Bakterien, die neben der Infektion der Hirnhäute auch noch das Hirnparenchym befallen. Andere Lokalisationen sind das Endokard, die Augenbindehaut oder die Unterhaut. Besonders gefährdet sind Schwangere, Ungeborene, Neugeborene, ältere und geschwächte Personen. In der Schwangerschaft kann die Listeriose zum septischen Abort führen. Listerien können ein Zellwandtoxin (Listeriolysin O) bilden.

Die Anzüchtung von *L. monocytogenes* gelingt auf den meisten konventionellen Nährböden bei 36 °C, besonders gut unter erhöhter CO_2-Spannung. Hochwertige Substrate mit 5 % Blutzusatz und einem pH von 7,6 fördern das Angehen. Medien mit pH unter 5,6 sind schädlich, darum sollte ungepufferte Traubenzuckerbouillon nicht verwendet werden. Die Anzüchtung zur Serovarbestimmung sollte Fachlaboratorien vorbehalten bleiben.

Literatur: Hof, 2000; Salamina et al., 1996; Schuchat et al., 1991; Elsner et al., 1997; Mielke und Hahn, 1999; WHO, 1988.

5.16.6 Sporocytophaga-Gruppe

Für die Wasserbakteriologie ist die Sporocytophaga-Gruppe von Interesse, die früher unter der Bezeichnung „Myxobakterien" beschrieben worden ist. Die Wassermyxobakterien nehmen in der Bakteriologie eine Sonderstellung ein. In der Umwelt sind sie weit verbreitet (z. B. Oberflächenwasser, Abwasser), trotzdem ist über diese Keimart wenig bekannt. Ihre Bedeutung für die bakteriologische Trinkwasseruntersuchung besteht in einer Indikatorfunktion.

Ein wesentliches Merkmal sämtlicher „Myxobakterien" ist ihre kriechend-gleitende Bewegungsform, die durch besondere Organellen bewirkt wird.

Die Einzelzellen sind nicht starr, sondern durch kontraktile Fibrillenschläuche in ihrer Zellwand zur aktiven Flexibilität (Zuckungs- und Bewegungsabknickungen) befähigt.

Ferner haben sie die Eigenart, sich an jede sich bietende Oberfläche zu heften (Biofilme). Dadurch werden sie leicht bei der vertikalen und horizontalen Bodenpassage aus dem Wasser entfernt.

Bei ungenügender Filterwirkung des Bodens gelangen jedoch „Myxobakterien" mit Oberflächenwasser oder an kleinen Partikeln haftend in tiefere Bodenschichten und damit in das Grundwasser.

Der Nachweis von „Myxobakterien" in einem Grundwasser weist deshalb stets darauf hin, dass die wasserfilternden Deckschichten einer Wassergewinnungsanlage keinen ausreichenden Schutz gegen oberflächige Verunreinigungen bieten.

In Südbayern konnten Wassermyxobakterien in 1225 von 3743 Proben aus zentralen Wasserversorgungen und in 951 von 1714 Proben aus Einzel-(Eigen-) Wasserversorgungen nachgewiesen werden. Aus den nach der TrinkwV bakteriologisch zu beanstandenden Proben konnten diese Bakterien häufiger angezüchtet werden als aus momentan einwandfreien Proben. Da sie zudem viel gleichmäßiger als *E. coli* oder Coliforme über das ganze Jahr hinweg aus dem Trinkwasser isoliert werden können, stellen Myxobakterien einen wertvollen Indikator zur Erfassung hygienisch bedenklicher Wasserversorgungen dar. Violett-pigmentierte Bakterien konnten ebenfalls vermehrt aus verunreinigten Trinkwasserproben nachgewiesen werden (*Chromobacterium violaceum*?)

Literatur: Gräf und Pekka, 1979; Gräf und Schmitt, 1979; Schindler und Metz, 1989.

5.16.7 Bacillus cereus

B. cereus ist ein grampositives Stäbchenbakterium, das wie andere Bacillus-Arten die Fähigkeit zur Bildung thermoresistenter Sporen besitzt. Diese Fähigkeit bedingt eine große Resistenz gegen Umwelteinflüsse wie Hitze und Strahlung und ermöglicht die ubiquitäre Verbreitung des Bacillus.

B. cereus produziert zwei Toxine, die mit Lebensmittelvergiftungen assoziiert sind. Oft produziert ein Stamm auch nur eines der beiden Toxine. Das emetische Toxin ist hitzestabil, säurefest und kann nicht durch Proteolyse inaktiviert werden. Das Diarrhoetoxin ist hitzelabil und proteolytisch inaktivierbar; es führt zu einer verstärkten Flüssigkeitsanreicherung und erhöht die Gefäßpermeabilität. Darüber hinaus produziert *B. cereus* eine Vielzahl von Exotoxinen. *B. cereus* verursacht invasive Lokalinfektionen und selbstlimitierende Lebensmittelintoxikationen. Die Lebensmittelvergiftung durch *B. cereus* untergliedert sich in ein emetisches und ein Diarrhoe-Syndrom. Das Leitsymptom des emetischen Syndroms ist Erbrechen, das 1–6 h nach Aufnahme der kontaminierten Nahrung einsetzt.

Das Diarrhoe-Syndrom beginnt später, nämlich 10–12 h nach Nahrungsaufnahme, und ist durch Bauchschmerzen, starke wässrige Durchfälle, Tenesmen und Übelkeit gekennzeichnet, die etwa 24 h anhalten.

Die Lebensmitteltoxine wurden in Gemüse, Fleisch und insbesondere das emetische Toxin in Reis nachgewiesen.

Invasive Lokalinfektionen können entstehen, wenn die ubiquitären Sporen in Wunden oder in Augenverletzungen gelangen und dort auskeimen. Die zahlreichen Gewebe zerstörenden Virulenzfaktoren ermöglichen dem Erreger ein schnelles Vordringen in tiefere Regionen und verursachen dort gasbrandähnelnde Nekrosen oder schwere Augenschäden.

Die Laboratoriumsdiagnostik basiert auf der Anzucht des Erregers aus Stuhl, Verletzungen oder kontaminierten Nahrungsmitteln. Zur Isolierung von *Bacillus cereus* eignet sich Blutagar, ggf. mit Polymycinzusatz oder Cereus-Selektivagar (Müller, 1992; Schaal, 1999).

5.16.8 Bacillus-Arten

Die „übrigen Bakterien" der Gattung *Bacillus* (*B.*) zeichnen sich durch ihre Pleomorphie aus: Sie wachsen überwiegend aerob, variieren aber stark in Größe, Gramverhalten und Sporenbildung. Bacillus-Arten sind in Luft, Boden und Wasser ubiquitär anzutreffen; das Hauptreservoir ist der Erdboden.

Infektionen mit Bacillus-Arten sind in erster Linie opportunistisch. Die Übertragung erfolgt hierbei durch die Aufnahme der ubiquitär vorhandenen Sporen. Am Infektionsort gehen die Bakterien in das vegetative Stadium über. *B. subtilis, B. licheniformis, B. thuringiensis* und *B. sphaericus* können wie *B. cereus* in Lebensmitteln Toxine produzieren. Die *Bacillus*-Infektion kann lokalisiert (Wundinfektion, Hornhautulkus, Endophthalmitis) oder systemisch (Sepsis, Meningitis, Endokarditis) verlaufen.

Die Lebensmittelintoxikationen werden, falls erforderlich, symptomatisch durch Substitutionstherapie behandelt (Gastroenteritis) und müssen nach IfSG bei Verdacht, Erkrankung und Tod gemeldet werden (Müller, 1992; Schaal, 1999).

5.16.9 Mykobakterien

Mykobakterien [*Mycobacterium*, (*M.*)] sind eine Gattung unbeweglicher, aerob wachsender, nicht Sporen bildender Stäbchen aus der Familie der Mycobacteriaceae, die sich von den meisten anderen Bakterien durch ihren Gehalt an Wachsen in der Zellwand und damit durch eine hohe Festigkeit gegen Säuren und Basen unterscheiden. Sie müssen deshalb mit besonderen Färbemethoden (Ziehl-Neelsen, Auramin) angefärbt werden. Diese Eigenschaft ist allerdings nicht bei allen Spezies und auch nicht in allen Wachstumsphasen in gleicher Weise ausgeprägt. Es existieren etwa 90 verschiedene Mykobakterienarten.

Unter dem Begriff „Tuberkulosebakterien" (TB) werden heute *M. tuberculosis* (einschl. geographischer Varianten wie *M. africanum*) und *M. bovis* (einschl. BCG-Stämmen) zusammengefasst. Die Inzidenz der Neuerkrankungen durch potentiell pathogene Mykobakterien in der Bevölkerung betrug 1998 12,7 Fälle pro 100.000 Einwohner. Auf Grund unvollkommener Meldungen sind Angaben über die Zahl der jährlichen Tb.-Erkrankungen wenig sinnvoll. In Industrieländern entwickeln etwa 15–24 % der AIDS-Patienten tödlich verlaufende, disseminierte Infektionen allein mit Mykobakterien des *M. avium* Komplexes, die nicht zu den pathogenen Vertretern des Tuberkulose-Komplexes zählen. Für die übrigen Mykobakterien, früher als Gruppe unter dem unkorrekten Sammelbegriff „Atypische Mykobakterien" geführt, wird die Bezeichnung „nicht tuberkulöse Mykobakterien", englisch „nontuberculous mycobacteria" oder „mycobacteria other than tubercle bacilli" verwendet.

Die „nicht tuberkulösen Mykobakterien" spielen in der Wasserbakteriologie eine größere Rolle als bisher angenommen worden ist. Die pathogene Signifikanz wurde für eine Reihe dieser Mykobakterien in den letzten Jahren bewiesen. Trotzdem ist von zahlreichen der inzwischen anerkannten Arten ihre Bedeutung als Infektionserreger bisher nicht geklärt.

Mit Ausnahme der obligat pathogenen Vertretern des *M. tuberculosis*-Komplexes, die nach heutigem Kenntnisstand ausschließlich auf eine parasitäre Lebensweise spezialisiert sind, scheint die typische Lebensweise der Mykobakterien die frei in der Umwelt lebende, saprophytäre zu sein. Sie können unter bestimmten Umständen den menschlichen und tierischen Organismus infizieren, wobei die Virulenz einzelner Stämme innerhalb eines breiten Spektrums angesiedelt sein kann. Die Grenzziehung zwischen fakultativ pathogenen und apathogenen Mykobakterien ist willkürlich; im strengen Sinne apathogene Mykobakterien gibt es vermutlich nicht. Bei der Beurteilung der Virulenz einzelner Mykobakterien ist auch der Aspekt ihrer Verbreitung in der Umwelt und somit der Expositionswahrscheinlichkeit zu berücksichtigen.

Obwohl Mykobakterien bei der Anzucht in vitro im Allgemeinen hohe Nährstoffansprüche haben, scheint Leitungswasser das natürlich Habitat vieler Mykobakterienarten zu sein und für bestimmte Arten wie *M. kansasii* und *M. xenopi* ist außer Leitungswasser kein natürliches Habitat bekannt.

Zahlreiche Vertreter der nicht tuberkulösen Mykobakterien lassen sich (wie aus der Tab. 5.14 zu ersehen ist) regelmäßig in der Umwelt, so auch in Wasser- und Bodenproben nachweisen. Als häufigste Infektionserreger des Menschen werden unter den atypischen Mykobakterien die Arten *M. avium, M. intracellulare, M. kansasii, M. malmoense, M. fortuitum* und *M. chelonae* genannt. Andere Arten wie *M. marinum, M. scrofulaceum, M. simiae* und *M. xenopi* treten seltener als Krankheitserreger und wiederum andere wie *M. gordonae, M. terrae* und *M. vaccae* extrem selten oder nie in Erscheinung. Das Spektrum der von atypischen Mykobakterien beim Menschen hervorgerufenen Erkrankungen reicht von Infektionen der Haut, Weichteile und Lymphknoten über tuberkuloseähnliche Lungeninfektionen bis hin zu dissemi-

Tab. 5.14: Panthogenität verschiedener „nicht tuberkulöser Mykobakterien" und deren Verbreitung in der Umwelt (nach Schulze-Röbbecke).

Mykobakterien-Spezies	Krankheitserreger		Verbreitung in der Umwelt		
	beim Menschen	bei Tieren	Böden und Staub	natürliche Gewässer	Trinkwasser (oligotrophes Wasser)
M. agri			×	×	
M. asiaticum	+				
M. aurum			×	×	
*M. avium-Komplex (MAC)**)	+ +	+ +	× ×	× ×	×
M. chelonae ssp. abscessus	+	+ +			(×)
M. chelonae ssp. chelonae	+		×	×	×
M. flavescens	(+)		×	×	×
M. fortuitum	+	+	× ×	× ×	×
M. gastri	(+)		(×)	(×)	×
M. gordonae	(+)	+	× ×	× ×	× ×
M. haemophilum	+				
M. kansasii	+ +	+	(×)		×
M. malmoense	+			(×)	
M. marinum	+	+		×	×
M neoaurum	(+)		×		
M. nonchromogenicum	(+)		× ×	×	
M. parafortuitum/M. diernhoferi		+	×	×	
M. phlei		+	× ×	×	
M. scrofulaceum	+	+	× ×	× ×	×
M. shimoidei	+				
M. simiae	+				(×)
M. smegmatis	+	+	× ×	×	
M. szulgai	+	+			
M. terrae	(+)		× ×	× ×	
M. thermoresistibile	(+)		×		
M. triviale	(+)		×	×	
M. ulcerans	+	(+)			
M. vaccae		+	× ×	× ×	
M. xenopi	+				×

*) = *M. avium*-Komplex = *M. avium* und *M. intrazellulare*
+ + = weltweit als häufiger Krankheitserreger beschrieben; + = als seltener oder nur regional bedeutsamer Krankheitserreger beschrieben; (+) = nur einzelne oder ungenügend dokumentierte Erkrankungsfälle sind bechrieben; × × = häufig nachgewiesen und geographisch weit verbreitet; × = selten bzw. nur in geographisch begrenzten Gebieten nachgewiesen; (×) = Isolierung nur vereinzelt beschrieben bzw. ungenügend dokumentiert.

nierten (alle Organe und Gewebe des Körpers erfassenden) Infektionen. Die meisten dieser Infektionen zeichnen sich durch ihren chronischen Verlauf und ihre schlechte Therapierbarkeit aus. Meist müssen zu diesem Zweck über viele Monate hinweg Mehrfachkombinationen von Tuberkulosemedikamenten mit zum Teil toxischen Nebenwirkungen eingenommen werden.

Der Erdboden enthält eine größere Zahl (nach mikroskopischen Untersuchungen etwa 10^2 bis 10^5 Mykobakterien pro g) und auch ein breites Spektrum an Mykobakterien. Er wird deshalb von einigen Autoren als der eigentlich natürliche Standort angesehen. Beim kulturellen Nachweis kann die Isolierungsrate stark von der Herkunft der Bodenproben abhängen. Aus Waldböden mit pH-Werten zwischen 2,9 und 4,6 lassen sich nur relativ wenige Stämme isolieren, während eine schwach saure Reaktion (pH 4 bis 6) einen fördernden Einfluss auf das Vorkommen von Mykobakterien in Böden und Moorbiotopen zu haben scheint.

Natürliche Oberflächengewässer, wie Bäche, Flüsse und Seen, enthalten ein ähnliches Artenspektrum wie die Böden der jeweiligen Region.

In Grundwasserproben wurden bei einer amerikanischen Untersuchung mikroskopisch durchschnittlich 1000 säurefeste Bakterien pro ml gefunden. Mykobakterien (zu 98 % schnellwachsende) konnten jedoch nur in Durchschnittskonzentrationen von 14 KBE pro ml kultiviert werden. Mit anderen Isolierungsmethoden wurden aus Grundwasserproben in Deutschland ausschließlich langsamwachsende Mykobakterien in einer Durchschnittskonzentration von 0,1 KBE pro ml isoliert. Die meisten dieser Isolate hatten ein Wachstumsoptimum bei 20 °C und ließen sich nicht identifizieren.

Meerwasser ist ein mykobakteriologisch nur wenig erforschter Raum. Im Rahmen einer französischen und einer amerikanischen Studie wurden in Küstennähe *M. chelonae, M. flavescens, M. fortuitum, M. gordonae, M. intracellulare, M. marinum, M. nonchromogenicum, M. phlei, M. scrofulaceum* und *M. terrae* nachgewiesen. Zumindest für einige untersuchte Stämme von *M. intracellulare* und *M. scrofulaceum* scheint Meerwasser nicht der natürliche Standort zu sein, da ihre Vermehrungsfähigkeit in Wasser durch marine Salzkonzentrationen negativ beeinflusst wird und bei Temperaturen unterhalb von 15,5 °C stagniert. Hinweise auf die Existenz einer besonderen marinen Mykobakterienflora gibt eine sowjetische Untersuchung, in der von einer Spezies (*M. mucosum*) mit charakteristischer Zellwandlipidzusammensetzung berichtet wird, die in erdölverseuchtem arktischem Meerwasser verbreitet und mit ihren Stoffwechselfunktionen an Temperaturen unterhalb von 10 °C angepasst ist.

In den 1980er-Jahren wurde bekannt, dass auch aufbereitetes Trink- und Leitungswasser fakultativ pathogene Mykobakterien enthalten kann. Einige fakultativ pathogene Arten wie *M. kansasii* und *M. xenopi* wurden außerhalb des menschlichen oder tierischen Gewebes erstmals und bis heute fast ausschließlich in Trinkwasser nachgewiesen. Eine Anzahl von Untersuchungen wurde zudem veröffentlicht, in denen Trink- und Leitungswasser als Quelle für gehäufte Infektionen durch atypische Mykobakterien beschrieben wurde.

Im Rahmen von gezielten Untersuchungen (Schulze-Röbbeke et al., 1997) sind aus sechs Wasserwerken 994 Mykobakterienstämme aus Wasserproben isoliert und differenziert worden. 17 unterschiedliche Mykobakterienspezies ließen sich eindeutig identifizieren. Sechs dieser Spezies (*M. chelonae, M. gordonae, M. hiberniae, M. kansasii, M. mucogenicum* und *M. peregrinum*) konnten mittels PCR-Restriktionsanalyse (PRA) in verschiedene Subtypen unterteilt werden. Die beiden PRA-Subtypen, die bei den Isolaten der Spezies *M. chelonae* unterschieden wurden, konnten mithilfe des Line Probe Assays in weitere 10 LiPA-Subtypen unterteilt werden.

Die als „M. simiae-like" bezeichnete Gruppe extrem langsamwachsender Isolate ließ sich keiner bisher bekannten Mykobakterienart zuordnen und verfügt über α-, α'- und Keto-Mykolsäuren in den Zellwänden. Chemotaxonomisch weisen sie eine Verwandtschaft zu den Spezies *M. genavense, M. intermedium, M. lentiflavum, M. malmoense* und *M. simiae* auf. Auch mittels 16S-rDNA-Sequenzierung wurde eine enge phylogenetische Verwandtschaft mit diesen Spezies bestätigt.

Nach heutigem Wissen sind folgende Aussagen möglich:

- Mykobakterien sind mit geeigneten Untersuchungsmethoden in 80–90 % der Oberflächen- und Trinkwasserproben in Konzentrationen von ca. 1 KBE pro ml nachweisbar.
- Während einzelner Trinkwasser-Aufbereitungsschritte kommt es im Wasserwerk zu einer durchschnittlichen Reduktion der Mykobakterienkonzentration um etwa zwei Log-Stufen. Gleichzeitig sinkt die Nachweisrate auf etwa 75 %. Im Laufe der anschließenden Verteilung des Trinkwassers im Rohrnetz kommt es zu einem Wiederanstieg der Mykobakterienkonzentrationen auf die Ausgangswerte im Rohwasser.
- Es fand sich bisher kein physikalischer, chemischer oder mikrobiologischer Parameter, der in Wasserproben in nennenswerter Weise mit der Mykobakterienkonzentration korreliert.
- Hinsichtlich des Vorkommens von Mykobakterien bei unterschiedlichen Wassertemperaturen und pH-Werten bestehen Optima im Bereich von 10 bis 30 °C und pH 7,4 bis 7,8.
- Das Mykobakterienspektrum vor der Trinkwasseraufbereitung unterscheidet sich meist deutlich von demjenigen danach. Einige Mykobakterienspezies wie *M. kansasii, M. xenopi* und *M. lentiflavum* sind sogar als ausgesprochene „Trinkwasserspezialisten" anzusehen. Zusammen mit den quantitativen Befunden sprechen diese Tatsachen für eine Vermehrung der im Trinkwasser nachweisbaren Mykobakterien während und nach der Trinkwasseraufbereitung.
- Die meisten der in Deutschland im Trinkwasser nachweisbaren Mykobakterien sind relativ harmlosen Arten wie *M. chelonae, M. gordonae, M. mucogenicum* und *M. peregrinum* zuzuordnen. Auch fakultativ pathogene Arten wie *M. avium, M. intracellulare, M. kansasii, M. lentiflavum* und *M. xenopi* sind vertreten, wobei zu klären bleibt, ob es sich hierbei um häufig als Krankheitserreger auftretende Subtypen handelt. Im Falle von *M. kansasii* wurde der am häufigsten aus Patienten isolierte Subtyp in Trinkwasserproben bislang nicht nachgewiesen.

– Unbekannt ist, welche Maßnahmen sich bei gehäuften Erkrankungsfällen zur Reduktion der Mykobakterienkonzentration im Trinkwasser eignen. Die Desinfektion mit Chlor und Chlordioxid ist in den üblichen Konzentrationen ineffektiv. Ozon erweist sich als wirksam, führt anschließend jedoch zu einer starken mykobakteriellen Wiederverkeimung.

Über Abwässer und Klärschlämme liegen nur wenige Untersuchungen vor. Mikroskopisch wurde festgestellt, dass 1 g Faulschlamm 10^6 bis 10^7 säurefeste Bakterien enthalten kann. Kulturell wurden im Ablauf einer Kläranlage „säurefeste Mikroorganismen" in einer Konzentration von 10^6 KBE pro ml ermittelt. Zahlen, die bisher weder in Böden und Oberflächengewässern noch im menschlichen Stuhl nachgewiesen worden sind. Die Befunde lassen erkennen, dass es in Kläranlagen unter Umständen, die bislang nicht untersucht wurden, zu einer massiven Mykobakterienvermehrung kommen kann.

An den Grenzflächen zwischen Wasser und Luft entstehen Biofilme durch die Anreicherung hydrophober Substanzen und Mikroorganismen. Auch in der Natur lässt sich an derartigen Grenzflächen eine Mykobakterienanreicherung beobachten. Mykobakterienkonzentration in Tröpfchen, die an der Wasseroberfläche eines Flusses in Virginia durch zerplatzende Luftblasen in die Atmosphäre gelangen, ergab gegenüber dem strömenden Wasser eine durchschnittliche Erhöhung der Konzentration von *M. intracellulare* etwa um den Faktor 3000 und von *M. scrofulaceum* etwa um den Faktor 200.

M. avium konnte in freilebenden Acanthamöben nachgewiesen werden.

Das Problem der Trinkwasserkontamination mit nichttuberkulösen Mykobakterien besteht nicht nur in dem damit verbundenen Infektionsrisiko; vielmehr wurden auch zahlreiche „Pseudoinfektionen" und „Pseudoepidemien" beschrieben, die durch die Kontamination des Probenmaterials oder von Untersuchungsreagenzien durch Leitungswasser-Mykobakterien verursacht worden sind. Solche Fälle des falsch-positiven kulturellen Nachweises atypischer Mykobakterien im menschlichen Untersuchungsmaterial (z. B. in Bronchioallavage, die mit einem Bronchoskop gewonnen wurde, das zuvor mit Leitungswasser durchgespült wurde) haben nicht selten zu einer unnötigen antimykobakteriellen Behandlung geführt, die eine starke psychische Belastung für den Patienten darstellt und mit erheblichen toxischen Nebenwirkungen einhergehen kann.

Der Nachweis und die kulturelle Anzüchtung der Mykobakterien erfolgte nach den von Schulze-Röbbecke (1996) und Neumann et al. (1997) beschriebenen Verfahren. Zur Charakterisierung der Mykobakterienisolate sind folgende Verfahren angewendet worden:

– Dünnschichtchromatographische Mykolsäureanalyse;
– Restriktionsanalyse eines in vitro amplifizierten Genabschnitts (PCR-Restriktionsanalyse, auch PRA genannt);
– Differenzierung anhand physiologischer Merkmale;

- kommerziell verfügbare Gensonden (AccuProbe, Fa. Gen-Probe) zum Nachweis von *M. gordonae, M. kansasii, M. avium*-Komplex, *M. avium* und *M. intracellulare*;
- Sequenzierung der 16S rDNA;
- Subtypisierung von Isolaten der Spezies *M. chelonae* mit Hilfe des „line probe assays" (LiPA).

Literatur: Cirillo et al., 1997; Falkinham, 1996; Fischeder et al., 1991; Hall-Stoodley et al., 1998; Kirschner et al., 1993; Lamden et al., 1996; Neumann et al., 1997; Pelletier et al., 1988; Peters et al., 1995; Poraels, 1995; Ratledge und Stanford, 1982; Schulze-Röbbecke und Fischeder, 1989; Schulze-Röbbecke, 1996; Schulze-Röbbecke et al., 1997; Steinert et al., 1998; Telenti et al., 1993; von Reyn et al., 1993.

5.16.10 Legionellen

Legionellen (*Legionella*) sind eine Gattung stäbchenförmiger Bakterien aus der Familie *Legionellaceae*, welche im Wasser leben und gramnegativ, nicht sporenbildend, obligat aerob sind. Sie können sich durch eine oder mehrere polare oder subpolare Flagellen bewegen. Sie vermehren sich in der Natur vor allem intrazellulär in Amöben. Legionellen können sich aber auch frei vermehren, vorzugsweise bei Temperaturen zwischen 25 °C und 45 °C. Sie können als thermotolerantes Bakterium Temperaturen von 50 °C über mehrere Stunden überstehen.

Legionellen sind in geringen Konzentration natürlicher Bestandteil von Süßwasser (Seen, Flüsse und Grundwasser) oder feuchten Böden. Unbehandeltes Wasser aber auch Trinkwasser kann wasserführende technische Anlagen mit Legionellen kontaminieren. Sie werden für den Menschen eine Gefahr, wenn sie als Bioaerosol eingeatmet werden und in der Lunge die Makrophagen infizieren (siehe Kapitel 9.7). Aus diesem Grund sind alle wasserführenden technischen Systeme, welche Aerosol bilden können, potentielle Quellen für eine Infektion mit Legionellen (Legionellose). In der VDI 4250 Blatt 2 sind unter anderem Duschen, Whirlpools, Autowaschanlagen, Luftwäscher, raumlufttechnische Anlagen und Anlagen mit Prozesswasser genannt. Seit 2017 ist die 42. BImSchV in Kraft getreten, welche die hygienische Überwachung von Verdunstungskühlanlagen, Nassabscheider oder Kühltürme regelt. Bei einer Überschreitung der festgelegten Prüf- und Maßnahmenwerte sind die Anlagenbetreiber verpflichtet, sofortige Maßnahmen zu ergreifen. Dazu gehören zusätzliche Untersuchungen zur Differenzierung der nachgewiesenen Legionellen nach *Legionella pneumophila* Serogruppe 1, monoklonaler Antikörper 3-1 positiv, *Legionella pneumophila* Serogruppe 2-14 und anderen Legionellenarten (*Legionella* non-pneumophila). Für diese umfassenden Untersuchungen (Kultivierung – verschiedene Immunoassays) muss mit einer langen Wartezeit von bis zu 2–4 Wochen gerechnet werden. Die Identifizierung der Art *Legionella pneumophila* ist besonders wichtig, weil bei 80 % der Legionellose-Erkrankungen, diese Art durch Immunoassays im Urin nachgewiesen wurden und im Besonderen *Legionella pneu-*

Tab. 5.15: Interpretation mikrobiologischer Daten von Legionellen in Abhängigkeit von kulturabhängigen und kulturunabhängigen Nachweismethoden.

Kultivierungsmethoden	**Molekularbiologische Methoden**	**Antikörper-basierte Methoden**
Nachweis der Kultivierbarkeit von *Legionella* spp. Positives Ergebnis: kultivierbare Legionellen sind in Probe negatives Ergebnis: keine Legionellen sind in Probe, sie sind nicht kultivierbar oder Kultur ist wegen Begleitflora nicht auswertbar	Genotypischer Nachweis von *Legionella* spp. und *Legionella pneumophila* über qPCR Positives Ergebnis: Genomische DNA von *Legionella* spp. bzw. *Legionella pneumophila* ist in Wasserprobe negatives Ergebnis: genomische DNA ist unterhalb der Nachweisgrenze zusätzliche Information mit Lebensfähigkeits-qPCR: Positives Ergebnis: Membran von *Legionella* spp. bzw. *Legionella pneumophila* ist intakt. qPCR positiv, aber negatives Ergebnis für Lebensfähigkeits-qPCR: *Legionella* spp. bzw. *Legionella pneumophila* ist vorhanden, aber Membran ist zerstört	Serotypischer Nachweis von *Legionella pneumophila* über Immunoassay Positives Ergebnis: Serogruppe 1 oder Serogruppe 2-14 von *Legionella pneumophila* (freie oder an Membran gebundene Lipopolysaccharide) ist in Wasserprobe Negatives Ergebnis: Keine Serogruppe 1-14 von *Legionella pneumophila* ist in Wasserprobe oder Konzentration an Antigenstrukturen (freie oder an Membran gebundene Lipopolysaccharide) sind zu niedrig

mophila Serogruppe 1 für Epidemien mit einer besonders schweren Lungenentzündung (Legionärskrankheit oder Legionellenpneumonie) verantwortlich ist. Ein milderer Verlauf einer Legionellose wird als Pontiac-Fieber bezeichnet. Generell sind Legionellen jedoch alle potentiell pathogen, wenn sie vom Menschen eingeatmet werden und sich in den Makrophagen der Lunge vermehren.

Der Goldstandard zur Konzentrationsbestimmung von Legionellen aus Wasserproben sind Kultivierungsmethoden. Die extrem langsame Wachstumsrate von Legionellen, die Möglichkeit von anderen Mikroorganismen überwuchert zu werden, intrazellulär zu wachsen, im Biofilm zu verweilen oder der Ausbildung eines dormanten Zustandes (*viable but non-culturable*, VBNC) führen oftmals zu Komplikationen bei der Konzentrationsbestimmung in Wasserproben. Daher ist die Etablierung von neuen, kulturunabhängigen Methoden für die Legionellen-Analytik enorm wichtig. Sie können in einer möglichst kurzen Zeit eine umfassende und abgesicherte Gefährdungsanalyse ermöglichen, indem möglichst rasch festgestellt wird, ob die Bakterien leben oder abgetötet sind und ob Serotypen der hochinfektiösen Subspezies *L. pneumophila* enthalten sind. Dazu eignen sich kulturunabhängige Screeningmethoden (molekulare Methoden: qPCR; Lebensfähigkeits-qPCR, isothermale Nukleinsäureamplifikationstests; oder Antikörper-basierte Methoden: ELISA, Teststreifen oder Antikörper-Mikroarrays).

5.17 Parasiten

5.17.1 Entamöba histolytica

Das Protozoon *Entamöba (E.) histolytica* ruft die **Amöbiasis**, eine akute oder chronische Erkrankung des Dickdarmes, hervor. Der Erreger ist weltweit verbreitet. Erkrankungen treten im Wesentlichen nur in tropischen und subtropischen Gebieten, aber auch bereits südlich der Alpen auf. Die Amöbiasis zählt zu den häufigsten Parasitosen des Menschen.

Jährlich erkranken etwa 50 Mio. Menschen an einer invasiven Amöbiasis mit bis zu 100.000 Todesfällen. In Mittel- und Nordeuropa sind die aus südlichen Ländern mitgebrachten Infektionen klinisch von Bedeutung.

Symptomlose Amöbenträger scheiden Amöbenzysten oft in großer Zahl aus, aber nicht die an Amöbiasis erkrankten Personen. Durch fehlende oder mangelhafte Toiletten, undichte Wasser- und Abwasserleitungen gelangen Zysten ins Trinkwasser; verschmutzte Tanks tragen zur Ausbreitung bei. Über Trinkwasser und Nahrungsmittel (Gemüse, Obst) wird der Erreger auf den Menschen übertragen. Auch Fliegen verbreiten die Amöben-Zysten.

Bereits 1925 wurden aufgrund epidemiologischer Beobachtungen und Tierversuche sowohl eine virulente als auch eine avirulente Spezies von *E. histolytica* beschrieben, die morphologisch nicht zu unterscheiden sind.

Untersuchungen der Isoenzymmuster der Amöben sowie ihrer DNS bestätigten, dass *E. histolytica* zwei Spezies beinhaltet. Die eine ist avirulent und verursacht nur eine symptomlose Darmlumeninfestation (*E. dispar*), während die andere eine Amöbiasis auslöst, obwohl auch diese Spezies einige Zeit symptomlos im Darmlumen vorkommen kann. In Mitteleuropa gibt es wahrscheinlich etwa 1 % symptomlose Darmlumeninfektionen durch *E. dispar*.

Bei *E. histolytica* lassen sich zwei Stadien unterscheiden, das vegetative und das Zysten-Stadium:

Der Trophozoit im **vegetativen Stadium** besitzt keine formgebende äußere Hülle. Bei der fließenden, amöboiden Bewegung wechselt seine Gestalt ständig. Der Zellleib besteht aus dem Zytoplasma mit Nahrungsvakuolen und einem Zellkern. Es gibt große Formen (Magnaformen, 20–30 µm), die Gewebe auflösen und Erythrozyten enthalten, sowie kleine Formen (Minutaformen, 12–18 µm), die nur im Darmlumen leben.

Die **Zyste** (10–15 µm groß) als unbewegliches Dauerstadium ist von einer widerstandsfähigen Hülle umgeben und besitzt zunächst einen Kern, nach Teilungen im Verlaufe der Reifung zwei und dann vier Kerne. Die Zysten werden mit dem Stuhl ausgeschieden. In feuchter, kühler Umgebung sind die Zysten mehrere Monate infektiös, sterben aber durch Eintrocknung oder höhere Temperaturen (über 55 °C) schnell ab.

Nach oraler Aufnahme von reifen, vier Kerne enthaltenden Zysten wird im Dünn- oder Dickdarm die Zystenmembran eröffnet, und aus der geschlüpften Amöbe kommt es nach Teilung zu acht einzelnen Protozoen, die zur Minutaform werden. Bei der weiteren Zweiteilung können Magnaformen und auch Zysten entstehen.

Bei der **invasiven intestinalen Amöbiasis** kommt es nach der Infektion zunächst zu einer Adhärenz der Magnaformen an den Epithelzellen der Darmmukosa. Der wichtigste Rezeptor ist dabei ein Oberflächenlektin, mit dem sich die Amöben an die Zellen binden. Anschließend kommt es zur Zytolyse durch ein porenbildendes Protein, „Amoebapore“, und Proteolyse durch Proteinasen. Es entstehen kleine, rötliche Herde mit zentraler Nekrose, später bilden sich größere, rundliche oder ovale Geschwüre. Diese Prozesse dringen in die Tiefe vor, und mitunter führt dies zur Perforation der Serosa (Darmwand). Wiederholte Infektionen können eine Narbenbildung mit ödematöser Verdickung der Darmwand (Amöbom) und Verengung des Darmlumens auslösen.

Während der Geschwürbildung können Trophozoiten in Blutgefäße einbrechen und über den Pfortaderkreislauf in die Leber und seltener in andere Organe (Lunge, Milz, Gehirn, Haut) gelangen. In der Leber entstehen Nekrosen von Leberläppchen, aus denen sich mitunter große Abszesse bilden können. Sie treten überwiegend im rechten Leberlappen auf, wobei Absiedlungen möglich sind.

Bei Darmlumeninfestationen treten keine klinischen Symptome auf. Dringen die Parasiten jedoch in die Darmwand ein oder durch sie hindurch, so kann die Amöbiasis sowohl subklinisch als auch mit schweren Krankheitszeichen und Todesfolge verlaufen. Zum klinischen Verlauf einer invasiven Amöbiasis (Amöbenruhr) ist zu bemerken, dass es nach einer Inkubationszeit von sehr variablem Zeitlauf – von wenigen Tagen bis zu mehreren Wochen – zunächst nur zu leichten Schleim- und Blutbeimengungen im Stuhl (himbeergeleeartig) kommt. Diese verstärken sich mehr und mehr. Der Stuhl ist bei der Amöbenruhr jedoch selten wässrig; nur bei fortgeschrittenem Stadium kommen Fieber, Schüttelfrost und Kopfschmerzen hinzu. Es besteht die Gefahr der Kolonperforation und von starken Blutungen aus den Ulzera. Aus diesen können sich knotenartige Amöbome bilden. Nach einer Heilung und Besserung kann eine viele Jahre anhaltende chronisch-rezidivierende Amöbendysenterie, unterbrochen durch zeitweise Obstipation, sich fortsetzen.

Nach mehreren Monaten oder Jahren kann nach einer intestinalen Amöbiasis ein Leberabszess entstehen. Der Prozess beginnt schleichend; Fieber und Druckschmerz in der Lebergegend sind typische Anzeichen.

Im Darm leben neben *E. histolytica* und *E. dispar* auch andere Amöben, die apathogen sind, aber bei der Labordiagnose von diesen differenziert werden müssen (*Entamöba coli, Entamöba hartmannii, Endolimax nana, Iodamoeba bütschlii* und andere).

Die Amöbendiagnostik gehört zu den schwierigsten mikroskopischen Aufgaben. Eine zuverlässige Identifizierung setzt daher angemessene Ausbildung und ausreichende Erfahrung voraus. Die Untersuchung sollte deshalb nach Möglichkeit sowohl mikroskopisch als auch kulturell durchgeführt werden. Die Differenzierung zwischen virulenten und avirulenten Arten von *Entamöba* erfolgt mittels monoklonaler Antikörper.

5.17.2 Freilebende Amöben

In fließenden Gewässern wurden Amöbenzahlen bis zu 90.000 pro Liter mit einem Anteil von rund 79 % thermophiler Acanthamöbenarten gefunden. In strömungsarmen Talsperrenstauseen lagen die Amöbenzahlen zwischen 3 und 700 in einem Liter.

Das aus Wasserproben ermittelte Artenspektrum unterscheidet sich sowohl in seiner Zusammensetzung als auch in der Häufigkeit einzelner Amöbenarten. Abgesehen von einer saisonalen Abhängigkeit der Zahl von *Naegleria* und einem generell höheren Vorkommen von *Acanthamoeba sp.*, *Echinamoeba sp.*, *Mayorella sp.*, *Hartmannella sp.*, *Vannella sp.* und *Vahlkampfia*-Arten erwies sich die Amöbenverteilung auch in den zu verschiedenen Zeiten entnommenen Proben desselben Habitats als zufällig.

Den natürlichen Lebensraum für freilebende Amöben bilden nach vorliegenden Untersuchungen in den Bereichen der entnommenen Wasserproben die Flussbettböden, die unter Wasser befindlichen Uferböschungen mit ihrem Bewuchs und die Ufersedimente. Die Artenvielfalt der Amöben ist hier größer als in den entnommenen Wasserproben.

Von Bedeutung ist ferner die Beobachtung, dass in Grundwasserinfiltrationen zahlenmäßig das Vorkommen von einzelnen Amöbenarten und die Zusammensetzung der Population keine Rückschlüsse darüber ermöglicht, ob eine Grundwasserinfiltration mit Uferfiltrat oder mit aufbereitetem Oberflächenwasser (Flockung, Sedimentation, Filtration) zu geringeren Amöbenvorkommen in diesem Lebensraum führt.

Der erste Aufbereitungsschritt zur Trinkwassergewinnung aus Oberflächenwässern ist die Flockungssedimentation und -filtration. Die Flockungsmittel und Flockungshilfsmittel wirken in ihren Anwendungsmengen nicht amöbizid. Durch Flockung und Filtration lässt sich in den meisten Fällen eine Elimination des im Rohwasser vorhandenen Amöbenvorkommens zwischen 95 und 100 % erreichen.

Da die Filtration lediglich eine mechanische Barriere für die Protozoen darstellt, ist der Betriebszustand der Filter für den Rückhalt freilebender Amöben von wesentlicher Bedeutung. Auf der Filteroberfläche erfolgt eine Konzentrierung der Amöben, so dass nur durch intakte und sorgfältig gewartete Filter eine Rekontamination des aufbereiteten Wassers vermieden wird. Das Erstfiltrat sollte nicht zur Trinkwasseraufbereitung verwendet werden, da hier mit erhöhten Durchlassraten zu rechnen ist. Eine kontinuierliche Überwachung dieser Aufbereitungsstufe auf den Durchbruch von Protozoen ist aus den genannten Gründen wünschenswert. Eine Verbesserung der Ergebnisse durch Einsatz von Mehrschichtfiltern, Aktivkohlefilter und Ozonung ließ sich nicht mit Sicherheit reproduzieren.

Untersuchungen von Reinwasser unmittelbar vor seiner Einspeisung in das Leitungsnetz ergaben bei sieben von 21 Proben einen positiven Amöbennachweis, der zahlenmäßig toleriert werden muss, weil aus früheren Untersuchungen bekannt ist, dass es im Wasser des Leitungsnetzes im Vergleich zum Reinwasser aus der Aufbereitungsanlage zu einem deutlichen Anstieg der Amöben kommen kann. In Wasserproben aus der Hausinstallation konnten Acanthamöben isoliert werden, die morphologisch „Amöbenparasiten" enthielten.

Ende der 1950er-Jahre wurde erstmals nachgewiesen, dass sich unter diesen freilebenden Amöben auch pathogene befinden. Es handelt sich vor allem um die Gattungen *Acanthamöba* und *Naegleria.*

Acanthamöba verursacht im Menschen neben anderen Erscheinungen eine chronisch-granulomatöse Entzündung des Gehirns mit Beteiligung der Hirnhäute. Die Besiedlung des Gehirns geht im Allgemeinen von einem Primärherd außerhalb des Zentralnervensystems aus. Tragen von Kontaktlinsen ist eine Disposition für Infektionen der Hornhaut durch Acanthamöben.

Amöben der Gattung ***Naegleria*** dringen auf dem Weg über die Nasenschleimhaut und den Riechnerv direkt in das Gehirn ein. Die ersten Krankheitssymptome sind Kopfschmerzen, Fieber, Übelkeit und Erbrechen. Die Folgen der Infektion sind eine tödlich verlaufende Entzündung der Gehirnhäute und des Gehirns. Sämtlichen bisher bekannt gewordenen *Naegleria*-Infektionen ist gemeinsam, dass sie mit Schwimmen und Tauchen in warmem Wasser in Zusammenhang stehen. Infektionsquellen sind hierbei gewesen: Kleine, warme Seen, kleine Flüsse, offene Schwimmbäder, Hallenbäder, Quellenbäder, Seewasserbäder und Leitungswasser. Pathogene Naeglerien benötigen zu ihrer Vermehrung 23 bis 35 °C. Deshalb darf das Wasser von Kleinbadeteichen (siehe Kap. 12) nicht wärmer als 23 °C sein.

Als Trophozoite sterben *Naegleria* in ungechlortem Leitungswasser bei 4 °C in 24 Stunden ab. Bei Temperaturen zwischen 20 °C bis 35 °C können sie unter Umständen mehrere Monate am Leben bleiben. Leitungswasser weist in Mitteleuropa normalerweise keine Temperaturen über 20 °C auf. Lediglich im Sommer kann das Wasser in freiliegenden Leitungen oder im Winter in Leitungen, die durch warme Kellerräume führen, Temperaturen erreichen, die ein längeres Überleben der pathogenen Amöben ermöglichen.

Freilebende Amöben können als Wirtszellen in aquatischen Habitaten eine Rolle spielen. Zahlreiche Untersuchungen haben ergeben, dass sie pathogene Mikroorganismen aufnehmen, die sich in ihnen vermehren, z. B. Legionellen, Mykobakterien, Pseudomonaden und Listerien. Intrazelluläre Mikroorganismen in Wirtsamöben, insbesondere wenn sie in deren Zysten eingeschlossen sind, verfügen dadurch über einen natürlichen Schutz gegen gebräuchliche Chlor- und Biozidkonzentrationen, Trophozoiten von Acanthamöben verhalten sich gegen 0,5 mg/l Chlor und ihre Zysten gegen 40 mg/l resistent.

In Probeentnahmen aus zentralen Bereichen des Warmwassernetzes von 6 Krankenhäusern mit systemischer Legionellenkontamination konnten noch bei Temperaturen von 55 °C bis 60 °C Amöben nachgewiesen werden. Hierzu gehören hauptsächlich ***Hartmannella vermiformis***, daneben ***Saccamoeba*** und ***Vahlkampfia***. Möglicherweise können sie das Legionellenwachstum bzw. das Überleben in Warmwassersystemen fördern. Über eine Korrelation zwischen dem Vorkommen von *Legionella pneumophilia* (Serogruppe 1) und *Hartmannella vermiformis* in Warmwassersystemen von Krankenhäusern ist berichtet worden (siehe Abschn. 9.7). Bei 44 °C konnten in 59 % der Proben Amöben isoliert werden. *Hartmannella* dominierte vor *Saccamoeba* und *Vahlkampfia*. Die Temperaturtoleranz von *Acanthamoeba* und *Naegleria* ist im Vergleich zu den anderen genannten Amöbenarten geringer. Aus hygienischer Sicht kann nicht ausgeschlossen werden, dass vereinzelt Infektionen über Amöben kontaminiertes Spritz- und Duschwasser auftreten.

Für einen Amöbennachweis erweist sich das Anzuchtverfahren als eine empfindliche und geeignete Methode, auch unter dem Gesichtspunkt eines gleichzeitigen Vitalitätsnachweises und der Möglichkeit, das noch unübersehrbare Spektrum der von Amöben übertragbaren Krankheitserreger in vivo zu untersuchen. Für die Interpretation der Ergebnisse ist zu beachten, dass die Untersuchungen lediglich einen stichprobenartigen Charakter besitzen können, und dass die ermittelten Amöbenvorkommen aufgrund von einzelnen Kulturverlusten und verschiedenen weiteren Faktoren zu niedrig eingeschätzt werden. Dies gilt insbesondere auch für die oftmals problematische Anzucht von Amöben mit den sich intrazellulär in ihnen vermehrenden Mikroorganismen.

Literatur: Acuna-Soto et al., 1993; Brückner, 1992; de Jonckheere und Van de Voorde, 1976; Hoffmann und Michel, 1997; Janitschke et al., 1992; Janitschke, 1999; Kuchta et al., 1993; Martinez und Janitschke, 1979; Michel et al., 1995; Moffat und Tompkins, 1992; Ravdin, 1995; Rohr et al., 1998; Sanden et al., 1992; Sargeaunt, 1992; Tannich und Burchard, 1991.

5.17.3 Giardia lamblia

Giardia lamblia ist ein Flagellat und gehört zur Gattung *Giardia* (*G.*). Er wurde früher *Lamblia intestinalis* genannt. Die durch ihn verursachte Krankheit wird heute Giardiasis bezeichnet. Von Bedeutung für die Bewertung ist, dass bereits wenige Parasiten eine Infektion auslösen können. Deswegen kann das zu untersuchende Wasservolumen nicht wie üblich auf 1 oder auf 100 ml beschränkt werden. Vielmehr muss das Tausendfache hiervon, nämlich jeweils 100 Liter als Probe entnommen und untersucht werden. Dies erschwert natürlich den Nachweis.

G. lamblia ist weltweit verbreitet, mit einer Häufung in den Tropen. Der Zystennachweis schwankt zwischen 1 und 30 %, abhängig von der Umgebung und dem Alter. Typischerweise tritt die Giardiasis von Juli bis Oktober auf, überwiegend bei Kindern unter 5 Jahren und bei Erwachsenen zwischen 25 und 40 Jahren.

In der Normalbevölkerung Mitteleuropas wird die Prävalenz von Zysten-Ausscheidern auf etwa 1 bis 4 % geschätzt, gelegentlich ist sie jedoch höher.

G. lamblia ist ein morphologisch von *Giardia*-Isolaten aus verschiedenen Haus- und Wildtierarten nicht unterscheidbar. Die früher angenommene strenge Wirtsspezifität besteht nach neuen Untersuchungen nicht, da die aus Menschen und einigen Wirbeltierarten gewonnen *Giardia*-Isolate auf andere Tierarten übertragbar sind. Auf Grund dieser und anderer Befunde kommen Tiere als Erregerreservoir in Betracht. Ob sich daraus eine Infektionsgefährdung für den Menschen ergibt, muss weiter untersucht werden.

Das Protozoon tritt in zwei Formen auf. Die **Trophozoiten** sind 10–20 µm lang, von birnenförmiger Gestalt. Es sind zwei Kerne und acht Geißeln vorhanden. Die **Zysten** sind 10–14 µm lang, von ovaler Gestalt, besitzen vier Kerne, sichelförmige Mediankörper und Geißelanlagen.

Die mit Stuhl ausgeschiedenen Zysten sind in feuchter Umgebung bis zu drei Monaten lebensfähig.

Durch mit Zysten kontaminiertes Wasser oder verunreinigte Nahrung sowie durch engen Kontakt z. B. mit Kranken wird die Giardiasis übertragen. Magensäure und Pankreasenzyme wandeln die aufgenommenen Zysten in Trophozoiten um. Diese haften sich mit einer Adhärenzscheibe an die Zellen der Dünndarmwand (Enterozyten). Dabei kommt es zu Infiltrationen mit Entzündungszellen. Einflüsse auf die Enzymproduktion sollen die Durchfälle hervorrufen. Das Immunsystem des Kranken (humoral und zellulär) hat ebenfalls einen Einfluss auf den Infektionsverlauf.

Die Giardien sind fakultativ pathogen, so dass die Infektion häufig symptomlos verläuft und nach wenigen Wochen spontan verschwindet. Innerhalb einer Woche nach der Infektion kann es plötzlich zu wässrigem Durchfall kommen, der von leichtem Fieber, Erbrechen und Oberbauchbeschwerden begleitet ist. Auch Erkrankungen der Gallenwege sind möglich. Der Krankheitsverlauf kann mitunter chronisch sein, die Symptome verschwinden und treten dann wieder vermehrt auf. Nach ein bis zweiwöchigem Krankheitsverlauf kann sich für mehrere Monate ein leichter Durchfall einstellen.

Den Beweis wasserbedingter Erkrankungen durch *Giardia* lieferte erst die Erkennung ihrer Humanpathogenität. Bei dem ersten in den USA dokumentierten Ausbruch handelte es sich um Urlauber aus einem Skigebiet in Colorado (siehe Tab. 5.5). Ursache war die Verunreinigung des Grundwassers durch Abwasser. Die Zahl der registrierten, durch *Giardia* ausgelösten Trinkwasserepidemien ist seit dieser Zeit wesentlich gestiegen, weil sie als Krankheitserreger aus dem Wasser isoliert und diagnostiziert worden sind. Von 1978 bis 1980 war *Giardia* für etwa 20 % sämtlicher wasserbedingter Krankheitsausbrüche verantwortlich. In den Jahren von 1980 bis 1984 gab es in den USA 56 Epidemien.

Nach der Entwicklung von Isolierungs- und Identifizierungsmethoden für *Cryptosporidium* und *Giardia* in Wasser wurde in mehreren Studien die Kontamination der Umwelt mit Protozoen untersucht. Es wird über das Vorkommen von *Giardia* in insgesamt 4423 Proben aus 301 Entnahmestellen berichtet. Die Nachweishäufigkeit von *Giardia*-Zysten in Oberflächenwasser (Bäche, Flüsse, Seen, Quellen) schwankte zwischen 10 und 28 %, während nur 3 % der Grundwasserproben Zysten enthielten. *Giardia*-Zysten wurden in 11 % aus Trinkwasserproben gewonnen, in 3,4 % aus Proben nach konventioneller Aufbereitung, und in 24 % nach Filterung ohne Flockung. In 6,6 % der ungefilterten Wasserproben konnten Zysten festgestellt werden, während in aufbereitetem Wasser nach Langsamsandfiltern keine nachzuweisen waren. In ungeklärtem Abwasser betrug die Zystendichte 10^4 pro 100 l mit einer 100fachen Abnahme nach Behandlung. In Oberflächenwasser, das mit menschlichen und landwirtschaftlichen Ausscheidungen verunreinigt war, wurden im Mittel 33 Zysten pro 100 l erfasst, während unbelastete Gewässer durchschnittlich 0,6 Zysten pro 100 l enthielten.

Die mikrobielle Verunreinigung des Trinkwassers wird hauptsächlich durch die beiden kombinierten Aufbereitungsschritte Flockungsfiltration und Desinfektion verhindert, sofern der Ressourcenschutz ausreichend ist (Multi-Barrieren-System, siehe Kap. 9). Das Verfahren der Wahl zum Schutz vor *Giardia*-Zysten ist somit der Ressourcenschutz und die wirksame Filterung, wobei mit verschiedenen Flockungsmitteln eine Reduktion der *Giardia*-Zysten um mehr als 6 log-Stufen erreicht werden kann. Noch wirksamer ist die Langsamsandfiltration, die der Desinfektion durch Chlor weit überlegen ist.

Für die Inaktivierung durch Chlor ergaben Untersuchungen, dass eine Konzentration von 2,5 mg/l freiem Chlor bei einem pH-Wert von 6,7 bzw. 6,8 nach 10 min Kontaktzeit zu einer Abnahme von weniger als 90 % und erst nach 30 bis 60 min Kontaktzeit zu etwas mehr als 90 % führt, also nur um etwa eine log-Stufe.

Der Nachweis von *Giardia*-Zysten und *Cryptosporidium*-Oozysten wird im Abschnitt 5.17.6 beschrieben.

Literatur: Casson et al., 1990; Craun, 1990; DeRegnier et al., 1989; Isaac-Renton et al., 1996; Jakubowksi, 1984; Jakubowksi und Hoff, 1979; Janitschke, 1999; Karanis et al., 1989; Karanis und Seitz, 1996; Le Chevallier et al., 1991; Lopez et al., 1980; Moore et al., 1969; Neringer et al., 1987; Scheupen, 1996; Schoenen et al., 1997; Teunis et al., 1997; Wolfe, 1992.

5.17.4 Cyclospora cayetanensis

In den Ausscheidungen von Erkrankten, die an Diarrhoe, Gewichtsverlust und Schwäche litten, wurden 1979 in Papua-Neuguinea mikroskopisch Mikroorganismen gesehen, die den Cryptosporidien ähnelten. Heute trägt der Erreger die Bezeichnung *Cyclospora cayetanensis*. Sein Wirtsspektrum ist weitgehend unbekannt.

Außer beim Menschen und Schimpansen wurde er bisher nicht nachgewiesen, aber er scheint weltweit verbreitet zu sein. 1990 wurde erstmals eine kleine Epidemie in einem Chicagoer Krankenhaus beobachtet. Die Erreger sind durch Trinkwasser übertragen worden. Während der Monsun- und Regenzeit treten z. B. regelmäßig *Cyclospora*-Infektionen in Nepal bei Botschaftsangehörigen und Reisenden auf. In Endemiegebieten scheint die Durchseuchung der einheimischen Bevölkerung bereits in der Kindheit zu erfolgen. Dafür sprechen Untersuchungen von peruanischen Kindern. Rund 80 % waren asymptomatische Ausscheider.

Die Erreger verursachen nach Aufnahme im oberen Dünndarm intrazelluläre Schleimhautinfektionen. Die wichtigsten Übertragungsquellen sind kontaminiertes Wasser und Lebensmittel z. B. Milch, die in Nepal üblicherweise mit Wasser verdünnt wird.

Der Nachweis der Erreger erfolgt durch Stuhluntersuchungen. Mit dem Lichtmikroskop lassen sich in Iod-Nativpräparaten 8 bis 10 µm große runde Zellen erkennen, die metachromatische, maulbeerähnliche Granula enthalten und eine charakteristische grüne Färbung aufweisen.

Literatur: Bendall et al., 1993; Connor und Shlim, 1995; Hoge et al., 1993; Müller, 1996; Soave und Johnson, 1995.

5.17.5 Cryptosporidium parvum

Cryptosporidium (*C.*) *parvum* wird neben *G. lamblia* derzeit als die wichtigste Gesundheitsgefährdung im Trinkwasser, das aus Oberflächenwasser ohne Aufbereitung gewonnen wird, angesehen. *C.* wurden bei Tieren 1907 entdeckt, die ersten Erkrankungen beim Menschen sind 1976 beschrieben worden. Es handelt sich um ein obligat intrazelluläres Protozoon.

Die Parasiten kommen weltweit vor und werden entweder als Anthropozoonose von Tieren oder direkt von Mensch zu Mensch übertragen. Die Aufnahme der Parasiten erfolgt als Oozysten in der Regel fäkal-oral über die Nahrung oder Trinkwasser. Ausreichend für eine Infektion sind möglicherweise schon 10 bis 100 Oozysten. Deswegen muss das Probenvolumen für eine Untersuchung, ebenso wie für den Nachweis von *G. lamblia*, mindestens 100 Liter betragen.

Die mit dem Stuhl ausgeschiedenen Oozysten sind rundlich und 4 bis 6 µm groß. Sie enthalten vier Sporozoiten, die frei und nicht in Sporozysten enzystiert sind. Gegenüber Umwelteinflüssen sind sie resistent und bereits bei ihrer Ausscheidung aus dem Darm infektiös.

Nach der oralen Aufnahme der Oozysten werden die vier Sporozoiten freigesetzt, die sich im Dünndarm im Bereich der Mikrovilliregion an die Enterozyten anlagern. Es kommt zur Ausbildung einer parasitophoren Vakuole, bestehend aus je zwei Wirts- und zwei Parasitenmembranen. Die Parasiten (Trophozoiten) liegen intrazellulär jedoch extrazytoplasmatisch.

Es folgen eine Reifung und Teilung (asexuelle Vermehrung, Schizogonie), und Merozoiten werden ins Darmlumen freigesetzt. Diese befallen zunächst neue Enterozyten (Autoinfektion), im weiteren Verlauf entwickeln sich jedoch auch einige Merozoiten zu sexuellen Formen (Gametozyten). Diese verschmelzen zur Zygote und bilden in der parasitophoren Vakuole infektiöse, d. h. vier reife Sporozoiten enthaltende Oozysten, jedoch mit unterschiedlicher Wanddicke. Nach Freisetzung ins Darmlumen kann die Wand der dünnwandigen Oozysten aufbrechen und so erneut zur Autoinfektion führen. Die dickwandigen Oozysten werden mit dem Stuhl ausgeschieden.

Nach Aufnahme infektiöser Oozysten kommt es im immunkompetenten Patienten nach einer durchschnittlichen Inkubationszeit von 3 bis 7 Tagen zu einem kurzzeitigen, selbstlimitierten, wässrigen Durchfall (choleraähnlich) oder die Infektion verläuft (vom Patienten unbemerkt) latent. Die Prävalenzrate der Cryptosporidiose bei immunkompetenten Patienten mit Diarrhoe liegt in Industrieländern bei rund 2, in Afrika und Südamerika bei 3 bis 20 %.

Bei Personen mit Immunschwäche (z. B. AIDS) kann es dagegen bei über 20 % zu schweren, chronischen Durchfällen mit erheblichen, zum Teil lebensbedrohlichen Flüssigkeitsverlusten kommen. Daneben wurden in immunsupprimierten Patienten auch extraintestinale Manifestationen, z. B. Cholezystitis, Hepatitis, Pankreatitis und Erkrankungen der Atemwege, letztere evtl. auch durch aspirierte Oozysten, beschrieben. Die Pathogenese der Cryptosporidiose ist bisher weitgehend ungeklärt.

Der erste gesicherte Nachweis einer Epidemie ereignete sich 1984 in den USA (Braun Station, Texas: ca. 2000 Erkrankte) infolge der Verunreinigung eines artesischen Brunnens durch Abwasser. Anscheinend war die Chlorung für die Inaktivierung der coliformen Bakterien ausreichend, nicht jedoch für die Abtötung der *Cryptosporidium*-Oozysten und auch nicht für die Inaktivierung von Norwalk-Viren, für Darmerkrankungen verantwortliche Viren, die ebenfalls im Wasser des kontaminierten Brunnens vorkamen.

In den letzten Jahren erschienen vermehrt Berichte über trinkwasserbedingte *Cryptosporidien*-Epidemien (siehe Tab. 5.5, Abschn. 5.2.2). Besonders erwähnenswert ist die Cryptosporidiosis von 1993 in Milwaukee durch kontaminiertes Trinkwasser. Von 1,6 Mill. exponierten Personen erkrankten 403.000. Die Stadt erhält ihr Wasser aus dem Lake Michigan durch zwei Wasserwerke. In den Seen fließt der Milwaukee-Fluss, der zur Zeit der Epidemie durch Schnee und starken Frühjahrsregen mit Abwässern aus Vieh- und Milchfarmen verunreinigt war. Durch die Standard-Chlorung (1 mg/l Chlor, Chloramin) und Filterung wurden die Oozysten nicht eliminiert. Von den 404 in Milwaukee lebenden AIDS-Patienten zeigten 48 % Symptome einer Cryptosporidiosis. 12 Patienten mussten im Krankenhaus stationär behandelt werden, von denen 3 starben.

In Großbritannien fand der erste Nachweis einer epidemischen Cryptosporidiose 1988 in Ayrshire (Schottland) statt. Obwohl nur 27 Fälle klinisch identifiziert wurden, stieg während des Ausbruches die Häufigkeit von Durchfallerkrankungen auf das 5- bis 10fache des Üblichen an. Als Ursache des Ausbruches wurde die Verunreinigung des aufbereiteten Wassers durch Rinderschwemmmist festgestellt. Coliforme Indikatorbakterien führten nicht zum Nachweis der Verunreinigung, jedoch wurden vor der Isolierung von *Cryptosporidium*-Oozysten im Wasserbehälter einmal fäkale Streptokokken nachgewiesen.

Eine geringfügige Kontamination des Trinkwassers kann zu einer unbemerkten Durchseuchung der exponierten Bevölkerung führen. Dies könnte für einen gewissen Prozentsatz der endemischen Giardiasis oder Cryptosporidiose zutreffen. Von Bedeutung ist, dass bei Epidemieausbrüchen die Kontamination des Trinkwassers mit *Giardia*-Zysten 10- bis 50-mal höher ist als sonst.

Bei Cryptosporidiose-Epidemien sind die Konzentrationen von Oozysten im Trinkwasser 100- bis 1000-mal höher (29 bis 900 pro 100 l) als zu den übrigen Zeiten.

Untersuchungen auf Cryptosporidium in den einzelnen Stufen von Trinkwasseraufbereitungsanlagen haben ergeben, dass bei niedrigen Cryptosporidium-Belastungen des Rohwassers und einer gut bis optimal betriebenen Aufbereitung ein Nachweis von Cryptosporidium nach der ersten Aufbereitungsstufe nicht zu erwarten ist. Der Frage, wie effizient die Gesamtmaßnahmen der Aufbereitungen sind, ist nur wenig bearbeitet worden.

Mit konventioneller Sedimentation und Flockungsfiltration (Koagulation, Flockung wurden für *Cryptosporidium sp.* Reduktionsraten von 2–3 log-Stufen festgestellt. Höhere Reduktionsleistungen (bis zu 4 log-Stufen) werden bei der Langsamsandfiltration beschrieben. Bei einer entsprechend hohen Belastung des Rohwassers muss mit einem Nachweis von *Cryptosporidium sp.* in Trinkwasser gerechnet werden.

Bislang ist die infektionsbiologische Bewertung der Konzentration von *Cryptosporidium*-Oozysten im Trinkwasser unsicher und wird diskutiert. Grenzwerte existieren bislang nicht. Nach neuen Angaben aufgrund der bisher vorliegenden Untersuchungen bedeutet der Oozysten-Nachweis im Trinkwasser nicht unbedingt, dass die Bevölkerung einem erhöhten Risiko ausgesetzt ist und geringe Oozysten-Konzentrationen (0,3 bis 30 in 100 Litern) können aus zahlreichen Proben von aufbereitetem Wasser isoliert werden. Außerdem ist bislang die Unterscheidung zwischen lebenden und nicht lebensfähigen Oozysten problematisch.

Literatur: Atherholt, 1998; Badenock, 1990; Bridgman, 1995; Casemore, 1991; Current, 1991; D'Antonio et al., 1985; Gornik und Exner, 1997; Hayes et al., 1989; Ignatius, 1999; Le Chevallier et al., 1991; Le Chevallier und Norton, 1995; Lisle und Rose, 1995; MacKenzie, 1994; Marchall et al., 1997; Morris et al., 1998; Nieminski und Ongerth, 1995; Ongerth und Pecoraro, 1995; Peeters et al., 1989; Richardson et al., 1991; Rose et al., 1991; Schuler und Gosh, 1990; Smith et al., 1993 und 1995; Wiedemann, 1996.

5.17.6 Nachweis von Giardia-Zysten und Cryptosporidium-Oozysten in Wasserproben

Um festzustellen, ob Wasser mit *Giardia* oder *Cryptosporidium* kontaminiert ist, muss eine ausreichend große Wasserprobe (mindestens 100 Liter) mikroskopisch auf Zysten und Oozysten untersucht werden. Anreichung und Nachweis der Parasiten sind mit großem Arbeits- und Zeitaufwand verbunden. Am häufigsten wurde bisher die so genannte Patronen-Wickelfilter-Methode verwendet, die die Umweltbehörde der USA (US EPA) als Referenzmethode entwickelt. Die Verarbeitung der Proben führt über die Filtration von großen Wassermengen im Feld, das Auswaschen der Filter und die Konzentration des gewonnenen Rückstands im Labor in mehreren Zwischenstufen zur mikroskopischen Identifizierung der Zysten und Oozysten durch eine Immunfluoreszenzfärbung mit Hilfe von monoklonalen Antikörpern.

Weil zahlreiche Parasiten aus den verwendeten Filtern nicht ausgewaschen werden können und somit nicht in die mikroskopischen Präparate gelangen, sind falsche negative Ergebnisse bei dieser Technik nicht selten. Zudem dauert das Mikroskopieren mehrere Stunden und verlangt große Erfahrung. Modifikationen dieses Anreicherungsverfahrens ergaben bei der Prüfung in den USA und in Australien unterschiedlichste Wiederfindungsraten der Parasiten. Aus diesem Grund ist eine Standardisierung der Anreicherung der Parasiten aus dem Wasser notwendig.

Zu einer schnelleren Identifizierung von *Giardia* und *Cryptosporidium* im Wasser wird ein Durchflussverfahren (so genannte Flow-Zytometrie) favorisiert. Die Anreicherung der Parasiten erfolgt durch Filtration. Nach Färbung und Auswaschen der Proben werden die enthaltenen Partikel, einschließlich der Parasiten, aufgrund ihrer Größe und Fluoreszenz im Flow-Zytometer selektiv abgetrennt. Mit diesem Verfahren wird eine erhebliche Zeitersparnis bei der Untersuchung erreicht, vor allem weil das abschließende Mikroskopieren wesentlich erleichtert wird.

Literatur: Regli et al., 1995; Wiedemann, 1996.

5.17.7 Sonstige Parasiten

Für ***Sarcocystis* sp.** (*S. suihominis* und *S. bovihominis*, Erreger der Sarcosporidiose) kann der Mensch sowohl als Zwischenwirt als auch als Endwirt fungieren. Im ersten Fall werden reife Oozysten mit kontaminiertem Trinkwasser oder Nahrung aufgenommen, diese entwickeln sich im Darm und schließlich kommt es zur Absiedlung von asexuellen Stadien im Muskelgewebe. Dies verläuft in der Regel symptomlos.

Im zweiten Fall werden asexuelle Sarcocystis-Zysten aus dem Muskelgewebe von kontaminiertem Rind- bzw. Schweinefleisch oral aufgenommen und nach Weiterentwicklung im Darm, reife Oozysten mit dem Stuhl ausgeschieden. Hierbei können kurzzeitig leichte gastrointestinale Beschwerden auftreten.

***Balantidium coli* (*B.*)** ist der einzige Ziliat mit einer medizinischen Bedeutung. Er ist weltweit verbreitet, wird jedoch in den Tropen häufiger angetroffen. Sein natürlicher Standort ist der Dickdarm.

B. coli ist mit seiner bis zu 100 µm Länge bei einer Breite von bis zu 70 µm der mit Abstand größte Vertreter der Protozoen, die beim Menschen gefunden werden können. *B. coli* bildet kugelige Zysten von 50 bis 70 µm Durchmesser. Diese werden mit dem Stuhl ausgeschieden und können von neuen Wirten aufgenommen werden. Die Infektion des Menschen erfolgt durch fäkal/orale Schmierinfektionen über kontaminierte Nahrung oder Trinkwasser und ist vom Hygienestand der betroffenen Personengruppe abhängig.

Die Mehrzahl der Infektionen scheint symptomlos zu sein. Klinische Krankheitsverläufe sind durch zum Teil blutig-schleimige Durchfälle (daher der Name Balantidienruhr) gekennzeichnet. Übelkeit, Erbrechen und Kopfschmerzen können als unspezifische Begleitsymptome auftreten. In der Schleimhaut entstehen irreguläre Ulzerationen. Ein Auswandern der Erreger (extraintestiale Verläufe) und Perforationen der Darmwand sind möglich, aber selten. Bei massivem Flüssigkeitsverlust kann es wie bei den klinisch ähnlichen Verläufen von Cholera oder Cryptosporidiose zu Kreislaufstörungen kommen.

Isospora belli ist Ursache einer als Kokzidiose bezeichneten Krankheit, die weltweit verbreitet ist. Eine Häufung ist in den wärmeren Ländern (einschließlich Mittelmeerraum) zu beobachten.

Einziger Wirt ist der Mensch. Die Infektion erfolgt über die Aufnahme von mit Oozysten kontaminierter Nahrungsmittel und Wasser. Die gesamte Entwicklung spielt sich in Epithelzellen des Dünndarmes ab.

Die Infektion verläuft meist subklinisch. Schwere Verläufe sind durch Diarrhoen infolge von Resorptionsstörungen gekennzeichnet, die von Übelkeit und Erbrechen begleitet werden.

Eine Diagnose ist durch den Nachweis der Oozysten im Stuhl möglich. Dabei ist zu beachten, dass sie unreif als Sporoblasten etwa ab dem 10. Tag post infectionem (Präpatenz) ausgeschieden werden.

Literatur: Piekarski, 1992; Seitz und Maier, 1994.

5.18 Literatur

Acuna-Soto, R., Samuelson, J., De Girolami, P., Zarate, L., Millan-Velasco, F., Schoolnick, G., Wirth, D. (1993): Application of the polymerase chain reaction to the epidemiology of pathogenic and nonpathogenic Entamoeba histolytica. Am. J. Trop. Med. Hyg., *48*, S. 58–70.

Aleksic, S., Bockemühl, H. L. J. (1988): Serological and biochemical characteristics of 416 Yersinia strains from well water and drinking-water plants in the Federal Republic of Germany: lack of evidence that these strains are of public health importance. Zbl. Bakteriol. Mikrobiol. Hyg. Reihe B, *185*, S. 527–533.

Aleksic, S., Bockemühl, J. (1990): Mikrobiologie und Epidemiologie der Yersiniosen. Immun. Infekt., *18*, S. 178–185.

Alexander, J., Berendonk, T., Exner, M., Gallert, C., Hambsch, B., Heß, S., Jurzik, L., Luther, S., Schafer, B., Schwartz, T, Stange, C., Stemmler,F., Strathmann, M., Thiem, A. (2015): Bewertungskonzepte der Mikrobiologie mit den Schwerpunkten neue Krankheitserreger und Antibiotikaresistenzen. Ergebnisse des Querschnittsthemas Bewertungskonzepte der Mikrobiologie, RiSKWa-Statuspapier. http://www.bmbf.riskwa.de/_media/RISKWA_Statuspapier_Mikrobiologie_2015_10_30.pdf

Althaus, H., Dott, W., Havemeister, G., Müller, H. E., Sacré, C. (1982): Fäkal-Streptokokken als Indikatorkeime des Trinkwassers. Zbl. Bakteriol. I. Orig. A., *252*, S. 154–165.

Austin, B., Altweg, M., Gosling, P. J., Joseph, S. W. (Hrsg.) (1996): The Genus Aeromonas. Wiley & Sons, Cichester.

Atherholt, TB, LeChevallier, MW, Norton, W. D., Rosen, J. S. (1998): Effect of rainfall on Giardia and Cryptosporidium. J. Am. Waste Water Assoc., *90*, S. 66–80.

Badenock, J. (Hrsg.) (1990): Cryptosporidium in Water Supplies. Report of the Group of Experts, HMSO, Department of Environment, Department of Health, London.

Barkway, J. A., Simeaut, S. J. (1991): 1991 mehr Cholerafälle als in den fünf Vorjahren. WHO Press Release 64/91, CH 1211 Geneva 27 (Switzerland).

Bendall, R. P., Lucas S. Moody A., Tovey, G., Chiodini PL. (1993): Diarrhoea associated with cyanobacterium-like bodies: a new coccidian enteritis of man. Lancet, *341*, S. 590–592.

Berg, G. (Hrsg.) (1976): Transmission of viruses by the water route. Verlag Wiley, New York.

Bergogue-Bérézin, E., Towner, K. J. (1996): Acinetobacter spp. as Nosocomial Pathogens: Microbiological, Clinical and Epidemiological Features. Clin. Microbiol. Rev, *9*, S. 148–165.

Bert, F., Maubec, E. Bruneau, B., Berry. P., Lambert-Zechovsky, N. (1998): Multiresistant Pseudomonas aeruginosa outbreak associated with contaminated tap water in a neurosurgery intensive care unit. J. Hosp. Infect., *39*, S. 53–62.

Beutin, L. (1990): Die Bedeutung und Erkennung von E.coli als Krankheitserreger beim Menschen. Bundesgesundheitsblatt, *33*, S. 380–386.

Beutling, D. (1998): Incidence and survival of Campylobacter in foods. Arch. Lebensm.hyg., *49*, S. 13–15.

Biosca, E., Amavo, C., Marco-Noales, E., Oliver, J. D. (1996): Effect of low temperature on starvation-survival of the gel pathogen Vibrio vulnificus biotype 2. Appl. Environ. Microbiol., *62*, S. 450–455.

Bockemühl, J. (1992): Enterobacteriaceae. In: Burkhardt, F. (Hrsg.): Mikrobiologische Diagnostik. Georg Thieme Verlag, Stuttgart New York, S. 119–152.

Boltze, H. J. (1992): Chrombacterium violacium. In: Burkhardt, F. (Hrsg.): Mikrobiologische Diagnostik. Georg Thieme Verlag, Stuttgart, New York, S. 184–185.

Borneff, J. (1991): Die Bestimmung von E. coli und coliformen Keimen und ihre Bedeutung. In: Aurand, K. et al. (Hrsg.): Die Trinkwasserverordnung. 3. Aufl., E. Schmidt Verlag, Berlin, S. 95–105.

Bottone, E. J. (1993): Correlation between known exposure to contaminated food or surface water and development of Aeromonas hydrophila and Plesiomonas shigelloides diarrheas. Med. Microbiol. Lett., *2*, S. 217–225.

Botzenhart, K., Kufferath, R. (1976): Über die Vermehrung verschiedener Enterobacteriaceae sowie Pseudomonas aeruginosa und Alcaiigenes spec. in destilliertem Wasser, entionisiertem Wasser, Leitungswasser und Mineralsalzlösung. Zbl. Bakteriol. Hyg. Abt. Orig. B, *163*, S. 470–485.

Botzenhart, K., Wolf, R., Thofern, E. (1975): Das Verhalten von Pseudomonas aeruginosa in Oberflächenwasser, Kühlwasser und Abwasser. Zbl. Bakteriol. I. Abt. Orig. B,*161*, S. 72–83.

Brewster, D. H., Brown, M. I., Robertson, D., Hougthon, G. L., Bomson, J., Sharp, J. C. M. (1994): An outbreak of Escherichia coli O157 associated with a children's paddling pool. Epidemiol. Infect., *112*, S. 441–447.

Bridgman, S. A. et al. (1995): Outbreak of Cryptosporidiosis associated with a disinfected groundwater supply. Epidemiol. Infect., *115*, S. 555–566.

Brodt, H. R. (2006) Cholera. In: Caspary, Kist, Stein (Hrsg.): Infektiologie des Gastrointestinaltraktes. Springer, Berlin, Heidelberg, S. 233–239.

Brown, M. L., Aldrich, H. C., Gauthier, J. J. (1995): Relationship between glycocalyx and povidone-iodine resistance in Pseudomonas aeruginosa (ATCC) biofilms. Appl. Environ. Microbiol., *61*, S. 187–193.

Brückner, D. A. (1992): Amebiasis. Clin. Microbiol. Rev. *5*, S. 356–369.

Bruns, H. (1938): Über die Beziehungen von Infektionskrankheiten – abgesehen von Unterleibstyphus – zum Wasser. Vom Wasser, *XIII*, S. 14–35.

Bundesgesetzblatt (2001): Verordnung zur Novellierung der Trinkwasserverordnung vom 21. Mai 2001, Bundesgesetzblatt Jahrgang 2001, Teil I, Nr. 24, ausgegeben zu Bonn am 28. Mai 2001, S. 959–980.

Bundesgesetzblatt (2018): Trinkwasserverordnung in der Fassung der Bekanntmachung vom 10. März 2016 (BGBl. I S. 459), die zuletzt durch Artikel 1 der Verordnung vom 3. Januar 2018 (BGBl. I S. 99) geändert worden ist.

Burke, V., Robinson, J., Gracey, M., Peterson, D., Partridge, K. (1984): Isolation of Aeromonas hydrophila from metropolitan water supply: seasonal correlation with clinical isolates. Appl. Environ. Microbiol., *48*, S. 361–366.

Burkhardt, F. (1969): Die bakteriologische Diagnose der Vibrio El Tor-Infektion. Zbl. Bakteriol. I. Orig., *212*, S. 177–189.

Burkhardt, F. (Hrsg.) (1992): Mikrobiologische Diagnostik. Georg Thieme Verlag, Stuttgart.

Busweil, C. M., Herlihy, Y. M., Lawrence, L. M., McGuiggan, J. T. M., Marsh, P. D. et al. (1998): Extended survival and persistence of Campylobacter spp. in water and aquatic biofilms and their detection by immunofluorescent-antibody and -rRNA staining. Appl. Environ. Microbiol., *64*, S. 733–741.

Buttery, J. P., Alabaster, S. J., Heine, R. G., Scott, S. M., Crutchfield, R. A., Garland, S. M. (1998): Multiresistant Pseudomonas aeruginosa outbreak in a pediatric oncology ward related to bath toys. Pediatr. Infect. Dis. J., *17*, S. 509–513.

Camper, A. K., McFeters, G. A., Characklis, W. G., Jones, W. L. (1991): Growth kinetics of coliform bacteria under conditions relevant to drinking water distribution systems. Appl. Env. Microbiol., *57*, S. 2233–2239.

Casemore, D. P. (1991): The epidemiology of human cryptosporidiosis and the water route. Wat. Sci. Tech., *24*, 2, S. 157.

Casson, L. W., Sorber, C. A. Sykora, J. L., Cavaghan, P. D., Shapiro, M. A., Jakubowski, W. (1990): Giardia in wastewater: effect of treatment. J. Water Pollut. Control. Fed., *62*, S. 670–675.

CDC Center for Disease Control, www.cdc.gov

CDC (2004): Surveillance for waterborne-disease outbreaks associated with drinking water – United States, 2001–2002. MMWR, S. 23–44.

CDC (2006): Surveillance for waterborne-disease outbreaks associated with drinking water – United States, 2003–2004. MMWR, S. 32–59.

CDC (2008): Surveillance for waterborne-disease and outbreaks associated with drinking water and water not intended for drinking – United States, 2005–2006. MMWR, S. 39–70.

Cirillo, J. D., Falkow, S., Tompkins, L. S., Bermudez, L. E. (1997): Interaction of Mycobacterium avium with environmental amoebae enhances virulence. Infect. Immun., *65*, S. 3759–3767.

Connor, B. A., D. Shlim, D. R. (1995): Foodborne transmission of Cyclospora. Lancet, *346*, S. 1634.

Craun, G. F. (1990): Waterborne Giardiasis. In: Meyer, E. A. (Hrsg.): Giardiasis. Elsevier, Amsterdam, S. 267–293.

CRM (1997): Centrum für Reisemedizin. Düsseldorfer Reisemed. akutell 09. 04. 1997, N. N. Epidemiol. Bulletin, Heft *10*, S. 67.

Crossley, K. B., Archer, G. L. (1997): The Staphylococci in Human Disease. Churchill Livingstone, New York.

Current, W. L., Garcis, L. S. (1991): Cryptosporidiosis. Clin. Microbiol. Rev., *4*, S. 325–358.

Dance, D. A. B., (1991): Melioidosis: the tipp of the iceberg?. Clin. Microbiol. Rev., *4*, S. 52.

D'Antonio, R. G. et al. (1985): A waterborne outbreak of cryptosporidiosis in normal hosts. Ann. Intern. Med., *103*, S. 886.

Dedie, K., Bockemühl, J., Kühn, H., Vollkmer, K. J., Weinke, T. (1993): Bakterielle Zoonosen bei Tier und Mensch. Ferdinand Encke Verlag, Stuttgart, S. 105–133.

de Jonckheere, J., van de Voorde, H. (1976): Differences in destruction of cysts of pathogenic and nonpathogenic Naegleria and Acanthamoeba by Chlorine. Appl. Env. Microbiol., *31*, S. 294–297.

DeRegnier, D. P., Cole, L., Schupp, D. G., Erlandsen, S. L. (1989): Viability of Giardia cysts suspended in lake, river and tap water. Appl. Environ. Microbiol., *55*, S. 1223–1229.

DIN EN ISO 6222 (1999): Wasserbeschaffenheit; Quantitative Bestimmung der kultivierbaren Mikroorganismen; Bestimmung der Koloniezahl durch Einimpfen in ein Nähragarmedium (Koloniezahl bei 22 °C und 36 °C). Beuth-Verlag, Berlin.

DIN EN ISO 7899-2 (2000): Wasserbeschaffenheit – Nachweis und Zählung intestinalen Enterokokken – Teil 2: Verfahren durch Membranfiltration. Beuth-Verlag, Berlin.

DIN EN ISO 9308-1 (2001) Wasserbeschaffenheit – Nachweis und Zählung von *Escherichia coli* und coliforme Bakterien – Teil 1: Membranfiltrationsverfahren. Beuth-Verlag, Berlin.

DIN EN ISO 12780 (2002): Wasserbeschaffenheit; Nachweis und Zählung von *Pseudomonas aeruginosa* durch Membranfiltration. Beuth, Berlin.

Eden, K. V., Rosenberg, M. L., Stoopler, M., Wood, B. T., Highsmuth, A. K. et al. (1977): Waterborne gastrointestinal illness at a ski resort: isolation of Yersinia enterocolitica from drinking-water. Public Health Rep., *92*, S. 245–250.

Elitsur, Y., Short, J. P., Neace, C. (1998): Prevalence of Helicobacter pylori infection in children from urban and rural West Virginia. Dig. Dis. Sci., *43* (*4*), S. 773–778.

Elsner, H. A., Tenschert, W., Fischer, L., Kaulfers, P.-M. (1997): Nosocomial infections by Listeria monocytogenes: analysis of a cluster of septicemias in immunocompromised patients. Infection, *25*, S. 135–139.

Evans, R. J. (1987): Death in Hamburg. Society and Politics in the Cholera-Years 1830–1910. Oxford Univ. Press, Oxford, New York, S. 848.

Ewald, P. W. (1991): Waterborne transmission and the evolution of virulence among gastro-intestinal bacteria. Epidemiol. Infect., *106*, S. 83–119.

Ewald, P. W. (1994): Evolution of the Pections diseases. Oxford Univ. Press, Oxford-New York.

Exner, M., Böllert, F. (1991): Hygienische Aspekte der Cholera unter besonderer Berücksichtigung der Epidemie in Südamerika. Bundesgesundheitsblatt, *34*, S. 401–414.

Falkinham, J. O. (1996): III. Epidemiology of infection by nontuberculous mycobacteria. Clin. Microbiol. Rev., *9*, S. 177–215.

Fan, X. G., Chua, A., Li, T. G., Zeng, Q. S. (1998): Survival of Helicobacter pylori in milk and tap water. J. Gastroenterol. Hepatol., *13 (11)*, S. 1096–1098.

Farr, R. W. (1995): Leptospirosis. Clin. Inf. Dis., *21*, S. 1–6.

Feuerpfeil, I. (1996a): Koloniezahl. In: E. Schulze (Hrsg.): Hygienisch-mikrobiologische Wasseruntersuchung. Gustav Fischer Verlag, Jena, S. 33–36.

Feuerpfeil, I. (1996b): Yersinia. In: E. Schulze (Hrsg.): Hygienisch-mikrobiologische Wasseruntersuchung. Gustav Fischer Verlag, Jena, S. 93–99.

Feuerpfeil, I., Vobach, V., Schulze, E. (1997): Campylobacter und Yersinia-Vorkommen in Rohwasser und Verhalten in der Trinkwasseraufbereitung. DVGW Schriftenreihe Wasser Nr. *91*, ZfGW Verlag, Bonn, S. 63–89.

Fiore, J. V., Babineau, R. A. (1977): Effect of an activated carbon filter on the microbial quality of water. Appl. Environ. Microbiol., *34*, S. 541–546.

Fischeder, R., Schulze-Röbbecke, R., Weber, A. (1991): Occurrence of mycobacteria in drinking water samples. Zbl. Hyg. Umweltmed., *192*, S. 154–158.

Foster, J. W., Spector, M. P. (1995): How Salmonella survive the odds. Annu. Rev. Microbiol., *49*, S. 145–174.

Fukushima, H., Saito, K., Tsubokura, M. (1984): Yersinia spp. in surface waters in Matsue. Japan. Zbl. Bakteriol. Mikrobiol. Hyg. Reihe B, *179*, S. 235–247.

Goodman, K. J., Correa, P., Tengana Aux, H. J., Ramirez, H., DeLany, J. P., Guerrero Pepinosa, O., Lopez Quinones, M., Collazos Parra, T. (1996): Helicobacter pylori infection in the Colombian Andes: a population-based study of transmission pathways. Am. J. Epidemiol., 1, *144 (3)*, S. 290–299.

Gornik, V., Exner, M. (1997): Cryptosporidium sp. In: DVGW-Schriftenreihe Wasser Nr. *91*, ZfGW Verlag, Bonn, S. 173–198.

Graevenitz von A., Mensch, A. (1968): The genus Aeromonas in human bacteriology. Report of 30 cases and review of the literature. New Engl. J. Med., *278*, S. 245–249.

Gräf, W., Pelka, G. (1979): Die Indikatorfunktion der Wassermyxobakterien bei der bakteriologischen Trinkwasseruntersuchung. Zbl. Bakteriol. I Orig B, *169*, S. 225–239.

Gräf, W., Schmitt, J. (1979): Wassermyxobakterien (Sporocytophaga cauliformis) und die Ordnung Myxobacteriales. Zbl. Bakteriol. I Orig. B, *169*, S. 240–252.

Grant, T., Bennett-Wood, V., Robins-Browne, R. M. (1998): Identification of virulence-associated characteristics in clinical isolates of Yersinia enterocolitica lacking classical virulence markers. Infect. Immun., *66*, S. 1113–1120.

Griffin, P. M., Tauxe, R. V. (1991): The epidemiology of infections caused by Escherichia coli O157:H7, other enterohemorrhagic E.coli and the associated hemolytic uremic syndrome. Epidemiol. Rev., *13*, S. 60–98.

Hall-Stoodley, L, Lappin-Scott, H. (1998): Biofilm formation by the rapidly growing mycobacterial species Mycobacterium fortuitum. FEMS Microbiol. Lett., *168*, S. 77–84.

Havelaar, A. H., Versteegh, J. F. M., During, M. (1990): The presence of Aeromonas in drinking-water supplies in the Netherlands. Zbl. Hyg., *190*, S. 236–256.

Hayes, E. B., Matte, T. D., O'Brien, T. R. et al. (1989): Large community outbreak of cryptosporidiosis due to contamination of a filtered public water supply. New Engl. J. Med., *320*, S. 1372–1376.

Heesemann, J. (1990): Enteropathogene Yersinien. Immun. Infekt, *18*, S. 186–191.

Heijnen, C. E., Page, S., van Elsas, J. D. (1995): Metabolic activity of Flavobacterium strain P25 during starvation and after introduction into bulk soil and the rhizosphere of wheat. FEMS Microbiol. Ecol., *18*, S. 129–138.

Hof, H. (2000): Listeriose. Mikrobiologie, *10*, S. 185–197.

Hoffmann, R., Michel, R. (1997): Verhalten von primär freilebenden Amöben bei der Trinkwasseraufbereitung. In: DVGW-Schriftenreihe Wasser, ZfGW Verlag, Bonn, *91*, S. 151–172.

Höller, C, Witthuhn, D., Janzen-Blunck, B. (1998): Effect of low temperatures on growth, structure, and metabolism of Campylobacter coli SP10. Appl. Environ. Microbiol., *64*, S. 581–587.

Holmes, P., Nicolls, L. M. (1995): Aeromonas in drinking-water supplies: their occurrence and significance. J. Chart. Inst. Water Environ. Manage., *9*, S. 464–469.

Huber (1998): EHEC im Trinkwasser. Jahresber. des LMUA Südbayern 1998.

Hulten, K., Han, S. W., Enroth, H., Klein, P. D., Opekun, A. R., Gilman, R. H., Evans, D. G., Engstrand, L., Graham, D. Y., El-Zaatari, F. A. (1996): Helicobacter pylori in the drinking water in Peru. Gastroenterology, *110 (4)*, S. 1031–1035.

Hulten, K., Enroth, H., Nystrom, T., Engstrand, L. (1998): Presence of Helicobacter species DAN in Swedish water. J. Appl. Microbiol., *85*, S. 282–286.

Ignatius, R. (1999): Kryptosporidien. In: Medizinische Mikrobiologie und Infektiologie. 3. Aufl., Springer Verlag, Berlin–Heidelberg–New York, S. 778–781.

Inoue, M., Nakashima, H., Ishida, T., Tsubokura, M. (1988a): Drei Epidemien durch Yersinia pseudotuberculosis. Zbl. Bakteriol. Hyg. B, *186*, S. 504–511.

Inoue, M., Nakashima, H., Ishida, T., Tsubokura, M., Sakazaki, R. (1988b): Die Isolierung von Yersinia pseudotuberculosis aus Wasser. Zbl. Bakteriol. Hyg. B, *186*, S. 338–343.

Isaac-Renton, J., Moorehead, W., Ross, A. (1996): Longitudinal studies of Giardia contamination in two community drinking-water supplies: cyst levels, parasite viability and health impact. Appl. Environ. Microbiol., *62*, 47, S. 47–54.

Jacob, J., Woodward, D., Feuerpfeil, I., Johnson, W. M. (1998): Isolation of Arcobacter butzleri in raw water and drinking-water treatment plants in Germany. Zbl. Hyg. Umweltmed. *201*, S. 189–198.

Jacob, J. (1996): Clostridien. In: Schulze, E. (Hrsg.): Hygienisch-mikrobiologische Wasseruntersuchung. Gustav Fischer Verlag, Jena, S. 59–65.

Jacob, J., Feuerpfeil, I. (1996): Aeromonas. In: Schulze, E. (Hrsg.): Hygienisch-mikrobiologische Wasseruntersuchung. Gustav Fischer Verlag, Jena, S. 71–73.

Jaeger, K. E. (1994): Extrazelluläre Enzyme von Pseudomonas aeruginosa als Virulenzfaktor. Immun. Infekt., *22*, S. 177–180.

Jakubowski, W., Hoff, J. C. (Hrsg.) (1979): Waterborne transmission of giardiasis. U. S. EPA, Cincinnati.

Jakubowksi, W. (1984): Detection of Giardia cysts in drinking water: state of the art. In: Erlandsen S. L., Meyer, E. A. (Hrsg.): Giardia and giardiasis. Plenum Press, New York.

Janitschke, K., Lichy, S., Westphal, C. (1992): Untersuchungen von künstlich erwärmten Gewässern auf freilebende Amöben und deren Prüfung auf mögliche pathogene Eigenschaften. Zbl. Bakteriol. I. Orig. B., *176*, S. 160–166.

Janitschke, K. (1999): a): Amöben. b): Giardia. In: Medizinische Mikrobiologie und Infektiologie. 3. Aufl., Springer Verlag, Berlin-Heidelberg-New York, S. 766–769.

Johnson, C. H., Rice, E. W., Reasoner, D. J. (1997): Inactivation of Helicobacter pylori by chlorination. Appl. Environ. Microbiol., *63 (12)*, S. 4969–4970.

Johnston, P. R., Burt, S. C. (1976): Bacterial growth in charcoal filters. Filtration and Separation, *13*, S. 240.

Jones, I. G., Roworth, M. (1996): An outbreak of Escherichia coli O157 and campylobacteriosis associated with contamination of a drinking-water supply. Public Health, *110*, S. 277–282.

Kalmbach, S., Manz, W., Wecke, J., Szwezyk, U. (1999): Aquabacterium gen. nov., with description of Aquabacterium citratiphilum sp. nov., Aquabacterium parvum sp. nov and Aquabacterium commune sp. nov., three in situ dominant bacterial species from the Berlin drinking water system. Int. J. Syst. Bacteriol., *49*, S. 769–777.

Kalmbach, S., Manz, W., Bendinger, B. und Szewzyk, U. (2000): In situ probing reveals Aquabacterium commune as a widespread and highly abundant bacterial species in drinking water biofilms. Wat. Res., *34*, S. 575–581.

Kaper, J. B., Morris Jr., J. G., Levine, M. M. (1995): Cholera. Clin. Microbiol. Rev., *8*, S. 48–86. (Erratum Clin. Microbiol. Rev., *8*, S. 316).

Kaper, J. B., O'Brien, A. D. (Hrsg.) (1998): Escherichia coli O157:H7 and Other Shiga Toxin-Producing E. coli Strains. Am. Soc. Microbiol., Washington, DC.

Karanis, P., Schoenen, D., Seitz, H. M. (1989): Distribution and removal of Giardia and Cryptosporidium in water supplies in Germany. Water Sci. Technol., *37*, S. 9–18.

Karanis, P., Seitz, H.-M. (1996): Vorkommen und Verbreitung von Giardia und Cryptosporidium im Roh- und Trinkwasser von Oberflächenwasserwerken. gwf Wasser/Abwasser, *137*, S. 94–100.

Karch, H., Bockemühl, J., Huppertz, H.-J. (2000): Erkrankungen durch enterohämorrhagische Escherichia coli (EHEC). Dtsch. Ärzteblatt, *97*, S. 1759–1763.

Kenner, B. A., Clark, H. F., Kabler, P. W. (1961): Fecal Streptococci. I. Cultivation and Enumeration of Streptococci in Surface Waters. Appl. Microbiol., *9*, S. 15–20.

Keusch, G. T. (Hrsg.) (1991): Workshop on Invasive Diarrhea, Shigellosis and Dysenterie. Rev.Infect.Dis., *13* (suppl. 4), S. 219–365.

Kiesewalter, J. (1992): Klinische und epidemiologische Bedeutung von Yersinia enterocolitica für Mensch und Tier. Bundesgesundheitsblatt, *35*, S. 495–500.

Kirschner, P., Springer, B., Vogel, U., Meier, A., Wrede, A., Kiekenbeck, M., Bange, F. C., Böttger, E. C. (1993): Gentoypic identification of mycobacteria by nucleic acid sequence determination: report of a 2-year experience in a clinical laboratory. J. Clin. Microbiol., *31*, S. 2882–2889.

Kist, M., Bereswill, S. (1997): Helicobacter pylori. Epidemiologie, Diagnose und Therapie. Mikrobiologe, *7*, S. 209–211.

Klein, P. D., Graham, D. Y., Gaillour, A., Opekun, A. R., Smith, E. O. (1991): Water source as risk factor for Helicobacter pylori infection in Peruvian children. Gastrointestinal Physiology Working Group. Lancet 22, *337*, S. 1503–1506.

Kloos, W. E., Bannerman, T. L. (1994): Update on Clinical Significance of Coagulase-Negative Staphylococci. Clin. Microbiol. Rev., *7*, S. 117–140.

Knorr, M. (1934): Alte Beobachtungen über die sogenannte Wasserkrankheit. Arch. Hyg., *112*, S. 217–221.

Kober, C., Niessner, R., Seidel, M. (2018) Quantification of viable and non-viable *Legionella* spp. by heterogeneous asymmetric recombinase polymerase amplification (haRPA) on a flow-based chemiluminescence microarray. Biosens. Bioelectron., *100*, S. 49–55.

Koch, R. (1893): Wasserfiltration und Cholera. Zbl. Hyg., *14*, S. 393–426.

Koenraad, P. M. F. J., Rombouts, P. M., Notermans, M., Notermans, S. H. W. (1997): Epidemiological aspects of thermophilic Campylobacter in water related environments: a review. Water Environ. Res., *69*, S. 52–63.

Kotb, M. (1995): Bacterial Pyrogenic Exotoxins as Superantigens. Clin. Microbiol. Rev., *8*, S. 411–426.

Kuchta, J. M., Navratil, J. S., Shepherd, M. E., Wadowsky, R. M., Sowling, J. N., States, S. J., Yee, R. M. (1993): Impact of chlorine and heat on the survival of Hartmannella vermiformis and subsequent growth of Legionella pneumophila. Appl. Environ. Microbiol., *59*, S. 4096–4100.

Kühn, H., Tschäpe, H. (1995): Salmonellosen des Menschen – epidemiologische und ökologische Aspekte. RKI-Schriften *3/95*. MMV-Medizin Verlag, München.

Kühn, J., Allestam, G., Huys, G., Janssen, P., Kersters, P. et al. (1997): Diversity, persistence, and virulence of Aeromonas strains isolated from drinking-water distribution systems in Sweden. Appl. Environ. Microbiol., *63*, S. 2708–2715.

Lamden, K., Watson, J. M., Knerer, G., Ryan, M. J., Jenkins, P. A. (1996): Opportunist mycobacteria in England and Wales: 1982 to 1994. CDR Review, *6*, S. 147–151.

Lange, W. (1991): Die Epidemie Cholera in Peru. Bundesgesundheitsblatt, *34*, S. 220–223.

Le Chevallier, M. W., Seidler, R. J. (1980): Staphylococcus aureus in Rural Drinking Water. Appl. Environ. Microbiol., *30*, S. 739–742.

Le Chevallier, M. W. (1990): Coliform regrowth in drinking water: a review. Res. Technol. J. AWWA., *82*, S. 74–86.

Le Chevallier, M. W., Norton, W. D. (1995): Giardia and Cryptosporidium in Raw and Finished Water. J. AWWA, *87*, *9*, S. 54.

Le Chevallier, M. W., Norton, W. D., Lee, R. G. (1991): Occurrence of Giardia and Cryptosporidium ssp. in Surface Water Supplies. Appl. Environ. Microbiol., *57*, S. 2610–2616.

Leland, D. et al. (1993): A cryptosporidiosis outbreak in a filtered water supply. J. AWWA, *85*, *6*, S. 34.

Lisle, J. T., Rose, J. B. (1995): Cryptosporidium contamination of water in the USA and UK. J. Water SRT-Aqua, *44*, *3*, S. 103.

Litsky, W., Mallman, W. L., Fifield, C. W. (1953): A new Medium for the Detection of Enterococci in Water. Amer. J. Publ. Health, *43*, S. 873–879.

Lopez, C., Dykes, A. C., Juranek, D. D., Sinclair, S. P., Conn, J. M., Christie, R. W., Lippy, E. C., Schultz, M. G., Mires, M. H. (1980): Waterborne Giardiasis: A Communitywide Outbreak of Disease and a High Rate of Asymptomatic Infection. Amer. J. Epidemiol. *112*, S. 495–507.

Lund, V. (1996): Evaluation of E.coli as an indicator for the presence of Campylobacter jejuni and Yersinia enterocolitica in chlorinated and untreated oligotrophic lake water. Water Res., *30*, S. 1528–1534.

MacKenzie, W. R. et al. (1994): A massive outbreak in Milwaukee of Cryptosporidium infection transmitted through the public water supply. New Engl. J. Med., *331*, S. 161.

Marshall, M. M., Naumovik, D., Ortega, Y., Sterling, C. R. (1997): Waterborne Protozoan Pathogens. Clin. Microbiol. Rev. *10*, S. 67–85.

Martinez, A. J., Janitschke, K. (1979): Encephalitis due to Naegleria and Acanthamoeba. Comparison of organisms and diseases. Immun. Infekt., *7*, S. 57–64.

Matthess, G. (Hrsg.) (1985): Lebensdauer von Bakterien und Viren in Grundwasserleitern. Umweltbundesamt Materialien *2/85*. Erich Schmidt Verlag, Berlin.

Matthess, G., Pekdeger, A. (1985): Persistenz von Bakterien und Viren in Grundwasserleitern (Diskussion der Ergebnisse eines Forschungsvorhabens). In: Matthess, G. (Hrsg.): Lebensdauer von Bakterien und Viren in Grundwasserleitern. Umweltbundesamt Materialien *2/85*, Erich Schmidt Verlag, Berlin, S. 57–73.

Mc Carter, L., Silverman, M. (1989): Iron regulation of swarmer cell diffentiation of Vibrio parahaemolyticus. J. Bacteriol., *171*, S. 731–736.

Mc Feters, G. A. (Hrsg.) (1990): Drinking Water Microbiology: Progress and Recent Developments. Springer Verlag, New York.

Mc Keown, I., Orr, P., Macdonald, S., Kabani, A., Brown, R., Coghlan, G., Dawood, M., Embil, J., Sargent, M., Smart, G., Bernstein, C. N. (1999): Helicobacter pylori in the Canadian arctic: seroprevalence and detection in community water samples. Am. J. Gastroenterol., *94 (7)*, S. 1823–1829.

Megraud, F., Serceau, R. (1990): Search for Campylobacter species in the public water supply of a large urban community. Zbl. Hyg. Umweltmed., *189*, S. 536–542.

Menandhar, R., Bettiol, S. S., Bettelheim, R. A., Goldsmid, J. M. (1997): Isolation of verotoxigenic Escherichia coli from the Tasmanian environment. Comp. Immunol. Microbiol. Infect. Dis., *20*, S. 271–279.

Metz, H. (1980): Wasser als Vektor von Infektionserregern: Bakterien im Wasser. Zbl. Bakteriol. Hyg., I. Abt. Orig. B, *172*, S. 255–274.

Michel, R., Burghardt, H., Bergmann, H. (1995): Natürliche intrazelluläre Infektionen bei Acanthamoeben mit Pseudomonas aeruginosa nach ihrer Isolierung aus einer mikrobiologisch beanstandeten Trinkwasser-Hausinstallation eines Krankenhauses. Zbl. Hyg. *196*, S. 532–544.

Mielke, M., Hahn (1999): Listerien. In: Hahn, H., Falke, D., Kaufmann, S. H. E., Ullmann, U. (Hrsg.): Medizinische Mikrobiologie und Infektiologie. Springer Verlag, Berlin-Heidelberg-New York, S. 330–335.

Mochmann, H. P. (1957): Leptospiren als Wasser- und Abwasserinfektion. Desinfektion u. Gesundh.wes., *49*, S. 30.

Moffat, J. F., Tompkins, L. S. (1992): A quantitative model of intracellular growth of Legionella pneumophila in Acanthamoeba castellanii. Infect. Immun., *60*, S. 296–301.

Moore, G. T., Cross, W. M., McGuire, D., Mollohan, C. S., Glason, N. N., Healy, G. R., Newton, L. H. (1969): Epidemic Giardiasis at a Ski Resort. New Engl. J. Med., *281*, S. 402–407.

Morris, R. D., Naumova, E. N., Griffiths, J. K. (1998): Did Milwaukee experience waterborne Cryptosporidiosis before the large outbreak in 1993? Epidemiology, *9*, S. 264–270.

Müller, G. (1964): Welche Konsequenzen ergeben sich aus den Erfahrungen der Hamburger Flutkatastrophe für die hygienische Trinkwasseruntersuchung? Arch. Hyg., *148*, S. 321–327.
Müller, G. (1972): Beurteilung erhöhter Koloniezahlen im Trinkwasserverteilungssystem. Öffentl. Gesundh.wes., *34*, S. 380–384.
Müller, H. E. (1979): Über das Vorkommen von Salmonellen im Trinkwasser. Zbl. Bakteriol. I. Orig. B, *169*, S. 551–559.
Müller, H. E. (1992): Bacillaceae. In: Burkhardt, F. (Hrsg.): Mikrobiologische Diagnostik. Georg Thieme Verlag, Stuttgart, S. 251.
Müller, H. E. (1996): Cyclospora cayetanensis. Der Mikrobiologe, *6*, S. 78–79.
Müller, H. E. (1997): Alte und neue Theorien zur Evolution der Infektionserreger. Der Mikrobiologe, *7*, S. 204–208.
Müller, H. E. (1999): Eine verwirrende Geschichte um die Virulenz der EPEC. Der Mikrobiologe, *9*, S. 17–18.
Naglitsch, F., Blüml, Th. (1996): Biometrie. In: Schulze, E. (Hrsg.): Hygienisch-mikrobiologische Wasseruntersuchung. Gustav Fischer Verlag, Jena, S. 26–32.
Naglitsch, F. (1996): Pseudomonas aeruginosa. In: Schulze, E. (Hrsg.): Hygienisch-mikrobiologische Wasseruntersuchung. Gustav Fischer Verlag, Jena, S. 65–71.
Neringer, R., Andersson, Y., Eitrem, A. (1987): A Water-borne Outbreak of Giardiasis in Sweden. Scand. J. Infect. Dis., *19*, S. 85–90.
Neumann, M., Schulze-Röbbecke, R., Hagenau, C., Behringer, K. (1997): Comparison of methods for the isolation of mycobacteria from water. Appl. Environ. Microbiol., *63*, S. 547–552.
Nguyen, A. L., Pron, B., Quesne, G., Brusset, M. C., Berche, P. (1989): Outbreak of nosocomial urinary tract infections due to Pseudomonas aeruginosa in a pediatric surgical unit associated with tap-water contamination. J. Hosp. Infect., *39*, S. 301–307.
Nieminski, E. C., Ongerth, J. E. (1995): Removing Giardia and Cryptosporidium by conventional treatment and direct filtration. J. AWWA, *87*, S. 96–106.
Ongerth, J. E., Pecoraro, J. P. (1995): Removing *Cryptosporidium* using multimedia filters. J. AWWA, *87*, S. 83–89.
Paton, J. C., Paton, A. W. (1998): Pathogenesis and Diagnosis of Shiga Toxin-Producing Escherichia coli Infections. Clin. Microbiol. Rev., *11*, S. 450–479.
Pebody, R. G., Ryan, M. J., Wall, P. G. (1997): Outbreaks of campylobacter infection: rare events for a common pathogen. Communicable disease report. CDR Rev., *7*, S. 33–37.
Peeters, J. E. et al. (1989): Effect of disinfection of drinking water with ozone or chlorine dioxide on survival of Cryptosporidium parvum oocysts. Appl. Environ. Microbiol., *55*, S. 1519.
Pelletier, P. A., Du Moulin, G. C., Stottmeier, K. D. (1988): Mycobacteria in public water supplies: comparative resistance to chlorine. Microbiological Sciences, *5*, S. 147–148.
Peters, G., Schumacher-Perdreau, F. (1992): Micrococcaceae. In: Burkhardt, F. (Hrsg.): Mikrobiologische Diagnostik 5. Georg Thieme Verlag, Stuttgart, New York, S. 68–74.
Peters, M., Müller, C., Rüsch-Gerdes, S., Seidel, C., Göbel, U., Pohle, H. D., Ruf, B. (1995): Isolation of atypical mycobacteria from tap water in hospitals and homes: is this a possible source of disseminated MAC infection in AIDS patients? J. Infect., *31*, S. 39–44.
Picard, B., Goullet, Ph. (1987): Seasonal prevalence of nosocomial Aeromonas hydrophila infection related to aeromonas in hospital water. J. Hosp. Infect., *10*, S. 152–155.
Piekarski, G. (1992): Sarcocysis, Balantidium coli, Isospora belli. In: Burkhardt, F. (Hrsg.): Mikrobiologische Diagnostik. Georg Thieme Verlag, Stuttgart, New York, S. 505–507.
Poitrineau, P., Forestier, C., Meyer, M. Jallat, C., Rich, C., Malpuech, G., DeChamps, C. (1995): Retrospective case control study of diffusely adhering Escherichia coli and clinical features in children with diarrhoe. J. Clin. Microbiol., *33*, S. 1961–1962.
Poraels (1995): Epidemiology of mycobacterial diseases. Clinics in Dermatol., *13*, S. 207–222.
Pulverer, G. (1966): Über das Vorkommen pathogener Staphylokokken im Freiland. Zbl. Bakteriol. I. Abt. Orig., *199*, S. 469–478.

Randall, A. D. (1970): Movement of bacteria from a river to a municipal well. J. AWWA; *62*, S. 716–720.

Ratledge, C., Stanford, J. (Hrsg.) (1982): The Biology of the Mycobacteria, Vol. 1, Physiology, Identification, Classification. Academic Press, London.

Ravdin, J. J. (1995): Amebiasis. Clin. Infect. Dis., *20*, S. 1453–1466.

Reasoner, D. J., Geldreich, E. E. (1985): A new medium for the enumeration and subculture of bacteria from potable water. Appl. Environ. Microbiol., *49*, S. 1–7.

Regli, W. et al. (1995): Giardien und Cryptosporidien in Wasserproben: Eine neue Nachweismethode. gwf-Wasser/Abwasser, *136*, 4, S. 182.

Richardson, R. et al. (1991): An outbreak of cryptosporidiosis in Swindon and Oxford. Epidemiol. Infect., *107*, S. 401.

RKI (1991): Empfehlungen des Bundesgesundheitsamtes zum Nachweis und zur Bewertung von Listeria monocytogenes in Lebensmitteln. Bundesgesundheitsblatt *34*, S. 2278–2279.

RKI (1996a): Cholera – zur globalen Situation und den Gegenmaßnahmen. Epidemiol. Bull. RKI, *40*, S. 273–274.

RKI (1996b): EHEC-Epidemie in Japan. In: Stand des Wissens WHO EMC 29.08.96 Bericht des Auswärtigen Amtes 02. 09. 1996 zit. Epidemiol. Bull. RKI, *36*, S. 248.

RKI (1997a): Empfehlungen zur Verbesserung der diagnostischen Erfassung und zum standardisierten Vorgehen bei der mikrobiologischen Diagnostik von EHEC-Infektionen beim Menschen. Epidemiol. Bull. RKI, *39*, S. 270–271.

RKI (1997b): Mehrere Cholera-Epidemien im Osten Afrikas. Epidemiol. Bull. RKI, *48*, S. 343.

RKI (1998a): Shigellose-Ausbrüche in einem Zeltlager. Epidemiol. Bull. RKI, *39*, S. 277.

RKI (1998b): EHEC-Übertragung durch die in die Pflanze aufgenommenen Bakterien (weitere Literaturhinweise). Infektionsepidemiologische Forschung (RKI) II/1998, Berlin, S. 29.

RKI (1999): Cholera: Zur aktuellen Situation in Afrika. Epidemiol. Bull. RKI, *19*, S. 71.

RKI (2008): Aktuelle Statistik meldepflichtiger Infektionskrankheiten. Epidem. Bulletin *3*, S. 22–24.

RKI (2017): Aktuelle Statistik meldepflichtiger Infektionskrankheiten. Epidem. Bulletin *52*, S. 1–3.

Rohr, U., Weber, S., Michel, R., Selenka, F., Wilhelm, M. (1998): Freilebende Amöben in Warmwassersystemen von Krankenhäusern. Hyg. Mikrobiol., *2*, S. 32–34.

Rose, J. B., Botzenhart, K. (1990): Cryptosporidium und Giardia im Wasser. gwf. Wasser/Abwasser, *131*, S. 563–571.

Rose, J. B., Gerba, C. P. Jakubowski, W. (1991): Survey of potable water supplies for Cryptosporidium and Giardia. Environ. Sci. Technol., *25*, S. 1393–1400.

Sack, R. B., Lanata, C., Kay, B. A. (1987): Epidemiological studies of Aeromonas-related diarrheal diseases. Experientia, *43*, S. 364–365.

Salamina, G., Donne, E. D., Niccolini, A., Poda, G., Cesaroni, D., Bucci, M., Fini, R., Maldini, M., Schuchat, A., Swaminathan, B., Bibb, W., Rocourt, J., Binkin, N., Salmaso, S. (1996): A foodborne outbreak of gastroenteritis Listeria monocytogenes. Epidemiol. Infect., *117*, S. 429–436.

Sanden, G. N., Morrill, W. E., Fields, B. S., Breiman, R. F., Barbaree, J. M. (1992): Incubation of water samples containing amoebae improves detection of legionellae by the culture method. Appl. Environ. Microbiol., *58*, S. 2001–2004.

Sanders Jr., W. E., Sanders, C. C. (1997): Enterobacter spp.: Pathogens Poised To Fluorish at the Turn of the Century. Clin. Microbiol. Rev., *10*, S. 230–241.

Sargeaunt, P. G. (1992): „Entamoeba histolytica" is a complex of two species. Trop. Med. Hyg., *86*, S. 348.

Sasaki, K., Tajiri, Y., Sata, M., Fujii, Y., Matsubara, F., Zhao, M., Shimizu, S., Toyonaga, A., Tanikawa, K. (1999): Helicobacter pylori in the natural environment. Scand J. Infect. Dis., *31 (3)*, S. 275–279.

Sato, F, Saito, N., Shouji, E., Rani, A., Takeda, H., Sugiyama, T., Asaka, M. (1999): The maintenance of viability and spiral morphology of Helicobacter pylori in mineral water. J. Med. Microbiol., *48 (10)*, S. 971.

Schaal, K. P., Graevenitz, A. v. (1994): Pseudomonas und andere anspruchslose, nicht fermentierende gramnegative Bakterien. In: Brandis, H. Köhler, W., Eggers, H., Pulverer, G. (Hrsg.): Medizinische Mikrobiologie. 7. Auflage, Gustav Fischer Verlag, Stuttgart, S. 463–472.

Schaal, K. P. (1999): Ringversuch A 1/98 – Bac. cereus. Mikrobiologie, *9*, S. 90–92.

Scheupen, E. (1996): Cryptospordium parvum und Giardia lamblia – Literaturrecherche. gwf Wasser/Abwasser, *137*, S. 83–93.

Schindler, P. R. G., Metz, H. (1989): Keime der Flexibacter/Sporocytophaga-Gruppe und violett-pigmentierte Bakterien als Indikatoren für hygienisch bedenkliches Trinkwasser. Zbl. Hyg., *189*, S. 29–36.

Schindler, P. (1996): a): Coli-Coliforme. b) Salmonellen. In: Schulze, E. (Hrsg.): Hygienisch-mikrobiologische Wasseruntersuchung. Gustav Fischer Verlag, Jena.

Schmidt, K. H. (1963): Die Abbauleistung der Bakterienflora bei der Langsamsandfiltration und ihre Beeinflussung durch die Rohwasserqualität. Veröff. Institut für Wasserforschg, Dortmund.

Schmidt, G. P. (1989): Epidemiologie and clinical similarities of human spirochetal diseases. Rev. Infect. Dis., *11*, S. 1460–1469.

Schoenen, D., Striegler, B., Titulaer, P. (1985): Pseudomonas aeruginosa in Trinkwasserhähnen des Krankenhauses. Öffentl. Gesundh.wes., *47*, S. 32–36.

Schoenen, D. (1996): Die hygienisch-mikrobiologische Beurteilung von Trinkwasser. gwf Wasser-Abwasser, *137*, S. 72–82.

Schoenen, D. (1997): Seuchenhygienische Anforderungen an das Trinkwasser. DVGW, Schriftenreihe Wasser, Nr. *91*, ZfGW Verlag, Bonn, S. 305–328.

Schoenen, D., Botzenhart, K., Exner, M., Feuerpfeil, I., Hoyer, O., Sacré, C., Szewzyk, R. (1997): Vermeidung einer Übertragung von Cryptosporidien und Giardien mit dem Wasser. Bundesgesundheitsbl., *40*, S. 466–484.

Schröter, J. (1985): Modellberechnungen zur Ausbreitung von E. coli in Grundwasserleitern. In: Matthess, G. (Hrsg.): Lebensdauer von Bakterien und Viren in Grundwasserleitern. Umweltbundesamt Materialien 2/85, Erich Schmidt Verlag, Berlin, S. 79–92.

Schubert, R. H. W. (1990): Der Pseudomonas-aeruginosa-Nachweis im Rahmen der Trinkwasserverordnung. Bundesgesundhbl., *33*, S. 333–334.

Schubert, R. H. W. (1992): Aeromonas und Plesiomonas. In: Burkhardt, F. (Hrsg): Mikrobiologische Diagnostik. G. Thieme Verlag, Stuttgart, New York, S. 109–111.

Schubert, R. H. W., Beichert, R. (1993): Der Einfluss von Kläranlagenabläufen auf die P. shigelloides Organismendichte im Flusswasser. Hyg. Med., *18*, S. 57–59.

Schubert, R. H. W., Holz-Bremer, A., Kuhnigk, C. (1996): Der Nachweis der Humanpathogenität von psychrotrophen Aeromonas Isolaten. Hyg. Med., *21*, S. 279–289.

Schubert, R. H. W. (1997a): Vorkommen und Verhalten von Aeromonaden bei der Trinkwasseraufbereitung. DVGW Schriftenreihe Wasser, Nr. *91*, ZfGW Verlag, Bonn, S. 115–150.

Schubert, R. H. W. (1997b): Definition der Krankheitserreger im Trinkwasser. Hyg. Med., *22*, S. 431–438.

Schuchat, A., Swaminathan, B., Broome, C. V. (1991): Epidemiology of human listeriosis. Clin. Microbiol. Rev., *4*, S. 169–183.

Schuler, P. F., Gosh, M. M. (1990): Diatomataceous earth filtration of Cysts and other Particulates using chemical Additives. J. AWWA, *82*, 12, S. 67.

Schulze, E. (Hrsg.), (1996): Hygienisch-mikrobiologische Wasseruntersuchung. Gustav Fischer Verlag, Jena.

Schulze-Röbbecke, R. Fischeder, R. (1989): Mycobacteria in biofilms. Zbl. Bakteriol. Hyg. B, *188*, S. 385–390.

Schulze-Röbbecke, R. (1996): Atypische Mykobakterien. In: Schulze, E. (Hrsg.): Hygienischmikrobiologische Wasseruntersuchung. Gustav Fischer Verlag, Jena, S. 106–111.

Schulze-Röbbecke, R., Hagenau, C., Behringer K. (1997): Verhalten von Mykobakterien in der Trinkwasseraufbereitung. DVGW, Schriftenreihe Wasser, Nr. *91*, ZfGW Verlag, Bonn, S. 91–114.

Schweißfurth, R. (1968): Zum Problem der Keimzahlbestimmung der hygienisch-bakteriologischen Wasseruntersuchung. Gesundh.wes. Desinfekt., *60*, S. 65–70.

Seidel, K. (1991): Bewertung und Nachweis weiterer bakteriologischer Parameter. In: Aurand, K. et.al. (Hrsg.): Die Trinkwasserverordnung. Erich Schmidt Verlag, Berlin, 3. Aufl., S. 106–118.

Seidel, M., Jurzik, L., Brettar, I., Hoefle, M., Griebler, C. (2016) Microbial and viral pathogens in freshwater–current research aspects studied in Germany. Environ. Earth Sci., 75, S. 1384–1404.

Selenka, F., Meissner, R. (1971): Unterschiedliche Erfassung von Keimgruppen auf Nährböden bei der Bestimmung der Keimzahl im Wasser. Arch. Hyg., *154*, S. 488–499.

Seitz, H., Maier, W. (1994): Parasitologie. In: Brandis, H. Köhler, W., Eggers, H., Pulverer, G. (Hrsg.): Medizinische Mikrobiologie. 7. Auflage, Gustav Fischer Verlag, Stuttgart, S. 654, 655 und 667.

Sharp, J. C. M., Reily, W. J., Cola, J. E., Curnow, J., Synge, B. A. (1995): Escherichia coli O157 infection in Scotland: an epidemiological overview, 1984–1994. Public Health Lab. Serv. Microbiol. Dig., *12*, S. 134–140.

Smith, H. V., Parker, J. F. W., Bukhari, Z., Campbell, D. M., Benton, C. et al. (1993): Significance of small numbers of Cryptosporidium sp. oocysts in water. Lancet, *342*, S. 312–313.

Smith, H. V., Robertson, L. J., Ongerth, J. E. (1995): Cryptosporidiosis and giardiasis: the impact of waterborne transmission. J. Water Supply Res. Technol. Aqua, *44*, S. 258–274.

Soave, R. und Johnson jr. W. D. (1995): Cyclospora: conquest of emerging pathogen. Lancet, *345*, S. 667–668.

Sobsey, M. (1989): Inactivation of health-related microorganisms in water by disinfection processes. Water Sci. Technol., *21*, S. 179–195.

Stanley, K., Cunningham, R., Jones, K. (1998): Isolation of Campylobacter jejuni from groundwater. J. Appl. Microbiol., *85*, S. 187–191.

Stark, R. M., Gerwig, G. J., Pitman, R. S., Potts, L. F., Williams, N. A., Greenman, J., Weinzweig, I. P., Hirst, T. R., Millar, M. R. (1999): Biofilm formation by Helicobacter pylori. Lett. Appl. Microbiol. *28 (2)*, S. 121–126.

Steinert, M., Birkness, K. White, E., Fields, B., Quinn, F. (1998): Mycobacterium avium bacilli grow saprozoically in coculture with Acanthamoeba polyphaga and survive within cyst walls. Appl. Environ. Microbiol., *64*, S. 2256–2261.

Tannich, E., Burchard, G. D. (1991): Differentiation of pathogenic from nonpathogenic Entamoeba histolytica by restriction fragment analysis of a single gene amplified in vitro. J. Clin. Microbiol., *29*, S. 250–255.

Telenti, A., Marchesi, F., Balz, M., Bally, F., Böttger, E. C., Bodmer, T. (1993): Rapid identification of mycobacteria to the species level by polymerase chain reaction and restriction enzyme analysis. J. Clin. Microbiol., *31*, S. 175–178.

Teunis, P. F. M., Medema, G. J. Kruidenier, K., Havelaar, A. H. (1997): Assessment of the risk of infection by Cryptosporidium or Giardia in drinking-water from a surface water source. Water Research, *31*, S. 1333–1346.

Tsen, H. Y., Jian, L. Z. (1998): Development and use of a multiplex PCR system for the rapid screening of heat labile toxin I, heat stable toxin II and shiga-like toxin I and II genes of Escherichia coli in water. J. Appl. Microbiol., *84*, S. 585–592.

Tsukamoto, T., Kimoshita, Y., Shimada, T., Sakazaki, R. (1978): Two epidemics of diarrhoeal disease possibly caused by Plesiomonas shigelloides. J. Hyg., *80*, S. 275–280.

Ullmann, U. (1994): a) Die Gattungen Escherichia, Citrobacter, Enterobacter, Klebsiella, Serratia, Proteus, Providencia, Morganella, Hafnia und Edwardsiella. b) Die Gattungen Salmonella, Shigella, Typhus, Paratyphus, Enteritis und Ruhr. In: Brandis, H., Eggers, H., Köhler, W., Pulverer, G. (Hrsg.): Medizinische Mikrobiologie. 7. Auflage, Gustav Fischer Verlag, Stuttart, Jena, N. Y., S. 390–424.

Umweltbundesamt (2001): Empfehlung des Umweltbundesamtes: Empfehlung zur Vermeidung von Kontaminationen des Trinkwassers mit Parasiten. Bundesgesundheitsbl. Gesundheitsforsch. Gesundheitsschutz, *44*, S. 406–408.

Umweltbundesamt (2004): Bekanntmachung des Umweltbundesamtes: Hinweise zu mikrobiologischen Parametern/Nachweisverfahren nach TrinkwV 2001. Bundesgesundheitsbl. Gesundheitsforsch. Gesundheitsschutz, *46*, S. 714–715.

Umweltbundesamt (2006): Bekanntmachung des Umweltbundesamtes: Mikrobiologische Nachweisverfahren nach TrinkwV 2001, Liste alternativer Verfahren gemäß § 15 Abs. 1 TrinkwV 2001 – 1. Änderungsmitteilung. Bundesgesundheitsbl. Gesundheitsforsch. Gesundheitsschutz, *49*, S. 1071–1072.

van der Kooij, D. (1991): Nutritional requirements of aeromonads and their multiplication in drinking-water. Experientia, *47*.

van der Kooij, D. (1996): Gesundheitliche Bedeutung, Verhalten und Kontrolle von Aeromonaden in Wasserversorgungssystemen. Internationaler Kongress „Wasser und Krankheitserreger" 22. bis 24. Mai 1996 in Bonn. Tagungsband, Hygiene-Institut der Universität Bonn.

Vogt, K., Hahn, H., Miksitis, K. (2001): Nicht fermentierende Bakterien (Nonfermenter) Pseudomonas, Burkholderia, Stenotrophomonas, Acinetobacter. In: Hahn, H., Falke, D. und Kaufmann, S. H. E. (Hrsg.): Medizinische Mikrobiologie. 4. Auflage, Springer Verlag, Berlin, S. 295–303.

von Reyn, C. F., Waddell, R. D. Eaton, T., Arbeit, R. D., Maslow, J. N. et al. (1993): Isolation of Mycobacterium avium complex from water in the United States, Finland, Zaire and Kenya, J. Clin. Microbiol., *31*, S. 3227–3230.

Walser, S. M., Gerstner, D. G., Brenner, B., Höller, C., Liebl, B., Herr C. E.W (2014): Assessing the environmental health relevance of cooling towers – A systematic review of legionellosis outbreaks. Int. J. Hyg. Environ. Health, *217*, S. 145–154.

Walsh, S. M., Bissonnette, G. K. (1989): Survival of chlorine-injured enterotoxigenic Escherichia coli in an in vitro water system. Appl. Environ. Microbiol., *55*, S. 1298–1300.

Weber, G., Werner, H. P., Matschnigg, H. (1971): Pseudomonas aeruginosa im Trinkwasser als Todesursache bei Neugeborenen. Zbl. Bakteriol. I. Orig., *216*, S. 210–214.

Weber, G., Manafi, M., Reisinger, H. (1987): Die Bedeutung von Yersinia enterocolitica und thermophilen Campylobacter für die Wasserhygiene. Zbl. Hyg. B, *184*, S. 502–514.

Wernicke, F. (1990): Mikrobielle Antagonismen im Trinkwasserbereich. Charakterisierung autochthoner Filterbiozönosen. Fachgebiet Hygiene, Technische Universität Berlin, Universitätsbibliothek.

WHO Working Group (1988): Foodborne Listeriosis. WHO Bull., Org. *66*, S. 421–428.

WHO (1991a): 1991 mehr Cholerafälle als in den fünf Vorjahren. Bundesgesundheitsblatt, *34*, S. 317.

WHO (1991b): Strengthening of Epidemiological and Statistical Services. World Health Organization, Geneva.

WHO (1993): Neuer Choleraerreger entdeckt. Bundesgesundheitsblatt, *36*, S. 337.

WHO (1996): Guidelines for drinking water quality. 2. ed. vol. 2. Health criteria and other supporting information. Bacteria: Pathogens excreted. S. 18–27. Pathogens that grow in supply systems. S. 28–36. World Health Organization, Geneva.

WHO (1998): Cholera. Bundesgesundheitsblatt, *41*, S. 265–266.

WHO (1999): Zu den Cholera-Epidemien in Kenia und in Somalia. Epidem. Bulletin RKI, *3*, S. 13–14.

WHO (2009): Cholera: global surveillance summary, 2008. WER, 84, S. 309–324.
Wiedemann, A. (1996): Cryptosporidien und Giardien. In: E. Schulze (Hrsg.): Hygienischmikrobiologische Wasseruntersuchung, Gustav Fischer Verlag, Jena, S. 125–136.
Wilson, J. B., Johnson, R. P., Clarke, R. C., Rahn, K., Renwick, S. A. et al. (1997): Canadian perspectives on verocytotoxin-producing Escherichia coli infection. J. Food Prot., *60*, S. 1451–1453.
Winkle, S. (1997): Kulturgeschichte der Seuchen. KOMET-MA Verlag, Frechen.
Wolfe, M. S. (1992): Giardiasis. Clin. Microbiol. Rev., *5*, S. 93–100.
Wuhrmann, K. (1980): Mikrobiologische Aspekte der Gewinnung, Aufbereitung und Verteilung von Trink- und Brauchwasser. Swiss Food, *2(3)*, S. 15–33.
Wunderlich, A., Torggler, C., Elsaesser, D., Lück, C., Niessner, R., Seidel, M. (2016), Rapid quantification method for *Legionella pneumophila* in surface water. Anal. Bioanal.Chem., *408(9)*, S. 2203–2213.
Wuthe, H. H. (1973): Über eine Methode der stufenweisen Anreicherung zum Nachweis von Salmonellen im Süß- und Salzwasser. Zbl. Bakteriol. I. Orig. B., *157*, S. 328–332.

M. Seidel

6 Wasservirologie

6.1 Aufbau und biologische Eigenschaften von Viren

Viren sind 25–300 Nanometer (nm) große Partikel. Alle enthalten als Träger der Erbinformation Nukleinsäure, entweder Desoxyribonukleinsäure (DNS) oder Ribonukleinsäure (RNS), einzelsträngig (ss) oder doppelsträngig (ds), und darum herum eine einfache oder doppelte als Kapsid bezeichnete Proteinschicht, zusammen das Nukleokapsid. Damit ist der Aufbau der einfachsten und kleinsten Viren schon beschrieben. Andere haben zusätzlich eine Hülle (Envelope) mit verschiedenen funktionellen Bestandteilen aus Proteinen, Glykoproteinen und Lipiden. Diese Hülle macht aber die Viren empfindlicher gegen viele Umwelteinflüsse, besonders gegen lipidlösende Agenzien.

Viren können sich nicht selbstständig vermehren, sondern sind obligate Zellparasiten von Menschen, Tieren, Pflanzen oder auch Bakterien (sogenannte Bakteriophagen). Außerhalb der Wirtszelle haben sie keinen Stoffwechsel. Mit ihrer Vermehrung in den Zellen ist in der Regel die Schädigung der Wirtszelle verbunden. Dadurch sind Viren obligate Krankheitserreger. Das Auftreten von Viren menschlicher Herkunft im Trinkwasser ist daher stets mit einer Infektionsgefahr verbunden (anders als beim Nachweis von *E. coli*, der nur als Indikator einer Infektionsgefahr zu werten ist). Die Festsetzung eines Grenzwertes für Viren in Trinkwasser ist daher problematisch; sie dürfen im untersuchten Wasservolumen überhaupt nicht nachweisbar sein. Adenoviren lassen sich über das ganze Jahr in Kläranlagen finden. Zudem sind sie sehr stabil im Wasser. Aus diesem Grund stehen sie zur Disposition, als Indikator einer fäkalen Verunreinigung von Viren im Trinkwasser zu fungieren (Hartmann et al., 2013). Betrachtet man die Forderungen seitens der WHO, dann sollte in 90 m^3 Trinkwasser maximal ein Viruspartikel zu finden sein (WHO, 2011). Es gibt aktuell jedoch keine Nachweismethode, um in so einem großen Wasservolumen einzelne Rotaviren zu identifizieren. Viel wichtiger ist es, relevante Hygieneparameter im Rohwasser zu bestimmen und die Wasseraufbereitungsanlagen so zu konzipieren, dass eine vollständige Eliminierung von infektiösen Viren erreicht wird. An neuen Konzepten für ein automatisiertes Hygienemonitoring wird mittlerweile intensiv geforscht (Karthe et al., 2016).

Das Infektionsrisiko hängt wesentlich davon ab, wie weit der Mensch als Wirt für das Virus empfänglich ist und ob diese Viren geeignet sind, nach oraler Aufnahme über den Magen-Darm-Trakt eine Infektion zu verursachen. Bei vielen gefährlichen menschen- und tierpathogenen Viren, z. B. Gelbfieber-, Tollwut-, Masern- oder Q-Fieber-Viren ist Letzteres glücklicherweise nicht der Fall. Die Übertragung von Erregern tierischer Herkunft über den Wasserweg auf den Menschen ist bei Hepatitis-E-Viren zu vermuten (Favorov et al., 2000), bei Noro-, Sapo- und Reoviren sowie

https://doi.org/10.1515/9783110588217-006

Tab. 6.1: Humane enterale Viren.

Virusgruppe	Nuklein-säuretyp	Größe	Krankheitsmerkmale
Adenovirus	dsDNA	80 nm	Konjunktivitis, Atemwegserkrankungen, Gastroenteritis
Astrovirus	ssRNA	28 nm	Gastroenteritis
Calicivirus (Noro-, Sapovirus)	ssRNA	30 nm	Übelkeit, Gastroenteritis
Hepatitis E Virus	ssRNA	27–34 nm	Hepatitis E, schwerer Verlauf bei Schwangeren
Hepatitis A Virus (Hepatovirus)	ssRNA	27 nm	Fieber, Hepatitis
Poliovirus	ssRNA	30 nm	Paralyse, Meningitis, Fieber, schlaffe Lähmungen
Coxsackievirus A	ssRNA	30 nm	Herpangina, Atemwegserkrankungen, Meningitis,
Coxsackievirus B Echovirus	ssRNA	30 nm	Fieber, Myocarditis, Pleurodynie, Atemwegserkrankungen, Fieber, Meningitis, u. a. m.
„nummerierte" (68–71) Enteroviren	ssRNA	30 nm	Meningitis, Encephalitis, respiratorische Erkrankung,
Reovirus	dsRNA	75 nm	noch unklar
Rotavirus	dsRNA	65–75 nm	Übelkeit, Diarrhoe

Schweinepicornaviren nicht gänzlich ausgeschlossen. Über die Bedeutung dieses Infektionsweges ist aber bisher wenig bekannt.

Die Viren, von denen man weiß, dass sie nach oraler Aufnahme beim Menschen zu Erkrankungen führen, sind in Tab. 6.1 aufgeführt. Man bezeichnet sie als enterale Viren oder Darmviren, weil ihr Vermehrungsort das Eingeweidesystem (beginnend mit der Mundhöhle) mit seinen Anhangsgebilden, wie z. B. der Leber, ist. Eine Untergruppe bilden die Enteroviren, welche aber bei der Gastroenteritis eher selten gefunden werden. Sie können die Grenzen des Eingeweidesystems überschreiten und schwere Allgemeinerkrankungen und Erkrankungen des Zentralen Nervensystems verursachen. Die Poliomyelitisviren sowie die Hepatitis-A- und Hepatitis-E-Viren sind diejenigen Krankheitserreger, welche unter den durch Trinkwasser übertragbaren Viren die ernsthaftesten Krankheiten verursachen. Trinkwasserbedingte Hepatitis-Epidemien sind im Gegensatz zur Poliomyelitis (spinale Kinderlähmung) häufig dokumentiert worden. Bei der Gastroenteritis werden vorwiegend Rotaviren (Gruppen A, B, und C), enterale Adenoviren, Norwalk-Viren und ähnliche „kleine runde Viren“ gefunden. Beim Baden können außer den enteralen Viren auch die Warzenviren (Papova-Viren) und das Virus des *Molluscum contagiosum* übertragen werden, beide aber nicht durch das Badewasser, sondern durch Kontakt mit Flächen oder Gegenständen.

Den enteralen Viren ist gemeinsam, dass sie zu den am einfachsten aufgebauten und kleinsten Viren gehören. Als so genannte nackte Viren besitzen sie auch keine gegen fettlösende Agenzien empfindliche Hülle. Überwiegend liegt ihre Erbsubstanz als Einzelstrang-RNA vor.

6.2 Epidemiologie

Die Weltgesundheitsorganisation (WHO, 1993, 2004) weist den Viren im Trinkwasser eine hohe Bedeutung als Infektionserreger zu (siehe Tab. 6.2).

Als **Ursache trinkwasserbedingter Epidemien** ist besonders das **Hepatitis-E-Virus** hervorgetreten, vor allem in Indien, wo mehrere Epidemien mit vielen tausend Erkrankten beschrieben worden sind, sowie in Pakistan und Afrika (Hunter, 1997). Das Hepatitis-E-Virus führte 1991 in Kanpur mit über 79.000 Fällen zu einer der größten bisher dokumentierten durch Wasser übertragenen Epidemien überhaupt. Das die Stadt versorgende Trinkwassersystem war mit Abwasser kontaminiert worden. Zur Desinfektion wurde das Wasser mit ca. 1,5 mg/l Chlor versetzt. Trotzdem waren im Verteilungsnetz bakterielle Fäkalindikatoren in Form von coliformen Bakterien nachzuweisen und die Chlorkonzentration war zeitweise auf Spuren zurückgegangen (Naik et al., 1993).

Aber auch das **Hepatitis-A-Virus** hat wiederholt Trinkwasserepidemien verursacht (Hunter, 1997). Man hat vermutet, dass die Hepatitis-Viren gegen Desinfektionsmaßnahmen, namentlich gegen die Chlorung, besonders resistent wären. Dies

Tab. 6.2: Gesundheitliche Bedeutung von Viren im Trinkwasser (modifiziert nach WHO, 2004; angelehnt an Seidel et al., 2016).

Erreger	gesundheitliche Bedeutung	Persistenz in Wasser	Resistenz gegen Chlor	relative Infektions-Dosis	tierisches Reservoir
Adenoviren	hoch	lang	mäßig	hoch	nein
Astrovirus	gering	lang	mäßig	hoch	nein
Enteroviren	hoch	lang	mäßig	hoch	nein
Hepatitis A-Viren	hoch	lang	mäßig	hoch	nein
Hepatitis E-Viren	hoch	lang	mäßig	hoch	möglich
Noroviren	hoch	lang	mäßig	hoch	möglich
und Sapoviren	hoch	lang	mäßig	hoch	möglich
Rotaviren	hoch	lang	mäßig	hoch	nein

ist aber nur in begrenztem Umfang der Fall. Vielmehr ist wiederholt in der Vorgeschichte der beschriebenen Epidemien festzustellen, dass das Wasser der Versorgungssysteme durch starke Schmutzwassereinbrüche belastet worden war (z. B. durch Überschwemmungen oder gebrochene Abwasserleitungen), woraufhin man durch Chlorzugabe das Wasser in einen bakteriologisch einwandfreien Zustand gebracht hatte, d. h. dass man in 100 ml keine *E. coli* oder coliformen Bakterien, die gegen Chlor relativ empfindlich sind, mehr nachweisen konnte. Unter derartigen Umständen ist es leicht möglich, dass an Schmutzpartikel gebundene Hepatitisviren die Desinfektionsmaßnahmen überdauern (siehe unten).

Als **Erreger der virusbedingten Gastroenteritis** kommen vor allem Rotaviren, Norwalk-Viren (Noro-, Sapoviren) sowie Adenoviren in Frage. Die Norwalk-Viren gehören zu den kleinen (27–40 nm) runden unbehüllten Viren mit einsträngiger RNA als Erbsubstanz, während die Rotaviren und die Adenoviren größer sind (65–80 nm) und eine doppelsträngige RNA bzw. DNA besitzen. Mit geeigneten Methoden können sie in Abwasser und in belastetem Oberflächenwasser relativ häufig gefunden werden. Norwalk-Viren können bisher nicht in Zellkulturen vermehrt werden, Rotaviren nicht sehr gut. Eine größere Zahl von trinkwasserbedingten Epidemien ist auf Noroviren zurückgeführt worden (Maurer et al., 2000; Häfliger et al., 2000; Maunula et al., 2005). Noroviren sind weltweit verbreitet. Sie sind für einen Großteil der nicht bakteriell bedingten Gastroenteritiden bei Kindern (ca. 30 %) und bei Erwachsenen (bis zu 50 %) verantwortlich (Robert-Koch-Institut 2004, 2007). Die Bedeutung des Trinkwassers für ihre Ausbreitung und Häufigkeit kann erheblich sein, wenn verunreinigtes Wasser und eine mangelhafte Aufbereitung vorliegen. Es sind auch Infektionen durch Badewasser und durch Nahrungsmittel beschrieben worden, der wichtigste Übertragungsweg ist aber der von Mensch zu Mensch durch Schmier- und Tröpfcheninfektion. Die Bedeutung der Norwalk-Virusgruppe als Enteritiserreger wird erst jetzt deutlich, seitdem mit Hilfe der Polymerasekettenreaktion (PCR) leistungsfähige Nachweisverfahren zu Verfügung stehen.

Adenoviren sind ebenfalls im Abwasser und Oberflächenwasser häufig zu finden. Sie können außer einer Gastroenteritis und anderen Erkrankungen die – auch als Schwimmbad-Konjunctivitis bekannte – Pharyngo-Kerato-Konjunctivitis verursachen. In ordnungsgemäß aufbereitetem und gechlortem Schwimmbeckenwasser ist damit aber nicht zu rechnen.

Enteroviren (Polio-, Coxsackie-, Echo-, und Entero (68–71)-Virus-Arten) können in kaltem Wasser viele Tage und Wochen überleben, sodass ihre Übertragung mit Trink- und Badewasser gut möglich ist. Verschiedene Epidemien sind beschrieben worden, jedoch nicht so viele, wie aufgrund der massiven Ausscheidung der Viren mit dem Stuhl und aufgrund ihrer Umweltresistenz erwartet werden könnte. Wiederholt sind Polioviren im Oberflächenwasser als Indikator für die Verbreitung des Virus in der Bevölkerung verwendet worden. Es gibt aber nur eine gut beschriebene Polioepidemie mit epidemiologischer Verbindung zur Wasserversorgung. Sie ereignete sich 1982 in Taiwan (Kim-Farley et al., 1987). Neben trinkwasserbedingten Epidemien sind auch für die Enteroviren Ausbrüche durch Badewasser und vermutlich auch durch abwassergedüngtes Gemüse beschrieben worden.

Relativ häufig werden in Oberflächenwasser Reoviren (REO = respiratory enteric orphans) gefunden (Milde et al., 1995). Sie gelten als praktisch apathogen. Ihr häufiges Auftreten in Abwasser und Oberflächenwasser ist daher bisher ohne klinisches Korrelat.

6.3 Übertragungswege

Die durch Trinkwasser übertragbaren Viren stammen in aller Regel aus menschlichen Ausscheidungen, meistens aus dem Stuhl. Der häufigste und einfachste Weg ins Trinkwasser verläuft über Abwasser, Oberflächenwasser und Übergang ins Trinkwasser nach unzureichender Trinkwasseraufbereitung (siehe Abb. 6.1).

Im Untergrund können Viren viele Monate überdauern, z. B. Coliphagen (f2) bis zu 2 Jahre (Althaus et al., 1985). Aufgrund einer Adsorption an Bodenpartikel kommt es jedoch zu einer Festlegung in den oberen Bodenschichten oder im Bereich der Infiltrationsstelle. Bei gut filtrierenden Schichten werden die Viren im Boden zurückgehalten und mit der Zeit inaktiviert, sodass aus Grundwasser relativ selten Viren isoliert werden. Dies trifft aber nicht für Karstgrundwasser zu und auch nicht für Uferfiltrationsstrecken mit stark wechselnden Korngrößen, sodass unter ungünstigen Umständen auch Grundwasser mit Viren belastet sein kann.

Über Abwasserverrieselung und andere Bewässerungstechniken, welche mit kontaminierten Wässern arbeiten, können landwirtschaftliche Erzeugnisse mit enteralen Viren kontaminiert werden. Bei der Verrieselung und bei der Abwasserbehandlung können viruskontaminierte Aerosole entstehen. Heng et al. (1994) fanden bei Arbeitern, die mit Abwasser umgingen, deutlich häufiger erhöhte Antikörperti-

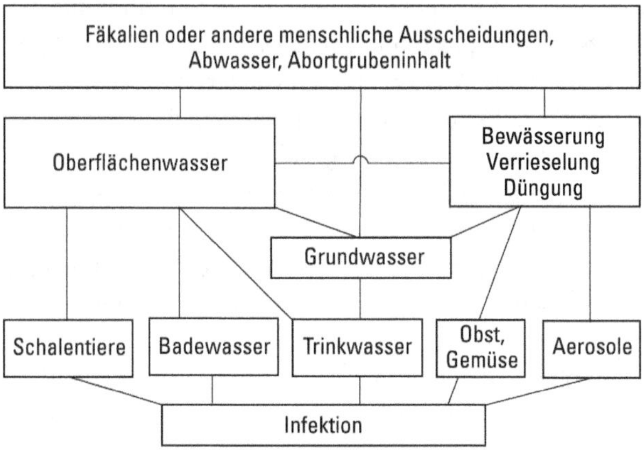

Abb. 6.1: Fäkal-oraler Kreislauf der enteralen Viren.

ter gegen Hepatitis A als bei Kontrollpersonen. Entsprechende Befunde liegen aus Deutschland (Emschergenossenschaft) und Frankreich (Paris) vor. Eine aktuelle Zusammenstellung der Problematik findet sich bei Farrah (2000).

Über Abwassereinleitungen in Oberflächengewässer können natürliche Badegewässer mit Viren verunreinigt sein. In diesem Zusammenhang ist es interessant, dass es relativ viele Berichte über erhöhte Häufigkeit von Magen- und Darmerkrankungen sowie von Hepatitis nach dem Baden in natürlichen Gewässern gibt (Walter, 2000). Eine weitere bedeutende Quelle für wasserbedingte Hepatitis A und E resultiert aus der Verunreinigung von Schalentieren (z. B. Austern und andere Muscheln), welche durch die Verunreinigung der Gewässer, in denen sie gezüchtet und gesammelt werden, viruskontaminiert wurden. Der mit 292.301 Fällen größte bisher beschriebene Hepatitisausbruch ist in Shanghai 1988 auf diese Weise entstanden (Halliday et al., 1991).

6.4 Infektionsdosis und Risikoabschätzung

Die Aufnahme einzelner Krankheitserreger führt nicht immer zur Infektion. Man hat daher versucht, eine minimale Infektionsdosis für bestimmte Erreger zu definieren. Dies ist aber wegen der unberechenbaren Anfälligkeit der betroffenen Individuen nicht praktikabel. Einen besseren Ansatz bildet der Begriff der „Attack Rate“ (Infektiosität, Penetranz), d. h. der Anteil der Menschen, die bei Aufnahme einer bestimmten Anzahl von Mikroorganismen erkranken. Werden sehr viele Menschen exponiert, so werden auch bei einer geringen Zahl von Mikroorganismen und einer niedrigen „Attack Rate“ eine beträchtliche Anzahl erkranken.

Regli et al. (1991) haben für 5 Virusarten und 2 Parasitenspezies die Konzentrationen der Krankheitserreger im Wasser berechnet, welche dem Risiko von 1 Infektion im Jahr auf 10.000 Einwohner bei täglicher Aufnahme von 2 l Trinkwasser entsprechen. Dieses Risiko wird allgemein als akzeptabel angesehen, ohne freilich für den Einzelnen durch persönliche Entscheidung akzeptiert worden zu sein. Tab. 6.3 gibt diese Zahlen sowie das korrespondierende Wasservolumen wieder, welches weniger als 1 infektiöses Partikel enthalten darf. Weiterhin wird die Wahrscheinlichkeit einer Infektion bei Zufuhr von einer infektiösen Einheit dargestellt. Mithilfe statistischer Verfahren lässt sich die Zahl der Kontrollproben und das Probevolumen angeben, die erforderlich sind, um mit einer definierten Wahrscheinlichkeit nachzuweisen, dass der in der Tabelle angegebene Grenzwert nicht überschritten wird. Für eine Überschreitungswahrscheinlichkeit von < 5 % wären demnach 500 Proben von je 2000 l erforderlich.

Daraus folgt, dass routinemäßige Untersuchungen des Trinkwassers auf Viren zur Erkennung einer Gefährdung durch Viren nicht praktikabel sind. Die Versorgungssicherheit muss auf andere Weise nachgewiesen werden. Deshalb schreibt z. B. die Surface Water Treatment Rule der U.S.A. (Anonymus, 1989) keine Untersu-

Tab. 6.3: Maximale Konzentrationen (c_{max}) an Krankheitserregern im Trinkwasser und korrespondierende Wassermenge ohne positiven Nachweis, bei akzeptablem Infektionsrisiko (nach Regli, 1991).

Erreger	c_{max} in 1/l	m³ Wasser ohne pos. Nachweis	Wahrscheinlichkeit $P_j^{*)}$
Rotavirus	$2{,}2 \cdot 10^{-7}$	4505	0,2
Poliovirus III	$2{,}7 \cdot 10^{-7}$	3774	0,2
Entamoeba coli	$6{,}3 \cdot 10^{-7}$	1600	0,1
Giardia	$6{,}8 \cdot 10^{-6}$	148	0,02
Poliovirus I	$1{,}5 \cdot 10^{-5}$	66	0,009
Echovirus 12	$6{,}9 \cdot 10^{-5}$	14,6	0,002
Poliovirus I	$1{,}9 \cdot 10^{-3}$	0,5	0,00008

*) P_j: Wahrscheinlichkeit einer Infektion bei Aufnahme von einem Viruspartikel.

chung auf Viren vor, fordert aber den Nachweis, dass die Konzentrationen und Einwirkungszeiten der eingesetzten Desinfektionsmittel (das sog. CT-Produkt) für eine Reduktion der Viruskonzentration im Wasser um den Faktor 99,99 % ausreichen. Für die Erfassung der Belastung von Rohwässern oder der Leistungsfähigkeit von Aufbereitungsverfahren in Bezug auf Viren kann aber deren Nachweis wichtig sein.

6.5 Viruskonzentrationen in Abwasser und Oberflächengewässern

Die höchste Viruskonzentration ist nächst den Fäces im Abwasser zu erwarten. Sie kann hypothetisch berechnet werden: Geht man davon aus, dass pro Tag und Person ca. 150 g Stuhl abgegeben und ca. 150 l Wasser verbraucht werden, ergibt sich eine Fäkalienkonzentration im Abwasser von 1 g/l. Bei einer Viruskonzentration im Stuhl infizierter Personen von 10^9/g wird sich bei einer Infektion unter 100.000 Einwohnern eine Viruskonzentration im Abwasser von 10^4/l einstellen. Rotaviren werden sogar in Konzentrationen bis zu 10^{12}/g Stuhl ausgeschieden (Walter, 1981). Es könnte daher je nach Altersstruktur und Gesundheitszustand der Bevölkerung sowie der Art der zirkulierenden Infektionen mit Viruskonzentrationen um 10^5/l bis 10^6/l gerechnet werden. In ungeklärtem Abwasser sind häufig Konzentrationen zwischen 1000 und 10.000 Viren pro ml gefunden worden, gelegentlich auch bis zu 100.000/ml (Farrah, 2000).

Durch eine mehrstufige Abwasserklärung (Sedimentation, Belebtschlammstufe, Phosphat- und Nitratelimination) werden zwischen 80 % und 99,9 % der zugeführten Enteroviren zurückgehalten, andere enterale Viren eher noch schlechter (Fleischer et al., 2000). Der Reinigungseffekt ist stark von den Betriebsbedingungen der Anlagen abhängig und zeigt dementsprechend zeitliche und örtliche Unterschiede.

Die große Mehrzahl der Proben von behandeltem Abwasser enthält noch Enteroviren, meist in Konzentrationen von 1 bis 10 pro Liter, nicht selten aber auch deutlich mehr. Bei der Schlammfaulung kommt es ebenfalls zu einer deutlichen Reduktion vermehrungsfähiger Viren. Sie beträgt in 20 bis 28 Tagen zwischen 90 % und > 99 %, was aber nicht ausreicht, weswegen unter Praxisbedingungen stets mit infektiösem Virus im ausgefaulten Schlamm gerechnet werden muss (Farrah et al., 2000).

In Oberflächengewässern schwanken die Viruskonzentrationen in Abhängigkeit von der Abwasserbelastung. Nach Literaturangaben liegt die Virusdichte zwischen 10^0 infektiösen Einheiten (i. E.) pro Liter und 10^2 i. E./l. In anthropogen stark belasteten Gewässern und dichter besiedelten Regionen sind mindestens 10 i. E./l zu erwarten (Walter et al., 1989). Bei der Bewertung solcher Angaben sind aber stets methodische Aspekte des Virusnachweises zu beachten. Bei den derzeit verwendeten Virusanreicherungsverfahren liegen die Wiederfindungsraten häufig unter 10 %, sind also noch völlig unzureichend. Auch entsprechen die nachgewiesenen Virustypen keineswegs dem Spektrum der in Oberflächengewässern auf Grund des Infektionsgeschehens in der Bevölkerung zu erwartenden Virusarten. Die berichteten Konzentrationen vermehrungsfähiger Viren geben daher mit Sicherheit nicht den vollen Umfang der Belastung der Gewässer wieder.

6.6 Persistenz

Wie oben erwähnt, werden Viren im Untergrund nur sehr langsam inaktiviert. Tab. 6.4 gibt einige der in der Literatur zur Persistenz veröffentlichten Werte wider, welche in dezimale Reduktionszeiten t_D umgerechnet wurden. Eine dezimale Reduktionszeit ist jene Zeit, welche erforderlich ist, um die Viruskonzentration auf ein Zehntel des Ausgangswertes zu vermindern. Es ist ersichtlich, dass unter Grundwas-

Tab. 6.4: Daten zur Viruspersistenz in Grundwasser.

Virustyp	**Dezimale Reduktionszeiten t_D in Tagen bei verschiedenen Temperaturen und Bodenarten** **Untersuchungsergebnisse verschiedener Autoren**			
	Matthess (1985)	**Yates et al. (1985)**	**Bitton et al. (1984)**	**Keswik et al. (1984)**
Coxsackie B 3				5,3
Coxsackie B 1	25–81			5,3
Coxsackie A 9	32–53			
Echo 7	26–81			
Echo 1		1,6–20		
Polio 1	31–97	1,5–28,5	21,9	4,8
MS2-Bakt.-Phage		1,7–83,3		

serbedingungen mit langen Überlebenszeiten gerechnet werden muss, die bei entsprechendem Eintrag zu einer viele Monate dauernden Viruskontamination des Grundwassers führen. Die Daten gelten für eine Temperatur von 10 °C. Bei tieferen Temperaturen ist eher mit längeren Überlebenszeiten zu rechnen.

Bereits in den 2006 überarbeiteten WHO-Richtlinien wird dieser Gedanke betont und damit die Notwendigkeit eines Schutzzonenkonzeptes für Wasserquellen auch aus virologischer Sicht bestätigt. Die Annahme einer ca. 50-Tage dauernden Persistenz von standortfremden Erregern im Grundwasser (Knorr, 1951) hat in Deutschland zur Festlegung einer 50 Tage-Grenze als praktikablem, wenn auch keineswegs immer ausreichenden Schutz von Wassereinzugsgebieten geführt (DVGW-Arbeitsblatt W 101). Der Ressourcenschutz durch Trinkwasserschutzgebiete hat sich auch in virologischer Hinsicht bewährt, obwohl in Einzelfällen die Viruspersistenz im Grundwasser 50 Tage um ein Mehrfaches übersteigen kann. Die dennoch gegebene praktische Wirksamkeit der 50-Tage-Grenze beruht auf dem Zusammenwirken von Rückhaltung durch Adsorption und Absterben im Untergrund und von Schutzvorschriften gegen die von der Oberfläche einwirkenden Verschmutzungsrisiken (Schijven, 2001).

6.7 Virusreduktion bei der Wasseraufbereitung und durch Desinfektion

Viren sind der Desinfektion durch Chlor, Chlordioxid, Ozon und UV-Strahlen zugänglich. Enterotrope Viren sind als unbehüllte Strukturen gegenüber den meisten Desinfektionsmitteln relativ resistent. Sie erweisen sich im Allgemeinen als resistenter als die meisten der im Wasser auftretenden Bakterien, namentlich E. coli, Salmonellen, Shigellen und Cholera-Vibrionen. Dies gilt außer für Chlor auch für Chlordioxid, Ozon und zum Teil auch für UV-Strahlen (Farooq et al., 1982; Fujioka et al., 1986; Sobsey, 1989). Es gibt aber auch Bakterien im Wasser, wie z. B. Legionellen und Mykobakterien, die resistenter sind als die meisten der bislang überprüften Viren. Erst recht gilt das für bakterielle Sporen und für Dauerformen von Parasiten, wie z. B. Oozysten von Cryptosporidien. Die WHO (2004) stuft die Resistenz der humanpathogenen Viren gegenüber Chlor als „moderat“ ein. Eine Zusammenstellung zahlreicher experimenteller Daten ist von Sobsey (1989) vorgenommen worden. Weitere experimentelle Ergebnisse, die insbesondere auch die keimtötende Wirkung bei niedrigen Temperaturen berücksichtigen, sind von Guillot und Loret (2010) zusammengestellt worden. Diese Übersichten verdeutlichen, dass bei optimalen Bedingungen (pH-Wert neutral bis leicht sauer, Fehlen von organischen Substanzen und Trübstoffen) eine schnelle Virusinaktivierung zu erreichen ist. Untersuchungen mit dem Hepatitis-A-Virus, anderen Virustypen oder Phagen bestätigen, dass sich mit Chlor, Chlordioxid und Ozon eine zuverlässige und schnelle Abtötung erzielen

Tabellle 6.5: CT_{99} (min x mg/l) nach WHO (2004).

Chlor (pH 7–7,5)	bei	0–5 °C:	12
	bei	10 °C:	8
Chlordioxid (pH 6–9)	bei	1 °C:	8,4
	bei	15 °C:	2,8
Ozon	bei	1 °C:	0,9
	bei	15 °C:	0,3

lässt, wenn die maßgeblichen Bedingungen der Wasserqualität eingehalten werden (Herbold et al., 1989; Botzenhart et al., 1993). Durch Anwendung von Chlor mit CT-Werten (C in mg/l, T in min) von < 5 und von Ozon mit CT-Werten von < 1 lässt sich unter optimalen Bedingungen im Labor eine Reduktion um 99,99 % für unbehüllte Viren und Phagen erreichen. Die Surface Water Treatment Rule (Anonymus, 1989) schreibt dagegen für die Reduktion von Viren und Giardiazysten bei 10 °C und pH 7,0 folgende CT-Werte vor: Ozon = 1,4; Chlordioxid = 23; Chlor = 130. Die WHO (2004) empfiehlt die in Tab. 6.5 angegebenen Werte für eine Reduktion um 99 % (für eine Reduktion um 99,99 % müssen die CT-Werte verdoppelt werden).

Für UV-Strahlen wird angenommen, dass Viren im Allgemeinen wesentlich resistenter dagegen sind als Bakterien (Chang et al., 1985). Die bei Bakterien beobachtete Photoreaktivierung geschädigter Individuen ist bei Viren bisher nicht bekannt. Für das Hepatitis-A-Virus (HAV) wird bei 180 J/m² eine Reduktion um 4 log-Stufen erreicht, womit unter den gegebenen Versuchsbedingungen für HAV keine wesentlich höhere Resistenz als für *E. coli* beobachtet wurde. Polioviren erfordern für diese Reduktion etwa 300 J/m² (Wiedenmann et al., 1993). Bei einem Praxisversuch zur UV-Desinfektion von Abwasser zeigte sich eine Zunahme der UV-Resistenz in der Reihenfolge: *E. coli*, coliforme Bakterien, Gesamtkeimzahl 22 °C, Bakteriophagen, enterale Viren (Hahn et al., 1991). Die stärkere Reduktion der Bakteriophagen im Vergleich zu den humanpathogenen Viren kann damit erklärt werden, dass die in Kläranlagenabläufen natürlicherweise überwiegend vorhandenen somatischen Phagen relativ empfindlich sind.

Die besondere Schwierigkeit der Virusinaktivierung durch chemische Desinfektionsmittel oder UV-Strahlen ist damit aber nicht ausreichend beschrieben. Sie liegt darin, dass Viren natürlicherweise meistens nicht in freier Suspension vorkommen, sondern an Zellen oder andere Partikel adsorbiert oder spontan aggregiert vorliegen. In diesem Zustand sind sie viel schwerer abzutöten. Nach Versuchen von Sobsey et al. (1991) mit dem Hepatitis-A-Virus wird unter solchen für die Abwasserbehandlung bzw. auch für die Trinkwassergewinnung aus Oberflächenwasser „realistischen" Bedingungen für die Virusinaktivierung durch Chlor bei pH 6 und pH 8 mehr als die 10fache Zeit benötigt. Für eine Reduktion um den Faktor 10^4 werden bei Chlorkonzentrationen von 0,35 bis 0,39 mg/l statt einer Einwirkzeit von 6,5 bzw. 5,5 min die Zeiten von 85 bzw. 70 min, als CT-Produkt ausgedrückt: statt

2,0 oder 2,3 werden 29 bzw. 27 mg/l benötigt. Dies ist von größter praktischer Bedeutung, denn Einwirkungszeiten von 10 bis 20 min bei 0,5 mg/l freiem Chlor sind noch einigermaßen praxisüblich, aber solche von etwa 1½ Stunden (90 min) nicht. Außerdem ist zu berücksichtigen, dass diese Versuche mit chlorzehrungsfreiem Wasser durchgeführt wurden, welches als natürliches oder gar verunreinigtes Oberflächenwasser niemals vorkommt. Die Abtötungszeiten und -konzentrationen können ins Unkalkulierbare steigen, wenn die Wasserqualität sich verändert. Weiterhin sind erhebliche Unterschiede in der Empfindlichkeit der Viren gegenüber Desinfektionsverfahren bekannt. Hieraus erklären sich die zahlreichen Berichte über virusbedingte Infektionen durch gechlortes Wasser. Derartige Befunde sind für Bakterien bereits 1975 (Carlson et al., 1975) beschrieben worden. Für die Trinkwasseraufbereitung ist daraus der Schluss zu ziehen, dass die Desinfektion von potentiell virusbelasteten Wässern nur nach Aufbereitung durch wirksame Filtrationsverfahren zuverlässig sein kann. Als Indikator für eine erfolgreiche Desinfektion ist *E. coli* ungeeignet, stattdessen könnten *Clostridium perfringens* oder aerobe Sporenbildner als Indikatoren verwendet werden.

Die erwähnte Zusammenstellung von Guillot und Loret (2010) enthält zahlreiche Angaben zur Rückhaltung von Viren bei Flockung und Filtration in Abhängigkeit von Wasserqualität und Betriebsbedingungen. Die referierten Reduktionsraten sind zum Teil enttäuschend niedrig und erreichen maximal eine Reduktion um 3,05 log10-Stufen. Hendricks et al. (2005) erreichen bei einer Trübung des Reinwassers von 0,1 NTU eine Reduktion um 2,2 bzw. 2,4 log10-Stufen. Die WHO (2004) beziffert ohne Angabe von Quellen die Reduktionsleistung für Viren der Kombination Coagulation-Flocculation-Sedimentation auf 70 %, die der Schnellfiltration durch gekörntes Material auf 99,9 % bei optimalen Flockungsbedingungen, die der Langsamsandfiltration maximal auf 99,99 %.

Eine Übersicht über die Rückhaltung von Viren in den einzelnen Stufen von 8 verschiedenen Wasserwerken der Niederlande haben van Olphen et al. (1984) vorgelegt. Das Oberflächenwasser, welches als Rohwasser für die Trinkwassergewinnung verwendet wurde, war überwiegend viruspositiv. Nach Flockung, Sedimentation und Schnellfiltration, zum Teil auch nach Chlorung am Ausgang des Wasserwerkes (früher als Transportchlorung bezeichnet), waren noch 11 von 55 untersuchten Wasserproben viruspositiv. Erst nach Abschluss der Aufbereitung unter Einbeziehung einer Desinfektion waren in allen Wasserwerken alle von den insgesamt untersuchten 100 Proben (Probenvolumen 500 l) frei von Viren. Dies belegt eine hohe Wirksamkeit der eingesetzten Aufbereitungs- und Desinfektionsprozesse, wenn sie als Verfahrenskombination verstanden wird und so eingesetzt wird. Für eine zuverlässige Vorhersage des Erfolges ist jedoch die Endkontrolle allein nicht ausreichend, sondern jeder Schritt sollte im Hinblick auf die Effizienz des Verfahrensschrittes, insbesondere im Hinblick auf eine Viruselimination quantitativ beschreibbar sein.

6.8 Nachweisverfahren

Der Virusnachweis kann nach heutigem Kenntnisstand durch Vermehrung der Viren in Zellkulturen oder durch den Einsatz molekularbiologischer Verfahren erfolgen. Bei letzteren kann die Molekulare Hybridisierung (MH) und die Polymerase-Kettenreaktion (PCR) in verschiedenen Verfahrensvarianten eingesetzt werden. Für alle drei Verfahren muss das Ausgangsvolumen auf wenige ml eingeengt und von Substanzen gereinigt werden, welche die Nachweisreaktion stören. Der Virusnachweis in Trinkwasser und Rohwasser wird daher stets die folgenden Schritte umfassen: Gewinnung eines großen Probevolumens, Anreicherung der Viren zu höherer Konzentration in einem kleinen Volumen, Reinigen des Konzentrates und Anwendung eines Virus-Nachweisverfahrens (Abb. 6.2).

Für diese Schritte sind zahlreiche verschiedene Methoden eingesetzt worden. Methodisch detaillierte Darstellungen der Untersuchungsverfahren von Wasser auf Viren finden sich in den US-amerikanischen Standard Methods for Examination of Water and Wastewater (Greenberg et al., 2005), bei J. C. Block und L. Schwartzbrod (1989) sowie bei J. Fleischer (2008) und DIN EN 14486. Bei der Auswahl der Methoden sind Untersuchungsmaterial und -ziel entscheidende Kriterien. Die Adaptierung an das jeweilige Labor erfordert Validierungsmaßnahmen auf Spezifität, Sensibilität und Reproduzierbarkeit.

Fällungsverfahren: Bei den Fällungsverfahren wird ein bestimmtes Wasservolumen, z. B. 10 l, mit einem Flockungsmittel versetzt. Das entstehende Sediment

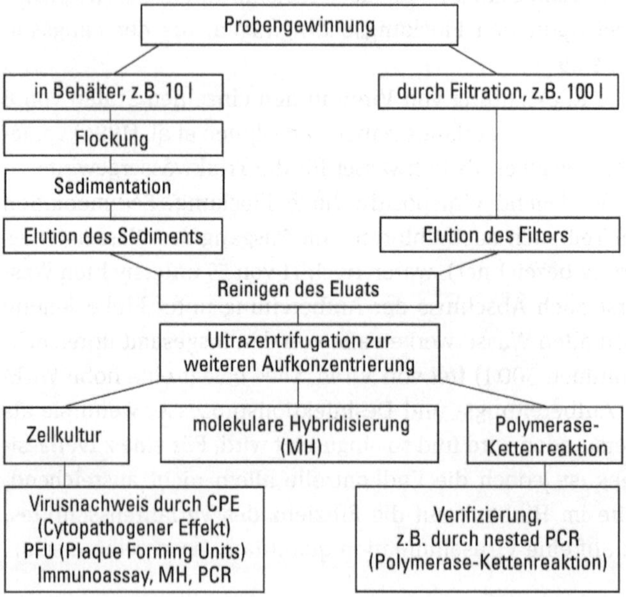

Abb. 6.2: Virusnachweis aus Wasserproben.

wird eluiert, z. B. mit Pufferlösung bei pH 10 zur Ablösung der Viren behandelt) oder aufgelöst, ein zweiter Konzentrierungsschritt angeschlossen und das Konzentrat in ein Virus-Nachweisverfahren eingesetzt.

Filtration – Elution: Als Filter sind Gaze-Tampons, Membranfilter verschiedener Art, elektronegative Filterpatronen (z. B. von Balston oder Filterite; hierfür muss das Wasser zunächst auf pH 3,5 angesäuert und mit Al-Chlorid vorkonditioniert werden), Glaswolle, Glaspuder und elektropositive Filter (z. B. Virosorb I MDS) verwendet worden. Die Adsorption und Desorption ist pH-abhängig. Während für kleine Volumina ein einstufiger Anreicherungsvorgang in der Regel ausreichend ist, kann bei größeren Volumina ein zweistufiges Vorgehen notwendig sein, da die primäre Elutionslösung noch ein relativ großes Volumen aufweisen kann. Als technisch einfache, kostengünstige, für große Volumina und auch für stark verschmutztes Wasser geeignete Methode hat sich die Filtration über glaswollegepackte Säulen erwiesen (Vilaginès et al., 1993; Fleischer, 2008): Die Säulen mit ca. 30 bis 40 mm Innendurchmesser und Anschlüssen für Wasserzu- und -ablauf werden mit 10 bis 20 g Glaswolle (oiled sodoacetic glass wool Rantigny 725 von Saint Gobain) gepackt, danach benetzt und vor der Probenahme mit Säure, Lauge und Aqua bidest. gespült. Die Größe der zu filtrierenden Wasserprobe hängt von deren Verschmutzungsgrad ab und kann zwischen 10 l bei Abwasser und 200 l bei Trinkwasser liegen. Die Elution erfolgt mit 50 bis 100 ml Beef-Extrakt in Glycin-Puffer (BEG-Puffer), pH 9,5. Die weitere Reinigung und Aufkonzentrierung erfolgt je nach Ausgangsmaterial durch Abzentrifugieren oder Ausfällen der Feststoffe und anschließende Ultrazentrifugation oder Ultrafiltration, z. B. durch Centricon®-Filter. Vergleichsuntersuchungen bei der Überprüfung von europäischen Normen (CEN) für die Isolierung von Enteroviren aus verschiedenen Wasserqualitäten zeigen allerdings eine Überlegenheit der negativ oder positiv geladenen Filtermembranen. Weiterentwicklungen zur adsorptiven Filtration von Viren beruhen auf makroporösen Polyepoxid-basierten Monolithen, welche in hydrolysierter Form ähnlich wie Glaswolle Viren bei pH 3 adsorbieren und mit basischem BEG-Puffer eluiert werden (Pei et al., 2012). Sogenannte monolithische Adsorptionsfiltrations (MAF) -Disks können verwendet werden, um beispielsweise bei einem Fluss von 1 l/min und einem Wasservolumen von 10 L Viren mit einer hohen Effizienz aufzukonzentrieren. Erste Untersuchungen mit MS2-Phagen zeigten eine Wiederfindung von 102 % ± 23 % im Plaque-Assay bei einer eingesetzten Phagenmenge von 2×10^2–2×10^8 PFU (Kunze et al., 2015). Durch Verwendung von Anionenaustauscherphasen kann die Adsorption-Elutionsmethode auch bei neutralen pH angewendet werden, wie es bei einer Teststrecke eines Trinkwasserleitungssystems mit Bakteriophage Phi X174 gezeigt wurde (Elsäßer et al., 2018).

Anzucht und Quantifizierung auf Zellkultur: Für die meisten enteralen Viren lassen sich Zelllinien finden, auf denen eine Vermehrung und anschließender Nachweis anhand der Zellschädigung möglich ist. Für die Norwalk-Viren sind noch keine geeigneten Zellkulturen etabliert. Ersatzweise wird für die Bestimmung der Chlorresistenz mit den gleichartigen felinen Caliciviren gearbeitet. Die Reoviren wachsen relativ langsam und benötigen daher eine längere Bebrütungszeit. Das Hepatitis-A-Virus kann zwar auf fötalen Rhesusaffennierenzellen (frhk) vermehrt werden, verursacht aber keinen eindeutigen zytopathogenen Effekt (CPE), sodass ein weiterer diagnostischer Schritt, z. B. ein Immunoassay, erforderlich ist. Wegen der geringen Einsaatdichte aus Wasserproben kommt ein CPE auch bei gut wachsenden Viren manchmal erst bei einer zweiten oder dritten Passage zur Ausbildung.

Die Quantifizierung kann am einfachsten durch einen Plaquetest auf Zellmonolayern erfolgen. Die vorbereiteten Gewebekulturschalen werden nach Absaugen des Mediums mit 0,5 bis 1 ml Probematerial beschickt und ca. eine Stunde inkubiert und vorsichtig geschwenkt. Danach wird die Probe wieder abgezogen und ein Overlaymedium mit 0,5 % Agar und Neutralrot darübergegeben. Alternativ zum Neutralrot kann man nach Bebrütung ausgebildete Plaques gut sichtbar machen, indem man den Überstand entfernt (infektiös!) und die erhalten gebliebenen Kulturzellen mit Kristallviolett anfärbt. Ebenfalls häufig gebraucht ist die Most-Probable-Number-Methode (MPN). Hierbei wird eine Verdünnungsreihe des Konzentrates angefertigt und in fünf Parallelreihen auf Zellen in Multiwell-Platten gegeben. Nach der Inkubationszeit werden die Näpfchen mit CPE registriert und nach der entsprechenden Formel ausgewertet. Noch etwas aufwendiger ist die Bestimmung der Tissue Culture Infective Dose 50 ($TCID_{50}$), wofür im Allgemeinen mit acht Parallelwerten pro Verdünnungsschritt gearbeitet wird (Botzenhart et al., 1996).

Molekulare Hybridisierung und Polymerase-Kettenreaktion: Die molekulare Hybridisierung zum Nachweis und zur Quantifizierung von Viren in Wasserproben ist mit Erfolg durchgeführt worden. Es sind aber für den zuverlässigen Nachweis mindestens 10^3 bis 10^4 Viruskopien erforderlich. Das Verfahren ist daher der Polymerase-Kettenreaktion (PCR) in diesem Zusammenhang unterlegen. Die PCR, ggf. nach reverser Transskription der RNA-Viren, hat für den Nachweis von enteralen Viren in Umweltproben einen erheblichen Fortschritt gebracht. Sie hat sich in vielen Bereichen als Routineverfahren zum Nachweis von mikrobiellem oder eukaryontischem Genmaterial bewährt, sodass für ihre Anwendung ein breites Erfahrungsgut vorliegt. In vielen Situationen ist sie schneller und weniger aufwendig als die Zellkultur. Insbesondere ermöglicht sie den Nachweis von Viren, welche sich in der Zellkultur nicht anzüchten lassen. In Form der Light-Cycler®-PCR oder der TaqMan®-PCR ist sie auch quantifizierbar. Detaillierte Arbeitsanweisungen finden sich z. B. bei Fleischer (2008). Sie erfordert allerdings wie die Zellkultur eine erhebliche Laborausstattung, Erfahrung und sehr sauberes Arbeiten, insbesondere um falsch positive Ergebnisse zu vermeiden.

Für die Bewertung ist es wichtig, dass in Umweltproben viele Substanzen enthalten sein können, welche die PCR hemmen. Außerdem unterscheidet die Reaktion nicht zwischen vermehrungsfähigen Viren und inaktivierten oder inkompletten Viren (Maier et al., 1995). Durch Kombination mit einer vorgeschalteten Zellkultur können diese Schwierigkeiten umgangen werden, wenn es geeignete Zelllinien zur

Anzucht gibt, allerdings sind dann wieder die Fehlermöglichkeiten der Zellkultur zu beachten (Grabow et al., 1999).

Für den Virusnachweis aus Wasserproben steht damit ein umfangreiches und erprobtes, teilweise sogar genormtes Methodenarsenal zur Verfügung. Der erforderliche Aufwand ist allerdings erheblich größer als er im Allgemeinen für bakteriologische Untersuchungen notwendig ist.

6.9 Bakteriophagen

Wesentlich einfacher, schneller und kostengünstiger ist der Nachweis von Bakteriophagen, also Viren, welche Bakterien als ihre Wirte befallen. Sie können mit Hilfe von Bakterienkulturen nachgewiesen und auf festen Nährböden, die mit den Wirtsbakterien beimpft sind, gezählt werden. Meistens wird mit Phagen gearbeitet, welche *E. coli* infizieren, also Coliphagen. Weil sie keinerlei gesundheitliche Gefahr für Menschen, Tiere oder Pflanzen darstellen, können sie auch im Freiland oder in technischen Versuchseinrichtungen unbedenklich eingesetzt werden, z. B. als Modellorganismen für humanpathogene Viren. Bakteriophage MS2 als RNA-Virus oder PhiX174 als DNA-Virus sind sehr gut geeignet, um die Abreicherungseffizienz von Viren durch eine wassertechnische Anlage (z. B. Membranfiltrationsanlage) zu validieren (Hambsch et a., 2014). Coliphagen können sehr unterschiedlich aufgebaut sein, verschiedene ähneln in ihrer Struktur und ihrer Resistenz gegenüber Umwelteinflüssen den kleinen unbehüllten Viren. Detaillierte Darstellungen zum Nachweis und zur Zählung finden sich bei Huber (2008) sowie in den DIN/ISO Normen 10705 1–4.

6.10 Literatur

Althaus, H., Jung, K. D. (1985): Feldversuche im mittelsandigen Grundwasserleiter-Haltern zur Feststellung der Lebensdauer und des Transportverhaltens von Bakterien und Viren in Grundwasserleitern. Umweltforschungsplan des Bundesministers des Innern: Wasser, Forschungsbericht 10202202/10. Umweltbundesamt, Berlin.

Anonymus (1989): Surface water treatment rule. Federal Register, *54*, S. 27486–27541.

Bitton, G., Gerba, P. (1984): Groundwater pollution microbiology. John Wiley & Sons, New York.

Block, J. C., Schwartzbrod, L. (1989): Viruses in water systems: Detection and identification. VCH Publ. Inc., New York.

Botzenhart, K., Fleischer, J. (1996): Enterale Viren. In: Schulze, E. (Hrsg.), Hygienischmikrobiologische Wasseruntersuchungen. G. Fischer, Jena.

Botzenhart, K., Tarcson, G. M., Ostruschka, M. (1993): Inactivation of bacteria and coliphages by ozone and chlorine dioxide in a continuous flow reactor. Wat. Sci. Tech., *27*, S. 363–370.

Carlson, S., Hässelbarth, U., Langer, R. (1975): Abtötung aggregierter Keime bei der Wasserdesinfektion durch Chlor. Zbl. Bakt Hyg., I. Abt.Orig B, *161*, S. 233–247.

Chang, J. Ch., Ossof, S. F., Lobe, D. C., Dorfman, M. H., Dumais, C. M., Qualls, R. G., Johnson, D. (1985): UV inactivation of pathogenic and indicator organisms. Appl. Environm. Microbiol. *49*, S. 1361–1365.

Elsäßer, D., Ho, H., Niessner, R., Tiehm, A., Seidel, M. (2018): Heterogeneous asymmetric recombinase polymerase amplification (haRPA) for rapid hygiene control of large-volume water samples. Anal. Biochem., 546, S. 58–64.

Farooq, S., Akhlaque, S. (1983): Comparative response of mixed cultures of bacteria and virus to ozonation. Wat. Res., *17*, S. 809–812.

Farrah, S. R.: Abwasser. In: Walter, R. (Hrsg.) (2000): Umweltvirologie-Viren in Wasser und Boden. Springer-Verlag, Wien.

Favorov, M. O., Kosoy, M. Y., Tsarev, S. A., Childs, J. E., Margolis, H. S. (2000): Prevalence of antibody to hepatitis E virus among rodents in the United States. J. Infect. Dis., *181*, S. 449–455.

Fleischer, J., Schlafmann, K., Otchwema, R., Botzenhart, K. (2000): Elimination of enteroviruses, other enteric viruses, F-specific coliphages, somatic coliphages and E. coli in four sewage treatment plants of southern Germany. J. Water Supply, Res. Technol.-Aqua, *49*, S. 127–138.

Fleischer, J. (2008): Enterale oder enteropathogene Viren. In: I. Feuerpfeil und K. Bothenhart: Hygienisch-mikrobiologische Wasseruntersuchungen in der Praxis. Weinheim, S. 246–273.

Fujioka, R. S., Dow, M. A., Yoneyama, B. S. (1986): Comparative disinfection of indicator bacteria and poliovirus by chlorine and chlorine dioxide. Wat.Sci.Tech. *18*, S. 125–132.

Grabow, W. O. K., Botma, K. L., de Villiers, J. C., Clay, C. G., Erasmus, B. (1999): Assessment of cell culture and polymerase chain reaction procedures for the detection of polioviruses in wastewater. Bullet. WHO, *77*, S. 973–980.

Greenberg, A. E., Clesceri, L. S., Eaton, A. E., Franson, M. A. H. (Hrsg.) (21. Ed. 2005): Standard methods for the examination of water and wastewater. American Public Health Association, American Water Works Association, Washington DC.

Guillot, E., Loret, J.-F. (2010): Waterborne pathogens: Review for the drinking water industry. IWA Publishing, London.

Häfliger, D., Hübner, P., Lüthy, J. (2000): Outbreak of viral gastroenteritis due to sewagecontaminated drinking water. Int. J. Food Microbiol., *54*, S. 123–126.

Hahn, T., Botzenhart, K. (1991): Virologische Untersuchungen. In: Bayrisches Landesamt für Wasserwirtschaft (Hrsg.): Untersuchungen zur Keimreduktion im gereinigten Abwasser durch UV-Bestrahlung. Bayrisches Landesamt für Wasserwirtschaft. Informationsberichte 3/91, München.

Halliday, M. L., Kang, L.-Y., Zhou, T.-K., Hu, M.-D., Pan, Q.-C., Fu, T.-Y., Huang, Y.-S., Hu, S.-L. (1991): An epidemic of hepatitis A attributable to the ingestion of raw clams in Shanghai, China. J. Infect. Dis., *164*, S. 852–859.

Hambsch, B., Lipp, P., Bösl, M., Kreißel, K. (2014): Elimination von Viren durch Filtrationsverfahren der Trinkwasseraufbereitung. Energie Wasser-Praxis, *12*, S. 90–97.

Hartmann, N. M., Dartscht, M., Szewzyk, R., Selinka, H. C. (2013): Monitoring of adenovirus serotypes in environmental samples by combined PCR and melting point analysis. Virol. J., *10*, S. 190–198.

Hendricks, D. W., Clunie, W. F., Strurbaum, G. D., Klein, D. A., Champlin, T. L., Kugrens, P., Hirsch, J., McCourt, B., Nordby, G. R., Sobsey, M. D., Hunt, D. J., Allen, M. J. (2005): Filtration removals of microorganisms and particles. J. Environmental Engineering *131*, S. 1621–1632.

Heng, B. H., Boh, K. T., Doraisingham, S., Quek, G. H. (1994): Prevalence of hepatitis A virus infection among sewage workers in Singapore. Epidemiol. Infect., *113*, S. 121–128.

Herbold, K., Flehmig, B., Botzenhart, K. (1989): Comparison of ozone inactivation, in flowing water, of hepatitis A virus, Poliovirus I and indicator organisms. Appl. Environ. Microbiol., *55*, S. 2949–2953.

Huber, S. (2008): Bakteriophagen. In: I. Feuerpfeil und K. Botzenhart: Hygienisch-mikrobiologische Wasseruntersuchungen in der Praxis. Weinheim, S. 233–245.

Hunter, P. R. (1997): Waterborne disease: epidemiology and ecology. J. Wiley & Sons, Chichester.

Karthe, D., Behrmann, O., Blättel, V., Elsässer, D., Heese, C., Hügle, M., Hufert, F., Kunze, A., Niessner, R., Ho, J., Scharaw, B., Spoo, M., Tiehm, A., Urban, G., Vosseler, S., Westerhoff, T., Dame, G., Seidel, M. (2016): Modular development of an inline monitoring system for waterborne pathogens in raw and drinking water. Environ. Earth Sci., *75*, S. 1–16.

Keswick, B. H., Gerba, C. P., DuPont, H. L., Rose, J. B. (1984): Detection of enteric viruses in treated drinking water. Appl. Environ. Microbiol., *47*, S. 1290–1294.

Kim-Farley, R. J., Rutherford, G., Lichfield, P., Hsu, S.-T., Orenstein, W. A., Schonberger, L. B., Bart, K. J., Lui, K.-J., Lin, C.-C. (1984): Outbreak of paralytic poliomyelitis. Taiwan. Lancet II, S. 1322–1324.

Knorr, M. (1951): Zur hygienischen Beurteilung der Ergänzung und des Schutzes großer Grundwasservorkommen. gwf Wasser/Abwasser, *92*, S. 104–110 und S. 151–155.

Kunze, A., Pei, L., Elsaesser, D., Niessner, R., Seidel, M. (2015): High performance concentration method for viruses in drinking water. J. Virol. Meth., *222*, S. 132–137.

Maier, A., Tougianidou, D., Wiedenmann, A., Botzenhart, K. (1995): Detection of Poliovirus by cell culture and by PCR after UV disinfection. Wat. Sci Tech., *31*, S. 141–146.

Matthess, G. (Hrsg.) (1985): Lebensdauer von Bakterien und Viren in Grundwasserleitern – Zusammengefasster Abschlussbericht – Materialien 2/85 Umweltbundesamt. Erich Schmidt Verlag, Berlin.

Maurer, A. M., Stürchler, D. (2000): A waterborne outbreak of small round structured virus, Compylobacter and Shigella coinfections in La Neuveville, Switzerland 1988. Epidemiol. Infect., *125*, S. 325–332.

Maunula, L., Miettinen, I. T., von Bonsdorff, C. H. (2005): Norovirus outbreaks from drinking water. Energ. Infect. Dis, *11*, S. 1716–1721.

Milde, N., Tougianidou, D., Botzenhart, K. (1995): Occurrence of reoviruses in environmental water samples. Wat. Sci. Tech., *31*, S. 363–366.

Naik, R. R., Aggarwal, R., Salunke, P. N., Mehrotra, N. N. (1992): A large waterborne viral hepatitis E epidemic in Kampur, India. Bull. WHO, *70*, S. 567–604.

Regli, S., Rose, J. B., Haas, C. N., Gerba, C. P. (1991): Modeling the risk from Giardia and viruses in drinking water. J. AWWA, *83*, S. 76–84.

Rober-Koch-Institut (2004): Zu einer Häufung von Norovirusinfektionen als Folge verunreinigten Trinkwassers. Epid. Bull., *36*, S. 301–302.

Robert-Koch-Institut (2007): Norovirus-Infektionen: Gegenwärtig starke Ausbreitung in Deutschland. Epid. bull., *5*, S. 34–37.

Schijven, J. F. (2001): Virus removal from groundwater by soil passage: Modeling, field and laboratory experiments. Ponsen & Looijen B. V., Wageningen.

Seidel, M., Jurzik, L., Brettar, I., Hoefle, M., Griebler, C. (2016): Microbial and viral pathogens in freshwater – current research aspects studied in Germany. Environ. Earth Sci., S. 75, S. 1384–1404.

Sobsey, M. D. (1989): Inactivation of health related microorganisms in water by disinfection processes. Wat. Sci. Tech. *21*, S. 179–185.

Sobsey, M. D., Fuji, T., Hall, R. M. (1991): Inactivation of cell-associated and dispersed Hepatitis-A virus in water. J. AWWA, *83*, S. 64–67.

van Olphen, M., Kapsenberg, J. G., Baan, E., Kroon, W. A. (1984): Removal of enteric viruses from surface water at eight waterworks in the Netherlands. Appl. Environ. Microbiol., *47*, S. 927–932.

Vilaginès, Ph., Sarrette, B., Husson, G., Vilaginès, R. (1993): Glass wool for virus concentration at ambient water pH level. Wat. Sci., Tech., *27*, S. 299–306.

Walter, R. (1981): Eliminationsmöglichkeiten von Viren in Kläranlagen. Wasser u. Abwasser, *24*, S. 161–182.

Walter, R., Macht, W., Dürkop, J., Hecht, R., Hornig, U., Schulze, P. (1989): Virus levels in rivers waters. Wat. Res., *23*, S. 133–138.

Walter, R.: Badewasser. In: Walter, R. (Hrsg.) (2000): Umweltvirologie – Viren in Wasser und Boden. Springer Verlag, Wien.

WHO (2004): Guidelines for drinking water quality, Vol. 1. 3rd Ed., World Health Organisation, Geneva.

WHO (2004): Guidelines for drinking water quality. 3. Ed., Vol. 1: Recommendations. World Health Organisation, Geneva.

WHO (2011): Guidelines for drinking water quality. 4. Ed. World Health Organisation, Geneva.

Wiedenmann, A., Fischer, B., Straub, U., Wang, C.-H., Flehmig, B., Schoenen, D. (1993): Disinfection of hepatitis A virus and MS-2 coliphage in water by ultraviolet irradiation: comparison of UV-susceptibility. Wat. Sci. Tech., *27*, S. 335–338.

Yates, M. V., Gerba, C. P., Kelley, L. M. (1985): Virus persistence in groundwater. Appl. Environm. Microb., *49*, S. 778–781.

7 Biologische Aspekte der Wassernutzung und Wasserqualität

I. Chorus und J. Clasen

7.1 Übersicht

Biologische Vorgänge sind für die Wassernutzung in zweifacher Hinsicht relevant: Zum einen prägen die Lebewesen in Gewässern die Wasserqualität, oft in stärkerem Maße als chemische Inhaltsstoffe. Einen Überblick der Nutzungsbeeinträchtigungen durch Organismen in stehenden und langsam fließenden Gewässern gibt Abschn. 7.2. Hier werden neben den Problemen auch die wichtigsten Lösungsansätze vorgestellt und Grundkenntnisse für die Konzeption von Überwachungsprogrammen vermittelt.

Zum anderen spiegeln Organismen die Wasserqualität wider. Bereits Anfang des 20. Jahrhunderts erkannten Kolkwitz und Marson, dass sessile Organismen (d. h. „ortsfeste", nicht mit dem Wasser verdriftete Organismen) als Qualitätsindikatoren fungieren: Die über sie hinweg strömende Wasserqualität beeinflusst ihre Artenzusammensetzung und Menge, und ihr Vorkommen zeigt daher ein Zeit-Integral der Wasserqualität an. Das System ist inzwischen Teil eines umfassenden Bewertungsverfahrens und wird im Abschnitt 7.3 bechrieben.

Drei spezielle, aber verbreitete Probleme der Wassernutzung werden gesondert dargestellt: biogene Geruchs- und Geschmacksstoffe (Abschn. 7.4), Cyanobakterientoxine (Abschn. 7.5) und Organismen, die Trinkwasseranlagen besiedeln und sich darin vermehren (Abschn. 7.6).

Somit greift Kapitel 7 die für die Praxis relevanten Aspekte der Wasser- und Gewässerbiologie heraus. Dabei werden nur echte Wasserorganismen berücksichtigt, d. h. Organismen, deren Lebenszyklus ganz oder größtenteils im Wasser abläuft. Für den fachsystematischen Überblick der Limnologie, in den sie sich einordnen, sei auf das Handbuch der Angewandten Limnologie (Steinberg et al., 1995) sowie die Lehrbücher von Lampert und Sommer (1999, 2007), Schwoerbel (1999), Tümpling (1999) sowie Wetzel (2001) verwiesen.

Aquatische Ökosysteme bieten verschiedene Lebensräume: Flächen (z. B. Pfähle, submerse Flächen von Steinen, Wasserpflanzen, Bojen), die mit so genannten **„Aufwuchs-Organismen"** besiedelt werden können; am Gewässergrund siedeln die **Benthos-Organismen**, im Uferbereich die **Litoral-Flora und -Fauna**, und in den Räumen zwischen den Bodenpartikeln die Sandlücken- oder **Interstitialfauna**.

Mit dem Begriff **Benthos** (im deutschen Sprachraum auch **Benthon**) wird die Gesamtheit der Organismen bezeichnet, die im Gewässer, am Boden oder am benetzten Teil des Ufers auf einer Unterlage (Steine, Sand, Schlamm, Pflanzen usw.) festgewachsen sind, festsitzen oder sich darauf bewegen. Mit **Makrozoobenthos** werden die benthisch lebenden Tiere bezeichnet, die mit bloßem Auge als Individu-

https://doi.org/10.1515/9783110588217-007

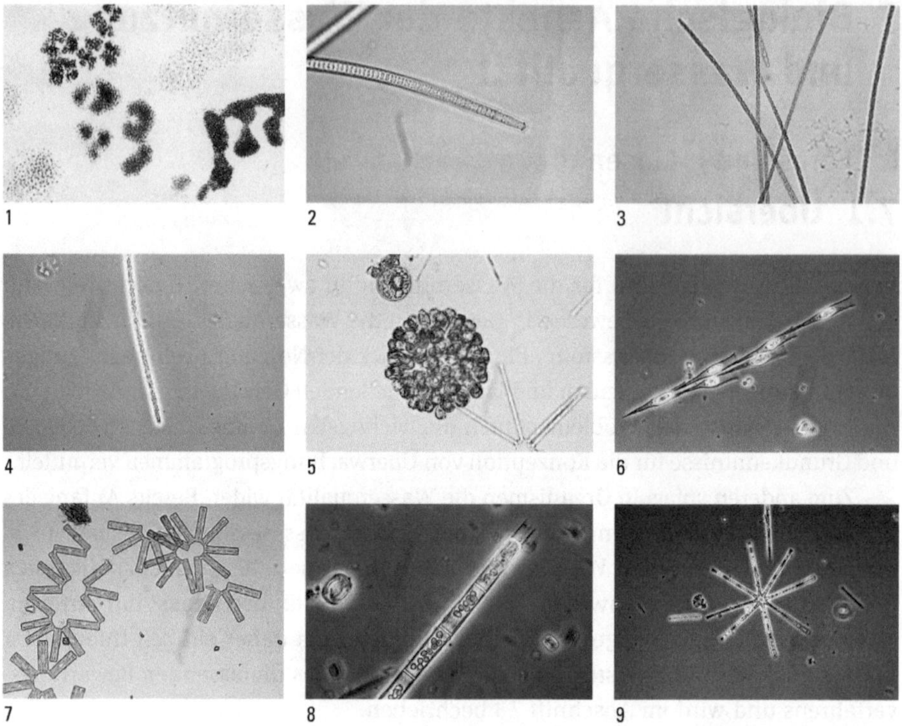

Abb. 7.1: Beispiele von Phytoplankton-Arten, die die Wassernutzung beeinträchtigen (etwa 100- bis 400fach vergrößert), 1–4 insb. durch Toxine, 5–6 ggf. insb. durch Geruchs- und Geschmacksstoffe sowie 7–9 insb. durch rasches Zusetzen von Filtern:
1: verschiedene Microcystis-Arten; 2: *Planktothrix rubescens*; 3: *Planktothrix agardhii*;
4: *Planktothrix agardhii*; 5: *Synura uvella*; 6:*Dinobryon* sp.;
7: *Tabellaria fenestrata*; 8: *Aulacoseira granulata*; 9: *Asterionella formosa*.

en oder Kolonie wahrnehmbar sind. **Mikrobenthos** bezeichnet den Aufwuchs, auch **Periphyton** genannt. Hierzu gehören die festsitzenden Mikroalgen und die tierischen (Mikro-)Organismen. Der Algenaufwuchs wird auch als **Phytobenthos** bezeichnet. Mit dem Begriff **Makrophyten** werden die aquatischen Blütenpflanzen, Farne, Moose, Flechten und die großen benthischen (Faden-)Algen benannt.

Plankton-Organismen sind meist sehr klein (maximal wenige mm), verbringen ihr Dasein im Wasser schwebend und werden mit Wasserbewegungen verfrachtet. Zum **Phytoplankton** zählen einzellige oder in Kolonien vorkommende **Cyanobakterien** (Umgangssprachlich auch **Blaualgen**, obwohl sie keine Algen sind) und Algen. Beispiele von Phytoplankton-Arten, die die Wassernutzung stören können, gibt Abb. 7.1. Zum **Zooplankton** zählen Kleintierchen wie Wimperntierchen, Rotatorien und Kleinkrebse (Wasserflöhe und Hüpferlinge). Manche Plankton-Arten sind hinreichend eigenbeweglich, um sich durch verschiedene Mechanismen (Bewegung

z. B. auch bei Algen durch Geißeln; Auftriebsregulierung bei Cyanobakterien durch Gasvakuolen) in einer besonders günstigen Wassertiefe einzuschichten, allerdings nur sofern der Wasserkörper wenig durchmischt wird.

Höhere aquatische Pflanzen, wie z. B. Röhricht, submerse „Unterwasserpflanzen“ und solche mit Schwimmblättern wie z. B. Seerosen, werden als **Makrophyten** bezeichnet. Sowohl für die Interstitialfauna als auch für das Zooplankton wird auch der Begriff **Invertebraten** (auf Deutsch: Wirbellose; veraltet: Animalcula) verwendet. Höhere aquatische wirbellose Tiere, die man mit bloßem Auge sehen kann (z. B. Flusskrebse, Schnecken, Amphibien) werden als **Makrozoen** bezeichnet.

Auf allen Entwicklungsstufen, von den Bakterien bis zu den Makrophyten, gibt es Organismen, welche die Wassernutzung stören. Diese Störungen sind einerseits durch die bloße Anwesenheit von Organismen sowie die mit ihnen eingetragene organische Substanz bedingt, insbesondere wenn sie massenhaft auftreten, zum anderen aber durch ihre Stoffwechselprodukte. Im Allgemeinen lässt sich sagen, dass Mikroorganismen vor allem durch ihre Stoffwechselprodukte stören, höher entwickelte Pflanzen dagegen eher durch das „Verkrauten“ flacher Gewässerbereiche.

Der Kreislauf verschiedenster Wasserinhaltsstoffe in Gewässern wird in hohem Maße durch den Stoffwechsel von Mikroorganismen bestimmt. Das häufigste Problem für die Wassernutzung ist der Sauerstoffverbrauch, der bei hoher Mikroorganismen-Biomasse größer ist, zum einen durch die Atmung der Invertebraten, zum anderen aber auch durch den Abbau absterbender Biomasse. Da die Löslichkeit des Sauerstoffs im Wasser begrenzt ist, kann bei hoher Biomasse der Sauerstoffverbrauch durch diese Prozesse rascher sein als seine Nachlösung aus der Atmosphäre. Wegen der großen Bedeutung des Sauerstoffgehalts für die Lebensbedingungen in Gewässern wird zwischen **aeroben** und **anaeroben** Verhältnissen unterschieden – d. h. mit und ohne im Wasser gelöstem Sauerstoff. Verhältnisse, in denen zwar kein gelöster Sauerstoff mehr vorhanden ist, jedoch noch in anderen Molekülen gebundener Sauerstoff (z. B. im Nitrat und Sulfat) verwertet werden kann, werden als **anoxisch** bezeichnet.

Ein aerober Status der Gewässer ist für aquatische Tiere in der Regel unerlässlich. In poly- oder hypertrophen (d. h. stark überdüngten; s. u.) Gewässern kann der Sauerstoffverbrauch durch Mikroorganismen zeitweise so hoch sein, dass die Sauerstoffkonzentration für viele Tiere nicht mehr zum Überleben ausreicht. Dies trifft insbesondere für thermisch geschichtete Gewässer zu, in denen der Abbau von absedimentierter organischer Subtanz den Sauerstoff aufzehrt, wenn während der Sommermonate der Sauerstoffnachschub aus der Atmosphäre zum Tiefenwasser (dem sog. Hypolimnion) weitgehend unterbunden ist, sodass am Gewässergrund über Wochen und Monate hinweg anaerobe Verhältnisse herrschen. Auch in durchmischten und in langsam fließenden Gewässern kommt es bei hoher Belastung mit organischer Substanz aus absterbendem Plankton zur Bildung von Faulschlamm und zu anaeroben Verhältnissen unmittelbar unter der Sedimentoberfläche. Damit geht dieser Lebensraum für die meisten aquatischen Tiere verloren, zum Beispiel für die Fischbrut. Hierdurch wird die fischereiliche Nutzung erheblich beeinträchtigt oder sogar unmöglich. Unter den durch Sauerstoffmangel verursachten reduktiven Bedingungen kommt es zur Bildung verschiedener Stör- und Giftstoffe. Zu nennen sind in diesem Zusammenhang vor allem Schwefelwasserstoff und Ammoniak, welche als starke Fischgifte die schädliche Wirkung des Sauerstoffmangels noch verstärken.

Bei Sauerstoffmangel kommt es darüber hinaus zur Freisetzung von Eisen und Mangan aus dem Sediment. Insbesondere Mangan kann bereits in relativ niedrigen Konzentrationen die Trinkwasseraufbereitung empfindlich stören. Die Reduktion von Mangan erfolgt nicht nur durch Sauerstoffmangel sondern oftmals auch durch organische Säuren, welche von Bakterien ausgeschieden werden. Nicht zuletzt kommt es in vielen Gewässern unter anoxischen Bedingungen (also wegen Sauerstoffmangels nicht mehr oxidierenden Bedingungen) zur so genannten „internen Düngung“: Redoxabhängig an Eisen gebundenes Phosphat geht in Lösung, steht somit weiterem Algen- und Cyanobakterienwachstum zur Verfügung und fördert die Eutrophierung (Überdüngung; siehe Abschn. 7.2.3).

Ferner kann die Oxidation von Schwermetallen durch Mikroorganismen die Wassernutzung beeinträchtigen. So entsteht Eisenhydroxid durch Eisenbakterien, welche aus der Oxidation von zweiwertigem zu dreiwertigem Eisen Energie gewinnen (siehe Abschn. 7.6 und Kap. 11). Nicht nur der Abbau, sondern auch die Produktion von Biomasse kann mit starken Beeinträchtigungen der Wassernutzung einhergehen. Die durch Planktonalgen zeitweilig sehr hohe Photosyntheserate kann zu einem sehr starken pH Anstieg (bis hin zu pH 11) führen. In der Folge werden die Kiemen von Fischen verätzt. Im Extremfall kommt es sogar zu Fischsterben (z. B. wenn wegen des pH-Anstiegs NH_3 aus Ammonium-Ionen freigesetzt wird), sodass die fischereiliche Nutzung des betroffenen Gewässers beeinträchtigt wird. Auch subletale Schädigungen bedeuten für die Fische einen starken Stress, der sie empfindlicher für Erkrankungen und Parasitenbefall macht. Sehr empfindlich, insbesondere gegen Sauerstoffmangel, gelten vor allem die fischereilich besonders wertvollen Salmoniden und Coregonen. Sauerstoffmangel an der Sedimentoberfläche behindert die Entwicklung des Laichs. Entwicklungsstörungen oder Absterben des Laichs über mehrere Jahre hinweg hat vielfach zum Aussterben des Bestandes dieser Arten in den betroffenen Gewässern geführt.

Auch die bloße Anwesenheit von Planktonalgen in hoher Dichte kann sich auf den Fischbestand auswirken. Zum Beispiel behindert die starke Trübung infolge einer hohen Phytoplanktondichte Hechte, die „auf Sicht“ jagen, obwohl sie Anwesenheit von Beutetieren mit ihrem Seitenlinienorgan feststellen können. Für andere Raubfische, insbesondere Wels und Zander gilt dies nicht. Ferner können fadenförmige Algen die zum Fischfang verwendeten Netze überziehen, wodurch deren Fängigkeit gemindert wird. In Fischzuchtanlagen können fädige Algen dadurch zum Problem werden, dass sich Fische in ihnen verwickeln und sich nicht mehr befreien können.

Die Trinkwasseraufbereitung kann durch Planktonorganismen in vielfältiger Weise beeinträchtigt werden, insbesondere wenn sie in hoher Dichte auftreten. Das vorzeitige Verstopfen von Filtern in Aufbereitungsanlagen wird insbesondere durch große, sperrige Kolonien mancher Kieselalgenarten verursacht, z. B. durch *Aulacoseira, Asterionella* und *Tabellaria* (siehe Abb. 7.1). Diese lagern sich auf der Oberfläche von Schnellsandfiltern als Film ab und wirken wie eine Sperrschicht. Bei im Freien befindlichen offenen Filtern (z. B. zur künstlichen Grundwasseranreicherung) begünstigt die lange Betriebszeit neben der Ablagerung planktischer Algen auch das übermäßige Wachstum benthischer Algen auf der Filteroberfläche. Hierbei handelt es sich nicht nur um Mikroalgen, sondern auch um wesentlich größere fadenförmige Formen, meist Grünalgen. Besonders problematisch in dieser Hinsicht ist das „Wassernetz" (*Hydrodictyon*).

Neben der Verstopfung von Filtern stellt auch ihr mangelnder Rückhalt von manchen Planktonorganismen ein Problem dar. Wie effektiv Organismen zurückgehalten werden hängt prinzipiell von zwei Faktoren ab: von der Konstruktion und Betriebsweise der Filteranlage und von der Beschaffenheit der Organismen. Generell lässt sich feststellen, dass insbesondere Organismen mit starker Eigenbewegung wie Zooplankter (Nauplien, manche Rotatorien sowie Flagellaten und Ciliaten) weniger effektiv zurückgehalten werden als unbewegliche Organismen. Größere Zooplankter können allerdings sehr gut mit Mikrosiebfiltern abgetrennt werden.

Die effektive Rückhaltung von Planktonorganismen in Filteranlagen ist auch für gesundheitlich unschädliche Organismen hygienisch relevant, denn Organismen, welche die Filter passiert haben, können sich in strömungsarmen Teilen des Wasserverteilungssystems durch Sedimentation anreichern. Dies begünstigt die Verkeimung und die Besiedlung mit Invertebraten. Die Lysis von Organismen in der Aufbereitungsanlage, sei es durch Oxidationsmittel oder durch mechanische Beanspruchung, stellt ein weiteres Problem dar. Sie kann zur Freisetzung direkt störender oder gar schädlicher Stoffwechselprodukte führen aber auch die Nahrungsgrundlage für die Entwicklung weiterer, störender heterotropher Organismen liefern, wie z. B. Bakterien, Flagellaten oder Rotatorien.

Planktonorganismen können auch dann ein Problem bilden, wenn sie bei massenhaftem Vorkommen benthischen Invertebraten als Nahrung dienen. Letztere entwickeln sich dann so stark, dass ihre Masse den Durchfluss des Wassers durch Rohrleitungen und Siebe beeinträchtigt. Hierzu zählt neben Bryozoen und Schwämmen vor allem die eingeschleppte Muschel *Dreissena polymorpha*. Andere Mollusken sind deshalb von praktischer Bedeutung, weil sie Parasiten als Zwischenwirt dienen. Die in gemäßigten Klimazonen vorkommenden aquatischen Parasiten-Arten befallen nur Tiere, während in den Tropen auch Menschen als Endwirt für derartige Parasiten dienen, z. B. bei der in Ländern mit warmem Klima sehr verbreiteten *Bilharziose*. Allerdings kann es in unseren Gewässern vorkommen, dass die mobilen Stadien anderer Parasiten, die *Cercarien*, auf der Suche nach einem geeigneten Endwirt sich „irrtümlich" in die Haut von badenden Menschen einbohren. Im Menschen vermehren sie sich zwar nicht, erzeugen jedoch sehr unangenehme, stark juckende Ausschläge.

Submerse **Makrophyten** spielen eine wichtige Rolle in der Ökologie stehender und fließender Gewässer. Sie werden von zahlreichen Kleintieren besiedelt und dienen manchen Fischarten als Laichplätze oder Versteck. In vielen stehenden Flachgewässern beobachtet man eine ausgeprägte Konkurrenz zwischen Planktonalgen und Makrophyten. Wenn im Frühjahr die Makrophyten rascher austreiben als die Planktonalgen sich vermehren, so gewinnen sie die Oberhand und das Wasser bleibt klar. Anderenfalls gewinnen die Planktonalgen die Konkurrenz um die Nährstoffe und das Wasser wird trübe – ggf. so trübe, dass die Makrophyten nicht mehr wachsen können. Sowohl der von Makrophyten als der von Phytoplankton dominierte Zustand kann für den Rest der Vegetationsperiode stabil bleiben – man spricht von „bistabilen Zuständen“, die auch für die Gewässer-Restaurierung genutzt werden können (siehe Abschn. 7.2.3.5).

Aufgrund dieses Konkurrenzmechanismus dominieren in manchen Gewässern Makrophyten, in anderen Planktonalgen, und manche Flachgewässer wechseln von Jahr zu Jahr zwischen beiden Zuständen. Vom Gesichtspunkt der Gewässernutzung sind die Makrophyten gegenüber den Planktonalgen als kleineres Übel zu bewerten. An Stellen, an denen sie stören, können sie mechanisch entfernt werden.

I. Chorus, A. Melzer und U. Raeder

7.2 Stehende Gewässer

7.2.1 Einleitung

Zu den stehenden Gewässern, die auch „Standgewässer“ genannt werden, gehören natürliche Seen und Weiher sowie künstliche Gewässer wie Baggerseen, Teiche und Stauseen. Wichtige Lebensräume aller stehender Gewässer sind im Uferbereich das Litoral und im Freiwasserbereich das Pelagial. Zwischen diesen beiden Lebensräumen bestehen intensive Wechselwirkungen und sie sind dadurch gekennzeichnet, dass sich ihre Ausdehnung nach unten bis zu der Tiefe erstreckt, in der Photosynthese möglich ist, also von der Eindringtiefe der Sonneneinstrahlung abhängt. Eine wichtige Lebensgemeinschaft im Pelagial bildet das Plankton, das aus der Gesamtheit kleiner Lebewesen besteht, die im Wasser schweben und sich nicht oder nur sehr begrenzt eigenständig bewegen können. Im Litoral spielen die Makrophyten eine zentrale Rolle und dienen in Seen sowohl als Strukturbildner für den Lebensraum als auch als Nahrungsgrundlage für zahlreiche Tierarten, wie z. B. für Insektenlarven, Schnecken, Muscheln, Amphibien und Reptilien sowie für Fische.

In Gewässern ist grundsätzlich eine Artenvielfalt der Organismen bei gesamt geringer bis mäßig hoher Biomasse erwünscht. Massenentwicklungen einiger weniger, dominierender Arten sind dagegen aus ökologischer Sicht in der Regel unerwünscht und auch aus hygienischer Sicht ungünstig, da sie zu Nutzungsbeeinträchtigungen führen.

Die Ursache der Massenentwicklungen von Organismen in Gewässern ist ihre Überdüngung mit Pflanzennährstoffen aus Landwirtschaft und Abwasser – die so genannte **Eutrophierung**. Die Rückführung der Gewässer zum Zustand von Artenvielfalt bei insgesamt geringer Biomasse, auch **Re-Oligotrophierung** genannt, sowie die Erhaltung dieses Zustandes ist demnach eng mit einer Begrenzung der Nährstoffkonzentration verbunden. Dieses Ziel kann durch die Reduktion eines bestimmten Wachstumsfaktors erreicht werden. Das von Justus Liebig in der Landwirtschaft beschriebene Prinzip des „limitierenden Nährstoffs" gilt ebenso für Phytoplankton und Makrophyten. Demnach wird das Wachstum von Pflanzen durch die im Verhältnis zum Bedarf knappste Ressource begrenzt. Daher ist die Erhöhung der Konzentration anderer Nährstoffe für die Menge der Biomasse, die maximal entstehen kann, wirkungslos. Beträgt das Konzentrationsverhältnis mehrerer Nährstoffe in etwa dem, das auch in Planktonzellen vorkommt, so kann das Phytoplankton auch durch mehrere Nährstoffe gleichzeitig limitiert sein (z. B.: simultane Ko-Limitierung durch Phosphor, Stickstoff oder Eisen; Saito et al., 2008). In den meisten Binnengewässern Deutschlands ist Phosphor der Nährstoff, der das Wachstum des Phytoplanktons vorrangig begrenzt. In Binnengewässern und insbesondere in Küstengewässern ist die Phytoplanktonbiomasse jedoch auch durch Stickstoff limitiert. Bei starkem Nährstoffüberangebot limitiert Licht eine weitere Biomassebildung.

Neben der Nährstoffkonzentration zählt Licht zu den für Phytoplankton und Makrophyten entscheidenden Ressourcen. Die Photonenflussdichte, der eine Phytoplanktonzelle im Tagesgang ausgesetzt ist, hängt von der Trübung und der Durchmischungstiefe des Gewässers ab. Gewässeruntersuchungen haben daher neben der Bestimmung von Biomasse und Artenzusammensetzung des Phytoplanktons insbesondere die Bestimmung derjenigen Ressourcen zum Ziel, die im jeweiligen Gewässer die Biomassebildung limitieren – d. h. Nährstoffkonzentrationen, Trübung und Durchmischungsverhältnisse. Daten hierüber sind wichtige Grundlagen für die Entwicklung von Strategien zur Reduktion der Biomasse unerwünschter Arten (siehe Kapitel 7.2.5).

7.2.2 Artenzusammensetzung des Phytoplanktons

Von Interesse für die Wasserqualität und die Gewässernutzung ist neben der Planktonbiomasse insbesondere die Artenzusammensetzung des Phytoplanktons, da viele Nutzungsbeeinträchtigungen in hohem Maße artspezifisch sind. Zahlreiche aus Laborversuchen vorliegende Ergebnisse zu den Wachstumsraten einzelner Arten ermöglichen Einschätzungen, welche Arten in der Konkurrenz „gewinnen" können, wenn eine bestimmte Ressource, z. B. Licht oder ein Nährstoff limitierend wirkt. Im Gewässer ist das Zusammenspiel verschiedener Faktoren jedoch komplexer, und die

Limitationsverhältnisse sind selten über einen längeren Zeitraum konstant. Mehrere Wochen sind in der Regel erforderlich, damit sich eine Art gegenüber anderen durchsetzt. Ändern sich in diesem Zeitraum die Wetterverhältnisse, so kann dies ausgeprägte Auswirkungen auf die Verfügbarkeit von Ressourcen haben. Tiefere Durchmischung reduziert z. B. die Lichtverfügbarkeit, kann aber auch die Verfügbarkeit eines limitierenden Nährstoffs erhöhen, wenn sich dieser in tieferen Wasserschichten angereichert hatte. Auch verbessert eine verstärkte Durchmischung häufig die Wachstumsbedingungen für Kieselalgen, da diese bei erhöhter Turbulenz geringere Sedimentationsverluste aufweisen.

Beobachtungen des Artenvorkommens in verschiedenen Gewässern in Abhängigkeit der Jahreszeit zeigen oft charakteristische saisonale Sukzessionsmuster (siehe Sommer, 1994). Je konstanter die hydrophysikalischen Verhältnisse in einem Gewässer sind, desto ähnlicher sind auch von Jahr zu Jahr die jahreszeitlichen Muster der Planktonpopulationen.

Insbesondere große, tiefe und stabil thermisch geschichtete Gewässer zeigen häufig charakteristische Planktonbesiedlungen, die während der Vegetationsperiode im Sinne einer „autogenen Sukzession“ verstanden werden können. Das bedeutet, dass die Lebensgemeinschaft der Planktonorganismen ihre Wachstumsbedingungen durch komplexe Interaktions- und Rückkoppelungsmechanismen vorwiegend selbst prägt, solange abiotische Einflussgrößen weitgehend konstant bleiben. So schaffen z. B. die in der Regel sehr kleinen und schnell wachsenden Planktonalgen der Frühjahrspopulationen eine gute Nahrungsgrundlage für das sich mit zunehmender Temperatur explosionsartig entwickelnde Zooplankton. Dieses dezimiert dann die Phytoplanktonpopulation innerhalb weniger Tage, so dass es in den Seen zum charakteristischen frühsommerlichen Klarwasserstadium kommt. Der Fraßdruck hat wiederum einen Konkurrenzvorteil für schwer fressbare Phytoplanktonarten zur Folge. Diese können im Hoch- und Spätsommer zur Dominanz kommen, oft über viele Wochen hinweg. Diese Entwicklung entspricht den „Klimax-Stadien“ in terrestrischen Ökosystemen. Oft handelt es sich bei diesen fraßresistenten Gewinnern der Konkurrenz um Arten, die für die Gewässernutzung ausgesprochen störend sind, z. B. um toxinhaltige Cyanobakterien wie *Microcystis* oder *Planktothrix*.

Störungen von außerhalb des Systems, z. B. eine wetterbedingte Abkühlung und Durchmischung des Oberflächenwassers, können diese Sukzession unterbrechen. Je stärker diese Ereignisse sind, umso ausgeprägter ist ihr Einfluss auf die Hydrodynamik eines Gewässers. Kleinere und flache Gewässer reagieren viel stärker auf kurzzeitige Witterungsänderungen, die in solchen Gewässern einen starken und kaum prognostizierbaren Einfluss auf die Artenzusammensetzung ausüben können.

Auch wenn jedes Gewässer Eigenheiten hinsichtlich seiner Besiedlung durch Planktongemeinschaften aufweist, sind auf der Basis vielfältiger Beobachtungen im Freiland und in Kulturexperimenten einige Verallgemeinerungen zur Artenzusammensetzung möglich (siehe Sommer et al., 1986; Reynolds, 1997; Reynolds et al., 2002; Niesel et al., 2007; Padisák et al., 2006). Für die Praxis der Wassernutzung sind darunter insbesondere Diatomeen, die auch Bacillariophyceen genannt werden, Cyanobakterien und Chrysophyceen relevant.

Viele planktonische **Diatomeen** (Kieselalgen) stören bei der Nutzung von Wasser, da sie Filter rasch zusetzen. Diese Algen sind charakteristisch für turbulente, oft auch trübe Gewässer in denen den Zellen im Mittel relativ wenig Licht zur Verfügung steht. Unter diesen Bedingungen besitzen sie einerseits einen Konkurrenzvorteil, da sie aufgrund ihrer Pigmentausstattung bei geringer Lichtintensität rascher wachsen als andere Planktonalgen. Andererseits haben sie infolge ihrer Kieselschalen ein relativ hohes spezifisches Gewicht und sind somit auf Turbulenz angewiesen, um nicht abzusinken. Daher dominieren sie häufig nicht nur in stark durchmischten Gewässern wie Flüssen, sondern auch in Seen und Talsperren zu Jahreszeiten, in denen tiefere Durchmischung die Zellen in Tiefen mit geringer Lichtintensität verfrachtet.

Cyanobakterien werden umgangssprachlich auch „Blaualgen" genannt. Manche Arten stören insbesondere wegen ihres Gehalts an Toxinen sowie an Geruchs- und Geschmacksstoffen. Toxinbildner kommen überwiegend in weniger durchmischten, stark eutrophen Gewässern mit hoher Trübung vor, wobei die Trübung oft durch das Phytoplankton selbst bedingt ist. Dabei kommt den Cyanobakterien zugute, dass sie bei geringer Lichtintensität relativ rasch wachsen können. Ein entscheidender Konkurrenzvorteil gegenüber Kieselalgen besteht jedoch in ihrem Gehalt an Gasvakuolen, durch die sie in Schwebe gehalten werden. Manche Arten z. B. der Gattungen *Microcystis* und *Anabaena* regulieren ihren Auftrieb, indem sie unter günstigen Lichtbedingungen Kohlenstoffverbindungen bilden und speichern. Dadurch werden sie schwerer und sinken in tiefe, dunklere Schichten wo sie diese Kohlenstoffverbindungen veratmen. Ohne diesen „Ballast" gewinnen sie wieder an Auftrieb und gelangen somit wieder ans Licht (Visser et al., 2005). In stabil geschichteten Gewässern nutzen sie somit günstige Lichtbedingungen in Oberflächenähe wie auch erhöhte Nährstoffkonzentrationen in tieferen Schichten. Im Metalimnion tiefer, mesotropher Gewässer kann *Planktothrix rubescens* charakteristische Vorkommen bilden. Bei hohen Nährstoffkonzentrationen erreichen manche Arten lang anhaltende sehr hohe Bestandsdichten. Für die in den eutrophen, flacheren Gewässern Deutschlands sehr häufige Art *Planktothrix agardhii* wurde eine positive Rückkoppel beobachtet: Hohe Bestandsdichten führen zu hoher Trübung und geringer Lichtverfügbarkeit, bei der jedoch *Planktothrix agardhii* rascher wachsen kann. Somit schafft sich diese Art selbst die Bedingungen, unter denen sie Konkurrenten verdrängt (Scheffer et al., 1997).

Chrysophyceen (Goldalgen) treten vorwiegend in weniger eutrophen Gewässern auf. Bei mäßigem Nährstoffgehalt können sie dennoch hinreichend hohe Bestandsdichten aufbauen, die Geruchs- und Geschmacksbeeinträchtigungen verursachen können. In diesem Zusammenhang wird immer wieder von „fischigem Geruch" der betroffenen Gewässer berichtet. Da die Goldalgen auf gelöstes CO_2 als Kohlenstoffquelle angewiesen sind, kommen sie nur in weniger eutrophen Gewässern vor. In eutrophen Gewässern kann es durch die Photosynthese von Algen und Wasserpflanzen zu einen Anstieg des pH-Werts kommen, bei dem gelöstes CO_2 nur in sehr geringer Konzentration vorhanden ist, da die Aufzehrung durch das Phytoplankton wesentlich rascher ist, als die diffusionsabhängige Nachlieferung aus der Luft (siehe Abschn. 3.2 zur Verteilung der Kohlensäureformen in Abhängigkeit vom pH-Wert).

7.2.3 Phytoplanktonbiomasse und ihre Begrenzung

7.2.3.1 Nährstofflimitation

Drei Faktoren bestimmen die Nährstofflimitation des Phytoplanktons: 1. Die Konzentration der Nährstoffe im Wasser, 2. ihre Konzentration innerhalb der Zelle und 3. die Gesamtheit der bioverfügbaren Nährstoffe.

Die Konzentration an **gelösten Nährstoffen** beeinflusst die Rate, mit der sie von den Zellen aufgenommen werden können. Bei starker Verdünnung geht diese Rate zurück. Die Affinität für Phosphat ist allerdings bei vielen Phytoplanktonarten sehr hoch, und sie können selbst bei Konzentrationen unter 1 µg Phosphor/l, also unter der Nachweisgrenze der gängigen analytischen Methoden, Phosphat aufnehmen (Lampert und Sommer, 1997). Die Verknappung eines gelösten Nährstoffs beeinflusst die Konkurrenz zwischen Arten. Bei längerfristigem Mangel eines bestimmten Nährstoffs besteht ein Konkurrenzvorteil für diejenige Art mit der höchsten Affinität für den limitierenden Nährstoff.

Die Zellteilungsrate und somit die Wachstumsrate einer Phytoplanktonpopulation ist von der **Nährstoffkonzentration innerhalb der Zellen,** die auch „cell quotas" genannt werden, abhängig. Um zu beurteilen, ob das Wachstum einer Art aktuell nährstofflimitiert ist, müssen daher die Nährstoffgehalte in den Zellen gemessen werden. In der Praxis ist dies häufig schwierig, da zur Analytik die Phytoplanktonzellen von anderen Partikeln abgetrennt werden müssen, die denselben Stoff enthalten, z. B. von Zooplankton und von Detritus. Insbesondere **Phosphat** kann von vielen Algen- und Cyanobakterienarten sehr gut gespeichert werden, in Mengen, die für bis zu vier oder gar fünf Zellteilungen ausreichen. Auch ohne im Wasser gelöstes Phosphat ist demnach, wenn die intrazellulären Speicher gefüllt sind, eine ca. 16fache Erhöhung der Zelldichte möglich.

Die maximale Biomasse, die im Gewässer entstehen kann, wird durch die **Gesamtheit aller bioverfügbaren Fraktionen des knappsten Nährstoffs** bestimmt. Grundlage für ihre Abschätzung ist die elementare Zusammensetzung von Planktonzellen, die im Wesentlichen aus den fünf Elementen C, O, H, N und P sowie aus einigen Spurenstoffen bestehen. Die Redfield-Relation (Tab. 7.1) beschreibt, dass pflanzliche Biomasse pro µg Phosphor im Mittel 42 µg Kohlenstoff und 7 µg Stickstoff enthält. Aus den Konzentrationen an bioverfügbaren Nährstoffen im Wasser

Tab. 7.1: Relation der fünf Hauptbestandteile von Phytoplankton-Zellen (Redfield, 1958; zitiert nach Reynolds, 1984).

	C	O	H	N	P
Gewichtsrelation	42	57	8,5	7	1
molare Relation	106	110	263	16	1

und der Redfield-Relation (Tab. 7.1) kann die Kapazität des Ökosystems zur Bildung von Biomasse (englisch „carrying capacity“) abgeschätzt werden. Die Stöchiometrie der Biomasse zeigt also, dass Stickstoff und Phosphor in einem Massenverhältnis von 7 zu 1 bzw. einem molaren Verhältnis von 16 zu 1 erforderlich sind (Redfield, 1958; zitiert nach Reynolds, 1984). Durch den Vergleich der Konzentrationsverhältnisse von Stickstoff und Phosphor im Wasser mit dem Bedarf der Zellen lässt sich abschätzen, welcher der beiden Nährstoffe die Biomassebildung limitiert. Die Kapazität des Ökosystems zur Bildung von Biomasse wird durch denjenigen Nährstoff limitiert, der entsprechend der Redfield-Relation zuerst aufgezehrt wird. Allerdings ist hierbei zu beachten, dass die Relation von Stickstoff zu Phosphor nur grobe Schätzungen ermöglicht. Zum einen werden bei dieser Abschätzung der Kapazität zur Bildung von Biomasse die Reserven in den zellinternen Speichern nicht berücksichtigt, die insbesondere für Phosphor erheblich sein können (s. o.). Zum anderen treten Unterschiede zwischen verschiedenen Arten auf. So können z. B. manche Cyanobakterienarten eine Stickstofflimitierung durch Fixierung von im Wasser gelöstem Luftstickstoff (N_2) ausgleichen (s. u.).

Andere Elemente als Phosphor und Stickstoff limitieren selten die Bildung von Phytoplanktonbiomasse. Sauerstoff und Wasserstoff sind im wässrigen Medium im Überschuss vorhanden. Eine Limitierung durch Kohlenstoff ist möglich, da die Nachlieferung durch Diffusion von Kohlenstoffdioxid aus der Atmosphäre von Diffusionszeiten und der Turbulenz an der Gewässeroberfläche abhängig sind. Neben den Konzentrationen an gelöstem CO_2 sind jedoch auch die Konzentrationen an Hydrogencarbonat- und Carbonationen zu berücksichtigen, aus denen sich gelöstes CO_2 nach den Gleichgewichtsbedingungen (siehe Abschn. 3.2) augenblicklich bildet, bis alles anorganische C (DIC) verbraucht und der pH-Wert einen der Säurekapazität des Wassers adäquaten Wert (z. B. pH 7 für $K_{S4,3} < 0{,}05$ mmol/l aber pH 11,5 für $K_{S4,3} = 3$ mmol/l) erreicht hat. Insbesondere in stark versauerten Gewässern (pH < 4,3 und $K_{S4,3} < 0$), in denen DIC als Kohlenstoffdioxid vorliegt, limitiert Kohlenstoff die Primärproduktion. Auch im unmittelbaren Umfeld von submersen Wasserpflanzen können sich bei geringer Wasserbewegung Zonen ausbilden, in denen CO_2 limitierend ist.

Diatomeen (Kieselalgen) und Chrysophyceen (Goldalgen) benötigen ferner Silikat zum Aufbau ihrer Zellwände. **Silikat** (Kieselsäure) begrenzt in vielen Gewässern die Biomasse dieser Taxa. Für ihre charakteristischen Schalen benötigen die verschieden Diatomeenarten unterschiedlich viel Kieselsäure. Sinkt der SiO_2-Gehalt unter 0,5 mg/l, können bereits einige Arten nicht mehr wachsen. Unter 0,1 mg SiO_2/l kommen Kieselalgen nicht mehr vor (Schelske & Stroemer, 1971). Eine Silikataufzehrung führt jedoch allenfalls vorübergehend zum Rückgang der Gesamt-Biomasse des Phytoplanktona, da sich bei Silikatmangel andere Arten einstellen, die kaum Silikat benötigen.

Stickstoff (N) wird von Phytoplanktonzellen in reduzierter Form bei der Bioproteinsynthese in die Aminosäuren eingebaut. Aus diesem Grund wird das Element aus energetischen Gründen bevorzugt in Form von Ammonium aufgenommen. Diese anorganische Stickstoffkomponente ist jedoch für die Planktonalgen nur in sehr geringen Konzentrationen verfügbar. In Anwesenheit von Sauerstoff, der im Oberflächenwasser von Seen immer vorzufinden ist, wird Ammonium von den stets anwesenden streng aeroben Bakterien *Nitrosomonas* und *Nitrobacter* zu Nitrat umgewandelt. Diese Stickstoffverbindung können die Algen unter Energieaufwand und mit Hilfe des Enzyms Nitratreduktasen aufnehmen. Manche Arten der Cyanobakterien („Blaualgen") können zusätzlich atmosphärischen Stickstoff binden. Die Reduktion von N_2 ist jedoch sehr energieaufwendig, so dass dieser Prozess eher in relativ klaren und kaum in stark eutrophen und daher trüben Gewässern relevant sein kann und auch nur dann auftritt, wenn die Stickstofflimitierung stark ausgeprägt ist. Somit ist Stickstofffixierung für den Stickstoffhaushalt eines Gewässers und für die Biomassebildung selten von quantitativer Bedeutung. Stickstofffixierung kann jedoch für die Artenzusammensetzung relevant sein, indem sie den Cyanobakterien einen zeitweiligen Konkurrenzvorteil gegenüber anderen Phytoplanktonarten verschafft. Zusätzlich können Cyanobakterien auch gelöste organische Aminosäuren aufnehmen, was energetisch gesehen ein Vorteil ist. Die auf die Stickstoffverfügbarkeit basierende Kapazität eines Gewässers zur Bildung von Biomasse wird daher von der Summe der Stickstofffraktionen bestimmt. Dieser Gesamt-N setzt sich aus dem gelösten mineralischen Stickstoff, d. h. den Nitrat-, den Ammonium- und zu einem geringen Anteil auch den Nitritkonzentrationen, sowie aus dem partikulär bereits in lebender oder abgestorbener Biomasse gebundenen Stickstoff zusammen.

Gesamt-Phosphor (TP) bestimmt in analoger Weise die auf die Phosphorverfügbarkeit basierende Kapazität für Biomasse. Dazu zählen der bereits in Biomasse gebundene Phosphor sowie die als ortho-Phosphate oder Polyphosphate gelösten Phosphorfraktionen. Die Summe dieser Fraktionen wird korrekt als Gesamt-Phosphat-Phosphor bezeichnet, ein etwas umständlicher Begriff, der sich in der Praxis nicht durchgesetzt hat. Vielmehr wird häufig im Zusammenhang mit der Limitierung des Phytoplanktons und Eutrophierung der Begriff „Gesamt-Phosphor" oder „Gesamt-P" verwendet, obwohl Phosphor im Wasser auch in mineralischen Verbindungen z. B. als Hydroxy-Apatit vorkommen kann. Dieser Phosphor kann jedoch nicht von Planktonalgen aufgenommen und zur Biomassebildung verwertet werden. Ein wichtiger Vorteil der etwas unpräzisen Bezeichnung „Gesamt-P" oder „**Gesamt-Phosphor**" ist ihr eindeutiger Bezug auf die Konzentrationsangabe als Phosphor, nicht als Phosphat. Demgegenüber lässt die andere gebräuchliche unscharfe Kurzform, der Begriff

„Gesamt-Phosphat" offen, ob das Atomgewicht der vier im Ion enthaltenen Sauerstoffmoleküle in die Konzentrationsangabe eingeht oder nicht. Da das P-Atom eine Masse von 31 besitzt, die des PO_4-Moleküls jedoch 95 beträgt, haben ungenaue Angaben häufig zu beträchtlichen Fehlinterpretationen geführt. Gelöster Phosphor begrenzt die Aufnahmerate, zellinterner Phosphor begrenzt die Zellteilungsrate und somit die Wachstumsrate der Populationen, und die Gesamt-Phosphorkonzentration begrenzt die maximal mögliche Biomassekonzentration, die in einem Gewässer erreicht werden kann. Die Konsequenz für die Praxis ist, dass sich nur über die Gesamt-P-Konzentration Aussagen über die Trophie eines Gewässers treffen lassen, jedoch nicht über die Konzentrationen an gelöstem Phosphor. Anhand eines positiven Nachweises von gelöstem Phosphor lässt sich lediglich feststellen, dass dieser offensichtlich vom Phytoplankton „übrig gelassen" wurde und somit eindeutig keine P-Limitation vorliegen kann.

Stickstofflimitation ist relativ zur Phosphorlimination in den Binnengewässern gemäßigter Klimazonen in der Regel von untergeordneter Bedeutung. In manchen hocheutrophen Flachseen kommt es im Sommer vorübergehend zu einer Verknappung von Stickstoff (siehe Übersichten in Sterner, 2008 und Dolman et al., 2012), und eine Überdüngung mit Stickstoff schadet insbesondere den Makrophyten im Uferbereich (siehe Übersicht in Moss et al., 2003). Auch zeigen Experimente sowohl im Labor als auch im Freiland, dass die Zugabe von N und P zu einem höheren Biomassezuwachs führen kann als die Zugabe nur eines der beiden Nährstoffe (siehe z. B. Elser et al., 2007). Allerdings lässt sich daraus nicht der Umkehrschluss ziehen, d. h. die Schlussfolgerung, dass beide Nährstoffe reduziert werden müssten, um die Phytoplanktonbiomasse zu reduzieren. Nach dem eingangs beschriebenen Prinzip des limitierenden Faktors können im Überschuss vorhandene Ressourcen nicht zu einer Biomassekonzentration führen die über derjenigen liegt, die durch den limitierenden Faktor bestimmt wird. Hinzu kommt, dass Phosphatfrachten in der Praxis leichter zu beherrschen sind und es zunehmend Beispiele erfolgreicher Seenrestaurierung durch deren Begrenzung gibt (siehe Beispiele in Fastner et al., 2016) während Sanierungserfolge durch Stickstoffreduktion bislang nicht bekannt sind.

7.2.3.2 Lichtlimitation

Wie eingangs erwähnt, ist die Zelldichte des Phytoplanktons sehr trüber Gewässer häufig nicht durch Nährstoffe begrenzt, sondern durch die verfügbare Lichtenergie – konkret die Photonenfluxdichte. Dies ist in sehr eutrophen Gewässern der Fall, denn infolge der hohen Dichte an suspendierten Zellen beschatten diese sich gegenseitig, so dass gerade genug Photosynthese für den Erhaltungsstoffwechsel möglich ist, nicht jedoch für weiteres Wachstum. Sowohl Phosphor als auch gelöster Stickstoff können dann im Überschuss vorhanden sein. Entscheidend für die

Tab. 7.2: Beispiele zum Einfluss der Lichtverfügbarkeit (gemessen als Z_{eu}/Z_{mix}) auf die maximale Dichte der Phytoplanktonbiomasse (gemessen als Chlorophyll-*a*) bei gleicher Globalstrahlung und Trübung durch gelöste Wasserinhaltsstoffe und bei Nährstoff-Überschuss.

Lichtverfügbarkeit als Z_{eu}/Z_{mix}	Z_{mix}	Beispiel	Z_{eu}	Biomasse-Maxima als Konzentration von Chlorophyll-*a*
0,5	2 m	Flachsee	1 m	200 µg/l
0,5	5 m	kleiner, geschichteter See	2,5 m	100 µg/l
0,5	15 m	tiefer See	7,5 m	30 µg/l

maximal mögliche Dichte des Phytoplanktons als „lebende Schwebstoffe" ist die Durchmischungstiefe im selbst-regulierenden Zusammenspiel mit der Trübung:

Bei geringer Durchmischung, z. B. in Flachgewässern von bis zu 2 m Tiefe, können bei entsprechend hoher Nährstoffkonzentration sehr hohe Phytoplanktondichten entstehen, denn selbst bei großer Trübung werden die einzelnen Zellen hinreichend oft in Oberflächennähe verfrachtet, um Lichtquanten (Photonen) zu absorbieren und Photosynthese zu betreiben. So können Phytoplanktondichten entstehen, die mehreren 100 µg/l Chlorophyll-*a* entsprechen. In diesem Zusammenhang sei angemerkt, dass sich die Bestimmung der Konzentration des Pigments Chlorophyll-*a* als grobes und rasch bestimmbares Maß zur Abschätzung der Phytoplanktondichte eignet.

In tiefer durchmischten Gewässern sind derart hohe Zelldichten nicht möglich. Wenn unterhalb von 1 m Wassertiefe bereits Dunkelheit herrscht, die Zellen jedoch z. B. regelmäßig bis in 15 m Tiefe verfrachtet werden, dann würden die einzelnen Planktonalgen so viel Zeit im Dunkeln verbringen, dass sie absterben. Infolge dessen würde die Zelldichte so weit zurückgehen, dass ihr Lichtgenuss im Mittel wieder für das Überleben der Population ausreicht. Die Chlorophyll-*a*-Maxima liegen daher in tief durchmischten Gewässern auch bei Nährstoff-Überschuss niedriger als in flach durchmischten Gewässern.

Tab. 7.2 verdeutlicht diesen Zusammenhang anhand von drei Beispielen: Die Relation der Wassertiefe, in die Licht noch eindringen kann, der so genannten „euphotischen Tiefe" (Z_{eu}) zu der durchmischten Tiefe (Z_{mix}) kann als grobes Maß der durchschnittlichen Lichtverfügbarkeit für Planktonalgen gelten, wenn in etwa ähnliche Globalstrahlung und Trübung durch gelöste Wasserinhaltsstoffe bestehen. In diesem Beispiel ist diese Relation für alle drei Gewässer gleich. Bei tiefer Durchmischung, d. h. einer Z_{mix} von 15 m, kann jedoch nur eine Phytoplanktondichte entstehen, die ca. 30 µg/l Chlorophyll-*a* entspricht. Bei höherer Zelldichte würde die Trübung ansteigen und die euphotische Tiefe abnehmen. Somit würde (bei gleichbleibender Durchmischungstiefe) jedoch die Relation von Z_{eu}/Z_{mix} und somit die mittlere Lichtverfügbarkeit ebenfalls zurückgehen. In der Folge müssten einige Zellen absterben, so viele, bis Z_{eu}/Z_{mix} wieder 0,5 erreicht. Die Lichtverfügbarkeit definiert somit die maximal mögliche Phytoplanktondichte, sofern die Nährstoffkonzentrationen dafür ausreichen.

7.2.3.3 Nährstoff- und Lichtlimitation – Wechsel im Jahresgang

In vielen Gewässern wechseln die Ressourcen, die die Biomasse limitieren, im Jahresgang. In den Wintermonaten ist selbst bei geringen Nährstoffkonzentrationen die Lichtverfügbarkeit limitierend, da die Photonenflux-Dichte infolge der geringeren Sonneneinstrahlung nur einen Bruchteil der Sommerwerte erreicht. Hinzu kommt die in der Regel tiefere Durchmischung der Gewässer, wenn sie im Winter keine thermische Schichtung aufweisen. Reynolds (1997) verdeutlicht anhand mehrerer Beispiele, wie aus den Kurven des Jahresgangs der drei Ressourcen Gesamt-P-Konzentration, Gesamt-N-Konzentration sowie Lichtverfügbarkeit die maximal mögliche Dichte an Phytoplanktonbiomasse abgeleitet werden kann. Die Ressource, die zum gegebenen Zeitpunkt die geringste Kapazität für Biomasse zulässt, ist die jeweils limitierende, d. h. möglich ist nur so viel Biomasse, wie die jeweils unterste der drei Kurven zulässt (Abb. 7.2).

Inwieweit die jeweils mögliche Kapazität an Biomasse erreicht wird, hängt von Verlustraten der Phytoplanktonpopulationen ab. Verluste treten durch Zooplanktonfraß („grazing“ oder „Abweiden“) auf und hängen von der Fressbarkeit der Arten ab (siehe auch Abschn. 7.2.5.8, Biomanipulation). Eine weitere wesentliche Ursache von Verlusten ist die Sedimentation, die je nach spezifischem Gewicht und Eigenbeweglichkeit der Arten unterschiedlich ist. Kieselalgen sedimentieren aufgrund des Gewichts ihrer Kieselschalen rasch, während Flagellaten sowie Cyanobakterien mit Gasvakuolen ihre Aufenthaltstiefe beeinflussen können.

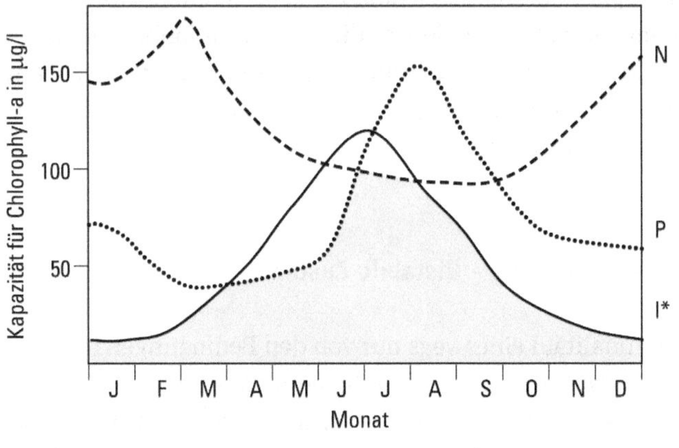

Abb. 7.2: Kapazität für Biomasse aufgrund der jeweils limitierenden Ressource: Obere Begrenzung der gerasterten Fläche (nach Reynolds, 1997, erweitert). N: Gesamt N; P: Gesamt P; I*: Lichtverfügbarkeit.

7.2.3.4 Einfluss des Klimawandels auf Phytoplankton-Biomasse und Artenzusammensetzung

Langzeitanalysen verdeutlichen, dass die Wassertemperaturen von Seen in den letzten 40 Jahren in Folge des Klimawandels weltweit angestiegen sind (Winder & Schindler, 2004; Adrian et al., 2006; Dokulil et al., 2006; Austin & Coleman, 2008; O'Reilly et al., 2015). Folgen können sich u. a. in Verschiebungen von Sukzessionsfolgen, in veränderten Dominanzstrukturen und bei der Biomasseentwicklung im Plankton zeigen (z. B. Straile, 2000; Blenckner & Hillebrand, 2002; Elliott et al., 2005; Adrian et al., 2006). Da für das 21. Jahrhundert stärkere Erwärmungen, v. a. im Winter, prognostiziert werden, wird sich dieser Effekt noch verstärken.

Die Ursachen solcher Verschiebungen gehen über höhere Wachstumsrate bei höheren Temperaturen weit hinaus; vielmehr liegen ihnen komplexe ökologische Mechanismen zugrunde, die zum Teil auch gegenläufig wirken (De Senerpont Domis et al., 2013). Grundsätzlich wirken sich Änderungen zeitlicher Muster von Ereignissen wie Starkregen, Eisbedeckung oder Pegelständen auf die Wachstumsbedingungen im Gewässer aus: sie verändern thermische Schichtung bzw. Durchmischung, Wasserstände, Sauerstoffkonzentrationen, Nährstoffzufuhr und -konzentrationen. So kann z. B. eine früher einsetzende und länger anhaltende thermische Schichtung die Entstehung von Cyanobakterien-Massenentwicklungen begünstigen; andererseits können häufigere heftige Stürme diese Schichtung destabilisieren und die Entstehung solcher Massenentwicklungen unterbrechen. Übersichten hierzu geben Winder & Sommer (2012), Moss et al. (2011) und Paerl et al. (2011). Mehrere Studien anhand von Modellen (siehe Übersicht durch Elliot 2012) sowie anhand von Gewässern (Rigosi et al., 2014) verdeutlichen, dass ein wärmeres Klima zwar Cyanobakterien-Massenentwicklungen begünstigen kann, das Ausmaß dieser Begünstigung jedoch entscheidend von der Nährstoffkonzentration im Gewässer abhängt: wo diese hinreichend gering ist, um die Phytoplanktonbiomasse deutlich zu limitieren, werden sich zeitliche Muster des Vorkommens zwar verschieben, die Konzentration an Biomasse wird jedoch nicht höher. Zwar werden stark eutrophe Gewässer empfindlicher auf Klimawandel reagieren, jedoch bleiben die Nährstoffkonzentration weiterhin der entscheidende Prädiktor für Masssenentwicklungen.

7.2.3.5 Phytoplankton und Makrophyten – Bistabile Zustände

Nicht zuletzt hängt die Wasserqualität keineswegs nur von den Bedingungen im Wasser ab; vielmehr können flache Uferbereiche und Sedimente darauf einen wesentlichen Einfluss ausüben. Je kleiner der tiefe Wasserkörper in Relation zum Ufer- und zum Flachwasserbereich ist, desto ausgeprägter sind der Einfluss des Ufers und der Sedimente auf die Wasserqualität. In flachen Gewässern oder solchen mit einem großen Anteil flacher Uferbereiche können höhere Wasserpflanzen, so genannte „Makrophyten“ (Röhricht, submerse „Unterwasserpflanzen“ und solche mit Schwimmblättern wie z. B. Seerosen) einen ggf. maßgeblichen Anteil der ins Gewässer gelangenden Nährstoffe in ihrer Biomasse binden. Dieser Phosphor steht dann nicht mehr dem Wachstum von Phytoplankton zur Verfügung.

Makrophyten gedeihen vornehmlich in mesotrophen und leicht eutrophen flachen Gewässern bei Gesamt-P-Konzentrationen die im Frühjahr im Bereich von 80 bis maximal 150 µg/l Gesamt-P liegen (Jeppesen, 1997a). Ist der Uferbereich strukturell intakt, wachsen dichte Bestände heran, die einen hohen Anteil des Gesamt-P binden. Wird jedoch das Wachstum der Makrophyten behindert, z. B. durch ausgeprägte physikalische Beeinträchtigung des Uferbereichs durch Verbauung, durch Wellenschlag infolge von Motorboots- und Schiffsverkehr sowie durch wechselnde Wasserstände, so können sich diese Pflanzen nicht entwickeln, und es stehen entsprechend mehr Nährstoffe für die Entwicklung planktischer Algen- und Cyanobakterien zur Verfügung. Diese bedingen wiederum eine erhöhte Trübung, die das Wachstum der submersen Makrophyten zusätzlich beeinträchtigt.

Im Bereich mittlerer Gesamt-P-Konzentrationen bestehen für flache Gewässer somit bistabile Zustände, die – je nach den Startbedingungen für das Pflanzenwachstum im Frühjahr – „umschalten“ können zwischen Dominanz durch Phytoplankton oder durch Makrophyten (Scheffer et al., 1997). Maßnahmen zur Förderung der Ufervegetation erweisen sich in flachen mesotrophen Gewässern als günstig für die Wasserqualität (siehe auch Abschn. 7.2.5.8).

7.2.4 Beschreibung und Prognose des Trophie-Zustandes

Ähnlich wie die Güteklassifizierung für Fließgewässer anhand der Belastung mit organischer Substanz (Saprobie = Intensität des heterotrophen Abbaus; siehe Abschn. 7.3), kann die Wassergüte in stehenden und langsam fließenden Gewässern im Hinblick auf die Wachstumsbedingungen für Algen und Cyanobakterien eingeteilt werden. Der Begriff **Trophie** verweist dabei auf die Verfügbarkeit von Nährstoffen. Verschiedene Ansätze sind hierfür gebräuchlich. Elster (1961) schlug vor, die Intensität der Produktion autotropher organischer Substanz, also die Primärproduktion, als Maßstab für den Trophiegrad zu verwenden. Diese prozessorientierte Definition spiegelt jedoch nur ungenügend das für die Gewässernutzung entscheidende Ergebnis wider, d. h. den Bestand an Phytoplanktonbiomasse. Für die Beurteilung möglicher Beeinträchtigungen der Gewässernutzung durch Organismen erweist sich eine Definition der Trophie über die Kapazität zur Bildung von Phytoplanktonbiomasse als hilfreich. D. h. Gewässer werden über die Konzentrationen an Gesamt-P und Gesamt-N oder aber über das Ergebnis des Prozesses bzw. die erreichte Phytoplanktonbiomasse und die dadurch gegeben Veränderungen bewertet. Letzteres ist heute der in der Wasserwirtschaft übliche Ansatz. Grundlage dafür sind die Ergebnisse von Vollenweider und Kerekes (1982), die durch den Länderarbeitskreis Wasser weiterentwickelt wurden (LAWA, 1998).

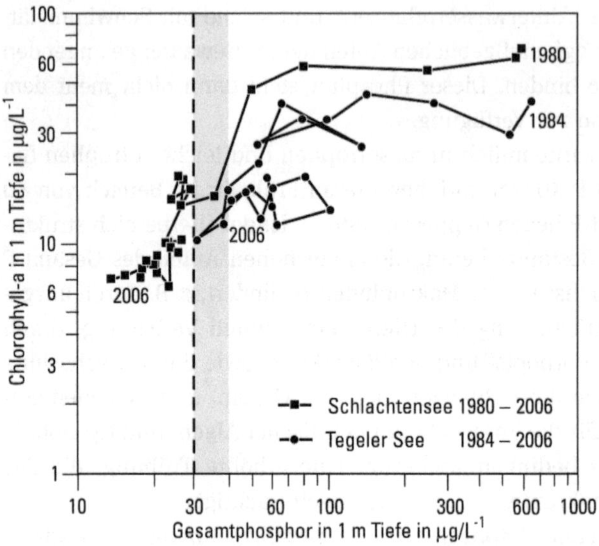

Abb. 7.3: Sanierungsbedingte Veränderungen der Jahresmittel der Konzentrationen an Gesamt-P und Phytoplankton-Biomasse (gemessen als Chlorophyll-*a*) in drei Gewässern. (Die Punkte kennzeichnen Jahresmittel und sind chronologisch verbunden.)

Vollenweider und Kerekes (1982) beschrieben anhand statistischer Auswertungen von Daten aus über 77 Seen aus verschiedenen Ländern der gemäßigten Klimazonen in Europa und den USA Zusammenhänge zwischen drei Parametern:

– Konzentration an Gesamt-P, als demjenigen Nährstoff, der in der Regel die Phytoplanktonmenge begrenzt,
– Konzentration an Chlorophyll-*a*, als Maß für die Phytoplanktonbiomasse (bzw. Dichte der Zellsuspension),
– Sichttiefe, als Maß für die durch die Zellsuspension bedingte Trübung.

Regressionsanalysen zwischen den Konzentrationen an Chlorophyll-*a* und Gesamt-P (Jahresmittel, P_{mit}) zeigten Zusammenhänge, sowohl für die Jahresmittelwerte (Chl_{mit}) als auch die Maxima (Chl_{max}) der Chlorophyll-*a*-Konzentrationen:

$$Chl_{mit} = 0.28\ P_{mit}^{0,96} \quad (r = 0,88;\ n = 77) \tag{7.1}$$

$$Chl_{max} = 0.64\ P_{mit}^{1,05} \quad (r = 0,90;\ n = 50) \tag{7.2}$$

Sie berücksichtigten allerdings seinerzeit noch nicht das oben diskutierte Eintreten von Lichtlimitation bei hoher Zelldichte.

Abb. 7.3 zeigt drei Beispiele der zeitlichen Entwicklung dieser Abhängigkeit und verdeutlicht gleichzeitig die Rolle der Lichtlimitation. Die Trophie der dargestellten

Gewässer sollte mittels Phosphorelimination im Zulauf stark reduziert werden. Im Hinblick auf die Gesamt-P-Konzentrationen war die Maßnahme in beiden Gewässern bereits im ersten Jahr erfolgreich. Sie gingen infolge des Austauschs mit P-armem Wasser exponentiell zurück. Über mehrere Jahre hinweg, bei der die Gesamt-P von 800 bis 60 µg/l sanken, zeigte die mittlere Phytoplanktondichte, die als Chlorophyll-*a*-Konzentration gemessen wurde, jedoch keine Reaktion, da Phosphor auch noch bei 60 µg/l im Überschuss vorhanden war und Licht das Algenwachstum limitierte. Auffällig ist, dass die mittlere Phytoplanktonbiomasse im tiefer durchmischten Tegeler See, der im Sommer Durchmischungstiefen von 4–8 m aufwies, stets niedriger war als im Schlachtensee, dessen Durchmischungstiefen im Sommer 2,5–5 m betrugen. Dadurch setzte Lichtlimitation im Tegeler See bereits bei einer geringeren Phytoplanktonzelldichte ein (siehe Abschn. 7.2.3.2). Erst der Rückgang auf weniger als 60 µg/l Gesamt-P vermochte von der Licht- auf eine P-Limitation „umzuschalten", und im Bereich zwischen 20 und 60 µg/l Gesamt-P zeigt sich eine nahezu lineare Beziehung zwischen den Konzentrationen an Gesamt-P und Chlorophyll-*a*. Dieses Beispiel verdeutlicht, dass der Trophiegrad nicht unbegrenzt mit der Gesamt-P-Konzentration steigt. Vielmehr wird in extrem eutrophen Gewässern bei einer von der jeweiligen Gewässer- oder Durchmischungstiefe abhängigen P-Konzentration ein Maximum der Phytoplanktondichte erreicht.

Die Mittelwerte sind für jedes Gewässer chronologisch verbunden, um den zeitlichen Verlauf der Sanierung zu verdeutlichen. Der schattierte Bereich verdeutlicht den Bereich, in dem die Gesamt-Phosphor-Konzentration die Phytoplanktonbiomasse limitiert. Bei höheren Gesamt-P-Konzentrationen begrenzte vorwiegend Licht weiteren Biomassezuwachs.

In Gewässern, die nicht durch Huminstoffe oder durch mineralische Schwebstoffe stark getrübt werden, ist die Trübung weitgehend von der Dichte der Planktonpartikel abhängig. Viele kleine Partikel führen zu einer stärkeren Trübung als wenige große, weshalb vorwiegend das Phytoplankton – insbesondere kleine Formen – die Trübung bestimmt, die oft einfach als Sichttiefe gemessen wird. Entsprechend stellten Vollenweider und Kerekes (1982) negative Korrelationen der Sichttiefe zur Konzentration an Chlorophyll-*a* fest. Da letztere eng mit der Konzentration an Gesamt-Phosphor korreliert, nimmt die Sichttiefe mit steigender Gesamt-P-Konzentration ab.

Auf der Grundlage dieser Zusammenhänge verwenden Vollenweider und Kerekes (1982) alle drei Parameter – Gesamt-P-Konzentration, Chlorophyll-*a*-Konzentration und die Sichttiefe – als Kriterien zur Einstufung von Gewässern. Dafür schlagen sie zwei Ansätze vor, einen mit festen Grenzen zwischen Trophiegraden (Tab. 7.3) und einen mit Übergängen (Abb. 7.4), der auf Mittelwerten und den Standardabweichungen der Werte für die OECD-Gewässer beruht, die den einzelnen Trophiegraden zugeordnet wurden. Der Vorteil einer festen Einteilung ist ihre Eindeutigkeit. Der Nachteil ist eine zu rigide Einteilung, die den Besonderheiten des Einzelfalles nicht gerecht werden kann.

Tab. 7.3: Trophiegrade nach Vollenweider und Kerekes (1982) – feste Einteilung.

Trophie-Grad	Gesamt-P Jahresmittel µg/l	Chl.-a Jahresmittel µg/l	Chl.-a Jahresmaximum µg/l	Sichttiefe, Jahresmittel m	Sichttiefe Jahresminimum m
ultra-oligotroph	≤ 4	≤ 1	≤ 2,5	≥ 12	≥ 6
oligotroph	≤ 10	≤ 2,5	≤ 8	≥ 6	≥ 3
mesotroph	10–35	2,5–8	8–25	6–3	3–1,5
eutroph	35–100	8–25	25–75	3–1,5	1,5–0,7
hypertroph	≥ 100	≥ 25	≥ 75	≤ 1,5	≤ 0,7

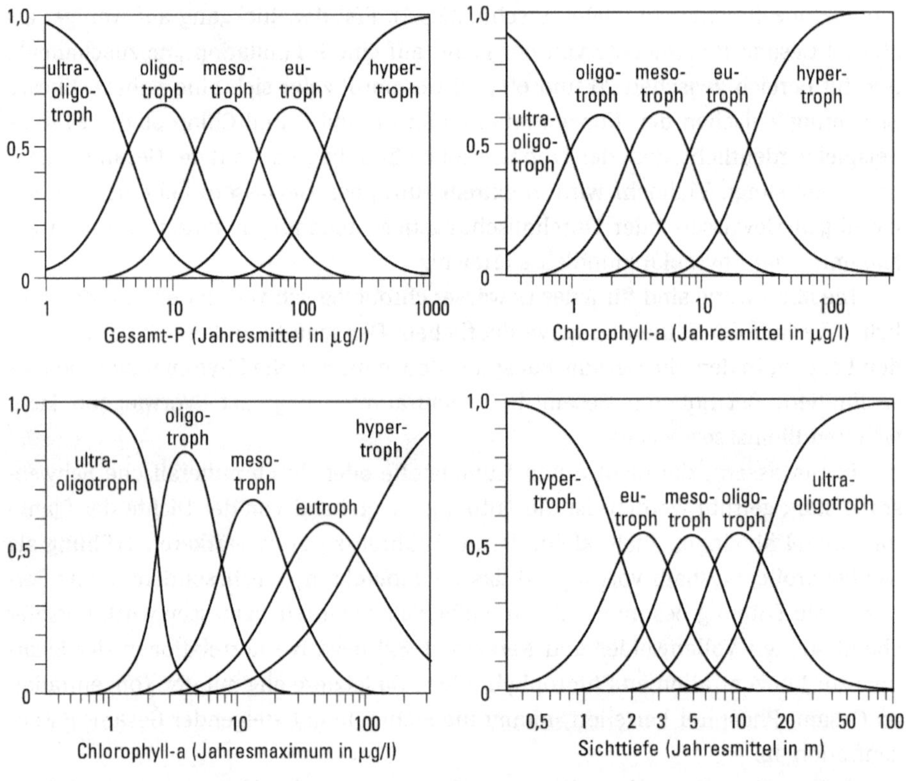

Abb. 7.4: Wahrscheinlichkeit (zwischen 0 und 1) eines Trophiegrades je nach Jahresmittelwerten für die Konzentration an Gesamt-P bzw. Chlorophyll-*a*, für die Sichttiefe und für das Jahresmaximum an Chlorophyll-*a* (Vollenweider und Kerekes, 1982, S. 75).

Tab. 7.4: Trophiestufen für natürliche Seen (nach LAWA, 1998).

Trophiegrad	Beschreibung
oligotroph	Produktion schwach auf Grund geringer Verfügbarkeit der Nährstoffe; Phytoplanktonentwicklung ganzjährig gering; Sichttiefe hoch durch geringe Planktondichte; Sauerstoffkonzentration des Tiefenwassers am Ende der Stagnationssperiode über 4 mg/l O_2.
mesotroph	Produktion höher als beim oligotrophen Gewässer auf Grund höherer Verfügbarkeit der Nährstoffe; Phytoplanktonentwicklung mäßig bei großer Artenvielfalt mit Maximum im Frühjahr; mittlere Sichttiefen; häufig metalimnisches O_2-Minimum, im Hypolimnion *kann* Sauerstoffmangel auftreten.
eutroph	Produktion hoch auf Grund guter Verfügbarkeit der Nährstoffe; Phytoplanktonentwicklung hoch, deswegen Sichttiefe gering; Algenblüten möglich; oberste Wasserschicht durch Assimilationstätigkeit der Algen zeitweise mit Sauerstoff übersättigt; gegen Ende des Sommers regelmäßig starker Sauerstoffmangel im Tiefenwasser. Diese Stufe wird aus wasserwirtschaftlichen Gründen weiter unterteilt in eutroph 1 und eutroph 2.
polytroph	Produktion sehr hoch auf Grund sehr hoher Nährstoffkonzentrationen; Produktion zeitweilig daher nicht nährstoff-(P)-limitiert; mehrfach im Jahr auftretende Algenmassenentwicklungen, im Sommer oft Blaualgen dominierend; Sichttiefe daher oft sehr gering (zeitweilig unter 1 m); Sauerstoffschwund und nachfolgende Schwefelwasserstoffbildung im Hypolimnion spätestens ab Mitte des Sommers. Diese Stufe wird weiter unterteilt in polytroph 1 und polytroph 2. Der Zustand polytroph 2 (hoch – polytroph) kommt unter naturnahen Bedingungen wahrscheinlich nicht vor.
hypertroph	Nährstoffverfügbarkeit ganzjährig sehr hoch; Planktonproduktion nicht nährstoff-(P)-limitiert; ganzjährig andauernde, die Gewässerfarbe bestimmende Algenmassenentwicklungen; Sichttiefe daher stets sehr gering (nur ausnahmsweise über 1 m); in geschichteten Seen starkes Sauerstoffdefizit im Tiefenwasser zu allen Jahreszeiten. Bereits wenige Wochen nach Beginn der sommerlichen Schichtung ist der Sauerstoff im Hypolimnion vollständig aufgezehrt. Der Zustand hypertroph kommt unter naturnahen Bedingungen nicht vor.

Während die in Tab. 7.3 widergegebene feste Einteilung eine rasche erste Einordnung eines Gewässers ermöglicht, gibt die Darstellung in Abb. 7.4 die Wahrscheinlichkeit an, mit der ein Gewässer anhand seiner Konzentrationen an Gesamt-P und Chlorophyll-*a* sowie seiner Sichttiefe in eine dieser Kategorien fällt. Somit entsteht der notwendige Spielraum zur Einbeziehung weiterer Informationen, die insbesondere dann wichtig werden, wenn die Zuordnung je nach Parameter unterschiedlich ausfällt.

Zum Beispiel kann eine hohe Gesamt-P-Konzentration auf einen hohen Trophiegrad schließen lassen, die Chlorophyll-*a*-Konzentration jedoch dafür zu gering und die Sichttiefe zu hoch sein, da der Fraßdruck durch Zooplankton erheblich ist oder ein hoher Makrophytenbestand während der Vegetationsperiode viel Phosphor bindet, so dass die durch Phosphor gegebene Biomassekapazität nicht vorwiegend durch Phytoplankton ausgeschöpft wird. Auch konkurrieren sorbierende Partikel, wie Tonpartikel oder Eisenhydroxid-haltige Flocken, mit den Lebewesen um gelösten Phosphor und können somit die durch Phosphor gegebene Kapazität der Biomasse reduzieren. Die Chlorophyll-*a*-Konzentration fällt in diesem Fall geringer aus, als aufgrund der Gesamt-Phosphor-Konzentration zu erwarten wäre. Je nachdem, welcher dieser drei Parameter zugrunde gelegt wird – Gesamt-P, Chlorophyll-*a* oder Sichttiefe, kann die Zuordnung eines Gewässers zum Trophiegrad etwas unterschiedlich ausfallen – in aller Regel ergibt sich jedoch eine Zuordnung zum selben oder allenfalls zu einem benachbarten Trophiegrad.

Die Klassifizierung der Trophie nach Vollenweider und Kerekes wurde häufig als Bewertungsmaßstab missverstanden, weil davon ausgegangen wurde, dass alle stehenden Gewässer ohne anthropogene Einflüsse oligotroph seien. Obwohl dies für die meisten tiefen, thermisch stabil geschichteten Seen zutrifft, weisen zahlreiche Standgewässer aufgrund ihrer geringen Tiefe und/oder ihres relativ großen Einzugsgebiets natürlicherweise einen höheren Trophiegrad auf. Diesem Tatbestand trägt der Ansatz der Tab. 7.4 Rechnung. Für die amtliche Klassifikation und Bewertung der Trophie von Seen trennt er die Klassifikation der Trophie explizit von der Bewertung (Schaumburg, 1998). Bei der Bewertung wird für jeden See der zu erwartende Trophiegrad zugrunde gelegt, der sich aufgrund der individuellen Verhältnisse von Morphometrie, Charakter des Einzugsgebietes und natürlicherweise zu erwartender Nährstoffeinträge ergibt. Aus der Differenz zwischen diesem „Leitbildzustand" und dem „Istzustand" ergibt sich die rein ökologisch begründete Bewertung. Damit ist zugleich eine Forderung der Europäischen Wasserrahmenrichtlinie (WRRL; siehe Abschn. 7.3.4) erfüllt, die Bewertungen als Abweichung vom anthropogen unbeeinflussten Zustand fordert. Dieses System gilt nur zur ersten Einschätzung des Trophiegrades natürlich entstandener Seen und klammert die Talsperren und andere anthropogene Standgewässer, z. B. die Abgrabungsseen aus. Für diese Gewässer sind entsprechende typologische Vorarbeiten erforderlich.

Klassifizierungssysteme für den Trophiegrad wurden ursprünglich nur für stehende Gewässer entwickelt. In fließenden Gewässern wird die Besiedlung durch Plankton wesentlich stärker durch die Verweilzeit im System, die Abflüsse, die Witterung, die Strömungsverhältnisse und die Turbulenz des Wassers geprägt. Erst nach mehrtägiger Fließzeit kann sich ein echtes Flussplankton (Potamoplankton) überhaupt entwickeln, weil die Planktonalgen einige Tage benötigen, um messbare Individuendichten zu entwickeln. Dennoch ist auch für diese Gewässer die Nährstoffbelastung eine wesentliche Einflussgröße. Die Problematik der Übertragung von Trophieklassifizierungen auf Fließgewässer und Flussseen erfordert ein angepasstes Klassifikationssystem (Behrendt und Opitz, 1996; Schmitt, 1997).

Melzer (1999) stellte hochsignifikante Zusammenhänge zwischen dem Vorkommen von Wasserpflanzen und den Nährstoffverhältnissen von Gewässern fest und entwickelte den Makrophytenindex, der sich zur Bewertung der Wasserqualität entlang der gesamten Uferlinie von Seen bewährt hat. Mit der Implementierung des Makrophytenindex in die Bewertung des ökologischen Zustands von Gewässern zur Umsetzung der europäischen Wasserrahmenrichtlinie (WRRL) in der BRD wurde dieses Verfahren zur Bewertung von Fließgewässern und Seen weiterentwickelt (Stelzer et al., 2005; Meilinger et al., 2005).

7.2.5 Maßnahmen zur Reduzierung von Populationen nutzungsbeeinträchtigender Algen und Cyanobakterien

7.2.5.1 Einleitung

Menschliche Ausscheidungen enthalten unvermeidlicher Weise hohe Konzentrationen an Phosphor und Stickstoff, d. h. als Fäkalien werden 1 bis 2 g Phosphor und vorwiegend im Urin 10 bis 15 g Stickstoff pro Person und Tag ausgeschieden. Zusätzlich zu den Phosphaten aus menschlichen Fäkalien enthielten die Abwässer in den 1970er-Jahren in etwa dieselbe Menge Phospor aus den für Waschmaschinen geeigneten Waschmitteln. Der Ausbau von Kläranlagen und Kanalisationen wurde in den 1950er- bis 1970er-Jahren in Deutschland stark vorangetrieben. Primäres Ziel war seinerzeit die Reduzierung der Belastung mit fäulnisfähiger organischer Substanz, deren Abbau im Klärwerk und nicht im Gewässer stattfinden sollte. Eutrophierende Nährstoffe wurden zunächst nicht entfernt. In unbeabsichtigter Weise erzeugten diese Maßnahmen punktförmige Nährstoffquellen überall dort, wo Abläufe aus Kläranlagen oder auch unbehandeltes Abwasser in die Gewässer geleitet wurden. Eine massive Eutrophierung der Gewässer war die Folge. Weltweit ist der Ersatz von Sickergruben oder Rieselfelder durch Kläranlagen mit mechanisch-biologischer Reinigung des Wassers mit einer Eutrophierung der Oberflächengewässer verbunden, wenn die Funktion des Bodens zur Rückhaltung von Nährstoffen nicht durch Maßnahmen in der Kläranlage ersetzt wird. Dies wird häufig übersehen, wenn eine Siedlung an eine Kanalisation und an eine Kläranlage ohne Nährstoffentfernung angeschlossen wird.

In vielen Ländern wurden daher in den 1970er-Jahren infolge der Eutrophierung erhebliche Nutzungsbeeinträchtigungen der Oberflächengewässer durch Massenentwicklungen von Phytoplankton spürbar (siehe Abschn. 7.2.1, 7.4 und 7.5), und verschiedene Maßnahmen zur Eutrophierungsbekämpfung wurden implementiert. Neben dem Abwasserabgabengesetz war hier insbesondere die für die Reduzierung der Nährstofffrachten 1985 getroffene Vereinbarung der Anrainerstaaten zum Schutz der Nordsee sowie der HELCOM-Beschluss von 1987 zum Schutz der Ostsee wirksam. Ihr Ziel war die Reduzierung der Phosphor- und Stickstoffeinträge auf 50 % innerhalb von 10 Jahren. Dabei war die Einbeziehung von Stickstoff zum Schutz der Küstengewässer wichtig. Obwohl in den Binnengewässern Phosphor die Entwicklung der Phytoplanktonbiomasse begrenzt, ist in den Küstengewässern häufiger Stickstoff der limitierende Nährstoff der Primärproduktion.

Maßnahmen zur Bekämpfung nutzungsbeeinträchtigender Phytoplanktonpopulationen greifen an der Wurzel des Übels an, wenn sie die Kapazität für Bildung von Biomasse reduzieren, indem die Konzentration des limitierenden Nährstoffs reduziert wird. Hierzu ist in aller Regel eine Reduktion der externen Zufuhr notwendig, d. h. eine **Sanierung**. Gelingt eine solche Vermeidungsstrategie nicht in hinreichendem Maße oder soll die Erholung des Ökosystems durch flankierende Maßnahmen beschleunigt werden, so kann die Sanierung durch Maßnahmen im Gewässer unterstützt werden, d. h. durch **Restaurierung**. Neben Maßnahmen zur Reduzierung der **internen Düngung** (siehe Abschn. 7.2.5.4) aus den Sedimenten kann zur Restaurierung auch die **Biomanipulation** (siehe Abschn. 7.2.5.8) eingesetzt werden. Darunter werden Eingriffe in die Nahrungskette verstanden, um die Verluste der Phytoplanktonpopulationen zu erhöhen und somit ihre Biomasse zu reduzieren oder um eine Verschiebung zu weniger nutzungsbeeinträchtigenden Arten herbeizuführen. Die im Deutschen etablierte Unterscheidung zwischen „Sanierung" als Begriff für Maßnahmen außerhalb und „Restaurierung" für Maßnahmen innerhalb eines Gewässers ist im Englischen nicht gebräuchlich.

Als Grundregel gilt: Restaurierung ohne hinreichende Sanierung ist nur selten sinnvoll. Restaurierungsmaßnahmen zur Nährstoffreduzierung bleiben wirkungslos, wenn die externe Nährstoffzufuhr ähnlich hoch oder gar höher ist als die Eliminierungsrate durch die gewässerinterne Maßnahme. Selbst erfolgreiche Restaurierungen werden ohne Sanierung zum Dauerzustand, der eine kontinuierliche Weiterführung der Maßnahme erfordert. Dies kann zwar im Einzelfall angemessen sein, z. B. bei hoher Bedeutung eines Gewässers und geringen Chancen einer mittelfristig erfolgreichen Sanierung. Langfristig sind jedoch Sanierungsstrategien in der Regel effizienter.

Die vorwiegenden Quellen sowohl für Phosphat-Phosphor als auch für Stickstoff sind Einträge aus Siedlungsabwässern und aus der Landwirtschaft, wobei zwischen **punktförmigen** und **diffusen** Quellen unterschieden wird.

Der Höhepunkt der Gewässereutrophierung wurde in Deutschland und anderen Ländern Nord-West Europas in den 1970er- und 1980er-Jahren erreicht. Seither wurden Nährstoffeinträge aus kommunalen Kläranlagen und industriellen Einleitungen in den Flussgebieten Deutschlands erheblich reduziert, im Mittel zwischen 1985 und 2014 um 85 % für Phosphor und um 80 % für Stickstoff, während die Einträge aus der Landwirtschaft im selben Zeitraum nur um 15 % für Phosphor und um 35 % für Stickstoff zurückgingen (Umweltbundesamt, 2019). Im Hinblick auf das eigentliche Qualitätsziel – den Rückgang der Algen- und der Cyanobakterienpopulationen – zeichnen sich erste Erfolge seit Ende der 1990er-Jahre ab.

Sanierungsziele für Nährstoffkonzentrationen leiten sich aus den Planktondichten und -arten im Freiwasser oder vom Makrophyteninventar der Uferzone ab, die im Gewässer angestrebt werden. In mitteleuropäischen Seen ist hierfür in aller Regel die Konzentration an Gesamt-Phosphor als limitierender Nährstoff ausschlaggebend (siehe Abschn. 7.2.4). Dies ist von praktischem Vorteil im Hinblick auf die

Elimination im Abwasser, denn im Vergleich zu Stickstoff lassen sich Phosphorkonzentrationen mit vergleichsweise einfachen Maßnahmen reduzieren, z. B. einer Simultanfällung. Hinzu kommt, dass Phosphor im Gegensatz zu den anderen wichtigen Pflanzennährstoffen Kohlenstoff und Stickstoff kein unbegrenztes Reservoir in der Atmosphäre hat.

Abb. 7.4 und Tab. 7.3 verdeutlichen, dass Gesamt-Phosphor-Konzentrationen im Bereich von 10 bis 35 µg/l einen mesotrophen Zustand wahrscheinlich machen, in dem die Phytoplanktondichte maximal 25 µg/l Chlorophyll-*a* bedingt. Beeinträchtigungen der Wassernutzung durch eine sehr hohe Phytoplanktonbiomasse sind dann nur noch beim Auftreten von Arten zu erwarten, die sich gezielt in einer Wasserschicht anreichern können, wie manche Cyanobakterien und Flagellaten. Allerdings können Beeinträchtigungen durch Geruchs- und Geschmacksstoffe von Chrysophyceen spezifisch in mesotrophen Gewässern besonders ausgeprägt auftreten, da die Biomasse dieser Arten nach einer Phosphorreduktion oft noch relativ hoch ist, weil sie nicht mehr durch andere, eher unter eutrophen Bedingungen dominante Arten verdrängt werden. Eine weitere Reduzierung des Gesamt-P mit dem Ziel eines oligotrophen Zustandes kann dann erforderlich werden. Allerdings treten Chrysophyceen selten über längere Zeiträume in hoher Biomasse auf und die beeinträchtigenden Stoffe bilden sich nur gelegentlich. Auch kann die Wiederherstellung eines naturnahen Zustandes entsprechend dem Leitbild der Europäischen Wasserrahmenrichtlinie die Reduzierung von Gesamt-P-Konzentrationen auf weniger als 10 µg/l erfordern.

Die Phosphorkonzentrationen im Zulauf bestimmen diejenigen im Gewässer. Bereits Vollenweider (1976) zeigte, dass die Zielkonzentration an Gesamt-Phosphor im Gewässer von der Phosphorfracht aus den Zuläufen in Relation zur Wasseraufenthaltszeit und der mittleren Tiefe des Gewässers abhängt (siehe auch Cooke et al., 2005). Abweichungen können jedoch im Einzelfall – je nach Sedimentbeschaffenheit und Intensität des Austauschs zwischen Sediment und Wasser erheblich sein: Sedimente wirken zwar langfristig fast immer als Phosphor-Senke. Vorübergehend, d. h. im Zeitraum von Monaten bis zu Jahrzehnten, können sie jedoch auch in erheblichem Maße als Phosphor-Quelle fungieren (interne Düngung, siehe Abschnitt 7.2.5.4).

7.2.5.2 Sanierung von punktförmigen Nährstoff-Quellen

Unter „punktförmige Quellen“ werden gut lokalisierbare Nährstoffeinträge verstanden, die vorwiegend Siedlungsabwässern aus Kläranlagen, aber auch manchen Industrieabwässern zuzuschreiben sind.

Noch 1985 stammte die Hälfte des Phosphatgehalts im Ablauf der Kläranlagen aus Waschmitteln. Ende der 1990er-Jahre betrug dieser Anteil nur noch etwa 8 %, während etwa 72 % des Phosphors aus Fäkalien und weitere ca. 10 % aus Nahrungsmittelresten stammten. Rund 10 % des Phosphors im Kläranlagenablauf konnten nicht zugeordnet werden. Ein rascher Rückgang der Phosphorfrachten aus dem Abwasser auf ungefähr die Hälfte wurde Ende der 1980er-Jahre mit einer einzelnen Maßnahme erreicht, nämlich der Substitution von Phosphat in Waschmitteln durch Ersatzstoffe, (Behrendt et al., 2000). Diese Maßnahme allein war jedoch für die Mehrzahl der eutrophierten Gewässer nicht ausreichend, da die Nährstofffrachten aus menschlichen Ausscheidungen in Ballungsräumen so hoch waren, dass ihre Entfernung aus dem Abwasser nahezu in jedem Falle erforderlich ist (siehe Kap. 13).

Für sensible Gewässer kann die Ableitung der Abwässer aus dem Einzugsgebiet des betroffenen Gewässers durch Ringleitungen angezeigt sein, wie sie z. B. an einigen süddeutschen Seen erfolgreich betrieben werden. Damit vergleichbar ist die im Harz betriebene Ableitung von Abwässern, die überwiegend aus Fremdenverkehrseinrichtungen stammten, aus dem Einzugsgebiet von Talsperren. Es handelt sich dabei um ausgeprägt punktförmige Nährstoffquellen, die leicht zu fassen waren. Diese Strategie kann jedoch zur Problemverlagerung führen, wenn dadurch stromabwärts die Nährstoffkonzentrationen erhöht werden.

Ein weiterer wichtiger Ansatzpunkt ist in vielen Städten die Mischkanalisation, in der mit dem Abwasser auch der Niederschlagsabfluss von Straßen und anderen versiegelten Flächen in die Klärwerke transportiert wird. Nährstoffkonzentrationen im Niederschlagsabfluss können in Ballungsgebieten erheblich sein, insbesondere bei Starkniederschlägen nach längeren Trockenperioden. Der Vorteil der Mischkanalisation ist daher die Rückhaltung von organischer Substanz und von Nährstoffen aus dem Niederschlagsabfluss durch die Aufbereitung im Klärwerk. Der Nachteil ist jedoch die Kapazitätsgrenze dieser Systeme bei Starkniederschlägen, die in vielen derartigen Situationen zum Überlaufen ungeklärten Mischwassers direkt in die Gewässer führt. Ein Ansatz zur Lösung des Problems ist die Vergrößerung von Rückhaltebecken oder aber Schaffung von Stauraum, um diese Wassermengen nach dem Niederschlagsereignis allmählich den Klärwerken zuzuführen. Insbesondere kann das Auffangen und/oder Versickerung von Dachablaufwasser auf Grundstücken diese Ablaufspitzen mindern und somit das Überlaufen der Mischkanalisation vermeiden oder reduzieren.

7.2.5.3 Sanierung von diffusen Quellen

Als „diffuse Quellen“ werden die weniger gut lokalisierbaren Einträge aus der Fläche bezeichnet. Für eutrophierende Nährstoffe können dies zum einen ungeklärte Abwässer sein, insbesondere aus Streusiedlungen und Stadtrandgebieten, die nicht an die Kanalisation angeschlossen sind, deren Abwassergruben undicht sind oder deren Abwasser unkontrolliert in Oberflächengewässer abgeleitet werden. Dies können auch Kleinkläranlagen sein, die nicht nach den Regeln der Technik bewirtschaftet werden (siehe Kap. 13). Zum anderen können zu den diffusen Quellen auch die Überläufe der Trenn- und Mischkanalisation zählen, wenn sie vom Abfluss und Niederschlag abhängig sind.

In weniger besiedelten Gebieten bestehen diffuse Quellen überwiegend aus den in der Landwirtschaft verwendeten Düngemitteln sowie aus landwirtschaftlichen Produktionsanlagen. Zu Letzteren zählen Haltungen von Nutztieren aller Art (Großvieh, Kleinvieh, Geflügel, Fische), wobei die Belastung von den Ställen und Teichen direkt ausgehen kann, sowie von den gelagerten oder auf den Nutzflächen verteilten Exkrementen der Tiere. Dabei unterscheiden sich die Eintragspfade für Phosphor und Stickstoff. Phosphate werden in der Regel gut an Bodenpartikel gebunden, und Einträge in die Gewässer erfolgen vorwiegend über Bodenabschwemmung infolge von Erosion. Ausgeprägte Überdüngung kann jedoch auch zu einer Übersättigung der Bindungskapazität der Böden führen. Dadurch nimmt der durch Wasser extrahierbare Anteil an Phosphor zu, der anschließend bei Niederschlag ausgespült wird. Nitrat ist hingegen sehr gut wasserlöslich. Die Überdüngung von Böden mit Stickstoff, der bei Anwesenheit von Sauerstoff mikrobiell zu Nitrat oxidiert wird, führt daher leicht zu hohen Nitrateinträgen sowohl in das Grundwasser als auch über Sickerwässer, Dränagen von Feldern und direkte Abschwemmung in die Oberflächengewässer. Während Phosphat im Gewässer bzw. in dessen Sedimenten verbleibt, kann Nitrat jedoch zu elementarem Stickstoff abgebaut werden. Bei anaeroben Verhältnissen können in Gewässersedimenten denitrifizierende Bakterien Nitrat zu Luftstickstoff umwandeln, der dann ausgast und somit das Gewässer wieder verlässt.

Nährstoffeinträge aus diffusen Quellen sind deutlich weniger zurückgegangen als Einträge aus Punktquellen, obwohl weit reichende Konzepte zur guten landwirtschaftlichen Praxis, insbesondere im Hinblick auf die Reduzierung des Düngemitteleinsatzes, entwickelt und in manchen Gebieten auch umgesetzt worden sind (Frede und Dabbert, 1998). Wichtige Maßnahmen zur Minderung von Einträgen aus landwirtschaftlichen Nutzflächen sind:

- Bedarfsgerechte Düngung anhand des vorhandenen Nährstoffgehalts im Boden;
- Reduzierung der Viehbestandsdichte auf ein umweltverträgliches Niveau;
- erosionsmindernde Bewirtschaftung, z. B. Gründüngung und Bodenbedeckung im Winter;
- Fruchtfolgen und -auswahl,
- erosionsmindernde Uferrandstreifen an Seen, Talsperren und ihren Zuläufen.

Die P- und N-Gehalte langjährig überdüngter Böden stellen einen erheblichen Speicher dar. Zwar ist die in Deutschland ausgebrachte Düngemittelmenge mancherorts zurückgegangen, die in den Böden gespeicherten Überschüsse werden jedoch noch jahrelang allmählich in die Gewässer ausgetragen. In Deutschland liegen die Überschüsse für Stickstoff bei 97 kg und für Phosphor bei 8 kg pro Hektar und Jahr. Überschüsse treten vor allem in Gebieten mit hohem Viehbestand auf, z. B. in Nordwestdeutschland und im Allgäu.

Gute Erfolge wurden durch verschiedene Kooperationsmodelle zwischen Trinkwasserversorgern und Landwirten erreicht, in denen gezielt auf die jeweilige Situation der Landwirtschaft eingegangen werden kann und neben entsprechender Beratung auch Entschädigungen für Mindererträge gezahlt werden, sofern diese infolge der Wasserschutzmaßnahmen auftreten. Dabei hat sich die Kooperation und Beratung als eigentliche Grundlage der Sanierung herausgestellt, während eine nur auf Entschädigung fußende Maßnahme zu wenig zielorientiert arbeitet.

In Einzelfällen hat sich die Abtrennung eines Gewässers von seinem nährstoffreichen Einzugsgebiet als sinnvoll erwiesen. Auch durch das je nach verfügbaren Wassermengen mehr oder weniger intensive „Spülen" mit nährstoffarmem Wasser oder die Phosphoreliminierung im **Zulauf von Gewässern** können Sanierungserfolge erzielt werden. Beispiele hierfür sind das flache Veluwemeer bei Amsterdam (Sas, 1989) und die Berliner Seen, für die Sanierungserfolge in Abb. 7.3 dargestellt sind. Bekanntestes Beispiel ist die Phosphoreliminierung im Zulauf der Vorsperre zur Wahnbachtalsperre.

Voraussetzung für die Behandlung des Zulaufs als Sanierungskonzept ist, dass kaum weitere Phosphorfrachten aus anderen, unbehandelten Zuläufen in das Gewässer gelangen. Insbesondere müssen auch bei Hochwasserspitzen erhöhte Nährstoffeinträge vermieden werden. Dazu ist die Dimensionierung derartiger Anlagen kritisch, da die Wasserführung des Gewässerzulaufs selbst im relativ humiden mitteleuropäischen Klima stark schwankt. Die an der Wahnbachtalsperre betriebene Anlage ist auf das ca. Fünffache der mittleren Wasserführung dimensioniert. Außerdem wird das Wasser der Vorsperre entnommen, die nicht, wie es allgemein üblich ist, mit konstantem Wasserstand, sondern als Hochwasserrückhaltebecken betrieben wird. Alternativ zur Vorsperre können Hochwasserspitzen um das zu sanierende Gewässer geleitet werden, wie dies am Tegeler See realisiert wurde.

Die an der Wahnbachtalsperre und am Tegeler See betriebenen Anlagen haben eine maximale Kapazität von 5 m^3/s, und die Kosten der Aufbereitung einschließlich Abschreibung der Investitionen liegen bei etwa 0,15 € pro m^3. Phosphor-Entfernung aus dem Zulauf lässt sich auch mit kleineren und einfacheren Anlagen für kleinere Gewässer und/oder geringere Anforderungen an die Ablaufkonzentration verwirklichen. So wurde an einem kleinen Zufluss der Wahnbachtalsperre, welcher durch eine intensiv betriebene Fischteichanlage stark belastet war, eine einfache Filteranlage betrieben, die mit granuliertem Aluminiumoxid beschickt war. Gelöstes Phosphat wurde an den Oberflächen der Al_2O_3-Körner festgehalten, partikulärer Phosphor zwischen den Filterkörnern zurückgehalten. Die Rückspülung erfolgt bei Bedarf mit Spüllanzen. Im Ablauf von Bodenfiltern für Abwasser hat sich so genannte Roterde, d. h. Erde mit einem hohen Gehalt an Eisenoxid, als P-Senke bewährt.

Ein in manchen Situationen einfacher Ansatz zur Beherrschung diffuser Nährstoffquellen im Einzugsgebiet von Talsperren ist der Einsatz von **Vorsperren** an den Einmündungen der Hauptzuflüsse als „Nährstofffallen". Ursprünglich wurden Vorsperren nicht in erster Linie zur Nährstoffeliminierung konzipiert, sondern sollten Erosionsprodukte aus dem Einzugsgebiet zurückhalten und außerdem für Trockenperioden Wasser bereithalten, um zu verhindern, dass bei niedrigem Wasserstand im flachen Bereich an der Stauwurzel größere Flächen trocken fallen und mit Sumpfpflanzen besiedelt werden. Die Bedeutung der Vorsperren für den Rückhalt von Nährstoffen wurde erst vor ca. 40 Jahren erkannt und in Konzeptionen zur Dimensionierung von Vorsperren für eine möglichst effektive Nährstoffrückhaltung umgesetzt. Von entscheidender Bedeutung ist hierbei die Aufenthaltszeit des Wassers in den Sommermonaten. Sie muss hinreichend lang sein, um einen Aufbau von Phytoplanktonbiomasse zu ermöglichen, denn die Nährstoffelimination beruht darauf, dass planktische Algen Nährstoffe aufnehmen und diese durch Sedimentation zum Gewässergrund verfrachten. Erwünscht sind daher solche Planktonorganismen, die viel Phosphor speichern und rasch sedimentieren. Diese Anforderung wird am besten von Kieselalgen erfüllt, welche bei relativ kurzen Aufenthaltszeiten dominieren. Unerwünscht ist demgegenüber das Auftreten von Zooplankton, das die Planktonalgen frisst und dadurch die in den Phytoplanktern enthaltenen Nährstoffe teilweise wieder freisetzt. Da die Vermehrungsrate des Zooplanktons im Vergleich zu jener des Phytoplanktons gering ist, entwickelt sich das Zooplankton jedoch erst bei längerer Aufenthaltszeit des Wassers in der Vorsperre. Somit ist eine Optimierung der Aufenthaltszeiten des Wassers in Vorsperren anzustreben. Aus diesem Grund dürfen Vorsperren nicht einfach so groß wie möglich gebaut werden. Modelle für die Optimierung der Wasseraufenthaltszeit in Vorsperren beschreiben Benndorf und Pütz (1987). Maximal können unter mitteleuropäischen Bedingungen durch Vorsperren 50 % bis 60 % der Phosphorfracht zurückgehalten werden.

7.2.5.4 Interne Düngung und Gegenmaßnahmen

Ein Teil der in den See transportierten Nährstoffe wird von den Planktonorganismen inkorporiert. Sie sterben ab, sedimentieren während der sommerlichen Schichtung ins Hypolimnion und werden mit anderen partikulär gebundenen Nährstoffen auf der Sedimentoberfläche abgelagert. Dort finden intensive biogeochemische Umsetzungsprozesse statt, die dazu führen, dass ein Teil dieser Nährstoffe wieder freigesetzt und an den Wasserkörper abgegeben wird. Diese Remobilisierung wird „interne Düngung“ genannt. Wird die Schichtung im Zuge der herbstlichen Abkühlung aufgehoben, gelangt der im Tiefenwasser freigesetzte Phosphor durch windinduzierte Zirkulation des Wasserkörpers in die durchlichtete Zone, und das Phytoplankton wird stärker gedüngt als bei stabiler Schichtung. Zwei unterschiedliche Prozesse bestimmen die interne Düngung:

Zum einen bauen Bakterien an der Sedimentoberfläche die frisch sedimentierte organische Substanz ab. Die Abbauraten und somit auch die Freisetzung von Nährstoffen aus der organischen Substanz sind temperaturabhängig und in Gegenwart von Sauerstoff deutlich höher als unter anaeroben Bedingungen. Allerdings zehrt dieser Abbau auch Sauerstoff, und hohe Abbauraten führen im thermisch geschichteten Gewässer dazu, dass das Tiefenwasser anaerob wird.

Unter anaeroben Bedingungen kann ein Prozess einsetzen, auf den Ohle 1958 unter dem Begriff der „rasanten Seeneutrophierung“ erstmals hingewiesen hat und der die Eutrophierung als sich selbst verstärkenden Prozess beschleunigen kann: Voraussetzung dafür, dass diese Rückkopplung eintritt, ist, dass ein wesentlicher Anteil des Phosphors redox-sensitiv an Eisen gebunden ist. Fällt durch die o. g. Sauerstoffzehrung das Redoxpotential soweit ab, dass der Sauerstoff auch aus Nitrat und Sulfat aufgezehrt ist, können Eisenverbindungen reduziert werden. Dadurch wird an Eisen gebundenes Phosphat mobilisiert, was wiederum die Planktonproduktion fördert, vorausgesetzt, dass dieser Nährstoff durch Wasseraustauschprozesse in die euphotische Zone (Produktionszone) gelangt. Schauser et al. (2006) veranschaulichen die relative Bedeutung dieser Prozesse für die Seensanierung.

Einflussgrößen, die die interne Düngung bestimmen, sind unter anderem die Temperatur-, Redox- und pH-Verhältnisse an der Sedimentoberfläche, die Verfügbarkeit von chemischen Bindungspartnern für Phosphat (z. B. Eisen), Fällungs- und Sorptionsprozesse und die Transportbedingungen zwischen Sediment, Hypolimnion und Epilimnion.

Trotz der internen Düngung wird auch in eutrophen Gewässern in der Jahresbilanz ein erheblicher Teil der in das Sediment gelangenden Nährstoffe dort festgehalten. Die mittlere jährliche P-Konzentration im See ist fast immer erheblich geringer als die mittlere jährliche P-Konzentration aller seiner Zuläufe (Vollenweider und Kerekes, 1982). Der Fall, dass die P-Konzentration im See höher als die P-Konzentration aller Zuläufe ist, kann nur dann eintreten, wenn der See sich nicht im Gleichgewicht („steady state“) befindet, insbesondere, wenn bei hoch eutrophen Seen die P-Konzentration in den Zuläufen kurzfristig stark vermindert wird (Sas, 1989). Dann wird so lange überschüssiger Phosphor aus dem Sediment freigesetzt, bis wieder ein neuer Gleichgewichtszustand zwischen Sedimentation und Rücklösung erreicht ist. Der zur Einstellung eines neuen Gleichgewichts zwischen Konzentration im Zulauf und im Gewässer erforderliche Zeitraum kann ein Vielfaches der Aufenthaltszeit des Wassers im See betragen und ggf. Jahre bis Jahrzehnte betragen.

Maßnahmen zur Begrenzung der internen Düngung sind nach erfolgter Sanierung der Zuläufe nicht unbedingt erforderlich. Die Wahrscheinlichkeit einer internen Düngung lässt sich durch Untersuchung der P-Bindungsformen im Sediment abschätzen (Hupfer, 1992). Die Beobachtung der Entwicklung der Phosphat-Konzentrationen im Hypolimnion wird verdeutlichen, inwieweit die P-Rücklösung aus den Sedimenten nachlässt. Bei geringer Wasseraufenthaltszeit und entsprechend hohem Austrag des freigesetzten Phosphors kann sie innerhalb weniger Jahre stark zurückgehen. Gezielte interne Maßnahmen zur Verminderung des Phosphorgehaltes im See werden erst notwendig, wenn trotz Sanierung wegen der fortbestehenden internen P-Belastung aus den Sedimenten auch nach mehreren Jahren kein Rückgang der P-Konzentrationen beobachtet wird oder erwartet werden kann. Dies ist umso wahrscheinlicher, desto länger die Wasseraufenthaltszeit.

Für die Verminderung der internen Nährstoffbelastung ist eine Fülle von Maßnahmen vorgeschlagen und zum Teil (mit unterschiedlichem Erfolg) auch durchgeführt worden (Klapper, 1992). An erster Stelle ist in diesem Zusammenhang die Nährstoffausfällung im See zu nennen, oft gekoppelt mit Belüftungsmaßnahmen, die nicht nur die Freisetzung von P aus dem Sediment durch Oxidation der Sedimentoberfläche vermindern sollen, sondern auch durch die induzierten Strömung das Fällmittel wirksam verteilen. Während bei der P-Elimination in Kläranlagen und Zuflüssen meist dreiwertige Eisensalze verwendet werden, kann in Seen der Einsatz zweiwertiger Eisensalze effektiver sein, denn sie können besser im Gewässer verteilt werden, während dreiwertiges Eisen bereits in unmittelbarer Nähe der Belüftungsanlage ausfällt und sedimentiert. Zweiwertige Eisensalze werden erst nach der Oxidation durch die Tiefenbelüftung in Hinblick auf die P-Fällung wirksam. Prinzipiell ist auch eine P-Eliminierung mit Aluminiumsalzen möglich. Der Einsatz muss sorgfältig geprüft werden, da die Löslichkeit von Aluminium stark vom pH abhängt und die bei niedrigem pH vorherrschenden Ionen der Al-Hydroxokomplexe für viele Wasserorganismen giftig sind. In Seen mit ausreichender Säurekapazität (HCO_3^--Konzentration) kann Calciumhydroxid als Fällmittel benutzt werden. In diesem Fall wird als Reaktionsprodukt Calciumcarbonat gebildet, an welches sowohl gelöste Phosphorverbindungen als auch Partikel gebunden werden. Hierbei wird lediglich ein natürlicher Vorgang unterstützt, der ohnehin bei Erhöhung des pH-Wertes durch Massenentwicklung der Algen stattfindet. Der Vorteil der Bindung von Phosphor an Calciumcarbonat ist die geringe Abhängigkeit von Redoxbedingungen, so dass eine Belüftung nicht erforderlich ist.

Weitere mögliche Maßnahmen zur Begrenzung der internen Belastung mit Nährstoffen sind die Abdeckung des Sediments mit inertem Material oder die völlige Entfernung desselben. Da dies sehr aufwändige Maßnahmen sind, kommen sie nur in kleinen Gewässern, vorzugsweise solchen mit sehr langer Aufenthaltszeit in Betracht.

7.2.5.5 Abzug des Hypolimnions

Eine weitere Möglichkeit, den Phosphorgehalt im See zu senken, ist die Erhöhung des Exports, indem statt des phosphorarmen epilimnischen Wassers phosphorreiches Tiefenwasser mit Pumpen oder einem Hebersystem abgeleitet wird. Neben den Nährstoffen werden reduzierende und zum Teil toxische Substanzen entfernt, so dass sich die Sauerstoffverhältnisse im Tiefenwasser verbessern. Dieses Grundprinzip findet für die Steuerung der Wasserbeschaffenheit auch bei Talsperren Anwendung, da diese oftmals über eine variable Tiefenwasserentnahme oder einen Grundablass verfügen. Allerdings lohnt sich eine Ableitung des Tiefenwassers nur, wenn damit wesentliche Anteile am Gesamtinhalt des Wasserkörpers entfernt werden können. Das Verfahren eignet sich daher nicht bei Seen mit langer Wasseraufenthaltszeit. Dort kämen eher eine Reinigung in einer externen P-Eliminationsanlage und die Rückführung des Wassers in den See in Frage. Bei der Tiefenwasserableitung sind ferner zu erwartende ökologische Auswirkungen des in der Regel kälteren, sauerstofffreien und stark mit Nährstoffen belasteten Wassers stromabwärts der Ableitung zu berücksichtigen.

7.2.5.6 Künstliche Durchmischung

Durch die künstliche Durchmischung eines Gewässers kann die Verfügbarkeit einer anderen für das Phytoplankton wesentlichen Ressource reduziert werden, nämlich des Lichts. Indem die Durchmischung das Phytoplankton über einen größeren Tiefenbereich verteilt, verringert sich der mittlere Lichtgenuss der einzelnen Algen- und Cyanobakterienzellen. Eine erfolgreiche Reduzierung der Zelldichte des Phytoplanktons gelingt, wenn diese Reduzierung des Lichtgenusses zum Absterben von Zellen führt, also nicht mehr die Konzentration eines Nährstoffs, sondern Licht zum limitierenden Faktor geworden ist. Durch eine geringere Zelldichte wird das Wasser klarer, mehr Licht ist verfügbar, und die Phytoplanktonbiomasse pendelt sich auf einem neuen Niveau ein, bei dem das Licht im Mittel für jede Zelle ausreicht (siehe Abschn. 7.2.3.2). Diese Methode kann nur bei hinreichend tiefen Gewässern angewendet werden und ist umso effektiver, je stärker das Wasser selbst bei Abwesenheit des Planktons Licht absorbiert. Anhand des Lambert-Beer'schen Gesetzes und der spezifischen Absorptionskoeffizienten des Wassers mit und ohne Planktonpartikel kann berechnet werden, welche Durchmischungstiefe erreicht werden muss, um im Mittel über die Tiefe eine bestimmte Lichtintensität zu erreichen. Ferner muss zur Bekämpfung von Cyanobakterienarten mit starkem Auftrieb die Durchmischungsintensität hinreichend hoch sein, um diesem Auftrieb entgegenzuwirken. Z. B. war am Nieuwe Meer bei Amsterdam die Planungsgrundlage der Maßnahme die Bestimmung des Auftriebs der dort dominierenden *Microcystis*-Population.

Diese Technik wird erfolgreich in Speicherbecken in den Niederlanden und in England angewendet, wo auch Modellvorstellungen zu diesem Mechanismus entwickelt wurden. Zu beachten ist allerdings, dass die Veränderung des Lichtklimas durch künstliche Durchmischung diejenigen Phytoplanktonarten begünstigt, die mit besonders geringer Lichtintensität noch vergleichsweise hohe Wachstumsraten aufrecht halten können. Ist die Durchmischungstiefe nicht hinreichend, bewirkt die Maßnahme weniger eine Verminderung der Gesamt-Biomasse, sondern eher eine Artenverschiebung. Dieser Effekt kann in Hinblick auf die Nutzung des Gewässers durchaus erwünscht und hinreichend sein, wenn dadurch die störenden Arten unterdrückt werden, z. B. Cyanobakterien, die an Wasseroberfläche „Blüten" bilden (insb. *Microcystis* und *Anabaena* spp.).

Die Artenzusammensetzung kann ferner beeinflusst werden, indem die künstliche Vollumwälzung alternierend betrieben wird, d. h. Phasen der Durchmischung wechseln mit Phasen, in denen Stagnation und thermische Schichtung zugelassen werden. Dieses Verfahren nutzt den Zeitbedarf des Phytoplanktons zur Ausbildung von Massenentwicklungen aus. Bevor die gegen Durchmischung toleranten Arten zu einer Massenentwicklung anwachsen können, wird Stagnation und Schichtung zugelassen, die andere Arten begünstigt. Diese fangen an, sich durchzusetzen, aber bevor sie wiederum einen hohen Bestand ausbilden können, wird wieder auf Durchmischung gewechselt. Ein erfolgreiches Beispiel für diese Vorgehensweise ist die intermittierende Belüftung am Fischkalter See (Steinberg, 1988).

7.2.5.7 pH-Anhebung

Die Biozönose saurer Gewässer kann durch Anhebung des pH-Wertes verändert werden. In schwach gepufferten Gewässern ($K_{S4,3}$ < 0,1 mmol/l, siehe Abschn. 3.2.3) ist eine pH-Manipulation durchaus möglich. Moderate Erhöhungen des pH-Wertes in sauren Gewässern haben erfolgreich die Massenentwicklung von der diesem Milieu angepassten Arten kurzfristig zusammenbrechen lassen. So ist es gelungen, Massenentwicklungen der Chrysophyceae *Synura uvella*, die dem Wasser einen unerwünschten Geruch verleiht, durch Kalkung zum Erliegen zu bringen.

7.2.5.8 Biomanipulation

Eine Reduzierung der Phytoplanktondichte kann auch durch gezielten Eingriff in das Nahrungsnetz erreicht werden. Hierbei wird von der Beobachtung ausgegangen, dass die Zusammensetzung und die Dichte des Planktons trotz vergleichbarer Nährstoffbelastung, Morphologie und Hydrologie in verschiedenen Gewässern je nach Fischbesatz sehr unterschiedlich sein können. Diese Tatsache zeigt u. a. die ausgeprägte Streuung in der Vollenweider Regression (siehe Vollenweider und Kerekes, 1982). Die Ursache dafür ist, dass der „Bestand" an Phytoplankton nicht ständig das Maximum („carrying capacity") erreicht, das die limitierenden Ressourcen zulassen würden (siehe Abschn. 7.2.3.1). Vielmehr wird die Biomasse und Zusammensetzung der Planktonalgen auch durch Verlustprozesse beeinflusst, unter manchen Bedingungen insbesondere durch „Abweiden" durch Zooplankton. Für die Kontrollmöglichkeit des Phytoplanktonbestandes ergibt sich somit neben der Limitierung des Wachstums ein zweiter Zugang durch Erhöhung der Verluste. Konzepte zur Reduktion der Phytoplankton-Dichte durch Steuerung der Artenzusammensetzung der Nahrungskette werden unter dem Begriff „Biomanipulation" (manchmal auch als Nahrungsketten-Manipulation bezeichnet) subsumiert.

Hintergrund der Nahrungskettenmanipulation ist die Beobachtung, dass bei einem hohen Bestand an Plankton-fressenden Fischen das Zooplankton stark dezimiert wird und sehr kleine Formen vorherrschen, die von den nach Sicht jagenden Fischen weniger gefressen werden. Diese Zooplanktonbestände filtrieren das Phytoplankton jedoch weniger effektiv aus dem Wasser heraus als z. B. große Daphnien

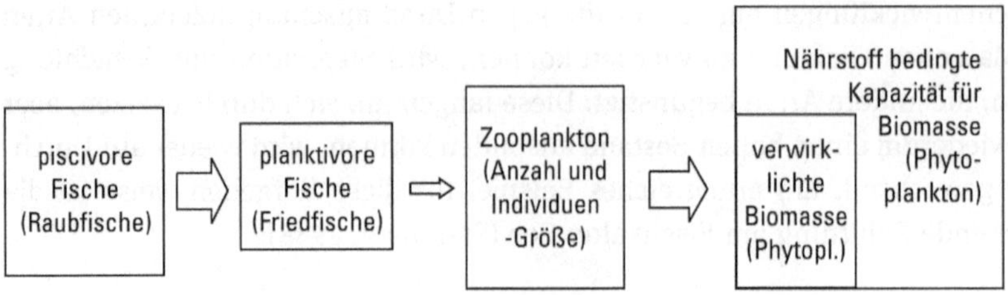

Abb. 7.5: Grundschema der Nahrungsketten-Manipulation. Pfeilstärken deuten Verlustraten durch Fraß an.

(„Wasserflöhe"). Dadurch bleibt die Verlustrate des Phytoplanktons geringer als seine Wachstumsrate und die Phytoplanktondichte somit hoch. Umgekehrt können sich bei geringem Raubdruck durch planktivore, d. h. planktonfressende Fische die großen Filtrierer im Zooplankton gut entwickeln, wodurch das Phytoplankton dezimiert wird. Ziel der Manipulation ist daher die Reduktion des Phytoplanktons über eine Reduktion der planktivoren Fische, z. B. durch Besatz mit Raubfischen d. h. mit „piscivoren" Fischen. In unseren Breiten kommen hierfür vorwiegend Hecht und Zander in Frage.

Grundschema der Nahrungskettenmanipulation ist: Ein höherer Raubfischbestand dezimiert den Bestand an Zooplankton fressenden Fischen, wodurch höhere Bestände an großen Zooplanktern mit hoher Filtrationsrate möglich werden, die ihrerseits durch „Abweiden" die Verluste des Phytoplantons maximieren (Abb. 7.5).

Wegen der Komplexität von Nahrungsnetzen funktioniert die Biomanipulation in der Praxis jedoch selten derartig gradlinig. Ein Problem sind die sehr unterschiedlichen Generationszeiten der beteiligten Organismen, die im Bereich von Tagen für die Zellteilung des Phytoplanktons, von Wochen für die Vermehrung des Zooplanktons und von Monaten bzw. Jahren für die Entwicklung von Fischpopulationen liegen. Hinzu kommen Adaptationsstrategien des Phytoplanktons. So kann z. B. starkes Abweiden durch Zooplankton zur Dominanz von großen, sperrigen und schlecht fressbaren Phytoplanktonarten führen, unter anderem von fädigen oder kolonieförmigen Cyanobakterien. Werden z. B. die planktivoren Fische zu stark eliminiert, so können Raubwasserflöhe, Milben oder räuberische Insektenlarven deren Rolle übernehmen, wodurch der erwünschte Effekt völlig aufgehoben werden kann (Benndorf et al., 1995).

Kasprzak et al. (2000) leiten aus einem fundierten theoretischen Hintergrund zur Populationsentwicklung von Phyto- und Zooplankton Modelle zu Wachstums- und Fressraten ab, mit denen die Oszillationen in den Räuber- und Beute-Beständen beschrieben werden können. Sie betonen, dass die Phytoplanktonbestände letztlich sowohl von der ressourcenbedingten Kapazität für Biomasse als auch vom Fraßdruck gesteuert werden. In Gewässern mit unlimitierend hohen Nährstoffkonzentrationen liefert die Nahrungskettenmanipulation selten stabile Ergebnisse, weshalb schon frühzeitig auf die Notwendigkeit der Kombination von Nahrungskettenmanipulation und Reduzierung der Nährstoffbelastung hingewiesen wurde, also auf gleichzeitige sogenannte top-down und bottom-up Regulationen (Benndorf, 1987). Erst bei Unterschreitung einer Phosphor-Belastungsschwelle, die nach Benndorf (1995) etwa 0,6 gP pro m^2 Seeoberfläche und Jahr beträgt, kann die Phosphor-Verlustrate durch die Sedimentation abgestorbener Daphnien höher liegen als die Phosphor-Zufuhr und dadurch die P-Konzentration im See zurückgehen. Somit kann bei Unterschreitung dieser Schwelle durch Förderung des Daphnienwachstums mit einer echten Oligotrophierung gerechnet werden.

Jeppesen et al. (1997a) geben als kritische Konzentration im Gewässer für erfolgreiche Biomanipulation den Bereich von 80 bis 150 µg/l Gesamt-P an, diskutieren jedoch eine höhere Erfolgswahrscheinlichkeit bei 50 bis 100 µg/l. In diesem Konzentrationsbereich kann in flachen Gewässern den Makrophyten („Wasserpflanzen") eine wesentliche Rolle zukommen, sowohl als Konkurrenten des Phytoplanktons um Phosphor, als auch dadurch, dass sie den Zooplanktonpopulationen Sichtschutz vor Fischen bieten (Jeppesen et al., 1997a). Somit zeichnet sich ab, dass Biomanipulation vorwiegend in mesotrophen und flachen, eher kleineren Gewässern erfolgreich ist, insbesondere zur Unterstützung von Sanierungsmaßnahmen. Ein Schema der durch Nahrungskettenmanipulation erreichbaren Effekte in Abhängigkeit vom jeweiligen Gewässertyp gibt Benndorf (1995).

Kasprzak et al. (2000) geben eine Übersicht der Steuerungsmöglichkeiten für den Fischbesatz und betonen die Notwendigkeit der Zusammenarbeit mit Sport- und Berufsfischerei. Dabei gilt es zu vermitteln, dass die Fischbestände durch die Biomanipulation zwar geringer, in ihrer Artenzusammensetzung jedoch für die Fischerei attraktiver werden. Neben konkreten Anwendungsempfehlungen betonen diese Autoren die Notwendigkeit, Biomanipulation wegen des elastischen Charakters von Nahrungsnetzen als „adaptive Managementstrategie" zu betrachten, die für das jeweilige Gewässer „maßgeschneidert" und den jeweiligen biologischen Reaktionen im Gewässer laufend angepasst werden muss. Daher setzt sie große Fachkenntnisse voraus, ist meist mit einem erheblichen Überwachungsaufwand verbunden und somit selten preisgünstig. Für die damit verbundenen Aufgaben liegen konkrete Anwendungsrichtlinien vor (Willmitzer et al., 2000).

7.2.5.9 Einsatz von Herbiziden

Neben dem Nährstoffentzug (Sanierung) und der Veränderung anderer ökologischer Bedingungen wie des Lichtklimas (Durchmischung) und der Algenelimination durch Fraßverluste (Biomanipulation) kommt theoretisch auch eine direkte Bekämpfung nutzungsbeeinträchtigender Phytoplanktonpopulationen mit Giftstoffen (Schwermetallionen, Herbiziden) in Betracht. Trotz zunehmender Ablehnung aus ökologischen Überlegungen heraus werden in vielen Ländern Massenentwicklungen von Algen und Cyanobakterien mit Kupferionen bekämpft. Gerade beim massenhaften

Auftreten von Cyanobakterien ist die Verwendung von Kupferionen abzulehnen, denn durch die infolge der Kupfereinwirkung einsetzenden Lysie der Zellen können die darin enthaltenen Toxine freigesetzt werden. In Deutschland gehören derartige Maßnahmen der Vergangenheit an, z. B. wurden in manchen Fischzuchtbetrieben Fadenalgen mit Herbiziden wie Diuron bekämpft. Auch die Bekämpfung von lästigen Makrophyten mit diversen Herbiziden wurde noch in den 60er-Jahren diskutiert.

7.2.5.10 Entfernungen von Makrophyten durch Mähboote

In der Praxis erweisen sich zur Dezimierung von Makrophyten spezielle Mähboote als umweltverträglicheres Verfahren. Der Einsatz dieses Verfahrens setzt eine genaue Kenntnis der zu beseitigen Wasserpflanzenarten voraus. Die nicht-heimischen invasiven Wasserpestarten *Elodea canadensis* und *Elodea nuttalltii* vermehren sich beispielsweise ausschließlich vegetativ und sind extrem regenerativ. In Experimenten konnten Hoffmann et al. (2015) zeigen, dass sich aus Sproßstücken, die nur ein bis vier Knoten besitzen, bereits nach kurzer Zeit neue Pflanzen entwickeln. Zur Eindämmung von *Elodea*-Beständen ist der Einsatz von Mähbooten daher kontraproduktiv, da bei diesem Verfahren mit Sicherheit nicht das gesamte Mähgut aus dem Wasser entfernt werden kann und die zurückbleibenden Sproßabschnitte der Vermehrung der Pflanzen dienen.

7.2.5.11 Entfernungen von Makrophyten durch den Besatz mit Graskarpfen

Eine immer wieder vorgeschlagene, jedoch in Deutschland verbotene und nicht sinnvolle Maßnahme zur Beseitigung von lästigen Wasserpflanzenbeständen, die beispielsweise den Bootverkehr, Angler oder Badende stören, ist der Besatz kleiner Gewässer mit dem nicht-heimischen Graskarpfen (Ctenopharyngodon idella). Entsprechende Maßnahmen zeigen zunächst den erwünschten Erfolg auf, und die Graskarpfen beseitigen die vorkommenden Wasserpflanzen rasant. Da die Wasserpflanzen mit den Planktonalgen jedoch um die Ressource Phosphor konkurrieren, wird durch die Beseitigung der Wasserpflanzen die Entwicklung von Phytoplankton stark gefördert (siehe 7.2.3.5 Phytoplankton und Makrophyten/Bistabile Zustände). Infolge dessen sind die behandelten Gewässer zunehmend durch eine Algentrübe oder „Blaualgenblüten" gekennzeichnet. Da diese Effekte zeitlich versetzt auftreten, wir der Zusammenhang mit dem Fischbesatz oft nicht erkannt.

7.2.6 Biologische Untersuchung von stehenden Gewässern

7.2.6.1 Planung und Vorbereitung von Freilandarbeit

Die Grundlage erfolgreicher und effizienter Überwachungsprogramme sind sorgfältige Zieldefinition und Planung. Daraus ergeben sich die Anforderungen an Personal und Ausstattung. Ist zum Beispiel das Ziel der Untersuchungen in erster Linie die deskriptive Erfassung des Problems und ggf. eine Risikoabschätzung, so kann eine routinemäßige Beprobung des Planktons einer Talsperre von eingewiesenem Personal aus Gesundheitsbehörden, Wasserwerken oder anderen Institutionen durchgeführt werden. Der Zugriff auf limnologische Kompetenz kann dann auf kritische Phasen des Untersuchungsprogramms begrenzt werden, insbesondere Planung, Qualitätskontrolle der angewandten Methoden, Auswertung und Bewertung der Daten. Hierzu kann eine Kooperation mit Umweltbehörden oder Universitäten erfolgen, oder es können private Gutachter hinzugezogen werden. Im Gegensatz dazu ist limnologische Kompetenz kontinuierlich erforderlich, wenn das Ziel auch die Aufklärung der Ursachen des Auftretens von qualitätsbeeinträchtigenden Organismen umfasst.

Weitere Hinweise für die Planungsphase sind: Frühzeitige Kontaktaufnahme mit dem Analytiklabor und genaue Koordination des Programms, Prüfen der Verfügbarkeit von Hintergrundinformationen (geographische, hydrologische, morphologische, technische, biologische etc.) auch über Privatpersonen und Interessensgruppen wie Fischereivereine und Anwohner, genaue Auswahl der Probenahmestellen und Dokumentation der Kriterien für ihre Auswahl, Erprobung des Zeitplans der Probenahme in der Vorbereitungsphase. Die Probenehmer sind das Rückgrat von Untersuchungsprogrammen. Entsprechend wichtig ist ihre Einarbeitung in die Probenahme, die gemeinsame Ortsbegehung und ihre Verständnis der Qualitätsanforderungen für die anzuwendenden Methoden.

Ziele der Planktonanalyse können sein: die ökologische Bewertung, die Abschätzung möglicher Nutzungsbeeinträchtigungen durch die Planktonmenge insgesamt oder der Menge einzelner, besonders problematischer Arten oder die Prognose der weiteren Entwicklung dahingehend, ob die Planktonmenge im Zunehmen begriffen ist und welche maximale Biomasse erwartet werden kann.

Die „Bestandsgröße“ sowie die Wachstumsrate einzelner Planktonarten kann anhand ihrer Individuen- oder Zelldichte pro Liter Wasser adäquat beschrieben werden. Bei der Probenahme eigenbeweglicher Plankter (Cyanobakterien, Flagellaten, größeres Zooplankton) muss auf mögliche Ungleichverteilungen („patchyness“) geachtet werden, insbesondere bei ruhigem Wasser, da diese bis zu einem gewissen Grade ihren Aufenthaltsort im Gewässer aktiv bestimmen (Abschn. 7.2.2).

Nutzungsbeeinträchtigungen sind jedoch häufig nicht in erster Linie auf die Individuen- oder Zelldichte zurückzuführen, sondern auf die Masse. Insbesondere das Auftreten von Problemstoffen aus Phytoplankton ist direkt der Masse proportional, nicht der Zellzahl. Ferner unterscheiden sich die Größen verschiedener Plankton-Arten um mehrere Zehnerpotenzen: Kleine Phytoplanktonarten, wie z. B. der Gattung *Microcystis* oder *Rhodomonas*, weisen einen Zelldurchmesser von wenigen µm auf und somit auch ein geringes Zellvolumen (bei 3 µm Durchmesser und sphärischer Gestalt entsprechend einem Volumen von rund 15 μm^3). Große Arten, wie z. B. *Ceratium*, oder aber auch Kolonien von *Microcystis*, erreichen Zellvolumina von 150.000 μm^3. Unter den Zooplanktern erreichen Kleinkrebse mit einer Körperlänge von 2 mm Volumina von 2,5 mm^3. Die für eine Bewertung geeignete Darstellung des relativen Anteils einzelner Arten am Plankton erfordert daher den Vergleich ihrer Massen oder Körpervolumina. Neben der Zell- oder Individuendichte ist Ziel der Überwachung daher häufig auch die Ermittlung der so genannten „Biomasse" des Phyto- und Zooplanktons.

Entscheidendes Kriterium für den Analysenaufwand ist das Ziel der Untersuchung. Während ökologische Studien zum Plankton häufig um eine detailgenaue Auflösung bemüht sind, können Überwachungsprogramme für nutzungsbeeinträchtigende Arten gezielt Schwerpunkte auf die damit verbundenen Arten setzen. Allerdings ist ihr Vorkommen häufig durch die Konkurrenz mit anderen Planktonarten bestimmt, so dass eine – wenigstens grobe – Erfassung dieser Konkurrenten meist zur Bewertung der Ursachen von Vorkommen oder Ausbleiben der „Problem-Arten" ebenfalls erforderlich ist. In jedem Falle sollte die Genauigkeit der Probenanalyse im Verhältnis zur Repräsentativität der Probenahme stehen. Ein hoher Aufwand der Quantifizierung der Organismen in der Probe ist z. B. wenig sinnvoll, wenn nicht gewährleistet werden kann, dass die Probenahme eine für die Population im Gewässer repräsentative Stichprobe erfasst, oder wenn die Probenahme zu selten erfolgt, um die zeitliche Dynamik des Vorkommens der interessierenden Arten zu erfassen. Die Zellteilung vieler Phytoplanktonarten kann im Gewässer alle 2 bis 3 Tage erfolgen. Bei weniger als wöchentlicher Probenahme können Bestandsmaxima daher leicht verpasst werden.

7.2.6.2 Probenahme

Flaschen und **Gefäße für die Probenahme** werden am günstigsten vom Analytiklabor zur Verfügung gestellt. Dies stellt sicher, dass sie von entsprechender Größe, angemessen gereinigt und beschriftet sind sowie ggf. die erforderlichen Fixierungsmittel enthalten, z. B. Lugol'sche Lösung für die Konservierung von Phytoplankton-Proben. Bei Routineuntersuchungen sollten immer dieselben Gefäße für denselben Ort und Parameter benutzt werden. Dies trägt dazu bei, Kontaminationen zu vermeiden, die trotz Spülens relevant sein können, z. B. bei Phosphat durch Adsorptions- und Desorptionsprozesse an Glasflächen. Für die meisten Proben sind Glasflaschen geeignet. Für viele Parameter können jedoch auch Kunststoff-Flaschen verwendet werden, die leichter und vor allem unzerbrechlich sind. Liegen keine Erfahrungen vor, so ist durch Vorversuche (Dotierung und Wiederfindung des zu bestimmenden

Parameters) zu prüfen, ob das gewünschte Material für den zu bestimmenden Parameter geeignet ist. Spezielle Anforderungen an Probenahmegefäße sind in den nachfolgenden Kapiteln für die jeweiligen Parameter beschrieben.

Generell ist eine möglichst schnelle Verarbeitung unfixierter Proben anzustreben. Zeiten für **Transport und Lagerung** sollten nur wenige Stunden betragen. Bei manchen spezifischen Fragestellungen ist eine teilweise Probenvorbereitung (z. B. Filtration) bereits vor Ort günstig, um Veränderungen während des Transports zu vermeiden, z. B. die Freisetzung von Stoffen aus Organismen, die Umsetzung von Stoffen durch Mikrorganismen, oder Veränderungen des Pigmentgehalts. Ausgeprägte Temperaturänderungen und Lichteinwirkung insbesondere bei Proben für biologische Analysen sind zu vermeiden, Kühlboxen für den Transport zu bevorzugen.

Die **Arbeitssicherheit** muss beachtet werden. Die Probenahme vom Boot aus sollte nicht allein erfolgen. Das Tragen von Schwimmwesten ist unerlässlich, insbesondere beim Hantieren mit schweren Probenehmern und Gefäßen. Besondere Vorsicht ist bei Probenahme im Winter auf Eis und beim Waten in ufernahen Bereichen bei Unkenntnis des Untergrundes geboten. Bei Arbeiten mit Algen und Cyanobakterien, besonders beim Umgang mit angereichertem Zellmaterial ist zu beachten, dass diese Organismen Reizstoffe und Toxine enthalten können. Prinzipiell ist jede Massenentwicklung (Algenblüte) als toxisch zu betrachten, so lange nicht das Gegenteil bewiesen ist.

Die einfache **Schöpfprobe** kann direkt mit dem Probengefäß an einer bestimmten Stelle, Tiefe und Zeit entnommen werden. Dies erweist sich insbesondere bei der Beprobung von ufernahen Stellen, z. B. Badestellen als günstig. Wenn die zu bestimmenden Parameter ungleichmäßig über die Tiefe verteilt sind, können Schöpfproben auch aus mehreren Tiefen entnommen werden. Dies kann für manche stark eigenbeweglichen Phytoplankton-Arten erforderlich sein, zum Beispiel für an der Oberfläche auftreibende Cyanobakterien oder für Dinoflagellaten mit ausgeprägter Vertikalwanderung. Insbesondere sind jedoch Zooplanktonpopulationen häufig ungleichmäßig über die Tiefe oder auch über verschiedene Gewässerbereiche verteilt. Die **Entnahme von Proben aus ausgewählten Tiefen** ist ferner zur Überwachung des Entnahmehorizonts von Wasserversorgungen angezeigt, wenn Stoffkonzentrationen oder Ansammlungen von Organismen zu erwarten sind, z. B. der Cyanobakterienart *Planktothrix rubescens*.

Ist lediglich der Gesamtgehalt im Gewässer, z. B. die Populationsdichte des Planktons oder die Konzentration an Gesamt-Phosphor, und nicht die Tiefenverteilung zu bestimmen, so können die Tiefenproben zur Reduzierung des Analysenaufwandes bereits bei der Probenahme zu einer **tiefenintegrierten Mischprobe** vereinigt werden. Verschiedene Wasserschöpfer werden hierzu im Fachhandel angeboten. Auch sind Verfahren mit Schläuchen (mit und ohne Pumpen) und Stechrohre für tiefenintegrierte Proben gebräuchlich.

Eine quantitative Probenahme des Zooplanktons muss dessen recht ausgeprägter Eigenbeweglichkeit Rechnung tragen. Größere Zooplankter können auf vom Probenahmegerät induzierte Strömungen mit Fluchtverhalten reagieren. Speziell entwickelte Geräte minimieren diese Störung.

Andere Arten der Probenahme sind das gezielte Entnehmen von Biomasse mit einem Planktonnetz, z. B. zur Bestimmung ihres Gehaltes an Stoffwechselprodukten (siehe Abschn. 7.5), die Beprobung von Geruchsstoffen, für die Vermeidung von Kontamination im Spurenbereich entscheidend ist (siehe Abschn. 7.4) oder die Entnahme von Aufwuchs und Benthosproben (siehe Abschn. 7.3). Die Beprobung von Organismen in Trinkwasseranlagen erfordert in der Regel eine Anreicherung aus besonders großen Probevolumina. Geeignete Verfahren hierzu sind in Abschn. 7.6 beschrieben. Übersichten mit kritischer Bewertung der verschiedenen Verfahren der Probenahme geben Chorus und Cavallieri (1999) sowie Wetzel und Likens (2000).

7.2.6.3 Ortsbesichtigung und Vor-Ort-Messungen

Bereits die regelmäßige **Ortsbesichtigung** durch ausgebildete Fachkräfte liefert wesentliche Informationen zur Bewirtschaftung und Qualität von Gewässern. Beobachtungen vor Ort, gegebenenfalls im Rahmen der Probenahme, umfassen ungewöhnliche Veränderungen oder Aktivitäten am Gewässer, Trübung und eventuelle Färbung des Wassers, oder ggf. eine Beschreibung des Geruchs oder die Beobachtung von so genannten „Wasserblüten“ sowie vormals nicht bekannte Einleitungen oder Baumaßnahmen im näheren Einzugsgebiet. Bei längerer Erfahrung und Ortskenntnis der Probenehmer können solche Beobachtungen wirkungsvoll als „Frühwarnsystem“ fungieren. Besichtigungen des weiteren Einzugsgebiets geben Aufschluss über potentielle Nährstoffeinträge.

Einige chemisch-physikalische Messungen müssen unmittelbar vor Ort während der Probenahme durchgeführt werden. Hierzu zählen die Bestimmung der Temperatur, der Sichttiefe und ggf. der Lichtabnahme über die Tiefe, des Sauerstoffgehalts, des pH-Wertes und der Redoxspannung. Wichtig ist dabei die regelmäßige Überprüfung und Wartung, insbesondere der elektronischer Geräte, z. B. die regelmäßige Kalibrierung von Elektroden.

Die **Sichttiefe** ist ein grobes Maß der Trübung und spiegelt den Gehalt des Wassers sowohl an gefärbten gelösten Stoffen, z. B. an Huminstoffen, als auch an Partikeln wider. Zur Bestimmung wird eine nach ihrem Erfinder benannte Secchi-Scheibe, in der Regel eine weiße Metallscheibe mit 25 cm Durchmesser, verwendet.

Die Sichttiefe ist ein guter Indikator für die Zelldichte von Algen und Cyanobakterien. Ferner kann aus ihr die euphotische Tiefe abgeschätzt werden, d. h. die Mächtigkeit derjenigen Wasserschicht, in der die Rate der Biomasseproduktion durch Photosynthese höher ist als die Abbaurate (siehe Abschn. 7.2.3.2).

Vorgehen:

– Secchi-Scheibe an einem skalierten Seil im Bootsschatten langsam im Gewässer versenken und die Tiefe, in der sie gerade nicht mehr zu sehen ist, als Sichttiefe notieren;

- Messung durch mehrfaches geringfügiges Anheben und Absenken der Scheibe überprüfen;
- Störungen durch bewegte Wasseroberfläche oder bei stark dem Wind ausgesetzten Gewässern durch einen Kasten ohne Boden oder abgeschattete Glasscheibe ausgleichen;
- durch Streifen oder Matten von Cyanobakterien bedingte Variabilität dadurch ausgleichen, dass nach dem Eintauchen einige Zeit gewartet wird, bis die Zellen wieder an ihre Ausgangsposition zurückkehren.

Für genauere ökologische Untersuchungen der Wachstumsbedingungen des Phytoplanktons wird die Messung der Photonenflux-Dichte unter Wasser mittels eines sphärischen Geräts zur Zählung der Lichtquanten (Quantameter) bevorzugt.

Die genaue Bestimmung der Tiefenausdehnung der **euphotischen Zone** erfolgt über Messungen der Raten von Photosynthese (Assimilation) und Abbau (Dissimilation) in verschiedenen Tiefen auf Tagesbasis. Für Untersuchungsprogramme mit geringeren Messhäufigkeiten kann eine näherungsweise Bestimmung der euphotischen Zone aus der Sichttiefe erfolgen. Sie wird mit einem empirischen Faktor multipliziert, der sich an den optischen Eigenschaften des Gewässers orientiert und im Bereich 1,5 bis 2,5 liegt. Der Faktor 2,5 ist als gängige Faustregel verbreitet (Sommer, 1994).

Die **Temperatur** beeinflusst nicht nur direkt das Wachstum des Planktons. Vielmehr bestimmen die thermischen Schichtungsverhältnisse auch die Aufenthaltstiefen der Planktonorganismen. Daten zur thermischen Schichtung liefern daher Aufschluss über die Wasserschichten, in denen bestimmte Arten zu erwarten sind. Die Temperatur wird in der Regel zur Bestimmung von Temperaturprofilen im Abstand von einem Meter mittels einer Sonde direkt in der jeweiligen Tiefe bestimmt. Ersatzweise kann die Temperatur bei geringeren Genauigkeitsansprüchen auch im Wasser aus den verschiedenen Tiefen in einem Gefäß sofort nach der Probenahme mit einer Sonde oder einem Thermometer gemessen werden.

Da die spezifische Dichte des Wassers von der Temperatur abhängig ist, sind tiefere Wasserkörper häufig während der Sommermonate und im Winter unter Eis thermisch geschichtet. Diese **Schichtung** kann eine ausgeprägte Trennung zwischen dem oberen Wasserkörper (Epilimnion), dem unteren Wasserkörper (Hypolimnion) und der dazwischen liegenden Schicht (Metalimnion) bewirken. Sie ist daher maßgeblich für den Stoffaustausch über die Tiefe. Zur exakteren Bestimmung der Untergrenze des Epilimnions (= Durchmischungstiefe) errechnet man aus der Temperatur des Wassers dessen Dichte und bestimmt diejenige Tiefe, in der sich die Dichte am stärksten mit der Tiefe ändert.

Ferner bestimmt die **Durchmischungstiefe** (gebräuchliche Abkürzung: Z_{mix}) in Relation zur durchlichteten Tiefe (euphotische Zone, gängige Abkürzung: Z_{eu}) die Lichtverfügbarkeit für das Phytoplankton. Je größer die Eindringtiefe des Lichts in Relation zur Tiefe des Epilimnions ist (gemessen als Z_{eu}/Z_{mix}), desto mehr Lichtquanten kann die durchschnittliche Phytoplankton-Zelle absorbieren, während sie im Epilimnion verfrachtet wird (siehe Abschn. 7.2.3.2). Ist die Durchmischungstiefe größer als die durchlichtete ($Z_{mix} > Z_{eu}$), so verbringen die Zellen auch während des Tages einige Zeit im Dunkeln und können weniger rasch wachsen.

Der **Sauerstoffgehalt** ist insbesondere zur Beurteilung des Lebensraums für tierische Organismen von Bedeutung. Ferner zeigen Sauerstoff-Übersättigungen hohe photosynthetische Aktivität des Phytoplanktons an und sind somit ein indirekter Indikator für das Wachstum des Phytoplanktons.

Die **Redoxspannung** (siehe Abschn. 3.2) ist insbesondere im Tiefenwasser von Interesse, um reduzierende Bedingungen zu erfassen, die ggf. zur Freisetzung von Phosphat aus den Sedimenten und somit zur gewässerinternen Düngung des Phytoplanktons führen. Auch die Löslichkeit von anderen Problemstoffen wie Eisen und Mangan ist stark redoxabhängig.

Tiefenprofile des Sauerstoffgehalts und des **pH-Wertes** können Aufschluss über eine biologische Schichtung geben, d. h. über das Vorkommen von bestimmten Algen/Cyanobakterien in bestimmten Gewässerschichten. Alle physikalischen Parameter können mit Sonden in verschiedenen Tiefen oder mit geringerer Genauigkeit auch in einem Gefäß unmittelbar nach Entnahme der Probe bestimmt werden. Die letztgenannte Methode eignet sich jedoch nicht für die Bestimmung des Sauerstoffgehalts, da das Wasser bereits beim Umschütten der Proben aus dem Probenahmeschöpfer in eine Messgefäß mit Sauerstoff angereichert wird.

7.2.6.4 Analyse von Phytoplankton

Übersichten und Anleitungen zur Quantifizierung von Plankton finden sich auf Deutsch bei Tümpling und Friedrich (1999) sowie ATT (1998), auf Englisch auch bei Wetzel and Likens (2000) und EN 15204 (2006) bzw. auf Deutsch DIN EN 15204 (2006). Letztere geben auch Anleitung zur Untersuchung der Ressourcen, die das Planktonwachstum fördern; für einige Parameter stehen ferner DIN und ISO Methoden zur Verfügung. Im Folgenden werden daher nur die Grundprinzipien skizziert.

Zur Artbestimmung des **Phytoplanktons** ist die Untersuchung von Lebendproben wenige Stunden nach der Probenahme vorteilhaft, da Fixierungsreagenzien einige, für die Bestimmung wichtige Merkmale verändern können. Zur quantitativen Auszählung ist eine **Fixierung** der Proben unmittelbar bei der Probenahme erforderlich, um Veränderungen durch Absterben und Fraß innerhalb der Probenflaschen zu verhindern. Die Zugabe von Formaldehyd (zur Endkonzentration von 0,5 bis 2 %) fixiert die Proben wirkungsvoll, ist aber toxisch (Belastung am Arbeitsplatz!). Günstiger ist die Fixierung mit der Lugol'schen Lösung, die durch die Einlagerung von Iod in die Phytoplanktonzellen gleichzeitig zu einer Anfärbung und zu einer Erhöhung ihres spezifischen Gewichts führt, was für die Auszählung im so genannten Umkehrmikroskop (s. u.) unumgänglich ist.

- **Lugol'sche Lösung:** 20g Kaliumiodid in 200 ml aqua dest. lösen, gut mischen, 10 g sublimiertes Iod hinzufügen. Von diesem Konzentrat 4–5 Tropfen (ca. 1 ml) zu 100 ml Probe hinzufügen (Cognac-Färbung der Probe indiziert hinreichende Fixierung).
- Übersättigung mit Iod kann zur Bildung von Kristallen führen, die beim Auszählen stören: Fallen Kristalle nach Zusatz von 1 ml dieser konzentrierten Lösung zu 100 ml Probe aus, so sollten dem Konzentrat weitere 5 g sublimiertes Iod und anschließend 20 ml Eisessig hinzugefügt werden.
- Proben vor Licht geschützt in Glasflaschen (kein Kunststoff!) aufbewahren und alle zwei bis drei Wochen den Iodgehalt prüfen, ggf. nachfixieren. Kühl lagern; nach einigen Monaten Lagerzeit können Verluste auftreten.

Während manche Phytoplanktonarten sehr charakteristische morphologische Merkmale aufweisen, anhand derer die **Artbestimmung** einfach und eindeutig möglich ist (z. B. die Kieselalgen-Art *Asterionella formosa*), sind viele Arten weniger eindeutig zu erkennen. Hinzu kommt die grundsätzliche Problematik der Abgrenzung von Arten bei Organismen, die sehr klein sind, wenige charakteristische Merkmale aufweisen und sich meist ungeschlechtlich fortpflanzen. Hilfreich ist ggf. das Hinzuziehen von Merkmalen, die im Elektronenmikroskop erkennbar sind. Zunehmend werden neben den morphologischen Merkmalen auch genetische und biochemische Merkmale zur systematischen Einordnung und Artbestimmung herangezogen. Die Algen- sowie die Cyanobakterien-Systematik verändern sich rasch infolge zahlreicher neuer Entwicklungen. Eine sichere Bestimmung ist für manche Phytoplanktonarten daher kaum möglich.

Dies wirft die Frage nach dem für die jeweilige Untersuchung angemessenen Aufwand auf. Ist die Wassernutzung z. B. durch die Biomasse von Kieselalgen (z. B. durch Verstopfen von Filtern) beeinträchtigt, so kann zur Überwachung der Entwicklung dieser Organismen eine Auszählung nach Gattungen und/oder Größenklassen genügen. Ist die Entwicklung toxischer Cyanobakterien das zu überwachende Problem, so kann ebenfalls die Auflösungen nach Gattungen (z. B. *Microcystis, Planktothrix, Aphanizomenon*) bereits wesentliche Informationen liefern. Da jedoch z. B. die Art *Microcystis wesenbergii* im Gegensatz zu anderen *Microcystis*-Arten selten die toxischen Microcystine (siehe Abschn. 7.5) enthält, kann eine Differenzierung auf Art-Ebene die Beurteilungsgrundlage verbessern. Ebenso kann dies bei *Planktothrix* wichtig werden, in diesem Fall wegen verschiedenen Aufenthaltsorten im Gewässer. *Planktothrix agardhii* kommt gleichmäßig im Gewässer verteilt vor, während sich *Planktothrix rubescens* gezielt im Metalimnion einschichtet und dort höhere Bestandsdichten erreichen kann.

Grundsätzlich ist es wichtig, keine falsche Genauigkeit durch die Angabe eines Artnamens vorzutäuschen, wenn mit den verfügbaren Methoden nur die Gattung sicher festgestellt werden kann. Wenn auch dies nicht möglich ist, so sind Sammelbezeichnungen wie z. B. „zentrale Diatomeen < 8 µm Durchmesser“ angebracht.

Häufig werden in älterer Literatur (aufgrund der damals geringeren Kenntnis der Problematik) Artnamen angegeben, die heute in Frage gestellt werden bzw. von denen wir annehmen dürfen, dass die Bestimmung keineswegs abgesichert war – *Stephanodiscus handzschii* ist ein charakteristisches Beispiel hierfür.

Als erster Einstieg in die Bestimmung von Phyto- und Zooplankton eignet sich das populärwissenschaftliche Werk „Das Leben im Wassertropfen“, das 1973 erstmals herausgegeben wurde (Strebel, Krauter & Bäuerle, 2018) sowie die Zusammenstellung der ATT (1998) für einzelne Arten. Für detaillierte Bestimmungen dienen die mehrbändigen Wissenschaftliche Bestimmungsschlüssel „Das Phytoplankton des Süßwassers“ die von Huber-Pestalozzi bereits seit den 1930er-Jahren herausgegeben wurden und das von Pascher begründete Standardwerk „Süßwasserflora von Mitteleuropa“ (Ettl, Gerloff, Heyning & Mollenhauer, 1978–2018). Für viele Gruppen liegen inzwischen Neuausgaben vor, für andere muss man sich mit den Originalpublikationen zu den Arten und Gattungen behelfen, die den in Arbeit befindlichen Revisionen zugrunde liegen. Kommt es auf die Bestimmung der Art an und ist dies anhand der Bestimmungsliteratur nicht eindeutig möglich, so empfiehlt es sich, frühzeitig Experten zu Rate zu ziehen.

Ein verbreitetes Verfahren zur Ermittlung der **Biomasse des Phytoplanktons**, aufgeschlüsselt nach dem relativen Anteil einzelner Arten, ist die Bestimmung der Biovolumina auf der Grundlage von Auszählungen unter dem Mikroskop, d. h. Bestimmung der Zellzahl pro Liter und der Vermessung des mittleren Zellvolumens jeder quantitativ bedeutsamen Art. Dabei wird folgendermaßen vorgegangen:

Die **Bestimmung der Zellzahlen** unter dem Mikroskop erfordert die Sedimentation der Zellen aus einem definierten Wasservolumen (je nach Zelldichte < 1 ml bis 50 ml) auf einer definierten Fläche. Bewährt hat sich insbesondere die Methode nach Utermöhl (1958) der Sedimentation in Kammern, deren Größe entsprechend der Zelldichte in der Probe ausgewählt werden kann. Gezählt wird im Umkehrmikroskop, dessen Objektive so angeordnet sind, dass der gläserne Kammerboden von unten betrachtet wird.

Vorgehensweise:

- Definierte Ausschnitte des Kammerbodens auszählen, vorzugsweise 2–4 Zählstreifen (als Diagonale durch den Mittelpunkt der Kammer gelegt), ersatzweise willkürlich verteilte Sichtfelder;
- pro Probe insgesamt 100–400 (je nach erforderlicher Genauigkeit, s. u.) Individuen aller Arten zählen, um von den häufigen Arten eine hinreichend hohe Anzahl zu erfassen (Tümpling und Friedrich, 1999);
- Kolonien durch spezielle Verfahren (z. B. Ultraschall) schonend desintegrieren und Zellen einzeln zählen;
- bei fädigen Formen die Zählgenauigkeit erhöhen durch Vermessung der Fadenlänge (Tümpling und Friedrich, 1999; Chorus und Bartram, 1999).

Der Fehler der Planktonzählung hängt von der Zahl erfasster Individuen ab. Bei Zählung von nur 4 Individuen wird der Fehler auf ±100 % geschätzt, bei Zählung von 50 sinkt er auf ±28 %. Um den Fehler der Zählung auf ±10 % zu reduzieren, müssen 400 Individuen pro Probe gezählt werden (Tümpling und Friedrich, 1999).

Zu weiteren Methoden der Probenanreicherung und Zählung, z. B. durch Verwenden der Kolkwitzkammer, eines Hämocytometers oder von Membranen siehe Tümpling und Friedrich (1999). Diese Autoren erläutern ferner die für sehr kleine Zellen geeignete Epifluoreszenz-Methode sowie verschiedene Fehler- und Störquellen von Zählverfahren.

In Annäherung an die Gestalt der jeweiligen Art wird zur **Bestimmung des mittleren Zellvolumens** eine geometrische Form ausgewählt, deren Volumen sich mit einfachen geometrischen Formen (wie z. B. Kugel für *Chlorella* oder Zylinder für zentrale Diatomeen) berechnen lässt. Kleine Ausweitungen, wie z. B. die an den Zellenden von *Asterionella formosa*, werden dabei vernachlässigt. In wenigen Fällen (z. B. für *Ceratium*) ist es erforderlich, mehrere geometrische Formen zu einer Gesamtform zusammenzusetzen. Biovolumina für Phytoplankton-Zellen reichen von 15 μm^3, z. B. für Arten der Gattungen *Microcystis* oder *Rhodomonas* bis zu 150.000 μm^3 z. B. für *Ceratium hirundinella*. Vorschläge dahingehend, welche geometrische Form zur Bestimmung des Biovolumens welcher Planktonart in Frage kommt, finden sich in Tümpling und Friedrich (1999) nebst Angaben der von verschiedenen Autoren für diese Arten an unterschiedlichen Gewässern gefundenen Längen-Dimensionen und Zellvolumina. Diese Übersicht verdeutlicht Unterschiede um das zwei- bis dreifache der Zellvolumina einer Art, je nach Gewässer und Bearbeiter manchmal auch um einen Faktor fünf. Auch können sich Zellvolumina im Zeitverlauf infolge zyklischer Rhythmen der Zellteilung und des Einflusses von Umweltfaktoren verändern. Je nach erforderlicher Genauigkeit sollten daher die mittleren Zellvolumina für jedes Gewässer und ggf. auch für jede Probe neu ermittelt werden.

In der Regel werden – je nach Variabilität der Zellen einer Art in der Probe – 10 bis 20 Zellen jeder quantitativ relevanten Art in zufälliger Auswahl vermessen und aus den Längen mit Hilfe der geeigneten geometrischen Form die mittleren Volumina berechnet. Wichtig ist dabei die mathematisch korrekte Mittelbildung anhand der Einzelwerte für die Volumina, nicht anhand der Einzelwerte für die Längendimensionen. Z. B. beträgt das mittlere Volumen von zwei Zellen mit einem Radius von 2 µm und 5 µm bei korrekter Berechnung 280 μm^3, bei der Mittelung der Radien und der nachfolgenden Berechung des Volumens aus deren Mittelwert würde sich lediglich ein Volumen von 180 μm^3 ergeben.

In manchen Fällen sind nicht alle Dimensionen einer Zelle leicht zu bestimmen, da die Zellen nach Sedimentation in einer Zählkammer fast immer die gleiche Lage einnehmen. So ist der Radius einer flach zylindrischen *Cyclotella*-Zelle immer leicht zu ermitteln, die Höhe der Zelle jedoch nur in den seltenen Fällen, in denen die Zelle auf die Seite kippt. Findet man solche Zellen (dies gelingt am ehesten in stark angereicherten oder lebenden Proben), dann ermittelt man das Verhältnis zwischen Länge und Durchmesser der Zelle und zieht es später zur Berechnung des mittleren Zellvolumens heran.

Aus der Zellzahl pro Liter und dem mittleren Zellvolumen der quantitativ relevanten Arten lässt sich durch einfache Multiplikation das **Biovolumen** jeder gezählten Art errechnen. Aus der Summe der Biovolumina der einzelnen Arten ergibt sich das Gesamt-Biovolumen des Phytoplanktons in der Probe. Früher wurde dies häufig als Biomasse angegeben, basierend auf der Annahme, dass die spezifische Dichte der Zellen näherungsweise gleich 1 ist, d. h. 1 mm^3 = 1 mg. Da dies jedoch nicht in jedem Fall zutrifft, hat sich der genauere Begriff des Biovolumens durchgesetzt. Je nach Artenvielfalt innerhalb einer Probe und Genauigkeit der Bestimmung von Zelldichte und mittlerem Zellvolumen ist bei der Bestimmung des Biovolumens von einem Zeitaufwand von mindestens einer, meist mehreren Stunden pro Probe auszugehen.

Neben der eher aufwändigen, aber nach Arten auflösenden Methode der Bestimmung der Biovolumen sind mehrere **Summenparameter** geeignet, die Biomasse des gesamten Phytoplanktons widerzuspiegeln. Am häufigsten wird hierzu der **Chlorophyll-*a*-*Gehalt*** herangezogen, da dieses bei allen autotrophen Organismen das Hauptpigment ist. Je nach Artenzusammensetzung und physiologischem Zustand der Populationen kann der Chlorophyll-*a*-Gehalt variieren, da die Zellen z. B. bei Lichtmangel mehr Chlorophyll produzieren. Daher enthält die Phytoplanktonbiomasse zwischen 0,1 und 1.9 % Chlorophyll-*a*. Häufig liegt der Gehalt im Bereich von 0,3 bis 0,6 % (Tümpling und Friedrich, 1999).

Der Vorteil dieses Parameters liegt in der einfach durchführbaren Analytik, die große Probendurchsätze erlaubt. Grundlage der Methode ist die Extraktion des Pigments mit einem geeigneten organischen Lösemittel aus den abfiltrierten Zellen und die photometrische Ermittlung der Konzentration mit Hilfe des Extinktionskoeffizienten für Chlorophyll-*a*. Eine Zugabe von Reagenzien ist nicht erforderlich. Bewährt hat sich die Extraktion mit heißem Ethanol, das auch den enzymatischen Chlorophyll-Abbau unterbindet (nach DIN 38412-16, 1985). Ältere Methoden zur Erfassung weiterer Pigmente (z. B. die trichromatische Methode nach Strickland und Parsons (1972) haben sich als sehr ungenau erwiesen).

Deutlich aussagekräftiger jedoch apparativ aufwändiger ist die Pigmentbestimmung mittels HPLC. Bei isokratischer Betriebsweise lässt sich nur das Chlorophyll-*a* bestimmen, mit dem Gradienten-Verfahren (Wiltshire et al., 1998; Jeffrey et al., 1997 und 1999) zusätzlich auch andere Pigmente. Ein Problem insbesondere der Quantifizierung ist die mangelnde kommerzielle Verfügbarkeit einiger Pigmente als Referenzsubstanzen. Aus der Pigmentzusammensetzung kann abgeschätzt werden, welcher Anteil am Gesamtchlorophyll den einzelnen Klassen des Phytoplanktons zuzuordnen ist, z. B. den Cyanobakterien, Chlorophyceen, Cryptophyceen und den Bacillariophyceen. Diese Trennungsschärfe ist für viele Probleme der Praxis bereits hinreichend, da z. B. das Auftreten von Geruchsstoffen oder Toxinen damit immerhin der Biomasse der Phytoplanktonklasse zugeordnet werden kann. Oft dominieren innerhalb einer Klasse nur eine oder wenige Arten, so dass eine kurze qualitative Untersuchung im Mikroskop (ohne Auszählung!) zusammen mit den durch HPLC-Analyse gewonnenen Pigment-Daten klären kann, auf welche Art ein Problem zurückzuführen ist und in welcher Biomasse diese ungefähr auftritt. Einschränkungen bestehen darin, dass z. B. Chrysophyceen und Bacillariophyceen wegen ihrer sehr ähnlichen Pigmentausstattung auf diese Weise nicht unterscheidbar sind und dass die Quantifikation durch physiologisch bedingte Variationen im Pigmentgehalt vieler Arten beeinträchtigt wird, sowie dass diese Methode bisher noch nicht genormt ist.

Zukunftsweisend ist auch die fluorometrische Bestimmung der Chlorophyllkonzentration. Nach Anregung der Pigmente im blauen Spektralbereich (430–450 nm) emittieren sie im Bereich von 635 bis 670 nm (Welschmeyer, 1994). Werden mit spezifischen Wellenlängen einzelne Chlorophylle und deren Antennenpigmente angeregt, so emittieren diese entsprechend in unterschiedlichen Wellenlängen, so dass durch geeignete Auswertungs-Algorithmen ebenfalls eine Zuordnung zu verschiedenen Klassen von Algen und Cyanobakterien möglich ist. Ein großer Vorteil der fluorometrischen Pigmentbestimmung ist die Durchführbarkeit an lebenden, im Wasser suspendierten Zellen, mit Tauchsonden auch direkt im Gewässer (Beutler et al., 1998). Somit ist eine sehr rasche Aufnahme der relativen horizontalen und vertikalen Verteilung des Phytoplanktons sowie eine kontinuierliche Erfassung zeitlicher Veränderungen möglich. Zur Quantifizierung ist je nach Artzusammensetzung eine „Kalibrierung“ des Signals durch stichprobenhafte Biomasse-Bestimmung notwendig.

Seit etwa 15 Jahren wird auch die Durchflusszytometrie für die Analyse von Phytoplankton eingesetzt. Das Messsystem wurde in der Medizintechnik wie bereits vorher die Utermöhl-Methode für die Blutzellenzählung entwickelt. Bei der Durchflusszytometrie wird das Probenwasser zu einem sehr dünnen Strahl verengt, und die Phytoplanktonzellen durchströmen hintereinander die Messstrecke. Die Zellen von Algenkolonien müssen vorher im Ultraschallbad voneinander getrennt werden. Dabei werden sie von einem Laser mit einer definierten Wellenlänge angeregt. Verschiede Detektoren messen gleichzeitig das Streulicht sowie die Fluoreszenzemissionen bei 530 (Grün), 575 (Orange) und 675 (Rot), so dass die Partikel einer Wasserprobe verschiedenen Algengruppen zugeordnet werden können. EDV-gestützt lassen sich die Daten analysieren und Partikel mit gleichen Eigenschaften zusammenfassen und bestimmten Algenklassen zuordnen. Ein Durchflusszytometer ist jedoch sehr teuer und seine Bedienung erfordert geschultes Personal. Daher eignet sich diese sehr genaue Methode nicht für Routineuntersuchungen, sondern nur für die Bearbeitung komplexer Fragestellungen.

7.2.6.5 Analyse von Zooplankton

Probenfixierung: Für die Fixierung von Zooplanktonproben eignet sich die von Haney und Hall (1972) eingeführte Zucker-Formol Fixierung am besten (4 g Zucker (Di-Saccharose) in 100 ml 4 % Formollösung). Zum Arbeitsschutz sollte dieses starke Allergen jedoch vor dem Auszählen am Mikroskop ausgewaschen werden und/ oder am Mikroskop eine Abzugseinrichtung installiert werden. Für kleine und zarte Formen, wie Ciliaten und Flagellaten, wird gelegentlich die Fixierung mit Lugol'scher Lösung (siehe Phytoplankton) zur Auszählung am Umkehrmikroskop eingesetzt. Sie eignet sich jedoch für Zooplankton nur bedingt, da sich viele Arten darin zersetzen und nur die hartschaligen Gruppen übrigbleiben. Die Bestimmung einzelner Arten und die Vermessung der Längendimensionen zur Biovolumenbestimmung muss in der Regel an lebendem Material durchgeführt werden, da sie sich diese Organismen infolge der Fixierung verformen und ausgeprägten Schrumpfungen unterliegen können.

Trotz der günstigeren Größe und des höheren Reichtums an Merkmalen unterliegt die **Artbestimmung** beim Zooplankton ähnlichen Einschränkungen wie beim Phytoplankton. Kleinere Formen, insbesondere Ciliaten und Rädertiere, verändern sich einerseits sehr stark durch die Fixierung, können andererseits jedoch im Lebendmaterial rasch absterben. Manche Kleinkrebse sind zwar recht einfach bis auf die Gattung zu bestimmen, die Ermittlung der Art erfordert jedoch die Präparation charakteristischer Extremitäten, um ihre artspezifischen Fortsätze erkennen zu können. Daphnien („Wasserflöhe") können Hybride bilden, die durch ungeschlechtliche Vermehrung über viele Generationen hinweg die Population dominieren aber schwerlich einer Art zuzuordnen sind. Auch hier gilt es, den Bestimmungsaufwand an die Fragestellung anzupassen. Grundlegende Werke zur Zooplankton-Bestimmung sind Einsle (1993) für Copepoda („Hüpferlinge"), Koste (1978) für Rotifera und Flößner (1972) für Cladocera.

Die **Auszählung** der gesamten Probe oder einer quantitativen Teilprobe erfolgt in Zählkammern unter der Stereolupe bei der für die jeweiligen Organismen geeigneten Vergrößerung. Als Parameter für die Biomasse kann, ebenso wie beim Phytoplankton, das **Biovolumen** bestimmt werden, indem für die einzelnen Arten durch Annäherung mit geometrischen Formen das mittlere Volumen der Art ermittelt wird. Die Volumina liegen im Bereich von 2500 μm^3 für kleine Ciliaten bis hin zu 2,5 mm^3 für große Copepoden. Alternativ dazu können die Längenmaße von Crustaceen auch in publizierte Länge zu Trockengewichtsrelationen eingesetzt und die Zooplanktonbiomasse dann in Form von Trockengewicht angegeben werden. Derartige Relationen finden sich in Dumont et al. (1975) sowie Bottrell et al. (1976).

Einen guten Überblick der Methodik liefern Tümpling und Friedrich (1999) sowie Wetzel und Likens (2000). Ausführliche Arbeitsanleitungen zur quantitativen Erfassung des Zooplanktons mit Angaben über geeignete Probenahmetechniken, zur Entnahme von Teilproben, zur Zähltechnik und zur Bestimmung der Biomasse finden sich in Downing und Rigler (1984) und speziell für Protozoen in Kemp et al. (1993).

Grundsätzlich ist von den möglichen **Summenparametern** für die **Plankton-Biomasse** jeder Messwert geeignet, der für die Fragestellung hinreichend empfindlich und spezifisch ist. Die gravimetrische Bestimmung der Partikelmasse, in der Regel als „Seston-Trockengewicht" ermittelt, erfüllt diese Anforderungen oftmals nicht. Im Wasser sind vor allem bei Hochwasserereignissen anorganische Stoffe, wie z. B. Tonpartikel, suspendiert, die eine höhere spezifische Dichte als das Plankton aufweisen und den gravimetrischen Messwert erheblich verfälschen können. Sinnvoller ist es, allgemein im Plankton verbreitete Inhaltsstoffe zu messen, deren Konzentration möglichst konstant bleibt und somit die Biomasse widerspiegelt. Aus der Tatsache, dass alle Phytoplankter in der Lage sind, Phosphor weit über ihren natürlichen Bedarf hinaus zu speichern, ergibt sich, dass dieser Inhaltsstoff als Parameter für die Biomasse nicht geeignet ist. Weitaus geringeren Schwankungen unterliegt der Kohlenstoffgehalt, aber auch dieses Element wird gespeichert oder angereichert, z. B. als Stärkekörner bei Grünalgen, in Form von Öltröpfchen bei Diatomeen und in den Cellulosepanzern mancher Dinoflagellaten.

Geringere Schwankungen als beim organischen Kohlenstoff sind beim organischen Stickstoff zu erwarten. Auch kann dieser relativ einfach nasschemisch oder in speziellen Analysegeräten bestimmt werden. Der im Wasser suspendierte Stickstoff wird entweder als SON (suspended organic nitrogen) oder als PON (particulate organic nitrogen) bezeichnet. Eine festgelegte Nomenklatur besteht nicht. Die entsprechenden Bezeichnungen für den Kohlenstoff lauten analog SOC oder POC. Ein weiterer als Parameter für die Gesamtbiomasse des Planktons geeigneter Inhaltsstoff ist die DNA (Obst und Holzapfel-Pschorn, 1988).

Eine Differenzierung der aufgrund solcher Summenparameter gewonnenen Aussage ist durch vorherige Größenfraktionierung der Probe möglich. So kann das zur SON-Bestimmung bestimmte Plankton mit Netzen von 870 µm Maschenweite angereichert werden und deren Filtrat mit einem Netz von 250 µm Maschenweite. In der erstgenannten Fraktion werden die großen, filtrierenden Organismen (u. a. Daphnien) erfasst, in der zweiten Fraktion kleinere Zooplankter (u. a. Rotatorien). Aus dem Verhältnis beider Fraktionen lassen sich Rückschlüsse auf den Zooplankton- und indirekt auch auf den Fischbestand ziehen.

Eine Vor-Ort Messung der Trübung ist zwar unspezifisch, da Trübung nicht nur von Planktonorganismen, sondern auch von anderen Partikeln verursacht werden kann, insbesondere bei Hochwasserereignissen. Sie eignet sich jedoch gut für eine rasche Lokalisierung von Trübungshorizonten. Durch eine gezielte Probenahme und ggf. Messung weiterer Parameter (z. B. mikroskopische Untersuchung oder Fluoreszenz-Bestimmung) lässt sich anschließend ermitteln, ob die Trübung vorwiegend auf Organismen zurückzuführen ist.

G. Friedrich und M. Sommerhäuser

7.3 Fließgewässer

7.3.1 Einleitung

Nahezu alle Fließgewässer werden seit Urzeiten genutzt: Die meisten Flüsse und Bäche sind heute morphologisch verändert – begradigt, vertieft, oft befestigt und gestaut – um Land durch Entwässerung nutzen zu können oder zu bewässern. Das Wasser wird darüber hinaus entnommen für den Gebrauch als Trink-, Brauch- und Kühlwasser sowie zum Tränken des Viehs. Die Ableitung von häuslichem und gewerblichem Abwasser in die Fließgewässer spielte zu allen Zeiten – bis heute – eine sehr bedeutende Rolle für das Leben und Wirken der Menschen. Über lange Zeit verkamen

Fließgewässer so zu „Vorflutern“. Ihre ökologischen Funktionen als Bestandteil der Landschaft und des Naturhaushaltes wurden vernachlässigt. Darüber hinaus unterliegen die Gewässer in bedeutendem Maße diffusen Einträgen von Stoffen vor allem aus landwirtschaftlichen Flächen und durch verschmutztes Niederschlagswasser. Auch wasserbauliche Eingriffe für Schifffahrt und Energiegewinnung oder die Anlage von Regenrückhalte- und Hochwasserrückhaltebecken können die Gewässerqualität beeinflussen und erheblich beeinträchtigen. Daneben spielen Freizeitnutzungen und die Fischerei eine Rolle bei der Nutzung und beim Schutz der Fließgewässer, sowohl des Wassers als auch des Gewässerbettes und der angrenzenden Aue.

Im Laufe der letzten Jahrzehnte wurde die Bedeutung sauberen Wassers und naturnaher Fließgewässer zunehmend erkannt. Zur erforderlichen Beurteilung der Wasserqualität und der Gewässerbeschaffenheit wurden die für die Untersuchung und Zustandsbewertung erforderlichen Methoden und Geräte entwickelt.

Im Mittelpunkt des Interesses stand seit Beginn bis in die 70er Jahre des 20. Jahrhunderts die Belastung der Gewässer durch biologisch leicht abbaubare organische Substanzen in unbehandelten Abwässern. Durch den flächendeckenden Bau von Abwasserbehandlungsanlagen ist die Bedeutung dieser Einflussgröße inzwischen weit geringer geworden. Ebenso ist die Versauerung der kleinen Fließgewässer in den Mittelgebirgen nach der Einführung einer verbesserten Abgasreinigung deutlich zurückgegangen.

In den Fokus gerückt sind dagegen in den letzten Jahren die so genannten Spurenstoffe (Mikroverunreinigungen), die aufgrund moderner Analyseverfahren heute zunehmend in den Gewässern – meist in sehr geringer Konzentration – nachgewiesen werden. Es handelt sich hierbei um weit verbreitete Arzneimittelrückstände (u. a. Schmerzmittel, Blutdrucksenker, Antibiotika), Hormone (Östrogene), Rückstände aus speziellen industriellen Produktionsprozessen (PFT, TOSU), aber auch Pflanzenschutzmittel, die selbst in den nach dem Stand der Technik ausgestatteten Kläranlagen bislang nicht vollständig abgebaut werden können. Belastungen mit chronisch toxischen Stoffen und Mikroplastik sind weitere Belastungsquellen des Wassers.

Ein verbreitetes, seit langem bestehendes Problem ist die flächendeckende Eutrophierung der Oberflächengewässer durch Pflanzennährstoffe, insbesondere Phosphat und Nitrat, wodurch Massenwuchs von Blütenpflanzen und Fadenalgen provoziert und dadurch „Krautstau“ den Abfluss behindern kann. Auch sehr starke Phytoplanktonentwicklung kann in sehr langsam fließenden oder gestauten Flüssen die Wasserqualität nachteilig beeinflussen. Durch absterbende Biomasse, aber auch Feinsedimenteinträge aus Regenwasserbehandlungsanlagen und fehlende Gewässerdynamik kann es zur Kolmation (Abdichtung der Gewässersohle) kommen, ein ebenfalls verbreitetes Problem vieler Gewässer.

Schon sehr früh in der Entwicklung der modernen Wasserwirtschaft wurde auch die Eignung der aquatischen Organismen und ihrer Lebensgemeinschaften als Indikatoren für die Qualität der Gewässer erkannt (biologische Bewertung). 1902 wurde von Kolkwitz und Marsson (1902) das Saprobiensystem als Instrument für die Bewertung der Fießgewässerbelastung mit organischen Stoffen, deren Abbau unter

Sauerstoffverbrauch stattfindet, konzipiert (saprob: faulend, verschmutzt, verunreinigt). Liebmann (1962, 1969) hat u. a. mit der Einführung einer Farbskala für die Intensität der Saprobie (Maß der organischen Belastung) einen wichtigen Impuls zur Verbreitung des Saprobiensystems in der Wasserwirtschaft gesetzt.

Probenahmen, biologische Untersuchungen und Bewertungen von Fließgewässern umfassen wegen der Vielgestaltigkeit der Lebensräume in den verschiedenen Typen von Bächen, Flüssen und Strömen und der unterschiedlichen Fragestellungen eine entsprechend breite Palette von Techniken und Methoden, außerdem kommen für die verschiedenen organismischen Indikatorgruppen je nach dem Ziel der Untersuchung unterschiedliche Methoden und Techniken zum Einsatz. Nachfolgend wird daher nur auf wesentliche und aktuelle Verfahren eingegangen, in Einzelfällen wird die Entstehungsgeschichte und historische Bedeutung von Verfahren ausgeführt.

Ein Überblick über die biologischen Methoden der Gewässeruntersuchung bis zum Inkrafttreten der Europäischen Wasserrahmenrichtlinie (EG, 2000), im weiteren WRRL genannt, findet sich in von Tümpling und Friedrich (1999). Einen Abriss der biologischen Verfahren zur Umsetzung der WRRL mit Stand 2005 geben Feld et al. (2005). Der neueste Stand wichtiger und aktueller biologischer Bewertungsverfahen wird laufend fortgeschrieben unter www.fliessgewaesserbewertung.de. Rechtsverbindliche Verfahren sind dokumentiert in der „Oberflächengewässerverordnung vom 20. Juni 2016“ (BGBl. I S. 1373). Auf die wesentlichen, eingeführten Verfahren für die WRRL wird nachfolgend eingegangen, im Vordergrund steht dabei die biologische Bewertung. Für Bewertungen der Untersuchungsergebnisse gemäß WRRL wurden und werden die neuen biologischen Bewertungsverfahren einer europaweiten Interkalibrierung unterzogen, damit die Vergleichbarkeit der Ergebnisse gewährleistet werden kann. Auf die chemische Fließgewässerbewertung wird mit Bezug auf die WRRL kurz eingegangen.

Für weitergehende Fragen wird auf die Fachliteratur, die in den Bundesländern erstellten Richtlinien und Verordnungen und das relevante Normenwerk verwiesen: Zu vielen der hier angesprochenen Verfahren gibt es nationale oder internationale Standards, die als DIN-, CEN-, oder ISO-Verfahren nach einem intensiven fachlichen Abstimmungsprozess, der auch die Praktikabilität einschließt, verbindlich genormt sind. Auf diese Standards wird jeweils hingewiesen, sie finden sich in der verfügbaren Fassung auch im Literaturverzeichnis. Detaillierte und ebenfalls praxisorientierte Informationen zum Vorgehen bei gewässerökologischen Untersuchungen bietet auch das Leistungsverzeichnis für Limnologie (LVLim, 2012).

7.3.2 Allgemeine Hinweise zur Untersuchung

7.3.2.1 Auswahl der Probestelle und des Zeitpunktes bei biologischen Probenahmen

Die biologischen Fließgewässeruntersuchungen dienen in der Regel der Feststellung des Vorhandenseins oder Fehlens von Pflanzen- und Tierarten oder deren

Anzahl bzw. Biomasse und bilden die Grundlage für Bewertungen. Der Zweck der Untersuchung bestimmt den erforderlichen Aufwand. Da auch biologische Untersuchungen den Anforderungen der Qualitätssicherung unterliegen, sind entsprechende Ansprüche an die Genauigkeit und Vergleichbarkeit der Untersuchungen wie an die Qualifikation der Untersucher zu stellen (s. u.).

Zunächst ist darauf zu achten, dass die notwendige Repräsentanz der Probestelle sichergestellt ist. In der Regel wird von einer biologischen Gewässeruntersuchung erwartet, dass sie eine qualitative oder halbquantitative Aussage über die Besiedlung des Gewässers aufgrund der Untersuchung einer für den zu betrachtenden Gewässerabschnitt typischen Probestelle ermöglicht. Das bedeutet z. B. im Einzelfall, dass nicht in der Vermischungszone zweier verschiedener Wasserkörper untersucht wird sondern erst unterhalb. Außerdem ist zu beachten, dass zur Beurteilung der Situation i. d. R. am Gewässer alle Teillebensräume (Choriotope) repräsentativ in die Untersuchung eingehen. Aus den vorgenannten Gründen ergibt sich die Notwendigkeit einer sorgfältigen Dokumentation der physiographischen (standörtlichen) Gegebenheiten an der Probestelle. Die Ausstattung einer Probestelle mit verschiedenen Choriotopen ist abhängig vom Gewässertyp, z. B. sind grobe Steine und Kies meist vorherrschend in Mittelgebirgsbächen; Kies, Sand und Schlamm in Flachlandflüssen. Auch Makrophyten und Moose können sowohl in schnell fließenden als auch langsamen bis fast stehenden Fließgewässern eigene Choriotope sein. In der Regel sind mehrere verschiedene Substrate in unterschiedlichen Mengenanteilen an einer Probestelle vorhanden. Ausnahmen sind Extremstandorte.

Es hat sich sehr bewährt, bei der Erhebung der biologischen Daten auch die physiographischen Verhältnisse an der Untersuchungsstelle zum Zeitpunkt der Untersuchung zu dokumentieren. Dazu sollen, wie auch für die biologischen Daten, standardisierte Feldprotokolle verwendet werden. Als Orientierungshilfe und für die punktgenaue Registrierung der Probestelle sind GPS-gestützte Ortungsgeräte hilfreich.

Grundsätzlich kann zu allen Jahreszeiten untersucht werden. Wegen der jahreszeitlich unterschiedlichen Entwicklung der Wasserorganismen kann entsprechend der Fragestellung die wiederholte Untersuchung zu verschiedenen Jahreszeiten erforderlich sein. Eine Voraussetzung ist in jedem Falle die Erreichbarkeit der Organismen. Deshalb wird die ordnungsgemäße Probenahme auf Niedrig- bis Mittelwasserabfluss in Fließgewässern zu beschränken sein. Untersuchungen bei erhöhten Wasserständen beinhalten die Gefahr, dass weder vom Ufer noch vom Boot aus alle relevanten Taxa und ihre relative Häufigkeit sicher erfasst werden und somit das Ergebnis verfälscht – in der Regel schlechter – wird. Für die Untersuchung temporärer (zeitweise trocken fallender Gewässer) sind für die meisten Fragestellungen der Wasserwirtschaft die Wasser führenden Phasen zu beachten: Diese können je nach Abflusstyp stark variieren.

Die biologischen Verfahren der WRRL begrenzen die Probenahmephasen auf bestimmte Zeiträume, die zur Gewährleistung eines korrekten und vergleichbaren

Ergebnisses zu beachten sind. Der Probenahmeort wird hierbei in der Regel jeweils am Ende eines sogenannten Wasserkörpers (definierter, im Hinblick auf den Gewässertyp und die Nutzungs- wie Belastungsarten möglichst homogener Gewässerabschnitt) eingerichtet (Operatives oder Routine-Monitoring). Spezielle Fragestellungen z. B. zur Bewertung von Punktquellen wie Kläranlageneinleitungen erfordern Probenahmen oberhalb und unterhab der Einleitungsstelle (Investigatives Monitoring).

7.3.2.2 Zeitaufwand

Über die erforderliche Zeit für die biologische Untersuchung einer Probestelle können keine festen Angaben gemacht werden. Grundsätzlich gilt, dass die Beprobung so lange fortzusetzen ist, bis alle bestandsbildenden und alle charakteristischen Arten bzw. höhere Taxa gefunden worden sind und in ihrer Häufigkeit abgeschätzt werden können. Dadurch kann die für die eigentliche Aufsammlung der Organismen erforderliche Zeit in weiten Grenzen schwanken. Die biologischen Untersuchungen haben eigene Anforderung an die Probenahmeintensität, hierbei kann ein Flächen- oder Zeitbezug vorgegeben sein. Häufig muss zur Geländearbeit noch ein hoher Zeitaufwand im Labor zugrunde gelegt werden, weil die einzelnen Individuen ausgezählt und bestimmt werden müssen. Natürlich hängt der Zeitaufwand auch vom Kenntnisstand des Untersuchers ab, denn die Bestimmung einzelner Taxa kann erhebliche Zeit in Anspruch nehmen.

7.3.2.3 Qualitative und quantitative Untersuchungen

Im allgemeinen haben sich für die Mengenangaben Schätzskalen der Individuendichte bewährt. Am einfachsten zu handhaben ist eine 7-stufige Skala, z. B. 1 – Einzelfund, 2 – wenig, 3 – wenig bis mittel, 4 – mittel, 5 – mittel bis viel, 6 – viel, 7 – Massenvorkommen, vgl. auch die Skalen für die Untersuchung der Makrophyten, des Phytobenthos und für die Bestimmung des Saprobienindex (Kap. 7.3.4.1).

Durch Festlegung der Sammelzeit oder auch der zur besammelnden Fläche kann ein gewisser Rahmen festgesetzt werden, aber erfahrungsgemäß ist es am zweckdienlichsten, angepasst an die Situation der vorgenannten Grundregel zu folgen. Vielfach wird bei zeitlimitiertem Besammeln mit Angabe der geschätzten Häufigkeiten von etwa 30 Minuten Sammelzeit pro Probestelle ausgegangen. Nähere Einzelheiten zum Zeitaufwand bei biologischen Untersuchungen an Gewässern geben das Leistungsverzeichnis für Limnologie – LVLIM (DGL 2012) sowie DIN 38410 T.1 und DIN EN 27828. Für die Untersuchungen gemäß EG WRRL und die naturschutzfachliche Untersuchung von Wasserorganismen gelten teils eigene Probenahmevorschriften, siehe Kap. 7.3.9.

7.3.2.4 Spezielle Aspekte der Probenahme von Organismen aus Fließgewässern

Neben den Probenahmen von Organismen zur Untersuchung und Bewertung für wasserwirtschaftliche Zwecke kann auch aus anderen Veranlassungen die Entnahme von Einzelindividuen oder größerer Mengen von Pflanzen und Tieren erforderlich sein. Dazu gehören neben wissenschaftlichen Arbeiten auch Monitoringaufgaben aufgrund nationaler oder internationaler Verpflichtungen des Naturschutzes, entsprechend der Europäischen Flora-Fauna-Habitatrichtlinie (FFH) (EWG 1992). Grundsätzlich sind stets die naturschutzfachlichen Gebote und Verbote zu beachten.

Die Entnahme der unterschiedlichen Tiergruppen sowie der Makrophyten und benthischen Algen stellt zusätzlich zu den allgemeinen jeweils spezifische Anforderungen. Neben den Erfordernissen der Arbeitssicherheit gehört dazu auch, dass durch das Begehen des Gewässers keine Beeinträchtigung der biologischen Besiedlung an der Untersuchungsstelle erfolgt, die Einfluss auf das Ergebnis haben kann. Daher sollte grundsätzlich in Fließgewässern von unterhalb der Probestelle herangegangen werden. In vielen Fällen ist die Entnahme von biologischen Proben mit zusätzlichen Datenerhebungen verbunden, die weit über die eigentliche Entnahme von Individuen der zu untersuchenden Organismengruppen oder Organismengemeinschaften hinausgehen.

Bei der Entnahme von Wasserproben für biologische Untersuchungen im Labor gelten grundsätzlich die allgemeinen Regeln wie sie in Kap. 4 beschrieben wurden und die auch für die Entnahme von Proben für die chemische Analyse zu beachten sind. Dabei ist auf die besonderen Anforderungen des Transportes und der Probenaufbewahrung zu achten, damit keine Veränderungen der Organismen eintreten, die das Bestimmen erschweren oder gar unmöglich machen. In vielen Fällen ist der gesonderte Transport von Teilproben nötig, z. B. müssen beim Lebendtransport von Tieren Räuber und potenzielle Beutetiere getrennt bleiben. Auch bei Teilproben von Algen sind diese getrennt zu halten. Einzelheiten sind z. T. in den Normen geregelt (DIN 38410 T.1; DIN EN 27828).

7.3.2.5 Arbeitssicherheit

Wegen der besonderen Gefahren beim Arbeiten in fließenden Gewässern sollten grundsätzlich immer zwei Personen zusammenarbeiten. Bei Tauchuntersuchungen ist dies Pflicht. Für das Arbeiten an größeren Fließgewässern ist die Verwendung von Schwimmwesten und Rettungsseilen erforderlich. Das Tragen der persönlichen Schutzausrüstung mit je nach Gewässersituation durchtrittsicheren Stiefelsohlen (Glas, anderer Abfall am Gewässergrund) sowie die Beachtung von hygienischen Sicherheitsregeln (Tragen von Handschuhen, anschließende Desinfektion nach Arbeiten in keimbelasteten Gewässern) ist ebenfalls Voraussetzung für ein sicheres Arbeiten ohne unnötige Gesundheitsgefährdung. Für Einzelheiten wird auf nationale Regelwerke und Richtlinien zur Arbeitssicherheit verwiesen.

7.3.2.6 Qualitätssicherung

Biologische Daten aus der Untersuchung aquatischer Lebensräume müssen eine bekannte und überprüfbare Qualität aufweisen, d. h. sie müssen auf wissenschaftlicher Grundlage und validierten Daten beruhen. Die Bedeutung der Qualitätssicherung von Ergebnissen ökologischer Untersuchungen wird in verschiedenen europäischen Richtlinien dargelegt. Auch die WRRL (EG 2000) strebt an, dass der Vertrauensbereich und die Exaktheit, die durch das biologische und chemische Monitoring erreicht werden können, dokumentiert werden. Nicht zuletzt werden aufgrund der Ergebnisse des Monitorings aufwändige, kostenintensive Sanierungsmaßnahmen durchgeführt.

Biologische Untersuchungen umfassen in der Regel eine Feld- und eine Laborkomponente. Es ist sicherzustellen, dass Ergebnisse aus Freilanduntersuchungen und Laboranalysen innerhalb festgelegter Grenzen vergleichbar sind (Reproduzierbarkeit). Zur Gewährleistung guter Ergebnisse sollten alle Beteiligten sowohl für die Freilanduntersuchungen als auch für die Arbeitsvorgänge im Labor regelmäßige Schulungsprogramme zu den Probenahme- und Probenbearbeitungs-Methoden sowie zur Taxonomie der zu untersuchenden Organismengruppen absolvieren. Ebenso wichtig ist eine gute Dokumentation, damit die Nachvollziehbarkeit während Probenahme, Analyse, Datenverarbeitung und Erstellung von Abschlussberichten zur Identifizierung von Fehlerquellen innerhalb des Verfahrens jederzeit gegeben ist. Die Anlage von Vergleichssammlungen und Rückstellproben ist grundsätzlich erforderlich. Nach Möglichkeit sollte regelmäßig an Laborvergleichstests (z. B. in Form von Ringtests) teilgenommen werden. Weitergehende Hinweise finden sich in verschiedenen europäischen Normen (z. B. DIN EN 14996 und DGL 2012).

7.3.3 Probenahme einzelner Organismengruppen

7.3.3.1 Makrozoobenthos und Fische

Die Untersuchung des Makrozoobenthos, der makroskopisch sichtbaren wirbellosen Tiere (definitionsgemäß Größe > 1 mm), kann grundsätzlich zu jeder Jahreszeit durchgeführt werden, außer bei Hochwasser oder auch extremer Niedrigwasserführung. Wegen der jahreszeitlichen Periodizität der Auffindbarkeit z. B. von Insekten (Flugzeiten) sind ggf. zeitliche Einschränkungen gegeben. Das gilt insbesondere für Untersuchungen aus naturschutzfachlicher Sicht. Für das Sammeln des Makrozoobenthos stehen verschiedene Techniken zur Verfügung. Die einfachste, aber nur für spezielle Untersuchungen z. B. einzelner Arten oder Tiergruppen ausreichende Technik ist das direkte Absammeln der Tiere von Hand oder mit Pinzette von Steinen oder Pflanzen. Am häufigsten werden Handnetze und Pfahlkratzer verschiedener Bauart verwendet, mit deren Hilfe von der Oberfläche der Sohlsubstrate, aus Makrophyten und aus den obersten Zentimetern der festen oder schlammigen Substrate die Organismen herausgeholt werden. International wurde ein Handnetz normiert: ISO-Netz nach DIN EN 27828, das vielfach für Routineuntersuchung eingesetzt werden kann und bei fachgerechter Handhabung eine hinreichende Fängigkeit besitzt. Verwendet wird es in Form des so genannten „kick-sampling". Dazu wird es steil bzw. senkrecht im Wasser gegen die Strömung gestellt. Zusätzlich wird das Substrat unmittelbar oberhalb des Netzes intensiv bewegt, um so die abdriftenden Tiere zu fangen.

Für die quantitative Untersuchung einer definierten Fläche sind weitere Probenahmegeräte verfügbar und im Gebrauch (Schwoerbel, 1994; Tittizer, 1999; DIN EN 28265, DIN EN 28265). Diese Geräte sind für wissenschaftliche Zwecke und andere, weitergehende Untersuchungen unerlässlich. Für tiefe Fließgewässerstrecken und stehende Gewässer werden verschieden konstruierte Greifer eingesetzt, die ebenfalls international genormt sind (DIN EN ISO 9391). Eine gute Übersicht und eine Reihe von Empfehlungen zur Probenahme des Makrozoobenthos in Binnengewässern gibt DIN EN ISO 10870. Für die Untersuchungen gemäß WRRL sind die in Kap. 7.3.9.3 aufgeführten Methoden zu beachten.

Die Entnahme von Fischen erfolgt mit den allgemein handelsüblichen Geräten. Dabei sind die Auflagen des Natur- und Artenschutzes zu beachten, vgl. Jens 1980. Bezüglich der WRRL siehe unter Kap. 7.3.9.4. Gleiches gilt für Untersuchungen gemäß der Europäischen Flora-Fauna-Habitatrichtlinie (EG 1992). Die Organismische Drift wird nur in speziellen Fällen untersucht, z. B. zur Ermittlung des Einflusses der Entnahme- und Wiedereinleitung auf die Fische an großen Kraftwerken, oder bei einer Katastrophendrift nach einem Störfall.

7.3.3.2 Makrophyten

Unter dem Begriff (aquatische) Makrophyten werden aus praktischen Gründen, z. B. für den Vollzug der WRRL, alle aquatischen Blütenpflanzen (Phanerogamen), Moose, Flechten und Armleuchtergewächse (Charophyta, Characeae) zusammengefasst. Eine umfassendere Definition von Weber-Oldecop (1974) bezieht auch verschiedene makroskopisch sichtbare Algengruppen ein.

Makrophytenuntersuchungen dienen der Erarbeitung von Grundlagen in der Wasserwirtschaft für den Naturschutz und die Landespflege. Dazu gehören z. B. regionale Florenlisten, Verbreitungskarten, vegetationskundliche Arbeiten und Doku-

Tab. 7.5: Schätzskala nach Kohler, aus Kohler und Janauer (1995).

Schätzstufe (Häufigkeit)	Häufigkeitsklasse
1	sehr selten
2	selten
3	verbreitet
4	häufig
5	sehr häufig

mentationen von Veränderungen durch Eingriffe und Renaturierungsmaßnahmen. Seit Einführung der WRRL sind die Makrophyten Bestandteil der ökologischen Bewertung (vgl. Kap. 7.3.9.2).

Die Untersuchung der Makrophytenvegetation erfolgt zweckmäßigerweise an repräsentativen Abschnitten quer zum Fließgewässer bzw. entlang von Transekten mit einem ökologisch relevanten Gradienten. Neben der genauen Beschreibung der Lage der Untersuchungsstellen sind für die Interpretation der Ergebnisse zusätzliche Daten über Gewässertyp und -morphologie sowie das Strömungsverhalten vonnöten, dazu noch die Aufnahme signifikanter Störungen oder Belastungen.

Die Charakterisierung der Vegetation sollte den Deckungsgrad der einzelnen Wuchsformen und deren Flächenanteile enthalten. Bei der Probenahme steht der optische Eindruck im Vordergrund. Sichtkästen und ähnliche Hilfen sind dazu vielfach notwendig. Die Probenahme erfolgt sowohl durch direktes Aufsammeln als auch mit Hilfe von Harken, Dredgen und ähnlichen Geräten. Tauchuntersuchungen sind erforderlich in tiefen Gewässern bzw. wenn die Probenahme auch vom Boot aus nicht ausreichend repräsentativ möglich ist. Hierbei sind die allgemeinen Anforderungen an das wissenschaftliche Tauchen zu beachten. Für die Angaben zur Abundanz sind zwei Schätzskalen besonders im Gebrauch, die Schätzskalen von Kohler (Tab. 7.5) und die differenziertere und besonders für Daueruntersuchungen geeignete von Londo (Tab. 7.6).

Die Bestimmung der Pflanzen kann vielfach direkt im Gelände mit den üblichen Florenwerken erfolgen In manchen Fällen ist die endgültige Bestimmung im Labor erforderlich. Zur Aufbewahrung von Belegen bietet sich die in der Botanik übliche Herbarisierung an. Für die Bestimmung der aquatischen Makrophyten siehe van de Weyer und Schmidt (2007, 2011a und 2011b).

Entsprechend dem Zweck der Untersuchungen sind verschiedene Arten der Darstellung sinnvoll, vgl. van de Weyer (1999) sowie DIN EN 14184. Für die Untersuchung und Bewertung der aquatischen Makrophyten nach WRRL siehe Kap. 7.3.7 und unter LANUV NRW (2017) und Schaumburg et al. (2012). Für Bestimmungsschlüssel und Abbildungen siehe van de Weyer und Schmidt (2011 a und b). Speziell für die Armleuchteralgen (Characeen) siehe Arbeitsgruppe Characeen Deutschlands (2016).

Tab. 7.6: Schätzskala nach Londo (1974), verändert. Aus: van de Weyer (2003).

	Deckung [%]
+	< 1
0,1	1
0,2	> 1–3
0,4	> 3–5
0,7	> 5–10
1,2	> 10–15
2	> 15–25
3	> 25–35
4	> 35–45
5	> 45–55
6	> 55–65
7	> 65–75
8	> 75–85
9	> 85–95
10	> 95–100

7.3.3.3 Benthische Algen

Benthische, d. h. an festen Substraten angeheftete oder Weichsubstraten aufliegende Algen haben in der Praxis der Gewässerüberwachung sehr lange Zeit kaum eine Rolle gespielt, obwohl es verschiedene Ansätze zu ihrer Nutzung als Bioindikatoren gab, z. B. in Österreich (Pipp, 1997; Rott et al., 1997 und 1999) und Bayern (Schmedtje et al., 1998). Dies ist nicht zuletzt der Tatsache geschuldet, dass diese Algen als schwer zu bearbeiten gelten und kaum zusammenfassende Bestimmungsliteratur zur Verfügung stand. Nicht nur für den Gebrauch im Monitoring nach WRRL stehen moderne, farbig bebilderte Bestimmungswerke zur Verfügung: Weyer & Schmidt, 2011a, 2011b sowie Gutowski et al., 2012.

Armleuchteralgen (Charophyceae) werden nach der WRRL zu den Makrophyten gezählt. Sie sind anhand moderner Bestimmungsliteratur gut bearbeitbar (Krause, 1997; Arbeitsgruppe Characeen Deutschlands, 2016) sowie van de Weyer und Schmidt (2011a, und b).

Kieselalgen werden insbesondere zur Indikation von Versalzung, Versauerung und Eutrophierung herangezogen, in Österreich auch zur saprobiellen Indikation (Rott et al., 1997). Seit Einführung der WRRL sind die benthischen Algen als Teil der biologischen Qualitätskomponente Makrophyten/Phytobenthos bewertungsrelevant für die Ermittlung des ökologischen Zustandes der Gewässer. Aus methodischen Gründen wird unterschieden zwischen den Diatomeen und dem übrigen Phytobenthos, denn Probenahme, Weiterverarbeitung des Probenmaterials sind sehr unterschiedlich, vgl. dazu DIN EN 13946 und DIN EN 15708.

Für die Kieselalgen (Diatomeen) stehen ebenfalls moderne Bestimmungsbücher zur Verfügung (Krammer und Lange Bertalot, 1986, 1988, 1991, 2004), für die häufigsten Kieselalgen siehe Coring (2005). Für die Bestimmung von Algen siehe die einzelnen Bände der von A. Pascher begründeten „Süßwasserflora von Mitteleuropa."

Für die Probenahme benthischer Algen mit Ausnahme der Kieselalgen und Armleuchteralgen (Charophyceae) stehen ein Feldführer (Gutowski und Foerster, 2009a) und eine Bestimmungshilfe für benthische Algen (Gutowski und Foerster, 2009b), speziell für den Gebrauch bei den Untersuchungen nach WRRL, zur Verfügung, die darüber hinaus auch bei anderen Untersuchungen eine gute Hilfe für die Bestimmung von Algen sein können. Dort finden sich auch Hinweise auf weiterführende, aktuelle Bestimmungsliteratur. Die Probenahme selbst ist sowohl in Normen (DIN EN 15708) als auch in den nationalen Verfahren zur Umsetzung der WRRL beschrieben. Sie erfolgt beim Begehen des Gewässers oder vom Boot aus. Im Vordergrund steht wie bei den Makrophyten das optische Bild. Alle Habitate sind zu berücksichtigen, einschließlich der submersen Makrophyten und Moose. Sichtkästen verschiedener Art gehören zur Grundausrüstung. Bei der Besammlung sind optisch unterschiedlich erscheinende Algenlager als getrennte Teilproben sorgfältig nach Farbe, Konsistenz und Gestalt zu dokumentieren und getrennt voneinander aufzubewahren. Beim Transport und für die längerfristige Aufbewahrung sind hinreichende Kühlung (am besten Einfrieren) oder Fixierung erforderlich, vgl. dazu Gutowski und Foerster (2009a) und Friedrich et al. (1998).

7.3.3.4 Phytoplankton / Organismische Drift

Für die Probenahme des Planktons aus Flüssen gelten grundsätzlich die bei der Probenahme für stehende Gewässer genannten Anforderungen, wobei wegen der starken Turbulenz in Flüssen auf die Entnahme von Tiefenprofilen üblicherweise verzichtet werden kann, Ausnahmen können sehr langsam fließende Flachlandflüsse und Flussstaue sein. Besonders zu beachten ist die mögliche Fahnenbildung bei großen, eventuell planktonreicheren Zuflüssen und Einleitungen, ggf. sind Querprofile angezeigt. Routinemäßig erfolgen die Probenahmen oft in 14-tägigem Rhythmus. Bei Flüssen mit kurzen Hochwasserspitzen kann auch ein häufigeres Probennehmen notwendig werden, um kurze Maxima oder Minima zu erfassen.

Die mikroskopische Untersuchung des Phytoplanktons erfolgt grundsätzlich nach der Methode von Utermöhl (1958), vgl. auch Padisak et al. (1999) sowie DIN EN 15204. Bezüglich der weiteren Bestandteile des Planktons, die in Flüssen vorwiegend für wissenschaftliche Untersuchungen von Interesse sind, siehe Horn (1999) für Metazooplankton, Zimmermann-Timm (1999) für Protozooplankton und (1999a) für Bakterioplankton.

Die Chlorophyllmessung kann fotometrisch nach DIN 38412-16 erfolgen. Fluorimetrische Messungen (spontane Fluoreszenz) mit Geräten verschiedener Anbieter sind besonders für In-situ-Messungen geeignet und im Einsatz, vgl. auch Kap. 7.2.6.4.

Darüber hinaus ist auch die Messung der verzögerten Fluoreszenz erprobt, vgl. Gerhard und Bodemer (1998) sowie Friedrich et al. (1998). Bezüglich der Untersuchung und Bewertung des Phytoplanktons in Flüssen entsprechend den Anforderungen der WRRL siehe Kap. 7.3.9.1 sowie Mischke und Behrendt (2007).

7.3.4 Bewertung einzelner Störgrößen

7.3.4.1 Saprobie

Die moderne Gewässerbewertung begann zu Anfang des 20. Jahrhunderts mit dem Saprobiensystem, auch als Kolkwitz-Marsson-System bekannt (Kolkwitz und Marsson, 1902). Zur damaligen Zeit und bis in die 70er-Jahre des 20. Jahrhunderts dominierte die Verunreinigung der Fließgewässer durch biologisch leicht abbaubare organische Stoffe, deren Schadwirkung vorwiegend in der bei ihrem Abbau auftretenden Sauerstoffzehrung besteht. Entsprechend reflektieren die Indikatororganismen, die so genannten „Saprobien", in erster Linie unterschiedliche Toleranzen gegenüber Sauerstoffmangel.

Das Saprobiensystem basiert auf der Untersuchung des Makrozoobenthos (Evertebraten wie Insekten, Weichtiere und Würmer) und des heterotrophen Mikrobenthos wie z. B. Urtiere (Protozoa), Rädertiere (Rotatoria), Würmer (Nematoda), dazu Schwefelbakterien, das Abwasserpilz genannte Bakterium *Sphaerotilus natans* und der Pilz *Leptomitus lacteus*. Dabei integriert das Makrozoobenthos vor allem die pessimalen Zustände über längere Zeit, während das Mikrobenthos entsprechend seiner Kurzlebigkeit und raschen Generationsfolge eher kleinräumige und kurzzeitige Veränderungen spiegelt.

Mit der DIN 38410 „Bestimmung des Saprobienindex" wurde das Saprobiensystem normiert. Im Teil 1 der Norm (DIN 38410-1) werden Hinweise für die Probenahme, geeignete Geräte und die Auswertung der Daten gegeben. Die Klassen der Saprobie folgen einer Skala vom unbelasteten Zustand (oligosaprob) bis zu höchster Verschmutzung (polysaprob) (DIN 38410-2) Die letzte Aktualisierung erfolgte 2004 (Friedrich und Herbst, 2004) mit der Einführung gewässertypbezogener Saprobienindizes (s. u.), wie sie auch nach den Vorgaben der WRRL benötigt werden.

In manchen Tieflandgewässern ist die Autosaprobie (d. h. gewässerintern verursachte organische Belastung durch starke gewässereigene Primärproduktion als Folge hohen Nährstoffangebots und langer Verweilzeit des Wassers im System) kaum zu trennen von der Allosaprobie (d. h. organische Belastung durch Einleitung organischer Substanz, z. B. aus Abwasser). Probleme ergeben sich auch bei solchen Fließgewässern, in denen die sauerstoffzehrende Wirkung von Abwässern durch physikalische Belüftung wegen intensiver Turbulenz ausgeglichen wird. Das trifft insbesondere auf alpin geprägte Gewässer zu. Um in solchen Fällen Fehlschlüsse bei rein schematischer Ableitung einer Güteklasse aus dem Saprobienindex zu vermeiden, sollten ggf. weitere Kriterien zur Festlegung der Güteklassen herangezogen werden, vgl. dazu LUA (2002). Das Saprobiensystem ist integraler Part des deutschen Bewertungsverfahrens für Fließgewässer anhand des Makrozoobenthos gemäß WRRL (Perlodes-Verfahren, s. Kap. 7.3.9.3).

Die Berechnung des Saprobienindex (S) einer Probe erfolgt nach der Formel von Zelinka und Marvan (1961), wobei die Saprobienindices (s_i) der einzelnen Taxa, ihr spezifisches Indikationsgewicht (G_i) und ihre Abundanz (A_i) berücksichtigt werden, vgl. Formel 7.1.

Berechnung des Saprobienindex

$$S = \frac{\sum_{i=1}^{n} s_i \times A_i \times G_i}{\sum_{i=1}^{n} A_i \times G_i}$$

Dabei ist
S der Saprobienindex;
i die laufende Nummer des Taxons;
s_i der Saprobiewert des i-ten Taxons;
A_i die Abundanzziffer des i-ten Taxons;
G_i das Indikationsgewicht des i-ten Taxons;
n Anzahl der Taxa.

Durch die Einführung der Gütekarten mit Darstellung von vier Güteklassen entsprechend dem zunehmenden Verschmutzungsgrad in den Farben blau – grün – gelb – rot durch Liebmann (1962) und die Entwicklung eines Indexsystems durch Pantle und Buck (1955) sowie Zelinka und Marvan (1961) wurde ein umweltpolitisch wichtiges Instrument geschaffen. Das Saprobiensystem reichte lange Zeit für die damaligen Bedürfnisse der Wasserwirtschaft aus. Die daraus abgeleitete Bewertung war das einzige, allgemein benutzte Verfahren zur Bewertung des Verschmutzungsgrades. So wurden die Gütekarten über viele Jahre ein maßgebliches Instrument für die wasserwirtschaftliche Planung und dienten auch zur Herleitung allgemeiner Güteanforderungen. Güteklasse II oder besser galt bis zur Einführung der WRRL in Deutschland für alle Fließgewässer als anzustrebendes Ziel bei gleichzeitigem Verschlechterungsverbot.

Von 1976 bis 2002 sind die Gewässergütekarten Deutschlands mit der in Tab. 7.7 dargestellten, siebenstufigen Bewertung publiziert worden. In den letzten Karten wurden darüber hinaus zusätzliche, biologisch wirksame Belastungen eingetragen, um den wachsenden Anforderungen nach differenzierteren und weitergehenden Aussagen nachzukommen: Salzbelastung, Versauerung, Toxizität, Eisenockerablagerungen, Algenmassenentwicklung (als Eutrophierungszeiger) und zeitweises Trockenfallen. Seit Einführung der Europäischen Wasserrahmenrichtlinie werden die Ergebnisse

Tab. 7.7: Die Klassen des Saprobiensystems (nach LAWA 2002).

Gewässer-güteklasse	Farbe	Saprobie-bereich	Grad der Belastung mit leicht abbaubaren organischen Stoffen	Saprobien-Indexbereich	kurze Definition der Gewässergüteklasse
I	dunkelblau	oligosaprob	unbelastet bis sehr gering belastet	1,0 bis < 1,5	Gewässerabschnitte mit reinem, stets annährend sauerstoffgesättigtem und nährstoffarmem Wasser; geringer Bakteriengehalt; mäßig dicht besiedelt, vorwiegend mit Algen, Moosen, Strudelwürmern und Insektenlarven; sofern sommerkühl, Laichgewässer für Salmoniden
I–II	hellblau	oligosaprob bis β-mesosaprob	gering belastet	1,5 bis < 1,8	Gewässerabschnitte mit geringer anorganischer Nährstoffzufuhr und organischer Belastung ohne nennenswerte Sauerstoffzufuhr; dicht und meist in großer Artenvielfalt besiedelt; sofern sommerkühl, Salmonidengewässer
II	dunkelgrün	β-mesosaprob	mäßig belastet	1,8 bis < 2,3	Gewässerabschnitte mit mäßiger Verunreinigung und guter Sauerstoffversorgung; sehr große Artenvielfalt und Individuendichte von Algen, Schnecken, Kleinkrebsen, Insektenlarven; Wasserpflanzenbestände können größere Flächen bedecken; artenreiche Fischgewässer
II–III	gelbgrün	β-mesosaprob bis α-mesosaprob	kritisch belastet	2,3 bis < 2,7	Gewässerabschnitte, deren Belastung mit organischen, sauerstoffzehrenden Stoffen einen kritischen Zustand bewirkt; Fischsterben infolge Sauerstoffmangels möglich; Rückgang der Artenzahl bei Makroorganismen; gewisse Arten neigen zu Massenentwicklung; fädige Algen bilden häufig größere flächendeckende Bestände
III	gelb	α-mesosaprob	stark verschmutzt	2,7 bis < 3,2	Gewässerabschnitte mit starker organischer, sauerstoffzehrender Verschmutzung und meist niedrigem Sauerstoffgehalt; örtlich Faulschlammablagerungen; Kolonien von fadenförmigen

					Abwasserbakterien und festsitzenden Wimpertieren übertreffen das Vorkommen von Algen und höheren Pflanzen; gegen Sauerstoffmangel unempfindliche tierische Makroorganismen wie Egel und Wasserasseln kommen bisweilen massenhaft vor; mit periodischem Fischsterben ist zu rechnen
III–IV	orange	α-meso-saprob bis polysaprob	sehr stark verschmutzt	3,2 bis < 3,5	Gewässerabschnitte mit weitgehend eingeschränkten Lebensbedingungen durch sehr starke Verschmutzung mit organischen, sauerstoffzehrenden Stoffen, oft durch toxische Einflüsse verstärkt; zeitweilig totaler Sauerstoffschwund; Trübung durch Abwasserschwebstoffe; ausgedehnte Faulschlammablagerungen; durch Wimpertierchen, rote Zuckmückenlarven oder Schlammröhrenwürmer dicht besiedelt; Rückgang fadenförmiger Abwasserbakterien; Fische nicht auf Dauer und nur ausnahmsweise anzutreffen
IV	rot	polysaprob	übermäßig verschmutzt	3,5 bis 4,0	Gewässerabschnitte mit übermäßiger Verschmutzung durch organische sauerstoffzehrende Abwässer; Fäulnisprozesse herrschen vor; Sauerstoff über lange Zeit in sehr niedrigen Konzentrationen vorhanden oder gänzlich fehlend; Besiedlung vorwiegend durch Bakterien, Geißeltierchen und freilebende Wimpertierchen; Fische fehlen; bei starker toxischer Belastung biologische Verödung

Tab. 7.8: Größenklassen für die Häufigkeitsschätzung der Organismen (aus DIN 38410 T.2).

Abundanzklassen (Häufigkeitsstufen)	**Abundanzziffer (*A*)**	**Makrobenthos**	**Mikrobenthos vagil**	**Mikrobenthos sessil**	**Mikropräparate**
		Individuen je m²	**Individuen je cm²**		**Individuen je cm²**
Einzelfund	1	1 bis 2	1 bis 2	kein sichtbarer Belag: *A* = 1 bis 3 sichtbarer Belag: *A* = 4 bis 7	1 bis 2
wenig	2	3 bis 10	3 bis 10		3 bis 10
wenig bis mittel	3	11 bis 30	11 bis 30		11 bis 30
mittel	4	31 bis 100	31 bis 100		31 bis 100
mittel bis viel	5	101 bis 300	101 bis 300		101 bis 300
viel	6	301 bis 1000	301 bis 1000		301 bis 1000
Massenvorkommen	7	> 1000	> 1000		> 1000

Anmerkung: Für spezielle Anwendungsfälle können auch andere Angaben in Frage kommen, etwa Individuenzahl innerhalb einer definierten Sammelzeit (z. B. Individuen je 30 min).

von Gewässeruntersuchungen (Monitoring) in umfangreichen Kartenwerken als Teil der Bewirtschaftungspläne vorgelegt (z. B. MKULNV NRW, 2015).

Auch wenn inzwischen die Saprobie nicht mehr das beherrschende Qualitätskriterium für den Gewässerschutz darstellt, bleibt sie weiterhin ein bedeutsames Element der Gewässerbewertung und ist als Modul auch Teil der Bewertung nach Wasserrahmenrichtlinie (siehe 7.3.7).

7.3.4.2 Eutrophierung

Nachdem die Sauerstoff zehrende Abwasserbelastung gegen Ende des 20. Jahrhunderts durch flächendeckenden Ausbau der Kläranlagen weitgehend überwunden war, stellt die Eutrophierung infolge erhöhter Nährstoffbelastung die wesentlichere Beeinträchtigung für die Wasserqualität dar. Sie prägt sich in Fließgewässern als Massenentwicklung von Makrophyten oder langfädigen Grünalgen wie *Cladophora* sp. aus. Besonders die in den letzten Jahrzehnten vielerorts massenhafte Entwicklung von Nuttall-Wasserpest (*Elodea nuttallii*), einer neophytischen Pflanze, kann in gestauten Flüssen zu Problemen führen oder auch den sogenannten „Krautstau" vor Verengungen wie Brücken provozieren.

Tab. 7.9: Charakterisierung der Gewässergüteklassen planktondominierter Fließgewässer (aus Schmitt, 1998) und LAWA-UAK „Plankton-führende Fließgewässer" (2002).

Trophieklasse[a)]		Grad der Belastung durch Primärproduktion	Kartierfarbe	Chlorophyll-a[c)] 90 Perzentil (µg/l)	Chlorophyll-a[c)] Mittelwert (µg/l)
I	oligotroph	sehr gering	dunkelblau	3–8	< 1–4
I–II	mesotroph	gering bis mäßig	hellblau	8–30	3–8
II[a)]	eutroph[b)]	mäßig	grün	20–100	7–30
II–III	eu- bis polytroph	mäßig bis stark	gelbgrün	70–150	25–50
III	polytroph	stark	gelb	120–250	50–100
III–IV	Poly- bis saprotroph	sehr stark	orange	200–400	> 100
IV	saprotroph[d)]	übermäßig	rot	> 400	

[a)] Klassifizierung der Trophieklassen in Anlehnung an die Trophiedefinitionen der OECD (1982) für Seen, vgl. Hamm et al. (1991).
[b)] Fließgewässer sind per Definition planktondominiert, wenn ihre Primärproduktion mindestens Trophieklasse II = eutroph entspricht. Vorläufig ist eine Trophie-Klassifizierung nur für planktondominierte Fließgewässer prinzipiell möglich.
[c)] Berechnungsgrundlage sind 14-tägliche Messwerte aus der Vegetationsperiode (1. März bis 31. Oktober); Auswertezeitraum: mindestens 3 Jahre.
[d)] Saprotrophie im Sinne von Elster (1962): Durch Primärproduktion verursachte übermäßige organische Belastung eines Gewässers. Charakteristisch für solch ein Gewässer sind anaerobe Fäulnisprozesse, vgl. Hamm (1996).

Für die Beschreibung des Trophiestatus von Flüssen mit starkem Planktonwachstum wurde von der LAWA (LAWA-UAK, 2002) eine Klassifikation erarbeitet, die im Wesentlichen am Chlorophyllgehalt orientiert ist (Tab. 7.9). Die Überlappungen der Trophieklassen bringen zum Ausdruck, dass – wie bei Seen – das Verhältnis von Chlorophyll-a zur Planktonbiomasse vom Artenspektrum abhängt. In Zweifelsfällen sind daher weitere Hilfsgrößen heranzuziehen wie Nährstoffe, Sauerstofftagesgänge, Abflussgeschwindigkeit, Fraßdruck durch Zooplankton und Beeinflussung des Lichtklimas durch Trübung (Schmitt, 1998). Bezüglich der Klassifikation planktonführender Flüsse siehe auch Behrendt und Opitz (1996).

Ein Kartiersystem der Trophie von Fließgewässern, differenziert nach Makrophyten- und Plankton-dominierten Fließgewässern, wurde in Bayern unter Verwendung von Makrophyten, Algen und stofflichen Hilfskriterien wie Chlorophyllgehalt und Kenngrößen des Sauerstoffhaushalts entwickelt (Mauch, 1992). Zur Erfassung und Bewertung von Planktonorganismen vgl. auch Hoehn et al. (1998).

7.3.4.3 Säurestatus von Fließgewässern

Seit Beginn der 1980er-Jahre traten zunächst in skandinavischen und nordamerikanischen Seen und Flüssen schwere Schäden an der Fischfauna auf, als deren Ursa-

Tab. 7.10: Die Typen der versauerungsgefährdeten Fließgewässer aus Braukmann (1999).

Versauerungstyp	Kriterien
Typ 1: permanent nicht sauer	pH gewöhnlich > 6,5, meistens bei etwa 7,0; die pH-Minima unterschreiten in der Regel den Wert von 6,0 nicht.
Typ 2: episodisch schwach sauer, überwiegend neutral	Die Werte sind ähnlich wie bei Typ 1, aber seltene pH-Erniedrigungen unter 6,0 sind möglich, die jedoch in der Regel 5,5 nicht unterschreiten.
Typ 3: periodisch (kritisch) sauer	Der pH-Wert liegt normalerweise unter 6,5, pH-Minima sinken öfter bei Säureschüben unter 5,5. Bei niedrigem (Basis-) Abfluss können die Werte längere Zeit, z. B. während sommerlich-herbstlicher Niedrigwasserperioden, im neutralen Bereich liegen.
Typ 4: permanent sauer bis stark sauer	Der pH-Wert liegt in der Regel ganzjährig im sauren Bereich meist unter 5,5, pH-Minima fallen während der Schneeschmelze oder nach Starkregen unter 5,0, oft sogar unter 4,3.

che die saure Deposition erkannt wurde. Diese Säuren, vor allem Schwefel- und Salpetersäure, werden durch Verbrennung fossiler Energieträger und die unzureichende Reinigung der Abgase in der Atmosphäre angereichert. Auch in Deutschland wurde die Gewässerversauerung zum Problem, wenn auch nicht in der Dimension wie z. B. in Skandinavien. Dies ist nicht zuletzt dem höheren Pufferungsvermögen der meisten Fließgewässer Deutschlands zuzuschreiben. Gewässerschäden durch Versauerung sind vor allem in Gebirgsbächen von Regionen mit schlecht gepufferten Böden, z. B. in Buntsandstein- und Urgesteinsgebieten aufgetreten. Auch Seen und Talsperren waren davon betroffen. Heute spielt die Versauerung der Fließgewässer Deutschlands als Ergebnis der Maßnahmen zur Luftreinhaltung nur noch eine geringe Rolle. Das Verfahren zur Bewertung der Fließgewässer anhand des Makrozoobenthos für die Umsetzung der WRRL (Perlodes-Verfahren) umfasst jedoch ein Modul zur Bewertung der Versauerung, das auf dem Verfahren nach Braukmann beruht (Braukmann, 1999). Das System umfasst vier Stufen, die durch das Vorhandensein bzw. Fehlen bestimmter Makrozoen gekennzeichnet sind.

Parallel dazu hat Coring (1999) ein System vorgelegt, das die Bestimmung des Säurestatus anhand der Analyse von Diatomeen-Populationen ermöglicht.

7.3.4.4 Salzbelastung

Der Gehalt an gelösten Salzen, insbesondere von Alkalimetallchloriden, spielt auch in Binnengewässern für die organismische Besiedlung eine wichtige Rolle. Entsprechend wurde ein Halobiensystem entwickelt, das die Wirkung dieser Belastung mit

Hilfe von Kieselalgen (Diatomeen) indiziert. Anwendung findet es insbesondere bei vorhandener oder vermuteter anthropogener Belastung. Die dazu notwendigen Untersuchungen entsprechen methodisch den üblichen für Diatomeen. Auch Ciliaten (Protozoa) können aufgrund ihrer unterschiedlichen Toleranz gegenüber Chlorid zur Bioindikation herangezogen werden (vgl. Ziemann et al., 1999).

Für die Ermittlung des Halobienindex anhand von benthischen (substratbewohnenden) Kieselalgen werden diese von natürlichen oder künstlichen Substraten abgekratzt und nach entsprechender Aufbereitung in ihrer Häufigkeit abgeschätzt, bzw. es werden 450 Schalen gezählt und ihr prozentualer Anteil ermittelt. Der Halobienindex als Ausdruck der biologischen Wirkung des Salzgehaltes wird ermittelt mit der nachstehenden Formel.

Formel zur Berechnung des Halobienindex (nach Ziemann et al., 1999):

$$H = \frac{\sum h_H - \sum h_x}{\sum h} \times 100 \qquad (2)$$

Es bedeuten:

$\Sigma\, h_H$ Häufigkeitssumme aller salzanzeigenden (halobionten und halophilen) Arten
$\Sigma\, h_x$ Häufigkeitssumme aller salzmeidenden (halophoben bzw. haloxenen) Arten
$\Sigma\, h$ Häufigkeitssumme aller vorgefundenen Arten

Die Auswertung führt zu den folgenden ökologischen Wirkungsbereichen (nach Ziemann et al., 1999):

1. Limnische Gewässer (vorwiegend $CaHCO_3$-Gewäser)
1.1 infrahalob: extrem elektrolytarme, saure Gewässer. $H < -30$
1.2 γ-oligohalob: schwach gepufferte, elektropytarme Gewäser, $H = -30 - < -10$
1.3 β-oligohalob: typisches Süßwasser, $H = -10 - < +10 \ldots 15$.
1.4 α-oligohalob: gering veralzt. $H = +10 \ldots 15 - < +30$
2. Salzgewässer (Alkalisalz-, meist Chloridgewässer)
2.1 β-mesohalob: mäßig versalzt, $H = +30 - < +50$
2.2 a-mesohalob: stark versalzt, $H = +50 - < +75$
2.3 polyhalob: extrem versalzt, $H \geq +75$.

Auch mit Hilfe von benthischen Ciliaten (Protozoa) kann die biologische Wirkung des Salzgehalters ermittelt werden, vgl. Ziemann et al. (1999).

Gemäß Verordnung zum Schutz der Oberflächengewässer (Oberflächengewässerverordnung – OGewV) Anlage 7 (zu § 5 Absatz 4 Satz 2) werden unter Allgemeine physikalisch-chemische Qualitätskomponenten einheitlich für alle Fließgewässertypen als Hintergrundwert für den sehr guten ökologischen Zustand ≤ 50 mg/l Cl^- genannt und als Orientierungswert für den guten ökologischen Zustand ≤ 200 mg/l Cl^- (Mittelwert als arithmetisches Mittel aus den Jahresmittelwerten von maximal drei aufeinander folgenden Kalenderjahren) (BGBl. I 2016, 1414–1423). Aufgrund neuerer

Auswertungen bundesweiter Monitoringergebnisse der Kieselalgen und des Makrozoobenthos werden niedrigere gewässertypspezifische Orientierungswerte für die Chloridkonzentrationen vorgeschlagen (Halle et al., 2017).

7.3.4.5 Toxizität

Ein besonders schwerwiegendes Problem für den Schutz des Wassers und der Gewässer stellen die toxischen Stoffe dar. Dazu sind viele Labormethoden für verschiedene Organismen und biologische Reaktionen entwickelt und international normiert worden, siehe dazu Kapitel 8. Darüber hinaus wurden auch Testsysteme für den Einsatz vor Ort im Fluss entwickelt und benutzt, um insbesondere akute Schädigungen der Fische und anderer Organismen im Fluss aufzuspüren. Obwohl die akute Toxizität in Fließgewässern infolge des hohen Standes der Abwasserreinigung in Deutschland und der Einführung des Fischtests (heute wird der Fischei-Test verwandt, s. Kap. 8) für behandelte Abwässer erheblich zurückgegangen ist, werden weiterhin dynamische Biotestanlagen an großen Flüssen mit besonderen Belastungssituationen, insbesondere auch zur Überwachung der Auswirkungen von Unglücksfällen, betrieben. Die Geräte werden im Bypass in ortsfesten Messstationen eingesetzt. Als Testorganismen dienen Fische (Goldorfen), Wasserflöhe (*Daphnia magna*) und Muscheln (*Dreissena polymorpha*). Über die Palette der ökotoxikologischen und gentoxikologischen Testverfahren in der Wasseruntersuchung informiert Kap. 8.

7.3.5 Strukturgüte der Fließgewässer – Untersuchung und Bewertung (Strukturgütebewertung)

Mit dem deutlichen Rückgang der massiven Gewässerverschmutzung durch die Verbesserung der Abwasserreinigung und das allgemein gewachsene Umweltbewusstsein rückten andere Belastungen der Gewässer in den Vordergrund: Flüsse und Bäche bestehen nicht nur aus dem Wasserkörper selbst, sondern weisen in unterschiedlicher Ausprägung Sohl-, Ufer- und umgebende Auen- und Landstrukturen auf, die eine ganz wesentliche Funktion für die ökologische Qualität der Gewässer haben und damit das Leben in und an ihnen. Auch durch das gewachsene Bedürfnis der Menschen nach Naturerlebnis an den Gewässern stieg die Bedeutung „naturnaher“ Bäche und Flüsse. Um die Naturnähe solcher Strukturen eines Fließgewässers bewerten zu können, wurde eine Methodik zur Erfassung erforderlich. Diese dient der Bewertung der Strukturqualität, auch als Grundlage für Maßnahmen zur ökologischen Verbesserung beeinträchtigter Strukturen und der Erfolgskontrolle nach Durchführung solcher Maßnahmen.

Zur Erfassung und Bewertung des strukturellen (hydromorphologischen) Zustandes der Fließgewässer wurden Kartierverfahren für die „Gewässerstrukturgüte“

Tab. 7.11: Bewertung der Fließgewässerstruktur.

Güteklasse	Grad der Beeinträchtigung	Farbe
I	unverändert	dunkelblau
II	gering verändert	hellblau
III	mäßig verändert	dunkelgrün
IV	deutlich verändert	hellgrün
V	stark verändert	gelb
VI	sehr stark verändert	orange
VII	vollständig verändert	rot

entwickelt. Diese ist ein Maß für die ökologische Qualität der Gewässerstrukturen und der durch diese Strukturen angezeigten dynamischen Prozesse. Bewertet wird der Grad der Auslenkung vom natürlichen, gewässertypischen Referenzzustand (früher „Leitbild“ oder „heutiger potenziell natürlicher Gewässerzustand“) in einer siebenstufigen Skala (Friedrich et al., 1996; Binder und Kraier, 1998; Zumbroich et al., 1999). Wie aus der Liste der zu bewertenden Parameter hervorgeht, ist die Strukturgütebewertung auf das Fließgewässer als Ökosystem und Bestandteil der Landschaft ausgerichtet und geht daher nicht auf spezielle Ansprüche einzelner Organismengruppen ein. Um den natürlichen Unterschieden zwischen den einzelnen Fließgewässertypen gerecht zu werden wurden dafür Referenzgewässer untersucht, z. B. (LUA, 1999 und 2001) und Leitbilder entwickelt, z. B. LUA, 1999a. Neben der Länderarbeitsgemeinschaft Wasser (LAWA) haben auch einzelne Bundesländer Kartieranleitungen herausgegeben. Anhand der Erfahrungen bei der Kartierungen wurden die Verfahren aktualisiert.

Für die Kartierung der kleinen bis mittelgroßen Fließgewässer (LAWA, 2000) und für mittelgroße bis große Fließgewässer (LUA NRW, 2001) wurde zunächst das so genannte „Vor-Ort-Verfahren“ eingeführt. Es zielt mit hohem Detaillierungsgrad in erster Linie auf großmaßstäbliche Darstellungen ab, die dann durch Generalisierung auch zu Übersichtskarten werden können. Außerdem steht noch ein Übersichtsverfahren für Karten in kleinem Maßstab zur Verfügung (LAWA, 2004), das im Wesentlichen mit der Auswertung vorhandener Karten und Luftbilder sowie ggf. anschließender Validierung im Gelände auskommt. Neben Strukturgütekarten der einzelnen Bundesländer erschien die erste Strukturkarte der Bundesrepublik Deutschlands mit dem Stand von 2001 im Jahre 2002 (LAWA, 2002a). Mit zunehmender Erfahrung bei der Kartierung haben sich natürlich auch Erweiterungen und Verbesserungen ergeben, die z. B. ihren Niederschlag in der Kartieranleitung für kleine bis große Fließgewässer in NRW gefunden haben (LANUV NRW, 2018). Bewertet wird die Fließgewässerstrukturgüte mit einer 7-stufigen Skala (vgl. Tab. 7.11).

Bei der Strukturgütebewertung nach dem Vor-Ort-Verfahren werden Sohle, Ufer und Gewässerumfeld (Aue) untersucht und bewertet. Insgesamt werden sechs Hauptparameter mit 27 Einzelparametern erfasst und entsprechend ihrer Abweichung vom Idealzustand bewertet (Tab. 7.11). Damit wird die Möglichkeit geschaf-

Tab. 7.12: Parameter der Strukturgütebewertung für kleine und mittelgroße Fließgewässer, nach LAWA 1999.

Bereich	Hauptparameter	funktionale Einheit	Einzelparameter
Sohle	Laufentwicklung	Krümmung	Laufkrümmung Längsbänke besondere Laufstrukturen
		Beweglichkeit	Krümmungserosion Profiltiefe Uferverbau
	Längsprofil	natürliche Längsprofilelemente	Querbänke Strömungsdiversität Tiefenvarianz
		anthropogene Wanderbarrieren	Querbauwerke Verrohrungen Durchlässe Rückstau
	Sohlenstruktur	Art und Verteilung der Substrate	Substrattyp Substratdiversität besondere Sohlenstrukturen
		Sohlverbau	Sohlverbau
Ufer	Querprofil	Profiltiefe	Profiltiefe
		Breitenentwicklung	Breitenerosion Breitenvarianz
		Profilform	Profiltyp
	Uferstruktur	naturraumtypische Ausprägung naturraumtypischer Bewuchs Uferverbau	besondere Uferstrukturen Uferbewuchs Uferverbau
Land	Gewässerumfeld	Gewässerrandstreifen Vorland	Gewässerrandstreifen Flächennutzung sonstige Umfeldstrukturen

fen, einerseits die einzelnen Teilbereiche des Gewässers zu bewerten und andererseits durch Aggregation eine Gesamtbewertung vorzunehmen. So kann direkt erkannt werden kann, wo konkreter Handlungsbedarf besteht. Bewertet wird mit der Kombination von zwei Verfahren. Einerseits wird die Bewertung anhand funktionaler Einheiten (mehrere Einzelparameter) vom Kartierenden direkt vor Ort durchgeführt. Parallel dazu erfolgt die Beurteilung mit Hilfe einer indexgestützten Bewertung zugleich als Plausibilitätskontrolle noch vor Ort. Bei dieser wird vom Kartierer für jeden Einzelparameter eine Wertzahl zwischen 1 und 7 vergeben, je nach Intensität der Abweichung vom natürlichen Referenzzustand. Mit Hilfe von Handheld-Computern bzw. vergleichbaren Geräten können alle Arbeitsschritte einschließlich der Plausibilitätskontrolle noch vor Ort erfolgen, denn bei signifikantem Abweichen der beiden Bewertungsschritte ist eine Überprüfung erforderlich.

Wie aus der Liste der zu bewertenden Parameter hervorgeht, ist die Strukturgütekartierung auf die Rolle der Fließgewässer als Ökosystem und als Bestandteil der Landschaft ausgerichtet. Von daher geht sie nicht auf spezielle Ansprüche einzelner Arten ein. Für die Bewertung eines Baches z. B. als Laich- und Aufwuchsgewässer von Lachsen wären weitere Detailerhebungen erforderlich, z. B. zur Kolmatierung s. o.

Zu den wesentlichen Begriffen und Parametern der Erfassung der Fließgewässermorphologie liegt auch eine europäische Norm vor (DIN EN 14614, 2005), ebenso wurde zur vereinfachten Beurteilung des Grades der Abweichung der hydromorphologischen Bedingungen vom Referenzzustand ein europäisches Verfahren entwickelt (DIN EN 15843, 2010).

7.3.6 Ökologische Bewertung, Leitbild und Entwicklungsziel

Für eine „ökologische", ganzheitliche Bewertung der Fließgewässer wurden vielfältige Ansätze vorgeschlagen (Friedrich und Lacombe, 1992; Mauch, 1992, Böhmer et al., 1997 und 1999; ÖNORM, 1995). Dabei wurde das heutige Naturpotenzial, d. h. der heute potenziell erreichbare natürliche Gewässerzustand (hpnG) zur Richtschnur für die Bewertung (Friedrich, 1992). Bereits 1995 wurden die Begriffe Leitbild, Entwicklungsziel und Ist-Zustand von der LAWA eingeführt (siehe Tab. 7.13).

Tab. 7.13: Definition Leitbild und Entwicklungsziel gemäß LAWA.

Leitbild	Das Leitbild definiert den Zustand eines Gewässers anhand des heutigen Naturpotentials des Gewässerökosystems auf der Grundlage des Kenntnisstandes über dessen natürliche Funktionen. Das Leitbild schließt insofern nur irreversible anthropogene Einflüsse auf das Gewässerökosystem ein. Das Leitbild beschreibt kein konkretes Sanierungsziel, sondern dient in erster Linie als Grundlage für die Bewertung des Gewässerökosystems. Es kann lediglich als das aus rein fachlicher Sicht maximal mögliche Sanierungsziel verstanden werden, wenn es keine sozio-ökonomischen Beschränkungen gäbe. Kosten-Nutzen Betrachtungen fließen daher in die Ableitung des Leitbildes nicht ein.
Entwicklungsziel	Das Entwicklungsziel definiert den möglichst naturnahen unter gegebenen sozio-ökonomischen Bedingungen realisierbaren Zustand eines Gewässers nach den jeweils best-möglichen Umweltbewertungskriterien unter Einbeziehung des gesamten Einzugsgebietes. Es ist das realistische Sanierungsziel unter Abwägung der gesellschaftspolitischen Randbedingungen der verantwortlichen Interessenträger und Nutzer. Die Abwägung bezieht Kosten-Nutzen Betrachtungen ein.
Ist-Zustand	Der Ist-Zustand ist der nach einem definierten Bewertungsverfahren beschriebene aktuelle Zustand des Ökosystems Gewässer. Aus der Differenz des Ist-Zustandes zum Entwicklungsziel ergibt sich der aktuelle Sanierungsbedarf. Die Klassifizierung des Ist-Zustandes erfolgt in 4 Haupt- und 3 Unterklassen, so dass ein 7-stufiges Bewertungssystem entsteht.

Das **Leitbild** wird anhand naturwissenschaftlicher Methoden definiert. Neben Angaben zum Lebensraum beinhaltet es charakteristische Elemente der Fauna und Flora. Es kann entweder von Referenzgewässern abgeleitet werden oder muss anhand vorgegebener Methoden erarbeitet, d. h. konstruiert werden. Der **Ist-Zustand** wird nach normierten Mess- und Untersuchungsverfahren ermittelt. Das Entwicklungsziel dagegen ist das Ergebnis eines Abwägungs- und Abstimmungsverfahren und kann entsprechend neuen Situationen und Ansprüchen fortentwickelt werden. Das **Entwicklungsziel** kann sich daher kurzfristig ändern und mit der Wortwahl „Entwicklungsziel" ist zudem zum Ausdruck gebracht, dass sich nach entsprechenden Maßnahmen der gewünschte Zustand erst über Jahre hinweg entwickeln muss und nicht sofort eintreten kann. Mit diesen Begriffsbestimmungen hatte die Wasserwirtschaft ein Instrument, um die Diskussion zu versachlichen, Beeinträchtigungen der Gewässer abzuwehren und zukünftige Planungen zu beeinflussen. Insoweit können sie als Vorstufe für das Gedankengut der WRRL angesehen werden.

7.3.7 Ökologische Bewertung gemäß der Europäischen Wasserrahmenrichtline

Ende 2000 wurde die Wasserrahmenrichtlinie der Europäischen Gemeinschaft (WRRL) (EG 2000) auch in Deutschland Rechtsgrundlage für die Bewertung der Oberflächengewässer und des Grundwassers. Hauptziele der WRRL sind der Schutz und die Entwicklung der Gewässer und die Förderung einer nachhaltigen Wassernutzung. Auch die Erreichung internationaler Meeresschutzziele soll durch die Gewässerentwicklung, insbesondere die Reduktion der Nährstoffe, erreicht werden. Für die Oberflächengewässer (Fließgewässer, Seen, Küsten- und Übergangsgewässer) werden der gute ökologische und der gute chemische Zustand als Güteziele (Umweltziele) angesetzt, die bis 2015 erreicht werden sollen (mit Verlängerung bis 2027).

Im Falle der Fließgewässer werden alle Gewässer in den Flussgebieten ab einer Größe von 10 km^2 oberirdischem Einzugsgebiet untersucht und bewertet. Die Ergebnisse des in der Fläche bedeutendsten Monitoringprogrammes, der so genannten operativen Überwachung (s. u.), die jeweils alle drei Jahre durchgeführt wird, sind wesentliche Grundlage der Maßnahmenprogramme zur Erreichung des guten ökologischen Zustandes und werden in Bewirtschaftungsplänen dargestellt. Kleinste Bewertungseinheit ist der Oberflächenwasserkörper (OWK), der in Deutschland aufgrund unterschiedlicher Vorgehensweisen der Bundesländer sehr verschiedene Längen aufweist (ca. 10–200 km). Jeder OWK muss mindestens eine Messstelle aufweisen, die in der Regel am Ende des Wasserkörpers liegt. Kleinere OWK können zu untersuchungsrelevanten Einheiten gruppiert werden (nähere Informationen in der Rahmenkonzeption der LAWA (RaKon), siehe: http://www.wasserblick.net).

Im Vergleich zu den bisher beschriebenen biologischen Methoden verfolgt die WRRL in ihrem Bewertungskonzept einen ganzheitlichen Ansatz. Bewertet wird

Tab. 7.14: Die verschiedenen Überwachungsarten (Monitoring-Arten) der WRRL.

	Überwachungsart		
	überblicksweise Überwachung	**operative Überwachung**	**ermittelnde Überwachung**
Bezugsraum	– große (bedeutende bzw. wasserwirtschaftlich relevante) Einzugsgebiete bis zu 2.500 km^2 – überregionale Ebene	– Wasserkörper (Gruppen), Einzugsgebiet > 10 km^2 – regionale Ebene	– Abhängig von Fragestellung, auch Einzugsgebiet < 10 km – lokale Ebene
Ziele	– Trendbeobachtung: Ermittlung von Stofffrachten – Alarmüberwachung an Flüssen und Strömen – Erfolgskontrolle von überregional wirksamen Maßnahmenprogrammen – Sicherstellung der Kohärenz der Überwachung in Flussgebieten – Erfüllung sonstiger nationaler und internationaler Berichtspflichten	– flächendeckende Beurteilung des Zustandes aller Wasserkörper Grundlage für die Festlegung von Bewirtschaftungszielen – Erfolgskontrolle von Maßnahmenprogrammen	– Ursachenforschung: dazu gehört ggf. auch die Untersuchung des Einflusses kleinerer Gewässer – konkrete Maßnahmen-Planung – Erfolgskontrolle von Einzelmaßnahmen: zum Beispiel im Zusammenhang mit der Überwachung von Kläranlagen – Projektuntersuchungen zum allgemeinen oder konkreten Erkenntnisgewinn – Untersuchungen im Zusammenhang mit Fischsterben oder sonstigen Schadensfällen

nicht eine einzelne Störgröße (Stressor) wie z. B. die organische Belastung (Saprobie), die Versauerung oder die Gewässerstruktur (Gewässerstrukturgütebewertung), sondern das Einwirken aller Störgrößen auf die ökologische Qualität eines Gewässers, daher auch die Bezeichnung des Ergebnis als „ökologischer Zustand“, der in den fünf Klassen sehr gut (Farbgebung in Karten (blau), gut (grün), mäßig (gelb), unbefriedigend (orange) und schlecht (rot) angegeben wird. Auch die Bewertung chemisch-physikalischer „Standardparameter“ geht in die Ermittlung des ökologischen Zustandes ein (siehe Kap. 7.3.9.5). Die WRRL unterscheidet drei verschiedene Messprogramme (Monitoring-Arten) (Tab. 7.14). Darüber hinaus wird der chemische Zustand anhand der Messergebnisse von chemischen Einzelparametern gemessen.

Tab. 7.15: Gegenüberstellung der Kernbegriffe der bisherigen Gewässerüberwachung und -bewertung und der der WRRL. GK = Güteklassen.

Gewässerbewirtschaftungs-Kernbegriffe (LAWA, 1995)	Bedeutung in der Gewässerbewertung nach LAWA	Bedeutung in der Gewässerbewertung nach WRRL
Leitbild	heutiger potenzieller natürlicher Gewässerzustand (i. d. R. GK I oder I–II)	Referenzzustand (= sehr guter ökologischer Zustand / höchstes ökologisches Potenzial) (typspezifisch)
Entwicklungsziel	GK II oder besser (nicht typspezifisch)	guter ökologischer Zustand / gutes ökologisches Potenzial oder besser (typspezifisch)
Ist-Zustand	GK in 7 Klassen (nicht typspezifisch)	ökologischer Zustand in 5 Klassen (typspezifisch) / ökologisches Potenzial in 5 Stufen

Die Bewertung richtet sich nach den Konzentrationen, die Bewertung unterscheidet „gut“ oder „nicht gut“.

Wegen des großen Anteils an anthropogen veränderten bzw. neu geschaffenen Gewässern unterscheidet die WRRL natürliche Gewässer von erheblich veränderten Gewässern (HMWB – heavily modified water bodies) und künstlichen Gewässern (artificial water bodies).

Auch wenn die WRRL einen Paradigmenwechsel in der Gewässerbewertung bedeutet ist ihr Gedankengut nicht völlig neu. Die Ausrichtung an einem Referenzzustand, die Gewässertyp-spezifische Bewertung und die Festlegung eines Gütezieles (guter ökologischer Zustand) waren in einzelnen Mitgliedsstaaten bereits angelegt und wurden in die neue europäische Bewertung übernommen. Eine Gegenüberstellung der wesentlichen Begriffe aus der bisherigen Fließgewässerbewertung in Deutschland und den entsprechenden Bezeichnungen der WRRL zeigt Tabelle 7.15.

Wichtig ist der Hinweis, dass es neben den Messprogrammen und Verfahren der WRRL weiterhin andere Messprogramme mit spezifischer Zielrichtung gibt sowie andere Untersuchungsmethoden, die für bestimmte Fragestellungen ausreichend bzw. geeigneter sind. So hat z. B. der Saprobienindex nach DIN 38410 unabhängig von der WRRL seine Bedeutung in der Kläranlagenüberwachung behalten und dient hier zur Beurteilung einer lokalen Gewässersituation oberhalb und unterhalb einer Einleitungsstelle bei hydromorphologisch vergleichbaren Messstellen. Die Gewässerstrukturgütebewertung hat weiterhin eine große Bedeutung z. B. bei der Planung und anschließenden Erfolgskontrolle von Maßnahmen zur Gewässerrenaturierung. Für eine Vielzahl von Fragestellungen z. B. bei toxischen Gewässerbelastungen sind Biotestverfahren unerlässlich (siehe Kap. 8), da diese Einflussgrößen nicht eindeutig von den Verfahren der WRRL abgebildet werden können, obwohl sie indirekt Teil bestimmter Module sein sollen (Modul „Allgemeine Degradation“ im Perlodes-

Verfahren, s. Kap. 7.3.9.3). Für die Festlegung von Maßnahmenprogrammen müssen auch die Anforderungen der anderen europäischen Richtlinien beachtet werden (z. B. Vogelschutz-Richtlinie, Habitat-Richtlinie, Trinkwasser-Richtlinie).

7.3.8 Die Bedeutung der Gewässertypisierung für Untersuchungen und Bewertungen gemäß Wasserrahmenrichtlinie

In der WRRL ist die typspezifische Bewertung des -Zustandes der Oberflächengewässer – nicht nur der Fließgewässer, sondern auch der Seen, Übergangs- und Küstengewässer – ein Grundprinzip. Gewässertypen bilden die erste Abgrenzungsebene bei der Ausweisung der Wasserkörper, für Fließgewässer der kleinsten zu betrachtenden Abschnitte, und spielen somit eine wichtige Rolle bei der Erstellung der Bewirtschaftungspläne, denn nachhaltige Maßnahmen zur ökologischen Verbesserung müssen die naturräumlichen Gewässertypen berücksichtigen. Schließlich soll der „gute ökologische Zustand" für alle Oberflächengewässer erreicht werden, der sich in den verschiedenen Typen unterschiedlich abbildet. Die bislang nur regional angewandte Gewässertypisierung (7.3.3.1) hat damit heute europaweite Bedeutung bekommen.

Gewässertypen können zunächst anhand abiotischer Faktoren/Elemente abgeleitet werden, sie müssen jedoch anhand biotischer Faktoren/Elemente, d. h. ihrer Lebensgemeinschaften begründet werden. Die flächendeckende Ausweisung von Gewässertypen für die Kategorien Fließgewässer, Seen, Übergangsgewässer und Küstengewässer ist gemäß Anhang II der WRRL in allen Mitgliedsstaaten als Grundlage der Bewertung und Bewirtschaftung der Oberflächengewässer die essenzielle Voraussetzung für ihre Umsetzung. Dazu musste ein typologisches System erstellt und alle in dessen Geltungsbereich vorkommenden Gewässertypen definiert und beschrieben werden. Bei der Typisierung der Fließgewässer sind alle Gewässer ab einem Einzugsgebiet von 10 km^2 zu berücksichtigen.

Für die weitere Differenzierung und damit die eigentliche Typenbildung sind zwei verschiedene Systeme anwendbar: System A erlaubt bei den Fließgewässern eine grobe Charakterisierung, z. B. nach Ökoregion, Höhenlage, Einzugsgebietsgröße und Geologie (jeweils drei bis vier Kategorien) und eignet sich eher als grobes typologisches Gerüst für Länder ohne vorhandene Arbeiten zur Gewässertypisierung. System B enthält neben denselben groben Klassifikationsparametern von System A eine Vielzahl „optionaler Parameter", mit deren Hilfe die biologisch relevanten Referenzbedingungen flexibel beschrieben werden können. Die für die deutsche Fließgewässertypologie relevanten Parameter sind:

Obligatorische Parameter:

- Ökoregion (nach Illies, 1978) Höhenlage (< 200 m, 200–800 m, > 800 m)
- Geologie (karbonatisch, silikatisch, organisch)
- Größe (Einzugsgebiets-Größenklassen: 10–100 km^2, 100–1 km^2, 1.000–10 km^2, > 10 km^2)

Wichtigste optionale Parameter:
- Gewässerlandschaften: differenzierte Geologie und Geomorphologie
- Talform
- Gefälle
- dominierendes Substrat.

Bei den von der WRRL vorgegebenen Ökoregionen handelt es sich in Hinblick auf das potenzielle Vorkommen bestimmter Tier- und Pflanzenarten um geografisch einheitliche Großlandschaften. Sie entsprechen den zoogeografischen Großräumen, die von Illies (1978) in seiner „Limnofauna Europaea" als Verbreitungsräume der limnischen Organismen angegeben wurden. Ökoregionen sind in gewisser Weise den Gewässerlandschaften vergleichbare, aber höhere, d. h. gröbere Einheiten. Eine erste Beschreibung der Fließgewässertypen Deutschlands wurde bereits 2004 vorgelegt (Pottgiesser und Sommerhäuser, 2004, 2008; siehe auch unter www.wasserblick.net).

Zu allen Fließgewässertypen wurden Beschreibungen in Form von „Steckbriefen" erarbeitet. Sie dienen als Typ-Veranschaulichung und allgemeine Verständigungsgrundlage und sind ein Beitrag zur Beschreibung der Referenzbedingungen. Sie reichen jedoch nicht als alleinige Grundlage für die Beschreibung des Referenzzustandes eines biozönotischen Bewertungssystems.

Wie in jeder Typologie beschreiben die Steckbriefe idealtypische Ausprägungen und können nicht jede Übergangsvariante oder individuelle Ausprägung wiedergegeben! Ein weiterer wichtiger Begriff im Kontext der Gewässertypisierung und -bewertung gemäß WRRL ist das Referenzgewässer. Es ist in Bezug auf seine Gewässermorphologie, Wasserqualität, Wasserführung und Besiedlung zumindest auf Teilstrecken weitestgehend naturnah und kann als Grundlage für die Definition der Gewässertypen und die Beschreibung der typspezifischen Referenzbedingungen im Sinne der WRRL herangezogen werden. Den Gewässertypen liegen in der Regel umfangreiche Untersuchungen ausgewählter, besonders naturnaher Referenzgewässer zugrunde.

Für Deutschland sind 25 Fließgewässertypen plus einiger Subtypen ausgewiesen, vier für die Ökoregion der Alpen und des Alpenvorlandes, acht für das Mittelgebirge, neun für das Norddeutsche Tiefland sowie vier Fließgewässertypen, die als „Ökoregion unabhängige" Typen in verschiedenen Ökoregionen verbreitet sind. Die deutsche Fließgewässertypologie ist in der methodischen Herangehensweise wie in der Zahl der Typen vielen Typologien der übrigen Mitgliedsländer der Europäischen Gemeinschaft vergleichbar.

Liste 1: Fließgewässertypen Deutschlands – Definition nach Oberflächengewässerverordnung – OGewV, abgerufen am 5. Feb. 2018 mit einem Einzugsgebiet von 10 Quadratkilometern oder größer.

Die nachfolgenden Größenangaben werden als Größen der Einzugsgebiete der jeweiligen Gewässer angegeben. Die Angaben dienen der Orientierung:

a) klein (10 bis 100 Quadratkilometer)
b) mittelgroß (größer als 100 bis 1.000 Quadratkilometer)
c) groß (größer als 1.000 bis 10.000 Quadratkilometer)
d) sehr groß (größer als 10.000 Quadratkilometer)

Ökoregion 4: Alpen, Höhe über 800 Meter
Typ 1 - Fließgewässer der Alpen
Subtyp 1.1 Bäche der Kalkalpen
Subtyp 1.2 Kleine Flüsse der Kalkalpen

Ökoregionen 8 und 9: Mittelgebirge und Alpenvorland, Höhe 200 bis 800 Meter
Typ 2 – Fließgewässer des Alpenvorlandes
Subtyp 2.1 Bäche des Alpenvorlandes
Subtyp 2.2 Kleine Flüsse des Alpenvorlandes
Typ 3 Fließgewässer der Jungmoräne des Alpenvorlandes
Subtyp 3.1 Bäche der Jungmoräne des Alpenvorlandes
Subtyp 3.2 Kleine Flüsse der Jungmoräne des Alpenvorlandes
Typ 4 Große Flüsse des Alpenvorlandes
Typ 5 Grobmaterialreiche silikatische Mittelgebirgsbäche
Typ 5.1 Feinmaterialreiche silikatische Mittelgebirgsbäche
Subtyp 5.2 Feinmaterialreiche silikatische Mittelgebirgsbäche in Vulkangebieten
Typ 6 Feinmaterialreiche karbonatische Mittelgebirgsbäche
Subtyp 6 K Feinmaterialreiche karbonatische Mittelgebirgsbäche (Keuper)
Typ 7 Grobmaterialreiche karbonatische Mittelgebirgsbäche
Typ 9 Silikatische fein- bis grobmaterialreiche Mittelgebirgsflüsse
Typ 9.1 Karbonatische fein- bis grobmaterialreiche Mittelgebirgsflüsse
Subtyp 9.1 K Karbonatische fein- bis grobmaterialreiche Mittelgebirgsflüsse (Keuper)
Typ 9.2 Große Flüsse des Mittelgebirges
Typ 10 Kiesgeprägte Ströme

Ökoregionen 13 und 14: Norddeutsches Tiefland, Höhe unter 200 Meter
Typ 14 Sandgeprägte Tieflandbäche
Typ 15 Sand- und lehmgeprägte Tieflandflüsse
Typ 15 g Große sand- und lehmgeprägte Tieflandflüsse
Typ 16 Kiesgeprägte Tieflandbäche
Typ 17 Kiesgeprägte Tieflandflüsse
Typ 18 Lösslehmgeprägte Tieflandbäche
Typ 20 Sandgeprägte Ströme

Typ 22 Marschengewässer

Subtyp 22.1 Kleine und mittelgroße Gewässer der Marschen

Subtyp 22.2 Große Gewässer der Marschen (meist mit Einzugsgebieten innerhalb der Geestgebiete des Norddeutschen Tieflandes)

Subtyp 22.3 Ströme der Marschen (Unterläufe von Elbe und Weser oberhalb der Übergangsgewässer)

Typ 23 Rückstau- bzw. brackwasserbeeinflusste Ostseezuflüsse

Ökoregionunabhängige Typen

Typ 11 Organisch geprägte Bäche

Typ 12 Organisch geprägte Flüsse

Typ 19 Kleine Niederungsfließgewässer in Fluss- und Stromtälern

Typ 21 Seeausflussgeprägte Fließgewässer

Subtyp 21 N Seeausflussgeprägte Fließgewässer des Norddeutschen Tieflandes (Nord)

Subtyp 21S Seeausflussgeprägte Fließgewässer des Alpenvorlandes (Süd)

7.3.9 Untersuchung und Bewertung gemäß Wasserrahmenrichtlinie

Die für die vier biologischen Qualitätskomponenten Phytoplankton, Makrophyten und Phytobenthos, Makrozoobenthos und Fische neu entwickelten Bewertungsverfahren ermöglichen eine komplexere Bewertung der Fließgewässer. Die Verfahren führen zu einer Bewertung in den fünf Statusklassen der WRRL, ausgehend vom Gewässertyp-spezifischen Referenzzustand (sehr guter Zustand) über den guten, mäßigen und befriedigenden ökologischen Zustand bis zur schlechtesten Bewertungsklasse (schlechter Zustand). Die vier verschiedenen biologischen Komponenten ergänzen sich aufgrund ihrer unterschiedlichen Indikationsleistung: So indizieren z. B. die pflanzlichen Komponenten besonders die Nährstoffbelastungen und die tierischen Komponenten besonders Strukturdegradationen (das Makrozoobenthos induziert habitat- bis abschnittbezogen, Fische abschnitt- bis einzugsgebietsbezogen; vgl. Tab. 7.16).

Stimuliert durch die neuen Anforderungen an die nahezu durchgängig auf Artniveau erforderliche Bestimmbarkeit der Wasserorganismen auch für Nichtspezialisten sind zusätzlich zu den taxonomischen Standardwerken in jüngster Zeit neue, farbig bebilderte Bestimmungswerke entstanden, z. B. für Makrophyten und Phytobenthos: v. d. Weyer & Schmidt, 2011, 2011a, Phytobenthos ohne Diatomeen: Gutowski & Foerster, 2009, 2009a; v. d. Weyer, Hoffmann & Doege, 2011.

Die im Folgenden beschriebenen biologischen Bewertungsverfahren für die WRRL wurden ab Ende der 90er Jahre des vergangenen Jahrhunderts überwiegend

Tab. 7.16: Durch die verschiedenen aquatischen (biologischen) Qualitätskomponenten vorwiegend angezeigte Stressoren und ihre Indikationsleistung in räumlicher Sicht (Maßstabsebene). + = hohe Indikationsleistung, (+) = mäßige–geringe Indikationsleistung.

	Phytoplankton	**Diatomeen/ übriges Phytobenthos**	**Makrophyten**	**Makro-zoobenthos**	**Fische**
Saprobie		+		+	
Trophie	+	+	+		
Säuregrad	+	+	+	+	+
Salinität	+	+	+	+	
Struktur	(+)	(+)	(+)	+	+
Räumliche Aussagekraft	klein	klein	mittel	mittel	groß

neu entwickelt und im ersten Monitoringzyklus der WRRL erstmals angewendet (2006–2009). Obwohl sich die Verfahren grundsätzlich bewährt haben, finden in Einzelfällen noch Ergänzungs- und Optimierungsarbeiten statt. Dabei ist zu berücksichtigen, dass es zu den genannten Bewertungskomponenten – mit Ausnahme des Makrozoobenthos – kaum eine Bewertungstradition gegeben hat und für alle definierten Gewässertypen angepasste, typspezifische Bewertungselemente erstellt werden mussten, da die einzelnen Typen naturräumlich und größenbedingte Eigenheiten hinsichtlich natürlicher „Grundbelastungen" und Sensitivitäten gegenüber Stressoren aufweisen.

Gemeinsam ist allen Verfahren die Verwendung multimetrischer Bewertungsformeln für die Herleitung einer ökologischen Zustandsklasse aus einer vorgefundenen Artenliste. Die Verwendung mehrerer, auf Grundlage der Artenzusammensetzung und Abundanzen errechneter biozönotischer Kenngrößen (Metriks) nutzt die Tatsache, dass die vielfältigen Auswirkungen von Störungen wie z. B. Abwasserbelastungen, Hochwasserereignisse und Gewässerausbau auf ein Ökosystem eine Reihe von biozönotischen Antworten hervorrufen, die sich in Änderungen der biozönotischen Funktionen ausdrücken.

Der Rahmen für die zu betrachtenden biozönotischen Funktionen wird bereits in der WRRL gesteckt. Bestandteil sind Parameter wie Artenzusammensetzung, Abundanz, Diversität, Verhältnis sensitive/tolerante Taxa, Altersstruktur (Fischfauna) oder Biomasse (Phytoplankton). Hinzu kommen Ernährungstypenanteile, Strömungs- und Substratpräferenzen u. a. Biozönotische Kenngrößen finden Eingang in das Bewertungsverfahren, wenn sie (statistisch) nachweislich auf die verschiedenen Störungen reagieren. Die Kombination verschiedener geeigneter Metrizes ergibt einen multimetrischen Index, der die verschiedenen einwirkenden Störungen ganzheitlich abbildet.

Da die Konstruktionen der einzelnen Bewertungsverfahren komplex sind, können sie hier nur auszugsweise wiedergegeben werden. Dabei werden die zugehöri-

Tab. 7.17: Bei der biologischen Bewertung von Fließgewässern anhand der verschiedenen aquatischen Qualitätskomponenten zu berücksichtigende Parameter (aus WRRL, Anhang V).

Qualitätskomponente	Zu bewertende Parameter
Makrozoobenthos	– Artenzusammensetzung – Abundanz – Verhältnis sensitive/tolerante Taxa – Diversität (Grad der Vielfalt)
Fische	– Artenzusammensetzung – Abundanz – Alterstruktur
Makrophyten und Phytobenthos	– Artenzusammensetzung – Abundanz
Phytoplankton	– Artenzusammensetzung – Abundanz – Biomasse

gen Module und die diesen zugeordneten Indizes vorgestellt. Für die eigene Anwendung der Verfahren wird auf die für alle Verfahren verfügbaren Handbücher und Software-Programme verwiesen, die die Anwendung erleichtern (www.fliessgewaesserbewertung.de).

Grundsätzlich wurden für alle neuen Untersuchungs- und Bewertungsverfahren nach WRRL in Europa eigene Probenahmevorgaben entwickelt, deren strikte Beachtung für die Erzielung vergleichbarer Ergebnisse erforderlich ist. Nachstehend kann nur auf die einzelnen Verfahrensvorschriften verwiesen werden, die in Form von frei verfügbaren Quellen vorliegen, z. B. www.fliessgewaesserbewertung.de, eine einführende Übersicht geben Feld et al. (2005).

7.3.9.1 Phytoplankton

Die Fließgewässerbewertung anhand der aquatischen Qualitätskomponente der im Freiwasser schwebenden Algen (Phytoplankton) beschränkt sich sinnvollerweise auf Plankton führende Fließgewässertypen. Plankton führend sind solche Fließgewässer, die im Saisonmittel zwischen April und Oktober, eine mittlere Chlorophyll-a-Konzentration über 20 µg/l unter natürlichen Abflussbedingungen aufweisen können. Das Verfahren ist nicht anwendbar für Bäche und kleine Flüsse mit geringer Wasseraufenthaltszeit, was in etwa einer Einzugsgebietsgröße unter 1000 km^2 entspricht.

Gegenüber der deutschlandweit verwandten Fließgewässertypologie wurden mit Blick auf die Besonderheiten der Indikatorgruppe Modifikationen vorgenommen (Subtypenbildung). Die danach betrachteten Typen – es handelt sich durchweg um

Tab. 7.18: Anhand der Qualitätskomponente Phytoplankton zu bewertende Fließgewässertypen.

Nr.	LAWA-Fließgewässer-Typ (vgl. Liste 1)
9.2	Große Flüsse des Mittelgebirges
10	Kiesgeprägte Ströme
15 + 17	Sand-, lehm- und kiesgeprägte Tieflandflüsse
15g	Sand-, lehm- und kiesgeprägte Tieflandflüsse
20	Sandgeprägte Ströme
22	Marschengewässer
23	Rückstau- bzw. brackwasserbeeinflusste Ostseezuflüsse

Tab. 7.19: Kenngrößenübersicht für die Bewertung mittels Phytoplankton und ihrer durch Kreuze gekennzeichneten Verwendbarkeit für die neu definierten planktonführenden Fließgewässersubtypen (aus: Mischke, 2005).

Fließgewässertyp (vgl. Liste 1)	Gesamtindex	Biomasse	taxonomische Zusammensetzung			
		Gesamtpigment (Chl a)	TIP	Pennales	Chloro	Cyano
10.1	×	×	×	×		
20.1	×	×	×	×		
15.1 + 17.1	×	×	×	×		×
15.2 + 17.2	×	×	×	×		×
9.2	×	×	×	×		×
10.2	×	×	×		×	
20.2	×	×	×		×	×
23	×	×	×	×	×	×

Metric-Kürzel		Kenngrößenbeschreibung
Gesamtindex	=	Mittelwertsprodukt aller trophischen Kenngrößen
Gesamtpigment	=	Typspezifische Klassengrenzen für Chlorophyll a (unkorrigiert)
TIP	=	Typspezifischer Indexwert Potamoplankton mittels Indikatortaxa
Pennales	=	%-Anteile der Summe aller Pennales am Gesamtbiovolumen
Chloro	=	%-Anteile der Summe der Chlorophyceae am Gesamtbiovolumen
Cyano	=	%-Anteile der Summe der Cyanobacteria am Gesamtbiovolumen

Flüsse und Ströme, d. h. größere Fließgewässer – sind in Tabelle 7.18 zusammengestellt. Die Indikation bezieht sich auf den Stressor Eutrophierung.

Das Bewertungssystem ist multimetrisch mit drei bis fünf Einzelkenngrößen je Fließgewässertyp (Tab. 7.19). Die Einzelkenngrößen reflektieren zum einen die ausgebildete Biomasse und zum anderen die taxonomische Zusammensetzung des Phytoplanktons.

Allen Kenngrößen liegt das Saisonmittel zu Grunde, welches aus mindestens je sechs Einzeluntersuchungsterminen im Zeitraum von April bis einschließlich Oktober gebildet wird. Die Kenngröße „Gesamtpigment" wird durch Umrechnung des unkorrigierten Chlorophyll-a-Saisonmittelwertes mittels einer typspezifischen Funk-

Tab. 7.20: Bewertungselemente bei der Qualitätskomponente Phytoplankton.

Chlorophyll a – unkorrigiert	Gesamtpigment-Index	arithmetisches Mittel = **Gesamtindex**
%-Anteil Pennales	Pennales-Index	
%-Anteil Chlorophyceae	Chlorophyceen-Index	
%-Anteil Blaualgen	Blaualgen-Index	
Typspezif. Indexwert Potamoplankton (TIP)		

tion in einen B-Wert zwischen 0,5–5,5 ermittelt. Für die Kenngrößen „Pennales" (ein Teil der Diatomeen), „Chlorophyceae" und „Cyanobakterien" wird der Dominanzwert dieser Algengruppen mit festen typspezifischen Klassengrenzen verglichen und in ganzen Zahlen einem Indexwert zwischen 1 und 5 zugeordnet.

Zuletzt wird der prozentuale Anteil der Indikatortaxa am Gesamtbiovolumen des Phytoplanktons (Dominanz) mit dem überprüften Typspezifischen Degradationsindexwert und einem Gewichtungsfaktor analog zum Saprobiensystem multipliziert und alle Indextaxawerte zu einer Degradationsindex-Kenngröße, dem Typspezifischen Indexwert Potamoplankton (TIP) verrechnet.

Aus allen Einzelkenngrößen wird durch Mittelwertbildung der Gesamtindex Phytoplankton errechnet (Tab. 7.20). Indexwerte zwischen 0,5 bis einschließlich 1,5 indizieren den „sehr guten Zustand", zwischen 1,5 bis einschließlich 2,5 den „guten Zustand" usw.

Die Gesamtbewertung erfolgt durch Mittelwertbildung aus mindestens 3 Einzelkenngrößen. Es steht eine einfache, auf dem Microsoftprogramm ACCESS basierende Auswertesoftware zur Berechnung der Indizes und Ermittlung der Bewertung zur Verfügung.

Die Probenahme erfolgt ausschließlich in Plankton führenden Flüssen und Strömen (> 1000 km^2; s. o.) im Zeitraum Mitte März/April bis Oktober als 6- bis 7-malige monatliche Probenahme innerhalb der Vegetationsperiode.

7.3.9.2 Makrophyten und Phytobenthos

Das biologische Qualitätselement Makrophyten und Phytobenthos wird in drei Teilmodule, Makrophyten, Diatomeen und Phytobenthos ohne Diatomeen, aufgeteilt. Makrophyten umfassen höhere Wasserpflanzen, Moose und Armleuchteralgen. Das Phytobenthos (Aufwuchsalgen) im allgemeinen Sinn umfasst eine Lebensgemeinschaft von Algen, die angeheftet an der Sohle des Gewässers (Steine, Sand, Schlamm, Holz oder Makrophyten) wachsen. Taxonomisch umfasst das Phytobenthos eine Vielfalt unterschiedlicher Algenklassen, darunter die Kieselalgen (= Modul Diatomeen) sowie Blaualgen (Cyanobakterien), Grünalgen, Zieralgen, Rotalgen, Braunalgen und Goldalgen, die das Modul „Phytobenthos ohne Diatomeen" ausmachen.

Die Zusammensetzung der benthischen Gewässerflora gibt v. a. Aufschluss über die trophische und saprobielle Situation, strukturelle und hydrologische Gegebenheiten sowie stoffliche Belastungen und physikalische Eigenschaften eines Gewässers.

Die Probenahme erfolgt bei kleinen und größeren Fließgewässern grundsätzlich in der Vegetationsperiode (Juni bis September) einmal pro Jahr, alle drei Jahre, an einem 100 Meter langen Abschnitt, mit geeignetem Sammelgerät.

In dem leitbildbezogenen Bewertungsverfahren PHYLIB (2006) werden die drei Module Makrophyten, Diatomeen und Phytobenthos ohne Diatomeen zur Bewertung der benthischen Gewässervegetation herangezogen. Bewertungsgrundlage für alle drei Module ist der Grad der Abweichung der rezent vorhandenen Artenzusammensetzung gegenüber der Referenzlebensgemeinschaft, indem das Vorkommen von typspezifischen Referenzarten ins Verhältnis zu Störzeigern gesetzt wird.

Tab. 7.21: Bewertung der Qualitätskomponente Makrophyten/Phytobenthos über die drei Module und Bildung des Mittelwertes aus den drei Teilergebnissen.

Modul Makrophyten	Referenzindex	Gesamtmittel = **Makrophyten & Phytobenthos**
Modul Diatomeen	Diatomeenindex	
Modul Phytobenthos (ohne Diatomeen)	Bewertungsindex	

Zur Bewertung der Gewässervegetation steht die Software PHYLIB1.3-DV-Tool (Version 1.3) PHYLIB(2F.2.2.1.1_Makrophyten_PHYLIB)_09052017.pdf zur automatisierten Berechnung der drei Module und Ermittlung des Gesamtergebnisses zur Verfügung. Dabei werden drei Teilbiozönosen unterschieden: Makrophyten, Phytobenthos ohne Diatomeen und Diatomeen. Diese Unterteilung ist erforderlich, wegen der jeweils spezifischen Untersuchungsmethoden und teilweise auch Stresoren indiziert werden.Speziell abgestimmt auf die Fließgewässertypen in Nordrhein-Westfalen, aber auch darüber hinaus anwendbar ist für die Makrophyten das Verfahren von van de Weyer & Pätzold (2017).

7.3.9.3 Makrozoobenthos

Die Bewertung der Fließgewässer (Perlodes-/Asterics-Verfahren, im Folgenden Perlodes-Verfahren) basiert auf drei Modulen mit jeweils Stressor-spezifischem Schwerpunkt (Meier et al., 2011; vgl. Tab. 7.22). Die Bewertung der Auswirkungen organischer Verschmutzung auf das Makrozoobenthos erfolgt mithilfe des Moduls Saprobie. Dieses verwendet für alle Typen und Subtypen einen gewässertypspezifischen und leitbildbezogenen Saprobienindex (zu den typspezifischen Klassengrenzen siehe Tab. 7.23). Dabei wurden die Vorgaben und die Indikatorliste der DIN 38410 von 2004 vollständig in das Verfahren integriert.

Tab. 7.22: Bewertung der Qualitätskomponente Makrozoobenthos über die drei Module und die Festlegung der Ökologischen Zustandsklasse nach dem worst case-Verfahren.

Modul Saprobie	Qualitätsklasse	worst case-Verrechnung zur	**Ökologischen Zustandsklasse**
Modul Allgemeine Degradation	Qualitätsklasse		
Modul Versauerung	Qualitätsklasse		

Tab. 7.23: Klassengrenzen für die einzelnen Module und Metriks im Bewertungsverfahren Perlodes/Asterics am Beispiel des Fließgewässertyps 5 (Grobmaterialreiche, silikatische Mittelgebirgsbäche). EPT = Ephemeroptera/Plecoptera/Trichtoptera.

Metrik-Typ und Name	sehr gut	gut	mäßig	unbefriedigend	schlecht
Modul „Saprobie" Saprobienindex	1,35–1,45	1,46–2,00	2,01–2,65	2,66–3,35	3,36–4,00
Modul „Allgemeine Degradation" Fauna-Index Typ 5	1,55–1,03	1,02–0,50	0,49–(−0,03)	(−0,04)–(−0,56)	(−0,57)–(−1,10)
EPT [%]	70,00–60,01	60,00–50,01	50,00–40,01	40,00–30,01	30,00–20,00
Hyporhithral-Besiedler [%]	8,00–11,99	12,00–15,99	16,00–19,99	20,00–23,99	24,00–28,00
Rheoindex	1,00–0,93	0,92–0,85	0,84–0,77	0,76–0,69	0,68–0,60
Modul „Versauerung" Säureklasse	1	2	3	4	5

Das **Modul Allgemeine Degradation** spiegelt die Auswirkungen verschiedener Stressoren wie Degradation der Gewässermorphologie, Nutzung im Einzugsgebiet, Pestizide wider, wobei in den meisten Fällen die Beeinträchtigung der Gewässermorphologie den wichtigsten Stressor darstellt. Das Modul ist als Multimetrischer Index aus Einzelindices, so genannten „Core-Metriks", aufgebaut.

Für die Ströme (Typ 10 und 20) wird im Modul Allgemeine Degradation das erweiterte Potamontypieverfahren von Schöll et al. (2005) zur Bewertung angewendet: Das Verfahren beschreibt auf Grundlage von Indikationswerten der Taxa die Naturnähe der Makrozoobenthoszönosen.

Im **Modul Versauerung** wird der Säurezustand nach dem Prinzip der empfindlichsten Taxa bestimmt. Für 111 Taxa des Makrozoobenthos existieren Indikatorwerte von 1 bis 5, welche der höchsten Säureklasse entsprechen, in der das Taxon noch vorkommt. Die Gesamtbewertung für das Makrozoobenthos wird durch das Modul mit der schlechtesten Qualitätsklasse bestimmt.

Zur Berechnung der ökologischen Qualität von Fließgewässern entsprechend dem Perlodes-System steht die Software Asterics (= AQEM/STAR Ecological River Classification) unter www.fliessgewaesserbewertung.de zur Verfügung. Dafür berechnet die Software die Ökologische Qualitätsklasse aus einer Reihe gewässertypspezifischer „Metriks", deren Ergebnisse eng mit der Degradation eines Gewässers korreliert sind und eine große Zahl zusätzlicher Metriks, die zur weiteren Interpretation der Daten dienen. Durch die Berechnung und Darstellung der einzelnen Metriks und das transparente Berechnungsverfahren selbst sind Gesamt- und Teilergebnisse in allen Schritten nachvollziehbar.

Die Probenahme erfolgt als multi habitat-sampling (www.fliessgewaesserbewertung.de). 20 flächenrepräsentative Teilproben von allen mineralischen und organischen Habitaten mit einem Flächenanteil von jeweils mindestens fünf Prozent werden in einer definierten, repräsentativen Gewässerstrecke erhoben. Zur Berücksichtigung biozönotisch wertvoller Habitate mit einem Flächenanteil kleiner fünf Prozent dürfen solche Habitate (wie z. B. Totholz, Wurzeln) als 21. Probe einbezogen werden. Auch für das Aussammeln der so gewonnenen Wirbellosen gibt es genaue Vorschriften, empfohlen wird dabei die Lebendauslese im Labor. Bestimmt werden die Organismen bis zu einem in einer operationellen Taxaliste (www.fliessgewaesserbewertung.de) festgelegten Niveau. Für den Zeitraum der Probenahme gibt es festgelegte, sich aus der Phänologie der Wirbellosenfauna ergebende Zeitfenster, wobei die kleinen Gewässer i. d. R. im Frühjahr, die größeren im Sommer beprobt werden. Es erfolgt eine Probenahme pro Jahr in einer dreijährlichen Frequenz.

7.3.9.4 Fische

Fische stellen durch ihre Mobilität und relative Langlebigkeit eine räumlich und zeitlich integrierende Bewertungskomponente dar. Von den verschiedenen anthropogen bedingten Einflüssen auf Fließgewässer indizieren sie vor allem strukturelle und hydrologische Veränderungen, aber auch Beeinträchtigungen der Wasserqualität.

Fließgewässer weisen i. d. R. eine deutliche Längszonierung auf. Auf Grund der Änderungen von Temperatur, Gefälle, Strömung und Sohlsubstrat werden im Längsverlauf von Fließgewässern verschiedene Fisch-Lebensgemeinschaften ausgebildet. Die Artenzusammensetzung kann dabei auf Grund zoogeographischer Unterschiede, unterschiedlicher natürlicher Verbreitungsareale oder lokaler Verbreitungsmuster erheblich variieren.

Voraussetzung für die Bewertung der Fischfauna ist die detaillierte und genaue Ausarbeitung einer Referenz-Fischzönose für jeweils eine bestimmte längszonale Ausprägung innerhalb eines Fließgewässertyps oder -abschnittes. Zoogeographische Aspekte sind hierbei genauso zu berücksichtigen, wie die natürlichen Verbreitungsgrenzen und lokalen Verbreitungsmuster der Fischarten. Für alle Arten sind Angaben der relativen Häufigkeiten (%-Anteile zwischen 0,1 und 100) zu machen. Es wird zwischen „Leitarten", „typspezifischen Arten" und „Begleitarten" unterschieden: Bei der fischbasierten Bewertung FiBS handelt es sich ebenfalls um ein multivariates Verfahren, das insgesamt 18 Parameter umfasst, die auf der vorgenommenen Fischartencharakterisierung (ökologische Gilden, Fischregionsindex) basieren.

Tab. 7.24: Bewertung der Qualitätskomponente Fische über sechs Qualitätsmerkmale und Mittelwertbildungen zur Ökologischen Zustandsklasse.

(1) Arten- und Gildeninventar		Mittelwert = Gesamtmittel
(2) Artenabundanz und Gildenverteilung		
(3) Altersstruktur		
(4) Migration (indexbasiert)	Mittelwert	
(5) Fischregion (indexbasiert)		
(6) Dominante Arten (indexbasiert)		

Für die Auswertung der Daten steht derzeit die Software-Anwendung des Bewertungssystems FiBS zur Verfügung. Der Nutzer hat lediglich die prozentualen Anteile der Referenzfischarten und die Ergebnisse der Probenahmen einzugeben. Nach der Eingabe erfolgt die Bewertung automatisch. Die Gesamtklassifizierung erfolgt fünfstufig und bedient damit die Vorgabe der WRRL (AK FISCHE – VDFF-AK „Fischereiliche Gewässerzustandsüberwachung" (2009).

Für den Zeitraum der Probenahme gibt es ein festgelegtes, sowohl für kleine wie für größere Fließgewässer gültiges Zeitfenster im Spätsommer/Herbst (August bis Oktober). Es erfolgt eine Probenahme pro Jahr in einer dreijährlichen Frequenz, bei den größeren Fließgewässern werden zusätzlich zur normalen Befischung die Wanderfische erfasst (Dußling, 2009). Vorgaben zur Probenahmemethodik von Fischen finden sich in DIN EN 14011, DIN EN 14757, DIN EN 14962 sowie DIN EN 15910.

7.3.9.5 Begleitende chemische Untersuchungen (ACP)

Den allgemeinen physikalisch-chemischen Komponenten kommt eine unterstützende Bedeutung bei der Bewertung des ökologischen Zustandes bzw. Potenzials zu. Sie dienen der Ergänzung und Unterstützung der Interpretation der Ergebnisse für die biologischen Qualitätskomponenten (QK), als Beitrag zur Ursachenklärung im Falle „mäßigen" oder schlechteren ökologischen Zustands/Potenzials, der Maßnahmenplanung in Zusammenhang mit den biologischen und hydromorphologischen Qualitätskomponenten (QK) und der späteren Erfolgskontrolle.

Die WRRL fordert für die Fließgewässer eine Bewertung der Komponenten Temperaturverhältnisse, Sauerstoffhaushalt, Salzgehalt, Versauerungszustand, Nährstoffverhältnisse. Bei den nachstehend vorgeschlagenen Werten der LAWA (2007) handelt es sich um keine gesetzlich verbindlichen Grenzwerte oder allgemein anzustrebenden Sanierungswerte, sondern um Schwellenwerte (Tab. 7.25). Sie sind vorgeschlagen für den Übergang vom „sehr guten" zum „guten" Zustand (nachfolgend „Hintergrundwerte" genannt) und den Übergang vom „guten" zum „mäßigen" Zustand/Potenzial (nachfolgend „Orientierungswerte" genannt).

Die Nichteinhaltung der Orientierungswerte ist ein Hinweis auf mögliche ökologisch wirksame Defizite. Zeigen die biologischen QK einen sehr guten oder guten Zu-

Tab. 7.25: Orientierungswerte für die allgemeinen physikalisch-chemischen Komponenten (ACP) der LAWA (OGewV, 2016) für die verschiedenen Fließgewässertypen (vgl. Liste 1).

Parameter	**Sauerstoff (O_2)**	**Biochemischer Sauerstoffbedarf in 5 Tagen (BSB_5)**	**Gesamter organischer Kohlenstoff (TOC)**	**Chlorid (Cl^-)**	**Sulfat (SO_4^{2-})**	**Eisen (Fe)**	**Orthophosphat-Phosphor ($o\text{-}PO_4\text{-}P$)**	**Gesamt-Phosphor (Gesamt-P)**	**Ammonium-Stickstoff ($NH_4\text{-}N$)**	**Ammoniak-Stickstoff ($NH_3\text{-}N$)**	**Nitrit-Stickstoff ($NO_2\text{-}N$)**
Einheit	mg/l	mg/l	mg/l	mg/l	mg/l	mg/l	mg/l	mg/l	mg/l	µg/l	µg/l
Statistische Kenngröße	MIN/a	MW/a	MW/a	MW/a	90 Perzentil/a	MW/a	MW/a	MW/a	MW/a	MW/a	MW/a_3
2.1, 3.1, 2.2, 3.2, 4, 11	> 8	< 3	–	≤ 50	–	–	≤ 0,02	≤ 0,05	≤ 0,04	< 2	≤ 10
5, 5.1	> 9	< 3	< 7	≤ 50	≤ 25	–	≤ 0,02	≤ 0,05	≤ 0,04	< 1	≤ 10
6, 6 K, 7, 19	> 9	< 3	< 7	≤ 50	≤ 25	–	≤ 0,02	≤ 0,05	≤ 0,04	< 2	≤ 10
9	> 9	< 3	< 7	≤ 50	≤ 25	–	≤ 0,02	≤ 0,05	≤ 0,04	< 1	≤ 10
9.1, 9.1 K	> 9	< 3	< 7	≤ 50	≤ 25	–	≤ 0,02	≤ 0,05	≤ 0,04	< 2	≤ 10
9.2, 10	> 8	< 3	< 7	≤ 50	≤ 25	–	≤ 0,02	≤ 0,05	≤ 0,04	< 2	≤ 10
11 , 12	> 9	< 3	< 7	≤ 50	≤ 25	–	≤ 0,02	≤ 0,05	≤ 0,04	< 1	≤ 10
11, 12	> 9	< 3	< 7	≤ 50	≤ 25	–	≤ 0,02	≤ 0,05	≤ 0,04	< 2	≤ 10
14 , 16	> 9	< 4	< 7	≤ 50	≤ 25	–	≤ 0,02	≤ 0,05	≤ 0,04	< 1	≤ 10
14 , 16, 18, 1	> 9	< 4	< 7	≤ 50	≤ 25	–	≤ 0,02	≤ 0,05	≤ 0,04	< 2	≤ 10
11, 12	> 8	< 4	< 10	≤ 50	≤ 25	–	≤ 0,02	≤ 0,05	≤ 0,04	< 1	≤ 10
11, 12	> 8	< 4	< 10	≤ 50	≤ 25	–	≤ 0,02	≤ 0,05	≤ 0,04	< 2	≤ 10
15, 15 g, 17, 20	> 8	< 4	< 7	≤ 50	≤ 25	–	≤ 0,02	≤ 0,05	≤ 0,04	< 2	≤ 10
22	> 7	3	< 15	–	–	–	≤ 0,02	≤ 0,10	–	–	–
23	> 7	< 6	< 15	–	–	–	≤ 0,02	≤ 0,05	≤ 0,04	< 2	≤ 10
Subtyp 21 N	> 7	6	< 7	≤ 50	–	–	≤ 0,02	≤ 0,05	≤ 0,04	< 2	≤ 10

Tab. 7.26: Berücksichtigung chemischer Parameter für die Bewertung der Oberflächengewässer nach WRRL.

– prioritäre Stoffe + Tochterrichtlinien	chemischer Zustand
– Stoffe aus Gewässerbeurteilungs- und Überwachungsverordnungen, tlw. Bundesland-spezifisch	ökologischer Zustand
– allgemeine chemisch-physikalische Parameter	Unterstützung der biologischen Qualitätskomponenten ökologischer Zustand
– weitere gesetzlich verbindliche Stoffe	ökologischer Zustand

stand an, führt eine Überschreitung der Orientierungswerte dann zu einer Abstufung, wenn die biologische Bewertung für diese Stelle unsicher ist. Andererseits können die Orientierungswerte auch angepasst werden, wenn von gesicherten biologischen Ergebnissen auszugehen ist. Wichtig ist, dass die Hintergrund- und Orientierungswerte ebenfalls typspezifisch festgelegt wurden, aber hierbei wurden vielen Typen dieselben Spannweiten, Mittel- oder Maximalwerte zugeordnet.

Bereits vor der WRRL wurden national und supranational allgemeine Qualitätsziele für Umweltchemikalien und für spezifische Nutzungen des Wassers aufgestellt. Neben ökologischem Zustand muss für die WRRL auch der chemische Zustand ermittelt werden. Für die Bewertung des chemischen Zustands der Oberflächengewässer werden Spurenstoffe herangezogen, die EU-weit als prioritäre Stoffe ausgewiesen (WRRL Art. 16 Abs. 2, Anh. X) oder nach WRRL Anh. IX geregelt sind (Tochterrichtlinien der Richtlinie 76/464/EWG wie Quecksilber-Richtlinie und Cadmium-Richtlinie). Der „gute chemische Zustand“ ist dann erreicht, wenn alle verbindlichen Umweltqualitätsnormen im untersuchten Wasserkörper bzw. der Wasserkörpergruppe eingehalten werden. Er wird als „schlecht“ bewertet, wenn nur eine verbindliche Umweltqualitätsnorm im betreffenden Gewässerabschnitt überschritten ist.

7.3.9.6 Untersuchung und Bewertung aufgrund naturschutzrechtlicher Vorgaben

Die europäischen Richtlinien Wasserrahmenrichtlinie (WRRL) und die Richtlinie Flora-Fauna-Habitat (FFH) sowie die Vogelschutzrichtlinie ergänzen bzw. überschneiden sich teilweise. Deshalb hat eine Kleinarbeitsgruppe der Länderarbeitsgemeinschaft Naturschutz (LANA) und der Länderarbeitsgemeinschaft Wasser (LAWA) ein Eckpunktepapier für die organisatorische und inhaltliche Zusammenarbeit der Umweltverwaltungen beim Monitoring nach der EG-Wasserrahmenrichtlinie, der FFH-Richtlinie sowie der Vogelschutzrichtlinie verfasst (LANA – LAWA Kleingruppe „Monitoring“, 2006; Sachtleben und Behrens, 2010). Die Untersuchungen von Wasserorganismen bzw. amphibisch lebenden Pflanzen und Tieren erfolgen entsprechend den Vorgaben für das Monitoring gemäß der FFH-Richtlinie (EWG 2013). Die detaillierten Anforderungen daran sind in dem zwischen Bund und Ländern abgestimmten Bewertungsschema definiert (Sachtleben und Behrens 2010). Die dort festgelegten Kriterien werden auch zu anderen naturschutzfachlichen Aufgaben wie Beurteilung von Eingriffen oder Festlegung von Ausgleichsmaßnahmen herangezogen.

7.3.10 Spezielle Untersuchungsverfahren

7.3.10.1 Exposition künstlicher Aufwuchsträger

Für spezielle Fragestellungen kann der Einsatz künstlicher Substrate nützlich sein. Dies gilt insbesondere für das Monitoring von Flüssen, an denen mit toxischen Stößen z. B. durch Schiffe oder Unfälle zu rechnen ist. Vom Wasserstand unabhängig kann so die Untersuchung des Makrozoobenthos oder des Aufwuchses mit künstlichen Substraten erfolgen, z. B. Steine oder Glaskugeln und Platten aus Glas oder Kunststoff, die in Netzen oder Körben im Gewässer exponiert werden (DIN EN ISO 10870 und DIN EN ISO 9391; Tittizer, 1999). Für das Mikrobenthos eigen sich vor allem Glasplatten und Plastikfolien, die an geeigneten Rahmen im Gewässer exponiert werden. Der Vorteil dieser künstlichen Substrate besteht auch darin, dass ihre Besiedlungszeit genau bekannt ist, völlig gleichartige Substrate verwendet und unter gleichartigen Bedingungen der Strömung ausgesetzt bzw. in gleicher Tiefe exponiert werden können. Ihr Nachteil ist die Anfälligkeit gegenüber Verlusten durch extreme Strömung bei Hochwasser und Vandalismus, was bei nicht geschützter Exposition vielfach zu Verlusten der Exponate führt. Für das Mikrobenthos siehe Backhaus (1967), Friedrich (1973) und Krieg (1999).

7.3.10.2 Emergenzuntersuchung

Viele Gewässerinsekten verbringen nur einen, wenn auch sehr langen Teil ihres Lebenszyklus im Wasser. Erst die erwachsenen Tiere, die Imagines, entsteigen dem Wasser. Sie können als Emergenz erfasst werden (Zwick und Marten, 1999). Emergenzuntersuchungen sind eine wertvolle Methode, um bei Insekten Aufschluss über alle vorhandenen Taxa zu bekommen, da vielfach die Larven nicht hinreichend spezifisch bestimmbar sind. Neben direktem Absammeln von Imagines mit oder ohne Kescher kommen Fanggeräte und Lichtfallen verschiedener Konstruktion zum Einsatz, z. B. auf dem Gewässer oder darüber exponierte Schlüpftricher, Lichtfallen, bei denen die fliegenden Tiere mittels Leuchtstoffröhren angelockt werden sowie sogenannte Malaisefallen, bei denen die Tiere an senkrechten Wänden erbeutet werden. Für die Routinemessung ist die Methode in der Regel zu aufwändig und wegen der notwendigen Exposition und Wartung der Geräte auch störanfällig (Hochwasser, Vandalismus), vgl. Tittizer (1999). Eine interessante Methode ist ebenfalls die Aufsammlung von Puppenhüllen der Zuckmücken (Chironomiden) von der Wasseroberfläche, denn diese Insektengruppe ist sehr vielgestaltig und anhand der Puppenhüllen gut bestimmbar, vgl. DIN EN 15196).

7.3.10.3 Untersuchung temporärer Gewässer

Temporäre Fließgewässer, d. h. schwache Quellen, Bäche, auch kleine Flüsse, die zeitweise austrocknen, wurden lange Zeit von der Forschung wie von der Wasserwirtschaft kaum beachtet. Dabei können sie in manchen Regionen häufig vorkommen und ein natürliches Phänomen sein. Als Beispiele seien die markanten Karstgebiete genannt oder Landschaftsräume, in denen gering mächtige, oberflächennahe Grundwasserhorizonte besonders im hydrologischen Sommerhalbjahr für die ganzjährige Speisung der Quellen und Fließgewässer nicht ergiebig genug sind. Durch Nutzung (Drainagen, Oberflächenversiegelung u. a.) können anthropogen bedingt vermehrt temporäre Gewässer entstehen. Der Klimawandel kann regional ebenfalls zum sommerlichen trocken fallen der Gewässer beitragen. Eine Übersicht über die Ökologie temporärer Gewässer findet sich in NUA NRW (2000), Schönborn (2003) sowie Schwoerbel und Brendelberger (2005).

Für die Untersuchung temporärer Fließgewässer ist zu beachten, dass sie in der Regel in der Fließphase durchgeführt werden müssen, die regional und je nach Typ des temporären Gewässers sehr unterschiedlich hinsichtlich Zeitpunkt und Dauer sein kann. Phasen des Austrocknens und des einsetzenden Wiederfließens sind von besonderen (natürlichen) Belastungssituationen gekennzeichnet. Dies ist bei der Probenahme und Bewertung zu beachten. Im Allgemeinen kann die Bewertung temporärer Gewässer nicht nach den üblichen Bewertungsverfahren erfolgen. Diese spiegeln oft einen schlechteren Zustand wider, da viele in anderen Gewässern verbreitete Tier- und Pflanzenarten an das Austrocknen der Wohngewässer nicht angepasst sind und somit ausfallen. Die Artengemeinschaften temporärer Gewässer sind daher sehr spezifisch. Im Hinblick auf den Naturschutz und die Biodiversität sind sie von großer, bislang nicht hinreichend beachteter Bedeutung. Gegebenenfalls ist auch die Untersuchung der Fauna in Trockenphasen (Imagines der Wasserinsekten im Gewässerumfeld, Arten der Restwasserflächen und der feuchten Bereiche im Gewässerbett) bzw. der hyporheischen Fauna für weitergehende Bewertung heranzuziehen.

7.3.10.4 Marschengewässer

Marschengräben der Fluss- und Küstenmarschen dienen überwiegend der Entwässerung und der Zuwässerung in Gebieten mit Grün- und Ackerlandnutzung. Neben dieser Funktion können sie aber auch teils wertvolle Lebensräume für Pflanzen und Tiere sein. Für die WRRL, die als Betrachtungsgröße für Gewässer mindestens 10 km^2 Einzugsgebiet ansetzt, sind sie in der Regel zu kleine Objekte. Aufgrund ihres besonderen, grabenartigen Charakters und des meist strömungsarmen oder stehenden Wassers sowie der höheren Salinität stellen sie an ihre Untersuchung und Bewertung spezifische Anforderungen, auf die hier nicht eingegangen werden soll. Eine aktuelle Zusammenstellung zur Ökologie und Bewertung von Marschengewässern findet sich als Merkblatt 622–1 der DWA (2018).

7.3.10.5 Biologische Untersuchung des Hyporheals und Kolmation

Der Lebensraum unterhalb der Fluss- oder Bachsohle, das Lückensystem zwischen Schotter, Kies und Sand, ist das Hyporheal, auch hyporheisches Interstitial genannt. Dieses ist sowohl mit dem Grundwasser als auch mit dem Flusswasser in einem chemisch und biologisch engen Austausch. Die Strömung ist linear, schwach und flussabwärts gerichtet. In dem lichtlosen Raum können außer Bakterien und Protozoen auch bestimmte Makrozoen und andere Fließwassertiere dauernd oder zeitweise leben bzw. Schutz finden. Besonders Jugendstadien und Dauerstadien des Makrozoobenthos und von Fischen haben hier in bestimmten Entwicklungsphasen ihren Aufenthalt und nutzen das Hyporheal auch als Fluchtraum bei Hochwässern. Daraus ergibt sich seine große Bedeutung für das Wiederbesiedlungspotenzial benthischer Tiere und auch für die Wiederansiedlung von sich selbst erhaltenden Lachspopulationen.

Aufgrund dieser Funktionen ist das Hyporheal in letzter Zeit verstärkt in den Fokus des Gewässer- und Naturschutzes, der Fischerei und der Wasserwirtschaft gelangt. Störungen bis hin zur Verhinderung dieser Funktionen treten auf als Folge der durch erosiven Feinmaterialeintrag entstandenen Abdichtung des Hyporheals mit Zusetzen der Poren, der Kolmation (auch Kolmatierung). Durch sie geht der Austausch zwischen dem hyporheischen Porenraum und dem darüber strömenden Wasser verloren. Inzwischen ist neben der klassischen „Stiefelprobe" die Feststellung der äußeren und inneren Kolmation mit vertretbarem Aufwand messbar geworden, siehe hierzu Müller (2014), Zumbroich & Hahn (2018), ÖKON GmbH/Geo Team GmbH (2014). Inzwischen werden Kolmation und Verockerung der Sohle bei der Bewertung der Strukturgüte von Fließgewässern unter den „besonderen Sohlbelastungen" als abwertendes Merkmal berücksichtigt (LANUV NRW, 2018).

Die biologische Untersuchung des Hyporheals ist schwierig und ihre Methoden sind teilweise noch in der Entwicklung begriffen. Neben Grabungen im gewässernahen Ufer sind verschiedene Geräte wie Schlagrohre oder Kernstecker ebenso in Gebrauch wie die Exposition von Sammelrohren. Ungestörte Sedimentproben können durch Einfrieren mit Hilfe des so genannten Freeze-coring gewonnen werden, vgl. dazu Tittizer (1999). Dem Speziallebensraum Hyporheal wird aufgrund der o. g. Gründe zunehmend größere Bedeutung zukommen müssen, vgl. Brunke (2001, 2008), Zumbroich und Hahn (2018a, b), Thulin und Hahn (2008), Briddock (2009), Fleckenstein und Schmidt (2009). Bezüglich der Methoden siehe insbesondere Dahm et al. (2006) und www.hyporheisches-netzwerk.de sowie www.dgl-ev.de (AK Grundwasser).

7.3.10.6 Umsiedlung benthischer Tiere

Ein aktuelles Thema ist die Bereicherung biologisch verarmter Fließgewässer durch das Einbringen von typspezifischen, einheimischen Arten der benthischen Faua mit

Hilfe von Aufwuchsträgern, die in biologisch reichen Gewässerabschnitten (Spendergewässer) exponiert und dort natürlich besiedelt werden. Anschließend können sie in ein biologisch verarmtes Gewässer (Aufnahmegewässer) deselben Typs eingebracht zu werden, siehe Dumeier et al. (2017), IUVCN/SSC (2013).

7.3.10.7 Strahlwirkungskonzept

Bei der Planung und Durchführung von Maßnahmen zur ökologischen Verbesserung oder Renaturierung hat sich gezeigt, dass auf weiten Strecken ein naturnaher morphologischer Zustand durchgängig nur unter sehr großen Schwierigkeiten bzw. gar nicht erreicht werden kann, z. B. infolge irreversibel veränderter Streckenführung, Bebauung etc. Für die aquatischen Organismen fehlen damit die ihren Lebensansprüchen genügenden morphologischen Elemente im Gewässer. Ohne sie kann jedoch der gemäß WRRL zu erreichende gute ökologische Zustand nicht erreicht werden. Oft gibt es aber in biologisch verödeten Gewässern streckenweise, vor allem in deren Oberlauf, noch biologisch reichere Gebiete. Aus diesen Streckenabschnitten kann durch die natürliche Abwärtswanderung oder Verdriftung von Organismen bzw. über Zuflug von Insekten ein unterhalb liegender Abschnitt wiederbesiedelt werden. Das „Strahlwirkungsprinzip" (Abb. 7.6) kann dazu beitragen, hierfür die Voraussetzungen zu schaffen, z. B. in Form naturnaher, besiedlungsfreundlicher Trittsteine (Deutscher Rat für Landespflege, 2008; LANUV NRW, 2011). Für Auswahl und Konkretisierung von wasserbaulichen Maßnahmen zur Verbesserung des ökologischen Zustands durch Unterhaltungs- oder Ausbaumaßnahmen sieh auch LANUV, 2017.

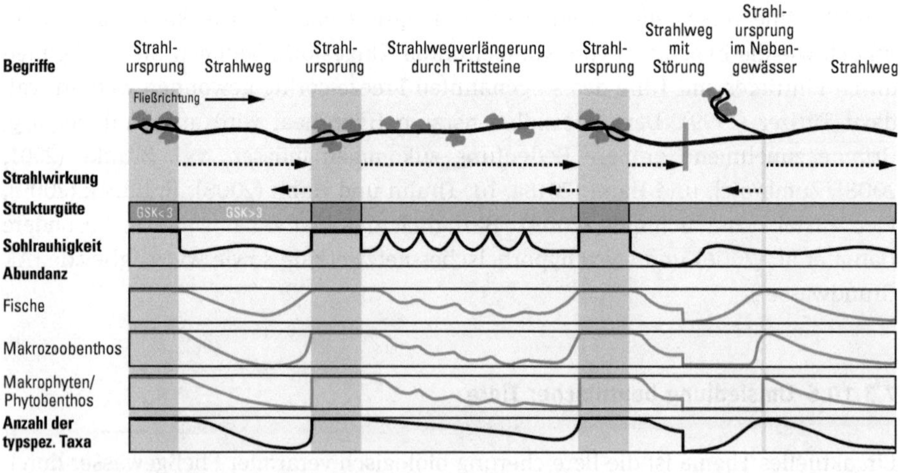

Abb. 7.6: Strahlwirkung (Schema aus DRL, 2008).

F. Jüttner

7.4 Biogene Geruchs- und Geschmacksstoffe

7.4.1 Überblick

Unter den zahlreichen organischen Stoffen, die dem Wasser einen fremdartigen Geruch verleihen können (siehe Abschn. 4.3), spielen biogene Geruchsstoffe eine bedeutsame Rolle. Es ist seit langem bekannt, dass beim Auftreten bestimmter Mikroorganismen im Wasser auch bestimmte Geruchsstoffe festgestellt werden können. In der Zeit bevor eine genügend sensitive Analytik zur Verfügung stand, war bereits aufgefallen, dass bestimmte planktische und benthische Cyanobakterien und Algen typische Geruchsnoten hervorrufen (Whipple et al., 1933; Bellinger, 1969).

Einige Geruchsstoffe sind so einzigartig, dass sie nur von einem Organismus in einem bestimmten Ökosystem gebildet werden (z. B. *Asterionella* und 1,3(*E*),5(*Z*)-Octatrien). Eine Zuordnung ist in solchen Fällen sehr leicht möglich, und es kann aus der Präsenz dieser Mikroorganismen auf die Anwesenheit bestimmter Stoffe geschlossen werden und vice versa. Wenn jedoch verschiedene Mikroorganismen oder Stämme mit unterschiedlicher Produktivität für den gleichen Geruchsstoff vorhanden sind, ist eine positive Korrelation von Geruchsstoff-Menge und Mikroorganismen-Zahl nicht möglich. Das Gleiche kann zutreffen, wenn Geruchsstoffe durch Zooplankton-Fraß oder Exkretion freigesetzt werden.

Der Begriff **biogene Geruchsstoffe** ist auf Substanzen beschränkt, deren gesamtes Kohlenstoffgerüst von den produzierenden Mikroorganismen aufgebaut wird und deren Bildung auf enzymatischen Umsetzungen beruht. Bei der Untersuchung der biogenen Geruchsstoffe im Wasser müssen drei verschiedene Fraktionen unterschieden werden:

- Ein Teil der biogenen Geruchsstoffe liegt molekulardispers **im Wasser gelöst** vor.
- Ein weiterer Teil ist durch van-der-Waals-Kräfte, elektrostatische Dipol-Dipol-Anziehung und Wasserstoffbrücken-Bindungen **in Partikeln** oder Organismen gebunden. Die Unterscheidung zwischen gelöstem und gebundenem Geruchsstoff wurde exemplarisch für Geosmin am Zürichsee durchgeführt (Durrer et al., 1999).
- Ein dritter Teil wird erst unter **Stress-Bedingungen** und bei der Zerstörung von Mikroorganismen durch schnell ablaufende enzymatische Reaktionen in diesen aus Vorläufersubstanzen gebildet (Jüttner, 1981, 1995a).

In Abb. 7.7 sind einige Beispiele (Strukturformeln) von biogenen Geruchsstoffen angegeben.

Analytische Untersuchungen haben gezeigt, dass in einigen Fällen eine einzelne Substanz für die Gesamtgeruchsnote eines Wassers verantwortlich ist (z. B. 2(*E*),6(*Z*)-Nonadienal oder Geosmin), während in anderen Fällen eine große Zahl verschiedener **VOC** (volatile organic compounds) zur Gesamtgeruchsnote beiträgt.

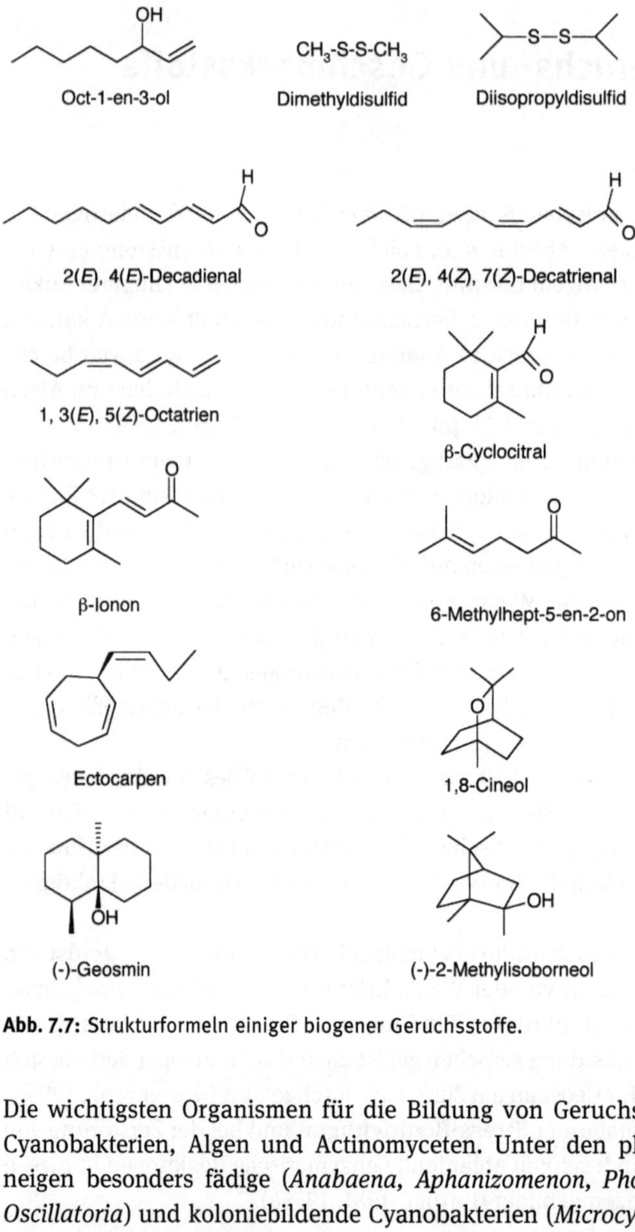

Abb. 7.7: Strukturformeln einiger biogener Geruchsstoffe.

Die wichtigsten Organismen für die Bildung von Geruchsstoffen im Wasser sind Cyanobakterien, Algen und Actinomyceten. Unter den planktischen Organismen neigen besonders fädige (*Anabaena, Aphanizomenon, Phormidium, Planktothrix = Oscillatoria*) und koloniebildende Cyanobakterien (*Microcystis*) und Algen (*Asterionella, Melosira, Uroglena, Dinobryon, Synura*) zur Geruchsstoffbildung. Eine Geruchsstoffbildung wird auch bei sessilen Algen (*Chara, Gomphonema, Ulothrix*) beobachtet. Eine ökologische Erklärung für dieses Auftreten liefert die Hypothese, dass diesen Stoffen eine Funktion bei der Reduzierung des **Fraßdrucks** durch Zooplankton zukommen könnte.

Das Auffinden einer bestimmten Substanz in einer axenischen Kultur ist keineswegs ausreichend, die biogene Quelle einer solchen Verbindung zu beweisen. Ein geeignetes Verfahren hierfür ist vielmehr der Nachweis einer **Bildungskinetik** während einer Wachstumskurve (Jüttner et al., 1983). In Nährmedien, die gewöhnlich autoklaviert wurden, und Gefäßen, die oft trockensterilisiert werden, sind sehr häufig erhebliche Mengen von **Pyrolyse-Produkten** zu finden, die auf den Umsatz organischer Kontaminationen, organischer Zusätze der Nährmedien oder organischer Stoffe der Gefäßstopfen zurückzuführen sind. Zahlreiche VOC sind bereits im Wasser der Nährmedien, das gewöhnlich durch Destillation oder Ionenaustausch gereinigt wird, vorhanden. Die Destillation kann die Zahl der VOC erheblich steigern, wenn organisches C bei diesem Vorgang zersetzt wird. Ionenaustauscher können erhebliche Mengen von VOC aus dem Regeneriersalz aufnehmen und später an das Wasser abgeben. Die eigentlichen Quellen dieser VOC sind die Plastikbeutel und Behälter, die zum Transport der Salze eingesetzt werden. Typische Pyrolyse-Produkte sind Furan-Derivate, Thiophene, Pyrazine und Aldehyde, während die aus dem Austauscherregeneriersalz stammenden Verbindungen Phthalate, Trialkylphosphate, Adipate, Ester von verzweigten Alkoholen u. a. darstellen. Das Stoffmuster der Kontaminationen ist oft charakteristisch für bestimmte Länder, da für einen bestimmten Markt jeweils typische Stoffe verwendet werden. Einige Substanzen (z. B. Benzol, Toluol, Limonen) können sowohl biogenen Ursprungs sein, als auch eine Kontamination darstellen (Jüttner und Henatsch, 1986; Jüttner, 1988, 1992; Höckelmann und Jüttner, 2004). Ist dies der Fall, so ist mit besonderen Schwierigkeiten zu rechnen, um den biogenen Anteil zu erfassen.

Besonders Cyanobakterien weisen ein weiteres Problem auf, das bei der Untersuchung von isolierten Stämmen zu beobachten ist. Da der Artbegriff für diese asexuellen Prokaryoten nicht zutrifft, können gleiche Morphotypen sehr **unterschiedliche Genotypen** darstellen. So sind z. B. viele *Aphanizomenon*-Stämme bedeutende Geosmin-Produzenten, andere haben jedoch diese Fähigkeit nicht (Durrer et al., 1999). Nur eine genomische Analyse kann deshalb letztendlich Gewissheit bringen, ob ein Organismus eine mögliche Quelle für bestimmte Geruchsstoffe im Wasser darstellen kann. Auch hier bleibt jedoch das Problem, dass verschiedene Stämme eine extrem unterschiedliche Geosmin-Produktion pro Biomasse aufweisen.

Auf die Problematik, dass sich viele Geruchsstoffe erst unter **Stressbedingungen** oft in sehr kurzer Zeit (wenige Sekunden) enzymatisch aus Vorläufersubstanzen bilden, ist besonders hinzuweisen. Charakteristisch für ein solches Verhalten sind Mikroorganismen, die Lipoxygenasen oder Carotinoxygenasen in hoher Aktivität besitzen. Solche Reaktionen dienen vermutlich der Abwehr von Zooplankton. Es ist deshalb nicht verwunderlich, dass sie in mehrzelligen oder Kolonien bildenden Formen besonders verbreitet sind oder in solchen Organismen auftreten, die ein fleckenhaftes Wachstum als Aufwuchs aufweisen. Eine Erklärung für diese Verteilung wäre, dass einzelne Zellen, die in diesen Verbänden zerstört werden und in hohen Konzentrationen Geruchsstoffe freisetzen, einen Schutz für die anderen Zellen des Verbandes hervorrufen. Es sind mehrere Reaktionskaskaden bekannt geworden, die zur Freisetzung solcher bioaktiven Stoffe führen. Die bei der Zerstörung einzelner Zellen freigesetzten Fettsäuren reagieren mit Sauerstoff unter Katalyse von Lipoxygenasen zu Hydroperoxyfettsäuren, und diese werden je nach Spezifität durch Hydroperoxidlyasen zu ungesättigten Aldehyden, Ketonen, Kohlenwasserstoffen und Aldehyd-Fettsäuren gespalten (Gardner, 1991). Ähnlich arbeitende Enzym-Systeme führen oxidative Spaltungen an Carotinen und Carotinoiden aus (Jüttner und Höflacher, 1985). Die Freisetzung von Dimethylsulfid und Acrylat aus Dimethylsulfoniopropionat ist eine weitere Reaktion, die zu diesem Auslösemechanismus passt. Die quantitative Analytik von Geruchsstoffen, die durch diese schnell ablaufenden enzymatischen Reaktionen aus Vorläufersubstanzen entstehen, bereitet bei Unkenntnis dieses Mechanismus erhebliche Schwierigkeiten und schränkt die Aussagekraft solcher Untersuchungen stark ein. Ein möglicher Ausweg ist die Bestimmung der maximalen Freisetzungsmenge eines Geruchsstoffs unter definierten Bedingungen.

Ein bedeutsames Problem bei der Analyse der Geruchsstoffe stellt die **Artefaktbildung** bei der Probenahme und Analytik dar, die nur sehr schwer zu beherrschen ist. Einige Substanzen sind so labil, dass sie sich bereits bei kurzem Kontakt mit heißen Oberflächen, wie sie im Einspritzblock der Gaschromatographen vorliegen, umlagern. Ein Beispiel hierfür ist Hormosiren, das von *Gomphonema* gebildet wird und sich sehr schnell in Ectocarpen umlagern kann (Pohnert und Bohland, 1996). Eine enzymatisch katalysierte Ester-Bildung, die bei Zusatz von Methanol oder Ethanol als Extraktionsmittel zum Auftreten entsprechender Fettsäureester führt, ist ebenfalls beobachtet worden. Der Artefakt-Nachweis ist jedoch in diesem Fall relativ einfach zu führen, indem Extraktionen mit Methanol und Ethanol miteinander verglichen werden, wobei die jeweiligen Ester zu beobachten sind. Eine Umesterung wird unter diesen milden Bedingungen meist nicht beobachtet. Ebenfalls sehr schwer zu beherrschen sind Oxidationsvorgänge, die dann einsetzen, wenn anoxisches Wasser mit Sauerstoff in Kontakt kommt. Besonders organische Schwefelverbindungen sind als kritische Substanzen bekannt geworden. Ein Beispiel ist die Überführung von Methanthiol in Gegenwart von H_2S und Luftsauerstoff in Dimethylpolysulfide (Henatsch und Jüttner, 1990) oder Dimethyldisulfid (Lomans et al., 1997)

7.4.2 Gruppeneinteilung der biogenen Geruchsstoffe

7.4.2.1 Schwefelhaltige Geruchsstoffe

Aufgrund ihrer wenig angenehmen Geruchsnoten und niedrigen Geruchsschwellenkonzentrationen sind schwefelhaltige Geruchsstoffe von großer Bedeutung. Alkylsulfide sind häufig im epilimnischen Wasser beobachtet worden, wenn sich Blüten von photoautotrophen Mikroorganismen entwickelt hatten.

Häufig anzutreffende Verbindungen im oxischen Wasser sind **Dimethyldisulfid** und Dimethyltrisulfid. Als eine bedeutsame Quelle für diese Verbindung im oxischen Wasser müssen Cyanobakterien angesehen werden, während die häufig vermutete oxidative Bildung aus Methanthiol, das in erheblichen Konzentrationen im anoxischen Teil der Gewässer vorhanden ist (Henatsch und Jüttner, 1990), eher unbedeutend ist (Watson und Jüttner, 2017).

Eukaryoten (*Peridinium gatunense*) haben ebenfalls die Fähigkeit, Dimethyldisulfid und Dimethylpolysulfide zu bilden. In axenischen Fermenterkulturen der Chrysophycee *Poterioochromonas malhamensis* konnte eine Dimethyldisulfidbildung während des Wachstums festgestellt werden. Die Synthese war unter oxischen Bedingungen höher als unter anoxischen und ging mit der Bildung von Methylthioestern (Methylthioacetat und Methylthiopropionat) einher (Jüttner und Hahne, 1981). In dem verwandten Organismus *Ochromonas danica* (Jüttner et al., 1982) wurde eine intensive Dimethyldisulfid und Dimethyltrisulfid-Bildung im Schwachlicht unter mikrooxischen Bedingungen festgestellt. Daneben traten mehrere Methylthioester und Spuren von Dimethyltetrasulfid auf. Anreicherungen von *Peridinium gatunense* aus einer Seewasserprobe zeigten eine starke Zunahme von Dimethyldisulfid, Dimethyltrisulfid und Dimethyltetrasulfid (Ginzburg et al., 1998).

Ungewöhnliche Schwefelverbindungen, die als Diisopropyldisulfid, Diisopropyltrisulfid und die jeweiligen Mischthiane Isopropylmethyldisulfid und Isopropylmethyltrisulfid identifiziert werden konnten, wurden bei *Microcystis*-Massenentwicklungen gefunden (Hofbauer und Jüttner, 1988; Tsuchiya et al., 1992). Für den unangenehm schwefligen Geruch der Kulturen und Blüten mancher Microcystis-Arten scheint letztendlich ein extrem geruchsaktives Mercaptan (Isopropylthiol) verantwortlich zu sein. Alkylsulfide können auch durch mikrobielle Methylierung von freien Polysulfiden entstehen, wie Wajon und Heitz (1995) nachgewiesen haben, die dem schwefligen Geruch von Leitungswasser in Perth (Australien) nachgingen. Polysulfide sind genügend stabile Verbindungen, um für einige Zeit im oxischen Wasser zu existieren und als Vorstufen der Dimethylpolysulfide zu dienen.

Von Dimethyldisulfid ist das **Dimethylsulfid** zu unterscheiden. Aus Untersuchungen an marinen Organismen ist schon sehr lange bekannt, dass Dimethylsulfid durch eine enzymatische Spaltungsreaktion aus Dimethylsulfoniopropionat hervorgeht, wobei gleichzeitig Acrylat freigesetzt wird (Malin und Kirst, 1997). Im Süßwasser ist diese Reaktion bisher nur bei Diatomeen und *Peridinium gatunense* (Ginzburg et al., 1998) gefunden worden, obwohl eine sehr viel weitere Verbreitung in Süßwasserorganismen wahrscheinlich ist. Auslösende Faktoren für diese enzymatische Reaktion sind Stress, Schädigung oder gar der Tod von Zellen. Natürliche Vorgänge, die zur Lyse der Zellen und damit Freisetzung von Dimethylsulfid führen, sind viraler Befall oder Zooplankton-Fraß. Da die Produzenten oft sehr sensitive Flagellaten sind, führen auch andere Agenzien, die häufig bei der Probenaufbereitung eingesetzt werden, zur Freisetzung von Dimethylsulfid. Vorgänge, wie Tieffrieren und Auftauen, Zugabe von Salzen oder Konservierungsstoffen ($HgCl_2$, $CuSO_4$), ungünstiges Mikroklima in den Probeflaschen, Erhitzen der Proben, Abtrennung des Partikulären durch Filtration, etc., die zu einer teilweisen oder vollständigen Zell-Lyse führen, initiieren diesen Vorgang. Es ist deshalb nicht verwunderlich, dass gegenüber filtriertem Seewasser notorisch höhere Konzentrationen gefunden werden, wenn das Phytoplankton aus einer Wasserprobe vor der Analyse nicht abgetrennt wurde. Eine Filtration kann jedoch nur dann sichere Hinweise für die Anwesenheit einer bestimmten Konzentration im Seewasser liefern, wenn eine extrem schonende Abtrennung, wie sie durch Hohlfaser-Tangential-Filtration möglich geworden ist, angewendet wird (Jüttner et al., 1997). Bei der üblichen Filtration durch Membranen oder Glasfaserfilter wird stets ein Teil der sensitiven Zellen zerstört und eine teilweise Freisetzung von Dimethylsulfid initiiert.

Ein weiterer Bildungsort für Dimethylsulfid ist das anoxische **Sediment**, da in der Übergangszone von Sediment und Wasser (Watson und Jüttner, 2017) und im Interstitialwasser oft erhöhte Konzentrationen zu beobachten sind. Gleichzeitig findet dort auch ein intensiver Abbau des Dimethylsulfids statt (Lomans et al., 1999).

Weitere geruchsaktive Schwefelverbindungen, die in Einzelfällen im Seewasser nachgewiesen wurden, sind z. B. Dibutylsulfid, Methylthiopropionat, Bis(methylthio)methan, Carbonylsulfid und Schwefelkohlenstoff.

Da bei der Wasseraufbereitung sensitive Organismen durch verschiedene Prozesse ebenfalls zerstört werden, kann die maximale Bildungskapazität eines Rohwassers für Dimethylsulfid, die der maximalen Freisetzung durch Organismen entspricht, von erheblichem Interesse sein. Ein vollständiger Umsatz der Dimethylsulfoniopropionat-Vorstufe in einer Phytoplankton-Population ist auch nicht-enzymatisch durch Zugabe von Alkali (NaOH) zu erzielen (Dacey und Blough, 1987).

7.4.2.2 Lipoxygenase-Produkte

Unzweifelhaft gehören die Lipoxygenase-Produkte zu den Stoffen, die sehr auffällige und teilweise auch sehr unangenehme Geruchsnoten aufweisen. Die große Verbreitung in planktischen und benthischen Organismen machte besonders die **tranigranzigen Komponenten** dieser Stoffklasse bekannt. Diese Geruchsnote ist häufig im Litoralbereich der Seen und an Flüssen mit epilithischen Diatomeen-Biofilmen zu beobachten und ist eine wesentliche Komponente für Belästigungen der Nutzer und Anwohner.

Die Analyse der Lipoxygenase-Produkte in Oberflächenwässern ist in mehrfacher Hinsicht außerordentlich problematisch. Schwierigkeiten bereitet die Verfügbarkeit von Referenzverbindungen, die nicht oder nur in anderer Konfiguration (cis/trans-Isomere) zur Verfügung stehen, und die Instabilität mancher primärer Reaktionsprodukte (Hormosiren). Das Hauptproblem liegt jedoch darin, dass diese Stoffe oft nur zu einem kleineren Teil im Wasser gelöst vorliegen und zum größeren Teil erst durch Lipoxygenase-Reaktionen während der Analyse gebildet werden. Vorgänge, die zur enzymatischen Freisetzung der Lipoxygenase-Produkte führen, sind z. B. Zerstörung der oft sehr sensiblen Zellen durch Filtrationsprozesse (auch bei Anwendung so genannter schonender Filtrationen), Tieffrieren, Zugabe von Salz und Lösungsmitteln, Verschlechterung der Lebensbedingungen der Donororganismen in den Probegefäßen, erhöhte Temperaturen, starke Turbulenzen, Zooplankton-Fraß und eine Vielzahl weiterer, eine Lysis auslösender Faktoren. Wenn der Einfluss dieser Parameter bei der VOC-Analyse nicht beachtet wird, so werden sehr widersprüchliche Ergebnisse erhalten, und eine qualitative und quantitative Angabe zu Stoffen, die der in situ Situation entspricht, ist nicht möglich.

Es ist eine stress- und **zerstörungsfreie Abtrennung** der Phytoplankton-Organismen erforderlich, wie sie durch Separation mit Tangential-Hohlfaser-Filtration ermöglicht wird (Jüttner et al., 1997), um die tatsächlich im Wasser gelösten VOC-Konzentrationen zu bestimmen. Die maximal zu erzielenden VOC-Konzentrationen betragen oft ein Vielfaches der frei im Wasser vorhandenen. Die Kenntnis dieses Wertes ist jedoch durchaus wasserwirtschaftlich interessant, da bei Wasseraufbereitungsprozessen auch eine maximale Freisetzung dieser Stoffe aus den Organismen erfolgen kann.

Die höchsten Konzentrationen an Lipoxygenase-Produkten im Wasser und damit das Maximum der **Geruchsbelästigung** treten oft nicht während sondern erst kurz nach einer Blüte auf (Watson et al., 1999). Dieses erklärt sich daraus, dass die Geruchsstoffe erst beim Zerfall der Zellen freigesetzt werden und nur die im Wasser gelöste Fraktion der Lipoxygenase-Produkte sensorisch wirksam ist. Bemerkenswert ist das Auftreten von Gerüchen unmittelbar unter der winterlichen Eisschicht von Seen durch Anreicherungen von *Synura*, *Dinobryon* und *Asterionella formosa* (Watson und Satchwill, 2001)

Die wichtigsten geruchsaktiven Spaltprodukte, die bis zu drei Doppelbindungen tragen, sind acyclische und alicyclische Kohlenwasserstoffe, ungesättigte Aldehyde, Ketone, und primäre und sekundäre Alkohole. Ihre Zuordnung zu bestimmten Organismen ist jedoch nicht immer sicher. Die unter natürlichen Bedingungen beobachteten Geruchsstoffe können sich durchaus von denen der Reinkulturen unterscheiden, da auch noch die im Wasser herrschenden physikalischen und chemischen Faktoren labile Strukturen verändern können. Ein Beispiel ist das Sonnenlicht, unter dessen Einfluss instabile cis-Verbindungen sehr leicht in die trans-Isomeren übergehen, wie am Beispiel der 2,4-Heptadienale gezeigt werden konnte (Yano et al., 1988).

Typische Organismen mit hohen Lipoxygenase-Aktivitäten stammen aus der Klasse der Chrysophyceen (*Synura, Uroglena, Dinobryon, Mallomonas*), Diatomeen (*Asterionella formosa, Melosira, Fragilaria, Gomphonema, Diatoma*) und Haptophyceen (*Chrysochromulina*), aber auch fädige Chlorophyceen (*Ulothrix fimbriata*) sind hier zu finden (Fink et al., 2006).

Die bisher untersuchten **Chrysophyceen** zeigen zwei unterschiedliche Geruchsnoten, die als gurkenartig oder tranig bezeichnet werden. 2(*E*),6(*Z*)-Nonadienal ruft den gurkenartigen Geruch hervor und ist identisch mit der in Gurken auftretenden Komponente. Die tranigen Geruchsnoten gehen auf mehrere Verbindungen zurück, von denen Oct-2-enal, 2,4-Heptadienale, 2,4-Octadienale, 2,4-Decadienale und 2,4,7-Decatrienale besonders wichtig sind.

Eine *Synura uvella* Massenentwicklung in der Wahnbachtalsperre war die erste Algenblüte, die mit modernen Methoden gaschromatographisch-massenspektrometrisch analysiert wurde und die zur Entdeckung einer großen Zahl von Lipoxygenase-Produkten im Wasser führte (Jüttner, 1981). Auffällig waren die großen Anteile an C_5 und C_8-Verbindungen, die den ungesättigten Kohlenwasserstoffen, Alkoholen, Aldehyden und Ketonen angehörten. Der typische Geruch der Blüte von *Synura uvella* war tranig und auf verschiedene 2,4-Dienale und Oct-2-enal zurückzuführen und unterschied sich damit von dem gurkenartigen Geruch, der für *Synura petersenii* beschrieben worden war (Whipple et al., 1933). Untersuchungen während eines Massenvorkommens von *S. petersenii* im Millbrook Reservoir/Australien (Hayes und Burch, 1989) und an Reinkulturen verschiedener *Synura*-Arten konnten zeigen, dass nur *S. petersenii* aufgrund der Bildung von 2(*E*),6(*Z*)-Nonadienal einen gurkenartigen Geruch im Wasser hervorrufen kann (Wee et al., 1994; Rashash et al., 1995), während *S. uvella* im Einklang mit den Untersuchungen während des Massenvorkommens in der Wahnbachtalsperre, die keinen Nachweis dieser Substanz lieferten, dazu nicht befähigt ist. Eine tranige Geruchsnote kommt jedoch bei *S. petersenii* hinzu, da diese Spezies auch 2(*E*),4(*Z*),7(*Z*)-Decatrienal freisetzt (Rashash et al., 1995).

Uroglena americana produziert ebenfalls einen tranigen Geruch, dessen chemische Basis auf die Freisetzung von 2(*E*),4(*Z*)-Heptadienal und 2(*E*),4(*E*)-Heptadienal zurückzuführen ist, wie Untersuchungen einer Blüte im Nunobiki-Reservoir/Japan gezeigt haben (Yano et al., 1988). Im Schlachtensee (Berlin) wurden während einer Blüte von *Uroglena* sp. 2,4-Heptadienal und 2,4-Decadienal nachgewiesen, die für den sehr intensiven Geruch verantwortlich gemacht wurden (Chorus et al., 1992). Eine ähnliche Geruchsstoffproduktion zeigt *Dinobryon*. Die verantwortlichen Stoffe sind jedoch, wie Reinkulturen von *Dinobryon cylindricum* gezeigt haben, 2(*E*),4(*Z*),7(*Z*)-Decatrienal (Rashash et al., 1995) und, wie am Netzplankton einer nicht bestimmten *Dinobryon*-Art beobachtet werden konnte, 2(*E*),4(*Z*)-Heptadienal, 2(*E*),4(*Z*)-Decadienal und 2(*E*),4(*E*)-Decadienal (Wendel und Jüttner, 1997). Bei *Mallomonas* beschränkt sich die Abgabe von ungesättigten Aldehyden hauptsächlich auf 2,4-Heptadienal (Watson und Satchwill, 2003).

Diatomeen haben sich als sehr potente Produzenten von Lipoxygenase-Produkten erwiesen und besitzen ein breites Spektrum von Enzymspezifitäten, die besonders zur Bildung von Dienalen und Trienalen führen (Wendel und Jüttner, 1996). Diese stark tranig riechenden Substanzen, die hauptsächlich an Flüssen mit epilithischen Diatomeen-Biofilmen und im Bereich des Litorals mancher Seen freigesetzt werden, sind dort für den oft zu beobachtenden unangenehmen, intensiven Geruch verantwortlich. Die Initiierung der Lipoxygenase-Aktivitäten in den Diatomeen-Biofilmen, die zur Produktion dieser Stoffe führt, ist nicht geklärt. Eine weitere Spezialität der Diatomeen ist die Bildung von acyclischen und alicyclischen ungesättigten

Kohlenwasserstoffen, die ebenfalls in einer ungewöhnlichen Lipoxygenase-Reaktion gebildet werden. 1,3(*E*),5(*Z*)-Octatrien ist meist leicht im Seewasser nachweisbar, auch wenn nur sehr kleine Abundanzen von *Asterionella formosa* zu beobachten sind. Andere Kohlenwasserstoffe, wie Ectocarpen, Dictyopteren A und Dictyoten wurden im Seewasser (Jüttner und Wurster, 1984) und im Flusswasser gefunden (Jüttner, 1992). Obwohl ihre Herkunft nicht geklärt werden konnte, sind Diatomeen sehr wahrscheinlich für die Bildung verantwortlich. Untersuchungen an Kulturen von *Gomphonema parvulum* haben gezeigt, dass als primäres Spaltprodukt Hormosiren gebildet wird, das sich aber aufgrund seiner sehr kurzen Halblebenszeit (18 min bei 18 °C) sehr schnell in Ectocarpen umlagert (Pohnert und Boland, 1996). Die Instabilität von Hormosiren macht dessen Nachweis im Fluss- und Seewasser sehr schwierig. Aus dem Vorkommen von Ectocarpen kann die Existenz von Hormosiren im Süßwasser jedoch nicht abgeleitet werden, da an der marinen Phaeophycee *Scytosiphon* sp. gezeigt wurde, dass Ectocarpen auch enzymatisch ohne vorherige Freisetzung von Hormosiren gebildet werden kann (Kodama et al., 1993).

Bei gaschromatographisch-massenspektrometrischen Untersuchungen der VOC von Oberflächenwässern (Jüttner et al., 1986; Chorus et al., 1992), aber auch Grundwässern und Meerwasser (Gschwend et al., 1982) treten als dominierende Verbindungen stets aliphatische **Aldehyde** auf. Meist ist eine homologe Reihe von Alkanalen zu beobachten, die mit Hexanal beginnt und mit Decanal oder noch höheren Gliedern aufhört. Aldehyde sind meist die größten Peaks in den erhaltenen Gaschromatogrammen und sie finden regelmäßig Erwähnung als VOC von Oberflächenwässern. Dennoch ist die Existenz dieser Verbindungen im Wasser sehr fraglich. Hexanal ist ein Produkt der Lipoxygenasen und zu erwarten, wenn C_6-Körper freigesetzt werden. Auch andere Aldehyde können aus Lipoxygenase-Reaktionen mit anderer Spezifität hervorgehen, jedoch ist das Auftreten von homologen Reihen aufgrund solcher Reaktionen eher auszuschließen. Die weite Verbreitung der Alkanale deutet eher darauf hin, dass es sich bei dem Nachweis in den meisten Fällen um Artefakte handelt, da Oxidationsvorgänge an ungesättigten Fettsäuren, die ubiquitär vorhanden sind, leicht zur Bildung dieser Stoffe führen (Höckelmann und Jüttner, 2004). Solange Untersuchungen fehlen, die die biogene Herkunft der Alkanale nachweisen, muss die Existenz dieser Stoffe im Wasser als sehr fraglich angesehen werden.

7.4.2.3 Carotin-Oxigenase-Produkte

Oxidative Spaltprodukte der Carotine und Carotinoide werden als Nor-carotinoide bezeichnet. Da einige von ihnen sehr niedrige Geruchsschwellenwerte aufweisen, sind sie für die Beurteilung des Geruchs von Wässern von Bedeutung. Sie können in zwei Gruppen eingeteilt werden. Die erste Gruppe leitet sich von der α- und β-Reihe der Carotine und Carotinoide ab, eine zweite Gruppe von acylischen Carotinen, die in den Zellen nur als Intermediate auftreten.

β-Cyclocitral, das einen tabakartigen Geruch hat, war das erste in Cyanobakterien entdeckte Nor-carotinoid (Jüttner, 1976). Alle bisher untersuchten *Microcystis*-Stämme sind gute Produzenten dieses Stoffes (Jüttner, 1984), doch wurden in neuerer Zeit auch Hinweise gefunden, dass auch andere Cyanobakterien, z. B. *Planktothrix* oder *Anabaena*, β-Cyclocitral bilden können. Die beobachtete maximale Freisetzung war sehr hoch und betrug 130 µg/l (Jones und Korth, 1995).

Eine durch β-Carotin-Oxigenase katalysierte Reaktion mit β-Carotin führt zur Bildung von β-Cyclocitral (Jüttner und Höflacher, 1985), wobei beide **β-Ionon**-Ringe oxidativ abgespalten werden und der zentrale Teil des Moleküls als Crocetindial freigesetzt wird. Es ist sehr wahrscheinlich, dass die anderen im Wasser beobachteten Nor-carotinoide (z. B. β-Ionon, α-Ionon, α-Cyclocitral, β-Iononepoxid, 2,2,6-Trimethylcyclhexanon, 2,6,6-Trimethylcyclohex-2-enon, etc.) auf ähnlichen Enzymreaktionen basieren.

Nor-carotinoide zeigen in der Freisetzung große Ähnlichkeiten mit den Lipoxygenase-Produkten. Beide werden nicht in den Zellen gespeichert, sondern entstehen erst nach Aktivierung der entsprechenden Oxygenasen durch Zellschädigung oder Zerstörung. Auch bei den Nor-carotinoiden muss zwischen der Fraktion, die im Wasser gelöst ist, und einer weiteren, die erst bei der Zellzerstörung auftritt, unterschieden werden. Nur die erste Fraktion trägt zum Geruch unbehandelten Wassers bei. Zur Analyse der maximal aus einer Population freisetzbaren Nor-carotinoid-Menge können ähnliche Verfahren wie bei der Bestimmung der Lipoxygenase-Produkte angewandt werden. Die Exposition von Cyanobakterien bei sehr hohen Lichtintensitäten kann ebenfalls zu einer Aktivierung der Oxygenasen und damit Freisetzung von Nor-carotinoiden führen (Walsh et al., 1998).

In angereicherter Biomasse von *Aphanizomenon* wurde die Bildung von **β-Ionon**, das einen sehr intensiven Geruch nach Veilchen aufweist, beobachtet (Jüttner et al., 1986). Dieser Stoff konnte auch im Tegeler See (Chorus et al., 1992) und im Hay Weir Pool (Australien) nachgewiesen werden. Möglicherweise war hier *Anabaena* für die Bildung dieses Stoffes verantwortlich (Jones und Korth, 1995). Im Zürichseewasser korrelierte das Auftreten von β-Ionon mit dem von *Planktothrix rubescens* (Peter et al., 2009).

In Seewasserproben wurden auch Nor-carotinoide, wie **α-Cyclocitral und α-Ionon**, beschrieben, die der α-Carotin-Reihe angehören (Jüttner et al., 1986; Chorus et al., 1992). Ihre Geruchsschwellenwerte liegen sehr tief, sodass ihnen als Geruchsstoffe Bedeutung zukommt. Obwohl keine Untersuchungen an Reinkulturen vorliegen, kommen wahrscheinlich Chlorophyceen als Produzenten infrage, da sie sowohl Carotine der α- als auch β-Reihe synthetisieren, während Cyanobakterien ausschließlich Carotine und Carotinoide der β-Reihe produzieren.

Andere im Seewasser des Federsees (Jüttner et al., 1986) entdeckte Nor-carotinoide (1,3,3-Trimethylcyclohexen, 2,2,6-Trimethylcyclohexanon, 2,6,6-Trimethylcyclohex-2-enon, 2-Hydroxy-2,6,6-trimethylcyclohexanon) haben weit höhere Geruchsschwellenwerte und können somit nicht Hauptverursacher von Geruchsproblemen sein. Eine weitere Gruppe von Nor-carotinoiden, 6-Methylhept-5-en-2-on, 6-Methylhept-5-en-2-ol, 6-Methylheptan-2-on und Geranylaceton, die sich durch oxidative Spaltungsreaktionen von acyclischer Carotinen ableiten, werden in vielen Cyanobakterien-Kulturen in das Medium exkretiert (Jüttner et al., 1983, Höckelmann et al., 2005). Sie sind in Oberflächenwässern häufig zu finden; ihre Hauptquellen sind jedoch bislang unbekannt. Die weite Verbreitung dieser Substanzen im Seewasser (Jüttner et al., 1986; Jones und Korth, 1995) und Flusswasser (Jüttner, 1992, 1999) macht die Annahme wahrscheinlich, dass zahlreiche diffuse biogene Quellen für die Bildung dieser Substanzen verantwortlich sind.

7.4.2.4 Terpene

Für die weltweit meisten Geruchsprobleme im Trinkwasser, die auf mikrobiellen Stoffen beruhen, sind Terpene verantwortlich gemacht worden. Dies trifft für zwei Geruchsstoffe, Geosmin, das ein irreguläres Sesquiterpen ist, und 2-Methylisoborneol, das ein irreguläres Monoterpen darstellt, zu (Jüttner und Watson, 2007). Beide verursachen erdig-modrige Gerüche im Wasser und in Süßwasserfischen. Da sie zu den Geruchsstoffen gehören, die sehr niedrige Geruchsschwellenwerte besitzen und ihre erdig-modrige Geruchsnote meist gut von den Wasserkonsumenten erkannt wird, gehen viele Trinkwasser-Beanstandungen auf diese beiden Stoffe zurück. Andere, von höheren Pflanzen bekannten Mono- und Sesquiterpene treten zwar auch häufig im oxischen Wasser auf, ihre Geruchsschwellenwerte sind jedoch nicht klein genug, um bei den meist zu beobachtenden niedrigen Konzentrationen problematisch zu sein.

Für das Auftreten von **Geosmin**, dem weltweit wohl bedeutendsten natürlichen Geruchsstoff, sind ursprünglich Actinomyceten verantwortlich gemacht worden. Nach der grundlegenden Arbeit von Tabaschek und Yurkowski (1976) wurde diese Ansicht revidiert. Von besonderen Bedingungen abgesehen, sind fast ausschließlich Cyanobakterien die Verursacher (Asquith et al., 2013).

Geosmin kann auch von zahlreichen anderen Organismen gebildet werden, wie *Penicillium expansum* (Dionigi und Ingram, 1994) und verschiedenen anderen Penicillium-Arten (Mattheis und Roberts, 1992; Börjesson et al., 1993), Myxobacterien (Yamamoto et al., 1994) und der Amoebe *Vannella* (Hayes et al., 1991) – möglicherweise hervorgerufen durch endosymbiontische Bakterien. Da diese Nachweise in axenischen Kulturen erfolgten, ist die Fähigkeit dieser Organismen, Geosmin zu bilden, sehr sicher, aber der Beitrag, den diese Quellen zu dem natürlichen Vorkommen leisten, bleibt ungewiss.

Auch für **2-Methylisoborneol** sind im Laufe der Zeit sehr verschiedene Produzenten verantwortlich gemacht worden. Zunächst wurden wie für Geosmin Actinomyceten als Hauptverursacher im Seewasser angesehen (Silvey und Roach, 1956). Da Actinomyceten jedoch in diesem Lebensraum nur geringe Bedeutung haben, werden heute fast ausschließlich Cyanobakterien als Quelle für 2-Methylisoborneol angesehen. Es sind jedoch auch andere Organismen (*Aspergillus niger* und verschiedene *Penicillium*-Arten) bekannt geworden, die diesen Stoff synthetisieren können (Börjesson et al., 1993).

Benthische und planktische **Cyanobakterien** sind unzweifelhaft die Hauptverursacher für das Auftreten von Geosmin und 2-Methylisoborneol in aquatischen Ökosystemen (vergl. Tabachek und Yurkowski, 1976; Wnorowski, 1992; Izaguirre und Tayler, 1995; Jähnichen et al., 2011). Produzenten sind fädige Gattungen (*Anabaena, Aphanizomenon, Fischerella, Hyella, Lyngbya, Microcoleus, Planktothrix, Oscillatoria, Phormidium, Pseudanabaena, Tolypothrix*, u. a.) und Kolonie-bildende Cyanobakterien (Goto et al., 2017). Aufgrund eines Morphotyps ist es gewöhnlich nicht möglich, geosmin- und 2-methylisoborneol-bildende Stämme von solchen zu unterscheiden, die diese Fähigkeiten nicht besitzen (Durrer et al., 1999). Die Isolation axenischer Stämme aus natürlichen Populationen ist ein praktikables Verfahren, um Verursacher zuverlässig zu bestimmen. In neuerer Zeit sind molekularbiologische Verfahren, die auf dem Nachweis von 2-Methyliosborneol- und Geosmin-Synthase-Genen als Indikatoren beruhen, entwickelt worden (Su et al., 2013; Suurnäkki et al., 2015; Watson et al., 2016). Nur sehr wenige Cyanobakterien-Stämme bilden Geosmin und 2-Methylisoborneol gleichzeitig.

Eine verschiedene **geographische Verbreitung** von Geosmin- und 2-Methylisoborneol-Produzenten, die wahrscheinlich auf Klimafaktoren und damit andere Selektion der Cyanobakterien zurückgeht, ist augenfällig. Geosmin ist mit wenigen Ausnahmen (van Breemen et al., 1992) die dominierende Komponente in mitteleuropäischen Seen, die ein starkes Cyanobakterien Vorkommen aufweisen (Jüttner et al., 1986; Chorus et al., 1992), und war in allen bisher darauf untersuchten Flüssen dieser Region (Jüttner, 1992, 1995b) zu finden, während 2-Methylisoborneol fehlte. 2-Methylisoborneol ist jedoch auf dem nordamerikanischen Kontinent und in Asien ein häufig beschriebener Geruchsstoff.

Wie bei den anderen Geruchsstoffen, müssen auch bei den Terpenen die gelösten von den an Partikeln gebundenen Formen unterschieden werden. Letztere können z. B. durch Zooplankton-Fraß (Durrer et al., 1999), Maßnahmen zur Regulierung des Cyanobakterien-Wachstums (Kupfersulfat-Dotierung) und Vorgänge bei der Wasseraufbereitung (Peterson et al., 1995) freigesetzt werden. In stehenden Gewässern überwiegt der an Partikeln gebundene Anteil von Geosmin und 2-Methylisoborneol. In Fließgewässern sind die Verhältnisse meist umgekehrt, was möglicherweise auf deren terrestrische Herkunft hindeutet.

Geosmin und 2-Methylisoborneol werden, wie Fraktionierungsexperimente und Immunogold-Markierung festgestellt haben, in den Thylakoide der Cyanobakterien gespeichert. Beim Fraß durch Invertebraten werden die Zellbestandteile weitgehend metabolisiert, während Geosmin freigesetzt wird. Besonders während der Klarwasserperiode kann der frei gelöste Teil des Geosmins bei weitem den partikelgebundenen Anteil im Seewasser übersteigen. Wird nicht fraktioniertes Wasser mit dem nicht-modifizierten Stripping Verfahren aufgearbeitet, so wird unter diesen Bedingungen das im Wasser gelöste Geosmin vollständig, aber nur ein kleiner Teil des partikelgebundenen Geosmins erfasst. Der größere Teil des partikelgebundenen Geosmins ist ohne besondere Maßnahmen nicht zugänglich. Es ist deshalb vorteilhaft, vor der Analyse das Wasser von den Partikeln zu separieren und in beiden Fraktionen mit geeigneten Verfahren die Geosmin-Konzentrationen zu bestimmen (siehe Abschn. 7.4.3). Die nicht immer zu beobachtenden Korrelationen zwischen Cyanobakterien-Biomasse und Geosmin-Konzentration im Seewasser sind auf unterschiedliche Anteile des freien und des gebundenen Geosmins zurückzuführen.

Zooplankton-Fraß kann jedoch auch zu einem **Abbau der Geruchsstoffe** führen, wie Untersuchungen an *Monas guttula* gezeigt haben. Dieser Mikroflagellat ingestiert *Phormidium tenue* und setzt dabei kein 2-Methylisoborneol frei, das in diesem Cyanobakterium gebunden ist. Es kann davon ausgegangen werden, dass ein Abbau dieser Verbindung stattfindet (Sugiura et al., 1997).

Messungen horizontaler und vertikaler **Konzentrations-Profile** von Geosmin in verschiedenen Seen haben gezeigt, dass erhebliche Konzentrationsunterschiede in einem Wasserkörper vorhanden sein können. Im Zürichsee wurden Tiefenprofile über ein Jahr aufgenommen, die mit Ausnahme zur Zeit der Vollzirkulation eine Schichtung der Geosmin-Konzentrationen aufzeigten. Erhöhte Konzentrationen wurden im Epilimnion beobachtet. Ungewöhnlich hohe Konzentrationen partikelgebundenen Geosmins konnten an der Seeoberfläche (in den oberen 10 cm) gefunden werden (Durrer et al., 1999).

Die Geosmin- und 2-Methylisoborneol-Konzentrationen eines Wassers werden jedoch nicht nur durch planktische Cyanobakterien bestimmt, sondern auch das **Benthos** (d. h. Organismen, die Oberflächen am Gewässergrund besiedeln) kann eine entscheidende Quelle sein. Gut dokumentierte Fälle sind verschiedene kalifornische Seen, die zu Trinkwasserzwecken genutzt werden. Im Lake Mathews wurden in 2 bis 9 m Tiefe dichte, sehr heterogene Biofilme von photoautotrophen Organismen gefunden. Die Bereiche, die *Oscillatoria curviceps* enthielten, konnten als starke 2-Methylisoborneol-Bildner identifiziert werden (Izaguirre et al., 1982). In anderen Fällen waren *Phormidium* (Izaguirre, 1992), *Microcoleus* und *Lyngbya* (Izaguirre und Taylor, 1995) für die Freisetzung von Geosmin und 2-Methylisoborneol verantwortlich. Die Abgabe von 2-Methylisoborneol durch benthische Cyanobakterien-Biofilme wurde auch in einem Speichersee in den Niederlanden beobachtet und führte zu Kontroll-Maßnahmen des Wachstums benthischer Cyanobakterien (van Breemen et al., 1992). Ein ungelöstes Problem ist der Mechanismus, der zur Freisetzung von Geosmin und 2-Methylisoborneol durch benthische Organismen an das Wasser führt. Kulturen haben gezeigt, dass nur ein sehr kleiner Teil dieser Stoffe an das Nährmedium exkretiert wird (Wu und Jüttner, 1988; Utkilen und Frøshaug, 1992). Unter natürlichen Bedingungen müssen deshalb andere Vorgänge für die Freisetzung der Geruchsstoffe von Bedeutung sein.

In Oberflächenwässern können häufig niedrige Konzentrationen von regulären **Monoterpenen** beobachtet werden, während reguläre Sesquiterpene nur selten auftreten. In Fließgewässern deuten die Stoffmuster häufig darauf hin, dass die Monoterpene anthropogenen Ursprungs sind und über häusliche Abwässer eingetragen werden (Jüttner, 1992, 1995b, 1999). Die in Seen auftretenden Monoterpene (Jüttner et al., 1986; Chorus et al., 1992), von denen Limonen, 1,8-Cineol (Eucalyptol) und Campher am häufigsten anzutreffen sind, dürften von bisher unbekannten Phytoplankton-Organismen an das Wasser abgegeben werden. Es besteht jedoch durchaus die Wahrscheinlichkeit, dass diese Verbindungen ganz oder zum Teil durch die analytischen Prozesse aus unbekannten Vorstufen entstehen.

7.4.3 Besonderheiten der Analyse von biogenen Geruchsstoffen

Die sehr geringen Konzentrationen der biogenen Geruchsstoffe im Wasser (wenige ng/l) erfordern größte Sorgfalt bei der Auswahl der Chemikalien, des Referenzwassers und der internen Standards und machen die Anwendung von effizienten Anreicherungsverfahren für die Bestimmung erforderlich (siehe Kap. 4, insbesondere Abschn. 4.3). Ein besonderes Problem entsteht dadurch, dass einige Stoffe erst während der analytischen Aufarbeitung enzymatisch aus biogenen Vorstufen in den Zellen gebildet werden. Enzymatische Vorgänge führen zur Freisetzung von Dimethylsulfid aus Dimethylsulfonioproprionat, Fettsäure-Spaltprodukte aus ungesättigten Fettsäuren und Nor-carotinoiden aus Carotinen (siehe oben). Vorgänge, die diese Synthesen initiieren sind die Zugabe von Salzen, Lösungsmitteln und Schwermetallen zu den Wasserproben, das Tieffrieren, Auftauen und Erwärmen der Proben, ungünstiges Flaschenklima für die Organismen, Abfiltrieren, hohe Lichtintensität, Grazing – kurz, jeder Vorgang, der zu einer Zellschädigung führt.

Bei der Anwendung verschiedener **Aufbereitungstechniken** muss deshalb stets geklärt werden, welche Fraktion unter den gegebenen Bedingungen analysiert wird, ob es die gelösten Stoffe sind oder die an oder in Partikeln oder in Organismen gebundenen Stoffe oder die unter Stressbedingungen bei der Zerstörung von Mikroorganismen durch enzymatische Reaktionen gebildeten Stoffe. Besonders die gebundene und die enzymatisch freigesetzte Fraktion führt bei Unkenntnis der Zustände zu erheblichen Interpretationsschwierigkeiten der Ergebnisse, da diese beiden Fraktionen besonders im Seewasser den überwiegenden Teil der Geruchsstoffe ausmachen. Folgende **Anreicherungsmethoden** (für Details siehe Kap. 4) werden angewendet:

- Wasserdampfdestillation,
- Lösungsmittel-Mikroextraktion,
- Festphasen-Extraktion,
- Festphasen-Mikroextraktion (SPME, siehe Abschn. 4.13.3),
- closed-loop-stripping Analyse,
- Hohlfaser-stripping Analyse,
- offene stripping Analyse.

Das älteste Anreicherungsverfahren, die **Wasserdampfdestillation**, ist durch schonendere und schnellere Verfahren verdrängt worden, weil es die Bildung von Artefakten begünstigt. So konnte die Existenz zahlreicher Aldehyde und Ketone, die nach Wasserdampfdestillation als 2,4-Dinitrophenyl-Derivate in verschiedenen Algen nachgewiesen wurden (Collins und Kalnins, 1965), später durch andere Verfahren nicht bestätigt werden. Es muss daher angenommen werden, dass diese Komponenten aus biogenen, temperaturempfindlichen Stoffen bei der Destillation entstehen. Der Anteil leichtflüchtiger Stoffe ist in Gaschromatogrammen nach Wasserdampfdestillation deutlich erhöht. Die Chromatogramme zeigen keine Ähnlichkeiten mit denen, die mit anderen Anreicherungsverfahren erzielt werden (Slater und Block, 1983).

Die klassische **Lösungsmittel-Mikroextraktion**, nämlich die Extraktion wässriger Proben mit einem organischen Lösungsmittel (Pentan, Hexan, Dichlormethan) wurde in neuerer Zeit durch Verbesserung des Versuchsaufbaus wieder interessant (Bao et al., 1997). Die Zugabe von 10 bis 15 % NaCl zum Probenwasser steigert besonders die Wiederfindung von polaren Geruchsstoffen. Sie beträgt für Geosmin und 2-Methylisoborneol nahezu 100 % bei einer Nachweisgrenze von 1 ng/l.

Adsorbentien für die **Festphasen-Extraktion** sind handelsüblich. Das Verfahren ist jedoch nur begrenzt einsetzbar, da keine selektive Abtrennnung der flüchtigen organischen Verbindungen (VOC) erfolgt. Die erhaltenen Chromatogramme sind sehr komplex. Die Methode ist besonders dann anwendbar, wenn bekannte Substanzen gesucht werden, die nicht pyrolytisch entstehen können.

Für das **SPME-Verfahren** (solid phase micro extraction; siehe Kap. 4) haben sich semipolare und polare Beschichtungen mit Polymethylsiloxan-Divinylbenzol und Polymethylsiloxan-Carboxen als geeignet erwiesen (McCallum et al., 1998). Die Wiederfindung wird durch Zugabe von NaCl zum Probenwasser erheblich gesteigert. Besser ist es jedoch, die SPME in der Gasphase durchzuführen, anstatt die Faser in die Wasserprobe einzutauchen (Bao et al., 1999). Um den Stoffübergang in die Gasphase zu beschleunigen, ist es vorteilhaft, die Wasserprobe (40 ml) zu rühren. Die Sorptionszeit sollte 30 min betragen.

Das bedeutendste Verfahren zur Anreicherung von Geruchsstoffen aus Wasserproben stellt die in zahllosen Varianten benutzte **closed-loop-stripping Analyse** (CLSA) dar. Waren ursprünglich mehrere Liter einer Wasserprobe erforderlich, so genügen nunmehr wenige 100 ml. Es ist ein Gasdurchsatz von etwa 1 l/min erforderlich, um ausreichend große Wiederfindungen zu sichern. Durch den hohen Gasdurchsatz sind der Miniaturisierung der Sorptionskartuschen jedoch Grenzen gesetzt. Metallbalgenpumpen haben sich als geeignet erwiesen, um eine Kontamination der Probe zu vermeiden. Die Anlage muss dicht sein, da Laborluft meist mit VOC hoch kontaminiert ist. Als Sorptionsmittel dienen nicht mehr Aktivkohlen sondern organische polymere Stoffe (z. B. Tenax), von denen die Geruchsstoffe ohne Lösemittel thermisch desorbiert werden können. Die hierdurch freigesetzten Stoffe werden am Eingang der Gaschromatographie-Trennsäule durch eine Kältefalle fokussiert. Eine Abwandlung der CLSA ist die **Hohlfaser stripping Analyse** (HFSA: hollow fiber stripping analysis). Das Verfahren besteht aus zwei unabhängigen Kreisläufen: Die Wasserprobe (etwa 4 l) wird durch eine Hohlfaserkartusche gepumpt, in der ein Übertritt der VOC in die Gasphase innerhalb der Hohlfaser erfolgt. Die Gasphase wird wie bei der CLSA im Kreislauf umgepumpt und über ein Sorbens geleitet. Ein entscheidender Vorteil gegenüber der CLSA liegt darin, dass auch stark schäumende Wässer analysiert werden können.

Bei der **offenen stripping Analyse** wird gereinigtes Gas (Stickstoff) zum Ausblasen der Geruchsstoffe und Anreichern an einem Sorbens verwendet. Der Leerwert ist besser als bei der CLSA und durch einen leichten Gasüberdruck wird eine Kontamination durch Laborluft vermieden.

Eine Untersuchung der partikelgebundenen **Geruchsstoff-Fraktion** ist möglich, wenn Partikel mit einem Glasfaserfilter abgetrennt und mit 2 ml Methanol extrahiert werden. Nach Zugabe von 50 ml Wasser und Salz folgt eine konventionelle Anreicherung, z. B. CLSA (Durrer et al., 1999). Methanol ist besonders gut als Extraktionsmittel geeignet, weil es schlecht an Tenax sorbiert und durch die sehr kurzen Retentionszeiten auf allen Säulen, die zur VOC Analyse eingesetzt werden, die Aufnahme von Massenspektren nicht stört. Ein praktikables Verfahren, um auch diejenigen Geruchsstoffe zu erfassen, die erst beim Zerfall lebender Zellen entstehen, ist die Zugabe gesättigter Salzlösungen oder Salz bis zur Sättigung der Wasserproben. Ein weiteres Verfahren ist das Tieffrieren und Auftauen der Wasserproben. Unter diesen Bedingungen werden die meisten Zellen von Süßwasserorganismen so geschädigt, dass die enzymatischen Spaltungsreaktionen einsetzen.

Trotz der geschilderten schonenden Anreicherungsmethoden bleibt die Bildung von **Artefakten** in einigen Fällen ein ungelöstes Problem. Die Unterscheidung zwischen real im Wasser anwesenden Stoffen und solchen, die durch die Analyse erst erzeugt werden, ist in manchen Fällen nahezu unmöglich. Die Bildung von Artefakten kann auf der Instabilität der Geruchsstoffe, auf chemischen Reaktionen, enzymatischen Umsetzungen und pyrolytischen Vorgängen beruhen. Im Folgenden sind einige Beispiele aufgezeigt, die als Artefakte erkannt worden sind:

- Thermische Belastung ist die Ursache für die Wasserabspaltung aus Geosmin und der Bildung von Argosminen, die im Wasser nicht vorhanden sind (Hayes und Burch, 1989).
- Durch die Diatomee *Asterionella formosa* wird 1,3*(E)*,5*(Z)*-Octatrien freigesetzt. Bei der Untersuchung werden oft zahlreiche isomere Octatriene erhalten (Jüttner, 1983; Chorus et al., 1990), von denen nicht klar ist, in welchem Umfang sie tatsächlich im Wasser vorliegen oder erst bei der Analyse gebildet werden.
- Hormosiren hat eine Halblebenszeit von 18 min bei 18 °C. Es lagert sich in das stabile Ectocarpen um. Es kann jedoch auch direkt enzymatisch von Algen gebildet werden (Kodama et al., 1993). Aus dem Nachweis von Ectocarpen kann daher nicht auf die Anwesenheit von Hormosiren im Wasser geschlossen werden.

- Typische Pyrolyse-Produkte sind Furan-Derivate, Benzthiazole, und besonders Aldehyde, die als Hauptkomponenten bei fast allen Wasseranalysen gefunden werden (Höckelmann und Jüttner, 2004). Ihre Existenz im Wasser ist jedoch in den meisten Fällen fraglich. Die Herkunft der Aldehyde könnte auf ubiquitär vorkommenden ungesättigten Fettsäuren beruhen, die oxidativ bei der Analyse und Aufarbeitung gespalten werden. Beim Strippen können Aerosole gebildet werden und damit nichtflüchtige Verbindungen in den Analysengang gelangen. Solche Verbindungen und die in den Aerosolen enthaltenen Partikel neigen zu pyrolytischen Zerfallsreaktionen.
- Unbekannte organische Vorstufen können durch die analytischen Prozesse VOC bilden. Ein Beispiel ist Limonen, das in ^{13}C-markierten Cyanobakterien-Kulturen keine Markierung aufwies und als Racemat auftrat (Höckelmann und Jüttner, 2004). Für die VOC-Analytik natürlicher Wässer wurden chirale Gaschromatographie-Säulen, die beide Isomere trennen würden, bisher nicht eingesetzt.
- Wird eine Wasserprobe erwärmt, wie es häufig zur Verbesserung der Wiederfindung geschieht, so muss mit der Bildung zahlreicher neuer Substanzen gerechnet werden, die in situ nicht vorhanden sind.

I. Chorus und J. Fastner

7.5 Cyanobakterientoxine

7.5.1 Cyanotoxine und ihre toxikologische Bewertung

Cyanobakterientoxine – kurz **„Cyanotoxine“** – sind Giftstoffe, die in Cyanobakterien enthalten sind oder von diesen an das Wasser abgegeben werden. **Cyanobakterien** werden populärwissenschaftlich häufig auch **„Blaualgen“** genannt, wissenschaftlich manchmal auch **„Cyanoprokaryonten“**. Dies trägt der Tatsache Rechnung, dass sie wie Algen Photosynthese betreiben, jedoch wie Bakterien keinen Zellkern besitzen und auch andere ihrer Zellstrukturmerkmale denen der Bakterien entsprechen. Cyanobakterien leben im Wasser entweder als Einzelzellen oder Kolonien suspendiert als Bestandteil des „Phytoplanktons“ oder aber auch als Aufwuchs auf Flächen oder Gewässersedimenten (siehe Abschn. 7.1).

Cyanotoxine sind ein Problem der Wasserhygiene, das seit Jahrzehnten auf verschiedenen Kontinenten zahlreiche letale Vergiftungen von Vieh, Haustieren und Wildtieren mit dem Tränken an Cyanobakterien-belasteten Gewässern in Zusammenhang gebracht wird – erstmals dokumentiert 1878 in der Zeitschrift „Nature“ (Francis, 1878).

Die wichtigsten Cyanotoxine lassen sich ihrer Wirkweise nach in Hepatotoxine (Microcystine, Nodularine), Cytotoxine (Cylindrospermopsine) sowie Neurotoxine (Anatoxine, Saxitoxine) einteilen. Einen Überblick der bekannten Cyanotoxine, ihrer chemischen Struktur und des Kenntnisstandes zu ihrer Wirkungsweise und Toxizität sowie den wichtigsten Produzenten gibt Tab. 7.27. Die meisten dieser Toxine wurden zunächst nach der Gattung benannt, in der sie zuerst nachgewiesen wurden. Später zeigte sich dann, dass sie auch in Arten anderer Gattungen vorkommen. Eine umfassende Übersicht der Cyanotoxine, ihrer gesundheitlichen Bewertung und Ansätze zum Management und der Überwachung finden sich in Chorus und Bartram (1999) sowie Buratti et al. (2017); eine kürzere deutschsprachige Übersicht gibt Chorus (2001).

Die chemische Struktur wesentlicher Cyanotoxine konnte zwischen 1977 und 1985 aufgeklärt werden, und erst seit Mitte der 1990er-Jahre stehen einfach anwendbare analytische Methoden für ihre Quantifizierung zur Verfügung. In den 1980er-Jahren durchgeführte Surveys zu Vorkommen und Verbreitung von Cyanotoxinen arbeiteten daher mit Tierversuchen als einem Bioassay (Injektion des Probenmaterials in die Bauchhöhle von Mäusen). Dabei erwies sich die überwiegende Mehrzahl der Wasserproben mit Cyanobakterien als akut toxisch, unabhängig von Klimazone oder Kontinent. Spätere Untersuchungen mit quantitativem chemischem Toxin-Nachweis und entsprechend wesentlich höheren Probenanzahlen bestätigen die weite Verbreitung des Cyanotoxinvorkommens (siehe Abschn. 7.5.2).

Im Vergleich mit verschiedenen Bioassays zeigten die Untersuchungen allerdings auch, dass zahlreiche Proben toxischer sind, als aufgrund ihres Gehaltes an bekannten Toxinen zu erwarten wäre (Oberemm et al., 1997). Ferner arbeiten weltweit verschiedene, insbesondere pharmazeutische Forschungsgruppen an der Suche nach Wirkstoffen aus Cyanobakterien. Die biologische Wirkung vieler Stoffe aus Cyanobakterien ist noch wenig untersucht, und neue Inhaltsstoffe werden weiterhin gefunden.

Zahlreiche, meist letale Vergiftungen von Tieren durch Cyanotoxine wurden in den letzten Jahrzehnten dokumentiert, wenn auch der Nachweis des jeweiligen Toxins erst in den letzten Jahren zunehmend erbracht wird (Wood, 2016). Aber auch Erkrankungen von Menschen sind in Zusammenhang mit der Exposition gegenüber Cyanobakterien und/oder Cyanotoxinen gebracht worden (Chorus et al., 2000), z. B. die atypische Lungenentzündung und erhöhte Leberwerte eines gekenterten Surfers in Argentinien in einem stark mit toxischer *Microcystis* spp. belastetem Gewässer (Giannuzzi et al., 2011), die teils lebensgefährliche Erkrankung von 141 Personen, vorwiegend Kindern, nach dem die Massenentwicklung von *Cylindrospermopsis raciborskii* in einer Trinkwassertalsperre in Australien mit Kupfersulfat behandelt wurde (Falconer, 1993), und die über 50 Todesfälle in Brasilien nach Exposition gegenüber toxischer *Microcystis* spp. durch Haemodialyse (Jochimsen et al., 1998). Den meisten Fallbeispielen ist gemeinsam, dass andere Ursachen der Erkrankungen nicht untersucht wurden oder nicht gefunden werden konnten und eine Exposition gegenüber toxischen Cyanobakterien stattfand, die jedoch nicht quantifiziert werden konnte. Lediglich im Falle der Dialyse-Toten konnte gezeigt werden, dass die Microcystinkonzentrationen im Gewebe der Verstorbenen denen entsprachen, die in Tierversuchen nach einer Letaldosis gemessen werden.

Im Vergleich der bekannten Cyanotoxine stellen die in Tab. 7.27 aufgeführten Neurotoxine in der Regel für den Menschen ein geringeres Gefahrenpotential dar, da von ihnen voraussichtlich weniger chronische Belastung ausgeht. Aufgrund des Wirkmechanismus ist anzunehmen, dass nach subletalen (d. h. nicht tödlichen) Vergiftungen eine vollständige Erholung eintritt. Tierversuche haben keinen Hinweis auf Spätfolgen erkennen lassen. Hingegen konnte für Microcystine gezeigt werden, dass Leberschäden bei wiederholter Exposition kumulieren (z. B. kann bei täglicher Exposition die Rate der Zellschädigung höher sein als die der Regeneration; Fitzgeorge et al., 1994). Ferner ist Nodularin karzinogen, Microcystine fördern das Tumorwachstum (Kuiper-Goodman et al., 1999) und wurden von der IARC entsprechend eingestuft, und für Cylindrospermopsin wurde Genotoxizität belegt; in-vivo Tumor-Indizierung zeichnet sich ab (Humpage et al., 2000).

Für die **hygienische Bewertung** der Cyanobakterien bzw. Cyanotoxinen stehen nur wenige belastbare epidemiologische Studien Verfügung. Gelegentlich werden geringfügige Konzentrationen an Microcystin in aufbereitetem Trinkwasser berichtet (Buratti et al., 2017), die wenigen epidemiologischen Studien zu Trinkwasser sind jedoch alle retrospektiv und ein kausaler Zusammenhang zur Exposition gegenüber Cyanotoxinen kann nicht erbracht werden, da andere Risiken wie Bakterien und Viren oder andere Gifte nicht oder nur unzureichend erfasst wurden. So zeigt z. B. eine chinesische Studie eine Korrelation zum Auftreten primärer Leberzellkarzinome bei Exposition durch wenig bzw. nicht aufbereitetes Trinkwasser aus Microcystin-belastetem Oberflächenwasser, jedoch enthielten diese Oberflächenwässer gleichzeitig weitere lebertoxische Substanzen und zudem war die endemische Rate an Hepatitis B (die primäre Ursache für Leberzellkarzinome) in der Region hoch (Ueno et al., 1996). Prospektive Studien zur Exposition gegenüber Cyanobakterien beim Baden weisen auf gelegentliche leichte, vorrübergehende Krankheitserscheinungen gastrointestinaler, dermaler und respiratorischer Art hin. Dabei bestand jedoch kein Zusammenhang zu den Konzentrationen an bekannten Cyanotoxinen (v. a. Microcystine), wohl aber zur Menge an Cyanobakterien im Gewässer (Pilotto et al., 1997; Stewart et al., 2006), so dass nahe liegt, dass andere Stoffe von Cyanobakterien und/oder Cyanobakterien-assoziierte Bakterien in der Schleimhülle für die Symptome maßgeblich waren. Dagegen ist das Gesundheitsrisiko beim Baden bei oraler Aufnahme größerer Mengen toxischer Cyanobakterien wegen der systemischen Wirkung der Cyanotoxine hoch, aber auch wegen der erschwerten Rettung Ertrinkender bei ausgeprägter Gewässertrübung durch Cyanobakterien.

Tab. 7.27: Cyanotoxine: häufig produzierende Cyanobakterien, chemische Struktur, Toxizität und Wirkungsweise (Sivonen und Jones, 1999; Kuiper-Goodman et al., 1999; Buratti et al., 2017).

Cyanotoxin, Struktur	**Cyanobakterien, die das Toxin produzieren können** [b)]	**LD_{50} i.p. Maus µg/kg**	**LD_{50} oral, Maus µg/kg**	**NOAEL µg/(d · kg)**	**Mechanismus der Toxizität**	**Karzinogenität**
Microcystin-LR, cyclische Peptide	*Microcystis, Planktothrix, Oscillatoria, Dolichospermum, Anabaena, Nostoc, Phormidium, Fischerella*	60 (25–125)	5000	40–100	blockiert Proteinphosphatasen 1 und 2 A insb. in der Leber → Zerstörung des Lebergewebes, inneres Verbluten	Eingestuft als „possible carcinogenic to humans" (group 2B, IARC, 2006)
Andere Microcystine, cyclische Peptide	*siehe Microcystin-LR*	60– > 1200	keine Daten	keine Daten	blockieren Proteinphosphatasen 1 und 2 A insb. in der Leber → Zerstörung des Lebergewebes, inneres Verbluten	Förderung des Tumor-Wachstums aufgrund der Wirkmechanismen wahrscheinlich
Nodularin, cyclische Peptide	*Nodularia spumigena, Nostoc*	ähnlich wie Microcystin	keine Daten	keine Daten	blockiert Proteinphosphatasen 1 und 2A insb. in der Leber → Zerstörung des Lebergewebes, inneres Verbluten	Karzinogen
Anatoxin-a, Alkaloid	*Dolichospermum, Anabaena, Aphanizomenon, Cuspidothrix issatschenkoi,*	250	??–2400 (erste Annährg.)	?? 100–2400 (erste Annährg.)	blockiert post-synaptische Depolarisation und somit neuronale Signalübertragung → Atmungslähmung	keine Daten

	Oscillatoria, Tychonema, Phormidium					
Saxitoxine und Strukturanaloge,[b] Alkaloid	*Aphanizomenon, Cuspidothrix issatschenkoi, Dolichospermum Anabaena, Lyngbya, Cylindrospermopsis raciborskii*	10–30	128–420	keine Daten	blockieren Natrium-Kanäle und somit neuronale Signalübertragung → Atmungslähmung	keine Daten
Anatoxin-a (S), Organophosphat	*Dolichospermum*	20	keine Daten	keine Daten	blockiert Acetylcholinesterase und somit neuronale Signalübertragung → Atmungslähmung	keine Daten
Cylindrospermopsine, Guanidin Alkaloid	*Cylindrosp. raciborskii, Aphanizomenon, Raphidiopsis, Anabaena lapponica, Umezakia natans*	2100 (24 h) 200 (5–6 d)	4400–6900?	keine Daten	blockiert Protein Synthese; erhebliche kumulative Toxizität → Leberversagen	Hinweis auf Karzinogenität

[a] auch als „PSP-Toxine“, d. h. „Paralytic Shellfish Poisons“ bekannt.
[b] toxinproduzierende und nicht-produzierende Genotypen innerhalb einer Gattung/Art

Die **ökotoxikologische Bedeutung** der Cyanotoxine ist ebenso unklar wie die **biologische Funktion** der Toxine für die Cyanobakterienzellen. So sind z. B. die Rohextrakte vieler Cyanobakterienpopulationen äußerst toxisch gegenüber Fischeiern, jedoch geht die Wirkung nicht auf die bekannten Cyanotoxine zurück. Im Wasser gelöst sind die wichtigsten der bekannten Cyanotoxine gegenüber Zooplanktern erst in Konzentrationen wirksam, die um mehrere Zehnerpotenzen über denen liegen, die im Freiland beobachtet werden. Wenn die Toxine jedoch durch Fraß der toxinhaltigen Cyanobakterienzellen aufgenommen werden, so zeigen sich ausgeprägte Giftwirkungen (Henning et al., 2001). Dennoch liegt die Funktion von Cyanotoxinen für die Cyanobakterien wahrscheinlich nicht in der Reduktion des Fraßdrucks durch Zooplankton, da die meisten Cyanobakterien ohnehin aufgrund ihrer Kolonie- oder Trichomgestalt schlecht fressbar sind.

7.5.2 Vorkommen von Cyanotoxinen

Die potentiell Microcystin-bildenden Gattungen *Microcystis* und *Planktothrix* gehören zu den häufigsten Cyanobakterien in Deutschland. Entsprechend wurden in einem umfassenden Untersuchungsprogramm 1995–1997 Microcystine in rund ⅔ aller Proben (insgesamt 642) und über der Hälfte aller untersuchten Gewässer (124) Microcystine nachgewiesen (Fastner et al., 1999a). Allerdings hängt die Nachweishäufigkeit eng von der Häufigkeit der Untersuchungen ab: So wurden Microcystine in 71 % all derjenigen Gewässer gefunden, die öfter als zweimal und in 94 % aller, die öfter als 10 mal beprobt wurden. Dies spiegelt die hohe Wahrscheinlichkeit wider, mit der Microcystin produzierenden Arten im Jahreslauf zeitweilig auftreten.

Im Vergleich dazu kommt Cylindrospermopsin in Deutschland (zumindest regional) etwa gleich häufig wie Microcystine vor, Anatoxin-a und Saxitoxine jedoch deutlich seltener (Fastner et al., 2007). Letztere wurden in der o. g. Studie an 100–400 Proben (je nach Toxin) nur in rund ¼ der Proben und ¼ der Gewässer (30 bis 80 Gewässer, je nach Toxin) gefunden (Chorus, 2001). In anderen Ländern sind die Befunde ähnlich: Microcystine werden am häufigsten nachgewiesen, Cylindrospermopsin sowie Neurotoxine in der Regel seltener (siehe Zusammenstellung in Chorus, 2001; Graham et al., 2010). Auch hier spiegelt das Vorkommen der Toxine die Häufigkeit und Verbreitung der jeweiligen Produzenten wider, jedoch möglicherweise auch die Anwendung entsprechend (wenig) sensitiver Nachweismethoden.

Für alle in Tab. 7.27 dargestellten Cyanotoxine wurde gezeigt, dass ihr Gewichtsanteil an der Zellsubstanz 0,3 bis 1,8 Prozent erreichen kann (Sivonen und Jones, 1999). Während Anatoxin-a, Saxitoxine und Cylindrospermopsine zeitweise zu einem größeren Anteil auch gelöst im Wasser gefunden werden, kommen Microcystine vorwiegend innerhalb der Cyanobakterienzellen vor und werden nur bei deren Absterben und Auflösung (**Lysis**) in das umgebende Wasser abgegeben. Dadurch kann es auch für Microcystine zu hohen Konzentrationen an gelöstem Toxin kommen, jedoch nur kurzzeitig. Eine Studie an 183 Proben aus 35 Gewässern in Deutschland fand nur in 10 % Prozent der Proben gelöste Microcystine in Konzentrationen von mehr als 1,0 µg/l (Fastner et al., 2001). Für im Wasser gelöste Microcystine sind mikrobielle Abbauwege mit Halbwertszeiten im Bereich von einigen Tagen bekannt (Dziga et al., 2013).

Allgemein sind Cyanotoxin-Konzentrationen im Wasser dort am höchsten, wo sich Zellmaterial anreichert. Da viele Cyanobakterienarten über Auftriebsmechanismen (siehe Abschn. 7.2.2) verfügen, können sie in großen Massen an der Wasseroberfläche akkumulieren und vom Wind zusammengetrieben werden, meist am Ufer und insbesondere in Buchten. In diesen so genannten „Blüten" liegt die Zelldichte und entsprechend auch die Toxinkonzentrationen tausendfach oder mehr über der im offenen Wasser (Fastner et al., 1999a). Gelegentlich entstehen hohe Toxinkonzentrationen auch dadurch, dass sich Matten von benthischen (d. h. am Gewässergrund lebenden) Cyanobakterien ablösen und an das Ufer treiben. Auch nehmen submerse Makrophyten („Unterwasserpflanzen") in manchen Gewässern in dem Maße zu, wie sie im Zuge des Rückgang der Eutrophierung wieder klarer werden, und auf deren Oberfläche können sich manche toxische Cyanobakterien vermehren – in Ausnahmefällen auch stark. Die orale Aufnahme von solchen Aufwuchs-Cyanobakterien hat bereits mehrfach zum Tod von Hunden geführt (Catherine et al., 2013; Fastner et al., 2018).

In der Regel kommen innerhalb einer Art toxische- und nichttoxische Genotypen vor. Soweit bislang bekannt, sind die häufigen Cyanotoxine wie Microcystine, Nodularien, Cylindrospermopsin, Anatoxine und Saxitoxine konstitutiv, d. h. Genotypen, die das codierende Gen besitzen, produzieren das Toxin dauerhaft und die Produktion wird nicht erst durch Umweltfaktoren induziert. Umweltfaktoren beeinflussen den Gehalt nur wenig, maximal um einen Faktor von 3 bis 5 (Chorus et al., 2001). Der Toxingehalt einer Freilandpopulation ist somit primär von der Genotyp-Zusammensetzung abhängig.

Die höchsten **Microcystingehalte** innerhalb der partikulären Fraktion der Proben („Seston", in diesen Proben oft vorwiegend aus Cyanobakterienzellen bestehend) wurden in Deutschland bei Dominanz von *Planktothrix rubescens* gefunden. Ähnlich hohe Gehalte wies *P. agardhii* auf (Abb. 7.8a). *Microcystis* spp. enthielt hingegen rund halb so viel Microcystin. Ähnliche Ergebnisse zeigten sich bei der Verwendung von Chlorophyll-*a* als Bezugsgröße, die nicht die Gesamtheit aller Partikel, sondern nur das Phytoplankton (das in diesen Situationen häufig vorwiegend aus der jeweiligen Cyanobakterienart bestand) widerspiegelt (Abb. 7.8b). Da diese Bezugsgröße aufgrund ihres raschen und relativ einfachen Analysenverfahrens (siehe Abschnitt 7.2.6) in vielen Überwachungsprogrammen regelmäßig als Parameter für die Konzentration an Algen und Cyanobakterien gemessen wird, können aus Microcystin-Chlorophyll-*a* Relationen wie der in Abb. 7.8b dargestellten „worst case" Annahmen für die Microcystin-Konzentration pro Liter Wasser abgeleitet werden, wenn letztere nicht direkt überwacht wird. Im oben genannten Messprogramm waren pro Liter Wasser die Konzentrationen an Zellen gebundenem Microcystin bei Dominanz von *P. agardhii* am höchsten (Abb. 7.8c), da diese Art einerseits sehr hohe

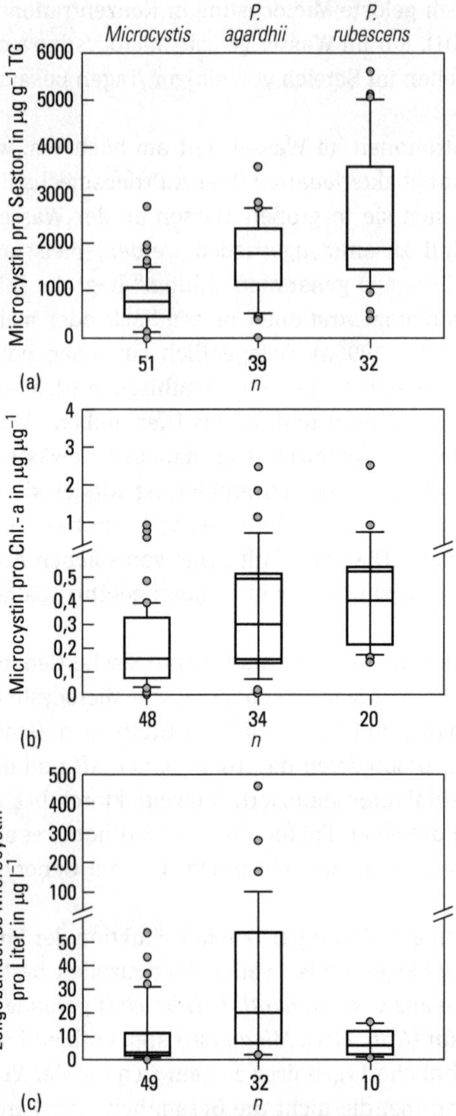

Abb. 7.8: Microcystin-Konzentrationen in Deutschland häufiger Cyanobakterien-Populationen (Fastner et al., 2001). Angegeben werden 25–75 Perzentile (Kästen), Medianwerte (Querstrich im Kasten), 5–95 Perzentile (Querbalken außerhalb der Kästen) und Extremwerte.
(a) In Bezug zum Seston-Trockengewicht (Netz mit 40 µm Maschenweite).
(b) In Bezug zum Gehalt an Chlorophyll-*a*.
(c) Zell-gebundenes Microcystin pro Liter Wasser.

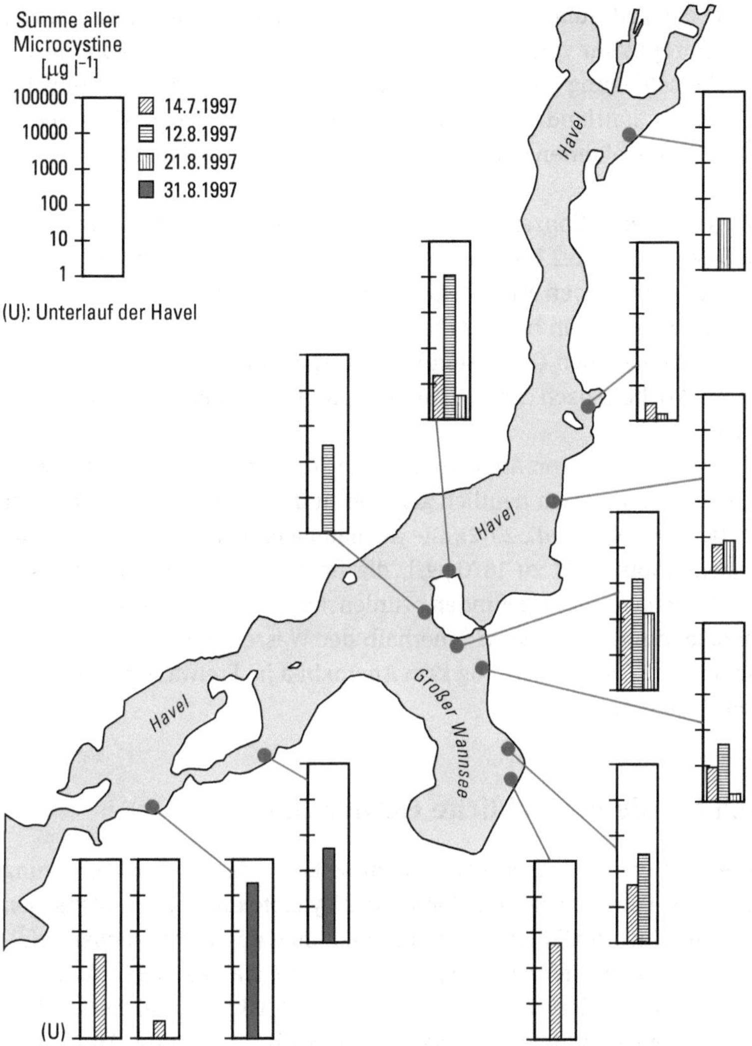

Abb. 7.9: Stark schwankende Konzentrationen von Microcystin entlang der Havel (Berlin) während einer Massenentwicklung von *Microcystis* spp. im Juli und August 1997 (Chorus, 2001, S. 181).

Gehalte in den Zellen aufweist und andererseits in sehr hohen Zelldichten vorkommt. Allerdings wurden diese Proben im offenen Wasser, oft über der tiefsten Stelle des Gewässers entnommen.

Anders verhält es sich bei Untersuchungen von „Blüten“ am Ufer: Ein Messprogramm entlang der Berliner Havel im Sommer 1997 während einer *Microcystis*-Massenentwicklung zeigte für die Hälfte aller Proben Konzentrationen über 100 µg/l an zellgebundenem Microcystin, ¼ der Proben enthielt über 1000 µg/l, und Spitzenwerte erreichten 10.000 und 24.000 µg/l (Abb. 7.9). Auffällig ist an diesen Ergebnissen ferner die über den Zeitraum von mehreren Wochen wenig variable Relation von Microcystin zu Chlorophyll-*a* von 0,1 bis 0,2, die darauf hinweist, dass in diesem Zeitraum wenig Verschiebung zwischen Genotypen mit und ohne dem Gen für Microcystinproduktion stattfand. Variabel war daher weniger der mittlere Microcystin-Gehalt der Cyanobakterien-Zellen, vielmehr jedoch die Zelldichte pro Liter Wasser.

Die bislang gemessenen Konzentrationen von Cylindrospermopsin in Deutschland lagen überwiegend bei 1–2 bis maximal 12 µg/l (Rücker et al., 2007; Dolman et al., 2012) und damit unter den Microcystinkonzentrationen. Im Gegensatz zu Microcystinen liegt in der Regel ein hoher Anteil an CYN gelöst im Wasser vor (Rücker et al., 2007), wobei in manchen Gewässern Cylindrospermopsin aufgrund geringer Abbauraten noch Wochen nach Absterben der produzierenden Cyanobakterien nachzuweisen ist.

Auch die Konzentrationen von Anatoxin-a sowie Saxitoxinen waren im Freiwasser im Vergleich zu Microcystinen deutlich geringer und lagen meist deutlich unter 1 µg/l (Chorus, 2001; Dolman et al., 2012). Die Ausnahme bildeten 2017 extrem hohe Anatoxin-a-Konzentrationen bis zu 1870 µg/l, die im Ablaufwasser einer Wasserpflanze (*Fontinalis antipyrectica*) gefunden wurden und auf eine Massenentwicklung des Cyanobakteriums *Tychonema* innerhalb der Wasserpflanze zurückzuführen war (Fastner et al., 2018). Gleichzeitig kam Anatoxin-a im Freiwasserbereich nur selten in Spuren < 1 µg/l vor.

7.5.3 Risiken für die menschliche Gesundheit

Aufgrund des Fehlens epidemiologischer Ergebnisse kann eine Risikoabschätzung nur auf der Basis von Daten zur Konzentration der Cyanotoxine im von Menschen genutzten Wasser und den toxikologischen Informationen aus Tierversuchen erfolgen. Für Kleinkinder, die im Uferbereich spielen, kann die stärkste Gefährdung angenommen werden, da sich dort häufig die höchsten Zelldichten anreichern. Überträgt man die an Mäusen untersuchte **akute Toxizität** über orale Aufnahme, gemessen als LD_{50} von 5000 µg Microcystin-LR pro kg Körpergewicht (Tab. 7.27), auf Menschen, so liegt eine mittlere akut tödliche Dosis für ein Kleinkind von 10 kg Körpergewicht bei 50.000 µg, und für empfindliche Kinder könnte auch 1/10 dieses Wertes tödlich wirken.

Welcher Zellmenge entspricht dies? Abb. 7.8 zeigt, dass im Zellmaterial bis zu 5000 µg Toxin pro g Trockengewicht vorkommen können. Geht man von einem Wasseranteil innerhalb der Zellen von etwa 60 % aus, so entspricht dies 2,5 g Frischgewicht. Somit kann das Verschlucken von 2,5 bis 25 g reinen Cyanobakterien-Materials bereits tödlich wirken.

Allerdings ist dieses Extrem-Szenario unwahrscheinlich, denn Cyanobakterien treten in der Regel nicht pur, sondern in wässrigen Suspensionen auf, d. h. auch zwischen den Zellen befindet sich – selbst bei „Algenblüten“ – noch ein erheblicher

Wasseranteil. Die in Abb. 7.9 gezeigte Extremsituation an der Havel mit Microcystinkonzentrationen von bis zu 24.000 µg/l hatte bereits eine Konsistenz von Erbsensuppe. Für eine Letaldosis von 5000 bis 50.000 µg hätte ein 10 kg schweres Kind – je nach Empfindlichkeit – 0,2 bis 2 L verschlucken müssen. Es kommen jedoch auch dichtere Zellsuspensionen mit gallertartiger Konsistenz vor, die ggf. pro Liter entsprechend höhere Toxinkonzentrationen verursachen können.

Diese Überschlagsrechnung stellt keineswegs die Ableitung eines Höchstwertes für Kurzzeitexposition beim Baden dar sondern zeigt, dass akut tödliche Vergiftungen durch Microcystine zwar unwahrscheinlich, aber nicht auszuschließen sind. Für größere Kinder und Erwachsene ist die Aufnahme hinreichender Wassermengen und somit Toxinmengen insbesondere bei Unfällen beim Baden oder Wassersport denkbar. Dies gilt auch für die anderen Cyanotoxine, wie die in Tab. 7.27 aufgeführten Neurotoxine oder Cylindrospermopsin, die in ähnlichen oder etwas geringeren intrazellulären Gehalten vorkommen.

Die Exposition beim Baden geschieht selten täglich ein Leben lang, jedoch kann sie über einige Wochen hinweg täglich erfolgen, z. B. beim täglichen Bad von Anrainern an stark eutrophierten Gewässern oder durch Dauercamper an betroffenen Campingplätzen. Daher stellt sich die Frage, welche Konzentration im Badegewässer noch toleriert werden kann.

Die Empfehlung des Umweltbundesamtes nach Anhörung der Badewasserkommission zum Schutz von Badenden vor Cyanobakterien-Toxinen (Umweltbundesamt, 2003) ging in ihrer ersten Auflage in 1996 und auch in 2003 noch von bis zu 100 µg/l Microcystin aus (auf Grundlage einer Annahme von 100 ml pro Tag für die orale Aufnahme beim Baden und durch Verzicht auf den Faktor von 10 für die Unsicherheiten in der Datenbasis, da dieser im Wesentlichen mit der Erfassung nur eines Teils des Lebenszyklus im zugrundeliegenden Tierversuch begründet ist). Weitere Betrachtungen, auch in der internationalen Diskussion, haben hier zu einem Umdenken geführt, insbesondere da Kleinkinder beim Spielen im flachen Wasser zum Teil deutlich mehr Wasser oral aufnehmen können und dies bei deutlich geringerem Körpergewicht: Die Konzentration, ab der die toxikologischen Betrachtungen für diese Bevölkerungsgruppe zu einem als zu hoch bewerteten Risiko führen, liegen weltweit bei 10–30 µg/l (siehe Chorus, 2012 und Ibelings et al., 2014 für eine Übersicht des Vorgehens verschiedener Länder). Entsprechend hat das Umweltbundesamt seine o. g. Empfehlung nach Anhörung der Bundesländer und der Badewasserkommission in 2015 aktualisiert und unterscheidet nunmehr sowohl zwischen Altersgruppen als auch zwischen Expositionsmustern: für Kleinkinder sollen 30 µg/l als saisonaler Wert nicht überschritten werden, während bei einer einmaligen Exposition gegenüber 100 µg/l kein Gesundheitsschaden zu erwarten ist (Umweltbundesamt, 2015). Dieser Höchstwert für Badegewässer liegt rund tausendfach unter der an der Berliner Havel in 1997 gemessenen Maximalkonzentration von 24.000 µg/l (s. o.), und in einem Viertel der damals gemessenen Proben lag die Microcystinkonzentration mit > 1000 µg/l noch 10–30-fach über diesem Wert. Für Erwachsene gibt die o. g. Empfehlung eine einmalig tolerierbare Dosis von 600 µg Microcystin an; diese hätte im Sommer 1997 an der Havel bereits mit der Aufnahme eines Schluckes Wasser von 40 ml erreicht sein können. Diese Vergleiche verdeutlichen, dass die in Cyanobakterien-Massenentwicklungen gefundenen Toxinkonzentrationen durchaus ein Gesundheitsrisiko darstellen können, insbesondere bei wiederholter Exposition.

Zur Ermittlung eines Schwellenwertes der **chronischen Toxizität** von Microcystin-LR können zwei Studien in England an Mäusen (Fawell und James, 1994) und in Australien an Schweinen (Falconer, 1994) herangezogen werden. Beide kommen zu sehr ähnlichen Ergebnissen, wobei die WHO (Weltgesundheitsorganisation) zur Ableitung eines vorläufigen Leitwertes für Microcystin-LR im Trinkwasser die etwas empfindlichere Fawell-Studie zugrunde gelegt hat (WHO, 2003). In dieser Studie zeigte eine Dosis von 40 µg pro kg Körpergewicht über 13 Wochen hinweg keine Effekte. Dieser NOAEL (no observed adverse effect level) wird geteilt durch Extrapolationsfaktoren von jeweils 10 für potentielle Unterschiede in der Empfindlichkeit zwischen Mensch und Tier sowie innerhalb einer Art. Hinzu kommt ein weiterer Faktor von 10 für Unsicherheiten in der Datenbasis (z. B. liegen keine Daten über einen vollen Lebenszyklus vor, und qualitative Hinweise auf Förderung des Tumorwachstums können nicht quantifiziert werden). Daraus ergibt sich als tolerierte tägliche Körperdosis ein vorläufiger TDI-Wert (tolerable daily intake, siehe Abschn. 8.3.2) von 0,04 µg/kg. Bei rund 70 kg Körpergewicht, der Aufnahme von 2 l Trinkwasser pro Tag und der Annahme, dass 80 % der Microcystin-Exposition über den Trinkwasser-Pfad erfolgt (Allokationsfaktor AF = 0,8; siehe Abschn. 8.3.2), ergibt sich somit für die lebenslange Exposition über Trinkwasser ein vorläufiger Leitwert von 1 µg/l, der bei langfristiger Exposition nicht überschritten werden sollte (WHO, 2003; „vorläufig“, da er sich bei Füllen der Lücken in der toxikologischen Datenbasis noch verändern könnte).

Für die anderen Cyanotoxine werden vergleichbare Abschätzungen aktuell diskutiert, und die o. g. Übersichten (Chorus, 2012; Ibelings et al., 2014) zum Vorgehen in verschiedenen Ländern weltweit zeigen, dass manche Länder Höchstwerte auch für Cylindrospermopsin, Anatoxin-a oder Saxitoxin ausweisen, insb. für deren Konzentration im Trinkwasser: für Cylindrospermopsin liegen diese im Bereich von 1 µg/l und für die Neurotoxine zwischen 1 und 3,7 µg/L. Für den Schutz von Badenden werden zwar Schätzungen des Toxingehaltes der Cyanobakterienbiomasse zugrunde gelegt, die Überwachung fokussiert jedoch meist eher auf eine Überwachung der Cyanobakterienbiomasse (s. u.), und hierfür ähneln sich die Schwellenwerte, ab denen Warnungen ausgesprochen werden, im internationalen Vergleich.

7.5.4 Maßnahmen zum Schutz vor Cyanotoxinen im Trinkwasser und in Badegewässern

Sowohl für Trinkwasser als auch für Badegewässer sind Vermeidungsstrategien gegen das Auftreten von Cyanobakterien – insbesondere in Massenentwicklungen –

der beste Schutz. Durch Reduktion der Eutrophierung kann ihnen die Nahrungsgrundlage entzogen werden und auch andere Maßnahmen können entweder zur Reduzierung ihrer Biomasse oder zu einer Verschiebung von Cyanobakterien zu weniger problematischen Arten führen (siehe dazu Abschn. 7.2.5). Trotz beginnender Erfolge in der Gewässer-Sanierung ist dieses Ziel nicht in allen Situationen gleichermaßen rasch erreichbar. In solchen Situationen sind weitere Schutzmaßnahmen erforderlich.

Für die **Trinkwasserversorgung** verursacht z. B. in manchen tiefen, mesotrophen Talsperrren *Planktothrix rubescens* Microcystinkonzentrationen im Bereich mehrerer µg/l im Rohwasser. Versorgungen aus eutrophen Flüssen können durch Microcystine aus *Microcystis* spp., *Planktothrix agardhii* und in manchen Fällen auch *Dolichospermum* spp. (ehemals *Anabaena* spp.) belastet werden. Während neurotoxische Cyanobakterien in Deutschland für die Trinkwasserversorgung vermutlich kaum relevant sind, ist die Bedeutung von Cylindrospermopsin unklar. Verfahren der Elimination von Cyanotoxinen, insbesondere Microcystinen und Cylindrospermopsin, durch die Trinkwasseraufbereitung sind für belastete Rohwässer notwendig.

Für überwiegend zellgebundene Toxine wie Microcystine kommt es vor allem darauf an, die Cyanobakterien-Zellen zu entfernen, ohne dass sie lysieren und somit ihr Toxingehalt im Wasser gelöst wird. Eine Lysis durch mechanischen und chemischen Stress, z. B. auf Filtern und in Rohren mit starker Strömung und durch Vorozonung ist wahrscheinlich (Pietsch et al., 2002). Für die Elimination von gelöstem Microcystin bietet sich Oxidation (Ozon, Chlor) und Aktivkohle an (Westwrick et al., 2010; Antoniou et al., 2016). Pulverkohle sorbiert je nach ihrem Ursprungsmaterial mehr oder weniger gut. Wirkungsvoller sind Aktivkohlefilter, bei denen neben der Adsorption insbesondere auch der mikrobielle Abbau eine entscheidende Rolle spielt. Für andere Cyanotoxine liegen zunehmend Untersuchungen vor (Rodriguez et al., 2007; Antoniou et al., 2016). Pilotstudien an von Microcystinen im Rohwasser betroffenen Trinkwasserversorgungen in Deutschland deuten an, dass selbst bei teilweise recht hohen Cyanobakterien-Populationsdichten die Microcystin-Elimination in der Trinkwasseraufbereitung effektiv ist, sofern die Cyanobakterienzellen zurückgehalten werden (Chorus, 2001).

Solche Situationen erfordern eine gezielte Überwachung, zumal manche Cyanobakterien-Arten (insbesondere der Gattung *Planktothrix*) leicht durch Filter durchbrechen können. Chorus und Bartram (1999) geben ein Schema zur ersten Bewertung von Aufbereitungsanlagen im Hinblick auf die Wahrscheinlichkeit, mit der sie Cyanotoxine zurückhalten. Ferner schlagen sie einen Entscheidungsbaum vor, der beim Vorkommen von potentiell toxinhaltigen Cyanobakterien im Rohwasser zu erhöhter Aufmerksamkeit (d. h. intensiverer Überwachung und ggf. gezielte Analysen auf Cyanobakterien) führt. Je nach Schwellenwert der Zelldichte führt dies zu abgestuften Maßnahmen bis hin zur Notversorgung bei mehr als 1.000.000 Zellen pro ml, mehr als 10 mm^3 Biovolumen (siehe Abschn. 7.2.6.4) oder mehr als 50 µg/l Chlorophyll-*a* (bei Dominanz von Cyanobakterien im Phytoplankton). Hierbei sei angemerkt, dass Microcystine hitzestabil sind. Ein Abkochgebot ist daher wirkungslos.

In Deutschland stammt nur wenig Trinkwasser direkt aus belastetem Oberflächenwasser. Es wird häufig entweder über Uferfiltration bzw. Bodenpassage oder Langsamsandfiltration gewonnen, die Cyanobakterienzellen zurückhalten können, oder aus gut geschützten, wenig eutrophen Talsperren, in denen Cyanobakterien von geringer Bedeutung sind. Hinzu kommt, dass Versorgungen aus eutrophem Oberflächenwasser in der Regel auch aufgrund anderer Belastungen ein hohes Niveau der Aufbereitungstechnik aufweisen, von dem eine effektive Rückhaltung auch dieser Toxine erwartet werden kann. Daher wurde bislang von einer nationalen Regelung für Cyanotoxine im Trinkwasser abgesehen und der WHO Leitwert für Microcystin-LR von 1 µg/l in Kombination mit dem Minimierungsgebot der Trinkwasserverordnung als hinreichende Überwachungsgrundlage betrachtet.

Zu betonen ist jedoch die Notwendigkeit einer sorgfältigen Überwachung für diejenigen Versorgungen, in deren Rohwasser Cyanobakterien-Populationsentwicklungen vorkommen. Gerade in Situationen mit verstärkter Cyanobakterienbelastung entstehen nicht nur Toxine, sondern auch erhöhte DOC-Konzentrationen, mit denen die Toxine um Bindungsstellen an der Aktivkohle konkurrieren, oder die zu einer Aufzehrung des Oxidationsmittels führen. Auch ist gerade die Gattung *Planktothrix*, die häufig besonders hohe Microcystin-Gehalte aufweist (siehe Abschn. 7.5.2) notorisch für schlechte Entfernbarkeit durch Flockung und Filtration. Daher ist bereits eine mikroskopische Prüfung des Roh- und ggf. auch des Reinwassers auf Cyanobakterien-Zellen und Zellbestandteile eine wichtige Überwachungsmethode (siehe Abschn. 7.2.6.4).

Ferner sind in Deutschland zahlreiche **Badestellen** von starker Trübung durch Massenentwicklungen von Cyanobakterien – oder gar von an der Oberfläche treibenden „Blüten“ betroffen. Auch wenn die Eutrophierung und damit die Cyanobakteriendominanz in Deutschland inzwischen in manchen Gewässern rückläufig ist, muss weiterhin an vielen Badestellen von einem zeitweiligen Gesundheitsrisiko durch Exposition beim Baden ausgegangen werden.

Für **Badegewässer** hat das Umweltbundesamt 2015 ein mehrstufiges Überwachungsprogramm empfohlen (Umweltbundesamt, 2015). Dies basiert primär auf einer visuellen Inspektion vor Ort auf Vorkommen von Schlieren oder Trübung (ggf. Messung der Sichttiefe); hinzu kommt eine mikroskopische Untersuchung darauf, ob die Trübung durch Cyanobakterien verursacht wird. Darüber hinaus sind Schwellenwerte für Cyanobakterienbiomasse (zu messen entweder als Cyanobakterienchlorophyll-a oder als Cyanobakterien-Biovolumen) für die einzelnen Stufen angegeben. Diese sind so gewählt, dass sie nach derzeitigem Kenntnisstand sowohl einen Schutz vor den bekannten Toxinen bieten, als auch den unspezifischeren Symptomen durch Kontakt mit Cyanobakterien im Allgemeinen (s. o.) Rechnung tragen. Eine vorübergehende Schließung von Badestellen wird bei Überschreitung eines Cyanobakterien-Biovolumens von 15 mm^3/l oder einer Chlorophyll-*a*-Konzentrationen > 75 µg/l (bei qualitativer Prüfung auf Dominanz von Cyanobakterien) empfohlen. Von einer Cyanotoxinanalytik wird zunächst nicht ausgegangen, jedoch kann bei Nachweis einer Toxinkonzentration < 30 µg/l von der Schließung auch Abstand genommen werden.

Allerdings ist zu bedenken, dass je nach Sportart ggf. deutlich mehr Wasser versehentlich verschluckt wird (z. B. beim Windsurfen, bei Segelregatten unter stürmischen Bedingungen oder beim Wasserskifahren, wo ggf. die Aufnahme als Aerosol hinzukommt). Eine vollständige, verständliche Information der Gewässernutzer ist daher unerlässlich, zumal die Konzentrationen bei Arten, die „Blüten“ an der Oberfläche bilden, sehr rasch (d. h. innerhalb von Stunden) und kleinräumig wechseln können. Daher können zwischen den Probenahmen erheblich höhere oder geringere Konzentrationen auftreten.

7.5.5 Probenahme und Probenaufbereitung

7.5.5.1 Arbeitssicherheit und Probenahme

Bereits bei der Probenahme stark angereicherten Zellmaterials, aber insbesondere auch im Labor ist auf **Arbeitssicherheit** zu achten. Wegen hautreizender Inhaltsstoffe mancher Cyanobakterien wird die Benutzung von Gummihandschuhen bei der Arbeit mit angereichertem Cyanobakterien-Material empfohlen. Die systemisch wirkenden Hepato-, Cyto- und Neurotoxine stellen erst dann ein Gesundheitsrisiko dar, wenn sie durch Ingestion oder Inhalation aufgenommen werden, dann jedoch bereits in geringen Mengen. Daher sollte beim Arbeiten mit gefriergetrocknetem Cyanobakterienmaterial, insbesondere bei Arbeitsschritten wie Mörsern, sorgfältig auf die Vermeidung von Staubentwicklung geachtet werden (Abzug, Mundschutz und ggf. Abdecken der Haare). Zu bedenken ist insbesondere das Hinterlassen eines gesäuberten Arbeitsplatzes, da Reinigungspersonal oft nicht hinreichend über das durch diese Stäube bedingte Risiko informiert ist. Die hepatotoxischen Microcystine können durch Oxidation mit H_2O_2 unschädlich gemacht werden.

Die repräsentative **Probenahme** wichtiger Cyanotoxin-Produzenten wie *Microcystis, Dolichospermum* und ggf. *Aphanizomenon* wird durch ihre oben beschriebene Neigung zur Akkumulation an der Gewässeroberfläche erheblich erschwert. Dies führt nicht nur zur ausgeprägten räumlichen Heterogenität, sondern auch zu raschen Veränderungen, da die „Wasserblüten“ bereits von leichtem Wind verdriftet werden. Auch kann *Microcystis* aufgrund ihrer ausgeprägten Vertikalwanderungen von bis zu 1 m je Stunde rasch die Aufenthaltstiefe verändern. Die Beprobung von *Planktothrix rubescens*, die in der Regel in tiefen, geschichteten Gewässern vorkommt, muss berücksichtigen, dass sich diese Art im Sommer vor allem im Metalimnion einschichtet (manchmal in stark ausgeprägten, nur wenige cm starken Horizonten) und nur während der Durchmischung über die gesamte Wassersäule verteilt ist. *Planktothrix agardhii* ist dagegen vorwiegend in flachen, ungeschichteten Gewässern dominant und dort in der Regel homogen im Wasserkörper verteilt.

Neben möglichen Konzentrationsgradienten der Cyanobakterien ist ein Kriterium zur **Auswahl von Probenstellen** und **Probenhäufigkeiten** auch die Gewässernutzung z. B. für Badegewässer im Sommer und vor allem an Badestellen, aber auch an windabgewandten Uferbereichen zur Erfassung dort angetriebener „Blüten“, die potentiell rasch zur Badestelle verdriften können. Für Trinkwassertalsperren mit ganzjährigem Vorkommen von *P. rubescens* kann eine Dauerbeprobung notwendig sein, insbesondere, wenn ihre Aufenthaltstiefe nahe bei der Entnahmetiefe liegt. Ist das Ziel der Untersuchung die Erfassung der Cyanobakterien-Populationsentwicklung, so muss die Beprobung die Aufenthaltsbereiche der Populationen möglichst repräsentativ widerspiegeln. Die Häufigkeit sollte 14 Tage nicht unterschreiten und eher bei 7 Tagen liegen.

Zur **Probenahme** für die Bestimmung **zellgebundener Cyanotoxine** eignen sich Glas- und Plastikgefäße gleichermaßen. Für **gelöste Microcystine** sollten Glasflaschen verwendet werden, da sie an Kunststoffmaterialien adsorbieren.

Proben zur quantitativen Bestimmung von Cyanotoxin-Konzentrationen im Wasser werden in der Regel als einfache Schöpfprobe entnommen. Die Proben können kühl und dunkel bis zu 24 h aufbewahrt werden, es ist jedoch anzustreben, die Proben baldmöglichst aufzuarbeiten.

Der Nachweis des Toxingehalts der Zellen („cell quotas“) ist besonders wertvoll im Rahmen von Untersuchungsprogrammen zur Populationsdichte der Cyanobakterien (d. h. Zellen oder Biovolumen pro Liter Wasser). Für Microcystine ist anzunehmen, dass sich der mittlere Gehalt pro Zelle innerhalb eines Gewässers weniger rasch verändert als die Zelldichte und insbesondere weniger rasch als die Verteilung der Zellen im Wasserkörper. Somit können wenige Bestimmungen des Toxingehalts pro Zelle mit einer häufigeren und ggf. kleinräumiger auflösenden Bestimmung der Zelldichte im Wasser kombiniert werden, um Konzentrationen im Wasser abzuschätzen. Der Toxingehalt pro Zelle ergibt sich aus dem Toxingehalt pro Liter (s. u.) und der Zelldichte pro Liter (siehe Abschn. 7.2.6.4).

Für Bioassays oder zur Gewinnung von Material für die Strukturaufklärung weiterer Wirkstoffe kann die Anreicherung größerer Mengen an Zellmaterial notwendig sein. Dazu wird das Planktonnetz je nach bevorzugter Aufenthaltstiefe der Organismen an der Wasseroberfläche oder vertikal durch die Wassersäule gezogen.

7.5.5.2 Probenaufarbeitung und Extraktion

Für die Bestimmung des Gesamttoxingehaltes wird die Probe gemäß der weiteren Analytik aufgearbeitet oder bis zur weiteren Verarbeitung bei –20 °C eingefroren.

Zur Unterscheidung zwischen zellgebundenen und gelösten Toxinen werden Schöpfproben über Membran- (vorzugsweise Celluloseacetat) oder Glasfaserfilter filtriert (0,45 µm) und die Filter tiefgefroren (–20 °C) oder gefriergetrocknet. Das Filtrat wird ebenfalls bis zur weiteren Aufarbeitung bei –20 °C gelagert.

Größere Mengen von Cyanobakterienmasse, z. B. aus Netzproben (s. o.), werden vorzugsweise gefriergetrocknet. Andere Proben, wie etwa tierisches Gewebe zur Untersuchung auf Cyanotoxine (z. B. bei Verdacht auf Cyanotoxine als Vergiftungsursache), werden ebenfalls gefriergetrocknet. Die Langzeitlagerung gefriergetrockneter Proben erfolgt bei –20 °C.

Für die Bestimmung von Cyanotoxinen mit ELISA (Immunoassay) werden die Wasserproben zweimal eingefroren und aufgetaut, anschließend idealerweise mit einer Ultraschallsonde behandelt und schließlich filtriert. Bei manchen ELISA-Kits wird eine Lösung zur Zelllyse und somit Toxinfreisetzung mitgeliefert, diese ersetzt das Einfrieren/Auftauen. Ist eine Unterscheidung zwischen gelöstem und zellgebundenem Toxin erwünscht, so muss eine Teilprobe zusätzlich filtriert und der Toxingehalt nur im Filtrat bestimmt werden.

Cyanotoxine werden zumeist aus Zellmaterial, aber auch aus anderem biologischen Material, wie z. B. Tiergewebe, extrahiert. Für die **Extraktion** von Microcystinen aus Cyanobakterien können verschiedene Lösungsmittel wie 5 % Essigsäure, Methanol, angesäuertes Methanol, wässriges Methanol, Butanol : Methanol : Wasser (1 : 4 : 15) und Wasser verwendet werden (Fastner et al., 1998; Barco et al., 2005). Häufige Anwendung findet 60–80 % wässriges Methanol, da hiermit sowohl polarere als auch hydrophobere Microcystinvarianten gut extrahiert werden, und zudem die Verwendung von wässrigem Methanol > 25 % der Adsorption von Microcystinen an Plastik vorbeugt (Altaner et al., 2017). Drei Extraktionszyklen mit je 30 min Extraktionszeit sind für die Extraktion von Microcystinen aus lyophilisierten Zellen und aufgetautem Material auf Filtern ausreichend (Lawton et al., 1994).

Anatoxin-a kann mit Wasser, angesäuertem Wasser, angesäuertem wässrigen Methanol, Chloroform und Dichlormethan extrahiert werden (Harada et al., 1999). Für die Extraktion von Cylindrospermopsin kann Wasser oder Methanol verwendet werden, wobei sich Wasser gegebenenfalls als kompatibler für die anschließende Analytik erwies (Harada et al., 1999; Welker et al., 2002; Metcalf et al., 2002). Für die Extraktion von PSP-Toxinen werden vor allem saure Lösungsmittel wie Essigsäure oder Salzsäure und angesäuertes wässriges Methanol beschrieben (Harada et al., 1999; Meriluoto et al., 2017). Für die gleichzeitige Extraktion verschiedener Toxingruppen kommen verschiedene Kombinationen angesäuerter wässriger Lösungsmittel wie 50 % Methanol mit 0,1 % Ameisensäure zum Einsatz (Dell'Aversano et al., 2004; Cerasino und Salmaso, 2012).

Die erhaltenen Extrakte werden zur Trockne eingeengt und in dem für die jeweilige Analytik kompatiblen Lösungsmittel aufgenommen.

Gelöste Toxine können entweder deutlich unter den zellgebundenen Konzentrationen liegen wie bei Microcystin, aber auch deutlich darüber liegen wie bei Cylindrospermopsin. Sie werden entweder ohne weitere Aufbereitung mit entsprechend empfindlichen Methoden wie z. B. ELISA und LC-MS/MS bestimmt, oder in unterschiedlicher Weise aufkonzentriert, wodurch es bei selektiven Verfahren zumeist gleichzeitig zu einer Aufreinigung kommt.

Je nach Analysenmethode und Menge der vorhandenen Cyanobakterien(toxine) können auch ohne **Aufreinigung** gute Ergebnisse erreicht werden. Für Bioassays wird sie ggf. gezielt unterlassen, um die Gesamttoxizität eines Extraktes zu erfassen. Vor allem bei empfindlichen und selektiven Detektionsverfahren wie Massenspektrometrie ist Aufreinigung/Aufkonzentrierung nicht zwingend nötig. Aufreinigungsschritte sind insbesondere dann erforderlich, wenn a) hohe Anforderungen an die genaue Quantifizierung bestehen, b) bei geringen Toxinkonzentrationen insb. zur Bestimmung von gelösten Toxinen und c) wenn Cyanobakterien in der Probe nur subdominant vorhanden sind und somit in ungünstiger Relation zu störenden Matrix-Bestandteilen vorliegen. Letzteres betrifft besonders die Bestimmung mittels HPLC-Diodenarray-Detektion (DAD), denn kleine Microcystin-Peaks können von coeluierenden Matrixsubstanzen überlagert werden, die zu einer Überschätzung der Toxinkonzentration führen oder die Identifikation vereiteln, oder wegen der möglichen Ionenunterdrückung die massenspektrometrischen Verfahren (Furey et al., 2013).

Die am häufigsten verwendete **Aufreinigungs- und Anreicherungs-Methode** für verschiedene gelöste und zellgebundene Toxine ist die Festphasenextraktion (SPE), meist mit RP-C_{18}-Materialien (Octadecyl-Silicagel, Harada et al., 1999; Meriluoto et al., 2017), aber auch z. B. Ionenaustauscher für Anatoxin-a (James et al., 1997). Besonders effektiv sind zweistufige SPE-Verfahren für komplexe Matrices und/oder für Toxingemische (Tsuji et al., 1994; Zervou et al., 2017).

Andere geeignete Aufreinigungs- und Konzentrationsverfahren sind z. B. Gel- und Ionenaustauscherchromatographie sowie Immunoaffinitätsverfahren (Harada et al., 1999; Meriluoto et al., 2017).

7.5.6 Detektion und Identifikation

7.5.6.1 Bioassays und Toxizitätstest

In den Anfängen der Cyanotoxinforschung wurde die Toxizität von Wasserblüten und Kulturmaterial vor allem mit Tierversuchen (Maus- oder Rattenbioassay) bestimmt (Bell und Codd, 1994; Falconer, 1993). Vorteile sind schnelle Durchführbarkeit, Erfassung auch unbekannter toxischer Substanzen und Differenzierung anhand von Symptomen (z. B. zwischen Neuro- und Hepatotoxinen) wobei jedoch die schneller wirkenden Neurotoxine das Vorhandensein von Hepatotoxinen maskieren können. Nachteile sind die eher geringe Empfindlichkeit sowie ethische Erwägungen. Für die bekannten Cyanotoxine stehen inzwischen einfachere, kostengünstigere und empfindlichere chemische Analysemethoden zur Verfügung. Auch werden zahlreiche andere Bioassays – vorzugsweise an Invertebraten oder Zellkulturen –

durchgeführt, wobei jedoch bislang keiner dieser Assays den Maustest in seiner Eigenschaft, alle Cyanotoxine auf einmal zu erfassen, ersetzen kann. Probleme bestehen insbesondere hinsichtlich der Sensitivität, falsch negativer bzw. falsch positiver Befunde und Synergismen mit anderen Substanzen. Deshalb kann trotz der Vielzahl verschiedener Bioassay zur Erfassung der chronischen und akuten Toxizität einzelner Cyanotoxine auf verschiedenen Ebenen (zellulär, molekular, etc.), derzeit kein (oder mehrere) Test für die Überwachung toxischer Cyanobakterien im Freiland empfohlen werden.

Für den Nachweis von Microcystinen und Nodularin, aber auch von anderen Toxinen, wurden Bioassays mit Invertebraten wie *Daphnia*, *Artemia*, *Thamnocephalus* und Moskitolarven (Harada et al., 1999; Marsalek und Blaha, 2004; Meriluoto et al., 2017) erprobt, der Thamnotoxkit-F mit *Thamnocephalus* ist mittlerweile kommerziell erhältlich. Diese Tests sind jedoch nicht spezifisch für Cyanotoxine; vielmehr kann eine festgestellte Wirkung auf eine Bandbreite an möglicherweise im Wasser enthaltener Stoffe zurückgehen. Ein Vorteil gegenüber gezielter chemischer Analytik ist somit kaum gegeben. Daneben kommen für die hepatotoxischen Microcystine Hepatocyten (frisch isolierte oder Zellinien) zum Einsatz (Heinze, 1996; Meriluoto et al., 2017). Neurotoxine wie Anatoxin-a und Saxitoxine wurden mit *Artemia* und an *Schistocerca gregaria* (Campbell et al., 1994; McElhiney et al., 1998) nachgewiesen. Spezifischere Bioassays für Saxitoxine sind z. B. der Neuroblastoma Zell Assay, der auch kommerziell erhältlich ist, ein Rezeptor-Bindungs-Assay oder ein neurophysiologisches Verfahren mit Hippocampus-Gewebe aus Ratten (Humpage et al., 2010).

Genotoxizität und Mutagenität, wichtige Endpunkte bei der Gefährdungsbeurteilung, können in verschiedenen bakteriellen oder eukaryontischen Zellassays erfasst werden. Für einige dieser Tests wie den Ames Test, den umu Test, oder den Comet Assay stehen OECD- oder ISO-Normen zur Verfügung.

7.5.6.2 Biochemische Methoden

Immunoassays, insbesondere Enzyme-Linked Immuno Sorbent Assay (ELISA, siehe Abschn. 4.8), gibt es mittlerweile für Microcystine, Cylindrospermopsin, Anatoxin-a und PSP-Toxine. Der ELISA ist aufgrund seiner Empfindlichkeit und einfachen Anwendung insbesondere für ein schnelles Probenscreening zu empfehlen.

Für Microcystin-ELISAs wird eine Nachweisgrenze von 0,1 µg/l angegeben (Triantis et al., 2010), es kann jedoch vor allem im Bereich bis 0,5 µg/l bei komplexen Matrices zu erheblichen Überbefunden kommen. Ein weiteres Problem sind unterschiedliche Kreuzreaktionen mit den verschiedenen Microcystinvarianten, wobei eine Verbesserung in diesem Bereich zu erwarten ist (Samdal et al., 2014). Auch wenn der ELISA deshalb eher als halb-quantitative Methode empfohlen wird, so gibt es in verschiedenen Studien meist eine zufriedenstellende Übereinkunft mit chromatographischen Verfahren sowie dem Protein-Phosphatase Inhibitions-Assay (PPIA) (Triantis et al., 2010). Problematisch ist die Anwendung von ELISA in chloriertem oder ozoniertem Trinkwasser, wo u. a. falsch positive Befunde durch Microcystin-Abbauprodukte und eine relativ hohe Variabilität beschrieben werden (Guo et al., 2017; He et al., 2017).

Enzymassays zum Nachweis von Cyanotoxinen basieren auf der biochemischen Aktivität dieser Toxine. Der Protein-Phosphatase Inhibitions-Assay (PPIA) für Microcystine und Nodularin ist mit einer Nachweisgrenze von 0,09–0,9 µg/l je nach Rohwasserzusammensetzung ähnlich empfindlich wie ELISA (Triantis et al., 2010; Sassolas et al., 2011). Als Alternative zu der ursprünglichen Quantifizierung basierend auf ^{32}P-Phosphat werden mittlerweile überwiegend kolorimetrische PPIA verwendet (Ward et al., 1997; Sassolas et al., 2011). Obwohl das Testsystem auf alle inhibierenden Substanzen in den Extrakten reagiert und auch durch zelleigene Enzyme gehemmt werden kann (Sim und Mudge, 1993), haben verschiedene Studien für diesen Assay eine gute Übereinstimmung zur HPLC-Bestimmung von Microcystinen sowohl für Kultur- als auch für Freilandproben gefunden (Ward et al., 1997; Wirsing et al., 1999).

Ein Acetylcholinesterase Inhibitions-Assay (ACIA) kann für den Nachweis von Anatoxin-(a)s verwendet werden (Mahmood und Carmichael, 1987).

7.5.6.3 Physikalisch-chemische Methoden

Einen umfassenden Überblick über verschiedene chromatographische Methoden zur Bestimmung von Cyanotoxinen geben Meriluoto et al. (2017).

Bis vor kurzem wurden **Microcystine** (und **Nodularin**) vor allem mittels **HPLC gekoppelt mit Photodiodenarray-Detektion** (DAD) bestimmt. Die Bestimmung von gebundenen und gelösten Microcystinen über reversed-phase C_{18}-Säulen mit Gradienten-Elution sowie der Extraktion mit wässrigem Methanol stellte die Grundlage der Entwicklung eines standardisierten Verfahrens dar (ISO 20179). Die Detektion von Microcystinen mittels Photodiodenarray erfolgt anhand ihres charakteristischen UV-Spektrums im Wellenlängenbereich von 200–300 nm mit einem Maximum bei 238 nm für die meisten Strukturvarianten (Lawton et al., 1994). Ein grundsätzliches Problem der Quantifizierung von Microcystinen besteht darin, dass derzeit nur wenig mehr als 10 der mehr als 200 bekannten Strukturvarianten kommerziell als Standards erhältlich sind. Die als Standards erhältlichen Microcystine werden jedoch im Freiland vor allem von den Gattungen *Microcystis* und *Dolichospermum* produziert, während es für die Microcystine der Gattung *Planktothrix* nur vereinzelt Standards gibt (Fastner et al., 1999b). Folgende Abhilfe wird empfohlen (Falconer et al., 1999): Peaks, die als Microcystine identifiziert werden, aber nicht den käuflichen Standards entsprechen können mit Microcystin-LR quantifiziert und die Gesamtkonzentration als „Microcystin-LR-Konzentrationsäquivalente" angegeben werden. Der Fehler in der Quantifizierung aufgrund unterschiedlicher Signalintensität der Microcystinvarianten liegt bei etwa 30 %. Schwerer wiegt jedoch die unterschiedliche Toxizität der verschiedenen Microcystinvarianten. Da viele weniger toxisch sind als Microcystin-LR, ist eine solche Konzentrationsangabe aus toxikologischer Sicht als Extremabschätzung („worst case scenario") zu bewerten.

Mittlerweile werden Microcystine jedoch überwiegend mittels **Flüssigkeitschromatographie gekoppelt mit der Tandem-Massenspektrometrie** (LC-MS/MS) bestimmt (Barco et al., 2005; Bortoli and Volmer, 2014; Guo et al., 2017), die eine eindeutige Identifizierung der Strukturvarianten ermöglicht. Jedoch sind für die Quantifizierung mittels LC-MS/MS Standards zwingend notwendig, denn aufgrund unterschiedlicher Reaktionsfaktoren können nicht – anders als beim PDA-Detektor – alle Strukturvarianten mit nur einem Microcystin-Standard quantifiziert werden. Das Fehlen von Standards für bestimmte häufige Microcystine (s. o.), aber auch das mögliche Vorkommen unbekannter Strukturvarianten, macht deshalb die zuverlässige Angabe von Gesamtmicrocystin-Konzentrationen schwierig. Zur Überprüfung, ob die Probe noch andere, nicht erfasste Microcystine enthält, kann eine qualitative Analyse der Probe mittels „precursor ion scan" oder Non-target-Analytik erfolgen (Kleinteich et al., 2018). Soll der Gesamt-Microcystingehalt einer Probe bestimmt werden, ist daher eine ergänzende Analyse der Probe mittels HPLC-PDA oder ELISA erforderlich.

Verschiedene chromatographische Methoden sind für die Bestimmung von **Anatoxin-a** beschrieben, darunter HPLC mit UV-Detektion, Dünnschichtchromatographie, sowie die empfindlichsten Nachweismethoden basierend auf einer Derivatisierung des Moleküls und Nachweis des Derivates mittels GC/ECD (electron capture detection), GC/MS und HPLC/FLD, oder direkt mittels LC-MS/MS (z. B. Harada et al., 1999; Fastner et al., 2018).

Cylindrospermopsin kann mittels HPLC/PDA anhand des charakteristischen UV-Spektrums der Substanz nachgewiesen werden (Welker et al., 2002), allerdings kommt es bei Freilandproben sehr häufig zu erheblichen Störungen durch die Matrix. Erfolgreicher ist hierfür der Nachweis mit LC-MS/MS (Eaglesham et al., 1999; Meriluoto et al., 2017).

Die wegen ihrer Anreicherung in Muscheln und anderen marinen Lebensmitteln in der Lebensmittelhygiene entwickelten Methoden zur Analytik von **PSP-Toxinen** (Saxitoxinen) wurden z. T. erfolgreich zum Nachweis dieser Toxine in Cyanobakterien verwendet. Der überwiegende Teil der bisher veröffentlichten Methoden ist aufgrund anderer Konzentrationsbereiche und Matrices für die Spurenanalytik in Wasser nicht ohne Modifikationen anwendbar. Eine häufig verwendete Methode zur Saxitoxinbestimmung ist HPLC mit Nachsäulenoxidation und Fluoreszenzdetektion nach Oshima (1995). Die Methode nach Oshima (1995) zeigt gute Übereinstimmung mit Ergebnissen des Maustests, ist jedoch mit drei verschiedenen Eluentensystemen zur Erfassung aller Saxitoxinvarianten sehr aufwändig. Andere Methoden beschreiben die Verwendung von HPLC mit Vorsäulenoxidation und Fluoreszenzdetektion oder Kapillarelektrophorese (CE) mit DAD-Detektion (Humpage et al., 2010). Zunehmend werden PSP-Toxine auch mittels LC-MS/MS analysiert (Dell'Aversano et al., 2004).

Zweckmäßig sind auch Verfahren zur simultanen Analytik von Hepatotoxinen und Neurotoxinen (Pietsch et al., 2001; Dell'Aversano et al., 2004; Zervou et al., 2017).

Im Allgemeinen erfolgt die **Strukturaufklärung** von Cyanotoxinen mittels NMR, Aminosäurenanalyse und Massenspektrometrie (Harada et al., 1999). Vor allem die NMR benötigt jedoch in der Regel größere Mengen an Substanz, und ist so als Routineverfahren ungeeignet. Strukturvarianten bereits charakterisierter Toxine wie Microcystine können oft auch über Fragmentspektren alleine identifiziert werden (Puddick et al., 2014).

H. J. Hahn, D. Schoenen und B. Westphal

7.6 Invertebraten in Trinkwasserversorgungsanlagen

7.6.1 Einleitung

Standorte können von Organismen als Lebensraum genutzt werden, wenn der Nahrungsbedarf gedeckt werden kann, die Fortpflanzung sichergestellt und Wasser verfügbar ist. Für eine nachhaltige Besiedlung müssen die vorliegenden Standortressourcen dauerhaft nutzbar und die Umgebungsbedingungen zuträglich sein (z. B. moderate Temperaturen, kein toxisches Milieu). Die an einem Standort vorkommenden Populationen konkurrieren fortwährend um die vorhandenen Ressourcen. Falls eine neu einwandernde Population an die vorliegende ökologische Nische besser angepasst ist, wird die bisherige Art verdrängt („survival of the fittest"). Je strukturreicher ein Lebensraum ist, umso mehr Nischen sind verfügbar, was sich auf die Artenvielfalt auswirkt. In Abhängigkeit von den strukturellen Gegebenheiten entwickeln sich in Biosystemen stabilisierende, sich selbst regulierende Beziehungsgeflechte („Nahrungsnetze") aus.

Trinkwasserversorgungsanlagen sind zwar nicht besonders strukturreich, dennoch sind alle Voraussetzungen zur Ansiedlung von Bakterien, Pilzen sowie einzelligen (Protozoen) und wirbellosen Tieren (Invertebraten) gegeben. Trinkwasserversorgungsanlagen sind somit zwar künstliche Lebensräume, aber es gelten auch hier dieselben ökologischen Grundregeln wie an natürlichen Standorten. Somit ist es möglich, die in den Versorgungsanlagen lebenden Invertebraten als Indikatoren für die Standortbedingungen und die Wassergüte zu nutzen. Die Tiere können wichtige Informationen über den Zustand der Anlagen und Hinweise auf mögliche Beeinträchtigungen durch Außeneinflüsse liefern. Damit kann die biologische Analytik zu einem wichtigen Element risikobasierter Überwachungsprogramme werden.

7.6.2 Historie der biologischen Trinkwasseruntersuchung

Das Vorkommen von Invertebraten in Leitungsnetzen ist seit der Einführung zentraler Wasserversorgungen bekannt. Erste umfassende Abhandlungen zu trinkwasserbiologischen Untersuchungen wurden Mitte des 19. Jahrhunderts veröffentlicht. Erwähnenswert sind die Übersichten von Hassal (1850) in London und Cohn (1853) in Breslau. Zielsetzung beider Werke war die Beurteilung der Trinkwasserqualität über die Kenntnis der darin vorkommenden Organismen und ihrer Häufigkeit. Die Abbildung 7.10 vermittelt einen Eindruck von der Vielfalt der im Trinkwasser lebenden Tiere.

Bis in die 1960er Jahre waren trinkwasserbiologische Untersuchungen üblicher Bestandteil der Überwachung und Beurteilung der Trinkwassergüte. Das verfügbare Fachwissen für den deutschsprachigen Raum haben zuletzt vornehmlich Kolkwitz (1940), Beger und Lüdemann erarbeitet und zusammengetragen. Die 1960er Jahre markieren einen Bruch in der allgemeinbiologischen Trinkwasserbeurteilung. Die 1966 von Gerloff und Lüdemann übernommene Überarbeitung des Beger'schen „Leitfadens der Trink- und Brauchwasserbiologie“ war die letzte fachliche Fortführung der bestehenden Kenntnisse zu Invertebraten im deutschsprachigen Raum. Als Folge ging das Wissen zu Invertebraten in Trinkwasserversorgungsanlagen teilweise verloren.

Wiederaufgenommen wurde die Thematik 1997 mit der Technischen Mitteilung DVGW W 271 („Tierische Organismen in Wasserversorgungsanlagen“). Nachfolgend gewann die Betrachtung biologischer Aspekte sowohl in der Aufbereitung als auch im Versorgungsnetz wieder vermehrte Aufmerksamkeit. Mit der Technischen Mitteilung von 1997 wurde an das Wissen der 1950er und 1960er Jahre angeknüpft und die noch vorhandenen Expertenkenntnisse zusammengeführt. Gleichzeitig sollte es als Anleitung für Versorger dienen, die sich wieder mit der Thematik beschäftigen wollten.

2018 ist das W 271 als DVGW-Arbeitsblatt unter Berücksichtigung ökologischer Aspekte vollständig überarbeitet neu erschienen (DVGW, 2018). Es behandelt das Vorkommen von Invertebraten nicht als störende Begleiterscheinung, sondern beschreibt die Invertebraten als integralen Bestandteil der Versorgungssysteme. Darauf basierend beschreibt es die Charakteristika der verschiedenen Lebensräume vom Rohwasser bis zum Hausanschluss, ihre Besiedlung wie auch die angepasste Probennahme, die Bewertung und davon abzuleitende betriebliche Maßnahmen. Ausgegliedert und als ergänzende Informationsquelle herausgegeben wurde die DVGW-Wasserinformation 91 (DVGW, 2017). In ihr sind Fallbeispiele zu Invertebratenvorkommen beschrieben und die regelmäßig anzutreffenden Invertebraten in Form von Steckbriefen mit Abbildungen zusammengestellt.

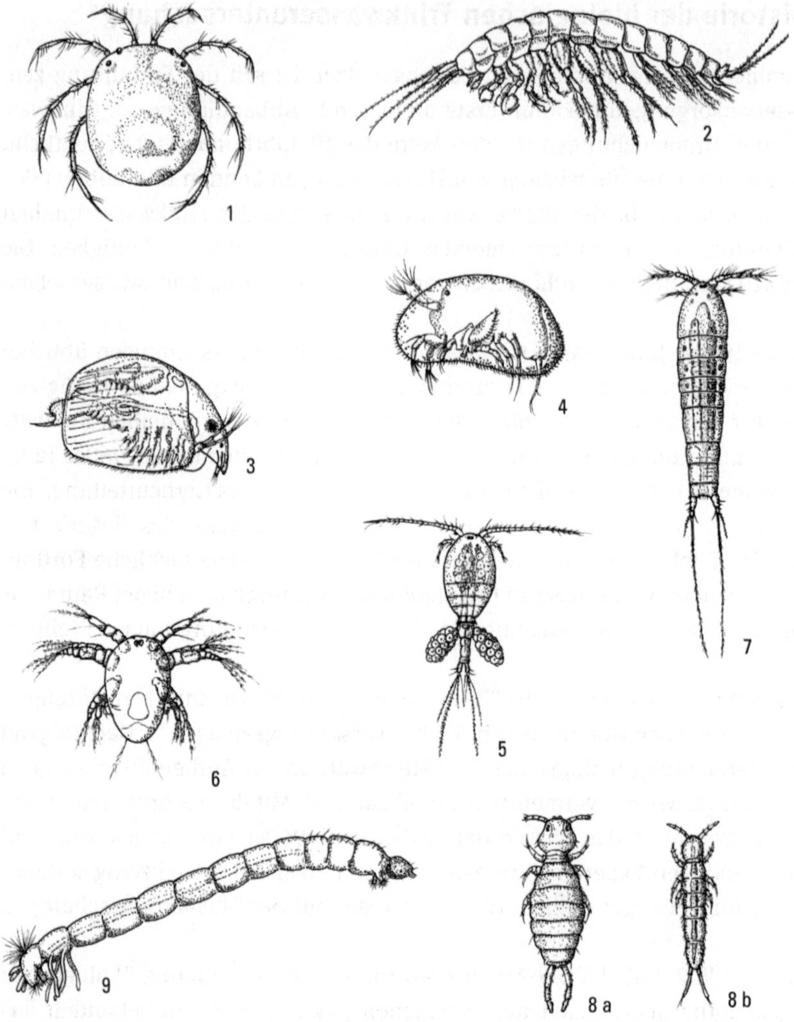

Abb. 7.10a: Organismen in Trinkwasseranlagen (Zeichnungen: H. Kowalsky).
1: Wassermilbe (*Hydrodroma spec.*), 2 mm
2: Höhlenflohkrebs (*Niphargus puteanus*), 10–30 mm
3: Rippenkrebschen (*Alona rectangularis*), etwa 0,5 mm
4: Muschelkrebs (*Candona spec.*), bis 1,2 mm
5: Hüpferling (*Cyclops spec.*), bis 3,5 mm
6: *Cyclopider Nauplius*, bis 0,5 mm
7: Raupenhüpferling (*Canthocamptus staphylinus*), ca. 0,9 mm
8: Springschwänze (8a *Podura aquatica*, 1,5 mm; 8b *Folsomia fimentaria*, 1,4 mm)
9: Zuckmücken-Larve (*Chirnomus plumosa*), 15 mm.

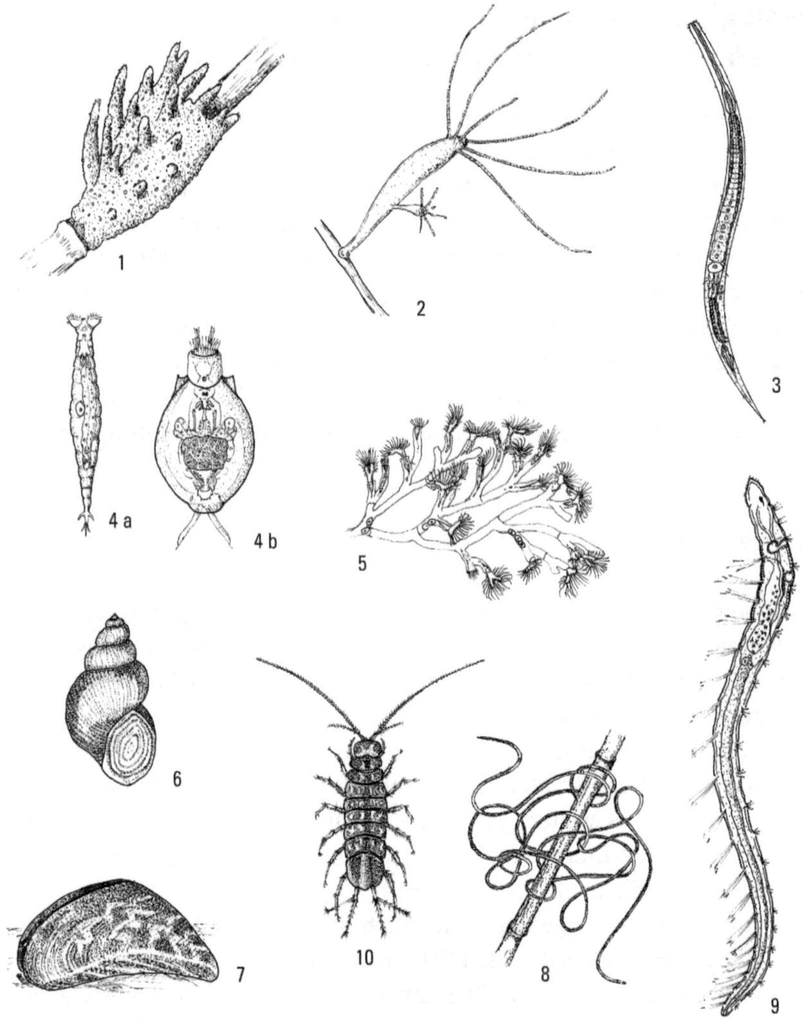

Abb. 7.10b: Organismen in Trinkwasseranlagen (Zeichnungen: H. Kowalsky).
1: Süßwasserschwamm (*Spongilla lacustris*), mehrere dm
2: Süßwasserpolyp (*Hydra spec.*), ca. 10 mm (ohne Fahngarme)
3: Fadenwurm (*Nematoda*), 1–2 mm
4: Rädertierchen (4a *Rotaria rotatoria*, 0,3–1 mm; 4b *Lecane spec.*, 0,2 mm)
5: Moostierchen (*Plumatella spec*, Einzeltiere 2–5 mm)
6: Deckelschnecke (*Bithynia tentaculata*), 10–12 mm
7: Dreikantmuschel (*Dreissena poymorpha*), 30–40 mm
8: Brunnendrahtwurm (*Haplotaxis gordiodes*), bis 800 mm
9: Borstenwurm (*Nais commune*), bis 8 mm
10: Wasserassel (*Asellus aquaticus*), 8–12 mm.

7.6.3 Ökologische Grundlagen der Besiedlung von Wasserversorgungsanlagen

Oberflächengewässer sind im Regelfall mit Tieren, Pflanzen, Pilzen und Bakterien besiedelt. Sofern es die Umgebungsbedingungen zulassen gilt dies mit Ausnahme der Pflanzen auch für das Grundwasser. Voraussetzungen für die dauerhafte Besiedlung von Grundwasserstandorten durch Invertebraten sind zumindest geringe Sauerstoffgehalte (> 1 mg/l), die Verfügbarkeit von Nahrung und das Vorhandensein von Lückenräumen. Sauerstoff und Nahrung werden bei der Grundwasserneubildung von der Oberfläche eingetragen. Über das Rohwasser werden somit generell auch lebende Organismen in die Versorgungsanlagen eingetragen, und für Oberflächengewässer wie für das Grundwasser gilt gleichermaßen: je mehr Nahrung dort verfügbar ist, umso höher ist in der Regel der Tier-Eintrag mit dem Rohwasser.

7.6.3.1 Eintragspfade

Nicht nur mit dem Rohwasser werden Organismen in die Versorgungsanlagen eingetragen. Sie können auch über bauliche Mängel oder durch betriebliche Tätigkeiten hinein gelangen, wenn Anlagenbereiche dafür geöffnet werden. Daher besteht z. B. bei Neuverlegungen, Behälterreinigungen, Arbeiten an Filteranlagen, Renovierungsarbeiten oder Sanierungen grundsätzlich die Möglichkeit eines Invertebrateneintrags. Selbst bei umsichtiger, sorgfältiger Vorgehensweise ist das nicht immer vollständig zu verhindern. Als weitere Möglichkeit können Invertebraten auch über Systemöffnungen wie Behälterbe- und entlüftungen in die Anlagen eindringen, wenn diese nur unzureichend abgesichert sind.

Wie sich in das System eingetragene Invertebraten dann verteilen und ob, wo und zu welchen Anteilen sie sich schließlich ansiedeln, lässt sich kaum vorhersagen. Da die Besiedlungsdynamik jeweils individuell ausgeprägt ist, unterscheiden sich selbst Filter, die mit dem gleichen Rohwasser gespeist werden, in ihrer Besiedlung oft voneinander. Die Erfahrung zeigt, dass sich vor allem dort Besiedlungsschwerpunkte herausbilden, wo das Nahrungsangebot gut ist, wo also Biofilme oder organische Ablagerungen zu finden sind.

7.6.3.2 Nahrungsgrundlagen

Mit dem Rohwasser gelangt auch von Organismen verwertbare Nahrung als gelöstes oder partikuläres organisches Material in die Aufbereitungssysteme. Ein wesentliches Aufbereitungsziel ist es, organische Komponenten weitgehend zu reduzieren, um mikrobielles Wachstum im Verteilungsnetz auf ein möglichst geringes Maß zu reduzieren („biologisch stabiles Trinkwasser"). In Abhängigkeit von der Rohwasserbeschaffenheit, den verwendeten Aufbereitungstechniken und den Verweilzeiten enthält aufbereitetes Trinkwasser aber stets einen mehr oder weniger hohen Anteil an langsam oder schwer abbaubaren organischen Verbindungen. Im Trinkwasser im Zuge der Aufbereitung nicht abgebaute organische Verbindungen (DOC) und eventuelle partikuläre noch nicht vollständig zersetzte Reststoffe biologischen Ursprungs (Detritus) sind die Nahrungsgrundlage für Mikroorganismen und Invertebraten in Versorgungsanlagen, und sie begrenzen die Nahrungskapazität des Systems. Invertebraten zeigen das Nahrungspotenzial des Systems an und sind deshalb ideale Indikatoren zur Identifikation von Bereichen mit Ansammlungen von organischem Material. An diesen Orten besteht dann meist auch primär ein Reinigungsbedarf.

Biofilme

Im fließenden Trinkwasserstrom können sich Organismen einschließlich der Bakterien, wenn überhaupt, nur in sehr begrenztem Umfang vermehren. Anders ist es unmittelbar an den Leitungswandungen. Hier treten auch bei höheren Fließgeschwindigkeiten kaum turbulente Strömungen auf. Die im Trinkwasser verbliebenen, bioverfügbaren organischen Stoffe sind daher vorwiegend wandungsnah (in Form von Biofilmen) nutzbar. Biofilme überziehen folglich in mehr oder weniger großem Umfang alle wasserberührten Oberflächen der Trinkwasserversorgungsanlagen. Biofilme sind von den Bakterien produzierte aufquellende Polysaccharide, die die Mikroorganismen in Form von Gallerten ausscheiden. Darin eingelagert sind die produzierenden Bakterien und darin eingeschlossene Mitbewohner recht gut vor dem Abschwemmen geschützt. Vorbeifließende gelöste organische Stoffe können dennoch aufgenommen und zur Biomasseproduktion verwertet werden. Die biofilmbildenden Gallerten dienen nicht nur der Standortsicherung durch Anheften an den Oberflächen, sie bieten auch einen gewissen Schutz vor Fraß. Aufgrund dieser Nährstoffverwertung im Leitungsnetz wird dem Wasser zumindest temporär zwar organisches Material entzogen, jedoch verbleibt es im System. Ein zentraler Ansatz bei hohem Vorkommen von Invertebraten kann daher eine zusätzliche, weitergehende DOC-Eliminierung in der Aufbereitung sein. Auch die Dosierung von Phosphaten zum Zwecke des Korrosionsschutzes kann die Nährstoffversorgung für Bakterien im Verteilungsnetz verbessern und über eine verstärkte Biofilmbildung zu einer Zunahme tierischer Organismen führen.

Die in den Biofilmen vergesellschafteten Bakterien und Pilze sind eine gut verwertbare Nahrungsquelle. Aus diesem Grund siedeln sich in und an den Gallerten in der Regel immer auch Konsumenten in Form von einzelligen Tieren wie Geißeltierchen (Flagellaten) und Wechseltierchen (Amöben) an. Aber auch an die Umgebungsbedingungen angepasste Mehrzeller (wie Rädertiere und Fadenwürmer, Wenigborster oder Milben) können in den Biofilm eindringen und hier ausreichend Nahrung finden. Generell gilt, dass die tierische Besiedlung von Versorgungsanlagen mit der Stärke ihrer Biofilme zunimmt. Wandungsnah können Invertebraten den Biofilm auch von außen bewohnen. Voraussetzung dafür ist, dass sie sich ausreichend nahe im laminar strömenden Bereich an den Wandungen aufhalten und so ein Wegspülen mit dem Trinkwasserstrom vermeiden. Biofilme können solange in den Leitungsinnenraum wachsen, bis sie durch Turbulenzen abgeschert werden.

Sedimente

Abgelöste Teile von Biofilmen werden mit dem Wasserstrom solange mitgeführt bis die Schleppkraft nachlässt und sie sich absetzen und ansammeln. Behälter und Stagnationszonen im Netz sind generell Senken für Sedimente, aber auch Endstränge oder gering genutzte Leitungsabschnitte und selbst in kleineren Bereichen kann sich organisches Material z. B. im Strömungsschatten von Schweißnähten, Muffen, Schiebern oder Ähnlichem ansammeln. Dort sedimentieren auch Sand, Korrosionsprodukte und ggf. mit dem Rohwasser eingetragenes partikuläres organisches Material. Je mehr Sedimente und je höher deren organischer Anteil desto stärker ist auch die Besiedlung. Dieser Zusammenhang ist meist hochsignifikant (Lieverloo et al., 2012; Michels, 2017). Bei Stagnation tritt im Sommer auch eine verstärkte Erwärmung ein, was wiederum die Vermehrung bestimmter Arten fördert.

An Standorten mit fehlender oder geringer Strömung können sich Invertebraten auch außerhalb des Schutzes von Biofilmen ansiedeln. Meist sind es Rädertiere oder Blattfußkrebse die zum Nahrungserwerb das Freiwasser filtrieren. Recht häufig sind hier beispielsweise Wasserflöhe der Gattung *Alona* oder *Chydorus* anzutreffen, die sich bei genügend Nahrung und warmem Wasser rasant vermehren. Da sich die Tiere meist oberhalb der Sedimente im Wasser bewegen, reagieren sie sehr empfindlich auf strömungsbedingte Verdriftung. Hier zeigt sich der praktische Nutzen der Bioindikation: Findet sich eine erhöhte Invertebratendichte, weist dies auf ein gutes Nahrungsangebot, im Zusammenhang mit *Alona* und *Chydorus* zusätzlich auf Stagnation hin.

7.6.3.3 Standorte und Lebensräume

Für die Besiedlung von Trinkwasserversorgungsanlagen ist von Bedeutung, dass die Umgebungsfaktoren in den Filteranlagen denen des Grundwassers und des Interstitials von Oberflächengewässern ähneln. Daher sind gerade in der Aufbereitung die Besiedlungsvoraussetzungen für daran angepasste mit dem Rohwasser mitgeführte Invertebraten grundsätzlich gegeben. Wegen der vergleichbaren Bedingungen sind Leitungs- und Behältersedimente ebenfalls geeignete Lebensstätten für Invertebraten. Die Besiedlung begünstigen können darüber hinaus zur Stagnation tendierende Transport- und Versorgungsleitungen. Speziell nutzbar sind zudem die Trinkwasserbehälter. Hier können neben den Sedimenten auch die Wasseroberfläche und das Freiwasser als Lebensraum genutzt werden.

Unabhängig von der Art des Rohwassers prägen vor allem die lokalen Umgebungsbedingungen und die Konkurrenz um die knappen Nahrungsressourcen die jeweilige Besiedlungsstruktur der Versorgungsanlagen. Wenn bisher nicht vorkommende Arten über den Wasserpfad oder durch Arbeiten in die Anlagen gelangen, konkurrieren sie mit den bereits etablierten Besiedlern. Sind die neuen Siedler besser an die Lebensstätte angepasst, verdrängen sie die bisherigen Bewohner. Erfolgreich sind konkurrenzstärkere Arten selbst dann, wenn sie lediglich einmalig in die Anlagen gelangt sind. Finden verdrängte Populationen an anderer Stelle neue, geeignete Ansiedlungsbedingungen, verlagert sich ihr Vorkommen in einen nachgeschalteten Abschnitt der Versorgungsanlage. Falls nicht, sterben sie in dem betreffenden System aus. Da Oberflächenformen im Leitungsnetz im Allgemeinen konkurrenzstärker sind als Grundwasserinvertebraten, können solche Verdrängungsmechanismen an allen Standorten stattfinden. Sie sind der Grund dafür, dass auch in den Verteilungsnetzen von Grundwasserversorgungen überwiegend Oberflächenformen gefunden werden, denn über die Zeit brauchen nur gelegentlich einzelne vermehrungsfähige Individuen der konkurrenzstärkeren Art in die Anlagen gelangen. Als Folge unterscheidet sich die Besiedlung in den Verteilungsnetzen der Oberflächenwasserwerke meist kaum von derjenigen der Grundwasserwerke.

Im Hinblick auf die Besiedlungsbedingungen lassen sich bei der Wasserversorgung drei Hauptbereiche unterscheiden, nämlich die Gewinnungsanlagen, die Aufbereitung und das Verteilungsnetz. Die entsprechenden Besiedlungsbedingungen werden im Folgenden näher beschrieben.

Gewinnungsanlagen

Die Beschaffenheit des Rohwassers ist von den Verhältnissen im Einzugsgebiet geprägt. Das gilt für die Invertebratenfauna genauso wie für den Chemismus und die Mikroorganismen. Aber bereits dann, wenn Wasser zum Zwecke der Trinkwasseraufbereitung der Naturressource entnommen wird, wirken sich betriebliche Einflüsse auf die Zusammensetzung der im Rohwasser vorkommenden Lebensformen aus. Aus diesem Grunde etablieren sich häufig bereits in den Fassungsanlagen von der Umgebung abweichende Lebensgemeinschaften (z. B. im Brunnensumpf).

Bei der Nutzung von Oberflächenwasser ist generell von einem höheren Aufbereitungsaufwand auszugehen. Bei Grund- und Quellwässern gilt in vergleichbarer Weise, dass der Aufwand mit der Intensität der Landnutzung und der Stärke des ggf. vorhandenen Oberflächenwassereinflusses zunimmt. Hier zeigen die Invertebraten im Rohwasser die Stärke des Oberflächenwassereintrags zuverlässig an.

Neben dem Oberflächenwassereintrag im Einzugsgebiet ist bei Grund- und Quellwasserversorgungen auch der bauliche Zustand der Anlagen ein wichtiger Aspekt für die Fauna des Rohwassers. Erkennbar ist ein etwaiger Sanierungsbedarf unter anderem am Auftreten von Oberflächenarten, die in der direkten Umgebung der Fassung leben. Beispiele sind das Vorkommen von im Oberflächenwasser lebenden Arten wie die Larven von Stein- und Eintagsfliegen und die der Zuckmücken oder sogar terrestrische, landbewohnende Formen wie Hundertfüßer oder Schnecken. Ihnen stehen jene Arten gegenüber, die gemeinsam mit dem Grundwasser aus dem Einzugsgebiet herangeführt werden.

Für Grundwasserbrunnen gilt: Je älter und sauerstoffärmer das gefasste Wasser ist, umso weniger ist mit einem Eintrag von Invertebraten zu rechnen. Ähnliches trifft auch für Uferfiltrationsanlagen zu. Entscheidend für den Eintrag ist hier wie stark das organische Material im Zuge der Untergrundpassage bereits abgebaut ist. Dadurch entsteht ein faunistischer Gradient vom Oberflächengewässer zum Förderbrunnen. Finden sich im Brunnen Oberflächenarten in größerer Zahl, ist von einem Oberflächenwassereinfluss auszugehen.

Quellen sind besonders empfindliche Rohwasserressourcen. Sie werden meist durch verschiedene Wässer mit unterschiedlichem Alter gespeist, deren Anteil in Abhängigkeit vom Niederschlag stark schwanken kann. Grundsätzlich gilt, dass eine starke Schwankung der Schüttung oft mit einem starken Oberflächenwassereintrag einhergeht. Geprägt sind derartige Standorte durch eine hohe Anzahl an Oberflächenarten, wobei die Dichte stark schwanken kann.

Aufbereitung

In der Aufbereitung verwendete Filtermaterialien sind in der Regel mit ausgeprägten mikrobiellen Biofilmen überzogen. Sie sind aus diesem Grund vergleichsweise nahrungsreich und im Grundsatz von den im Rohwasser enthaltenen Invertebraten gut nutzbare Lebensstätten. Invertebraten, die in der Lage sind, sich an die Betriebsbedingungen der Filter anzupassen, etablieren üblicherweise stabile, nachhaltige Populationen. Eine entscheidende Voraussetzung ist, dass die bestehenden Lückenräume für die Besiedler ausreichend groß sind. Aufgrund des Anlagenbetriebs sind die Fließgeschwindigkeiten in den Filterlücken höher, als an den natürlichen Standorten. Aus diesem Grund müssen die Besiedler über Mechanismen verfügen, die ein betriebsbedingtes Ausspülen verhindern. Das hat zur Folge, dass sich nur entsprechend angepasste Arten ansiedeln können. Neben Haft- und Halteorganen gegen die Abdrift oder dem Ausweichen auf strömungsberuhigte Zonen gleichen viele Bewohner Verluste durch Spül- oder Revisionsmaßnahmen durch hohe Vermehrungsraten aus.

In den Aufbereitungsfiltern leisten die Invertebraten gemeinsam mit den Mikroorganismen gute Dienste bei der Trinkwasseraufbereitung. Durch die Nahrungsverwertung und insbesondere auch durch mechanische Zerkleinerung können ihre Ausscheidungsprodukte von Mikroorganismen optimal verwertet werden. Invertebraten tragen somit zur Mineralisierung und der Erstellung von biologisch stabilem Trinkwasser bei. Darüber hinaus halten die Invertebraten durch ihren Fraß und ihre Beweglichkeit die Filterporen frei. Sie verlängern damit durch ihre Aktivität die Laufzeiten der Filter.

Hohe DOC-Gehalte im Rohwasser führen zu dichteren Biofilmen in den Filteranlagen und als Folge meist zu erhöhten Tierausträgen in das Reinwasser. Deutlich wird dies bei der Betrachtung norddeutscher und süddeutscher Grundwasserwerke: In

Norddeutschland ist das Rohwasser meist sauerstoffarm, dünn besiedelt und DOC-reich, in Süddeutschland verhält es sich in vielen Fällen umgekehrt. Wegen des DOC-bedingten, höheren Nahrungsangebotes ist die Besiedlungsdichte der Anlagen in Norddeutschland und darauf beruhend der Austrag von Tieren aus den Filtern ins Reinwasser tendenziell deutlich höher als in Süddeutschland (Ottinger, 2018).

Im Rohwasser enthaltene organische Kohlenstoffverbindungen werden dem Wasser im Aufbereitungsprozess zwar weitgehend, aber nicht vollständig entzogen. Daher gelangen schwerer abbaubare Komponenten (wie z. B. Huminstoffe) in geringer Konzentration in die Verteilungsanlagen. Von speziell angepassten Mikroorganismen insbesondere in den Biofilmen können diese Verbindungen auf dem Fließweg des Wassers nach und nach zum Biomasseaufbau genutzt werden und so den in den Verteilungssystemen lebenden Tieren die zum Überleben notwendige Nahrung zur Verfügung stellen.

Verteilungsnetz

Prägender Umweltfaktor in den Verteilungsnetzen sind die Wasserströmung und das dadurch transportierte bzw. verlagerte organische Material. Beide, Strömung und verfügbares organisches Material, regeln die Ausbildung der besiedlungsrelevanten Biofilme und Sedimente.

Leitungen

Im Hinblick auf die Besiedlungsfähigkeit können in den Leitungsnetzen drei Teilbereiche unterscheiden werden, der Hauptwasserstrom, die Biofilme und Inkrustationen der Rohrwandungen sowie die sich vorwiegend in Stagnationszonen absetzenden Sedimente.

Für die Trinkwasserversorgung ist es vorteilhaft, dass das fließende, dem Verbraucher zugeleitete Trinkwasser selbst nicht besiedlungsfähig ist. Invertebraten, die hier hinein geraten, befinden sich in der Trift und werden mit dem Wasser mittransportiert, teilweise kilometerweit. In vermaschten Netzen ist deshalb kaum vorhersagbar, ob bzw. wo die Tiere letztlich erneut Halt finden und ob sie sich dort dann auch etablieren und vermehren können. Umgekehrt lässt sich nur selten rekonstruieren, wo sie ins System eingetragen wurden. Genetische Tracervefahren werden hier die Rekonstruktionsmöglichkeiten künftig deutlich verbessern.

Es kann davon ausgegangen werden, dass sich an allen wasserberührten Oberflächen der Versorgungssysteme mehr oder weniger umfangreiche Biofilme ausbilden und hier im Wasser verbliebenes, verwertbares organisches Material abgebaut wird. Gespeist werden die Biofilme nicht nur über das vom Wasserstrom mitgeführte organische Material, sondern auch aus den Werkstoffen ausdiffundierender DOC kann von Bakterien verwertet werden. Daher sollten in der Trinkwasserversorgung nur Materialien mit entsprechenden Zertifikaten (DVGW-W-271 und KTW-Zulassung) verwendet werden. Im Unterschied zu Aufbereitungsfiltern, bei denen durch Rückspülungen verwertbares Material aus dem System entfernt wird, verbleiben die im Leitungsnetz gebildeten organischen Verbindungen im System. Sie stehen als Nahrung solange zur Verfügung, wie sie nicht durch Netzspülungen ausgetragen werden. Dass sich lokal größere Mengen an Nahrung ansammeln können, zeigt die Auswertung ausgespülter Biofilme und Ablagerungen. Hier sind z. T. zehntausende von Tieren pro m^3 (Hahn & Klein, 2013) nachweisbar.

Stagnationszonen findet man vor allem in überdimensionierten Leitungen und meist auch in Ringleistungssystemen. Anfällig sind überdies Netzbereiche mit geringer Wasserabnahme (z. B. bei längeren Endsträngen mit wenigen Wasserabnehmern). Auch hinter Schweißnähten, Schiebern und Abzweigen können sich kleinräumig Stagnationszonen ausbilden. Wegen der verringerten Schleppkraft des Wassers sind Stagnationszonen neben den Behältern typische „hotspots" der Besiedlung im Netz. Dort lagern sich nicht nur Detritus, Rost oder Sand ab, sondern auch im Wasserstrom mitgeführte Invertebraten. Gleichzeitig neigen stagnierende Bereiche im Sommer zur Erwärmung, was nicht nur die Tendenz zu höheren bakteriellen Koloniezahlen, sondern auch die Vermehrung vieler Invertebratenarten fördert. Auf Stagnationsbereiche ist deshalb bei der Netzpflege ein besonderes Augenmerk zu richten. Wenn unter Spülbedingungen beprobt wird, lassen sich Stagnationszonen recht gut durch das Auftreten von Freiwasserformen erfassen. So sind hohe Individuendichten in Verbindung mit dem Auftreten von Blattfußkrebsen deutliche Hinweise auf Stagnation. Hier sollte häufiger gespült werden.

Behälter

Behälter sind, ökologisch betrachtet, Stillgewässer innerhalb der Versorgungssysteme. Wie in Stagnationszonen kommt es hier zur Ablagerung von Sedimenten auf dem Behälterboden, was grundsätzlich die Zunahme der Besiedlungsdichte für Mikroorganismen und Invertebraten ermöglicht. Aufgrund der geringen Strömung kann bauartbedingt zumindest in Teilen auch der freie Wasserkörper der Behälter von Invertebraten besiedelt werden. Oft dominieren hier Blattfußkrebse („Wasserflöhe"), regelmäßig zu finden sind im Freiwasser aber auch Ruderfußkrebse („Hüpferlinge") nebst ihren Jugendstadien, den Nauplien. Die eher kleineren Rädertiere gehören ebenfalls regelmäßig zum Formeninventar von Behältern. Vergesellschaftet sind die Freiwasserformen mit der typischen Sedimentfauna, in der üblicherweise Wenigborster, Fadenwürmer, Milben und Amöben vorkommen. Als Besonderheit wird in Behältern häufig auch die Wasseroberfläche von Invertebraten besiedelt. Die Bewohner sind nicht mit Wasser benetzbar und leben ausschließlich auf der Grenzflächenspannung der Wasseroberfläche. Regelmäßig sind dort die taxonomisch zu den Urinsekten gehörenden Springschwänze zu finden, die den oberflächlichen Belag („Neuston") abweiden. Behälter sollten entsprechend dem Regelwerk ausreichend häufig gereinigt werden. Dabei ist darauf zu achten, dass auch die wasserbenetzten Wandungen mechanisch behandelt werden.

Hauswasserfilter

Zum Schutz der Trinkwasser-Installationen sind entsprechend dem technischen Regelwerk unmittelbar hinter der Wasserzähleranlage mechanisch wirkende Filter einzubauen. Die Anforderungen an die Filter und deren Prüfung sind in der DIN EN 13443-1 festgelegt. Sie sollen sicherstellen, dass die verwendeten Werkstoffe und Beschichtungen hygienisch unbedenklich sind und die Qualität des Trinkwassers nicht beeinträchtigt wird.

Insbesondere zu enge Maschenweiten der Hauswasserfilter begünstigen die Biofilmbildung und die Anreicherung mit Detrituspartikeln unmittelbar vor der Nutzung im Haushalt. Unangemessene oder nicht ausreichend gewartete Filter können daher ein gut nutzbarer Lebensraum für Invertebraten sein. Aus diesem Grund sollten ausschließlich zertifizierte Anlagen in die Installation eingebaut und betrieben werden. Bei zertifizierten Geräten liegen die unteren Durchlassweiten zwischen 80 und 120 µm. Das heißt, der Filter muss Partikel, die kleiner sind, durchlassen. Das soll einerseits einen wirksamen Korrosionsschutz und andererseits den hygienischen Betrieb gewährleisten. Wichtig ist dabei, die Wartung gemäß der Betriebsanweisung durchzuführen. Bei spülbaren Filtern sind die Rückspülintervalle einzuhalten, Einmalfilter sind entsprechend der Betriebsanleitung auszutauschen.

Zur Sichtkontrolle sind die Filtereinheiten von Hauswasserfiltern häufig aus durchsichtigem Material gearbeitet. Nicht selten werden Wasserversorger erst aufgrund von Kundenbeschwerden auf Invertebraten aufmerksam, weil in den Schaugläsern mit bloßem Auge sichtbare Tiere beobachtet werden. Vergleichsweise häufig sammeln sich in den Hausfiltern Würmer aus der Gruppe der Wenigborster (z. B. aus Gattung Nais) und verschiedene Ruderfußkrebse an. Letztere befinden sich an der Schwelle der optischen Erkennbarkeit, sind aber aufgrund der hohen Beweglichkeit als weißliche, eigenbewegliche Objekte erfassbar. Wegen ihrer Größe von 5 bis 10 mm führt das Vorkommen von Wasserasseln in den Filtern vergleichsweise häufig zu Kundenreklamationen.

Bei Untersuchungen zur Ursachenklärung ist zunächst grundsätzlich zu prüfen, ob die Invertebraten über das Versorgungsnetz eingetragen wurden oder ob sie aufgrund ungeeigneter Apparate bzw. nicht ausreichender Wartung vom Betreiber der Anlage selbst „gezüchtet“ wurden.

7.6.4 Hygienische Beurteilung

Anders als in wärmeren Regionen der Erde gibt es in Mitteleuropa nach derzeitiger Kenntnis keine im Wasser lebenden, für den Menschen gesundheitlich bedenklichen Invertebraten. Invertebraten im Trinkwasser stellen somit kein hygienisch-gesundheitliches Problem dar. Daher werden auch weder in der Trinkwasserverordnung noch in anderen Vorschriften oder Empfehlungen Grenz- bzw. Richtwerte oder Routineuntersuchen des Trinkwassers auf Invertebraten vorgeschrieben.

Invertebraten können bei massenhaftem Auftreten aber zu hygienisch-ästhetisch unerwünschten Auffälligkeiten und in der Folge zu Beschwerden der Abnehmer des Trinkwassers führen. Trinkwasser soll appetitlich sein und zum Genuss anregen. Trinkwasser in dem erkennbar Invertebraten vorkommen, entspricht diesen Anforderungen jedoch nicht, und aus diesem Grund sollten Wasserversorger das Wasser vorsorglich kontrollieren und ggf. geeignete Maßnahmen ergreifen.

Bei plötzlich auftretenden, unüblichen Invertebratenbefunden ist grundsätzlich zu prüfen, ob das Versorgungssystem ausreichend gegen Fremdeinträge abgesichert ist. Es sollte Invertebraten nicht möglich sein, in größerer Zahl über Schlupflöcher in die Anlagen zu gelangen. Sie können als Vektoren fungieren, über die mikrobielle Indikatororganismen oder sogar potenzielle Krankheitserreger mitgeführt werden, zudem können auf gleichem Weg auch hygienisch bedenkliche Mikroorganismen unmittelbar in die Anlagen gelangen. Parallel zur Aufklärung des möglichen Eintragspfades sind daher immer auch verstärkt mikrobiologische Kontrollen durchzuführen.

7.6.5 Management von Organismen in Trinkwasserversorgungsanlagen

Auch ein Trinkwasser, das nach dem Stand der Technik aufbereitet und verteilt wird und allen gesetzlichen Anforderungen entspricht, ist typischerweise nicht vollständig frei von Invertebraten. Invertebraten sind nicht nur natürliche Besiedler von Trinkwasserversorgungsanlagen, sondern mit ihren Aktivitäten sind sie aktiv an der Wasseraufbereitung beteiligt. Es ist letztlich nicht zu vermeiden, dass ein geringer Teil der Besiedler, ihrer Larven oder ihrer Dauerstadien in den Trinkwasserstrom gelangen. Vor diesem Hintergrund kann das Ziel von Maßnahmen stets nur die Vermeidung des gehäuften Auftretens, nicht aber die vollständige Eliminierung sein. Zentrale Grundlage des Invertebratenmanagements ist daher die allgemeinbiologische Systemüberwachung durch Erfassung der Besiedlungssituation der Versorgungsanlage und bedarfsweise die Verminderung der Bestandsdichte. Die biologische Untersuchung liefert ergänzende Hinweise, inwieweit die Anlagen in ihrer Ausführung und beim Betrieb den allgemein anerkannten Regeln der Technik entsprechen. Darauf basierend sollte über betriebliche Maßnahmen zum Invertebratenmanagement entschieden werden, und im Grundsatz gibt es drei wesentliche Handlungsoptionen:

- **Ausspülen der Invertebraten**
  Das Ausspülen kann als unmittelbare betriebliche Maßnahme genutzt werden, wenn Invertebraten entgegen der vorliegenden Erfahrung lokal begrenzt plötzlich auffällig in Erscheinung treten.
- **Entfernen von Sedimenten**
  Sind auffällige Invertebratengehalte wiederholt oder regelmäßig zu beobachten, lassen sich positive Effekte durch das systematische Ausspülen von Lei-

tungssedimenten erzielen. Neben der Verringerung der lokalen Populationen und des Lebensraums bewirkt es das Entfernen von partikulärem, biologisch verwertbarem Material in den Sedimenten. In Abhängigkeit von den vorkommenden Invertebratenarten und vom Umfang an Sedimenten kann die Verschlechterung der Lebensbedingungen für die Tiere durch Spülmaßnahmen sehr aufwendig sein und die Unterstützung durch spezielle Spülverfahren erfordern.

- **Verringerung der bioverfügbaren organischen Verbindungen in der Aufbereitung**
  Die Erweiterung der Aufbereitung durch eine ergänzende DOC-reduzierende Stufe ist die einzige nachhaltige Maßnahme, um eine übermäßige Invertebratenbesiedlung dauerhaft auf ein niedrigeres Niveau abzusenken.

Bei Wasserwerken, die Oberflächenwasser aufbereiten, und insbesondere bei Wasserversorgungen aus Talsperren sind Untersuchungen der Planktonalgen und der Invertebraten (Zooplankton) im Rohwasser üblich. Neben den chemischen Parametern dient die Planktondiagnostik der Beurteilung der Rohwasserbeschaffenheit. Auf dieser Grundlage wird z. B. entschieden, aus welchem Tiefenhorizont das Rohwasser für die Aufbereitung entnommen wird. Auch bei nicht ausreichend geschützten Grundwasser- und insbesondere bei Quellwasserversorgungen ist die Kontrolle des Rohwassers auf Invertebraten neben der Kenntnis der hydrologischen und hydrogeologischen Verhältnisse im Einzugsgebiet und am Standort der Anlagen zentral. Wesentliches Ziel der Überwachung ist das Erfassen und die Vermeidung von Oberflächenwassereinträgen. Hierbei sind Invertebraten hervorragende Anzeiger für eventuelle Beeinträchtigungen durch Oberflächenwasser.

Mittels neuerer genetischer Verfahren (StygoTracing) lassen sich die Invertebraten als biologische Tracer für die Herkunft des Wassers nutzen, ganz im Sinne der risikobasierten Ansätze zur Kontrolle des Rohwassers, die zunehmend an Bedeutung gewinnen werden. Invertebraten haben einen hohen Indikationswert in der Beurteilung der Wassergüte. Unabhängig von eventuellen Vorgaben in der Trinkwasserverordnung bringen die Untersuchungen auf Invertebraten hinsichtlich der Risikobewertung einen erheblichen Mehrwert.

Bei der Ursachenermittlung müssen die drei Bereiche einer Wasserversorgung: die Rohwasserentnahme, die Aufbereitung und die Verteilung als zusammenhängendes System betrachtet werden. Daneben können in jedem dieser Abschnitte einer Versorgungsanlage spezifische Ursachen für einen lokalen Eintrag und/oder die Vermehrung von Organismen gegeben sein.

Wenn aus Aufbereitungsfiltern regelmäßig größere Invertebratenmengen ausgetragen werden, ist das entweder ein Hinweis auf eine hohe Vermehrungsrate aufgrund einer üppigen Nahrungsversorgung in den Filtern oder über das Rohwasser gelangen Invertebraten in so großer Zahl in die Filter, dass diese damit „überschwemmt“ werden. In beiden Fällen zeigen die hohen Austragsraten an, dass die

Anlagenkapazität nicht ausreicht. Bei hohen Vermehrungsraten in den Filtern sollten die Rückspülintervalle und die Filterbeaufschlagung optimiert werden. Gelangen über das Rohwasser so viele Invertebraten in die Filter, dass sie bis ins Reinwasser ausgetragen werden, ist der Betrieb der Filter dringend zu optimieren. Wenn es Hinweise gibt, dass Invertebraten aus dem Rohwasser (z. B. aufgrund ihrer Eigenbeweglichkeit) die Filter im Regelbetrieb generell passieren, sollte eine Rohwassersiebung in Betracht gezogen werden.

Auch in nachgeschaltete Anlagen können Siebanlagen eine Fortleitung lebender Invertebraten (z. B. ein Austrag aus Behältern) unterbinden. Da dem System auf diesem Wege keine Nährstoffe entzogen werden, hat die Installation solcher Techniken allerdings kaum Auswirkungen auf das Besiedlungspotenzial. Es lässt sich allerdings verhindern, dass Invertebraten in wahrnehmbaren Konzentrationen bis zum Verbraucher gelangen.

Mit Hilfe der bakteriellen Koloniezahlbestimmungen wird das mikrobielle Vermehrungspotenzial des verteilten Trinkwassers erfasst und damit der Nährstoffgehalt des bereitgestellten Wassers. Invertebraten geben darüber hinausgehend insbesondere Auskunft über den „Nährwert" des Biofilms. Sie sind somit weitergehender als die Koloniezahlbestimmungen Systemindikatoren für biologisch verwertbare Kohlenstoffverbindungen in den Trinkwasserversorgungsanlagen.

Effizient wird die Beurteilung der Anlagen vor allem dadurch, dass neben den Eintragspfaden auch die Besiedlungsschwerpunkte in den Versorgungsanlagen ermittelt werden. Erforderlich ist dazu die repräsentative Beprobung aller Anlagenteile einschließlich des Rohwassers, der idealerweise eine genetische Analyse der vorgefundenen Tiere (StygoTracing) folgt. Anhand der ermittelten genetischen Ähnlichkeiten lässt sich dann der Ursprungsort der Tiere und Populationen ermitteln um dort ggf. gezielt die Maßnahmen anzusetzen.

Wesentliche Bedeutung bei der Regulierung des Invertebratengehaltes hat die Beeinflussung (Minimierung) des bakteriellen Aufwuchses als Grundlage der Besiedlung. Übermäßiges Vorkommen von Invertebraten ist grundsätzlich ein Hinweis auf eine optimierungsbedürftige DOC-Verringerung in der Aufbereitung. Sehr weitgehend können mikrobiell verwertbare organische Substanzen durch eine Langsamsand- statt einer Schnellfiltration reduziert werden. Bei der Filtration können auch Mehrschichtfilter mit einem mehr oder weniger hohen Anteil an Aktivkohle in Kombination mit Quarzsand eingesetzt werden, um den DOC-Abbau zu verbessern. Im Vordergrund steht dabei nicht die Adsorption von organischen Molekülen, sondern die großen Oberflächen bieten den Mikroorganismen sehr gute Ansiedlungsbedingungen, die auch noch wirksam sind, wenn die Adsorptionskapaziäten vollkommen erschöpft sind. Eine eingefüllte Aktivkohle kann daher ohne Regeneration dauerhaft eingesetzt werden. Beide Verfahren, Langsamsand- und Aktivkohlefiltration, begünstigen und verbessern den mikrobiellen Abbau, der dann bereits in der Aufbereitung und nicht erst im Verteilungsnetz stattfindet.

Um Kenntnisse über das Ausmaß des Austrags aus den Filteranlagen zu erfassen, sollten die Aufbereitungsanlagen regelmäßig darauf überprüft werden, in welchem Umfang tierische Organismen ausgeschwemmt werden. Untersuchungen über die Besiedlung von Aktivkohlefiltern zeigen deutlich die Zusammenhänge zwischen der Filterbetriebsweise und dem Austrag an Organismen in das Trinkwasser (Schreiber, 1997; Michels, 2017).

Die Beweglichkeit der meisten Invertebraten reicht nicht aus, um sich im fließenden Wasser entgegen dem Trinkwasserstrom zu bewegen. Invertebraten siedeln sich dauerhaft daher nur in laminar strömenden Versorgungsbereichen an, in denen der Nahrungserwerb und die Vermehrung sichergestellt sind. Sie bewohnen die für sie geeigneten Zonen nachhaltig und üblicherweise wird nur ein geringer Anteil der Besiedler ausgetragen.

Stark besiedelte Rohnetzzonen zeichnen sich meist durch einen hohen Anteil Leitungssedimenten aus. Die Menge an Sediment ist abhängig von der höchsten regelmäßig erreichten Fließgeschwindigkeit. Sie bestimmt die lokale Kapazität an Sediment die nicht durch Strömungsturbulenzen erfasst wird. Da sich in den Sedimenten nicht nur anorganische Anteile ablagern (z. B. Sand und Eisen- und Manganverbindungen), sondern auch nährstoffhaltige organische Komponenten (z. B. verendete Tiere und sonstiger Detritus), können Invertebraten hier neben dem Biofilm insbesondere auch partikuläres organisches Material als Nahrung nutzen. Sedimente bieten den Invertebraten daher nicht nur Schutz vor dem Ausschwemmen, sondern sie sind auch Senken für gut verwertbare Tiernahrung. Glatte Rohrwandungen, ständig gut durchflossene Leitungen mit geringem Sedimentanteil und jährliche Behälterreinigungen sind daher ein guter Schutz gegen eine übermäßige Besiedlung innerhalb des Versorgungsnetzes.

Das Ausspülen von Sedimenten führt unmittelbar zu einer Verringerung des Nahrungsgehaltes im Leitungssystem. Es ist daher das betriebliche Mittel der Wahl, übermäßiges Vorkommen von Invertebraten zu begrenzen. Da sich bei unveränderten Versorgungssituationen die Sedimentdepots wieder auf den ursprünglichen Umfang auffüllen, müssen die Spülmaßnahmen regelmäßig wiederholt werden. Zu empfehlen sind systematische Spülungen, bei denen die Spülpläne mit Unterstützung der Rohrnetzberechnung aufgestellt werden. Neben dem betrieblichen Ausspülen von Sedimenten kann auch die Entfernung von Inkrustierungen das Besiedlungsniveau in Rohrleitungen verringern. Für effektive Netzreinigungen, die zumindest teilweise auch in der Lage sind Inkrustationen zu entfernen, stehen am Markt spezielle Spülmethoden wie die Impulsspülung oder das Schirmspülverfahren zur Verfügung.

Wenn unüblich große Invertebratenmengen im Trinkwasser auftreten, ist das ein Hinweis darauf, dass eine entscheidende Systemänderung eingetreten und die entsprechende Population wolkenartig ins fließende Trinkwasser gelangt ist. Bei den Erhebungen zur Ursachenermittlung ist zu differenzieren zwischen den mit dem Trinkwasser lediglich mitgeführten Organismen und den Untersuchungen zum Auffinden der Lebens- und Vermehrungsstätten. Abgeklärt werden sollte daher, ob die auffälligen Invertebraten aus der Aufbereitung stammen und sie davon ausgehend durch das gesamte Netz gefördert werden, oder ob sie sich im Versorgungsnetz vermehren, z. B. in einem Behälter oder einer Leitung mit stagnierendem Wasser. Zu einer Änderung der Besiedlungsstruktur kommt es auch, wenn sich Sedimente verlagert und sich somit die Standortbedingungen in einem Netzbereich entscheidend verändert haben. Das ist beispielsweise möglich, wenn durch Löscharbeiten oder aus anderem Anlass in größerem Umfang Sedimente aus einem Netzabschnitt mobilisiert wurden.

Da die im Trinkwasser zulässigen Desinfektionsmöglichkeiten gegen Invertebraten weitgehend unwirksam sind, wurden in früheren Jahren teilweise Pyrethroide eingesetzt (Klapper et al., 1968). Aufgrund der betäubenden Wirkung war es damit möglich, die Tiere mit den üblichen betrieblichen Spülverfahren weitgehend auszuspülen. Vergleichbare Ergebnisse werden mit einem narkotisierend wirkenden CO_2-Zusatz erzielt. Insbesondere zur Reduktion von Wasserasseln wird das Verfahren heute angewandt.

Das Ausspülen von Invertebraten allein verringert den Nahrungsgehalt eines Versorgungssystems jedoch nur um den Anteil der entfernten Tiere. Üblicherweise ist dieser Anteil aber eher gering. Solche Maßnahmen werden daher vorzugsweise als schnelle, effektive Abhilfe bei einer akuten Belastung mit Invertebraten, insbesondere den Oberflächenwasserasseln, eingesetzt.

7.6.6 Probenahme und Untersuchung von Invertebraten in Trinkwasserversorgungsanlagen

Da jede Versorgungsanlage individuell betrieben wird, sind auch die Besiedlungsmöglichkeiten von den speziellen lokalen Rahmenbedingungen abhängig. Aus diesem Grund sind häufig individuell angepasste Beprobungstechniken anzuwenden. Generell ist zu unterscheiden, ob Organismen aus Wasserproben, aus Sedimenten, aus Aufbereitungsanlagen oder ob sie aus Belägen oder sonstigen Ansammlungen ermittelt werden sollen. Informationen über die in den Proben enthaltenen Invertebraten und ihre Abundanz liefert die mikroskopisch-morphologische Auswertung. Sie gibt auch Auskunft über die Art und Menge sonstiger partikulärer Trinkwasserbestandteile und indirekt häufig auch Hinweise über den Anteil an mikrobiell verwertbaren organischen Partikeln. Die infrage kommenden Untersuchungsmethoden richten sich auch danach, ob alle tierischen Organismen bearbeitet werden sollen oder nur bestimmte Gruppen. Häufig sind beispielsweise nur Invertebraten auswertungsrelevant, die größer als 100 µm und somit tendenziell optisch erkennbar sind. Diese größeren und damit auffälligeren Arten leben teilweise räuberisch und stehen am Ende der Nahrungskette, die bei den Bakterien und kleinen Biofilm-bewohnenden Formen beginnt. Mit bloßem Auge nicht erkennbar sind auch die meisten sich davon ernährenden Invertebraten. Für eine Systemdiagnose sollten allerdings stets auch die kleineren Invertebraten erfasst werden.

Bevor über Maßnahmen zur Vermeidung oder Beseitigung von Invertebraten entschieden werden kann, ist das Ausmaß der Besiedlung zu klären und in welchen

Bereichen sie sich vermehrt haben. Für Hinweise über die Lebensweise, Nahrungsgrundlagen und Vermehrungszyklen ist eine möglichst genaue Bestimmung der vorkommenden Formen, am besten bis auf Artniveau erforderlich. Die Angaben helfen dabei, Eintragspfade, Gründe für die auffällige Vermehrung und mögliche Abhilfemaßnahmen herauszuarbeiten.

Wenn keine Erfahrungswerte darüber vorliegen, in welchem Umfang Invertebraten im Trinkwasser normalerweise vorkommen, sind nach dem Erstbefund Stichprobenkontrollen im gesamten Verteilungsnetz erforderlich. Dabei ist zu prüfen, ob das Vorkommen auf bestimmte Leitungsabschnitte (wie Endstränge und Ringleitungen) oder bestimmte Ortsgebiete beschränkt ist. Besondere Prüfpunkte sollten Trinkwasserbehälter und eventuell vorhandene Übernahmestellen von Lieferanten sein. In Gebieten mit Eigenwasserversorgungen oder Regenwassernutzungsanlagen können auch Querverbindungen zur zentralen Wasserversorgung die Ursache sein. Abgerundet wird das Untersuchungsprogramm durch Probenahmen am Wasserwerksausgang.

Bei Grundwasserwerken ist das Vorkommen von Invertebraten im Rohwasser von der Art des Grundwasserleiters anhängig. Mit Grundwasserorganismen ist zu rechnen, wenn sich die Brunnen in einem sauerstoffhaltigen Aquifer befinden. Werden vor allem auffällig viele Invertebraten in einem von einem Grundwasserwerk abgegebenen Trinkwasser festgestellt, sollten die Brunnen auf ihre Besiedlung und Oberflächenwassereintrag hin überprüft werden.

Bei Hausbrunnen und kleineren Anlagen ist ebenfalls in Abhängigkeit von der Art des Grundwasserleiters mit einem mehr oder weniger hohen Anteil an Invertebraten zu rechnen. Von Bedeutung ist aber auch die Art des Brunnenausbaus. Wenn kleinere Brunnen oder Grundwassermessstellen beprobt werden sollen, ist zu beachten, dass der von der Probenahme erfassbare Strömungsbereich vorübergehend an Grundwasserorganismen verarmen kann. Daher sollte das erstgeförderte Wasser hier in jedem Fall mit beprobt werden, selbst wenn es einen relativ hohen Anteil an Trübstoffen enthält. Für Folgebeprobungen muss abgewartet werden, bis sich die übliche Besiedlung wieder eingestellt hat.

Bei Quellwässern muss unterschieden werden zwischen Organismen, die aus dem Untergrund ausgeschwemmt werden und jenen Oberflächenarten, die den Quellaustritt als „echte" Quellbewohner besiedeln. Das Auftreten letzterer ist meist ein Hinweis auf bauliche Mängel der Fassung. Nicht ausreichend sichere Quellwässer sind angemessen aufzubereiten oder es sind alternative Versorgungsmöglichkeiten zur Trinkwasserversorgung zu verwenden.

Wasserversorgungen, die Quellwasser verwenden, sind generell recht anfällig gegenüber dem verstärkten Auftreten von Organismen. Invertebraten sind zuverlässige Anzeiger von Oberflächenwassereintrag. Je höher die Besiedlungsdichte und je höher der Anteil von Oberflächenarten, desto stärker ist die Quelle durch Oberflächenwassereintrag gefährdet. Der Reinheitsgrad des Quellwassers ist neben der hydrogeologischen Herkunft des Wassers vor allem von der Abdeckung und der

Verweildauer des Wassers abhängig. Grundsätzlich gilt, dass Quellen meist nicht über einen einzelnen Grundwasserleiter gespeist werden. Ihr Abfluss setzt sich oft aus mehreren Komponenten, Oberflächenwasser, oberflächennahem und tieferem Grundwasser in oft rasch wechselnden Anteilen zusammen. Gerade Quellen mit stark schwankender Schüttung, oft noch in Verbindung mit regelmäßig auftretenden Trübungen, sind in der Regel stark oberflächenwasserbeeinflusst und müssen intensiv überwacht werden. Nach Perioden längerer Trockenheit ist der Oberflächenwassereinfluss anhand chemischer Wasserparameter meist nicht mehr erkennbar. Invertebraten zeigen den Oberflächenkontakt dann dagegen meist noch an. Probennahmen zur Überwachung von Quellen sollten grundsätzlich nach Perioden stärkerer Niederschläge erfolgen.

7.6.7 Techniken der Probenahme

Unabhängig davon, dass nicht selten individuell angepasste Beprobungstechniken erforderlich sind, haben sich einige Verfahren zur routinemäßigen Untersuchung auf Invertebraten bewährt. Im Grundsatz generell geeignet sind Netzgewebe und Apparaturen, mit denen die Organismen ausgesiebt werden können. Universell einsetzbar sind Planktonnetze, die fertig konfektioniert im Handel erhältlich sind. Für Probenahmen in Leitungsnetzen haben sich Gefäße bewährt, bei denen der Netzdruck erst nach dem Aussieben entlastet wird. Zur Beprobung in Trinkwasser-Installationen sind auch am Markt erhältliche Partikelfilter geeignet. Speziell gefertigte größere Apparaturen können zur Beprobung mit möglichst hohen Volumenströmen im Verteilungsnetz eingesetzt werden.

An Zapfhähnen ist eine Probenahme mit Planktonnetzen fast überall problemlos möglich und Probestellen für mikrobiologische Kontrollen sind auch zur Beprobung auf Invertebraten grundsätzlich geeignet. Unabhängig davon sind im Wasserwerk Entnahmestellen zu bevorzugen, die über möglichst kurze Strecken an der Rohrsohle der zu beprobenden Leitung angebunden sind.

Wegen der üblicherweise geringen Besiedlungsdichte erfordert die Untersuchung auf Invertebraten in Rein- und Trinkwässern die Filtration größerer Volumina. Zu empfehlen ist hier die Filtration von mindestens 1 m^3 Wasser, wobei größere Mengen bis zu 20 m^3 und mehr nicht unüblich sind. Zur Vergleichbarkeit der Befunde vom Rohwasser bis zum Hausanschluss sollte die Besiedlungsdichte volumenbezogen (z. B. als Individuenzahl pro Kubikmeter) angegeben werden. Dazu kann ein Wasserzähler vorgeschaltet oder die Wasserspende des Zapfhahns ausgelitert werden. Zur Beprobung sollte das Netz gestrafft an der Entnahmestelle angebracht und etwa bis zur Hälfte in ein Überlaufgefäß gehängt werden. Den Strahl leitet man in geringem Winkel gegen das Netz. Nach der Beprobung wird das Filtrat in ein Probengefäß überführt.

Die Maschenweite des Netzes sollte davon abhängig gemacht werden, ob nur die mit bloßem Auge sichtbaren oder alle vorkommenden Invertebraten erfasst werden sollen. Ab etwa 0,5 mm sind lebende, sich bewegende Tiere ohne optische Hilfsmittel zu erkennen. Zur Quantifizierung ihres Anteils ist eine Maschenweite von 100 µm ausreichend. Um alle Invertebraten zu erfassen, ist mit einer Maschenweite von 10 µm zu filtrieren. Derartig enge Netze haben den Nachteil, dass sie sich mit Partikeln zusetzen und verstopfen können. Außerdem steigt der Anteil an zurückgehaltenen anorganischen Partikeln üblicherweise stark an, was die Auswertung erschwert. Bei der Verwendung von Netzen mit Maschenweiten ab etwa 20 bis 50 µm ist zu berücksichtigen, dass kleinere Invertebraten (wie Rädertiere, Fadenwürmer oder Naupliuslarven) quantitativ nicht mehr vollständig erfasst werden.

Planktonnetze werden auch für orientierende Untersuchungen im Verteilungssystem verwendet. Geeignet sind beispielsweise Proben, die im Zuge von Rohrnetzspülungen gewonnen werden. Hierzu wird mindestens 1 m^3 Wasser über den Zapfhahn am Standrohr filtriert. Der im Planktonnetz enthaltene Rückstand wird in ein Glas überführt und kann direkt vor Ort beurteilt werden. Die abgefüllten Proben werden dazu bei gutem Licht vor einen dunklen Hintergrund (z. B. eine schwarze Pappe) gehalten. Im Labor werden die Proben mikroskopisch untersucht.

Den Rohrnetzbewohnern kommt zugute, dass auch in gut durchflossenen Leitungen die Turbulenz nahe der Wandung gering ist. Erfolgreich ansiedeln können sich daher vor allem diejenigen Formen, die sich auch bei ansteigender Strömung so wandnah aufhalten, dass sie von Turbulenzen nicht erfasst werden. Besonders gut an die Netzverhältnisse angepasst sind Oberflächenformen der Wasserassel. Im Gegensatz zu den meisten anderen Invertebraten können sie Strömungsverluste durch gegen die Strömung gerichtete Wanderungen ausgleichen. Aufgrund der guten Anpassung an den Lebensraum ist es sehr aufwendig, Wasserasseln aus besiedelten Versorgungsnetzen zu entfernen. Besonders günstig für Invertebraten sind die Bedingungen in gusseisernen Leitungen mit korrosionsbedingten Aufwölbungen der Innenwand. Aus solchen Rohrnetzabschnitten wie generell auch aus größeren Leitungen (etwa ab DN 300) lassen sich Wasserasseln mit konventionellen Spülverfahren kaum entfernen und auch die anderen Arten nur bedingt ausspülen.

Wenn Trinkwasserbehälter zwecks Reinigung oder für Inspektionen entleert werden, sollten die Sedimente und der Wandbelag auf Besiedlung überprüft werden. Die Untersuchung beginnt am besten, wenn sich noch ein Restwasser (etwa 20 bis 30 cm) in der Kammer befindet. Dabei wird zunächst auf die Verteilung des Sedimentes geachtet. Zur Beurteilung auffälliger Komponenten an der Wasseroberfläche (von der Decke abgetropfte Partikel, Insektenhüllen, gallertebildende Bakterien oder Springschwänze) werden mit einem Eimer 20 bis 50 Liter Wasser über ein Planktonnetz gefiltert.

Untersuchungen der Sedimente geben Aufschluss über die Zusammensetzung der im Wasser mitgeführten Partikel und Organismen. Für Sedimentuntersuchungen in Behältern wird eine definierte Fläche (25 × 25 cm) mit einem Gummiwischer zusammengeschoben und in ein Sammelgefäß überführt. Sofern Sedimente ungleich in den Kammern verteilt sind, sollten mehrere (3 bis 4) Flächen mit unterschiedlicher Belagdichte erfasst werden (Schreiber und Schoenen, 1994). Die gewonnen Behälterrückstände und das Material aus den Planktonnetzen wird mikroskopisch und unter Umständen auch chemisch untersucht.

Bei den Behälterkontrollen sollten die Wandungen und Oberflächen von Installationen auf biologisch gebildete Ab- bzw. Anlagerungen geprüft werden. Erste Hinweise über Biofilme erhält man, indem die Oberflächen mit den Händen überstrichen werden. Von auffälligen Arealen an Wänden und Boden werden Proben für die mikroskopische Untersuchung entnommen. Für die visuellen Kontrollen vor Ort ist auf ausreichende Beleuchtung zu achten.

Das Besiedlungspotenzial der Behälterwandungen wird mit Hilfe von Abklatschproben an zuvor unberührten Stellen überprüft. Dazu wird der Nährboden an die Prüfflächen angedrückt. In Abhängigkeit von der Fragestellung verwendet man selektiv wirkende Nährböden, mit denen zumindest die Besiedlung mit Bakterien und mit Pilzen differenziert beurteilt werden kann. Mit sterilen Wattestäbchen kann ebenfalls recht universell Material von Oberflächen abgeimpft und auf Nährböden übertragen oder der entnommene Belag unmittelbar mikroskopiert werden.

Zur Kontrolle von Aufbereitungsfiltern werden Planktonnetze an die Messwasserleitungen der Zu- und Abläufe angebracht und damit sowohl die eingetragenen als auch die ausgetragenen Invertebraten erfasst.

7.6.8 Fazit

Trinkwasserversorgungsanlagen sind künstliche Ökosysteme, für die die gleichen Regeln wie für natürliche Lebensräume gelten: Mehr Nahrung (organischer Kohlenstoff) führt zu einer dichteren Besiedlung, und höhere Temperaturen beschleunigen die Vermehrung der Tiere. Deshalb basiert nachhaltiges Invertebratenmanagement in erster Linie auf der Verminderung des bioverfügbaren, organischen Kohlenstoffs durch eine entsprechende Aufbereitung und eine angepasste Netzpflege.

Nicht hoch genug einzuschätzen ist die bioindikatorische Bedeutung der Invertebraten. Sie sind hervorragende Indikatoren für den Zustand der Gewinnungsanlagen, und bei Grundwasserversorgungen zeigen sie Oberflächenwassereinträge in das System zuverlässig an. Innerhalb der Versorgungs- und Verteilungsanlagen lassen sie rasch erkennen, wo sich Stagnationszonen befinden oder Reinigungsbedarf besteht.

Invertebratenmanagement bedeutet deshalb weniger die Bekämpfung lästiger Mitbewohner, als vielmehr eine biologisch begründete, verbesserte Risikobewertung und eine optimierte Qualitätssicherung.

7.7 Literatur

Altaner, S., Puddick, J., Wood, S. A. und Dietrich, D. R. (2017): Adsorption of ten microcystin congeners to common laboratory-ware is solvent and surface dependent. Toxins, *9*, S. 129.

An, J. und Carmichael, W. W. (1994): Use of a colorimetric protein phosphatase inhibition and enzyme-linked immunosorbent assay for the study of microcystins and nodularins. Toxicon, *32*, S. 1495–1507.

Antoniou, M., Hiskia, A., und Dionysiou, D. D. (Hrsg.) (2016): Water Treatment for Purification from Cyanobacteria and Cyanotoxins. Wiley, New York.

Asquith, E. A., Evans, C. A., Geary, P. M., Dunstan, H. (2013): The role of Actinobacteria in taste and odour episodes involving geosmin and 2-methylisoborneol in aquatic environments. J. Wat. Supp. Res. Technol. Aqua *62*, S.452–467.

ATT (1998): Erfassung und Bewertung von Planktonorganismen. ATT Technische Information Nr. 7. R. Oldenbourg Verlag, München.

Aune, T. und Berg, K. (1986): Use of freshly prepared rat hepatocytes to study toxicity of blooms of the blue-green algae *Microcystis aeruginosa* and *Oscillatoria agardhii*. J. Tox. Environ. Health, *19*, S. 325–336.

Backhaus, D. (1967): Ökologische Untersuchungen an den Aufwuchsalgen der obersten Donau und ihrer Quellflüsse. I. Voruntersuchungen. Arch. Hydrobiol. Suppl., *30*, S. 364–399.

Bao, M. L., Barbieri, K., Burrini, D., Griffini, O. und Pantani, F. (1997): Determination of trace levels of taste and odor compounds in water by microextraction and gas chromatography-ion-trap detection-mass spectrometry. Wat. Res., *31*, S. 1719–1727.

Bao, M. L., Griffini, O., Burrini, D., Santiani, D., Barbieri, K. und Mascini, M. (1999): Headspace solid-phase microextraction for the determination of trace levels of taste and odor compounds in water samples. Analyst, *124*, S. 459–466.

Barco, M., Lawton, L. A., Rivera, J. und Caixach, J. (2005): Optimization of intracellular microcystin extraction for their subsequent analysis by high-performance liquid chromatography. J Chromatogr A., *1074*, S. 23–30.

Beger, H. (1954): Tierische Schädlinge in der Wasserwerkspraxis. Zeitschrift für angewandte Zoologie, S. 1–18.

Beger, H., Gerloff, J. und Lüdemann, D. (1966): Leitfaden der Trink- und Brauchwasserbiologie. Gustav Fischer Stuttgart.

Behrendt, H. und Opitz, D. (1996): Ableitung einer Klassifikation für die Gewässergüte von planktondominierten Fließgewässern und Flussseen im Berliner Raum. Berichte des IGB, Heft 1.

Behrendt, H., Huber, P., Kornmilch, M., Opitz, D., Schmoll, O., Scholz, G. und Uebe, R. (2000): Nutrient Emissions into River Basins of Germany. Forschungsbericht UBA, UBA-Texte *23/00*, Umweltbundesamt, Berlin.

Bell, S. G. und Codd, G. A. (1994): Cyanobacterial toxins and human health. Reviews in Medical Microcbiology, 5, S. 256–264.

Bellinger, E. G. (1969): A key to the identification of the more common algae found in water undertakings in Britain. Proc. Soc. Wat. Treat. Exam., *18*, S. 106–127.

Benndorf, J. (1987): Food web manipulation without nutrient control: A useful strategy in lake restoration? Schweiz. Z. Hydrol., *49*, S. 237–248.

Benndorf, J. und Pütz, K. (1987): Control of eutrophication of lakes and reservoirs by predams. I. Mode of operation and calculation of the nutrient elimination capacity. II. Validation of the phosphate removal model and size optimization. Wat. Res., *21*, S. 829–842.

Benndorf, J. (1990): Conditions for effective biomanipulation: conclusions derived from wholelake experiments in Europe. In: Gulati, R. D., Lammens, E. H., Meijer, M.-L. und van Donk, E. (Hrsg.): Biomanipulation – Tool for Water Management. Kluwer Academic Publishers, Dordrecht, S. 187–203.

Benndorf, J. (1995): Possibilities and limits for controlling eutrophication by biomanipulation. Int. Revue ges. Hydrobiol., *80*, S. 519–534.

Beger, H., Gerloff, J. und Lüdemann, D. (1966): Leitfaden der Trink- und Brauchwasserbiologie. Gustav Fischer Stuttgart.

Bernhardt, H., Lüsse, B. und Clasen, J. (1989): Entnahme von Zooplankton durch Flockung und Filtration. Aqua, *38*, S. 23–31.

Beutler, M., Wiltshire, K. H., Meyer, B. und Moldaenke, C. (1998): Differenzierung sprektraler Algengruppen durch computer-gestützte Analyse von Fluoreszenzanregungsspektren. Vom Wasser, *91*, S. 1–14.

Binder, W. und Kraier, W. (1998): Gewässerstrukturgütekarte der Bundesrepublik Deutschland, Stand der Bearbeitung. – In: Bayerisches Landesamt für Wasserwirtschaft (Hrsg.): Integrierte ökologische Bewertung – Inhalte und Möglichkeiten. – Münchener Beiträge zur Abwasser-Fischerei- und Flußbiologie, 51. München, S. 320–333.

Böhmer, J., Kappus, B., Rawer-Jost, C. und Bratrich, C. (1997): Ökologische Bewertung von Fließgewässern in der Europäischen Union und anderen Ländern. Handbuch Wasser 2, Bd. 37, Landesanstalt für Umweltschutz Baden-Württemberg, Karlsruhe.

Böhmer, J., Rawer-Jost, C. und Kappus, B. (1999): Ökologische Fließgewässerbewertung. In: Steinberg, C., Calamo, W., Klapper, H., Wilken, R.-D. (Hrsg.): Handbuch Angewandte Limnologie. Ecomed-Verlag, Landsberg am Lech.

Börjesson, T. S., Stöllman U. M. und Schnürer, J. L. (1993): Off-odorous compounds produced by molds on oatmeal agar: identification and relation to other growth characteristics. J. Agric. Food Chem., *41*, S. 2104–2111.

Bortoli, S. und Volmer, D. A. (2014): Characterization and identification of microcystins by mass spectrometry. Eur. J. Mass Spectrom., *20*, S. 1–19.

Bottrell, H. H., Duncan, A., Gliwicz, Z. M., Grygierek, F., Herzig, A., Hillbricht-Ilkowska, A., Kurasawa, H., Larsson, P. und Weglenska, T. (1976): A review of some problems in zooplankton studies. Norw. J. Zool., *24*, S. 419–456.

Braukmann, U. (1999): Indikation mit Hilfe des Makrozoobenthos. In: Tümpling, W. v. und Friedrich, G. (Hrsg.): Biologische Gewässeruntersuchung. Gustav Fischer, Jena, S. 286–298.

Briddock, J. (2009): The Hyporheic Handbook. A Handbook on the Groundwater-Surface Interface and Hyporheic Zone for Environmental Managers. Hyporheic Network und Environmental Agency, Scientific report Sc 0500700.

Brunke, M. (2001). Wechselwirkungen zwischen Fließgewässern und Grundwasser: Bedeutung für aquatische Biodiversität, Stoffhaushalt und Lebensraumstrukturen. Wasserwirtschaft *90*, S. 32–37.

Brunke, M. (2008): Hydromorphologische Indikatoren für den ökologischen Zustand der Fischfauna der unteren Forellenregion im norddeutschen Tiefland. Hydrologie und Wasserbewirtschaftung *52*, S. 234–244.

Bruno, M., Barbini, D. A., Pierdominici, E., Serse, A. P. und Loppolo, A. (1994): Anatoxin-a and a previously unknown toxin in *Anabaena planctonica* from blooms found in Lake Mulargia (Italy). Toxicon, *32*, S. 369–373.

Bumke-Vogt, C., Mailahn, W., Rotard, W. und Chorus, I. (1996): A highly sensitive analytical method for the neurotoxin anatoxin-a, using GC-ECD, and first application to laboratory culture. Phycologia, *35*, S. 51–56.

Buratti, F. M., Manganelli, M., Vichi, S., Stefanelli, M., Scardala, S., Testai, E. und Funari, E. (2017): Cyanotoxins: producing organisms, occurrence, toxicity, mechanism of action and human health toxicological risk evaluation. Arch Toxicol., *91*, S. 1049–1130.

Campbell, D. L., Lawton, L. A., Beattie, K. A. und Codd, G. A. (1994): Comparative assessment of the specificity of the brine shrimp and Microtox assays to hepatotoxic (microcystin-LR containing) cyanobacteria. Env. Tox. Wat. Qual., *9*, S. 71–77.

Catherine, Q., Susanna, W., Isidora, E. S., Mark, H., Aurélie, V., Jean-François, H. (2013): A review of current knowledge on toxic benthic freshwater cyanobacteria--ecology, toxin production and risk management. Water Res., *47*, S. 5464–5479.

Cerasino, L. und Salmaso, N. (2012): Diversity and distribution of cyanobacterial toxins in the Italian subalpine lacustrine district. Oceanological and Hydrobiological Studies, *41*, S. 54–63.

Chorus, I. (Hrsg.) (2001): Cyanotoxins: Occurrence, Causes, Consequences. Springer Verlag, Heidelberg.

Chorus, I. (2000): Algenbürtige Schadstoffe – Auftreten, Wirkung und Bedeutung. In: Gunkel, G. (Hrsg.): Handbuch der Umweltveränderungen und Ökotoxikologie: Aquatische Systeme, Band *3B*. Springer, Heidelberg, S. 48–71.

Chorus, I. und Bartram, J. (Hrsg.) (1999): Toxic Cyanobacteria in Water: A Guide to Public Health Significance, Monitoring and Management. E & FN Spon, London.

Chorus, I. (Hrsg.) (2001): Cyanotoxins: Occurrence, Causes, Consequences. Springer Verlag, Heidelberg.

Chorus, I. und Bartram, J. (Hrsg.) (1999): Toxic Cyanobacteria in Water: A Guide to Public Health Significance, Monitoring and Management. E & FN Spon, London.

Chorus, I., Klein, G. und Rotard, W. (1990): Volatile organic substances associated with algal blooms in lakes of different trophic state and in bank filtrate. Verh. Intern. Ver. Limnol., *24*, S. 270–273.

Chorus, I., Klein, G., Fastner, J. und Rotard, W. (1992): Off-flavors in surface waters – how efficient is bank filtration for their abatement in drinking water? Wat. Sci. Technol., *25*, S. 251–258.

Chorus, I. und Bartram, J. (Hrsg.) (1999): Toxic Cyanobacteria in Water: A Guide to Public Health Significance, Monitoring and Management. E & FN Spon, London.

Chorus, I. und Cavalieri, M. (1999): Cyanobacteria and Algae. In: Bartram, J. und Rees, G.: Monitoring Bathing Waters: A Practical Guide to the Design and Implementation of Assessments and Monitoring Programmes. E & FN Spon, London, S. 219–271.

Chorus, I., Falconer, I., Salas, H. und Bartram, J. (2000): Health risks caused by freshwater cyanobacteria in recreational waters. J. Toxicol. Environ. Health, *3*, S. 323–347.

Chorus, I., Niesel, V., Fastner, J., Wiedner, C., Nixdorf, B. und Lindenschmidt, K.-E. (2001): Environmental factors and microcystin levels in water bodies. In: Chorus, I. (Hrsg.): Cyanotoxins: Occurrence, Causes, Consequences. Springer Verlag, Heidelberg, S. 159–177.

Cerasino, L. und Salmaso, N. (2012): Diversity and distribution of cyanobacterial toxins in the Italian subalpine lacustrine district. Oceanological and Hydrobiological Studies, *41*, S. 54–63.

Chorus, I. (Hrsg.) (2012): Current approaches to Cyanotoxin risk assessment, risk management and regulations in different countries. Umweltbundesamt, Texte 63/2012, Dessau.

Chu, F. S., Huang, X. und Wei, R. D. (1990): Enzyme-linked immunosorbent assay for microcystins in blue-green algal blooms. J. Assoc. Off. Anal. Chem., *73*, S. 451–456.

Clasen, J. (1995): Erfahrungen mit der Besiedlung von Hochbehältern im Verteilungsnetz. DVGW-Schriftenreihe Wasser, *79*, S. 265–272.

Cohn, F. (1853): Über lebendige Organismen im Trinkwasser. Z. f. Klin. Medizin, *4(3)*, S. 229–237.

Collins, R. P. und Kalnins (1965): Volatile constituents of Synura petersenii: I. The carbonyl fraction. Lloydia, *28*, S. 48–52.

Cooke, G. D., Welch, E. B., Peterson, S., Nichols, S. A. (2005). Restoration and management of lakes and reservoirs. CRC Press, Boca raton, USA. pp. 1420032100.

Coring, E. (1999): Säuregrad – Indikation mit Hilfe von Diatomeen. In: Tümpling, W. v. und Friedrich, G. (Hrsg.): Methoden der biologischen Gewässeruntersuchung. Gustav Fischer, Jena, S. 298–305.

Coring, E. (2005): DIATOM VI – Bestimmungshilfe zur Untersuchung von Kieselalgengesellschaften in Oberflächengewässern. EcoRing, Hardegsen, ISBN 3-9809922-0-9.

Cotsaris, E., Bruchet, A., Mallevialle, J. und Bursill, D. B. (1995): The identification of odorous metabolites produced from algal monocultures. Wat. Sci. Technol., *31*, S. 251–258.

Dacey, J. W. H., Blough, N. V. (1987): Hydroxide decomposition of dimethylsulfoniopropionate to form dimethylsulfide. Geophys. Res. Lett. *14*, S. 1246–1249.

Dahm, C. N., Valett, H., Baxter, M. C. V. and Woessner, W. W. (2006): Hyporheic zones. In: Methods in Stream Ecology, Second Edition. By Richard Hauer and Gary Lamberti, Academic Press.

Dell'Aversano, C., Eaglesham, G. K. und Quilliam, M. A. (2004): Analysis of cyanobacterial toxins by hydrophilic interaction liquid chromatography-mass spectrometry. J Chromatogr A., *1028*, S. 155–64.

DGL (Deutsche Gesellschaft für Limnologie), VSÖ (Verband selbständiger Ökologen) und VDBiol. (Verband deutscher Biologen) (Hrsg.) (1997): Leistungsverzeichnis für Limnologie (LVLIM) – Gewässerökologische Untersuchungen, 45 S. Eigenverlag DGL, Krefeld.

DIN EN 13443-1 (2007): Anlagen zur Behandlung von Trinkwasser innerhalb von Gebäuden - Mechanisch wirkende Filter - Teil 1: Filterfeinheit 80 µm bis 150 µm - Anforderungen an Ausführung, Sicherheit und Prüfung.

DIN 38410 T.1 (2004): Deutsche Einheitsverfahren zur Wasser-, Abwasser- und Schlammuntersuchung – Biologisch-ökologische Gewässeruntersuchung (Gruppe M) – Bestimmung des Saprobienindex in Fließgewässern (M1), Berlin.

DIN 38410 T.2 (1990): Biologisch-ökologische Gewässeruntersuchung (Gruppe M) Bestimmung des Saprobienindex (M2).

DIN 38412–16 (1985): Deutsche Einheitsverfahren zur Wasser-, Abwasser- und Schlammuntersuchung – Bestimmung des Chlorophyll-a-Gehaltes von Oberflächenwasser, Berlin.

DIN EN 13946 (2003): Leitfaden zur Probenahme und Probenaufbereitung von benthischen Kieselalgen in Fließgewässern.

DIN EN 14011 (2003): Wasserbeschaffenheit – Probenahme von Fisch mittels Elektrizität.

DIN EN 14184 (2004): Wasserbeschaffenheit – Anleitung für die Untersuchung aquatischer Makrophyten in Fließgewässern.

DIN EN 14614 (2005): Wasserbeschaffenheit – Anleitung zur Beurteilung hydromorphologischer Eigenschaften von Fließgewässern.

DIN EN 14757 (2005): Wasserbeschaffenheit – Probenahme von Fisch mittels Multi-Maschen-Kiemennetzen.

DIN EN 14962 (2006): Wasserbeschaffenheit – Anleitung zur Anwendung und Auswahl von Verfahren zur Probenahme von Fischen.

DIN EN 14996 (2006): Wasserbeschaffenheit – Anleitung zur Qualitätssicherung biologischer und ökologischer Untersuchungsverfahren in der aquatischen Umwelt.

DIN EN 15196 (2009): Wasserbeschaffenheit – Anleitung zur Probenahme und Behandlung von Exuvien von Chironomiden-Larven (Diptera)) zur ökologischen Untersuchung.

DIN EN 15204 (2006): Wasserbeschaffenheit – Anleitung für die Zählung von Phytoplankton mittels Umkehrmikroskopie (Utermöhl-Technik).

DIN EN 15708 (2010): Wasserbeschaffenheit – Anleitung zur Beobachtung, Probenahme und Laboranalyse von Phytobenthos in flachen Fließgewässern.

DIN EN 15843 (2010): Wasserbeschaffenheit – Anleitung zur Beurteilung von Veränderungen der hydromorphologischen Eigenschaften von Fließgewässern.

DIN EN 15910 (2009): Wasserbeschaffenheit – Anleitung zur Abschätzung der Fischpopulationen mit mobilen hydroakustischen Verfahren.

DIN EN 27828 (1994): Probenahme für die biologische Untersuchungen – Anleitung zur Probenahme aquatischer, benthischer Makro-Invertebraten mit dem Handnetz.

DIN EN 28265 (1994): Probenahmegeräte für die quantitative Erfassung benthischer Makro-Invertebraten auf steinigen Substraten in flachem Süßwasser.

DIN EN ISO 9391 (1995): Wasserbeschaffenheit – Probenahme von Makro-Invertebraten in tiefen Gewässern – Anleitung zum Einsatz von qualitativen und quantitativen Sammlern und Besiedlungskörpern.

DIN EN ISO 10870 (2010): Wasserbeschaffenheit – Anleitung zu Probenahmeverfahren und –geräten für benthische Makro-Invertebraten in Binnengewässern (ISO/DIS 108870:2010).

Dionigi, C. P., Ingram, D. A. (1994): Effects of temperature and oxygen concentration on geosmin production by Streptomyces tendae and Penicillium expansum. J. Agric. Food Chem., *42*, S. 143–145.

Dolman, A. M., Rücker, J., Pick, F. R., Fastner, J., Rohrlack, T., Mischke, U. und Wiedner, C. (2012): Cyanobacteria and cyanotoxins: the influence of nitrogen versus phosphorus. PLoS One. 2012;7(6):e38757.

Doucette, G. J., Logan, M. M., Ramsdell, J. S. und van Dolah, F. M. (1997): Development and preliminary validation of a microtiter plate-based receptor binding assay for pralytic shellfish poisoning toxins. Toxicon, *35*, S. 625–636.

Downing, J. A. und Rigler, F. H. (1984): A manual on methods for the assessment of secondary productivity in fresh waters. Blackwell Scientific Publications, Oxford, London, Edinburgh.

Durrer, M., Zimmermann, U. und Jüttner, F. (1999): Dissolved and particle-bound geosmin in a mesotrophic lake (Lake Zürich): spatial and seasonal distribution and the effect of grazers. Wat. Res., *33*, S. 3628–3636.

Dußling, U. (2009): Handbuch zu fiBS: Hilfestellungen und Hinweise zur sachgerechten Anwendung des fischbasierten Bewertungsverfahrens fiBS – 2. Auflage: Version 8.0.6. http://www.landwirtschaft-bw.info/servlet/PB/menu/1116288_l1/index1258359812546.html [26. 11. 2009].

DVGW (Hrsg.) (1997): Tierische Organismen in Wasserversorgungsanlagen, Technische Mitteilung W 271. Wirtschaft- und Verlagsgesellschaft Gas und Wasser mbH. Bonn (46 S.).

DVGW (Hrsg.) (2017): Fallbeispiele und Steckbriefe von Invertebraten in Wasserversorgungsanlagen. DVGW-Information Wasser, Nr. 91. Wirtschaft- und Verlagsgesellschaft Gas und Wasser mbH. Bonn (37 S.).

DVGW (Hrsg.) (2018): Invertebraten in Wasserversorgungsanlagen, Vorkommen und Empfehlungen zum Umgang, Arbeitsblatt W 271 (A). Wirtschaft- und Verlagsgesellschaft Gas und Wasser mbH. Bonn (51 S.).

Dziga, D., Wasylewski, M., Wladyka, B., Nybom, S. und Meriluoto, J. (2013): Microbial degradation of microcystins. Chem Res Toxicol., *26*, S. 841–852.

Eaglesham, G. K., Norris, R. L., Shaw, G. R., Smith, M. J., Chiswell, R. K., Davis, B. C., Neville, G. R., Seawright, A. A. und Moore, M. R. (1999): Use of HPLC-MS/MS to monitor cylindrospermopsin, a blue-green algal toxin, for public health purposes. Env. Toxicol., *14*, S. 151–154.

Edmondson, W. T. (1971): A Manual on Methods for the Assessment of Secondary Productivity in Fresh Waters. Blackwell Scientific Publications, Oxford, Edinburgh.

Edwards, C., Beattie, K. A., Scrimgeour, C. M. und Codd, G. A. (1992): Identification of anatoxin-a in benthic cyanobacteria (blue-green algae) and associated dog poisonings at Loch Insh, Scotland. Toxicon, *30*, S. 1165–1175.

EG (Rat der Europäischen Union) (1976): Richtlinie 76/464/EWG des Rates vom 4. Mai 1976 betreffend die Verschmutzung infolge der Ableitung bestimmter gefährlicher Stoffe in die Gewässer der Gemeinschaft.

EG (Rat der Europäischen Union) (1992): Richtlinie 92/43/EWG des Rates vom 21. Mai 1992 zur Erhaltung der natürlichen Lebensräume sowie der wildlebenden Tiere und Pflanzen (Flora-Fauna-Habitatrichtlinie).

EG (Rat der Europäischen Union) (2000): Richtlinie 2000/60/EG des Europäischen Parlaments und des Rates vom 23. Oktober 2000 zur Schaffung eines Ordnungsrahmens für Maßnahmen der Gemeinschaft im Bereich der Wasserpolitik (Wasserrahmenrichtlinie – EG-WRRL). Amtsblatt der Europäischen Gemeinschaften L 327 vom 22. 12. 2000.

Einsle, U. (1993): Crustacea – Copepoda – Calanoida und Cyclopida. In: Schwoerbel, J. und Zwick, P. (Hrsg.): Süßwasserfauna von Mitteleuropa. Gustav Fischer Verlag, Stuttgart.

Elster, H. J. (1961): Stoffkreislauf und Typologie der Binnengewässer als zentrales Probleme der Limnologie. Die Naturwissenschaften *49*, S. 49–55.

Elster, J. (1962) Seentypen, Fließgewässertypen und Saprobiensystem. Intern. Revue ges. Hydrobiol. 47, S. 211–218.

Elser, J. J., Bracken, M. E., Cleland, E. E., Gruner, D. S., Harpole, W. S., Hillebrand, H. et al. (2007). Global analysis of nitrogen and phosphorus limitation of primary producers in freshwater, marine and terrestrial ecosystems. Ecol Lett. 10, S. 1135–1142.

Erhard, M., Döhren, H. v. und Jungblut, P. (1997): Rapid typing and elucidation of new secondary metabolites of intact cyanobacteria using MALDI-TOF mass spectrometry. Nature Biotechnology, *15*, S. 906–909.

Eaglesham, G. K., Norris, R. L., Shaw, G. R., Smith, M. J., Chiswell, R. K., Davis, B. C., Neville, G. R., Seawright, A. A. und Moore, M. R. (1999): Use of HPLC-MS/MS to monitor cylindrospermopsin, a blue-green algal toxin, for public health purposes. Env. Toxicol., *14*, S. 151–154.

Falconer, I. R., Beresford, A. M. und Runnegar; M. T. C. (1983): Evidence of liver damage by toxin from a bloom of the blue-green alga *Microcystis aeruginosa*. Med. J. Aust., *1*, S. 511–514.

Falconer, I. R. (1993): Measurements of toxins from blue-green algae in water and foodstuffs. In: Falconer, I. R. (Hrsg.): Algal Toxins in Seafood and Drinking Water. Academic Press, London.

Falconer, I. R. (1994): Health problems from exposure to Cyanobacteria and proposed safety guidelines for drinking and recreational water. In: Codd, G. A., Jeffries, T. M., Keevil, C. W. und Potter, E. (Hrsg.): Detection Methods for Cyanobacterial (Blue-Green Algal) Toxins. Royal Society of Chemistry, Academic Press, London, S. 3–10.

Falconer, I. R., Bartram, J., Chorus, I., Kuiper-Goodman, T., Utkilen, H. und Codd, G. (1999): Safe levels and practices. In: Chorus, I., Bartram, J. (Hrsg.): Toxic Cyanobacteria in Water: A Guide to Public Health Consequences, Monitoring and Management. E & FN Spon, London, S. 155–178.

Fastner, J., Flieger, I. und Neumann, U. (1998): Optimised extraction of microcystins from field samples – a comparison of different solvents and procedures. Wat. Res., *32*, S. 3177–3181.

Fastner, J., Neumann, U., Wirsing, B., Weckesser, J., Wiedner, C., Nixdorf, B. und Chorus, I. (1999a): Microcystins (hepatotoxic heptapeptides) in German fresh water bodies. Environ. Toxicology, *14*, S. 13–22.

Fastner, J., Erhard, M., Carmichael, W. W., Sun, F., Rinehart, K. L., Rönicke, H. und Chorus, I. (1999b): Characterization and diversity of microcystins in natural blooms and strains of the genera *Microcystis* and *Planktothrix* from German freshwaters. Arch. Hydrobiol., *2*, S. 147–163.

Fastner, J., Wirsing, B., Wiedner, C., Heinze, R., Neumann, U. und Chorus, I. (2001): Microcystins and hepatocyte toxicity. In: Chorus, I. (Hrsg.) (2001): Cyanotoxins: Occurrence, Causes, Consequences. Springer Verlag, Heidelberg, S. 22–37.

Fastner, J., Heinze, R., Humpage, A. R., Mischke, U., Eaglesham, G. K. und Chorus, I. (2003). Cylindrospermopsin occurrence in two German lakes and preliminary assessment of toxicity and toxin production of *Cylindrospermopsis raciborskii* (Cyanobacteria) isolates. Toxicon *42*, S. 313–321.

Fastner, J., Rücker, J., Stüken, A., Preussel, K., Nixdorf, B., Chorus, I., Köhler, A., Wiedner, C. (2007): Occurrence of the cyanobacterial hepatotoxin cylindrospermopsin in Northeast Germany. Env. Toxicol., *22*, S. 26–32.

Fastner, J., Abella, S., Litt, A., Morabito, G., Vörös, L., Pálffy, K. et al. (2016). Combating cyanobacterial proliferation by avoiding or treating inflows with high P load—experiences from eight case studies. Aquat Ecol., *50*, S. 367–383.

Fastner, J., Beulker, C., Geiser, B., Hoffmann, A., Kröger, R., Teske, K., Hoppe, J., Mundhenk, L., Neurath, H., Sagebiel, D. und Chorus, I. (2018): Fatal neurotoxicosis in dogs associated with tychoplanktic, anatoxin-a producing Tychonema sp. in mesotrophic Lake Tegel, Berlin. Toxins, *31*, S. 10.

Fawell, J. K. und James, H. A. (1994). (Report No. FR 0434/DoE 3728). United Kingdom: Allen House, The Listons, Liston Road, Marlow, Bucks, SL7 1FD.

Feld, Ch. K., Rödiger, S., Sommerhäuser, M. und Friedrich, G. (2005): Typologie, Bewertung, Management von Oberflächengewässern – Stand der Forschung zur Umsetzung der EG-Wasserrahmenrichtlinie, 243 S., Stuttgart.

Fink, P., von Elert, E., Jüttner, F. (2006): Volatile foraging kairomones in the littoral zone: Attraction of an herbivorous freshwater gastropod to algal odors. J. Chem. Ecol. *32*, S. 1867–1881.

Fitzgeorge, R. B., Clark, S. A. und Keevil, C. W. (1994): Routes of intoxication. In: Codd, G. A., Jeffries, T. M., Keevil, C. W. und Potter, E. (Hrsg.): Detection Methods for Cyanobacterial (Blue-Green Algal) Toxins. Royal Society of Chemistry, Academic Press, London, S. 69–74.

Fleckenstein, J. H. und Schmidt C. (2009): Themenheft: Grundwasser-Oberflächenwasser Interaktionen, Editorial. Grundwasser, *14*, S. 161–162.

Flößner, D. (1972): Krebstiere, Crustacea, Kiemen- und Blattfüßer (Branchiopoda), Fischläuse (Branchiura). VEB Gustav Fischer Verlag, Jena.

Francis, G. (1878): Poisonous Australian Lake. Nature, *18*, S. 11–12.

Frede, H. G. und Dabbert, S. (1998): Handbuch zum Gewässerschutz in der Landwirtschaft. Ecomed-Verlag, Landsberg am Lech.

Friedrich, G. (1973): Ökologische Untersuchungen an einem thermisch anomalen Fließgewässer (Erft/Niederrhein). Schriftenreihe der Landesanstalt für Gewässerkunde und Gewässerschutz Nordrhein-Westfalen, Heft *33*.

Friedrich, G. (1990): Eine Revision des Saprobiensystems. Z. Wasser-, Abwasser-Forsch., *23*, S. 141–152.

Friedrich, G. (1992): Ökologische Bewertung von Fließgewässern – eine unlösbare Aufgabe? In: Friedrich, G. und Lacombe, J. (Hrsg.): Limnologie aktuell, Band 3. Gustav Fischer, Stuttgart, S. 1–7.

Friedrich, G. (1999): Bestimmungsliteratur. In: Tümpling, W. v. und Friedrich, G. (Hrsg.): Biologische Gewässeruntersuchung. Gustav Fischer, Jena, S. 20–22.

Friedrich, G. und Lacombe, J. (Hrsg.) (1992): Ökologische Bewertung von Fließgewässern. Gustav Fischer, Stuttgart.

Friedrich, G., Hesse, K.-J. und Lacombe, J. (1993): Die ökologische Gewässerstrukturkarte. Wasser-Abwasser-Abfall, *11*, S. 189–202.

Friedrich, G., Hesse, K.-J. und Lacombe, J. (1996): Bewertung der Gewässerqualität. In: Gunkel, G. (Hrsg.): Renaturierung kleiner Fließgewässer, Jena S. 280–298.

Friedrich, G., Gerhard, V., Bodemer, U. und Pohlmann, M. (1998): Phytoplankton composition and chlorophyll concentration in freshwaters: comparison of delayed fluorescence excitation spectroscopy, extractive spectrophotometric method, and Utermöhl-method. Limnologica, *28*, S. 323–328.

Friedrich, G. und Herbst, V. (2004): Eine erneute Revision des Saprobiensystems – weshalb und wozu?. Acta hydrochim. hydrobiol. 32, S. 61–74.

Frimmel, F. H. (Hrsg.) (1999): Wasser und Gewässer. Spektrum Akademischer Verlag, Heidelberg, Berlin.

Furey, A., Moriarty, M., Bane, V., Kinsella, B. und Lehane, M. (2013): Ion suppression; a critical review on causes, evaluation, prevention and applications. Talanta, *115*, S. 104–122.

Gardner, H. W. (1991): Recent investigations into the lipoxygenase pathway of plants. Biochim. Biophys. Acta, *1084*, S. 221–239.

Geldreich, E. E. (1996): Biological Profiles in Drinking Water. In: Microbial Quality of Water Supply in Distribution Systems. Lewis Publishers, Boca Raton, S. 103–158.

Gerhard, V. und Bodemer, U. (1998): Delayed fluorescence excitation spectroscopy: a method for automatic determination of phytoplankton composition in freshwaters and sediments (interstitial) and of algal composition of benthos. Limnologica, *28*, 313–322.

Ginsburg, B., Chalifa, I. Zohary T., Hadas, O., Dor, I., Lev, O. (1998): Identification of oligosulfide odorous compounds and their source in the Lake of Galilee. Wat. Res. *32*, S. 1789–17800.

Ginzburg, B., Chalifa, I., Gun, J., Dor, I., Hadas, O. und Lev, O. (1998): DMS formation by dimethylsulfoniopropionate route in freshwater. Environ. Sci. Technol., *32*, S. 2130–2136.

Gjølme, N. und Utkilen, H. (1994): A simple and rapid method for extraction of toxic peptides from cyanobacteria. In: Codd, G. A., Jeffries, T. M., Keevil, C. W. and Potter, E. (Hrsg.): Detection Methods for Cyanobacterial (Blue-Green Algal) Toxins. The Royal Society of Chemistry, Academic Press, London, S. 168–171.

Godo, T., Saki, Y., Nojiri, Y., Tsujitani, M., Sugahara, S., Hayashi, S., Kamiya, H., Ohtani, S., Seike, Y. (2017): Geosmin-producing species of *Coelosphaerium* (Synechococcales, Cyanobacteria) in Lake Shinji, Japan. (2017). Sci. Rep. *7* Art.No.41928, DOI:10.1038/srep41928(2017).

Graham, J. L., Loftin, K. A., Meyer, M. T. und Ziegler, A. C. (2010): Cyanotoxin mixtures and taste-and-odor compounds in cyanobacterial blooms from the Midwestern United States. Environ Sci Technol., *44(19)*, S. 7361–7368.

Gschwend, P. M., Zafiriou, O. C., Mantoura, R. F. C., Schwarzenbach, R. P. und Gagosian, R. B. (1982): Volatile organic compounds at a coastal site 1. Seasonal variations. Environ. Sci. Technol., *16*, S. 31–38.

Guo, Y. C., Lee, A. K., Yates, R. S., Liang, S. und Rochelle, P.A (2017): Analysis of microcystins in drinking water by ELISA and LC/MS/MS. J American WWA, *109*, S. 13–25.

Gutowski, A. und Foerster, J. (2009): Benthische Algen, ohne Diatomeen und Characeen. Feldführer. LANUV-Arbeitsblatt 2, aktualisierte Neuauflage. Hrsg: Landesamt für Natur, Umwelt und Verbraucherschutz NRW, Recklinghausen, 90 S.

Gutowski, A. und Foerster, J. (2009a) Benthische Algen, ohne Diatomeen und Characeen. Bestimmungshilfe. LANUV-Arbeitsblatt 9. Hrsg.: Landesamt für Natur, Umwelt und Verbraucherschutz NRW, Recklinghausen, 474 S.

Hahn, H. J. & Klein, N. (2013): Tiere in der Trinkwasserverteilung, altes Thema – neue Sichtweise. – Der Hygieneinspektor, Sonderausgabe 8/13, S. 19–24.

Hamm, A. (1996): Möglichkeiten und Probleme einer durchgehenden Trophiebewertung. In: Deutsche Gesellschaft für Limnologie, Erweiterte Zusammenfassungen der Jahrestagung 1995 in Berlin, S. 11–15.

Haney, J. F. und Hall, D. J. (1972): Sugar-coated Daphnia: A preservation technique for Cladocera. Limnol. Oceanogr., S. 331–333.

Harada, K.-I. (1996): Chemistry and detection of microcystins, In: Watanabe, M. F., Harada, K. I., Carmichael, W. W. und Fujiki H. (Hrsg.): Toxic *Microcystis*. Chemical Rubber Company (CRC) Press, Boca Raton, S. 103–148.

Harada, K.-I., Kimura, Y., Ogawa, K., Suzuki, M., Dahlem, A. M., Beasley, V. R. und Carmichael, W. W. (1989): A new procedure for the analysis and purification of naturally occuring anatoxin-a from the blue-green algae *Anabaena flos-aquae*. Toxicon, *27(12)*, S. 1289–1296.

Harada, K.-I., Kondo, F. und Lawton, L. A. (1999): Laboratory analysis of cyanotoxins. In: Chorus, I. und Bartram, J. (Hrsg.): Toxic Cyanobacteria in Water – A Guide to their Public Health Consequences, Monitoring and Management. E & FN Spon, London, S. 369–416.

Harada, K.-I., Murata, H., Qiang, Z., Suzuki, M. und Kondo, F. (1996): Mass spectrometric screening method for microcystins from cyanobacteria. Toxicon, *34*, S. 701–710.

Harada, K.-I., Nagai, H., Kimura, Y., Suzuki, M., Park, H., Watanabe, M. F., Luukkainen, R., Sivonen, K. und Carmichael, W. W. (1993): Liquid chromatography/mass spectrometric detection of anatoxin-a, a neurotoxin from cyanobacteria. Tetrahedron, *49*, S. 9251–9260.

Harada, K.-I., Ohtani, I., Iwamoto, K., Watanabe, M. F., Watanabe, M. und Terao, K. (1994): Isolation of cylindrospermopsin from a cyanobacterium *Umezakia natans* and its screening method. Toxicon, *32*, S. 73–84.

Hassal, A. H. (1850): A Microscopic Examination of the Water supplied to the inhabitants of London and the suburban Districts. Samuel Highly, London.

Hässelbarth, U. und Lüdemann, D. (1971): Die biologische Enteisenung und Entmanganung. Vom Wasser, *38*, S. 233–253.

Hawkins, P. R., Chandrasena, N. R., Jones, G. J., Humpage, A. R. und Falconer, I. R. (1997): Isolation and toxicity of *Cylindrospermopsis raciborskii* from an ornamental lake. Toxicon, *35*, S. 341–346.

Hayes, K. P. und Burch, M. D. (1989): Odorous compounds associated with algal blooms in South Australian waters. Water Res., *23*, S. 115–121.

Hayes, S. J., Hayes, K. P. und Robinson, B. S. (1991): Geosmin as an odorous metabolite in cultures of a free-living amoeba, Vannella species (Gymnamoebia, Vannellidae). J. Protozool., *38*, S. 44–47.

He, X., Stanford, B. D., Adams, C., Rosenfeldt, E. J. und Wert, E. C. (2017): Varied influence of microcystin structural difference on ELISA cross-reactivity and chlorination efficiency of congener mixtures. Wat. Res., *126*, S. 515–523.

Heinze, R. (1996): A biotest for hepatotoxins using primary rat hepatocytes. Phycologia, *35*, S. 89–93.

Henatsch, J. und Jüttner, F. (1990): Occurrence and distribution of methane thiol and other volatile organic sulphur compounds in a stratified lake with anoxic hypolimnion. Arch. Hydrobiol., *119*, S. 315–323.

Henning, M., Rohrlack, T. und Kohl, J.-G. (2001): Responses of *Daphnia galeata* fed with *Microcystis* strains with and without microcystins. In: Chorus, I. (Hrsg.): Cyanotoxins: Occurrence, causes, consequences. Springer Verlag, Heidelberg, S. 266–276.

Heyning, H. (1970): Die Bedeutung biologischer Untersuchungen für die hygienische Überwachung der Trinkwasserversorgung. Z. ges. Hyg., *16*, S. 201–205.

Heyning, H. und Ockert, G. (1962): Beitrag zur Methodik biologisch-hygienischer Trinkwasseruntersuchungen. Zeitschr. f. d. ges. Hygiene u. ihre Grenzgebiete, *8*, S. 486–507.

Hildebrand, H., Dürselen, C.-D., Kirschtel, D., Pollingher, U. und Zohary, T. (1999): Biovolume calculation for pelagic and benthic microalgae. J. Phycol., *35*, S. 403–424.

Höckelmann, C. und Jüttner, F. (2004): Volatile organic compound (VOC) analysis and sources of limonene, cyclohexanone and straight chain aldehydes in axenic cultures of *Calothrix* and *Plectonema*. Wat. Sci. Technol., *49*, S. 47–54.

Höckelmann, C., Jüttner, F. (2005): Off-flavours in water: hydroxyketones and β-ionone derivatives as new odour compounds of freshwater cyanobacteria. Flavour Fragr. J., *20*, S. 387–394.

Hoehn, E., Clasen, J., Scharf, W., Ketelaars, H. A. M., Nienhüser, A. E., Horn, H., Kersken, H. und Ewig, B. (1998): Erfassung und Bewertung von Planktonorganismen. ATT Technische Informationen 7. R. Oldenbourg Verlag München. Siegburg.

Hofbauer, B. und Jüttner, F. (1988): Occurrence of isopropylthio compounds in the aquatic ecosystem (Lake Neusiedl, Austria) as a chemical marker for Microcystis flos-aquae. FEMS Microbiol. Ecol., *53*, S. 113–122.

Horn, W. (1999): Metazooplankton. In: von Tümpling, W. und Friedrich, G. (Hrsg.): Biologische Gewässeruntersuchung, Jena, S. 53–76.

Hrudey, S., Burch, M., Drikas, M. und Gregory, R. (1999): Remedial measures. In: Chorus, I. and Bartram, J. (Hrsg.): Toxic Cyanobacteria in water: A guide to Public Health. Significance, Monitoring and Management. E & FN Spon, London.

Hummert, C., Dahlmann, J., Reichelt, M., und Luckas, B. (2001): Analytical techniques for monitoring harmful cyanobacteria in lakes. Lakes & Reservoirs: Research and Management, *6*, S. 159–168.

Hummert, C., Ritscher, M., Reinhardt, K. und Luckas, B. (1997): Analysis of the characteristic PSP profiles of *Pyrodinium bahamense* and several strains of *Alexandrium* by HPLC based on ion-pair chromatographic separation, post-column oxidation, and fluorescenc detection. Chromatographia, *45*, S. 312–316.
Humpage, A. R., Rositano, J., Bretag, A. H., Brown, R., Baker, P. D., Nicholson, B. C. und Steffensen, D. A. (1994): Paralytic Shellfish Poisons from Australian cyanobacterial blooms. Aust. J. Mar. Freshwater Res., *45*, S. 761–771.
Humpage, A. R., Fenech, M., Thomas, P. and Falconer, I. R. (2000): Micronucleus induction und chromosome loss in transformed human white cells indicate clastogenic und aneugenic action of the cyanobacterial toxin, cylindrospermopsin. Mutation Research *472*, S. 155–161.
Humpage, A. R., Magalhaes, V. F. und Froscio, S. M. (2010): Comparison of analytical tools and biological assays for detection of paralytic shellfish poisoning toxins. Anal Bioanal Chem., *397*, S. 1655–1671.
Hupfer, M. (1992): Bindungsformen und Mobilität des Phosphors in Gewässersedimenten. In: Steinberg, C., Calamo, W., Klapper, H., Wilken, R.-D. (Hrsg.): Handbuch Angewandte Limnologie. Ecomed-Verlag, Landsberg am Lech.
Husmann, S. (1982): Aktivkohlefilter als künstliche Biotope stygophiler und stygobionter Grundwassertiere. Archiv für Hydrobiologie, *1*, S. 139–155.
Ibelings, B., Backer, L., Kardinaal, E. und Chorus, I. (2014): Current approaches to cyanotoxin risk assessment and risk management around the globe. Harmful Algae, *40*, S. 63–74.
Illies, J. (1967): Limnofauna Europaea. Gustav Fischer Verlag, Stuttgart.
Illies, J. (1978): Limnofauna Europaea, 2. Aufl. Eine Zusammenstellung aller die europäischen Binnengewässer bewohnenden mehrzelligen Tierarten mit Angaben über ihre Verbreitung und Ökologie, Stuttgart.
ISO 20179 (2005): Water Quality: Determination of microcystins-method by solid phase extraction (SPE) and high performance liquid chromatography (HPLC) with ultra-violet detection (UV). ISO, Genf.
Izaguirre, G. (1992): A copper-tolerant Phormidium species from Lake Mathews, California, that produces 2-methylisoborneol und geosmin. Wat. Sci. Technol., *25*, S. 217–223.
Izaguirre, G. und Taylor, W. D. (1995): Geosmin and 2-methylisoborneol production in a major aqueduct system. Wat. Sci. Technol., *31*, S. 41–48.
Izaguirre, G., Hwang, C. J., Krasner, S. W. und McGuire, M. J. (1982): Geosmin and 2-methylisoborneol from cyanobacteria in three water supply systems. Appl. Environ. Microbiol., *43*, S. 708–714.
Jähnichen, S., Jäschke, K., Wieland, F., Packroff, G., Benndorf, J. (2011): Spatio-temporal distribution of cell-bound and dissolved geosmin in Wahnbach Reservoir: Causes and potential odour nuisances in raw water. Wat. Res. *45*, S. 4973–4982.
James, K. J., Sherlock, I. R. und Stack, M. A. (1997): Anatoxin-a in Irish freshwater and cyanobacteria, determined using a new fluorimetric liquid chromatographic method. Toxicon, *35(6)*, S. 963–971.
Jeffrey, S. W., Mantoura, R. F. C. und Wright, S. W. (1997): Phytoplankton Pigments in Oceanography: Guidelines to Modern Methods. UNESCO Publishing, Paris.
Jeffrey, S. W., Wright, S. W. und Zapata, M. (1999): Recent advances in HPLC pigment analysis of phytoplankton. Mar. Freshwater Res., *50*, S. 879–896.
Jeppesen, E., Jensen, J. P., Sondergaard, M., Lauridsen, T., Pedersen, L. J. und Jensen, L. (1997a): Top-down control in freshwater lakes: the role of nutrient state, submerged macrophytes and water depths. Hydrobiologia, *342/343*, S. 151–164.
Jeppesen, E., Sondergaard, Ma., Söndergaard, Mo. und Christoffersen, K. (Hrsg.) (1997a): The structuring role of submerged macrophytes in lakes. Ecological Studies. Springer Verlag, Heidelberg.

Jochimsen, E. M., Carmichael, W. W., An, J., Cardo, D. M., Cookson, S. T., Holmes, C. E. M., Antunes, M. B. de C., Filho, D. A. de M., Lyra T. M., Barreto, V. S. T., Azevedo, S. M. F. O. und Jarvis, W. R. (1998). Liver failure and death following exposure to microcystin toxins at a dialysis center in Brazil. N. Eng. J. Med., *338*, S. 873–878.

Jones, G. J. und Korth, W. (1995): In situ production of volatile odour compounds by river and reservoir phytoplankton populations in Australia. Wat. Sci. Technol., *31*, S. 145–151.

Jüttner, F. (1976): β-Cyclocitral and alkanes in *Microcystis* (Cyanophyceae). Z. Naturforsch., *31c*, S. 491–495.

Jüttner, F. (1981): Detection of lipid degradation products in the water of a reservoir during a bloom of *Synura uvella*. Appl. Environ. Microbiol., *41*, S. 100–106.

Jüttner, F. (1983): Volatile odorous excretion products of algae and their occurrence in the natural aquatic environment. Wat. Sci. Technol., *15*, S. 247–257.

Jüttner, F. (1984): Characterization of *Microcystis* strains by alkyl sulfides and β-cyclocitral. Z. Naturforsch., *39c*, S. 867–871.

Jüttner, F. (1988): Benzene in the anoxic hypolimnion of a freshwater lake. Naturwissenschaften, *75*, S. 151–153.

Jüttner, F. (1992): Flavour compounds in weakly polluted rivers as a means to differentiate pollution sources. Wat. Sci. Technol., *25*, S. 155–164.

Jüttner, F. (1995a): Physiology and biochemistry of odorous compounds from freshwater cyanobacteria and algae. Water Sci. Technol., *31*, S. 69–78.

Jüttner, F. (1995b): Elimination of terpenoid odorous compounds by slow sand and river bank filtration of the Ruhr river, Germany. Wat. Sci. Technol., *31*, S. 211–217.

Jüttner, F. (1999): Efficacy of bank filtration for the removal of fragrance compounds and aromatic hydrocarbons. Wat. Sci. Technol., *40*, S. 123–128.

Jüttner, F. und Dürst, U. (1997): High lipoxygenase activities in epilithic biofilms of diatoms. Arch. Hydrobiol., *138*, S. 451–463.

Jüttner, F. und Hahne, B. (1981): Volatile excretion products of *Poterioochromonas malhamensis*. Identification and formation. Z. Pflanzenphysiol., *103*, S. 403–412.

Jüttner, F. und Henatsch, J. (1986): Anoxic hypolimnion is a significant source of biogenic toluene. Nature, *323*, S. 797–798.

Jüttner, F. und Höflacher, B. (1985): Evidence of β-carotene 7,8(7′,8′) oxygenase (β-cyclocitral, crocetindial generating) in *Microcystis*. Arch. Microbiol., *141*, S. 337–343.

Jüttner, F. und Wurster, K. (1984): Evidence of ectocarpene and dictyopterenes A and C′ in the water of a freshwater lake. Limnol. Oceanogr., *29*, S. 1322–1324.

Jüttner, F., Höflacher, B. und Wurster, K. (1986): Seasonal analysis of volatile organic biogenic substances (VOBS) in freshwater phytoplankton populations dominated by *Dinobryon*, *Microcystis* and *Aphanizomenon*. J. Phycol., *22*, S. 169–175.

Jüttner, F., Leonhardt, J. und Möhren, S. (1983): Environmental factors affecting the formation of mesityloxide, dimethylallylic alcohol and other volatile compounds excreted by *Anabaena cylindrica*. J. Gen. Microbiol., *129*, S. 407–412.

Jüttner, F., Meon, B. und Köster, O. (1997): Quasi in situ separation of particulate matter from lakewater by hollow-fibre filters to overcome errors caused by short turnover times of dissolved compounds. Water Res., *31*, S. 1637–1642.

Jüttner, F. und Watson, S. B. (2007): Biochemical and ecological control of geosmin and 2-methylisoborneol in source waters. Appl. Environ. Microbiol. *73*, S. 4395–4406.

Jüttner, F., Wiedemann, E. und Wurster, K. (1982): Excretion of S- and O-methyl esters and other volatile compounds by *Ochromonas danica*. Phytochem., *21*, S. 2185–2188.

Kasprzak, P., Schrenk-Bergt, C., Koschel, R., Krienitz, L., Gonsiorczyk, T., Wyujack, K. und Steinberg, C. (2000): Biologische Therapieverfahren (Biomanipulation). In: Steinberg, C., Calmano, W., Klapper, H. und Wilken, R.-D. (Hrsg.): Handbuch Angewandte Limnologie. Ecomed-Verlag, Landsberg am Lech.

Kemp, P. F., Sherr, B. F., Sherr, E. B. und Cole, J. J. (1993): Handbook of methods in aquatic microbial ecology. Lewis Publishers, Boca Raton.

Kerr, D. S., Briggs, D. M. und Saba, H. I. (1999): A neurophysiological method for rapid detection and analysis of marine algal toxins. Toxicon, *37*, S. 1803–1825.

Kiviranta, J., Abdel-Hameed, A., Sivonen, K., Niemelä, S. I. und Carlberg, G. (1993): Toxicity of cyanobacteria to mosquito larvae – screening of active compounds. Env. Tox. Wat. Qual., *8*, S. 63–71.

Kiviranta, J., Sivonen, K., Niemelä, S. I. und Huovinen, K. (1991): Detection of toxicity of cyanobacteria by *Artemia salina* bioassay. Env. Tox. Wat. Qual., *6*, S. 423–436.

Klapper (1992): Eutrophierung und Gewässerschutz. Gustav Fischer Verlag, Jena, Stuttgart.

Kleinteich, J., Puddick, J., Wood, S. A., Hildebrand, F., Laughinghouse, H. D. IV; Pearce, D. A., Dietrich, D. R. und Wilmotte, A. (2018): Toxic Cyanobacteria in Svalbard: Chemical Diversity of Microcystins Detected Using a Liquid Chromatography Mass Spectrometry Precursor Ion Screening Method. Toxins, 10, online erschienen https://www.researchgate.net/publication/324174609_Toxic_Cyanobacteria_in_Svalbard_Chemical_Diversity_of_Microcystins_Detected_Using_a_Liquid_Chromatography_Mass_Spectrometry_Precursor_Ion_Screening_Method (16. 01. 2020).

Kodama, K., Matsui, K., Hatanaka, A. und Kajiwara, T. (1993): Sex-attractants secreted from female gametes of Japanese brown algae of the genus Scytosiphon. Phytochem., *32*, S. 817–819.

Kohler, A. und Janauer, G. A. (1995): Zur Methodik der Untersuchung von aquatischen Makrophyten in Fließgewässern. In: Steinberg, C., Calmano, W., Klapper, H. und Wilken, R.-D. (Hrsg.): Handbuch Angewandte Limnologie. Ecomed-Verlag, Landsberg am Lech.

Kolkwitz, R. (1940): Biologie des Trinkwassers. In: Bames, E., Bleyer, B., Grossfeld, J. (Hrsg.): Handbuch der Lebensmittelchemie. Julius Springer, Berlin, S. 247–270.

Kolkwitz, R. (1950): Ökologie der Saprobien. Schriftenr. Ver. Wasser-, Boden- und Lufthygiene, Gustav Fischer Verlag, Stuttgart.

Kolkwitz, R. und Marsson, M. (1902): Grundsätze für die biologische Beurteilung des Wassers nach seiner Flora und Fauna. Mitt. Kgl. Prüfanstalt Wasserversorgung, Abwasserbeseitigung, *1*, S. 33–72.

Kondo, F., Ikai, Y., Oka, H., Matsumoto, H., Yamada, S., Ishikawa, N., Tsuji, K., Harada, K.-I., Shimada, T., Oshikata, M. und Suzuki, M. (1995): Reliable and sensitive method for determination of microcystins in complicated matrices by frit-fast atom bombardment liquid chromatograhy/mass spectrometry. Natural Toxins, *3*, S. 41–49.

Kondo, F., Matsumoto, H., Yamada, S., Ishikawa, N., Ito, E., Nagata, S., Ueno, Y., Suzuki, M. und Harada, K.-I. (1996): Detection and identification of metabolites of microcystins formed *in vivo* in mouse and rat livers. Chem. Res. Toxicol., *9*, S. 1355–1359.

Koste, W. (1978): Rotatoria. Die Rädertiere Mitteleuropas: Überordnung Monogononta. Borntraeger, Berlin.

Krammer, K. und Lange-Bertalot, H. (Hrsg.) (1986): Bacillariophyceae, 1. Teil Naviculaceae. In: Ettl, H., Gerloff, J. Heynig, H. und Mollenhauer, D. (Hrsg.): Süßwasserflora von Mitteleuropa Bd. 2/1, Jena.

Krammer, K. und Lange-Bertalot, H. (Hrsg.) (1988): Bacillariophyceae, 2. Teil Bacillariaceae, Epithemiaceae, Surirellaceae. In: Ettl, H., Gerloff, J. Heynig, H. und Mollenhauer, D. (Hrsg.): Süßwasserflora von Mitteleuropa Bd. 2/2, Jena.

Krammer, K. und Lange-Bertalot, H. (Hrsg.) (1991): Bacillariophyceae, 3. Teil Centrales, Fragilariaceae, Eunotiaceae. In: Ettl, H., Gerloff, J. Heynig, H. und Mollenhauer, D. (Hrsg.): Süßwasserflora von Mitteleuropa Bd. 2/3, Stuttgart und Jena.

Krammer, K. und Lange-Bertalot, H. (Hrsg.) (2004): Bacillariophyceae, 4. Teil Achnanthaceae, Kritische Ergänzungen zu Achnanthes s.l., Navicula s.str., Gomphonema. In: Ettl, H., Gärtner,

G., Heynig, H. und Mollenhauer, D. (Hrsg.): Süßwasserflora von Mitteleuropa Bd. 2/4, Heidelberg und Berlin.

Krause, W. (1997): Charales (Charophyceae). In: Ettl, H., Gärtner, G., Heynig, H. und Mollenhauer, D. (Hrsg.): Süßwasserflora von Mitteleuropa 18. Jena, Stuttgart, Lübeck, Ulm.

Krieg, H. J. (1999): Mikrobenthos. In: Tümpling, W. v. und Friedrich, G. (Hrsg.): Biologische Gewässeruntersuchung. Gustav Fischer, Jena, S. 153–1185.

Krüger, U. (1999): Membrane-supported biological water treatment. In: Chorus, I., Ringelband, U., Schlag, G. und Schmoll, O. (Hrsg.): Water, Sanitation and Health: Resolving conflicts between drinking-water demands and pressures from society's wastes. IWA Publishing, London, S. 319–324.

Kuiper-Goodman, T., Falconer, I. R. und Fitzgerald, J. (1999): Human Health Aspects. In: Chorus, I., Bartram, J. (Hrsg.): Toxic Cyanobacteria in Water: A Guide to Public Health Consequences, Monitoring and Management. E & FN Spon, London, S. 114–152.

Lambert, T. W., Boland, M. P., Holmes, C. F. B. und Hrudey, S. E. (1994): Quantitation of the microcystin hepatotoxins in water at environmentally relevant concentrations with the protein phosphatase bioassay. Env. Sci. Tech., *28*, S. 753–755.

Lampert, W. und Sommer, U. (1999): Limnoökologie, Thieme, Stuttgart.

Lampert, W. und Sommer, U. (2007): Limnoecology. 2nd ed., Oxford Univ. Press, Oxford York.

LAWA (Länderarbeitsgemeinschaft Wasser) (1996): Gewässergüteatlas der Bundesrepublik Deutschland – Biologische Gewässergütekarte 1995. Kulturbuch-Verlag, Berlin.

LAWA (Länderarbeitsgemeinschaft Wasser) (1998): Gewässerbewertung, stehende Gewässer. Vorläufige Richtlinie für die Erstbewertung von natürlich entstandenen Seen nach trophischen Kriterien.

LAWA (Länderarbeitsgemeinschaft Wasser) (2000): Gewässerstrukturgütekartierung in der Bundesrepublik Deutschland – Verfahren für kleine und mittelgroße Fließgewässer. 3 Anhänge, S. 23, Schwerin.

LAWA (Länderarbeitsgemeinschaft Wasser) (Hrsg.) (2000a): Einsatzmöglichkeiten des Biomonitorings zur Überwachung von Langzeit-Wirkungen in Gewässern. Berlin, 44 S.

LAWA (Länderarbeitsgemeinschaft Wasser) (Hrsg.) (2002): Gewässergüteatlas der Bundesrepublik Deutschland – Biologische Gewässergütekarte 2000. Berlin, 60 S. 1 Karte 3 Farbfolien.

LAWA (Länderarbeitsgemeinschaft Wasser) (Hrsg.) (2002a): Gewässergüteatlas der Bundesrepublik Deutschland – Gewässerstruktur in der Bundesrepublik Deutschland 2001, Berlin, 28 S. 1 Karte.

LAWA-UAK „Planktonführende Fließgewässer" (2002): Methode zur Klassifikation der Trophie planktonführender Fließgewässer – Ergebnisse der Erprobungsphase. Im Auftrag der Länderarbeitsgemeinschaft Deutschland. Saarbrücken.

LAWA (Länderarbeitsgemeinschaft Wasser) (Hrsg.) (2004): Gewässerstrukturkartierung in der Bundesrepublik Deutschland – Übersichtsverfahren, Berlin, 23 S. 1 Anhang.

LAWA (Länderarbeitsgemeinschaft Wasser) (Hrsg.) (2007): Rahmenkonzeption Monitoring Teil B; Bewertungsgrundlagen und Methodenbeschreibung. www.wasserblick.net

Lawrence, J. F., Ménard, C. und Cleroux, C. (1995): Evaluation of prechromatographic oxidation for liquid chromatographic determination of paralytic shellfish poisons in shellfish. J. AOAC Int., *78*, S. 514–520.

Lawton, L. A., Edwards, C. und Codd, G. A. (1994a): Extraction and high-performance liquid chromatographic method for the determination of microcystins in raw and treated waters. Analyst, *119*, S. 1525–1530.

Lawton, L., Marsalek, B. und Padisak, J. (1999): Cyanobacterial Quantification and Identification. In: Chorus, I. und Bartram, J. (Hrsg.): Toxic Cyanobacteria in Water: A Guide to Public Health Consequences, Monitoring and Management. E & FN Spon, London, S. 348–367.

Lawton, L. A., Beattie, K. A., Hawser, S. P., Campbell, D. L. und Codd, G. A. (1994b): Evaluation of assay methods for the determination of cyanobacterial hepatotoxicity. In: Codd, G. A.,

Jeffries, T. M., Keevil, C. W. und Potter, E. (Hrsg.): Detection Methods for Cyanobacterial (Blue-Green Algal) Toxins. The Royal Society of Chemistry, Academic Press, London, S. 111–116.

Leão, J. M., Gago, A., Rodríguez-Vázquez, J. A., Aguete, E. C., Omil, M. M. und Comesaña, M. (1998): Solid-phase extraction and high performance liquid chromatography procedures for the analysis of paralytic shellfish toxins. J. Chromatogr., *A 798*, S. 131–136.

Levy, R. V. et al. (1984): Novel Method for Studying the Public Health Significance of Macroinvertebrates occurring in Potable Water. Applied and Environmental Microbiology, *47*, S. 889–894.

Levy, R. V., Hart, F. L. und Cheetham, R. D. (1986): Occurence and Public Health Significance of Invertebrates in Drinking Water Systems. Journal of the American Water Works Association, *9*, S. 105–110.

Liebmann, H. (1962): Handbuch der Frischwasser- und Abwasserbiologie, Bd. II. R. Oldenbourg, München.

Little, D., Loftus, N. und Powell, M. W. (1997): Determination of anatoxin-a in drinking water samples by LC/MS. Finnigan Application Note – AN506.

Locke, S. J. und Thibault, P. (1994): Improvement in detection limits for the determination of paralytic shellfish poisoning toxins in shellfish tissues using capillary electrophoresis/electrospray mass spectrometry and discontinuous buffer systems. Anal. Chem., *66*, S. 3436–3446.

Lomans, B. P., Smolders, A. J. P., Intven, L. M., Pol, A., Op den Camp, H. J. M., van der Drift, C. (1997): Formation of dimethyl sulfide and methanethiol in anoxic freshwater sediments. Appl. Environ. Microbiol. *63*, S. 4741–4747.

Lomans, B. P., Op den Camp, H. J. M., Pol, A., van der Drift, C. und Vogels, G. D. (1999): Role of methanogens and other bacteria in degradation of dimethly sulfide and methanethiol in anoxic freshwater sediments. Appl. Environ. Microbiol., *65*, S. 2116–2121.

Londo, G. (1974): The decimal scale for relevés of permanent quadrats. In: Knapp, P. (Ed.): Sampling methods in vegetation science. W. Junk Publ., The Hague, Boston, London, S. 45–49.

LUA (Landesumweltamt Nordrhein-Westfalen) (2001): Gewässerstrukturgüte in Nordrhein-Westfalen, Anleitung für die Kartierung mittelgroßer bis großer Fließgewässer. Merkblätter Nr. 26, Essen, 152 S.

LUA (Landesumweltamt Nordrhein-Westfalen) (2002): Gewässergütebericht 2001 für den Berichtszeitraum 1995–2000, Essen.

LWA (Landesamt für Wasser und Abfall NRW) (1991): Allgemeine Güteanforderungen für Fließgewässer (AGA) – Entscheidungshilfe für die Wasserbehörden in wasserrechtlichen Erlaubnisverfahren. Düsseldorf.

Mahmood, N. A. und Carmichael, W. W. (1987): Anatoxin-a(s), an anticholinesterase from the cyanobacterium *Anabaena flos-aquae* NRC-525-17. Toxicon, *25*, S. 1221–1227.

Malin, G. und Kirst, G. O. (1997): Algal production of dimethyl sulfide and its atmospheric role. J. Phycol., *33*, S. 889–896.

Mallevialle, J. und Suffet, I. H. (Hrsg.) (1987): Identification and Treatment of Tastes and Odors in Drinking Water. Am. Wat. Works Ass., Denver.

Manger, R. L., Leja, L. S., Lee, S. Y., Hungerford, J. M., Hokoma, Y., Dickey, R. W., Grande, H. R., Lewis, R., Yasumoto, T. und Wekell, M. M. (1995): Detection of sodium channel toxins: directed cytotoxicity assays of purified toxins ciguatoxins, brevetoxins, saxitoxins, and seafood extracts. J. AOAC Int., *78*, S. 521–527.

Marsálek, B. und Bláha, L. (2004): Comparison of 17 biotests for detection of cyanobacterial toxicity. Environ Toxicol., *19*, S. 310–317.

Martin, C., Sivonen, K., Matern, U., Dierstein, R. und Weckesser, J. (1990): Rapid purification of the peptide toxins microcystin-LR and nodularin. FEMS Microbiol. Lett., *68*, S. 1–6.

Matsunaga, S., Moore, R. E., Niemczura, W. P. und Carmichael, W. W. (1989): Anatoxin-a(s), a potent anticholinesterase from the cyanobacterium *Anabaena flos-aquae*. J. Amer. Chem. Soc., *111*, S. 8021–8023.
Mattheis, J. P. und Roberts, R. G. (1992): Identification of geosmin as a volatile metabolite of Penicillium expansum. Appl. Environ. Microbiol., *58*, S. 3170–3172.
Mauch, E. (1992): Ein Verfahren zur gesamtökologischen Bewertung der Gewässer. In: Friedrich, G. und Lacombe, J. (Hrsg.): Limnologie aktuell, Band 3. Gustav Fischer, Stuttgart, S. 205–218.
McCallum, R., Pendleton, P., Schumann, R. und Trinh, M. U. (1998): Determination of geosmin and 2-methylisoborneol in water using solid-phase microextraction. Analyst, *123*, S. 2155–2160.
McElhiney, J., Lawton, L. A., Edwards, C. und Gallacher, S. (1998): Development of a bioassay employing the desert locust (*Schistocerca gregaria*) for the detection of saxitoxin and related compounds in cyanobacteria and shellfish. Toxicon, *36*, S. 417–420.
Meriluoto, J. (1997): Chromatography of microcystins. Analytica Chimica Acta, *352*, S. 277–298.
Meriluoto, J., Spoof, L., Codd, G. A. (Hrsg.) (2017) Handbook of Cyanobacterial Monitoring and Cyanotoxin Analysis. Wiley, New York.
Metcalf, J. S., Beattie, K. A., Saker, M. L., Codd, G. A. (2002): Effects of organic solvents on the high performance liquid chromatographic analysis of the cyanobacterial toxin cylindrospermopsin and its recovery from environmental eutrophic waters by solid phase extraction. FEMS Microbiol Lett., *216*, S. 159–164.
Mischke, U. (2005): Bewertung Fließgewässer mittels Phytoplankton. Praxistest 2005, IGB, 10–70.
Mischke, U. und Behrendt, H. (2007): Handbuch zum Bewertungsverfahren von Fließgewässern mittels Phytoplankton zur Umsetzung der EG-WRRL in Deutschland, Berlin.
Michels, U. (2017): Invertebraten in Trinkwasserverteilungssystemen – Lebensraum, Verbreitung, Nahrungsbeziehungen. Dissertation der Technischen Universität Berlin, Berlin.
Mohaupt, V., Herata, H., Bach, M., Behrendt, H. und Fuchs, S. (2001): Kläranlagen saniert – Woher kommen Gewässerbelastungen heute? Wasserwirtschaft-Wassertechnik (persönliche Mitteilung).
Moss B, Jeppesen E, Søndergaard M., Lauridsen T. L., Liu Z. (2013): Nitrogen, macrophytes, shallow lakes and nutrient limitation: resolution of a current controversy? Hydrobiologia. 710, S. 3–21.
Müller, W. (2008): Habitatbeschaffenheit und Kolmation der Oberflächenwassserkörper im Bereich des Wasserwirtschaftsamts Regensburg. Deutsche Gesellschaft für Limnologie, Erweiterte Zusammenfassungen der Jahrestagung 2007, Werder, S. 419–420.
Murata, H. H., Shoji, M., Oshikata, K.-I., Harada, M., Suzuki, F., Kondo und Goto, H. (1995): High performance liquid chromatography with chemiluminescence detection of derivatized microcystins. J. Chromatogr. A, 693, S. 263–270.
Nagata, S., Soutome, H., Tsutsumi, T., Hasegawa, A., Sekijima, M., Sugamata, M., Harada, K.-I., Suganuma, M. und Ueno, Y. (1995): Novel monoclonal antibodies against microcystin and their protective activity for hepatotoxicity. Natural Toxins, *3*, S. 78–86.
Negri, A. P., Jones, G. J., Blackburn, S. I., Oshima, Y. und Onodera, H. (1997): Effect of culture and bloom development and of sample storage on paralytic shellfish poisons in the cyanobacterium *Anabaena circinalis*. J. Phycol., *33*, S. 26–35.
Niesel, V., Hoehn, S., Sudbrack, R., Willmitzer, H., Chorus, I. (2007): The occurrence of the Dinophyte species *Gymnodinium uberrimum* and *Peridinium willei* in German reservoirs. J. Plankton Res., *29*, S. 347–357.
Nogrady, T., Wallace, R. L. und Snell, T. W. (1993): Rotifera, Vol. 1: Biology, Ecology and Systematics. In: Dumont, H. J. F. (Hrsg.): Guides to the Identification of the Microinvertebrates of the Continental Waters of the World. SPB Academic Publishing, The Hague.
NUA (Natur- und Umweltschutzakademie NRW, Hrsg.) (2000): Gewässer ohne Wasser? Ökologie, Bewertung, Management temporärer Gewässer. NUA-Seminarbericht 5: 166 S.

Oberemm, A., Fastner, J. und Steinberg, C. E. W. (1997): Effects of microcystin-LR and cyanobacterial crude extracts on embryo-larval development of zebrafish (*Danio rerio*). Water Res., *31*, S. 2918–2921.

Obst, U. und Holzapfel-Pschorn, A. (1988): Enzymatische Tests für die Wasseranalytik. R. Oldenbourg Verlag, München, Wien.

OECD (Organisation for Economic Co-operation and Development) (1982): Eutrophication of Waters, Paris, 154 S.

ÖNORM (1995): Österreichisches Normungsinstitut: Richtlinien für die ökologische Untersuchung und Bewertung von Fließgewässern (ÖNORM M 6232), Wien.

Ojanpera, I., Vuori, E., Himberg, K., Waris, M. und Niinivaara, K. (1991): Facile detection of anatoxin-a in algae material by thin-layer chromatography with Fast Black K salt. Analyst, *116*, S. 265–267.

Oshima, Y. (1995): Postcolumn derivatization liquid chromatographic method for paralytic shellfish toxins. J. AOAC Int., *78*, S. 528–532.

Ottinger, L. (2018): Untersuchungen zur Invertebratenfauna in deutschen Trinkwasserversorgungsanlagen unter besonderer Berücksichtigung Süddeutschlands. Unveröff. Masterarbeit der Universität Koblenz-Landau. Landau.

Padisák, J., Krienitz, L., Scheffler, W. (1999): Phytoplankton. In: von Tümpling, W. und Friedrich, G. (Hrsg.): Biologische Gewässeruntersuchung, Jena, S. 35–53.

Padisák, J., Borics, G., Grigorszky, I., Soróczki-Pintér, E. (2006): Use of phytoplankton assemblages for monitoring ecologica status of lakes within the Water Framework Directive: The assemblage index. Hydrobiologia, S. 1–14.

Peter, A., Köster, O., Schildknecht, A., von Gunten, U. (2009): Occurrence of dissolved and particle-bound taste and odor compounds in Swiss lake waters. Wat. Res. *43*, S. 2191–2200.

Peterson, H. G., Hrudey, S. E., Cantin, I. A., Perley, T. R. und Kenefick, S. L. (1995): Physiological toxicity, cell membrane damage and the release of dissolved organic carbon and geosmin by Aphanizomenon flos-aquae after exposure to water treatment chemicals. Wat. Res., *29*, S. 1515–1523.

PHYLIB (2006): Schaumburg, J., Schranz, Ch., Stelzer, D., Hoffmann, G., Foerster und Gutowski, A. (2006): Verfahrensanleitung für die ökologische Bewertung von Fließgewässern zur Umsetzung der EU Wasserrahmenrichtlinie: Makrophyten und Phytobenthos. Hrsg.: Bayerisches Landesamt für Umwelt (Hrsg.) Stand Januar 2006. www.lfu.bayern.de/wasser/forschung_und_projekte/phylib_deutsch/verfahrensanleitung/index.htm

Pietsch, J., Fichtner, S., Imhof, L., Schmidt, W. und Brauch, H.-J. (2001): Simultaneous determination of cyanobacterial hepato- and neurotoxins in water samples by ion-pair supported enrichment and HPLC-ESI-MS-MS. Chromatographia, *54*, S. 339–344.

Pietsch, J., Bornmann, K., Schmidt, W. (2002a) Relevance of intra and extracellular cyanotoxins for drinking water treatment. Acta Hydrochimica et. Hydrobiologica, *30*, S. 7–15.

Pilotto, L. S., Douglas, R. M., Burch, M. D., Cameron, S., Beers, M., Rouch, G. R., Robinson, P., Kirk, M., Cowie, C. T., Hardiman, S., Moore, C. und Attewell, R. G. (1997): Health effects of recreational exposure to cyanobacteria (Blue-green) during recreational waterrelated activities. Aust. N. Zealand J. Public Health, *21*, S. 562–566.

Pinñeiro, N., Leão, J. M., Gago Martínez, A. und Rodríguez-Vázquez, J. A. (1999): Capillary electrophoresis with diode array detection as an alternative analytical method for paralytic and amnesic shellfish toxins. J. Chromatogr., *A 847*, S. 223–232.

Pipp, E. (1997): Klassifikation oberösterreichischer Fließgewässer anhand der Kieselalgen, Hrsg. Bundesministerium für Land und Forstwirtschaft, Wasserwirschaftskataster, Wien, 198 S.

Pohnert, G. und Boland, W. (1996): Biosynthesis of the algal pheromone hormosirene by the freshwater diatom Gomphonema parvulum (Bacillariophyceae). Tetrahedron, *52*, S. 10073–10082.

Poon, G. K., Griggs, L. J., Edwards, C., Beattie, K. A. und Codd, G. A. (1993): Liquid chromatography-electrospray ioization-mass spectrometry of cyanobacterial toxins. J. Chromatogr., *628*, S. 215–233.

Pottgiesser, T. und Sommerhäuser, M. (2004): Die Fließgewässertypologie Deutschlands: System der Gewässertypen und Steckbriefe zu den Referenzbedingungen. In: Handbuch der Angewandten Limnologie *19*, VIII-2.1. Landsberg (ecomed Verlagsgesellschaft).

Pottgiesser und Sommerhäuser (2008): Aktualisierung der Steckbriefe der bundesdeutschen Fließgewässertypen (Teil A) und Ergänzung der Steckbriefe der deutschen Fließgewässertypen um typspezifische Referenzbedingungen und Bewertungsverfahren aller Qualitätskomponenten (Teil B), im Auftrag des Umweltbundesamtes. Steckbriefe verfügbar unter www.wasserblick.net

Powell, M. W. (1997): Analysis of anatoxin-a in aqueous samples. Chromatographia, *45*, S. 25–28.

Preussel, K. A., Stüken, C., Wiedner, I., Chorus I. und Fastner, J. (2006): First report on cylindrospermopsin producing *Aphanizomenon flos-aquae* (Cyanobacteria) isolated from two German lakes. Toxicon., *47*, S. 156–162.

Puddick, J., Prinsep, M. R., Wood, S. A., Kaufononga, S. A., Cary, S. C. und Hamilton, D. P. (2014): High levels of structural diversity observed in microcystins from Microcystis CAWBG11 and characterization of six new microcystin congeners. Mar Drugs, *12*, S. 5372–5395.

Rapala, J., Sivonen, K., Luukkainen, R. und Niemelä, S. I. (1993): Anatoxin-a concentration in *Anabaena* and *Aphanizomenon* under different environmental conditions and comparison of growth by toxic and non-toxic *Anabaena*-strains – a laboratory study. J. Appl. Phycol., *5*, S. 581–591.

Rashash, D. M. C., Dietrich, A. M., Hoehn, R. C. und Parker, B. C. (1995): The influence of growth conditions on odor-compound production by two chrysophytes and two cyanobacteria. Wat. Sci. Technol., *31*, S. 165–172.

Redfield, A. C. (1958): The biological control of chemical factors in the environment. American Scientist, *46*, S. 205–221.

Reynolds, C. (1984): The Ecology of Freshwater Phytoplankton. Cambridge University Press, Cambridge.

Reynolds, C. (1997): Vegetation Processes in the Pelagic: a Model for Ecosystem Theory. Ecology Institute, Oldendorf/Luhe.

Reynolds, C., Huszar, V., Kruk, C., Naselli-Flores, L., Melo, S. (2002): Towards a functional classification of the freshwater phytoplankton. J. Plankton Res., *24*, S. 417–428.

Richards, S. R., Rudd, J. W. M. und Kelly, C. A. (1994): Organic volatile sulfur in lakes ranging in sulfate and dissolved salt concentration over five orders of magnitude. Limnol. Oceanogr., *39*, S. 562–572.

Rodríguez, E., Onstad, G. D., Kull, T. P., Metcalf, J. S., Acero, J. L., von Gunten, U. (2007). Oxidative elimination of cyanotoxins: comparison of ozone, chlorine, chlorine dioxide and permanganate. Water Res. *41*, S. 3381–3393.

Rössner, F. X. (1966): Organismen in den technischen Anlagen der Wasserversorgung. Neue DELIWA-Zeitschrift, *3*, S. 93–102.

Rott, B. H., Hofmann, G., Pall, K., Pfister, P. und Pipp, E. (1997): Indikationslisten für Aufwuchsalgen Teil 1: Saprobielle Indikation. Hrsg. Bundesministerium für Land und Forstwirtschaft, Wasserwirschaftskataster, Wien.

Rott, E., Pfister, P., Van Dam, H., Pioo, E., Pall, K., Binder, N. und Ortler, K. (1999): Indikationslisten für Aufwuchsalgen. Teil 2: Trophieindikation und autökologische Anmerkungen. Hrsg. Bundesministerium für Land- und Forstwirtschaft der Republik Österreich, Wasserwirtschaftskataster, Wien, S. 1–73.

Rücker, J., Stüken, A., Nixdorf, B., Fastner, J., Chorus, I., Wiedner, C. (2007): Concentrations of particulate and dissolved cylindrospermopsin (CYN) in 21 *Aphanizomenon* dominated lakes of North East Germany. Toxicon., *50*, S. 800–809.

Sano, T., Nohara, K., Shirai, F. und Kaya, K. (1992): A method for microdetection of total microcystin content in waterbloom of cyanobacteria (blue-green algae). Int. J. Environ. Anal. Chem., *49*, S. 163–170.

Samdal, I. A., Ballot, A., Løvberg, K. E. und Miles, C. O. (2014): Multihapten approach leading to a sensitive ELISA with broad cross-reactivity to microcystins and nodularin. Environmental Science and Technology, *48*, S. 8035–8043.

Sas, H. (1989): Lake Restoration by Reduction of Nutrient Loading – Expectations, Experiences, Extrapolations. Academia Verlag Richarz GmbH, St. Augustin.

Sassolas, A., Catanante, G., Fournier, D. und Marty, J. L. (2011): Development of a colorimetric inhibition assay for microcystin-LR detection: comparison of the sensitivity of different protein phosphatases. Talanta, *85*, S. 2498–2503.

Schaumburg, J. (1998): Seenbewertung in Deutschland – eine Übersicht im Hinblick auf eine integrierte ökologische Betrachtung. Münchener Beiträge zur Abwasser- und Flussbiologie, *51*, S. 334–368.

Scheffer M, Hosper S. H., Meijer M. L., Moss B., Jeppesen E. (1993): Alternative equilibria in shallow lakes. Trends Ecol Evol. 8:275–279.

Scheffer M., Rinaldi S., Gragnani A., Mur L. R., van Nes E. H. (1997). On the dominance of filamentous cyanobacteria in shallow, turbid lakes. Ecology. 78:272–282.

Schelske, C. L. und Stoermer, E. F. (1971): Eutrophication, Silicia Depletion, and Predicted Changes in Algal Quality in Lake Michigan. Science, *173*, S. 423–424.

Schmitt, A. (1997): Erste Erfahrungen mit einem neuen System zur Klassifikation der Trophie „Planktondominierter Fließgewässer". Deutsche Gesellschaft für Limnologie (DGL), Tagungsbericht Schwedt 1996, Krefeld.

Schmitt, A. (1998): Trophiebewertung planktondominierter Fließgewässer – Konzept und erste Erfahrungen. Integrierte ökologische Gewässerbewertung – Inhalte und Möglichkeiten. Münchener Beiträge zur Abwasser-, Fischerei- und Flussbiologie, *51*, S. 394–411.

Schöll, F., Haybach, A. und König, B. (2005): Das erweiterte Potamotypieverfahren zur ökologischen Bewertung von Bundeswasserstraßen (Fließgewässertypen 10 und 20: kies- und sandgeprägte Ströme, Qualitätskomponente Makrozoobenthos) nach Maßgabe der Wasserrahmenrichtlinie. In: Hydrologie und Wasserbewirtschaftung 49: S. 234–247.

Schönborn, W. (2003): Lehrbuch der Limnologie, Stuttgart, Schweizbart Stuttgart.

Schoenen, D. und Koch, C. (2007): Hundeegel (*Erpobdella octoculata*) in einem Trinkwasserberhälter. Gas- und Wasserfach gwf (Wasser/Abwasser), *148*, S. 41–43.

Schreiber, H. und Schoenen, D. (1994): Chemical, bacteriological and biological examination of sediments from drinking water reservoirs. Zbl. Hygiene und Umweltmedizin, S. 153–169.

Schreiber, H. und Schoenen, D. (1998): Tierische Organismen in Wasserversorgungsanlagen. gwf Wasser-Abwasser, *139*, S. 32–37.

Schreiber, H., Schoenen, D. und Traunspurger, W. (1997): Invertebrate colonization of granular activated carbon filters. Water Research, *31*, S. 743–748.

Schwarz, H., Kuchera, R., Kramer, H., Klapper, R. und Schuster, W. (1966): Erfahrungen bei der Bekämpfung von Asellus aquaticus in den Wasserversorgungsanlagen der Stadt Magdeburg. Fortschritte der Wasserverchemie u. ihrer Grenzgebiete, *4*, S. 96–127.

Schwarz, H., Klapper, H., Schuster, W. (1968), Pyrethrum – ein geeignetes Mittel zur Bekämpfung von Wasserasseln in Trinkwasserversorgungsanlagen, Pyrethrum Post, 9, S. 30–38.

Schwoerbel, J. (1961): Über die Lebensbedingungen und die Besiedlung des hyporheischen Lebensraumes. Arch. Hydrobiol., Suppl. 25, S. 182–214.

Schwoerbel, J. (1986): Methoden der Hydrobiologie, Süßwasserbiologie. 4. Aufl. Stuttgart, Jena.

Schwoerbel, J. (1994): Methoden der Hydrobiologie, Süßwasserbiologie. Gustav Fischer Verlag, Stuttgart.

Schwoerbel, J. (1999): Einführung in die Limnologie. Gustav Fischer Verlag, Stuttgart.

Schwoerbel, J. und Brendelberger, H. (2005): Einführung in die Limnologie. Elsevier/Spektrum, Heidelberg.
Silvey, J. K. und Roach, A. W. (1956): Actinomycetes may cause tastes and odors in water supplies. Publ. Works Magaz., *87*, S. 103–106 und S. 210–212.
Sim, A. T. R. und Mudge, L. M. (1993): Protein phosphatase activity in cyanobacteria: consequences for microcystin toxicity analysis. Toxicon, *31*, S. 1179–1186.
Sivonen, K. und Jones, J. (1999): Cyanobacterial toxins. In: Chorus, I. und Bartram, J. (Hrsg.): Toxic Cyanobacteria in Water: A Guide to Public Health Consequences, Monitoring and Management. E & FN Spon, London, S. 41–111.
Slater, G. P. und Blok, V. C. (1983): Volatile compounds of the cyanophyceae – A review. Wat. Sci. Technol., *15*, S. 181–190.
Smalls, I. C. und Greaves, G. F. (1968): A survey of animals in distribution systems. Journal Water Treatment and Examination, *19*, S. 150–183.
Sommer, U., Glivicz, Z. M., Lampert, W., Duncan, A. (1986): The PEG-model of seasonal succession of planktonic events in fresh waters. Arch. Hydrobiol. *106*, S. 433–471.
Sommer, U. (1994): Planktologie. Springer Verlag, Berlin, Heidelberg, New York.
Steinberg, C. und Zimmermann, G. (1988): Intermittend destratification: a therapy measure against cyanobacteria in lakes. Environm. Technol. Let., *9*, S. 337–350.
Steinberg, C., Bernhard, H. und Klapper, H. (Hrsg.) (1995): Handbuch Angewandte Limnologie. Ecomed-Verlag, Landsberg am Lech.
Streble, H. und Krauter, D. (1988): Das Leben im Wassertropfen – Mikroflora und Mikrofauna des Süßwassers: Ein Bestimmungsbuch. Kosmos-Verlag, Stuttgart.
Stewart, I., Webb, P. M., Schluter, P. J., Fleming, L. E., Burns, J. W.Jr., Gantar, M., Backer, L. C. and Shaw, G. R. (2006): Epidemiology of recreational exposure to freshwater cyanobacteria – an international prospective cohort study. BMC Public Health, *6*, S. 93.
Strickland, J. H. und Parsons, T. R. (1972): A Practical Handbook of Seawater Analysis. Fisheries Research Board of Canada, Ottawa.
Su, M., Gaget, V., Giglio, S., Burch, M., An, W., Yang, M. (2013): Establishment of quantitative PCR methods for the quantification of geosmin-producing potential and *Anabaena* sp. in freshwater systems. Wat. Res. *47*, S. 3444–3454.
Sugiura, N., Nishimura, O., Inamori, Y., Ouchiyama, T. und Sudo, R. (1997): Grazing characteristics of musty-odor-compound-producing Phormidium tenue by a microflagellate, Monas guttula. Water Res., *31*, S. 2792–2796.
Suurnäkki, S., Gomez-Saez, G. V., Rantala-Ylinen, A., Jokela, J., Fewer, D. P. Sivonen, K. (2015): Identification of geosmin and 2-methylisoborneol in cyanobacteria and molecular detection methods for the producers of these compounds. Wat. Res. *68*, S. 56–67.
Tabachek, J. A. L. und Yurkowski, M. (1976): Isolation and identification of blue-green algae producing muddy odor metabolites, geosmin, and 2-methylisoborneol, in saline lakes in Manitoba. J. Fish. Res. Board Can., *33*, S. 25–35.
Takino, M., Daishima, S. und Yamaguchi, K. (1999): Analysis of anatoxin-a in freshwater by automated on-line derivatization-liquid chromatography-electrospray mass spectrometry. J. Chromatogr., *A 862*, S. 191–197.
Teixera, M. G. L. C., Costa, M. C. N., Carvalho, V. L. P., Pereira, M. S. und Hage, E. (1993): Gastroenteritis epidemic in the area of the Itaparica Dam, Bahia, Brazil. Bull. Pan American Health Organ., *27*, S. 244–253.
Thulin, B. und Hahn, H.-J. (2008): Ecology and living conditions of groundwater fauna, Swedish Nuclear Fuel and Waste Management Co, Technical Report TR-08-06, Stockholm, 55 pp.
Tittizer, Th. (1999): Hyporheisches Interstitial. In: von Tümpling, W. und Friedrich, G. (Hrsg.) (1999): Biologische Gewässeruntersuchung, Jena, S. 249–259.
Tittizer, T. (1999a): Makrozoobenthos. In: Tümpling, W. v. und Friedrich, G. (Hrsg.): Biologische Gewässeruntersuchung. Gustav Fischer, Jena, S. 133–153.

Törökné, A. K. (1999): A new culture-free microbiotest for routine detetction of cyanobacterial toxins. Env. Tox., *14*, S. 466–472.

Triantis, T., Tsimeli, K., Kaloudis, T., Thanassoulias, N., Lytras, E. und Hiskia, A. (2010): Development of an integrated laboratory system for the monitoring of cyanotoxins in surface and drinking waters. Toxicon, *55*, S. 979–989.

Truman, P. und Lake, R. J. (1996): Comparison of mouse bioassay and sodium channel cytotoxicity assay for detecting paralytic shellfish poisoning toxins in shellfish extracts. J. AOAC Int., *79*, S. 1130–1133.

Tsuchiya, Y. und Matsumoto, A. (1988): Identification of volatile metabolites produced by blue-green algae. Wat. Sci. Technol., *20*, S. 149–155.

Tsuchiya, Y., Watanabe, M. F. und Watanabe, M. (1992): Volatile organic sulfur compounds associated with blue-green algae from inland waters of Japan. Wat. Sci. Technol., *25*, S. 123–130.

Tsuji, K., Naito, S., Kondo, F., Watanabe, M. F., Suzuki, S., Nakazawa, H., Suzuki, M., Shimada, T. und Harada, K.-I. (1994): A clean-up method for analysis of trace amounts of microcystins in lake water. Toxicon, *32*, S. 1251–1259.

Tümpling, W. v. und Friedrich, G. (1999): Methoden der biologischen Wasseruntersuchung. Bd. 2. Biologische Gewässeruntersuchung. Gustav Fischer, Jena.

Turner, P. C., Gammie, A. J., Hollinrake, K. und Codd, G. A. (1990): Pneumonia associated with cyanobacteria. Br. Med. J., *300*, S. 1440–1441.

UBA, Umweltbundesamt (2010): Gewässerschutz mit der Landschaft. Umweltbundesamt, KOMAG mbH, Berlin.

Ueno, Y., Nagata, S., Tsutsumi, T., Hasegawa, A., Watanabe, M. F., Park, H.-D., Chen, G.-C., Chen, G. und Yu, S.-Z. (1996): Detection of microcystins, a blue-green algal hepatotoxin, in drinking water sampled in Haimen und Fusui, endemic areas of primary liver cancer in China by highly sensitive immunoassay. Carcinogenesis, *17*, S. 1317–1321.

Umweltbundesamt (2003): Empfehlung zum Schutz von Badenden vor Cyanobakterien-Toxinen. Bundesgesundheitsblatt, *46*, S. 530–538.

Umweltbundesamt (2015): Empfehlung zum Schutz von Badenden vor Cyanobakterien-Toxinen. Bundesgesundheitsblatt, *58*, S. 908–920.

Usleber, E., Schneider, E., Terplan, G. und Laycock, M. V. (1995): Two formats of enzyme immunoassay for the detection of saxitoxin and other paralytic shellfish poisoning toxins. Food Additives and Contaminants, *12(3)*, S. 405–413.

Utermöhl, H. (1958): Vervollkommnung der quantitativen Phytoplankton-Methodik. Mitt. Int. Verh. Limnol., *9*, S. 1–38.

Utkilen, H. C. und Frøshaug, M. (1992): Geosmin production and excretion in a planktonic and benthic Oscillatoria. Wat. Sci. Technol., *25*, S. 199–206.

van Breemen, L. W. C. A., Dits, J. S. und Ketelaars, H. A. M. (1992): Production and reduction of geosmin and 2-methylisoborneol during storage of river water in deep reservoirs. Wat. Sci. Technol., *25*, S. 233–240.

van Liere, L., Zevenboom, W. und Mur, L. (1975): Growth of *Oscillatoria agardhii* Gom. Hydrobiological Bulletin, *9*, S. 62–70.

Van Lieverloo, J. H. M., Venendaal, G. und van der Kooij, D. (1997): Dierlijke organismen in systemen voor distributie van drinkwater – Resultaten van een inventarisatie. KIWA, Nieuwegein.

Van Lieverloo, J. H. M., Hoogenboezem, W., Veenendaal, G. and Van der Kooij, D. (2012): Variability of invertebrate abundance in drinking water distribution systems in the Netherlands and mean correlation with biostability and sediment volumes. Water Research, *46*, S. 4918–4932.

Vezie, C., Benoufelle, K., Sivonen, G., Bertru, G. und Laplanche, A. (1996): Detection of toxicity of cyanobacterial strains using *Artemia salina* and Microtox assays compared with mouse bioassay results. Phycologia, *35* (Suppl.), S. 198–202.

Visser P.M, Ibelings BW, Mur LR, Walsby AE (2005). The ecophysiology of the harmful cyanobacterium Microcystis. In: Huisman J, Matthijs HCP, Visser PM, Harmful cyanobacteria. Springer. S. 109–142.

Vollenweider R. A. (1976). Advances in defining critical loading levels for phosphorus in lake eutrophication. Mem Ist Ital Idrobiol. *33*, S. 53–83.

Vollenweider, R. und Kerekes (1982): Eutrophication of Waters – Monitoring, Assessment and Control. OECD, Paris.

Wajon, J. E. und Heitz, A. (1995): The reactions of some sulfur compounds in water supplies in Perth, Australia. Wat. Sci. Technol., *31*, S. 87–92.

Walsh, K., Jones, G. J. und Dunstan, R. H. (1998): Effect of high irradiance and iron on volatile odour compounds in the cyanobacterium Microcystis aeruginosa. Phytochem., *49*, S. 1227–1239.

Ward, C. J., Beattie, K. A., Lee, E. Y. C. und Codd, G. A. (1997): Colorimetric protein phosphatase inhibition assay of laboratory strains and natural blooms of cyanobacteria: comparisons with high-performance liquid chromatographic analysis for microcystins. FEMS Microbiol. Lett., *153*, S. 465–473.

Watson, S. B., Brownlee, B., Satchwill, T. und McCauley, E. (1999): The use of solid phase microextraction (SPME) to monitor for major organoleptic compounds produced by chrysophytes in surface waters. Wat. Sci. Technol., *40*, S. 251–256.

Watson, S. B., Satchwill, T., Dixon, E., McCauley, E. (2001): Under-ice blooms and source-water odour in a nutrient-poor reservoir: Biological, ecological and applied perspectives. Freshwater Biol., *46*, S. 1553–1567.

Watson, S. B., Satchwill, T.: (2003): Chrysophyte odour production: resource-mediated changes at the cell and population levels. Phycologia, *42*, S. 393–405.

Watson, S. B., Jüttner, F. (2017): Malodorous volatile organic sulfur compounds: Sources, sinks and significance in inland waters. Crit. Rev. Microbiol., *43*, S. 210–237.

Watson, S. B., Monis, P., Baker, P., Giglio, S. (2016): Biochemistry and genetics of taste- and odor-producing cyanobacteria. Harmful Algae, *54*, S. 112–127.

Weber-Oldecop, D. W. (1974): Makrophytische Kryptogamen in der oberen Salmonidenregion der Harzbäche. Arch. Hydrobiol., *74*, S. 82–86.

Wee, J. L., Harris, S. A., Smith, J. P., Dionigi, C. P. und Millie, D. F. (1994): Production of the taste/odor-causing compound, trans-2,cis-6-nonadienal, within the Synurophyceae. J. Appl. Phycol., *6*, S. 365–369.

Welker, M. und C. Steinberg (2000): Rates of humic substance photosensitized degradation of Microcystin-LR in natural water. Environmental Science & Technology, Volume 34, S. 3415–3419.

Welker, M., Bickel, H. und Fastner, J. (2002): HPLC-PDA detection of cylindrospermopsin--opportunities and limits. Water Res., *36*, S. 4659–4663.

Welschmeyer, N. A. (1994): Fluorometric analysis of chlorophyll a in the presence of chlorophyll b and phaeopigments. Limnol. Oceanogr, *39*, S. 1985–1992.

Wendel, T. und Jüttner, F. (1996): Lipoxygenase-mediated formation of hydrocarbons and unsaturated aldehydes in freshwater diatoms. Phytochem., *41*, S. 1445–1449.

Wendel, T. und Jüttner, F. (1997): Excretion of heptadecene-1 into lakewater by swarms of Polyphemus pediculus (Crustacea). Freshwater Biol., *38*, S. 203–207.

Werner, P. (1995): Eine Methode zur Bestimmung der Verkeimungsneigung von Trinkwasser. Vom Wasser, *65*, S. 257–270.

Westrick, J. A., Szlag, D. C., Southwell, B. J. und Sinclair, J. (2010): A review of cyanobacteria and cyanotoxins removal/inactivation in drinking water treatment. Anal Bioanal Chem., *397*, S. 1705–1714.

Westphal, B. (1996): Planktonalgen und Metazoen in Trinkwasserversorgungsanlagen. gwf-Wasser/Abwasser, *5*, S. 271–275.

Wetzel, R. und Likens, G. (2000): Limnological Analysis. Springer Verlag, Heidelberg.

Wetzel, R. G. (2001). *Limnology: lake and river ecosystems*. gulf professional publishing.

Weyer, K. van de (1999): Makrophyten. In: Tümpling, W. v. und Friedrich, G. (Hrsg.): Biologische Gewässeruntersuchung. Gustav Fischer Verlag, Jena, S. 198–219.

Weyer, K. van de (2003): Kartieranleitung zur Erfassung und Bewertung der aquatischen Makrophyten der Fließgewässer in NRW gemäß den Vorgaben der Eu-Wasser-Rahmen-Richtlinie. Landesumweltamt Nordhein-Westfalen: Merkblätter Nr. 39, Recklinghausen.

Weyer, K. van de (2008): Fortschreibung des Bewertungsverfahrens für Makrophyten in Fließgewässern in Nordrhein-Westfalen gemäß den Vorgaben der EG-Wasser-Rahmen-Richtlinie. LANUV (Landesamt für Natur, Umwelt und Verbraucherschutz Nordrhein-Westfalen) – Arbeitsblatt 3, Recklinghausen.

Weyer, K. van de und Schmidt, C. (2007): Bestimmungsschlüssel für die aquatischen Makrophyten (Gefäßpflanzen, Armleuchteralgen und Moose) in Deutschland. www.brandenburg.de/cms/media.php/lbm1.a.2342.de/bestimme.pdf

Whipple, G. C., Fair, G. M. und Whipple, M. C. (1933): The Microscopy of Drinking Water. Wiley & Sons, New York.

WHO (2003): Cyanobacterial toxins: microcystin-LR in drinking-water – Background document for development of WHO Guidelines for Drinking-water Quality. World Health Organization, Geneva.

Wicks, R. J. und Thiel, P. G. (1990): Environmental factors affecting the production of peptide toxins in floating scums of the cyanobacterium *Microcystis aeruginosa* in a hypertrophic African reservoir. Env. Sci. Tech., *24*, S. 1413–1418.

Willmitzer, H., Werner, M-G. und Scharf, W. (Hrsg.) (2000): Fischerei und fischereiliches Management an Trinkwassertalsperren. ATT Technische Informationen Nr. 11.

Wils, E. R. J. und Hulst, A. G. (1993): Determination of saxitoxin by liquid-chromatography thermospray mass-spectrometry. Rapi Commun. Mass Spectrom., *7*, S. 413–415.

Wiltshire, K. H., Harsdorf, B., Schmidt, G., Blöcker, R., Reuter, R. und Schroeder, F. (1998): The determination of algal biomass (as chlorophyll) in suspended matter from the Elbe estuary and the German Bight: A comparison of high-performance liquid chromatography, delayed fluorescence and promt fluorescence methods. J. Exp. Mar. Biol. Ecol., *222*, S. 113–1331.

Wirsing, B., Flury, T., Wiedner, C., Neumann, U. und Weckesser, J. (1999): Estimation of the microcystin content in cyanobacterial field samples from German lakes using the colorimetric protein-phosphatase inhibition assay and RP-HPLC. Env. Toxicol., *14*, S. 23–29.

Wnorowski, A. U. (1992): Tastes and odours in the aquatic environment: a review. Water South Africa, *18*, S. 203–214.

Wood, R. (2016): Acute animal and human poisonings from cyanotoxin exposure — A review of the literature. Environment International, *91*, S. 276–282.

Wood, S., Williams, S. T. und White, W. R. (1983): Microbes as a source of earthy flavours in potable water – a review. Int. Biodeterior. Bull., *19*, S. 83–97.

Wu, J. T. und Jüttner, F. (1988): Effect of environmental factors on geosmin production by Fischerella muscicola. Wat. Sci. Technol., *20*, S. 143–148.

Yamamoto, Y., Tanaka, K. und Komori, N. (1994): Volatile compounds excreted by myxobacteria isolated from lake water and sediments. Jpn. J. Limnol., *55*, S. 241–245.

Yano, H., Nakahara, M. und Ito, H. (1988): Water blooms of Uroglena americana and the identification of odorous compounds. Wat. Sci. Technol., *20*, S. 75–80.

Zervou, S. K., Christophoridis, C., Kaloudis, T., Triantis, T. M. und Hiskia, A. (2017): New SPE-LC-MS/MS method for simultaneous determination of multi-class cyanobacterial and algal toxins. J Hazard Mater, *323(Pt A)*, S. 56–66.

Ziemann, H., Nolting, E. und Rustige, K. H. (1999): Spezifische Indikatoren – Salzgehalt. In: von Tümpling, W. und G. Friedrich (Hrsg.) Biologische Gewässeruntersuchung, Jena, S. 309–319.

Zelinka, M. und Marvan, P. (1961): Zur Präzisierung der biologischen Klassifikation der Reinheit fließender Gewässer. Arch. Hydrobiol. 57, S. 389–407.

Zimmermann-Timm (1999): Protozooplankton. In: von Tümpling, W. und Friedrich, G. (Hrsg.) (1999): Biologische Gewässeruntersuchung, I, Jena, Schweizbart Stuttgart, S. 76–97.

Zimmermann-Timm (1999a): Bakterioplankton. In: von Tümpling, W. und Friedrich, G. (Hrsg.) (1999): Biologische Gewässeruntersuchung, Jena, Schweizbart Stuttgart, S. 97–110.

Zotou, A., Jeffries, T. M., Brough, P. A. und Gallagher, T. (1993): Determination of anatoxin-a and homoanatoxin-a in blue-green algal extracts by high-performance liquid chromatography and gas chromatography-mass spectrometry. Analyst, *118*, S. 753–758.

Zumbroich, T., Müller, A. und Friedrich, G. (1999): Strukturgüte von Fließgewässern. Springer Verlag, Berlin.

Zwick, P. und Marten, M. (1999): Emergenz. In: Tümpling, W. v. und Friedrich, G. (Hrsg.): Biologische Gewässeruntersuchung. Gustav Fischer, Jena, S. 227–238.

www.dgl-ev.de

www.hyporheisches-netzwerk.de

www.WasserBlick.net/öffentlichesForum/LAWA-Info-LAWAAO-Rahmenkonzeption

8 Toxikologie

T. Grummt†

8.1. Genetische Toxikologie

8.1.1 Allgemeine Aspekte

Toxikologie als experimentelle Wissenschaft umfasst einen extrem breiten und interdisziplinären Themenkanon. Vor dem Hintergrund, dass Krebs zu den häufigsten Todesursachen in Deutschland zählt, kommt der Spezialdisziplin, der genetischen Toxikologie, in der Gesundheits- und Umweltpolitik eine besondere Bedeutung zu. Die genetische Toxikologie befasst sich mit Stoffen, die die Integrität der DNA (des Erbmaterials) in Körper- und Keimzellen der Organismen stören und nachhaltig schädigen. Die Wirkung dieser Substanzen auf die menschliche Gesundheit kann weitreichende Folgen haben: Gentoxische Noxen können sowohl zu Erbkrankheiten als auch zu Krebserkrankungen führen. Gleichwohl sich die Therapien in der Behandlung von Krebserkrankungen deutlich verbessert haben, kommt der Identifizierung und Minimierung von gentoxischen Substanzen eine nach wie vor primäre Rolle zu (primäre Prävention). Dabei ist zu beachten, dass bereits im Niedrigdosis-Bereich auf Grund der Wirkmechanismen Effekte ausgelöst werden und diese sich über die Zeit als adverse Effekte manifestieren können (hier z. B. Krebs).

Die in der Öffentlichkeit oft emotional und kontrovers geführten Diskussionen verleihen dieser Thematik eine hohe politische Brisanz und üben damit keinen unwesentlichen Einfluss auf die zu treffenden Entscheidungen aus. Diese müssen oftmals auf Grund des Vorsorgeprinzips in einem zeitlich engen Rahmen getroffen werden. Derzeit werden vornehmlich Debatten über den kausalen Zusammenhang zwischen anthropogenen Spurenstoffen (z. B. Arzneimittel, perfluorierte Verbindungen) im Trinkwasser und Tumorerkrankungen geführt. Es besteht heute kein Zweifel, dass sehr unterschiedliche Mechanismen an der Krebsentstehung beteiligt sind, ein Umstand, der für die Bewertung von anthropogenen Stoffen von größter Bedeutung ist, da bei der komplexen Zusammensetzung der Umweltprobe auch mit einem komplexen Wirkungsgefüge zu rechnen ist. Im Umweltbereich muss von zeitlich und räumlich variierenden Expositionsmustern im Niedrigdosis-Bereich über einen längeren Zeitraum ausgegangen werden. Erschwerend kommt hinzu, dass die eventuellen Spätschäden erst nach einer langen Latenzzeit sichtbar werden. Dennoch wird im Wesentlichen im Trinkwasserbereich auf die Einzelstoffbewertung fokussiert.

Die spontanen und die induzierten Mutationen, wie sie im Niedrigdosis-Bereich auftreten können, werden in den meisten Fällen effizient repariert. Ein Konzentrationsanstieg der Umweltnoxen, eine Exposition über einen langen Zeitraum und die Schädigung und Alterung der zellulären Abwehr können dieses Gleichgewicht stö-

https://doi.org/10.1515/9783110588217-008

ren; die Mechanismen der Belastungsverarbeitung werden ‚überrannt' (Rüdiger, 1990; Friedberg et al., 1995).

Dies führt unter anderem zu einer strukturellen und funktionalen Veränderung der DNA. Wissenschaftlicher Konsens besteht darüber, dass die Wechselbeziehungen „Gen – Umwelt" (Harris, 1989) sehr entscheidende Komponenten des Krebsrisikos sind. Weil im Unterschied zu den endogenen Faktoren auf die äußeren Faktoren der Kanzerogenese offenbar viel leichter und gezielter Einfluss genommen werden kann, ist in der bisherigen Tumorprävention das Vermindern oder Ausschließen der kanzerogenen Exposition von primärer Bedeutung. Ein wesentlicher Arbeitsschwerpunkt zur Verringerung der Tumorerkrankungen wird in der Fortsetzung und Verbesserung der Prophylaxe und Früherkennung gesehen. Das umfasst zum einen die Identifikation von kanzerogenen Noxen und, daraus resultierend im Sinne eines proaktiven Umwelt- und Gesundheitsschutzes, das Bemühen, den Eintritt solcher Noxen in die Umwelt oder ihre Handhabung zu verhindern bzw. zu minimieren. Basierend auf dem Willen, die Trinkwasserversorgung langfristig zu sichern und am Vorsorgeprinzip orientiert, haben verschiedene Akteure einen großen Beitrag zur Weiterentwicklung der organischen Spurenanalytik geleistet. Obwohl der jetzige Kenntnisstand über die aktuelle Belastungssituation objektiv eine viel höhere Sicherheit und Transparenz schafft, bewirkt das Wissen um die Vielfalt der Spurenstoffe Verunsicherung in der Öffentlichkeit.

8.1.2 Relevante Testsysteme für die praxisbezogene Gentoxizitätsprüfung

Mit der Empfehlung des Umweltbundesamtes (UBA) „Bewertung der Anwesenheit teil- oder nicht bewertbarer Stoffe im Trinkwasser aus gesundheitlicher Sicht" (UBA, 2003) existiert ein theoretischer Ansatz zur Ableitung des gesundheitlichen Orientierungswertes (GOW), der auf den verfügbaren Daten für spezifische Wirkmechanismen (u. a. Gentoxizität, Neurotoxizität, Immuntoxizität) basiert. Der GOW ist ein Vorsorgewert zum Schutz der menschlichen Gesundheit und wird immer so niedrig festgelegt, dass eine zunehmende Vervollständigung der toxikologischen Daten in der Regel zu demselben oder zu einem höheren, aber nie zu einem niedrigeren Wert führt.

Da sich aus der Höhe des GOW (abhängig von der Datenlage und dem Wirkmechanismus in einer Spannbreite von 0,01 µg/l bis 3 µg/l) auch die jeweiligen Maßnahmen im Risikomanagement ergeben, ist im Projekt „Gefährdungsbasiertes Risikomanagement für anthropogene Spurenstoffe zur Sicherung der Trinkwasserversorgung (Tox-Box)" ein methodisches Instrumentarium zur Erhebung toxikologischer Daten mittels hierarchischer Teststrategien für die jeweiligen Endpunkte entwickelt worden.

Aus den gegebenen Belastungssituationen lässt sich plausibel ableiten, dass toxikologische Hochdosis-Mechanismen nicht relevant sind. Eine Schlussfolgerung,

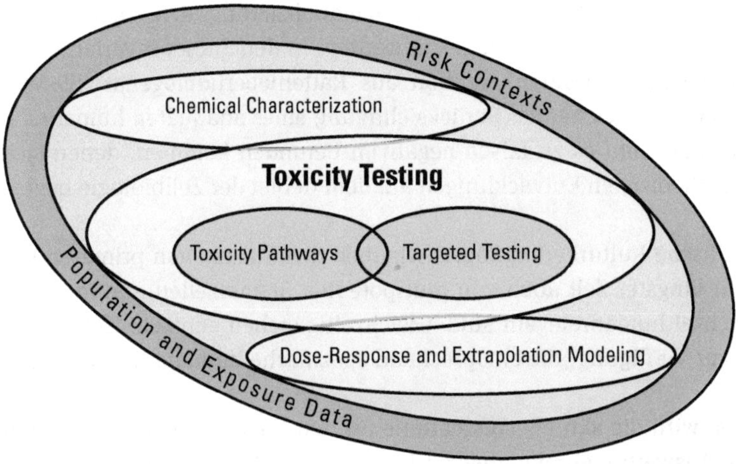

Abb. 8.1: Neues Konzept der Toxizitätstestung (Quelle: Final report, National Research Council (NRC) Committee on Toxicity Testing and Assessment of Environmental Agents).

die zunächst banal erscheinen mag, aber in Bezug auf die Ausrichtung der Teststrategien, und konsequenterweise auch der Bewertungsstrategien, noch zu wenig berücksichtigt ist, was insofern nicht überrascht, da die Test- und Bewertungsstrategien zunächst in der Chemikalien- und Arzneimittelprüfung entwickelt worden sind. Eine Adaption dieser Prüfstrategien gemäß des oben genannten Projektes an die Erfassung und Bewertung der anthropogenen Spurenstoffe sollte von der Maxime ausgehen, dass nicht vorrangig das toxikologische Risiko einer Substanz, sondern ihre toxikologische Sicherheit charakterisiert werden soll.

Für die experimentelle Umsetzung dieses Grundsatzes heißt das, den Nachweis von primären Schlüsselmechanismen unter realistischen Expositionsmustern (Niedrigdosis-Bereich) auf zellulärer und molekularer Ebene zu führen.

Derzeit laufen international intensive Forschungen, wie die Toxizitätstestung vor dem Hintergrund der Vielzahl der neu nachgewiesenen Substanzen und der rasanten Methodenentwicklung in der Toxikologie für das 21. Jahrhundert ausgerichtet werden sollte. Unumstritten ist die zentrale Rolle der Identifizierung der prioritären Wirkmechanismen durch die Nutzung von modernen Screeningverfahren (In-vitro-Testverfahren). Ein wesentliches Kriterium der Risikobewertung ist die Einbeziehung realistischer Expositionsszenarien für den Menschen (Abb. 8.1). Diesem Ansatz wird mit der Ausrichtung des methodischen Konzeptes als Resultat des Verbundvorhabens „Tox-Box" Rechnung getragen.

Das gewählte Konzept (RiSKWa-Leitfaden: Gefährdungsbasiertes Risikomanagement für anthropogene Spurenstoffe zur Sicherung der Trinkwasserversorgung) stellt die Alternative zu den bisherigen Verfahren der Risikobewertung dar, die im Umweltbereich nicht mehr tragfähig (Niedrigdosis-Bereich, Vielzahl der Stoffe) und vor allen Dingen nicht pragmatisch sind. Besondere Aufmerksamkeit muss beim Einsatz von In-vitro-Testverfahren auf die Metabolisierung, d. h. die Einbeziehung des menschlichen Stoffwechsels, gelegt werden. In den Standardverfahren ist die Zugabe der metabolisierenden Fraktion aus Rattenleberhomogenat (S9-Mix) festgeschrieben. Bei unzureichender Berücksichtigung eines adäquaten humanrelevanten Metabolismus kann es zu falsch-negativen Befunden kommen, denen sich mit den neuen methodischen Entwicklungen auf dem Gebiet der Zellbiologie begegnen lässt.

Neuere spezifische Kulturbedingungen erlauben den Einsatz von primären Hepatozyten und in jüngster Zeit auch von pluripotenten Stammzellen, die in Bezug auf den Stoffwechsel humanrelevant sind. Gleichzeitig stehen gentechnisch veränderte Zelllinien zur Verfügung, die entsprechend spezifische humane Enzymmuster exprimieren.

Im Folgenden wird die aktuelle Testbatterie für den Nachweis von Gentoxizität vorgestellt. Nach Auswertung umfangreicher Datenbanken der In-vivo-Testung empfehlen Kirkland et al. (2011), für die Teststrategie die Kombination von zwei In-vitro-Testverfahren einzusetzen, um Gentoxizität nachzuweisen. Kirkland et al. (2011) fanden, dass keines der gentoxischen Kanzerogene durch die Prüfung in der In-vitro-Testbatterie, bestehend aus Ames-Test und Mikrokerntest, unentdeckt geblieben wäre. Im Umkehrschluss heißt das, dass die In-vitro-Testbatterie mit Ames- plus Mikrokerntest ausreicht, um auch *in vivo* gentoxische Kanzerogene zu identifizieren.

8.1.3 Bakterielles Testsystem – Ames-Test

Seit seiner Einführung in den siebziger Jahren hat sich der Salmonella/Mikrosomen-Test (Ames-Test) zu **dem Basistest** in der Gentoxizitätsprüfung entwickelt (Ames et al., 1975). Der Ames-Test ist ein weltweit akzeptierter Screeningtest zum Nachweis von so genannten Punktmutationen, d. h. von Veränderung bzw. Verlust einer Nukleinbase im DNA-Abschnitt (Maron und Ames, 1983; Gatehouse et al., 1990). Er arbeitet mit Histidin-abhängigen Stämmen von Salmonella typhimurium (his-auxotroph), die auf Grund verschiedener Defekte im Histidin-Operon (hisG46, hisC3070 oder hisD3052) kein Histidin synthetisieren und daher nur auf Histidin-haltigem Medium wachsen können. Bei Einwirkung eines gentoxischen Agens **revertieren** die Mutanten durch Basensubstitutions- oder Leserastermutationen zum Wildtyp (his^+-prototroph), d. h. die Zellen erlangen die Fähigkeit zur Histidin-Biosynthese zurück. Daher kann die rückmutierte Bakterienzelle (Revertanten) wieder auf Histidin-freiem Nährboden Kolonien ausbilden.

Die Zahl der **Revertanten** ist ein Maß für die Stärke des Mutagens. Zahlreiche gentoxische Substanzen werden erst nach metabolischer Aktivierung wirksam. Da der Bakterienzelle die notwendigen Biotransformationssysteme des Säugerstoffwechsels fehlen, wird zum Test eine Lebermikrosomenfraktion hinzugegeben und dadurch die Testsubstanz *in vitro* der Metabolisierung durch den Säugerstoffwechsel unterzogen. Auf diese Weise können die entstehenden Metaboliten (auch sehr

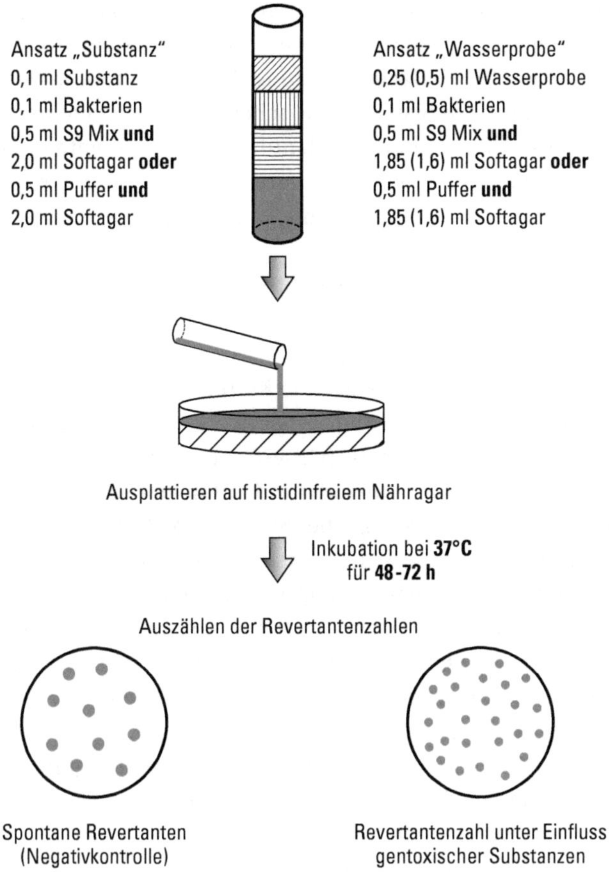

Abb. 8.2: Schematische Darstellung des Ames-Tests.

kurzlebige) unmittelbar auf die Testzelle einwirken (Abb. 8.2). Zusätzlich zum Defekt im Histidin-Gen tragen die Salmonella-Stämme noch weitere Mutationen, die zu einer Erhöhung der Empfindlichkeit gegenüber mutagenen Substanzen führen. So schaltet die Deletion im uvrB-Gen die Exzisionsreparatur aus, und die Bakterien können nicht mehr die durch Chemikalien geschädigten DNA-Abschnitte ausbessern. Nebenher bedingt die rfa-Mutation einen fehlerhaften Aufbau der Liposaccharidhülle und schwächt die Virulenz und Pathogenität der Stämme. Zugleich wird die Permeabilität der Zellwand erhöht, so dass größere Testmoleküle leichter ins Zellinnere gelangen.

Entwickelt wurde der Salmonella/Mikrosomen-Test nach dem theoretischen Konzept, dass mit dem Wissen über die mutagene Wirkung einer Substanz im bakteriellen Testsystem Voraussagen über die kanzerogene Wirkung dieser Substanz beim Menschen getroffen werden können. In ersten Vergleichsuntersuchungen ergab sich zunächst, dass 90 % der kanzerogenen Testsubstanzen gleichzeitig auch mutagen waren (Maß für die **Sensitivität** des Tests) und 87 % der nicht kanzerogenen Stoffe wiederum keine mutagene Aktivität aufwiesen (Maß für die **Spezifität** des Tests; siehe McCann und Ames, 1976). Nach Einteilung der Substanzen in verschiedene chemische Klassen variierte die Spezifität zwischen 22 und 97 % je nach Klasse. Chemikalien, die im Ames-Test als mutagen identifiziert werden, enthalten oftmals aktive Strukturprinzipien, die gegenüber der DNA reaktiv sind. Für derartige Substanzen lässt sich mit relativ großer Genauigkeit eine kanzerogene Wirkung voraussagen.

Auf dieser Grundlage können Programme zur Struktur-Wirkung-Beziehung von großem Nutzen sein. Dadurch ist ein gezielterer Versuchsplan möglich, der sich auch in der Zusammensetzung der Testbatterie zeigt.

Obwohl der Test nicht bei allen Stoffklassen eine gute Korrelation zwischen Mutagenität und Kanzerogenität lieferte, sagt er doch mit einer durchschnittlichen Sensitivität von 80 % das kanzerogene Potenzial voraus (Gene-Tox-Programm der USA). Nicht zuletzt wegen der engen Korrelation zwischen der Induktion von spezifischen Punktmutationen und der kanzerogenen Wirkung einer Substanz nimmt der Ames-Test einen festen Platz als routinemäßig einsetzbares Screeningverfahren innerhalb der Testbatterien in der Arzneimittel- und Chemikalienprüfung ein und erweist sich auch zur Charakterisierung gentoxischer Potenziale von Wasserinhaltsstoffen als Einzelsubstanz und in komplexen Gemischen als praktikabel. Der Ames-Test hat auf Grund der großen Datenbasis aus Stoff- und Arzneimittelprüfung einen hohen Standardisierungsgrad und damit einhergehend eine hohe Bewertungssicherheit erreicht (OECD-Guideline 471; ISO 16240:2005). Für **nichtmutagene Kanzerogene** ist der Ames-Test weniger geeignet, um eine kanzerogene Wirkung zu prognostizieren.

Ständige methodische Weiterentwicklungen erhöhen nicht nur die Aussagefähigkeit, sondern erweitern erheblich die Anwendungsmöglichkeiten des Ames-Tests. Dazu zählen der Einsatz verschiedener metabolischer Systeme (z. B. humane Leberfraktion) und die Neuentwicklungen von spezifischen Teststämmen. Mit der Kombination von Struktur-Wirkung-Beziehungen und dem Einsatz (stoff-)spezifischer Teststämme lässt sich die Bewertungssicherheit ebenfalls deutlich erhöhen. So können durch den Einsatz enzymdefizienter Teststämme Substanzgruppen (z. B. Nitroaromaten, Alkylantien) über ihre Wirkung charakterisiert werden (Yamada et al., 1997a, 1997b; Sera et al., 1996). Mit der Entwicklung der automatisierten Mikrotiterversion des Ames-Tests (Ames II), die eine modifizierte Version der klassischen Testvariante (Ames I) darstellt, wird ein fünffach höherer Probendurchsatz erreicht. Diese Tatsache stellt einen wesentlichen Vorteil für den Einsatz in Screeningprogrammen und im Umweltmonitoring dar. Ein signifikanter Vorteil (gerade bei nicht ständiger Durchführung von Gentoxizitätsprüfungen) besteht im Ames II darin, dass Testkits für die schnelle Testung zur Verfügung stehen. Die Datenbasis hat sich in den letzten Jahren deutlich erhöht, so dass die statistische Absicherung der Bewertung sich ebenfalls deutlich verbessert hat.

Durch Vergleichsuntersuchungen mit dem Ames I (Platteninkorporationstest) stellt der Ames II ein komplementäres Testsystem dar, das deutlich geringere Probenmenge für die Testdurchführung benötigt. Allerdings ist auf Grund des Nachweisverfahrens (Nutzung des Farbumschlages des Zellmediums als Bewertungskriterium) gefärbtes Untersuchungsmaterial für den Ames II nicht geeignet. Das heißt, in Laboren, die In-vitro-Testverfahren zur Bestimmung der Gentoxizität etabliert haben, wird zeitweise neben dem Ames-Test auch der umu-Test (ISO 13829) eingesetzt. Der umu-Test ist ein Indikatortest und eignet sich gut für die Testung von Wasserproben. Für Wasserproben eignet sich der Ames I besonders gut. Mit ihm können auch Einschätzungen von Aufbereitungsverfahren und unbekannten gelösten Wasserinhaltsstoffen (Erfassung der Gesamtfracht) getroffen werden.

8.1.4 Der Mikrokerntest

Der Mikrokerntest wird als zweites In-vitro-Testverfahren zum Nachweis von Gentoxizität eingesetzt. Er ist ebenso wie der Ames-Test für Einzelsubstanzen und für Wasserproben einsetzbar. Der Mikrokerntest lässt sich am Mikroskop oder am Durchflusszytometer ausgewerten. Immer mehr Labore entscheiden sich für die gegenüber der mikroskopischen Auswertung sehr effiziente Durchflusszytometrie.

Das Durchflusszytometer erlaubt im Gegensatz zur konventionellen mikroskopischen Auswertung einen sehr hohen Probendurchsatz und eine Kopplung mit dem Nachweis weiterer toxischer Wirkungen. Durch den Einsatz des Testkits „MicroFlow™", Litron Laboratories Rochester, New York, können simultan in einem Ansatz neben den Mikrokernen die Parameter Vitalität, Apoptose/Nekrose und Zellproliferation bestimmt werden. Damit werden die sogenannten „Präkursor"-Ereignisse (z. B. Beeinflussung der Vitalität und Zellproliferation) mit erfasst und die Ergebnisse der Mikrokernbestimmung unter dem Aspekt der Induktion sekundärer Gentoxizität infolge zytotoxischer Wirkung, die zu einer Überbewertung der Befunde führen kann, validiert. Das *In-vitro*-MicroFlow-Testkit wurde für die durchflusszytometrische Auszählung der Mikrokerne in Säugerzellkulturen entwickelt. Es ist ein effektives und schnelles Verfahren, bei dem eine Zweifarben-Markierungstechnik angewendet wird. Ein Vorteil der *In-vitro*-MicroFlow-Methode gegenüber anderen automatischen Auswerteverfahren ist die Anwendung der sequentiellen Färbung. Diese ermöglicht, dass die Mikrokerne vom Chromatin der apoptotischen und nekrotischen Zellen unterschieden werden können. Mit dieser Methode erhält man auch dann noch zuverlässige Mikrokern-Ergebnisse, wenn eine größere Anzahl toter Zellen vorhanden ist. Eine Schlüsselkomponente im Kit ist der DNA-Farbstoff A (Ethidiummonoazid oder EMA). Der DNA-Farbstoff A durchdringt die geschädigte äußere Membran der apoptotischen und nekrotischen Zellen und vermag als besondere Eigenschaft durch Photoaktivierung kovalent an die DNA zu binden. Im Weiteren werden die Zellen gewaschen und die zytoplasmischen Membranen mit Detergentien aufgelöst, um den Zellkern und die Mikrokerne freizusetzen. Der während dieses Lyseschrittes zugesetzte DNA-Farbstoff B (SYTOX Green) bindet an das gesamte Chromatin. Auf die-

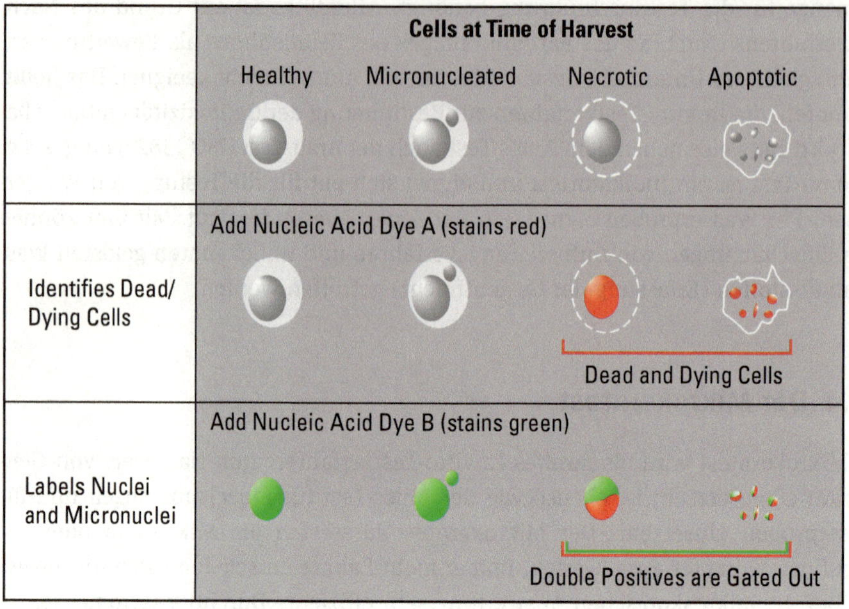

Abb. 8.3: Prinzip des MicroFlow™-Messverfahrens (Quelle: www.LitronLabs.com).

se Weise wird eine unterschiedliche Färbung des gesunden Chromatins und des abgestorbenen Chromatins erreicht (Abb. 8.3).

Die mikroskopische Bestimmung der Mikrokernrate folgt in den Arbeitsschritten der DIN EN ISO 21427-2. Einer Exposition der Zellen schließen sich hypotonische Behandlung, Fixierung und Färbung an. Die Mikrokernrate wird durch Auszählen von 1.000 Zellen in einem Mikroskop bei 1.000-facher Vergrößerung bestimmt. Dieses Verfahren ist zeitaufwendig und erfordert hohes Erfahrungswissen.

8.1.5 Bewertung der Gentoxizitätsprüfung

Die Aussage zum Wirkmechanismus (gentoxisch oder nicht gentoxisch) spiegelt sich dann in der Festlegung des GOW für gentoxische Substanzen mit 0,1 µg/l und 0,01 µg/l für Substanzen mit humanrelevantem Metabolismus wider. Abb. 8.4 zeigt das Bewertungsschema für die Abschätzung des gentoxischen Wirkpotenzials.

Die Testverfahren können u. a. für folgende Fragestellungen angewandt werden:

- Bewertung von (trinkwasserrelevanten) Einzelstoffen und Kombinationswirkungen
- Erhebung von Monitoringdaten zur Früherkennung von möglichen relevanten Gefährdungspotenzialen (Trendüberwachung)

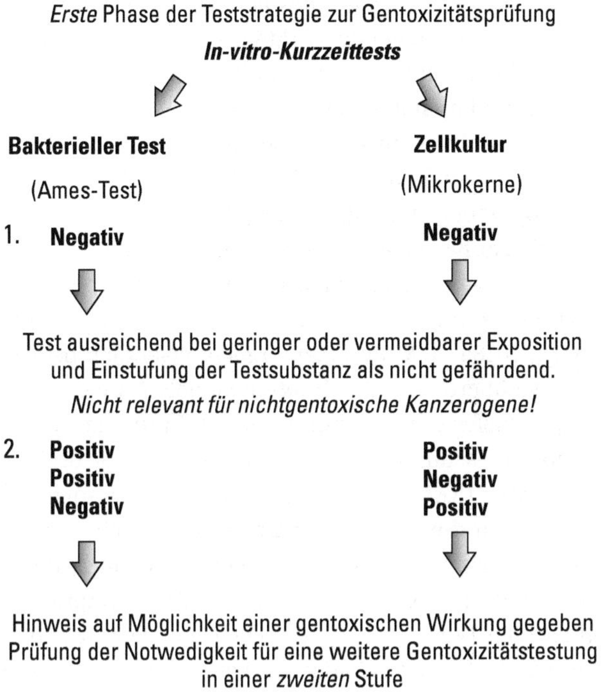

Abb. 8.4: Bewertungsschema für die Abschätzung des gentoxischen Wirkpotenzials.

– Überwachung der Effektivität von Maßnahmen zur Minimierung und Eliminierung anthropogener Schadstoffe.

Ähnliche Teststrategien sind für die bewertungsrelevanten Endpunkte (Neurotoxizität, hormonelle Wirkungen) entwickelt worden. Sie sind im Leitfaden „Gefährdungsbasiertes Risikomanagement für anthropogene Spurenstoffe zur Sicherung der Trinkwasserversorgung (Tox-Box)“ ausführlich beschrieben (Link: http://riskwa.de/Verbundprojekte/TOX_BOX-p-52.html).

P.-D. Hansen

8.2 Unerwünschte Wirkungen

8.2.1 Einleitung

Die ökotoxischen Wirkungen auf biologische Systeme werden in der Regel mit Biotesten als Prüf- und Testverfahren durchgeführt. Als „ökotoxisch“ wird hierbei die

Eigenschaft eines Stoffes und/oder eines Stoffgemisches bezeichnet, die in einem geringen Verdünnungsverhältnis eine schädigende Wirkung auf ein biologisches Prüfsystem hat; dieses Prüfsystem kann entweder auf zellulärer Ebene, einem Organ, einem Gewebe, Organismus, einer Population oder auf der Ebene eines Ökosystem sein (Nusch, 1986; Hansen, 1995). Während es sich bei den biologischen Prüfsystemen von der Zelle bis zum Organismus um physikalisch-chemische Prozesse handelt, sind es im Falle einer Population und eines Ökosystems weiterführende, rückgekoppelte, komplexere, zeitlich aufwendige Prozesse (Hansen, 2018b), die sich zwar schwerer reproduzieren lassen, aber dann hinsichtlich ihrer Interpretation neue, wegweisende ökosystemare Erkenntnisse einer modernen Ökotoxikologie liefern (Hansen et al., 2007; Hansen, 2018a u. 2018b). Man braucht eigentlich beides, sowohl das gut reproduzierbare, validierte und durch internationale Normen (ISO, CEN und DIN) harmonisierte, gerichtsfeste Prüfsystem in der Stoffprüfung für die Bewertung und Risikoanalyse zur Zulassung einer Chemikalie auch unter Berücksichtigung ihres Produktionsvolumens (REACH, 2006; Hansen, 2007) als auch das genormte und validierte Prüfsystem für die Überwachung eines Abwassers aus der industriellen Produktion oder einer Kommune (Nusch; 1986, 1992; Stuhlfauth, 1995). Sowohl in der wirkungsbezogenen Stoffprüfung als auch in der Abwasserprüfung wird häufig von den „unerwünschten Wirkungen“ gesprochen. Der Begriff „unerwünschte Wirkungen“ stammt aus dem gesetzgeberischen Bereich (Hansen, 2007; Grummt et al., 2009) und wird oft auch mit den sogenannten „neuartigen Wirkungen“ umschrieben; man versteht darunter suborganismische Wirkungen wie Gentoxizität, Immuntoxizität, endokrine Wirkungen und reproduktionstoxische Wirkungen (Hansen et al., 2007; von Westernhagen et al., 1981: Hansen et al., 2009; Hansen, 2018a). Solchen „neuartigen Wirkungen“ stehen die „alten Wirkungen“ gegenüber. Dieses sind Wirkungen wie die Besorgnis der Giftigkeit, Langlebigkeit (Persistenz) oder Anreicherungsfähigkeit (Bioakkumulation). Um diese so genannten „alten Wirkungen“ zu erfassen und auch quantitativ zu bewerten zu können, wurden entsprechende Prüf- oder Testverfahren mit biologischen Systemen (Bioteste) entwickelt (Hansen, 2007). Bioteste sind hierbei als Prüf- oder Testverfahren mit biologischen Systemen unterschiedlicher trophischer Ebene zu definieren und dienen der Erfassung von sogenannten ökotoxischen Wirkungen in der Umwelt. Eine ökotoxische Wirkung ist hierbei die Eigenschaft eines Stoffes oder Stoffgemisches, die in einem geringen Verdünnungsverhältnis unter bestimmten, standardisierten Bedingungen auf das biologische Testsystem (z. B. Zelle, Organ, Gewebe, Organismus) schädigend einwirkt (Nusch, 1986; Hansen, 1996; Hansen et al., 2007). In der Weiterentwicklung der biologischen Prüfsysteme gewannen dann die wirkungsbezogenen bioanalytischen Testverfahren (Hansen, 2009) und Biosensoren (Hansen, 2008) auch in der Stoff- und Abwasserprüfung zur Erfassung anthropogener Schadstoffe (Xenobiota) mit ihren „unerwünschten Wirkungen“ zunehmend an Bedeutung (Nusch. 1992; Rudolph, 1992; Grummt et al., 2009; Hansen, 2007; Hansen und Unruh, 2017; Hansen, 2018a und 2018b).

8.2.2 Biotestverfahren, Biosensoren und bioanalytische Analysensysteme

Das Resultat eines Biotests ist immer die messbare Wechselwirkung zwischen einem Stoff oder Stoffgemisch einerseits und dem biologischen Prüfsystem andererseits. Das ganzheitliche biologische System kann ein Einzelorganismus, eine Population oder ein Ökosystem sein. Als ein selektives biologisches System unterhalb der Organismusebene können als sogenannte **suborganismische Testverfahren** Enzyme, Rezeptoren, Antikörper, Organellen, Organe oder auch Zellkulturen eingesetzt werden. Im regulativen Bereich werden u. a. als suborganismische Testverfahren der Cholinesterase-Hemmtest (DIN 38415-T1), umu-Test (DIN 38415-T3), Mikrokerntest V79 (ISO 21427-1) und der Fischei-Test (DIN 38415-T6/ISO15088) eingesetzt. Durch die verschärften Tierschutzbestimmungen und die damit verbundene Reduzierung der Tierversuche wurde die Entwicklung von Alternativmethoden vorangetrieben. Die Alternativmethoden dienen insbesondere auch dazu, Versuchstiere aus den Ganztier-Prüfmethoden und tierexperimentellen Untersuchungen in der Ökotoxikologie sowie in der biomedizinischen Forschung nach dem 3R-Prinzip (Replace, Reduce, Refine) zu reduzieren und möglichst zu ersetzen:

- Replace = Vermeiden – Ersatz von Tierversuchen
- Reduce = Vermindern – Gleiche Qualität der Aussage mit reduzierter Tierzahl
- Refine = Verbessern – Höhere Qualität der Versuche bei reduziertem Leid der Tiere

Die Ganztier-Biotestverfahren oder kurz Bioteste sollen in ihrer Stellvertreterfunktion die „ökologische Wirklichkeit" abbilden. Voraussetzung hierzu ist die Kenntnis der ökologischen Gegebenheiten, jedoch mangelt es an ausreichendem Wissen von ökologischen Gesetzmäßigkeiten, um Bioteste entwickeln zu können, die dieser Stellvertreterfunktion gerecht werden. Es tritt daher der hohe Anspruch der Abbildung der „ökologischen Wirklichkeit" durch die Formate der derzeitigen Bioteste mit Ganztieren in der Praxis hinter den Anforderungen an Reproduzierbarkeit, Validierung, aber auch die Wirtschaftlichkeit der für das Ökosystem relevanten und zwangsläufig sehr komplexen Prüfverfahren zurück.

Es stellt sich zu Recht die Frage, ob die genormten Bioteste mit Einzelorganismen, die unter standardisierten Randbedingungen im Labor durchgeführt werden, überhaupt bei der beschriebenen geringen ökologischen Relevanz sinnvoll sind. Anwender im behördlichen Vollzug und in den Prüflaboratorien der Industrie (innerbetriebliche Kontrolle) beantworten diese Frage jedoch positiv (Nusch, 1992; Stuhlfauth, 1995); man bräuchte diese Test- und Prüfverfahren mit exponierten Testorganismen nicht als Einzelorganismen, sondern als Funktionsträger stellvertretend im Ökosystem. So stehen die ausgewählten Testorganismen in den Biotests wie z. B. in dem Bakterientest, Algentest, Daphnientest und Fischtest als Testbatterie stellvertretend für die Ebenen in der Nahrungskette (auch als trophische Ebenen bezeichnet). Dieses Konzept wurde im Sinne eines erfolgreichen Gewässerschutzes weitgehend optimiert (Nusch, 1992; Hansen, 2007); diese Auffassung wird allerdings nicht von allen Fachleuten geteilt (Obst, 1999).

Viel zu oft werden an die Bioteste insbesondere überhöhte Anforderungen hinsichtlich ihrer guten Reproduzierbarkeit und weniger hinsichtlich ihrer Interpretierbarkeit gestellt. Die Bioteste finden trotz aller Einschränkungen ihre Anwendung:

- Als emissions- oder immissionsbezogene Bioteste in der Wassergesetzgebung (Wasserhaushaltsgestz WHG; Abwasserabgabengesetz AbwAG; Wasch- und Reinigungsmittelgesetz WRMG);
- zur Einhaltung der Anforderungen an den „guten physikalisch-chemischen Zustand" der Gewässer. Erfassung der Qualitätskomponenten nach der Wasser-Rahmen-Richtlinie (WRRL) – Water Framework Directive 2000: Ermittlung der Umweltqualitätsnormen (UQN) für Einzelstoffe und ihre jeweiligen Wirkungen;
- Bewertung der Wirkung (Wirkungspfad Wasser) für Einzelstoffe (Xenobiotica) mit Biostest-Prüfverfahren (Hansen et al., 2007; Hansen, 2007);
- als Prüfsysteme für die Chemikalienzulassung nach der EU-Chemikalienverordnung (REACH-Verordnung). REACH = Registration, Evaluation, Authorisation, Restriction of Chemicals (REACH, 2006); REACH trat im Rahmen der EU-Chemikalienverordnung am 1. Juni 2007 in Kraft. Die Anwendung der Biotestverfahren bei REACH erfolgt möglichst nach dem 3R-Prinzip.

Neben den Ganztier-Biotestverfahren und dem 3R-Prinzip. werden im Rahmen von REACH vorzugsweise aber suborganismische „*in vitro*" Testverfahren und bioanalytische Alternativmethoden sowie Daten aus der computergestützten Toxikologie („*in silico*") zur Stoffprüfung herangezogen.

Die für den regulatorischen Bereich geeigneten Biotestverfahren dienen der Abschätzung eines potentiellen Risikos und des erforderlichen Handlungsbedarfs aufgrund anthropogener Verschmutzungen in der Umwelt. Die Bioteste wurden ursprünglich nur für eine „ja/nein Antwort" (akute Toxizität) hinsichtlich einer Schädigung des jeweiligen biologischen Prüfsystems entwickelt. Die Schädigung und ihr Ausmaß wurden im Ergebnis über geometrische Verdünnungsstufen als G-Wert (G = Giftigkeit nach dem AbwAG) erfasst. In der Abwasserüberwachung wird die Verdünnungsstufe ohne einen Effekt auf exponierte Organismen unterschiedlicher trophischer Ebenen ermittelt z. B. als $G_{A,D,F}$-Wert ($G_{A,D,F}$ = Wirkung der Giftigkeit auf die Organismen der jeweiligen Trophiestufen mit dem Algenwachstumshemmtest, dem akuten Daphnientest und dem akuten Fischtest). In den internationalen Normen (CEN und ISO) wird der G-Wert ersetzt durch den ebenfalls über Verdünnungsstufen ermittelten LID-Wert (LID = Lowest Ineffective Dilution).

In der Substanzprüfung wird i. d. R. ebenfalls über eine geometrische Verdünnungsreihe der zu prüfenden Substanz die jeweilige letale Konzentration, bei der keine Wirkung, 50 % oder 100 % der Versuchstiere sterben als LC_0, LC_{50}, LC_{100} be-

Abb. 8.5: Künstliche Gewässeranlagen des „Versuchsfeld für spezielle Fragen der Umwelthygiene" des Instituts für Wasser-, Boden- u. Lufthygiene (WaBoLu) des ehem. Bundesgesundheitsamtes (bga) sowie die Fließgewässeranlage des Umweltbundesamtes, Außenstelle Berlin-Marienfelde. A: Fließgerinne (1980–1994) mit 8 parallelen Betonrinnen von insgesamt 4 km Länge; jede Rinne 50 cm breit mit einer Füllhöhe von 50 cm Wassersäule. B: Experiment mit Fischgehegen zur Erfassung der Gewässerbelastung (29. Verw. Vorschrift AbwAG, § 7a WHG). C: Die neue Fließgewässeranlage (FSA) des Umweltbundesamtes hergestellt aus GfK nach dem Vorbild eines „Indoor-Gerinnes" der Fa. Procter und Gamble. D: Betonteiche mit 4 flexiblen Prüfsegmenten und Uferbepflanzung. Quelle: P.-D. Hansen.

stimmt. Der G-Wert aus der Abwasserprüfung entspricht dem LC_0 -Wert in der Substanzprüfung. Oft werden diese Werte auch als Wirkkonzentrationen EC10; EC50; EC100 (EC = **E**stimated **C**oncentration) angegeben. Wird bei der Substanzprüfung mit einem Biotestverfahren über mehrere Generationenfolgen geprüft, wie z. B. mit dem Algenwachstumshemmtest über 3 Tage, dann spricht man von einer langfristigen Toxizität. Der Endpunkt dieser Testverfahren ist aus der Sicht des Gewässerschutzes sehr viel anspruchsvoller als die akute Toxizität. Es wird hierzu die sogenannte NOEC (NOEC = **N**o **O**bserved **E**ffect **C**oncentration) bestimmt. Diese NOEC-Wirkwerte einer langfristigen Toxizität sind gut geeignet für die Erarbeitung von Zielvorgaben und Qualitätsnormen (UQN) im vorsorgenden Gewässerschutz (Hansen et al., 2007; Hansen, 2007). Mit diesem immissionsbezogenen Konzept der UQN lassen sich konkrete Anforderungen an die Gewässerqualität (Huschek und Hansen, 2005) und die Beschaffenheit von Schwebstoffen und Sedimenten (Abb. 8.5, B) im Gewässer zur Sicherung der nutzungsorientierten Schutzgüter wie aquatische Lebensgemeinschaf-

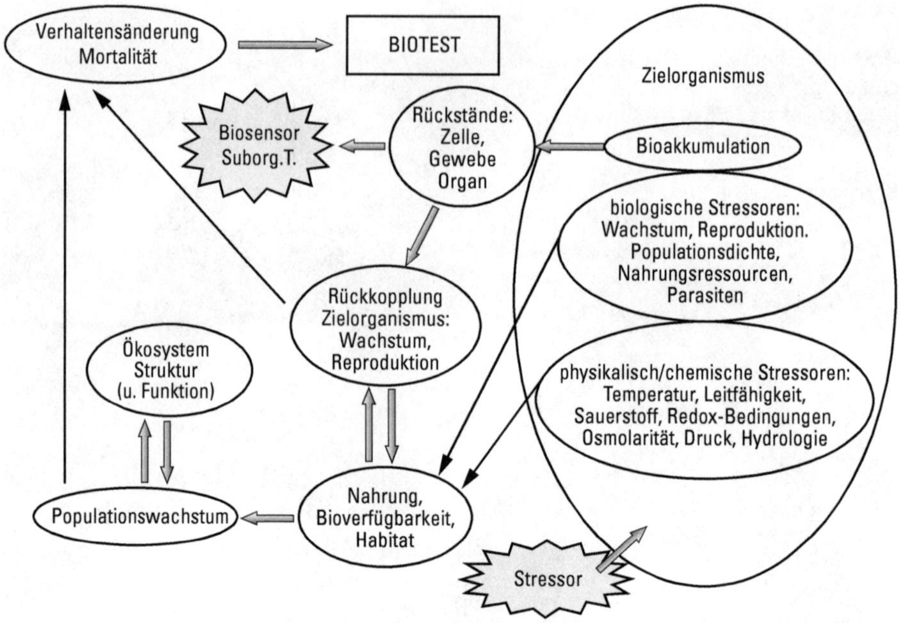

Abb. 8.6: Bioteste, suborganismische Testverfahren, bioanalytische Systeme und Biosensoren zur Erfassung von „unerwünschten Wirkungen" (neuartigen Wirkungen) im Ökosystem (modifiziert nach Hansen, 2003).

ten, Trinkwasserversorgung, Sedimente sowie für die Berufs- und Sportfischerei formulieren. Nusch (1992) fordert, dass die konventionellen Biotests durch suborganismische Testverfahren, aber auch durch ökosystemare Testsysteme (Abb. 8.5, A–D) mit den komplexen, hochintegrierten aquatischen Lebensgemeinschaften auf der ökosystemaren Ebene ergänzt werden sollten. Hierzu haben Schindler (1980), Crossland und Wolf (1984) grundlegende Arbeiten mit ökotoxikologischen Studien in den Seen der Experimental Lake Area (ELA) und den Mesokosmos-Systemen geleistet. Es folgten umfangreiche Stoffprüfungen mit künstlichen Gewässeranlagen (Hansen, 2018b), in künstlichen Fließrinnen (Clark et al., 1980; Hansen und Stehfest, 1984) und künstlichen Teichsystemen (Neugebauer, Zieris und Huber, 1990).

Diese Art von Untersuchungen mit künstlichen Gewässeranlagen (Hansen, 2018b) sind sehr aufwendig hinsichtlich der Durchführung der Experimente (Abb. 8.5, A–D), Betriebskosten, personellem Aufwand sowie Interpretation des umfangreichen Datenmaterials; sie können aber bei Stoffprüfungen und Risikoabschätzungen großvolumiger Produktionen durchaus gerechtfertig sein (Hansen und Stehfest, 1984; Crossland und Wolff, 1985).

In Abb. 8.6 ist die Stellung der Bioteste in ihrer Funktion und im Vergleich zu den rückgekoppelten suborganismischen Prüfsystemen dargestellt. Hierbei ist festzuhalten, dass die Entwicklung der suborganismischen Prüfsysteme, bioanalytische Systeme und Biosensoren im Umweltbereich noch nicht so weit fortgeschritten ist, dass man „ökosystemare Zusammenhänge" erfassen könnte; was man letztlich aber mit den Biotesten auch nicht erreicht hat, selbst ihre Stellvertreterfunktion im Ökosystem muss hinterfragt werden. Eine wichtige Aussage von Abb. 8.6 ist, dass die herkömmlichen Bioteste mit ihren messbaren Endpunkten Mortalität und Verhaltensänderungen nicht in die rückgekoppelten Prozesse, nämlich Wachstum und Reproduktion integriert sind (Grummt et al., 2009). Die **suborganismischen Testverfahren** haben dagegen einen sehr viel engeren Bezug zu den rückgekoppelten ökosystemaren Prozessen (Hansen, 2003). Die Erfassung der „unerwünschten Wirkungen" kann daher mit den suborganismischen Testverfahren viel eher geleistet werden. Ein gutes Beispiel hierzu ist der Ersatz des Fischtests mit der Goldorfe *Leuciscus idus melanotus* nach DIN 38412-T31 durch den Fischei-Test nach ISO 15088 (DIN 38415-T6) mit dem Zebrabärbling *Danio rerio*.

Aus der Gruppe der suborganismischen Testverfahren entwickeln sich die bioanalytischen Systeme und die sogenannten **Biosensoren** (Hansen, 2008; Barceló et al., 2016; Bosch-Orea et al., 2017). Unter einem Biosensor versteht man eine Messanordnung, die durch eine geeignete Kombination eines selektiven biologischen Systems (Enzym, Antikörper, Organell, Zelle) mit einem Übertragungssystem (englisch: transducer, z. B. Thermistor, potentiometrische oder amperometrische Elektrode, Feldeffekt-Transistor, piezoelektrischer Empfänger, optischer oder optoelektrischer Empfänger) ein der Konzentration einer definierten Substanz proportionales Messsignal erzeugt. Der Biosensor bezieht seine Selektivität, Empfindlichkeit und Stabilität aus dem biologischen System, z. B. aus dem „Biotest" mit einer auf einer Elektrode immobilisierten Algenzelle oder mit immobilisierten Bakterien. Man spricht in diesen Fällen von einem „whole cell" Biosensor (Hansen und Unruh, 2017). Zusätzlich zum Transducer ist noch ein Vermittler (Mediator) erforderlich, ein Stoffgemisch, das als Redoxsystem den erforderlichen Elektronenfluss sicherstellt. Im Falle der „wirkungsbezogenen" Biosensoren bietet sich jedoch zusätzlich die Erfassung integraler, ökosystemar relevanter Wirkungen an. Ein wesentlicher Schritt in diese Richtung erfolgt durch den Einsatz von Nanopartikeln (NP), Molecular Imprinted Polymers – MIPs (Pino et al., 2017), Nanomaterialien mit ihrer verbesserten Signalübertragung, gesteigerten Empfindlichkeit und gleichzeitiger Robustheit wie z. B. bereits erprobt mit einem Sea-on-a-CHIP On-line-Messsystem (Bosch-Orea et al., 2017), in dem eine ganze Reihe von neuartigen Biosensoren und immobilisierten Rezeptor-Molekülen zur Überwachung von Offshore-Aquakulturanlagen angeordnet sind. Ein wesentlicher Fortschritt ist die Verwendung von immobilisierten stabilen Molekülen gewissermaßen als „Messfühler" in dem neuen Feld der Lab-on-a-CHIP Technologie (Bettazi et al., 2017). Trotz der erheblichen Fortschritte in der Biosensor-Entwicklung liegt der Schwerpunkt immer noch in der sensorischen Erfassung von Einzelstoffen; ein Beispiel zur Entwicklung eines **wirkungsbezogenen Biosensors** ist der „whole cell" Biosensor zur Erfassung der Phagozytose (Hansen und Unruh, 2017), der im Rahmen eines Experiments (Triple Lux – B) unter Schwerelosigkeit auf der ISS (International Space Station) entwickelt worden ist (Unruh et al., 2016).

Mit der **wirkungsbezogenen instrumentellen Analytik (bioanalytische Analysensysteme)**, auch „Bioresponse-Linked Instrumental Analysis" genannt (Bilitewski, 2000; Hock, 2001), können – ausgehend von gut etablierten biologischen Testsystemen zur Erfassung „unerwünschter Wirkungen" wie Reproduktionstoxizität (ISO 15088:2009; Nagel et al., 1991; von Westerhagen et al., 1988), Neurotoxizität (DIN 38415-T1:1989, Gentoxizität (DIN 38415-T3/ISO 13829), Immuntoxizität und Testverfahren zur Erfassung der endokrinen Wirkungen – weiterführende Untersuchungen mit der instrumentellen Analytik durchgeführt werden.

Für den Fischei-Test (ISO 15088:2009) können die schadstoffexponierten Fischeier über die herkömmlichen ökotoxikologischen Endpunkte hinaus in den einzelnen Entwicklungsstadien mittels der instrumentellen Analytik z. B. LC/MS/MS und MALDI-TOF auf der DNA-Ebene untersucht werden. Zusätzlich zur äußeren Exposition und den morphologischen Veränderungen können so auch die „unerwünschten Wirkungen" der inneren Exposition durch Protein- und DNA-Adduktmessungen erfolgen. Erfasst werden auch Spalt-Produkte der DNA, Aberrationen, Brüche, Mutationen und veränderte Genexpressionen (alpha-Fetoprotein). Als besonders geeignet werden Methoden angesehen, bei denen Protein- oder DNA-Addukte gemessen werden (Phillips et al., 2000; Hansen et al., 2009). Diese Endpunkte sind als Stoffaussage spezifisch und im Sinne der Bewertung der Auswirkung auf den betroffenen Organismus (Target-Dosis-Konzept) relevant. Die Vorteile dieser Konzeption sind:
- Die Messungen liefern Hinweise auf Hintergrundsexpositionen und Mehrfachbelastungen,
- die biologisch wirksame Dosis wird bestimmt,
- die tatsächlich vorkommenden niedrigen Expositionen werden gemessen,
- die relevante Spezies wird untersucht und die Variabilität der Zielstruktur oder des Targets wird berücksichtigt.

Zur Erfassung der „unerwünschten Wirkungen" stehen die Verfahren zum Nachweis der Neurotoxizität, Gentoxizität, Immuntoxizität und der endokrinen Wirkung zur Verfügung. Die Neurotoxizität wird zukünftig in der Abwasserüberwachung mit dem Cholinesterase-Hemmtest (DIN 38415-T1) an Bedeutung gewinnen; im Effektmonitoring gibt es bereits eine erfolgreiche Anwendung in Anlehnung an das DIN-Verfahren (Sturm et al., 1999; Yagin et al., 2010, 2011). Zur Bewertung dieser Wirkungen sind neben Untersuchungen in der Wassermatrix auch Messungen in den organismischen Strukturen erforderlich.

8.2.3 Fischei-Test

Beim Fischei-Test werden nicht Fische als Ganztiere, sondern nur die Eier, in diesem Fall des Zebrabärblings (*Danio rerio* Hamilton-Buchanan) als Testsystem verwendet. Die Fehlentwicklung der befruchteten Fischeier kann durch Wasserinhaltsstoffe (ISO 15088:2009; von Westernhagen, 1988) und Umwelteinflüsse z. B. durch UV-B

(Dethlefsen et al., 2001; Hansen et al., 2009) verursacht werden. Als Schädigung gelten der Tod der Fisch-Embryonen sowie definierte Störungen der Embryonalentwicklung, die letztlich ebenfalls zum Tod führen (ISO 15088:2009). Die letale Wirkung wird erkannt durch die Endpunkte: koagulierte Keime, fehlende Anlage der Somiten oder die fehlende Ablösung des Schwanzes (Nagel et al., 1991). Weiterführende Untersuchungen haben gezeigt, dass Embryonen mit derartigen Fehlentwicklungen nicht schlüpfen. Ein Embryo gilt gemäß DIN 38415-T6:2000 und ISO 15088:2009 als tot, wenn er entweder koaguliert ist, keine Somiten angelegt hat oder der Schwanz nicht vom Dotter abgelöst ist.

In Abb. 8.7 sind die geeigneten Endpunkte zu den jeweiligen standardisierten Entwicklungsstadien (Brown-Petersen et al., 2011) mit exponierten Fischeiern und Fischlarven in der Reproduktionsprüfung dargestellt. Vom Reproduktionstest mit der Gametogenese und Befruchtung, dem Embryo-Larven-Test mit weiteren Endpunkten zur Embryonalentwicklung, dem Überlebensschlupf und dem Dottersack-Larven-Stadium folgt das Jungfischstadium mit dem Übergang zur externen Nahrungsaufnahme als „Early Life Stage Toxicity Test (ELST)“. Der Gesamtlebenszyklus endet dann mit der Geschlechtsreife der F1 und ein neuer Zyklus beginnt mit der Gametogenese und Befruchtung zu einer F2 Generation (von Westernhagen, 1988; Brown-Petersen et al., 2011; Hansen, 2018a).

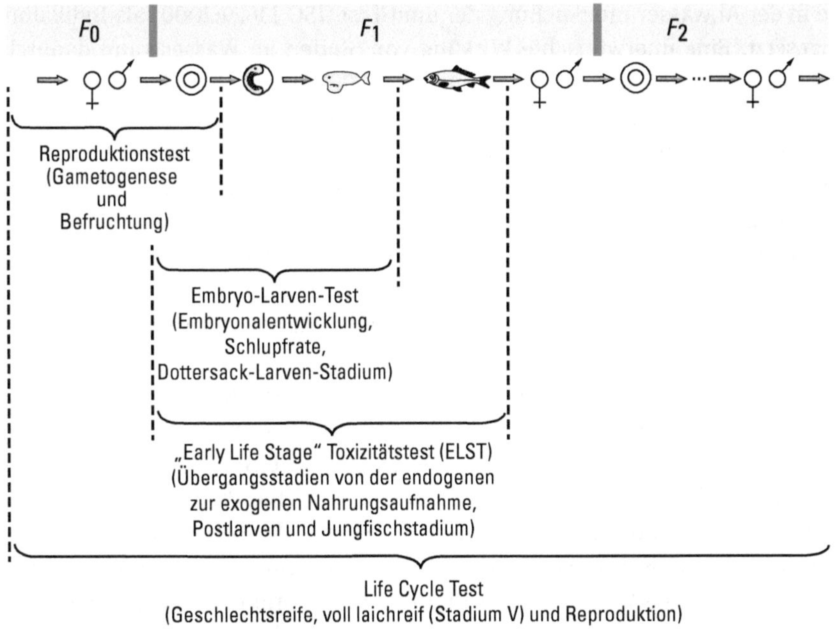

Abb. 8.7: Standardisierte Testverfahren zur Reproduktionstoxikologie mit Fischeiern und Fischlarven in den unterschiedlichen Entwicklungsstadien (modifiziert nach Hansen, 2018a).

Insbesondere in dem Effektmonitoring in den Küstengewässern hinsichtlich der Überwachung der Fischbestände werden Untersuchungen zu den Schlupfraten (viable hatch) und Missbildung der Fischeier und Larven untersucht (von Westernhagen et al., 1981; Hansen et al., 1985; Dethlefsen et al., 2001). Die subletalen Effekte von Schadstoffexpositionen (äußere Exposition) im Gewässer und auf Hoher See sowie der inneren Exposition der bioakkumulierten Kontaminanten in den Fischen werden hinsichtlich der Reproduktion (fruchtschädigende Wirkung) untersucht. Hierzu werden trächtige Muttertiere aus den Fischbeständen entsprechender Seegebiete und Ästuare an Bord von Forschungsschiffen (u. a. FS Walther Herwig III) und Schiffen der Fischereiüberwachung abgestreift, die Eier werden erbrütet und die Embryonen in ihrer Entwicklung verfolgt (von Westernhagen, 1988; Hansen et al., 2009; Brown-Petersen, 2011; Hansen, 2018b). Ein wichtiger Hinweis für die Durchführung dieser Art von Erbrütungs-Experimenten mit Fischembryonen z. B. im Rahmen eines Effektmonitoring ist, dass die Schiffsbewegung – verursacht durch den Wellengang – eine wichtige Voraussetzung für die erfolgreiche Erbrütung der Embryonen darstellt. Die Schlupfrate in Vergleichsuntersuchen im Laboratorium an Land (Meeresstation Helgoland) ist deutlich verringert.

8.2.4 Gentoxizität

Zur Messung der Gentoxizität als eine der „unerwünschten Wirkungen“ wird insbesondere in der Abwasseruntersuchung der umu-Test (ISO 13829:2000) als Indikatortest eingesetzt. Eine unerwünschte Wirkung von Stoffen im Wasser kann dadurch manifest werden, dass Gentoxine (Grummt et al., 2009) in Abhängigkeit von ihrer Konzentration das so genannte umuC-Gen in Bakterien induzieren. Als Testorganismus zum Nachweis dieser Wirkung dient das gentechnisch veränderte Bakterium *Salmonella typhimurium* TA 1535/pSK 1002 (Dizer et al., 2002a). Das Prinzip ist in Abb. 8.8 dargestellt. Das Produkt des *umu*C-Gens ist an der bakteriellen Mutagenese direkt beteiligt, indem es den Einbau falscher Basen bei der DNA-Neusynthese ermöglicht. Die Induktion des Gens ist somit ein Maß für das gentoxische (erbgutverändernde) Potenzial des untersuchten Testguts einer Wasser-, Abwasser- oder Sedimentprobe.

Da das *umu*C-Gen im verwendeten Testorganismus (siehe Abb. 8.8) mit dem lacZ-Gen für die β-Galaktosidase gekoppelt ist, wird die Messung der Induktionsrate des *umu*C-Gens durch die Bestimmung der β-Galaktosidase-Aktivität (Reporter-Gen-Funktion) möglich. Im Falle eines DNA-Schadens wird eine Protease aktiviert, der Repressor inaktiviert und die gentoxische Wirkung bzw. der DNA-Schaden über die Aktivität der β-Galaktosidase gemessen. Parallel zur Gentoxizität muss zwingend jeweils die zytotoxische Wirkung des Testguts z. B. in Form einer Wachstumshemmung der Bakterien bestimmt werden, da sonst der Endpunkt Gentoxizität nicht eindeutig bewertet werden kann. Mit dem *umu*-Test ist eine Aussage hinsichtlich Gentoxizität (primäre DNA-Schäden), aber nicht hinsichtlich einer Mutagenität mög-

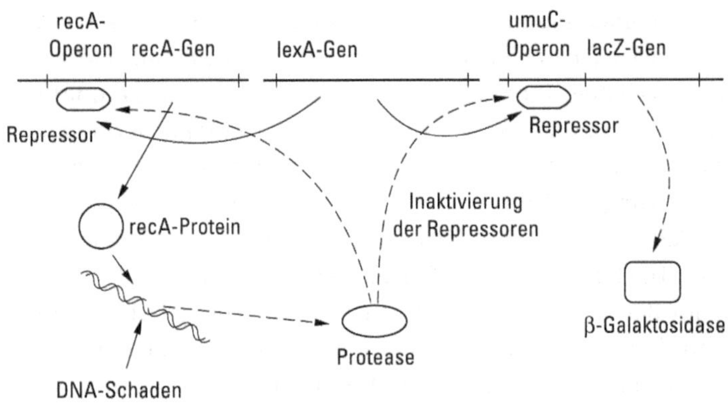

Abb. 8.8: Prinzip des umu-Tests (DIN 38415-T3/ISO 13829:2000) mit *Salmonella typhimurium* TA 1535 / pSK 1002.

lich. Der *umu*-Test hat sich insbesondere in der routinemäßigen Abwasserprüfung bewährt, er liegt als DIN 38415-T3 und als internationaler Standard (ISO 13829:2000) vor. Den *umu*-Test gibt es inzwischen auch als „on-line Robotsystem" und als Testkit. Weitere anspruchsvollere Testverfahren, die auch die Mutagenität miteinbeziehen, sind der AMES-Test (ISO 16240:2005) sowie AMES II als Fluktuations-Test und der Mikronukleus-Test (ISO 21427-2:2006) mit der Zelllinie V79 sowie geeignete Reparatur-Teste wie der UDS (UDS = Unscheduled DNA Synthesis), siehe hierzu Grummt et al., 2009.

Verlässt man zur Prüfung der Gentoxizität die prokaryontische Ebene mit Bakterien, bieten sich auf der eukaryontischen Ebene der Organismen weitere Testverfahren wie der Comet-Assay als Indikatortest (Grummt et al., 2009) an. DNA-Schäden, die als unerwünschte Wirkungen durch Gentoxine, Schadstoffe oder Stahlungsschäden (UV-B) induziert werden, sind unmittelbar durch den **DNA-Aufwindungstest** (Hansen et al., 2009) einer Messung zugänglich. Hierzu wird die Aufwindungsgeschwindigkeit (Denaturierung) der DNA unter kontrollierten alkalischen Bedingungen bestimmt. Die Aufwindungsbedingungen sind definiert durch gepufferten pH-Wert, konstante Ionenstärke und konstante Temperatur. Die Aufwindungsgeschwindkeit ist abhängig von der durchschnittlichen Häufigkeit von Aufwindungsstellen in der zu untersuchenden DNA. Neben den natürlichen Aufwindungsstellen wie Strangenden und enzymatische Schnittstellen (z. B. durch Topoisomerasen) können dieses auch spontane sowie chemisch oder physisch induzierte DNA-Schäden sein.

Mithilfe des DNA-Aufwindungstests werden eine Vielzahl unterschiedlicher Schadenstypen, wie DNA-Strangbrüche, apurinische/apyrimidinische (AP)-Stellen, labile Stellen gegenüber Alkali, Addukte etc. erfasst. Setzt man die DNA von schadstoffexponierten Organismen oder Zellen kontrollierten alkalischen Bedingungen aus, dann denaturiert die geschädigte DNA schneller als die ungeschädigte DNA. Dazu wird ein Gewebe-Homogenat exponierter Testorganismen bzw. von Kontrollorganismen durch Zugabe einer gepufferten Lauge alkalisch gemacht. Die Wasserstoff-Brückenbindungen zwischen den gepaarten Basen der DNA werden gelöst. Der mit der Alkalisierung eingeleitete Prozess des Aufwindens (Entspiralisierung) der Helix läuft relativ langsam ab und kann über einen längeren Zeitraum verfolgt werden. Eine im Vergleich zur Kontrollprobe erhöhte Aufwindungs-Geschwindigkeit zeigt den Grad der Schädigung an (Herbert und Hansen, 1998; Hansen et al., 2009). Nach einer definierten Zeit wird die Entspiralisierung durch Neutralisation des alkalischen Lysats gestoppt. Die Separation von Einzel- und Doppelstrang-DNA erfolgt über eine Hydroxylapatit-Batch-Elution und die Konzentration von einzel- bzw. doppelsträngiger DNA wird fluorometrisch bestimmt. Je mehr DNA-Schäden auftreten, desto höher wird die DNA-Einzelstrang-Konzentration bei der alkalischen Lyse im DNA-Aufwindungstest; dieses stellt gleichzeitig den Endpunkt dar. Der Test kann auch in einer miniaturisierten Version durchgeführt werden.

Vorgehensweise: Die Aufwindungs-Geschwindigkeit wird unter Vorgabe der Zeit, in der Regel 30 Minuten, gemessen. Der relative Anteil (F) der nach diesem Zeitraum doppelsträngig verbliebene DNA wird bestimmt, nachdem Einzelstrang (ss)- und Doppelstrang (ds)- DNA durch Ionenaustauschchromatographie mittels Hydroxylapatit voneinander getrennt und fluorometrisch quantifiziert wurden. Die Bestimmung des F-Werts geht zurück auf ein theoretisches Modell von Rydberg (1975).

Nach der fluorometrischen Messung werden die im Mikrotiterplattenverfahren erhaltenen Messwerte gegen einen entsprechenden Blindwert korrigiert und Messgröße F berechnet nach:

$$F = ds/(ss + ds) \tag{8.1}$$

Die Variationskoeffizienten von (ss)-DNA und (ds)-DNA dürfen bei vier Parallelmessungen nicht über 30 % liegen. Der negative dekadische Logarithmus von F ($-\lg\{F\}$) ist proportional zur relativen Anzahl der DNA-Aufwindungspunkte. Der Endpunkt $-\lg\{F\}$ als transformierte Messgröße des F-Werts unterliegt einer annähernden Normalverteilung. Aus diesem Grund wird er als Basisgröße für weiterführende statistische Berechnungen eingesetzt. Aus dem Verhältnis der Messwerte für unbelastete (F_0) und belastete Tiere (F_x) kann eine Aussage über die durchschnittliche Anzahl der entstandenen DNA-Schäden (n) je Aufwindungseinheit getroffen werden:

$$n = (\lg\{F^x\}/\lg\{F^0\}) - 1 \tag{8.2}$$

Es ist zu berücksichtigen, dass es bei Tierpopulationen verschiedene Gruppen von F_0 geben kann, nämlich F_0 der aktuellen Kontrollpopulation und F_0 der über einen längeren Zeitraum ermittelten Erfahrungswerte von Kontrollpopulationen (Wittekindt et al., 2000). Zur Vermeidung falsch-positiver Ergebnisse im DNA-Aufwindungstest bei der Untersuchung von Oberflächengewässern und Modellsubstanzen mit exponierten Organismen wird über einen internen DNA-Standard eine Kalibrierung über die Pulsfeld-Gel-Elektrophorese nach Elia et al. (1994) und Wittekindt et al. (2001)

als DNA-Referenzmethode durchgeführt. Mit diesem Verfahren kann der DNA-Fragmentierungsgrad als Auftrennung der Genomfragmente im gepulsten elektrischen Feld bestimmt werden.

Ein **Beispiel** für die Anwendung des DNA-Aufwindungstests sind Untersuchungen zur Bewertung einer möglichen gentoxischen Belastung von Wasserproben der Elbe. Die Untersuchungen wurden an Muscheln der Art *Dreissena polymorpha* durchgeführt (Wittekindt et al., 2000). Die DNA-Schäden der exponierten Muscheln wurden in den Kiemen- und Weichkörper-Homogenaten bestimmt. Es konnte bei allen im Freiland exponierten Tieren im Vergleich zu den im Labor gehälterten Tieren eine Erhöhung des gentoxischen Potenzials in den belasteten Elbabschnitten ermittelt werden. Als Ursache für diese DNA-Schäden können u. a. PAKs, aromatische Armine, Schwermetalle oder chlorierte Kohlenwasserstoffe sein. Diese chemischen Verbindungen stammen vermutlich nicht nur aus punktförmigen Emissionsquellen, sondern werden als diffuse Einträge (Straßenabläufe etc.) ins Gewässer eingetragen. Die Autoren der Arbeit (Wittekindt et al., 2000) haben nach ihren Untersuchungen mit dem DNA-Aufwindungstest eine Gewässergüte-Klassifizierung der Elbe zur Gentoxizität vorgenommen.

Ein weiteres **Beispiel** zur Gentoxizität in der Umwelt bzw. hier im marinen Ökosystem („(Eco)-Genotoxicity") sind Untersuchungen mit pelagischen Fischeiern unter UV-B Exposition (Dethlefsen et al., 2001 und Hansen et al., 2009). In den Fischeiern wurden die bei der UV-B Exposition entstandenen DNA-Schäden mit dem DNA-Aufwindungstest erfasst (Hansen et al., 2009; Hansen, 2018a und 2018b). Zusätzlich wurden in diesem Fall Thymindimere als DNA-Schäden gemessen, da als Arbeitshypothese angenommen wurde, dass die Bildung der Thymindimeren irreversibel ist (Hansen et al., 2009). Es stellte sich jedoch heraus, dass auch die Thymindimere repariert werden.

Geschädigte Zellen besitzen normalerweise **DNA-Reparatursysteme**, um durch Schadstoffe induzierte Primärschäden an der DNA zu entfernen. Daher können primäre DNA-Veränderungen auch über die Induktion von Reparatursystemen nachgewiesen werden. Bei den bislang gängigen Verfahren wird zwischen prokaryontischen und eukaryontischen Testverfahren unterschieden. Bei den prokaryontischen Testverfahren wird in der Regel die durch Mutation angeregte Induktion bestimmter Gensequenzen untersucht (umu-Test). Zur Bestimmung des Nachweises von DNA-Reparatursystemen in Eukaryonten wird der Einbau markierter Nukleotide in die DNA genutzt, wie z. B. beim UDS-Test (Unscheduled DNA Synthesis; außerplanmäßige DNA-Synthese, siehe hierzu Abschn. 8.1). Nur schwer ist die Frage zu beantworten, ob DNA-Schäden eine signifikante Bedeutung auf der Populationsebene im aquatischen Ökosystem haben. Da parallel zur DNA-Schädigung auch gleichzeitig wieder die Reparatur einsetzt, ist nur im Falle der falschen Reparatur und damit einer Mutation auch eine für die Population nachhaltige Wirkung dieser „unerwünschten Wirkung" festzustellen (Herbert und Hansen, 1998; Hansen et al., 2009). Es stellt sich immer die Frage der Nachweisbarkeit wie hier der unerwünschten gentoxischen Wirkung insbesondere auf der ökosystemaren Ebene (de Maagd et al., 2000; Hansen, 2007).

8.2.5 Immuntoxizität

Viele Wasserinhaltsstoffe stehen im Verdacht, eine immunsuppressive oder immunstimulierende Wirkung auf Organismen bzw. die aquatischen Lebensgemeinschaften im Ökosystem auszuüben. Die Immuntoxizität ist ein sehr komplexes Arbeitsfeld; es soll hier nur die als immunologische Reaktion sehr wichtige Phagozytose als ein geeignetes Messsystem zur Quantifizierung der Immuntoxizität behandelt werden (Hansen et al., 1991; Blaise et al., 2002; Hansen, 2018b). Bei entwicklungsgeschichtlich einfachen Organismen ohne ein ausgebildetes Blutkreislaufsystem werden die Blutzellen oder Granulozyten als Hämozyten bezeichnet. Diese weitgehend autonom agierenden Zellen des Immunsystems eines wirbellosen Organismus wandern durch den Körper und „fressen" (phagozytieren) hierbei die eingedrungenen, mit Schadstoffen beladenen Fremdpartikel u. a. Mikroorganismen. In den höher entwickelten Wirbeltieren sind diese Zellen und ihre Abwehrfunktion in Form von Makrophagen präsent. Den Zellen gemeinsam ist die Aufnahme von eingedrungenen Fremdorganismen, Fremdpartikeln und den daran adsorbierten Kontaminationen mittels Phagozytose. Angesichts der Komplexität des Immunsystems ist es nicht möglich, auf der Basis einer einzigen Reaktion eine Beurteilung des **gesamten Immunstatus** vorzunehmen. Als weitere Komplikation kommt hinzu, dass die immuntoxischen Wirkungen nicht nur hemmende Einflüsse im Sinn einer Immunsuppression umfassen, sondern auch stimulierende Wirkungen durch Hypersensitivität und Autoimmunität mit einschließen. Nach dem derzeitigem Erkenntnisstand über Hämozyten verläuft die Phagozytose nach der Anheftung der Fremdpartikel an der Oberfläche der Hämozyten (Renwrantz et al., 1985) mit der Bildung der Sauerstoffradikalen (ROS) zur Produktion von aggressiven Chemikalien, die wiederum der Zerstörung der aufgenommen Fremdpartikels dienen. Dieses erfolgt auf die gleiche Art und Weise wie bei den Makrophagen von Wirbeltieren und damit auch des Menschen (Unruh et al., 2016). Zur Erfassung immuntoxischer Belastungen werden die oberflächenadhärenten Phagozyten aus der Hämolymphe (Plasma) von Meeresmuscheln als ein „biomolekulares Funktionssystem" verwendet (Unruh und Hansen, 2017). Das Immunsystem spielt bei der Abwehr von pathogenen Keimen und an Fremdpartikel gebundene Xenobiotika sowie bei der Reproduktion und Zelldifferenzierung eine zentrale Rolle. Die Phagozytose-Aktivität von Muschel-Hämozyten (Abb. 8.9) wird mit fluoreszierenden oder lumineszierenden Bakterien, Hefen oder markierten Latex-Partikeln bestimmt (Blaise et al., 2002).

Nachdem ein Hämozyt über die Rezeptoren auf der Außenseite der Zellmembran mit sogenannten Pseudopodien (Abb. 8.9b) einen Kontakt mit einem Fremdpartikel hergestellt hat, wird die Membran nach innen eingestülpt und nach innen

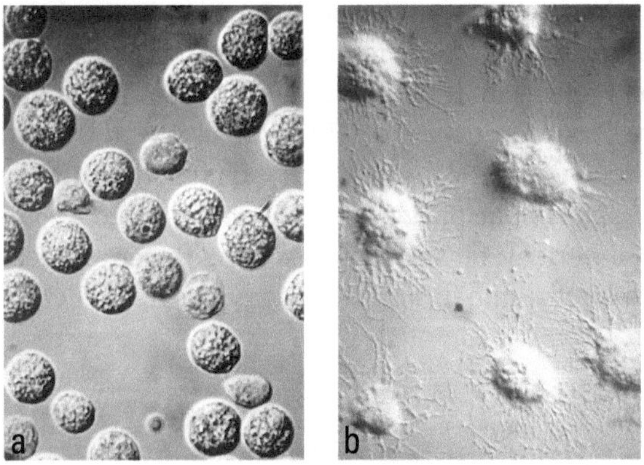

Abb. 8.9: Muschel-Hämozyten (a) und Hämozyten phagozytierend (b).

abgeschnürt. Die „Blase“ mit dem Fremdpartikel wird als Phagosom bezeichnet. Die von den Hämozyten gebildeten aggressiven Substanzen sind fähig, auch die sie produzierende Zelle zu zerstören, daher werden nur die benötigten Hämozyten in einer größeren Menge produziert. Die Zelle produziert diese Substanzen in isolierten „Blasen“, den Lysosomen und reduziert so die Gefahr einer Selbstbeschädigung. Durch das Verschmelzen der Lysosomen mit dem Phagosom werden die Substanzen mit den aufgenommenen Partikeln in Kontakt gebracht. Das Zusammenspiel von Hämozyten in der Immunabwehr gilt inzwischen als gut untersucht (Hine, 1999). Außer der Steuerung der Phagozytose und dem Verschmelzen der Lysosomen mit dem Phagosom ist die Aktivierung von mehreren Enzymsystemen für die Funktion der Phagozytose erforderlich. Mit der quantitativen Erfassung der Phagozytose-Aktivität ist es möglich, frühzeitig die immuntoxische Belastung von wirbellosen Organismen (Dizer et al., 2001; Hansen und Unruh 2017; Hansen, 2018b) zu erkennen.

Zur **Anwendung** des Phagozytose-Tests werden die erforderlichen Hämozyten gemeinsam mit dem Plasma (Hämolymphe) aus dem Sinus des hinteren Schließmuskels der Muschel entnommen. Unmittelbar nach der Entnahme der Hämolymphe mit einer geeigneten Spritze wird die Hämozytenzahl in einer Neubauer-Zählkammer bestimmt. Das Testprinzip beruht darauf, dass nach der Adhäsion der Hämozyten in den Vertiefungen (Wells) einer Mikrotiterplatte die Fluoreszenz-/Lumineszenz-markierten Bakterien, Hefezellen oder Latex-Partikel phagozytiert werden. Nach der Entfernung der Hämolymphe werden die nicht phagozytierten Bakterien oder Hefezellen ausgewaschen und durch Trypanblaulösung gequencht. Eine andere Möglichkeit (Versuchsansatz) ist, dass die Fluoreszenz nur nach erfolgter Phagozytose in der Zelle entsteht. Die Hämozytenzahl wird neben der erfolgten Phagozytose zur Bewertung des Immunabwehrsystems der Muschel mit herangezogen. Die Fluoreszenz/Lumineszenz in den phagozytierenden Hämozyten wird gemessen und als

Phagozytoseindex (PI) bestimmt. Unmittelbar vor oder nach der fluoreszenzphotometrischen Bestimmung der Phagozytoseaktivität muss in den gleichen Proben auf der gleichen Mikrotiterplatte der Proteingehalt der Hämozyten bestimmt werden (z. B. nach Bradford). Als relative **Fluoreszenzeinheit** (RFE; englisch = RFU) wird der Extinktionswert der phagozytierten Bakterien oder Hefen definiert, die von den Hämozyten in 1 ml Volumen der Hämolymphe phagozytiert werden. Das Probevolumen (V_{Probe}), auf das sich die RFE bezieht, muss daher in ml angegeben werden, z. B. 0,1 ml für 100 µl. Die Kontrollprobe enthält nur Bakterien oder Hefezellen in 100 µl Puffer, ohne Hämolymphe.

$$RFE = (E_{Probe} - E_{Kontrolle})/V_{Probe} \tag{8.3}$$

E Extinktion
V Volumen

Der Phagozytose-Index (PI) ist das Verhältnis der relativen Fluoreszenzeinheit zum Proteingehalt der Hämozyten, c(Protein) in mg/ml, wird also auf 1 ml Hämolymphe bezogen.

$$PI = RFE/c(Protein) \tag{8.4}$$

In der Umweltüberwachung hat sich die Bereitstellung von suborganismischen Verfahren und deren Prüfsystemen als alternative Teststrategien mit Hämozyten, die zu einem gewünschten Zeitpunkt aktivierbar sind als eine Lösung erwiesen. Auch bei den höheren Organismen gilt die Aufnahme von als fremd erkannten Partikeln (Phagozytose) und deren Zerstörung mittels ROS (Reactive Oxygen Species) als Schlüsseleigenschaft des Immunsystems.

Da es sich bei dem Immunsystem der wirbellosen Organismen um ein inates Immumsystem handelt und bei den höheren Organismen (menschliche Gesundheit) um ein angepasstes Immunsystem, wurde dieses Testsystem interessant für die Raumfahrt und von der ESA (European Space Agency) in Abstimmung mit der NASA als ein Experiment (TRIPLE LUX-B) zur Erfassung immunologischer und zellulärer Reaktionen unter dem Einfluss von Mikrogravitation und Weltraumstrahlung ausgewählt (Hansen, 2017). Es wurden zur Prüfung der Phagozytose unter Schwerelosigkeit viele Experimente zur Flugvorbereitung zur ISS (International Space Station) und am Boden in Boden-Referenz-Experimenten im Zentrum für Luft- und Raumfahrtmedizin – DLR (Köln) – Abteilung Gravitationsbiologie – durchgeführt (Unruh et al., 2016). In insgesamt 7 Parabelflügen, Klinostat-Experimenten, Unterwasserzentrifugen etc. wurde das Phagozytose-Experiment auf seine Validität überprüft, um es dann schließlich im Weltraum auf der ISS durchzuführen (Unruh et al., 2016). Hierzu war die Herstellung von kryo-konservierten Hämozyten erforderlich, um die Hämozyten in gleichbleibender Qualität in einem entsprechenden Zeitfenster auf der ISS und am Boden je nach Erfordernis für das Experiment zur Verfügung zu haben. Die Hämozyten wurden für das Experiment auf der ISS vor Ort unter Weltraumbedingungen rekonstituiert und mit Zymosan zur Phagozytose stimuliert. Es folgte daraufhin die Produktion von Sauerstoffradikalen (ROS), die mit dem Chemolumineszenzfarbstoff Luminol als Reporter sowie Peroxidase als Verstärker detektiert werden konnten. Die Flug-Hardware wurde durch die Fa. Airbus Defence and Space hergestellt. Das TRIPLE LUX-B Projekt hat einen wesentlichen Beitrag zur Bewertung und Risikoerfassung von immuntoxischen Effekten unter den Bedingungen der Schwerelosigkeit und der Weltraumstrahlung in der Raumfahrt geleistet. Die immunologischen Reaktionen wurden über die Phagozytose und die damit verbundenen ROS-Bildung quantitativ nachgewiesen. Insgesamt erlauben die Ergebnisse aus dem TRIPLE LUX-B-Experiment die Aussage, dass die Mikrogravitation eine hemmende Wirkung auf die Phagozytose bedingte Bildung von Sauerstoffradikalen (ROS) in den Blutkörperchen (Hämozyten) hat. Eine Besonderheit des TRIPLE LUX-B-Experiments besteht darin, dass es eine Rückkehrprobe gibt.

Nach einmonatiger Exposition der kryo-konservierten Hämozyten auf der ISS ist es in der Rückkehrprobe zu Strahlenschäden gekommen, die nach Rückkehr zur Erde signifikant nachweisbar waren. Hierzu gehörten eine erhöhte DNA-Fragmentierung, erhöhte Mikrokernbildung sowie eine gesteigerte Anzahl von apoptotischen Zellen (Apoptose = Form eines programmierten Zelltods). Die Untersuchungen zu den Strahlenschäden wurden vom Umweltbundesamt, Außenstelle Bad Elster, Frau Dr. Grummt durchgeführt.

Durch das Phagozytose-Experiment auf der ISS wurden die Grundlagen für die Entwicklung eines Biosensors zur Erfassung immuntoxischer Wirkungen auf der Erde gelegt.

Es bot sich für das Phagozytose-Prüfsystem ein „Robot System" in Form eines Minireaktors/Biosensors für on-line Messungen an (Hansen und Unruh, 2017). Die als Indikatorzellen verwendeten kryo-konservierten Hämozyten finden in einem Biosensor als Durchflusszelle im Realtime-Monitoring eine Anwendung.

8.2.6 Endokrine Wirkungen

8.2.6.1 Bedeutung und Fallstudie

Eine weitere „unerwünschte Wirkung" ist die Wirkung von Stoffen oder Stoffgruppen auf das Hormonsystem der aquatischen Organismen. Bei dieser sogenannten endokrinen Wirkung ist man sich über das Ausmaß und die Konsequenz solcher Wirkungen noch nicht vollständig im Klaren. Endokrin wirksame Substanzen werden auch EDCs (Endocrine Disrupting Compounds) genannt. Solche Wirkungen konnten beispielsweise in den Berliner Gewässern (Huschek und Hansen, 2005; Hansen, 2007c) nachgewiesen werden. Einige Fischbestände der als Vorfluter für die Klärabläufe genutzten Berliner Gewässer setzen sich zu annähernd 70 % aus

Tab. 8.1: Mittlere Vitellogeninkonzentration im Plasma von männlichen Forellen (n = 50) nach 7-monatiger Exposition im Klärwerksablauf Berlin-Ruhleben.

Anteil Klärwerksablauf	Vitellogeninkonzentration im Plasma (µg/l)		Verhältnis männlich/weiblich
	männlicher Forellen	weiblicher Forellen	
0 % (Kontrolle)	2,5	600	0,004
10 %	11		0,018
20 %	36		0,06
30 %	90		0,15
40 %	160		0,27

weiblichen Tieren zusammen. Der Fischbestand ist daher in seiner Reproduktionskapazität gefährdet. Die Ursachen können sehr vielseitig sein, z. B. durch das Nahrungsangebot im Gewässer und durch die Intensität der Befischung. Eine Ursache dieser populationsschädigenden Wirkung sind mit großer Wahrscheinlichkeit aber auch die über die Klärwerksabläufe eingetragenen EDCs. Hierzu wurden Untersuchungen zur Exposition von männlichen Fischen im Klärwerksablauf (Klarwasser) des Klärwerks Ruhleben durchgeführt. Die Fische wurden hierzu in einem sogenannten „WaBoLu-Aquatox" Durchlaufsystem (Hansen, 1986, 2018b) exponiert. In Abhängigkeit von den Abwassermengen (Klarwasser) und dem Verdünnungswasser (Spreewasser) wurde die Synthese des weiblichen Dotterproteins Vitellogenin (Hansen et al., 1998) in den exponierten männlichen Forellen gemessen (Tab. 8.1). Als Referenzmessungen wurden weibliche Forellen als Positivkontrollen exponiert.

Die männlichen Forellen waren für 6 Monate exponiert, und zwar in für die Untere Havel relevanten Klarwasseranteilen von 10 %, 20 % und 30 % bei einer mittleren Wasserführung (30 bzw. 10 m^3/s) sowie 40 % Anteil des Klarwassers bei Niedrigwasserführung (5 m^3/s). Es konnte in den Untersuchungen ein deutlicher Anstieg des Vitellogenins in den männlichen Forellen nach einer Exposition in einem Klarwasseranteil aus dem Klärwerk von mehr als 20 % festgestellt werden (Hansen et al., 1998).

In Untersuchungen zu Langzeitexpositionen von Karpfen in Teichen mit Klärwerksablauf (Versickerungsteiche, Rieselfeld Karolinenhöhe) wurden die Ergebnisse der Klärwerksablauf-Exposition hinsichtlich der erhöhten Vitellogenin-Synthese in den männlichen Tieren bestätigt. Es zeigte sich auch hier ein leichter Überhang an weiblichen Tieren (63 %) in den Fängen. Der Vitellogeningehalt in den exponierten männlichen Fischen war gegenüber den Kontrolltieren aus abwasserunbelasteten Gewässern um den Faktor 20 erhöht. Der absolute Gehalt an Vitellogenin in den männlichen Tieren betrug 14–25 µg/l. Es handelt sich um 3-sömmrige Karpfen mit einer Länge 12–30 cm und einem Gewicht von 20–280 g.

Um der Frage der Verweiblichung weiter nachzugehen, wurden Erbrütungsexperimente mit Forelleneiern der abwasserexponierten F_0-Generation durchgeführt. Aus den Expositionsversuchen (Tab. 8.1) wurden laichbereite männliche und weibli-

Tab. 8.2: Geschlechterverhältnis der Jungfische (F1-Generation; n = 50) nach 12-monatiger Exposition im Klärwerksablauf Berlin-Ruhleben.

Anteil Klärwerksablauf	Geschlechtsverhältnis bei Jungfischen der F1-Generation	
	männlich/weiblich	männlich/weiblich + zwittrig
10 %	1,25	1,0
20 %	1,0	0,65
30 %	0,75	0,45
40 %	0,15	0,12

che Forellen aus den entsprechenden Expositionsbecken mit 10 %, 20 %, und 30 % Klarwasseranteil abgestreift, die Eier befruchtet und in schwimmenden Netzgehegen in dem Kontrollwasser erbrütet. Die Fischlarven wurden nach der externen Futteraufnahme für weitere 12 Monate in den entsprechenden Klarwasserkonzentrationen der Elterntiere erneut exponiert und nach dem Abwachsen hinsichtlich der Geschlechterdifferenzierung histomorphologisch untersucht. Die relativen Verteilungen der Geschlechter sind in Tab. 8.2 dargestellt.

Tab. 8.2 zeigt, dass sich bei den exponierten Fischen der F_1-Generation das Geschlechterverhältnis zugunsten der weiblichen Tiere einstellte. Gleichzeitig traten aber auch vermehrt zwittrige Tiere auf. Diese durch histologische Befunde abgesicherten Ergebnisse ließen sich inzwischen verstärkt auch in den Berliner Gewässern nachweisen (Huschek und Hansen, 2005). In manchen anderen Flußsystemen wie in Großbritannien gibt es inzwischen größtenteils nur noch Zwitter (Harries et al., 1996, 1997).

In entsprechenden Aufstockungsexperimenten wurde ermittelt, welche Stoffe für die fehlgeleitete Vitellogenin-Synthese (Hansen et al., 1998) im männlichen Fisch wahrscheinlich verantwortlich sein könnten. Zur Bestimmung der geringsten noch messbaren Konzentration an Vitellogenin im Plasma wurde die Kinetik der Vitellogenin-Synthese im männlichen Fisch bei einer Induktion (intraperitonealen Injektion) von 10 µg/l 17 β-Estradiol untersucht. Es entstehen 3,9 mg/l Vitellogenin im Plasma nach 5 Tagen und bis zu 114 mg/ml nach 21 Tagen. Extrapoliert man diese Ergebnisse in den Niedrigdosis-Bereich, so kann als LOEC (Lowest Observed Effect Concentration) ein Wert von 10 ng/ml im Fischplasma angenommen werden. Dieser geringe Wert wird von den in den Gewässern nachgewiesenen Konzentrationen an Nonylphenol und Bisphenol A nicht bewirkt (siehe Tab. 8.3). Anders sieht es jedoch für die Umwelthormone 17 β-Estradiol, Ethinylestradiol aus, deren nachgewiesene Konzentrationen in den Gewässern durchaus eine Vitellogeninkonzentration im Plasma der Fische in Höhe der angenommenen LOEC oder darüber hinaus auslösen können (siehe Tab. 8.3).

Viele EDCs sind refraktär (nicht biologisch abbaubar). Daher ist nicht nur mit einer Belastung der Gewässer, sondern auch mit einer Belastung des Porenwassers,

Tab. 8.3: Expression von Vitellogenin im Plasma männlicher Fische („unerwünschte Wirkung“) durch Stoffe im Gewässer dargestellt als LOEC [μg/l].

Schadstoff	erforderliche Konzentration (LOEC in [μg/l]) der Stoffe im Gewässer zur Expression von 10 ng/ml Vitellogenin im Plasma der männlichen Fische nach 5 Tagen Exposition	im Gewässer gemessene Konzentration μg/l		
17 β-Estradiol	0,001	0,0005	bis	0,0015
Ethinyl-estradiol	0,0025	0,0002	bis	0,003
Nonylphenol	14	0,08	bis	0,9
Bisphenol A	25	0,008	bis	0,033

der Sedimente und des für die Trinkwasserversorgung so wichtigen Uferfiltrats durch ECDs zu rechnen. Tatsächlich wurden die ECDs auch bereits in der Wasser- und Bodenmatrix nachgewiesen (Dizer et al., 2002b).

8.2.6.2 Methoden zur Messung von endokrinen Wirkungen

Zur Erfassung endokriner Disruptoren (EDCs) in Gewässern und Sediment bzw. in Abwasser, Klärschlamm und Klärwerksabläufen haben sich der ELRA-Test und der MCF7-Test als Indikatortests etabliert. Daneben kann der bereits erwähnte Vitellogenin-Synthese-Test als *in-vivo* Test bei aufwendigen Monitoringprogrammen herangezogen werden.

Der **ELRA-Test** (Enzyme Linked Receptor Assay) (Kase et al., 2007, 2008) dient als **Indikatortest** zur Analyse von östrogenen Stoffen. Die besondere Eigenart dieser Stoffe ist es, dass man sie nicht an ihrer Struktur, sondern nur an ihren endokrinen Wirkungen erkennen kann. Der ELRA-Test ist ein Rezeptorassay, der auf dem gleichen Prinzip wie ein kompetitiver Immunoassay – basierend auf einer Ligand-Protein-Wechselwirkung – beruht (siehe Abschn. 4.8). Die Rezeptorbindung zeigt einen endokrinen Effekt an. Für die Bindung der östrogenen Substanzen wird ein humaner Östrogenrezeptor (αER; englisch: Estrogen Receptor) verwendet. Die östrogene Aktivität wird häufig mit dem Hefe-Rezeptor-Test (englisch: yeast receptor) durchgeführt. Ein geeignetes Testsystem (Piña et al., 2009) wäre z. B. der Recombinant Yeast Assay (RYA). Als Testorganismus wird ein genetisch veränderter Hefestamm *Saccharomyces cerevisiae* verwendet. Dieser Stamm enthält die DNA-Sequenz für den humanen Östrogenrezeptor (Cup-hER), das Expressorplasmid ERE und das Reportergen Lac-Z für die ß-Galaktosidase. Die ß-Galaktosidase-Induktion (Aktivität) ist proportional der Aktivität des humanen Östrogenrezeptors. Die endokrine Aktivität wird in 17 β-Estradiol-Äquivalenten angegeben. Untersuchungen von Abwasser-und Gewässerproben auf ihre endokrine Wasserinhaltsstoffe (EDCs) zeigen eine gute Übereinstimmung der Ergebnisse mit den Indikatortesten und der instrumentellen Analyse GC/MS.

Ein weiterer Indikatortest ist der Zelllinien-Test **MCF7** mit der MCF7-Zellinie (Garcia-Reyero et al., 2004). Die MCF-Zellen sind Mammakarzinomzellen und werden als permanente humane Zellkulturlinie für das Screening endokrin wirksamer Stoffe hinsichtlich der Wirkung von steroidalen Geschlechtshormonen eingesetzt. Beim Vorhandensein steroidaler Geschlechtshormone wie 17 β-Estradiol, Östrogen und Progesteron wird das Wachstum der MCF7-Zellen aktiviert. Die Zunahme der anfänglich geimpften Zellzahl ist der Wirkung der Steroidhormone proportional. Die Aktivierung der Zellvermehrung durch EDCs in den Wasser-, Abwasser-, Schlamm- oder Sedimentproben wird mit der wachstumsfördernden Wirkung von Referenzsubstanzen (z. B. 17 β-Estradiol) verglichen. Die proliferative Wirkung der EDCs in wässrigen Proben werden als 17 β-Estradiol-Äquivalente angegeben.

Der MCF-7 Test wird wie folgt durchgeführt:

- Trypsinierung (Auflösung der einschichtigen Zellkultur aus dem Boden der Kulturflasche) der MCF-Zellen;
- Zellzahl in der Kultursuspension bestimmen;
- Impfen (Inokulieren) einer 96-Well-Mikrotiterplatte mit 10.000 Zellen pro Vertiefung (Well) in modifiziertem Eagle's Medium nach Dubecco mit 5 %igen fötalem Kälberserum;
- MCF7-Zellen für 24 h bei 37 °C und 5 %iger CO_2 zur Adhäsion der Zellen auf dem Boden der Wells inkubieren;
- Kulturmedium absaugen und durch Eagle's Medium nach Dubecco ohne Phenolrotzusatz und mit einem 10 %igen steroid-freien Humanserum ersetzen;
- Inokulation von Testsubstanzen in verschiedenen Konzentrationen mit positiven (17 β-Estradiol) und negativen (Tamoxifen) Kontrollansätzen;
- MCF7-Zellen für 144 h bei 37 °C und 5 %iger CO_2-Atmosphäre inkubieren;
- Medium absaugen und proliferierte Zellen mit 1 %iger Trichloressigsäre fixieren;
- Zellen mit 0,4 %iger Sulforhodamin B-Lösung für 10 min in färben und Farbstoffreste mit 1 %iger Essigsäure auswaschen;
- Resuspension des von den Zellen aufgenommenen Farbstoffs mit 0,01 molarer Trislösung (pH 10.5) durch leichtes Schütteln (für 20 Minuten auf einem Schüttler);
- Photometrische Messung der Extinktion auf der Mikrotiterplatte bei einer Wellenlänge von 590 nm;
- Farbintensität der Proben zur Erfassung der wachstumsfördernden Wirkung der ECDs im Vergleich zu den Extinktionswerten der positiven und negativen Kontrollansätze (verschiedene Konzentrationen der Referenzsubstanz 17 β-Estradiol als externer Standard);
- Bewertung der endokrinen Wirksamkeit der Proben als 17 β-Estradiol-Äquivalente.

Neben den bekannten ***„in vitro“***-Testverfahren ELRA und RYA sowie der MCF7-Zelllinie werden zukünftig die folgenden Normungs-Entwürfe (FDIS) zur Erfassung der endokrinen Wirkung bzw. des östrogenen Potenzials in Wasser und Abwasser von Bedeutung sein:

ISO 19040-1 (Yeast estrogen screen mit *Saccharomyces cerevisiae*),

ISO 19040-2 (Yeast estrogen screen – A-YES mit *Arxula adeninivorans*)

ISO 19040-3 (in vitro human cell-based reporter gene assay

Der ELRA-Test wurde in den Berliner Gewässern und Sedimenten hinsichtlich ihrer endokrinen Wirkungen im Rahmen eines umfänglichen Monitorings zur Klassifizierung der Gewässerabschnitte nach WRRL (WFD) eingesetzt. Die Ergebnisse mit dem ELRA-Test wurden für die einzelnen Gewässerabschnitte als 17 β-Estradiol-Äquivalente dargestellt (Huschek und Hansen, 2005). Ein vergleichbares Monitoring mit dem RYA-Test wurde von Piña am Llobregat-Gewässer bei Barcelona durchgeführt (Piña et al., 2009, 2017). Es liegen hierzu auch Vergleichsuntersuchungen mit den verschiedenen ***in vitro***- Testverfahren ELRA, RYA und der MCF7-Zelllinie in Proben der Wasser- und Bodenmatrix sowie mit ECDs-dotierten Lysimeter-Experimenten vor (Dizer et al., 2002b).

Als ein sehr gut geeignetes ***in vivo*** Testverfahren zur Erfassung einer endokrinen Wirkung hat sich die Exprimierung des Dotterproteins **Vitellogenin** (Hansen et al., 1998) im männlichen Fisch (**Vitellogenin-Synthese-Test**) erwiesen. Das Vitellogenin (Vtg.) als Biomarker eignet sich auch als Biosensor zur Erfassung der ECDs u. a. im Fischblut (Osterkamp et al., 1997; Farré et al., 2009a). Für die Vitellogeninmessung eignen sich besonders gut Enzymimmunoassays (Farré et al., 2009b; Palchetti et al., 2017). Zum Vitellogenin-Synthese-Test wird das Vitellogenin aus dem Blutplasma eines Fisches abgetrennt, über Säulenchromatographie gereinigt und nach einer unspezifischen Adsorption an der Oberfläche einer Mikrotiterplatte mit einer monoklonalen oder auch polyklonalen Antikörperlösung behandelt (siehe Abschn. 8.4). Nach der Bildung des spezifischen Vitellogenin-Antikörper-Komplexes werden sekundäre Antikörper hinzugefügt, die sich an die Antikörper-Endstellen anlagern und mit einem chromogenen Stoff aktiviert werden. Nach Beendigung der Farbreaktion mit Schwefelsäure wird die Extinktion der Proben photometrisch bei 450 nm gemessen. Das Vitellogenin wird als Referenzsubstanz spezifisch für die jeweilige Fischart gewonnen und über eine Säulenchromatographie gereinigt. Die Abschätzung einer möglichen östrogenen Wirkung erfolgt über einen niedrigen noch messbaren Wert der Vitellogenin-Synthese in männlichen Fischen (Tab. 8.3). Dieses sollte der LOEC (Lowest Observed Effect Concentration) sein, der mit 10 ng/ml Vitellogenin im Plasma anzunehmen ist. Für die Fischarten Blei (*Abramis brama*), Plötze (*Rutilus rutilus*) und Barsch (*Perca fluviatilis*) wurde die sehr unterschiedliche Vitellogenin-Expremierung in der Berliner Gewässer-Exposition im Vergleich zu den Forellen in dem direkten Klärwerksablauf (WaBoLu-Aquatox, Tab. 8.3) untersucht (Huschek und Hansen, 2005). Zur schnellen Bestimmung von Vitellogenin in Fischblut männlicher Fische wurde ein Immunsensor entwickelt. Der Immunsensor „Vitello“ basiert als Biosensor mit einem elektrochemischen Transducer auf Elektroden, die mittels Siebdruck hergestellt werden (screen printed electrodes). Bestückt mit den zur Messung notwendigen Biomolekülen können die Elektroden bis zu 12 Monate gelagert werden und sind im Bedarfsfall direkt einsetzbar. Das dazugehörende Messgerät dient neben der Datenaufnahme auch zur vollautomatischen Durchführung der Messung. Die zu messende Probe (u. a. Fischblut) wird auf die Elektrode gegeben, diese wird in das Gerät eingeführt und anschließend die Konzentration an Vitellogenin ausgegeben. Der Konzentrationsbereich (Vitellogenin im unverdünnten Blut) erstreckt sich von 1 ng/ml bis 20 ng/ml. Höhere Vitellogeninkonzentrationen müssen vor der Messung entsprechend verdünnt werden. Bei Fischen können die Serumkonzentrationen vor der Eiablage bis zu 100 mg Vtg/ml erreichen (Hock und Seifert 2002). Der Biosensor „Vitello" wurde als Immunsensor mit Blutproben unterschiedlich exponierter Forelllen getestet, wobei das in den Forellen expremierte Vitellogenin sowohl mit dem Biosensor als auch mit einer etablierten Messmethode (ELISA = Enzyme linked immunosorbent assay) bestimmt wurde. Die gute Übereinstimmung zwischen diesen beiden Methoden erlaubt nun mit „Vitello" eine „vor Ort"-Bestimmung von Vitellogenin im Feldversuch (Huschek und Hansen, 2005). Zu ergänzen ist, dass sich auch Muscheln wie *Mytilus edulis* (Aarab et al., 2006), *Mya arenaria* (Blaise et al., 1999), *Elliptio complanata* (Blaise et al., 2003) zur Erfassung der EDCs und ihrer Effekte (Verweiblichung und auch Expremierung „vitellogoninähnlicher" Proteine (Aarab et al., 2006) gut eignen, wobei insbesondere auch histologische Untersuchungen zur Validierung und Interpretation der Daten hilfreich sind. Dies gilt auch für Vitellogenin als biochemischen Indikator (Biomarker) für eine Exposition von Fischen mit Xenoöstrogenen und EDCs. Neben dem histologischen Befund ist weiterhin als Referenzmethode die SDS-Polyacrylamid-Gelelektrophorese durchzuführen. Nach Trennung der Serumproteine findet man bei etwa 120 kDa signifikante Mengen an Vitellogenin bei der Fischart Blei (*Abramis brama*) beim weiblichen Fisch, aber eben nach einer EDC- oder Xenoöstrogen-Exposition auch im männlichen Tier.

Zusätzlich zu den hier beschriebenen Test-Verfahren werden zukünftig bei der Suche nach noch unbekannten Zielstrukturen für Schadstoffe neue Strategien zu entwickeln sein (Hock und Seifert 2002). Vom methodischen Ansatz her wird für die Bestimmung der endokrinen Wirkungen verstärkt der Schwerpunkt auf den molekularen Strategien liegen (Grummt, 2009; Farré et al., 2009b; Palchetti et al., 2017).

H. H. Dieter

8.3 Bewertende Toxikologie

8.3.1 Grundlagen

Bei der Festsetzung von Prioritäten für Maßnahmen zur Herstellung und Sicherung einer einwandfreien Trinkwasserqualität muss die aufsichtsführende Behörde (meist das Gesundheitsamt) stets auf gesundheitliche Höchstwerte für namentlich solche

Stoffe zurückgreifen können, die ein Trinkwasser unbeabsichtigt erreichen können. Die regulatorische Toxikologie, d. h. der den Gesetzgeber beratende Zweig der wissenschaftlichen Toxikologie, untersucht und bewertet deshalb für Zwecke des Gesundheitsschutzes potenziell gesundheitsgefährdende Stoffe auf Grundlage wissenschaftlicher Daten.

Die Benennung gesundheitlich duldbarer Höchstwerte ist den Toxikologen keineswegs mit wissenschaftlicher Präzision möglich, obwohl dies gerne unterstellt wird, wenn gesundheitlich motivierte Grenzwerte von Rechtsnormen (etwa der TrinkwV 2001) als scharfe Obergrenzen missverstanden werden, deren Überschreitung eine unmittelbare Gefährdung der Gesundheit zur Folge habe (siehe auch Kap. 10). Vielmehr lässt sich toxikologisch die Möglichkeit einer gesundheitlichen Gefährdung durch einen Stoff oder Summen davon nur mit der Erreichung bestimmter Konzentrations- oder Dosisbereiche des Stoffs verknüpfen. Insbesondere der Extrapolation von Wirkungsdaten, die in Tierversuchen unter dem Einfluss z. T. sehr hoher Stoffkonzentrationen (Menge pro medialer Volumeneinheit, z. B. pro Liter) oder Dosierungen (Menge pro Körpermasse oder -gewicht) erarbeitet werden, in den Bereich vergleichsweise sehr niedriger Konzentrationen im Trinkwasser mangelt es grundsätzlich an der eigentlich erwünschten wissenschaftlichen Präzision.

Diese Unschärfe sollte auch in der Fachsprache regulatorisch-toxikologisch verantwortlicher Wissenschaftler zum Ausdruck kommen. Jedenfalls verbietet sie es, einen der Höhe nach gesundheitlich begründeten „**Grenzwert**“ als „präzise“ in einem wissenschaftlich-technischen Sinne zu bezeichnen, obwohl letzterer genau diese Eigenschaft aus rechtlicher Sicht selbstverständlich besitzen muss und die genau deshalb eben auch einem wissenschaftlich abgeleiteten Höchstwert gerne zugeschrieben würde.

Immer dann also, wenn von gesundheitlichen Höchstwerten die Rede ist, die (noch) nicht als Grenzwert rechtsverbindlich sind, sollten alle Beteiligten und davon insbesondere die toxikologisch Kundigen auf Bezeichnungen wie „Besorgniswert“, „Gefahrenwert“ oder „Warnwert“ bestehen. Im Gegensatz zu „Grenzwert“ täuschen diese Bezeichnungen keine wie auch immer zustande gekommene Rechtsverbindlichkeit oder Exaktheit des zur Rede stehenden gesundheitlichen Höchstwertes vor. Stattdessen informieren sie über Art und Qualität der ihnen jeweils zugrunde liegenden wissenschaftlichen Daten und insofern allenfalls über ihre *potenzielle* regulatorische Verwendbarkeit.

Das Wort „Grenzwert“ (Limes) dagegen kennzeichnet einfach nur eine – warum auch immer – gesetzte oder gewachsene Grenze, die nicht überschritten werden darf. Bereits die Möglichkeit der Überschreitung eines Grenzwertes begrenzt, grenzt ein, zwingt zu Maßnahmen, die kostspielig sein können. Um verbindlich zu klären, ob die Konzentration eines Stoffes dessen Grenzwert tatsächlich überschritten hat oder zu überschreiten droht, wird ein analytischer Befund benötigt, der die als Grenzwert festgesetzte Konzentration für Vergleichszwecke so genau wie möglich abbildet. Jeder analytische Befund ist im Rahmen seines messtechnisch bedingten

Vertrauensbereichs allerdings ebenfalls und unvermeidlich mit einer gewissen Ungenauigkeit behaftet. Um einem Grenzwert dennoch nicht seine Eindeutigkeit zu nehmen, muss der analytische Befund seinerseits rechtlich verbindlichen Bedingungen (Grenzwerten) für Genauigkeit und Richtigkeit genügen.

Ein Grenzwert ist aber nicht nur ein analytisch reproduzierbarer und überprüfbarer, sondern – wie bereits angedeutet – auch ein zweckbestimmter Zahlenwert, z. B. zum Schutz der Gesundheit oder eine Schwelle zur Auslösung bestimmter (Abwehr)Handlungen (Falkenberg, 1996). Als solcher unterliegt er gewissen Verfallsdaten oder (gesundheits)politischen Besonderheiten: Beispielsweise belässt der Fluorid-Grenzwert für Säuglinge und Kleinkinder einen gesundheitspolitisch gewollten Spielraum für erwünschte Fluorid-Aufnahmen aus anderen Quellen bis zur Höhe des gesundheitlich (noch) Duldbaren (vgl. *Kennzahl 1101.10* in Dieter et al., 2014 ff.). Der heutige Grenzwert für Blei ist dank toxikologisch verfeinerten Wissens wesentlich niedriger als etwa noch vor 40 Jahren (*Kennzahl 1101.5* in Dieter et al., 2014 ff.).

Demzufolge kann ein Grenzwert bzw. die durch ihn gekennzeichnete Grenze nicht wissenschaftlich abgeleitet oder beschrieben sondern muss in einem gesellschaftlichen, vorzugsweise parlamentarisch-demokratischen Prozess festgesetzt werden. Es ist allerdings sehr empfehlenswert, in diesem Prozess wissenschaftliche Erkenntnisse zu berücksichtigen, insbesondere zum Schutz der Gesundheit, der Umwelt, oder technischer Einrichtungen. Gesundheitliche Höchstwerte, die toxikologisch aus wissenschaftsmethodisch ermittelten Daten abgeleitet wurden, können dann auf diese Weise auch zu Grenzwerten werden. Die (vollständige) Berücksichtigung wissenschaftlicher Daten ist dabei aber nicht zwingend (Dieter und Grohmann, 1995; *Kennzahl 1002* in Dieter et al., 2014 ff.). Eine Einflussnahme der Politik bereits auf Höhe und Art der Ableitung eines wissenschaftlichen Höchstwertes ist zwar nie völlig auszuschließen, aber im Rahmen der Unabhängigkeit der Wissenschaft von der Politik doch sehr begrenzt.

Ein kurzer Überblick mit Vorschlägen zur unterschiedlichen Benennung gesundheitlich motivierter Höchstwerte für unterschiedliche Schutzziele aus Sicht der Wissenschaft einerseits und staatlicher Behörden andererseits findet sich bei Dieter (2009/2011).

Beispielsweise wäre ein regulatorisch-toxikologisch, d. h. wissenschaftlich abgeleiteter **Besorgniswert** für einen Stoff im Trinkwasser von Seiten der für das Risikomanagement zuständigen Aufsichtsbehörde als **gesundheitlicher Leitwert LW** zu bezeichnen. Ein LW bezeichnet im Risikomanagement die Untergrenze des Bereichs der gesundheitlichen Besorgnis gegenüber einem Stoff im Trinkwasser, falls die Exposition lebenslang (≥ 70 Jahre) andauert. Doch auch gesundheitliche Höchstwerte für kürzere als lebenslange Exposition sind regulatorisch sinnvoll. Politisch heißen sie Maßnahmenhöchstwerte (MHW). Ihre Höhe wird vom Umweltbundesamt wissenschaftlich quantifiziert. Wenn während einer befristeten Abweichung vom Grenzwert die Trinkwasserversorgung nicht unterbrochen werden soll oder kann, kann das überwachende Gesundheitsamt dies maximal bis zur Höhe eines MHW zulassen. Meist bezieht sich ein MHW auf eine Expositionsdauer von 10 Jahren; erst seine Überschreitung während mehr als 10 Jahren wäre mit hinreichender Wahrscheinlichkeit „gesundheitsgefährdend" und dementsprechend zu managen. Maßnahmenhöchstwerte heißen deshalb auf Seiten der Wissenschaft „Gefahrenwerte", die ihnen entsprechende Körperdosis GD = Gefahrverknüpfte Dosis (*Kennzahl 1001* in Dieter et al., 2014 ff.), im Bodenschutz Gefahrbezogene Dosis (Konietzka und Dieter, 1998).

Die Möglichkeit, durch (zu) hohe Konzentrationen potenziell toxischer Stoffe mit einer gewissen Wahrscheinlichkeit gesundheitlich beeinträchtigt zu werden, wird als „Risiko" bezeichnet. Aus Sicht der regulatorischen Toxikologie ist ein solches Risiko dann nichts Anstößiges, wenn ihm ein adäquater Nutzen gegenübersteht. Das Ergebnis der Abwägung von Nutzen und Risiko sollte bei unabsichtlich eingegangenen Risiken jedoch gesellschaftlich und bei absichtlich eingegangenen individuell akzeptiert sein.

8.3.2 NOAEL, ADI, Extrapolationsfaktoren und Wirkungsschwelle

Die quantitative Bewertung der toxischen Wirkung eines Stoffes setzt zunächst die Kenntnis oder zumindest eine Entscheidung darüber voraus, ob er im Menschen eine **Wirkungsschwelle** besitzt oder nicht (vgl. *Kennzahl 1001* in Dieter et al., 2014 ff.).

Bei Stoffen mit Wirkungsschwelle hängt es von der Dosis ab, ob ein Stoff gesundheitsschädlich wirkt und unterhalb welcher Dosis = Wirkungsschwelle er dies nicht mehr tut. Dieses, von Paracelsus[1] entdeckte Prinzip, weswegen in diesem Zusammenhang mitunter auch von „Paracelsus-Stoffen" gesprochen wird, gilt allerdings nur sehr bedingt für stark kumulierende Stoffe, wie z. B. Cadmium, das in der Niere angereichert wird, und nicht für gentoxisch kanzerogene und mutagene Stoffe (siehe unten).

Ausgangspunkt der quantitativen toxikologischen Bewertung von **Stoffen mit Wirkungsschwelle** bis hin zur Ableitung eines LW für Trinkwasser (s. 8.3.3) ist die Benennung derjenigen Dosis eines Stoffes größer Null, die im Untersuchungsansatz noch nicht schädlich wirkt. Dieser experimentelle oder epidemiologische **NOAEL**$_{\mathbf{exp}}$ (englisch: *no observed adverse effect level* = höchste noch nicht beobachtbar schädliche Dosis) sollte nach Art und Höhe auf einem möglichst breiten wissenschaftlichen Konsens beruhen und der tatsächlichen Wirkungsschwelle des Stoffes im Untersuchungsansatz möglichst nahe kommen (vgl. detaillierte Darstellung in *Kennzahl 1001* in Dieter et al., 2014 ff.).

---

1 *Auch bekannt als* Theophrastus Bombastus von Hohenheim, progressiver Schweizer Arzt und Naturforscher (1493–1541) am Ausgang des Mittelalters (s. H. H. Dieter, *in* W. Krämer und R. Pogarell [Hrsg.]: Sternstunden der deutschen Sprache, IFB-Verlag, Paderborn 2002, Seiten 100–107).

Zur Ermittlung eines **NOAEL$_{exp}$** werden diejenigen Untersuchungen am Menschen oder aus Tierversuchen als maßgeblich ausgewählt, die mit der Expositionssituation des Menschen hinsichtlich der experimentell beobachteten toxikologischen Kriterien (Endpunkte) und der zu erwartenden Expositionsdauer am ehesten vergleichbar sind. Der NOAEL$_{exp}$ wird deshalb möglichst einer entsprechend langfristigen Studie entnommen und/oder per Division durch den Extrapolationsfaktor EF$_a$ von mittelfristiger auf langfristige Exposition extrapoliert. Falls Studien mit Trinkwasser nicht zur Verfügung stehen, muss ein NOAEL$_{exp}$ ersatzweise mit Hilfe von Konventionen aus Studien mit anderem Expositionspfad (z. B. Futter, Atemluft, Schlundsonde) errechnet werden. Die damit gewonnenen Ableitungen sind unsicherer, was man aber durch einen Sicherheitsfaktor SF,[2] durch den solche „pfadfremden“ NOAEL-Werte dann dividiert werden, in gewissem Umfang kompensieren kann.

Ist auch auf diese Weise kein NOAEL$_{exp}$ ermittelbar, muss man die anderweitig verfügbaren toxikologischen Daten unter dem Gesichtspunkt beurteilen, ob sich aus ihnen ein NOAEL oder zumindest eine niedrigste noch beobachtbar schädliche Dosis (**LOAEL$_{exp}$**; englisch: *lowest observed adverse effect level*) ermitteln lässt. Aus diesem lässt sich dann mit Hilfe des Extrapolationsfaktors EF$_b$ behelfsmäßig ein NOAEL$_{exp}$ = LOAEL$_{exp}$ · EF_b^{-1} extrapolieren, der der tatsächlichen Wirkungsschwelle *im Untersuchungsansatz* möglichst nahe kommt.

Der NOAEL$_{exp}$ der relativ humanrelevantesten aller verfügbaren Studien wird zum Ausgangspunkt oder ***point of departure*** **(PoD)** der Extrapolation ihres Beobachtungsergebnisses auf den Menschen. Die Extrapolation besteht in der Division des NOAEL$_{exp}$ durch zwei weitere Extrapolationsfaktoren EF und liefert als Ergebnis die gesundheitlich lebenslang duldbare Körperdosis K$_d$:

$$K_d = NOAEL_{exp}/(EF_c \cdot EF_d). \qquad (8.5)$$

Der EF$_c$ steht für die Interspezies-Extrapolation vom Tierversuch auf den Menschen und entfällt, wenn der NOAEL$_{exp}$ aus einer epidemiologischen Untersuchung stammt; der EF$_d$ steht für die Intraspezies-Extrapolation von der durchschnittlich empfindlichen Allgemeinbevölkerung auf empfindliche Schutzzielgruppe(n) (vgl. *Kennzahl 1001* in Dieter et al., 2014 ff.). Das Ergebnis, die K$_d$, ist eine jeweils stoffspezifische, lebenslang gesundheitlich duldbare Stoffmenge pro Zeiteinheit – anzugeben entweder pro kg Körpergewicht oder pro Person.

In der *Einheit mg Schadstoff pro kg Körpergewicht (KG) und Tag* [mg/kg KG · d] heißt die K$_d$ im nationalen und internationalen Risikomanagement **ADI** (englisch: *acceptable daily intake*) für Stoffe aus akzeptierten Nutzungen, in manchen Ländern auch RefD = „Referenzdosis“. Für Umweltkontaminanten und dementsprechend unabsichtliche Exposition bezeichnet man sie regulatorisch gleichrangig als **„TDI“**

2 Demnach nicht zu verwechseln mit den datenbezogenen Extrapolationsfaktoren EF.

(*tolerable daily intake*). Die toxikologische Datenbasis eines TDI ist aber meist „dürftiger" als diejenige eines ADI[3] (oder einer RefD).

Toxikologische Expertise stellt sicher, dass der ADI (TDI) als die stoffspezifisch niedrigstmögliche Wirkungsschwelle > Null beim Menschen betrachtet werden darf, d h. die durch ihn bezeichnete Dosis ist niedriger oder allenfalls identisch mit der **in empfindlichen Menschen vermuteten Wirkungsschwelle = $\mathbf{NOAEL_e}$** des betrachteten Stoffs.

Es kann auch vorkommen, dass sich etwa ein ADI ohne Verlust an wissenschaftlicher und gesundheitlicher Sicherheit erhöhen lässt, wenn bisherige Datenlücken aufgrund späterer Studien geschlossen wurden, deren Ergebnisse das Verhalten des Stoffs im Menschen als weniger kritisch beweisen als die bis dahin bekannten. Die tatsächliche Wirkungsschwelle $NOAEL_e$ derjenigen Schutzzielgruppe(n), für die der ADI (TDI) abgeleitet wurde, muss jedenfalls in der **Sicherheitsspanne** (*margin of safety*, MoS) zwischen dem experimentellen oder epidemiologischen NOAEL und dem ADI (TDI) bzw. in Höhe ihrer oberen ($NOAEL_{exp}$) oder unteren Begrenzung (ADI, TDI) dieser Spanne liegen:

$$\text{ADI (TDI)} \leq NOAEL_e \leq NOAEL_{exp}. \tag{8.6}$$

Ohne die Gewissheit, dass diese Bedingung erfüllt ist, wäre es nicht möglich, einen Stoff, über dessen $NOAEL_e$ im Menschen sich eigentlich nur als „$NAEL_e$" reden ließe (und dies gilt für fast alle Stoffe!), regulatorisch zuverlässig und wissenschaftlich widerspruchsfrei zu handhaben: „$NAEL_e$" (*no adverse effect level*) heißt die vermutlich höchste und noch nicht schädliche, aber auch noch nicht beobachtbar gewesene Dosis für empfindliche Menschen.

Solange der Human-$NAEL_e$ nicht empirisch als N**O**AEL_e tatsächlich beobachtet und quantifiziert ist, können sich auch numerische Differenzen insbesondere zwischen TDI-Werten ergeben, die zwar auf identischer Datenbasis, jedoch von unterschiedlichen Experten(gruppen) abgeleitet wurden. Im Rahmen des wissenschaftlichen Erkenntnisfortschritts besteht schon deshalb starkes Interesse daran, den $NOAEL_e$ beim Menschen für jeden Stoff auch tatsächlich zu messen/zu beobachten, nicht also nur experimentelle oder epidemiologisch ermittelte $NOAEL_{exp}$- oder vermutete $NAEL_e$-Werte der Benennung eines ADI oder TDI zugrunde zu legen.

Dies schafft allerdings einen gewissen Interessenkonflikt mit der regulatorischen Toxikologie, denn die soll ja gerade verhindern, dass Menschen oberhalb ihrer Wirkungsschwelle $NOAEL_e$, die andererseits doch genau dadurch im wissenschaftlichen Sinne erst messbar würde, exponiert sind. Nur in solchen Fällen jedenfalls erhielte der entsprechende ADI (TDI) eine lückenlose wissenschaftliche

---

3 Das Umweltbundesamt arbeitet auch mit dem Begriff der **TRD** = Tolerable resorbierte Dosis, die auch Informationen zur Höhe des resorbierten Anteils der insgesamt aufgenommenen Stoffmenge enthält.

Grundlage mit der Folge, dass dann und nur dann der ADI (TDI) nicht nur regulatorisch-toxikologisch, sondern auch wissenschaftlich mit dem $NOAEL_e$ identisch wäre.

Diese Erläuterungen verdeutlichen, dass wir es bei ADI- und TDI-Werten nicht etwa – wie häufig vermutet wird – mit gesundheitlichen Vorsorgewerten zu tun haben, die als solche dann wissenschaftlich nicht begründbar, sondern nur politisch festsetzbar wären. Jedenfalls beziehen sich ADI- und TDI-Werte eindeutig auf Qualität und Inhalt einer toxikologisch-wissenschaftlichen (experimentellen oder epidemiologischen) Datenbasis. Allerdings beziehen sie sich auch auf deren Defizit in Form einer wissensbasiert standardisierten Methode, Beobachtungen aus einer mehr oder weniger lückenhaften Datenbasis dennoch reproduzierbar (wissenschaftlich konsentierbar) auf empfindliche Schutzzielgruppen zu extrapolieren.

Begründung und Höhe der einzelnen Extrapolationsfaktoren EF_{a-d} – eigentlich sind es Divisoren – stellten die für den Verbraucherschutz erforderliche Sicherheit dafür her, dass ADI oder TDI und die auf ihnen fußenden LW für Trinkwasser (s. Abschn. 8.3.3) die richtige, also lebenslang gesundheitlich (noch) duldbare Höhe besitzen. International wurden und werden die EF wohl deshalb auch noch als Sicherheitsfaktoren bezeichnet, obwohl gerade eine Daten-Unsicherheit ihre Anwendung erzwingt, es sich also eher um Unsicherheitsfaktoren handelt. Diese sprachliche Klippe umgeht der Terminus „Extrapolationsfaktor". Tatsächlich handelt es sich ja auch um eine Extrapolation vom $NOAEL_{exp}$ einer experimentellen Dosis-/Wirkungsbeziehung auf eine Dosis, die selbst auf empfindliche Menschen (noch) nicht schädlich wirken darf. Sie ist um den Faktor $(EF_c \cdot EF_d)^{-1}$ niedriger als derjenige $NOAEL_{exp}$, der als Startpunkt (PoD) der Extrapolation ausgewählt wurde.

Die Sichtung des experimentell weltweit in wirksame regulatorische Empfehlungen umgesetzten Datenmaterials zeigt, dass Einzelfaktoren von $EF \leq 10$ pro Extrapolationsschritt a – d wissenschaftlich akzeptabel sind und sehr wahrscheinlich immer auf gesundheitlich sichere ADI-(TDI-)Werte führen (Kalberlah und Schneider, 1998). Strittig ist oft die Erfassung des prozentualen Anteils einer als besonders empfindlich erkannten Gruppe an der Gesamtbevölkerung durch den EF_d, selbst wenn Einigkeit darüber besteht, dass einzelne Träger „seltener" Krankheiten oder entsprechender Gene durch dieses Verfahren *individuell* nicht berücksichtigt werden können. Hier berühren sich toxikologische und sozialethische Bewertungsfragen auf das Engste.

Andererseits ist gerade diese kaum auflösbare Problematik eine der stärksten Motivationen dafür, Grenzwerte für Stoffe im Trinkwasser oft ganz bewusst auch unterhalb ADI- oder TDI-basierter Höchstwerte festzusetzen, beispielsweise also in Höhe geogener Hintergundwerte oder nutzungstechnisch unvermeidbarer und gesundheitlich selbstverständlich unschädlicher (Rest-)konzentrationen (Dieter, 2004, 2011, 2014; s. a. *Kennzahlen 0201* und *1002* in Dieter et al., 2014 ff.).

8.3.3 Ableitung gesundheitlicher Leitwerte (LW) für Trinkwasser

Ausgangspunkt ADI oder TDI

Zur Ableitung eines *lebenslang* gesundheitlich (noch) duldbaren Leitwertes LW für einen Stoff im Trinkwasser wäre grundsätzlich die Kenntnis genau derjenigen geringst-maximalen Körperdosis erforderlich, die selbst bei lebenslang täglicher Exposition (noch) gesundheitlich duldbar und insofern regulatorisch unbedenklich ist. Diese K_d wird empirischer Beobachtung und Quantifizierung jedoch weiterhin kaum je zugänglich sein.

Zur Ableitung des LW wird also ein regulatorisches Surrogat für die K_d solange benötigt, wie man die wahre Höhe der Wirkungsschwelle im Menschen = $N(O)AEL_e$ nicht aus Messungen kennt. Dieses Surrogat ist in aller Regel ein ADI oder TDI (s. o., Abschnitt 8.3.2).

Zur Errechnung eines LW aus einem ADI (TDI) ist die Festlegung oder wissenschaftlich gesicherte Kenntnis folgender Fakten bzw. Deskriptoren erforderlich:

- Die Dauer der „lebenslangen" Exposition, während derer der ADI (TDI) und damit der LW gesundheitlich (noch) duldbar sein soll;
- das durchschnittliche individuelle Körpergewicht in der zu schützenden Schutzzielgruppe (Körperfaktor KF in kg KG);
- die Allokation, nämlich der erwartete Beitrag des Eintragspfades (z. B. Trinkwasser) zur Gesamtbelastung (Allokationsfaktor AF hinsichtlich der Schutzzielgruppe in % des TDI oder ADI);
- die Obergrenze des pro Person der Schutzzielgruppe täglich aufgenommenen Trinkwasservolumens in Liter/d, bzw. dessen rechnerischer Kehrwert (Tagesvolumenfaktor TVF).

Als **„lebenslang"** wird für gesundheitliche Leitwerte und den Genuss von Trinkwasser eine Expositionsdauer von mindestens 70 Jahren vorausgesetzt. Dies ist eine internationale, auch von der Weltgesundheitsorganisation (WHO, 2011) akzeptierte Konvention.

Der **Körperfaktor KF** beträgt bei Erwachsenen KF = 70 kg KG, bei Kindern KF = 10 kg KG und bei Säuglingen KF = 4 kg KG, die WHO (2011) setzt für Erwachsene KF = 60 kg KG ein.

Zur Ableitung eines lebenslang gesundheitlich sicheren Leitwertes LW der Einheit [mg/l] aus einem ADI oder TDI der Einheit [mg/(kg KG · d)] ist als nächstes die Kenntnis des pro Tag durchschnittlich aufgenommenen Trinkwasservolumens in Litern je Tag (l/d) erforderlich. Der Kehrwert (d/l) davon ist der **Trinkwasservolumenfaktor TVF**. In Deutschland liegt nach Daten des Umweltbundesamtes (Umwelt-Survey: Becker et al., 1997) das 50 %il des täglich aufgenommenen Trinkwasservolumens bei 0,8 l/d und das 98 %il bei knapp 2 l/d. Die größten Variationen ergeben sich aus unterschiedlichen Aufenthaltszeiten zu Hause einerseits und an beruflichen Arbeitsplätzen andererseits. Mit 2 l/d (TVF = 0,5 d/l) sind aber, zumal angesichts der sonstigen Unschärfe des gesamten Prozesses der Ableitung von Leitwerten, auch Personen mit besonders hoher Trinkwasseraufnahme angemessen berücksichtigt. Auch die WHO (2011) unterstellt standardmäßig eine Aufnahme von 2 l/d, allerdings schlug sie früher auch schon 1,4 l/d (TVF = 0,7 d/l) vor, was die numerischen Werte ihrer *guideline values* aber (ebenso wie ihr etwas niedrigerer KF von 60 kg KG) kaum verändern würde.

Der dem Trinkwasser schließlich zugedachte Anteil an der Gesamtbelastung mit dem Stoff, auch als Allokation bezeichnet, wird nach praktischen Vermutungen im Konsens von Fachleuten festgestellt. Er geht als **Allokationsfaktor AF** in die Ableitung eines LW ein. Im Allgemeinen wird AF = 0,1 = 10 % des TDI[4] gesetzt. Konkrete Informationen zur Allokation sind bestenfalls retrospektiv aus mehr oder weniger genau erfassten Schadensfällen verfügbar. Für die prospektive Ableitung der Leitwerte sind solche spezifischen Daten nicht nutzbar. Die Allokation von 10 % gilt vor allem für Umweltkontaminanten, die überwiegend auf anderen Pfaden als Trinkwasser aufgenommen werden.

Der rechnerische Zusammenhang zwischen LW und beispielsweise einem TDI gestaltet sich mit diesen Standard-Annahmen wie folgt:

$$\begin{aligned} &\text{LW [mg/l]} = \text{KF} \cdot \text{AF} \cdot \text{TVF} \cdot \text{TDI}, \\ \text{z. B. } &\text{LW [mg/l]} = 70\ \text{[kg KG]} \cdot 0{,}1 \cdot 0{,}5\ \text{[d/l]} \cdot \text{TDI [mg/kg KG} \cdot \text{d]}, \\ &\text{bzw. } \text{LW} = 3{,}5 \cdot \text{TDI [mg/l]} \end{aligned} \tag{8.7}$$

Von 10 % eines TDI **abweichende Allokationen** sind mitunter gerechtfertigt, z. B. nur 1 % für die Exposition gegenüber Pestiziden im Trinkwasser, denn (anwendungspraktisch minimierte) Rückstände davon werden fast ausschließlich über Lebensmittel aufgenommen, zu deren Herstellung sie bestimmungsgemäß verwendet werden dürfen. Für geogene Belastungen, wie z. B. Arsen, Mangan oder Sulfat, aber auch für technisch unvermeidbare Belastungen von Trinkwasser aus zugelassenen Stoffnutzungen, z. B. mit Desinfektionsnebenprodukten wie Chloro- oder Bromoform aus der Chlorung von Trinkwasser, sind höhere Allokationen bis 50 % auf jeden Fall solange akzeptabel, wie der ADI insgesamt unterschritten bleibt. Selbst eine Gesamtexposition > ADI oder > TDI wäre hinnehmbar; der mit ihr verbundene Nutzen an anderer Stelle sollte dann aber auch entsprechend höher bewertet sein.

Ein Sonderfall ist das Nitrat. Der Grenzwert der TrinkwV 2001 beträgt 50 mg/l, entsprechend ca. 40 % des TDI. Grundsätzlich angebracht wäre auch hier eine Allokation von 10 %, was einem LW von nur 13 mg/l entspräche. Er ist vergleichbar niedrig wie geogene Werte, bis auf Weiteres jedoch (auch) für Trinkwasser völlig

4 ADI-Werte für Stoffe im Trinkwasser beziehen sich nur auf solche Stoffe = „Rückstände“, die dort nutzungstechnisch gemäß aaRdT für Korrosionsschutz, Desinfektion, Oxidation allgemein anerkannt = akzeptiert sind (s. a. zweiter Absatz nach Gl. 8.5).

unrealistisch. Bei sehr hohen Nitratkonzentrationen könnte die Allokation für Nitrat sogar auf ≥ 50 % (AF = ≥ 0,5) weiter erhöht werden, wenn seine Aufnahme mit (besonders nitratarmen) Lebensmitteln entsprechend begrenzt würde.

Auch für Blei gelten besondere Aspekte. Während Blei bis in die 1990er-Jahre flächendeckend vor allem über den Luftpfad aufgenommen wurde, sind nach Verbot des verbleiten Benzins gesundheitlich relevante Bleibelastungen nur noch punktuell in Häusern mit Trinkwasserleitungen aus Blei zu erwarten (Details hierzu s. *Kennzahl 0704* in Dieter et al., 2014 ff.). Der Anteil der gesundheitlich duldbaren Aufnahme von Blei mit dem Trinkwasser könnte in solchen Fällen für Erwachsene vorübergehend sogar auf 50 % (AF = 0,5) heraufgesetzt werden.

Insgesamt gilt: Je höher die Allokation, desto höher auch der mit dem Faktor AF aus dem ADI oder TDI errechenbare gesundheitliche Leitwert LW. Es besteht also eine gewisse (politisch-regulatorische?) Versuchung, um per erhöhter Allokation zu höheren LW zu gelangen, trotz unverändertem ADI oder TDI. Üblicherweise werden jedoch gesundheitliche Leitwerte für lebenslange Exposition, wie schon erwähnt, mit einer Allokation von 10 % (AF = 0,1) verknüpft. Nur für kürzere Expositionsdauern oder nutzungstechnisch unvermeidbare Restkonzentrationen, etwa für Korrosionsprodukte aus metallenen Leitungen, sind höhere Allokationen gerechtfertigt, solange die entsprechend errechenbare Gesamtbelastung je nach Expositionsdauer dennoch gesundheitlich duldbar bleibt (s. hierzu beispielsweise *Kennzahl 1007* in Dieter et al., 2014 ff).

Die gesundheitlichen Leitwerte beziehen sich in aller Regel nicht nur auf den normal gesunden Menschen, sondern auch auf **empfindliche Bevölkerungsgruppen**, z. B. auf alte und ältere Menschen, subklinisch Nierenkranke, Allergiker, schwangere Frauen, Säuglinge und Kleinkinder. Dennoch ist es in einigen Fällen (Nitrat, Blei, Fluorid) notwendig, für letztere gesonderte Leitwerte auszuweisen, wenn deren besonderer Stoffwechselsituation, vor allem während der ersten sechs Monate ab Geburt, in Form eines ADI oder TDI offensichtlich nicht Rechnung getragen werden kann.

Auf welchen toxikologischen Endpunkt sich der Leitwert eines Parameters bezieht, bleibt im Umgang mit Leitwerten häufig unerwähnt (siehe jedoch Einzeldarstellungen in Kap. 10), ist aber von besonderer Bedeutung, wenn sich bei langer Dauer der Exposition die kritische Wirkung nach Art und Stärke ändert. Als bewertungsrelevante schädliche Wirkungen (systemisch adverse Effekte) gelten:
- Frühe irreversible Organveränderungen und deren funktionell-/histopathologische Ausprägungen;
- Verhaltens- und Wachstumsstörungen;
- Wirkungs- und Stoffakkumulationen;
- schadstoffinduzierte Stoffwechselstörungen;
- reproduktionstoxische, keimzellenschädigende und teratogene Endpunkte;
- die jeweiligen biochemischen, den entsprechenden Dosis-Wirkungskurven zuzuordnenden Vorstufen.

Alle diese Wirkungen lassen sich unter kontrollierten Bedingungen (prospektiv) in Tierversuchen am besten beobachten und quantifizieren. Am Menschen (retrospektiv) erhobene Wirkungsparameter besitzen dagegen nur dann einen gesundheitlichen Informationswert, wenn sie belastungsspezifisch sind (Human-Biomonitoring, HBM-Kommission: Umweltbundesamt, 1996, und von dort im Internet abrufbare Publikationen und Texte; s. a. *Kennzahl 1005* in Dieter et al., 2014 ff). Nur selten können solche Daten aus epidemiologischen Untersuchungen bezogen werden.

Leitwerte (LW) für Stoffe mit oberflächlicher (lokaler) Wirkung

Die schematische toxikologische Bewertung von im Trinkwasser mitunter enthaltenen Stoffen, die **nicht systemisch** wirken, sondern nur am Ort ihres Kontaktes mit inneren oder äußeren Körperoberflächen (Haut, Schleimhäute, Magen- und Darmbereich), ist nicht möglich. Es handelt sich im Wesentlichen um Reiz oder Allergien auslösende, entzündliche oder auch lokal kanzerogene Wirkungen.

Entscheidend für Art und Ausmaß der Wirkung und damit des Risikos ist bei diesen Stoffen also nicht eine systemisch wirksame und auf die Körpermasse (Körpergewicht) beziehbare Körperdosis, sondern die lokal wirksame Konzentration an der Einwirkungsstelle und die Größe der exponierten Fläche. Bei der Körperpflege inklusive Duschen und Baden (Zielorgan: Haut, Schleimhäute) entscheidet die unmittelbar im Trinkwasser gegebene Konzentration über die Wirkung auf 2,5 m^2 Hautoberfläche. Bei Verwendung von Trinkwasser für Speisen und Getränke (toxikologischer Endpunkt: Reizung/Schädigung von Schleimhäuten und Epithelzellen im Mund sowie im Magen-/Darmbereich) finden dagegen mehr oder weniger starke Verdünnungen mit Speisen und/oder Körpersäften statt. Die Wirkung solche Stoffe lässt sich zwar in speziellen Tierversuchen untersuchen und quantifizieren, wegen der extremen Empfindlichkeitsunterschiede beim Menschen sollten hier jedoch – falls vorhanden – eher retrospektive epidemiologische Untersuchungen, Einzelfallbeobachtungen und prospektive Studien mit Freiwilligen der Ableitung eines LW zugrunde gelegt werden.

Leitwerte (LW) für gentoxisch karzinogene Stoffe

Ein ganz anderes Bewertungsverfahren wird auf Stoffe angewandt, die im Menschen mutmaßlich **keine Wirkungsschwelle** besitzen und deshalb nicht auf Basis eines ADI (TDI) bewertet werden können. In der Regel handelt es sich dabei um Stoffe, die das Erbgut irreversibel schädigen und deshalb gentoxisch karzinogen wirken. Sie wirken theoretisch auch noch bei beliebig kleiner Exposition karzinogen, besitzen für diesen Endpunkt also keine Wirkungsschwelle. Die Wahrscheinlichkeit, mit der sie karzinogen wirken, nimmt aber mit der Dosis des Stoffs und seinem „karzinogenen Potenzial" unterschiedlich rasch ab.

Dem individuellen Zusatzrisiko, sich eine Krebserkrankung zuzuziehen, liegen zwar sehr unterschiedliche biochemische Mechanismen, bei schwellenlosem Wirk-

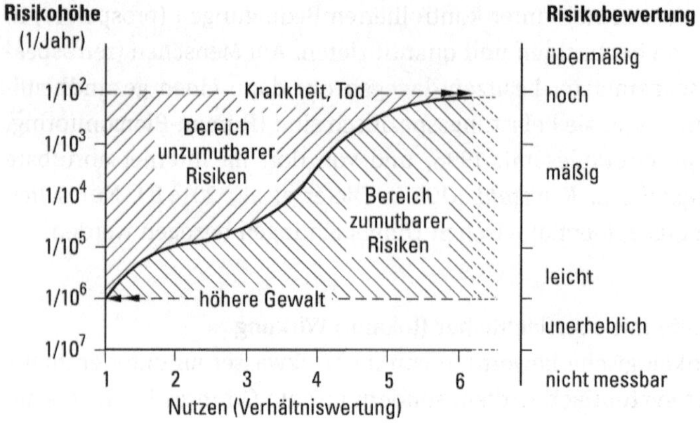

Abb. 8.10: Zusammenhang zwischen Nutzen und Risiko, nach Lord Ashby (1976).

mechanismus aber immer ein zufallsgesteuerter Prozess zugrunde. Das für eine an- oder besser aufgenommene Körperdosis statistisch errechenbare kanzerogene Potenzial lässt sich unter dieser Voraussetzung in Form eines dosisabhängigen Wahrscheinlichkeitswertes ausdrücken. Es handelt sich dabei um eine gesellschaftlich und/oder politisch zu konsentierende (oder stillschweigend konsentierte) zusätzliche Inzidenz (I) in Anzahl Krebserkrankungen pro Stoff und vorgegebener Anzahl belasteter Personen, z. B. $I = 10^{-6}$, also eine Erkrankung pro 70 Jahren Expositionszeit und 10^6 identisch exponierten Personen.

Die dieser Zusatzinzidenz I rechnerisch zugeordnete mediale Konzentration eines (kanzerogenen) Stoffes **ohne Wirkungsschwelle** ist dort wiederum deren Leitwert, z. B. ihr LW im Trinkwasser.

Die bereits in der Einleitung erwähnte Verknüpfung zwischen Nutzen und Risiko hat bei kanzerogenen und mutagenen Stoffen ohne Wirkungsschwelle besonderes Gewicht. Ohne einen Nutzen sind Belastungen mit anthropogenen Stoffen, wenn vermeidbar, im Grundsatz nicht akzeptabel. Dies gilt nicht nur unterhalb der Wirkungsschwelle von Stoffen, die nachweislich eine solche besitzen (s. o.), sondern erst recht für Stoffe ohne Wirkungsschwelle (*Kennzahl 1002* in Dieter et al., 2014 ff.). Bei solchen Stoffen ist *jede* vermeidbare oder nutzlose Belastung prinzipiell mit einer Zusatzinzidenz verknüpft, während 70 Jahren an Krebs zu erkranken. Falls dem kein entsprechender Nutzen gegenübersteht, den die Person oder die Gesellschaft insgesamt aus der Belastung ziehen, erscheint eine solche Situation noch weniger akzeptabel als „gesundheitlich duldbare", jedoch vermeidbare Belastungen mit „Paracelsus-Stoffen".

Der Zusammenhang zwischen Nutzen und akzeptiertem Risiko kommt anschaulich in Abb. 8.10 zum Ausdruck.

Für das unersetzliche Lebensmittel „Trinkwasser" werden weltweit Zusatzinzidenzen pro Stoff in Höhe von maximal 10^{-5} oder mindestens 10^{-6} pro Lebenszeit als gesellschaftlich akzeptabel erachtet (Australia, 2016; US-EPA, 2012; WHO, 2011). Dies entspricht 1 Krebserkrankung auf höchstens 100000 bis maximal 1 Million Konsumenten eines während 70 Jahren ununterbrochen in Höhe des betreffenden LW kontaminierten Trinkwassers.

8.3.4 Gesundheitliche Höchstwerte für vorübergehend kürzere als lebenslange Exposition

Die mitunter eintretende Notwendigkeit, gesundheitliche Leitwerte auch für vorübergehend kürzere als lebenslange Trinkwasseraufnahme festzusetzen, hängt mit einer Eigenart der Trinkwasserversorgung zusammen: Mineral- und Tafelwässer bzw. abgepackte Wässer können bei Grenzwertüberschreitungen aus dem Verkehr gezogen und Schwimmbäder oder Badegewässer entsprechend geschlossen oder gesperrt werden. Bei Trinkwasser dagegen sind solche Maßnahmen nicht möglich.

Die Unterbrechung der Trinkwasserversorgung, ein Ausfall von Wasch- und Reinigungsmöglichkeiten bis hin zum Ausfall der Toilettenspülung würden alsbald schwere Erkrankungsrisiken heraufbeschwören, z. B. Erkrankungen an Ruhr, Hepatitis oder Infektionen der Haut. Demzufolge muss selbst bei Grenzwertüberschreitungen die Trinkwasserversorgung unbedingt weitergeführt werden, solange keine unmittelbaren (akuten) gesundheitlichen Gefahren von den Stoffen ausgehen, deren Grenzwerte überschritten sind.

Anders als bei mikrobiologischen Parametern sind bei Überschreitungen von Grenzwerten chemischer Parameter unmittelbare gesundheitliche Gefahren aus toxikologischer Sicht meist als geringfügig zu bewerten. Dies gilt insbesondere dann, wenn die Messwerte selbst bei deutlichen Grenzwertüberschreitungen immer weit unterhalb gesundheitlicher Leitwerte bleiben, wie beispielsweise beim chemischen Parameter PSMBP (Pflanzenschutzmittel und Biozidprodukte).

Für Pflanzenschutzmittel (PSM) und Abbauprodukte, die das Roh- und Trinkwasser erreichen können, wurde 1989 durch Empfehlung des damaligen Bundesgesundheitsamtes (Bundesgesundheitsamt, 1989) ein System der toxikologischen Einstufung in drei trinkwasserhygienische Bewertungsklassen eingeführt.[5] Bei deren Überschreitung sind seitdem gesundheitliche Leitwerte als Bewertungskriterium heranzuziehen (siehe Abschn. 10.4 und 10.6.17).

Seit 2008 existiert eine Empfehlung des Umweltbundesamtes zur Bewertung *nicht relevanter* Metabolite (nrM) von PSMBP (Umweltbundesamt, 2008). Sie schreibt die Empfehlung des Bundesgesundheitsamtes von 1989 sinngemäß fort, stützt sich aber auch auf das "GOW-Konzept" (Umweltbundesamt, 2003a) zur Bewertung der Anwesenheit nicht oder nicht ausreichend bewertbarer Stoffe in Form gesundheit-

5 Damals in der Benennung PBSM = „chemische Stoffe zur Pflanzenbehandlung und Schädlingsbekämpfung einschließlich toxischer Hauptabbauprodukte" (TrinkwV 1986, BGBl I 760).

licher Vorsorgewerte mit der regulatorisch entsprechenden Bezeichnung „Gesundheitliche Orientierungswerte“ (GOW). Detaillierte Ausführungen hierzu finden sich in den *Kennzahlen 1004 ff., 1006* und *1201.1* von Dieter et al. (2014 ff.). Die zugehörigen GOW des Umweltbundesamtes für nrM werden laufend aktualisiert und sind zusammen mit den gesundheitlichen Trinkwasser-Leitwerten des Bundesinstituts für Risikobewertung (BfR) für PSM-Wirkstoffe und *relevante* Metaboliten am Netzstandort des BfR einsehbar (www.bfr.bund.de).

Doch nicht nur bei PSMBP, sondern auch bei allen anderen Parametern ist bei vorübergehender Überschreitung gesetzlich festgelegter Grenzwerte zu fragen, wie hoch ein *gesundheitlich* vorübergehend duldbarer Wert > LW denn wäre oder ist. Nur mit diesem Wissen kann das gesundheitlich maximal duldbare Ausmaß der Überschreitung eines Grenzwertes für die Zeit der Wiederherstellung trinkwasserhygienisch einwandfreier Verhältnisse bei Sanierungsentscheidungen verantwortlich reguliert werden.

Praktische Erfahrungen zum Umgang mit Überschreitungen gesetzlicher Grenzwerte oder gar gesundheitlicher Leitwerte wurden nach der Vereinigung Deutschlands bei Sanierung und Sicherung der Wasserversorgung auf dem Gebiet der einstigen DDR zwischen 1990 und 1996 gesammelt (Grohmann et al., 1996). In gesundheitlicher Hinsicht gelang dies durch Rückgriff auf nur kürzer als lebenslang gesundheitlich duldbare Höchstwerte. Sie dienten als Maßstab zur Feststellung möglicher Gesundheitsgefährdungen infolge befristeter, also kürzerer als lebenslanger Grenzwertüberschreitungen und erhielten deshalb die Bezeichnung „Gefahrenwerte“ (GefW). In Anlehnung an den Wortlaut einschlägiger Bestimmungen der TrinkwV 2001 (2001 zunächst nur § 9, später §§ 9 und 10) hießen sie von 2003 bis 2013 „Maßnahmenwerte (MW) des Umweltbundesamtes“ (Umweltbundesamt, 2003b) und seit 2013 „Maßnahmen**höchst**werte (MHW) des Umweltbundesamtes“ (BMG/UBA, 2013). Die Bezeichnung „Maßnahmenwerte“ MW gilt seitdem nur noch für solche Höchstwerte Unterhalb eines MHW, die die aufsichtsführende Behörde während befristeter Grenzwertüberschreitungen selbst festsetzen kann.

Auch die Ableitung von Maßnahmenhöchstwerten (BMG/UBA, 2013) für **Stoffe mit Wirkungsschwelle** nutzt die zunächst nur für den Pfad Boden/Mensch entwickelte Interpolationsmethode (IPM) nach Dieter and Konietzka (1996) bzw. Konietzka und Dieter (1998). Sie verknüpfte erstmals juristische und toxikologische Kriterien für den „hinreichend wahrscheinlichen“ Eintritt einer Gefahr bei der Überschreitung stoffspezifischer „(Boden)Prüfwerte“. Die Prüfwerte ihrerseits sind als „tiefste denkbare, aber noch wirklichkeitsnahe Gefahrenwerte“ definiert. Die Methode ist seit Mitte 1999 als Teil der praktischen Umsetzung des BBodSchG regulatorisch-toxikologisch verbindlich (vgl. Bundesanzeiger, Jahrg. 51, Nr. 161a, vom 18. Juni 1999).

Die IPM erwies sich – mit seit Grohmann et al. (1996) modifizierten Zeitvorgaben – auch im Trinkwasserbereich als fachlich tragfähig, dabei praxisnah und nicht permissiv. Das Verfahren der Ableitung von MW (bis 2013) bzw. MHW (ab 2013) mit Hilfe der IPM beschreiben Dieter und Henseling (2003). Die Einhaltung bzw. Unterschreitung eines MHW ist demnach je nach Schutzziel und Art des toxischen Potenzials gesundheitlich duldbar oder akzeptabel während folgender Expositionsdauern (BMG/UBA, 2013):

- Der **MHW_A** ist die gesundheitlich duldbare Höchstkonzentration eines Stoffes *mit Wirkungsschwelle* („Paracelsus-Stoffe") für Erwachsene während Sanierungszeiträumen von mehr als 30 Tagen bis zu 10 Jahren Dauer (regulatorische Maximaldauer 3 · 3 Jahre gem. § 9 TrinkwV 2001). Der MHW_A beträgt je nach toxikologischer Charakteristik des kritischen Stoffes das 3- bis 20-fache seines gesundheitlichen Leitwertes für Trinkwasser (LW) (s. u.).
- Der **MHW_{SK}** ist die gesundheitlich duldbare Höchstkonzentration eines Stoffes *mit Wirkungsschwelle* („Paracelsus-Stoffe") für Säuglinge und Kleinkinder während Sanierungszeiträumen von mehr als 30 Tagen bis zu 2 Jahren Dauer. Bei einem gesundheitlich motivierten Grenzwert ist der MHW_{SK} mit diesem i. d. R. identisch, z. B. bei Nitrat, Blei, Fluorid.
- Der **MHW_3** ist die gesundheitlich akzeptable Höchstkonzentration für Stoffe *ohne Wirkungsschwelle* (gentoxisch karzinogene Stoffe) während eines Überschreitungszeitraums *von mehr als 30 Tagen bis zu 3 Jahren* Dauer. Er ist 18-mal höher als der LW desselben Stoffes (s. u.).
- Der **MHW_{10}** ist die gesundheitlich akzeptable Höchstkonzentration für Stoffe *ohne Wirkungsschwelle* (gentoxisch karzinogene Stoffe) während eines Überschreitungszeitraums *von mehr als 3 Jahren bis zu 10 Jahren.* Er ist 6-mal höher als der LW desselben Stoffes (s. u.).
- Für den Verteidigungsfall existieren gemäß Wassersicherstellungsgesetz (WaSG) die meist wesentlich höheren **MHW_k** für Not(trink)wasser und *kurzfristige Exposition* von bis zu 30 Tagen gemäß WasSV 1. Sie unterscheiden nicht zwischen Stoffen mit und ohne Wirkungsschwelle (mehr hierzu s. *Kennzahl 1007 in* Dieter et al., 2014 ff.).

Zur Ableitung der MHW_A aus dem Leitwert für lebenslangen Genuss dient der Interpolationsfaktor (IF). Der mit dem ADI (TDI) zusammenhängende LW (Gl. 8.8) wird mit diesem IF multipliziert und nimmt danach einen Wert ein, der einer Körperdosis in der Spanne zwischen $NOAEL_e$ und $N(O)AEL_{exp}$ entspricht (Gl. 8.7). Diese interpolierte Dosis liegt desto näher am $NOAEL_{exp}$, je besser oder humanrelevanter die Datenbasis des ADI (TDI) war, jedoch ohne je den $NOAEL_{exp}$ zu erreichen. Am $NOAEL_{exp}$ gälte eine gesundheitliche Gefährdung selbst nur durchschnittlich empfindlicher Personengruppen nämlich schon als hinreichend wahrscheinlich, während eine solche von besonders empfindlichen Gruppen dort schon als „wahrscheinlich" einzustufen wäre (Konietzka und Dieter, 1998).

Deshalb wird als Interpolationsfaktor nicht das komplette Produkt der eingesetzten EF (vgl. Gl. 8.6) zwischen $NOAEL_{exp}$ und ADI (TDI) = $N(O)AEL_e$ eingesetzt, sondern lediglich die Quadratwurzel dieses Produktes bei im menschlichen Körper nicht und schwach kumulierenden Stoffen (Eliminationshalbwertszeit $t_{1/2} \leq 3$ Jahre) und, aus toxikokinetischen Überlegungen, ihr doppelter Wert bei stark ($t_{1/2} > 3$ Jahre) kumulierenden Stoffen (Dieter und Henseling, 2003). Der EF_b steht hierfür dann zur Verfügng, wenn der $NOAEL_{exp}$ nicht direkt beobachtet, sondern aus einem $LOAEL_{exp}$ extrapoliert wurde, die Dosis-/Wirkungskurve in Versuchstier und im Mensch sehr wahrscheinlich dieselbe Steigung besitzen oder der $LOAEL_{exp}$ bereits am Menschen gemessen wurde (Konietzka und Dieter, 1998).

Somit ergeben sich die MHW_A auf folgende Weise:

$$MHW_A = LW \cdot IF \tag{8.9}$$

Es gilt für nicht bzw. für schwach kumulierende Stoffe:

$$IF = (EF_b \cdot EF_c \cdot EF_d)^{0,5}$$

Es gilt für stark kumulierende Stoffe:

$$IF = 2 \cdot (EF_b \cdot EF_c \cdot EF_d)^{0,5}$$

Auf **Stoffe ohne Wirkungsschwelle** ist dieses Konzept mangels Extrapolationsfaktoren nicht anwendbar. Die LW für solche Stoffe im Trinkwasser entsprechen stattdessen einem gesellschaftlich akzeptierten und rechnerisch während 70 Jahren Expositionszeit akkumulierenden Zusatzrisiko für das Auftreten von Krebs in Höhe von bis zu 1 pro einer Million Exponierter.

Bei der Ableitung eines Leitwertes für diese Stoffe und < 70 Jahre Expositionsdauer war mit Blick auf den Schutz von Säuglingen und (Klein)kindern auch zu beachten, dass während der ersten 10 Lebensjahre die Empfindlichkeit gegenüber gentoxischen Karzinogenen etwa 10-mal höher ist als während der restlichen (Umweltbundesamt, 1998). Das Umweltbundesamt leitete deshalb, anders als beim MHW_A, für jeden Stoff zwei unterschiedliche, für alle gentoxisch karzinogenen Stoffe jedoch identische IF ab. Der höhere IF von $IF_3 = 18$ dient der Ermittlung des MHW_3 für Grenzwertüberschreitungen von bis zu 3 Jahren Dauer, der niedrigere von $IF_{10} = 6$ zur Ermittlung des MHW_{10} für bis zu $3 \cdot 3$ = ca. 10 Jahre Überschreitungsdauer durch einen gentoxisch karzinogenen Stoff.

Beide Faktoren korrespondieren mit der Erhöhung des rechnerischen Risikos um den Faktor fünf, sich während insgesamt < 70 Jahren eine potenziell trinkwasserbedingte Krebserkrankung zuzuziehen, also einer Erhöhung dieses Risikos infolge der Überschreitung von maximal 1 pro Million auf maximal 5 pro Million identisch Exponierter. Der Faktor fünf stammt aus dem Bodenschutz (Konietzka und Dieter, 1998) und war nicht nur dort, sondern auch für den Regulationsbereich „Trinkwasser" nur willkürlich festsetzbar, ähnelt jedoch dem arithmetischen Mittelwert aus den bisher für „Paracelsus-Stoffe" ermittelten IF.

Die im Rahmen der Maßnahmen nach § 9 TrinkwV 2001 festzusetzenden Werte werden in der Regel nicht mit den MHW-Werten übereinstimmen (siehe

Abschn. 10.4.3; Tab. 10.1), sondern in Höhe des vom Gesundheitsamt festzulegenden Maßnahmewertes = MW meist niedriger sein (BMG/UBA, 2013).

8.4 Literatur

Ames, B. N., McCann, J., Yamasaki, E. (1975): Methods for detecting carcinogens and mutagens with the Salmonella/mammalian microsome mutagenicity test. Mutat. Res., *31*, S. 347–364.

Arab, N, Lemaire-Gony, S., Unruh, E., Hansen, P.-D., Larsen, B. K., Andersen, O. K., Narbonne, N. J. (2006): Preliminary study of responses in mussels (*Mytilus edulis*) exposed to bisphenol A, Diallylphthalate and tertebromodiphenyl ether. Aquat Toxicol. *78* Suppl 1, S. 86–92.

Australia (2016), NHMRC, NRMMC (2011): Australian Drinking Water Guidelines Paper 6 National Water Quality Management Strategy. National Health and Medical Research Council, National Resource Management Ministerial Council, Commonwealth of Australia, Canberra. Version 3.2, updated February 2016.

Barceló, D., Palchetti, I., Hansen, P.-D. (2016): Past, Present and Future challenges of Biosensors and Bioanalytical tools in Analytical Chemistry. Trends in Analytical Chemistry (TRAC), ISSN 0165-9936, Special Issue, Volume *79*, 379 pp.

Becker, K., Müssig-Zufika M., Hoffmann L., Krause C., Meyer E., Nöllke P., Schulz C., Seifert, M. (1997): Umwelt-Survey 1990/92, Band V: Trinkwasser. WaBoLu-Heft 5/97 des Instituts für Wasser-, Boden-, und Lufthygiene des Umweltbundesamtes, Berlin.

Bettazi, F., Marrazza, G., Minunni, M., Palchetti, I., Scarano, S. (2017): Biosensors and Related Bioanalytical Tools. In: past, present and future challenges of biosensors and bioanalytical tools in analytical chemistry edited by Palchetti, Ilaria, Hansen, Peter-Diedrich, Damia Barceló, Comprehensive Analytical Chemistry (CAC), Elsevier Series, Volume *77, Amsterdam, Oxford, Cambridge,* 2, S. 1–33.

Bilitewski, U., Brenner-Weiss, G., Hansen, P.-D., Hock, B., Meulenberg, E., Müller, G., Obst, U., Sauerwein, H., Scheller, F. W., Schmid, R., Schnabl, G., Spener, F. (2000): Bioresponse-Linked Instrumental Analysis. TRAC Trends in Analytical Chemistry, *19*, *7*, S. 428–433.

Blaise, C., Gagné, F., Pellerin, J., Hansen, P.-D. (1999): Measurement of vitellogenin-like protein in the hemolymph of *Mya arenaria* (Sagenay Fjord, Canada): A potential biomarker for endocrine disruption. Environmental Toxicology and Water Quality, *14*, S. 455–465.

Blaise, C., Trottier, S., Gagné, F., Lallement, C., Hansen, P.-D. (2002): Immunocompetence of bivalve hemocytes by a miniaturized phagocytosis assay. Environ. Toxicol. *17*, S. 160–169.

Blaise, C., Gagne, F., Salazar, M., Salazar, S., Trottier, S., Hansen, P.-D. (2003): Experimentally-induced feminisation of freshwater mussels after long-term exposure to a municipal effluent. Fresenius Environmental Bulletin, *12*, S. 865–870.

BMG/Umweltbundesamt (2013): Leitlinien zum Vollzug der §§ 9 und 10 der Trinkwasserverordnung (TrinkwV 2001), Entwurfsstand 21. 02. 2013. https://www.lgl.bayern.de/downloads/gesundheit/hygiene/doc/leitlinien_vollzug_9_10_trinkw.pdf

Bosch-Orea, C., Farré, M., Barceló, D. (2017): Biosensors and Bioassays for Environmental Monitoring. In: past, present and future challenges of biosensors and bioanalytical tools in analytical chemistry edited by Palchetti, Ilaria, Hansen, Peter-Diedrich, Damia Barceló, Comprehensive Analytical Chemistry (CAC), Elsevier Series, Amsterdam, Oxford, Cambridge, ISBN: 978–0-444-63946-2, Volume *77*, 2, S. 337–383.

Brown-Petersen, N. J., Wyanski, DM, Saborido-Rey, F, Macewicz BJ, Lowerre-Barbieri, Sk. (2011): A standardized terminology for describing reproductive development in fishes. Mar. Coast Fish, *3*, S. 52–70.

Bundesgesundheitsamt (1989): Empfehlung des Bundesgesundheitsamtes zum Vollzug der Trinkwasserverordnung (TrinkwV) vom 22. Mai 1986 (BGBl I 760). Bundesgesundheitsbl. 32 (7/1989): S. 37–42.

Clark, J. R., Rodgers, J. H., Dickson, K. L., Cairns, J. (1980): Using Artificial Streams to Evaluate Perturbation, Effects on Aufwuchs Structure and Function. Water Resources Bulletin, *16*, S. 100–104.

Crossland, N. O., C. J.M Wolff (1984): Outdoor Ponds: Their construction, Management and Use in Experimental Ecotoxicology. Environmental Chemistry, Vol. *2* Part D, S. 1–19.

Crossland, N. O., C. J. M. Wolff (1985): Fate and biological effects of Pentachlorphenol in outdoor ponds. Environmental Toxicology and Chemistry *4*, S. 73–86.

de Maagd P. G. (2000): Selection of Genotoxicity Tests for Risk Assessment of Effluents, Environ. Toxicol. *15*, S. 81–90.

Dethlefsen V., H. von Westernhagen, H. Tüg, P.-D. Hansen, H. Dizer (2001) Influence of solar ultraviolet-B on pelagic fish embryos: osmolarity, mortality and viable hatch, Helgol. Mar. Res., *55*, S. 45–55.

Dieter, H. H. (2004): Festsetzung von Grenzwerten, in: Regulatorische Toxikologie – Gesundheitsschutz – Umweltschutz – Verbraucherschutz (Reichl F. X., Schwenk M., Hrsg.). Springer, Berlin/Heidelberg/New York, S. 437–448.

Dieter, H. H. (2009/2011): Grenzwerte, Leitwerte, Orientierungswerte, Maßnahmewerte. Bundesgesundheitsblatt-Gesundheitsforsch-Gesundheitsschutz *52*: S. 1202–1206; Aktualisierung vom 16. 12. 2011, online aufrufbar unter http://fuer-mensch-und-umwelt.de am Netzauftritt des Umweltbundesamtes, Dessau-Roßlau.

Dieter, H. H. (2011) Drinking Water Toxicology in Its Regulatory Framework. In: Peter Wilderer (ed.) Treatise on Water Science, vol. 3, pp. 377–416 Oxford: Academic Press. ZAUM1043.

Dieter, H. H. (2014): Encyclopedia of Toxicology – Drinking-Water Criteria (Safety, Quality, and Perception). In: Wexler P (ed.), Encyclopedia of toxicology, 3rd edition vol 2. Elsevier Inc., Academic Press, pp. 227–235 EA003186 http://www.elsevier.com/locate/permissionusematerial

Dieter, H. H., Chorus, I., Mendel, B., Krüger, W. (Hrsg.) (2014 ff.): Trinkwasser aktuell. *Ergänzbares Handbuch und Datenbank, zuletzt ergänzt im August 2018 auf ca. 900 Seiten,* Erich Schmidt Verlag, Berlin.

Dieter, H. H., Grohmann, A. (1995): Grenzwerte für Stoffe in der Umwelt als Instrument der Umwelthygiene. Bundesgesundhbl., 38, S. 179–186.

Dieter, H. H., Konietzka, R. (1995): Which Multiple of a Safe Body Dose Derived on the Basis of Safety Factors Would Probably be Unsafe? Regul. Toxicol. Pharmacol., *22*, S. 262–267.

Dieter, H. H., Henseling, M. (2003): Kommentar zur Empfehlung „Maßnahmewerte (MW) für Stoffe im Trinkwasser während befristeter Grenzwert-Überschreitungen gem. § 9 Abs. 6–8 TrinkwV 2001", Bundesgesundheitsbl-Gesundheitsforsch-Gesundheitsschutz 46: S. 701–706, Erratum in 46: S. 915–916.

Dizer, H., Fischer, B., Harabawy, A. S. A., Hennion, M.-C., Hansen, P.-D. (2001): Toxicity of domoic acid in the marine mussel *Mytilus edulis*, Aquatic Toxicology, *55*, 3–4, S. 149–156.

Dizer, H., Wittekind, E., Fischer, B., Hansen, P.-D. (2002a): The cytotoxic and genotoxic potential of surface water and waste water effluents as determined by bioluminescence, *umu*-assays and selected biomarkers, Chemosphere *36*, S. 225–233.

Dizer, H., Fischer, B., Sepulveda, I., Loffredo, E., Senesi, N., Santana F., Hansen, P.-D. (2002b): Estrogenic effect of leachates and soil extracts from lysimeters spiked with sewage sludge and reference endocrine disruptors, Environmental Toxicology, *17*, S. 105–112.

Elia, M. C., Storer, R. D., McKelvey, T. W., Kraynak, A. R., Barnum, J. E., Harmon, L. S., DeLuca, J. G., Nichols, W. W. (1994): Rapid DNA degradation in primary rat hepatocytes treated with diverse cytotoxic chemicals : Analysis by puls field gel electrophoresis and implications of alkaline elution assays. Environ. and Mutagensis, *24*, S. 181–191.

EU Water Framework Directive (2000): Directive 2000/*60 EC* of the European Parliament and of the Council establishing a frame work for the community action in the field of water policy or short the EU Water Framework Directive (WFD). Official Journal of the European Union *L327* S. 1–69.

Farré, M, Barceló, D. (2009a): Biosensors for Aquatic Toxicology Evaluation In: Barcelo, D. und Hansen, P.-D. (Eds.): Biosensors for the Environmental Monitoring of Aquatic Systems – Bioanalytical and Chemical Methods for Endocrine Disruptors. Series The Handbook of Environmental Chemistry. Vol. *5*: Water Pollution, Part J, Springer Publishers, S. 115–160.

Farré, M., Rodriguez-Mozaz, S., López de Alda, M., Barceló, D., Hansen, P.-D. (2009b): Biosensors for Environmental Monitoring at Global Scale and the EU Level. In: Barcelo, D. und Hansen, P.-D. (Eds.): Biosensors for the Environmental Monitoring of Aquatic Systems – Bioanalytical and Chemical Methods for Endocrine Disruptors. Series The Handbook of Environmental Chemistry. Vol. *5*: Water Pollution, Part J, Springer Publishers, S. 1–32.

Friedberg, E. C., Walker, G. C., Siede, W. (1995): DNA Repair and Mutagenesis. ASM Press, Washington DC, S. 436–698.

Garcia-Reyero, N., Requena, V, Petrovic, M., Fischer, B., Hansen, P.-D., Diaz, A. Ventura, F., Barcelo, D. and Piña, B. (2004): Estrogenic Potential of Halogenated Derivates of Nonylphenol Ethoxylates and Carboxylates. Environmental Toxicology and Chemistry, *23*, S. 705–711.

Grohmann, A., Dieter, H. H., Reineke, G. (Hrsg.) (1996): Transparenz und Akzeptanz von Grenzwerten am Beispiel des Trinkwassers. Berichtsband zur Tagung der Fachkommission Soforthilfe Trinkwasser vom 10./11. Oktober 1995, mit Ergänzungen. Umweltbundesamt-Berichte 6/96, Erich Schmidt Verlag, Berlin.

Grummt, T., Rettberg, P., Waldmann, P., Zipperle, J., Hansen, P.-D. (2009): Adverse Effects in Aquatic Ecosystems: Genotoxicity as a Priority Measurement. In: Barcelo, D. und Hansen, P.-D. (Eds.): Biosensors for the Environmental Monitoring of Aquatic Systems – Bioanalytical and Chemical Methods for Endocrine Disruptors. Series The Handbook of Environmental Chemistry. Vol. *5*: Water Pollution, Part J, Springer Publishers, S. 187–201.

Gatehouse, D. G., Wilcox, P., Forster, R., Rowland, I., Callander, R. D. (1990): Bacterial mutation assays, in Basic Mutagenicity Tests: UKEMS Recommended Procedures, Report of the UKEMS Subcommittee on Guidelines for Mutagenicity Testing (Kirkland DJ, ed.), Cambridge University Press, Cambridge, S. 13–61.

Hansen, P.-D., H. Stehfest (1984): Ermittlung von NTA-Abbaukonstanten für Untersuchungen zur Umweltverträglichkeit von Nitrilotriessigsäure. In: NTA Studie über d. aquat. Umweltverträglichkeit von Nitrilotriacetat (NTA). Hrsg NTA-Koordinierungsgruppe im Hauptausschuß Phosphate und Wasser d. Fachgruppe Wasserchemie in d. Ges. Dt. Chemiker durch H. Bernhardt. Verlag Hans Richarz Sankt Augustin, S. 385–398.

Hansen P.-D., von Westernhagen, H., Rosenthal, H. (1985): Chlorinated Hydrocarbons and hatching success in baltic herring spring spawners. Marine Environmental Research, *15*, S. 59–76.

Hansen, P.-D. (1986): Das „Wabolu-Aquatox“ zur integralen Erfassung von Schadstoffen im Wasser. The „Wabolu-Aquatox“ for Integral Monitoring of Water Pollutants. Vom Wasser, Bd. 67, S. 221–235.

Hansen, P.-D., Bock, R., Brauer, F. (1991): Investigations of phagocytosis concerning the immunological defence mechanism of *Mytilus edulis* using a sublethal luminescent bacterial assay (*Photobacterium phosphoreum*). Comp. Biochem. Physiol. *100C*, S. 129–132.

Hansen, P.-D. (1995): Assessment of Ecosystem Health: Development of Tools and Approaches. – In: Evaluating and Monitoring the Health of Large-Scale Ecosystems. Edited by Papport, D., Gaudet, C., Calow, P., Series I: Global Environmental Change, Vol. *28*. Springer-Verlag Berlin Heidelberg New York, S. 195–217.

Hansen P.-D. (1996): Grenzwerte und Zielvorgaben. In: Frimmel,F. (Hrsg): Gewässergütekriterien, Deutsche Forschungsgemeinschaft, Senatskommission für Wasserforschung, Mitteilung *13*, VCH, Weinheim, S. 7–26.

Hansen, P.-D., Dizer, H., Hock, B., Marx, A., Sherry, J., McMaster, M., Blaise, C. (1998): Vitellogenin – a biomarker for endocrine disruptors. Trends in Analytical Chemistry (TRAC), *17*, S. 448–451.

Hansen, P.-D. (2003): Biomarkers. In: Markert, B. A., Breure, A. M., Zechmeister, H. G. (Eds), Bioindicators & Biomonitors, Principles, Concepts and Applications, Elsevier, Amsterdam, S. 203–220.

Hansen P.-D., Blasco, J., De Valls, A., Poulsen, V., van den Heuvel-Greve, M. (2007): Biological analysis (Bioassays, Biomarkers, Biosensors) In: Sustainable management of sediment resources, Volume *2*, Sediment quality and impact assessment of pollutants. Eds. Damia Barceló, Mira Petrovic, Elsevier Publishers Amsterdam, S. 131–157.

Hansen, P.-D. (2007a): Risk assessment of emerging contaminants in aquatic systems. Trends. Anal. Chem. (TRAC), *26*, S. 1095–1099.

Hansen, P.-D. (2007b): Biosensors for Environmental and Human Health. In: Advanced Environmental Monitoring. Eds. Young, J K., Platt, U., Springer Publisher, Heidelberg, New York, Section 4, Chapter *23*, S. 297–311.

Hansen, P.-D. (2008): Biosensors and Ecotoxicology, Eng. Life Sci., *8*, S. 1–7.

Hansen, P.-D., Wittekind, E., Sherry, J., Unruh, E., Dizer, H., Tüg, H., Rosenthal, H., Detlhlefsen, V., von Westernhagen, H. (2009): Genotoxicity in the Environment (Eco-Genotoxicity). In: Barcelo, D. und Hansen, P.-D. (Eds.): Biosensors for the Environmental Monitoring of Aquatic Systems – Bioanalytical and Chemical Methods for Endocrine Disruptors. Series The Handbook of Environmental Chemistry. Vol. *5*: Water Pollution, Part J, Springer Publishers, S. 203–226.

Hansen, P.-D., Unruh, E. (2017): Whole-cell biosensors and bioassays. In: past, present and future challenges of biosensors and bioanalytical tools in analytical chemistry edited by Palchetti, Ilaria, Hansen, Peter-Diedrich, Damia Barceló, Comprehensive Analytical Chemistry (CAC), Elsevier Series, Volume *77*, 2, Amsterdam, Oxford, Cambridge, S. 35–53.

Hansen, P.-D. (2017): TripleLux-B. In: Raumfahrt Concret, *96*, 1, S. 14–19.

Hansen, P.-D. (2018a): Fish. In: Bioassays – Advanced Methods and Applications. Häder, D. P., Erzinger, G. S., (Eds.). Elsvier Publishers, Amsterdam, Oxford, Cambridge, S. 309–329. DOI: http://dx.doi.org/10-1016/B978-0-12-811861-0.00015-2.

Hansen, P.-D. (2018b): Applications for the real environment. In: Bioassays – Advanced Methods and Applications. Häder, D. P., Erzinger, G. S., (Eds.). Elsvier Publishers, Amsterdam, Oxford, Cambridge, *20*, S. 403–418. DOI: http://dx.doi.org/10-1016/B978-0-12-811861-0.00020-6.

Harries, J. E., Sheanhan, D. A., Jobbling, S., Mathiessen, P., Neall, P., Routledg, E., Rycroft, R., Sumpter, J. P., Tylor, T. (1996): Survey of estrogenic activity in United Kingdom inland. waters. Environ. Toxicol. Chem. *15*, S. 1993–2002.

Harries, J. E., Sheanhan, D. A., Jobbling, S., Mathiessen, P., Neall, P., Sumpter, J. P., Tylor, T., Zaman, N. (1997): Survey of estrogenic activity in United Kingdom inland. waters. Environ. Toxicol. Chem. *16*, S. 534–542.

Harris, C. C. (1989): Interindividual variation among humans in carcingenic metabolism, DNA adduct formation and DNA repair. Carcinogenesis, *10*, S. 1563–1566.

Herbert, A., Hansen, P.-D. (1998): Genotoxicity in fisheggs and -embryos. In: Well, P. G., Lee, K. and Blaise, C. (Hrsg.): Microscale Aquatic Toxicology – Advances, Techniques and Practice. CRC Lewis Publishers, Florida, S. 491–505.

Hine, PM (199): The inter-relationship of bivalve hemocytes. Fish & Shellfish Immunology, *9*, S. 367–385.

Hock, B. 2001: Bioresponse-Linked Instrumental Analysis. In: Teubner Reihe Umwelt, Bahadir, M., Collins, H.-J., Hock, B. (Hrsg.). Teubner Verlag Stuttgart, Leipzig, Wiesbaden.

Hock, B., Seifert, M. (2002) Bioanalytik von Umweltschadstoffen, Chemie in unsere Zeit, *36*, S. 294–302.

Huschek G., Hansen, P.-D. (2005): Ecotoxicological classification of the Berlin river system using bioassays in respect to the European Water Framework Directive. Environ. Monit. Asses. *121*, S. 15–31.

ISO 13829 (2000): Water quality – Determination of the genotoxicity of water and waste water using the umu-test.

ISO 16240 (2005): Water quality – Determination of the genotoxicity of water and waste water – Salmonella/microsome test (Ames test).

ISO 21427-2 (2009): Wasserbeschaffenheit – Bestimmung der Gentoxizität mit dem In-vitro-Mikrokerntest – Teil 2: Verwendung einer nicht-synchronisierten V79-Zellkulturlinie.

Kalberlah F., Schneider K. (1998): Quantifizierung von Extrapolationsfaktoren. Schriftenreihe der Bundesanstalt für Arbeitsschutz und Arbeitsmedizin – Forschung – Fb 796 (englische Fassung: Fb 797). Dortmund/Berlin.

Kase, R., Hansen, P.-D., Fischer, B., Manz, W., Heininger, P., Reifferscheid, G. (2007): Integral Assessment of Estrogenic Potentials of Sediment-Associated Samples Part 1: The influence of salinity on the *in vitro* tests ELRA, E-Screen and YES. Env. Sci. Pollut. Res., *15*, S. 75–83.

Kase R., Hansen, P.-D., Fischer, B., Reifferscheid, G., Manz, W. (2008): Integral Assessment of Estrogenic Potentials of Sediment-Associated Samples Part 2: Integral assessment of estrogen and anti-estrogen receptor binding potential of sediment associated chemicals under different salinity conditions with the salinity adapted enzyme linked receptor assay. Env. Sci. Pollut. Res., *16*, S. 54–64.

Kirkland, D., Reeve, L., Gatehouse, D. and Vanparys, P. (2011): A core in vitro genotoxicity battery comprising the Ames test plus the in vitro micronucleus test is sufficient to detect rodent carcinogens and in vivo genotoxins. Mutat. Res., 721, S. 27–73.

Konietzka, R., Dieter, H. H. (1998): Ermittlung gefahrenbezogener chronischer Schadstoffdosen zur Gefahrenabwehr beim Wirkungspfad Boden-Mensch. Bodenschutzhandbuch (27. Lieferung X/98, Ziff. 3530). Erich Schmidt Verlag, Berlin.

Lord Ashby, J., Tennant, R. W. (1991): Definitive relationships among chemical structure, carcinogenicity and mutagenicity for 301 chemicals tested by the U. S. NTP. Mutat. Res., *257*, S. 229–306.

Maron, D. M. und Ames, B. N. (1983): Revised methods for the Salmonella mutagenicity test. Mutat. Res., *113*, S. 173–215.

Nagel R., H. Bresch, Caspers, N., Hansen, P.-D., Markert, M., Munk, R., Scholz, N., Ter Höfte, B. B. (1991): Effect of 3,4-Dichloroaniline on the Early Life Stages of the Zebrafish (*Brachydanio rerio*): Results of a Comparative Laboratory Study. Ecotoxicology and Environmental Safety *21*, S. 157–164.

Neugebaur, K., Zieris, F.-J., Huber, W. (1990): Ecological effects of atrazin in two outdoor artificial Freshwater ecosystems. Z. Wasser- Abwasser- Forsch. *23*, S. 11–17.

Nusch, E. A. (1986): Möglichkeiten und Grenzen der Aussagekraft ökotoxikologischer Tests. Vom Wasser, *67*, S. 213–220.

Nusch, E. A. (1992): Grundsätzliche Vorbemerkung zur Planung, Durchführung und Auswertung biologischer und ökotoxikologischer Testverfahren. In: Steinhäuser, K. G. und Hansen, P.-D. (Hrsg.): Biologische Testverfahren. Schriftenreihe des Vereins für Wasser-, Boden- u. Lufthygiene, Bd. *89*. Gustav Fischer Verlag, Stuttgart, S. 35–48.

Obst, U. (1999): Biochemische Verfahren der Wassergütebestimmung. In: Frimmel, F. H. (Hrsg): Wasser und Gewässer. Spektrum Akademischer Verlag, Heidelberg, S. 104–146.

OECD Guideline 471 (1997): Bacterial Reverse Mutation Test. OECD Guidelines for the Testing of Chemicals.

Osterkamp, A. J., Hock, B., Seifert, M., Irth, H. (1997): Novel monitoring strategies for xenoetrogens. Trends Anal. Chem. *16*, S. 544–553.

Palchetti, I., Peter-Diedrich Hansen, Damia Barceó (Eds.) (2017): Past, present and future challenges of biosensors and bioanalytical tools in analytical chemistry, Comprehensive Analytical Chemistry (CAC), Elsevier Series, Amsterdam, Oxford, Cambridge, *77*, 439 pp.

Phillips, A. (2000): Methods of DNA Adducts Determination and their Application to testing Compounds for Genotoxicity. Environmental and Molecular Mutagenesis, *35*, S. 222–233.

Piña, B., Boronat, S., Casado, M., Olivares, A. (2009): Recombinant Yeast Assay and Gene Expression Assay for the Analysis of Endocrine Disruption. In: Barcelo, D. und Hansen, P.-D. (Eds.): Biosensors for the Environmental Monitoring of Aquatic Systems – Bioanalytical and Chemical Methods for Endocrine Disruptors. Series The Handbook of Environmental Chemistry. Vol. *5*: Water Pollution, Part J, Springer Publishers, S. 69–113.

Piña, F., Mayorga-Martinez, C. und Mercoçi, A. (2017): Nanomaterial-Based Platforms for Environmental Monitoring. In: past, present and future challenges of biosensors and bioanalytical tools in analytical chemistry edited by Palchetti, Ilaria, Hansen, Peter-Diedrich, Damia Barceló, Comprehensive Analytical Chemistry (CAC), Elsevier Series, Volume *77*, 2, Amsterdam, Oxford, Cambridge, S. 207–236.

REACH-Regulation (EC) No. 1907/2006 of the European Parliament and of the Council concerning the Registration, Evaluation, Authorisation and Restriction of Chemicals (REACH). Official Journal of the European Union; 2006, *L396*, S. 1–852.

Renwrantz, L., Daniel, I. and Hansen, P.-D. (1985): Lectin – Binding to Hemocytes of *Mytilus edulis*. Developmental and Comparative Immunology (DCI), *9*, S. 203–210.

Rüdiger, H. W. (1990): Endogene und exogene Determinanten in der Bewertung kanzerogener Risiken. Öff. Gesundh. Wesen, *52*, S. 1–4.

Rudolph, R. (1992): Erkenntnisgrenzen biologischer Testverfahren zur Abbildung ökologischer Wirklichkeiten. In: Steinhäuser, K. G. und Hansen, P.-D. (Hrsg.): Biologische Testverfahren. Schriftenreihe des Vereins für Wasser-, Boden- u. Lufthygiene, Bd. *89*. Gustav Fischer Verlag, Stuttgart, S. 25–34.

Rydberg, B., Johanson, K. J. (1975): Radiation induced DNA strandbreaks and their rejoining in crypt and villous cells of the small intestine of the mouse. Radiation Research, *64*, S. 281–292.

Schindler, D. W. (1971): A Hypothesis to Explain Differences and Similarities Among Lakes in the Experimental Lake Area, Northwestern Ontario. J. Fish. Res. *28*, S. 295–301.

Sera, N., Fukuhara, K., Miyata, N., Tokiwa, H. (1996): Mutagenicity of nitrophenanthrene derivatives for Salmonella typhimurium: effects of nitroreductase and acetyltransferase. Mutat. Res., *349*, S. 137–144.

Stuhlfauth, T. (1995): Ecotoxicological Monitoring of Effluents. In: Environmental Toxicology Assessment, Ed. M. Richardson. Taylor & Francis, S. 187–198.

Sturm, A., da Silva de Assis, H. C., Hansen, P.-D. (1999): Cholinesterases of marine teleost fish: enzymological characterisation and potential use in the monitoring of neurotoxic contamination. Marine Environmental Research, *47*, S. 389–398.

TrinkwV 2001: Verordnung über die Qualität von Wasser für den menschlichen Gebrauch (Trinkwasserverordnung – TrinkwV 2001), zuletzt geändert durch Artikel Art. 1 V v. 3. 1. 2018 I 99 (Nr. 2). Konsolidierte Textfassung abrufbar unter https://www.gesetze-im-internet.de/trinkwv_2001/TrinkwV_2001.pdf.

UBA (2003): Bewertung der Anwesenheit teil- oder nicht bewertbarer Stoffe im Trinkwasser aus gesundheitlicher Sicht Empfehlung des Umweltbundesamtes nach Anhörung der Trinkwasserkommission. Bundesgesundheitsbl – Gesundheitsforsch – Gesundheitsschutz *46*, S. 249–251.

Umweltbundesamt, HBM-Kommission (1996): Human-Biomonitoring: Definitionen, Möglichkeiten und Voraussetzungen. Bundesgesundhbl. 39, S. 213–214.

Umweltbundesamt (1998): Zur Frage einer höheren Empfindlichkeit von Kindern gegenüber krebserzeugenden Stoffen. Forschungs- und Beratungsinstitut Gefahrstoffe (FoBiG). Bericht zum F + E-Vorhaben 203–40. Umweltbundesamt, Berlin.

Umweltbundesamt (2003a): Bewertung der Anwesenheit teil- oder nicht bewertbarer Stoffe im Trinkwasser aus gesundheitlicher Sicht. Empfehlung des Umweltbundesamtes nach

Anhörung der Trinkwasserkommission beim Umweltbundesamt Bundesgesundheitsbl – Gesundheitsforsch – Gesundheitsschutz 46: S. 249–251.

Umweltbundesamt (2003b): Maßnahmewerte (MW) für Stoffe im Trinkwasser während befristeter Grenzwert-Überschreitungen gem. § 9 Abs. 6–8 TrinkwV 2001. Empfehlung des Umweltbundesamtes nach Anhörung der Trinkwasserkommission des Bundesministeriums für Gesundheit und Soziale Sicherung beim Umweltbundesamt. Bundesgesundheitsbl – Gesundheitsforsch – Gesundheitsschutz 46: S. 707–710.

Umweltbundesamt (2008): Trinkwasserhygienische Bewertung stoffrechtlich „nicht relevanter" Metaboliten von Wirkstoffen aus Pflanzenschutzmitteln im Trinkwasser. Empfehlung des Umweltbundesamtes nach Anhörung der Trinkwasserkommission des Bundesministeriums für Gesundheit beim Umweltbundesamt. Bundesgesundheitsbl – Gesundheitsforsch – Gesundheitsschutz 51: S. 797–801.

Unruh, E., Brungs, S., Langer, S., Bornemann, G., Frett, T., Hansen, P.-D. (2016): Comprehensive Study of the Influence of Altered Gravity on the Oxidative Burst of Mussel (*Mytilus edulis*) Hemocytes, Microgravity Sci. Technol. Vol. *28*, S. 275–285.

US-EPA (2012): Edition of the Drinking Water Standards and Health Advisories EPA 822-S-12-001 Office of Water U. S. Environmental Protection Agency, Washington DC.

von Westernhagen H., H. Rosenthal, V. Dethlefsen, W. Ernst, U. Harms, P.-D. Hansen (1981): Bioaccumulating substances and reproductive success in baltic flounder *Platichthys flesus*. Aquatic Toxicology, *1*, S. 85–99.

von Westernhagen, H. (1988): Sublethal Effects of Pollutants on Fish Eggs and Larvae. Fish Physiology, Vol. XIA, *4*, S. 253–346.

WasSG: Gesetz über die Sicherstellung von Leistungen auf dem Gebiet der Wasserwirtschaft für Zwecke der Verteidigung vom 24. August 1965.

WasSV 1: Erste Wassersicherstellungsverordnung vom 31. März 1970.

WHO (2011): Guidelines for drinking-water quality, 4th ed., Vol. 1, Recommendations; Volume 2, Health criteria and other supporting information. World Health Organization, Geneva.

Wittekindt, E., Matthess, C., Gaumert, T und Hansen, P.-D. (2000): Die gentoxische Gewässergüte-Klassifizierung der Elbe – entwickelt mit Hilfe des DNA-Aufwindungstests mit der Dreikantmuschel. Hydrobiologie und Wasserbewirtschaftung, *44*, S. 131–144.

Wittekindt, E., Saftic, S., Matthess, C., Fischer, B., Hansen, P.-D., Schubert, J. (2001): In situ – Untersuchungen zum gentoxischen Potential ausgewählter Oberflächengewässer mit dem DNA-Aufwindungstest an Fischzellen, Fischlarven, Krebsen und Muscheln. In: BMBF-Schriftenreihe Forschungsverbundvorhaben „Erprobung, Vergleich, Weiterentwicklung und Beurteilung von Gentoxizitätstests für Oberflächengewässer", S. 52–96.

Yaqin, K., Hansen, P.-D. (2010): The use of cholinergic biomarker, cholinesterase activity of blue mussel *Mytilus edulis* to detect the effects of organophosphorous pesticides. African Journal of Biochemistry Research *4*, S. 265–272.

Yamada, M., Espinosa-Aguirre, J. J., Watanabe, M., Matsui, K., Sofuni, T., Nohmi, T. (1997a): Targeted disruption of the gene encoding the classical nitroreductase enzyme in Salmonella typhimurium Ames test strains TA 1535 and TA 1538. Mutat. Res., *375*, S. 9–17.

Yamada, M., Matsui, K., Sofuni, T., Nohmi, T. (1997b): New tester strains of Salmonella typhimurium lacking O^6-methylguanine DNA methyltransferases and highly sensitive to mutagenic alkylating agents. Mutat. Res., *381*, S. 15–24.

Yaqin, K., Lay, B. W., Riani, E., Masud, Z. A. and Hansen, P.-D. (2011): Hot Spot biomonitoring of marine pollution effects using cholinergic and immunity biomarkers of tropical green mussel (*Perna viridis*) of the Indonesian waters. Journal of Toxicology and Environmental Health Sciences Vol. 3, S. 356–365.

9 Sicherheit und Schutz vor Krankheitserregern durch multiple Barrierensysteme

H.-J. Brauch und P. Werner

9.1 Multiple Barrierensysteme

9.1.1 Einleitung

Jährlich sterben weltweit Millionen von Menschen durch Versorgung mit hygienisch nicht einwandfreiem Wasser. Die Ursachen sind neben chemischen Belastungen (z. B. Arsen) vor allem das Vorhandensein von Krankheitserregern (Viren, Bakterien, Protozoen).

Die im Rohwasser (Fließgewässer, Seen, Talsperren, Quell- oder Grundwasser) vorhandenen Krankheitserreger müssen im Zuge der Aufbereitung sicher entfernt oder abgetötet werden und dürfen sich weder im Verteilungssystem noch in der Hausinstallation vermehren. Je höher die Belastung des Rohwassers ist, desto schwieriger ist es in der Praxis, diese Zielvorgabe zu erfüllen.

Die Verbreitung von Krankheiten durch hygienisch nicht einwandfreies Trinkwasser ist besonders hoch in Ländern der Dritten Welt oder in Kriegs- und Krisengebieten, wo geringe sanitäre Standards vorherrschen. Sobald eine Infektion durch Krankheitserreger ausgebrochen ist, erfolgt im Allgemeinen eine rasche Übertragung von Mensch zu Mensch. Insbesondere bei Cholera- oder Typhus-Epidemien in der Vergangenheit führte dies zu explosionsartigen Zunahmen der Krankheitsfälle. Dies ist häufig bei Überschwemmungskatastrophen in den Monsunregionen zu beobachten.

Aber selbst in hoch entwickelten Ländern kann der Ausbruch von Epidemien nicht völlig verhindert werden. So kam es 1993 in Milwaukee (USA) zu einer Massenerkrankung von Diarrhoe, welche durch das Auftreten einer Protozoe (Cryptosporidium) im Rohwasser und hygienische Mängel in der zentralen Wasserversorgung ausgelöst wurde. Cryptosporidium konnte selbst mit einer Chlorkonzentration von 1 mg/l freies Chlor nicht hinreichend abgetötet werden.

Neben den „klassischen" Krankheitserregern ist zunehmend mit dem Auftreten und der Vermehrung von „neuartigen" Keimen zu rechnen. Ein typisches Beispiel dafür ist die sogenannte Legionellose, deren Verursacher Bakterien der Gattung Legionella sind. Zum ersten Mal aufgetreten ist diese Krankheit 1976, als US-Veteranen des Koreakriegs sich in einem Hotel in Philadelphia (USA) trafen und ein Großteil der Teilnehmer oder Besucher des Hotels an einer unspezifischen Lungenentzündung erkrankten und einige sogar starben. Nachfolgende Untersuchungen haben ergeben, dass sich diese Bakterien (Legionella pneumophila) in Warmwassersystemen vermehren können und beim Duschen inhaliert werden, was zu einer Infektion

https://doi.org/10.1515/9783110588217-009

führt. Der optimale Temperaturbereich für die Vermehrung von Legionellen liegt zwischen 45 °C und 55 °C. Bei dieser hohen Temperatur ist eine Desinfektion mit Chlor nicht mehr wirksam.

Zahlreiche Untersuchungen haben gezeigt, dass Legionellen weit verbreitet sind. Sie kommen insbesondere in Warmwassersystemen von Haus-, Krankenhaus- und Hotelinstallationen vor. Auch in Kühltürmen von Kraftwerken können sich Legionellen vermehren und werden mit dem Wasserdampf (Aerosol) in die nähere Umgebung verbreitet. In der Windrichtung konnte das Auftreten von Legionellen eindeutig nachgewiesen werden. Diese „neuen“ Krankheitserreger haben somit erst mit der technischen Weiterentwicklung zu mehr Komfort in der Wasserversorgung eine ökologische Nische gefunden.

Da die Eliminierung von Krankheitserregern immer mit einem hohen technischen Aufwand verbunden ist, sollte darauf geachtet werden, dass bereits die Rohwasserressourcen möglichst gering belastet sind. Beispielsweise wird in Deutschland Flusswasser erst nach einer Bodenpassage als Uferfiltrat oder nach einer künstlichen Infiltration (Langsamsandfiltrat) als Rohwasser genutzt. Im Einzugsbereich von Trinkwasser-Talsperren sind große Flächen durch Wasserschutzgebiete (WSG) geschützt, landwirtschaftliche und andere Aktivitäten sind verboten oder weitgehend eingeschränkt.

Auch das Trinkwasserverteilungsnetz und die Hausinstallation müssen in die Betrachtung mit einbezogen werden. Die beste Aufbereitung nützt nichts, wenn beispielsweise durch Korrosionsschäden und Druckverluste verunreinigtes Wasser von außen in Trinkwasserleitungen eindringen kann. In solchen Fällen ist auch eine hohe Desinfektionsmitteldosis nicht mehr wirksam.

Die integrale Betrachtung von Rohwasserressource, Gewinnung, Aufbereitung mit Desinfektion und Speicherung, Transport und Verteilung sowie Hausinstallation ist die Grundvoraussetzung für eine effektive und sichere Multibarrierenstrategie zur Vermeidung von Krankheitserregern im Trinkwasser. Zunehmend wichtiger bezüglich des Auftretens von Krankheitserregern sind die spezifischen Verhältnisse in der Trinkwasserinstallation, da häufig durch bauliche Missstände und Nichtbeachtung der technischen Regeln größere Risiken für die Verbraucher resultieren können.

9.1.2 Indikatororganismen und Krankheitserreger

Basis der mikrobiologischen Beurteilung von Wasserproben ist eine belastbare und adäquate Untersuchung. Voraussetzung hierfür ist eine fach- und sachgerechte Probenahme unter sterilen Bedingungen. Die Probenahme und die mikrobiologische Untersuchung dürfen daher nur von akkreditierten und zugelassenen Laboren durchgeführt werden. Die wesentlichen Parameter für hygienisch mikrobiologische Untersuchungen sind neben der Koloniezahl (bei 20 °C und 36 °C) die Bestimmung

Tab. 9.1: Hygienisch-mikrobiologische Untersuchungsparameter.

Indikatorparameter	Krankheitserreger
Koloniezahl KBE (20 °C)	Cryptosporidien
Koloniezahl KBE (36 °C)	Giardien
Coliforme	Viren (Adeno-, Novo-, Rota- und Enteroviren)
Clostridium perfringens	Legionellen
E. coli*	Pseudomonas aeruginosa
Enterokokken*	Campylobacter
	Salmonellen
	Shigellen

* In der Trinkwasserverordnung als mikrobiologische Parameter bezeichnet

von Fäkalindikatoren (E. coli, coliforme Bakterien und Enterokokken) sowie der direkte Nachweis von Krankheitserregern (Legionellen, Campylobacter und pathogene Protozoen) (Tab. 9.1).

Die Parameter Koloniezahl und E. coli wurden vor mehr als 100 Jahren empirisch entwickelt. Während der Cholera-Epidemie in Hamburg 1892 wurde von Robert Koch die Koloniezahl bei 20 °C nach 2-tägiger Bebrütung auf Gelatine-Nährböden als Werteskala für die mikrobiologische Wasserqualität eingeführt. Er konnte zeigen, dass für den Hamburger Fall bei einer Koloniezahl von weniger als 100/ml von einem hygienisch einwandfreien Trinkwasser ausgegangen werden kann. Dies ist ein rein empirischer Wert, der sich bis heute bewährt hat und in der Trinkwasserverordnung (TrinkwV) als Richtwert verankert ist. Die Koloniezahl steht in keinem Fall mit Krankheitserregern in Verbindung und ist lediglich als Indikatorparameter für den Bakteriengehalt eines Roh- oder Trinkwassers zu werten.

Im Jahre 1915 kam es an der Ruhr zu einer Typhus-Epidemie. Diese Darmkrankheit (Diarrhoe) wird von einigen Bakterien der Gattung Salmonellen verursacht. Da Salmonellen routinemäßig schwierig nachzuweisen sind, wurde von Hajo Bruns ein ebenfalls im Darm vorkommendes, lange Zeit überlebendes und nicht pathogenes Bakterium (E. coli) als Indikatorbakterium für fäkale Verunreinigungen eingeführt. Dabei konnte gezeigt werden, dass keine Infektionsgefahr vorliegt, wenn E. coli in 100 ml Probevolumen nicht nachweisbar ist. Auch dieser Wert hat als Grenzwert bis heute seine Gültigkeit und ist in der Trinkwasserverordnung (TrinkwV) festgelegt.

Anders verhält es sich bei dem direkten Nachweis von Krankheitserregern wie Legionellen oder Cryptosporidien. Hier gibt es keine Indikatororganismen und der Nachweis muss mit entsprechend erhöhtem Aufwand erfolgen. Bei den Legionellen sind nur einige wenige Stämme pathogen. Damit ist bei negativem Befund in 1 l Wasserprobe zwar ein Befall auszuschließen, bei positiven Proben müssen aber weitere Untersuchungen auf die virulenten Stämme durchgeführt werden.

Cryptosporidien kommen im Darm von Warmblütern (Rinder, Schafe etc.) vor. Sie können sich im Trinkwasser nicht vermehren. Auch hier müssen große Wasservolumina entnommen, filtriert und untersucht werden. Der Nachweis erfolgt mikroskopisch auf die Zysten dieser Einzeller.

9.1.3 Aufbau eines multiplen Barrierensystems

Wasser aus dem natürlichen Kreislauf und ausreichend filtrierenden Schichten (DIN 2000) ist in der Regel frei von Krankheitserregern. Sie können sich nicht in unbelasteten, d. h. nährstofffreien Wässern vermehren. Ursache für das Vorhandensein von Krankheitserregern im Wasser sind stets Kontaminationen mit tierischen oder menschlichen Ausscheidungen, wie beispielsweise:
- Direkter Eintrag von Abwasser,
- stetiger Zufluss kontaminierten Oberflächenwassers,
- undichte Rohrleitungen in Verbindung mit kontamiertem Grundwasser,
- Abschwemmungen von Straßen- und Gleiskörpern in Fassungsanlagen,
- landwirtschaftliche Tätigkeiten (insbesondere Ausbringung von Gülle),
- Reste von tierischem Material (Kadaver von Kleintieren oder Insekten) in Brunnen und Behältern,
- extreme Niederschlags- oder Hochwasserereignisse.

Die Quelle der Verunreinigung ist zu lokalisieren und – wenn möglich – sind die Krankheitserreger bereits dort zu bekämpfen, um zukünftige Einträge zu vermeiden. Eine Ausnahme stellen die Legionellen dar, die erst in der Hausinstallation auftreten können.

Ein Multibarrierensystem besteht aus mehreren Barrieren und stellt somit die Basis für eine moderne und sichere Trinkwasserversorgung dar (Abb. 9.1).

Die erste Barriere ist das Einzugsgebiet von Wasservorkommen (Grundwasser, Quellwasser, Talsperren, Seen). Hier gilt es, die zur Trinkwassergewinnung vorgesehenen Ressourcen konsequent zu schützen und Beeinträchtigungen der Wasserbeschaf-

MULTI-BARRIEREN-PRINZIP

Konsequenter Schutz der Trinkwasserressourcen:	**Trinkwasserversorgung:**	**Hausinstallation:**
• Trinkwasserschutzgebiete • Überwachung	• Gewinnung • Aufbereitung • Speicherung • Transport • Verteilung auf Basis der anerkannten Regeln der Technik	• Sorgfältige Auswahl der Materialien, die in Kontakt mit dem Trinkwasser kommen • Sicherheitsarmaturen • Professionelle Installation

Abb. 9.1: Das Multibarrierensystem.

fenheit zu vermeiden. Übergeordnetes Umweltziel ist dabei ein flächendeckender Gewässerschutz, der in der EU-Wasserrahmenrichtlinie sowie im Wasserhaushaltsgesetz (WHG) verankert ist. Das Wasserhaushaltsgesetz sieht zudem die Festsetzung von Wasserschutzgebieten (WSG) vor, die folgende Funktionen erfüllen sollen:

- Minimierung der Einträge von Stoffen und Organismen, welche die Beschaffenheit des Rohwassers beeinträchtigen können;
- Reduzierung von Gefährdungspotentialen durch industrielle und landwirtschaftliche Tätigkeiten, Siedlungen, Verkehr etc.;
- gezielte Überwachung der Rohwasserressourcen.

Die Überwachung der Rohwasserressourcen hinsichtlich der Beschaffenheit (Qualität) und Menge (Quantität) zählt dabei zu den maßgeblichen Instrumenten eines fortschrittlichen Risikomanagements, das Wasserversorgungsunternehmen grundsätzlich vorhalten müssen.

Die zweite Barriere stellen die technischen Prozesse und Verfahren in der Trinkwasserversorgung dar. Wichtig dabei ist, dass alle Maßnahmen zur Gewinnung, Aufbereitung, Speicherung, Transport und Verteilung auf Basis der anerkannten Regeln der Technik erfolgen. Bei der Gewinnung sind Kenntnisse über die hydrogeologische Struktur des Einzugsgebietes, die Strömungsverhältnisse zu den Entnahmebrunnen sowie über die Nutzung des Einzugsgebiets bezüglich der Abschätzung von Gefährdungspotenzialen erforderlich.

Des Weiteren kommt einer auf den anerkannten Regeln der Technik basierenden Aufbereitung einschließlich der Desinfektion eine große Bedeutung zur Sicherung der Trinkwasserqualität zu. Wichtig ist, dass bei allen Verfahren – von der Wassergewinnung bis zur Wasserverteilung – die richtigen Produkte und Verfahren ausgewählt werden.

Dies gilt ebenfalls für die Prozesse von Speicherung, Transport und Verteilung des von den Wasserwerken abgegebenen Trinkwassers bis zur Hausinstallation (**dritte Barriere**). Der Verantwortungsbereich des Wasserversorgers endet in der Regel an der Übergabestelle im Haus, d. h. an der Hauptsperreinrichtung. Die Hausinstallation muss gewährleisten, dass das vom Wasserversorger gelieferte Trinkwasser in gleichbleibender Qualität den Verbraucher erreicht. Dabei sind insbesondere die eingesetzten Werkstoffe für Rohre, Rohrverbinder, Armaturen und Apparate von besonderer Bedeutung.

Mit dem DVGW-Hinweis W 1001 „Sicherheit in der Trinkwasserversorgung – Risikomanagement im Normalbetrieb“ sind gesundheits- und versorgungstechnische sowie ästhetische Ziele, die von den Verbrauchern an das Trinkwasser gestellt werden, definiert und das Multibarrierenprinzip als Basis für eine moderne Trinkwasserversorgung etabliert.

9.1.4 Funktionsweise des Multibarrierensystems

Grundwasser

Der Ressourcenschutz ist als erste Barriere ein entscheidendes Element zur Vermeidung der Einträge von Bakterien und Krankheitserregern in das Rohwasser. Bei Grundwasserressourcen ist zu beachten, dass die Deckschichten eine ausreichende Schutz- und Filtrationswirkung aufweisen. Daneben ist ein modernes, hydraulisches Grundwassermodell, welches Angaben über Fließrichtung, Anströmbedingungen, Neubildung und Alter des Grundwassers etc. liefert, heute Stand der Technik.

Oberflächennahe Grundwasserressourcen werden vor allem von landwirtschaftlichen Tätigkeiten beeinträchtigt. Durch die Anwendung von Pestiziden (Herbizide, Fungizide, Insektizide u. a.), die Ausbringung von Klärschlamm und Gärrückständen sowie von Gülle und Jauche als sogenannte Wirtschaftsdünger können neben Stoffen (zum Beispiel Hormone und Antibiotika aus der Massentierhaltung) auch Bakterien und Krankheitserreger (Gülleausbringung) ins Grundwasser gelangen und zu einer hygienisch-mikrobiologischen Beeinträchtigung führen. Ausgehend von der Tatsache, dass die Risiken der Grundwasserbeschaffenheit mit zunehmendem Abstand des Gefahrenherdes von der Gewinnungsanlage abnehmen, werden Trinkwasserschutzgebiete mit drei Schutzzonen ausgewiesen:

- Fassungsbereich (Zone eins)
  Die Zone eins muss den Schutz der Wassergewinnungsanlage und ihrer unmittelbaren Umgebung vor jeglichen Verunreinigungen und Beeinträchtigungen gewährleisten.
- Engere Schutzzone (Zone zwei)
  Die Zone zwei muss den Schutz von Verunreinigungen durch pathogene Mikroorganismen (Bakterien, Viren, Parasiten etc.) sowie vor sonstigen Beeinträchtigungen gewährleisten. Als Grenze für die Zone zwei gilt die sogenannte 50-Tage-Linie.
- Zone drei soll den Schutz vor weitreichenden Beeinträchtigungen, insbesondere vor nicht oder nur schwer abbaubaren chemischen Verunreinigungen gewährleisten.

Insbesondere in Karstgebieten können Bakterien und Krankheitserreger je nach Niederschlagsereignissen sehr schnell in die Fassungen eingetragen werden. Die sogenannte 50-Tage-Linie bietet dann nur bedingt eine gewisse Sicherheit, da sie für relativ homogene, feinporige Grundwasserleiter festgelegt ist.

Quellen

Auch Karstquellen werden vor allem in gebirgigen Regionen häufig als Rohwasserressource für die Trinkwassergewinnung genutzt. Die Beschaffenheit der Quellen kann jahreszeitlich sowie schüttungsabhängig sehr unterschiedliche mikrobielle

Beeinträchtigungen aufweisen und damit auch unterschiedliche Anforderungen und Probleme an die Wasseraufbereitung stellen. In der Regel führen Karstquellen in den Wintermonaten ein qualitativ hochwertiges Wasser, während es nach der Schneeschmelze oder auch bei heftigen Niederschlagsereignissen regelmäßig zu hygienisch-mikrobiologischen Belastungen kommt.

Oberflächenwasser

Wie aus Abbildung 9.2 hervorgeht, erfolgt die Trinkwassergewinnung in Deutschland zu 61,6 % aus Grundwasser und 8,3 % aus Quellwasser. Oberflächengewässer (Fließgewässer, Seen und Talsperren) sowie Oberflächenwasser-beeinflusstes Grundwasser machen etwa 30 % aus. Hier ist die Ausweisung von Schutzzonen (Wasserschutzgebiete) in der Regel nicht möglich und es müssen gesonderte Maßnahmen ergriffen werden.

Langsamsandfiltration und Uferfiltration (Bodenpassage) sind auch heute noch wichtige Sicherheitsstufen eines multiplen Barrierensystems. Die Langsamsandfiltration wurde im 19. Jahrhundert nach dem Vorbild, das Simpson für Chelsea (1825) entwickelt hatte, für die Versorgung von Großstädten bei der Nutzung von Oberflächengewässern eingeführt. Berühmt wurde die Wasseraufbereitungsanlage in Altona (Hamburg), weil Altona 1892 von der Cholera-Epidemie verschont blieb, während das benachbarte Hamburg, das sein Wasser direkt aus der Elbe bezog, mehrere tausend Tote zu beklagen hatte. Auch heute noch ist die Langsamsandfiltration eines der sichersten und bewährtesten Verfahren zur Elimination von Bakterien und Krankheitserregern. In einem Langsamsandfilter bilden sich Zonen mit unterschiedlichen Populationen an Mikroorganismen aus, die mit der Tiefe zu einer Keimredu-

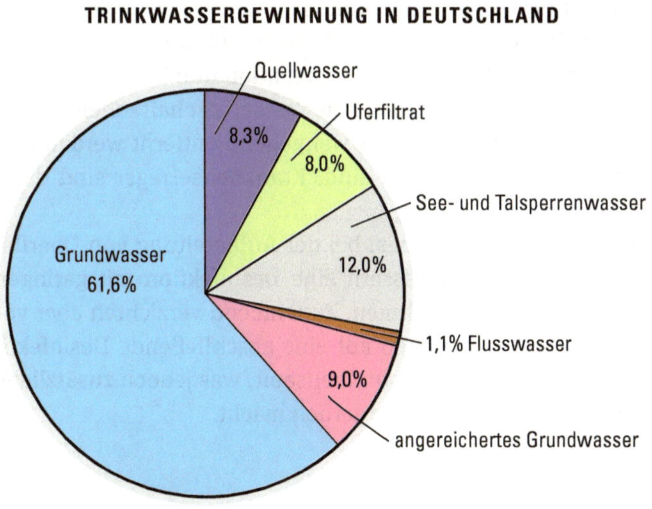

Abb. 9.2: Trinkwassergewinnung in Deutschland.

Tab. 9.2: Ergebnisse mikrobiologischer Untersuchungen von Ruhr und Sammelbrunnen (Langsamsandfiltrat): Mediane, Minima und Maxima.

Parameter	Ruhr (n = 17)	Sammelbrunnen (n = 17)
KBE (20 °C)	1600 (49–10.000)	6 (1–41)
KBE (36 °C)	310 (55–4800)	1 (0,5–6)
Coliforme	1200 (50–2400)	1 (0,5–62)
E. coli	200 (50–4600)	0,5 (0,5–6)
Enterokokken	47 (7–680)	0,5 (0,5–6)

Quelle: energie/wasser-praxis 4/2018

zierung führen. Die aktivste Zone ist dabei die oberste Schicht, die „Schmutzdecke“ genannt wird. Die optimale Filtergeschwindigkeit liegt bei ca. 0,5 m/h. Die nachfolgende Aufbereitung im Wasserwerk ist von der Rohwasserbeschaffenheit abhängig und kann folgende Verfahren umfassen: Flockung/Fällung, Sandfiltration, Ozonung, Aktivkohlefiltration, Desinfektion. In Tabelle 9.2 sind aktuelle Ergebnisse bezüglich der Leistungsfähigkeit der Langsamsandfiltration für mikrobiologische Parameter zusammengestellt.

Wenn Flusswasser stark verunreinigt ist, wird häufig vor der Infiltration eine Voraufbereitung durchgeführt. Diese beschränkt sich in der Regel auf eine Entfernung von Trübstoffen, Algen und Partikeln, die leicht abgebaut werden und dadurch zu einer erhöhten Biomassebildung in der Bodenpassage führen können. Diese Art der Vorreinigung wurde erfolgreich in verschiedenen Wasserwerken (z. B. Wasserwerk Wiesbaden-Schierstein) und vor der Düneninfiltration bei Amsterdam und Rotterdam durchgeführt. In den Berliner Wasserwerken Jungfernheide und Spandauer Forst erfolgt zusätzlich noch eine Vorozonung des zu infiltrierenden Wassers, um die Abbaubarkeit des organischen Kohlenstoffes in der Bodenpassage zu erhöhen und somit die biologischen Abbauvorgänge zu stimulieren. Durch die vielfältigen Prozesse im Untergrund (Filtration, Sedimentation und biologischer Abbau) bei längerer Aufenthaltszeit wird in der Regel die Wasserbeschaffenheit so weit verbessert, dass Bakterien und Krankheitserreger weitgehend entfernt werden und nur sehr geringe Bakterien-Gehalte vorhanden sind. Krankheitserreger sind dann nicht mehr nachweisbar.

Dennoch ist es nach wie vor übliche Praxis, bei der Aufbereitung von Oberflächenwasser-beeinflussten Roh- und Trinkwässern eine Desinfektion mit geringen Gehalten an Chlor bzw. Chlordioxid vorzunehmen. Zunehmend verzichten aber vor allem größere Wasserversorgungsunternehmen auf eine abschließende Desinfektion im Einvernehmen mit dem zuständigen Gesundheitsamt, was jedoch zusätzliche Überwachungsmaßnahmen und Kontrollen erforderlich macht.

Aufbereitung und Desinfektion

Zur Bewertung der Wirksamkeit einer natürlichen (Bodenpassage, Uferfiltration, Langsamsandfiltration) und technischen Aufbereitung wird heute die biologische

Stabilität des betreffenden Rohwassers herangezogen. Biologisch stabil ist ein Wasser, welches keinen abbaubaren organischen Kohlenstoff enthält und in dem keine Vermehrung von Bakterien oder Mikroorganismen jeglicher Art mehr möglich ist. Ziel einer modernen Trinkwasseraufbereitung sollte daher die Herstellung eines biologisch stabilen Wassers sein.

Bei Talsperren-Wasserwerken erfolgt in vielen Fällen eine Voraufbereitung mit einer Vorsperre, um Trübstoffe, Bakterien und Krankheitserreger (Viren, Parasiten) wirksam zu eliminieren. Ein bekanntes Beispiel hierfür ist die Oberflächenwasseraufbereitung im Zufluss der Wahnbachtalsperre (Nordrhein-Westfalen). Das bewährte Verfahren beruht auf einer Flockung und Filtrationsstufe, wobei vor allem Trübstoffe, Algen und Partikel aus dem Wasser entfernt werden. Mit dieser Art der Aufbereitung ist eine weitgehende Reduzierung von Bakterien, Viren und Parasiten gewährleistet.

Dieses Prinzip der Aufbereitung wird auch beim Schutz von Seen angewandt. Aufbereitungsanlagen schützen den Tegeler See und die Grunewald-Seenkette in Berlin vor Eutrophierung und bieten damit auch einen weitgehenden Schutz vor übermäßiger hygienisch-mikrobiologischer Belastung.

Rohrnetzpflege und Desinfektion

Intakte Rohrnetze einschließlich der Wasserbehälter sind Grundvoraussetzung für eine sichere Wasserversorgung. Einerseits werden dadurch Wasserverluste begrenzt und zum anderen eine Kontamination/Beeinträchtigung des Wassers in den Leitungen und Behältern verhindert. Bei Rohrdefekten (Korrosion, Leckagen an den Verbindungen) kann Wasser nicht nur nach außen austreten, sondern bei Druckverlusten kann kontaminiertes Grundwasser in das System eindringen.

Rückflussverhinderer, Rohrbelüfter in Industrie, Gewerbe und in der Hausinstallation und ein freier Auslauf des Trinkwassers in Behälter, Badewannen, Teiche, Aquarien u. a. sind obligatorisch für das Vermeiden von Rückkontaminationen.

Insbesondere bei Leitungsnetzen mit verschiedenen Höhenzonen kann es zu einem Unterdruck in den höher gelegenen Gebieten kommen und damit zu Risiken für die Trinkwasserqualität. Eine strikte Zonentrennung bietet hier den besten Schutz.

Bei Nutzung von Regenwasser oder Brunnenwasser in Privatgrundstücken müssen die Sicherheitsvorschriften der DIN 1988 eingehalten werden. Installation und Betrieb von Regenwasseranlagen sind daher nach der Trinkwasserverordnung (TrinkwV) meldepflichtig. Mikrobielle Kontaminationen in Versorgungsnetzen sind häufig auf falsche Installationen von Regenwasseranlagen und weitere Sicherheitsmängel zurückzuführen.

Die Pflege von Leitungsnetzen muss daher vor allem aus Hygienegründen höchste Priorität besitzen. Der Wasserverlust bei der Verteilung sollte nicht höher als 5 % sein.

Weiterhin ist zu beachten, dass die Aufenthaltszeiten des Trinkwassers im Versorgungsnetz durch eine verbraucherangepasste Dimensionierung so gering wie möglich zu halten sind. In Endsträngen kann es häufig zu Aufkeimungen kommen, was sich durch Ringleitungen verhindern lässt. Gegebenenfalls müssen aufwändige und wasserverbrauchende Netzspülungen erfolgen.

Hausinstallation

Nach den Vorgaben der Trinkwasserverordnung endet der Verantwortungsbereich des Wasserversorgers in der Regel an der Übergabestelle im Haus. Die Hausinstallation ist somit als dritte Barriere anzusehen (Abb. 9.1), die gewährleisten soll, dass das vom Wasserversorger übergebene Trinkwasser in gleichbleibender Qualität am Zapfhahn des Verbrauchers ankommt. Dabei sind vor allem die eingesetzten Werkstoffe für Rohre, Rohrverbinder, Armaturen und Apparate von besonderer Bedeutung. Konkret ist der Hauseigentümer bzw. der Betreiber für nachteilige Veränderungen der Trinkwasserqualität, die auf Werkstoffe und Materialien der Hausinstallation oder deren unzulängliche Wartung und Instandhaltung zurückzuführen sind, verantwortlich.

Trinkwasser ist bei Stagnation chemischen, physikalischen und mikrobiologischen Veränderungen unterworfen. Aus Vorsorgegründen wird grundsätzlich empfohlen, Wasser, das längere Zeit in der Trinkwasserhausinstallation gestanden hat (z. B. nach Urlaub), ablaufen zu lassen. Für Rohre und deren Verbindungen in der Hausinstallation kommen zahlreiche Werkstoffe gemäß den technischen Regeln in Frage (DIN EN, DIN DVGW). Die Entscheidung aber, wann und unter welchen Bedingungen ein Werkstoff eingesetzt werden kann, muss für jeden Einzelfall und unter Berücksichtigung der vorliegenden Wasserbeschaffenheit getroffen werden.

Zur Vermeidung von Korrosionsschäden müssen die korrosionsspezifischen Eigenschaften des Trinkwassers (u. a. pH-Wert, Basekapazität) berücksichtigt werden. Die Regelungen für die Einsatzbereiche von Kupferwerkstoffen und nichtrostenden Stählen und Kunststoffen sind zu beachten.

Zur Vermeidung des Wachstums von Legionellen sind Betriebstemperaturen gemäß DVGW-Arbeitsblatt W 551 bei Trinkwassererwärmungsanlagen von 60 °C erforderlich. Diese hygienisch wichtigen Temperaturen dürfen nicht unterschritten werden. Ferner sind Sicherheitsarmaturen wie z. B. Rückflussverhinderer vorzusehen. Die Anforderungen sind in der DIN EN 1717 festgelegt. Grundsätzlich sollen Planung, Installation und Betrieb der Hausinstallation sowie die regelmäßig durchzuführenden Wartungsarbeiten nur von Fachbetrieben vorgenommen werden, um die am Wasserzähler gelieferte einwandfreie Trinkwasserqualität auch an allen Entnahmestellen zu erhalten. Entsprechende Materialien und Geräte sind mit dem Qualitätskennzeichen DIN-DVGW oder DVGW gekennzeichnet.

9.1.5 Fazit

Grundlage einer hygienisch sicheren Trinkwasserversorgung ist ein System mit mehreren Barrieren, die umfangreiche Sicherheit und Schutz vor Krankheitserregern bieten. Ein multiples Barrierensystem, d. h. Schutz der Ressourcen und regelmäßige Überwachung, Gewinnung, Aufbereitung, Speicherung, Transport und Verteilung sowie fachgerechte Planung, Installation und Betrieb der Trinkwasserinstallation in Gebäuden nach den anerkannten Regeln der Technik (DVGW-Regelwerk) stellen sicher, dass den Verbrauchern ein einwandfreies Trinkwasser in bester Qualität bis an den Zapfhahn geliefert wird. Von besonderer Bedeutung sind dabei die hygienisch-mikrobiologische Sicherheit und der Schutz vor Krankheitserregern, wobei gewährleistet sein muss, dass die Barrieren innerhalb des Gesamtsystems mit größtmöglicher Sicherheit funktionieren.

Ein vor Einträgen von Krankheitserregern und Keimen geschütztes Einzugsgebiet, qualitativ hochwertiges Rohwasser, eine effiziente Gewinnung und Aufbereitung nach den technischen Regeln, intakte Versorgungsnetze und Wasserspeicher sowie fach- und sachgerechte betriebene Hausinstallationen bis zum Wasserhahn sind zwingende Voraussetzungen für eine sichere und nachhaltige Trinkwasserversorgung.

W. Engel

9.2 Die besondere Bedeutung des Ressourcenschutzes

9.2.1 Allgemeines

Im Zuge der Föderalismusreform ist auch das Wasserhaushaltsgesetz des Bundes (WHG) grundlegend geändert worden. Mit dem Gesetz zur Neuregelung des Wasserrechtes vom 31. Juli 2009 ist die bisherige Rahmenkompetenz des Bundes im Bereich des Wasserrechtes durch eine Vollregelung ersetzt worden. Regelungen der Wassergesetze der Länder wurden inhaltlich in das neue Wasserhaushaltsgesetz übernommen. Dabei ergab sich eine wesentliche Straffung und bessere Übersichtlichkeit. Die Wassergesetze der Bundesländer wurden entsprechend geändert.

Das neue Wassergesetz dient u. a. auch der Umsetzung europarechtlicher Regelungen. Besonders bedeutsam ist, dass nun eine einheitliche Regelung über die Bewirtschaftung von Grund- und Oberflächengewässern erlassen wurde. Die Länder bzw. die zuständigen Behörden wurden ermächtigt, Grundstückseigentümern Duldungs- und Gestattungspflichten aufzugeben, um z. B. die Regelungen einer Wasserschutzgebietsverordnung durchzusetzen.

Das Gesetz ist am 1. 3. 2010 in Kraft getreten; am gleichen Tag ist das bisherige WHG außer Kraft getreten. Die für den Erlass von Wasserschutzgebietsverordnungen erteilte Ermächtigung ist schon am Tage nach der Verkündigung des Gesetzes im Bundesgesetzblatt (7. 8. 2009) in Kraft getreten.

Eine besondere Bedeutung innerhalb des multiplen Barrierensystems kommt dem Ressourcenschutz zu. Im Rahmen des Umweltschutzes ist der Ressourcenschutz Aufgabe des Staates für seine Bürger. Aber Ressourcenschutz ist nicht nur Staatsaufgabe, sondern allgemeine Bürgerpflicht in Verantwortung für die Umwelt einschließlich der Mitmenschen und für nachfolgende Generationen. Ressourcenschutz ist in diesem Zusammenhang der Schutz der Gewässer – des Grundwassers und des Oberflächenwassers – vor Verunreinigungen. Ein umfassender Gewässerschutz ist eine wichtige Voraussetzung für die Sicherheit der Trinkwasserversorgung und für den Schutz vor Krankheitserregern im weitesten Sinne. Die Aufbereitung – und mag sie noch so ausgefeilt sein – kann die notwendigen Maßnahmen des Ressourcenschutzes nicht ersetzen, sondern nur ergänzen. Das Verhindern einer Gewässerbelastung hat Vorrang vor einer „Reparatur".

Wichtigster Grundsatz der Wassergesetze ist der Schutz **aller** Gewässer vor Verunreinigungen. Gewässerverunreinigungen sind unter anderem auch abhängig von der Mächtigkeit, Struktur (Erosionsanfälligkeit) und der Durchlässigkeit der oberen Bodenschichten und vom Stoffverhalten im Boden. Daher ist gerade auch der Bodenschutz (siehe Bundesbodenschutzgesetz) von großer Wichtigkeit für einen wirksamen Gewässerschutz.

Zum Ressourcenschutz gehören auch die mengenmäßige Sicherung des Wasserdargebotes und der Schutz vor schädlichen Änderungen der Strömungsverhältnisse, die bei der Erteilung einer Erlaubnis oder Bewilligung zur Nutzung nach den rechtlichen Vorgaben des Wasserhaushaltsgesetzes (WHG) zu prüfen sind. In dem entsprechenden Verfahren ist auch zu prüfen, ob das zur Nutzung begehrte Dargebot unter Berücksichtigung der Ansprüche Dritter, insbesondere der Natur, dauerhaft vorhanden ist. Bei alledem ist zu beachten, dass die öffentliche Wasserversorgung Vorrang hat. So ist eine wasserrechtliche Gestattung zugunsten eines Dritten unzulässig, wenn dadurch die Gefährdung der öffentlichen Wasserversorgung zu erwarten ist. Das WHG fordert also ein sehr restriktives Vorgehen.

Grundlage für den Gewässerschutz sind drei normative Prinzipien, die gleichzeitig die Zielrichtung dieses Schutzes wiedergeben. Sie sind im WHG, den Landeswassergesetzen und – wenigstens teilweise – in der europäischen Wasserrahmenrichtlinie verankert:

- Allgemeiner und **flächendeckender Gewässerschutz**. Überall und immer ist demnach jede Person verpflichtet, „bei Maßnahmen, mit denen Einwirkungen auf ein Gewässer verbunden sein können, die nach den Umständen erforderliche Sorgfalt anzuwenden, um u. a. eine nachhaltige Veränderung der Gewässereigenschaften zu vermeiden" (§ 5 WHG);
- **anlagenbezogener Gewässerschutz**, d. h. Schutz des Wassers vor Gefährdungen, die vom Transport wassergefährdender Stoffe in Rohrleitungsanlagen und vom Umgang mit wassergefährdenden Stoffen ausgehen (Verordnung über An-

lagen zum Umgang mit wassergefährdenden Stoffen – VawS (nach jeweiligem Landesrecht)), und
- **spezieller** Gewässerschutz, der über den flächendeckenden Gewässerschutz hinausgeht und der mit der Einrichtung von Wasserschutzgebieten aus Vorsorgegesichtspunkten der Trinkwasserversorgung und damit dem Gesundheitsschutz dient (§ 51 WHG).

Die Rechtsnormen tragen damit zum multiplen Barrierensystem bei.

Nur das letzte der drei genannten Prinzipien ist nutzungsbezogen, z. B. auf die konkrete Nutzung als Trinkwasser ausgerichtet. Alle drei Prinzipien wirken sich aber im Sinne eines nachhaltigen, allgemeinen Gewässerschutzes aus, dem alle Nutzung durch den Menschen Rechnung tragen muss.

Die Präzisierung in der Zielrichtung des Gewässerschutzes zeigt sich beispielhaft im Wandel des Grundsatzes des WHG, der ab 1976 zunächst lautete:
- „Die Gewässer sind so zu bewirtschaften, dass sie dem Wohl der Allgemeinheit dienen [...] und dass jede vermeidbare Beeinträchtigung unterbleibt.“ (§ 1a WHG_{alt})

Bei der Novellierung 1986 hieß es dann:
- „Die Gewässer sind als Bestandteil des Naturhaushaltes so zu bewirtschaften, dass [...].“

Und in der Fassung des Gesetzes von 1996 lautet er:
- „Die Gewässer sind als Bestandteil des Naturhaushaltes und als Lebensraum für Tiere und Pflanzen zu sichern.“

In der Neufassung des Wasserhaushaltsgesetzes von 2009 heißt es nun im § 1:
- „Zweck dieses Gesetzes ist es, durch eine nachhaltige Gewässerbewirtschaftung die Gewässer als Bestandteil des Naturhaushaltes, als Lebensgrundlage des Menschen, als Lebensraum für Tiere und Pflanzen sowie als nutzbares Gut zu schützen.“

Gewässerschutz darf sich also nicht auf die Nutzungsansprüche des Menschen beschränken.

Schon die Raumplanung und die konkretisierende Bauleitplanung müssen auf das standortgebundene Wasser – gerade als wichtige Lebensgrundlage für die künftigen Baugebiete – Rücksicht nehmen. Auch deshalb werden bereits in den Raumordnungsplänen – insbesondere in den Gebietsentwicklungsplänen – Vorranggebiete für die Wasserwirtschaft bzw. Gebiete zum Schutz der Gewässer ausgewiesen, in denen z. B. keine Abfalldeponien, Industrie, Anlagen mit erhöhtem Betriebsrisiko, die Auswirkungen auf Gewässer haben könnten, aber eben auch keine Baugebiete vorzusehen sind. Auch die Wasserrahmenrichtlinie (2000/60/EG) zielt auf eine weitere Verbesserung der Gewässer hin.

9.2.2 Flächendeckender Gewässerschutz

Flächendeckender Gewässerschutz – also ein Gewässerschutz, der nicht räumlich beschränkt ist – ist u. a. notwendig, weil alle Gewässer Bestandteil des Naturhaushaltes sind und eine wichtige Funktion im Ökosystem haben. Aquatische Lebensgemeinschaften reagieren empfindlich auf qualitative und quantitative Gewässerbelastungen. Aus ökologischer Sicht sind daher die Anforderungen an den Gewässerschutz oft höher – aber auch schwieriger definierbar – als für die Trinkwasserversorgung. Ein aus ökologischen Gründen betriebener Gewässerschutz kommt in jedem Fall auch der Trinkwasserversorgung zugute. Zahlreiche Einzelgewinnungen (Brunnen und Quellen), die nicht durch besondere Wasserschutzgebiete geschützt werden können, werden zur Trinkwasserversorgung verwendet. Einmal verunreinigtes Grundwasser kann – wenn überhaupt – nur mit sehr hohem Aufwand saniert werden. Grundwasser und Oberflächengewässer beeinflussen sich in einem gemeinsamen Wasserkreislauf gegenseitig. Rechtzeitig vorzubeugen ist daher das Mittel der Wahl. Letztlich wissen wir heute nicht, wo und wie spätere Generationen ihr Trinkwasser gewinnen wollen.

Grundlage allen Gewässerschutzes ist also der allgemeine, flächenhafte Grundwasserschutz. Allgemeiner Gewässerschutz trägt in beschränktem Umfang bei gleichem Umweltziel auch den jeweiligen örtlichen Bodenverhältnissen Rechnung. So ist z. B. in Karstgebieten mit geringmächtiger Bodenauflage das Grundwasser wesentlich stärker gefährdet als in Lockergesteinsgebieten mit mächtigen Lößauflagen. Dementsprechend sind in Karstgebieten auch die generellen, grundwasserschützenden Anforderungen strenger als in Lockergesteinsgebieten, weil meist keine Zeit verbleibt, negative Auswirkungen von Kontaminationen auf die Trinkwassergewinnung zu verhindern. Die wichtigsten **Ziele des flächendeckenden Gewässerschutzes** – insbesondere des Grundwasserschutzes – sind:
- Erhaltung der natürlichen Beschaffenheit der Gewässer;
- Nutzung der Gewässer nur bis zum dauerhaft verfügbaren Dargebot;
- Sanierung von anthropogen belasteten Gewässern;
- Vermeidung jeder weiteren Belastung von bereits verunreinigten Gewässern (Verschlechterungsverbot).

Eine direkte oder indirekte Nutzung eines Gewässers ist darüber hinaus zu versagen, wenn sonst eine Beeinträchtigung des Wohls der Allgemeinheit zu erwarten ist (§ 55 WHG). Abwasseranlagen dürfen nur nach den allgemein anerkannten Regeln der Technik errichtet, betrieben und unterhalten werden (WHG § 60).

Gewässerschutz wird unter anderem erreicht durch:
- Erhaltung der das Grundwasser überdeckenden und reinigenden Schichten, insbesondere in ihrer Funktion zum Abbau, Umbau und Rückhalt von Schadstoffen;
- redundante Sicherungssysteme bei Anlagen zum Umgang mit wassergefährdenden Stoffen (siehe Abschn. 9.2.3);

- Flächennutzung, die die Versickerungsfähigkeit des Bodens erhält;
- umweltverträgliche Landbewirtschaftung; hier ist fachgerechte Ausbringung von Dünge- und Pflanzenschutzmitteln unabdingbar, damit sie weder in das Grundwasser „versickern", noch mit dem Niederschlag in Oberflächengewässer abgeschwemmt werden;
- Verminderung des Schadstoffeintrages in die Luft, der über den Niederschlag zu Gewässerbelastungen führt.

Flächenhafte (so genannte diffuse) Stoffeinträge in das Wasser erfolgen indirekt über planmäßige Nutzungen, vorwiegend aus der Landwirtschaft (z. B. Dünge- und Pflanzenschutzmittel) und aus gasförmigen Emissionen über den Luftpfad (z. B. Industrie, Verkehr, Wohnen).

Immer wenn eine irgendwie ausgerichtete Nutzung erfolgt, die geeignet ist, eine schädliche Veränderung der Gewässer zu bewirken, ist eine besondere Gestattung erforderlich, der immer eine entsprechende Prüfung vorausgehen muss (§§ 11–13 WHG). Gerade durch dieses Verfahren kann flächendeckender Gewässerschutz bewirkt werden. Dabei sind insbesondere „bestehende oder künftige Nutzungsmöglichkeiten für die öffentliche Wasserversorgung zu erhalten oder zu schaffen." (§ 6 WHG).

Der Rat der Sachverständigen für Umweltfragen (SRU) fordert eine Stärkung des flächendeckenden Grundwasserschutzes, stellt allerdings auch die Selbstreinigungskraft des Bodens als Wirtschaftsgut heraus (SRU, 1998). Letzteres ist aus Gründen der Vorsorge für spätere Generationen strikt abzulehnen. Die bestehenden Gesetze mit ihren Vorgaben und Anforderungen müssen konsequent vollzogen werden. Dabei reicht langfristig eine Durchsetzung von Regelungen allein in Wasserschutzgebieten nicht aus. Ziel ist die flächendeckende Anwendung von nachhaltig wirksamen Maßnahmen zum Schutz des Grundwassers. In diesem Sinne können Schutzvorschriften für Wasserschutzgebiete als Modell für den flächendeckenden Gewässerschutz dienen.

Die Grundwasserrichtlinie der EG (RL 2006/118/EG) trifft demgegenüber grundsätzliche Regelungen zur Verhinderung einer Verschmutzung des Grundwassers und zur Verhinderung seiner Verschlechterung. Regelungen zur Verbesserung des Grundwasserzustandes enthält die Wasserrahmenrichtlinie der EG (RL 2000/60/EG).

9.2.3 Anlagenbezogener Gewässerschutz

Anlagen zum Umgang mit wassergefährdenden Stoffen und Rohrleitungsanlagen – meist unterirdisch und daher nicht einsehbar – stellen ein besonderes Gefahrenpotenzial für die Gewässer dar. Gelagert und transportiert werden nicht nur Mineralöle und Mineralölprodukte, sondern zunehmend auch Chemikalien. Zunächst sollte generell versucht werden, weniger wassergefährdende Stoffe einzusetzen. Dies ist allerdings nicht immer möglich. Anlagen zum Umgang mit wassergefährdenden Stoffen müssen so beschaffen sein und so betrieben werden, dass eine Verunreinigung der Gewässer oder eine sonstige nachteilige Veränderung seiner Eigenschaften nicht zu besorgen ist. Für jeden Einzelfall, für alle Aspekte bei Lagerung, Transport und Umgang mit wassergefährdenden Stoffen – möglichst auch unter Einbeziehung von Störfallmanagement –, müssen gesonderte Anforderungen erarbeitet werden. Konkretisiert werden diese Anforderungen unterschiedlichster Art durch Rechtsverordnungen der Länder (Landesverordnungen über den Umgang mit wassergefährdenden Stoffen – VAWS). Redundante Sicherheitssysteme (z. B. Leckanzeige bei doppelwandigem Behälter und Auffangsysteme, mit denen selbst die größtmöglich austretende Stoffmenge aufgefangen werden kann) sind ein Beispiel für derartige Anforderungen.

Im weitesten Sinne sind im Rahmen des anlagenbezogenen Gewässerschutz bzw. des Umgangs mit wassergefährdenden Stoffen auch Vorgaben für bautechnische Maßnahmen an Straßen erforderlich. Entsprechende Richtlinien (RiStWag) konkretisieren den besonderen Gewässerschutz in Einzugsgebieten der Oberflächen- und Grundwassergewinnung für bestehende und künftige Straßen zugunsten der öffentlichen Wasserversorgung.

9.2.4 Wasserschutzgebiete

Die Trinkwasserversorgung stellt nutzungsorientierte Anforderungen an die „Ressource“ Wasser. Zentral ist das Minimierungsgebot: Risiken für die menschliche Gesundheit müssen so gering wie möglich gehalten werden, jeweils unter Berücksichtigung der Umstände des Einzelfalls. Der Wasserversorgung muss aber Gelegenheit gegeben werden, auf Unfälle und auch auf schleichende Verunreinigungen angemessen zu reagieren. Hierzu und um Restrisiken über den flächendeckenden Gewässerschutz hinaus auszuschließen oder wenigstens zu minimieren, können im Interesse der bestehenden oder künftigen öffentlichen Wasserversorgung auf dem Verordnungswege Wasserschutzgebiete festgesetzt werden. Voraussetzung für die Festsetzung eines Wasserschutzgebietes sind Schutzwürdigkeit, Schutzbedürftigkeit und Schutzfähigkeit. Grundsätzlich sind Schutzwürdigkeit und Schutzbedürftigkeit immer gegeben. Die besondere Wichtigkeit dieser Regelung sieht man schon daran, dass allein in acht Gesetzen, die mit dem Wasserrechtsneuordnungsgesetz vom 31. Juli 2009 neu gefasst wurden, explizit auf den § 51 WHG verwiesen wird.

Die Regelungen in den einzelnen Schutzgebietsverordnungen können in Form von Verboten, Handlungspflichten und Genehmigungspflichten erfolgen. Die rechtlichen Vorgaben (§ 51 Abs. 1 WHG) ermöglichen dieses Vorgehen, doch liegt es an den örtlichen Verwaltungen, im Einzelfall einen Interessenausgleich bei Zielkonflikten vorzunehmen und dennoch die Möglichkeit, Wasserschutzgebiete einzurichten, im erforderlichen Rahmen umzusetzen.

Schutzgebiete können demnach kein Ersatz für den notwendigen flächendeckenden Gewässerschutz sein, sondern ihn nur ergänzen. Der flächendeckende Gewässerschutz ist sozusagen Basis für den besonderen (nutzungsbezogenen) Schutz des Wassers durch Wasserschutzgebiete. Dementsprechend gehen die dort zu treffenden Festlegungen über die überall geltenden Regelungen des flächendeckenden Gewässerschutzes hinaus. Es ist allerdings nicht damit getan, eine umfassende Wasserschutzgebietsverordnung zu erlassen. Ebenso wichtig ist die Durchsetzung ihrer Regelungen.

Die konkreten Anforderungen in einer Wasserschutzgebietsverordnung sind entsprechend den in Kapitel 2 beschriebenen hydrogeologischen Grundsätzen zu entwickeln. Die Arbeitsblätter des DVGW W 101 und W 102 stellen mit ihren Bemessungs- und Dimensionierungsgrundsätzen die technischen Regeln für die Erarbeitung der Schutzzonenabgrenzungen dar (siehe unten).

Sie geben außerdem wichtige Hinweise für die zu treffenden Regelungen in Wasserschutzgebietsverordnungen, die sich immer auf das individuelle Einzugsgebiet einer Wassergewinnungsanlage beziehen. Je stärker das Einzugsgebiet einer Wassergewinnungsanlage – Brunnen oder Talsperre – anderweitig genutzt wird und je dichter es besiedelt ist, umso stärker ist das Wasservorkommen gefährdet. Wegen der unterschiedlichen Gefährdungsmöglichkeiten bei Grundwassergewinnungen und Talsperren sind deutlich differierende Regelungen zu treffen.

Grundwasser ist dem Einblick entzogen, Belastungen werden spät erkannt. Auch eine kleine, aber stetige Stoffzufuhr kann sich ungünstig auf die Wasserbeschaffenheit auswirken, da das Rückhalte- und Abbauvermögen des Bodens bald überfordert wird. Verschmutzungen breiten sich im Grundwasserleiter aus und können in tiefere Grundwasserleiter gelangen. Damit sind sie einer Sanierung nahezu entzogen und zumindest verbleibt immer eine Restbelastung.

Talsperren erfordern einen noch stärkeren Schutz des Einzugsgebiets, da sie noch weniger natürlich geschützt sind als das Grundwasser. Der entscheidende Stoffeintrag gelangt schnell in den Stausee. Auch hier können selbst geringe, aber dauerhafte Schadstoffeinträge allein schon durch eine Anreicherung im Stausee zu nachteiligen Veränderungen des Wassers führen.

Mit größerer Entfernung potenzieller negativer Einflüsse von der Wassergewinnungsanlage nimmt die Gefährdung der Anlage ab. Kürzere Fließzeiten bewirken eine geringere Reinigung und bedingen folglich entsprechend den Schutzzielen auch schärfere Regelungen (siehe Tab. 9.3). Basis für die Regelungen in den einzelnen Schutzzonen sind die anzustrebenden Schutzziele.

Die Schutzziele sind für Grundwasser- und Talsperren-Wassergewinnungen sehr ähnlich, da sie ja das gleiche Grundziel haben: die Erhaltung der Gesundheit des Menschen. Die Zone I soll den Schutz der Wassergewinnungsanlage vor jeglicher Beeinträchtigung gewährleisten. Daher müssen von der Anlage und ihrer näheren Umgebung sämtliche anthropogenen Belastungen ferngehalten werden. Die Zone II soll den Schutz vor pathogenen Mikroorganismen sicher stellen, die infolge Versickerung oder Abschwemmung in kürzester Zeit zur Wasserfassung gelangen könnten. In der Zone III soll der Schutz vor weitreichenden Beeinträchtigungen be-

Tab. 9.3: Schutzziele und Regelungen innerhalb eines Wasserschutzgebietes.

Zone	Schutzziel	Regelung
I	absoluter Schutz	Betretungsverbot
II	„mikrobiologischer" Schutz	Verbot oder Beschränkung aller Handlungen, die mit einer bakteriologischen/parasitären Belastung verbunden sein können, welche die nachfolgende Wasseraufbereitung belastet und ihre Funktion im multiplen Barrierensystem einschränkt
III	„chemischer" Schutz	Verbot oder Beschränkung (über die Anforderungen des flächendeckenden Grundwasserschutzes hinaus) aller Handlungen, die eine chemische Belastung des Wassers bewirken können und bis zur Wassergewinnung nicht beseitigt werden können

Tab. 9.4: Zonenabgrenzung innerhalb eines Wasserschutzgebietes.

Zone	Grundwasser	Talsperren
I	~ 20 m	Wasserfläche + 100 m Uferstreifen
II	50 Tage Fließzeit (hydrogeologisches Gutachten)	Streifen von 100 m im Anschluss an Zone I und beiderseits aller Zuflüsse (Unterteilung bei wirksamem Vorbecken möglich)
III	Einzugsgebiet (Unterteilung, wenn Längserstreckung > 2 km)	restliches Einzugsgebiet

wirkt werden, die nicht ohnehin durch den flächendeckenden Grundwasserschutz ausgeschlossen sind. Daraus folgen Beschränkungen für alle Aktivitäten, die weitreichende chemische Wirkungen haben können oder die mit Erosionen verbunden sind. Erfahrungen mit Beschränkungen solcher Art dienen, wie schon erwähnt, als Modell für einen nachhaltigen flächendeckenden Grundwasserschutz.

Ein Wasserschutzgebiet soll grundsätzlich das gesamte Einzugsgebiet der Wassergewinnungsanlage (Brunnen, Talsperre) umfassen. Dadurch wird sicher gestellt, dass kein ungeschütztes Wasser der Gewinnungsanlage zufließt. Für die Aufteilung des Einzugsgebiets in die Zonen I, II und III mit den genannten unterschiedlich starken Regelungen gibt es naturgemäß trotz gleicher Schutzziele gewisse Unterschiede bei Grundwassergewinnungsanlagen und Talsperren (siehe Tab. 9.4). Die Trinkwassergewinnung aus Talsperren spielt in Deutschland zwar insgesamt keine sehr große Rolle, in einzelnen Bundesländern (Nordrhein-Westfalen, Sachsen, Niedersachsen, Thüringen) haben Talsperren für die Trinkwassergewinnung aber einen bedeutenden Anteil an der Wasserversorgung.

Bei Grundwasserschutzgebieten wird die Zone I, der Bereich rund um die Fassungsanlage, oft auch Fassungsbereich genannt. Daran schließt die Schutzzone II an, deren Begrenzung durch eine Linie bestimmt wird, von der aus das zu nutzende

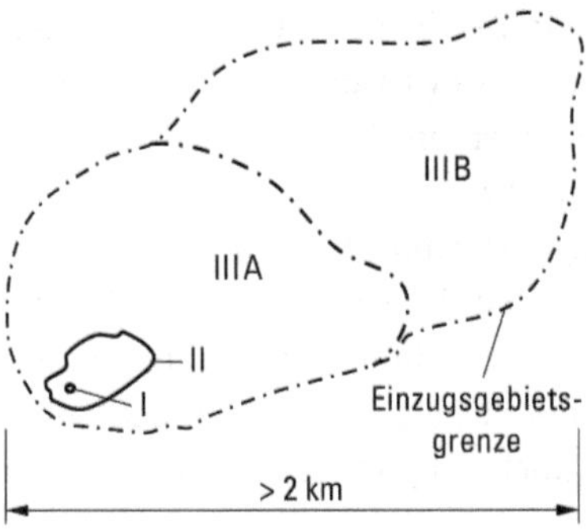

Abb. 9.3: Schematische Darstellung eines Wasserschutzgebietes für eine Grundwasserentnahme mit den Schutzzonen I bis III, die nach der Entfernung von der Entnahmestelle gestaffelt sind.

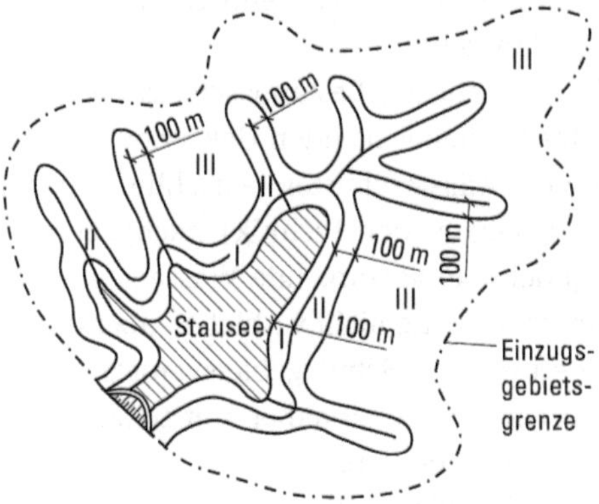

Abb. 9.4: Schematische Darstellung eines Talsperrenschutzgebietes mit zufließenden Gewässern (ohne Vorbecken/Vorsperre mit OWA).

Grundwasser eine Verweilzeit im Boden von mindestens 50 Tagen bis zur Fassungsanlage hat. Zwar nicht mit absoluter Sicherheit, aber doch weit überwiegend kann davon ausgegangen werden, dass innerhalb dieser Zeit und auf diesem Fließweg der größte Teil aller Krankheitserreger zurückgehalten wird. An die Zone II schließt die Zone III an, die bis zur Einzugsgebietsgrenze reicht. Die Zone III kann unterteilt werden, wenn die Ausdehnung des Schutzgebietes ab der Fassung mehr als 2 km beträgt; dabei soll die Zone III A nicht weniger als 1 km Ausdehnung haben (siehe Abb. 9.3).

Bei Talsperren (siehe Abb. 9.4) umfasst die Schutzzone I den Stausee mit einem eventuellen Vorbecken (Vorsperre) sowie den angrenzenden Uferstreifen von 100 m Breite. Auch die Krone des Absperrbauwerkes wird in der Regel einbezogen, da ja das zu schützende Wasser unmittelbar daran angrenzt. Die anschließende Schutzzone II umfasst einen Geländestreifen von weiteren 100 m Breite im Anschluss an die Zone I sowie auch beiderseits aller der Talsperre zufließenden Gewässer, über die ja in kürzester Zeit ein entscheidender Stoffeintrag in die Talsperre erfolgen kann. So weit eine geeignete Vorsperre besteht und die Gewässergüte günstig beeinflusst kann im Einzelfall die Schutzzone II unterteilt werden. An die Zone II schließt die Zone III an, die bis zur Einzugsgebietsgrenze reicht.

Die konkreten Anforderungen in einer Schutzgebietsverordnung müssen einerseits die örtlichen Verhältnisse, andererseits aber auch die Grundsätze der bereits erwähnten DVGW-Arbeitsblätter W 101 und W 102 im Sinne eines antizipierten Sachverständigengutachtens (OVG Koblenz, 1985) berücksichtigen. Zu beachten ist aber, dass diese Arbeitsblätter nicht falsch als „Kochrezepte“ verstanden werden dürfen, aus denen einfach abgeschrieben wird.

Alle Regelungen gelten sinngemäß auch für die begünstigten Versorgungsunternehmen. Auch das Wasserversorgungsunternehmen muss bei all seinen Betriebs- und Unterhaltungsmaßnahmen gewässerschonend handeln. Das Verfahren der Festsetzung von Schutzgebieten wäre nicht richtig angewendet, wenn es das Versorgungsunternehmen nicht in die Regelungen einbezöge.

Bestehende rechtmäßige Anlagen haben rechtlichen Bestandsschutz. Sie müssen aber ggf. unter den Gesichtspunkten des flächendeckenden Gewässerschutzes und unter Beachtung des anlagenbezogenen Gewässerschutzes (einschließlich der Fortentwicklung der allgemein anerkannten Regeln der Technik) nachgebessert werden. Zwar kann eine auf die Zukunft gerichtete, vorsorgende Wasserschutzgebietsverordnung eine vorhandene rechtmäßige Nutzung nicht verbieten, aber durch sie kann eine zusätzliche Belastung verhindert werden. Schutzgebietsverordnungen sind also auch bei stark genutzten oder gar bei erwiesenermaßen mit schädlichen Stoffen belasteten Gebieten sinnvoll und sogar erforderlich.

Gewässerschutzmaßnahmen im landwirtschaftlichen Bereich (bezüglich Düngung, Pflanzenschutzmitteleinsatz, Erosionsminderung, Ausbringung von Gülle) werden häufig neben dem Verordnungsweg auf vertraglichem Wege geregelt. Durch vertraglich gesicherte Kooperationen zwischen Wasserwirtschaft und Landwirtschaft können schnell und wirksam Gewässerschutzmaßnahmen in die Wege geleitet werden. Aber auch bei einer gut funktionierenden Kooperation („Vertragsgewässerschutz“) kann auf eine Wasserschutzgebietsverordnung nicht verzichtet werden, da sie ja wesentlich mehr Sachbereiche regelt als nur die Landwirtschaft, wie z. B. Bebauung, Verkehr, Gewerbe und Industrie. Auch der Vorschlag, keine landwirtschaftlichen Regelungen in einer Wasserschutzgebietsverordnung zu verankern, geht an der Realität vorbei: Längst nicht alle in einem Einzugsgebiet einer Wasserversorgungsanlage wirtschaftenden Landwirte sind Mitglied in einer vertraglich gesicherten Kooperation, und längst nicht immer schützen die vertraglichen Vereinbarungen vor Fehlverhalten. Von Regelungen würden also bei Verzicht auf normative Wasserschutzgebietsverordnungen genau die freigestellt, die es „am nötigsten hätten“. Auf der anderen Seite, welcher Landwirt, der sich an die Vereinbarungen einer gut arbeitenden Kooperation hält, wird denn wirklich von den Regelungen einer Wasserschutzgebietsverordnung getroffen? In Einzelfällen sind allerdings Verbote oder Gebote denkbar, die in einer Kooperation nicht durchsetzbar sind. Letztlich gilt, dass ein Ausgleichsanspruch nach § 52 Abs. 4 WHG nur besteht, wenn tatsächlich Einbußen auf Grund von Regelungen einer Wasserschutzgebietsverordnung entstehen und diese Regelungen über die ohnehin einzuhaltenden Regeln des flächendeckenden Gewässerschutzes hinausgehen.

Bei Belastungen des Grundwassers im oberen Grundwasserleiter (z. B. mit Nitrat) versucht der Versorgungsträger gerne in einen tieferen, besser geschützten und oft unbelasteten (oder wenig) Grundwasserleiter auszuweichen. Bei dieser „Flucht" in die Tiefe wird aber allzu leicht vergessen, dass infolge der mehr oder weniger schützenden Zwischenschicht – wenn sie denn überhaupt durchhaltend ist – eine vielfach größere Neubildungsfläche erforderlich ist bzw. die notwendige Grundwasserneubildung überhaupt nicht vorhanden ist.

Fatal aber ist in einem solchen Fall, dass sich Niemand mehr um eine nachhaltige Sanierung des oberen Grundwasserleiters kümmert, wenn man nicht mehr Verantwortliche verpflichten kann, und der Grundwasserleiter häufig der „natürlichen Verbesserung" der kommenden Jahrzehnte überlassen wird.

Soweit sich durch Klimawandel die Grundwasserneubildung signifikant ändert, muss auch die Abgrenzung der Wasserschutzzonen geändert oder zumindest überprüft werden oder die Fördermenge an das evtl. geringere Wasserdargebot (insbesondere bei Talsperren) angepasst werden.

Gerade dann aber rächt es sich, wenn zuvor wegen geringeren Wasserbedarfs eine Wassergewinnungsanlage aufgegeben wurde. Eine solche Anlage kann unabhängig von den technischen Schwierigkeiten nicht wieder reaktiviert werden, da sich mit der Stilllegung der Wassergewinnungsanlage auch die zugehörige Wasserschutzgebietsverordnung erledigt. Eine spätere Neufestsetzung wird fast immer unmöglich sein, da inzwischen dem Schutzzweck widersprechende Anlagen im ehemaligen Einzugsgebiet der Wassergewinnungsanlage entstanden sind.

D. Petersohn

9.3 Fallbeispiel für eine sichere Wasserversorgung ohne Desinfektion

9.3.1 Die Voraussetzungen

Die regelmäßige Kontrolle der Trinkwasserqualität und die Bestätigung der Einhaltung der Grenzwerte der Trinkwasserverordnung (TrinkwV) sind ein wichtiger Baustein der Qualitätssicherung des Produktes „Trinkwasser". Daneben haben Wasserversorger gemäß §§ 4 und 17 TrinkwV auch dafür Sorge zu tragen, dass sie die allgemein anerkannten Regeln der Technik (a. a. R. d. T.) bei Planung, Bau und Betrieb von Anlagen für die Gewinnung, Aufbereitung und Verteilung von Trinkwasser einhalten. Diese a. a. R. d. T. sind im Technischen Regelwerk der Verbände – wie z. B. dem Deutschen Verein des Gas- und Wasserfaches e. V. (DVGW) und dem Deutschen Institut für Normung e. V. (DIN) – beschrieben.

Das Water-Safety-Plan-Konzept (WSP) der WHO, die DIN EN 15975-2 „Sicherheit der Trinkwasserversorgung – Leitlinien für das Risiko- und Krisenmanagement – Teil 2: Risikomanagement" und der DVGW-Hinweis W 1001-B1 „Sicherheit in der Trinkwasserversorgung – Risikomanagement im Normalbetrieb – Beiblatt 1: Umsetzung für Wasserverteilungsanlagen" empfehlen die Anwendung eines systematischen und vorbeugenden, speziell auf die Wasserversorgung zugeschnittenen Managementansatzes.

Dieser zielt auf die maßgeschneiderte Analyse, Bewertung und Beherrschung von Risiken in einem Versorgungssystem durch eine Kontrolle der Prozesse im Einzugsgebiet sowie bei Gewinnung, Aufbereitung, Speicherung und Verteilung ab. Das Water-Safety-Plan-Konzept wird auf operativer Ebene seit 2016 eingebettet in das Risikomanagement bei den Berliner Wasserbetrieben (Schmoll, Bethmann, Sturm und Schnabel, 2014).

9.3.2 Die Entwicklung der Wasserversorgung Berlins und die Bevorzugung von Grundwasser

Die Geschichte der Wasserversorgung Berlins (Bärthel, 1997) spiegelt seit den frühen Anfängen bis in die Neuzeit die technischen Möglichkeiten wider, die den Menschen in der Region zur Verfügung standen. In diesem Siedlungsgebiet konnte durch die Anlage relativ flacher Brunnen überall Grundwasser gefördert werden. Die im Mittelalter entwickelte Technik zur Wasserleitung (Wasserkunst) wurde in Berlin erst 1572 eingeführt, fand aber wegen der hohen Kosten nur geringen Zuspruch seitens der Bevölkerung. Die hölzernen Leitungen faulten schnell, und gegen Ende des 16. Jahrhunderts dürfte Berlin wieder ohne Leitungswasserversorgung gewesen sein, von der Bewässerung der kurfürstlichen Gärten mit Spreewasser abgesehen. In der Stadt wurden öffentliche Brunnen unterhalten, über die ein Brunnenverzeichnis geführt wurde. Gewerbe wie z. B. Tuchmacher oder Gerber, für die das Wasser aus den Brunnen nicht ausreichte, siedelten sich direkt am Spreeufer an.

Bis ins 19. Jahrhundert waren alle Bemühungen, die in der Ebene gebaute Stadt mit Wasser auf eine Weise zu reinigen, wie es die Stadthygiene der Römer so erfolgreich geboten hatte, nahezu erfolglos. Schließlich wurde man der Kotgebirge in den Gassen (vor allem Hinterlassenschaft der vielen Zugtiere) kaum mehr Herr, und so hatten die Torwachen die Bauern darauf zu kontrollieren, dass ein jeder bei der Rückfahrt ins Umland eine Fuhre Mist aus der Stadt herausbrachte.

Die Kontamination der Brunnen durch Krankheitserreger aus Exkrementen blieb nicht aus. Die Folge waren zahlreiche Choleraepidemien, die schließlich den Polizeipräsidenten von Hinckeldey veranlassten, die Stadt Berlin regelrecht dazu zu zwingen, von dem in England entwickelten technischen Wissen Gebrauch zu machen und 1852 zur Wasserversorgung einen Lizenzvertrag über 25 Jahre mit Charles Fox und Thomas Crampton abzuschließen. Diese Rechte wurden der in London registrierten Aktiengesellschaft „Berlin Waterworks Company" übertragen, allerdings vor Ablauf der Vertragszeit wieder zurückgenommen.

Die Wasserversorgung der Moderne begann also in den 1850er Jahren in Berlin mit dem Bau des ersten Wasserwerkes am Stralauer Tor mit einem halben Jahrhundert Verspätung im Vergleich zu anderen europäischen Metropolen. Es wurde Wasser der Spree über Langsamsandfilter geleitet und in die Stadt gepumpt, wodurch die hygienischen Probleme jedoch nur für ein Drittel der Einwohner gelöst waren. Es folgten der Bau weiterer Wasserwerke mit Grundwasser ohne Aufbereitung.

Die wegen des Eisengehaltes im Grundwasser dringliche Suche nach Möglichkeiten, der „Eisenalge" (*Crenothrix polyspora*) Herr zu werden, führte zum Ausweichen auf Oberflächenwasser, wobei am Müggelsee von Anfang an Wasser direkt aus dem See über Langsamsandfilter geleitet wurde (diese sind noch heute erhalten und inzwischen Teil des Museums im Wasserwerk Friedrichshagen). Als die Enteisenung beherrschbar wurde, folgte der Bau von Brunnen in Tegel und am Müggelsee. Allen Wasserwerken im Berliner Raum gemeinsam war nunmehr die Bevorzugung von Grundwasser oder Uferfiltrat. Deshalb wurde die Ozonung und später Chlorung des Wassers nie als besonderes Erfordernis angesehen. Im Laufe der Zeit wurde die Grundwasseranreicherung entwickelt. Der zunehmenden Verschlechterung des hierzu verwendeten Oberflächenwassers wurde und wird durch dessen Aufbereitung vor der Versickerung entgegengewirkt. Der Tegeler See stellt mit der Oberflächenwasseraufbereitung am Zulauf des Sees (der auch gereinigtes Abwasser führt), mit der Grundwasseranreicherung und der Wassergewinnung durch Uferfiltration aus Brunnengalerien entlang des Seeufers ein bemerkenswertes Beispiel einer Mehrfachnutzung eines Gewässers inmitten einer Großstadt dar: Er dient sowohl als Vorfluter gereinigten Abwassers als auch der Naherholung, der Fischerei und der Trinkwasserversorgung.

Die heutige Wasserversorgung Berlins erfolgt aus 8 Wasserwerken im Stadtgebiet und einem weiteren nördlich Berlins. Es wird ausschließlich Wasser aus 650 Brunnen verwendet, die zwischen 30 und 170 m tief sind. Die Aufbereitung umfasst Belüftung sowie nachfolgend Enteisenung und Entmanganung in ständig gut mit Luft (80 m/h) und Wasser (50 m/h) gespülten Schnellfiltern. Unter den Straßen Berlins liegen 7824 km Rohrleitungen für die Trinkwasserversorgung, davon 1152 km Hauptleitungen mit einem Durchmesser ab DN 400. Überwiegend bestehen die Rohrleitungen aus Grauguss, Stahl und duktilem Gussrohr.

9.3.3 Die Einstellung der Desinfektion in Berlin und die Begrenzung des Chlorverbrauchs

Bis zum Jahre 1978 wurde im ehemaligen Berlin (West) eine so genannte Sicherheitschlorung in allen Wasserwerken auf Anweisung der Alliierten durchgeführt,

Tab. 9.5: Schema der wöchentlichen Funktionsprobe der Chlorungsanlage im Wasserwerk Friedrichshagen.

Kontrolle der Kenntnis der Sicherheitshinweise und einschlägigen Vorschriften	Handhabung der Betriebsbücher, Tagesberichte und Lieferscheine
– Start	– im Betriebsbuch dokumentieren
– Prüfung des Vorrats an Chlorgas, Nachbestellung	– Nachbestellung veranlassen
– Chlorwasser und Prozesswasser in Betrieb nehmen, Funktion prüfen	– Ergebnis der Funktionsprüfung dokumentieren
– Dosieranlage in Betrieb nehmen, Funktion prüfen, Mindestmenge nachjustieren	– Ergebnis der Funktionsprüfung dokumentieren
– Störungen melden	– Verhalten bei Havarien dokumentieren
– Dosieranlage außer Betrieb nehmen	– Funktionsprobe und verbrauchte Chlormenge im Tagesbericht eintragen
– Funktionsprobe beenden	

obwohl die guten mikrobiologischen Werte dies als entbehrlich erschienen ließen. Erst auf der Grundlage langjähriger Messreihen zu mikrobiologischen Parametern des Roh- und Trinkwassers und ausdauernder Überzeugungsarbeit mit Blick auf den hygienisch einwandfreien Zustand des Berliner Trinkwassers wurde die Entscheidung möglich, die Chlorung einzustellen.

Abweichend von dem früher erreichten Stand einer Versorgung aus Grundwasser erfolgte in Berlin (Ost) – mit Vertrauen auf die Leistung der Technik und wegen der hohen Kosten der Uferfiltration – bis zu Beginn der 90er Jahre im Wasserwerk Friedrichshagen eine Aufbereitung von Oberflächenwasser aus dem Müggelsee mit 400.000 m^3 am Tag für fast das gesamte Stadtgebiet „Ostberlin“. Erst die Rückführung auf Versorgung mit Grundwasser (Uferfiltrat) erlaubte es, die Chlorung bis 1994 allmählich auch bei den Wasserwerken im Osten der Stadt einzustellen.

Heute werden, um bei Havarien, z. B. bei Verkeimungen der Filter oder Rohrbrüchen, einen schnellen und reibungslosen Einsatz der nach wie vor vorhandenen Chlordosierungsanlagen zu gewährleisten, in allen Wasserwerken wöchentliche Funktionsproben durchgeführt. Damit wird die technische Verfügbarkeit der Anlagen und das „Know-how“ der Mitarbeiter aufrechterhalten. Am Beispiel der Verfahrensanweisung „Funktionsprobe der Chloranlage“ aus dem Wasserwerk Friedrichshagen sind die entsprechenden auszuführenden Tätigkeiten dargestellt (Tab. 9.5).

So wurde der Chlorverbrauch der Berliner Wasser-Betriebe von 157.250 kg Chlor im Jahr 1989 auf 650–821 kg Chlor in den Jahren 2016 und 2017 gesenkt. Umgerechnet auf die gelieferte Trinkwassermenge von 200,7 Mio m^3 in Berlin entspricht der Chlorbedarf für Funktionsprüfungen bei den Wasserwerken und Pumpwerken einer rechnerischen Durchschnittskonzentration von 0,004 mg/l Cl_2 im abgegebenen Trinkwasser.

In Berlin erfolgt die mikrobiologische Kontrolle der Trinkwasserqualität in den größeren Wasserwerken zweimal wöchentlich und in den kleineren Wasserwerken und Pumpwerken einmal wöchentlich. Im Stadtgebiet sind in Abstimmung mit den Gesundheitsbehörden 107 Entnahmestellen eingerichtet, von denen jede einmal im Monat beprobt wird. Bezogen auf die aktuell geltende Fassung der Trinkwasserverordnung vom Januar 2018 sind das jährlich für die Parametergruppe A 2460 Untersuchungen und für die Parametergruppe B 59 Untersuchungen in den Wasserwerken, Pumpwerken und im Rohrnetz. Um der Forderung gerecht zu werden, dass Trinkwasser keine gesundheitlichen Beeinträchtigungen beim Verbraucher verursachen darf, kommt vorbeugenden Maßnahmen eine wachsende Bedeutung zu. Beim Bau, aber auch verstärkt bei der Reparatur von Anlagen der Trinkwasserverteilung, spielt der Schutz vor Verunreinigungen insbesondere vor mikrobiologischen Kontaminationen eine immer größer werdende Rolle. Bei der Auswahl von Bau- und Rohrleitungswerkstoffen, Dichtungsmaterialien, Gleitmitteln, Gewindeschneidölen und Anstrichen/Beschichtungen sind die allgemein anerkannten Regeln der Technik anzuwenden. Materialien dürfen das Wachstum von Mikroorganismen nicht fördern und das Wasser durch chemische Substanzen nicht verunreinigen. Darüber hinaus haben sich diverse Maßnahmen für den Schutz gelagerter Rohre und Armaturen z. B. mit Verschlusskappen in der Praxis bewährt. Eine hundertprozentige Sicherheit, dass Verunreinigungen sich nicht an den innenliegenden Oberflächen von Bau- und Anlagenteilen ablagern, Mikroorganismen durch Personen, Arbeitsgeräte und Materialien eingetragen werden, gibt es nicht. Darüber hinaus beginnt ein Biofilm-Wachstum meist unmittelbar im Anschluss an die Befüllung mit Trinkwasser nach Neuverlegung und Reparatur eines Verteilungssystems. Ursächlich dafür verantwortlich sind auf den Innenoberflächen der Rohre, Armaturen, Dichtungen trotz diverser Schutzmaßnahmen oft nicht auszuschließende vorhandene Ablagerungen aus transport- und baustellenbedingten Verunreinigungen durch Bodenteilchen und darin eingelagerten Bakterien, aber auch durch technische Hilfsmittel wie Gleitmittel. Nach DVGW-Arbeitsblatt W 291 („Reinigung und Desinfektion von Wasserverteilungsanlagen“, 3–2000) können diese beseitigt werden. Das Ziel der „Anlagen- und Bauteiledesinfektion“ besteht darin, die gesamte künftige wasserbenetzte und „biofilmbewachsende“ Innenoberfläche von Rohren, Muffen, Armaturen, Dichtungen usw. räumlich und zeitlich zuverlässig durch das eingesetzte Desinfektionsmittel und Desinfektionsverfahren einer keimreduzierenden Wirkung (Inaktivierung/Abtötung) vor der Befüllung mit Trinkwasser zu unterziehen. Die Anlagendesinfektion ist im Gegensatz zur Trinkwasserdesinfektion eine diskontinuierliche Maßnahme (Peterson, Manbold, Stangel Kähler, 2012).

H.-C. Flemming und J. Wingender

9.4 Biofilme – die bevorzugte Lebensform von Mikroorganismen in der Natur und in technischen Wassersystemen

9.4.1 Einleitung

Die weitaus meisten Mikroorganismen auf dieser Erde leben nicht als einzelne Zellen, sondern in gemeinschaftlichen Aggregaten. Diese Art des Lebens wird „Biofilm" genannt. Sie gehört zur Gruppe der kollektiven Lebensformen, ähnlich wie Wälder, Korallenriffe oder Bienenstöcke; sie stellen eine höhere Organisation dar. In Biofilmen können die Organismen Nährstoffe anreichern, wiederverwenden, sie bilden ein externes Verdauungssystem, sie sind geschützt gegen antimikrobielle Stoffe und können leicht Gene austauschen. Biofilme sind ein erster Entwurf der Evolution zu multizellulärem Leben.

9.4.2 Was sind Biofilme?

Der Begriff „Biofilm" ist eine etwas unscharfe Bezeichnung für mikrobielle Aggregate wie „Schleim", „Aufwuchs", „Bewuchs", Flocken und für größere Ansammlungen von Biomasse in Form von Schlämmen (Vert et al., 2012). Ihnen allen ist gemeinsam, dass die Biofilm-Organismen in eine Matrix aus extrazellulären polymeren Substanzen (EPS) eingebettet sind, die sie zusammenhält und gegebenenfalls an Oberflächen bindet. Die EPS bestehen überwiegend aus hoch hydratisierten Biopolymeren wie Polysaccharide, Proteine und Nukleinsäuren und bilden sozusagen das „Haus der Biofilm-Bewohner" (Flemming et al., 2007). Sie spielen eine zentrale Rolle für die Besonderheit dieser Form des mikrobiellen Lebens (Flemming und Wingender, 2010; Flemming et al., 2016).

Biofilme können sich nicht nur an Grenzflächen zwischen Wasser und festen Medien entwickeln, sondern auch zwischen Wasser und Luft sowie zwischen Feststoff und Atmosphäre. In der Umwelt gibt es praktisch keine Grenzflächen, die nicht von Mikroorganismen besiedelt sind oder besiedelt werden können (Tab. 9.6).

Die Voraussetzungen für die Entstehung von Biofilmen sind denkbar einfach: Es müssen Grenzflächen vorhanden sein (bei Flocken bilden die Mikroorganismen selbst diese Grenzflächen), genügend Feuchtigkeit, mikrobiell verwertbare Nährstoffe und die Mikroorganismen selbst. Diese Voraussetzungen sind praktisch ubiquitär gegeben, deshalb finden sich Biofilme ebenfalls weit verbreitet in der Natur, im medizinischen Bereich und in technischen Systemen (Costerton et al., 1987; Hall-Stoodley et al., 2004); fast alle Mikroorganismen auf der Welt leben in Biofilmen (Flemming und Wuertz, 2019). Weil es Mikroorganismen gibt, die an extreme Umge-

Tab. 9.6: Biofilme an Grenzflächen.

Grenzfläche	Beispiele für das Vorkommen von Biofilmen
Feste Oberfläche/Flüssigkeit	Auf untergetauchten Felsen und Steinen (epilithische Biofilme), in Gewässersedimenten, auf Innenwandungen von Wasserleitungen und Wasserbehältern, auf Schiffsrümpfen, auf medizinischen Prothesen, auf Kathetern, auf lebenden Geweben (Wasserpflanzen, Epithelgewebe von Mensch und Tier), auf Planktonorganismen, auf Zähnen.
Feste Oberfläche/Luft (oft zeitweise in Kontakt mit Flüssigkeiten Luft)	Biologischer Rasen in Tropfkörperanlagen, in Böden, Bakterienkolonien auf Agarnährböden, Flechten, Schwimmschichten (Neuston) an der Oberfläche von Gewässern und von Wasser in Speicherbehältern, auf natürlichen Gesteinen, auf Gebäuden.
Flüssigkeit/Flüssigkeit	Kohlenwasserstoffabbauende Biofilme an Öl/Wasser-Grenzflächen.

bungen adaptiert sind, können auch scheinbar lebensfeindliche natürliche Biotope bewohnt werden wie die Umgebung von schwefelhaltigen heißen Quellen, hypersaline und saure Seen, arktische und heiße Wüsten (Golubic et al., 2003). Die Mehrheit der Mikroorganismen auf der Erde leben in Biofilmen in den Sedimenten der Ozeane, im tiefen marinen und kontinentalen Untergrund und in Böden (Flemming und Wuertz, 2019). Sie kommen aber auch in technischen Bereichen wie Heißwassersystemen und Kühlkreisläufen in Kraftwerken, in Abwasserkanälen und Kläranlagen sowie in Trinkwassersystemen oder Verdunstungskühlanalgen, Kühltürmen und Nassabscheidern vor. Hier können sie zu großen Schwierigkeiten führen, die als „Biofouling“ (unerwünschte Biofilmbildung, Flemming, 2011; Di Pippo et al., 2018) und „mikrobiell beeinflusste Korrosion“ bekannt sind (Little und Lee, 2014). Biofilme wurden sogar in hochbestrahlten Bereichen von Kernkraftwerken sowie auf Quarzschutzmänteln von UV-Lampen gefunden, um nur einige extreme Beispiele zu nennen. Abbildung 9.5 zeigt die rasterelektronenmikroskopische Aufnahme eines Biofilms, der eine Umkehrosmose-Membran irreversibel verblockt und Hunderte von Reinigungs- und Desinfektionsprozessen überlebt hat. Aus hygienischer Sicht sind Biofilme in Trinkwasserverteilungssystemen, Trinkwasser-Installationen, in Wassersystemen von Schwimmbädern oder in Kühlwässern unter bestimmten Bedingungen von Bedeutung, wenn sie ein Reservoir von pathogenen Mikroorganismen bilden und dann als Kontaminationsquelle eine Beeinträchtigung der Wasserqualität verursachen (Wingender, 2011).

Auch unter medizinisch-klinischen Aspekten spielen Biofilme eine wichtige Rolle. In Form der Besiedlung des Darmes, der Schleimhäute und der Haut sind funktionierende Biofilme entscheidend für die menschliche Gesundheit; wenn diese Biofilme aus dem Gleichgewicht geraten, können sie zu schweren Krankheiten führen.

Abb. 9.5: Rasterelektronenmikroskopische Aufnahme eines Biofilms, der eine Umkehrosmose-Membran in einer Wasseraufbereitungsanlage irreversibel verblockt hat (Aufnahme: G. Schaule und H. Schoppmann).

Andererseits sind Biofilme gefürchtet in medizinischen Geräten und auf Implantaten, da sie die Ursache für lebensbedrohende Infektionskrankheiten sein können (Hall-Stoodley et al., 2004). Auch Zahnbelag stellt einen medizinisch bedenklichen Biofilm dar, der zur Zerstörung des Zahnschmelzes und in der Folge zur Ausbildung von Zahnkaries führen kann. Biofilme sind als Infektionsherde von Bedeutung, da sie einen geschützten Lebensraum für Krankheitserreger darstellen, die sich dort ansiedeln und sogar vermehren können (Fux et al., 2005). Das Leben im Biofilm kann eine erhöhte Toleranz dieser Organismen gegenüber Antibiotika oder der Immunabwehr des Wirtes bewirken. Es wurde geschätzt, dass Biofilme an mehr als 60 % bakterieller Infektionen beim Menschen beteiligt sind (Costerton et al., 1999; Fux et al., 2005). Dies trifft für viele chronische Infektionen zu, wie z. B. für Wundinfektion oder chronische Lungenentzündungen von Patienten mit der Erbkrankheit der Mukoviszidose. Sie beruhen auf der Bildung von Biofilmaggregaten, die dominiert werden durch stark Schleim bildende Bakterien der Art *Pseudomonas aeruginosa*, jedoch in dieser Form durch die humoralen sowie zellulären Immunabwehrmechanismen aus der Lunge nicht entfernt werden können.

Es existiert kein generelles Modell zur Architektur von Biofilmen, denn dazu sind sie zu unterschiedlich. Ein komplexes Geflecht der Einflüsse der Populationszusammensetzung, der Aufwuchsoberfläche und der physikalischen-chemischen Umweltbedingungen führt zu einer Variation der Biofilmbildung. Die meisten Biofilme in aquatischen Systemen weisen einen heterogenen Aufbau auf. Charakteristisch ist die relativ hohe Zelldichte im Vergleich zur Umgebung. Biofilme an aquatischen Standorten können bis zu 10^{12} Zellen pro Milliliter Biofilmvolumen enthalten; es handelt sich um Konzentrationen, die um den Faktor 10^3 bis 10^4 höher liegen als in der freien Wasserphase beziehungsweise als man sie in Laborflüssigkulturen erreichen kann; gegenüber der Wasserphase, in der sie wachsen, können die Unterschiede noch erheblich größer sein, wenn man beispielsweise an Biofilme auf Steinen in oligotrophen Bergbächen denkt (Geesey et al., 1978). Biofilmorganismen werden an die Wasserphase abgegeben, jedoch so unregelmäßig, dass ihre Bestimmung in der Wasserphase keinen Hinweis auf Ort und Ausmaß der Biofilmbildung zulässt (Flemming, 2002).

Biofilme bestehen in der Regel aus Mischpopulationen unterschiedlicher Mikroorganismenarten. Meist dominieren die Bakterien; es können je nach Standort jedoch auch beträchtliche Anteile an Algen (bei Lichtzutritt), Protozoen und Pilzen vorhanden sein. Zusätzlich können sich in weiteren trophischen Ebenen mehrzellige Organismen wie Fadenwürmer (Nematoden), Rädertierchen (Rotatorien), Wenigborster (Oligochäten), Milben oder Insektenlarven ansiedeln, die sich von den Mikroorganismen ernähren, sodass es zur Ausbildung von Nahrungsketten innerhalb von Biofilmen kommen kann.

9.4.3 Frühe Entdeckung – späte Erforschung

Die frühesten Beobachtungen von Biofilmen gehen auf die mikroskopische Sichtbarrmachung von Bakterien durch Antonie van Leeuwenhoek (1632–1723) zurück: Er veröffentlichte 1683 erstmalig Zeichnungen von Bakterien aus den Zahnbelägen des Menschen. Allerdings erfolgten in der klassischen Mikrobiologie meist Laboruntersuchungen an planktonischen Zellen in Reinkulturen, während Biofilme als „Wandwachstum" in Schüttelkulturen eher als Störung betrachtet und nicht eingehender erforscht wurden. Daher wurde lange Zeit übersehen, dass die Existenz von mikrobiellen Lebensgemeinschaften in Biofilmen und Flocken die universelle Lebensform von Mikroorganismen darstellt. Auch in aktuellen Lehrbüchern der Mikrobiologie (z. B. Madigan et al., 2018) finden sich immer noch spärliche Informationen zum Thema Biofilm.

Aufgrund von Fortschritten in der Entwicklung mikroskopischer Techniken, spezifischer Fluoreszenzfarbstoffe, von Mikroelektroden sowie der Anwendung molekularbiologischer oder Raman-spektroskopischer Methoden für die Erforschung der Zusammensetzung, physiologischen Aktivitäten und Ökologie von Biofilmen und deren EPS allgemein (Davey und O'Toole, 2000; Wagner et al., 2009) und auch speziell wie z. B. von Trinkwasserbiofilmen (Douterelo et al., 2014) wird deutlich, dass es sich bei Biofilmen um komplexe und strukturierte Lebensgemeinschaften aus verschiedenen Arten von Mikroorganismen handelt, welche als Reaktion auf die jeweiligen Umweltbedingungen spezifische Zusammensetzungen und Aktivitäten aufweisen. Die Bildung von Biofilmen scheint einen fundamentalen Mechanismus und eine erfolgreiche Strategie für die Besiedlung und das Überleben von Mikroorganismen in unterschiedlichen Lebensräumen darzustellen und das schon seit geraumer Zeit: Biofilme sind die älteste bislang bekannte Form von Lebensgemeinschaften. Versteinerte Bakterien in mineralisierten fossilen Biofilmen, „Stromatolithe“ genannt, werden auf bis zu 3,7 Milliarden Jahre zurückdatiert (Schopf et al., 1983; Nutman et al., 2016). Tatsächlich leben bis zu 80 % aller Mikroorganismen auf der Erde in Biofilmen, weit über die Hälfte davon im tiefen ozeanischen und kontinentalen Untergrund (Flemming und Wuertz, 2019). Dort sind sie die Träger sowohl der klein- als auch großräumigen geomikrobiologischen Prozesse und bestimmen die Lebensbedingungen auf dem Planeten.

In Mikrobenmatten (*microbial mats*) sind im Verlauf der Evolution Mikroorganismen entstanden, die zur Photosynthese fähig waren. Sie haben den Sauerstoff in die ursprünglich anaerobe Erdatmosphäre eingebracht und dadurch die bis dahin vorherrschenden anaeroben Mikroorganismen an entsprechende Standorte verdrängt. Biofilme haben weiterhin entscheidend zur Bildung fossiler Brennstoffe beigetragen und sind an der Bildung von Lagerstätten solcher Elemente wie Eisen, Kupfer, Blei, Uran, Phosphor und Schwefel beteiligt (Ehrlich et al., 2015). Vergleichbare Mikrobenmatten sind heute besonders in extremen Lebensräumen (beispielsweise stark salzhaltige Gewässer, intertidale Bereiche wie das Farbstreifen-Sandwatt) anzutreffen. Hier stellen sie komplexe, vertikal geschichtete mikrobielle Lebensgemeinschaften dar, in denen typischerweise verschiedene Gruppen photosynthetischer Mikroorganismen und heterotropher Bakterien vorkommen. Mikrobenmatten können als eine Form von komplexen Biofilmen angesehen werden.

9.4.4 Innerer Zusammenhalt von Biofilmen

Von wesentlicher Bedeutung für die Zusammensetzung, Struktur und Funktion von Biofilmen sind die Eigenschaften der EPS, welche die Schlüsselmoleküle für die Organisationsform des Biofilms darstellen. Daher ist die Erforschung der EPS die Basis für das Verständnis der Bedeutung mikrobieller Biofilme an natürlichen Standorten, in technischen Systemen, aber auch im medizinischen Bereich. Die Kenntnis der Rolle von EPS ist auch eine Grundlage für die gezielte biotechnische Nutzung von Biofilmen sowie für die Erarbeitung von Maßnahmen zur Kontrolle und Bekämpfung unerwünschter Biofilme (Flemming, 2011). Allen Arten von Biofilmen ist gemeinsam, dass sie von den EPS zusammengehalten werden. EPS verleihen Biofilmen ihre Form und ihre physikalischen Eigenschaften. Sie vermitteln auch die Haftung der Biofilme an Oberflächen. EPS bilden meist eine hoch hydratisierte gelartige Schleimmatrix (Flemming und Wingender, 2010). Die EPS formen den Raum zwischen den Mikroorganismen und halten sie in ihrer dreidimensionalen Anordnung zusammen. Diese Matrix ist sehr heterogen aufgebaut und ihre Bestandteile können stark variieren, je nachdem welche Mikroorganismen zugegen sind, unter welchen Nährstoffbedingungen sie sich befinden und welche hydrodynamischen Bedingungen vorliegen (Flemming und Wingender, 2010).

EPS bestehen überwiegend aus geladenen (meist anionischen) oder neutralen Polysacchariden und Proteinen, sie können aber auch deutliche Anteile an Nukleinsäuren (Whitchurch et al., 2002), Lipiden (Sand und Gehrke, 2006) und anderen Makromolekülen enthalten. Geladene Gruppen in bakteriellen Polymeren (beispielsweise Carboxylgruppen von Uronsäuren) sowie Substituenten (beispielsweise Acetylgruppen in Polysacchariden) beeinflussen ihre physikalisch-chemischen Eigenschaften (Festigkeit, Viskosität, Wasserbindungskapazität, Bindung von anorganischen Ionen). Aufgrund der Identifizierung von Polysacchariden als häufige EPS-Komponenten wurde der Begriff „Glycocalyx" für polysaccharidhaltige Strukturen wie Kapseln oder Schleime eingeführt. Es können jedoch auch Proteine oder andere Makromoleküle in beträchtlichen Anteilen in den EPS vorkommen.

Definitionsgemäß sind die EPS außerhalb der Zellen lokalisiert. Mögliche Mechanismen, dort hinzugelangen, sind die aktive Sekretion, die Ablösung von Bestandteilen der äußeren Membran Gram-negativer Zellen beziehungsweise der Zellwand Gram-positiver Zellen, die Lysis von Zellen oder die Sorption aus der wässrigen Umgebung. Gram-negative Bakterien wie *P. aeruginosa* weisen einen weiteren Mechanismus der Freisetzung von zellulärem Material auf, das *blebbing:* Während des normalen Wachstums werden Membranvesikel nach außen abgegeben (Schooling und Beveridge, 2006). Sie können als „Killer-Vesikel" auftreten, wenn sie Enzyme (Peptidoglykan-Hydrolasen) enthalten, mit denen benachbarte Zellen im Biofilm lysiert werden (Flemming und Wingender, 2010). Durch Absterben und Lysis freigesetztes Material wird in der Biofilm-Matrix zurückgehalten und kann durch die verbleibenden Biofilmpopulationen in Form einer Art von Recycling wieder verwertet werden. Durch die Aktivität der an die EPS-Matrix gebundenen extrazellulären Enzyme entsteht ein ganzes extrazelluläres Verdauungssystem um die Biofilm-Zellen herum, in dem abbaubare Polymere für die Biofilmzellen verfügbar gemacht werden.

Die Struktur der EPS, zusammengesetzt aus sehr verschiedenen Makromolekülen, erscheint auf den ersten Blick rein zufällig und ohne erkennbare Ordnung. Vom Standpunkt der mikrobiellen Ökologie aus hat die Bildung von EPS die wichtige Funktion, eine gelförmige Matrix zu bieten, in der die Mikroorganismen über längere Zeiträume hinweg immobilisiert sind, sodass sich synergistische Gemeinschaften entwickeln können. Dies soll mit minimalem Aufwand an Energie und Material geschehen; die Tatsache, dass nur 1 bis 2 % EPS erforderlich sind, um 98 bis 99 % Wasser festzuhalten, zeigt, wie erfolgreich diese Strategie ist.

Grundlage für ein Modell der EPS-Struktur sind die Kräfte, von denen die Biofilmmatrix zusammengehalten wird. Die Kräfte beruhen nicht auf kovalenten Bindungen, sondern auf schwachen Wechselwirkungen (Mayer et al., 1999). Im Prinzip kommen für diese Bindungsform drei Typen in Frage:

- Dispersions-Wechselwirkungen („hydrophobe Wechselwirkungen", Bindungsenergie: 2,5 kJ/mol),
- elektrostatische Wechselwirkungen (Bindungsenergie: 12–29 kJ/mol) und
- Wasserstoffbrückenbindungen (Bindungsenergie: 10–30 kJ/mol).

Es ist zu beachten, dass zwar die Bindungsenergie einer einzelnen schwachen Wechselwirkung tatsächlich sehr gering ist. Wenn aber ein Makromolekül beispielsweise 10^6 solcher Bindungsstellen besitzt und auch nur 10 % davon an den Wechselwirkungen beteiligt sind, multiplizieren sie sich um den Faktor von 10^5, was zu Brutto-Bindungsenergien bis weit in den Bereich kovalenter Bindungen führt. Diese resultierende Kraft setzt sich aus der Summe aller drei Typen von Wechselwirkungen zusammen. Diese Kräfte wirken nicht nur zwischen den EPS-Molekülen, sondern sie erstrecken sich auch auf abiotische Partikel; daran liegt es, dass die EPS für sie als Klebstoff wirken. Wenn der Wassergehalt abnimmt, können mehr Gruppen in Wechselwirkung treten. Bei Austrocknung können filamentöse Strukturen entstehen, wie sie häufig auf rasterelektronenmikroskopischen Bildern zu sehen sind (auch auf Abb. 9.5). Hierbei handelt es sich jedoch um Trocknungsartefakte; im nativen Zustand sind die EPS eher selten filamentös.

Aufgrund der schwachen Wechselwirkungen entwickelt sich ein Netzwerk fluktuierender Haftpunkte, die sich ständig lösen und wieder verbinden. Je nach den Scherkräften, die auf das Netzwerk einwirken, finden sich die gleichen Haftpunkte wieder und dann verhält sich der Biofilm als Gel. Sind es verschiedene Haftpunkte, dann verhält sich der Biofilm als hochviskose Flüssigkeit. Mithilfe eines speziell entwickelten Filmrheometers konnte der apparente Elastizitätsmodulus als Parameter für die mechanische Stabilität von Modellbiofilmen aus *P. aeruginosa* bestimmt werden (Körstgens et al., 2001a). Mit dieser Methode wurde gezeigt, dass Calcium-, Kupfer- und Eisenionen die mechanische Stabilität von *P. aeruginosa*-Biofilmen stark erhöhten, während Magnesiumionen dies nicht taten (Mayer et al., 1999; Körstgens et al., 2001b).

Bakterien verfügen über mehrere Möglichkeiten der Zell-Zell-Kommunikation. Bei vielen Gram-negativen Bakterien erfolgt diese Kommunikation über niedermolekulare organische Signalmoleküle (Autoinduktoren), bei denen es sich chemisch um verschiedene N-Acyl-Homoserinlactone (AHLs) handelt (Parsek und Greenberg, 2005; Kim et al., 2016). Die Signalmoleküle werden in der Bakterienzelle gebildet, ausgeschieden und von anderen Zellen aufgenommen. In einer Bakterienpopulation befinden sich Signalmoleküle in etwa gleicher Konzentration innerhalb der Zellen und im umgebenden Medium. Bei hohen Zelldichten, wie sie typischerweise in Biofilmen vorkommen, wird eine bestimmte Schwellenkonzentration der Signalmoleküle überschritten, wodurch spezifische Gene in allen Zellen zum gleichen Zeitpunkt angeschaltet werden. Die Folge ist, dass die gesamte Bakterienpopulation innerhalb kurzer Zeit veränderte Eigenschaften aufweist im Vergleich zur ursprünglichen Population mit der geringeren Zelldichte. Mithilfe der Signalmoleküle erhalten alle Zellen zu jedem Zeitpunkt Informationen über die Zelldichte in ihrer Umgebung und reagieren darauf mit Veränderungen ihrer physiologischen Eigenschaften; das Phänomen wird als *quorum sensing* bezeichnet (Keller und Surette, 2006). Es handelt sich um ein koordiniertes Gruppenverhalten, das Ähnlichkeiten zu vielzelligen Organismen aufweist. Das *quorum sensing* in Form einer Kontrolle der Genexpression als Reaktion auf die Zelldichte einer Population wird nicht nur von Gram-negativen, sondern auch von vielen Gram-positiven Bakterien genutzt; Gram-positive Bakterien verwenden jedoch peptidische Signalmoleküle (Ng and Bassler, 2009). Darüber hinaus gibt es Signalmoleküle (Moleküle der LuxS-Familie von Autoinduktoren), welche universell bei Gram-negativen und Gram-positiven Bakterienarten vorkommen (Bassler, 1999). Es wird vermutet, dass die bakterielle Zell-Zell-Kommunikation mittels der spezifischen Signalmoleküle (AHLs, Peptide) innerhalb einer Art erfolgt und parallel dazu über unspezifische Signalmoleküle auch zwischen unterschiedlichen Bakterienarten möglich ist („bakterielles Esperanto“). Die Bakterien haben damit die Möglichkeit, Zellen ihrer Population von artfremden Organismen zu unterscheiden. Die Bildung einer Vielzahl extrazellulärer Produkte von Bakterien (Antibiotika, Enzyme, Polysaccharide), darunter auch vieler Pathogenitätsfaktoren, wird durch Signalmoleküle gesteuert. Da Biofilme die natürliche Lebensform der Bakterien mit einer typischerweise hohen Zelldichte darstellen, ist es nicht verwunderlich, dass die Kommunikation über Signalmoleküle wesentlich beteiligt ist bei der Biofilmbildung, der Entwicklung der dreidimensionalen Struktur von Biofilmen sowie der Aufrechterhaltung der Integrität von Biofilmem (Li und Tian, 2012).

9.4.5 Charakteristische Eigenschaften von Biofilmen

Allen Arten mikrobieller Aggregate ist gemeinsam, dass sie in der EPS-Matrix mehr oder weniger immobilisiert sind. Hier befinden sich die einzelnen Organismen für relativ lange Zeit in unmittelbarer Nähe zueinander und können zahlreiche Wechselwirkungen aufbauen (Flemming et al., 2016). Dadurch ist die Entwicklung von synergistischen Gemeinschaften möglich („Mikrokonsortien“), welche maßgeblich an biologischen Selbstreinigungsprozessen in Gewässern, Sedimenten und Böden beteiligt sind. In der gelartigen Matrix von Biofilmen kommt es zur Nährstoffanreicherung, was besonders in nährstoffarmer Umgebung von Vorteil für die Biofilmorganismen ist. Durch die EPS-Matrix wird der konvektive Stofftransport gegenüber dem diffusiven wesentlich eingeschränkt und es entstehen Gradienten innerhalb der Biofilme. Dies hat besonders im Falle des Sauerstoffs ökologische Konsequenzen, weil er von aeroben Organismen schneller verbraucht wird, als er nachdiffundieren kann und auf diese Weise in direkter Nachbarschaft anaerobe Zonen schafft (Abb. 9.6). In aeroben Systemen schaffen also Aerobier im Biofilm Habitate für Anaerobier.

Indem die Zellen in der Biofilm-Matrix über längere Zeit hinweg fixiert sind und sich somit stabile Anordnungen bilden können, entstehen kleinräumige physikochemische Gradienten. Sie führen zu einer hohen Biodiversität. So können sich synergistische Mikrokonsortien bilden, die auch komplexe und schwer verwertbare Stoffe in enger Zusammenarbeit abbauen. Darauf beruht die Selbstreinigungskraft in Böden und Sedimenten ebenso wie die biologische Abfallverwertung.

Innerhalb der Matrix entwickeln sich zahlreiche komplexe soziale Interaktionen zwischen den verschiedenen Mikrokonsortien. Ein Beispiel ist der Abbau von Linuron durch die Kooperation von drei verschiedenen Spezies (Breugelmans et al.,

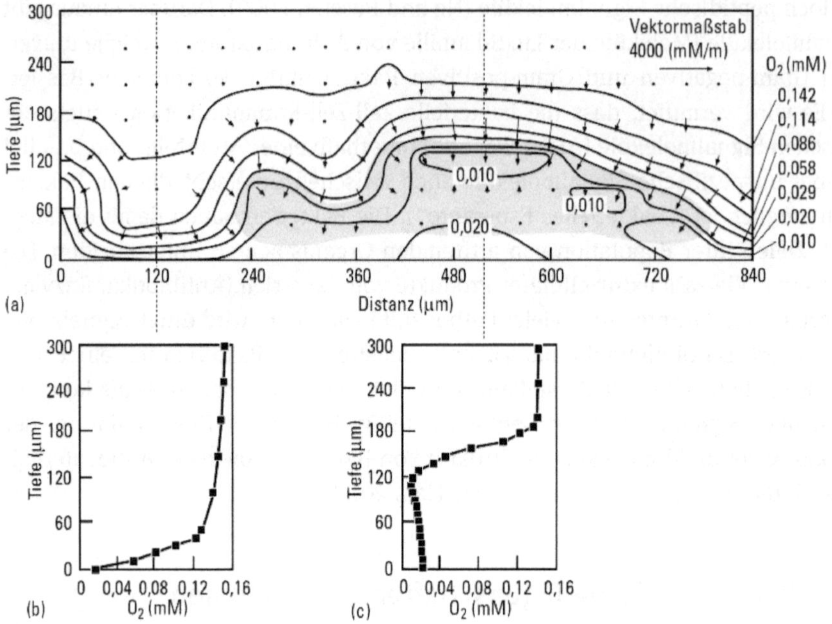

Abb. 9.6: Profil der Sauerstoffkonzentration in einem Querschnitt durch einen 160 µm dicken Biofilm. Die grauen Flächen entsprechen der Position von Zellaggregaten im Biofilm. Daten aus Messungen mit Mikroelektroden (nach De Beer et al., 1994).

2008). Sie können auch antagonistisch sein, z. B. wenn bestimmte Spezies antimikrobielle Stoffe ausscheiden wie etwa Antibiotika oder Bakterientoxine. Dadurch ergibt sich eine hohe Dynamik und eine ständige Erneuerung der mikrobiellen Gemeinschaften im Biofilm.

Die Anheftung an eine Oberfläche und die Entstehung verschiedener Habitate auf kleinstem Raum nebeneinander erleichtert mikrobielle Umsetzungen von anorganischen und organischen Verbindungen, die in Suspension nicht oder viel langsamer stattfinden. So haben Biofilme eine deutlich höhere Nitrifikationsaktivität als suspendierte Zellen. Ein sequenzieller Abbau von Xenobiotika (körperfremden Substanzen) findet ebenfalls im Biofilm leichter statt, sodass auch die Nutzung schwer abbaubarer Substrate durch Zusammenarbeit verschiedener Spezialisten im Biofilm möglich ist. Der Biofilm bietet den Mikroorganismen zudem die Möglichkeit, auch unter ungünstigen Umgebungsbedingungen zu überleben. Er bietet Schutz vor pH-Extremen, Salzbelastungen, hydraulischer Belastung, toxischen Metallionen durch deren Bindung an die EPS, Bioziden und Antibiotika sowie Immunabwehrmechanismen des Wirtsorganismus bei Infektionen; die Wasserrückhaltung der EPS bewirkt einen gewissen Schutz vor einer Austrocknung des Biofilms (Billi und Potts, 2002; Costa et al., 2018). Die für Biofilme typische hohe Zelldichte begünstigt den Informationsaustausch in Form von horizontalem Gentransfer oder mittels niedermolekularer Signalmoleküle, was in Populationen planktonischer Zellen nicht in

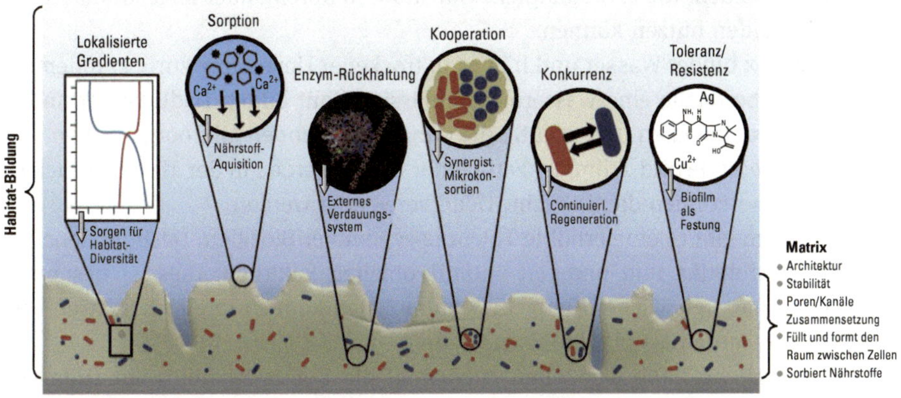

Abb. 9.7: Emergente Eigenschaften von Biofilmen und die Rolle der EPS-Matrix (nach Flemming et al., 2016).

diesem Umfang möglich ist (Soerensen et al., 2005). In der Natur und in technischen Systemen bestehen Biofilme normaler Weise aus vielen verschiedenen Spezies von Mikroorganismen.

Verglichen mit dem Leben als voneinander isolierte Einzelzellen, bietet das Leben im Verbund der EPS-Matrix also vollkommen andere Möglichkeiten. Diese werden als „emergente Eigenschaften" bezeichnet, denn sie entstehen nur dadurch, dass die Organismen in Biofilmen in großer Nähe von der Matrix zusammengehalten werden. Hier leben sie unter Bedingungen, die sich stark von denen der Umgebung unterscheiden und sie können Funktionen erfüllen, die für Einzelzellen oder außerhalb von Biofilmen unmöglich sind (Flemming et al., 2016).

In Abb. 9.7 sind die wichtigsten emergenten Eigenschaften von Biofilmen dargestellt (nach Flemming et al., 2016).

Die Charakteristika von Biofilmen lassen sich folgendermaßen zusammenfassen (Flemming et al., 2016):

- Vorhandensein einer EPS-Matrix, die überwiegend aus Polysacchariden, Proteinen und extrazellulären Nukleinsäuren besteht und die mechanische Stabilität von Biofilmen bewirkt. Diese Matrix hält die Zellen im Biofilm zusammen und vermittelt die Haftung an Unterlagen aller Art.
- In der Matrix werden von den Zellen ausgeschiedene Enzyme zurückgehalten, dadurch wird sie zu einem externen Verdauungssystem. Dies erlaubt die maximale effektive Nutzung der enzymatischen Aktivität.
- Entstehung von sehr kleinräumigen Gradienten durch physiologische Aktivität (z. B. Sauerstoff-Konzentration, pH-Wert, Redoxpotenzial), wodurch eine Vielfalt von Habitaten entsteht, die zu einer hohen Biodiversität führt. Auf der hohen Biodiversität beruht die ökologische Stabilität von Biofilmen.
- Die Matrix stabilisiert die räumliche Position der Biofilm-Zellen, deshalb können sie langfristige Interaktionen aufbauen und zu synergistischen Mikrokon-

sortien werden, die z. B. komplexe Substrate in aufeinander abgestimmten Abbaukaskaden nutzen können.
- Die Matrix bindet Wasser und hält es in trockener Umgebung zurück, indem sie an der Oberfläche eine wasserundurchlässige Haut bildet. Dadurch verhindert sie das Austrocknen und schützt die darunter liegenden Mikroorganismen.
- Abbauprodukte und Trümmer zerfallener Zellen werden in der Matrix zurückgehalten und können damit leicht wiederverwendet werden.
- Im Biofilm gibt es eine erhöhte Toleranz gegenüber Bioziden, Desinfektionsmitteln, Antibiotika und anderen antimikrobiellen Faktoren. Dies ist besonders wichtig im hygienischen Bereich; Biofilm-Zellen können ungleich schwerer inaktiviert werden als planktonische Zellen.
- Die räumliche Nähe der Zellen begünstigt die Kommunikation mit Hilfe von kleinen, leicht diffundierenden Signalmolekülen. Sie ermöglichen koordiniertes Verhalten und regulieren z. B. die Matrix-Synthese, die Expression von Virulenz-Faktoren oder auch die Ablösung aus der Matrix.
- Im Biofilm gibt es um ein Vielfaches höheren horizontalen Gentransfer als in der planktonischen Lebensweise. Gleichzeitig ist der Biofilm ein Archiv genetischer Information, auch wenn Zellen bereits lysiert sind.
- Selbst innerhalb einer genetisch einheitlichen Spezies bilden sich nach kurzer Zeit phänotypische Varianten heraus und erweitern die Biodiversität (Boles et al., 2004).
- Durch ihre sorptiven Eigenschaften reichert die Matrix gelöste und partikuläre Nährstoffe aus der Umgebung an, die dann den Biofilm-Organismen zur Verfügung stehen.

9.4.6 Der Biofilm als Festung: Resistenz und Toleranz

Im Biofilm gibt es eine gegenüber planktonischen Zellen stark erhöhte Resistenz oder Toleranz gegenüber antimikrobiellen Substanzen. Von „Resistenz“ spricht man, wenn diese Eigenschaft genetisch determiniert ist. Im Biofilm kommt es aber sehr häufig vor, dass nur im Verbund der Biofilm-Matrix erhöhte Konzentrationen antimikrobieller Stoffe ertragen werden, deshalb spricht man hier von „Toleranz“. Meist geht sie verloren, wenn die Zellen aus dem Verbund gelöst werden; ein Beispiel ist die Wirkung von Silberionen und -nanopartikeln gegenüber *P. aeruginosa*, die sich drastisch verringert, wenn die Zellen im Biofilm leben (Königs et al., 2015). Abbildung 9.8 gibt einen schematischen Überblick der Mechanismen. Eine wichtige Rolle spielt hier die sogenannte Diffusions-Reaktions-Inhibierung. Im Prinzip bestehen Biofilme ja hauptsächlich aus Wasser, weshalb die Diffusionskoeffizienten kleiner Moleküle oder von Ionen ganz ähnlich denen im freien Wasser sind, obwohl intuitiv angenommen wird, die Matrix sei eine Diffusionsbarriere. Wenn die diffundierenden Moleküle bzw. Ionen jedoch mit der Matrix reagieren, kann sich der Stofftransport stark verringern (Oubekka et al., 2012; Harrison et al., 2007).

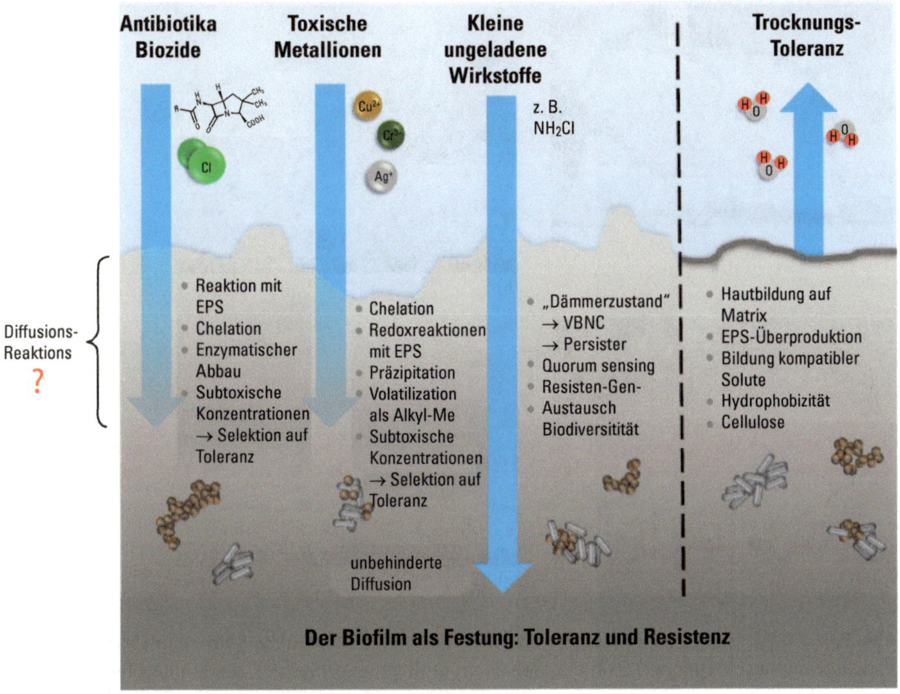

Abb. 9.8: Überblick der Schutzmechanismen gegenüber antimikrobiellen Agentien und Austrocknung (nach Flemming et al., 2016).

Der Wassergehalt in Biofilmen variiert; in wässriger Umgebung kann er bis zu 98 % betragen, während er auf an der Luft exponierten Felsen oder in trockener Umgebung wesentlich geringer sein kann – hier sind Biofilme häufig Bestandteil von „Schmutzschichten", die auch hohe Gehalte abiotischer Stoffe eingebunden haben. Die EPS-haltige Biofilmmatrix hat dabei, wie bereits erwähnt, prinzipiell die Funktion eines Wasserrückhaltesystems, das es den Biofilmorganismen erlaubt, auch unter extremen Trockenbedingungen für Jahrzehnte zu überleben. Biofilme, die Gestein besiedeln, können dessen Verwitterung beschleunigen, indem sie Säuren und komplexbildende Substanzen ausscheiden. Weil sie direkt auf der Gesteinsoberfläche sitzen, können auch schon geringe Mengen an Stoffwechselprodukten stark in den Verwitterungsprozess eingreifen, denn genau an der Grenzfläche ist ihre Konzentration am höchsten. Damit tragen sie zur Bioverfügbarkeit essentieller Metallionen wie Fe, Mn, Co und anderen bei (Ehrlich et al., 2015). Die Abbildungen 9.9b–d zeigen Biofilme auf Poren eines Sandsteinfelsens (Abb. 9.9a), wobei die Organismen starken Temperatur- und Feuchteschwankungen ausgesetzt sind, die sie aber aufgrund des Schutzes durch die EPS-Matrix gut überstehen. Dieser Schutz entsteht dadurch, dass die Atmosphären-exponierten Schichten des Biofilms beim Austrocknen eine Haut bilden, deren Wasser-Durchgangskoeffizient so hoch ist, dass der

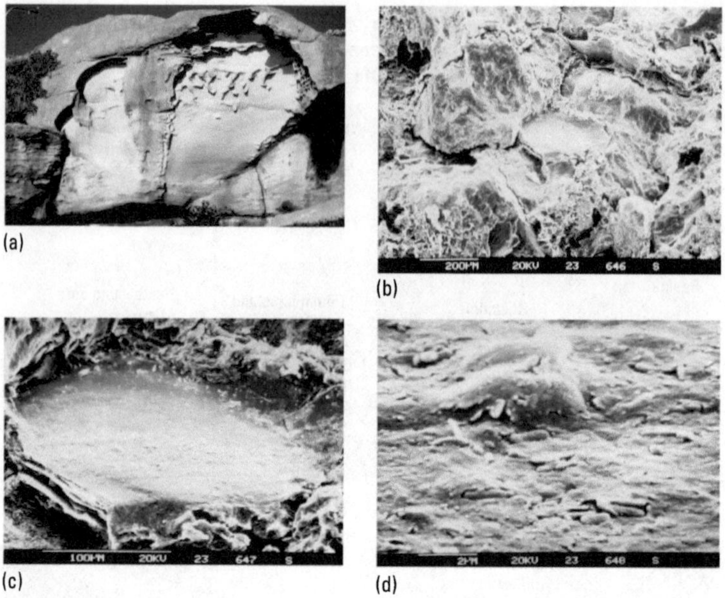

Abb. 9.9: Verwitterung von Sandstein; Biofilme, die Gestein besiedeln, können dessen Verwitterung beschleunigen. Sandsteinfelsen an der Küste vor Sydney, die starken Temperatur- und Feuchtigkeitsunterschieden ausgesetzt sind (a); rasterelektronenmikroskopische Aufnahmen einer besiedelten Pore (b, c); in (d) sind stäbchenförmige Bakterien, die in die EPS-Schicht eingebettet sind, gut erkennbar. Balken: in (b) 200 µm, in (c) 100 µm und in (d) 2 µm (Quelle: Wingender und Flemming, 2001).

darunter liegende Bereich, in dem der größte Teil der Population lebt, vor Austrocknung geschützt ist. Diese Haut ist in Abb. 9.9c und d besonders gut zu erkennen.

9.4.5 Hygienische Bedeutung von Biofilmen in technischen Wassersystemen

In technischen Wassersystemen sind generell alle Oberflächen von Mikroorganismen besiedelt. Dies gilt auch für Trinkwasserverteilungssysteme und Trinkwasser-Installationen von Gebäuden (Eboigbodin et al., 2008; Bitton, 2014). In Trinkwassersystemen erfolgt die Besiedlung meist in Form von einzelnen Zellen und Mikrokolonien und manchmal als flächendeckender Bewuchs aus Biofilmen mit mehreren Zellschichten. Untersuchungen zur Verteilung der Bakterien (Messung der Gesamtzellzahlen, ATP-Bestimmung) zeigten, dass sich in Trinkwasserverteilungssystemen weniger als 2 % bis 5 % aller Mikroorganismen in der Wasserphase befinden und die überwiegende Mehrheit in Biofilmen und angeheftet an abgelagerte Partikel („loose deposits“) vorliegen (Flemming et al., 2002; Liu et al., 2014). In Trinkwasser variiert die Gesamtzellzahl zwischen ca. 10^3 und 10^5 Zellen/ml, während in Biofilmen auf

Rohrinnenoberflächen Zelldichten im Bereich von ca. 10^4 bis 10^8 Zellen/cm^2 gefunden werden (Wingender und Flemming, 2004). Die überwiegende Mehrheit der Bakterien existiert in einem vitalen Zustand mit intakten Zellmembranen und Stoffwechselaktivität. Zum Beispiel wurden in oligotrophen Trinkwasserbiofilmen 80 % der Zellen als stoffwechselaktiv bestimmt (Kalmbach et al., 1997). Allerdings sind mit üblichen Kulturverfahren (Bestimmung der Koloniezahlen heterotropher Bakterien) lediglich 0,001 % bis einige Prozent der Zellen kulturell nachweisbar. Unter günstigen Nährstoffbedingungen steigt jedoch der Anteil kultivierbarer heterotropher Bakterien deutlich an (Kilb et al., 2003).

Auf fabrikneuen Werkstoffen bilden sich innerhalb von 1 bis 2 Wochen Biofilme, die meist nach weiteren Wochen bis Monaten je nach Werkstoff, Wasserbeschaffenheit und Wassertemperatur einen quasi-stationären Zustand (maximale Zelldichte) erreichen (Moritz et al., 2010). Die maximale Besiedlung (Gesamtzellzahl) ist im Wesentlichen von der Werkstoffbeschaffenheit abhängig. Es existieren unterschiedliche Testverfahren (Hygienetests) zur Ermittlung des Einflusses von Materialien auf Trinkwasser hinsichtlich der Vermehrung von Mikroorganismen (Kötzsch et al., 2016). In einigen dieser Verfahren wird dabei auch die Biofilmbildung auf Werkstoffoberflächen berücksichtigt, wie z. B. die volumetrische Bestimmung der Biofilmmasse (Schleimvolumen) nach DVGW-Arbeitsblatt W 270 (DVGW, 2007). In diesen Tests und anderen Untersuchungen im Labormaßstab und in halbtechnischen Versuchsanlagen zeigt sich die Tendenz der folgenden werkstoffabhängigen Biofilmbildung: Elastomere (EPDM) > Kunststoffe (PVC, PE, PEX) ≥ metallische Werkstoffe (Edelstahl, verzinkter Stahl, Kupfer) (Moritz et al., 2010; Flemming et al., 2014; Waines et al., 2011; Kötzsch et al., 2016). Verstärkte Biofilmbildung erfolgt durch Abgabe von Nährstoffen aus manchen elastomeren Werkstoffen und Kunststoffen (z. B. Weichmacher, Alterungsschutzmittel). Die Trinkwasserbeschaffenheit hat dann eine wesentliche Bedeutung, wenn der Werkstoff keine oder wenig Nährstoffe abgibt und nur durch das Trinkwasser dem Biofilm limitierende Nährstoffe (organische Kohlenstoffverbindungen, Nitrat, Phosphat) zugeführt werden.

Biofilme können zur Beeinträchtigung der hygienischen Beschaffenheit des Wassers führen. Biofilme stellen potentielle Umweltreservoire für hygienisch relevante Mikroorganismen dar. Bei Eintrag von Mikroorganismen mit krankheitserregenden Eigenschaften in Wassersysteme können sich diese Pathogene in Biofilme einnisten, dort persistieren und ggf. vermehren (Wingender, 2011; Abb. 9.10). Diese Biofilme sind dann eine Kontaminationsquelle, da die Pathogenen aus dem Biofilm auch wieder in das Wasser gelangen. Aber auch nicht-pathogene Biofilmorganismen können durch die Freisetzung von Zellen zur Aufkeimung (Erhöhung der Koloniezahlen) des Trinkwassers führen. Biofilme weisen im Vergleich zu planktonischen Einzelzellen eine deutlich erhöhte Toleranz (ca. 10- bis 1000-fach) gegenüber praxisüblichen Desinfektionsmitteln wie Chlor auf. Biofilme bewirken eine Zehrung von Desinfektionsmitteln und die Bildung von toxikologisch relevanten Desinfektionsnebenprodukten (z. B. Trihalogenmethane) durch die Reaktion mit Zellen, aber

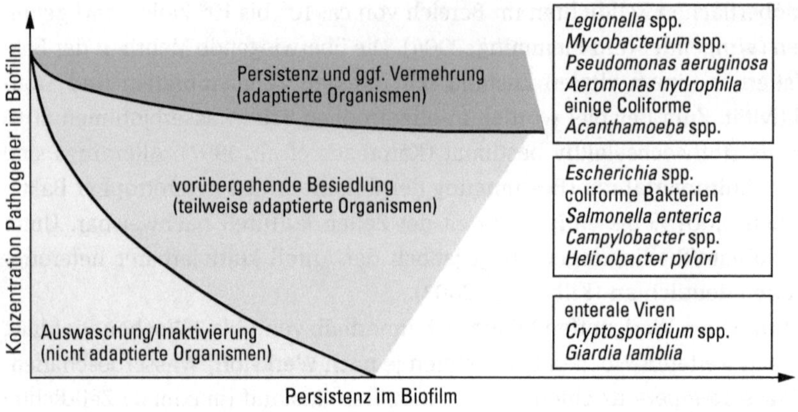

Abb. 9.10: Mögliche Wege und Verbleib hygienisch relevanter Mikroorganismen und Fäkal-Indikator- bzw. Index-Organismen nach Kontakt mit Biofilmen in einem Modell-Wassersystem (Wingender, 2011).

auch mit EPS der Biofilmmatrix (Wingender et al., 1999; Xu et al., 2018). Biofilme können die Ursache sein für die Bildung von Geruchsstoffen (z. B. erdig-modrige Gerüche durch Actinomyceten), aber auch für Verfärbung und Trübung wie schwarzes Wasser, verursacht durch Manganoxid ablagernde Bakterien und rotbraunes Wasser, verursacht durch die Aktivität von Eisen oxidierenden bzw. ablagernden Bakterien. Außerdem dienen Biofilme an Rohrinnenoberflächen und biofilmbedeckten Sedimentpartikeln als Nahrungsgrundlage für Invertebraten wie z. B. Oligochäten, Nematoden, Wasserasseln usw., deren gehäuftes Auftreten Hinweis auf erhöhte Gehalte organischer Substanz bzw. Biomasse anzeigen und eine sekundäre Verkeimung (Erhöhung der Koloniezahlen) durch abgestorbene Invertebraten bewirken. Sie werden als ästhetische Beeinträchtigung des Trinkwassers bewertet, aber in der Regel nicht als eine direkte Gesundheitsgefährdung angesehen (van Lieverlo et al., 2014).

Kulturelle Verfahren und in neuerer Zeit vor allem kultivierungsunabhängige molekularbiologische Verfahren zur Analyse der Mikrobiome in Trinkwassersystemen führten zur Erkenntnis einer hohen Diversität der mikrobiellen Gemeinschaften von Trinkwasserbiofilmen. In diesen Trinkwassermikrobiomen dominieren häufig *Proteobacteria*, aber auch andere Phyla wie *Acidobacteria*, *Actinobacteria*, *Chloroflexi*, *Firmicutes*, *Verrucomicrobia*, *Nitrospirae* und *Bacteroidetes* sind vorhanden (Liu et al., 2014). Diese Mikrobiome bestehen meist aus einem Kern-Mikrobiom und variierenden Anteilen von Mikroorganismen, abhängig von der Art der Wasseraufbereitung, der Lokalisation der Biofilme, der Konzentration und Art der Nährstoffe, der Auswahl der Werkstoffe, der Wassertemperatur, der Anwesenheit von Desinfektionsmitteln und dem Alter der Biofilme. Vorherrschende Mikroorganismen in Trinkwasserbiofilmen sind autochthone Bakterien (natürliche Umweltbakterien). Sie bilden im Wesentlichen die Biofilme und haben eher keine gesundheitliche Bedeutung für den Menschen. Allerdings können unter bestimmten Bedingungen pathogene Mikroorganismen in Biofilmen vorhanden sein, die wasserübertragbare Krankheiten und Epidemien verursachen können.

Im Fall fäkaler Kontaminationen von Trinkwassersystemen kann es zur Inkorporation Pathogener in Biofilme kommen. Das Überleben solcher Organismen in Biofilmen von Wassersystemen ist gezeigt worden für Bakterien wie *Campylobacter* spp., *Escherichia coli* (pathogene Stämme), *Helicobacter pylori*, *Salmonella enterica*, *Shigella* spp., *Vibrio cholerae*, für enterale Viren sowie für intestinal parasitische Protozoen (*Cryptosporidium* spp., *Giardia lamblia*) (Abb. 9.10). Dies trifft ebenfalls zu für *E. coli* und Enterokokken, die als mikrobiologische Parameter zur Erkennung fäkaler Verunreinigungen im Trinkwasser dienen sowie coliforme Bakterien außer *E. coli*, die ebenfalls fäkaler Herkunft sein können, aber auch aus der Umwelt stammen können. Diese Organismen können in Biofilmen über längere Zeiträume persistieren, bevor sie wieder ausgetragen werden (Abb. 9.10). Das gelegentliche Vorkommen von coliformen Bakterien in Biofilmen wurde als Ursache von Trinkwasserkontaminationen beschrieben (LeChevallier et al., 1987; Kilb et al., 2003).

Feldstudien und Laboruntersuchungen weisen darauf hin, dass enterale Viren (z. B. Coxsackievirus B, Norovirus, Enterovirus) sich ebenfalls in Trinkwasserbiofilmen, aber auch in Abwasserbiofilmen anreichern und dort persistieren können (Skraber et al., 2005). Diese Biofilme bilden somit ein Reservoir für infektiöse Viruspartikel, die ein gesundheitliches Risiko darstellen, wenn sie mit Biofilmfetzen wieder abgelöst werden und die Wasserphase kontaminieren, wobei insbesondere die relativ geringe Infektionsdosis von einigen wenigen Viruspartikeln zu berücksichtigen ist. Ähnliches trifft zu für die parasitische Protozoen *Cryptosporidium* spp. und *Giardia lamblia*, deren infektiöse Umweltstadien (Oocysten bzw. Cysten) in Trink- und Abwasserbiofilmen langfristig persistieren können (Helmi et al., 2008) und zeitverzögert nach einem Kontaminationsereignis durch Freisetzung in die Wasserphase eine Gesundheitsgefährdung darstellen. Biofilme wurden als Ursache vermutet für den kontinuierlichen Nachweis von Oocysten in einem Trinkwasserverteilungssystem nach einem Cryptosporidiose-Ausbruch in England (Howe et al., 2001).

Fakultativ pathogene Umweltbakterien kommen ebenfalls in Trinkwasserbiofilmen vor. Es handelt sich um natürliche Boden- und Wasserbakterien. Relevante Bakterien dieser Kategorie sind *Legionella pneumophila* und andere pathogene Legionellenspezies, *Pseudomonas aeruginosa* sowie nicht-tuberkulöse Mykobakterien, deren Auftreten insbesondere in Trinkwasser-Installationen zu beobachten ist. Eine erhöhte Gesundheitsgefährdung stellen diese Organismen in Wassersystemen von Krankenhäusern und anderen medizinischen Einrichtungen da, wo fakultativ pathogene Bakterien wasserassoziierte nosokomiale Infektionen auslösen können (Exner et al., 2007). Hier sind außer den oben genannten Organismen weitere fakultativ pathogene im Biofilm vorkommende Bakterien von gesundheitlicher Bedeutung wie z. B. *Burkholderia cepacia*, *Stenotrophomonas maltophilia*, *Acinetobacter* spp., *Enterobacter* spp., *Klebsiella* spp. und *Serratia marcescens*. In diesen Bereichen gilt die

Biofilmbildung als der wichtigste Risikofaktor für das Auftreten wasserassoziierter Krankheitserreger (Exner et al., 2007).

Freilebende Amöben sind in Biofilmen von technischen Wassersystemen (Trinkwasser, Kühlwasser) weit verbreitet. Sie sind aus mehreren Gründen von hygienischer Bedeutung. Einige Amöben sind pathogen für den Menschen und verursachen zum Teil schwerwiegende wasserassoziierte Erkrankungen wie granulomatöse Amöbenenzephalitis und Keratitis durch *Acanthamoeba* spp. und primäre Amöbenmeningoenzephalitis durch *Naegleria fowleri*. Einige Amöben dienen als Reservoire für pathogene Bakterien wie z. B. *Campylobacter jejuni*, *Mycobacterium* spp. oder *Legionella* spp. Die vegetativen Zellen, aber auch die Cysten der Amöben bieten einen Schutz für die intrazellulären pathogenen Bakterien gegenüber Desinfektionsmitteln. Außerdem kann eine intrazelluläre Vermehrung der Bakterien stattfinden. Dies ist ein wichtiger Prozess im Lebenszyklus von *L. pneumophila*, da im Biofilm die Vermehrung der Bakterien überwiegend intrazellulär in den Wirtsamöben *(Vermamoeba vermiformis*, *Acanthamoeba* spp.) abläuft.

Filamentöse Pilze und Hefen sind ebenfalls weit verbreitet in Biofilmen der Trinkwasserverteilung und Trinkwasser-Installationen vorhanden. Hygienische Beeinträchtigungen können durch die Bildung von unerwünschten Geruchs- und Geschmacksstoffen sowie die Bildung von Mycotoxinen auftreten. Einige Pilze wie *Aspergillus* spp. und *Fusarium* spp. sind von Bedeutung als Auslöser von nosokomialen Infektionen insbesondere von immunsupprimierten Risikopatienten im Krankenhaus (Exner et al., 2007).

Im Vergleich zu Trinkwasserverteilungssystemen ist die Biofilmbildung in Trinkwasser-Installationen von Gebäuden durch eine Reihe von Faktoren begünstigt wie hohes Verhältnis von Innenoberfläche zu Volumen in den Rohrleitungen, lange Stagnationszeiten des Wassers, erwärmtes Kaltwasser und Warmwasser mit günstigen Temperaturen im Wachstumsbereich von pathogenen Mikroorganismen (Flemming et al., 2014). Auch in Biofilmen der Trinkwasserverteilung werden fakultativ pathogene Bakterien in Biofilmen gefunden, in der Regel häufiger und in höheren Konzentrationen mit kultivierungsunabhängigen (meist PCR-basierten) Verfahren als mit Kulturverfahren, während sie kulturell nicht oder nur selten und in geringeren Konzentrationen nachweisbar sind. Das kann zum Teil daran liegen, dass die Bakterien im Biofilm in einem „viable but nonculturable" (VBNC)-Zustand vorliegen, in dem sie auf konventionellen Nährmedien nicht mehr wachsen und im Fall von pathogenen Bakterien ihre Infektiosität verlieren, aber noch einen Erhaltungsstoffwechsel aufweisen (Moritz et al., 2010; Li et al., 2014; Flemming et al., 2014). Unter günstigen Umweltbedingungen können VBNC-Bakterien wieder kultivierbar werden („Resuscitation") und im Fall von Krankheitserregern ihre Infektiosität wiedererlangen.

Biofilme im Bereich der Wasserentnahmestellen von Trinkwasser-Installationen können eigenständige Infektionsquellen darstellen, ohne dass die Trinkwasser-Installation des Gebäudes systemisch betroffen ist. An diesen Stellen kann einerseits ein Eintrag von hygienisch relevanten Mikroorganismen aus dem Wasser stammen oder es ist zusätzlich eine retrograde Kontamination durch Wasserspritzer aus dem Waschbecken oder durch Kontakt mit Händen usw. zu berücksichtigen. *P. aeruginosa* wurde peripher in Biofilmen von Strahlreglern und anderen Komponenten der Entnahmearmaturen sowie von Abflussrohren in Waschbecken nachgewiesen und als wahrscheinliche Ursache von nosokomialen Krankheitsausbrüchen beschrieben (Walker et al., 2014). Die Bildung schleimiger, schwarz pigmentierter Biofilme an Trinkwasserarmaturen durch Schwärzepilze mit der dominierenden Spezies *Exophiala lecanii-corni* wurde ebenfalls auf einen retrograden Eintragspfad aus der Umgebung und nicht durch das Trinkwasser beschrieben (Heinrichs et al., 2013). Es wurde als vorwiegend ästhetisches Problem bewertet und ein Infektionsrisiko wurde als gering eingeschätzt.

Unter ökologischen und epidemiologischen Aspekten können Biofilme als temporäre oder längerfristige Reservoire bzw. Habitate für hygienisch relevante Mikroorganismen betrachtet werden. Die Lebensweise im Biofilm ist für einige Pathogene ein wichtiger Bestandteil ihres Lebenszyklus wie z. B. für *L. pneumophila*. Je nach der Biologie und Ökologie der einzelnen Mikroorganismen finden unterschiedliche Interaktionen mit bzw. in den Biofilmen statt und die Persistenz und Infektiosität erfolgt spezifisch in unterschiedlicher Weise nach der Anheftung an oder Einnistung in die Biofilme (Abb. 9.10). Daraus geht hervor, dass die Berücksichtigung der Rolle der Biofilme in technischen Wassersystemen einen wichtigen Bestandteil in der Risikobewertung für die menschliche Gesundheit darstellt. Regelwerke wie z. B. die Richtlinie VDI/DVGW 6023 für den Bereich der Trinkwasser-Installation fordern daher, dass die Bildung von Biofilmen in Trinkwasser-Installationen durch Planung, Betrieb und Instandhaltung eingeschränkt werden muss.

W. Schmidt

9.5 Desinfektion von Trinkwasser

9.5.1 Einleitung

Die Desinfektion von Trinkwasser umfasst sämtliche Maßnahmen zur Abtötung bzw. Inaktivierung von Krankheitserregern. Dabei ist zu beachten, dass der Prozess der Desinfektion sehr eng mit der Zusammensetzung des jeweiligen Wassers verknüpft ist. Von daher wird die Desinfektion sehr oft in Kombination mit anderen Aufbereitungsmaßnahmen des Wassers erst wirksam. Besonders wichtig ist dabei eine hohe Eliminierungsrate von Trübstoffen. Zu diesem Zweck sind Filtrationsverfahren stets die Mittel der Wahl.

Die gebräuchlichsten Desinfektionsmittel *Chlorgas und Hypochloritlösung*, *Chlordioxid* und *Ozon* haben neben ihrer desinfizierenden Wirkung eine weitere gemeinsame Eigenschaft. Sie sind starke Oxidationsmittel und reagieren von daher mit den verschiedensten Wasserinhaltsstoffen.

Bei der Oxidation werden einem Teilchen (Atom, Ion oder Molekül) Elektronen entzogen. Die diesem Teilchen entnommenen Elektronen werden vom Oxidationsmittel aufgenommen. Dieser Vorgang, das Gegenteil einer Oxidation, wird als Reduktion bezeichnet. Die gesamte Reaktion, d. h. die Oxidation und die Reduktion wird als Redoxprozess bezeichnet.

Die wissenschaftlichen Grundlagen eines Redoxsystems basieren auf der *Nernst'schen* Gleichung.

$$E = E_o - \frac{RT}{zF} \ln \frac{a(Ox)}{a(Red)} \tag{9.1}$$

E: elektromotorische Kraft in Volt,
E_0: Normalpotenzial,
R: Gaskonstante
T: absolute Temperatur,
F: Faradaykonstante
z: Ladungsäquivalent
a: Aktivität der Redoxpartner

Wird der Nernst-Faktor RT/zF für T = 293 K berechnet, so wird nachfolgende Gleichung erhalten.

$$E = E_o - \frac{0{,}059}{z} \lg \frac{a(Ox)}{a(Red)} \tag{9.2}$$

Da die Größen (E) experimentell nicht zugänglich sind, muss eine Bezugsgröße gewählt werden, deren Wert gleich Null gesetzt wird. Darauf basierend können die Normalpotentiale (E_0) verschiedener Redoxsysteme ermittelt werden. Als Bezugselektrode wurde die Normal-Wasserstoffelektrode gewählt. In Tabelle 9.7 sind für ausgewählte Agenzien die Redoxpotenziale angegeben. Die oxidierende Wirkung des Mittels ist umso stärker, je positiver (E_0) ist.

Im Fall von Trinkwasser ist gemäß § 11 der Trinkwasserverordnung die Liste der Aufbereitungsstoffe und Desinfektionsverfahren (Teil I und II) maßgebend (Umweltbundesamt, 2017).

Diese Liste wird ständig aktualisiert und auf der Basis wissenschaftlich-technischer Erkenntnisse angepasst. Die letzte Aktualisierung erfolgte im Jahr 2017.

Für Desinfektionsverfahren und -produkte, die neu in diese Liste aufgenommen werden sollen, ist bei der zuständigen Behörde, dem Umweltbundesamt (UBA) ein Antrag zu stellen. Anschließend wird in der Regel im Rahmen eines befristeten Probebetriebes unter Versorgungsbedingungen an einer realen technischen Wasserversorgungsanlage eine so genannte Erweiterte Wirksamkeitsprüfung (EWP) durchgeführt.

Tab. 9.7: Redoxpotenziale E_0 (in Volt) bei 25 °C für in der Trinkwasseraufbereitung zugelassene Mittel.

Reaktion	E_0 in Volt, 25 °C
$O_3 + 2H^+ \Rightarrow O_2 + H_2O$ (gasförmig)	2,07
$H_2O_2 + 2H^+ + 2e^- \Rightarrow 2H_2O$ (sauer)	1,76
$MnO_4^- + 8H^+ + 5e^- \Rightarrow Mn^{2+} + 4H_2O$	1,51
$HOCl + H^+ + 2e^- \Rightarrow Cl^- + H_2O$	1,49
$Cl_2 + 2e^- \Rightarrow 2Cl^-$ (gasförmig)	1,36
$O_3 + H_2O + 2e^- \Rightarrow O2 + 2OH^-$	1,24
$ClO_2 + e^- \Rightarrow ClO_2^-$ (gasförmig)	1,15
$ClO_2 + e^- \Rightarrow ClO_2^-$ (aq.)	0,95
$ClO^- + 2H_2O + 2e^- \Rightarrow Cl^- + 2OH^-$	0,90
$H_2O_2 + 2H_3O+ + 2e^- \Rightarrow 4H_2O$ (basisch)	0,87
$Ag+ + e^- \Rightarrow Ag$ (fest)	0,8
$MnO_4^- + 2H_2O + 3e^- \Rightarrow MnO_2 + 4OH^-$	0,59
$O_2 + 2H_2O + 4e^- \Rightarrow 4OH^-$	0,40

Dies kann einen Zeitraum von 1 bis 3 Jahren umfassen und ist von fachkundigen, unabhängigen Einrichtungen zu überwachen. Nach Vorlage der Ergebnisse wird durch das UBA in Abstimmung mit allen beteiligten Parteien die Entscheidung über eine Aufnahme des neuen Produkts in die §-11-Liste getroffen.

Die Oxidationswirkung der Desinfektionsmittel ist ein störender Nebenprozess, durch den zum Teil unerwünschte Nebenprodukte, die so genannten Desinfektionsnebenprodukte (DNP, siehe Abschn. 9.6) entstehen. Ihre mögliche Bildung schränkt den Zusatz von Desinfektionsmitteln stark ein und betont die Bedeutung einer Aufbereitung, um die Wirkung des Desinfektionsmittels zu verbessern und die Bildung von DNP zu vermindern.

Die Erkenntnisse bezüglich der Bildung dieser Produkte beim Einsatz der unterschiedlichen Mittel und Verfahren wurden in den letzten Jahrzehnten stets erweitert. Heute ist bekannt, dass neben den chlorierten anorganischen und vor allem organischen Verbindungen auch bromierte, iodierte und stickstoffhaltige Komponenten gebildet werden. Deren schädliche Wirkung auf den menschlichen Organismus ist in der Regel noch größer als bei gechlorten Verbindungen.

Die Entstehung von DNP kann zudem mit der Ausbildung eines intensiven und unangenehmen Geruchs des Wassers verbunden sein. Im Allgemeinen werden geringe Konzentrationen von chlorhaltigen Mitteln als frisch und angenehm empfunden. Sind im Wasser jedoch beispielsweise gelöste Spuren von algenbürtigen Verbindungen, sogenannte Biopolymere enthalten, können deren Bausteine, die freien Aminosäuren, mit Chlor reagieren und sehr geruchsintensive (abgestanden, muffig) Verbindungen bilden (vgl. Abschnitt 9.6).

Aus diesem Grund sollten Optimierungsstrategien für jeden Desinfektionsprozess stets anwendungsbezogen ausgearbeitet und umgesetzt werden.

9.5.2 Desinfektionsmittel

Chlor/Hypochlorit

Für die Trinkwasserdesinfektion sind Chlorgas sowie Natrium- und Calciumhypochlorit zugelassen.

Gasförmiges **Chlor** ist ein Gefahrenstoff, der stark ätzend wirkt. Lagerung und Transport erfordern hohe Sicherheitsmaßnahmen. Bei kleineren Anlagen wird auf das gefährliche Chlorgas zugunsten einfacher zu handhabender Verbindungen verzichtet.

Chlorbleichlauge ist der Trivialname für gelöstes Natriumhypochlorit NaOCl, welches in gleicher Weise durch Lösung von Chlor in Natronlauge erhalten wird. Die Lösung zerfällt langsam unter Bildung von Sauerstoff und Chlorid. Dabei wird auch toxisches Chlorat gebildet.

Calciumhypochlorit ist als Granulat in der Hydratform, $Ca(OCl)_2 \cdot 8\,H_2O$, beständig, aber in der wasserfreien Form explosiv. Bei der Herstellung von Dosierlösungen fällt Calcit aus, insbesondere bei hartem Wasser, was zu technischen Schwierigkeiten in der Dosieranlage führen kann.

Die industrielle Produktion von Chlor basiert auf der elektrolytischen Oxidation von Chlorid. Dieser Prozess wurde auf die Bedürfnisse von Wasserversorgungsunternehmen angepasst. Es gibt heutzutage Generatoren, die am Ort der Verwendung des Chlors dieses stets frisch in der benötigten Menge produzieren können (Schmidt, 2009).

Auch bei einer **Elektrolyse** von Wasser selbst entsteht, sofern mehr als etwa 10 mg/l Chlorid-Ionen vorhanden sind, an der Anode neben Sauerstoff auch Chlor. Grund ist eine hohe Überspannung für die an sich bevorzugte Bildung von Sauerstoff, die durch Wahl geeigneter Elektroden verstärkt werden kann. Dies ist eine sichere Methode der Chlorherstellung. An der Kathode entsteht ein Wasser mit hohem pH-Wert, was zu Kalkablagerungen führen kann. Von Zeit zu Zeit ist eine Potenzialumkehr sinnvoll, um die Ablagerungen wieder aufzulösen.

In jüngster Zeit wurde eine Reihe kommerziell erhältlicher Chlorelektrolysegeneratoren unter wissenschaftlichen Gesichtspunkten geprüft und für die Desinfektion des Trinkwassers zugelassen.

Entsprechend der TrinkwV. dürfen in Deutschland nach Abschluss der Aufbereitung maximal 0,3 mg/l freies, d. h. aktives Chlor enthalten sein. Um eine sichere Desinfektion zu garantieren, müssen nach Abschluss der Aufbereitung mindestens 0,1 mg/l an freiem Chlor nachweisbar sein.

Chlor reagiert nicht nur mit den Wasserinhaltsstoffen, sondern auch mit dem Wasser selbst unter Ausbildung eines chemischen Gleichgewichts.

$$Cl_2 + H_2O \leftrightarrow HCl + HOCl \tag{9.3}$$

$$HOCl \leftrightarrow H^+ + OCl^- \tag{9.4}$$

Durch die dem Wasser innewohnende natürliche Pufferkapazität (Carbonat und Bicarbonat) wird die gebildete Salzsäure neutralisiert, so dass sich das Gleichgewicht von (9.3) zugunsten der Bildung von hypochloriger Säure HOCl verlagert. Die hypochlorige Säure, das eigentliche Oxidations- und Desinfektionsmittel, dissoziiert als schwache Säure nach Reaktion (9.4). Danach liegen in dem für die Trinkwasseraufbereitung zugelassenen pH-Wertbereich von 6,5 bis 9,5 hauptsächlich die hypochlorige Säure und das Hypochloritiion vor.

Chlordioxid

Chlordioxid wird in der Regel am Ort des Einsatzes hergestellt. Die üblichen Prozesse basieren dabei zumeist auf der Oxidation von Chlorit mit Säure bzw. mit Chlor. Zudem wird auf dem Markt der Einsatz von Peroxosulfaten zum Zweck der Oxidation angeboten. Für die Trinkwasserdesinfektion hat dieses Verfahren bisher noch keine vollständige Zulassung. Für einzelne Produkte werden in Deutschland erweiterte Wirksamkeitsprüfungen durchgeführt. Dies beinhaltet auch die Bereitstellung von vergleichsweise stabilen Chlordioxidstammlösungen.

Das entscheidende Qualitätskriterium dabei ist immer die Vollständigkeit der Umsetzung des Chlorits und die Bildung von unerwünschten Nebenprodukten, in diesem Fall des Chlorats während der Generierungsphase.

Im Gegensatz zu Chlor ist die desinfizierende Wirkung von Chlordioxid nicht so stark vom pH-Wert abhängig. Chlordioxid reagiert nicht mit dem Wasser, sondern nur mit Wasserinhaltsstoffen. Dies bedeutet, dass es sich nur physikalisch im Wasser löst, jedoch nicht hydrolisiert und dissoziiert. Im Gegensatz zum Chlor ist Chlordioxid nicht so stabil. Es unterliegt in wässrigen Lösungen in Abhängigkeit vom pH-Wert und unter der Einwirkung von Temperatur und Licht einem Selbstzerfall (Gleichungen (9.5) und (9.6)).

$$2\,ClO_2 + OH^- \longrightarrow ClO_2^- + ClO_3^- + H_2O \tag{9.5}$$

$$2\,ClO_2 + H_2O \longleftrightarrow ClO_2^- + ClO_3^- + 2\,H^+ \tag{9.6}$$

Ein weiterer Vorteil ist die vergleichsweise geringe Bildung von organischen Desinfektionsnebenprodukten wie z. B. THM.

Höhere Konzentrationen ClO_2 (5 mg/l, aber auch mehr) können dem Abwasser zugegeben werden, wenn im Notfall eine Desinfektion erforderlich ist, weil hier die Bildung von Chlorit-Ionen keine Gefährdung darstellt. Im Gewässer werden die Chlorit-Ionen zu Chlorid-Ionen reduziert. Chlordioxid ist in Abwasser wirksamer als Chlor, weil es nicht mit den Stickstoffverbindungen reagiert. Es bildet nur in geringem Maß Desinfektionsnebenprodukte.

Ozon

Ozon wird an Ort und Stelle aus Luftsauerstoff oder reinem Sauerstoff durch stille elektrische Entladung hergestellt. Es ist ein starkes Oxidations- und wirksames Desinfektionsmittel. An Schwimmbecken wurde mit Ozon eine um den Faktor 10 schnellere Abtötung von gewaschenen *E. coli* nachgewiesen als mit Chlor (Hässelbarth, 1980). Bei der Aufbereitung von Oberflächenwasser steht die Wirkung als Desinfektionsmittel natürlich in Konkurrenz mit der Oxidation von organischen Stoffen. Die Trennung in Vorozonung, Filterung und Hauptozonung wird sich daher günstig auf die Desinfektion auswirken. Da die Einwirkzeit des Ozons auf das Wasser nicht sehr lang ist, kommt es auf eine gute Vermischung und vor allem auf eine gute Verdrängungsströmung im Reaktor an. Kurzschluss-Strömungen sind zu vermeiden.

Ozon bildet Sauerstoffradikale und wirkt deshalb stark toxisch auf den Menschen. Daher dürfen im aufbereitetem Trinkwasser nicht mehr als 0,05 mg/l O_3 verbleiben (nach österreichischer Vorschrift 0,1 mg/l O_3). Schwer abbaubare (so genannte refraktäre) organische Verbindungen werden nach der Oxidation mit Ozon für Bakterien verwertbar. Daher muss zwingend als letzter Schritt eine Filtration folgen, damit diese potenzielle Nahrungsquelle für Mikroorganismen/Krankheitskeime im Trinkwasser eliminiert wird. Besteht das Filterbett aus Aktivkohle, so tritt eine intensive bakterielle Besiedlung ein und infolge der starken Stoffumsätze eine Mineralisierung des DOC, d. h. ein starker Abbau der organischen Substanz.

Ozon reagiert mit vielen organischen und anorganischen Wasserinhaltsstoffen. Die Ozonung ist ein anerkanntes Verfahren zur Entfärbung von beispielsweise braunen Huminstoffen. Darüber hinaus können mit diesem Verfahren störende Geschmacks- und Geruchsstoffe oxidiert werden. Ozon reagiert besonders schnell mit ungesättigten aromatischen und aliphatischen Verbindungen. Dabei entsteht ein sehr charakteristisches Spektrum an Nebenprodukten (Pelszus, 1996; Schmidt, 1996 und 1998; von Gunten, 1997).

Die Reaktionen des Ozons in Wasser sind pH-Wert-abhängig. Unterhalb des Neutralpunktes (pH = 7) reagiert Ozon kaum mit Wasser und liegt demzufolge als O_3-Molekül vor. Bei höheren pH-Werten zerfällt Ozon spontan unter Bildung von Hydroxylradikalen ($OH^\cdot$) und Sauerstoff. Dieser Prozess wird in Gleichung 9.7 beschrieben, ohne dabei die Detailreaktionen zu berücksichtigen.

$$O_3 + H_2O \rightarrow 2\,OH^\cdot + O_2 \tag{9.7}$$

Die $OH^\cdot$-Radikale sind sehr reaktiv und erhöhen die oxidative Wirkung des Ozons beträchtlich. Um gezielt die Konzentration der reaktiven $OH^\cdot$-Radikale im Wasser auch bei niedrigen pH-Werten zu erhöhen, können verschiedene Oxidationsmittel in Kombination eingesetzt werden. Dieser Prozess wird als AOP (*Advanced Oxidation Process*) bezeichnet. Dazu zählen die Kombinationen von Ozon und Wasserstoffperoxid, Ozon und UV-Strahlung sowie Wasserstoffperoxid und UV-Strahlung. Beispielhaft verdeutlicht Reaktion 9.8 diesen Prozess [Wasserchemie, 1993].

$$2\,O_3 + H_2O_2 \rightarrow 2\,OH^\cdot + 3\,O_2 \tag{9.8}$$

Tab. 9.8: c t-Werte für die Reduktion von Mikroorganismen um 99 % durch Ozon, c t-Werte in mg min l^{-1}.

Mikroorganismus	c t-Wert	pH-Wert	Temperatur in °C
E.Coli	0,02	6–7	5
Polio 1	0,1–0,2	6–7	5
Rotavirus	0,006–0,06	6–7	5
Gardia lamblia	0,5–0,6	6–7	5
Gardia muris	1,8–2,0	6–7	5
Cryptosporidien	3,5–10	7	25

Die Desinfektionswirkung des Ozons wird einmal durch dessen Konzentration und die Kontaktzeit, sowie auch durch die Wasserbeschaffenheit bestimmt. Die $OH^{\cdot}$-Radikale spielen dabei eine untergeordnete Rolle, da ihre Konzentration meist 7 bis 10 Größenordnungen kleiner ist als die des Ozons.

In den letzten Jahren wird zur Abschätzung der Desinfektionswirkung häufig des c t-Konzept verwendet (Langlais, 1991; von Gunten, 1992; Stellungnahme des FA „Desinfektion und Oxidation", 1999). Das c t-Konzept geht davon aus, dass durch das Produkt von Desinfektionsmittelkonzentration (c) und Einwirkzeit (t) unter Beachtung der Temperatur die Desinfektionswirkung ausreichend beschrieben werden kann. In Tabelle 9.8 sind beispielhaft experimentell bestimmte c t-Werte für die Abtötung verschiedener Mikroorganismen mit Ozon aufgeführt. Zu beachten ist dabei, dass die mittels Laboruntersuchungen erhaltenen c t-Werte nur bedingt auf die Verhältnisse in realen Wässern übertragbar sind, weil in natürlichen Wässern mit fäkalen Kontaminationen die Krankheitserreger auch in Partikeln, in denen sie gegen die Einwirkung von Desinfektionsmittel gut geschützt sind, vorliegen. Die c t-Werte sind daher für Laboruntersuchungen sehr hilfreich und sollten für die Praxis nur als Anhaltspunkt für eine Bewertung genutzt werden.

UV-Strahlung

Die Trinkwasserdesinfektion mit UV-Strahlen durch geprüfte Anlagen ist ein modernes und etabliertes Verfahren.

Die UV-Desinfektion als Teil der Aufbereitung und Desinfektion im Wasserwerk ist dann angemessen, wenn das Wasser klar und farblos, das Rohrnetz intakt und ein Zusatz von Chlor oder Chlordioxid für eine Desinfektionskapazität im Netz entbehrlich ist.

Die Erzeugung von UV-Strahlung zur Wasserdesinfektion erfolgt üblicherweise mit Quecksilberdampf (Hg)-Strahlern. Unterschieden werden hierbei Niederdruck- und Mitteldruckstrahler. Letztere emittieren polychromatische UV-Strahlung im desinfektionsrelevanten Spektralbereich von 200–300 nm, wobei nicht nur der Angriff auf die Nukleinsäuren von Mikroorganismen zur Inaktivierung beiträgt, sondern auch eine Veränderung der Proteine eine Rolle spielt (Masschelein und Rice, 2002;

Jungfer, 2006; Eischeid, 2009). Quecksilberniederdruckstrahler emittieren monochromatische UV-Strahlung bei einer Wellenlänge von 254 nm. Eine Weiterentwicklung stellen die Hochleistungs-Niederdruckstrahler dar, die mit Amalgan dotiert sind, welches den Quecksilberdampfdruck verringert (Asano et al., 2007). Dadurch ist es möglich, mehr Leistung pro Länge, verglichen mit einem normalen Niederdruckstrahler zu erzeugen. Weiterhin wird aktuell am Einsatz von ultravioletten Leuchtdioden (UV-LEDs) geforscht, die eine wesentlich höhere Energieeffizienz als vergleichbare Methoden der UV-Desinfektion aufweisen (Kneissl, 2010).

Die grundsätzliche Wirksamkeit von UV-Strahlen bedeutet aber nicht, dass auf jeden Strahler vertraut werden kann. Es ist eine Mindestdosis an jedem einzelnen Bakterium und jedem Virus erforderlich. Die technische Ausführung der UV-Anlagen und die Wasserbeschaffenheit führen vielfach dazu, dass nicht alle Krankheitserreger dieser Mindestdosis ausgesetzt werden. Auch bei Anlagen mit starken Strahlern ist häufig eine Abnahme der KBE nur um eine Zehnerpotenz festzustellen, was völlig unbefriedigend ist. Es ist auf die Schwächung des UV-Lichts durch Absorption, auf Trübstoffe, auf Kurzschluss-Strömungen und auf Ablagerungen an den Strahlern zu achten. Die vielfältigen Einflussgrößen werden bei der Typprüfung der UV-Anlagen mit Hilfe einer Biodosimetrie erfasst und bewertet (DVGW W 294, 2006).

Die Schwächung des UV-Lichts durch Absorption wird durch einige gelöste Stoffe, insbesondere Huminstoffe, bewirkt und durch Messung des spektralen Absorptionskoeffizienten (SAK, bei 254 nm) des Wassers bestimmt. Er ist eine logarithmische Größe. Ein Wert von 10 · 1/m bedeutet, dass nach 0,1 m nur noch ein Anteil von 0,1 oder 10 % der ursprünglichen Lichtintensität vorhanden ist, nach 0,2 m nur 0,01 (1 %) usw. und nach 1 m nur noch ein Anteil von 10^{-10}. Da Wässer mit solchen Werten des SAK_{254} nicht selten sind, dürfen die Abstände der Strahler voneinander nicht viel mehr als etwa 10 cm betragen.

Eine weitere Schwächung des UV-Lichts wird auch durch Streuung an Trübstoffen bewirkt. Von größerer Bedeutung ist jedoch die Möglichkeit, dass sich Krankheitserreger in den Trübstoffen der Wirkung der UV-Strahlung entziehen. Insbesondere Viren sind immer an oder in Trübstoffe an- oder eingelagert. Die Trübung von Wasser, das mit UV-Strahlen desinfiziert werden soll, darf nach einer Empfehlung der Trinkwasserkommission deswegen 0,3 FTU (Formazin-Einheiten, englisch: formazine turbidity units) nicht übersteigen.

Zudem sollten die Gehalte an Eisen und Mangan 50 bzw. 20 µg/l nicht überschreiten.

Für eine Wirksamkeit von UV-Strahlen wird als Mindestdosis eine äquivalente Strahlungsstärke verlangt, wie sie der Wirkung von 400 J/m² in einer genormten, flachen Laboranlage entspricht. Diese auf eine Fläche bezogene Strahlung ist nicht zu verwechseln mit der in der Anlage herrschenden Raumstrahlung, die logarithmisch mit dem Abstand vom Strahler abnimmt und für die kein Wert angegeben werden kann. Die technische Anlage soll die gleiche Wirkung wie bei Bestrahlung einer nur 5 mm dicken Flüssigkeitsschicht in der Laboranlage mit einer Dosis von 400 J/m^2 (40 mJ/cm^2) haben (Biodosimetrie).

Diese Vorgehensweise ist inzwischen für UV-Anlagen zur Trinkwasserdesinfektion international anerkannt und in vielen Ländern bei Einsatz für die öffentliche Trinkwasserversorgung behördlich vorgeschrieben (z. B. ÖNORM M 5873-1 und -2, 2007; DVGW 294, 2006).

Die Biodosimetrie erfolgt mit *E. coli*, vor allem aber mit den wesentlich weniger empfindlichen *Bacillus subtilis*-Sporen (Cabaj et al., 1996).

Bei ständigem Betrieb der UV-Anlagen sind Ablagerungen am Strahler und Alterung der Strahler von großer Bedeutung. Die ausreichende Wirkung der Strahler muss fortlaufend mit einem Photodosimeter überwacht werden.

Um eine sichere Desinfektion jederzeit zu garantieren wird für Trinkwasseraufbereitungsanlagen ein Betriebsbereich der Anlagen definiert, der die Mindestbestahlungsstärke in W/m^2 gegenüber dem Durchsatz in m^3/h festgelegt.

Die Anwendung ultravioletter Strahlung hat auch für Abwasserdesinfektion im Laufe der letzten Jahrzehnte beträchtlich zugenommen. Heutzutage verwenden beispielsweise über zwanzig Prozent der Abwasseraufbereitungsanlagen in den Vereinigten Staaten diese umweltfreundliche Technologie.

In Europa gewann der Einsatz der UV-Strahlung zur Desinfektion von behandeltem Abwasser insbesondere in den letzten Jahren im Zusammenhang mit der Einhaltung mikrobiologischer Grenzwerte für Badegewässer stark an Bedeutung.

Für die Abwasserdesinfektion gibt es aber bisher im Gegensatz zur Trinkwasserdesinfektion noch keine international einheitlichen Anforderungen und Normen.

Es liegen derzeit auch keine objektiven, wissenschaftlich abgesicherten Anforderungen an die Desinfektionsleistung von Abwasser-UV-Anlagen vor. Es ist zu beachten, dass hohe Partikelgehalte die Mikroorganismen durch Abschirmung, Absorption, Blockierung und Streuung der Strahlung schützen.

9.5.3 Desinfektionskapazität in Leitungsnetzen und Wartung von Anlagen

Desinfektionskapazität in Leitungsnetzen

Die Vorhaltung einer Mindestkonzentration an Desinfektionsmitteln im Netz wird als Desinfektionskapazität mit Depotwirkung bezeichnet. Eine Desinfektionskapazität ist nicht erforderlich, wenn das Wasser nach der Aufbereitung mikrobiologisch einwandfrei ist und eine mikrobiologische Kontamination des Rohrnetzes nach aller Erfahrung und aufgrund der fortlaufenden Pflege unwahrscheinlich ist. Im Gegensatz dazu bietet auch die Vorhaltung einer Mindestkonzentration an Desinfektionsmitteln im Netz keine hinreichende Sicherheit, wenn Ressourcenschutz, Aufbereitung oder Rohrnetzpflege nicht den Regeln der Technik entsprechen. Wenn allerdings in Rohrnetzen die Anforderungen der TrinkwV in Bezug auf Krankheitserreger nur durch Desinfektion eingehalten werden können, dann ist eine Desinfektionskapazität im Rohrnetz obligatorisch. Zu beachten ist auch, dass eine UV-Desinfektion keine Depotwirkung besitzt.

Am Ausgang des Wasserwerkes müssen als Desinfektionskapazität, sofern sie erforderlich ist, mindestens 0,1 mg/l Cl_2 bzw. mindestens 0,05 mg/l ClO_2 nachweisbar sein. Dies hat eher praktische Gründe, um die Überwachung zu erleichtern, weil sonst weitere mikrobiologische Kontrollen angeordnet werden müssten.

Zulässig für die Desinfektionskapazität im Netz sind nur freies Chlor mit höchstens 0,3 mg/l Cl_2 (in Sonderfällen bis zu 0,6 mg/l Cl_2) oder Chlordioxid mit höchstens 0,4 mg/l ClO_2. Reichen diese Konzentrationen nicht aus, dann sind die Stufen des multiplen Barrierensystems zu verstärken, z. B. durch Ozonung bei der Aufbereitung, Verbesserung der Flockung, Einsatz von Langsamsandfiltern, Auskleidung der Rohre mit Zementmörtel oder Kunststoffschläuchen aus Polyethen. Möglich ist auch eine wiederholte Chlorung entlang einer Versorgungsleitung oder an Wasserbehältern oder an der Übergabe an Versorgungsnetze.

In Endsträngen, die nicht immer mit frischem Wasser durchflossen werden, kann sich infolge der Zehrung keine ausreichende bzw. nur eine häufig schwankende Restkonzentration an Desinfektionsmittel ausbreiten. Dieser Nachteil kann zur Aufkeimung des Wassers führen. Zunächst ist dann immer zu prüfen, ob auf eine Desinfektion des Wassers ganz verzichtet werden kann. Dies erfordert in der Regel zunächst eine intensivere Überwachung der Wasserqualität. Durch die dann vorliegenden stabileren Verhältnisse in diesen Netzabschnitten wird sehr häufig eine Verbesserung der Situation beobachtet.

Nachdesinfektionen können einen Anstieg der Konzentration an Desinfektionsnebenprodukten bewirken. Darüber hinaus muss beachtet werden, dass die für die Nachdesinfektion erforderliche „Hardware“, d. h. die Desinfektionsmittelstammlösung bzw. ein Generator zur Herstellung von Desinfektionsmitteln sowie die Dosiertechnik in der Regel ständig vorgehalten und gewartet werden müssen, auch wenn eine Nachdesinfektion nicht ständig notwendig ist. Zudem ist zu beachten, dass diese Stellen vielfach nicht auf einem Betriebsgelände von Wasserversorgungsunternehmen stehen. Dennoch müssen auch in diesen Fällen alle erforderlichen sicherheitstechnischen Regeln eingehalten werden (DVGW Kurs 5 Wasserchemie (jährlich)).

Reinigung und Desinfektion von Trinkwasserversorgungsanlagen

Eine Desinfektion kann eine vorher durchgeführte Reinigung nur nachhaltig ergänzen. Eine Desinfektion allein ist hingegen nicht zielführend. Vor allem in Rohrleitungen sind die im Regelwerk genannten Konzentrationen der Desinfektionschemikalien und Einwirkzeiten für eine Reinigung zu gering (Wricke, B., 2013; Klein, 2018). Zudem ist bekannt, dass die Einwirkung von Desinfektionsmitteln auf Biofilme im weiteren Verlauf zu einer höheren Verkeimung führen kann. Die Gründe sind dafür offensichtlich in der Nährstoffbereitstellung aus Biofilmkompartimenten für andere Mikroorganismen und im niedrigeren Konkurrenzdruck für Krankheitserreger zu sehen (IWW, 2014).

Zur Anlagendesinfektion haben sich verschiedene Desinfektionschemikalien bewährt. Eine Übersicht gibt Tabelle 9.9.

Tab. 9.9: Anwendungskonzentration von Desinfektionsmitteln (statische Verfahren).

Agenz	verwendete Form	Konzentration der Anwendung
Wasserstoffperoxid	wässrige Lösung	150 mg/l
Hypochloritlösung	wässrige Lösung	50 mg/l (freies Chlor)
Calciumhypochlorit	Granulat	50 mg/l (freies Chlor)
Chlordioxid	wässrige Lösung auf der Basis von Peroxodisulfat	6 mg/l (ClO_2)

Die desinfizierende Wirkung von H_2O_2 und von Peroxiden, die in Wasser H_2O_2 bilden, ist im Vergleich zu Chlor, Chlordioxid oder Ozon sehr gering.

Es werden aber am Markt zahlreiche Präparate angeboten, die H_2O_2 oder Peroxide enthalten. Sie dürfen nicht zur Trinkwasserdesinfektion selbst, sondern nur zur Desinfektion von Brunnen, Anlagen und Rohrleitungen angewendet werden, die außer Betrieb genommen werden und nach der Desinfektion gespült werden.

Im Fall der Desinfektion von Anlagen und Anlagenteilen ist zwischen dem statischen und dem dynamischen Verfahren zu entscheiden. Beim statischen Verfahren, beispielsweise eines Rohrleistungsabschnitts bleibt die Desinfektionslösung mindestens 12 Stunden vollständig darin.

Dynamische Verfahren sind demgegenüber nur unter bestimmten Gegebenheiten möglich. Beispielsweise eignen sich Doppel- oder Ringleitungen für das Kreislaufverfahren. Dabei sorgt eine Pumpe für die kontinuierliche Durchströmung des Rohrleitungsabschnittes mit Desinfektionslösung. Die Zehrung des Desinfektionsmittels wird durch Nachdosierung ausgeglichen (Klein, 2018).

9.5.4 Nachweis der Desinfektionsmittel Chlor und Chlordioxid

Die analytische Überwachung des Restdesinfektionsmittels im Reinwasser und gegebenenfalls im Verteilernetz sowie an Stellen der Nachdesinfektion ist ein wichtiges Instrument für die Gewährleistung einer sicheren Desinfektion bei und niedriger Nebenproduktbildung.

Diejenigen Wasserwerke, die auf eine ständige bzw. zeitweilige Desinfektion bzw. Nachdesinfektion angewiesen sind, haben die in Tabelle 9.10 dargelegten Optionen für diese Kontrolle.

Die Methode der Wahl ist das kolorimetrische Verfahren der Reaktion der oxidierenden Agentien Chlor, hypochlorige Säure, Hypochlorit und Chlordioxid mit von N,N-Diethyl-p-Phenylendiamin (DPD) zu einem roten Farbstoff (Wursters Rot). Die Angabe des Ergebnisses erfolgt in der Regel in mg/l Chlor (Cl_2).

Das direkt bestimmbare Chlor wird als „freies Chlor“ bezeichnet. Zusätzlich erzeugt das gebundene Chlor (Chloramin) nach Zusatz von Kaliumiodid (KI) mit DPD den roten Farbstoff. Bei Zusatz von KI wird also Gesamtchlor bestimmt, während sich der Gehalt an gebundenem Chlor aus der Differenz von Gesamtchlor und freiem Chlor ergibt.

Tab. 9.10: Verfahren zur Analyse von Chlor bei der Desinfektion von Trinkwasser.

	Farbreaktion mit DPD (Online-Messgerät)	**Farbreaktion mit DPD (Messkoffer)**	**Amperometrie (Online-Verfahren)**	**UV-VIS-Spektroskopie (Online-Verfahren)**
Reaktion	Oxidation von N,N-Diethyl-p-phenylendiamin zu rotem Farbstoff (Wursters Rot)	Oxidation von N,N-Diethyl-p-phenylendiamin zu rotem Farbstoff (Wursters Rot)	$OCl^- + 2\,e^- \rightarrow Cl^- + 2\,OH^-$ $4\,H^+ + ClO_2 + 5\,e^- \rightarrow Cl^- + 2\,H_2O$	e^--Übergänge bei: 236 nm: hypochlorige Säure 292 nm: Hypochlorit 360 nm: Chlordioxid
Messbereich Cl_2 [mg/l]*	0.05–2 mg/l*	0.05–2 mg/l*	0.02–1.5 mg/l	0.05– mg/l
Fehlerquellen/Schwachstellen	Stabilität der Agentien	diskontinuierliche Messung	kontinuierlicher Betrieb erforderlich	Kosten
Reproduzierbarkeit bei $C_{Cl2frei}$ = 0.1 mg/l	S_{rel} ** = ±10 %	S_{rel} ** = ±10 %	nicht ermittelt	S_{rel} ** = ±5 %
Erfassung von Chlor und Chlordioxid im Gemisch	nicht selektiv (Maskierung von Chlor erforderlich)	nicht selektiv (Maskierung von Chlor erforderlich)	selektiv	selektiv
Bemerkungen	Anwendung in deutschen Wasserwerken	in deutschen Wasserwerken weit verbreitet	in deutschen Wasserwerken weit verbreitet	in Entwicklung

*) Der Bereich bezieht sich auf das unter Laborbedingungen erhaltene Ergebnis eines F&D-Projektes und nicht auf DIN- bzw. Herstellerangaben (Schmidt, W., 2005).

**) relative Standardabweichung

Das Ergebnis dieser Bestimmung ist die Konzentration der Oxidationsäquivalente in mmol/l. Wird dieses Ergebnis durch die Zahl der Elektronen, die an der Redoxreaktion beteiligt sind, geteilt, so erhält man die Stoffmengenkonzentration in mmol/l und durch Multiplikation mit der molaren Masse die Massekonzentration in mg/l.

Wird durch die Färbung von DPD z. B. 1 mg/l Cl_2 kolorimetrisch angezeigt, so können dies, je nach oxidierendem Stoff im Wasser, auch 1,9 mg/l Chlordioxid (pH 6 bis 8) oder 0,38 mg/l Chlordioxid (pH 2 bis 3) oder 0,48 mg/l Chlorit-Ionen (pH 2 bis 3) oder 0,23 mg/l Ozon sein.

Die im Gegensatz zur Farbreaktion selektive amperometrische Messung erfordert, wie alle elektrochemischen Methoden, vor allem Kontinuität und eine regelmäßige Wartung der Messeinrichtungen. Diese Methode ist Standard in vielen deutschen Wasserwerken. Zur Verfügung stehen nunmehr auch Elektroden für die Chloritbestimmung.

Die Empfindlichkeit und Reproduzierbarkeit der einzelnen Verfahren ist vergleichbar.

In diesem Zusammenhang ist jedoch zu bemerken, dass in jedem Fall das Niveau der erforderlichen Mindestrestkonzentration nach Abschluss der Aufbereitung an freiem Chlor (0,1 mg/l) und Chlordioxid (0,05 mg/l) im unteren Verfahrensbereich der einzelnen Bestimmungsmethoden liegt. Dies ist unbestritten ein Nachteil dieser Methoden, weil die Genauigkeit darunter leiden kann. Demnach wird die relative Verfahrensstandardabweichung in diesem Bereich für Chlor mit ±10 % und für Chlordioxid sogar mit ±25 % angegeben (DVGW Kurs 5 Wasserchemie (jährlich)).

Ein großer Nachteil der photometrischen Verfahren ist zudem die fehlende Unterscheidung zwischen Chlor und Chlordioxid.

Grundlegend neue Verfahren für die selektive online-Erfassung freier Restgehalte an Desinfektionsmitteln sind derzeit nicht in Sicht. Das in Tabelle 9.10 angegebene UV-VIS-Verfahren ist zwar selektiv gegenüber Chlor und Chlordioxid, wurde aber aus Kostengründen bisher nicht in den Routinebetrieb überführt. Gut geeignet ist diese Methode vor allen Dingen zur Kontrolle von Stammlösungen. Dieser Aspekt steht zunehmend im Fokus, weil heutzutage bekannt ist, dass sich die Stammlösungen durch Licht und Temperatureinflüsse unter Bildung toxischer Nebenprodukte zersetzen. Eine Prüfung der handelsüblichen Produkte bzw. der vor Ort hergestellten Lösungen kann in der Regel im Labor erfolgen.

W. Schmidt

9.6 Desinfektionsnebenprodukte

9.6.1 Einführung

Der Nachweis der Bildung von Chloroform infolge der Chlorung des Wassers hat zu einer sehr intensiven Auseinandersetzung mit eventuellen nachteiligen Folgen der

Desinfektion von Trinkwasser geführt (z. B. Rook, 1974, ISPRA Study, 1996). Die Aufklärung und Verhinderung der Entstehung von möglicherweise für den Menschen toxischen Desinfektionsnebenprodukten (DNP; englisch: *disinfection by-products*, DBP) sind bis heute häufig Gegenstand systematischer wissenschaftlicher Untersuchungen. Neben der Bildung von Chloroform infolge der Chlorung betrifft dies in Deutschland insbesondere das Chlorit, das bei der Verwendung von Chlordioxid als Desinfektionsmittel entsteht.

Da sich jedoch nicht nur Chloroform bei der Chlorung bildet, spricht man zusammenfassend von Haloformen für die Summe aus Bromoform, Chloroform und Mischverbindungen. Die chemisch korrekte Bezeichnung ist Trihalogenmethane, THM, für die Summe aus Trichlormethan, Dichlorbrommethan, Dibromchlormethan und Tribrommethan.

Diese vier Stoffe sind jedoch nur die Spitze des Eisbergs. Die Bildung von weiteren Komponenten von denen bisher eine große Zahl strukturell aufgeklärt wurde gilt als sicher. Zu den bekanntesten zählen die halogenierten Essigsäuren, von denen, wie schon bei den THM gechlorte, bromierte und gemischt halogenierte gefunden wurden. Im Allgemeinen ist die Konzentration dieser Halogensäuren aber niedriger als die der THM.

Zu den weiteren, als relevant erkannten Substanzklassen zählen die Haloamide, Haloketone, Haloacetonitrile, Halonitromethane und Haloanisole.

Parallel zu den halogenierten Verbindungen entstehen auch immer nicht halogenierte Nebenprodukte. Deren Zahl ist ebenfalls sehr hoch und umfasst neben Alkoholen die Gruppen der Aldehyde, Ketone und Säuren (Schmidt, 1996 und 1998).

Eine Gruppe, der wegen ihrer vergleichsweise hohen Toxizität besondere Beachtung geschenkt werden muss umfasst die stickstoffhaltigen Nebenprodukte, insbesondere die Nitrosamine (z. B. Krasner, 2009). Stickstoffhaltige DNP können in halogenierter und nicht halogenierter Form gebildet werden.

Der Einsatz des starken Oxidationsmittels Ozon zum Zweck der Oxidation und Desinfektion in der Trinkwasseraufbereitung führte in den 90er Jahren erneut zu konträren Diskussionen, was die Bildung und Wirkung von Nebenprodukten betrifft. Bei der Einwirkung von Ozon auf organische Wasserinhaltsstoffe entsteht eine Vielzahl niedermolekularer Verbindungen mit Aldehyd-, Keto- und Säurestrukturen (z. B. Hoigné und Bader, 1983; Haag und Yao, 1992; Schmidt, 1998), die biologisch leicht abbaubar sind und dadurch eine Vermehrung von Keimen im Wasser fördern können. Hinzu kommt, dass bei der Ozonung bromidhaltiger Wässer das als Krebs erregend eingestufte Bromat entstehen kann.

In den nationalen und internationalen Regelwerken wurde dieser Entwicklung Rechnung getragen und für die Konzentration von DNP im Trinkwasser wurden Grenzwerte festgelegt (siehe Kap. 10). Dabei wurden teils Summenwerte gewählt (z. B. THM) und teils Einzelstoffe begrenzt (z. B. Bromat).

Damit gelangte eine weitere Gruppe von Nebenprodukten, die der anorganischen Halogensauerstoffverbindungen in den Fokus der Untersuchungen. Zu dieser

Gruppe zählen neben Bromat insbesondere Chlorat, Perchlorat sowie ferner Iodat und Periodat.

Die schädliche Wirkung dieser Komponenten auf den menschlichen Organismus, vornehmlich von Kleinkindern, wurde zunächst unterschätzt, ist aber heute unbestritten (WHO, 2005 und 2011; BfR, 2014). Folglich wurden für einige Produkte Regulierungen verschärft bzw. sind in der Diskussion.

Im Zusammenhang mit dem Auftreten von Chlorat und Perchlorat im desinfizierten Trinkwasser rückt ein Aspekt in den Mittelpunkt, der bisher vergleichsweise wenig beachtet wurde: die Frische und Stabilität einer Desinfektionsmittelstammlösung insbesondere in der warmen Jahreszeit. Dieses Problem trifft mit Ausnahme von Chlorgas alle zugelassenen Stammlösungen (Schmidt, 2016).

Schließlich ist jedes Wasserversorgungsunternehmen bemüht, die Dosis der erforderlichen Desinfektionsmittel so niedrig wie möglich zu halten. Anders als in vielen Ländern der Erde spürt der Verbraucher die Gegenwart eines Desinfektionsmittels nicht bzw. kaum. Dadurch behält das Wasser seinen natürlichen Geschmack und ist geruchslos. Im Gegensatz dazu entfällt aber der von vielen Menschen als frisch und gesund empfundene, leicht chlorige Eindruck des Trinkwassers. Nachteilig ist zudem, dass – auch aufgrund von Reaktionen im Wasser – es zur Bildung von geruchsbürtigen Verbindungen kommen kann, die einen leicht abgestandenen Eindruck des Wassers vermitteln können.

Die Frage nach der toxikologischen Relevanz der Desinfektionsnebenprodukte wird schließlich in Richtung ihrer *Mutagenität*, *Gentoxizität* (in vivo oder in vitro) und *Cancerogenität* bewertet. In Verbindung mit der Häufigkeit und Konzentration ihrer Bildung im Trinkwasser können diese Stoffe eingeordnet werden, worauf letztendlich die von nationalen und internationalen Gremien erlassenen Regulierungen basieren (z. B. Hebert A, 2010).

Die geltenden Standards in Deutschland und im Rahmen der Europäischen Gemeinschaft werden ständig aktualisiert. Jüngstes Beispiel ist die Herabsetzung des Richtwertes für Chlorat von 200 auf 70 µg/l (Umweltbundesamt, 2017).

Schlussendlich sollte bei aller Diskussion immer beachtet werden, dass die Gefahr infolge einer mikrobiellen Verunreinigung des Trinkwassers zu erkranken deutlich höher ist als das gesundheitliche Risiko, welches aus der Bildung von Desinfektionsnebenprodukten und Geruchsbeeinträchtigungen resultiert.

9.6.2 Trihalogenmethane (THM), halogenierte Kohlenwasserstoffe

Die Reaktionen der geläufigsten organischen Wasserinhaltsstoffe, d. h. der Huminstoffe als auch algenbürtiger Substanzen, mit dem für die Desinfektion des Trinkwassers eingesetzten Chlor führen zur Bildung halogenierter Nebenprodukte, deren wichtigste Vertreter die Trihalogenmethane (THM) sind. Die organischen Wasserinhaltsstoffe, die mit Desinfektionsmitteln reagieren, werden als „Vorläufer“ der Nebenprodukte, als so genannte Precursoren, bezeichnet.

Der Mechanismus der THM-Bildung ist sehr komplex. In der Literatur werden dafür mehrstufige Reaktionen beschrieben, wobei als häufigste Reaktionsprodukte neben den THM niedermolekulare organische Säuren entstehen [Jolley, 1975]. Sind im Wasser Spuren von Bromid bzw. Iodid enthalten, werden die Chloratome der THM teilweise oder völlig durch Brom bzw. Iod ersetzt und es entstehen die entsprechenden Derivate des Chloroforms [Grandet et al., 1986; Schmidt, 1994].

Die Summe wird entweder korrekt als mol/l (bzw. µmol/l) oder weniger korrekt als Summe der einzelnen Stoffe in µg/l oder als Summe der Chloroformäquivalente gebildet. Für diese Summenbildung wird das Verhältnis der Molmassen der einzelnen Stoffe verwendet. Für die Chloroformäquivalente gilt folgende Umrechnung:

$$THM_{chlorofom} = Cl_3CH + 0{,}73\ Cl_2BrCH + 0{,}57\ ClBr_2CH + 0{,}47\ Br_3CH \qquad (9.9)$$

Die Frage, warum für die THM ein Grenzwert festgesetzt wurde, für andere DNP aber nicht, ist durch die kanzerogene Wirkung der Bromderivate zu erklären, aber auch durch die relativ einfache Methodik des Nachweises. Die THM stehen also – stark vereinfachend – stellvertretend für andere halogenierte Nebenprodukte.

Die Korrelation der Konzentration der DNP mit dem DOC ergibt eine genähert lineare Beziehung für die chlorierte Fraktion der THM, solange genügend freies Chlor im Wasser vorhanden ist. Im Gegensatz dazu ist die Bildung der bromierten Nebenprodukte nicht linear, da dafür drei Reaktionspartner – Chlor, DOC und Bromid – einen Einfluss ausüben. Eine Verminderung der Bildung bromierter THM gelingt demnach nur, wenn außer dem DOC auch Bromid-Ionen reduziert werden (Schmidt, 1993, 1994 und 1995).

Zudem konnte nachgewiesen werden, dass die Bildung bromierter Nebenprodukte im Vergleich zu den chlorierten Komponenten begünstigt ist. Diese kann anhand einer so genannten spezifischen THM-Bildung, dargestellt in µg CHX_3/mg Chlor bzw. Brom oder in µmol CHX_3/mmol Chlor bzw. Brom erkannt werden. Danach ist die spezifische Bildung bromierter Komponenten durchschnittlich um den Faktor 10^2 höher als die der entsprechenden chlorierten Nebenprodukte.

Maßnahmen zur Verminderung der DNP müssen beim Schutz des Rohwassers, welches der Trinkwasseraufbereitung dient, beginnen. Gezielte aufbereitungstechnische Maßnahmen tragen ebenfalls dazu bei den Gehalt an DBP zu minimieren. Einzelne bzw. kombinierte Schritte können allerdings sehr unterschiedliche Effekte bewirken. In Abbildung 9.11 ist der Einfluss des DOC auf die Bildung der THM dargestellt. Dabei wurde zwischen dem chlorierten und bromierten Anteil der THM unterschieden. Die Eliminierung des DOC wurde exemplarisch über zwei Verfahren erzielt: 1) durch die Zugabe von Aktivkohle und 2) durch die Zugabe von destilliertem Wasser (Schmidt, 1995).

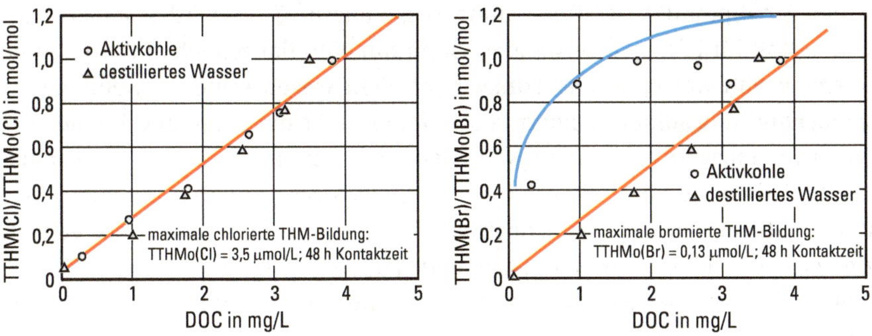

Abb. 9.11: Einfluss der DOC- und Bromidkonzentration auf die Bildung chlorierter und bromierter THM.

Für die chlorierte Fraktion der THM ergibt sich eine lineare Korrelation mit der DOC-Konzentration. Dies gilt unabhängig davon, mit welcher Methode die Einstellung des DOC-Gehaltes erfolgte. Eine ähnliche Korrelation ergibt sich bei den bromierten THM nur bei der Einstellung der DOC-Konzentration mit destilliertem Wasser. Eine Einstellung der DOC-Gehalte durch Zugabe von Aktivkohle bewirkt dagegen keine signifikante Abnahme der Bildung bromierter THM.

Diese Effekte sind auf zwei gleichzeitig wirkende, gegenläufige Prozesse bei der Bildung von THM zurückzuführen. So ist bekannt, dass durch den Anstieg des Konzentrationsverhältnisses zwischen Bromidionen und organischen Precursoren die THM-Bildung gefördert wird, was bei der Einstellung der DOC-Konzentration mit Aktivkohle der Fall ist. Dieser Aufbereitungsschritt hat keinen Einfluss auf die Bromidionenkonzentration. Der Gehalt an organischen Inhaltsstoffen nimmt hingegen ab. Dadurch steht vergleichsweise mehr Bromid für die THM-Bildung zur Verfügung. Dagegen verringern sich durch Zugabe von destilliertem Wasser die Bromidionenkonzentration und der DOC gleichermaßen. Der Zusammenhang zwischen THM und DOC bleibt linear.

Neben den THM ist die Bildung von Stoffen wie z. B. Trichloressigsäure (Trichloro acetic acid – TCAA), Chlorpikrin (Trichlornitromethan) und 2,2-Dichlorpropionsäure (Dalapon) als DNP von einiger Bedeutung, weil diese Stoffe früher als Pflanzenschutzmittel verwendet worden sind bzw. noch immer verwendet werden. Insbesondere die Konzentration der TCAA kann in Trinkwässern die Größenordnung des Chloroforms, d. h. also mehrere μg/l erreichen. Der Grenzwert für Pflanzenschutzmittel beträgt jedoch 0,1 μg/l. Die Frage, ob in einem solchen Fall eine Grenzwertüberschreitung vorliegt, wird aufgrund einer richterlichen Feststellung zur Bewertung von organischen Stoffen, die identisch mit Pflanzenschutzmitteln sind, verneint (Verwaltungsgericht Darmstadt, 1992): Es käme nicht nur auf den Stoff als solchen, sondern auch auf den Verwendungszweck an. Im konkreten Fall war Dicegulacsäure zu bewerten, die aus einem Fluss, in den das geklärte Abwasser der Merck AG Darmstadt eingeleitet wurde, und über die Bodenpassage letztlich in das Trinkwasser gelangte. Dicegulac ist ein Abfallprodukt der Herstellung von Vitamin C. Es wird aber auch als Wachstumsstoff für Pflanzen verwendet, ist mithin ein Pflanzenbehandlungsmittel. Im konkreten Fall war es in das Trinkwasser nicht wegen seiner Anwendung als Pflanzenbehandlungsmittel, sondern als Abfallprodukt der Vitamin-C-Herstellung gelangt. Der Grenzwert von 0,1 µg/l war deswegen nicht anzuwenden. Es mag dahingestellt bleiben, ob diese Bewertung im Fall eines vermeidbaren Abfallprodukts zielführend ist. Im Fall der DNP jedoch ist es berechtigt, nicht den Grenzwert für Pestizide heranzuziehen, denn hier ist eine Risikoabwägung zwischen einer Gefährdung durch Krankheitserreger bei unterlassener Desinfektion und der Gefährdung durch DNP angemessen.

9.6.3 Stickstoffhaltige Desinfektionsnebenprodukte

Toxikologisch eingestufte Nebenprodukte

Die Gruppe der stickstoffhaltigen Desinfektionsnebenprodukte ist seit langem bekannt. Die Erfassung der halogenierten Acetonitrile und Nitromethane mittels Gaschromatographie und massenspektrometrischer Detektion zählt heute zu den Standardmethoden. Zu den weiteren, schon lange bekannten Komponenten zählen die anorganischen Chloramine.

Einige Chloramine entstehen bei der Reaktion von Chlor mit Ammonium im Wasser. Die desinfizierende Wirkung solcherart gebildeter Chloramine ist wegen der geringen Abspaltung der HOCl-Spezies schwach. Nachteilig ist zudem der intensive und beißende „Badebeckengeruch“.

Da im aufbereiteten Trinkwasser das Vorkommen von Ammoniumionen in Deutschland praktisch keine Rolle mehr spielt, ist dieses gebundene Chlor kaum noch nachzuweisen.

Die Palette der stickstoffhaltigen organischen Nebenprodukte ist ungleich größer. Stickstoffatome sind Bestandteil der natürlichen organischen Wasserinhaltsstoffe, deren Hauptfraktionen aus Huminstoffen und Biopolymeren bestehen. Biopolymere setzen sich wiederum zu großen Teilen aus Proteinen zusammen, beispielsweise den algenbürtigen Proteinen. Während der Stickstoffanteil der Huminstoffe unter 5 Massen % liegt, kann dieser in Proteinen bis zu 20 % betragen. Von daher ist die Bildung stickstoffhaltiger Desinfektionsnebenprodukte bei der Desinfektion aufbereiteter Oberflächengewässer, so besonders aus Talsperren bei saisonaler Algenmassenentwicklung, zu beachten.

Im Vergleich zu den halogenierten kohlenstoff-dominierten Nebenprodukten ist die Forschung auf dem Gebiet der stickstoffhaltigen Komponenten noch nicht so weit vorangekommen. Die strukturelle Vielfalt und aufwendigere Analytik sind ein Grund. Zudem ist die Konzentration vieler Zielkomponenten wesentlich geringer als beispielsweise die der THM. So sind bisher bis auf wenige Ausnahmen keine Grenzwerte erlassen worden.

Anders ist die Bewertung wenn die Abbauprodukte, in diesem Fall wären es auch die Desinfektionsnebenprodukte aus den durch Grenzwerte belegten Spurenstoffen, beispielsweise aus Pestiziden oder Arzneimitteln entstehen.

Das bekannteste Beispiel ist die Bildung von N-Nitrosodimethylamin (NDMA), ein Nitrosamin, das stark gentoxisches Potential besitzt. Aufgrund dieser Toxizität wird vom Umweltbundesamt (UBA) für die lebenslange Aufnahme ein Orientierungswert von 0,01 µg/l (= 10 ng/l) empfohlen. NDMA ist ein Nebenprodukt der Ozonung von N,N-dimethylsulfamid.

Nitrosamine werden aber auch im Zusammenhang mit dem in Deutschland nicht mehr eingesetzten Chloraminverfahren gebildet. Die Bildung von Nitrosaminen in aminosäure-, d.h. proteinbürtigen Wässern infolge der Chlorung wird demgegenüber als niedriger eingeschätzt, wird aber in der jüngeren Literatur ebenfalls beschrieben (Yang et al., 2010; Chang et al., 2013).

Die reine Chlorung führt demnach auch zur Bildung von stickstofforganischen Nebenprodukten, jedoch wird der überwiegende Anteil des Stickstoffs (90 %) über Monochloramin bzw. Dichloramin bereitgestellt. Dies bedeutet, dass die Anwesenheit von Ammonium eine entscheidende Quelle der Bildung dieser Art DNP darstellt.

Eine weitere, in Zukunft wahrscheinlich noch bedeutendere Quelle der Nitrosaminbildung ist die Präsenz von Arzneimitteln und Körperpflegeprodukten im Wasser (Shen, 2011).

Geruchsbildung durch Nebenprodukte

Ein den stickstofforganischen Nebenprodukten zugeschriebener Effekt ist die zeitweilige Ausbildung eines unangenehmen Geruchs des Wassers. Dieser kann von chlorig bis zu muffig/abgestanden vom Verbraucher wahrgenommen werden.

Die dafür verantwortlichen Reaktionen werden durch freie Aminosäuren initiiert, die mit freiem Chlor reagieren und zu strukturell bisher nicht eindeutig zu identifizierten geruchsintensiven Nebenprodukten führen (Grübel, 2013). Diese Reaktion verläuft vergleichsweise langsam, sodass sich der Geruch vielfach erst nach mehreren Stunden oder Tagen bei der Verteilung des Wassers im Netz ausbilden kann.

In Tabelle 9.11 sind beispielhaft die organoleptischen Auswirkungen durch die Desinfektion von Trinkwasser mit Chlor im Fall der Anwesenheit von Spuren einiger freier Aminosäuren angegeben. Dazu ist anzumerken, dass das Vorkommen dieser freien Säuren im Wasser nicht ungewöhnlich ist. Sie sind die Abbauprodukte der Proteine und Peptide. Die Ursachen liegen zumeist im Algenwachstum oder der Beeinflussung des Rohwassers durch Abwässer. Eine Eliminierung dieser kleinen polaren Moleküle im Verlauf einer konventionellen Wasseraufbereitung, aber auch durch Aktivkohlefiltration ist sehr begrenzt. Von daher können im aufbereiteten Wasser vor der Desinfektion die in Tabelle 9.11 angegebenen Schwellenwerte durchaus erreicht werden.

Tab. 9.11: Geruchsbildung nach der Chlorung aminosäurehaltiger Wässer (Grübel, 2013).

Aminosäure (AS)	Geruch	Intensität	zeitliches Maximum nach einer Chlorung [h]	Geruchsschwellenkonzentration der AS [μg/l] bei 0,1 mg/l Chlor
Isoleucin	chemisch	hoch	1	5
Leucin	chemisch	hoch	0.5	10
Ornithin	muffig	hoch	2	5
Prolin	muffig, abgestanden	schwach	2	10
Phenylalanin	blumig	schwach	24	10
Histidin	süßlich	schwach	24	5

9.6.4 Chlorit, Chlorat und Perchlorat

Chlorit ist ein Desinfektionsnebenprodukt des Chlordioxids. Durch die Reaktion des Chlordioxids mit Wasserinhaltsstoffen wird dieses zu Chlorit reduziert. Chlorat bildet sich hingegen vornehmlich in Hypochlorit- und Chlordioxidstammlösungen. Die Chloratbildung im Wasser selbst ist aufgrund der sehr verdünnten Lösungen im Trinkwasser nicht sonderlich ausgeprägt.

Die toxikologische Wirkung beider Ionen beruht auf einer Schädigung der roten Blutkörperchen infolge ihrer starken oxidativen Wirkung.

Die häufig zur Desinfektion verwendete Chlordioxidstammlösung wird aus sicherheitstechnischen Gründen im Wasserwerk kurz vor ihrer Dosierung hergestellt. Dabei ist zu berücksichtigen, dass diese Chlordioxidlösung meistens Anteile an freiem Chlor und Spuren von Chlorit und Chlorat enthält. Dies führt dazu, dass in der Stammlösung und nach deren Dosierung in das Wasser ein Desinfektionsgemisch von Chlor und Chlordioxid sowie die Nebenprodukte Chlorit und Chlorat stets gemeinsam nebeneinander vorliegen.

Chlorit ist mit einem Grenzwert von 0,2 mg/l im Trinkwasser belegt. Dies ist insofern ein Widerspruch, weil eine maximale Dosierung von 0,4 mg/l Chlordioxid zulässig ist und man weiß, dass sich ca. 70 % des Chlordioxids zu Chlorit umsetzen. Aus diesem Grund werden in Deutschland in der Praxis in der Regel nicht mehr als 0,3 mg/l zum Zweck der Desinfektion dosiert.

Chlorat ist ein DNP bei der Verwendung von Chlordioxid. Infolge der Reaktion von Chlor mit Wasserinhaltsstoffen (Verwendung von Chlorgas oder Hypochlorit, z. B. Chlorbleichlauge) wird es nicht gebildet. Weil jedoch die im Wasserwerk gelagerten Chlorbleichlaugen einem Alterungsprozess unterliegen, in dessen Verlauf Chlorat entsteht (Gordon et al., 1993, 1995), wird es gelegentlich auch nach einer Chlorung von Wasser nachgewiesen. Der Nachweis von Chlorat ist ein Hinweis darauf, dass Chlorbleichlauge und nicht Chlorgas bei der Desinfektion angewendet wurde.

Die Regularien zum Zweck der Minimierung der Perchloratexposition sind bisher vergleichsweise wenig ausgebildet bzw. verabschiedet worden. Vieles ist in der Diskussion und Entscheidungsfindung.

Eine einheitliche Regelung bezüglich des Vorkommens von Perchlorat im Trinkwasser existiert in Deutschland und in Europa noch nicht. Im Gegensatz dazu legte die US-Umweltbehörde (EPA) einen vorläufigen Grenzwert für die USA in Höhe von 15 µg/l fest. Einige Bundesstaaten haben die Regelung noch verschärft. So gilt in Kalifornien die Höchstkonzentration von 6 µg/l im Trinkwasser.

Eine wesentliche Quelle der Chlorat- und Perchloratbildung ist letztendlich die Zersetzung von Desinfektionsmittelstammlösungen auf Hypochlorit- und Chlordioxidbasis durch Lichteinfluss und Temperaturen von > 10 °C (Schmidt, 2016).

9.6.5 Bromat

Die Bildung von Bromat aus Bromid beim Einsatz von Oxidationsmitteln wurde bereits zu Beginn der 1980er Jahre in Zusammenhang mit der Desinfektion von Meerwasser mit Chlor und Ozon beschrieben (z. B. Haag, 1981). Aus dieser Zeit stammen auch die ersten Untersuchungen zur Bildung von Bromat in Trinkwässern (Haag et al., 1982) und Hinweise auf eine kanzerogene Wirkung des Bromats (Kurokawa et al., 1982). Aus diesem Grund wurde für Bromat in Trinkwasser eine Obergrenze von 10 µg/l vorgeschlagen. Die Faktoren, welche die Bromatbildung bestimmen, sind sehr komplex, konnten aber bis Ende der 1990er Jahre so weit geklärt werden, dass eine Beherrschung im Prozess der Trinkwasseraufbereitung möglich ist (vgl. z. B. von Gunten und Hoigné, 1996). Entscheidenden Einfluss auf die Konzentration des gebildeten Bromats haben danach der Bromidgehalt des Wassers, die Höhe der Ozondosis und ferner die Kontaktzeit des Ozons mit Wasserinhaltsstoffen im Verlauf des Aufbereitungsprozesses. Beispielhaft ist in Abbildung 9.12 der Einfluss des Bromidgehalts und der Ozondosis dargestellt.

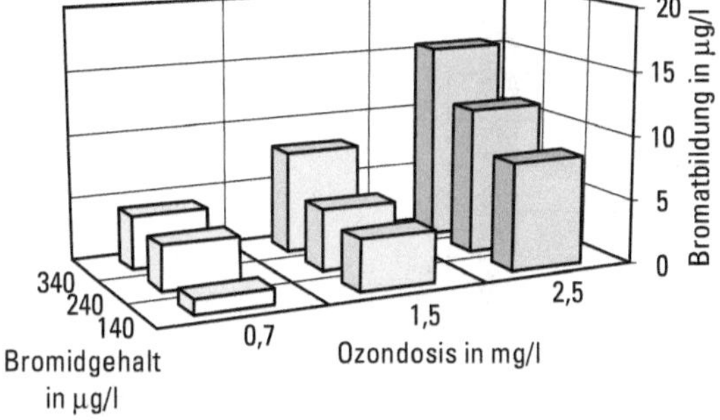

Abb. 9.12: Bromatbildung in Abhängigkeit von Bromidgehalten und Ozondosen.

9.6.6 Bilanzierung und Ausblick

Die Desinfektion eines Wassers ist im Grunde genommen immer mit einem Abbau bzw. einer Umwandlung von Wasserinhaltsstoffen verbunden. Neben anorganischen Bestandteilen, wie z. B. Eisen und Mangan, die aber im Trinkwasser ab Wasserwerk praktisch keine Rolle spielen, sind davon insbesondere die natürlichen organischen Stoffe betroffen. Aus den hochmolekularen Huminstoffen und Biopolymeren werden niedermolekulare „Bruchstücke" erzeugt, die nach der Desinfektion Halogenatome enthalten oder nichthalogeniert sind. Der Nachweis einzelner Strukturen ist schwierig. Die halogenierte Fraktion der Nebenprodukte wird häufig auch im Trinkwasser über den Summenparameter „adsorbierbare organische Halogenverbindungen" (AOX: „Adsorbable Organic Halogen"; X = Cl, Br, I) bestimmt, weil die entsprechende Methodik für AOX im Abwasser gut ausgearbeitet ist und Geräte zur Verfügung stehen (sieh Kap. 13). Nachteilig in Bezug auf das Trinkwasser ist jedoch, dass die niedermolekularen organischen Halosäuren aufgrund ihrer schlechten Adsorbierbarkeit an der Aktivkohle mit diesem Summenparameter nur ungenügend erfasst werden, der deshalb für Trinkwasser geringe praktische Relevanz besitzt.

Im Vergleich zur Bildung bromorganischer Verbindungen ist die Bromatbildung aus Bromid begünstigt. In Abbildung 9.13 sind anhand eines Laborversuchs die Umsatzraten des Bromids zu Bromat und zu bromorganischen Verbindungen, erfasst über den Summenparameter AOBr, dargestellt. Danach können über 70 % des im Wasser gelösten Bromids zu Bromat oxidiert werden, hingegen nur etwa 5 % finden sich in den bromorganischen Nebenprodukten wieder (Schmidt, 2018).

Von einiger Bedeutung ist zudem die Bildung niedermolekularer nichthalogenierter Verbindungen bei der Desinfektion des Trinkwassers mit chlorhaltigen Agenzien. Zu den wichtigsten Einzelstoffen zählen die Ameisen- und Essigsäure (Abb. 9.14). Ihre

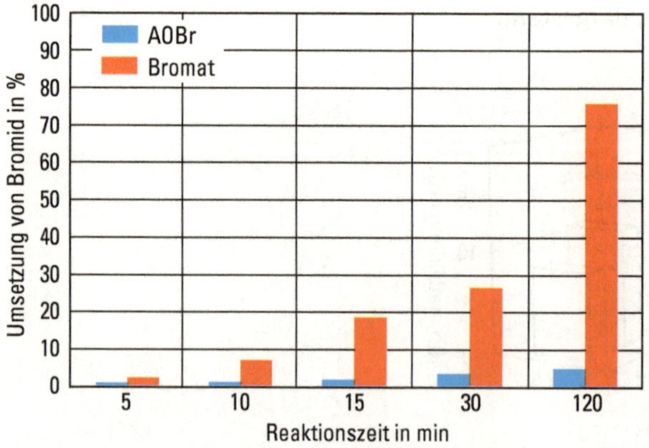

Abb. 9.13: Bromatbildung und AOBr-Bildung; pH = 7.2; Ozondosis = 2 mg/l; Bromidgehalt des Wassers: 0,1 mg/l; DOC < 1mg/l.

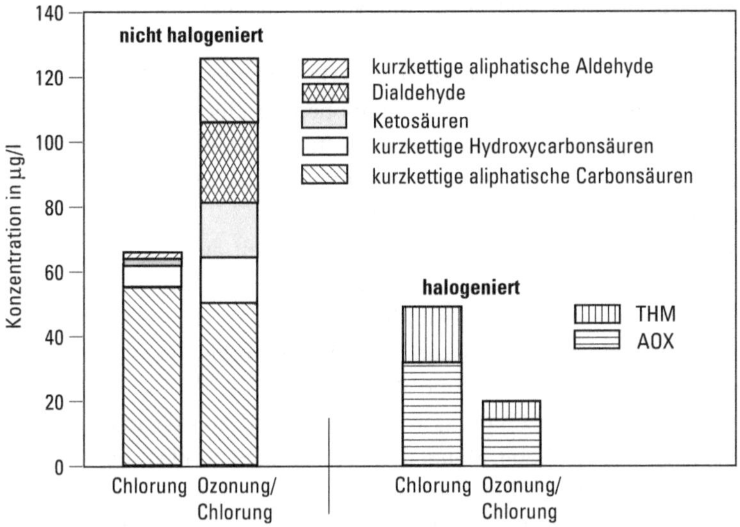

Abb. 9.14: Bilanz der Bildung von halogenierten und nicht halogenierten Desinfektionsnebenprodukte im Trinkwasser nach einer Aufbereitung aus Uferfiltrat (Schmidt, 1999).

Konzentration liegt in der Regel deutlich über der der THM und auch des AOX. Obwohl diese Substanzen geringe bis keine toxikologische Relevanz besitzen, ist ihre Bildung mit einem entscheidenden Nachteil verbunden. Sowohl Ameisen- als auch Essigsäure sind biologisch leicht abbaubar. Aus diesem Grund kann eine Bakterienvermehrung im Wasser während dessen Verteilung erfolgen, besonders wenn das Restdesinfektionsmittel vollständig gezehrt wurde. Folglich spielen diese Substanzen besonders in den Rohrnetzen eine Rolle.

Insgesamt ist der bisherige Wissensstand zur Bildung und Vermeidung von Desinfektionsnebenprodukten sehr weit entwickelt. Es gibt jedoch auch noch Nachholbedarf.

So ist zum Beispiel über die Gesetzmäßigkeiten zur Bildung stickstofforganischer DNP noch vergleichsweise wenig bekannt.

In jüngster Zeit wurden vermehrt Anstrengungen unternommen, die Wissenslücken zur Bildung bisher unbekannter toxischer Begleitprodukte zu schließen. Stellvertretend hierfür ist die Aufklärung der Bildung von N-Nitrosodimethylamin (NDMA) aus N,N-Dimethylsulfamid (DMS) bzw. Dimethylamin – beides Spurenstoffe, die im Wasser vorkommen können – bei einer Ozonung zu nennen (Schmidt, C. K., 2008; Przemyslaw, 2007).

Dies wird auch ein Schwerpunkt für die Zukunft sein, zumal die Desinfektion von durch gebundenen Stickstoff geprägter Abwässer an Bedeutung gewinnt. Neben der Erfassung von Einzelstoffen wäre die Entwicklung einer summarischen Größe für die Bildung halogenierter Stickstofforganika, vergleichbar mit der des AOX, wünschenswert. Dazu müssten allerdings innovative Lösungsansätze erarbeitet werden.

Des weiteren sollten vor allem die stabilen umweltresistenten Produkte, zu nennen wären insbesondere die anorganischen Komponenten Chlorat und Perchlorat sowie die mehrfach halogenierten Kohlenwasserstoffe auf organischer Seite, stets im Fokus stehen. Diese Produkte gelangen mit desinfizierten Wässern unkontrolliert in die Umgebung und werden dann kaum abgebaut.

Vergleichsweise mehr im Fokus werden in nächster Zeit auch die Lagerungsbedingungen für Desinfektionsmittelstammlösungen stehen müssen. Eine unsachgemäße – auch kurzzeitige, nur wenige Stunden dauernde – Lagerung von Hypochlorit- und Chlordioxidstammlösungen kann zur Bildung erheblicher Mengen an Chlorat und Perchlorat führen (Schmidt und Rübel, 2016).

Die weitere Verwendung von Chlorgas wird zunehmend konträr diskutiert. Es ist klar, dass die Lagerung größerer Mengen dieses giftigen Stoffes auf engerem Raum besondere Sicherungsmaßnahmen erfordern.

Insgesamt muß der Umgang mit Desinfektionsmitteln im Wasserwerk und vor allem der Umgang mit Stammlösungen in Zukunft überdacht werden. Dazu zählen besonders eine möglichst kurze Bevorratungsdauer, eine fachgerechte Lagerung und klare Regeln für die Erfassung von möglichen Verunreinigungen.

Chlor und Chlordioxid sind weltweit die wichtigsten Desinfektionsmittel bei der Aufbereitung des Trinkwassers. Ungeachtet der Tatsache, dass einige der dabei entstehenden DNP im Verdacht stehen gesundheitsschädlich zu sein, muss einer einwandfreien mikrobiologischen Beschaffenheit des Trinkwassers in jedem Fall der Vorrang gebühren. Das Risiko durch Desinfektionsnebenprodukte zu erkranken ist wesentlich geringer als die Gefährdung, die von Epidemien ausgeht. Allerdings gilt ebenso, wie mehrfach in diesem Kapitel nachgewiesen wurde, dass ein Schutz vor Krankheitserregern auch völlig ohne Desinfektionsmittel durch ein multiples Barrierensystem möglich ist, selbst wenn Trinkwasser aus Oberflächenwasser gewonnen wird.

B. Schaefer

9.7 Auftreten und Bekämpfung von Legionellen

9.7.1 Vorkommen und Bewertung von Legionellen im Trinkwasser

Legionellen sind Krankheitserreger im Trinkwasser, die anders als die meisten in der Trinkwassermikrobiologie untersuchten Bakterien (siehe Kap. 5) nicht in erster Linie auf eine Kontamination des Wassers zurückzuführen sind. Sie vermehren sich im Rohrnetz (erwärmte Leitungen), können mit Aerosolen (feinstverteilten, schwebenden Flüssigkeitströpfchen in der Luft) in die Lunge gelangen und dort eine Erkrankung auslösen. Der Nachweis von Legionellen im Zusammenhang mit Erkrankungen ist meldepflichtig (§ 7 IfSG).

Die Legionellen sind benannt nach der markanten Gruppe von Erkrankten bei dem epidemischen Ausbruch, der letztlich zur Entdeckung dieses Erregers führte: Vom 21. bis 24. Juli 1976 fand im Bellevue-Stratford-Hotel in Philadelphia (USA) ein Treffen amerikanischer Legionäre, ehemaliger Armeeangehöriger, statt. Insgesamt etwa 4400 Personen nahmen an den Veranstaltungen teil. Zwischen dem 22. Juli und dem 3. August trat bei 149 Kongressteilnehmern eine schwere Lungenentzündung auf, die mit hohem Fieber einherging. Insgesamt erkrankten 221 Personen, weil sich außer den Teilnehmern des Legionärkongresses noch andere Gäste im Hotel befanden. An der Lungenentzündung und ihren Folgen starben 34 Personen.

Da Familienangehörige von Legionären nur erkrankten, sofern sie am Kongress teilgenommen hatten, gab es keinen Hinweis auf eine Mensch-zu-Mensch-Übertragung der Krankheit. Ebenso schieden Lebensmittel und Getränke aus, da Erkrankte und nicht Erkrankte das Gleiche zu sich genommen hatten. Aufgrund dieser epidemiologischen Situation erwies sich die Klimaanlage in der Empfangshalle des Hotels als wahrscheinlichste Infektionsquelle.

Bakteriologische Untersuchungen des Lungengewebes Verstorbener durch die Centers for Disease Control (CDC, www.cdc.gov) führten nach wenigen Monaten zur Entdeckung des Erregers, der als *Legionella pneumophila* bezeichnet wurde (McDade et al., 1977). Die erste Legionellenkultur war bereits im Jahre 1947 isoliert worden. Sie befand sich bis zum Jahre 1979 unidentifiziert in einem Kühlschrank.

Die späte Entdeckung der Legionellen ist darauf zurückzuführen, dass sie auf den damals üblicherweise verwendeten bakteriologischen Nährmedien nicht angezüchtet werden konnten. Meerschweinchen und befruchtete Hühnereier bildeten die ersten Isolierungsmöglichkeiten.

Retrospektiv konnten frühere epidemische Ausbrüche von Legionellosen, bei denen der Erreger unentdeckt geblieben war, nachgewiesen werden (siehe Tab. 9.12). Inzwischen liegen aus zahlreichen Ländern Berichte über epidemische Ausbrüche der Legionärskrankheit vor. Sie ist sicherlich weltweit verbreitet. So ereignete sich z. B. eine Epidemie im April 1985 in einer erst fünf Jahre alten Klinik im englischen Stafford. 163 Personen, viele von ihnen nur Besucher, erkrankten; 39 starben in kurzer Zeit an ihrer erworbenen Legionellose.

Alle Legionellen sind als potenziell humanpathogen anzusehen (bei entsprechender Exposition können auch Nutztiere erkranken). Die für Erkrankungen des Menschen bedeutsamste Art ist *Legionella pneumophila* (Anteil von etwa 90 %). Sie enthält 14 Serogruppen; die Serogruppen 1, 4, 6 besitzen die größte Bedeutung. Es existieren insgesamt mehr als 58 Arten und drei Subspezies. Durch die rasante Entwicklung im Bereich Proteomics und Genomics konnten die Stoffwechselvorgänge bei Legionellen, die den Lebenszyklus und die Pathogenität beeinflussen, besser beschrieben werden. Allerdings wird deutlich, dass es sich um äußerst komplexe Vorgänge handelt, die eine Reduktion auf einfach nachzuweisende „Pathogenitäts-

Tab. 9.12: Epidemische Ausbrüche der Legionärskrankheit (Ruckdeschel und Ehret, 1993).

Zeit	Ort	Fälle	Letalität (in %)
Juli/Aug. 1965	Washington	81	17,5
Juli/Aug. 1968	Benidorm	86	3,5
September 1974	Philadelphia	20	10
Juli/Aug. 1976	**Philadelphia**	**221**	**15,4**
Mai 1977 – Dez. 1979	Los Angeles	110	25,5
Dez. 1979 – Dez. 1991	Kingston-on-Thames	14	21,4
Juni/Sept. 1979	Västeras	68	1,5
Sept. 1980	Lido di Savio	23	8,7
Okt./Nov. 1981	Berlin	7	14,3
Aug./Sept. 1984	Glasgow	33	3
April 1985	Stafford	163	23,9
Mai 1987	Armawir, UdSSR	> 200	?

faktoren“ nicht zulassen. Vollständig aufgeklärt sind die Zusammenhänge noch lange nicht. Die meisten Legionellenisolate, die aus Patientenmaterial isoliert werden konnten, gehörten zu *Legionella pneumophila* SG 1 mAb3/1 (Edelstein und Lück, 2015).

Legionellen finden sich weltweit in allen wässrigen und feuchten Umweltkompartimenten. Ihr Vorkommen wird entscheidend von der Wassertemperatur beeinflusst. Ideale Bedingungen für die Vermehrung der Legionellen bestehen bei Temperaturen zwischen 25 und 55 °C (so genannter Risikobereich). Sie sind aber auch im kalten Wasser vorhanden. Dort können sie sich jedoch nicht in nennenswertem Maße vermehren.

In der freien Natur sind Legionellen mit autotrophen Mikroorganismen, z. B. mit Eisen-Mangan-Bakterien, vergesellschaftet, auf die sie als Kohlenstoff- und Energiequelle angewiesen sind, oder sie vermehren sich in freilebenden Amöben, wie z. B. Acanthamoeben oder Naegleria-Arten (siehe Cianciotto, 1989; Fields et al., 1992; Rowbotham, 1980).

Ideale Bedingungen für eine Vermehrung von Legionellen bestehen an mit Wasser benetzten Oberflächen, z. B. in Rohren, Armaturen, Klimaanlagen. Ein erhöhtes Legionellenrisiko findet man besonders bei älteren und schlecht gewarteten oder auch nur zeitweilig genutzten Warmwasserleitungen und -behältern.

Eine Übertragung von Legionellen wird insbesondere mit folgenden technischen Systemen in Verbindung gebracht:
- Warmwasserversorgungen (z. B. in Wohnhäusern, Krankenhäusern, Heimen, Hotels);
- raumlufttechnische Anlagen;
- Badebecken, insbesondere Warmsprudelbecken (Whirlpools);
- sonstige Anlagen, die einen Spray von Wassertröpfchen erzeugen können (z. B. Hydrotherapie, Dentaleinheiten, bestimmte Luftbefeuchter im häuslichen Bereich).

Die im Wasser, unter entsprechenden Umständen auch im Trinkwasser, vorhandenen Legionellen bedeuten nicht eine direkte Gesundheitsgefährdung. Erst die Aufnahme einer großen Zahl von Erregern durch Einatmen bakterienhaltigen Wassers als Aerosol (Tröpfchengröße < 10 µm; z. B. beim Duschen, in klimatisierten Räumen oder in Whirlpools) kann zu Erkrankungen führen. Für eine Legionellen-Infektion müssen disponierende Faktoren (siehe unten) vorliegen. Die Manifestationsrate wird auf 1 bis 9 % geschätzt.

Legionellosen treten sowohl sporadisch als auch epidemisch und als nosokomiale (im Krankenhaus auftretende) Infektionen auf. Ihre Häufigkeit wird in den USA auf 12 bis 58 Erkrankungsfälle pro 100.000 Einwohner geschätzt. Vermutlich gehen etwa 15 % aller Pneumonien auf Legionellen zurück. In den Sommermonaten tritt die Legionellen-Pneumonie gehäuft auf.

In Deutschland ist schätzungsweise mit 3000 bis 150.000 Legionella-Pneumonien pro Jahr zu rechnen. Bei etwa 1 bis 5 % der in Krankenhäusern behandelten Pneumonien wird eine Legionellose diagnostiziert.

Der Erreger induziert eine Entzündungsreaktion, in deren Verlauf sich an den Absiedlungsherden Akkumulationen von neutrophilen Granulozyten und Makrophagen bilden. Diese Nekroseherde entstehen in den Alveolen und Alveolarsepten, nicht jedoch in den Bronchien.

Aus dem primären Herd in der Lunge kann der Erreger septisch metastasieren und sich in der Haut und in tiefen Organen, z. B. Herz, Leber, Pankreas, Darm, absiedeln.

Die Legionellen-Pneumonie (Legionärskrankheit) beginnt nach einer Inkubationszeit von 2 bis 10 Tagen mit Fieber und Kopfschmerzen. Das Röntgenbild zeigt pulmonale Infiltrate, die häufig multifokal konfluierend sind und ganze Lungenlappen erfassen können. Verwirrtheitszustände, Desorientiertheit sowie Lethargie deuten auf eine Beteiligung des zentralen Nervensystems hin. Gelegentlich können auch Durchfälle auftreten. Meistens sind die Patienten älter als 50 Jahre und abwehrgeschwächt, Raucher oder Alkoholiker. Unbehandelt führt die Erkrankung in 5 bis 15 % der Fälle zum Tode. Die Legionellen sind gegen Penicilline, Caphalosporine und Aminoglykoside therapieresistent. Als Antibiotikum kann z. B. Erythromycin verwendet werden. Hinzuweisen ist auf eine Veröffentlichung des Robert-Koch-Instituts in der Reihe „RKI-Ratgeber" (RKI, 2018).

Neben der Legionärskrankheit, verursacht durch *Legionella pneumophila*, gibt es auch Krankheiten, die durch andere Legionella-Arten ausgelöst werden:

Arten	Krankheiten
L. pneumophila	Legionärskrankheit; Pontiac-Fieber; (Enzephalopathie) (Endokarditis)
L. micdadei	Pittsburgh-Pneumonie; Pontiac-Fieber
L. feeleii	Pontiac-Fieber

Eine vom klinischen Bild der Legionärskrankheit abweichende Form wurde als Pontiacfieber bekannt. Die Bezeichnung stammt von einer 1968 in einem Bürogebäude in Pontiac, Michigan, explosiv aufgetretenen grippeartigen Epidemie, die retrospektiv als Legionellose charakterisiert wurde. 95 % der Angestellten in diesem Bürohaus entwickelten Fieber und Schüttelfrost kombiniert mit generalisierten Muskelschmerzen, Übelkeit und Kopfschmerzen. Obwohl bei fast allen Betroffenen respiratorische Symptome, z. B. trockener Husten, Engegefühl in der Brust und trockener, wunder Rachen, auftraten, kam es nicht zur Entwicklung einer Lungenentzündung. Die Erkrankung heilte nach 2 bis 5 Tagen spontan aus; Todesfälle kamen nicht vor.

Labordiagnose: Legionellen sind gramnegative unbekapselte Stäbchenbakterien. Sie sind monotrich oder lophotrich begeißelt und deshalb beweglich. Der Nachweis erfolgt durch Antigennachweis im Urin sowie durch mikroskopische Darstellung und Anzucht aus Respirationstraktsekret.

Untersuchungsmaterial: Geeignet sind für die Mikroskopie und Anzucht bronchoalveoläre Lavagelflüssigkeit (BAL) und für den Antigennachweis Urin.

Die Materialien sollen schnell ins Labor gesandt werden. Dieses muss über die Verdachtsdiagnose Legionellose informiert werden, damit bei der Anzucht geeignete Spezialkulturmedien verwendet und die Bebrütungsdauer angepasst werden können.

Mikroskopie: Nach Anfärbung mit fluoreszeinmarkierten Antikörpern lassen sich die Erreger direkt in BAL-Präparaten mikroskopisch darstellen (direkter Immunfluoreszenztest).

Anzucht: Für die Anzucht sind cysteinhaltige Spezialkulturmedien (BCYE-Agar) erforderlich; diese werden 10 Tage lang unter kapnophilen Bedingungen bebrütet. Die Identifizierung eines Isolats erfolgt durch direkte Immunfluoreszenz (s. o.).

Serologische Diagnostik: Die Antigenbestimmung im Urin erfolgt mittels ELISA (*L. pneumophila* Serotyp I). Für epidemiologische Zwecke können Antikörper im Serum bestimmt werden.

9.7.2 Regelungen zur Verminderung eines Legionellen-Infektionsrisikos

Die Entdeckung der Legionellen hat zu der Erkenntnis geführt, dass die öffentliche Wasserversorgung, auch in Hausinstallationssystemen und besonders in öffentlichen Gebäuden, in größerem Ausmaß als früher üblich beprobt werden müssen. Damit sollen spezielle Hygieneprobleme der Hausinstallationssysteme mehr als bisher beachtet und beseitigt werden.

Die **Prävention** einer Verkeimung mit Legionellen erfolgt in erster Linie nicht durch gesetzliche Regelungen, sondern durch die Umsetzung technischer Regelwerke, insbesondere der DVGW Arbeitsblätter W 551 und W 553. Für den Betrieb öffentlicher Bäder gibt DIN 19643 die erforderlichen Hinweise.

Wichtige Eckpunkte sind insbesondere eine Temperatur von 55 °C im gesamten Warmwassersystem, der Einsatz von Trinkwassererwärmern mit einer klaren Schichtung des Wassers verschiedener Temperatur und vollständige Erwärmung des gesamten Warmwasser-Speicherinhaltes einmal am Tag auf mindestens 60 °C. Die Temperatur von mindestens 55 °C im gesamten Verteilungsnetz lässt sich nur bei hydraulisch gut abgeglichenen Systemen gemäß DVGW W 553 sicherstellen.

Eine mögliche Kontamination von Installationssystemen mit Legionellen wird durch mikrobiologische Untersuchungen überwacht. Dabei beginnt die Überwachung mit **orientierenden Untersuchungen** in geringem Umfang. Diese Untersuchungen entsprechen den systemischen Untersuchungen, zu denen Unternehmer oder sonstige Inhaber von Trinkwasser-Installationen gemäß Trinkwasserverordnung verpflichtet sind, soweit es sich um öffentlich oder gewerblich genutzte Großanlagen handelt. Wenn jedoch der „technische Maßnahmenwert" der Trinkwasserverordnung für Legionellen von 100 koloniebildenden Einheiten (KBE) pro 100 ml überschritten wird, müssen **weitergehende Untersuchungen** an einer höheren Anzahl Probenahmestellen einen genaueren Überblick über Ausmaß und Verteilung der Kontamination geben. Darüber hinaus fordert die Trinkwasserverordnung eine Ortsbesichtigung in der betroffenen Trinkwasserinstallation, eine Gefährdungsanalyse und einen Maßnahmenplan zum Schutz der Gesundheit der betroffenen Verbraucher. Bei der systemischen Untersuchung sowie bei der Anfertigung einer Gefährdungsanalyse sind jeweils Empfehlungen des Umweltbundesamtes zu beachten (Umweltbundesamt, 2012).

Zur **Sanierung** rechnen betriebstechnische Maßnahmen wie thermische Desinfektion sowie die chemische Desinfektion nach DVGW-Arbeitsblatt W 291. Hinzu kommen bautechnische Maßnahmen wie die Abtrennung von Stichleitungen, Ersatz falsch dimensionierter Speicher, Entfernung von ungeeigneten Materialien, die zur Biofilmbildung beitragen, sowie Einbau von Regulierventilen für einen hydraulischen Abgleich der Durchströmung der Warmwasserverteilungsanlage.

Bei den Sanierungsmaßnahmen muss es sich stets um einen ganzheitlichen Ansatz handeln, das heißt bautechnische und betriebstechnische Maßnahmen sind aufeinander abzustimmen.

Alle Maßnahmen werden zwingend durch eine Kontrolle des Sanierungserfolges im Rahmen von **Nachuntersuchungen** abgeschlossen.

Beim Betrieb von Bädern müssen solche Einrichtungen auf Legionellen untersucht werden, die bei Temperaturen über 23 °C betrieben werden und bei denen sich Aerosole bilden können (DIN 19643). Das Beckenwasser von Warmsprudelbecken ist in jedem Fall zu untersuchen. Selbstverständlich sind Duschen in Bädern nach den für Anlagen der Hausinstallationen geltenden Regelwerken zu untersuchen (DVGW W551).

Eine Übersicht über die Relevanz von Rückkühlwerken als mögliche Quelle für Legionelleninfektionen wurde bereits 2014 veröffentlicht (Walser et al.). Auf Initiative des Bundesrates wurde nach Ausbrüchen von Legionellose in Ulm 2010 und in

Warstein 2013 eine Verordnung zur Untersuchungspflicht bei Rückkühlwerken und weiteren Anforderungen erlassen (BGBl I S. 2379). Ergänzt und konkretisiert werden diese Pflichten gemäß 42. BImSchV durch die VDI-Richtlinie 2047–2 und eine Empfehlung des Umweltbundesamtes (Umweltbundesamt 2017).

9.7.3 Untersuchungsgang zum Nachweis von Legionellen im Trinkwasser

Untersuchungen auf Legionellen dürfen nur durch gemäß DIN EN ISO 17025 akkreditierte Institute mit Erlaubnis nach § 44 IfSG durchgeführt werden. Für Trinkwasseruntersuchungen ist zusätzlich eine Zulassung des Labors gemäß Trinkwasserverordnung Voraussetzung. Bei der Untersuchung von Trinkwasserproben auf Legionellen ist die fachgerechte Probenahme gemäß DIN EN ISO 19458 sehr wichtig. Diese Norm unterscheidet, für welchen Zweck die Probe entnommen und untersucht werden soll. Für die Untersuchung einer Trinkwasserverteilungsanlage gemäß DVGW-Arbeitsblatt W 551 ist die in DIN EN ISO 19458 beschriebene Probenahmetechnik „Zweck b)“ anzuwenden. Danach wird die Probenahmestelle desinfiziert und man lässt einen Liter Wasser ablaufen, bevor das Probenahmegefäß gefüllt wird. Deutlich unterschieden von dieser Probenahme für die Untersuchung des Verteilungssystems ist die Untersuchung einer einzelnen Probenahmestelle, beispielsweise einer Dusche. In diesem Fall geht man gemäß dem in DIN EN ISO 19458 beschriebenen „Zweck c)“ vor. Hierzu belässt man die Entnahmearmatur unverändert. Anbauteile wie Duschschläuche oder Strahlregler werden belassen. Es wird nicht desinfiziert und man lässt vor der Probenahme kein Wasser ablaufen. Die Art der Probenahme wird dokumentiert. Eine Untersuchung einer einzelnen Entnahmestelle gemäß „Zweck c)“ schließt eine Beurteilung auf der Basis der im DVGW-Arbeitsblatt W 551 genannten Legionellenkonzentrationen aus. Die in W 551 genannten Werte sind nur anzuwenden für die Beurteilung von Trinkwasserverteilungssystemen und müssen daher auf Proben basieren, die gemäß „Zweck b)“ genommen wurden.

Grundsätzliche Informationen zum Nachweis von Legionellen gibt DIN EN ISO 11731. In dieser Norm sind Verfahren zur Probenvorbereitung, zur Konzentrierung von Legionellen in den Proben und die Nährmedien BCYE und GVPC zur Kultur von Legionellen beschrieben. Darüber hinaus enthält diese Norm Hinweise zur Bestätigung und Typisierung von Legionella-verdächtigen Kolonien (eine Beschreibung der verschiedenen Varianten der Anzucht und des Nachweises von Legionellen aus den unterschiedlichsten Ausgangsmaterialien würde hier zu weit führen).

Die gemäß DIN EN ISO 11731 möglichen Varianten zur Konzentrierung und Vorbehandlung von Proben zur Untersuchung auf Legionellen werden sowohl für Trinkwasserproben als auch für Proben aus Rückkühlwerken durch Empfehlungen des Umweltbundesamtes konkretisiert. Da für alle diese Untersuchungen die Akkreditierung der durchführenden Laboratorien, die diese Untersuchungen durchführen, Voraussetzung ist, kann davon ausgegangen werden, dass die Arbeitsanweisungen der Labors die Vorgaben der Norm unter Berücksichtigung der jeweiligen UBA-Empfehlungen umsetzen. Es handelt sich in jedem Fall um die Kombination verschiedener Vorbehandlungen der Wasserprobe (z. B. Hitzebehandlung und/oder Behandlung mit Säure) mit dem Ansatz verschiedener Konzentrationsstufen der Probe (z. B. Direktansatz und Membranfiltration). Die Empfehlungen des Umweltbundesamtes regeln auch, wie aus den jeweiligen Teilergebnissen das Gesamtergebnis zu bestimmen ist. Das wird sowohl für Trinkwasserproben wie auch für Proben aus Rückkühlwerken anhand von Beispielen erklärt.

9.8 Literatur

Anonymous (2010): Das Multi-Barrieren-Prinzip. energie/wasserpraxis 11, S. 44–49.

Bärthel, H. (Hrsg: Berliner Wasser Betriebe) (1997): Wasser für Berlin: Die Geschichte der Wasserversorgung. Verlag für Bauwesen, Berlin.

Bassler, B. L. (1999): How bacteria talk to each other: regulation of gene expression by quorum sensing. Curr. Opin. Microbiol., *2*, S. 582–587.

Behr, J., Beninde, M., Bürger, B., Klut, H., Kolkwitz, R. und Reichle, C. (1926): Grundzüge der Trinkwasserhygiene. Preußische Landesanstalt für Wasser-, Boden- und Lufthygiene zu Berlin-Dahlem. Verlag von Laubsch und Everth, Berlin.

Bernhardt, H. und Clasen, J. (1996): Entnahme von Mikroorganismen, dargestellt am Beispiel der Trinkwasseraufbereitung. gwf-Wasser/Abwasser, *137*, 2, S. 109.

BfR (Bundesinstitut für Risikobewertung), Vorschläge des BfR zur gesundheitlichen Bewertung von Chloratrückständen in Lebensmitteln. Stellungnahme Nr. 028/2014 des BfR vom 12. Mai 2014.

Billi, D., Potts, M. (2002): Life and death of dried prokaryotes. Res. Microbiol., *153*, S. 7–12.

Bitton, G. (2014): Drinking water distribution systems: biofilm microbiology. Chapter 4. In: Bitton, G.: Microbiology of Drinking Water Production and Distribution. John Wiley and Sons, Inc. S. 91–115.

Bohnsack, G. (1984): in: Hans-Dietrich Held, H. D.: Kühlwasser, Vulkan-Verlag, Essen, S. 196.

Boles, B. R., Thoendel, M., Singh, P. K. (2004): Self-generated diversity produces "insurance effects" in biofilm communities. Proc. Natl. Acad. Sci., 101, S. 16630–16635.

Botzenhart, K. und Hahn, T. (1989): Vermehrung von Krankheitserregern im Wasserinstallations-system. gwf – Wasser Abwasser 130, S. 432–440.

Brauch, H.-J. und Haberer, K. (1997): Untersuchungen zur Bedeutung von Bromat für die Trinkwasseraufbereitung. DVGW-Technologiezentrum, Karlsruhe und ESWE-Institut für Wasserforschung und Wassertechnologie, Wiesbaden.

Breugelmans, P., Barken, K. B., Tolker-Nielsen, T., Hofkens, J., Dejonghe, W., Springae, D. (2008): Architecture and spatial organization in a triple-species bacterial biofilm synergistically degrading the phenylurea herbicide linuron. FEMS Microbiol. Ecol, 64, S. 271–282.

Cabaj, A., Sommer, R. und Schoenen, D. (1996): Biodosimetry – model calculations for U. V. water disinfection devices with regard to dose distributions. Water Research, *30*, S. 1003–1009.

Carlson, S. und Hässelbarth, U. (1968): Die Erfassung der desinfizierenden Wirkung gechlorter Schwimmbadewässer durch Bestimmung des Redoxpotentials. Arch. Hyg. Bakt., *52*, S. 306–320.

Carlson, S., Hässelbarth, U. und Langer, W. (1975): Abtötung von Bakterien in Aggregaten bei der Wasserdesinfektion durch Chlor. Zbl. Bakt. yg. I Abt.Orig.B. *161*, S. 233–247.

Chang, H., Ch Chen und Wang, G. (2013): Characteristics of C-, N-DBPs formation from nitrogen enriches dissolved organic matter in raw water and treated wastewater effluent. Water Research. 47, S. 2729–2741.

Cianciotto, N. (1989): Genetics and molecular pathogenesis of Legionella pneumophila, an intracellular parasite of Macrophages. Mol. Biol. Med. *6*, S. 409–424.

Costa, O. Y. A., Raijmaakers, J. M., Kuramae, E. E. (2018): Microbial extracellular polymeric substances: Ecological role and impact in soil aggregation. Front. Microbiol. 9, S. 1636.

Costerton, J. W., Cheng, K.-J., Geesey, G. G., Ladd, T. I., Nickel, J. C., Dasgupta, M., Marrie, T. J. (1987): Bacterial biofilms in nature and disease. Annu. Rev. Microbiol., 41, S. 435–464.

Costerton, J. W., Stewart, J. S., Greenberg, E. P. (1999): Bacterial biofilms: a common cause of persistent infections. Science, *284*, S. 1318–1322.

Davey, M. E., O'Toole, G. A. (2000): Microbial biofilms: from ecology to molecular genetics. Microbiol. Mol. Biol. Rev. 64, S. 847–867.

De Beer, D., Stoodley P., Roe, F., Lewandowski, Z. (1994): Effects of biofilm structures on oxygen distribution and mass transport. Biotechnol. Bioeng., 43, S. 1131–1138.

DIN 19643-1 (2012): Aufbereitung von Schwimm- und Badebeckenwasser – Teil 1: Allgemeine Anforderungen. Beuth, Berlin.

DIN EN ISO 11731 (2018): Wasserbeschaffenheit –Zählung von Legionellen (ISO 11731:2017); Deutsche Fassung EN ISO 11731:2017, Beuth, Berlin.

DIN EN ISO 10304-4 (1999): Bestimmung von gelösten Anionen mittels Ionenchromatographie, Teil 4. Bestimmung von Chlorat, Chlorid, Chlorit in gering belastetem Wasser. Deutsche Fassung.

DIN EN ISO 19458 (2006): Wasserbeschaffenheit – Probenahme für mikrobiologische Untersuchungen (ISO 19458:2006). Beuth, Berlin.

Di Pippo, F., Di Gregorio, L., Congestri, R., Tandoi, V., Rossetti, S. (2018): Biofilm growth and control in cooling water industrial systems. FEMS Microbiol. Ecol., 94, fiy044.

Dieter, H., Chorus, J., Krüger, W, Mendel, B. (2017): Trinkwasser aktuell, Erich Schmidt Verlag.

Dizer, H., Bartocha, W., Althoff, H.-W., Seidel, K., Lopez-Pila, J. M. und Grohmann, A. (1993): Use of UV radiation to inactivate bacteria and coliphages in pretreated waste water. Water Res. *27*, S. 397–403.

Douterelo, I., Boxall, J. B., Deines, P., Sekar, R., Fish, K. E., Biggs, C. A. (2014): Methodological approaches for studying the microbial ecology of drinking water distribution systems. Water Res., 65, S. 134–156.

DVGW (1998): Arbeitsblatt W 553: Bemessung von Zirkulationssystemen in zentralen Trinkwassererwärmungsanlagen, Beuth, Berlin.

DVGW (2000): Arbeitsblatt W 291: Reinigung und Desinfektion von Wasserverteilungsanlagen.

DVGW (2002): Arbeitsblatt W 102: Richtlinien für Trinkwasserschutzgebiete; II. Teil: Schutzgebiete für Talsperren, Bonn.

DVGW (2004): Arbeitsblatt W 551: Trinkwassererwärmungs- und Trinkwasserleitungsanlagen, Technische Maßnahmen zur Verminderung des Legionellenwachstums; Planung, Errichtung, Betrieb und Sanierung von Trinkwasser-Installationen, Beuth, Verlin.

DVGW (Juni 2006): UV-Geräte zur Desinfektion in der Wasserversorgung; Technische RegelArbeitsblatt W 294–1 bis 3.

DVGW (2006): Arbeitsblatt W 101: Richtlinien für Trinkwasserschutzgebiete; I. TeilL Schutzgebiete für Grundwasser, Bonn.

DVGW (2007): Arbeitsblatt W 270: Vermehrung von Mikroorganismen auf Werkstoffen für den Trinkwasserbereich – Prüfung und Bewertung, DVGW, Bonn.

DVGW Kurs 5 Wasserchemie (jährlich): W. Schmidt: Desinfektion, Teil 1: Gesetzliche Rahmenbedingungen Wirkung und Vergleich von Desinfektionsmitteln Desinfektionsanlagen und Teil 2: Bildung von Desinfektionsnebenprodukten Geruchsbildung Optimierung der Desinfektion Schlussfolgerungen und Empfehlungen für die Praxis.

DVGW-Information Wasser Nt. 90 (2017): Informationen und Erläuterungen zu Anforderungen des DVGW-Arbeitsblattes W 551, Wirtschafts- und Verlagsgesellschaft Gas und Wasser mbH, Bonn.

DVGW-Technologiezentrum Wasser Karlsruhe (2016): Entwicklung von Technologien für eine energieeffiziente Trinkwassergewinnung mittels UV-LEDs (UV-LEDIS), BMBF-Projekt 2013–2015.

Eboigbodin, K. E., Seth, A., Biggs, C. A. (2008): A review of biofilms in domestic plumbing. J. Am. Water Works Assoc., *100*, S. 131–138.

Edelstein, P. H. und Lück, C. Legionella, In Jorgensen J et al. (Hrsg.): Manual of Clinical Microbiology, Eleventh Edition. ASM Press, Washington, D. C., USA.

Ehrlich, H. L., Newman, D. K., Kappler, A. (Hrsg.) (2015): Ehrlich's Geomicrobiology. 46th ed., CRC Press, Taylor and Francis Ltd., Boca Raton.

Eichelsdörfer, D., Slovak, J., Dirnagl, K., Schmid, K. (1976): Untersuchung der Augenreizung durch freies und gebundenes Chlor im Schwimmbadewasser, Archiv Badew., *29*, S. 9–13.

Eischeid, A. C., Meyer, Joel N., Linden, Karl G. (October 2008): Applied and Environmental Microbiology: UV Disinfection of Adenoviruses: Molecular Indications of DNA Damage Efficiency DOI 10.1128/AEM.02199–08.

EPA (United States Environmental Agency) (1980): Ambient Water Quality Criteria for Silver.

EPA 440/5-80-071, National Technical Information Service, Springfield.

Exner, M., Kramer, A., Kistemann, T., Gebel, J., Engelhart, S. (2007): Wasser als Infektionsquelle in medizinischen Einrichtungen, Prävention und Kontrolle. Bundesgesundheitsbl. Gesundheitsforsch. Gesundheitsschutz, 50, S. 302–311.

Fields, B. S., Utley Fields, S. R., Chin Loy, J. N., White, E. H., Steffens, W. L., Shotts, E. B. (1992): Attachment and entry of Legionella pneumophila in Hartmannella vermiformis. J. Infect. Dis., *167*, S. 1146–1150.

Flemming, H.-C. (1994): Biofilme, Biofouling und mikrobielle Materialschädigung. Stuttgarter Siedlungswasserwirtschaftliche Berichte. Oldenbourg Verlag, München, Band 129.

Flemming, H.-C., Wingender, J. (2001): Biofilme – die bevorzugte Lebensform der Bakterien: Flocken, Filme und Schlämme. Biologie in unserer Zeit. *31*, S. 169–180. Copyright Wiley-VCH Verlag GmbH & Co.KGaA. Reproduced with permission.

Flemming, H.-C. (2002): Biofouling in water systems – cases, causes, countermea sures. Appl. Envir. Biotechnol. *59*, S. 629–640.

Flemming, H. C., Neu, T. R., Wozniak, D. (2007): The EPS matrix: The house of biofilm cells. J. Bacteriol. *189*, S. 7945–7947.

Flemming, H.-C., Wingender, J. (2010): The biofilm matrix. Nat. Rev. Microbiol. *8*, S. 623–633.

Flemming, H.-C. (2011): Microbial biofouling – unsolved problems, insufficient approaches and possible solutions. In: Flemming, H.-C., Wingender, J., Szewzyk, U. (Hrsg.): Biofilm Highlights. Springer-Verlag Berlin-Heidelberg, S. 81–109.

Flemming, H.-C., Bendinger, B., Exner, M., Gebel, J., Kistemann, T., Schaule, G., Szewzyk, U., Wingender, J. (2014): The last meters before the tap: where drinking water quality is at risk. In: Microbial growth in drinking-water supplies. Problems, causes, prevention and research needs. D. van der Kooij, P. W. J. J. van der Wielen (eds.), IWA Publishing, London, UK, S. 207–238.

Flemming, H.-C., Wingender, J., Kjelleberg, S., Steinberg, P., Rice, S., Szewzyk, U. (2016): Biofilms: an emergent form of microbial life. Nat. Rev. Microbiol., *14*, S. 563–575

Flemming, H.-C., Wuertz, S. (2019): Bacteria and Archaea on Earth and their abundance in biofilms Nat. Rev. Microbiol., *17*, S. 247–260.

Forschungsgesellschaft für das Straßen- und Verkehrswesen (2006): Richtlinien für bautechnische Maßnahmen an Straßen in Wassergewinnungsgebieten (RiStWag), vom 12. 01. 2006.

Frank, W. H. (Hrsg.) (1966): Die künstliche Grundwasseranreicherung. Veröffentlichungen der Dortmunder Stadtwerke AG, Heft Nr. 9.

Fux, C. A., Costerton, J. W., Stewart, P. S., Stoodley, P. (2005): Survival strategies of infectious biofilms. Trends Microbiol. *13*, S. 34–40.

Geesey, G. G., Mutch, R., Costerton, J. W. (1978): Sessile bacteria: an important component of the microbial population in small mountain streams. Limnol. Oceanogr., *23*, S. 1214–1224.

Gesetz zur Neuregelung des Wasserrechts vom 31. 07. 2009 (BGBl. I, S. 2585).

Gesetz zur Ordnung des Wasserhaushalts (Wasserhaushaltsgesetz – WHG) vom 31. 07. 2009 (BGBl. I, S. 2585).

Gesetz zum Schutz vor schädlichen Bodenveränderungen und zur Sanierung von Altlasten (Bundesbodenschutzgesetz – BBodSchG) vom 17. 03. 1998 (BGBl. I, S. 502).

Gesetz zur Förderung der Kreislaufwirtschaft und zur Sicherung der umweltverträglichen Beseitigung von Abfällen (Kreislaufwirtschafts- und Abfallgesetz – KrW-/AbfG) vom 27. 09. 1994 (BGBl. I, S. 2705) zuletzt geändert durch Gesetz vom 25. 08. 1998 i. d. F. vom 11. 08. 2009 (BGBl. I, S. 2723).

Gärtner, A. (1915): Die Hygiene des Wassers. Friedr. Vieweg & Sohn Verlag, Braunschweig.

Gardiner, J. (1973): Chlorisocyanurates in the Treatment of Swimming Pool Water. Water Research, *7*, S. 823–833.

Golubic S., Schneider J. (2003): Microbial endoliths as internal biofilms. In: Krumbein, W. E., Paterson, D. M., Zavarzin, G. A. (Hrsg.): Fossil and Recent Biofilms. Springer, Dordrecht, S. 249–263.

Gordon, G., Adam, L. C., Bubnis, B. P. und Wliczak, A. (1993): Controlling the Formation of Chlorate Ion in Liquide Hypochlorite Feedstocks. J. Amer. Water Works Assoc. 85, S. 89–97.

Gordon, G., Adam, L. und Bubnis, B. (1995): Minimizing Chlorate Ion Formation. J. AWWA, *87*, S. 97–106.

Grandet, M., Weil, L. und Quentin, K.-E. (1986): Bildung bromhaltiger Trihalogenmethane im Wasser, ihre Verhinderung und Möglichkeiten der Elimination. Z. Wasser-Abwasser-Forsch., *12*, S. 66–71.

Grohmann, A. und Carlson, S. (1977): Desinfektion von Schwimmbadewasser bei Verwendung von Dichlorisocyanurat. Archiv des Badew., *30*, S. 197–200.

Grohmann, A. (1991): Zusatzstoffe für die Desinfektion von Trinkwasser (Chlor, Chlordioxid, Ozon und Silber). In: Aurand, K., Hässelbarth, U., Lange-Asschenfeldt, H. und Steuer, W. (Hrsg.): Die Trinkwasserverordnung: Einführung und Erläuterungen für Wasserversorgungs-unternehmen und Überwachungsbehörden. 3. Auflage, Erich Schmidt Verlag, Berlin, S. 496–505.

Grübel, A. (2013): TZW Veröffentlichungen, Band 58: Vermeidung organoleptischer Beeinträchtigungen von Trinkwasser: Rolle der freien Aminosäuren bei Chlordesinfektion. DVGW-Technologiezentrum Wasser; Zugl.: Dresden, Techn. Univ., Fak. Umweltwiss., Diss.

von Gunten, U., und Hoigne, J. (1992): Factors controlling the formation of bromate during ozonation of bromide containing waters. J. Water SRT-Aqua 41, S. 299–304.

von Gunten, U. und Hoigné, J. (1996): Ozonation of bromide containing waters: Bromate formation through ozone and hydroxyl radicals. In: Disinfection By-products in Water Treatment. CRC Press Inc., Boca Raton, S. 187–206.

von Gunten, U., Elovitz, M. und Kaiser, HP. (1997): Characterization of Ozonation Process with Conservative and Reactive Tracers. Prediction of the Degradation of Micropollutants. Analusis Magazine 7, S. 25–28.

Haag, W. R. (1981): On the disappearance of chlorine in sea water. Water Research, *15*, S. 937–940.

Haag, W. R., Hoigné, J. und Bader, H. (1982): Ozonung bromidhaltiger Trinkwässer: Kinetik der Bildung sekundärer Bromverbindungen. Vom Wasser, *59*, S. 237–251.

Haag, W. R. und Yao, C. C. D. (1992): Rate constants for reaction of hydroxyl radicals with several drinking water contaminants. Env. Sci. Techn., *6*, S. 1005.

Habel, D., Wricke, B., Bornmann, K. und Schramm, D. (1998): Untersuchungen zur Aufbereitung von Talsperrenwasser in geschlossenen Filteranlagen. GWF Wasser-Abwasser, *139*, S. 275–283.

Haberer, K. (1994): Der Einsatz von Desinfektionsmitteln und das Auftreten von Desinfektionsprodukten in deutschen Wasserwerken. GWF Wasser-Abwasser, *135*, S. 409–417.

Hall-Stoodley, L., Costerton, J. W., Stoodley, P. (2004): Bacterial biofilms: from the natural environment to infectious diseases. Nat. Rev. Microbiol., *2*, S. 95–108.

Hambsch, B. (1999): Distributing groundwater without disinfectant residual. J. AWWA, *91*, S. 81–85.

Hambsch, B., Werner, P. und Frimmel, F. (1992): Bakterienvermehrungsmessungen in aufbereiteten Wässern verschiedener Herkunft. Acta hydrochim. hydrobiol., *20*, S. 9–14.

Hambsch, B., Hügler, M., Preuß, G. (2016): Wirksamkeit von Aufbereitungs- und Desinfektionsverfahren zur Elimination von Krankheitserregern. Veröffentlichungen aus dem Technologiezentrum Wasser, Band 74, S. 50–55.

Hamza I. A., Jurzik L., Stang A., Sure K., Uberla K., Wilhelm M. (2009): Detection of human viruses in rivers of a densely-populated area in Germany using a virus adsorption elution method optimized for PCR analyses, Water Res. 43, S. 2657–2668.

Harrison, J., Ceri, H., Turner, R. J. (2007): Multimetal resistance and tolerance in microbial biofilms. Nat. Rev. Microbiol., *5*, S. 928–939.

Hebert, A., Forestier, D., Lenes, D., Benanou, D., Jacob, S., Arfi, C., Lambolez L., Levi, Y. (2010): Innovative method for prioritizing emerging disinfection by-products (DBPs) in drinking water on the basis of their potential impact on public health. Wat. Res. 44, S. 3147–3165.

Heinrichs, G., Hübner, I., Schmidt, C. K., de Hoog, G. S., Haase, G. (2013): Analysis of black fungal biofilms occurring at domestic water taps (II): potential routes of entry. Mycopathologia, *175*, S. 399–412.

Helmi, K., Skraber, S., Gantzer, C., Willame, R., Hoffmann, L., Cauchie, H.-M. (2008): Interactions of *Cryptosporidium parvum*, *Giardia lamblia*, vaccinal poliovirus type 1, and bacteriophages ΦX174 and MS2 with a drinking water biofilm and a wastewater biofilm. Appl. Environ. Microbiol. *74*, S. 2079–2088.

Hermansson, M., Marshall, K. C. (1985): Utilization of surface localized substrate by not adhesive marine bacteria. Microb. Ecol., *11*, S. 91–105.

Hässelbarth, U. (1980): Badewasser und Schwimmbadhygiene. Öff. Gesundh.-Wesen, *42*, S. 427–434.

Hoigné, J. und Bader, H. (1983): Rate constants for reactions of ozone with organic and inorganic compounds in water. Water Research, *17*, S. 185–194.

Hoigné, J. und Bader, H. (1994): Kinetics of Reactions of Chlorine Dioxide (OClO) in Water-I. Rate Constants for Inorganic and Organic Compounds. Wat. Res. 28, S. 45–55.

Horswill, A. R., Stoodley, P., Stewart, P. S., Parsek, M. R. (2007): The effect of the chemical, biological, and physical environment on quorum sensing in structured microbial communities. Anal. Bioanal. Chem. *387*, S. 371–380.

Howe, A. D., Forster, S., Morton, S., Marshall, R., Osborn, K. S., Wright, P., Hunter, P. R. (2002): Cryptosporidium oocysts in a water supply associated with a cryptosporidiosis outbreak. Emerg. Infect. Dis., *8*, S. 619–624.

Huisman, L. und Wood, W. E. (1974): Slow Sand Filtration. WHO, Genf.

ISPRA-Study (1996): An assessment of the presence of trihalomethanes (THMs) in water intended for human consumption and the practical means to reduce their concentrations without compromising disinfection efficiency. Report to Directorate General for Environment, Nuclear Safety and Civil Protection (DGXI) of the European Commission, Study contract 11492-95-12 A1 CO ISP B, Administrative arrangement: B4-3040/95/000436/MAR/D1, June 1996.

IWW (2014): F&E-Projekt-Biofilm-Management. https://iww-online.de/download/erkenntnisse-aus-dem-projekt-biofilm-management/

Jekel, M (1985): Huminstoffe im Flockungsprozess der Wasseraufbereitung. DVGW Forschungsstelle am Engler-Bunte Institut, Heft *26*, ZfGW-Verlag, Frankfurt/Main.

Jekel, M., Ließfeld, R. (Hrsg.) (1985): Flockung in der Wasseraufbereitung. DVGW Schriftenreihe Wasser Nr. *42*, ZfGW-Verlag, Frankfurt/Main.

Jolley, R. L. (1975): Water Chlorination – Environmental Impact and Health Effects. Ann Arbor Science, Michigan.

Jurzik, L, Heyer A., Schöpel, M. (2018): Elimination von humanpathogenen Viren und Bakterien aus Rohwasser im Rahmen der Trinkwasseraufbereitung. energie/Wasser-praxis 4, S. 16–24.

Jungfer, Ch. (2006): Einfluss der UV-Desinfektion auf molekulare Reparaturmechanismenbei Bakterien im Trinkwasser. Dissertation. Fakultät für Chemieingenieurwesenund Verfahrenstechnik, Institut für Technische Chemie, Bereich Wasser- und Geotechnologie, Forschungszentrum Karlsruhe.

Kaiser, H.-P., von Gunten, U. und Elovitz, M. (2000): Die Bewertung von Ozonreaktoren. GWA, *80*, 1, S. 50–61.

Kalmbach, S., Manz, W., Szewzyk, U. (1997): Dynamics of biofilm formation in drinking water: phylogenetic affiliation and metabolic potential of single cells assessed by formazan reduction and in situ hybridization. FEMS Microbiol. Ecol., *22*, S. 265–279.

Keller, L., Surette, M. G. (2006): Communication in bacteria: an ecological and evolutionary perspective. Nature Rev. Microbiol. *4*, S. 249–258.

Kilb, B., Lange, B., Schaule, G., Flemming, H.-C., Wingender, J. (2003): Contamination of drinking water by coliforms from biofilms grown on rubber-coated valves. Int. J. Hyg. Environ. Health, *206*, S. 563–573.

Kim, M., Ingremeau, F., Zhao, A., Bassler, B. L., Stone, H. A. (2016): Local and global consequences of flow on bacterial quorum sensing. Nat. Microbiol., *1*, S. 15005.

Klein, N. (2018): Energie- und Wasserpraxis: Ausgabe 06–07/2018.

Kneissl, M., Kolbe, T., Würtele, M., und Hoa, E. (2010): Development of UV-LED, Disinfection. TECHNEAU Report within WP2.5: Compact Units for Decentralised Water Supply. Berlin.

Königs, A., Flemming, H.-C., Wingender, J. (2015): The effect of silver nanoparticles on *Pseudomonas aeruginosa* on planktonic cells and biofilms. Front. Microbiol., *6*, S. 395.

Körstgens, V., Flemming, H.-C., Wingender, J., Borchard, W. (2001a): Uniaxial compression measurement device for the investigation of the mechanical stability of biofilms. J. Microbiol. Meth. *46*, S. 9–16.

Körstgens, V., Flemming, H.-C., Wingender, J., Borchard, W. (2001b): Influence of calcium ions on the mechanical properties of a model biofilm of mucoid *Pseudomonas aeruginosa*. Water Sci. Technol., *43*, S. 49–57.

Kötzsch, S., Rölli, F., Sigrist, R., Hammes, F. (2016) Kunststoffe in Kontakt mit Trinkwasser. Aqua & Gas, *12*, S. 42–52.

Krasner, St. W. (1904): The formation and control of emerging disinfection by-products of health concern. Philos Trans A Math Phys Eng Sci. 2009 Oct 13;367(1904):4077–95. doi: 10.1098/rsta.2009.0108.

Kurakowa, Y., Hayashi, Y., Maekawa, Y., Takahashi, M. und Kokubo, T. (1982): Induction of renal cell tumors in F-344 rats by oral administration of potassium bromate, a food additive. Gann., *73*, S. 335–341.

Langlais, B., Reckhow, D. A. und Brink, D. R. (1991): Ozone in Water Treatment. Lewis Publishers.

LeChevallier, M., M. W., Babcock, T. M., Lee, R. G. (1987): Examination and characterization of distribution system biofilms. Appl. Environ. Microbiol. *53*, S. 2714–2724.

Leong, L. Y. C., Kuo, J. und Tang, C. C. (2008) Disinfection of Wastewater Effluents – Comparison of Alternative Technologies. Water Environment Research Foundation (WERF), Alexandria, USA.

Li, Y.-H., Tian, X. (2013): Quorum sensing and bacterial social interactions in biofilms. Sensors, *12*, S. 2519–2538.

Li, L., Mendis, N., Trigui, H., Oliver, J. D., Faucher, S. P. (2014): The importance of the viable but non-culturable state in human bacterial pathogens. Front. Microbiol., *5*, S. 258.

Little, B. J., Lee, J. S. (2014): Microbiologically influenced corrosion: an update. Int. Mat. Rev., *59*, S. 384–393.

Liu, G., Bakker, G. L., Li, S., Vreeburg, J. H. G., Verbeck, J. Q. J. C., Medema, G. J., Liu, W. T., Van Dijk, J. C. (2014): Pyrosequencing reveals bacterial communities in unchlorinated drinking ater distribution system: an integral study of bulk water, suspended solids, loose deposits, and pipe wall biofilm. Environ. Sci. Technol. *48*, S. 5467–5476.

Masschelein, W. J., and R. G. Rice (2002): Ultraviolet Light in Water and Wastewater Sanitation, 1st Edition, First Published 26 April 2002, eBook Published 19 April 2016. Boca Raton: Imprint CRC Press.

Madigan, M. T., Bender, K. S., Buckley, D. H., Sattley, W. M., Stahl, D. A. (2018): Brock Biology of Microorganisms. 15th edition, Pearson, London.

Matthes, G. et al. (1985): Lebensdauer von Bakterien und Viren in Grundwasserleitern, Umweltbundesamt Materialien 2/85, Berlin.

Mayer, C., Moritz, R., Kirschner, C., Borchard, W., Maibaum, R., Wingender, J., Flemming, H.-C. (1999): The role of intermolecular interactions studies on model systems for bacterial biofilms. Int. J. Biol. Macromol. *26*, S. 3–16.

McDade, J. E. et al. (1977): Legionnaires' disease: isolation of a bacterium and demonstration of its role in other repiratory disease. N. Engl. J. Med. *297*, S. 1197–1203.

Moritz, M. M., Flemming, H.-C., Wingender, J. (2010): Integration of *Pseudomonas aeruginosa* and *Legionella pneumophila* in drinking water biofilms grown on domestic plumbing materials. Int. J. Hyg. Environ. Health, *213*, S. 190–197.

Ng, W.-L., Bassler, B. L. (2009): Bacterial quorum sensing network architectures. Annu. Rev. Genet., *43*, S. 197–222.

Nutman, A. P., Bennett, V. C., Friend, C. R. L., Van Kranendonk, M. J., Chivas, A. R. (2016): Rapid emergence of life shown by discovery of 3,700-million-year-old microbial structures. Nature, 537, S. 535–538.

ÖNORM M 5873–1 und -2: UV-Desinfektionsanlagen in Wasserversorgungsanlagen gemäß Trinkwasserverordnung. Veröffentlicht mit Erlass: BMGFJ-75210/0021-IV/B/7/2007 vom 6. 12. 2007.

Oubekka, S. D., Briandet, R., Fontaine-Aupart, M. P., Steenkeste, K. (2012): Correlative time-resolved fluorescence microscopy to assess antibiotic diffusion-reaction in biofilms. Antimicrob. Agents Chemother., *56*, S. 3349–3358.

Palin, A. T. (1957): The determination of free and combined chlorine in water by the use of diethyl-p-phenylene diamine. J. AWWA, *49*, S. 873.

Parsek, M. R., Greenberg, E. P. (2005): Sociomicrobiology: the connections between quorum sensing and biofilms. Trends Microbiol., *13*, S. 27–33.

Petersohn, D., Haubold, St., Stangel, M., Kähler, H. (2012): Präventive Kaltnebeldesinfektion von Oberflächen von Anlagen und Bauteilen im Trinkwassernetz der Berliner Wasserbetriebe. energie | wasser-praxis 11/2012, S. 12–13).

Pleischl, St. et al. (1999): Ergebnisse eines Ringversuchs zum Vergleich zweier Nachweisverfahren für Legionellen in Wasserproben aus dem DEIN ad-hoc-Arbeitskreis „Legionellen". Bundesgesundhblatt, *42*, S. 650–656.

Przemyslaw, A., Kasprzyk-Hordern, B. und Nawrocki, J. (2007): N-nitrososdimethylamine (NDMA) formation during ozonation of dimethylamine-containing waters. Water Research, *42*, S. 863–870.

Przemyslaw, A. und NaWrocki, J. (2007): N-nitrosodimethylamine formation during treatment with strong oxidants of dimethylamine containing water. Water Science & Technology 56(12):125–131.

Rehse, W. (1977): Diskussionsgrundlage für die Dimensionierung der Zone II von Grundwasserschutzzonen bei Kies-Sand-Grundwasserleitern für die Fremdstoffgruppen: Abbaubare organische Verunreinigungen, pathogene Keime, Viren. Bern.

Richert, J. G. (1911): Die Grundwässer unter besonderer Berücksichtigung der Grundwässer Schwedens. Verlag R. Oldenbourg, München.

Richtlinie 80/68/EWG des Rates vom 17. Dezember 1979 über den Schutz des Grundwassers gegen Verschmutzung durch bestimmte gefährliche Stoffe (Abl. L20 vom 26. 1. 1980, S. 43), geändert durch die Richtlinie 2000/60/EG (ABl. L327 vom 22. 12. 2000, S. 1).

Richtlinie 2000/60/EG des Europäischen Parlaments und des Rates vom 23. Oktober 2000 zur Schaffung eines Ordnungsrahmens für Maßnahmen der Gemeinschaft im Bereich der Wasserpolitik (ABl. L327 vom 22. 12. 2000, S. 1), zuletzt geändert durch die Richtlinie 2008/105/EG (ABl. L348 vom 24. 12. 2008, S. 84).

Richtlinie 2006/11/EG des Europäischen Parlaments und des Rates vom 15. Februar 2006 betreffend die Verschmutzung infolge der Ableitung bestimmter gefährlicher Stoffe in die Gewässer der Gemeinschaft (ABl. L64 vom 4. 3. 2006, S. 52).

Richtlinie 2006/118/EG des Europäischen Parlaments und des Rates vom 12. Dezember 2006 zum Schutz des Grundwassers vor Verschmutzung und Verschlechterung (ABl. L139 vom 31. 5. 2007, S. 39).

RKI (2018): Ratgeber Infektionskrankheiten: Legionellose, https://www.rki.de/DE/Content/Infekt/EpidBull/Merkblaetter/Ratgeber_Legionellose.html

Roberson, E. B., Firestone, M. K. (1992): Relationship between desiccation and exopolysaccharide production in a soil *Pseudomonas* sp. Appl. Environ. Microbiol. *58*, S. 1284–1291.

Rook, J. J. (1974): Formation of Haloforms During Chlorination of Natural Waters. J. Soc. Water Treat. Exam., *23*, S. 234.

Rotta, J. C. (1972): Turbulente Strömungen, B. G. Teubner Verlag, Stuttgart.

Rowbotham, T. J. (1980): Preliminary report on the pathogenicity of Legionella pneumophila for freshwater and soil amoebae. J. Clin. Pathol. *33*, S. 1179–1183.

Ruckdeschel, G., Ehret, W. (1993): Die Legionelleinfektion. Ergebnisse der Inneren Medizin und Kinderheilkunde, *6*, S. 207–302.

RWW (2012): Das Mülheim Verfahren.

Sand, W., Gehrke, T. (2006): Extracellular polymeric substances mediate bioleaching/biocorrosion via interfacial processes involving iron(III) ions and acidophilic bacteria. Res. Microbiol. *157*, S. 49–56.

Schmidt, C. K. und Brauch, H.-J. (2008): N,N-Dimethylsulfamide as Precursor for N-Nitrosodimethylamin (NDMA) Formation upon Ozonation and its Fate During Drinking Water Treatment. Enmviron. Sci. Technol., *42*, S. 6340–6346.

Schmidt, W. (2017): Abschlussbericht (TZW-Teilprojekt) W 4/03/12-A Laufzeit: 1. 9. 2013–30. 4. 2016 Vorkommen und Bildung von Perchlorat bei der Aufbereitung von Trink- und Badebeckenwässern.

Schmidt, W. (1999a): Minimierung der Chlorit- und Chloratbildung bei Einsatz chlorhaltiger Desinfektionsmittel in der Trinkwasseraufbereitung. DVGW-Technologiezentrum Wasser Karlsruhe, Außenstelle Dresden.

Schmidt, W. (1999b): Formation and behaviour of bioavailable ozonation- and disinfection by-products in drinking water treatment. In: Proceedings of The 14th Ozone World Congress. International Ozone Association, *31* Strawberry Hill Avenue, Stamford, CT 06902–2608, USA.

Schmidt, W. (2018 ff): Seminare und Vorlesungen: University of Shanghai for Science and Technology (USST), Juni und September.

Schmidt, W., Böhme, U. und Brauch, H.-J. (1993): Die Bildung von Organobromverbindungen bei der Aufbereitung bromidhaltiger Wässer. Vom Wasser 80, S. 29–39.

Schmidt, W., Böhme, U. and H.-J. Brauch (1994): Nebenprodukte der Desinfektion: Chlorit, Chlorat, Bromat und Iodat - Entstehung und Bewertung bei der Trinkwasseraufbereitung in den neuen Bundesländern. DVGW-Schriftenreihe Wasser, 86, S. 285–301.

Schmidt, W., Böhme, U. und Brauch, H.-J. (1995): Organo bromide compounds and their significance for drinking water treatment. Water Supply, Vol. 13, no 1 Paris, pp. 101–116.

Schmidt, W. und Müller, U. (1995): Chemisch-verfahrenstechnische Aspekte der Desinfektion von Trinkwasser. In: Jahresbericht 1995 der Arbeitsgemeinschaft Wasserwerk Bodensee-Rhein (AWBR), St. Leonhard-Straße 15, CH-9001 St. Gallen, ISSN: 0179–7867.

Schmidt, W., Petzoldt, H., Böhme, U. und Brauch, H.-J. (1996): Systematic Investigations of Aldehyde and Ketoacid Formation after Ozonation and Chlorination: Their Influence on the Bacterial Regrowth in Drinking Water Treatment. Presented at the IOA Conference, Amsterdam, September 1996.

Schmidt, W., Hambsch, B. und Petzoldt, H. (1998): Classification of algogenic organic matter and its contribution to the bacterial regrowth potential and by-products formation. Wat. Sci. Tech., 37, S. 91–96.

Schmidt, W., Böhme, U. Sacher, F. und Brauch, H.-J. (1999): Bildung von Chlorat bei der Desinfektion von Trinkwasser. Vom Wasser, *93*, S. 109–126.

Schmidt, W. und Nüske, G. (2005): Überprüfung der Eignung von Analysenverfahren zum Nachweis von Chlordioxid und Chlorit im Trinkwasser. DVGW-F&E-Forschungsvorhaben W7/01/05.

Schmidt, W. und Nüske, G (2009): Untersuchung von marktüblichen Elektrolyseanlagen zur Herstellung chlorhaltiger Desinfektionsmittel aus Sole im Wasserwerk, DVGW-F & E-Forschungsvorhaben W 4/05/06, DVGW-Technologiezentrum Wasser, Außenstelle Dresden.

Schmidt, W. und Rübel, A. (2016): Vorkommen und Bildung von Perchlorat bei der Aufbereitung von Trink- und Badebeckenwässern, Vorkommen und Bildung von Perchlorat bei der Aufbereitung von Trink- und Badebeckenwässern, DVGW-Technologiezentrum Wasser Karlsruhe, (TZW) Außenstelle Dresden, IWW – Rheinisch-Westfälisches Institut für Wasserforschung gemeinnützige GmbH, Mülheim, Projektnummer: W4/03/12A.

Schmoll, O., Bethmann, D., Sturm, S., Schnabel, B. (2014): Das Water-Safety-Plan-Konzept: Ein Handbuch für kleine Wasserversorgungen. Umweltbundesamt, Dessau-Roßlau.

Schoenen, D. (1997): Möglichkeiten und Grenzen der Trinkwasserdesinfektion unter besonderer Berücksichtigung der historischen Entwicklung. GWF Wasser-Abwasser, *138*, 2, S. 61–74.

Schoenen, D., Kolch, A., Gebel, J. und Hoyer, O. (1995): UV-Desinfektion von Trinkwasser. DVGW Schriftenreihe Wasser, Nr. *86*. ZfGW-Verlag, Frankfurt/Main.

Schooling, S. R., Beveridge, T. J. (2006): Membrane vesicles: an overlooked component of the matrices of biofilms. J. Bacteriol *188*, S. 5945–5957.

Schopf, J. W., Hayes, J. M., Walter, M. R. (1983): Evolution on earth's earliest ecosystems: recent progress and unsolved problems. In: Schopf, J. W. (Hrsg.): Earth's earliest biosphere. Princeton University Press, New Jersey, S. 361–384.

Shen, R., S. A. Andrews (2011): Demonstration of 20 pharmaceuticals and personal care products (PPCPs) as nitrosamine precursors during chloramine disinfection. Water Research, *45*, S. 944–952.

Skraber, S., Schijven, J., Gantzer, C., de Roda Husman, A. M. (2005): Pathogenic viruses in drinking-water biofilms: a public health risk. Biofouling, *2*, S. 105–117.

Sontheimer, H., Heilker, E., Jekel, M., Nolte, H. und Vollmer, F. H. (1978): The Mülheim Process. J. AWWA, *70,7*, S. 393–396.

Soerensen, S. J., Bailey, M., Hansen, L. H., Krier, N., Wuertz, S. (2005): Studying plasmid horizontal transfer *in situ*: a critical review. Nat. Rev. Microbiol., *3*, S. 700–710.

SRU (Der Rat von Sachverständigen für Umweltfragen) (1998): Flächendeckend wirksamer Grundwasserschutz: Ein Schritt zur dauerhaft umweltgerechten Entwicklung. Sondergutachten, Verlag Metzler-Poeschel, Stuttgart.

Starlinger, R. (1996): Legionellen und Amöben – ein Versuch, die Persistenz und Virulenz von Legionellen in Trinkwasserleitungssystemen über das Vorkommen von Amöben zu erklären. Dissertation Univ. Innsbruck.

Stellungnahme des Fachausschusses „Desinfektion und Oxidation" zur Notwendigkeit der Festlegung von Übergangsfristen im Zusammenhang mit der Aufnahme eines Bromatgrenzwertes in die Trinkwasserverordnug. DVGW, Bonn 1999.

Ternes, T. A., Mueller, J. und Haberer, K. (1998): Bildung von Bromat in der Trinkwasseraufbereitung – Systematische Laboruntersuchungen. Vom Wasser, *90*, S. 273–293.

Trebesius, K., Amman, R., Ludwig, W., Mühlegger, K. und Schleifer, K. H. (1994): Identification of whole fixed bacterial cells with nonradioactive 23S rRNA-targeted polynucleotide probes. Appl. Environ. Microbiol., *60*, S. 3228–3235.

Trinkwasserverordnung in der Fassung der Bekanntmachung vom 10. März 2016 (BGBl. I S. 459), die zuletzt durch Artikel 1 der Verordnung vom 3. Januar 2018 (BGBl. I S. 99) geändert worden ist.

Umweltbundesamt (2012): Systemische Untersuchungen von Trinkwasser-Installationen auf Legionellen nach Trinkwasserverordnung. https://www.umweltbundesamt.de/sites/default/files/medien/419/dokumente/empfehlungen_gefaehrdungsanalyse_trinkwv.pdf

Umweltbundesamt (2012): Empfehlungen für die Durchführung einer Gefährdungsanalyse gemäß Trinkwasserverordnung – Maßnahmen bei Überschreitung des technischen Maßnahmenwertes für Legionellen. https://www.umweltbundesamt.de/sites/default/files/medien/419/dokumente/empfehlungen_gefaehrdungsanalyse_trinkwv.pdf

Umweltbundesamt (2017): Empfehlung des Umweltbundesamtes zur Probenahme und zum Nachweis von Legionellen in Verdunstungskühlanlagen, Kühltürmen und Nassabscheidern. https://www.umweltbundesamt.de/sites/default/files/medien/355/dokumente/nachweis_legionellen_verordnung_final.dotx.pdf

Umweltbundesamt (2017): Liste der Aufbereitungsstoffe und Desinfektionsverfahren gemäß § 11 TrinkwV 2001, Teil Ic.

Umweltbundesamt (2018): https://www.umweltbundesamt.de/.../aufbereitungsstoffe-desinfektionsverfahren-ss-1Liste der Aufbereitungsstoffe und Desinfektions-verfahren, Stand 2018.

Urfer, D., Huck, P. M., Booth, S. D. J. und Coffey, B. M. (1997): Biological filtration for BOM removal and particle removal: a critical review. J. AWWA, *89, 12*, S. 83–98.

van der Kooij, D., Visser, A. und Hijnen, W. A. M. (1982): Determining the concentration of easily assimilable organic carbon in drinking water. J. AWWA, *74*, S. 540–545.

van der Kooij, D. (1992): Assimilable organic carbon as an indicator of bacterial regrowth. J. AWWA, *84*, S. 57–65.

van der Kooij, D., van Lieverloo, Schellart, J. A., und Hiemstra, P. (1999): Distributing drinking water without disinfectant: highest achievment or height folly? J. Water SRT-Aqua, *48*, S. 31–37.

Van Lieverloo, J. H. M., Hoogenboezem, W., Veenendaal, G., van der Kooij, D. (2014): Invertebrates in drinking water distribution biofilms. In: Microbial growth in drinking-water supplies. *Problems, causes, prevention and research needs*. D. van der Kooij, P. W. J. J. van der Wielen (eds.), IWA Publishing, London, UK, S. 239–260.

VDI/DVGW (2013): VDI/DVGW-Richtlinie 6023: Hygiene in Trinkwasser-Installationen. Anforderungen an Planung, Ausführung, Betrieb und Instandhaltung. Beuth Verlag, Berlin.

VDI (2015): Richtlinie 2047 Blatt 2: Rückkühlwerke – Sicherstellung des hygienegerechten Betriebs von Verdunstungskühlanlagen (VDI-Kühlturmregeln), Beuth, Berlin.

Verordnung über die Anwendung von Düngemitteln, Bodenhilfsstoffen, Kultursubstraten und Pflanzenhilfsmitteln nach der guten fachlichen Praxis beim Düngen (Düngeverordnung) vom 26. 01. 1996 geändert durch Verordnung vom 16. 07. 1999 i. d. F. vom 31. Juli 2009 (BGBl. I, S. 2585).

Verordnung über Verdunstungskühlanlagen, Kühltürme und Nassabscheider vom 12. Juli 2017 (BGBl. I S. 2379; 2018 I S. 202).

Vert, M., Yoshiharu, D., Hellwich, K.-H., Hess, M., Hodge, P., Kubisa, P., Rinaudo, M., Schué, F. (2012): Terminology for biorelated polymers and applications (IUPAC Recommendations 2012). Pure Appl. Chem., *84*, S. 377–410.

Visscher, J. T. (1990): Slow Sand Filtation: Design, Operation and Maintenance. J. AWWA, *82, 6*, S. 67–71.

Vitruv, Pollio, Marcus (25 v. Chr.): De architektura, *8, 4, 1*; 205, in der Übersetzung von C. Fensterbusch. Akad.-Verlag, Berlin (Linzensausgabe Wiss. Buchges., Darmstadt).

Wagner, M., Ivleva, N. P., Haisch, C., Niessner, R., Horn, H. (2009): Combined use of confocal laser scanning microscopy (CLSM) and Raman microscopy (RM): investigations on EPS – matrix. Water Res., *43*, S. 63–76.

Waines, P. L., Moate, R., Moody, A. J., Allen, M., Bradley, G. (2011): The effect of material choice on biofilm formation in a model warm water distribution system. Biofouling, *27*, S. 1161–1174.

Walker, J. T., Jhutty, A., Parks, S., Willis, C., Copley, V., Turton, J. F., Hoffman, P. N., Bennett, A. M. (2014). Investigation of healthcare-acquired infections associated with *Pseudomonas aeruginosa* biofilms in taps in neonatal units in Northern Ireland. J. Hosp. Infect., *86*, S. 16–23.

Walser, S., Gerstner, D., Brenner, B., Höller, C., Liebl, B., Herr, C. (2014) Assessing the environmental health relevance of cooling towers – A systemati review of Legionellosis outbreaks. Int J Hyg Environ Health 217, S. 145–154.

Werner, P. (1985): Eine Methode zur Bestimmung der Verkeimungsneigung von Trinkwasser. Vom Wasser, *65*, S. 257–270.

WHO (World Health Organization) (2005): Chlorite and Chlorate in Drinking-water. Background document for development of WHO Guidelines for Drinking-water Quality. Available at: http://www.hc-sc.gc.ca/ewh-semt/pubs/water-eau/chlorite-chlorate/index-eng.php

WHO (World Health Organization) (2011): Guidelines for Drinking-water Quality. Fourth Edition. Available at: http://whqlibdoc.who.int/publications/2011/9789241548151_eng.pdf.

Whitchurch, C. B., Tolker-Nielsen, T., Ragas, P. S., Mattick, J. S. (2002): Extracellular DNA required for bacterial biofilm formation. Science *295*, S. 1487.

Wingender, J., Grobe, S., Fiedler, S., Flemming, H.-C. (1999): The effect of extracellular polysaccharides on the resistance of *Pseudomonas aeruginosa* to chlorine and hydrogen peroxide, In: Biofilms in Aquatic Systems. Keevil, C. W., Godfree, A. F., Holt, D., Dow, C. (eds.), Royal Society of Chemistry, Cambridge, Special Publication, *242*, S. 93–100.

Wingender, J. (2011): Hygienically relevant microorganisms in biofilm of man-made water systems. In: Flemming, H.-C., Wingender, J. und Szewzyk, U. (Hrsg.): Annual Biofilm Highlights. Springer-Verlag, Berlin Heidelberg, S. 189–238.

Winzenbacher, R., Schick, R. und Stabel, H.-H. (2000): Fe(III)-unterstützte Filtration bei der Trinkwasseraufbereitung. GWA, *80*, S. 20–28.

Wricke, B. (2018): Reinigung und Desinfektion von Trinkwasserinstallationen – Das neue DVGW Arbeitsblatt W557, Energie & Wasserpraxis, 11/2013.

Yang, X., Chihhao Fan, Shang, Chii and Zhao, Quan (2010): Nitrogenous disinfectionn byproducts formation and nitrogen origin exploration during chloramination of nitrogenous organic compounds. Water Research. 44, S. 2691–2702.

Xu, J., Huang, C., Shi, X., Dong, S., Yuan, B., Nguyen, T. H. (2018): Role of drinking water biofilms on residual chlorine decay and trihalomethane formation: an experimental and modeling study. Sci. Total Environ., *642*, S. 516–525.

Zimmermann, U. (2000): Die Langsamsandfiltration, altbewährt und modern einsetzbar. GWA, *80*, S. 45–50.

H. H. Dieter, H. Höring und T. Baumann

10 Befund und Bewertung

10.1 Einleitung

Nur allzu häufig werden dem oder der Kundigen Wasseranalysen mit der Bitte vorgelegt, festzustellen, ob es sich um Trinkwasser, natürliches Mineralwasser oder um Heilwasser handele. Eine Analyse ist zwar notwendig, aber in keiner Weise ausreichend für eine sachkundige Bewertung. Nichts ist gesagt über die Art der Probennahme, den Einfluss des Einzugsgebietes, die verwendeten Aufbereitungsstoffe, die Materialien, mit denen das Wasser in Berührung kam, über Stagnation und Verweilzeit im Netz sowie über Kontaminationen in Zwischenbehältern.

Wie kann eine Bewertung ohne Ortskenntnisse erfolgen? Sie kann es nicht. Außerdem ist eine zweite und dritte Probennahme und Analyse erforderlich, um das Ergebnis abzusichern. So wird aus der Einzelanalyse durch Wiederholung und Vermeidung von Fehlern bei der Probennahme ein validiertes Ergebnis, das erst unter Berücksichtigung der Umstände des Einzelfalls (Ortsbesichtigung!), der analytischen, technischen und hygienischen Kenntnisse mit Bezug auf die Regeln der Technik und die einschlägigen Rechtsnormen eine Bewertung erlaubt, deren zusammenfassendes Ergebnis auch als Befund bezeichnet werden kann. Dabei ist die Bezeichnung „ohne Befund“ zu vermeiden. Im medizinischen Jargon wird gelegentlich mit „ohne Befund (o. B.)“ zum Ausdruck gebracht, dass die erhobenen Befunde im Normbereich für Gesunde liegen. In Bezug auf das Trinkwasser, Mineralwasser oder Heilwasser würde eher zum Ausdruck gebracht, dass die Bewertung nicht zu einem eindeutigen Ergebnis gelangt ist.

Ziel von Befund und Bewertung ist es, die Eignung eines Wassers festzustellen:
- Für die Bezeichnung „natürliches Mineralwasser“,
- für die Zulassung als Heilwasser,
- als Trinkwasser,
- als Betriebswasser in Lebensmittelbetrieben,
- als Schwimm- und Badebeckenwasser,
- als Badegewässer,
- für landwirtschaftliche Zwecke oder für Fisch- oder Muschelzucht,
- als Wasser für industrielle Anwendung,
- in Bezug auf die Einleitung in ein Gewässer,
- als Wasser für die Grundwasseranreicherung.

Im Wesentlichen soll hier auf die hygienische Bewertung abgehoben werden, so dass eher die ersten fünf Anstriche von Bedeutung sind und weitere, durchaus denkbare Ziele einer Bewertung außer Betracht bleiben.

https://doi.org/10.1515/9783110588217-010

Für eine Bewertung müssen neben den Methoden, die in den Kapiteln dieses Buches erörtert werden, noch Kenntnisse in folgenden Bereichen herangezogen werden:
- Ortsbesichtigung, Herkunft des Wassers und mögliche Kontaminationen;
- Rechtsvorschriften sowie Kenntnisse zu den Grenzwerten und gesundheitlich unbedenklichen Höchstkonzentrationen;
- Spezielle Kenntnisse zu den einzelnen Parametern einschließlich hygienischer Bewertung und Empfehlungen.

Von möglichen Zielen der rechtlichen Regelungen im Bereich Wasser werden drei hervorgehoben:
- Schutz der Gewässer und Schutz der Ressourcen für Trinkwasser und Mineralwasser;
- Wasser zur Abwehr von seuchenhygienischen Gefahren und als Lebensmittel, nämlich Trinkwasser;
- Wasser ausschließlich als Lebensmittel: Mineralwasser, Quellwasser, Tafelwasser.

10.2 Ortsbesichtigung

Die Beurteilung einer Wassererschließung aus Grund- oder Quellwasser ausschließlich auf Basis der hydrochemischen Beschreibung des Wassers und ohne Ortseinsicht ist nicht möglich.

Im Rahmen der fachkundigen Ortsbesichtigung müssen der Zustand der Quellfassung, der Wassererschließungsanlagen, des Versorgungsnetzes und die Umgebung des Quellvorkommens betrachtet werden. Ziel ist die quantitative und qualitative Absicherung des Wasservorkommens.

10.2.1 Zustand der technischen Einrichtungen

Der Fassungsbereich und die unmittelbare Umgebung sind im Hinblick auf die Qualität des erschlossenen Wasservorkommens besonders vulnerabel. Der Fassungsbereich – üblich sind $10 \times 10\ m^2$ um die Fassung – und das Fassungsbauwerk müssen gegen unbefugten Zutritt gesichert sein. Das Fassungsbauwerk muss tagwasserdicht verschlossen und hochwassersicher angelegt sein. Die Entwässerung und die Entlüftung des Bauwerks müssen so angelegt sein, dass ein Eindringen von Wasser bzw. von Kleinlebewesen nicht möglich ist. Rückschlagklappen müssen regelmäßig gewartet und geprüft werden. Oberflächenwasser darf in keinem Fall in den Brunnen selbst gelangen können. Insofern ist ein Überlauf, z. B. bei artesischen Brunnen, hoch riskant. Das Innere des Fassungsbauwerks sollte mit leicht zu reinigenden, frostsicheren Oberflächen ausgekleidet sein.

Im Hinblick auf künftige Wartungsarbeiten sollte das Fassungsbauwerk den leichten Zutritt zum Brunnen bzw. zur Quelle ermöglichen, z. B. durch ein abnehmbares Dach bzw. durch Revisionsluken. Die oberirdischen Anlagenteile sollten im Fassungsbauwerk offen geführt werden, um eine Sichtprüfung zu ermöglichen.

Aus einem schlechten Zustand der oberirdischen Anlagenteile (Korrosion, mangelnde Sauberkeit im Fassungsbauwerk, Defekte der Überwachungstechnik) kann erfahrungsgemäß auch auf mangelnde Wartung und einen schlechten Zustand der unterirdischen Anlagenteile geschlossen werden.

Im Rahmen der Ortsbesichtigung sind die technischen Einrichtungen zur Aufzeichnung der Betriebsparameter zu prüfen, die Sensoren durch Kontrollmessungen zu überprüfen und der zeitliche Verlauf der aufgezeichneten Parameter zu sichten. Zeigt z. B. der Auftrag des Wasserspiegels gegen die Förderrate einen Rückgang der spezifischen Ergiebigkeit des Brunnens, sollte ein Ausbau der Pumpe zusammen mit einer Reinigung des Brunnens und einer Kamerabefahrung in Erwägung gezogen werden.

Eine Veränderung der chemischen und mikrobiologischen Beschaffenheit des geförderten Wassers auf dem Weg zwischen Brunnen und Verbraucher ist unerwünscht (Trinkwasser) bzw. unzulässig (Heilwasser, Mineralwasser). Der Vergleich der chemischen und mikrobiologischen Beschaffenheit zwischen Brunnenkopf/ Wasserwerk und Zapfhahn liefert Hinweise auf Korrosion bzw. Ausfällungen und Stagnation in den Rohrleitungen. Die Untersuchung sollte auf typische Kontaminanten aus Rohrleitungen (u. a. Kupfer, Blei, Weichmacher) ausgedehnt werden. Die Proben sollten im Sinne einer ‚worst-case'-Abschätzung auch in stagnierenden Bereichen im Rohrnetz, z. B. an nur selten genutzten Wasserentnahmen, gezogen werden. Für Kliniken, Kindergärten und andere öffentliche Einrichtungen ist die Prüfung von Stagnationsproben obligatorisch.

In der Trinkwasserversorgung ist vor Änderungen der Wasserbeschaffenheit (z. B. Umstellung des Aufbereitungsprozesses, Anschluss neuer Brunnen, Anschluss an Fernwasserversorgung) zu prüfen, ob das Wasser mit dem bestehenden Versorgungsnetz kompatibel ist. Im Einzelfall kann ein Austausch der Hausinstallationen bzw. eine Änderung der Aufbereitung nötig werden, um schädliche Konzentrationen von Schwermetallen, z. B. nach Umstellung von einem harten Grundwasser auf ein relativ weiches Wasser aus einer Trinkwassertalsperre, zu vermeiden. Die Anforderungen sind in den einschlägigen Normen und den Merk- und Arbeitsblättern des DVGW geregelt.

Im Rahmen der Ortsbesichtigung sollten auch etwaige Verluste im Rohrnetz sowie Wartungsarbeiten am Rohrnetz thematisiert werden. Allerdings ist eine Differenz zwischen geförderter und verkaufter Wassermenge nicht zwangsläufig auf Verluste im Versorgungsnetz zurückzuführen, sondern teilweise auch auf die eingesetzte Messtechnik.

10.2.2 Umgebung der Fassungsanlage

Bei der Besichtigung der Umgebung der Fassungsanlage muss zwischen Tiefbrunnen, welche das zweite oder tiefere Grundwasserstockwerke erschließen, und Flachbrunnen und Quellfassungen unterschieden werden. Bei Tiefbrunnen ist die geologische und hydrogeologische Situation entscheidend für den Schutz des Grundwasservorkommens. Das hydrogeologische Gutachten gibt Informationen über das Einzugsgebiet und die Wasserwegsamkeiten. Zu beachten ist, dass vor allem in tektonisch beanspruchten Gebieten und im Karst das oberirdische und das unterirdische Einzugsgebiet einer Quellfassung weit auseinander liegen können.

Bei Flachbrunnen und Quellfassungen kann ein Zutritt von oberflächenbeeinflussten Wässern in der näheren Umgebung zu einer empfindlichen Störung des hydrochemischen und mikrobiologischen Zustands führen. Die folgende Aufstellung fasst einige Szenarien zusammen:

- *Siedlungen*: Siedlungstypische Gefährdungen sind häusliche Abwässer, insbesondere alte Versitzgruben und veraltete, undichte Kanalisation, Straßenabwässer, Verkehrsunfälle im Siedlungsbereich, Versickerung von Dachabläufen und versiegelten Flächen, Düngemittel und Pestizideinsatz sowie Kompostierung in privaten Gärten, Öltanks im Erdreich, Kleingewerbe mit Umgang von wassergefährdenden Stoffen und oberflächennahe Geothermieanlagen (Wärmeträger, Durchteufen von Deckschichten)
- *Landwirtschaft*: Risiken für Grund- und Oberflächenwasser bestehen durch den Einsatz von Pflanzenschutz- und -behandlungsmitteln, Düngemitteleinsatz und durch Eintrag bzw. Ausbringung landwirtschaftlicher Abwässer (Jauche/Gülle/Mist) einerseits und die Erosion von Deckschichten andererseits. Stallungen, Speicherbecken für Flüssig- und Festmist sowie Siloanlagen stellen weitere Risiken für die mikrobiologische und chemische Beschaffenheit des Brunnenwassers dar.
- *Verkehr*: Verkehrsbedingte Risiken beinhalten den regelmäßigen Eintrag von Straßenablaufwässern (Streusalz, Bremsabrieb, Betriebsstoffe), luftgetragenen Schadstoffe und den unfallbedingten Eintrag von Gefahrstoffen. Die Versickerung von Straßenablaufwässern kann lokal zu deutlicher Gewässerbeeinflussung führen.
- *Oberflächengewässer, Wasserwege*: Bei Wassergewinnungsanlagen in Tallage ist eine wechselseitige Beeinflussung zwischen Grund- und Oberflächengewässer anzunehmen. In der Talfüllung ist das Grundwasser als Begleitstrom des Oberflächengewässers zu bezeichnen. Der Anteil von Oberflächenwasser am geförderten Grundwasser ist abhängig von der Nähe zum Oberflächengewässer und der relativen Entnahmemenge. Ein guter Indikator ist, sofern in den Fluss geklärte oder ungeklärte Abwässer eingeleitet werden, neben der Salinität des Grundwassers das Auftreten von persistenten organischen Verbindungen, z. B. von Arzneimittelrückständen oder von Süßstoffen. Bei stark schwankenden Wasserständen bzw. bei Hochwässer kann über die, in der Regel gering kolma-

tierten und deshalb besser wasserdurchlässigen Flanken des Flussbetts und über die Gewässerrandstreifen Wasser in den Grundwasserleiter inflitrieren und dort zu anhaltenden Kontaminationen führen.

- *Gewerbegebiete, Sondernutzungen*: Bei Gewerbegebieten, Industrieanlagen und anderen Sondernutzungen im Einzugsgebiet sind in der Regel sehr konkrete Gefährdungsszenarien für den Grundwasserleiter auszuscheiden. Der Umgang mit wassergefährdenden Stoffen, die Absenkung des Grundwasserspiegels oder die Entfernung von Deckschichten bei Kies- und Sandgruben können zu einer Erhöhung des Gefährdungspotenzials für die Grundwasserfassung beitragen. Bei Biogasanlagen sind einerseits mögliche Störfälle, andererseits die intensivere landwirtschaftliche Nutzung im Einzugsbereich der Anlage, die Entsorgung der Reststoffe sowie ein höheres Verkehrsaufkommen für die Anlieferung zu berücksichtigen.
- *Deponien, Altlasten*: Verdachtsflächen ergeben sich aus der historischen Erkundung, die konkreten Risiken müssen im Einzelfall durch eine Voruntersuchung bzw. Sanierungsuntersuchung dargestellt werden. Der Nachweis deponietypischer Wasserinhaltstoffe, anthropogener organischer Spurenstoffe oder mikrobielle Verunreinigungen liefern weitere Anhaltspunkte.

Indikatorchemikalien kommt bei der Beurteilung der Umgebung große Bedeutung zu: Tritium als Indikator für Grundwasserverweilzeiten und den jüngeren Anteil im erschlossenen Wasservorkommen, persistente Metabolite von Pflanzenschutzmitteln als Indikatoren für den Einfluss der landwirtschaftlichen Nutzung im Einzugsgebiet, Süßstoffe als Indikatoren für den Zutritt von Abwasser bzw. geklärten Abwässern oder Chlorid als Indikator für den Einsatz von Streumitteln auf Verkehrswegen sind nur einige Beispiele für moderne Tracer.

Während bei manchen Indikatorstoffen der Nachweis an sich bereits eingeschränkt aussagekräftig ist, ergeben sich bei Stoffen, die natürlich und anthropogen im Grundwasser auftreten erst aus mehrjährigen Untersuchungen Hinweise, aus welchen die Oberflächeneinflüsse quantifiziert werden können.

Klassische Tracerversuche, z. B. mit Fluoreszenztracern, sind nur noch in Ausnahme- bzw. Streitfällen nötig. Ihre Aussagekraft ist auf Grund der Einmaligkeit des Versuchs geringer als die integierende Untersuchung der Indikatorstoffe, zudem sind Markierungsversuche bei sorgfältiger Durchführung teurer als die Analyse charakterisierender Spurenstoffe.

10.2.3 Vor-Ort-Untersuchungen und Monitoring

Im Rahmen der Ortsbesichtigung, die häufig mit einer Wasserprobennahme verknüpft wird, müssen diejenigen Parameter bestimmt werden, die sich zwischen Probennahme und Labor verändern können. Dazu zählen neben der organoleptischen Prüfung (Geruch, Geschmack, Färbung, Trübung, Bodensatz), die Messung der

Temperatur, der elektrischen Leitfähigkeit, des pH-Werts und des Redoxpotenzials, die Bestimmung der Alkalinität und Acidität durch Titration, und die Messung des Sauerstoffgehalts.

Regelmäßig gemessen und aufgezeichnet werden sollten der Wasserstand und die Pumpenleistung, die Temperatur und die elektrische Leitfähigkeit des Wassers. Wasserstand und Pumpenleistung geben Hinweise auf eine Alterung des Brunnens (Verockerung, Versinterung) bzw. auf großräumige Änderungen des Wasserdargebots. Ein deutlicher Jahresgang der Temperatur deutet auf oberflächennahes Grundwasser, während signifikant über der Jahresmitteltemperatur liegende Grundwassertemperaturen auf größere Erschließungstiefe hinweisen, selbst wenn der Brunnen nur flach ausgebaut ist; die geothermische Tiefenstufe beträgt im Mittel 3 °C/100 m. Bei tiefen Brunnen und geringer Fördermenge ist ggf. die Auskühlung im Steigrohr zu berücksichtigen.

Mit Hilfe von tiefenaufgelösten Messungen der Temperatur, der elektrischen Leitfähigkeit, des pH-Werts oder der Konzentration an gelöstem Sauerstoff mit so genannten Multiparametersonden können Grundwasserzutritte im Brunnen und eine Schichtung des Grundwasserkörpers in der Regel sehr gut auskartiert werden.

10.3 Rechtsnormen für den Gewässerschutz

Die Öffnung der Märkte, der Wettbewerb der Regionen, die Liberalisierung der Wirtschaft und der Wunsch, regionale Besonderheiten zu erhalten, macht Regelungen auf der so genannten Makroebene (siehe Abschn. 10.7.7) erforderlich. Leistungsfähige, flexible und vollziehbare gesetzliche Regelwerke sind unentbehrlich. Regelungen ausschließlich auf nationaler Ebene werden aber immer weniger vorstellbar. Die Wirtschaftsbeziehungen der Staaten und vor allem der notwendige Schutz der Gewässer machen eine internationale Zusammenarbeit, nicht nur im Rahmen der Europäischen Union (EU), dringend erforderlich. Es ist daher nicht verwunderlich, wenn die gesetzlichen Regelungen zunehmend auf Richtlinien der EU fußen.

National wird der Bereich des Gewässerschutzes und des Schutzes der Ressourcen für Trink- und Mineralwasser durch das Wasserhaushaltsgesetz geregelt. Von besonderer Bedeutung sind:

- Der Grundsatz von § 6 WHG, Gewässerbewirtschaftung zum Wohl der Allgemeinheit und zur Vermeidung der Beeinträchtigung von ökologischen Funktionen;
- die Emissionsbegrenzung nach § 57 WHG für Abwassereinleitungen durch ein Minimierungsgebot;
- die Ermächtigung des § 51 WHG, Wasserschutzgebiete festzusetzen, soweit es das Wohl der Allgemeinheit erfordert;
- die Führung eines Wasserbuches nach § 87 WHG.

Die Regelungen des WHG werden durch weitere Verordnungen und Gesetze ergänzt, die folgenden Prinzipien zugeordnet werden können:

- *Vorsorgeprinzip*: Besorgnisgrundsatz, z. B. in Anlehung an § 62 WHG zu wassergefährdenden Stoffen;
- *Kooperationsprinzip*: Kooperation mit der Landwirtschaft zur Vermeidung der Gewässerbelastung mit Pestiziden und Nitraten; Kooperation mit der Industrie zur Festsetzung der Mindestanforderungen für Abwassereinleitungen in Anlehnung an § 57 WHG;
- *Verursacherprinzip*: z. B. Abwasserabgabengesetz (AbwAG);

Das WHG ist ein Rahmengesetz nach Artikel 75 des Grundgesetzes. Es wird deswegen von den Wassergesetzen der Länder ergänzt, die zusätzliche Regelungen für den Gewässerschutz und die Wasserversorgung enthalten. Es sind auch die wasserwirtschaftlichen Rahmenpläne und Bewirtschaftungspläne nach den einheitlichen Richtlinien des Bundes gemäß § 36 WHG von den Ländern aufzustellen.

International ist Deutschland in eine Reihe von völkerrechtlich verbindlichen Verträgen eingebunden, die der Bewirtschaftung der Gewässer und dem Meeresschutz dienen:
- Flussgebietskommissionen und Gewässerschutzkommissionen: Internationale Kommissionen zum Schutz des Rheins (IKSR), der Elbe (IKSE), der Donau (IKSD) und der Oder (IKSO) sowie von Mosel und Saar (IKSMS), der Maas (IMK) und auch des Bodensees (IGKB);
- Meeresschutzabkommen: Für den Nordatlantik das Oslo-Paris-Abkommen von 1992 (OSPAR); für die Ostsee das Helsinki-Übereinkommen von 1980 (erneuert 1992); für den allgemeinen Schutz der Meere vor Abfällen wie Baggergut, Klärschlamm oder Schrott das London-Übereinkommen von 1972 (1996 ersetzt durch das London-Protokoll, in dem ein generelles Einbringungsverbot verankert ist).

In der **Europäischen Union** wurden seit 1973 Richtlinien zur Begrenzung der Emissionen und zur Sicherung der Qualität vereinbart, die nunmehr, bis auf die Trinkwasser-RL, in einer Rahmenrichtlinie zusammengefasst wurden. Der vormalige „Flickenteppich" aus über 30 EU-Richtlinien, die den Wasserbereich direkt oder indirekt betreffen, entwickelte sich mit der Zeit, um unterschiedlichen Bedürfnissen und Problemen gerecht zu werden. Er wies aber erhebliche Defizite und Inkonsistenzen auf. Seit 1994 verfolgt die EU Kommission daher das Ziel, diese Defizite durch ein modernes, kohärentes europäisches Wasserrecht zu ersetzen. Dies wird durch eine Wasserrahmenrichtlinie (WRRL) eingeleitet, deren vollständige Bezeichnung „Richtlinie des Rates zur Schaffung eines Ordnungsrahmens für Maßnahmen der Gemeinschaft im Bereich der Wasserpolitik" lautet. Die WRRL hat zum Ziel:
- Den Schutz und die Verbesserung der aquatischen Ökosysteme;
- die Förderung einer nachhaltigen Nutzung der Wasserressourcen.

Im Rahmen der Zielsetzung, einen guten Zustand der Gewässer herzustellen, soll auch erreicht werden:

- Eine stetige Verringerung der Gewässerverschmutzung durch gefährliche Stoffe entsprechend den Meeresschutzabkommen;
- eine Verminderung der ökologischen Auswirkungen von Hochwasser und Dürre.

Damit ist eine Identifizierung der Wasserhygiene mit den Zielen der WRRL möglich. Sowohl der Grundwasserschutz in Einzugsgebieten für die Trinkwasserversorgung und für Mineralwasser als auch der Schutz vor gefährlichen Stoffen scheint ausreichend gesichert, da sich die WRRL ausdrücklich zu den Zielen der Vermeidung jeglicher Verschlechterung der aquatischen Umwelt bekennt. Auch die Aufstellung von Flussgebietsplänen über die Grenzen der Mitgliedstaaten hinweg und auch, das sei im Hinblick auf die Deutsche Verfassungswirklichkeit angemerkt, über die Grenzen der Bundesländer hinweg, scheint ein geeignetes Instrument zur Sicherung einer nachhaltigen Versorgung mit einwandfreiem Trinkwasser und Mineralwasser zu sein. Jedenfalls sind daran erhebliche Hoffnungen geknüpft, auch wenn die Fristen für die Umsetzung der WRRL mit etwa 18 bis 30 Jahren, je nach Interpretation der Bestimmungen, sehr lang erscheinen.

10.4 Die Trinkwasserverordnung (TrinkwV)

10.4.1 Der Begriff Trinkwasser

Trinkwasser ist alles öffentlich (leitungs- oder speichergebunden) bereitgestellte Wasser, das zum Trinken, zum Kochen und zur Zubereitung von Speisen und Getränken **bestimmt** ist. Darüber hinaus definiert die TrinkwV[1] auch solches Wasser als Trinkwasser, das für „andere häusliche Zwecke" bestimmt ist. Sie gibt dafür eine offene Liste vor, die „insbesondere" die Körperpflege und (nicht wörtlich, jedoch sinngemäß) das Wäschewaschen einschließt. Für empfindliche Bereiche wie Krankenhäuser, Kindertagesstätten oder Altenheime ist weiter zu unterstellen, dass auch für alle anderen häuslichen Zwecke, insbesondere für die Nutzung von Wasser im Toilettenbereich, Trinkwasserqualität verpflichtend ist.

Es hat nicht an Versuchen gefehlt, den Begriff „Trinkwasser" über Art und Konzentration der in einem Wasser gelösten Stoffe **exakt zu definieren.** Diese Versuche scheiterten, weil Trinkwasser auch regionale Besonderheiten widerspiegeln soll und ein technisch aufbereitetes „Einheitswasser" von der Bevölkerung nicht akzeptiert würde.

---

1 Trinkwasserverordnung in der Fassung der Bekanntmachung vom 10. März 2016 (BGBl. I S. 459), die zuletzt durch Artikel 1 der Verordnung vom 3. Januar 2018 (BGBl. I S. 99) geändert worden ist. Konsolidierte Textfassung abrufbar unter https://www.gesetze-im-internet.de/trinkwv_2001/TrinkwV_2001.pdf

Eine **allgemeine Definition**, die seine gewinnungs- und verbrauchsseitig zu fordernden oder entsprechend herzustellenden/zu sichernden **Eigenschaften** beschreibt, konstituieren die Grundanforderungen der DIN 2000:

- Die Anforderungen an die Trinkwassergüte müssen sich an den Eigenschaften eines aus genügender Tiefe und nach Passage durch ausreichend filtrierende Schichten gewonnenen Grundwassers einwandfreier Beschaffenheit orientieren, das dem natürlichen Wasserkreislauf entnommen und in keiner Weise beeinträchtigt wurde;
- Trinkwasser sollte appetitlich sein und zum Genuss anregen. Es muss farblos, klar, kühl, sowie geruchlich und geschmacklich einwandfrei sein;
- Trinkwasser muss keimarm sein.

Dies sind die drei wichtigsten Leitsätze, die gleichzeitig allgemein anerkannte Regeln der Wasserversorgung sind, worauf die Rechtsnormen Bezug nehmen. Sie schließen Extreme aus. Weder ein Wasser, das bei mehreren oder sogar allen Parametern die Grenzwerte erreicht (z. B. 5 µg/l Cd, 50 mg/l Nitrat, 1,5 mg/l F, 240 mg/l Sulfat usw.) noch destilliertes Wasser sind als Trinkwasser geeignet. Werden sie als Trinkwasser bestimmt, so ist dies in Verbindung mit DIN 2000 ein Verstoß gegen die TrinkwV. Sofern die Grundanforderungen der DIN 2000 eingehalten werden, liegen die Konzentrationen aller Stoffe, von einzelnen Gewinnungsgebieten mit geogenen Besonderheiten abgesehen, weit unterhalb gesundheitlich bedenklicher Konzentrationen und es kann hinzugefügt werden, weit unterhalb der Grenzwerte der TrinkwV.

In einer umwelthygienisch erweiterten Sichtweise entspricht die Formulierung „müssen ... orientieren" einem **Minimierungsgebot** im Sinne der umwelthygienischen Grundregel „schädliche Belastungen verhindern, nützliche funktional minimieren, nutzlose möglichst vermeiden" (Dieter, 1999, 2004, 2011; Kennzahl 0201 in Dieter et al., 2014). Anders als durch eine weitgehende Begrenzung jeder Kontamination, soweit dies technisch und nach den Umständen des Einzelfalles möglich ist, können die geforderten Eigenschaften nämlich nicht sichergestellt werden. Befürchtungen, dass die Kosten der Wasserversorgung durch zu hohe Anforderungen unbezahlbar werden, haben sich nicht bestätigt und sind unbegründet (siehe Abschn. 10.7.8).

Trinkwasser ist auch Wasser, das als **Wasser für Lebensmittelbetriebe** bestimmt ist, unabhängig von seinem Aggregatzustand (also auch als Dampf oder als Eis) und zwar bis zum Ort der Verwendung.

Die TrinkwV bezieht sich nur auf Trinkwasser aus **festen Leitungswegen**. Zu den Leitungen gehören selbstverständlich auch die Anlagen der Hausinstallation. Abgepacktes Trinkwasser unterliegt der TrinkwV nur bis zum Ort der Abfüllung (Zapfhahn). Für die Behandlung nach dem Zapfhahn müssen die Lebensmittelhygieneverordnung oder die Mineral- und Tafelwasserverordnung herangezogen werden. Demnach dienen die vielfältigen Kleinfilter im Haushalt, die am oder nach dem

Zapfhahn angewendet werden, der Herstellung von Tafelwasser. Das Produkt, das damit erzielt wird, ist kein Trinkwasser mehr, sondern Tafelwasser. Die Bewertung solcher Kleinfilter ist unter diesem Aspekt wesentlich vereinfacht.

10.4.2 Kurze Kommentierung der TrinkwV

Die TrinkwV ist eine Rechtsnorm zum **Schutz der Verbraucher** vor wasserbürtigen mikrobiologischen und stofflichen Risiken und zur Sicherung ihrer ständigen Versorgung mit entsprechend einwandfreiem Trinkwasser. Sie gilt grundsätzlich am Zapfhahn, auch wenn zur Erleichterung des Vollzugs zahlreiche Parameter im Wasserwerk bzw. im Rohrnetz gemessen werden können.

Die genaue Bezeichnung der TrinkwV nach der Novellierung 2001 lautet „Verordnung über die Qualität von Wasser für den menschlichen Gebrauch (Trinkwasserverordnung – TrinkwV 2001)“. Sie ist die Umsetzung der gleichnamigen Richtlinie 98/83/EG des Rates der Europäischen Union in nationales Recht. Damit ist in Deutschland ausschließlich die TrinkwV für die Bewertung von Untersuchungsergebnissen heranzuziehen, nicht aber die Trinkwasser-RL.

Mit der Novellierung der TrinkwV vom 21. 05. 2001 war eine Betonung der Verwendung „für den menschlichen Gebrauch“ verbunden. Hiermit wurde stärker als bisher zum Ausdruck gebracht, dass Trinkwasser zu 97 % der Abwehr von seuchenhygienischen Gefahren und nur zu 3 % unmittelbar als Lebensmittel dient. Statt der Feststellung, Trinkwasser sei das wichtigste Lebensmittel, sollte in Zukunft besser die zutreffendere und verständlichere Feststellung verwendet werden: **Trinkwasser ist unersetzlich.**

Auf einen Abdruck des seit 2001 mehrfach novellierten Textes der TrinkwV 2001 wird hier verzichtet; er ist über das Internet (www.bundesgesetzblatt.de; s. a. Fußnote 1 in diesem Kapitel) zugänglich. Die folgende kurze Kommentierung soll aufzeigen, welchen Einfluss die TrinkwV auf die Bewertung von Untersuchungsergebnissen hat. Die Problematik der Grenzwerte wird im folgenden Abschnitt kommentiert.

Zweck der TrinkwV ist der Schutz der menschlichen Gesundheit vor nachteiligen Einflüssen. Trinkwasser muss genusstauglich und rein sein. Unter Gesundheit wird nicht nur das körperliche, sondern auch das soziale und seelische Wohlbefinden zu verstehen sein. Ästhetische und hygienische Aspekte der Herkunft und der Aufbereitung und Verteilung des Trinkwassers müssen in die Bewertung einbezogen werden.

Die TrinkwV umfasst ausdrücklich alle **Wasserversorgungsanlagen** aus denen Wasser für den menschlichen Gebrauch auf festen Leitungswegen abgegeben wird. Sie unterscheidet aber große Anlagen (mehr als 1000 m^3 im Jahr) von Kleinanlagen (höchstens 1000 m^3 im Jahr Wasserabgabe). Die früheren Bezeichnungen „Eigen-“ und „Einzelwasserversorgungsanlagen“ wurden aufgegeben, weil sie ständig zu Missverständnissen Anlass gaben. Die TrinkwV schließt aber auch sonstige, nicht ortsfeste Anlagen ein, die den Kleinanlagen gleichgestellt sind. Der Vollzug der TrinkwV bei der Kontrolle von Anlagen auf Schiffen unter ausländischer Fahne in deutschen Häfen und von Anlagen auf Volksfesten bleibt jedoch weiterhin ein schwieriges Feld. Schließlich bezieht die TrinkwV auch die Hausinstallationen mit ein und verlangt eine regelmäßige Kontrolle der Hausinstallation von öffentlichen Gebäuden. Auf jeden Fall sind die Parameter zu überwachen, von denen anzunehmen ist, dass sie sich in der Hausinstallation nachteilig verändern (in Tab. 10.1 mit N gekennzeichnet).

Die Bereiche Wassergewinnung, Aufbereitung und Verteilung von Trinkwasser bleiben ein wichtiges Feld der Bewertung von Untersuchungsergebnissen im Hinblick auf die **mikrobiologischen Anforderungen** der TrinkwV (siehe auch multiples Barrierensystem, Abschn. 9.1). In Bezug auf die **Desinfektion** (§ 5 Abs. 5) werden zweierlei Vorschriften gemacht, um der grundsätzlichen Anforderung „frei von Krankheitserregern" Genüge zu leisten. Einerseits muss durch Aufbereitung, erforderlichenfalls unter Einschluss einer Desinfektion, einer eventuellen mikrobiologischen Belastung des Rohwassers Rechnung getragen werden. Dabei ist nach den allgemein anerkannten Regeln der Technik zu verfahren. Es ist also möglich, auf den Zusatz von Chlor oder Chlordioxid zu verzichten oder eine UV-Bestrahlung anzuwenden, wobei eine Aufbereitung z. B. durch Filtration oder Flockenfiltration oder Membranfiltration (siehe Kap. 11) obligatorisch ist, wenn die Rohwasserqualität dies erfordert. In Karstgebieten mit Oberflächenwassereinfluss wird man dieses Erfordernis meistens bejahen, bei gut geschützten Grundwässern und den meisten Uferfiltraten dagegen nicht.

Andererseits muss eine mögliche mikrobiologische Belastung im **Verteilungsnetz** berücksichtigt werden. Können die mikrobiologischen Anforderungen im Netz nur durch Desinfektion eingehalten werden, dann ist eine Desinfektionskapazität (Depotchlorung, Transportchlorung) durch Chlor oder Chlordioxid vorzuhalten. Chloramin zur Depotchlorung ist in Deutschland nicht zulässig (siehe Abschn. 9.5.2).

Für die Aufbereitung dürfen nur zugelassene **Aufbereitungsstoffe** (§ 11) verwendet werden. Die Verwendung nicht zugelassener oder nicht per Ausnahmegenehmigung (§ 12) *befristet* zugelassener Aufbereitungsstoffe ist strafbar. Die entsprechend zugelassenen Aufbereitungsstoffe finden sich nicht mehr in der TrinkwV, was von vielen Fachleuten bedauert wird. Sie sind einer gesonderten, vom Umweltbundesamt geführten Liste zu entnehmen, die es nach Anhörung der Trinkwasserkommission des Bundesministeriums für Gesundheit an seinem Netzstandort (www.umweltbundesamt.de) veröffentlicht und ständig fortschreibt. (siehe Kap. 11).

Allgemeine Anforderungen an Werkstoffe und **Materialien** im Kontakt mit Trinkwasser beschreiben die Absätze 1 und 2 von § 17. Die Bewertungsgrundlagen zur Konkretisierung dieser Anforderungen erstellt gemäß Absatz 3 und 4 das Umweltbundesamt. Es gelten immer die Regeln der Technik und ein aus dem Lebensmittelrecht vertrautes und bewährtes Minimierungsgebot. Es dürfen nämlich nur solche „Werkstoffe oder Materialien verwendet werden, die in Kontakt mit Wasser

Stoffe nicht in Konzentrationen abgeben, die höher sind als nach den allgemein anerkannten Regeln der Technik unvermeidbar [...] oder den Geruch oder Geschmack des Wassers verändern." Dies ist natürlich ein weites Feld für Bewertung und Begutachtung.

Details hierzu enthalten die Kennzahlen 0702 („Bewertung organischer Materialien im Kontakt mit Trinkwasser") und 0703 („Bewertung anorganischer Werkstoffe im Kontakt mit Trinkwasser") in Dieter et al. (2014 ff). Auffällig ist, dass auch für Kupfer ein Grenzwert festgesetzt wurde, der seine Verwendbarkeit einschränkt, nämlich 2 mg/l Cu als **Wochenmittelwert**. Allerdings ist es schwierig, seine Einhaltung zu überprüfen (siehe Abschn. 3.3). Immerhin wird dies nur verlangt, wenn der pH-Wert im Versorgungsgebiet unter 7,4 liegt. Bei höherem pH-Wert entfällt die Untersuchungspflicht nach § 19 Abs. 7. In Verbindung mit dem zitierten Minimierungsgebot wird dies die Bewertungen beeinflussen und den Einsatzbereich von Kupferrohren einschränken.

Die TrinkwV enthält detaillierte Vorschriften für die Häufigkeit und den Umfang der **Untersuchungen** des Trinkwassers. Sie unterscheidet wie bisher zwischen der Eigenüberwachung (Pflichten des Wasserversorgungsunternehmens, § 14), die bei großen Versorgungsanlagen etwa 95 % der Untersuchungen insgesamt ausmachen kann, und der amtlichen Untersuchung (§ 19) in Abständen, die je nach Beanstandungshäufigkeit und Art der Anlage 1 bis maximal 5 Jahre betragen können. Sie muss von der zuständigen Behörde (Gesundheitsamt) oder einer vom Land zu bestimmenden Stelle durchgeführt werden. Alle Untersuchungsstellen, die sich mit Trinkwasseranalysen befassen, müssen über ein System der internen Qualitätssicherung verfügen und akkreditiert sein (siehe auch Abschn. 4.1). Die vom Land bestimmten Stellen für die amtliche Untersuchung dienen hoheitlichen Aufgaben. Ihre Bestellung darf nicht als besondere Qualifikation missverstanden werden, wie dies bisher nach § 19(2) TrinkwV alter Fassung der Fall war.

Zu den Pflichten der zuständigen Behörde (meistens das Gesundheitsamt, soweit ein Land dies nicht anders geregelt hat) gehört neben der amtlichen Untersuchung von Wasserproben auch die **Besichtigung** der Wasserversorgungsanlagen einschließlich der dazugehörigen Schutzzonen bzw. des Einzugsgebietes, wenn keine Schutzzone festgesetzt ist. Das Ergebnis der Besichtigung ist wesentlich für die Bewertung der Ergebnisse der Wasseruntersuchungen und kann Anlass für die Anordnung weiterer Untersuchungen sein, um einen Befund abzusichern oder einem Verdacht nachzugehen.

Die **Information** der Verbraucher (§ 21) fällt in die Zuständigkeit der Versorgungsunternehmen, die dies sicherstellen müssen. Da viele kleine Gemeinden keine rechte Vorstellung über die Beschaffenheit ihres Trinkwassers haben, wird die Überwachungsbehörde Hilfe leisten müssen. Bei großen Wasserversorgern werden die Behörden sicherlich nicht besonders eingreifen müssen, da inzwischen, auch über das Internet, umfangreiche Informationen zur Trinkwasserqualität bereitgestellt werden.

10.4.3 Auswahl von Parametern und Festsetzung von Grenzwerten

Die TrinkwV enthält als allgemeine Anforderung:

„Wasser für den menschlichen Gebrauch muss genusstauglich und rein sein. Dieses Erfordernis gilt als erfüllt, wenn bei der Wassergewinnung, der Wasseraufbereitung und der Verteilung die allgemein anerkannten Regeln der Technik eingehalten sind und das Wasser für den menschlichen Gebrauch den Anforderungen dieser Verordnung entspricht." Sie begnügt sich aber nicht damit, sondern setzt für eine Reihe von Parametern Grenzwerte fest. Damit folgt sie den Vorgaben der Trinkwasser-RL 98/83/EG, wobei für die Bezeichnung **„Parameterwert"** bei der TrinkwV die Bezeichnung **„Grenzwert"** bevorzugt wird, um an der Verbindlichkeit dieser Werte keinen Zweifel aufkommen zu lassen.

Ein weiterer Umstand, der berücksichtigt werden muss, ist die Tatsache, dass bei der Festsetzung der Grenzwerte keineswegs nur toxikologisch abgeleitete Höchstwerte (siehe Abschn. 8.3) berücksichtigt werden. Ganz im Gegenteil werden, wo immer möglich, auch technisch oder analytisch abgeleitete oder sozial akzeptable Werte berücksichtigt (Dieter, 1999, 2004). Mehr als früher wird nach **Zielen und Motiven** der Auswahl und Festsetzung von Grenzwerten gefragt (Dieter und Grohmann, 1995; Grohmann et al., 1996; Dieter, 2009/2011): Warum wird ein Parameter ausgewählt? Wozu dient diese Festsetzung? Antworten auf diese Fragen könnten sein:
- Gesundheitlicher Schutz der Konsumenten;
- Schutz von Ansprüchen an die ästhetische Qualität von Trinkwasser;
- Verwendbarkeit bestimmter preiswerter Materialien, Aufbereitungsstoffe oder Aufbereitungsverfahren;
- Schutz technischer Einrichtungen, die im Gesamtsystem der Trinkwassergewinnung, -aufbereitung und -verteilung von Fall zu Fall unverzichtbar sind;
- Ermöglichung der landwirtschaftlichen Produktion mit bestimmten Methoden;
- Bewahrung (oder Weiterentwicklung) traditioneller Analysenmethoden;
- sichere Desinfektion des Trinkwassers;
- sonstiger, gesellschaftlich akzeptierter Nutzen einer anthropogenen Kontamination des Trinkwassers mit dem Stoff, der durch den gewählten Parameter gekennzeichnet ist.

Ist das Motiv geklärt, so muss der Zahlenwert des vorgeschlagenen Grenzwertes geprüft werden, ob er in Bezug auf technische Vermeidbarkeit, Schutz der Ressourcen, soziale Akzeptanz und gesundheitliche Sicherheit streng genug ist.

Auf diese komplizierten und vernetzten Motive und Ziele haben die Trinkwasser-RL und in Folge die TrinkwV versucht, eine einfache Antwort zu geben, nämlich durch Aufteilung der Parameter in „Chemische Parameter" und „Indikatorparameter". Damit wird einerseits unterstellt, dass „Chemische Parameter" die toxikologischen Werte widerspiegeln, was nicht stimmt und auch den Handlungsspielraum, die Grenzwerte auf das technisch unvermeidbare weit unterhalb einer toxikologischen Relevanz festzuschreiben, einengen würde. Andererseits wird unterstellt, dass die Indikatorparameter geringere toxikologische Relevanz als die chemischen Parameter haben, was ebenfalls nicht stimmt. Nicht einmal eine überhöhte Trübung ist gesundheitlich bedeutungslos. Konsequent müsste es nur eine einzige Parameterliste geben. Die Unterschiede bei Zielen und Motiven der Festsetzung von Parametern sind gemäß BMG/UBA (2013) einzeln zu erörtern und bei Grenzwertüberschreitungen von Fall zu Fall zu berücksichtigen.

Falsch ist es auf jeden Fall, bei Überschreitungen von Grenzwerten der **chemischen** Parameter immer eine gesundheitliche Gefahr zu vermuten. Es kommt auf den Parameter und die Höhe der Überschreitung an.

Falsch wäre es auch, Grenzwertüberschreitungen bei **Indikatorparametern** nicht ernst zu nehmen. Auch hier ist die Höhe der Überschreitung maßgeblich, wobei letztendlich alle Anstrengungen zu unternehmen sind, um die Grenzwerte von Indikatorparametern deutlich zu unterschreiten (Minimierungsgebot, siehe auch § 9 Abs. 5 TrinkwV und DIN 2000).

Tab. 10.1: Grenzwerte der TrinkwV 2001, gesundheitliche Leitwerte (*guideline values*) der WHO (2011) und Maßnahmehöchstwerte (MHW) des UBA (BMG/UBA, 2013).

Parameter	Gruppe* W, I, N, C, [C]	Grenzwert der TrinkwV mg/l	*guideline value* (WHO, 2011) mg/l	MHW* = gesundheitliche Leitwerte für kürzere als lebenslange Exposition (s. Abschn. 8.3.4) mg/l
Acrylamid	W, C	0,0001	0,0005[b)]	0,001 (3 Jahre); 0,0003 (10 Jahre; SK)
Aluminium	I	0,20	0,2	6,0 (A); 1,0 (SK)
Ammonium	I	0,50		200
Antimon	N	0,005	0,020	0,20
Arsen	N, [C]	0,01	0,01	0,030
3,4-Benzo(a)pyren	N, C	0,00001	0,0007[b)]	0,001 (3 Jahre); 0,0004 (10 Jahre; SK)
Benzol	W, C	0,001	0,01[b)]	0,02 (3 Jahre) 0,006 (10 Jahre; SK)
Blei	N	0,01	0,01	0,080 (A); 0,01 (SK)
Bor	W	1,0	2,40	6,0
Bromat	W, [C]	0,01	0,01[d)]	0,01
Cadmium	N	0,003	0,003	0,007
Chlorid	I	250	250	750 (A); 250 (SK)
Chrom, Cr gesamt	W	0,05	0,05	0,2 (Cr gesamt)
Cyanid	W	0,05	0,07	0,2
1,2-Dichlorethan	W, C	0,003	0,03[b)]	0,05 (3 Jahre); 0,02 (10 Jahre; SK)
Eisen	I	0,20		0,50

Tab. 10.1 (fortgesetzt)

Parameter	**Gruppe* W, I, N, C, [C]**	**Grenzwert der TrinkwV mg/l**	***guideline value* (WHO, 2011) mg/l**	**MHW* = gesundheitliche Leitwerte für kürzere als lebenslange Exposition (s. Abschn. 8.3.4) mg/l**
Epichlorhydrin	N, [C]	0,0001	0,0004	0,007 (3 Jahre): 0,003 (10 Jahre; SK)
Färbung SAK 436 nm	I	0,5 m^{-1}		
Fluorid	W	1,50	1,50[d)e)]	1,50[e)]
Geruchsschwellenwert	I	3 bei 25 °C		
Geschmack	I	ohne anormale Veränderung		
Kupfer	N	2,0	2,0	5,0 (A); 2,0 (SK)
Leitfähigkeit, elektr.	I	2500 µS/cm 20 °C		
Mangan	I	0,050		1,0 (A); 0,2 (SK)
Natrium	I	200	200	500 (A); 200 (SK)
Nickel	N	0,02	0,07	0,2 (A, nicht vorallergisiert); 0,05 (SK)
Nitrat	W	50	50	130 (A)[f)]; 50 (SK)[f)]
Nitrit	N	0,5	3	5,0 (akute Toxizität)[f)]; 2,0 (chron. Toxizität)[f)]
Org. Kohlenst., TOC	I	ohne anorm. Veränd.		
Oxidierbarkeit, als O_2	I	5		
PSMBP (Pestizide, Biozide und „relevante Metabolite")	W[a)]	0,0001	0,001 bis 0,1	Es gelten die in der jeweils neuesten „ADI-Liste" des BfR genannten trinkwasserhygienischen Maßnahmewerte des UBA
PSMBP-Summen	W	0,0005		
PAK	N	0,0001		0,001
Quecksilber	W	0,001	0,001	0,009
Selen	W	0,01	0,01	0,03
Sulfat	I	250		1000 (A); 500 (SK)
Tetrachlorethen	W, [C]	0,01[g)]	0,04	0,075 (A); 0,05 (SK)
Trichlorethen	W, [C]	0,01[g)]	0,07	

Tab. 10.1 (fortgesetzt)

Parameter	**Gruppe* W, I, N, C, [C]**	**Grenzwert der TrinkwV mg/l**	***guideline value* (WHO, 2011) mg/l**	**MHW* = gesundheitliche Leitwerte für kürzere als lebenslange Exposition (s. Abschn. 8.3.4) mg/l**
THM	N, [C]	0,05	0,2	Additionsregel der WHO anwenden[c)]
Trübung	I	1 NTU	1 NTU	
Uran	W	0,01	0,015	0,03 (A); 0,01 (SK)
Vinylchlorid	N, C	0,0005	0,0003[b)]	0,0035
Wasserstoffion, pH	I	pH_c		
Tritium	P	100 Bq/l		
Radionuklide	P	0,1 mSv/Jahr[h)]		
Radon-222	P	100 Bq/l		

***Abkürzungen:**

A: MHW gilt nur für Erwachsene

C: wahrscheinlich humankarzinogener Stoff ohne Wirkungsschwelle bzw. [C] mit Wirkungsschwelle

I: Indikatorparameter (Anlage 3, TrinkwV)

MHW: (gesundheitlicher) Maßnahmenhöchstwert des Umweltbundesamtes

N: chemische Stoffe mit Veränderung im Netz (Anlage 2, Teil II, TrinkwV)

P: Parameterwert (Anlage 3a i. V. mit §§ 7a, 9 u. 14a TrinkwV), bei dessen Überschreitung die zuständige Behörde prüft, ob sich daraus ein Risiko für die menschliche Gesundheit ergibt, das ein Handeln erfordert

SK: MHW gilt (auch) für Säuglinge und Kleinkinder

W: chemische Stoffe am Wasserwerk, ohne Veränderung im Netz (Anlage 2, Teil I, TrinkwV)

Erläuterungen

a) für die Wirkstoffe Aldrin, Dieldrin, Heptachlor und Heptachlorepoxid gilt in Übereinstimmung mit den *guideline values* der WHO ein Grenzwert von jeweils 0,00003 mg/l (0,03 µg/l)

b) die WHO-*guideline values* (WHO, 2011) für diese humankarzinogenen Stoffe gelten für 2 l/60kg-Person, eine Expositionszeit von 70 Jahren (mittlere Lebenserwartung) und ein mit der entsprechenden Exposition verbundenes Lebenszeit-Zusatzrisiko von $1:10^5$, an Krebs zu erkranken.

c) unter Verwendung folgender gesundheitlicher Höchstwerte (BMG/UBA, 2013): 0,30 mg/l Trichlor ~; 0,06 mg/l Bromdichlor ~; 0,10 mg/l Dibromchlor ~; 0,10 mg/l Tribrommethan

d) eine Grenzwertüberschreitung für mehr als 3 Jahre wäre gesundheitlich nicht duldbar

e) für Säuglinge und Kleinkinder Informationspflicht ab 0,7 mg/l F

f) Nitrat + Nitrit in der gesamten Alimentation bewerten, Additionsregel der WHO anwenden und alimentäre Iodversorgung beachten (s. Abschn. 10.6.16)

g) die Summe aus Tetrachlor- und Trichlorethen darf 0,01 mg/l (Grenzwert) nicht überschreiten

h) Einhaltung dieser *Richtdosis* z. B. überprüfbar an der Summe der Verhältniszahlen aus gemessener und zugehöriger Referenzkonzentration im Trinkwasser für die sechs in Anlage 3a TrinkwV genannten Radionuklide natürlichen Ursprungs. Die Summe dieser Zahlen darf den Wert 1 nicht überschreiten. Details hierzu siehe Kennzahl 1301.5 („Radioaktivitätsbezogene Parameter") in Dieter et al. (2014 ff.).

Es gibt nur einen Unterschied, der Anlass gab, die Parameter nicht zu einer gemeinsamen Liste zusammenzulegen: Für einen Teil der Parameter ist die Abgabe von Trinkwasser bei Grenzwertüberschreitungen verboten und strafbar, wenn und solange die Überschreitung nicht gemeldet wird. Mit der obligaten Meldung geht die Verantwortung auf das Gesundheitsamt über und bis zu dessen Entscheidung gilt die Abgabe als erlaubt. Für andere Parameter ist die Abgabe bzw. Nichtmeldung lediglich eine Ordnungswidrigkeit. Man könnte dieses Kriterium für eine Neueinteilung der Listen einsetzen, doch aus Gründen der Opportunität hat die TrinkwV die Einteilung der Trinkwasser-RL 98/83/EG beibehalten. Sicherlich wird eine spätere Novelle Anlass geben, die Parametereinteilung zu überdenken, zumal auch die EU-Kommission der Ansicht ist, dass die Indikatorparameter verbindlich sind und eingehalten, besser unterschritten werden müssen. Die Parameter der TrinkwV sind in Tab. 10.1 alphabetisch aufgelistet. Neben den Grenzwerten sind auch die *guideline values* (Leitwerte) der WHO und – soweit vorhanden – auch die gesundheitlichen Leitwerte für kürzere als lebenslange Exposition, nämlich die (noch) unbedenklichen Konzentrationen bezogen auf eine Exposition von 3 und 10 Jahren angegeben (siehe unten und auch Abschn. 8.3.4).

Die **mikrobiologischen Parameter** sind in Tab. 10.2 zusammengefasst, einschließlich der Grenzwerte für die Parameter Koloniezahl und *Clostridium perfringens*, die formal zu den Indikatorparametern zählen.

Seit 2016 bestimmt die TrinkwV (§§ 7a, 9 (5a), 14a, Anlage 3a) auch Anforderungen an die Untersuchung und Überwachung des Trinkwassers aus großen Wasserversorgungsanlagen (§ 3 Nr. 2 Buchstabe a TrinkwV) auf künstliche und natürliche radioaktive Stoffe und legt Parameterwerte für Radon-222 (Rn-222), Tritium (H-3) und die Richtdosis fest (siehe Tab. 10.1). Zwar enthielt die vorherige Trinkwasserverordnung bereits Vorgaben für die Untersuchung auf radioaktive Stoffe, allerdings fehlten die erforderlichen Konkretisierungen hinsichtlich Messverfahren und Kontrollhäufigkeit.

Anders als die Parameterwerte für Rn-222 und H-3 lässt sich die Einhaltung der Richtdosis, dieses für den Trinkwasserbereich spezifischen Parameterwertes, messtechnisch nicht direkt überprüfen. Die zu diesem Zweck mit der Richtdosis zu vergleichende „*Ingestionsdosis E*“ (vgl. Kennzahl 1301.5 in Dieter et al., 2014 ff.) ist vielmehr eine Rechengröße. Sie stellt das Maß für die Höhe des gesundheitlichen Risikos infolge der Ingestion radioaktiver Stoffe dar, im vorliegenden Fall auf dem Trinkwasserpfad. Dennoch bezeichnet die TrinkwV diese Dosis in der *Erläuterung* zu Anlage 3a ebenfalls als „Richtdosis“. Sie meint dort aber nicht den gesetzlichen Parameterwert, sondern korrekt eine jeweils trinkwasserspezifische, infolge der Aufnahme von bis zu $i = 6$ zu berücksichtigenden Radionukliden natürlichen Urprungs ingestierte Strahlendosis E_i. E_i errechnet sich als Summe der Produkte der nuklidspezifischen Aktivitätskonzentration mit dem jeweils zugehörigen Dosiskoeffizienten und dem jährlichen Trinkwasserkonsum (730 l) einer erwachsenen Referenzperson. Wenn E_i den Parameterwert für die Richtdosis (Parameter 3 in Anlage 3a) der

Tab. 10.2: Grenzwerte der TrinkwV für mikrobiologische Parameter.

Anlage 1, Teil 1	
Escherichia coli (*E. coli*)	0/dl (kein Wert in 100 ml)
Enterokokken	0/dl (kein Wert in 100 ml)
Anlage 1, Teil II (abgepacktes Trinkwasser am Ort der Abfüllung)	
Escherichia coli (*E. coli*)	0/250 ml
Enterokokken	0/250 ml
Pseudomonas aeruginosa	0/250 ml
Anlage 3, Indikatorparameter	
Clostridium perfringens (einschließlich Sporen)	0/dl (nicht nachweisbar in 100 ml), Messung nur, wenn Einfluss durch Oberflächenwasser besteht.
Coliforme Bakterien	0/dl (nicht nachweisbar in 100 ml)
Koloniezahl, KBE bei 22 °C (Nachweisverfahren nach § 15 Absatz 1c TrinkwV; nicht anwendbar auf Trinkwasser, das zur Abgabe in geschlossenen Behältnissen bestimmt ist)	jede anormale Veränderung ist unverzüglich der zuständigen Behörde zu melden; außerdem gelten folgende Grenzwerte: – 100/ml am Zapfhahn des Verbrauchers – 20/ml unmittelbar nach Abschluss der Aufbereitung/Desinfektion – 1000/ml in WVA nach § 3(2c) und Wasserspeichern nach § 3(2d) TrinkwV – 100/ml in Trinkwasser, das zur Abgabe in geschlossenen Behältnissen bestimmt ist
Koloniezahl, KBE bei 36 °C (Nachweisverfahren nach § 15 Absatz 1c TrinkwV; nicht anwendbar auf Trinkwasser, das zur Abgabe in geschlossenen Behältnissen bestimmt ist)	jede anormale Veränderung ist unverzüglich der zuständigen Behörde zu melden; außerdem gelten folgende Grenzwerte: – 100/ml – 20/ml in Trinkwasser, das zur Abgabe in geschlossenen Behältnissen bestimmt ist
§ 20 Abs. 1 Nr. 4a so genannte „andere Mikroorganismen", gemeint sind damit insbesondere Salmonella spec., *Pseudomonas aeruginosa*, *Campylobacter spec.*, enteropathogene *E. coli*, *Cryptosporidium parvum*, *Giardia lamblia*, Coliphagen oder enteropathogene Viren	keine Konzentrationen im Wasser, die eine Schädigung der menschlichen Gesundheit besorgen lassen (ansonsten meldepflichtig nach § 7 IfSG)

TrinkwV überschreitet, prüft die zuständige Behörde, ob daraus ein gesundheitliches Risiko für den Menschen in einer Höhe resultiert, die ein Handeln erforderlich macht. Die Richtdosis bzw. ihr Parameterwert gilt auf jeden Fall als eingehalten, wenn die unter Tabelle 10.1 erläuterte Bedingung (Erläuterung h) erfüllt ist.

Untersuchungen des Trinkwassers auf künstliche Radionuklide sind *grundsätzlich* nicht erforderlich, da sie (zurzeit) im Trinkwasser in Deutschland nicht nachgewiesen werden oder nur in sehr geringen Konzentrationen vorhanden sind. Für die Berechnung der Richtdosis dosisrelevant sind deshalb nur die natürlichen Radionuklide Uran-238, Uran-234, Radium-226, Radium-228 und die langlebigen Radonfolgeprodukte Blei-210 und Polonium-210.

Bei der Umsetzung der Trinkwasserverordnung empfiehlt sich insbesondere den Wasserversorgern und Gesundheitsämtern der unter Federführung des Bundesamtes für Strahlenschutz herausgegebene „Leitfaden zur Untersuchung und Bewertung von radioaktiven Stoffen im Trinkwasser" (BfS, 2018).

10.4.4 Feststellung einer Grenzwertüberschreitung

Tatsächliche oder vermutete Grenzwertüberschreitungen sind meldepflichtig (§ 16 TrinkwV). Sie sind dem Gesundheitsamt, falls es sich um radioaktive Stoffe im Trinkwasser handelt der zuständigen Behörde (ggf. der Strahlenschutzbehörde), unverzüglich, also ohne selbst verschuldete Verzögerung anzuzeigen. Die Bewertung eines Trinkwassers in Verbindung mit den Grenzwerten der TrinkwV muss drei Fälle unterscheiden:

- Mögliche Überschreitungen sowie Belastungen des Rohwassers, die zu einer Überschreitung eines oder mehrerer Grenzwerte führen können (§ 16 Abs. 1 Nr. 5 TrinkwV);
- tatsächliche Grenzwertüberschreitungen;
- ohne jeden Zweifel gesicherte Grenzwertüberschreitungen.

Eine Grenzwertüberschreitung ist nicht auszuschließen, also möglich, wenn sich der Messwert bis auf den zulässigen Fehler dem Grenzwert nähert (**Grenzwert minus** zulässigem Fehler). In diesem Fall greift schon die TrinkwV mit ihrer Meldepflicht an das Gesundheitsamt bzw. die zuständige Behörde und der Pflicht, Sofortmaßnahmen zur Abhilfe durchzuführen. Anders als die bisherige TrinkwV regelt die neue TrinkwV sehr detailliert die Pflichten des Wasserversorgungsunternehmens bei Abweichungen von den Anforderungen der TrinkwV. Das Gesundheitsamt kann Anordnungen nach § 9 treffen, deren Nichtbefolgung strafbar ist. Über die Verbindung zu § 9 ergibt sich unter besonderen Umständen bereits dann eine strafbare Handlung, wenn der Grenzwert noch gar nicht überschritten wurde.

Ohne Anordnung nach § 9 TrinkwV und ohne Meldung an das Gesundheitsamt kann eine Grenzwertüberschreitung nach § 24 in Verbindung mit § 4 Abs. 2 TrinkwV nur dann strafbar sein, wenn es sich um mikrobiologische Parameter oder um chemische Parameter handelt und der Grenzwert ohne jeden Zweifel überschritten ist, der Messwert also um den zulässigen Fehler höher liegt als der Grenzwert (**Grenzwert plus** zulässigem Fehler).

Für die **chemischen** Parameter ist der jeweils zulässige Fehler, beschrieben als Messunsicherheit in Prozent des Grenzwertes, in Anlage 5 TrinkwV festgelegt. Dagegen ist der zulässige Fehler für **mikrobiologische** Parameter nicht bestimmt. Hier wird Gutachterstreit nicht auszuschließen sein, es sei denn, man einigt sich darauf, verdächtige Messwerte an das Gesundheitsamt zu melden und im Übrigen die vereinbarten Maßnahmepläne durchzuführen.

Diese Vorgehensweise wird empfohlen, da sie auch den Vorgaben der TrinkwV entspricht. Gemeinsam mit dem Gesundheitsamt kann z. B. die „normale“ KBE festgestellt werden, deren Überschreitung als anormale Veränderung zu gelten habe. Dabei wird man sich an den Umständen des Einzelfalls und darüber hinaus an den Grenzwerten orientieren, die bei Anwendung des Verfahrens nach der alten TrinkwV gelten. Weiterhin sollte vereinbart werden, dass ein einzelner Messwert von coliformen Bakterien zwar meldepflichtig sei und Anlass gibt, nach den Ursachen zu forschen, aber noch nicht als Grenzwertüberschreitung (mehr als 0/dl) zu werten sei. Der Grenzwert gilt als nicht überschritten, wenn 95 % der Messwerte 0/dl ergeben (so genannte 95 %-Regel für Coliforme).

In Bezug auf *E. coli* und Enterokokken sollten Hinweise während der Bebrütung ebenfalls an das Gesundheitsamt gemeldet werden und Sofortmaßnahmen innerhalb eines Maßnahmeplans auslösen. Aber auch hier wird man von einer Grenzwertüberschreitung erst sprechen können, wenn das erste Ergebnis durch Ortsbesichtigung und wiederholte Probe validiert ist. Falsch wäre es, einen Verdacht nicht zu melden, denn eine solche Vorgehensweise birgt die Gefahr in sich, Wasser entgegen den Vorgaben der TrinkwV, insbesondere entgegen den Vorgaben des § 4 Abs. 2 abgegeben zu haben, was strafbar ist. Erst nach einer Meldung gilt die Abgabe als erlaubt (§ 16 Abs. 1 Satz 5), woran nicht eindringlich genug erinnert werden kann.

Auch Hinweise, die sich während der mikrobiologischen Untersuchung auf so genannte „andere Mikroorganismen“ nach § 20 TrinkwV ergeben, sind dem Grunde nach meldepflichtig im Sinne des § 16 Abs. 1 Nr. 3 TrinkwV. Ganz besonders gilt dies für Spezies, auf die in § 20 Abs. 1 Nr. 4 anspricht. Untersuchungsstellen, die durch die mikrobiologische Untersuchung Hinweise auf das Vorhandensein solcher Spezies im Trinkwasser erhalten, müssen ihr Wissen auch dann weitergeben, wenn sie nicht ausdrücklich beauftragt sind, auf diese Parameter zu untersuchen. Im Rahmen der Kommerzialisierung der Untersuchungen und der Kostenkontrolle sind solche Selbstverständlichkeiten leider in Vergessenheit geraten. Es muss daher darauf hingewiesen werden, dass die TrinkwV im Gegensatz zu den älteren Fassungen, diese Vorgehensweise vorschreibt.

10.4.5 Weiterführung der Wasserversorgung bei Grenzwertüberschreitungen

Die TrinkwV enthält sehr detaillierte Vorgaben zum regulatorischen Umgang mit Grenzwertüberschreitungen (vgl. BMG/UBA, 2013), deshalb hier dazu nur relativ wenige Erläuterungen.

Einer der Umstände, die zu berücksichtigen sind, ist die Tatsache, dass Trinkwasser eben nicht nur ein Lebensmittel wie jedes andere ist, das sich wie z. B. verdorbene Milch, verdorbenes Bier oder ein abgepacktes Wasser aus dem Verkehr ziehen lässt, sollte es den gesetzlichen Anforderungen nicht entsprechen. Eine Unterbrechung der Wasserversorgung wäre jedenfalls mit erheblich größeren seuchenhygienischen Risiken verbunden. Bei Grenzwertüberschreitungen hat demnach eine **Risikoabwägung** stattzufinden und es muss eine eindeutig verantwortliche Stelle benannt werden, welche die Entscheidung über Weiterführung oder Einstellung der Wasserversorgung zu treffen hat. Die älteren Fassungen der TrinkwV sind diesem Erfordernis nicht gerecht geworden, so dass z. B. in den 1990er-Jahren bei der Sanierung der Wasserversorgung der östlichen Bundesländer auf § 10 des damaligen Bundesseuchengesetzes zurückgegriffen werden musste, um bei geringfügigen Grenzwertüberschreitungen die Weiterführung der Wasserversorgung anzuordnen und damit eine Seuchengefahr im Versorgungsgebiet zu vermeiden.

Dies vorausgeschickt wird verständlich, warum die TrinkwV im Vollzug nach wie vor nicht zwischen Grenzwerten der Indikatorparameter und der chemischen Parameter unterscheidet: Alle **Grenzwertüberschreitungen** sind meldepflichtig, immer müssen Maßnahmen zur Abhilfe durchgeführt werden. Immer müssen geeignete Maßnahmenpläne mit dem Gesundheitsamt abgestimmt werden, um der Behörde eine Entscheidungshilfe über Weiterführung oder Unterbrechung der Wasserversorgung zu ermöglichen. Für chemische Parameter können längere Zeiträume (bis zu 3 Jahren mit Verlängerung um weitere 3 Jahre und in besonderen Fällen nochmals 3 Jahre; so genannte 3+3+3-Jahre-Regel) für die Sanierung in Anspruch genommen werden, wenn gesundheitliche Gründe dem nicht entgegenstehen. Immer ist es jedoch strafbar, daraus abgeleiteten Anordnungen der Behörde nicht Folge zu leisten.

Wenn es bei Grenzwertüberschreitungen wie dargelegt auf die Höhe der Überschreitung ankommt, um den Handlungsbedarf festzustellen, gegebenenfalls mit **Unterbrechung der Wasserversorgung**, so fragt sich, welche Konzentrationen gemeint sind. Gewisse Erfahrungen bei der Bewertung von Grenzwertüberschreitungen konnten in den 1990er-Jahren gesammelt werden. Im Zusammenhang mit der Sanierung der Wasserversorgung der ostdeutschen Bundesländer wurden Gefahrenwerte mit Bezug auf eine bestimmte Dauer der Exposition und entsprechendem kurzfristigen, mittelfristigen oder langfristigem Handlungsbedarf (Dieter et al., 1996) vorgegeben.

Zum Vollzug der TrinkwV werden in Bezug auf Grenzwertüberschreitungen zwei Fragen gestellt:

- Ab welcher Konzentration ist die Gefährdung der menschlichen Gesundheit in der Weise zu besorgen, dass die Unterbrechung der Wasserversorgung angeordnet werden muss? Diese Frage ist für chemische Parameter und Indikatorparameter praktisch nicht zu beantworten. Es müssten extrem hohe Konzentrationen genannt werden, wie z. B. nach STANAG 2885 (Standardization Agreement) der NATO-Truppen im Einsatz, die auch vergleichsweise für die Überprüfung von Gefahrenwerten herangezogen wurden (Dieter et al., 1996).
- Bis zu welcher Konzentration ist eine Abweichung vom Grenzwert für die Gesundheit der betroffenen Verbraucher unbedenklich? Für eine Bewertung können, bezogen auf eine Exposition von 10 Jahren, die Maßnahmehöchstwerte (MHW) des Umweltbundesamtes der Tab. 10.1 herangezogen werden (zur Ableitung siehe Abschn. 8.3.4).

Eine Unbedenklichkeit der Konzentration eines Stoffes im Wasser kann nur für Stoffe mit Wirkungsschwelle und immer nur für eine bestimmte **Expositionszeit** abgeleitet werden. Die TrinkwV nennt für zulässige Abweichungen vier Zeiträume: 30 Tage, 3 Jahre, nochmals 3 Jahre und einen dritten Zeitraum von 3 Jahren (3+3+3-Jahre-Regel). Der dritte Zeitraum kann für chemische Parameter nur mit Zustimmung der EU-Kommission in Anspruch genommen werden. Bei Indikatorparametern entscheidet die oberste Landesbehörde über den 3. Zeitraum.

Die Ableitung der **unbedenklichen Höchstkonzentration** für eine sehr kurze Exposition würde zu hohe Zahlenwerte ergeben. Würde der erste Zeitraum von 3 Jahren nach den Umständen des Einzelfalles nicht ausreichen, so ergäben sich Schwierigkeiten, für den nachfolgenden Zeitraum geringere Überschreitungen zuzulassen. Deswegen wurde in Tab. 10.1 der Zeitraum von 10 Jahren angenommen, auf den die Exposition mit einem überhöhten Wert bezogen und gesundheitlich bewertet wurde. Im Einzelfall sollte aber nicht dieser sondern ein geringerer Wert als zulässig festgesetzt werden, und zwar in Anlehnung an die tatsächlich zu erwartende Konzentration während der Sanierung.

Bei Überschreitungen von Grenzwerten für mikrobiologische Parameter (siehe Tab. 10.2) gestaltet sich die Bewertung weitaus schwieriger. Grundsätzlich gilt auch hier, dass Wasserversorgungsunternehmen vom Zeitpunkt der Anzeige bis zur Entscheidung des Gesundheitsamtes die Versorgung weiterführen dürfen (§ 16 Abs. 1, Satz 5). In einem solchen Fall ist zu unterscheiden zwischen:

- Dem akuten Handlungsbedarf für E. coli oder Enterokokken nach § 9 Abs. 3 TrinkwV sowie
- dem vom Gesundheitsamt eingeräumten längerfristigen Handlungsbedarf für die (zu den Indikatorparametern rechnenden) coliformen Bakterien, Koloniezahl (KBE bei 22 °C und KBE bei 36 °C) und Clostridium perfringens (§ 9 Abs. 4 TrinkwV).

Weiterhin ist zu beachten, dass es zwingend erforderlich ist, unverzüglich Untersuchungen zur Aufklärung der Ursache und Sofortmaßnahmen zur Abhilfe durchzuführen (§ 16 Abs. 2 TrinkwV). Erst im Rahmen eines Maßnahmeplanes in Abstimmung mit dem Gesundheitsamt kann eine entsprechende Handlungsempfehlung als zielführend festgestellt werden, um eine Sanierung durch Vermeidungsmaßnahmen im Sinne des multiplen Barrierensystems zu ermöglichen. Im Allgemeinen erfordern Vermeidungsmaßnahmen längere Zeiträume, da sie sich erst allmählich auf die Qualität des Rohwassers auswirken.

Selbst bei eindeutigem Nachweis von *E. coli* wird man sich scheuen, die Wasserversorgung zu unterbrechen. Hier wird es ganz besonders darauf ankommen, schnell zu handeln, das Rohrnetz und die Behälter zu spülen, eine Chlorung vorzunehmen oder eine bereits vorhandene zu verstärken, eine Abkochempfehlung an die Verbraucher zu richten (Rundfunk, Zeitung, Haus zu Haus Information), aber insbesondere die Krankenhäuser und Altenheime zu informieren. Sinnvoll ist es, Untersuchungen auf Coliphagen nach § 20 TrinkwV im Versorgungsnetz anzuordnen, um anhand der Ergebnisse den Kontaminationsherd einzugrenzen. Es ist nicht nur an eine Kontamination von Brunnen, sondern auch an verborgene Rohrbrüche und insbesondere an Querverbindungen zu Abwasser oder zu Anlagen der Regenwassernutzung zu denken.

10.5 Besonderheiten der natürlichen Mineral-, Quell-, Tafel- und Heilwässer

10.5.1 Natürliche Mineral-, Quell- und Tafelwässer

Neben dem Trinkwasser erfreuen sich natürliche Mineralwässer, Quellwässer und Tafelwässer großer Beliebtheit. Sie sind Lebensmittel und dienen ebenso wie Trinkwasser einer ausgeglichenen Ernährung. Anders als Trinkwasser sind sie nicht unverzichtbar und können leicht aus dem Verkehr gezogen werden, wenn sie den Anforderungen nicht entsprechen. Sie werden ausschließlich als Lebensmittel bewertet.

Daneben gibt es noch Heilwässer, die, wie der Name schon sagt, zur Behandlung von Krankheiten eingesetzt werden, gewöhnlich nach ärztlicher Verordnung und unter laufender Kontrolle. Man sollte mit ihnen wie mit Medikamenten umgehen. Sie sind weder als Trinkwasserersatz noch als Getränke für die menschliche Ernährung geeignet.

Die Qualität natürlicher Mineralwässer und von Quellwasser ist vor allem durch deren Herkunft aus einem genau bekannten, unterirdischen und gut geschützten Vorkommen definiert. Der Begriff „natürliches Mineralwasser" orientiert sich außerdem sehr stark, mehr noch als der von Trinkwasser, am Bild einer klaren Quelle, es muss unverfälscht und rein sein.

Ein Mineralwasser sollte darüber hinaus Eigenschaften aufweisen, die seine amtliche Anerkennung als „natürliches Mineralwasser" ermöglichen. Der erstmalige Nachweis der „ursprünglichen Reinheit" erfordert Untersuchungen, die weit über die Regeln für amtlich bereits anerkanntes natürliches Mineralwasser hinausgehen (vgl. weiter unten „amtliche Anerkennung"). Die besonderen Eigenschaften eines solchen Mineralwassers müssen innerhalb einer natürlichen Schwankung stabil sein; seine ursprüngliche Reinheit darf durch Gewinnung und Verteilung nicht beeinträchtigt werden.

Hinsichtlich des Gebrauchswertes stehen den natürlichen Mineral- und den Quellwässern die Tafelwässer nahe, die ebenfalls der täglichen Versorgung des Körpers mit Wasser dienen. In Tab. 10.3 sind interessante Unterscheidungsmerkmale der drei Wassertypen im Vergleich zu Trinkwasser dargestellt.

Eine Verordnung, die dem Schutz der Gesundheit der Verbraucher dient (siehe Anhang, Mineral- und Tafelwasserverordnung, MTV) muss Missbrauch und Täuschung vorbeugen. Demgemäß ist in der MTV festgelegt, welche Bezeichnungen in welchen Verknüpfungen unter welchen Voraussetzungen benutzt werden dürfen, wie die Wässer gewonnen, hergestellt, behandelt und unter welchen Voraussetzungen sie in den Verkehr gebracht werden dürfen. Grenzwerte für Mineralwasser sind ein Widerspruch in sich. Sie sind jedoch wie beim Trinkwasser Ausdruck des Bemühens, Verunreinigungen und geogen bedingte, gesundheitlich bedenkliche Konzentrationen abzuwehren bzw. zu vermeiden.

Tab. 10.3: Eigenschaften von natürlichem Mineralwasser, Quellwasser und Tafelwasser im Vergleich zu Trinkwasser.

	natürliches Mineralwasser	**Quellwasser**	**Tafelwasser**	**Trinkwasser**
Ursprung	definiertes, unterirdisches, geschütztes Vorkommen	definiertes, unterirdisches Vorkommen	Trinkwasser, natürliches Mineralwasser, natürliches salzreiches Wasser*), Meerwasser*)	geschütztes Einzugsgebiet, Schutzzonen
Reinheit	ursprünglich rein, nur geogene Belastungen (z. B. As, F, Fe, Mn, Cl, SO_4)	wie Mineralwasser	wie Trinkwasser	genusstauglich und rein; natürlicher Kreislauf des Wassers als Orientierung
Ernährungsphysiologische Wirkungen	gegebenenfalls vorhanden	nicht ausgeschlossen	nicht ausgeschlossen	nicht ausgeschlossen
Temperatur	konstant, bei Abfüllung			jahreszeitliche Schwankungen
Zusammensetzung und Merkmale	charakteristisch, konstant	wie Mineralwasser	wie Trinkwasser	regionale Besonderheiten
amtliche Anerkennung	erforderlich	nicht erforderlich, jedoch amtl. Kontrolle	wie Trinkwasser	nicht vorgesehen, jedoch amtl. Kontrolle
Gewinnung	nur mit behördlicher Genehmigung für die Quelle	nur mit amtl. Zustimmung	wie Trinkwasser	nur nach Anmeldung beim Gesundheitsamt
Herstellungsverfahren	nur Verfahren, welche die wesentlichen Eigenschaften nicht verändern	wie Mineralwasser	Kochsalz, Zusatzstoffe nach Maßgabe der Zusatzstoffverordnung	nur zugelassene Mittel und Verfahren zur Wahrung der Reinheit (Minimierungsgebot)
Verteilung	abgepackt, über den Handel	abgepackt, über den Handel	abgepackt, über den Handel	auf festen Leitungswegen
Unterbrechung der Versorgung	unbegrenzt möglich	unbegrenzt möglich	unbegrenzt möglich	nur in Ausnahmefällen und nur kurzfristig möglich (z. B. bei Rohrbruch)

*) bei mehr als 570 mg Natriumhydrogenkarbonat je Liter ist auch die Bezeichnung Sodawasser erlaubt

Krankheitserreger sind immer auf Kontaminationen durch Tiere oder Menschen zurückzuführen; sie sind meist fäkalen Ursprungs (siehe Kap. 9). Krankheitserreger kommen in gut geschützten Quellen nicht vor. Dennoch ist die mikrobiologische Kontrolle von Mineralwässern oder Quellwässern notwendig, um potenziell riskante Kontaminationen, die so wie andere nie völlig ausgeschlossen werden können, schon frühzeitig zu erkennen und zu beseitigen.

Die **mikrobiologischen Anforderungen** an die drei verschiedenen Wassertypen unterscheiden sich nur wenig von den Anforderungen der TrinkwV (Anlage 1, Teil II), die sich auf abgepacktes Trinkwasser beziehen. Hinzugefügt wurde ein Grenzwert für 0/50 ml KBE für sulfitreduzierende, Sporen bildende Anaerobier.

Bei den **chemischen Parametern** ist die Situation wesentlich komplexer. Grundsätzlich soll der Gehalt an Mineralien und Spurenelementen der Quelle erhalten bleiben, weswegen nur bestimmte Aufbereitungsverfahren zugelassen sind (§ 6 MTV). Außerdem müssen natürliche Mineralwässer (§ 5 Abs. 3 MTV) und Quellwasser (§ 12 Abs. 2 MTV) vor Verunreinigungen geschützt werden. Hierzu werden in einer Verwaltungsvorschrift zur amtlichen Anerkennung von Mineralwasser (siehe unten) Grenzwerte angegeben, um klarzustellen, bis zu welcher Höhe anthropogene Belastungen vertretbar sind, wenn das Wasser noch dem Anspruch „ursprünglich rein“ genügen soll.

In der MTV selbst finden sich Festsetzungen für chemische Stoffe teilweise in Anlage 1 (nur für natürliche Mineralwässer), teilweise in Anlage 4 (ebenfalls nur für natürliche Mineralwässer). Dort wurden Mindestangaben im Zusammenhang mit Kennzeichnungen festgesetzt sowie Höchstwerte für die Kennzeichnung „geeignet für die Zubereitung von Säuglingsnahrung“ oder „geeignet für natriumarme Ernährung“ und letztendlich auch in § 8, Abs. 8 MTV (ebenfalls nur für natürliche Mineralwässer), der die Kennzeichnung regelt. Danach muss z. B. dann, wenn ein natürliches Mineralwasser mehr als 1,5 mg/l Fluorid enthält, auf seinem Behältnis darauf hingewiesen werden.

Für Quellwasser finden sich direkt in der MTV keinerlei Einschränkungen für chemische Stoffe, außer dem Kennzeichnungsverbot des § 15, Abs. 2 MTV, das sich auf Säuglingsnahrung bezieht und Anlage 4 MTV entspricht. Deswegen wird nach § 1 Abs. 1 Satz 3 MTV zu verfahren sein, d. h. für Quellwasser sind zusätzlich zum Verunreinigungsverbot des § 12, Abs. 2 MTV, die Anforderungen der TrinkwV anzuwenden. Für Quellwasser gelten demnach die Grenzwerte der TrinkwV. In Tab. 10.4 sind die Grenzwerte gegenübergestellt.

Natürlichem Mineralwasser und Quellwasser dürfen außer Kohlenstoffdioxid keine weiteren Stoffe zugefügt werden. Zu Tafelwasser dürfen nach § 11 MTV außer Kohlenstoffdioxid auch Natursole oder Meerwasser oder Natriumchlorid oder (unter Einhaltung der Gesamtkonzentration von 77 mg/l Mg) Magnesiumchlorid zugesetzt werden. Im Übrigen gelten für Quellwasser und Tafelwasser die Bestimmungen der TrinkwV, worauf § 1 Abs. 1 Satz 3 der MTV hinweist.

Eine besondere Situation ergibt sich beim Nitrat. Handelt es sich um geogenes Nitrat, so wäre es bei natürlichem Mineralwasser unbegrenzt, bei Quell- und Tafel-

Tab. 10.4: Liste der zulässigen Grenzwerte für natürliches Mineralwasser sowie Grenzwerte für Trinkwasser, Tafelwasser und Quellwasser.

Stoff	Grenzwerte als zulässige geogene Höchstwerte bei Mineralwasser (Anlage 1 zu § 6a MTV), mg/l	Grenzwerte für Trinkwasser, Tafelwasser und Quellwasser (Anlage 2 zu § 6 TrinkwV, in Verbindung mit § 11, Abs. 3 MTV sowie § 1 Abs. 1 Satz 3 MTV), mg/l
Antimon, Sb	0,005	0,005
Arsen, As	0,01	0,01
Barium, Ba	1	–
Blei, Pb	0,01	0,01
Borat, BO_3	30	1 als B; 6 als BO_3
Cadmium, Cd	0,003	0,005
Chrom, gesamtes, Cr	0,05	0,05
Cyanid	0,07	0,05
Fluorid	5	1,5
Kupfer, Cu	1	2
Mangan, Mn	0,5	0,05
Nickel, Ni	0,02	0,02
Nitrat, NO_3^-	50	50
Nitrit, NO_2^-	0,1	0,5
Quecksilber, Hg	0,001	0,001
Selen, Se	0,01	0,01

wasser nur bis 50 mg/l zulässig. Tatsächlich aber ist Nitrat mit Konzentrationen über etwa 5 mg/l meist nicht geogenen Ursprungs, sondern die Folge von Verunreinigungen fäkaler Herkunft oder landwirtschaftlicher Tätigkeit. Hier kommt es also im Einzelfall auf das hydrogeologische Gutachten an.

Recht streng und umfangreich sind die Vorschriften, die sich mit der Kennzeichnung der Wässer und mit den auf dem Etikett enthaltenen Angaben befassen. Das ist notwendig, um die Verbraucher auf der einen Seite vor irreführenden Bezeichnungen und Werbungen zu schützen und den Unternehmern, die sich mit der Gewinnung, Herstellung, Behandlung und dem Inverkehrbringen beschäftigen, auf der anderen Seite faire Wettbewerbsbedingungen zu ermöglichen. So ist neben den in der obigen Tabelle angeführten Unterschieden beispielsweise auch geregelt, welche Mindestangaben auf welche Weise auf dem Etikett oder dem Behälter angegeben sein müssen. Interessant sind auch die Zusatzangaben, die verwendet werden dürfen. Dazu gehören solche Begriffe wie „mineralarm“, „sehr mineralarm“ oder das schon angeführte „Soda“wasser. Von besonderer Bedeutung sind die Anforderungen der MTV, wenn ein Hinweis auf eine Eignung für die Säuglingsernährung erfolgen soll (Anlage 6 MTV für Mineralwasser bzw. § 15 Abs. 2 für Quell- und Tafelwasser, siehe Tab. 10.5). Diese Anforderungen sind nicht ganz frei von Widersprüchen.

Tab. 10.5: Bedingungen für die zusätzliche Angabe „Geeignet für die Zubereitung von Säuglingsnahrung" bei Mineral-, Quell- und Tafelwasser im Vergleich zu Grenzwerten nach TrinkwV.

	Grenzwerte für die werbliche Angabe „geeignet für die Zubereitung von Säuglingsnahrung", mg/l	**Grenzwerte der TrinkwV, mg/l**
Natrium	≤ 20 („natriumarm")	200
Nitrat	≤ 10	50
Nitrit	≤ 0,02	0,5
Sulfat	≤ 240	250
Fluorid	≤ 0,7	1,5
Mangan	≤ 0,05	0,05
Arsen	≤ 0,005	0,01
Uran (seit 2006)	≤ 0,002	0,01 (Novellierung 2010)
Mikrobiologische Grenzwerte	müssen auch bei der Abgabe an den Verbraucher eingehalten werden	eingehalten am Zapfhahn

Zudem darf bei Abgabe an den Verbraucher in natürlichem Mineralwasser die Aktivitätskonzentration von Radium-226 den Wert 125 mBq/l und von Radium-228 den Wert 20 mBq/l nicht überschreiten. Sind beide Radionuklide enthalten, darf die Summe der Aktivitätskonzentrationen, ausgedrückt in Vonhundertteilen der zulässigen Höchstkonzentration, 100 nicht überschreiten.

Motiv einer solchen Anforderung ist es, für die Säuglingsnahrung möglichst mineralarmes Wasser zur Verfügung zu halten, wenn in einem „Störungsfall" (vgl. Kennzahl 0801 in Dieter et al., 2014 ff.) die Wasserversorgung unterbrochen werden müsste. Da aber mit dem Hinweis auf die Eignung für Säuglingsernährung ein besonderer Werbeeffekt verbunden ist, hat sich die Zielsetzung der MTV offensichtlich von diesem Motiv entfernt. Nach diätetischen Gesichtspunkten ist ein Gehalt von 240 mg/l Sulfat für Säuglinge viel zu hoch. Richtig wäre etwa 1/5 hiervon, also 50 mg/l. Das gleiche gilt für Fluorid, da ein Gehalt von 0,7 mg/l F^- viel zu hoch ist, wenn die Fluoridapplikation bei Säuglingen bereits auf einen sehr niedrigen Fluoridgehalt des Trinkwassers abgestellt wurde. Der Wert von 10 mg/l Nitrat ist auch in Bezug auf Säuglinge weit niedriger als der gesundheitliche Leitwert (50 mg/l, siehe Abschn. 10.6.16). Er entspricht dem Motiv, einerseits salzarmes Wasser für die Zubereitung von Säuglingsnahrung und andererseits ursprünglich reines Mineral- und Quellwasser zu verwenden, denn nur unterhalb von 10 mg/l Nitrat ist eine anthropogene Beeinflussung von (Grund)wasser in aller Regel auszuschließen (Kunkel et al., 2004).

Der Verbraucher sollte in jedem Fall die Analyse des Mineralwassers beachten, wenn er auf bestimmte ernährungsphysiologische Wirkungen Wert liegt. Das gilt z. B. dann, wenn er oder sie magnesiumreiches oder natriumarmes Wasser verwenden möchte.

Tab. 10.6: Orientierungswerte für Belastungsstoffe in natürlichen Mineralwässern als Kriterien für die ursprüngliche Reinheit (Anlage 1a der VvV Anerkennung von natürlichem Mineralwasser).

Nr.	Parameter	Orientierungswert für Höchstkonzentrationen, µg/l	Grenzwerte der TrinkwV, µg/l
1	PAK	0,02 ohne Fluoranthen	0,1 mit Fluoranthen
2	Flüchtige organische Halogenverbindungen, ohne THM	5	–
3	Trihalogenmethane, THM	5	50
4	Phenole, gesamt	2	–
5	Pflanzenschutzmittel, Arzneimittel	0,05	0,1
6	Organisch gebundener Kohlenstoff (DOC)	200 bis 2000 (0,2 bis 2 mg/l)	–
7	Anionische Detergentien	50	–
8	Kohlenwasserstoffe mit 1,1,2-Trichlortrifluorethan extrahierbar	100	–

Wie in Tab. 10.3 vermerkt, darf ein Wasser gewerbsmäßig nur dann als „natürliches Mineralwasser" in Verkehr gebracht werden, wenn dafür die **amtliche Anerkennung** vorliegt. Näheres regelt eine Allgemeine Verwaltungsvorschrift. Sie schreibt detailliert die Anforderungen und Merkmale vor, die mindestens zu überprüfen und der zuständigen Behörde zwecks Anerkennung vorzulegen sind. Der Umfang dieser Analysen ist größer als üblicherweise bei Trinkwasser. Als Hauptbestandteile sind außer den bei Trinkwasser üblichen Parametern auch Lithium, Strontium, Barium, Bromid, Iodid, Kieselsäure und Borsäure zu untersuchen. Als Spurenbestandteile sind ergänzend zur Analyse bei Trinkwasser auch die Parameter Beryllium, Rubidium, Cäsium, Vanadium, Kobalt, Molybdän und Uran zu bestimmen. Bei den organischen Verbindungen beschränkt sich die Vorschrift auf im Trinkwasser übliche Parameter, die ausschließlich als Indikatoren einer anthropogenen Verunreinigung aufzufassen sind. Sie werden als Belastungsstoffe bezeichnet und es gelten Orientierungswerte für Höchstkonzentrationen, die als Kriterien für die Bewertung der ursprünglichen Reinheit dienen (Tab. 10.6).

Größenordnungsmäßig entsprechen die Orientierungswerte den Grenzwerten bei Trinkwasser, soweit diese Parameter für Trinkwasser relevant sind. Sie sollten also deutlich unterschritten sein, wenn ein Gutachter zu dem Schluss kommen soll, das betreffende „natürliche Mineralwasser" sei tatsächlich „ursprünglich rein".

Zu **Untersuchungsumfang** und -häufigkeit für ein amtlich anerkanntes natürliches Mineralwasser enthält die MTV keine Anforderungen. Es hat sich aber im Verband Deutscher Mineralbrunnen die Meinung durchgesetzt, dass jährlich von jeder **Quellennutzung** (entspricht dem abgefüllten Mineralwasser, das ggf. aus mehreren

Brunnen stammt) eine große Wasseranalyse wie zum Zeitpunkt der Anerkennung unter Einbeziehung von Ra-228 erfordlich ist. Darüber hinaus müssen zur Qualitätssicherung auch die fertigen Produkte, nämlich Flaschen einschließlich Inhalt, regelmäßig auf die deklarierten Parameter sowie auf die chemische und mikrobiologische Reinheit untersucht werden. Es hat sich eingebürgert, diese zunächst freiwilligen Untersuchungen und auch die Untersuchungshäufigkeit in die amtliche Bescheide für die Anerkennung aufzunehmen. Dies hat das Vertrauen in die Reinheit natürlicher Mineralwässer deutlich gestärkt.

10.5.2 Heilwässer

Die Lehre der Heilwässer, Heilgase und Peloide sowie deren therapeutischer Anwendung in der Behandlung von Krankheiten wird unter dem Begriff Balneologie zusammengefasst. Der gesamte Bereich der präventiven, kurativen und rehabilitativen balneologischen Therapie umschließt die Bäderbehandlung, Trinkkuren, Inhalationen, Packungen, Klimakuren und die klimatischen, sozialen und ökologischen Einflüsse. Für die Bewertung der Ergebnisse der in den vorangegangenen Kapiteln geschilderten Untersuchungsverfahren ist hier nur der Teilbereich Heilwasser zu beachten. Die übrigen Bereiche der Balneologie werden nicht berücksichtigt.

Die Balneotherapie ist unter anderem eine Reiz-Reaktionstherapie. Der seriell angewendete Reiz (Badekur und Trinkkur), ob physikalisch oder chemisch, aber auch der ökologische Reiz, bedeutet einen wirksamen Eingriff auf die regulativen und korrelativen Prozesse des Körpers. Im Weiteren werden übergeordnete, steuernde körperliche Zentren miteinbezogen. Dabei finden Veränderungen in der vegetativen Regelung statt, die nach einer kurmäßigen Anwendung die Anpassung an Stress-Reaktionen erleichtern. Der Gesamtumfang der Balneologie wird z. B. von Amelung und Hildebrandt (1985) sowie von Pratzel und Schnizer (1992) beschrieben.

Die Definition von natürlichen Heilwässern ist in den „Begriffsbestimmungen für Kurorte, Erholungsorte und Heilbrunnen“ des Deutschen Bäderverbandes festgelegt.

Natürliche Heilwässer werden aus einer oder mehreren Entnahmestellen, die natürlich zutage treten oder künstlich erschlossen sind, gewonnen (siehe auch Kap. 2). Aufgrund ihrer chemischen Zusammensetzung, ihrer physikalischen Eigenschaften und/oder nach der balneologischen Erfahrung oder nach medizinischen Erkenntnissen sind sie unverzichtbarer Bestandteil von Therapieplänen, welche in der Balneologie angewendet werden.

- Natürliche Heilwässer müssen ortsgebunden sein. Als Transportmittel sind nur Rohrleitungen zulässig.
- Versandheilwässer können nur in den Verkehr gebracht werden, wenn eine Herstellungserlaubnis und ein Zulassungsverfahren bei der jeweils zuständigen Behörde dies erlauben.

Heilwässer dürfen keine Bestandteile oder Eigenschaften besitzen, die gegen die Verwendung als Heilwasser sprechen. Heilwässer müssen am Ort der Anwendung bzw. bei Versandheilwässern in den für den Verbraucher bestimmten Behältern hygienisch und mikrobiologisch einwandfrei sein.

Die therapeutische Eignung von Heilwasser muss durch wissenschaftliche Gutachten eines medizinisch-balneologischen Instituts oder eines anerkannten medizinisch-balneologischen Sachverständigen nachgewiesen werden.

Für die Charakterisierung eines Heilwassers werden die Hauptbestandteile und die arzneilich wirksamen Bestandteile herangezogen. Hierzu werden Heilwasseranalysen durchgeführt (Quellanalyse oder Füllanalyse) und regelmäßig durch Kontrollen überprüft.

Der Mineralstoffgehalt muss mindestens 1000 mg/l betragen, wenn keiner der wertbestimmenden Bestandteile (s. u.) den Schwellenwert überschreitet.

Zur chemischen Charakterisierung werden alle Ionen herangezogen, die mit einem Äquivalentanteil von wenigstens 20 % am Mineraliengehalt beteiligt sind. Hierunter fallen meist Natrium, Calcium, Magnesium, Chlorid, Sulfat und Hydrogencarbonat. Es werden erst die Kationen und dann die Anionen genannt, geordnet nach ihren Äquivalentanteilen (in mmol/l als % der Summe Kationen bzw. % der Summe Anionen).

Für die wertbestimmenden, therapeutisch wirksamen Bestandteile sind folgende Mindestkonzentrationen bzw. Mindestanforderungen festgelegt:

Fluoridhaltige Wässer	1 mg/l F
Eisenhaltige Wässer	20 mg/l Fe (zweiwertig)
Iodhaltige Wässer	1 mg/l
Schwefelhaltige Wässer	1 mg/l S (Sulfidschwefel)
Radonhaltige Wässer	666 Bq/l durch Rn (= 18 nCurie/l)
Kohlensäurehaltige Wässer (Säuerlinge)	1000 mg/l CO_2 für Trinkzwecke 500 mg/l CO_2 für Badezwecke
Thermalquellen	20 °C
Sole	240 mmo/l Na^+; Cl^- (5,5 g/l Na und 8,5 g/l Cl)

Alle Mindestwerte müssen am Ort der Anwendung erreicht werden. Bei Schwankungen der Zusammensetzung ist der Mittelwert maßgeblich. Wässer, die keine der genannten Anforderungen erfüllen, müssen ihre Eignung als Heilwasser durch ein balneologisches Gutachten, eventuell durch klinische Tests nachweisen.

Die Analyse von Heilwässern kann natürlichen Schwankungen unterworfen sein. Als Bezug dient die Heilwasseranalyse bzw. bei Versandheilwässern die Zulassungsanalyse. Bei den Hauptbestandteilen sollen die Schwankungen 20 %, bei CO_2 50 % nicht überschreiten. Bei Nebenbestandteilen (weniger als 20 % Äquivalentanteile) und Spurenstoffe dürfen auch größere naturbedingte Schwankungen (bis 50 %) auftreten.

Veränderungen und Schwankungen der Mineralisation können durch Schäden in der Verrohrung und dem Ausbau auftreten. Sie können auch durch unsachgemäßes Betreiben, z. B. übermäßige Entnahme, ausgelöst werden.

10.6 Erläuterungen zu chemischen Parametern und zu Indikatorparametern (alphabetische Reihung)

10.6.1 Vorbemerkung

Die nachstehenden Erläuterungen sollen die Bewertung einer Wasseranalyse erleichtern, und den Behörden, Versorgungsunternehmen und Verbrauchern ermöglichen, richtige Entscheidungen insbesondere im Sinne von Vermeidungsstrategien zu treffen. Es werden nicht alle Parameter der TrinkwV kommentiert, z. B. fehlen Erläuterungen zu mikrobiologischen Parametern (siehe hierzu Kap. 5) sowie zu Quecksilber und Antimon, weil diese Parameter für Trinkwasser keine große Bedeutung mehr haben. Andererseits sind Parameter wie Aluminium und Eisen ausführlich kommentiert, um zu unterstreichen, wie wichtig Aufbereitungsmaßnahmen sind, die die Konzentration dieser Stoffe gering halten. Die Auswahl der Parameter richtete sich nach der Häufigkeit der Anfragen an eine Institution wie der Trinkwasserabteilung des Umweltbundesamtes. Die Parameter sind alphabetisch geordnet, unabhängig davon, ob es sich um „Indikatorparameter" oder „chemische Stoffe" handelt.

10.6.2 Acrylamid

Acrylamid (AA) ist im Tierversuch ein gentoxisches Karzinogen, das irreversibel auch die Keimbahn schädigt. Dies geschieht wahrscheinlich nicht durch Auslösung von Mutationen, sondern von Chromosomenschäden. Außerdem ist es ein potentes, wirkungskumulatives Neurotoxin (WHO, 1993/1998; Dearfield et al., 1995; Delough et al., 1999).

Das rechnerische Zusatzrisiko für Krebs in unterschiedlichen Organen nach lebenslanger Exposition gegenüber 0,10 µg AA in 2 Litern Trinkwasser pro Tag (0,05 µg/l) soll bis zu 10^{-6} betragen. Der *guideline value* der WHO (2011) beträgt 0,5 µg/l AA und korrespondiert dementsprechend mit einem Lebenszeit-Zusatzrisiko von 10^{-5}. Das Risiko, dass durch lebenslange Exposition gegenüber 0,10 µg/l ein **Chromosomenschaden** über die väterliche Keimbahn auf die Nachkommen übertragen wird, lässt sich aus Angaben Dearfield (1995) zu maximal $0{,}70 \cdot 10^{-8}$ errechnen.

Auch das **neurotoxische Potenzial** von Acrylamid tritt, trotz Wirkungskumulation, bei solch geringen Expositionen hinter seine karzinogene Potenz zurück. Die NOAEL-Werte im Tierversuch für die empfindlichsten Endpunkte betragen 0,20 mg/(kg · d) (histopathologische Veränderungen) und schätzungsweise 0,50 mg/(kg · d) für eine bestimmte Funktionsstörung des Hörnervs (Delough et al., 1999). Gesundheitlich duldbare Belastungen müssten in Bezug auf diese Endpunkte wohl um den

Faktor 1000 niedriger angesetzt werden. Sie betrügen dann 0,20 bis 0,50 µg/(kg · d) Acrylamid, entsprechend einem gesundheitlichen Leitwert von 1 bis 2 µg/l im Trinkwasser.

Der gültige Trinkwasser-Grenzwert in Höhe von 0,10 µg/l Acrylamid ist demnach in jeder Beziehung (Neurotoxizität, gentoxische Keimbahnschädigung und Krebs verschiedener Organe) gesundheitlich duldbar bzw. akzeptabel. Bei Auswahl geeigneter **Aufbereitungsstoffe** (siehe Kap. 11) bleibt der zu erwartende Gehalt an monomerem Acrylamid im Trinkwasser unterhalb dieses Grenzwertes. Die DIN EN 1407 begrenzt den Monomerengehalt auf 0,025 % (250 mg/kg). Der Grenzwert wird bei Zusatz von 400 µg/l (0,4 mg/l) Polyacrylamid erreicht (siehe auch Tab. 11.7 d). Bei der Aufbereitung von Trinkwasser werden meist nur 0,03 bis 0,1 mg/l benötigt. Der Zusatz von ungeeigneten Polyacrylamiden als Flockungshilfsmittel ist die einzige nennenswerte Quelle einer Belastung des Trinkwassers mit Acrylamid. Vermutlich ist es das Motiv der Festsetzung dieses Grenzwertes, die Aufmerksamkeit auf die Auswahl geeigneter Aufbereitungsstoffe zu lenken.

Gemäß Anhang I Teil B Anm. 1 RL 98/83/EG (EG, 1998) ist AA ein produktseitig regulierter Parameter und muss deshalb im Trinkwasser nicht (routinemärig) analysiert werden.

10.6.3 Aluminium

Verbindungen des Aluminiums (Al) sind im Zusammenhang mit seiner Freisetzung aus Gesteinen durch säurehaltige Niederschläge und die damit verbundene Erschöpfung der Pufferkapazität des Unterbodens von erheblicher ökologischer und trinkwasserhygienischer Bedeutung. Infolge der anhaltenden oder kaum mehr rückholbaren Versauerung der Wasservorkommen, insbesondere der Seen, ist eine ständige Zunahme des Aluminiumgehalts schwach gepufferter Rohwässer zu beobachten (s. Kennzahl 1101.1 – „Aluminium im Trinkwasser“ in Dieter et al. (2014 ff.).

Das Minimum der Löslichkeit von Aluminiumoxid liegt bei pH 6,6. Bei tieferen pH-Werten gelangen Al-Hydroxokomplexe (z. B. $Al_{13}O_4OH_{24}^{7+}$; siehe Abschn. 3.2.6) in erheblichen Konzentrationen in das Grundwasser und können dort Konzentrationen von einigen mg/l erreichen. Auch die über den Abwasserpfad in die Umwelt eingeleiteten Mengen sind hoch. Demgegenüber liegen die Mediankonzentrationen in Grundwässern für die Trinkwassergewinnung bei 10 µg/l und je nach Gesteinstyp bei maximal 60 µg/l (Schleyer und Kerndorff, 1992). Anthropogene Einflüsse sind spätestens ab 0,10 mg/l anzunehmen.

Eine gewisse Exposition des Menschen gegenüber Al über Trinkwasser, Luft und Lebensmittel ist unvermeidbar. Sie beträgt in Europa 1,3 bis 13 mg pro Person. Als wöchentlich duldbare Aufnahme pro 70-kg-Person wurden 70 mg Al abgeleitet, entsprechend einer täglich duldbaren Aufnahme von TDI = 0,14 mg/(kg KG · d). Dieser TDI gilt auch für Säuglinge, Kleinkinder und nephrologisch schwach vorgeschädigte, klinisch noch nierengesunde Personen (EFSA, 2008).

Lange Zeit heftig umstritten war die Vermutung, Al im Trinkwasser könnte ein pathogenetischer Faktor der Alzheimer'schen Krankheit sein. Sie äußert sich durch zunehmenden Verlust der erworbenen intellektuellen Fähigkeiten, insbesondere durch Gedächtnisverlust, und geht einher mit allmählich zunehmender Verwirrtheit (Nöthen, 1994). Da auf anderen Pfaden viel höhere Al-Mengen aufgenommen werden als über das Trinkwasser, müsste, um eine Relevanz des Trinkwasser-Al zu postulieren, eine extrem hohe Resorptionsverfügbarkeit gewisser, ausschließlich trinkwasserbürtiger Al-Spezies im Magen-/Darmtrakt angenommen werden. Hierfür gibt es jedoch keinerlei Hinweise (Lee, 1989). Tatsächlich beträgt die Resorptionsverfügbarkeit von trinkwasserbürtigem Al unter realen Bedingungen kaum je mehr als 1 % und ist bei gleichzeitiger Gegenwart von gelösten Siliziumverbindungen (Silicate) im Trinkwasser noch weiter eingeschränkt. Es ist demnach nicht möglich, allein anhand von Al-Messungen im Trinkwasser Voraussagen über die Höhe der inneren Exposition mit Al zu treffen. Nach anderen Untersuchungen und Berechnungen entspräche eine lebenslange Exposition gegenüber 140 µg/l Al im Trinkwasser lediglich etwas mehr als 1 % der lebenslangen Gesamtbelastung des Körpers nach Resorption (s. Kennzahl 1101.1 in Dieter et al., 2014 ff.).

Wenn man dennoch annehmen wollte, zwischen der Aufnahme von Aluminium und der Alzheimer'schen Krankheit bestehe ein Zusammenhang, so müsste dieser Verdacht mit der sowohl anteilig wie absolut sehr geringen Belastung des Trinkwasserpfades mit Al begründet werden. In Übereinstimmung damit ist es auch nicht gelungen, in epidemiologischen Studien eine Assoziation zwischen der Al-Belastung des Trinkwassers und dem Auftreten der Alzheimer'schen Krankheit als wahrscheinlich nachzuweisen. Etwa die Hälfte der Studien fand den Zusammenhang bestätigt, die anderen verneinten ihn (WHO/IPCS, 1995). Wenn sich doch eine mit dem Al-Gehalt des Trinkwassers assoziierte schwache Erhöhung der Alzheimerhäufigkeit fand, lagen die Al-Konzentrationen meist zwischen 100 und 200 µg/l. Keine einzige Studie fand eine Dosis-Wirkungsbeziehung, was die Möglichkeit eines Zusammenhanges weiter in Frage stellt (WHO, 2008; Willhite et al., 2014).

Nach gegenwärtiger Einschätzung sind Dauerbelastungen bis zur Höhe von durchschnittlich 0,5 mg/l Al im Trinkwasser, entsprechend 10 % des obigen TDI der EFSA in 2 Litern/d, auch für Risikopersonen gesundheitlich dauerhaft duldbar. Bereits ab 0,2 mg/l Al (Grenzwert) können aber geschmackliche Beeinträchtigungen auftreten (s. Kennzahl 0601 in Dieter et al., 2014 ff.). Dieser Wert ist beim Einsatz Al-haltiger Flockungsmittel nur bei pH-Werten bis maximal 7,8 einhaltbar (Abschnitt 11.4.2).

Laut BMG/UBA (2018) war in den Jahren 2014-2016 der Grenzwert für Al in nur 10 von insgesamt 45.351 Untersuchungen überschritten.

10.6.4 Arsen

Anorganisch gebundenes Arsen (As) ist in der Erdkruste weit verbreitet. In einigen Regionen Deutschlands gelangt es durch Auflösung und Verwitterung arsenhaltiger

Mineralien auch in solche Grund- und Rohwässer, aus denen Trinkwasser gewonnen wird. Schleyer und Kerndorff (1992) geben für diese in Deutschland einen geogenen Normalbereich von bis zu 4,5 µg/l (Maximalwert 59 µg/l) und den Beginn des anthropogen beeinflussten Bereichs mit 9 µg/l an. Ähnlich fanden Kunkel et al. (2004) in Grundwässern aus geogen gering belasteten Locker- und Festgesteinsschichten Deutschlands selten mehr als 10 µg/l As. Nur 228 von 5628 (nicht repräsentativen) Proben des DVGW enthielten mehr als 10 µg/l As (DVGW, 2012).

Anorganisches Arsen besitzt in der Umwelt die Wertigkeitsstufen III und V. Die toxischeren dreiwertigen Verbindungen sind im Untergrund besser löslich und meist beständiger als die fünfwertigen. Für die gesundheitliche Bewertung von As im Trinkwasser ist die Frage nach seiner Wertigkeit jedoch von sekundärer Bedeutung, weil Arsenat (As(V)) im Säugerstoffwechsel prinzipiell zu Arsenit (As(III)) reduziert werden kann (Yu, 1999). Dagegen ist die Wertigkeit von As im Zusammenhang mit der Entfernung durch Aufbereitung von Bedeutung. Das Arsenat kann viel einfacher durch Fällung oder Adsorption an Eisenoxid entfernt werden als Arsenit (Jekel, 1993; Seith et al., 1999). Mitunter ist eine Oxidation des Arsenits erforderlich.

Epidemiologische Studien belegen, dass As ein systemisch wirkendes **Karzinogen** für die Organe Haut, Harnblase, Leber, Lunge und eine Reihe weiterer Organe ist (Saha et al., 1999; Tsai et al., 1999; IARC, 2012). Aus zahlreichen Unfällen/Belastungen und medizinischen Fallstudien mit anorganischem Arsen ließen sich Dosis-/Wirkungskurven für einige von ihnen und die toxikodynamisch vorgelagerten Endpunkte, die Hyperpigmentierungen und -keratosen sowie die Schwarzfuß-Krankheit (*blackfoot-disease*) ableiten (Marcus and Rispin, 1988; Brown et al., 1989; Stöhrer, 1991; Börzsönyi et al., 1992). Die Inzidenz von As-bedingten Blasentumoren in Trinkwasserkonsumenten auf Taiwan könnte in der 2. Hälfte des vorigen Jahrhunderts je nach Expositionsbeginn und -dauer bereits ab 10 µg/l As erhöht gewesen sein (Chen et al., 2010). Die Entfernung des As aus dem Trinkwasser auf Taiwan führte aber auch schon früh zu einem drastischen Rückgang der Neuerkrankungen an Hautkrebs und Schwarzfuß-Krankheit (Tsai et al., 1998).

As(V)- und As(III)-verbindungen sind nicht mutagen, denn sie reagieren nicht direkt mit der DNA. In Säuger- und insbesondere Humanzellen verursacht As jedoch Chromosomenbrüche, -aberrationen und Schwesterchromatid-Austausche. As(III) ist in dieser Hinsicht etwa 10-mal potenter als As(V), denn es dringt leichter in die Zellen ein. Gut belegt ist auch die Chromosomen-schädigende Wirkung von As oder As(III) in menschlichen Lymphozyten nach Exposition in vivo (IARC, 2012).

Kontroversen gibt es nach wie vor zur Frage nach dem Verlauf der Dosis-Wirkungskurve, zum Wirkungsmechanismus und damit auch zur Existenz einer **Wirkungsschwelle**, etwa weil As(III) im Organismus durch Methylierung zu MMA (Monomethylarsonsäure, $CH_3H_2AsO_3$) und Dimethylarsinsäure (DMA, $(CH_3)_2HAsO_2$) metabolisiert wird. Beide Verbindungen sind ebenfalls humankarzinogen, wahrscheinlich infolge Auslösung epigenetisch wirksamer Störungen, z. B. der DNA-Methylierung (Schuhmacher-Wolz et al., 2009).

Es ist derzeit also selbst auf Basis der umfangreichen, weltweit erhobenen epidemiologischen Daten nicht möglich, einen risikobasierten Leitwert für im Trinkwasser gelöstes As zu errechnen, der ein gesellschaftlich als akzeptabel erachtetes Zusatzrisiko von $1:10^6$ wissenschaftlich vertrauenswürdig abbilden würde. Der Grenzwert der Trinkwasserverordnungen seit 1990 in Höhe von 10 µg/l As schützt jedoch zuverlässig vor prä- und nichtkarzinogenen Hautläsionen (Kennzahl 1101.3 in Dieter et al., 2014 ff.). Die WHO bestätigte 2011 ihren 1993 herausgegebenen *guideline value* von 10 µg/l As. Sie hatte jedoch schon 1993 darauf hingewiesen, sein Sicherheitsabstand zur Auslösung von adversen Effekten, resp. Tumoren, sei möglicherweise gering und begründete seine Höhe auch 2011 vor allem mit Schwierigkeiten (weltweit) bei der Elimination von As und seiner Analytik (WHO, 2011).

10 µg/l As und weniger lassen sich durch fortschrittliche Eliminationstechniken auch in kleinen Aufbereitungsanlagen einhalten. Verfahren zur Adsorption von As(V)-Verbindungen an Eisenoxide sind am wirkungsvollsten. Die dazu notwendige Oxidation des As(III) gelingt nicht nur chemisch oder – durch eisenspeichernde Bakterien – biologisch, sondern auch durch Bestrahlung mit UV- oder sogar mit Sonnenlicht (Wegeln, 1999).

Laut BMG/UBA (2018) war in den Jahren 2014-2016 der Grenzwert für As bei insgesamt 31.008 Untersuchungen 18-mal überschritten.

10.6.5 Blei

In den 1970er Jahren trat in Deutschland das Benzin-Blei-Gesetz in Kraft. Der regulatorisch maßgebliche Expositionspfad für Blei ist seitdem Trinkwasser, das durch bleierne Hausanschlussleitungen oder Hausinstallationen, die noch (teilweise) aus Blei bestehen, zu den Entnahmestellen gelangt (UBA, 1997b).

Anorganische Verbindungen des Bleis (Pb) sind in Wasser schwer löslich. Sie kommen außerdem natürlicherweise (Vererzungen, z. B. im Erzgebirge, ausgenommen) in geringer Konzentration in vielen Gesteinen vor. Dementsprechend niedrig und gesundheitlich bedeutungslos sind die Bleikonzentrationen in unbeeinflussten Grund- und Rohwässern. Der geogene Normalbereich endet je nach Gestein spätestens bei 2,5 µg/l. Anthropogene Beeinflussungen, z. B. durch Emissionen aus industriellen Altlasten ins Sicker- und Grundwasser, sind oberhalb von 6 µg/l zu vermuten (Schleyer und Kerndorff, 1992). Bei Betrachtung aller Grundwässer, Gesteinsschichten und Tiefen von bis zu 50 m liegt die Obergrenze der 90. Perzentile in Gesamtdeutschland meistens unter 3,5 µg/l Pb (Kunkel et al., 2004).

Blei ist ein kumulierendes Nerven- und Blutgift. Es reichert sich bevorzugt im Skelett an und wird nur sehr langsam wieder ausgeschieden. Zwischen der Bleikonzentration in den Knochen und im Blut stellt sich ein Gleichgewicht ein, aufgrund dessen hohe Blutbleiwerte auch nach kompletter Unterbrechung der äußeren Bleibelastung erst im Laufe von Monaten absinken. Aus dem mütterlichen Organismus tritt Blei ungehindert durch die Plazenta in den Fötus über. Die Bleikonzentrationen im Blut und in den Geweben eines Fötus entsprechen deshalb in etwa denjenigen der Mutter und scheinen vom mütterlichen Blutbleispiegel abzuhängen. Kinder resorbieren 50 % von oral aufgenommenem Blei und damit etwa 10-mal effektiver als Erwachsene (5 %) (Gulson et al., 1997).

Die toxikologischen Endpunkte der Wirkung vom Blei auf den Säugerorganismus sind geistige Behinderung, Wahrnehmungs- und Lernschwierigkeiten sowie Bewegungsanomalien. Ungeborene, Säuglinge und Kleinkinder sowie kranke Personen mit hohem Flüssigkeitsbedarf sind die bedeutendsten Risikogruppen. Blutbleispiegel, die noch deutlich unter 300 µg/l lagen, waren bei Schulkindern bereits mit Verhaltensstörungen und entsprechenden elektrophysiologischen Befunden sowie Wahrnehmungstörungen verbunden. Es handelt sich dabei um minimale Dysfunktionen des Gehirns, die sich als Hyperaktivität, Störung der Feinmotorik und Minderung intellektueller Fähigkeiten bemerkbar machen. Ab 300 µg/l Pb im Blut ist auch mit Störungen der Intelligenzentwicklung zu rechnen. Dies passt zu Beobachtungen an Primaten, wo Veränderungen des Verhaltens und der Wahrnehmung als Folge nachgeburtlicher Bleibelastungen schon ab 109 µg/l Blut auftreten. Der Blutbleiwert, oberhalb dessen bereits marginale Wirkungen auftreten, dürfte bei Kleinkindern sogar noch darunter liegen (Mushak et al., 1989; Winneke et al., 1990; Schwartz, 1994). Die Wirkungsschwelle, falls vorhanden, wird heute sogar niedriger vermutet als die tatsächliche Exposition möglicher Risikogruppen (EFSA, 2010; Kennzahl 1101.5 in Dieter et al., 2014 ff.).

Als biochemischen Mechanismus für die neurotoxischen Wirkungen des Bleis vermutet man entweder eine Schädigung der Synapsen-Neubildung, eine Schädigung der Blut-Hirn-Schranke oder auch eine unphysiologische Aktivierung der Proteinkinase C, einem regulatorisch wichtigen Enzym im Gehirn, oder von Calmodulin durch Pb^{++} anstelle von Ca^{++} (Goldstein, 1990; Chao et al., 1984). Selbst eine sehr niedrige Exposition des Fötus gegenüber Blei bereits im Mutterleib könnte die normale Entwicklung seines serotonergen Systems und die später von diesem System abhängigen Intelligenzleistungen nachteilig beeinflussen (Tang et al., 1999).

Der vereinigte Expertenausschuss JECFA von WHO und FAO benannte letztmals 1987 eine für Kinder gesundheitlich duldbare Aufnahmemenge an Blei in Höhe von 3,5 µg/kg Körpergewicht und Tag, also 50 % des für einen Erwachsenen (noch) gesundheitlich duldbaren Wertes. Aus ihr leitete die WHO bereits 1993 einen gesundheitlichen Trinkwasser-Leitwert in Höhe von 10 µg/l Pb für die Schutzgruppe Kleinkinder und nicht gestillte Säuglinge ab (Müller und Dieter, 1993; WHO, 2011). So war es nur folgerichtig, dass 1998 in die novellierte Trinkwasserrichtlinie 98/83/EG ein Parameterwert für Blei von 10 µg/l Pb (zuvor 50 µg/l) aufgenommen wurde. Allerdings war schon damals lange bekannt, dass diese Konzentration in Trinkwasser, das durch Hausinstallationen aus Blei geflossen ist, fast immer überschritten wird (Meyer, 1988).

Das Umweltbundesamt empfiehlt deshalb seit Jahrzehnten, bleierne (Teile von) Hausinstallationen gegen solche aus gesundheitlich einwandfreiem Material auszutauschen und bis dahin Säuglinge entweder unter Verwendung eines entsprechend geeigneten abgepackten Wassers zu versorgen oder dafür ein Trinkwasser zu verwenden, das nicht durch Bleileitungen geflossen ist (UBA, 2003). Für Erwachsene dagegen würde bei Aufnahme von täglich 2 Litern Trinkwasser mit 10 µg/l Pb die gesundheitlich duldbare Aufnahme (7,5 µg/(kg · d)) nur in Höhe weniger Prozent ausgeschöpft.

Weder das Wissen um die Giftigkeit von Blei (Kiefer, 1986; Zangger, 1925; Lippmann, 1990), noch die daran geknüpfte Forderung, Bleirohre im Trinkwasserbereich nicht (mehr) zu verwenden, sind neu (Bolley, 1862). Selbst die These, die Volksgesundheit habe im Römischen Reich infolge der exzessiven Verwendung von Bleigeschirr und Bleirohren erheblichen Schaden genommen, kann keineswegs als Spekulation abgetan werden. Jedenfalls fanden sich in ausgegrabenen Knochen römischer Legionäre Bleiwerte, die mit 50 bis 130 mg/kg weit über dem natürlichen Hintergrund von wenigen mg/kg liegen (Waldron et al., 1976). Es fand offensichtlich eine auf mangelnder Information des größten Teils der Bevölkerung, auf Bagatellisierung durch Gesundheitsbehörden und auf wirtschaftlichen Erwägungen aufgebaute Risikoabschätzung statt, welche die gesundheitlich ungünstigen Eigenschaften von Blei im Vergleich zu seinen technischen Vorteilen bis in die Gegenwart als (noch) duldbar bewertete (Lippmann, 1990).

Aus technischer Sicht dagegen wäre ein besserer Werkstoff für technische Zwecke im Bereich der Trinkwasserversorgung kaum denkbar. Zur Herstellung verzinkter Eisenrohre, von Loten für Kupferrohre und von Messing oder Rotguss für Armaturen schien Blei noch bis in die 1980er Jahre unverzichtbar (Kennzahl 0704 in Dieter et al., 2014 ff.). Bleirohre sind biegsam und deshalb leicht zu verarbeiten, korrodieren kaum und haben eine fast unbegrenzte Lebensdauer. Leider bildet sich aber auf der Innenwand von Bleirohren selbst dann, wenn sie hartes Wasser führen, keine zusammenhängende oder feste Kalkschicht. Ihr feinweißer, manchmal durch Einschluss von Eisen(III)-Hydroxid auch bräunlicher Belag besteht stattdessen aus basischen Bleikarbonaten (Bleiweiß). Deren Löslichkeit bestimmt den Bleigehalt des Trinkwassers so, dass fast immer, auf jeden Fall aber nach Stagnationsperioden, 10 µg/l Pb (Grenzwert) überschritten werden, so z. B. in 186 der 42.575 Untersuchungen aus den Jahren 2014-2016 (BMG/UBA, 2018).

Beispielhaft dafür, dass bei zielgerichtetem Vorgehen der Austausch bleierner Leitungen praktisch reibungslos gelingen kann, sei hier auf das „Frankfurter Bleiprojekt“ hingewiesen. Sein Vorgehen beschreibt zusammenfassend Kennzahl 0704 in Dieter et al. (2014 ff.). Die Zudosierung von Phosphaten im Wasserwerk oder am Wasserzähler in Gebäuden in der Annahme, die weniger löslichen Bleiphosphate hätten regelmäßig eine Unterschreitung des Grenzwertes beim Verbraucher zur Folge, kann bestenfalls als Notbehelf angesehen werden, denn sie ist technisch anfällig und wirkt nicht zuverlässig.

Faktisch stellt der Grenzwert von 10 µg/l Pb im Trinkwasser ein Verbot der Verwendung von Bleirohren für Trinkwasserzwecke dar. Angesichts der längst bekannten Tatsache, dass für überhöhte Bleigehalte des Trinkwassers (und im Blut seiner Konsumenten) spätestens seit Ende der 1970er Jahre vor allem bleierne Hausinstallationen und Hausanschlussanleitungen verantwortlich sind, hätte sich die Frage nach den richtigen Abhilfemaßnahmen auch durch ein direktes Verbot bleierner Hausanschlussleitungen und Trinkwasserrohre sowie von Loten, aus denen Blei in das Trinkwasser übergeht, beantworten lassen.

10.6.6 Bor

Bor kommt in Verbindungen mit Sauerstoff fast in der gesamten Umwelt, also auch in Lebensmitteln und im Trinkwasser vor (Haberer, 1996; Abke et al., 1997). Sein wichtigstes natürliches Kompartiment sind die Ozeane, die 4,5 mg/l B enthalten (Benderpour et al., 1998). Bor ist für die gesamte Pflanzenwelt ein essenzielles Spurenelement zur Aufrechterhaltung des Wasserhaushalts. Es akkumuliert in Pflanzen, reichert sich in der Nahrungskette jedoch nicht an. In natürlichen Gewässern liegt Bor in Form der undissoziierten Borsäure vor. Erst oberhalb des pH-Wertes 10 dissoziiert sie in Protonen und Borat-Anionen. Darunter ist ihre Entfernung aus einem unzulässig kontaminierten Rohwasser kaum möglich (Abke et al., 1997).

In Deutschland enthalten nur relativ wenige Grundwässer natürlicherweise mehr als 0,1 mg/l B (Kunkel et al., 2004). Die sehr mobile Borsäure ist deshalb ab 80 µg/l B ein zuverlässiger Anzeiger anthropogener Veränderungen des Grundwassers, insbesondere durch Hausmüll. Ausnahmen sind Grundwässer im Kontakt mit mesozoischen marinen Tonen, die mehrere mg/l B enthalten können. In B-armen, jedoch durch Altablagerungen beeinflussten Grundwässern werden im Mittel Werte um 1 mg/l erreicht (Schleyer und Kerndorff, 1992).

Von den Pfaden, auf denen Bor den Menschen erreichen kann, ist der Pflanzenpfad am bedeutendsten. Besonders hohe Konzentrationen werden in Fruchtsäften mit 1 bis 3 mg/l B und Wein mit bis zu 8,5 mg/l B gemessen. Ein durchschnittlicher Europäer nimmt bis zu 4,5 mg Bor pro Tag mit der Nahrung auf. Wesentlich höhere Expositionen können durch den mehr oder weniger ausschließlichen Verzehr von Rohkost bzw. pflanzlicher Nahrung und den Konsum stark borathaltiger abgepackter Wässer zustande kommen (Benderdour et al., 1998).

Im Trinkwasser der erwachsenen Bevölkerung Deutschlands betrug 1990 der mittlere Borgehalt 23,1 µg/l bei einem Maximum von knapp 2 mg/l (UBA, 1997b).

Borat wird aus der Lunge und dem Magen/Darmtrakt gut resorbiert, über intakte Haut dagegen kaum (Wester et al., 1998) aufgenommen. Verbindungen des Bors unterliegen praktisch keinem Metabolismus. Über 90 % einer einmal verabreichten Dosis werden mit einer Halbwertszeit von ca. 24 Stunden unverändert im Urin ausgeschieden. Bei andauernder Belastung bildet sich im gesamten Wasserkompartiment, also unter Einbeziehung aller Organe außer ZNS und Knochen, ein Fließgleichgewicht mit ähnlichen Konzentrationen aus. In den Knochen scheint sich Bor bei anhaltender Belastung anzureichern (Mosemann, 1994) und es verbessert im

Tierversuch bei subtoxischer Dosierung den Druckwiderstand von Knochen (Chapin et al., 1997).

Pathologisch hohe orale Belastungen mit Borat führen zu Lethargie, Depressionen, Missempfindungen (Ataxien) und Übelkeit. Die Mehrzahl der Wirkungen, die aus dem Arbeitsbereich bekannt sind, gehen allerdings auf Reizwirkungen nach Inhalation Bor-haltiger Stäube und Dämpfe zurück. Schädliche Wirkungen auf das männliche Reproduktionssystem wurden ebenfalls beobachtet.

Im Tierversuch ist Borsäure weder karzinogen noch genotoxisch (Dieter, M.P., 1994). In Versuchstieren führt Bor zu Störungen der männlichen Reproduktion sowie zu vor- und frühen nachgeburtlichen Entwicklungsstörungen. Als der empfindlichste toxikologische Endpunkt erwies sich in einem Mehrgenerationenversuch mit Ratten die intrauterine Gewichtsentwicklung von Föten der F1-Generation. Aus der Wirkungsschwelle im Tierversuch in Höhe von 10 mg/(kg · d) (Allen et al., 1996) lässt sich unter Anwendung eines Gesamtsicherheitsfaktors von 30 zur Übertragung dieser Datenbasis auf den Menschen eine lebenslang duldbare Tagesdosis in Höhe von TDI = 0,3 mg/(kg · d) Tag extrapolieren (ausführlicher in Kennzahl 1101.6 bei Dieter et al., 2014 ff.). Die tatsächliche Aufnahme an Bor (s. o.) beläuft sich in Europa also auf 7,6 bis 21,4 % dieses TDI. Bei Vegetariern könnte sein Ausschöpfungsgrad allerdings wesentlich höher sein, ebenso bei Dauerkonsumenten von stark borhaltigen natürlichen Mineralwässern.

Unter Allokation von 10 % der duldbaren täglichen Gesamtaufnahme auf 2 l Trinkwasser pro 70 kg-Person erhält man aus dem TDI von 0,3 mg/(kg · d) einen gesundheitlichen Leitwert für Bor in Höhe des Grenzwertes der TrinkwV von 1,0 mg/l, entsprechend 5,8 mg/l Borsäure (Kennzahl 1101.6 in Dieter et al., 2014 ff.). Demgegenüber beträgt im selben Szenario der neueste *guideline value* der WHO (2011) auf derselben Datenbasis, aber etwas anderer Bewertung und 40 % Allokation, 2,40 mg/l B (= 13,9 mg/l Borsäure).

In 23.363 Untersuchungen der Jahre 2014–2016 (BMG/UBA, 2018) war der Grenzwert der TrinkwV für B kein einziges Mal überschritten.

10.6.7 Bromat

Bromat (BrO_3^-) entsteht bei der oxidativen Aufbereitung von bromidhaltigem Rohwasser mit Ozon aus Bromid (Schmidt et al., 1995; Strähle, 1998; siehe auch Abschn. 9.6). Es wirkt im Tierversuch krebserzeugend in der Niere. Am Menschen sind karzinogene Wirkungen nicht beschrieben, während die toxischen Wirkungen auf die Niere den von Versuchstieren her bekannten ähneln (Anonymus, 1994; WHO, 1996).

Die Diskussion um einen gesundheitlich unbedenklichen Höchstwert wird von der Frage beherrscht, ob Bromat ein komplettes (initiierendes) Karzinogen ohne Wirkungsschwelle ist oder mit Wirkungsschwelle promovierend wirkt. Diese Frage ist experimentell nicht geklärt. Bisher war nur seine Tumor promovierende, aber keine initiierende Wirkung belegbar (Kurokawa, 1990). Die Auslösung von Krebs durch Bromat ist aber an die Bedingung geknüpft, dass zuvor aus Bromat Singulett-Sauerstoff oder auf dem Umweg über die Lipid-Peroxidation andere reaktive Sauerstoffspezies entstehen (Kurokawa et al., 1990; Hard, 1998).

Die schwache Mutagenität von Bromat in Bakterienzellen hat entweder damit zu tun, dass dort aus Bromat erst gar keine reaktiven Sauerstoffspezies entstehen oder dass die entstehenden effektiv entgiftet werden. Das im Vergleich zu seiner schwachen Karzinogenität relativ starke Chromosomen-schädigende Potenzial von Bromat in kultivierten Säugerzellen könnte darüber hinaus mit deren sehr eingeschränkter Kapazität zur Reparatur von DNA zu tun haben. Im Tierversuch scheint die Kapazitätsgrenze zum Herausschneiden von 8-Hydroxyguanosin spätestens ab Aufnahmen von Kaliumbromat im Bereich von 40 mg/(kg · d) erreicht zu sein (Kurokawa et al., 1990; Lee et al., 1996).

Die karzinogene Wirkung von Bromat in der Rattenniere sollte also wegen der Entgiftung von reaktiven Sauerstoffspezies und der physiologisch gegebenen Basalaktivität zum Herausschneiden von 8-Hydroxyguanosin aus der DNA mit zwei voneinander unabhängigen Wirkungsschwellen verknüpft sein. Zumindest die erste dieser Schwellen muss in der Niere eher überschritten sein als in der Leber, denn bromatbürtiger Singulett-Sauerstoff wird in der Niere wesentlich weniger effektiv entgiftet.

Die derzeitige experimentelle Datenlage zum Mechanismus, nach dem Bromat auf die Rattenniere karzinogen wirkt, lässt zwar keine wissenschaftlich belastbare Aussage über Anwesenheit und Höhe einer Wirkungsschwelle zu. Es erscheint aber plausibel, dass Bromat, trotz seiner Genotoxizität in Säugerzellkulturen und in vivo, ein genotoxisches Karzinogen mit Wirkungsschwelle (vorerst unbekannter Höhe) ist (Chipman, 1999).

So lange, wie die wissenschaftliche Datenbasis keine quantifizierenden Aussagen zum Mechanismus der zur Bewertung anstehenden karzinogenen Wirkung liefert, ist es vertretbar, Bromat bis auf weiteres wie ein komplettes Karzinogen ohne **Wirkungsschwelle** zu bewerten. Diesem Ansatz folgte die WHO in ihren Guidelines for Drinking-Water Quality. In deren 3. Auflage von 2008 (WHO, 2011) ordnete sie einer Bromat-bedingten Zusatzinzidenz für Krebs von höchstens 10^{-5} einen *guideline value* von 3,0 µg/l Bromat zu, entsprechend einem zusätzlichen Krebsfall pro Lebenszeit 100.000 identisch exponierter Personen. Niedrigere Konzentrationen (bei gleich hohen Zusatz-Risiken) wurden von der US-EPA errechnet (Krasner et al., 1993). 2011 publizierte die WHO dann den etwas höheren „vorläufigen“ (*provisional*) Leitwert von 10 µg/l, verwies jedoch ausdrücklich darauf, auch tiefere Werte seien realisierbar, wenn die Desinfektion (Oxidation) technisch einwandfrei vorgenommen und angemessen kontrolliert würde.

Auch die EG-Trinkwasserrichtlinie (EG, 1998) und die TrinkwV 2001 schreiben 10 µg/l Bromat als Grenzwert vor. Bei der Wasseraufbereitung nach den allgemein anerkannten Regeln der Technik ist dessen Einhaltung und auch Unterschreitung unproblematisch.

10.6.8 Cadmium

Vergleichsweise niedrige Belastungen mit Cadmium können zu einer Schädigung der Nieren führen. Wie Blei ist auch Cadmium ein Beispiel dafür, dass selbst ein bisher als konservativ angesehener gesundheitlich motivierter Grenzwert nach unten korrigiert werden muss, sobald voneinander abweichende Bewertungen ein- und derselben Datenbasis vorliegen oder letztere so verfeinert und verdichtet wurde, dass ein bis dahin gültiger gesundheitlicher Leitwert zunächst fraglich gestellt und dann gesenkt werden musste.

Von den Elementen der 2. Nebengruppe ist das Cadmium (Cd) in viel geringeren Anteilen als das homologe Zink in Gesteinen enthalten, jedoch in gleichen Gehalten wie z. B. Quecksilber. Die Absolutgehalte liegen in der Regel unterhalb von 20 mg/kg. Die mittleren Cd-Gehalte am Ausgang der Wasserwerke betragen in Deutschland Bruchteile von µg/l. Anthropogen beeinflusste Grundwässer sind an Konzentrationen > 0,4 µg/l (Grundwässer in Lockersedimenten) bzw. > 0,9 bis 1,0 µg/l (Grundwässer in Kalk/Dolomit, Buntsandstein, sonstigem Festgestein) zu erkennen (Schleyer und Kerndorff, 1992), das anthropogen nicht überprägte 90-Perzentil im Grundwasser aus unterschiedlichsten Gesteinsarten fanden Kunkel et al. (2004) bei 0,8 µg/l Cd.

Cd war als Begleitelement des Zinks über viele Jahre in der Zinkschicht verzinkter Stahlleitungen enthalten, bis Cd-freie Verzinkungen Stand der Technik wurden. Die Verzinkung und früher verwendete Cd-haltige Lote waren und sind immer noch Kontaminationsquellen des Trinkwassers. Im Allgemeinen gilt, dass trübes, Korrosionsprodukte enthaltendes Leitungswasser auch erhöhte Cd-Konzentrationen (gebunden an Trübstoffe) aufweisen kann.

Cd wirkt sowohl nach akut hoher wie nach chronisch niedriger Zufuhr toxisch vor allem auf die Niere, weil es sich in der Nierenrinde anreichert und dort sehr fest an die SH-Gruppen wichtiger Transportproteine bindet. Daneben werden immuntoxische (Ritz et al., 1998) und kardiotoxische Effekte (Schroeder, 1965; Engvall and Perk, 1985) sowie Störungen des Knochenaufbaus diskutiert (UBA, 1998).

Cd wird aus dem Magen-Darm-Trakt nur unvollständig resorbiert, auch aus Trinkwasser wohl zu nicht mehr als 5 %. Die Blut-Hirn-Schranke und die Plazentaschranke werden aber überschritten. Intrazellulär ist es im Wesentlichen an Metallothionein, ein niedermolekulares, 30 % Cystein enthaltendes Protein unbekannter Funktion gebunden (Shaikh und Smith, 1984; Chung et al., 1986).

Die epidemiologische Datenbasis über die schädlichen Wirkungen von Cadmium auf die Niere des Menschen nach oraler Aufnahme hat sich seit Anfang der 90er-Jahre deutlich verbessert und ist heute als gut bis sehr gut zu bezeichnen.

Die empfindlichsten Parameter zur frühzeitigen Erkennung der nierenschädigenden Wirkung von Cadmium sind nach dieser Auffassung die erhöhte Ausscheidung des Enzyms N-Acetyl-Glukosaminidase (NAG) und diejenige des bereits erwähnten, Schwermetall-bindenden Proteins Metallothionein. Beide Parameter korrelieren, ebenso wie die bereits bekannte pathologische Ausscheidung von β_2-Mikroglobulin im Urin mit der Cadmium-Ausscheidung. Auch der Calciumstoffwechsel der Niere scheint oberhalb von 1 µg/kg · d bereits gestört zu sein (Straessen et al., 1991).

Die marginale Effektkonzentration an Cadmium, d. h. seine LOAEC in der Nierenrinde, soll bei 10 % der Allgemeinbevölkerung dementsprechend nicht mehr wie noch bis Anfang der 90er-Jahre vermutet bei 200 mg/kg Nierenrinde liegen, sondern nur noch 50 mg/kg betragen.

Ein LOAEL in Höhe von zugeführten 1 µg/(kg · d) für marginale Nierenschäden in entsprechend empfindlichen Individuen ergibt sich größenordnungsmäßig auch aus einer Reihe anderer Human- und Tierstudien seit 1986.

Die WHO (2011) hält dennoch seit 1972 an ihrem PTWI (provisional tolerable weekly intake = vorläufig duldbare wöchentliche Aufnahme) in Höhe von 500 µg/Woche fest. Er entspricht einem TDI von 1 µg/(kg · d). Zu dessen Anpassung an den soeben genannten LOAEL genügt ein Extrapolationsfaktor von 2, denn empfindliche Personen waren z. B. in dem 2000 Personen umfassenden Untersuchungskollektiv von Lauwerys et al. (1991) bereits erfasst. Außerdem steht er für einen nur marginal schädlichen Effekt. So ergibt sich als lebenslang gesundheitlich duldbare Zufuhr ein neuer TDI von 0,5 µg/(kg · d). Ähnlich niedrig quantifiziert EFSA (2010) die lebenslang duldbare Aufnahme von Cd.

Nach den üblichen Konventionen (2 Liter Trinkwasseraufnahme pro Tag und 70 kg Körpergewicht) lässt sich aus dieser K_d ein lebenslang sicherer, gesundheitlicher Leitwert für Cd im Trinkwasser in Höhe von 1,75 µg/l (gerundet 2 µg/l) errechnen. Auf Grundlage des vorläufigen PTWI-Wertes der WHO beträgt er dagegen 3,5 µg/l, während ihr (gerundeter) *guideline value* 3,0 µg/l Cd lautet (WHO, 2011).

In 37.263 Untersuchungen der Jahre 2014–2016 (BMG/UBA, 2018) war der Grenzwert der TrinkwV für Cd lediglich 7-mal überschritten.

10.6.9 Chloroform und gechlortes Trinkwasser

Chloroform und die anderen 3 Trihalogenmethane (THM) entstehen bei der Chlorung von Trinkwasser aus organischen Vorläufer-Verbindungen als die mengenmäßig bedeutendste Gruppe von DNP = Desinfektionsnebenprodukten (siehe Abschn. 9.6).

Die Toxizität von Chloroform richtet sich laut der Gefährdungsabschätzung von Umweltschadstoffen (Eikmann et al., 1998), auf die auch das Umweltbundesamt in der Regel Bezug nimmt, mit Sicherheit auf die Leber und möglicherweise auf das Siebbein. Der Mechanismus der Toxizität und Karzinogenität von Chloroform in der **Leber** ist eine Folge seiner Zytoletalität und der damit verbundenen Auslösung von tumorverstärkenden, regenerativen Prozessen. Er besitzt eine Wirkungsschwelle, unterhalb derer mit einer karzinogenen Wirkung nicht mehr zu rechnen ist. Auch eine Toleranzentwicklung wird beobachtet und dadurch biochemisch erklärt, dass Phosgen, der in Gegenwart von Cytochrom P 450 gebildete reaktive Metabolit des Chloroforms im Säuger, bei seiner Entstehung das Cytochrom P450 in einer „Selbstmordreaktion“ inaktiviert. Die experimentelle Erzeugung von Lebertumoren im Tierversuch durch Chloroform nach seiner Verabreichung per Trinkwasser ist bisher nicht gelungen (Hrudey, 2009).

Zur Bewertung der schädlichen Wirkung von Chloroform auf den Menschen bezieht sich WHO (2011) auf eine chronische Studie mit Hunden, aus der ein TDI von 15 µg/(kg · d) für den Endpunkt Lebertoxizität und -karzinogenität abgeleitet wurde. Da Chloroform praktisch nur über das Trinkwasser aufgenommen wird, erscheint die Annahme der WHO, 75 % der lebenslang gesundheitlich duldbaren Dosis würden auf diesem Pfad mit 2 Litern/d aufgenommen, gerechtfertigt (Allokationsfaktor AF = 0,75 und Tagesvolumenfaktor TVF = 0,5; siehe Abschn. 8.3). Damit ergab sich für die lebenslange Belastung einer 60-kg-Person ein *guideline value* von 15 · 60 · AF · TVF = 337,5 µg/l für Chloroform, gerundet 300 µg/l, entsprechend 400 µg/l für eine 70-kg-Person.

Die guideline values (gesundheitlichen Leitwerte) der WHO (2011) für die anderen drei THM Bromoform, Dibromchlormethan und Dichlorbrommethan lauten 100 µg/l, 100 µg/l und 60 µg/l. Die ersten beiden leitete sie wie denjenigen von Chloroform nach dem Wirkschwellenprinzip ab; derjenige für Dichlorbrommethan ergab sich aus einer Risikohochrechnung für ein Lebenszeit-Zusatzrisiko von 10^{-5}.

Bei inhalativer Belastung von Labortieren treten unter dem Einfluss von Chloroform auch Schäden im Bereich des **Siebbeins** auf. Unklar ist, ob es sich dabei um eine systemische Wirkung handelt. Das dem zentralen Bereich des Siebbeins aufliegende olfaktorische Epithel (Riechorgan) wird aber durch Chloroform nachweislich nicht geschädigt. Ein überschlägiger Vergleich der Dosierungen, die nach oraler Aufnahme in Leber und/oder Siebbein zu (adversen) Effekten führen, zeigt auch, dass bei Einhaltung bzw. Unterschreitung der in der Leber noch nicht wirksamen Dosis im Tierversuch auch keine Veränderungen im Siebbein zu befürchten sind (Eikmann et al., 1998).

„Gechlortes Trinkwasser“ wird bezüglich seiner Karzinogenität für den Menschen von WHO/IARC (1991) als „nicht einstufbar“ (Gruppe 3) bewertet. Eine umfangreiche Querschnittstudie neueren Datums kam mit Blick auf unterschiedliche toxikologische Endpunkte von Desinfektionsnebenprodukten (DNP), also nicht nur mit Blick auf die mögliche Humankarzinogenität von THM, zu einem ähnlichen Schluss (Hrudey, 2009). In den USA allerdings wurden zwischen der trinkwasserbürtigen DNP-Exposition und der Inzidenz an Blasen- und anderen Krebsarten Assoziationen nachgewiesen (Morris et al., 1992; Cantor, 1994; Morris, 1995; Attias, 1995). Dem entspricht die Beobachtung, dass Konzentration und Häufigkeit von DNP in Trinkwässern der USA wesentlich höher sind als in der EU und insbesondere in Deutschland (vgl. Abschnitt 9.6.2).

Tierversuchsdaten führen zwar zur Einstufung einzelner Vertreter der DNP (Bromat, Bromdichlormethan und Trichlormethan) in die Karzinogenitätsgruppe 2B „beim Menschen möglicherweise krebserzeugend“ der WHO/IARC, doch ist es noch nie gelungen, in Versuchstieren etwa durch orale Belastung mit Chloroform die Krebshäufigkeit zu erhöhen. Auch gechlorte Trinkwässer besitzen so, wie sie aus der Leitung kommen, im Gegensatz zu Konzentraten keinerlei mutagene Aktivität im Menschen, ähnlich wie reines Chloroform die Entstehung von Tumoren zwar zu untersützen vermag, sie aber nicht initiieren kann (siehe oben).

Ein gewisses karzinogenes Potenzial nach oraler Verabreichung scheinen dagegen die chlorierten Mono- und Dicarbonsäuren (Moudgal et al., 2000) und das stark mutagene, chlorierte **Furanon-Derivat „MX"** zu besitzen (Komulainen et al., 1997; siehe Abschn. 8.1). Auf den Menschen übertragen soll die lebenslange Exposition gegenüber 67 ng/l dieser Verbindung in 2 Litern Trinkwasser pro Tag zu 2 zusätzlichen Fällen von Krebs pro 10^6 identisch exponierter Personen führen (Melnick, 1997).

Es ist weltweiter Expertenkonsens, dass keinesfalls auf die tatsächlichen gesundheitlichen Vorteile einer als notwendig erachteten Desinfektion des Trinkwassers verzichtet werden darf, um die hypothetischen gesundheitlichen Risiken, die von den Nebenprodukten der Desinfektion von Trinkwasser mit Chlor (WHO/IARC, 1991; Hässelbarth, 1996; Schweinsberg, 1996; WHO, 2011) oder auch Ozon (Havelaar et al., 2000) ausgehen können, zu mindern. Allerdings ist es durch ein multiples Barrierensystem, einschließlich einer Pflege der Rohrnetze, sehr wohl möglich, die Chlorung und damit die Entstehung von DNP zu minimieren oder sie ganz überflüssig zu machen (siehe Kap. 9).

10.6.10 Eisen

Eisen gelangt, anders als Mangan, mit dem es bei geogenem Ursprung oft vergesellschaftet ist, auch als Korrosionsprodukt aus entsprechenden Leitungsrohren ins Wasser. Insbesondere bei Stagnation von Wasser in korrodierten Eisenleitungen kann Fe(III) aus Fe_2O_3 zu zweiwertigen, löslichen Eisenionen reduziert werden, die die Korrosion beschleunigen und Wasser nach seiner Entnahme aus dem Hahn braun verfärben.

Die Festsetzung des Grenzwertes von 0,2 mg/l Fe folgte allgemeinhygienischen Motiven. Zum einen soll das Wasser klar und appetitlich sein, was bei Werten über 0,5 mg/l Fe wegen organoleptisch wahrnehmbarer Veränderungen und deutlicher Braunfärbung bei Luftzutritt nicht mehr der Fall ist (Ausfällung von FeOOH). Nur anfangs, solange das Eisen als zweiwertiges Ion vorliegt, ist ein solches Wasser klar. Zum anderen sollen sich möglichst geringe Ablagerungen an den Rohrwänden bilden, um zu vermeiden, dass sich schwer zugängliche Nischen für Mikroorganismen bilden. Aus all diesen Gründen ist die Enteisenung ein wichtiges (Teil-)Verfahren der Wasseraufbereitung (siehe Abschn. 11.2).

Eisen ist ein **essenzieller Bestandteil** der Nahrung, jedoch ab einer bestimmten hohen Zufuhr, wie fast alle essenziellen Spurenelemente, toxisch. Es spielt für die Funktion des roten Blutfarbstoffs (Hämoglobin), verschiedener Enzyme und des Myoglobins (Hämoprotein in der Muskulatur) eine wesentliche Rolle. Der Bestand im menschlichen Körper beträgt etwa 5 g, wovon etwa 70 % im Hämoglobin und 12 % für andere Funktionen gebunden sind; etwa 18 % befinden sich in Depots, vor allem Leber, Milz und Knochenmark und nur maximal 12 mg davon finden sich als Transportform im Blutplasma, am Plasma-Transferrin.

Der **tägliche Bedarf** ist keine feststehende Größe. Ein hoher Eisenbedarf besteht während des Wachstums sowie bei Frauen im reproduktionsfähigen Alter und steigt noch während Schwangerschaften auf bis zu 25 mg/d. Am niedrigsten ist der Bedarf von älteren Männern und Frauen mit etwa 0,5 bis 1 mg/Tag. Der Bedarf hängt auch stark von den Nahrungsmitteln ab, mit denen das Eisen aufgenommen wird. Viele pflanzliche Nahrungsmittel binden das Eisen sehr fest und verhindern seine Resorption im Darm. Auch Phosphate bilden mit Eisen schwer lösliche Verbindungen, die seine Bioverfügbarkeit mindern.

Bei normaler Ernährung wird Eisen weder mit dem Urin oder dem Schweiß noch mit der Galle in nennenswerter Menge ausgeschieden. Es kommt lediglich zu sehr geringen Verlusten durch abgeschilferte Epithelzellen des Darmes und der Haut. Der oben angegebene Minimalbedarf ersetzt die verloren gegangene Menge. Die Resorptionsquote hängt vom Bedarf ab und reguliert sich nach dem Angebot. In der Nahrung liegt es in der Regel als schwerlösliche Fe(III)-Verbindung vor und ist dann kaum verfügbar. Jedoch dissoziieren die meisten Komplexe im sauren Milieu des Magens und werden durch Reduktionsmittel wie Ascorbinsäure oder Glukose zu zweiwertigen Ionen reduziert, die dann aktiv resorbiert werden. Die niedrige Bindungskapazität des Plasma-Transferrins wird bei der Zufuhr hoher Eisendosen überschritten, was vor allem für akute Vergiftungen von Bedeutung ist.

Für den Fall, dass die aufgenommene Menge den Bedarf übersteigt, gehen die Auffassungen auseinander. Es wird sowohl mitgeteilt, dass eine erhöhte Ausscheidung dann nicht stattfindet (Tenenbein, 1998), das Eisen also sofort im Körper angereichert wird. Dem steht die Auffassung gegenüber, dass das überschüssige Eisen dann in bestimmtem Umfang nicht nur mit abgeschilferten Epithelzellen, Haaren und Nägeln, sondern auch mit dem Urin und der Galle ausgeschieden wird (Goyer, 1996).

Erfahrungen über zu hohe Eisenaufnahmen mit dem Trinkwasser gibt es nicht, jedoch kann angenommen werden, dass das Eisen solange gut resorbierbar ist, wie es in seiner zweiwertigen Form vorliegt. Akute Vergiftungen mit Eisen sind vor allem bei Kindern vorgekommen, die infolge des unachtsamen Umganges mit Medikamenten große Mengen $FeSO_4$ in Tablettenform eingenommen hatten. Das überschüssige Eisen wird vor allem in der Leber, aber auch in der Milz und im Knochenmark als Ferritin und Hämosiderin abgelagert. Dabei etwa frei werdende Fe(II)-Ionen besitzen ein beachtliches biochemisch-toxisches Potenzial, etwa zur Bildung reaktiver Sauerstoffradikale (Ryan and Aust, 1992; Winterbourn, 1995; Crawford, 1995).

Gelegentlich wird über Eisenkonzentrationen von > 10 mg/l im Trinkwasser berichtet. Es sind keine Fallberichte zu Gesundheitsbeeinträchtigungen bekannt, in denen über längere Zeiträume Wasser mit so hohem Eisengehalt als Lebensmittel verwendet worden wäre. Jedoch könnte für Kinder damit schon eine Zufuhrmenge erreicht werden, die im Bereich einer medikamentösen Eisentherapie liegt.

Die WHO-Leitlinien zur Trinkwasserqualität (WHO, 2011) empfehlen eine vorläufig duldbare tägliche Maximalzufuhr (*Provisional maximal tolerable daily intake*, PMTDI) an Eisen von 0,8 mg/(kg · d). Dessen Einhaltung soll verhindern, dass der Körper zu viel Fe speichert. Ein Kind von 12 kg, das täglich 1 Liter Wasser mit 10 mg/l Fe trinkt, würde diesen PMTDI bereits zu 100 % ausschöpfen. Allerdings macht sich Eisen bereits ab 0,2 mg/l geschmacklich und optisch in einer Weise bemerkbar, dass das Wasser zumindest für Lebensmittelzwecke abgelehnt wird.

In 71.469 Untersuchungen der Jahre 2014–2016 (BMG/UBA, 2018) war der Grenzwert der TrinkwV für Fe 426-mal überschritten.

10.6.11 Epichlorhydrin

Epichlorhydrin (ECH) ist ein Zwischenprodukt zahlreicher chemischer Fertigungsprozesse, namentlich der Synthese von Glycerin und der Herstellung von Epoxidharz. Die Exposition des Menschen beschränkt sich überwiegend auf den Arbeitsplatz; zu Belastungen kommt es dort vorrangig über den Luftweg und durch Hautkontakt. Von dort kommen auch die Hinweise auf einen Zusammenhang zwischen beruflicher Exposition gegen ECH und erhöhtem Lungenkrebsrisiko (WHO/IARC, 1999).

Wegen seiner hohen Flüchtigkeit geht ECH aus Oberflächengewässern, Sedimenten und Oberböden leicht in die Atmosphäre über. Gelangt es ins Grundwasser, baut es sich überwiegend durch Hydrolyse ab.

Trinkwasserhygienische und -toxikologische Relevanz besitzt das ECH als Komponente von Epoxidharzen im Kontakt mit Trinkwasser und wegen seines gentoxisch-karzinogenen Wirkungspotenzials. Als direkt alkylierendes Agens induziert Epichlorhydrin Genmutationen in allen zellulären Testsystemen; in der Säugerzellkultur und in menschlichen peripheren Lymphozyten in vitro und in vivo führt es zu Chromosomenaberrationen, Schwesterchromatidaustauschen und Mikrokernen (WHO, 1984; Giri, 1997). Epichlorhydrin bewirkt am Tiermodell nach oraler Gabe Papillome und maligne Neoplasien im Vormagen.

WHO (2011) publizierte einen *guideline value* von 0,4 µg/l für Epichlorhydrin. Trotz der gentoxischen Karzinogenität von ECH leitete sie diesen Wert auf Basis des Wirkschwellenprinzips aus einem sehr konservativen TDI ab. Eine Risikohochrechnung erachtete WHO (2011) wegen der vorwiegend lokal karzinogenen Wirkung von ECH als (wissenschaftlich) nicht angemessen. Der in die TrinkwV 2001 aufgenommene Grenzwert in Höhe von 0,1 µg/l kann aus gesundheitlicher Sicht als Vorsorgewert und aus technischer Sicht als Minimierungswert betrachtet werden. Sept. 2010 hat Agilent eine Applikationsnote dazu herausgebracht (siehe Internet). DL = 0.07 µg ECH/l.

Die tatsächlichen Gehalte an ECH im Trinkwasser lassen sich zum Vergleich mit dem Grenzwert daher nur aus der ggf. vorgenommenen Rohrauskleidung mit

Epoxidharzen abschätzen oder errechnen und allein durch Mengenbeschränkungen einhalten. Während fabrikmäßig nach den allgemein anerkannten Regeln der Technik mit Epoxid ausgekleidete Rohre (DVGW-Zeichen) unproblematisch sind, ist die Auskleidung von alten Bleirohren mit Epoxidharz an Ort und Stelle im Gebäude kritisch zu bewerten, denn weder die Mischung der Harze (zwei Komponenten) noch die Aushärtung der Beschichtung werden immer zuverlässig überwachbar sein. Neuere Arbeiten weisen auf geeignete Möglichkeiten hin, Epichlorhydrin auch im Trinkwasser analytisch quantitativ zu erfassen (Sarzanini et al., 2000).

Gemäß Anhang I Teil B Anm. 1 RL 98/83/EG (EG, 1998) ist ECH ein produktseitig regulierter Parameter und muss deshalb im Trinkwasser nicht (routinemäig) analysiert werden.

10.6.12 Fluorid

Der Grenzwert für Fluorid (1,5 mg/l) im Trinkwasser ist, gemessen an den üblicherweise angelegten Maßstäben für Trinkwassergrenzwerte, sehr hoch, weil schon nur geringfügig höhere Konzentrationen bei einem Anteil der Bevölkerung durchaus zu unerwünschten Fluorwirkungen führen können (siehe unten).

Viele Verbindungen des Fluors (F) in der Erdkruste sind gut in Wasser löslich, die häufigste ist allerdings der schwerlösliche Flussspat (Calciumfluorid). Die bei der Verwitterung entstehenden Fluoridionen bilden komplexe Anionen mit Aluminium, Eisen und Bor. Schleyer und Kerndorff (1992) geben für Deutschland in Abhängigkeit vom Grundwasserleiter Mittelwerte für Trinkwasserressourcen zwischen 0,1 und 0,18 mg/l an, die 90-Perzentile des F-Gehalts unterschiedlichster Grundwässer liegen immer unter 0,4 mg/l F (Kunkel et al., 2004). Erhöhte Fluoridwerte sind in salinären Grundwasserleitern Bayerns und Schleswig-Holsteins zu beobachten. Im Bereich von Tonmergel- und Mergelgesteinen können zur Trinkwasserversorgung genutzte Grundwässer sogar bis zu knapp 10 mg/l F enthalten (Schütte, 2003).

Ende der 80er-Jahre lagen in 0,3 % der **Trinkwasserproben** in Deutschland die Fluoridgehalte zwischen 1,2 und 1,5 mg/l, die restlichen > 99 % lagen darunter. Bei knapp 20.000 Untersuchungen der Jahre 2014–2016 war der Grenzwert für Fluorid insgesamt 5-mal überschritten (BMG/UBA, 2018). In **Mineralwässern** kommen vereinzelt Gehalte von mehreren mg/l vor (Hoffmann, 1996). In **Oberflächenwässern**, die weniger durch fluoridhaltiges Gestein beeinflusst werden, liegen die Fluorkonzentrationen meist zwischen 0,01 und 0,3 mg/l (ASTDR, 1993). Oft limitiert dort auch die Schwerlöslichkeit seiner Verbindungen mit Calcium seine Anreicherung (Kunkel et al., 2004).

In einigen Teilen der Erde (Indien, Kenia, Südafrika) sind im Wasser Konzentrationen von 25 mg/l und mehr nachgewiesen worden (Kaminsky et al., 1990). So hohe Belastungen haben eine **endemische Fluorose** zur Folge (Grimaldo et al., 1995). In der Nahrung findet sich Fluor in pflanzlichen Nahrungsmitteln, unter anderen besonders in Vollkornprodukten, schwarzem Tee, Nüssen und auch in Seefischen (Scholz, 1985).

Fluor wird sehr leicht vom Organismus aufgenommen und ebenso leicht mit dem Urin wieder ausgeschieden. Etwa 95 bis 98 % des menschlichen Fluorbestandes von 2 bis 3 g sind in den Knochen und Zähnen enthalten (Kaminsky et al., 1990). Fluor wird heute manchmal zu den essenziellen Spurenelementen gezählt, obgleich seine damit verbundenen spezifischen Funktionen nicht bekannt sind.

Nach neueren Analysen werden den Menschen in fluorreichen Gegenden 1,7 bis 3,4 mg Fluor pro Tag und in fluorarmen Gegenden ca. 1 mg Fluor zugeführt. Die Menge von 1 mg ist ausreichend (Bertrandt und Klos, 1998). Eine länger andauernde hohe Fluoridaufnahme kann anstatt zu dem erwarteten Nutzen der Kariesvorbeugung zu Erkrankungen der Zähne und des Skeletts führen. Eine Dentalfluorose (Schmelzfleckenkrankheit) kann schon entstehen, wenn Fluoridmengen von 1,5 bis 2 mg F täglich über lange Zeit aufgenommen werden. Fluorid bewirkt dann, dass Hartsubstanzen aus dem Zahnschmelz herausgelöst und die Zähne fleckig werden. Bei höheren Dosen kann es auch zu Veränderungen am Skelett bis hin zu Skelettfluorose kommen (Details hierzu in Kennzahl 1101.10 in Dieter et al., 2014 ff.).

Unbestritten ist, dass Fluoridgaben einen Schutz vor Karies beim jugendlichen Gebiss bewirken. Fluor wird in das Apatitgitter des Zahnschmelzes eingebaut und erhöht dessen Resistenz gegenüber Säuren. Ferner scheint die Gegenwart von Fluor eine verstärkte Remineralisierung der Zahnschmelzoberfläche zu stimulieren und die Polysaccharidsynthese, die für die Kariesentstehung bedeutsam ist, zu vermindern. Die Löslichkeit des Zahnschmelzes wird so vermindert, der schnelle Wiederaufbau von notwendigen Deckschichten verbessert. Studien zeigten, dass in Städten mit einem hohen Fluorgehalt des Trinkwassers bei Kindern weniger Karies nachgewiesen wurde als in Städten mit niedrigem Fluorgehalt des Trinkwassers (WHO, 1994). Als günstige Fluorkonzentration im Trinkwasser, in Abhängigkeit von den klimatischen Bedingen (Wasserzufuhr), erwies sich ein Gehalt von 0,7 bis 1,2 mg Fluor pro Liter.

Dies darf aber nicht zu der Annahme verleiten, die Trinkwasserfluoridierung sei das Mittel der Wahl zur Kariesprophylaxe. Viel genauer und sicherer als mit fluoridiertem Trinkwasser lässt sich eine **Fluoridapplikation** über Salz oder Zahnpasta dosieren. Für Säuglinge werden hierfür 0,25–0,5 mg F/d, für bis zu 10-jährige Kinder 0,7–1,1 mg F/d und ab einem Alter von 10 Jahren 2,9–3,8 mg F/d empfohlen (Kennzahl 1101.10 in Dieter et al., 2014 ff.).

Karies ist allerdings keine Fluormangelkrankheit, sondern lässt sich durch geeignetes Verhalten beim Konsum zuckerhaltiger Produkte und konsequente Mundhygiene verhindern. Unterstützend sollten Eltern und Kinderärzte über den Fluoridgehalt im Trinkwasser **informiert** werden, um eine zusätzliche Fluoridzugabe hierauf abzustimmen und Fluorosen zu vermeiden (Wetzel und Wolf, 1991; Gessner et al., 1994). Dies wird als zwingend notwendig angesehen, wenn der Fluoridgehalt im Trinkwasser 0,5 mg/l F übersteigt.

Eine von Schweinsberg et al. (1992) vorgenommene, rückschauende hygienische und gesundheitliche Bewertung der Trinkwasserfluoridierung kommt, ähnlich wie schon die Stellungnahme der Trinkwasserkommission von 1985 (siehe Anhang) zu einer Ablehnung der Trinkwasserfluoridierung, insbesondere weil es sich nicht um eine direkt an den exogenen, ernährungsbedingten Hauptursachen der Karies angreifende Maßnahme handelt. Die Trinkwasserfluoridierung könne sogar dazu beitragen, dass aus ärztlicher Sicht eindeutig vorzuziehende Maßnahmen weniger akzeptiert und deshalb unterlassen werden, nämlich ein maßvoller Konsum von Süßigkeiten und die Vermeidung der Dauerexposition der Zähne gegen zuckerhaltige Produkte, wie etwa gesüßtem Tee für Kleinkinder.

Schließlich sei noch darauf hingewiesen, dass die Fluoridierung des Trinkwassers die **Umwelt** erheblich mit Fluorid belasten würde. Bei 100 Liter je Einwohner und Tag (davon nur etwa 3 Liter für Speisen und Getränke) würden pro Person und Tag etwa 150 mg in die Umwelt gelangen. Diese Menge wäre kaum günstiger zu bewerten als Belastungen der Umwelt mit Fluorverbindungen aus industriellen Emissionen.

Zusammenfassend birgt schon eine Belastung des Trinkwassers mit Fluorid im zulässigen Bereich die Gefahr einer Dentalfluorose (Schmelzfleckenkrankheit) in sich, ein der Prophylaxe entgegengesetzter Effekt. Eltern und Kinderärzte sollten daher über den Fluoridgehalt des Trinkwassers informiert werden. Der Grenzbereich zwischen Nützlichkeit und Schädlichkeit ist bei diesem Mineralstoff sehr schmal. Eine geeignete Mundhygiene verhindert Karies mit großem Erfolg – bei weitaus geringerem Gesundheitsrisiko als über die Trinkwasserfluoridierung.

10.6.13 Humanarzneimittel und -rückstände (HAMR); endokrine Disruptoren (EDC)

Die Entdeckung von Humanarzneimitteln und Rückständen davon (HAMR) in der aquatischen Umwelt Anfang der 1990er Jahre (Stan und Linkerhägner, 1992, 1994) war weder überraschend noch galt sie als besonders alarmierend. Sie war und ist ein Erfolg der erfreulich leistungsfähigen, modernen Analysentechnik, die selbst „geringste“ Spuren von Stoffen im Wasser nachzuweisen in der Lage ist. So können, anders als vor etwa 20 Jahren, Maßnahmen beim Umweltschutz so rechtzeitig ergriffen werden, dass Gesundheitsgefährdungen erst gar nicht zu besorgen sind.

Die Konzentrationen an HAMR, die in Oberflächengewässern (den „Vorflutern“) erwartet werden, betragen etwa 1/10 der Werte, die sich für ein Wasserversorgungsgebiet aus der Häufigkeit ärztlicher Verordnungen und der **therapeutischen Dosierung** dieser Mittel für ihr Vorkommen in den Abläufen von Kläranlagen prognostizieren lassen. Die in Kläranlagenabläufen tatsächlich gemessenen Werte weichen nach Berücksichtigung der Biotransformation von den für Abwasser prognostizierten oft erheblich nach unten ab oder bewegen sich allenfalls im selben Bereich (DVGW, 1999; Hirsch, 1998). Nur bei Ethinylestradiol sind die in Kläranlagenabläufen gemessenen Werte wesentlich höher als für Abwasser vorausgesagt. Ursache dafür ist der wahrscheinlich erheblich höhere Verbrauch dieses Hormons als er allein aus den ärztlichen Verordnungen zurückzurechnen wäre (DFG, 1998). Auch besteht zwischen der Verordnungshäufigkeit und dem unerwünschten Rücklauf mancher ungenutzter Arzneimittel direkt in die aquatische Umwelt eine Parallelität, so z. B. für die großen Gruppen der Schmerzmittel, der Hustenmittel und der Magen/Darm-Mittel (Glaeske, 1998). Die mengenmäßig bedeutendste Belastungsquelle könnten demnach besonders häufig verkaufte Arzneimittel sein, die aus sehr verschiedenen Gründen von Verbrauchern dann aber nur zum Teil eingenommen und stattdessen etwa den Toiletten direkt bzw. unsachgemäß übergeben werden.

Nach wie vor maßgebliche Zahlen und Stoffe sind u. a. den Publikationen von Ternes (1998), BLAC (2003) und Zühlke (2004) zu entnehmen. Medianwerte in deutschen Fließgewässern betragen für die häufigsten Stoffe > 0,05 µg/l (Carbamazepin, Clofibrat, Iopamidol, u. a.), während für zahlreiche andere deutlich niedrigere Werte gemessen werden. Im Trinkwasser sind vereinzelt Werte im Bereich um 0,1 bis wenige µg/l zu finden. Eine Zusammenstellung von Befunden, Bewertung und Möglichkeiten von Vermeidung bietet DWA (2008).

Eine umfassende Untersuchung in hessischen Fließgewässern zeigte, dass dort die Summe der Konzentrationen aller positiv nachgewiesenen Arzneimittel-Restkonzentrationen 1996/97 meist zwischen 1 und 5 µg/l lag. In Grund- und Rohwässern lagen die am häufigsten (in 38 % aller Proben) positiv nachgewiesenen Summenwerte unter 0,05 µg/l, während in 32 % aller Proben keinerlei Rückstände nachzuweisen waren. In keinem der Gewässertypen kamen Wertesummen von mehr als 5 µg/l vor (Berthold et al., 1998).

Bei diesen Konzentrationen an HAMR wäre, auch wenn sie in Trinkwasser selbst erreicht würden, **eine unmittelbare Gefährdung der Gesundheit** des Menschen nicht zu besorgen (Dieter und Mückter, 2007). Therapeutisch beabsichtigte Dosierungen sind wesentlich höher als die potenzielle Exposition über das Trinkwasser. Der Abstand überstreicht zumeist Faktoren zwischen mindestens 3000 und weit über 10^6. Klinische Tests mit Freiwilligen sind allerdings kein regulatorischer Ersatz für hochempfindliche experimentelle Studien zur Ermittlung von Dosis-/Wirkungsbeziehungen und Effekten im Niedrigdosisbereich (Kennzahl 1006 in Dieter et al., 2014 ff.). Das Umweltbundesamt empfiehlt deshalb zur Begrenzung von HAMR im Trinkwasser die Einhaltung sogenannter „Gesundheitliche(r) Orientierungswerte“ (GOW), die zwar größer als „Null“, aber doch so niedrig sind, dass gesundheitliche Höchstwerte auf wissenschaftlicher Basis allenfalls gleich hoch, meist jedoch sehr viel höher ausfallen würden (Umweltbundesamt, 2011).

Noch kritischer ist das **ökotoxische Potenzial** und damit die langfristig negative Beeinflussung von Trinkwasser-Ressourcen durch HAMR zu sehen. Beispielsweise hemmen schon 10 µg/l der Clofibrinsäure im Wasser die Reproduktion von Daphnien. Das (öko)toxische Potenzial bestimmter Transformationsprodukte von HAMR aus der oxidativen Wasseraufbereitung bedarf deshalb weiterer wissenschaftlicher Klärung (s. Kennzahl 1202.3 in Dieter et al., 2014 ff.).

Ein weiteres Potenzial zur Verschmutzung des Roh- und Trinkwassers geht von **Futterzusatzstoffen** in der Tiermast aus. Es handelt sich dabei vor allem um Antibiotika und antimikrobiell wirksame Chemotherapeutika, die als Arzneimittel zur Behandlung menschlicher Infektionskrankheiten z. T. unverzichtbar sind. Sie werden dem Tierfutter mit fragwürdiger Begründung vorbeugend gegen Krankheiten und zur Erhöhung der Futterverwertung zugesetzt, denn sie richten sich (auch) gegen Darmbakterien als Konkurrenten der Futterverwertung. Die Mittel kontaminieren die Agrarflächen insbesondere mit den Ausscheidungen der Tiere. In der Gülle aus den Massentierhaltungen fand man diese Stoffe in Konzentrationen von bis zu 30 mg/l wieder.

Aber nicht nur die Umweltbelastung durch diese pharmakologischen Wirkstoffe und Metaboliten ist kritisch zu bewerten. Die antimikrobiell wirksamen Substanzen verändern auch die Zusammensetzung der Mikroflora innerhalb der so gehaltenen und ernährten Tiere zugunsten Antibiotika-resistenter Bakterienstämme, die von dort in die Umwelt gelangen. Es ist längst (noch) nicht geklärt, ob und in welchem Umfang sie dann weiter überleben und ihre Resistenzgene womöglich an humanpathogene Stämme und Arten weitergeben. Der Verdacht, die immer häufiger beobachtete **Multiresistenz** mancher in der Umwelt gefundener Keime gegen Antibiotika und andere antimikrobielle Wirkstoffe sei auch ein Ergebnis dieser lange Zeit weitgehend unkontrollierten Umweltbelastung, ist jedenfalls kaum von der Hand zu weisen. Die Ärzteschaft verlangt deshalb schon seit Jahren, für die Therapie an Tieren und als Futtermittelzusatz nur solche Antibiotika zu verwenden, auf die die Humanmedizin problemlos verzichten kann.

Die Rechtsgrundlagen in der Europäischen Union und Deutschland reichen nach Auffassung des Bundesinstituts für Risikobewertung (BfR) zur Bewältigung dieses Problems aus. Bestehende Regelungen müssten demnach nur befolgt, d. h. in der Praxis angewandt und entsprechend überwacht werden.

Mit Blick auf Trinkwasser teilte das Umweltbundesamt (2018) folgendes mit: „Das Expositionsrisiko in Deutschland über den Trinkwasserpfad gegenüber resistenten Krankheitserregern ist ohne praktische Bedeutung, wenn das Trinkwasser unter Einhaltung der allgemein anerkannten Regeln der Technik aufbereitet wird und den gesetzlichen Anforderungen genügt."

Mindestens ebenso streng wie Antibiotika und HAMR müssen auch solche anthropogene Stoffe in der aquatischen Umwelt bewertet werden, die ein hormonelles Wirkpotenzial besitzen und deshalb als **endokrine Disruptoren** (*endocrine disrupting chemicals*, EDC; siehe Abschn. 8.2) bezeichnet werden. Die wichtigsten bisher identifizierten Stoffe und Stoffgruppen dieser Art sind die Alkylphenole, Phthalate, Bisphenol A, Endosulfan, DDT, Tributylzinn, und Pentachlorphenol (Schäfer et al., 1996; UBA, 1998; Gülden et al., 1999; s. a. Abschnitt 3 in Kennzahl 1004.2 bei Dieter et al., 2014 ff.).

Die Möglichkeit beispielsweise, dass biologisch hochwirksame Estrogene bis ins Trinkwasser durchschlagen könnten, wurde erstmals bereits von Rathner und Sonneborn (1979) erörtert. Die zu erwartenden Konzentrationen liegen im unteren ng/l-Bereich und damit um mehrere Zehnerpotenzen tiefer als Werte, die bei exponierten Personen zu Wirkungen führen könnten (DFG, 1998; Kroes et al., 2000; Wise et al., 2011). Neue Untersuchungen zum Vorkommen von 17-β-Estradiol und von Ethinylestradiol in der Umwelt wiesen im Wesentlichen auf ihre nur schwach aktiven Abbauprodukte hin (Wegener, 1999). Die grundsätzliche Frage, ob Stoffe mit endokrin disruptorischem Wirkpotenzial im Trinkwasser oder in der Umwelt in absehbarer Zeit gesundheitsrelevante Konzentrationen erreichen könnten, wurde Anfang bis Mitte der 90er-Jahre kontrovers beantwortet; seitdem wird sie überwiegend verneint (Greim, 1999; DGPT, 1999; Daston et al., 1997). Ihre ökotoxischen Wirkungen dagegen sind vorerst nicht wissenschaftlich zuverlässig zu bewerten (Gülden et al., 1999; Abschn. 8.2; Kennzahl 1004.2 in Dieter et al., 2014 ff.).

Fazit: Für das Trinkwasser und seine Konsumenten ist eine unmittelbare, von HAMR und EDC etwa ausgehende gesundheitliche Besorgnis nicht erkennbar, zumal die Bewertung der Umweltverträglichkeit im Rahmen der Chemikalienbewertung, der Zulassung von (Tier)arzneimitteln und der sogenannten Zusatzstoffe für Tierfutter inzwischen gesetzlich festgeschrieben ist.

Das Problem der Kontamination der aquatischen Umwelt mit Arzneimittelresten und hormonell aktiven Xenobiotika darf aus gewässerhygienischer Sicht nicht isoliert werden, sondern ist ein Teil der Gesamtproblematik des richtigen Umgangs mit polaren und hochmobilen Umweltkontaminanten, die zudem schwer abbaubar sind und deshalb bevorzugt in die aquatische Umwelt und das Rohwasser gelangen können.

Eine Wasserversorgung im (Teil)Kreislauf reagiert grundsätzlich sehr empfindlich auf Nachlässigkeiten beim Umgang mit solchen Stoffen. Einige von ihnen gelten sogar als „Marker“ dafür, wie intensiv das regional anfallende Abwasser in wasserwirtschaftlich erwünschtem Sinne als Ressource (z. B. nach Vorreinigung zur Bewässerung in der Landwirtschaft) tatsächlich genutzt wird. Gleichzeitig besitzt ihre Entfernung aus den Wasserkreisläufen in großen Städten (z. B. in Berlin, siehe Abschn. 9.3), die auf eine nachhaltig-dauerhafte Wasserversorgung besonders sorgfältig achten müssen, eine wichtige umwelthygienische Pionierfunktion. Nur auf Grundlage stoffspezifischer Bewertungen, den daraus resultierenden Beschränkungen und Verboten, und unter Elimination scheinbar unvermeidbarer Fremdstoffe im Klärwerk, sind solche Wasserversorgungen dann genauso sicher wie aus einer unbelasteten Quelle.

10.6.14 Kupfer

Kupfer im Trinkwasser stammt zum größten Teil aus **Kupferrohren**, die in der Hausinstallation bei 60–70 % der deutschen Haushalte zum Einsatz kommen. Die chemische Beschaffenheit des Wassers bestimmt, wieviel Kupfer aus dem Leitungsmaterial herausgelöst wird (siehe Abschn. 3.2 und 3.3). Laut Umweltsurvey IV des

Umweltbundesamtes (Schulz et al., 2007) lag das 95-Perzentil der Trinkwasser-Spontanproben bei 0,8 mg/l Cu und dasjenige der Stagnationsproben bei 1,54 mg/l Cu. In 26 von insgesamt über 40.000 Untersuchungen der Jahre 2014–2016 war der Grenzwert für Kupfer von 2 mg/l überschritten (BMG/UBA, 2018).

Repräsentative Daten über das Vorkommen von Kupfer in **Rohwässern** und im Trinkwasser ab Wasserwerk liegen nicht vor. In den meisten Grundwässern Deutschlands ist mit Werten um 2 µg/l Cu (50-Perzentil) zu rechnen, nur in Grundwässern aus Schiefergesteinschichten werden häufig Werte um 100 µg/l oder mehr beobachtet. In anthropogen beeinflussten Wässern (> 20 µg/l Cu) können in Anwesenheit löslicher, stark mobiler Cu-Huminstoffkomplexe auch noch höhere Konzentrationen erreicht werden (Schleyer und Kerndorff, 1992).

Kupfer ist ein für den Säugerorganismus essenzielles Spurenelement. Es ist Co-Faktor zahlreicher Enzyme, die Redox-Vorgänge katalysieren, zum Beispiel im Eisenstoffwechsel bei der Synthese des Hämoglobins. Die höchste Konzentration an Kupfer findet sich in der Leber, gefolgt von bestimmten Bereichen des Zentralnervensystems (Brown et al., 2000).

Der tägliche **Mindestbedarf** des Erwachsenen an Kupfer liegt bei 20 µg/kg, derjenige von Säuglingen bei 50 µg/kg Körpergewicht. Die Obergrenze des „akzeptablen Bereichs der oralen Zufuhr“ (*acceptable range of oral intake*, AROI), jenseits derer die Ausscheidungskapazität der Galle überfordert ist, soll beim Erwachsenen „einige, aber nicht viele mg pro Tag und Person“ (WHO, 2008) betragen. Diese Obergrenze kann mangels aussagekräftiger epidemiologischer Daten, namentlich für Säuglinge, nicht genauer angegeben werden. Die tägliche Kupferzufuhr mit dem Trinkwasser betrug 1990/92 bei 98 % der 25- bis 69-jährigen Bevölkerung bis zu 1,24 mg/d, bei den restlichen 2 % bis zu 5,9 mg/d. Trinkwasser kann somit einen sehr erheblichen Anteil des täglich aufgenommen Kupfers enthalten (UBA, 1997b).

Zwei unterschiedliche Erkrankungs-Symptomatiken werden mit unphysiologisch hohen Kupferzufuhren per Trinkwasser in Verbindung gebracht: Lokale, gastrointestinale akute Vergiftungen (Knobeloch et al., 1998; Arraya et al., 2001), und eine bestimmte Form von frühkindlicher Leberzirrhose während oder nach chronischer Exposition gegenüber Kupfer, die *Early Childhood Cirrhosis* – EEC (Schimmelpfennig und Dieter, 1995; Dieter et al., 1999; Müller-Höcker, 1999).

Die **akuten Vergiftungen** gehen mit Erbrechen, Bauchweh und Übelkeit einher. Sie häuften sich in Tests mit Freiwilligen und „künstlichem“ Trinkwasser mit 1 bis 3 mg/l Cu eindeutig ab 3 mg/l Cu^{2+}-Ionen. Die Effektschwelle der in realem Trinkwasser vorliegenden Kupferspezies dürfte jedoch deutlich höher liegen (Pizarro et al., 1999; Arraya et al., 2001).

Größer ist die Ungewissheit bezüglich der Gesundheitsverträglichkeit von chronisch aufgenommenem Kupfer und dessen toxischem Endpunkt **frühkindliche Leberzirrhose**, englisch EEC (*early childhood cirrhosis*). Bei einer täglichen Aufnahme von nur 2 mg Cu pro Tag wäre bereits das Fünffache der empfohlenen Cu-Zufuhr eines 4 kg schweren Säuglings erreicht. Diese Menge kann unter bestimmten Bedingungen erreicht oder sogar überschritten werden, insbesondere wenn neue Kupferleitungen stark korrosives Trinkwasser transportieren.

Vom Indischen Subkontinent kennt man schon seit Jahrzehnten eine klinisch und histopathologisch identische und ebenfalls mit Kupfer assoziierte Form von EEC unter dem Namen Indian **Childhood Cirrhosis**, ICC (Tanner, 1998; Scheinberg und Sternlieb, 1994). Sie wird auf Grund neuerer Erkenntnisse nicht ausschließlich einer überhöhten Kupferzufuhr im Säuglingsalter angelastet, sondern – ebenso wie für über 100 Fälle von Kupfer-assoziierter ECC in Nordtirol/Österreich (Müller et al., 1996) – einer mit Kupfer synergistisch zusammenwirkenden genetischen Komponente (Horslen et al., 1994; Sethi et al., 1993).

Die in Deutschland bekannt gewordenen und mit Kupfer in Verbindung zu bringenden Fälle von EEC wurden von Müller-Höcker et al. (Müller-Höcker, 1999; Müller-Höcker et al., 1988; Müller-Höcker et al., 1987; Trollmann et al., 1998) beschrieben; 8 weitere wurden von Dieter et al., (1999) erfasst. Einige von diesen könnten ebenfalls einen genetischen Hintergrund besitzen (Müller et al., 1999).

Diese 12 deutschen Fälle ließen sich zweifelsfrei mit mehrwöchigen Kupferzufuhren ab Geburt in Höhe einiger bis vieler mg pro Tag in Verbindung bringen. Sie traten ausschließlich in Haushalten auf, die sich aus **hauseigenen Brunnen** mit saurem, also stark korrosivem und nicht TrinkwV-konformem Wasser über Kupferleitungen oder aus Kupferboilern versorgten und das deshalb häufig 5 bis 10 oder mehr mg/l Cu enthalten haben musste. Die in Lebern erkrankter und mutmaßlich Kupfer-exponierter Kinder vereinzelt messbar gewesenen Kupferwerte sind jedenfalls so hoch, dass sie durch eine mehrmonatige Exposition gegenüber bis zu 1 bis 2 mg/l Cu allein nicht zustande gekommen sein konnten (Schümann et al., 1999; Tanner, 1998).

Neuere Daten aus Versorgungsgebieten mit Trinkwasser sehr hoher Basekapazität (dies sind sehr „harte“ Trinkwässer mit pH-Werten von < 7,4), gaben deshalb aus Gründen der gesundheitlichen Vorsorge Anlass, bisherige technische Regelungen zur Begrenzung des Kupfereintrags zu überdenken. Auf Grundlage von § 17(3) TrinkwV 2001 veröffentlichte daher das Umweltbundesamt 2015 seine Bewertungsgrundlage für metallene Werkstoffe im Kontakt mit Trinkwasser. Sie erlangte am 10. April Verbindlichkeit und verbietet u. a. den Einbau blanker Kupferrohre unter pH 7,0 und lässt ihn bis pH 7,4 nur dann zu, wenn das Trinkwasser maximal 1,5 mg/l TOC enthält. Diese Bedingungen garantieren die Einhaltung des Grenzwertes der TrinkwV 2001 von 2 mg/l Cu in einer verbrauchsnahen Wochenmischprobe gemäß gestaffelter Stagnationsbeprobung nach UBA-Empfehlung.

Die Belastungsmittelwerte in TrinkwV-konformem Trinkwasser liegen nur um Faktoren von 3 bis 5 unterhalb mutmaßlich oder wahrscheinlich EEC-auslösender Werte. Der Verdacht, Kupfer könnte bereits in Konzentrationen ab wenigen mg/l Cu reversible, klinisch nicht relevante Formen von EEC in exponierten Säuglingen auslösen, ließ sich allerdings zuverlässig ausschließen (Zietz et al., 2003).

10.6.15 Mangan

Mangan (Mn) kommt in gut löslichen Verbindungen des zweiwertigen Mangans meist gemeinsam mit Eisen in anaeroben Grundwasserleitern vor, was geochemisch bedingt ist. In Gegenwart von Sauerstoff und bei pH-Werten oberhalb 7,8 oxidiert es leicht zu MnO_2 oder Mn-Mischoxiden des drei- und vierwertigen Mn und fällt aus. Mn-speichernde Mikroorganismen oxidieren es dagegen schon bei tieferen pH-Werten mit der Folge, dass sich z. B. in Rohrleitungen, in denen nicht entmangantes Trinkwasser transportiert wird, Manganschlamm – ebenso wie Eisenschlamm unter vergleichbaren Bedingungen – ablagert. Dies führt zu Verteilungs- und Desinfektionsproblemen ab Wasserwerk sowie Akzeptanzproblemen („braunes Wasser") beim Verbraucher (Haberer, 1972).

Diesen verteilungstechnischen Erfahrungen entsprach schon früh die Festsetzung des Grenzwertes in Höhe von 0,05 mg/l Mn, auch wenn aus gesundheitlichen Gründen höhere Werte duldbar wären. Er war bei 57.303 Untersuchungen der Jahre 2014–2016 (BMG/UBA, 2018) 336-mal überschritten.

Mn^{2+} ist ein für den Säugerstoffwechsel essenzielles Ion, das für enzymatische Umsetzungen biogener Amine mit aktiviertem Sauerstoff und im Kohlenhydratstoffwechsel benötigt wird. In unmittelbarem Zusammenhang damit steht der Mechanismus seiner pathogenetischen Wirkungen in der Substantia nigra des Gehirns, wo der Redoxzyklus Mn(II)/Mn(III) zu einer Autoxidation des Neurotransmitters Dopamin und der Ansammlung toxischer Abbauprodukte führen soll (Florence and Stauber, 1988; Komura and Sakamito, 1992). Das zugehörige klinische Bild ist der dem Parkinsonismus vergleichbare Manganismus (Montgomery, 1995).

Der Schutz des Gehirns vor einer überhöhten Mangan-Aufnahme wird an der Blut-/Hirnschranke durch den *Plexus choroideus*, der die zerebrospinale Flüssigkeit produziert, gewährleistet (Ingersoll et al., 1995). TDI-Werte zum Schutz vor verschiedenen, auch nicht neurotoxischen Wirkungen von Mangan nach Aufnahme von trinkwasserbürtigem (leicht löslichem?) Mn^{2+} betragen 0,06 mg/(kg · d) (WHO, 2011) und 0,14 mg/(kg · d) (US-EPA, 2012). Die korrespondierenden gesundheitlichen Höchstwerte für Mn im Trinkwasser wurden mit 0,4 mg/l und 0,3 mg/l angegeben.

Für Säuglinge gilt wegen ihrer höheren Resorption von Mn-Spezies und seiner ausgeprägten, auf das Gehirn gerichteten Organotropie bis auf Weiteres ein gesundheitlicher Leitwert von 0,20 mg/l Mn (BMG/UBA, 2013). Neue Tierversuche und epidemiologische Studien mahnen allerdings, das humantoxische Potenzial von trinkwasserbürtigem Mn so, wie früher schon dasjenige von Pb und Cd, nicht aus dem Blickfeld zu verlieren (Kennzahl 1101.12 in Dieter et al., 2014 ff.).

10.6.16 Nitrat, Nitrit und Ammonium

Nitrat (NO_3^-) und Nitrit (NO_2^-) kommen im Wasser ausschließlich als gelöste Ionen vor, unabhängig von der Art der Bindung, mit der sie als Salz (z. B. Natriumnitrat,

$NaNO_3$) in das Wasser gelangten und dort aufgelöst wurden. Unter Ammonium oder Gesamtammonium versteht man die Summe der Spezies Ammoniumion (NH_4^+) und Ammoniak (NH_3; sog. „freies Ammonium“). Die natürliche Belastung der Umwelt erreicht nach Kunkel et al. (2004) selten mehr als 2 mg/l N (zur Angabe N oder NO_3 siehe Abschn. 3.1). Laut Nitratbericht (2016) gelten Grundwässer mit bis zu 5,7mg/l Nitrat-N entsprechend 25 mg/l Nitrat als nicht oder nur gering belastet.

Alle drei Stoffe aus dem Stickstoffkreislauf sind in der Umwelt und im Stoffwechsel aller Lebewesen metastabil, chemisch bis auf wenige Ausnahmen schwierig, biochemisch jedoch leicht ineinander umwandelbar; die dabei ablaufenden biochemischen Vorgänge heißen Nitrifikation, Denitrifikation und Ammonifikation. Zu den wenigen chemischen Prozessen gehören die Bildung von Nitrit aus Nitrat in verzinkten Rohren (Meyer, 1984) und die Bildung von Nitrit aus Chloramin – das in Deutschland zur Desinfektion von Trinkwasser aber nicht zugelassen ist – durch Oxidation mit Chlor.

Bis zum Beginn des 20. Jahrhunderts litten die landwirtschaftlichen Flächen der Industriestaaten unter **Stickstoffmangel** und waren auf den Import des Düngemittels Guano aus Chile und Peru angewiesen. Erst durch die künstliche Synthese von Ammonium durch Hydrierung des Luftstickstoffs (Haber-Bosch-Verfahren) ließ sich dieser Mangel beheben und die landwirtschaftliche Produktion um ein Mehrfaches steigern. Inzwischen sind ausnahmslos alle Industriestaaten N-Überschussgebiete. Der **Überschuss** ist nicht nur ein Ergebnis der (Über)Düngung, sondern auch des Imports von Lebensmitteln und insbesondere von Futtermitteln für die Massentierhaltung. Daraus resultiert die **Umweltbelastung** und letztendlich die Kontamination des Trinkwassers durch diese 3 jederzeit bioverfügbaren Stickstoffverbindungen.

Von vereinzelten, lokal begrenzten Kontaminationen durch Gülle, Abwasserleitungen und Sickergruben abgesehen, wurde diese Überdüngung im großen Maßstab erst seit den 1950er-Jahren zu einem Problem für das System der Trinkwassersorgung. Die Parameter Nitrit und Ammonium verloren damit ihre primäre Funktion als **Fäkalindikatoren**; nichtsdestotrotz ergab sich die Höhe beider Grenzwerte aus der ursprünglichen Funktion beider Parameter als Fäkalindikator.

Unabhängig davon, welche Stickstoffverbindung (einschließlich Harnstoff) in ein Gewässer eingetragen wurde, ist in aeroben Grundwasserleitern und in Oberflächenwässern immer mit Nitrat zu rechnen, denn alle weniger hoch oxidierten N-Verbindungen werden dort zu Nitrat **„nitrifiziert“**. In anaeroben Grundwasserleitern wird das Nitrat durch sehr viele Arten von Mikroorganismen zu Stickstoff **denitrifiziert** und zwar so lange, wie genügend organische Verbindungen vorhanden sind, die sich dabei oxidieren lassen (Rheinheimer et al., 1988). Fehlen solche Verbindungen, übernehmen anorganische Stoffe, z. B. Pyrit (FeS_2), durch Vermittlung von *Thiobacillus denitrificans* den Sauerstoff aus dem Nitrat (Kölle et al., 1983). Das Eisen kann sich dabei auf extreme Werte von mehr als 50 mg/l Fe^{2+} lösen und es entstehen **Sulfatgehalte** bis über 500 mg/l SO_4. Mit weiter zunehmender Nitratzufuhr schlägt der Redoxstatus des Grundwasserleiters von anaerob zu aerob um, wobei zweiwertiges Eisen zu unlöslichem dreiwertigen Eisen oxidiert wird. Nitrat und Eisen schließen sich deshalb gegenseitig aus. Sie werden nur dann in Brunnenwasser nebeneinander nachgewiesen, wenn Wasser gleichzeitig aus einem anaeroben (Fe(II)-haltigen) und einem aeroben (nitrathaltigen) Aquifer zufließt.

Bei der vollständigen Oxidation des FeS_2 werden Hydronium-Ionen freigesetzt, der pH-Wert sinkt, Mineralien werden aufgelöst und die Härte des Wassers nimmt zu:

$$3\,NO_3^- + FeS_2 + H_2O \leftrightarrow \frac{3}{2}\,N_2 + 2\,SO_4^{2-} + \text{FEOOH (fest)} + H^+$$

Außerdem werden Begleitelemente des Eisens im Pyrit, wie Kobalt, Nickel und Arsen mobilisiert. Eine „geogene" Belastung des Trinkwassers mit Nickel ist hauptsächlich auf diesen Effekt zurückzuführen. Auch zunehmende Salzgehalte des Grundwassers, zunehmende Cobalt- und Arsengehalte und damit auch zunehmende Sulfat- und Calciumgehalte sind sehr oft das Ergebnis der Denitrifizierung großer Mengen anthropogenen Nitrats im Grundwasser.

Nach obiger Gleichung ist auch Nitrat für die **Versauerung** von Grundwasser verantwortlich. Hohe Nitratgehalte werden in Lockergestein und in sandigen Böden gefunden, während in huminstoffhaltigen Böden immer eine ausreichende Denitrifizierung (mit Mobilisierung möglicher Begleitstoffe der Mineralien) stattfindet.

Bereits 1985 war vorherzusehen, dass lange **keine Trendwende** einer langsam aber stetig zunehmenden Nitratbelastung des Grundwassers und des Trinkwassers zu erwarten sein wird (Rohmann und Sontheimer, 1985). Dementsprechend stieg auch im neuen, jetzt repräsentativen EU-Messnetz der Anteil nicht und gering belasteter Messstellen weiterhin nur minimal. Immerhin überwiegt jedoch der Anteil von Messstellen mit abnehmender gegenüber solchen mit zunehmender Konzentration (Nitratbericht, 2016). Vor allem der Nordwesten Deutschlands sowie Teile Bayerns und Sachsens fallen seit Jahrzehnten durch Grundwässer mit problematisch hohen Nitratgehalten auf (BKG, 2016).

Eine grundsätzliche Wende wird erst mit einer ausgeglichenen N-Bilanz der landwirtschaftlichen Produktion und insbesondere der Massentierhaltung eintreten. Daran ist politisch und fachlich intensiv weiterzuarbeiten. Beim Ausbau des Denitrifizierungspotenzials der kommunalen Kläranlagen dagegen sind seit 1985 gute Fortschritte zu verzeichnen.

Die **hygienische und toxikologische Bewertung des Nitrats** ist nicht minder vielschichtig als die Ursachen für die Kontamination des Trinkwassers. Sie wird unter folgenden Gesichtspunkten diskutiert:

- Methämoglobinämie (Blausucht) und endogene Produktion von Nitrat und Nitrit bei Säuglingen,
- karzinogenes Potenzial von Nitrit und Folgeprodukten,
- Iodmangel-Symptome als mögliche Folge der Konkurrenz zwischen Iodid und Nitrat im Stoffwechsel.

Um das Ergebnis vorwegzunehmen: Der Grenzwert von 50 mg/l NO_3^- ist gleich hoch wie der gesundheitlich begründete Leitwert zum Schutz von Säuglingen vor der akuten Toxizität von Nitrat, ist also bei weitem kein Vorsorgewert, wie z. B. die beiden Grenzwerte von 0,0001 und 0,0005 mg/l für PSMBP („Pestizide"). Er war bei über 51.000 Untersuchungen der Jahre 2014–2016 aber nur 21-mal überschritten (BMG/UBA, 2018).

Der gültige Grenzwert von 50 mg/l ist sicher genug, um zeitlich begrenzte Überschreitungen für die Zeit der Sanierung kontaminierter Wassergewinnungsanlagen ohne teure Aufbereitungsmaßnahmen zu ermöglichen, z. B. durch Kooperation mit der Landwirtschaft. Säuglinge müssten dann allerdings vorübergehend unter Verwendung eines Trinkwassers mit weniger als 50 mg/l Nitrat oder eines als entsprechend geeignet gekennzeichneten, abgepackten Wassers ernährt werden (s. o., 10.5.1). Falls **Nitrit** ebenfalls anwesend sein sollte, ist es per Additionsregel zusammen mit Nitrat zu bewerten. Allerdings gab es in den Jahren 2014–2016 bei 40.956 Untersuchungen an Entnahmestellen lediglich 2 Überschreitungen des Grenzwertes für Nitrit (0,5 mg/l); am Wasserwerksausgang (11.382 Untersuchungen) war er dagegen nie überschritten.

Ammonium im Trinkwasser gilt für den Menschen nicht als toxisch. Im Körper des Erwachsenen entstehen davon täglich etwa 4.000 mg. Die Überschreitung seines Grenzwertes von 0,5 mg/l kann jedoch die Anwesenheit bakterieller Verunreinigungen fäkaler Herkunft anzeigen. Deshalb ist gemäß TrinkwV „die Ursache einer plötzlichen oder kontinuierlichen Erhöhung der üblicherweise gemessenen Konzentration (...) zu untersuchen." Geschmacklich wird Ammonium/Ammoniak im Trinkwasser ab 35 mg/l wahrgenommen und abgelehnt.

Nitrit ist der eigentlich toxische Metabolit von Nitrat und als solcher für die meisten seiner Wirkungen verantwortlich. Es ist ein Methämoglobinbildner und reagiert mit entsprechenden Präkursoren zu karzinogenen N-Nitroso-Verbindungen. Aus dem Magen-Darm-Kanal resorbiertes Nitrit wird auf Grund seiner Reaktionsfähigkeit rasch unter gleichzeitiger Oxidation des Hämeisens zu Nitrat oxidiert, so dass im Blut keine messbaren Konzentrationen an anorganischem Nitrit auftreten. Die Wirkung von Nitrit auf die Schilddrüse kann, im Gegensatz zu Nitrat, wegen der raschen Umwandlung vernachlässigt werden.

Erstmalig 1945 wurde ein kausaler Zusammenhang zwischen dem Auftreten von Nitrat im Trinkwasser (619 und 388 mg/l NO_3) und dem tödlichen Verlauf bestimmter Säuglingserkrankungen, die mit einer **Methämoglobinämie** (Brunnenwasserzyanose oder Brunnenwasserblausucht) einhergingen, erkannt (Comly, 1945). In der Folgezeit setzte sich die Auffassung durch, dass es sich bei dieser Erkrankung eigentlich um eine Nitritvergiftung handelt. Das Nitrit entsteht dabei durch bakterielle Reduktion des Nitrates in der Mundhöhle und vor allem im Magen, der beim jungen Säugling wegen der noch nicht voll entwickelten Magensäureproduktion leicht von Enteritiserregern besiedelt werden kann. Schon früh wurde beobachtet, dass schwere Verläufe der Erkrankung fast immer mit einer gleichzeitig bestehenden Magen-

Darm-Infektion (Brechdurchfälle, „Ernährungsstörungen" des jungen Säuglings) einhergingen.

Weitere begünstigende Faktoren sind in diesem Zusammenhang die vergleichsweise höhere Oxidations-Empfindlichkeit des zum Teil noch vorhandenen fetalen Hämoglobins (Hb) im Blut und das Fehlen einer vollständig entwickelten Methämoglobinreduktase. Das Methämoglobin (MetHb) unterscheidet sich vom Hämoglobin dadurch, dass das zentrale Eisenatom im Hämmolekül dreiwertig statt zweiwertig ist. MetHb kann keinen Sauerstoff binden, ihn also auch nicht von der Lunge in die Gewebe transportieren. Wenn sein Anteil am GesamtHb auf über 5 % steigt, kann man bei den betroffenen Personen eine bläuliche Verfärbung der Haut wahrnehmen. Die Vergiftung ist dshalb auch unter dem Namen „Säuglings-Zyanose" bekannt.

Die Entdeckung, dass der Mensch unter bestimmten Umständen selbst **Nitrat synthetisiert** und diese Syntheseleistung bei entzündlichen Erkrankungen des Magen-Darm-Kanals vorübergehend um ein Vielfaches gesteigert sein kann, führte auch zu der Erkenntnis, dass eine **exogene Nitratbelastung** nicht oder nur ausnahmsweise die eigentliche Ursache für die Methämoglobinämie von Säuglingen darstellt, sondern in der Regel eine entzündliche Magen-Darm-Erkrankung. Exogen hinzukommendes Nitrat/Nitrit kann jedoch den Gesundheits- resp. Krankheitszustand extrem verschlechtern, so dass 10 % schon bestehender Durchfallerkrankungen letal verliefen (Lachhein et al., 1960; Horn, 1962; Sattelmacher, 1962/1963).

Säuglinge, die gesund sind und ein verordnungskonformes, also auch mikrobiologisch einwandfreies Trinkwasser aufnehmen sind selbst dann, wenn es bis zu 50 mg/l Nitrat enthält, keinesfalls „Zyanose"-gefährdet (WHO, 2011). **Bei Grenzwertüberschreitungen** sind die Eltern aber zu warnen und mit nitratarmem (Trink)wasser für die Säuglingsnahrung zu versorgen. In Zweifelsfällen sind **Kinderärzte** in prophylaktische Maßnahmen einzubeziehen.

Das karzinogene Potenzial von Nitrat bzw. daraus im Magen gebildetem Nitrit geht darauf zurück, dass letzteres im menschlichen Magen mit nitrosierbaren Substanzen zu **N-Nitroso-Verbindungen** reagieren kann. Für eine Reihe dieser Stoffe wurde eine Assoziation mit verschiedenen Krebstypen nachgewiesen, vor allem, wenn die Exposition in frühen Lebensjahren begann und über einen langen Zeitraum anhielt (Preussmann, 1984).

Im Gegensatz zu diesen gut verstandenen biochemischen Vorgängen kann jedoch aus den bis heute vorliegenden epidemiologischen Studien kein Zusammenhang zwischen der exogenen Belastung von Menschen mit Nitrat und nitrosierbaren Substanzen und der Entstehung bestimmter Geschwulstarten abgeleitet werden (Steindorf, 1994). Einige Studien fanden sogar einen schützenden Effekt von Nitrat. Eine naheliegende Erklärung dafür ist die Tatsache, dass eine hohe Nitrataufnahme in diesen Studien vor allem mit einem hohen **Konsum von Gemüse** verbunden war. Dessen natürliche Inhaltsstoffe, zu denen nach heutiger Meinung **Vitamine (A, C, E)**, Carotinoide, weitere Phytochemikalien und Selen gehören, wirken der

Krebsentstehung entgegen (Eastwood, 1999). Allerdings ist zu bedenken, dass Menschen, die viel Gemüse verzehren, sich meist auch anderweitig besonders gesundheitsbewusst verhalten. Einem erhöhten Karzinogenitätsrisiko könnten dagegen Personen ausgesetzt sein, deren Magen nicht ausreichend oder gar **keine Magensäure** produziert (ECETOC, 1988).

Eine weitere toxische Wirkung ist im Zusammenhang mit dem **Iodstoffwechsel** dem Nitrat-Ion direkt zuzuschreiben. Das Nitrat-Ion hemmt durch Konkurrenz um Bindungsstellen den aktiven Transport von Iodid-Ionen aus dem Blut in die Schilddrüsenzellen. Die Transportkapazität reicht bei normalem Iodangebot aus, um eine durchschnittliche Nitratbelastung zu kompensieren. Ist jedoch das Iodangebot knapp und die Nitratbelastung hoch, versucht dem die Schilddrüse durch Wachstum gegenzusteuern. Wenn ihr das nicht gelingt, kommt es zu **Iodmangelschäden** (unter anderem Störung der Gehirnentwicklung), die insbesondere bei Kindern und Jugendlichen jeden Alters, bei ungeborenem Leben (Feten), Schwangeren und Frauen allgemein sehr kritisch zu bewerten sind. Als sichtbares Zeichen entsteht häufig ein mehr oder weniger ausgeprägter „Kropf" (Höring et al., 1991; Höring, 1992; van Maanen, 1994).

Mit der langfristigen Anwesenheit von Nitrat im Trinkwasser stellt sich auch die Frage nach einem **gesundheitlich langfristig duldbaren Wert** für das Nitrat-Ion selbst. Der ADI-Wert der (WHO, 1996) der sich auf ein Langzeitexperiment über 2 Jahre mit Ratten stützt, beträgt 3,7 mg Nitrat-Ion pro Tag je kg Körpergewicht oder 260 mg Nitrat-Ion pro 70 kg-Person und Tag. Er gilt ausdrücklich nicht für Säuglinge im ersten Trimenon. Die Bildung von N-Nitroso-Verbindungen aus Nitrat/Nitrit und das damit verbundene karzinogene Potenzial blieben außer Betracht. 10 % dieses ADI-Wertes in 2 Litern Trinkwasser entsprächen einem gesundheitlichen Trinkwasser-Leitwert LW_{TW} (vgl. Kapitel 8.3.3) von ca. 13 mg Nitrat-Ion pro Liter, während der gültige Grenzwert zum Schutz vor akuter Toxizität und Fehlfunktion der Schilddrüse mit 2 Litern Trinkwasser fast 40 % des ADI für chronische Belastung entspricht.

Die sehr hohe Allokation von 40 % für Nitrat im Trinkwasser ist aus regulatorisch-toxikologischer Sicht allerdings zu bemängeln. Jedenfalls ist es ist die einzige Allokation dieser Höhe für eine Umweltkontaminante im Trinkwasser und eindeutig der anthropogenen Überfrachtung der Umwelt mit N-haltigen Düngemitteln zuzuschreiben. Dagegen ist der LW_{TW} für 10 % Allokation praktisch identisch mit der von Kunkel et al. (2004) angenommenen Nitratlast anthropogen unbeeinflusster Grundwasserleiter und im Trinkwasser erwartungsgemäß extrem häufig überschritten.

Der Gesamt-Extrapolationsfaktor zwischen dem NOAEL von Nitrat im Tierversuch und dem ADI beträgt 100. Während der gemäß TrinkwV maximal erlaubten 3 · 3 Jahre zur Sanierung eines Einzugsgebietes könnte der ADI deshalb gemäß BMG/UBA (2013) zu 100 % vom Trinkwasser in Anspruch genommen werden, entsprechend einer gesundheitlich noch duldbaren Konzentration von 130 mg/l Nitrat-Ion in täglich

2 Liter Trinkwasser. Tab. 10.1 enthält diesen „Maßnahmehöchstwert" des Umweltbundesamtes für kürzere (10 Jahre) als lebenslange Exposition (vgl. Abschn. 8.3.4). Voraussetzung ist allerdings, dass die Bevölkerung entsprechend informiert wird, dass die Eltern von Säuglingen gesondert unterrichtet werden und letztere nur ein Trinkwasser mit höchstens 50 mg/l NO_3^- aufnehmen oder mit einem säuglingsgeeigneten abgepackten Wasser versorgt werden. Außerdem ist die erhöht Nitrat-exponierte Bevölkerung nötigenfalls mit ausreichend Iodid (bis zu 200 µg/d) zu alimentieren.

10.6.17 Pflanzenschutzmittelwirkstoffe und Metaboliten

Die Inhaltsstoffe und Metaboliten von Pflanzenschutzmitteln, im Folgenden PSMBP,[2] gehören zu den wenigen Gruppen von Chemikalien, die absichtlich, d. h. nutzenorientiert in die Umwelt ausgebracht werden. Je nach Stoffeigenschaften, Anwendungsmenge, Besonderheiten im Bodenprofil und sonstigen lokalen Gegebenheiten können sie dabei nutzungsbedingt (diffuser Eintrag) oder durch nicht fachgerechten Umgang und punktuelle Kontamination von Grund- und Oberflächenwässern auch in das Trinkwasser gelangen (Skark und Zullei-Seibert, 1994). Die häufigsten Überschreitungen sind jedoch die Folge **unachtsamen Umgangs** beim landwirtschaftlichen Einsatz von Herbiziden auf durchlässigen Böden. Kontaminationsursachen sind darüber hinaus Unfälle bei Transport oder Lagerung von PSM sowie die nicht sachgerechte Entsorgung von Verpackungen und **Restmengen**, z. B. in Haus- und Kleingärten.

Um potenziell schädliche Auswirkungen zulassungspflichtiger PSMPB auf das Grundwasser beurteilen zu können, prüft das EU-weit verbindliche **Zulassungsverfahren** das Verhalten entsprechender Wirkstoffe vorab im Boden. Wirkstoffe, deren sachgemäße Anwendung erwarten lässt, dass sie oder ihre toxikologisch relevanten Metaboliten im Grundwasser den Grenzwert der EU-Trinkwasserrichtline (EG, 1998) von 0,1 µg/l überschreiten könnten, erhalten keine Zulassung mehr (EG, 2009). Im Jahr 2012 waren 241 Wirkstoffe entsprechend zugelassen (BVL, 2014).

Zur Bewertung „nicht relevanter" Metaboliten, deren Definition für Trinkwasser EU-rechtlich allerdings umstritten ist (Streloke et al., 2007; s. a. Kennzahl 1201.1 in Dieter et al., 2014 ff.), existiert seit 2008 eine Empfehlung des Umweltbundesamtes (Dieter, 2009).

In Zusammenarbeit mit dem Umweltbundesamt berichtet die Länderarbeitsgemeinschaft Wasser (LAWA) in unregelmäßiger Folge seit Mitte der 1990er Jahre über die Belastung des Grundwassers mit PSMBP, zuletzt 2015 (LAWA, 2015; Zusammenfassung in Kennzahl 1201.1 bei Dieter et al., 2014 ff.). Zu den dort berichteten Stoffen

---

2 Parameter 10 in Anlage 2/Teil I der TrinkwV 2001; zur weiteren Präzisierung siehe Fußnote 1 in Kennzahl 1201.1 von Dieter et al. (2014 ff.).

gehören auch einige nicht mehr zugelassene, jedoch im Grundwasser weiter persistierende Stoffe. Auch die jüngsten (seltenen bis sehr seltenen) Überschreitungen des Grenzwertes für Pflanzenschutzmittel und Biozidprodukte durch einzelne PSMBP im **Trinkwasser** (BMG/UBA, 2018) lassen weder nach Höhe noch nach Belastungsdauer eine „Schädigung der menschlichen Gesundheit besorgen" (vgl. § 6(1) TrinkwV 2001).

So niedrig dieser Grenzwert auch sein mag, so blockiert er doch nicht die Erzeugung landwirtschaftlicher Produkte, obwohl dies bei seiner Einführung Ende der 1980er Jahre noch heftig befürchtet wurde. Die danach allmählich erstarkte Zusammenarbeit der Wasserversorgung mit der Landwirtschaft und den staatlichen Behörden zeigte, dass die Einhaltung der beiden Trinkwassergrenzwerte von 0,1 µg/l (pro Einzelstoff) und von 0,5 µg/l (für Summen von PSMBP) im Grundwasser im Bereich der Anwendung von PSM als Beweis einer **guten landwirtschaftlichen Praxis** gelten kann. Beide Grenzwerte sind mittlerweile im Sinne der umwelthygienischen Grundregel „nutzlose Belastungen vermeiden, nützliche minimieren, schädliche unterbinden" (Dieter, 2004) die gemeinsame Basis für eine dauerhafte und erfolgreiche **Kooperation** zwischen Land- und Wasserversorgungswirtschaft für das gemeinsame Ziel (Vereinbarung, 2009).

Beide Grenzwerte stehen allerdings für einen höheren Reinheitsanspruch an Trinkwasser, als er sich aus dem Vorsorgegrundsatz des Umweltschutzes in Art. 130r, Abs. 1 der Einheitlichen Europäischen Akte ergeben würde, wonach die Umweltpolitik der Gemeinschaft zum Schutz der menschlichen Gesundheit beitragen soll (Streloke et al., 2007; Dieter, 2009). Vielmehr genügen sie dem anspruchsvolleren Schutzversprechen des Besorgnisgrundsatzes von § 37 des Infektionsschutzgesetzes (IfSG). Dementsprechend sind die technischen Möglichkeiten im Rahmen der aaRdT zu nutzen, um die Kontamination von Trinkwasser und seiner Ressourcen (auch) mit PSMBP so niedrig wie möglich zu halten. Beide Werte sind regulatorisch als allgemeine **Vorsorgewerte** (VW_a) aufzufassen, auch wenn sie in der TrinkwV in der Tabelle für chemische Stoffe und nicht etwa bei den Indikatorparametern gelistet sind. Eine Aufbereitung des Trinkwassers zur Entfernung von PSMBP statt Sanierung des Einzugsgebietes wäre aus gesundheitlichen Gründen deshalb nur ausnahmsweise angezeigt, etwa bei einer mittel- bis langfristig nicht zu behebenden Grenzwertüberschreitung auf mindestens das Zehnfache eines der beiden Grenzwerte.

Unterschiedliche Institutionen haben sich mit der Bewertung der Kontaminationen von Trinkwasser mit Pestiziden auch unter rein gesundheitlichen Aspekten befaßt und **gesundheitlich lebenslang duldbare Leitwerte** für Trinkwasser veröffentlicht, z. B. die Weltgesundheitsorganisation ihre *guideline values* (WHO, 2011) für 30 weltweit gewässerhygienisch auffällige Wirkstoffe und das Bundesinstitut für Risikobewertung (www.bfr.de) für alle in Deutschland zugelassenen Wirkstoffe. Ihre Ableitung beruht meist auf der Annahme, dass 2 Liter Trinkwasser pro Tag bis zu 10 % des ADI des betreffenden Wirkstoffs enthalten könnte (vgl. Kap. 8.3.4). Das

Umweltbundesamt empfiehlt für Zeiten befristeter Abweichungen von einem der beiden Grenzwerte die Einhaltung von Maßnahmehöchstwerten MHW_{TW}, die höchstens 10 % des jeweiligen ADI in 2 Liter Trinkwasser entsprechen. Diese MHW_{TW} sind zu finden in Tabelle 1 der jeweils aktuellen ADI-Liste des BfR unter www.bfr.de.

10.6.18 pH-Wert

Der pH-Wert, einer der beherrschenden Parameter für biologische oder chemische Prozesse im Wasser, informiert darüber, ob ein Wasser alkalisch, sauer oder neutral ist. Darauf ging ausführlich Kap. 3 ein. Er sollte so hoch sein, wie es die Calcitabscheidung (häufig als „Kalk-Kohlensäure-Gleichgewicht" bezeichnet) erlaubt, da mit steigendem pH-Wert die Menge an Schwermetallen, die von metallischen Werkstoffen auf das Wasser übergehen, abnimmt. Erst bei pH-Werten über 9,5 nimmt sie wieder zu. Als besonders „korrosionsarm" und gleichzeitig noch kein Calcit abscheidend gilt deshalb der pH-Bereich 7,8 bis 8,5.

Ein zu niedriger pH-Wert erhöht die Belastung des Trinkwassers mit Aluminium und Schwermetallen aus metallischen Werkstoffen. In Versorgungsgebieten mit pH-Wert unter 7,4 dürfen z. B. Kupferleitungen nur dann verlegt werden, wenn das Wasser nicht mehr als 1,5 mg/l TOC enthält (siehe Abschn. 3.3 und 10.6.14). Das gleiche gilt für einen pH-Wert unter 7,8 für verzinkte Stahlrohre.

Ein zu niedriger oder zu hoher pH-Wert des Wassers hat keine unmittelbare gesundheitliche Bedeutung. Die Hautoberfläche des menschlichen Körpers wie auch der Inhalt des Magen-Darm-Kanals und dessen Schleimhautoberfläche haben eine im Vergleich zum Trinkwasser sehr hohe Pufferkapazität. Pufferkapazität beschreibt die Fähigkeit bestimmter Wasserinhaltsstoffe, den pH-Wert bei Zugabe von oder Kontakt mit sauren oder alkalischen Medien konstant zu halten. Ein Maß für die Pufferkapazität ist die Menge einer starken Säure oder Lauge, die einem gepufferten System zugegeben werden muss, um eine bestimmte Änderung des pH-Wertes zu erreichen. Im Trinkwasser wird sie z. B. als Säurekapazität bis 4,3 ($K_{S4,3}$) angegeben. Bei Kontakt von Wasser mit der Haut oder mit den Schleimhäuten des Magen-Darm-Kanals wird der pH-Wert des Gesamtsystems allein durch den Säure-Basen-Status der Hautoberfläche, des Inhaltes des Magen-Darm-Kanals bzw. der Schleimhautoberfläche bestimmt. So wird der pH-Wert der Haut (etwa pH 5,5) durch das Wasser nicht verändert, weder durch Trinkwasser (pH-Werte zwischen 7 und 9,5) noch durch Meerwasser (pH 8,3).

Anders ist das, wenn zusammen mit dem Wasser Kosmetika zum Einsatz kommen. Die Verwendung von alkalischen Seifen erhöht den pH-Wert der Haut. Das von Ärzten gelegentlich und vor allem in der Vergangenheit bei bestimmten Hauterkrankungen ausgesprochene Wasserverbot ist oder war ein Verbot von Seife (und Wasser). Es zielte also nicht auf die Beschaffenheit des dabei zur Körperpflege benutzten Trinkwassers.

Für die gesundheitliche Bewertung muss auch auf eventuell erhöhte Stoffkonzentrationen geachtet werden, die dann zustande kommen, wenn die Trinkwasserbeschaffenheit und die im Wasserverteilungssystem eingesetzten Materialien füreinander ungeeignet sind und entsprechende Stoffe verstärkt ins Trinkwasser korrodieren (siehe Abschn. 3.3).

10.6.19 Phosphat

Grundwasser enthält gegebenenfalls nur dann Phosphat, wenn es sich um Uferfiltrat oder um Wasser aus der Grundwasseranreicherung handelt. Phosphat wird aus technischen Gründen dem Trinkwasser zugesetzt, um die Ablagerung von Kalk zu verhindern (Polyphosphate; nur für zu erwärmendes Trinkwasser mit Temperaturen unter 70 °C und erst ab Härtebereich IV sinnvoll) oder um die Ausbildung von Deckschichten auf verzinkten Rohren oder Stahlrohren zu unterstützen (Orthophosphat). Es genügen etwa 1 mg/l; zulässig sind etwa 6 mg/l PO_4^{3-}. Der Grenzwert orientiert sich an der technischen Notwendigkeit und am Umweltschutz. Bei einer Dosierung von z. B. 5 mg/l Phosphat würde etwa 1/3 des Phosphats im Abwasser aus eben dieser Dosierung stammen (2/3 aus Fäzes) und die durch das Verbot phosphathaltiger Waschmittel erreichte Entlastung der Umwelt zunichte machen.

Phosphor ist ein notwendiger Bestandteil des menschlichen Körpers, macht rund 1 Prozent der Körpermasse, also etwa 700 g aus und wird vor allem in anorganischer Form, als Phosphat aufgenommen. Etwa 4/5 des körpereigenen Phosphorvorrates finden sich im Skelett als Calciumphosphat. Der große Vorrat ermöglicht es dem Organismus, Schwankungen der Zufuhr von außen durch Mobilisierung von Phosphorreserven auszugleichen. Diese Fähigkeit erschwert es übrigens, den täglichen Bedarf des Menschen exakt zu bestimmen.

Die optimale Phosphorzufuhr richtet sich nach der Calciumaufnahme. Das Food and Nutrition Board der USA empfiehlt ein Verhältnis von 1 : 1. Die Deutsche Gesellschaft für Ernährung empfiehlt eine tägliche Aufnahme von 700–1250 mg P pro Tag, etwa gleich groß ist die täglich ausgeschiedene Menge.

Freie Phosphorsäure und Phosphate sind übrigens Bestandteil mancher Getränke und vieler Lebensmittel. Akute Vergiftungen wurden nach Aufnahme von einmalig 90 g beobachtet und äußerten sich in Form von Erbrechen und Durchfall. Dauerhaft gesundheitlich (noch) tolerabel sind Gesamtaufnahmen von 2–4 Gramm pro Tag.

Die im Trinkwasser zulässigen Phosphatkonzentrationen sind ohne Bedeutung für die menschliche Ernährung, gefährden aber auch nicht die Phosphatbilanz des menschlichen Körpers. Dies gilt auch für Menschen, die an einer Skeletterkrankung wie Osteoporose leiden.

10.6.20 Polyzyklische aromatische Kohlenwasserstoffe (PAK)

Polyzyklische aromatische Kohlenwasserstoffe (PAK oder englisch *PAH*: *polycyclic aromatic hydrocarbons*) entstehen in der Natur während der unvollständigen Verbrennung oder thermischen Zersetzung organischen Materials. Natürliche PAK-Quellen sind Torf, Kohle und Rohöl. Dort sind sie aber zumeist strukturell fest eingebunden und werden daher kaum ausgewaschen. Bitumen, eine Mischung hochmolekularer Kohlenwasserstoffe, die ohne Zersetzung aus Naturstoffen gewonnen werden, enthält dagegen sehr geringe PAK-Mengen. Man findet PAK aber anthropogen in (ungefilterten) Abgasen von Kohleverbrennungsanlagen und Verbrennungsmotoren, in gebrauchten Schmierölen, gegrillten Nahrungsmitteln und im Zigarettenrauch. Teere, wie sie bei der thermischen Zersetzung von Kohle anfallen, enthalten im Gegensatz zu Bitumen sehr viel PAK.

In die Umwelt gelangen die PAK größtenteils partikelgebunden. Durch Deposition und allmähliche Auswaschung aus der Atmosphäre gelangen sie von dort in die Geo- und Hydrosphäre. Zudem tragen auch der Abrieb von geteerten Flächen und Bodenauswaschungen zum Eintrag von PAK in die aquatische Umwelt bei. Die meisten Oberflächengewässer enthalten 1–50 ng/l PAK ungeklärter Herkunft. In stark verschmutzten Gewässern können einzelne PAK-Konzentrationen bis zu 6 µg/l errreichen. Anthropogen unbeeinflusstes Grundwasser enthält allenfalls nur wenige ng/l PAK, ebenso daraus hergestelltes Trinkwasser.

Die häufigste Quelle von PAK im Trinkwasser sind Trinkwasserrohre, die in den 1970er Jahren zum Schutz vor Korrosion noch mit Steinkohleteer ausgekleidet wurden. Die erste TrinkwV (1975) begrenzte deren Gehalt an PAK auf 0,25 µg/l mit der Folge, dass sich die PAK-Analytik mittels Dünnschicht-Chromatographie entscheidend verbesserte (Borneff und Kunte, 1976), Teer allmählich durch Bitumen ersetzt und Zementmörtel als Auskleidungsmaterial entwickelt wurde.

Die Datenbasis zur Kurz- und Langzeittoxizität der PAK ist ziemlich schmal, weil wissenschaftlich und regulatorisch vor allem die gentoxische Karzinogenität und die Mutagenität der PAK interessierte. Ihr gentoxisches Potenzial entsteht erst über die Metabolisierung (Giftung) durch mischfunktionelle Oxidasen zu einem je substanztypischen Diol-Epoxid. Die einzigen PAK, die sich auch nach Metabolisierung nicht als mutagen oder gentoxisch erwiesen, sind Naphthalin, Fluoren und Anthrazen (WHO, 1998).

Der toxikologisch am besten untersuchte PAK ist B(a)P = Benzo[a]pyren. Seine gentoxische Karzinogenität wurde in verschiedenen Tiermodellen und nach unterschiedlicher Applikation, einschließlich oraler Aufnahme, immer wieder bestätigt. Zu den vier PAK-Vertretern, die neben Benzo[a]pyren in der EU-Richtlinie 98/83/EU und in der TrinkwV 2001 genannt werden, liegen zwar keine Daten zur Karzinogenität nach oraler Aufnahme vor, doch erwiesen sich alle außer Benzo[ghi]perylen auf dem einen oder anderen nicht-oralen Applikationsweg im Tierversuch ebenfalls als krebserzeugend (WHO/IARC, 1997; WHO, 1998). Daneben ist auch für Benzo[anthracen], Dibenzo[a,h]anthracen und für PAK-Gemische eine karzinogene Wirkung nach oraler Belastung von Versuchstieren belegt (Culp et al., 1998; WHO, 1998).

Laut WHO (1998) wäre die lebenslange Aufnahme von 1 mg/(kg · d) B(a)P mit einem rechnerischen Risiko von 2,15 verbunden, sich dadurch eine Krebserkrankung zuzuziehen. Jemand, der lebenslang 0,465 (= 1/2,15) mg B(a)P pro kg Körpergewicht und Tag aufnähme, würde also dieser Rechnung zufolge mit 100-%iger Wahrscheinlichkeit an Krebs erkranken. WHO (2011) errechnete daraus für ein Lebenszeit-Zusatzrisiko von 10^{-5} ihren *guideline value* von 0,7 µg/l B(a)P. Die beiden Grenzwerte der TrinkwV von 0,01 µg/l für B(a)P und von 0,1 µg/l für Summen vier anderer, wesentlich weniger stark oder gar nicht karzinogener PAK würden dann mit Zusatzrisiken von deutlich unter 10^{-6} korrespondieren. Diese Aussage träfe nicht mehr zu, wenn man als Vergleichsmaßstab das von der US-EPA (1993) vertretene, wesentlich höhere Lebenszeit-Zusatzrisiko von 4,5 bis 11,7 pro [mg B(a)P/(kg · d)] heranzöge.

Die anteilige Aufnahme von PAK mit dem Trinkwasser ist sehr gering (WHO, 1996, 1998); die Einhaltung beider Grenzwerte gelingt problemlos. Das Trinkwasser darf aber nicht über mit Teer ausgekleidete Rohre vom Wasserwerk zu den Entnahmestellen gelangt sein. Seit dem Austausch solcher Rohre in den 1970er Jahren gegen solche aus gesundheitlich einwandfreiem Material ist diese Kontaminationsquelle praktisch versiegt. Aus Rohren, die bisher womöglich unentdeckt blieben und nach Druckstößen oder kurzzeitiger Umkehrung der Fließrichtung PAK mobilisieren, oder die Biofilme freisetzen, die nicht an gechlortes Wasser adaptiert sind (Maier et al., 2000), muss der Wasserversorger die Teerauskleidung umgehend entfernen oder diese mit Zementmörtel überdecken, wenn er die betroffenen Rohre nicht insgesamt ersetzen will oder kann.

Kontaminationsquellen für PAK im Einzugsgebiet sind in aller Regel bedeutungslos, weil sie leicht an Partikel adsorbieren und so während der Wasseraufbereitung (nahezu) vollständig eliminiert werden. Der Grenzwert der TrinkwV für PAK war in nur einer von 20.507 Untersuchungen der Jahre 2014–2016 überschritten, derjenige für B(a)P in lediglich 3 von 24.951 Untersuchungen (BMG/UBA, 2018).

10.6.21 Sulfat

Der geogene Normalbereich von Sulfat liegt je nach Gesteinstyp bei 7 bis deutlich über 100 mg/l SO_4 (Schleyer und Kerndorff, 1992). Kunkel et al. (2004) fanden über alle Locker- und Festgesteinsschichten einen anthropogen unbeeinflussten Maximalwert von 249 mg/l Sulfat, gemessen in Lockergesteinsschichten des Oberrheins. Beide Autorengruppen finden vereinzelt jedoch auch mehrere 100 mg/l bis zu knapp 1000 mg/l. Die Entstehung von Sulfat durch Oxidation von Pyrit mit Nitrat im Grundwasser wurde unter „Nitrat“ besprochen. Anlass zu Untersuchungen, ob anthropogene Einflüsse dieser Art oder etwa von Altablagerungen auf das Grundwasser vorliegen, besteht ab etwa 200 mg/l.

Sulfat ist gesundheitlich von Interesse, weil es laxierend wirkt. Sein Grenzwert im Trinkwasser beträgt 240 mg/l SO_4^{2-} und war bei 38.482 Untersuchungen der Jahre 2014–2016 (BMG/UBA, 2018) 181-mal überschritten. 240 mg/l Sulfat bezeichnen jedoch nicht nur ungefähr die Wirkungsschwelle seiner laxierenden Wirkung in empfindlichen Menschen, sondern auch die Untergrenze seiner geschmacklichen Wahrnehmung (WHO, 2011). Eine duldbare Körperdosis bezogen auf das Körpergewicht lässt sich für diese lokale Wirkung naturgemäß nicht angeben.

Unter Berücksichtigung einer gewissen Gewöhnung und in Kombination mit anderen Stoffen ist jedoch selbst bei Säuglingen und Kleinkindern regelmäßig erst ab 500–600 mg/l mit (Anzeichen) Sulfat-bedingter Diarrhöe zu rechnen (Chien et al., 1968; Selenka und Kölle, 1991; US-EPA 1999). Werte bis zu dieser Höhe wären gesundheitlich also tolerierbar, wenn die Eltern über den erhöhten Wert informiert und sich der abführenden Wirkung des Sulfats bewusst sind.

Auch abgepackte Wässer, die werblich als „geeignet zur Zubereitung von Säuglingsnahrung" gekennzeichnet sind, dürfen u. a. nicht mehr als 240 mg/l Sulfat enthalten (s. Abschn. 10.5). Zur Begründung hatte die Ernährungskommission der Deutschen Gesellschaft für Kinderheilkunde, heute der Deutschen Gesellschaft für Kinder- und Jugendmedizin (www.dgkj.de), 1991 auf die noch unentwickelte frühkindliche Niere und den relativ hohen Flüssigkeitsumsatz von Säuglingen und Kleinkindern verwiesen. Deshalb sei ihre vermeidbar hohe Belastung durch Mineralstoffe, wie z. B. durch Sulfat aus abgepackten Wässern, gesundheitlich unerwünscht.[3] Anders jedoch als Wässer, die nur 20 mg/l Na enthalten und deshalb als „natriumarm" für ihre Verwendung bei der Ernährung von Säuglingen werben dürfen, sind Wässer, die 240 mg/l Sulfat enthalten, keineswegs „sulfatarm". Unverständlich bleibt deshalb, warum sie trotzdem als besonders „säuglingsgeeignet" beworben werden dürfen.

Von Erwachsenen werden selbst Werte bis mindestens 1000 mg/l Sulfat im Trinkwasser toleriert, wenn der Sulfatgehalt eindeutig entsprechenden Calciumwerten zugeordnet werden kann und eine mehrwöchige Adaption gewährleistet ist (US-EPA, 1999).

10.6.22 Vinylchlorid

Vinylchlorid (VC) ist ein Stoff rein anthropogenen Ursprungs. Seit den 1970er Jahren besteht Gewissheit darüber, dass VC im Menschen Krebs verursacht (Creech und Johnson, 1974; WHO/IARC, 1979). Seitdem wurden VC-verarbeitende Produktionsabläufe geschlossen und die Belastung von Arbeitsplätzen und Umwelt dadurch erheblich vermindert. Heute gelangen in der EU noch jährlich zwischen 400 und 500 t VC in die Umwelt, davon ca. 20 t ins Abwasser (Euro Chlor, 1999).

Drastisch reduziert wurden auch die zulässigen Restgehalte an monomerem VC in Roh-PVC und in PVC-Produkten. Enthielt unverarbeitetes PVC 1974 üblicherweise

3 Diese Stellungnahme wird zwar beispielsweise unter https://de.wikipedia.org/wiki/Babynahrung#cite_note-57 zitiert, ist im Internet oder dem Archiv der DGKJ im Original aber nicht mehr aufzufinden.

noch mehr als 1000 ppm VC-Monomer, sind es schon seit 1978 nur noch 10 ppm (UBA, 1999). Lebensmittel-Bedarfsgegenstände aus PVC dürfen sogar nur noch 10 ppb (10 µg/kg) VC-Restmonomer enthalten.

Das noch in die Umwelt entweichende VC verteilt sich zu 99,9 % auf die Atmosphäre, zu 0,01 % auf die aquatische Umwelt und zu weniger als 0,01 % auf Böden und Sedimente (Euro Chlor, 1999). Da es sehr flüchtig ist, lässt sich VC in Oberflächengewässern und Oberböden nur selten finden. An Strukturen von Unterböden adsorbiert es – je nach Bodentyp – unterschiedlich schwach; entsprechend hoch ist dort seine Mobilität. Es dringt deshalb leicht ins Grundwasser vor und kann dort über Jahre verbleiben (WHO, 1999). In Boden und Grundwasser entsteht VC auch sekundär, und zwar mikrobiell unter anaeroben Bedingungen vor allem aus Tri- und Tetrachlorethylen (Brauch et al., 1987; Nerger et al., 1988; WHO, 1999). In Deutschland wurden in den 1980er Jahren in Grund- und Sickerwässern < 5–460 µg/l VC (Brauch et al., 1987) und max. 12 mg/l VC (Dieter und Kerndorff, 1993) gemessen. WHO (2011) berichtet über Gehalte in Trinkwasser von bis zu 10 µg/l.

Humantoxikologisch und trinkwasserhygienisch sind die gentoxisch-karzinogenen Eigenschaften des VC von Interesse. Das eigentliche gentoxische Agens ist sein Metabolit CEO = Chlorethyloxid. CEO entsteht in der Leber in Gegenwart von Cytochrom P-450 und reagiert mit der DNA zu promutagenen DNA-Addukten. Neben Genmutation durch Basenpaarsubstitution wurden Genkonversionen, Chromosomenaberrationen, Schwesterchromatidaustausche, die Bildung von Mikrokernen, mitotische Rekombinationen und Zelltransformationen beobachtet. Epidemiologische Studien mit Personen von VC-belasteten Arbeitsplätzen belegten zweifelsfrei, dass die Exposition gegenüber VC zum seltenen Leberangiosarkom führen kann. Sehr wahrscheinlich kann es auch Hirntumore und hepatozelluläre Karzinome auslösen (Barbin, 2000).

WHO (2011) verabschiedete einen *guideline value* für VC von 0,3 µg/l, der ein rechnerisches Lebenszeit-Zusatzrisiko von LZR = 10^{-5} (70 kg, 2 l/d) abbilden soll und auch die im Vergleich zu Erwachsenen doppelt so hohe Empfindlichkeit Neugeborener für Schäden durch Gentoxizität einrechnete. Der Grenzwert der TrinkwV ist mit 0,5 µg/l praktisch gleich hoch, korrespondiert also mit einem zumindest ca. 10-mal höheren LZR als die TrinkwV anderen gentoxischen Karzinogenen per Grenzwert zugesteht. Allerdings entsprechen 0,5 µg/l VC auch 1/20 des Spezifischen Migrationswertes zur Erfüllung der Anforderung „nicht nachweisbar“ für unerwünschte Stoffe in Lebensmitteln. Der Grenzwert der TrinkwV 2001 wurde also offenbar nicht toxikologisch quantifiziert, sondern steht für die Untergrenze der technischen Vermeidbarkeit gemäß aaRdT von VC-Restmonomer in organischen Materialien aus PVC im Kontakt mit Trinkwasser (s. a. Kennzahl 0702 in Dieter et al., 2014 ff.).

In Trinkwässern, die mit Werkstoffen aus PVC in Berührung kommen, dessen Beschaffenheit gemäß § 17 TrinkwV 2001 den UBA-Leitlinien genügt, wird VC als Restmonomer nicht nachweisbar sein. Dies entlastet die Wasserversorger von der Pflicht, das Reinwasser am Wasserwerksausgang und im Netz auf produktseitiges

VC-Restmonomer zu untersuchen. Jedenfalls ist VC gemäß Anhang I Teil B Anm. 1 RL 98/83/EG (EG, 1998) ein produktseitig regulierter Parameter und muss als solcher routinemäßg im Trinkwasser nicht analysiert werden.

Beim Verdacht dagegen, das Rohwasser könnte VC aus dem mikrobiellen anaeroben Abbau ungesättigter chlorierter Kohlenwasserstoffe enthalten, ist jedoch immer (auch) das Trinkwasser entsprechend zu untersuchen und nötigenfalls so aufzubereiten, dass VC im Reinwasser nicht (mehr) nachweisbar ist.

10.7 Erläuterungen zu ergänzenden Stichworten

10.7.1 Härte des Wassers

Eine in der Vergangenheit unter gesundheitlichen Gesichtspunkten mit großer Aufmerksamkeit betrachtete Eigenschaft des Trinkwassersalzgehaltes ist seine Härte. Wasserhärte ist ein nur noch in der Werbung gebräuchliches Maß für einen bestimmten Aspekt der Wasserbeschaffenheit (siehe Abschn. 3.1.2.2) und summiert vor allem den Gehalt an Calcium- und Magnesiumionen, unter Umständen auch von Barium- und Strontiumionen. Gegenionen sind Hydrogencarbonat, Chlorid, Sulfat, Nitrat und weitere, wobei die so genannte Karbonathärte nunmehr ein Synonym für die Säurekapazität $K_{S4,3}$ ist.

Sehr intensiv und in zahlreichen epidemiologischen Studien ist die Frage untersucht worden, ob es einen Zusammenhang zwischen der Wasserhärte und dem Auftreten von Erkrankungen des Herzkreislaufsystems gibt (Arteriosklerose, Bluthochdruck, Herzinfarkt, Schlaganfall). Nach wie gilt überwiegend die bereits 1975 geäußerte Auffassung, dass die Wasserhärte keinen direkten Einfluss auf die Entstehung von Herz-Kreislauf-Erkrankungen hat (Amavis et al., 1975), ein Trinkwasser aus Talsperren also gesundheitlich genau so zuträglich ist wie hartes Grundwasser und deshalb WHO (2011) keinen gesundheitsbasierten Höchstwert für „Wasserhärte" enthält. Dennoch soll ein hartes Wasser nicht vollständig enthärtet werden. Eine Teilenthärtung bis in den Härtebereich B ist völlig ausreichend, um die befürchteten technischen Nachteile zu vermeiden, die, das sei betont, meistens auch ohne Enthärtung nicht beobachtet werden. Zu wasserchemischen Fragen geben Abschn. 3.1 und 3.2 Auskunft.

Erwähnenswert ist, dass in offenen Wasserleitungen (Aquädukte der Römer) eine CO_2-Ausgasung stattfindet, die eine Anhebung des pH-Wertes und Abscheidung von Kalksinter an den Wandungen zur Folge hat (Aquädukt-Marmor, siehe Grewe, 1992). In geschlossenen Kaltwasserleitungen kommt es dagegen so gut wie nie zu **Kalkablagerungen.** Kalk oder genauer Calcit (oder Aragonit bzw. Vaterit) scheidet sich nur auf oder an Kristallen ab. Hierzu sind Kristallkeime erforderlich, deren Bildung sehr leicht durch Huminstoffe oder Polyphosphate oder andere Wasserinhaltsstoffe blockiert (inhibiert) wird. Erst bei Erwärmung über 80 °C ist die Bildung von Kristallkeimen so hoch, dass es zu Ablagerungen kommt. Um dies beim Waschvorgang zu unterbinden, werden den Waschmitteln **Inhibitoren** (Polyphosphate oder Phosphatersatzstoffe) zugegeben. Das Wasch- und Reinigungsmittelgesetz schreibt vor, dass der Härte*bereich* (I bis IV oder A bis D) angegeben werden muss, um die Dosierung dem Bedarf anpassen zu können. Die Bezeichnung in Ziffern 1 bis 4 sollte vermieden werden, weil sie leicht mit Angabe zum Härte*grad* (s. o.) verwechselt wird.

Härtebereich	I (A): < 1,3 mmol/l Ca und Mg	II (B): 1,3 bis 2,5 mmol/l
	III (C): 2,5 bis 3,8 mmol/l	IV (D): > 3,8 mmol/l

Die **Ablagerungen** in Eisenrohren bestehen aus Eisenoxiden (Pusteln). In Bleirohren, verzinkten Eisenrohren bzw. Kupferrohren bestehen sie aus basischen Karbonaten der jeweiligen Metalle (siehe Abschn. 3.3). Der Anteil des Calcits an diesen Ablagerungen liegt im Bereich von nur wenigen Prozenten. Ablagerungen an tropfenden Wasserhähnen bestehen meist aus Calciumphosphaten, die schwer zu entfernen sind. Dagegen können Calcitablagerungen leicht mit Zitronensäure oder Essig entfernt werden.

10.7.2 Haushaltsfilter zur Wasseraufbereitung (Kleinfilter im Haushalt)

Haushaltsfilter arbeiten nach dem Prinzip der Adsorption (Aktivkohle), des Ionenaustausches (Harze) und der Umkehrosmose (Membranen), einzeln oder in Kombination. Dies sind die gleichen Verfahren, die auch bei der Aufbereitung von Rohwasser zu Trinkwasser eingesetzt werden. Die Leistungsfähigkeit beschränkt sich aber auf wenige Liter am Tag.

Einsatzbereich und -zweck dieser Geräte sind umstritten. Sofern sie Trinkwasser behandeln sollen, ist ihre Verwendung unnötig, es sei denn, die Verbraucher wollten Geruch oder Geschmack des Trinkwassers nach ihrem Gusto verändern. Probleme entstehen unter diesem Aspekt nur dann, wenn die Anbieter mit gesundheitlichen Argumenten werben. Hierzu ist festzustellen, dass die gesundheitlichen Risiken, die bei Trinkwasser, bei dessen Gewinnung, Aufbereitung und Verteilung die Regeln der Technik und die Vorgaben der TrinkwV beachtet werden, ohnehin sehr gering sind, nicht weiter vermindert werden können. Dagegen nimmt der Verbraucher ein zusätzliches Risiko durch diese Geräte in Kauf, das angesichts des fehlenden Nutzens und der Preise der Geräte unangemessen ist. In Einzelfällen ist sogar wegen der Rückhaltung von organischen Stoffen aus dem Wasser, die zur Vermehrung von Bakterien führen, vor Kleinfiltern im Haushalt zu warnen.

Die Geräte sollen auch bei Versorgung aus Hausbrunnen eingesetzt werden. Bei hohen Gehalten an Nitrat, Fluorid, Bor, Sulfat usw. im Rohwasser wären sie unter Umständen sogar gutzuheißen, wenn der Aufbereitungserfolg regelmäßig kontrolliert würde. Allerdings liefern solche Geräte pro Tag ohnehin nur wenige Liter, so dass sie die Versorgung des gesamten Haushalts mit einwandfreiem Trinkwasser keinesfalls sicherstellen könnten. Wenn das Brunnenwasser dann mikrobiell kontaminiert ist und infolgedessen kein einwandfreies Wasser zur Körperpflege oder für Lebensmittelzwecke zur Verfügung steht, kann dies rasch gefährlich werden.

Eine preiswertere Alternative wäre in diesen Fällen die Versorgung aus Kanistern mit einwandfreiem Trinkwasser aus dem Nachbarort.

Die Geräte werden oft aggressiv beworben (meist in Wellen, wenn z. B. ein Hersteller glaubt, eine Marktlücke erkannt zu haben oder eine solche behaupten zu müssen). Die zuständigen Gesundheitsbehörden sollten zur Zurückhaltung mahnen, ohne sich jedoch für oder gegen die Verwendung solcher Geräte zu positionieren. Nach TrinkwV muss alles Wasser für den menschlichen Gebrauch Trinkwasserqualität haben. 10 Liter einwandfreies Trinkwasser täglich sind für einen Haushalt viel zu wenig. Mindestens 100 Liter pro Tag und Person sind angemessen. Falls die benötigte Menge aus einem Gerät im Haushalt bezogen wird, muss es nach Bauart und Funktion mindestens den allgemein anerkannten Regeln der Technik genügen und entsprechend kontrolliert werden.

10.7.3 Physikalische Wasserbehandlung

Unter physikalischer Wasserbehandlung versteht man Verfahren, bei denen die Steinbildung z. B. durch permanentmagnetische, elektromagnetische, elektrostatische, elektrodynamische Felder, Wechselstromfelder oder Ionenaktivierung verhindert werden soll. In manchen Fällen wird auch ein Abbau von Korrosionsprodukten durch physikalische Wasserbehandlung behauptet. Solche Geräte werden seit vielen Jahrzehnten angeboten.

Weder bei den Herstellern und Anbietern solcher Anlagen noch in der wissenschaftlichen Literatur konnte eine plausible Hypothese für eine mögliche Wirkung gefunden werden, die im Einklang mit gesicherten naturwissenschaftlichen Erkenntnissen steht. Damit erübrigt sich auch jegliche Beurteilung in gesundheitlicher bzw. hygienischer Sicht. Jedenfalls kann nicht behauptet werden, die Geräte seien gesundheitlich unbedenklich, wenn die Grundlagen ihrer Wirkung unbekannt sind.

Umfangreiche Untersuchungen zur Wirkung hat die Stiftung Warentest durchgeführt (1985 und 2000). In Übereinstimmung mit anderen Untersuchungen (Wagner und Schmidt, 1985) wurde festgestellt, dass die dort untersuchten Geräte des älteren Typs wirkungslos waren. Danach zeigten Versuchsergebnisse keinen signifikanten Unterschied zwischen den Testläufen mit physikalischer Wasserbehandlung und denen, die ohne Behandlung als Vergleichsuntersuchungen mitliefen. Selbst beim Einsatz im Warmwassersystem war kein Effekt festzustellen.

Eine neuere Technik verwendet statt der Magnetfelder Patronen, die mit Kunstharzkügelchen oder mit Kohlenstoff gefüllt sind und die vom Wasser durchflossen werden. Dadurch soll ein Teil des im Wasser gelösten Kalks Kristalle bilden, an die sich weiterer Kalk anlagern könne (Kristallkeime, siehe zum Stichwort „Härte des Wassers"). So entstehen sehr kleine Kalkpartikel, die im Wasser mitschwimmen anstatt sich an den Wandungen niederzuschlagen. Bei diesen Geräten zeigt sich manchmal, keineswegs immer, die behauptete Hemmung der Steinablagerung, nicht jedoch eine Minderung der Korrosivität des Wassers. Nachteilig ist, dass Kohlenstoff oder Kunststoffpartikel an das Wasser abgegeben werden können oder tatsächlich abgegeben werden. Dies müsste durch konstruktive Maßnahmen verhindert werden.

Gelegentlich wurde einem „magnetisierten" Wasser die Fähigkeit zugeschrieben, gesundheitlich positive Effekte zu haben. Der Nachweis der Wirksamkeit wurde nicht mit Hilfe kontrollierter Studien geführt. Vielmehr werden hier wie auch in vielen anderen Fällen Einzelfallberichte als Beleg herangezogen. Derartige Einzelfallberichte sind jedoch nie geeignet, negative oder positive Wirkungen auf den Gesundheitszustand von Menschen zu belegen (siehe Stichwort „Trinkwasser als Arznei?", Abschn. 10.7.5).

In die gleiche Kategorie gehören auch Anlagen, die dem Wasser eine gewisse Drehung verschaffen wollen (levitiertes Wasser). Auch hier bestehen keine objektiv nachvollziehbaren positiven gesundheitlichen Effekte. Die behaupteten und sicherlich hier und da auch vorhandenen Besserungen sind im Einzelfall, der ja immer vorgezeigt wird, auf die bekannte Tatsache zurückzuführen, dass die meisten chronischen Krankheiten auch Phasen der spontanen Besserung aufweisen und vielleicht auch darauf, dass die Anwender (endlich) genügend Trinkwasser – nämlich mindestens 2 Liter am Tag – zu sich nehmen.

10.7.4 Salzgehalt (Mineralgehalt) des Trinkwasser und destilliertes Wasser

Der Salzgehalt des Trinkwassers, insbesondere der Gehalt an Natrium- und Chloridionen, entspricht in Deutschland den weit gefassten Vorgaben durch die DIN 2000 und ist selten Anlass für Fragen oder Diskussionen. Im Wesentlichen wird der Salzgehalt durch eine Begrenzung der elektrischen Leitfähigkeit (2500 µS/cm entsprechen etwa 2 g/l, siehe Abschn. 3.2) reguliert.

In Meeresnähe oder bei Grundwasser, das durch Salzstöcke beeinflusst wird, spielt die Frage, wie hoch der Salzgehalt des Trinkwassers sein darf, um noch als solches verwendet werden zu können, durchaus eine Rolle. Die Gegenfrage, ob ein Mindestgehalt an Mineralien im Trinkwasser verbleiben muss, könnte bei Wasser aus Trinkwassertalsperren eine Rolle spielen, ist aber gesundheitlich ohne Belang (siehe Härte des Wassers).

Der Salzgehalt des menschlichen Organismus ist im Vergleich zum Trinkwasser hoch und entspricht ungefähr einer 0,9 %igen Kochsalzlösung. Regelungsmechanismen des Organismus sorgen für die Konstanz der Mineralzusammensetzung innerhalb der Zellen und im Zwischenzellraum (sog. Homöostase). Dabei spielen die Nieren eine zentrale Rolle. Sie reagieren empfindlich auf Flüssigkeitsmangel und werden bei erhöhter Salzzufuhr verstärkt in Anspruch genommen.

Der Salzgehalt des Trinkwassers trägt bei der in Deutschland üblichen Ernährung nicht wesentlich oder nur in einem geringen Umfang zur Versorgung des menschlichen Organismus mit Mineralstoffen und essenziellen Spurenelementen bei. Abgesehen von besonders gelagerten Fällen, wie Hitzearbeiter, Hochleistungssportler oder Kranke, ist die mit der Nahrung aufgenommene Menge an Mineralien höher als der Bedarf und noch viel höher, als was über Trinkwasser aufgenommen werden könnte.

Der Flüssigkeitshaushalt des menschlichen Körpers ist eng mit dem Wasser- und dem Elektrolythaushalt verknüpft. Der Mineral- bzw. Elektrolytgehalt des Intrazellular- und des Extrazellularraumes unterscheiden sich erheblich. Extrazellulär sind die Calcium- und Natriumkonzentration hoch, intrazellulär sind es Kalium und Magnesium, die dort höher konzentriert sind als in der Extrazellulärflüssigkeit. Diese Konzentrationsgefälle werden durch aktive, energieverbrauchende Transportsysteme aufrechterhalten. Gleichzeitig werden auch die osmotische Konzentration und das Flüssigkeitsvolumen im Organismus aktiv geregelt. Die Regelbreite, d. h. die Fähigkeit simultan vorkommende Über- und Unterangebote auszugleichen, ist sehr groß. Mangel führt zu einer Absenkung der Ausscheidung auf fast 0, Überschüsse werden ausgeschieden.

Die in diesem Abschnitt zu berücksichtigenden Calcium-, Magnesium-, Natrium- und Kaliumionen gehören zu den Grundbausteinen aller Lebewesen und haben viele Funktionen.

Der **Calciumgehalt** des menschlichen Körpers beträgt etwa 1,2 kg oder 1,5 bis 2,2 % des Körpergewichtes. Davon sind 95 % im Skelett und 5 % in den Körperflüssigkeiten, vor allem extrazellulär, enthalten. Es besteht eine große Variabilität im Nahrungsangebot. Die Zufuhr selbst ist sehr viel höher als sie durch das Wasser sein könnte, ist im Vergleich zum Phosphatangebot der Nahrung jedoch oft zu niedrig. Überschüssiges Phosphat fällt das Ca^{2+} in Körper und Darm aus und verstärkt dadurch die Unterversorgung. Das Calciumphosphat lagert sich in Gelenken und Blutgefäßen ab („Verkalkung“).

Der **Magnesiumgehalt** des menschlichen Körpers liegt bei 21 g. Magnesiumionen sind Bestandteil der Intrazellularflüssigkeit. Störungen des Mg-Gleichgewichtes führen rasch zu akuten Vergiftungserscheinungen, sie sind jedoch nur durch einseitige oder Mangelernährung oder oral zugeführte Mengen, die auch Übelkeit, Erbrechen, Durchfall und Leibschmerzen verursachen, möglich.

Kalium befindet sich überwiegend in den Zellen. Erst nach peroraler Aufnahme großer Mengen sind die Regulationsmechanismen überfordert. Dosen ab 15g sind lebensbedrohend.

Natrium befindet sich überwiegend außerhalb der Zellen. Erst nach peroraler Aufnahme sehr großer Mengen, die z. B. nach Trinken von Meerwasser und bei Kindern durch die Aufnahme von Tafelsalz vorgekommen sind, sind die Regulationsmechanismen überfordert.

Der vom Salzgehalt des Trinkwassers abhängige Geschmack beeinflusst die Akzeptanz des jeweiligen Wassers. Es wird behauptet, etwas salzreicheres Wasser schmecke besser als eines mit einem niedrigen Salzgehalt. Die Beeinträchtigung des Geschmacks durch zu niedrigen oder zu hohen Salzgehalt kann zur Folge haben, dass die direkt, ohne weitere Verarbeitung, zur Deckung des Flüssigkeitsbedarfes konsumierte Menge sinkt. In Verbindung mit einer Mangelernährung kann bei einzelnen Personen daraus ein Defizit bei der Flüssigkeitsaufnahme resultieren. Besonders gefährdet sind ältere Menschen, weil diese ohnehin oft nur sehr wenig essen und dazu neigen, zu wenig Flüssigkeit aufzunehmen. Kommt es soweit, ist der beeinträchtigte Geschmack mehr als eine einfache Belästigung.

Entsalztes und demineralisiertes Wasser erfüllt die Anforderungen der Trinkwasserverordnung, aber nicht die der DIN 2000. Ein mehr oder weniger mineralienhaltiges Trinkwasser entspricht den Bedingungen, unter denen sich die Evolution vollzogen und an die das menschliche Leben angepasst ist. Das berücksichtigt die DIN 2000, wenn sie über die Minimalanforderungen der Trinkwasserverordnung hinausgeht. So sind die Mineralien im Trinkwasser, soweit sie vom menschlichen Organismus für die Regelung seiner Physiologie und für den Aufbau des Körpers benötigt werden, nicht überflüssig, vorausgesetzt die zulässigen Konzentrationen sind nicht überschritten. Unter den in Deutschland gegebenen Ernährungsbedingungen ist ihre Anwesenheit im Trinkwasser dennoch nicht erforderlich.

Auch die Frage, ob im Trinkwasser unter Umständen hohe Salzkonzentrationen in Kauf genommen werden dürfen, hat Bedeutung. Der menschliche Körper ist an eine vergleichsweise geringe Salzzufuhr mit der Nahrung und dem Trinkwasser angepasst. Die meisten anorganischen und organischen Verbindungen und Ionen werden in den Nieren wie auch im Magen-Darm-Kanal durch energieverbrauchende aktive Prozesse entgegen dem Konzentrationsgefälle in Richtung Primärharn und Darminhalt innerhalb des Körpers zurückgehalten oder rückresorbiert. Die Rückresorptionsquote für anorganische Ionen liegt normalerweise zwischen 95 % und 98 %.

An hohe **Salzzufuhren**, insbesondere von Kochsalz, von außen besteht beim Menschen – wie bei vielen Landlebewesen – keine vergleichbar wirksame Anpassung. Länger anhaltende Salzzufuhren, die weit über dem natürlich vorkommenden Salzgehalten von Nahrung und Trinkwasser (und deren ebenfalls natürlicher Schwankungsbreite) liegen, belasten die Regulationsmechanismen des Organismus erheblich. Insbesondere zwischen einer hohen Chloridzufuhr und Erkrankungen des Herz-Kreislaufsystems (**Bluthochdruck** und seine Folgen) sind in zahlreichen experimentellen und epidemiologischen Studien Zusammenhänge gefunden worden. Es gibt aber auch Erhebungen, die diesen Zusammenhang nicht bestätigen konnten.

Anhaltspunkte für einen Zusammenhang zwischen einem hohen Kochsalz- bzw. Chloridgehalt des Trinkwassers und erhöhten Blutdruck beim Menschen gibt es dagegen nicht. Es gibt allerdings auch kaum Beobachtungen über die Folgen einer langfristigen Aufnahme von Trinkwasser mit hohem Chloridgehalt auf das Herz-Kreislaufsystem.

Als Langzeiteffekte nach oraler Zufuhr von Trinkwasser mit hohem Salzgehalt sind aus physiologischen Gründen nur Störungen bei der Natrium- und der Wasserbilanz vorstellbar, weil ein exogen herbeigeführtes Ungleichgewicht bei anderen Ionen entweder sehr schnell zur akuten Störung lebenswichtiger Funktionen führen muss, wie z. B. beim Mg, oder die Kapazität zur Aufrechterhaltung der Balance groß ist, wie z. B. beim Ca.

Aus physiologischen Gründen ist es kaum möglich, dass der Salzgehalt des Trinkwassers direkt die Anionenkonzentration im inter- und intrazellulären Raum beeinflusst.

Wasser hat nur bei Mangelernährung eine **Bedeutung für den Mineralhaushalt** des Körpers. Dann kann es sinnvoll sein, dem Trinkwasser Mineralien zuzusetzen. Jedoch sind von einer verbesserten Ernährung die stärkeren Effekte zu erwarten.

Wasser mit einer Beschaffenheit in der Nähe von **destilliertem Wasser** belastet den Elektrolythaushalt des Körpers und das Ausscheidungsorgan Niere nur unwesentlich mehr als Trinkwasser, das der DIN 2000 entspricht. Ein besonderes Gesundheitsrisiko geht vom demineralisierten Wasser nicht aus, es sei denn, es würden übermäßige Mengen (nicht nur 2, sondern mehrere Liter täglich) davon getrunken.

Wasser mit niedrigem oder hohem Salzgehalt schmeckt nicht, der individuelle Konsum von derartigem Trinkwasser als Getränk sinkt, was bei gleichzeitigem Nahrungsmangel Flüssigkeitsmangel und daran anschließend Verursachungsketten mit Schädigung der Gesundheit des Menschen zur Folge haben kann.

Hoher Salzgehalt erfordert höhere Flüssigkeitszufuhr, und führt zu größerer Harnmenge. Bei Mangelernährung können neben dem Flüssigkeitsmangel über Ungleichgewichte bei der Mineralienzufuhr auch Defizite im Mineralstoffhaushalt verschärft werden.

10.7.5 Trinkwasser als Arznei?

In diesem Abschnitt geht es um Trinkwässer,

1. die einer Nachbehandlung unterworfen worden sind, ohne dadurch die Trinkwassereigenschaft verloren zu haben, und
2. denen die Zusatzbehandlung Eigenschaften verliehen haben soll, die die Besserung und Heilung von Krankheiten förderten.

Befasst man sich mit den direkten Wirkungen des Faktors Trinkwasser auf die Gesundheit des Menschen, ist zu berücksichtigen, dass ein Mensch zum einen zu mindestens 60 % aus Wasser besteht und Wasser zum anderen einzigartige chemische und physikalische Eigenschaften hat.

Diese ermöglichen, dass Wasser dem menschlichen Organismus als einziges und universelles Lösungsmittel dient, das für echte und für kolloidale Lösungen und für alle Stoffwechsel- und Transportprozesse benötigt wird. Es ist auch das Kühlmittel, das dem Menschen ein körpereigenes Kühlsystem und dadurch körperliche Arbeit auch bei hoher Umgebungstemperatur ermöglicht.

Der Wasserhaushalt des Menschen ist für den sparsamen Umgang mit dem Medium eingerichtet. Die Ausscheidung von für den Organismus schädlichen Stoffwechselendprodukten und nicht verwertbaren Nahrungsbestandteilen erfolgt in Form kolloidaler Lösungen (Urin, Galle) und Emulsionen (Kot). Die Wasserabgabe in Form von Schweiß kann sehr hoch sein und hängt von der körperlichen Leistung und dem umgebenden Klima ab. Auch kalte trockene Luft führt zu beachtlichen Wasserverlusten des Körpers. Schließlich darf die mit der Atemluft ausgeschiedene Wassermenge nicht vernachlässigt werden. Die Ausatmungsluft ist wasserdampfgesättigt. Die Menge der geatmeten Luft (z. B. als Atemminutenvolumen gemessen) und damit die so ausgeschiedene Wassermenge steigen mit der Stoffwechselleistung, also etwa mit der körperlichen Belastung, aber auch bei Fieber und manchen Krankheiten. Das ausgeschiedene Wasser muss ersetzt werden.

Das vom Organismus benötigte Wasser kann in sehr unterschiedlicher Form aufgenommen werden. Ein bestimmter Anteil ist immer in der Nahrung enthalten. Zusätzlich nimmt der Mensch Wasser in Form der verschiedensten Getränke zu sich. In diesem Sinne ist Trinkwasser eines der möglichen Getränke. Auch destilliertes Wasser ist im Prinzip geeignet. Eine Notwendigkeit für die Aufnahme einer bestimmten Menge Flüssigkeit in Form von Trinkwasser besteht nicht.

Die täglich notwendige Wasseraufnahme in der beschriebenen Form schwankt verständlicherweise innerhalb eines weiten Bereiches. Der tägliche Wasserumsatz eines gesunden Menschen, der nur wenig körperliche Leistung erbringt und in der gemäßigten Klimazone lebt, beträgt im Durchschnitt 2,5 l Wasser. Dieser Bilanzbetrachtung liegt eine orale Flüssigkeitsaufnahme in Form von Getränken von nur 1,2 l zugrunde. Diesem unteren Bereich des Wasserumsatzes stehen zweistellige Literzahlen bei Menschen gegenüber, die körperliche Höchstleistungen in heißem Klima erbringen.

Nach neueren Erkenntnissen trinken viele, vor allem aber ältere Menschen über mehr oder weniger lange Zeiträume nicht genug. Treten in solchen Fällen körperliche Beschwerden und Leiden auf, ist natürlich eine höhere Flüssigkeitszufuhr hilfreich und effektvoll. Sie allein kann schon zur Besserung führen. So verbessert die Erhöhung der Flüssigkeitszufuhr nach vorausgegangenem Mangel viele Funktionen, insbesondere die Kreislaufverhältnisse und die Nierenfunktion. Oft folgt dem Trinken von einem Glas Wasser unmittelbar ein deutlicher vorübergehender Blutdruckanstieg.

Für diese Phänomene ist es ohne Bedeutung, in welcher Form das Trinkwasser aufgenommen wird. Neben dem normalerweise bereitgestellten Trinkwasser sind auch entsalzte, magnetisierte, levitierte oder mit Sauerstoff angereicherte Wässer in dieser Hinsicht wirksam. Die Wirkung beruht aber weder auf der „Magnetisierung“ noch auf der „Levitierung“ noch auf dem Gehalt an Sauerstoff, sondern einzig und allein auf der Menge Wasser, die eingenommen wird.

Auch der **Mineralgehalt** des Trinkwassers (entsalzt, salzarm oder mineralhaltig) ist nebensächlich und für den körpereigenen Mineralhaushalt unter normalen Ernährungsbedingungen ohne Bedeutung. Die durch körpereigene Regelungsmechanismen sehr genau eingestellte Osmolalität (Homöostase) des Organismus, seiner Zellen und Körperflüssigkeiten, ist sehr viel höher als die des Trinkwassers oder der zugeführten Getränke. Die Differenz muss vom Organismus ausgeglichen werden. Die dafür infrage kommenden anorganischen und organischen Stoffe stammen aus der Nahrung.

Werden allerdings sehr hohe Mengen an Trinkwasser oder wässrigen Flüssigkeiten aufgenommen, kann es zum Absinken der Osmolalität kommen. Der sich einstellende Krankheitszustand wird als Wasservergiftung bezeichnet, ein Krankheitsbild, das infolge oralen Flüssigkeitsersatzes bei schweren Durchfallerkrankungen (Cholera) und bei Wasserausscheidungsstörungen der Nieren entstehen kann, das auch aus der Gewerbe- und der Sportmedizin bekannt ist, und dem mit Ausnahme der Nierenerkrankung durch die Zuführung entsprechender Substanzgemische vorgebeugt werden kann. Das Krankheitsbild der Wasservergiftung wird von der Schwellung der Zellen im Gehirn bestimmt.

Auch beim Kontakt der Körperaußenflächen mit Trinkwasser, wie er beim Baden, der Körperpflege und in Form von Wasserdampf und Aerosolen auch mit den Atemwegen zustande kommt, wird die Homöostase aufrechterhalten. Der Ausgleich der Osmolalität erfolgt während der Resorption des Wassers. Lang anhaltender Kontakt der Haut mit Wasser führt zum Aufquellen der oberen Epidermisschichten. Es bildet sich die Waschhaut, die sich nach Beendigung des Kontaktes schnell rückbildet. Die chemische Beschaffenheit des Wassers, das im Kontakt mit der Haut steht, spielt dabei kaum eine Rolle, solange die in der TrinkwV angegebenen Grenzwerte nicht oder nur marginal überschritten sind. Der Einfluss der Inhaltsstoffe des Trinkwassers, mit Ausnahme mancher toxischer Stoffe, wird im System Haut/Trinkwasser abgepuffert.

Abgesehen vom Mangel und von den Effekten bei großer Belastung über hohe Trinkmengen oder lang andauernden Kontakt hat zugeführtes Trinkwasser, das chemisch wenig reaktionsfreudige und neutrale Wasser selbst und die nur in sehr geringer Menge vorhandenen Inhaltsstoffe, keinen Einfluss auf die Physiologie und die Gesundheit des Menschen. Es gibt auch keine Beobachtungen über allergische Reaktionen oder andere Überempfindlichkeiten, die durch Trinkwasser ausgelöst werden können.

Hin und wider wird nun behauptet, dass es neben den beschriebenen wasserbezogenen Effekten noch spezifisch heilende Effekte des Trinkwasser gäbe, vorausgesetzt das Wasser wurde zuvor einer bestimmten Prozedur unterworfen.

Dazu gehören z. B. das Magnetisieren und das Levitieren von Wasser (Abschnitt „Physikalische Wasserbehandlung“), die Forderung nach total entsalztem Wasser, um den Körper zu „reinigen“ (Abschnitt Salzgehalt und destillierte Wasser) und auch mit Sauerstoff „angereichertes“ Wasser.

Für solche Produkte wird gelegentlich mit irreführenden Argumenten geworben. Eines davon ist die Vorstellung von Einzelpersonen, deren Leiden sich nach der Anwendung des beworbenen Produktes entscheidend gebessert habe. Bewusst oder unbewusst wird hier das Faktum genutzt, dass länger dauernde und chronische Krankheiten in Wellen verlaufen. Phasen der Besserung werden von ungünstigen Abschnitten des Verlaufes abgelöst. Kranke konsultieren naturgemäß ihren Arzt oder andere Helfer weitaus häufiger während einer Phase der Verschlechterung, so dass es häufig vorkommt, dass die Durchführung bestimmter therapeutischer Maßnahmen mit Phasen der Besserung zusammenfällt, ohne ursächlich hierzu beizutragen.

Wenn man danach sucht, wird man immer Menschen finden, bei denen ein zeitliches Zusammentreffen von eingeleiteter „Behandlung“ mit dem speziell behandelten Trinkwasser mit dem Abklingen der Krankheitserscheinungen beobachtet werden konnte. Insoweit sind solche Berichte nicht a priori anzuzweifeln. Jedoch beweisen solche Einzelbeobachtungen eben nicht den kausalen Zusammenhang zwischen der ergriffenen Maßnahme – z. B. Trinkkur mit sauerstoffangereichertem Wasser – und der Besserung eines Leidens. Klarheit könnten nur kontrollierte Studien schaffen, die jedoch im hier beschriebenen Zusammenhang noch nie vorgelegt worden sind oder werden konnten.

10.7.6 Positive Definition des Trinkwassers

Die Schwierigkeiten einer exakten Definition des Trinkwassers wurden in Abschn. 10.4.1 beschrieben. Auch wenn die regionalen Besonderheiten, die sich in der Analyse des Trinkwassers widerspiegeln, gewahrt werden sollen und daher eine durch Inhaltstoffe gekennzeichnete Definition nicht in Frage kommt, sollte es dennoch möglich sein, eine positive Definition des Trinkwassers zu finden. Vielfach wird hierzu der Begriff **„Informationsgehalt“** verwendet und unterstellt, die besondere Struktur der Wassermoleküle trage bestimmte Informationen, die durch seine technische Behandlung (Wasseraufbereitung) zunichte gemacht würden. Eine wissenschaftliche Grundlage für diese Annahme gibt es nicht. Die Mineral- und Tafelwasserverordnung berücksichtigt sie indirekt in Form der Anforderung, ein natürliches Mineralwasser müsse ursprünglich rein sein. Dennoch unterliegt auch es einer technischen Behandlung, Abfüllung, Lagerung und Transport, die seine ursprüngliche Reinheit im zulässigen Rahmen beeinträchtigen. Des Weiteren wird von **„energiereichem Wasser“** gesprochen, das auch nach Wochen der Lagerung rein bleibe. Dieses Phänomen lässt sich eher erklären. Es beruht nicht auf einem „Energiegehalt“, sondern auf dem Fehlen mikrobiologisch verwertbarer organischer Stoffe (Parameter AOC, siehe Abschn. 9.4). Dabei ist es gleichgültig, ob das Wasser von Natur aus wenig AOC enthält oder ob ihm diese bei der Aufbereitung entzogen werden. AOC ist kein Parameter der TrinkwV, könnte aber in Zukunft ein wichtiger Parameter werden.

In den Bereich der positiven Definition fällt auch die **Tropfbildmethode** nach Theodor Schwenk. Es wird das Bild photographisch festgehalten, das fallende Tropfen (aqua dest., alle 5 s) in einer dünnen Schicht (1,1 mm) einer Mischung aus der Wasserprobe und 13 % Glycerin erzeugen. Einflussgrößen sind Viskosität, Dichte und Oberflächenspannung. Es entstehen sehr ansprechende Bilder, die z. B. Unterschiede zwischen belastetem und unbelastetem Oberflächenwasser erkennen lassen. Insofern handelt es sich um eine Indikatormethode, deren Durchführung allerdings eine Spezialapparatur und mit der Methode vertraute Personen erfordert. Die Faszination der Tropfbildmethode liegt in der Vielfalt der Strukturen und Wirbel, die der fallende Tropfen in der Wasserprobe mit Glycerin-Zusatz erzeugt. Allgemein soll durch die Tropfbildmethode die Offenheit des Wassers für gestaltbildende Kräfte dargestellt werden. Insofern besteht eine Verwandtschaft zu weiteren bildschaffenden Untersuchungsmethoden (Empfindliche Kristallisation nach E. Pfeiffer, Steigbildmethode nach L. Kolisko), die im Zusammenhang mit der Anthroposophie Rudolf Steiners entwickelt worden sind. Die Bilder sind jenseits aller Nüchternheit von Zahlen einer Wasseranalyse ein visuelles Erlebnis, das die Vorstellungskraft der Menschen besonders anspricht (Schwenk, 2001).

10.7.7 Privatisierung und Wettbewerb in der Wasserversorgung

Unter Privatisierung wird der Übergang von der kameralistischen Buchführung zu Strukturen einer Kapitalgesellschaft verstanden, unabhängig davon, wer Eigentümer der Kapitalgesellschaft bleibt. Damit verbunden ist ein verstärkter Wettbewerb, der sich in einen Wettbewerb „um den Markt“ und einen „im Markt“ aufteilen lässt.

Leider wird beim Begriff Wettbewerb nur an die monetäre Bewertung einer Leistung gedacht. Dies ist aber eine sehr eingeschränkte Sichtweise der Dinge, denn einerseits gibt es noch weitere Bewertungsansätze, wie z. B. Gesundheits- und Umweltschutz, und andererseits muss Wettbewerb nicht nur auf der Ebene der Preisgestaltung, sondern auch auf der Ebene der Organisationsformen und der Festsetzung von Standards stattfinden.

Beim **Wettbewerb um den Markt** geht es um Einfluss auf die Kapitalgesellschaften bis hin zur Übernahme der Mehrheit. Dem steht entgegen, dass die Wasserversorgung eine nach Artikel 28 Grundgesetz garantierte Selbstverwaltung der Kommunen ist. Die Kommunen müssen unter allen Umständen die Möglichkeit behalten, Organisationsformen zu ändern und neu zu strukturieren, um dieser Aufgabe gerecht zu werden. Im Einzelfall kann es ausreichen, die Weisungsbefugnis in Bezug auf die Ziele der Wasserversorgung und die Verwendung von Ressourcen zu behalten. Beim Wettbewerb um den Markt geht es nicht nur um das Tätigkeitsfeld Trinkwasserversorgung, denn die Rohre lassen sich auch für andere Zwecke verwenden, z. B. zur preiswerten Verlegung von Glasfaserkabeln. Damit werden andere Tätigkeitsfelder für die Wasserversorger erschlossen, nämlich die Informationstechnologie.

Beim **Wettbewerb im Markt** soll es den Marktteilnehmern erlaubt sein, ihr Produkt (z. B. Trinkwasser) auch gegen den Willen des Versorgungsunternehmens in ein Rohrnetz einzuspeisen, um es an anderer Stelle den Verbrauchern preiswerter anbieten zu können. Der regulative Aufwand für diese Form des Wettbewerbs ist enorm, denn es müsste sichergestellt werden, dass sich das eingeleitete Wasser mit dem sonstigen Wasser im Netz verträgt (siehe z. B. DVGW W 216). Diese Form des Wettbewerbs, der auch als Durchleitung oder Liberalisierung bezeichnet wird, hat bei der Wasserversorgung keine Berechtigung.

Es ist kein Prinzip erkennbar, wonach Wettbewerb und Gesundheitsschutz ein Gegensatzpaar bilden müssten. Andererseits ist es eher realistisch anzunehmen, dass bei einem liberalen Wettbewerb Aufgaben des Gesundheitsschutzes aufgegeben werden, meist weil der monetären Bewertung ein Primat eingeräumt wird. Die Hygiene hat daher durchaus Interesse, sich an einer Diskussion „Wettbewerb und Gesundheitsschutz“ zu beteiligen, um herauszufinden, wo sie ihre Vorstellungen einbringen muss, um dem Gesundheitsschutz der Bevölkerung Geltung zu verschaffen und monetäre Bewertungen zurückzudrängen. Beispiele sind:

- Anstrengungen zur Vermeidung von Kontaminationen im Einzugsgebiet; Schutz der Ressourcen;
- Reinheitsanforderungen an Aufbereitungsstoffe;
- Technische Anforderungen an Rohrnetzpflege, Speicherung und Transport von Trinkwasser;
- Vermeidung von Desinfektionsnebenprodukten.

Die Umstände des Einzelfalls (die Beschreibung des konkret „Machbaren“), die Zahlungsbereitschaft der Verbraucher, die öffentlichen Erwartungen und die so genannte Kundensouveränität sind Elemente, welche die Anforderungen der Hygiene wesentlich beeinflussen. Empfehlenswert ist es, diese Elemente im Sinne der Hygiene in einem Vertrag mit dem Betreiber zu berücksichtigen und dabei auch die Weisungsbefugnis der Kommune zu bewahren.

Einzelentscheidungen nur auf kommunaler Ebene oder nur auf der Ebene der Überwachungsbehörden oder nur auf der des Gesetzgebers scheinen der Aufgabe nicht gerecht zu werden. Geeignet erscheint vielmehr ein ganzheitlicher Ansatz, gegliedert nach Makro-, Meso- und Mikroebene (Breithaupt et al., 1998):

- Die makroökonomische Ebene (*Makroebene*) umfasst generelle Richtlinien und Wirtschaftsordnungen sowie Gesetze und Verordnungen, welche die Rahmenbedingungen regeln;
- der *Mesoebene* sind Institutionen und Organisationen zuzuordnen, die intermediäre, katalytische, moderierende Aufgaben wahrnehmen, wie z. B. Stiftung Warentest, Umweltbundesamt, DVGW oder Bürgerinitiativen;

- die mikroökonomische Ebene (*Mikroebene*) stellt den einzelwirtschaftlichen Bereich dar.

Fordert man, dass in allen **drei Ebenen Wettbewerb** stattfinden muss, um neuen, kreativen Lösungsansätzen Wirkung zu verschaffen, dann vermeidet man den Fehler, Wettbewerb auf die mikroökonomische Ebene zu beschränken und allein nach monetären Gesichtspunkten zu werten und zu bewerten. Man erreicht auch, dass monetäre Wettbewerbsvorteile relativiert werden, wenn dadurch Nachteile z. B. beim Gesundheitsschutz oder dem Umweltschutz verbunden sind. Hierüber haben die Institutionen der Mesoebene zu wachen, die ihrerseits im Wettbewerb um die besten Lösungsansätze für Hygiene, Vermeidung und Kooperation stehen müssen.

10.7.8 Kosten der Wasserversorgung

Ohne im Detail auf die Kosten der Wasserversorgung einzugehen, sei doch darauf hingewiesen, dass die Kosten des Ressourcenschutzes, der Wassergewinnung und der Aufbereitung den geringsten Teil der Gesamtkosten ausmachen, während die **Kosten der Wasserverteilung** (Rohrnetz) den weitaus größten Teil (über 70 %) in Anspruch nehmen. Hinzu kommen die **Kosten des Wassergebrauchs** (private Einrichtungen in Bädern, Toiletten und Küchen), die gleichfalls erheblich sind, jedoch mit dem Vorteil einer individuellen Gestaltung.

Wenn auch die Kostendiskussion aus Sicht der Hygiene geringere Bedeutung hat, so ist sie doch mit aller Entschiedenheit zu führen, wenn behauptet wird, Forderungen der Hygiene würden zu einer unangemessenen Erhöhung der Kosten der Wasserversorgung führen. Ein Beispiel für die vertretbaren Kosten zur Erhöhung der Standards ist die Zusammenarbeit der Wasserversorgungswirtschaft mit der Landwirtschaft. Durch sie konnte mit einem Kostenaufwand von etwa 0,5 % der Gesamtkosten der Schutz des Grundwassers vor nachteiligen Einflüssen der Landwirtschaft erheblich verbessert und z. B. ein strenger Grenzwert für Pestizide durchgesetzt werden.

Werden die Anforderungen herabgesetzt, um Kostenvorteile zu erringen, wird die **Akzeptanz des Trinkwassers** aufs Spiel gesetzt und die Verbraucher werden zu einer Erhöhung des Bezugs von abgepacktem Wasser gedrängt. Der tägliche Bedarf an Trinkwasser beträgt etwa 120 Liter, davon für Speisen und Getränke etwa 3 Liter je Einwohner. Der Verbrauch an Mineralwasser beträgt (Ende der 1990er-Jahre) im Durchschnitt je Einwohner 0,3 Liter täglich. Auf diesem Niveau sind die Ausgaben je Kopf für Trinkwasser einerseits (120 Liter) und Mineralwasser andererseits (0,3 Liter) etwa gleich hoch. Würde die Akzeptanz für Trinkwasser zurückgehen, dann würde die Kostenbelastung der Verbraucher bis auf das Zehnfache steigen (worst case). Dieser Vergleich zeigt, wie kostengünstig und volkswirtschaftlich notwendig hohe Anforderungen an das Trinkwasser sind.

Diese Überlegungen gelten nicht nur für die Industriestaaten, sondern auch für weniger entwickelte Länder (Cotruvo, 2000). Immer führt der Aufbau eines intakten Rohrnetzes und die Versorgung mit einwandfreiem Trinkwasser auf festen Leitungswegen zu einer **Kostenentlastung** für die Verbraucher, die sonst auf abgepacktes Wasser oder das Angebot von Wasserverkäufern angewiesen wären. Die Tendenz von Großkonzernen, in Entwicklungsländern abgepacktes Wasser anzubieten, muss als Fehlentwicklung gebrandmarkt werden und ist allenfalls als Zwischenstufe bis zum Aufbau einer intakten Wasserversorgungsanlage akzeptabel. Aber selbst dann ist es preiswerter und hygienisch sicherer, auf privater Ebene Regenwasser zu sammeln und zu Trinkwasser aufzubereiten.

10.7.9 Regenwasser

Die Trinkwasserversorgung erfolgt aus Grundwasser (in Deutschland zu 70 %), Uferfiltrat und Talsperren. Allen Ressourcen gemeinsam ist, dass sie aus Regenwasser gespeist werden. Mit anderen Worten, die Trinkwasserversorgung durch das Wasserwerk verbraucht keine unwiederbringliche, sondern eine „wiederbringliche" Ressource. In einigen Fällen wird jedoch das örtliche Dargebot überfordert mit der Folge, dass der Grundwasserspiegel fällt und Bäume vertrocknen. Inzwischen ist in städtischen Gebieten auch das Gegenteil zu beobachten, dass nämlich zu viel Regenwasser künstlich versickert wird, mit der Folge, dass Nässeschäden an Bäumen und Gebäuden auftreten.

Ein Eingriff in dieses komplexe Geflecht kann unter Umständen das Gegenteil der gewünschten Wirkung erbringen. Dennoch wird die Regenwassernutzung aus dem verständlichen Grund propagiert, Ressourcen zu schonen und die Privatinitiative in den Umweltschutz einzubinden. Meist handelt es sich dabei um die Speicherung von Dachablaufwasser und dessen Verwendung als Betriebswasser für die Toilettenspülung und die Waschmaschinen.

Eine Neubewertung (Grohmann et al., 2001) der Chancen und Risiken dieser Form der Wasserversorgung hat ergeben, dass sie **kein verallgemeinbares Konzept** zur Verbesserung des Wasserhaushalts darstellt. Insofern entfällt auch die fachliche Begründung für ihre Förderung mit öffentlichen Mitteln. Im städtischen Bereich könnten nur 2 % des Trinkwassers eingespart werden, weil schon die Dachflächen für mehr nicht ausreichen. Im ländlichen Bereich kann das Regenwasser besser im Garten oder in der Landwirtschaft verwendet werden.

Die TrinkwV sorgt hier insofern für Klarheit, wie alles Wasser für den menschlichen Gebrauch Trinkwasser sein muss. Es wird auch ein Anschluss mit **Trinkwasser an der Waschmaschine** zwingend vorgeschrieben, während ein Anschluss mit Dachablaufwasser allenfalls zusätzlich über ein zweites (kostspieliges) Rohrnetz und unter der ausschließlichen Verantwortung des Betreibers installiert werden darf (siehe § 2 Abs. 2 und § 17 Abs. 6 TrinkwV). Außerdem besteht Anmeldezwang (§ 13 Abs. 4 TrinkwV), was den Gesundheitsämtern die Suche nach Kurzschlüssen zwischen Trinkwasser und Abwasser erleichtern soll, falls erhöhte Werte von KBE oder sogar von *E. coli* im Versorgungsnetz gefunden werden. Nicht selten sind Regenwassernutzungsanlagen Ursache solcher Funde, weil sie vorschriftswidrig durch nicht freien Auslauf nach DIN 1988 vom Trinkwassernetz getrennt eingerichtet wurden.

Von Bedeutung ist es dagegen, Speichervolumen vorzuhalten (**Regenrückhaltung**; Regenbewirtschaftung), um die Spitzen von Starkregen abzufangen und bei Mischkanalisation das Ausspülen von Schwarzwasser in die Gewässer bzw. bei Trennkanalisation eine Überlastung der Kläranlagen zu vermeiden. Hierzu ist es aber nicht erforderlich, ein zweites Rohrnetz in den Gebäuden mit all seinen hygienischen Risiken zu installieren. Das gespeicherte Regenwasser kann entweder versickert werden oder, wenn dies nicht erwünscht ist, allmählich in die Kanalisation abgegeben werden, was die gefürchteten Regenwasserspitzen vermeidet.

Die Nutzung von Dachablaufwasser über ein zweites Rohrnetz in Wohnhäusern ist auch im **internationalen Vergleich** weder technisch noch gesundheitlich sicher (Anonymus, 2010). In Gegenden mit Wassermangel käme es eher darauf an, das Dachablaufwasser zu Trinkwasser aufzubereiten, das Trinkwasser in den Häusern über nur ein Rohrnetz zur Verfügung zu stellen und die hohen Kosten für ein zweites Rohrnetz einzusparen. Diese Form der Trinkwasserversorgung ist weltweit üblich und wird „Rainwater Harvesting" genannt.

Die **Zusammensetzung** von Dachablaufwasser wird durch die Stoffe resp. Materialien geprägt, die es als Regenwasser aus der Atmosphäre und von seinen Ablaufflächen aufgenommen hat. Dazu gehören insbesondere die mikrobiologisch hochriskanten Exkremente von Vögeln und Kleintieren. In Reinluftgebieten ist für den pH-Wert der CO_2-Gehalt der Luft bestimmend (pH 5,5, siehe Abschn. 3.2). In südlichen Ländern überlagert sich der Gesteinsstaub (pH 6 bis 8) und in nördlichen der Gehalt an SO_2 (pH senkend) und an NH_3 (pH erhöhend; meist resultiert ein pH unter 5). Um der TrinkwV zu entsprechen, muss Dachablaufwasser/Reegenwasser immer desinfiziert und über ein Filter mit Calciumcarbonat (Calcit-Filter) geleitet werden (pH 7,7 und höher).

10.8 Literatur

Abke, W., Engel, M., Post, B. (1997): Bor-Belastung von Grund- und Oberflächenwasser in Deutschland. Vom Wasser, *88*, S. 257–271.

Allen, B. C. et al. (1996): Benchmark Dose Analysis of Developmental Toxicity in Rats Exposed to Boric Acid. Fundam. Appl. Toxicol., *32*, 2, S. 194–204.

Amavis, R., Hunter, W. J., Smeets, J. G. (Hrsg.) (1975): Hardness of Drinking Water and Public Health, Proceedings of the European Scientific Colloquium of the Commission of the European Communities. Pergamon Press.

Amelung, W. und G. Hildebrandt, G. (1985): Balnoeologie und medizinische Klimatologie. Springer Verlag, Berlin, Heidelberg.

Andelman, J. B., Süss, M. J. (1970): Polynuclear aromatic hydrocarbons in the water environment. Bull. World Health Organization, *43*, S. 479–508.

Anderson, D. (1996): Antioxidant defenses against reactive oxygen species causing genetic and other damage. Mut. Res., *350*, S. 103–108.

Anonymus (1994): Final Report on the Safety Assessment of Sodium Bromate and Potassium Bromate. J. Amer. Coll. Toxicol., *13*, S. 400–414.

Anonymus (1999): Selen und seine anorganischen Verbindungen. In: Greim, H. (Hrsg): Gesundheitsschädliche Arbeitsstoffe, Weinheim Loseblattsammlung.

Anonymus (2010): Coomera Cross-Connection Incident. Health Stream, *57*, S. 1–4 (www.wqra.com.au).

Araya, M., McGoldrick, M. C., Klevay L. M., Strain J. J., Robson P., Nielsen F., Olivares M., Pizarro F., Johnson L. A. and Poirier K. A. (2001): Determination of an acute no-observed-adverse-effect level (NOAEL) for copper in water. Regul Toxicol Pharmacol 34(2): S. 137–145.

ASTDR (1993): Toxicological profile for florides – Agency for Toxic Substances and Disease Registry [TP-91/17].

Attias, L. et al. (1995): Trihalomethanes in drinking water and cancer-risk assessment and integrated evaluation of available data, in animals and humans. The Science of the Total Environment, *171*, S. 61–68.

Barbin, A. (2000): Etheno-adduct-forming chemicals: from mutagenicity testing to tumor mutation spectra. Mutat. Res., *462*, S. 55–69.

Barczewski, B., Käss, W., Schmid, G., Werner, A. (1996): Neue Moeglichkeiten und Anwendungen der Grundwassermarkierungstechnik. Wasserwirtschaft, *86*, S. 20–24.

Benderdour, M., Bui-Van, T., Dicko, A., Belleville, F. (1998): In Vivo and In Vitro Effects of Boron and Boronated Compounds. J. Trace Elements Med. Biol., *12*, S. 2–7.

Berthold et al., (1998): Beeinflussung des Grundwassers durch arzneimittelbelastete oberirdische Gewässer. In: Hessische Landesanstalt für Umwelt, Umweltplanung, Arbeits- und Umweltschutz (Hrsg.): Arzneimittel in Gewässern: Risiken für Mensch Tier und Umwelt? Heft 254/98, ISSN 0933-2391.

Bertrandt und Klos (1998): Fluorine content in meals planned for consumption in selected kindergartens in Warsaw. In: Mengen und Spurenelemente, Verlag Harald Schubert, Leipzig, S. 642–645.

BfS (2018) Leitfaden zur Untersuchung und Bewertung von radioaktiven Stoffen im Trinkwasser bei der Umsetzung der Trinkwasserverordnung. Empfehlung von BMUB, BMG, BfS, UBA und den zuständigen Landesbehörden sowie DVGW und BDEW, *abrufbar unter* http://doris.bfs.de/jspui/handle/urn:nbn:de:0221-2017020114224

BKG (2016): Karte Nitrat im Grundwasser, Bundesamt für Kartographie und Geodäsie im Internet unter: http://www.geoportal.de/SharedDocs/Karten/DE/Themenkarte_Nitrat-im-Grundwasser.html, aufgerufen am 24. 11. 16.

BLAC (2003): Arzneimittel in der Umwelt-Ausertung der Untersuchungsergebnisse, in: Freie und Hansestadt Hamburg, Behörde für Umwelt und Gesundheit, Umweltuntersuchungen im Auftrag des Bund/Länder-Ausschusses für Chemikaliensicherheit (BLAC).

BMG/UBA (2013): Leitlinien zum Vollzug der §§ 9 und 10 der Trinkwasserverordnung – TrinkwV 2001 (Entwurfsstand 13. 02. 2013), *online z. B. unter* https://www.lanuv.nrw.de/fileadmin/lanuv/wasser/pdf/Leitlinien.pdf

BMG/UBA (2018): Bericht des Bundesministeriums für Gesundheit und des Umweltbundesamtes an die Verbraucherinnen und Verbraucher über die Qualität von Wasser für den menschlichen Gebrauch (Trinkwasser) in Deutschland, Berichtszeitraum 01. 01. 2014–31. 12. 2016; Umwelt & Gesundheit 2/2018, abrufbar unter http://www.umweltbundesamt.de→Themen→Wasser→Trinkwasser→Trinkwasserqualität.

Börzsönyi, M., Bereczky, A., Rudnai, P., Csanady, M., Horvath, A. (1992): Epidemiological studies on human subjects exposed to arsenic in drinking water in Southeast Hungary. Arch. Toxicol., *66*, S. 77–78.

Bolley, P. (1862): Handbuch der chemischen Technologie, Bd. 1 Gruppe 1: Die chemische Technologie des Wassers. Verlag Friedrich Vieweg und Sohn, Braunschweig.

Borneff, J. und Kunte, H. (1976): Polyzyklische Aromatische Kohlenwasserstoffe. In: Aurand, K., Hässelbarth, U., Müller, G., Schumacher, W. und Steuer, W. (Hrsg.): Die Trinkwasserverordnung. 1. Aufl., Erich Schmidt Verlag, Berlin, S. 143–150.

Brauch, H.-J., Kühn, W., Werner, P. (1987): Vinylchlorid in kontaminierten Grundwässern. Vom Wasser, 68, S. 23–32.

Breithaupt, M., Höfling, H., Petzold, L., Philipp, Ch., Schmiz, N. und Sülzer, R. (1998): Kommerzialisierung und Privatisierung von Public Utilities. Verlag Gabler, Wiesbaden.

Brown, K. C., Boyle, K. E., Chen, C. W., Gibb, H. J. (1989): A Dose/Response Analysis of Skin Cancer from Inorganic Arsenic in Drinking Water. Risk Analysis *9*, S. 519–528.

Brown, D. R. (2000): Consequences of manganese replacement of copper for prion protein function and proteinase resistance. The EMBO Journal, *19*, *6*, S. 1180–1186.

Buchet, J. P. et al. (1990): Renal effects of cadmium body burden of the general population. Lancet, *336*, S. 699–702.

BVL (Bundesamt für Verbraucherschutz und Lebensmittelsicherheit) (2014): Absatz an Pflanzenschutzmitteln in der Bundesrepublik Deutschland – Ergebnisse der Meldungen gemäß § 64 Pflanzenschutzgesetz für das Jahr 2013, abrufbar unter http://www.bvl.bund.de

Byrd, D. M., Roegner, M. L., Griffiths, J. C., Lamm, S. H., Grumski, K. S., Wilson, R., Lai, S. (1996): Carcinogenic risks of inorganic arsenic in perspective. Int. Arch. Occup. Environ. Health, *68*, S. 484–494.

Cantor, K. P. (1994): Editorial: Water Chlorination, Mutagenicity, and Cancer Epidemiology. American Journal of Public Health, *84*, *8*, S. 1211–1212.

Chao, S.-H. et al. (1984): Activation of Calmodulin by Various Metal Cations as a Function of Ionic Radius. Molecular Pharmacology, *26*, S. 75–82.

Chapin, R. E. et al. (1997): The Effects of Dietary Boron on Bone Strength in Rat. Fundamental Appl. Toxicology, *35*, *2*, S. 205–215.

Chen, C.-L., Chiou, H.-Y., Hsu, L.-I., Hsueh, Y.-M., Wu, M.-M., Wang, Y.-H., Chen, C.-J. (2010): Arsenic in drinking water and risk of urinary tract cancer: a follow-up study from northeastern Taiwan. Cancer Epidemiology Biomarkers and Prevention 19: S. 101–110.

Chien, L., Robertson, H., Gerrard, J. W. (1968): Infantile gastroenteritis due to water with high sulfate content. Canadian Medical Association Journal 99: S. 102–104.

Chipman, J. K. (1999): Bromate Carcinogenicity: A Non-linear Dose-Response Mechanism? In: Fielding, M., Farrimond, M. (Hrsg.): Disinfection Byproducts in Drinking Water – Current Issues. The Royal Society of Chemistry, Special Publication No. 245, Cambridge, S. 165–169.

Chung, J., Nartey, N. O., Cherian, M. G. (1986): Metallothionein levels in Liver and Kidney of Canadians – A Potential idicator of Environmental Exposureto Cadmium. Arch. Environ. Health, *41*, *5*, S. 319–323.

Comly, H. H. (1945): Cyanosis in infants caused by nitrates in well water. JAMA, *129*, S. 112–116.

Cotruvo, J. A. und Trevant, C. (2000): Safe Drinking Water Production in Rural Areas: A Comparison between Developed and Less Developed Countries. In: Grohmann, A. (Hrsg.): Trinkwasserhygiene – ein weltweites Problem. Schriftenreihe des Vereins für Wasser-, Boden- und Lufthygiene Bd. 108, Eigenverlag Verein WaBoLu, Berlin.

Crawford, R. C. (1995): Do fruit juices stimulate iron absorption and toxicity? Biochem. Molec. Med. *54*, S. 1–11, mit Kommentar von Smith, A. G. (1995): Human & Exper. Toxicol., *14*, S. 851–852.

Creech, J. L., Johnson, M. N. (1974): Angiosarcoma of the liver in the manufacture of polyvinyl chloride. J. Occup. Med., *16*, S. 150–151.

Culp, S. J., Gaylor, D. W., Sheldon, W. G., Goldstein, L. S., Beland, F. A. (1998): A comparison of the tumors induced by coal tar and benzo[a]pyrene in a 2-year bioassay. Carcinogenesis, *19*, S. 117–124.

Dassel de Vergara, J., Zietz, B., Dunkelberg, H. (2000): Gesundheitliche Gefährdung ungestillter Säuglinge durch Kupfer in Haushalten mit kupfernen Trinkwasserleitungen. Erste Ergebnisse einer Studie. Bundesgesundhbl., *43*, S. 272–278.

Daston, G. P. et al. (1997): Environmental estrogens and reproductive health: A Discussion of the human and environmental data. Reproductive Toxicology, *11*, *4*, S. 465–481.

Dearfield, K. L., Douglas G. R., Ehling U. H., Moore M. M., Sega G. A., Brusick, D. J. (1995): Acrylamide: A review of its genotoxicity and an assessment of heritable genetic risk. Mut. Res. *330*, S. 71–99.

Delough, J., Nordin-Andersson M., Ploeger B. A., Forsby, A. (1999): Estimation of Systemic Toxicity of Acrylamide by Integration of in Vitro Toxicity Data with Kinetic Simulations. Toxicol. Appl. Pharmacol. *158*, S. 261–268.

DFG (Deutsche Forschungsgemeinschaft) (1998): Hormonell aktive Stoffe in Lebensmitteln. Bericht der Deutschen Forschungsgemeinschaft, Wiley VCH Verlag, Weinheim.

DGK (Deutsche Gesellschaft für Kinderheilkunde) (1991): Empfehlungen der Ernährungskommission zur Zubereitung von Säuglingsnahrung mit Mineralwasser. Sozialpädiatrie, *13*,(10) S. 722 und S. 725–728.

DGPT (Deutsche Gesellschaft für experimentelle und klinische Pharmakologie und Toxikologie) (1999): Hormonell aktive Substanzen in der Umwelt: Xenoöstrogene. Umweltmed. Forsch. Prax., *4*, *6*, S. 367–374.

Dieter, H. H. (1988): Probleme der humantoxikologischen Verträglichkeit von Wasserstoffperoxid in Trink- und Badewasser aus biochemischer und pharmakokinetischer Sicht. Z. Wasser-/Abwasser-Forsch., *21*, S. 133–140.

Dieter, H. H. (1990): Trinkwasserverordnung. Pestizide und Besorgnisgrundsatz. Öff. Gesundh.-Wes., *52*, S. 372–379.

Dieter, H. H. (1995): Risikoquantifizierung: Abschätzungen, Unsicherheiten, Gefahrenbezug. Bundesgesundhbl., *38*, S. 250–257.

Dieter, H. H. (1999): Ableitung von Grenzwerten (Umweltstandards) – Wasser. In: Wichmann, H. E., Schlipköter, H. W., Fülgraff, G. (Hrsg.): Handbuch der Umweltmedizin, 16. Erg. Lfg 8/1999. ecomed Verlagsgesellschaft, Landsberg/Lech.

Dieter, H. H. (2004): Festsetzung von Grenzwerten. In: Regulatorische Toxikologie – Gesundheitsschutz-Umweltschutz-Verbraucherschutz (Reichl, F. X., Schwenk, M., Hrsg.). Springer, Berlin, S. 437–448.

Dieter, H. H. (2009): Toxikologische und trinkwasserhygienische Bewertung von relevanten und nicht relevanten Metaboliten von Pflanzenbehandlungs- und Schädlingsbekämpfungsmitteln im Grund- und Trinkwasser. Bundesgesundheitsblatt, *52*, S. 953–956.

Dieter, H. H. (2009/2011): Grenzwerte, Leitwerte, Orientierungswerte, Maßnahmewerte. Bundesgesundheitsblatt-Gesundheitsforsch-Gesundheitsschutz 52: S. 1202–1206; Aktualisierung vom 16. 12. 2011, online aufrufbar unter http://fuer-mensch-und-umwelt.de am Netzauftritt des Umweltbundesamtes, Dessau-Roßlau.

Dieter, H. H. (2011): Drinking Water Toxicology in Its Regulatory Framework. In: Peter Wilderer (ed.) Treatise on Water Science, vol. 3, pp. 377–416 Oxford: Academic Press.

Dieter, H. H. (2014): Enzyclopedia of Toxicology – Drinking-Water Criteria (Safety, Quality, and Perception). In: Wexler P (ed.), Encyclopedia of toxicology, 3rd edition vol 2. Elsevier Inc., Academic Press, S. 227–235. http://www.elsevier.com/locate/permissionusematerial

Dieter, H. H., Kerndorff, H. (1993): Presence and importance of organochlorine solvents and other compounds in Germany's groundwater and drinking water. Ann. Ist. Super Sanita, *29*, S. 263–277.

Dieter, H. H., Grohmann, A., Winter, W. (1996): Trinkwasserversorgung bei Überschreitung von Grenzwerten der Trinkwasserverordnung, in: Grohmann, A., Dieter, H. H., Reineke, G. (Hrsg.) (1996): Transparenz und Akzeptanz von Grenzwerten am Beispiel des Trinkwassers. UBA-Berichte *6*/96, Erich Schmidt Verlag, Berlin.

Dieter, H. H., Schimmelpfennig, W., Meyer, E., Tabert, M. (1999): Early Childhood Cirrhoses (ECC) in Germany between 1982 and 1994 with Special Consideration of Copper Etiology. Eur. J. Med. Res., *4*, S. 233–242.

Dieter, H. H, und Mückter, H. (2007): Regulatorische, gesundheitliche und ästhetische Bewertung sogenannter Spurenstoffe im Trinkwasser unter besonderer Berücksichtigung von Arzneimitteln. Bundesgesundheitsbl – Gesundheitsforsch – Gesundheitsschutz 50: S. 322–331.

Dieter, H. H., Chorus, I., Mendel, B., Krüger, W. (Hrsg.) (2014 ff.): Trinkwasser aktuell. Ergänzbares Handbuch und Datenbank, zuletzt ergänzt im September 2018 auf ca. 900 Seiten, Erich Schmidt Verlag, Berlin.

Dieter, M. P. (1994): Toxicity and Carcinogenicity Studies of Boric Acid in Male and Female B6C3F1 Mice. Environ. Health Perspect., *102*, *7*, S. 93–97.

DWA (2008): Anthropogene Spurenstoffe im Wasserkreislauf – Arzneistoffe. Deutsche Vereinigung für Wasserwirtschaft, Abwasser und Abfall e. V., www.dwa.de

DVGW (1999): Rückstände von Arzneimitteln in Wasserproben und deren Bewertung aus Sicht der Trinkwasserversorgung. DVGW-Schriftenreihe Wasser Nr. *94*, S. 45–51.

DVGW (2012): Entfernung von Arsen, Nickel und Uran bei der Wasseraufbereitung. Arbeitsblatt W 249, wvgw Wirtschafts- und Verlagsgesellschaft Gas und Wasser mbH, Bonn.

Eastwood, M. A. (1999): Interaction of dietary antioxidants in vivo: how fruit and vegetables prevent disease? QJM, *92*(9), S. 527–530.

ECETOC (1988): Nitrate and drinking water. Brussels, European Chemical Industry Ecology and Toxicology Centre. Technical Report No. 27).

Eikmann, T., Heinrich, U., Heinzow, B., Konietzka, R. (Hrsg.) (1998): Gefährdungsabschätzung von Umweltschadstoffen: Ergänzbares Handbuch toxikologischer Basisdaten und ihrer Bewertung. Erich Schmidt-Verlag, Berlin.

Eissele, K. (1963): Salzungsversuche. gwf Wasser/Abw., *104*, S. 1158–1160.

Engvall, J., Perk, J. (1985): Prevalence of hypertension among Cadmium-exposed workers. Arch. Environ. Health, 40, 3, S. 185–190.

EFSA (European Food Safety Authority: Scientific Panel on Food Additives, Flavourings, Processing Aids and Materials in Contact with Food (AFC)) (2008): Safety of aluminium from dietary intake. Scientific Opinion of the Panel on Food Additives, Flavourings, Processing Aids and Food Contact Materials (AFC). The EFSA Journal 754: 1–34.

EFSA (European Food Safety Authority, 2009): Cadmium in food. Scientific opinion of the Panel on Contaminants in the Food Chain. EFSA-Q-2007-138.

EFSA (European Food Safety Authority, 2010): Scientific Opinion on Lead in food. EFSA-Q-2007-137, adopted on 18 March, 2010.

EG (Europäische Gemeinschaft, 2009): Verordnung (EG) Nr. 1107/2009 des Europäischen Parlaments und des Rates vom 21. Oktober 2009 über das Inverkehrbringen von Pflanzenschutzmitteln und zur Aufhebung der Richtlinien 79/117/EWG und 91/414/EWG des Rates, ABl. L 309/1 vom 24. 11. 2009 (zulassungswirksam seit 14. Juni 2011).

Euro Chlor (1999): Euro Chlor risk assessment for the marine environment. OSPARCOM Region – North Sea: Vinylchloride. Euro Chlor, Brüssel. S. 1–25.

Florence, T. M., Stauber: J. L. (1988): Neurotoxicity of manganese. Lancet I (No. *8581*), S. 363.

Giri, A. K. (1995): Genetic toxicology of vinyl chloride: A review. Mutat. Res., *339*, S. 1–14.

Giri, A. K. (1997): Genetic toxicology of epichlorohydrin: A review. Mutat. Res., *386*, S. 25–38.

Gessner, B. D., Beller, M., Middaugh, J. P., Witford, G. M. (1994): Acute Fluoride Poisoning from a Public Water System. New Engl. J. Med., *330*, (2): S. 95–99.

Geyh, M. A., Schleicher, H. (1990): Absolute Age Determination. Physical and Chemical Dating Methods and their Application, Springer-Verl., Berlin, Heidelberg.

Glaeske, G. (1998): Arzneimittel in Gewässern – Risiko für Mensch, Tier und Umwelt? – Konsequenzen unter Berücksichtigung des Arzneimittelverbrauchs. In: Arzneimittel in

Gewässern: Risiken für Mensch Tier und Umwelt? Herausgeber: Hessische Landesanstalt für Umwelt Umweltplanung, Arbeits- und Umweltschutz, Heft 254/98, ISSN 0933-2391.

Goldstein, G. W. (1990): Lead Poisoning and Brain Cell Function. Environ. Health Persp., *89*, S. 91–94.

Goyer, R. A. (1996): Toxic Effects of Metals. In: CD Klaassen (Hrsg.) Casarett and Doull's Toxicology – The Basic Science of Poisons, 5. Auflage, New York, S. 716.

Greim, H. (1999): Editorial. Sind Xenoöstrogene gesundheitsgefährlich? Umweltmed. Forsch. Prax., *4*, 2, S. 63.

Grewe, K. (1992): Aquädukt-Marmor, Kalksinter der römischen Eifelwasserleitung als Baustoff des Mittelalters. Verlag Konrad Wittwer, Stuttgart.

Grimaldo, M. G., Borja-Aburto, V. H., Ramíres, A. L., Ponce, M., Rosas, M., Díaz-Borriga, F. (1995): Endemic Fluorosis in San Luis Potosi, Mexico. I. Identification of Risk Factors Associated with Human Exposure to Fluoride. Environ. Res., *68*, (1) S. 25–30.

Grohmann, A., Winter, W., Ottenwälder, H. (1994): Mögliche Beeinträchtigungen des Trinkwassers in den neuen Ländern durch Pflanzenschutzmittel. Bundesgesundhbl., *12*, S. 496–502.

Grohmann, A., Dieter, H. H., Reineke, G. (Hrsg.) (1996): Transparenz und Akzeptanz von Grenzwerten am Beispiel des Trinkwasssers. Berichtsband zur Tagung vom 10. und 11. Oktober 1995 mit Ergänzungen. UBA-Berichte 6/96, Erich Schmidt Verlag, Berlin.

Grohmann, A., Markard, Ch. und Möller, H.-W. (2001): Regenwassernutzung in privaten und öffentlichen Gebäuden – Neubewertung der Chancen und Risiken. gwf/Wasser-Abwasser, *142*, S. 287–292.

Gulson, B. L. et al. (1997): Dietary Lead Intakes for Mother/Child Pairs and Relevance to Pharmacokinetic Models. Environ. Health Perspect., *105*, *12*, S. 1334–1342.

Gülden, M., Turan, A., Seibert, H. (1999): Substanzen mit endokriner Wirkung in Oberflächengewässern. In: Hrsg. ATV Endokrine Stoffe. ATV-Schriftenreihe, *15*, S. 38–50.

Haas, H. J. (1994): Selenversorgung: Ausreichend? In: Anke, M., Meißner, D. (Hrsg.): Defizite und Überschüsse an Mengen- und Spurenelementen in der Ernährung. Schubert, Leipzig, S. 146–163.

Haberer, K. (1972): Die Rolle des Mangans bei der Gütebeurteilung von Trinkwasser. Wasser-Luft-Betrieb, *16*, S. 115–119.

Haberer, K. (1996): Bor und die Trinkwasserversorgung in Deutschland. gwf Wasser/Abwasser, *137*, *7*, S. 364–371.

Hard, G. C. (1998): Mechanism of Chemically Induced Renal Carcinogenesis in the Laboratory Rodent. Toxicologic Pathology, *26*, S. 104–112.

Hässelbarth, U. (1996): Keine kontroverse Diskussion über Trihalogenmethane (THM). Archiv des Badewesen, *49*, *8*, S. 350 u. S. 352.

Havelaar, A. H. et al. (2000): Balancing the Risks and Benefits of Drinking Water Disinfection: Disability Adjusted Life-Years on the Scale. Environ. Health Perspect., *108*, *4*, S. 315–321.

Hirsch, R. (1998): Antibiotika in der Umwelt. In: Arzneimittel in Gewässern: Risiken für Mensch Tier und Umwelt? Herausgeber: Hessische Landesanstalt für Umwelt (Umweltplanung, Arbeits- und Umweltschutz). Heft 254/98, ISSN 0933-2391.

Hoffmann, R. (1996): Wasser vom Fließband. Natur, 9/96, S. 66–77.

Höring, H., Nagel, M., Haerting, J. (1991): Das nitratbedingte Strumarisiko in einem Endemiegebiet. In: Überla, K., Rienhoff, O., Victor, N. (Hrsg.): Medizinische Informatik und Statistik, Band 72 I. Guggenmoos-Holzmann (Hrsg.): Quantitative Methoden in der Epidemiologie. S. 147–153.

Höring, H. (1992): Der Einfluss von Umweltchemikalien auf die Schilddrüse. Bundesgesundhbl., *35*, S. 194–197.

Horn, H. (1962): Gesundheitsgefahren durch nitrathaltige Trinkwässer. Z. ges. Hyg., *8*, S. 578–588.

Horslen, S. P., Tanner, M. S., Lyon, T. D. B., Fell, G. S., Lowry, M. F. (1994): Copper associated childhood cirrhosis. Gut, *35*, S. 1497–1500.

Hrudey, S. E. (2009): Chlorination disinfection by-products, public health risk tradeoffs and me. Wat. Res., *43*, S. 2057–2092.

IARC (1986): Monographs on the Evaluation of the Carcinogenic Risk of Chemicals to Humans 40: Some naturally occurring and synthetic food components, IARC, Lyon, France.

IARC (International Agency for Research on Cancer, 2012): IARC Monographs on the Evaluation of Carcinogenic Risks to Humans, Vol 100C: A Review of Human Carcinogens Arsenic, Metals, Fibres and Dusts. WHO World Health Organization, Lyon France.

Ingersoll, R. T., Montgomery, E. B., Aposhian, H. V. (1995): Central Nervous System Toxicity of Manganese. Inhibition of Spontaneous Motor Activity in Rats after Intrathecal Administration of Manganese Chloride. Fundam. Appl. Toxicol., 27, S. 106–113.

Jekel, M. (Hrsg.) (1993): Arsen in der Trinkwasserversorgung. DVGW Schriftenreihe Wasser Nr. 82, Eschborn.

Kaminsky, L., Mahoney, M., Leach, J., Melius, J., Miller, M. (1990): Fluoride: Benefits and Risk of Exposure. Crit. Rev. Oral Biol. Med., 1, S. 261–281.

Käss, W. (1992): Geohydrologische Markierungstechnik. Gebrüder Borntraeger Verlag, Berlin.

Kiefer, J. (1986): Das Problem der Bleivergiftung in den Verhandlungen der ehemaligen Erfurter Akademie der Wissenschaften im ausgehenden 18. Jahrhundert. Z. ges. Hyg., *32*, *12*, S. 735–736.

Kölle, W., Werner, P., Strebel, O., Böttcher, J. (1983): Denitrifikation in einem reduzierenden Grundwasserleiter. Vom Wasser, *61*, S. 125–147.

Komulainen, H. et al. (1997): Carcinogenicity of the Drinking Water Mutagen 3-Chloro-4-(dichloromethyl)-5-hydroxy-2(5H)-furanone in the Rat. J. Nat. Cancer Inst., *89*, *12*, S. 848–856.

Komura, J. M., Sakamito (1992): Effects of Manganese Forms on Biogenic Amines in the Brain and Behavioral Alterations in the Mouse: Long-Term Oral Administration of Several Manganese Compounds. Environ. Res. *57*, S. 34–44.

Knobeloch, L. et al. (1998): Gastrointestinal Upsets and New Copper Plumbing-Is there a Connection? Wisconsin Med. J., *97*, S. 49–53.

Krasner, S. W., Glaze, W. H., Weinberg, H. S., Daniel, P. A., and Najm, I. N. (1993): Formation and Control of Bromate During Ozonation of Waters Containing Bromide. JAWWA *85*, S. 73–81.

Kroes, R., Galli, C., Munro, I., Schilter, B., Tran, L. A., Walker, R., Würtzen, G. (2000): Threshold of Toxicological Concern for Chemical Substances Present in the Diet: A Practical Tool for Assessing the Need for Toxicity Testing. Fd. Chem. Toxicol. *38*, S. 255–312, insbesondere die Seiten 271–277.

Kunkel, R., Voigt, H.-J., Wendland, F., Hannappel, S. (2004): Die natürliche, ubiquitär überprägte Grundwasserbeschaffenheit in Deutschland, Schriftenreihe des Forschungszentrums Jülich, Band 47, abrufbar unter http://juwel.fz-juelich.de:8080/dspace/bitstream/2128/350/1/Umwelt_47.pdf

Kurokawa, Y., Maekawa, A., Takahashi, M., Hayashi, Y. (1990): Toxicity and Carcinogenicity of Potassium Bromate – A New Renal Carcinogen. Environm. Health Perspect., *87*, S. 309–335.

Lachhein, L., Thal, W., Harnack, O. (1960): Methämoglobinämien durch Brunnenwasser bei Säuglingen. Dtsch.Ges.Wesen, *15*, 1960, S. 2291–2299 und S. 2339–2343.

Lauwerys, R. et al. (1991): Does Environmental Exposure To Cadmium Represent A Health Risk? Conclusions From The Cadmibel Study. Acta Clinica Belgica, *46*, *4*, S. 219–225.

Lee, P. N. (1989): Epidemiological research on Alzheimers disease: past, present and future. Environ. Technol. Lett., *10*, S. 427–434.

Lee, Y. S., Choi, J. Y., Park, M. K., Choi, E. Mi., Kasai, H., Chung, M. H. (1996): Induction of oh^{8}Gua glycosylase in rat kidneys by potassium bromate ($KBrO_3$), a renal oxidative carcinogen. Mut. Res., *364*, S. 227–233.

Lerda, D. (1994): Sister-chromatid exchange (SCE) among individuals chronically exposed to arsenic in drinking water. Mut. Res., *312*, S. 111–120.

Lippmann, M. (1990): Review – 1989 Alice Hamilton Lecture. Lead and Human Health: Background and Recent Findings. Environ. Res., *51*, S. 1–24.

Maier, M., Maier, D., Lloyd, B. J. (2000): Factors Influencing the Mobilization of Polycyclic Aromatic Hydrocarbons (PAHS) from the Coal-Tar Lining of Water Mains. Water Res. *34*, S. 773–786.

Mandal, B. K., Chowdhury, T. R., Samanta, G., Mukherjee, D. P., Chanda, C. R., Saha, K. C., Chakraborti, D. (1998): Impact of safe water for drinking and cooking on five arsenicaffected Families for 2 years in West Bengal, India. Sci. Tot. Envir., *218*, S. 185–201.

Marcus, W. L., Rispin, A. S. (1988): Threshold Carcinogenicity Using Arsenic as an Example. In: Advances in Modern Environmental Toxicology, Vol XV (Cothern CR, Mehlman MA, and Marcus WL, eds), Princeton Scientific Publishers. Princeton, New Jersey, S. 133–158.

Melnick, R. L., Boorman, G. A., Dellarco, V. (1997): Water Chlorination, 3-Chloro-4-(dichloromethyl)-5-hydroxy-2(5H)-furanone (MX), and Potential Cancer Risk. J. Natl. Cancer Inst., *89*, *12*, S. 832–833.

Meyer, E. (1984): Beeinträchtigung der Trinkwassergüte durch Korrosionsvorgänge in Abhängigkeit von Rohmaterial und der Wasserbeschaffenheit. In: C.-L. Kruse (Hrsg.) Korrosion in Kalt- und Warmwassersystemen der Hausinstallation. Deutsche Gesellschaft für Metallhüttenkunde e. V., Oberursel.

Meyer, E. (1988): Vorkommen und Bedeutung von Kupfer, Zink, Cadmium und Blei im Hinblick auf ihre Verwendung in der Hausinstallation. In: Abbau der Schwermetallbelastung aus Wasserversorgungsleitungen. Bleibericht. Texte 11/88, Umweltbundesamt, Berlin.

Montgomery, E., jr. (1995): Heavy-metals and the etiology of Parkinson's disease and other movement disorders. Toxicology, *97*(1–3), S. 3–9.

Morris, R. D. (1995): Drinking Water and Cancer. Environ. Health Perspect., *103*, *8*, S. 225–231.

Morris, R. D. et al. (1992): Chlorination, Chlorination By-products, and Cancer: A Metaanalysis. American J. Public Health, *82*, *7*, S. 955–963.

Moseman, R. F. (1994): Chemical Disposition of Boron in Animals and Humans. Environ. Health Perspect., *102*, *7*, S. 113–117.

Moudgal, C. J., Lipscomb, J. C., Bruce, R. M. (2000): Potential health effects of drinking water disinfection by-products using quantitative structure toxicity relationship. Toxicology, *147*, *2*, S. 109–131.

Mueller, P. W., Price, R. G., Finn, W. F. (1998): New Approaches for Detecting Thresholds of Human Nephrotoxicity Using Cadmium as an Example. Environ. Helath Perspect., *106*, *5*, S. 227–230.

Müller, L., Dieter, H. H. (1993): Blei im Trinkwasser – Zur Festlegung eines neuen Grenzwertes und zur Problematik von Bleirohren. Gesundh.-Wes., *55*, S. 514–520.

Müller, T., Feichtinger, H., Berger, H., Müller, W. (1996): Endemic Tyolean infantile cirrhosis: an ecogenetic disorder. Lancet, *347*, S. 877–880.

Müller-Höcker, J., Weiß, J. M., Meyer, U., Schramel, P., Wiebecke, B., Belohradsky, B. H., Hübner, G. (1987): Fatal copper storage disease of the liver in a German infant resembling Indian Childhood Cirrhosis. Virchows Archiv, A *411*, S. 379–385.

Müller-Höcker, J. (1999): Pathomorphology of the Liver in Exogenic Infantile Copper Intoxication in Germany. Eur. J. Med. Res., *4*, S. 229–232.

Müller-Höcker, J., Meyer, U., Wiebecke, B., Hübner, G., Eife, R., Kellner, M., Schramel, P. (1988): Fatal storage disease of the liver and chronic dietary copper intoxication in two further German infants mimicking Indian Childhood Cirrhosis. Path. Res. Pract., *183*, S. 39–45.

Mushak, P., Davis, M. D., Crocetti, A. F., Grant, L. D. (1989): Review: Prenatal and Postnatal Effects of Low-Level Lead Exposure: Integrated Summary of a Report to the U. S. Congress on Childhood Lead Poisoning. Environ. Res., *50*, S. 11–36.

Nergler, M., Mergler-Völkl, R. (1988): Biologischer Abbau von leichtflüchtigen Chlorkohlenwasserstoffen im Grund- und Abwasser. Z. Wasser-Abwasser-Forsch. 21: S. 16–19.

Nöthen, M. M. (1994): Molekulare Genetik in der Medizin. Demenz vom Alzheimer-Typ. Deutsches Ärztebl., 91,7, S. C311–C313.

Ohnesorge, F. K. (1995): Gutachtliche Stellungnahme zur Höhe des künftigen Grenzwertes für Bor im Trinkwasser. AWWR Arbeitsgemeinschaft der Wasserwerke an der Ruhr, S. 275.

Pizarro, F., Olivares, M., Uauy, R., Contreras, P., Rebelo, A., Gidi, V. (1999): Acute Gastrointestinal Effects of Graded Levels of Copper in Drinking Water. Environ. Health Perspect., *107*, *2*, S. 117–121.

Pratzel, H. G., Schnizer, W. (1992): Handbuch der medizinischen Bäder. Karl F. Haug Verlag, Heidelberg.

Preussmann, R., Stewart, B. W. (1984): N-Nitros-Carcinogens. In: Searl, CE. (Hrsg.): Chemical Carcinogens. American Chemical Society, Washington DC, 2nd Ed., S. 643–828.

Rathner, von M., Sonneborn, M. (1979): Biologisch wirksame Östrogene in Trink- und Abwasser. Sonderheft: Direktor und Prof. Dr. med. Gertrud Müller 60 Jahre. Forum Städte-Hygiene, *30*, S. 45–49.

Rheinheimer, G., Hegemann, W., Raff, J., Sekulov, I. (Hrsg.) (1988): Stickstoffkreislauf im Wasser. R. Oldenbourg Verlag, München, Wien.

Ritz, B. et al. (1998): Effect of Cadmium Body Burden on Immune Response of School Children. Arch. Environ. Health, *53*, *4*, S. 272–280.

Rohmann, U., Sontheimer, H. (1985): Nitrat im Grundwasser. DVGW Forschungsstelle, Engler-Bunte-Inst. der Universität Karslruhe, Karslruhe.

Ryan, T. P., Aust, S. D. (1992): The Role of Iron in Oxygen-Mediated Toxicities. CRS Crit. Rev. Toxicol., *22*, S. 119–141.

Sacher, F. et al. (1998): Vorkommen von Arzneimittelwirkstoffen in Oberflächenwässern. Vom Wasser, *90*, S. 233–243.

Shaikh und Smith (1984): Biological indicators of Cadmium exposure and toxicity. Experientia *40*, S. 36–43.

Sarzanini, C., Bruzzoniti, M. C., Mentasti, E. (2000): Determination of epichlorohydrin by ion chromatography. J. Chromatography, *884*, S. 251–259.

Sattelmacher, P. G. (1962): Methämoglobinämie durch Nitrate im Trinkwasser. Schriftenreihe des Vereins WaBoLu Nr. 20, Gustav Fischer Verlag, Stuttgart.

Sattelmacher, P. G. (1963): Gefahren durch Nitrate im Trinkwasser? gwf Wassr/Abwasser, *104*, S. 1321–1322.

Schäfer, W. et al. (1996): Anthropogene Substanzen mit unerwünschter Östrogenwirkung: Auswahl von expositionsrelevanten Stoffen. Umweltmedizin Heft 1.

Scheinberg, I. H., Sternlieb, I. (1994): Is non-Indian childhood cirrhosis caused by excess dietary copper? Lancet, *344*, S. 1002–1004.

Schimmelpfennig, W., Dieter, H. H. (1995): Kupfer und frühkindliche Leberzirrhose. Bundesgesundhbl., *38*, S. 2–10.

Schleyer, R., Kerndorff, H. (1992): Die Grundwasserqualität westdeutscher Trinkwasserressourcen. VCH, Weinheim.

Schmidt, W., Dietrich, P. G., Böhme, U., Brauch, H. J. (1995): Systematische Untersuchungen zur Bildung von Bromat und bromorganischen Verbindungen bei der Aufbereitung bromidhaltiger Rohwässer in den neuen Bundesländern. Vom Wasser, *85*, S. 109–122.

Scholz, H. (1985): Mineralstoffe und Spurenelemente, TRIAS- Thieme Hyppokrates Enke, Stuttgart.

Schroeder, H. A. (1965): Cadmium as a factor in hypertension. J. Chron., *18*, S. 647–656.

Schütte, A. (2003): Fluoridiertes Speisesalz für Großküchen. Zahnmedizin 11, S. 38–41.

Schuhmacher-Wolz, U., Dieter, H. H., Klein, D., Schneider, K. (2009): Oral exposure to inorganic arsenic: Evaluation of its carcinogenic and non-carcinogenic effects. Critical Reviews in Toxicology, *39*, S. 271–298.

Schümann, K. et al. (1999): Hohenheimer Konsensusgespräch. Kupfer. Akt. Ernähr.-Med., *24*, S. 283–296.

Schulz, C., Wolf, U., Becker, K., Conrad, A., Hunken, A., Ludecke, A., Mussig-Zufika, M., Riedel, S., Seiffert, I., Seiwert, M., Kolossa-Gehring, M. (2007): [German Environmental Survey for Children (GerES IV) in the German Health Interview and Examination Survey for Children and Adolescents (KiGGS). First results]. Bundesgesundheitsblatt Gesundheitsforschung Gesundheitsschutz 50: S. 889–894.

Schwartz, J. (1994): Low-Level Lead Exposure and Children's IQ: A Meta-analysis and Search for a Threshold. Environ. Res., *65*, S. 42–55.

Schweinsberg, F. (1996): Toxikologische Bewertung von Trihalogenmethanen in Bädern. Archiv des Badewesens, *49*, *3*, S. 133–135.

Schweinsberg, F., Netuschil, L., Hahn, T. (1992): Drinking Water Fluoridation and Caries Prophylaxis: With Special Consideration of the Experience in the Former East Germany. Zbl. Hyg., *193*, S. 295–317.

Schwenk, W. (Hrsg.) (2001): Sensibles Wasser – Schritte zur positiven Charakterisierung des Wassers als Lebensvermittler. Verein für Bewegungsforschung, Herrischried.

Seith, R., Böhmer, C., Jekel, M. (1999): Vergleich konventioneller und neuer Verfahren zur Entfernung von Arsen in der Trinkwasseraufbereitung. gwf-Wasser/Abwasser, *140*, S. 717–723.

Selenka, F., Kölle, W. (1991): Vorkommen, Bedeutung und Nachweis von Sulfat. In: Aurand, K. et al. (Hrsg.): Die Trinkwasserverordnung, 3. Aufl. Erich Schmidt Verlag, Berlin, S. 424–431.

Sethi, S., Grover, S., Khodaskar, M. B. (1993): Role of copper in Indian childhood cirrhosis. Ann. Trop. Paed., *13*, S. 3–5.

Shaikh, Z. A., Smith, L. M. (1984): Biological indicators of Cadmium exposure and toxicity. Experientia, *40*, S. 36–43.

Skark C, Zullei-Seibert N (1994): Erhebung über das Auftreten von Pflanzenschutzmitteln in Trink- und Grundwässern, Umweltforschungsplan des Bundesministers für Umwelt, Naturschutz und Reaktorsicherheit, Wasserwirtschaft Forschungsbericht 92–102 02 217, Institut für Wasserforschung GmbH Dortmund (siehe auch Skark, C., Leuchs, W.: Forum Städtehyg. 1994, *45*, S. 11–19).

Stan, H.-J., Linkerhägner, M. (1992): Identifizierung von 2-(4-Chlorphenoxy)-2-methyl-propionsäure im Grundwasser mittels Kapillar-GC mit AES/MS. Vom Wasser, *79*, S. 75–88.

Stan, H.-J., Linkerhägner, M. (1994): Vorkommen von Clofibrinsäure im aquatischen System – Führt die therapeutische Anwendung zu einer Belastung von Oberflächen-, Grund- und Trinkwasser. Vom Wasser, *83*, S. 57–68.

Steindorf, K., Schlehofer, B., Becher, H., Hornig, G., Wahrendorf, J. (1994): Nitrate in drinking water. A case-control study on primary brain tumors with an embedded drinking water survey in Germany. Intern. J.Epidemiol., *23*, S. 451–457.

Stiftung Warentest (1985/2000): Kalkkiller ohne Wirkung, Test *8/85*, S. 759–762 und Test *1/2000*.

Stöhrer, G. (1991): Arsenic – Opportunity for Risk Assessment. Arch. Toxicol., *65*, S. 525–531.

Straessen, J. et al. (1991): Effects of exposure to cadmium on calcium metabolism: a population study. Brit. J. Industr. med., *48*, S. 710–714.

Strähle, J. (1998): Entstehung anorganischer Desinfektionsnebenprodukte bei der Aufbereitung von Schwimmbeckenwasser. Archiv des Badewesens, *51*, S. 224–229.

Streloke, M., Erdtmann-Vourliotis, M., Nolting, H. G., Dieter, H. H., Klein, A. W., Pfeil, R., Stein, B. (2007): Bewertung von Grund- und Trinkwassermetaboliten von Pflanzenschutzmittel-Wirkstoffen in verschiedenen regulatorischen Verfahren. J. Verbr. Lebensm. 2: S. 379–382.

Tang, H. W. et al. (1999): Neurodevelopment Evaluation of 9-month-old Infants Exposed to Low Levels of Lead. In Utero: Involvement of Monoamine Neurotransmitters. J. Appl. Toxicol., *19*, *3*, S. 167–172.

Tanner, S. (1998): Role of copper in Indian Childhood Cirrhosis. Am. J. Clin. Nutr., *67*, (suppl), S. 1074–1081.

Tenenbein, M. (1998): Toxicokinetics and toxicodynamics of iron poisoning. Toxicology Letters, *102/103*, S. 653–656.

Ternes, T. (1998): Occurrrence of drugs in German sewage treatment plants and rivers. Wat. Res., *32*, S. 3245–3260.

Treier, S., Kluthe, R. (1988): Aluminiumgehalte in Lebensmitteln. Ernährungs-Umschau, *35*, S. 307–312.

Trollmann, R. et al. (1998): Late manifestation of Indian childhood cirrhosis in a 3-year-old German girl. Eur. J. Pediatr., *158*, S. 375–378.

Tsai, S.-M., Wang, T.-N., Ko, Y.-C. (1999): Mortality for Certain Diseases in Areas with High Levels of Arsenic in Drinkng Water. Arch. Environ. Health, *54*, S. 186–193.

Tsai, S. M., Wang, T. S., Ko, Y. C. (1998): Cancer mortality trends in a Blackfoot Disease Endemic Community of Taiwan Following Water Source Replacement. J. Toxicol. Environ. Health Part A, *55*, S. 389–404.

US-EPA (Environmental Protection Agency of the US) (1993): Provisional guidance for quantitative risk assessment of polycyclic aromatic hydrocarbons. (EPA/600/R-93/089). US-EPA, Cincinatti.

US-EPA (U. S. Environmental Protection Agency, 1999): Health Effects from Exposure to High Levels of Sulfate in Drinking Water Study. US Environmental Protection Agency Office of Drinking Water and Ground Water, http://www.epa.gov/ogwdw/contaminants/unregulated/pdfs/study_sulfate_epa-cdc.pdf

US-EPA (2012): 2012 Edition of the Drinking Water Standards and Health Advisories. Office of Water U. S. Environmental Protection Agency, Washington DC.

UBA (Umweltbundesamt, 1998): Endocrinically active chemicals and their occurrence in surface waters. UBA-Texte, *66*, Umweltbundesamt, Berlin, S. 364.

UBA (Umweltbundesamt, 1999): Handlungsfelder und Kriterien für eine vorsorgende nachhaltige Stoffpolitik am Beispiel PVC. Erich Schmidt Verlag, Berlin.

UBA (2003): Zur Problematik der Bleileitungen in der Trinkwasserversorgung. Empfehlung des Umweltbundesamtes nach Anhörung der Trinkwasserkommission/TWK des Bundesministeriums für Gesundheit und soziale Sicherung. Bundesgesundheitsblatt 46: S. 825–826.

UBA (Umweltbundesamt, 2011): Maßnahmen zur Minderung des Eintrags von Humanarzneimitteln und ihrer Rückstände in das Rohwasser zur Trinkwasseraufbereitung. *Empfehlung des Umweltbundesamtes nach Anhörung der Trinkwasserkommission/TWK des Bundesministeriums für Gesundheit,* Bundesgesundheitsbl. 55: S. 143–149. *Online unter* www.umweltbundesamt.de→Themen→Wasser→Trinkwasser→Gesetzliche Grundlagen und technisches Regelwerk→Empfehlungen und Stellungnahmen.

UBA (Umweltbundesamt, 2018): Bedeutung von antibiotikaresistenten Bakterien und (von) Resistenzgenen im Trinkwasser. *Mitteilung des UBA nach Anhörung der Trinkwasserkommission/TWK des Bundesministeriums für Gesundheit,* Stand: 25. 04. 2018. *Online unter* https://www.umweltbundesamt.de/sites/default/files/medien/374/dokumente/mitteilung_antibiotikaresistente_keime_trinkwasser_0.pdf

van Maanen, J. M. S., van Dijk, A., Mulder, K., de Baets, M. H., Menheere, P. C. A., van der Heide, D., Mertens, P. L. J. M., Kleinjans, J. C. S. (1994): Consumtion of drinking water with high nitrate levels causes hypertrophy of the thyroid. Toxicology Letters, *72*, S. 365–374.

Vereinbarung (2009): Gemeinsam die Zukunft sichern – Zusammenarbeit von Wasserversorgung und Agrarchemie in Deutschland. Vereinbarung vom 22. 01. 2009 zwischen den

Vorsitzenden/Präsidenten des BDEW (Bundesverband der Energie- und Wasserwirtschaft e. V.), des DVGW (Deutsche Vereinigung des Gas- und Wasserfaches e. V.), des IVA (Industrieverband Agrar e. V.) und des VKU (Verband kommunaler Unternehmen e. V.), Einzelheiten z. B. abrufbar unter http://www.dvgw.de/meta/aktuelles/meldungsdetails/meldung/6721/liste/164/

Wagner, I., Schmidt (1985): Untersuchungen zur Wirksamkeit von Geräten zur physikalischen Wasserbehandlung. gwf-Wasser/Abwasser *126*, Heft 10.

Waldron, H. A., Mackee, A., Townschend, A. (1976): The lead content of some romano-british bones. Archaeometra, 18, S. 221–227; siehe Riederer, J. (1987): Archäologie und Chemie. Staatliche Museen, Preußischer Kulturbesitz. Rathgen-Forschungslabor, Berlin, S. 226.

Wegeln, M., Hug, S., Canonica, L., v. Gunten, U., Sigg, L. (1999): Löst SORAS das Arsenproblem in Bangladesh? Jahresbericht 1998 / EAWAG Eidgenössische Anstalt für Wasserversorgung, Abwasserreinigung und Gewässerschutz, Zürich, S. 11–12.

Wegener, G. (1999): Vorkommen und Verhalten von natürlichen und synthetischen Östrogenen und deren Konjugaten in der aquatischen Umwelt. Vom Wasser, *92*, S. 347–360.

Wester, R. C. et al. (1998): In Vivo Percutaneous Absorption of Boric Acid, Borax, and Disodium Octaborate Tetrahydrate in Humans Compared to in Vitro Absorption in Human Skin from Infinite and Finite Doses. Tox. Sci., *45*, 1, S. 42–51.

Wetzel, W., Wolf, E. H. (1991): Dentalfluorose durch hochfluoridhaltiges Mineralwasser. pädiatr. prax., *42*, S. 351–355.

WHO (1984): Environmental Health Criteria, Band *33*: Epichlorohydrin. WHO, Genf.

WHO (1994): Fluoride and Oral Health, WHO Technical Report Series 846, Geneva.

WHO (1996): Toxicological evaluation of certain food additives and contaminants. WHO Food additives series 35, Geneva.

WHO (1998): Environmental Health Criteria, Vol. *202*: Selected Non-heterocyclic Polycyclic Aromatic Hydrocarbons. WHO, Genf.

WHO (1999): Environmental Health Criteria, Vol. *215*: Vinyl chloride. WHO, Genf.

WHO (World Health Organization, 2011): Guidelines for drinking-water quality, 4th and preceding editions, Geneva, *verfügbar unter* http://www.who.int/water_sanitation_health/dwq/guidelines/en/index.html

WHO/IARC, International Agency for the Research on Cancer (1979): IARC Monographs on the Evaluation of Carcinogenic Risks to Humans. Vol. *19*. Vinyl chloride, polyvinylchlorid and vinyl chloride-vinyl acetate copolymers. IARC, Lyon, France, S. 377–438.

WHO/IARC, International Agency for the Research on Cancer (1991): IARC Monographs on the Evaluation of Carcinogenic Risks to Humans, Vol. *52*: Chlorinated Drinking Water; Chlorination By-Products; Some Other Halogenated Compounds; Cobalt and Cobalt Compounds. IARC, Lyon, France.

WHO/IARC, International Agency for the Research on Cancer (1997): Overall evaluations of carcinogenicity: An updating of IARC Monographs Vol. *1–42*. Monographs on the Evaluation of Carcinogenic Risks to Humans, Suppl. 7. IARC, Lyon, France.

WHO/IARC, International Agency for the Research on Cancer (1999): IARC Monographs on the Evaluation of Carcinogenic Risks to Humans. Vol. *71/2*: Epichlorohydrin. IARC, Lyon, France, S. 603–628.

WHO (IPCS, International Programme on Chemical Safety) (1995): Environmental Health Criteria for Aluminium. Summary, Evaluation and Recommendations (Unedited) of Task Group 28 april, 1995.

WHO (IPCS, International Programme on Chemical Safety) (1998): Environmental Health Criteria for Copper (EHC 200), WHO, Geneva.

Willhite, C. C., Karyakina, N. A., Yokel, R. A., Yenugadhati, N., Wisniewski, T. M., Arnold, I. M., Momoli, F., Krewski, D. (2014): Systematic review of potential health risks posed by pharmaceutical, occupational and consumer exposures to metallic and nanoscale aluminum, aluminum oxides, aluminum hydroxide and its soluble salts. Review of Toxicology 44(S4): S. 1–80.

Winneke, G. et al. (1990): Results from the European multicenter study on lead neurotoxicity in children: implication for risk assessment. Neurotox. Teratol., 12, S. 553–559.

Winterbourn, C. C. (1995): Toxicity of iron and hydrogen peroxide: the Fention reaction. Toxicology Letters, *82/83*, S. 969–974.

Wise, A., O'Brien, K., and Woodruff, T. (2011): Are Oral Contraceptives a Significant Contributor to the Estrogenicity of Drinking Water? Environ. Sci. Technol. 45: S. 51–60.

Zangger, H. (1925): Eine gefährliche Verbesserung des Automobilbenzins. Schweiz. Med. Wochenschr., *55*, S. 26–29.

Zietz, B., Dieter, H. H., Lakomek, M., Schneider, H., Kessler-Gaedtke, B. und Dunkelberg, H. (2003): Epidemiological investigation on chronic copper toxicity to children exposed via the public drinking water supply. Sci. Tot. Environ., *302*, S. 172–144. Ausführlicher Forschungsbericht (UBA-Text 7/03) hierzu: https://www.umweltbundesamt.de/sites/default/files/medien/publikation/long/2222.pdf

Zühlke, S., Dünnbier, U., Heberer, T. (2004): Determination of polar drug residues in sewage and surface water applying liquid-chromatography-tandem mass spectrometry. Anal. Chem., *76*, S. 6548–6554.

H. Bartel

11 Aufbereitung von Wasser

11.1 Einleitung

Die Anforderungen an die Trinkwassergüte müssen sich entsprechend den Leitsätzen der DIN 2000 an den Eigenschaften eines aus genügender Tiefe und nach Passage durch ausreichend filtrierende Schichten gewonnenen Grundwassers einwandfreier Beschaffenheit orientieren, das dem natürlichen Wasserkreislauf entnommen und in keiner Weise beeinträchtigt wurde. Trinkwasser soll appetitlich sein und zum Genuss anregen. Es muss farblos, klar, kühl, sowie geruchlich und geschmacklich einwandfrei sein. Trinkwasser muss keimarm sein.

Die Versorgung mit einwandfreiem Trinkwasser und die Entsorgung des gebrauchten Trinkwassers (Abwasser) stellen die Grundvoraussetzungen für einen hygienischen Lebensstandard auf dem hohem Niveau dar, der für einen Industriestaat im 21. Jahrhundert selbstverständlich sein sollte. Mit dem hygienischen Status, der sich bei der Trinkwasserversorgung bisher in Deutschland etabliert hat, ist eine Gesundheitsgefährdung durch Inhaltsstoffe oder durch Übertragung ansteckender Krankheiten sicher zu vermeiden.

Natürliches Wasser aus ausreichend geschützten Dargeboten ohne anthropogene Verunreinigungen ist als **Trinkwasser** geeignet, wenn es keine geogenen Belastungen beispielsweise durch Eisen, Mangan, Chrom, Uran oder durch Arsen aufweist.

Diese Dargebote gilt es zu schützen und andere Dargebote, welche diese Voraussetzung nicht, oder nicht mehr erfüllen, gilt es in einen solchen Zustand zurückzuführen.

Die Aufbereitung von natürlichem Wasser zu Trinkwasser wurde in der Geschichte der Zivilisation mit dem wachsenden Wissen über die Zusammenhänge von Wasserinhaltsstoffen und den daraus resultierenden gesundheitlichen Auswirkungen als notwendig erkannt. Ist bei fast allen Lebensmitteln schon durch deren Geruch oder deren Aussehen feststellbar, ob sie verdorben sind, so ist es vielfach einem Trinkwasser nicht anzusehen oder zu schmecken, ob es durch Bakterien oder chemische Stoffe seine Genusstauglichkeit verloren hat. Die sensorischen Fähigkeiten des Menschen reichen nicht aus, um einen ausreichenden Schutz vor langfristigen Gesundheitsgefahren durch ungeeignetes Trinkwasser zu gewährleisten.

Es ist in jedem Falle notwendig, Rohwasser, welches die Anforderungen an Trinkwasser nicht erfüllt, soweit zu reinigen, dass es bei einem lebenslangen Genuss die menschliche Gesundheit in keiner Weise beeinträchtigt.

Weiterhin kann es notwendig werden, das Trinkwasser derart in seinen (technischen) Eigenschaften zu verändern, dass es auf seinem Transportweg vom Wasserwerk zum Verbraucher keine nachteiligen Veränderungen erfährt. Diese Ver-

https://doi.org/10.1515/9783110588217-011

änderungen beziehen sich sowohl auf die Qualität des Trinkwassers an sich als auch auf mögliche Veränderungen durch die Materialien, mit denen es im Verteilungsnetz des Versorgers und in der Trinkwasserinstallation in Gebäuden beim Verbraucher in Berührung kommt.

Eine **zentrale öffentliche Trinkwasserversorgung** bietet nach derzeitigem Wissensstand die größte Sicherheit für die Bereitstellung von einwandfreiem Trinkwasser in ausreichender Menge und mit dem technisch notwendigen Druck. Die Anforderungen an die Aufbereitungstechnik haben sich jedoch im Laufe der Zeit aus unterschiedlichen Gründen gewandelt. Wichtige Aspekte in diesem Zusammenhang sind höhere Anforderungen durch eine Neubewertung geogener oder anthropogener Schadstoffe, Änderung der Herkunft von Rohwasser durch Nutzung von Wasser aus internen Kreisläufen, veränderte Bedingungen im Verteilungsnetz, Berücksichtigung der Mischung von Wässern oder langer Verweilzeit im Verteilungsnetz und schlussendlich Anforderungen durch veränderte ökonomische Vorgaben. Einige Beispiele für gestiegene Anforderungen sind im Folgenden aufgeführt.

Bei einigen **geogenen und anthropogenen Schadstoffen** haben neuere Bewertungen zu einer Herabsetzung der Grenzwerte geführt (z. B. Arsen, Blei, Nickel). Zu berücksichtigen sind auch neu in die Parameterliste der TrinkwV aufgenommene Grenzwerte für toxische oder unerwünschte Stoffe, z. B. Acrylamid, Epichlorhydrin, Uran und Bromat. Ebenfalls zu berücksichtigen sind stärkere Belastungen des Rohwassers durch neu aufgetretene anthropogene Stoffe (Arzneimittel, Weichmacher, Flammschutzmittel) oder Mikroorganismen (EHEC, transgene Bakterien, Parasiten).

Der Anteil von **Wasser aus internen Kreisläufen** erschließt neue Kategorien der Herkunft von Rohwässern (z. B. Betriebswasser aus wiedergewonnenem Prozess(ab)wasser in der Lebensmittelindustrie, Dachablaufwasser, Grauwasser, Filterspülwasser), die früher insgesamt als bedeutungslos angesehen wurden, was teilweise auch aus heutiger Sicht zutreffend ist.

Höhere Anforderungen ergeben sich auch aus größer werdenden **Verteilungsnetzen** und damit längeren Aufenthaltszeiten des aufbereiteten Trinkwassers vom Wasserwerk zum Verbraucher. **Längere Verweilzeiten** als ursprünglich geplant ergeben sich auch durch rückläufigen Wasserbedarf, sei es durch wassersparende Armaturen in Privathaushalten oder durch erhöhte Kreislaufanteile in Industrie und Gewerbe. Die so genannte Vermaschung der Netze, wodurch auf dem Weg zum Verbraucher **Mischwasser** entsteht, stellt höhere Anforderungen an die Aufbereitung, um Wasser einheitlicher Beschaffenheit zur Verfügung stellen zu können.

Nicht nur gesundheitliche Anforderungen, sondern auch veränderte **ökonomische Vorgaben**, insbesondere der Zwang zum sparsamen Umgang mit den zur Verfügung stehenden Ressourcen bezüglich Raumbedarf, Bau- und Betriebskosten in Wasserwerken, fordern ständige Verbesserungen des Stands der Technik.

Die Weiterentwicklung der technischen Möglichkeiten zur Trinkwasseraufbereitung durch immer leistungsfähigere Verfahrenstechniken ermöglicht auf der einen Seite die Erschließung von Rohwässern, die aufgrund ihrer Qualität bisher nicht nutzbar waren, erhöht aber auf der anderen Seite die Abhängigkeit von einer einwandfrei funktionierenden Technik, um hygienische Risiken auszuschließen, die bei der Nutzung gut geschützter Rohwasserquellen gar nicht vorhanden wären. So ist eine Beschleunigung des natürlichen Wasserkreislaufes (d. h. Verdunstung, Niederschlag, Grundwasserneubildung, Trinkwassernutzung, Einleitung genutzten Trinkwassers, Oberflächenwasser, Verdunstung) durch bewusst hergestellte Kurzschlüsse, wie sie z. B. die Umgehung der Untergrundpassagen durch leistungsfähige Membranverfahren darstellt, immer mit einer Risikoerhöhung in Bezug auf die hygienische Sicherheit verbunden und setzt die Reaktionszeit für die Betreiber solcher Anlagen im Falle einer technischen Störung herab. Die dann einzuleitenden Desinfektionsmaßnahmen können dadurch zu spät einsetzen und die Nutzer solcher Wässer in Gefahr bringen.

Die Gliederung der folgenden Unterkapitel über die Bausteine und Methoden der Aufbereitung von Wasser könnte nach unterschiedlichen Gesichtspunkten erfolgen; so wäre eine Aufteilung der Abschnitte sowohl nach der Herkunft des Rohwassers, als auch nach Aufbereitungsmethoden, Aufbereitungszielen, Aufbereitungsstoffen oder auch nach der Größe der Anlagen möglich und jeweils auch sinnvoll. Je nach Fragestellung des Lesers wird die eine oder die andere Systematik schneller zum Ziel führen. Im Folgenden werden zunächst die allgemeinen Aufbereitungsziele angesprochen.

Grundlegende Aufbereitungsprinzipien bzw. -methoden werden anschließend vorgestellt. Sie werden ergänzt durch nähere Ausführungen über Aufbereitungsstoffe und Verfahrenskombinationen. Insgesamt werden die wesentlichen Eigenschaften der einzelnen Methoden dargestellt. Sonderfälle jedoch und firmenspezifische Weiterentwicklungen werden hier nur mit einigen Beispielen erwähnt, bei denen es sich um grundsätzlich andere Verfahrensprinzipien handelt. Die Darstellung erhebt daher nicht den Anspruch auf Vollständigkeit, sondern dient vor allem einer prinzipiellen Veranschaulichung der Wirkungsweise üblicher Standards der Wasseraufbereitung.

Die Gegenüberstellung der einzelnen Aufbereitungsschritte bezüglich der Verfahren, Methoden, Anlagengrößen und Einsatzgebiete sowie Zielgrößen erfolgt tabellarisch in einer Matrix. Abschließend wird auf die Sonderfälle der dezentralen Trinkwasseraufbereitung mit Kleinanlagen eingegangen.

11.2 Ziele der Aufbereitung

Die Aufbereitung von Rohwasser zu Trinkwasser erfolgt aufgrund unterschiedlicher Motivation und mit daraus resultierenden verschiedenen Aufbereitungszielen. Die Motivation kann gesundheitliche, ästhetische oder technische Aspekte in den Vordergrund stellen (nach Auffassung des Autors jedoch auch nur in dieser Reihenfolge). Die Ziele der Aufbereitung sind je nach Motivation die Entfernung von verschiedensten unerwünschten Stoffen oder die Änderung der Wasserzusammensetzung durch Dosierung von Zusatzstoffen. Übergreifende Bedeutung hat das Ziel einer nachhaltig sicheren Wasserversorgung, das daher implizit bei jeder Motivation mit berücksichtigt wird, und beispielsweise in dem konkreten Aufbereitungsziel einer Erhöhung des Kreislaufanteils bei der Wasserversorgung zum Ausdruck kommt (siehe Tab. 11.2 für einen Überblick über die Hauptziele der Aufbereitung von Rohwasser zu Trinkwasser).

Gesundheitliche Aspekte: Es ist zwischen Krankheitserregern und toxischen Stoffen zu unterscheiden.

Die Vermeidung einer Erkrankung durch mikrobiologische Verunreinigungen des Rohwassers erfolgt in erster Linie durch Auswahl und Schutz des Rohwassers sowie in zweiter Linie durch eine Desinfektion während der Aufbereitung und bei Bedarf im Verteilungsnetz. Eine akute Intoxikation durch chemische Wasserinhaltsstoffe ist extrem selten und nur bei Vorliegen von außergewöhnlichen Umständen denkbar (plötzliche Freisetzung von Altlasten im Grundwasser, Chemieunfälle im Einzugsbereich von Oberflächenwasser oder Terroranschläge auf Wasserversorgungseinrichtungen). Eine Aufbereitungsanlage wird nie auf einen solchen Katastrophenfall ausgelegt werden, sondern immer auf eine bekannte, nur in engen Grenzen schwankende Rohwasserqualität.

In Hinsicht auf Krankheitserreger muss die Aufbereitung – in Abstimmung mit Maßnahmen des Ressourcenschutzes und der Desinfektion – in der Lage sein, jederzeit die Aufbereitungsziele zu erreichen. Bei chemischen Stoffen ist zumindest die Unterschreitung von gesundheitlichen Leitwerten, die nach toxikologischen Kriterien für verschiedene Expositionszeiten (z. B. 3 Jahre, 10 Jahre oder lebenslanger Genuss, siehe Kap. 8 und Kap. 10) abgeleitet wurden, sicherzustellen.

Es können sowohl anthropogene oder geogene chemische Stoffe im Rohwasser vorkommen als auch Korrosions- und Reaktionsprodukte, die bei der Aufbereitung oder Verteilung in das Trinkwasser gelangen. Weitere Quellen können sein: Abbauprodukte aus der Wechselwirkung von der Biologie im Oberflächengewässer (Algentoxine) oder Verunreinigungen oder Reststoffe aus Aufbereitungschemikalien. Ziel der Trinkwasseraufbereitung ist, durch die geeignete Auswahl der Verfahrenskombination und die Auslegung der Komponenten für den Einzelfall nach den „anerkannten Regeln der Technik“, diese Belastungen aus dem Rohwasser zu entfernen und Belastungen bei der Aufbereitung und Verteilung so gering wie möglich zu halten.

Ästhetische Aspekte: Unter ästhetischen Aspekten soll hier die Verbesserung der Genusstauglichkeit und Akzeptanz des Trinkwassers verstanden werden. Die Beeinträchtigungen von Geruch, Geschmack und Aussehen des Trinkwassers stellen, wenn auch u. U. gesundheitlich unbedenklich, stets einen Mangel dar, der mit einer geeigneten Aufbereitungstechnik in Verbindung mit Ressourcenschutz oder letztendlich durch Ausweichen auf anderes Rohwasser behoben werden muss. Beispiele für eine sensorische Beeinträchtigung sind in Tab. 11.1 aufgeführt.

Tab. 11.1: Beanstandungen des Trinkwassers nach ästhetischen Aspekten.

Beanstandung	Ursache
Aussehen, Geruch	Trübungen durch Ton oder Lehmpartikel, Farbe durch Huminstoffe durch algenbürtige Abbauprozesse, H_2S
Geschmack	Reaktionen von Desinfektionsmitteln mit Wasserinhaltsstoffen, z. B. Bildung von Chlorphenol
Temperatur	ungünstige Bedingungen bei der Verteilung oder Speicherung des aufbereiteten Wassers, mangelhafte Trinkwasserinstallation in Gebäuden
Herkunft	Ekel erregende Stoffe, Abwasserkurzschluss

Tab. 11.2: Hauptziele der Aufbereitung von Rohwasser zu Trinkwasser.

Aufbereitungsziel	Hauptgegenstände konkreter Maßnahmen
Entfernung geogener Stoffe	Eisen, Mangan, Trübung, Geruch, Geschmack Arsen, Nickel, Uran, Chrom Fluorid
Entfernung anthropogener Stoffe	Nitrat DOC Mikrobiologie Pestizide
Erhöhung des Kreislaufanteils	Schwimmbäder (Kreislaufwasser, Spülwasser, Füllwasser) Industrie (Lebensmittelindustrie) Rohwasser (Uferfiltration, Grundwasseranreicherung) Versickerung von Dachabläufen
Schutz des Verteilungsnetzes	Korrosionshemmung Vermeidung von Ablagerungen Vermeidung von Bakterienwachstum
Technische Verwendbarkeit	Enthärtung Mischbarkeit unterschiedlicher Wässer

Erst ein sensorisch einwandfreies Trinkwasser erreicht die soziale Akzeptanz als ein hochqualitatives Lebensmittel und rechtfertigt den Schutzaufwand und letztlich auch den Verkaufspreis, den der Bürger zu zahlen bereit ist.

Technische Aspekte: Durch die Verteilung des Trinkwassers auf festen Leitungswegen an die Verbraucher erfährt das Wasser nach Verlassen der Aufbereitung eine mehr oder weniger starke Veränderung der Zusammensetzung. Nachteiligen Effekten davon vorzubeugen ist die Motivation der Aufbereitung unter Berücksichtigung technischer Aspekte. Die Veränderung der Wasserzusammensetzung nach der Aufbereitung beruht auf Wechselwirkungen mit wasserbenetzten Oberflächen, wie z. B. Rohrmaterialien, sowohl in den öffentlichen Verteilungsnetzen (Probleme: Eisen, Asbestzement, Biofilme) als auch in der privaten Hausinstallation (Probleme: Blei,

Kupfer, Nickel, Kunststoffe). Auch die Innenflächen von Trinkwasserspeicherbehältern in der Wasserversorgung oder auch von Warmwassererzeugern im Haushalt können Quellen für eine nachteilige Veränderung der Wasserzusammensetzung sein.

Da Wasser im Härtebereich III bei der Erwärmung sehr stark zur Steinablagerung neigt, ist eine Vereinbarung mit den Verbrauchern denkbar, Calcium aus dem Wasser zu entfernen (Teilenthärtung).

Die Einstellung der technischen Eigenschaften des Trinkwassers erfolgt am sinnvollsten zusammen mit der Schadstoffentfernung im Wasserwerk. So werden unterschiedliche Verfahrensschritte bei der Wasseraufbereitung kombiniert, um die Verwendung des Trinkwassers nach Erwartungen und Vereinbarungen mit den Verbrauchern zu ermöglichen. Um eine nachträgliche Beeinträchtigung des Lebensmittels Trinkwasser durch die Verpackung (Rohrnetz) zu minimieren ist es allerdings erforderlich, nur geeignete Materialien zu verwenden. Zu erwähnen sind hier in erster Linie die Ziele: Enthärtung, Korrosionshemmung, Entsäuerung, Vermeidung der Bildung von Desinfektionsnebenprodukten.

11.3 Bausteine der Aufbereitung

11.3.1 Stoffaustausch an Grenzflächen

11.3.1.1 Bedeutung der Belüftung für die Wasseraufbereitung

Der bei weitem am häufigsten angewandte Baustein der Aufbereitung (Verfahrensschritt) ist die Belüftung des Wassers, ein Beispiel für den Stoffaustausch an Grenzflächen, denn dabei wird dem Wasser Sauerstoff zugeführt und CO_2 entzogen. Dieser Stoffaustausch in die eine wie in die andere Richtung, also einerseits aus der Luft in das Wasser (Sauerstoff) und andererseits aus dem Wasser in die Luft (CO_2), unterliegt gleichen Gesetzmäßigkeiten. Er findet so lange statt, bis das chemische Potenzial für einen Stoff in beiden Phasen gleich groß ist. Wenn das Gleichgewicht erreicht ist, besteht zwischen der Konzentration des Stoffes in der einen Phase ($c_{1,S}$) und derjenigen in der anderen Phase ($c_{2,S}$) eine proportionale Beziehung, die als Henry-Gesetz bezeichnet wird (siehe Abschn. 3.1). Der Proportionalitätsfaktor heißt Henry-Konstante ($K_{h,s}$):

$$c_{1,S} = c_{2,S} \cdot K_{h,s} \quad (11.1)$$

Diese Beziehung ist allgemeingültig und grundsätzlich auf alle Verfahrensschritte anzuwenden, die sich mit einem Stoffaustausch an Grenzflächen befassen. In der Formulierung der Gl. (11.1) ist sie dimensionslos. Allerdings gibt es Variationen in Bezeichnung und Verwendungsweise. So kann die Henry-Konstante auch als Anreicherungsfaktor bezeichnet werden, weil damit auch angegeben werden kann, um wieviel die Konzentration in der einen Phase höher ist als in der anderen. Von Anreicherungsfaktoren wird man beispielsweise in der analytischen Chemie sprechen, wenn Stoffe auf einem Harz oder auf Aktivkohle angereichert werden müssen. In den nachfolgenden Abschnitten werden unterschiedliche Bezeichnungen verwendet, um auf praktische Gewohnheiten Rücksicht zu nehmen.

11.3.1.2 Belüftung und CO_2-Ausgasung

Wie schon erwähnt, handelt es sich bei der Belüftung um den wichtigsten Baustein der Wasseraufbereitung. Die Stoffkonzentration in der Luft wird aber nicht in mg/l oder mmol/l, sondern, in Anlehnung an die Gasgleichung für ideale Gase, als Partialdruck angegeben. Der Partialdruck von Sauerstoff (pO_2) in Luft beträgt 0,2 bar und derjenige von Kohlenstoffdioxid (p_{CO2}) beträgt ca. 0,3 mbar. Die Konzentration von Sauerstoff im Wasser ($\beta(O_2)$) wird in mg/l und die von Kohlenstoffdioxid ($c(CO_2)$) in mmol/l angegeben. Letzteres ist deswegen erforderlich, weil es als Basekapazität bis pH 8,2 ($K_{B8,2}$, siehe Abschn. 3.2) bestimmt wird.

Es ergeben sich also unterschiedliche Konstanten der Gl. 11.1, allein durch die Wahl der bevorzugten Einheit der Konzentrationen und des Partialdrucks (siehe Abschn. 3.1):

$$\beta(O_2) = pO_2 \cdot K_{h,O2}; \qquad \text{mit } K_{h,O2} = 54{,}3\ \text{mg}/(\text{l} \cdot \text{bar}) \text{ bei } 10\,°\text{C} \tag{11.2}$$

$$c(CO_2) = pCO_2 \cdot K_{h,CO2}; \qquad \text{mit } K_{h,CO2} = 0{,}053\ \text{mmol}/(\text{l} \cdot \text{mbar}) \text{ bei } 10\,°\text{C} \tag{11.3}$$

Bei flüchtiger Betrachtung erscheint CO_2 schlechter löslich als O_2. Dies liegt aber nur an der Wahl der Einheiten. Wird $K_{h,CO2}$ dagegen wie $K_{h,O2}$ in mg/(l · bar) angegeben, so ergibt sich ein Zahlenwert von 2337. CO_2 ist demnach etwa vierzigfach besser in Wasser löslich als O_2.

In der praktischen Anwendung der Belüftung als Verfahrensschritt ist die Wasserversorgung zunächst etwas unsystematisch, empirisch vorgegangen. Die über viele Jahrzehnte üblichen Kaskadenbelüfter und Belüfter mit Raschig-Ringen waren nicht sehr effizient. Zudem verockerten sie leicht, weil mit dem Zutritt von Sauerstoff zu eisenhaltigem Grundwasser die Entwicklung von Eisenbakterien in den Belüftungsreaktoren begünstigt wurde. Grundsätzlich müssen die Reaktoren leicht zugänglich sein, um von Ablagerungen befreit werden zu können.

Impulse für eine verbesserte Verfahrenstechnik erhielt die Wasserversorgung aus zwei Bereichen:

- Vorbildlich waren einerseits die Rektifizierkolonnen der Erdölindustrie, die sehr ausgeklügelte Verfahren mit Dünnschichtfilmen im Gegenstrom für die Trennung von flüchtigen Stoffgemischen einsetzen. Sie fanden Eingang in die Wasseraufbereitung, als es notwendig wurde, flüchtige Schadstoffe (Lösemittel) durch Belüftung aus dem Wasser zu entfernen (so genanntes Strippen).
- Die Belüftungskerzen aus der Abwassertechnik empfahlen sich ebenfalls für die Wasseraufbereitung. Hiermit werden feine Blasen mit hoher Gesamtoberfläche

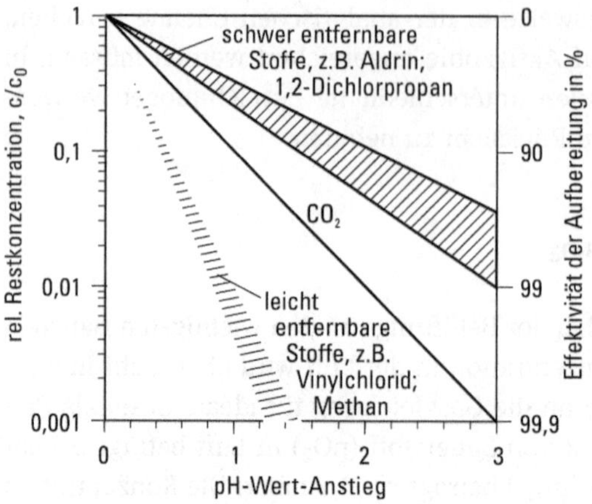

Abb. 11.1: Näherungsweise bestimmte, relative (bezogen auf die Wirksamkeit der pH-Wert-Erhöhung) Wirksamkeit der Entfernung leichtflüchtiger Stoffe aus dem Wasser durch Belüftung.

und wirkungsvollem Gasaustausch erzeugt. So wirksam, wie mit diesen oder vergleichbaren Geräten der Sauerstoff aus der Luft in das Wasser übergeht, so wirksam ist auch der Entzug von CO_2 aus dem Wasser in die Luft.

Die Wirksamkeit der Belüftung wird von vielen Faktoren beeinflusst. Hierzu gehören der Anteil der Luft im Gegenstrom bezogen auf das Wasservolumen, die für den Gasaustausch wirksame Höhe der Anlage (Anzahl „theoretischer Böden"), die Verwirbelung des Wassers in der Flüssigkeitsschicht und die Dicke der Diffusionsgrenzschichten. Für den Vergleich von Anlagen untereinander kann in grober, aber praktisch ausreichender Näherung davon ausgegangen werden, dass die Wirksamkeit der Anlagen in gleicher Weise zwischen einzelnen Stoffen variiert, deren Ausgasungsverhalten grob als konstant angenommen werden kann. So gilt z. B. die Feststellung, dass Methan in einer Anlage stärker ausgast als CO_2 näherungsweise auch für jede andere Anlage. Damit kann die Wirksamkeit der CO_2-Ausgasung als Kenngröße einer Anlage dienen. Sie wird durch die mit der CO_2-Ausgasung einhergehende Erhöhung des pH-Werts beschrieben.

Eine pH-Wert-Erhöhung um 1 Einheit (z. B. von 6,8 auf 7,8) entspricht einer Wirksamkeit von 90 % für CO_2. Ebenso entsprechen 2 pH-Einheiten 99 % und 3 pH-Einheiten 99,9 % Wirksamkeit. Die Erhöhung um 0,3 pH-Einheiten entspricht dagegen nur 50 % Wirksamkeit.

Die Wirksamkeit der CO_2-Ausgasung (η, in %) wird aus der Veränderung des pH-Wertes bei der Belüftung wie folgt berechnet:

$$\eta = (1 - 10^{(\mathrm{pHvor} - \mathrm{pHnach})})\ 100;\ \text{in}\ \% \qquad (11.4)$$

Ist die Wirksamkeit η für die Ausgasung von CO_2 bekannt, so kann sie auch für andere Stoffe geschätzt werden, da die Verfahrenskenndaten in erster Näherung unverändert bleiben. Es ist bekannt, dass Methan wesentlich einfacher als CO_2 ausgegast werden kann. Dagegen werden Lösemittel nur mit vergleichsweise geringerer Wirksamkeit in die Luft überführt.

Abb. 11.1 gibt einen Überblick über die relative Wirksamkeit der Entfernung von leichtflüchtigen Stoffen aus dem Wasser durch Belüftung, bezogen auf die Wirksamkeit einer Anlage für die Ausgasung von CO_2.

11.3.1.3 Adsorption

Unter Adsorption versteht man die Bindung von in Wasser gelösten Stoffen an Feststoffoberflächen durch Wirkung physikalischer und physikalisch-chemischer Kräfte. Voraussetzung für eine Adsorption ist damit das Vorliegen aktiver Oberflächen. Besonders geeignet sind künstlich hergestellte Aktivkohlen. Die Verwendung von Aktivkohle als Adsorbens, besonders zur Entfernung von gelösten unpolaren Stoffen aus dem Wasser, ist aus der modernen Aufbereitungstechnik nicht mehr wegzudenken. Auch dies ist ein Beispiel für Stoffaustausch an Grenzflächen als Baustein der Wasseraufbereitung. Während es sich bei der Adsorption an Hydroxokomplexen des Eisens oder des Aluminiums oder an der Oberfläche der Oxide oder Hydroxide um eine chemische Reaktion handelt und daher eher die Bezeichnung Chemisorption zutreffend ist, findet dann eine echte, reversible Adsorption an der Oberfläche fester Stoffe statt, wenn keine chemische Bindung vorliegt.

Zur Beschreibung von Adsorptionsvorgängen gibt es in den Lehrbüchern der Chemie thermodynamische Ansätze, die sich jedoch als wenig praktikabel erwiesen haben. In der Praxis verwendet man ausschließlich empirische Gleichungen (so genannte Isothermen). Wegen der Bedeutung der Adsorption in der Wasseraufbereitung wird versucht, eine Brücke zu den Gleichgewichten zu schlagen. Die Isothermen sind daher detailliert im Kapitel über Spezies und chemische Gleichgewichte behandelt worden. Hier erfolgt nur eine knappe allgemeine Beschreibung der Adsorption als Baustein der Aufbereitung.

Wenn ein Wasser mit einer aktiven Oberfläche eines Feststoffes (Adsorbens) in Kontakt steht, werden gelöste Stoffe an der Feststoffoberfläche adsorbiert. Nach endlicher Zeit bildet sich ein Gleichgewicht zwischen dem Anteil an gelösten und adsorbierten Stoffen aus. Im Gleichgewicht hat ein Ausgleich des chemischen Potenzials stattgefunden.

Zwischen der Konzentration des Stoffes S im Wasser unmittelbar an der Oberfläche ($\beta(S)$ in mg/l) und der Stoffdichte (Beladung $q(S)$ in mg/kg) auf der Oberfläche besteht eine Beziehung, die als Verteilungsgleichgewicht (Freundlich-Gleichung oder Freundlich-Isotherme) bezeichnet wird.

$$q(S) = k[\beta(S)/\beta(S)_r]^n \tag{11.5}$$

Im Fall der Lösung eines Gases in Wasser hat der Proportionalitätsfaktor k die gleiche Einheit wie die Beladung q und ist zahlenmäßig bei der Referenzkonzentration

$\beta(S)_r$ mit ihr identisch. Der Proportionalitätsfaktor k gleicht vom Charakter her der Henry-Konstante (siehe Abschn. 3.1), denn es wird die Stoffverteilung im Gleichgewicht zwischen zwei Phasen beschrieben.

Der Exponent n hat bei der Lösung von Gasen in Wasser den Wert n = 1. Bei der Adsorption von gelösten Stoffen an A-Kohle ist dagegen n ungleich 1, weil sich die Eigenschaft der A-Kohle-Oberfläche mit zunehmender Beladung stetig verändert.

Für die Adsorption eines gelösten Stoffes an einer aktiven Oberfläche gilt zu jedem Zeitpunkt die Massenbilanz: Die aus der Lösung entfernte Masse ist gleich der an der festen Phase adsorbierten Masse. Die Gleichung hierzu lautet:

$$V \cdot (\beta_0 - \beta) = m \cdot (q - q_0) \tag{11.6}$$

mit V = Volumen des Wassers; m = Masse Adsorbens, β_0, β = Massekonzentration z. B. mg/l im Wasser; q_0, q = Beladung z. B. mg/g.

Wenn das Adsorbens frisch (ohne Vorbeladung durch Schadstoffe) eingesetzt wird, ist $q_0 = 0$ und es gilt:

$$q = (\beta_0 - \beta) \cdot V/m \tag{11.7}$$

Eine kinetische Betrachtung des Vorgangs ergibt mit r als Reaktionsgeschwindigkeit, K_1 und K_2 als kinetische Konstanten sowie q_m als maximal möglicher Beladung folgende Definitionen:

Adsorption: $r_{ads} = K_1\,(q_m - q)\,\beta$
Desorption: $r_{des} = K_2\,q$

Für das Gleichgewicht Adsorption = Desorption gilt:

$$r_{ads} = r_{des} = K_1(q_m - q)\,\beta = K_2\,q \tag{11.8}$$

und $K_L = K_1/K_2$ erhält man die Isothermengleichung nach Langmuir:

$$q = q_m \cdot K_L \cdot \beta/(1 + K_L \cdot \beta) \tag{11.9}$$

Mit dieser Isothermen-Darstellung lässt sich in der Praxis in vielen Fällen die Adsorption z. B. von Spurenstoffen hinreichend genau beschreiben. Die Konstanten lassen sich recht einfach graphisch ermitteln, wenn man die reziproke Beladung (1/q) gegen die reziproke Massekonzentration ($1/\beta$) aufträgt. Der Schnittpunkt der Kurve mit der Ordinate ergibt $1/q_m$, die Steigung $1/(K_L \cdot q_m)$.

Im Stoffgleichgewicht zwischen Wasser und fester Oberfläche bestehen jedoch in verschiedenen Fällen keine idealen Bedingungen, so dass die Langmuir-Isotherme oft nicht angewendet werden kann. Am auffälligsten ist, dass sich die Zahl der freien Plätze auf der Oberfläche mit jedem zusätzlich adsorbiertem Molekül ändert (verringert). Die Moleküle beeinträchtigen sich gegenseitig. In der Gleichung 11.5 würde dies mit $n < 1$ berücksichtigt werden.

Aus Sicht des Analytikers ist die Konstante k der Freundlich-Gleichung (Gl. 11.5) ein Anreicherungsfaktor, denn er beschreibt die Anreicherung des Stoffes S durch die Aktivkohle und die Konzentrierung in ein kleines Volumen eines geeigneten Lösemittels. Meist wird eine Anreicherung um den Faktor 1000 bis 10.000 erreicht.

Die Adsorption im Sinne der Freundlich-Gleichung kann in vier Bereiche eingeteilt werden:

1. Bei sehr geringen Konzentrationen verhält sich das Adsorbens näherungsweise wie eine ideale Lösung: $n = 1$.
2. Bei realen Konzentrationen beeinflussen sich die adsorbierten Moleküle gegenseitig: $n < 1$, in der Praxis der Wasseraufbereitung mit Werten von etwa 0,2 bis 0,5.
3. Bei höheren Konzentrationen werden alle Plätze belegt: n geht gegen 0 mit einem neuen Bezugspunkt (einer neuen Bezugskonzentration) für k.
4. Sind bereits andere Stoffe auf der Oberfläche adsorbiert, so ist insgesamt die Adsorption des gelösten Stoffes deutlich schlechter als aus reinem Wasser unter Laborbedingungen, aber seine Moleküle beeinträchtigen sich nicht gegenseitig, wenn sie stattdessen jeweils den anderen Stoff verdrängen können: n geht gegen 1. Dieses Phänomen wird bei der Adsorption von Pestiziden aus Wässern mit hohem DOC-Gehalt (hoher Gehalt an Huminstoffen) beobachtet: Es werden Werte von n zwischen 0,8 und 0,95 gemessen, also deutlich höher als bei Wässern ohne Huminstoffe, allerdings bei insgesamt verminderter Adsorptionsfähigkeit.

Die hier gewählte Darstellung der Zusammenhänge, insbesondere der Ähnlichkeit mit der Henry-Gleichung, soll dazu anregen, das Verständnis für konkurrierende Adsorptionsvorgänge zu vertiefen.

In der Praxis wird der Zusammenhang zwischen Beladung und Lösungs-Konzentration doppelt-logarithmisch dargestellt:

$$\lg\{q(S)\} = \lg\{k\} + n \lg\{\beta(S)/\beta(S)_r\} \qquad (11.10)$$

Dabei ist k die Beladung (Anreicherungsfaktor) bei der Bezugskonzentration, in diesem Fall bei $\beta(S)_r = 1$ mg/kg. Insbesondere beim Vergleich von Literaturdaten ist auf gleiche Bezugskonzentration für k zu achten (1 mg/l oder 1 µg/l).

Abb. 11.2 illustriert den Unterschied zwischen ungestörter und konkurrierender Adsorption. Dabei sind die Fälle A und B zu unterscheiden: Fall A mit der Steigung der Beladungskurve $n = 0{,}2$ bis 0,4 kennzeichnet die ungestörte Adsorption (ohne Vorbeladung mit DOC) und Fall B die konkurrierende Adsorption (mit Huminstoffen) und $n = 0{,}8$ bis 0,95. In Aktivkohle-Filtern sind Verdrängungs- und Chromatographie-Effekte die Folge konkurrierender Adsorption.

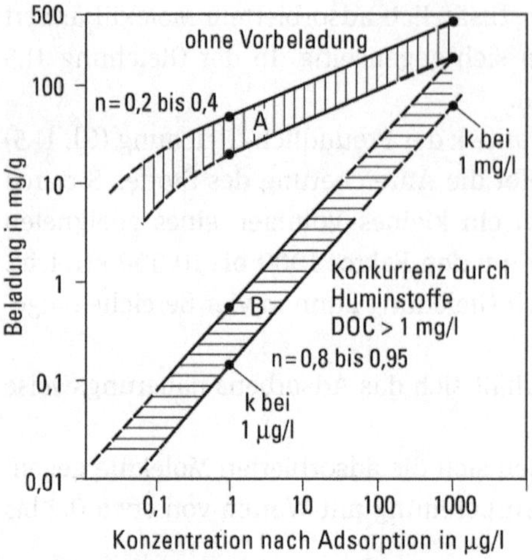

Abb. 11.2: Beladungskurven (schematisch) für organische Stoffe im Wasser, wobei A = Laborexperimente ohne DOC (Baldauf, 1989), B = Feldstudien mit konkurrierender Adsorption (Miltner et al., 1989).

Weitere Ansätze zur Beschreibung der Isothermen-Gleichungen wurden von verschiedenen Autoren unternommen. So versuchte Toth die Fälle, die zwischen dem Ansatz einer homogenen Adsorbensoberfläche (Langmuir-Isotherme) und einer heterogenen Adsorbensoberfläche (Freundlich-Isotherme) liegen, durch einen Differenzialansatz zu beschreiben (Toth, 1962). Die Isothermengleichungen nach Radke und Prausnitz basieren dagegen auf thermodynamische Überlegungen, die eine Beschreibung der Messergebnisse über 3 bis 4 Zehnerpotenzen ermöglicht (Radke und Prausnitz, 1972).

Bei der Adsorption ist neben der Lage des Adsorptions-Gleichgewichtes auch der zeitliche Ablauf (Geschwindigkeit, Kinetik) von Bedeutung. Geschwindigkeitsbestimmende Schritte sind erstens der Stofftransport durch die Lösung zur Adsorbensoberfläche und zweitens weiter bis zu den Haftstellen an der aktiven Oberfläche (Poren). Allgemein gilt folgende für den Stoffaustausch bekannte kinetische Beziehung (Sontheimer et al., 1985):

$$-d\beta/dt = (m/V) \cdot a_s \cdot f_{V,i} \cdot (\beta_i - \beta_i^*) \qquad (11.11)$$

Dabei ist a_S die spezifische Oberfläche in m^2/kg, $f_{V,i}$ der Stoffübergangskoeffizient in m/s und $(\beta_i - \beta_i^*)$ das Gefälle der Massekonzentration in der freien Lösung (β_i) und direkt an der Adsorbensoberfläche (β_i^*).

Die Kinetik der Adsorption legt für ein gegebenes System die Reaktions- oder Kontaktzeit fest, die z. B. bei Aktivkohle-Filtern Schichthöhe und Filtergeschwindigkeit, bei Pulverkohle-Anlagen die Größe des Reaktionsbehälters bestimmt. Die kinetischen Daten lassen sich nur experimentell im Labor bzw. in Versuchsanlagen ermitteln.

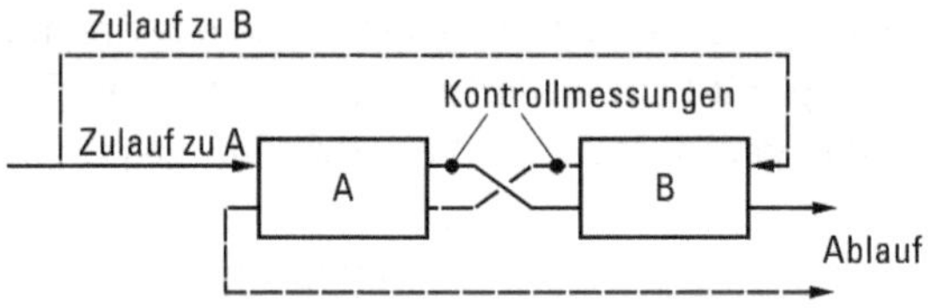

Abb. 11.3: Schema einer Anlage mit zwei Aktivkohlefiltern, die je nach Beladung im Wechsel A vor B bzw. B vor A betrieben werden, immer das frisch gefüllte (bzw. regenerierte) Filter zuletzt.

Tab. 11.3: Bedarf an Aktivkohle, als körnige A-Kohle im Festbett oder als Pulverkohle, die vor einem Kiesfilter dosiert wird (Grohmann und Dizer, 1991).

Pestizid im Rohwasser, µg/l	Pestizid im Reinwasser, µg/l	Bedarf an A-Kohle mg/l	Durchsatz in Bettvolumen bis zum Durchbruch
5	0,1	50	2.000
1	0,1	10 bis 20	5.000 bis 10.000
0,2	0,02	2 bis 5	20.000 bis 50.000

In der Praxis werden die im Labor erzielten Beladungen (Anreicherungen) bzw. theoretischen Filterlaufzeiten nicht erreicht. Sobald eine etwas erhöhte Konzentration des Adsorbats im Reinwasser am Filterauslauf nachzuweisen ist (Durchbruch), muss der Filterlauf des entsprechenden Filter kurzzeitig unterbrochen werden. Um den Laborergebnissen nahe zu kommen, werden daher zwei Filter im Wechselbetrieb (bei zeitversetzter Regeneration) hintereinander angeordnet (siehe Abb. 11.3). Es ist auch eine Dosierung von Aktivkohlepulver möglich. Die Gleichgewichtseinstellung erfolgt aber nicht schon in der turbulenten Rohrströmung, wie zu erwarten wäre. Offensichtlich passen sich die feinen Pulverteilchen der Strömung an, so dass ein Stoffaustausch mit der Umgebung gering bleibt. Erst nach der Einlagerung der Pulverkohle im Filterbett erfolgt die eigentliche Adsorption. Verfahrenstechnisch besteht daher zwischen den Festbettfiltern und der Dosierung von Pulverkohle vor Kiesfiltern kein Unterschied. Der Kohlebedarf (siehe Tab. 11.3), genauer: die nutzbare Oberfläche, ist in beiden Fällen gleich groß.

11.3.1.4 Ionenaustausch

Der Ionenaustausch als Baustein der Aufbereitung beruht ebenfalls auf der Einstellung eines gleichen chemischen Potenzials zwischen dem Wasser und dem Austauscherharz, in diesem Fall bezüglich eines Stoffes in Ionenform. Die theoretische Adsorptionskapazität des Austauscherharzes ergibt sich aus der chemischen Formel, nämlich aus der Menge an Austauschäquivalenten (funktionelle Gruppen) je Gramm Harz in mmol/g. Die Regeneration erfolgt mit konzentrierter wässriger Lösung des Salzes oder der Säure mit dem Ion, das gegen das zu entfernende Ion getauscht wird.

Folgende funktionelle Gruppen sind für die Wasseraufbereitung wichtig:

stark sauer:	$R{-}SO_3H$ (sulfoniertes Polystyrol)
schwach sauer:	$R{-}COOH$ (Polymere mit Carboxylgruppen)
stark basisch:	$R{-}N(R')_3^+$ (Polymere mit quartären Ammoniumgruppen)
schwach basisch:	$R{-}NH_2$ oder $R{-}NHR'$ (Polymere mit Aminogruppen)

Die sauren Ionenaustauscher sind Kationenaustauscher und die basischen sind Anionenaustauscher. Die Adsorption von Ionen folgt näherungsweise der Gleichung:

$$q_S = K_S \cdot c_S \tag{11.12}$$

Die Beladung q_S und die verbleibende Konzentration des Stoffes S im Wasser (c_S) werden in mol/l angegeben. Dann ist K_S dimensionslos und kann als Anreicherungsfaktor interpretiert werden, mit Werten von 100.000 bis 10^7. Bei dieser vereinfachten Betrachtung ist die Gegenreaktion, nämlich die entsprechende Freisetzung von Ionen aus dem Harz, nicht berücksichtigt, was für das Verständnis des Vorganges auch nicht erforderlich ist.

Das Phänomen, dass trotz der Gleichgewichtseinstellung ein fast vollständiger Austausch und bei Kombination von Anionen- und Kationenaustauscher sogar eine Vollentsalzung des Wassers gelingt, beruht auf der verfahrenstechnischen Durchführung und einem Überangebot an Austauscherplätzen.

Die Gleichgewichtseinstellung erkennt man, wenn das Wasser im Austauscherfilter steht und die Konzentration des zu entfernenden Ions wieder zunimmt. Dann nämlich stellen sich die Gleichgewichte im Filterbett von oben (stark beladen) nach unten (schwach beladen) ein und es kommt zum so genannten Schlupf, d. h. geringer Durchbruch der zu entfernenden Ionen, obwohl noch genügend Kapazität vorhanden ist.

Für die Vollentsalzung muss die Gegenreaktion unterdrückt werden. Dies geschieht am besten durch Mischen von Anionenharzen (in der OH^--Form, regeneriert mit Natronlauge) und Kationenharzen (in der H^+-Form, regeneriert mit Salzsäure).

Anionenaustausch:	$R{-}N(R')_3^+ \leftrightarrow R{-}N(R')_3^+NO_3^- + OH_3^-OH^- + NO^-$
Kationenaustausch:	$R{-}SO_3^-H^+ + Na^+ \leftrightarrow R{-}SO_3^-Na^+ + H^+$

Liegen beide Harze gemischt vor, so bildet sich H_2O aus den freigesetzten Ionen OH^- und H^+ und die Gegenreaktion wird unterdrückt.

Die Mischung von Anionenharz (schwach basisch) und Kationenharz (schwach sauer) hat sich für die Wasseraufbereitung auch aus anderem Grunde als vorteilhaft erwiesen. Dann nämlich gelingt eine Regeneration mit Kohlensäure, die mit CO_2 unter Druck im Wasser in genügend hoher Konzentration erzeugt wird (bis zu 10 bar CO_2). Nach der Regeneration liegt das Anionenharz in der Hydrogencarbonat-Form und das Kationenharz in der Säureform (H^+-Form) vor.

Bei der Aufbereitung wird z. B. Nitrat gegen HCO_3^- ausgetauscht und Ca^{2+} gegen H^+. Da sich HCO_3^- und H^+ zu Kohlensäure verbinden, die als CO_2 ausgeblasen werden kann, gelingt eine Nitratentfernung und eine Teilenthärtung, ohne das aufbereitete Wasser mit anderen Ionen zu belasten. Dieses Prinzip wurde durch das vom Forschungszentrum Karlsruhe entwickelte Carix®-Verfahren (Carix: carbon dioxide regenerated ion exchanger) technisch umgesetzt.

Weit verbreitet sind stark saure Kationenaustauscher in der Natriumform, die mit NaCl regeneriert werden. Sie sind z. B. in kleiner Ausführung in Geschirrspülern eingebaut und werden als etwa 1 m hohe Filter auch als Haushaltsenthärter zum Anschluss nach dem Wasserzähler angeboten. Mit diesen Geräten wird dem Wasser das Calcium entzogen, dafür aber wird das Trinkwasser mit Natrium belastet.

Für die Nutzung der maximalen Austauschkapazität, um also alle funktionellen Gruppen zu aktivieren, muss ein extrem hoher Überschuss an Regenerierlösung im Vergleich zur Austauschkapazität angewendet werden, weil sonst das Gleichgewicht (nach der Gl. 11.12) nicht genügend zur regenerierten Form des Harzes verschoben wird. Dieses Verfahren unter Anwendung von sehr viel Regenierlösung ermöglicht zwar den Bau kleinerer Anlagen mit größerem Durchsatz oder längerer Arbeitszeit zwischen zwei Regenerationen, es widerspricht aber den Forderungen des Umweltschutzes nach einer geringeren Belastung der Umwelt mit Salzen.

Daher wird bei Anlagen, die ein DVGW-Zeichen tragen, darauf geachtet, dass eine so genannte „Sparbesalzung" nach DIN EN 14743 angewendet wird. Eine „Sparbesalzung" liegt vor, wenn bis zum Durchbruch der Härte mindestens eine Kapazität von 4 mol (400 g $CaCO_3$) je Kilogramm eingesetztem Regeneriersalz erreicht werden. Damit wird zwar die nutzbare Austauschkapazität etwas vermindert aber überproportional mehr Salz gespart. Die verminderte Austauschkapazität kann durch ein besseres Durchströmungsverhalten teilweise kompensiert werden. Die Anlagen brauchen nicht größer dimensioniert zu werden, wenn nur eine Teilenthärtung angestrebt wird. Es sollten auch hier, wie bei der zentralen Teilenthärtung mindestens 1,5 mmol/l (60 mg/l) Ca^{2+} im Wasser verbleiben.

Wird eine solche Teilenthärtung nur in Versorgungsgebieten mit Wasser im Härtebereich III und dort nur für das zu erwärmende Wasser dezentral (jeweils in Einzelhaushalten) durchgeführt, so wird gegenüber einer früher üblichen Salzbelastung der Umwelt durch Enthärtung von Trinkwasser in Gebäuden, eine um den Faktor von etwa 20 geringere Salzbelastung erreicht. Solange nur wenige Haushalte eine solche Enthärtung betreiben, kann die dezentrale Lösung geduldet werden. Ansonsten wäre eine zentrale Teilenthärtung, bei der keine Erhöhung der Natriumbelastung des Trinkwassers stattfindet, vorzuziehen, und zwar sowohl aus hygienischer Sicht, da keine Unterbrechung des Rohrnetzes vom Wasserwerk bis zum Zapfhahn des Nutzers stattfindet, als auch volkswirtschaftlicher Sicht: Die Kosten sind bei zentraler Teilenthärtung nur etwa 1/10 so hoch wie bei dezentraler Teilenthärtung in Gebäuden. In zentralen Anlagen kann das oben erläuterte umweltfreundliche Carix®-Verfahren oder ein Verfahren in Gegenstromkolonnen mit guter bis sehr guter Ausnutzung des Regeneriermittels (nur etwa 5 % Überschuss erforderlich) angewendet werden. Es sind aber auch die Fällungsverfahren zentral anwendbar, bei denen Calciumcarbonat entsteht, das z. B. in der Papierindustrie Verwendung findet oder, wenn es zu stark durch Eisenoxide gefärbt ist, für die Kalkung von Waldböden verwendet werden kann.

Beim Betrieb von Ionenaustauschern ist zu beachten, dass eine starke Neigung zur Verkeimung besteht. Sie beruht einerseits, wie bei Aktivkohlefiltern, auf der Adsorption von organischen Stoffen aus dem Wasser, die von Bakterien verwertet werden können, und andererseits auf Rissen in den Harzkörnern, in denen sich Biofilme halten können, die nicht bei der Regeneration mit konzentrierten Lösungen erreicht und deswegen nicht abgetötet werden. Dieses Problem betrifft aber nur die dezentralen Anlagen in Gebäuden. Die DIN 19636-100 schreibt daher vor, durch geeignete konstruktive oder chemisch-physikalische Maßnahmen eine Verkeimung der Anlagen zu verhindern. Das kann z. B. durch eine automatische Desinfektion bei jeder Regeneration sichergestellt werden.

11.3.2 Fällung und Flockung

11.3.2.1 Einleitung

Fällung nennt man die Überführung von gelösten Stoffen in feste Verbindungen, wobei Kolloide, Schwebstoffe, Trübstoffe, feinkristalline Stoffe oder, unter günstigen Voraussetzungen, abtrennbare Partikel entstehen können. Voraussetzung für die Fällung ist der Zusatz von Stoffen, die mit den gelösten Stoffen so reagieren, dass sich entweder eine übersättigte wässrige Lösung bildet, aus der die festen Verbindungen ausfallen (Kristallisation), oder dass sich unmittelbar feste Partikel bilden, an denen sich die gelösten Stoffe anlagern (Mitfällung, Kondensation).

In der Chemie und chemischen Verfahrenstechnik werden häufig folgende Attribute verwendet:

- Für gelöste Stoffe: molekulardispers
- für feste Stoffe als Kolloide (Molekülaggregate): feindispers oder kolloiddispers
- für feste Stoffe als Schwebstoffe oder Trübstoffe: grobdispers.

Man findet auch die Bezeichnungen Suspension (von Stoffen im Wasser) oder Suspensa als Summe aller festen Stoffe im Wasser. Analytisch spricht man von abtrennbaren Stoffen oder Trockenstoffen (TS). Dabei kommt es auf die Feinheit des Filters an, ob Kolloide mit erfasst werden oder nicht.

Flockung ist die Überführung fester Verbindungen in abtrennbare Partikel. In der Wasseraufbereitung kommt die Fällung selten ohne die Flockung aus. Letztere kann durch verfahrenstechnische Methoden (Erhöhung der Stoßzahl zwischen den fein verteilten Partikeln) und zusätzlich durch Flockungsmittel (zur Minderung der Oberflächenspannung) und Flockungshilfsmittel (zur Verbesserung der Scherfestigkeit der Flocken, z. B. Polyacrylamide) erreicht und gefördert werden. Die Abtrennung (Separation) der Partikel vom Wasser ist ein weiterer Baustein der Aufbereitung, der in einem späteren Abschnitt besprochen wird.

11.3.2.2 Fällung durch Kristallisation

Aus gelösten Calcium- und Carbonat-Ionen bilden sich im Verlauf der Fällung das Calciumcarbonat in Form von Kristallen der Mineralien Calcit, Aragonit oder Vaterit. Immer weitere Carbonat- und Calcium-Ionen besetzen bei diesem Kristallisationsprozess jeweils die so genannten Halbkristall-Lagen. Der Begriff Halbkristall-Lagen ist die bildhafte Darstellung einer nicht voll ausgebildeten Kristallfläche mit Nischen, in denen die Anlagerung von Ionen erleichtert ist. Voraussetzung für die Fällung von Carbonat- und Calcium-Ionen ist, dass sich im Wasser oder an Wandungen (z. B. der Warmwasserbereiter) Kristallkeime befinden, die nur unvollständig als Kristall ausgebildet sind, so dass sie die erwähnten Halbkristall-Lagen anbieten.

Die Bildung der Kristallkeime und Einlagerung von Ionen in deren Nischen bei Vorliegen von Halbkristall-Lagen kann jedoch durch andere Stoffe, so genannte Stabilisatoren oder Inhibitoren, erschwert oder ganz blockiert werden. Auch wenn das Wasser rechnerisch (theoretisch) eine übersättigte Lösung darstellt, fallen dann keine Calcit-Kristalle aus.

Die Abscheidung von Calciumcarbonat ist ausschließlich eine Kristallisation. Dabei ist zu betonen, dass durch die Abscheidung auf metallischen Oberflächen im Kaltwasser keine dichten, zusammenhängenden Deckschichten entstehen, die eine Wechselwirkung zwischen Werkstoff und Wasser und damit die Korrosion mit ihren nachteiligen Auswirkungen auf den Werkstoff oder die Wasserqualität verhindern. Ablagerungen auf Blei- oder Kupferrohren werden bei Kaltwasser praktisch nicht und bei Warmwasser nur ganz selten beobachtet. Rohrverstopfungen durch dicke Ablagerungen werden meist künstlich erzeugt, um Werbekampagnen für Enthärtungsanlagen zu bebildern.

Beim Vorgang der Kristallisation und zur Bewertung dieses Vorgangs sind folgende Beobachtungen von Bedeutung:

Eine **gezielte Ausfällung** wird durch Zusatz von Kristallkeimen ermöglicht, wenn das Wasser kalkabscheidend ist (genauer: calcitabscheidend, wegen eines zu hohen pH-Wertes im Verhältnis zu Calciumgehalt und Säurekapazität). Kristallkeime können als Marmorpulver (im Labor beim Marmorlöseversuch) oder als feiner Sand (technisch bei der Schnellentcarbonisierung) dosiert werden. Sie können auch elektrolytisch durch Schwachstrom zwischen zwei Elektroden im Wasser oder chemisch, z. B. durch Zusatz von Natronlauge, erzeugt werden. Eine **ungewollte Ausfällung findet dagegen durch starke Erwärmung in Warmwasserbereitern statt. Dies kann** durch Begrenzung der Temperatur (60 °C) oder der Wärmestromdichte an den Heizelementen (10 W/cm^2 als Erfahrungswert) vermindert werden.

Kristalline Ablagerungen können durch **Stabilisatoren (Inhibitoren)** unterdrückt werden. Dies können sowohl künstlich zugesetzte Stoffe (z. B. Polyphosphate, Phosphonate, Carboxylate) als auch im Rohwasser vorhandene Stoffe sein (z. B. Eiweißstoffe und Tenside, aber auch bestimmte Huminstoffe). Nach einer Aufbereitung mit Aktivkohle, die organische Stoffe und damit auch im Rohwasser vorhandene Inhibitoren aus dem Wasser entfernt, kann sich die Neigung solchen Wassers, Calcitablagerungen zu bilden, im Vergleich zu dem unbehandelten Rohwasser verstärken. Orthophosphate sind als künstlich zuzusetzende Inhibitoren nicht geeignet. Sie können als Apatite (z. B. des Eisens) sehr harte Ablagerungen bilden und insbesondere bei Temperaturen über 80 °C technische Probleme der ungewollten Ausfällung verschärfen.

Bei **Dosierung von Laugen** – insbesondere von konzentrierter NaOH-Lösung – zur Anhebung des pH-Wertes ist auf dabei zu beobachtende örtliche, sehr starke pH-Wert-Erhöhung und Calcitübersättigung zu achten. Bekanntlich ist der Gehalt an Kohlensäure (H_2CO_3) im Verhältnis zum gelösten CO_2 sehr gering (siehe Abschn. 3.2). Diese geringe Menge wird am Ort der Laugendosierung augenblicklich aufgebraucht. Der pH-Wert steigt sehr stark an, um erst allmählich mit der langsamen Reaktion des gelösten CO_2 mit Wasser zu Kohlensäure auf den der NaOH-Zugabe entsprechenden pH-Wert abzufallen. Dieser Vorgang kann einige Minuten dauern. Im unmittelbaren Dosierbereich, der Zone der größten pH-Erhöhung, ist darauf zu achten, dass sich nichts dem Strom des Wassers entgegenstellt und Turbulenzen bildet, d. h. z. B., dass keine mechanischen Mischer oder Rohrkrümmer eingebaut sind, an denen dann aufgrund der temporären Calcitübersättigung eine Calciumcarbonatausfällung stattfinden würde. Zur Verringerung des Risikos ungewollter Ablagerungen durch Ausfällung sollte die NaOH-Lösung vor der Dosierung mit kalkfreiem oder kalkarmem Wasser verdünnt werden.

Fällung als Kristallisation spielt bei der **Teilenthärtung** eine zentrale Rolle. Zunächst wird mit Kalk (Calciumhydroxid) der pH-Wert erhöht, so dass eine Calcitübersättigung entsteht (zum Chemismus siehe Abschn. 3.2). Zur Einleitung der Kristallisation müssen – wie oben ausgeführt wurde – Kristallkeime vorhanden sein. Hierzu sind im Wesentlichen zwei verschiedene Verfahren gebräuchlich:

Bei der **Schnellentcarbonisierung** wird Feinsand in ein Wirbelbett dosiert. Hieran lagert sich Calcit an. Große Körner werden aus dem Wirbelbett ausgeschieden. Es lagern sich aber nicht alle Carbonat-Ionen und nicht alle Calcium-Ionen an den Körnern an. Das Wasser verlässt den Wirbelbettreaktor mit einem hohen Anteil an Trübstoffen, meist noch in einem calcitabscheidenden Zustand. Vor der obligaten Filtration muss daher durch Zusatz von CO_2 der pH-Wert abgesenkt werden, um die Calcitübersättigung und damit die Neigung zur Calcitabscheidung zu verringern und so Verbackungen im Filter zu vermeiden.

Bei der **Langsamentcarbonisierung** werden im Reaktionsbecken Turbulenzen mit Hilfe von Rührern erzeugt. Mit der Zeit bilden sich genügend Kristallisationskeime, die zu kleinen flockenartigen Partikeln wachsen. In nachfolgenden Becken wird mit geringerer Geschwindigkeit gerührt, um größere Flocken zu erhalten und um nicht diese empfindlichen Flocken wieder zu zerstören. Außerdem muss so lange gerührt werden, bis sich möglichst alle kleinen Partikel an große Flocken angelagert haben (etwa 20 min). Die Suspension wird in geeignete Abscheider geleitet (z. B. Parallelplattenabscheider), aus denen das klare Wasser mit nur noch geringen Trübstoffanteilen (< 1 mg/l) abfließt.

Die Flockenbildung kann durch den Zusatz von Flockungsmitteln oder Flockungshilfsmitteln (siehe unten unter Flockung) beschleunigt werden. Verzichtet man auf solche Zusätze und ist das Rohwasser eisenfrei, so erhält man Calciumcarbonat mit einem hohen Weißgrad, das z. B. in der Papierindustrie Verwendung finden kann.

Eine Entcarbonisierung kann prinzipiell auch durch **Zusatz von Natronlauge** erfolgen, entspricht dann aber einer Enthärtung durch Calcium/Natrium-Austausch, weil die Natrium-Ionen im Wasser verbleiben. Vorteilhaft aus korrosionstechnischer Sicht ist zwar die geringere Entfernung von HCO_3^--Ionen als bei Kalkzusatz, nachteilig ist dagegen die Neigung zur Verblockung an der Dosierstelle für Natronlauge. Wichtiger noch ist die Überlegung, dass ein Anstieg der Natriumkonzentration im Trinkwasser vermieden werden muss und weiterhin die Tatsache, dass die Teilenthärtung durch Kristallisation mit Kalkzusatz ein ausgereiftes technisches Verfahren ist, das bei der Enthärtung von Trinkwasser bevorzugt werden sollte. Bei der zentralen Teilenthärtung im Wasserwerk sind Ionenaustauschverfahren mit Erhöhung der Natriumkonzentration nicht zulässig.

Für die Herstellung von Trinkwasser ist nur eine Teilenthärtung anzustreben, weil damit schon die technischen Vorteile eines weichen Wassers erreicht werden. Eine weitergehende Enthärtung bis zum Härtebereich I würde unverhältnismäßig viel Energie, Chemikalien und andere Ressourcen im Vergleich zum erzielbaren Nutzen verbrauchen. Das Verfahren muss so geregelt werden, dass der verbleibende Calciumgehalt im Reinwasser mindestens 1,5 mmol/l Ca (60 mg/l Ca) beträgt. Die Magnesiumkonzentration des Rohwassers wird durch die Enthärtung im Wasserwerk mit den oben beschriebenen Verfahren nicht wesentlich herabgesetzt.

11.3.2.3 Fällung durch Mitfällung oder Kondensation

In den siebziger Jahren wurde sehr intensiv über die Entfernung von Phosphaten aus dem Wasser geforscht. Phosphate wurden als Minimumfaktor für die Biomassenentwicklung und damit der Eutrophierung von Gewässern erkannt. Neben der Beschränkung der Phosphate in den Waschmitteln wurden auch Verfahren zu ihrer Entfernung aus dem Abwasser und insbesondere aus dem Wasser im Zufluss von

Seen entwickelt. Für die Behandlung kommunalen Abwassers wurden vorwiegend biologische Verfahren entwickelt (siehe Kap. 13), für die Phosphatelimination an den Zuflüssen von Seen dagegen chemische Verfahren unter Zusatz von wässrigen Lösungen von Eisen- oder Aluminiumsalzen.

Zunächst nahm man an, dass sich kristalline Eisen- oder Aluminiumphosphate ($FePO_4$, z. B. Strengit; $AlPO_4$, z. B. Variscit) oder Apatite (mit Beimischungen aus Fe und Al) bilden. Diese Verbindungen wurden als die stabile Phosphatphase nachgewiesen (Stumm und Morgan, 1981). Es stellte sich aber heraus, dass die Fällung der Phosphate durch Anlagerung an Eisenhydroxiden erfolgt und zwar in gleicher Weise, wie sich Eisenhydroxid-Ionen an feste Verbindungen aus Eisenhydroxid anlagern. Es entstehen dabei metastabile Verbindungen, die auf Oberflächenreaktionen beruhen und erst mit der Zeit in die stabile Phase übergehen. Je schneller die Einmischung der Eisen- oder Aluminiumsalzlösungen erfolgt und je höher die Zahl der OH-Gruppen auf der Hydroxid-Oberfläche ist, desto niedriger ist die erzielte Restkonzentration an Phosphat im Wasser. Durch Zerfall der metastabilen Anlagerungsverbindungen steigt die Phosphatkonzentration im Wasser nach der Fällung wieder, was in Laborexperimenten nachgewiesen wurde (Grohmann et al., 1984). Dieser Phosphatanstieg wird verhindert, wenn das Wasser Calcium enthält, was auch der Normalfall ist. Mit dem Calcium werden die metastabilen Anlagerungsverbindungen stabilisiert, vermutlich unter Bildung von Apatiten als Verbindungen mit den geringsten Löslichkeiten.

In diesem Zusammenhang bietet es sich an, kurz den **Mechanismus der Eisenoxidfällung** bei Zusatz von Eisenchlorid zu gepuffertem Wasser zu erläutern: Dreiwertiges Eisen ist eine starke Säure mit einem pK-Wert von 2,2 (siehe Abschn. 3.2). Dies bedeutet einerseits, dass der Zusatz von Eisensalzlösungen zu Wasser den pH-Wert senkt und andererseits, dass in gepuffertem Wasser keine Fe^{3+}-Ionen, sondern Eisenoxid-Ionen beständig sind.

Eine schnelle Einmischung von Eisensalzlösung bewirkt die spontane Bildung von Kohlensäure (tatsächlich H_2CO_3; pK 3,8), die in einigen Sekunden in gelöstes CO_2 übergeht, wobei der pH-Wert wieder ansteigt, ohne ganz den ursprünglichen pH-Wert zu erreichen. Die durch die kurzfristig freigesetzte Kohlensäure bewirkte, erwünschte temporäre pH-Wert-Absenkung ist wichtig für den Erfolg der Mitfällung von Phosphaten.

In gepuffertem Wasser, z. B. bei pH 7,2, ist der Anteil der Fe^{3+}-Ionen im Vergleich zu Eisenhydroxid-Ionen um den Wert 10^5 kleiner. Es überwiegt $FeOH^{2+}$ und $Fe(OH)_2^+$. Diese beiden Ionen können untereinander unter Abspaltung von Wasser dimere Verbindungen bilden:

$$\begin{aligned} &OH{-}Fe^{+}{-}OH + OH{-}Fe^{+}{-}OH \leftrightarrow \\ &(HO{-}Fe{-}O{-}Fe{-}OH)^{2+} + H_2O \end{aligned} \tag{11.13}$$

Diese Art der Anlagerung unter Abspaltung von Wasser wird in der organischen Chemie Esterbildung oder Kondensation genannt. Der Begriff Kondensation ist auch hier anwendbar.

Bei einem pH-Wert über 5 kondensieren alsbald (in weniger als 1/10 s) weitere Eisenhydroxid-Ionen an dem dimeren Eisenhydroxid. Es bilden sich oligomere und danach polymere Eisenhydroxoverbindungen mit positiver Oberflächenladung.

Hierbei ist festzustellen, dass an den freien OH-Gruppen auch andere Verbindungen mit OH-Gruppen, z. B. das Dihydrogenphosphat, unter Abspaltung von Wasser kondensieren können:

$$\begin{aligned}&(\text{—O—Fe—O})_n\text{—Fe—OH}^+ + \text{HO—PO}_2^-\text{—OH} \leftrightarrow \\ &(\text{—O—Fe—O})_n - \text{Fe}^+\text{—O—PO}_2^-\text{—OH} + H_2O\end{aligned} \qquad (11.14)$$

Der Einfachheit halber wird im Reaktionsprodukt die positive und negative Ladung ausgewiesen. Das ist teils richtig, weil es sich um Ionenbindungen handelt, und teils ungewiss, weil sich die Ladungen gegenseitig aufheben.

Worauf es im gegenwärtigen Zusammenhang ankommt, ist der Nachweis, dass die **Anlagerung der Phosphat-Spezies** ebenso schnell verläuft wie diejenige der Eisenhydroxid-Ionen. Die wachsende Hydroxidflocke räumt quasi alles aus dem Wasser, was eine feste Hydroxid-Gruppe aufweist. Dazu gehören Hydrogen- und Dihydrogenphosphat, aber nicht das Phosphat-Ion PO_4^{3-}. Es lässt sich also vorhersagen, dass Phosphat vorzugsweise bei pH-Werten unter 7 durch den Zusatz von Eisenchlorid gefällt wird, nicht jedoch bei Werten von pH 12 und höher, da in diesem pH-Bereich PO_4^{3-}-Ionen dominieren.

Neben Phosphat werden auch **andere Stoffe** durch Kondensation an Eisenoxidpolymeren gebunden:

Kupfer als $CuOH^+$, **Cadmium** als $CdOH^+$; **Zink** als $ZnOH^+$ und **Arsen** als $AsO_4H_2^+$.

Nicht erfasst wird Nickel, obwohl Nickel ebenfalls stabile $NiOH^+$-Spezies bildet. Während die Spezies von Cu, Zn, Cd und As im pH-Bereich 6 bis 8 hervorragend durch Zusatz von Eisenchlorid entfernt werden, gelingt dies bei Nickel nicht. Nickel wird grundsätzlich erst bei pH-Werten von 9,5 und höher entfernt. Hier ist der Zusatz von Eisenchlorid wenig sinnvoll, weil sich zu schnell kompakte Eisenoxidablagerungen bilden, an die sich kaum Nickeloxidhydrate anlagern können. Besser gelingt die **Nickelentfernung mit Kalk**, wobei eine Teilenthärtung stattfindet. Die erfolgreiche Entfernung von Nickel durch Fällung aus dem Wasser ist immer mit einer Teilenthärtung verbunden. Warum dies so ist, ist nach wie vor wissenschaftlich ungeklärt.

In der Liste für Aufbereitungsstoffe und Desinfektionsverfahren gemäß § 11 Trinkwasserverordnung werden zwei Aufbereitungsstoffe mit dem ausschließlichen Verwendungszweck „Entfernung von Nickel“ gelistet. Zum einen sind schwermetallselektive Ionenaustauscher mit Iminodiessigsäuregruppe in der Lage, Calciumionen selektiv gegen beispielsweise Nickelionen auszutauschen. Zum anderen adsorbiert Nickel an frischen Manganoxidhydraten, die bei der Entmanganung gebildet werden. Durch die Zugabe von Mangan(II)-Chlorid vor einer Filtrationsstufe kann eine Entmanganung im Filter provoziert werden, wobei Nickel mittels Adsorption an der

Oberfläche entfernt werden kann. Die Wirksamkeit dieses Verfahrens nimmt mit steigenden pH-Werten und Mangankonzentration zu.

Die Erkenntnisse über die Prozesse, die bei Zugabe von Eisen- oder Aluminiumsalzen zu einer Mitfällung führen, können auch zur gezielten Anwendung der **Wasseraufbereitung durch Adsorption** von gelösten Stoffen an Oxidoberflächen dienen. Die Grundlagenuntersuchungen wurden an natürlichem oder künstlich hergestelltem Goethit (α-Fe_2O_3) durchgeführt. Hierzu sind zahlreiche Arbeiten publiziert worden (u. a. Driehaus et al., 1998), die Grundlage für die **Entwicklung von porösen Eisenoxiden** waren. Insbesondere zur Entfernung von Arsenat werden diese Produkte eingesetzt. Arsenat-Spezies werden ebenso wie Spezies von Phosphat über die OH-Gruppe durch Kondensation an die freien Hydroxo-Gruppen des Eisenoxids gebunden.

11.3.2.4 Flockung

Trübstoffe im Wasser können sich unter der Bedingung in einem suspendierten Zustand halten, dass sie gleiche Oberflächenladung haben und sich gegenseitig abstoßen. Werden andere feindisperse Stoffe zudosiert, die eine gegenteilige Oberflächenladung aufweisen, so kommt es zu einer Neutralisation der abstoßenden Kräfte und alsbald zu einer Flockung (so genannte Agglomeration der Suspensa).

In natürlichen Wässern lagern sich an den anorganischen Trübstoffen meist Hydrogencarbonat-Ionen an. Organische Trübstoffe haben negative Ladung durch angelagerte organische Säuren. Dadurch sind sowohl anorganische wie organische Trübstoffe in natürlichen Wässern negativ geladen. Es müssen also zur Aufbereitung durch Flockung Stoffe dosiert werden, die feindisperse Stoffe mit positiver Oberflächenladung bilden. Dies sind Salze aller Übergangsmetalle, die im pH-Bereich 6 bis 9 Metallhydroxid-Ionen mit positiver Ladung bilden. Bilden die Metallhydroxid-Ionen mehrkernige Oxide (Isopolymere), so verstärkt sich der Effekt, weil die Ladungsdichte zunimmt. Dies ist neben der guten Verfügbarkeit und den geringen Kosten ein weiterer Grund, Salze des dreiwertigen Eisens oder des Aluminiums als **Flockungsmittel** zu bevorzugen.

Anders sieht es bei der Aufbereitung von Industrieabwässern aus. Hier können die Metall-Spezies herangezogen werden, die beim Prozess anfallen, z. B. angesäuertes kupferhaltiges Abwasser, wenn das Abwasser sowieso Kupferverbindungen enthält. Ein Teilstrom von etwa 10 % des Abwassers wird angesäuert und anschließend dem anderen Teil des Abwassers (90 %) als Flockungsmittel beigemischt. Bei solchem Vorgehen wird der ausgefällte Metallschlamm nicht durch Eisenoxid verunreinigt (Landgrebe, 1994).

Werden zu viele Partikel mit positiver Ladung im Wasser erzeugt, so kommt es aufgrund der Abstoßung gleichartiger Ladungen zu einer Restabilisierung der Trübstoffe. In der Praxis ist dieser Effekt nur bei geringer Trübstoffkonzentration zu

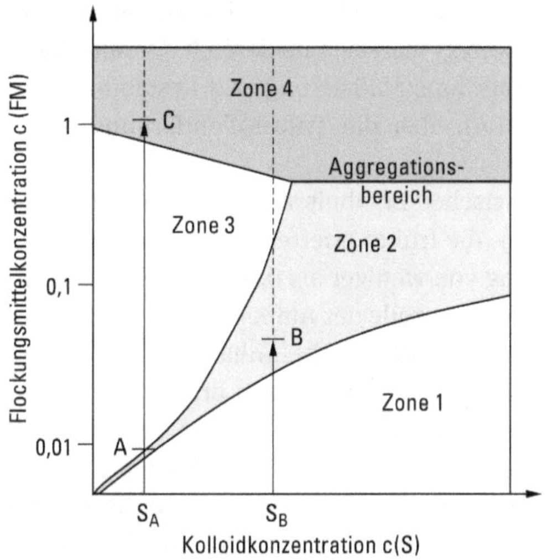

Abb. 11.4: Prinzipdarstellung der Entstabilisierung und Mitfällung in Abhängigkeit von der Kolloid- bzw. Trübstoffekonzentration c (S) und vom Zusatz an Flockungsmittel c(FM). Zone 1: keine Entstabilisierung; Zone 2: Entstabilisierung; Zone 3: Restabilisierung bei geringem c(S) und zu hohem c(FM) wegen Überdosierung an FM; Zone 4: Mitfällung bei hohem c(FM), unabhängig von c(S) (nach Stumm und O'Melia, 1968).

beobachten. Bei Dosierung von Eisen- oder Aluminiumsalzen in hoher Konzentration (mehr als 1 mg/l) kommt es zur eigenständigen Hydroxidfällung (Mitfällung durch Adsorption, siehe oben) mit den Effekten der Mitfällung durch Kondensation von Phosphaten und anderen Hydroxoverbindungen.

Nach wie vor ist die Darstellung von Stumm und O'Melia (1968) am besten geeignet, um diese Zusammenhänge zu veranschaulichen (Abb. 11.4). Bei der Flockung von gering belasteten Wässern aus Talsperren oder beispielsweise dem Bodensee ist der Effekt der Entstabilisierung/Restabilisierung (Übergang Zone 1 zu 3 in Abb. 11.4) gut zu beobachten. Um die erwünschten Effekte einer Entstabilisierung bei geringer Trübstoffkonzentration beobachten zu können, muss die Dosierung und Gleichverteilung des Flockungsmittels im Bereich von 0,01 bis 0,1 mg/l Fe sicher beherrscht werden. Unter Umständen kann diese geringe Menge an Hydroxiden als Flocke direkt auf die Filter aufgebracht werden. Sie bewirkt dort eine Rückhaltung negativ geladener Trübstoffe. Als Besonderheit ist zu beachten, dass bei sehr kleiner Kolloidkonzentration $c(S_A)$, bei der fast keine Trübstoffe zu erkennen sind, die notwendige Flockungsmittelkonzentration c(FM) = A für eine Entstabilisierung sehr genau in Pilotanlagen bestimmt und in der Praxis eingehalten werden muss, weil der Bereich der Entstabiliserung (Zone 2) sehr eng ist. Dagegen ist bei höheren Kolloid- bzw. Trübstoffkonzentrationen $c(S_B)$ die Restabilisierung eher bedeutungslos. Die wirksame Flockungsmittelkonzentration c(FM) = B umfasst eine große Bandbreite (Zone 2 bei $c(S_B)$. Bei Aufbereitungsanlagen, in denen die Phosphatfällung vorrangig ist und bei denen deswegen ohnehin eine Dosierung von mehr als etwa 1 mg/l Fe erforderlich ist, bewegt man sich im Bereich der Mitfällung (Zone 4). Hier wird man kaum Effekte einer Entstabilisierung und Restabilisierung ausmachen können (c(FM) = C in Abb. 11.4), aber die Trübstoffentfernung durch Mitfällung gelingt gut.

Durch Beachtung der inzwischen klassischen Ergebnisse der Kolloidchemie lassen sich Ergebnisse der Flockung erzielen, die früher unerreichbar schienen. Nicht selten ist im Ablauf der Filter eine Trübung von weniger als 0,01 NTU festzustellen. Der von der Trinkwasserkommission für die Kontrolle der Aufbereitung von Oberflächenwässern vorgeschlagene Richtwert von 0,2 NTU (siehe Anhang, TWK) ist eine Mindestanforderung, die leicht zu erfüllen, ja sogar deutlich zu unterschreiten ist. Damit ist die Trübungsmessung allein nicht mehr ausreichend, um die praktisch notwendigen Betriebsbedingungen für eine weitere Verbesserung der Flockung zu erkennen. Daher müssen – zumindest während der Pilotversuche zur Erprobung noch weiter verbesserter Verfahren zur Entfernung der Trübstoffe – auch Partikelzählgeräte eingesetzt werden.

Die direkte Messung der Oberflächenladung von Partikeln ist möglich und wurde auch lange in Aufbereitungsanlagen und in technischen Labors praktiziert. Sie ist heute eine Methode, die fast nur noch im Forschungsbereich angewendet wird. Man misst die Geschwindigkeit eines Partikels im elektrischen Feld. Dazu wird die Probe in eine Küvette gebracht, die von zwei Elektroden eingefasst ist. Es wird ein Gleichstrom angelegt und die Bewegung der Partikel entweder unter dem Lupenmikroskop beobachtet oder es werden vollautomatische „Zetameter“ verwendet. Im ersten Fall wird das Bild auf einen Schirm projiziert, um die Auswertung zu erleichtern. Das Ergebnis ist die Bestimmung des so genannten Zeta-Potenzials der Trübstoffe im Wasser (Oehler, 1963 und Bijsterbosch, 1983). Die Bestimmung leidet in der Praxis unter systematischen Fehlerquellen: Die Trübstoffe sind nicht einheitlich. Man spricht von einer polydispersen Lösung. Neben Trübstoffen, die leicht zu entstabilisieren sind, kommen auch solche vor, deren Entstabilisierung praktisch nicht gelingt. Die Trübstoffe sind auch nicht gleich groß. Bei der Auswertung unter der Lupe werden immer Partikel bestimmter Größe und bestimmter Geschwindigkeit bevorzugt. Richtiger wäre es, die Größenverteilung der Partikel auf eine Verteilung der Zeta-Potenziale zu beziehen. Mit Geräten, die über eine optische Bildanalyse verfügen, könnten diese Nachteile des subjektiven Auswertens behoben werden.

Neben dem Chemismus spielt auch die Verfahrenstechnik der Flockung eine ganz entscheidende Rolle. Es ist zweckmäßig, zwischen den Verfahrensschritten der **Entstabilisierung** der Partikel (als Voraussetzung einer Aggregation), der Bildung von **Mikroflocken** und der Bildung von **Makroflocken** zu unterscheiden (siehe Tab. 11.4).

Für alle drei Verfahrensschritte gibt es eine Fülle von technischen Lösungsvorschlägen. Insbesondere die Entstabilisierung, die theoretisch in 0,01 s abgeschlossen sein kann, wird mit weit voneinander abweichenden Bauformen der Anlagen durchgeführt.

Tab. 11.4: Verfahrensschritte der Flockung.

Verfahrensschritt	Zeitbedarf, theoretisch	Zeitbedarf, praktisch	Turbulenz (G-Wert) 1/s	Energiebedarf Wh/m³
Entstabilisierung	0,01 s	0,1 bis 10 s	500 bis 5000	1
Mikroflockung	14 s	30 s	100 bis 500	0,3 bis 2
Makroflockung*)	1 bis 20 min	1 bis 30 min	30 bis 100	0,3 bis 3

*) Die Angaben sind abhängig von der nachfolgenden Separation und dem eventuellen Einsatz von Flockungshilfsmitteln.

Um dennoch einen Vergleich zu ermöglichen, wird als Kenngröße der G-Wert nach Camp und Stein (1943) angewendet. Als Maß für die Turbulenz gibt der G-Wert in 1/s einen mittleren Geschwindigkeitsgradienten in einem Fluid an, der durch die mechanische Leistung (P in W oder Nm/s) in einem Reaktorvolumen (V in m^3) durch die Viskosität des Wassers ($\eta = 0{,}001$ Ns/m^2 bei 20 °C) aufrechterhalten wird.

$$G = [P/(\eta \cdot V)]^{1/2} \tag{11.15}$$

Die Turbulenz kann künstlich durch Rührwerke in Behältern erzeugt werden. In durchflossenen Rohren, Mäandern oder Becken mit starren Einbauten ergibt sich die Turbulenz durch die Strömung.

Die Turbulenz ist in einem **Behälter mit Rührvorrichtung** nicht gleichmäßig. Der G-Wert ist in der Nähe eines Rührers um etwa den Faktor 100 größer als am Rand des Behälters. Die Turbulenzen werden durch Energieeintrag erzeugt, wobei ein Teil der Energie durch Mikroturbulenzen unmittelbar in Wärme umgesetzt wird und für den Prozess der Flockung verloren geht.

Für einen Behälter mit Rührern wird G aus der eingetragenen Leistung (P) und dem Behältervolumen (V) berechnet. Es ist nicht zulässig, die Leistungsaufnahme des Motors einzusetzen, weil der Wirkungsgrad der Umsetzung in mechanische Energie nicht gleichmäßig ist. Besser wird die Leistung aus dem gemessenen Drehmoment (M in Nm) an der Achse des Rührers bestimmt, wobei $P = M \cdot 2 \cdot \pi \cdot n$ eingesetzt wird (n ist die Drehzahl in 1/s).

$$G = P = [(M \cdot 2 \cdot \pi \cdot n)/(\eta \cdot V)]^{1/2} \tag{11.16}$$

Auch in einem **Rohr** herrscht an der Wandung ein anderer mittlerer G-Wert als in der Rohrmitte. Bei turbulenter Strömung ist er bis auf den unmittelbaren Wandbereich nahezu gleich. In einem Rohr entspricht G der notwendigen Leistung zur Überwindung des Strömungswiderstandes, der als Druckdifferenz (so genannter Druckverlust) gemessen werden kann. Bei einem Rohrreaktor oder Mäanderkanal wird G aus der Druckdifferenz (Δp in N/m^2) über die gesamte Rohr- bzw. Mäanderlänge (l) und der Aufenthaltszeit (t) des Wassers im Rohr bzw. Mäander (entspricht der Fließzeit t = v/l) berechnet.

$$G = [P/(\eta \cdot V)]^{1/2} \qquad 1 = [\Delta p/(t \cdot \eta)]^{1/2} \tag{11.17}$$

Trotz aller Einschränkungen ist der G-Wert eine gute Kenngröße, um verschiedene Bauformen von Flockungsreaktoren miteinander vergleichen zu können.

Bei der technischen Ausführung der Anlagenteile für Entstabilisierung, Mikro- und Makroflockung ist man sehr unterschiedliche Wege gegangen.

Bei der **Entstabilisierung** haben sich folgende Verfahren bewährt: die Dosierung in eine Toskammer mit hoher und gleichmäßiger Turbulenz, Dosierung in den Ablauf (Druckstutzen) von Pumpen vor der Erweiterung auf den Durchmesser des Transportrohres oder Dosierung an der Stelle einer plötzlichen Rohrerweiterung nach einer Verengung des Transportrohres (Dittmann, 1990). Vielfach wird dennoch ein überdimensionierter Behälter mit Rührern (Schnellrührphase) gewählt, was aber eher Nachteile als erkennbare Vorteile bringt. Würden die kurzen Reaktionszeiten, die für diesen Anlagenteil theoretisch ausreichen, in einem Behälter mit Rührern realisiert, dann ergäbe sich ein so kleiner Behälter, dass er praktisch von einem durchflossenen Rohr oder Mäander kaum zu unterscheiden ist.

Für die **Mikroflockenbildung** sind sowohl Behälter mit Rührern als auch Rohre, Mäander oder Zylinderrührer (Reiter et al., 1979) im Einsatz. Dabei kommt es weniger auf die Art der Anlage als darauf an, dass ein hoher G-Wert eingestellt wird und dass die Reaktionszeit von 30 s eingehalten wird. Dies ist – zufällig – zugleich die Zeit, die nach der Dosierung von Eisen- oder Aluminiumsalzlösungen für die Alterung der Hydroxokomplexe abzuwarten ist, bevor Flockungshilfsmittel zudosiert werden (Grohmann, 1980).

Die **Makroflockenbildung** (englisch: flocculation) wird oftmals als Kernstück der Flockung angesehen, weil sie die längste Zeit und damit die größten Anlagenteile bei gleichem Volumenstrom wie bei den anderen Anlagenteilen erfordert. Dieser Eindruck der Makroflockenbildung als Kernfunktion täuscht. Entscheidend für das Gelingen der Flockung ist die Stufe der Entstabilisierung, also die Einmischung und schnelle Verteilung des Flockungsmittels (falls dieses bei sehr geringem Bedarf nicht direkt auf die Filterkörner aufgebracht wird). Es ist durchaus angemessen, die Makroflockenbildung als Teil der Separation (Sedimentation, Flotation oder Filtration) anzusehen. So stellt z. B. eine Sedimentation andere Ansprüche an die Ausbildung der Flocken (größer, schwerer) als die Filtration. Für die Filtration über Membranen kommt es dagegen auf die Ausbildung großer Flocken überhaupt nicht an. Hier genügt eine kurze Rohrstrecke mit hohem G-Wert, um die entstabilisierten Trübstoffe in abscheidbare Partikel zu überführen und ein Verblocken der Membran zu vermeiden. Auch die Flotation wird sich mit kleineren Flocken als die Sedimentation begnügen.

Für die Bemessung der Stufe für die Makroflockung sind theoretische Modelle herangezogen worden, die Stoßhäufigkeit in Abhängigkeit von der Turbulenz berechnen (Argaman und Kaufman, 1970). Solche Modelle haben eine Bedeutung, um den Rahmen für Experimente mit verschiedenen G-Werten bei Pilotversuchen oder Versuchen an bestehenden Anlagen festzusetzen. Der Vergleich der Flockenbildung in Rohren mit herkömmlichen Anlagen zeigt in diesen Modellen die Überlegenheit der Rohrflockung (Grohmann, 1981). Andererseits zeigt sich in der Praxis jedoch, dass die sehr kurzen Zeiten der Flockenbildung in Rohren zu einer starken Streuung der Partikelgrößen führen. Dies ist gut für eine Tiefenfiltration, aber schlecht für eine Sedimentation. Dennoch können bei der Rohrflockung innerhalb weniger Minuten große, sedimentationsfähige Flocken erzeugt werden, insbesondere bei Zugabe von Flockungshilfsmitteln.

11.3.3 Partikelabtrennung

11.3.3.1 Sedimentation/Flotation

In dem vorangegangenen Unterkapitel über die Flockung wurden die theoretischen Grundlagen ebenso wie einige praktische Verfahrensweisen beschrieben, die bei der Überführung von gelösten Stoffen in abtrennbare Partikel eine Rolle spielen. Zwei wichtige Mechanismen zur Abtrennung solcher Partikel, Sedimentation und Flotation, werden im Folgenden dargestellt.

Bei der Abtrennung der Partikel durch **Sedimentation** macht man sich die Tatsache zu Nutze, dass sich Partikel, deren Dichte höher ist als die Dichte des Wassers durch den Einfluss der Gravitation (g in m/s^2) mit einer definierten, bestimmbaren Geschwindigkeit sinken (Sinkgeschwindigkeit v_s in m/s). Sie lagern sich dadurch auf einer in einem beliebigen Winkel zur Sinkbahn angeordneten Fläche ab und lassen sich auf diese Weise vom Wasser abscheiden. Je höher die Sinkgeschwindigkeit ist, oder aber je kürzer die Sinkbahnstrecke bis zur Anlagerungsfläche ist, desto kompakter können die notwendigen Sedimentationsanlagen gebaut werden.

Die Sinkgeschwindigkeit der Partikel ist außer von deren absoluter Größe (d in m) und Dichte (ρ in kg/m^3) weiterhin von der Dichte (ρ_w) und der dynamischen Viskosität (Zähigkeit) des Wassers (η in kg/s · m) abhängig. Eine technisch sinnvolle Sedimentation erfordert kompakte Partikel mit einem relativ großen Durchmesser, deren Dichteunterschied im Vergleich zur Dichte des Wassers ($\Delta\rho$) groß sein muss, um annehmbare, d. h. für Sedimentationsanlagen praktikable, Sinkgeschwindigkeiten zu erreichen. Die Berechnung der Sinkgeschwindigkeit erfolgt durch das Stokes'sche Gesetz:

$$v_s = (g/18) \cdot d^2 \cdot (\rho - \rho_w)/\eta \qquad (11.18)$$

Zur Vereinfachung werden η und g/18 zur Konstanten k zusammengefasst und man erhält:

$$v_s = k \cdot d^2 \cdot \Delta\rho \qquad (11.19)$$

Der Faktor $k = 0{,}545 \cdot 10^3\ m^2 \cdot s/kg$ gilt für 20 °C, da er von der Wassertemperatur abhängt. Als Anhaltspunkt gilt, dass ein kleines Sandpartikel mit 0,1 mm Durchmesser aufgrund seiner Dichte von 2650 kg/m³ (und damit einem großen Dichteunterschied zum Wasser) mit 9 mm/s oder umgerechnet mit 32,4 m/h sedimentiert. Bei gleicher Größe wie ein solches Sandpartikel sinken die wesentlich voluminöseren (d. h. weniger dichten) Flocken (z. B. mit $\rho = 1080\ kg/m^3$), die nur einen kleinen Dichteunterschied zu Wasser (d. h. 80 kg/m³ für unser Beispiel) aufweisen, sehr langsam (im gewählten Beispiel mit nur etwa 0,44 mm/s oder 1,57 m/h). Die Sinkgeschwindigkeit von Flocken lässt sich theoretisch durch zwei Maßnahmen erhöhen. Entweder wird die Dichtedifferenz zu Wasser erhöht, was praktisch schwer zu bewerkstelligen ist. Oder aber man erhöht den Durchmesser, der sich nach dem Stokes'schen Gesetz im Quadrat auswirkt (siehe Gl. 11.19). Jedenfalls sind Flocken mit 0,1 mm Durchmesser (wie in unserem Beispiel angenommen) noch deutlich zu klein für technische Sedimentationsanlagen.

In einem Sedimentationsbecken wird sich das Wasser immer waagerecht von einem Ende zum anderen oder von der Mitte zum Rand (oder umgekehrt) bewegen. Durch die Sinkgeschwindigkeit trennen sich die Partikel von der Bewegung des Wassers und erreichen rechtzeitig, bevor sie mit dem Wasser aus dem Behälter ausgetragen werden, den Boden (bzw. zur Ablagerung eingehängte Lamellenflächen).

Die Zeit (t in Stunden, h), die ein Partikel benötigt, um die Ablagerungsfläche zu erreichen, ist abhängig von der Höhe des Wasserkörpers oberhalb dieser Fläche und natürlich von der Sinkgeschwindigkeit. Die Zeit, die das Wasser bis zum Abfluss benötigt, ist abhängig vom Volumenstrom (m³/h) und der Fläche des Sedimentationsbehälters. Sind beide Zeiten gleich, dann ist die Sinkgeschwindigkeit (m/h) numerisch identisch mit der so genannten **Flächenbeladung** des Behälters (m³/h je m², d. h. ebenfalls angegeben in m/h).

Anders ausgedrückt muss für eine erfolgreiche Sedimentation die Sinkgeschwindigkeit bei technischen Anlagen immer größer sein als die Flächenbeladung (oft auch wegen der Einheit m/h als Durchflussgeschwindigkeit bezeichnet). Überraschenderweise kommt es also gar nicht auf die Tiefe des Behälters (die Höhe des Wasserkörpers) an, sondern nur auf die Ablagerungsfläche, denn bei einem flachen Behälter erreicht ein Partikel vergleichsweise schnell den Boden, bei einem tiefen Behälter benötigt es eine längere Zeit, bis es die Abscheidungsfläche erreicht, so dass die bei größerer Tiefe geringere Fließgeschwindigkeit des Wassers letztendlich keinen Unterschied macht. Das heißt, ein 1 m tiefer Abscheider ist genau so leistungsfähig wie ein 5 m tiefer Abscheider, wenn beide die gleiche nutzbare Abscheidefläche aufweisen.

Störend wirken ungleichmäßige Strömungen im Behälter, die sich z. B. bei Sonneneinstrahlung oder bei Wind ergeben, wenn sie die Flocken mitreißen, d. h. von der Abscheidefläche wieder wegschwemmen. Nur aus diesem Grund werden tiefe Behälter bevorzugt: weil sie die Störströmungen minimieren. Wird dagegen die Strömung durch Rotation stabilisiert, kann die Durchflussgeschwindigkeit der Partikel und damit die rechnerische Flächenbeladung sehr nah an den theoretisch maximalen noch zur Sedimentation geeigneten Wert, nämlich die Sinkgeschwindigkeit der Partikel, herangebracht werden.

Die technische Entwicklung der Absetzbehälter befasst sich deswegen einerseits mit der Stabilisierung der Strömung und der Unterdrückung hydraulischer Störungen, wie z. B. durch das Rotopur-Prinzip bei der Oberflächenwasser-Aufbereitungsanlage in Berlin realisiert (Engel, 1983). Andererseits lassen sich verbesserte Erfolge auch mit einer Vergrößerung der Ablagerungsfläche im Behälter erzielen.

Diese Erkenntnis hat man sich zu Nutze gemacht, indem man Abscheideflächen zusätzlich zur Bodenfläche durch schräg in den Behälter eingehängte Lamellen schafft. Dabei wirkt also nicht der tatsächliche Boden des Behälters, sondern die auf die Ebene projizierte Summe der Flächen der Lamellen als Sedimentationsfläche. Zusätzlich werden dabei die Weglängen, die ein Partikel bis zur Abscheidungsfläche zurückzulegen hat, minimiert. Damit lassen sich kompaktere Anlagen bei gleicher Abscheidungsleistung bauen (Lamellenklärer, Parallelplattenabscheider, Schrägklärer).

Bei den **Flotationsverfahren** werden Partikel bzw. Flocken abgetrennt bzw. erzeugt, deren Dichte geringer ist als die des Wassers. Durch den Auftrieb dieser Aggregate (oder Agglomerate) resultiert ein Aufschwimmen der abtrennbaren Bestandteile an der Wasseroberfläche. Die geringere Dichte der Agglomerate kann z. B. durch Einlagerung von gezielt erzeugten, feinverteilten Luftblasen in bzw. an den Partikeln erreicht werden. Durch eine Art Skimmervorrichtung (Abschöpfvorrichtung) kann das Flotat in einen Sammelbehälter überführt und dort eingedickt bzw. allgemein konditioniert (gezielt in seinen Eigenschaften verändert) werden. Die Berechnung der Wirksamkeit der Flotationsanlagen erfolgt analog zu derjenigen für die Sedimentation, wobei lediglich die Dichtedifferenz das Vorzeichen wechselt und sich Dichte und Größe der Partikel auf das jeweilige Aggregat (Partikel mit angelagertem oder eingeschlossenem Gasvolumen) beziehen.

11.3.3.2 Filterung über körniges Material (Festbett-Kornfilter)

Die Filterung von partikelhaltigem Wasser über körniges Filtermaterial, das bei variabler Schichtdicke und Packdichte (je nach Bauform und Material) stets als ein längerer poröser Abschnitt auf dem Fließweg des Wassers funktioniert, gehört zu den ältesten Wasseraufbereitungstechniken. Ein solches **Raumfilter** (genauer: Festbett-Kornfilter) hat gegenüber den im nächsten Abschnitt beschriebenen Oberflächenfiltern, die nach dem Siebprinzip arbeiten, den Vorteil, dass es unter normalen Betriebsbedingungen nicht „kaputt“ gehen kann, d. h. es kann kein „Loch“ entstehen, durch das auch grobe Partikel durchbrechen könnten (Raumfilter-Prinzip). Diese vereinfachte Darstellung gibt zwar den zu beobachtenden Effekt wieder, ist aber verfahrenstechnisch nicht korrekt. Auf die Prozesse, die zur Abscheidung in einem Raumfilter führen, wird weiter unten näher eingegangen.

Das Raumfilter kann überirdisch als Filterbauwerk (Druckfilterkessel oder offenes Schnellfilter) in einem Wasserwerk stehen, es kann ebenerdig in Form eines Langsamsandfilterbeckens oder unterirdisch in Form einer Uferfiltrationsstrecke, eines Infiltrationsbrunnens bzw. einer Untergrundpassage ausgeführt sein.

Ein übliches technisches Einschicht-Sandfilter nach DIN 19605 besteht aus einem Filterbehälter mit einer Filterfüllung (Filterbett) aus körnigem Material von möglichst gleichem Korndurchmesser. Dadurch entsteht ein definiertes Porenvolumen (ca. 1/3 des Filterbettvolumens), welches für die Rückhaltung der Partikel zur Verfügung steht. Bei im **Abstrom** betriebenen Filtern fließt das Rohwasser oben in den Filterbehälter durch konstruktive Einbauten hydraulisch vergleichmäßigt ein. Über dem Filterbett existiert ein Überstauraum. Dieser wird für das sich bei Rückspülung um 20 bis 30 % ausdehnende Filterbett und für die Abfuhr des Spülwassers benötigt. Das Filterbett wird von dem Reinwasserbereich durch einen Düsenboden getrennt. In diesem Düsenboden befinden sich Filterdüsen (Filterkerzen) die fein geschlitzt sind und so das Filtermaterial zurückhalten. Eine Schicht aus gröberem Kiesmaterial (Stützschicht) zwischen und über den Filterdüsen wirkt unterstützend als eine Sperre gegenüber der Verstopfung der Schlitze durch Feinkorn der filtrierenden Sandschicht und ermöglicht eine gleichmäßige Verteilung des Spülwassereintritts in das Filterbett bei der Rückspülung. Ein **Aufstromfilter** arbeitet nach dem gleichen Prinzip, wobei jedoch der Sand durch geschäumte Kunststoffkugeln ersetzt wird, die eine geringere Dichte als Wasser haben. Durch dieses schwimmende Filterbett wird das Rohwasser nach oben gedrückt.

Die meisten Kornfilter arbeiten nach dem **intermittierenden Filterprinzip**, d. h. nach einer längeren Filtrationsphase erfolgt eine Spülung des Filters mit Wasser oder mit einer Mischung aus Luft und Wasser in der umgekehrten Filtrationsrichtung. Anders funktioniert **das kontinuierliche Filtrationsprinzip**: In einem so genannten dynamischen Filterbett (z. B. DynaSand®-Prinzip der Fa. Nordic Water Products, Nynäshamn, Schweden) wird während der Filtrationsphase stets ein kleiner Teil des beladenen Filtermaterials am unteren Rand der Filterbettes abgezogen, über eine Waschkolonne gereinigt und mittels einer Pumpe zum Filtereinlauf transportiert. Hier wird das gereinigte Filtermaterial zusammen mit dem Rohwasser dem Filter zugeführt. Auf diese Weise wandert das beladene Filtermaterial im Filterbett kontinuierlich von oben nach unten und der Filtrationsbetrieb braucht nicht unterbrochen zu werden. Der Nachteil solcher Filter ist aber die unvermeidliche Bewegung der Filterkörner gegeneinander, was zu einem Ablösen der schon zurückgehaltenen Partikel führen und dadurch die Filtratqualität vermindern kann.

Eine weitere Betriebsweise ist die **Einlagerungsfiltration**. Dabei wird neben der Filtrations- und Spülphase noch eine Konditionierungsphase eingeführt. Beim Refifloc®-Verfahren wird Pulverkohle in das Porenvolumen eines im Aufstrom betriebenen Kornfilters (Filtermaterial: geschäumtes Polystyrol) eingelagert und so eine Adsorptionsfiltration ermöglicht. Großtechnisch wurde dieses Verfahren z. B. im Wasserwerk Wiesbaden-Schierstein eingesetzt (Haberer und Normann, 1977). Die Einlagerung und damit die Konditionierung des Filtermaterials geschieht nach der Spülphase, indem eine Pulverkohlesuspension mit einem hohen Volumenstrom in Filtrationsrichtung im Kreislauf durch das Filterbett gepumpt wird und dabei die Kohlepartikel eingelagert werden. Nach abgeschlossener Einlagerungsphase wird der Volumenstrom gedrosselt und das Filter wirkt wie ein normales Festbettfilter. Dieser Filtrationstyp hat für die öffentliche Trinkwasserversorgung an Bedeutung verloren.

Einen Sonderfall der Festbettfilter stellen unterirdische, **natürliche Bodenschichten** dar, die z. B. bei der Uferfiltration oder der Grundwasserinfiltration genutzt werden. Es liegt auf der Hand, dass diese Filterschichten nicht gespült oder sonst wie in ihrer Zusammensetzung technisch beeinflusst werden können. Hier sind alleine das hydraulisch nutzbare Porenvolumen und die biochemische Stoffumwandlung (die wesentlich zur Regeneration der Filterschicht beiträgt) ausschlaggebend für die Filterlaufzeit bis zu einer Verblockung oder aber einem Schadstoffdurchbruch (nähere Erläuterungen zu Verblockung und Durchbruch siehe unten). Die künstlich angelegten, jedoch nach ihrem Prinzip solchen natürlichen Filtern eng verwandten Langsamsandfilter werden im Unterkapitel über die biologischen Aufbereitungsmethoden beschrieben (Abschnitt 11.3.5).

An Filtermaterialien unterscheidet man inertes Material, welches sich bei der Filterung nicht verändert und reaktives Material, welches sich bei der Filterung verändert, d. h. sich entweder auflöst oder durch Adsorptions- oder Ionenaustauschprozesse in seiner Reaktivität abnimmt. Als sehr geeignetes **inertes Filtermaterial** hat sich bei Einschichtfiltern gebrochener Quarzsand durchgesetzt. Die inerten Filtermaterialien unterscheiden sich hauptsächlich in ihrer Dichte und Korngröße voneinander. Dies ermöglicht die Realisierung von Filtern mit zwei bis drei filtrierenden Schichten so genannten Mehrschichtfiltern (als Abstromfilter betrieben), in denen die zuvor durchflossene (obere) Schicht jeweils eine gröbere Körnung mit geringerer Dichte aufweist als die folgende (untere) Schicht. Nach einer Filterspülung entmischen sich die unterschiedlichen Filterschichten aufgrund verschiedener Sinkgeschwindigkeiten der Körner wieder und stellen die gewollte Trennung der filtrierenden Schichten wieder her. Dabei ist für die vollständige Entmischung der Dichteunterschied der Körner im Vergleich zum Wasser entscheidend, der von der Materialdichte abhängt und damit den Auftrieb bestimmt, und nicht das Schüttgewicht des Materials in der Luft. Eine Sonderform von inertem Filtermaterial stellen Füllkörper dar, die z. B. der Aufnahme von Pulverkohle dienen. Eine mögliche Form dieser Füllkörper sind sog. „permeable synthetische Hohlkörperkollektoren" (Mulder, 1990; Nahrstedt, 1998). Weiterhin zählen zu den inerten Filtermaterialien auch solche, deren Dichte geringer ist als die des Wassers (z. B. geschäumtes Polystyrol).

Reaktive Filtermaterialien sind adsorptiv wirkende Produkte, ionenaustauschende Stoffe, Materialien mit katalytisch wirkenden Oberflächenoxiden oder Pro-

Tab. 11.5a: Übersicht über genormte, inerte Filtermaterialien.

Produkt	Funktion	Schüttdichte [kg/m³]	Produktnorm
Anthrazit	Mehrschichtfilter oben	650–1000	DIN EN 12909
Baryt	Mehrschichtfilter unten	2200–2400	DIN EN 12912
Bims	Mehrschichtfilter oben	300– 650	DIN EN 12906
Expandierte Aluminiumsilikate	Mehrschichtfilter oben	300– 900	DIN EN 12905
Natürliche Aluminiumsilikate	Einschichtfilter	1250–1550	DIN EN 15795
Granatsand	Mehrschichtfilter unten	1850–2250	DIN EN 12910
Sand und Kies	Einschichtfilter	1400–1700	DIN EN 12904

Tab. 11.5b: Übersicht über genormte, reaktive Filtermaterialien.

Produkt	Funktion	Schüttdichte [kg/m³]	Produktnorm
Mangandioxid	katalytisch	1750–1850	DIN EN 13752
Mangangrünsand	katalytisch	> 1300	DIN EN 12911
Calciumcarbonat	auflösend	1000–1500	DIN EN 1018
Halbgebrannter Dolomit	auflösend	1050–1200	DIN EN 1017
Ionenaustauscherharze	ionenaustauschend		
Natürlicher Zeolith	Kationentausch	800–1100	DIN EN 16070
Granulierte Aktivkohle	adsorptiv		DIN EN 12915
Granuliertes aktiviertes Aluminiumoxid	adsorptiv	> 550	DIN EN 13753
Thermisch behandelte Kohleprodukte	adsorptiv	450– 560	DIN EN 12907

dukte, die sich während des Filtrationsprozesses auflösen. Beim Einsatz von reaktiven Filterschichten ist nach der Filtrationsphase eine Behandlung (Konditionierung oder Regeneration) der Filterschicht notwendig. Die Behandlung besteht bei Adsorptionsfiltern in einem Austausch des Filtermaterials durch regeneriertes oder reaktiviertes Filtermaterial; bei ionenaustauschenden Materialien erfolgt die Regeneration im Filterbehälter durch die Zuführung des Austausch-Ions in hoher Konzentration, und im Fall der sich auflösenden Produkte ist natürlich eine Nachfüllung erforderlich, wenn eine bestimmte, vorher festgelegte, minimale Filterschichthöhe unterschritten wird.

Eine Auswahl über derzeit genormte Filtermaterialien ist in der zweiteiligen Tab. 11.5 zusammengestellt.

Im Folgenden werden die **Abscheidemechanismen** bei der Filtration über ein Kornfilter erläutert: Wenn man sich das Filterbett eines solchen Kornfilters als eine ideale Kugelschüttung vorstellt (siehe Abb. 11.5), mit einem Schüttmaterial, dessen Korndurchmesser d_k etwa 1 mm beträgt (eine in der Wasseraufbereitung übliche Korngrößenklasse für Filtersand ist z. B. d_k = 0,71 bis 1,25 mm), erhält man (bei dichtester Kugelpackung, errechnet nach der Standardformel hierfür, siehe Gleichung

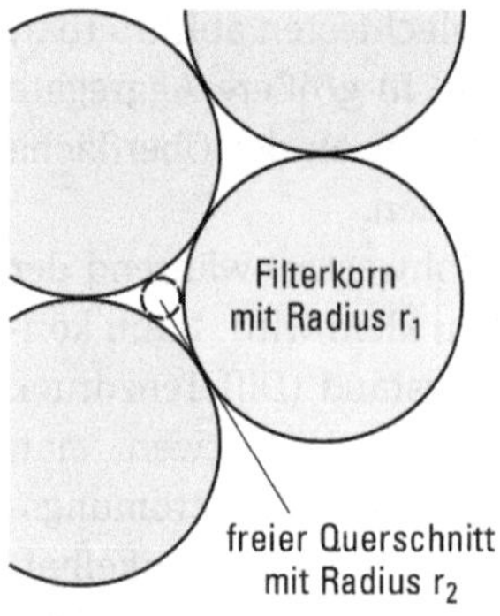

Abb. 11.5: Freier Durchgangsquerschnitt bei dichtester Kugelpackung.

11.20) einen Porendurchmesser d_p, der ungefähr 6,5 mal kleiner ist als der Filterkorndurchmesser (d. h. im Fall dieses Beispiels $d_p = 0{,}154$ mm).

$$d_k/d_p = r_1/r_2 = \cos 30°/(1 - \cos 30°) = 6{,}5 \tag{11.20}$$

Hieraus würde man denken schließen zu dürfen, dass Partikel, die kleiner sind als etwa 0,15 mm, in diesem Filter nicht mehr zurückgehalten werden können. In der Realität werden jedoch Partikel zurückgehalten, die ein bis zwei Zehnerpotenzen kleiner sind. Dies ist möglich, weil für die Filterwirkung die **Anlagerung** der Partikel an der gesamten Oberfläche der Filterkörner entscheidend ist, nicht eine Siebwirkung in deren Zwischenräumen. Diese Partikelhaftung erfolgt aufgrund von VAN-DER-WAAL'schen Kräften bzw. elektrokinetischen Kräften oder aufgrund chemischer Wechselbeziehungen zwischen Kornoberfläche und Partikel. Um jedoch an der Kornoberfläche haften zu können, müssen die Partikel erst einmal durch Transportmechanismen in den Wirkungsbereich dieser Oberflächenkräfte kommen. Als Transportmechanismen kommen in Frage:

- **Direkter Stoß** (Strombahn des Wassers berührt die Oberfläche),
- **Sedimentation** (Dichte der Partikel ist wesentlich größer als die des Wassers, Partikel sind größer als 1 µm, und es handelt sich um Abstromfiltration) oder
- **Diffusion** aufgrund Brown'scher Molekularbewegung (bei Partikeln kleiner 1 µm).

Schließlich muss nach erfolgtem Kontakt die Haftung der Partikel größer sein als die Scherkräfte, die durch die Strömung des Mediums um das Korn hervorgerufen werden. Erst wenn die Scherkräfte eine bestimmte Größe überschritten haben und eine mechanische Komponente hinzukommt (z. B. Aufwirbelung der Körner), wie das bei der Filterspülung der Fall ist, erst dann sollen sich die Partikel wieder von der Kornoberfläche lösen und mit dem Spülwasser entfernt werden.

Aus der Aufzählung wird deutlich, dass die Partikelgröße entscheidend ist für den Filtrationserfolg. Partikelgrößen, die zu klein für die (Mikro-)Sedimentation sind, aber gleichzeitig zu groß für die Diffusion, sind am schlechtesten abfiltrierbar. Durch Flockungsprozesse können solche Partikel (um 1 µm) in größere Aggregate mit geeigneter Oberflächenladung überführt werden, die besser an der Oberfläche der Filterkörner haften und im Porenvolumen deponiert werden.

Der Prozess der Partikelentnahme aus dem Medium (Rohwasser) während der Filtration erfolgt so lange, bis das nutzbare Porenvolumen zu klein wird. Dann können zwei Zustände eintreten: Entweder steigt der Filterwiderstand (Differenzdruck zwischen Filterzu- und -ablauf) über einen vorher festgelegten Höchstwert, man spricht dann von einer **Verblockung** bzw. **Filterverstopfung**, oder die Strömungsgeschwindigkeit in den verengten Filterporen steigt so stark, dass die Partikelhaftung nicht mehr ausreicht und die Partikel nicht mehr zurückgehalten werden. Diesen Zustand bezeichnet man als **Filterdurchbruch**. Die Filterverstopfung sollte auf jeden Fall vor dem Filterdurchbruch erfolgen, damit dieser möglichst vermieden wird.

Dabei soll aber der Filtrationsbetrieb möglichst lange funktionieren, eine Verstopfung also möglichst weit hinausgezögert werden und idealerweise nur kurz vor einem Filterdurchbruch die vollständige Verstopfung eintreten, so dass die dann notwendig werdende Filterspülung (und Unterbrechung des Filtrationsbetriebs) möglichst selten erfolgen muss. Um dieses zu erreichen, müssen die Dimensionierung der Filter, die Auswahl der Filterschichten (Korngröße, Anzahl der filtrierenden Schichten, Kornmaterialien) und die Betriebsparameter (Schichthöhen, Filtergeschwindigkeit) den Randbedingungen vor Ort (Wassertemperatur, Partikelgehalt des Rohwassers, Volumenstrom) angepasst werden.

Die Zeitspanne zwischen zwei Filterspülungen, also die Dauer des eigentlichen Filtrationsprozesses, wird als **Filterlauf** bezeichnet. Das Verhältnis von Partikelkonzentration im Filterzulauf und Partikelkonzentration im Filterablauf bezeichnet man als **Abscheidegrad** eines Filters.

Die Gesamtmasse der während eines Filterlaufes zurückgehaltenen Feststoffe bezogen auf das Filterbett kennzeichnet die **Filterbeladung**. Die Filterbeladung wird im Allgemeinen in kg Feststoff bezogen auf einen m^2 Filterfläche angegeben, nicht auf das Filterbettvolumen (m^3), da die Filterfläche einen wesentlich größeren Einfluss auf die Beladbarkeit des Filters hat als die Tiefe des Filterbettes. Bei einer bekannten erreichbaren Filterbeladung und einer vorgegebenen Rohwasserqualität muss durch die Wahl der Filterbettfläche (bei einer ausreichenden Filterbetthöhe) die für eine effiziente Betriebsführung angepasste Filterlaufzeit realisiert werden. Die erreichbare Filterbeladung ist bei einem Mehrschichtfilter höher als bei einem Einschichtfilter, d. h. aber nicht, dass dabei auch automatisch eine höhere Filtratgüte erreicht werden kann.

11.3.3.3 Poröse Filteroberflächen und Membranfilter

Bei der Filterung an porösen Oberflächen ist die Partikelentfernung durch die Siebwirkung der Poren bzw. die Maschenweite der Filtermodule gegeben. Es wird auf allen diesen Oberflächen ein Filterkuchen aufgebaut, der die eigentliche Filterwirkung einerseits unterstützt, andererseits die Filterlaufzeit durch die einsetzende Verstopfung beendet. Dieser Filterkuchen kann künstlich in einem Vorbehandlungsschritt erzeugt werden, oder er entsteht mit zunehmender Filterdauer durch die zurückgehaltenen Partikel. Der Trenngrad der Filter ist zeitlich variabel und nimmt mit der Filtrationsdauer zu, daher ist es möglich, auch Partikel abzutrennen die nominell kleiner sind als die Porendurchmesser.

Diesen Effekt macht man sich bei den **Anschwemmfiltern** zunutze. Hierbei wird ein Filterhilfsmittel (meist Kieselgur) verwendet, welches vor dem eigentlichen Filtrationsbetrieb auf eine Siebgewebeoberfläche aufgebracht bzw. „angeschwemmt" wird. Diesen Verfahrensschritt nennt man Konditionierungsphase. Aus dem mittleren Porendurchmesser des sich ergebenden Filterkuchens kann man den Trenngrad solcher Filter ermitteln. Wenn die Filterlaufzeit beendet ist (Anstieg des Differenzdruckes auf einen vorgegebenen maximalen Wert), wird das Filtermodul in entgegengesetzter Fließrichtung gespült und der Filterkuchen (Filterhilfsmittel und zurückgehaltene Partikel) wird als Filterschlamm mit dem Spülwasser aus dem System entfernt. Zusätzlich zum Spülen mit Wasser können Druckstöße mit Luft oder mechanische Veränderungen des Siebgewebes (Stauchungen) während dieser Spülphase die Reinigungswirkung auf den Filter verstärken. Häufig wird aber beim Einsatz von Anschwemmfiltern die Entstabilisierung und die Flockung der Partikel vernachlässigt, so dass das Aufbereitungsergebnis bei dieser Art der Filtration meist schlechter ist, als es bei guter Entstabilisierung der Trübstoffe sein könnte.

Bei **Gewebefiltern** (Kunststoff- oder Edelstahlgewebe) und **Faserbündelfiltern** (z. B. System FIBROTEX, Fa. Kalsep Ltd., Camberley, Surrey) bestimmt die Maschenweite im Filtrationsbetrieb die Filtratgüte und die Filterlaufzeit Die Maschenweite stellt sich hierbei durch die Spannung und Verdrillung der Faserbündel im Filtrationsbetrieb ein. Diese Filter werden nach dem Ende der Filtrationsphase gespült, mechanisch entspannt und ggf. chemisch oder durch Heißdampf desinfiziert. In Pilotversuchen wurde ein FIBROTEX-Filter auf seine Eignung zur wirksamen Rückhaltung von *Cryptosporidien*-Oozysten aus trübstoffarmem Wasser nach der Flockenfiltration untersucht (Hoyer, 1998). Es zeigte sich anhand der deutlich reduzierten Oozystenzahlen im Filterablauf im Vergleich zum Rohwasser, dass solche Spezialfiltersysteme, die im Allgemeinen bei der Trinkwasseraufbereitung bisher keine Verwendung finden, neben den konventionellen Festbettfiltern für Sonderfälle auch bei der Trinkwasseraufbereitung eine Einsatzberechtigung haben können.

Bei **Membranfiltern** in der Mikro- Ultra- und Nanofiltration handelt es sich um Membranen mit definierten Porengrößen (von 5 bis 0,05 µm). Diese Filteroberflächen sind – je nach Porengröße – in der Lage, kolloidal gelöste Partikel, also solche, die aus Aggregationen von wenigen Molekülen bestehen, Bakterien, oder, in Verbindung mit Flocken, auch Viren zurückzuhalten. Je nach gewählter Filtrationstechnik sind diese Filtermodule im Allgemeinen nur mit einer Voraufbereitung (Filtration, Enthärtung) zu betreiben. In jedem Fall ist die Verstopfungsneigung sehr viel höher als bei den vorher beschriebenen Systemen, auch wenn sie durch geringen Flockungsmittelzusatz und entsprechende Entstabilisierung der Trübstoffe günstig beeinflusst werden kann.

Beim Einsatz von Membranfiltern ist man bemüht, die Bildung eines Filterkuchens möglichst zu vermeiden. Dieses kann auf verschiedenen Wegen erreicht werden. So wird bei Membranfiltern häufig das Prinzip der **Cross-flow-Filtration** angewendet, wobei das Rohwasser horizontal an der Membran vorbeigeführt wird, so dass durch die hohen Scherkräfte auf der Oberfläche die Anlagerung von Partikeln vermieden wird. Eine weitere Möglichkeit ist die **Unterdruck-Filtration** durch senkrecht stehende Hohlfaserbündel, die direkt in den Rohwasserbehälter getaucht werden. Auf der Reinwasserseite (Permeat) wird durch eine Saugpumpe ein Unterdruck erzeugt, und so das Wasser durch die Membranfläche gesogen. Bei diesem System wird zusätzlich durch Einblasen von Luft in die Rohwasservorlage eine hohe Turbulenz durch aufsteigende Luftblasen erzeugt, so dass die Hohlfasermembranbündel ständig bewegt werden und der sich an der Membranoberfläche bildende Filterkuchen immer wieder abgerissen wird (siehe auch Kap. 13).

11.3.4 Umkehrosmose und Meerwasserentsalzung

Die Umkehrosmose stellt eine spezielle Form der Membranfiltration dar. Sie wurde entwickelt, um Ionen zurückzuhalten und auf diese Weise eine Meerwasserentsalzung zu ermöglichen. Die hier eingesetzten Membranen sind hydraulisch dicht, denn sie haben *keine* feinen Löcher wie die Membranen der Mikro- bis Nanofiltration. Man muss bedenken, dass die physikalische Größe der Wassermoleküle sich nicht auf ein H_2O-Molekül beschränkt, weil durch Wasserstoffbrückenbindung mit benachbarten Molekülen Cluster entstehen. Dagegen sind die hydratisierten Ionen kleiner, und zwar umso kleiner je höher ihre Ladung (Wertigkeit) ist. Deswegen würden feine Poren in den Membranen immer auch einen Schlupf solcher Ionen ermöglichen. Der Mechanismus der Trennung des Wassers von Ionen beruht darauf, dass sich die Wassermoleküle in der Membran lösen, hindurch diffundieren und auf der anderen Seite wieder ablösen. Die diffundierte Wassermenge nennt man **Permeat**, das verbleibende Medium auf der Rohwasserseite der Membran **Konzentrat**.

Stoffe, wie z. B. Phenole, die sich besser in der Membran lösen als Wasser, werden nicht zurückgehalten. Sie werden vielmehr bevorzugt die Membran permeieren, sich also im Reinwasser (Permeat) anreichern. Dieses Phänomen muss immer bei der Beurteilung der Rückhaltung von organischen Stoffen berücksichtigt werden. Organische Spurenstoffe können auch in der Membran gelöst werden und so eine Elimination vortäuschen. Sie sind nach der Membranfiltration für eine bestimmte Zeit (bis zur Sättigung der Membrane, unter Umständen für mehrere Monate) weder im Permeat noch im Konzentrat zu finden. Kohlenstoffdioxid erreicht auf beiden Seiten der Membran (Konzentrat und Permeat) etwa die gleiche Konzentration. Da

Hydrogencarbonat-Ionen zurückgehalten werden, ist jedoch das Permeat ungepuffert, und es weist bei gleichem CO_2-Gehalt einen deutlich niedrigeren pH-Wert auf.

Damit die geschilderte Membranfunktion technisch verwendbar wird, muss die Membrandicke äußerst gering sein. Darunter leidet die mechanische Stabilität. Die Entwicklung von Schichtmembranen begegnet diesem Problem: Auf einem porösen, stabilen Untergrund wird die eigentliche, sehr dünne Trennmembran aufgetragen. Dennoch bleibt die Durchsatz-Leistung auch sehr dünner Membranen sehr gering. Es muss eine große Oberfläche zur Verfügung gestellt werden. Die Membranen werden gewickelt oder gefaltet oder als dünne, innen hohle Fasern ausgebildet (Hohlfasermembranen) und zu technisch verwendbaren Einheiten (so genannte Module) zusammengefasst. Je nach Bedarf können 1 Einheit (Modul) oder mehrere hundert Einheiten zu einer Aufbereitungsanlage montiert werden. Die Anlage besteht dann aus einer Voraufbereitung (wahlweise Flockung und Filtration), der Druckerhöhung, den Membranmodulen und dem Permeatbehälter.

Membranen reichern organische Stoffe aus dem Wasser auf ihrer Oberfläche an und sind ein idealer Untergrund für Biofilme. Diese bringen allmählich die Trennfunktion zum Erliegen (so genanntes Biofouling). Zur Reinigung werden alkalische oder saure Lösungen mit einem Zusatz von Chlor verwendet. Deswegen müssen moderne Membranen resistent gegenüber Reinigungsmitteln und Chlor sein.

Aber auch Ablagerungen aus dem Wasser können die Funktion der Membranen beeinträchtigen (so genannte Verblockung). Deswegen empfiehlt es sich, den Anteil des Konzentrats am gesamten Volumenstrom nicht zu gering werden zu lassen, um die Stoffkonzentration im Konzentrat nicht zu stark ansteigen zu lassen. Vor der Umkehrosmose muss das Rohwasser durch Entstabilisierung und Filtration von Trübstoffen weitestgehend befreit werden.

Umkehrosmose wird in großem Maße zur Herstellung von teil- oder vollentsalztem Betriebswasser (in Verfahrenskombination mit Ionenaustauschern) oder von Trinkwasser aus Meerwasser eingesetzt.

Bei der Umkehrosmose für die Vollentsalzung von Leitungswasser ist ein Druck von etwa 5 bar ausreichend. Für die Entsalzung von Meerwasser reicht dies nicht aus. Bei diesem Druck würde das Wasser noch von der Reinwasserseite durch die Membran in das Meerwasser permeieren, weil der **osmotische Druck** von Meerwasser 19,5 bar bei 20 °C beträgt (siehe Abschn. 3.1). Dies errechnet sich aus der dort angegebenen Gleichung für einen Gehalt an gelösten Teilchen im Wasser von 1 mol/l, der sich aus dem Salzgehalt von etwa 3 Gewichtsprozenten entsprechend 30 g/kg NaCl oder etwa 0,5 mol/l Cl^- und 0,5 mol/l Na^+ ergibt. Der Zusammenhang zwischen Druckdifferenz und der hierfür erforderlichen Arbeit (Energieaufwand) je Volumeneinheit ist folgender:

$$19{,}5\ \text{bar} = 1{,}95 \cdot 10^6\ \text{Nm/m}^3 = 1{,}95 \cdot 10^6\ \text{Ws/m}^3 = 0{,}54\ \text{kWh/m}^3 \qquad (11.21)$$

Wenn eine Aufkonzentrierung der Teilchen im Konzentrat auf das Doppelte erfolgen soll (Anteil des Permeats am Zufluss etwa 50 %) muss der Druck mindestens auf

40 bar angehoben werden. Tatsächlich arbeitet man häufig mit etwa 30 bar, da Pumpen, die einen höheren Druck erzeugen, sehr aufwendig sind. Dadurch ist zwar der Permeatanteil, d. h. der Gewinn an entsalztem Reinwasser, bezogen auf den Zufluss nicht sehr hoch (etwa 20 bis 30 %), jedoch vermeidet man durch diese Technik weitgehend Verblockungen der teuren Membranen, weil die Salzkonzentration des zufließenden Rohwassers (Meerwassers) gering bleibt. Zur Verbesserung der Energiebilanz des gesamten Prozesses bietet es sich an, den Energieinhalt des Konzentrats (entsprechend der aufgewandten Arbeit für eine Druckerhöhung um 30 bar) über gekoppelte Turbinen-Pumpensätze (mit gemeinsamer Antriebswelle) oder über Generatoren zurückzugewinnen.

Die andere Möglichkeit der Meerwasserentsalzung ist die **Destillation.** Sie erfordert einen sehr hohen Energieaufwand, wenn die Verdampfungswärme von 627 kWh/m^3 bei der anschließenden Kondensation verloren geht. Dieser enorm hohe Energiebedarf der einfachen Verdampfung/Kondensation steht im krassen Widerspruch zum theoretisch notwendigen Bedarf der Entsalzung von nur 0,54 kWh/m^3. Es war und ist offenkundig eine Herausforderung an die Verfahrenstechniker, Anlagen mit möglichst geringem Energiebedarf zu entwickeln. Zunächst konnte durch Kaskadenverdampfer (der Dampf der folgenden Stufe heizt das Wasser der Vorstufe auf und kondensiert dabei) der Energiebedarf auf etwa 1/10, also auf etwa 70 kWh/m^3 gesenkt werden. Durch Wärmerückgewinnung mit Wärmepumpen lässt er sich weiter auf etwa 50 kWh/m^3 senken. Einen entscheidenden Durchbruch werden aber Brüdenkompressoren bringen. Sie ziehen den Dampf auf der einen Seite ab, verdichten ihn und führen ihn auf der Heizseite wieder in den Kessel. Dabei bestehen die Bauteile nicht mehr aus Metall, sondern aus dünnwandigen, preiswerten Kunststoffplatten oder -röhren.

Die thermodynamisch erforderliche Temperaturdifferenz zwischen Meerwasser (warm) und destilliertem Wasser (kalt), damit sie miteinander im Gleichgewicht stehen, beträgt nur 0,47 °C, wie sich aus der spezifischen Wärme des Wassers und der oben abgeleiteten theoretisch erforderlichen Energiedifferenz von 0,54 kWh/m^3 berechnen lässt. Daher gelten Niedrigtemperaturverdampfer mittels Brüdenkompressoren als aussichtsreich für die Wasseraufbereitung durch Destillation. Zurzeit sind Destillationsanlagen mit einem Energiebedarf von insgesamt 10 bis 20 kWh/m^3 marktreif. Dem stehen Umkehrosmoseanlagen mit einem gesamten Energiebedarf von etwa 2 bis 4 kWh/m^3 gegenüber, allerdings mit höheren Investitionskosten für die Membranmodule. Fazit ist, dass beide Anlagetypen für die Meerwasser- oder Brackwasserentsalzung infrage kommen.

11.3.5 Biologische Methoden

11.3.5.1 Einleitung

Bei den derzeit in der Wasseraufbereitung relevanten biologischen Verfahren sind chemotrophe Bakterien beteiligt, die im Gegensatz zu phototrophen Bakterien ihren

Energiestoffwechsel für den Biomassenaufbau nicht durch Photosynthese decken, sondern ihre chemische Energie aus Redox-Reaktionen gewinnen. Dazu benötigen sie ein Oxidationsmittel, welches normalerweise Sauerstoff ist, aber auch Nitrat oder Sulfat sein kann. Die biologischen Methoden der Wasseraufbereitung können sowohl aerob (d. h. im belüfteten Wasser) stattfinden, als auch unter Sauerstoffabschluss im anaeroben Milieu. Letzteres erfolgt entweder im sauerstofffreien Grundwasser, oder der vorhandene Sauerstoff wird durch ein Reduktionsmittel dem Wasser entzogen. Der Gewinn an chemischer Energie für den Biomassenaufbau erfolgt über enzymgesteuerte Reaktionsstufen (die so genannte Atmungskette) wobei Wasserstoff übertragen wird und letztlich den Bakterienzellen als Adenosintriphosphat (ATP) zur Verfügung gestellt wird. Hierbei unterscheidet man den so genannten organotrophen und den lithotrophen Stoffwechseltyp. Beim ersten Typ wird organisches Substrat oxidiert und als C-Quelle zum Aufbau der Biomasse verwendet, wobei Kohlenstoff zu CO_2 oxidiert wird. Beim zweiten Typ werden anorganische Substanzen wie Schwefel oder Wasserstoff oxidiert und es kann CO_2 als C-Quelle zum Aufbau der Biomasse benutzt werden. Desweiteren sind die Organismen an der Kohlenstoffequelle, die sie für ihren Anabolismus benötigen, zu unterscheiden. Stammt die Kohlenstoffequelle aus organischen Verbindungen handelt es sich um heterotrophe Organismen, ist die Kohlenstoffquelle CO_2 spricht man von einer autotrophen Lebensweise.

Biologische Verfahren kommen bei der Trinkwasseraufbereitung vor allem zur Entfernung von Eisen, Mangan, Ammonium und Nitrat in Betracht. Alle biologischen Methoden haben gemeinsam, dass die Aufbereitungsstufen zwei Ziele erreichen müssen. Das erste Ziel ist, wie bei anderen Aufbereitungsverfahren auch, die möglichst vollständige Entfernung des unerwünschten Stoffes aus dem Wasser. Das zweite Ziel ist die Aufrechterhaltung der optimalen Milieubedingungen der an der Aufbereitung beteiligten Bakterien und deren Immobilisierung im Bioreaktor. Diese Rückhaltung der Bakterien in einem geeigneten Milieu kann oberirdisch erfolgen, innerhalb mit bestimmten Trägermaterialien (Sand, Polystyrolkugeln bzw. sonstigen Füllkörpern) gefüllten Festbettfiltern bzw. auf der Oberflächenschicht von Langsamsandfiltern. Sie kann aber auch unterirdisch im Porenraum der Wasserfassung (Bohrbrunnen) geschehen.

11.3.5.2 Biologische Enteisenung und Entmanganung

Bei der konventionellen **chemischen** Enteisenung und Entmanganung wird das Rohwasser mit hohem Energieeintrag durch Rieselkolonnen, Verdüsung, Kaskaden oder Druckbelüfter bis zur Sauerstoffsättigung belüftet. Nach einer Reaktionszeit von 30 bis 60 Min. werden die sich bildenden Oxidhydrate des Eisens und Mangans durch Schnellfiltration in offenen oder geschlossenen Sandfiltern abgeschieden.

Bei der **biologischen** Enteisenung und Entmanganung treten Eisen und Mangan in der reduzierten, gelösten, zweiwertigen Form in das Filterbett von geschlossenen Schnellfiltern (Filterschichthöhe ca. 1,5 m–2,5 m) ein und werden im Kontakt mit dem Biofilm aus Eisen- und Manganbakterien auf der Oberfläche des Filtermaterials zu dreiwertigem Eisen bzw. vierwertigem Mangan oxidiert und in den Kornzwischenräumen (im Falle der Eisens) oder auf dem Korn (im Falle des Mangans) abgelagert. Dazu wird ein Redoxmilieu im Rohwasser durch Zufuhr von Sauerstoff eingestellt, welches den optimalen Stoffwechselbedingungen der Bakterien entspricht.

Theoretisch reicht dazu die stöchiometrische Dosierung von Sauerstoff, bezogen auf die Eisen- und Mangankonzentration, im Zulauf der Anlage aus. Die Reaktion für Eisen erfolgt nach folgender Gleichung:

$$2\,Fe^{2+} + \frac{1}{2}\,O_2 + 3\,H_2O \;\leftrightarrow\; 2\,FeOOH + 4\,H^+ \tag{11.22}$$

Es erfolgt dabei eine, je nach Säurekapazität des Wassers, mehr oder weniger ausgeprägte pH-Wert Absenkung. Zur Oxidation von 1 mol Eisen(II) (55,85 g Fe^{2+}) sind demnach theoretisch 0,25 mol Sauerstoff (8 g O_2) erforderlich. Bei einer Eisenkonzentration im Rohwasser von 3 mg/l Fe (als Fe^{2+}) müssten daher nur ca. 0,4 mg/l O_2 dosiert werden. In der Praxis sind jedoch immer deutlich höhere Dosierungen notwendig, da sowohl Begleitstoffe wie Methan, Ammonium und Schwefelwasserstoff durch Oxidation mit entfernt werden müssen als auch die Gleichverteilung des Sauerstoffs infolge der Durchströmung im Filterbett nicht gegeben ist.

Es ist verfahrenstechnisch möglich, die Enteisenung und Entmanganung nacheinander in nur einer Filterstufe ablaufen zu lassen; bei höheren Konzentrationen von Mangan (etwa ab 0,5 mg/l Mn) sollten jedoch zwei Filterstufen nacheinander vorgesehen werden. Dazu erfolgt eine Nachdosierung von Luft oder Sauerstoff vor der zweiten Stufe (Manganentfernung). Zwischen der Sauerstoffkonzentration im Ablauf der Anlage und dem Restmangangehalt besteht ein deutlicher Zusammenhang, wie in Abb. 11.6 zu erkennen ist.

Bei optimalen Betriebsbedingungen erreicht man eine Flächenbeladung bezogen auf die Eisenablagerung, die mit 4 bis 5 kg/m² Filterfläche ca. 2 bis 3 mal höher ist als bei der chemischen Oxidation (Mouchet, 1992). Da die Ablagerung der Oxidhydrate an den extrazellulären Stoffwechselprodukten der Bakterien wesentlich festere Haftung aufweist als die Ablagerung der reinen Eisenhydroxidflocke in den Kornzwischenräumen, erfolgt bei der biologischen Enteisenung am Ende des Filterlaufes eher ein starker Druckverlust durch Filterverstopfung als ein Anstieg der Ablaufkonzentration (Filterdurchbruch), was als einer von mehreren Vorteilen des Filterbetriebs mit biologischer Enteisenung im Gegensatz zur konventionellen Technik anzusehen ist. Eine Kennzahl für die Leistungsdichte einer Filtrationsanlage ist die Filtrationsgeschwindigkeit V_f (siehe Gl. 11.23), die sich aus dem Volumenstrom Q in m^3/h und der Filterfläche A_f in m^2 ergibt. Die erreichbare Filtrationsgeschwindigkeit während der Filtrationsphase ist ebenfalls aufgrund der besseren Einlagerungsbe-

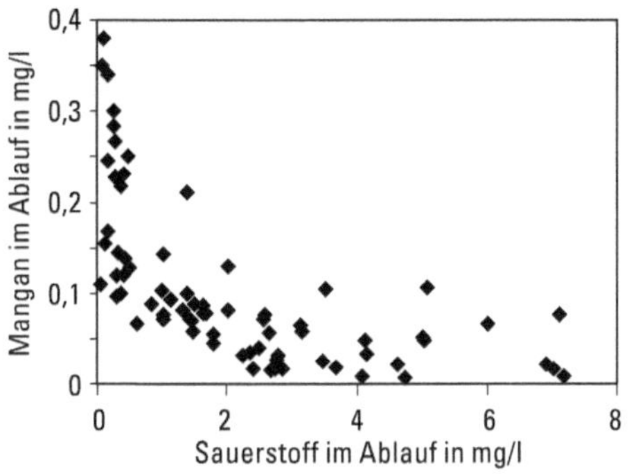

Abb. 11.6: Restmangankonzentration der zweiten Filterstufe in Abhängigkeit von der Sauerstoffkonzentration im Reinwasser, am Beispiel einer halbtechnischen Aufbereitungsanlage in einem öffentlichen Wasserwerk (Rohwasser mit 2,7 mg/l Fe und 0,4 mg/l Mn).

dingungen bei der biologischen Fahrweise deutlich höher als bei der konventionellen Technik.

$$V_f = Q/A_f \quad \text{in m/h} \tag{11.23}$$

In der Praxis sind Filtrationsgeschwindigkeiten von $V_f = 30$ bis 40 m/h sicher beherrschbar. In halbtechnischen Versuchen sind Kleinanlagen mit Filtrationsgeschwindigkeiten bis $V_f = 120$ m/h betrieben worden, wobei bei $V_f = 80$ m/h noch Eisenkonzentrationen im Ablauf von unter 0,2 mg/l erreicht wurden. In diesen Anlagen lagen die Filterbett-Kontaktzeiten bei weniger als einer Minute.

Auch in konventionell betriebenen Wasserwerken können biologische Effekte als ungezielte Teilreaktion in den Sandfiltern ablaufen. Bei Untersuchungen an zwei Berliner Wasserwerken (WW Jungfernheide und WW Kaulsdorf) wurden als Eisenoxidierer *Gallionella ferruginea* und *Leptothrix ochracea* identifiziert, wobei *Leptothrix ochracea* klar dominierte. Als Manganoxidierer wurde *Pseudomonas manganoxidans* auf dem Filterkorn und *Leptothrix lopholea* im Spülwasser der Manganfilter gefunden. Es zeigte sich durch diese Untersuchung, dass auch nach starker Belüftung und nach einstündiger Verweilzeit vor der Filtration eine überwiegend biologische Entmanganung und eine teilweise biologische Enteisenung stattfindet. Welche Rolle Eisen- und Manganbakterien in Schnellfilteranlagen der Trinkwasseraufbereitung tatsächlich spielen, konnte Czekalla (1997) zeigen.

Die biologische Entfernung erfolgt in der Reihenfolge Eisen, dann Methan und anschließend Mangan. In der Praxis hängt dies von der Konzentration der einzelnen Stoffe und von der Menge des dosierten Sauerstoffs ab. Bei genügendem Angebot von Sauerstoff erfolgt die Entfernung von Methan zum überwiegenden Teil vor der Entmanganung, nach oder während der Eisenoxidation in der ersten Stufe. Ein Teil des Methans wird jedoch auch noch in der zweiten Stufe abgebaut (siehe Abb. 11.7). Ist es jedoch das Ziel der Aufbereitung, ein sauerstoffarmes Reinwasser zu gewin-

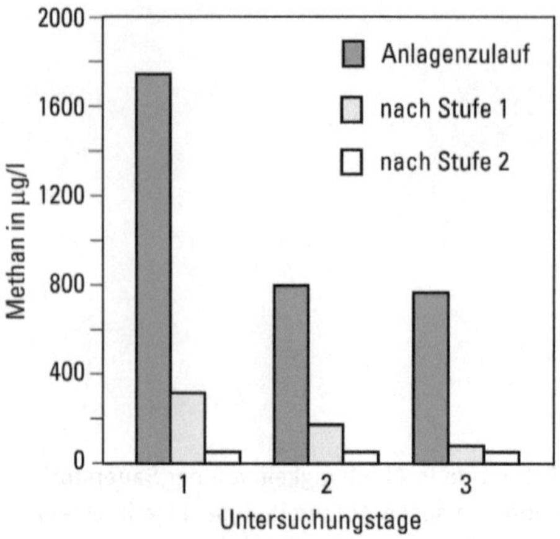

Abb. 11.7: Abbau von Methan in der 1. und 2. Aufbereitungsstufe am Beispiel einer halbtechnischen Aufbereitungsanlage in einem öffentlichen Wasserwerk.

nen, wie es z. B. bei der Trinkwasserversorgung in Speyer vorgegeben war (Grohmann und Gollasch, 1984), so muss nur wenig Sauerstoff vor der ersten Stufe dosiert werden. Anschließend wird bei einem Teilstrom das Methan durch Belüftung ausgeblasen und Sauerstoff aufgenommen. Der Volumenstrom des Teilstroms wird so geregelt, dass der aufgenommene Sauerstoff nach der Vereinigung beider Teilströme für die Oxidation des restlichen Methans und des Mangans in der zweiten Filterstufe gerade ausreicht.

11.3.5.3 Denitrifizierung

Neben der biologischen Eisen- und Manganentfernung ist der biologische Nitratabbau das am meisten eingesetzte biologische Verfahren in der Wasseraufbereitung. Das Verfahrensprinzip beruht auf der Tatsache, dass bestimmte Bakterienarten (Denitrifikanten) in der Lage sind, das im Rohwasser gelöste Nitrat in molekularen Stickstoff umzuwandeln. Diese Umwandelung geschieht in Teilschritten, die über die Zwischenprodukte Nitrit und Distickstoffoxid (Lachgas) erfolgen. An diesen Teilschritten können unterschiedliche Denitrifikanten beteiligt sein. Die meisten Denitrifikanten sind fakultativ aerob. Da der Energieumsatz bei der Sauerstoffatmung höher und damit der Energiegewinn für die Bakterien größer ist als bei der Denitrifikation, bauen die Denitrifikanten Nitrat erst dann ab, wenn kein gelöster Sauerstoff mehr im Rohwasser zur Verfügung steht. Bei sauerstoffhaltigen Rohwässern muss daher der Sauerstoff katalytisch in einem Vorreaktor z. B. durch Wasserstoffdosierung entfernt werden, oder es muss ein auf das Nitrat bezogener stöchiometrischer Überschuss an Nährstoffen (Substrat) zum Rohwasser dosiert werden, um den noch vorhandenen Sauerstoff erst umzusetzen bevor die Nitratreduktion beginnt. Dadurch entsteht eine höhere Biomasse, da die Bakterien sowohl aus dem verbliebenen Sauerstoff als auch aus dem Nitrat Energie beziehen können. Das hat verfahrenstechnisch zur Folge, dass die aus der erhöhten Produktion entstehende Biomasse (Schlammvolumen) aus dem Reaktor abgeführt werden muss.

Je nachdem ob es sich bei der eingesetzten Verfahrenstechnik um organotrophe oder lithotrophe Bakterienarten handelt, muss das für die Atmungskette benötigte **Substrat** (Nährstoff) als eine oxidierbare bzw. als wasserstoffabspaltende Substanz dem Rohwasser zugesetzt werden. Dieses Substrat kann bei organotrophen Bakterien Essigsäure, Ethanol oder Methanol sein, bei lithotrophen Bakterienarten dagegen molekularer Wasserstoff oder Schwefelverbindungen. Organische Substrate werden als Flüssigkeit in den Rohwasserstrom dosiert oder als feste Substrate mit dem Trägermaterial eingebracht (siehe unten). Wasserstoff wird aus Druckbegasungsanlagen dosiert oder elektrolytisch im Rohwasser erzeugt.

Neben diesem Zusatzstoff (Substrat) für die Hauptreaktion der Denitrifikation benötigen die Bakterien für ihren Stoffwechsel noch essentielle Elemente und **Spurenstoffe**. Meistens enthält das Rohwasser genügende Mengen dieser Stoffe; in manchen Fällen müssen sie jedoch zusätzlich dosiert werden, wobei in diesen Fällen vornehmlich Phosphatverbindungen fehlen, die zudosiert werden müssen. Ein Mangel an Nähr- und Spurenstoffen kann die Leistungsfähigkeit der Bioreaktoren deutlich herabsetzen und eine unregelmäßige und instabile Betriebsweise hervorrufen. In jedem Fall ist eine vollständige Rohwasseranalyse notwendig, um Mangel an Nährstoffen und Spurenstoffen möglichst zu erkennen und um die biologische Nitratentfernung an die vor Ort anzutreffenden Milieubedingungen anzupassen. Bei unregelmäßiger, d. h. teilweise verminderter Nitratabbauleistung erfolgt durch den unvollständigen Stoffwechsel der Bakterienpopulation ein Austrag an dosiertem Substrat (z. B. Ethanol, Essigsäure) aus der Anlage. Dies führt zu einer Verkeimung der anschließenden Filterstufe oder im ungünstigsten Fall zu einem erhöhten Wiederverkeimungspotenzial im abgegebenen Trinkwasser, unter Umständen gefolgt von mikrobiologischen Problemen im Verteilungsnetz.

Die angewandten und in der Erprobung befindlichen Verfahren (Tab. 11.6) lassen sich in drei Gruppen einteilen:
- Heterotrophe Verfahren in oberirdischen Bioreaktoren,
- Autotrophe Verfahren in oberirdischen Bioreaktoren,
- Untergrundverfahren.

Die Denitrifikation findet in einem Biofilm aus Denitrifikanten statt. Deswegen müssen alle biotechnischen Verfahren zur Nitratentfernung geeignete Trägermaterialien im Reaktionsraum zur Verfügung stellen. Als **Trägermaterial** eignen sich, analog der biologischen Enteisenung und Entmanganung alle inerten Filtermaterialien (Schnellfilterprinzip), aber auch Aktivkornkohle und auch Füllkörper aus Kunststoffen (Tropfkörperprinzip). Sonderfälle bei der technischen Denitrifikation stellen spezielle Trägermaterialien dar, die aus künstlich hergestellten oder natürlichen

Tab. 11.6: Beispiele für praktisch angewandte Denitrifikationsverfahren.

Name des Verfahrens	Trägermaterial	Substrat	Abbauleistung*) kg/(m³ · d) NO_3^-	Hersteller
Heterotrophe Verfahren				
NEBIO-Rohrreaktor	gesintertes Schaum-Polystyren	Ethanol, Phosphat	8	Technologie-zentrum Wasser, Dresden
Permapor	Polystyrolkugeln	Ethanol, Phosphat	7	Preussag Noell Wassertechnik
Neusser Verfahren	Aktivkohle	Essigsäure, Phosphat	4,5	Stadtwerke Neuss
OTV-(BioDeNit)	Blähton	Ethanol, Phosphat	4,5	Kraftanlagen Heidelberg
DENIPOR	Polystyrolkugeln	Ethanol, Phosphat Spurenelemente	3	Preussag Noell Wassertechnik, Hemmingen
Nitrazur	Siliziumaluminat	Essigsäure bzw. Ethanol, Phosphat	2,5	Degrémont (F), Philipp Müller
Bio-NET	Getauchte Kunststoff-Rotoren	Ethanol, Phosphat	k. A.	NSW-Umwelttechnik, Nordenham
BIODEN	Biofilter	Ethanol, Essigsäure	0,9	WABAG
Autotrophe Verfahren				
DENITROPUR	Polypropylen-Einbauten	Wasserstoff, PO_4^{3-}, CO_2	1,5	Sulzer, Butzbach
Schwefel-Kalkstein-Verfahren	Schwefel- und Kalksteingranulat	Phosphat	0,3	KIWA, Nieuwegein (NL)

*) Daten nach Herstellerangaben, Abbauleistung abhängig von den Randbedingungen

festen abbaubaren Stoffen bestehen und deswegen gleichzeitig auch als festes Nährsubstrat dienen. In weiteren Sonderfällen enthalten Trägermaterialien in einem Gel- oder Polymergerüst eingeschlossene Bakteriensuspensionen, die davor geschützt sind, vom Trägermaterial abgerieben und mit dem Wasser ausgetragen zu werden. Sie vertragen eine hohe Turbulenz des Wassers, was für den Stofftransport von und zu den Bakterien günstig ist und den Einsatz in Wirbelbett-, Wanderbett- oder Schlaufenreaktoren ermöglicht.

Eine **Vorbehandlung des Rohwassers** richtet sich nach den Erfordernissen des Verfahrens bezüglich des pH-Wertes, dem zusätzlichen Bedarf an Spurenstoffen oder einer Entfernung des gelösten Sauerstoffes (katalytisch oder nach dem Vakuumverfahren) bei nicht reduzierten Rohwässern.

Nach erfolgter Denitrifikation ist in jedem Fall eine **Nachbehandlung des Wassers** in Form einer Belüftung notwendig, um den Sauerstoffgehalt des Wassers wieder anzuheben und um das entstandene Kohlenstoffdioxid aus dem Wasser zu entfernen. Weiterhin wird eine Filterstufe zur Trübstoffentfernung eingesetzt. Bewährt hat sich auch eine aerobe Nachbehandlungsstufe, um die Entfernung von Restsubstrat, welches nicht von den Denitrifikanten verbraucht wurde, biologisch oder oxidativ abzubauen. Als letzte Aufbereitungsstufe ist eine Desinfektion vorzusehen, wenn eine Erhöhung der Konzentration an leicht bioverfügbaren Stoffen (AOC) im abgegebenen Trinkwasser nicht vermieden bzw. nicht ausgeschlossen werden kann.

11.3.5.4 Langsamsandfiltration/Bodenpassage

Als Langsamsandfilter werden Filter mit großer Oberfläche (mehrere 100 m^2 bis mehrere 1000 m^2) ohne Spülvorrichtung bezeichnet, die mit einer Filtrationsgeschwindigkeit von 0,05–0,1 m/h (max. bis 0,5 m/h) betrieben werden. Die Filterschichthöhe ist selten höher als 1,5 m und besteht aus Filtersand mit einer Körnung im Bereich von 0,5 bis 1 mm. Die eigentliche biologische Filterwirkung tritt in den oberen 2 bis 5 cm des Filterbetts in der biologisch aktiven obersten Schicht der Filteroberfläche, der so genannten „Schmutzdecke“, ein. Die Reinwasserentnahme erfolgt über Sicker- bzw. Dränageleitungen, die auf der Sohle der unten abgedichteten Filter verlegt sind. Langsamsandfilter werden, wenn aufgrund des anwachsenden Filterwiderstands die zulässige Überstauhöhe erreicht wird, abgeschält, d. h. die oberen 5–10 cm Filtermaterial werden entfernt, auf einem Waschplatz gereinigt und wieder eingefüllt. Auch eine in-situ-Reinigung beim Abschälen der Schmutzdecke ist mit geeigneten Räum- und Spülanlagen möglich. Danach benötigen die Filter eine gewisse Einarbeitungszeit, um die ursprüngliche biologische Aktivität wieder zu entfalten. Die Reinigungsmaßnahmen erfolgen, je nach Rohwasserqualität und biologischer Aktivität, im Abstand von bis zu mehreren Monaten.

Langsamsandfilter werden überwiegend zur Aufbereitung von Oberflächenwässern eingesetzt, da die Abtrennung der unerwünschten Stoffe sowohl physikalisch (Filterung), chemisch (oxidativ) als auch biologisch (Mineralisierung) erfolgt und so ein breites Spektrum an Störstoffen erfasst. Besonders erwähnenswert ist die sichere Entfernung von Krankheitserregern, von der auszugehen ist, wenn im Ablauf weniger als 100 KBE/ml und keine *Eschericha coli* in 100 ml nachgewiesen werden. Ob dabei auch eine ausreichende Virenentfernung erreicht wird ist im Einzelfall zu untersuchen. Ist das Oberflächenwasser zu stark mit Abwasser und Nährstoffen belastet, muss vor dem Langsamsandfilter eine Aufbereitung mit Flockung und Filtration erfolgen, um die gewohnt guten Abläufe zu erreichen.

Die erprobte Zuverlässigkeit der Langsamsandfilter kann mit einer Verbesserung der Leistungsfähigkeit verbunden werden, wenn auf oder in die Sandschicht spezielle Filtermatten oder Schichten eingebracht werden (Donner et al., 2000). Diese Schichten können z. B. die Höhe der aktiven Schicht vergrößern und die Verstopfungsneigung vermindern (poröse Matten oder Gewebe auf der Sandschicht) oder schwer abbaubare, unpolare Stoffe adsorbieren (Aktivkohle als Schicht im Sand, unterhalb der belebten Schicht, z. B. in 0,5 m Tiefe).

Weiterhin werden diese Filter auch in Kombination mit einer Grundwasseranreichung angewendet, wobei die Filter zur Sohle offen sind und so die Infiltration von Wasser in den Boden ermöglichen (Frank, 1966). Diese Maßnahme der Anreicherung oder „Aufstockung" natürlicher Grundwasservorkommen begegnet der Gefahr einer übermäßigen Grundwasserabsenkung bei starker Nutzung zur Trinkwassergewinnung. Die Reinwasserentnahme erfolgt in diesem Fall durch Brunnen, die räumlich von den Filtern getrennt sind. Die Bodenpassage ermöglicht neben der Abtötung der Krankheitserreger in der biologisch aktiven Schicht auch eine weitergehende Rückhaltung von Mikroorganismen durch die natürliche Absterbekinetik aufgrund von Nahrungsmangel in den tieferen Bodenschichten, verbunden mit einer entsprechend langen Fließzeit.

11.4 Aufbereitungsstoffe

11.4.1 Einleitung

Die Dosierung von Chemikalien bei der Trinkwasseraufbereitung kann einen eigenständigen Verfahrensschritt darstellen (Oxidation, Reduktion, Korrosionsinhibierung, pH-Wert-Einstellung, Desinfektion), oder sie dient anderen Verfahrensschritten zur Erhöhung der Wirksamkeit (z. B. Flockung). In anderen Fällen ist sie Voraussetzung für das Aufbereitungsziel, das aber nur in Verbindung mit einem weiteren Verfahrensschritt erreicht wird (Fällung, Denitrifizierung, Enthärtung). Grundsätzlich können Aufbereitungsstoffe in gasförmiger, flüssiger oder fester Form dem aufzubereitenden Wasser zugesetzt werden. Ein Sonderfall der Aufbereitungsstoffe sind die reaktiven Filtermaterialien (Aktivkohle, Ionenaustauscherharze, gekörntes Calciumcarbonat), die sich bei der Aufbereitung verändern und die nach der Erschöpfung ihrer Leistungsfähigkeit reaktiviert, regeneriert oder ersetzt werden müssen. Weiterhin sind Aufbereitungsstoffe zu nennen, die allgemein der Wiederherstellung der Funktionstüchtigkeit einer Verfahrensstufe dienen, wie z. B. Regenerationsmittel für die Austauscherharze, Reinigungsmittel für UV-Stahler oder für Membrane sowie Oberflächendesinfektionsmittel.

Es sind zurzeit mehr als 100 Aufbereitungsstoffe in den Technischen Regeln (DIN, CEN) beschrieben. Dem durch die Zugabe von Aufbereitungsstoffen gewünschten Aufbereitungseffekt steht in den meisten Fällen jedoch auch ein nachteiliger Effekt gegenüber. Dieser kann folgende Gründe haben: Eintrag von Schadstoffen durch Verunreinigungen des Produktes (Schwermetalle, Monomere, organische Nebenbestandteile), Bildung von Reaktionsnebenprodukten, die selbst gesundheitsschädlich sein können (THM, Bromat, Chlorat, Chlorit) oder Sekundäreffekte hervorrufen können wie die vermehrte Bildung von Biofilmen im Verteilungsnetz (z. B. durch Polyamine, Polyphoshate).

Die Aufbereitungsstoffe können nach der Art ihrer Zugabe unterteilt werden in direkte, indirekte und diskontinuierliche Zugabe.

Die **direkte Zugabe** erfolgt durch Dosierung aus Vorratsgebinden, die das fertige Produkt enthalten können oder in denen das Produkt durch Verdünnung des Konzentrates bzw. Lösung von Feststoffen mit Wasser bereitet wird. Für die Dosierung von Flüssigkeiten kommen elektronisch gesteuerte Dosierpumpen zum Einsatz, die eine mengenproportionale Dosierung der Aufbereitungsstoffe ermöglichen. Die Stellgröße kann z. B. im einfachsten Fall ein Kontaktwasserzähler sein, der seine Impulse direkt an die Pumpenelektronik überträgt. Bei komplexeren Systemen wird eine kontinuierlich im aufzubereitenden Wasser gemessene Regelgröße (z. B. Konzentration eines Stoffes, elektrische Leitfähigkeit, pH-Wert) die gewünschte proportionale Zugabe für einen Zielwert im Wasser ermöglichen. Die geregelte Zugabe hat den Vorteil, dass sich bei veränderter Dosierlösungskonzentration die Dosierung automatisch auf diesen Zustand einstellt (z. B. Abnahme der Chlorkonzentration in der Hypochloritlösung infolge Alterung, unterschiedliche Verdünnungen bei der Auflösung fester Produkte). Eine besondere Sorgfalt ist auf die Einmischung des Aufbereitungsmittels zu verwenden. So ist es von der Art des dosierten Stoffes abhängig, ob eine schnelle, vollständige Durchmischung angestrebt werden muss, wie das bei den Flockungs- und Flockungshilfsmitteln verfahrenstechnisch notwendig ist, oder ob eine möglichst langsame Einmischung unter Vermeidung von Wandkontakten anzustreben ist, wie es z. B. bei der Dosierung von Natronlauge (aufgrund des Löslichkeitsverhaltens von CO_2 in Wasser) der Fall ist. Gasförmige Stoffe (Pressluft, Sauerstoff, CO_2, Chlorgas) werden aus Druckflaschen oder Tankanlagen über Druckminderer und steuerbare Regelventile dosiert. Die Dosierkontrolle erfolgt dabei überwiegend über Schwebekörper (so genannte Rotameter) oder Massendurchflussregler.

Für die **indirekte Zugabe** (Chlordioxid, Ozon, UV-Strahlung, Chlorherstellung durch Elektrolyse, katalytisch induzierte OH-Radikal-Bildung) sind besondere Anlagen am Ort der Anwendung erforderlich. Die Randbedingungen der Erzeugung der Aufbereitungsmittel (z. B. Mischungsverhältnis der Ausgangschemikalien bei der Chlordioxiderzeugung, Feuchtigkeitsgrad der Luft bei der Ozonerzeugung) müssen überwacht werden, die notwendigen Sicherheitsvorkehrungen (Abschaltautomatiken bei der UV-Bestrahlung und Gaswarngeräte beim Einsatz von Ozon) erhöhen durch Wartung und Funktionsprüfung den Bedienungsaufwand. Die Steuerung der Konzentration im aufbereiteten Wasser erfolgt in diesem Fall analog der Dosierung von Flüssigkeiten. Einen Sonderfall der indirekten Zugabe stellt die **Bestrahlung** des Wassers dar. Als Arten von Bestrahlungsquellen kommen theoretisch UV-Strahlung, radioaktive Strahlung oder Elektronenstrahlen (ionisierende Strahlung) vor. Derzeit ist nur die Bestrahlung mit UV-Strahlen zum Zweck der Desinfektion in Deutschland zugelassen. Es sind von Seiten der Industrie Bestrebungen zu verzeichnen, die UV-Bestrahlung in Kombination mit Wasserstoffperoxid auch für die Oxidation von organischen Wasserinhaltsstoffen einzusetzen (UVOX-Verfahren).

In der DDR wurde die radioaktive Bestrahlung des Rohwassers in Tiefbrunnen zum Zweck der Vermeidung der biologisch induzierten Brunnenverockerung eingesetzt. Der Einsatz von radioaktiven Strahlern für die Trinkwasseraufbereitung ist seit der Wiedervereinigung in Deutschland verboten. Die Bestrahlung mit ionisierenden Strahlen in Kombination mit Ozon ist erst im Forschungsstadium und hat für die praktische Wasseraufbereitung bisher keine Bedeutung (Gehringer und Eschweiler, 1996).

Der Einsatz von **Ultraschall** in Kombination mit Flockung und Mehrschichtfiltration ist ein weiteres Beispiel für eine indirekte Zugabe eines Aufbereitungsmittels. Forschungsarbeiten beim Wahnbachtalsperren-Verband haben ergeben, dass in Filtrationsversuchen, die an einer Pilotanlage durchgeführt wurden (Durchsatz ca. 600 m^3/h), der Rückhalt von natürlichem Zooplankton durch den Einsatz von Ultraschall auf das 10- bis 100-fache gesteigert werden kann, gegenüber dem Einsatz moderner Zweischichtfilter als Vergleichsverfahren (Bernhardt, 1996). In der Zwischenzeit kommt dieses Verfahren dort nicht mehr im Regelbetrieb zur Anwendung.

Bei der **diskontinuierlichen Zugabe** (Regenerierungsmittel für Ionenaustauscher; Reinigungsmittel für Membranen oder UV-Reaktorraum und UV-Strahler; Stoffe für die Oberflächendesinfektion) ist nach der Anwendung der jeweiligen Stoffe auf eine vollständige Entfernung derselben aus dem System zu achten, da diese Stoffe bestimmungsgemäß nicht in das Trinkwasser gelangen sollen.

Allgemein sollte die Anwendung von Aufbereitungsstoffen im Sinne eines verantwortungsvollen Umgangs mit der Ressource Wasser, insbesondere Trinkwasser, folgenden Prämissen entsprechen: Zur Aufbereitung von Trinkwasser dürfen nur **zugelassene** Aufbereitungsstoffe, die **notwendig** sind, um die nachstehenden Aufbereitungsziele zu erreichen, zugesetzt werden:

1) Entfernung von Schadstoffen aus dem Rohwasser während der Aufbereitung im Wasserwerk,
2) Veränderung der Zusammensetzung des fortgeleiteten Wassers zur Einhaltung der durch Rechtsnormen geforderten technischen Eigenschaften des Wassers für den menschlichen Gebrauch,
3) Abtötung bzw. Inaktivierung von Krankheitserregern (Desinfektion).

Aufbereitungsstoffe, die nach (1) zugesetzt werden, müssen nach abgeschlossener Aufbereitung vollständig aus dem Wasser entfernt werden. Diese Anforderung gilt als erfüllt, wenn die Stoffe so weit aus dem Wasser entfernt werden, dass sie oder ihre Umwandlungsprodukte nur noch bis auf technisch unvermeidbare und technologisch unwirksame Reste, in gesundheitlich, geruchlich und geschmacklich unbedenklichen Anteilen im Wasser für den menschlichen Gebrauch enthalten sind.

Die Zugabe von Aufbereitungsstoffen, die nach (2) und (3) zugesetzt werden und bestimmungsgemäß im Wasser für den menschlichen Gebrauch verbleiben, sind entsprechend dem Minimierungsgebot auf das notwendige Maß zu beschränken. Weiterhin sind ausschließlich solche Stoffe einzusetzen, die den geringsten Gehalt an Verunreinigungen gegenüber Vergleichsprodukten aufweisen oder toxikologisch unbedenklicher als Vergleichsprodukte sind.

Unter Einbeziehung dieser Grundsätze veröffentlicht das Bundesministerium für Gesundheit regelmäßig eine Liste der für die Aufbereitung zugelassenen Stoffe, die vom Umweltbundesamt erstellt wird. Die Liste enthält ferner Reinheitsanforderungen an diese Stoffe, Angaben über die Verwendungszwecke, für die die einzelnen Stoffe ausschließlich eingesetzt werden dürfen, Höchstwerte für die maximale Konzentration der in der Liste aufgeführten Aufbereitungsstoffe und Reaktionsprodukte, die nicht überschritten werden dürfen, sowie Werte für die Mindestkonzentration für die zur Desinfektion zugelassenen Aufbereitungsstoffe, die im Wasser nach Abschluss der Aufbereitung nicht unterschritten werden dürfen (siehe auch §§ 11 + 12 TrinkwV).

11.4.2 Anforderungen an Aufbereitungsstoffe

Oberste Prämisse bei der Zugabe von Aufbereitungsstoffen ist immer das Minimierungsgebot mit dem Ziel, eine zusätzliche Belastung des Trinkwassers so gering wie möglich zu halten. Das gilt für die Zugabe der Stoffe selbst genauso wie für deren Reaktionsprodukte. Da insbesondere die Bestimmung der Konzentration der Verunreinigungen eines Aufbereitungsstoffes im aufbereiteten Wasser sehr aufwendig sein kann, fand man einen – in der Fachwelt umstrittenen, aber letztlich doch Konsens findenden – Kompromiss. Man setzte als Basis für die **Zugabebegrenzung** fest, dass durch die Anwendung eines Aufbereitungsstoffes die Konzentration eines mit einem Grenzwert versehenen toxikologisch relevanten Schadstoffes nicht mehr als 10 % des Grenzwertes ansteigen darf (10 %-Regel). Unter Beachtung des Minimierungsgebots sollte nach Möglichkeit eine 1 %-Regel im obigen Sinne Anwendung finden und die 10 %-Regel als Mindestanforderung verstanden werden. Eine weitere Voraussetzung ist die Anwendung von Aufbereitungsverfahren nach den allgemein anerkannten Regeln der Technik (a. a. R. d. T.). Da bei genormten Produkten der Gehalt an Wirksubstanz und der maximale Gehalt an Verunreinigungen bekannt sind, kann man über die 10-%-Regel für den Normalfall (Minimierungsgebot!) die maximale Zugabemenge des Aufbereitungsstoffes berechnen, bei der nicht mehr als 10 % an Verunreinigungen oder Begleitstoffen – bezogen auf den jeweiligen Grenzwert – in das Wasser eingetragen werden.

Die **Zusammensetzung** der eingesetzten Stoffe muss bekannt sein, d. h. es müssen technische Produktnormen für die Stoffe existieren, aufgrund derer ein Wasserversorgungsunternehmen die Einsatzprodukte bestellen kann. In den Produktnormen werden die Aufbereitungsstoffe beschrieben, deren Verunreinigungen (toxische Substanzen, Verunreinigungen durch den Herstellungsprozess) begrenzt und deren Zusammensetzung (Begleitstoffe, Mischprodukte, Anteil an Wirksubstanz) geregelt. Außerdem werden Untersuchungsmethoden beschrieben, mit denen der Käufer bzw. der Anwender die Einhaltung der zugesicherten Eigenschaften des Produktes überprüfen kann. Eine technische Produktnorm ist eine notwendige Voraussetzung für den Einsatz eines Stoffes bei der Trinkwasseraufbereitung. Sie ist jedoch

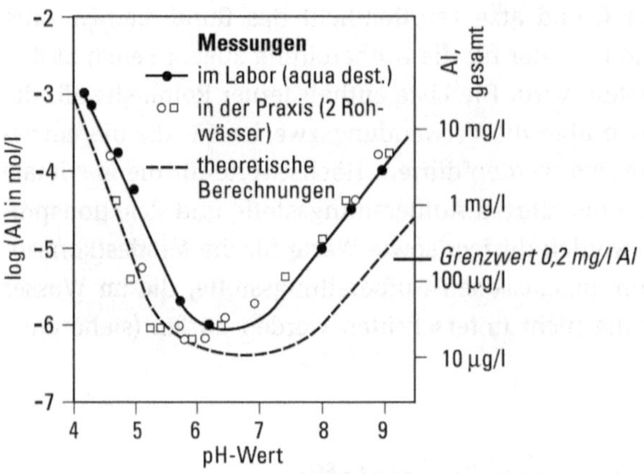

Abb. 11.8: Restaluminiumkonzentration in Abhängigkeit vom pH-Wert (aus Jekel, 1991).

keine hinreichende Bedingung, d. h., vereinfacht gesprochen, nicht alles, was genormt ist, darf auch eingesetzt werden.

Je nach Aufbereitungsziel und Verfahrenskombination kommen sowohl Aufbereitungsstoffe zum Einsatz, die bestimmungsgemäß im aufbereiteten Wasser verbleiben, als auch solche, die während der Aufbereitung wieder aus dem Wasser entfernt werden sollen. Im zweiten Fall soll diese **Entfernbarkeit** möglichst vollständig sein, in der Praxis ist jedoch die Erreichbarkeit dieser Forderung von den gegebenen technischen und chemischen Randbedingungen abhängig. So bestimmt z. B. der pH-Wert des Wassers die mögliche Restkonzentration an Aluminium. Da der Aluminiumwert im Trinkwasser auf 0,2 mg/l begrenzt ist, sind beim Einsatz von aluminiumhaltigen Flockungsmitteln die entsprechenden pH-Wert-Bereiche, die eine Unterschreitung dieses Grenzwertes sichern, einzuhalten. Dabei zeigt sich, dass bei höheren pH-Werten in der Praxis höhere Al-Gehalte gemessen werden, als nach der Theorie zu erwarten sind. Konkret bedeutet dies, dass in der Praxis der pH-Wert von 7,8 nicht überschritten werden darf, wenn der Grenzwert von 0,2 mg/l Al sicher unterschritten werden soll (siehe Abb. 11.8).

Beim Einsatz von Ozon zur Oxidation wird überschüssiges Ozon durch nachgeschaltete Aktivkohlefilter entfernt. Die für die Ozonentfernung notwendige Halbwertslänge der A-Kohlefilter ist sehr gering (wenige Zentimeter). Die Filter werden aber gleichzeitig für die Adsorption von niedermolekularen organischen Bruchstücken aus höhermolekularen schwer abbaubaren Substanzen genutzt, die sich während der Ozonung gebildet haben. Die A-Kohle-Stufe wird in diesem Fall häufig biologisch betrieben, um einerseits das Wiederverkeimungspotenzial des aufbereiteten Wassers im Rohrnetz zu unterdrücken und andererseits das Haloformbildungspotenzial beim Einsatz von Chlor zu verkleinern.

Beim Einsatz von Aktivkohlepulver ist auf eine möglichst vollständige Zurückhaltung der Aktivkohlepartikel zu achten. Daher wird dieses Verfahren häufig mit einer Flockungsstufe kombiniert. Die Filtrationsbedingungen und die Wirksamkeit der Flockungsstufe sichern die Entfernung von Aktivkohlepulver beim Einsatz dieses Verfahrensschrittes. In Kreislaufanlagen, wie z. B. bei der Wasseraufbereitung in Schwimmbädern, werden im Filtrat solcher Verfahrenskombinationen Restkonzentrationen an Aktivkohlepulver von weniger als 20 µg Kohle je Liter aufbereitetes Wasser erreicht (Bartel, 1990).

Eine weitere Voraussetzung für den Einsatz von Aufbereitungsstoffen, die im Wasser verbleiben sollen (z. B. Phosphate, Silikate, Chlor, Säuren, Basen, Sauerstoff), ist die sichere **Kontrolle der Dosierung** und damit die Kontrolle der gewünschten Konzentration des Stoffes im aufbereiteten Wasser. Dabei ist es notwendig, den Konzentrationsbereich der technischen Wirksamkeit einzuhalten, Überdosierungen zu vermeiden und die durch die Trinkwasserverordnung geforderten Randbedingungen einzuhalten. Idealerweise sollte die Konzentration der Stoffe online bestimmbar sein, wie das bei den Desinfektionsmitteln der Fall ist. Sollte das nicht möglich sein, wird eine retrospektive Betrachtung durch die Messung des Verbrauchs einer Dosierchemikalie über einen vergangenen Zeitraum in Beziehung zur Menge des aufbereiteten Wassers durchgeführt.

Von besonderer Bedeutung ist die Bestimmbarkeit der Restkonzentration für solche Stoffe, die bei der Aufbereitung wieder aus dem Wasser entfernt werden. Die Anforderungen für die **Restkonzentration** eines Zusatzstoffes, der wieder aus dem Wasser entfernt wird, lauten (im Sinne des ehemaligen Lebensmittel- und Bedarfsgegenständegesetzes (LMBG):

- Technisch unvermeidbar,
- technologisch unwirksam,
- gesundheitlich, geschmacklich und geruchlich unbedenklich.

Daher müssen die Restkonzentrationen noch sicher analytisch erfasst werden können. Diese Anforderungen werden leider nicht mit den technischen Produktnormen abgedeckt. Durch die geeignete Kombination von Verfahrensbausteinen und die Auswahl der für diese Verfahrensbausteine notwendigen und geeigneten Aufbereitungsmittel ist eine Aufbereitung nach den „allgemein anerkannten Regeln der Technik“ zu sichern.

11.4.3 Tabellarische Übersicht der Aufbereitungsstoffe

Um eine Übersicht über die vielfältigen Funktionen der Aufbereitungsstoffe zu ermöglichen, sind einige nachfolgend tabellarisch zusammengefasst. Sie sind nach dem Verwendungszweck sortiert. Dies bedeutet, dass ein Stoff mehrfach erwähnt sein kann, wenn er für unterschiedliche Aufbereitungsziele eingesetzt werden kann.

In die Tab. 11.7 sind nur Stoffe aufgenommen worden, für die es technische Regeln (Produktnormen) gibt und die für die Erreichung eines Aufbereitungszieles notwendig und wirksam sind, aber nur soweit als kein besser geeigneter Ersatzstoff vorhanden ist. Damit sollen vermeidbare Belastungen für die menschliche Gesundheit oder die Umwelt möglichst gering gehalten werden. Die Liste der Tab. 11.7 kann von der offiziellen Liste des Umweltbundesamtes nach TrinkwV abweichen, da die Liste ständig aktualisiert wird.

Tab. 11.7: Aufbereitungsstoffe für die verschiedenen Aufbereitungsziele.

(a) biologische Denitrifikation

Stoffname	EINECS-Nummer	technische Regeln	Reaktionsprodukte
Essigsäure	203-56-48	DIN EN 13194	
Ethanol	200-57-86	DIN EN 13176	
Phosphorsäure	231-633-2	DIN EN 974	

Erläuterung zu den Tabellen (a) bis (g):
EINECS: (European Inventory of Existing Commercial Chemical Substances) Nummer unter der der betreffende Stoff als Handelsprodukt identifiziert wird.
DIN-EN: Europäische Produktnorm, die in das deutsche Regelwerk des Deutschen Instituts für Normung übernommen wurde. Nicht alle Stoffe, für die eine DIN-EN vorliegt, sind in die Tabellen aufgenommen worden.

(b) Desinfektion

Verwendungszweck Stoffname	EINECS-Nummer	technische Regeln	Reaktionsprodukte
Desinfektion			
Calciumhypochlorit	231-908-7	DIN EN 900	Trihalogenmethane, Bromat, Chlorat
Chlor	231-959-5	DIN EN 937	Trihalogenmethane
Chlordioxid	EINECS nicht anwendbar	DIN EN 12671	Chlorit, Chlorat
Natriumhypochlorit	231-668-3	DIN EN 901	Trihalogenmethane, Bromat, Chlorat
Ozon	EINECS nicht anwendbar	DIN EN 1278	Trihalogenmethane, Bromat
Desinfektion in Sonderfällen			
Natriumdichloroisocyanurat, Dihydrat	nicht vorhanden	DIN EN 12932	
Natriumdichloroisocyanurat, wasserfrei	220-767-7	DIN EN 12931	
Trichloroisocyanursäure	201-742-8	DIN EN 12933	
Herstellung von Chlordioxid			
Natriumchlorit	231-836-6	DIN-EN 938	
Chlorherstellung durch Elektrolyse			
Natriumchlorid	231-598-3	DIN EN 973	

Erläuterung zu (b):
Bei Zusatz von Chlor oder Hypochlorit sind bis zu 6 mg/l Cl_2 zulässig und Restgehalte bis 0,6 mg/l Cl_2 nach der Aufbereitung bleiben außer Betracht, wenn anders die Desinfektion nicht gewährleistet werden kann.
Der Zusatz von Chlordioxid darf 0,4 mg/l ClO_2 nicht überschreiten, um die Bildung von Chlorit-Ionen auf 0,2 mg/l ClO_2^- zu begrenzen. Bei Verwendung von Natriumhypochlorit ist auf den Gehalt von Bromat zu achten, Vorschlag: < 10 mg/l Bromat bezogen auf das Handelsprodukt.

Tab. 11.7: (fortgesetzt)

(c) Einstellung des pH-Wertes, des Salzgehaltes, der Säurekapazität; Entzug von Selen, Nitrat, Huminstoffen; Regeneration von Sorbentien

Verwendungszweck Stoffname	**EINECS-Nummer**	**technische Regeln**	**Reaktionsprodukte**
Einstellung des pH-Wertes			
Natriumhydroxid	215-185-5	DIN EN 896	
Weißkalk	215-138-9	DIN EN 12518	
Einstellung des pH-Wertes, des Salzgehaltes, der Säurekapazität; Entzug von Selen, Nitrat, Huminstoffen; Regeneration von Sorbentien			
Salzsäure	231-595-7	DIN EN 939	
Schwefelsäure	231-639-5	DIN EN 899	
Natriumcarbonat	207-838-8	DIN EN 897	
Natriumhydrogencarbonat	205-633-8	DIN EN 898	
Calciumhydroxid	215-137-3	DIN EN 12518	
Calciumoxid	215-138-9	DIN EN 12518	
Calciumcarbonat	207-439-9	DIN EN 1018	
Regeneration von Ionentauschern			
Kohlenstoffdioxid	204-696-9	DIN EN 936	
Natriumchlorid	231-598-3	DIN EN 973	

Erläuterungen zu (c):
Beim Einsatz von Kohlenstoffdioxid muss das Produkt eine Mindestreinheit von 99,7 % des Volumens an CO_2 enthalten. Kohlenstoffdioxid muss darüber hinaus frei von Ölen und Phenolen sein, die den Geschmack des Trinkwassers beeinträchtigen können.

(d) Flockung

Verwendungszweck Stoffname	**EINECS-Nummer**	**technische Regeln**	**Reaktionsprodukte**
Flockung			
Aluminiumchlorid	231-208-1	DIN EN 881	
Aluminiumhydroxidchlorid	215-477-2 238-071-7	DIN EN 881	
Aluminiumhydroxidchlorid-sulfat (monomer)	254-400-7	DIN EN 881	
Aluminiumsulfat	233-135-0	DIN EN 878	
Anionische und nicht-ionische Polyacrylamide	EINECS nicht anwendbar	DIN EN 1407	
Eisen(II)sulfat	231-753-5	DIN EN 889	
Eisen(III)chlorid	231-729-4	DIN EN 888	
Eisen(III)chloridsulfat	235-649-0	DIN EN 891	
Eisen(III)sulfat	233-072-9	DIN EN 890	
Polyaluminiumchlorid-hydroxid	215-477-2 234-933-1 233-632-2	DIN EN 883	

Tab. 11.7 (fortgesetzt)

Verwendungszweck Stoffname	**EINECS-Nummer**	**technische Regeln**	**Reaktionsprodukte**
Polyaluminiumhydroxid-chloridsulfat	254-400-7	DIN EN 883	
Natriumsilikat	215-687-4	DIN EN 1209	
Flockung/Koagulation			
Natriumaluminat	234-391-6	DIN EN 882	

Erläuterungen (c) und (d):
Bei der Anwendung von anionischen und nichtionischen Polyacrylamiden darf der Gehalt an monomerem Acrylamid max. 250 mg/kg nicht überschreiten und das Produkt muss frei sein von kationischen Wirkgruppen. Grenzwert von monomerem Acrylamid gilt als eingehalten, wenn die Dosierung 0,4 mg/l des Produktes nicht überschreitet. Die zulässige Dosierung bezieht sich auf den letzten Zugabeschritt.

(e) Korrosionsschutz, Komplexierung

Verwendungszweck Stoffname	**EINECS-Nummer**	**technische Regeln**	**Reaktionsprodukte**
Korrosionsschutz			
Dikaliummonohydrogen-phosphat	231-834-5	DIN EN 1202	
Dinatriumdihydrogen-phosphat	231-835-0	DIN EN 1205	
Dinatriummonohydrogen-phosphat	231-448-7	DIN EN 1199	
Kaliumtripolyphosphat	237-574-9	DIN EN 1211	
Monocalciumphosphat	231-837-1	DIN EN 1204	
Monokaliumdihydrogen-phosphat (Kaliumortho-phosphat)	231-913-4	DIN EN 1201	
Mononatriumdihydrogen-phosphat (Natriumortho-phosphat)	231-449-2	DIN EN 1198	
Natrium-Calcium-Polyphosphat	233-782-9	DIN EN 1208	
Natriumpolyphosphat	233-782-9	DIN EN 1212	
Natriumtripolyphosphat	231-8/38-7	DIN EN 1210	
Tetrakaliumdiphosphat	230-785-7	DIN EN 1207	
Tetranatriumdiphosphat	231-767-1	DIN EN 1206	
Trikaliumphosphat	231-907-1	DIN EN 1203	
Trinatriumphosphat	231-509-8	DIN EN 1200	
Korrosionsschutz, Komplexierung			
Natriumsilikat	215-687-4	DIN EN 1209	
Kathodischer Korrosions-schutz			
Magnesium			

Erläuterungen zu (e):
Der Einsatz von metallischem Magnesium erfolgt als Opferanode.

Tab. 11.7: (fortgesetzt)

(f) Oxidation, Sauerstoffanreicherung

Verwendungszweck Stoffname	**EINECS-Nummer**	**technische Regeln**	**Reaktionsprodukte**
Oxidation			
Kaliumpermanganat	231-76-03	DIN EN 12672	
Kaliumperoxomonosulfat	233-187-4	DIN EN 12678	
Natriumperoxodisulfat	231-892-1	DIN EN 12926	
Wasserstoffperoxid	231-765-0	DIN EN 902	
Ozon	EINECS nicht anwendbar	DIN EN 1278	Trihalogenmethane, Bromat
Oxidation, Sauerstoffanreicherung			
Luft			
Sauerstoff	231-956-9	DIN EN 12876	

Erläuterungen zu (f):
Beim Einsatz von Wasserstoffperoxid bleiben Restmengen aus der Desinfektion von Versorgungsanlagen nach deren Spülung mit Trinkwasser außer Betracht. Beim Einsatz von technischem Sauerstoff muss dessen Kohlenwasserstoffgehalt (als Methan-Index) unter 50 ppm (V/V) liegen. Beim Einsatz von Druckluft muss diese ölfrei und frei von Verunreinigungen nach den Regeln der Technik sein.

(g) Reduktion

Verwendungszweck Stoffname	**EINECS-Nummer**	**technische Regeln**	**Reaktionsprodukte**
Reduktion			
Natriumdisulfit	231-673-0	DIN EN 12121	
Natriumhydrogensulfit	231-548-4	DIN EN 12120	
Natriumsulfit	231-821-4	DIN EN 12124	
Natriumthiosulfat	231-867-5	DIN EN 12125	
Schwefeldioxid	231-195-2	DIN EN 1019	

11.5 Verfahrenskombinationen zur Aufbereitung von Wasser

Die erste Maßnahme für die Sicherstellung einwandfreier Trinkwasserqualität ist die sorgfältige Auswahl der Rohwasserquellen und der Schutz derselben vor Verunreinigungen. Der zweite Schritt ist die Analyse der Rohwasserqualität und die Bestimmung der notwendigen Aufbereitungstechnik sowie der dazu benötigten Aufbereitungsstoffe. Diese richten sich nach dem Aufbereitungsziel, welches in Deutschland z. B. durch die TrinkwV und die DIN 2000 vorgegeben wird. Weiterhin können Auswahlkriterien sein: die **Größe** der Anlage (Versorgungsrelevanz), die **Sachkunde** der Betreiber (Kleinanlagen) und der **Nutzerkreis** (Haushalt, Industrie, Krankenhäuser, Schwimmbäder). Betriebswasser in Lebensmittelbetrieben muss grundsätzlich, soweit keine Ausnahme zugelassen ist, ebenfalls Trinkwasserqualität haben.

Vielfach haben Lebensmittelbetriebe ihre eigenen Rohwasserquellen (meist Grundwasser, seltener Uferfiltrat) und bestimmen selbst über die Art der Wasseraufbereitung nach betriebsinternen Kriterien. Hinzu kommt die Problematik der internen Kreisläufe, um z. B. die Abgabe von Abwasser zu verringern. Durch die verwendeten Aufbereitungsstoffe und durch die Aufsalzung (bzw. Eindickung bei Kühlwasser) entstehen neue Problembereiche. Außerdem können sich Stoffe im Kreislauf anreichern, auf die früher nie geachtet wurde, weil sie ohne Nutzung von Wasser im Kreislauf nur in geringer Konzentration vorlagen.

Die einzelnen Bausteine der Aufbereitungstechnik, die notwendigen Aufbereitungsstoffe und die Zielparameter werden zu Verfahrenskombinationen zusammengestellt, die der Größe der Anlage, der Beschaffenheit des Rohwassers und sonstigen Umständen des Einzelfalles am besten entsprechen. Verfahrensschritte und deren bevorzugte Einsatzbereiche sind in Form einer Matrix in der Tab. 11.8 dargestellt. Die Kenngrößen der Anlage, die konkreten Zugabemengen und die erreichbaren Restkonzentrationen sind sehr stark abhängig von den örtlichen Gegebenheiten und können daher in diesem Rahmen nicht allgemeingültig dargestellt werden.

11.6 Dezentrale Trinkwasserversorgung (Kleinanlagen)

11.6.1 Einleitung

Während zur zentralen Wasserversorgung sehr unterschiedliche Methoden und Verfahren herangezogen werden, die insgesamt als multiples Barrierensystem (siehe Kap. 9) bezeichnet werden, dessen Umsetzung wiederum anhand des umfassenden technischen Regelwerks (siehe DIN 2000, DIN 1988 und andere, insgesamt Regelwerk des DVGW) gestaltet wird, liegen zu den Kleinanlagen der dezentralen Trinkwasserversorgung jetzt auch Hinweise zur Standardisierung anhand akzeptierter Methoden und Verfahren vor. Auf Besonderheiten, die bei dezentralen Anlagen zur Trinkwasserversorgung (z. B. bezüglich technischer Anforderungen, Betrieb und Überwachung) zu beachten sind, wird hier näher eingegangen und auf die DIN-Reihe DIN 2001, Teil 1 bis 3: „Trinkwasserversorgung aus Kleinanlagen und nicht ortsfesten Anlagen“ verwiesen.

In Deutschland sind ca. 98 % der Einwohner an eine zentrale öffentliche Trinkwasserversorgung angeschlossen. Dieser Anschlussgrad wird sich auch in der Zukunft nicht mehr wesentlich erhöhen, weil viele Häuser oder sehr kleine Siedlungen außerhalb der Städte und Dörfer zu lange Leitungen benötigen würden, um den Anschluss an eine zentrale Versorgung sinnvoll und finanzierbar erscheinen zu lassen. Demzufolge wird die dezentrale Trinkwasserversorgung über eigene Versorgungsanlagen (Hausbrunnen) weiterhin eine Daueraufgabe für ca. 0,8–1,0 Mio Bürger in Deutschland bleiben. In vielen Regionen der Welt ist dies die wichtigste Form der Wasserversorgung überhaupt.

Tab. 11.8: Typische Anwendungsbereiche der Verfahren zur Aufbereitung von Wasser.

Verfahren	Prinzip	Anlagengröße	geeignete Ziele	Aufbereitungsmittel	Rohwasser
Langsamsandfiltration	S, B	Z, M	DOC, M	Sand	O, U
Fällung	F	Z, M	Phosphat, Arsen	FM	G, O, B
Flockung	F	Z, M	Trübstoffe, M	FM, FHM	O
Flotation	S	Z	Trübstoffe	Luft	O, B
Verdampfung	S	Z	Entsalzung		M
Umkehrosmose	S	Z, M, K	alle	UO-Membran, Reinigungsmittel	M
Ionenaustausch	A	M, K	Calcium, Magnesium, Nitrat, Schwermetalle	Austauscherharze, NaCl, HCl, NaOH, CO_2	G, B
Bioreaktoren	B	Z, M (NO_3) Z, M, K (Fe, Mn)	Eisen, Mangan, Nitrat	O_2, Luft, $KMnO_4$, Ethanol	G, U, O
Belüftung	D	Z, M, K	O_2-Konzentration, pH-Wert	Luft, Sauerstoff	G, U, B
Entgasen/Strippen	S	Z, M	Methan, H_2S, flüchtige HKW	Luft	G, U
Enthärtung	S, D	Z, M	Calcium	Calciumhydroxid,	G, U, B
Oxidation	D	Z	DOC, M	O_2, Ozon, $KMnO_4$, Wasserstoffperoxid, Natriumperoxodisulfat	G, U, O, B
Reduktion	D	M	Chlorüberschuss		B
Desinfektion	D, St	Z, M	M	Cl_2, ClO_2, Ozon, UV-Bestrahlung	U, O, B
Korrosionshemmung	A, D	Z, M, K	pH-Wert		G, U, O, B
Inhibierung/Stabilisierung	D	Z, M	Steinablagerung		G, U, B
Adsorption	A	Z, M	DOC, org. Stoffe Aktivkohle		G, O, U, B

Abkürzungen in Spalte Prinzip: A = Austausch an Grenzflächen; F = Fällung/Flockung; S = Separation; B = Biologische Verfahren; D = Dosierung von Stoffen; St = Bestrahlung.
In Spalte Anlagengröße: Z = Zentrale Anlagen; M = mittlere Anlagen; K = Kleinanlagen bis 10 m^3/d.
In Spalte Ziel: DOC = Verminderung des organisch gebundenen Kohlenstoffs; M = Einhaltung der mikrobiologischen Anforderungen; HKW = Entfernung von Halogenkohlenwasserstoffen; im Übrigen sind die Anforderungen nach TrinkwV oder den Regeln der Technik das Ziel der Aufbereitung.
In Spalte Aufbereitungsmittel: FM = Flockungsmittel, FHM = Flockungshilfsmittel; UO = Umkehrosmose.
In Spalte Rohwasser: G = Grundwasser; U = Uferfiltrat; O = Oberflächenwasser; M = Meerwasser; B = Betriebswasser.

Die Ansprüche an Versorgungssicherheit und Trinkwasserqualität, die von der zentralen Wasserversorgung vertraut sind und standardmäßig erfüllt bzw. eingehalten werden, müssen möglichst auch bei den Kleinanlagen Anwendung finden.

Bei Kleinlagen ist regelmäßig von nicht fachkundigen Betreibern auszugehen. Diese Anlagen stellen daher die höchsten Ansprüche an einen fehlerfreien automatischen Betrieb zwischen zwingend vorzuschreibenden Wartungsintervallen. Die Betriebssicherheit der Anlagen kann daher hier unter Umständen wichtigeres Kriterium sein als (zu) hohe Aufbereitungsziele. Die Wartung durch fachkundige Personen ist zu gewährleisten und nachzuweisen. Wenn sich die Betreiber nicht selbst Fachkunde angeeignet haben oder sich der Fachkunde eines größeren Wasserversorgungsunternehmens bedienen, ist daher auch an einen Wartungsvertrag mit einer Fachfirma zu denken, die mit den Anforderungen des Gesundheitsamtes vertraut ist.

Bei der Definition von Kleinanlagen in der TrinkwV wird unterschieden, ob es sich um Anlagen für den Eigenbedarf oder für die Abgabe an Dritte, z. B. an Gäste in einem Waldlokal oder Mieter von Ferienwohnungen, handelt.

Häufig werden von den Betreibern geringere Anforderungen gestellt, wenn das Wasser nur für den eigenen Bedarf gewonnen und aufbereitet wird (für eine Familie oder eine Hausgemeinschaft). Aber einerseits ist an die Verantwortung zu denken, die gegenüber Kindern und Gästen besteht und andererseits entwickeln sich im Rahmen der Erkenntnisfortschritte aktueller Forschung und Praxisanwendung (hoffentlich) Kleinanlagen zu so zuverlässigen Geräten, dass sich Nachlässigkeit im Vorgehen bzw. in den Anforderungen weder finanziell noch aufgrund eingesparten Zeitaufwandes als „günstige Alternative“ darstellt.

Dies gilt insbesondere für mikrobiologische Anforderungen. Bei Anforderungen an chemische Parameter kann durchaus von den Ausnahmen in Abstimmung mit dem zuständigen Gesundheitsamt Gebrauch gemacht werden, welche die TrinkwV vorsieht. Bei der Aufbereitung von Rohwasser zu Trinkwasser durch dezentrale Kleinanlagen, d. h. durch Anlagen mit einer Aufbereitungskapazität von weniger als ca. 1000 m^3/a, aber höchstens 10 m^3/d, sind zwei Risiko- bzw. Problembereiche besonders hervorzuheben, nämlich die fehlenden Schutzzonen um Wasserfassungen und die schlechte Ausbildung der Personen, die mit den Anlagen umgehen. Aus diesem Grund ist bei der dezentralen Versorgung die Planung der Wasserfassung, deren regelmäßige Kontrolle und Pflege sowie die Auswahl der Aufbereitungsverfahren noch wichtiger als bei konventionellen Wasserwerken.

Bei den Aufbereitungsverfahren unterscheidet man prinzipiell zwischen Verfahrenskombinationen, die oberhalb der Erdoberfläche betrieben werden und solchen, die unterirdisch, direkt im Grundwasserleiter, durchgeführt werden. Letztere können bei Kleinanlagen (z. B. das FERMANOX®-Verfahren, Fa. Winkelkempner, Wadersloh), aber auch bei größeren Wasserwerken für die Eisen- und Manganentfernung eingesetzt werden. Denkbar wären solche Verfahren auch für die biologische Nitratentfernung, was jedoch bei den Kleinanlagen noch keine Bedeutung hat.

Bei den konventionellen Verfahren, die oberhalb des Erdbodens eingesetzt werden, sind bei Kleinanlagen zwei Gruppen zu unterscheiden, und zwar:

- Anlagen, die der Vollversorgung mit „Wasser für den menschlichen Gebrauch“ dienen,
- Anlagen, die nur die Teilversorgung, nämlich die Bereitstellung von Trinkwasser (das auch als solches bzw. zur Bereitung von Speisen verwandt wird) an einer bestimmten Zapfstelle im Haushalt zum Ziel haben.

Für beide Anlagentypen werden unterschiedliche Verfahren angeboten, wobei, jeweils abgestimmt auf das Aufbereitungsziel, mehrstufige Filterkomponenten, teils in Kombination mit Desinfektionsverfahren, eingesetzt werden. Eine grundsätzliche Schwierigkeit bei kleinen, aber komplexen Aufbereitungsanlagen ist die Kontrolle der Aufbereitungsleistung während des Betriebes. Besonders bei Adsorptionsstufen oder Ionenaustauschern ist eine Erschöpfung der Kapazität nicht ohne chemische Analyse des abgegebenen Wassers zu bemerken. Aufwendige chemische Analysen oder automatische online-Kontrollen werden aber bei Kleinanlagen aus Kostengründen meist nicht durchgeführt. Hier behilft man sich durch den turnusmäßigen Austausch bzw. Regeneration der Filterstufen unabhängig von dem aktuellen Beladungszustand.

Häufigste Gründe für eine notwendige Aufbereitung in Anlagen zur dezentralen Trinkwasserversorgung sind Überschreitungen der Grenzwerte bei den Parametern Eisen und Mangan, was meist natürliche Ursachen hat, außerdem bei den Stickstoffverbindungen (Nitrat, Nitrit und Ammonium), die sowohl natürliche wie auch durch Menschen verursachte Ursachen haben können, sowie bei Pflanzenbehandlungsmitteln als ausschließlich anthropogene Schadstoffe.

Weiterhin sind bei Untersuchungen von Kleinanlagen sehr häufig mikrobiologische Beanstandungen festgestellt worden. Letztere sind meistens durch eine Kontamination des Rohwassers infolge von Abwassereinflüssen in der näheren Umgebung der Wasserfassung verursacht (z. B. undichte Abwassersammelgruben, Einfluss von Oberflächenwasser durch mangelhaft abgedichtete Brunnen). Eine weitere mögliche Ursache für negative Einwirkungen auf die Wasserqualität ist eine mikrobiologische Kontamination der Hausinstallation (Reinwasserbehälter, Druckerhöhungsstationen, Leitungssysteme oder Wassererwärmung).

Ein falscher Weg, auf mikrobiologische Beanstandungen zu reagieren, wäre es, eine kontinuierliche Desinfektion des Wassers durchzuführen. Richtig ist es, nach den Ursachen zu suchen und Abhilfe für die meist selbstverursachten Missstände zu schaffen. Als mögliche Maßnahmen empfehlen sich die bauliche Sanierung der Wasserfassung bzw. der Abwassersammlungsanlage (Behälterdichtung!) sowie die Reinigung und einmalige Desinfektion (Hochchlorung) der Hausinstallation. Eine dauerhafte Dosierung von flüssigen Desinfektionsmitteln ist für Kleinanlagen, die von Laien betrieben werden, mit einem zu großen hygienischen Risiko verbunden. Auch der Einsatz von UV-Bestahlungsanlagen ist nicht ohne Risiko. Zwar ist eine

Funktionskontrolle der Strahler einfacher zu realisieren, jedoch sind für UV-Desinfektionsanlagen, die für die Trinkwasserdesinfektion geprüft und zugelassen sind, hohe Investitionskosten einzuplanen. Nicht typgeprüfte Anlagen gaukeln eine Sicherheit vor, auf die kein Verlass ist. Als Alternative bieten sich für Kleinanlagen Verfahrenskombinationen an, die eine Umkehrosmose-Membran (UO-Membran) beinhalten. Diese mechanisch wirkende Barriere bietet eine größere hygienische Sicherheit als Dosier- oder Bestrahlungsverfahren, da der Betreiber die Eigenschaft der UO-Membran normalerweise nicht negativ beeinflussen kann und eine Kontrolle mit einfachen Geräten zur Messung der elektrischen Leitfähigkeit möglich ist.

11.6.2 Kleinanlagen zur Vollversorgung

Anlagen zu Vollversorgung kommen insbesondere dort zum Einsatz, wo eine wechselnde Anzahl von Personen versorgt wird, wie z. B. in Hotels, Gaststätten, Kantinen, sowie dort, wo das Wasser an Dritte abgegeben wird, die davon ausgehen können müssen, dass einwandfreie Trinkwasserqualität geliefert wird (bsp. Vermietung von Wohnräumen). Kleinanlagen dieses Typs müssen so ausgelegt werden, dass sie eine dauerhafte Versorgung der angeschlossenen Verbraucher mit Wasser für den menschlichen Gebrauch sicherstellen. Solche Wasserversorgungsanlagen unterliegen ebenso der TrinkwV wie Anlagen der öffentlichen Trinkwasserversorgung. Die Überwachungshäufigkeit richtet sich nach der abgegebenen Trinkwassermenge. Bei weniger als 10 m^3/Tag müssen die Anlagen mindestens einmal pro Jahr auf die Einhaltung der Anforderungen der TrinkwV kontrolliert werden.

Diese Anlagen benötigen einen frostfreien und gut zugänglichen Aufstellungsort. Die Bemessung der Anlage erfolgt nach der Anzahl der zu versorgenden Verbraucher, wobei von einem spezifischen Tagesbedarf von 200 Liter pro Person ausgegangen wird. Es hat sich als verfahrenstechnisch vorteilhaft erwiesen, Anlagen mit Filtrationsstufen kontinuierlich zu betreiben, daher sollten diese Anlagen vorzugsweise mit einem Reinwasserbehälter kombiniert werden, um die Spitzenentnahmen abzudecken. Eine Ausnahme bilden Ionenaustauscheranlagen, die quasi ohne Qualitätsschwankungen diskontinuierlich betrieben werden können, bis sie regeneriert werden müssen.

Weiterhin werden auch solche Anlagen, die ein reaktives Filtermaterial enthalten, (z. B. Mangangrünsand) diskontinuierlich, d. h. nach dem momentanen Bedarf, betrieben. Für alle diskontinuierlich betriebenen Anlagen gilt, dass diese Anlagen weitaus größer dimensioniert werden müssen, da sie auf den jeweiligen Spitzenbedarf und nicht auf den durchschnittlichen Tagesbedarf ausgelegt werden. Ein weiterer Nachteil ist, dass bei einer technischen Störung entweder die gesamte Trinkwasserversorgung ausfällt oder aber, wenn die Anlage mit einem Bypass umgangen wird, unaufbereitetes Wasser verteilt wird.

Folgende **Aufbereitungsprinzipien** haben sich am Markt etabliert:

– **Partikelfiltration** (Patronen-, Sand-, Mikrofilter) gegen Trübung, Bakterien, Viren;

- **Umkehrosmose** gegen partikuläre und makromolekulare gelöste Verbindungen (Nitrat, Sulfat, Farbstoffe), wobei das Prinzip darüber hinaus auch als Partikelfiltration sehr wirksam ist;
- **Adsorption an Aktivkohle** gegen Geruch- und Geschmacksstoffe oder gegen organische Schadstoffe (Pestizide, halogenierte Kohlenwasserstoffe);
- **Behandlung mit Ionenaustauschern** gegen Nitrat (Anionenaustauscher) oder gegen sehr hohe Calciumkonzentrationen (Kationenaustauscher);
- **Filtration über basische Filtermaterialien** (Dolomit, Calcit) zur pH-Wert-Anhebung;
- **biologische Verfahren** zur Enteisenung/Entmanganung, die entweder oberirdisch in belüfteten Kiesfiltern (kontinuierlich) oder unterirdisch durch Rückführung belüfteten Wassers in den Grundwasserleiter (zyklisch) erfolgt;
- **spezielle, oxidativ wirkende Filtermaterialien**, die zyklisch mit Permanganat behandelt werden, zur Enteisenung/Entmanganung.

Für mikrobiologisch kontaminiertes Rohwasser werden folgende **Desinfektionsverfahren** zur Ergänzung der Aufbereitung angeboten:
- **UV-Bestrahlung**
- Chlordioxid,
- **Chlorpräparate**, also Stoffe, die Chlor abspalten,
- **elektro-/katalytisch erzeugte Oxidantien.**

Trotz der Vielfalt der Möglichkeiten und des Angebotes am Markt sollte beachtet werden, dass zurzeit die meisten Anlagen, abgesehen von den Versprechungen der Hersteller, keine Sicherheit hinsichtlich der jeweiligen Anforderungen des Anwendungsgebiets und der Aufbereitungsleistung gewährleisten. Eine anzustrebende objektive Vergleichbarkeit der Anlagen, wozu auch Informationen über den notwendigen Überwachungs- und Wartungsaufwand gehören, kann nur mit einem geeigneten Zertifizierungssystem sichergestellt werden. In Deutschland ist ein Prüfzeichen eines akkreditierten Branchenzertifizierers (z. B. DIN-DVGW-Zeichen) unmittelbar auf der Anlage der für den Anwender sichtbare Nachweis, dass die Anlage den allgemein anerkannten Regeln der Technik entspricht. Weitere Anforderungen, insbesondere hinsichtlich der Überwachung, wären im Einzelfall in Abstimmung mit dem örtlichen Gesundheitsamt zu klären.

Bei Anlagen zur Vollversorgung sind nicht nur eine Überwachung des Einzugsgebiets und die Pflege der Aufbereitungsanlage erforderlich. Vielmehr ist insbesondere darauf zu achten, dass der Trinkwasser-Speicherbehälter (soweit vorhanden) regelmäßig gereinigt wird, da Ablagerungen am Boden und an den Behälter-Innenwänden eine Vermehrung von Mikroorganismen ermöglichen. Eine kontinuierliche Desinfektion mit einer UV-Bestrahlungsanlage ist eine mögliche Alternative, um zumindest einen bakteriostatischen Zustand im Behälter zu erreichen. Sie ersetzt aber nicht die regelmäßige Reinigung der Behälter. In der DIN 2001-T1 sind die Anforderungen für diese Kleinanlagen beschrieben.

Als Investitionsbedarf für eine Anlage zur Vollversorgung ist von einer Größenordnung auszugehen, die derjenigen einer zentralen Ölheizung für ein vergleichbares Gebäude entspricht. Der notwendige Aufwand an zentraler Technik, Hausinstallation und Wartung ist durchaus mit dem Aufwand vergleichbar, der für eine moderne Heizung üblich ist, nicht weniger, aber auch nicht mehr.

11.6.3 Kleinanlagen zur Teilversorgung

In Ausnahmefällen, wenn z. B. nur für einen begrenzten Zeitraum Trinkwasser an einen kleinen Personenkreis, vornehmlich die eigene Familie, bereitgestellt werden soll, kann es aus ökonomischer Sicht sinnvoll sein, nur eine Teilversorgung mit Trinkwasser durchzuführen. Insbesondere wenn ein Anschluss an eine zentrale öffentliche Trinkwasserversorgung innerhalb weniger Monate (bis zu etwa drei Jahren) zu erwarten ist, kann ggf. die Sicherstellung der Trinkwasserqualität an einem einzelnen Zapfhahn (in der Küche) ausreichen.

Solche Aufbereitungsanlagen, die ausschließlich den täglichen Trinkwasserbedarf für Zwecke des Verzehrs zur Verfügung stellen, werden meist in der Küche zwischen dem Eckventil für Kaltwasser und der darüber befindlichen Entnahmearmatur fest installiert. Als Variante erfolgt die Installation eines zusätzlichen Wasserhahns für das aufbereitete Wasser neben den sonstigen existierenden Armaturen, was jedoch die Verwechslungsmöglichkeit des Trinkwasser-Zapfhahns mit der Entnahmearmatur für nicht aufbereitetes Wasser erhöht. Es werden unterschiedliche Systeme auf dem Markt angeboten, wie z. B.:
- Filtersysteme mit **Kartuschenfilter** (einzelne Kartuschen oder mehrere mit unterschiedlicher Füllung in Reihe geschaltet);
- **Adsorptionssysteme** mit Aktivkohlegranulat oder Aktivkohlepresslingen;
- **Umkehrosmose-Systeme** mit Druckspeicherbehälter (ca. 5 Liter Inhalt), teilweise in Kombination mit einer UV-Bestrahlungseinheit für den diskontinuierlichen Betrieb;
- **Ionenaustauschpatronen.**

Da, wie oben beschrieben, diese Art von Anlagen meist nicht über eine Funktionsanzeige bezüglich der Qualität des aufbereiteten Wassers verfügen, ist die einzige vom Nutzer zu kontrollierende Größe die aufbereitete Wassermenge. Daher sind solche Anlagen obligatorisch mit einem Wasserzähler auszustatten (was aber bisher nicht immer der Fall ist), damit die erforderlichen Wechselintervalle der Filterkomponenten eingehalten werden können. Anzustreben wäre auch bei solchen Anlagen für eine Trinkwasser-Teilversorgung, dass ein Zertifizierungssystem eingeführt wird, mit dem die Anlagen hinsichtlich des Anwendungsgebiets, der Aufbereitungsleistung und des Wartungsaufwands überprüft werden. Damit wäre eine Vergleichbarkeit der Angebote hinsichtlich der Einsatzbedingungen und Leistung gewährleistet.

Abschließend sei noch einmal darauf hingewiesen, dass die Versorgung mit einwandfreiem Trinkwasser eine Gemeinschaftsaufgabe zur Daseinsvorsorge ist, die von der Kommune den Bürgern geschuldet sein sollte. Trinkwasser darf kein Luxusartikel werden, der je nach Zahlungskraft und technischem Verständnis in Eigenregie aufbereitet und benutzt wird.

11.7 Literatur

Argaman, Y. A. und Kaufman, W. J. (1970): Turbulence and Flocculation. J.San.Eng. Div. ASCE, *96*, S. 223–241.

Baldauf, G. (1989): Aufbereitung von PSM-haltigen Rohwässern. DVGW Schriftenreihe Wasser, *65*, S. 109–141, ZfGW-Verlag, Frankfurt/Main.

Bartel, H. (1990): Einsatz von Aktivkohlepulver bei der Schwimmbadwasseraufbereitung – Untersuchung zur Einführung der Adsorptionstechnik auf Sandfiltern, In: Schriftenreihe des Vereins für Wasser-, Boden- und Lufthygiene, Nr. *83*, Warmsprudelbecken – Betrieb ohne gesundheitliche Gefahren, S. 1–171.

Bernhardt, H. (1996): Abschlußbericht: Ultraschalleinsatz in der Trinkwasseraufbereitung, BMBF-Vorhaben 02 WT9364/2. Wahnbachtalsperrenverband, Siegburg.

Bijsterbosch, B. H. (1983): Zur Stabilität von Kolloiden in wässrigen Systemen. Die Rolle des Zetapotentials und der Einfluß adsorbierter Polymere. Z. f. Wasser- und Abwasserforschung, *16*, S. 125–131.

Czekalla, C. (1997): Eisen- und Manganbakterien in Schnellfilteranlagen der Trinkwasseraufbereitung. Hamburger Wasserwerke, HWW, Fachliche Bericht, *16* Nr. 1.

Dittmann, W. (1990): Vergleich von Mischeinrichtungen zur Dosierung von Flockungsmitteln. Dissertation an der TU Berlin. Reihe 3 Verfahrenstechnik, Nr. *221*, VDI Verlag, Düsseldorf.

Donner, C., Remmler, F., Zullei-Seibert, N., Schöttler, U., Grathwohl, P. (2000): Enhanced removal of herbicides by different in-site barrier-systems (GAC, EAC, Anthracite, Lignite Coke) in slow sand filtration. In: Mälzer, H.-J., Gimbel, R., Schippers, J. C., IWW Rhenish-Westphalian Institute for Water Research (Hrsg.). Conference: Innovations in Conventional and Advanced Water Treatment Processes, Amsterdam, Niederlande, Proceedings, 31/1–31/6.

Driehaus, W., Jekel, M. und Hildebrandt U. (1998): Granular ferric hydroxide – a new adsorbent for the removal of arsenic from natural water. Aqua J. Water SRT, *47*, S. 30–35.

Frank, W. H. (1966): Die künstliche Grundwasseranreicherung. Veröffentlichungen der Hydrologischen Forschungsabteilung der Dortmunder Stadtwerke, Nr. *9*. Dortmund, 1966.

Gehringer, P. und Eschweiler, H. (1996): The use of radiation-induced advanced oxidation for water reclamatation. Wat. Sci. Tech., *34*, S. 343–349.

Grohmann, A. (1980): Vermeidung von Restpolymeren bei Anwendung von anionischen Polyacrylamiden bei der Trinkwasseraufbereitung. Bundesgesundheitsblatt, *23*, S. 157–162.

Grohmann, A. (1981): Über die Anwendung der Flockenbildung in Rohren zur Wasserreinhaltung und Phosphatelimination. Z. Wasser Abwasser Forsch., *14*, S. 194–209.

Grohmann, A., Althoff, W.-W. und Koerfer, P. (1984): Geschwindigkeit der Phosphatfällung mit Eisen(III)-Salzen und der Einfluß von Calciumionen. Vom Wasser, *62*, S. 171–189.

Grohmann, A., Gollasch, R. und Schuhmacher, G. (1989): Biologische Enteisenung und Entmanganung eines methanhaltigen Grundwassers in Speyer. gwf Wasser/Abwasser, *130*, S. 441–447.

Grohmann, A. und Dizer, H. (1991): Examinations of Methods of Treatment to Remove Pesticides from Water intended for Human Consumption. Report for the Commission of the European Communities, DG XI, No. B 6612-417-89.

Haberer, K. und Normann, S. (1977): Entwicklung eines Kurztakt-Filtrationsverfahrens zum Einsatz von Pulverkohle in der Wasseraufbereitung. gwf Wasser/Abwasser, *118*, S. 323–326.

Hoyer, O. H. (1998): Untersuchung über die Einsatzmöglichkeit von zwei Feinfiltrationssystemen zur Eliminierung von Trübungseinbrüchen und potentiellen Kontaminationen durch Parasiten (Giardia-Cysten und Cryptosporidien-Oocysten) in kleineren Quellfassungen und oberflächennahen Grundwassergewinnungen der Nordeifel. Abschlußbericht eines Untersuchungsprojektes, IWW WTV, Siegburg.

Jekel, M. und Ließfeld, R. (1985): Flockung in der Wasseraufbereitung. DVGW Schriftenreihe Nr. *42*, ZfGW Verlag, Frankfurt/Main.

Jekel, M. (1991): Aluminiumsalze als Flockungsmittel. In: Trinkwasser aus Talsperren. Oldenbourg Verlag München, Wien, S. 163–175.

Landgrebe, J. (1994): Chemische und verfahrenstechnische Störungen bei der Reinigung nicht vermeidbarer schwermetallhaltiger Galvanikabwässer, Technische Universität, Berlin.

Miltner, R. J., Baker, D. B., Speth, T. F. und Fronk, C. A. (1989): Treatment of Seasonal Pesticides in Surface Waters. J. AWWA, *81/1*, S. 43–52.

Mouchet, P. (1992): From Conventional to Biological Removal of Iron and Manganese in France. J. AWWA, *84*, S. 158–167.

Mulder, T. (1990): Untersuchungen zur Entwicklung permeabler Hohlkörperkollektoren zur Trübstoffabscheidung aus wässrigen Lösungen in Schüttbettfiltern. Dissertation, Gerhard-Mercator-Universität (GH), Duisburg.

Nahrstedt, A. (1998): Zum dynamischen Filtrationsverhalten von Schüttschichten aus permeablen synthetischen Kollektoren bei der Trübstoffabscheidung aus wässrigen Suspensionen. Dissertation, Gerhard-Mercator-Universität (GH), Duisburg.

Oehler, K. E. (1963): Flockung, Zetapotential und Flockungshilfsmittel in der Wasseraufbereitung. Vom Wasser, *30*, S. 127–142.

Radke, C. J. und Prausnitz, J. M. (1972): Adsorption of Organic Solutes from Dilute Aqueous Solution on Activated Carbon. Ind. Engng. Chem. Fundam., *4*, S. 445–451.

Reiter, M., Schmidt, M. und Wiesmann, U. (1979): Flockulation im durchströmten Zylinderrührer, Teil 2. gwf Wasser/Abwasser, *120*, S. 176–182.

Sontheimer, H., Fettig, J., Hörner, G., Hubele, C. und Zimmer, G. (1985): Adsorptionsverfahren zur Wasserreinigung. Engler-Bunte-Institut der Universität Karlsruhe (TH), Karlsruhe.

Stumm, W. und Morgan, J. J. (1981): Aquatic Chemistry, Verlag John Wiley & Sons, New York.

Stumm, W. und O'Melia, Ch. R. (1968): Stoichiometry of Coagulation. J. AWWA, *60*, S. 514–539.

Toth, J. (1962): Gas-Adsorption an festen Oberflächen inhomogener Aktivitäten. Acta Chimica Hungarica, S. 30–31.

F. Tiefenbrunner† und C. Zwiener

12 Badewasser

12.1 Einleitung

Dass Schwimmen sowie die Gesamtheit der mit Baden bezeichneten Vorgänge und spezielle therapeutische Anwendungen eine sehr positive Wirkung auf die körperliche Konstitution aller Altersstufen bzw. auch auf die Gesamtentwicklung von Kleinkindern haben kann, ist unbestritten. Im Folgenden sollen aus den Maßnahmen bzw. den Bestrebungen, eine gute, gleichbleibende Beschaffenheit des Badewassers in Bezug auf Hygiene, Sicherheit und Wohlbefinden zu gewährleisten vor allem jene dargestellt werden, die einer Schädigung oder Beeinträchtigung der menschlichen Gesundheit durch Krankheitserreger entgegenwirken.

In Badeanlagen kann das Risiko für die Benutzer entsprechend der Bedeutung in eine direkte und eine indirekte Gefährdung eingeteilt werden. Neben der direkten Gefährdung des Menschen durch Unfälle (Verletzungsgefahr) bei Stürzen im Bereich von Wasserrutschen und anderen Attraktionen, glatten Bodenbereichen, vorstehenden Anlagenteilen oder durch Verletzungen durch unterhalb der sichtbaren Bereiche in Naturbädern vorhandene Pfosten oder Wrackteile, sowie durch die Einwirkung von Elektrizität oder Schadgasen, stellt die indirekte Gefährdung durch die Übertragung von Krankheitserregern zwar ein deutlich geringeres, aber in allen Bäderformen permanent mögliches Risiko für die Gesundheit der Badenden dar.

Von den etwa 30 Krankheitsformen, die typischerweise beim Baden oder Schwimmen eine besondere Rolle spielen können, ist ein Teil auf die mangelhafte Adaptationsmöglichkeit des Menschen im Wasser zurückzuführen. Eine zusätzliche Herabsetzung der körpereigenen Abwehrkräfte kann durch starken Wärmeverlust oder intensive Sonnenbestrahlung bzw. durch „Aufweichen“ der Haut gefördert werden.

Zweifellos ist der Mensch selbst der Hauptverursacher der Badewasserverschmutzung und damit auch der Anreicherung von potenziell krankmachenden Organismen. Dies gilt sowohl für Naturbäder als auch für künstliche Beckenbäder. Bei Naturbädern muss im Weiteren unterschieden werden, ob nun diese Belastung unmittelbar durch die Badenden, also direkt als Folge der Zweckbestimmung oder durch die Einleitung von Abwässern in die mittelbare oder unmittelbare Umgebung bzw. in den oder die Zuflüsse eines Badebiotopes erfolgt.

Neben der Ausschaltung von Unfallgefahren sowie der weitergehenden Minimierung von Infektionsrisiken ist eine Verbesserung der Wasserqualität über diese Mindestanforderungen hinaus und die funktionsgerechte sowie ansprechende Gestaltung der Badeanlagen eine Errungenschaft der 70er und 80er Jahre des zwanzigsten Jahrhunderts. Parallel mit diesem Wandel von der Reinigungsstelle zum Erlebnisbereich war die Schaffung von Richtlinien (KOK), Normen (DIN, SIA, ÖN) sowie spezifischen Gesetzen (Österr. Bäderhygienegesetz) zu beobachten.

https://doi.org/10.1515/9783110588217-012

Die Steigerung des Badekomforts hatte auch einen Trend zu künstlichen Beckenbädern zur Folge. Diese sind auch als Freibäder durch die aktive Erwärmung des Badewassers länger als Naturbäder in der Badesaison benutzbar und damit natürlich gerade auch speziell für die Ausübung des Schwimmsportes wesentlich geeigneter. Etwas zeitverzögert mit dieser Bewegung gekoppelt war die sprunghafte Zunahme der Hallenbäder, in denen nun ganzjährig Badespaß und -sport sowie auch Therapie möglich war. In Fremdenverkehrsbetrieben der mittleren und höheren Kategorien sind Hallenbäder in Verbindung mit anderen Einrichtungen zur Überbrückung von Schlechtwetterperioden unerlässlich.

In den letzten Jahren zeigt sich ein neuer Trend zu künstlich errichteten Kleinbadeteichen als Alternative oder Ergänzung zu künstlichen Freibeckenbädern, massiv unterstützt durch Kommunen, die hier ein Einsparungspotenzial innerhalb ihrer finanziellen Ausgaben sehen oder zumindest planen.

Im Hinblick auf die Erreichung einer bestimmten Badewasserbeschaffenheit könnte deshalb neben der Einteilung in Naturbäder und künstliche Beckenbäder auch eine Einteilung nach den daran beteiligten Prozessen getroffen werden, nämlich Aufbereitung ohne oder Aufbereitung mit Depotchlorung.

12.2 Der Badegast als Quelle harmloser, fakultativ pathogener und pathogener Mikroorganismen

Das in das Badewasser eintretende Kollektiv von Badegästen ist zwangsläufig in einem unterschiedlichen Gesundheitszustand und wird deshalb auch unterschiedliche Mengen an fakultativ pathogenen bzw. pathogenen Organismen im und an der Oberfläche des Körpers tragen, die in das Badewasser abgeschwemmt oder ausgeschieden werden können. Und zwar von der gesamten Hautoberfläche, von den Schleimhäuten von Mund und Nase-Rachenraum, aus dem Anusbereich sowie aus Harnröhre und Vagina.

Die große Mehrheit aller von diesen Stellen abgegebenen Mikroorganismen ist jedoch harmlos und führt nicht zu einer Beeinträchtigung der Gesundheit, sondern ist im Gegenteil ein integrierter Bestandteil der menschlichen Existenz. Sie übernehmen den Schutz einzelner Bereiche des Körpers dadurch, dass sie dort spezifische Lebensbedingungen schaffen, oder als „einfache Platzhalter“ angesiedelt sind.

Die **Hautoberfläche** jedes Menschen ist von verschiedenen Bakterienarten und auch von Sprosspilzen besiedelt, darunter auch mit einer ganzen Reihe fakultativ pathogener Organismen, aber in einer verhältnismäßig geringen Anzahl. Sie werden einerseits durch die intakte Haut mit ihrer Hornschicht vom Eindringen in den Körper abgehalten und andererseits durch die bakterizide und fungizide Wirkung der Fettsäuren aus Talgdrüsen und Milchsäure aus den Schweißdrüsen an einer massenhaften Vermehrung gehindert. Die oben schon erwähnte schlechte Adaptationsmöglichkeit des Menschen an Wasser hat zur Folge, dass beim Kontakt mit Badewasser nicht nur eine Vielzahl an Organismen abgeschwemmt wird, sondern – korreliert mit der Länge des Wasserkontaktes – auch ein Teil der schützenden Hornschicht. Gleichzeitig werden auch die Bakterien und Pilze hemmenden Substanzen verdünnt. Im Anschluss an ein Duschbad (Trinkwasser) ist dies ohne besondere Bedeutung, da die verdünnte, aber in ihrer Zusammensetzung kaum veränderte „Standortflora" sich anschließend – bis die ausreichenden Hemmstoffkonzentrationen wieder vorliegen – auf den ursprünglichen Stand vermehrt. Findet in der kritischen Wasserkontaktphase eine zusätzliche massive Kontamination mit fakultativ-pathogenen (bzw. pathogenen) Mikroorganismen (z. B. *Pseudomonas aeruginosa, Escherichia coli, Staphylococcus aureus, Candida albicans*) statt, werden diese sich natürlich ebenso massiv weitervermehren und möglicherweise zu einer wesentlich veränderten Situation auf der Haut führen. Dies kann im unmittelbaren Anschluss, vielleicht aber auch erst bei der nächsten massiven Schwächung der körpereigenen Abwehr oder bei einer Verletzung, zu Infektionen führen. So verursacht *S. aureus* z. B. 70 bis 80 % aller Wundinfektionen und 50 bis 60 % aller Osteomyelitiden (Hahn et al., 1999). Zur Verdeutlichung der Menge der insgesamt von der Körperoberfläche abspülbaren Bakterien wurden am WaBoLu, Berlin, Versuchspersonen 5 Minuten in einer Wanne mit 150 l Inhalt ohne Anwendung von Seife gebadet. Die dabei feststellbare durchschnittliche Menge an Bakterien betrug 600 Millionen KBE.

Von Leclerc und Savage wurde bereits 1967 darauf verwiesen, dass neben der Haut die **Schleimhäute** eine bedeutende Quelle der Kontamination des Badewassers durch die Besucher darstellen. Amies (1956) stellte bei der Untersuchung von Wasserproben aus Freibädern fest, dass im Gegensatz zu den aus 30 cm oder tiefer gezogenen Beckenwasserproben im Oberflächenfilm vorwiegend Mikroorganismen von der Haut und von den Schleimhäuten nachzuweisen waren. Badewasser, das vom Badenden aufgenommen wird, wird in den meisten Fällen nur zum Teil geschluckt, der meist größere Anteil wird mit der Mundhöhlenflora vermischt wieder ausgespuckt. Man kann davon ausgehen, dass in 1 ml Speichel (konzentriert) 20 bis 400 Millionen Bakterien vorhanden sein können.

Der **Anusbereich** ist jene Austrittspforte, an der zumeist täglich riesige Mengen an Mikroorganismen an die Umwelt abgegeben werden. Im Anusbereich (Analfalte) befinden sich nach Klosterkötter (1964) besonders massive Anreicherungen von Bakterien, Viren und von Hefepilzen, die dort nach dem Toilettengang in Kotresten haften. In 1 g Kot sind bis zu 100 Milliarden KBE an Mikroorganismen durch Züchtung nachweisbar. Bei Kleinkindern ist neben der Abschwemmung eine Abgabe von Kot nie völlig vermeidbar, was sich besonders in seichten Bereichen von Badestellen nach EU bzw. in Kleinbadeteichen dramatisch auswirken kann. Aber auch größere Kinder können bei intensivem Spiel kleinere Mengen Kot abgeben, auch ältere Menschen (ohne Inkontinenz) können hier als massive Quelle gelegentlich in Erscheinung treten. Bei der Abschwemmung, vor allem aber beim Eintrag von Kot durch Kleinkinder und Kinder ist auch mit dem Eintrag von Protozoen, vor allem Cryptosporidien, Giardien, Lamblien aber auch von verschiedenen Amöben zu rechnen. Protozoen besitzen im Vergleich zu Bakterien, Viren oder Hefepilzen eine wesentlich höhere Toleranz gegenüber Desinfektionsmitteln.

Aus der **Harnröhre** werden nur in seltenen Fällen pathogene Organismen an das Wasser abgegeben, auch wenn jeder Badegast unbewusst bis zu 50 ml Urin pro Stunde beim Baden ablässt. Ein weiteres Protozoon mit mehr psychischer als realer Bedeutung in Badewässern ist *Trichomonas vaginalis*, der Erreger der Trichomoniasis, die beinahe ausschließlich durch Geschlechtsverkehr übertragen wird ohne jedoch offiziell zu den Geschlechtskrankheiten gezählt zu werden. *Trichomonas vaginalis* kommt nicht nur in der **Vagina,** sondern auch im Genitaltrakt des Mannes vor. In Mittel- und Nordeuropa sind zwischen 3 und 60 % (je nach sozialer Stellung) der Menschen damit infiziert. Da beim Mann wesentlich seltener chronische Harnleiterentzündungen durch Trichomonaden hervorgerufen werden, wird völlig zu Unrecht den Frauen die hauptsächliche Verbreitung von *T. vaginalis* zugeschrieben. In Naturbädern ist bisher keine Isolierung von *T. vaginalis* bekannt. In normgerecht gebauten und betriebenen künstlichen Beckenbädern besteht keine Gefahr einer Übertragung, da Trichomonadenfluor (mit *T. vaginalis* kontaminiertes Vaginalsekret) sehr schnell und effektiv durch Badewasser verdünnt wird und *T. vaginalis* damit seine schützende Hülle verliert (Kraus und Tiefenbrunner, 1975). In nicht desinfizierten Moorbädern, auf feuchten Wärmebänken, muldenförmigen Sitzen im Nassbereich und beim Verleihen falsch oder nicht gereinigter Badekleidung ist eine Infektionsfähigkeit über mehrere Stunden nicht auszuschließen.

12.3 Eintrag aus der Umgebung der Badeanlage

Bei künstlichen Beckenbädern ist der Eintrag aus dem Umfeld praktisch auf das Begehen der Liegewiesen und damit auf saprophytische Mikroorganismen beschränkt, da diese Flächen nicht animalisch gedüngt werden.

Bei Naturbädern mit einem entsprechend großen Einzugsgebiet des oder der Zuflüsse muss immer mit einer Kontamination durch verschiedenste pathogene und fakultativ pathogene Mikroorganismen, vor allem aus Abwassereinleitungen gerechnet werden.

Auch bei kleineren Naturbädern können oberirdische Zuflüsse stark belastet sein und sowohl pathogene Mikroorganismen als auch Nährstoffe in das Biotop einbringen. Vor allem Zuflüsse, die aus landwirtschaftlich genutzten Bereichen kommen, können zusätzlich zur „normalen" fäkalen Kontamination massiv mit pathogenen Protozoen, vor allem Cryptosporidien, kontaminiert sein. Oberirdische Zuflüsse sollten daher bei der Planung kleiner Badebiotope, vor allem bei Kleinbadeteichen, unbedingt vermieden werden. Bei der durch *Cryptosporidium parvum* verursachten Zoonose (Cryptosporidiosis) sind vor allem Kälber, aber auch etliche andere Haustiere bzw. Wildsäugetiere als Erregerreservoir gefunden worden. Menschen können sich durch perorale Aufnahme infektiöser Oozysten auch beim Schwimmen und Baden infizieren. Bei Personen mit normaler Immunabwehr verläuft eine der Infektion folgende Durchfallerkrankung zumeist selbstlimitierend. Bei Aids-Erkrankten kann es zu choleraähnlichen, lebensbedrohenden und zumeist langanhaltenden Durchfallerkrankungen kommen. Da fast alle Protozoen Zysten mit einer relativ langen Umweltpersistenz bilden können, ist bei der Überprüfung einer derartigen Kontaminationsquelle unbedingt auch auf Ereignisse außerhalb der Badesaison, wie Schneeschmelze, Starkregenperioden, kurzfristige Beweidung mit Jungvieh usw. zu achten.

Neben verschiedenen beim Menschen im Darm parasitierenden Protozoen ist vor allem die freilebende Amöbengattung Nägleria in Naturbädern von besonderer Bedeutung. *Naegleria fowleri* ist der Verursacher der primären Amöben-Meningoencephalitis und kommt ubiquitär im Süßwasser vor. Diese Amöben sind vor allem im Oberflächenbereich von warmen Gewässern (Flüsse, Seen, Löschteiche usw.) in großer Anzahl zu finden. Die Infektion des Menschen erfolgt nicht über den fäkaloralen Infektionsweg, sondern über die Nasenschleimhaut. Die Trophozoiten wandern vom Riechepithel aus entlang der Nervenbahnen durch die Siebplatte in das Zentral-Nervensystem und verursachen dort nach einer Inkubationszeit von 2–7 Tagen eine zumeist tödlich verlaufende Meningoencephalitis. Die Erkrankung tritt dabei vorwiegend bei Kindern und Jugendlichen auf; möglicherweise dadurch, dass diese einerseits während des Spielens im Wasser wesentlich mehr und öfter Wasser bis tief in die Nase aufnehmen und andererseits die zurückzulegende Strecke bis ins ZNS (zentrale Nervensystem) wesentlich kürzer als beim Erwachsenen ist. Die kritische Temperatur, ab der eine massive Vermehrung von *Naegleria fowleri* möglich wird, liegt bei ca. 25 °C. Es wird deshalb gerade bei künstlich angelegten kleinen Badebiotopen (vor allem Kleinbadeteichen) eine maximale Wassertemperatur von 23 bis 24 °C dringend empfohlen.

12.4 Erkrankungen, die durch Kontakt mit Badewasser hervorgerufen werden können

Die folgende Tab. 12.1 zeigt eine vereinfachte, nach den am Menschen befallen Organen geordnete Aufzählung verschiedener durch Baden in Naturbädern bzw. künstlichen Beckenbädern hervorgerufener Erkrankungen.

Bei der Beurteilung von beim Baden erworbener (Infektions-) Krankheiten ist jedenfalls zu unterscheiden, ob diese endogen, d. h. durch einen im oder auf dem Wirt bereits vorhandenen Organismus, oder exogen, durch Übertragung von pathogenen oder fakultativ pathogenen Mikroorganismen über das Transportmittel (kontaminiertes) Badewasser, bedingt sind. Bereits durch längeren Kontakt mit Wasser (z. B. erwärmtes Trinkwasser beim Wannenbad) generell können Mechanismen der

Tab. 12.1: Übersicht über Erkrankungen durch Baden.

Erkrankung	Erreger	Ansteckung/Exposition
Haut		
Wundentzündung	Staphylokokken, Streptokokken	Kommensal- und Kontaktinfektion, direkt oder durch Handtücher, Wände, Fußboden usw.
Hautausschlag und Ekzem	Chemikalien im Wasser bzw. Virus bzw. unbekannt	durch das Wasser
Fußpilze	Trichophyten, Epidermophyten	durch Fußböden, geeignet für Pilze
Fußwarzen	Viren	durch verschmutzte Fußböden und durch direkten Kontakt
Schwimmergranulom	Mycobacterium	durch raue Beckenwände
Ohr		
Außenohrentzündung (Otitis externa)	Staphylokokken, Streptokokken, Pseudomonaden	Kommensal- und auch Kontaktinfektion, durch das Wasser
Mittelohrentzündung (Otitis media)	wie Otitis externa	Kommensalinfektion durch Schleim aus Nasen- und Rachenhöhle
Auge		
Reizung	falsch dosierte Chemikalien, Desinfektionsnebenprodukte	durch das Wasser (mitunter durch das Wasser selbst, ohne Chemikalien)
Schwimmbad-konjunktivitis	Viren	
Atmungswege		
Erkältung, Halsweh, Bronchitis	Viren und Bakterien	Kommensalinfektion (Erkältung), auch Kontaktinfektion durch das Wasser
Lungenentzündung usw. Nasenkatarrh	Allergene aus Algen	durch das Wasser
Lungenödem	Chlor	durch das Wasser
Asthma	Desinfektionsnebenprodukte	durch das Wasser/die Luft
Innere Organe		
Hirnhautentzündung	primäre Amöben, *Naegleria floweri*	durch das Wasser
Darmkrankheiten	Salmonella-Arten auch andere Mikroorganismen	durch das Wasser
Blasenkarzinom	Desinfektionsnebenprodukte	durch das Wasser/die Luft

unspezifischen Infektabwehr verändert oder ausgeschaltet werden, wie der mechanische Schutz durch verhornte Hautschichten, der Schleimfluss bzw. die Schleimsekretion der Mukosa, die bakterizid wirkende Konzentration der Milchsäure und der ungesättigten Fettsäuren aus verschiedenen Hautdrüsen bzw. die lysozyme Wirkung von Speichel und Tränenflüssigkeit. Damit können Vertreter der Kolonisationsflora (kommensale Mikroorganismen, die Oberflächen besiedeln ohne in das Gewebe einzudringen) eine Infektion verursachen, die nach einer erregerspezifischen Inkubationszeit zu erkennbaren Krankheitssymptomen führen kann (Eindringen und Vermehren von Mikroorganismen im Wirtsorganismus und Reaktion des Wirtes). Zerstört das wirtseigene Abwehrsystem die sich vermehrenden Erreger noch vor dem Auftreten von Krankheitssymptomen, wird dem Menschen diese Infektion gar nicht bewusst. Um dieses Problem mit endogenen Infektionen, die mit der mikrobiologischen Kontamination des Badewassers überhaupt nichts zu tun haben, bei epidemiologischen Studien auszuschalten (so wurde z. B. von Stevenson (1953) nicht zwischen endogenen und exogenen Infektionen unterschieden), wurden zur Risikoabschätzung bei den nachfolgend beschriebenen und an Oberflächengewässern durchgeführten Studien (z. B. Cabelli et al., 1983; Kay et al., 1994) ausschließlich gastrointestinale Erkrankungen, deren Erreger durch den exogenen fäkal-oralen Infektionsweg übertragen werden, herangezogen.

Viruserkrankungen sind beinahe ausschließlich auf Adenoviren (Typ 3, 4, 7 und 14) zurückzuführen (Carlson, 1980). Mitteilungen über Virusinfektionen durch Schwimmbadwasser, die nicht durch Adenoviren verursacht wurden, sind zahlenmäßig gering. Hier waren vor allem Erkrankungen durch Coxsackie- und Echo-Viren (z. B. aseptische Meningitis-Epidemie durch Echo-V, Typ 30, 1969) beobachtet worden. Die Arbeiten von Carlson und Hässelbarth (1971) zur Inaktivierung von Polio-Impfviren (Sabin 2) in einem künstlichen Beckenbad bei einer Redoxspannung von +750 mV (bezogen auf Kalomelelektrode; bei Ag/AgCl-Elektroden müssen zur Vergleichbarkeit um 38 mV höhere Werte eingehalten werden) zeigen, dass die Impfviren in einer geringen Entfernung von der Einströmdüse nach einem Zeitraum von 20 bis 40 Sekunden nicht mehr nachweisbar waren.

Nach den intensiven Überprüfungen und Forschungsarbeiten zur Verbesserung der Beckendurchströmung (Herschman, 1980) und den technischen Voraussetzungen zur Vermeidung der stabilen Walzenbildung sind bei normgerecht gebauten und betriebenen (DIN 19643, ÖN M 6216, SIA 385/1) künstlichen Beckenbädern (siehe Abschn. 12.8.2) Anreicherungen von menschenpathogenen Viren im Beckenwasser nicht mehr zu erwarten und sind auch nicht mehr nachgewiesen worden. Die gleichzeitige Verbesserung der Flockungsfiltration und die Regelung der Chlorkonzentration und des pH-Bereiches durch repräsentativ (aus dem Beckenwasser) entnommenes Messwasser haben die Sicherheit der schnellen Elimination von Viren in künstlichen Beckenbädern deutlich erhöht.

12.5 Risikobewertung von pathogenen Organismen in Oberflächengewässern

Sehr lange Zeit herrschte die Meinung vor, dass bereits in geringem Abstand zu einer **Abwassereinleitung** keine Gefahr durch pathogene Organismen aus Abwasser mehr droht, dass also unbesorgt gebadet werden kann. Die Richtlinie 76/160/EWG über die

Qualität der Badegewässer von 1976 spiegelte diese, auch damals fragliche und aus heutiger Sicht nicht mehr haltbare Auffassung wider. Die Richtlinie 76/160/EWG wurde inzwischen durch die Richtlinie 2006/7/EG (Badegewässerrichtlinie) novelliert. Nach Umsetzung durch die Mitgliedstaaten musste sie ab Anfang 2008 angewendet werden. Die Richtlinie 76/160/EWG wird ab dem 31. 12. 2014 durch die Richtlinie 2006/7/EG aufgehoben (siehe Abschn. 12.7.2).

Betrachtet man z. B. häufig festgestellte Konzentrationen von pathogenen Bakterien in Meerwasser, so könnte man bei einer Normalverteilung (homogene Verteilung) dieser Mikroorganismen davon ausgehen, dass ein Badender größere Mengen Salzwasser verschlucken müsste, um die **Infektionsdosis** für einen gastrointestinalen Infekt zu erreichen. So war auch die Meinung des Britischen Public Health Laboratory Service (PHLS, 1959) prinzipiell richtig, dass nur „Aggregate" von Mikroorganismen zur Auslösung von Infektionen führen können; die Folgerungen, dass man diese optisch erkennen müsste und damit eine ästhetisch ohnehin abstoßende Wasserqualität vorläge, waren jedoch sicherlich falsch. Sie führten dazu, dass man im UK mehr als 30 Jahre lang Abwasserreinigung als entbehrlich betrachtete und sich auf die Rückhaltung grober Verunreinigungen vor dem Einleiten von Abwässern in Küstenbereiche beschränkte.

Dieser Ansatz war jedoch nicht nur aus dem Gesichtspunkt der „Erkennbarkeit" von Aggregaten falsch, sondern auch im Hinblick auf die festgestellte Konzentration an pathogenen Bakterien. Die quantitative Feststellung von pathogenen Bakterien erfolgt routinemäßig durch Anzucht auf geeigneten Nährmedien. Dazu werden die Filtermethode oder die Methode des statistischen Verdünnungsansatzes (MPN, most probable number) eingesetzt. Die tatsächliche „Startmenge" (KBE) an vitalen Bakterienzellen, welche eine Kolonie ausbilden oder nach entsprechender massiven Vermehrung einen Indikatorumschlag im flüssigen Nährmedium (MPN) verursachen ist mit diesen Methoden nicht bestimmbar. In einem Oberflächengewässer, in das nur ungenügend geklärte Abwässer eingeleitet werden, kann man davon ausgehen, dass die Inocula (Startmengen) der gezählten KBE oder ermittelten MPNs überwiegend Aggregate mit einer Vielzahl an vitalen (virulenten pathogenen) Bakterienzellen darstellen. Nimmt man nun diese „Keimzahlen" (falscher Ausdruck für KBE oder MPN in der ökologischen Mikrobiologie) als Basis epidemiologischer Studien, d. h. setzt KBEs aus unterschiedlich belasteten Biotopen als gleichartige Basis ein, (nimmt also einzelne oder wenige Zellen und vitale Aggregate mit vielen Einzelzellen als gleichartig an), kann man keine der Realität entsprechenden Abhängigkeiten zwischen Infektionsdosis, Erkrankungswahrscheinlichkeit und Wasserqualität erwarten bzw. finden.

Jedenfalls kann in Oberflächengewässern mit Belastung durch Abwässer ohne oder mit nicht entsprechender Reinigung mit routinemäßig durchgeführten mikrobiologischen Untersuchungen eine massive Unterschätzung der tatsächlich vorliegenden Zellzahlen pathogener Bakterien erfolgen.

Neben Bakterien sind natürlich auch Viren eine häufig diskutierte Ursache gastroenteritischer Erkrankungen (West, 1991). Sie werden in großer Menge von Infizierten ausgeschieden und können sogar über die Aufnahme mit Abwasser kontaminierten Trinkwassers Infektionen hervorrufen, d. h. die infektionsfähige Dosis erreichen (Madeley, 1991). Man geht deshalb allgemein davon aus, dass die Infektionsdosis bei gastroenteritischen Erkrankungen durch Viren wesentlich geringer als bei jenen durch Bakterien ist. Es wird vermutet, dass Viren gegenüber jenen natürlichen Prozessen, die Bakterien relativ schnell eliminieren, wesentlich unempfindlicher sind. Pathogene Viren aus dem Abwasser können noch in großer Entfernung zum Ort der Einbringung im Meer nachgewiesen werden. Von Colwell (1987) wurde das vitale Persistieren von Viren über mehrere Monate in Meeressedimenten aufgezeigt. Bei einer Studie an 34 Badestellen nach der vorhergehenden Badewasserrichtlinie 76/160/EWG wurden von 63 Proben mit einer fäkalen Belastung innerhalb der Richtwerte und 2 Proben mit einer innerhalb der Grenzwerte gelegenen Kontamination mit Fäkalindikatoren (*Escherichia coli*, Intestinale Enterokokken) und Adenoviren mit molekularbiologischen Methoden untersucht, wobei in nur einer Probe Adenoviren nachgewiesen werden konnten (Huemer u. Schindler, 2000). Leider sind virologische Methoden noch nicht so weit entwickelt, dass eine routinemäßige, einfache Nachweismethode für ökologische Proben existiert (siehe Kap. 6). Da man die Eliminationsrate von Viren in aquatischen Biotopen letztlich immer noch nicht kennt, kann man auch keine verlässlichen Computermodelle erstellen bzw. kalibrieren, um eine Vorhersage der Virenkonzentrationen durch Abwassereinflüsse und Badebetrieb zu treffen. Dies ist auch ein Problem beim Erstellen von Richtlinien für die Badewassereignung, da alle derzeitigen Qualitätsstandards auf dem quantitativen Nachweis bakterieller Fäkalindikatoren, wie: Fäkal-Coliforme (FC), *Escherichia coli* (EC) und Fäkal-Streptokokken (IE, Intestinale Enterokokken) beruhen (Kay et al., 1990).

Die erste prospektive **epidemiologische Studie** über Badewasser-assoziierte Erkrankungen wurde von Stevenson (1953) am Michigan See, am Ohio und an der Ostküste der USA durchgeführt. Mehr als 12.000 Teilnehmer wurden über Symptome von Erkrankungen der Augen, der Ohren, des Intestinaltraktes und des Nasen-Rachen-Raumes befragt und diese Angaben mit der erhobenen Badewasser-Qualität verglichen. Ein Expertenteam des US-Innenministeriums hat 1968 diese Untersuchungen als Basis einer Risikoabschätzung genommen, die dann 1976 von der US-EPA übernommen wurde. Dabei wurden die von Stevenson mit MPN bestimmten Gesamt-Coliforme (TC) in Fäkal-Coliforme (FC) umgerechnet und daraus gefolgert, dass ab einer Konzentration von 400 KBE (FC)/100 ml Flusswasser erkennbare Gesundheitsbeeinträchtigungen zu erwarten sind. Bei mindestens 5 innerhalb eines Zeitraumes von 30 Tagen gezogenen Proben sollte deshalb ein logarithmisches Mittel von 200 KBE/100 ml nicht überschritten werden, bei mehr als 10 % der Proben aller 30 Tage durften 400 KBE/100 ml nicht überschritten werden (US-EPA, Federal US-Standard, 1986). Diese Regelung blieb nicht ohne Kritik, sodass die EPA weitere epidemiologische Untersuchungen unter der Leitung von Cabelli Mitte der siebziger Jahre durchführen ließ (Cabelli et al., 1983). Bei diesen Studien wurden ausschließlich gastrointestinale Symptome ausgewertet, da sie sowohl mit dem Schwimmen als auch mit dem Abwassereinfluss (exogene Infektion) unmittelbar in Beziehung stehen. Die Wasserqualität wurde zu Zeitpunkten der stärksten Besucherbelastung durch Proben, die in brusttiefem Wasser ca. 10 cm unterhalb der Oberfläche entnommen wurden, dargestellt. Die starke Korrelation zwischen den Magen-Darm-Erkrankungen und dem quantitativen Nachweis von Enterokokken führte zur Aufnahme in das US Federal Standard System (1986). Von der US-EPA wurden damals Enterokokken als Indikatoren für Salzwasser festgelegt. Im Süßwasser wurden sowohl Enterokokken als auch *E. coli* als Fäkalindikatoren empfohlen.

Die von der Behörde akzeptierten **Erkrankungshäufigkeiten** (Basis) lagen bei 19 Erkrankten pro 1000 Badenden im Meerwasser und 8 pro 1000 im Süßwasser. Die damit korrespondierenden KBE/100 ml Fäkalstreptokokken lagen bei 35 (Salzwasser) und 33 (Süßwasser), d. h., über 35 bzw. 33 KBE/100 ml war in diesen Gewässern mit einer statistisch signifikanten Zunahme der Erkrankungshäufigkeit mit gastrointestinalen Symptomen zu rechnen. Mit den relativ hohen mikrobiologischen Grenzwerten von TC 10000/100 ml und FC 2000/100 ml stand die seit 1976 geltende Richtlinie 76/160/EWG aufgrund fehlender Basis in Form von epidemiologischen Studien unter massiver Kritik und wurde als „kleinster gemeinsamer politischer Nenner" der damals beteiligten Mitgliedsstaaten der EU angesehen. Diese Richtlinie wurde zu Beginn 2008 von den Mitgliedsländern durch die Richtlinie 2006/7/EG ersetzt und wurde bis zum 31. 12. 2014 aufgehoben (siehe Kap. 12.7.2).

Die epidemiologische (Kohorten-) Studie (Kay et al., 1994) versuchte die Ausschaltung der Hauptmängel der vorhergehenden Studien. Es wurden dabei zunächst alle Personen aus der Studie eliminiert, die zeitgleich auch in anderen Badegewässern gebadet hatten, es wurden Personen ausgegrenzt, die „kritische" Speisen zu sich genommen hatten und es wurde unterschieden, ob es sich bei den Testpersonen um Touristen oder einheimische Tagesausflügler handelt. Neu bei dieser Studie war auch die Zuordnung der Wasserqualität zum Zeitpunkt des Bades am Ort des mehrmaligen Untertauchens des Kopfes. Von insgesamt 1216 Versuchspersonen wurden nach einer Zufallsverteilung 548 zum Baden eingeteilt. Die Rate der Magen-Darm-Erkrankungen war in der Badegruppe mit 14,8 pro 100 signifikant höher als bei den nur am Strand Spazierenden mit 9,7 pro 100. Von allen untersuchten Fäkalindikatoren zeigte lediglich die Konzentration (KBE) der Fäkal-Streptokokken (entnommen im Wasser in Brusttiefe) eine signifikante Dosisabhängigkeit mit gastrointestinalen Symptomen. Wenn diese über 32 KBE/100ml anstiegen, stiegen auch die Beeinträchtigungen der Gesundheit der Badenden an. Im Hinblick auf die weiter oben diskutierten Unterschiede im Inoculum (Startmenge an Zellen (KBE) einer Kolonie, bzw. die typische in einem bestimmten Wasserkörper vorkommende Aggregatgröße) könnte diese, nur bei Fäkalstreptokokken auftretende, signifikante Abhängigkeit zwischen KBE und Erkrankungshäufigkeit auf eine gleichartige, häufig vorkommende Größe der Bakterien-Zellverbände (kurzkettige Kokkenverbände) im Badewasser hinweisen.

12.6 Einfluss der Temperatur

Die Temperatur ist ein wichtiger Parameter zur mikrobiologischen Beurteilung von Badewasser, da im höheren Temperaturbereich eine Vermehrung der vom Menschen abgegebenen Bakterien nicht ausgeschlossen werden kann. Badewasser unter 18 °C ist unproblematisch.

In künstlichen Beckenbädern (Freibädern), in denen aktiv geschwommen wird, werden 22 bis 26 °C empfohlen. In Hallenbädern, die ganzjährig genutzt werden, betragen die Beckenwassertemperaturen bis 30 °C, wobei an so genannten „Warmbadetagen“ auch 32 °C erreicht werden können. Temperaturen über 32 °C sind Warmbecken und Warmsprudelbecken vorbehalten und müssen auch bei der Aufbereitung berücksichtigt werden. Aus medizinischer Sicht sind 36 °C (ohne Luftsprudel) und 38 °C (mit Luftsprudel) Grenztemperaturen, die zur Vermeidung von Hitzestaus nicht überschritten werden dürfen.

Bei Oberflächengewässern können durch Temperaturanstiege Umbildungen der Biozönose mit Abnahme der Sichttiefe bzw. mit Veränderung anderer, den Badebetrieb beeinträchtigender Faktoren auftreten.

Besonders hinzuweisen ist auf die Wachstums- bzw. Vermehrungsbedingungen von *Naegleria fowleri* (siehe Abschn. 12.3) im Temperaturbereich höher als 23 °C.

12.7 Naturbäder

12.7.1 Übersicht

Naturbäder zeichnen sich dadurch aus, dass der Badegast nicht mit Desinfektionsmitteln in Berührung kommt. Die Depotchlorung (Desinfektionskapazität im Becken) fehlt. Das ist weiter kein Problem, sofern die Wasserqualität nicht durch Abwassereinleitungen beeinträchtigt wird und sofern dem Badenden ein genügend großes Wasservolumen zur Verfügung steht, um nicht durch pathogene Organismen anderer Badegäste belästigt oder gar gefährdet zu werden. Eine Belästigung bzw. Gefährdung ist bei Unterschreitung von 10 m^3 einwandfreien Wassers je Badegast anzunehmen. Bei Kleinbadeteichen addiert sich zur Wirkung planktonischer bzw. festsitzender Mikro- und Makroorganismen im Wasserkörper der Volumenstrom des aufbereiteten Wassers, sofern die Aufbereitung in Bezug auf die Entfernung von pathogenen Organismen wirksam ist.

Die Probleme beginnen also dort, wo entweder Abwassereinflüsse vorliegen oder wo sehr viele Menschen auf engem Raum einem Badevergnügen nachgehen. Bei Kleinbadeteichen kann durch technische Maßnahmen die Selbstreinigung des Gewässers nachgebessert werden, so dass diese Anlagen, sofern sie eine Aufbereitungsstufe besitzen, eine Zwischenstellung zwischen Badegewässern und künstlichen Beckenbädern einnehmen.

Bei Naturbädern ist somit folgende Einteilung sinnvoll:

- Bäder an Oberflächengewässern:
  Meeresküsten; Binnengewässer; stehende Oberflächengewässer; Fließgewässer;
- Kleinbadeteiche.

12.7.2 Bäder an Oberflächengewässern

Die Richtlinie des Rates über die Qualität der Badegewässer vom 8. Dezember 1975 (76/160/EWG, ABl. L31, 5. 2. 1976) nennt als Ziele der Überwachung der Badegewässer einerseits medizinische Aspekte (Verbesserung der Lebensbedingungen), andererseits jedoch auch das Ziel einer harmonischen Entwicklung des Wirtschaftslebens und einer stetigen und ausgewogenen Wirtschaftsausweitung. Diese Richtlinie nimmt für sich gar nicht in Anspruch, dass auch bei Übereinstimmung mit den Grenzwerten der angeführten Fäkalindikatoren bzw. anderer Indikatoren kein Gesundheits-Risiko für die Badenden besteht. Die ursprüngliche Vorgabe, die Badegewässer müssen den in der Richtlinie enthaltenen Qualitätskriterien binnen 10 Jahren entsprechen, konnte auch nicht annähernd eingehalten werden. Obwohl sich z. B. bei den Küstengewässern seit 1992 der Prozentsatz der Messstellen mit ausreichender Probenahme und Einhaltung der zwingenden Werte von 85 % auf 95,6 % erhöht hat, schwanken die korrespondierenden Zahlen bei den Binnengewässern zwischen 47,5 % und 90,2 %.

Durch das Inkrafttreten der Wasserrahmenrichtlinie zum 22. 12. 2000 wurde die eindeutige Position der Richtlinie über die Qualität der Badegewässer klargestellt. Damit wurde der Weg frei, für die Schaffung der stärker auf die Aspekte der Gesundheit der Badenden ausgerichteten Badewasserrichtlinie in der EU (2006/7/EG). Auf der Basis seriöser epidemiologischer Untersuchungen bzw. Studien wurde das mit dem Baden verbundene Gesundheitsrisiko quantifiziert und eine klare Abhängigkeitskurve zwischen der Wasserqualität und der Erkrankungshäufigkeit aufgestellt (Wiedenmann et al., 2006). Im Vorfeld dieser Bemühungen musste man jedoch erkennen, dass dies sich trotz der bisher vorliegenden Studien schwierig gestaltete.

Aufgrund weitergehender Untersuchungsergebnisse und der Erkenntnis, dass die Richtlinie 76/160/EG eine dringende Überarbeitung vor allem hinsichtlich der mikrobiologischen Parameter bedurfte, wurde in der Ratsarbeitsgruppensitzung „Umweltfragen“ im Juli 1998 von 14 Mitgliedstaaten die Schaffung einer neuen Richtlinie befürwortet. Im Dezember 2000 wurde von der Kommission eine Mitteilung an das Europäische Parlament und den Rat zur Entwicklung einer neuen Badegewässerpolitik verabschiedet und eine umfassende Konsultation aller interessierten und beteiligten Stellen eingeleitet. Die wichtigsten Ergebnisse dieser Konsultation waren eine breite Unterstützung für die Erarbeitung einer neuen Richtlinie auf der Grundlage der neuesten wissenschaftlichen Erkenntnisse und unter Berücksichtigung einer umfassenderen Einbeziehung der Öffentlichkeit. Der Beschluss Nr. 1600/2002/EG des Europäischen Parlaments und des Rates über das sechste Umweltaktionsprogramm der EG enthält die Verpflichtung, ein hohes Niveau des Badegewässerschutzes sicherzustellen, was die Überarbeitung der Richtlinie 76/160/EWG einschließt. Um die Effizienz zu erhöhen, wurde diese Richtlinie eng auf andere gewässerbezogene Rechtsvorschriften der Gemeinschaft abgestimmt (Behandlung von kommunalem Abwasser, 91/271/EWG; Schutz der Gewässer vor Verunreinigung durch Nitrat aus landwirtschaftlichen Quellen, 91/676/EWG; Wasserrahmenrichtlinie, 2000/60/EG). Die neue Richtlinie (2006/7/EG), die seit Anfang 2008 durch die Mitgliedsländer umgesetzt wurde und die Richtlinie 76/160/EWG Ende 2014 aufgehoben hat, beinhaltet folgende Ziele:

- Klare, vergleichbare Qualitätsanforderungen und abgesicherte Untersuchungsergebnisse,
- Bewertung der Badewasserqualität und deren Einstufung,
- Information der Bevölkerung über die Qualität von Badegewässern,
- Schaffung von Grundlagen für Verwaltungsbehörden um Langzeitentscheidungen für das Qualitätsmanagement der entsprechenden Gewässer treffen zu können.

In der neuen Richtlinie wurden statt der neunzehn Parameter der früheren Richtlinie nur noch zwei Indikatorparameter für die bakteriologische Untersuchung festgelegt, die auf eine Verschmutzung durch Abwässer oder Viehbestand aus der Landwirtschaft hinweisen und eine gute Korrelation mit der Häufigkeit von Durchfallerkrankungen zeigten (Darmenterokokken und *Escherichia coli;* Wiedenmann et al., 2006). Diese dienen zur Überwachung und Bewertung der Qualität der ausgewiesenen Badegewässer sowie zur Einstufung der Gewässer nach ihrer Qualität. Andere Parameter wie das Vorhandensein von Blaualgen, Makroalgen oder Phytoplankton können gegebenenfalls zusätzlich berücksichtigt werden.

Die Mitgliedstaaten müssen für die Überwachung ihrer Badegewässer sorgen. Sie müssen jedes Jahr die Dauer der Badesaison festlegen und einen Zeitplan für die Überwachung der Gewässer aufstellen. Darin sind mindestens vier Probenahmen pro Saison im Abstand von maximal einem Monat vorzusehen. Bei einer zeitweiligen Verschmutzung muss zusätzlich eine Probe genommen werden, um das Ereignis zu bestätigen. Am Ende der Ausnahmesituation ist eine Probenahme vorzunehmen, um festzustellen, dass das Verschmutzungsereignis beendet ist. Eine weitere zusätzliche Probenahme ist 7 Tage nach Ende der kurzzeitigen Verschmutzung erforderlich.

Am Ende jeder Badesaison muss eine Bewertung der Badegewässer mit den Informationen der laufenden Badesaison und der drei vorhergehenden Jahre erfolgen. Im Anschluss werden die Gewässer in vier Qualitätsstufen eingeordnet: ungenügend, ausreichend, gut oder hervorragend. Die erste Einstufung war bis zum Ende der Badesaison 2015 abzuschließen. Die Kategorie „ausreichend“ ist die Mindestqualität für Badegewässer, die alle Mitgliedstaaten bis Ende der Saison 2015 erreichen mussten. Wird die Qualität eines Gewässers als „ungenügend“ eingestuft, muss die Öffentlichkeit informiert, ein Badeverbot verhängt und geeignete Abhilfemaßnahmen eingeleitet werden.

Die Mitgliedstaaten müssen zudem Strandprofile erstellen. Diese umfassen u. a. eine Beschreibung des betreffenden Gebiets, mögliche Verschmutzungsquellen und den Standort der Überwachungspunkte. Das Profil musste spätestens bis Anfang 2011 zum ersten Mal erstellt werden.

Informationen über die Einstufung, die Beschreibung der Badegewässer und eine eventuelle Verschmutzung müssen der Öffentlichkeit in der Nähe des betreffenden Gebiets mit Hilfe angemessener Kommunikationsmittel, einschließlich des Internets, leicht zugänglich gemacht werden. Insbesondere Angaben zu Badeverboten und Ratschläge zur Vermeidung des Badens müssen einfach und schnell erkennbar sein.

Die Kommission veröffentlicht jedes Jahr einen zusammenfassenden Jahresbericht über die Qualität der Badegewässer, wobei sie sich auf die Berichte stützt, welche die Mitgliedstaaten am Ende jeden Jahres übermitteln müssen. Der über die Badesaison 2008 veröffentlichte Bericht, der sich allerdings im Übergangszeitraum noch auf die geltenden Werte (EC, IE) der Richtlinie 76/160/EWG bezieht, stellt die europaweite Untersuchung von 14551 Küstenwässern und 6890 Binnengewässern dar. Hier entsprachen 96,3 % der untersuchten Küstenwässer den Mindestanforderungen und 88,6 % dem Leitwert. In Binnengewässern entsprachen 92 % den Mindestanforderungen und 73,4 % dem Leitwert. Es wurde eine leichte Verbesserung gegenüber 2007 (95 % Küsten- bzw. 89 % Binnengewässer) festgestellt, die dem langjährigen Trend entspricht. Es sind jedoch weitere Anstrengungen nötig, die Qualität der Badegewässer zu verbessern und zu erhalten, so dass die strengeren Anforderungen der neuen Richtlinie eingehalten werden können.

Bereits im Sommer 2000 wurden in allen EU-Mitgliedstaaten mit Ausnahme von Frankreich, Irland und Luxemburg an insgesamt 122 Badestellen an Meeresküsten und 34 Badestellen an Binnengewässern „Strandprofile" erstellt. Dazu wurde die Wasserqualität anhand der Untersuchungen der letzten 5 Jahre bestimmt und eine zusätzliche Untersuchungsreihe an insgesamt 20 Probenahmetagen innerhalb eines zweieinhalb monatigen Zeitraumes („Trail 2000") durchgeführt.

Die Auswertung erfolgte nach drei verschiedenen Standards: Den damaligen Grenzwerten der Richtlinie 76/160/EWG (TC 10000/100 ml, FC 2000/100 ml), einem „Intermediären Standard" (EC 400/100 ml, IE 200/100 ml) und dem „WHO-Experten Standard" (EC 100/100 ml, IE 50/100 ml). Bei den für diese Untersuchungen von den teilnehmenden Mitgliedstaaten ausgewählten Badestellen ergaben sich die in Tab. 12.2 angegebenen Prozentanteile der Abweichungen. Daraus lässt sich ableiten, dass die niedrigeren Grenzwerte der WHO-Experten bzw. der statistischen Auswertungen der epidemiologischen Studien von Kay et al. (1994) nicht eingehalten werden können. Für die Qualitätsbewertung „ausreichend" werden nach 2066/7/EG, Anhang I die folgenden bakteriologischen Grenzwerte angesetzt: Für Binnengewässer EC 900/100 ml und IE 330/100 ml; für Küstengewässer EC 500/100 ml und

Tab. 12.2: Prozentuale Abweichungen der Untersuchungsergebnisse von den bakteriologischen Grenzwerten der EU Mitgliedstaaten an ausgewählten Badestellen.

	76/160/EWG Grenzwerte	intermediärer Standard	WHO-Experten Standard
Meeresküsten: historisch	16 %	28 %	76 %
Trial 2000	15 %	31 %	65 %
Binnengewässer: historisch	15 %	48 %	79 %
Trial 2000	6 %	30 %	76 %

IE 185/100 ml jeweils 90-Perzentile; für die Qualitätsbewertung „ausgezeichnet“: Für Binnengewässer EC 500/100 ml und IE 200/100 ml; für Küstengewässer EC 250/100 ml und IE 100/100 ml; jeweils 95-Perzentile. Die in der neuen Richtlinie (2006/7/EG, Anhang I) festgelegten Grenzwerte für die Qualitätsbewertungen „ausreichend“ und „ausgezeichnet“ liegen zwischen dem in dieser Untersuchung verwendeten Grenzwert nach 76/160/EWG und dem intermediären Standard. Der Bericht über die Qualität der Badegewässer im Jahr 2017 weist für 85 % der Badegewässer in 28 Mitgliedsstaaten eine „ausgezeichnete“ Wasserqualität aus, wobei 96 % der Badegewässer die Mindestanforderungen erfüllten (https://www.eea.europa.eu/themes/water/europes-seas-and-coasts/de/publications/qualitaet-der-europaeischen-badegewaesser-2017).

12.7.3 Kleinbadeteiche

Im österreichischen Bäderhygienegesetz (BGBl. Nr. 254/1976; letzte Änderung BGBl. I Nr. 64/2009) ist folgende Definition vorhanden: Kleinbadeteiche sind künstlich angelegte, gegenüber dem Grundwasser abgedichtete, mit oder ohne technische Einrichtungen versehene, entleerbare Teiche, deren Oberfläche kleiner als 1,5 ha ist und welche zum Baden bestimmt sind.

Zu unterscheiden sind vom Begriff „Kleinbadeteich“ sog. „Schotterteiche“, die normalerweise wesentlich tiefer sind, unmittelbar mit dem Grundwasserkörper in Verbindung stehen und deshalb zur Gänze dem Wasserrechtsgesetz unterliegen (Aigner, 2000).

Ein weiteres Kriterium ist, dass Kleinbadeteiche kein (Wasser-) Einzugsgebiet aufweisen sollen; eine Erkenntnis, die nach anfänglichen Integrationen von kleinen Gerinnen, Bächen bzw. Drainageleitungen und den damit gemachten schlechten Erfahrungen heute von allen erfahrenen Teichbauern bestätigt wird. Sind Oberflächenzuflüsse in einem Kleinbadeteich vorhanden, ist der Untersuchungsumfang zu erweitern und jedenfalls auch auf pathogene Protozoen, wie *Cryptosporidium parvum*, *Giardia intestinalis*, *Naegleria fowleri* usw. auszudehnen.

Die Reinigung (Regeneration, Aufbereitung) des Wassers eines Kleinbadeteichs erfolgt durch die in ihm lebenden Mikroorganismen (überwiegend Bakterien, in we-

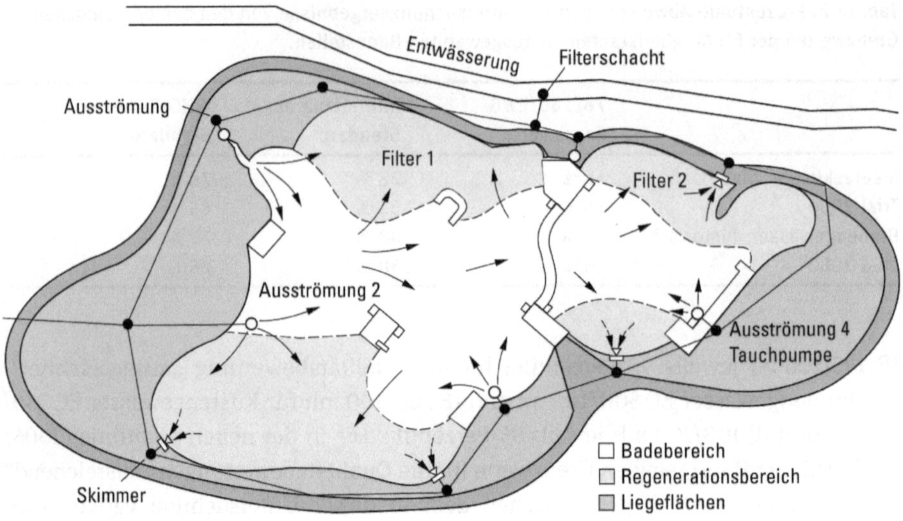

Abb. 12.1: Bauform eines Kleinbadeteichs.

sentlich geringerem Ausmaß auch Pilze), Phyto- und Zooplankton sowie höheren Wasserpflanzen (Makroorganismen), unterstützt durch technische Einrichtungen (Langsamsand- bzw. Bodenfilter sowie die Pumpen, Leitungen und Armaturen, fest eingebaute Skimmer, Schwimmskimmer, Rinnen) zur Oberflächen- bzw. Tiefenwasserabsaugung und Wiedereinströmung und nicht durch Desinfektion. Durch das im Vergleich zu natürlichen Badeseen geringe Wasservolumen mit massiver Belastung an Schönwettertagen der Badesaison besteht die Möglichkeit zur raschen Änderung der Wasserbeschaffenheit. Dem wird durch die Schaffung eigener Regenerationsbereiche, die durch die Badenden nicht betreten bzw. gestört werden dürfen, entgegengewirkt.

Kleinbadeteiche können zwei prinzipiell unterschiedliche Bauformen aufweisen, nämlich Regenerations- und Badebereiche in einem Gewässer oder beide getrennt.

Bei der Bauform **„beide Bereiche in einem Gewässer"** sind Regenerations- bzw. Pflanz- sowie Filterbereiche unmittelbar angrenzend an den Schwimm- und Badebereich angeordnet und durch Abgrenzungen (z. B. schwimmende, mit Ketten oder Seilen verbundene Balken an der Oberfläche und 30 bis 100 cm unter die Wasseroberfläche ragende Wälle aus Erde, Steinblöcken oder in Säcken verpacktem gerundeten Kies, bzw. Beton- oder Holzwänden) getrennt (siehe Abb. 12.1).

Bei der Bauform **„Badebereich und Regenerationsbereich getrennt"** wird in einem unbepflanzten Teich gebadet und in einem oder mehreren davon getrennten Regenerationsteichen das Badeteichwasser aufbereitet.

Das **Verhältnis der Oberflächen** zwischen Bade- und Regenerationsbereich sollte etwa 1 : 1 betragen. Die Schwimmerbereiche des Kleinbadeteiches sollen mindestens 2,5 m tief sein und über einen begrenzten tieferen Bereich zum Sammeln und Abpumpen von belastetem Tiefenwasser bzw. Schlamm verfügen. Die maximale Tiefe im Nichtschwimmerbereich wird von den meisten Teichbauern mit 1,35 m (vergleichbar den künstlichen Beckenbädern) angesetzt. Sofern Kleinkind-Bereiche vorhanden sind, wird eine maximale Tiefe von 0,45 bis 0,5 m ausgewiesen. In Österreich sind Kleinbadeteiche jedenfalls so anzulegen, dass die mittlere Tiefe des zum Baden bestimmten Teiles mindestens 1,8 m beträgt. Damit wird auch das (Flächen-) Verhältnis zwischen Schwimmer- und Nichtschwimmer-Bereichen einfach geregelt (österr. BHygG, § 12, Abs. 2).

Die **Wassertiefen** in Regenerationsbereichen können je nach Kiesschüttung, Filtereinbau oder Bepflanzungsart zwischen ca. 30 und 140 cm schwanken.

Zur Abdichtung gegenüber dem Untergrund (Grundwasser) werden zumeist Kunststofffolien (PE, EPDM, PVC usw.) verwendet. Neben einer entsprechenden Gestaltung des Untergrundes wird vor dem Einbringen der Folie als Schutz vor mechanischer Beschädigung und als Verschiebungs- und Gleitlage ein Schutzflies (z. B. Polypropylen, > 300 g/m^2) aufgebracht. Reißkraft und Reißdehnung (nach DIN 53455) sollte > 16 N/mm^2 sein bzw. bei 250 % liegen, eine Kältebeständigkeit bis −30 °C (DIN 53361) und eine lichttechnische Stufe von 8 (DIN 53389) muss beim verwendeten Folienmaterial gewährleistet sein. Bis Wassertiefen von etwa 1,3 m wird die Folie wiederum zumeist durch ein Flies mit Kies bzw. Schotterbedeckung geschützt, darunter liegt die Folie normalerweise frei, um die Entfernung der abgesetzten Sedimente zu erleichtern.

Die **Durchströmung** ist eine wichtige technische Maßnahme zur Pflege der Wasserqualität. In der ÖNORM L 1126:2010.01.01 (Kleinbadeteiche – Anforderungen an Planung, Bau, Betrieb, Sanierung und Überwachung) wird empfohlen, 10–20 % des Volumens des Wasserkörpers bis 1,5 m Tiefe des Badebereiches täglich umzuwälzen. Auf jeden Fall sollten Wasserkörper, die tiefer als 2 m sind, keinesfalls durchströmt werden. Daraus ergeben sich Umwälzzeiten von bis zu 5 Tagen, wobei noch zu berücksichtigen ist, dass zumeist nur 50 % des umgewälzten (bewegten) Wassers auch zusätzlich gereinigt werden (z. B. durch vertikal durchströmte Filter). Die restliche Wassermenge dient vor allem der Entfernung von Oberflächenschwimm- und Schwebstoffen und der Durchströmung der nicht mit Filtern ausgestatteten Regenerationsbereiche.

Die geringe Umwälzmenge eines Kleinbadeteiches im Vergleich mit einem künstlichen Beckenbad wirkt sich vor allem bei Kotentleerung von Kleinkindern in seichten Beckenbereichen sehr ungünstig aus und kann zu hohen lokalen Konzentrationen von Fäkalbakterien führen.

Filteranlagen bestehen aus Grobfiltern und bepflanzten Kies- oder Sandfiltern.

Grobfilter aus 0,3 bis 0,8 m hohen Schichten abgestufter Kiese zwischen 2 und 16 mm werden horizontal oder (und) vertikal durchströmt. Die Abbauleistung solcher Systeme ist derzeit ohne Absicherung durch nachprüfbare Messungen (also unbekannt).

Bepflanzte Kiesfilter haben 0,6 bis 1,2 m hohe Schichten von Filtermaterial einer Korngröße von 1 bis 8 mm. Sie werden vertikal mit einer maximalen Geschwindigkeit von 1 m pro Stunde durchströmt.

Bepflanzte **Sandfilter** sind meist mit Teichfolie abgedichtete Erdbecken, die mit feinkörnigem, sorptionsfähigem Bodenmaterial in einer Höhe bis 1,2 m befüllt und vertikal durchströmt werden. Der Durchlässigkeitsbeiwert (k_f-Wert) dieser Filtermaterialien liegt bei 10^{-5} m/s. Die Bepflanzung mit Sumpfpflanzen soll die Filterkörper langfristig hydraulisch durchlässig erhalten. Dies stellt auch das Hauptproblem dieser Filter dar, da eine gleichmäßige Durchströmung weder am Betriebsbeginn noch während einer längeren Laufzeit sichergestellt bzw. überprüft werden kann.

Die **Pflanzbereiche** werden mit Hydrophyten und/oder Röhrichtpflanzen besetzt.

Unter der Wasseroberfläche gedeihende Pflanzen (**Hydrophyten**) wie Laichkraut, Wasserpest, Hornkraut und Tausendblatt nehmen Nährstoffe auf und scheiden unter anderem Sauerstoff in das umgebende Wasser aus. Das regelmäßige Schneiden und Entfernen der Pflanzenteile aus dem Pflanzbereich dient der Entfernung der aus den entzogenen Nährstoffen produzierten Biomasse und verhindert deren Wiedereintrag in das System.

Röhrichtpflanzen wie Schilf oder Rohrkolben sollen mit ihren Wurzeln Luft in den Teichboden einbringen und im Winter den Gasaustausch auch bei bestehender Eisbedeckung bewerkstelligen. Sie dienen ebenso wie die submersen Wasserpflanzen als Aufwuchsfläche für saprophytische Mikroorganismen.

Die folgende Aufzählung der **Pflegemaßnahmen** ist ein Auszug aus den Wartungs- und Betriebsmaßnahmen eines Kleinbadeteiches in 800 m Seehöhe.

- Der Kleinbadeteich muß jährlich vor dem Badebeginn entleert und neu befüllt werden.
- Im Zuge der Entleerung sind die auf der unbedeckten Teichfolie abgelagerten Sedimente (Schlamm) vollständig zu entfernen. Bekieste oder mit Schotter bedeckte Bereiche sind vorher durchzuspülen. Bei Gefahr von Faulschlammbildung kann auch eine zwischenzeitliche Absaugung erforderlich sein.
- Die Sumpf- und Wasserpflanzen sind je nach Erfordernis, jedenfalls nach 2 Jahren zu reduzieren. Die entsprechenden Pflanzen sind unterhalb der Wasseroberfläche abzuschneiden und zu entfernen.
- Die abgestorbenen Röhrichtpflanzen müssen im Spätwinter abgemäht und das Mähgut muss abtransportiert werden.
- Die Uferzone im Regenerationsbereich darf nicht betreten werden, die Entfernung von Abfällen und Schmutzstoffen hat von außen zu erfolgen.
- Im Umkreis (Liegebereich) des Kleinbadeteiches ist jegliche Düngung zu unterlassen.
- Fische dürfen in Kleinbadeteichen nicht eingesetzt werden. Durch den Wegfraß von Zooplankton kann sich die Wasserqualität bei Fischbesatz verschlechtern.
- Bei Erwärmung der oberflächennahen Wasserschichten über 23 °C ist Frischwasser in der Menge bis 5 % des Volumens zur Einhaltung der Wassertemperatur zuzusetzen.

- Mütter mit badenden Kleinkindern sind darauf hinzuweisen, dass Kotausscheidungen im Kinderareal unbedingt vermieden werden müssen.

Nach einer Empfehlung des Umweltbundesamtes muss die Wasserqualität in Kleinbadeteichen neben den Höchstwerten für Escherichia coli (100/100 ml) und Enterokokken (50/100 ml) auch die von *Pseudomonas aeruginosa* (10/100 ml) erfüllen. Der Parameter *Ps. aeruginosa* kann in kleinen nährstoffreichen Badeseen auftreten und wird nicht durch Fäkalindikatoren angezeigt (Empfehlung des Umweltbundesamtes 2003). Das Füllwasser muss die mikrobiologischen Anforderungen von Trinkwasser erfüllen, damit bei der Befüllung kein Eintrag von Krankheitserregern erfolgt. Die Aufbereitung sollte in der Lage sein, Indikatorbakterien und Krankheitserreger um mindestens eine log-Stufe pro Durchlauf zu reduzieren.

12.8 Künstliche Beckenbäder

12.8.1 Übersicht

Die vielfältigen und sehr diffizilen Mechanismen der Elimination bzw. des Abbaus organischer Stoffe und virulenter pathogener bzw. fakultativ pathogener Mikroorganismen im biologischen System der Oberflächengewässer müssen in künstlichen Beckenbädern durch mechanische und physikalisch-chemische Maßnahmen ersetzt werden.

Die dazu eingesetzten Verfahren beinhalten:

- Durchströmung,
- Flockung, Filtration, Adsorption sowie oxidative Behandlung,
- Depotchlorung.

Bei künstlichen Beckenbädern ist eine große Vielfalt an unterschiedlichen Beckentypen (-formen) möglich, die eine möglichst optimale Anpassung an die Funktion dieser Becken erlaubt. Eine Unterscheidung dieser Becken ist nach verschiedenen Kriterien, z. B. der Beckentiefe, der Wassertemperatur oder des Verhältnisses von Beckenvolumen zum stündlichen Förderstrom möglich. Die DIN 19643 unterscheidet folgende Beckentypen:

Becken mit einer Tiefe bis zu 1,35 m und maximal 32 °C Wassertemperatur:

- Nichtschwimmerbecken (0,6–1,35 m),
- Bewegungsbecken,
- Therapiebecken (bis zu 35 °C),
- Wasserrutschenbecken (1,0–1,35 m),
- Kaltwassertauchbecken (1,1–1,35 m).

Der Unterschied zwischen Bewegungsbecken und Therapiebecken ergibt sich aus der Art der zu therapierenden Personen. Während im Bewegungsbecken Personen mit „normaler“ Abwehrlage behandelt werden, sind Therapiebecken einerseits für erhöht infektionsgefährdete Personen bzw. andererseits für die Behandlung inkontinenter Patienten bestimmt. Therapiebecken dürfen zur Wasseraufbereitung nur an Verfahren mit Ozonstufe (z. B. nach DIN 19643-3) angeschlossen werden.

Becken mit einer maximalen Tiefe < 1,35 m und max. 32 °C:
- Planschbecken (0–0,6 m),
- Durchschreitebecken (0,1–0,15 m),
- Tretbecken (0,35 m–0,4 m).

Becken mit einer Tiefe über 1,35 m und max. 32 °C:
- Schwimmerbecken,
- Springerbecken (mindestens 3,40 m).

Becken mit einer Wassertemperatur von mehr als 32 °C:
- Warmsprudelbecken (max. 1,0 m, max. 38 °C),
- Warmbecken (max. 1,35 m, max. 35 °C).

Becken mit veränderbarer Wassertiefe und max. 32 °C:
- Variobecken (höhenverstellbarer Zwischenboden 0,3–1,80 m),
- Wellenbecken.

Hydraulische Störglieder, wie verstellbare Zwischenböden (Variobecken) oder Beckenteiler (Klapp- oder Hubwände) sollten nur dort gebaut werden, wo auf sie nicht verzichtet werden kann (z. B. Rehabilitationszentren). Sie müssen mit Einrichtungen zum Sedimentaustrag ausgerüstet sein.
- Mehrzweckbecken (Becken mit einem Nichtschwimmer- (1,35 m) und einem Schwimmeranteil (> 1,35 m) und max. 32 °C).

Die nachfolgende Liste erläutert die wichtigsten Begriffe aus dem Bereich der künstlichen Beckenbäder aus mikrobiologischer Sicht.

Die **Aufbereitungsleistung** wird jeweils für eine bestimmte Verfahrenskombination festgelegt und ist gekennzeichnet durch die Wirksamkeit der einzelnen Komponenten nach den Regeln der Technik. Die Differenz der Oxidierbarkeit mit $KMnO_4$ zwischen Rohwasser und Reinwasser bei Einhaltung der mikrobiologischen, physikalischen und chemischen Anforderungen gibt Anhaltspunkte für die Bewertung. Es darf aber nicht übersehen werden, dass mangelhafte Leistung einzelner Stufen überdeckt werden könnten. Eine Bewertung jeder einzelnen Stufe der Verfahrenskombination (z. B. Spülgeschwindigkeit oder Adsorptionsvermögen der A-Kohle) ist daher unerlässlich.

Beckendurchströmung siehe Durchströmung, Abschn. 12.8.2.

Beckenwasser ist das Wasser in Schwimm- und Badebecken.

Belastbarkeitsfaktor (k) bezeichnet die zulässige Anzahl der Personen pro m^3 aufbereiteten Wassers. Er ist damit auch ein Maß für die von der Aufbereitungsanlage zu eliminierende Menge an Belastungsstoffen (diese werden bemessen als $KMnO_4$-Verbrauch). Ein Belastbarkeitsfaktor von 0,5 bedeutet, dass pro Person und Stunde 2 m^3 aufbereitetes Wasser zur Verfügung stehen müssen, um eine Anreicherung von Wasserverunreinigungen im Beckenwasser zu vermeiden. Aufbereitungsverfahren (Verfahrenskombinationen), die nicht einen Belastbarkeitsfaktor von $k = 0{,}5$ erreichen, sind in öffentlichen bzw. gewerblichen Bädern heute auch nicht mehr zulässig. Wird die Leistungsfähigkeit der einzelnen Verfahrensstufen nach dem Stand der Technik optimiert, dann wären höhere k-Werte als 0,5, sogar höher als 1,0 möglich, auch wenn die DIN 19643 aus Gründen der Vorsorge und um Spitzenbelastungen sicher abzufangen, kleinere k-Werte festschreibt.

Desinfektion bezeichnet das gezielte Abtöten pathogener Mikroorganismen (wobei natürlich auch ein Großteil nicht pathogener oder fakultativ pathogener Bakterien miterfasst wird). Die in künstlichen Beckenbädern (in Deutschland, Österreich und der Schweiz) erlaubten Konzentrationen an freiem Chlor (DPD1) sind jedoch für die Abtötung pathogener Protozoen nicht ausreichend. Nur in Verbindung mit einer wirksamen Aufbereitung wird die erforderliche Sicherheit vor diesen Krankheitserregern erreicht. Andererseits ist eine Zugabe von Desinfektionsmitteln ohne angemessene Aufbereitung auch bei hohen Konzentrationen an Chlor wirkungslos. Daher ist die Desinfektion Teil der Aufbereitung und auf jeden Fall integrativer Teil einer Verfahrenskombination (Schoenen, 2011). Die Zugabe von Chlor ist für sich genommen noch keine Desinfektion!

Filtrat wird das aufbereitete Wasser vor Einmischung des Desinfektionsmittels bezeichnet.

Füllwasser (Frischwasser) ist das zur Erst- und Nachfüllung verwendete Wasser, das überwiegend aus der örtlichen Trinkwasserversorgung entnommen wird oder zumindest aus seuchenhygienischer Sicht Trinkwassereigenschaften besitzt.

Nennbelastung (N) ist die der Bemessung zugrunde gelegte Personenzahl pro Stunde. Man geht dabei davon aus, dass einem Nichtschwimmer (Nichtschwimmerbecken) 2,7 m^2 (= „personenbezogene Wasserfläche") und einem Schwimmer (Schwimmerbecken) 4,5 m^2 zugeordnet werden und die Aufenthaltszeit 1 h beträgt. Auf Grund der insgesamt geringeren Besucherbelastung in österreichischen und Schweizer Beckenbädern werden dort die personenbezogenen Wasserflächen etwas größer angesetzt; 3 m^2 für einen Nichtschwimmer und 5 m^2 für einen Schwimmer. Im gleichen Verhältnis vermindert sich dabei der Volumenstrom „Q" für gleich große Becken gegenüber den Bemessungen nach DIN 19643.

Reinwasser ist die Bezeichnung des aufbereiteten Wassers nach Einmischung des Desinfektionsmittels.

Rohwasser ist das der Aufbereitung zugeführte Wasser

Schlammwasser ist das bei der Spülung der Filter anfallende, z. T. sehr stark mit anorganischen und organischen Stoffen und Mikroorganismen verunreinigte Wasser.

Schwimm- oder Badebecken sind kontinuierlich und gleichmäßig durchströmte Wasserbecken in dem sich mehrere Menschen gleichzeitig oder in zeitlicher Folge bestimmungsgemäß aufhalten.

Spülwasser ist das zur Spülung („Rückspülung") von Filtern verwendete, reine oder gechlorte Wasser.

Als **Wasserverunreinigung** werden die in das Beckenwasser gelangenden anorganischen und organischen Stoffe sowie Mikroorganismen bezeichnet.

Verfahrenskombination ist die Gesamtheit der Verfahrensstufen der Aufbereitung.

Der **Volumenstrom** „Q" wird normalerweise in m^3 pro Stunde (m^3/h) angegeben und entspricht dem Produkt aus Nennbelastung und Belastbarkeitsfaktor.

12.8.2 Durchströmung

Die funktionellen Bereiche der Beckenwasseraufbereitung gliedern sich in Beckendurchströmung (Beckenhydraulik) und Wasseraufbereitung.

Abb. 12.2 zeigt einen Überblick über verschiedene Arten der in den vergangenen 30 Jahren eingesetzten Beckendurchströmungen (A) (wobei nur A1 und A3 den derzeitigen Anforderungen entsprechen) sowie über die zwei bereits in der KOK-Richtlinie (Koordinierungskreis Bäder, 1972) aufgenommenen Verfahrenskombinationen, Flockung – Filtration – Chlorung (DIN 19643-2) und Flockung – Filtration – Ozonung – Sorptionsfiltration – Chlorung (DIN 19643-3).

Unter **Durchströmung** versteht man die durch die Zufuhr des Reinwassers und die Abfuhr des Beckenwassers erreichte Strömung im Becken, mit der Vermischungs- und Transportvorgänge ausgelöst werden. Sie dient vor allem der gleichmäßigen Verteilung des Desinfektionsmittels im Beckenwasser und dem Austrag aller Verunreinigungen. Damit sie ihren Aufgaben gerecht werden kann, ist neben der allseitigen Überlaufkante das System der Einströmdüsen von besonderer Bedeutung. Im Prinzip sind in der DIN 19643-1, 9.2 (2012) ebenso wie in der SIA 385/1, 10.1 zwei Systeme zulässig, die **horizontale** und die **vertikale Beckendurchströmung**. In der VO zum österr. Bäderhygienegesetz wird im § 20 bestimmt, dass die Funktionsteile der Beckendurchströmung so angeordnet sein müssen, dass das Wasser in allen Teilen des Beckens gleichmäßig und ausreichend erneuert wird.

Bei der horizontalen Durchströmung sind die Einströmöffnungen an den jeweiligen Längsseiten der Becken versetzt angeordnet. Der Abstand zwischen den Einströmöffnungen sollte ein Drittel der Beckenbreite nicht überschreiten. Die Beckengeometrie muss für die horizontale Durchströmung geeignet sein, (d. h., das Becken sollte nicht quadratisch, sondern möglichst schmal sein), da die Reichweite des Freistrahles der Beckenbreite entsprechen muss und unwirtschaftlich hohe Energiekosten durch die erforderlichen hohen Pumpenleistungen auftreten können. Die versetzte Anordnung der gegeneinander angeordneten Düsen verhindert den Aufbau von Stauschichten und damit die sonst unvermeidbaren Totzonen (Herschmann, 1980).

Bei der vertikalen Durchströmung bilden sich glockenförmige Bereiche mit flachen Zonen am Beckenboden, die nicht primär durchströmt werden. Diese glockenförmigen Bereiche sind jedoch nicht massenangetriebene Walzen (wie bei alten

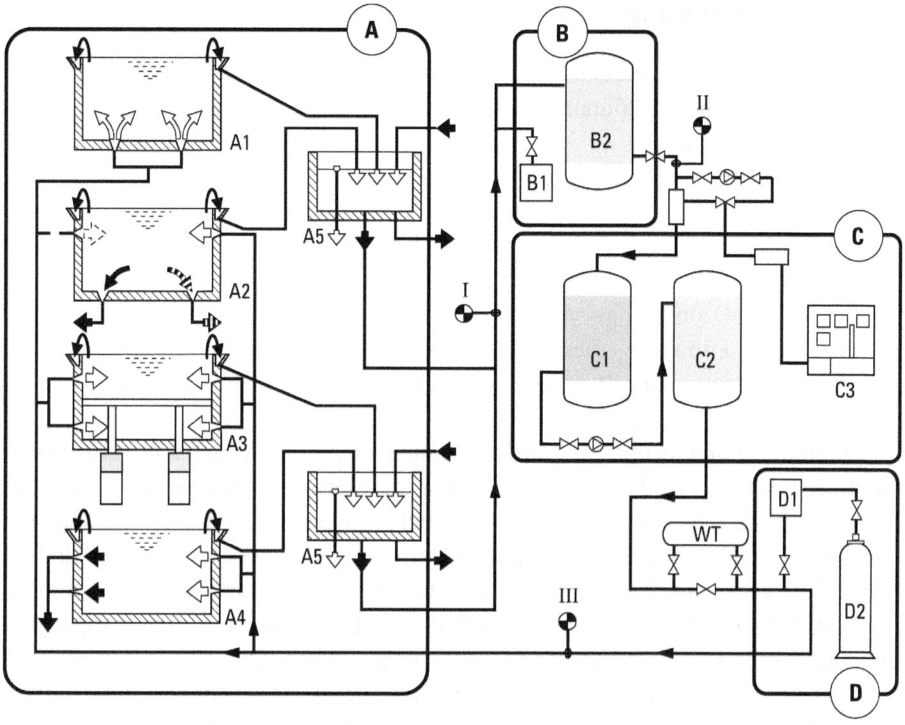

Abb. 12.2: Überblick der Aufbereitung und Durchströmung von Beckenbädern.

längsdurchströmten (Verdrängungs-) Becken, sondern axiale Wirbelgebiete mit geringen Energieimpulsen und großen Auflösungszonen (Langer, 1965). Wird über Bodenkanäle mit ausreichend großem Querschnitt (Druckstabilität) und austauschbaren Abdeckblechen mit Düsen eingeströmt, kann die Düsenanzahl in einzelnen Bereichen (z. B. im Nichtschwimmerteil von Mehrzweckbecken, im Einstiegsbereich usw.) durch Austausch nachträglich erhöht werden.

Gleichgültig, ob eine horizontale oder vertikale Durchströmung vorliegt (die in dieser Ausbildung beide überwiegend als Mischsystem funktionieren), müssen mindestens zweimal pro Woche die sedimentierten Feststoffe mit den (möglicherweise) darauf wachsenden Mikroorganismen durch Bodenreinigungsgeräte vom Boden gelöst und abgesaugt werden.

Die einwandfreie Durchströmung des Beckens kann durch einen Farbversuch nachgewiesen werden. Dabei wird z. B. Eriochromschwarz T in das vollständig chlorfreie Beckenwasser über den Reinwasserstrom (massiv) zudosiert. Es kann dabei die (gleichmäßige) Verteilung des Farbstoffes verfolgt werden, die jedenfalls innerhalb 10 min abgeschlossen sein muss. Anschließend kann bei dem verwendeten Oxichrom-Farbstoff die Verteilung des Chlors im Beckenwasser durch Entfärbung überprüft werden, die nach etwa 20 min abgeschlossen sein sollte.

12.8.3 Aufbereitung

Die Verfahrensstufen, die bei künstlichen Beckenbädern nach den Regeln der Technik kombiniert werden können, sind: Flockung, Filtration, Adsorption, Ozonung und Depotdesinfektion.

In der Verordnung (420/1998, 409/2000 bzw. 349/2009) zum österreichischen Bäderhygiene-Gesetz (254/1976) sind im § 10 drei Verfahrenskombinationen für öffentliche und gewerbliche Bäder in Österreich zugelassen:

- Flockung – Filtration – Desinfektion (Chlorung)
- Filtration – Ozon Oxidationsstufe – Desinfektion (Chlorung)
- Flockung – Filtration – Desinfektion (Chlor-Chlordioxidverfahren unter Zugabe einer wässerigen Chloritlösung hergestellt nach dem P-Berger-Verfahren)

Die entsprechenden technischen Anforderungen sind in der ÖNORM M 6216 enthalten. In Deutschland ist das Schwimm- oder Badebeckenwasser, welches so beschaffen sein muss „... dass durch seinen Gebrauch eine Schädigung der menschlichen Gesundheit, insbesondere durch Krankheitserreger, nicht zu besorgen ist ...“ in § 37 Abs. 2 IfSG verankert. Eine Rechts- oder Durchführungsverordnung zur Aufbereitung ist noch nicht vorhanden. Die von der Badewasserkommission vorgelegten Entwürfe wurden bis jetzt vom Bundesrat zurückgewiesen. Deshalb hat das Umweltbundesamt von seinen in § 40 IfSG „Aufgaben des Umweltbundesamtes“ aufgeführten Möglichkeiten Gebrauch gemacht und im September 2006 die Empfehlung „Hygieneanforderungen an Bäder und deren Überwachung“ ausgesprochen. Diese wurden im Bundesgesundheitsblatt, Gesundheitsforschung, Gesundheitsschutz, 49, Heft 9 (2006), S. 926–937. veröffentlicht. Hier wird eine klare Aussage zur DIN 19643 als Repräsentant der allgemein anerkannten Regeln der Technik gemacht: Der normgerechte Bau und Betrieb von Bädern nach DIN 19643 führt zu einer hygienisch einwandfreien Wasserbeschaffenheit. Die DIN 19643 von 2012 umfasst fünf Teile und berücksichtigt eine umfangreiche Sammlung von Verfahrenskombinationen mit Festbett- und Anschwemmfiltern (Teil 2), mit Ozonung (Teil 3), mit Ultrafiltration (Teil 4) und mit Brom als Desinfektionsmittel (Teil 5). Im Einzelnen sind folgende Verfahrenskombinationen festgelegt:

- Flockung – Filtration – Chlorung
- Flockung – Mehrschichtfiltration mit adsorptiver Kohle – Chlorung
- Adsorption an Pulver-Aktivkohle – Flockung – Filtration – Chlorung
- Flockung – Filtration – Adsorption an Kornaktivkohle – Chlorung
- Flockung – Filtration – UV-Bestrahlung – Chlorung
- Flockung – Mehrschichtfiltration mit adsorptiver Kohle – UV-Bestrahlung – Chlorung
- Adsorption an Pulver-Aktivkohle – Anschwemmfiltration – Chlorung
- Flockung – Adsorption an Pulver-Aktivkohle – Ultrafiltration – Chlorung
- Flockung – Adsorption an Pulver-Aktivkohle – Ultrafiltration – UV-Bestrahlung – Chlorung

Auch die Schweizer Norm SIA/385 bietet eine umfangreiche Sammlung von Verfahrenskombinationen mit Filtration, Sorptionsfiltration, Mehrschichtfiltration, Ozonung und Chlorung.

Bei der spezifischen Betrachtung von **mikrobiologischen Problemen** ist bei der Aufbereitung von künstlichen Beckenbädern der prinzipielle Unterschied zur Aufbereitung von Trinkwasser hervorzuheben. Während die Gewinnung, Aufbereitung, Bevorratung und der Transport von Trinkwasser ausschließlich als „Einbahnstraße", d. h. absolut nur in Richtung Entnahme und zudem bei sehr niedrigen Temperaturen erfolgt, ist die Badewasseraufbereitung der klassische Fall eines Kreislaufprozesses bei erhöhten Temperaturen und diskontinuierlicher bis zu permanenter Kontamination – zumindest während der Badebetriebszeiten. Gerade dieser mesophile Kreislaufprozess erfordert u. U. Maßnahmen, die im Trinkwasser z. B. nur in wesentlich längeren Zeitabständen erforderlich sind (z. B. fluidisierende Spülung der Filter). Durch die Aufbereitungsmaßnahmen in der jeweiligen technischen Anwendungsform und in der auf die örtlichen Gegebenheiten abgestimmten Bemessung wird eine Trübung bzw. Färbung des in den künstlichen Beckenbädern vorhandenen Wassers verhindert (einwandfreie Sicht über den gesamten Beckenboden, unabhängig von der Tiefe) und die Anreicherung der von den Besuchern abgegebenen Wasserverunreinigungen auf ein Minimum reduziert.

Da der Erfolg der Verfahrenskombination ganz wesentlich von der Wirkung der einzelnen Stufen abhängt, wird detailliert auf die Filtersysteme eingegangen und zwar auf die Einschichtfilter, die Mehrschichtfilter und die Aktivkornkohlefilter, auch hier aus mikrobiologischer Sicht.

Einstrom-Einschichtfilter (Sand-, fälschlich „Kies"filter) sind die einfachsten Filteranlagen zur Aufbereitung von Schwimmbeckenwasser. Die durch Vermischung des Flockungsmittels im Filterzulauf und Ausbildung einer mechanisch absiebbaren Mikroflocke im Filterbett des Sandfilters dem Rohwasser entzogenen Substanzen stellen eine mit der Tiefe abnehmende Konzentration an Nährstoffen im Filterbett, d. h. an den Kornoberflächen und in Teilen der unregelmäßig geformten Zwischenräume zwischen den einzelnen Filterkörnern dar. Die an diese Substrate angepassten Mikroorganismen werden teilweise in noch lebensfähigem Zustand diese Zone erreichen und in Abhängigkeit von Restchlorkonzentration, Temperatur usw. in einer semivitalen Form verharren oder eine ihrer Spezies (bzw. dem vorherrschenden Phänotyp) typische Vermehrung beginnen. Eine Vermehrung wird bei abnehmender Desinfektionsmittelkonzentration vor allem jenen Bakterien ermöglicht, die an ihren Zelloberflächen organisches Material (z. B. EPS, extrazelluläre Polysaccharide) in größerer Menge abscheiden können. Der unangenehmste Vertreter dieser Gruppe ist *Pseudomonas aeruginosa*. Dieses gramnegative Stäbchenbakterium wird auch von etwa 6 % aller „gesunden" Personen aus dem Darm ausgeschieden und gelangt so in das Beckenwasser. Diese Kotreste mit den *Ps. aeruginosa* scheinen gut wasserlöslich zu sein und unterliegen damit einer Desinfektion im Beckenwasser in kurzer Zeit. Gelangen sie auf Grund eines für die Desinfektion zu kurzen Kontaktes bzw. als Zellverband in vitalem Zustand in das Filterbett, können sie durch ihre massive Schleimproduktion bereits bei Restchlormengen von 0,05 bis 0,1 mg/l wachsen und sehr schnell massive Biofilme bilden. Diese können nur durch sehr hohe Chlorkonzentrationen (> 50 mg/l, DPD1) wieder entfernt werden. Wesentlich einfacher und umweltschonender ist die Entfernung durch Spülung mit Fluidisierung des Filterbettes (Tiefenbrunner et al., 1987). Geht man von einer erforderlichen Bettausdehnung von 10 % ohne die Stützschichten aus, so treten dabei die Körner geringfügig auseinander und reiben sich durch diese Bewegung gegenseitig die Biofilme von den Oberflächen ab. Dies kann durch eine Spülphase mit Druckluft, die gemeinsam oder getrennt von der Wasserspülung erfolgt, noch verbessert werden und vermindert zusätzlich die Gesamtspülwassermenge (Tiefenbrunner et al., 1987). Die zur einwandfreien Spülung von Sandfiltern mittlerer Korngrößen notwendige Spülwassergeschwindigkeit beträgt etwa das Doppelte der Filtrationsgeschwindigkeit und liegt bei ca. 60 m/h. Die Überwachung der Spülung erfolgt zweckmäßigerweise durch Filterwand-bündige Schaugläser in denen die Filterbettausdehnung direkt gemessen und auch die gleichmäßige Anhebung der Oberfläche beobachtet werden kann. Die Spülhäufigkeit kann in Abhängigkeit vom Filterdifferenzdruck (0,3–0,4 bar), mindestens jedoch einmal pro Woche durchgeführt werden. Sie ist von der Wassertemperatur und damit der Wachstumsgeschwindigkeit der Mikroorganismen abhängig; Warmsprudelbecken über 35 °C Betriebstemperatur müssen deshalb täglich (möglichst nach Betriebsende) gespült werden.

Mehrschichtfilter (MSF) kombinieren eine Raumfilterschicht (rohwasserseitig) aus Steinkohle (Handelsname z. B. Hydroanthrazit H (schwer) oder N (leicht); stärker adsorptiv wirksam) oder in speziellen Fällen aus Bimsen mit einer darunterliegenden Feinsandschicht (überwiegend mit 0,4 bis 0,8 mm Korndurchmesser), die als Sperrschicht den Austrag der in Flocken gebundenen Wasserverunreinigungen aus dem Raumfilter verhindert. Die häufigsten Fehler, die zu einer Kontamination bzw. Verkeimung vor allem der Sperrfilterschicht führen, sind einerseits nicht richtig abgestimmte Größenverhältnisse bzw. spezifische Gewichte der Filtermaterialien und andererseits nicht auf diese Filtermaterialien abgestimmte Filterbehälter mit zu geringem Freibord bei fluidisierender Spülung (vor allem bei Verwechslung des schweren mit dem leichten Hydroanthrazitmaterial). Beides führt dazu, dass Raumfiltermaterial ausgetragen wird. Um dies zu vermeiden, wird die Spülgeschwindigkeit reduziert. Damit kann zumeist die Sperrsandschicht nicht mehr ausreichend von den Bakterienbiofilmen gesäubert werden, die deswegen Aggregate (Biofilmstücke) abgeben, die wiederum mit den geringen Chlorkonzentrationen im Beckenwasser nicht mehr desinfizierbar sind.

Im Gegensatz zum Einschichtfilter steigt der Filterdifferenzdruck nicht linear zur Beladung mit Schmutzstoffen, sondern zeigt zunächst kaum eine Druckdifferenz an. Sobald aber die Schmutzfront die Sperrsandschicht erreicht, wird sehr schnell auch der maximale Filterdifferenzdruck angezeigt. Dies kann vor allem dann ein Problem darstellen, wenn am Morgen eines Badetages mit starker Belastung (viele

Kinder etc.) der maximale Filterdifferenzdruck von 0,4 bar erreicht wird und erst am Abend gespült werden kann. Automatische Spüleinrichtungen mit Spülverzögerung während der Badezeit sollen deshalb bei MSF auf einen geringeren Differenzdruck eingestellt werden.

Aktivkornkohlefilter verhalten sich zunächst ähnlich den Mehrschichtfiltern, lediglich ihre Verkeimungs-Tendenz ist noch wesentlich höher (Tiefenbrunner, 1986). Im Filterbett der Aktivkornkohle einer Ozonoxidationsstufe (DIN 19643-3) ist relativ nahe der Oberfläche weder Ozon noch freies Chlor in noch desinfizierend wirkenden Konzentrationen vorhanden. Sofern hier vermehrungsfähige Bakterien eindringen, ist eine massive Vermehrung nur mehr durch die in kürzeren Abständen erfolgende Spülung zu beheben. Auf Grund der Oberflächenbeschaffenheit der Kohle ist dies jedoch weniger effektiv als bei Quarzsand. Eine wichtige Voraussetzung für einen einwandfreien Betrieb ist daher, den Zulauf zum Aktivkornkohlefilter permanent mit einer ausreichenden Konzentration an Desinfektionsmittel zu betreiben. So darf die Ozonproduktion vor dem Sorptionsfilter des Verfahrens nach DIN 19643-3 außerhalb der Badebetriebszeiten zwar gedrosselt, aber nie völlig gestoppt werden. Führt eine Verkeimung des Filterbetts zu einer Überschreitung der mikrobiologischen Parameter, ist eine Filterdesinfektion durch Hochchlorung durchzuführen.

12.8.4 Depotchlorung (Desinfektionskapazität)

Die Elimination von pathogenen Mikroorganismen wird nun nicht wie in den Naturbädern einer mehr oder weniger effektiven, über die Zeit stark variierenden Elimination durch Konkurrenzmechanismen überlassen, sondern durch eine Desinfektion innerhalb eines sehr kurzen Zeitraumes sichergestellt (Carlson und Hässelbarth, 1968). Die von den Wissenschaftlern im Konsens mit den Bäderbetreibern und der Industrie vorgegebene Keimtötungsgeschwindigkeit muss dabei so hoch sein, dass 4 Zehnerpotenzen (in Österreich 3,5) *Pseudomonas aeruginosa* in 30 Sekunden abgetötet werden. Diese Bestimmung der Keimtötungsgeschwindigkeit wurde in einem dynamischen Labortest mit gewaschenen Testbakterien (keine Biofilme) durchgeführt und kann für die Beurteilung neuer Verfahrenskombinationen jederzeit eingesetzt werden.

Von besonderer Bedeutung ist jedoch in diesem Zusammenhang die Korrelation zwischen den sogenannten Hygienehilfsparametern (freies Chlor, pH-Wert, gebundenes Chlor, Redoxspannung) und der Keimtötungsgeschwindigkeit. Damit wurde ein Instrument zur eigenverantwortlichen (innerbetrieblichen) Kontrolle durch den Betreiber des künstlichen Beckenbades gefunden. Die wiederkehrende Kontrolle durch den Amtsarzt bzw. eine andere befugte Stelle dient damit nicht der Feststellung eines (unbekannten) Risikos, sondern letztlich nur der Überwachung der Durchführung der innerbetrieblichen Kontrollen und des baulich-technischen Allgemeinzustandes. In Bädern an Oberflächengewässern bzw. Kleinbadeteichen ist im Vergleich dazu eine innerbetriebliche Kontrolle und Übernahme der Verantwortung für die Wasserqualität durch den Betreiber vor Ort überhaupt nicht möglich, mikrobiologische Untersuchungen können höchstens eine Aussage über die Badewasserbeschaffenheit der Vortage abgeben. Es ist deshalb auf das höhere Infektionsrisiko beim Baden an Oberflächengewässern auch an dieser Stelle wiederum hinzuweisen.

Betrachten wir die für diese Desinfektion zugelassenen Mittel, Chlor und Chlorverbindungen sowie die für die vorgegebene Keimtötungsgeschwindigkeit notwendigen Konzentrationen, so variieren die Mindestkonzentrationen an freiem Chlor (DPD1: Nachweis mit DPD, siehe Kap. 9) in Deutschland, Österreich und der Schweiz zwischen 0,3 und 0,6 mg/l; die Obergrenzen sind mit 1,2; 2,0 bzw. 3 mg/l festgelegt. Vergleichbare Konzentrationen in angelsächsischen Ländern liegen viel höher, da nur Mindestkonzentrationen (1 bzw. 2 mg/l DPD1) festgelegt wurden. In Kinderplanschbecken können in den USA z. B. mehr als 20 mg/l Chlor (DPD1) erreicht werden. Diese Konzentration wird auch zur Desinfektion nach sichtbarem Fäkaleintrag in Becken empfohlen. Mit diesen hohen Dosierungen steigen natürlich zwangsläufig auch die Konzentrationen an störenden, für den Menschen schädlichen Desinfektionsnebenprodukten (gebundenes Chlor, THM, halogenierte Essigsäuren und Nitrile, Chlorcyan und andere) bzw. die (vermeidbare) Belastung unserer Umwelt.

Wodurch konnten nun in Deutschland, Österreich und der Schweiz die für die Desinfektion notwendigen Chlorkonzentrationen gerade gegenüber dem Bäderpionierland USA derart stark vermindert werden? Es war die generelle Überlegung, die von den Menschen in das Beckenwasser abgegebenen Stoffe hinsichtlich ihres Verhaltens gegenüber dem zur Desinfektion eingesetzten Oxidationsmittel Chlor zu bewerten. Ergebnis dieser Bewertung war eine klassische Einteilung in hydrophobe (wasserabstoßende, fettartige) und hydrophile (polare und damit mehr oder weniger gut wasserlösliche) Substanzen. Ein Talgpfropfen einer Fettdrüse oder auch nur ein Teil davon oder ein von lipoiden Substanzen überzogenes Kopf- oder Körperhaar mit den in dieser Matrix eingeschlossenen Mikroorganismen kann nicht mit so geringen Konzentrationen an Chlor desinfiziert werden. Die optimale Alternative zur Desinfektion mit hohen Desinfektionsmittel-Konzentrationen wurde in der raschen Entfernung dieser Stoffe aus dem Badebereich gefunden und in der allseitigen Überlaufkante eines Beckens technisch verwirklicht. Die in Fetten bzw. fettähnlichen Stoffen eingebetteten Mikroorganismen reichern sich mit diesen Substanzen sehr schnell an der Wasseroberfläche an und können von dort unmittelbar ausgetragen werden (Amies, 1954).

Während zunächst nur ein Teil des stündlichen Förderstromes kontinuierlich über die Überlaufkante geführt wurde (Österr. BhygG., ab 1. 1. 1977 min. 50 %) wird heute sowohl in der DIN 19643 (Teil 1, 9.2: 2012) als auch in der VO zum Österr. BhygG (BGBl. Nr. 420/98) bzw. der SIA (385/1, 2000) grundsätzlich verlangt, dass: „... für die Reinigung des oberflächennahen Bereiches der gesamte Volumenstrom (q) ständig (und gleichmäßig) über eine allseitige Überlaufkante (-Rinne) geführt werden muss."

Diese ist somit ein integrierter und unabdingbarer Bestandteil des für eine Desinfektion mit geringen Chlor-Konzentrationen in einem künstlichen Beckenbad notwendigen technischen Umfeldes. Mit zu den erforderlichen technischen Gegebenheiten für geringe (wirksame) Depot-Chlorkonzentrationen zählt natürlich auch die Beckendurchströmung. Reine Verdrängungssysteme mit ihrer trägen laminaren Strömung, die stempelartig durch das Becken zieht, dürfen natürlich nicht mehr verwendet werden und sind durch moderne Mischsysteme mit kurzen Einmischzeiten und kleinen Desinfektionsmittelunterschieden zu ersetzen (siehe: Beckendurchströmung).

12.8.5 Luftkanäle

Luftkanäle, die überwiegend intermittierend mit Luft geringen Druckes beaufschlagt werden und mit dem Beckenwasser (zumeist über Düsen) in Verbindung stehen, müssen so konstruiert sein, dass sie während der Stillstandzeiten des Luftkompressors mit Reinwasser durchspült werden können. Der Grund dafür ist der, dass auch bei eingebauten Rückflussverhinderern zwischen Beckenwasser und diesen z. T. weitlumigen Luftkanälen es nicht möglich ist, die Rückwanderung von Mikroorganismen, vor allem Bakterien, in diese Räume zu verhindern. Sie könnten dort an der gesamten Innenoberfläche oder nur an Teilen davon massive Biofilme ausbilden, die dann bei Luftbetrieb in Teilen abgerissen und je nach Düsenart überwiegend in Aerosolform in die Atemwege der Badenden gelangen können. Besondere Bedeutung hat hier wiederum *Ps. aeruginosa* ebenso jedoch auch *Legionella pneumophila*, mit geringerer Wahrscheinlichkeit auch andere Legionella-Spezies. Wichtig ist in diesem Falle die Konsequenz der Maßnahme, da nur im ersten Stadium der Biofilmbildung diese durch die im Reinwasser vorhandene Konzentration an freiem Chlor sicher verhindert werden kann. Hier wirken sich auch Durchschläge von sehr geringen Mengen Pulverkohle beim Verfahren DIN 19643-2 besonders nachhaltig aus. An allen Stellen, wo ein Aktivkohlekörnchen (Massenanteil der Siebfraktion < 0,045 mm ist > 50 %) abgelagert wird oder haften bleibt, wird die Wirkung des Desinfektionsmittels Chlor aufgehoben. Dies geschieht natürlich auch im Becken selbst, vor allem in den Fliesenfugen; hier ist jedoch durch das regelmäßige Absaugen mit dem Unterwassersauger keine längere Verweilzeit bzw. keine Kumulation (Bildung stabiler Biofilme) gegeben.

12.8.6 Warmsprudelbecken (WSB)

Die Definition für diese Beckenart wurde in der ÖNORM M 6216 (2009) folgendermaßen festgelegt: “Als Warmsprudelbecken werden Becken bezeichnet, die mit warmen Wasser gefüllt sind und bei denen über einen wesentlichen Teil des Wasserkörpers mittels Luftdüsen oder mittels Luft-Wasser-Düsen Luft eingepresst wird ...“ In der DIN 19643-1 werden diese Becken definiert als „... kontinuierlich durchströmte Wasserbecken, in deren für den Aufenthalt von Personen vorgesehenen Teilen warmes Wasser durch Eintragen von Luft sprudelt und in denen sich höchstens 10 Personen gleichzeitig aufhalten. Die Wassertemperatur liegt bei etwa 37 °C“.

Die Österr. Gesetzgebung (BhygG 420/98) unterscheidet zwei Typen von Warmsprudelbecken: 1. Anlagen mit Vollast- und 2. Anlagen mit Teillast-Betrieb. Der Teillastbetrieb wird so definiert, dass diese Anlagen entweder nur bis max. 5 Stunden pro Tag betrieben werden, oder dass während der täglichen Benutzungszeit 50 % der Nennlast (Nennbelastung × Betriebszeit) nicht überschritten werden. Wesentlich ist dabei, dass bei WSB mit Teillastbetrieb eine Richtmenge von 70 Litern je Person an Füllwasser (mittleres Verdrängungsvolumen einer Person) zwangsweise während der Badezeit zugeführt werden muss. Dies führt bei den extrem nährstoffarmen Trinkwässern zu einer deutlichen Verbesserung der Qualität des Beckenwassers, wobei die Anpassung an die Besucherfrequenz automatisch erfolgt (Wasserspiegel im Wasserspeicher reicht im Ruhezustand bis an die Überlaufkante, Nachspeisung unmittelbar durch entsprechend eingestellte Niveaugeber). Diesen bis heute unveränderten Vorgaben gingen intensive Untersuchungen und Versuche in Hotelbetrieben voraus (Tiefenbrunner et al., 1979). Anlagen mit Volllast-Betrieb sind prinzipiell an eine Großanlage anzuschließen, wobei hier der Zuschlag zur Aufbereitungsanlage des Großbeckens mindestens das fünfzehnfache seines Volumens (abgekürzt 15 × V) des WSB betragen muss und der stündliche Förderstrom auf mindestens 8 × V/h des WSB einzustellen ist.

In der DIN 19643 werden WSB in solche mit „begrenzter Nutzung“ (auch in SIA 385/1) und in solche mit „kombinierter Nutzung“ unterteilt. WSB mit „begrenzter Nutzung“ sind so errichtet, dass ihre Benutzer entweder keinen Zugang zu anderen Schwimm- und Badebecken-Anlagen haben oder nur zu solchen, die eine Nennbelastung mit mehr als 50 Personen je Stunde aufweisen. In diesen Becken sind klar erkennbare Sitzplätze für die Benutzer einzurichten, wobei pro Platz mindestens ein Beckenvolumen von 0,4 m^3 vorzusehen ist. WSB mit „begrenzter Nutzung“ dürfen kein Volumen unter 1,6 m^3 aufweisen und eine Wassertiefe von 1 m nicht überschreiten. Der erforderliche Volumenstrom errechnet sich daraus, dass je Person ein Volumen von 2 m^3 aufbereitetem Wasser zur Verfügung stehen muss.

WSB in „kombinierter Nutzung“ sind in Bade- und Schwimmbecken-Anlagen so angeordnet, dass sie gemeinsam mit den weiteren Becken nach freier Wahl zur Verfügung stehen. Um Belastungsspitzen zu vermeiden, müssen WSB von mindestens 4 m^3 insgesamt in diesen Anlagen vorhanden sein, für jeweils weitere 60 1/h Nennbelastung aller anderen Becken sind 1,2 m^3 WSB-Volumen zu addieren. Der Volumenstrom in WSB mit kombinierter Nutzung beträgt 20 × V/h, in der SIA 385/1 werden bei adaptiver Schaltung nur 15 × V/h benötigt.

Gemeinsam ist letztlich allen WSB (Tiefenbrunner et al., 1983, 1987), dass sie im Vergleich zu Großbecken eine wesentlich höhere Belastung unmittelbar von den Badenden erfahren und Temperaturen aufweisen, bei denen sich menschenpathogene Bakterien rasch vermehren können. Die Elimination dieser Belastung erfolgt einerseits durch massive Verdünnung bei der täglichen Spülung der Filteranlagen und andererseits durch die Leistung der Beckenwasseraufbereitungs-Anlage. Die Spülwassermenge ist bei WSB wesentlich größer als bei anderen Becken, da sie sich in der Relation der Filterfläche zur Wasserfläche deutlich von diesen unterscheiden.

In der Praxis ist die Wirkung der Flockungs- und Filteranlagen in WSB wesentlich geringer als bei Großbecken. Der Grund dafür ist nicht die Kleinräumigkeit bzw. die hohe Belastung durch organische Substanzen, sondern der Eintrag von Detergentien (Shampoos, Seifenreste, Putzmittel) in die vergleichsweise zu Großbecken minimale Gesamtwassermenge.

12.9 Literatur

Amies, C. R. (1956): Surface film on Swimming Pool. Canad. J. Publ. Health, *47*, S. 93–103.

Cabelli, V. J., Dufour, A. P., McCabe,L. J. und Levin, M. A. (1983): A marine recreational water quality criterion consistent with indicator concepts and risk analysis. J. Water Pollut. Control Federation, *55*, S. 1306–1314.

Carlson, S. (1956): Zur Hygiene der Freibadegewässer und öffentlichen Schwimmbäder, Infektionsrisiko. Bundesgesundheitsblatt, *9*, S. 169–173.

Carlson, S. und Hässelbarth, U. (1968): Das Verhalten von Chlor und oxidierend wirkenden Chlorsubstitutionsverbindungen bei der Desinfektion von Wasser. Vom Wasser, *35*, S. 266–283.

Carlson, S., Hässelbarth, U. und Mecke, P. (1968): Die Erfassung der desinfizierenden Wirkung gechlorter Schwimmbadwässer durch Bestimmung des Redoxpotentials. Arch.Hyg.Bakteriol., *152*, S. 306–320.

Carlson, S. und Hässelbarth, U. (1971): Poliomyelitisvirus- Inaktivierung in gechlortem Schwimmbadwasser unter Berücksichtigung des Redoxpotentials. Zbl.Bakteriol., I. Abt. Ref., *224*, S. 3.

Carlson, S. (1980): Viren und Wasser. Swiss Food, *2*, S. 17–32.

Colwell, R. R. (1987): Microbiological effects of ocean pollution. 23rd, Int. Conf. Environ. Protect. North Sea, Edinbourgh.

Empfehlung des Umweltbundesamtes (2003): Hygienische Anforderungen an Kleinbadeteiche (künstliche Schwimm- und Badeteichanlagen). Bundesgesundheitsbl. – Gesundheitsforsch. – Gesundheitsschutz *46*, S. 527–529.

Exner, M. und Gornik, V. (1990): Cryptosporidiosis- Charakterisierung einer neuen Infektion mit besonderer Berücksichtigung des Wassers als Infektionsquelle. Zbl. Hyg., *190*, S. 13–25.

Hahn, H., Falke, D., Kaufmann, S. H. E. und Ullmann, U. (1999): Medizinische Mikrobiologie und Infektiologie, Springer-Verlag, Berlin.

Hässelbarth, U. (1970): Die Einstellung desinfizierend wirkender Redoxpotentiale durch Chlorung. Schriftenreihe Verein Wasser- Boden- Lufthygiene, Bd. *31*, S. 119–136. Gustav Fischer Verlag, Stuttgart.

Herschman, W. (1980): Aufbereitung von Schwimmbadwasser. Krammer-Verlag, Düsseldorf.

Huemer, H. P. und Schindler, C. (2000): PCR- Detection of human Adenovirus DNA an index of viral pollution in recreational waters? Tagungsband der 10. Jahrestagung für Virologie, 26.–29. April 2000, Wien.

Kay, D., Wyer, M. D., McDonald, A. T. und Woods, N. (1990): The application of Water Quality Standards to UK bathing waters. J. Inst. Water Environm. Management., *4*, S. 436–441.

Kay, D., Fleisher, J. M., Salmon, R. L., Wyer, M. D., Godfree, A. F. and Shore, R. (1994): Predicting likelihood of gastroenterltis from sea bathing results from randomised exposure. Lancet, *344*, S. 905–909.

Klosterkötter, W. (1964): Hygienische Probleme bei der Umwälzung des Badewassers in Schwimmbecken. Arch. Badewes., *5*, S. 3–8.

Kraus, H. und Tiefenbrunner, F. (1975): Stichprobenartige Überprüfung einzelner Tiroler Schwimmbäder auf das Vorkommen von *Trichomonas vaginalis* und von pathogenen Pilzen. Zbl. Bakt. Hyg., I. Abt. Orig., *160*, S. 286–291.

Langer, W. (1965): Wasserhygiene in Schwimmbecken aus hydraulischer Sicht. Bundesgesundheitsblatt, *8*, S. 289–294.

Leclerc, H. und Savage, C. (1967): Etude et controle bacteriologique des eaux de piscine. Rev. Hyg. Med. Soc., *15*, S. 503–540.

Madeley, C. R. (1991): Problems and Prospects- Viruses. In Morris, R. et al. (Hsg.): IAWRPC, Proc. Health Related Microbiologiy, Glasgow, S. 19–28.

PHLS. (1959): Sewage contamination of coastal bathing waters in Englang and Wales: a bacteriological and epidemiological study. J. of Hygiene. Cambs., *57*, S. 435–472.

Santler, R. und Thurner, J. (1974): Untersuchungen über die Ansteckungsmöglichkeit durch Trichomonas vaginalis. Wien. Klein. Wschr., *86*, S. 46–49.

Schoenen, D. (2011): 100 Jahre Desinfektion des Schwimmbadwassers mit Chlor – Rückblick und Ausblick. Archiv Badewes. 5, S. 286–296.

Schoenen, D., Botzenhart, K., Exner, M., Feuerpfeil, I., Hoyer, O., Sacre, C. und Szewzyk, R. (1997): Vermeidung einer Übertragung von Cryptosporidien und Giardien mit dem Wasser. Bundesgesundhbl. *12/97*, S. 466–484.

Tiefenbrunner, F. (1986): Zur Verkeimung von Aktivkornkohlefiltern. Arch. Badewes., *39*, S. 22–27.

Tiefenbrunner, F. und Rott., E. (1975): Zur Biologie eines künstlich entstandenen Kleinbadesees. Zbl. Bakt. Hyg., I. Orig. B., *160*, S. 268–285.

Tiefenbrunner, F. und Psenner, R. (1975): Vergleichende hygienisch- mikrobiologische Untersuchungen von unterschiedlich belasteten Badeseen. Schriftenreihe Verein Wasser-, Boden- und Lufthygiene, Bd. *43*. Gustav Fischer Verlag, Stuttgart, S. 65–71.

Tiefenbrunner, F., Düsing, F., Krankbeck, J. und Overbeck, J. (1976): Die Anwendung enzymkinetischer Methoden bei der bakteriologischen Untersuchung eines Vorfluters. Zbl. Bakt. Hyg., I. Orig. B., *161*, S. 498–502.

Tiefenbrunner, F., Jennewein, I. und Haller, T. (1979): Erste Untersuchungen zur hygienischen Betriebsführung von Warmsprudelbecken. Arch. Badewes., *32*, S. 286–290.

Tiefenbrunner, F. und Heufler, Ch. (1983): Eintrag und Elimination von Mikroorganismen in Warmsprudelbecken (Hot- Whirl-Pools). Arch. Badewes., *36*, S. 138–141.

Tiefenbrunner, F., Moll, H. G. und Golderer, G. (1987a): Ursachen starker Verkeimung im Ablauf von Filtern in Badewasser-Aufbereitungsanlagen. Forum Städte-Hygiene, *38*, S. 106–112.

Tiefenbrunner, T., Falch, H., Weithaler, A. und Dierich, M. P. (1987b): Erfahrungen bei der Überprüfung gewerblich genutzter Warmsprudelbecken. Arch. Badewes., *40*, S. 274–277.

West, P. A. (1991): Human pathogenic viruses and parasites; emerging pathogens in the water cycle. J. Appl. Bacteriol., Symp. Suppl. *70*., S. 107–114.

Wiedenmann, A., Krüger, P., Dietz, K., López-Pila, J. M., Szewzyk, R. und Botzenhart K. (2006): A randomized controlled trial assessing infectious disease risks from bathing in fresh recreational waters in relation to the concentration of *Escherichia coli*, intestinal enterococci, *Clostridium perfringens*, and somatic coliphages. Environ. Health Perspect. 114, S. 228–236.

H. Rüffer, R. Karger, U. Telgmann und H. Horn

13 Abwasserreinigung

13.1 Allgemeines

Abwasser ist durch Gebrauch verändertes Frischwasser, im Haushalt im Allgemeinen als Trinkwasser aus öffentlichen Versorgungseinrichtungen bezogen. Der Trinkwasserverbrauch eines Einwohners in Deutschland lag 2007 im Mittel bei 122 l/d (Haushalte und Kleingewerbebetriebe). Der Wasserbedarf der Haushalte kann normalerweise von dem Bedarf der Kleingewerbebetriebe nicht getrennt werden, da beide in der Regel gemeinsam über einen Gebäudewasserzähler erfasst werden. Die mittlere einwohnerbezogene Wassernutzung der Haushalte und Kleingewerbebetriebe ist seit 1990 rückläufig. Dieses ist einerseits auf technische Einflüsse (bedarfsmindernde Einrichtungen) und andererseits auf soziale Einflüsse (preiselastisches und umweltbewusstes Verbraucherverhalten) zurückzuführen. Im Haushalt wird das Wasser vor allem als Toilettenspülwasser (33 l), Dusch- und Badewasser (44 l), zum Wäschewaschen (15 l) und zum Geschirrspülen (7 l) verwendet (aus Sicht der Hygiene zur Abwehr von seuchenhygienischen Gefahren). 18 l werden in sonstigen Bereichen (z. B. Raumreinigung, Gartenbewässerung) sowie in den Kleingewerbebetrieben eingesetzt (Masannek, 1996). Lediglich 3 Liter je Tag werden als Lebensmittel für die Zubereitung von Speisen und Getränken benötigt. Das genutzte Wasser fällt dann – im verunreinigten Zustand – fast zu 100 % wieder als Abwasser an: Wasser wird nicht verbraucht, sondern nur genutzt. Ein Verlust tritt im Allgemeinen nur durch Verdunstung im Haushalt (etwa bei der Raumreinigung) und auch als Verdunstung über den menschlichen Körper ein. So werden beispielsweise durch die Haut und die Lunge des Menschen täglich etwa 0,7 bis 2,5 l Wasser an die Luft abgegeben (Scheuermann, 1962). Dies ist jedoch eine Menge, die sicherlich durch wasserhaltige Nahrungsmittel und Flaschengetränke zusätzlich aufgenommen wird. Ein größerer Bilanzverlust (nicht wirklicher Verlust) kann sich in Einzelfällen dann ergeben, wenn man sich eines Teils des Wassers außerhalb des Haushalts entledigt oder Wasser außerhalb nutzt. Ein Beispiel ist die Gartenbewässerung. Familienmitglieder, die außerhalb der Wohngemeinde arbeiten, verschieben natürlich einen Teil der Wassernutzung und des Abwasseranfalls dorthin.

Die registrierte Wassernutzung eines Einwohners verläuft im Allgemeinen parallel mit der Größe der Siedlung, sie kann in Großstädten im Sommer leicht 200 l/Ed übersteigen, in manchen Dörfern dagegen aber 50 l/Ed unterschreiten, besonders dann, wenn ein großer Teil der Anwohner des Ortes außerhalb arbeitet.

Regional werden in Deutschland beträchtliche Differenzen in der Wassernutzung und im Abwasseranfall, aber auch in der Schmutzstoffkonzentration festgestellt. Sie sind in erster Linie auf die noch unterschiedlichen sanitären Ausrüstungen der Wohnungen zurückzuführen.

https://doi.org/10.1515/9783110588217-013

Die DIN 4045 (Begriffe der Abwassertechnik) kennt den Oberbegriff Abwasser (jegliches in die Kanalisation gelangendes Wasser) und unterscheidet darunter noch Schmutzwasser (verunreinigtes Wasser), Regenwasser, Fremdwasser, Mischwasser (die Mischung aus Schmutz-, Regen- und Fremdwasser) sowie Kühlwasser. Unter Fremdwasser versteht man Sickerwasser, das durch Undichtigkeiten in die Kanalisation eindringt, im Allgemeinen also oberflächennahes Grundwasser oder aber in gewissem Umfang Regenwasserzuflüsse über Schachtdeckel und Fehlanschlüsse bei Trennkanalisation. Ein besonders in den letzten Jahren zunehmend auftretendes Problem sind Abwasserverluste aus den Rohren in den Untergrund durch Bruchstellen, Risse und undichte Muffenverbindungen. In den Bundesländern gelten verschiedene Regelungen, die Dichtigkeit von öffentlichen Abwasserkanälen zu überprüfen. In der Regel wird dies mit Kamerabefahrungen gemacht. Die Betreiber der Kanalnetze waren angehalten, die Dichtigkeit der bestehenden Kanäle bis Ende 2015 nachzuweisen. Dies ist aber bis heute (2019) nur zum Teil umgesetzt.

Die Regeln der Technik kalkulieren bei Neuplanungen von Kläranlagen mit Richtwerten, so kann z. B. für den häuslichen und kleingewerblichen Bereich ein Spitzendurchfluss von 0,0144 m^3/h je Einwohner angesetzt werden (siehe Abschn. 13.2.3). Heute können zudem vorhandene Kläranlagen auf der Grundlage von regelmäßigen Messungen, die sich aus den länderspezifischen Eigenkontrollverordnungen (EKVO) oder auch Selbstüberwachungsverordnungen (SüwVO) herleiten, erweitert und saniert werden.

Je geringer die Menge des genutzten Wassers je Einwohner ist, desto höher ist die Schmutzstoffkonzentration des Abwassers. Von wesentlichem Einfluss hierauf sind auch die tageszeitlichen Schwankungen des Abwasseranfalls, vor allem, wenn sie durch Fremdwassereinflüsse überlagert werden.

Der zeitbezogene Mengenanfall und die jeweilige Schmutzstoffkonzentration des Abwassers am Ende der Kanalisation werden darüber hinaus noch stark von der Größe des Entwässerungsnetzes sowie von dem Gefälle und den damit im Zusammenhang stehenden Fließgeschwindigkeiten und Verweilzeiten beeinflusst. Die Grenzen der vielfältigen Möglichkeiten lassen sich mit den folgenden Beispielen verdeutlichen.

In der über eine große Fläche ausgedehnten Großstadt im Flachland mit geringem Gefälle und geringen Fließgeschwindigkeiten im Kanalisationssystem führt die unterschiedliche Verweilzeit des Abwassers von nahe der Kläranlage und von entfernter von ihr gelegenen Stadtgebieten zu einem weitgehenden Ausgleich des mit der Tageszeit schwankenden Anfalls und der Schmutzstoffkonzentration.

In einer kleinen Siedlung (Dorf) mit starkem Gefälle in den Leitungen, also sehr kurzen Verweilzeiten des Abwassers, und mit einer Bevölkerung, die fast vollzählig zur Nacht ruht, erhält man Zulaufkurven an der Kläranlage mit ausgeprägten Mengen- und Konzentrationsspitzen, vor allem am späten Mittag, aber auch früh morgens und abends, während nachts der Abwasserstrom fast versiegt.

Die Belastung des Abwassers wird weiterhin durch mögliche Zersetzungsvorgänge durch die hauptsächlich aus den Fäkalien stammenden sowie an den Wandungen der Kanalrohre angesiedelten Bakterienmassen (so genannte Sielhaut oder auch Biofilm) auf dem Wege zur Kläranlage beeinflusst. Hohe Verweilzeiten, geringe Fließgeschwindigkeiten mit faulenden Ablagerungen sowie ggf. längere Aufenthaltszeiten in Druckrohrleitungen (ohne Luftsauerstoff) führen zum Anfaulen des Abwassers, von dem besonders die leicht abbaubaren Komponenten – wie die Proteine – betroffen sind.

Einen weiteren wesentlichen Einfluss auf die Schmutzstoffkonzentration des Abwassers und auf dessen Eigenschaften üben Gewerbe- und Industriebetriebe aus. Die Variationsmöglichkeiten sind so vielseitig, dass eine eigene, umfangreiche Literatur über Industrieabwasser existiert (siehe auch allgemeine Literatur). In stark industrialisierten Ländern wie Deutschland gibt es kaum eine Stadt ohne Industrie. Aber auch in einem großen Teil der kleineren Gemeinden sind Gewerbe- und Industriebetriebe angesiedelt. Dabei handelt es sich durchaus nicht nur um traditionelle Betriebe wie Molkereien, Schlachtbetriebe, Brauereien und andere Betriebe der Nahrungsmittelproduktion. Ein gutes Beispiel für den Wandel ist z. B. die Anzahl der Molkereien, die sich in den letzten 30 Jahren sehr stark verändert hat. Die Anzahl der Molkereien sank von 500 im Jahr 1990 auf 204 im Jahr 2017 (Statistisches Bundesamt & MIV, 2016). Über die reine Nahrungsmittelindustrie hinaus findet man im ländlichen Raum auch mittlere und kleinere Betriebe der chemisch-technischen Richtung, z. B. Druckereien, metallverarbeitende Betriebe und andere. Einen sehr guten Überblick zum Anfall von Abwasser aus der Industrie und zur Wiederverwendung bzw. Kreislaufführung geben Geißen et al. (2012) und Ante et al. (2014).

Neben den industriespezifischen Inhaltsstoffen beeinflussen vor allem folgende Faktoren unterschiedlich die Beschaffenheit des anfallenden Abwassers:
- Die Konzentration an oxidierbarer Substanz als chemischer Sauerstoffbedarf (CSB) und biochemischer Sauerstoffbedarf (BSB),
- der Schwebstoffgehalt (ungelöste Stoffe),
- die in großer Zahl anwesenden Abwasserbakterien und Krankheitserreger (neben Viren und virulenten Bakterien auch Parasiten und Wurmeier),
- die Konzentration bzw. die Wirkung evtl. anwesender toxischer Stoffe (auch Mikroschadstoffe) und ggf. korrosionsfördernder Stoffe,
- die Temperatur,
- der pH-Wert.

Nahezu identische Abwässer (rein häusliche Abwässer) finden sich heute also nur noch in kleineren Kommunen ohne nennenswerte Industrie- und Gewerbeeinleitungen.

13.2 Die Untersuchung von kommunalem Abwasser

13.2.1 Überblick

Das den Haushalt verlassende Wasser ist eine Suspension, ein 2-Phasen-System aus ungelösten Stoffen in viel Wasser, das auch gelöste Substanzen und Kolloide enthält. Die gelösten Stoffe stammen zum großen Teil aus dem Trinkwasser, aber auch im Haushalt kommen einige hinzu, z. B. Natrium- und Chlorid-Ionen (aus dem Kochsalz) sowie Harnstoff. Die ungelösten Partikel aus dem Haushalt entstammen vorwiegend der Toilettenspülung (Fäkalien, Papier) und dem Küchenbereich (Essensreste usw.). Die Bedeutung der partikulären Fracht, die bis zu 50 % des chemischen Sauerstoffbedarfs beträgt, sollte für die biologische Behandlung nicht unterschätzt werden (Benneouala et al., 2017). Die partikuläre Fracht ist in erster Linie organischer Natur und den Gruppen Kohlenstoffhydrate, Fette und Proteine zuzurechnen. Ein nicht unwesentlicher Teil der Partikel stammt dabei aus dem Toilettenpapier, das im Abwasserkanal dispergiert wurde (Ruiken et al., 2013).

Ungelöste Teilchen setzen sich in einer ruhig gehaltenen Probe ab und die mit geringerer Dichte als Wasser (z. B. Fette) schwimmen auf.

Die Analytik des Abwassers ist zu einem großen Teil identisch mit den Untersuchungsmethoden des Trinkwassers (siehe Kap. 4). Auf sie wird daher nur so weit eingegangen, als besondere Eigenschaften des Abwassers das Untersuchungsverfahren beeinflussen bzw. spezielle Analysenmethoden erfordern. Die folgenden Erläuterungen gelten im Wesentlichen auch für Industrieabwasser.

Die Abwasseranalysen dienen in erster Linie zur Beurteilung bestimmter Abwässer, vor allem im Kläranlagenbereich. Man benötigt dort Kenntnisse über das Rohabwasser (Zulauf), das vorgeklärte Abwasser (Ablauf Vorklärung), das biologisch gereinigte Abwasser (Ablauf Nachklärung), bei mehrstufigen Anlagen auch den Ablauf der Zwischenklärung, weiterhin ggf. Proben aus den Schlammbehandlungsanlagen.

Die Bemessungsrichtwerte für die Kläranlagenplanung beziehen sich vor allem auf den Chemischen Sauerstoffbedarf (CSB), auf Trockensubstanzgehalte, Stickstoff- und Phosphorgehalte und die in der Zeiteinheit der Anlage zufließenden Frachten, ergänzt durch den Tagesspitzenanfall (Teichgräber und Hetschel, 2016). Wenn es also gilt, diese Frachten zu ermitteln, müssen sowohl der Zufluss registriert, wie auch die zugehörigen Schmutzkonzentrationen bestimmt werden. Dazu müssen Durchschnittsproben der genannten Abwasserarten gewonnen werden, z. B. 2-h-Mischproben über z. B. 1 bis 4 Wochen (abhängig von der Änderung der Abwasserzusammensetzung). Die Messungen sollten bei Trockenwetter erfolgen, um die Frachten korrekt zu ermitteln.

13.2.2 Probenahme

Die richtige Probenahme bildet die Grundlage für die einwandfrei aussagekräftige Analyse des Abwassers. Somit besteht das Ziel, eine Abwasserprobe von repräsentativer Zusammensetzung zu entnehmen. Man muss sich über den geeigneten Entnahmeort orientieren, über die Entnahmezeit und -dauer entscheiden und beachten, dass wegen des hohen Bakteriengehaltes und Nährstoffreichtums unter gewöhnlichen Bedingungen rasche Zersetzungen im Abwasser eintreten. Wegen der schnell wechselnden Zusammensetzung eines kommunalen, vielfach auch eines industriellen Abwassers, tragen Stichproben – im Gegensatz zum Trink- und Oberflächenwasser – hier den Charakter des Zufälligen. Für die Probenahme von Abwasser gilt die DIN 38402-11 (Ausgabe 02/2009).

Stichprobe und Sammelprobe: Bei einer Stichprobe handelt es sich um eine oder mehrere Einzelproben (im Sinne der obigen DIN) zur Beurteilung des momentanen Zustandes. Eine aus mehreren Einzelproben vereinigte Probe wird als Sammelprobe bezeichnet. Der Normalfall ist die Entnahme von Abwassersammelproben, z. B. auf dem Klärwerk. Stehen Dauerprobeentnahmegeräte nicht zur Verfügung, muss von Hand gesammelt werden. Bewährt hat sich dazu ein an einer Stange befindlicher Schöpfbecher, mit dem man in kürzerem (z. B. 10 Minuten) Zeitintervall z. B. ½ Liter des Abwassers in einen an der Probestelle stehenden Eimer schöpft. Nach dem Ablauf der Sammelzeit rührt man den Eimerinhalt um, füllt daraus eine 2-l-Probeflasche (ausreichend für die übliche Analyse) und verwirft den Rest, um danach erneut zu beginnen. Bei Rohabwasser empfiehlt es sich, das Zeitintervall für die Entnahme der Einzelproben kurz zu wählen (z. B. 2 h). Die Abläufe eines Vorklärbeckens und im Besonderen eines Nachklärbeckens sind dagegen weit ausgeglichener. Hier reicht es im Allgemeinen, halbstündig zu schöpfen.

Durchschnittsproben: Um die Belastung der einzelnen Reinigungsschritte und den Abbauwirkungsgrad bzw. Grundlagen für eine evtl. Erweiterung der Kläranlage zu ermitteln, werden in der Regel Durchschnittsproben über eine Zeitdauer von zwei bis 24 Stunden mittels einer kontinuierlichen Probenahme (Entnahme eines Abwasserteilstroms ohne Unterbrechung) oder diskontinuierlichen Probenahme (Entnahme von Einzelproben in Intervallen) entnommen. Für eine Durchschnittsprobe wird der Zulauf und – der Aufenthaltsdauer entsprechend zeitlich versetzt – der Ablauf berücksichtigt. Die Aufenthaltszeit t_R in Stunden (h) errechnet sich aus dem mittleren Zufluss $q(m^3/h)$ und dem Beckeninhalt V (m^3) nach

$$t_R = V/Q \tag{13.1}$$

Jeweils um diese Aufenthaltszeit verschoben sollten dann die Sammelzeiten für Zu- und Ablaufproben angesetzt werden.

Beispiel: Einem Klärwerk fließen im Tagesmittel Q = 500 m^3/h Abwasser zu. Es besteht in seinen wesentlichsten Bauwerken aus einem Vorklärbecken RI von V = 1000 m^3 Volumen, zwei parallel betriebenen Belebungsbecken RII von je V = 1200 m^3 Volumen und einem Nachklärbecken RIII von V = 1500 m^3 Inhalt.

Die Aufenthaltszeiten errechnen sich dann wie folgt:

$t_{RI} = V/Q = 1000\ m^3/500\ m^3/h = 2\ h$
$t_{RII} = 2400\ m^3/500\ m^3/h = 4{,}8\ h$ (gerundet 5 h)
$t_{RIII} = 1500\ m^3/500\ m^3/h = 3\ h$

Unter Zugrundelegung von 4-h-Sammelproben ergibt sich dann folgender Probeentnahmeplan für die Gewinnung von 24-h-Durchschnittsproben (Zeitdifferenz von Ablauf-Vorklärung zu Ablauf-Nachklärung $t_{RII} + t_{RIII} = 8\ h$):

Zulauf	**Ablauf-Vorklärung**	**Ablauf-Nachklärung**
06–10 Uhr	08–12 Uhr	16–20 Uhr
10–14 Uhr	12–16 Uhr	20–24 Uhr
14–18 Uhr	16–20 Uhr	00–04 Uhr
18–22 Uhr	20–24 Uhr	04–08 Uhr
22–02 Uhr	00–04 Uhr	08–12 Uhr
02–06 Uhr	04–08 Uhr	12–16 Uhr

Die Entnahme von Proben des Ablaufs eines Industriebetriebes sollte mit Dauerprobeentnahmegeräten vorgenommen werden. So kann am besten den Anforderungen der entsprechenden DIN-Norm für besondere Durchschnittsproben zur behördlichen Überwachung entsprochen werden:

„Eine bei der behördlichen Einleiterüberwachung eingesetzte besondere Form der Durchschnittsprobe ist die „qualifizierte Stichprobe". Hierunter wird eine Sammelprobe aus mindestens 5 Stichproben, die im Abstand von nicht weniger als 2 min und über eine Zeitspanne von höchstens 2 h entnommen werden, verstanden." (DIN 38402-11, Ausgabe 02/2009).

Konservierung von Proben: Wegen der schnellen Zersetzung von Abwasserproben (1 ml Abwasser kann mehrere Millionen Bakterien enthalten) ist eine Konservierung angezeigt, wenn die rasche Untersuchung nicht möglich ist.

Jedoch bleibt der zur Konservierung mögliche Zusatz von Bakteriziden, wie Chloroform (5 mg/l), konzentrierte Schwefelsäure (ca. 5 ml/l bis pH 2, verhindert vor allem NH_3-Verluste), Ätznatron (ca. 5 g/l bis pH 12, konserviert vor allem Phenole und ähnliche Verbindungen) nicht ohne Auswirkung auf die Ergebnisse später folgender Analysen. In der Tat sollte jedoch auf stark toxische Stoffe wie Chloroform verzichtet werden. Zu beachten ist, dass das Einfrieren der Proben auf etwa –18 °C zu Veränderungen führt, vor allem des Kolloidanteils (im Allgemeinen Zunahme von absetzbaren Stoffen).

Als brauchbar hat sich die Methode der Kühlung während der Probeentnahme auf etwa 4 °C erwiesen (Dauerprobeentnahmegeräte sind in der Regel mit Kühleinrichtungen versehen), wenn die Untersuchung danach innerhalb von 2 Tagen erfolgt.

Einige physikalische Größen (z. B. pH-Wert) und auch die absetzbaren Stoffe sind unverzüglich vor Ort zu bestimmen.

Wenn auch Glas als Probenflaschen-Material am geeignetsten erscheint (außer bei Gefrierkonservierung), so ist bei dem Betrieb der Abwasserprobeentnahme letztlich Kunststoff-Flaschen (z. B. aus Polyethylen oder Polypropylen) aus Gründen der Robustheit der Vorzug zu geben. Für den Fall, dass adsorbierbare oder in die Oberfläche des Kunststoffes diffundierende Stoffe bestimmt werden sollen (z. B. Hg-Salze, HKW, pharmazeutische Wirkstoffe oder weitere anthropogene Spurenstoffe), sind letztere ungeeignet und Glasflaschen die brauchbarere Variante.

13.2.3 Hydraulische Verhältnisse, Verweilzeiten, Abwassermengenmessung

Hydraulische Verhältnisse und Verweilzeiten: Vor allem aus zwei Gründen bestehen zwischen faktischen Aufenthaltszeiten des Abwassers in den Becken und den in obiger Weise errechneten Aufenthaltszeiten Unterschiede: Erstens variiert der Tageszulauf innerhalb 24 Stunden erheblich, d. h. er weicht nach unten und oben von dem mittleren Zulauf ab. Dies hat entsprechend schwankende Aufenthaltszeiten zur Folge. Zweitens fließt das Abwasser nicht entsprechend einer idealen „Pfropfenströmung“ durch die Becken. Ein Teil des Wassers bewegt sich in einer Art Kurzschlussströmung rasch hindurch, ein anderer verweilt um so länger in bestimmten wenig durchströmten Regionen. Kurzschlussströmungen können durch bauliche Maßnahmen (z. B. Zulaufverteilung, Rührwerke) nur zum Teil vermieden werden. Darüber hinaus kann der hohe Energieeintrag der Belüftung in die Belebungsbecken zu einer erheblichen Veränderung der Strömungsverhältnisse und damit auch des Verweilzeitverhaltens führen (Gresch et al., 2011)

Man kann versuchen, die hydraulischen Verhältnisse anhand von Strömungsmessungen oder mit Tracern, wie Farbstoffen (z. B. Uranin), Salzen (z. B. LiCl) oder kurzlebigen radioaktiven Isotopen (wie $^{82}Br^{-}$ mit einer Halbwertszeit von 36 Stunden (Schmidt-Bregas, 1958) zu ermitteln. Geeignet als Tracer ist bei kleinen Anlagen mit Einschränkungen auch Kochsalz (Natriumchlorid), das dann deutlich über die Grundkonzentration des Chlorids im Abwasser aufgestockt werden muss. Sein Vorteil liegt neben dem geringen Preis auch darin, dass es sehr schnell mit Hilfe der elektrischen Leitfähigkeit bestimmt werden kann.

Für die eigentliche Messung schüttet man am besten zu einem bestimmten Zeitpunkt eine vorausberechnete Menge von Lösung des Tracers an einer Stelle, die gute Vermischung garantiert, in das Abwasser (z. B. im Sandfang) und entnimmt an den interessierenden Stellen Proben im Abstand von 5 oder 10 min. Die Entnahme ist solange fortzusetzen, bis die Konzentration des Tracers nach Durchschreiten des Maximums fast wieder die Ausgangskonzentration erreicht hat. Die Auswertung ist nach graphischer Darstellung (Konzentration/Zeit) leicht möglich (vgl. auch Schmidt-Bregas, 1958).

Bestimmung der Abflussmenge: Zur Bestimmung des Abwasservolumenflusses verfügen Kläranlagen über Volumenfluss- („Mengenfluss“) Mess- und Registriereinrichtungen. Bei älteren, kleineren Anlagen wird häufig noch ein Venturi-Gerinne von rechteckigem Querschnitt eingesetzt. Unter definierten Bedingungen, die bei der Konstruktion berücksichtigt werden, besteht eine Proportionalität zwischen Wasserspiegelhöhe bzw. Wirkdruck unmittelbar vor der Venturiverengung und dem Volumenfluss. Die Spiegelveränderung wird dann mit einem Ultraschallmesskopf abgetastet, der störungsunempfindlich, weil berührungslos arbeitet. Heute ist die induktive Durchflussmessung (IDM) das Standardverfahren. Sie erlaubt sehr genaue Messungen durch Erfassung eines Induktionsstromes, der in einem zwischen zwei Elektroden angelegten Feld infolge Schneidens der Feldlinien durch das strömende Wasser entsteht. Voraussetzung ist eine stets vollständig gefüllte Leitung, was aber konstruktiv leicht zu erreichen ist.

Existiert keine Volumenflussmessung, z. B. bei einem kleineren Gewerbe- oder Industriebetrieb, kann man sie in vielen Fällen für die Untersuchung provisorisch erstellen. In einem offenen Gerinne oder im Schacht eines nicht voll gefüllten Kanalisationsrohres lässt sich ein Messwehr aus Holz, Kunststoff oder Blech anbringen, das gut an den Rändern und am Boden abgedichtet sein muss (z. B. mit Sandsäcken). Voraussetzung ist in jedem Falle ein genügendes Gefälle im Rohr oder Gerinne, sonst wird der obere Teil zum Stauraum und Absetzbecken.

Das Wehr kann in Dreiecksform oder mit waagerechter Oberkante errichtet werden. Wenn das abfließende Wasser über die Kante überläuft, lässt sich aus dem Niveau des Wassers vor dem Wehr ähnlich wie beim Venturigerinne der Volumenfluss ermitteln. Die Wasserspiegelhöhe kann man durch eine transportable Ultraschallmessanlage oder mit kapazitiv wirkenden Sonden ermitteln und mit Dataloggern speichern. Schaumbildung stört, da deren Oberfläche erfasst wird.

Sind die Voraussetzungen für die Verwendung eines Messwehres nicht gegeben, bleibt in vielen Fällen nur die Möglichkeit, das gesamte über eine bestimmte Zeit hinweg abfließende Wasser nach Sperren eines Durchflusses (z. B. mit Absperrblase) überzupumpen, wobei es vorteilhaft durch einen induktiven Durchflussmesser geleitet wird. Da die Betriebe alle über eine Wasseruhr der jeweiligen Wasserversorgung verfügen sollten, kann dies zusätzlich genutzt werden.

13.2.4 Abwasseranalytik

13.2.4.1 Allgemeines

Eine chemische Vollanalyse des Abwassers wäre weder sinnvoll noch finanzierbar, handelt es sich bei den Inhaltsstoffen doch um Tausende von Stoffen in unterschiedlichster Konzentration, wobei die Zusammensetzung sich überdies noch fortlaufend verändert.

Die quantitative Analyse beschränkt sich daher – je nach vorgegebenem Zweck – auf wenige Einzelsubstanzen (Einzelparameter, hauptsächlich die anorganischen Komponenten) und einige Summen- und Gruppenparameter.

Unter einem Summenparameter werden alle Stoffe summarisch zusammengefasst, die von einer bestimmten Analysenmethode erfasst werden. Sie können von der chemischen Zusammensetzung her gänzlich unterschiedlich sein. Die Konzentration wird dann in einem einzigen Zahlenwert ausgedrückt. Unter diese Gruppe fallen z. B.:

– Elektrische Leitfähigkeit bei 25 °C	κ_{25} in mS/m
– biochemischer Sauerstoffbedarf	BSB (BOD) in mg/l O_2
– chemischer Sauerstoffbedarf	CSB (COD) in mg/l O_2
– gesamter organischer Kohlenstoff	TOC in mg/l C
– gelöster organischer Kohlenstoff	DOC in mg/l C
– Glühverlust	GV g/g oder %

Als Gruppenparameter werden in einem Zahlenwert die Stoffe erfasst, die untereinander eine bestimmte chemische Verwandtschaft oder das gleiche Element oder gleiche Wirkgruppe aufweisen. Darunter fallen vor allem:
- Gesamtstickstoff $N_{ges.}$ in mg/l N
- organisch gebundener Stickstoff $N_{org.}$ in mg/l N
- adsorbierbare Halogenkohlenwasserstoffe AOX in mg/l Cl
- Säure- und Basekapazität (oder Bindungsvermögen) in mmol/l H_3O^+ bzw. OH^-
- Proteine
- Fette
- Kohlenhydrate
- Tenside
- organische Säuren

Neben der eigentlichen Abwasseranalytik gehört in diesen Bereich auch die Untersuchung von Schlämmen. Nachstehend werden einige spezifische Abwasseruntersuchungen erläutert und wichtige Gesichtspunkte herausgestellt. Zur detaillierten Analytik wird auf Kap. 4 und ansonsten auf Fachbücher verwiesen (siehe Abschnitt 13.5 Literatur).

Photometer mit Fertigreagenzien werden seit Jahren – insbesondere auf Kläranlagen – zur Eigenüberwachung eingesetzt. Die Ergebnisse dieser Analysenmethoden können nun auch gesetzlich anerkannt werden. Dies wurde mit dem Inkrafttreten der Abwasserverordnung vom März 1997 möglich und entspricht auch der Vorgehensweise bei der Trinkwasseruntersuchung (siehe Kap. 4). Die Ergebnisse, können unter bestimmten Bedingungen somit denen der staatlichen Überwachung gleichgestellt werden.

13.2.4.2 Äußere Charakterisierung

Zur äußeren Charakterisierung dienen die Eigenschaften des Abwassers, die mit den Sinnesorganen festgestellt werden können: Färbung, Trübung und Geruch. Je nach

Anforderung an die Genauigkeit und Objektivität der Feststellung stehen auch Messgeräte zur Verfügung. Selbstverständlich unterbleibt die sonst bei sensorischen (organoleptischen) Untersuchungen, z. B. von Trinkwasser, einbezogene Geschmacksprobe, denn Abwasser enthält zu viele suspendierte Keime, und zwar Fäkalbakterien, Viren und sogar Parasitenformen, d. h. neben harmlosen Mikroorganismen auch Krankheitserreger.

Am leichtesten sind die genannten Eigenschaften zu beurteilen, wenn man 1 Liter Abwasser in einen Imhoff-Trichter (ein nach unten konisch verlaufendes Gefäß) gebracht hat, das ohnehin zur Bestimmung der absetzbaren Stoffe gebraucht wird. Die Angaben sind zwar subjektiv, erlauben aber Vergleiche zu anderen Proben aus derselben Anlage und lassen auch manchmal spezielle Einflüsse erkennen, z. B. von Industrieabwasser, Molke, Schlachthofblut, Jauche und anderen Bestandteilen.

Die **Färbung** ist einfach zu bestimmen, es genügt im Allgemeinen eine ungefähre Angabe. Farbvergleichstafeln werden bei kommunalem Abwasser nur vereinzelt herangezogen. Die Benennung kann mit folgenden Attributen erfolgen: schmutziggelblich, grau bis grauschwarz. Biologisch gut gereinigtes Abwasser weist einen hellen gelb-braunen Ton auf.

Farbstoffeinflüsse (z. B. wenn Abwasseranteile von Textilbetrieben enthalten sind) können natürlich das Aussehen erheblich beeinflussen. Man sollte die mengenmäßige Bedeutung solcher Farbstoffe aber nicht überschätzen, genügen doch bereits winzigste Mengen, um etwa einen Kubikmeter Abwasser intensiv zu verfärben.

Für spezielle Anwendungen im Industriebereich oder auch Trinkwasserproblematiken kann die Färbung mittels einer Farbskala oder eines Fotometers als sog. Platin/Kobaltfarbzahl in mg/l bestimmt werden (DIN EN ISO 7887). Hier wird die Farbe der Probe mit der Farbe definierter Verdünnungen von Kaliumhexachloroplatinat(IV) und Kobalt(II)chlorid verglichen. Die **Trübung** ist definiert als die Verringerung der Durchsichtigkeit einer Probe, verursacht durch die Gegenwart ungelöster Substanzen. Eine grobe, subjektive Einschätzung kann in folgenden Kategorien vorgenommen werden: klar, fast klar, schwach trüb, mäßig trüb, stark trüb, fast undurchsichtig, undurchsichtig. Zur reproduzierbaren Messung stehen Trübungsmessgeräte zur Verfügung, die entweder als Tauchsonde für die Messung im Becken oder Gerinne oder als Laborgerät für Einzelproben ausgeführt sind. Das Messprinzip beruht auf der Schwächung der Intensität eines Lichtstrahls, der durch Partikel abgelenkt wird. Je mehr Partikel in der Probe sind, je trüber sie also ist, desto mehr Licht wird gestreut (DIN EN ISO 7027). Die Ergebnisse werden in Formazin-Schwächungseinheiten (FAU oder NTU) angegeben.

Zur Bestimmung der Sichttiefe kann eine Sichtscheibe (weiße Kachel) an einer Messkette im Absetzbecken der Anlage getaucht werden; die erhaltenen Werte sind aber nicht unabhängig von der natürlichen Beleuchtung.

Der **Geruch** eines Abwassers kann nach der folgenden Bezeichnungsskala benannt werden: ohne Geruch, frisch, erdig, dumpf, fäkalisch, faulig, jauchig, widerlich stinkend. Durch zugesetztes „schwach“ oder „stark“ kann man noch einen Hinweis auf die Intensität geben. Für spezielle Anforderungen besonders bei Industrieabwässern kann mit Anwendung des Verfahrens DIN EN 1622 ein Geruchsschwellenwert GSW (TON, Threshold odour number) bestimmt werden. In einer sorgfältigen und reproduzierbaren Verdünnungsreihe mit einem geruchsfreien Wasser bestimmt man das Verhältnis, bei dem kein Geruch mehr wahrnehmbar ist.

13.2.4.3 Absetzbare Stoffe (Schlammstoffe) und Glührückstand

Die Methode zur Bestimmung absetzbarer Stoffe lehnt sich an die in den Absetzbecken der Kläranlagen ablaufenden Sedimentationsvorgänge an. Die Absetzzeit beträgt 2 Stunden. Man füllt die Abwasserprobe bis zur 1-Liter-Marke in 10 Imhoff-Trichter (Verfahren mit 10 Liter Probevolumen, vgl. vereinfachtes Verfahren mit 2 Liter Probevolumen nach DIN 38409-9). Schlammteilchen mit einem spezifischen Gewicht größer als das des Wassers setzen sich nach unten ab, leichtere schwimmen evtl. auf (im Allgemeinen vernachlässigbar geringe Anteile). Um an den Schrägwandungen haftende Flocken zu lösen, dreht man die Gefäße nach 20, 50, 80 und 110 Minuten ruckartig dreimal um die Vertikalachse um etwa 90 Grad. Nach Ablauf der zwei Stunden liest man die Spiegelhöhe der Schlammstoffe an der feinen Stricheinteilung im unteren Teil der Trichter ab. Der Mittelwert und der statistische Vertrauensbereich sind stets als Ergebnis anzugeben.

Rohabwasser enthält im Regelfall ca. 2 bis 10 ml/l absetzbare Stoffe, gelegentlich etwas mehr. Abläufe von Absetzbecken (Vorklärbecken, Nachklärbecken) sollen möglichst 0,2 bis 0,3 ml/l nicht überschreiten. Ist dies doch der Fall, kann die Ursache in so genannter hydraulischer Überlastung, Überlastung mit Schlammstoffen, ungenügendem Abzug von Schlamm aus dem Becken, manchmal auch an Kurzschlussströmungen im Becken liegen, die durch Wind oder Sonneneinstrahlung oder durch Einbauten hervorgerufen werden.

Der Gehalt an absetzbaren Stoffen im Rohabwasser dient zur Berechnung des täglichen Schlammanfalles und zusammen mit dem Restgehalt im Ablauf des Vorklärbeckens zur Errechnung des Wirkungsgrades des Beckens.

Die Massenkonzentration der absetzbaren Stoffe im Abwasser wird nach DIN 38409-10 bestimmt. Die Abwasserprobe (1 Liter) wird in einen Imhoff-Trichter überführt und wie oben beschrieben behandelt. Die abgesetzten Stoffe werden dann nach Weggießen des größten Teils des überstehenden Wassers abfiltriert und die Trockenmasse ermittelt.

Die Masse der im Abwasser enthaltenen absetzbaren Stoffe wird auf das Volumen der Absetzprobe (1 Liter) bezogen (Angabe in mg/l). Von dieser Masse kann man weiterführend den organischen und anorganischen Anteil bestimmen. Durch einstündiges Verglühen der gewonnenen Trockensubstanz im Glühofen (mitsamt dem Filter in einem Porzellantiegel) bei 550 °C (eine Temperatur, bei der $CaCO_3$

noch nicht merkbar zersetzt wird) gewinnt man eine Asche, den Glührückstand (GR).

Sollte sich durch schwarz gefärbte Anteile in der Asche anzeigen, dass noch Reste organischer Substanz vorhanden sind, muss erneut geglüht werden, evtl. nach Befeuchten mit einer verdünnten Ammoniumnitratlösung. Wägen des Glührückstandes nach Abkühlung im Exsikkator und Errechnen der Differenz zur Trockensubstanz führt zum Glühverlust (GV) des Schlammes, ein Wert, der im Allgemeinen dem Anteil organischer Stoffe gleichgesetzt wird.

Bei belebtem Schlamm kann der GV auch direkt als Gehalt an organischer Trockensubstanz (oTS) angegeben werden, es handelt sich überwiegend um homogene Biomasse und anorganische Verbindungen, die sich in ihrer Zusammensetzung üblicherweise nur über größere Zeiträume von Wochen ändert. Bei Rohabwasser wird der GV sehr vom Anteil anorganischer Bestandteile beeinflusst, der täglich schwanken kann. Er liegt im Allgemeinen zwischen 60 % und 85 % der Trockensubstanz.

13.2.4.4 Abfiltrierbare Stoffe

Unter abfiltrierbaren Stoffen versteht man die ungelösten Schwebstoffe inklusive Sink- und Schwimmstoffe (DIN 38409-2). In Anlehnung an den angelsächsischen Sprachgebrauch (SS „suspended solids“) spricht man auch von suspendierten Stoffen. Die einfachste und über lange Zeit gebräuchlichste Methode war die Filtration einer bestimmten Abwassermenge durch ein Papierfilter. Ungenauigkeiten der Methodik, die vom Papierfilter herrühren und sich vor allem bei sehr kleinen Schwebstoffgehalten auswirken, können durch Verwendung von Membranfiltern vermieden werden. Bei Membranfiltern ist allerdings das filtrierbare Volumen aufgrund der geringen Porengröße sehr begrenzt. Einen guten Kompromiss stellt das Verfahren DIN EN 872 dar, in dem die Bestimmung der suspendierten (= abfiltrierbaren) Stoffe über Glasfaserfilter genau festgelegt ist.

Vor einer evtl. anschließenden Bestimmung des Glühverlustes (DIN 38409-2) sollten Membranfilter im Tiegel mit reinem Alkohol befeuchtet und angezündet werden, um Verpuffungen zu vermeiden.

Kommunales Abwasser enthält ca. 300 bis 400 mg/l Gesamt-Schwebstoffe, nach der Vorklärung noch etwa 100 mg/l, und gut biologisch gereinigtes Abwasser sollte weniger als 10 mg/l aufweisen.

13.2.4.5 Säure- bzw. Lauge-Bindungsvermögen

Das Säure- bzw. Lauge-Bindungsvermögen (DIN EN ISO 9963) wird bei Industrieabwässern bestimmt, um den Bedarf an Neutralisationsmitteln zu ermitteln, wenn der pH-Wert des Abwassers außerhalb des pH-Bereichs von pH 6,5 bis 9 liegt. Die Methode ist identisch mit der Bestimmung der Säure- bzw. Basekapazität von Wasser (siehe Abschn. 3.2 und Abschn. 4.6.4). Abwasser ist meist mehr oder weniger durch verschiedene Stoffe stark gepuffert. Daher sind aus dem pH-Wert keine Rückschlüsse auf den Gehalt an Kohlensäure und Hydrogencarbonat möglich. Meistens ergibt sich auch eine erhebliche Differenz der Werte zwischen filtrierter und unfiltrierter Probe. Welche Probe verwendet wird, ergibt sich aus der Aufgabenstellung.

Basisches Abwasser ist im Übrigen für die Kanalisation und die Abwasserreinigung weit weniger schädlich als saures. Das liegt zum einen daran, dass ein nicht zu großer Anteil basischen Industrieabwassers im Gesamtabwasser selten zu einem pH-Wert > 8 führt (der Bereich pH 7,2 bis 7,8 ist für die Klärung optimal). Zum anderen werden höhere pH-Werte bei der biologischen Reinigung durch das beim biochemischen Abbau entstehende Kohlenstoffdioxid leicht neutralisiert. Niedrige pH-Werte (pH < 6,5) können dagegen Korrosion in den Entwässerungsanlagen verursachen und führen erfahrungsgemäß in der aerob-biologischen Stufe häufig zu Schlämmen mit schlechten Absetzeigenschaften durch bevorzugtes Wachstum von Fadenorganismen (Blähschlamm).

Da jede Neutralisation mit Mineralsäuren letztlich den Salzgehalt von Abwasser und Gewässern erhöht (z. B. Sulfatgehalt bei Verwendung von Schwefelsäure) sollte sie für basisch reagierendes Abwasser nur gefordert werden, wenn sich anderweitig Nachteile ergeben würden. Auf die besondere Bedeutung von Sulfat als Beton und Mörtel angreifende Substanz soll hier nur hingewiesen werden.

13.2.4.6 Übersicht über die Bestimmung von organischen Substanzen

Im Gegensatz zu anorganischen Wasserinhaltsstoffen handelt es sich bei den organischen Stoffen im Abwasser um eine immense Vielfalt diverser Substanzen in stark wechselnder Zusammensetzung. Dominierende organische Substanzen in kommunalem Abwasser sind Proteine und deren Abbauprodukte bis zu den Aminosäuren sowie Kohlenhydrate und Fette. Diese Stoffe werden durch unterschiedliche Analysen in Einzel-, Gruppen- oder Summenparametern erfasst, wie sie in Tabelle 13.1 dargestellt sind.

Die Genauigkeit der Methoden der Abwasseranalytik liegt in der Praxis bei Messunsicherheiten von mindestens 5 % bei den chemischen und physikalischen, und sogar bis 20 % bei den biochemischen Verfahren. Besondere Sorgfalt muss auch auf die Probeentnahme und die Probenvorbereitung gelegt werden.

Der früher vielfach gemessene **Permanganatindex (Kaliumpermanganat-Verbrauch)** zur Bestimmung organischer Substanz im Abwasser (EN ISO 8467) hat erheblich an Bedeutung verloren. Dem Vorteil der Einfachheit der Methode steht der Nachteil der Unsicherheit der Ergebnisse gegenüber. Während des 10 Minuten dauernden Kochvorganges werden bei weitem nicht alle organischen Abwasserinhaltsstoffe durch das Kaliumpermanganat bis zur Endstufe oxidiert. Insbesondere

Tab. 13.1: Übliche Abkürzungen zur Bestimmung oxidierbarer Substanzen und Substanzen mit Hetero-Atomen bei der Analyse von Wasser- und Abwasserproben.

AOS	Adsorbierbarer organischer Schwefel (organische Schwefelverbindungen), ausgedrückt als mg/l S
AOX	Adsorbierbares organisches Halogen (organische Halogenverbindungen, siehe Sontheimer, 1982) bzw. organische Chlorverbindungen, ausgedrückt als mg/l Halogen (bzw. Chlor)
BOD	„Biochemical Oxygen Demand“ = BSB
BSB	Biochemischer Sauerstoffbedarf (englisch BOD); der Index 5 (BSB_5) oder 20 (BSB_{20}) gibt die Bebrütungsdauer in Tagen bei 20 °C an
COD	„Chemical Oxygen Demand“ = CSB
CSB	Chemischer Sauerstoffbedarf (englisch COD), vorwiegend bestimmt nach der Dichromat-Methode
DOC	„Dissolved Organic Carbon“ = Kohlenstoff in gelösten organischen Verbindungen (nach Filtration durch Membranfilter mit 0,45 µm Porengröße)
DOCl	„Dissolved Organic Chlorine“ = gelöstes organisches Chlor
DOS	„Dissolved Organic Sulfur“ = gelöster organischer Schwefel
DOX	„Dissolved Organic Halogens“ = gelöste organische Halogene
EOCl	Extrahierbares organisch gebundenes Chlor
EOS	Extrahierbarer organisch gebundener Schwefel
EOX	Extrahierbares organisches Halogen
POX	„Purgeable Organic Halogens“ = ausblasbare organische Halogene
TC	„Total Carbon“ = Kohlenstoff der Gesamtheit aller organischen und anorganischen Verbindungen, auch der erfassten ungelösten Stoffe und Kolloide (Suspensa)
TIC	„Total Inorganic Carbon“ = Kohlenstoff der anorganischen Verbindungen (im Allgemeinen nach Ansäuern als CO_2 abgetrennt)
TOC	Total Organic Carbon“ = Differenz aus TC-TIC, Kohlenstoff der Gesamtheit der organischen Stoffe, auch der Suspensa
TOD	„Total Oxygen Demand“ = Sauerstoffbedarf, um TOC in CO_2 zu überführen, wobei Hetero-Atome ihre Wertigkeit nicht ändern
TOCl	„Total Organic Chlorine“ = gesamtes organisches Chlor
TOS	„Total Organic Sulfur“ = gesamter organischer Schwefel
TOX	„Total Organic Halogens“ = gesamte organische Halogene
VOCl	„Volatile Organic Chlorine“ = flüchtiges organisches Chlor
VOX	„Volatile Organic Halogens“ = flüchtige organische Halogene

gilt dies für aliphatische organische Säuren, die kaum angegriffen werden. Ein erhöhter Anteil von Schmutzstoffen in Form von organischen Säuren, der z. B. durch fortgeschrittene Zersetzung von Abwasser entstanden sein kann, wird also mit der Messung des $KMnO_4$-Verbrauchs nicht erkannt.

13.2.4.7 Chemischer Sauerstoffbedarf (CSB; Kaliumdichromat-Methode)

Die Bestimmung des Chemischen Sauerstoffbedarfs (CSB; Kaliumdichromat-Methode) ist eine der wichtigsten Methoden der Abwasseranalytik. Im Abwasserabgabengesetz stellt der CSB einen der wichtigsten Faktoren zur Berechnung der so genannten Schadeinheiten zur Berechnung der Abwasserabgabe dar (Abwasserabgabengesetz, AbwAG). Deswegen wird die Methode hier ausführlich erörtert.

Schon vor mehreren Jahrzehnten wurden Bemühungen um eine chemische Oxidationsmethode mit reproduzierbaren Ergebnissen unternommen. Dies konnte nur erreicht werden, indem die Oxidationsbedingungen so verschärft wurden, dass die vorliegenden organischen Stoffe nahezu bis zu den Endprodukten (CO_2 und H_2O) oxidiert werden. Ein gangbares Verfahren wurde in der kombinierten Anwendung von Kaliumdichromat mit einem hohen Anteil konzentrierter Schwefelsäure bei zweistündigem Kochen am Rückflusskühler gefunden.

Auf die Beseitigung der Chlorid-Störung wurde besonderer Wert gelegt. Da die Ergebnisse sowohl von der Konzentration der oxidierbaren Stoffe, von der Chloridkonzentration, wie auch von der Methode zur Beseitigung der Chlorid-Störung abhängig sind, wurden mehrere Verfahren zur CSB-Bestimmung veröffentlicht. Zu unterscheiden sind einerseits CSB über 15 mg/l (DIN 38409-41) bzw. 5 bis 50 mg/l (DIN 38409-44), jeweils unterteilt nach Chloridkonzentrationen bis 1 g/l bzw. bis 0,3 g/l. Als wesentliche Ergänzung ist das Verfahren der CSB-Bestimmung mittels Küvettentests zu nennen (DIN 38409-45).

Das genormte Verfahren entspricht der Anlage zur Verordnung über Anforderungen an das Einleiten von Abwasser in Gewässer (Abwasserverordnung), es handelt sich um ein sogenanntes Referenzverfahren.

Eine Reihe von Firmen hat Geräte auf den Markt gebracht, die als CSB-Küvetten-Test-Geräte bezeichnet werden und der schnellen und relativ einfachen Bestimmung des CSB von Proben dienen sollen. Die Bestimmung basiert hier auf der Oxidation der Wasserinhaltsstoffe mit Chromschwefelsäure unter Zusatz von Silbersulfat als Katalysator und Quecksilbersalzen zur Chloridmaskierung. Die Reaktion erfolgt in vorgefertigten, die erforderlichen Reagenzien enthaltenden Reaktionsgefäßen, die nur für die Zugabe der Probe geöffnet werden müssen. Die verbrauchten Röhrchen werden meist von den Herstellern kostenlos fachgerecht entsorgt. Die Auswertung erfolgt photometrisch, wobei die Farbverschiebung des orange-gelben $Cr_2O_7^{2-}$ zum grünen Cr^{3+} ausgenutzt wird.

Im Labor werden zur CSB-Bestimmung Titrierstände mit entsprechenden Probenwechslern eingesetzt.

Zur kontinuierlichen Messung auf einer Kläranlage werden Analysengeräte mit unterschiedlichen Messprinzipien angeboten, die in bestimmter, mehr oder weniger guter Relation zum Messverfahren mit Kaliumdichromat stehen. Diese Verfahren sind gerätetechnisch relativ aufwendig und erfordern entsprechende Betreuung. Sie sind in bestimmten Industriebereichen interessant, wo die CSB-Kontrolle möglichst genau dem Referenzverfahren entsprechen sollte.

Mehr und mehr interessant für orientierende CSB-Messungen ist der Einsatz sog. Multiparametersonden. Diese arbeiten auf Grundlage der Photometrie und sind als Tauchsonden mit einem wenige cm breiten Messspalt, der quasi die Küvette darstellt, ausgebildet. Mit ihnen können verschiedene Parameter, für die keine Anfärbung der Wasserprobe notwendig ist, wie die Trübung, NOx und der spektrale Absorptionskoeffizient SAK_{254} real gemessen werden. Im Wellenlängenbereich von 254 nm werden viele organische Substanzen erfasst, so dass hier eine direkte Abhängigkeit der Messergebnisse zum CSB der Dichromatmethode angenommen werden kann. Diese Annahme muss durch Vergleichsreihen mit Laborergebnissen ausführlich bestätigt werden. Durch intelligente Software, die ggf. auch die Trübung berücksichtigt, lässt sich z. B. der CSB auf Grundlage der SAK_{254}-Messungen darstellen. Die Gültigkeit der Messungen muss für jeden Messort bzw. jedes Abwasser überprüft werden (siehe hierzu auch Abschnitt 13.3.5.4 mit verfügbaren on-line Sensoren).

13.2.4.8 Organisch gebundener Kohlenstoff (TOC und DOC)

Der gesamte organische Kohlenstoff (TOC) wird durch Oxidation aller organischen Stoffe, auch der Trübstoffe, zu CO_2 und den anschließenden spezifischen Nachweis von CO_2 bestimmt. Bei den meisten Geräten wird die Probe in einer Brennkammer mit regelbarer Temperatur bei 500 bis 1250 °C verbrannt. Als Trägergas dienen Sauerstoff, synthetische Luft, Argon oder Luft. Viele der genannten Geräte sind mit einem TOC-Autosampler – teilweise zur Analyse von Feststoffen, Flüssigkeiten und Gasen – ausgestattet. Angemessene Software ist inzwischen Standard. Die Bestimmungsgrenze liegt je nach Gerät zwischen 0,004 und 1 mg/l C. Die Bestimmung weiterer Parameter, wie z. B. TIC, TC, DOC, ist möglich.

Bei anderen TOC-Messgeräten erfolgt die Oxidation organischer Stoffe zu CO_2 durch Kombination von Ammoniumpersulfat und UV-Licht mit einer Diffusions- und Leitfähigkeitsmessung. Der Messbereich dieser neuartigen Geräte liegt zwischen 0,05 mg/l C und 50 mg/l C. Die TOC-Bestimmung kann auch durch Küvettentests erfolgen. Dabei wird der in der Probe befindliche gebundene Kohlenstoff nasschemisch mittels Aufschlussreagenz zu CO_2 oxidiert. Während der Aufschlusszeit diffundiert das gebildete CO_2 durch eine Membran in eine Messküvette, die mit einem Farbindikator und einer pH-Pufferlösung gefüllt ist. Mit einem Photometer wird anschließend die CO_2-abhängige pH-Verschiebung mittels der Farbänderung bestimmt. Durch den gasdichten Aufbau ergeben sich keine Minderbefunde. Dieser Küvettentest ist z. B. für die so genannte Selbstüberwachung von Abwasser im Sinne des Abwasserabgabengesetzes gedacht. Die Methode sollte jedoch mit der zuständigen Kontrollbehörde abgestimmt werden, wenn die Ergebnisse zur Berechnung der Abwasserabgabe herangezogen werden sollen.

Über den reinen Summenparameter DOC hinaus besteht die Möglichkeit, mit Hilfe einer Flüssigchromatographie (LC) und anschließender Kohlenstoff-, UV(254 nm)- und Stickstoffdetektion mehr über die Zusammensetzung des gelösten organischen Kohlenstoffs zu erfahren (Frimmel und Abbt-Braun, 2011). Die Methode ist unter der Abkürzung LC-OCD oder LC-DOC bekannt. Zur chromatographischen Auftrennung

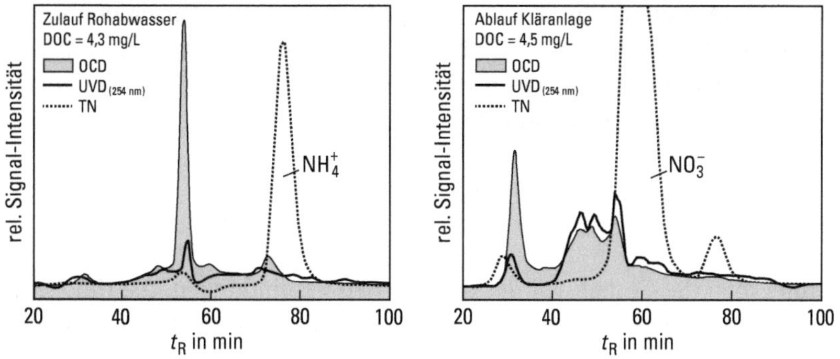

Abb. 13.1: Größenausschlusschromatogramm (SEC) mit Detektion des organischen Kohlenstoffs, UV-Detektor (254 nm), und Stickstoffdetektion (OCD, UVD, TN) von kommunalem Abwasser im Zulauf der Kläranlage (Verdünnung 1:16, DOC = 68,8 mg/l) und im Ablauf Nachklärung (Verdünnung 1:2, DOC = 9 mg/l). Die größeren Moleküle habe kurze Retentionszeiten, die kleineren kommen am Ende des Chromatogramms. Details des Experiments: TSK HW-50S Harz, Phosphatpuffer (26,8 mmol/l). Nominaler Bereich der SEC für die Kalibrierung: 2.000.000 g/mol and 32 g/mol. Kläranlage (875.000 EW). (Die Grafik wurde entnommen aus dem Ullmann, Telgmann et al., 2019).

wird die Größenausschlusschromatographie (SEC) verwendet. Die Retentionszeit der einzelnen Komponenten sollte theoretisch mit dem jeweiligen Molekulargewicht (MW) korrelieren. Da die aufgetrennten Moleküle aus dem Abwasser nicht wirklich bekannt sind, kann allerdings keine Kalibrierung vorgenommen werden. Darüber hinaus wechselwirken Moleküle mit dem Säulenmaterial, was ebenfalls die genaue Identifikation der aufgetrennten organischen Komponenten erschwert. Unabhängig davon eignet sich die LC-OCD sehr gut, um unbehandelte und behandelte Abwässer miteinander zu vergleichen.

Abb. 13.1 zeigt zwei typische LC-OCD (UV(254nm), TN)-Chromatogramme für den Zu- und Ablauf einer kommunalen Kläranlage mit 875.000 EW. Das Chromatogramm des Zulaufs zeigt ein intensives Signal im mittleren bis niedrigen Bereich des MW. Darüber hinaus ist wenig UV-Signal zu erkennen, was auf einen geringen Anteil aromatischer Komponenten hinweist. Ein intensives Signal gibt Ammonium, das die Hauptform des im Abwasser enthaltenen Stickstoffs im Zulauf zur Kläranlage abbildet.

Durch die Behandlung sinkt der DOC von 68,8 mg/l auf 9 mg/l. Es ist sehr schön zu sehen, dass sich die Zusammensetzung des Abwassers in Bezug auf den organischen Kohlenstoff und den Stickstoff nachhaltig verändert hat. Relativ steigt der Anteil der größeren Moleküle an, die offensichtlich biologisch nicht so leicht abbaubar sind. Auch ist der Anteil der UV absorbierenden Fraktion organischer Moleküle bei den mittleren und niedrigen MW höher. Stickstoff wurde weitestgehend zu Nitrat umgesetzt.

Im Hinblick auf die Dimensionierung von Belebungsanlagen (Teichgräber und Hetschel, 2016) ist die LC-OCD eine Möglichkeit, den verfügbaren organischen Kohlenstoff auszudifferenzieren. Wie in Abb. 13.1 gezeigt, wird die Verschiebung der Fraktionen sehr schön abgebildet. Dies gilt letztendlich nicht nur für den Abbau, sondern auch für die Bildung von gelöstem organischen Kohlenstoff, wenn Biomasse z. B. aufgeschlossen wird (Fatoorehchi et al., 2018).

13.2.4.9 Adsorbierbare organische Halogenverbindungen (AOX)

Zu AOX rechnet man die Gesamtheit der organischen Verbindungen, die Halogene, nämlich Chlor, Brom oder Iod, enthalten und die sich an Aktivkohle adsorbieren lassen (Sontheimer, 1982). Gearbeitet wird mit einer speziellen Apparatur. Vorab wird die abgemessene Probe durch ein Aktivkohlefilter geschickt oder mit Pulverkohle geschüttelt. Dabei wird in salpetersaurer Lösung gearbeitet und mit $NaNO_3$-Lösung nachgespült, um die anorganischen Halogenide, hauptsächlich Chlorid, von der Aktivkohle zu entfernen. Diese wird anschließend verbrannt, wobei die gesuchten Halogene in leicht bestimmbare Halogenid-Ionen übergehen und durch Mikrocoulometer oder Ionenchromatographen bestimmt werden. Das Ergebnis wird in mg/l Cl angegeben, ausgedrückt als mg/l AOX. An die Kohle adsorbieren vor allem die schwerer flüchtigen und die unpolaren Verbindungen. Es wird in Kauf genommen, dass diese Methode bei weitem nicht alle im Abwasser evtl. vorliegenden Halogenkohlenwasserstoffe (HKW) erfasst.

Die mögliche Belastung mit Halogenkohlenwasserstoffen (HKW) ist wegen ihrer gesundheitlich bedenklichen Eigenschaften in schon geringen Konzentrationen (vor allem die Trihalogenmethane, Trichlorethylen, Tetrachlorethylen) sowohl bei der Trinkwassseraufbereitung als auch in bestimmten Industrieabwässern zu beachten. Dabei sind nicht nur die in Abwasser und Abfall geratenden Lösungsmittel in Betracht zu ziehen, sondern auch die bei Oxidationsvorgängen im Wasser und Abwasser (z. B. durch Chlordesinfektion) entstehenden HKW, die Desinfektionsnebenprodukte (DNP).

13.2.4.10 Übersicht über Bestimmung und Bedeutung des biochemischen Sauerstoffbedarfs (BSB)

Die Ermittlung des BSB beruht auf der Stoffwechseltätigkeit aerober Mikroorganismen, die beim Abbau organischer Wasserinhaltsstoffe Sauerstoff verbrauchen. Die biochemischen Prozesse benötigen weit mehr Zeit als chemische Oxidationsreaktionen. Üblich ist die Bestimmung des BSB über einen Zeitraum von 5 Tagen (BSB_5). Er wird, wie der CSB, in mg/l Sauerstoff angegeben. Voraussetzungen für einen ungestörten Verlauf der Bestimmung sind optimierte Versuchsbedingungen:
- Die Inkubation findet üblicherweise bei 20 °C statt;
- nach Verbrauch des Substrats (organische Inhaltsstoffe) in der Abwasserprobe lässt die Bakterienaktivität nach (das Substrat ist der Minimumfaktor im Reaktionsgefäß);

- ausreichende Versorgung mit Sauerstoff, Nährsalzen (Stickstoff- und Phosphorverbindungen) und Spurenelementen wird gewährleistet;
- der pH-Wert liegt in einem für die Bakterien günstigen Bereich;
- evtl. wird hinreichende Turbulenz hergestellt, um einen besseren Kontakt von Substrat und Mikroorganismen zu gewährleisten, insbesondere, wenn Feststoffe enthalten sind;
- die Inkubation erfolgt im Dunkeln, um eine evtl. Algentätigkeit und die damit verbundene Sauerstoffproduktion, die das Messergebnis verfälschen würde, zu verhindern;
- eine toxische Wirkung der Inhaltsstoffe auf die Bakterien sollte in der angesetzten Probe nach Möglichkeit nicht auftreten. Bei der Bestimmung des BSB in einer Probenreihe mit unterschiedlicher Verdünnung durch Wasser (Verdünnungsreihe) kann eine toxische Wirkung erkannt werden, weil der BSB_5 in der verdünnten Probe umgerechnet höher ist als in der unverdünnten Probe;
- „Die erhaltenen Ergebnisse sind das Resultat einer Kombination von biochemischen und chemischen Reaktionen. Sie haben keinen exakten und eindeutigen Charakter, wie beispielsweise die eines einzelnen, gut definierten chemischen Prozesses. Dennoch liefern sie einen Hinweis, der auf die Beschaffenheit von Wässern schließen lässt“ (EN 1899-1).

Diese Methode kommt den natürlichen Reinigungs-(Abbau)vorgängen in der Kläranlage und im Oberflächengewässer, in die das gereinigte Abwasser fließt, am nächsten. Die aerobe Oxidation, die nicht in der Kläranlage geleistet wird, findet im Vorfluter statt und führt zu einer Zehrung des gelösten Sauerstoffs in den nachfolgenden Flüssen und Seen, verbunden mit einer verstärkten Bildung von sauerstofffreiem Schlamm.

Die Bakterien verwenden einen Teil des Substrats zum Aufbau neuer Zellsubstanz. Die organischen Stoffe werden in 5 Tagen nie vollständig oxidiert. Der BSB für die organischen Inhaltsstoffe wird stets kleiner sein als der CSB.

Imhoff (1999) rechnet mit einer täglichen Schmutzstoffabgabe eines Einwohners von 60 g BSB_5, gemessen als O_2, von denen normalerweise 1/3 auf absetzbare Stoffe entfällt, so dass im abgesetzten Rohabwasser bzw. Ablauf eines mechanischen Absetzbeckens (Vorklärbecken) nach 2 h Absetzzeit noch 40 g BSB_5 je Einwohner und Tag vorliegen (siehe Tabelle 13.2).

Die Sauerstoffzehrung verläuft am Anfang schnell, d. h. die Kurven zeigen in den ersten Tagen einen steilen Anstieg. Nach etwa 20 Tagen verlaufen sie nur noch sehr flach, einerseits, weil dann nur noch vorwiegend schwer abbaubare Stoffe übrig sind, andererseits auch, weil viele der Mikroorganismen bereits abgestorben sind und als neues Substrat zum Abbau zur Verfügung stehen. Allerdings ist der Substratgradient (Verhältnis Substrat zu Bakteriendichte) gering geworden und die Substrataufnahme erschwert. Der BSB_{20} wird häufig dem absoluten BSB gleichgesetzt.

In der Abwasserreinigung ist die Bestimmung des Sauerstoffverbrauchs durch den vorhandenen Kohlenstoff erwünscht. Eine Oxidation von Ammonium zu Nitrat soll innerhalb der Messzeit nicht stattfinden, da der Sauerstoffbedarf für die Bildung von Nitrat sehr hoch ist und deshalb die Ergebnisse stark beeinflusst. Bei der Messung muss deshalb ein Nitrifikationshemmer wie z. B. Allylthioharnstoff (ATH) sowohl in Zulauf- als auch in Ablaufproben zugegeben werden, sofern dies nicht ausdrücklich anders gefordert ist.

Die begrenzte Löslichkeit von Luftsauerstoff im Wasser (ca. 8 mg/l Sauerstoff bei 20 °C und Normalluftdruck) bei im Allgemeinen weit höherem Bedarf an Sauerstoff bei der Behandlung von Abwasser erfordert künstliche Veränderung der Verhältnisse von Bedarf und Angebot als spezielle Methoden zur Bestimmung des Biochemischen Sauerstoffbedarfs, die im Folgenden erläutert werden. Die wichtigsten sind:

- Bestimmung des BSB in n Tagen durch stetige Verdünnung der ursprünglichen Probe mit sauerstoffhaltigem Wasser und Bestimmung des verbleibenden Sauerstoffs (Methode nach dem Verdünnungsprinzip oder Verdünnungs-BSB, vgl. EN 1899-1);
- manometrische Methoden mit Bestimmung des Unterdrucks nach Absorption des entstehenden CO_2, mit oder ohne O_2-Nachlieferung;
- Sauerstoff-Anreicherungsmethode.

13.2.4.11 Der Verdünnungs-BSB

Die Verdünnungsmethode als ältestes Verfahren zur BSB_5-Bestimmung beruht auf dem Prinzip, dass ein kleiner Teil Abwasser mit einem großen Anteil Verdünnungswasser (mit Sauerstoff angereichert, ggf. mit Bakterien beimpft) vermischt wird und im luftdicht verschlossenen Reaktionsgefäß 5 Tage im Brutschrank bei 20 °C aufbewahrt wird. Zum Zeitpunkt 0 und nach den 5 Tagen wird der Gehalt des gelösten Sauerstoffs bestimmt. Aus der Differenz berechnet sich unter Berücksichtigung des Verdünnungsverhältnisses der BSB_5.

Eine wichtige Voraussetzung für die Anwendung als BSB_5-Bestimmung ist, dass die Proben bzw. das Verdünnungswasser ausreichend Bakterien enthalten, die an die Abwasserinhaltsstoffe adaptiert sind. Da diese Bakterienpopulationen nicht erhältlich sind und sich von allein im Wasser entwickeln müssen, bedarf es einer längeren Adaptionszeit bevor Versuche mit unbekannten Stoffen im Abwasser durchgeführt werden können. Hinweise zur Beschaffenheit des Verdünnungswassers können der EN 1899-1 entnommen werden.

Die Verdünnungsmethode entspricht dem zurzeit amtlich anerkannten Verfahren.

Eine besondere Variante der BSB-Bestimmung sind Biosensoren. Sie verwenden spezielle Bakterienkulturen, die sofort zur Verfügung stehen und nicht adaptiert werden müssen. Biosensoren ermöglichen die Analyse von Abwasser in sehr kurzer Zeit. Biosensoren können sowohl zur Analyse von kommunalem als auch von industriellem Abwasser verwendet werden. Ein Vergleich von Sensor-BSB-Werten mit herkömmlich ermittelten BSB-Werten zeigt Abweichungen. Biosensoren können jedoch mit Einschränkungen zur Überwachung und auch Steuerung von Abwasserreinigungsanlagen eingesetzt werden.

Die Reproduzierbarkeit des BSB_5 ist auf Grund von vielen unterschiedlichen Einflüssen relativ gering. Durch Erhöhung der Anzahl von Parallelansätzen kann ein statistisch gesicherter Wert gewonnen werden.

13.2.4.12 Manometrische BSB_5-Bestimmung

Das Messprinzip der manometrischen BSB_5-Bestimmung basiert auf der Tatsache, dass beim biochemischen Abbau unter Verbrauch von Sauerstoff (O_2) volumengleich Kohlenstoffdioxid (CO_2) entsteht. Im Versuchsaufbau zur BSB_5-Bestimmung wird das freigesetzte Kohlenstoffdioxid in der Gasphase an z. B. Natronkalk oder Kaliumhydroxid gebunden. In dem luftdicht verschlossenen System entsteht ein Unterdruck, der mit Hilfe eines Manometers gemessen werden kann oder der einen Kontakt im Manometer zur elektrolytischen Sauerstofferzeugung schließt, bis ein Druckausgleich stattgefunden hat. Der erzeugte Unterdruck oder der Stromverbrauch für die elektrolytische Sauerstofferzeugung sind ein Maß für den BSB. Die Hersteller haben die Registriergeräte meistens so kalibriert, dass der BSB direkt in mg/l Sauerstoff abgelesen werden kann.

Die zu untersuchende Probe wird, evtl. nach Verdünnung und Ergänzung mit Nährsalzen und/oder anderen Chemikalien, z. B. zur Hemmung der Nitrifikation, in das Reaktionsgefäß gefüllt und unter ständigem Rühren temperiert. Die praktische Durchführung entspricht derjenigen beim Verdünnungs-BSB. Das Reaktionsgefäß ist über Kunststoffschläuche mit dem Sauerstofferzeuger und dem Manometer verbunden. Nach abgeschlossener Temperierung wird das System luftdicht verschlossen, so dass geringe Luftdruckschwankungen sich nicht auswirken. Dies unterscheidet es von einem System, das auf der Manometerseite offen ist.

Über der Probe befindet sich ein Gefäß, worin der Kohlensäureabsorber enthalten ist. Die elektrolytisch ergänzte Sauerstoffmenge wird stündlich z. B. von einem angeschlossenen Rechner registriert. Dadurch besteht die Möglichkeit, unterschiedliche Informationen über den biochemischen Abbau, wie z. B. Anlaufphase, maximale Aktivität, logarithmische und endogene Wachstumsphase, Plateaubildung Störungen usw. zu erhalten. Da das Probevolumen bei dieser Art der BSB-Bestimmung verhältnismäßig groß ist, können z. B. am Ende der Messung noch zusätzliche chemische Untersuchungen durchgeführt werden. Die Beurteilung von Industrieabwässern, Adaption der Mikroorganismen und die Wirkung von Reinsubstanzen werden durch die Registrierung des zeitlichen Verlaufs der Sauerstoffaufnahme vereinfacht.

Eine andere Geräteversion verwendet Sauerstoff aus einer Druckflasche, der wiederum durch den im System entstandenen Unterdruck genau dosiert nachgeliefert wird, wobei die Dosierung exakt registriert wird.

Die Sauerstoff-Anreicherungsmethode nach Viehl (1953) erlaubt es, bei gering konzentriertem Abwasser (z. B. biologisch gereinigtem Ablauf) oder Flusswasser auf ein Verdünnen ganz zu verzichten. Sie verwendet reinen Sauerstoff, dessen Partialdruck fünfmal höher ist als bei Luftsauerstoff mit 80 % Stickstoffanteil. Bei 1 bar Druck und gleicher Löslichkeit des Sauerstoffs im Wasser wird eine um den Faktor fünf höhere Sauerstoffkonzentration im Wasser erreicht.

13.2.4.13 Stickstoffverbindungen

Im Abwasser lassen sich im Wesentlichen nachstehende Stickstoffverbindungen unterscheiden, deren Konzentration im Abwasser zur besseren Vergleichbarkeit alle in mg/l N angegeben werden.

Gesamt-Stickstoff, TN_b, bezeichnet die Gesamtheit aller im Abwasser gelösten und (bei nicht filtrierten Proben) ungelösten Stickstoffverbindungen, d. h. NH_4^+, NO_2^-, NO_3^- und organisch gebundener Stickstoff (hauptsächlich Proteine und Abbauzwischenprodukte). Zur Bestimmung wird die Probe bei über 700 °C oxidierenden Bedingungen ausgesetzt und alle Stickstoffverbindungen letztendlich als Stickstoffoxid gemessen (DIN EN 12260). Diese Bestimmung ist in der Abwasserverordnung als Analysenverfahren vorgeschrieben.

Kjeldahl-Stickstoff, TKN (DIN EN 25663) ist ein Teil des Gesamt-Stickstoffs. Zur Bestimmung des Kjeldahl-Stickstoffs werden kombinierte Aufschluss-Destillationsapparaturen verwendet, in denen organischer Stickstoff zu NH_4^+ aufgeschlossen wird, danach zusammen mit dem bereits vorhandenen NH_4^+ per Wasserdampfdestillation überführt wird und abschließend der Gesamtgehalt an NH_4^+ durch Titration analysiert wird. Daraus lässt sich auf die ursprüngliche Summe an organischem Stickstoff und NH_4^+ zurückrechnen.

Ammonium-Stickstoff ist die Summe der Spezies NH_3 und NH_4^+ (Gesamtammonium). Die Angabe der Massenkonzentration bezieht sich im Abwasserbereich rechnerisch nur auf den Stickstoff. Ammonium-Stickstoff kann photometrisch gemäß DIN 38406-E5 oder DIN EN ISO 11732 (Fließinjektionsanalyse) bestimmt werden. Des Weiteren kann dies ionenchromatographisch erfolgen (DIN EN ISO 14911). Für die Analyse im Abwasserstrom werden ionenselektive Elektroden von verschiedenen Herstellern angeboten (s. auch „Nitrat-Stickstoff“).

Nitrit-Stickstoff bezeichnet das Nitrit-Ion in mg/l N. Es kann sowohl photometrisch (DIN EN 26777 bzw. EN ISO 13395, Fließinjektionsanalyse) als auch ionenchromatographisch bestimmt werden. (DIN EN ISO 10304)

Nitrat-Stickstoff bezeichnet das Nitrat-Ion im Abwasser: 1 mg/l Nitrat-N entsprechen 4,43 mg/l NO_3. Dies muss beim Vergleich von Messwerten in Oberflächenwasser, Grundwasser oder Trinkwasser beachtet werden. Es kann sowohl photometrisch (DIN 38405-D9 bzw. EN ISO 13395, Fließinjektionsanalyse) als auch ionenchromatographisch bestimmt werden (DIN EN ISO 14911). Zur kontinuierlichen Messung von

NO_x (x = 2,3) in Wasser- und Abwasserströmen stehen Tauchsonden zur Verfügung. In einem definierten Messspalt, durch den ein Lichtstrahl mit einer Wellenlänge von 200 nm geleitet wird, führen Nitrit- und Nitratmoleküle zu einer Schwächung der Intensität. Daraus lassen sich die Konzentrationen errechnen. Ebenfalls als Tauchsonde können ionenselektive Elektroden eingesetzt werden. Die Genauigkeit der Messwerte mit Tauchsonden ist nicht so hoch wie die der Laboranalytik, allerdings reicht sie in bestimmten Fällen für die Kontrolle der Parameter aus und hat den Vorteil, dass Messwerte ohne Zeitverzögerung und in hoher Dichte zur Verfügung stehen.

13.2.4.14 Phosphorverbindungen

Im häuslichen Abwasser ist Phosphor in Form von Orthophosphat ($H_2PO_4^-$ und weitere Phosphatspezies), organisch gebundenem Phosphor (org. P) und Polyphosphat-Spezies enthalten. Beim Einsatz von phosphatfreien Waschmitteln wird mit ca. 2 g P pro Einwohner und Tag gerechnet (früher, ohne Verwendung von phosphatarmen Waschmitteln, ca. bis zu 4 g P pro Einwohner und Tag). Je nach Fremd- und Industrieabwasseranteilen enthält der Zulauf zu den Abwasserbehandlungsanlagen 4 bis 8 mg/l Phosphor. Rund 10 % davon sind an Feststoffe gebunden, die in der Vorklärung abgeschieden werden können.

Für die Versorgung der biologischen Stufen einer Kläranlage mit Nährstoffen kann Phosphor in nahezu jeder Form von den Mikroorganismen genutzt werden. Aus diesem Grunde wird vorwiegend der Gesamt-Phosphor bestimmt. Dazu wird in einem Aufschluss der Phosphor der diversen Verbindungen in Orthophosphat überführt und anschließend dessen Konzentration mit Molybdänblau bestimmt (DIN EN ISO 6878).

Im Zuge der neuen Anforderung an Gesamt-Phosphor hat der Anteil der gelösten organischen Phosphorverbindungen neue Bedeutung gewonnen. Machten sie bisher in kommunalen Abwässern im Ablauf nur einen geringen Anteil aus, ist dieser bei niedrigen Gesamt-Phosphor von z. B. 0,20 mg/l im Verhältnis mit Werten in einer Größenordnung um 0,05 mg/l höher und muss evtl. in die Überlegungen zur Phosphorelimination einbezogen werden. Bei gelösten organischen Phosphorverbindungen handelt es sich im Ablauf einer kommunalen Kläranlage im Wesentlichen um Phosphonate (Rott et al., 2016). Diese Phosphonate gehen keine Verbindung mit Fällmitteln ein und verbleiben deshalb im Ablauf. Ihr Anteil kann in den Abwässern verschiedener Kläranlagen unterschiedlich sein.

Phosphonate lassen sich nur mit hohem Aufwand als Einzelstoffe analysieren. Für die Ermittlung dieses nicht fällbaren Anteils an Phosphor ist es aber oft ausreichend aussagekräftig, diesen wie folgt zu ermitteln:

Die Probe wird über ein Membranfilter (0,45 µm) filtriert. Aus dem Filtrat wird der Phosphorgehalt nach Aufschluss analysiert. Dadurch erhält man die Konzentration an **gelöstem Ges-P.** Durch Subtraktion der o-PO_4-P-Konzentration berechnet sich die Konzentration des **nicht fällbaren P.**

13.2.4.15 Tenside (Oberflächenaktive Substanzen)

Tenside (früher Detergentien) sind der Hauptwirkstoff in Wasch- und Reinigungsmitteln. Tenside haben zweierlei Wirkung: Einerseits setzen sie die Oberflächenspannung des Wassers herab und andererseits umhüllen sie Wasser abweisende (hydrophobe) Verbindungen und ermöglichen ihre Suspension im Wasser. Bereits die klassische Seife ist ein solches (gut abbaubares) Tensid. Vom Molekülbau her sind Tenside längere Kohlenwasserstoffketten mit einem hydrophoben Teil, der sich hydrophoben Verbindungen zuwendet, und einem hydrophilen Teil, der zum Wasser ausgerichtet ist.

Unterschieden werden anionaktive, kationaktive und nichtionogene Typen. Die ersteren sind im Abwasser die wichtigsten, zumeist sind es Alkylarylsulfonate. Die zweite Gruppe besteht zumeist aus bestimmten Aminen oder quartären Ammoniumsalzen, die dritte häufig aus Alkylphenolpolyglykolethern.

Das Tetrapropylenbenzolsulfonat war nach dem zweiten Weltkrieg das am weitesten verbreitete Tensid, das als Industrieprodukt ein Gemisch aus diversen Isomeren darstellte. Der biologische Abbau war wegen der verzweigten Kette sehr erschwert, dadurch ergaben sich in Kläranlagen selbst, aber auch in den Abläufen der Kläranlagen und in Oberflächengewässern durch die Tensidreste in relativ reinem Wasser starke Schaumprobleme. Durch das „Detergentiengesetz“ 1961 wurde die Industrie gezwungen, überwiegend (d. h. zu mindestens 80 %) abbaubare Tenside in den Handel zu bringen. Seit dieser Zeit sind Tenside bis auf Sonderfälle im Abwasser ein vergleichsweise geringes Problem bezüglich einer Schaumentwicklung.

Die Bestimmungsmethode beruht auf der Überführung der Tenside in ein hydrophobes Lösemittel durch Ausschütteln und Bildung eines Farbkomplexes, z. B. mit Methylenblau, der dann photometrisch bestimmt werden kann (DIN 38409–23, DIN EN 903, DIN EN ISO 16265).

13.2.4.16 Anthropogene Spurenstoffe

Mit der rasanten Weiterentwicklung der instrumentellen Analytik in den letzten 20 Jahren sind neben den klassischen Abwasserparametern zusehends auch Verbindungen anthropogener Herkunft im Abwasser identifiziert worden, die im Bereich von µg/l enthalten sind (siehe dazu Kapitel 4). Verschiedene Bezeichnungen sind für diese Stoffe verwendet worden, Mikroschadstoff, pharmazeutische Wirkstoffe oder eben anthropogene Spurenstoffe. Die Diskussion um deren Verbleib wurde vor nahezu 20 Jahren durch die Veröffentlichung eines Buches zu pharmazeutischen Wirkstoffen in der Umwelt angestoßen (Kümmerer, 2001).

Im Hinblick auf die Abwasserreinigung hat dies zu einer nachhaltigen Diskussion geführt (Schwarzenbach et al., 2006), die letztendlich in der Schweiz darin endete, dass dort rund 100 Kläranlagen mit einer sogenannten vierten Reinigungsstufe ausgerüstet werden müssen (Eggen et al., 2014). In Deutschland gibt es für die Umsetzung keine verbindlichen Vorgaben, jedoch fördern einige Bundesländer (Baden-Württemberg, Nordrhein-Westfalen) den Ausbau. Die Verfahren einer vierten Reinigungsstufe werden im Abschnitt 13.3.4.9 kurz skizziert.

13.2.5 Haltbarkeitstest

Mit diesen einfachen, mehr qualitativen Methoden soll in erster Linie angezeigt werden, wie lange sich ein Abwasser unverändert hält. Dazu benutzt man einerseits den Methylenblau-Test und andererseits den so genannten Schwefelwasserstoff-Test, der die Faulfähigkeit erkennen lässt.

Der Methylenblau-Test (Haltbarkeits-Test): Durch Verwendung von Redox-Indikatoren, zu denen Methylenblau gehört, lässt sich zeigen, ob in einem Wasser ein mehr oxidativer oder mehr reduktiver Zustand herrscht. Im blaugefärbten Zustand zeigt Methylenblau das Vorherrschen eines aeroben, also durch Anwesenheit von gelöstem Sauerstoff geprägten Zustandes an. Entfärbt es sich, ist daran zu erkennen, dass jeglicher gelöster Sauerstoff in der Probe durch die aeroben Bakterien verbraucht ist und anoxische (sauerstoffarme), schließlich anaerobe (sauerstoffreie) Vorgänge, d. h. Fäulnis, überhand nehmen.

Voraussetzung für den korrekten Ablauf dieser Bestimmung ist, dass kein Luftsauerstoff zur Probe Zutritt hat: Zu 50-ml-Glasfläschchen 5 Tropfen einer Methylenblau-Lösung (0,5 g/l) hineingeben, randvoll mit Abwasser füllen und – ohne dass eine Luftblase eingeschlossen bleibt – den Glasstopfen aufsetzen. Die Flasche soll bei 20 °C aufbewahrt werden.

Als Ergebnis wird die Zeit angegeben, nach der die Entfärbung eingetreten ist. Rohabwasser und mechanisch geklärtes Abwasser entfärben den Indikator innerhalb eines Zeitraums zwischen 1 und 6 Stunden. Sofortiges Entfärben deutet auf Faulvorgänge im Kanalnetz hin, die häufig durch Ablagerungen gefördert werden; Anwesenheit von Jauche hat den gleichen Effekt. Sind Pumpwerke im Kanalnetz integriert, vor denen das Abwasser häufig längere Zeit steht, oder auch Druckrohrleitungen, in denen keine Belüftung möglich ist, ist ein Anfaulen kaum vermeidbar. Die Sauerstoffzehrung im Ablauf einer biologischen Kläranlage ist nur dann als ausreichend gering zu bezeichnen, wenn innerhalb von 5 Tagen keine Entfärbung der Probe eintritt.

Der Schwefelwasserstoff-Test (Faulfähigkeit) besitzt eine ähnliche Bedeutung wie der Methylenblau-Test. Zur Bestimmung eine 100-ml-Glasflasche mit weitem Hals etwa zur Hälfte mit der Probe füllen, die Flasche mit einem Korkstopfen verschließen, zwischen Flaschenrand und Stopfen einen mit Bleiacetat getränkten Papierstreifen klemmen, der nicht in das Abwasser eintauchen darf.

Setzen anaerobe Reaktionen ein, wird hauptsächlich aus den Proteinen auch Schwefelwasserstoff, H_2S, gebildet, der zum Teil in den Luftraum der halb gefüllten

Flasche übertritt und eine schwarze Färbung des Papiers (Bleisulfid, PbS) verursacht. Durch wenig H_2S wird das Papier nur leicht gebräunt. Biologisch geklärtes Abwasser sollte sich 5 Tage lang ohne H_2S-Bildung halten.

Beide Haltbarkeitstests haben große Bedeutung für die Kontrolle des Ablaufs der Kläranlagen, um die nachfolgenden Gewässer vor einer zu großen Belastung mit sauerstoffzehrenden Verbindungen zu bewahren.

13.2.6 Biologische Tests zur Abwasserbeurteilung

13.2.6.1 Allgemeines

Grundlage für biologische Tests zur Abwasserbeurteilung bilden die Mikroorganismen, die in belebten Schlämmen zusammen mit höheren Organismen, wie z. B. Protozoen, für den biologischen Abbau und die Eliminierung der Abwasserinhaltsstoffe sorgen.

Bevor eine Untersuchung durchgeführt wird, sollten zunächst die wichtigsten Abwasserkennwerte bekannt sein (CSB, BSB_5, TOC, Ammonium, Phosphat). Hiermit ist eine erste Beurteilung einer biologischen Behandlungsmöglichkeit gegeben. Ziel der Untersuchungen sind die Beurteilung der biologischen Abbaubarkeit bestimmter Stoffe und die Beurteilung der Toxizität der Stoffe auf der Grundlage der Bakterientoxizität. Bei der Durchführung solcher Abbau- und Toxizitätstests ist auf folgende Punkte zu achten:

- Art und Menge der Kohlenstoff-Quellen: organische Abwasserinhaltsstoffe;
- Art und Menge der Stickstoff-Quellen: Ammoniumsalze, Nitrate, Harnstoff, Aminosäuren, evtl. Zusätze zur Optimierung des Abbaus;
- Art und Menge der Phosphor-Quellen: Phosphorsalze, evtl. Zusätze zur Optimierung des Abbaus;
- evtl. sonstige Nährsalze: Calcium-, Magnesium- und Natriumsalze, Sulfate;
- Spurenelemente: insbesondere Fe, Zn, Mn, Mo, Cu, Zn, B, Ni;
- Impfmaterial: Herkunft und Adaptionszustand;
- pH-Wert: wenn notwendig, durch puffernde Substanzen in einen bestimmten Bereich bringen bzw. stabil halten;
- Sauerstoffversorgung: Zufuhr von Luft oder reinem Sauerstoff.

Die zunehmende Anzahl unterschiedlicher, teilweise schwer abbaubarer Stoffe in Abwässern verschiedenster Herkunft haben notwendigerweise zur Entwicklung unterschiedlicher Tests zur Prüfung auf Toxizität und biochemische Abbaubarkeit geführt.

Untersuchungen über Toxizität, Hemmung und Adaption von Mikroorganismen in Wasser wurden sehr früh bereits von Offhaus (1973) und vor allem von Wagner (1973, 1976) vorgestellt, welche die Abbaubarkeit bzw. die Resistenz bestimmter

Stoffe gegenüber biochemischem Angriff, heute bevorzugt als Persistenz bezeichnet, aus Ansätzen in Mischung mit Nährsubstanzen (z. B. Pepton oder vorgeklärtem kommunalem Abwasser) zu beurteilen erlauben. Neben den klassischen Abbautests gibt es heute eine Vielzahl von weiteren Möglichkeiten, die Toxizität von Stoffen im Hinblick auf Mikroorganismen zu testen (Farre und Barceló, 2003; Gmurek et al., 2015).

In konkreten Fällen und bei wechselnder Zusammensetzung z. B. eines Industrieabwassers empfiehlt es sich, in einer halbtechnischen oder wenigstens Labor-Versuchsanlage Abbauversuche durchzuführen (siehe Abb. 13.3).

Bakterien zeigen in der Regel ein erstaunliches Anpassungsvermögen an naturfremde Produkte, woraus folgt, dass bei einem kontinuierlichen Zufluss schwieriger Substanzen in die Anlage dort in den meisten Fällen mit adaptierten Bakterien und einem entsprechenden Sauerstoffverbrauch und Abbau gerechnet werden kann. Insofern behält der BSB_5 immer noch seine Berechtigung, obgleich er bei der Dimensionierung der Belebungsanlagen durch den CSB ersetzt wurde (Teichgräber und Hetschel, 2016).

Eine Adaptation der Mikroorganismen der biologischen Stufen eines Klärwerks an schwer abbaubare Stoffe erfolgt in der überwiegenden Zahl der praktischen Fälle innerhalb von einigen Tagen bis Wochen. Der Abbau findet dann mehr oder weniger rasch statt. Zu beachten ist, dass die Behandlungszeit des Abwassers der in den Versuchen ermittelten Abbaugeschwindigkeit entspricht. Es ist anzustreben, dass die Anlage solche schwer abbaubaren oder auch toxischen Stoffe, an die sie adaptiert ist, ständig erhält. Bei einem Alter des belebten Schlammes von 2 bis 4 Tagen befinden sich nach Ablauf dieser Frist ohne weitere Zulieferung der jeweiligen problematischen Abwasserinhaltsstoffe nur noch wenig an diese angepasste Bakterien in der Kläranlage. Daher ist es in manchen Fällen notwendig, vor Beginn einer Produktion ein „Einfahrprogramm" mit allmählich steigender Dosierung der Problemstoffe vorzusehen sowie auch in Produktionspausen diese Substanzen (es genügt in verminderter Konzentration) ins Abwasser zu dosieren (Rüffer, 1975).

Auf ein einfaches Verfahren zur Prüfung der biologischen Abbaubarkeit von Abwasserinhaltsstoffen, das von Zahn et al. (Zahn, 1974) vorgeschlagen wurde, muss hier noch hingewiesen werden. Es stellt – zunächst ganz auf den CSB gegründet – eine vorzügliche Ergänzung der O_2-Zehrungstests dar, weil es nicht nur den dissimilatorischen Abbau, sondern auch assimilatorische Vorgänge einschließt. Dieses Verfahren liegt als sogenannter Zahn-Wellens-Test auch als DIN Norm (DIN EN ISO 9888, 1999) vor. Abb. 13.2 zeigt ein sehr schönes Beispiel für einen solchen Abbautest mit Belebtschlamm, bei dem ein schwer abbaubares Komponentengemisch (rechts) mit dem Abbau von Ethylenglycol (links) verglichen wird. Beurteilt wird das nicht nur anhand des CSB, sondern auch anhand des DOC. Das CSB/DOC-Verhältnis verschiebt sich bei dem Komponentengemisch hin zu höheren Werten, da offensichtlich die sauerstoffhaltigen Verbindungen bevorzugt abgebaut werden.

Das in Abb. 13.2 dargestellte Ergebnis verdeutlicht, dass ein bestimmter Gesamtgehalt an organischem Kohlenstoff (TOC) nicht in fester Relation zum CSB und BSB

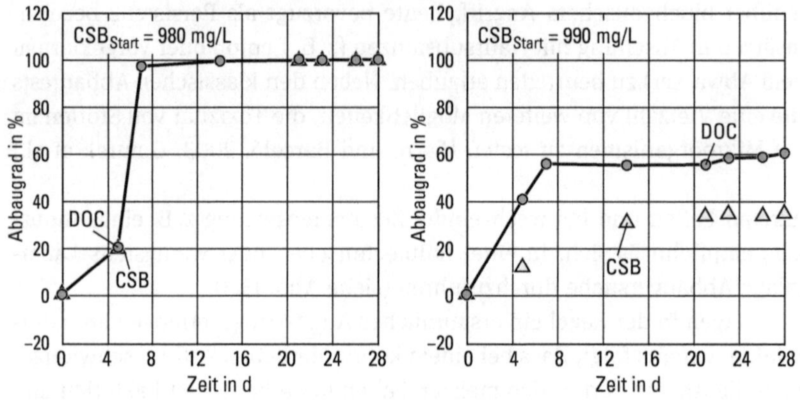

Abb. 13.2: Modifizierter Zahn-Wellens-Test. Links Ethylenglycol und rechts ein Komponentengemisch, das in 28 Tagen nicht vollständig abbaubar ist (Entnommen aus dem Ullmann, Telgmann et al., 2019).

stehen kann, da der in organischen Verbindungen vorliegende Kohlenstoff je nach Substanz eine differierende Oxidationsstufe aufweist. Diese Verhältnisse hat Wagner (1973) an einer Reihe von Verbindungen anschaulich verdeutlicht.

Danach müsste das Verhältnis des für die chemische Oxidation (CSB) des organischen Kohlenstoffs gebrauchten Sauerstoffs zum Kohlenstoff (O_2/C) für Abwasserstoffe bei etwa 2 bis 4 : 1 liegen. Tatsächlich werden für Rohabwässer und mechanisch gereinigte Abwässer Verhältnisse CSB/TOC von 2,5 : 1 gemessen. Diese Relation wird – auf Grund des Überwiegens persistenter Stoffe mit weniger Sauerstoff in der Verbindung nach dem Abbau der leicht zu metabolisierenden Anteile – im biologisch gereinigten Abwasser zu 4 : 1 hin verschoben.

13.2.6.2 OECD-Confirmatory-Test

Die biologische Abbaubarkeit unterschiedlicher Substanzen kann mit Belebtschlamm aus einer Kläranlage nach einem genormten Verfahren bestimmt werden (Abb. 13.3). Dieser Test, international auch als OECD-Confirmatory-Test bezeichnet, wird z. B. für die Bestimmung der Abbaubarkeit von Detergentien eingesetzt (Wuhrmann, 1974).

Im modifizierten OECD-Screening-Test zur Untersuchung des Abbaus oberflächenaktiver Stoffe (Haltrich, 1980) sind die wichtigsten Änderungen

- die Verwendung des Summenparameters DOC,
- die Erhöhung der Testsubstanzkonzentration auf 5 bis 20 mg/l,
- der Zusatz von Vitaminen und Spurenelementen zur Förderung des Bakterienwachstums mit dem Ziel, allein das Substrat als Minimumfaktor wirken zu lassen.

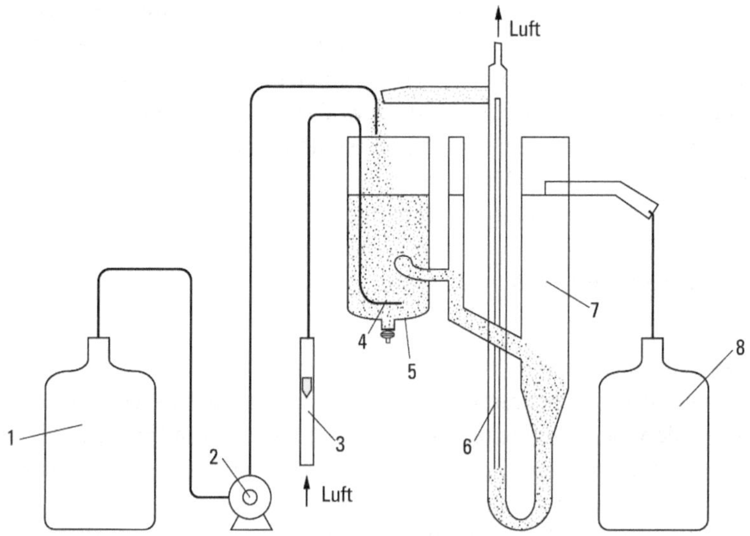

Abb. 13.3: Schematische Darstellung einer Laboranlage zur Ermittlung der biochemischen Abbaubarkeit (DEV, DIN 38412-24, Ausgabe 4/1981)
1: Vorratsgefäß (V = 30 l); 2: Dosierpumpe; 3: Luftmengenmesser; 4: Fritte; 5: Belüftungsgefäß; 6: Mammutpumpe; 7: Absetzgefäß; 8: Sammelgefäß (V = 30 l).

Die in Abb. 13.3 abgebildete Laborkläranlage hat einen sehr hohen Betreuungsaufwand, da die Schlammrückführung nur bedingt zuverlässig arbeitet. In den letzten Jahren wurde alternativ ein Labor-Sequencing-Batch-Reaktor (SBR) für Tests zum Abbau von z. B. anthropogenen Spurenstoffen etabliert (Falas et al., 2016). Der Vorteil des SBR besteht darin, dass alle Phasen der biologischen Behandlung in einem Gefäß stattfinden: Befüllen, Belüftung, Schlammabtrennung, Volumenaustausch und Schlammabzug (Wilderer et al., 2001). Der Betriebsablauf von großtechnischen Sequencing-Batch-Reaktoren ist detailliert in Tab. 13.14 dargestellt.

Der Labor-SBR mit einem Arbeitsvolumen von rund 10 l ist voll automatisiert und benötigt zwei Pumpen, eine zum Befüllen und eine zum Entleeren. Im Vergleich zur Laborkläranlage, in der die Schlammrückführung über eine Mammutpumpe funktioniert (die unkontrolliert Sauerstoff zuführt), können im Labor-SBR Sauerstoff, pH und Biomassekonzentration sehr genau eingestellt werden (Gilbert, 2014).

13.2.6.3 Assimilations-Zehrungstest (A-Z-Test)

Der A-Z-Test (Assimilations-Zehrungstest) wurde Anfang der sechziger Jahre als neues Verfahren zur toxikologischen Beurteilung von Abwässern (Knöpp, 1961, 1968) empfohlen. Er lässt sich in der BSB-Flasche durchführen und erfordert analytisch nur Sauerstoffbestimmungen.

In Abhängigkeit von der Abwasserbeschaffenheit werden die biochemischen Vorgänge, die eine qualitative Aussage über die Wirkung eines Abwassers auf den Sauerstoffhaushalt eines Gewässers ermöglichen, untersucht. Der A-Z-Test basiert auf dem bakteriellen Abbau organischer Stoffe bzw. der Assimilation grüner Pflanzen bei Anwesenheit dieser Stoffe. Entsprechend bestimmt man:

- Den Sauerstoffverbrauch beim Abbau organischer Stoffe in Abhängigkeit von der Abwasserkonzentration (Zehrungsversuch);
- die Sauerstoffproduktion grüner Pflanzen (Phytoplankton) in Abhängigkeit von der Abwasserkonzentration (Assimilationsversuch).

Durchführung des Zehrungstests:

- Etwa 8 Flaschen zur BSB_5-Bestimmung mit BSB-Verdünnungswasser füllen.
- In einer Flasche den Sauerstoffgehalt sofort bestimmen (Kontrollprobe).
- Die anderen Flaschen vor Zusatz der Abwasserproben mit einer Peptonlösung auf einen BSB_1 von etwa 5 mg/l einstellen.
- Zu diesen Flaschen unterschiedliche Volumina des Abwassers, z. B. 0 ml (Blindprobe), 1, 2, 5, 10, 20, 50 und 100 ml je Liter zusetzen.
- Die luftdicht und gasblasenfrei verschlossenen Flaschen 24h im Dunkeln bei 20–22 °C bebrüten. Danach den Restsauerstoffgehalt messen.
- Für jede Abwasserkonzentration die Änderung der Zehrung mit der folgenden Formel berechnen:

$$d_z = \left[(O_b - O_x)/(O_k - O_b)\right]100 \quad \text{(in \%)} \tag{13.2}$$

O_b	O_2-Gehalt der „Blindprobe" nach Bebrütung
O_x	O_2-Gehalt der mit einer definierten Abwassermenge versetzten Probe nach Bebrütung
O_k	O_2-Gehalt der „Kontrollprobe"

Durchführung des Assimilationstests:

- Etwa 15 Flaschen zur BSB-Bestimmung mit BSB-Verdünnungswasser auffüllen.
- In einer Flasche den Sauerstoffgehalt sofort messen.
- Aus den übrigen etwa 14 Probeflaschen Serien von Doppelproben bilden, von denen eine jeweils wie folgt mit Algen versetzt wird, die andere nicht.
- Eine Algen-Kultur (Protococcalen), nachdem einige ml einer Tragant-Lösung zugegeben wurden, um ein Abschwimmen der Algen zu vermeiden, über Membranfilter abfiltrieren. Das Filterpapier, das nun intensiv grün gefärbt erscheint, in 8 gleiche Teile teilen.
- Zu jeder Verdünnungsreihe einen Filterteil zusetzen.
- Die Probenpaare mit unterschiedlichen Volumina des zu untersuchenden Abwassers, z. B. 0 ml (Blindprobe), 1, 2, 5, 10, 20, 50, 100 ml/l, versetzen.
- Die Proben 24 h bei 20–22 °C und ca. 4000 Lux im Lichtschrank bebrüten.

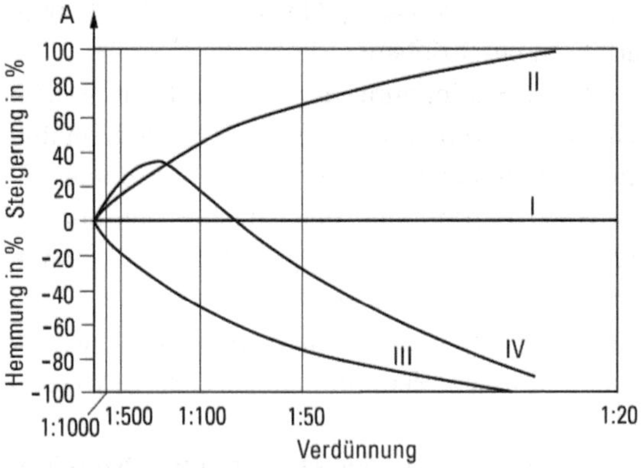

Abb. 13.4: Schematische Darstellung des Assimilations- und Zehrungsverhaltens in Abhängigkeit vom Abwasseranteil (nach Knöpp, 1968).

- Anschließend die Sauerstoffkonzentration messen. Die Assimilationsrate eines jeden Probenpaares ergibt sich aus den Differenzen der Sauerstoffgehalte der Proben mit und ohne Algen.
- Für jede Abwasserkonzentration die Änderung der Assimilationsrate mit der folgenden Formel berechnen:

$$d_A = \left[((O_a - O_x) - (Ob_{ba} - O_b))/(O_{ba} - O_b)\right] \cdot 100 \quad \text{(in \%)} \qquad (13.3)$$

O_a O_2-Gehalt der Probe mit einer Abwasserkonzentration und mit Algen nach Bebrütung
O_x O_2-Gehalt der Probe mit einer Abwasserkonzentration ohne Algen nach Bebrütung
O_{ba} O_2-Gehalt Blindprobe mit Algen nach Bebrütung
O_b O_2-Gehalt Blindprobe ohne Algen nach Bebrütung

Die Auswertung des A-Z-Tests kann zur Veranschaulichung in graphischer Weise durchgeführt werden. Die errechneten prozentualen Änderungen werden in Abhängigkeit vom Abwasseranteil (Verdünnungsrate) aufgetragen. Nach Knöpp (1968) können die folgenden, in Abb. 13.4 eingetragenen Kennlinien unterschieden werden:

I Die Inhaltsstoffe verhalten sich indifferent beim Abbau und bei der Assimilation;
II die Inhaltsstoffe fördern die Assimilation (A-Test) oder sind abbaubar (Z-Test);
III das Abwasser enthält toxisch wirkende Stoffe;
IV bei hohen Abwasseranteilen überwiegt die toxische Wirkung; bei geringen Abwasseranteilen wird die Assimilation gefördert (A-Test) oder sind die Inhaltsstoffe abbaubar (Z-Test).

In den Deutschen Einheitsverfahren (DEV) zur Wasser-, Abwasser- und Schlammuntersuchung werden folgende Verfahren beschrieben:
- DIN EN ISO 9408, Ausgabe 48/2000: Bestimmung der vollständigen aeroben biologischen Abbaubarkeit organischer Stoffe in einem wässrigen Medium über die Bestimmung des Sauerstoffbedarfs in einem geschlossenen Respirometer;
- DIN EN ISO 9408, Ausgabe 50/2001: Bestimmung der vollständigen aeroben biologischen Abbaubarkeit organischer Stoffe im wässrigen Medium, Verfahren mittels Analyse des freigesetzten Kohlenstoffdioxids;
- DIN EN ISO 9888, Ausgabe 48/2000: Bestimmung der aeroben biologischen Abbaubarkeit organischer Stoffe im wässrigen Medium, statistischer Test (Zahn-Wellens-Test);
- DIN EN ISO 9887, Ausgabe 32/1995: Bestimmung der aeroben Abbaubarkeit organischer Stoffe im wässrigen Medium halbkontinuierlicher Belebtschlammtest (SCAS);
- DIN 38412, Ausgabe 30/1994: *Pseudomonas putida* Wachstumshemmtest.

13.2.7 Kriterien zur Beurteilung von Industrieabwasser

In der Industrie spielt das Wasser eine verbreitete Rolle als Energieüberträger (als Dampf, Heißwasser und Kühlwasser). Vielfach wird es als Reaktionsraum bzw. indifferentes Medium benutzt und enthält dann Reste der Reagenzien, wenn Substanzen in wässriger Lösung umgesetzt werden (z. B. bei der Gewinnung von Farben, bspw. Titanweiß) oder mit eingebrachten Festteilen reagieren (wie z. B. in Galvanikbädern). Ebenso dient Wasser in Form einer verdünnten Nährlösung als Medium bei biochemischen Reaktionen (z. B. bei der Hefe- und Penicillin-Gewinnung). Es kann auch zum Aufschluss bestimmter Stoffe dienen (z. B. in Kochlaugen der Zellstoffindustrie). In einigen Bereichen wirkt es in erster Linie als Transportmittel (z. B. in der Stärke- und Papierindustrie). Nicht selten stellt es selbst einen wesentlichen Teil des fertigen Produkts (z. B. im Bier und in Dispersionsfarben). In den meisten Fällen entsteht dann Abwasser durch Verwerfen des nicht mehr gebrauchsfähigen Restwassers aus der Produktion, das je nach Verfahren mehr oder weniger große gelöste oder suspendierte Anteile der Roh-, Fertig- bzw. Nebenprodukte enthält. Fast in allen Industriebereichen wird Wasser schließlich auch für Reinigungszwecke eingesetzt. Industrieabwasser kann daher je nach Herkunft von völlig unterschiedlicher Beschaffenheit sein.

Kommunale Kläranlagen sind auf die Beschaffenheit häuslichen Abwassers abgestimmt. Die Kenntnis der Beschaffenheit von Industrieabwasser bzw. eine Begrenzung bestimmter Eigenschaften und deren Überwachung sind für den störungsfreien Betrieb von a) des Entwässerungssystems (Kanalisation) und b) der Kläranlagen unumgänglich.

Im Folgenden sollen einige Hinweise zu beiden Gesichtspunkten gegeben werden.

13.2.7.1 Beeinträchtigung des Entwässerungssystems

Für die Entscheidung der Frage, ob ein Industrieabwasser in ein Entwässerungssystem eingeleitet werden darf, sind vor allem vier Aspekte zu berücksichtigen:

a) Kann es das Material der Entwässerungsanlage schädigen?
b) Kann es zur Behinderung der Entwässerungsfunktion beitragen?
c) Kann es das Personal gefährden?
d) Kann es zur Belästigung oder Gefährdung der Umgebung führen?

Im Allgemeinen werden in den Ortssatzungen der Gemeinden entsprechende Forderungen aufgestellt bzw. Richtlinien genannt, um solche Gefährdungen auszuschalten.

Zur Ergänzung wird in der Regel das DWA-Merkblatt 115–2 „Indirekteinleitung nicht häuslichen Abwassers – Teil 2: Anforderungen“ herangezogen. Soweit es eine mögliche Materialschädigung betrifft, sind immer Grenzwerte relevant, die sich an der DIN 4030, Ausgabe 6/2008 (Beurteilung betonangreifender Wässer, Böden und Gase) orientieren und damit vor allem zu niedrige pH-Werte (die auch Pumpwerken gefährlich werden können) sowie zu hohe Sulfatkonzentrationen ausschließen sollen. Als unbedenklich werden der pH-Bereich 6,5 bis 10 und die Sulfatkonzentration ß (SO_4^{2-}) ≤ 400 mg/l genannt. Gegen Säuren und Sulfat unempfindlich sind Rohre aus Steinzeug und auch Kunststoffmaterialien, wie PVC und PE-Typen; doch sind letztere durch organische Lösungsmittel und durch erhöhte Temperaturen gefährdet.

Betonrohre oder gemauerte Kanäle widerstehen durchaus extremeren Belastungen durch Säuren und Sulfat. Es sind dort wohl vor allem die dichtende Sielhaut und abgelagerte Fettschichten, die insbesondere bei rasch wechselnden Eigenschaften des Abwassers das darunterliegende Material schützen. Unabhängig davon ist es wiederholt zu Beton- bzw. Mörtelzerstörungen gekommen, die eindeutig auf niedrige pH-Werte oder hohe Sulfatkonzentrationen des Abwassers zurückzuführen gewesen sind. Auf jeden Fall besteht Anlass, darauf hinzuwirken, dass Einleitungen mit extremen pH-Werten oder hohen Sulfatgehalten unterbleiben.

Die Begrenzung der Abwassertemperatur auf 30 °C, manchmal 35 °C, hat in erster Linie den Zweck, zu rasch ablaufende Bakterientätigkeit im Abwasser mit Sauerstoffmangel und Bildung von Faulgeruchsstoffen als Folge zu verhindern, in manchen Fällen wird auch das Erweichen von Muffendichtungen befürchtet.

Faulendes Abwasser kann darüber hinaus der Grund für den Mörtel- bzw. Betonangriff durch Schwefelsäure sein, die aus Schwefelwasserstoff von bestimmten Bakterien (*Thiobacillus thiooxydans*) gebildet wird. Dabei handelt es sich um einen Angriff auf Flächen über dem Wasserspiegel. Grund sind Zersetzungsvorgänge im Abwasser, bei denen durch Sauerstoff- und Nitratmangel aus Sulfat gasförmiger Schwefelwasserstoff entstanden ist, der sich in Feuchtigkeit und Kondenswassertropfen löst und dort unter Bildung von Schwefelsäure pH-Werte bis 1 verursacht.

Als typischer Problemfall kann sich eine Verringerung des Rohrquerschnitts im Kanalisationssystem durch die Ableitung geschmolzener Fette bzw. schmieriger Öle aus Industriebetrieben ergeben, wenn sie sich an der Wandung festsetzen. Das kann leicht unbeabsichtigt geschehen, wenn ein Fettabscheider, der die Belastung im abgeleiteten Abwasser entsprechender Industriebetriebe verringern soll, überlastet ist oder von einem Stoß heißen Wassers durchströmt wird.

In Kanälen mit größerem Querschnitt, die begehbar sind, können flüchtige Substanzen, wenn sie giftig oder brennbar sind, eine große Gefahr für das Personal darstellen. Dabei ist auch die Möglichkeit einzukalkulieren, dass solche Stoffe durch Zusammenmischen mit anders reagierendem Abwasser freigesetzt werden können, wie beispielsweise Cyanide, wenn sie in eine saure Lösung gelangen und Blausäure entweichen lassen. Fast ebenso giftig wie Blausäure ist Schwefelwasserstoff, sein MAK-Wert liegt bei nur 7 mg/m^3 H_2S.

Von Belästigungen oder gar einer Gefährdung der Umgebung von Kanalisationsanlagen, also der Straßenbenutzer und Anwohner, ist in letzter Zeit öfters zu hören. Manchmal sind es ganz spezifische Komponenten eines industriellen Abwassers, die mit der Kanalluft auf die Straße gelangen, beispielsweise aus der Lackindustrie oder von der Fischverarbeitung. Oder anaerobe Umsetzungen (Faulprozesse) setzen Schwefelwasserstoff und andere Geruchskomponenten frei. Die Dosierung von sauerstoffhaltigen bzw. oxidierend wirkenden Chemikalien, wie Wasserstoffperoxid, Hypochloritlauge oder Salpeter kann in solchen Fällen den akuten Missstand beseitigen. Allerdings muss abgesichert sein, dass keine dauerhaft toxischen Substanzen im Abwasser verbleiben, das dem Klärwerk zufließt und erst recht nicht im Ablauf nach der mechanisch biologischen Reinigung.

13.2.7.2 Beeinträchtigung der Funktion des Klärwerks

Die im häuslichen Abwasser zu findenden Stoffe sind in der Regel natürlicher Herkunft (Ausnahmen sind oberflächenaktiven Stoffe, anthropogene Spurenstoffe). Die in der Natur verbreiteten und sich im Abwasser vermehrenden Bakterien sind auf natürliche Substrate eingestellt. Günstige Milieubedingungen stellen sich in der Kläranlage bei der Belüftung von selbst ein (z. B. der pH-Wert) oder sind vorgegeben (z. B. die Temperatur) oder werden künstlich herbeigeführt (z. B. die Sauerstoffversorgung), um den Prozess mit gutem Wirkungsgrad und ökonomisch vertretbar ablaufen zu lassen.

Industrieabwasser zeigt – bis auf solches aus bestimmten Bereichen, wie das aus der Nahrungsmittelindustrie (teilweise) – nicht ohne weiteres diese erwünschten Eigenschaften. Synthetische Abfallstoffe, die in der Palette der natürlichen Produkte gar nicht vorkommen, beeinträchtigen den Stoffwechsel der Mikroorganismen. Eventuelle toxische Beimengungen können darüber hinaus den Abbau-Metabolismus erheblich stören oder gar zum Erliegen bringen. Auch eine erhöhte Salzkonzentration kann störend wirken, im Allgemeinen aber erst ab ca. 10 g/l (Chapanova, 2008). Eine pH-Wert-Verschiebung, vor allem in den sauren Bereich, kann sehr nachteilig sein. Außerdem ist die Aktivität der tätigen Mikroorganismen an einen begrenzten Temperaturbereich gebunden.

Aber selbst biologisch abbaubare Inhaltsstoffe (z. B. aus der Nahrungsmittelindustrie) vermögen, im Übermaß angeboten, Probleme aufzuwerfen. Problematisch sind Abwässer mit hohen Stickstoffkonzentrationen (z. B. Zuckerfabriken, kartoffelverarbeitende Betriebe, Molkereien und Schlachthöfe).

Eine attraktive Alternative zur Behandlung von Abwässern mit hohen Stickstoffkonzentrationen stellt die Deammonifikation dar. Dabei wird im ersten Schritt Ammonium zu Nitrit oxidiert. Sehr langsam wachsende Mikroorganismen (Planctomyceten) können dann mit Hilfe des Nitrits den verbliebenen Ammoniumstickstoff zu molekularem Stickstoff oxidieren (Thöle et al., 2005).

Planctomyceten: $NH_4^+ + NO_2^- \longrightarrow N_2 + 2\,H_2O$
Energiegewinn: 357 kJ/mol

Es wurden weltweit bereits mehr als 100 Anlagen realisiert, diese aber in erster Linie für Zentrat aus der Schlammentwässerung (Lackner et al., 2014). Inwieweit die Deammonifikation tatsächlich auch für Industrieabwässer realisiert werden kann, hängt von verschiedensten Randbedingungen ab (Lackner und Horn, 2012).

Im Regelfall werden Abwässer aus der Lebensmittelindustrie in kommunalen Anlagen mitbehandelt, wenn die Dimensionierung der Kläranlage dies zulässt.

Für häusliches Abwasser liegen klare Dimensionierungsansätze von Belebungsanlagen vor (Teichgräber und Hetschel, 2016). Für die Dimensionierung gelten Kenngrößen, die vor allem die Relation von Schmutzzufuhr pro Zeiteinheit und zur Verfügung zu haltendem Behandlungsraum sowie daraus abgeleitete Beziehungen in empirisch ermittelten Zahlenwerten ausdrücken (BSB_5-Raumbelastung $B_{R,BSB5}$, CSB-Raumbelastung $B_{R,CSB}$, Schlammbelastung B_{TS}, Aufenthaltszeit t_R, OC/load).

Ein erhöhter Anteil eines Industrieabwassers spezifischer Zusammensetzung mag es durchaus erforderlich machen, die Kläranlage darauf einzurichten. Zwar gibt es einige Erkenntnisse über das Abbauverhalten bestimmter reiner Substanzen wie auch über die Auswirkung von funktionellen Gruppen im Abbauprozess. Wegen der komplexen Zusammensetzung jedes Abwassergemisches sollte das Planungsbüro jedoch mit gezielten Pilotversuchen sichere Bemessungswerte für eine großtechnische Anlage gewinnen, wenn die Abwasserzusammensetzung durch Industrie beeinflusst stark von kommunalem Abwasser abweicht.

Die Relation BSB_5 zu TOC oder auch ähnlich BSB_5 zu CSB ermöglicht in gewisser Weise die Beurteilung der biologischen Abbaubarkeit der Inhaltsstoffe eines Industrieabwassers sowie die Abschätzung, in welchem Maße dieses Industrieabwasser als Teil des Gesamtabwasseraufkommens den Rest-CSB (bzw. Rest-TOC) im biologisch gereinigten Ablauf der Kläranlage erhöhen wird.

Toxische bzw. kritische Stoffe sollten nicht in die öffentliche Kanalisation eingeleitet werden und bereits beim Industriebetrieb einer gezielten Behandlung zugeführt werden. Dazu haben die Bundesländer entsprechende Indirekteinleiterverordnungen erlassen, die regeln, welche Stoffe in welchen Konzentrationen in die öffentliche Kanalisation eingeleitet werden dürfen.

13.2.8 Wesentliche Kenngrößen des kommunalen Abwassers

Zur Beurteilung der Belastung einer kommunalen Kläranlage wird der Einwohnerwert (EW) herangezogen. Bei etwa gleichem Lebensstandard der Mitteleuropäer ergibt sich für ein normales Kommunalabwasser der Einwohner einer Stadt vergleichbarer Größe und Industrieansiedlung auch ein Abwasser mit vergleichbaren Stoffkonzentrationen und vergleichbarer Zusammensetzung (siehe Tab. 13.2).

Dividiert man die angegebenen Zahlen durch einen Abwasseranfall von 150 l/d (mittlerer Planungswert bezogen auf Einwohner), ergeben sich Konzentrationen für die entsprechenden Größen. Im Vergleich zu den einwohnerbezogenen Frachten (EW) können diese je nach örtlichen Bedingungen (Eindringen von Grundwasser in das Kanalnetz, Regenwetter) erheblich schwanken.

Unter Berücksichtigung der obigen Zahlen würde unter idealen Verhältnissen ein Absetzbecken eine Verminderung der Schmutzkonzentration von $\eta = 20/60 = 0{,}33$ entsprechend 33 % erbringen. Tatsächlich liegt der Wirkungsgrad von Absetzbecken aber zumeist bei 25 bis 28 %. Durch Filtration der Schwebstoffe, z. B. Filtration einer Probe im Labor, lässt sich die Schmutzkonzentration oft um etwa 50 % verringern. Das bedeutet, dass die Hälfte aller oxidierbaren Stoffe im Abwasser ungelöst, wenn auch zu einem beträchtlichen Teil feinstdispers, d. h. nicht ohne weiteres durch Sedimentation entfernbar, vorliegen. Die großtechnische Anwendung von Filtern bzw. Sieben für Rohabwasser ist inzwischen Stand der Technik (Ruiken et al., 2013). So werden heute Feinsiebtrommeln mit einer Maschenweite von bis

Tab. 13.2: Durchschnittliche Frachten (Tabellenwerte) im Zulauf einer kommunalen Kläranlage, in g/d auf Einwohner bezogen (nach Imhoff, 1999).

	mineralisch	organisch	gesamt	BSB_5	CSB	TN_b
Absetzbare Stoffe	20	30	50	20	40	1
Nicht absetzbare Schwebestoffe	5	10	15	10	20	–
Gelöste Stoffe	75	50	125	30	60	10
Zusammen	100	90	190	60	120	11

unter 100 µm eingesetzt, bei denen durch Rückspülung ein Verblocken verhindert wird. Eine gut wirksame Flockung vor dem Absetzbecken könnte den Wirkungsgrad so steigern, dass er sich den aufgezeigten 50 % nähert (Grohmann, 1985) und das Belebungsbecken entsprechend entlastet, allerdings den Faulbehälter belastet.

Die durchschnittlichen Frachten der Tab. 13.2 dienen zur Berechnung der hypothetischen Zahl von angeschlossenen Einwohnern (so genannter **Einwohnerwerte, EW**). Hierzu teilt man die ermittelte tatsächliche Belastung BSB_5 oder CSB in g/d durch den Tabellenwert 60 g/d bzw. 120 g/d nach Tab. 13.2 (dem Klärwerk zufließende Fracht, bzw. modellhaft Industrieabwasser mit absetzbaren Stoffen). Der EW ist für die Bemessung von Kläranlagen erforderlich (siehe unten).

Für die meisten Industrieabwässer existieren Erfahrungswerte der tatsächlichen Frachten, die je nach mehr oder weniger moderner Ausstattung und nach Produktionsverfahren eine gewisse Bandbreite aufweisen. Hierzu wird auf die Fachliteratur „Industrieabwasser“ verwiesen, vergleiche auch Tab. 13.3. Die Belastung einer kommunalen Kläranlage durch Industrie- bzw. Gewerbeabwasser wird in **Einwohnergleichwerten EGW** angegeben.

Aus der Zahl der Einwohner (E) im Einzugsbereich einer Kläranlage und den Einwohnergleichwerten der Industriebetriebe (entspricht einer fiktiven Zahl von Einwohnern) errechnet sich die kalkulatorische Zahl **Einwohnerwerte, EW** (EW = E + EGW). Diese Zahl EW ist Grundlage jeder Planung und Erweiterung einer Kläranlage.

Zu beachten sind noch **hygienische Probleme**, denn die meisten Epidemien sind durch Trinkwasser verursacht worden, das mit Abwasser verunreinigt war.

Rohabwasser enthält nach Durchfließen der Kanalisationsrohre Bakterien in Konzentrationen 10^6 bis 10^7/ml (Zahl der Bakterien in 1 ml), daneben noch Parasiten, besonders Wurmeier, und Viren. In den einzelnen Stufen der Kläranlage werden diese deutlich dezimiert, aber selbst im Ablauf des Nachklärbeckens der mechanisch biologischen Kläranlage treten Bakterien mit einigen 10^3/ml auf. Die weitergehende Reinigung mit Flockung und Filtration, ggf. der Betrieb eines nachgeschalteten Beckens (so genannter „Schönungsteich“) mit mehrtägiger Aufenthaltszeit, vermag ihren Gehalt noch um eine Zehnerpotenz zu senken. Der Zustand „frei von Krankheitserregern“ lässt sich durch den Einsatz drastisch wirkender Desinfektionsmaßnahmen erreichen. So werden z. B. Abläufe von Kläranlagen isoliert liegender Infektionskrankenhäuser desinfiziert (z. B. mit 2 g/m^3 Chlor, besser mit Chlordioxid, um die Bildung von Trihalogenmethanen zu mindern, siehe Abschn. 9.5). In einigen Fällen wird auch der Ablauf städtischer Klärwerke mit dem Ziel einer Desinfektion behandelt. Seit 2005 werden an der Isar bis Freising alle Kläranlagenabläufe mit UV-Licht behandelt, um in den Sommermonaten Badegewässerqualität einzuhalten. Auch der Einsatz der Membrantechnik führt dazu, dass der Ablauf einer Kläranlage Bakterien und Viren deutlich reduziert werden.

Wenn auch die Masse der Abwasserbakterien harmloser Natur ist, muss davon ausgegangen werden, dass fast immer auch Erreger von Krankheiten dabei sind (siehe Kap. 5). Eine übertriebene Vorsicht beim Umgang mit Abwasserproben ist

Tab. 13.3: Spezifische Abwasserlasten einiger Betriebe der Lebensmittelindustrie (Rüffer und Rosenwinkel, 1991).

Betriebsart der Lebensmittel-industrie	Produktion, Einheit, Bezugsgröße	spezifische Abwasserlasten (Durchschnittswerte)		Einwohnergleichwerte Durchschnittswerte, berechnet*)	
		Abwasser m^3/t bzw. je Einheit	BSB_5-Fracht kg/t bzw. je Einheit	EGW 60*) EGW 60/t bzw. je Einheit	EGW 40*) EGW 40/t bzw. je Einheit
Zuckerfabrik (Kreislaufführung)	t Rüben	0,5	2,5–3,5	42–58	
Stärkeindustrie					
Kartoffelstärke	t Rohware	1,5–2,3	7,6–10,8		190–270
Maisstärke	t Rohware	0,8–1,4	5,8–11,7		145–293
Weizenstärke	t Rohware	2,8–6,0	37–110		925–2740
Obst und Gemüse					
Apfel	t Erzeugnis	34	24	400	
Babykost	t Erzeugnis	80–160	30–69	500–1150	
Bohnen	t Erzeugnis	3–23	2,3–11,6	38–193	
Erbsen	t Erzeugnis	2–60	7–18	117–300	
Fertigkost	t Erzeugnis	30–50	14–25	233–417	
Gurken	t Erzeugnis	15–30	0,9–6,0	15–100	
Karotten	t Erzeugnis	5,5–40	6–40	100–667	
Spinat	t Erzeugnis	4,7–95	4–30	67–500	
Kartoffelchips-fabrik (weitgehende Kreislaufführung)	t Kartoffeln	3,5	10,85		271
Margarinefabriken (errechnet nach Fettabscheider)	t Fertig-produkt	1–3	(1,5–12)	25–200	
Schlachtereien					
Rinder (Schlachten)	Großvieh-einheit GV	0,5–1,0	1,0–3,5		25–85
Schweine (Schlachten)	Kleinvieh-einheit KV	0,1–0,3	0,2–0,35		5–9
Federvieh (Schlachten)	kg Schlacht-gewicht	0,01–0,03	0,007–0,02		0,2–0,5
Molkereien	t Milch	1–2	0,8–2,5		20–63
Fruchtsaft-herstellung	m^3 Getränk	1,8–2,8	3,0–4,5		75–113
Brauereien	hl Bier	0,4–0,8	0,3–0,6		8–15

*) EGW 60 = berechnet mit BSB_5 = 60 g/d; EGW 40 berechnet mit BSB_5 = 40 g/d (siehe Tabelle 13.2)

nicht angebracht. So sind die Klärfacharbeiter, deren häufiger Kontakt mit pathogenen Keimen unzweifelhaft ist, vermutlich durch ständige Immunisierung die Berufsgruppe mit dem geringsten Krankenstand. Dennoch ist es selbstverständlich, dass gut ausgestattete Waschräume mit Umkleideräumen und das Vorhalten von Desinfektionsmittel zur Grundausrüstung auf der modernen Kläranlage gehören.

In den letzten Jahren ist deutlich geworden, das Kläranlagen auch Einleiter von Antibiotikaresistenzgenen (ARG) bzw. antibiotikaresistenten Bakterien (ARB) sind. Diese können eine Gefährdung auch für aus Uferfiltrat gewonnenes Trinkwasser darstellen (Brown et al., 2019; Karkmann et al., 2019; Proia et al., 2018). In wie weit sich das Auftreten von ARG und ARB in Zukunft auf die formulierten Reinigungsziele auswirkt, ist noch nicht absehbar.

13.3 Abwasserreinigung

13.3.1 Hinweise zum Abwasserrecht

Das **Wasserhaushaltsgesetz (WHG)** des Bundes vom 27. 6. 1957 in der neuesten Form vom 1. 10. 2010 ist ein Rahmengesetz, das durch Ländergesetze ausgefüllt werden muss. Die 2010 herbeigeführte Änderung ist eine Konsequenz aus der Europäischen Wasserrahmenrichtlinie (**WRRL**, 2000/60/EG), die die Nutzung und Bewirtschaftung aller Wasserkörper in Europa fundamental regelt und von den EU-Mitgliedsstaaten in nationales Recht umgesetzt werden musste. In Deutschland regelt das Wasserhaushaltsgesetz die Benutzungsmöglichkeiten der Gewässer, sowohl der oberirdischen wie des Grundwassers, Reinhaltung, Ausbau der Gewässer und anderes.

Von besonderer Bedeutung ist der **§ 57 WHG**. Er verlangt für alle Abwässer, die in ein Oberflächengewässer eingeleitet werden, eine Minimierung der Schadstofffracht nach dem „Stand der Technik". Gemeint ist damit der Entwicklungsstand technisch und wirtschaftlich durchführbarer fortschrittlicher Verfahren, Einrichtungen und Betriebsweisen, die als beste verfügbare Techniken zur Begrenzung von Emissionen praktisch geeignet sind.

Für die einzelnen Industriebereiche hat die Bundesregierung in einer entsprechenden Rechtsverordnung (**AbwV**) die Anforderungen nach dem Stand der Technik bestimmt. Die AbwV hat inzwischen 57 Anhänge.

Besonders bedeutsam ist auch der **§ 60 WHG**, der den Bau und Betrieb von Abwasseranlagen regelt. Sie sind so einzurichten und zu betreiben, dass die Anforderungen an das Einleiten von Abwasser insbesondere nach § 57 eingehalten werden können.

Als wirkungsvoll hat sich das **Abwasserabgabengesetz (AbwAG)** von 1976, in der novellierten Fassung vom August 2018, erwiesen. Es ist ebenfalls ein Rahmengesetz, das sich auf das Wasserhaushaltsgesetz und das Verursacherprinzip bezieht. Es bestimmt die Abgabe, die von jedem, der Wasser bzw. Abwasser in ein Gewässer einleitet, entrichtet werden muss. Die Abgabe wird von den Ländern erhoben und soll zweckgebunden Gewässerschutzmaßnahmen dienen. Die Abgabe wird nach der eingeleiteten Menge und Verschmutzung (hauptsächlich CSB, P, N, sowie der Schadstoffe AOX, Hg, Cd, Cr, Ni, Pb, Cu, Fischtoxizität) errechnet, so dass sich ein klarer Anreiz zu möglichst wassersparendem Verhalten und möglichst weitgehender Reinigung ergibt. Die Pflicht zur Abwasserabgabe richtet sich gegen den Einleiter, z. B. die Kommune als Betreiber des Klärwerks. Der Verpflichtete regelt im Innenverhältnis mit seinen Kunden (Indirekteinleiter), welche Anforderungen diese beachten müssen, damit die Schmutzfracht im Ablauf der Kläranlage gering bleibt und eine möglichst geringe Abwasserabgabe zur Folge hat. Die Abwasserabgabe ist derzeit sehr umstritten, weil eine Zweckbindung nicht immer im Sinne des Gewässerschutzes befolgt wird.

Von erheblicher Auswirkung war auch das „Detergentiengesetz“ vom 5. 9. 1961, letzte Fassung als **„Wasch- und Reinigungsmittelgesetz“** vom 29. 4. 2007, gewesen, das eine Umstellung der Produktion von so genannten harten Tensiden (kaum biologisch abbaubar, noch in erhöhter Konzentration im Ablauf von städtischen Kläranlagen und in Gewässern enthalten, starke Schaumbildung) zu weitgehend biologisch abbaubaren erzwungen hat. Es ist einiges der wenigen Beispiele, wo Problemstoffe direkt durch Gesetzgebung mehr oder weniger verboten wurden.

Genannt werden muss auch die **Klärschlammverordnung (AbfKlärV)** vom 15. 4. 1992 (letzte Änderung September 2017), eine Rechtsverordnung unter Bezug auf das **Kreislaufwirtschafts- und Abfallgesetz**. Sie regelt die Menge auf landwirtschaftlich genutzte Flächen ausbringbaren Klärschlamms unter Berücksichtigung von Schadstoffparametern. Dabei muss erwähnt werden, dass einige Bundesländer (Bayern und Baden-Württemberg) generell keinen Klärschlamm mehr landwirtschaftlich verwerten wollen.

Auf die einzelnen **Landeswassergesetze** wird hier nicht weiter eingegangen. Sie konkretisieren die Vorgaben des Wasserhaushaltsgetzes im landesgesetzlichen Vollzug. Dazu kommen Verordnungen der Länder, die sich aus den Bundes- und Landesrechten ergeben.

Die Kommunen haben in der Regel **Ortssatzungen** erlassen, die zumeist den Anschlusszwang an die öffentlichen Abwasseranlagen regeln sowie die Beschaffenheit des abzuleitenden Abwassers so definieren, dass Störungen in der Kanalisation und in der Kläranlage vermieden werden. Sie orientieren sich dabei vielfach an dem DWA-Merkblatt 115-2.

Die **Grundwasserschutzrichtlinie** soll das Grundwasser vor Verunreinigungen mit gefährlichen Stoffen schützen. Vor allem Stoffe der so genannten Liste I dürfen nicht eingeleitet werden; eine indirekte Ableitung, z. B. über die kommunaler Einrichtungen (Kanalisation mit oder ohne Kläranlage), bedarf einer Genehmigung.

Weiterreichende Konsequenzen hat in Zukunft die **Oberflächengewässerverordnung (OGewV)** von 2016. Die OGewV definiert in Anlage 6 Umweltqualitätsnormen für einzelne Stoffe in oberirdischen Gewässern. Darunter sind auch einige der oben bereits erwähnten anthropogenen Spurenstoffe, die zum Teil aus Direkteinleitungen kommunaler Kläranlagen stammen.

13.3.2 Abwasserableitung

Das Abwasser wird im Regelfall durch ein Kanalisationssystem einem Klärwerk zugeführt. Die Kombination aus beidem, Kanalisationssystem und Klärwerk, ermöglicht eine hygienische Beseitigung des Abwassers. Beide, ggf. mit entsprechenden Zusatzeinrichtungen wie Pumpwerken, Regenrückhaltebecken, Mengenausgleichsbecken vor Kläranlagen usw. werden zu den Abwasseranlagen gerechnet. Sie werden – von wenigen Ausnahmen abgesehen – von den Stadtentwässerungsämtern bzw. Tiefbauämtern betrieben. Zweck der Abwasseranlagen ist es letztlich, alle Abwässer eines Siedlungsgebietes zu erfassen, aus der Bebauung herauszuführen und so weitgehend zu reinigen, dass es im Gewässer, das das Abwasser aufnimmt (so genannter Vorfluter), keine schädlichen Auswirkungen hervorruft.

Die Großstädte Zentral-Europas begannen in der zweiten Hälfte des vorletzten Jahrhunderts (in England etwas früher) mit dem Bau von „Schwemmkanalisationen". In Deutschland wurden, nachdem sich Varrentrapp, Virchow und nach anfänglichem Zögern schließlich auch Max von Pettenkofer dafür ausgesprochen hatten, Schmutzwässer und Fäkalien aus den Bevölkerungsballungsgebieten in die Flüsse abgeleitet. Man vertraute auf ihre Selbstreinigungskraft. Erst viel später – es existierten einige wenige Ausnahmen – setzte der Kläranlagenbau ein. Allerdings gab es durchaus schon damals auch abstoßende Beispiele von übermäßiger Flussverunreinigung, hauptsächlich als Folge der aufblühenden Industrie und dadurch ausgelöster Städtebesiedlung. Bekannt dafür war in der zweiten Hälfte des letzten Jahrhunderts die Emscher, diese wurde jedoch in den letzten 15 Jahren komplett renaturiert und mit dem parallel gebauten Abwasserkanal Emscher entlastet. Auch gab es in bestimmten Fällen Berechnungen von Fachleuten (z. B. in Berlin nach 1871), dass nach Ausbau des Kanalsystems bei ungünstigen Vorflutverhältnissen (hier der Spree) im Vergleich zur Größe der Siedlung (hier Berlin) eine Überlastung eintreten würde. Die Forderung nach Abwasserreinigungssystemen war daher eine logische Konsequenz. Nach diversen Versuchen hauptsächlich physikalisch-chemischer Art wurde dann um die Jahrhundertwende, fußend auf den ersten streng wissenschaftlichen Experimenten Dunbars (1907), des Direktors des Hygienischen Instituts Hamburg, das biologische Verfahren eingeführt und hat sich seither durchgesetzt.

Die Abwasserkanäle sind entweder als Mischsystem oder als Trennsystem ausgebaut. Das erstere führt auch Regenwasser mit aus dem Stadtgebiet ab, das Letztere nimmt nur Abwasser auf. Seit rund 10 Jahren ist man bestrebt, bei Neubauten und Sanierungen weitestgehend auf eine Trennkanalisation umzustellen.

Die Dimensionierung, besonders der Hauptsammler und der Kläranlage, ist beim Mischsystem auf den erhöhten Anfall von Mischabwasser bei Starkregen auszulegen, wenngleich es lange Zeit in Kauf genommen worden ist, dass ein überhöhter Spitzenanfall durch Regenüberläufe ungeklärt in den Vorfluter abgeführt werden musste (Walters et al., 2014, 2015). Um die dabei eintretende Teilverschmutzung des Gewässers zukünftig zu vermindern, werden zusehends Regenrückhaltebecken gebaut, die nach vorübergehendem Anstau des Mischwassers seine Behandlung in der Kläranlage nach Abklingen des Spitzenzuflusses ermöglichen. Trotz erheblichen Ausbaus der Rückhaltebecken ist davon auszugehen, dass bei Starkregen in Mischwasserkanalisationen erhebliche Mengen an organischer Fracht durch Regenüberläufe in die Gewässer gelangen, die entsprechende Quantitäten anthropogener Spurenstoffe, Antibiotikaresistenzgene (ARG) und antibiotikaresistenter Bakterien (ARB) mitführen.

Öffentliche Abwasserkanäle sind typischerweise aus Beton, Keramik oder Kunststoff. Betonrohre, die häufig als Abwasserkanäle dienen, werden vor allem durch saures Abwasser und durch Sulfat in erhöhter Konzentration angegriffen (Liu et al., 2015; Grube et al., 1987). Ggf. können sie durch die natürlich sich bildende Sielhaut oder eine künstliche Beschichtung geschützt werden (Reiff, 1992). Auch ist die Gefahr der Verursachung von Kanalisationsschäden durch das Abwasser heute geringer, da infolge strengerer Anforderungen an die Qualität des eingeleiteten Abwassers und schärferer Kontrollen die Beschaffenheit des Abwassers in den Kanälen für das Rohrmaterial als unschädlich anzusehen ist. Erforderliche Durchmesser und Festigkeiten, z. B. gegenüber Verkehrslasten, sind weitere Faktoren, die die Auswahl des Materials bestimmen.

13.3.3 Rechnerische Ermittlung des Abwasserzuflusses

Der für die Bemessung maßgebende Zuflusswert ist der rechnerische Trockenwetterzufluss, der sich aus dem Schmutzwasserzufluss aus Wohngebäuden, Kleingewerbebetrieben, Gewerbe- und Industriebetrieben sowie dem Fremdwasserzufluss zusammensetzt. Der Trockenwetterzufluss Q_t in m^3/h kann wie folgt berechnet werden:

$$Q_t = Q_s + Q_f \tag{13.4}$$

$$\begin{aligned} Q_t = (24\,Q_h/x) &+ \sum\left[(24 \cdot 365 \cdot Q_g)/(a_g \cdot b_g)\right] \\ &+ \sum\left[Q_f + ((24 \cdot 365 \cdot Q_i)/(a_i \cdot b_i))\right] \end{aligned} \tag{13.5}$$

Σ Summenbildung 1 bis n für n Industrieeinleiter

Q_s Tagesspitze des Schmutzwasserzuflusses in m^3/h

Q_f Jahresmittelwert des Fremdwasserzuflusses aus Misch- und Trenngebieten bei Trockenwetter in m^3/h

X Stundensatz in Stunden

Q_h täglicher Zufluss aus Wohngebieten einschließlich des kleingewerblichen Anteils in m^3/h ($Q_h = EZ \cdot w_s/24$ mit EZ = angeschlossene Einwohner; w_s = Wasserbedarf in $m^3/(E \cdot d)$)

$a_{g,I}$ Arbeitsstunden pro Tag (bei einer Schicht = 8 Stunden)

$b_{g,I}$ Produktionstage pro Jahr

Q_g Tagesmittel des gewerblichen Abwasserzuflusses in m^3/h

Q_I Tagesmittel des industriellen Abwasserzuflusses in m^3/h

Liegen keine Messwerte vor, so kann der Spitzenzufluss aus dem häuslichen und kleingewerblichen Bereich mit 0,0144 m^3/h je Einwohner und aus dem gewerblichen und industriellen Bereich mit 1,8 $m^3/(h \cdot ha_{red})$ (ha_{red} = befestigte Fläche mit Abfluss in die Kanalisation im Einzugsgebiet, in ha) angesetzt werden.

Für den Fremdwasserzufluss (nicht kontrollierte Zuflüsse) darf mit bis zu 0,54 $m^3/(h \cdot ha_{red})$ gerechnet werden.

Bei Mischkanalisation soll auch für den Trockenwetterzulauf mit dem doppelten Wert von Q_s gerechnet werden: „Bei Regen wird die Belebungsanlage in der Regel beschickt mit $Q_m = 2Q_s + Q_f$. Der Q_m-Wert der Kanalisation muss mit dem Q_m-Wert der Belebungsanlage in Einklang gebracht werden."

13.3.4 Verfahren der Abwasserreinigung

13.3.4.1 Allgemeines

In den natürlichen Gewässern erfolgt der aerobe Abbau der Schmutzstoffe in erster Stufe durch die Stoffwechseltätigkeit der Bakterien, die sich entweder als Aufwuchs auf Steinen, Pflanzen usw. befinden oder einzeln bzw. in Kolonien (Flocken) im Wasser frei schweben. Diese Bakterien dienen dann den so genannten etwas größeren Kleinlebewesen (z. B. Rädertierchen) als Nahrung. Diese Nahrungskette setzt sich fort und endet schließlich bei den Fischen. Der benötigte Sauerstoff wird hauptsächlich über die Grenzfläche Luft/Wasser geliefert. Das gilt für Fließgewässer und tiefe Seen. In flachen, stehenden Gewässern kann durch Grünpflanzen bei Sonneneinstrahlung die Sauerstoffentwicklung durch Assimilation von CO_2 bedeutend sein. In einzelnen Fällen kann bei zu starker Schmutzbelastung, die wiederum ein rasches Bakterienwachstum und gesteigerten Sauerstoffverbrauch zur Folge hat, die natürliche Sauerstoffnachlieferung nicht ausreichen. Die Konzentration an gelöstem Sauerstoff im Gewässer sinkt stark ab, evtl. auf 0 mg/l. Die Folge davon ist ein Absterben aller Tiere, die auf ausreichend gelösten Sauerstoff angewiesen sind, also hauptsächlich der Fische, möglicherweise ein weiteres Fortschreiten der Entwicklung vom anoxischen (sauerstoffarmer) Zustand zum anaeroben, d. h. Beginn von Faulvorgängen mit der Entwicklung von Methan („Sumpfgas"), Kohlenstoffdioxid und giftigem Schwefelwasserstoff. Das Gewässer „kippt um".

In der Abwasserreinigung bedient man sich der gleichen Vorgänge, bricht die „Nahrungskette" aber bereits bei den Bakterien ab, (eine Ausnahme bildeten die früher vereinzelt angewendeten Fischteichverfahren). Die Organismenmasse, die dabei entsteht, wird nicht mehr als Nahrung für höhere Tiere zur Verfügung gestellt, sondern muss anderweitig beseitigt werden.

Die heutigen Abwasserreinigungsanlagen basieren auf der Anwendung folgender Verfahren:

- Die so genannte mechanische Reinigung, bestehend aus Rechen zum Abtrennen grober Stoffe, Sandfang, heute häufig Siebanlage mit integrierter Sandabscheidung, Absetzbecken als Vorklärbecken.
- Die aerob-biologische Stufe, zumeist Belebungsbecken, sei es mit Druckluftverteilern, sei es mit Oberflächenbelüftern ausgerüstet, oder Tropfkörper (siehe unten), beide Systeme ergänzt durch Nachklärbecken.
- Die weitergehende Reinigungsstufe dient der Entfernung der Stickstoff- und Phosphorverbindungen aus dem Wasser. Während Stickstoff durch Überführung in den gasförmigen Zustand aus dem Abwasser entfernt werden kann, müssen Phosphorverbindungen immer in den festen Zustand einer gut abscheidbaren Schlammflocke eingebunden werden. Dies kann entweder durch chemische Fällung oder auf biologischem Wege durch Einlagerung in den belebten Schlamm geschehen.
- Die Stickstoffeliminierung ist als Nitrifikation/Denitrifikation verfahrenstechnisch bedingt ausschließlich in den Belebungsprozess, also in die aerob-biologische Stufe und hiervon abgetrennte anoxische Stufe, integriert.
- In der Phosphatentfernung dominierte lange Zeit die Fällung (Vor-, Simultan- oder Nachfällung). Heute wird entweder die Simultanfällung mit Abtrennung des Phosphatschlammes im Nachklärbecken oder aber die Nachfällung mit meist nachgeschalteter Filtration eingesetzt. Seit einigen Jahren wird die biologische Phosphatelimination favorisiert, die im Belebungsbecken stattfindet. Dabei kann eine chemische Fällung unterstützend zusätzlich vorgesehen werden.
- Die Schlammbehandlungsstufe, zumeist aus Eindickern, Schlammfaulbehältern (anaerob-biologische Schlammzersetzung) und Einrichtungen zur Schlammentwässerung bestehend.

In den Absetzbecken (Vorklärbecken und Nachklärbecken) werden nach physikalischen Gesetzen die Sinkstoffe und Schwimmstoffe zum größten Teil entfernt. Dazu wird das Abwasser möglichst ohne Turbulenzen sehr langsam durch ein Becken, geleitet, das für den Sink- und Schwimmschlamm Räumvorrichtungen enthält. Die Größe des Vorklärbeckens wird auf etwa 2 h Durchflusszeit des Abwassers berechnet. Der Wirkungsgrad eines Vorklärbeckens liegt für Kommunalabwasser bei rund

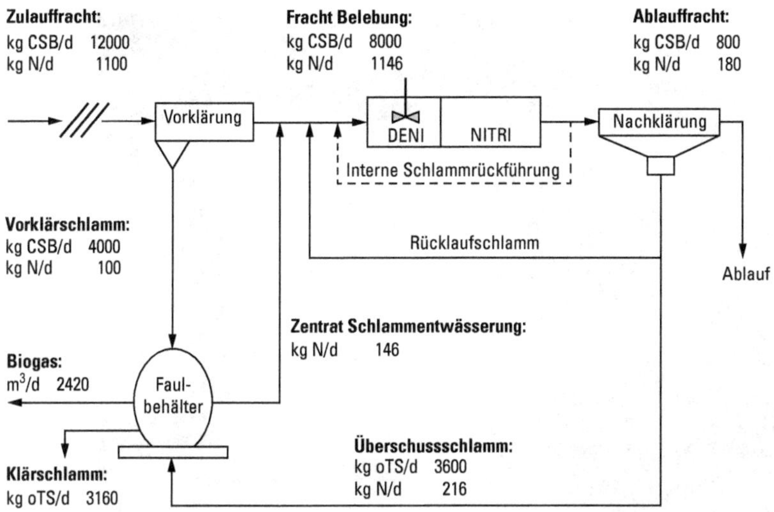

Abb. 13.5: CSB-, Stickstoff-, Trockensubstanz- und Biogasbilanz für eine kommunale Kläranlage (100000 EW). Dargestellt sind die Behandlungsschritte Vorklärung, Belebungsanlage (Nitrifikation/Denitrifikation), Nachklärung und Faulbehälter (aus Schlussbericht BMBF-02WA1260, 2017).

33 % bezogen auf die oxidierbaren Schmutzstoffe. Für Anlagen mit Nitrifikation/ Denitrifikation können auch kleinere Vorklärbecken geplant werden, da die organischen Kohlenstoffverbindungen für die Denitrifikation erforderlich sind.

In Abb. 13.5 sind schematisch wichtige Behandlungsschritte einer kommunalen Kläranlage (100.000 EW) mit der entsprechenden Reinigungsleistung dargestellt. In der Vorklärung verbleiben ein Drittel des CSB und 9 % des Stickstoffs (siehe Tabelle 13.2). Die Abbauleistung im Belebungsbecken orientiert sich am Mittelwert der Anlagen in Deutschland. Der Überschussschlamm kommt aus dem Abbau des CSB (0,5g oTS/g CSB abgebaut). 60 % des Vorklärschlamms und 40 % des Überschussschlamms werden in Biogas umgewandelt, der Rest verbleibt als Klärschlamm. Bei der anaeroben Schlammbehandlung werden entsprechend 146 kg N/d aus der verstoffwechselten Biomasse zurückgelöst und müssen in der Belebung behandelt werden.

Abb. 13.6 zeigt die Gesamtaufnahme einer Kläranlage mit allen geschilderten Verfahrensstufen. Außerdem sind die so genannten Schönungsteiche zu sehen, in denen eine Anpassung des Klarwassers an die Biozönose eines Oberflächenwassers erfolgt, bevor das Wasser in den Vorfluter fließt. Die Faulbehälter sind in Abb. 13.6 nicht zu erkennen. Sie sind in Abb. 13.7 gesondert dargestellt.

Abb. 13.6: Kläranlage Hattingen (100.000 EW); Einlaufpumpwerk, Rechengebäude, belüfteter Sandfang, Vorklärung, Pufferbecken (NH_4^+), Regenbecken, Belebungsbecken mit Denitrifikation und Nitrifikation, Nachklärung, Schönungsteiche, Faulbehälter, Energiestation, Schlammtrocknung (mit freundlicher Genehmigung des Ruhrverbandes).

Abb. 13.7: Kläranlage Duisburg-Kaßlerfeld; Faulbehälter (V = 3 × 8720 m^3) (mit freundlicher Genehmigung des Ruhrverbandes).

13.3.4.2 Schlammbelebungsverfahren

In der **aerob-biologischen Stufe** entwickeln sich die zur weiteren Reinigung des Abwassers erforderlichen Bakterien von selbst. Sie gewinnen die zur Aufrechterhaltung ihres Lebens, d. h. zum Wachstum, zur Vermehrung, evtl. zur Bewegung usw. notwendige Energie durch Oxidation der im Abwasser enthaltenen energiereichen organischen Stoffe. Dabei werden diese zu energiearmen Substanzen, wie Wasser und Kohlenstoffdioxid bzw. elementarem N, abgebaut. Damit dieser Prozess, der auch in den Gewässern der freien Natur deren Reinhaltung bestimmt, hier möglichst schnell und vollständig abläuft, muss dafür gesorgt werden, dass in den Klärbecken der biologischen Stufe eine möglichst große Bakterienmasse zur Verfügung steht und diese sehr günstige Lebensbedingungen vorfindet. Diese werden neben dem Substratangebot (hier die oxidierbaren Schmutzstoffe des Abwassers) durch ausreichend gelösten Sauerstoff (Belüftung der Becken), günstigen pH-Wert (etwa pH 7–8), Temperatur (etwa 10 bis 20 °C) usw. sichergestellt. Beim Schlammbelebungsverfahren ist es der suspendierte „belebte Schlamm" (auch Belebtschlamm genannt), der fast ausschließlich aus in Flocken zusammenhängenden Bakterien besteht, der den Abbau bewirkt. Er wird in den Nachklärbecken von dem gereinigten Abwasser (Ablauf) getrennt und wieder in das Belebungsbecken (= Belüftungsbecken) zurückgeführt. Da sich die Bakterien bei der Umsetzung der Schmutzstoffe vermehren, muss ein Teil des „Rücklaufschlammes" als „Überschuss-Schlamm" abgetrennt werden, um technisch brauchbare Biomassekonzentrationen (etwa 3 bis 3,5 g/l als Trockenmasse) in den Belebungsbecken aufrechtzuerhalten. Die neben den Bakterien ggf. noch vorhandenen Kleinlebewesen, wie Amöben, Geißel- und Wimpertierchen, denen die Bakterien als Nahrung dienen, spielen für die Abwasserreinigung eine untergeordnete Rolle. Sie geben aber wichtige Hinweise bei der mikroskopischen Beurteilung des belebten Schlammes.

Den lebensnotwendigen Sauerstoff müssen die Abwasserorganismen dem Wasser entnehmen, in dem er gelöst vorliegt. Bei einer Temperatur von 20 °C vermag Wasser, das mit Luft in Berührung steht, ca. 8 mg/l Sauerstoff aufzunehmen. Man spricht dann von luftgesättigtem Wasser. Zumeist erfolgt die Zufuhr von Sauerstoff durch Eintragen von Luft in das Belebungsbecken (Druckluftverteiler oder Oberflächenbelüfter), d. h. ständiges Durchmischen von Gas und Wasser. Wird reiner Sauerstoff in das Wasser eingeleitet – einige Klärwerke arbeiten statt mit Luft mit technisch reinem Sauerstoff –, dann erreicht man eine Erhöhung der Sauerstoffkonzentration um den Faktor 5.

Für die biologische Abwasserreinigung einschließlich weitergehender Verfahren werden neben den oben angeführten Methoden auch **Biofilter** eingesetzt. In Biofiltern wächst die Biomasse auf festem oder beweglichem Trägermaterial. Bei dem Biofiltersystem „DENIPOR“ (Preussag Noell Wassertechnik) besteht das Trägermaterial zum Beispiel aus schwimmfähigen Polystyrolkugeln (in der anoxischen Filterzone: Kugeldurchmesser rd. 2–3 mm, rd. 2500 m^2/m^3; in der aeroben Filterzone: Kugeldurchmesser rd. 4–5 mm, rd. 1500 m^2/m^3). Diese Kugeln wirken zusätzlich wie ein Filter, so dass neben der Elimination von Schmutzstoffen auch eine Biomassenrückhaltung und Trübstoffentnahme erfolgt. Der Reaktor besteht aus zwei übereinanderliegenden Filterzonen, wobei das Abwasser zunächst durch die anoxische und anschließend durch die aerobe Filterzone geleitet wird. Durch Filterdüsenböden über den jeweiligen Zonen wird ein Aufschwimmen des Filtermaterials verhindert. Die Prozessluftzufuhr wird über spezielle Belüftungssysteme vorgenommen. Die Spülung des Filters wird im Abstrom (durch Gravitation von oben nach unten) durchgeführt. Teilweise werden die Wasserspülungen durch Luftspülungen unterstützt (Einbringen der Spülluft in die anoxische Zone mittels Spülluftlanzen). Biofilteranlagen zeichnen sich durch eine platzsparende, kompakte Bauweise aus, so dass diese Anlagen insbesondere beim Ausbau bestehender Kläranlagen (zum Beispiel Kläranlage Hagen) eingesetzt werden (Lübbecke, 1998). Auf der Kläranlage Herford wurde eine Biofiltration nach dem „Biostyr“-Verfahren mit 16 Festbettreaktoren eingesetzt (Altemeier, 1998).

Unabhängig von den deutlich höheren Umsatzraten (bis zu zehnfach) in Biofiltern im Vergleich zum Belebungsverfahren haben sie sich am Markt nicht wirklich durchgesetzt (Horn und Telgmann, 2000; Horn, 1999). Ein maßgeblicher Grund ist der höhere Energiebedarf für die Pumpen bei den aufwärts betriebenen Biofiltern.

13.3.4.3 Stickstoffelimination

Bei der biologischen Abwasserreinigung bestehen starke Abhängigkeiten zwischen Kohlenstoffabbau sowie Stickstoff- und Phosphatelimination.

Kommunales Abwasser enthält in der Regel 30 bis 80 mg/l Stickstoff in Form von Ammonium, das weitestgehend aus Harnstoff stammt. Organisch gebundener Stickstoff und Ammoniumstickstoff wirken als sauerstoffzehrende Stoffe, da durch mikrobielle Vorgänge im Gewässer die Oxidation über Nitrit zu Nitrat erfolgt und somit der Sauerstoffgehalt negativ beeinflusst wird. Zusätzlich wirken Ammonium und Nitrit toxisch auf Fische. Deshalb muss die Oxidation schon in der Kläranlage erfolgen. Technisch erreicht man die Stickstoffentfernung dann durch mikrobielle Denitrifikation nach erfolgter Nitrifikation. Die Oxidation des anorganischen Stickstoffs zu Nitrat wird von autotrophen Mikroorganismen, den Nitrifikanten, durchgeführt. Diese benötigen keinen organischen Kohlenstoff zur Assimilation, sondern CO_2; die Oxidation des Stickstoffs dient dem Energiegewinn. Sie erfolgt in zwei Schritten durch im Wesentlichen zwei Bakteriengruppen.

Ammonium oxidieren Bakterien (AOB):	$2\,NH_4^+ + 3\,O_2$	$\rightarrow$	$2\,NO_2^- + 2\,H_2O + 4\,H^+$
Energiegewinn:	352 kJ/mol		
Nitrit oxidierende Bakterien (NOB):	$2\,NO_2^- + O_2$	$\rightarrow$	$2\,NO_3^-$
Energiegewinn:	73 kJ/mol		
gesamt:	$NH_4^+ + 2\,O_2$	$\rightarrow$	$NO_3^- + H_2O + 2\,H^+$

Der Sauerstoffbedarf beträgt ca. 4,6 g O_2 je g NH_4-N für die Oxidation bis zum Nitrat. Im Belebungsbecken sollte ein Sauerstoffgehalt von rund 2 mg/l vorhanden sein.

Zur Denitrifikation, d. h. zur Veratmung von Nitrit- oder Nitratsauerstoff anstelle von freiem Sauerstoff, sind zahlreiche heterotrophe Organismen der Belebtschlammpopulation befähigt. Die Umsetzung des Stoffes, der als H-Donator dient (hier als Beispiel Methanol), kann auf zwei Arten erfolgen:

mit Sauerstoff:	$2\,CH_3OH + 3\,O_2$	$\rightarrow$	$2\,CO_2 + 4\,H_2O$
mit Nitrat:	$5\,CH_3OH + 6\,NO_3^-$	$\rightarrow$	$5\,CO_2 + 7\,H_2O + 3\,N_2 + 6\,OH^-$

Die Mikroorganismen bevorzugen den freien Sauerstoff zur Veratmung. Bedingung für die Denitrifikation ist daher die Bereitstellung eines sauerstoffarmen (anoxischen) Milieus im Becken. Bezogen auf den in kommunalen Kläranlagen verfügbaren organischen Kohlenstoff gilt grob, dass 5g CSB benötigt werden, um 1 g NO_3-N zu denitrifizieren.

Durch die Denitrifikation wird eine Überbeanspruchung der Pufferkapazität des Abwassers vermieden. Die vorhergehende Nitrifikation führt zur Bildung von H^+-Ionen und damit zur pH-Wert-Absenkung mit der Folge einer teilweisen Beeinträchtigung der Bakterienpopulation. Bei sehr weichem Wasser muss dies durch Zugabe von Calciumhydroxid abgefangen werden, um die Nitrifikation zu stabilisieren.

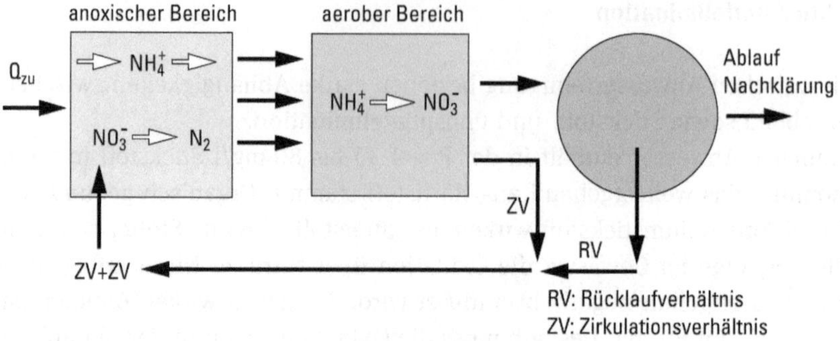

Abb. 13.8: Nitrifikation mit vorgeschalteter Denitrifikation (nach Pöpel, 1987).

Durch die Denitrifikation entstehen neben elementarem Stickstoff Wasser und Hydroxid(OH^-)-Ionen, wodurch eine Anhebung des pH-Wertes erfolgt, so dass die Säurekapazität wieder erhöht wird und damit weitgehende Nitrifikation gewährleistet ist. Diese Zusammenhänge haben dazu geführt, dass ein Teil des Wassers (nach der Nitrifikation) zurück an den Anfang des Belebungsbeckens gefördert wird. Hier unterbleibt (noch) die Sauerstoffzufuhr. Es setzt Denitrifikation ein (anoxischer Teil des Beckens) und eine Ausgasung des gebildeten elementaren Stickstoffs in die Luft.

Weiterhin beeinflusst neben der Abwassertemperatur das BSB_5/TKN-Verhältnis (TKN = org. gebundener Stickstoff und Ammoniumstickstoff, als „Kjeldahl-Stickstoff") die Nitrifikationsleistung. Das BSB_5 /TKN-Verhältnis sollte größer 3,0 sein.

Die Denitrifikationsleistung hängt entscheidend von der Hinführung des in dem aeroben Beckenteil gebildeten Nitrats zu dem anoxischen Bereich ab. Erreicht wird dies durch eine Rezirkulation von der N- zur DN-Stufe, wobei ggf. auch der Rücklaufschlamm aus dem Nachklärbecken als Rückführung zu berücksichtigen ist. Grundsätzlich kommen drei Verfahrensweisen in Betracht:
- Nitrifikation mit nachgeschalteter Denitrifikation,
- Nitrifikation mit simultaner Denitrifikation,
- Nitrifikation mit vorgeschalteter Denitrifikation (siehe Abb. 13.5 und 13.8).

Von den drei genannten Betriebsweisen kommt die **nachgeschaltete Denitrifikation** in der Regel nicht in Frage, obwohl sie naheliegend ist, weil nach dem weitgehenden Abbau des organischen Substrats (Kohlenstoffverbindungen) in der Nitrifikation für die Denitrifikation die H-Donatoren fehlen. Eine Zugabe externer Kohlenstoffquellen – wie Methanol – ist unwirtschaftlich.

Bei der **vorgeschalteten Denitrifikation** (Abb. 13.5 und 13.8) gelangt das Abwasser zuerst in das anoxische Becken, wo es mit dem Rücklaufschlamm und dem Nitrat aus der internen Schlammrückführung in Kontakt kommt. Die Denitrifikation erfolgt hier durch das reiche Substratangebot (CSB) schneller als bei der simultanen Denitrifikation.

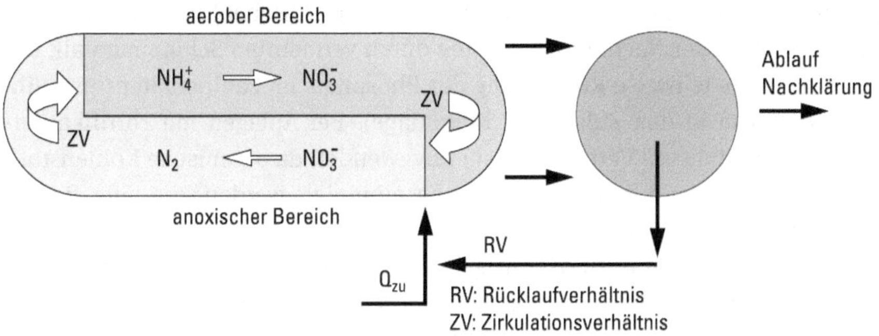

Abb. 13.9: Nitrifikation mit simultaner Denitrifikation (nach Pöpel, 1987).

Im Nitrifikationsbecken findet die Oxidation von Ammonium zu Nitrat statt. Erst über den Umweg Ammonium-Nitrat kann org. N zu Stickstoff abgebaut werden. Der erreichbare Denitrifikationsgrad hängt ab von der gesamten Rückführung (Rücklaufschlamm und Rezirkulation).

Bei beliebig hohen Rezirkulationsraten geht die vorgeschaltete in die **simultane Denitrifikation** über. In Abb. 13.9 ist das Prinzip eines Umlaufbeckens dargestellt, wobei direkt hinter der Belüfterwalze der aerobe Beckenteil liegt, der dann kontinuierlich in den anoxischen Bereich übergeht.

13.3.4.4 Phosphorelimination

Chemische Phosphatfällung: Für die Elimination von Phosphaten wird das Verfahren der Fällungsreinigung angewendet, bei dem der Phosphor durch Zugabe von z. B. Eisen-III-Sulfat, Eisen-II-Sulfat, Aluminiumsulfat, Aluminiumchlorid oder Calciumhydroxid ausgefällt wird. Verfahrenstechnisch kann die chemische Phosphatelimination mit der mechanischen oder biologischen Reinigung ablaufen oder nachgeschaltet werden als weitere Behandlungsstufe. Danach wird unterschieden in:
- Vorfällung (Chemikalienzugabe in den Zulauf Vorklärbecken),
- Simultanfällung (Chemikalienzugabe in den Zu- und/oder Ablauf Belebungsbecken, in das Belebungsbecken, in den Rücklaufschlammstrom),
- Nachfällung (Chemikalienzugabe vor separatem Becken).

Der Fällmittelbedarf ist von mehreren Randbedingungen abhängig. Wesentlichen Einfluss haben die Ausgangs-P-Konzentration, die Verfahrenstechnik und der angestrebte Wirkungsgrad.

Zur **Vorfällung** wird das Fällmittel in den Zulauf zum Vorklärbecken dosiert. Die Vorteile sind sehr geringe Investitionskosten, erhöhter Wirkungsgrad des Vorklärbeckens, da neben Phosphat auch sonstige ungelöste Stoffe und Kolloide geflockt werden (daher auch zur vorübergehenden Sanierung überlasteter Kläranlagen geeignet). Die Nachteile sind ein etwas geringerer Abscheidungswirkungsgrad für Phosphat als bei der Nachfällung, Kosten durch vermehrten Schlammanfall, unter Umständen eine teilweise Rücklösung des Phosphats im Faulbehälter (ins Trübwasser, mit diesem in den Zulauf zur Kläranlage). Bei Anlagen mit Nitrifikation/Denitrifikation wird dieses Verfahren nicht angewendet, da organische Kohlenstoffverbindungen verstärkt durch die Vorklärung eliminiert werden, die aber für die Denitrifikation benötigt werden.

Beim Einsatz einer **Simultanfällung** für Belebungsanlagen, die auf weitergehende Elimination von Stickstoff- und Phosphorkomponenten ausgelegt sind, bilden die Vorgänge bei der Oxidation der Kohlenstoffverbindungen, der Nitrifikation, der Denitrifikation und der Phosphatelimination ein kompliziertes Gesamtsystem. Durch den Einsatz der Fällmittel erfolgt eine Verkürzung des für die Nitrifikation erforderlichen Schlammalters sowie im Zusammenhang mit Nitrifikation/Denitrifikation ein pH-Wert-Abfall. Der Verkürzung des Schlammalters ist durch eine Vergrößerung der Beckenvolumina zu begegnen; der pH-Wert muss durch geeignete Alkalien, z. B. Kalkmilch, angehoben werden. Die gefällte Substanz reichert sich im Belebtschlamm an. Hier fällt zwar kein zusätzlicher Schlamm in nennenswerter Menge an, die Vor- und Nachteile entsprechen aber sonst denen der Vorfällung.

Die **Nachfällung** ist eine gesonderte Reinigungsstufe im Klärprozess. Beeinflussungen der mechanischen und biologischen Stufe sind ausgeschlossen. Zusätzlich werden feine und feinste organische Schwebstoffe, die aus der Nachklärung abtreiben, mit dem Fällungsschlamm erfasst und weitgehend abgeschieden. Dadurch wird die organische Restverschmutzung des Abwassers weiter reduziert. Als nachteilig sind die gegenüber einer Simultanfällung erhöhten Baukosten für zusätzliche Misch- und Flockungseinrichtungen sowie Becken für die Schlammabscheidung zu sehen. Mit einer Nachfällung sind Phosphor-Ablaufwerte kleiner 0,5 mg/l P zu realisieren (Simultanfällung rd. 1,0–2,0 mg/l). Zur Flockenabscheidung können auch Schrägklärer oder so genannte Lamellenabscheider (Verbesserung der Absetzvorgänge durch eingebaute Lamellen in den Behälter), Flotationsanlagen (Anlagerung von Luftbläschen an die Flocken und Sammeln des Schlamms von der Oberfläche des Beckens) oder Filteranlagen (wie sie aus der Trinkwasseraufbereitung bekannt sind), schlussendlich auch Membranfilter eingesetzt werden.

Biologische Phosphatelimination: Unter biologischer Phosphatelimination versteht man die über das normale wachstumsbedingte Maß hinausgehende Phosphoraufnahme und -bindung im belebten Schlamm. Der biologische Abbau von organischer Verschmutzung aus Abwasser ist immer mit einem Zuwachs an Bakterienmasse durch Vermehrung verbunden, welche beim Belebungsverfahren als Überschuss-Schlamm aus dem System abgezogen wird. Da Phosphor von den Organismen als lebensnotwendiger Nährstoff im Bau- und Energiestoffwechsel benötigt wird, wird bei der Bildung von Zellen stets Phosphor gebraucht. Bei üblichen einstufigen Belebungsanlagen mit Nitrifikation kann von einer Nutzung hierfür von rd. 20–30 % des Angebots ausgegangen werden. Entsprechend enthält der Klärwerksablauf weniger P-Verbindungen. Einige Bakterienarten (Phosphatakkumulierende Organismen, PAO) sind in der Lage, unter „Stress“ mehr Phosphor aufzunehmen, als für ihre Stoffwechselprozesse nötig ist. Verfahrenstechnisch wird durch die Installation einer strikt anaeroben Zone (zusätzlich zu der schon besprochenen aeroben und anoxischen Zone) erreicht, dass für die PAO Wachstumsvorteile eintreten. Die Speicherung in der Zelle erfolgt in Form von Polyphosphaten in der aeroben Zone. Dadurch erhöht sich der Phosphorgehalt des belebten Schlamms und eine gesteigerte Phosphorentfernung wird allein über den Abzug des Überschuss-Schlamms erreicht. Die entscheidende Besonderheit der PAO ist die Rücklösung aus der Bakterienmasse unter anaeroben Bedingungen und Wiederaufnahme des Phosphors in die Bakterienmasse im Aerobbecken. Unter anaeroben Bedingungen gewinnen diese eigentlich strikt aeroben Bakterien die Energie für ihre Stoffwechselprozesse aus der Hydrolyse der gespeicherten Polyphosphate, d. h. sie geben Orthophosphat ab (Rücklösung). Eingelagert wird dabei organischer Kohlenstoff in Form von Polyhydroxybuttersäure (PHB). Unter aeroben Bedingungen, also im belüfteten Anlagenteil, wird Phosphat wieder in den Zellen eingelagert und zwar in größeren Mengen, als zuvor in der anaeroben Zone abgegeben wurden. Dieser Kreislauf von Rücklösung und Wiederaufnahme wird bei der biologischen P-Elimination optimiert. Er muss zur Funktionsfähigkeit des Verfahrens gewährleistet sein.

Begünstigt wird die biologische Phosphatelimination durch:
- Hohe Konzentrationen organischer Säuren im Abwasser, dies ist überall dort der Fall, wo das Abwasser leicht angefault der Kläranlage zufließt;
- ein hohes Verhältnis $BSB_5 : P$ bzw. $CSB : P$, dies findet man, wenn z. B. Nahrungsmittelbetriebe und Brauereien angeschlossen sind;
- einen hohen Anteil von gelösten organischen Stoffen an der gesamten Masse organischer Stoffe; hierdurch wird der leicht fermentierbare Anteil erhöht. Dies findet man auch nur bei entsprechend gewerblichen und industriellen Zuflüssen. Die Bedingung kann am Verhältnis des CSB für gelöste Stoffe in Bezug auf den Gesamt-CSB erkannt werden;
- geringe Sauerstoffgehalte im Abwasser und im Rücklaufschlamm.

Verfahrenstechnisch haben sich für die biologische Phosphatelimination (kurz: Bio-P) zwei Wege herauskristallisiert, die Haupt- und die Nebenstromverfahren. Zu den Hauptstromverfahren gehören das „modifizierte Bardenpho“-, das „Phoredox“- oder das „A^2/O“-Verfahren, das „modifizierte UCT“-Verfahren, das „ISAH“- oder „modifizierte Johannesburg“-Verfahren und das „EASC“-Verfahren.

Die geforderten P-Ablaufwerte sind allein durch Bio-P nicht immer zu erreichen bzw. nicht gesichert einzuhalten. Nach verschiedenen Untersuchungen bewegen sich die Ablaufwerte in Größenordnungen um 3–7 mg/l P_{ges}. Dadurch wird zwangsläufig eine Simultan- oder Nachfällung erforderlich. Die biologische P-Elimination dient in erster Linie der Einsparung von Fällmitteln und damit von Betriebskosten sowie der Verhinderung einer Aufsalzung des Ablaufes durch Anionen. Eine Besonderheit bilden die Kläranlagen in Berlin, die durch Bio-P Ablaufwerte unter 1 mg/l P-Gesamt einhalten können. Offensichtlich sind hier alle genannten Bedingungen für eine biologische P-Elimination besonders günstig.

Zur Kombination der biologischen Phosphatelimination und der Simultanfällung gibt es zwei Verfahrensweisen, die in der Praxis eingesetzt werden: die geregelte Dosierung und die konstante oder zuflussproportionale Dosierung.

Bei der Schlammbehandlung ist zu berücksichtigen, dass die biologische P-Bindung reversibel ist und unter Umständen eine Rücklösung im aerob stabilisierten Schlamm erfolgen kann. Sollte während des Betriebes eine Rücklösung erfolgen, kann auf einfache Weise das Phosphat im Trübwasser chemisch mittels einer eigenen kleinen Fällungsstufe gefällt werden. Da dies dann relativ kleine Wassermengen sind, ist Kalk dafür am günstigsten. Die in der Vergangenheit angenommene Rücklösung des biologisch gebundenen Phosphats bei der Schlammfaulung ist nach den vorliegenden Erkenntnissen relativ gering.

Die phosphatakkumulierenden Organismen (PAO) können darüber hinaus genutzt werden, um Biomasse in Form von Granular wachsen zu lassen. Dies gelingt auf Grund ihrer geringeren Wachstumsgeschwindigkeit, die zu kompakteren Aggregaten (also Granular anstatt Flocken) führt. Siehe dazu Abschnitt 13.3.4.7 (Aerobe Granula).

13.3.4.5 Tropfkörper

Tropfkörper sind die biologischen Reinigungsstufen, die bis in die 60er Jahre des letzten Jahrhunderts hinein dominierten, bevor das Schlammbelebungsverfahren zur vorherrschenden Technologie wurde. Es sind – von wenigen Sonderformen abgesehen – etwa 2,5 bis 3,0 m hohe zylinderförmige, oben offene Baukörper mit einer Füllung aus Lavagestein oder Schlacke bzw. aus Kunststoff-Füllkörpern. Entscheidend ist eine möglichst hohe spezifische Oberfläche. Das vorgeklärte Abwasser wird durch einen Drehsprenger auf der Oberfläche verregnet. Es rieselt in ca. 5 bis 15 Minuten nach unten durch und verliert dabei seine Schmutzstoffe durch Diffusion in den bakteriellen „Tropfkörperrasen“ und den dort erfolgenden aeroben Abbau. Die Sauerstoffversorgung des Biofilms auf dem Füllmaterial wird durch Luft gewährleistet. Letztere durchströmt aufgrund der Temperaturunterschiede (Abwasser/Luft) im Winter den Tropfkörper von unten nach oben und im Sommer von oben nach unten. Der Zuwachs an Bakterienmasse (entspricht dem Überschuss-Schlamm des Belebungsbeckens) resultiert in einer (ungleichmäßigen) Verdickung der Bakterienschicht auf mehrere mm. Durch Unterversorgung der inneren Schicht mit Sauerstoff und Nährstoffen stirbt diese schließlich ab. Durch die damit stellenweise verringerte Haftfestigkeit am Füllmaterial wird der Bakterienrasen leichter abgespült und gelangt in größeren oder kleineren Fladen und Flocken in den Tropfkörperablauf und in das Nachklärbecken. Die Abtrennung dieses Schlammes bereitet kaum Probleme, da er viel kompakter ist als der des Belebungsbeckens und schnell absinkt. Ein neuer Tropfkörperrasen baut sich an den „kahl“ gewordenen Stellen rasch wieder auf. Unterschieden werden schwach belastete (q_A = ca. 0,1 m/h) und hochbelastete (q_A = 1 m/h) Tropfkörper. Der Wirkungsgrad eines Tropfkörpers kann bis zu einem gewissen Grad gesteigert werden, wenn ein Teil des Nachklärbeckenablaufs zurückgenommen und erneut über den Tropfkörper geführt wird. Bei einer verfügbaren Aufwuchsfläche bis zu 100 m^2/m^3 kann mit einer Raumbelastung $B_{R,CSB}$ um 0,8 kg/m^3d CSB eine weitestgehende Nitrifikation erreicht werden.

13.3.4.6 Membranverfahren

In den vergangenen Jahren erhöhte sich mit den zunehmenden Anforderungen an den Gewässerschutz der Einsatz von Filtrationsverfahren in der kommunalen Abwasserreinigung. Neben dem klassischen Sedimentationsverfahren gewinnt die Membrantechnik allmählich an Bedeutung. Mit dem Einsatz von Membranen ist ein deutlicher Rückhalt der Feststoffe, der nahezu vollständige Rückhalt von pathogenen Keimen sowie – damit verbunden – eine seuchenhygienisch unbedenkliche Einleitung des gereinigten Abwassers in die Gewässer möglich. Die eingesetzten Ultrafiltrationsmembranen sind in der Regel aus Kunststoff und haben eine Porengröße von 50 nm. Dies ist im Hinblick auf den Rückhalt der ARG und ARB von erheblicher Bedeutung, da andere Verfahren zur Minimierung der Antibiotikaresistenzgene im Ablauf von kommunalen Kläranlagen nur begrenzt wirksam sind.

Die Membranmodule können direkt im aeroben Belebungsbecken (interne Betriebsweise) oder nachgeschaltet in einer separaten Stufe (externe Betriebsweise) untergebracht werden. Bei der internen Betriebsweise wird eine Erhöhung des Belebtschlamms auf bis zu 20 g/l Trockenstoffe (TS) ermöglicht. Tatsächlich werden Membranbioreaktoren aber bei rund 10 g/l betrieben. Damit kann das Volumen der Bioreaktoren deutlich vermindert werden. Die inzwischen kostengünstige Herstellung von Membranmodulen, verbunden mit der Reduzierung der Membranpreise, ermöglicht einen wirtschaftlichen Einsatz dieser Technologie im Bereich der kommunalen Abwasserreinigung (Schilling, 1998; Goldberg, 1998). Eingehende Untersuchungen zur Bakterien- und P-Entfernung mit Membranen wurden zum Beispiel von den Berliner Wasser-Betrieben durchgeführt (Goldberg, 1998). Eine sehr gute Übersicht zum Einsatz von Membranbioreaktoren für die Abwasserreinigung gibt Melin et al. (2006). Der erzielbare Permeatflux wird mit 15–30 l/m^2h angegeben, dieser kann jedoch durch Membranfouling erheblich reduziert werden. Durch wiederholtes Rückspülen der Membranen (in der Regel alle 10 min für bis zu 30 s) kann die Belagbildung kontrolliert werden.

Durch die vielfach höhere Biomassekonzentration im Vergleich zur konventionellen Belebungsanlage können organische Stoffe bis auf einen Restgehalt an biologisch schwer abbaubaren Stoffen mineralisiert, d. h. zu Kohlenstoffdioxid, Wasser,

Stickstoff und anderen einfachen Verbindungen abgebaut werden. Bei kommunalem Abwasser sind bereits BSB- und CSB-Konzentrationen unter der Nachweisgrenze der gesetzlichen Messverfahren erreicht worden. Durch das hohe Schlammalter und die hohe Biomassenkonzentration verbessern sich die Bedingungen für eine vollständige Nitrifikation und weitestgehende Denitrifikation.

Die Empfindlichkeit der Membranen gegenüber dem Biofouling, verbunden mit einer deutlichen Verminderung der Permeabilität kann zu Beeinträchtigungen im Betrieb führen. Daher empfiehlt es sich immer, durch Versuche die prinzipielle Eignung des Verfahrens, den vorteilhaftesten Membrantyp und optimale Betriebsbedingungen (vor allem pH-Wert, Druck auf der Rohwasserseite) zu ermitteln. Der hohe Energieverbrauch im Vergleich zu konventionellen Anlagen ist zu beachten. Membranbioreaktoren können einen bis zu zweifach höheren Bedarf an elektrischer Energie (0,8 kWh/m^3 behandeltes Abwasser) haben als dies für konventionelle biologische Stufe (0,4 kWh/m^3) zu erwarten ist. Der Mehrbedarf an Energie entsteht im Wesentlichen durch das kontinuierliche Belüften der Membranoberflächen, das neben dem Rückspülen das Fouling verhindern oder zumindest einschränken soll.

13.3.4.7 Aerobe Granula

Typischerweise sind beim Belebtschlammverfahren die Bakterien in Flocken organisiert. Die Größe der Flocken bewegt sich bei 100 bis 200 μm. Das Absetzverhalten ist gut, so dass innerhalb von 1 Stunde die Biomasse in den Nachklärbecken vom gereinigten Abwasser abgetrennt werden kann. Wenn man die Mikroorganismen, wie bei der biologischen Phosphorelimination, darauf trainiert, dass sie in der aeroben Phase verstärkt Phosphat als Polyphosphate einlagern, ist es möglich, zusehends kompaktere Flocken und final Granula zu bekommen.

Dies gelingt bisher am besten in SBR (Sequencing-Batch-Reaktoren) mit einer Abfolge von 1 Stunde anaerober Füllphase (siehe Abb. 13.10), 4–5 Stunden aerober Phase mit Belüftung, einer Absetzphase von unter 30 min und final dem Abzug des gereinigten Abwassers. Gerade durch die anaerobe Füllphase werden die gelösten organischen Abwasserinhaltsstoffe (CSB, BSB_5) von den phosphatakkumulierenden Mikroorganismen (PAO) aufgenommen. Die Energie für die Bildung der Speicherstoffe gewinnen die PAO durch Rücklösung der eingelagerten Polyphosphate aus der aeroben Phase, wie dies auch aus der biologischen Phosphorelemination bekannt ist. Viele Speicherstoffe (vor allem Polyhydroxybuttersäure, PHB) werden gebildet, wenn im Abwasser hohe Konzentrationen an organischen Säuren vorliegen. Da die PAO in der aeroben Phase des SBR-Zyklus deutlich langsamer wachsen als die typischen heterotrophen Mikroorganismen in der biologischen Abwasserreinigung, bilden sich dann sehr kompakte Granula (Horn et al., 2015).

In der Zwischenzeit ist bereits eine große Anzahl von Anlagen mit aeroben Granula realisiert. Darunter sind in erster Linie Anlagen zur Behandlung von kommu-

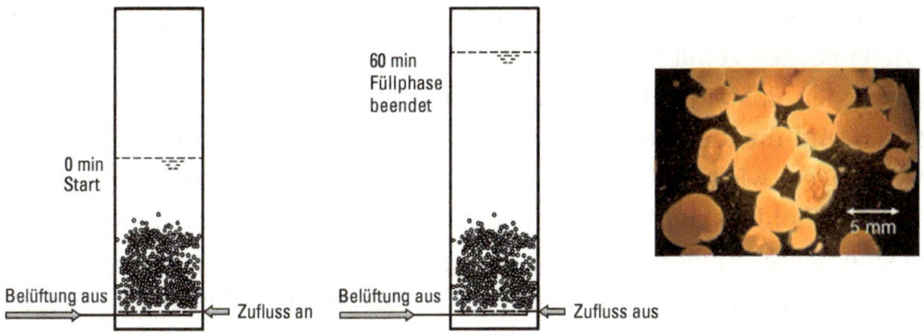

Abb. 13.10: Anaerobe Füllphase für einen SBR mit aeroben Granula (aus Ullmann, Telgmann et al., 2019). Aussehen und Form von aeroben Granula, die aus kommunalem Abwasser kultiviert wurden.

nalem Abwasser in den Niederlanden, Brasilien und auch der Schweiz (www.royalhaskoningdhv.com/nereda). Der Patentanspruch auf die anaerobe Füllphase, bei der das vorgeklärte Abwasser durch die abgesetzten Granula (siehe Abb. 13.10) geführt wird, konnte zwar umgangen werden (Rocktäschel et al., 2013), trotzdem werden zurzeit alle betriebenen Anlagen mit dem abgesetzten Granulabett befüllt. Die Raumbelastung liegt für kommunales Abwasser bei $B_{R,\ CSB} = 1\ kg/m^3d$. Durch die Einlagerung von PHB in die Bakterien steht in der aeroben Phase eine Kohlenstoffquelle zur Verfügung, die eine parallele Nitrifikation / Denitrifikation erlaubt. Zum Teil noch nicht geklärt ist die Abtrennung von Feststoffen, die bei einem geringeren Granulierungsgrad deutlich besser funktioniert, da die Abwasserpartikel in Schlammflocken offensichtlich leichter zurückgehalten werden als dies an der glatten Oberfläche der Granula möglich ist (siehe auch Rocktäschel et al., 2015).

13.3.4.8 Schlammbehandlung

Anaerobe Methanbildung: Die beim Schlammbelebungsverfahren und fakultativ beim Membranverfahren anfallende Biomasse wird in erster Stufe vorwiegend durch anaerobe Vorgänge, d. h. unter Luftausschluss durch Faulung zersetzt. Den Überschuss-Schlamm der biologischen Stufe bringt man dazu zusammen mit dem Frischschlamm der vorgeschalteten Reinigungsstufe als Rohschlamm in einen Faulbehälter. Auch hier wirken hauptsächlich Bakterien, allerdings Anaerobier, zersetzend auf die zugeführte organische Substanz. Man ist bemüht, die Faulung so zu leiten, dass als Endprodukte hauptsächlich Methangas (ca. 65 bis 70 Vol-%) und Kohlenstoffdioxid (ca. 25 Vol-%) entstehen, wobei ein Rest von unzersetzbarer organischer Masse in feinflockigem Zustand suspendiert im Faulschlamm verbleibt. Das energiereiche Faulgas dient im Allgemeinen zur Beheizung des Faulrauminhalts, der üblicherweise auf ca. 33 °C bis 35 °C gehalten wird, und zur Beheizung der Gebäude im Winter. Im Sinne des Bestrebens, Energieverluste und unnötige CO_2-Erzeugung zu vermeiden, wird heute vermehrt Faulgas in geeigneten Motoren mit angeschlossenen Generatoren zur Herstellung von Strom verbrannt, wobei die Abwärme zu Heizzwecken genutzt wird.

Die wichtigsten Bakterienarten im Faulbehälter sind die fakultativ-anaeroben Säurebakterien und die Methanbildner. Erstere zersetzen hydrolytisch die organischen Verbindungen, wie z. B. Proteine, zu organischen Säuren, letztere setzen diese zu Methan und Kohlenstoffdioxid um. Darüber hinaus gibt es Methanbildner, die in der Lage sind, Methan aus Wasserstoff H_2, der in Nebenreaktionen entsteht, und Kohlenstoffdioxid CO_2 zu bilden (Mudrack, 1991). Dies soll im Rahmen der Energiewende neben einer chemischen Umsetzung genutzt werden, um überschüssige Windenergie zunächst in Wasserstoff umzuwandeln und anschließend Methan für die Einspeisung ins Gasnetz zu produzieren (Götz et al., 2016).

Die Funktion der Faulbehälter wird nicht unwesentlich durch die Form der Behälter gewährleistet (siehe Abb. 13.7). Eine leistungsstarke Faulung erfordert eine gründliche Durchmischung, d. h. einen intensiven Stoffaustausch zwischen zugeführtem Substrat und aktiver Biomasse, ein leichtes Ausgasen, Verhinderung von Schichtungen und Schwimmdecken sowie Vermeidung von Toträumen. Diese Ansprüche werden am besten durch die Eiform erfüllt. Zusätzlich ist die Eiform statisch und konstruktiv anderen Formen überlegen, so dass sie auch bautechnische Vorteile bietet (ATV-Handbuch, 1996).

Anaerobe Verfahren sind seit über 20 Jahren auch zur Behandlung höher konzentrierter industrieller Abwässer zum Einsatz gekommen (Lettinga et al., 1980; Del Nery et al., 2008). Die Vorteile liegen vor allem in dem fast ohne zusätzlichen Energieeinsatz möglichen Betrieb der Anlage, die zudem energiereiches Biogas liefert, und in einem sehr geringen Schlammwachstum. Die Beseitigung des anaeroben und stabilisierten, d. h. bei einer Lagerung keine üblen Gerüche erzeugenden Überschussschlammes, verursacht wesentlich weniger Aufwand und Kosten als nach einem reinen Aerob-Verfahren.

Das Anaerob-Verfahren hat aber auch Nachteile. Vor allem verursacht es für den geschlossenen Reaktor höhere Investitionskosten als eine Aerobanlage, weiterhin erweisen sich die Anaerobier als empfindlicher gegen Störstoffe als Aerobier (und ihre Masse ist wegen der geringen Wachstumsgeschwindigkeit nach einer Störung nur sehr langsam wieder aufzubauen). Überdies ist der behandelte Ablauf noch anaerob und in den meisten Fällen beladen mit Schwefelwasserstoff, d. h. er bedarf einer aeroben (wenn auch kürzeren) Nachbehandlung.

Da letztlich auch hier der Abbau der organischen Schmutzstoffe von der Biomasse bewirkt wird, ist das Verhältnis von vorliegender Bakterienmasse zum zugeführten Substrat für die Dimensionierung des Reaktors maßgebend. Um möglichst viel Biomasse im Reaktor zu halten, sind diverse Reaktortypen entwickelt worden, vom anaeroben Belebungsverfahren (Reaktor mit Nachklärbecken und Rückführung des abgesetzten Schlammes) über im Reaktor eingebaute Schlammabscheider, z. B. Parallelplattenklärer, oder Rückhaltung der Biomasse in einer Schlammschicht am Boden des Reaktors, wie im „UASB"-Verfahren (upflow anaerobic sludge blanket) bis zu Festbett-Verfahren, bei denen durch geeignete gitterförmige Einbauten Aufwuchsflächen für die Bakterien zur Verfügung gestellt werden.

Aerobe Stabilisierung: Für die Klärschlammbehandlung wurde in den 1990er Jahren neben dem Faulverfahren auch die aerobe Stabilisierung angewendet. Der Schlamm wird dabei durch verlängerte Belüftungszeit des Abwassers im Zustand der Unterernährung gehalten oder durch gesonderte Belüftung einem begrenzten Selbstverzehr unterworfen (Rüffer, 1973). Er verursacht danach bei der Lagerung bzw. Trocknung keine Geruchsbelästigung wie frischer Schlamm. Letzterer zersetzt sich schnell unter Bildung unangenehm riechender niederer organischer Säuren (Buttersäure, Bocksäuren), stinkender Schwefelverbindungen (Mercaptane, Schwefelwasserstoff) und anderen. Auf Grund der steigenden Kosten für elektrische Energie versucht man seit 10 Jahren auch für Kläranlagen unter 50.000 EW eine anaerobe Stabilisierung zu realisieren (Resch und Schatz, 2010).

Zur Faulgasverbrennung ist zu bemerken, dass hier bei der Verbrennung in Gasmotoren ein zu hoher Schwefelwasserstoffgehalt stören kann, da er zu schwefliger Säure, teilweise sogar Schwefelsäure oxidiert wird. Die Ursache für vermehrte H_2S-Entstehung liegt meistens im erhöhten Sulfatgehalt des Abwassers, das mit dem Schlammwasser teilweise in den Faulbehälter gelangt. Dort wird es von bestimmten Schwefelbakterien reduziert. Eine Faulgasentschwefelung unter Verwendung eisenoxidhaltiger Entschwefelungsmassen ist aber leicht und sicher durchzuführen. Tatsächlich kann bei optimierten Bedingungen mit dem erzeugten Faulgas rund 50 % der notwendigen elektrischen Energie zum Betrieb der Kläranlage in Gasmotoren erzeugt werden.

13.3.4.9 Vierte Reinigungsstufe

Wie im Abschnitt 13.2.4.16 bemerkt, ist in den letzten 10 Jahren die Entfernung von anthropogenen Spurenstoffen sehr intensiv beforscht worden. Es konnte gezeigt werden, dass in der biologischen Stufe nur einige der Spurenstoffe unzureichend abgebaut oder verstoffwechselt werden. Daher wurde in der Schweiz beschlossen, eine sogenannte vierte Reinigungsstufe auf Kläranlagen zu installieren.

In Tabelle 13.4 ist für einige Spurenstoffe die potentielle Abbaubarkeit in einer Belebungsanlage dargestellt. Es ist sehr gut zu sehen, dass zum Teil der Oktanol/Wasser Verteilungskoeffizient K_{OW} mit der biologischen Abbaubarkeit korreliert. Zu den anthropogenen Spurenstoffen zählen nicht nur pharmazeutische Wirkstoffe, wie Schmerzmittel oder Antibiotika, sondern eben auch Korrosionsinhibitoren, Desinfektionsmittel oder Röntgenkontrastmittel. Einen sehr guten Überblick zur Abbaubarkeit einer großen Anzahl von anthropogenen Spurenstoffen gibt Falås et al. (2016).

Um tatsächlich die anthropogenen Spurenstoffe im biologisch gereinigten Abwasser zu entfernen, wird in erster Linie Aktivkohle eingesetzt. Dabei kann Pulver-

Tab. 13.4: Liste einiger Spurenstoffe mit Log K_{OW}-Wert. Die biologische Abbaubarkeit nimmt von oben nach unten ab (Hatoum et al., 2019).

Komponente	Anwendung	Log K_{OW}
Koffein	–	−0.07 *
Sulfamethoxazol	Antibiotikum	0.48 **
Benzotriazol	Korrosionsinhibitor	1.23 ***
Roxithromycin	Antibiotikum	2.1–2.8 **
Diclofenac	Schmerzmittel	4.02 **
Carbamazepin	Antiepileptikum	2.45 **

* Majewsky et al., 2011; ** Sipma et al.; 2010, *** Weiss et al., 2006

aktivkohle direkt in das Belebungsbecken dosiert oder das gereinigte Abwasser über einen Aktivkohlefilter mit granulierter Aktivkohle geleitet werden. Darüber hinaus gibt es Varianten, bei denen Ozon in Kombination mit Aktivkohle eingesetzt wird. Der zusätzliche Energiebedarf für die Behandlung des Abwassers wird mit rund 0,1 kWh/m^3 angegeben (Mousel et al., 2017). Überschlägig liegt der Bedarf an elektrischer Energie für die konventionelle Abwasserbehandlung ohne vierte Reinigungsstufe bei 0,5–0,8 kWh/m^3.

13.3.4.10 Verwendung des gereinigten Abwassers und des Klärschlamms

In Deutschland wird nur in ganz seltenen Fällen der gereinigte Ablauf der Kläranlage genutzt, z. B. als Beregnungswasser (z. B. in Braunschweig). Es ist im Wesentlichen der Wasserwert, der für die Bewässerung geschätzt wird, Nitrat, Phosphat und Kalium sind zusätzliche Wertstoffe, die die Attraktivität erhöhen können. Einseitig angereicherte Stoffe können jedoch unter Umständen schädliche Einflüsse ausüben. Dabei ist vor allem an die Aufkonzentrierung von Salzen, z. B. der Schwermetalle, bei der Verdunstung des Wassers bzw. bei dessen Aufnahme durch die Pflanzen zu denken. Im speziellen Fall wird eine agrikulturchemische Untersuchung über die Anwendbarkeit des Ablaufs zur Bewässerung entscheiden müssen. Auf großen Kläranlagen wird zum Teil eine Brauchwasseraufbereitung (Aufbereitung des gereinigten Ablaufs, Einsatz als Reinigungswasser) betrieben.

In vielen unter Wassermangel leidenden Regionen der Erde wird der Kläranlagenablauf durch Einsatz geeigneter Verfahren (Ultrafiltration (UF) und anschließende Umkehrosmose (RO), Ultraviolettbehandlung) inzwischen soweit aufbereitet, dass das Wasser wieder in das Trinkwassernetz eingespeist werden kann. Das bekannteste Beispiel hierfür ist Singapur, das sich dadurch von Wasserimporten aus Malaysia unabhängig machen will (https://www.pub.gov.sg/watersupply/fournationaltaps/newater). Darüber hinaus ist die Weiterverwendung oder auch Wiederverwendung im Bereich von Industriebetrieben inzwischen eine einfache betriebswirtschaftliche

Überlegung, da die Behandlungsschritte (UF/RO) ausgereifte Technologien sind (Melin et al., 2006). Siehe dazu auch den Abschnitt 13.4.3.4 (Textilabwässer).

Die landwirtschaftliche Nutzung von ausgefaultem Klärschlamm, die seine Boden verbessernde Wirkung (Humus) und Düngewirkung (P, wenig N und K) in Anspruch nimmt, kann bei zu hohen Gehalten an Schwermetallen und toxischen Stoffen beeinträchtigt werden. Eine Nutzung von Klärschlamm setzt eine lückenlose Überwachung der Indirekteinleiter voraus. Wie oben aber bereits erwähnt sind Bundesländer wie Bayern und Baden-Württemberg trotz intensiver Indirekteinleiterüberwachung von einer landwirtschaftlichen Nutzung des Klärschlamms abgerückt.

Eigentlichen dürfen innerhalb von 3 Jahren bis zu 5 t Trockenmasse an Klärschlamm pro Hektar aufgebracht werden. In der Klärschlammverordnung vom 15. 4. 1992 (zuletzt geändert durch Verordnung im September 2018), wurden auch Grenzwerte für organische Schadstoffe im Klärschlamm berücksichtigt. Ferner wurden einige Aufbringungsverbote und Beschränkungen verschärft und an europäisches Recht angepasst. Als die gravierendste Änderung erwies sich in der Praxis das umfangreiche, sehr aufwendige Nachweis- und Lieferscheinverfahren, so dass nun von der Anfrage des Landwirts bis zur tatsächlichen Düngung mit Klärschlamm im Mittel eine Vorlaufzeit von ca. drei Monaten erforderlich ist (Melsa, 1998).

13.3.5 Überwachung des Kläranlagenbetriebes

Die Abwasseranlage in ihrer Gesamtheit ist von der Investition bis zum Betrieb und Unterhalt ein kostenaufwendiges Unternehmen. In der Regel entsprechen die Kosten für den Kläranlagenbetrieb ungefähr 5 % des Haushalts einer Kommune. Eine Forderung auch im Sinne des Bürgers, der mit seinem Gebührenbeitrag den Bau und Betrieb ermöglicht, ist daher, mit der vorhandenen Anlage unter Beachtung wirtschaftlicher Gesichtspunkte einen maximal möglichen Reinigungserfolg zu erzielen. Eine Kontrolle der Funktion der einzelnen Klärstufen basiert zunächst auf zielgerichteten Untersuchungen, die im hinreichend ausgerüsteten Laboratorium der Kläranlage durchzuführen sind. Diese sind bei kleinen Anlagen einfacherer Natur, bei großen Klärwerken, an deren Reinigungswirkung der Gesetzgeber auch schärfere Anforderungen stellt, naturgemäß um schwierigere Analysenmethoden erweitert. Im Folgenden werden die wichtigsten Gesichtspunkte bezogen auf die einzelnen Anlagenstufen besprochen.

13.3.5.1 Zulauf – Rohabwasser

Die Probenahme sollte normalerweise hinter dem Sandfang erfolgen, da Grobstoffe, die vom Rechen zurückgehalten werden, und Sand ohnehin im CSB oder BSB_5 nicht erfasst werden können.

Die Entnahme repräsentativer Teilmengen für die Bestimmung der oxidierbaren Substanz (CSB, BSB_5) ist im Rohabwasser am schwierigsten, weil schon einige kleine, kompakte Partikel zuviel oder zuwenig im Probenahmegefäß das Ergebnis deutlich beeinflussen. Verlässlicher ist es dann, eine geeignete Menge Rohabwassers vor Entnahme der Probe mit Hilfe eines hochtourigen Zerkleinerungsgerätes zu „homogenisieren". Ein häufig auftretendes Phänomen ist der angefaulte Zustand des Rohabwassers. Will man das zufließende Abwasser dahingehend überprüfen, empfiehlt es sich, die Probe vor dem Rechen zu entnehmen und dort auch ggf. Schwefelwasserstoff im Luftraum zu bestimmen. Zumeist genügt schon der qualitative Nachweis, indem Bleiacetat-Papierstreifen der Raumluft ausgesetzt werden. Eine Bräunung zeigt das Vorhandensein von freiem Schwefelwasserstoff H_2S in der Luft. Eine halbquantitative Bestimmung ist z. B. mit den bekannten Dräger-Röhrchen möglich. Dabei wird eine abgemessene Luftmenge durch ein mit Absorptionsmasse für die gesuchte Substanz gefülltes Glasröhrchen gesaugt. Anhand der Verfärbung lässt sich die Konzentration in der Luft abschätzen. Es gibt auch kontinuierlich messende Apparaturen auf dem Markt. Sollte es sich bei der Entnahmestelle um einen geschlossenen Raum handeln, muss die Vergiftungsgefahr beachtet werden. Die maximale Arbeitsplatzkonzentration, MAK, für H_2S liegt bei 7 mg/m^3. Dasselbe gilt auch für die Region um Rechen und Sandfang.

Im angefaulten Zustand ist das Abwasser zumeist schwarz gefärbt, eine Folge von schwarzen, kolloidalen Metallsulfiden, vor allem Eisensulfid, FeS. Ist die Anlage mit einem belüfteten Sandfang ausgerüstet, wird dort Schwefelwasserstoff aus dem Abwasser gestrippt, zum Teil auch zu Schwefel oxidiert, der kolloidal im Abwasser verbleibt.

Fauliges Abwasser mag in manchen Fällen unvermeidbar sein, z. B. nach Druckrohrleitungen. Es gibt aber auch Ursachen, die beseitigt werden können, etwa die Zufuhr zu warmen und zu hoch mit organischen Stoffen belasteten Industrieabwassers, das in der Gesamtmischung einen zu schnellen Bioabbau begünstigt, der zu Sauerstoffmangel und Schwefelwasserstoffbildung führt. Auch stark sauerstoffverbrauchende Substanzen sollten daher von der Ableitung in den Kanal ausgenommen bleiben, wie Schwefeldioxid (SO_2) und Sulfite, reduzierend wirkende Verbindungen, wie Eisen-II-Salze, Fotoentwickler und ähnliche Chemikalien. Durchfließt fauliges Abwasser bewohnte Gebiete, kann es zu Geruchsbelästigungen der Anwohner durch Abgase aus den Kanalschächten kommen. Im Übrigen muss bei der Probenahme zur Feststellung fauligen Zulaufs im Klärwerk sichergestellt sein, dass an dieser Stelle und zu der Zeit kein bei der Klärung entstehendes Faulwasser (Trübwasser aus dem Faulbehälter oder Überstandswasser aus einem Nacheindicker) enthalten ist, weil dieses von der Schlammfaulung her natürlich Schwefelwasserstoff enthält.

Schwefelwasserstoff in teilgefüllten Kanälen kann durch Bildung hochkonzentrierter Schwefelsäure in Kondenswassertröpfchen zu schwerwiegenden Korrosionserscheinungen führen (siehe Abschn. 13.2.7.1).

Erweist sich die Zulaufprobe im Methylenblau-Test trotz äußerlich erkennbarer, deutlicher Verschmutzung als sehr lange haltbar (normale Entfärbungszeit etwa

1–4 h), besteht der Verdacht auf Anwesenheit toxischer Substanzen. Dem sollte in jedem Fall nachgegangen werden, z. B. durch Entnahme von verschiedenen Proben für den Methylenblau-Test an geeigneten Stellen des Kanalnetzes, um die Quelle einzukreisen (für nähere Ausführungen hierzu vgl. Rüffer, 1987).

13.3.5.2 Vorklärbecken

Der Betrieb des Vorklärbeckens ist im Allgemeinen unproblematisch, wenn die Beschickung mit Abwasser der Dimensionierung des Beckens angepasst ist. Ob Rundbecken, ob Längsbecken, heute sind fast alle Absetzbecken mit automatischen Räumeinrichtungen für Grund- und Schwimmschlamm versehen. Der Wirkungsgrad des Absetzbeckens zeigt sich am Gehalt der absetzbaren Stoffe im Ablauf, der sich sehr einfach mit dem Imhoff-Trichter bestimmen lässt.

Wenn der Restgehalt nicht 0,3 ml/l in 2 h überschreitet, ist die Absetzwirkung befriedigend. Die Schmutzstoffkonzentration (BSB_5, CSB) liegt dann zumeist um η = 25 % unter dem Wert des Zulaufs. Störungen des Absetzvorganges zeigen sich in einem erhöhten Gehalt an absetzbaren Stoffen im Ablauf des Vorklärbeckens. Die Ursachen können einerseits in einer hydraulischen Überlastung des Beckens liegen, andererseits in mangelhafter Räumung des Schlammes oder evtl. in besonderen Eigenschaften des Abwassers wie der Neigung zur Nachflockung. Im ersteren Fall, der nicht selten ist, können vom Klärwerkspersonal kaum Gegenmaßnahmen ergriffen werden. Manchmal ist, etwa durch Regelung der Zulaufpumpen, die Dämpfung von Zulauftagesspitzen möglich, die sich natürlich besonders stark auswirken. Dann muss eine vorübergehende Speicherung des Abwassers im Kanal vor dem Klärwerk ohne Probleme möglich sein. Alternativ dazu können Mengenausgleichsbecken vorgesehen werden. Es ist darauf zu achten, dass dabei evtl. noch vor dem Vorklärbecken abgelagerter Schlamm zu anderen Zeiten wieder mit ausgespült wird. Häufig ist auch Windeinfluss Ursache von ungünstigen Strömungen im Becken. Abhilfe kann nur durch Bepflanzungen oder Baumaßnahmen erfolgen.

Im Übrigen muss ein leicht erhöhter Schlammgehalt im Ablauf des Vorklärbeckens für den gesamten Klärbetrieb nicht schädlich sein, vor allem, wenn die folgende biologische Stufe noch nicht überlastet ist. Zumeist wirkt er sich dann beschwerend und flockenbildend sogar positiv auf den belebten Schlamm des Belebungsbeckens aus.

Eine mögliche Nachflockung des Ablaufes, die nur in seltenen Fällen auftritt, ist eine Folge der verzögerten Aggregation von Kolloiden. Diese kann durch leichte pH-Wert-Änderungen (z. B. Bildung organischer Säuren während des Aufenthaltes im Vorklärbecken, Einmischung von Luft im Ablaufgerinne verbunden mit CO_2-Ausblasen) ausgelöst werden. Wenn die Nachflockung als Störung empfunden wird, kann sie durch Einmischen von Flockungsmitteln (z. B. Eisen-III-chlorid) in den Zulauf bekämpft werden. Die Kolloide werden dann nach Ausflockung im Absetzbecken mit in den abgesetzten Schlamm gehen.

In den letzten Jahren wurde die Auswirkung der partikulären Fracht auf die Sauerstoffzehrung im Belebungsbecken intensiv untersucht. Es wird deutlich, dass bei einem Schlammalter von um die 10 Tage die partikuläre Fracht nahezu vollständig hydrolisiert und anschließend von den Mikroorganismen verstoffwechselt wird (Benneouala et al., 2017).

13.3.5.3 Biologische Stufe

Ganz überwiegend findet man heute als Bio-Stufe das Schlammbelebungsbecken. Es ist ein Belüftungsbecken mit angereichertem Gehalt an „belebtem Schlamm". Er besteht aus in der Regel braunen Flocken von zumeist einigen 100 µm Durchmesser, die aus einer großen Zahl von Bakterien gebildet werden. Die Matrix, in der die Bakterien eingebettet sind, wird durch sogenannte extrazelluläre polymere Substanzen (EPS) gebildet, die der Flocke eine gewisse Stabilität geben (Seviour et al., 2018). Unter dem Mikroskop entdeckt man darüber hinaus verschiedene Protozoen zwischen den Flocken von der Art der Glockentierchen, Pantoffeltierchen und anderen. Die „Biomasse" ist in dem Belüftungsbecken nur zu halten durch Kombination mit einem Nachklärbecken, in dem der Schlamm von dem gereinigten Abwasser getrennt und in das Belebungsbecken zurückgeführt wird.

Den Reinigungsprozess bewirken in erster Linie die Bakterien, während die Protozoen als Bakterienfresser (die daneben auch feine Trübstoffe aufnehmen) für einen klaren Ablauf sorgen. Da die verschiedenen Protozoen unterschiedlichen Milieubedingungen zugeordnet werden können, lassen sich aus dem mikroskopischen Bild Rückschlüsse auf die Belastungs- und Belüftungsverhältnisse der Biostufe schließen. Mit der Fluoreszenz-in-situ-Hybridisierung (FISH) besteht heute darüber hinaus die Möglichkeit, mit geeigneten FISH-Sonden Mikroorganismen unter dem Fluoreszenzmikroskop „sichtbar" zu machen und quantitativ zu erfassen (Nielsen et al., 2009).

Das im Vorklärbecken von Grobstoffen befreite Abwasser enthält noch mehr als 70 % der oxidierbaren Schmutzstoffe, und zwar neben echt gelösten vorwiegend solche in kolloidaler und feindisperser Form. Beispiele für die Ersteren sind organische Säuren, die durch Zersetzung der Kohlenhydrate und Proteine auf dem Weg zur Kläranlage und im Vorklärbecken entstanden sind. Beispiele für die zweite Gruppe sind ungelöste Eiweiß-, Fett- und Kohlenhydrat-Partikel aus Küche und Toilette. Da Rohabwasser eine hohe Anzahl und Diversität an Bakterien enthält, die auf den Abbau der Schmutzstoffe ausgerichtet sind, genügt es, eine Abwasserprobe mehrere Stunden zu belüften, um belebten Schlamm zu erzeugen. Somit reicht die Belüftung eines Abwassers in einem erstmalig gefüllten Belebungsbecken zur Bildung eines ersten, sich rasch vermehrenden belebtem Schlamm. Die Biomasse, die ein Enzympotential darstellt, oxidiert unter Nutzung des gelösten Sauerstoffs letztlich die aus Kohlenstoff, Wasserstoff und Sauerstoff als Grundelemente bestehenden Kohlenhydrat- und Fett-Partikel sowie die zusätzlich Stickstoff und Schwefel

Tab. 13.5: Bemessungswerte für Belebungsanlagen (in Anlehnung an Imhoff, 1999, umgerechnet auf CSB); TS = Trockensubstanz, NKB = Nachklärbecken.

	biologische Reinigung		
		mit Nitrifikation	mit Schlammstabilisierung*)
Raumbelastung $B_{R,CSB}$ je Tag in kg/(m³ · d)	2,0	1	0,5
Schlammgehalt TS_R kg/m³ TS	3,3	3,3	5,0
Schlammbelastung $B_{TS,CSB} = B_{R,CSB}/TS_R$ in kg/(kg · d)	0,6	0,3	0,1
Belüftungszeit t_R (h)	3,6	7,2	14,4
Schlammalter t_{TS} (d)	4	10	25
OC-load; relativer Sauerstoffüberschuss $\beta(O_2)$/CSB in kg/kg	1	1,25	1,25
NKB: Flächenbeschickung q_A in m/h	0,75	0,6	0,5
NKB: Flächenbelastung B_A in kg/(m² · h) TS	2,5	2,0	2,5

*) ohne Schlamm aus der Vorklärung

enthaltenden Eiweißbestandteile zu den anorganischen Endprodukten CO_2 und H_2O. In der Gruppe der Eiweißbestandteile wurden zuvor durch hydrolytische Zersetzung, auf dem Weg über Bildung der Aminosäuren als Zwischenstufe, NH_3 bzw. NH_4^+ abgetrennt (Desaminierung). Auf anderen Wegen wird auch der Schwefel als H_2S bzw. zu S oxidiert abgetrennt (Desulfuration). Die Stoffwechseltätigkeit der Mikroorganismen führt erwartungsgemäß zu einem Massezuwachs durch Vermehrung. Der Betrieb einer biologischen Stufe basiert auf praktikablen Relationen zwischen Substratzufuhr, Sauerstoffzufuhr und Schlammgehalt. Daher muss der Schlammzuwachs durch Entnahme von Überschuss-Schlamm (ÜS) aus dem System aufgefangen und der Schlammgehalt im Becken annähernd konstant gehalten werden.

Mit dem Ziel im Auge, unter noch wirtschaftlich tragbaren Bedingungen einen hinreichend sauberen Ablauf des Klärwerks zu erzielen, haben sich empirisch gefundene, im Wesentlichen auf dem CSB basierende Bemessungsrichtwerte durchgesetzt, deren Wichtigste in Tab. 13.5 genannt sind. Sie werden weiter unten noch im Einzelnen erläutert.

Die linke Spalte der Tab. 13.5 bezieht sich auf Anlagen mit einer „Vollreinigung", aber ohne gesicherte Nitrifikation. Die mittlere gilt für Anlagen, in denen Ammonium weitgehend nitrifiziert werden kann. Die rechte Spalte ist für Anlagen mit einer extrem geringen Belastung gedacht, die gleichzeitig eine aerobe Stabilisierung des Schlammes zulässt.

Die Mindestanforderungen an den Ablauf aus kommunalen Kläranlagen für CSB, BSB_5, Ammoniumstickstoff, Stickstoff (gesamt) und Phosphor (gesamt) sind im Anhang 1 der Abwasserverordnung festgelegt (Tab. 13.6). Darüber hinaus sind zum Beispiel in Hessen die Anforderungen an die Phosphorelimination noch weiter verschärft worden, so dass zum Teil mit einer Flockungsfiltration gearbeitet werden

Tab. 13.6: Anforderungen an das Abwasser für die Einleitungsstelle, lt. Anhang 1 der Abwasserverordnung vom 17. 6. 2004. Zusätzlich ist die jeweilige Anzahl der Anlagen in Deutschland und die Ausbaugröße in EW gegeben (DWA-Leistungsvergleich kommunaler Kläranlagen, Stand 2017).

Größenklasse der Kläranlage kg/d BSB_5 Fracht im Rohabwasser	Anzahl der Anlagen	Ausbau-EW in Mio.	CSB mg/l	BSB_5 mg/l	NH_4-N mg/l	N_{ges} mg/l	$P_{ges.}$ mg/l
< 60	1222	0,6	150	40	–	–	–
60 bis 300	1609	4,3	110	25	–	–	–
> 300 bis 600	704	5,4	90	20	10	–	–
> 600 bis 6000	1594	52,5	90	20	10	18	2
> 6000	219	71,6	75	15	10	13	1

muss, um auf Ablaufwerte P_{ges} < 0,4 mg/l in der 2-h-Mischprobe zu kommen. Dies ist vor dem Hintergrund, dass Phosphor der limitierende Faktor beim Algenwachstum ist, tatsächlich konsequent.

In Tabelle 13.6 sind neben den Mindestanforderungen auch die Anzahl und Ausbaugröße der verschiedenen Größenklassen angegeben. Es ist sehr schön zu sehen, dass die 219 großen Kläranlagen (> 6000 kg/d BSB_5) rund die Hälfte der Schmutzfracht aus kommunalem Abwasser in Deutschland behandeln.

Die Kontrolle der Belebungsstufe an Hand von entsprechenden Untersuchungen gehört zu den wichtigsten Aufgaben auf einer Kläranlage. Im Folgenden wird die Bedeutung der wichtigsten Parameter für diese biologische Reinigungsstufe erläutert.

Der BSB_5 ist der Ausdruck für die von Mikroorganismen im Abwasser bei ausreichender Sauerstoffversorgung aerob verwertbaren Schmutzstoffe. Die Umsetzung beruht auf vielen chemischen Einzelreaktionen, die komplex ineinandergreifen, gesteuert jeweils von spezifischen Enzymen. Als solche sind ihre jeweiligen Reaktionsgeschwindigkeiten auch unter optimalen Bedingungen begrenzt (Michaelis-Menten-Beziehung). Somit weist eine Belebungsstufe eine begrenzte Reinigungs-Kapazität pro Zeiteinheit auf. Wie oben bereits erwähnt, wird jedoch seit 2016 nicht mehr der BSB_5, sondern der CSB für die Bemessung verwendet, da die Messung deutlich besser reproduzierbare Ergebnisse hervorbringt.

Der wichtigste Parameter für die Belastungsfähigkeit eines Belebungsbeckens ist daher die Relation von zugeführtem CSB zu vorhandener Biomasse in der Zeiteinheit, d. h. die Schlammbelastung $B_{TS} = B_R/TS_R$ in kg/(kg · d). Die in Tab. 13.5 genannten Werte enthalten Sicherheiten. Der Schlamm befindet sich in Anlagen unter solchen Belastungsverhältnissen eher in einem Hungerzustand, ist also ohne weiteres stärker belastbar, dann allerdings (unter Hinweis auf die Schwankungen von Menge und Konzentration des Zulaufs) ohne die Sicherheit eines ständig befriedigend sauberen Ablaufs.

Tab. 13.7: Schmutzfracht-Ermittlung Ablauf Vorklärung anhand von 3-h-Sammelproben (Beispiel).

Zeit (h)	Abwassermenge (m^3/3 h) Q	BSB_5 (mg/l) c_1	BSB_5-Fracht (kg/3 h) Q × c_1	CSB (mg/l) c_2	CSB-Fracht (kg/3 h) Q × c_2
7–10	8208	235	1929	345	2832
10–13	9720	167	1623	395	3839
13–16	15372	182	2798	415	6379
16–19	15956	222	3542	475	7579
19–22	15642	210	3285	445	6961
22–1	15490	189	2928	400	6196
1–4	27038	203	5489	380	10274
4–7	20468	126	2579	300	6140
Summe	127894 (m^3/d)	–	24173 (kg/d)	–	50200 (kg/d)

Um bei steigender Zulaufbelastung eine Anlage weiterhin erfolgreich zu betreiben, bräuchte man theoretisch nur den Schlammgehalt im Belüftungsbecken angemessen zu erhöhen. Diesem Vorgehen sind allerdings Grenzen gesetzt. Erstens muss sichergestellt sein, dass die Belüftungsaggregate, die den Sauerstoff im Abwasser lösen, den dann erhöhten Verbrauch zu decken vermögen. Zweitens besteht bei erhöhter Konzentration an belebtem Schlamm im Nachklärbecken die Gefahr der Überlastung, d. h. mangelhafter Abtrennung und folglich Übergang von Schlammanteilen in den Ablauf. Dieser wird dadurch erheblich mit organischer Substanz (BSB_5 und CSB) angereichert, d. h. wieder verschmutzt.

Eine nennenswerte Erhöhung der Schlammbelastung B_{TS} ist nur mit dem Membranverfahren möglich (siehe Abschn. 13.4.4.6).

Die Zulauffracht zum Belebungsbecken ermittelt man also durch eine 24-h-Untersuchung des Ablaufes des Vorklärbeckens, soweit vorhanden (einige Belebungsbecken werden direkt mit dem Rohabwasser nach Durchlaufen von Rechen und Sandfang beschickt). Soweit nicht proportional zum Abwasserzufluss gesammelt wurde, muss die Berechnung unter Berücksichtigung des jeweiligen Zuflusses erfolgen. Näheres geht aus dem Beispiel in Tab. 13.7 hervor (zu beachten: 1 kg = 1000 g = 1.000.000 mg).

Den Schlammgehalt des Belüftungsbeckens gewinnt man durch Bestimmung der Trockenmasse TS in Einzelproben über denselben Zeitraum über den auch die Probe für die BSB-Fracht gesammelt wurde. Hier genügt eine arithmetische Mittelwertbildung. Konventionsgemäß beschränkt man sich in der Abwassertechnik auf die Berücksichtigung des Schlammes, der sich gerade im Belüftungsbecken befindet, um den Gesamtschlammgehalt festzustellen. Der Schlamm im Nachklärbecken wird vernachlässigt.

Aus den summierten Werten errechnen sich für das Beispiel in Tab. 13.7 die „mengenabhängigen" Tagesmittelwerte; analoge Berechnungen für 1. bis 4. lassen sich aus entsprechenden Tabellen für den Zulauf (Rohabwasser), Ablauf Nachklärung und ggf. Ablauf Zwischenklärung anstellen:

1. **Zulauf** („Zulaufmenge")
   Q/24: 127.894 m^3 in 24 h = 5329 m^3/h oder zur Berücksichtigung von Spitzenwerten z. B.
   Q/18: 127.894 m^3 in 18 h = 7105 m^3/h
2. **Aufenthaltszeit** (Durchflusszeit), rechnerische, z. B. durch das Vorklärbecken, hier mit dem Volumen von V = 10.000 m^3. Dann ist
   t_R: 10.000 m^3 mit 5329 m^3/h = 1,88 h (24 h-Mittel) bzw. 1,41 h für den Spitzenzufluss (Q/18)
3. **BSB_5** (Fracht und Konzentrationsmittelwert)
   24.173 kg in 24 h = 24.173.000 g/(24 h)
   24.173.000 g in 127.894 m^3: 189 g/m^3 bzw. 189 mg/l
4. **CSB** (Fracht und Konzentrationsmittelwert)
   50.200 kg/24 h = 50.200.000 g/(24 h)
   50.200.000 g in 127.894 m^3: 393 g/m^3 bzw. 393 mg/l
5. **Gesamtgehalt an belebtem Schlamm** als Trockenmasse TS_R. Ihn bestimmt man – wie bereits erwähnt – anhand von Stichproben, die verteilt über eine längere Zeit, z. B. 24 h, dem Belebungsbecken entnommen werden. Findet man als arithmetisches Mittel daraus beispielsweise 2,88 g/l, ergibt sich der Gesamtschlammgehalt durch Multiplikation mit dem Volumen des Belebungsbecken BB. Beträgt dies z. B. V_{BB} = 25.000 m^3, errechnet sich der Schlammgehalt zu 2,88 kg/m^3 in 25.000 m^3: 72.000 kg TS.
6. **CSB-Raumbelastung** $B_{R,CSB}$ (bezogen auf den m^3 BB)
   B_R = 50.200 kg/d in 25.000 m^3: 2 kg/(m^3d)
7. **CSB-Schlammbelastung $B_{TS, CSB}$** (bez. auf 1 kg Schlammtrockenmasse im BB)
   B_{TS}: 50.200 kg/d bei 72.000 kg Schlamm: 0,7 kg/(kg · d)
8. **Belüftungszeit** (rechnerische). Sie ergibt sich analog der Aufenthaltszeit im Vorklärbecken (siehe oben), hier zu
   $t_{R,BB}$: 25.000 m^3 bei 5329 m^3/h: 4,7 h.

Die errechneten Daten entsprechen ungefähr denen der Tab. 13.5 für die Rubrik „vollbiologische Reinigung ohne Nitrifikation". Der belebte Schlamm ließe sich in dem Belebungsbecken noch höher auf 3,3 g/l konzentrieren, wenn die Abscheidung im Nachklärbecken keine Schwierigkeiten bereitet. Dadurch würde die Schlammbelastung $B_{TS, CSB}$ erniedrigt.

Zur Beurteilung des Absetzverhaltens wird der Schlammvolumenindex benötigt. Dazu wird 1 l Belebtschlamm direkt aus dem Belebungsbecken in einen 1-l-Standzylinder gefüllt und nach 30 min das Volumen des abgesetzten Belebtschlamms (Vergleichsschlammvolumen VSV) bestimmt (siehe DIN 38414-10, Ausgabe 64/2006). Weitere Berechnungen:

9. **Das Vergleichsschlammvolumen VSV** wird von jeder Einzelstichprobe aus dem Belebungsbecken für die Trockenmassebestimmung mit untersucht und ggf. auch als arithmetisches Mittel errechnet.
   Beispiel: VSV = 251 ml/l in 30 min

10. **Der Schlammvolumenindex (kurz Schlammindex) ISV** wird durch Division des Wertes des Vergleichsschlammvolumens durch den der Schlammtrockenmasse eines Liters errechnet. Er gibt also das Schlammvolumen eines Anteils des belebten Schlammes von 1 g (als Trockenmasse) nach 30 min Absetzzeit an. Beispiel: ISV = 251 ml/l bei 2,88 g/l = 87,2 ml/g

Das ist ein guter Wert, d. h. der Schlamm zeigt gute Absetzeigenschaften, die für seine Abtrennung im Nachklärbecken entscheidend sind. Schlammindices kleiner als 150 ml/g werden als akzeptabel bezeichnet. Liegen sie darüber, wird die Schlammrückhaltung schwieriger. Der Schlamm kann dann teilweise mit in den Ablauf geraten und das gereinigte Abwasser wieder verschmutzen. Die Ursache für einen hohen Schlammindex (die Werte können mehrere Hundert ml/g erreichen) ist die Bildung von „Blähschlamm", d. h. der belebte Schlamm ist durch das übermäßige Wachstum fadenbildender Mikroorganismen degeneriert. Diese sperrigen Bakterien oder Pilze, die leicht unter dem Mikroskop erkannt werden können, führen zu einer Behinderung des Absetzvorganges.

Die **Bekämpfung des Blähschlammes** läuft immer auf eine Änderung des Lebensmilieus im Belebungsbecken hinaus, das das Wachstum derartiger unerwünschter Organismen begünstigt hatte. Beispielsweise kann die Sauerstoffzufuhr verstärkt oder gedrosselt werden; der Nährsalzgehalt kann durch Zugabe von Stickstoff- oder Phosphorsalzen erhöht werden; wenn möglich sollte die Biomassekonzentration erhöht werden (Änderung der Schlammbelastung), ggf. kann man den pH-Wert leicht anheben (Kalkdosierung), da gerade pH-Werte kleiner 6,7 das Pilz- und Hefewachstum begünstigen. Die Zugabe von Flockungsmitteln, wie Eisensalzen, evtl. gemeinsam mit Kalk, kann zu einer Beschwerung und damit besseren Zurückhaltung des Schlammes führen.

Weitere Möglichkeiten sind die Verkürzung der Vorklärzeit, d. h. mehr absetzbare Stoffe mit in das Belebungsbecken zu überführen, oder die Zudosierung eines Teils des Trübwassers aus dem Schlammfaulbehälter. Denn aus der Erfahrung ist bekannt, dass Blähschlamm um so seltener auftritt, je stärker die täglichen Belastungsschwankungen der biologischen Stufe sind. Eine im Prinzip für die optimale Nutzung der Kapazität sinnvolle Vergleichmäßigung der Raum- und Schlammbelastung über 24 h muss nicht unbedingt zum Vorteil geraten.

Die **Kontrolle eines Tropfkörpers** kann sich auf wenige Aspekte beschränken. Das Abwasser muss gleichmäßig auf der Oberfläche verteilt werden, um Zonen unterschiedlicher Belastung zu vermeiden. Vor allem sollten die Drehsprengeröffnungen nicht teilweise verstopft sein. Weiterhin dürfen sich keine Pfützen auf der Oberfläche bilden, die auf eine Überlastung mit organischen Schmutzstoffen und Verschlammung hindeuten. Diese lassen sich zumeist durch kräftiges Spülen (Anhalten des Drehsprengers an dieser Stelle) beseitigen.

Im Normalbetrieb muss ein Tropfkörperablauf (Probe vor dem Nachklärbecken) wenigstens 1 ml/l absetzbare Stoffe enthalten, die sich aus dem Bakterienzuwachs ergeben. Nacktes Füllmaterial, auf das ein geringerer Gehalt an absetzbaren Stoffen schließen lässt, führt zu keinem nennenswerten Abbau.

Der Abbauwirkungsgrad kann an Hand des BSB_5 und CSB vom Ablauf Tropfkörper nach Sedimentation und Zulauf Tropfkörper bestimmt werden. Analog misst man den Wirkungsgrad des Vorklärbeckens, der Belebungsstufe und der Gesamtanlage.

Kontrolle der Schlammfaulung: Die Schlammfaulung ist ein komplexer und empfindlicher Prozess. Dessen Verlauf ist am leichtesten über den pH-Wert des Faulschlammes und dessen Konzentration an organischen Säuren sowie an seinem Aussehen und Geruch zu kontrollieren. Auch die Gasentwicklung und Gaszusammensetzung lassen erkennen, ob Störungseinflüsse vorliegen.

Der gesunde, graugelbliche Rohschlamm (Frischschlamm aus dem Vorklärbecken) weist eine grobkörnige Struktur und einen unangenehmen Geruch auf. Er hat einen pH-Wert von ca. 5,5–6,5. Der gesunde Faulschlamm dagegen ist schwarz, feinstrukturiert und von leicht erdig-teerigem Geruch. Er weist einen pH-Wert von ca. 7,1–7,4 auf. Sein Gehalt an flüchtigen organischen Säuren (als Essigsäure berechnet) liegt bei weniger als 500 mg/l.

Letztere Bestimmung wird am sichersten durchgeführt, indem man in geschlossener Apparatur in eine abgemessene (50 ml), mit Phosphorsäure angesäuerte Schlammprobe Wasserdampf einleitet, die Brüden (Dämpfe) in einem Kühler kondensiert und das Destillat auffängt. Auf diese Weise sind die flüchtigen organischen Säuren von allen Störstoffen des Schlammes isoliert worden. Das Destillat wird mit Natronlauge gegen Phenolphthalein titriert. Bei einer Probemenge von 50 ml entspricht der Verbrauch von 1 ml 0,1 n NaOH = 120 mg/l CH_3COOH (für nähere Hinweise siehe Rüffer, 1987). Es sei noch erwähnt, dass es sich im Destillat natürlich um eine Mischung diverser niederer Fettsäuren in Wasser handelt, die lediglich entsprechend ihrer Säurewirkung als Essigsäure berechnet werden. Eine Einzelidentifizierung der Säuren lässt sich heute leicht im Ionenchromatographen (IC) vornehmen.

Der Gasanfall wird im Allgemeinen als einigermaßen gleichmäßig registriert, wobei während der Beschickung des Faulbehälters mit Rohschlamm und einige Stunden danach zumeist der leicht erhöhte Tagesspitzenanfall registriert wird. Die Gaszusammensetzung liegt bei etwa 65–70 % Methan CH_4, 25–30 % Kohlenstoffdioxid CO_2 und wenige % Restgase (H_2, N_2, H_2S und andere).

Eine Störung des Faulvorganges, etwa durch toxische Stoffe, zeigt sich fast immer in einem raschen Absinken des pH-Wertes und Anstieg der Konzentration organischer Säuren. Verbunden ist dies meist mit einem plötzlichen, vorübergehenden Mehranfall von Faulgas und Verschieben von dessen Zusammensetzung zu einem größeren CO_2-Anteil. Verursacht wird alles durch eine Hemmung der Tätigkeit der sehr empfindlichen Methanbakterien, während die säurebildenden Bakterien weiterproduzieren. Das als Folge eintretende Absinken des pH-Wertes bewirkt dann nach physikalisch-chemischen Gesetzen eine Umwandlung des anorganischen C in CO_2 bei gleicher Löslichkeit des CO_2 im Schlammwasser (siehe Abschn. 3.2). Das zusätzlich freigesetzte CO_2 führt zu einem vermehrten Gasanfall und zusammen mit dem Rückgang der Methanproduktion zur Verschiebung der Gaszusammensetzung.

Als Abhilfemaßnahme hat sich in solchen Fällen bewährt, für wenige Tage die Rohschlammzufuhr zu stoppen, um durch den „Fasten-Prozess" die Gesundung des Faulrauminhalts zu bewirken, zusätzlich kann durch Zufuhr von Kalkmilch (geeignete Dosierstelle ist dafür z. B. der Schlammpumpensumpf) der pH-Wert wieder über pH = 7,0 gehoben werden, quasi eine medikamentöse Unterstützung der Behandlung. Hierfür verrührt man $Ca(OH)_2$ in Wasser, und zwar etwa 0,5 bis 1,0 kg/m^3 Faulrauminhalt.

Nachklärbecken bedürfen im Allgemeinen keiner besonderen Kontrolle, da der Endablauf ohnehin auf absetzbare Stoffe, BSB_5 und CSB, ggf. auf N-Verbindungen und Gesamt-P untersucht werden muss. Ein erhöhter Schlammgehalt des Ablaufs deutet auf hydraulische Überlastung, Kurzschlussströmungen oder ungewollte Turbulenzen. Wenn Überlastung als Ursache ausgeschlossen ist, können evtl. folgende Ursachen ermittelt werden: zu hoher Schlammgehalt im Belebungsbecken; Dichteströmungen im Nachklärbecken, z. B. wenn kälteres (schwereres) Wasser unter wärmerem entlangfließt oder umgekehrt wärmeres über kälterem; mangelnder Schlammabzug aus dem Nachklärbecken; Turbulenzen durch die Bewegung des Schlammräumers; ungleichmäßiges Überströmen der Ablaufrinne/Zahnkranz, z. B. durch Senkungen oder Windeinfluss.

Ist die Ursache erkannt, lassen sich ggf. Gegenmaßnahmen ergreifen.

Eine häufig auftretende Erscheinung ist das Aufschwimmen von belebtem Schlamm im Nachklärbecken durch Denitrifikation. Es handelt sich dabei um eine Flotation der Flocken, an die sich N_2-Bläschen angelagert haben. Dieser Schlamm gerät dann leicht in den Ablauf. Eine Möglichkeit die Denitrifikation zu verhindern ist, dafür zu sorgen, dass das Abwasser im Nachklärbecken noch etwas gelösten Sauerstoff enthält. Das kann man durch verstärkte Luftzufuhr ins Belebungsbecken erreichen, verbunden evtl. mit erhöhtem Abzug von Rücklaufschlamm. Allerdings verbraucht die Anlage dadurch mehr Energie. Eine Alternative ist, nur die Auswirkung der Denitrifikation zu bekämpfen, und zwar durch das Besprühen des Schwimmschlammes mit Wasser, wobei die wirtschaftlichste Lösung die Verwendung von Nachklärbeckenablauf ist. Bei Rundbecken kann eine Pumpe mit Saugrohr und Sprühkopf direkt auf der Räumerbrücke installiert werden.

Die **Phosphor- und Stickstoffelimination** dient der Entlastung der Gewässer von den Nährsalzen, die eine Eutrophierung, in erster Linie ein Algen- und sonstiges Krautwachstum, begünstigen. Das trifft zwar hauptsächlich unsere Binnenseen, soweit sie als Vorfluter dienen, weniger die rasch fließenden Flüsse, dann aber wiederum die Nord- und Ostsee, die das Flusswasser aufnehmen. Nach den Anforderungen für kommunale Abwassereinleitungen gemäß der Abwasserverordnung sind, gestaffelt nach Kläranlagengröße, nur noch 10 mg/l NH_4-N und 18 bzw. 13 mg/l N_{ges} sowie 2 bzw. 1 mg/l P_{ges} erlaubt (siehe Tab. 13.6).

13.3.5.4 Monitoring von Prozessgrößen

Neben der Probenahme (manuell oder automatisiert) stehen in den letzten Jahren zusehends eine große Zahl von Online-Messgeräten und/oder Sensoren zur Verfügung, die den Betrieb und die Überwachung deutlich erleichtern. In Tabelle 13.8 sind die verfügbaren Messgeräte zusammengestellt. Darüber hinaus sind Angaben gemacht, welche Größen wie oft und an welchen Punkten einer kommunalen Kläranlage gemessen werden sollten, um dauerhaft einen sehr guten Überblick zur Belastung und Leistungsfähigkeit der Kläranlage zu haben.

Tab. 13.8: Monitoring in kommunalen Kläranlagen (Angepasst aus dem Ullmann, Telgmann et al., 2019).

Parameter	**Zulauf**	**Ablauf Vorklärung**	**Belebungs-becken**	**Ablauf Nachklärung**	**Schlamm-behandlung**
Einzelproben					
Trockensubstanz TS, g/L		täglich	täglich		täglich
ISV			täglich		
24 h Mischproben					
CSD	täglich	täglich		täglich	
BSB_5	täglich			täglich	
Stickstoff gesamt	täglich			täglich	
NH_4-N	täglich	täglich		täglich	
NO_3-N	täglich			täglich	
Phosphor gesamt	täglich	täglich		täglich	
PO_4-P	täglich	täglich		täglich	
on-line oder in-line Messungen					
Volumenstrom Q	iL			iL	
pH	iL	iL	iL	iL	iL
Temperatur	iL			iL	
TOC	Q-oL			Q-oL	
COD	Q-oL			Q-oL	
NH_4-N			iL	iL	
NO_3-N			iL	iL	
PO_4-P			Q-oL	Q-oL	
SAK	iL		iL	iL	
Trübung*	iL	iL	iL	iL	
Sauerstoff	iL		iL		

oL on-line (Sensor im Bypass)

iL in-line (Sensor direkt in der Leitung oder im Reaktor)

Q-oL Quasi-on-line heißt alle 5/10 min wird ein Wert gemessen, typischerweise nach einer Probenahme

SAK Spektraler Absorptionskoeffizient bei 254 nm

* Trübung kann auf TS umgerechnet werden, wenn eine Kalibrierung vorliegt

Bei den on-line bzw. in-line betriebenen Sensoren sind im Besonderen die Sauerstoffmessung, Ammonium, Nitrat und Phosphat geeignet, Nitrifikation/Denitrifikation und Phosphorentfernung optimal zu regeln. Trübungssensoren können helfen die Schlammrückführung bzw. den Überschussschlammabzug zu regeln. Im Bezug auf die Elimination von anthropogenen Spurenstoffen (siehe Abschnitt 13.3.4.9) ist die Messung des spektralen Absorptionskoeffizienten SAK (254 nm) unter Umständen eine Möglichkeit, die Wirksamkeit der Entfernung zu on-line zu messen (Mousel et al., 2017). Tatsächlich ist aber nur ein Bruchteil des SAK-Signals auf die aromatischen Bestandteile von anthropogenen Spurenstoffen zurückzuführen, die in Konzentrationen im µg/l – Bereich oder geringer vorliegen.

13.3.6 Kleinkläranlagen

Kleinkläranlagen werden in der Regel nur dann eingesetzt, wenn die Abwässer nicht in eine öffentliche Kanalisation eingeleitet werden können. Kleinkläranlagen sind somit angemessen, wenn keine öffentliche Kanalisation zur Verfügung steht oder der Kanalanschluss wirtschaftlich nicht möglich ist (z. B. abgelegene Gehöfte, Sportstätten, Feriensiedlungen, Streusiedlungen), oder sie dienen als Übergangsmaßnahme in Neubaugebieten, wo eine Kanalisation zwar geplant, aber noch nicht ausgeführt ist. Die Funktionsfähigkeit dieser Anlagen hängt nicht von der Größe, sondern vielmehr von der fachgerechten Wartung ab. Der Betrieb von Kleinkläranlagen ist im Vergleich zu zentralen großen Anlage meist teurer. Lediglich die Kosten der Anschlussleitung sind entscheidend darüber, ob eine Kleinkläranlage auf Dauer gerechtfertigt ist.

Eine Sonderstellung nehmen dezentrale Mehrkammerabsetzgruben in Verbindung mit zentral angelegten Bodenfiltern (z. B. Filtergräben, siehe Abb. 13.11) ein. Sie ermöglichen kostengünstige Lösungen der Abwasserbehandlung von entlegenen Gebäuden.

Die Voraussetzungen für den Bau und Betrieb von Kleinkläranlagen unterliegen den baurechtlichen und wasserrechtlichen Vorschriften des jeweiligen Bundeslandes. Im Einzelfall entscheidet die zuständige Landesbehörde. Für die Abwassereinleitung – auch bei Einleitung in den Untergrund – ist eine Genehmigung nach § 57 WHG, im Allgemeinen als widerrufliche, beschränkte wasserrechtliche Erlaubnis, erforderlich.

Kleinkläranlagen sind für den Schmutzwasseranfall eines einzelnen oder mehrerer Gebäude mit maximal 50 Einwohnern bzw. Einwohnerwerten zulässig. Gewerbliches Schmutzwasser, soweit nicht dem häuslichen Schmutzwasser ähnlich, darf nicht eingeleitet werden. Außerdem sind Fremdwasser, Kühlwasser, Ablaufwasser von Schwimmbecken sowie Niederschlagswasser wegen der mengenmäßigen Belastung der Kleinkläranlage fernzuhalten; gleiches gilt für Kondensat aus Feuerstätten mit einem pH-Wert $< 6{,}5$ oder jegliche den Kläranlagenbetrieb störende Inhaltsstoffe.

Tab. 13.9: Bemessungsansätze für Kleinkläranlagen (DWA-M 221 Grundsätze für Bemessung, Bau und Betrieb von Kleinkläranlagen mit aerober biologischer Reinigungsstufe).

Art des Gebäudes	Bemessungswert	
Campingplätze	2 Personen =	1 EW
Vereinshäuser ohne Küchenbetrieb	5 Benutzer =	1 EW
Sportplätze ohne Gaststätte und ohne Vereinshaus	30 Besucherplätze =	1 EW
Gartenlokale ohne Küchenbetrieb	10 Sitzplätze =	1 EW
Gaststätten mit Küchenbetrieb und angenommener 3-maliger Ausnutzung eines Sitzplatzes in 24 Stunden	1 Sitzplatz =	1 EW
Werkstätten ohne Küchenbetrieb	2 Mitarbeiter =	1 EW

Für die Reinigung des Abwassers in Kleinkläranlagen gelten die gleichen Gesetzmäßigkeiten wie für große Kläranlagen, d. h. der Abbau der Schmutzstoffe erfolgt ausschließlich durch Bakterien und erfordert große Mengen Sauerstoff. Werden diese Gesetzmäßigkeiten nicht beachtet (z. B. Pflanzenkläranlagen ohne Bodenfilter, in denen sich die Bakterien ähnlich wie in einem Tropfkörper ansiedeln), dann ist der Ablauf unweigerlich stark belastet.

Die Bemessung von Kleinkläranlagen wird – wie bei größeren Anlagen auch – nach Einwohnerwerten (EW = Summe aus Zahl der Einwohner (E) und Einwohnergleichwerten (EGW), siehe Abschn. 13.2.8) bemessen. Dabei wird in der Regel ein Schmutzwasseranfall von 150 l/d je Einwohner und ein stündlicher Schmutzwasserzufluss (Spitzenzufluss) von 1/10 des Tageszuflusses zugrundegelegt. Für das Rohabwasser wird ein BSB_5 von 60 g/d je Einwohner angesetzt, es sei denn, einer Kleinkläranlage mit Abwasserbelüftung (siehe unten) wird eine Mehrkammergrube (siehe unten) vorgeschaltet. In diesem Fall kann die biologische Stufe mit 40 g BSB_5/d je Einwohner bemessen werden (siehe Tab. 13.2). Für Wohneinheiten bis zu 50 m^2 sind 2 Einwohner, für Wohneinheiten über 50 m^2 mindestens 4 Einwohner zu berücksichtigen. Für anderweitig genutzte Gebäude gelten die Bemessungsansätze nach Tab. 13.9 (siehe auch DIN 4261, Teil 1 und 2).

In Kleinkläranlagen durchläuft das Schmutzwasser folgende Reinigungsstufen:
- Mechanische Reinigung (Mehrkammergruben),
- biologische Reinigung (z. B. Filtergräben, Tropfkörper, Belebungsanlagen, Membranbioreaktoren),
- Abwassereinleitung in ein Oberflächengewässer oder in den Untergrund.

Zur mechanischen Reinigung dienen Mehrkammergruben. Diese werden einerseits als Mehrkammer-Absetzgruben und andererseits als Mehrkammer-Ausfaulgruben eingesetzt.

Die **Mehrkammer-Absetzgruben** (2, 3 oder 4 Kammern) bewirken eine mechanische Reinigung des Abwassers, dabei werden absetzbare Stoffe und Schwimmstoffe entfernt. Das spezifische Nutzvolumen der Mehrkammer-Absetzgruben beträgt 300 l pro Einwohner (theoretische Durchflusszeit: 2 Tage). Das Gesamtvolumen umfasst mindestens 3000 l bei einer Mindestwassertiefe von 1,20 m (vgl. DIN 4261, Teil 1). Mehrkammer-Absetzgruben werden als Vorstufe einer biologischen Reinigung oder als Übergangslösung eingesetzt, wenn kurzfristig ein Anschluss an die öffentliche Kanalisation zu erwarten ist. Mehrkammer-Absetzgruben erreichen einen BSB_5-Abbau um ca. 25 % und einen CSB-Abbau um ca. 22 %. Die absetzbaren Stoffe werden um ca. 90 % reduziert (ATV-Handbuch, 1997).

Mehrkammer-Ausfaulgruben wirken ebenfalls mechanisch. Durch die längere Verweildauer des Abwassers in der Mehrkammer-Ausfaulgrube wird zusätzlich eine biologische Teilreinigung erreicht. Mehrkammer-Ausfaulgruben sind mindestens mit 3 Kammern ausgestattet. Der spezifische Nutzinhalt beträgt 1500 l pro Einwohner (theoretische Durchflusszeit: 10 Tage). Das Gesamtvolumen umfasst mindestens 6000 l (Mindestwassertiefe: 1,20 m). Das Volumen der ersten Kammer entspricht der Hälfte des gesamten Inhalts. Die Reinigungsleistung beträgt beim BSB_5 ca. 40 %, beim CSB ca. 33 % und bei den absetzbaren Stoffen ca. 90 % (ATV-Handbuch, 1997).

Der Luftraum von Mehrkammergruben – gleich ob Mehrkammer-Absetz- oder Mehrkammer-Ausfaulgruben – müssen be- und entlüftet werden (weitere Hinweise siehe DIN 4261, Teil 1). Die Schlammentfernung ist bei Mehrkammergruben nach Bedarf, d. h. bei Mehrkammer-Absetzgruben im Allgemeinen einmal jährlich und bei Mehrkammer- Ausfaulgruben zweimal jährlich vorzunehmen. Fällt bei Unterbelastung weniger Schlamm an, können die genannten Zeitspannen verlängert werden. Mit den Betreibern zentraler Kläranlagen muss die Übernahme des Schlamms vereinbart werden.

Die biologische Abwasserreinigung erfolgt je nach Örtlichkeit (Bodenverhältnisse, Platzbedarf) zum Beispiel durch:
- Filtergräben oder nach unten abgedichtete Bodenfilter (Anlagen ohne Abwasserbelüftung),
- Tropfkörperanlagen (Anlagen mit Abwasserbelüftung),
- Belebungsanlagen (Anlagen mit Abwasserbelüftung).

Filtergräben (siehe Abb. 13.11) werden hier stellvertretend für verschiedene Bodenfilter beschrieben. Sie bewirken überwiegend einen aeroben Abbau der Schmutzstoffe. Zwei übereinander liegende Dränagerohre (lichte Weite mindestens 100 mm) werden bei einem Filtergraben durch eine etwa 60 cm starke Filterschicht getrennt. Das Abwasser wird durch die oben liegende Rohrleitung versickert. Die unten liegende Leitung nimmt das Wasser auf und leitet es einem Gewässer zu. Die beiden Rohrleitungen müssen getrennt gelüftet werden. Bei der Bemessung der Filtergräben sind pro Einwohner mindestens 6 m^2 vorzusehen. Es sind mindestens zwei Stränge mit einem Abstand von ≥ 1 m auszuführen. Die maximale Länge eines Filterstranges beträgt 30 m. Zur gleichmäßigen Beschickung der Stränge dient eine Verteilerkammer. Um die Verstopfungsgefahr zu minimieren und die Reinigungsleistung zu verbessern, sind die Filterrohre stoßweise zu beschicken. Eine entsprechende Vorrichtung sollte in der Verteilerkammer installiert sein.

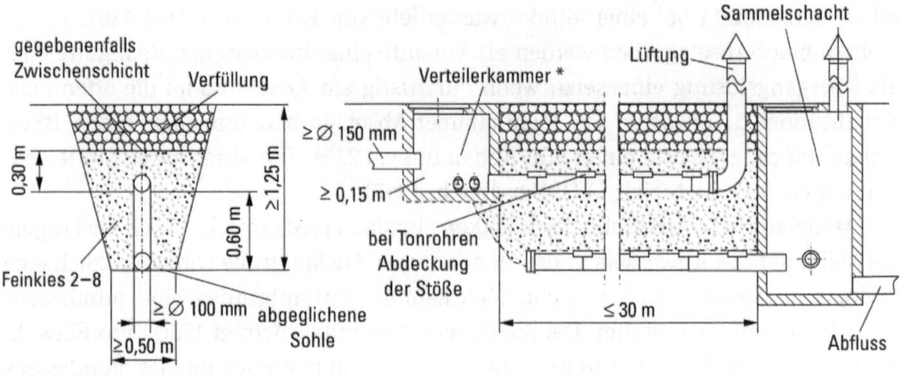

Abb. 13.11: Filtergräben nach DIN 4261, Teil 1, Anordnung und Schnitte.

Tropfkörperanlagen bestehen aus einem rechteckigen oder runden Bauteil, welches mit Kunststoffkörpern oder Lavaschlacke gefüllt ist (Füllstoffe für Tropfkörper siehe DIN 19557, Teil 1). Auf diesem Material siedeln sich Mikroorganismen an („biologischer Rasen"), die durch eine ständige Durchlüftung des Tropfkörpers mit Sauerstoff versorgt werden. Die Mikroorganismen bewirken den biologischen Abbau der im Abwasser enthaltenen organischen Schmutzstoffe. Eine gleichmäßige Verteilung des vorgeklärten Abwassers wird durch Verteilerrinnen erreicht. Um eine ausreichende Reinigungsleistung zu erzielen, ist für das Abwasser eine entsprechend lange Durchrieselungsstrecke erforderlich. Deshalb wird aus den Nachklärbecken Rücklaufwasser gemeinsam mit dem Überschuss-Schlamm in die Vorklärung gefördert (siehe Abb. 13.12). Tropfkörperanlagen werden für eine BSB_5-Raumbelastung von $\leq 0{,}15$ kg/(m^3 · d) bemessen. Das Mindestvolumen der Füllung beträgt 2 m^3. Für das Nachklärbecken gilt eine Durchflusszeit von ≥ 3,5 Stunden, Oberflächenbeschickung von ≤ 0,4 m/h, eine Oberfläche von ≥ 0,7 m^2 und eine Wassertiefe von mindestens 1,0 m. Tropfkörperanlagen werden ab etwa 10 angeschlossenen Einwohnerwerten eingesetzt.

Belebungsanlagen (siehe Abb. 13.13) bestehen aus einem Belebungsbecken mit Belüftungseinrichtungen sowie einem Vor- und Nachklärbecken. Prinzipiell entsprechen Belebungsanlagen den meisten kommunalen Kläranlagen. Das Abwasser muss sich mit dem Rücklaufschlamm aus der Nachklärung gut mischen. Druckluftbelüfter sorgen für den Sauerstoffeintrag und eine ausreichende Umwälzung des Abwasser-Schlamm-Gemisches im Belebungsbecken. Die Sauerstoffkonzentration sollte mindestens 2 mg/l betragen. Für die Bemessung von Belebungsanlagen gilt eine BSB_5-Raumbelastung von ≤ 0,2 kg/(m^3 · d), eine Schlammbelastung von ≤ 0,05 kg/(kg · d) und ein Mindestvolumen von 1 m^3. Das Nachklärbecken wird analog zur Nachklärung von Tropfkörperanlagen bemessen, wobei sich lediglich die Oberflächenbe-

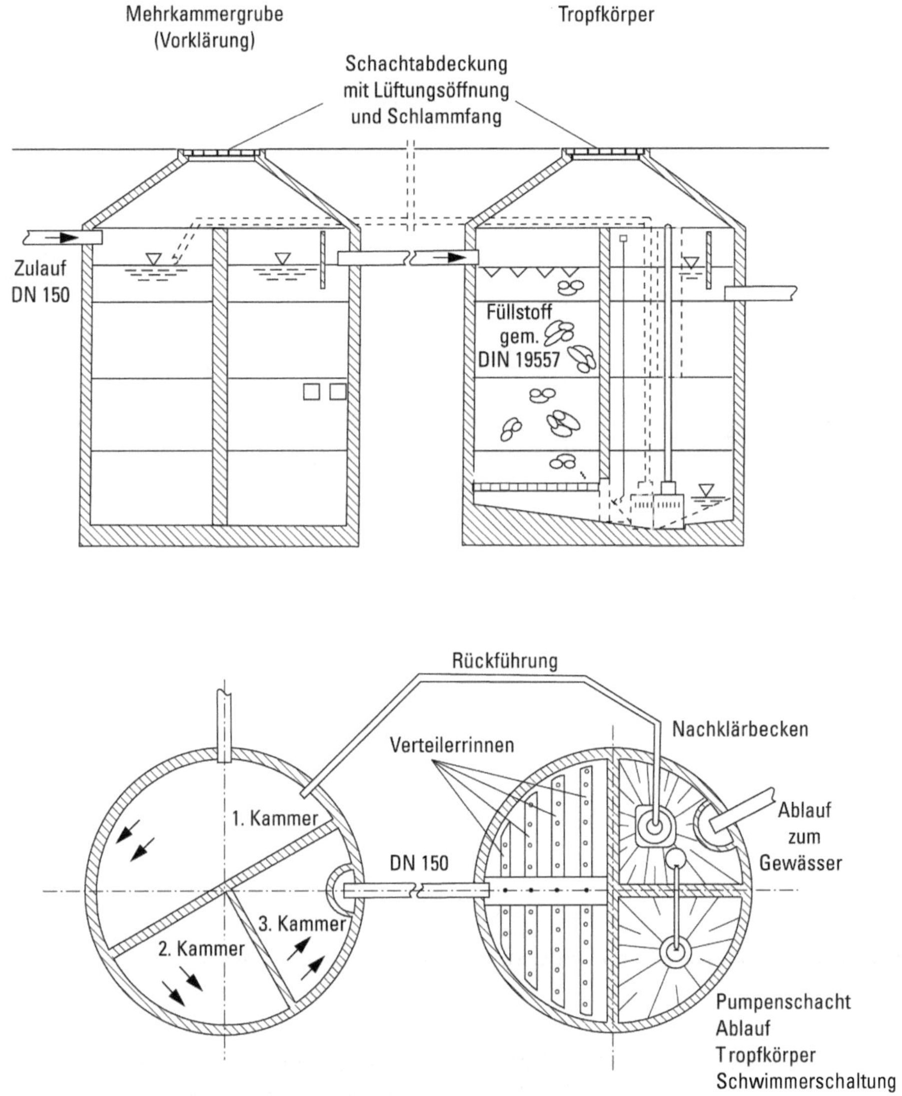

Abb. 13.12: Tropfkörperanlage nach DIN 4261, Teil 2 (aus ATV-Handbuch, 1997).

schickungen unterscheiden. Für Nachklärbecken im Anschluss an Belebungsanlagen soll die Oberflächenbeschickung ≤ 0,3 $m^3/(m^2 \cdot h)$ betragen. Belebungsanlagen werden ab etwa 30 Einwohnerwerten eingesetzt.

In den Tropfkörper- und Belebungsanlagen fällt Primär-, Sekundär- und Schwimmschlamm an. Damit die Funktion der Nachklärbecken nicht gestört wird, muss der Schlamm – wenn er nicht zurückgeführt wird – separat gespeichert werden. Bei Tropfkörperanlagen beträgt das Nutzvolumen des Schlammspeichers min-

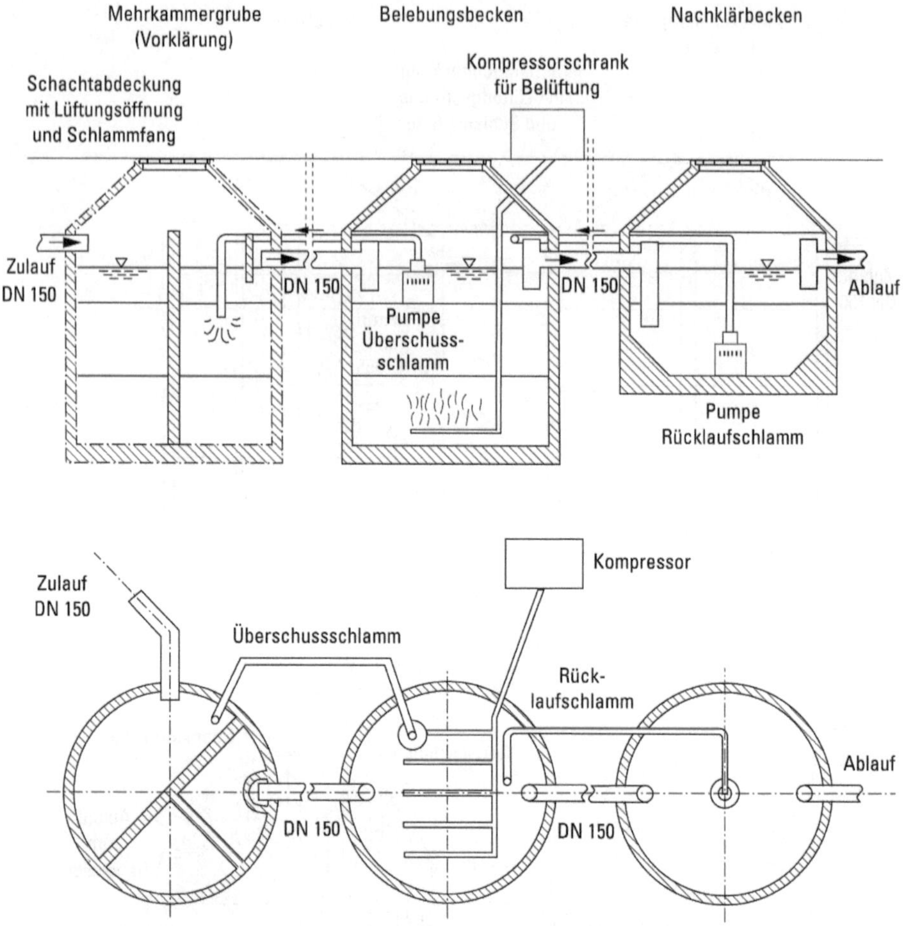

Abb. 13.13: Belebungsanlage nach DIN 4261, Teil 2 (aus ATV-Handbuch, 1997).

destens 100 l pro Einwohnerwert (EW), bei Belebungsanlagen mindestens 250 l/EW. Das Gesamtvolumen sollte 5 m^3 nicht überschreiten. Für die schadlose Beseitigung des Schlamms sind entsprechend fachkundige Unternehmen zu beauftragen.

Seit die Membranfiltration im Bereich der Abwasserreinigung verstärkt eingesetzt wird, sind auch Kleinkläranlagen auf den Markt gekommen, bei denen Membranen für die Feststoffabtrennung eingesetzt werden (Bischof et al., 2007; Brinkmeyer et al., 2007). Dadurch wird das Volumen einer Kleinkläranlage deutlich reduziert, da das Nachklärbecken entfällt. In der Tat werden pro EW 1–1,5 m^2 Membranfläche benötigt. Diese werden meist in kompakt gebauten Plattenmembranmodulen in das Belebungsbecken integriert. Die Ablaufqualität des behandelten Abwassers aus einer Kleinkläranlage mit Membran wird bei fachgerechtem Betrieb deutlich erhöht. Nicht nur die Keimzahl (bis zu 6 log-Stufen Reduktion), auch die Konzentration an CSB ist bei Einsatz einer Ultrafiltrationsmembran im Vergleich zum Nachklärbecken deutlich besser.

Kleinkläranlagen müssen regelmäßig kontrolliert und gewartet werden. Dem Eigentümer der Anlage muss eine Bedienungsanleitung vom Planer bzw. Hersteller zur Verfügung gestellt werden. Nach mechanischer und biologischer Reinigung kann das Wasser in oberirdische Gewässer eingeleitet werden. Dabei ist zu beachten, dass das Aufnahmevermögen des als Vorfluter dienenden Oberflächengewässers ausreichend ist. Beim Einleiten in Seen oder Teiche sind 10 m^2 Wasseroberfläche pro Einwohnerwert erforderlich. Alternativ dazu kann das gereinigte Abwasser, sofern eine Kontrolle der Reinigungsleistung der Anlage gesichert ist, über Untergrundverrieselung oder einen Sickerschacht in den Untergrund eingeleitet werden. Für die Einleitung ist eine Genehmigung der zuständigen Behörde unumgänglich.

13.4 Industrieabwasser

13.4.1 Allgemeines

Die Reinigung von Industrieabwasser wird aus Sicht des Gewässerschutzes in zwei Varianten organisiert: a) Indirekteinleiter mit Vorbehandlung zum Schutz der kommunalen Kläranlage vor schwer abbaubaren Abwasserinhaltstoffen und b) Direkteinleiter mit eigener Kläranlage zum direkten Schutz der Gewässer. Variante b) wird auf Basis Abwasserverordnung realisiert, in deren entsprechenden Anhängen für die verschiedenen Industriebetriebe konkrete Vorgaben für die Ablaufqualität gemacht werden. Dies kann zu einer Fokussierung auf die Konzentration an Schwermetallen führen, wie z. B. bei Betrieben für Druckerzeugnisse (Anhang 56), Halbleiterbauelemente (Anhang 54), aber auch Abwässer aus der Rauchgasreinigung (Anhang 47). Organische Schadstoffe werden unter anderem in den Anhängen 48 (Verwendung bestimmter gefährlicher Stoffe), 36 (Herstellung von Kohlenwasserstoffen) und 22 (Chemische Industrie) adressiert.

Von der Art der organischen Belastung her ist das Abwasser der Lebensmittelindustrie dem Kommunalabwasser am ähnlichsten, weshalb für ersteres – wo keine gemeinsame Reinigung vorgesehen ist – auch analoge mechanisch-biologische Verfahren zur Vollreinigung, in Einzelfällen auch Sonderverfahren, eingesetzt werden.

In der Lebensmittelindustrie werden in der Regel große Frischwassermengen benötigt, die zum Teil als organisch hochbelastetes Abwasser wieder anfallen. Das Wasser wird als Rohstoff (Produktwasser), als Transportmittel (Schwemmwasser), als Hilfsstoff (Kühlwasser, Lösungsmittel, Waschwasser, Energieträger, Löschwasser) sowie als Wasser für den menschlichen Gebrauch (Trinkwasser) im Sanitärbereich eingesetzt. Unter Berücksichtigung der Abwasserinhaltsstoffe, der Anforderungen an den Gewässerschutz sowie wirtschaftlicher Aspekte stehen eine Reihe von mechanischen, physikalischen, physikalisch-chemischen und biologischen Verfahren zur Verfügung:

Mechanische und physikalische Verfahren:
- Rechen- und Siebverfahren,
- Filtration, Siebung
- Sedimentation,
- Flotation,
- Membranverfahren,
- Destillation, Eindampfung
- Zentrifugen, Separatoren,
- Adsorption;

physikalisch-chemische Verfahren:
- Fällung,
- Flockung, Flockungsfiltration,
- Neutralisation,
- Emulsionsspaltung,
- Flotation einschließlich Flockung,
- Ionenaustausch,
- Verbrennung, Nassoxidation;

aerobe biologische Verfahren:
- herkömmliche Tropfkörper- und Belebungsverfahren,
- so genannte „Deep-Shaft"-Verfahren,
- Hochleistungsbioreaktoren,
- Reinsauerstoffverfahren,
- Wirbelbettverfahren
- Schwebebettverfahren,
- Membranbioreaktoren;

anaerobe Verfahren.

Bei der Behandlung von Industrieabwässern sind die Rahmenbedingungen deutlich verschieden im Vergleich zu einer kommunalen Kläranlage. Während eine kommunale Kläranlage die Mischung aus allen Einleitungen innerhalb einer Siedlung mit einer zeitlichen Verzögerung von mehreren Stunden bekommt, fallen die Abwässer in einem Industriebetrieb punktuell an. Dort können sie je nach Bedarf direkt mit kompakten Anlagen (vor)behandelt werden. Zum Teil ist die Behandlung oder weitere Aufbereitung von Teilströmen auch von wirtschaftlichen Aspekten getrieben. Da sowohl die Frischwasserversorgung als auch die Abwasserbehandlung Kosten verursachten, können durch eine Vorbehandlung und Weiterverwendung eines Teilstroms im Gesamtprozess erhebliche Kosten eingespart werden. Dies wird im nächsten Abschnitt etwas detaillierter diskutiert.

13.4.2 Vermeidung von Industrieabwasser durch produktintegrierten Umweltschutz

Mit Einführung der Abwasserabgabe (geregelt durch das AbwAG) wurde den Betreibern von Kläranlagen in Deutschland ein Anreiz gegeben, die Einleitung von organischer Schmutzfracht (CSB), Stickstofffracht, Phosphorfracht und auch der Fracht an eingeleiteten Schwermetallen deutlich zu reduzieren. In den meisten Industriebranchen hat dies in den letzten 25 Jahren zu einer erheblichen Reduktion des Abwasseranfalls bei gleichbleibender oder sogar gesteigerter Produktion geführt. Ein prominentes Beispiel ist die Kläranlage der BASF in Ludwigshafen. Trotz kontinuierlich gestiegener Produktion wurde die Menge des eingeleiteten Abwassers zwischen 1987 und 2010 von 675.000 m^3/d auf 335.000 m^3/d abgesenkt (Völker et al., 2010). Der Begriff produktionsintegrierter Umweltschutz für die Nutzung und den Gebrauch von Wasser wurde eben in dieser Zeit sehr stark geprägt (Geißen et al., 2012; Ante et al., 2014).

Im Besonderen in den 1990er Jahren hat sich sowohl die Umweltgesetzgebung als auch die generelle Einstellung gegenüber Fragen des Umweltschutzes noch einmal stark gewandelt. Es wurde dabei zusehends nicht mehr ausschließlich auf sogenannte end-of-pipe-Technologien gesetzt, sondern auch Fragen des produktbezogenen Umweltschutzes diskutiert (Abel-Lorenz und Schiller, 1995).

Unter **produktbezogenen Umweltschutz** fallen alle Fragen von Eigenschaften und Lebensdauer eines Produktes unter Anwendung und Nutzung, einbezogen auch die gesetzlichen Rahmenbedingungen, wie z. B. Rücknahme und Entsorgung.

Auf der anderen Seite stehen die Maßnahmen, die sich auf die Produktion beziehen. Sie werden unterteilt in integrierte und in additive Maßnahmen. **Produktionsbezogenen additiven Maßnahmen** sind nachgeschaltete (end-of-pipe) Verfahren, die den Produktionsprozess unverändert lassen.

Unter **produktionsintegrierten Umweltschutz** fallen Eingriffe in bisherige bewährte Produktionsverfahren, die sich vor allem um emissionsarme oder -freie Technologien bemühen. Die Minimierung des Rohstoff- und Energieverbrauchs und die Optimierung der Produktionsausbeute stehen damit im Zusammenhang. Letzteres ist allerdings von Anfang an Bestreben der Industrie. In der Papierindustrie gibt es Beispiele von wasserarmer bis wasserfreier Produktion, abhängig von der Qualität des erzeugten Produktes. Nahezu wasserfreie Verfahren existieren inzwischen auch für die Zellstoffproduktion.

Produktionsintegrierte Verfahren sind ergänzend dazu solche Verfahren, die prozessbedingte Emissionen als gegeben ansehen, aber durch Wasser- bzw. Stoffrückführung, Aufkonzentrierungsprozesse, selektive Trennungen und andere Verfahren den Stoffverlust und damit die Belastung des Abwassers auf ein Minimum reduzieren. Wasserkreislaufverfahren sind inzwischen feste Bestandteile in der Industrieproduktion (Ante et al., 2014; Geißen et al., 2012). Andere Beispiele sind etwa die Waschwasserführung in Lebensmittelbetrieben im Gegenstrom, z. B. bei Gemüsekonserven, oder auch Galvanisierbetriebe, in denen erschöpfte Bäder durch Chemikalienzugabe „nachgeschärft" werden und das Spülwasser im Gegenstrom die Wasserverluste der Bäder ausgleicht (Rüffer und Rosenwinkel, 1991).

Eine sehr wichtige Rolle nehmen hierbei die Membranverfahren ein, sie ermöglichen einen Grad der Wasseraufbereitung, der es erlaubt, das wiedergewonnene Wasser auch in sensiblen Bereichen einzusetzen (Casani et al., 2005; Melin et al., 2006; Ante et al., 2014).

13.4.3 Beispiele aus dem Bereich Industrieabwasser

13.4.3.1 Fleischverarbeitende Industrie

In den Betrieben der Fleischverarbeitung werden hauptsächlich Schweine, Rinder, Kälber und Schafe zerlegt und verarbeitet. Dabei werden Brüh-, Koch- und Rohwürste, Pökelwaren und Fleischerzeugnisse (z. B. Fleischsalat) hergestellt. Das Abwasser fällt als Reinigungswasser, Brüh- und Kochwasser, Kühlwasser, Salzlake sowie als Abwasser aus dem Sanitärbereich an. Die Trinkwasserentnahme bzw. der Abwasseranfall für einige Betriebe ist der Tab. 13.10 zu entnehmen.

Verbrauchswerte für einzelne Verwendungsbereiche liegen für zwei der in Tab. 13.10 genannten fleischverarbeitende Betriebe vor (Tab. 13.11).

Für das Abwasser der fleischverarbeitenden Betriebe ist mit BSB_5-Werten zwischen 500 und 2500 mg/l sowie mit CSB-Werten von 800 bis 3000 mg/l zu rechnen. Das Abwasser der Fleischverarbeitungsbetriebe wird in der Regel vorbehandelt und anschließend einer kommunalen Kläranlage zugeleitet.

Zur Vorbehandlung haben sich in erster Linie mechanische (physikalische) Verfahren bewährt: Rechen oder Trommelsiebanlagen zur Zurückhaltung von Grobstoffen, Fettabscheider oder Flotationsanlagen zur weitgehenden Entfernung von Fettstoffen. Trotz starker Konzentrationsschwankungen der Inhaltsstoffe sollte wegen der Neigung dieses Abwassers zum raschen Anfaulen von innerbetrieblichen Ausgleichsbecken abgesehen werden.

Tab. 13.10: Trinkwasserentnahme und Abwasseranfall von fleischverarbeitenden Betrieben (Chmiel, 1996).

	Einheit	Firma 1	Firma 2	Firma 3	Firma 4	Firma 5	Firma 6
Jahresproduktion	t/a	30.000	10.440	11.450	7200	13.700	3600
Trinkwasserentnahme	m^3/a	440.000	91.600	102.900	51.900	51.900	15.000
Abwasseranfall	m^3/a	400.000	71.100	96.700	44.000	33.200	13.500
Gesamt spezifischer Abwasseranfall	m^3/t	13,33	6,81	8,45	7,21	3,79	3,76

Tab. 13.11: Verbrauchswerte für einzelne Verwendungsbereiche in zwei fleischverarbeitenden Betrieben (Chmiel, 1996).

	Einheit	Firma 2	Firma 3
Dampfkessel-Speisewasser	m^3/a	5600*)	2700*)
Rückkühlung	m^3/a	9700*)	19.800
Kochkessel	m^3/a	–	3000
Kühlduschen	m^3/a	21.800	35.000
Heißwasser, gesamt	**m^3/a**	**38.850**	**32.250**
Reinigung (20 bar)	m^3/a	25.750	5000
Spritzwasser (ca. 6 bar)	m^3/a	9900	22.000
Sanitär	m^3/a	2800	4500
Kantine	m^3/a	400	750

*) dampfförmige Verluste

Im Bereich der fleischverarbeitenden Industrie bestehen unter anderem folgende Möglichkeiten für innerbetriebliche Maßnahmen zur Verfügung, um den Abwasseranfall zu vermindern (siehe Chmiel, 1996):

Kühlduschen:
- Einstellung optimaler Intervallzeiten, unterstützt durch Installation von speicherprogrammierbaren Steuerungen,
- Aufbereitung des geringverschmutzten Abwassers durch Kombination einer zweistufigen Vorfiltration mit Kerzenfiltern, einer Membranstufe (Nanofiltration), einer zweistufigen Adsorption und nachgeschalteter Desinfektion: das aufbereitete Wasser (Trinkwasserqualität) kann im Betrieb wiederverwendet werden (Kreislaufführung ist Gegenstand von Forschungsvorhaben um die Anreicherung von vermehrungsfähiger DNS auszuschließen);

Reinigungswasser:
- Schulung der Mitarbeiter,
- Einbau von Durchflussmengenbegrenzern,
- Ersatz der Düsen an den Reinigungslanzen,
- Anschaffung eines kombinierten Hochdruck-Niederdruck-Reinigungssystems,
- vertragliche Vorgaben des max. Wasserverbrauchs gegenüber der Reinigungsfirma.

Aktuell liegt ein Entwurf für ein Merkblatt der DWA aus dem Jahr 2017 vor (DWA-M 767 – Entwurf, Abwasser aus Schlacht- und Fleischverarbeitungsbetrieben). Darin werden konkret branchenspezifische produktionsintegrierte Maßnahmen benannt, um den Abwasseranfall zu reduzieren.

13.4.3.2 Milchverarbeitung

1990 wurden in der Bundesrepublik Deutschland 23,7 Mio. t Milch ausgeliefert und in ca. 400 Betrieben verarbeitet. 2017 waren es 32,8 Mio. t Milch, aber nur noch rund 200 Betriebe (BLE, n. d.; Statistisches Bundesamt & MIV, n. d.). Neben den klassischen Molkereien, die Konsummilch, Butter, Sahne, evtl. auch Joghurt und Quark herstellen, gehören dazu auch Betriebe, die Kondensmilch und Molke- bzw. Milchpulver produzieren, sowie Käsereien.

Das Molkereiabwasser entsteht nahezu ausschließlich bei der Reinigung von Produktions- und Transportanlagen. Mehr als 90 % der Verschmutzung des Abwassers bestehen aus Milch- und Produktresten, somit aus im Prinzip verkäuflichen Produkten. Innerbetriebliche Maßnahmen zur Verminderung der Belastung des Abwassers sind deshalb im Bereich der Milchverarbeitung aus wirtschaftlichen Aspekten besonders wichtig. Tab. 13.12 enthält Kenndaten für Molkereiabwasser.

Zur Abwasserreinigung stehen zahlreiche individuelle Lösungsmöglichkeiten zur Verfügung. Tab. 13.13 stellt die Varianten zur Behandlung von Molkereiabwasser sowie die Vorteile der einzelnen Verfahren dar.

Zur Vollreinigung von Abwasser aus der Getränkeindustrie und Milchwirtschaft wird unter anderem das „Sequencing-Batch-Reaktor"-Verfahren (SBR-Verfahren) eingesetzt, das oben bereits für die Kultivierung von aeroben Granula erwähnt wurde (Wilderer et al., 2001). Zur Auslegung und zum Betrieb siehe auch das DWA-Merkblatt M 210 „Belebungsanlagen im Aufstaubetrieb" (2009). Der Prozess ist dem beim konventionellen Belebtschlammverfahren gleichzusetzen. Allerdings finden beim SBR-Verfahren die Behandlungsstufen Sedimentation, Belüftung, Klärung

Tab. 13.12: Kenndaten für Molkereiabwasser (ohne Brüdenkondensate) nach H. Doedens (aus Rüffer und Rosenwinkel, 1991). Siehe auch DWA-Merkblatt DWA-M 708; Abwasser bei der Milchverarbeitung; Oktober 2011.

	Einheit	typische Durchschnittswerte (Tagesmittel)	möglicher Schwankungsbereich
Schmutzwassermenge	m^3 je 1000 kg	1–2	0,5–4,0
BSB_5-Fracht	kg BSB je 1000 kg	0,8–2,5	0,3–4,0
BSB_5-Konzentration	mg/l BSB_5	500–2000	1–50000
BSB_5/CSB	–	0,69	0,35–0,9
Kjeldahl-Stickstoff, TKN	mg/l N	30–150	
NO_3-N	mg/l N	20–130	
BSB_5/TKN	–	12–20	
Gesamt-P	mg/l P	20–100	
verseifbare Öle und Fette	mg/l	50–250	
absetzbare Stoffe	ml/l	1–2	0–250
pH-Wert	–	9–10,5	1–13

Tab. 13.13: Varianten zur Behandlung von Molkereiabwasser (Jäger, 1998).

Reinigungsverfahren	**Vorteile**
Einleitung in die kommunale Kläranlage ohne betriebliche Vorbehandlung	keine Investions- und Betriebskosten für eigene Kläranlage
Vergleichmäßigung des Abwasseranfalls mit biologischer Neutralisation	Einhaltung der örtlichen Abwassersatzung
Vorreinigung	Wegfall der Starkverschmutzerzuschläge
Vollreinigung	keine Indirekteinleitungskosten
Wasserrecycling	Kreislaufführung minimiert Frischwasserbedarf und Abwasseranfall

Tab. 13.14: Verfahrensschritte (Zyklus) in einem Sequencing-Batch-Reaktor (DWA-Merkblatt M 210).

Verfahrensschritt	**Erläuterung**
Füllphase	Das zu reinigende Abwasser wird dem SBR zugeführt. Während der Füllphase wird dem SBR ca. 25 Prozent des Arbeitsvolumens zugeführt. Das Austauschverhältnis zugeführtes Volumen zu Arbeitsvolumen liegt bei 0,1 bis 0,5.
Reaktionsphase	In der Reaktionsphase können verschiedene Bedingungen eingestellt werden. Anoxisch für die Denitrifikation, aerob für die Nitrifikation. Darüber hinaus kann Phosphat durch einen gezielten Wechsel von aeroben und anaeroben Phasen biologisch eliminiert (siehe auch biologische Phosphatelimination).
Sedimentationsphase	Die Biomasse wird vom gereinigten Abwasser getrennt. Das SBR-Verfahren ist hier besonders effektiv, da die Sedimentation unter völlig strömungsfreien Bedingungen stattfindet.
Klarwasserabzugsphase	Ziel ist es, das geklärte Abwasser von der Biomasse abzuziehen. Der Auslauf erfolgt über Schwimmer.

nicht in getrennten Anlagenteilen sondern in einem einzigen Tank statt. Die derzeit installierten SBR-Anlagen arbeiten nach einem Zyklus, der mehrere Verfahrensschritte umfasst, die in Tab. 13.14 erläutert werden. In Abhängigkeit von Abwasserart und Zusammensetzung wird das Prozess-Schema entsprechend abgewandelt.

Zur Verminderung des Abwasseranfalls bestehen in der Milchwirtschaft unter anderem folgende Möglichkeiten (Reijnen, 1998):

- Schließen von Wasserkreisläufen, z. B. Wiederverwendung von Brüdenkondensat, Mehrfachnutzung von Spritzwasser in Reinigungsmaschinen;
- Mehrfachnutzung von Reinigungslauge, dazu wird die Lauge (Arbeitstemperatur ca. 85 °C) aufgefangen, mittels heißlaugebeständigen Keramikmodulen filtriert und für den nächsten Reinigungsvorgang wieder eingesetzt.

13.4.3.3 Brauereien

Der Bierausstoß ist weltweit zwischen 2000 und 2011 von 1.25 auf 1,93 Milliarden Hektoliter gestiegen und seit dem weitestgehend konstant (Barth-Haas Group., n. d.). In Deutschland dagegen ist der pro-Kopf-Verbrauch an Bier rückläufig. Unabhängig davon gibt es immer noch 1500 Brauereien in Deutschland, die ihre Produkte anbieten. Überwiegend handelt es sich um untergäriges Bier, das bei 5 bis 9 °C in 7 bis 8 Tagen Gärzeit entsteht, wonach sich die Hefe absetzt. Nach mehrwöchiger Lagerzeit wird das Produkt filtriert und in Fässern oder Flaschen zum Versand gebracht.

Brauereien sind in der Mehrzahl Indirekteinleiter. Deren Abwasser bedarf aber gewisser Vorbehandlungen, bevor es in die öffentliche Kanalisation eingeleitet werden darf. Zuvorderst sollen alle Treberreste vom Maischefilter, Treberwanne, Läuterbottich und Trebersieb ausgeschleust werden, ebenso wie Hefe und Filterrückstände. Danach gehört dazu die Abscheidung von Grob- und Feststoffen. Überwiegend werden Siebanlagen eingesetzt, um Scherben, Kronenkorken und Ähnliches von der Abwasseranlage fernzuhalten. Die verbrauchte Waschlauge von der Flaschenreinigung stellt wegen der hohen Alkalität ein besonderes Problem dar. Durch Sedimentation lassen sich Trübstoffe weitgehend abscheiden. Schwermetallfreie Etiketten vermindern zusätzlich die Belastung des Abwassers durch Metalle, reduzierter Leimeintrag verringert die Trübung und evtl. die organische Belastung.

Die stark basische Reaktion der Lauge aus der Flaschenwäsche würde normalerweise eine Neutralisation erfordern. Wenn nötig, wird dazu gelegentlich die Gärungskohlensäure eingesetzt. Wenn es die Mengenverhältnisse von abgeleiteter Lauge (die Abgabe sollte über ein Vorratsgefäß und Ablauf mit geringem Volumen über Tage oder Wochen gestreckt werden) zu verdünnendem sonstigen Abwasser im Kanal erlauben, ist es (im Einvernehmen mit der Genehmigungsbehörde) empfehlenswert, auf die Neutralisation zu verzichten. Ein leicht basisches Abwasser, wie es sich bei ausreichender Verdünnung bzw. im Belebungsbecken einstellt (pH ca. 7,5 bis 8), erweist sich eher als vorteilhaft für die mechanische und biologische Reinigung. Eine Neutralisation mit Mineralsäure, z. B. HCL, würde letztlich zu einer unnötigen Aufsalzung des Gesamtabwassers, also auch des Ablaufes der Kläranlage führen.

Sonstige Maßnahmen, wie die Sammlung von Restbier, Wiederverwendung von Nachspülwässern an geeigneten Stellen, z. B. für die Außenwäsche von Fässern, allgemein sparsame Verwendung von Wasser, etwa durch Einsatz von Hochdruckreinigungsgeräten, verringerten Schlauchanschlussgrößen, Schnellschlussarmaturen, betriebsinternen Wasserzählern vermindert die Gesamtabwassermenge. Nach neueren Untersuchungen (Rosenwinkel, 2000) kann bei sorgfältiger Betriebsführung das Abwasser auf

- Gesamtabwasser 0,25 bis 0,6 m^3/hl Verkaufsbier,
- BSB_5 0,3 bis 0,6 kg/hl Verkaufsbier und
- CSB 0,5 bis 1 kg/hl Verkaufsbier

begrenzt werden.

Zur Vollreinigung von Brauereiabwasser sind sowohl Schlammbelebungsanlagen, Kunststofftropfkörperanlagen, wie auch einige Anaerobanlagen zur Vorbehandlung im Einsatz (Rosenwinkel, 2000).

13.4.3.4 Textilindustrie

Bei der Produktion von Fasern und Garnen sowie von Flächengebilden (z. B. Stoffe im herkömmlichen Sinne) und besonders in der Textilveredelung fällt naturgemäß Abwasser an. Die Bekleidungsindustrie dagegen bedient sich im Wesentlichen abwasserfreier Verfahren. Die industrielle Reinigung oder das Waschen von Textilien ist entweder auf den Einsatz von Lösemitteln angewiesen (wobei das früher vorherrschende Perchlorethylen weitgehend durch Kohlenwasserstoffe mit Tensidbeimengung ersetzt ist) oder bedient sich des Wassers mit Waschmittelzusatz.

1995 wurden in der Bundesrepublik Deutschland 820.000 t Textilfasern verarbeitet. Davon waren 73 % Chemiefasern (Cellulose-Viskose, Acetate, Polyacrylnitril, Polyamide, Polyester und andere), 22 % Baumwolle und 5 % Wolle (Schulze-Rettmer, 2000). Aus dieser Zusammenstellung ist erkennbar, dass die früher dominierende Baumwolle auf einen Anteil von einem knappen Viertel geschrumpft ist. Trotz Schließung von kleinen, mittleren und großen Textilbetrieben in den vergangenen Jahrzehnten ist die Textilindustrie in Deutschland auch heute noch ein bedeutender Industriezweig.

Aus den ungeordneten Fasern (Flocke) werden Garne gesponnen, die dann zu Flächengebilden weiterverarbeitet werden. Bei beiden Prozessen werden Hilfsmittel eingesetzt (z. B. zum Schlichten, d. h. Glätten, durch z. B. Stärkeprodukte, synthetische Produkte), welche die für den Verarbeitungsprozess nötige Glätte und Geschmeidigkeit bewirken. Sie müssen danach vor der Veredlung durch Waschen (Tenside, evtl. Enzyme) wieder entfernt werden und stellen so einen bedeutsamen Faktor der organischen Belastung des Abwassers dar.

Letztlich ist das Abwasser mit organischen und anorganischen Stoffen belastet, wobei zwischen einzelnen Betrieben große Unterschiede auftreten, andererseits sich aber auch in einem Betrieb zeitlich große Variationen in der Abwasserzusammensetzung ergeben können. Allgemein ist aber festzustellen, dass gemessen an der organischen Belastung (CSB bis 3000 mg/l, BSB_5 bis 500 mg/l) die Konzentration der Nährsalze (N- und P-Verbindungen) gering ist. Überwiegend hoch ist die elektrische Leitfähigkeit, die aus dem Einsatz von Salzen, wie Kochsalz, Sulfaten, Carbonaten aber auch anionischen Tensiden resultiert.

Aus der Relation von BSB_5/CSB ist erkennbar, dass ggf. nur ein Teil der organischen Stoffe biologisch gut abgebaut werden kann, das sind vor allem Glykole, Esther, organische Säuren und Alkohole neben Stärkeprodukten.

Während früher in der Textilindustrie eindeutig alkalische Abwässer mit pH = 8 bis 12 überwogen, findet man sie heute nur zum Teil (bei Verarbeitung von Fasern auf Cellulosebasis), während ein pH < 7 sich bei Betrieben mit Synthesefasern und

Tab. 13.15: Zusammensetzung von Abwässern aus der Textilveredelung (aus dem Ullmann, Telgmann et al., 2019).

Parameter	Bereich
TS (mg/l)	200–950
pH	5–13
Elektrische Leitfähigkeit (µS/cm)	300–9000
CSB (mg/l)	400–4000
BSB_5 (mg/l)	80–1200
TOC (mg/l)	150–1500
AOX (mg/l)	0,05–6
Unpolare Kohlenwasserstoffe (mg/l)	< 0,1–30
Anionische Tenside (mg/l)	2–24
Nichtionische Tenside (mg/l)	5–50
Freies Chlor (mg/l)	< 0,1–1
Trichlormethan (µg/l)	< 0,1–170
Kjeldahl-Stickstoff (mg/l)	6–110
NH_4-N (mg/l)	< 0,1–110
Sulfid (mg/l)	< 0,5–90

ggf. Wolle einstellt. Die Temperatur des Abwassers wird üblicherweise bei < 40 °C gehalten.

Die AOX-Werte können, bedingt durch bestimmte Farb- und Hilfsstoffe, erhöht sein. Überwiegend in sehr niedriger Konzentration finden sich aber Schwermetalle, wobei es Ausnahmen für Cr, Cu und Zn geben kann (abhängig von Färbeprozessen). Refraktäre, also aerob nicht ohne weiteres metabolisierbare Stoffe können in erhöhter Konzentration auftreten, wofür zumeist synthetische Schlichtungsmittel verantwortlich sind (Schulze-Rettmer, 1998). Tabelle 13.15 zeigt die Spannweite für einige Schmutz- und Schadstoffe, wie sie für Abwässer aus der Textilveredlung angetroffen werden.

Der wichtigste Prozess nach der Faser- und Flächengebildeherstellung ist in Textilbetrieben das Färben. Hierbei werden heute sehr unterschiedliche Substanzgruppen eingesetzt. Halogenhaltige Farbstoffe tragen zur AOX-Belastung bei. Die wichtigsten sind:

- Direktfarbstoffe (Substantivfarbstoffe), sie reagieren anionisch (enthalten Sulfogruppen) und ziehen direkt, z. B. auf Cellulose (Reyon, Baumwolle) auf;
- Küpenfarbstoffe, das bekannteste Beispiel ist Indigo, an sich unlöslich, aber durch ein reduktives, alkalisches Medium in die wasserlösliche Leukoverbindung zu bringen, die nach Aufziehen auf die Faser oxidiert (ursprünglich an der Luft) und damit wieder unlöslich wird;
- Reaktivfarbstoffe, sie sind sehr gut löslich, gehen aber mit Hydroxylgruppen (Cellulose), Hydroxy- und Aminogruppe (Proteine), also bei Wolle und Seide, kovalente Bindungen ein;
- Naphtholfarbstoffe;
- Dispersionfarbstoffe;
- Chromfarbstoffe.

Farbstoffe werden überwiegend nicht quantitativ auf der Faser fixiert. Der Überschuss wird ausgewaschen. Obwohl die Farbkörper als solche weniger als 1 % der organischen Inhaltsstoffe im Abwasser stellen, fallen sie doch visuell deutlich auf.

Innerbetriebliche Vermeidungsmaßnahmen, deren Ziel es vor allem ist, die spezifische Abwassermenge zu verringern und besonders solche Stoffe weitgehend zu eliminieren, die eine Ableitung oder eine Weiterbehandlung erschweren oder behindern, bieten sich in Textilbetrieben besonders an.

Da Farbstoffe relativ teure Produkte sind, bemühen sich die Betriebe schon aus Kostengründen um eine weitgehende Ausnutzung. Dennoch lagen die aus der Flotte stammenden, nicht auf der Faser fixierten Anteile noch vor den 1990er Jahren je nach Farbstoff zwischen 1 % und bis zu 50 % (ATV, 1989). Zu den Vermeidungsmaßnahmen zählen (Rüffer und Rosenwinkel, 1991):

- Maßnahmen zur Verringerung des Frischwasserverbrauchs, inkl. Kontrolleinrichtungen (Wasserzähler usw.), Optimieren durch Automatisieren von Spülverfahren, Wiederverwendung schwach belasteter Spülwässer und Kühlwässer, Kreislaufführung von Betriebswässern;
- Verringerung der Schmutzbelastung, insbesondere Wiederverwendung von Färbe- und Appreturflotten, Überprüfung von Rezepturen auf Möglichkeiten zur Verringerung der eingesetzten Produktmengen, Verfahrensumstellungen zur Verminderung des Einsatzes oder der Substitution schwer abbaubarer und toxischer Textilhilfsmittel;
- Teilstrombehandlung besonders konzentrierter Abwässer (unter Umständen durch Eindampfen und Entsorgung der Feststoffe, z. B. bei der Müllverbrennung).

Abwasserreinigung kann und muss in der Textilindustrie fast zwangsläufig teilweise innerbetrieblich erfolgen, bevor die Abwässer zur weiteren Behandlung in kommunalen Anlagen in die Kanalisation geleitet werden dürfen, denn je nachdem ob das Abwasser als Indirekteinleiter oder Direkteinleiter abgegeben wird, sind die entsprechend gültigen Auflagen hinsichtlich Beschaffenheit zu erfüllen. In der Textilindustrie sind dazu Kombinationen mehrerer Reinigungsverfahren nötig, die von physikalisch-chemischen bis zu biologischen reichen. Vorwiegend finden sich folgende:

- Siebanlagen;
- evtl. Misch- und Ausgleichsbecken (belüftet) mit Durchflusszeiten $T_R > 1$ d;
- Neutralisation;
- evtl. chem. Flockung bzw. Fällung (Al- oder Fe-Salze). Dies führt aber häufig zu großen Mengen von Schlamm mit geringer Konzentration (2 bis 3 % TS), und die Schlammbeseitigung ist kostspielig. Evtl. empfiehlt sich Flotation statt Absetzbecken;
- Adsorption (bes. für Farbstoffe), z. B. an Aktivkohle oder an Braunkohlenkoks. Als Nachreinigungsstufe, z. B. in Form eines Festbettfilters, geeigneter, da dann

die Adsorptionskapazität der Aktivkohle nicht durch andere Schmutzstoffe des Abwassers vorzeitig erschöpft wird;
- Eindampfung von konzentrierten Teilströmen, hierzu ist eine Wirtschaftlichkeitsberechnung unerlässlich, die auch die Entsorgung der Feststoffe berücksichtigt;
- biologische Verfahren, sowohl aerob als auch anaerob, d. h. **aerob:** überwiegend schwach belastete Belebungsanlagen mit $B_{TS} < 0{,}3$ kg/(kg · d) (BSB_5/TS). Wegen der Anwesenheit persistenter Stoffe liegt der Wirkungsgrad für den CSB erfahrungsgemäß nur wenig über $\eta = 80\,\%$. Als Vorbehandlungsmaßnahme ist die Belebungsanlage nicht empfehlenswert, da der CSB in der nachfolgenden Kommunalkläranlage kaum weiter vermindert wird; **anaerob:** nur geeignet, wenn hochkonzentriertes Abwasser vorliegt (CSB > 3000 mg/l). Der Vorteil des Verfahrens ist, dass hierbei sowohl Farbstoffe wie auch einige refraktäre Verbindungen aufgeschlossen werden. Allerdings führt der erhöhte Sulfatgehalt zu entsprechender H_2S-Bildung.

In Indien und China ist man in den letzten 10 Jahren teilweise dazu übergangen, sehr hohe Anforderungen an Industriebetriebe zu stellen. Eine zunehmende Forderung ist das sogenannte **Zero Liquid Discharge (ZLD)**, bei dem den Industriebetrieben untersagt wird, Abwässer in vorhandene Oberflächengewässer einzuleiten (Tong und Elimelech, 2016; Schönberger, 2018). Die Betriebe müssen in der Tat das Abwasser eindampfen und die Salze entsorgen, bzw. wieder-/weiterverwenden. Aus energetischer Sicht ist das zweifelhaft, da der Energieaufwand dafür, das Wasser in die Gasphase zu bringen, erheblich ist. Andererseits ist die Wasserknappheit in einigen Regionen mit Betrieben der Textilindustrie so hoch, dass, wie oben bereits geschildert, nach der biologischen Reinigung mit Hilfe von Ultrafiltration und Umkehrosmose ein erheblicher Teil des Wassers wieder zurück in den Herstellungsprozess geführt werden kann (Hussain et al., 2018).

13.5 Literatur

Abel-Lorenz, E., und Schiller, T. (1995): Produktbezogener Umweltschutz, Umweltwissenschaften und Schadstoff-Forschung 7, S. 359–364.

Altemeier, G. und Gassen, M. (1998): Kläranlage Herford mit Biofiltration. gwf Wasser/Abwasser 139, S. 36–40.

Ante, A., Behrendt, J., Bennemann, H., Blöcher, C., Bolduan, P., Geißen, S. U., Horn, H., Krull, R., Kunz, P. M., Marzinkowski, J. M., Neumann, S., Oles, V., Rösler, H.-W., Rother, E., Schramm, K.-W., Sievers, M., Szewzyk, U., Track, T., Voigt, I. und Wienands, H. (2014): Trends und Perspektiven in der industriellen Wassertechnik, (Hrg. ProcessNet-Fachgruppe „Produktionsintegrierte Wasser- und Abwassertechnik“) Dechema e. V., Frankfurt am Main.

ATV-Arbeitsbericht (1989): Abwässer in der Textilindustrie. KA 36, S. 1074–1084.

ATV-Arbeitsbericht (1994): Stabilisierungskennwerte für biologische Stabilisierungsverfahren. KA 41, S. 455–460.

ATV-Handbuch (1996): Klärschlamm, 4. Auflage, Ernst & Sohn Verlag, Berlin.
ATV-Handbuch (1997): Biologische und weitergehende Abwasserreinigung. 4. Auflage, Ernst & Sohn Verlag, Berlin.
Barth-Haas Group. (n. d.): Bierausstoß weltweit in den Jahren 1995 bis 2017 (in Milliarden Hektoliter). In Statista – Das Statistik-Portal. Zugriff am 27. April 2019, von https://de.statista.com/statistik/daten/studie/166861/umfrage/bierausstoss---entwicklung-weltweit-seit-1998/
Benneouala, M., Bareha, Y., Mengelle, E., Bounouba, M., Sperandio, M., Bessiere, Y. und Paul, E. (2017): Hydrolysis of particulate settleable solids (PSS) in activated sludge is determined by the bacteria initially adsorbed in the sewage. Water Research 125, S. 400–409.
Bischof, F., Meuler, S., Hackner, T., Reber, S. (2005): Einsatz und Erfahrung mit Membranbiologien im ländlichen Raum – Praxiserfahrungen mit Kleinkläranlagen, KA Korrespondenz Abwasser 52, S. 164–169.
BLE. (n. d.): Produktion von Milch in Deutschland in den Jahren 1990 bis 2018 (in 1.000 Tonnen). In Statista – Das Statistik-Portal. Zugriff am 27. April 2019, von https://de.statista.com/statistik/daten/studie/28726/umfrage/milcherzeugung-in-deutschland/
Brinkmeyer, J., Rosenwinkel, K. H., Flasche, K., Koppmann, M. und Austermann-Haun, U. (2005): Einsatz und Erfahrungen mit Membranbiologien im ländlichen Raum – Bedeutung und Chancen für die Verwendung in Kleinkläranlagen, KA Korrespondenz Abwasser 52, S. 158–163.
Brown, P. C., Borowska, E., Schwartz, T. und Horn, H. (2019): Impact of the particulate matter from wastewater discharge on the abundance of antibiotic resistance genes and facultative pathogenic bacteria in downstream river sediments, Science of The Total Environment 649, S. 1171–1178.
Casani, S., Rouhany, M. und S. Knøchel (2005): A discussion paper on challenges and limitations to water reuse and hygiene in the food industry, Water Research 39, S. 1134–1146.
Chapanova, G. (2008): Einfluss von Temperatur und hohem Salzgehalt auf die Abwasserbehandlung mit dem getauchten Festbett-Biofilmverfahren. Dissertation an der Martin-Luther-Universität Halle-Wittenberg.
Chmiel, H. et al. (1996): Einsparpotentiale in der Fleischwarenindustrie als Ergebnis der Umweltprüfung nach EG-Öko-Audit-Verordnung. 1. Stoffströme. Fleischwirtschaft, 76 (10).
Del Nery, V., Pozzi, E., Damianovic, M. H. R. Z., Domingues, M. R. und Zaiat M. (2008): Granules characteristics in the vertical profile of a full-scale upflow anaerobic sludge blanket reactor treating poultry slaughterhouse wastewater, Bioresource Technology 99, S. 2018–2024.
Doedens, H. (2000): Verarbeitung von Milch und Milchprodukten. In: Rüffer H., Rosenwinkel K.-H. und Meyer, H. (Hrsg.): ATV-Handbuch Lebensmittelindustrie. 4. Aufl., ATV-DVWK, Hennef.
Dunbar, W. (1907): Leitfaden der Abwasserreinigungsfrage, Oldenbourg Verlag, München.
DWA-M210 (2009): Belebungsanlagen im Aufstaubetrieb (SBR), DWA.
Eggen, R. I. L., Hollender, J., Joss, A., Schärer, M. und Stamm, C. (2014): Reducing the Discharge of Micropollutants in the Aquatic Environment: The Benefits of Upgrading Wastewater Treatment Plants. Environmental Science & Technology 48, S. 7683–7689.
Falås, P., Wick, A., Castronovo, S., Habermacher, J., Ternes, T. A. und Joss, A. (2016): Tracing the limits of organic micropollutant removal in biological wastewater treatment. Water Research 95, S. 240–249.
Farré, M. und Barceló, D. (2003): Toxicity testing of wastewater and sewage sludge by biosensors, bioassays and chemical analysis, TrAC Trends in Analytical Chemistry, 22, S. 299–310.
Fatoorehchi, E., West, S., Abbt-Braun, G. und Horn, H. (2018): The molecular weight distribution of dissolved organic carbon after application off different sludge disintegration techniques, Separation and Purification Technology 194, S. 338–345.
Frimmel, F. H. und Abbt-Braun, G. (2011) Sum parameters: Potential and limitations. In: Wilderer, P. (Hrsg.) Treatise on Water Science, Oxford: Academic Press, Vol. 3, S. 3–29.

Geißen, S. U., Bennemann, H., Horn, H., Krull, R. und Neumann, S. (2012): Industrial wastewater treatment and recycling – Potentials and prospects. Chemie Ingenieur Technik 84, S. 1005–1017.

Gilbert, E. (2014): Partielle Nitritation / Anammox bei niedrigen Temperaturen, Schriftenreihe Bereich Wasserchemie und Wassertechnologie, Bd. 62, Karlsruhe Institute of Technology.

Gmurek, M., Horn, H. und Majewsky, M. (2015): Phototransformation of sulfamethoxazole under simulated sunlight: Transformation products and their antibacterial activity toward Vibrio fischeri. Science of The Total Environment 538, S. 58–63.

Goldberg, B. (1998): Membrantechnik in der kommunalen Abwasserbehandlung. wwt, Heft 5/1998, S. 15–19.

Götz, M., Lefebvre, J., Mörs, F., McDaniel Koch, A., Graf, F., Bajohr, S., Reimert, R. und Kolb, T. (2016), Renewable Power-to-Gas: A technological and economic review, Renewable Energy 85, S. 1371–1390.

Gresch, M., Armbruster, M., Braun, D. und Gujer, W. (2011) Effects of aeration patterns on the flow field in wastewater aeration tanks. Water Research 45, S. 810–818.

Grohmann, A. (1985): Flocculation in Pipes – Design and Operation. In: Grohmann, A., Hahn, H. H., Klute, R. (Hrsg): Chemical Water and Wastewater Treatment. Gustav Fischer Verlag, Stuttgart, S. 113–131.

Grube, H., Rechenberg, W. (1987): Betonabtrag durch chemisch angreifende saure Wässer. Beton, 37, S. 446–451, 495–498.

Haltrich, W. G., Pagga, U. und Wellens, H. (1980): Die Prüfung der biologischen Abbaubarkeit von wasserlöslichen Stoffen. Vom Wasser, 54, S. 51–62.

Hatoum, R., Potier, O., Roques-Carmes, T., Lemaitre, C., Hamieh, T., Toufaily, J., Horn, H., Borowska, E. (2019): Elimination of Micropollutants in Activated Sludge Reactors with a Special Focus on the Effect of Biomass Concentration. Watter 11, S. 2217.

Horn, H. (1999): Modellhafte Analyse der Nitrifikation in aufwärts durchströmten Biofiltern, gwf Wasser/Abwasser 140, Nr.2, S. 104–111.

Horn, H., Lackner, S., Klarmann, C., Rocktäschel, T. und Brunner, F. (2015): Biofilmreaktoren: Aerobe Granula zur Behandlung von kommunalem Abwasser, In: Kommunale Abwasserbehandlung – Grundlagen des Gewässerschutzes, Herausgeber: DWA, Hennef, S. 141–163.

Horn, H., und Telgmann, U. (2000): Simulation of tertiary denitrification with methanol in an upflow biofilter, Water Sci Technol. 41, S. 185–190.

Hussain, S., Govindarajan, B. und Kandhaswamy, R. (2018): Innovative Approach for Reuse of Concentrate Brine in Textile Dyeing Zero Liquid Discharge Plants- the Arulpuram CETP, Tirupur Case Study; Stuttgarter Berichte zur Siedlungswasserwirtschaft, Bd. 241, Vulkan-Verlag GmbH, Essen, S. 71–99.

Imhoff, K. und Imhoff, K. (1999): Taschenbuch der Stadtentwässerung. Oldenbourg Verlag, München.

Jäger, Th. (1998): Das SBR-Abwasserbehandlungskonzept. Ein Verfahren zur Reinigung und Aufbereitung von Abwasser der Getränke- und Lebensmittelindustrie. Deutsche Milchwirtschaft, 49, S. 400–402.

Karkman, A., Pärnänen, K. und Larsson, D. G. J. (2019): Fecal pollution can explain antibiotic resistance gene abundances in anthropogenically impacted environments, Nature Communications, 10, Artikel 80, S. 1–8.

Knöpp, H. (1961): Der A-Z-Test, ein neues Verfahren zur toxikologischen Prüfung von Abwässern. Deutsche Gewässerkundl. Mitt., S. 66–73.

Knöpp, H. (1968): Stoffwechseldynamische Untersuchungsverfahren für die biologische Wasseranalyse. Int. Rev, Ges. Hydrobiol., 53, S. 409–441.

Kümmerer, K. (2001): Pharmaceuticals in the Environment – Sources, Fate, Effects and Risks, Springer, Berlin, Heidelberg.

Lackner, S. und Horn, H. (2012): Einstufige Deammonifikation zur Behandlung von Abwasser mit hohem Kohlenstoffgehalt: ein Verfahrensvergleich. gwf Wasser/Abwasser 153, S. 1206–1213.
Lackner, S., Gilbert, E. M., Vlaeminck, S. E., Joss, A., Horn, H. und van Loosdrecht, M. C. M. (2014): Full-scale Partial Nitritation/Anammox Experiences – an Application Survey. Water Research 55, S. 292–303.
Lettinga, G., van Velsen, A. F. M., Hobma, S. W., de Zeeuw, W. und Klapwijk, A. (1980): Use of the upflow sludge blanket (USB) reactor concept for biological wastewater treatment, especially for anaerobic treatment, Biotechnology and Bioengineering 22, S. 699–734.
Liu, Y., Ni, B.-J., Ganigué, R., Werner, U., Sharma, K. R. und Yuan, Z. (2015): Sulfide and methane production in sewer sediments, Water Research 70, S. 350–359.
Lübbecke, S. und Dickgreber, M. (1998): Biofilter auch für kleine Kläranlagen. gwf Wasser/Abwasser, 139, S. 41–46.
Majewsky, M., Gallé, T., Yargeau, V. und Fischer, K. (2011): Active heterotrophic biomass and sludge retention time (SRT) as determining factors for biodegradation kinetics of pharmaceuticals in activated sludge. Bioresource Technology 102, S. 7415–7421.
Masannek, R. (1996): Technische und soziale Einflüsse auf die Entwicklung des Trinkwasserbedarfs. Dissertation am Fachbereich Bauingenieur- und Vermessungswesen der Universität Hannover.
Melin, T., Jefferson, B., Bixio, D., Thoeye, C., De Wilde, W., De Koning, J., van der Graaf, J. und Wintgens, T. (2006): Membrane bioreactor technology for wastewater treatment and reuse, Desalination 187, S. 271–282.
Melsa, A. (1998): Novellierung der Klärschlammverordnung. ATV-Bundestagung mit BMBF Statusseminar und Abfallkolloquium. 29. 09.–01. 10. 1998 Bremen, ATV-Schriftenreihe 12, ATV-DVWK, Hennef.
Mousel, D., Palmowski, L. und Pinnekamp, J. (2017): Energy demand for elimination of organic micropollutants in municipal wastewater treatment plants, Science of The Total Environment 575, S. 1139–1149.
Mudrack, K. und Kunst, S. (1991): Biologie der Abwasserreinigung. Gustav Fischer Verlag, Stuttgart.
Nielsen, P. H., Daims, H. und Lemmer H. (2009): FISH Handbook for Biological Wastewater Treatment, IWA Publishing, London.
Offhaus, K. (1973): Beurteilung der Abwasserreinigung durch analytische Verfahren. Münchner Beiträge, 24, S. 169–196.
Pöpel, H. J. (1987): Grundlagen der Bemessung der biologischen Stickstoffelimination. Schriftenreihe der WAR Darmstadt, Heft 31.
Proia, L., Anzil, A., Subirats, J., Borrego, C., Farrè, M., Llorca, M., Balcázar, J. L. und Servais, P. (2018): Antibiotic resistance along an urban river impacted by treated wastewaters, Science of The Total Environment 628–629, S. 453–466.
Reiff, H. (1992): Wachstum und Abtrag der Sielhaut in Mischwasserkanälen, Dissertation an der Gesamthochschule Kassel.
Reijnen, K. (1998): Wasser- und Laugerecycling in der Molkerei. Mehrfachnutzung von Wasser spart Reinigungschemikalien und Energie. Deutsche Milchwirtschaft 49, S. 397–399.
Resch, H. und Schatz, R. (2010) Überprüfung von Umrüstungsmöglichkeiten aerober Stabilisierungsanlagen auf anaerobe Stabilisierung, in: Berichte aus der Siedlungswasserwirtschaft, Bd. 200, TU München, S. 87–107.
Rocktäschel, T., Klarmann, C., Helmreich, B., Ochoa, J., Boisson, P., Sørensen, K. H. und Horn, H. (2013): Comparison of two different anaerobic feeding strategies to establish a stable aerobic granulated sludge bed, Water Research 47, S. 6423–6431.
Rocktäschel, T., Klarmann, C., Ochoa, J., Boisson, P., Sørensen, K. H. und Horn, H. (2015): Influence of the granulation grade on the concentration of suspended solids in the effluent

of a pilot scale sequencing batch reactor operated with aerobic granular sludge, Separation and Purification Technology 142, S. 234–241.

Rosenwinkel, K.-H. und Austermann-Haun, U. (2000): Fruchtsaft und Erfrischungsgetränke. In: Rüffer H., Rosenwinkel K.-H. und Meyer, H. (Hrsg.): ATV-Handbuch Lebensmittelindustrie. ATV-DVWK, Hennef.

Rosenwinkel, K.-H. und Meggeneder, M. (2000): Allgemeines. In: Rüffer H., Rosenwinkel K.-H. und Meyer, H. (Hrsg.): ATV-Handbuch Lebensmittelindustrie. ATV-DVWK, Hennef.

Rosenwinkel, K.-H. und Schrewe, N. (2000): Brauereien und Malzfabriken. In: Rüffer H., Rosenwinkel K.-H. und Meyer, H. (Hrsg.): ATV-Handbuch Lebensmittelindustrie. ATV-DVWK, Hennef.

Rott, E., Minke, R., Steinmetz, H. (2016): Phosphonate als Bestandteil der gelösten organischen und partikulären Phosphorfraktion in Kläranlagen, Wasser und Abfall (5), S. 21–27.

Rüffer H., Rosenwinkel K.-H. und Meyer, H. (Hrsg.) (2000): ATV-Handbuch Lebensmittelindustrie. ATV-DVWK, Hennef.

Rüffer H., Rosenwinkel K.-H. und Meyer, H. (Hrsg.) (2001): ATV-Handbuch Industrieabwasser. Ernst & Sohn Verlag, Berlin.

Rüffer, H. (1973): Schlammstabilisation. Münchner Beiträge, Heft 24, S. 297–313.

Rüffer, H. (1975): Reinigung von Abwasser, das Acrylnitril enthält. Chem.-Ing.-Techn., 47, S. 445–458.

Rüffer, H. und Mudrack, K. (1987): Anleitung zur Durchführung und Auswertung einfacher Untersuchungen auf Kläranlagen. Universität Hannover.

Rüffer, H. und Rosenwinkel K.-H. (1991): Taschenbuch der Industrieabwasser-Reinigung. Oldenbourg Verlag, München.

Ruiken, C. J., Breuer, G., Klaversma, E., Santiago, T. und van Loosdrecht, M. C. M. (2013): Sieving wastewater – Cellulose recovery, economic and energy evaluation. Water Research 47, S. 43–48.

Scheuermann, E (1962): Das Wasser als Lebensmittel. gwf Wasser/Abwasser, 103, S. 231, 444, 613 und S. 668.

Schilling, St., Grömping, M. und Kollbach, J. (1998): Perspektiven und Grenzen der Membranbiologie für die kommunale und industrielle Abwasserbehandlung. WLB Wasser, Luft und Boden, 7–8, S. 34–37.

Schlussbericht BMBF- 02WA1260, (2017): Entwicklung eines energieeffizienten Abwasserbehandlungsprozesses zur verbesserten Kohlenstoff- und Stickstoff-Elimination in warmen Klimaten (ESWaT).

Schmidt-Bregas, Fr. (1958): Über die Ausbildung von rechteckigen Absetzbecken für häusliches Abwasser. Veröffentlichung des Instituts für Siedlungswasserwirtschaft und Abfalltechnik Universität Hannover, Heft 3, Hannover.

Schönberger, H. (2018): Technique combinations to meet the ambitious ZDHC Wastewater Guidelines. Stuttgarter Berichte zur Siedlungswasserwirtschaft, Band 241, Vulkan-Verlag GmbH, Essen, S. 35–70.

Schulze-Rettmer, R. (1998): Halogenorganische Verbindungen in industriellen und gewerblichen Abwässern. KA, 45, S. 1423.

Schulze-Rettmer, R. (2000): Textilindustrien. In: ATV-Handbuch Dienstleistungs- und Veredlungsindustrie. ATV-DVWK, Hennef.

Schwarzenbach, R. P., Escher, B. I., Fenner, K., Hofstetter, T. B., Johnson, C. A., von Gunten, U. und Wehrli, B. (2006): The Challenge of Micropollutants in Aquatic Systems. Science 313, S. 1072–1077.

Seviour, T., Derlon, N., Dueholm, M. S., Flemming, H.-C., Girbal-Neuhauser, E., Horn, H., Kjelleberg, S., van Loosdrecht, M. C. M., Lotti, T., Malpei, M. F., Nerenberg, R., Neu, T. R., Paul, E., Hanqing, Y., und Yuemei, L. (2018): Extracellular polymeric substances of biofilms: suffering from an identity crisis, Water Research 151, S. 1–7.

Sipma, J., Osuna, B., Collado, N., Monclús, H., Ferrero, G., Comas, J. und Rodriguez-Roda, I. (2010): Comparison of removal of pharmaceuticals in MBR and activated sludge systems. Desalination 250, S. 653–659.

Sontheimer, H. und Schnitzler, M. (1982): EOX oder AOX? – Zur Anwendung von Anreicherungsverfahren bei der analytischen Bestimmung von chemischen Gruppenparametern. Vom Wasser 59, S. 169–179.

Statistisches Bundesamt & MIV. (n. d.): Anzahl der Betriebe in der Milchverarbeitung in Deutschland in den Jahren 1935/38 bis 2017. In Statista – Das Statistik-Portal. Zugriff am 27. April 2019, von https://de.statista.com/statistik/daten/studie/28749/umfrage/anzahl-der-molkereien-in-deutschland/

Teichgräber, B. und Hetschel, M. (2016): Bemessung der einstufigen biologischen Abwasserreinigung nach DWA-A 131. KA Korrespondenz Abwasser, Abfall 63, S. 97–102.

Telgmann, L. et al. (2019), Wastewater, 2. Aerobic Biological Treatment in Ullmann's Encyclopedia of Industrial Chemistry, Wiley-VCH, Weinheim.

Thöle, D., Cornelius, A., Rosenwinkel K. H. (2005): Großtechnische Erfahrungen zur Deammonifikation von Schlammwasser auf der Kläranlage Hattingen; gwf – Wasser/Abwasser 146, S. 104–109.

Tong, T. und Elimelech, M. (2016): The Global Rise of Zero Liquid Discharge for Wastewater Management: Drivers, Technologies, and Future Directions. Environmental Science & Technology 50, S. 6846–6855.

Tritt, W. (1992): Anaerobe Behandlung von flüssigen und festen Abfällen aus Schlachthöfen und Fleischverarbeitung. Veröffentlichungen des Instituts für Siedlungswasserwirtschaft und Abfalltechnik der Universität Hannover, Heft 83.

Viehl, K. (1953): Bestimmung der Sauerstoffzehrung und des BSB unter Anwendung von gelöstem Sauerstoff. Gesundheitsing. 74, S. 123–127.

Völker, E., Zimmer, G. und Elendt-Schneider, B. (2010): Verantwortungsvoller Umgang mit Wasser am Beispiel der BASF SE Ludwigshafen, in: J. L. Lozán, H. Graßl, L. Karbe, P. Hupfer, C. D. Schönwiese (Hrsg.) Warnsignal Klima: Genug Wasser für alle?, Climate Service Center Germany, S. 503–511.

Wagner, R. (1973): Abbaubarkeit und Persistenz. Vom Wasser 40, S. 335–367.

Wagner, R. (1973): Eine Modifikation der Kaliumdichromatmethode zur Bestimmung des totalen Sauerstoffbedarfs organischer Stoffe. Vom Wasser 41, S. 1–26.

Wagner, R. (1976): Untersuchungen über das Abbauverhalten organischer Stoffe mit Hilfe der respirometrischen Verdünnungsmethode. Vom Wasser 47, S. 241–265.

Walters, E., Rutschmann, P., Schwarzwälder, K., Müller, E. und Horn, H. (2015): Verbleib von fäkalen Indikatorkeimen aus Mischwasserentlastungen nach der Einleitung in Fließgewässer, gwf Abwasser/Wasser 156, Nr. 1, S. 62–70.

Walters, E., Schwarzwälder, K., Rutschmann, P. Müller, E. und H. Horn (2014): Influence of Resuspension on the Fate of Fecal Indicator Bacteria in Large-Scale Flumes Mimicking an Oligotrophic River, Water Research 48, S. 466–477.

Weiss, S., Jakobs, J., Reemtsma, T., 2006. Discharge of Three Benzotriazole Corrosion Inhibitors with Municipal Wastewater and Improvements by Membrane Bioreactor Treatment and Ozonation. Environmental Science & Technology, 40, S. 7193–7199.

Wilderer, P. A., Irvine, R. L. und Goronszy, M. C. (2001): Sequencing Batch Reactors, Scientific and Technical Report No. 10, IWA Publishing.

Wuhrmann, K. K. (1974): Testing the Biodegradability of Organic u. M. Compounds. EAWAG News, 9, EAWAG, Zürich.

Zahn, R. (1974): Ein einfaches Verfahren zur Prüfung der biologischen Abbaubarkeit von Produkten und Abwasserinhaltsstoffen. Chem.-Z. 98, S. 228–232.

Anhang

B. C. Gordalla

Normen

A.1 Allgemein anerkannte Regeln der Technik

In Anbetracht der früher bestandenen und bei Unachtsamkeit stets drohenden hygienischen Unzulänglichkeiten oder Umweltbelastungen sind verbindliche Regelungen über Mindestanforderungen oder Zielvereinbarungen unerlässlich. Der Sicherung der Lebensgrundlagen und dem Schutz der aquatischen Umwelt im Allgemeinen und des Trinkwassers im Besonderen dienen in gleicher Weise

- Rechtsnormen,
- Technische Normen und
- Empfehlungen,

auf die in allen Kapiteln dieses Buches Bezug genommen wird. Dieser Anhang zum Buch dient einer Orientierung, wobei nur wenige Titel maßgeblicher Normen (Stand: Oktober 2019) im Einzelnen aufgeführt werden können. Das Internet bietet hervorragende Möglichkeiten, die Lücken zu schließen, mit dem Vorteil, dass stets aktuelle Versionen verfügbar sind.

Rechtsnormen und technische Normen **ergänzen** sich. Sofern die notwendige Rechtsklarheit und Beständigkeit nach Meinung der Beteiligten im Vordergrund steht, wird eine **Rechtsnorm** das Mittel der Wahl sein. Zuvor jedoch muss immer geprüft werden, ob das gemeinsame Ziel der Beteiligten nicht auch mit einer flexiblen **technischen Norm** erreicht werden kann oder auch ohne jede normative Regelung.

Die **Verknüpfung** zwischen Rechtsnorm und technischer Norm erfolgt entweder unmittelbar durch Verweisung auf technische Normen oder indirekt durch Verweisung auf die allgemeinen Regeln der Technik. Erfolgt eine solche Verknüpfung nicht, besteht die Gefahr, dass sich Rechtsnorm und technische Norm auseinander entwickeln. Die Folge ist eine **Legaldefinition** eines Merkmals oder eines Parameters, während sich die Wissenschaft auf einem anderen Niveau bewegt (siehe z. B. Legaldefinition des Nachweises von *E.coli*, Abschn. 5.6). Die direkte Verweisung auf eine technische Norm kann mit oder ohne Nennung des Ausgabedatums erfolgen. Bei der undatierten Verweisung ist zu beachten, dass sich mit Änderung der Norm unter Umständen die Bemessung für eine Anlage oder das Vorgehen bei einem Untersuchungsverfahren ändern kann.

Empfehlungen kommt eine ergänzende Rolle zu, wie etwa dem Sachverständigengutachten, wenn z. B. Interpretationsschwierigkeiten bestehen oder die Ziele der Normung nicht oder nicht vollständig erreicht werden. Dabei wird man sich auf die

https://doi.org/10.1515/9783110588217-014

Empfehlungen von Fachkreisen berufen, die sich allgemeiner Anerkennung erfreuen. Die Empfehlungen stellen in diesem Sinne einen Ausgleich zwischen verschiedenen Interessen dar und sind in hohem Maße auf Kooperation der Beteiligten angewiesen.

Bei der Verknüpfung von Rechtsnormen oder Empfehlungen mit technischen Normen wird häufig auf die Regeln oder den Stand der Technik verwiesen. Während der Begriff **„Stand der Technik“** in verschiedenen Gesetzen mit unterschiedlicher Definition und dem Zusatz „im Sinne dieses Gesetzes“ verwendet wird (siehe z. B. § 3 Nummer 11 WHG 2009 sowie Anlage 1 zu WHG 2009, BGBl. I 2009, 2614), findet der Begriff **„allgemein anerkannte Regeln der Technik“** einheitliche Anwendung. Hierunter ist eine technische Festlegung zu verstehen, deren Inhalt von der Mehrheit der Fachleute als zutreffende Beschreibung des Standes der Technik zum Zeitpunkt der Veröffentlichung anerkannt wird. Dies ist bei technischen Festlegungen zu vermuten, die nach einem Verfahren zustande gekommen sind, das allen betroffenen Fachkreisen die Möglichkeit der Mitwirkung bietet. Dies ist Bestandteil der Grundlagen für die Regelwerksarbeit z. B. des DIN – Deutsches Institut für Normung e. V. (DIN 820 Teil 1 und Folgende), des DVGW – Deutscher Verein des Gas- und Wasserfaches e. V. (Arbeitsblatt GW 100) und der DWA – Deutsche Vereinigung für Wasserwirtschaft, Abwasser und Abfall e. V. (Arbeitsblatt DWA-A 400). Die nachfolgenden Festlegungen sind geeignet, die rechtliche Bedeutung des Begriffs zu unterstreichen:

- **StGB § 319, Abs. 1:** „Wer bei der Planung, Leitung oder Ausführung eines Baues oder des Abbruchs eines Bauwerks gegen die **allgemein anerkannten Regeln der Technik** verstößt und dadurch Leib oder Leben eines anderen Menschen gefährdet, wird mit Freiheitsstrafe bis zu fünf Jahren oder mit Geldstrafe bestraft.“
- **TrinkwV § 4, Abs. 1:** „Trinkwasser muss so beschaffen sein, dass durch seinen Genuss oder Gebrauch eine Schädigung der menschlichen Gesundheit insbesondere durch Krankheitserreger nicht zu besorgen ist. Es muss rein und genusstauglich sein. Diese Anforderung gilt als erfüllt, wenn bei der Wassergewinnung, der Wasseraufbereitung und der Wasserverteilung mindestens die **allgemein anerkannten Regeln der Technik** eingehalten werden und das Trinkwasser den Anforderungen der §§ 5 bis 7a entspricht.“ Damit wird im positiven Sinne die Rechtsnorm mit den technischen Normen verknüpft. Bezüglich der Analytik erfolgt die entsprechende Verknüpfung in § 15 Abs. 1 TrinkwV und bezüglich der Aufbereitung in § 11, Abs. 1 TrinkwV und bezüglich der Werkstoffe und Materialien in § 17, Abs. 1 TrinkwV.
- **AVB WasserV, § 12 Abs. 2 (Kundenanlage):** „Die Anlage darf nur unter Beachtung der Vorschriften dieser Verordnung und anderer gesetzlicher oder behördlicher Bestimmungen sowie nach den **anerkannten Regeln der Technik** errichtet, erweitert, geändert und unterhalten werden. Die Errichtung der Anlage und wesentliche Veränderungen dürfen nur durch das Wasserversorgungsunternehmen

oder ein in ein Installateurverzeichnis eines Wasserversorgungsunternehmens eingetragenes Installationsunternehmen erfolgen. Das Wasserversorgungsunternehmen ist berechtigt, die Ausführung der Arbeiten zu überwachen".

Für technische Anlagen, die der europäischen Richtlinie 2010/75/EU über Industrieemissionen unterliegen, werden im **Sevilla-Prozess** sog. **BVT-Merkblätter** erarbeitet, in denen die **besten verfügbaren Techniken** der jeweiligen Branche aufgeführt werden (englisch: *Best Available Techniques Reference Document,* kurz *BAT Reference* oder *BREF*) (http://eippcb.jrc.ec.europa.eu/reference/). Dabei werden in den sog. **BVT-Schlussfolgerungen**, die in einem eigenen Verfahren auf europäischer Ebene beschlossen werden, die mit den besten verfügbaren Techniken erreichbaren Emissionswerte dokumentiert und somit die Emissionsbreite für ein besonders emissionsarmes Vorgehen.

Normen dienen manchmal auch der Ausgrenzung von minderwertigen Produkten und in anderen Fällen dazu, **technische Lösungen** zu ermöglichen oder zu erzwingen. Zum Beispiel ermöglichte ein hoher Grenzwert für Blei im Trinkwasser die Verwendung von Bleirohren, ein niedriger (aus gesundheitlichen Gründen) zwingt zu Investitionen, obwohl Bleirohre aus technischer Sicht noch für viele Jahrzehnte ihren Dienst tun könnten. Die Abwägung von Nutzen und Risiko spielt bei der Festsetzung von Grenzwerten eine besondere Rolle (siehe Abschn. 10.4.3). Für die routinemäßige **Überwachung** der Wassergüte sind Normen **Grundlage** jeden Handelns geworden. In den Rechtsnormen muss im Zusammenhang mit Grenzwerten zwingend auch das Untersuchungsverfahren und/oder dessen zulässige Fehlerbreite direkt oder durch Verweisung auf technische Normen oder die allgemein anerkannten Regeln der Technik festgelegt werden.

A.2 Rechtsnormen

Gesetze und Verordnungen können im Internet über den kostenlosen Bürgerzugang des Bundesgesetzblatts (www.bgbl.de) eingesehen werden oder/und sind über das Bundesministerium der Justiz und für Verbraucherschutz unter www.gesetze-im-internet.de verfügbar. Die Richtlinien der Europäischen Union sind vollständig in allen Sprachen der Mitgliedstaaten im Internet unter http://eur-lex.europa.eu/ zugänglich. Umweltgesetze sind vielfach auch unter www.umweltbundesamt.de erhältlich. Eine ausführliche Sammlung aller Rechtsnormen im Wasserfach sind im Handbuch des Deutschen Wasserrechts enthalten (Loseblatt-Textsammlung; von Lersner, H., Berendes, K. und Reinhardt, M. (Hrsg.), Erich Schmidt Verlag, Berlin).

Die beiden zentralen deutschen Rechtsnormen des Wasserrechts sind im Hinblick auf den Schutz der aquatischen Umwelt und der Wasserressourcen das **Wasserhaushaltsgesetz** und im Hinblick auf den Schutz der Gesundheit des Menschen das **Infektionsschutzgesetz.** WHG und IfSG haben hier das gemeinsame Ziel, die Lebensgrundlage und die Erhaltung der Umwelt zu sichern. Trinkwasserkommission, DVGW, DWA und LAWA sind geeignete Gremien, durch entsprechende Empfehlungen die Kooperation der mit dem Vollzug beauftragten Behörden zu stärken.

Im Folgenden sind zunächst wichtige Rechtsnormen aufgeführt, bei denen unmittelbar der **Schutz der menschlichen Gesundheit** beim Gebrauch des Wassers (Konsum, Kontakt) sowie der Schutz hygienisch einwandfreien Wassers vor Beeinträchtigung bei der Handhabung (Transport, Verpackung) im Vordergrund stehen:

- **IfSG:** Gesetz zur Verhütung und Bekämpfung von Infektionskrankheiten beim Menschen. **Infektionsschutzgesetz** vom 20. Juli 2000 (BGBl. I S. 1045), zuletzt geändert durch Artikel 18a des Gesetzes vom 9. August 2019 (BGBl. I S. 1202). Für die Wasserhygiene ist der 7. Abschnitt (§§ 37 bis 41) von Bedeutung:
  - § 37 IfSG: „Beschaffenheit von Wasser für den menschlichen Gebrauch sowie von Wasser zum Schwimmen oder Baden in Becken oder Teichen, Überwachung",
  - § 38 IfSG: „Erlass von Rechtsverordnungen" (hierauf beruht die TrinkwV),
  - § 39 IfSG: „Untersuchungen, Maßnahmen der zuständigen Behörde",
  - § 40 IfSG: „Aufgaben des Umweltbundesamtes" (dies ist Grundlage der Arbeit der Trinkwasserkommission),
  - § 41 IfSG: „Abwasser".

  Durch Bestimmungen des § 7 IfSG wird der Nachweis bestimmter Krankheitserreger meldepflichtig. Hierzu gehören auch Krankheitserreger, die mit dem Wasser übertragen werden können, so z. B. *E.coli* EHEC, *Cryptosporidium parvum* und *Giardia lamblia* (siehe Kap. 5) sowie *Legionella* sp. (siehe Abschn. 9.7).
  Von Bedeutung ist weiterhin § 55 IfSG, wonach Rechtsverordnungen nach dem IfSG auch zum Zwecke der Umsetzung von Richtlinien der Europäischen Union erlassen werden können. So ermächtigt z. B. die Verweisung auf die Trinkwasserrichtlinie die Festsetzung von Grenzwerten für chemische Stoffe oder von Art und Verwendung der Aufbereitungsstoffe in der Trinkwasserverordnung.
- **TrinkwV:** Verordnung über die Qualität von Wasser für den menschlichen Gebrauch. **Trinkwasserverordnung** in der Fassung der Bekanntmachung von 10. März 2016 (BGBl. I S. 459; siehe Abschn. 10.4), zuletzt geändert durch Artikel 1 der Verordnung zur Neuordnung trinkwasserrechtlicher Vorschriften vom 3. Januar 2018 (BGBl. I S. 99).
  Die TrinkwV stellt die Umsetzung der Trinkwasserrichtlinie 98/83/EG sowie der Richtlinie (EU) 2015/1787 zur Änderung von deren Anhängen II und III für den Vollzug in Deutschland dar, des Weiteren die Umsetzung der Richtlinie 2013/51/EURATOM bezüglich radioaktiver Stoffe. Die TrinkwV ist Grundlage der hygienischen Beurteilung von Trinkwasser und dient gleichzeitig als Grundlage für die Definition von Zielen im Bereich der Wasserwirtschaft und des Umweltschutzes. Auf den Anforderungen der TrinkwV beruhen zahlreiche Qualitätsziele für Gewässer und Böden. Insbesondere im Rahmen eines multiplen Barrierensystems ist die TrinkwV eng mit der Umweltgesetzgebung verknüpft.
  Die TrinkwV beruht auf der Ermächtigung des § 38 Abs. 1 IfSG und des § 14 Absatz 2 Nummer 1 des Lebensmittel- und Futtergesetzbuches.

- **LFGB: Lebensmittel-, Bedarfsgegenstände- und Futtermittelgesetzbuch** in der Fassung der Bekanntmachung vom 3. Juni 2013 (BGBl. S. 1426), zuletzt geändert durch Artikel 1 des Gesetzes vom 24. April 2019 (BGBl. I S. 498).
- **Min/TafelWV:** Verordnung über natürliches Mineralwasser, Quellwasser und Tafelwasser. **Mineral- und Tafelwasser-Verordnung** vom 1. August 1984 (BGBl. I S. 1036), zuletzt geändert durch Artikel 25 der Verordnung vom 5. Juli 2017 (BGBl. I S. 2272). Auf europäischer Ebene steht dieser die Richtlinie 2009/54/EG gegenüber. Die Verordnung dient der Anerkennung von aus Drittländern stammenden Mineralwässern, der Einbeziehung von unverpackt abgegebenen Tafelwässern und der Festlegung von Grenzwerten für Mangan, Arsen und Fluorid in Wässern, die für Säuglingsnahrung geeignet sind. Die Anerkennung und Nutzungsgenehmigung von natürlichem Mineralwasser ist in der Allgemeinen Verwaltungsvorschrift vom 09. 03. 2001 (Bundesanzeiger *53*, S. 4605) geregelt.
- **Badegewässer-RL:** Richtlinie 2006/7/EG des Europäischen Parlaments und des Rates vom 15. Februar 2006 über die Qualität der Badegewässer und deren Bewirtschaftung und zur Aufhebung der Richtlinie 76/160/EWG. Die **Badegewässer-Richtlinie** ist unmittelbar anzuwenden und bedarf nicht der Umsetzung in das Recht der Mitgliedstaaten.
- **AVB WasserV: Verordnung** über **Allgemeine Bedingungen für die Versorgung mit Wasser** vom 20. Juni 1980 (BGBl. I S. 750, 1067), zuletzt geändert durch die Verordnung vom 11. Dezember 2014 (BGBl. I S. 2010). Die AVB WasserV regelt verbindlich, dass auch in der Gebäudetechnik (Kundenanlagen der Wasserversorger) die allgemein anerkannten Regeln der Technik anzuwenden sind.
- **StrlSchV** (zu Abschn. 4.14): Verordnung zum Schutz vor der schädlichen Wirkung ionisierender Strahlung. Strahlenschutzverordnung vom 29. November 2018 (BGBl. I S. 2034, 2036). Umsetzung der Richtlinie 96/29/EURATOM zum Strahlenschutz.
- **LMHV:** Verordnung über Anforderungen an die Hygiene beim Herstellen, Behandeln und Inverkehrbringen von Lebensmitteln. **Lebensmittelhygiene-Verordnung** in der Fassung der Bekanntmachung vom 21. Juni 2016 (BGBl. I S. 1469), geändert durch Artikel 2 der Verordnung vom 3. Januar 2018 (BGBl. I S. 99). Die Verordnung dient der Umsetzung von Rechtsakten der Europäischen Gemeinschaft auf dem Gebiet der Lebensmittelhygiene, u. a. der Verordnung EG Nr. 852/2004 vom 29. April 2004. Durch die LMHV erfolgt eine verbindliche Verpflichtung, kritische Punkte im Prozessablauf festzustellen und zu gewährleisten, dass angemessene Sicherheitsmaßnahmen festgelegt, durchgeführt und überprüft werden. Dies erfolgt durch ein Konzept, das der Gefahrenidentifizierung und -bewertung dient und zu deren Beherrschung beiträgt. Besser bekannt ist diese Anforderung unter dem Stichwort HACCP-Konzept (hazard analysis and critical control points).
- **BedGgstV: Bedarfsgegenständeverordnung** in der Fassung der Bekanntmachung vom 23. Dezember 1997 (BGBl. 1998 I S. 5), zuletzt geändert durch Artikel 2

Absatz 1 des Gesetzes vom 15. Februar 2016 (BGBl. I S. 198) (zu Abschn. 3.3), siehe hierzu auch Richtlinie 2007/16/EG zu Kunststoffen, die mit Lebensmitteln in Berührung kommen.

Die folgenden Rechtsnormen zielen direkt auf den **Schutz des Wassers als Umweltkompartiment** und Ressource. Weitere Rechtsnormen treffen Festlegungen zur Berücksichtigung des Gewässerschutzes bei Aktivitäten, die mit einer unbeabsichtigten Beeinträchtigung der aquatischen Umwelt einhergehen (können):

- **WHG:** Gesetz zur Ordnung des Wasserhaushalts. **Wasserhaushaltsgesetz** vom 31. Juli 2009 (BGBl. I S. 2585), zuletzt geändert durch Artikel 2 des Gesetzes vom 4. Dezember 2018 (BGBl. I S. 2254).
  Das WHG dient der Umsetzung u. a. folgender Richtlinien der EU: 91/271/EWG (Kommunalabwasserrichtlinie), 2000/60/EG (Wasserrahmenrichtlinie), 2004/35/EG (Umwelthaftung), 2006/118/EG (Grundwasserrichtlinie) und 2007/60/EG (Bewertung und Management von Hochwasserrisiken). Das Gesetz gibt auf Bundesebene einheitliche Vorgaben zur Bewirtschaftung der Oberflächenwasserkörper, des Küstenmeeres und des Grundwassers. Die Gewässer sind nach Flussgebietseinheiten zu bewirtschaften. Nach dem Gesetz sind fließende oberirdische Gewässer und das Grundwasser nicht eigentumsfähig. Als behördliche Zulassungsinstrumente für die Benutzung von Gewässern sind die Erlaubnis und die Bewilligung vorgesehen. Gewässerbenutzungen müssen dabei dem Standard des modernen Umweltrechts angepasst werden. Das Gesetz gibt besondere Bestimmungen zu den Grundsätzen der öffentlichen Wasserversorgung, zur Abwasserbeseitigung und zum Hochwasserschutz. Die Landesregierungen können durch Rechtsverordnungen Wasserschutzgebiete festsetzen. Auch ein Heilquellenschutz ist vorgesehen. Die Vorschriften zur Bewirtschaftung oberirdischer Gewässer beinhalten Regelungen zur Mindestwasserführung, Durchgängigkeit und Wasserkraftnutzung sowie zu Gewässerrandstreifen. Ferner regelt das WHG Duldungs- und Gestattungspflichten sowie Entschädigungspflichten bei Gewässerbewirtschaftungsmaßnahmen.
- **OGewV:** Verordnung zum Schutz der Oberflächengewässer. **Oberflächengewässerverordnung** vom 20. Juni 2016 (BGBl. I S. 1373). Sie dient der Umsetzung der europäischen Richtlinie 2000/60/EG (Wasserrahmenrichtlinie) und ihrer Tochterrichtlinien 2008/105/EG über Umweltqualitätsnormen, 2009/90/EG zur Festlegung technischer Spezifikationen für die chemische Analyse, der Änderungsrichtlinie 2014/101/EU zur Wasserrahmenrichtlinie 2000/60/EG (Aktualisierung der Untersuchungsverfahren zur Gewässerökologie und -morphologie) sowie des Beschlusses (EU) 2018/229 zur Festlegung der Werte für die Einstufungen im Rahmen des Überwachungssystems des jeweiligen Mitgliedstaats als Ergebnis der Interkalibrierung.
- **GrwV:** Verordnung zum Schutz des Grundwassers. **Grundwasserverordnung** vom 9. November 2010 (BGBl. I S. 1513), zuletzt geändert durch Artikel 1 der

Verordnung vom 4. Mai 2017 (BGBl. I S. 1044). Sie dient der Umsetzung der Wasserrahmenrichtlinie 2000/60/EG und ihrer Tochterrichtlinie 2009/90/EG zur Festlegung technischer Spezifikationen für die chemische Analyse sowie der Grundwasserrichtlinie 2006/118/EG.

- **PflSchG:** Gesetz zum Schutz der Kulturpflanzen. **Pflanzenschutzgesetz** vom 6. Februar 2012 (BGBl. I S. 148, 1281), zuletzt geändert durch Artikel 4 Absatz 84 des Gesetzes vom 18. Juli 2016 (BGBl. I S. 1666).
- **PflSchAnwV:** Verordnung über Anwendungsverbote für Pflanzenschutzmittel. **Pflanzenschutz-Anwendungsverordnung** vom 10. November 1992 (BGBl. I S. 1887), zuletzt geändert durch Artikel 1 der Verordnung vom 25. November 2013 (BGBl. I S. 4020). Diese Verordnung regelt z. B. das generelle Verbot für Atrazin und das Verbot der Anwendung von Diuron auf Gleisanlagen (eingeschränkte Anwendung). Die Verordnung gilt ergänzend zur Verordnung (EG) Nr. 1107/2009 über das Inverkehrbringen von Pflanzenschutzmitteln.
- **DüV:** Verordnung über die Anwendung von Düngemitteln, Bodenhilfsstoffen, Kultursubstraten und Pflanzenhilfsmitteln nach den Grundsätzen der guten fachlichen Praxis beim Düngen. **Düngeverordnung** vom 26. Mai 2017 (BGBl. I S. 1305). Diese Verordnung dient in Teilen auch der Umsetzung der Richtlinie 91/676/EWG zum Schutz der Gewässer vor Verunreinigung durch Nitrat aus landwirtschaftlichen Quellen.
- **WRMG:** Gesetz über die Umweltverträglichkeit von Wasch- und Reinigungsmitteln. **Wasch- und Reinigungsmittelgesetz** in der Fassung der Bekanntmachung vom 17. Juli 2013 (BGBl. I S. 2538), zuletzt geändert durch Artikel 3 des Gesetzes vom 18. Juli 2017 (BGBl. I S. 2774). Das Gesetz regelt das Inverkehrbringen von Wasch- und Reinigungsmitteln und gilt ergänzend zur Verordnung EG Nr. 648/2004 über Detergenzien, zuletzt geändert durch die Verordnung (EU) Nr. 259/2012. Es verbietet das Inverkehrbringen von Tensiden, die festgelegten Anforderungen bezüglich der vollständigen aeroben Bioabbaubarkeit und der primären Bioabbaubarkeit nicht genügen. Zur Begrenzung der Anwendung von Phosphorverbindungen kann eine Höchstmenge in Wasch- und Reinigungsmitteln festgelegt werden. Außerdem werden die Wasserwerke verpflichtet, den Härtebereich (in den drei Stufen weich, mittel und hart) des abgegebenen Wassers anzugeben, um den Verbrauchern eine dem Bedarf angepasste Dosierung zu ermöglichen.

Weitere Rechtsnormen regeln die Einbringung von Stoffen in das Wasser, die mit der Einleitung von Abwässern einhergeht, deren Begrenzung und Eingliederung in den Kreislauf fester Reststoffe sowie den Schutz des angrenzenden Umweltkompartiments Boden:

- **AbwAG:** Gesetz über Abgaben für das Einleiten von Abwasser in Gewässer. **Abwasserabgabengesetz** in der Fassung der Bekanntmachung vom 18. Januar 2005 (BGBl. I S. 114), zuletzt geändert durch Artikel 2 der Verordnung vom

22. August 2010 (BGBl. I S. 1327). Dieses Gesetz dient in Teilen auch der Umsetzung der Richtlinie 2010/75/EU über Industrieemissionen (integrierte Vermeidung und Verminderung der Umweltverschmutzung).

- **AbwV:** Verordnung über Anforderungen an das Einleiten von Abwasser in Gewässer. **Abwasserverordnung** in der Fassung der Bekanntmachung vom 17. Juni 2004 (BGBl. I S. 1108, 2625), zuletzt geändert durch Artikel 1 der Verordnung vom 22. August 2018 (BGBl. I S. 1327). Die AbwV dient in Teilen auch der Umsetzung der Richtlinie 2010/75/EU über Industrieemissionen sowie der Kommunalabwasserrichtlinie 91/271/EWG. In 57 branchenspezifischen Anhängen werden die materiellen Anforderungen an die jeweiligen Abwässer festgelegt. In Anlage 1 der Verordnung sind die anzuwendenden Mess- und Analysenverfahren aufgeführt. In die o. g. Fassung sind schon die BVT-Schlussfolgerungen zu den Bereichen „Herstellung von Zellstoff, Papier und Karton" und „Raffinieren von Mineralöl und Gas" eingegangen.
- **AbfKlärV:** Verordnung über die Verwertung von Klärschlamm, Klärschlammgemisch und Klärschlammkompost. **Klärschlammverordnung** vom 27. September 2017 (BGBl. I S. 3465). Die Verordnung dient der Umsetzung der Richtlinie 86/278/EWG über den Schutz der Böden bei der Verwendung von Klärschlamm in der Landwirtschaft.
- **KrWG:** Gesetz zur Förderung der Kreislaufwirtschaft und Sicherung der umweltverträglichen Bewirtschaftung von Abfällen. **Kreislaufwirtschaftsgesetz** vom 24. Februar 2012 (BGBl. I S. 212), zuletzt geändert durch Artikel 2 Absatz 9 des Gesetzes vom 20. Juli 2017 (BGBl. I S. 2808).
- **BBodSchG:** Gesetz zum Schutz vor schädlichen Bodenveränderungen und zur Sanierung von Altlasten. **Bundes-Bodenschutzgesetz** vom 17. März 1998 (BGBl. I S. 502), zuletzt geändert durch Artikel 3 Absatz 3 der Verordnung vom 27. September 2017 (BGBl. I S. 3465).
- **BBodSchV: Bundes-Bodenschutz- und Altlastenverordnung** vom 12. Juli 1999 (BGBl. I S. 1554), zuletzt geändert durch Artikel 3 Absatz 4 der Verordnung vom 27. September 2017 (BGBl. I S. 3465).

A.3 Technische Normen und Empfehlungen

Technische Normen und Empfehlungen sind immer auch das Ergebnis eines Konsenses in Fachgremien. Es ist augenfällig, dass der Wasserbau fast ausschließlich von staatlichen Stellen geregelt wird (siehe LAWA) und dass am anderen Ende der Wasserversorgung, bei der Hausinstallation, fast ausschließlich Private tätig sind. Entsprechend unterschiedlich sind Gremien-Zusammensetzung und Ergebnisse, z. B. in Bezug auf DIN-Normen. Bei der Regelsetzung im Wasserwesen haben sich unterschiedliche Fachbereiche herausgebildet:

- Wasserbau und Wasserbewirtschaftung: DIN-Normen, Empfehlungen der LAWA;
- Wasserversorgung: DIN-Normen und Technische Regeln des DVGW (Arbeitsblätter), Empfehlungen der Trinkwasserkommission und Empfehlungen des DVGW (Merkblätter und Hinweise);
- Abwasserentsorgung: DIN-Normen und Regelwerk der DWA (Arbeitsblätter), Empfehlungen der LAWA und der DWA (Merkblätter);
- Hausinstallation, Gebäudetechnik: DIN-Normen, Technische Regeln des DVGW und der DWA, Hygiene-Norm des VDI – Verein Deutscher Ingenieure, Empfehlungen der Trinkwasserkommission, des DVGW und der DWA;
- Schwimmbäder: DIN-Normen, Empfehlungen der Badewasserkommission;
- Wasseranalytik: DIN-Normen zu Verfahren der Wasseruntersuchung (Deutsche Einheitsverfahren DEV), Empfehlungen der Trinkwasserkommission, der LAWA, des DVGW und der DWA.

A.3.1 DIN, CEN, ISO: Deutsches Institut für Normung e. V.

Durch den im Jahr 1975 zwischen der Bundesregierung und dem DIN abgeschlossenen Normenvertrag hat sich das DIN verpflichtet, dafür Sorge zu tragen, dass die Normen bei der Gesetzgebung, in der öffentlichen Verwaltung und im Rechtsverkehr als Umschreibung für technische Anforderungen herangezogen werden können.

Das DIN ist Mitglied der europäischen (CEN, Comité Européen de Normalisation) und der internationalen (ISO, International Organization for Standardization) Normenorganisation und entsendet Experten in die Fachgremien dieser Organisationen. Alle Europäischen Normen sind von den 34 CEN-Mitgliedsorganisationen in die jeweiligen nationalen Normenwerke zu übernehmen. Sie sind im deutschen Normenwerk als DIN EN-Normen erkennbar. Auf der Basis der 1991 zwischen ISO und CEN getroffenen Wiener Vereinbarung über die Koordinierung der Arbeiten werden immer mehr ISO-Normen zu europäischen und somit auch zu deutschen DIN EN ISO-Normen. Daneben ist auch die direkte Übernahme, kenntlich als DIN ISO-Norm, möglich.

Für die Erstellung von Normen, die das Wasser betreffen, ist im DIN der Normenausschuss Wasserwesen (NAW; NA 119) verantwortlich. In 55 Arbeitsausschüssen arbeiten ca. 1400 Expert(inn)en dem DIN bei der Erstellung und Pflege eines Portfolios von etwa 1200 Normen zu (www.din.de/de/mitwirken/ normenausschuesse/naw). Thematisch ist der NAW in die Fachbereiche „Umwelt (Abfall, Boden, Wasser)", „Wasserbau", „Abwassertechnik" sowie den DIN-DVGW-Gemeinschaftsfachbereich „Trinkwasser" untergliedert. Letzterer ist aus der langjährigen Zusammenarbeit von DIN und DVGW bei der Regelsetzung für das Trinkwasser hervorgegangen. Von grundlegender Bedeutung für die Trinkwasserhygiene sind hierbei folgende Normen der diesem Bereich zugeordneten Arbeitsausschüsse DIN NA 119-07-01 AA „Leitsätze Trinkwasserversorgung" und DIN NA 119-07-07 AA „Trinkwasser-Installation":

- **DIN 2000:** Zentrale Trinkwasserversorgung. **DIN 2001-1 bis -3:** Trinkwasserversorgung aus Kleinanlagen und nicht ortsfesten Anlagen. Die Normen legen Leitsätze für Anforderungen an Trinkwasser, Planung, Bau, Betrieb und Instandhaltung der Anlagen fest.
- **DIN EN 806-1 bis -5** mit **DIN 1988-100, -200, -300, -500 und -600:** Technische Regeln für Trinkwasser-Installationen.
- **DIN EN 1717:** Schutz des Trinkwassers vor Verunreinigungen in Trinkwasser-Installationen und allgemeine Anforderungen an Sicherheitseinrichtungen zur Verhütung von Trinkwasserverunreinigungen durch Rückfließen.

Der Arbeitsausschuss DIN NA 119-07-13 AA „Aufbereitungsstoffe und -anlagen" betreut als Spiegelgremium die DIN EN-Normenreihe „Produkte zur Aufbereitung von Wasser für den menschlichen Gebrauch". Die ca. 80 Produktnormen legen die Qualitätsanforderungen für Aufbereitungsstoffe fest. Für die vom UBA zu führende Liste der zugelassenen Aufbereitungsstoffe (siehe A.3.4) kann die Trinkwasserkommission auf diese Spezifikationen zurückgreifen.

Technische Regeln für die Hygiene im Schwimmbadbereich stehen mit der Normenreihe **DIN 19643-1 bis -5:** Aufbereitung von Schwimm- und Badebeckenwasser, Teil 1: Allgemeine Anforderungen, Teile 2 bis 5: Verfahrenskombinationen, aus dem Arbeitsausschuss DIN NA 119-07-16 AA „Schwimmbeckenwasseraufbereitung" zur Verfügung.

Genormte **Untersuchungsverfahren** werden im Fachbereich „Umwelt (Abfall, Boden, Wasser)" des NAW erarbeitet (siehe auch 3.2).

Viele Wasseruntersuchungen werden in einem akkreditierten Umfeld durchgeführt. Hierfür ist die Norm **DIN EN ISO/IEC 17025,** Allgemeine Anforderungen an die Kompetenz von Prüf- und Kalibrierlaboratorien, ein grundlegendes Dokument. Es stammt aus dem Normenausschuss „Qualitätsmanagement, Statistik und Zertifizierungsgrundlagen (NQSZ)", ebenso wie die Norm **DIN ISO 5725-2,** die bei der Auswertung von Validierungsringversuchen zur „Ermittlung der Wiederhol- und Vergleichpräzision" des „vereinheitlichten Messverfahrens" zu Grunde gelegt wird.

Normen werden elektronisch und als Papierversion durch den Beuth Verlag, Berlin, vertrieben, manchmal auch nach einzelnen Fachgebieten in DIN-Taschenbüchern zusammengefasst. Ferner sind ca 1.500.000 bibliographische Daten zu Normen und technischen Regeln sowie zu deutschen Rechtsvorschriften mit technischem Bezug und geltenden EU-Richtlinien in der Datenbank „Perinorm" recherchierbar.

A.3.2 Deutsche Einheitsverfahren zur Wasser-, Abwasser- und Schlammuntersuchung (DEV)

Die mittlerweile 10-bändige Loseblattsammlung umfasst ca. 350 Verfahren, bis auf wenige Ausnahmen im Format von DIN-, DIN EN-, DIN EN ISO- oder DIN ISO-

Normen. Die Untersuchungsverfahren decken folgende Bereiche ab: Bestimmung von Anionen, Kationen, gemeinsam erfassbaren (organischen) Stoffgruppen, Einzelkomponenten, gelösten Gasen, summarischen Wirkungs- und Stoffkenngrößen, physikalischen und physikalisch-chemischen Parametern, Prüfung auf Geruch und Geschmack, Prüfung auf biologische Abbaubarkeit und Ökotoxizität, mikrobiologische Untersuchung, Untersuchung der Gewässerökologie und -morphologie. Die Sammlung baut auf der von der Wasserchemischen Gesellschaft – Fachgruppe in der Gesellschaft Deutscher Chemiker GDCh seit den 1930er Jahren erarbeiteten Methodensammlung auf. Seit 1976 werden die Verfahren für den Vollzug im Format von Normen benötigt; daher werden die DEV seitdem von der Wasserchemischen Gesellschaft und dem NAW des DIN gemeinschaftlich herausgegeben und stetig aktualisiert und ergänzt. Verfahren zu kontinuierlich messbaren Variablen werden durch einen externen Ringversuch validiert, dessen Ergebnisse in die Norm aufgenommen werden. Zusätzlich wird zu neuen Verfahren ein Validierungsdokument erstellt, aus dem der Werdegang des Verfahrens hervorgeht und das alle Zusatzinformationen enthält, die für die Reproduzierbarkeit der Analysenergebnisse von Bedeutung sind. Die Validierungsdokumente können auf der Website der Wasserchemischen Gesellschaft eingesehen werden (www.wasserchemische-gesellschaft.de/ dev/validierungsdokumente). Der zuständige Arbeitsausschuss im DIN ist der DIN NA 119-01-03 AA „Wasseruntersuchung“ Er fungiert zugleich als Spiegelgremium für das Technische Komitee TC 230 „Wasseranalytik“ des CEN und das Technische Komitee TC 147 „Wasserbeschaffenheit“ der ISO. Für beide Komitees liegt die Sekretariatsführung beim DIN.

Die Vollständigkeit der Normung auf dem Gebiet der Wasseruntersuchung erlaubt es, auf die detaillierte Vorgabe der Untersuchungsverfahren in Rechtsnormen zu verzichten. Die Festsetzung von Verfahren und von zulässigen Abweichungen der Ergebnisse, die Bestandteil jeder Festsetzung eines Grenzwertes oder Qualitätsziels in einer Rechtsnorm sein muss, kann durch Verweis in der Rechtsnorm auf geeignete DIN-Normen erfolgen, wie es z. B. in der Abwasserverordnung und bei einigen Parametern in der Trinkwasserverordnung der Fall ist. Insbesondere Kap. 4 verweist auf zahlreiche Normen der Wasseranalytik (siehe z. B. Tab. 4.20 bis Tab. 4.24). Die DEV sind als Loseblatt-Textsammlung beim Wiley-VCH Verlag, Weinheim (www.wiley-vch.de/dev/home) oder beim Beuth Verlag, Berlin, erhältlich.

A.3.3 Regelwerk des DVGW Deutscher Verein des Gas- und Wasserfaches e. V. und der DWA Deutsche Vereinigung für Wasserwirtschaft, Abwasser und Abfall e. V.

Der **DVGW** hat durch seine Mitglieder hohe Kompetenz im Bereich der Wasser- und Gasversorgung, wobei hier der Teilbereich Wasserversorgung von Interesse ist. Die technischen Normen des DVGW heißen DVGW-Arbeitsblätter. Der Buchstabe G oder

W kennzeichnet, ob es sich um den Bereich Gas- oder Wasserversorgung handelt. Entsprechend sind Arbeitsblätter mit der Bezeichnung GW (z. B. GW 100) für beide Bereiche bindend. Dagegen haben Merkblätter nur empfehlenden Charakter. Das Regelwerk des DVGW ist beim DVGW, Bonn oder über das Internet (www.dvgw.de) zu beziehen. Neben der Regelwerksarbeit stellt die Prüfung und Zertifizierung von wasserfachlichen Produkten, Unternehmen, Managementsystemen und Sachverständigen auf Basis des DVGW-Regelwerks sowie nationaler und internationaler Normen und anderer Prüfvorschriften ein wichtiges Aufgabenfeld dar. Durch Vergabe seines Konformitätszeichens (DVGW-Zeichen, DIN-DVGW-Zeichen), seit 2007 fortgeführt durch die europaweit agierende DVGW CERT GmbH, ist der DVGW auch einer breiteren Öffentlichkeit bekannt geworden

Ebenfalls eine lange Tradition in der Regelsetzung hat die Deutsche Vereinigung für Wasserwirtschaft, Abwasser und Abfall e. V. (**DWA**). Diese technisch-wissenschaftliche Vereinigung umfasst die Bereiche Abwasser- und Klärschlammbehandlung, Hydrologie, Wasserbewirtschaftung, Gewässer und Boden sowie Wasserbau und Wasserkraft. Es werden Arbeitsblätter (Vorzeichen A) und Merkblätter (Vorzeichen M) veröffentlicht. Erhältlich ist das Regelwerk bei der DWA in Hennef (www.dwa.de).

A.3.4 Trinkwasserkommission (TWK) und Schwimm- und Badebeckenwasserkommission (BWK)

Grundlage der Arbeit von TWK und BWK ist seit dem Jahr 2000 der § 40 IfSG: „Das Umweltbundesamt hat im Rahmen dieses Gesetzes die Aufgabe, Konzeptionen zur **Vorbeugung, Erkennung und Verhinderung** der Weiterverbreitung **von durch Wasser übertragbaren Krankheiten** zu entwickeln. Beim Umweltbundesamt können zur Erfüllung dieser Aufgaben **beratende Fachkommissionen** eingerichtet werden, die Empfehlungen zum Schutz der menschlichen Gesundheit hinsichtlich der Anforderungen an die Qualität des in § 37 Abs. 1 und 2 bezeichneten Wassers sowie der insoweit notwendigen Maßnahmen abgeben können."

Die TWK ist ein ressortübergreifendes beratendes Gremium, dessen Mitglieder vom Bundesgesundheitsministerium gemeinsam mit dem Bundesumweltministerium und den zuständigen obersten Landesbehörden aus universitären Einrichtungen, Landesbehörden, Gesundheitsämtern und Wasserversorgungsunternehmen berufen werden. Ihre Stellungnahmen und Empfehlungen haben den Charakter von Sachverständigengutachten. Die Empfehlungen der TWK veröffentlicht das Umweltbundesamt (UBA) (www.umweltbundesamt.de /themen/wasser/trinkwasser/rechtliche-grundlagen-empfehlungen-regelwerk/empfehlungen-stellungnahmen-zu-trinkwasser).
Hier seien beispielhaft genannt:

– Beurteilung der Trinkwasserqualität hinsichtlich der Parameter Blei, Kupfer und Nickel („Probennahmeempfehlung"). Empfehlung, 18. Dezember 2018.

- Systematische Untersuchungen von Trinkwasser-Installationen auf Legionellen nach Trinkwasserverordnung – Probennahme, Untersuchungsgang und Angaben des Ergebnisses. Empfehlung, 18. Dezember 2018.
- Leitlinien für die risikobewertungsbasierte Anpassung der Probennahmeplanung für eine Trinkwasserversorgungsanlage (RAP) nach § 14 Absatz 2a bis 2c Trinkwasserverordnung. Bundesgesundheitsbl. 2018, *61*, S. 627–633.
- Empfehlung zu erforderlichen Untersuchungen auf *Pseudomonas aeruginosa*, zur Risikoeinschätzung und zu Maßnahmen beim Nachweis im Trinkwasser. Empfehlung, 13. Juni 2017.
- Fortschreibung der vorläufigen Bewertung von per- und polyfluorierten Chemikalien (PFC) im Trinkwasser. Bundesgesundheitsbl. 2017, *60*, S. 350–352.
- Beurteilung materialbürtiger Kontaminationen des Trinkwassers. Empfehlung, 13. Mai 2014.
- Stellungnahme der Trinkwasserkommission des Bundesgesundheitsministeriums beim Umweltbundesamt zur Verlegung von Telekommunikationskabeln oder Mantelrohren in Trinkwasserleitungen. 24. Juni 2013.
- Trinkwasserhygienische Bewertung stoffrechtlich „nicht relevanter Metaboliten" von Wirkstoffen aus Pflanzenschutzmitteln im Trinkwasser. Bundesgesundheitsbl. 2008, *51*, S. 797–801.
- Uran im Trinkwasser. Stellungnahme der Trinkwasserkommission des Bundesgesundheitsministeriums beim Umweltbundesamt. 3. November 2008.
- Nitrat im Trinkwasser. Maßnahmen bei Nichteinhaltung von Grenzwerten und Anforderungen. Bundesgesundheitsbl. 2004, *47*, S. 1018–1020.
- Problematik der Bleileitungen in der Trinkwasserversorgung. Bundesgesundheitsbl. 2003, *46*, S. 825–826.
- Stellungnahme des Bundesgesundheitsamtes zur Trinkwasserfluoridierung, Bundesgesundheitsbl., 1985, *28*, S. 189–190.

Die TWK ist auch das Beratungsgremium für die Empfehlungen und Leitlinien, die das UBA zur Bewertung von Materialien im Kontakt mit Trinkwasser erstellt hat. Seit Ende 2012 verpflichtet § 17 TrinkwV das UBA, verbindliche Bewertungsgrundlagen für Materialien und Werkstoffe im Kontakt mit Trinkwasser festzulegen. Beispiele sind die Metall-Bewertungsgrundlage, die Email/Keramik-Bewertungsgrundlage und die Bewertungsgrundlage für Kunststoffe und andere organische Metalle. Eine Bewertungsgrundlage für zementgebundene Werkstoffe im Kontakt mit Trinkwasser ist in Vorbereitung (www.umweltbundesamt.de/themen/wasser/trinkwasser/trinkwasser-verteilen/bewertungsgrundlagen-leitlinien).

Das UBA hat außerdem die Verpflichtung, eine Liste der Aufbereitungsstoffe nach § 11, Abs. 2 TrinkwV zu führen (siehe Kap. 11, Tab. 11.7). Die TWK erarbeitet die Liste der zugelassenen Aufbereitungsstoffe und Desinfektionsverfahren, die in der Regel zweimal jährlich ergänzt und aktualisiert wird. Die Liste wird im Bundesgesundheitsblatt veröffentlicht und ist über die Website des UBA zugänglich (www.

umweltbundesamt.de/themen/wasser/trinkwasser/rechtliche-grundlagen-empfehlungen-regelwerk/). Ferner kann das UBA nach § 15, Abs. 1b TrinkwV alternative mikrobiologische Untersuchungsverfahren zulassen, wenn die Gleichwertigkeit der Ergebnisse festgestellt ist, die es ebenfalls auf seiner Website bekanntgibt. Auch hier holt das UBA im Zweifelsfall den Rat der TWK ein.

Eine ähnlich beratende Funktion wie die TWK hat die **Schwimm- und Badebeckenwasserkommission** (BWK) des Bundesministeriums für Gesundheit im Hinblick auf die Schwimm- und Badebeckenwasserhygiene. Sie ist ebenfalls beim UBA angesiedelt, ihre Empfehlungen werden auf dessen Website veröffentlicht (www.umweltbundesamt.de/themen/wasser/schwimmen-baden/schwimm-badebecken/empfehlungen-stellungnahmen). Hier sei beispielhaft genannt:

– Hygieneanforderungen an Bäder und deren Überwachung. Empfehlung des Umweltbundesamtes (UBA) nach Anhörung der Schwimm- und Badebeckenwasserkommission des Bundesministeriums für Gesundheit (BMG) beim Umweltbundesamt. Bundesgesundheitsbl. 2014, *57*, S. 258–279.

A.3.5 Bund/Länder-Arbeitsgemeinschaft Wasser (LAWA)

Die seit 1956 bestehende LAWA ist ein Zusammenschluss der zuständigen Ministerien der Bundesländer der Bundesrepublik Deutschland mit dem Ziel, die Grundlage für einen einheitlichen wasserwirtschaftlichen Vollzug in den Bundesländern zu schaffen. Seit 2005 ist auch der Bund vertreten. Die LAWA ist ein Arbeitsgremium der Umweltministerkonferenz.

Die fachliche Arbeit zu den Themenfeldern Wasserrecht, Gewässerkunde, Gewässer- und Meeresschutz, Ökologie, Hochwasserschutz, Küstenschutz, Grundwasser, Wasserversorgung, Kommunal- und Industrieabwasser und den Umgang mit wassergefährdenden Stoffen erfolgt in fünf ständigen Ausschüssen sowie in themenspezifischen Ad-hoc-Ausschüssen. Zu aufkommenden wasserwirtschaftlichen und wasserrechtlichen Fragestellungen werden gemeinsam Lösungen erarbeitet und Empfehlungen zur Umsetzung ausgesprochen. Aber auch aktuelle Fragen im nationalen, supranationalen und internationalen Bereich werden aufgegriffen. Hervorzuheben ist die Zusammenarbeit der LAWA und mit den zuständigen europäischen Gremien bei der europaweiten wasserwirtschaftlich einheitlichen Umsetzung der Wasserrahmenrichtline (Common Implementation Strategy – CIS). Die LAWA publiziert ihre Arbeitsergebnisse auf ihrer Website (www.lawa.de) oder im Kulturbuchverlag, Berlin. Für die Analytik im Vollzug bedeutsam sind die als Loseblattsammlung herausgegebenen Merkblätter zu den AQS-Rahmenempfehlungen der LAWA (AQS-Merkblätter für die Wasser-, Abwasser- und Schlammuntersuchung).

Register

https://doi.org/10.1515/9783110588217-015